2023 최신판

기술계 **1**타
이승원 교수 40년 경력의 학습 노하우 수록

산업위생관리 기사/산업기사

필기 + 실기

이승원·김온유 공저

✔ **이 책의 특징**

새로운 출제기준 적용!!
최대 압축·최대 문제 수록(문항 : 4,037)
20년간 기출문제 및 예상문제 압축 수록
각 단원 미니멈 포인트로 핵심 요약·정리
5번의 교차학습 유도 ➡ 한 번 정독으로 끝!

❶ 이론편 개념
❷ 연습문제·해설
❸ 재정리
❹ 실기편 요약정리
❺ 실기문제·해설

최근 연도 출제문제(이론/실기) 수록

yhe.co.kr
연합플러스 평생교육원
저·자·직·강
▶ YouTube
이승원 TV

www.kimoonsa.co.kr

머리말

여러분의 끊임없는 성원과 배려로 국가기술검정에 대비한 산업위생기사·산업기사 수험서를 출간하게 되었음을 먼저 감사드립니다.

본 저자는 국가기술검정(산업위생분야)의 다양한 출제경향과 깊이를 가늠하여 출제경향과 수험서의 이질적 공백을 최소화하는데 전력을 다하였으며, 특히 암기위주(暗記爲主)의 단편적인 수험서(受驗書)를 탈피하기 위해서 보편적인 원리와 개념을 최대한 반영하여 저자와 독자 간에 형성될 수 있는 소통의 장벽을 허물고자 책 본문 중에 "밑줄 표시", "중요 표시", "참고하기", "저자조언" 등 다양한 시도를 하였고, 이 분야의 학문적 특성상 미국에서만 제한적으로 사용되는 공학적 단위나 수식이 자주 등장하기 때문에 이를 본래의 취지를 훼손하지 않으면서 허용되는 범위 내에서 국내 공학도나 수험생이 이해할 수 있는 국제단위로 풀어내어 일반화시킴으로써 암기할 공식의 수요를 최소화하는 데 주력하였다. 특히 수식(數式)의 전개과정, 기초개념을 토대로 한 응용(應用)과 단위환산기법은 저자가 35년간 강단에서 학생들을 지도해온 방법 그대로를 수록하여 난해한 계산문제를 보다 쉽게 이해하고 풀 수 있도록 정리하여 수록하였다.

새 자동차는 주행거리 1000km까지 어떻게 길을 들이느냐가 그 자동차의 수명을 좌우하듯이 지금 산업위생 자격증에 입문하는 수험생은 첫걸음인 수험서의 선택이 장래의 공부방식과 습성을 좌우하는 인생의 중요한 계기가 될 것입니다. 3년 공부에 천자문을 달달 외워도 신문한 장 제대로 못 읽는다면 한문 공부가 무슨 소용이 있겠습니까?

저자는 1978년 이래 지금까지 강단과 실무에서 기술사 백삼십여 명과 기술고시 이십여명, 국·공립 연구소 연구원, 기사 등 많은 기술인력을 양성해 왔습니다.

따라서, 본 교재의 가장 큰 특징은 저자의 강단 교습내용을 생생하게 담아 최상의 경쟁력을 확보할 수 있도록 모든 학습기법의 노하우를 정성껏 편집하여 실었습니다.

아무쪼록 국가기술검정 수험대비에 많은 도움을 받아 좋은 결과가 있기를 바라겠습니다.

끝으로 본서의 내용에 대하여 많은 충고를 해주실 것을 당부드리면서 오랜 기간 집필에 도움을 주신 연합플러스 평생교육원 원장 장혜선 씨와 부원장 이동경 선생님, 도안을 맡아주신 이태경 선생님, 교정을 맡아주신 김온유 선생님께 깊은 감사를 드립니다.

저자 이 승 원

출제기준

[산업위생관리기사]

1 필기

· 적용기간 : 2020. 01. 01~2024. 12. 31

과목명	문제수	주요항목	세부항목	세세항목
산업위생학개론	20	1. 산업위생	1. 정의 및 목적	1. 산업위생의 정의 2. 산업위생의 목적 3. 산업위생의 범위
			2. 역사	1. 외국의 산업위생 역사 2. 한국의 산업위생 역사
			3. 산업위생 윤리강령	1. 윤리강령의 목적 2. 책임과 의무
		2. 인간과 작업환경	1. 인간공학	1. 들기작업 2. 단순 및 반복작업 3. VDT 증후군 4. 노동 생리 5. 근골격계 질환 6. 작업부하 평가방법 7. 작업 환경의 개선
			2. 산업피로	1. 피로의 정의 및 종류 2. 피로의 원인 및 증상 3. 에너지 소비량 4. 작업강도 5. 작업시간과 휴식 6. 교대 작업 7. 산업피로의 예방과 대책
			3. 산업심리	1. 산업심리의 정의 2. 산업심리의 영역 3. 직무 스트레스 원인 4. 직무 스트레스 평가 5. 직무 스트레스 관리 6. 조직과 집단 7. 직업과 적성
			4. 직업성 질환	1. 직업성 질환의 정의와 분류 2. 직업성 질환의 원인 3. 직업성 질환의 진단과 인정 방법 4. 직업성 질환의 예방대책
		3. 실내 환경	1. 실내오염의 원인	1. 물리적 요인 2. 화학적 요인 3. 생물학적 요인
			2. 실내오염의 건강장해	1. 빌딩 증후군 2. 복합 화학물질 민감 증후군 3. 실내오염 관련 질환
			3. 실내오염 평가 및 관리	1. 유해인자 조사 및 평가 2. 실내오염 관리기준 3. 관리적 대책

출제기준

과목명	문제수	주요항목	세부항목	세세항목
		4. 관련 법규	1. 산업안전보건법	1. 법에 관한 사항 2. 시행령에 관한 사항 3. 시행규칙에 관한 사항 4. 산업보건기준에 관한 사항
			2. 산업위생 관련 고시에 관한 사항	1. 노출기준 고시 2. 작업환경측정 및 지정측정기관 평가 등에 관한 고시 3. 물질안전보건자료(MSDS)에 관한 고시 4. 기타 관련 고시
		5. 산업재해	1. 산업재해 발생원인 및 분석	1. 산업재해의 개념 2. 산업재해의 분류 3. 산업재해의 원인 4. 산업재해의 분석 5. 산업재해의 통계
			2. 산업재해 대책	1. 산업재해의 보상 2. 산업재해의 대책
작업위생 측정 및 평가	20	1. 측정 및 분석	1. 시료채취 계획	1. 측정의 정의 2. 작업환경 측정의 목적 3. 작업환경 측정의 종류 4. 작업환경 측정의 흐름도 5. 작업환경 측정 순서와 방법 6. 준비작업 7. 유사 노출군의 결정 8. 유사 노출군의 설정방법 9. 단위작업장소의 측정설계
			2. 시료분석 기술	1. 보정의 원리 및 종류 2. 정도 관리 3. 측정치의 오차 4. 화학 및 기기 분석법의 종류 5. 유해물질 분석절차 6. 포집시료의 처리방법 7. 기기분석의 감도와 검출한계 8. 표준액 제조검량선, 탈착효율 작성
		2. 유해 인자 측정	1. 물리적 유해 인자 측정	1. 노출기준의 종류 및 적용 2. 고온과 한랭 3. 이상기압 4. 소음 5. 진동 6. 방사선
			2. 화학적 유해 인자 측정	1. 노출기준의 종류 및 적용 2. 화학적 유해인자의 측정원리 3. 입자상 물질의 측정 4. 가스 및 증기상 물질의 측정
			3. 생물학적 유해 인자 측정	1. 생물학적 유해 인자의 종류 2. 생물학적 유해 인자의 측정원리 3. 생물학적 유해 인자의 분석 및 평가

출제기준

과목명	문제수	주요항목	세부항목	세세항목
		3. 평가 및 통계	1. 통계학 기본 지식	1. 통계의 필요성 2. 용어의 이해 3. 자료의 분포 4. 평균 및 표준편차의 계산
			2. 측정자료 평가 및 해석	1. 자료 분포의 이해 2. 측정 결과에 대한 평가 3. 노출기준의 보정 4. 작업환경 유해위험성 평가
작업환경 관리대책	20	1. 산업 환기	1. 환기 원리	1. 산업 환기의 의미와 목적 2. 환기의 기본 원리 3. 유체흐름의 기본개념 4. 유체의 역학적 원리 5. 공기의 성질과 오염물질 6. 공기압력 7. 압력손실 8. 흡기와 배기
			2. 전체 환기	1. 전체 환기의 개념 2. 전체 환기의 종류 3. 건강보호를 위한 전체 환기 4. 화재 및 폭발방지를 위한 전체 환기 5. 혼합물질 발생 시의 전체 환기 6. 온열관리와 환기
			3. 국소 환기	1. 국소배기 시설의 개요 2. 국소배기 시설의 구성 3. 국소배기 시설의 역할 4. 후드 5. 닥트 6. 송풍기 7. 공기정화장치 8. 배기구
			4. 환기시스템 설계	1. 설계 개요 및 과정 2. 단순 국소배기시설의 설계 3. 다중 국소배기시설의 설계 4. 특수 국소배기시설의 설계 5. 필요 환기량의 설계 및 계산 6. 공기공급 시스템
			5. 성능검사 및 유지관리	1. 점검의 목적과 형태 2. 점검 사항과 방법 3. 검사 장비 4. 필요 환기량 측정 5. 압력 측정 6. 자체점검
		2. 작업 공정 관리	1. 작업공정관리	1. 분진 공정 관리 2. 유해물질 취급 공정 관리 3. 기타 공정 관리
		3. 개인보호구	1. 호흡용 보호구	1. 개념의 이해 2. 호흡기의 구조와 호흡 3. 호흡용 보호구의 종류 4. 호흡용 보호구의 선정방법 5. 호흡용 보호구의 검정규격

출제기준

과목명	문제수	주요항목	세부항목	세세항목
			2. 기타 보호구	1. 눈 보호구 2. 피부 보호구 3. 기타 보호구
물리적 유해 인자관리	20	1. 온열조건	1. 고온	1. 온열요소와 지적온도 2. 고열 장해와 생체 영향 3. 고열 측정 및 평가 4. 고열에 대한 대책
			2. 저온	1. 한랭의 생체 영향 2. 한랭에 대한 대책
		2. 이상기압	1. 이상기압	1. 이상기압의 정의 2. 고압환경에서의 생체 영향 3. 감압환경에서의 생체 영향 4. 기압의 측정 5. 이상기압에 대한 대책
			2. 산소결핍	1. 산소결핍의 개념 2. 산소결핍의 노출기준 3. 산소결핍의 인체장해 4. 산소결핍 위험 작업장의 작업 환경 측정 및 관리 대책
		3. 소음진동	1. 소음	1. 소음의 정의와 단위 2. 소음의 물리적 특성 3. 소음의 생체 작용 4. 소음에 대한 노출기준 5. 소음의 측정 및 평가 6. 청력보호구 7. 소음 관리 및 예방 대책
			2. 진동	1. 진동의 정의 및 구분 2. 진동의 물리적 성질 3. 진동의 생체 작용 4. 진동의 평가 및 노출기준 5. 방진보호구
		4. 방사선	1. 전리방사선	1. 전리방사선의 개요 2. 전리방사선의 종류 3. 전리방사선의 물리적 특성 4. 전리방사선의 생물학적 작용 5. 관리대책
			2. 비전리방사선	1. 비전리방사선의 개요 2. 비전리방사선의 종류 3. 비전리방사선의 물리적 특성 4. 비전리방사선의 생물학적 작용 5. 관리대책
			3. 조명	1. 조명의 필요성 2. 빛과 밝기의 단위 3. 채광 및 조명방법 4. 적정조명수준 5. 조명의 생물학적 작용 6. 조명의 측정방법 및 평가

출제기준

과목명	문제수	주요항목	세부항목	세세항목
산업 독성학	20	1. 입자상 물질	1. 종류, 발생, 성질	1. 입자상 물질의 정의 2. 입자상 물질의 종류 3. 입자상 물질의 모양 및 크기 4. 입자상 물질별 특성
			2. 인체 영향	1. 인체 내 축적 및 제거 2. 입자상 물질의 노출기준 3. 입자상 물질에 의한 건강 장해 4. 진폐증 5. 석면에 의한 건강장해 6. 인체 방어기전
		2. 유해 화학 물질	1. 종류, 발생, 성질	1. 유해물질의 정의 2. 유해물질의 종류 및 발생원 3. 유해물질의 물리적 특성 4. 유해물질의 화학적 특성
			2. 인체 영향	1. 인체 내 축적 및 제거 2. 유해화학물질에 의한 건강 장해 3. 감작물질과 질환 4. 유해화학물질의 노출기준 5. 독성물질의 생체 작용 6. 표적장기 독성 7. 인체의 방어기전
		3. 중금속	1. 종류, 발생, 성질	1. 중금속의 종류 2. 중금속의 발생원 3. 중금속의 성상 4. 중금속별 특성
			2. 인체 영향	1. 인체 내 축적 및 제거 2. 중금속에 의한 건강 장해 3. 중금속의 노출기준 4. 중금속의 표적장기 5. 인체의 방어기전
		4. 인체 구조 및 대사	1. 인체구조	1. 인체의 구성 2. 근골격계 해부학적 구조 3. 순환계 및 호흡계 4. 청각기관의 구조
			2. 유해물질 대사 및 축적	1. 생체 내 이동경로 2. 화학반응의 용량-반응 3. 생체막 투과 4. 흡수경로 5. 분포작용 6. 대사기전
			3. 유해물질 방어기전	1. 유해물질의 해독작용 2. 유해물질의 배출
			4. 생물학적 모니터링	1. 정의와 목적 2. 검사 방법의 분류 3. 체내 노출량 4. 노출과 모니터링의 비교 5. 생물학적 지표 6. 생체 시료 채취 및 분석방법 7. 생물학적 모니터링의 평가기준

출제기준

2 실기

· 적용기간 : 2020. 01. 01~2024. 12. 31

과목명	주요항목	세부항목	세세항목
작업환경 관리실무	1. 작업환경 측정 및 평가	1. 입자상 물질을 측정, 평가하기	1. 분진흡입에 대한 인체의 방어기전에 대하여 기술할 수 있다. 2. 분진의 크기 표시 및 침강 속도에 대하여 기술할 수 있다. 3. 입자별 크기에 따른 노출기준에 대하여 기술할 수 있다. 4. 여과지의 종류 및 특성에 대하여 기술할 수 있다. 5. 작업종류에 따른 입자상 유해물질에 대하여 기술할 수 있다. 6. 입자상 물질의 측정방법을 알고 평가할 수 있다.
		2. 유해물질을 측정, 평가하기	1. 가스상 물질의 측정 개요에 대하여 기술할 수 있다. 2. 가스상 물질의 성질에 대하여 기술할 수 있다. 3. 연속 시료채취에 대하여 기술할 수 있다. 4. 순간 시료채취에 대하여 기술할 수 있다. 5. 흡착의 원리에 대하여 기술할 수 있다. 6. 시료 채취 시 주의사항에 대하여 기술할 수 있다. 7. 흡착관의 종류에 대하여 기술할 수 있다. 8. 유해물질의 측정방법 및 평가에 대하여 기술할 수 있다.
		3. 소음 및 진동을 측정, 평가하기	1. 소음진동의 인체 영향에 대하여 기술할 수 있다. 2. 소음의 측정 및 평가에 대하여 기술할 수 있다. 3. 진동의 측정 및 평가에 대하여 기술할 수 있다.
		4. 극한온도 등 유해인자를 측정, 평가하기	1. 이상기압에 대한 인체 영향을 기술할 수 있다. 2. 고열환경의 측정 및 평가에 대하여 기술할 수 있다. 3. 한랭 환경의 측정 및 평가에 대하여 기술할 수 있다. 4. 직업성 피부질환의 발생요인에 대하여 기술할 수 있다. 5. 유해광선에 대한 측정 및 평가에 대하여 기술할 수 있다.
		5. 산업위생통계에 대하여 기술하기	1. 통계의 필요성에 대하여 기술할 수 있다. 2. 용어에 대하여 기술할 수 있다. 3. 평균, 표준편차, 표준오차에 대하여 기술할 수 있다. 4. 신뢰구간에 대하여 기술할 수 있다.
	2. 작업환경 관리	1. 입자상 물질의 관리 및 대책을 수립하기	1. 일반적인 분진 및 유해입자의 관리에 대하여 기술할 수 있다. 2. 분진 작업에서의 관리에 대하여 기술할 수 있다. 3. 석면 작업에서의 관리에 대하여 기술할 수 있다. 4. 금속먼지 및 흄 작업에서의 관리에 대하여 기술할 수 있다. 5. 기타 작업에서의 관리에 대하여 기술할 수 있다.

출제기준

과목명	주요항목	세부항목	세세항목
		2. 유해화학물질의 관리 및 평가하기	1. 유해화학물질의 정의에 대하여 기술할 수 있다. 2. 유해화학물질의 표시에 대하여 기술할 수 있다. 3. 유기화합물의 관리 및 대책을 수립할 수 있다. 4. 산, 알칼리의 관리 및 대책을 수립할 수 있다. 5. 가스상 물질의 관리 및 대책을 수립할 수 있다.
		3. 소음 및 진동을 관리하고 대책 수립하기	1. 일반적인 소음의 대책을 수립할 수 있다. 2. 흡음에 의한 관리대책을 수립할 수 있다. 3. 차음에 의한 관리대책을 수립할 수 있다. 4. 기타 공학적 소음대책을 수립할 수 있다. 5. 진동의 관리 및 대책을 수립할 수 있다. 6. 개인보호구에 대하여 기술할 수 있다.
		4. 산업 심리에 대하여 기술하기	1. 산업심리의 영역에 대하여 기술할 수 있다. 2. 직무 스트레스 원인에 대하여 기술할 수 있다. 3. 직무 스트레스 평가할 수 있다. 4. 직무 스트레스 관리할 수 있다. 5. 조직과 집단에 대하여 기술할 수 있다. 6. 직업과 적성에 대하여 기술할 수 있다.
		5. 노동 생리에 대하여 기술하기	1. 근육의 대사과정에 대하여 기술할 수 있다. 2. 산소 소비량에 대하여 기술할 수 있다. 3. 작업강도에 대하여 기술할 수 있다. 4. 에너지 소비량에 대하여 기술할 수 있다. 5. 작업자세에 대하여 기술할 수 있다. 6. 작업시간과 휴식에 대하여 기술할 수 있다.
	3. 환기 일반	1. 유체역학에 대하여 기술하기	1. 단위, 밀도, 점성에 대하여 기술할 수 있다. 2. 비중량, 비체적, 비중에 대하여 기술할 수 있다. 3. 유량과 유속에 대하여 기술할 수 있다. 4. 속도압, 정압, 전압, 증기압에 대하여 기술할 수 있다. 5. 밀도보정계수에 대하여 기술할 수 있다. 6. 압력손실에 대하여 기술할 수 있다. 7. 마찰손실에 대하여 기술할 수 있다. 8. 베르누이의 정리에 대하여 기술할 수 있다. 9. 레이놀드 수에 대하여 기술할 수 있다.
		2. 환기량 및 환기방법에 대하여 기술하기	1. 유해물질에 대한 전체 환기량에 대하여 기술할 수 있다. 2. 환기량 산정방법에 대하여 기술할 수 있다. 3. 환기량을 평가할 수 있다. 4. 공기 교환횟수에 대하여 기술할 수 있다. 5. 환기방법의 종류를 기술할 수 있다.
		3. 기온, 기습, 압력에 대하여 기술하기	1. 기온에 대하여 기술할 수 있다. 2. 기습에 대하여 기술할 수 있다. 3. 압력에 대하여 기술할 수 있다.
	4. 전체 환기	1. 전체 환기에 대하여 기술하기	1. 환기의 방식에 대하여 기술할 수 있다. 2. 전체 환기의 원칙에 대하여 기술할 수 있다. 3. 강제 환기에 대하여 기술할 수 있다. 4. 자연환기에 대하여 기술할 수 있다. 5. 제한조건에 대하여 기술할 수 있다.

출제기준

과목명	주요항목	세부항목	세세항목
		2. 전체 환기 시스템 설계, 점검 및 유지관리하기	1. 환기시스템에 대하여 기술할 수 있다. 2. 공기공급 시스템에 대하여 기술할 수 있다. 3. 공기공급 방법에 대하여 기술할 수 있다. 4. 공기혼합 및 분배에 대하여 기술할 수 있다. 5. 배출물의 재유입에 대하여 기술할 수 있다. 6. 설치, 검사 및 관리에 대하여 기술할 수 있다.
	5. 국소환기	1. 후드에 대하여 기술하기	1. 후드의 종류에 대하여 기술할 수 있다. 2. 후드의 선정방법에 대하여 기술할 수 있다. 3. 후드 제어속도에 대하여 기술할 수 있다. 4. 후드의 필요 환기량에 대하여 기술할 수 있다. 5. 후드의 정압에 대하여 기술할 수 있다. 6. 후드의 압력손실에 대하여 기술할 수 있다. 7. 후드의 유입손실에 대하여 기술할 수 있다.
		2. 닥트에 대하여 기술하기	1. 닥트의 직경과 원주에 대하여 기술할 수 있다. 2. 닥트의 길이 및 곡률반경에 대하여 기술할 수 있다. 3. 닥트의 반송속도에 대하여 기술할 수 있다. 4. 닥트의 압력손실에 대하여 기술할 수 있다. 5. 설치 및 관리에 대하여 기술할 수 있다.
		3. 송풍기에 대하여 기술하기	1. 송풍기의 기초이론에 대하여 기술할 수 있다. 2. 송풍기의 종류에 대하여 기술할 수 있다. 3. 송풍기의 선정방법에 대하여 기술할 수 있다. 4. 송풍기의 동력에 대하여 기술할 수 있다. 5. 송풍량 조절방법에 대하여 기술할 수 있다. 6. 작동점과 성능곡선에 대하여 기술할 수 있다. 7. 송풍기 상사법칙에 대하여 기술할 수 있다. 8. 송풍기 시스템의 압력손실에 대하여 기술할 수 있다. 9. 연합운전과 소음대책에 대하여 기술할 수 있다. 10. 설치 및 관리에 대하여 기술할 수 있다.
		4. 국소환기 시스템 설계, 점검, 유지관리하기	1. 준비단계에 대하여 기술할 수 있다. 2. 설계절차 및 방법에 대하여 기술할 수 있다. 3. 공기흐름의 분배에 대하여 기술할 수 있다. 4. 압력 손실 계산에 대하여 기술할 수 있다. 5. 속도변화에 대한 보정에 대하여 기술할 수 있다. 6. 단순 국소배기장치의 설계에 대하여 기술할 수 있다. 7. 복합 국소배기장치의 설계에 대하여 기술할 수 있다. 8. 푸시-풀 시스템에 대하여 기술할 수 있다. 9. 설치 및 관리에 대하여 기술할 수 있다.
		5. 공기 정화에 대하여 기술하기	1. 선정 시 고려사항에 대하여 기술할 수 있다. 2. 공기정화기의 종류에 대하여 기술할 수 있다. 3. 입자상 물질의 처리에 대하여 기술할 수 있다. 4. 가스상 물질의 처리에 대하여 기술할 수 있다.

과목명	주요항목	세부항목	세세항목
			5. 압력손실에 대하여 기술할 수 있다. 6. 집진장치의 종류에 대하여 기술할 수 있다. 7. 흡수법에 대하여 기술할 수 있다. 8. 흡착법에 대하여 기술할 수 있다. 9. 연소법에 대하여 기술할 수 있다.
	6. 보건관리계획수립 평가	1. 사업장 보건문제 사정하기	1. 사업장의 인구학적 특성, 작업관리 특성, 작업환경특성, 조직체계 현황을 파악하여 분석 할 수 있다. 2. 사업장의 건강관리실 이용현황, 유소견자 현황, 산업재해 건수, 건강검진 현황과 같은 건강수준을 파악 할 수 있다. 3. 사업장 안전보건활동의 과정과 효과성을 파악할 수 있다.
		2. 안전보건활동 계획 수립하기	1. 보건활동의 문제점을 도출하고 우선 순위를 정할 수 있다. 2. 보건활동의 목적과 목표를 설정하고 사업명을 계획할 수 있다. 3. 안전보건활동의 사업별 대상, 기간, 방법, 성과지표, 업무분장, 소요예산 등 을 계획할 수 있다. 4. 성과지표에 따른 안전보건 활동의 기대효과를 예측할 수 있다.
		3. 안전보건활동 평가하기	1. 산업안전보건규정에 의거하여 안전보건활동을 지도, 감독 할 수 있다. 2. 안전보건활동의 대상, 기간, 역할분담을 정할 수 있다. 3. 필요시 안전보건활동을 조정 할 수 있다. 4. 안전보건활동의 참여자에 대하여 필요한 사전 자체교육을 수행 할 수 있다. 5. 노사협의회, 산업안전보건위원회를 통해 협조를 요청할 수 있다. 6. 모니터링을 통해 안전보건활동을 점검할 수 있다.
	7. 안전보건관리체제 확립	1. 산업안전보건위원회 활동하기	1. 부서별로 작업장 자체점검을 통한 보건관리 추진상황을 확인하고, 근로자위원의 건의사항을 취합하여 보건 분야의 요구사항을 수집할 수 있다. 2. 산업안전보건위원회의 보건 분야 심의 안건을 문서로 작성할 수 있다. 3. 사용자위원으로 회의에 참석하여 보건 분야 의견을 제시할 수 있다. 4. 회의결과를 주지하고 이행 여부를 확인할 수 있다.
		2. 관리감독자 지도·조언하기	1. 관리감독자가 지휘·감독하는 작업과 보건점검 및 이상 유무의 확인에 관해 지도/조언할 수 있다. 2. 관리감독자에게 소속된 근로자의 작업복·보호구 및 방호장치의 점검과 그 착용·사용에 관한 교육·지도에 관해 지도/조언할 수 있다.

출제기준

과목명	주요항목	세부항목	세세항목
			3. 해당 작업에서 발생한 산업재해에 관한 보고 및 이에 대한 응급조치에 관해 지도/조언할 수 있다. 4. 해당 작업의 작업장 정리·정돈 및 통로확보에 대한 확인·감독에 관해 지도/조언할 수 있다.
	8. 산업보건정보관리	1. 산업안전보건법에 따른 기록 관리하기	1. 산업안전보건법령에서 요구하는 보건관리업무의 서류와 자료를 적법하게 수집, 정리할 수 있다. 2. 법에서 요구하는 기록의 보유기간에 맞추어서 기록을 보존하고, 유지관리할 수 있다. 3. 보관하는 문서를 필요시에 찾아보기 쉽게 요약정리하고 문서별로 중심어를 선정하여 기록의 검색에 활용할 수 있다.
		2. 업무수행기록 관리하기	1. 업무수행 중에 기록이 필요한 사항에 대하여 기록양식과 기록방법을 적절하게 채택할 수 있다. 2. 업무수행에 관한 기록을 하고 업무의 중요성과 활용도에 따라서 체계적으로 분류하고 보존기간을 결정할 수 있다. 3. 생성된 자료나 문서를 간단하게 통계처리하거나 요약하고 중심어를 선정하여 활용할 때에 쉽게 검색할 수 있도록 한다.
		3. 자료보관 활용하기	1. 산업보건관리에서 증거로서 가치가 있는 기록을 보존하여 쉽게 검색하고 활용하도록 할 수 있다. 2. 증거로서 가치가 있는 기록을 분류하고 편철하거나 전산화하여 보존할 수 있다. 3. 생산된 기록에 대하여 보유기간을 확인하고 판단하여 불필요한 기록은 폐기할 수 있다.
	9. 위험성 평가	1. 위험성평가 체계 구축하기	1. 안전보건관리책임자와 협조하여 위험성평가 체계를 구축할 수 있다. 2. 위험성평가를 위해 필요한 교육을 실시할 수 있다. 3. 위험성평가를 효과적으로 실시하기 위하여 실시계획서 작성에 참여할 수 있다. 4. 이해관계자와 위험성평가 방법을 결정하는 데 협조할 수 있다.
		2. 위험성평가 과정 관리하기	1. 위험성평가 과정에 필요한 보건 분야의 유해위험요인 정보를 제공할 수 있다. 2. 위험성평가의 과정 및 위험도 계산방법에 대하여 숙지할 수 있다. 3. 사업장 위험성평가에 관한 지침에 따라 위험성평가의 실시를 관리할 수 있다. 4. 유해·위험 요인별 위험도의 수준에 따라 위험 감소대책을 수립하는데 참여할 수 있다.

과목명	주요항목	세부항목	세세항목
		3. 위험성평가 결과 적용하기	1. 사업장 위험성평가에 관한 지침에 따라 위험성평가서의 결과를 해석할 수 있다. 2. 위험도가 높은 순으로 개선대책을 수립한 것 중 보건 분야에 적용할 것을 선별할 수 있다. 3. 위험성평가를 종료한 후 남아 있는 유해·위험 요인에 대해서 게시, 주지 등의 방법으로 근로자에게 알릴 수 있다. 4. 위험성평가 실시내용, 결과, 보건분야 개선 내용을 기록할 수 있다. 5. 보건 분야 위험감소대책이 지속적으로 시행되고 있는지 확인하고 보완할 수 있다.
	10. 작업관리	1. 작업부하관리하기	1. 효율적인 근로시간과 휴식시간을 계획하기 위하여 작업시간 및 작업자세, 휴식시간과 근로자 건강장해의 관계를 파악할 수 있다. 2. 건강장애예방을 위하여 정한 휴식시 간을 제안하여 개선할 수 있다. 3. 작업강도와 작업시간을 조절 할 수 있도록 개선안을 제시할 수 있다. 4. 유해·위험작업에서 근로시간과 관련된 근로자의 건강 보호를 위한 근로조건의 개선방법을 제시할 수 있다.
		2. 교대제 관리하기	1. 교대작업자의 작업설계 시 고려사항에 대해 제안할 수 있다. 2. 교대작업자의 건강관리를 위해 직무스트레스평가와 뇌·심혈관 질환발병 위험도평가를 실시하여 그 결과에 따라 건강증진프로그램을 제공할 수 있다. 3. 교대작업자로 배치할 때 업무적합성평가결과를 참조하여 적절한 작업에 배치할 수 있도록 제안할 수 있다. 4. 야간작업자를 분류하고 대상자에 대한 특수건강진단(배치 전, 배치 후)을 받도록 조치할 수 있다. 5. 야간작업으로 인한 건강장애를 예방하기 위한 사후관리를 할 수 있다.
		3. 보호구 관리하기	1. 보호구 착용대상자를 파악하여 보호구 구입, 지급, 착용, 보관에 대한 관리계획을 수립할 수 있다. 2. 해당보호구 선정기준에 따라 적격품을 선정할 수 있다. 3. 사업장 순회 점검 시 보호구 지급 및 관리 현황을 작성하여 관리할 수 있다. 4. 보건위생보호구의 착용지도를 위하여 호흡보호프로그램과 청력보호프로그램을 운영할 수 있다. 5. 해당 근로자 및 관리감독자를 대상으로 위생보호구 지급 착용에 따른 교육 및 훈련을 실시할 수 있다.

출제기준

과목명	주요항목	세부항목	세세항목
		4. 근골격계 질환예방관리프로그램 운영하기	1. 작업장의 인간공학적 유해요인을 파악하고 목록을 작성할 수 있다. 2. 근골격계 부담작업의 유무를 파악하여 근골격계 부담작업 개선계획을 수립할 수 있다. 3. 근골격계 부담작업을 수행하는 근로자의 자각 증상을 조사표를 사용하여 평가할 수 있다. 4. 근로자의 자각증상조사결과를 사업주에게 제출하여 개선의 필요성을 인지시킬 수 있다. 5. 근골격계 부담작업에 종사하는 근로자를 대상으로 근골격계 부담작업 유해요인 조사를 실시할 수 있다. 6. 유해요인조사결과에 따라 의학적 관리를 수행할 수 있다. 7. 근골격계 질환예방관리프로그램을 운영할 수 있다. 8. 노사가 함께 개선활동을 실행할 수 있도록 노사참여형 개선활동기법을 추진할 수 있다.
	11. 건강관리	1. 건강진단 계획하기	1. 건강진단 실시를 위한 일반적 자료를 수집할 수 있다. 2. 작업환경 유해인자와 관련된 자료를 수집할 수 있다. 3. 건강진단 기관별 특성에 파악하여 적합한 건강진단 실시기관을 선정할 수 있다. 4. 건강진단 실시 계획을 수립하고 일정을 수립하며 문서 작성을 할 수 있다.
		2. 건강진단 실시하기	1. 계획된 건강진단 일정에 따라 건강진단 관련 자료를 근로자에 제공할 수 있다. 2. 설문지 작성, 검진과 관련된 주의사항 안내와 같이 해당 근로자에 적합한 정보를 충분히 제공하고 사전 준비를 할 수 있다. 3. 건강진단 실시에 적합한 환경을 조성하여 건강진단을 실시 할 수 있다. 4. 건강진단 실시 기관의 의료진에게 진단에 필요한 사업장 정보를 제공하고 협력하여 정확한 건강진단이 되도록 할 수 있다. 5. 건강진단 실시 결과를 분석하고 보고할 수 있다.
		3. 건강진단 사후관리하기	1. 건강진단 판정 등급과 업무적합성 평가 결과에 따라 사후관리 계획을 수립하고 실행할 수 있다. 2. 직업병 또는 업무관련성 질환과 일반질환에 대한 관리계획을 수립하고 실행할 수 있다. 3. 뇌심혈관질환 등 발병위험도 수준에 따른 관리계획을 수립하고 실행할 수 있다. 4. 건강진단 결과에 따라 업무관련성 질병 예방을 위한 작업환경, 작업조건 개선 사항을 인지하고 적합한 조치를 위한 건의를 할 수 있다. 5. 개인별, 부서별, 작업별 특성에 따른 사후관리 계획을 수립하고 실행할 수 있다. 6. 직업병 발생 시 장해보상신청절차에 대한 정보를 제공하고 적합한 조치를 취할 수 있다.

과목명	주요항목	세부항목	세세항목
		4. 증상 관리하기	1. 증상의 발견과 처치를 하기에 적합한 관찰과 정보수집을 할 수 있다. 2. 감염성 질환의 우려가 있는 경우 적합한 조치를 할 수 있다. 3. 증상의 정도에 따라 적합한 조치를 할 수 있다. 4. 해당 증상과 처치 사항을 상세하게 기록할 수 있다.
	12. 사업장 건강증진	1. 건강증진 요구 사정하기	1. 사업장 건강증진 요구 파악에 필요한 자료를 수집할 수 있다. 2. 수집한 자료를 근거로 사업장의 유해위험요인과 근로자의 생활습관 개선 요인 간 관계를 검토할 수 있다. 3. 건강생활실천에 대하여 우선순위를 결정하고, 사회적 관심, 행·재정, 자원 활용 등에 따라 타당성을 검토할 수 있다.
		2. 건강증진 계획하기	1. 사업장 건강증진 전략에 따라 건강증진 연간일정 계획을 수립할 수 있다. 2. 사업장 건강증진에 적합한 프로그램을 선정하거나 개발할 수 있다. 3. 건강증진 평가기준을 마련하고, 목표달성 정도가 반영되는 평가도구를 선정할 수 있다. 4. 관리담당자와 건강증진 프로그램 운영계획을 논의하고 조정할 수 있다. 5. 사업장 건강증진에 관한 정책과 규정을 논의하여 제정하고, 홍보를 계획할 수 있다. 6. 노사협의회, 안전보건위원회, 경영팀과 협의하여 건강증진 예산지원을 구성할 수 있다.
		3. 건강증진 프로그램운영하기	1. 건강증진 프로그램 연간계획표를 제공하고, 참여자를 확인할 수 있다. 2. 계획한 건강증진 프로그램을 제공하고, 지원할 수 있다. 3. 사업장을 순회하며 건강증진 프로그램 시행을 확인할 수 있다. 4. 프로그램 당사자들과 추후 건강증진에 대해 논의할 수 있다.
	13. 사업장보건교육	1. 보건교육 요구 사정하기	1. 사업장 보건교육 요구 파악에 필요한 자료를 수집할 수 있다. 2. 수집한 자료를 근거로 사업장의 유해위험 요인과 근로자의 질병위험 요인 간 관계를 검토할 수 있다. 3. 교육 종류(정기, 채용 시, 특별 교육)에 따라 교육대상에 대한 지침이나 기준을 확인할 수 있다. 4. 사업장의 보건교육 우선순위를 결정하고, 사회적 관심, 행·재정, 자원 활용 등에 따라 사업장 보건교육의 타당성을 검토할 수 있다.

출제기준

과목명	주요항목	세부항목	세세항목
		2. 보건교육 계획하기	1. 교육종류에 따라 보건교육의 연간일정 계획을 수립할 수 있다. 2. 사업장 보건교육의 원리에 따라 보건교육 계획안을 작성할 수 있다. 3. 보건교육 평가기준을 마련하고, 목표달성 정도가 반영되는 평가도구를 선정할 수 있다. 4. 관리담당자와 보건교육 계획 일정을 논의하고 조정할 수 있다. 5. 노사협의회, 안전보건위원회, 경영 팀과 협의하여 보건교육을 홍보하고 예산지원을 구성할 수 있다.
		3. 보건교육 실시하기	1. 보건교육 연간계획표를 제공하고, 보건교육 대상자를 확인할 수 있다. 2. 보건교육 계획에 따라 보건교육실시에 필요한 준비 사항을 확인할 수 있다. 3. 보건교육 계획안에 따라 교육을 실시하거나 지원할 수 있다. 4. 안전보건관리책임자, 관리감독자 및 특별교육대상자의 교육이수를 점검할 수 있다.

출제기준

[산업위생관리산업기사]

1 필기

· 적용기간 : 2020. 01. 01~2024. 12. 31

과목명	문제수	주요항목	세부항목	세세항목
산업위생학 개론	20	1. 산업위생	1. 역사	1. 외국의 산업위생 역사 2. 한국의 산업위생 역사
			2. 정의 및 범위	1. 산업위생의 정의 2. 산업위생의 범위
			3. 산업위생관리의 목적	1. 산업위생의 목적 2. 산업위생의 윤리강령
		2. 산업피로	1. 산업피로	1. 산업피로의 정의 및 종류 2. 피로의 원인 및 증상
			2. 작업조건	1. 에너지소비량 2. 작업강도 3. 작업시간과 휴식 4. 교대 작업 5. 작업 환경
			3. 개선대책	1. 산업피로의 측정과 평가 2. 산업피로의 예방 3. 산업피로의 관리 및 대책
		3. 인간과 작업환경	1. 노동생리	1. 근육의 대사과정 2. 산소 소비량 3. 작업자세
			2. 인간공학	1. 들기작업 2. 단순 및 반복작업 3. VDT 증후군 4. 노동 생리 5. 근골격계 질환 6. 작업부하 평가방법 7. 작업 환경의 개선
			3. 산업심리	1. 산업심리의 정의 2. 산업심리의 영역 3. 직무 스트레스 원인 4. 직무 스트레스 평가 5. 직무 스트레스 관리 6. 조직과 집단 7. 직업과 적성
			4. 직업성 질환	1. 직업성 질환의 정의와 분류 2. 직업성 질환의 원인 3. 직업성 질환의 진단과 인정 방법 4. 직업성 질환의 예방대책
		4. 실내 환경	1. 실내 오염의 원인	1. 물리적 요인 2. 화학적 요인 3. 생물학적 요인

출제기준

과목명	문제수	주요항목	세부항목	세세항목
			2. 실내 오염의 건강 장해	1. 빌딩 증후군 2. 복합 화학물질 민감 증후군 3. 실내오염 관련 질환
			3. 실내 오염 평가 및 관리	1. 유해인자 조사 및 평가 2. 실내오염 관리기준 3. 관리적 대책
		5. 산업재해	1. 산업재해 발생원인 및 분석	1. 산업재해의 개념 2. 산업재해의 분류 3. 산업재해의 원인 4. 산업재해의 분석 5. 산업재해의 통계
			2. 산업재해 대책	1. 산업재해의 보상 2. 산업재해의 대책
		6. 관련 법규	1. 산업안전보건법	1. 법에 관한 사항 2. 시행법령에 관한 사항 3. 시행규칙에 관한 사항 4. 산업보건기준에 관한 사항
			2. 산업위생 관련 고시에 관한 사항	1. 노출기준 고시 2. 환경 측정 및 정도관리 규정 3. 물질안전보건자료(MSDS)에 관한 고시
작업환경 측정 및 평가	20	1. 측정원리	1. 시료채취	1. 측정의 정의 2. 작업환경 측정의 목적 3. 작업환경 측정의 종류 4. 작업환경 측정의 흐름도 5. 작업환경 측정 순서와 방법 6. 준비작업 7. 유사 노출군의 결정 8. 유사 노출군의 설정방법 9. 단위작업장소의 측정설계
			2. 시료 분석	1. 보정의 원리 및 종류 2. 정도 관리 3. 측정치의 오차 4. 화학 및 기기분석법의 종류 5. 유해물질 분석절차 6. 포집시료의 처리방법 7. 기기분석의 감도와 검출한계 8. 표준액 제조검량선, 탈착효율 작성
		2. 분진 측정	1. 분진농도	1. 분진의 발생 및 채취 2. 분진의 포집기기 3. 분진의 농도계산
			2. 입자크기	1. 입자별 기준, 국제통합기준 3. 크기표시 및 침강속도 3. 입경 분포 분석

과목명	문제수	주요항목	세부항목	세세항목
		3. 유해 인자 측정	1. 화학적 유해 인자	1. 노출기준의 종류 및 적용 2. 화학적 유해인자의 측정원리 3. 입자상 물질의 측정 4. 가스 및 증기상 물질의 측정
			2. 물리적 유해 인자	1. 노출기준의 종류 및 적용 2. 소음 진동　　3. 고온과 한랭 4. 습도　　　　5. 이상기압 6. 조도　　　　7. 방사선
			3. 측정기기 및 기구	1. 측정 목적에 따른 분류 2. 측정기기의 종류 3. 흡광광도법 4. 원자흡광광도법, 유도결합플라즈마 (ICP) 5. 크로마토그래피
			4. 산업위생 통계처리 및 해석	1. 통계의 필요성 2. 용어의 이해 3. 자료의 분포 4. 평균 및 표준편차의 계산 5. 자료 분포의 이해 6. 측정 결과에 대한 평가 7. 노출기준의 보정 8. 작업환경 유해도 평가
작업환경관리	20	1. 입자상 물질	1. 종류, 발생, 성질	1. 입자상 물질의 정의 2. 입자상 물질의 종류 3. 입자상 물질의 모양 및 크기 4. 입자상 물질별 특성
			2. 인체에 미치는 영향	1. 인체 내 축적 및 제거 2. 입자상 물질의 노출기준 3. 입자상 물질에 의한 건강 장해 4. 진폐증 5. 석면에 의한 건강장해 6. 인체 방어기전
			3. 처리 및 대책	1. 입자상 물질의 발생 예방 2. 입자상 물질의 관리 및 대책
		2. 물리적 유해 인자 관리	1. 소음	1. 소음의 생체 작용 2. 소음에 대한 노출기준 3. 소음 관리 및 예방 대책 4. 청력보호구
			2. 진동	1. 진동의 생체 작용 2. 진동의 노출기준 3. 진동 관리 및 예방 대책 4. 방진보호구
			3. 기압	1. 이상기압의 정의 2. 고압환경에서의 생체 영향 3. 감압환경에서의 생체 영향 4. 이상기압에 대한 대책

출제기준

과목명	문제수	주요항목	세부항목	세세항목
			4. 산소결핍	1. 산소결핍의 개념 2. 산소결핍의 노출기준 3. 산소결핍의 인체장해 4. 산소결핍 위험작업장의 작업환경 측정 및 관리 대책
			5. 극한온도	1. 온열요소와 지적온도 2. 고열 장해와 인체 영향 3. 고열 측정 및 평가 4. 고열에 대한 대책 5. 한랭의 생체 영향 6. 한랭에 대한 대책
			6. 방사선	1. 전리방사선의 개요 및 종류 2. 전리방사선의 물리적 특성 3. 전리방사선의 생물학적 작용 4. 비전리방사선의 개요 및 종류 5. 비전리방사선의 물리적 특성 6. 비전리방사선의 생물학적 작용 7. 방사선의 관리대책 8. 방사선의 노출기준
			7. 채광 및 조명	1. 조명의 필요성 2. 빛과 밝기의 단위 3. 채광 및 조명방법 4. 적정조명수준 5. 조명의 생물학적 작용 6. 조명의 측정방법 및 평가
		3. 보호구	1. 각종 보호구	1. 개념의 이해 2. 호흡기의 구조와 호흡 3. 호흡용 보호구의 종류 및 선정방법 4. 호흡용 보호구의 검정규격 5. 눈 보호구 6. 피부 보호구 7. 기타 보호구
		4. 작업공정 관리	1. 작업공정개선대책 및 방법	1. 작업공정분석 2. 분진 공정 관리 3. 유해물질 취급 공정 관리 4. 기타 공정 관리
산업 환기	20	1. 환기 원리	1. 유체흐름의 기초	1. 산업 환기의 의미와 목적 2. 환기의 기본 원리 3. 유체의 역학적 원리 4. 공기의 성질과 오염물질 5. 공기압력 6. 압력손실 7. 흡기와 배기
			2. 기류, 유속, 유량, 기습, 압력, 기온 등 환기인자	1. 기류의 종류, 원인, 대책 2. 기습의 원인 및 대책 3. 유속의 계산 4. 유량의 산출 5. 압력의 영향 6. 기온의 영향

과목명	문제수	주요항목	세부항목	세세항목
		2. 전체 환기	1. 희석, 혼합, 공기 순환	1. 희석의 개요 2. 희석의 방법 및 효과 3. 혼합의 개요 4. 혼합방법 및 효과 5. 공기순환 시스템
			2. 환기량과 환기방법	1. 유해물질에 대한 전체 환기량 2. 환기량 산정방법 3. 환기량 평가 4. 공기 교환횟수 5. 환기방법의 종류
			3. 흡, 배기시스템	1. 환기시스템 2. 공기공급 시스템 3. 공기공급 방법 4. 공기혼합 및 분배 5. 배출물의 재유입 6. 설치, 검사 및 관리
		3. 국소 환기	1. 후드	1. 후드의 종류 2. 후드의 선정방법 3. 후드 제어속도 4. 후드의 필요 환기량 5. 후드의 정압 6. 후드의 압력손실 7. 후드의 유입손실
			2. 닥트	1. 닥트의 직경과 원주 2. 닥트의 길이 및 곡률반경 3. 닥트의 반송속도 4. 닥트의 압력손실 5. 설치 및 관리
			3. 송풍기	1. 송풍기의 기초이론 2. 송풍기의 종류 3. 송풍기의 선정방법 4. 송풍기의 동력 5. 송풍량 조절방법 6. 작동점과 성능곡선 7. 송풍기 상사법칙 8. 송풍기 시스템의 압력손실 9. 연합운전과 소음대책 10. 설치 및 관리
			4. 공기정화장치	1. 선정 시 고려사항 2. 공기정화기의 종류 3. 입자상 물질의 처리 4. 가스상 물질의 처리 5. 압력손실 6. 집진장치의 종류 7. 흡수법 8. 흡착법 9. 연소법

출제기준

과목명	문제수	주요항목	세부항목	세세항목
		4. 환기시스템	1. 성능검사	1. 국소배기 시설의 구성 2. 국소배기 시설의 역할 3. 점검의 목적과 형태 4. 점검 사항과 방법 5. 검사 장비 6. 필요 환기량 측정 7. 압력측정
			2. 유지관리	1. 국소배기장치의 검사 주기 2. 자체검사 3. 유지보수 4. 공기공급 시스템

출제기준

2 실기

· 적용기간 : 2020. 01. 01~2024. 12. 31

과목명	주요항목	세부항목	세세항목
작업환경 관리실무	1. 작업환경 측정 및 평가	1. 입자상 물질을 측정, 평가하기	1. 분진흡입에 대한 인체의 방어기전에 대하여 기술할 수 있다. 2. 분진의 크기 표시 및 침강 속도에 대하여 기술할 수 있다. 3. 입자별 크기에 따른 노출기준에 대하여 기술할 수 있다. 4. 여과지의 종류 및 특성에 대하여 기술할 수 있다. 5. 작업종류에 따른 입자상 유해물질에 대하여 기술할 수 있다. 6. 입자상 물질의 측정방법을 알고 평가할 수 있다.
		2. 유해물질을 측정, 평가하기	1. 가스상 물질의 측정 개요에 대하여 기술할 수 있다. 2. 가스상 물질의 성질에 대하여 기술할 수 있다. 3. 연속 시료채취에 대하여 기술할 수 있다. 4. 순간 시료채취에 대하여 기술할 수 있다. 5. 흡착의 원리에 대하여 기술할 수 있다. 6. 시료 채취 시 주의사항에 대하여 기술할 수 있다. 7. 흡착관의 종류에 대하여 기술할 수 있다. 8. 유해물질의 측정방법 및 평가에 대하여 기술할 수 있다.
		3. 소음 및 진동을 측정, 평가하기	1. 소음진동의 인체 영향에 대하여 기술할 수 있다. 2. 소음의 측정 및 평가에 대하여 기술할 수 있다. 3. 진동의 측정 및 평가에 대하여 기술할 수 있다.
		4. 극한온도 등 유해인자를 측정, 평가하기	1. 이상기압에 대한 인체 영향을 기술할 수 있다. 2. 고열환경의 측정 및 평가에 대하여 기술할 수 있다. 3. 한랭환경의 측정 및 평가에 대하여 기술할 수 있다. 4. 직업성 피부질환의 발생요인에 대하여 기술할 수 있다. 5. 유해광선에 대한 측정 및 평가에 대하여 기술할 수 있다.
		5. 산업위생통계에 대하여 기술하기	1. 통계의 필요성에 대하여 기술할 수 있다. 2. 용어에 대하여 기술할 수 있다. 3. 평균, 표준편차, 표준오차에 대하여 기술할 수 있다. 4. 신뢰구간에 대하여 기술할 수 있다.
	2. 작업환경관리	1. 입자상 물질의 관리 및 대책을 수립하기	1. 일반적인 분진 및 유해입자의 관리에 대하여 기술할 수 있다. 2. 분진 작업에서의 관리에 대하여 기술할 수 있다. 3. 석면 작업에서의 관리에 대하여 기술할 수 있다. 4. 금속먼지 및 흄 작업에서의 관리에 대하여 기술할 수 있다. 5. 기타 작업에서의 관리에 대하여 기술할 수 있다.

출제기준

과목명	주요항목	세부항목	세세항목
		2. 유해화학물질의 관리 및 평가하기	1. 유해화학물질의 정의에 대하여 기술할 수 있다. 2. 유해화학물질의 표시에 대하여 기술할 수 있다. 3. 유기화합물의 관리 및 대책을 수립할 수 있다. 4. 산, 알칼리의 관리 및 대책을 수립할 수 있다. 5. 가스상 물질의 관리 및 대책을 수립할 수 있다.
	3. 환기 일반	1. 환기량 및 환기방법에 대하여 기술하기	1. 유해물질에 대한 전체 환기량에 대하여 기술할 수 있다. 2. 환기량 산정방법에 대하여 기술할 수 있다. 3. 환기량을 평가할 수 있다. 4. 공기 교환횟수에 대하여 기술할 수 있다. 5. 환기방법의 종류를 기술할 수 있다.
		2. 기온, 기습, 압력, 유속, 유량에 대하여 기술하기	1. 단위, 밀도, 점성에 대하여 기술할 수 있다. 2. 비중량, 비체적, 비중에 대하여 기술할 수 있다. 3. 기온에 대하여 기술할 수 있다. 4. 기습에 대하여 기술할 수 있다. 5. 유량과 유속에 대하여 기술할 수 있다. 6. 속도압, 정압, 전압, 증기압에 대하여 기술할 수 있다. 7. 밀도보정계수에 대하여 기술할 수 있다. 8. 압력손실에 대하여 기술할 수 있다. 9. 마찰손실에 대하여 기술할 수 있다. 10. 베르누이의 정리에 대하여 기술할 수 있다. 11 레이놀드 수에 대하여 기술할 수 있다.
	4. 전체 환기	1. 전체 환기에 대하여 기술하기	1. 환기의 방식에 대하여 기술할 수 있다. 2. 전체 환기의 원칙에 대하여 기술할 수 있다. 3. 강제 환기에 대하여 기술할 수 있다. 4. 자연환기에 대하여 기술할 수 있다. 5. 제한조건에 대하여 기술할 수 있다.
		2. 전체 환기 시스템의 점검 및 유지 관리하기	1. 환기시스템에 대하여 기술할 수 있다. 2. 공기공급 시스템에 대하여 기술할 수 있다. 3. 공기공급 방법에 대하여 기술할 수 있다. 4. 공기혼합 및 분배에 대하여 기술할 수 있다. 5. 배출물의 재유입에 대하여 기술할 수 있다. 6. 설치, 검사 및 관리에 대하여 기술할 수 있다.
	5. 국소환기	1. 후드에 대하여 기술하기	1. 후드의 종류에 대하여 기술할 수 있다. 2. 후드의 선정방법에 대하여 기술할 수 있다. 3. 후드 제어속도에 대하여 기술할 수 있다. 4. 후드의 필요 환기량에 대하여 기술할 수 있다. 5. 후드의 정압에 대하여 기술할 수 있다. 6. 후드의 압력손실에 대하여 기술할 수 있어야 한다. 7. 후드의 유입손실에 대하여 기술할 수 있다.
		2. 닥트에 대하여 기술하기	1. 닥트의 직경과 원주에 대하여 기술할 수 있어야 한다. 2. 닥트의 길이 및 곡률반경에 대하여 기술할 수 있다. 3. 닥트의 반송속도에 대하여 기술할 수 있다. 4. 닥트의 압력손실에 대하여 기술할 수 있다. 5. 설치 및 관리에 대하여 기술할 수 있다.

과목명	주요항목	세부항목	세세항목
		3. 송풍기에 대하여 기술하기	1. 송풍기의 기초이론에 대하여 기술할 수 있다. 2. 송풍기의 종류에 대하여 기술할 수 있다. 3. 송풍기의 선정방법에 대하여 기술할 수 있다. 4. 송풍기의 동력에 대하여 기술할 수 있다. 5. 송풍량 조절방법에 대하여 기술할 수 있다. 6. 작동점과 성능곡선에 대하여 기술할 수 있다. 7. 송풍기 상사법칙에 대하여 기술할 수 있다. 8. 송풍기 시스템의 압력손실에 대하여 기술할 수 있다. 9. 연합운전과 소음대책에 대하여 기술할 수 있다. 10. 설치 및 관리에 대하여 기술할 수 있다.
		4. 국소환기 시스템 점검 및 유지관리 하기	1. 준비단계에 대하여 기술할 수 있다. 2. 공기흐름의 분배에 대하여 기술할 수 있다. 3. 압력 손실 계산에 대하여 기술할 수 있다. 4. 속도변화에 대한 보정에 대하여 기술할 수 있다. 5. 푸시-풀 시스템에 대하여 기술할 수 있다. 6. 설치 및 관리에 대하여 기술할 수 있다.
		5. 공기 정화에 대하여 기술하기	1. 선정 시 고려사항에 대하여 기술할 수 있다. 2. 공기정화기의 종류에 대하여 기술할 수 있다. 3. 입자상 물질의 처리에 대하여 기술할 수 있다. 4. 가스상 물질의 처리에 대하여 기술할 수 있다. 5. 압력손실에 대하여 기술할 수 있다. 6. 집진장치의 종류에 대하여 기술할 수 있다. 7. 흡수법에 대하여 기술할 수 있다. 8. 흡착법에 대하여 기술할 수 있다. 9. 연소법에 대하여 기술할 수 있다.
	6. 보건관리계획수 립평가	1. 안전보건활동 계 획수립하기	1. 보건활동의 문제점을 도출하고 우선순위를 정할 수 있다. 2. 보건활동의 목적과 목표를 설정하고 사업명을 계획할 수 있다. 3. 안전보건활동의 사업별 대상, 기간, 방법, 성과지표, 업무분장, 소요예산 등을 계획할 수 있다. 4. 성과지표에 따른 안전보건 활동의 기대효과를 예측할 수 있다.
	7. 안전보건관리체 제확립	1. 산업안전보건위원 회 활동하기	1. 부서별로 작업장 자체점검을 통한 보건관리 추진 상황을 확인하고, 근로자위원의 건의사항을 취합하여 보건 분야의 요구사항을 수집할 수 있다. 2. 산업안전보건위원회의 보건 분야 심의안건을 문서로 작성할 수 있다. 3. 사용자위원으로 회의에 참석하여 보건 분야 의견을 제시할 수 있다. 4. 회의결과를 주지하고 이행 여부를 확인할 수 있다.
		2. 관리감독자 지도 ・조언하기	1. 관리감독자가 지휘・감독하는 작업과 보건점검 및 이상 유무의 확인에 관해 지도/조언할 수 있다.

출제기준

과목명	주요항목	세부항목	세세항목
			2. 관리감독자에게 소속된 근로자의 작업복·보호구 및 방호장치의 점검과 그 착용·사용에 관한 교육·지도에 관해 지도/조언할 수 있다. 3. 해당 작업에서 발생한 산업재해에 관한 보고 및 이에 대한 응급조치에 관해 지도/조언할 수 있다. 4. 해당 작업의 작업장 정리·정돈 및 통로확보에 대한 확인·감독에 관해 지도/조언할 수 있다.
	8. 산업보건 정보관리	1. 산업안전보건법에 따른 기록 관리하기	1. 산업안전보건법령에서 요구하는 보건관리업무의 서류와 자료를 적법하게 수집, 정리할 수 있다. 2. 법에서 요구하는 기록의 보유기간에 맞추어서 기록을 보존하고, 유지관리할 수 있다. 3. 보관하는 문서를 필요시에 찾아보기 쉽게 요약정리하고 문서별로 중심어를 선정하여 기록의 검색에 활용할 수 있다.
		2. 업무수행기록 관리하기	1. 업무수행 중에 기록이 필요한 사항에 대하여 기록양식과 기록방법을 적절하게 채택할 수 있다. 2. 업무수행에 관한 기록을 하고 업무의 중요성과 활용도에 따라서 체계적으로 분류하고 보존기간을 결정할 수 있다. 3. 생성된 자료나 문서를 간단하게 통계처리하거나 요약하고 중심어를 선정하여 활용할 때에 쉽게 검색할 수 있도록 한다.
		3. 자료보관 활용하기	1. 산업보건관리에서 증거로서 가치가 있는 기록을 보존하여 쉽게 검색하고 활용하도록 할 수 있다. 2. 증거로서 가치가 있는 기록을 분류하고 편철하거나 전산화하여 보존할 수 있다. 3. 생산된 기록에 대하여 보유기간을 확인하고 판단하여 불필요한 기록은 폐기할 수 있다.
	9. 위험성 평가	1. 위험성평가 체계 구축하기	1. 안전보건관리책임자와 협조하여 위험성평가 체계를 구축할 수 있다. 2. 위험성평가를 위해 필요한 교육을 실시할 수 있다. 3. 위험성평가를 효과적으로 실시하기 위하여 실시 계획서 작성에 참여할 수 있다. 4. 이해관계자와 위험성평가 방법을 결정하는 데 협조할 수 있다.
		2. 위험성평가 과정 관리하기	1. 위험성평가 과정에 필요한 보건 분야의 유해위험요인 정보를 제공할 수 있다. 2. 위험성평가의 과정 및 위험도 계산 방법에 대하여 숙지할 수 있다. 3. 사업장 위험성평가에 관한 지침에 따라 위험성평가의 실시를 관리할 수 있다. 4. 유해·위험 요인별 위험도의 수준에 따라 위험감소대책을 수립하는데 참여할 수 있다.

출제기준

과목명	주요항목	세부항목	세세항목
		3. 위험성평가 결과 적용하기	1. 사업장 위험성평가에 관한 지침에 따라 위험성평가서의 결과를 해석할 수 있다. 2. 위험도가 높은 순으로 개선대책을 수립한 것 중 보건 분야에 적용할 것을 선별할 수 있다. 3. 위험성평가를 종료한 후 남아 있는 유해위험요인에 대해서 게시, 주지 등의 방법으로 근로자에게 알릴 수 있다. 4. 위험성평가 실시내용, 결과, 보건 분야 개선 내용을 기록할 수 있다. 5. 보건 분야 위험감소대책이 지속적으로 시행되고 있는지 확인하고 보완할 수 있다.
	10. 작업관리	1. 작업부하관리하기	1. 효율적인 근로시간과 휴식시간을 계획하기 위하여 작업시간 및 작업자세, 휴식시간과 근로자 건강장해의 관계를 파악할 수 있다. 2. 건강장애예방을 위하여 적정한 휴식 시간을 제안하여 개선할 수 있다. 3. 작업강도와 작업시간을 조절할 수 있도록 개선안을 제시할 수 있다. 4. 유해·위험작업에서 근로시간과 관련된 근로자의 건강 보호를 위한 근로조건의 개선방법을 제시할 수 있다.
		2. 교대제 관리하기	1. 교대작업자의 작업설계 시 고려사항에 대해 제안할 수 있다. 2. 교대작업자의 건강관리를 위해 직무스트레스평가와 뇌·심혈관질환 발병 위험도평가를 실시하여 그 결과에 따라 건강증진프로그램을 제공할 수 있다. 3. 교대작업자로 배치할 때 업무적합성 평가결과를 참조하여 적절한 작업에 배치할 수 있도록 제안할 수 있다. 4. 야간작업자를 분류하고 대상자에 대한 특수건강진단(배치 전, 배치 후)을 받도록 조치할 수 있다. 5. 야간작업으로 인한 건강장애를 예방하기 위한 사후관리를 할 수 있다.
		3. 보호구 관리하기	1. 보호구 착용대상자를 파악하여 보호구 구입, 지급, 착용, 보관에 대한 관리계획을 수립할 수 있다. 2. 해당보호구 선정기준에 따라 적격품을 선정할 수 있다. 3. 사업장 순회 점검 시 보호구 지급 및 관리 현황을 작성하여 관리할 수 있다. 4. 보건위생보호구의 착용지도를 위하여 호흡보호프로그램과 청력보호프로그램을 운영할 수 있다. 5. 해당 근로자 및 관리감독자를 대상으로 위생보호구 지급 착용에 따른 교육 및 훈련을 실시할 수 있다.

출제기준

과목명	주요항목	세부항목	세세항목
		4. 근골격계 질환예방 관리프로그램 운영하기	1. 작업장의 인간공학적 유해요인을 파악하고 목록을 작성할 수 있다. 2. 골격계 부담작업의 유무를 파악하여 근골격계 부담작업 개선계획을 수립할 수 있다. 3. 골격계 부담작업을 수행하는 근로자의 자각증상을 조사표를 사용하여 평가할 수 있다. 4. 근로자의 자각증상조사결과를 사업주에게 제출하여 개선의 필요성을 인지시킬 수 있다. 5. 골격계 부담작업에 종사하는 근로자를 대상으로 근골격계 부담작업 유해요인 조사를 실시할 수 있다. 6. 유해요인조사결과에 따라 의학적 관리를 수행할 수 있다. 7. 근골격계 질환예방관리프로그램을 운영할 수 있다. 8. 노사가 함께 개선활동을 실행할 수 있도록 노사참여형 개선활동기법을 추진할 수 있다.
	11. 건강관리	1. 건강진단 계획하기	1. 건강진단 실시를 위한 일반적 자료를 수집할 수 있다. 2. 작업환경 유해인자와 관련된 자료를 수집할 수 있다. 3. 건강진단 기관별 특성에 파악하여 적합한 건강진단 실시 기관을 선정할 수 있다. 4. 건강진단 실시 계획을 수립하고 일정을 수립하며 문서 작성을 할 수 있다.
		2. 건강진단 실시하기	1. 계획된 건강진단 일정에 따라 건강진단 관련 자료를 근로자에 제공할 수 있다. 2. 설문지 작성, 검진과 관련된 주의사항 안내와 같이 해당 근로자에 적합한 정보를 충분히 제공하고 사전 준비를 할 수 있다. 3. 건강진단 실시에 적합한 환경을 조성하여 건강진단을 실시할 수 있다. 4. 건강진단 실시 기관의 의료진에게 진단에 필요한 사업장정보를 제공하고 협력하여 정확한 건강진단이 되도록 할 수 있다. 5. 건강진단 실시 결과를 분석하고 보고할 수 있다.
		3. 건강진단 사후관리하기	1. 건강진단 판정 등급과 업무적합성 평가 결과에 따라 사후관리 계획을 수립하고 실행할 수 있다. 2. 직업병 또는 업무관련성 질환과 일반질환에 대한 관리 계획을 수립하고 실행할 수 있다. 3. 뇌심혈관질환 등 발병위험도 수준에 따른 관리계획을 수립하고 실행할 수 있다. 4. 건강진단 결과에 따라 업무관련성 질병 예방을 위한 작업환경, 작업조건 개선 사항을 인지하고 적합한 조치를 위한 건의를 할 수 있다.

출제기준

과목명	주요항목	세부항목	세세항목
			5. 개인별, 부서별, 작업별 특성에 따른 사후관리 계획을 수립하고 실행할 수 있다. 6. 직업병 발생 시 장해보상신청 절차에 대한 정보를 제공하고 적합한 조치를 취할 수 있다.
	12. 사업장보건 교육	1. 보건교육 계획하기	1. 교육종류에 따라 보건교육의 연간일정 계획을 수립할 수 있다. 2. 사업장 보건교육의 원리에 따라 보건교육 계획안을 작성할 수 있다. 3. 보건교육 평가기준을 마련하고, 목표달성 정도가 반영되는 평가도구를 선정할 수 있다. 4. 관리담당자와 보건교육 계획 일정을 논의하고 조정할 수 있다. 5. 노사협의회, 안전보건위원회, 경영 팀과 협의하여 보건교육을 홍보하고 예산지원을 구성할 수 있다.
		2. 보건교육 실시하기	1. 보건교육 연간계획표를 제공하고, 보건교육 대상자를 확인할 수 있다. 2. 보건교육 계획에 따라 보건 교육실시에 필요한 준비 사항을 확인할 수 있다. 3. 보건교육 계획안에 따라 교육을 실시하거나 지원할 수 있다. 4. 안전보건관리책임자, 관리감독자 및 특별교육대상자의 교육이수를 점검할 수 있다.

Contents

제1편 산업위생학 개론

Chapter 1 산업위생의 개념 ·· 3
    1. 산업위생·산업위생학_3   2. 산업위생의 역사·관련 기구_10
    3. 산업위생의 윤리강령_20

Chapter 2 인간과 작업환경 ·· 25
    1. 인간공학 개요_25   2. 노동과 영양의 관계_55
    3. 산업피로_63   4. 산업심리_97
    5. 직업성 질환_104

Chapter 3 실내환경 ·· 120
    1. 실내(사무실) 오염의 원인물질_120   2. 실내오염의 건강장해_124
    3. 실내오염(작업장 포함) 평가 및 관리_129

Chapter 4 관련법규 ·· 150
    1. 용어의 정의·밀폐공간_150
    2. 소음에 의한 건강장해의 예방_154
    3. 근로자의 건강진단·근골격계 장애의 예방_157
    4. 사무실 공기관리 및 작업환경 측정·석면해체_165
    5. 보건관리자·안전보건관리자_174
    6. 유해·위험물질의 관리 및 물질안전보건자료 작성_181
    7. 특별관리물질·허용기준 이하 유지대상 유해인자·발암물질_187
    8. 근로시간 연장제한과 작업장 환경개선_192
    9. 작업환경 측정·정도관리, 노출기준에 관한 사항_194

Chapter 5 산업재해 ·· 196
    1. 산업재해 발생원인 분석_196   2. 산업재해 대책·보상_206

[실기편] 산업위생학 개론 관련 2차 필답형(실기)
    ❖ 이론형 쓰기문제_212   ❖ 필답형 계산문제_221

제2편 작업위생(환경) 측정 및 평가

Chapter 1 측정 및 분석기초 ··· 231
    1. 일반 측정사항_231   2. 분석기기 및 분석장치 일반_251

Chapter 2 시료채취 계획 및 보정 ··· 267
    1. 시료채취 계획_267   2. 보정(유량보정)_291

Chapter 3 증기/가스상 오염물질의 시료채취와 분석 ··· 300
    1. 시료채취방식_300   2. 능동식-연속시료채취방법_304

Chapter 4 입자상 오염물질의 시료채취와 분석 ································ 328
    1. 일반 입자상 물질의 시료채취 및 분석_328
    2. 석면 시료채취와 분석_351

Chapter 5 물리적 유해인자 측정·영향 ································ 354
    1. 소음과 진동_354   2. 온열인자·고열과 한랭_387
    3. 이상기압_416   4. 밀폐공간, 산소결핍에 따른 영향_433
    5. 전리방사선과 그 영향_438   6. 비전리방사선과 그 영향_453

Chapter 6 평가 및 통계 ································ 470
    1. 자료의 대푯값 산정_470   2. 오차, 정확도·정밀도_477
    3. 유해물질농도 표준화와 노출평가_481

[실기편] 작업위생(환경) 측정 및 평가 관련 2차 필답형(실기)
    ❖ 이론형 쓰기문제_484   ❖ 필답형 계산문제_503

제3편 산업환기 및 작업환경 관리대책

Chapter 1 산업환기의 기초 ································ 529
    1. 환기시스템에서 기류흐름에 작용하는 압력_529
    2. 환기공학의 기초_534

Chapter 2 산업환기 개념과 전체환기 ································ 549
    1. 국소배기장치 및 전체환기장치의 적용/특성_549
    2. 환기량 계산_561
    3. 혼합물·온열·습도 조절을 위한 환기량 계산_568

Chapter 3 국소환기 ································ 574
    1. 국소배기장치의 구성과 후드의 특징_574
    2. 제어속도와 반송속도_590
    3. 국소장치 및 후드의 환기량 산정_603
    4. 압력손실과 정압평형 유지_616   5. 송풍기_635
    6. 공기정화(집진장치·유해가스 처리장치)_660

[실기편] 산업환기 관련 2차 필답형(실기)
    ❖ 이론형 쓰기문제_683   ❖ 필답형 계산문제_701

Chapter 4 작업환경관리 ································ 734
    1. 작업환경 관리방법·개선대책_734   2. 안전보호구·위생보호구_745
    3. 호흡기 오염물질과 호흡기 보호구·보호구의 구비조건_751
    4. 호흡기 유해물질관리_771   5. 작업장의 소음·진동관리_774
    6. 작업장의 온열·한랭 관리_796   7. 조명관계 이론_800
    8. 작업장의 조명 및 채광관리_806

Contents

[실기편] 작업환경 관리대책 관련 2차 필답형(실기)
- ✤ 이론형 쓰기문제_816
- ✤ 필답형 계산문제_819

제4편 산업독성학

Chapter 1 산업독성학 총론 ·· 823
1. 용어의 정의 및 기초개념_823
2. 진폐증·자극성·질식성·전신독성·금속열_840

Chapter 2 입자·기체상 물질의 특성과 건강장애 ··· 857
1. 체내의 흡수·침착·방어기전_857
2. 액체·기체상 유해물질의 특성과 영향_867
3. 피부질환_900
4. 발암(發癌)_907

Chapter 3 중금속의 독성 ·· 915
1. 납(Pb)_915
2. 수은(Hg)_921
3. 카드뮴(Cd)_925
4. 크롬(Cr)_928
5. 망간(Mn)_932
6. 베릴륨(Be)·비소(As)·니켈(Ni)·구리(Cu) 등_934

Chapter 4 생물학적 모니터링과 역학조사 ··· 944
1. 생물학적 모니터링_944
2. 역학조사_961

[실기편] 산업독성학 관련 2차 필답형(실기)
- ✤ 이론형 쓰기문제_974
- ✤ 필답형 계산문제_977

부 록 과년도 출제문제

- 제3회 산업위생관리기사(2018. 8. 19 시행)_981
- 제3회 산업위생관리산업기사(2018. 8. 19 시행)_998
- 제1회 산업위생관리기사(2019. 3. 3 시행)_1011
- 제1회 산업위생관리산업기사(2019. 3. 3 시행)_1028
- 제2회 산업위생관리기사(2019. 4. 27 시행)_1041
- 제2회 산업위생관리산업기사(2019. 4. 27 시행)_1058
- 제3회 산업위생관리기사(2019. 8. 4 시행)_1072
- 제3회 산업위생관리산업기사(2019. 8. 4 시행)_1090
- 제1, 2회 산업위생관리기사(2020. 6. 6 시행)_1104
- 제1, 2회 산업위생관리산업기사(2020. 6. 6 시행)_1122
- 제3회 산업위생관리기사(2020. 8. 22 시행)_1136
- 제3회 산업위생관리산업기사(2020. 8. 22 시행)_1155
- 제4회 산업위생관리기사(2020. 9. 26 시행)_1170
- 제1회 산업위생관리기사(2021. 3. 7 시행)_1188

- 제2회 산업위생관리기사(2021. 5. 15 시행)_1206
- 제3회 산업위생관리기사(2021. 8. 14 시행)_1228
- 제1회 산업위생관리기사(2022. 3. 15 시행)_1248
- 제2회 산업위생관리기사(2022. 4. 24 시행)_1271

MEMO

PART 01 산업위생학 개론

1. 산업위생의 개념
2. 인간과 작업환경
3. 실내환경
4. 관련법규
5. 산업재해
2차 필답형(실기)

CHAPTER 01 산업위생의 개념

1 산업위생·산업위생학

 이승원의 **minimum point**

(1) 산업위생의 정의와 목적

① **산업위생의 정의** : 미국산업위생학회(AIHA)에서 규정하는 산업위생의 정의는 다음과 같다.
"산업위생이란 근로자나 일반 대중에게 질병·건강장해·안녕방해·심각한 불쾌감 및 능률저하 등을 초래하는 **작업환경 요인**과 **스트레스**를 **예측**(anticipation), **인식**(인지, recognition), **측정**(measurement)·**평가**(evaluation)하고 **관리**(control)하는 과학과 기술이다."

■ **산업위생 활동 순서** : 예측 → 인식(인지) → 측정 → 평가 → 관리

 비교/ **산업보건의 정의**

세계보건기구(WHO)와 **국제노동기구**(ILO)에 따르면 "산업보건이란 모든 직업에서 일하는 근로자들의 육체적·정신적 그리고 사회적 건강을 고도로 유지·증진시키며, 직업조건으로 인한 질병을 예방하고, 건강에 유해한 취업을 방지하며, 근로자들을 생리적으로나 심리적으로 적합한 작업환경에 배치하여 일하도록 하는 것" → **요약하면** 작업이 인간에게 그리고 일하는 사람이 그 직무에 적합하도록 마련하는 것으로 정의하고 있다.

① **산업위생의 목적** : 산업위생의 궁극적인 목적은 적절하지 못한 작업환경에 기인하여 발생된 질병의 진단과 치료가 아니라 이를 **예방**하는데 있으며, 최적의 작업환경 또는 작업조건을 유지함으로써 근로자의 건강을 유지하고, 작업능률을 향상시키는 데 있다. 따라서 **산업위생관리의 목적과 업무**는 다음과 같이 요약될 수 있다.
  □ 작업환경 및 작업조건의 **인간공학적 개선**
  □ 직업성 질환의 **근원적 예방**
  □ 직업성 질환 유소견자의 **작업전환**
  □ 산업재해의 **예방과 작업능률의 향상**
  □ 작업자의 **건강보호 및 생산성의 향상**

① **산업위생의 활동** : 미국산업위생학회(AIHA)의 산업위생에 대한 정의에서 제시된 4가지 주요 활동요소는 **예측** → **인식(인지)·측정** → **평가** → **관리**이다.

- **예측**(anticipation) : 산업위생 활동에서 처음으로 요구되는 활동이 예측이다. 기존 작업환경 조건 및 예측은 물론이고, 새롭게 조성되는 작업환경이나 공정 등으로 인한 근로자의 건강장해 및 영향도 사전에 예측하여야 한다.
- **인식**(인지, recognition) 및 **측정**(measurement) : 인식은 물리, 화학, 생물, 인간공학, 공기역학적 인지(認知)로 구분할 수 있으며, 현존상황에서 존재 또는 잔재하고 있는 유해인자들의 특성이 구체적으로 평가되어야 한다. 또한 작업환경이나 조건의 유해정도를 정성적·정량적으로 계측하여야 한다.
- **평가**(evaluation) : 유해인자에 대한 양 또는 정도가 근로자들의 건강에 어떤 영향을 미칠 것인지 판단하는 의사결정 단계로서 예비조사의 목적과 범위, 노출정도를 노출기준과 통계적인 근거로 비교한 판정 등이 이루어지며, 넓은 의미에서는 시료의 채취와 분석까지도 포함된다.
- **관리**(control) : 관리는 유해인자로부터 근로자를 보호하는 모든 수단을 말한다. 관리의 우선 순위는 공학적인 관리(대치, 격리, 포위, 환기법 등)와 개인보호 장구에 의한 관리가 먼저 이루어져야 하며, 그 다음 행정적인 관리가 이루어지도록 한다.

비교/ **산업보건의 목적**

- **건강증진** : 모든 직업에서 노동자의 신체적, 정신적, 사회적 안녕을 최고수준으로 증진하고 유지시킨다.
- **작업조건에 기인하는 질병의 예방** : 노동자들의 노동조건으로 야기된 건강상의 문제를 예방한다.
- **고용중인 근로자의 건강 보호** : 노동자들이 고용상태를 유지한 상태에서 건강에 해로운 요인으로 발생하는 위험으로부터 노동자들을 보호한다.
- **생리·심리적인 적성 배치** : 산업환경을 노동자들의 신체적, 정신적 능력에 적합하게 만들고 유지한다. 요약하면 노동조건을 사람에게 맞추고 각 사람들을 그의 업무에 맞추도록 한다.

(2) 산업위생학의 영역과 기본과제

- **학문적 영역** : 산업위생학은 "근로자의 건강과 쾌적한 작업환경을 위해 **공학적으로 연구하는 학문**"으로 정의된다. "산업위생학"은 "산업보건학"과 혼용되기도 하지만 **"산업보건"**은 직업을 가지고 있는 사람을 대상으로 건강을 유지·증진시키는 모든 활동영역을 의미한다고 볼 수 있지만 **"산업위생"**은 노동생리학에 기초를 둔 학문으로 산업보건 보다는 **협의적 의미**를 지닌다. **"산업의학분야"**는 근로자들의 건강과 치료에 중점을 두지만 **"산업위생분야"**는 작업환경과 조건의 유해인자를 사전에 인지하고 관리한다는 측면에서 관심의 주관을 달리하고 있다.
- **기본과제** : 산업위생분야의 기본적인 연구과제는 다음과 같다.
  - □ 최적 작업환경 조성에 관한 연구 및 유해 작업환경에 의한 신체적 영향 연구
  - □ 작업능력의 신장과 저하에 따르는 작업조건의 연구
  - □ 작업능력의 신장과 저하에 따르는 정신적 조건의 연구
  - □ 노동력의 재생산과 사회경제적 조건에 관한 연구

01. 산업위생의 개념

- 기사 : 매회 출제대비
- 산업 : 매회 출제대비

다음 중 산업위생의 정의에 있어 중요 4가지 활동요소에 해당하지 않는 것은?

① 예측 ② 인식
③ 제거 ④ 관리

[해설] 산업위생의 정의에 있어 중요 4가지 활동요소는 예측(anticipation), 인식(인지, recognition), 평가(evaluation), 관리(control)이다.　　답 ③

유.사.문.제

01 산업위생의 정의에 있어 4가지 주요 활동에 해당하지 않는 것은? [16 산업][16,18 기사]
① 관리(control)
② 평가(evaluation)
③ 인지(recognition)
④ 보상(compensation)

02 다음 내용은 미국산업위생학회(AIHA)의 산업위생에 대한 정의이다. 빈 칸의 내용이 알맞게 연결된 것은? [00,03,06,08,10,11 산업]

> 산업위생이란 근로자나 일반 대중에게 질병, 건강장해와 안녕 방해, 심각한 불쾌감 및 능률 저하 등을 초래하는 작업환경 요인과 스트레스를 (　), (　), (　)하고, (　)하는 과학과 기술이다.

① 예측, 측정, 평가, 관리
② 측정, 평가, 관리, 보상
③ 예방, 치료, 재활, 보상
④ 치료, 재활, 관리, 보상

03 다음 중 산업위생의 주요 활동에서 맨 처음으로 요구되는 활동은? [11 산업]
① 인지
② 예측
③ 측정
④ 평가

hint 산업위생의 주요 활동에서 맨 처음으로 요구되는 활동은 예측이다.

04 다음 중 산업위생의 정의와 가장 거리가 먼 단어는? [17 산업]
① 예측 ② 감사
③ 측정 ④ 관리

05 다음 중 산업위생의 정의와 가장 거리가 먼 것은? [13 기사]
① 사회적 건강 유지 및 증진
② 근로자의 체력 증진 및 진료
③ 육체적, 정신적 건강 유지 및 증진
④ 생리적, 심리적으로 적합한 작업환경에 배치

06 다음 중 산업위생의 정의에 대한 설명으로 틀린 것은? [17 산업]
① 직업병을 판정하는 분야도 포함된다.
② 작업환경관리는 산업위생의 중요한 분야이다.
③ 유해인자의 예측·인지·평가·관리하는 학문
④ 근로자·일반 대중의 건강장해 예방

07 다음 중 산업위생 활동의 순서로 올바른 것은? [14 산업][14 기사]
① 관리 → 인지 → 예측 → 측정 → 평가
② 인지 → 예측 → 측정 → 평가 → 관리
③ 예측 → 인지 → 측정 → 평가 → 관리
④ 측정 → 평가 → 관리 → 인지 → 예측

정답 | 01.④ 02.① 03.② 04.② 05.② 06.① 07.③

PART 1 산업위생학 개론

종합연습문제

01 산업위생의 정의에 나타난 산업위생의 활동단계 4가지 중 평가(evaluation)에 포함되지 않는 것은? [11,16 기사]
① 시료의 채취와 분석
② 예비조사의 목적과 범위 결정
③ 노출정도를 노출기준과 통계적인 근거로 비교하여 판정
④ 물리적, 화학적, 생물학적, 인간공학적 유해인자 목록 작성

hint 산업위생의 평가(Evaluation)과정에 포함되어야 할 사항은 다음과 같다.
- 조사의 목적과 범위
- 시료의 채취와 분석
- 노출정도를 노출기준과 비교한 판정

02 다음 중 산업위생의 정의를 가장 올바르게 설명한 것은? [15,16,19 산업][15②,19② 기사]
① 근로자가 일반 대중의 건강점검과 질병의 치료를 연구하는 학문이다.
② 인간과 주위의 생화학적 관계를 조사하여 질병의 원인을 분석하는 기술이다.
③ 인간과 직업, 기계, 환경, 노동의 관계를 과학적으로 연구하는 학문이다.
④ 근로자나 일반 대중에게 질병 등을 초래하는 작업환경 요인과 스트레스를 예측, 측정, 평가, 관리하는 과학기술이다.

03 산업위생의 정의에 포함되지 않는 산업위생전문가의 활동은? [18 산업]
① 지역 주민의 건강의식에 대하여 설문지로 조사한다.
② 지하상가 등에서 공기시료 등을 채취하여 유해인자를 조사한다.
③ 지역 주민의 혈액을 직접 채취하고 생체시료 중의 중금속을 분석한다.
④ 특정사업장에서 발생한 직업병의 사회적 영향에 대하여 조사한다.

04 산업위생의 목적과 거리가 먼 것은? [01,09,11②,15② 산업][10,12,14,16 기사]
① 작업환경의 개선
② 작업자의 건강보호
③ 직업병 치료와 보상
④ 작업조건의 인간공학적 개선

05 다음 중 산업위생의 목적과 가장 거리가 먼 것은? [02,03 산업][15,16,17 기사]
① 근로자의 건강을 유지·증진시키고 작업능률을 향상시킴
② 근로자들의 육체적, 정신적, 사회적 건강을 유지·증진시킴
③ 유해한 작업환경 및 조건으로 발생한 질병을 진단하고 치료함
④ 작업환경 및 작업조건이 최적화 되도록 개선하여 질병을 예방함

hint 산업위생의 궁극적인 목적은 질병의 진단과 치료가 아니라 예방하는 데 있다.

06 산업보건의 기본적인 목표와 가장 관계가 깊은 것은? [11,17 산업]
① 질병의 진단
② 질병의 치료
③ 질병의 예방
④ 질병에 대한 보상

hint 산업보건의 기본적인 목표와 가장 관계가 깊은 것은 질병의 예방에 있다.

□ **산업보건의 정의·기본 목표**(ILO & WHO)
- 근로자의 육체적, 정신적, 사회적 건강을 고도로 유지·증진한다.
- 산업장의 작업조건이 근로자의 건강을 해치지 않도록 한다(질병 예방).
- 건강에 유해한 취업을 방지하고, 건강의 유해인자에 폭로되지 않도록 한다.
- 신체적, 정신적으로 적성에 맞는 작업환경에 배치한다.

정답 | 01.② 02.④ 03.③ 04.③ 05.③ 06.③

종합연습문제

01 다음 중 산업근로자의 권익과 안전보건을 위한 국제기구로 국제노동기구(ILO)가 창립된 연도는? [06 산업]

① 1908년　　② 1919년
③ 1936년　　④ 1945년

hint 국제노동기구(ILO)는 1919년에 창설되었다.

02 국제노동기구(ILO)는 산업보건사업의 권장조건으로써 3가지 기본목표를 제시하고 있다. 다음 중 기본목표에 해당되지 않는 것은? [17 산업]

① 후진국 근로자의 작업조건을 선진국 수준으로 향상시키는 데 기여
② 노동과 노동조건으로 일어날 수 있는 건강장해로부터 근로자 보호
③ 근로자의 정신적·육체적 안녕상태를 최대한으로 유지·증진시키는 데 기여
④ 작업에 있어서 근로자들의 정신적·육체적·육체적 적응, 특히 채용 시 적정 배치에 기여

03 다음 중 ILO와 WHO 공동위원회에서 정한 산업보건의 정의에 포함되어 있지 않은 내용은? [05,13,19 산업][00,07 기사]

① 근로자의 건강 진단 및 산업재해 예방
② 근로자들의 육체적, 정신적, 사회적 건강을 유지·증진
③ 근로자를 생리적, 심리적으로 적합한 작업환경에 배치
④ 작업조건으로 인한 질병예방 및 건강에 유해한 취업 방지

04 다음 중 국제노동기구(ILO)와 세계보건기구(WHO) 공동위원회에서 제시한 산업보건의 정의에 포함되지 않는 사항은? [01,15 산업]

① 근로자의 생산성을 향상시킨다.
② 건강에 유해한 취업을 방지한다.
③ 근로자의 건강을 고도로 유지·증진시킨다.
④ 근로자가 심리적으로 적합한 직무에 종사하게 한다.

05 국제노동기구(ILO) 협약에 제시된 산업보건 관리업무와 가장 거리가 먼 것은? [14,19 산업]

① 직장에 있어서 건강 유해요인에 대한 위험성의 확인과 평가
② 작업방법의 개선과 새로운 설비에 대한 건강상 계획의 참여
③ 작업능률 향상과 생산성 재고에 관한 기획
④ 산업보건교육, 훈련과 정보에 관한 협력

06 국제노동기구(ILO)의 '산업보건의 목표'와 가장 관계가 적은 것은? [15 산업]

① 노동과 노동조건으로 일어날 수 있는 건강장해로부터 근로자를 보호한다.
② 작업에 있어 근로자의 정신적·육체적 적응 특히, 채용 시 적정 배치한다.
③ 근로자의 정신적·육체적 안녕상태를 최대한으로 유지·증진시킨다.
④ 근로자가 직업병으로 판단되었을 때 신속히 회복되도록 최대한으로 잘 치료한다.

07 1950년 국제노동기구(ILO)와 세계보건기구(WHO) 공동위원회에서 발표한 산업보건의 정의에 포함되어 있지 않은 내용은? [04 기사]

① 근로자들의 육체적, 정신적 그리고 사회적 건강을 고도로 유지·증진
② 작업조건으로 인한 질병을 예방하고 건강에 유해한 취업을 방지
③ 근로자들에게 유해한 작업환경을 측정하고 평가, 분석
④ 근로자를 생리적으로나 심리적으로 적합한 작업환경에 배치

정답 | 01.② 02.① 03.① 04.① 05.③ 06.④ 07.③

PART 1 산업위생학 개론

종합연습문제

01 ILO와 WHO 공동위원회의 산업보건에 대한 정의와 가장 관계가 적은 것은? [18 산업]
① 작업조건으로 인한 질병을 치료하는 학문과 기술
② 작업이 인간에게, 또 일하는 사람이 그 직무에 적합하도록 마련하는 것
③ 근로자를 생리적으로나 심리적으로 적합한 작업환경에 배치하여 일하도록 하는 것
④ 모든 직업에 종사하는 근로자들의 육체적, 정신적, 사회적 건강을 고도로 유지·증진시키는 것

02 다음 중 산업위생의 중요성이 급속하게 대두된 원인과 거리가 먼 것은? [13 산업]
① 산업현장에 취업하는 근로자 수의 급격한 증가
② 근로자의 권익을 보호하고자 하는 시대적인 사회사조 대두
③ 노동생산성 향상을 위하여 인력관리 측면에서 근로자 보호가 필요
④ 대기오염에 의한 질병으로 인한 비용부담의 급속한 증가

> **hint** 산업위생은 대기오염 등 외기환경 중심이 아니라 산업현장 근로자의 작업환경 중심으로 쾌적한 작업환경의 조성과 권익보호 및 질병예방에 중요성을 두고 있다.

정답 ┃ 01.① 02.④

예상 02
- 기사 : 00,04
- 산업 : 10

다음은 근로자 건강보호의 목적으로 수행되는 산업보건분야의 업무에 대한 내용이다. 전문분야별 주요 업무가 적절하게 연결된 것은?
① 산업위생학 – 쾌적한 작업환경 조성을 공학적으로 연구
② 산업의학 – 근로자의 건강과 안전을 연구
③ 인간공학 – 인간과 직업, 기계, 환경, 근로의 관계를 인문사회학적으로 연구
④ 산업간호학 – 근로자의 건강증진, 질병의 예방과 치료를 연구

해설 산업위생학은 쾌적한 작업환경 조성을 공학적으로 연구하는 분야이다. 산업의학-근로자의 질병예방과 치료를 연구, 인간공학-인간과 직업, 기계, 환경, 근로의 관계를 과학적으로 연구, 산업간호학- 근로자의 건강과 질병의 예방연구 학문이다.

답 ①

유.사.문.제

01 다음 중 산업위생의 영역에 관한 설명으로 틀린 것은? [04 산업][01 기사]
① 노동의 생리학에 기초를 둔다.
② 작업장 외부의 환경관리를 위주로 한다.
③ 심리학, 공학, 이학, 사회학 등과 협력한다.
④ 산업사회의 질병을 퇴치하고 예방한다.

> **hint** 산업위생학은 외부 환경관리가 아니라 근로자의 건강과 밀접한 관계가 있는 작업환경을 공학적으로 연구하는 분야이다.

02 산업보건학에 있어 그 분야 및 학문은 다양하다. 산업보건학의 분야와 비교적 거리가 먼 학문은? [03 기사]
① 산업의학
② 산업위생학
③ 산업공학
④ 인간공학

정답 ┃ 01.② 02.③

종합연습문제

01 산업위생 영역 중 기본과제로서 거리가 먼 것은? [05,11,16 산업][14 기사]
① 작업장에서 생산성 향상에 관한 연구
② 노동력의 재생산과 사회경제적 조건에 관한 연구
③ 작업능력의 향상과 저하에 따른 작업조건 및 정신적 조건의 연구
④ 최적 작업환경 조성에 관한 연구 및 유해환경에 의한 신체적 영향 연구

02 산업위생관리에서 중점을 두어야 하는 구체적인 과제로 적합하지 않은 것은? [17 기사]
① 기계·기구의 방호장치 점검 및 적절한 개선
② 작업근로자의 작업자세와 육체적 부담의 인간공학적 평가
③ 기존 및 신규 화학물질의 유해성 평가 및 사용대책의 수립
④ 고령근로자 및 여성근로자의 작업조건과 정신적 조건의 평가

03 산업위생에 대한 일반적인 사항의 설명 중 틀린 것은? [18 산업]
① 유독물질 발생으로 인한 중독증을 관리하는 것으로 제조업 근로자가 주대상이다.
② 작업환경 요인과 스트레스에 대해 예측, 인식, 평가, 관리하는 과학과 기술이다.
③ 사업장의 노출정도에 따라 사업장에서 발생하는 유해인자에 대해 적절한 관리와 대책을 제시한다.
④ 산업위생전문가는 전문가로서의 책임, 근로자에 대한 책임, 기업주와 고객에 대한 책임, 일반 대중에 대한 책임 등의 윤리강령을 준수할 필요가 있다.

hint 산업위생 → 건강보호 및 근로조건의 개선

04 다음 중 산업위생의 기본적인 과제와 관계가 가장 적은 것은? [11 산업]
① 신기술의 개발에 따른 새로운 질병의 치료에 관한 연구
② 작업능력의 신장과 저하에 따르는 작업조건의 연구
③ 작업능력의 신장과 저하에 따르는 정신적 조건의 연구
④ 작업환경에 의한 신체적 영향과 최적환경의 연구

hint 질병치료에 관한 연구 → 산업의학분야

05 산업위생전문가의 과제가 아닌 것은? [18 기사]
① 작업환경의 조사
② 작업환경 조사결과의 해석
③ 유해물질과 대기오염 상관성 조사
④ 유해인자가 있는 곳의 경고 주의판 부착

hint 대기오염물질 → 작업장 오염물질

06 국제기구 중 국민의 영양권장량 설정과 관계있는 기구는? [00,04 기사]
① WHO
② ILO
③ FAO
④ IU

hint 국제연합식량농업기구(FAO)는 세계 식량 및 기아 문제 개선을 목적으로 하는 국제연합 산하 기구이다. Food and Agriculture Organization of the United Nations는 국제연합 전문기구의 하나로 식량과 농산물의 생산 및 분배능률 증진, 농민의 생활수준 향상 등을 목적으로 한다. 현재 191개 나라가 가입해 있다.

정답 | 01.① 02.① 03.① 04.① 05.③ 06.③

2 산업위생의 역사·관련 기구

 이승원의 **minimum point**

(1) 외국의 주요 역사
- B.C 4세기 : 광산에서 **납(Pb)중독** 보고 → **히포크라테스**(Hippocrates), **역사상 최초로 기록된 직업병**
- A.D 1세기 : 아연(Zn), 황(S)의 유해성 주장 → 플리니 디 엘더(Pliny the Elder), 방진마스크로 동물의 방광사용 제안
- A.D 2세기 : 구리(Cu) 광산에서 산(酸)증기의 위험성 보고 → 갈렌(Galen)
- 1473년 : 직업병과 위생에 관한 교육용 팜플렛 발간 → 엘렌보그(Ulrich Ellenbog)
- 1493~1541년 : 폐질환의 원인이 수은(Hg), 황(S) 및 염이라고 주장 → 파라셀수스(Philippus Paracelsus)
- 1494~1555년 : 먼지에 의한 **규폐증** 기록 → **아그리콜라**(Georgius Agricola)
- 1700년 : 직업인의 질병 발간 → 라마치니(Bernardino Ramazzini), 산업보건의 시조
- 18세기 : 사이다공장에서 납(Pb)에 의한 복통 발표 → 베이커(Sir Georg Baker)
  굴뚝 검댕과 **음낭암**의 관계(**최초 직업성 암**)를 밝힘 → **포트**(Percivall Pott)
  굴뚝청소부법 제정에 기여 → **포트**(Percivall Pott)
- 1883년 : **공장법 제정**(영국)
- 20세기 : **유해물질 노출과 질병과의 관계 규명** → **해밀턴**(Alice Hamilton)은 40여 년간 납(Pb), 수은(Hg), 이황화탄소(CS_2), 규폐증 등 조사
- 20세기 초 : 광산에서 규폐증을 조사하고 관리하기 시작함(미국)
  - 1911년 : **로리가**(Loriga)가 진동공구에 의한 수지의 **레이노**(Raynaud) **증상** 보고
  - 1919년 : **국제노동기구**(ILO) 창립
- 1970년 : 산업안전보건법 제정(미국)
- 1974년 : 산업보건안전법 제정(영국)

영국 공장법의 주요 내용

- 영국의 "**공장법**"은 **실제로 효과를 거둔 산업보건에 관한 최초의 법률**이다. 이 법의 내용을 요약하면 다음과 같다.
  - 감독관을 임명하여 공장을 감독한다.
  - 작업할 수 있는 연령을 **13세 이상**으로 제한한다.
  - **18세 미만** 근로자의 **야간작업을 금지**한다.
  - **주간**(週間) 작업을 **48시간**으로 제한한다.
  - **근로자**에게 **교육**을 시키도록 의무화한다.

비교/정리/ **산업위생·보건 관련 주요 인물사**

- **아버지/시조**로 일컬어지는 인물
  - 히포크라테스(Hippocrates) : 현대의학의 아버지, 광산의 **납중독**(그리스)
  - 라마치니(Ramazzini) : 산업보건의 시조(이탈리아)
  - 페텐코프(Pettenkofer) : 환경위생학 시조(독일)
- **최초**의 수식어가 붙는 인물/물질
  - 납중독 : 역사상 **최초**로 기록된 **직업병**
  - 라마치니(Bernardino Ramazzini) : 최초로 직업병 언급
  - 포트(Percivall Pott) : **최초**로 **직업성 암**인 **음낭암** 발견
  - 해밀턴(Alice Hamilton) : 미국 최초의 산업보건학자(최초 산업의학자)
  - 로버트 필(Robert peel) : 산업위생의 원리를 적용한 최초의 법률 제정에 기여(**도제건강** 및 도덕법)
- **질병/질환**에 대한 인물
  - 아그리콜라(Agricola) : "광물에 대하여"라는 저서, **규폐증** 언급
  - 플리니(Pliny the Elder) : 동물 방광으로 만든 방진마스크 사용
  - 베이커(Sir George Baker) : 사이다공장 납중독에 의한 복통 발표
  - 리가(Loriga) : 진동공구에 의한 수지의 **레이노씨 증상** 보고

(2) 미국의 주요 단체 및 기구

- **미국산업안전보건청(OSHA**, Occupational Safety and Health Administration)
  - 안전 프로그램들의 실시
  - 위생 및 안전과 관련된 기준들에 대한 새로운 설정과 기존의 잘못된 기준들을 폐기, 기업체 감찰
  - 프로그램들에 대한 조사, 질병 및 상해의 발생 비율에 대한 계속적 감시
  - 위생 및 안전에 관한 통계 데이터베이스의 관리 등을 수행

- **미국국립산업안전보건연구원(NIOSH**, National Institute of Occupational Safety & Health)
  - 근로자 또는 사업주의 요청에 의한 작업장 유해요인 조사
  - 작업관련 안전보건 연구 및 권고안 제출
  - 작업장내 화학물질, 기계 등의 유해위험성 평가
  - 산업안전보건청(OHSA) 또는 광산안전보건청(MSHA)에 적절한 기준 제안
  - 산업안전보건 인력 양성

- **미국정부산업위생전문가협의회(ACGIH**, American Conference of Governmental Industrial Hygienists)
  - 매년 화학물질과 물리적 인자에 대한 노출기준 및 생물학적 노출지수 발간
  - 노출기준 제정에 있어서 국제적으로 선구적인 역할을 담당하고 있는 기관
  - 다양한 학술세미나·전시회 개최, 산업안전보건관련 전문서적·자료의 개발과 보급

PART 1 산업위생학 개론

> ■ **미국산업위생협회(AIHA**, American Industrial Hygiene Association)
> □ 1939년에 발족된 민간단체로 산업위생학회의 성격을 갖는 단체
> □ 산업보건과 관련된 표준이나 기준의 제정을 위한 기초연구와 공식의견 제시
> □ 작업환경 측정과 관련된 실험실 정도관리 주관(민간의 질 향상과 표준화)
>
> **(3) 우리나라 산업위생의 역사**
> - 1926년 공장보건위생법 제정(**국내 최초 제정·도입**)
> - 1953년 산업위생 최초의 법령인 **근로기준법 제정**
> - 1954년 광산에서 **진폐증** 발견(우리나라에서 학계에 처음으로 보고된 직업병)
> - 1963년 대한산업보건협회 창립
> - 1977년 근로복지공사법 제정 및 근로복지공사 설립(부속병원 개설)
> - 1981년 **산업안전보건법** 공포(노동청이 노동부로 승격)
> - 1986년 유해물질 허용농도 제정
>   산업위생관련 자격제도 도입
> - 1990년 한국산업위생학회 창립, 국소배기장치에 관한 기준 제정
> - 1991년 원진레이온 **CS₂ 사회문제화**
> - 1992년 작업환경 측정 실시규정 제정, 한국산업안전공단 산업보건연구원 개원

예상 01
- 기사 : 04,14,19
- 산업 : 14

산업위생 역사에서 영국의 외과의사 Percivall Pott에 대한 내용 중 틀린 것은?

① 직업성 암을 최초로 보고하였다.
② 산업혁명 이전의 산업위생 역사이다.
③ 어린이 굴뚝청소부에게 많이 발생하던 음낭암(scrotal cancer)의 원인물질을 검댕(soot)이라고 규명하였다.
④ Pott의 노력으로 1788년 영국에서는 도제건강 및 도덕법(Health and Morals of Apprentices Act)이 통과되었다.

해설 산업위생의 원리를 적용한 최초의 법률 제정에 기여(도제건강 및 도덕법)한 인물은 로버트 필(Robert peel)이다. **답** ④

유.사.문.제

01 1833년 산업보건에 관한 법률로서 실제로 효과를 거둔 최초의 법인 '공장법'을 제정한 국가는? [06,10 산업][01,11 기사]
① 미국　　② 영국
③ 프랑스　④ 독일

02 산업위생의 역사에서 직업과 질병의 관계가 있음을 알렸고, 광산에서의 납중독을 보고한 사람은? [06,19 산업][02,03,12,16 기사]
① Larigo　　② Paracelsus
③ Percival Pott　④ Hippocrates

정답 ┃ 01.② 02.④

종합연습문제

01 1775년 영국에서 굴뚝청소부로 사역하였던 어린이에게서 음낭암을 발견한 사람은?
　　　　　　　[01,03,04②,05,07②,14 산업][06,19 기사]
① T.M Legge
② Gulen
③ Coriga
④ Percival pott

02 다음 중 아연과 황의 유해성을 주장하고 먼지 방지용 마스크로 동물의 방광을 사용토록 주장한 이는? [16 기사]
① Pliny　　　② Ramazzini
③ Galen　　　④ Paracelsus

03 직업성 암으로 최초 보고된 음낭암의 원인물질에 해당하는 것은?
　　　　　　　[00,03,10,11,19 산업][09,10,18 기사]
① 검댕(soot)　　② 납(lead)
③ 수은(mercury)　④ 카드뮴(cadmium)

　hint 음낭암의 주된 원인물질 → 검댕(soot), 다환방향족탄화수소(PAHs)

04 1911년 진동공구에 의한 수지의 Raynaud 증상을 보고한 사람은? [01,03,04,05,06,09,15 산업]
① Rebn
② Raynaud
③ Loriga
④ Rudolf Virchow

　hint 진동공구에 의한 수지의 레이노(Raynaud) 증상 보고 → 로리가(Loriga)

05 광부들의 사고와 질병, 예방방법, 비소독성 등을 포함한 광산업에 대한 상세한 내용을 설명한 "광물에 대하여"란 저서를 남긴 이는?
　　　　　　　[00,03,04,05,06② 산업]
① Rehn　　　② Pott
③ Ramazzini　　④ Agricola

06 영국에서 최초로 보고된 직업성 암의 종류는?　[05 산업][00,06,08②,09,12,15②,16② 기사]
① 폐암　　　② 골수암
③ 음낭암　　④ 기관지암

07 역사상 최초로 기록된 직업병은?
　　　　　　　[03,06,08,10②,12 산업]
　　　　　　　[01,03,07②,08,11,14 기사]
① 규폐증　　② 폐질환
③ 음낭암　　④ 납중독

08 다음 중 "모든 물질은 독성을 가지고 있으며, 중독을 유발하는 것은 용량(dose)에 의존한다."고 말한 사람은? [11,16 산업][07 기사]
① Galen　　　② Paracelsus
③ Agricola　　④ Hippocrates

09 산업위생의 역사적 인물과 업적을 잘못 연결한 것은? [03,16 산업]
① Galen-광산에서의 산 증기 위험성 보고
② Robert Owen-굴뚝청소부법의 제정에 기여
③ Alice Hamilton-유해물질 노출과 질병의 관계를 확인
④ Sir Georg Baker-사이다공장에서 납에 의한 복통 발표

　hint 굴뚝청소부법 제정에 기여-Percivall Pott

10 외국의 산업위생 역사에 대한 설명 중 인물과 업적이 잘못 연결된 것은? [17 기사]
① Galen-구리광산에서 산 증기의 위험성 보고
② Georgious Agricola-저서인 "광물에 관하여"를 남김
③ Pliny the Elder-분진 방지용 마스크로 동물의 방광사용 권장
④ Alice Hamilton-폐질환의 원인물질을 Hg, S 및 염이라 주장

　hint 폐질환의 원인이 수은(Hg), 황(S) 및 염이라고 주장한 학자는 파라셀수스이다.

정답 ┃ 01.④ 02.① 03.① 04.③ 05.④ 06.③ 07.④ 08.② 09.② 10.④

PART 1 산업위생학 개론

- 기사 : 04,06,17
- 산업 : 04,05

예상 02 다음이 설명하는 이 사람은 누구인가?

> 이 사람은 미국의 여의사로서 현대적 의미의 최초 산업위생전문가(혹은 최초 산업의학자)라고 하며 1910년 납공장을 시작으로 40여 년간 직업병을 발견하고 작업환경 개선에 힘썼으며 Harvard 대학 교수로 재직하였다. 그녀의 이름을 인용해 미국 Cincinnati에 있는 NIOSH 연구소를 일명 이 사람 연구소라고도 한다.

① Berger ② Hamilton
③ Baker ④ Patty

해설 앨리스 해밀턴(Alice Hamilton)은 산재와 직업병 연구의 선구자로 꼽히는 미국의 여의사로서 최초 산업위생전문가(혹은 최초 산업의학자)로 꼽히고 있다. 40여 년간 납(Pb), 수은(Hg), 이황화탄소(CS_2), 규폐증 등을 조사하여 각종 질병과 오염물질의 상관관계를 밝히는 데 공헌하였다. **답** ②

재/정/리/ 주요 포인트 한번 더 정리

- 히포크라테스(Hippocrates) : 역사상 최초로 기록된 직업병 광산의 Pb중독
- 라마치니(Ramazzini) : 최초로 직업병 언급(직업인의 질병 발간), 산업보건의 시조
- 포트(Percivall Pott) : 최초로 직업성 암인 음낭암 발견(원인은 검댕 중의 PAH)
- 해밀턴(Alice Hamilton) : 미국 최초의 산업보건학자, 유해물질 노출과 질병과의 관계 규명
- 아그리콜라(Agricola) : "광물에 대하여"라는 저서, 규폐증 언급
- 비스마르크(Bismark) : 사회보장제도(근로자 질병·재해보험법 제정)
- 로버트 필(Robert peel) : 산업위생의 원리를 적용한 최초의 법률 제정에 기여(도제건강 및 도덕법)
- 리가(Loriga) : 진동공구에 의한 수지의 레이노씨 증상 보고
- 루돌프 피르호(Rudolf Virchow) : 근대 병리학의 시조(세포병리학 저술)
- 페텐코프(Pettenkofer) : 환경위생학 시조(독일)
- 베이커(Sir George Baker) : 사이다공장 납중독에 의한 복통 발표
- 플리니(Pliny the Elder) : 동물 방광으로 만든 방진마스크 사용
- 렌(Rehn) : 아닐린 염료에서 직업성 방광암 발견

유.사.문.제

01 의학의 사회성 속에서 노동자의 건강보호를 주창한 근대 병리학의 시조로 불리우고 있는 사람은? [03,06 기사]

① Rudolf Virchow
② Galen
③ Pettenkoffer
④ Ramazzini

02 다음 중 산업보건의 시조라 불리며, 최초로 직업병에 대해 언급한 사람은? [09 산업]

① Pott
② Agricola
③ Galen
④ Ramazzini

정답 ▎ 01.① 02.④

01. 산업위생의 개념

- 기사 : 11,13
- 산업 : 06

예상 03 다음 중 1833년에 제정된 영국의 '공장법'에 대한 내용으로 옳은 것은?

① 작업연령을 15세 이상으로 제한한다.
② 16세 미만 근로자의 야간작업을 금지한다.
③ 주간작업시간을 48시간으로 제한한다.
④ 감독관을 임명하여 사업주 및 근로자에게 교육을 의무화한다.

해설 ③항만 옳다.
▶ 바르게 고쳐보기 ◀
① 작업할 수 있는 연령을 13세 이상으로 제한한다.
② 18세 미만 근로자의 야간작업을 금지한다.
④ 감독관을 임명하여 공장을 감독하게 하고, 근로자에게 교육을 의무화한다.

답 ③

유.사.문.제

01 다음 중 산업위생의 역사적 사실을 연결한 것으로 옳은 것은? [11 산업]

① 갈레노스 : 12세기, 납중독 보고
② 플리니 : 1세기, 방진마스크로 동물의 방광 사용
③ 히포크라테스 : B.C 4세기, 산업보건의 시조
④ 아그리콜라 : 13세기, 구리광산의 산(酸) 증기 위험성 보고

02 1802년 산업위생의 원리를 적용한 최초의 법률로 인정받는 '도제건강 및 도덕법' 제정의 주도적 역할을 한 사람은? [04,19 기사]

① Robert peel
② Percivall Pott
③ Alice Hamilton
④ Ulrich Ellenbog

03 독일에서 근로자 질병보험법(1883)과 공장재해보험법(1884)을 제정한 사람은? [04 산업]

① Bismark
② Rudolf Virchow
③ Max von Pettenkoffer
④ Villerme

04 다음 중 산업위생의 역사에 관한 설명으로 옳은 것은? [10 산업]

① 역사상 최초로 기록된 직업병은 수은중독이다.
② 최초의 직업성 암으로 보고된 것은 폐암이다.
③ 최초로 보고된 직업성 암의 원인물질은 납이었다.
④ 산업보건에 관한 법률로서 실제로 효과를 거둔 최초의 법은 영국의 "공장법"이다.

hint ④항만 옳다. 역사상 최초로 기록된 직업병은 광산 납(Pb)중독에 관한 보고이다. 최초의 직업성 암으로 보고된 것은 Pott가 보고한 검댕(soot)에 기인한 음낭암이며, 원인물질은 검댕내의 다환방향족탄화수소(PAHs)이다.

05 환경위생학의 시조이며 실험위생학을 강조한 이는? [06 기사]

① Pettenkofer
② Pliny the Elder
③ Ellenbog
④ Agricola

hint 페텐코프(Pettenkofer)는 환경위생학 시조이며, 실험위생학을 강조한 학자이다.

정답 ▌ 01.② 02.① 03.① 04.④ 05.①

PART 1 산업위생학 개론

종합연습문제

01 18세기에 사이다공장에서 납에 의한 복통을 발표한 사람은? [05 산업]
① 베이커 경(영국)
② 해밀턴(미국)
③ 아그리콜라(독일)
④ 로보트 필(영국)

02 유해분진을 막기 위해 동물의 방광을 사용하여 방진마스크로 사용할 것을 권장한 최초의 사람은? [00,05,06 기사]
① Hippocrates
② Gerogius Agricola
③ Plinly the Elder
④ Galen

03 다음 중 산업위생의 역사에 있어 주요 인물과 업적의 연결이 올바른 것은? [12 기사]
① Percivall Pott : 구리광산의 산 증기 위험성 보고
② Hippocrates : 역사상 최초의 직업병 보고
③ G. Agricola : 검댕에 의한 직업성 암의 최초 보고
④ Bernardino Ramazzini : 금속 중독과 수은의 위험성 규명

04 B.C 4세기 Hippocrates는 어떤 직업병을 기록하였는가? [06 산업]
① 구리 산(酸) 증기에 의한 폐질환
② 수은, 황에 의한 폐질환
③ 광산에서의 납중독
④ 황의 유해성과 중독

05 영국에서 최초로 직업성 암을 보고하여, 1788년 굴뚝청소부법이 통과되도록 노력한 사람은? [05 기사]
① Ramazzini   ② Paracelsus
③ Percivall Pott ④ Robert Owen

06 외국 산업위생의 역사와 관련된 내용으로 연결이 틀린 것은? [04 기사]
① Hippocrates-광산 납중독
② Galen-구리광산의 산 증기의 위험성 보고
③ Philippus Paracelsus-직업병과 위생에 관한 팜플렛 발간
④ Sir George Baker-사이다공장에서 납에 의한 복통 발표

hint Philippus Paracelsus-모든 물질은 독성을 가지고 있으며, 중독을 유발하는 것은 용량(dose)에 의존한다.

07 다음 중 산업위생의 역사에 있어 가장 오래된 것은? [11 기사]
① Pott : 최초의 직업성 암 보고
② Agricola : 먼지에 의한 규폐증 기록
③ Galen : 구리광산에서의 산의 위험성 보고
④ Hamilton : 유해물질 노출과 질병과의 관계 규명

08 1,800년대 산업보건에 관한 법률로서 실제로 효과를 거둔 영국의 공장법 내용과 거리가 먼 것은? [13,18 기사]
① 감독관을 임명하여 공장을 감독한다.
② 근로자에게 교육을 시키도록 의무화한다.
③ 18세 미만 근로자의 야간작업을 금지한다.
④ 작업할 수 있는 연령을 8세 이상으로 제한한다.

09 다음 중 세계 최초로 보고된 '직업성 암'에 관한 내용으로 틀린 것은? [09,17 산업]
① 18세기 영국에서 보고되었다.
② 보고된 병명은 진폐증이다.
③ Percival Pott에 의하여 규명되었다.
④ 발병자는 어린이 굴뚝청소부로 원인물질은 '검댕(soot)'이었다.

hint 최초의 직업성 암 → 음낭암(陰囊癌)

정답 | 01.① 02.③ 03.② 04.③ 05.③ 06.③ 07.③ 08.④ 09.②

종합연습문제

01 다음 중 시대별 산업위생의 역사가 올바르게 연결된 것은? [10 기사]

① B.C 4세기 : 광산에서의 폐질환 보고
② A.D 2세기 : 아연, 황의 유해성 주장
③ 1473년 : 직업병과 위생에 관한 교육용 팜플렛 발간
④ 18세기 : 수은중독에 의한 직업성 암을 최초 보고

hint ③항만 옳다.

▶ 바르게 고쳐보기 ◀
① B.C 4세기 : 광산에서 납(Pb)중독 보고
② A.D 1세기 : 아연(Zn), 황(S)의 유해성 주장
④ 15세기 말부터 납과 수은에 대한 유해성과 중독증상에 대한 보고가 있었으며, 17세기에는 영국 모자제조공장의 수은중독, 1956년 일본에서 유기수은 오염에 의한 미나마타병 등이 알려져 있다.

02 인간공학을 '인간과 기계의 관계를 합리화시키는 것'이라고 정의를 내린 과학자는? [04 산업]

① Ramazzini, B
② Barnes, B
③ Tayler, R.E
④ Woodson, W.E

03 시대별 외국의 산업위생 역사에서 인물과 업적이 틀리게 연결된 것은? [03 기사]

① Pliny the Elder-아연, 황의 유해성 주장 : 먼지 방지용 마스크로 동물의 방광 사용 권장
② Ulrich Ellenbog-직업병과 위생에 관한 교육용 팜플렛 발간
③ Georgius Agricola-광산 환기와 마스크 사용을 권장함(먼지에 의한 규폐증 언급)
④ Sir George Baker-유해물질 노출과 질병과의 관계 규명

hint 베이커(Sir George Baker)는 사이다공장에서 납(Pb)에 의한 복통을 유발한다고 보고하였다. 유해물질 노출과 질병과의 관계 규명한 사람은 해밀턴(Hamilton)이다.

정답 ┃ 01.③ 02.④ 03.④

- 기사 : 02,18
- 산업 : 14,19

04 다음 중 산업위생과 관련된 정보를 얻을 수 있는 기관으로 관계가 가장 적은 것은?

① EPA
② AIHA
③ ACGIH
④ OSHA

해설 EPA는 미국 환경보호청(Environmental Protection Agency)으로 산업위생과 관련된 정보를 얻을 수 있는 기관과 관계가 멀다.   답 ①

- 기사 : 00
- 산업 : 03

05 다음 중 산업보건 관련기관의 명칭이 잘못 짝지워진 것은?

① 미국산업위생학회-AIHA
② 영국산업위생학회-BOHS
③ 미국산업안전보건청-OSHA
④ 미국산업위생전문가협의회-NIOSH

해설 미국산업위생전문가협의회-ACGIH, NIOSH-미국국립산업안전보건연구원   답 ④

PART 1 산업위생학 개론

종합연습문제

01 산업위생분야에 관련된 단체와 그 약자를 연결한 것으로 틀린 것은? [07,18 산업]
① 영국산업위생학회-BOHS
② 미국산업위생학회-ACGIH
③ 미국산업안전보건청-OSHA
④ 미국국립산업안전보건연구원-NIOSH

hint 미국산업위생학회 : AIHA

02 다음 중 산업위생 관련기관의 약자와 명칭이 잘못 연결된 것은? [09,13 기사]
① ACGIH : 미국산업위생협회
② OSHA : 산업안전보건청(미국)
③ NIOSH : 국립산업안전보건연구원(미국)
④ IARC : 국제암연구소

hint ACGIH : 미국정부산업위생전문가협회

03 다음 중 OSHA가 의미하는 기관의 명칭으로 옳은 것은? [09,19 기사]
① 영국보건안전부
② 미국산업위생협회
③ 미국산업안전보건청
④ 세계보건기구

04 다음 중 산업위생(보건) 관련기관과 그 약어의 연결이 잘못된 것은? [12 산업]
① 국제암연구소 : IARC
② 미국정부산업위생전문가협회 : ACGIH
③ 미국산업안전보건청 : NIOSH
④ 미국산업위생학회 : AIHA

hint 미국산업안전보건청 : OSHA

05 미국의 산업위생 관련 전문조직(행정조직) 중 미국산업위생학회의 약자로 맞는 것은? [06 기사]
① NIOSH ② OSHA
③ ACGIH ④ AIHA

06 매년 화학물질과 물리적 인자에 대한 노출기준 및 생물학적 노출지수를 발간하여 노출기준 제정에 있어서 국제적으로 선구적인 역할을 담당하고 있는 기관은? [18 기사]
① 미국산업위생학회(AIHA)
② 미국직업안전위생관리국(OSHA)
③ 미국국립산업안전보건연구원(NIOSH)
④ 미국정부산업위생전문가협의회(ACGIH)

정답 | 01.② 02.① 03.③ 04.③ 05.④ 06.④

- 기사 : 01,04,05,06,15,17③
- 산업 : 14

예상 06 우리나라 산업위생 역사에서 중요한 원진레이온 공장에서의 집단적인 직업병 유발물질은?
① 수은 ② 디클로로메탄
③ 벤젠 ④ 이황화탄소

해설 1880년대 우리나라의 원진레이온에서 비스코스레이온 합성공정의 안전설비 결여로 인하여 이황화탄소(CS_2)에 노출됨으로써 집단 직업병을 유발시켰다. **답** ④

종합연습문제

01 우리나라에서 학계에 처음으로 보고된 직업병은? [08 산업]
① 직업성 난청 ② 납중독
③ 진폐증 ④ 수은중독

02 산업안전보건법이 제정되었다. 제정된 연도는? [04 산업][04 기사]
① 1981 ② 1983
③ 1985 ④ 1987

03 우리나라 산업위생의 역사로 틀린 것은? [06 기사]
① 1953년 – 근로기준법 제정
② 1981년 – 산업안전보건법 공포
③ 1986년 – 유해물질의 허용농도 제정
④ 1988년 – 한국산업위생학회 창립
hint 1990년 – 한국산업위생학회 창립

04 우리나라 산업위생의 역사에 관한 내용으로 틀린 것은? [06,18 산업]
① 1953년 – 근로기준법 제정
② 1990년 – 한국산업위생학회 창립
③ 1963년 – 대한산업보건협회 창립
④ 1977년 – 산업안전보건법 공포
hint 1981년 – 산업안전보건법 공포

05 우리나라에서 산업위생과 관련된 최초의 법령은 근로기준법이라 할 수 있다. 근로기준법이 공포된 시기는? [04 산업][05 기사]
① 1948년 ② 1953년
③ 1958년 ④ 1963년
hint 우리나라는 1953년 산업위생 최초의 법령인 근로기준법이 공포되었다.

06 현재 우리나라에서 산업위생과 관련 있는 정부부처 및 단체, 연구소 등 관련 기간이 바르게 연결된 것은? [12,17 산업][00 기사]
① 국민안전처 – 국립환경연구원
② 고용노동부 – 환경운동연합
③ 고용노동부 – 안전보건공단
④ 보건복지부 – 국립노동과학연구소

07 우리나라 산업위생 역사와 관련된 내용 중 맞는 것은? [17 기사]
① 문송면 – 납중독 사건
② 원진레이온 – 이황화탄소중독 사건
③ 근로복지공단 – 작업환경측정기관에 대한 정도관리제도 도입
④ 보건복지부 – 산업안전보건법 제정 및 공포

08 우리나라 산업위생의 역사 중 가장 먼저 제정·도입된 것은? [04 기사]
① 공장보건위생법 제정
② 작업환경측정 정도관리제도 도입
③ 근로기준법 공포
④ 산업안전보건법 제정
hint 공장보건위생법 제정 – 1926년(국내 최초)

09 한국의 산업위생 역사에 대한 역사의 연혁으로 틀린 것은? [18 산업]
① 산업보건연구원 개원 – 1992년
② 수은중독으로 문송면군의 사망 – 1988년
③ 한국산업위생학회 창립 – 1990년
④ 산업위생관련 자격제도 도입 – 1981년
hint 산업위생관련 자격제도 도입 – 1986년

정답 | 01.③ 02.① 03.④ 04.④ 05.② 06.③ 07.② 08.① 09.④

PART 1 산업위생학 개론

3 산업위생의 윤리강령

 이승원의 minimum point

(1) 전문가로서의 책임
- 성실성과 학문적 실력면에서 **최고 수준**을 유지한다.
- 전문분야로서의 산업위생을 **학문적으로 발전**시킨다.
- 전문가 판단이 **타협**에 의하여 좌우될 수 있는 상황에는 **개입하지 않는다**.
- 근로자, 사회 및 전문 직종의 이익을 위해 **과학적 지식**을 **공개**하고 **발표**한다.
- 과학적 방법의 적용과 자료의 해석에서 **객관성**을 유지한다.
- 기업체의 기밀은 **누설하지 않는다**.

(2) 근로자에 대한 책임
- **근로자의 건강보호**가 산업위생전문가의 **1차적인 책임**이라는 것을 인식한다.
- 근로자와 기타 여러 사람의 건강과 안녕이 산업위생전문가의 판단에 의해 좌우된다는 것을 인식하고 위험요인의 측정, 평가 및 관리에 있어서 **외부의 압력**에 굴하지 않고 **중립적 태도**를 취한다.
- **위험요소**와 **예방조치**에 관하여 **근로자와 상담**한다.

(3) 기업주와 고객에 대한 책임
- 쾌적한 작업환경을 만들기 위하여 산업위생의 이론을 적용하고 **책임 있게 행동**한다.
- **신뢰**를 중요시 하고, 결과와 권고사항에 대하여 **사전 협의**하도록 하고, 결과와 개선점을 **정확하게 보고**한다.
- 결과와 결론을 뒷받침할 수 있도록 **기록을 유지**하고 산업위생사업을 **전문가답게 운영, 관리**한다.
- 궁극적 책임은 기업주와 **고객보다 근로자**의 **건강보호**에 있다.

(4) 일반 대중에 대한 책임
- 일반 대중에 관한 사항은 정직하게 발표한다.
- 적절하고도 확실한 사실을 근거로 전문적인 견해를 발표한다.

- 기사 : 17
- 산업 : 13,17,19

01 미국산업위생학술원(AAIH)에서 채택한 산업위생전문가의 윤리강령에 포함되지 않는 것은?

① 국가에 대한 책임
② 전문가로서의 책임
③ 근로자에 대한 책임
④ 일반 대중에 대한 책임

해설 산업위생전문가의 윤리강령에는 국가에 대한 책임이 포함되지 않는다.

답 ①

종합연습문제

01 미국산업위생학술원(AAIH)에서 채택한 산업위생전문가의 윤리강령 중 근로자에 대한 책임과 가장 거리가 먼 것은? [13 산업][13,17 기사]
① 위험요소와 예방조치에 대하여 근로자와 상담해야 한다.
② 근로자의 건강보호가 산업위생전문가의 1차적인 책임이라는 것을 인식해야 한다.
③ 위험요인의 측정, 평가 및 관리에 있어서 외부의 압력에 굴하지 않고 근로자 중심으로 판단한다.
④ 근로자와 기타 여러 사람의 건강과 안녕이 산업위생전문가의 판단에 좌우된다는 것을 깨달아야 한다.

02 다음 중 산업위생전문가로서 근로자에 대한 책임과 가장 관계가 깊은 것은? [15 기사]
① 근로자의 건강보호가 산업위생전문가의 1차적인 책임이라는 것을 인식한다.
② 이해관계가 있는 상황에서는 고객의 입장에서 관련 자료를 제시한다.
③ 기업주에 대하여는 실현 가능한 개선점으로 선별하여 보고한다.
④ 적절하고도 확실한 사실을 근거로 전문적인 견해를 발표한다.

03 1994년 ABIH(American Board of Industrial Hygiene)에서 채택된 산업위생전문가의 윤려강령 내용으로 틀린 것은? [19 기사]
① 산업위생 활동을 통해 얻은 개인 및 기업의 정보는 누설하지 않는다.
② 과학적 방법의 적용과 자료의 해석에서 경험을 통한 전문가의 주관성을 유지한다.
③ 전문적 판단이 타협에 의하여 좌우될 수 있거나 이해관계가 있는 상황에는 개입하지 않는다.
④ 쾌적한 작업환경을 만들기 위해 산업위생 이론을 적용하고 책임 있게 행동한다.

04 미국산업위생학술원(AAIH)에서 채택한 산업위생전문가로서의 책임에 해당되지 않는 것은? [14,18 기사]
① 직업병을 평가하고 관리한다.
② 성실성과 학문적 실력에서 최고수준을 유지한다.
③ 전문분야로서의 산업위생을 학문적으로 발전시킨다.
④ 과학적 방법의 적용과 자료 해석에 객관성을 유지한다.

05 다음 중 미국산업위생학술원에서 채택한 산업위생전문가 윤리강령의 내용과 거리가 먼 것은? [14,18② 산업]
① 기업체의 비밀은 누설하지 않는다.
② 위험요소와 예방조치에 관하여 근로자와 상담한다.
③ 사업주와 일반 대중의 건강보호가 1차적 책임이다.
④ 전문적 판단이 타협에 의해서 좌우될 수 있으나 이해관계가 있는 상황에서는 개입하지 않는다.

hint 사업주와 대중에 우선하여 근로자의 건강보호가 1차적인 책임이라는 것을 인식하여야 한다.

06 미국산업위생학술원은 산업위생분야에 종사하는 전문가들이 반드시 지켜야 할 윤리강령을 채택하였다. 윤리강령에 대한 내용 중 틀린 것은? [16 산업]
① 궁긍적 책임은 기업주와 고객보다 근로자의 건강보호에 있다.
② 근로자, 사회 및 전문 직종의 이익을 위해 과학적 지식을 공개하고 발표한다.
③ 근로자의 건강보호가 산업위생전문가의 1차적인 책임이라는 것을 인식한다.
④ 기업주와 근로자 간 이해관계가 있는 상황에서 적극적으로 개입하여 문제를 해결한다.

정답 | 01.③ 02.① 03.② 04.① 05.③ 06.④

PART 1 산업위생학 개론

종합연습문제

01 다음 중 미국산업위생학술원(AAIH)은 산업위생분야에 종사하는 사람들이 지켜야 할 윤리강령을 채택하였다. 윤리강령의 주요사항과 거리가 먼 것은? [16 산업]
① 전문가로서의 책임
② 근로자에 대한 책임
③ 일반 대중에 대한 책임
④ 환경관리에 대한 책임

hint AAIH의 산업위생전문가의 윤리강령은 산업위생전문가로서의 책임, 근로자에 대한 책임, 일반 대중에 대한 책임, 기업주와 고객에 대한 책임으로 나뉜다.

02 미국산업위생학술원(AAIH)이 채택한 윤리강령 중 산업위생전문가로서 지켜야 할 책임과 가장 거리가 먼 것은? [01,06,10,12,13 산업] [00,05,07,08,10,11,12,13,19② 기사]
① 전문적 판단이 타협에 의하여 좌우될 수 있는 상황 개입 시에는 객관적 자료에 의해 판단한다.
② 기업체의 기밀은 누설하지 않는다.
③ 과학적 방법의 적용과 자료의 해석에서 객관성을 유지한다.
④ 근로자, 사회 및 전문직종의 이익을 위해 과학적 지식을 공개하고 발표한다.

hint ①항 → 전문가 판단이 타협에 의하여 좌우될 수 있는 상황에는 개입하지 않아야 한다. 산업위생전문가로서 지켜야 할 책임은 다음과 같다.
㉠ 성실성과 학문적 실력면에서 최고 수준을 유지한다.
㉡ 전문분야로서의 산업위생을 학문적으로 발전시킨다.
㉢ 전문가 판단이 타협에 의하여 좌우될 수 있는 상황에는 개입하지 않는다.
㉣ 근로자, 사회 및 전문직종의 이익을 위해 과학적 지식을 공개하고 발표한다.
㉤ 과학적 방법의 적용과 자료의 해석에서 객관성을 유지한다.
㉥ 기업체의 기밀은 누설하지 않는다.

03 미국산업위생학술원(AAIH)에서 산업위생분야에 종사하는 사람들이 반드시 지켜야 할 윤리강령 중 전문가로서의 책임부분에 해당하지 않는 것은? [16 기사]
① 기업체의 기밀은 누설하지 않는다.
② 근로자의 건강보호 책임을 최우선으로 한다.
③ 전문분야로서의 산업위생을 학문적으로 발전시킨다.
④ 과학적 방법의 적용과 자료의 해석에서 객관성을 유지한다.

04 다음 중 산업위생전문가로서의 책임에 대한 내용과 가장 거리가 먼 것은? [04,15 산업]
① 이해관계가 있는 상황에는 개입하지 않는다.
② 전문분야로서의 산업위생을 학문적으로 발전시킨다.
③ 궁극적 책임은 기업주 또는 고객의 건강보호에 있다.
④ 과학적 방법의 적용과 자료의 해석에서 객관성을 유지한다.

hint ③항의 내용은 기업주와 고객에 대한 것이다.

05 산업위생전문가가 근로자에 대한 책임, 기업주와 고객에 대한 책임, 일반 대중에 대한 책임, 전문가로서의 책임을 가지고 지켜야 하는 윤리강령 중 기업주와 고객에 대한 책임과 관계된 윤리강령으로 가장 알맞은 것은? [단, 미국산업위생학술원(AAIH) 윤리강령 기준] [05,10 기사]
① 근로자, 사회 및 전문직종의 이익을 위해 과학적 지식을 공개하고 발표한다.
② 결과와 결론을 뒷받침할 수 있도록 기록을 유지하고 산업위생사업을 전문가답게 운영, 관리한다.
③ 전문가 판단이 타협에 의하여 좌우될 수 있는 상황에는 개입하지 않는다.
④ 기업체의 기밀은 누설하지 않는다.

정답 ▎ 01.④ 02.① 03.② 04.③ 05.②

종합연습문제

01 미국산업위생학술원(AAIH)에서 정하고 있는 산업위생전문가로서 지켜야 할 윤리강령으로 틀린 것은? [11,14 기사]

① 기업체의 기밀은 누설하지 않는다.
② 성실하고 학문적 실력면에서 최고 수준을 유지한다.
③ 쾌적한 작업환경을 만들기 위한 시설 투자유치에 기여한다.
④ 과학적 방법의 적용과 자료의 해석에 객관성을 유지한다.

hint 기업주와 고객에 대한 책임 : 쾌적한 작업환경을 조성하기 위하여 산업위생의 이론을 적용

02 미국산업위생학회 등에서 산업위생전문가들이 지켜야 할 윤리강령을 채택한 바 있는데 다음 중 전문가로서의 책임에 해당하는 것은 어느 것인가? [11,15,18 기사]

① 신뢰를 존중하여 정직하게 권고하고, 결과와 개선점을 정확히 보고한다.
② 위험요소와 예방조치에 관하여 근로자와 상담한다.
③ 일반 대중에 관한 사항은 정직하게 발표한다.
④ 성실성과 학문적 실력면에서 최고 수준을 유지한다.

03 다음 중 산업위생전문가들이 지켜야 할 윤리강령에 있어 전문가로서의 책임에 해당하는 것은? [12,18 기사]

① 일반 대중에 관한 사항은 정직하게 발표한다.
② 위험요소와 예방조치에 관하여 근로자와 상담한다.
③ 과학적 방법의 적용과 자료의 해석에서 객관성을 유지한다.
④ 위험요인의 측정, 평가 및 관리에 있어서 외부의 압력에 굴하지 않고 중립적 태도를 취한다.

04 1994년에 ACGIH와 AIHA 등에서 제정하여 공포한 산업위생전문가의 윤리강령에서 사업주에 대한 책임에 해당되지 않는 내용은 무엇인가? [16 기사]

① 결과와 결론을 위해 사용된 모든 자료들을 정확히 기록·유지하여 보관한다.
② 전문가의 의견은 적절한 지식과 명확한 정의에 기초를 두고 있어야 한다.
③ 신뢰를 중요시 하고, 정직하게 충고하며, 결과와 권고사항을 정확히 보고한다.
④ 쾌적한 작업환경을 달성하기 위해 산업위생의원리를 적용할 때 책임감을 갖고 행동한다.

hint 기업주·고객에 대하여 : ①,③,④항 이외 기업주와 고객보다 근로자의 건강보호에 있다.

05 미국산업위생학술원(AAIH)이 채택한 윤리강령 중 기업주와 고객에 대한 책임에 해당하는 내용은? [18 산업][10,16,17 기사]

① 일반 대중에 관한 사항은 정직하게 발표한다.
② 위험요소와 예방조치에 관하여 근로자와 상담한다.
③ 성실성과 학문적 실력면에서 최고 수준을 유지한다.
④ 궁극적으로 기업주와 고객보다 근로자의 건강보호에 있다.

hint ④항만 기업주와 고객에 대한 책임에 해당하는 내용이다. 윤리강령 중 기업주와 고객에 대한 책임에 관한 내용은 다음과 같다.
   ㉠ 정확한 기록을 유지하고, 산업위생사업을 전문가답게 전문부서들을 운영·관리한다.
   ㉡ 기업주와 고객보다는 근로자의 건강보호에 궁극적 책임을 두어 행동한다.
   ㉢ 쾌적한 작업환경을 조성하기 위하여 산업위생의 이론을 적용하고 책임감 있게 행동한다.
   ㉣ 신뢰를 존중하여 정직하게 권고하고 결과와 개선점을 정확하게 보고한다.

정답 ❙ 01.③ 02.④ 03.③ 04.② 05.④

종합연습문제

01 미국산업위생학술원(AAIH)에서 채택한 산업위생전문가의 윤리강령 중 전문가로서의 책임과 가장 거리가 먼 것은? [07 기사]
① 일반 대중에 관한 사항은 학술지에 발표한다.
② 기업체의 기밀은 누설하지 않는다.
③ 과학적 방법의 적용과 자료의 해석에서 객관성을 유지한다.
④ 전문분야로서의 산업위생을 학문적으로 발전시킨다.

02 산업위생전문가의 윤리강령 중 '전문가로서의 책임'과 가장 거리가 먼 것은? [09 기사]
① 기업체의 기밀은 누설하지 않는다.
② 과학적 방법의 적용과 자료의 해석에서 객관성을 유지한다.
③ 근로자, 사회 및 전문 직종의 이익을 위해 과학적 지식은 공개하거나 발표하지 않는다.
④ 전문적 판단이 타협에 의하여 좌우될 수 있는 상황에는 개입하지 않는다.

03 산업위생전문가가 지켜야 할 윤리강령 중 기업주와 고객에 대한 책임에 관한 내용에 해당하는 것은? [09,14 산업]
① 신뢰를 중요시 하고, 결과와 권고사항에 대하여 사전 협의하도록 한다.
② 산업위생전문가의 첫 번째 책임은 근로자의 건강을 보호하는 것임을 인식한다.
③ 건강에 유해한 요소들을 측정, 평가, 관리하는데 객관적인 태도를 유지한다.
④ 건강의 유해요인에 대한 정보와 필요한 예방대책에 대해 근로자들과 상담한다.

정답 ▮ 01.① 02.③ 03.①

CHAPTER 02 인간과 작업환경

1 인간공학 개요

이승원의 **minimum point**

(1) 인간공학의 개념과 활용

① **개념** : 인간공학(ergonomics)이란 인간과 그들이 사용하는 물건과의 상호작용을 다루는 학문으로 인간의 기계화가 아닌 인간을 위한 공학을 말함

① **인간공학의 필요성 · 중요성**
- 기계의 개선 필요 : 종전의 기계는 개선되어야 할 문제점들이 많기 때문임
- 자동화 또는 제어된 생산과정 : 자동화 또는 자동 제어된 생산과정 속에서 일하고 있으므로 설계단계에서부터 기계와 인간의 문제가 연구되어야 하기 때문임
- 인간과 기계관계의 합리화 : 생산에 있어 인간과 기계관계를 합리화 시키는데 있음
- 경쟁력 제고와 생산성의 증대 : 생산성을 증대시키기 위한 인간공학적 전환이 중요시 되고 있음

① **고려하여야 할 인간의 특성**
- 민족, 인간의 습성, 감각과 지각, 신체의 크기와 작업환경, 기술수준 및 능력
- 집단에 대한 적응능력, 운동력과 근력

① **인간공학의 활용단계 구분**
- 준비단계(1단계) : 인간과 기계의 **구성인자간**의 특성 파악, 인간과 기계가 각기 해야 할 일을 고려
- 선택단계(2단계) : 작업수행에 필요한 **직종간의 연결성**을 우선적으로 고려, 기능적 특성, 경제적 효율, 제한점 등 고려
- 검토단계(3단계) : 인간과 기계관계를 **평가**, 인간과 기계관계의 비합리적인 면을 **수정 보완**

참/고/ **인간-기계시스템 설계 시 고려사항**

- 시스템 설계 시 **동작경제의 3원칙**(신체의 사용에 관한 원칙/작업장의 배치에 관한 원칙/공구 및 설비의 설계에 관한 원칙)을 만족하도록 고려하여야 함
- 최적으로 완성된 시스템에 대해 **부적합 여부의 결정**을 수행하여야 함
- 대상 시스템이 배치될 환경조건이 **인간의 한계치**를 만족하는가의 여부 조사함
- 인간과 기계가 다 같이 **복수**인 경우, 배치에 따른 **종합적 효과**가 우선적으로 고려되어야 함

> **공간의 효율적인 배치를 위해 적용되는 원리**
>
> - **사용빈도의 원리** : 가장 빈번하게 사용되는 요소들은 사용하기 편리한 곳에 배치
> - **중요도의 원리** : 시스템의 목적을 달성하는 데 상대적으로 더 중요한 요소들은 사용하기 편리한 지점에 위치해야 함
> - **사용순서의 원리** : 연속해서 사용하여야 하는 구성요소들은 서로 옆에 놓여야 하고, 조작의 순서를 반영하여 배열하여야 함
> - **일관성 원리** : 동일한 구성요소들은 기억이나 찾는 것을 줄이기 위하여 같은 지점에 위치해야 함
> - **기능성 원리** : 비슷한 기능을 갖는 구성요소들끼리 한데 모아서 서로 가까운 곳에 위치하여 집단화 함으로써 더 쉽게, 더 분명하게 확인할 수 있음

(2) 인간공학의 적용되는 치수와 작업장 설계

① 인간공학에 적용되는 치수

정적치수(구조적 인체 치수)	동적치수(기능적 인체 치수)
■ 움직이지 않는 피측정자를 측정한 것 ■ **골격치수**(관절 중심거리, 키, 눈높이 등)와 **외곽치수**(머리둘레 등)로 구성되며, 신체측정치는 나이, 성, 종족에 따라 다르게 나타남 ■ **데이터가 많고, 표로 제시 가능**	■ 육체활동을 하는 상황에서 측정한 치수 ■ 다양한 움직임을 **표로 제시하기 어려움**. 정적 인체 데이터로부터 기능적 인체치수로 환산하는 일반적인 **원칙이 없다.** ■ 정적인 치수 보다 상대적으로 **데이터가 적음**

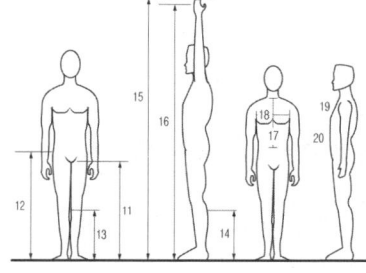
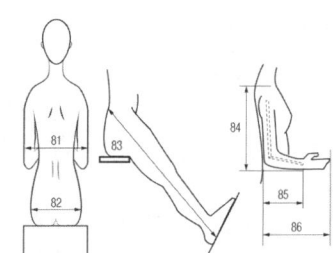

〈그림〉 인간공학에 적용되는 다양한 치수

① 작업장의 설계 · 작업영역

- **정상(보통) 작업영역**(Normal work area) : 이 영역에는 주요 부품과 도구들을 위치시킴
  - 앉은 자세에서 **위팔**(상완)은 몸에 **붙이고**, **아래팔**(전완)만 **곧게 뻗어** 닿는 영역
  - **전박**(前膊)과 **손으로** 조작할 수 있는 범위(약 34~45cm의 범위)
- **최대작업영역**(Maximum work area)
  - 어깨(**위팔**)로부터 팔(**아래팔**)을 **펴서** 어깨를 축으로 하여 수평면상에서 원을 그릴 때 부채꼴 모양의 원호의 내부영역에 해당
  - 작업자가 작업할 때 **상지**(上肢)를 **뻗어** 도달하는 최대범위에 해당

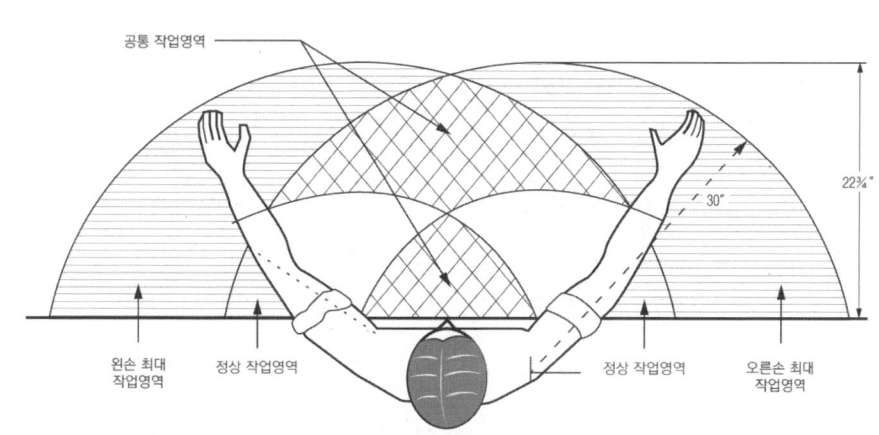

〈그림〉 작업영역(work area)의 구분

(3) 들기작업(Lifiting)

작업자 보다 아래에 있는 물체를 위로 올리거나 위에 있는 것을 아래로 내리는 작업을 말한다. 작업 중 앉거나 서 있을 때, 물체를 들어올릴 때, 뛸 때 발생하는 압력이 가장 많이 흡수되는 **척추 디스크**는 L_5/S_1(요추 5번/천추 1번)이다.

> **▎ NIOSH의 중량물 취급(들기) 적용기준 ▎**
> - 물체의 **폭**은 **75cm 이하**이고, 두 손을 적당히 벌리고 작업할 수 있을 것
> - **보통속도**로 **두 손**으로 들어올리는 작업을 기준으로 할 것
> - 박스(Box)인 경우는 **손잡이**가 있을 것
> - 작업장 내의 온도는 적절할 것

① 미국산업안전보건연구원(NIOSH)의 중량물 취급·권고기준
- **최대허용기준**(MPL, Maximum Permissible Limit) : NIOSH에서 권고하고 있는 MPL값은 다음과 같은 <u>인간공학적 연구, 노동생리학적 연구, 역학조사, 정신물리학적 연구</u>결과를 토대로 설정되었음
  - MPL에 해당하는 작업은 L_5/S_1 요추 디스크에 **6,400N**의 압력 부하 발생
  - MPL에 해당하는 작업의 요구 에너지대사량은 **5.0kcal/min를 초과**하였음
  - MPL을 초과하는 작업은 **대부분**의 근로자들에게 **근육·골격 장해 발생**함
  - MPL은 **감시기준**(AL)의 **3배**에 해당되는 값으로 남성 근로자의 25% 미만과 여성 근로자의 1% 미만에서만 MPL 수준의 작업이 가능하였음

> **MPL과 AL의 관계식**
>
> ■ 들기작업의 **최대허용기준**(MPL)은 **감시기준**(AL), 즉 **안전작업무게**의 **3배**이다.
>
> $$MPL(kg) = 3\,AL(kg)$$

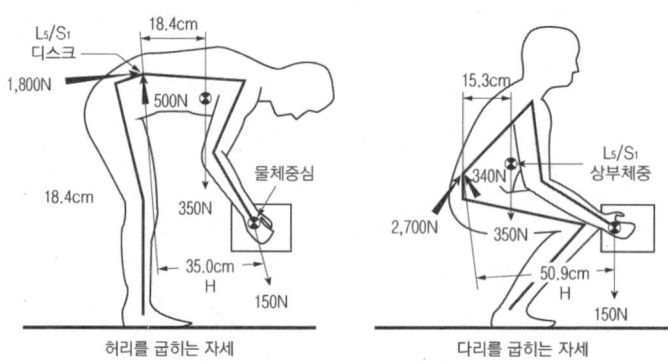

〈그림〉 중량물 취급 시 자세와 디스크에 미치는 압력

- **감시기준**(AL, Action Limit) : 들기작업에 관한 "**안전기준**"의 개념으로 다음의 관계식에 의해 산정된다.

  ■ $AL(kg) = 40\left(\dfrac{15}{H}\right)(1-0.004|V-75|)\left(0.7+\dfrac{7.5}{D}\right)\left(1-\dfrac{F}{F_m}\right)$

  $\begin{cases} H : \text{들어올리는 지점에서 작업 대상물까지의 수평거리(cm)} \\ V : \text{바닥에서 작업 대상물까지의 수직거리(cm)} \\ D : \text{작업 대상물을 들어올리는 수직이동거리(cm)} \\ F : \text{분당 들어올리는 횟수(빈도)} \\ F_m : \text{제일 많이 들어올리는 횟수(빈도)} \end{cases}$

  ■ AL의 설정기준
    □ AL을 **초과**하면 **약간명**의 근로자에게 **장애의 위험**이 있으나 대부분 작업이 가능
    □ 5번 요추와 1번 천추(L_5/S_1)에 미치는 압력이 3,400N의 부하임
    □ 작업강도, 즉 에너지소비량은 3.5kcal/min임
    □ 남자의 99%, 여자의 75%가 작업가능함

- **권고기준**(RWL, Recommended Weight Limit, **권장무게한계**) : NIOSH의 권고기준(RWL)의 계산과정과 각각의 변수들은 다음과 같다.

  ■ $RWL(kg) = LC \times HM \times VM \times DM \times AM \times FM \times CM$
    □ 중량물상수(LC, Load Constant)는 **항상 23kg**을 기준으로 함
    □ 수평위치값(HM, Horizontal Multiplier)은 몸의 수직선상의 중심에서 물체를 잡는 손의 중앙까지의 수평거리(H, m)를 측정하여 25/H로 대입
    □ 수직계수값(VM, Vertical Multiplier)은 1-(0.003|V-75|)로 대입
    □ 운반거리값(DM, Distance Multiplier)은 최초의 위치에서 최종 운반위치까지의 수직이동거리를 의미함
    □ 허리 비틀림각도(비대칭계수)(AM, Asymmetric Multiplier)는 1-0.0032A로 표현되며, A는 정중면과 비대칭 평면 사이의 각도를 의미함
    □ 빈도계수(FM, Frequency Multiplier)는 수학적인 식을 사용하지 않고, 분당 물체를 드는 횟수에 따라 주어지는 값을 사용함
    □ 커플링계수(CM, Coupling Multiplier)는 손잡이 등이 좋은지를 권장무게한계에 반영한 것으로 '좋다(1.0)', '괜찮다(1~0.95)', '나쁘다(0.9)' 3가지로 대입함

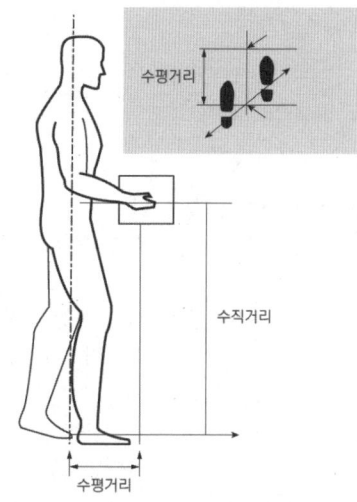

〈그림〉 수직거리 및 수평거리 개념

- **들기지수**(LI, Lifting Index) : LI는 중량물 **취급지수**라고도 하며, 실제 작업물의 무게(L)와 권고기준(RWL, 권장무게한계)의 비(ratio)를 의미하며, 특정 작업에서의 육체적 스트레스의 상대적인 양을 나타내는 척도가 된다. 즉 **LI가 1.0보다 크면 작업 부하가 권장치보다 크다**고 할 수 있다.

$$\blacksquare \ LI = \frac{실제\ 작업무게}{권고기준} = \frac{L}{RWL} \begin{cases} LI : 들기지수(취급지수) \\ L : 실제\ 작업무게 \\ RWL : 권고기준(권장무게한계) \end{cases}$$

ⓘ 중량물 안전하게 들기 동작 순서
  □ 중량물에 몸의 중심을 가깝게 한다.
  □ 발을 어깨너비 정도로 벌리고 몸은 정확하게 균형을 유지한다.
  □ 무릎을 굽히고, 가능하면 중량물을 양손으로 잡는다.
  □ 목과 등이 거의 일직선이 되도록 한다.
  □ 등을 반듯이 유지하면서 무릎의 힘으로 일어난다.

ⓘ NIOSH의 중량물 취급작업의 권고대책
- **최대허용기준**(MPL, 최대허용한계)을 초과하는 경우 : 반드시 **공학적 방법을 적용**하여 중량물 취급작업을 **다시 설계**할 것
- **감시기준**(AL) 이상 최대허용기준(MPL) 미만인 경우 : 원인 분석, **행정적 및 경영학적 개선**을 하여 작업조건을 AL 이하로 내리거나 적합한 **근로자 적정 배치, 훈련 및 작업방법 개선** 등을 필요로 함
- **감시기준**(AL) 또는 권고기준(RWL) 이하인 경우 : **현 수준을 유지**함

(4) VDT(영상단말기) 증후군

ⓘ **정의** : 영상단말기 증후군(Video Display Terminal Syndrom)이란 컴퓨터 단말기를 오랜 시간 사용함으로써 발생하는 여러 가지 증상과 징후들을 통칭하는 것으로 컴퓨터에서 나오는 유해 전자파로 인한 다양한 질환들이 이에 해당됨

① VDT 증후군의 유해위험요인
- 작업조건 : 휴식시간, 작업부하 등
- 작업자세 : 머리와 목의 각도, 손목의 구부러짐, 정적인 작업자세, 혈관과 신경조직의 압박 등
- 작업환경 : 조명, 소음, 온도 및 습도, 환기 등

① VDT 증후군의 관련 징후와 증상
- 신체부위 : 근육, 신경, 인대, 관절, 연골, 척추 디스크
- 근골격계 : 쥐는 힘의 저하, 운동범위 축소, 기능의 손실, 감각의 마비, 따끔거림, 통증, 화끈거림, 뻣뻣함, 경련 등
- 정신적 스트레스성 증상 : 소화불량, 심박수 증가, 혈압 상승, **아드레날린분비 촉진**
- 눈 : 눈 질환(피로·건조증 등), 안압변화, 일시적인 시력저하
- 전자파 : 여성의 출산이상
- 피부 : 안면피부염, 가려움증
- 기타 : 광민감성 간질

① VDT 증후군의 예방
- 작업조건 : 1일 작업시간 4시간 이내, 1시간 작업 후 10분정도의 휴식을 취함
- 모니터 높이와 시거리
  - 눈높이 : 모니터와 눈높이는 수평선상으로부터 **아래로 10~15° 이내**로 함
  - 시거리 : 눈과 화면의 중심사이의 거리는 **40cm 이상** 유지
  - 화면의 경사각 : 눈이 화면의 중심을 직각으로 볼 수 있도록 조정
- 작업자세
  - 의자 등받이 각도 : 자료 입력 시 90~105°, 기타 100~120° 범위로 유지
  - 팔꿈치 높이 : 의자높이를 조정하여 자판기의 높이와 같도록 함
  - 팔의 각도 : 윗팔과 아래팔이 이루는 **각도(팔꿈치 내각)는 90° 이상**으로 함
  - 윗팔상태 : 윗팔을 옆구리에 자연스럽게 붙인 상태
  - 손목상태 : 아래팔과 손목과 손등은 수평으로 유지
    - 작업대 끝 면과 키보드의 사이는 **15cm 이상** 확보
    - 양 손목을 바깥으로 꺾은 자세가 오래 지속되지 않도록 주의

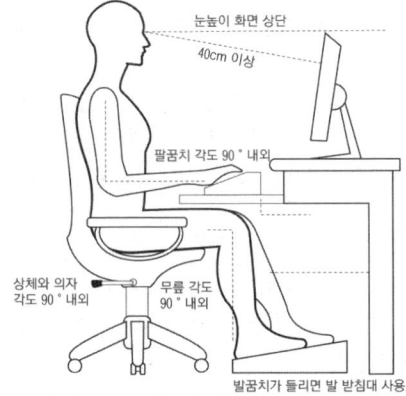

▫ 의자에 앉은 상태 : 의자에 앉는 면과 작업자의 종아리 사이에 손가락이 들어갈 정도의 틈새를 확보할 것
▫ 무릎의 내각 : 의자에 앉은 상태에서 **무릎의 내각은 90° 전후**가 되도록 할 것
▫ 발바닥 : 작업자의 발바닥 전면(모든 면)이 바닥면에 닿는 자세를 취할 것
- 실내조명 및 반사광
  ▫ 조명이 낮을수록, 일반 모니터에 비해 LCD 모니터가 눈의 피로가 심함
  ▫ 화면표시는 밝은 화면에 어두운 글씨(Positive type)가 좋음
  ▫ 반사 방지형의 화면사용 등 반사광을 최소화 할 것
- **실내 온도 및 습도** : 영상표시단말기 작업을 주목적으로 하는 작업실 내의 온도는 18~24℃, 습도는 40~70%를 유지하는 것이 좋음

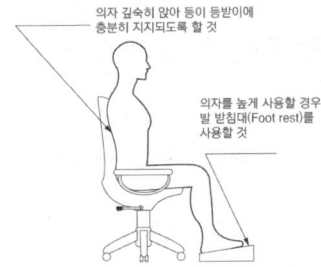
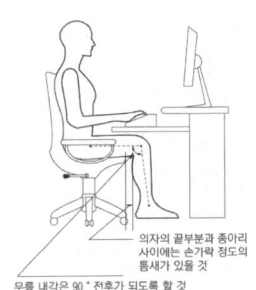

(5) 근골격계 질환

- **용어 개념** : 근골격계 질환은 장시간에 걸친 반복동작에 의하여 근육이나 관절, 혈관, 신경 등에 미세한 손상이 발생하고, 이것이 누적되어 목, 어깨, 팔, 손목 및 손가락 등에 만성적인 동통과 감각이상으로 발전되는 직업성 질환으로 요통, 수근관증후군, 건염, 흉곽출구증후군, 경추자세증후군 등으로 표현되기도 함

  우리나라에서는 산업재해보상보험법의 업무상 재해인정기준에 '**경견완증후군**'이란 이름으로 현재 **직업성 질환**으로서의 치료와 보상이 이루어지고 있음

- **발생 특징** : 50인 미만의 중소규모의 사업장에서 발생비율이 높음(약 70% 정도를 차지함)
  ▫ 발생비율이 높은 연령은 50대 이상임
  ▫ 업종별 발생비율은 제조업＞서비스업＞건설업 순임

 참고/ **경견완증후군**(頸肩腕症候群)

- 원인 : 장시간 일정한 자세로 상지(上肢)를 반복하여 과도하게 사용하는 노동으로 발생하는 직업성 건강장해로 **경견완장해**(cervical syndrome)라고도 함
- 유사용어 : 경견완증후군에 대하여 증상의 부위 및 형태에 따라 **누적외상성장해, 근골격계 질환, 반복외상장해** 등으로 조금씩 다르게 표현하기도 함
- 직종군 : **키펀치작업, 전화교환작업, 타이핑, 금전등록기의 계산작업, 일관조립작업** 등

- **근골격계 부담작업의 범위** : 골격계 부담작업이라 함은 다음에 해당하는 작업을 말한다. 다만, 단기간 작업 또는 간헐적인 작업은 제외한다.
  - 하루에 4시간 이상 자료입력 등을 위해 **키보드 또는 마우스를 조작**하는 작업
  - 하루에 총 2시간 이상 목, 어깨, 팔꿈치, 손목 또는 손을 사용하여 같은 동작을 반복하는 작업
  - 하루에 총 2시간 이상 머리 위에 손이 있거나, 팔꿈치가 어깨 위에 있거나, 팔꿈치를 몸통으로부터 들거나, 팔꿈치를 몸통 뒤쪽에 위치하도록 하는 상태에서 이루어지는 작업
  - 지지되지 않은 상태이거나 임의로 자세를 바꿀 수 없는 조건에서, 하루에 총 2시간 이상 목이나 허리를 구부리거나 비튼 상태에서 이루어지는 작업
  - 하루에 총 2시간 이상 쪼그리고 앉거나 무릎을 굽힌 자세에서 이루어지는 작업
  - 하루에 총 2시간 이상 지지되지 않은 상태에서 1kg 이상의 물건을 한 손의 손가락으로 집어 옮기거나 2kg 이상에 상응하는 힘을 가하여 한 손의 손가락으로 물건을 **쥐는 작업**
  - 하루에 총 2시간 이상 지지되지 않은 상태에서 4.5kg 이상의 물건을 **한 손으로 들거나 동일한 힘으로 쥐는 작업**
  - 하루에 10회 이상 25kg 이상의 물체 들기작업
  - 하루에 25회 이상 10kg 이상의 물체를 무릎 아래에서 들거나, 어깨 위에서 들거나, 팔을 뻗은 상태에서 들기작업
  - 하루에 총 2시간 이상, 분당 2회 이상, 4.5kg 이상의 물체 들기작업
  - 하루에 총 2시간 이상, 시간당 10회 이상 손 또는 무릎을 사용하여 반복적으로 충격을 가하는 작업

- **근골격계 질환의 위험요인과 증상병 단계**
  - 위험요인
    - 큰 변화가 없는 고도의 **반복작업**(전기톱에 의한 벌목작업 등)
    - 무리한 힘이 가해질 때, **불안정한 자세**
    - 불충분한 휴식, 심리적 불안
    - 피로의 지속, 장시간 **정적작업**, 접촉의 반복, 진동에 지속적인 노출
    - 21℃ 이하 **저온**에서의 지속적 작업, 개인적인 요인(체격, 체력 등)
  - 증상병 단계
    - 1단계 : 작업시간 동안에 통증이나 피로감이 나타남
      - 보통 하룻밤이 지난 아침이면 증상은 나타나지 않음
      - 작업능력의 감소가 일어나지 않는 단계임
      - 몇 주, 몇 달이 지속될 수 있으며 악화와 회복을 반복함
    - 2단계 : 작업시간의 초기부터 통증이 발생함
      - 보통 하룻밤이 지나도 통증이 지속됨
      - 밤에 화끈거림 때문에 잠을 깨거나 통증으로 잠을 못 이루는 경우가 있음
      - 작업능력이 감소됨
      - 몇 주, 몇 달이 지속될 수 있으며 악화와 회복을 반복함
    - 3단계 : 휴식시간에도 통증이 발생함
      - 하루 종일 통증을 느끼며, 통증 때문에 잠을 잘 못 이룸
      - 작업능력 크게 감소, 작업을 수행 할 수 없을 정도로 움직이기 힘듦
      - 다른 일을 하는데도 어려움과 통증이 동반됨

ⓘ 근골격계 질환의 특징과 관리목표
- 근골격계 질환의 특징
  - 근골격계 질환은 자각증상으로 시작됨
  - 손상의 정도를 **측정하기 어렵다.**
  - 한 번 악화되면 **완치가 쉽지 않고**, 회복과 악화를 반복함
  - 동적작업 보다 **정적작업**이 근골격계 질환의 발생 위험이 높음
  - 환자가 **집단적으로 발생**하는 특징이 있으며, 노동력 손실에 따른 경제적 피해가 큼
  - 단편적인 작업환경 개선만으로는 좋아질 수 없음
- 근골격계 질환의 관리목표 : 근골격계 질환의 관리목표는 **최소화**에 있음

ⓘ **작업부하 평가방법**(근골격계 질환의 위험요인 평가방법)
- **인간공학적 평가방법**(작업자세 위주 평가법) : OWAS, RULA, REBA, JSI(SI)
- **체크리스트 평가방법** : HSE, ANSI-Z, QEC, GM-UAW, WAC
- **중량물 취급작업 평가방법** : NLE, MAC, 3D SSPP
※ OWAS(Ovako Working Posture Analysis System), RULA(Rapid Upper Limb Assessment)
※ REBA(Rapid Entire Body Assessment), JSI[Job Strain Index or SI(Strain Index)]

거북목증후군(forward head posture)

- **용어의 정의** : 거북목증후군은 과다하고 잘못된 VDT 작업으로 인하여 목이 거북이 목처럼 앞으로 구부러진 자세로 변형되는 증상을 말함
- **진단** : 바른 자세에서 귀 가운데를 수직선을 긋고 어깨 중간에서 수직선을 그어 그 선이 어깨 앞쪽으로 2.5cm 정도이면 진행중, 5cm 이상이면 이미 거북목으로 변한 상태라고 볼 수 있음

증 상	원 인
• 허리가 아프거나 등에 통증이 있다. • 허리를 뒤로 젖히기 힘들다. • 평소 피로를 자주 느끼고 몸이 무겁다. • 평소 어깨가 뻐근하고 통증을 느낀다. • 머리가 울리거나 눈이 피로하다.	• 잘못된 작업자세 • 모니터와의 거리가 너무 멀다. • 책상에 모니터와 키보드를 같이 올려 놓고 사용한다. • 오랫동안 컴퓨터 작업을 한다.

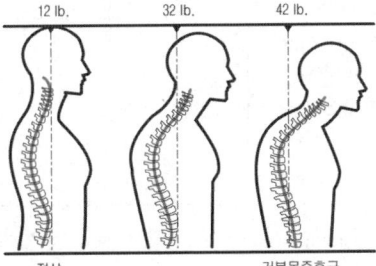
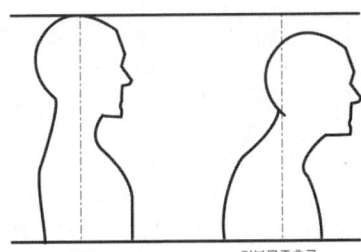

① 근골격계 질환의 예방방법
- 일반적 예방방법
  - 반복동작을 줄이고, 무리한 힘의 사용을 줄일 것
  - 불안정한(부적절한) 자세를 피할 것
  - 접촉으로 인한 압박과 진동과 떨림을 피할 것
  - 적정한 작업시간과 휴식시간을 배정하고, 적정한 작업환경을 유지할 것
  - 정신적, 심리적 불안요인을 줄일 것
- 작업환경 개선에 의한 예방 : 근골격계 질환을 예방하기 위한 작업환경 개선의 일환으로 인체측정치를 이용한 작업환경 설계를 할 경우 조절가능 여부 → 극단치의 적용 여부 → 최대치의 적용 여부 순으로 고려되어야 함
  - 인체공학적 설계에 의한 기계설치
  - 배치전 작업과 근로자의 적정성 판단을 위한 검사 및 테스트
  - 작업방법 개선(순환작업제, 적정한 휴식시간 배정, 근무시간 단축 등)
  - 작업조건 개선(근접배치, 인체공학적 작업조건, 적정작업온도 등)
  - 보조기기 사용(손수레, 지게차 등)
  - 예방교육(들기작업, 요통예방체조, 운동 등)

인체공학적 설계흐름도

■ 사업주는 인체측정치를 이용하여 작업장 레이아웃, 기계기구 및 설비 등을 공학적으로 개선할 때에는 다음의 원칙을 작업조건에 따라 선택적으로 적용한다.

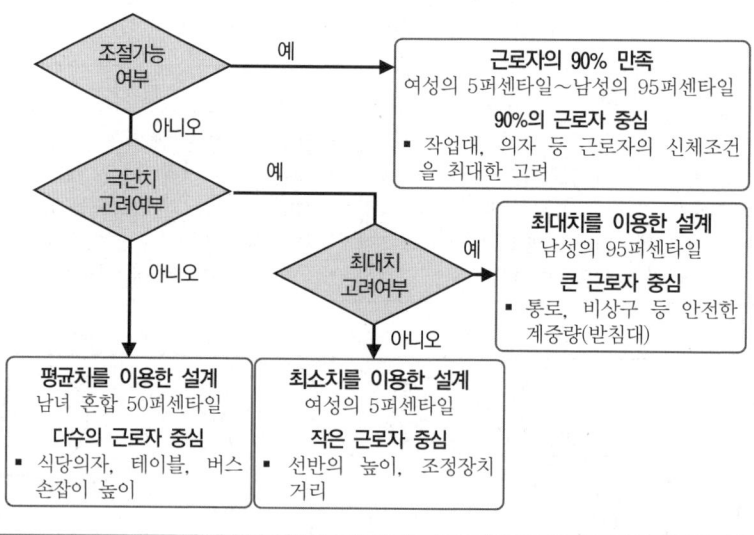

❖ 퍼센타일(percentile) : 백분위수로 인체계측자료(Anthropometric data)를 표현할 때 많이 사용됨

02. 인간과 작업환경

- ① 유해요인 조사와 예방 프로그램
  - 유해요인 조사
    - 정기조사 : **3년마다** 실시(근골격계 부담작업에 종사하는 근로자 대상)
    - 수시조사
      - 근골결계 질환자가 발생한 경우
      - 근골결계 부담작업에 해당하는 새로운 작업·설비를 도입하는 경우
      - 근골결계 부담업무 및 작업공정 등 작업환경을 변경한 경우
  - 예방관리 프로그램 : 사업주는 다음에 해당하는 경우에 근골격계 질환 **예방관리 프로그램을 수립·시행**하여야 함
    - 근골격계 질환으로 인정받은 근로자가 **연간 10명 이상** 발생한 사업장
    - 근골격계 질환자가 **5명 이상** 발생한 사업장으로서 발생 비율이 근로자 수의 **10% 이상**인 경우
    - 근골격계 질환 예방과 관련하여 노사간 이견(異見)이 지속되는 사업장으로서 고용노동부장관이 필요하다고 인정하여 근골격계 질환 예방관리 프로그램을 수립하여 시행할 것을 명령한 경우

- ① 요통(腰痛, low back pain)
  - 요통의 구분
    - 허리근육 통증
    - 추간판 주위 통증
    - 척추 뼈의 통증
    - 신경의 이상에 의한 통증
    - 여성의 골반 통증
    - 정신적 요통
  - 요통 유발 관여요인과 자세
    - 요통 유발 관여요인
      - 근로자의 육체적 조건 및 경력(자동차 사고, 넘어짐 등)
      - 작업습관과 개인의 생활태도 및 바람직하지 못한 작업자세
      - 물리적 환경요인(작업빈도, 물체의 위치, 무게 등)
    - 요통 유발자세
      - 허리가 뒤틀리는 자세로 작업할 때
      - 구부리고 작업하거나 위를 쳐다보고 작업하는 자세일 때
      - 움직이지 않고 계속 한 가지의 작업만을 반복적·지속적으로 할 때
      - 물건을 밀거나 옮길 때 또는 무거운 물건을 들 때 그 자세가 나쁜 경우

- 기사 : 04
- 산업 : 19

인간공학에서 고려해야 할 인간의 특성과 가장 거리가 먼 것은?

① 감각과 지각 ② 운동력과 근력
③ 감정과 사상능력 ④ 기술, 집단에 대한 적응능력

해설 인간공학에서 고려해야 할 인간의 특성은 민족, 인간의 습성, 감각과 지각, 신체의 크기와 작업환경, 기술, 집단에 대한 적응능력, 운동력과 근력 등이다.

답 ③

PART 1 산업위생학 개론

종합연습문제

01 인간공학에서 고려해야 할 인간의 특성과 가장 거리가 먼 것은? [04,15,17 기사]
① 인간의 습성
② 신체의 크기와 작업환경
③ 기술, 집단에 대한 적응능력
④ 인간의 독립성 및 감정적 조화성

02 공간의 효율적인 배치를 위해 적용되는 원리로 가장 거리가 먼 것은? [17 기사]
① 기능성 원리
② 중요도의 원리
③ 사용빈도의 원리
④ 독립성의 원리

03 인간공학이 현대산업에서 중요시 되는 이유로 가장 적합하지 않은 것은? [17 산업]
① 인간존중사상에 볼 때 종전의 기계는 개선되어야 할 많은 문제점이 있음
② 생산 경쟁이 격심해짐에 따라 이 분야의 합리화를 통해 생산성을 증대시키고자 함
③ 근로자는 자동화된 생산과정 속에서 일하고 있으므로 기계와 인간과의 관계가 연구되어야 함
④ 자동화에 따른 근로자의 실직과 새로운 화학물질 사용으로 인한 직업병 예방이 필요함

04 다음 중 인간공학에 관한 설명으로 알맞지 않은 것은? [04,05 기사]
① 기업에 있어서 인간공학의 역할은 생산에 있어 인간과 기계관계를 합리화 시키는데 있다.
② 인간공학이 중요시 되는 이유는 생산경쟁이 격심해짐에 따라 생산성을 증대시키고자 하기 때문이다.
③ 인간공학에서 고려해야 할 인간의 특성은 민족, 작업환경, 집단에 대한 적응능력 등이다.
④ 인간공학은 공장의 기계설치 시 준비단계, 선택단계, 활용단계별로 나누어 고려되어 진다.

05 공장기계를 설치 시 인간공학의 활용단계로 해당되지 않는 것은? [01 산업][03 기사]
① 준비단계
② 선택단계
③ 적용단계
④ 검토단계

06 다음 중 인간공학에서 인간과 기계관계의 구성 인자의 특성이 무엇인지를 알아야 하는 단계는? [05 산업][06 기사]
① 설계단계
② 선택단계
③ 검토단계
④ 준비단계

07 작업을 수행하는데 필요한 직종간의 연결성, 공장설계에 있어서의 기능적 특성, 경제적 효율, 제한점 등을 고려하여 세부설계를 하여야 하는 인간공학의 활용단계로 알맞은 것은? [04,06 산업][05 기사]
① 준비단계
② 적용단계
③ 선택단계
④ 시행단계

08 다음 중 동작경제의 원칙에 해당하지 않는 것은? [14,17② 산업]
① 작업비용 산정의 원칙
② 신체의 사용에 관한 원칙
③ 작업장의 배치에 관한 원칙
④ 공구 및 설비 디자인에 관한 원칙

09 인간-기계 시스템 설계 시 고려사항으로 틀린 것은? [17 산업]
① 시스템 설계 시 동작경제의 원칙을 만족하도록 고려하여야 한다.
② 최적으로 완성된 시스템에 대해 부적합 여부의 결정을 수행하여야 한다.
③ 대상 시스템이 배치될 환경조건이 인간의 한계치를 만족하는가의 여부를 조사한다.
④ 인간과 기계가 다 같이 복수인 경우, 배치에 따른 개별적 효과가 우선적으로 고려되어야 한다.

정답 ┃ 01.④ 02.④ 03.④ 04.④ 05.③ 06.④ 07.③ 08.① 09.④

종합연습문제

01 공장의 기계 시설을 인간공학적으로 검토함에 있어서 준비단계를 가장 적절하게 설명한 것은 어느 것인가? [13,19 산업]

① 인간-기계 관계의 구성 인자의 특성을 명확히 알아낸다.
② 공장설계에 있어서의 기능적 특성, 제한점을 고려한다.
③ 인간-기계 관계 전반에 걸친 상황을 실험적으로 검토한다.
④ 각 작업을 수행하는데 필요한 직종간의 연결성을 고려한다.

hint 준비단계는 인간공학에서 인간과 기계관계의 구성 인자의 특성을 명확히 알아내는 과정이다.
②항은 선택단계
③항은 검토단계
④항은 선택단계에 해당한다.

02 공장의 기계설계 시 인간공학적으로 인간과 기계관계의 비합리적인 면을 수정 보완하는 단계는? [03 산업]

① 준비단계   ② 선택단계
③ 검토단계   ④ 결정단계

hint 인간과 기계관계의 비합리적인 면을 수정 보완하는 단계는 검토단계이다.

03 인간공학이 활용되는 대상과 가장 거리가 먼 것은? [03 기사]

① 작업공간   ② 작업시간
③ 작업방법   ④ 작업조직

04 다음 중 인간공학에서 고려해야 할 인간의 특성과 가장 거리가 먼 것은? [15,19 기사]

① 감각과 지각
② 운동력과 근력
③ 감정과 생산능력
④ 기술, 집단에 대한 적응능력

hint 인간공학에서 고려해야 할 인간의 특성은 민족, 인간의 습성, 기술·집단에 대한 적응능력, 신체의 크기와 작업환경, 감각과 지각, 운동력과 근력 등이다.

05 인간공학적인 의자설계의 원칙과 거리가 먼 것은? [16 기사]

① 의자의 안전성
② 체중의 분포 설계
③ 의자 좌판의 높이
④ 의자 좌판의 깊이와 폭

hint 인간공학적인 의자설계의 고려할 사항은 체중 분포, 의자 좌판의 높이, 의자 좌판의 깊이와 폭, 몸통의 안정, 이외 받침대, 바퀴 등이다.
- 체중 분포 : 의자에 앉았을 경우 체중이 골반뼈에 실릴 수 있도록 설계
- 의자 좌판의 높이 : 좌판 앞부분은 오금 높이보다 높지 않게 설계
- 의자 좌판의 깊이와 폭 : 폭은 큰사람에게 맞도록 설계하고, 깊이는 대퇴부를 압박하지 않도록 작은 사람에게 맞도록 설계
- 몸통의 안정 : 체중분포가 골반뼈에 실릴 수 있게 하면 몸통 안정이 쉬워짐

정답 | 01.① 02.③ 03.② 04.③ 05.①

- 기사 : 01,06
- 산업 : 02

인간공학에 적용되는 동적치수에 관한 설명으로 틀린 것은?

① 정적 인체치수에 비하여 상대적으로 데이터가 많다.
② 다양한 움직임을 표로 제시하기 어렵다.
③ 육체적인 활동을 하는 상황에서 측정한 치수이다.
④ 정적 인체 데이터로부터 기능적 인체치수로 환산하는 일반적인 원칙은 없다.

해설 동적치수는 정적 인체치수에 비하여 상대적으로 데이터가 적다.

답 ①

PART 1 산업위생학 개론

- 기사 : 07,08②,09,10,14,19
- 산업 : 00,06,19

예상 03 인간공학에서 최대작업영역(maximum area)에 대한 설명으로 가장 적절한 것은?

① 허리의 불편 없이 적절히 조작할 수 있는 영역
② 팔과 다리를 이용하여 최대한 도달할 수 있는 영역
③ 어깨에서부터 팔을 뻗어 도달할 수 있는 최대영역
④ 상완을 자연스럽게 몸에 붙인 채로 전완을 움직일 때 도달하는 영역

해설 최대작업영역(maximum area)은 어깨(위팔)로부터 팔(아래팔)을 펴서 어깨를 축으로 하여 수평면상에서 원을 그릴 때 부채꼴 모양의 원호의 내부영역에 해당한다.

답 ③

유.사.문.제

01 다음 중 인간공학에서 적용하는 정적치수(static dimensions)에 관한 설명으로 틀린 것은? [06,10,14,18 산업][02 기사]

① 구조적 치수로 정적 자세에서 움직이지 않는 피측정자를 인체계측기로 측정한 것이다.
② 골격치수(팔꿈치와 손목 사이와 같은 관절 중심거리)와 외곽치수(머리둘레 등)로 구성된다.
③ 일반적으로 표(table)의 형태로 제시된다.
④ 동적 인체치수에 비하여 데이터가 적다.

hint 정적치수는 동적 인체치수에 비하여 데이터가 많고, 표로 제시 가능하다.

02 인간공학적 방법에 의한 작업장 설계 시 정상작업영역의 범위로 가장 적절한 것은? [18,19 산업]

① 물건을 잡을 수 있는 최대영역
② 팔과 다리를 뻗어 파악할 수 있는 영역
③ 상완과 전완을 곧게 뻗어서 파악할 수 있는 영역
④ 상완을 자연스럽게 수직으로 늘어뜨린 상태에서 전완을 뻗어 파악할 수 있는 영역

hint 정상작업영역(Normal work area)은 앉은 자세에서 위팔(상완)은 몸에 붙이고, 아래팔(전완)만 곧게 뻗어 닿는 영역으로 전박(前膊)과 손으로 조작할 수 있는 범위이다.

03 다음 중 최대작업영역에 관한 설명으로 옳은 것은? [01,03,06,13 산업][12,15②,18 기사]

① 상지를 뻗어서 닿는 영역
② 전박을 뻗어서 닿는 영역
③ 사지를 뻗어서 닿는 영역
④ 상체를 최대한 뻗어서 닿는 영역

hint 최대작업영역은 작업자가 상지(上肢)를 뻗어 닿을 수 있는 작업범위이다.

04 다음 중 정상작업영역에 대한 설명으로 옳은 것은? [02,11,15 산업][04,12,17,18 기사]

① 두 다리를 뻗어 닿는 범위이다.
② 손목이 닿을 수 있는 범위이다.
③ 전박(前膊)과 손으로 조작할 수 있는 범위이다.
④ 상지(上肢)와 하지(下肢)를 곧게 뻗어 닿는 범위이다.

05 인간공학적 방법에 의한 작업장 설계 시 정상작업영역의 범위로 가장 적절한 것은? [11 산업]

① 서 있는 자세에서 팔과 다리를 뻗어 닿는 범위
② 앉은 자세에서 위팔과 아래팔을 곧게 뻗쳐서 닿는 범위
③ 서 있는 자세에서 물건을 잡을 수 있는 최대 범위
④ 앉은 자세에서 위팔은 몸에 붙이고, 아래팔만 곧게 뻗어 닿는 범위

정답 | 01.④ 02.④ 03.① 04.③ 05.④

02. 인간과 작업환경

- 기사 : 02
- 산업 : 00,03②,05,08,14,15,18

예상 04 다음 중 인체의 구조에서 앉을 때, 서 있을 때, 물체를 들어올릴 때 및 뛸 때 발생하는 압력이 가장 많이 흡수되는 척추의 디스크(discs)는?

① L_1/S_9 ② L_2/S_1 ③ L_3/S_2 ④ L_5/S_1

[해설] 물체를 들어올릴 때 압력이 가장 많이 흡수되는 척추의 디스크는 요추 5번/천추 1번이다.   답 ④

- 기사 : 04,16
- 산업 : 04,14

예상 05 미국산업안전보건연구원(NIOSH)에서 제시한 중량들의 들기작업에 관한 감시기준(AL)과 최대허용기준(Maximum Permissible Limit)의 관계를 바르게 나타낸 것은?

① MPL=3AL ② MPL=5AL
③ MPL=10AL ④ MPL=$\sqrt{2}$AL

[해설] 들기작업의 최대허용기준(MPL)은 감시기준(AL)의 3배이다.   답 ①

유.사.문.제

01 미국 NIOSH에서 제안된 인양작업(lifting)의 감시기준(AL)에 대한 설정기준의 내용으로 틀린 것은? [19 산업]

① 남자의 99%, 여자의 75%가 작업 가능하다.
② 에너지소비량(작업강도)이 3.5kcal/min이다.
③ 5번 요추와 1번 천추에 미치는 압력이 3400N의 부하이다.
④ AL을 초과하면 대부분의 근로자들에게 근육 및 골격 장애가 발생한다.

hint 감시기준(AL)을 초과하면 약간명의 근로자에게 장애의 위험이 있으나 대부분 작업이 가능하다.

02 다음 중 L_5/S_1 디스크에 얼마 정도의 압력이 초과되면 대부분의 근로자에게 장해가 나타나는가? [14,19 기사]

① 3,400N ② 4,400N
③ 5,400N ④ 6,400N

hint NIOSH에서 권고하고 있는 MPL(최대허용기준)에 해당하는 작업은 L_5/S_1 요추 디스크에 6,400N의 압력부하가 발생하고, 이를 초과하면 대부분의 근로자에게 장해가 나타난다.

03 직업성 경견완증후군 발생과 연관되는 작업으로 가장 거리가 먼 것은? [04,16 산업]

① 키펀치 작업
② 전화교환작업
③ 금전등록기의 계산작업
④ 전기톱에 의한 벌목작업

hint 직업성 경견완증후군 유발 업종군은 키펀치 작업, 전화교환작업, 타이핑, 금전등록기의 계산작업, 일관조립작업 등이다.

04 다음 중 근골격계 질환의 특징으로 볼 수 없는 것은? [01 산업][08,14 기사]

① 자각증상으로 시작된다.
② 손상의 정도를 측정하기 어렵다.
③ 관리의 목표는 질환의 최소화에 있다.
④ 환자가 집단적으로 발생하지 않는다.

hint 근골격계 질환은 환자가 집단적으로 발생하는 특징이 있으며, 노동력 손실에 따른 경제적 피해가 크다.

정답 | 01.④ 02.④ 03.④ 04.④

종합연습문제

01 미국산업안전보건연구원(NIOSH)의 중량물 취급 작업기준 중 최대허용기준(MPL)의 설정 배경과 거리가 먼 것은? [01,04 기사]
① 역학조사결과
② 인간공학적 연구결과
③ 정신심리학적 연구결과
④ 노동생리학적 연구결과

02 NIOSH의 중량물 취급작업기준 중 MPL의 설정 배경과 거리가 먼 것은? [06 기사]
① 역학조사결과
② 노동심리학적 연구결과
③ 정신물리학적 연구결과
④ 인간공학적 연구결과

03 중량물 취급작업 시 NIOSH에서 제시하고 있는 최대허용기준(MPL)에 대한 설명으로 틀린 것은? (단, AL은 감시기준) [04,18 기사]
① MPL은 3AL에 해당되는 값으로 정신물리학적 연구결과, 남성근로자의 25% 미만과 여성근로자의 1% 미만에서만 MPL 수준의 작업을 수행할 수 있었다.
② 노동생리학적 연구결과 MPL에 해당되는 작업이 요구하는 에너지대사량은 5kcal/min를 초과하였다.
③ 인간공학적 연구결과 MPL에 해당되는 작업은 디스크에 3,400N의 압력이 부과되어 대부분의 근로자들이 이 압력에 견딜 수 없었다.
④ 역학조사결과 MPL을 초과하는 작업에서는 대부분의 근로자들에게 근육, 골격 장애가 나타났다.

hint NIOSH에 따르면 인간공학적 연구결과 MPL에 해당되는 작업은 디스크(L_5/S_1)에 6,400N의 압력 부하가 발생되어 대부분의 근로자들에게 근육·골격 장애가 발생하는 것으로 나타났다.

04 미국국립산업안전보건연구원(NIOSH)의 중량물 취급작업에 대한 권고치 중 감시기준(AL)이 40kg일 때의 최대허용기준(MPL)은? [매년 출제대비 17,18② 산업][00,11 기사]
① 60kg ② 80kg
③ 120kg ④ 160kg

05 중량물 취급에 있어서 미국 NIOSH에서 중량물 최대허용한계(MPL)를 설정할 때의 기준으로 틀린 것은? [12,14,17 산업]
① MPL에 해당하는 작업은 L_5/S_1 디스크에 6,400N의 압력을 부하
② MPL에 해당하는 작업이 요구하는 에너지대사량은 5.0kcal/min을 초과
③ MPL을 초과하는 작업에서는 대부분의 근로자들에게 근육·골격 장애가 발생
④ 남성 근로자의 50% 미만과 여성 근로자의 10% 미만에서만 MPL 수준의 작업수행 가능

hint NIOSH에 따르면 MPL은 감시기준(AL)의 3배에 해당되는 값으로 남성 근로자의 25% 미만과 여성 근로자의 1% 미만에서만 MPL 수준의 작업이 가능한 것으로 나타났다.

06 조건이 고려된 NIOSH에서 제안한 중량물 취급작업의 권고치 중 감시기준(AL)을 구하기 위한 식에 포함된 요소가 아닌 것은? [08,11,15 산업] [03,05,07,16 기사]
① 대상 물체의 수평거리
② 대상 물체의 이동거리
③ 대상 물체의 이동속도
④ 중량물 취급작업의 빈도

hint $$AL(kg) = 40\left(\frac{15}{H}\right)(1 - 0.004|V-75|)$$
$$\left(0.7 + \frac{7.5}{D}\right)\left(1 - \frac{F}{F_m}\right)$$

H : 수평거리(cm)
V : 수직거리(cm)
D : 올리는 수직이동거리(cm)
F : 횟수(빈도)
F_m : 최대 횟수(빈도)

정답 ┃ 01.③ 02.② 03.③ 04.③ 05.④ 06.③

종합연습문제

01 미국 NIOSH에서 정한 중량을 들기작업지수(Lifting index, LI)를 결정하는 식으로 적절한 것은? [13 산업][06,19 기사]

① 물체무게(kg)/AL(kg)
② 물체무게(kg)/MPL(kg)
③ 물체무게(kg)/RWL(kg)
④ 물체무게(kg)/FMAX(kg)

hint 취급지수(LI) = $\dfrac{\text{실제무게}}{\text{RWL}}$

02 근로자로부터 40cm 떨어진 물체(9kg)를 바닥으로부터 150cm 들어올리는 작업을 1분에 5회씩 1일 8시간 실시하였을 때 감시기준(AL, Action Limit)은 얼마인가? (단, H는 수평거리, V는 수직거리, D는 이동거리, F는 작업빈도계수) [07 산업][04,06,15 기사]

$$AL(kg) = 40\left(\dfrac{15}{H}\right)(1-0.004|V-75|) \\ \times \left(0.7+\dfrac{7.5}{D}\right)\left(1-\dfrac{F}{12}\right)$$

① 2.6kg ② 3.6kg
③ 4.6kg ④ 5.6kg

hint $AL(kg) = 40\left(\dfrac{15}{40}\right)[1-(0.004|0-75|)]$
$\left(0.7+\dfrac{7.5}{150}\right)\left(1-\dfrac{5}{12}\right) = 4.6\,kg$

여기서, V : 바닥에 있는 상태이므로 = 0

03 다음 중 NIOSH의 들기지침에서 권고중량기준(RWL)을 산정할 때 고려되는 인자가 아닌 것은? [02,12,15 산업][00,09,13 기사]

① 수평계수   ② 수직계수
③ 작업강도계수 ④ 비대칭계수

hint RWL(kg) = LC×HM×VM×DM
×AM×FM×CM
LC : 중량물상수(항상 23)
HM : 수평계수, VM : 수직계수
DM : 운반거리, AM : 비대칭계수
FM : 빈도계수, CM : 커플링계수

04 NIOSH에서는 권고중량한계(RWL)와 최대허용한계(MPL)에 따라 중량물 취급작업을 분류하고, 각각의 대책을 권고하고 있는데 MPL을 초과하는 경우에 대한 대책으로 가장 적절한 것은? [04,12,15,19 산업]

① 문제 있는 근로자를 적절한 근로자로 교대시킨다.
② 반드시 공학적 방법을 적용하여 중량물 취급작업을 다시 설계한다.
③ 대부분의 정상근로자들에게 적절한 작업조건으로 현 수준을 유지한다.
④ 적절한 근로자의 선택과 적정배치 및 훈련, 그리고 작업방법의 개선이 필요하다.

05 NIOSH의 들기작업에 대한 평가방법은 여러 작업요인에 근거하여 가장 안전하게 취급할 수 있는 권고기준(RWL)을 계산한다. RWL의 계산 과정에서 각각의 변수들에 대한 설명으로 틀린 것은? [17 기사]

① 중량물상수(Load Constant)는 변하지 않는 상수값으로 항상 23kg을 기준으로 한다.
② 운반거리값(Distance Multiplier)은 최초의 위치에서 최종 운반위치까지의 수직이동거리(cm)를 의미한다.
③ 허리 비틀림각도는 물건을 들어올릴 때 허리의 비틀림각도(A)를 측정하여 $1-0.32 \times A$에 대입한다.
④ 수평위치값(Horizontal Multiplier)은 몸의 수직선상의 중심에서 물체를 잡는 손의 중앙까지의 수평거리(H, m)를 측정하여 $25/H$로 구한다.

06 다음 중 들어올리기 작업으로 적절하지 않은 자세는? [17 산업]

① 등을 굽히면서 다리를 편다.
② 가능한 짐은 양손으로 잡는다.
③ 무릎을 굽혀 물건을 들어올린다.
④ 목과 등은 거의 일직선이 되게 한다.

정답 ┃ 01.③ 02.③ 03.③ 04.② 05.③ 06.①

PART 1 산업위생학 개론

종합연습문제

01 다음의 중량물 들기작업의 구분 동작을 순서대로 나열한 것은? [16 산업]

> ㉠ 발을 어깨너비 정도로 벌리고 몸은 정확하게 균형을 유지한다.
> ㉡ 무릎을 굽힌다.
> ㉢ 중량물에 몸의 중심을 가깝게 한다.
> ㉣ 목과 등이 거의 일직선이 되도록 한다.
> ㉤ 가능하면 중량물을 양손으로 잡는다.
> ㉥ 등을 반듯이 유지하면서 무릎의 힘으로 일어난다.

① ㉠ → ㉡ → ㉢ → ㉣ → ㉤ → ㉥
② ㉠ → ㉢ → ㉡ → ㉣ → ㉤ → ㉥
③ ㉢ → ㉠ → ㉡ → ㉣ → ㉤ → ㉥
④ ㉢ → ㉠ → ㉡ → ㉣ → ㉤ → ㉥

02 권장무게한계가 3.1kg이고, 물체의 무게가 8kg일 때, 중량물 취급지수는 약 얼마인가? [02,10,11,12,13,16 산업][01,06,10,11,15 기사]

① 1.91
② 2.12
③ 2.58
④ 1.90

hint 취급지수(LI) = $\frac{실제무게}{RWL}$ = $\frac{8}{3.1}$ = 2.58

03 근로자로부터 40cm 떨어진 물체 9kg을 바닥으로부터 150cm 들어올리는 작업을 1분에 5회씩 1일 8시간 실시할 때 AL은 4.6kg, MPL은 13.8kg, RWL 3.3kg이라면 LI(중량물 취급지수)는? (단, 박스의 손잡이는 양호함) [09②,15,19 산업][05②,09 기사]

① 4.2
② 3.0
③ 2.7
④ 1.4

hint 취급지수(LI) = $\frac{실제무게}{RWL}$ = $\frac{9}{3.3}$ = 2.73

04 미국국립산업안전보건연구원(NIOSH)에서 정하고 있는 중량물 취급작업기준이 아닌 것은? [18 산업]

① 감시기준(Action Limit : AL)
② 허용기준(Threshold Limit Values : TLV)
③ 권고기준(Recommended Weight Limit : RWL)
④ 최대허용기준(Maximum Permissible Limit : MPL)

hint TLV(Threshold Limit Value)는 미국정부산업위생전문가협의회(ACGIH)에서 제정한 허용기준으로 거의 모든 근로자들이 매일 반복하여 폭로되어도 유해한 영향이 나타나지 않는 조건 또는 공기 중의 농도를 말한다.

05 미국산업안전보건연구원(NIOSH)의 중량물 취급작업기준에서 적용하고 있는 들어올리는 물체의 폭은 얼마인가? [04,07,12,19 기사]

① 55cm 이하
② 65cm 이하
③ 75cm 이하
④ 85cm 이하

hint NIOSH의 중량물 취급작업기준에서 들어올리는 물체의 폭은 75cm 이하로서 두 손을 적당히 벌리고 작업할 수 있어야 한다.

06 다음 중 NIOSH의 권고중량한계(RWL)에서 모든 조건이 가장 좋지 않을 경우 허용되는 최대중량은? [10,15 산업][13 기사]

① 15kg
② 23kg
③ 32kg
④ 40kg

hint RWL의 허용 최대중량상수는 23이다. 그러므로 모든 조건이 가장 좋지 않을 경우 허용되는 최대중량은 23kg이 된다.

〈산식〉 RWL = LC·HM·VM·DM·AM·FM·CM

LC : 23(허용되는 최대중량상수)
HM : 수평계수
VM : 수직계수
DM : 거리계수
AM : 비대칭계수
FM : 빈도계수
CM : 커플링계수

정답 | 01.③ 02.③ 03.③ 04.② 05.③ 06.②

종합연습문제

01 미국국립산업안전보건연구원(NIOSH)의 들기작업 권고기준(RWL)을 구하는 산식에 포함되는 변수가 아닌 것은? [16 산업][09 기사]

① 작업빈도
② 허리 구부림 각도, 휴식시간
③ 물체의 이동거리
④ 수평 및 수직으로 들어올리고자 하는 거리

02 NIOSH의 중량물 취급작업에 대한 기준의 적용범위와 거리가 먼 것은? [07 산업][07 기사]

① 박스(Box)인 경우는 손잡이가 있어야 한다.
② 빠른 속도로 들어올리는 작업을 기준으로 한다.
③ 물체의 폭이 75cm 이하로서 두 손을 적당히 벌리고 작업할 수 있어야 한다.
④ 작업장 내의 온도가 적절해야 한다.

hint 보통속도로 두 손으로 들어올리는 작업을 기준으로 한다.

03 다음 [표]를 이용하여 개정된 NIOSH의 들기작업 권고기준에 따른 권장무게한계(RWL)는 약 얼마인가? [03,10 기사]

계 수	값
수평계수(HM)	0.5
수직계수(VM)	0.955
거리계수(DM)	0.91
비대칭계수(AM)	1
빈도계수(FM)	0.45
커플링계수(CM)	0.95

① 4.27kg
② 8.55kg
③ 12.82kg
④ 21.36kg

hint RWL(kg) = 23×HM·VM·DM·AM ·FM·CM

04 NIOSH에서 제시한 중량물 취급작업기준 중 감시기준(AL)과 최대허용기준(MPL)의 설정 배경을 모두 만족한 경우의 적합한 기준을 바르게 연결한 것은? [04 산업]

① AL=40kg, MPL=120kg
② AL=30kg, MPL=70kg
③ AL=50kg, MPL=100kg
④ AL=60kg, MPL=150kg

hint 최대허용기준(MPL)은 감시기준(AL)의 3배이므로 ①항이 적합하다.

05 산업안전보건법령상 사업주는 몇 kg 이상의 중량을 들어올리는 작업에 근로자를 종사하도록 할 때 다음과 같은 조치를 취하여야 하는가? [16 기사]

- 주로 취급하는 물품에 대하여 근로자가 쉽게 알 수 있도록 물품의 중량과 무게중심에 대하여 작업장 주변에 안내표시를 할 것
- 취급하기 곤란한 물품은 손잡이를 붙이거나 갈고리, 진공빨판 등 적절한 보조도구를 활용할 것

① 3kg
② 5kg
③ 10kg
④ 15kg

hint 산업안전보건법령상 사업주는 5kg 이상의 중량을 들어올리는 작업에 근로자를 종사하도록 할 때는 근로자가 쉽게 알 수 있도록 물품의 중량과 무게중심에 대하여 작업장 주변에 안내표시를 하고, 취급하기 곤란한 물품은 손잡이를 붙이거나 갈고리, 진공빨판 등 적절한 보조도구를 활용하게 하여야 한다.

06 NIOSH에서 정한 중량물 취급 작업권고치(Action Limit, AL)에 영향을 가장 많이 주는 요인은 무엇인가? [19 산업]

① 빈도
② 수평거리
③ 수직거리
④ 이동거리

정답 | 01.② 02.② 03.① 04.① 05.② 06.①

예상 06

- 기사 : 11
- 산업 : 출제대비

근로자로부터 수평으로 40cm 떨어진 10kg의 물체를 바닥으로부터 150cm 높이로 들어올리는 작업을 1분에 5회씩 1일 8시간 동안 하고 있다. 이때의 중량물 취급지수는 약 얼마인가? (단, 관련 조건 및 적용 식은 다음에 따른다.)

[조건]
- 대상 물체의 수직거리는 0으로 한다.
- 물체는 신체의 정중앙에 있으며, 몸체의 회전은 없다.
- 작업빈도에 따른 승수는 0.35이다.
- 물체를 잡는데 따른 승수는 1이다.

[산식]
$$RWL = 23\left(\frac{25}{H}\right)(1 - 0.003|V-75|)\left(0.82 + \frac{4.5}{D}\right) AM \times FM \times CM$$

① 1.91　　② 2.71
③ 3.02　　④ 4.60

해설 중량물 취급지수는 실제 작업무게를 권장한계무게로 나눈 값이므로 다음과 같이 산정한다.

〈계산〉 $LI = \dfrac{\text{실제 작업무게}}{\text{권장한계무게}} = \dfrac{L}{RWL}$

- L : 작업물 무게 = 10kg
- RWL(권장중량기준) = $23\left(\dfrac{25}{H}\right)(1 - 0.003|V-75|)\left(0.82 + \dfrac{4.5}{D}\right) AM \times FM \times CM$
  - H : 대상물까지의 수평거리 = 40cm
  - V = 0(바닥에 있음)
  - D : 수직이동거리 = 150cm
  - AM : 비대칭계수 = 1(회전이 없음)
  - FM = 0.35
  - CM = 1

⇒ $RWL = 23\left(\dfrac{25}{40}\right)(1 - 0.003|0-75|)\left(0.82 + \dfrac{4.5}{150}\right) \times 1 \times 0.35 \times 1 = 3.31\,kg$

∴ $LI = \dfrac{10\,kg}{3.31\,kg} = 3.02$

답 ③

예상 07

- 기사 : 09, 16
- 산업 : 19

VDT 작업자세로 틀린 것은?

① 팔꿈치의 내각은 90도 이상이어야 함
② 발의 위치는 앞꿈치만 닿을 수 있도록 함
③ 화면과 근로자의 눈과의 거리는 40cm 이상이 되게 함
④ 의자에 앉을 때는 의자 깊숙이 앉아 의자 등받이에 등이 충분히 지지되어야 함

해설 발의 위치는 작업자의 발바닥 전면(모든면)이 바닥면에 닿을 수 있도록 해야 한다.

답 ②

종합연습문제

01 영상표시단말기(VDT) 취급근로자의 작업관리에 관한 설명으로 틀린 것은? [14,15,17 산업]
① 작업 화면상의 시야는 수평선상으로부터 아래로 15° 이상 25° 이하에 오도록 한다.
② 주변 환경의 조도를 화면의 바탕 색상이 검정색 계통일 때는 300~500Lux 이하를 유지한다.
③ 단색화면일 경우 색상은 일반적으로 어두운 배경에 황·녹색 또는 백색문자를 사용하고 적색 또는 청색의 문자는 가급적 사용하지 않는다.
④ 연속작업을 수행하는 근로자에 대해서는 영상표시단말기 작업 외의 작업을 중간에 넣거나 또는 다른 근로자와 교대로 실시하는 등 계속해서 영상표시단말기 작업을 수행하지 않도록 한다.

hint 시선은 수평선상에서 아래로 10~15° 이내 범위로 유지하는 것이 좋다.

02 다음 중 영상표시단말기(VDT)의 취급자세로 적절하지 않은 것은? [10,19 산업][01,06,09,12 기사]
① 무릎의 내각은 75° 이내가 되도록 한다.
② 눈으로부터 화면까지의 시거리는 40cm 이상을 유지한다.
③ 작업자의 시선은 수평선상으로부터 아래로 10~15° 이내로 한다.
④ 작업자의 어깨가 들리지 않아야 하며, 팔꿈치의 내각은 90° 이상이 되도록 한다.

hint 의자에 앉은 상태에서 무릎의 내각은 90° 전후가 되도록 한다.

03 VDT 증후군에 해당하지 않는 질병은 어느 것인가? [19 산업]
① 안면피부염   ② 눈 질환
③ 감광성 간질 ④ 전리방사선 질환

hint 전리방사선 질환은 방사선(α, β, γ 등)과 관련된 질환이다.

04 VDT 작업자의 스트레스성 요인에 의한 자각증상으로 틀린 것은? [09 산업]
① 심박수 증가
② 혈압 상승
③ 소화불량
④ 아드레날린분비 감소

hint VDT 작업자의 스트레스성 요인에 의한 자각증상으로 아드레날린분비가 증가된다.

05 다음 중 영상표시단말기(VDT)의 취급에 관한 설명으로 틀린 것은? [10 산업]
① 화면상의 문자와 배경과의 휘도비를 높인다.
② 작업면에 도달하는 빛의 각도를 화면으로부터 45° 이내가 되도록 조명 및 채광을 제한한다.
③ 작업장 주변 환경의 조도를 화면의 바탕 색상이 검정색 계통일 때, 300~500Lux로 유지한다.
④ 영상표시단말기 작업을 주목적으로 하는 작업실의 온도는 18~24℃, 습도는 40~70%를 유지하여야 한다.

hint 화면의 문자와 배경의 휘도비(콘트라스트)가 1 : 10을 넘지 않도록 하여야 한다.

06 다음 중 영상표시단말기(VDT)로 작업하는 사업장의 환경관리에 대한 설명과 가장 거리가 먼 것은? [19② 산업]
① 작업 중 시야에 들어오는 화면, 키보드, 서류 등의 주요 표면 밝기는 차이를 두어 입체감이 있도록 한다.
② 실내조명은 화면과 명암의 대조가 심하지 않고 동시에 눈부시지 않도록 하여야 한다.
③ 정전기 방지는 접지를 이용하거나 알코올 등으로 화면을 세척한다.
④ 작업장 주변 환경의 조도는 화면의 바탕 색상이 검정색일 때에는 300~500Lux를 유지하면 좋다.

정답 | 01.① 02.① 03.④ 04.④ 05.① 06.①

종합연습문제

01 영상표시단말기(VDT) 취급에 관한 다음 설명 중 옳은 것으로만 나열한 것은? [11 기사]

ⓐ 화면에 나타나는 문자·도형과 배경의 휘도비는 누구나 사용할 수 있도록 고정되어 있을 것
ⓑ 작업자의 손목을 지지해 줄 수 있도록 작업대 끝면과 키보드의 사이는 15cm 이상을 확보할 것
ⓒ VDT 취급 근로자의 시선은 화면 상단과 눈높이가 일치할 정도로 하고 작업화면상의 시야 범위는 수평선상으로부터 10~15° 위에 오도록 할 것
ⓓ 키보드를 조작하여 자료를 입력할 때 양 손목을 바깥으로 꺾은 자세가 오래 지속되지 않도록 주의할 것
ⓔ 영상표시단말기 취급 근로자의 발바닥 전면이 바닥면에 닿는 자세를 기본으로 할 것

① ⓑ, ⓓ, ⓔ
② ⓐ, ⓑ, ⓔ
③ ⓐ, ⓒ, ⓓ
④ ⓒ, ⓓ, ⓔ

hint ⓑ, ⓓ, ⓔ항만 옳은 설명이다.
▶ 바르게 고쳐보기 ◀
ⓐ 화면에 나타나는 문자·도형과 배경의 휘도비는 누구나 사용할 수 없도록 고정되어 있을 것
ⓒ VDT 취급 근로자의 시선은 화면 상단과 눈높이가 일치할 정도로 하고 작업 화면상의 시야 범위는 수평선상으로부터 10~15° 아래에 오도록 할 것

02 바람직한 VDT 작업자세라고 할 수 없는 것은? [04 산업]

① 문서홀더와 화면은 높이가 동일할 것
② 팔의 각도는 90° 이하일 것
③ 상박과 몸 중심선이 일치할 것
④ 화면과 눈의 거리는 두 뼘(40cm) 이상 유지할 것

hint 팔꿈치 내각은 90° 이상으로 한다.

03 VDT 증후군의 예방을 위한 작업자세로 적절하지 않은 것은? [07 산업][08 기사]

① 작업자의 시선은 수평선상으로부터 아래로 10~15° 이내일 것
② 눈으로부터 화면까지의 시거리는 40cm 이상을 유지할 것
③ 아래팔은 손등과 일직선을 유지하여 손목이 꺾이지 않도록 할 것
④ 위팔(upper arm)은 자연스럽게 늘어뜨리고, 팔꿈치의 내각은 90° 이내로 할 것

hint 위팔(upper arm)은 자연스럽게 늘어뜨리고, 팔꿈치의 내각은 90° 이상으로 한다.

04 다음 중 VDT 작업으로 인하여 발생되는 질환과 직접적으로 연관이 가장 적은 것은? [14 산업]

① 안(眼)장해
② 청력저하
③ 정신신경계 증상
④ 경견완증후군 및 기타 근골격계 이상증상

hint 청력저하는 VDT 작업으로 인하여 발생되는 질환과 거리가 멀다.

05 영상표시단말기(VDT) 작업자의 건강장해를 예방하기 위한 방법으로 적절치 않은 것은? [09 산업][10 기사]

① 서류받침대는 화면과 같은 높이로 맞추어 작업한다.
② 작업자의 발바닥 전면이 바닥면에 닿는 자세를 취한다.
③ 위팔(upper arm)은 자연스럽게 늘어뜨리고, 팔꿈치의 내각은 90° 이상으로 한다.
④ 작업자의 시선은 수평선상으로 10~15° 위를 바라보도록 한다.

hint 시선은 수평선상에서 아래로 10~15° 이내 범위로 유지하는 것이 좋다.

정답 ┃ 01.① 02.② 03.④ 04.② 05.④

종합연습문제

01 다음 중 정교한 작업을 위한 작업대 높이의 개선방법으로 가장 적절한 것은? [11 산업]

① 팔꿈치 높이를 기준으로 한다.
② 팔꿈치 높이보다 5cm 정도 낮게 한다.
③ 팔꿈치 높이보다 10cm 정도 낮게 한다.
④ 팔꿈치 높이보다 5~10cm 정도 높게 한다.

hint 작업대 표면은 팔꿈치 높이의 5~15cm 아래에 위치시키며, 아주 정교한 작업인 경우에는 팔꿈치 높이보다 5~10cm 정도 높게 하고, 팔걸이를 사용하는 것이 좋다.

02 작업자세는 에너지소비량에 영향을 미친다. 다음 중 바람직한 작업자세가 아닌 것은 어느 것인가? [18 산업]

① 정적작업을 피한다.
② 불안정한 자세를 피한다.
③ 작업물체와 몸과의 거리를 약 30cm 유지하도록 한다.
④ 원활한 혈액의 순환을 위해 작업에 사용하는 신체부위를 심장 높이보다 아래에 두도록 한다.

hint 원활한 혈액의 순환을 위해 작업에 사용하는 신체부위를 심장 높이보다 위에 두도록 한다.

정답 | 01.④ 02.④

예상 08
- 기사 : 03,17
- 산업 : 08,15

다음 중 근골격계 질환예방에 관한 설명으로 틀린 것은?

① 부자연스러운 자세는 피한다.
② 작업 시 과도한 힘을 주지 않는다.
③ 연속적이고 반복적인 동작일 경우 발생률이 높다.
④ 수공구의 손잡이와 같은 경우에는 접촉면적을 최대한 적게 하여 예방한다.

해설 수공구 손잡이는 접촉면적을 최대한 크게(pinch grip보다는 손바닥으로 감싸는 power grip) 한다.
- 수공구 사용 시 스트레스의 분포를 국부적으로 집중되지 않게 분산(손바닥 전체)시킨다.
- 손목, 팔꿈치, 허리가 뒤틀리지 않게, 작업시간을 조절하고 과도한 힘을 주지 않는다.
- 동일한 자세로 장시간 작업하는 것을 피하고 작업대사량을 줄이고, 작업시간을 조절한다. 답 ④

유.사.문.제

01 근골격계 질환 작업위험요인의 인간공학적 평가방법이 아닌 것은? [17② 기사]

① OWAS
② RULA
③ REBA
④ ICER

hint 인간공학적 평가방법(작업자세 위주 평가법)에는 OWAS, RULA, REBA, JSI(SI) 등이 있다.

02 다음 약어의 용어들은 무엇을 평가하는데 사용되는가? [02,07,12,18 산업]

OWAS, RULA, REBA, SI(JSI)

① 작업장 국소 및 전체환기 효율 비교
② 직무 스트레스 정도
③ 근골격계 질환의 위험요인
④ 작업강도의 정량적 분석

정답 | 01.④ 02.③

종합연습문제

01 근골격계 질환의 특징을 설명한 것으로 틀린 것은? [17 산업]
① 생산공정이 기계화·자동화 되어도 꾸준하게 증가하고 있다.
② 우리나라의 경우 산업재해 50인 미만의 영세 중소기업에서 약 70% 정도를 차지한다.
③ 우리나라에서는 건설업에서 근골격계 질환 발생이 가장 많고, 그 다음으로 제조업 순이다.
④ 근골격계 질환을 최대한 줄이기 위하여 조기발견, 작업환경 개선, 적절한 의학적 조치 등을 취하여야 한다.

02 우리나라의 규정상 하루에 25kg 이상의 물체를 몇 회 이상 드는 작업일 경우 근골격계 부담작업으로 분류하는가? [01,08,11,13,14 기사]
① 2회
② 5회
③ 10회
④ 25회

03 우리나라 고시에 따르면 하루에 몇 시간 이상 집중적으로 자료 입력을 위해 키보드 또는 마우스를 조작하는 작업을 근골격계 부담작업으로 분류하는가? [14 기사]
① 2시간
② 4시간
③ 6시간
④ 8시간

04 산업안전보건법령상 사업주는 근골격계 부담 작업에 근로자를 종사하도록 하는 경우에는 몇 년마다 유해요인 조사를 실시하여야 하는가? [09,11 산업][00,17 기사]
① 1년
② 2년
③ 3년
④ 4년

05 근골격계 질환으로 요양결정을 받은 근로자가 연간 (Ⓐ) 이상 발생한 사업장 또는 (Ⓑ) 이상 발생한 사업장으로서 발생 비율이 그 사업장 근로자의 (Ⓒ) 이상인 경우" 위의 내용은 사업주가 근골격계 질환 예방관리 프로그램을 수립, 시행하여야 하는 경우이다. ( ) 안에 들어갈 알맞은 내용은? [05 산업]
① Ⓐ 5인   Ⓑ 10인   Ⓒ 5%
② Ⓐ 5인   Ⓑ 10인   Ⓒ 10%
③ Ⓐ 10인 Ⓑ 5인   Ⓒ 5%
④ Ⓐ 10인 Ⓑ 5인   Ⓒ 10%

06 근골격계 질환을 예방하기 위한 작업환경 개선의 방법으로 인체측정치를 이용한 작업환경의 설계가 이루어질 때 다음 중 가장 먼저 고려되어야 할 사항은? [10,13,16 산업]
① 조절가능 여부
② 최대치의 적용 여부
③ 최소치의 적용 여부
④ 평균치의 적용 여부

07 인체계측자료(Anthropometric data)를 표현하는 방법으로 자주 쓰이는 것은? [06 기사]
① 퍼센트(percent)
② 표준편차(standard deviation)
③ 비율(ratio)
④ 퍼센타일(percentile)

hint 퍼센타일(percentile)은 백분위수로 인체계측자료를 표현할 때 많이 사용된다.

08 다음 중 중량물 취급으로 인한 요통발생에 관여하는 요인으로 볼 수 없는 것은? [12 기사]
① 근로자의 육체적 조건
② 작업빈도와 대상의 무게
③ 습관성 약물의 사용 유무
④ 작업습관과 개인적인 생활태도

정답 | 01.③ 02.③ 03.② 04.③ 05.④ 06.① 07.④ 08.③

종합연습문제

01 다음 중 근골격계 질환에 관한 설명으로 틀린 것은? [11,18 기사]

① 점액낭염(bursitis)은 관절 사이의 윤활액을 싸고 있는 윤활낭에 염증이 생기는 질병이다.
② 근염(myositis)은 근육이 잘못된 자세, 외부의 충격, 과도한 스트레스 등으로 수축되어 굳어지면 근섬유의 일부가 띠처럼 단단하게 변하여 근육의 특정 부위에 압통, 방사통, 목부위 운동제한, 두통 등의 증상이 나타난다.
③ 수근관증후군(carpal tunnel sysdrome)은 반복적이고, 지속적인 손목의 압박, 무리한 힘 등으로 인해 수근관 내부에 정중신경이 손상되어 발생한다.
④ 건초염(tenosimovitis)은 건막에 염증이 생긴 질환이며, 건염(tendonitis)은 건의 염증으로, 건염과 건초염을 정확히 구분하기 어렵다.

hint 근염(myositis)은 근육의 염증에 의해 근섬유가 손상되고 이로 인하여 근육의 수축 기능이 약해져 근육통과 근육의 압통을 유발하는 질환이다. 반면에 근육이 수축되어 굳어지면 근육결(근섬유)의 일부가 띠처럼 단단하게 변하여 근육의 특정 부위에 압통, 방사통, 두통 등의 증상을 나타나는 질환은 "근막통증증후군(myofascial pain syndrome)"이라고 한다. 근막동통증후군은 두피의 통증보다는 어깨나 목의 통증을 주로 유발하며, 일반 증상은 '목이 뻐근하면서 뒤통수가 당긴다'고 표현하는 경우가 많다.

02 주로 앉아서 일하는 사람에게서 요통재해가 늘어난다는 보고가 있다. 운전작업 시 주의사항 중 요통예방을 위한 동작으로 바람직하지 않은 것은? [07,09 산업][03 기사]

① 척추의 자연곡선을 유지해야 한다.
② 다리는 최대한 뻗고 상체를 뒤로 젖힌다.
③ 차에 타고 내릴 때는 갑자기 몸을 회전하지 않는다.
④ 주기적으로 차에서 내려 걷는 등 가벼운 운동을 한다.

03 앉아서 운전작업을 하는 사람들의 주의사항에 대한 설명으로 틀린 것은? [18 기사]

① 큰 트럭에서 내릴 때는 뛰어내려서는 안 된다.
② 차나 트랙터를 타고 내릴 때 몸을 회전해서는 안 된다.
③ 운전대를 잡고 있을 때에는 최대한 앞으로 기울이는 것이 좋다.
④ 방석과 수건을 말아서 허리에 받쳐 최대한 척추가 자연곡선을 유지하도록 한다.

hint 운전대를 잡고 있을 때에는 상체를 앞으로 심하게 기울이지 않도록 한다.

04 요통발생에 관여하는 요인을 가장 올바르게 설명한 것은? [04,07 기사]

① 물체와 몸의 거리가 멀 경우 지렛대의 역할을 하는 L_2/S_2 디스크에 많은 부담을 주게 된다.
② 일반적으로 요통은 장기간 반복하여 무리한 동작을 할 때보다 한 번의 과격한 충격에 의하여 발생하는 경우가 많다.
③ 버스 운전기사, 이용사, 미용사 등의 작업인의 경우 요통이 많이 발생하는 것은 부적절한 자세에 기인한다.
④ 가벼운 물체의 경우 어떠한 작업방법을 선택하여도 무리가 가지 않는다.

05 근골격계 질환의 특징으로 가장 거리가 먼 것은? [05,08 기사]

① 한 번 악화되더라도 완치가 쉽게 가능하다.
② 노동력 손실에 따른 경제적 피해가 크다.
③ 관리의 목표는 최소화에 있다.
④ 단편적인 작업환경 개선으로 좋아질 수 없다.

hint 근골격계 질환은 한 번 악화되면 완치가 쉽지 않고 회복과 악화를 반복한다.

정답 | 01.② 02.② 03.③ 04.③ 05.①

종합연습문제

01 사업장 내에서 근골격계 질환의 특징으로 틀린 것은? [07,12 산업]

① 자각증상으로 시작된다.
② 환자 발생이 집단적이다.
③ 손상의 정도 측정이 용이하다.
④ 회복과 악화가 반복적이다.

hint 근골격계 질환은 손상의 정도를 측정하기 어렵다. 근골격계 질환의 작업관련성의 판단 등이 쉽지 않은 이유는 다음과 같다.
- 전통적인 직업성 질환에서처럼 진단에서의 선별검사를 적용할 수 없다.
- 자각증상과 정밀검사상의 객관적인 소견에서의 불일치와 일반적으로 통증으로서 비특이적인 자각증상만을 호소하는 경우가 많다.
- 다른 원인질환에 의한 관련 통증 또는 방사 통증으로 나타난다.
- 질병 발생에 영향을 미치는 요인이 단일하지 않고 인구학적, 정신·심리적 및 사회적 요인 등이 복합적으로 영향을 미친다.
- 동적작업/복합작업 등의 작업형태에서 관련 인체부위/조직 병변(근골격계 질환)과의 관련성을 판단하는 것이 쉽지 않다.

02 작업 관련질환은 다양한 원인에 의해 발생할 수 있는 질병으로 개인적인 소인에 직업적 요인이 부가되어 발생하는 질병을 말한다. 다음 중 작업 관련질환에 해당하는 것은? [17 기사]

① 진폐증   ② 악성중피종
③ 납중독   ④ 근골격계 질환

03 사업주가 근골격계 부담작업에 근로자를 종사하도록 하는 경우 3년마다 실시하여야 하는 조사는? [17 기사]

① 유해요인 조사
② 근골격계부담 조사
③ 정기부담 조사
④ 근골격계작업 조사

hint 사업주는 근골격계 부담작업 종사 근로자를 대상으로 3년마다 유해요인 조사를 실시하여야 한다.

04 직업관련 근골격계 장해(WMSDs)가 문제로 인식되는 이유 중 가장 적절치 못한 것은 어느 것인가? [16 기사]

① WMSDs는 다양한 작업장과 다양한 직무활동에서 발생한다.
② WMSDs는 생산성을 저하시키며, 제품과 서비스의 질을 저하시킨다.
③ WMSDs 거의 모든 산업분야에서 예방하기 어려운 상해 내지는 질환이다.
④ WMSDs 특히 허리가 포함되었을 때 가장 비용이 많이 소요되는 직업성 질환이다.

hint 직업관련 근골격계 장해(WMSDs)는 거의 모든 산업분야에서 예방가능한 질환이다. 그러나 단편적인 작업환경 개선만으로는 좋아질 수 없으며, 작업환경 개선과 더불어 조기 발견, 적절한 의학적 조치 등 보다 체계적인 대책을 강구하여야 한다.

05 다음 중 근골격계 질환의 위험요인에 대한 설명으로 적절하지 않은 것은? [13 기사]

① 큰 변화가 없는 반복동작일수록 근골격계 질환의 발생 위험이 증가한다.
② 정적작업보다 동적작업에서 근골격계 질환의 발생 위험이 더 크다.
③ 작업공정에 장해물이 있으면 근골격계 질환의 발생 위험이 더 커진다.
④ 21℃ 이하의 저온작업장에서 근골격계 질환의 발생 위험이 더 커진다.

hint 근골격계 질환은 동적작업보다 정적작업을 할 경우 발생 위험이 더 커진다. 근골격계 질환 발생 위험요인을 정리하면 다음과 같다.
- 고도의 반복 또는 정적작업
- 무리한 힘이 가해질 때
- 작업공정의 장해물과 불안정한 자세
- 불충분한 휴식
- 심리적 불안
- 피로 지속, 접촉 반복, 진동에 지속적인 노출
- 저온(21℃ 이하)에서의 지속적 작업
- 개인적인 요인(체격, 체력 등)

정답 | 01.③ 02.④ 03.① 04.③ 05.②

종합연습문제

01 다음 중 누적외상성 장애에 의한 근골격계 질환의 원인과 가장 거리가 먼 것은? [08,18 기사]

① 부적절한 작업자세
② 짧은 주기의 반복작업
③ 고온다습한 환경
④ 과도한 힘의 사용

hint 작업장의 적정온도는 18~21℃ 범위

02 경견완증후군이란 용어와 유사하다고 볼 수 없는 것은? [06 산업][14 기사]

① CTDS - 누적외상성 질환
② MSDS - 작업관련성 근골격계 질환
③ RSI - 반복성 긴장 장해
④ MRTS - 근육반복 외상성 장해

03 다음 중 근골격계 질환의 발생에 관한 설명으로 틀린 것은? [11 산업]

① 손목을 반복적으로 무리하게 사용하는 작업에서 발생하기 쉽다.
② 무거운 물건을 들어올리거나 밀고 당기고 운반하는 작업에서 많이 발생한다.
③ 오랜 기간 동안 부자연스러운 작업자세로 작업하는 경우에 많이 발생한다.
④ 진동이 적고, 고온작업에서 주로 발생한다.

04 다음 중 수근터널증후군(DTS)이 가장 발생하기 쉬운 작업은? [12 기사]

① 대형 버스 운전
② 조선소의 용접작업
③ 항만, 공항의 물건 하역작업
④ 드라이버(driver)를 이용한 기계조립

hint 수근터널증후군은 손목터널증후군, 정중 신경염으로도 불린다. 손을 과도하게, 반복적으로 사용함으로써 손목 부위에 염증이 생기거나 힘줄이 부어 신경을 압박해서 나타나는 질환으로 남녀 모두에게 생길 수 있으나 여성에서 약 3배 더 많이 나타난다는 연구결과가 있다.

05 다음 중 누적외상성 질환의 발생과 가장 관련이 적은 것은? [11,17 산업]

① 18℃ 이하에서 하역작업
② 큰 변화가 없는 동일한 연속동작의 운반작업
③ 진동이 수반되는 곳에서의 조립작업
④ 나무망치를 이용한 간헐성 분해작업

hint 누적외상성 질환은 연속적 반복동작에 의해 유발된다. 누적외상성 질환(CTDs)=근골격계 질환(MSDs)=경견완증후군=반복외상장애(RSI)로 이해하고 대비할 것!!

06 근골격계 질환자의 사후관리 방법으로 적절하지 않은 것은? [06 기사]

① 작업적응을 위한 훈련
② 작업내용의 개선
③ 작업시간과 휴식시간의 조정
④ 작업전환

07 다음 중 경견완장해가 발생하기 가장 쉬운 직업은? [11 산업]

① 커피 시음   ② 전산 데이터 입력
③ 잠수작업   ④ 음식배달

08 직업성 누적외상성 질환(CTDs)과 관련이 가장 적은 작업의 형태는? [00,06,07,10 산업][08 기사]

① 전화안내작업
② 컴퓨터 사무작업
③ chain saw를 이용한 벌목작업
④ 금전등록기의 계산작업

09 직업성 요통 발생에 관여되는 요인 중 거리가 먼 것은? [07 산업][12 기사]

① 근로자의 육체적 조건
② 작업장의 소음
③ 작업습관과 개인의 생활태도
④ 물리적 환경요인(작업빈도, 무게 등)

정답 | 01.③ 02.④ 03.④ 04.④ 05.④ 06.① 07.② 08.③ 09.②

종합연습문제

01 중량물 취급과 관련하여 요통 발생에 관여하는 요인으로 가장 관계가 적은 것은? [15 기사]

① 근로자의 심리상태 및 조건
② 작업습관과 개인적인 생활태도
③ 요통 및 기타 장해(자동차 사고, 넘어짐)의 경력
④ 물리적 환경요인(작업빈도, 물체 위치, 무게 및 크기)

hint 중량물 취급으로 인한 요통 발생에 관여하는 요인은 다음과 같다.
- 근로자의 육체적 조건 및 경력(사고, 넘어짐)
- 작업습관과 개인의 생활태도 및 바람직하지 못한 작업자세
- 물리적 환경요인(작업빈도, 물체의 위치, 무게 등)

02 다음 중 누적외상성 질환(CTDs, Cumulative Trauma Disorders) 또는 근골격계 질환(MSDs, Muscoloskeletal Disorders)에 속하는 질환으로 보기 어려운 것은? [10 기사]

① 건초염(Tendosynovitis)
② 스티븐스 존슨 증후군
③ 손목뼈터널 증후군(Carpal tunnel syndrome)
④ 기용터널 증후군(Guyon tunnel syndrome)

hint 스티븐스 존슨 증후군(Stevens johnson syndrome)은 근골격계 질환이 아니다. 스티븐스 존슨 증후군은 알레르기 반응을 일으키는 물질이나 독성 물질로 인한 피부 혈관의 반응 때문인 것으로 알려졌다. 원인 물질에는 결핵·디프테리아·장티푸스·폐렴 등을 일으키는 세균과 바이러스, 곰팡이균, 기생충, 일부 약물, 예방접종 시 부작용, 알레르기성 피부 접촉물 등이 있다.

03 작업 중 체열생산이 가장 많은 부분은? [04,06 기사]

① 골격근　　② 폐장
③ 간장　　　④ 심장

hint 인체내 열생산은 골격근에서 약 60%, 간에서 22%를 차지하며, 상온에서 경작업을 하는 경우의 열방출은 복사 44%, 대류 및 전도 31%, 수분증발에 의한 방출이 21%를 차지한다.

04 다음 중 근육과 뼈를 연결하는 섬유조직을 무엇이라 하는가? [12 기사]

① 뉴런(neuron)
② 건(tendon)
③ 인대(ligament)
④ 관절(joint)

hint 근육과 뼈를 연결하는 섬유조직을 힘줄 즉 건(tendon)이라고 한다. 관련용어를 좀 더 살펴보면 다음과 같다.
- **힘줄**(건, tendon)은 근육을 뼈에 부착시키는 구조물로써 강한 장력에 견디도록 인대와 매우 비슷한 구조로 되어 있으며 이런 연결섬유는 근육의 양쪽에 존재한다.
- **인대**(ligament)는 뼈와 뼈를 연결하여 관절의 안전성을 유지하는 구조물로써 교원섬유와 탄성섬유가 주성분인 기질과 섬유모세포라고 불리는 세포들로 이루어진다. 연부조직으로서 단단한 뼈를 지지하는 인대는 여러 가지 힘에 견딜 수 있어야 하기 때문에 섬유조직들이 평행으로 배열하여 매우 밀집된 구조를 지닌다.
- **뉴런**(neuron)은 신경계의 구조적·기능적 단위인 신경세포이다. 신경세포와 돌기(突起), 신경섬유 등으로 구성된 정보 전달의 기본 단위이다. 뉴런은 신경 신호를 만들어 내고 이 신호를 몸의 한 부분에서 다른 부분으로 전달하는 일을 한다.

05 다음 중 누적외상성 질환(CTDs)의 주요 요인과 가장 거리가 먼 것은? [08 산업]

① 저온작업
② 근로자의 체중
③ 작업자세
④ 물건을 잡는 손의 힘

hint 누적외상성 질환(CDTs)의 위험요인은 부적절한 작업자세, 많은 힘을 요구하는 일, 반복되는 동작, 위험요인에 장기간 노출(장기간 같은 근육의 움직임을 필요로 하는 작업), 높은 반복 및 작업빈도, 부적절한 휴식, 날카로운 면과의 신체접촉, 진동, 저온, 라인속도에 맞춘 작업, 익숙하지 않은 작업 등에 의해 유발된다.

정답 ❙ 01.① 02.② 03.① 04.② 05.②

종합연습문제

01 작업자세는 피로 또는 작업능률과 관계가 깊다. 가장 바람직하지 않은 자세는? [18 산업]
① 작업 중 가능한 한 움직임을 고정한다.
② 작업대와 의자의 높이는 개인에게 적합하도록 조절한다.
③ 작업물체와 눈과의 거리는 약 30~40cm정도 유지한다.
④ 작업에 주로 사용하는 팔의 높이는 심장높이로 유지한다.

hint 정적자세(고정된 자세)는 피로도를 높이고, 경견완증후군을 유발하기 쉽다.

02 다음 중 근골격계 질환을 예방하기 위한 조치로 적절하지 않은 것은? [12 산업]
① 망치의 미끄러짐을 방지하기 위하여 망치자루에 고무밴딩을 하였다.
② 날카로운 책상 모서리에 팔의 하박부분이 자주 닿아 모서리에 헝겊을 대었다.
③ 작업으로 인해 생긴 체열을 쉽게 발산하기 위하여 작업장의 온도를 약 16℃ 이하로 유지시켰다.
④ 계속하여 왼쪽으로 굽혀 잡는 자세를 오른쪽으로 잡도록 유도하였다.

hint 작업장의 적정온도는 18~21℃ 범위이다.

03 근골격계 질환을 줄이기 위한 작업관리 방법이다. 바르지 못한 것은? [06 산업]
① 수공구의 무게는 가능한 한 줄인다.
② 손목, 팔꿈치, 허리가 뒤틀리지 않도록 한다.
③ 동일한 자세를 유지하여 작업대사량을 줄인다.
④ 작업자가 일에 쫓기지 않도록 작업시간을 조절한다.

hint 정적자세는 근골격계 질환을 유발하는 원인이 된다.

04 근골격계 질환 평가방법 중 JSI(Job Strain Index)에 대한 설명으로 틀린 것은? [10,16 기사]
① 주로 상지작업 특히 허리와 팔을 중심으로 이루어지는 작업에 유용하게 사용할 수 있다.
② JSI 평가결과의 점수가 7점 이상은 위험한 작업이므로 즉시 작업 개선이 필요한 작업으로 관리기준을 제시하게 된다.
③ 이 평가방법은 손목의 특이적인 위험성만을 평가하고 있어 제한적인 작업에 대해서만 평가가 가능하고, 손, 손목 부위에서 중요한 진동에 대한 위험요인이 배제되었다는 단점이 있다.
④ 평가과정은 지속적인 힘에 대해 5등급으로 나누어 평가하고, 힘을 필요로 하는 작업의 비율, 손목의 부적절한 작업자세, 반복성, 작업속도, 작업시간 등 총 6가지 요소를 평가한 후 각각의 점수를 곱하여 최종 점수를 산출하게 된다.

hint 근골격계 질환 평가방법 중 상지작업 특히 허리와 팔을 중심으로 이루어지는 작업에 유용하게 사용할 수 있는 것은 OWAS이다. JSI(Job Strain Index)는 주로 상지말단 근골격계 유해요인(손목의 특이적인 위험성)만 평가하는 평가법이다. JSI 평가방법에 대해 좀 더 알아보면 다음과 같다.

☐ 개요 : JSI(Job Strain Index)기법은 인간공학적 작업분석의 도구로서 생리학 및 인체역학의 과학적 근거를 바탕으로 개발되었으며, 평가과정은 지속적인 힘에 대해 5등급으로 나누어 평가하고 힘을 필요로 하는 작업의 비율, 손목의 부적절한 작업자세, 반복성, 작업속도, 작업시간 등 총 6가지 요소를 평가한 후 각각의 점수를 곱하여 최종 점수를 산출하게 된다.

- 평가결과 : 3점 미만(안전), 5~7점(약간 위험한 작업), 7점 이상(위험한 작업)
- 특징
  - 의학적인 진단 결과와도 매우 유의한 타당성이 있음을 인정받았음
  - 손목의 특이적인 위험성만을 평가하고 있어 제한적인 작업에 대해서만 평가가 가능함
  - 손/손목 부위에서 중요한 진동에 대한 위험요인이 배제되었음

정답 | 01.① 02.③ 03.③ 04.①

종합연습문제

01 근골격계 질환을 예방하기 위한 조치로 적절한 것은? [18 산업]

① 손잡이에 완충물질을 사용하지 않는다.
② 작업의 방법이나 위치를 변화시키지 않는다.
③ 임팩트 렌치나 천공 해머를 사용하지 않는다.
④ 가능한 파워 그립보다 핀치 그립을 사용할 수 있도록 설계한다.

hint ③항만 올바르다.

▶ 바르게 고쳐보기 ◀
① 손잡이에 완충물질을 사용한다.
② 작업의 방법이나 위치를 변화시킨다.
④ 가능한 pinch grip보다 power grip을 사용한다.

02 요통이 발생되는 원인 중 작업동작에 의한 것이 아닌 것은? [18 기사]

① 작업자세의 불량
② 일정한 자세의 지속
③ 정적인 작업으로 전환
④ 체력의 과신에 따른 무리

hint 요통 유발 가능성이 높은 직종에 종사하는 작업자가 정적인 작업으로 전환하는 것은 오히려 요통 예방에 도움이 된다.

03 다음 중 근골격계 질환을 예방하기 위한 개선사항으로 적절하지 않은 것은? [10 산업]

① 반복적인 작업을 연속적으로 수행하는 근로자에게는 집중력 향상을 위해 해당 작업 이외의 작업을 중간에 넣지 말아야 한다.
② 반복의 정도가 심한 경우에는 공정을 자동화하거나 다수의 근로자들이 교대하도록 하여 한 근로자의 반복 작업시간을 가능한 한 줄이도록 한다.
③ 작업대의 높이는 작업정면을 보면서 팔꿈치 각도가 90도를 이루는 자세로 작업할 수 있도록 조절하고 근로자와 작업면의 각도 등을 적절히 조절할 수 있도록 한다.
④ 작업영역은 정상작업영역 이내에서 이루어지도록 하고 부득이한 경우에 한해 최대작업영역에서 수행하되 그 작업이 최소화되도록 한다.

hint 반복적인 작업을 연속적으로 수행하는 근로자에게는 해당 작업 이외의 작업을 중간에 넣어 한 근로자의 반복작업 시간을 가능한 한 줄이도록 하는 것이 근골격계 질환 예방에 좋다.

정답 | 01.③ 02.③ 03.①

2 노동과 영양의 관계

이승원의 minimum point

(1) 필요 영양소와 보급

① **3대 · 5대 영양소**
- 3대 영양소(열량공급원) : **지방, 당질, 단백질**
- 5대 영양소 : **3대 영양소+신체 생활기능 조절요소**(비타민류+무기염류+물)

② **작업자에 따른 영양소의 보급**
- 근육노동자 : 에너지보충을 위해 **당분**(탄수화물)을 보급하는 것이 좋음
- 중작업자 : 양질의 **단백질**을 여분으로 공급하는 것이 좋음
- 저온작업자 : **지방질**을 공급하는 것이 좋음
- 고온, 고열 작업자 : **수분**과 **염분** 등을 보급하는 것이 좋음
- 근육피로 : **인산, 칼리**가 풍부한 음식을 섭취하는 것이 효과적임
  ㈜ 피로 회복촉진을 위한 여러 가지 약물 시도와 약제의 일상적 투여는 도움이 되지 않음

③ **비타민의 보급**
- 근육노동자 : 특히 보급하여야 할 영양소는 **비타민 B_1**(thiamine)임. B_1은 **호기적 산화를 촉진**시켜 근육으로의 열량공급을 원활하게 해 주는 역할을 함
- 다량의 열량을 필요로 하는 작업자 : **비타민 B_2**(riboflavin)와 **니아신**(Niacin, 수용성비타민으로 B군 비타민에 속하는 니코틴산과 니코틴아미드의 총칭)을 증가 보급하여 부족에 따른 장해가 유발되지 않도록 하여야 함
- 커피, 홍차, 엽차 등 : 피로회복에 도움이 되는 것이므로 공급하도록 함. 그러나 대부분이 습관성이므로 섭취에 각별한 주의를 요함

참고/ 직업성 오염물질 중독에 따른 비타민 및 영양보급

- 벤젠의 급성 중독 : 비타민 B_2, 만성중독에는 비타민 B_6가 효과적이다.
- 암모니아 중독 : 비타민 C, 일산화탄소 중독에는 비타민 B_1이 효과적이다.
- 사염화탄소 중독 : 비타민 E, 이황화탄소 중독에는 비타민 B_2가 효과적이다.
- 아연 중독 : 대두, 단백질, 철분 등이 효과적이다.
- 염소 중독 : Niacin과 비타민 E가 효과가 있는 것으로 알려져 있다.

④ **근육작업과 활동에너지** : 신진대사과정에서 단백질, 탄수화물, 지방 등의 영양소가 탄산가스, 물 등으로 산화될 때 부생(副生)되는 열량을 활동의 원동력으로 이용되고, 또한 그 일부는 생체유지용으로 사용되고 있다. 따라서 노동을 하는데 있어서 중요한 것은 어떠한 영양소보다 열량공급을 위한 영양소의 섭취가 중요함

성인 활동별 1일 에너지 권장량

활동별	에너지 권장량	
	남자(체중 64kg)	여자(체중 53kg)
가벼운 활동	34kcal/kg, 2,200kcal	34kcal/kg, 1,800kcal
중등 활동	39kcal/kg, 2,500kcal	39kcal/kg, 2,000kcal
심한 활동	45kcal/kg, 2,900kcal	45kcal/kg, 2,400kcal
격심한 활동	55kcal/kg, 3,500kcal	53kcal/kg, 2,800kcal

(2) 인체의 생화학적 반응

ⓛ **호기성 대사**(안정시) : 산화인산화(oxidative phosphorylation) 반응을 통해 생산된 ATP를 이용함. ATP를 생성하는 산소 시스템을 간이적으로 표현하면 다음과 같다.

■ $\begin{Bmatrix} 단백질 \rightarrow 아미노산 \\ 지방(혈액중) \\ 포도당(혈액중) \end{Bmatrix}$ + 산소(혈액) + 크레아틴인산(CP) + ADP ➡ $\begin{Bmatrix} ATP \\ 크레아틴 \\ 산화부산물 \end{Bmatrix}$

ⓛ **혐기성 대사**
- **단시간** 내에 많은 힘을 요구하는 운동일 때 혐기성 대사가 일어남
- 신속한 에너지를 충족하지 못하므로 ATP 부족 및 산소 부족 발생(산소부채 발생)
- **크레아틴인산**(CP)과 **글리코겐** 등 근육 자체에 **저장된 에너지**를 주로 이용하여 ATP를 생성함. ATP를 생성하는 혐기성 시스템을 간이적으로 표현하면 다음과 같다.

■ $\begin{Bmatrix} 포도당(해당 작용) \\ 글리코겐(근육) \end{Bmatrix}$ + 크레아틴인산(CP, 근섬유) + ADP ➡ $\begin{Bmatrix} ATP \\ 크레아틴 \\ 젖산 \\ 환원부산물 \end{Bmatrix}$

ⓛ **유산소 운동** : 저강도에서 장시간 힘을 요구하는 운동으로 근육 저장 에너지만으로는 부족하여 신체 **타 부위 저장연료**인 지방조직의 **지방**, 간(肝)의 **글리코겐**(당원)을 사용하게 됨

(3) 작업과 에너지대사

ⓛ **에너지원이 되는 것** : ATP ➡ CP ➡ Glycogen(대사에 동원되는 순서)

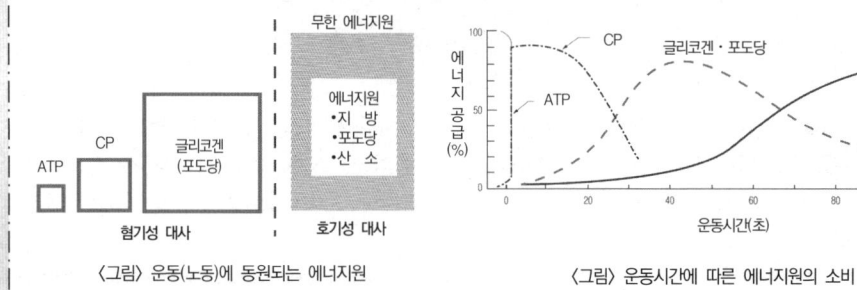

〈그림〉 운동(노동)에 동원되는 에너지원   〈그림〉 운동시간에 따른 에너지원의 소비 패턴

02. 인간과 작업환경

ⓘ **ATP의 구조** : 자동차가 움직이기 위해서는 휘발유를 필요로 하듯이 인체의 노동운동(근육운동)을 위해서는 반드시 ATP(아데노신3인산, adenosine triphosphate)라는 에너지원이 필요하기 때문에 인체는 단시간이든 장시간이든 항상 ATP라는 에너지원을 필요로 함

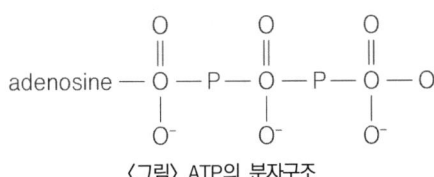

〈그림〉 ATP의 분자구조

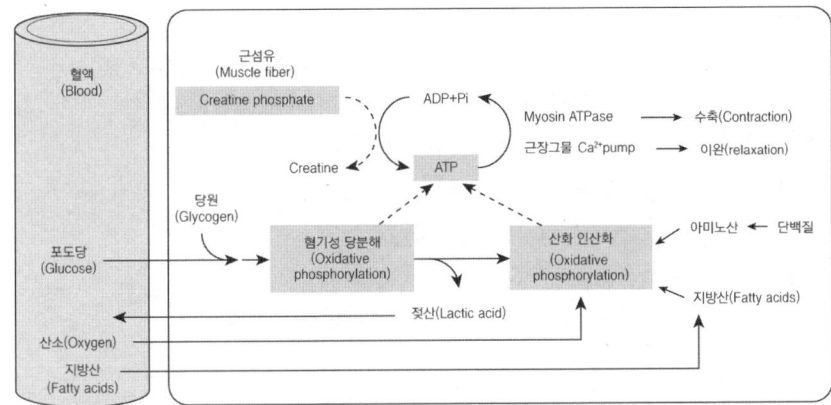

■ ATP 공급 시스템에는 ATP-PC 시스템, 젖산 시스템, 산소 시스템이 있으며, 이 중 ATP를 가장 오랜 시간 동안 많이 만들어 내는 시스템은 **산소 시스템**이다.

ⓘ **작업활동에 따른 ATP 생산과 이용특성**
- 안정~중등 활동
  □ ATP는 **호기성 대사**(aerobic metabolism)를 통해 생산된 ATP를 이용함
  □ 포도당(글루코오스)이 피루브산(해당 과정)을 거쳐 CO_2로 산화되면서 ATP를 생성하게 됨
- 심한~격심한 활동
  □ 공급되는 아데노신3인산(ATP)보다 더 많은 ATP를 필요로 하게 됨
  □ 근섬유 내에 함유된 **크레아틴인산**(CP, Creatine Phosphate)을 이용, 신속하게 ATP를 합성함

  ■ $CP + ADP \underset{\text{안정시기}}{\overset{\text{근육활동}}{\rightleftharpoons}} ATP + Creatine$

  □ **크레아틴인산**(CP)은 ADP와 반응하면서 인(P, Phosphate)을 내어 ATP를 생성케 하고, 자신은 **크레아틴**(creatine)으로 전환됨
  □ 이후 지속되는 격심한 활동에 대하여 근육섬유에 산소를 충분히 공급할 수 없을 뿐만 아니라 산화대사(酸化代謝)만으로는 요구되는 ATP를 충당할 수 없기 때문에 **추가로 공급되는 ATP**는 산소를 필요로 하지 않는 **혐기성과정**(anaerobic process)에서 **글리코겐**(당원)이 포도당(글루코오스)으로 분해될 때 생성되는 **글루코오스1인산**과 ADP의 반응에 의해 형성되는 ATP를 이용하게 됨

- ■ $(\text{Gglucose}-P)+\text{ADP} \xrightleftharpoons[\text{안정시기}]{\text{근육활동}} \text{ATP} + 젖산(\text{Lactate})$
  - □ 이 과정에서 글리코겐의 불완전 산화물인 **젖산**(Lactic acid)이 부산물로 생성되고, 젖산은 근섬유로부터 혈액을 통해 체내에 확산됨
  - □ 혐기성 해당과정(解糖過程, glycolysis)은 젖산을 만들고 생리적 산도에서 **젖산이온**과 **수소이온**으로 **혈액에 증가**하기 때문에 인체의 **피로도**를 유발하는 원인으로 작용하고 있음

(4) 산소부채와 최대산소부채

- **산소부채**(oxygen debt)
  - □ 운동(노동)에 의한 근(筋)의 활동이 개시되면 근육 중의 **글리코겐**(glycogen)이 해당반응(解糖反應)의 에너지원으로 **소모**되고 부산물로 **젖산**($C_3H_6O_3$)이 **발생**됨
    - ■ 글리코겐 소모 → $E(\text{energy}) + C_3H_6O_3(젖산)$
  - □ 젖산은 산소에 의해 산화되어 이산화탄소와 물로 분해되어 체외로 배출됨
    - ■ $C_3H_6O_3(젖산) + 3O_2 \rightarrow 3CO_2 + 3H_2O$
  - ▪ **가벼운 노동**(산소공급 원활) : 젖산의 축적되지 않음
  - ▪ **심한 노동** : 운동량에 비례하여 체내 축적되는 **젖산의 양 증가**함
  - □ 심한 운동을 할 때 체내에 젖산이 축적된다는 것은 그것을 산화하는 데 필요한 산소가 그만큼 부족하다는 것을 의미한다. 따라서 이때 **부족한 산소량을 산소부채**(oxygen debt)라 함
  - □ 운동이 끝난 후에도 일정시간 동안 거친 호흡을 지속하는 것은 그동안 체내에 **축적된 젖산**을 산화처리하기 위한 산소의 공급 및 운동과정에서 발생한 **산소부채를 보상**하기 위한 하나의 생체반응임

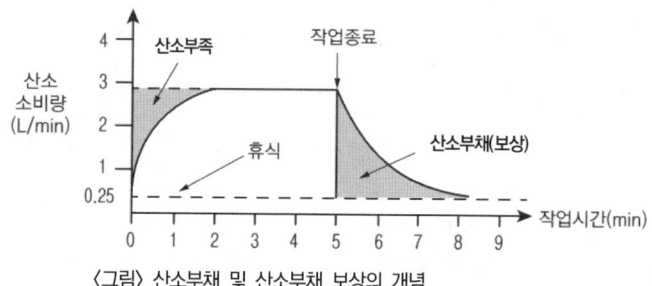

〈그림〉 산소부채 및 산소부채 보상의 개념

  - □ **산소부채** : 운동과정에 부생되는 젖산을 산화하는 데 필요한 산소량에 비해 부족한 산소
  - □ **산소부채 보상** : 운동 종료 후에 부족분 및 잔류하는 젖산을 제거하기 위해 보상되는 산소
  - □ **산소소비량** : 휴식중일 때 : 0.25L/min, 운동중일 때 : 0.5L/min

- **최대산소부채**(maximum oxygen debt) : 인간은 축적된 젖산에 견뎌내는 한도가 있는데 최대산소섭취량에 달한 후의 **회복기**에 있어서의 **산소부채**를 특히 최대산소부채(maximum oxygen debt)라고 함. 통상 최대산소부채는 **일반인**의 경우 **8~9L**, **숙련된 운동선수**는 **15L**정도인 것으로 알려지고 있음

02. 인간과 작업환경

- 기사 : 00,01,06,08,09,14
- 산업 : 03,04,05,06,11,12,17,19

01 심한 근육노동을 하는 근로자에게 충분히 공급되어야 할 비타민은?

① 비타민 A ② 비타민 B_1
③ 비타민 C ④ 비타민 B_2

해설 근육노동자에게 보급하여야 할 영양소는 비타민 B_1(thiamine)이다. B_1은 호기적 산화를 촉진시켜 근육으로의 열량공급을 원활하게 해 주는 역할을 한다. 한편 다량의 열량을 필요로 하는 작업자에게는 비타민 B_2를 공급하는 것이 좋다. **답** ②

- 기사 : 01,10,15
- 산업 : 03,05,07,11

02 노동에 필요한 에너지원은 근육에 저장된 화학적 에너지와 대사과정을 거쳐 생성되는 에너지로 구분된다. 근육운동의 에너지원이 대사에 주로 동원되는 순서(시간대별)를 가장 바르게 나타낸 것은? (단, 혐기성 대사)

① Glycogen → CP → ATP ② Glycogen → ATP → CP
③ ATP → CP → Glycogen ④ CP → ATP → Glycogen

해설 에너지 동원 순서(혐기성 대사)는 ATP → CP(크레아틴인산) → 글리코겐(Glycogen)이다. **답** ③

유.사.문.제

01 작업강도가 높은 근로자의 호기적 산화로 열량공급을 도와주는 영양소는?
[05,06,14,17,18 산업][02,12 기사]

① 비타민 A
② 비타민 B_1
③ 비타민 D
④ 비타민 E

hint 호기적 산화로 열량공급을 도와주는 영양소 → 비타민 B_1

02 근육운동에 동원되는 주요 에너지의 생산방법 중 혐기성 대사에 사용되는 에너지원이 아닌 것은?
[08,09,10,12,14②,18 산업][12②,11,14,16,19 기사]

① 아데노신삼인산(ATP)
② 크레아틴인산(CP)
③ 지방
④ 글리코겐

03 다음 중 가장 많은 열량이 발생하는 영양소는?
[03③,04,06 산업]

① 단백질 ② 탄수화물
③ 지방   ④ 염분

hint 산화열량
- 지방 : 9kcal/g
- 당질(탄수화물)·단백질 : 4kcal/g

04 근육운동에 필요한 에너지 혐기성 대사와 호기성 대사를 통해 생성된다. 다음 중 혐기성과 호기성 대사에 모두 에너지원으로 작용하는 것은?
[09,15,19 산업][01 기사]

① 지방(fat)
② 단백질(protein)
③ 포도당(glucose)
④ 아데노신삼인산(ATP)

정답 | 01.② 02.③ 03.③ 04.③

PART 1 산업위생학 개론

예상 03
- 기사 : 00, 06, 13
- 산업 : 04

영양소의 작용과 그 작용에 관여하는 주된 영양소의 종류를 짝지은 것 중 알맞지 않은 것은?

① 체내에서 산화·연소하여 에너지를 공급하는 것 – 탄수화물, 지방질 및 단백질
② 몸의 구성성분을 보급하고 영양소의 체내 흡수기능을 조절하는 것 – 탄수화물, 유기질, 물
③ 체내조직을 구성하고, 분해 소비되는 물질의 공급원이 되는 것 – 단백질, 무기질, 물
④ 여러 영양소의 영양적 작용의 매개가 되고 생활기능을 조절하는 것 – 비타민, 무기질, 물

해설 영양소의 체내 흡수기능을 조절하는 것 → 칼슘, 철분 및 기타 무기질이다.   **답** ②

예상 04
- 기사 : 02
- 산업 : 01, 04, 05, 07, 10

작업환경에서 식품과 영양소에 대한 설명 중에서 틀린 것은?

① 단백질, 탄수화물, 지방, 무기질 및 비타민을 5대 영양소라 한다.
② 열량의 공급원은 탄수화물, 지방, 단백질이다.
③ 칼륨은 치아와 골격을 구성하며 철분은 혈액을 구성한다.
④ 신체의 생활기능을 조절하는 영양소에는 비타민, 무기질 등이 있다.

해설 치아와 골격 구성 → 칼슘, 마그네슘이다.   **답** ③

유.사.문.제

01 다음 중 근육운동에 동원되는 주요 에너지원 중에서 가장 먼저 소비되는 에너지원은?
　　　　　　　　　　　　[11 산업][03, 09, 11, 13 기사]
① CP
② ATP
③ 포도당
④ 글리코겐

hint 에너지의 동원 순서(혐기성 대사)는 ATP → CP → Glycogen 순서이다.

02 근육운동에 필요한 에너지를 생산하는 혐기성 대사의 반응이 아닌 것은?   [00 산업][10 기사]
① glycogen+ADP $\rightleftarrows$ citrate+ATP
② ATP $\rightleftarrows$ ADP+P+free energy
③ creatine phosphate+ADP $\rightleftarrows$ creatine+ATP
④ glucose-P+ADP → Lactate+ATP

hint citrate은 CP와 반응할 때 생성된다.

03 다음 중 피로에 의하여 신체에 쌓이게 되는 피로물질은?   [09 기사]
① 이산화탄소(CO_2)
② 젖산(Lactic Acid)
③ 지방산(Fatty Acid)
④ 아미노산(Amino Acid)

hint 혐기성과정(anaerobic process)에서 글리코겐(당원)이 글루코오스로 분해될 때 생성되는 글루코오스1인산과 ADP의 반응에 의해 형성되는 ATP를 이용하게 되는데, 이 과정에서 글리코겐의 불완전 산화물인 젖산(Lactic Acid)이 부산물로 생성된다.

04 심한 작업이나 운동 시 호흡조절에 영향을 주는 요인과 거리가 먼 것은?   [11 기사]
① 이산화탄소
② 산소
③ 혈중 포도당
④ 수소이온

정답 ▌ 01.② 02.① 03.② 04.③

02. 인간과 작업환경

예상 05
- 기사 : 05,06,08,10
- 산업 : 06,10,14

소비량을 에너지량, 즉 작업대사량으로 환산한 값으로 가장 적절한 것은?

① 5kcal ② 10kcal
③ 15kcal ④ 20kcal

해설 산소소비량 1L를 기준한 에너지량(작업대사량)은 5kcal이다. 반복해서 출제되므로 꼭 암기해 두어야 한다. **답** ①

유.사.문.제

01 다음 내용이 설명하는 것은? [16 기사]

작업 시 소비되는 산소소비량은 초기에 서서히 증가하다가 작업강도에 따라 일정한 양에 도달하고, 작업이 종료된 후 서서히 감소되어 일정시간 동안 산소가 소비된다.

① 산소부채
② 산소섭취량
③ 산소부족량
④ 최대산소량

02 다음 그림은 작업의 시작 및 종료 시의 산소소비량을 나타낸 것이다. ⓐ와 ⓑ의 의미를 올바르게 나열한 것은? [04,06,09 기사]

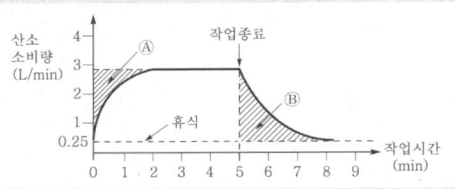

① ⓐ 작업부채, ⓑ 작업부채 보상
② ⓐ 작업부채 보상, ⓑ 작업부채
③ ⓐ 산소부채, ⓑ 산소부채 보상
④ ⓐ 산소부채 보상, ⓑ 산소부채

hint 그림의 ⓐ는 산소부채, ⓑ는 산소부채 보상을 나타낸다.

03 작업시간 및 종료 시 호흡의 산소소비량에 대한 설명으로 틀린 것은? [14,17 기사]

① 산소소비량은 작업부하가 계속 증가하면 일정한 비율로 계속 증가한다.
② 작업이 끝난 후에도 맥박과 호흡수가 작업 개시 수준으로 즉시 돌아오지 않고 서서히 감소한다.
③ 작업부하 수준이 최대산소소비량 수준보다 높아지게 되면, 젖산의 제거속도가 생성속도에 못 미치게 된다.
④ 작업이 끝난 후에 남아있는 젖산을 제거하기 위해서는 산소가 더 필요하며, 이때 동원되는 산소소비량을 산소부채(Oxygen debt)라 한다.

hint 산소섭취량(소비량)은 작업의 강도, 속도가 증가함에 따라 선형적으로 증가하다가 일정수준에 도달하면 더 이상 증가하지 않는다. 이 수준을 최대산소섭취량(소비량)이라 한다.

04 적혈구의 산소운반 단백질을 무엇이라 하는가? [18 기사]

① 백혈구 ② 단구
③ 혈소판 ④ 헤모글로빈

hint 헤모글로빈(hemoglobin)은 적혈구에서 철을 포함하는 붉은 색을 띠는 단백질이며, 산소를 운반하는 역할을 한다. 헤모글로빈의 분자식은 $C_{3032}H_{4816}O_{872}N_{780}S_8Fe_4$이다.

정답 ┃ 01.① 02.③ 03.① 04.④

종합연습문제

01 인체가 외부의 환경 및 자극에 대하여 적응하고 인간의 신체상태를 일정하게 유지하려는 경향을 무엇이라 하는가? [16 산업]

① 반응(reaction)
② 조화(harmony)
③ 보상(compensation)
④ 항상성(homeostasis)

hint 인체가 외부의 환경 및 자극에 대하여 적응하고 인간의 신체상태를 일정하게 유지하려는 경향을 항상성(homeostasis)이라 한다.

02 다음 중 영양소 부족에 의한 결핍증의 연결이 잘못된 것은? [13 산업]

① 비타민 B-구루병
② 비타민 A-야맹증
③ 단백질-전신 부종과 피부에 반점
④ 비타민 K-혈액응고 지연작용

hint 비타민 B군 결핍은 각기병, 구내염, 구각염, 설염, 피부염 및 각막 충혈, 백내장, 골수기능 저하 등을 일으킨다.

03 식품과 영양소에 관한 설명으로 알맞지 않은 것은? [03,04 산업]

① 인체성분을 구성하는 데 관여하는 영양소는 주로 단백질, 무기질, 물이다.
② 5대 영양소란 탄수화물, 단백질, 지방질, 무기질 및 비타민을 말한다.
③ 지방은 1g이 산화 연소될 때 9kcal의 열량을 내어 당질보다 많은 열량을 낸다.
④ 영양소는 합성과정인 이화작용과 분해과정인 동화작용으로 진행되는 신진대사를 통하여 얻는다.

hint 합성과정 → 동화작용, 분해과정 → 이화작용이다.

정답 ┃ 01.④ 02.① 03.④

3 산업피로

 이승원의 **minimum point**

(1) 산업피로의 현상과 본질

피로는 하나의 추상적·주관적인 개념으로 피로 자체는 **질병이 아니라 가역적인 생체변화**이다. 시몬슨(Simonson)과 **비텔레**(Viteles)의 산업피로와 관련된 개념을 다음과 같이 표현하고 있다.

산업피로 현상(Simonson)	산업피로의 본질(Viteles)
• 중간대사물질의 축적 • 활동자원의 소모 • 체내의 물리화학적 변화 • 조절기능의 장해	• 생체의 생리적 변화(의학적) • 피로감각(심리학적) • 작업량의 감소(생산적)

피로물질의 축적 & 산소부채

- **피로물질** : 젖산, 초성포도당, 암모니아, 크레아틴, 시스틴, 잔여질소
- **피로의 메커니즘**
  - 물질대사에 의한 중간대사물질인 피로물질(젖산, 초성포도당 등)의 축적에 기인
  - ATP 생산을 위한 에너지원·활동자원(산소, 영양소 등)의 소모에 기인
  - 체내의 물리화학적 변조(생체의 생리적 산도 저하)에 기인
  - 신체조절 기능의 저하(직접적인 발생조건)에 기인
- **산소소비량** : 휴식(0.25L/min) < 가벼운 작업(0.5~1.0L/min) < 힘든 작업(1.5~2.0L/min)
- **산소부채**
  - 근력운동이 격심한 노동을 장기간 지속하게 되면 **산소부채**(oxygen debt)가 크게 발생함
  - 다량의 영양소가 노동의 대사기능에 소비됨으로써 체내의 영양소가 고갈됨
  - 근력운동에 따른 **ATP를 생산**하여 이용하는 과정에서 그 부산물로 생성되는 젖산(lactic acid) 등의 대사산물(피로물질)이 근섬유로부터 혈액을 통해 체내에 잔류·확산되면서 생체의 생리적 산도를 낮추고, 신체조절 기능을 떨어트림
  - 인체의 **항상성**(외부의 환경 및 자극에 대하여 적응하고 인간의 신체상태를 일정하게 유지하려는 경향)을 **저해**하며, 피로도(疲勞度)를 가중시키게 됨

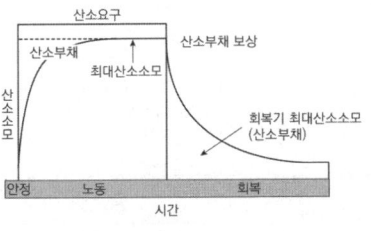
〈그림〉 강노동 시 산소소모와 산소부채

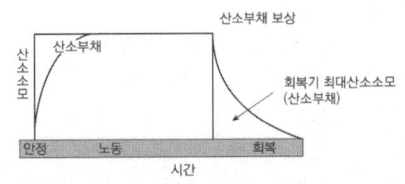
〈그림〉 경노동 시 산소소모와 산소부채

(2) 피로의 유형 및 피로측정

ⓛ **정신피로와 근육피로(신체피로)** : 통상 동시에 나타나며, 구별하기 어려움
- **정신피로** : 중추신경계의 피로를 말하는 것으로 아주 정밀한 작업을 하거나 어려운 계산을 하는 등 정신적 긴장을 할 때 일어남
- **근육피로(신체피로)** : 말초신경계의 피로를 말하는 것으로 주로 육체적 노동에 의한 근육의 피로로서 관련되는 부위의 동통이 특징이며, 근육운동 능력이 떨어지고 약해짐

ⓛ **국소피로**
- **개념** : 지속적이고, 반복적인 일부 근육의 운동으로 인하여 근육에 주관적 및 객관적 변화가 초래된 상태를 말함
- **원인과 증상**

원 인	증 상
• 생리학적 요소 : 대사산물 축적·에너지원 고갈 • 인간공학적 요소 : 건(tendon), 인대 등 결합조직의 신장·압박, 기타 신경, 피부 등 다른 조직의 압박 • 심리학적 요소 : 동기(motivation)	• 근육의 무력화 • 불쾌감, 피로감 • 정밀작업 수행불능, 통증, 경련 • 근전도상의 변화

- **국소피로의 측정 및 평가지표** : **근전도**(**EMG**, Electromyography) → 피로한 근육의 근전도(EMG) 특징은 정상근육과 비교할 때, 다음과 같은 특징을 나타냄
  - **저주파수**(0~40Hz) **힘** → **증가**
  - **고주파수**(40~200Hz) **힘** → **감소**
  - **평균 주파수** → **감소**
  - **총 전압** → **증가**

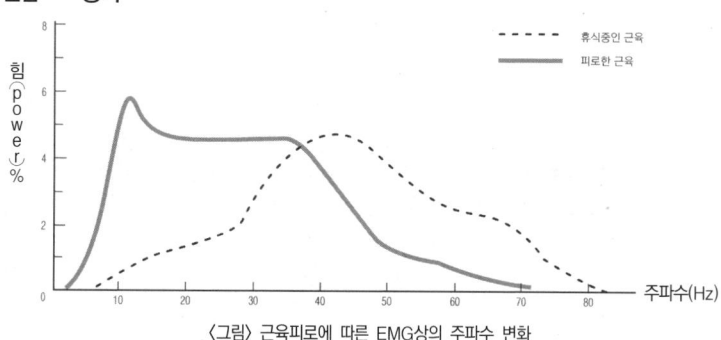

〈그림〉 근육피로에 따른 EMG상의 주파수 변화

ⓛ **전신피로**
- **개념** : 전신피로란 신체의 특정한 부위에 특별한 피로감을 느끼지 않다가 차츰 작업동작의 질서나 속도·리듬 등이 흐트러지며, 마침내 전신적인 노곤함을 느끼게 됨
- **원인과 증상**

원 인	증 상
• 장기간 과도한 작업으로 인한 산소 공급 부족 • 혈중 포도당 농도의 저하 • 근육내 글리코겐 양의 감소	• 속도, 리듬감 상실 • 전신적 노곤함 • 심박수의 변화

- 전신피로의 측정 및 평가지표 : **심박수**(맥박수, Heart rate)
  - 측정 시기 : 작업종료 직후 회복기
  - 평가 : 작업종료 후 30~60초, 60~90초, 150~180초 사이의 **맥박수**(평균)를 각각 측정하여 $HR_{30~60}$이 **110을 초과**하고, $HR_{60~90}$과 $HR_{150~180}$의 **차이가 10 미만**인 경우를 심한 전신피로 상태로 평가함

① 과로와 곤비
- 보통피로 : **하룻밤**을 잘 자고 나면 완전히 **회복되는 피로**를 말함
- 과로(過勞) : 다음날까지도 피로상태가 계속되는 상태의 축적성 피로를 의미하지만 **충분한 휴식**을 취하면 **회복되는 피로**임
- 곤비(困憊) : 과로 상태가 축적된 상태로서 단기간 휴식을 통해서는 **회복될 수 없는 피로**로서 심하면 **사망**에 이를 수 있음

■ **피로도가 증가하는 순서** : 보통피로 → 과로 → 곤비상태

(3) 산업피로의 원인과 증상

① **산업피로 발생원인** : 피로의 발생원인은 작업부하, 노동시간, 휴식·생활환경, 개인적인 적응의 정도와 차이 등 다양한 조건에 따라 피로도가 상이하게 나타날 수 있으며, **적정작업시간은 작업강도와 대수적으로 반비례** 함
- 외적요인
  - 작업부하 : 작업강도, 작업밀도, 작업자세, 작업방식, 작업공간, 조작방법 등
  - 노동시간조건 : 작업시간, 휴식시간, 작업일수, 작업일정에 따라 상이하게 발생
  - 휴식·생활환경 조건
    - 휴식조건 : 휴양, 수면문제 등
    - 생활환경조건 : 통근, 주거, 생활상태 등
- 내적·개인적 요인 : 적응능력, 개인의 영양, 체력상태, 작업숙련도 등

① 산업피로 증상
- 순환기계 변화
  - **맥박이 빨라지고** 회복되기까지 시간이 걸림
  - 혈압의 변화(**초기**는 혈압은 **높으나** 피로도가 진행되면 오히려 **낮아짐**)
- 호흡기계 변화 : 호흡이 **얕고 빠르며**, 심할 때는 호흡곤란이 발생할 수 있음
- 신경계 변화 : 맛, 냄새, 시각(視覺), 촉각(觸覺) 등의 지각기능이 둔화되고, 슬관절(膝關節, knee joint)의 반사기능이 저하됨
- 혈액 및 소변의 소견 : **혈당치**가 저하되며, **혈액 내 젖산**이나 **탄산**이 증가함. 또한 **소변량이 줄고**, 소변 내 교질 및 단백질의 양이 늘어나 **산혈증**(acidemia ; 혈액의 pH가 정상 이하로 떨어지는 상태)을 유발하며, **소변색이 악화**됨
- 체온변화 : 체온조절장해(**처음**에는 체온이 **높아지나 피로도가 커지면** 오히려 **낮아짐**)

(4) 산업피로의 조사 및 예방과 방지 및 회복대책

① 산업피로의 조사
- **조사방법** : 자각증상 및 피로도 조사, 기능검사, 통계자료분석[작업량, 작업성적, 문진결과, 결근·질병통계, 재해통계, 노동수명(turnover ratio)] 등이 사용되고 있음
- **조사방법의 특징**
  - 자각증상 및 피로도 조사 : 설문지를 통한 **주관적 건강상태 측정**(CMI, Control Medical Index)
    - 다양한 자기기입식 설문조사가 건강측정 도구로 이용됨
    - 자각증상을 단시간 내에 파악할 수 있음
  - 기능검사를 통한 조사 : 순환기능 검사, 연속(연속반응) 측정법, 생리심리적 검사법, 생화학적 검사법, 기타 작업성적 등이 이용됨
    - **순환기능 검사** : 심박수, 혈압, 혈류량 등
    - **연속측정** : 심혈관기능 측정, 호흡기능 측정, 근활동 측정, 안구운동 측정 등
    - **생리심리적 검사**
      ▸ 역치측정(동체시력, 근력, 슬개건 반사역치, 기타 역치)
      ▸ 플리커 테스트(Flicker test, 인지역치 검사)
      ▸ 행위검사(색명, 반응시간, 집중유지기능 등)
      ▸ 근력·동요 검사 및 하퇴주장(周長) 검사 등
    - **생화학적 검사** : 뇨, 혈액(농도, 수분, 응혈시간 등), 타액검사 등

① 산업피로의 예방 및 방지대책
- **예방대책**
  - 작업부하 측면의 개선(인간공학적 대책, 환경개선 등)
  - 작업편성의 자율화와 작업시간의 조절(야간 교대근무를 하는 노동자가 주간 근무만 하는 노동자보다 평균수명이 13년 짧아진다고 함)
  - 휴식, 휴양의 확보와 생활조건의 개선(장시간 한 번 휴식하는 것보다 여러 번 나누어 자주 휴식하는 것이 피로회복에 도움이 됨) 및 건강증진을 위한 대책
- **개인대책**
  - 자기능력에 맞게 작업하고, 작업도중에 충분히 휴식을 취할 것
  - 작업의 구획이 정연하도록 하고, 작업 순서를 고려할 것
  - 휴식 등 시각의 전환 도모, 충분한 수면, 영양보급을 잘할 것
  - 작업대상물의 조작이 용이하게 할 것, 적극적으로 여가를 활용할 것
- **집단대책**
  - 빠른 작업속도를 완충방안이 삽입될 수 있도록 할 것, 작업내용의 변화나 교대가 있을 것
  - 자연스런 작업자세를 취할 수 있도록 할 것, 적절한 작업량 및 책임의 분담
  - 규칙적 생활리듬을 유지할 수 있는 근무시간제 운영(야간 연속근무 지양)
  - 평온한 휴일, 휴가를 가질 수 있도록 할 것
- **회복대책**
  - 작업시간 조정 : 피로와 작업시간은 밀접한 관계가 있음. **작업시간이 등차급수적**으로 늘어나면 **피로회복에 요하는 시간은 등비급수적으로 증가**하게 된다고 함
  - 충분한 영양섭취(홍차, 커피, 코코아 등 기호음료를 섭취할 때에는 대부분이 습관성이므로 각별한 주의를 요함) 및 작업후의 목욕, 마사지 등

(5) 작업강도

ⓘ 의의 : 작업강도란 근로자가 가지고 있는 최대의 힘에 대한 작업이 요구하는 힘을 말하며, 개개의 작업이 작업자에게 가해지는 신체적인 부담이라 표현할 수 있음

ⓘ 작업강도의 표시
- 작업강도는 일반적으로 **열량소비량을 기준**으로 표시함
- 작업할 때 소비되는 열량을 나타내기 위하여 성별, 연령별 및 체격의 크기를 고려한 **작업대사율(RMR)**이라 하는 **지수를 사용**함
- 그러나 작업을 할 때 소요된 에너지를 **직접 측정하는 것은 불가능**하기 때문에 작업대사량과 실제 작업강도가 일치하지 않을 수 있음
- **간접적인 방법**으로 에너지 생산에 소비되는 **산소의 양**(VO_2 L/min), 또는 **맥박수 증가율**(회/min) 등으로 작업의 난이도를 평가하기도 함

ⓘ 작업대사율(RMR, Relative Metabolic Rate)은 산소의 **소모량**으로 에너지의 **소모량을 결정**하는 방식이며, 『**에너지대사율**』이라고도 함

■ $RMR = \dfrac{작업대사량}{기초대사량} = \dfrac{작업\ 시\ 소비에너지 - 안정\ 시\ 소비에너지}{기초대사량}$

㈜ 대사량의 값 대신 **열량**(에너지), **산소소비량** 등으로 대체하여 나타낼 수 있음

※ 산소소비량을 대사량으로 환산한 에너지 값 = 5kcal/L · 산소

- 기초대사량 : 기초대사량은 **생명유지에 필요한 최소한의 소비에너지**로서 일정한 값을 갖는 것이 아니라 체격·체질·계절·영양상태 등에 따라 차이가 있음
  - 성인남자의 기초대사량 : 약 1,400~1,500kcal/day
  - 성인여자의 기초대사량 : 약 1,100~1,200kcal/day
- 안정 시의 소비에너지 : 안정 시의 소비에너지는 **의자에 앉아서 호흡**하는 동안에 소비한 산소의 소모량을 열량으로 환산하여 나타낸 값임

ⓘ 실동률(實動率)
- 개념 : 실동률은 **실제작업시간의 비율**로서 작업량과 능률이 동시에 고려된 개념이다. 따라서 작업의 강도가 클수록 작업시간은 짧아지지만 휴식시간은 길어지며, **실동률은 감소**하게 된다.
- 작업대사율(RMR)과의 관계 : 사이토(齋藤)와 오시마(大島)는 실동률과 작업대사율(RMR)의 관계를 다음과 같이 나타내고 있음

■ 실동률(%) = 85 − (5 × RMR)

작업강도의 5단계 평가(작업강도-RMR-실동률 관계)

작업강도	RMR	실동률(%)
경(輕)작업	0~1	80 이상
중등(中等)작업	1~2	80~76
강(强)작업	2~4	76~67
중(重)작업	4~7	67~50
격심(激甚)작업	7 이상	50 이하

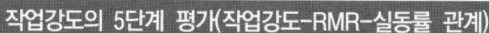
※ 여성근로자의 주(週)작업 근로강도는 RMR 2.0 이하일 것

① 작업강도에 영향을 미치는 요인(증가 요인)
- 대인 접촉이 많고, 열량소비량이 클 때
- 작업대상의 종류가 많고, 작업밀도가 클 때
- 작업속도가 빠르고 작업이 복잡하며, 위험부담이 높을 때
- 정밀한 작업을 요하며, 작업원인이 감소되었을 때
- 작업변경이 빈번할 때

(6) 작업능력과 휴식

① **육체적 작업능력**(PWC, Physical Work Capacity) : 근육의 피로도 없이 운동할 수 있는 능력 kcal/min을 나타내며, 산소섭취량(산소소모량)으로 표현되기도 함
- PWC 결정요인
  - 호흡기계의 활동
  - 순환기계통의 활동
  - 대사정도

- PWC와 작업강도 : 피로를 느끼지 않고 **하루 4분간** 계속할 수 있는 육체적 작업능력(PWC)은 **젊은 남성**의 경우 **최대 16kcal/min**, **여성**은 **최대 12kcal/min** 정도이다(Chaffin, 1966). 따라서 **하루 8시간 동안 피로를 느끼지 않고 일을 하기 위한 적절한 작업강도**는 다음과 같이 산정됨

  ■ 적절한 작업강도 $= \text{최대PWC(MPWC)} \times \dfrac{1}{3}$

  $\begin{cases} \text{PWC : 육체적 작업능력(kcal/min)} \\ \text{MPWC : 육체적 최대작업능력(kcal/min)} = \text{남자}(16 \times \text{PFI}), \text{여자}(12 \times \text{PFI}) \\ \text{PFI : 나이에 따른 계수}(20\text{세} : 1.16, 25\text{세} : 1.13, 35\text{세} : 1.0, 45\text{세} : 0.93, 55\text{세} : 0.88) \end{cases}$

① **계속작업 한계시간**(CWT)
- 계속작업 한계시간(CWT)과 작업대사량(E)의 관계
  - 육체적 최대작업능력(MPWC)을 16kcal/min, 16kcal/min에 대한 **작업시간은 4min**
  - $16 \times (1/3)$kcal/min에 대한 작업시간은 **하루 8시간(480min)**을 적용

  ■ $\log(\text{CWT}) = 3.724 - 0.1949\,E$ $\begin{cases} \text{CWT : 계속작업 한계시간} \\ E : \text{작업대사량} \end{cases}$

- 계속작업 한계시간(CWT)과 작업대사율(R)의 관계(사이토 & 오시마 식)
  - 작업대사량과 기초대사량의 자료가 확보된 경우는 이를 이용
  - 작업대사율(RMR=작업대사량/기초대사량)을 산정하여 다음 관계식으로 산정함

  ■ $\log(\text{CWT}) = 3.724 - 3.25 \log R$ $\begin{cases} \text{CWT : 계속작업 한계시간} \\ R : \text{작업대사율}(=\text{작업대사량/기초대사량}) \end{cases}$

① **휴식시간 분율 산출**(Hertig 식) : 육체적 작업능력(PWC_o)과 작업대사량(M_t) 및 휴식대사량(M_r)을 사용하여 적정 휴식시간분율(%)을 다음과 같이 산출함

  ■ $T_{ep}(\%) = \dfrac{\text{PWC}_o - M_t}{M_r - M_t} \times 100$ $\begin{cases} T_{ep} : \text{휴식에 필요한 시간분율(\%)} \\ \text{PWC}_o : \text{육체적 작업능력(kcal/min)} = \text{MPWC의 1/3} \\ M_r : \text{휴식대사량(kcal/min)} \\ M_t : \text{작업대사량(kcal/min)} \end{cases}$

ⓘ 국소피로를 방지하기 위한 작업강도와 적정 작업시간

- 작업강도(M_x, %) : 국소피로를 방지하기 위한 작업강도는 근로자의 취약한 부위에서 발휘할 수 있는 **최대의 힘**(MS, Maximum Strength)과 들기작업에서 **요구하는 힘**(RF, Required Force)을 이용하여 다음과 같이 산정함

  ■ $M_x(\%) = \dfrac{RF}{MS} \times 100$

- 적정 작업시간 : 적정 작업시간은 작업강도와 **대수적으로 반비례**(역비례)하며, 작업강도가 **10% 미만인 경우에는 국소피로가 유발되지 않음**. 보통 작업강도가 30% 이상일 때 국소피로가 하나의 제한요소가 되며, 적정 작업시간은 다음의 경험식(Armstrong, 1984)을 사용하여 산정함

  ■ $T_s(\sec) = 671,120 \times (M_x, \%)^{-2.222}$ $\begin{cases} T_s : 적정\ 작업시간(\sec) \\ M_x : 작업강도(\%) \end{cases}$

(7) 교대작업

ⓘ 교대제 : 교대제는 2조 이상의 작업반을 편성하여 같은 날에 다른 시간대에 근무하는 제도로서 기업의 운영특성상 교대제가 일시적으로 운용되기도 하지만 업종에 따라 영속적으로 교대제를 시행해야 하는 불가피성을 가지는 업종(의료, 방송, 신문, 보안, 통신, 석유정제, 화학공업, 금속제련, 기계공업, 방적공업 등)도 있음

ⓘ 교대제의 개선과 바람직한 운용방향

- 교대제의 운영방법 개선
  - 8시간 교대제를 적용함
  - 야근은 2~3일 이상 연속하지 않게 하고, **야근**은 가면을 하더라도 **10시간 이내**가 되도록 함
  - 3조 3교대의 연속근무는 근무 간격이 짧아져서 피로회복이 잘 안 되므로 **피해야** 함. 또한 일정하지 않은 **연근**(連勤)도 피하는 것이 바람직함
  - 2교대면 **최저 3개조**로 편성하고, 3교대일 경우 **최저 4개조**로 편성함
  - 연중 무휴 가동 시 교대제 : **4조 이상의 교대제**(4조 3교대제, 5조 3교대제)

- 작업주기 및 작업순환 개선
  - 교대 근무시간 : 근로자의 수면을 방해하지 않아야 하며, **아침 교대시간**은 아침 **7시 이후**에 하는 것이 바람직함
  - 근무시간 간격 : 규칙적인 근무조 교대 및 근무 간격은 **최소 12시간 이상 유지**하여야 하고, 근로시간은 1주 40시간, 1회 8시간을 준수하여야 함
  - 교대근무 순환주기 : 역교대보다 정교대(낮근무, 저녁근무, 밤근무 순서)가 좋으며, **주간 근무조 → 저녁 근무조 → 야간 근무조**로 순환하는 것이 좋음
  - 근무조 변경 : 야근의 근무조 변경은 **상오 0시 이전**에 하는 것이 좋으며, **심야에 하지 않는 것**이 좋음. **야간 근무조** 후에는 **최저 48시간 이상의 휴식**시간이 있어야 함
  - 야간작업 배치 : 상대적으로 **가벼운 작업**을 야간 근무조에 배치하고, 업무내용을 탄력적으로 조정함. 특히 **야간 근무자**는 체중 감소, 체온 저하, 낮은 수면효율, 조기피로가 일어나기 쉬움
  - 가면(假眠) : 야근 시의 가면은 **반드시 필요**하며, 1시간 이내는 별로 효과가 없으며, 근무시간에 따라 **2~4시간**으로 하는 것이 좋음

PART 1 산업위생학 개론

- 기사 : 01,19
- 산업 : 19

근육운동의 에너지원 중에서 혐기성대사의 에너지원에 해당되는 것은?
① 지방   ② 포도당
③ 글리코겐   ④ 단백질

해설   혐기성운동은 단시간 내에 많은 힘을 요구하는 운동으로 신속한 에너지 공급을 요구하지만 산소와 근육기질의 공급을 받을 여유가 없기때문에 혐기성대사가 일어나면서 에너지원으로 크레아틴인산(CP)과 글리코겐 등 근육 자체에 저장된 에너지를 주로 이용하게 된다.   답 ③

- 기사 : 02
- 산업 : 05②,12,16②,17

근로자가 휴식 중일 때, 산소소비량은 보통 얼마인가?
① ≒1.0L/min   ② ≒0.25L/min
③ ≒0.5L/min   ④ ≒0.75L/min

해설   산소소비량은 휴식 중일 때(0.25L/min), 가벼운 작업을 할 때(0.5~1.0L/min), 힘든 작업을 할 때(1.5~2.0L/min)   답 ②

- 기사 : 00,07
- 산업 : 06,09

다음 중 산업피로에 관한 설명으로 틀린 것은?
① 피로는 곤비, 보통피로, 과로로 나눈다.
② 곤비는 주관적 피로감으로 단시간의 휴식으로 회복될 수 있다.
③ 보통피로는 하룻밤 잠을 자고 나면 완전히 회복되는 상태를 말한다.
④ 다음날까지도 피로 상태가 지속되는 것을 과로라고 한다.

해설   곤비(困憊)는 과로 상태가 축적된 상태로서 단기간 휴식을 통해서는 회복될 수 없는 피로로서 심하면 사망에 이를 수 있다.   답 ②

유.사.문.제

01 다음 중 Viteles가 분류한 산업피로의 3가지 본질과 가장 거리가 먼 것은? [03,04,06,10,14 산업]
① 생체의 생리적 변화
② 피로감각
③ 작업량의 감소
④ 재해의 유발

hint   비텔레(Viteles)의 산업피로와 관련된 개념은 생체의 생리적 변화(의학적), 피로감각(심리학적), 작업량의 감소(생산적)라 하였다.

02 다음 중에서 피로물질이라 할 수 없는 것은? [01,03,07,08,12 기사]
① 크레아틴
② 젖산
③ 글리코겐
④ 초성포도당

hint   피로물질에 해당하는 것은 젖산, 초성포도당, 암모니아, 크레아틴, 시스틴, 잔여질소 등이다.

정답 | 01.④ 02.③

종합연습문제

01 작업의 종류에 따른 영양관리 방안으로 가장 적절하지 않은 것은? [16 산업]
① 중작업자에게는 단백질을 공급한다.
② 저온작업자에게는 지방질을 공급한다.
③ 근육작업자의 에너지 공급은 당질을 위주로 한다.
④ 저온작업자에게는 식수와 식염을 우선 공급한다.

hint 저온작업자 → 지방질 공급

02 신체의 생활기능을 조절하는 영양소이며 작용면에서 조절요소로만 나열된 것은? [18 기사]
① 비타민, 무기질, 물
② 비타민, 단백질, 물
③ 단백질, 무기질, 물
④ 단백질, 지방, 탄수화물

hint 여러 영양소의 영양적 작용의 매개(조절요소)가 되고 생활기능을 조절하는 것으로는 비타민, 무기질, 물을 들 수 있다.

03 국민 영양 권장량을 결정하는데 있어서 영양기준 설정 개념과 가장 거리가 먼 것은? [03 산업][04 기사]
① 소요량 ② 지적량
③ 충분량 ④ 작업량

04 단기간 휴식을 통해서 회복될 수 없는 발병 단계의 피로를 무엇이라 하는가? [07,08,14,19 기사]
① 곤비 ② 정신피로
③ 과로 ④ 전신피로

05 산업피로의 종류 중 과로 상태가 축적되어 단기간의 휴식으로는 회복할 수 없는 병적인 상태로 심하면 사망에까지 이를 수 있는 것은? [19 산업]
① 곤비 ② 피로
③ 과로 ④ 실신

06 Shimonson이 말하는 산업피로 현상이 아닌 것은? [18 산업]
① 활동자원의 소모
② 조절기능의 장해
③ 중간대사물질의 소모
④ 체내의 물리화학적 변화

hint 중간대사물질의 축적

07 지금까지 밝혀진 산업피로의 본태와 관계가 가장 적은 것은? [03 산업]
① 체내에서의 물리화학적 변조
② 산소, 영양소 등 활동자원의 소모
③ 여러 가지 신체 조절기능의 저하
④ 체내에서의 ATP 축적

hint ATP 생산을 위한 에너지원의 소모와 물질대사에 의해 노폐물이 체내에 축적될 때 여러 가지 신체 조절기능의 저하 및 피로도를 가중시킨다.

08 다음 중 산업피로에 관한 설명으로 적절하지 않은 것은? [06,12 산업]
① 고단하다는 객관적이고 보편적인 느낌이다.
② 피로가 오래되면 얼굴 부종, 허탈감의 증세가 온다.
③ 피로 자체는 질병이 아니라 가역적인 생체 변화이다.
④ 작업강도에 반응하는 육체적, 정신적 생체현상이다.

hint 피로는 본래 "지치다"라는 주관적인 체험에 기인한 것으로 생리적·심리적인 체내변화를 반영하고 있다. 산업피로는 자각적인 피로감과 더불어 점차 기능적인 저하가 일어나는데 개인에 따라 여러 가지 형태로 호소하게 된다. 피로의 자각증상으로는 신체적, 정신적, 신경감각적 증상이 나타난다.

정답 | 01.④ 02.① 03.④ 04.① 05.① 06.③ 07.④ 08.①

PART 1 산업위생학 개론

예상 04
- 기사 : 매회 출제대비 17,18②
- 산업 : 01,04②,05,07,08,10,15

전신피로 정도를 평가하기 위해 작업 직후의 심박수를 측정한다. 작업종료 후 30~60초, 60~90초, 150~180초 사이의 평균 맥박수를 각각 $HR_{30~60}$, $HR_{60~90}$, $HR_{150~180}$이라 할 때, 심한 전신피로 상태로 판단되는 경우는 어느 것인가?

① $HR_{150~180}$이 110을 초과하고, $HR_{30~60}$과 $HR_{60~90}$의 차이가 10 미만인 경우
② $HR_{60~90}$이 110을 초과하고, $HR_{150~180}$과 $HR_{30~60}$의 차이가 10 미만인 경우
③ $HR_{30~60}$이 110을 초과하고, $HR_{150~180}$과 $HR_{60~90}$의 차이가 10 미만인 경우
④ $HR_{30~60}$과 $HR_{150~180}$의 차이가 10 이상이고, $HR_{150~180}$과 $HR_{60~90}$의 차이가 10 미만인 경우

해설 작업종료 후 30~60초, 60~90초, 150~180초 사이의 맥박수(평균)를 각각 측정하여 $HR_{30~60}$이 110을 초과하고, $HR_{60~90}$과 $HR_{150~180}$의 차이가 10 미만인 경우를 심한 전신피로 상태로 평가한다. **답** ③

예상 05
- 기사 : 05,08,09,10,16②
- 산업 : 01,05,07②,12

피로한 근육과 정상근육의 근전도(EMG)를 측정했을 때 피로한 근육에 나타나는 현상으로 틀린 것은?

① 저주파수(0~40Hz)에서는 힘의 증가
② 고주파수(40~200Hz)에서는 힘의 감소
③ 평균 주파수의 감소
④ 총 전압의 감소

해설 국소 피로근육의 근전도(EMG)는 총 전압, 저주파수(0~40Hz)영역의 힘은 증가하고, 고주파수(40~200Hz), 평균 주파수 영역의 힘은 감소되는 특징이 있다. **답** ④

유.사.문.제

01 전신피로 정도를 평가하기 위한 측정수치로 적절하지 않은 것은? (단, 측정수치는 작업을 마친 직후 회복기의 심박수이다.) [04,05,07,09,16 기사]

① 작업종료 후 30~60초 사이의 평균 맥박수
② 작업종료 후 60~90초 사이의 평균 맥박수
③ 작업종료 후 120~150초 사이의 평균 맥박수
④ 작업종료 후 150~180초 사이의 평균 맥박수

02 산업피로를 측정할 때, 국소 근육활동 피로를 측정하는 객관적인 방법은? [07,12,14,16 산업]

① EEG
② EMG
③ ECG
④ EOG

03 국소피로를 평가하는데 근전도(EMG)가 가장 많이 이용되고 있다. 피로한 근육에서 측정된 EMG와 비교할 때 차이가 있는데, 이 차이에 대한 설명으로 맞는 것은? [17,18 산업][18 기사]

① 총 전압의 증가
② 평균 주파수의 증가
③ 0~200Hz의 저주파수에서 힘의 증가
④ 500~1,000Hz의 고주파수에서 힘의 감소

hint ①항만 올바르다.
▶ 바르게 고쳐보기 ◀
② 평균 주파수의 감소
③ 저주파수(0~40Hz) 힘의 증가
④ 고주파수(40~200Hz) 힘의 감소

정답 | 01.③ 02.② 03.①

종합연습문제

01 다음 전신피로 중 생리학적 원인과 가장 거리가 먼 것은? [03 산업]
① 산소 공급 부족
② 근육에서 측정된 EMG의 증가
③ 혈중 포도당 농도의 저하
④ 근육 내 글리코겐량의 감소

hint 근육의 EMG(근전도)는 전신피로가 아닌 국소피로 평가지표이다. 국소피로 시 정상근육과 비교한 EMG는 저주파수, 총 전압영역의 힘은 증가하며, 평균 주파수, 고주파수 영역의 힘은 감소하는 특징이 있다.

02 피로는 그 정도에 따라 보통 3단계로 나눌 수 있는데 피로도가 증가하는 순으로 옳게 배열된 것은? [04,08 기사]
① 곤비상태 → 보통피로 → 과로
② 보통피로 → 과로 → 곤비상태
③ 보통피로 → 곤비상태 → 과로
④ 곤비상태 → 과로 → 보통피로

03 다음 중 피로의 일반적인 정의와 가장 거리가 먼 것은? [17 산업]
① 작업능률이 떨어진다.
② 고단하다는 주관적인 느낌이 있다.
③ 생체기능의 변화를 가져오는 현상이다.
④ 체내에서의 화학적 에너지가 증가한다.

04 다음 중 피로에 관한 설명으로 틀린 것은? [12 산업]
① 피로의 자각증상은 피로의 정도와 반드시 일치하지 않는다.
② 산업피로는 주로 작업강도와 양, 속도, 작업시간 등 외부적 요인에 의해서만 좌우된다.
③ 피로는 그 정도에 따라 보통피로, 과로, 곤비상태로 나눌 수 있다.
④ 피로의 본태는 에너지원의 소모, 피로물질의 체내 축적, 신체 조절기능의 저하 등에서 기인한다.

05 피로한 근육에서 측정된 근전도(EMG)의 특징으로 맞는 것은? [18 산업][18 기사]
① 저주파수(0~40Hz) 힘의 증가, 총 전압의 감소
② 고주파수(40~200Hz) 힘의 감소, 총 전압의 증가
③ 저주파수(0~40Hz) 힘의 감소, 평균 주파수의 증가
④ 고주파수(40~200Hz) 힘의 증가, 평균 주파수의 감소

hint ②항만 올바르다.
▶ 바르게 고쳐보기 ◀
① 저주파수 힘의 증가, 총 전압의 증가
③ 저주파수 힘의 증가, 평균 주파수의 감소
④ 고주파수 힘의 감소, 평균 주파수의 감소

06 국소피로를 평가하는데는 근전도(EMG)를 많이 이용한다. 정상근육과 비교하여 피로한 근육에서 나타나는 EMG의 특징으로 알맞지 않은 것은? [00,05②,08②,09,11,17 산업]
① 총 전압의 증가
② 평균 주파수의 감소
③ 저주파수(0~40Hz) 힘의 증가
④ 고주파수(1,000~4,000Hz) 힘의 감소

hint 저주파수(0~40Hz) 힘의 증가, 고주파수(40~200Hz) 힘의 감소

07 피로한 근육에서 측정되는 근전도(EMG)를 정상 근육에서 측정된 EMG와 비교하였을 때 나타나는 차이로 맞지 않는 것은? [03② 산업]
① 저주파수(0~4Hz) 힘의 증가
② 고주파수(40~200Hz) 힘의 감소
③ 평균 주파수의 증가
④ 총 전압의 감소

hint 피로한 근육은 근전도(EMG) 측정결과 정상 근육에 비해 평균 주파수는 감소된다.

정답 | 01.② 02.② 03.④ 04.② 05.② 06.④ 07.③

종합연습문제

01 산업피로의 검사방법 중에서 CMI 조사에 해당하는 것은? [03,06 산업][06,08 기사]

① 생리적 기능검사
② 생화학적 검사
③ 피로 자각증상
④ 동작분석

hint 자각증상에 대한 조사는 근로자들의 주관적 건강상태를 파악하기 위해 설문지를 통한 건강조사로 많이 이용된다. 사용되는 건강지표로 CMI, MDI, MMPI, GHQ, THI, BMRC 등 다양한 자기기입식 설문조사가 건강측정 도구로 이용되고 있는데 이 중에서 특히 CMI(Cornell Medical Index)는 피검자의 신체적·정신적 장해에 대한 자각증상을 단시간 내에 파악할 수 있어 개인이나 집단 모두의 건강상태를 검사하고자 할 때 유용하게 사용된다.

02 산업피로의 발생요인 중 작업부하와 관련이 가장 적은 것은? [07,11,19 산업]

① 작업강도
② 작업자세
③ 적응조건
④ 조작방법

hint 산업피로의 발생요인 중 작업부하와 관련된 사항은 작업공간, 작업방식, 작업밀도, 작업강도, 작업자세, 조작방법 등이다.

03 산업피로는 작업부하, 노동시간, 휴식과 휴양, 개인적 적응조건 등으로 구분할 수 있는데 다음 중 개인적 적응조건과 관계가 가장 적은 것은? [12 산업]

① 영양상태
② 작업밀도
③ 숙련도
④ 적응능력

hint 작업밀도는 산업피로의 발생조건에서 작업부하 조건에 해당한다.

04 작업시작 및 종료 시 호흡의 산소소비량에 대한 설명으로 틀린 것은? [07,09,11 기사]

① 산소소비량은 작업부하가 계속 증가하면 일정한 비율로 같이 증가한다.
② 작업부하 수준이 최대산소소비량 수준보다 높아지게 되면, 젖산의 제거속도가 생성속도에 못 미치게 된다.
③ 작업이 끝난 후에 남아 있는 젖산을 제거하기 위해서는 산소가 더 필요하며, 이때 동원되는 산소소비량을 산소부채(oxygen debt)라 한다.
④ 작업이 끝난 후에도 맥박과 호흡수가 작업 개시 수준으로 즉시 돌아오지 않고 서서히 감소한다.

hint 작업부하가 증가와 더불어 산소섭취량도 함께 증가하다가 더 이상 증가되지 않는 항정상태에 도달하게 되고 이후부터는 작업량이 증가하더라도 산소소비량은 증가되지 않는다.

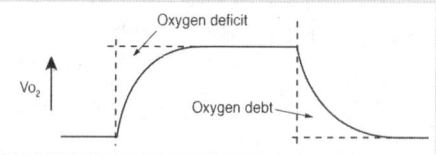

05 전신피로가 나타낼 때 발생하는 생리학적 현상이 아닌 것은? [17 산업]

① 혈중 젖산 농도의 증가
② 혈중 포도당 농도의 저하
③ 산소소비량의 지속적 증가
④ 근육 내 글리코겐 양의 감소

06 산업피로를 측정할 때 전신피로를 측정하는 객관적인 방법은? [10,17 산업]

① 근력
② 근전도
③ 심전도
④ 작업종류 후 회복 시의 심박수

hint 전신피로도의 평가는 작업종료 후 회복 시의 심박수를 측정하여 평가한다.

정답 ▌ 01.③ 02.③ 03.② 04.① 05.③ 06.④

02. 인간과 작업환경

- 기사 : 03,04,15
- 산업 : 03②,04②,05,06,07,08,16

다음 중 산업피로의 증상에 대한 설명으로 틀린 것은?
① 혈당치가 높아지고 젖산, 탄산이 증가한다.
② 호흡이 빨라지고, 혈액 중 CO_2가 증가한다.
③ 체온은 처음엔 높아지다가 피로가 심해지면 나중엔 떨어진다.
④ 혈압은 처음엔 높아지나 피로가 진행되면 나중엔 오히려 떨어진다.

[해설] 산업피로 증상 → 혈당치 저하, 혈액 내 젖산·탄산은 증가한다. 답 ①

- 기사 : 01,14
- 산업 : 09,14,15,19②

다음 중 피로의 예방대책과 가장 거리가 먼 것은?
① 동적인 작업을 정적인 작업으로 바꾼다.
② 개인별 작업량을 조절한다.
③ 작업과정에 적절한 간격으로 휴식시간을 둔다.
④ 작업환경을 정비, 정돈한다.

[해설] 피로예방을 위해서는 정적인 작업을 동적인 작업으로 바꾸는 것이 좋다. 답 ①

- 기사 : 15②,16
- 산업 : 03,06

다음 중 피로를 가장 적게 하고, 생산량을 최고로 올릴 수 있는 경제적인 작업속도를 무엇이라 하는가?
① 완속속도   ② 지적속도
③ 감각속도   ④ 민감속도

[해설] 인간의 경우 피로를 가장 적게 하고, 생산량을 최고로 올릴 수 있는 경제적인 작업속도를 일반적으로 지적속도(至適速度)라고 한다. 답 ②

유.사.문.제

01 다음 중 전신피로의 원인으로 볼 수 없는 것은? [09,10,18 산업][06,15 기사]
① 산소공급 부족
② 혈중 젖산 농도 저하
③ 혈중 포도당 농도 저하
④ 근육 내 글리코겐량의 감소

02 다음 중 전신피로의 원인에 대한 내용으로 틀린 것은? [04 산업][03,04,06,07,09,15 기사]
① 산소공급의 부족
② 작업강도의 증가
③ 혈중 포도당 농도의 저하
④ 근육 내 글리코겐량의 증가

정답 | 01.② 02.④

PART 1 산업위생학 개론

종합연습문제

01 피로의 본태에 대한 설명과 가장 거리가 먼 것은? [07,11 산업][06,13 기사]
① 에너지원의 소모
② 물질대사에 의한 노폐물의 체내 소모
③ 체내에서의 물리화학적 변조
④ 신체 조절기능의 저하

02 피로를 일으키는 인자에 있어 외적 요인에 해당하는 것은? [13,19 산업]
① 적응능력
② 영양상태
③ 숙련정도
④ 작업환경

hint 피로를 일으키는 외적 요인에는 작업환경과 관련된 작업부하, 노동시간 그리고 휴식·생활환경 조건 등을 들 수 있다.

03 산업피로의 증상과 가장 거리가 먼 것은? [16 기사]
① 혈액 및 소변의 소견
② 자각증상 및 타각증상
③ 신경기능 및 체온의 변화
④ 순환기능 및 호흡기능의 변화

hint 산업피로는 순환기능 및 호흡기능의 변화, 신경기능 및 체온의 변화, 혈액 및 소변의 소견을 유발한다. 피로는 고단하다는 주관적인 느낌이므로 타각증상인 발진이나 부종 등은 거리가 멀다. 피로는 특히 냄새, 시각, 촉각 등의 지각기능을 둔화시킨다.

☐ **피로의 증상**
- **체온변화** : 초기에는 높아지나 피로 정도가 심할 경우는 오히려 낮아진다.
- **순환기능** : 맥박이 빨라지고 호흡이 얕고 빠르다.
- **혈액** : 혈당치는 저하하는 반면 젖산과 탄산량이 증가하여 산혈증으로 된다.
- **소변** : 소변량 감소, 소변 내 교질 및 단백질의 양 증가, 소변색이 악화된다.

04 산업피로의 발생현상(기전)과 가장 관계가 없는 것은? [17 기사]
① 생체 내 조절기능의 변화
② 체내 생리대사의 물리화학적 변화
③ 물질대사에 의한 피로물질의 체내 축적
④ 산소와 영양소 등의 에너지원 발생 증가

hint ATP 생산을 위한 에너지원·활동자원(산소, 영양소 등)의 소모에 기인한다.

05 다음 내용이 설명하는 것은? [08 기사]

> 작업 시 소비되는 산소소비량은 초기에 서서히 증가하다가 작업강도에 따라 일정한 양에 도달하고, 작업이 종료된 후 서서히 감소되어 일정시간 동안 산소가 소비된다.

① 산소부채
② 산소섭취량
③ 산소부족량
④ 최대산소량

hint 격심한 노동 직후 깊고 빠른 호흡이 지속되면서 부족했던 산소(산소부채 oxygen debt)를 보충하게 되는데 격심한 작업이 회복기의 시간은 많이 요구하고, 산소의 부채도 서서히 증가하는 특징이 있다.

06 산업피로의 발생기전이라고 할 수 없는 것은? [05,16,17 산업]
① 신체 조절기능의 저하
② 중간 대사물질의 축적
③ 신체 내 포도당의 증가
④ 산소, 영양소 등 에너지원의 소모

hint 피로는 ATP 생산을 위한 에너지원·활동자원(산소, 영양소 등)의 소모에 기인되어 물질대사에 의한 중간대사물질인 피로물질(젖산, 초성 포도당 등)이 축적되고, 체내의 물리화학적 변조(생체의 생리적 산도 저하)가 일어나며, 신체 조절기능의 저하(직접적인 발생조건)되어 발생한다.

☐ **피로의 원인** : 산소공급 부족 / 혈중 포도당 농도 저하 / 근육 내 글리코겐 양의 감소 / 혈당치 저하혈중 젖산(Lactic Acid) 농도 증가 / 혈액의 pH 저하 / 작업강도의 증가 / 스트레스 등

정답 | 01.② 02.④ 03.② 04.④ 05.① 06.③

종합연습문제

01 산업피로의 원인이 되고 있는 스트레스에 의한 신체반응 증상으로 옳은 것은? [14 기사]
① 혈압의 상승
② 근육의 긴장완화
③ 소화기관에서의 위산 분비 억제
④ 뇌하수체에서 아드레날린의 분비 감소

hint 산업피로의 원인이 되고 있는 스트레스에 의한 신체반응 증상은 소화불량, 심박수 증가, 혈압상승, 아드레날린분비 촉진 등이다.

02 다음 중 산업피로로 인한 생리적 증상과 가장 거리가 먼 것은? [03,14 산업]
① 맥박이 느려지고, 혈당치가 높아진다.
② 호흡은 얕아지고, 호흡곤란이 오기도 한다.
③ 판단력이 흐려지고 지각기능이 둔해진다.
④ 소변량이 줄고 진한 갈색으로 변하며 심한 경우 단백뇨가 나타난다.

03 다음 중 산업피로의 대책으로 적합하지 않은 것은? [19 산업][19 기사]
① 불필요한 동작을 피하고 에너지소모를 적게 한다.
② 작업과정에 따라 적절한 휴식기간을 가져야 한다.
③ 작업능력에는 개인별 차이가 있으므로 각 개인마다 작업량을 조정해야 한다.
④ 동적인 작업은 피로를 더하게 하므로 가능한 정적인 작업으로 전환한다.

04 피로의 판정을 위한 평가(검사) 항목(종류)과 가장 거리가 먼 것은? [04,17 기사]
① 혈액
② 감각기능
③ 위장기능
④ 작업성적

05 산업현장에서 근로자에게 일어나는 산업피로 현상은 외부적 요인과 신체적 요인 등 여러 인자들에 의해 복합적으로 발생되는데 다음 중 외부적 요인과 가장 관계가 적은 것은? [15 산업]
① 작업환경 조건
② 작업시간과 작업자세의 적부
③ 작업의 숙련도 및 적응능력
④ 작업의 강도와 양의 적절성

hint 산업피로 발생의 외부적 요인은 작업강도 및 작업량의 적절성, 작업시간의 적부, 작업자세의 적부, 온도 등 작업환경 조건(유해물질 및 유해환경 노출 포함), 휴식·생활환경 조건 등이다. 생체상 및 기능상의 특성(신체, 적응능력, 체질, 영양, 작업의 숙련 정도 등)은 내부적 요인에 해당한다.

06 피로의 종류 및 증상에 관한 설명으로 틀린 것은? [04② 산업][03,07 기사]
① 피로는 정신적 기능과 신체적 기능의 저하가 통합된 생체반응이다.
② 과로는 피로상태가 축적된 상태로서 단기간의 휴식으로 회복될 수 없는 병적상태이다.
③ 피로는 자각적인 피로감과 더불어 점차 기능적인 저하가 일어나게 된다.
④ 산업피로는 생리학적 기능변동으로 인하여 생긴다고 생각할 수 있다.

hint 과로는 피로상태가 축적된 상태이지만 단기간의 휴식으로 회복될 수 없는 병적상태는 아니다. 산업피로(industrial fatigue) 문제는 노동운동에 의하여 여러 가지 체내 변화가 일어나고 있지만 휴식에 의하여 회복된다는 의미에서 피로는 가역적이며 생리적인 범위의 변화이며, 피로자체는 질병이 아니라 건강장해에 대한 경고반응이라고 할 수 있다. 한편, 피로는 정신적 기능과 신체적 기능의 저하가 통합된 생체반응이지만 정신피로와 신체피로는 보통 함께 나타나므로 이를 구별하기 어렵다.

정답 | 01.① 02.① 03.④ 04.③ 05.③ 06.②

종합연습문제

01 다음 중 산업피로에 관한 설명으로 알맞지 않는 것은? [07,15 산업]
① 정신적, 육체적 노동 부하에 반응하는 생체의 태도라 할 수 있다.
② 피로는 가역적인 생체변화이다.
③ 정신적 피로와 신체적 피로는 일반적으로 구별하기 어렵다.
④ 피로의 정도는 객관적 판단이 용이하다.

02 작업에 기인한 피로현상을 나타낸 것으로 적합하지 않은 것은? [16 산업]
① 취업 후 6개월 이내의 이직은 노동부담이 큼으로써 오는 경우가 많다.
② 피로의 현상은 작업의 종류에 따라 차이가 있으며 개인적 차이는 적다.
③ 작업이 과중하면 피로의 원인이 되어 각종 질병을 유발할 수 있다.
④ 피로는 작업부하, 작업환경, 작업시간 등의 영향으로 발생할 수 있다.

03 다음 중 피로의 증상으로 틀린 것은 어느 것인가? [15 산업][04기사]
① 혈압은 초기에는 높아지나 피로가 진행되면 오히려 낮아진다.
② 소변의 양이 줄고, 소변 내의 단백질 또는 교질물질의 농도가 떨어진다.
③ 혈당치가 낮아지고 젖산과 탄산량이 증가하여 산혈증으로 된다.
④ 체온은 높아지나 피로정도가 심해지면 오히려 낮아진다.

04 산업피로의 증상으로 옳은 것은? [08,14 산업]
① 체온조절 장해, 에너지소모량 증가
② 호흡이 빨라지며, 근육 내 글리코겐 증가
③ 혈중 젖산과 탄산량이 감소, 산혈증 유발
④ 소변의 양과 요(尿)내 단백질이나 기타 교질 영양물질의 배설량 감소

05 다음 중 산업피로의 종류에 관한 설명으로 틀린 것은? [10 산업]
① 과로란 피로가 계속 축적된 상태로 4일 이내 회복되는 피로를 말한다.
② 정신피로란 중추신경계의 피로를 말한다.
③ 곤비는 과로상태가 축적되어 병적인 상태를 말한다.
④ 보통피로란 하루 잠을 자고 나면 완전히 회복되는 피로를 말한다.

> **hint** 과로는 피로상태가 축적된 상태이지만 단기간의 휴식으로 회복될 수 없는 병적상태는 아니다.

06 산업피로에 대한 설명으로 가장 거리가 먼 것은? [04,19 기사]
① 육체적, 정신적 그리고 신경적인 노동부하에 반응하는 생체의 태도이다.
② 산업피로는 건강장해에 대한 경고반응이라 말할 수 있다.
③ 산업피로는 생산성의 저하뿐만 아니라 재해와 질병의 원인이 된다.
④ 산업피로는 원천적으로 일종의 질병이며, 비가역적 생체변화이다.

> **hint** 산업피로(industrial fatigue) 문제는 노동운동에 의하여 여러 가지 체내 변화가 일어나고 있지만 휴식에 의하여 회복된다는 의미에서 피로는 가역적이다.

07 전신피로에 관한 설명으로 틀린 것은? [05,19 기사]
① 작업대사량이 증가하면 산소소비량도 비례하여 계속 증가하나 작업대사량이 일정한계를 넘으면 산소소비량은 증가하지 않는다.
② 작업강도가 높을수록 혈중 포도당 농도는 급속히 저하하며, 이에 따라 피로감이 빨리 온다.
③ 작업강도가 증가하면 근육내 글리코겐량이 비례적으로 증가되어 근육피로가 발생된다.
④ 훈련받은 자와 그러지 않은 자의 근육내 글리코겐 농도는 차이를 보인다.

정답 │ 01.④ 02.② 03.② 04.① 05.① 06.④ 07.③

- 기사 : 05,07,14
- 산업 : 06

예상 09 피로의 현상과 피로조사방법 등을 나타낸 내용 중 가장 관계가 먼 것은?

① 피로의 현상은 개인차가 심하므로 작업에 대한 개체의 반응을 수치로 나타내기 어렵다.
② 노동수명(turn over ratio)으로서 피로를 판정하는 것은 적합하지 않다.
③ 피로조사는 피로도를 판가름하는데 그치지 않고 작업방법과 교대제 등을 과학적으로 검토할 필요가 있다.
④ 작업시간이 등차급수적으로 늘어나면 피로회복에 요하는 시간은 등비급수적으로 증가하게 된다.

해설 노동수명으로서 피로를 판정할 수 있다. 피로와 회복에 소요되는 시간은 작업시간과 밀접한 연관성이 있다. 작업시간이 등차급수적으로 늘어나면 피로회복에 요하는 시간은 등비급수적으로 증가하게 된다.

답 ②

- 기사 : 09,10,12
- 산업 : 03,11,14②,16,17

예상 10 산업피로의 예방과 대책으로 적절하지 않은 것은?

① 충분한 수면을 취한다.
② 작업환경을 정리·정돈한다.
③ 너무 정적인 작업은 동적인 작업으로 전환한다.
④ 휴식은 한 번에 장시간 동안 하도록 한다.

해설 피로를 예방하기 위한 휴식은 장시간 한 번 휴식하는 것보다 여러 번 나누어 자주 휴식하는 것이 좋다.

답 ④

유.사.문.제

01 피로측정 분류법과 측정대상 항목이 올바르게 연결된 것은? [19 산업]

① 자율신경검사 – 시각, 청각, 촉각
② 운동기능검사 – GSR, 연속반응시간
③ 순환기능검사 – 심박수, 혈압, 혈류량
④ 심적기능검사 – 호흡기 중의 산소농도

hint 피로측정과 관련된 항목과 검사이므로 ③항만 올바르다. 참고로 자율신경검사는 심혈관계 반사작용, 발한작용, 피부반응(GSR) 등을 검사하고, 운동기능검사는 근력, 근긴장도, 근육부피 등을 검사하며, 심적기능검사는 주의력, 집중력, 기억력 등을 검사하게 된다.

02 다음 중 산업피로에 대한 설명으로 틀린 것은? [19 기사]

① 산업피로는 원칙적으로 일종의 질병이며 비가역적 생체변화이다.
② 산업피로는 건강장해에 대한 경고반응이라고 할 수 있다.
③ 육체적, 정신적 노동부하에 반응하는 생체의 태도이다.
④ 산업피로는 생산성의 저하뿐만 아니라 재해와 질병의 원인이 된다.

hint 산업피로는 원칙적으로 질병이 아니라 가역적인 생체변화이다.

정답 ❘ 01.③ 02.①

종합연습문제

01 피로의 증상에 대한 설명으로 옳지 않은 것은? [05,06 기사]
① 체온이 높아지나 피로정도가 심해지면 도리어 낮아진다.
② 혈압은 초기는 높아지나 피로가 진행되면 도리어 낮아진다.
③ 호흡이 얕고 빠른데 이는 혈액 중 이산화탄소량이 증가하여 호흡중추를 자극하기 때문이다.
④ 젖산 및 혈당치가 높아져 산혈증으로 전이되기도 한다.

02 다음 중 산업피로에 관한 설명으로 알맞지 않은 것은? [04 산업]
① 고단하다는 객관적이고 보편적인 느낌이다.
② 작업강도에 반응하는 육체적, 정신적 생체현상이다.
③ 피로 자체는 질병이 아니라 가역적인 생체변화이다.
④ 피로가 오래되면 얼굴 부종, 허탈감의 증세가 온다.

03 산업피로에 관한 설명으로 틀린 것은? [05,08 기사]
① 생체기능의 변화 현상이므로 객관적 측정이 가능하고 과학적 개념을 명확하게 파악할 수 있다.
② 작업능률이 떨어지고 재해와 질병을 유인한다.
③ 피로 자체는 질병이 아니라 가역적인 생체변화이다.
④ 정신적, 육체적 그리고 신경적인 노동부하에 반응하는 생체의 태도이다.

> **hint** 피로는 정신과 육체적으로 고단하여 작업능률이 떨어지는 생체기능의 변화를 가져오는 하나의 추상적·주관적인 개념으로 객관적 측정이 불가능하고 과학적 개념을 명확하게 파악할 수 없다.

04 국소피로와 관련된 설명 중 틀린 것은? [16 산업]
① 적정작업시간은 작업강도와 대수적으로 비례한다.
② 국소피로를 초래하기까지의 작업시간은 작업강도에 의해 좌우된다.
③ 대사산물의 근육내 축적과 근육내 에너지 고갈이 국소피로를 유발한다.
④ 작업강도란 근로자가 가지고 있는 최대의 힘에 대한 작업이 요구하는 힘을 말한다.

> **hint** 적정작업시간은 작업강도와 대수적으로 반비례 한다.

05 국소피로와 관련한 작업강도와 적정 작업시간의 관계를 설명한 것 중 틀린 것은? [18 산업]
① 힘의 단위는 kP(kilo pound)로 표시한다.
② 적정 작업시간은 작업강도와 대수적으로 비례한다.
③ 1kP(kilo pound)는 2.2pounds의 중력에 해당한다.
④ 작업강도가 10% 미만인 경우 국소피로는 오지 않는다.

> **hint** 적정 작업시간은 작업강도와 대수적으로 반비례한다.

06 피로의 증상과 거리가 가장 먼 것은? [04 기사]
① 혈압은 초기에는 높아지나 피로가 진행되면 도리어 낮아진다.
② 혈당치의 상승으로 산혈증 증상이 나타나기도 한다.
③ 체온이 높아지나 피로정도가 심해지면 도리어 낮아진다.
④ 뇨단백질 또는 교질물질의 배설량이 증가한다.

> **hint** 피로증상은 혈당치가 저하되며, 혈액내 젖산이나 탄산이 증가한다. 또한 소변량이 줄고, 소변내 교질 및 단백질의 양이 늘어나 산혈증을 유발하며, 소변색이 악화된다.

정답 ┃ 1.④ 02.① 03.① 04.① 05.② 06.②

종합연습문제

01 다음 중 피로의 예방대책으로 볼 수 없는 것은? [10,18 산업][07,08,11 기사]
① 불필요한 동작을 피하고 에너지소모를 적게 한다.
② 커피, 홍차 또는 엽차를 마신다.
③ 작업속도가 늦은 정적인 작업을 하도록 한다.
④ 작업환경을 정비, 정돈한다.

02 작업자세는 피로 또는 작업능률과 관계가 깊다. 가장 바람직하지 않은 자세는? [11 산업]
① 가능한 한 작업 중 움직임을 고정한다.
② 작업물체와 눈과의 거리는 약 30~40cm 정도 유지한다.
③ 작업대와 의자의 높이는 개인에게 적합하도록 조절한다.
④ 작업에 주로 사용하는 팔의 높이는 심장높이로 유지한다.

03 산업피로의 대책으로 옳은 것은? [09,17 기사]
① 커피, 홍차, 엽차 및 비타민 B_1은 피로회복에 도움이 되므로 공급한다.
② 피로한 후 장시간 휴식하는 것이 휴식시간을 여러 번으로 나누는 것보다 효과적이다.
③ 움직이는 작업은 피로를 가중시키므로 될수록 정적인 작업으로 전환하도록 한다.
④ 신체 리듬의 적응을 위하여 야간 근무는 연속으로 7일 이상 실시하도록 한다.

04 작업자세는 피로 또는 작업능률과 밀접한 관계가 있는데, 바람직한 작업자세의 조건으로 보기 어려운 것은? [17 기사]
① 정적작업을 도모한다.
② 작업 시 팔은 심장높이에 두도록! 한다.
③ 작업물체와 눈의 거리는 명시거리로 30cm 정도를 유지토록 한다.
④ 근육을 지속적으로 수축시키기 때문에 불안정한 자세는 피하도록 한다.

05 산업피로를 예방하기 위한 작업자세로서 부적당한 것은? [17 기사]
① 불필요한 동작을 피하고 에너지소모를 줄인다.
② 의자는 높이를 조절할 수 있고, 등받이가 있는 것이 좋다.
③ 힘든 노동은 가능한 기계화하여 육체적 부담을 줄인다.
④ 가능한 동적(動的)인 작업보다는 정적(靜的)인 작업을 하도록 한다.

06 다음 중 피로방지의 대책으로 적절하지 않은 것은? [11 기사]
① 충분한 수면
② 고도의 기계화와 분업화
③ 작업환경의 정리·정돈
④ 작업 전·후의 간단한 체조 실시

hint 작업시스템이 고도의 기계화와 분업화가 될 경우 단순 반복작업이 늘어나 근골격계 질환을 유발하는 원인이 될 수 있다.

07 산업피로를 예방하기 위한 개선대책으로 적당하지 않은 것은? [07,16 산업]
① 충분한 수면은 피로예방과 회복에 효과적이다.
② 작업속도를 빨리하여 되도록 작업시간을 단축시킨다.
③ 적절한 작업시간과 적절한 간격으로 휴식시간을 두어야 한다.
④ 과중한 육체적 노동은 기계화하여 육체적 부담을 줄이고, 너무 정적인 작업은 적정한 동적인 작업으로 전환한다.

hint 자기능력에 맞게 작업하여야 한다.

정답 | 1.③ 02.① 03.① 04.① 05.④ 06.② 07.②

종합연습문제

01 다음 중 산업피로에 대한 대책으로 거리가 먼 것은? [16 기사]

① 정신신경 작업에 있어서는 몸을 가볍게 움직이는 휴식을 취하는 것이 좋다.
② 단위시간당 적정 작업량을 도모하기 위하여 일 또는 월간 작업량을 적정화하여야 한다.
③ 전신의 근육을 쓰는 작업에서는 휴식 시에 체조 등으로 몸을 움직이는 편이 피로회복에 도움이 된다.
④ 작업자세(물체와 눈과의 거리, 작업에 사용되는 신체 부위의 위치, 높이 등)를 적정하게 유지하는 것이 좋다.

> **hint** 전신의 근육을 쓰는 작업자는 휴식 시 기분전환을 적절히 하면서 안정을 취하는 것이 좋다.

02 서서 하는 작업에 관한 일반적 사항으로 틀린 것은? [07 산업]

① 경작업 시 권장작업대의 높이는 팔꿈치높이와 같거나 약간 높게 설치하도록 한다.
② 중작업에서는 팔꿈치높이 보다 낮게 작업대를 설치하도록 한다.
③ 정밀작업에서는 팔꿈치높이보다 약간 높이 설치된 작업대가 권장된다.
④ 작업대의 높이는 조절이 가능한 것으로 선정하는 것이 좋다.

03 다음 중 직장에서의 피로방지 대책이 아닌 것은? [13 기사]

① 적절한 시기에 작업을 전환하고 교대시킨다.
② 부적합한 환경을 개선하고 쾌적한 환경을 조성한다.
③ 적절한 근육을 사용하고 특정 부위에 부하가 걸리도록 한다.
④ 적절한 근로시간과 연속작업시간을 배분하여 작업을 수행한다.

> **hint** 피로방지를 위해서는 특정 부위에 부하가 걸리지 않도록 하여야 한다.

04 산업피로의 예방대책으로 틀린 것은? [18 기사]

① 작업과정에 따라 적절한 휴식을 삽입한다.
② 불필요한 동작을 피하여 에너지소모를 적게 한다.
③ 충분한 수면은 피로회복에 대한 최적의 대책이다.
④ 작업시간 중 또는 작업 전·후의 휴식시간을 이용하여 축구, 농구 등의 운동시간을 삽입한다.

> **hint** 작업시간 중 또는 작업 전·후에 간단한 체조나 오락시간을 갖는다.

05 플리커(Flicker) 검사를 가장 바르게 설명한 것은? [04, 07 기사]

① 산업피로 판정을 위한 심리학적 검사법으로서 전신 자각증상을 조사하는 것이다.
② 산업피로 판정을 위한 생리심리적 검사법으로서 인지역치를 검사하는 것이다.
③ 산업피로 판정을 위한 생화학적 검사법으로서 근력수준을 검사하는 것이다.
④ 산업피로 판정을 위한 심리학적 검사법으로서 Ebbinghaus 촉각계를 사용하여 변별(弁別)역치를 조사하는 것이다.

06 작업강도를 평가하는데 일반적 기준이 되는 것은? [08 산업][03, 05 기사]

① 열량소비량
② 산소소비량
③ 작업대사량
④ 기초대사량

> **hint** 작업강도란 근로자가 가지고 있는 최대의 힘에 대한 작업이 요구하는 힘을 말하며, **일반적 기준이 되는 것은 열량소비량이다.** 이 외에 연령별 및 체격의 크기를 고려한 작업대사율(RMR)이라 하는 지수를 사용하기도 하고, 간접적인 방법으로 에너지 생산에 소비되는 산소의 양(VO₂ L/min), 또는 맥박수 증가율(회/min) 등으로 작업의 난이도를 평가하기도 한다.

정답 ┃ 1.③ 02.① 03.③ 04.④ 05.② 06.①

종합연습문제

01 다음 중 전신피로에 있어 생리학적 원인에 해당되지 않는 것은? [13 산업]
① 산소 공급부족
② 혈중 포도당 농도의 저하
③ 근육내 글리코겐량의 감소
④ 소변 중 크레아틴량의 감소

hint 전신피로에 있어 생리학적 원인 3가지는 장기간 과도한 작업으로 인한 산소 공급부족, 혈중 포도당 농도의 저하, 근육내 글리코겐량의 감소이다.

02 다음 중 피로의 검사 및 측정방법에 있어 생리적 방법에 해당하지 않는 것은? [13 산업]
① 근력
② 호흡순환기능
③ 연속반응시간
④ 대뇌피질활동

hint 연속반응시간 측정은 산업피로조사를 위한 연속 측정법에 해당한다.
• 생리적 방법(인지식역치, 반사역치, 대뇌피질활동, 호흡순환기능, 근력)
• 생화학적 방법(혈색소 농도, 혈액수분, 응혈시간)
• 심리학적 방법(변별식역치, 동작분석, 정신작업)

정답 ┃ 1.④ 02.③

- 기사 : 01,04,08,14,17
- 산업 : 06,07,08,10,13

11 다음 중 작업대사율(RMR)에 관한 공식으로 틀린 것은?

① $\dfrac{\text{작업 대사량}}{\text{기초대사량}}$

② $\dfrac{(\text{작업 대사량} - \text{기초대사량})}{\text{기초대사량}}$

③ $\dfrac{(\text{작업 소모열량} - \text{안정 시 열량})}{\text{기초대사량}}$

④ $\dfrac{(\text{작업 산소량} - \text{안정 시 산소량})}{\text{기초대사 산소량}}$

해설 작업대사율(RMR, Relative Metabolic Rate)은 산소의 소모량으로 에너지의 소모량을 결정하는 방식이며, 『에너지대사율』이라고도 한다.

〈관계식〉 $RMR = \dfrac{\text{작업대사량}}{\text{기초대사량}} = \dfrac{\text{작업 시 소비에너지} - \text{안정 시 소비에너지}}{\text{기초대사량}}$

※ 대사량의 값 대신 열량(에너지), 산소소비량 등으로 대체하여 나타낼 수 있다. 답 ②

- 기사 : 05,06,08,10
- 산업 : 06,10,14

12 산소소비량을 에너지량, 즉 작업대사량으로 환산한 값으로 가장 적절한 것은? (단, 산소소비량 1L 기준)
① 5kcal
② 10kcal
③ 15kcal
④ 20kcal

해설 산소소비량 1L를 기준한 에너지량(작업대사량)은 5kcal이다. 반복해서 출제되므로 꼭 암기해 두어야 한다. 답 ①

● 83

예상 13

- 기사 : 00,04,06,10,11
- 산업 : 매회 출제대비 16,17②,19

어떤 작업의 강도를 알기 위하여 작업대사율(RMR)을 구하려고 한다. 작업 시 소요된 열량이 5,000kcal, 기초대사량이 1,200kcal이고, 안정 시 열량이 기초대사량의 1.2배인 경우 작업대사율은 약 얼마인가?

① 1 ② 2
③ 3 ④ 4

해설 작업대사율 계산식을 이용한다.

〈계산〉 $RMR = \dfrac{작업\ 시\ 소비(E) - 안정\ 시(E)}{기초대사량}$

∴ $RMR = \dfrac{5,000 - (1,200 \times 1.2)}{1,200} = 2.97$

답 ③

예상 14

- 기사 : 00,03,04,06,07,08,09,14
- 산업 : 매회 출제 대비 17,18,19②

작업대사율(RMR)이 4인 작업을 하는 근로자의 실동률은 얼마인가? (단, 사이토와 오시마 식을 적용)

① 55% ② 65%
③ 75% ④ 85%

해설 실동률 계산식을 이용한다.

〈계산〉 실동률(%) = $85 - (5 \times RMR)$

∴ 실동률(%) = $85 - (5 \times 4) = 65\%$

답 ②

예상 15

- 기사 : 00,06,07,08,10,12,16,18
- 산업 : 매회 출제 대비 15②,17,19

근로자의 육체적 최대작업능력(MPWC)이 16kcal/min이고, 1일 8시간 동안 물체를 운반하고 있다. 이때의 작업대사량은 8kcal/min이며, 휴식할 때의 인체대사량은 1.5kcal/min이다. 이 사람이 쉬지 않고 계속하여 일할 수 있는 최대허용시간(min)은?

$$\log(CWT) = b_o + b_1 \cdot E, \quad b_o = 3.724, \quad b_1 = -0.1949$$

① 53min ② 146min
③ 234min ④ 304min

해설 계속작업 한계시간(CWT) 관계식을 이용한다.

〈계산〉 $\log(CWT) = b_o + b_1 \cdot E$

⇨ $\log(CWT) = 3.724 + (-0.1949) \times 8$

∴ $CWT = 10^{2.161} = 146.15 \min$

답 ②

02. 인간과 작업환경

예상 16
- 기사 : 매회 출제대비 17,18②,19
- 산업 : 매회 출제대비 16②,17,19

육체적 작업능력(PWC)이 16kcal/min인 근로자가 물체 운반작업을 하고 있다. 작업대사량은 7kcal/min, 휴식 시의 대사량이 2.0kcal/min일 때, 휴식 및 작업시간을 가장 적절히 배분한 것은? (단, Hertig의 식을 이용하며, 1일 8시간 작업기준이다.)

① 매시간 약 5분 휴식하고, 55분 작업한다.
② 매시간 약 10분 휴식하고, 50분 작업한다.
③ 매시간 약 15분 휴식하고, 45분 작업한다.
④ 매시간 약 20분 휴식하고, 40분 작업한다.

해설 휴식시간 분율 산출식을 이용한다.

〈계산〉 $T_{ep}(\%) = \dfrac{\text{PWC}_o - M_t}{M_r - M_t} \times 100$ $\begin{cases} \text{PWC}_o = 16 \times 1/3 = 5.33\,\text{kcal/min} \\ M_r : \text{휴식대사량} = 2.0\,\text{kcal/min} \\ M_t : \text{작업대사량} = 7\,\text{kcal/min} \end{cases}$

$\Rightarrow T_{ep}(\%) = \dfrac{5.33 - 7}{2 - 7} \times 100 = 33.4\%$

∴ 휴식시간 = 1(hr) × 0.334 × 60(min/hr) = 19.98 min
∴ 작업시간 = 60 − 19.98 = 40.2 min

답 ④

유.사.문.제

01 작업대사율(RMR)을 구하는 식으로 옳은 것은? [06,07,08,10,12 산업][06,08 기사]

① $\dfrac{\text{작업 시 소비열량} - \text{안정 시 열량}}{\text{기초대사량}}$

② $\dfrac{\text{작업 시 소비에너지} - \text{기초대사량}}{\text{기초대사량}}$

③ $\dfrac{\text{작업 시 소비에너지} - \text{기초대사량}}{\text{안정 시 소비에너지}}$

④ $\dfrac{\text{작업 시 소비열량} - \text{안정 시 열량}}{\text{안정 시 소비에너지}}$

02 다음 중 작업강도가 높아지는 요인으로 볼 수 없는 것은? [14 산업]

① 작업속도의 증가
② 작업원인의 감소
③ 작업종류의 증가
④ 작업변경의 감소

03 다음 중 상대 에너지대사율(RMR)에 관한 설명으로 틀린 것은? [15 산업]

① 연령은 고려하지 않은 지수이다.
② 작업대사량을 소요시간에 대한 가중평균으로 나타낸 것이다.
③ (작업 시 소비에너지−안정 시 소비에너지)÷(기초대사량)으로 산출할 수 있다.
④ RMR에 근거한 작업강도의 구분으로 경작업은 0~1, 중(重)작업은 4~7, 격심(激甚)작업은 7 이상의 값을 나타낸다.

04 작업대사율에 의한 작업강도의 분류로서 맞는 것은? [04,06 산업][04② 기사]

① 경작업 : −2~0
② 중등작업 : 1~2
③ 중작업 : 2~4
④ 강작업 : 4~7

정답 01.① 02.④ 03.① 04.②

종합연습문제

01 작업대사율 : 1.5, 안정 시 소모열량 : 700kcal, 기초대사량 : 600kcal일 때 작업 시 소요열량은?
[01 산업][04,07 기사]

① 1,500kcal
② 1,600kcal
③ 1,700kcal
④ 1,800kcal

hint $RMR = \dfrac{\text{작업 시 소비}(E_1) - \text{안정 시}(E_2)}{\text{기초대사량}}$

$\Rightarrow 1.5 = \dfrac{E_1 - 700}{600}$

$\therefore E_1 = 1,600\text{kcal}$

02 작업강도와 작업대사율을 잘못 연결한 것은?
[03②,04②,05,07 산업]

① 경작업 : 0~1
② 중등작업 : 1~2
③ 중작업 : 2~4
④ 격심한 작업 : 7 이상

03 작업강도와 작업대사율의 연결이 적절한 것은?
[16 산업]

① 경작업 : 0~4
② 중등작업 : 4~5
③ 중(重)작업 : 5~6
④ 격심한 작업 : 10 이상

04 다음 중 작업강도에 영향을 미치는 요인으로 틀린 것은?
[15,18 기사]

① 작업밀도가 적다.
② 대인 접촉이 많다.
③ 열량소비량이 크다.
④ 작업대상의 종류가 많다.

05 에너지대사율(RMR, Relative Metabolic Rate)에 대한 설명으로 틀린 것은?
[16 산업]

① RMR=(작업 시 에너지대사량 - 안정 시 에너지대사량)/기초대사량이다.
② RMR이 대략 4~7정도이면 중(重)작업(동작, 속도가 큰 작업)에 속한다.
③ 총 에너지소모량은 기초 에너지대사량과 휴식 시 에너지대사량을 합한 것이다.
④ 작업 시 에너지대사량은 휴식 후부터 작업 종료 시까지의 에너지대사량을 나타낸다.

hint 인체의 총 에너지소모량은 기초대사량(쾌적한 환경에서 공복상태로 가만히 누워 있을 때 소비하는 에너지대사량), 안정 시 에너지대사량(의자에 앉아서 호흡하는 동안에 소비한 산소의 소모량을 열량으로 환산하여 나타낸 값), 작업대사량(작업강도에 따라 소비되는 에너지대사량), 기타 생체유지나 환경 등에 대응하기 위한 에너지 소비량을 모두 합산한 에너지량이다.

06 다음 중 작업강도에 관한 설명으로 알맞지 않은 것은?
[04,07 산업]

① 작업을 할 때 소비되는 열량으로 작업의 강도를 측정한다.
② 작업대사율로 주로 평가된다.
③ 성별, 연령, 체격조건에 따라 큰 차이를 보인다.
④ 대인접촉이 적고, 작업이 단순하며, 열량소비량이 많을 때 작업강도는 커진다.

07 작업강도에 관한 설명으로 틀린 것은? [11 산업]

① 일반적으로 열량소비량을 기준으로 한다.
② 하루의 총 작업시간을 통한 평균 작업대사량으로 표현한다.
③ 작업강도를 분류할 경우에 실동률을 이용하기도 한다.
④ 기초대사량은 개인에 따라 차이가 크므로 고려되지 않는다.

정답 | 01.② 02.③ 03.③ 04.① 05.③ 06.④ 07.④

종합연습문제

01 다음 중 작업환경 내 작업자의 작업강도와 유해물질의 인체 영향에 대한 설명으로 적절하지 않은 것은? [11 기사]

① 인간은 동물에 비하여 호흡량이 크므로 유해물질에 대한 감수성은 동물보다 크다.
② 심한 노동을 할 때일수록 체내의 산소요구가 많아지므로 호흡량이 증가한다.
③ 유해물질의 침입경로로서 가장 중요한 것은 호흡기이다.
④ 작업강도가 커지면 신진대사가 왕성하게 되고 피로가 증가되어 유해물질의 인체 영향이 적어진다.

02 다음 중 작업강도에 관한 설명으로 부적합한 것은? [04 기사]

① 작업강도는 일반적으로 열량소비량을 기준으로 한다.
② 같은 작업을 하는 경우라도 작업자의 성별, 체격 등에 따라 열량소비량이 달라진다.
③ 작업대사량은 작업강도를 작업에 소요되는 열량의 측면에서 보는 한 지표에 지나지 않는다.
④ 손가락만을 올리는 작업이라도 일정한 속도 이상으로 빨리 움직여 일할 때는 피로가 심하게 되며 또한 작업대사량도 커진다.

03 근로자가 휴식 중일 때 산소소비량은 보통 얼마인가? [04,05②,12,16②,17 산업]

① 약 1.0L/min
② 약 0.25L/min
③ 약 0.50L/min
④ 약 0.75L/min

> **hint** 근로자가 휴식 중일 때의 산소소비량은 약 0.25L/min이다.
> ▫ 휴식 중일 때: 산소소비량 약 0.25L/min
> ▫ 운동 중일 때: 산소소비량 약 0.5L/min

04 미국정부산업위생전문가협의회(ACGIH)에서 구분한 작업대사량에 따른 작업강도 중 경작업(light work)일 경우의 작업대사량으로 옳은 것은? [05,08,11 산업]

① 100kcal/hr까지의 작업
② 200kcal/hr까지의 작업
③ 250kcal/hr까지의 작업
④ 300kcal/hr까지의 작업

> **hint** 경작업은 200kcal/hr까지의 열량이 소요되는 작업을 말한다.
> ▫ **작업대사량에 따른 작업강도**(ACGIH)
> • **경작업**: 200kcal/hr까지의 열량이 소요되는 작업을 말하며 앉아서 또는 서서 기계의 조정을 위해 손 또는 팔을 가볍게 쓰는 작업이 이에 해당한다.
> • **중등작업**: 200~350kcal/hr까지의 열량이 소요되는 작업을 말하며 물체를 들거나 밀면서 걸어다니는 작업이 이에 해당한다.
> • **중작업**: 350~500kcal/hr까지의 열량이 소요되는 작업을 말하며 곡괭이질 또는 삽질하는 작업 등이 이에 해당한다.

05 작업 시 소모되는 대사량이 시간당 350~500kcal이라면 ACGIH에서 구분한 작업 강도로 가장 적절한 것은? [07 산업][05,07,09② 기사]

① 경작업
② 중등도 작업
③ 심한 작업
④ 극심한 작업

06 미국정부산업위생전문가협의회에서는 작업대사량에 따라 작업강도를 3가지로 구분하였다. 다음 중 중등도 작업일 경우 작업대사량으로 옳은 것은? [08,10 산업][08 기사]

① 100kcal/hr 이하
② 100~200kcal/hr
③ 200~350kcal/hr
④ 350~500kcal/hr

정답 ▍ 01.④ 02.③ 03.② 04.② 05.③ 06.③

종합연습문제

01 작업대사율에 관한 설명 중 틀린 것은?
[03,07 기사]

① 중등작업은 지적 활동을 포함한다.
② 중작업은 작업대사율이 4~7일 때이며, 수시로 휴식시간을 요한다.
③ 강작업의 RMR은 2~4일 때이며, 실동률은 76~67% 범위이다.
④ RMR 4를 계속작업의 한계로 보며 이를 넘으면 수시로 휴식시간을 부여하여야 한다.

hint 작업대사율(RMR)이 클수록 작업강도가 증가하므로 계속하여 일할 수 있는 최대허용시간은 짧아지고, 휴식시간은 길어지며, 실동률은 감소하게 된다. 중(重)작업은 RMR은 4~7이고, 실동률은 67~50% 범위이다. 격심(激甚)작업은 RMR 7 이상이고, 실동률은 50% 이하가 된다.

02 실동률이 76~67%이며, 총 작업시간 중 대사율이 1.5~2.7범위인 작업강도는? [06 산업]

① 경작업   ② 중등(中等)작업
③ 강작업   ④ 중(重)작업

hint 실동률이 76~67%범위이면 중등이나 강작업이고, 대사율(RMR)이 2~4범위에 속하므로 강작업에 해당한다.

03 다음 어떤 사람의 육체적 작업능력(PWC)은 18kcal/min이다. 이때 하루 8시간 동안 작업할 수 있는 작업의 강도는? [03,05②,06,13 산업]

① 4.5kcal/min   ② 5.0kcal/min
③ 6.0kcal/min   ④ 9.0kcal/min

hint 적절한 작업강도 = 최대 PWC의 1/3

04 육체적 작업능력(PWC)이 12kcal/min인 어느 여성이 8시간 동안 피로를 느끼지 않고 일을 하기 위한 작업강도는 어느 정도인가? [17 기사]

① 3kcal/min   ② 4kcal/min
③ 6kcal/min   ④ 12kcal/min

hint 적절한 작업강도 = 최대 PWC의 1/3

05 작업대사율(RMR)의 설명 중 가장 알맞은 것은? [06 기사]

① 경작업은 작업대사율이 1~2이며, 지적(知的)작업이 대부분이고, 실동률은 80% 이하이다.
② 중등도 작업은 작업대사율이 2~4이다.
③ 중(重)작업의 실동률은 67~50% 범위이다.
④ 격심작업의 실동률은 30% 이하이며, 1일 소비열량은 남자일 경우 2,500kcal 이상이다.

hint 작업강도에 따른 대사율(RMR)과 실동률(%)은 다음과 같다.

작업강도	RMR	실동률(%)
경(輕)작업	0~1	80 이상
중등(中等)작업	1~2	80~76
강(强)작업	2~4	76~67
중(重)작업	4~7	67~50
격심(激甚)작업	7 이상	50 이하

06 다음 중 중등작업에 관한 내용 중 알맞지 않은 것은? [06 기사]

① 실동률(%) : 80~70
② 총 작업시간 중 대사율(%) : 50~70
③ 주 작업의 작업대사율 : 1~2
④ 총 작업시간 중 소비열량(kcal, 남자) : 920~1,250

hint 중등작업의 대사율은 80~76%이다.

07 중등(中等)작업강도에 관한 설명으로 틀린 것은? [06 산업]

① 대사율(%)은 30~40 범위이다.
② 쉬지 않고 6시간 계속 작업이 가능하다.
③ 주 작업의 작업대사율이 1~2 범위이다.
④ 실동률(%)은 80~76 범위이다.

정답 | 01.④ 02.③ 03.③ 04.② 05.③ 06.② 07.①

종합연습문제

01 작업대사율에 대한 내용 중 알맞지 않은 것은? [05 기사]
① 작업대사량은 작업강도를 작업에 사용되는 열량 측면에서 보는 하나의 지표이다.
② 작업대사율=작업 시 사용열량/기초열량
③ 작업으로 소모되는 열량을 계산하기 위해 연령, 성별, 체격의 크기를 고려하여 사용하는 지수이다.
④ 주 작업의 작업대사율이 2~4일 때 작업강도는 강작업이다.

02 작업시간과 피로와의 관계를 기술한 것 중 옳은 것은? [07 기사]
① 작업시간의 장단은 피로와 관계되는 것이며 작업강도는 그다지 문제가 되지 않는다.
② 작업강도가 클수록 실동률이 떨어지므로 휴식시간이 길어진다.
③ 작업강도가 클수록 실동률이 증가하므로 휴식시간이 짧아진다.
④ 작업강도는 작업대사율과 관계되며 실동률과는 무관하다.

hint ②항만 옳다.
▶ 바르게 고쳐보기 ◀
① 작업시간의 장단(長短)은 피로와 관계됨은 물론 적정 작업시간과 작업강도는 대수적 반비례관계이다.
③ 작업의 강도가 클수록 작업시간은 짧아지지만 휴식시간은 길어지며, 실동률은 감소하게 된다.
④ 작업강도는 작업대사율, 실동률과 상호 밀접한 관계가 있다.

03 육체적 작업능력(PWC)을 결정하는 요인이라고 볼 수 없는 것은? [17 기사]
① 대사 정도
② 호흡기계 활동
③ 소화기계 활동
④ 순환기계 활동

04 육체적 작업능력(PWC)을 결정할 수 있는 기능으로 가장 적절한 것은? [08 산업]
① 개인의 심폐기능
② 개인의 근력기능
③ 개인의 정신적 기능
④ 개인의 훈련, 적응기능

05 생리적으로 가능한 작업시간의 한계를 지배하는 가장 중요한 인자는? [03 산업]
① 작업의 내용
② 작업의 공정
③ 작업의 강도
④ 작업의 방법

06 다음 중 육체적 작업능력에 영향을 미치는 요소와 내용을 잘못 연결한 것은? [06,13 기사]
① 작업 특징 : 동기
② 육체적 조건 : 연령
③ 환경요소 : 온도
④ 정신적 요소 : 태도

hint 육체적 작업능력에 영향을 미치는 요소와 내용은 다음과 같다.
- 작업 특성 : 자세, 방법, 교대, 작업부하, 피로
- 환경요소 : 온도, 습도, 소음진동, 열
- 신체적 요소 : 건강상태, 연령, 성별, 체력
- 정신적 요소 : 동기부여, 태도, 스트레스

07 다음 어떤 사람의 최대작업능력(MPWC)은 16kcal/min이다. 이 사람에 대한 작업강도와 작업시간과의 관계식으로 옳은 것은? (단, 16kcal/min에 대한 작업시간은 4분, (16/3)kcal/min에 대한 작업시간은 480분이다.) [07 산업]
① $\log(CWT) = 3.150 - 0.1949E$
② $\log(CWT) = 3.720 - 0.1949E$
③ $\log(CWT) = 3.150 - 0.1847E$
④ $\log(CWT) = 3.720 - 0.1847E$

hint 기본식 : $\log(CWT) = b_0 + b_1 \cdot E$

정답 ┃ 01.② 02.② 03.③ 04.① 05.③ 06.① 07.②

종합연습문제

01 피로에 관한 설명으로 틀린 것은? [10,13 기사]
① 자율신경계의 조절기능이 주간은 부교감신경, 야간은 교감신경의 긴장 강화로 주간 수면은 야간 수면에 비해 효과가 떨어진다.
② 충분한 영양을 취하는 것은 휴식과 더불어 피로방지의 중요한 방법이다.
③ 피로의 주관적 측정방법으로는 CMI(Control Medical Index)를 이용한다.
④ 피로현상은 개인차가 심하여 작업에 대한 개체의 반응을 어디서부터 피로현상이라고 타각적 수치로 찾아내기는 어렵다.

hint 낮에 활동할 때는 교감신경이 우세하고, 밤에 휴식을 취하거나 잘 때는 부교감신경이 우세하다.

02 산업피로 조사를 위한 기능검사 중 생리심리적 검사 항목과 가장 거리가 먼 것은? (단, 기능검사는 연속측정법, 생리심리적 검사법 및 생화학적 검사법으로 구분된다.) [05 기사]
① 호흡기능 측정   ② 역치측정
③ 근력검사   ④ 행위검사

hint 호흡기능 측정은 연속측정법에 속한다.

03 국소피로와 적정 작업시간에 대한 다음의 표현 중 올바르지 못한 것은? (단, 근로자가 가지고 있는 최대의 힘은 MS이고 작업이 요구하는 힘은 RF이다.) [05 기사]
① 적정 작업시간은 작업강도와 대수적으로 비례한다.
② 작업 강도(M_x,%)=[RF/MS]×100
③ 적정 작업시간(초)=671,120×$(M_x)^{-2.222}$
④ 작업강도가 10% 미만인 경우 국소피로는 오지 않는다.

hint 적정 작업시간은 작업강도와 대수적으로 반비례(역비례)하며, 작업강도가 10% 미만인 경우에는 국소피로가 유발되지 않는다.

04 작업대사율(RMR)이 4인 경우에 지속가능한 작업시간으로 적절한 것은? (단, 사이토 & 오시마 식에 따름) [03산업][04 기사]
① 15분   ② 25분
③ 30분   ④ 60분

hint
$\log(CWT) = 3.724 - 3.25 \log R$
$\qquad = 3.724 - 3.25 \log 4$
$\therefore CWT = 58.5 \min$

05 근로자의 피로예방을 위한 적정 휴식시간을 산출하기 위하여 미국의 Hertig가 제시한 공식은? [단, $T_r(\%)$: 휴식시간 비율, E_m : 1일 8시간 작업에 적합한 작업대사량, E_t : 해당 작업의 작업대사량, E_r : 휴식 중에 소모되는 대사량이다.) [09 산업]

① $T_r(\%) = \dfrac{(E_m - E_t)}{(E_r - E_t)} \times 100$

② $T_r(\%) = \dfrac{(E_t - E_m)}{(E_m - E_r)} \times 100$

③ $T_r(\%) = \dfrac{(E_r - E_t)}{(E_m - E_t)} \times 100$

④ $T_r(\%) = \dfrac{(E_m - E_r)}{(E_t - E_m)} \times 100$

hint Hertig가 제시한 휴식시간 비율은 8시간 작업 대사량과 해당 대사량의 차를 휴식대사량과 해당대사량의 차로 나눈 백분율이므로 ①항이 올바르다.

06 PWC가 16.5kcal/min(1일 8시간 동안 물체를 운반작업), 작업대사량 10kcal/min, 휴식 시의 대사량 1.2kcal/min, Hertig의 식을 적용할 때 휴식시간 비율은 약 몇 %인가? [19 산업]
① 41   ② 46
③ 51   ④ 56

hint $T_r(\%) = \dfrac{(E_m - E_t)}{(E_r - E_t)} \times 100$

$\therefore T_r(\%) = \dfrac{[16.5 \times (1/3) - 10]}{(1.2 - 10)} \times 100 = 51\%$

정답 ┃ 01.① 02.① 03.① 04.④ 05.① 06.③

종합연습문제

01 육체적 작업능력(PWC)에 관한 설명으로 알맞은 것은? [04 기사]
① 젊은 남성에서 일반적으로 평균 16kcal/hr 정도의 작업은 피로를 느끼지 않고 하루에 40분간 계속할 수 있다.
② 젊은 남성에서 일반적으로 평균 16kcal/sec 정도의 작업은 피로를 느끼지 않고 하루에 80분간 계속할 수 있다.
③ 젊은 남성에서 일반적으로 평균 16kcal/min 정도의 작업은 피로를 느끼지 않고 하루에 4분간 계속할 수 있다.
④ 젊은 남성에서 일반적으로 평균 16kcal/hr 정도로 이러한 작업은 피로를 느끼지 않고 하루에 8시간 계속할 수 있다.

hint 피로를 느끼지 않고 하루 4분간 계속할 수 있는 육체적 작업능력(PWC)은 젊은 남성의 경우 16kcal/min, 여성은 12kcal/min 정도이다.

02 기초대사량 80kcal/hr, 작업대사량 240kcal/hr 일 때, 이 작업의 실동률(%)은 약 얼마인가? (단, 사이토 & 오시마 식 적용) [18,19 산업][08 기사]
① 60%   ② 70%
③ 80%   ④ 90%

hint 실동률(%) = $85 - (5 \times \text{MRM})$
$$\text{RMR} = \frac{\text{작업대사량}}{\text{기초대사량}} = \frac{240}{80} = 3$$
∴ 실동률 $= 85 - (5 \times 3) = 70\%$

03 젊은 근로자의 약한 쪽 손의 힘은 평균 50kP 이고, 이 근로자가 무게 10kg인 상자를 두 손으로 들어올릴 경우에 한 손의 작업강도(%MS)는 얼마인가? (단, 1kP는 질량 1kg을 중력의 크기로 당기는 힘을 말한다.) [19 기사]
① 5   ② 10
③ 15   ④ 20

hint $M_x(\%) = \dfrac{\text{RF}}{\text{MS}} \times 100$
∴ $M_x(\%) = \dfrac{10/2}{50} \times 100 = 10\%$

04 다음 중 RMR이 10인 격심한 작업을 하는 근로자의 실동률과 계속작업의 한계시간(CWT)으로 옳은 것은? (단, 실동률은 사이토 & 오시마 식을 적용한다.) [01,13 기사]
① 실동률 : 55%, CWT : 약 5분
② 실동률 : 45%, CWT : 약 4분
③ 실동률 : 35%, CWT : 약 3분
④ 실동률 : 25%, CWT : 약 2분

hint 실동률(%) $= 85 - (5 \times \text{MRM})$
$= 85 - (5 \times 10) = 35\%$
$\log(\text{CWT}) = 3.724 - 3.25 \log 10$
∴ $\text{CWT} = 10^{0.474} = 2.98 \min$

05 젊은 근로자에 있어서 약한 손(오른손잡이인 경우 왼손)의 힘은 평균 45kP라고 한다. 이런 근로자가 무게 20kg인 상자를 두 손으로 들어올릴 경우 작업강도($\%M_x$)는 약 얼마인가? [매회대비 12,14,17 산업][매회대비 12,14 기사]
① 11.2%   ② 16.2%
③ 22.2%   ④ 26.2%

hint $M_x(\%) = \dfrac{\text{RF}}{\text{MS}} \times 100$
$\begin{cases} \text{MS(취약측 힘)} = 45\text{kP} = 45\text{kg}_f \\ \text{※} 1\text{kP} = 1\text{kg}_f \text{ 힘과 동일하게 봄} \\ \text{RF(요구 힘)} = 20\text{kg}_f \\ \text{※ 두 손 사용할 경우 } 1/2 = 10\text{kg}_f \end{cases}$
∴ $M_x(\%) = \dfrac{10}{45} \times 100 = 22.22\%$

06 운반작업을 하는 젊은 근로자의 약한 손(오른손잡이의 경우 왼손)의 힘은 45kP이다. 이 근로자가 무게 10kg인 상자를 두 손으로 들어올릴 경우 적정 작업시간은? [02,05,06,18 산업][00,06 기사]
$$T_s(\sec) = 671{,}120 \times (M_x)^{-2.222}$$
① 37분   ② 47분
③ 53분   ④ 67분

hint $T_s(\sec) = 671{,}120 \times (M_x, \%)^{-2.222}$
∴ $T_s = 671{,}120 \times \left[\dfrac{(10/2)}{45} \times 100\right]^{-2.222}$
$= 3185(\sec) \div 60 = 53.09 \min$

정답 ┃ 01.③ 02.② 03.② 04.③ 05.③ 06.③

PART 1 산업위생학 개론

종합연습문제

01 근로자 한쪽 손의 최대 힘은 50kP(킬로파운드, kilopound)정도이다. 이 근로자가 무게 20kg인 상자를 두 팔로 들어올릴 경우 작업강도($\%M_x$)와 적정 작업시간(T_s, min)은 얼마인가?

[07,10 산업]

① M_x : 20%, T_s : 약 6분
② M_x : 40%, T_s : 약 6분
③ M_x : 20%, T_s : 약 3분
④ M_x : 40%, T_s : 약 3분

hint
$$M_x(\%) = \frac{RF}{MS} \times 100$$
$$= \frac{(20/2)}{50} \times 100 = 20\%$$
$$T_s = 671,120 \times (20)^{-2.222}$$
$$= 180(sec) \div 60 = 3\,min$$

02 다음 중 NIOSH의 권고중량한계(RWL)에 사용되는 변수(승수, multiplier)가 아닌 것은?

[13,19 기사]

① 들기거리(Lift Multiplier)
② 이동거리(Distance Multiplier)
③ 수평거리(Horizontal Multiplier)
④ 비대칭각도(Asymmetry Multiplier)

hint NIOSH의 권고중량한계(RWL) 산출 식은 RWL=LC×HM×DM×VM×AM×CM×FM이다. 산식에 사용되는 승수(곱하는 수)는 LC : 중량상수 23kg, HM : 수평거리에 의한 승수, DM : 물체의 수직이동거리에 의한 승수, VM : 수직거리에 의한 승수, AM : 비틀림각도 승수, CM : 커플링계수, FM : 빈도계수이다.

정답 | 01.③ 02.①

예상 17
- 기사 : 00,05,06,15
- 산업 : 03,04

교대제에 관한 설명으로 가장 알맞지 않은 것은?

① 야근의 주기를 4~5일로 한다.
② 야근 후 다음 반으로 가는 간격은 최소 72시간을 가지도록 하여야 한다.
③ 2교대면 최저 3조로 3교대면 4조로 편성한다.
④ 근로자의 체중이 3kg 이상 감소하면 정밀검사를 받아야 한다.

해설 야간 근무조 후에는 최저 48시간 이상의 휴식시간을 가지도록 하여야 한다. 3조 2교대제 3개의 교대제를 두어 근무형태를 3조로 나누고, 1일 근로를 2근무로 나누어 1일 기준으로 2개조는 근무하고, 1개조는 휴무하는 형태이고, 4조 3교대제이면 조를 4개조로 나누어 3개조는 3근무조로 나누어 교대 근무하고 1개조는 휴무하는 형태이다.
답 ②

예상 18
- 기사 : 01,15,19
- 산업 : 04②,14

Flex-Time 제도의 설명으로 맞는 것은?

① 하루 중 자기가 편한 시간을 정하여 자유롭게 출·퇴근 하는 제도
② 주휴 2일제로 주당 40시간 이상의 근무를 원칙으로 하는 제도
③ 연중 4주간의 년차 휴가를 정하여 근로자가 원하는 시기에 휴가를 갖는 제도
④ 작업상 전 근로자가 일하는 중추시간(core time)을 제외하고 주당 40시간 내외의 근로조건 하에서 자유롭게 출·퇴근 하는 제도

해설 플렉스 타임(Flex-time)제도는 출퇴근 시간을 정하지 않고 자율적으로 일하는 노동시간 관리제도로서 작업상 전 근로자가 일하는 중추시간(core time)을 제외하고 주당 40시간 내외의 근로조건 하에서 자유롭게 출·퇴근 하는 제도이다.
답 ④

종합연습문제

01 교대근무제를 실시하려고 할 때, 교대제 관리원칙으로 틀린 것은? [06,19 산업][00,03,04,06,14 기사]
① 야근은 2~3일 이상 연속하지 않을 것
② 근무시간의 간격은 24시간 이상으로 할 것
③ 야근 시 가면이 필요하며 이를 제도화 할 것
④ 각 반의 근로시간은 8시간을 기준으로 할 것

> **hint** 규칙적인 근무조 교대 및 근무간격은 최소 12시간 이상 유지하여야 하고, 야간근무의 연속 일수는 2~3일 이상 연속하지 않아야 한다. 그리고, 근로시간은 1주 40시간, 각 반의 근로시간은 1회당 8시간을 준수하여야 한다.
> 교대근무제 유형은 2조 격일제, 2조 2교대제, 3조 2교대제, 3조 3교대제, 4조 3교대제 등이 있으며, 2교대 시 최저 3조로 편성할 수 있다.

02 바람직한 교대제에 대한 설명 중 잘못된 것은? [03,05,06,08,10,11,12 산업][03 기사]
① 야간근무의 연속은 5~7일 범위가 적당하다.
② 각반의 근무는 8시간씩이 좋다.
③ 2교대면 최저 3조의 정원을, 그리고 3교대면 4조로 편성한다.
④ 야근 후 다음 반으로 가는 간격은 최저 48시간을 가지도록 한다.

03 다음 중 산업피로를 줄이기 위한 바람직한 교대근무에 관한 내용으로 틀린 것은? [03 산업][01,09,15 기사]
① 근무시간의 간격은 15~16시간 이상으로 하여야 한다.
② 야간근무 교대시간은 상오 0시 이전에 하는 것이 좋다.
③ 야간근무는 4일 이상 연속해야 피로에 적응할 수 있다.
④ 야간근무 시 가면(假眠)시간은 근무시간에 따라 2~4시간으로 하는 것이 좋다.

04 바람직한 교대제와 근무관리에 대한 설명이 잘못된 것은? [03 산업][04 기사]
① 야근근무는 2~3일 이상 연속하지 않는 것이 좋다.
② 야근 교대시간은 상오 0시 이전에 하는 것이 좋다.
③ 근무시간의 간격은 15~16시간 이상으로 하는 것이 좋다.
④ 야근 시 가면은 작업 피로도에 따라 30분에서 1시간 범위 내에서 실시하는 것이 좋다.

05 교대제를 기업에서 채택되고 있는 이유와 거리가 먼 것은? [16 기사]
① 섬유공업, 건설사업에서 근로자의 고용기회의 확대를 위하여
② 의료, 방송 등 공공사업에서 국민생활과 이용자의 편의를 위하여
③ 화학공업, 석유정제 등 생산과정이 주야로 연속되지 않으면 안 되는 경우
④ 기계공업, 방직공업 등 시설투자의 상각을 조속히 달성코자 생산설비를 완전가동 하고자 하는 경우

> **hint** 교대제 근로는 근로자를 둘 이상의 조(組)로 나누어 근로시키는 제도로서 사업의 공공서비스 성격을 가진 전기, 가스, 수도, 운수, 통신, 병원 등과 원료로부터 제품까지의 생산과정이 연속공정으로 진행되어 작업을 중단할 수 없는 철강, 석유정제, 합성화학 등의 사업, 기업의 경영효율 등 경제적 이유에 의해 생산설비를 완전 가동시키는 사업장 등에서 시행되고 있다.

06 바람직한 교대제로 볼 수 없는 것은? [04,11 산업][09 기사]
① 각 조의 근무시간은 8시간씩으로 한다.
② 교대방식은 역교대보다 정교대가 좋다.
③ 야간근무의 연속은 일주일 정도가 좋다.
④ 연속된 야간근무 종료 후의 휴식은 최저 48시간을 가지도록 한다.

정답 | 01.② 02.① 03.③ 04.④ 05.① 06.③

PART 1 산업위생학 개론

종합연습문제

01 다음 중 바람직한 교대제 근무에 관한 내용으로 가장 거리가 먼 것은?
[01,05,06,08②,10,11,12,15 산업]
① 야간근무의 교대시간은 심야를 피해야 한다.
② 야간근무 종료 후 휴식은 48시간 이상으로 한다.
③ 교대방식은 낮근무, 저녁근무, 밤근무 순으로 한다.
④ 야간근무는 신체의 적응을 위하여 최소 3일 이상 연속하여 한다.

02 교대제에 대한 설명이 잘못된 것은? [16 기사]
① 산업보건면이나 관리면에서 가장 문제가 되는 것은 3교대제이다.
② 교대근무자와 주간근무자에 있어서 재해발생률은 거의 비슷한 수준으로 발생한다.
③ 석유정제, 화학공업 등 생산과정이 주야로 연속되지 않으면 안 되는 산업에서 교대제를 채택하고 있다.
④ 젊은층의 교대근무자에게 있어서는 체중의 감소가 뚜렷하고 회복은 빠른 반면, 중년층에서는 체중의 변화가 적고 회복은 늦다.

hint 교대근무자가 주간근무자에 비해 재해발생률이 높은 수준으로 발생한다. 한편, 3조 3교대의 연속근무는 근무 간격이 짧아져서 피로회복이 잘 안 되므로 피해야 하며, 4조 이상의 3교대제는 관리면이나 근로자의 건강·안전에 문제점이 많아 지양되어야 하는 교대제로 지적되고 있다.

03 교대근무제를 실시하려고 할 때, 교대근무자의 건강관리 대책을 위한 조건 중 거리가 먼 것은?
[14 산업][16 기사]
① 수면·휴식 시설을 갖출 것
② 야근작업 후의 휴식시간은 8시간으로 할 것
③ 야근작업 시 작업량이 과중하지 않도록 할 것
④ 난방, 조명 등 환경조건을 적정하게 갖추도록 할 것

04 야간 교대근무자의 건강관리 대책상 필요한 조건 중 관계가 가장 적은 것은? [18 산업]
① 난방, 조명 등 환경조건을 갖출 것
② 작업량이 과중하지 않도록 할 것
③ 야근에 부적합한 자를 가려내는 검진을 할 것
④ 육체적으로나 정신적으로 생체의 부담도가 심하게 나타나는 순으로 저녁근무, 밤근무, 낮근무 순서로 할 것

hint 교대근무는 육체적으로나 정신적으로 생체의 부담도가 적게 나타나는 순으로 낮근무 → 저녁근무 → 밤근무 순으로 순환하는 것이 좋다.

05 근무 교대제를 운영함에 있어서 고려되어야 할 사항으로 가장 적절한 것은? [07,09② 산업]
① 야간근무의 연속은 4~5일로 한다.
② 일반적으로 오전 근무의 개시시간은 오전 11시로 한다.
③ 야간근무 종료 후 다음 야간근무 시작할 때까지의 간격은 8시간으로 한다.
④ 3교대제일 경우 최저 4개조로 편성한다.

hint ④항만 옳다.
▶ 바르게 고쳐보기 ◀
① 야근은 연속하지 않게 해야 한다.
② 아침 교대시간은 아침 7시 이후에 하는 것이 좋고, 근무조 변경은 상오 0시 이전에 하는 것이 좋다.
③ 근무시간 간격은 15~16시간 이상으로 하는 것이 좋다. 특히 야근 후에 비교적 긴 휴일을 둔다.

06 다음 중 교대제의 운영방법으로 적절하지 않은 것은? [10 산업]
① 12시간 교대제를 우선적으로 적용한다.
② 야근은 2~3일 이상 연속하지 않는다.
③ 야간의 교대시간은 심야에 하지 않는다.
④ 3조 3교대의 연속근무는 가급적 피한다.

정답 | 01.④ 02.② 03.② 04.④ 05.④ 06.①

종합연습문제

01 다음 중 가장 적절한 교대근무제에 해당하는 것은? [09 산업][05,06,18 기사]
① 각 조의 근무시간은 12시간 이상으로 한다.
② 적응성을 위하여 야간근무는 4일 이상으로 연속한다.
③ 3조 3교대로 연속 근무하는 것이 가장 효과적이다.
④ 야근종료 후에는 최소 48시간 이상의 휴식 시간을 두는 것이 바람직하다.

hint ④항만 옳다.

▶ 바르게 고쳐보기 ◀
① 각 조의 근무시간은 8시간 교대제를 우선적으로 적용하고, 12시간 교대제는 채용하지 않는 것이 좋다.
② 야근은 2~3일 이상 연속하지 않게 하고, 야근은 가면을 하더라도 10시간 이내가 되도록 한다.
③ 3조 3교대의 연속근무는 근무 간격이 짧아져서 피로 회복이 잘 안 되므로 피해야 한다. 또한 일정하지 않은 연근(連勤)도 피하는 것이 좋다.

02 교대작업자의 작업설계를 할 때 고려해야 할 사항으로 적절하지 않은 것은? [14 산업][02 기사]
① 야간작업은 연속하여 3일을 넘기지 않도록 한다.
② 근무반 교대방향은 아침반 → 저녁반 → 야간반으로 정방향 순환이 되도록 한다.
③ 교대작업자 특히, 야간작업자는 주간작업자보다 연간 쉬는 날이 더 많아야 한다.
④ 야간반 근무를 모두 마친 후 아침반 근무에 들어가기 전 최소한 12시간 이상 휴식을 하도록 한다.

hint 야간 근무조 후에는 최저 48시간 이상의 휴식시간을 갖도록 하여야 한다.

03 다음 중 교대근무제에 관한 설명으로 옳은 것은? [05②,09,10 기사]
① 누적 피로를 회복하기 위해서는 정교대 방식보다는 역교대 방식이 좋다.
② 야간근무 종료 후 휴식은 24시간 전후로 한다.
③ 야간근무 시 가면(假眠)은 반드시 필요하며 보통 2~4시간이 적합하다.
④ 신체적 적응을 위하여 야간근무의 연속일수는 대략 1주일로 한다.

hint ③항만 옳다.

▶ 바르게 고쳐보기 ◀
① 역교대보다 정교대(낮근무, 저녁근무, 밤근무 순서)가 좋으며, 이 반대방식은 시간 간격이 짧아서 좋지 않다. 주간 근무조→저녁 근무조→야간 근무조로 순환하는 것이 좋다.
② 근무시간 간격은 15~16시간 이상으로 하는 것이 좋다. 특히 야근 후에 비교적 긴 휴일을 둔다. 야근 후의 휴일은 48시간으로 하는 것이 좋다.
④ 야근은 2~3일 이상 연속하지 않게 하고, 야근은 가면을 하더라도 10시간 이내가 되도록 한다.

04 다음 중 교대제 근무가 생체에 주는 영향에 대한 설명으로 틀린 것은? [14 산업][05,10 기사]
① 야간작업 시 주간작업보다 체온 상승이 높으므로 작업능률이 떨어진다.
② 수간수면 시 혈액수분의 증가가 충분치 않고, 에너지대사량이 저하되지 않아 잠이 깊이 들지 않는다.
③ 야간근무는 오래 계속하더라도 습관화되기 어려우며 야간근무를 3일 이상 연속으로 하는 경우에는 피로축적 현상이 나타나게 된다.
④ 주간작업에서 야간작업으로 교대 시 일시 형성된 신체리듬은 즉시 새로운 조건에 맞게 변화되지 않으므로 활동력이 저하된다.

hint 야간작업할 때 체온 상승이 낮다.

정답 | 01.④ 02.④ 03.③ 04.①

유.사.문.제

01 다음 중 교대작업에서 작업주기 및 작업순환에 대한 설명으로 틀린 것은? [11 기사]

① 교대 근무시간 : 근로자의 수면을 방해하지 않아야 하며, 아침 교대시간은 아침 7시 이후에 하는 것이 바람직하다.
② 교대 근무 순환주기 : 주간 근무조→저녁 근무조→야간 근무조로 순환하는 것이 좋다.
③ 근무조 변경 : 근무시간 종료 후 다음 근무시작 시간까지 최소 10시간 이상의 휴식시간이 있어야 하며, 특히, 야간 근무조 후에는 12~24시간 정도의 휴식이 있어야 한다.
④ 작업배치 : 상대적으로 가벼운 작업을 야간 근무조에 배치하고, 업무내용을 탄력적으로 조정한다.

02 바람직한 교대근무제가 아닌 것은? [08 기사]

① 야간 근무는 2~3일 이상 연속하지 않는다.
② 12시간 교대제는 적용하지 않는 것이 좋다.
③ 야근의 교대시간은 심야에 하는 것이 좋다.
④ 야근 근무기간 종료 후 다음 야근 근무시작과의 간격은 최소 48시간 이상으로 한다.

hint 근무 교대는 늦어도 상오 0시 이전이 좋다.

03 피로에 관한 설명으로 틀린 것은? [19 기사]

① 일반적인 피로감은 근육내 글리코겐의 고갈, 혈중 글루코오스의 증가, 혈중 젖산의 감소와 일치하고 있다.
② 충분한 영양섭취와 휴식은 피로의 예방에 유효한 방법이다.
③ 피로의 주관적 측정방법으로는 CMI(Control Medical Index)를 이용한다.
④ 피로는 질병이 아니고 원래 가역적인 생체 반응이며 건강장해에 대한 경고적 반응이다.

hint ①항은 반대로 설명하고 있다. 피로가 나타날 때 발생하는 생리학적 현상은 혈중 젖산 농도의 증가, 혈중 포도당 농도의 저하, 근육 내 글루코겐의 증가이다.

정답 | 01.③ 02.③ 03.①

4 산업심리

이승원의 **minimum point**

(1) 산업심리의 정의와 요소
- **정의** : 산업심리학은 일의 세계에서 발생하는 현실적인 문제들을 해결하기 위하여 연구로부터 얻은 지식을 실제 장면에 적용하는 학문으로 "직업상황에서의 인간행동에 관한 과학적이고 체계적인 연구"라 정의할 수 있음
- **요소**(5대 요소) : 감성(feeling), 기질(temper), 습성(habit), 습관(custom), 동기(motive)

(2) 스트레스(stress)
- **개념** : 일반적인 정의에 따르면 "인체에 어떠한 자극이건 간에 체내의 호르몬계를 중심으로 한 특유의 반응이 일어나는 것을 적응증상군(適應症狀群)이라 하며 이러한 상태를 스트레스"라고 함
- **스트레스의 순기능과 역기능**
  - 순기능 : 개인의 심신활동을 촉진시키고 활성화시켜 직무수행에 있어서 문제해결에 창조력을 발휘하게 되고 동기유발이 증가하며 생산성을 향상시키는데 기여함
  - 역기능 : 심신을 황폐하게 하거나 직무성과에 부정적인 영향을 미침
- **스트레스 현상의 특징**
  - 스트레스는 생리적 영역에서 작용하면서 불안을 동반함
  - 스트레스는 단순한 신경적 긴장이 아니며, 신경적 긴장은 스트레스에서 발현됨
  - 스트레스는 반드시 나쁜 것이 아니며, 그 자체로서 어떤 것을 손상시키지 않음
  - 스트레스는 피할 수 없음
- **직무 스트레스 요인**(NIOSH)
  - 작업요인 : 작업부하, 작업속도, 교대근무 등
  - 환경요인 : 고온, 한랭, 환기불량, 부적절한 조명, 소음진동 등
  - 조직요인 : 관리유형, 역할요구, 역할의 모호성 및 갈등, 경력 및 직무안전성 등
- **스트레스의 결과**
  - 대사기능에 미치는 영향 : 지속적인 스트레스는 만성적인 세포 산화에 의한 **염증**을 유발하거나 부신피질에서 **코르티솔**(cortisol) 호르몬이 **과잉 분비**되어 포도당의 사용을 억제하고 **뇌의 활동을 저해**함으로써 **자율신경 손상**에 따른 정신질환(불안장애·적응장애)으로 발전할 수 있고, **아드레날린**(adrenaline)을 **지속적으로 분비**시켜 체내 대사기능을 망가뜨림
  - 행동적 결과 : 흡연, 폭주, 약물 남용, 돌발적 사고, 행동의 격앙, 식욕부진 등
  - 심리적 결과 : **가정문제 악화**(부부간, 가족간), **수면장해**, **성적**(性的) **역기능**
  - 생리·의학적 결과 : 심장·위장질환, 만성두통, 고혈압, 암, 우울증 등 유발 가능
  - 직무에 미치는 결과 : 결근 및 이직률 증가, 직무성과 저하

ⓘ **스트레스 관리**
- **개인적 관리**
  - **자기인식 증대** : 자신의 한계와 문제 징후를 인식하고 해결방안 도출에 노력
  - **긴장이완 훈련 실시** : 요가, 명상, 기타 훈련을 통한 생리적 휴식상태 경험
  - **직무 외로 관심을 돌림** : 규칙적인 운동을 통한 스트레스 풀기, 취미활동 등
  - **건강검사** : 건강검진을 통한 질환평가, 흡연・음주・식습관 개선
  - **기타** : 신체단련, 작업변경, 스트레스 감소훈련, 생활패턴 변화를 통한 관리

- **조직적(집단적) 관리**
  - **개인의 적응수준 제고** : 종업원의 건강상태・스트레스 수준의 정기적인 검사・평가, 직무의 적합도 평가 등을 통한 개인의 감수능력 비교
  - **사회적 지원 제공** : 직장 내부에 사회적 지원시스템 가동
  - **우호적인 직장 분위기 조성** : 문제의 공동 해결법 토의, 제약문제 경우 상호 해결에 도움을 줌
  - **조직구조와 기능의 변화** : 권한의 분권화를 통한 무력감・통제감 경감, 보상체계를 조정 및 훈련, 선발・배치에 대한 조정 단행
  - **참여적 의사결정** : 의사결정과정에 종업원 참여, 작업집단의 응집성을 향상・조직 정보 공유
  - **직무 재설계** : 직무의 확대・충실화, 직무의 순환

갈등의 원인과 관리전략

- **갈등의 원인**
  - 개인・집단의 목표와 상반되거나 차이가 있을 때 목표의 차이에 따른 갈등
  - 개인・집단의 가치관이나 태도 및 인지의 차이 또는 해결방법의 차이에 따른 갈등
  - 희소성이 높은 자원을 확보하기 위한 경쟁갈등
  - 업무한계의 불명확으로 인한 갈등

- **집단 간의 갈등이 심한 경우 대책**(갈등 완화기법) : 갈등의 역기능인 집단 간의 대결이나 상호작용을 완화・예방하기 위한 대책은 다음과 같음
  - 자원의 확충
  - 새로운 상위의 공동목표 설정
  - 문제의 공동해결법 토의
  - 집단 구성원간의 직무순환
  - 기타 타협/회피/정당한 명령 등

- **집단 간의 갈등이 너무 낮은 경우 대책**(갈등 촉진기법) : 갈등의 순기능이 촉발되게 함으로써 조직력 강화와 업무목표 달성에 기여하도록 하는 대책임
  - 경쟁의 자극(경쟁의 조성)
  - 커뮤니케이션의 증대(의사소통)
  - 조직구조의 변경(성원의 이질화)
  - 자원의 축소

(3) 직업과 적성

- ⓛ **적성**(aptitude) : 일정한 훈련에 의해 숙달될 수 있는 개인의 능력을 의미함
- ⓛ **적성검사** : 신체적 적성검사, 생리적 적성검사, 심리적 적성검사로 대별됨
  - **신체적 적성검사** : 직업과의 적성여부를 판정하는 기초자료로 활용됨
  - **생리적 적성검사** : 감각기능검사, 심폐기능검사, 체력검사 등
    - 감각기능검사 : 시력, 색각, 청력 검사 등
    - 심폐기능검사 : 호흡량, 맥박, 혈압 측정 등
    - 체력검사 : 악력, 배근력 측정 등
  - **심리적 적성검사** : 지능검사, 지각동작검사, 기능검사, 인성검사 등
    - 지능검사 : 언어, 추리, 귀납 등의 제반 인자에 대한 검사
    - 지각동작검사 : 손재주, 수족협조능, 운동협조능, 행태지각능 검사 등
    - 기능검사 : 직무와 관련된 기본지식 숙련도, 사고력 검사 등
    - 인성검사 : 성격, 정신상태, 태도 검사 등

(4) 노동의 적응과 장해

- ⓛ **서한도**(恕限度, threshold) : 작업환경에 대한 인체의 적응한도(안전기준)를 말함. 어떤 유해한 환경 조건이 어떤 한계를 넘어야만 안전할 때, 그 한계를 표시하는 양임. 따라서 노출이 서한도보다 낮으면 건강에 미치는 영향이 없다는 것을 의미함

- ⓛ **지적환경과 평가방법**
  - **지적환경**(至適環境, optimum environmental) : 일을 하는 데 가장 적합한 환경을 말함
  - **지적환경의 평가**
    - 생산적(productive) 평가(정신적 작업에서는 근육작업에 비해 지적온도가 저온임)
    - 생리적(physiological) 평가
    - 정신적(psychological, 주관적) 평가

- ⓛ **직장에의 적응과 부적응**
  - **적응 현상**
    - 순화(acclimatization) : 외부의 환경변화와 신체활동이 반복되거나 오래 계속되어 조절기능이 숙련된 상태를 말함
    - 직업성 변이(occupational stigmata) : 작업에 따라서 신체형태와 기능에 국소적 변화가 일어나는 것을 말함
  - **부적응 현상 → 결과** : 생산성 저하, 사고/재해 증가, 신경증 증가, 규율문란, 산업피로, 결근 증가
    - 공격(aggression) : 과격한 행동이나 파괴적 행동, 경영자에게 필요 이상의 비판, 악의 있는 다툼, 정치성의 도전적 태도, 결근 및 신경증 등이 이에 해당함
    - 퇴행(degeneration) : 현재보다 낮은 단계의 정신상태로 되돌아가려는 행동반응
    - 고집(fixation) : 종전의 과오를 반복하여 행동을 고착화하는 것을 말함
    - 체념(resignation) : 기대된 성과에 못 미치거나 만족할 만한 결과를 얻지 못하였을 때 쉽게 단념하는 현상을 말함
    - 구실(pretext) : 자신의 과오를 어떤 방법으로든지 정당화하려는 직장의 부적응 현상
    - 작업도피(evasion) : 자신에게 부과된 일을 회피하려 함으로써 직장에 부적응 하는 현상

PART 1 산업위생학 개론

예상 01
- 기사 : 00,03,06,07,10,13
- 산업 : 04,05,10,12②,14,15,18,19

직업과 적성에 있어 생리적 적성검사에 해당하지 않는 것은?

① 체력검사 ② 지각동작검사
③ 감각기능검사 ④ 심폐기능검사

해설 지각동작검사는 심리적 적성검사 항목이다.

답 ②

유.사.문.제

01 심리학적 적성검사와 가장 거리가 먼 것은?
[05,08,14 산업][04,09,12②,16,19 기사]
① 감각기능검사
② 지능검사
③ 지각동작검사
④ 인성검사

02 직업과 적성에 대한 내용 중에서 심리학적 적성검사에 해당되지 않는 것은? [11,14 기사]
① 지능검사 ② 기능검사
③ 체력검사 ④ 인성검사

03 심리학적 적성검사 중 직무에 관한 기본지식과 숙련도, 사고력 등 직무평가에 관련된 항목을 가지고 추리검사의 형식으로 실시하는 것은? [16 기사]
① 지능검사 ② 기능검사
③ 인성검사 ④ 직무능검사

04 작업적성에 대한 생리적 적성검사 항목으로 적합한 것은? [05,08 산업][09,12② 기사]
① 감각기능검사 ② 지능검사
③ 지각동작검사 ④ 인성검사

05 심리학적 적성검사에서 지능검사 대상에 해당되는 항목은? [10,11 산업][10,18 기사]
① 직무에 관련된 기본지식과 숙련도, 사고력
② 언어, 기억, 추리, 귀납
③ 수족협조능, 운동속도능, 형태지각능
④ 성격, 태도, 정신상태

06 다음 중 인간의 행동에 영향을 미치는 산업안전심리의 5대 요소가 아닌 것은? [15 기사]
① 동기(motive)
② 기질(temper)
③ 경계(caution)
④ 습성(habit)

hint 인간의 행동에 영향을 미치는 산업 안전심리의 5대 요소는 감성, 기질, 습성, 습관, 동기이다.

07 산업 스트레스의 반응에 따른 행동적 결과와 가장 거리가 먼 것은? [13,16 산업]
① 흡연
② 불면증
③ 행동의 격앙
④ 알코올 및 약물 남용

hint 산업 스트레스의 반응에 따른 행동적 결과는 흡연, 폭주, 약물남용, 돌발적 사고, 행동의 격앙, 식욕부진 등이다. 불면증은 심리적 결과로 분류된다.

08 산업 스트레스의 반응에 따른 심리적 결과에 해당되지 않는 것은? [10,18 기사]
① 가정문제
② 돌발적 사고
③ 수면 방해
④ 성(性)적 역기능

hint 돌발적 사고는 행동적 결과에 대한 내용이다. 스트레스로 인한 행동적 결과에는 흡연, 폭주, 약물남용, 행동의 격앙, 식욕부진 등이다.

정답 | 01.① 02.③ 03.② 04.① 05.② 06.③ 07.② 08.②

종합연습문제

01 스트레스는 외부의 스트레서(stressor)에 의해 신체에 향상성이 파괴되면서 나타나는 반응이다. 다음 설명 중 ( ) 안에 적절한 물질은?
[14,18 산업]

> 인간은 스트레스 상태가 되면 부신피질에서 ( )이라는 호르몬이 과잉분비되어 뇌의 활동 등을 저해하게 된다.

① 도파민(dopamine)
② 코르티솔(cortisol)
③ 옥시토신(oxytocin)
④ 아드레날린(adrenalin)

hint 일적인 스트레스는 활성산소에 의해 세포막이 산화되었다가 곧 복구되지만 지속적인 스트레스는 만성적인 세포산화에 의한 염증을 유발하거나 부신피질에서 코르티솔(cortisol)이라고 하는 호르몬이 과잉분비되어 포도당의 사용을 억제하고 뇌의 활동 등을 저해한다.

02 다음 중 산업 스트레스 발생요인으로 집단 간의 갈등이 너무 낮은 경우 집단 간의 갈등을 기능적인 수준까지 자극하는 갈등 촉진기법에 해당되지 않는 것은?
[13,16 기사]

① 자원의 확대
② 경쟁의 자극
③ 조직구조의 변경
④ 커뮤니케이션의 증대

03 다음 중 스트레스에 관한 설명으로 잘못된 것은?
[11,15 기사]

① 위험적인 환경 특성에 대한 개인의 반응이다.
② 스트레스가 아주 없거나 너무 많을 때에는 역기능 스트레스로 작용한다.
③ 환경의 요구가 개인의 능력 한계를 벗어날 때 발생하는 개인과 환경과의 불균형 상태이다.
④ 스트레스를 지속적으로 받게 되면 인체는 자기조절능력을 발휘하여 스트레스로부터 벗어난다.

04 산업 스트레스의 관리에 있어서 개인차원에서의 관리방법으로 가장 적절한 것은?
[11,16 산업]

① 긴장이완훈련
② 개인의 적응수준 제고
③ 사회적 지원의 제공
④ 조직구조와 기능의 변화

05 스트레스 관리방안 중 조직적 차원의 대응책으로 적합하지 않은 것은?
[17 기사]

① 직무 재설계
② 적절한 시간관리
③ 참여적 의사결정
④ 우호적인 직장 분위기 조성

hint 적절한 시간관리는 조직적 차원의 대응책이 아닌 개인적 관리에 해당한다.

06 개인 차원의 스트레스 관리에 대한 내용으로 가장 거리가 먼 것은?
[17 산업]

① 건강검사
② 긴장이완훈련
③ 직무의 순환
④ 운동과 취미생활

hint 직무순환은 조직적(집단적) 관리 중 직무 재설계로 분류된다.

07 미국국립산업안전보건연구원(NIOSH)에서 제시한 직무 스트레스 모형에서 직무 스트레스 요인을 작업요인, 환경요인, 조직요인으로 크게 구분할 때, 다음 중 조직요인에 해당하는 것은?
[08,12 기사]

① 교대근무
② 소음 및 진동
③ 관리유형
④ 작업부하

hint 조직요인에 해당하는 것은 관리유형, 역할요구, 역할의 모호성 및 갈등, 경력 및 직무안전성 등이다.

정답 | 01.② 02.① 03.④ 04.① 05.② 06.③ 07.③

PART 1 산업위생학 개론

종합연습문제

01 작업장에서 누적된 스트레스를 개인차원에서 관리하는 방법에 대한 설명으로 틀린 것은? [14,18 기사]

① 신체검사를 통하여 스트레스성 질환을 평가한다.
② 자신의 한계와 문제의 징후를 인식하여 해결방안을 도출한다.
③ 명상, 요가, 선(禪) 등의 긴장이완 훈련을 통하여 생리적 휴식상태를 점검한다.
④ 규칙적인 운동을 피하고, 직무 외적인 취미, 휴식, 즐거운 활동 등에 참여하여 대처능력을 함양한다.

> **hint** 누적된 스트레스를 관리하기 위해서는 규칙적인 운동을 하고, 직무 외적인 취미, 휴식 등에 참여하여 대처능력을 함양한다.

02 산업심리학(industrial psychology)의 주된 접근방법은 무엇인가? [18 산업]

① 인지적 접근방법 및 행동적 접근방법
② 인지적 접근방법 및 생물학적 접근방법
③ 행동적 접근방법 및 정신분석적 접근방법
④ 생물학적 접근방법 및 정신분석적 접근방법

> **hint** 산업심리학(industrial psychology)은 직업 상황에서의 인간행동에 관한 과학적이고 체계적인 학문이며, 주된 접근방법은 인지적 접근 및 행동적 접근이다.

03 다음 중 작업적성에 대한 생리적 적성검사 항목으로 가장 적합한 것은? [11 기사]

① 체력검사
② 지능검사
③ 지각동작검사
④ 인성검사

> **hint** 제시된 항목 중 체력검사만 생리적 적성검사에 속한다.

04 심리학적 적성검사 중에서 기능검사 대상에 해당되는 항목은? [03,07 기사]

① 직무에 관련된 기본지식과 숙련도, 사고력
② 언어, 기억, 추리, 귀납
③ 수족협조능, 운동속도능, 형태지각능
④ 성격, 태도, 정신상태

> **hint** 기능검사 대상에 해당되는 항목은 직무에 관련된 기본지식과 숙련도, 사고력이다.
>
> ▶ 바르게 고쳐보기 ◀
> ② 언어, 기억, 추리, 귀납 : 심리적 적성검사 중 지능검사항목이다.
> ③ 수족협조능, 운동속도능, 형태지각능 : 심리적 적성검사 중 지각동작검사 항목이다.
> ④ 성격, 태도, 정신상태 : 심리적 적성검사 중 인성검사 항목이다.

05 직장에서 당면문제를 진지한 태도로 해결하지 않고 현재보다 낮은 단계의 정신상태로 되돌아가려는 행동반응을 나타내는 부적응 현상을 무엇이라고 하는가? [10,15 산업]

① 작업도피 ② 체념
③ 퇴행   ④ 구실

06 작업을 하는데 가장 적합한 환경을 지적환경이라고 하는데 이것을 평가하는 방법이 아닌 것은? [10 기사]

① 생물역학적(biomechanical) 방법
② 생리적(physiological) 방법
③ 정신적(psychological) 방법
④ 생산적(productive) 방법

07 다음 중 산업 스트레스 발생요인으로 작용하는 집단 간의 갈등이 심한 경우의 해결기법으로 가장 적절하지 않은 것은? [12,17 산업]

① 경쟁의 자극
② 상위의 공동목표 설정
③ 문제의 공동해결법 토의
④ 집단 구성원간의 직무순환

정답 ┃ 01.④ 02.① 03.① 04.① 05.③ 06.④ 07.①

종합연습문제

01 다음 중 노동적응과 장해에 관한 설명으로 틀린 것은? [11,17 산업][11 기사]
① 환경에 대한 인체의 적응한도를 지적한도라 한다.
② 일하는 데 가장 적합한 환경을 지적환경이라 한다.
③ 일하는 데 적합한 환경을 평가하는 데에는 생리적 방법 및 정신적 방법이 있다.
④ 근로환경을 평가하는 데에는 작업에 있어서의 능률을 따지는 생산적 방법이 있다.

02 다음 중 노동의 적응과 장해에 관한 설명으로 틀린 것은? [10 기사]
① 직업에 따라 일어나는 신체 형태와 기능의 국소적 변화를 직업성 변이라고 한다.
② 작업환경에 대한 인체의 적응한도를 서한도라 한다.
③ 일하는 데 가장 적합한 환경을 지적환경이라고 한다.
④ 지적환경의 평가는 생리적, 정신적, 육체적 평가방법으로 행한다.

03 다음 중 사업장에서 부적응의 결과로 나타나는 현상을 모두 나타낸 것은? [15,19 산업]

> ㉠ 재산성의 저하
> ㉡ 사고, 재해의 증가
> ㉢ 신경증의 증가
> ㉣ 규율의 문란

① ㉠, ㉡, ㉢
② ㉠, ㉢, ㉣
③ ㉡, ㉢, ㉣
④ ㉠, ㉡, ㉢, ㉣

04 직업성 변이(Occupational stigmata)에 관한 설명으로 옳은 것은? [07,12,13,16 기사]
① 직업에 따라 체온량의 변화가 일어나는 것이다.
② 직업에 따라 체지방량의 변화가 일어나는 것이다.
③ 직업에 따라 신체활동량의 변화가 일어나는 것이다.
④ 직업에 따라 신체 형태와 기능에 국소적 변화가 일어나는 것이다.

정답 ┃ 01.① 02.④ 03.④ 04.④

5 직업성 질환

 이승원의 minimum point

(1) 직업성 질환의 구분 및 특징

- **구분** : 직업성 질환이란 어떤 작업에 종사함으로써 발생하는 업무상 질병을 말하며, 직업병, 직업 관련성 질환, 재해성 질환으로 나눌 수 있음
- **직업병** : 작업환경 중에 노출되는 유해 화학물질, 물리적 인자 또는 생물학적 인자에 의해 발생하는 질병을 말함 ⇨ 예 진폐증, 소음성 난청, 화학물질 및 중금속 중독 등
  - 일반적으로 단일 원인요인에 의해서 발병됨(ILO/WHO)
  - 주로 유해인자에 저농도로 장기간 반복 노출됨으로써 발생함
  - 노출에 따른 질병증상이 발현되기까지 시간적 차이가 큼(수년에서 수십년이 걸리기도 하고 이직한 후에 발생하는 경우도 있음)
  - 대개 특정 직업에 종사하는 근로자들에서만 발생하는 특징을 보임
  - 직업병은 직업에 의해 발생된 질병으로서 직업적 노출과 특정 질병간에 명확하거나 강한 인과관계가 있어야 함
  - 임상적 또는 병리적 소견이 일반 질병과 구분하기가 어려움
  - 많은 직업성 요인이 비직업성 요인에 상승작용을 일으킴
  - 인체에 대한 영향이 확인되지 않은 신물질이 많음
  - 임상의사가 간과하거나 직업력을 소홀히 할 수 있음
  - 보상과 관련되어 있음. 직업병은 심한 질병인 경우에는 산재보상의 혜택이 크지만 경미한 질환에서는 산재보험의 실익이 없는 편임
- **직업 관련성 질환** : 직업요인과 업무 외적 요인이 복합적으로 작용하여 발생하는 질환으로 작업조건이나 작업자세에 의한 질병, 스트레스나 과로에 의한 질병을 포함함 ⇨ 예 뇌심혈관계 질환, 근골격계 질환 등
  - 작업 관련성 질환은 다수의 원인요인에 의해서 발병됨
  - 직업성 노출과 특정 질병간의 인과 관계가 모호함
  - 작업 관련성 질환은 작업환경과 업무 수행상의 요인들이 다른 위험요인과 함께 질병발생의 복합적 병인 중 하나의 요인으로서 기여함
  - 작업 관련성 질환은 작업에 의하여 악화되거나 작업과 관련하여 높은 발병률을 보이는 질병임
  - 작업과 질병의 인과성이 명확히 밝혀지지 않았다 하더라도 어느 정도 직업 또는 작업조건과 관련되는 질환들을 포함함
- **재해성 질환** : 유독가스나 고열물의 폭발이 돌발적으로 일어나는 것과 같이 우발적인 사고이거나 과실로 인한 질환 등이 이에 해당함

(2) 직업성 질환의 범위 및 판단

- **직업성 질환의 범위** → 원발성, 속발성, 합병증
  - **원발성 질환** : 직업상의 업무로 인하여 **1차적으로 발생**하는 질환을 말함
  - **속발성 질환** : **원발성 질환에 기인**하여 속발하리라고 의학상 인정되는 경우(업무에 기인하지 않는 다른 유력한 원인이 없는 한 직업성 질환으로 취급)의 질환을 말함

- **합병증** : 다음의 경우를 직업성 질환의 합병증이라 함
  - 원발성 질환과 합병하는 제2의 질환이 유발되는 경우
  - 합병증이 원발성 질환과 불가분의 관계가 있는 경우
  - 발병된 원발성 질환으로부터 떨어진 다른 부위에 같은 원인에 의한 제2의 질환이 유발되는 경우

ⓘ **직업성 질환의 판단** : 직업성 질환은 **재해성 질병**과 **직업병**으로 분류할 수 있음. **직업성 질환**(직업병)은 재해성 질환과는 달리 **저농도에서 장기간 반복적**으로 노출됨으로써 생긴 질병이므로 작업환경과 질병과의 **인과관계를 규명하기 매우 어려운 특성**이 있음

‖ (직업병 / 재해성 질환) 판단의 참고자료 ‖

직업병 판단 참고자료	재해성 질환 판단 참고자료
• 작업내용과 그 작업에 종사한 기간 또는 유해 작업의 정도 • 작업환경, 취급원료, 중간산물, 부산물 및 제품 자체 등의 유해성 유무와 그 정도 또는 공기 중 유해물질의 농도 • 유해물질에 의한 중독증, 그 밖의 직업성 질환에서 특이하게 볼 수 있는 증상, 의학상 특징적으로 발생 예상되는 임상검사 소견 • 발생하기 전의 신체적 이상 또는 기왕(既往)증의 유무 • 비슷한 증상을 나타내면서도 업무에 기인하지 않은 다른 질환과의 감별 • 같은 작업장에서 비슷한 증상을 나타내면서도 업무에 기인하지 않은 다른 질병과의 감별	• 부상 직후 전체손상 또는 그 증상과 발생한 질병과의 사이에 부위적 또는 부상으로 입은 기전으로 입증할 수 있는 의학적 관련성 • 발생질병이 부상의 성질로 보아서 의학적으로 타당하다고 인정되고, 부상은 질병발생의 원인이 될 수 있을 것 • 부상과 질병발생의 사이에 시간적으로 보아 의학적인 인과관계가 인정될 것 • 업무상 재해라 할 수 있는 사건의 유무, 재해의 성질과 강도, 재해가 작용한 신체부위, 재해가 발생할 때까지의 시간적 관계 등을 종합하여 판단함

(3) 직업성 질환의 발생요인

ⓘ 직접요인
  - 환경요인
    - 대기조건의 변화, 진동·소음, 전리방사선 등의 노출에 따른 물리적 요인
    - 작업환경에서 유해성의 가스·액체·분진 등의 체내 유입에 따른 화학적 요인
  - 작업요인
    - 부적절한 자세나 무리한 힘의 사용, 격렬한 근육운동
    - 반복적인 동작, 부적절한 작업속도, 과도한 작업부하 등

ⓘ 간접요인
  - 작업의 강도는 호흡량을 증가시키며 흡입되는 분진의 총량을 증가시키는 영향을 줌
  - 겨울철의 한랭한 기후조건은 종종 환기를 잘 안하여 중독발생을 촉진함
  - 근로자의 성별, 연령, 인종의 차이도 종종 독성 질환의 유병에 차이를 보임
  - 고온다습한 작업환경은 유해가스의 발생량을 늘리고 피부 체표면의 부착과 흡수를 도움

(4) 직업성 질환의 원인물질과 관련 직종

① 화학물질에 의한 중독

개체 원인/물질	질 환	직 종
납(Pb)	• 신경장애, **빈혈**, 소화기·신장장애	• **축전지**제조, 인쇄업
수은(Hg)	• 구내염, 수전증, 정신장애, **무뇨증**	• 계기제조, 뇌관 • 전기분해, 농약제조
망간(Mn)	• 신경염, **신장염**, CNS장해, 피부염증	• 제강
비소(As)	• 신경염, **피부염**, 소화기 질환	• 농약제조, 농약살포
크롬(Cr)	• 피부궤양, **비중격천공**, **폐암**, **무뇨증**	• 도금, 제련
Ni, Al 중독	• 피부점막의 궤양, 폐암	• 도금, 제련
금속증기	• 발열, 신경염, 피부염, 소화기질환	• 제련소
인(P) 중독	• 악골괴저, 소화기장애, 신경장애	• 살충제, 살서제
유기용제류 (벤젠, 톨루엔 등)	• 조혈장애, **재생불능성 빈혈**, 백혈병 • 피부질환, 심장·호흡장애, CNS장애	• 도료, 용매, 탈지, 세척
이황화탄소(CS_2)	• 정신이상, **신경염**, 협심증, 신부전증	• **비스코스레이온** 합성 • 레이온 제조
황화수소(H_2S)	• 급성마비, 불면증, 두통, 신경증상	• 인조견사, 셀로판 제조
질소증기 및 SO_2	• 치아산식증, 순환기장애 • 천식, 폐부종	• 셀로판 제조, 표백 • 제지, 비료, 제련
CO	• 질식, 시신경장애, 심장장애	• 화부, 가열공업
매연, 타르, 파라핀	• 피부염, 피부암	• 석탄 및 석유제품 제조

① 물리적 원인에 의한 질환

개체원인/물질	질 환	직 종
고열, 건열, 습열	• 열사병, 일사병, 심장질환, 화상	• 제련, 초자, 도자기
한랭	• 동상	• 제빙, 냉동, 실외작업
자극성 가스, **유해광선**	• 안질환(결막염, **백내장**, 각막염)	• 초자(유리제조), 주물 • 제련, 용접공
전리방사선, 동위원소	• 피부염, 피부암, 백혈병	• 의사, 간호사, 기사
조명 부족	• 근시, 안구진탕증	• 시계공, 광부 • 정밀기계공
이상기압	• 잠함병 • 고산병	• **잠수부**(잠함병) ※폐수종 • **조종사**(치통, 부비강통)
격심한 육체작업	• **정맥류**, 요통	• 하역, 운반 • 서서 일하는 작업
진동	• **Raynaud현상**, 관절염, 신경염	• 착암작업, 병타작업
소음	• 소음난청	• 조선, 금속업, 제판공
단순 반복작업, 수작업	• CTDs, 혈액낭염, 수지경련	• 조립공, 타자수 • 키보드 작업

🛈 **분진에 의한 질환**

개체원인/물질		질환	직종
무기분진	유리규산	• **규폐증**	• 채석 및 채광업종
	석탄	• 탄폐증, 석탄광부폐증	• 석탄광부, 연마 • 야금업종
	석면	• **중피종**, 폐암, 석면폐증	• 석면/슬레이트 제조 • 자동차 수리
유기분진	면 분진/곡물분진 동물모발/목재분진	• 면폐증, 농부폐증	• 농부, 방직공 • 제분, 곡물제조업종
금속분진	유독성 무기 금속분진	• 금속열, 호흡기질환, 폐암	• 제련공, 화학업종

🛈 **국내 직업병 발생 주요 사례**
- 1880년대 : 우리나라의 **원진레이온**에서 **비스코스레이온** 합성공정의 안전설비 결여로 인하여 **이황화탄소**(CS_2)에 노출됨으로써 집단 직업병을 유발시켰음
- 1988년 15살의 '문송면'군은 **온도계 제조회사**에 입사한지 3개월 만에 **수은중독**에 의한 사망에 이르는 사고가 발생하였음
- 1994년까지는 직업병 유소견자 현황에 **진폐증**이 차지하는 비율이 **66~80%** 정도로 가장 높았고, 여기에 소음성 난청을 합치면 대략 90%가 넘어 직업병 유소견자의 대부분은 진폐와 소음성 난청이었음
- 최근에는 경기도 화성시 모 **디지털회사**에서 근무하는 외국인(태국) 근로자 8명에게서 **노말헥산**의 과다노출에 따른 다발성 말초신경염이 발견되었음
- 이 외에 **도장작업** 근로자의 급성골수성백혈병, **반도체**나 액정표시장치(LCD) 라인 종사자의 백혈병, 주물공장의 흄으로 인한 고혈압 및 신장질환, **타이어 제조업** 근로자에서 발생한 협심증, 고혈압, 말초신경염 등 매우 다종, 다양한 직업병 사례가 보고되고 있음

(5) 직업성 질환의 예방과 대책

🛈 **단계별 예방대책**
- **1차 예방** : 원인인자의 **제거**나 원인이 되는 **손상을 막는 것** → 새로운 유해인자의 통제, 알려진 유해인자의 통제, 노출관리를 통해 할 수 있음
- **2차 예방** : 근로자가 **진료를 받기 전 단계**인 초기에 **질병을 발견**하는 것 → 질병의 선별검사, 감시, 주기적 의학적 검사, 법적인 의학적 검사를 통해 할 수 있음
- **3차 예방** : **치료와 재활**과정 → 근로자들이 더 이상 노출되지 않도록 해야 하며, 필요시 적절한 의학적 치료를 받아야 함

🛈 **부문별 예방대책**
- **조직관리** : 예방 전담조직 구성, 주변의 지역사회를 포함한 협력체계 구축
- **발생원관리** : 발생원 또는 유해요인으로부터 근로자를 보호하기 위한 대치, 격리(환기) 또는 밀폐, 공정의 재설계, 기타 물리적·화학적·생물학적 인자관리
- **작업환경관리** : 조업방법 개선, 작업환경의 청결 유지 및 정리정돈, 작업환경 평가(측정), 개인보호구 착용, 기타 작업환경관리 등

■ **작업환경관리 대책**은 "**공학적 대책 → 의학적 대책 → 교육 → 개인보호구**"를 기본원칙으로 대치, 격리(밀폐), 환기, 개인보호구 착용, 교육 및 훈련, 작업환경의 정비 등을 세부 실천항목으로 설정하여 실행하여야 한다.

- **작업공정관리** : 유해물질 발산 차단, 발생원의 격리와 환기, 위험요인 제거
- **의학적 관리** : 위생관리, 스트레스 관리, 영양관리 및 주기적인 건강진단
- **교육** : 기업주와 근로자에 대한 보건교육 실시, 직업성 질환 인식 및 예방의식 제고

참/고 근로자의 건강진단

■ **건강진단의 실시 목적**
  □ 근로자가 가진 질병의 조기 발견
  □ 근로자가 일에 부적합한 인적 특성을 지니고 있는지 여부 확인
  □ 일이 근로자 자신과 직장동료의 건강에 불리한 영향을 미치고 있는지 여부의 발견

■ **건강진단의 구분**
  1. **일반건강진단** : 주기적으로 실시하는 건강진단
  2. **특수건강진단** : 특수건강진단 대상 유해인자에 노출되는 업무에 종사하는 근로자
  3. **배치 전 건강진단** : 특수건강진단 대상업무 배치 전에 적합성 평가를 위해 실시
  4. **수시건강진단** : 특수건강진단 대상업무로 인하여 해당 유해인자에 의한 직업성 천식, 직업성 피부염 등 의학적 소견이 있는 근로자에 대한 건강진단
  5. **임시건강진단** : 지방고용노동관서의 장의 명령에 따라 사업주가 실시하는 건강진단

(6) 직업성 피부질환의 발생·예방대책

 발생요인 : 작업환경 내 유해인자에 노출되어 피부 및 부속기관에 병변이 발생되거나 악화되는 질환을 직업성 피부질환이라 함
- **직접적 요인** : 물리적, 생물학적, 화학적 요인 등이 있으나 정확한 발생빈도와 원인물질의 추정은 거의 불가능함
  □ **물리적 요인** : 마찰 및 진동, 고온, 저온, 자외선, X-ray, 유리섬유 등
  □ **화학적 요인** : 강산, 강알칼리 등에 의한 원발성 피부염(접촉피부염의 70% 이상), 알레르기성 피부염(니켈, 크롬 등), 광과민병, 색소변성, 피부궤양, 궤양성 병변 등
- **간접적 요인** : 인종(Race), 피부의 종류, 연령, 땀, 계절, 청결, 아토피 등

원발성 / 알레르기성 접촉성 피부염의 원인물질

■ **원발성 접촉피부염** : 비누, 세제 등과 같은 알칼리와 산(酸), 연화제 등의 용매, 샴푸, 시멘트, 염색약, 농약, 금속염, 용제, 기저귀 등의 접촉에 의해 발생
■ **알레르기성 접촉피부염** : 식물(옻), 금속(니켈, 크롬, 코발트, 수은 등), 접착제, 향수, 매니큐어, 방부제, 고무, 합성수지 등의 접촉에 의해 발생

02. 인간과 작업환경

- ⓘ **피부질환의 발병 특성** : 직업성 피부질환은 특히, 생산공장 근로자에게 발생빈도가 높기 때문에 생산성 저하의 원인이 되고 있음
  - ▫ 통상 자극성 접촉피부염 및 알레르기, 백반증, 스티븐슨존슨증후군, 광선피부염, 건선의 악화 등으로 나타남
  - ▫ 대부분 화학물질(**90% 이상**)에 의한 **접촉피부염**이며, 그 중 **80%**가 **자극성 접촉피부염**으로 알려지고 있음
  - ▫ 피부종양은 발암물질과 피부의 직접 접촉뿐만 아니라 다른 경로를 통한 전신적인 흡수에 의하여 발생될 수 있음
  - ▫ 발생빈도가 **타 질환에 비하여 월등히 많음**(전체 직업성 질환의 17.2%, 1999 ; 한국안전보건공단)
  - ▫ 일반인에서는 발생되지 않음
  - ▫ 생명에 큰 지장을 초래하지 않은 경우가 많음
- ⓘ **피부질환의 예방대책**
  - ● 작업환경 개선 : 공정의 검토와 개선, 환기, 배기, 차폐설비, 작업자세 개선 및 무리한 동작배제, 분진작업 개선(가능한 한 습윤상태), 접촉 피부염을 자주 일으키는 물질(원료, 재료)을 안전한 대체물질로 전환 등
  - ● 건강진단 및 예방교육 : 주기적 건강진단, 안전·보건교육 실시
  - ● 개인적 예방대책 : 개인 위생관리, 개인방호 및 보호구 착용, 피부 세척제, 보호크림 활용

- 기사 : 05,06,13
- 산업 : 05

01 1880년대 후반 우리나라의 원진레이온에서 발생했던 직업병 사건에 대한 설명이다. 틀린 것은?

① 원인 인자는 이황화탄소와 수은 등 유기용제와 중금속이었다.
② 회사에서 사용했던 기기와 장비는 직업병 발생이 사회문제화되자 중국으로 수출되었다.
③ 중고기계를 가동하여 많은 오염물질 누출이 원인이 되었다.
④ 작업환경측정 및 근로자 건강진단을 소홀히 하여 예방에 실패하였다.

해설 우리나라의 원진레이온에서 발생했던 직업병 사건의 원인 인자는 이황화탄소(CS_2)에 노출됨으로써 유발시킨 사건이다. 답 ①

- 기사 : 07,11
- 산업 : 11,17

02 다음 중 직업성 질환에 관한 설명으로 틀린 것은?

① 재해성 질병과 직업병으로 분류할 수 있다.
② 직업상 업무로 인하여 1차적으로 발생하는 질병을 원발성 질환이라 한다.
③ 장기적 경과를 가지므로 직업과의 인과관계를 명확하게 규명할 수 있다.
④ 합병증은 원발성 질환에서 떨어진 다른 부위에 같은 원인에 의한 제2의 질환을 일으키는 경우를 말한다.

해설 직업성 질환(직업병)은 재해성 질환과는 달리 저농도에서 장기간 반복적으로 노출됨으로써 생긴 질병이므로 작업환경과 질병과의 인과관계를 규명하기 매우 어려운 특성이 있다. 답 ③

PART 1 산업위생학 개론

종합연습문제

01 이탈리아의 의사인 Ramazzini는 1700년에 "직업인 질병(De Morbis Artificum Diatriba)"을 발간하였는데, 이 사람이 제시한 직업병의 원인과 가장 거리가 먼 것은? [04,14 기사]

① 근로자들의 과격한 동작
② 작업장을 관리하는 체계
③ 작업장에서 사용하는 유해물질
④ 근로자들의 불안전한 작업자세

hint 이탈리아의 의사 라마치니(Ramazzini)는 직업병의 원인이 되는 것은 작업장에서 사용하는 유해물질과 근로자들의 불안전한 작업자세, 과격한 동작이라고 하였다.

02 1700년 '직업인의 질병'을 발간하였으며 직업병의 원인을 크게 두 가지로 구분하여 하나는 작업장에서 사용하는 유해물질이고, 다른 하나는 근로자들의 불완전한 작업자세나 동작이라고 한 사람은? [04,14 산업]

① Hippocrates
② Georgius Agricola
③ Percivall Pott
④ Bernardino Ramazzini

03 다음 중 직업성 질환 발생의 직접적인 원인이라고 할 수 없는 것은? [15 기사]

① 물리적 환경요인
② 화학적 환경요인
③ 작업강도와 작업시간적 요인
④ 부자연스런 자세와 단순반복작업 등의 작업요인

04 직업병의 발생요인 중 직접요인은 크게 환경요인과 작업요인으로 구분되는데 환경요인으로 볼 수 없는 것은? [16 기사]

① 진동현상
② 대기조건의 변화
③ 격렬한 근육운동
④ 화학물질의 취급 또는 발생

05 직업병 발생요인 중 간접요인에 대한 설명과 거리가 먼 것은? [16 산업]

① 작업강도와 작업시간 모두 직업병 발생의 중요한 요인이다.
② 작업장의 환경은 직업병의 발생과 증세의 악화를 조장하는 원인이 될 수 있다.
③ 일반적으로 연소자(年少者)의 직업병 발병률은 성인보다 낮게 나타난다.
④ 작업의 종류가 같더라도 작업방법에 따라서 해당 직장에서 발생하는 질병의 종류와 발생빈도는 달라질 수 있다.

hint 젊은 연령층에서 직업성 질환의 발병률이 높은데 그것은 유약자가 산업독성에 대한 저항력이 낮고, 작업숙련도가 낮지만 청소년 특유의 성격과 심리가 가미되기 때문인 것으로 알려지고 있다.

06 직업성 질환의 특성에 대한 설명으로 적절하지 않은 것은? [08,10 산업][18 기사]

① 노출에 따른 질병증상이 발현되기까지 시간적 차이가 크다.
② 질병유발 물질에는 인체에 대한 영향이 확인되지 않은 새로운 물질들이 많다.
③ 주로 유해인자에 장기간 노출됨으로써 발생한다.
④ 임상적 또는 병리적 소견으로 일반 질병과 명확히 구분할 수 있다.

hint 직업병은 직업에 의해 발생된 질병으로서 직업적 노출과 특정 질병간에 명확하거나 강한 인과관계가 있어야 하지만 임상적 또는 병리적 소견이 일반 질병과 명확히 구분하기 어려운 문제점이 있다.

07 현재 우리나라에서 발생되고 있는 업무상 질병지수 중 가장 많은 발생건수를 차지하고 있는 질환은? [04 기사]

① 진폐
② 요통
③ 뇌·심혈관질환
④ 신체부담작업

정답 01.② 02.④ 03.③ 04.③ 05.③ 06.④ 07.③

종합연습문제

01 다음 중 직업병 및 작업관련성 질환에 관한 설명으로 틀린 것은? [12 기사]
① 작업관련성 질환은 작업에 의하여 악화되거나 작업과 관련하여 높은 발병률을 보인다.
② 직업병은 직업에 의해 발생된 질병으로서 직업적 노출과 특정 질병 간에 인과관계는 참고적으로 반영된다.
③ 직업병은 통상 단일요인에 의해, 작업관련성 질환은 다수의 원인요인에 의해 발병된다.
④ 작업관련성 질환은 작업환경과 업무수행상의 요인들이 다른 위험요인과 함께 질병발생의 복합적 병인 중 한 요인으로서 기여한다.

02 다음 중 직업성 질환의 범위에 해당되지 않는 것은? [19 산업]
① 합병증 ② 속발성 질환
③ 선천적 질환 ④ 원발성 질환

03 다음 중 직업성 질환과 가장 관련이 적은 것은? [13 산업]
① 근골격계 질환 ② 진폐증
③ 노인성 난청 ④ 악성중피종
hint 노인성 난청은 노화에 따른 청각기관의 노쇠화 현상 때문에 점진적으로 나타나는 청력감소 증상이므로 직업성 질환과는 거리가 멀다.

04 다음 중 직업성 질환의 범위에 대한 설명으로 틀린 것은? [09,15,19 기사]
① 직업상 업무에 기인하여 1차적으로 발생하는 원발성 질환은 제외한다.
② 원발성 질환과 합병 작용하여 제2의 질환을 유발하는 경우를 포함한다.
③ 합병증이 원발성 질환과 불가분의 관계를 가지는 경우를 포함한다.
④ 원발성 질환에서 떨어진 다른 부위에 같은 원인에 의한 제2의 질환을 일으키는 경우를 포함한다.

05 다음 중 재해성 질병의 인정 시 종합적으로 판단하는 사항으로 틀린 것은? [10,13 기사]
① 재해의 성질과 강도
② 재해가 작용한 신체부위
③ 재해가 발생할 때까지의 시간적 관계
④ 작업내용과 그 작업에 종사한 기간 또는 유해작업의 정도

06 직업병을 판단할 때 참고하는 자료로 적합하지 않은 것은? [14,17 기사]
① 업무내용과 종사기간
② 발병 이전의 신체이상과 과거력
③ 기업의 산업재해 통계와 산재보험료
④ 환경 측정자료와 취급물질의 유해성 자료

07 직업성 질환 중 직업상의 업무에 의하여 1차적으로 발생하는 질환을 무엇이라 하는가? [09,11,17 기사]
① 합병증 ② 원발성 질환
③ 일반질환 ④ 속발성 질환

08 직업병의 진단 또는 판단 시 유해요인 노출내용과 정도에 대한 평가가 반드시 이루어져야 한다. 이와 관련한 사항과 가장 거리가 먼 것은? [18 기사]
① 작업환경 측정 ② 과거 직업력
③ 생물학적 모니터링 ④ 노출의 추정
hint 과거의 질병 유무는 유해요인 노출내용과 정도에 대한 평가 보다는 직업성 질환을 인정할 때 고려사항이다.

09 다음 중 직업성 질환의 발생원인으로 볼 수 없는 것은? [07 산업]
① 격렬한 근육운동
② 화학물질의 사용
③ 국소적 난방
④ 단순 반복작업

정답 | 01.② 02.③ 03.③ 04.① 05.④ 06.③ 07.② 08.② 09.③

PART 1 산업위생학 개론

종합연습문제

01 직업성 질환을 인정할 때 고려해야 할 사항으로 틀린 것은? [08,18 산업]
① 업무상 재해라고 할 수 있는 사건의 유무
② 작업환경과 그 작업에 종사한 기간 또는 유해작업의 정도
③ 의학상 특징적으로 나타나는 예상되는 임상 검사 소견의 유무
④ 같은 작업장에서 비슷한 증상을 나타내는 환자의 발생 유무

02 다음 국내 직업병 발생에 대한 설명 중 틀린 것은? [15 기사]
① 1994년까지는 직업병 유소견자 현황에 진폐증이 차지하는 비율이 66~80% 정도로 가장 높았고, 여기에 소음성 난청을 합치면 대략 90%가 넘어 직업병 유소견자의 대부분은 진폐와 소음성 난청이었다.
② 1988년 15살의 '문송면'군은 온도계 제조회사에 입사한지 3개월 만에 수은에 중독되어 사망에 이르렀다.
③ 화성시 디지털회사에서 근무하는 외국인(태국) 근로자 8명에게서 노말헥산의 과다노출에 따른 다발성 말초신경염이 발견되었다.
④ 모 전자부품업체에서 크실렌이라는 유기용제에 노출되어 생리중단과 재생불능성 빈혈이라는 건강상 장해가 일어나 사회문제가 되었다.

03 어떤 근로자가 조혈장해, 재생불능성 빈혈, 백혈병 등의 직업병 증세가 나타났다면 어떤 원인유해물질을 취급했다고 추측할 수 있겠는가? [03,05② 산업]
① 산, 염기   ② 석면
③ 벤젠   ④ 황화수소

04 직업병이 발생된 원진레이온에서 사용한 원인물질은? [13,17 산업]
① 납   ② 사염화탄소
③ 수은   ④ 이황화탄소

05 다음 중 원인별로 분류한 직업성 질환과 직종이 잘못 연결된 것은? [08,14 산업]
① 비중격천공 : 도금
② 규폐증 : 채석, 채광
③ 열사병 : 제강, 요업
④ 무뇨증 : 잠수, 항공기 조종

06 1945년 일본에서 "이타이이타이병"이란 중독사건이 생겨 수많은 환자가 발생, 사망한 사례가 있었다. 어느 물질에 의한 것인가? [05,07,12,13②,16,19 산업]
① 납   ② 크롬
③ 수은   ④ 카드뮴
hint 이타이이타이병 : 카드뮴

07 수족신경마비, 시신경장해, 정신이상, 보행장해 등을 가져오는 "미나마타병"이란 어떤 금속에 중독되었을 때 나타나는 질병인가? [04,06,10 산업]
① Hg   ② Pb
③ Cr   ④ Cd
hint 미나마타병 : 수은

08 다음 중 직업병을 일으키는 물리적인 원인에 해당되지 않는 것은? [07 산업]
① 소음   ② 유해광선
③ 이상기압   ④ 유기용제
hint 유기용제 : 화학적 인자

09 직업병의 발생요인 중 직접요인은 크게 환경요인과 작업요인으로 구분되는데 다음 중 환경요인으로 볼 수 없는 것은? [12 기사]
① 진동현상
② 대기조건의 변화
③ 격렬한 근육운동
④ 화학물질의 취급 또는 발생
hint 격렬한 근육운동 : 작업요인

정답 | 01.① 02.④ 03.③ 04.④ 05.④ 06.④ 07.① 08.④ 09.③

종합연습문제

01 유리제조, 용광로 작업, 세라믹 제조과정에서 발생 가능성이 가장 높은 직업성 질환은? [16 기사]

① 요통
② 근육경련
③ 백내장
④ 레이노 현상

02 작업장에 존재하는 유해인자와 직업성 질환의 연결이 잘못된 것은? [10,17 산업]

① 망간 – 신경염
② 분진 – 규폐증
③ 이상기압 – 잠함병
④ 6가 크롬 – 레이노병

03 직업병의 원인이 되는 유해요인, 대상 직종과 직업병 종류의 연결이 잘못된 것은? [14 기사]

① 면분진 – 방직공 – 면폐증
② 이상기압 – 항공기 조종 – 잠함병
③ 크롬 – 도금 – 피부점막 궤양, 폐암
④ 납 – 축전지 제조 – 빈혈, 소화기장해

04 작업장에 존재하는 유해인자와 직업성 질환의 연결이 옳지 않은 것은? [14 기사]

① 망간 – 신경염
② 무기분진 – 규폐증
③ 6가 크롬 – 비중격천공
④ 이상기압 – 레노이드씨 병

05 다음 중 유해인자와 그로 인하여 발생되는 직업병이 잘못 연결된 것은? [13,18 기사]

① 크롬 – 폐암
② 망간 – 신장염
③ 이상기압 – 폐수종
④ 악성중피종 – 수은

hint 악성중피종 – 석면

06 작업공정에 따라 발생 가능성이 가장 높은 직업성 질환을 올바르게 연결한 것은? [10,13 기사]

① 용광로 작업 – 치통, 부비강통, 이(耳)통
② 갱내 착암작업 – 전광성 안염
③ 샌드 블래스팅(sand blasting) – 백내장
④ 축전지 제조 – 납중독

hint ④항만 옳다.

▶ 바르게 고쳐보기 ◀
① 용광로 작업 : 고열, 자외선, 가시광선 → 열사병, 화상, 안질환
② 갱내 착암작업 : 진동 → 레이노(Raynaud)현상, 관절염, 신경염
③ 샌드 블래스팅 : 유리규산 → 규폐증
□ 치통, 부비강통, 이(耳)통 : 고압환경 → 항공기 조종사
□ 전광성 안염 : 용접불꽃 → 용접공
□ 백내장 : 유해광선 → 용접공, 초자공, 주물공
□ 잠함병 : 이상기압
□ 관절염 : 진동
□ CTDs(누적외상성 장해) : 단순반복작업, 수작업

07 다음 중 노동의 적응과 장해에 대한 설명으로 틀린 것은? [11 산업]

① 환경에 대한 인체의 적응에는 한도가 있으며 이러한 한도를 허용기준 또는 노출기준이라 한다.
② 작업에 따라서 신체 형태와 기능에 국소적 변화가 일어나는 경우가 있는데 이것을 직업성 변이라고 한다.
③ 외부의 환경변화와 신체활동이 반복되거나 오래 계속되어 조절기능이 숙련된 상태를 순화라고 한다.
④ 인체에 어떠한 자극이건 간에 체내의 호르몬계를 중심으로 한 특유의 반응이 일어나는 것을 적응증상군(適應症狀群)이라 하며 이러한 상태를 스트레스라고 한다.

hint 작업환경에 대한 인체의 적응한도(안전기준) → 서한도(恕限度, threshold)

정답 | 01.③ 02.④ 03.② 04.④ 05.④ 06.④ 07.①

종합연습문제

01 다음 중 직업성 질환을 유발하는 물리적 원인이 아닌 것은? [08,09② 산업]
① 저온
② 이상기압
③ 금속증기
④ 전리방사선

hint 금속증기 : 화학적인 인자(공업중독)

02 다음 중 상호관계가 있는 것을 올바르게 연결한 것은? [08,11 산업]
① 레이노 현상-규폐증
② 파킨슨씨 증후군-비소
③ 금속열-산화아연
④ C_5 dip-진동

hint ③항만 올바르다.
- 레이노 현상 : 진동
- 파킨슨씨 증후군 : 망간
- C_5 dip : 소음

03 폐암발생률을 높이는 진폐증으로 가장 적절한 것은? [05 산업]
① 규폐증   ② 석면폐증
③ 면폐증   ④ 농부폐증

hint 석면 : 진폐증, 중피종

04 다음 중 직업성 질환의 발생요인과 관련 직종이 잘못 연결된 것은? [08,11 기사]
① 한랭-제빙   ② 크롬-도금
③ 조명부족-의사   ④ 유기용제-인쇄

hint 조명부족 : 시계공, 정밀기계공

05 다음 작업의 종류에 따라 발생할 수 있는 질병의 연결이 잘못된 것은? [07 산업]
① 잠수부-잠함병
② 인쇄공-진폐증
③ 도료공-빈혈
④ 전기용접공-백내장

06 금속작업 근로자에게 발생된 만성중독의 특징으로 코점막의 염증, 비중격천공 등의 증상을 일으키는 물질은? [04,05,12,15 산업]
① 납
② 크롬
③ 수은
④ 카드뮴

hint 비중격천공 : 크롬

07 납중독으로 인한 직업병과 가장 거리가 먼 것은? [06 산업]
① 빈혈
② 구내염
③ 소화기장해
④ 정신신경장해

hint 구내염 : 수은

08 다음 중 납이 인체에 미치는 영향과 가장 거리가 먼 것은? [10 산업]
① 조혈기능의 장해
② 신경계통의 장해
③ 신장에 미치는 장해
④ 간에 미치는 장해

hint 납 : 빈혈, 소화기장해, 정신신경장해

09 피부의 색소변성과 관계가 가장 먼 물질은? [08,13 산업]
① 타르(tar)
② 크롬(Cr)
③ 피치(pitch)
④ 페놀(phenol)

10 석재공장, 주물공장 등에서 발생하는 유리규산이 주 원인이 되는 진폐의 종류는? [10,16② 산업][10 기사]
① 면폐증   ② 활석폐증
③ 규폐증   ④ 석면폐증

정답 | 01.③ 02.③ 03.② 04.③ 05.② 06.② 07.② 08.④ 09.② 10.③

종합연습문제

01 다음 중 직업성 질환으로 볼 수 없는 것은?
[11,14 기사]
① 분진에 의하여 발생되는 진폐증
② 화학물질의 반응으로 인한 폭발 후유증
③ 화학적 유해인자에 의한 중독
④ 유해광선, 방사선 등의 물리적 인자에 의하여 발생되는 질환

hint 화학물질 폭발 : 재해성 질환

02 다음 중 직업성 피부질환에 영향을 주는 간접적 요인으로 볼 수 없는 것은? [12 산업]
① 아토피
② 마찰 및 진동
③ 인종
④ 개인위생

03 다음 중 화학적으로 원발성 접촉피부염을 일으키는 1차 자극물질과 가장 거리가 먼 것은?
[04,08 산업]
① 종이, 합성수지
② 용제
③ 알칼리
④ 금속염

04 착암기 또는 해머(Hammer) 같은 공구를 장기간 사용한 근로자에게 가장 유발되기 쉬운 직업병은? [03,07,15 산업]
① 피부암
② 레이노 현상
③ 불면증
④ 소화장해

hint 착암작업, 해머(Hammer), 병타작업에 의해 유발되는 직업병은 레이노(Raynaud) 현상, 관절염, 신경염 등이다.

05 원인별로 분류한 직업병과 직종이 잘못 연결된 것은? [19 산업]
① 규폐증-채석광, 채광부
② 구내염, 피부염-제강공
③ 소화기질병-시계공, 정밀기계공
④ 탄저병, 파상풍-피혁제조, 축산, 제분

hint 소화기질병-납, 비소, 금속증기, 톨루엔

06 다음 중 작업에 따른 발생 유해인자와 직업병의 연결이 잘못된 것은? [12 산업]
① 탈지작업-벤젠-간장해
② 초자공-적외선-백내장
③ 인쇄소주자공-연(납)-빈혈
④ 방사선기사-방사선-암 유발

hint 벤젠은 조혈장해, 재생불능성 빈혈 등을 일으킨다. 일반적으로 탈지작업(degreasing)은 금속가공 작업에서 묻어있는 절삭유 등을 제거하기 위해 세척을 하는 작업을 말하는데 이 작업에는 다양한 유기용제(이소프로필알코올, 프레온, 에틸아세테이트, 아세톤, 디클로로플루오르에탄, 메탄올, 크실렌, 페놀수지, 에탄올, 가솔린, 신나, 헥산 등)이 사용되고 있기 때문에 중독에 의한 문제(중추신경장해, 간독성, 신장독성, 피부질환, 시각장해, 신경유발 등)가 발생할 수 있다. 솔벤트 세척제에 의한 2-브로모프로판 중독에 의한 여성근로자들의 불임 사건 등이 대표적이다.

07 다음 중 직업성 천식의 발생 작업으로 볼 수 없는 것은? [13 기사]
① 석면을 취급하는 근로자
② 밀가루를 취급하는 근로자
③ 폴리비닐 필름으로 고기를 싸거나 포장하는 정육업자
④ 폴리우레탄 생산공정에서 첨가제로 사용되는 TDI(toluene di isocyanate)를 취급하는 근로자

hint 석면 취급 근로자는 석면폐증(asbestosis)의 직업병에 걸릴 위험이 높다. 직업성 천식의 원인이 되는 물질은 작업장 천식의 대표적인 원인물질은 플라스틱 제조공정 또는 우레탄 도료 등에서 사용되는 톨루엔디이소시안산염(TDI, Toluene Diisocyanate), 무수트리멜리트산(TMA, Trimellitic Anhydride)과 이외에 목재분진, 중금속(니켈, 크롬), 매연, 곡물분진, 가축의 분변, 미생물 등이다.

정답 | 01.② 02.② 03.① 04.② 05.③ 06.① 07.①

PART 1 산업위생학 개론

종합연습문제

01 일반적으로 주물공정에서 발생하는 유해인자와 가장 거리가 먼 것은? [06 기사]
① 분진과 금속흄
② 일산화탄소와 고열
③ 소음
④ 자외선

02 다음은 직업병 발생에 대한 설명이다. 틀린 것은? [04 기사]
① 우리나라에서 처음으로 학계에 보고된 직업병은 진폐증이다.
② 남자가 수은, 비소, 니코틴 등의 화학물질에 여성보다 민감하다.
③ 직업병은 젊은 연령층에서 발병률이 높다.
④ 작업장의 환경은 직업병의 발생과 증세의 악화를 조장하는 원인이 될 수 있다.

hint 수은, 비소, 니코틴 등은 여성이 남성보다 감수성이 높은 유독물이다. 그것은 생리 등이 혈액독에 대한 저항력을 약화시키기 때문으로 알려져 있다.

03 다음 중 직업성 난청(영구성 청력 장해)에 대하여 가장 올바르게 설명한 것은? [15 산업]
① 고막이상의 병반이 있다.
② 청력손실이 생기면 회복될 수 있다.
③ Corti 기관에는 영향이 없고, 청신경에만 이상이 있다.
④ 전음계(傳音系)가 아니라, 감음계(感音系)의 장해를 말한다.

hint ④항만 옳다.
▶ 바르게 고쳐보기 ◀
① 직업성 난청은 내이(內耳)의 장해 즉, 내이의 세포변성이 원인이다.
② 직업성 난청은 영구적인 청력저하를 유발하므로 치료효과를 기대하기 어렵고 예방이 필수이다.
③ 직업성 난청은 장기간, 지속적으로 80~90dB 이상의 소음에 노출되어 코르티 기관(organ of corti)에 손상이 발생하여 생기는 감음계(感音系)의 장해이다.

04 다음 중 [보기]에서 직업성 질환이라고 할 수 있는 경우로만 나열한 것은? [09 산업]

[보기]
Ⓐ 건설현장에서 추락하여 왼쪽다리를 절단한 경우
Ⓑ 작업장에서 염산을 운반도중 엎질러 손에 화상을 입은 경우
Ⓒ 5년 동안 사염화탄소 세척작업 후 이로 인하여 간장장해를 입은 경우
Ⓓ 조선소에서 15년 동안 용접작용을 하면서 부자연스런 자세로 인하여 요통이 발생한 경우
Ⓔ 클로로술폰산 운반 탱크로리가 전복하여 클로로술폰산의 누설로 인한 운전자의 폐조직이 손상을 입은 경우

① Ⓐ, Ⓒ
② Ⓒ, Ⓓ
③ Ⓑ, Ⓒ, Ⓓ
④ Ⓐ, Ⓓ, Ⓔ

hint Ⓐ, Ⓑ, Ⓔ항은 재해성 질환, Ⓒ, Ⓓ항은 직업성 질환이다. 구분하는 방법은 업무중 사고 및 재해(고농도 오염물질에 노출되었거나 신체가 손상되는 것 등)에 의한 것은 재해성 질환이고, 특정 직종에 장기간 근무(저농도 오염물질에 장기간 노출, 열악한 작업환경이 장기간 근무 등)로 인한 질환은 직업성 질환이다.

05 직업병과 관련 직종의 연결이 틀린 것은 어느 것인가? [17 산업]
① 잠함병–제련공
② 면폐증–방직공
③ 백내장–초자공
④ 소음성난청–조선공

06 진폐증을 일으키는 분진과 가장 거리가 먼 것은? [04 산업]
① 유리규산
② 석면
③ 시멘트
④ 흑연

정답 | 01.④ 02.② 03.④ 04.② 05.① 06.③

종합연습문제

01 다음 중 허리에 부담을 주어 요통을 유발할 수 있는 작업자세로서 가장 거리가 먼 것은 어느 것인가? [15 산업]

① 큰 수레에서 물건을 꺼내기 위하여 과도하게 허리를 숙이는 작업자세
② 높은 곳의 물건을 취급하기 위하여 어깨를 90도 이상 반복적으로 들리게 하는 작업자세
③ 낮은 작업대로 인하여 반복적으로 숙이는 작업자세
④ 측면으로 20도 이상 기우는 작업자세

hint 요통발생 위험작업의 범위는 다음과 같다.
- 중량물을 들거나 밀거나 당기는 동작이 반복되는 작업
- 허리를 과도하게 굽히거나 젖히거나 비트는 자세가 반복되는 작업
- 과도한 전신진동에 장시간 노출되는 작업
- 장시간 자세의 변화 없이 지속적으로 서 있거나 앉아 있는 자세로 근육 긴장을 초래하는 작업
- 기타 허리부위에 과도한 부담을 초래하는 자세나 동작이 하나 이상 존재하는 작업

02 다음 중 직업성 질환과 주된 물리적 원인의 연결이 옳은 것은? [09 산업]

① 열사병-고열
② 잠함병-부적절한 조명
③ 관절염-한랭환경
④ CTDs-소음

03 다음 중 유해인자와 그로 인하여 발생되는 직업병이 올바르게 연결된 것은? [10,15 기사]

① 크롬-간암
② 이상기압-침수족
③ 망간-비중격
④ 석면-악성중피종

04 화학적 원인에 의한 직업성 질환으로 볼 수 없는 것은? [11,16 기사]

① 수전증
② 치아산식증
③ 정맥류
④ 시신경장해천공

05 사업장에서 건강영향이나 직업병 발생에 관여하는 것으로 작업요인이 큰 관련성을 갖고 있다. 다음 중 이러한 작업요인에 관한 설명으로 가장 적합하지 않은 것은? [13 산업]

① 작업시간은 하루 8시간, 1주 48시간을 원칙으로 가급적 준수한다.
② 작업요인으로는 적성배치 외에도 작업시간이나 교대제 등의 작업조건도 배려할 필요가 있다.
③ 교대제 근무에 대한 일주기 리듬의 생리적, 심리적 적응은 불완전하므로 생산적 이유 이외의 교대제는 하지 않는다.
④ 적성배치란 근로자의 생리적, 심리적 특성에 적절한 작업에 배치하는 것을 말한다.

hint 작업시간은 하루 8시간, 1주 40시간을 원칙으로 준수한다.

▶ 보충설명 ◀

㉠ 근로자가 사용자와의 근로계약에 의하여 실제로 근로할 의무를 지고 있는 시간을 말한다. 반드시 실제로 심신을 활용해 작업하는 시간만을 의미하지 않고 작업을 목적으로 사용자의 지휘명령을 받는 상태를 말하므로 다음 작업을 위한 대기시간 또는 작업 전후의 준비 및 정리 등도 사용자의 지휘감독하에 있는 한 근로시간에 포함된다.

㉡ 근로시간은 근로조건 중 가장 중요한 것 중의 하나이므로 근로자보호라는 관점에서 근로기준법은 이에 대하여 엄격한 제한을 하고 있다. 즉, 근로시간은 1일에 8시간, 1주일에 40시간을 기준으로 이를 초과하지 못하도록 하여 1일 8시간 노동을 원칙으로 한다.

06 다음 중 직업병 예방대책과 가장 관계가 먼 것은? [15 산업]

① 개인보호구 지급
② 작업환경의 정리정돈
③ 근로자 후생복지비 증액
④ 기업주에 대한 안전·보건교육 실시

정답 ┃ 01.② 02.① 03.④ 04.③ 05.① 06.③

종합연습문제

01 직업성 질환의 예방에 관한 설명으로 틀린 것은? [12,16 기사]

① 직업성 질환의 3차 예방은 대개 치료와 재활과정으로 근로자들이 더 이상 노출되지 않도록 해야 하며 필요시 적절한 의학적 치료를 받아야 한다.
② 직업성 질환의 1차 예방은 원인인자의 제거나 원인이 되는 손상을 막는 것으로, 새로운 유해인자의 통제, 알려진 유해인자의 통제, 노출관리를 통해 할 수 있다.
③ 직업성 질환의 2차 예방은 근로자가 진료를 받기 전 단계인 초기에 질병을 발견하는 것으로, 질병의 선별검사, 감시, 주기적 의학적 검사, 법적인 의학적 검사를 통해 할 수 있다.
④ 직업성 질환은 원인인자가 알려져 있고 유해인자에 대한 노출을 조절할 수 없으므로 안전 농도로 유지할 수 있기 때문에 예방대책을 마련할 수 있다.

> **hint** 작업성 질환은 직종에 따른 유해인자에 노출되어 발생하기 때문에 유해인자의 노출을 조절하거나 조기치료, 예방 및 관리가 다른 전염성 질환의 경우보다 상대적으로 용이하다.

02 다음 중 산업정신건강에 대한 설명과 가장 거리가 먼 것은? [15 기사]

① 사업장에서 볼 수 있는 심인성 정신장애로는 성격이상, 노이로제, 히스테리 등이 있다.
② 직장에서 정신면에서 건강관리상 특히 중요시되는 정신장애는 정신분열증, 조울병, 알코올중독 등이 있다.
③ 정신분열증이나 조울병은 과거에 내인성 정신병이라고도 하였으나 최근에는 심인도 관련하여 발병하는 것으로 알려져 있다.
④ 정신건강은 단지 정신병, 신경증, 정신지체 등의 정신장애가 없는 것만을 의미한다.

> **hint** 세계보건기구에 의한 정신건강의 정의는 정신장애뿐만 아니라 자신의 잠재력을 실현하고 공동체에 유익하도록 기여할 수 있는 것이라고 되어있다.

03 상용 근로자 건강진단의 목적과 가장 거리가 먼 것은? [19 산업]

① 근로자가 가진 질병의 조기 발견
② 질병이환 근로자의 질병치료 및 취업 제한
③ 근로자가 일에 부적합한 인적 특성을 지니고 있는지 여부를 확인
④ 일이 근로자 자신과 직장동료의 건강에 불리한 영향을 미치고 있는지 여부의 발견

04 직업병의 예방대책 중 일반적인 작업환경관리의 원칙과 거리가 먼 것은? [12,14,18 기사]

① 대치
② 격리 또는 밀폐
③ 공정의 재설계
④ 정리정돈 및 위치변경

05 직업병의 예방대책에 관한 설명으로 가장 거리가 먼 것은? [18 산업]

① 유해요인을 적절하게 관리하여야 한다.
② 유해요인에 노출되고 있는 모든 근로자를 보호하여야 한다.
③ 건강장해에 대한 보건교육을 해당 근로자에게만 실시한다.
④ 근로자들이 업무를 수행하는 데 불편함이나 스트레스가 없도록 하여야 하며, 새로운 유해요인이 발생되지 않아야 한다.

> **hint** 모든 근로자에게 보건교육을 실시해야 한다.

06 직업병 예방을 위한 대책으로 가장 나중에 적용하여야 하는 방법은? [12,19 기사]

① 격리 및 밀폐
② 개인보호구의 지급
③ 환기시설 등의 설치
④ 공정 또는 물질의 변경, 대치

> **hint** 직업병 예방을 위한 작업환경관리 대책의 우선 순위는 공학적 대책 → 의학적 대책 → 교육 → 개인보호구 지급이다.

정답 | 01.④ 02.④ 03.② 04.④ 05.③ 06.②

종합연습문제

01 직업성 질환의 예방대책 중에서 근로자 대책에 속하지 않는 것은? [14 기사]
① 적절한 보호의의 착용
② 정기적인 근로자 건강진단의 실시
③ 생산라인의 개조 또는 국소배기시설 설치
④ 보안경, 진동장갑, 귀마개 등의 보호구 착용

hint 유해물질 발산을 차단하거나 발생원의 격리와 환기, 위험요인의 제거 등은 작업공정 관리대책에 해당한다.

02 다음 중 오염물질에 의한 직업병의 예방대책과 가장 거리가 먼 것은? [11 산업]
① 관련 보호구 착용
② 관련 물질의 대체
③ 정기적인 신체검사
④ 정기적인 예방접종

hint 정기적인 예방접종은 전염병 예방대책이다.

03 다음 중 직업병의 예방대책으로 적절하지 않은 것은? [11 기사]
① 유해요인이 발암성 물질일 경우 전혀 노출이 되지 않도록 완전하게 제거되어야 한다.
② 근로자가 업무를 수행하는데 불편함이나 스트레스가 없도록 하여야 하며 새로운 유해요인이 발생되지 않아야 한다.
③ 유해요인에 노출되고 있는 모든 근로자를 보호하여야 한다.
④ 주변의 지역사회를 제외한 작업장에서의 위험요인을 제거하여야 한다.

hint 주변 지역사회를 포함한 협력체계를 구축하여야 한다.

04 직업성 피부장애를 예방하기 위한 방법 중 틀린 것은? [17 산업]
① 개인 방호
② 원료, 재료의 검토
③ 공정의 검토와 개선
④ 본인의 희망에 의한 배치

05 다음 중 직업성 피부질환에 관한 설명으로 틀린 것은? [02,19 기사]
① 가장 빈번한 직업성 피부질환은 접촉성 피부염이다.
② 알레르기성 접촉 피부염은 일반적인 보호기구로도 개선 효과가 좋다.
③ 첩포시험은 알레르기성 접촉 피부염의 감작물질을 색출하는 임상시험이다.
④ 일부 화학물질과 식물은 광선에 의해서 활성화되어 피부반응을 보일 수 있다.

hint 알레르기성 접촉 피부염은 면역학적 반응에 따라 과거 노출 경험이 있을 때, 심하게 반응이 나타나기 때문에 일반적인 보호크림이나 고무장갑 등은 알레르기원에 대한 방호효과가 거의 없다고 할 수 있다.

06 다음 중 직업성 피부질환에 관한 내용으로 틀린 것은? [14 기사]
① 작업환경 내 유해인자에 노출되어 피부 및 부속기관에 병변이 발생되거나 악화되는 질환을 직업성 피부질환이라 한다.
② 피부종양은 발암물질과 피부의 직접 접촉뿐만 아니라 다른 경로를 통한 전신적인 흡수에 의하여 발생될 수 있다.
③ 미국의 경우 피부질환의 발생빈도가 낮아 사회적 손실을 적게 추정하고 있다.
④ 직업성 피부질환의 간접적 요인으로는 인종, 아토피, 피부질환 등이 있다.

07 직업성 피부질환에 대한 설명으로 틀린 것은? [08,10,12,16 기사]
① 대부분은 화학물질에 의한 접촉 피부염이다.
② 접촉 피부염의 대부분은 알레르기에 의한 것이다.
③ 정확한 발생빈도와 원인물질의 추정은 거의 불가능하다.
④ 직업성 피부질환의 간접요인으로는 인종, 연령, 계절 등이 있다.

정답 | 01.③ 02.④ 03.④ 04.④ 05.② 06.③ 07.②

CHAPTER 03 실내환경

1 실내(사무실) 오염의 원인물질

 이승원의 **minimum point**

(1) 오염물질의 종류와 발생원

- **관리대상 오염물질** : 산업안전보건법상 사무실 공기질의 관리 대상물질은 이산화탄소(CO_2), 일산화탄소(CO), 이산화질소(NO_2), 포름알데히드(HCHO), 총휘발성유기화합물(TVOCs), 오존(O_3), 미세먼지(PM_{10}), 총부유세균(TAB), 석면 9가지이다.
  - 실내공기오염의 지표물질 : **탄산가스**(CO_2)
  - 실내공기질 권고기준 항목 : NO_2, 라돈, 총휘발성유기화합물, 미세먼지, 곰팡이

- **발생원**
  - 흡연, 연소기기, 호흡, 사무기기, 건축자재, 가구류, 주차시설 등
  - **연돌효과**(굴뚝효과, Stack effect) → 따뜻한 실내공기가 건물의 상층에서 배출되는 상황에서는 외부공기가 건물 저층의 입구를 통해 안으로 들어온 다음 계단 등 수직공간이나 엘리베이터를 통하여 고층으로 이동하게 되는 데 이때 실외 공기오염물질이 함께 유입되어 공기의 이동방향에 따라 상층으로 이동·확산되면서 영향을 미칠 수 있다. 이러한 현상을 연돌효과(굴뚝효과)라 한다.

(2) 주요 오염물질의 특성 및 영향

- **이산화탄소**(CO_2)
  - CO_2 농도는 일반적으로 실내오염의 주요 지표로 사용됨
  - 사람의 호흡이나 가스 및 물질의 연소과정에서 발생함
  - CO_2 농도가 18% 이상인 곳에서는 생명이 위험할 수 있음
  - 쾌적한 실내를 유기하기 위해 CO_2농도 1,000ppm 이하로 관리하여야 함

- **일산화탄소**(CO)
  - 연료의 불완전 연소 또는 흡연에 의해 발생
  - CO-Hb를 형성하여 **헤모글로빈의 산소 운반능력을 저하**(신경계 영향)시킴
  - 혈중 CO-Hb 50% 이상이면 쉽게 사망에 이를 수 있음
  - 쾌적한 실내를 유기하기 위해 CO농도 10ppm 이하로 관리하여야 함

- **이산화질소**(NO_2)
  - 연소시설이나 흡연 등에 의해 발생되며 NO보다 4배 정도 독성이 강함
  - 헤모글로빈의 산소 운반능력을 저하시키며, **자극성의 냄새**를 갖는 **적갈색**이 유독성 기체이고, 물에 **난용성**이므로 용이하게 폐포(肺胞)에 도달함

- 쾌적한 실내를 유기하기 위해 NO_2농도 0.05ppm 이하로 관리하여야 함

ⓘ **포름알데히드**(HCHO)
- 건축물에 사용되는 단열재, 섬유, 옷감에서 주로 발생됨
- 눈과 코를 자극하며, 37% 용액(10~15% 메탄올 첨가)이 **포르말린**임
- 급성독성, 피부 자극성이 있고, 국제암연구센터는 "**발암우려 물질**"로 분류하고 있음

ⓘ **휘발성유기화합물**(TVOCs)
- 기체의 유기화합물의 총칭하며, 유기용제·페인트·접착제·세탁용제 등에서 발생됨
- 대표적으로 **BTEX**(벤젠, 톨루엔, 에틸벤젠, 자일렌) 등이 있음

▌ BTEX의 주요 특징과 영향 ▌

구 분	벤젠	톨루엔	에틸벤젠	자일렌(크실렌)
화학식	C_6H_6	$C_6H_5CH_3$	C_8H_{10}	C_8H_{10}
증기압	95.2mmHg/25℃	22mmHg/25℃	9.53mmHg/25℃	6.72mmHg/21℃
인체 영향	• 재생불능성 빈혈 • 백혈병 유발 • 중추신경계장애 • 발암률 증가	• 지각장애 • 중추신경계장애 • 소화기관 영향 • 비발암성	• 신경장애 • 조혈기능장애 • 비발암성	• 신경장애 • 조혈기능장애 • 비발암성

ⓘ **라돈**(Rn, Radon)
- 라돈은 **라듐**(Ra)이 **알파**(α) **붕괴**할 때 생기는 **기체상태의 원소**로 **무색, 무미, 무취**의 특성을 보이며, 호흡을 통해 유입되기 쉬운 방사선 물질임
- 폐암을 유발하는 물질이지만 보건법상 **사무실 공기질 측정·관리 대상은 아님**
- 주변 생활환경(토양, 콘크리트, 벽돌, 석재 등으로부터 방출)과 밀접한 관계가 있음
- 공기보다 9배 정도 무겁기 때문에 지하공간에서 더 높은 농도를 보임
- **반감기가 긴 Rn^{222}**가 실내공간의 위해성 측면에서 주요 관심대상이 되고 있음

ⓘ **총부유세균**(TAB)
- 공기 중의 먼지나 수증기 등에 흡착되어 있는 미생물을 총칭함
- 주로 호흡기관에 영향을 주고 병원성 감염 등을 초래할 수 있음
- 특히, **레이오넬라균**은 주로 여름과 초가을에 공기순환장치와 냉각탑 등에 기생하며 실내·외로 확산되어 호흡기 질환을 유발시키는 원인이 되고 있음

ⓘ **미세먼지**(PM_{10}, Particulate Matters 10)
- 눈에 보이지 않을 정도로 미세한 직경 $10\mu m$ 이하의 먼지 입자를 말함
- 숨을 쉴 때 호흡기관을 통해 폐로 유입되어 폐의 기능을 떨어뜨리고 면역력을 약하게 만듦

ⓘ **석면**(Asbestos)
- 과거 내열성, 단열성, 절연성 등의 뛰어난 특성 때문에 여러 분야에서 사용됨
- 석면은 발암성이 매우 높은 유해물질(1A)로 분류됨
- 작업환경 측정에서 석면은 길이가 $5\mu m$보다 크고, **길이 대 넓이의 비가 3 : 1 이상**인 섬유를 측정대상으로 하고 있음
- 석면 중 건강에 가장 치명적인 영향을 미치는 것은 **각섬석 계열**의 **청석면**(Crocidolite)임. 반면에 사문석 계열의 백석면[온석면-크리소타일(Chrysotile)]이 발암성이 가장 낮음

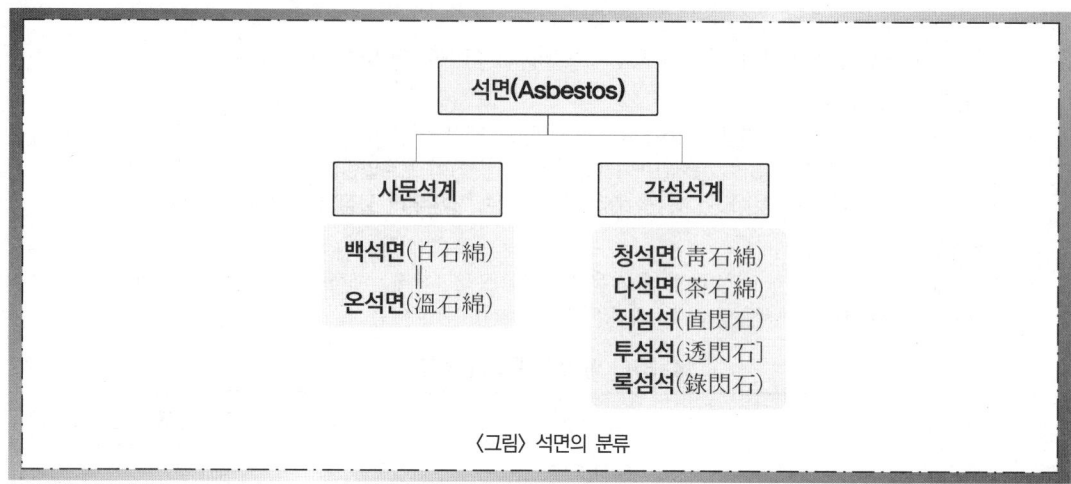

〈그림〉 석면의 분류

예상 01

- 기사 : 01, 19
- 산업 : 11

실내공기 오염물질 중 가스상 오염물질에 해당하지 않는 것은?

① 질소산화물 ② 포름알데히드
③ 호흡성 분진 ④ 오존

해설 호흡성 분진은 입자상 물질에 해당한다. 답 ③

유.사.문.제

01 다음 중 주요 실내 오염물질의 발생원으로 가장 보기 어려운 것은? [14 기사]

① 호흡 ② 흡연
③ 연소기기 ④ 자외선

02 실내공기 오염물질의 지표물질로서 가장 많이 이용되는 것은? [00, 03, 08, 10, 14 산업]

① 부유분진 ② 이산화탄소
③ 일산화탄소 ④ TVOC

03 사무실 실내환경의 복사기, 전기기구, 전기집진기형 공기정화기에서 주로 발생되는 유해공기 오염물질은? [19 산업]

① O_3 ② CO_2
③ VOCs ④ HCHO

04 다음의 설명에서 ( ) 안에 들어갈 용어로 맞는 것은? [18 산업]

( )는 대류현상에 의해 발생하는 공기의 흐름을 뜻한다. 따뜻한 공기가 건물의 상층에서 새어나올 경우 실내공기는 하층에서 고층으로 이동하며 외부공기는 건물 저층의 입구를 통해 안으로 들어오게 된다.

① 연돌효과
② 균형효과
③ 호손효과
④ 공기연령효과

정답 | 01.④ 02.② 03.① 04.①

03. 실내환경

종합연습문제

01 무색, 무취의 기체로서 흙, 콘크리트, 시멘트나 벽돌 등의 건축자재에 존재하였다가 공기 중으로 방출되며 지하공간에서 더 높은 농도를 보이고, 폐암을 유발하는 실내공기 오염물질은 어느 것인가? [10,11,14 기사]
① 라듐 ② 라돈
③ 비스무스 ④ 우라늄

02 자극취가 있는 무색의 수용성 가스로 건축물에 사용되는 단열재와 섬유, 옷감에서 주로 발생되고, 눈과 코를 자극하며 동물실험 결과 발암성이 있는 것으로 나타난 실내공기 오염물질은 어느 것인가? [10,17 산업]
① 벤젠 ② 황산화물
③ 라돈 ④ 포름알데히드

hint 건축물에 사용되는 단열재와 섬유, 옷감에서 발생되는 자극성 기체로서 발암성을 갖는 것은 포름알데히드이다. 포름알데히드는 급성독성, 피부 자극성, 발암성 등의 인체 유해성을 지니고 있으며 발암 우려물질로 분류되고 있다.

03 실내오염원인 라돈(radon)에 관한 설명으로 옳지 않은 것은? [14,18 산업]
① 라돈가스는 호흡하기 쉬운 방사선 물질이다.
② 라돈가스는 공기보다 9배가 무거워 지표에 가깝게 존재한다.
③ 라돈은 폐암의 발생률을 높이고 있는 것으로 보고 되었다.
④ 핵폐기물장 주변 또는 핵발전소 부근에서 주로 방출되고 있다.

04 실내환경 공기를 오염시키는 요소로 볼 수 없는 것은? [19 기사]
① 라돈
② 포름알데히드
③ 연소가스
④ 체온

05 다음 중 최근 실내공기질에서 문제가 되고 있는 방사성 물질인 라돈에 관한 설명으로 틀린 것은? [11,19 기사]
① 자연적으로 존재하는 암석이나 토양에서 발생하는 토륨(thorium), 우라늄(uranium)의 붕괴로 인해 생성되는 방사성 가스이다.
② 무색, 무취, 무미한 가스로 인간의 감각에 의해 감지할 수 없다.
③ 라돈의 감마(γ) 붕괴에 의하여 라돈의 딸핵종이 생성되며 이것이 기관지에 부착되어 감마선을 방출하여 폐암을 유발한다.
④ 라돈의 동위원소에는 Rn^{222}, Rn^{220}, Rn^{219}가 있으며 이 중 반감기가 긴 Rn^{222}가 실내공간에서 인체의 위해성 측면에서 주요 관심대상이다.

hint 라돈(Rn)은 라듐(Ra, 88)이 알파 붕괴할 때 생기는 기체상태의 원소로서 반감기(half life)는 3.8일이다.

06 다음 설명에 해당하는 가스는? [09,12 기사]

> 이 가스는 실내의 공기질을 관리하는 근거로서 사용되고, 그 자체는 건강에 큰 영향을 주는 물질이 아니며 측정하기 어려운 다른 실내 오염물질에 대한 지표물질로 사용된다.

① 일산화탄소
② 이산화탄소
③ 황산화물
④ 질소산화물

hint 건강에 영향을 주는 물질이 아닌 것은 CO_2뿐이다. CO_2는 실내의 공기질을 관리하는 근거로서 사용되고 있으며, 측정하기 어려운 다른 실내 오염물질에 대한 지표물질로 사용된다.

정답 | 01.② 02.④ 03.④ 04.④ 05.③ 06.②

2 실내오염의 건강장해

 이승원의 minimum point

(1) 레지오넬라병(LD, Legionnaire's Disease)
- 의의 : 난방장치나 냉각탑 등에 기생하던 레지오넬라(Legionella)균이 강제기류를 타고 실내로 확산됨으로써 발생하는 호흡기 질환임
- 원인
  - 강제기류 난방장치, 가습장치, 저수조 온수장치의 청소불량
  - 밀폐된 공간과 환기불량
  - 습도가 높은 오염된 공기를 재순환(再循環)하는 경우
- 영향 : 알레르기성 질환이나 기타 호흡기 질환을 유발함
- 대책
  - 냉난방 관련 기구의 정기적인 관리
  - 실내공기의 환기
  - 균류(fungi), 바이러스(virus) 등의 미생물 퇴치를 위한 공기정화용품 사용

(2) 가습기 발열(HF, Humidifier Fever)
- 의의 : 실내 습도를 유지하기 위해 사용하는 가습기를 사용할 때, 가습기 내에 고여 있는 물에 번성한 **일반 세균**이나 **곰팡이**들이 토출되는 수증기와 함께 실내공기를 오염시킴으로써 유발되는 **바이러스성 폐 염증**으로 **가습기 열**, 혹은 **가습기 폐**라고도 함
- 원인
  - 가습기 내의 번성하는 아메바(A. polyphaga)
  - 세균(Bacillus subtilis) 및 세균성 내독소
- 영향
  - 독감과 비슷하게 오한, 근육통, 권태감 유발
  - 뚜렷이 폐와 관련된 증상이 없이 열이 남
  - 노출 후 4~8시간 내에 나타나고 보통 24시간 내 치유되는 경우가 많음
- 대책
  - 가습기 물의 주기적 교환(주 2회 이상)
  - 가습기 내부 청소(1일 1회 이상)
  - 안전성이 높은 가습기 사용

(3) 빌딩관련 질환(BRI, Building Related Illness)
- 의의 : 빌딩관련 질환은 실내근무와 관련하여 의사의 임상적 진단에 의해 증상이 확인되고 사무 실내에 이러한 건강장해를 일으키는 원인, 즉 **오염물질이 존재**하는 질환을 말함
- 유형 : 호흡기 과민반응, 호흡기 알레르기, 가습기 열병, 과민성 폐렴, 레지오넬라병, 일산화탄소, 포름알데히드, 농약, 진균독소 등 화학물질 또는 생물학적 인자 등에 노출되었을 때 나타나는 다양한 증상들이 이에 해당함

(4) 빌딩증후군(SBS, Sick Building Syndrome)

- **의의** : 빌딩 내의 근무자들이 건물 내에서 보내는 시간과 관계하여 특별한 증상이 없이 건강과 편안함에 영향을 받는 것(짜증스럽고 피곤해지는 현상)을 말함
- **원인**
  - 밀폐된 공간의 오염된 공기
  - 건축자재, 생활용품으로부터 나오는 각종 유해물질
  - 밀폐된 실내 거주자들의 만성적 또는 일시적인 건강관련 증상
- **특징적 증상** : 거주밀도가 높을수록, 오전보다 오후에 증상이 많이 나타남
  - 눈, 코, 목의 자극(80% 이상)과 두통, 구토 및 현기증
  - 건조성 점막 및 피부증상(홍진, 홍반 등)
  - 정신적 피로 및 과민반응, 쉰 목소리 및 채치기
- **대책** : 일시적인 것보다 원인에 따른 근본 대책을 강구하는 것이 중요함
  - 실내공기의 환기, 냉난방 관련 기구의 정기적인 관리
  - 쾌적한 온도와 습도 유지
  - 휴식시간을 활용하여 실외 산책
  - 사무실 실내 환경개선(공기청정기, 산소발생기, 숯 화분 등을 이용해 유해물질을 제거하거나 복사기, 모니터 옆에 선인장·식물을 배식하여 전자파 차단 및 공기정화)

(5) 새집증후군(SHS, Sick House Syndrome)

- **의의** : 집이나 건물을 새로 지을 때 사용하는 건축자재나 벽지 등에서 나오는 유해물질로 인해 거주자들이 느끼는 건강상 문제 및 불쾌감을 이르는 용어임
- **원인**
  - 실내 마감재와 건축자재에서 배출되는 휘발성유기화합물(VOCs)
  - 포름알데히드(HCHO), 벤젠, 톨루엔, 클로로포름, 아세톤, 스틸렌 등
- **영향** : 두통, 눈·코, 목의 자극, 기침, 가려움증, 현기증, 피로감, 집중력 저하 등에서 아토피성 피부염, 천식 등의 호흡기 질환, 심장병, 암 등으로 발전될 수 있음
- **대책** : 마감재 대신 친환경 소재를 사용하는 것이 바람직함
  - 실내공기의 환기, 공기정화용품 사용
  - 실내온도를 높인 후 환기를 시켜 휘발성 유해물질이 밖으로 빠져나가게 하는 **베이크 아웃**(Bake out) 환기법 적용

(6) 헌집증후군(SHS, Sick House Syndrome)

- **의의** : 영어식 용어로는 새집증후군과 동일하게 사용됨. 헌집증후군은 오래된 집이 건강에 나쁜 영향을 주는 현상임
- **원인**
  - 습기 찬 벽지 및 바닥지에 증식하는 곰팡이류
  - 배수관에 퇴적된 이물질이 부패하면서 발생하는 각종 유해가스 등
- **영향** : 기관지염이나 천식, 알레르기 등을 유발할 수 있고, 암모니아, 일산화탄소, 이산화질소, 이산화황 등은 두통 또는 현기증을 유발할 수 있음

- 대책 : 기관지염이나 천식, 알레르기 등을 유발할 수 있고, 암모니아, 일산화탄소, 이산화질소,
  - 벽지 및 배수관 교체, 실내공기의 환기 빈도 증가
  - 제습기 가동, 숯 등의 자연제습재 비치, 공기정화용 식물 배식

(7) 화학물질 민감증후군(MCS, Multiple Chemical Sensitivity)

- 의의 : 화학물질이 축적된 사람이 다른 곳에서 그 유사한 물질에 노출만 되어도 심각한 반응을 나타내는 증상으로 복합화학물질 과민증이라고도 함. 새집증후군은 주거 공간 내에서의 지각 증상이 많은데 대해, 화학물질 과민증은 모든 환경에 있어 화학물질에 과민하게 반응하는 것이 다름
- 대책 : 샴푸, 세제, 향수, 책, 신문 등의 VOC, 기타 화학제제 등
- 영향 : 민감한 냄새만 맡아도 구토, 발열, 두드러기 등의 증상이 나타남
- 특성 : 화학물질 민감증후군은 다음과 같은 특성을 가짐
  - 만성질환임 → 완치하기까지 증상이 계속됨
  - 재현성을 가짐 → 같은 오염화학물질에 반복해서 반응함
  - 극미량의 노출에도 반응을 나타냄
  - 관련성이 없는 여러 종류의 화학물질에 대해서도 과민반응을 함
  - 원인물질의 제거로 개선 또는 치료될 수 있음
  - 여러 계통의 장기(臟器)에 다양한 증상이 나타날 수 있음
- 대책
  - 실내공기의 환기 및 공기환경개선
  - 특수 공기청정기 사용
  - 실내 온도 및 습도 조절
  - 체내 유입량을 저감시킴(체내 흡수 경로는 피부 : 음식물 : 호흡기=1 : 10 : 30 비율)
  - 체외 배출량을 증대시킴(운동, 입욕, 저온사우나, 차, 섬유질 식품 섭취)
  - 규칙적이고 스트레스가 적은 생활로 신체 면역기능을 향상시킴

- 기사 : 11
- 산업 : 19

01 다음 중 실내환경의 빌딩관련 질환에 관한 설명으로 틀린 것은?

① SBS(Sick Building Syndrome)는 점유자들이 건물에서 보내는 시간과 관계하여 특별한 증상이 없이 건강과 편안함에 영향을 받는 것을 말한다.
② BRI(Building Related Illness)는 건물 공기에 대한 노출로 인해 야기된 질병을 지칭하는 것으로 증상의 진단이 가능하며 공기 중에 있는 물질에 직접적인 원인은 알 수 없는 질병을 뜻한다.
③ 레지오넬라 질환(Legionnarie's disease)은 주요 호흡기 질병의 원인균 중 하나로 1년까지도 물속에서 생존하는 균으로 알려져 있다.
④ 과민성 폐렴은 고농도의 알레르기 유발물질에 직접 노출되거나 저농도에 지속적으로 노출될 때 발생한다.

해설 빌딩관련 질환(building related illness)은 빌딩관련 질환은 실내근무와 관련하여 의사의 임상적 진단에 의해 증상이 확인되고 사무실 내에 이러한 건강장해를 일으키는 원인, 즉 오염물질이 존재하는 질환을 말한다. 빌딩관련 질환에는 호흡기 과민반응, 가습기 열, 과민성 폐렴, 레지오넬라병, 일산화탄소, 포름알데히드, 농약, 진균독소 등 화학물질 또는 생물학적 인자의 노출에 따른 증상 등이 있다. 답 ②

03. 실내환경

- 기사 : 11
- 산업 : 19

02 실내공기질 관리법령상 다중이용시설에 적용되는 실내공기질 권고기준 대상항목이 아닌 것은?

① 석면
② 라돈
③ 이산화질소
④ 총휘발성유기화합물

해설 실내공기질 권고기준 오염물질 항목은 이산화질소, 라돈, 총휘발성유기화합물, 미세먼지, 곰팡이이다.

답 ①

유.사.문.제

01 실내환경의 공기오염에 따른 건강장해 용어와 관련이 없는 것은? [08,17 산업][18 기사]

① 빌딩증후군(SBS)
② 새집증후군(SHS)
③ 복합화학물질 과민증(MCS)
④ VDT 증후군(VDT syndrome)

02 주로 여름과 초가을에 흔히 발생되고 강제기류 난방장치, 가습장치, 저수조 온수장치 등 공기를 순환시키는 장치들과 냉각탑 등에 기생하며 실내·외로 확산되어 호흡기 질환을 유발시키는 세균은? [12,16 기사]

① 푸른곰팡이
② 나이세리아균
③ 바실러스균
④ 레지오넬라균

03 실내공기의 오염에 따른 건강상의 영향을 나타내는 용어와 가장 거리가 먼 것은? [10,19 기사]

① 새차증후군
② 화학물질 과민증
③ 헌집증후군
④ 스티븐스 존슨 증후군

hint 스티븐스 존슨 증후군은 실내공기의 오염에 따른 질환이 아니다. 스티븐스 존슨 증후군(Stevens-Johnson syndrome)은 알레르기 반응을 일으키는 물질이나 독성물질로 인한 피부 혈관의 반응에 따른 질환이다.

04 사무실 등 실내환경의 공기질 개선에 관한 설명으로 틀린 것은? [18 기사]

① 실내오염원을 감소한다.
② 방출되는 물질이 없거나 매우 낮은(기준에 적합한) 건축자재를 사용한다.
③ 실외 공기의 상태와 상관없이 창문 개폐횟수를 증가하여 실외공기의 유입을 통한 환기 개선이 될 수 있도록 한다.
④ 단기적 방법은 베이크 아웃(bake-out)으로 새 건물에 입주하기 전에 보일러 등으로 실내를 가열하여 각종 유해물질이 빨리 나오도록 한 후 이를 충분히 환기시킨다.

hint 실외 공기의 상태에 따라 창문 개폐횟수를 조절하여야 한다.

05 다음 중 일반적인 실내공기질 오염과 가장 관계가 적은 질환은? [15 기사]

① 규폐증(silicosis)
② 가습기 열(humidifier fever)
③ 레지오넬라병(legionnaires disease)
④ 과민성 폐렴

hint 규폐증 → 유리규산

06 방사성 기체로 폐암 발생의 원인이 되는 실내 공기 중 오염물질은? [18 기사]

① 석면
② 오존
③ 라돈
④ 포름알데히드

정답 01.④ 02.④ 03.④ 04.③ 05.① 06.③

종합연습문제

01 새로운 물건이나 새로 지은 집에 입주하기 전 실내를 모두 닫고 30℃ 이상으로 5~6시간 유지시킨 후 1시간 정도 환기를 하는 방식을 여러 번 반복하여 실내의 휘발성유기화합물이나 포름알데히드의 저감효과를 얻는 방법은? [13,17 기사]

① bake out
② heating up
③ room heating
④ burning up

02 실내공기 오염물질 중 이산화탄소(CO_2)에 대한 설명과 가장 거리가 먼 것은? [15 산업]

① 일반적으로 실내오염의 주요 지표로 사용된다.
② 쾌적한 사무실 공기를 유기하기 위해 이산화탄소는 1,000ppm 이하로 관리한다.
③ 물질의 연소과정에서 산소의 공급이 부족할 경우 불완전연소에 의해 발생된다.
④ 이산화탄소의 증가는 산소의 부족을 초래하기 때문에 주요 실내오염물질의 하나로 다루어진다.

03 다음 중 실내공기오염과 가장 관계가 적은 인체 내의 증상은? [13,18 기사]

① 광과민증(photosensitization)
② 빌딩증후군(SBS)
③ 건물관련 질병(BRD)
④ 복합화합물질 민감증(MCS)

hint 광과민증(光線過敏症)은 건강한 피부의 MED(최소홍반량) 이하의 광선조사로 피부에 홍반, 수포, 색소침착 등의 증상을 보이는 것을 말한다.

04 사무실 등의 실내환경에 대한 공기질 개선방법으로 가장 적합하지 않은 것은? [17 기사]

① 공기청정기를 설치한다.
② 실내 오염원을 제어한다.
③ 창문 개방 등에 따른 실외공기의 환기량을 증대시킨다.
④ 친환경적이고 유해공기 오염물질의 배출정도가 낮은 건축자재를 사용한다.

hint 실외공기의 환기가 아닌 → 실내공기의 환기량을 증대시켜야 한다.

05 직업성 피부질환과 원인이 되는 화학적 요인의 연결로 옳지 않은 것은? [19 산업]

① 색소 감소–모노벤질에테르
② 색소 증가–콜타르
③ 색소 감소–하이드로퀴논
④ 색소 증가–3차 부틸페놀

hint 3차 부틸페놀은 화학적 백혈병을 유발하는 물질로 알려져 있다. 따라서 피부에 접촉되었을 때 색소 증가 아닌 색소 감소 및 침착(탈색)을 유발한다. 화학적 백혈병의 직업과 관련된 위험물질에는 하이드로퀴논(모노벤젠)의 모노벤질에테르, 파라 3급 부틸카테콜, 파라 3차 부틸페놀, 파라페닐렌디아민 및 아미노페놀, 파라 3차 아밀페놀, 하이드로퀴논 및 모노메틸에테르를 포함한 페놀릭카테콜 유도체가 포함된다. 기타 화학적 백혈병을 야기시키는 화합물은 염료, 향수, 세제, 클렌저, 살충제, 고무 콘돔, 고무 슬리퍼, 아이라이너, 립라이너, 립스틱, 치약, 페놀계 유도체 함유 물질 및 수은 요오드화물 함유 살균비누, 비소 함유 화합물 등이 알려져 있다. 특히 의약품 중 기미 치료에 널리 사용되는 탈색제인 하이드로퀴논은 도포 부위에서 가역적으로 저색소 침착을 유도한다.

정답 | 01.① 02.③ 03.① 04.③ 05.④

3 실내오염(작업장 포함) 평가 및 관리

> 이승원의 minimum point

(1) 유해인자와 측정목표

◎ **유해인자**
- 화학적 유해인자 : 유기용제, 유해가스, 중금속, 분진 등
- 물리적 유해인자 : 복사열, 기온, 기습, 기류, 소음·진동, 이상기압, 조명, 유해광선, 전리방사선 등

◎ **측정목표**
- 근로자의 유해인자 노출파악
- 환기시설 성능평가
- 역학조사 시 근로자의 노출량 파악
- 허용농도와의 비교

(2) 허용농도(노출기준)와 그 적용기준

◎ **허용농도**(TLV, Threshold Limit Value, 노출기준)
- TLV의 개념 : 미국정부산업위생전문가협의회(ACGIH)에서 제정한 TLV(허용농도, 노출기준, 허용한계 값)는 거의 모든 근로자들이 매일 반복하여 폭로 되어도 **유해한 영향이 나타나지 않는** 조건 또는 공기 중의 농도를 말함
- TLV의 설정 이론적 배경
    - 화학 **구조상의 유사성**과 연계하여 설정
    - **동물실험**을 한 결과를 근거로 설정
    - **인체실험 자료**를 근거로 설정(안전한 물질대상/자발적인 참여와 알권리 충족/영구적 장해를 일으킬 가능성이 없을 것/서명으로 동의)
    - **사업장 역학조사** 등으로 얻은 자료를 근거로 설정(**가장 중요시 되는 자료**)
- TLV 적용 시 유의점(ACGIH 제안 → TLV 적용 시 유의점)
    - 노출기준은 **대기오염 평가** 및 **관리**에 적용하지 않도록 한다.
    - 노출기준은 **독성의 강도**를 비교할 수 있는 **지표**로 사용하지 않도록 한다.
    - **안전농도와 위험농도**를 정확히 구분하는 **경계선**으로 이용하지 않도록 한다.
    - 24시간 노출 또는 **정상 작업시간을 초과**한 노출에 대한 독성평가에는 적용될 수 없다.
    - 발생한 **질병** 또는 **신체적 상태**의 양부를 증명하는 자료로 사용할 수 없다.
    - 노출기준은 **경험 있는 산업위생전문가**에 의하여 적용되어야 한다.
    - **미국의 근로자**들과 **작업조건**이 다르고, 사용하고 있는 **재료**가 다르며, **공정**이 다른 나라에서는 TLV를 채택할 수 없다.

◎ **노출기준의 구분**
- 시간가중평균 노출기준(TLV-TWA, Time Weighted Average)
    - 1일 8시간 및 1주일 40시간동안의 평균농도로서 거의 모든 근로자가 나쁜 영향을 받지 않고 노출될 수 있는 농도임

- 1일 8시간 작업기준, 유해인자의 측정치에 발생시간을 곱하여 8시간으로 나눈 값으로 다음의 관계식으로 산정함

  ■ TWA 환산값 $= \dfrac{C_1T_1 + \cdots + C_nT_n}{8}$ $\begin{cases} C: \text{유해인자의 측정농도} \\ T: \text{유해인자의 발생시간(hr)} \\ 8: \text{8시간} \end{cases}$

- 단시간 노출기준(TLV-STEL, Short Term Exposure Limit)
  - **15분간**의 시간가중평균 노출값임
  - 노출농도가 시간가중평균(TWA)을 **초과**하고 단시간 노출기준(STEL) **이하**인 경우에는 **1회 노출 지속시간이 15분 미만**이어야 하고, 이러한 상태가 **1일 4회 이하**로 발생하여야 하며, 각 **노출의 간격은 60분 이상**이어야 함
  - 주로 만성중독이나 고농도에서 급성중독을 초래하는 유해물질에 적용됨

- 최고 노출기준(TLV-C, Ceiling)
  - 노출기준 앞에 "C"를 붙여 표시함
  - 근로자가 1일 작업시간동안 **잠시라도 노출되어서는 안 되는 기준**임
  - 주로 자극성 가스나 독성작용이 빠른 물질에 적용됨

- 허용농도 상한치(excursion limits)
  - 단시간 허용노출기준(STEL)이 **설정되어 있지 않은 물질**에 대하여 적용함
  - **시간가중평균치(TWA)의 3배**는 하루 노출 30분 이상을 초과할 수 없음
  - **시간가중평균치(TWA)의 5배**는 잠시라도 노출되어서는 안 됨

각 국가 및 기관에서 사용하는 노출기준

■ 노출기준의 추구하는 목적은 동일하지만 각 나라 혹은 한 나라 안에서도 기관마다 다름
- ACGIH(미국정부산업위생전문가협의회) : **TLV**(Threshold Limit Value)
- OSHA(미국산업안전보건청) : **PEL**(Permissible Exposure Limits)
- NIOSH(미국국립산업안전보건연구원) : **REL**(Recommended Exposure Limits)
- 스웨덴, 프랑스, 일본 : **OEL**(Occupational Exposure Limits)
- 독일 : **MAK**, **Value**(MCV, Maximum Concentration Values)
- 영국 : **WEL**(Workplace Exposure Limits)

(3) 노출지수(EI, Exposure Index) 및 보정된 노출기준 산정

① 상가작용을 할 경우
- 노출지수 산정 : 혼합 유해물질의 **상가작용**(additive effect)을 고려하는 경우, 이때의 노출지수(EI)는 각 물질의 농도와 해당 물질의 노출기준(TLV)의 비를 합산하여 산정함

  ■ $EI = \sum \dfrac{C}{TLV}$ $\begin{cases} C: \text{각 유해물질의 농도} \\ TLV: \text{각 노출기준} \end{cases}$

- 평가 : 노출지수(EI)가 **1.0 이상**이면 **노출기준을 초과**하는 것으로 평가함

- **보정된 노출기준 산정** : 유해물질들 간에 상가작용(additive effect)을 할 경우, 노출지수(EI)를 보정하여 보정된 노출기준농도를 산정하여 노출허용기준으로 함

    ▌ 보정된 노출(허용)기준 $= \dfrac{C_1 + \cdots + C_n}{\text{EI}}$

ⓘ 비정상작업 시 보정된 노출기준

- **비정상작업** : 노출기준은 1일 8시간을 기준으로 하지만 이보다 작업시간(H)이 증가되거나 또는 감소할 경우 보정계수를 보정하여 보정된 노출기준농도를 적용함

    ▌ 보정계수(RF) $\begin{cases} \text{미국산업안전보건청(OSHA)} : \text{RF} = \dfrac{8}{\text{노출시간}(\text{hr/일})} \\ \text{Brief and Scala} : \text{RF} = \dfrac{8}{H} \times \dfrac{24-H}{16} \\ \text{우리나라} : \text{RF} = \dfrac{8}{\text{노출시간}(\text{hr/일})} \end{cases}$

    ▌ 보정된 노출기준 = 8시간 노출기준(TLV) × 보정계수(RF)

생물학적 노출지수(BEI)

- **개념** : BEI(Biological Exposure Indices)는 작업자가 유해물질에 어느 정도 노출되었는지를 파악하는 지표로서 작업자의 생체시료에서 대사산물 등을 측정하여 유해물질의 노출량을 추정하는 데 사용됨
    ※ 4과목 "산업독성학"에서 보다 자세하게 다루질 것임

- **특징**
    - BEI는 유해물질 **자체**, 유해물질의 **대사산물** 및 **생화학적 변화** 등을 총칭함
    - 측정에 이용되는 시료는 소변, 호기(exhaled air), 혈액, 객담, 손톱 등
    - 시료가 생체이기 때문에 시료채취가 어렵고, 오염되거나 변질될 소지가 있음
    - 혈액에서 휘발성 물질의 생물학적 노출지수는 **정맥 중의 농도**를 말함
    - 공기 중의 노출기준(TLV)에 비해 BEI는 아주 적고, 부분적으로 이용되고 있음
    - 여러 가지 제한성이 많아 노출평가의 **보조수단**으로 활용되고 있음

---

(4) 증발 혼합기체·체내 흡수물질에 대한 허용농도

ⓘ 혼합기체의 허용농도(TLV_m)
 : 독성이 있는 액체상태 유해물질이 증발할 때 액체상태의 혼합물 구성 비율과 동일한 비율로 공기 중에 존재한다고 가정할 때, 혼합물의 허용농도는 다음 식(**단위에 유의**)으로 계산됨

▌ $\text{TLV}_m (\text{mg/m}^3) = \dfrac{1}{\dfrac{f_1}{\text{TLV}_1} + \cdots + \dfrac{f_n}{\text{TLV}_n}}$ $\begin{cases} \text{TLV}_{1\sim n} : \text{각 물질의 측정농도}(\text{mg/m}^3) \\ f_1, f_2, f_n : \text{각 물질의 중량비율} \end{cases}$

ⓘ 체내 흡수량과 유해물질의 농도
 : 체내 흡수량(AD, Absorbed Dose)은 공기 중 유해물질의 농도와 노출시간, 호흡률, 체내 잔류율의 적(곱)에 비례하므로 다음 식으로 나타낼 수 있음

- ■ 체내 흡수량(AD, mg) = $C \cdot T \cdot V \cdot R$
- ■ 안전 흡수량(mg/kg) = $\dfrac{C_o \cdot T \cdot V \cdot R}{B_w}$

$\begin{cases} C : \text{유해물질농도}(mg/m^3) \\ T : \text{노출시간}(hr) \\ V : \text{호흡률(폐환기율)}(m^3/hr) \\ R : \text{체내 잔류율} \\ B_w : \text{체중}(kg) \\ C_o : \text{허용농도}(mg/m^3) \end{cases}$

ⓘ **피부흡수** : 허용농도에 '**피부(skin)**' 표시가 되어있는 물질이 있다. 노출기준에 피부(skin) 표시를 첨부해야 하는 물질의 특성은 다음과 같다.
  - □ **옥탄올-물 분배계수**가 **높은** 물질
  - □ 반복하여 피부에 도포했을 때 **피부자극 개념이 아닌 전신작용**을 일으키는 물질
  - □ 손이나 팔에 의한 흡수가 **몸 전체**에서 많은 부분을 차지하는 물질
  - □ 급성동물 실험결과 피부 흡수에 의한 **치사량이 낮은** 물질(1,000mg/kg 이하)

(5) 산업위생분야의 통계관리   ※ 2과목-06 "평가 및 통계"에서 다시 자세하게 다루질 것임

ⓘ **산업위생 통계의 대푯값** : 주어진 자료를 대표하는 특정값을 그 자료의 대푯값이라고 한다. 산업위생 통계에는 다음과 같은 다양한 대푯값을 사용하고 있음
  - □ 평균(mean, 산술평균·가중평균·조화평균 등)
  - □ 중앙값(median, 중위수, 기하평균)
  - □ 최빈값(mode)

작업장에서 생화학적 측정치나 유해물질의 농도를 평가할 때 **일반적으로 사용**되는 평균치는 **기하평균치**이지만 노출 대수정규분포에서 **평균노출을 가장 잘 나타내는 대푯값**은 **산술평균**이다. 대수정규분포 자료에서 **기하평균**은 **중앙값**과 같은 값이다. 기하평균이 대수정규분포에서 산술평균보다 낮기 때문에 기하평균을 사용하는 것은 평균노출을 과소추정하게 될 가능성이 있음

ⓘ **기하평균농도와 기하표준편차**
  - □ 측정 데이터값을 $X_1, X_2, \cdots, X_n$이라고 할 때, 이 값을 대수값으로 변환하여 각각 $\log X_1$, $\log X_2, \cdots, \log X_n$으로 한 후 이를 대수값의 평균($M$)을 계산한다.
  - □ **대수값 평균치**(M)를 **역대수값**으로 변환하면 **기하평균**(GM)이 되고, 대수값 데이터의 **표준편차**(SD)를 **역대수**값으로 변환하면 **기하표준편차**(GSD)를 산출할 수 있음

- ■ $GM = 10^M = 10^{\frac{\Sigma \log X}{N}}$
- ■ $GSD = 10^{\left[\frac{\Sigma (\log X - M)^2}{N-1}\right]^{1/2}}$

$\begin{cases} GM : \text{기하평균} \\ GSD : \text{기하표준편차} \\ X : \text{유해물질의 농도} \\ N : \text{시료수} \end{cases}$

ⓘ **정도관리**(Quality Control)
  - ● 개요 : 미국산업위생학회에 따르면 정도관리란 '**정확도**와 **정밀도**의 크기를 알고 그것이 수용할만한 분석결과를 확보할 수 있는 일련의 절차를 포함하는 것'이라고 정의하였다.
    - □ **정확도**란 측정치와 기준값(참값) 간의 일치하는 정도라고 할 수 있으며, **정밀도**는 여러 번 측정했을 때의 변이의 크기를 의미함
    - □ **외부 정도관리**는 공인된 기관을 통하여 **정확도**를 간접적으로 확인하는 방법을 취하고 있으며, **내부 정도관리**는 측정결과의 **정밀성**에 대한 문제를 확인하는 데 그 목적을 두고 있음

03. 실내환경

- **우리나라의 정도관리** : 우리나라의 정도관리는 **정기정도관리**(매년 반기별로 1회), **특별정도관리**(작업환경 측정기관으로 지정받고자 하는 경우, 직전 정기정도관리에 불합격한 경우, 대상기관이 부실측정과 관련한 민원을 야기하는 등 운영위원회에서 특별정도관리가 필요하다고 인정하는 경우)로 구분하고 있음

ⓘ **오차**(誤差, Error) : 측정치와 참값 사이에 발생하게 되는 차이를 말하며, 계통오차, 과실오차, 우발오차로 대별됨
  - **계통오차**(systematic error) : 오차의 **원인을 찾아낼 수 있으며** 크기가 계량화되면 보정이 가능한 오차로서 다음 3가지의 오차가 이에 해당함
    □ **계기오차** : 측정계기의 불완전성 때문에 생기는 오차
    □ **환경오차**(외계오차) : 측정 시 온도, 습도, 압력 등 외부환경의 영향으로 생기는 오차
    □ **개인오차** : 개인이 가지고 있는 습관이나 선입관이 작용하여 생기는 오차
  - **과실오차**(erratic error) : 계기의 취급부주의로 생기는 오차가 이에 해당함
  - **우발오차**(우연오차, random error) : 주위의 사정으로 측정자가 주의해도 **피할 수 없는** 불규칙적이고 **우발적인 원인**에 의해 발생하는 오차를 말함
    □ 평균값을 사용함으로써 오차를 작게 할 수는 있으나 완전히 제거할 수 없는 오차임
    □ 우발오차가 작을 때는 **정밀**(precision)하다고 표현함
    □ 계통오차가 작을 때는 **정확**(accuracy)하다고 표현함

※ 2과목-06 "평가 및 통계"에서 다시 자세하게 다루질 것임

- 기사 : 00,08②
- 산업 : 01,05,09②,14,15,18

다음은 노출기준을 설정하기 위한 이론적 배경을 설명한 것이다. 가장 거리가 먼 것은?

① 사업장 역학조사 등으로 얻은 자료를 근거로 설정한다.
② 동물실험을 한 결과를 근거로 설정한다.
③ 화학구조상의 유사성과 연계하여 설정한다.
④ 물리적·화학적 안정성을 평가하여 설정한다.

[해설] 노출기준 설정의 이론적 배경은 ①,②,③항 이외에 인체실험 자료를 근거로 설정된다. 답 ④

- 기사 : 02,15②
- 산업 : 01,03,08,16,17②,18

다음 중 화학물질의 노출기준에서 근로자가 1일 작업시간동안 잠시라도 노출되어서는 안 되는 기준을 나타내는 것은?

① TLV-C
② TLV-skin
③ TLV-TWA
④ TLV-STEL

[해설] TLV-C(ceiling)는 최고노출기준으로 근로자가 1일 작업시간동안 잠시라도 노출되어서는 안 되는 기준이다. 한편, TLV-TWA(Time Weighted Average)는 시간가중평균 노출기준으로 1일 8시간 및 1주일 40시간동안의 평균농도이고, TLV-STEL(Short Term Exposure Limit)은 단시간 노출기준으로 15분간의 시간가중평균 노출값이다. 답 ①

PART 1 산업위생학 개론

예상 03
- 기사 : 10, 16
- 산업 : 07

생물학적 노출지수(BEI)에 관한 설명이다. 잘못된 것은?

① 유해물질의 대사산물, 유해물질 자체 및 생화학적 변화 등을 총칭한다.
② 시료는 소변, 호기(呼氣) 및 혈액 등이 주로 이용된다.
③ 혈액에서 휘발성 물질의 생물학적 노출지수는 동맥 중의 농도를 말한다.
④ 배출이 빠르고 반감기가 5분 이내의 물질에 대해서는 시료 채취시기가 대단히 중요하다.

해설 BEI(Biological Exposure Indices)는 정맥혈액을 이용한다. **답** ③

유.사.문.제

01 ACGIH TLV 적용 시 주의사항으로 틀린 것은? [03②,05,06 산업][03,05,06,15,17 기사]
① 경험 있는 산업위생가가 적용해야 함
② 독성강도를 비교할 수 있는 지표가 아님
③ 안전과 위험농도를 구분하는 일반적 경계선으로 적용해야 함
④ 정상작업시간을 초과한 노출에 대한 독성평가에는 적용할 수 없음

hint ACGIH의 TLV는 안전농도와 위험농도를 정확히 구분하는 경계선으로 이용하지 못한다.

02 ACGIH TLV의 적용상 주의사항으로 맞는 것은? [19 산업]
① 독성의 강도를 비교할 수 있는 지표가 된다.
② 산업위생전문가에 의하여 적용되어야 한다.
③ 안전농도와 위험농도를 정확히 구분하는 경계선이 된다.
④ 기존의 질병이나 육체적 조건을 판단하기 위한 척도로 사용될 수 있다.

03 다음 중 허용농도를 설정할 때 가장 중요한 자료는? [08 기사]
① 사업장에서 조사한 역학자료
② 인체실험을 통해 얻은 실험자료
③ 동물실험을 통해 얻은 실험자료
④ 유사한 사업장의 비용편익분석 자료

04 ACGIH TLV 적용 시 주의사항으로 틀린 것은? [07,09,11 산업][01 기사]
① 독성의 강도를 비교할 수 있는 지표이다.
② 대기오염 평가 및 관리에 적용할 수 없다.
③ 기존의 질병이나 육체적 조건을 판단하기 위한 척도로 사용될 수 없다.
④ 안전농도와 위험농도를 구분하는 경계기준이 아니다.

hint TLV(노출기준)은 독성의 강도를 비교할 수 있는 지표로 사용할 수 없다.

05 미국정부산업위생전문가협의회(ACGIH)에서 제시한 허용농도(TLV) 적용상의 주의사항으로 틀린 것은? [12 산업][08② 기사]
① 대기오염 평가 및 관리에 적용한다.
② 독성의 강도를 비교할 수 있는 지표로 사용하지 않아야 한다.
③ 24시간 노출 또는 정상 작업시간을 초과한 노출에 대한 독성평가에 적용하여서는 아니 된다.
④ 안전농도와 위험농도를 정확히 구분하는 경계선으로 사용하여서는 아니 된다.

hint TLV(노출기준)은 대기오염 평가 및 관리에 적용하지 않도록 한다.

정답 | 01.③ 02.② 03.① 04.① 05.①

종합연습문제

01 미국정부산업위생전문가협의회(ACGIH)에서 권고하고 있는 허용농도 적용상의 주의사항이 아닌 것은? [10 산업][08,10 기사]
① 대기오염 평가 및 관리에 적용하지 않도록 한다.
② 독성의 강도를 비교할 수 있는 지표로 사용하지 않도록 한다.
③ 안전농도와 위험농도를 정확히 구분하는 경계선으로 이용하지 않도록 한다.
④ 산업장의 유해조건을 평가하기 위한 지침으로 사용하지 않도록 한다.

02 TLV(Threshold Limit Values)는 ACGIH에서 권장하는 작업장의 노출농도기준으로서 세계적으로 인정받고 있다. TLV에 관한 설명으로 틀린 것은? [08,15 산업]
① 대기오염의 평가 및 관리에 적용하지 않는다.
② 기존의 질병이나 육체적 조건을 판단하기 위한 척도로 사용될 수 없으며 안전과 위험농도를 구분하는 경계선이 아니다.
③ 근로자가 주기적으로 노출되는 경우 역건강 효과가 있는 농도의 최대치로 정의된다.
④ 정상작업시간을 초과한 노출에 대한 독성평가에는 적용할 수 없다.

03 화학물질의 국내 노출기준에 관한 설명으로 틀린 것은? [19 기사]
① 1일 8시간을 기준으로 한다.
② 직업병 진단기준으로 사용할 수 없다.
③ 대기오염의 평가나 관리상 지표로 사용할 수 없다.
④ 직업성 질병의 이환에 대한 반증자료로 사용할 수 있다.

hint 노출기준은 발생한 질병 또는 신체적 상태의 양부를 증명하는 자료로 사용할 수 없다.

04 ACGIH에서 규정한 유해물질 허용기준에 관한 사항과 관계없는 것은? [07,13 기사]
① TLV-C : 최고치 허용농도
② TLV-TWA : 시간가중 평균농도
③ TLV-TLM : 시간가중 한계농도
④ TLV-STEL : 단시간노출의 허용농도

hint 유해물질 허용기준(노출기준)은 1일 작업시간동안의 시간가중평균 노출기준(TWA), 단시간 노출기준(STEL) 또는 최고노출기준(Ceiling, C)으로 표시한다.

05 유해물질의 최고노출기준의 표기로 옳은 것은? [08 산업][10기사]
① TLV-TWA
② TLV-S
③ TLV-C
④ BLV

06 다음 중 1일 8시간 및 1주일 40시간동안의 평균농도를 말하는 것은? [07,15,17 기사]
① 천장값
② 허용농도 상한치
③ 시간가중 평균농도
④ 단시간 노출허용농도

hint 시간가중 평균농도(TLV-TWA)는 1일 8시간 및 1주일 40시간동안의 평균농도로서 거의 모든 근로자가 나쁜 영향을 받지 않고 노출될 수 있는 기준농도이고, 작업장 관리의 지표농도로 이용된다.

07 미국산업위생전문가협의회(ACGIH)에서 1일 8시간 및 1주일 40시간의 평균농도로 거의 모든 근로자가 나쁜 영향을 받지 않고 노출될 수 있는 농도를 어떻게 표기하는가? [11,15 기사]
① MAC
② TLV-TWA
③ ceiling
④ TLV-STEL

정답 ▮ 01.④ 02.③ 03.④ 04.③ 05.③ 06.③ 07.②

PART 1 산업위생학 개론

종합연습문제

01 근로자 보호를 위한 단시간 노출기준이 시간가중평균농도(TLV-TWA)와 단기간 노출기준(TLV-STEL) 사이일 경우 충족시켜야 하는 3가지 조건에 해당하지 않는 것은? [11,13,17② 기사]

① 1일 4회를 초과해서는 안 된다.
② 15분 이상 지속 노출되어서는 안 된다.
③ 노출과 노출 사이에는 60분 이상의 간격이 있어야 한다.
④ TLV-TWA의 3배 농도에는 30분 이상 노출되어서는 안 된다.

02 미국 ACGIH에서 제안하는 TLV-STEL을 설명한 것이다. 여기에서 단기간은 몇 분인가? [07,08 산업][17 기사]

> 근로자가 자극, 만성 또는 불가역적 조직장해, 사고유발, 응급 시 대처능력의 저하 및 작업능률 저하 등을 초래할 정도의 마취를 일으키지 않고, 단기간 동안 노출될 수 있는 농도이다.

① 5분
② 15분
③ 30분
④ 60분

hint TLV-STEL은 1회에 15분간 유해인자에 노출되는 경우의 기준이다.

03 허용농도 상한치(excursion limits)에 대한 설명으로 가장 거리가 먼 것은? [08,12,14② 기사]

① 단시간 허용노출기준(TLV-STEL)이 설정되어 있지 않은 물질에 대하여 적용한다.
② 시간가중평균치(TLV-TWA)의 3배는 1시간 이상을 초과할 수 없다.
③ 시간가중평균치(TLV-TWA)의 5배는 잠시라도 노출되어서는 안 된다.
④ 시간가중평균치(TLV-TWA)가 초과되어서는 안 된다.

hint 시간가중평균치(TLV-TWA)의 3배는 30분 이상을 초과할 수 없다.

04 다음 중 화합물의 노출기준에 대한 설명으로 옳은 것은? [09,15 산업]

① 노출기준 이하의 노출에서는 모든 근로자에게 건강상의 영향이 나타나지 않는다.
② 대기환경에서의 노출기준이 없는 화합물은 사업장 노출기준을 적용한다.
③ 노출기준은 변화될 수 있다.
④ 노출기준 이하에서는 직업병이 발생되지 않는 안전한 값이다.

hint ③항만 올바르다.

▶ 바르게 고쳐보기 ◀
① TLV는 안전농도와 위험농도를 정확히 구분하는 경계선으로 이용해서는 안 된다.
② 대기오염 평가 및 관리에 TLV를 적용해서는 안 된다.
④ 개인마다 감수성의 차이가 있으므로 TLV 농도 또는 이것 이하의 농도에서도 일부 근로자들에게 이미 존재하는 불편한 상태가 악화될 수 있고, 직업병이 발생할 수도 있다.

05 다음 중 노출기준에 대한 설명으로 틀린 것은? [09 산업]

① 시간가중평균 노출기준(TLV-TWA)은 거의 모든 근로자가 나쁜 영향을 받지 않고 노출될 수 있는 농도이다.
② 단시간 노출기준(TLV-STEL)은 저농도에서 급성중독을 초래하는 유해물질에 적용된다.
③ 최고노출기준(TLV-C)은 자극성 가스나 독작용이 빠른 물질에 적용된다.
④ 단시간 상한값은 TLV-TWA가 설정되어 있는 유해물질 중에 독성자료가 부족하여 TLV-STEL이 설정되어 있지 않은 물질에 적용될 수 있다.

hint 단시간 노출기준(TLV-STEL, Short Term Exposure Limit)은 근로자가 1회에 15분간 유해인자에 노출되는 경우의 기준이다. 따라서 STEL은 주로 만성중독이나 고농도에서 급성중독을 초래하는 유해물질에 적용된다.

정답 ┃ 01.④ 02.② 03.② 04.③ 05.②

종합연습문제

01 작업환경 공기 중의 유해물질에 대한 ACGIH 기관의 TLV가 아닌 것은? [08.기사]

① TLV-TWA
② TLV-STEL
③ TLV-C
④ TLV-PEL

hint PEL(Permissible Exposure Limits)은 미국 산업안전보건청(OSHA)의 허용기준이다.

02 국가 및 기관별 허용기준에 대한 사용 명칭을 잘못 연결한 것은? [19 기사]

① 영국 HSE-OEL
② 미국 OSHA-PEL
③ 미국 ACGIH-TLV
④ 한국-화학물질 및 물리적 인자의 노출기준

hint 영국의 노출기준은 WEL(Workplace Exposure Limits)이다. OEL(Occupational Exposure Limits)은 스웨덴, 프랑스, 일본에서 적용하는 노출기준이다.

03 다음 중 해외 국가의 노출기준 연결이 틀린 것은? [19 기사]

① 영국 – WEL(Workplace Exposure Limit)
② 독일 – REL(Recommended Exposure Limit)
③ 스웨덴 – OEL(Occupational Exposure Limit)
④ 미국(ACGIH) – TLV(Threshold Limit Value)

hint 독일 : MAK(Maximum Concentration Values)

04 TLV-TWA(Time-Weighted Average)의 허용농도보다 3배가 높은 경우 권고되는 노출시간은? (단, ACGIH에서의 근로자 노출의 상한치와 노출시간에 대한 권고기준) [07,09,19 기사]

① 10분 이하
② 20분 이하
③ 30분 이하
④ 40분 이하

hint 허용농도 상한치는 시간가중평균치(TWA)의 3배는 하루노출 30분 이상을 초과할 수 없으며, 시간가중평균치(TWA)의 5배는 잠시라도 노출되어서는 안 된다.

05 각 국가 및 기관에서 사용하는 노출기준의 용어로 틀린 것은? [17 산업]

① 미국 : PEL
② 영국 : WEL
③ 독일 : MAK
④ 스웨덴 : REL

hint 스웨덴, 프랑스, 일본 : OEL

06 유해화학물질의 노출기준을 정하고 있는 기관과 노출기준 명칭의 연결이 맞는 것은? [07,12,16,19 기사]

① OSHA : REL
② AIHA : MAC
③ ACGIH : TLV
④ NIOSH : PEL

07 생물학적 모니터링에 사용되는 혈액의 채취, 보관, 분석 시 고려사항으로 틀린 것은? [06 기사]

① 휘발성 물질 시료의 손실방지를 위하여 최대용량 채취
② 고무마개에 혈액 흡착을 고려
③ 적절한 혈액응고제 선정
④ 생물학적 기준치는 정맥혈을 기준

08 혈액을 이용한 생물학적 모니터링의 장점으로 옳은 것은? [08 산업]

① 보관, 처치가 용이하다.
② 시료채취 시 근로자의 부담이 적다.
③ 시료채취 시 오염되는 경우가 적다.
④ 약물 동력학적 변이 요인들의 영향이 적다.

09 유해물질에 대한 근로자의 노출 및 흡수정도를 평가하는 데는 생물학적 측정이 필요하다. 생물학적 측정 시 주로 이용하는 시료와 거리가 먼 것은? [05,12 산업]

① 소변
② 땀
③ 혈액
④ 호기(呼氣)

정답 | 01.④ 02.① 03.② 04.③ 05.④ 06.③ 07.③ 08.③ 09.②

종합연습문제

01 다음 중 소변을 이용한 생물학적 모니터링에 대한 설명으로 틀린 것은? [06,09 산업]

① 비파괴적 시료채취가 가능하다.
② 많은 양의 시료확보가 가능하다.
③ 비교적 일정한 소변배설량으로 농도보정이 필요없다.
④ 시료채취과정에서 시료가 오염될 가능성이 높다.

hint 소변 시료는 비파괴적 시료채취가 가능하고, 많은 양의 시료확보가 가능하지만 채취과정에서 오염될 가능성이 있고, 계절이나 개인 차에 따른 소변 배설량의 차이를 크레아티닌이나 요비중으로 보정할 필요가 있다.

02 생물학적 모니터링에 이용되는 호기에 대한 시료채취, 보관, 분석 시 고려사항으로 틀린 것은? [06,07 산업]

① 노출 전과 노출 후에 시료채취
② 수증기에 의한 수분응축의 영향 고려
③ 실측 산소농도로 보정
④ 반감기가 짧으므로 노출 직후 채취

hint 생물학적 모니터링에 이용되는 호기(呼氣) 반감기가 짧으므로 노출 전과 노출 직후에 시료를 채취하여야 한다. 노출 시작 3시간 동안이나 노출 종료 후 15분 이상 혹은 크게 변동하는 노출 동안 채취한 호기 시료 결과는 BEI와 비교될 수 없으며, 수증기에 의한 수분응축의 영향을 고려하여야 한다.

03 혈액을 이용한 생물학적 모니터링의 단점이 아닌 것은? [07 기사]

① 시료채취 시 오염되는 경우가 많다.
② 보관, 처치에 주의를 요한다.
③ 시료채취 시 근로자가 부담을 가질 수 있다.
④ 약물 동력학적 변이 요인들의 영향을 받는다.

hint 혈액은 시료채취과정에서 오염될 가능성이 적지만 약물 동력학적 변이 요인들의 영향을 받기 쉬우며, 보관 및 처치에 주의를 요한다.

04 작업자의 생체시료에서 대사산물 등을 측정하여 유해물질의 노출량을 추정하는 데 사용되는 것은? [03,07,15 산업][17 기사]

① BEI
② TLV-TWA
③ TLV-S
④ excursion limit

05 다음 중 노출에 대한 생물학적 모니터링에 관한 설명으로 틀린 것은? [08,10 산업]

① 근로자로부터 시료를 직접 채취하기 때문에 시료의 채취 및 분석이 용이하다.
② 기준값이 되는 생물학적 노출지수는 주 5일, 1일 8시간 노출을 기준으로 한다.
③ 공기 중의 농도보다도 근로자의 건강위험을 보다 직접적으로 평가할 수 있다.
④ 결정인자는 공기 중에는 흡수된 화학물질에 의하여 생긴 가역적인 생화학적 변화이다.

hint BEI(Biological Exposure Indices)의 대상 시료는 생체(生體)이기 때문에 시료채취가 어렵고, 분석이 복잡하며, 오염되거나 변질되기 쉽고, 유해물질의 종류에 비해 표준화된 방법이 크게 부족하고, 분석비용이 비싼 결점이 있다.

06 다음 중 생물학적 모니터링에 대한 설명으로 틀린 것은? [14,17 기사]

① 근로자의 유해인자에 대한 노출정도를 소변, 호기, 혈액 중에서 그 물질이나 대사산물을 측정함으로써 노출정도를 추정하는 방법을 말한다.
② 건강상의 영향과 생물학적 변수와 상관성이 높아 공기 중의 노출기준(TLV)보다 훨씬 많은 생물학적 노출지수(BEI)가 있다.
③ 피부, 소화기계를 통한 유해인자의 종합적인 흡수정도를 평가할 수 있다.
④ 생물학적 시료를 분석하는 것은 작업환경측정보다 훨씬 복잡하고 취급이 어렵다.

hint BEI는 TLV보다 아주 적고, 부분적으로 이용되고 있다.

정답 ▮ 01.③ 02.③ 03.① 04.① 05.① 06.②

03. 실내환경

- 기사 : 01,12,16,17,19
- 산업 : 04,05

방직공장의 면분진 발생공정에서 측정한 공기 중 면분진 농도가 2시간은 $2.5\,\mathrm{mg/m^3}$, 3시간은 $1.8\,\mathrm{mg/m^3}$, 3시간은 $2.6\,\mathrm{mg/m^3}$일 때, 해당 공정의 시간가중평균 노출기준 환산값은 얼마인가?

① $0.86\,\mathrm{mg/m^3}$ ② $2.28\,\mathrm{mg/m^3}$
③ $2.35\,\mathrm{mg/m^3}$ ④ $2.60\,\mathrm{mg/m^3}$

해설 시간가중평균 노출기준 산정식을 이용한다.

〈계산〉 TWA 환산값 $= \dfrac{C_1 T_1 + \cdots + C_n T_n}{8}$ $\begin{cases} C : \text{측정농도} = 2.5,\ 1.8,\ 2.6 \\ T : \text{발생시간} = 2,\ 3,\ 3 \end{cases}$

∴ TWA $= \dfrac{(2 \times 2.5) + (3 \times 1.8) + (3 \times 2.6)}{8} = 2.28\,\mathrm{mg/m^3}$

답 ②

- 기사 : 매회 출제대비 14,18,19
- 산업 : 매회 출제대비 14③,17,18,19③

유해물질농도를 측정한 결과 벤젠이 6ppm(노출기준 10ppm), 톨루엔 64ppm(노출기준 50ppm)이었다면, n-헥산이 12ppm(노출기준 50ppm)이었다면, 이들 물질의 복합노출지수(Exposure Index)는? (단, 상가작용을 한다고 가정한다.)

① 1.26 ② 1.48
③ 1.64 ④ 1.82

해설 상가작용 시 노출지수 계산식을 적용한다.

〈계산〉 $\mathrm{EI} = \sum \dfrac{C}{\mathrm{TLV}}$ $\begin{cases} C : \text{유해물질의 농도} = 6,\ 64,\ 12 \\ \mathrm{TLV} : \text{노출기준} = 10,\ 50,\ 50 \end{cases}$

∴ 복합노출지수(EI) $= \dfrac{6}{10} + \dfrac{64}{50} + \dfrac{12}{50} = 1.48$

∴ EI 값이 1.0 이상이면 노출기준 초과로 평가함

답 ②

- 기사 : 매회 출제대비 11②,13②,18
- 산업 : 매회 출제대비 11,12,14,18②

50% 톨루엔, 10% 벤젠, 40% 노말헥산으로 혼합된 원료를 사용할 때, 이 혼합물이 공기 중으로 증발한다면 공기 중 허용농도는 약 몇 $\mathrm{mg/m^3}$인가? (단, 각각의 노출기준은 톨루엔 $375\,\mathrm{mg/m^3}$, 벤젠 $30\,\mathrm{mg/m^3}$, 노말헥산 $180\,\mathrm{mg/m^3}$이다.)

① 115 ② 125
③ 135 ④ 145

해설 중량 혼합물의 허용농도 계산식을 적용한다.

〈계산〉 $\mathrm{TLV}_m\,(\mathrm{mg/m^3}) = \dfrac{1}{\dfrac{f_1}{\mathrm{TLV}_1} + \cdots + \dfrac{f_n}{\mathrm{TLV}_n}}$ $\begin{cases} \mathrm{TLV}_{1 \sim n} : \text{측정농도} = 375,\ 30,\ 180\,(\mathrm{mg/m^3}) \\ f_1, f_2, f_n : \text{각 물질의 중량비율} = 0.5,\ 0.1,\ 0.4 \end{cases}$

∴ $\mathrm{TLV}_m = \dfrac{1}{\dfrac{0.5}{375} + \dfrac{0.1}{30} + \dfrac{0.4}{180}} = 145.16\,\mathrm{mg/m^3}$

[알림] 위의 계산문제 유형의 경우 오염물질의 종류만 변경되어 반복 출제되지만 풀이 방식은 동일하게 하시도록!!

답 ④

유.사.문.제

01 40% 벤젠, 30% 아세톤 그리고 30% 톨루엔의 중량비로 조성된 용제가 증발되어 작업환경을 오염시키고 있다. 이때, 각각의 TLV가 각각 30mg/m³, 1,780mg/m³ 및 375mg/m³이라면 이 작업자의 혼합물의 허용농도(mg/m³)는? (단, 상가작용 기준)   [04 산업][16 기사]

① 47.9   ② 59.9
③ 69.9   ④ 76.9

hint $TLV_m = \dfrac{1}{\dfrac{0.4}{30} + \dfrac{0.3}{1,780} + \dfrac{0.3}{375}} = 69.9 \text{ mg/m}^3$

[알림] 오염물질의 종류만 다르게 변경되어 반복 출제되지만 풀이 방식은 동일하게 하시도록!!

02 50% 헵탄, 30% 메틸렌클로라이드, 20% 퍼클로로에틸렌의 중량비로 조성된 용제가 증발되어 작업환경을 오염시키고 있다. 순서에 따라 각각의 TLV는 1,600mg/m³(1mg/m³=0.25ppm), 720mg/m³(1mg/m³=0.28ppm), 670mg/m³(1mg/m³=0.15ppm)이다. 이 작업장의 혼합물의 허용농도(mg/m³)는? (단, 상가작용 기준)   [03,04,15② 산업]

① 약 633   ② 약 743
③ 약 853   ④ 약 973

hint $TLV_m = \dfrac{1}{\dfrac{0.5}{1,600} + \dfrac{0.3}{720} + \dfrac{0.2}{670}}$
$= 973.1 \text{ mg/m}^3$

03 공장에서 A용제 30%(TLV 1,200mg/m³), B용제 30%(TLV 1,400mg/m³) 및 C용제 40%(TLV 1,600mg/m³)의 중량비로 조성된 액체용제가 증발되어 작업환경을 오염시킬 경우 이 혼합물의 허용농도(mg/m³)는? (단, 상가작용 기준)   [17 기사]

① 약 1,400   ② 약 1,450
③ 약 1,500   ④ 약 1,550

hint $TLV_m = \dfrac{1}{\dfrac{0.3}{1,200} + \dfrac{0.3}{1,400} + \dfrac{0.4}{1,600}}$
$= 1,400 \text{ mg/m}^3$

04 어떤 작업장에서 액체혼합물이 A가 30%, B가 50%, C가 20%인 중량비로 구성되어 있다면, 이 작업장의 혼합물의 허용농도는 몇 mg/m³인가? (단, 각 물질의 TLV는 A의 경우 1,600mg/m³, B의 경우 720mg/m³, C의 경우 670mg/m³이다.)   [18 기사]

① 101   ② 257
③ 847   ④ 1,151

hint $TLV_m = \dfrac{1}{\dfrac{0.3}{1,600} + \dfrac{0.5}{720} + \dfrac{0.2}{670}}$
$= 847.13 \text{ mg/m}^3$

05 농약공장의 작업환경 내에는 TLV가 0.1mg/m³인 파라티온과 TLV가 0.5mg/m³인 EPN이 2 : 3의 비율로 혼합된 분진이 부유하고 있다. 이러한 혼합분진의 TLV(mg/m³)는?   [16 기사]

① 0.15   ② 0.17
③ 0.19   ④ 0.21

hint $TLV_m = \dfrac{1}{\dfrac{f_1}{TLV_1} + \dfrac{f_2}{TLV_2} + \cdots + \dfrac{f_n}{TLV_n}}$

$\begin{cases} f_1(\text{파라티온}) = (2/5) \times 100 = 40\% \\ f_2(\text{EPN}) = (3/5) \times 100 = 60\% \end{cases}$

$\therefore TLV_m = \dfrac{1}{\dfrac{0.4}{0.1} + \dfrac{0.6}{0.5}} = 0.19 \text{ mg/m}^3$

06 8시간 작업하는 근로자가 200ppm 농도에 1시간, 100ppm 농도에 2시간, 50ppm의 3시간 동안 TCE에 노출되었다. 이 근로자의 8시간 TWA 농도는?   [04,15 산업][03,04,19 기사]

① 35.7ppm
② 68.7ppm
③ 91.7ppm
④ 116.7ppm

hint $TWA = \dfrac{C_1 T_1 + \cdots + C_n T_n}{8}$

$\therefore TWA = [(1 \times 200) + (2 \times 100) + (3 \times 50) + (2 \times 0)] \div 8$
$= 68.75 \text{ ppm}$

정답 | 01.③ 02.④ 03.① 04.③ 05.③ 06.②

종합연습문제

01 헵탄 50%, 메틸렌클로라이드 30%, 퍼클로로에틸렌 20% 중량비로 조성된 용제가 증발되어 작업환경을 오염시키고 있다. 순서에 따라 각각의 TLV는 $1,600 mg/m^3(1mg/m^3=0.25ppm)$, $720 mg/m^3(1mg/m^3=0.28ppm)$, $670 mg/m^3$ $(1mg/m^3=0.15ppm)$이다. 이 작업장의 혼합물의 허용농도(ppm)는? (단, 상가작용 기준)

[06,08② 산업][06,17 기사]

① 약 213
② 약 233
③ 약 253
④ 약 273

hint 혼합물질의 허용농도(TLV)는 각 물질의 중량비와 TLV를 이용하여 다음 식으로 계산한다. 이때 문제의 요구조건이 혼합물질의 허용농도 단위를 ppm으로 산출하는 것이므로 먼저 혼합물 허용농도(TLV) 계산식을 적용하여 mg/m^3로 산출한 다음 각각의 혼합비율을 적용하여 각 오염물질의 농도를 ppm으로 전환하여 합산을 하는 형태로 문제를 풀어낸다.

- $TLV_m = \dfrac{1}{\dfrac{f_1}{TLV_1} + \dfrac{f_2}{TLV_2} + \cdots + \dfrac{f_n}{TLV_n}}$

  $= \dfrac{1}{\dfrac{0.5}{1,600} + \dfrac{0.3}{720} + \dfrac{0.2}{670}} = 973.07 \, mg/m^3$

  ⇨ 산출된 TLV_m에 혼합비율을 적용하여 각 오염물질의 농도를 ppm으로 전환하면 다음과 같다.

  - 헵탄 $= 973.07 \times 0.5 \times 0.25 = 121.63 \, ppm$
  - 메틸렌클로라이드 $= 973.07 \times 0.3 \times 0.28$ $= 81.74 \, ppm$
  - 퍼클로로에틸렌 $= 973.07 \times 0.2 \times 0.15$ $= 29.19 \, ppm$

∴ $TLV_m' = 121.63 + 81.74 + 29.19 = 232.56 \, ppm$

[알림] 오염물질의 종류만 변경되어 반복 출제됨. 풀이 방식은 동일하게 하시도록!!

02 아세톤(TLV=500ppm) 200ppm과 톨루엔(TLV=50ppm) 35ppm이 각각 노출되어 있는 실내 작업장에서 노출기준의 초과 여부를 평가한 결과로 맞는 것은? (단, 두 물질 간에 유해성이 인체의 서로 다른 부위에 작용한다는 증거 없음)

[11 산업][03,08,11,12,13,16 기사]

① 노출지수가 약 0.72이므로 노출기준 미만이다.
② 노출지수가 약 0.72이므로 노출기준을 초과하였다.
③ 노출지수가 약 1.1이므로 노출기준 미만이다.
④ 노출지수가 약 1.1이므로 노출기준을 초과하였다.

hint 노출지수(EI)를 산출하여 노출기준 초과 여부를 평가한다.

- $EI = \sum \dfrac{C}{TLV}$

  $EI = \dfrac{200}{500} + \dfrac{35}{50} = 1.1$

∴ EI값이 1 이상이므로 노출기준 초과

03 다음 작업환경 공기 중에 벤젠(TVL=10ppm) 4ppm, 톨루엔(TLV=100ppm) 40ppm, 크실렌(TLV=150ppm) 50ppm이 공존하고 있는 경우에, 이 작업환경 전체로서 노출기준의 초과여부 및 혼합 유기용제의 농도는?

[05,06 산업][05③,06②,08,09,13,16 기사]

① 노출기준을 초과, 약 84ppm
② 노출기준을 초과, 약 92ppm
③ 노출기준을 초과하지 않음, 약 78ppm
④ 노출기준을 초과하지 않음, 약 93ppm

hint $EI = \sum \dfrac{C}{TLV}$

∴ $EI = \dfrac{4}{10} + \dfrac{40}{100} + \dfrac{50}{150} = 1.13$

※ EI>1이므로 노출기준 초과

∴ 보정농도 $= \dfrac{C_1 + C_2 + \cdots + C_n}{EI}$

$= \dfrac{(4+40+50)}{1.13} = 83.19 \, ppm$

[알림] 위의 계산문제의 경우 오염물질의 종류만 변경되어 반복 출제되지만 풀이 방식은 동일하게 하시도록!!

정답 | 01.② 02.④ 03.①

종합연습문제

01 다음 작업환경 공기 중 벤젠(TLV=10ppm)이 5ppm, 톨루엔(TLV=100ppm)이 50ppm 및 크실렌(TLV=100ppm)이 60ppm으로 공존하고 있다고 하면 혼합물의 허용농도는? (단, 상가작용 기준) [15,19 기사]

① 78ppm ② 72ppm
③ 68ppm ④ 64ppm

hint 보정 TLV = $\dfrac{C_1 + C_2 + \cdots + C_n}{EI}$

□ EI = $\dfrac{5}{10} + \dfrac{50}{100} + \dfrac{60}{100} = 1.6$

∴ 보정 TLV = $\dfrac{(5+50+60)}{1.6} = 71.88\,ppm$

02 다음 400ppm의 acetone(TLV=1,000ppm)과 50ppm의 secbutyl acetate(TLV=200ppm)와 2-butanone(TLV=200ppm)에 폭로되었다. 이 근로자가 허용치 이하로 폭로되기 위해서는 2-butanone에 몇 ppm 이하에 폭로되어야 하는가? (단, 상가작용하는 것으로 가정함) [16 기사]

① 70ppm ② 82ppm
③ 114ppm ④ 122ppm

hint EI = $\dfrac{C_1}{TLV_1} + \dfrac{C_2}{TLV_2} + \dfrac{C_3}{TLV_3}$

⇨ $1.0 = \dfrac{400}{1,000} + \dfrac{50}{200} + \dfrac{C_3}{200}$

∴ $C_3(2-butanone) = 70\,ppm$

03 작업장의 작업환경 측정결과가 보기와 같다면 이 작업장에 대한 평가로 가장 알맞은 것은? (단, 측정농도는 시간가중평균농도를 의미한다.) [16 산업]

- 아세톤 : 400ppm(TLV : 750ppm)
- 부틸아세테이트 : 150ppm(TLV : 200ppm)
- 메틸에틸케톤 : 100ppm(TLV : 200ppm)

① 각각의 측정결과가 TLV를 초과하지 않으므로 노출기준농도를 초과하지 않는다.
② 각각의 측정결과가 노출기준농도를 초과하지는 않지만 여러 가지 유해물질이 공존하고 있으므로 노출기준을 초과한다고 보아야 한다.
③ 평가는 $(C_1/T_1) + \cdots + (C_n/T_n)$으로 계산하여 계산치를 볼 때 노출기준농도를 초과하고 있다.(C=측정농도, T=TLV)
④ 혼합물의 측정결과는 $(C_1T_1 + C_2T_2 + \cdots + C_nT_n)/8$으로 평가하여 계산치를 볼 때 노출기준농도를 초과하고 있다.(C : 측정농도, T : 측정시간)

hint EI = $\dfrac{C_1}{T_1} + \dfrac{C_2}{T_2} + \cdots + \dfrac{C_n}{T_n}$

∴ EI = $\dfrac{400}{750} + \dfrac{150}{200} + \dfrac{100}{200} = 1.78$(초과)

정답 ┃ 01.② 02.① 03.③

- 기사 : 03,04,05,16
- 산업 : 01,03,04②,05,13,14②,15,16,19②

07 톨루엔의 노출기준(TWA)이 50ppm일 때, 1일 10시간 작업 시의 보정된 노출기준은? (단, Brief와 Scala의 보정방법을 이용한다.)

① 35ppm ② 50ppm
③ 75ppm ④ 100ppm

해설 Brief와 Scala의 보정방법을 이용한다.

⟨계산⟩ 보정된 노출기준 = TLV × RF(계수) ⇨ TLV × $\left(\dfrac{8}{H} \times \dfrac{24-H}{16}\right)$

- RF = $\dfrac{8}{10} \times \dfrac{24-10}{16} = 0.7$

∴ 보정된 노출기준 = $50\,ppm \times 0.7 = 35\,ppm$

답 ①

03. 실내환경

예상 08
- 기사 : 01,14,17
- 산업 : 03,14

어떤 유해작업장에 일산화탄소(CO)가 표준상태(0℃, 1기압)에서 15ppm 포함되어 있다. 이 공기 1Sm³ 중에 CO는 몇 μg이 포함되어 있는가?

① 약 $9,200\mu g/Sm^3$ ② 약 $10,800\mu g/Sm^3$
③ 약 $17,500\mu g/Sm^3$ ④ 약 $18,800\mu g/Sm^3$

해설 mg/m^3와 ppm의 단위환산 관계식을 이용한다.

〈계산〉 $C_m = C_p(\text{ppm}) \times \dfrac{M_w}{22.4 \times \text{온도와 압력보정}}$ $\begin{cases} C_p : 15\text{ppm} = 15\text{mL}/\text{m}^3 \\ M_w : \text{대상물질(CO)의 분자량} = 28 \\ t : \text{온도} = 0℃ \\ P : \text{압력} = 1\text{기압} = 760\text{mmHg} \end{cases}$

$\therefore C_m = \dfrac{15\text{mL}}{\text{Sm}^3} \times \dfrac{28\text{mg}}{22.4\text{mL}} \times \dfrac{10^3 \mu g}{\text{mg}} \times \dfrac{273}{273} \times \dfrac{760}{760} = 18,750 \mu g/\text{Sm}^3$

[알림]오염물질의 종류(분자량)와 온도만 다르게 교차 출제되므로 풀이 유형을 잘 학습해 두시도록!!   답 ④

유.사.문.제

01 Styrene(TLV 20ppm)을 사용하는 작업장의 근로자가 1일 11시간 작업했을 때, OSHA 보정방법으로 보정한 허용기준은 약 얼마인가?   [09,12 산업]

① 11.8ppm   ② 13.8ppm
③ 14.6ppm   ④ 16.6ppm

hint 비정상 작업시간에 대한 미국산업안전보건청(OSHA)의 보정방법에 따른 노출기준 보정은 다음과 같이 보정계수를 구하여 노출기준에 곱하여 산정한다.

- OSHA TLV* = TLV $\times \left(\dfrac{8}{H}\right)$

$\therefore$ OSHA TLV* $= 20 \times \left(\dfrac{8}{11}\right) = 14.55\text{ppm}$

02 1일 12시간 작업할 때, 톨루엔(TLV 100ppm)의 보정 노출기준은 약 몇 ppm인가? (단, 고용노동부 고시를 기준으로 한다.)   [19 산업][17 기사]

① 25   ② 67
③ 75   ④ 150

hint 보정된 노출기준(TLV*) = TLV $\times \left(\dfrac{8}{H}\right)$

$\therefore$ TLV* $= 100 \times \left(\dfrac{8}{12}\right) = 67\text{ppm}$

03 작업환경측정 및 지정측정기관 평가 등에 관한 고시에서 입자상 물질을 농도 평가에 있어 1일 작업시간이 8시간을 초과하는 경우 노출기준을 비교·평가할 수 있는 보정 노출기준을 정하는 공식으로 옳은 것은? (단, T는 노출시간/일, H는 작업시간/주를 말한다.)   [14 산업]

① 8시간 노출기준 $\times \dfrac{T}{8}$

② 8시간 노출기준 $\times \dfrac{45}{T}$

③ 8시간 노출기준 $\times \dfrac{8}{T}$

④ 8시간 노출기준 $\times \dfrac{T}{45}$

04 화학물질 및 물리적 인자의 노출기준에 있어 2종 이상의 화학물질이 공기 중에 혼재하는 경우, 유해성이 인체의 서로 다른 조직에 영향을 미치는 근거가 없는 한, 유해물질들 간의 상호작용은 어떤 것으로 간주하는가?   [16 기사]

① 상승작용
② 강화작용
③ 상가작용
④ 길항작용

hint 독성이 합산되는 증가(1+5=6)

정답 ┃ 01.③ 02.② 03.③ 04.③

종합연습문제

01 diethyl ketone(TLV=200ppm)을 사용하는 근로자의 작업시간이 9시간일 때 허용기준을 보정하였다. OSHA 보정법과 Brief and Scala 보정법을 적용하였을 경우 보정된 허용기준치 간의 차이는 약 몇 ppm인가?
[01,05,08,09,10,13,15,17,18 기사]

① 5.05
② 11.11
③ 22.22
④ 33.33

hint 보정농도 = 8시간기준 × 보정계수

- OSHA 보정농도 = $TLV \times \left(\dfrac{8}{H}\right)$
  $= 200\,ppm \times \dfrac{8}{9} = 177.78\,ppm$

- Brief and Scala 보정농도
  $= TLV \times \left(\dfrac{8}{H} \times \dfrac{24-H}{16}\right)$
  $= 200\,ppm \times 0.83 = 166.67\,ppm$

∴ 농도차 = 11.11ppm

02 에탄올(TLV 1,000ppm)을 사용하여 1일 10시간 작업이 이루어지는 장소에서의 보정된 허용농도는 약 얼마인가? (단, Brief와 Scala의 보정방법을 적용한다.)
[03,06③,10,11,12 산업]
[02,08,10,11 기사]

① 300ppm
② 500ppm
③ 700ppm
④ 900ppm

hint 비정상 작업시간에 대한 노출기준 보정(Brief & Scala 방법)은 다음과 같이 보정계수를 구한 다음 이를 노출기준에 곱하여 산정한다.

- 보정농도 = $TLV \times \left(\dfrac{8}{H} \times \dfrac{24-H}{16}\right)$

∴ 보정농도 = $1,000\,ppm \times \left(\dfrac{8}{10} \times \dfrac{24-10}{16}\right)$
  $= 700\,ppm$

03 다음 중 노출기준에 대한 설명으로 옳은 것은?
[18 산업][15 기사]

① 노출기준 이하의 노출에서는 모든 근로자에게 건강상의 영향을 나타내지 않는다.
② 노출기준은 질병이나 육체적 조건을 판단하기 위한 척도로 사용될 수 있다.
③ 작업장이 아닌 대기에서는 건강한 사람이 대상이 되기 때문에 노출기준을 사용할 수 있다.
④ 노출기준은 독성의 강도를 비교할 수 있는 지표가 아니다.

04 작업장에서 독성이 유사한 물질이 공기 중에 혼합물로 존재한다면 이 물질들은 무슨 작용을 일으키는 것으로 가정하여 혼합물 노출지수를 적용하는가? (단, C는 화학물질 각각의 측정치, T는 화학물질 각각의 노출기준을 의미한다.)
[08,12 산업][10 기사]

$$EI = \dfrac{C_1}{T_1} + \dfrac{C_2}{T_2} + \cdots + \dfrac{C_n}{T_n}$$

① 상승작용   ② 상가작용
③ 길항작용   ④ 독립작용

hint 혼재하는 물질 간에 유해성이 인체의 서로 다른 부위에 작용한다는 증거가 없는 한 유해작용은 가중되어 상가작용(additive effect)을 하는 것으로 가정하여 혼합물의 노출지수를 적용한다.

05 근로자가 일정시간 동안 일정농도의 유해물질에 노출되고 있을 때 체내에 흡수되는 유해물질의 양이 다음과 같이 산정된다면 ( )에 들어갈 내용으로 적합한 것은?
[06 기사]

( ) × 노출시간 × 폐환기율 × 잔류율

① 공기 중 유해물질 농도
② 체내 흡수농도
③ 체내 허용농도
④ 공기 중 노출기준 농도

hint 체내에 흡수되는 유해물질의 양은 공기 중 유해물질 농도, 노출시간, 폐환기율, 잔류율의 곱에 비례한다.

정답 ▎ 01.② 02.③ 03.④ 04.② 05.①

종합연습문제

01 근로자가 일정시간 동안 일정농도의 유해물질에 노출될 때 체내에 흡수되는 유해물질의 양은 다음 식으로 구한다. 용어의 설명이 잘못된 것은? [05,16 기사]

$$\text{체내 흡수량} = C \times T \times V \times R$$

① C : 공기 중 유해물질 농도
② T : 노출시간
③ V : 작업공간 내의 공기체적
④ R : 체내 잔류율

hint V : 폐환기율

02 구리(Cu)의 공기 중 농도가 0.05mg/m^3이다. 작업자의 노출시간이 8시간이며, 폐환기율은 $1.25\text{m}^3/\text{hr}$, 체내 잔류율은 1이라고 할 때, 체내 흡수량은 얼마인가? [03,13,14 산업]

① 0.3mg ② 0.4mg
③ 0.5mg ④ 0.6mg

hint 유해물질의 체내 흡수량은 공기 중 농도(C)가 높을수록, 작업자의 노출시간(T)이 길수록, 폐환기율(V)이 많을수록, 체내 잔류율(R)이 클수록 증가한다.

- 체내 흡수량 $= C \cdot T \cdot V \cdot R$

$$\therefore \text{흡수량(mg)} = \frac{0.05\,\text{mg}}{\text{m}^3} \times 8\text{hr} \times \frac{1.25\,\text{m}^3}{\text{hr}} \times 1.0 = 0.5\text{mg}$$

03 다음 주요 화학물질의 노출기준(TWA) 농도(ppm)가 가장 낮은 것은? [12,15 산업]

① O_3 ② NH_3
③ CO   ④ CO_2

hint 시간가중평균 노출기준(TLV-TWA)가 가장 낮은 것은 항목 중 오존이다.
- TLV-TWA : CO_2(5,000), CO(30), NH_3(25), NO_2(3), HCHO(0.3), O_3(0.08)
- TLV-STEL : CO_2(30,000), CO(200), NH_3(35), NO_2(5), O_3(0.2)
- 라돈 : $600\text{Bq/m}^3(=16\text{pCi/L})$
- 석면 : 0.1개/cm^3
- ㈜ 사무실 0.01개/cm^3

04 온도 25℃, 1기압 하에서 분당 100mL씩 60분동안 채취한 공기 중에서 벤젠이 5mg 검출되었다. 검출된 벤젠은 약 몇 ppm인가? (단, 벤젠의 분자량은 78이다.) [06,10②,13,14 산업] [05,08,12,14③,16 기사]

① 15.7   ② 26.1
③ 157   ④ 261

hint 공기 중에 존재하는 특정물질의 농도단위 "mg/m^3"를 "ppm(=mL/m^3, 용량 백만분율)"로 환산할 때에는 다음의 계산식을 적용한다. 여기서, M_w는 대상물질의 분자량이다.

- $C_p(\text{ppm}) = C_m(\text{mg/m}^3) \times \dfrac{22.4}{M_w}$

× 온도·압력 보정

$$\begin{cases} C_m : 5\text{mg}/100\text{mL} \\ M_w : \text{대상물질(벤젠)의 분자량} = 78 \\ t : \text{온도} = 25℃ \\ P : \text{압력} = 1\text{기압} = 760\text{mmHg} \end{cases}$$

$$\therefore C_p(\text{ppm}) = \frac{5\text{mg}}{(100 \times 60)\text{mL}} \times \frac{22.4\text{mL}}{78\text{mg}} \times \frac{273+25}{273}$$
$$\times \frac{760}{760} \times \frac{10^6\text{mL}}{\text{m}^3}$$
$$= 261.23\,\text{mL/m}^3$$

[알림] 오염물질의 종류(분자량)와 온도만 다르게 교차 출제되므로 풀이 유형을 학습해 두도록!

05 유해물질의 농도가 1%였다면, 이 물질의 농도를 ppm으로 환산하면 얼마인가? [14,15 산업][16 기사]

① 100   ② 1,000
③ 10,000 ④ 100,000

hint $1\%(V/V) = 10,000\text{ppm}(\text{mL/m}^3, \text{용량 백만분율})$임을 잘 기억해 두어야 한다. 이를 이용하여 다음과 같이 단위환산하는 방법으로 문제를 푼다.

- $C_p(\text{mL/m}^3) = C_\% \times \dfrac{10,000\,\text{ppm}}{\%}$

$$\therefore C_p(\text{mL/m}^3) = 1\% \times \frac{10,000\,\text{ppm}}{\%} = 10,000\,\text{ppm}(\text{mL/m}^3)$$

정답 ▮ 01.③ 02.③ 03.① 04.④ 05.③

종합연습문제

01 20℃, 1기압에서 MEK 50ppm은 약 몇 mg/m³인가? (단, MEK의 그램분자량 72.06이다.) [16 산업]

① 139.9　② 149.9
③ 249.7　④ 299.7

hint $C_m = C_p(\text{ppm}) \times \dfrac{M_w}{22.4 \times 온도 \cdot 압력\ 보정}$

$\begin{cases} C_p : 50\text{ppm} = 50\text{mL/m}^3 \\ M_w : 대상물질 분자량 = 72.06 \\ t : 온도 = 20℃ \\ P : 압력 = 1기압 = 760\text{mmHg} \end{cases}$

$\therefore C_m(\text{mg/m}^3) = \dfrac{50\text{mL}}{\text{m}^3} \times \dfrac{72.06}{22.4} \times \dfrac{273}{273+20} \times \dfrac{760}{760}$

$= 149.87\text{mg/m}^3$

[알림] 오염물질의 종류(분자량)와 온도만 다르게 교차 출제되므로 풀이 유형을 학습해 두도록!!!

02 25℃, 1기압의 공기상태에서 톨루엔(분자량 92) 100ppm은 약 몇 mg/m³인가? [16 산업]

① 92　② 188
③ 376　④ 411

hint $C_m = C_p(\text{ppm}) \times \dfrac{M_w}{22.4 \times 온도 \cdot 압력\ 보정}$

03 작업장 내 공기 중 아황산가스(SO₂)의 농도가 40ppm일 경우, 이 물질의 농도(%)는? (단, SO₂ 분자량은 64, 용적 백분율(%)로 표시) [16 산업]

① 4%
② 0.4%
③ 0.04%
④ 0.004%

hint 1%(V/V)=10,000ppm(mL/m³, 용량 백만분율)임을 잘 기억해 두어야 한다. 이를 이용하여 다음과 같이 단위환산하는 방법으로 문제를 푼다.

- $C_\%(\%) = C_p(\text{ppm}) \times \dfrac{1\%}{10,000\text{ppm}}$

$\therefore C_\%(\%) = 40\text{ppm} \times \dfrac{1\%}{10,000\text{ppm}} = 0.004\%(\text{V/V})$

04 15℃를 유지해야 하는 PCB 회로기판 조립라인에서 탈지작업을 위해 트리클로로에틸렌(TCE)을 사용한다. 탈지조에서 방출되는 TCE의 작업환경 측정농도가 150mg/m³이었다면, 이 농도의 ppm 농도는 약 얼마인가? (단, TCE의 분자량은 131.39이다.) [05② 산업][10 기사]

① 17.12　② 25.57
③ 26.97　④ 27.91

hint $C_p = C_m(\text{mg/m}^3) \times \dfrac{22.4}{M_w} \times 온도 \cdot 압력\ 보정$

$\therefore C_p(\text{ppm}) = \dfrac{150\text{mg}}{\text{m}^3} \times \dfrac{22.4}{131.39} \times \dfrac{273+15}{273}$

$= 26.98\text{mL/m}^3(\text{ppm})$

05 어느 사업장에서 톨루엔(C₆H₅CH₃)의 농도가 0℃일 때 100ppm이었다. 기압의 변화없이 기온이 25℃로 올라갈 때 농도는 약 몇 mg/m³로 예측되는가? [05,09 기사]

① 325　② 345
③ 365　④ 375

hint $C_m = C_p(\text{ppm}) \times \dfrac{M_w}{22.4 \times 온도 \cdot 압력\ 보정}$

$\therefore C_m(\text{mg/m}^3) = \dfrac{100\text{mL}}{\text{m}^3} \times \dfrac{92}{22.4} \times \dfrac{273}{273+25}$

$= 376.3\text{mg/m}^3$

06 다음 어느 작업장의 온도가 18℃이고, 기압이 770mmHg, methylethyl ketone(분자량 72)의 농도가 26ppm일 때 mg/m³ 단위로 환산된 농도는? [15 기사]

① 64.5　② 79.4
③ 87.3　④ 93.2

hint $C_m = C_p(\text{ppm}) \times \dfrac{M_w}{22.4 \times 온도 \cdot 압력\ 보정}$

$\therefore C_m(\text{mg/m}^3) = \dfrac{26\text{mL}}{\text{m}^3} \times \dfrac{72}{22.4} \times \dfrac{273}{273+18} \times \dfrac{770}{760}$

$= 79.43\text{mg/m}^3$

정답 | 01.② 02.③ 03.④ 04.③ 05.④ 06.②

03. 실내환경

종합연습문제

01 어떤 물질의 독성에 관한 인체실험 결과 안전 흡수량이 체중(kg)당 0.2mg이었다. 체중이 70kg인 사람이 1일 8시간 작업 시 이 물질의 체내 흡수를 안전흡수량 이하로 유지하려면 이 물질의 공기 중 농도를 다음 중 얼마 이하로 규제하여야 하겠는 가? (단, 작업 시 폐기환기율은 $1.25m^3/hr$, 체내 잔류율은 1.0이다.) [05,07,12,15,17 산업]
[00,01,14②,15,16,18 기사]

① $0.8mg/m^3$ ② $1.4mg/m^3$
③ $2.0mg/m^3$ ④ $2.6mg/m^3$

hint $0.2(mg/kg) = \dfrac{C_o \times 8 \times 1.25 \times 1}{70}$

∴ $C_o = 1.4\ mg/m^3$

[알림] 위와 같은 유형으로 다양한 종류의 오염물질이 교체 되면서 반복 출제되지만 풀이 양식은 모두 동일하다.

02 실내공기 오염물질 중 석면에 대한 일반적인 설명으로 거리가 먼 것은? [13,16 기사]

① 석면의 발암성 정보물질의 표기는 1A에 해당한다.
② 과거 내열성, 단열성, 절연성 및 견인력 등의 뛰어난 특성 때문에 여러 분야에서 사용되었다.
③ 석면의 여러 종류 중 건강에 가장 치명적인 영향을 미치는 것은 사문석 계열의 청석면이다.
④ 작업환경측정에서 석면은 길이가 5µm보다 크고, 길이 대 넓이의 비가 3 : 1 이상인 섬유만 개수한다.

hint 유해성 큰 석면은 각섬석계의 청석면이다.

정답 | 01.② 02.③

- 기사 : 11
- 산업 : 11,16

허용농도에 '피부(skin)' 표시가 첨부되는 물질이 있다. 다음 중 '피부' 표시를 첨부하는 경우와 가장 관계가 먼 것은?

① 반복하여 피부에 도포했을 때 전신작용을 일으키는 물질의 경우
② 손이나 팔에 의한 흡수가 몸 전체 흡수에서 많은 부분을 차지하는 물질의 경우
③ 피부자극, 피부질환 및 감작(sensitization)을 일으키는 물질의 경우
④ 동물을 이용한 급성중독 실험결과 피부흡수에 의한 치사량(LD_{50})이 비교적 낮은 물질의 경우

해설 피부(skin)표시 → 피부자극, 피부질환 및 감작이 아닌, 피부 흡수 → 전신작용   답 ③

유.사.문.제

01 다음 중 노출기준에 피부(skin) 표시를 첨부하는 물질이 아닌 것은? [15 기사]

① 옥탄올-물 분배계수가 높은 물질
② 반복하여 피부에 도포했을 때 전신작용을 일으키는 물질
③ 손이나 팔에 의한 흡수가 몸 전체에서 많은 부분을 차지하는 물질
④ 동물을 이용한 급성중독 실험결과 피부흡수에 의한 치사량이 비교적 높은 물질

02 다음 중 알레르기성 접촉 피부염의 진단법은 무엇인가? [04,17,18 기사]

① 첩포시험   ② X-ray검사
③ 세균검사   ④ 자외선검사

hint 첩포시험은 알레르기성 접촉 피부염을 유발하는 원인이 되는 물질들을 시험 대상자의 피부에 직접 접촉시켜 알레르기반응이 재현되는지를 알아보는 검사로 이용된다.

정답 | 01.④ 02.①

종합연습문제

01 노출기준에 피부(skin) 표시를 하여야 하는 물질에 대한 설명으로 틀린 것은?
[06,13,17 산업][06 기사]

① 손이나 팔에 의한 흡수가 몸 전체 흡수에 지대한 영향을 주는 물질
② 옥탄올-물 분배계수가 낮아 피부흡수가 용이한 물질
③ 반복하여 피부에 도포했을 때 전신작용을 일으키는 물질
④ 급성동물 실험결과 피부흡수에 의한 치사량(LD_{50})이 비교적 낮은 물질

hint 옥탄올-물 분배계수가 높은 물질이 표시대상이다.

02 우리나라의 화학물질의 노출기준에 관한 설명으로 틀린 것은?
[11②,16 기사]

① Skin라고 표시된 물질은 피부 자극성을 뜻한다.
② 1A는 사람에게 충분한 발암성 증거가 있는 물질을 의미한다.
③ Skin 표시물질은 전신영향을 일으킬 수 있는 물질을 말한다.
④ 화학물질이 IARC 등의 발암성 등급과 NTP의 R등급을 모두 갖는 경우에는 NTP의 R등급은 고려하지 아니한다.

hint '피부(skin)' 표시가 되어있는 물질은 반복하여 피부에 도포했을 때 피부자극 개념이 아닌 전신작용을 일으키는 물질을 뜻한다.

정답 ┃ 01.② 02.①

- 기사 : 01,09
- 산업 : 03,10,15

예상 10 다음 중 산업위생 통계에 있어 대푯값에 해당하지 않는 것은?

① 표준편차   ② 산술평균
③ 가중평균   ④ 중앙값

해설 산업위생 통계의 대푯값은 평균값(mean, 산술평균·가중평균·조화평균 등), 중앙값(median, 중위수, 기하평균), 최빈값(mode)이 사용된다.   답 ①

유.사.문.제

01 노출 대수정규분포에서 평균 노출을 가장 잘 나타내는 대푯값은?
[17 기사]

① 기하평균   ② 산술평균
③ 기하표준편차   ④ 범위

02 작업환경측정 및 지정측정기관 평가 등에 관한 고시에 있어 정도관리의 구분에 해당하지 않는 것은?
[15 산업]

① 의무정도관리   ② 임시정도관리
③ 수시정도관리   ④ 자율정도관리

hint 정도관리 → 정기, 임시, 수시, 자율, 특별

03 통상오차는 계통오차와 우발오차로 구분된다. 계통오차에 관한 내용으로 틀린 것은 어느 것인가?
[06,09,12 기사]

① 측정기 또는 분석기기의 미비로 기인되는 오차이다.
② 오차가 작을 때는 정밀하다고 한다.
③ 크기와 부호를 추정할 수 있고 보정할 수 있다.
④ 종류는 외계오차, 기계오차, 개인오차가 있다.

hint 계통오차가 작을 때는 정확(accuracy)하다고 말하고, 오차가 작을 때는 정도(精度)가 높다고 한다.

정답 ┃ 01.② 02.① 03.②

종합연습문제

01 정도관리(Quality control)에 대한 설명 중 틀린 것은? [17 기사]
① 계통적 오차는 원인을 찾아낼 수 있으며 크기가 계량화되면 보정이 가능하다.
② 정확도란 측정치와 기준값(참값) 간의 일치하는 정도라고 할 수 있으며, 정밀도는 여러 번 측정했을 때의 변이의 크기를 의미한다.
③ 정도관리에는 외부정도관리와 내부정도관리가 있으며, 우리나라의 정도관리는 작업환경측정기관을 상대로 실시하고 있는 내부정도관리에 속한다.
④ 미국산업위생학회에 따르면 정도관리란 '정확도와 정밀도의 크기를 알고 그것이 수용할 만한 분석결과를 확보할 수 있는 일련의 절차를 포함하는 것'이라고 정의하였다.

02 정도관리의 목적은 오차를 찾아내고 그것을 제거 또는 예방하여 분석능력을 향상시키는데 있다. 여기서 오차(error)에 대한 설명 중 틀린 것은? [16 산업]
① 오차란 참값과 측정치 간의 불일치 정도로 정의된다.
② 확률오차(random error)는 측정치의 정밀도로 정의된다.
③ 확률오차(random error)는 측정치의 변이가 불규칙적이어서 변이값을 예측할 수 없다.
④ 계통오차(systematic error)는 bias라고도 하며, 기준치와 측정치 간에 일정한 차이가 있음을 나타내며 대부분의 경우 원인을 찾아낼 수 없다.

03 작업환경측정, 분석치에 대한 정확도와 정밀도를 확보하기 위하여 통계적 처리를 통한 일정한 신뢰한계 내에서 측정, 분석능력 향상을 위하여 행하는 모든 관리적 수단을 말하는 것은? [06,12 기사]
① 분석관리 ② 평가관리
③ 측정관리 ④ 정도관리

04 작업환경측정 및 지정측정기관 평가 등에 관한 고시에 있어 정도관리의 실시 시기 및 구분에 관한 설명으로 틀린 것은? [19 산업]
① 정기정도관리는 매년 분기별로 각 1회 실시한다.
② 작업환경 측정기관으로 지정받고자 하는 경우 특별정도관리를 실시한다.
③ 정기정도관리의 세부실시계획은 실무위원회가 정하는 바에 따른다.
④ 정기·특별정도관리 결과 부적합 평가를 받은 기관은 최초 도래하는 해당 정도관리를 다시 받아야 한다.

hint 정기정도관리는 매년 반기별로 각 1회 실시하여야 한다.

05 우리나라 산업위생분야의 발전에 큰 영향을 가져온 제도로 작업환경 측정기관의 분석능력 향상에 중요한 역할을 한 것은? [04 기사]
① 기준실험 인정제도
② 측정도 인증제도
③ 정도관리제도
④ PAT Program

06 산업위생통계에서 적용되는 '우발오차'에 관한 내용으로 틀린 것은? [06 산업]
① 보정할 수 있다.
② 계통오차와 달리 제거할 수 없다.
③ 한 가지 실험측정을 반복할 때 측정값들의 변동으로 발생되는 오차를 말한다.
④ 우발오차가 작을 때는 정밀하다고 말한다.

07 산업위생통계에 대한 용어 중 측정 시 발생되는 계통오차의 종류와 거리가 먼 것은? [07 기사]
① 외계오차
② 기계오차
③ 우발오차
④ 개인오차

정답 | 01.③ 02.④ 03.④ 04.① 05.③ 06.① 07.③

CHAPTER 04 관련법규

1 용어의 정의 · 밀폐공간

 이승원의 minimum point

(1) 용어의 정의 (산업안전보건법 제2조-2020.1.16. 시행기준)

1. **산업재해**란 노무를 제공하는 자가 업무에 관계되는 **건설물·설비·원재료·가스·증기·분진** 등에 의하거나 **작업 또는 그 밖의 업무**로 인하여 **사망** 또는 **부상**하거나 **질병**에 걸리는 것을 말한다.
2. 작업환경 측정이란 작업환경 실태를 파악하기 위하여 해당 근로자 또는 작업장에 대하여 사업주가 유해인자에 대한 측정계획을 수립한 후 시료(試料)를 채취하고 분석·평가하는 것을 말한다.
3. **안전·보건진단**이란 산업재해를 예방하기 위하여 잠재적 위험성을 발견하고 그 개선대책을 수립할 목적으로 조사·평가를 말한다.
4. **중대재해**란 산업재해 중 사망 등 재해정도가 심한 것으로서 고용노동부령(시행규칙 제2조)으로 정하는 다음의 재해를 말한다.
   - 사망자가 **1명** 이상 발생한 재해
   - **3개월** 이상의 요양이 필요한 부상자가 동시에 **2명** 이상 발생한 재해
   - 부상자 또는 직업성 질병자가 동시에 **10명** 이상 발생한 재해

(2) 밀폐공간의 보건·안전

① **밀폐공간 작업으로 인한 건강장해의 예방**—(산업안전보건기준에 관한 규칙 제618조)
   - 밀폐공간이란 산소결핍, 유해가스로 인한 질식·화재·폭발 등의 위험이 있는 장소를 말한다.
   - 유해가스란 탄산가스·일산화탄소·황화수소 등의 기체로서 인체에 유해한 영향을 미치는 물질을 말한다.
   - 적정공기란 **산소농도**의 범위가 **18% 이상 23.5% 미만**, **탄산가스**의 농도가 **1.5% 미만**, **일산화탄소**의 농도가 **30ppm 미만**, **황화수소**의 농도가 **10ppm 미만**인 수준의 공기를 말한다.
   - **산소결핍**이란 공기 중의 산소농도가 **18% 미만**인 상태를 말한다.
   - 산소결핍증이란 산소가 결핍된 공기를 들이마심으로써 생기는 증상을 말한다.
   - ■ 사업주는 사업장 내 밀폐공간을 사전에 파악하여 밀폐공간에는 관계 근로자가 아닌 **사람의 출입을 금지**하고, **출입금지 표지**를 밀폐공간 근처의 보기 쉬운 장소에 게시하여야 한다.

② **잠함 등 내부에서의 작업**—(산업안전보건기준에 관한 규칙 제377조) : 사업주는 잠함, 우물통, 수직갱, 그 밖에 이와 유사한 건설물 또는 설비(잠함 등)의 내부에서 굴착작업을 하는 경우에 다음의 사항을 준수하여야 한다.
   - 산소결핍 우려가 있는 경우에는 산소의 농도를 **측정하는 사람을 지명**하여 측정하도록 할 것
   - 굴착깊이가 **20m를 초과**하는 경우, 해당 작업장소와 외부와의 연락을 위한 통신설비 등을 설치할 것
   - 사업주는 측정결과 산소결핍이 인정되거나 굴착깊이가 **20m를 초과**하는 경우에는 송기(送氣)를 위한 설비를 설치하여 필요한 양의 공기를 공급할 것

ⓒ 안전대 등–(산업안전보건기준에 관한 규칙 제624조) : 사업주는 밀폐공간에서 작업하는 근로자가 산소결핍이나 유해가스로 인하여 추락할 우려가 있는 경우에는 해당 근로자에게 **안전대**나 **구명밧줄**, **공기호흡기** 또는 **송기마스크**를 지급하여 착용하도록 하여야 한다.

ⓓ **밀폐공간 내 작업 시의 조치 등**–(산업안전보건기준에 관한 규칙 제619~622조)
1. 사업주는 밀폐공간에서 근로자에게 작업을 하도록 하는 경우 **밀폐공간 작업 프로그램**을 수립하여 시행하여야 한다.
2. 사업주는 밀폐공간에서 근로자에게 작업을 하도록 하는 경우 관리감독자, 보건관리자, 전문기관, 측정기관 등에 해당 **밀폐공간의 산소** 및 **유해가스 농도를 측정**하여 적정공기가 유지되고 있는지를 평가하도록 하여야 한다.
3. 사업주는 산소 및 유해가스 농도를 측정한 결과 적정공기가 유지되고 있지 아니하다고 평가된 경우에는 작업장을 **환기**시키거나 근로자에게 **공기호흡기 또는 송기마스크**를 지급하여 착용하도록 하는 등 근로자의 건강장해 예방을 위하여 필요한 조치를 하여야 한다.
4. 사업주는 근로자가 밀폐공간에서 작업을 하는 경우에 그 장소에 근로자를 **입장**시킬 때와 **퇴장**시킬 때마다 **인원을 점검**하여야 한다.

예상 01

- 기사 : 05,07,11
- 산업 : 01

산업안전보건법에서 정의하는 다음의 용어로 적합하지 않은 것은?

① 산업재해–근로자가 업무에 관계되는 건설물, 설비, 원재료, 가스, 증기, 분진 등에 의하거나 작업 기타 업무에 기인하여 사망 또는 부상하거나 질병에 이환되는 것을 말한다.
② 작업환경측정–작업환경의 실태를 파악하기 위하여 해당 작업장에 근로자 또는 그 대행자가 측정계획을 수립·시행하는 것을 말한다.
③ 안전·보건 진단–산업재해를 예방하기 위하여 잠재적 위험성의 발견과 그 개선대책의 수립을 목적으로 노동부장관이 지정하는 자가 실시하는 조사평가를 말한다.
④ 중대재해–산업재해 중 사망 등 재해의 정도가 심한 것으로서 노동부령이 정하는 재해를 말한다.

해설 작업환경측정은 사업주가 측정계획을 수립한 후 시료(試料)를 채취하고 분석·평가해야 한다. **답** ②

유.사.문.제

01 산업안전보건법상 산업재해를 예방하기 위하여 잠재적 위험성을 발견하고 그 개선대책을 수립할 목적으로 고용노동부장관이 지정하는 자가 하는 조사·평가를 무엇이라 하는가? [15,18,19 기사]
① 위험성 평가
② 안전·보건진단
③ 작업환경측정·평가
④ 유해성·위험성 조사

02 작업환경 실태를 파악하기 위하여 해당 근로자 또는 작업장에 대하여 사업주가 측정계획을 수립한 후 시료(試料)를 채취하고 분석·평가하는 것을 무엇이라 하는가? [01 산업]
① 위험성·유해성 평가
② 안전·보건진단
③ 작업환경측정·평가
④ 유해성·안전성 평가

정답 ┃ 01.② 02.③

PART 1 산업위생학 개론

예상 02
- 기사 : 12,14
- 산업 : 10,14,17

다음 중 산업안전보건법상 용어의 정의가 잘못된 것은?

① 밀폐공간이라 함은 산소결핍, 유해가스로 인한 화재폭발 등의 위험이 있는 장소로서 별도로 정한 장소를 말한다.
② 산소결핍증이라 함은 산소가 결핍된 공기를 들여 마심으로써 생기는 증상을 말한다.
③ 산소결핍이라 함은 공기 중의 산소농도가 18% 미만인 상태를 말한다.
④ 적정한 공기라 함은 산소농도의 범위가 18% 이상 23.5% 미만, 탄산가스의 농도가 1.0% 미만, 황화수소의 농도가 100ppm 미만인 수준의 공기를 말한다.

해설 적정공기란 산소농도의 범위가 18% 이상 23.5% 미만, 탄산가스의 농도가 1.5% 미만, 황화수소의 농도가 10ppm 미만인 수준의 공기를 말한다. **답** ④

유.사.문.제

01 다음 중 밀폐공간과 관련된 설명으로 틀린 것은? [14,19 기사]

① '산소결핍'이란 공기 중의 산소농도가 16% 미만인 상태를 말한다.
② '산소결핍증'이란 산소가 결핍된 공기를 들이마심으로써 생기는 증상을 말한다.
③ '유해가스'란 밀폐공간에서 탄산가스, 황화수소 등의 유해물질이 가스상태로 공기 중에 발생하는 것을 말한다.
④ '적정공기'란 산소농도의 범위가 18% 이상 23.5% 미만, 탄산가스 농도가 1.5% 미만, 황화수소의 농도가 10ppm 미만인 수준의 공기를 말한다.

02 다음 중 산소결핍 위험장소에서의 산소농도나 가연성물질 등의 농도측정 시기가 잘못 설명된 것은? [08 기사]

① 작업 당일 일을 시작하기 전
② 교대제 작업의 경우 마지막 교대조가 작업을 시작하기 전
③ 작업종사자의 전체가 작업장소를 떠났다가 들어와 다시 작업을 개시하기 전
④ 근로자의 신체나 환기장치 등에 이상이 있을 때

hint 최초 교대가 행해져서 작업이 시작되기 전

03 사업주가 관계 근로자 외에는 출입을 금지시키고 그 뜻을 보기 쉬운장소에 게시하여야 하는 작업장소가 아닌 것은? [18 기사]

① 산소의 농도가 18% 미만인 장소
② 탄산가스의 농도가 1.5%를 초과하는 장소
③ 일산화탄소의 농도가 30ppm을 초과하는 장소
④ 황화수소의 농도가 100만분의 1을 초과하는 장소

hint 적정한 공기가 존재하지 않는 곳에 관계 근로자 외의 출입금지 게시를 하여야 한다. 적정한 공기는 산소농도 18~23.5% 미만, 탄산가스 농도 1.5% 미만, 황화수소 농도 10ppm 미만 수준의 공기이다. 100만분의 1은 1ppm이다.

04 산소결핍 위험장소에서는 산소농도나 가연성 물질 등의 농도를 측정하여야 한다. 가연성 물질의 경우 농도 수준이 어느 정도로 유지되어야 하는가? [07 기사]

① 폭발한계의 10% 이하
② 폭발한계의 15% 이하
③ 폭발한계의 20% 이하
④ 폭발한계의 25% 이하

hint 가연성 물질의 경우 폭발하한농도(LEL)의 10% 이하가 유지되도록 하여야 한다.

정답 01.① 02.② 03.④ 04.①

종합연습문제

01 산업안전보건법령에서 산소결핍이란 공기 중의 산소농도가 얼마 미만인 상태를 말하는가?
[08,09,14 산업]
① 17% ② 18%
③ 19% ④ 20%

02 다음 중 산업안전보건법상 '적정한 공기'에 해당하는 것은? (단, 다른 성분의 조건은 적정한 것으로 가정한다.) [15 기사]
① 산소농도가 16%인 공기
② 산소농도가 25%인 공기
③ 탄산가스농도가 1.0%인 공기
④ 황화수소농도가 25ppm인 공기

03 다음 중 산소 결핍장소에서의 관리 방법에 관한 내용으로 틀린 것은? [12,16 산업]
① 생체 중에서 산소결핍에 대하여 가장 민감한 조직은 뇌이다.
② 산소결핍이란 공기 중의 산소농도가 18% 미만인 상태를 말한다.
③ 산소결핍의 우려가 있는 경우에는 산소의 농도를 측정하는 사람을 지명하여 측정하도록 하여야 한다.
④ 맨홀 지하작업 등 산소결핍이 우려되는 장소에서는 근로자에게는 구명밧줄과 방독마스크를 착용하여야 한다.

> hint 맨홀이나 지하가스 발생 작업장은 방독마스크를 착용할 것이 아니라 공기호흡기 또는 송기마스크 등 호흡용 보호구를 착용하여야 한다. 방독마스크는 공기정화식으로 산소농도가 18% 미만인 장소에는 사용할 수 없다.

04 다음 중 산소 결핍장소와 가장 거리가 먼 곳은? [05 기사]
① 장기간 사용하지 않은 우물 내부
② 분뇨나 썩은 물이 들어 있는 정화조
③ 질소, 아르곤 등 불활성 가스가 들어 있는 탱크
④ 구조물을 세척하는 고독성 탈지 세척조

05 산업안전보건법령상 밀폐공간 작업으로 인한 건강장해 예방을 위하여 '적정한 공기'의 조성 조건으로 옳은 것은? [09,15 기사]
① 산소농도가 18% 이상 21% 미만, 탄산가스 농도가 1.5% 미만, 황화수소 농도가 10ppm 미만 수준의 공기
② 산소농도가 18% 이상 23.5% 미만, 탄산가스 농도가 3% 미만, 황화수소 농도가 5ppm 미만 수준의 공기
③ 산소농도가 18% 이상 21% 미만, 탄산가스 농도가 1.5% 미만, 황화수소 농도가 5ppm 미만 수준의 공기
④ 산소농도가 18% 이상 23.5% 미만, 탄산가스 농도가 1.5% 미만, 황화수소 농도가 10ppm 미만 수준의 공기

06 산업안전보건법상 산소결핍, 유해가스로 인한 화재·폭발 등의 위험이 있는 밀폐공간 내 작업시 조치사항으로 적합하지 않은 것은? [14 기사]
① 밀폐공간 보건작업 프로그램을 수립하여 시행해야 한다.
② 작업을 시작하기 전 근로자로 하여금 방독마스크를 착용하도록 한다.
③ 작업장소에 근로자를 입장시킬 때와 퇴장시킬 때마다 인원을 점검하여야 한다.
④ 밀폐공간에는 관계 근로자가 아닌 사람의 출입을 금지하고, 그 내용을 보기 쉬운장소에 게시하여야 한다.

07 산업안전보건법에서 정하는 밀폐공간의 정의 중 '적정한 공기'에 해당하지 않는 것은? (단, 다른 성분의 조건은 적정함) [14 기사]
① 일산화탄소농도 100ppm 미만
② 황화수소농도 10ppm 미만
③ 탄산가스농도 1.5% 미만
④ 산소농도 18% 이상 23.5% 미만

정답 | 01.② 02.③ 03.④ 04.④ 05.④ 06.② 07.①

2 소음에 의한 건강장해의 예방

> 이승원의 **minimum point**

(1) 용어의 정의 ※ 산업안전보건기준에 관한 규칙 제512조-2019.4.19. 개정기준

1. **소음작업**이란 1일 8시간 작업을 기준으로 **85데시벨 이상**의 소음이 발생하는 작업을 말한다.
2. **강렬한 소음작업**이란 다음의 하나에 해당하는 작업을 말한다.
   - 90데시벨 이상의 소음이 1일 8시간 이상 발생하는 작업
   - 95데시벨 이상의 소음이 1일 4시간 이상 발생하는 작업
   - 100데시벨 이상의 소음이 1일 2시간 이상 발생하는 작업
   - 105데시벨 이상의 소음이 1일 1시간 이상 발생하는 작업
   - 110데시벨 이상의 소음이 1일 30분 이상 발생하는 작업
   - 115데시벨 이상의 소음이 1일 15분 이상 발생하는 작업
3. **충격소음작업**이란 소음이 **1초 이상**의 간격으로 발생하는 작업으로서 다음의 하나에 해당하는 작업을 말한다.
   - 120데시벨을 초과하는 소음이 1일 1만회 이상 발생하는 작업
   - 130데시벨을 초과하는 소음이 1일 1천회 이상 발생하는 작업
   - 140데시벨을 초과하는 소음이 1일 1백회 이상 발생하는 작업

(2) 소음의 노출기준 ※ 고용노동부고시-2018.7.30. 개정기준

① **소음의 노출기준**(충격소음 제외)

1일 노출시간(hr)	소음강도(dB(A))
8	90
4	95
2	100
1	105
1/2	110
1/4	115

㈜ 115dB(A)를 초과하는 소음 수준에 노출되어서는 안 됨

② **소음의 노출기준**(충격소음)

1일 노출횟수	충격소음의 강도(dB(A))
100	140
1,000	130
10,000	120

㈜ 1. 최대음압수준이 **140dB(A)**를 초과하는 충격소음에 노출되어서는 안 됨
　 2. **충격소음**이라 함은 **최대음압수준**에 **120dB(A)** 이상인 소음이 **1초 이상**의 간격으로 발생하는 것

04. 관련법규

- 기사 : 01,03
- 산업 : 08,10,19

01 산업안전보건법상 강렬한 소음작업이라 함은 몇 dB(A) 이상의 소음이 1일 8시간 이상 발생되는 작업을 말하는가?

① 85　　　　　　　　② 90
③ 95　　　　　　　　④ 100

해설 1일 8시간 이상 발생하는 소음을 기준할 때, 강렬한 소음작업이란 90dB 이상의 소음이다. 반복 출제될 수 있는 문제이므로 꼭 암기해 두도록!!!　　　**답** ②

유.사.문.제

01 다음 중 산업안전보건법령에서 정의한 강렬한 소음작업에 해당하는 작업은? [10,15 산업]

① 90dB 이상의 소음이 1일 4시간 이상 발생되는 작업
② 95dB 이상의 소음이 1일 2시간 이상 발생되는 작업
③ 100dB 이상의 소음이 1일 1시간 이상 발생되는 작업
④ 110dB 이상의 소음이 1일 30분 이상 발생되는 작업

02 산업안전보건법상 충격소음작업이라 함은 몇 dB 이상의 소음을 1일 100회 이상 발생하는 작업을 말하는가? [09,12,19 기사]

① 110　　　　　　② 120
③ 130　　　　　　④ 140

03 다음 중 충격소음의 강도가 130dB(A)일 때 1일 노출횟수의 기준으로 옳은 것은? [12 기사]

① 50　　　　　　② 100
③ 500　　　　　　④ 1,000

04 소음의 정의를 설명한 것 중 맞는 것은 어느 것인가? [16 산업]

① 불쾌하고 원하지 않는 소리
② 일정 범위의 강도를 갖는 소리
③ 주파수가 높고 규칙적으로 발생하는 소리
④ 주파수가 낮고 불규칙적으로 발생하는 소리

05 다음 중 산업안전보건법상 충격소음작업에 해당하는 것은? (단, 작업은 소음이 1초 이상의 간격으로 발생한다.) [11 산업][10,15 기사]

① 120데시벨을 초과하는 소음이 1일 1만회 이상 발생되는 작업
② 125데시벨을 초과하는 소음이 1일 1천회 이상 발생되는 작업
③ 130데시벨을 초과하는 소음이 1일 1백회 이상 발생되는 작업
④ 140데시벨을 초과하는 소음이 1일 10회 이상 발생되는 작업

06 소음의 노출기준에 대한 설명으로 틀린 것은? [17 산업]

① 1일 8시간 작업에 대한 소음의 노출기준은 90dB(A)이다.
② 최대음압수준이 150dB(A)을 넘는 충격소음에 노출되어서는 안 된다.
③ 충격소음을 제외한 작업장에서의 소음은 115dB(A)을 초과해서는 안 된다.
④ 충격소음이란 최대음압수준이 120dB(A) 이상인 소음이 1초 이상의 간격으로 발생하는 것을 말한다.

hint 최대음압수준이 140dB(A)를 초과하는 충격소음에 노출되어서는 안 된다.

정답 ┃ 01.④ 02.④ 03.④ 04.① 05.① 06.②

PART 1 산업위생학 개론

예상 02 ■ 기사 : 18 ■ 산업 : 17

산업안전보건법의 궁극적 목적에 해당되지 않는 내용은?

① 산업재해를 예방
② 쾌적한 작업환경을 조성
③ 근로자의 재활을 통한 사업장 복귀
④ 근로자의 안전과 보건을 유지·증진

해설 산업안전보건법은 산업안전·보건에 관한 기준을 확립하고 그 책임의 소재를 명확하게 하여 산업재해를 예방하고 쾌적한 작업환경을 조성함으로써 근로자의 안전과 보건을 유지·증진함을 목적으로 한다. **답** ③

유.사.문.제

01 다음 중 산업안전보건법령상 강렬한 소음작업에 해당하는 것은? [09 산업]

① 85dB 이상의 소음이 1일 8시간 이상 발생되는 작업
② 90dB 이상의 소음이 1일 6시간 이상 발생되는 작업
③ 95dB 이상의 소음이 1일 4시간 이상 발생되는 작업
④ 100dB 이상의 소음이 1일 1시간 이상 발생되는 작업

02 물리적 인자의 노출기준상 충격소음의 1일 노출횟수가 5,000회일 때, 허용 충격소음의 강도는 얼마인가? [10 산업]

① 110dB(A) ② 120dB(A)
③ 130dB(A) ④ 140dB(A)

03 산업안전보건법에 근로자의 건강보호를 위해 사업주가 실시하여야 하는 프로그램이 아닌 것은? [17 기사]

① 청력보존 프로그램
② 호흡기보호 프로그램
③ 방사선 예방관리 프로그램
④ 밀폐공간 보건작업 프로그램

hint 근로자의 건강보호를 위해 사업주가 실시하여야 하는 프로그램은 ①,②,④항 이외에 근골격계질환 예방관리 프로그램이다.

04 충격소음의 노출기준에서 충격소음의 강도와 1일 노출횟수가 잘못 연결된 것은? [11,13 기사]

① 120dB(A) : 10,000회
② 130dB(A) : 1,000회
③ 140dB(A) : 100회
④ 150dB(A) : 10회

hint 최대음압수준이 140dB(A)를 초과하는 충격소음에 노출되어서는 안 된다.

05 산업안전보건법령(국내)에서 정하는 1일 8시간 기준의 소음노출기준과 ACGIH 노출기준의 비교 및 각각의 기준에 대한 노출시간 반감에 따른 소음변화율을 비교한 [표]중에 올바르게 구분한 것은? [15 기사]

구분	노출기준		소음변화율	
	국내	ACGIH	국내	ACGIH
㉠	90dB	85dB	3dB	3dB
㉡	90dB	90dB	5dB	5dB
㉢	90dB	85dB	5dB	3dB
㉣	90dB	90dB	3dB	5dB

① ㉠ ② ㉡
③ ㉢ ④ ㉣

hint 국내의 1일 8시간 기준의 소음노출기준과 ACGIH 노출기준을 비교하면 다음과 같다.
- 우리나라 : 8시간 노출기준 → 90dB(5dB 변화율)
- ACGIH : 8시간 노출기준 → 85dB(3dB 변화율)

정답 ❙ 01.③ 02.③ 03.③ 04.④ 05.③

3 근로자의 건강진단·근골격계 장애의 예방

 이승원의 **minimum point**

(1) 건강진단

① **건강진단의 구분**(시행규칙 제98조의2) : 사업주는 규정에 따라 건강진단의 실시 시기 및 대상을 기준으로 일반건강진단·특수건강진단·배치 전 건강진단·수시건강진단 및 임시건강진단을 실시하여야 한다.

① **적용대상**(시행규칙 제98조)
1. 일반건강진단이란 **상시 사용하는 근로자**의 건강관리를 위하여 사업주가 주기적으로 실시하는 건강진단을 말한다.
2. 특수건강진단이란 다음의 하나에 해당하는 근로자의 건강관리를 위하여 사업주가 실시하는 건강진단을 말한다.
    - **특수건강진단 대상 유해인자**에 노출되는 업무에 종사하는 근로자
    - 근로자건강진단 실시 결과 **직업병 유소견자**로 판정받은 후 작업 전환을 하거나 작업장소를 변경하고, 직업병 유소견 판정의 원인이 된 유해인자에 대한 건강진단이 필요하다는 의사의 소견이 있는 근로자
3. 배치 전 건강진단이란 **특수건강진단 대상업무**에 종사할 근로자에 대하여 **배치 예정업무**에 대한 **적합성 평가**를 위하여 사업주가 실시하는 건강진단을 말한다.
4. 수시건강진단이란 **특수건강진단 대상업무**로 인하여 해당 유해인자에 의한 직업성 천식, 직업성 피부염, 그 밖에 건강장해를 의심하게 하는 **증상**을 보이거나 **의학적 소견**이 있는 근로자에 대하여 사업주가 실시하는 건강진단을 말한다.
5. 임시건강진단이란 다음의 하나에 해당하는 경우로서 **지방고용노동관서의 장의 명령**에 따라 사업주가 실시하는 건강진단을 말한다.
    - 같은 부서에 근무하는 근로자 또는 같은 유해인자에 노출되는 근로자에게 **유사한 질병**의 **자각·타각 증상**이 발생한 경우
    - **직업병 유소견자**가 발생하거나 **여러 명**이 발생할 우려가 있는 경우
    - 그 밖에 지방고용노동관서의 장이 필요하다고 판단하는 경우

① **건강진단의 실시 시기**(시행규칙 제99조)
1. 사무직에 종사하는 근로자는 **2년에 1회** 이상
2. 그 밖의 근로자는 **1년에 1회** 이상

‖ 건강진단 실시결과 건강관리 구분 ‖

구 분		내 용
A		건강관리상 사후관리가 필요 없는 자(건강자, 정상자)
C	C1	직업병 추적검사 등 관찰이 필요한 자(직업병 요관찰자)
	C2	일반 질병으로 진전될 우려가 있어 추적관찰이 필요한 자(일반질병 요관찰자)
D1		직업성 질병의 소견을 보여 사후관리가 필요한 자(직업병 유소견자)
D2		일반 질병의 소견을 보여 사후관리가 필요한 자(일반질병 유소견자)
R		일반 건강진단에서의 질환 의심자(제2차 건강진단 대상자, 질환 의심자)

ⓘ **특수건강진단의 시기 및 주기**(시행규칙 별표 12-3)

대상유해인자	시 기 배치 후 첫 번째 특수건강진단	주 기
N,N-디메틸아세트아미드, N,N-디메틸포름아미드	1개월 이내	6개월
벤젠	2개월 이내	6개월
1,1,2,2-테트라클로로에탄, 사염화탄소 아크릴로니트릴, 염화비닐	3개월 이내	6개월
석면, 면 분진	12개월 이내	12개월
광물성 분진, 나무 분진, 소음 및 충격소음	12개월 이내	24개월
위의 대상 유해인자를 제외한 모든 대상 유해인자	6개월 이내	12개월

ⓘ **진단결과의 통보 및 자료보존**
1. 건강진단 실시일부터 **30일 이내**에 근로자와 사업주에게 송부하여야 한다.
2. 건강진단 결과표 또는 전산입력 자료는 **5년간 보존**하여야 한다. 다만, 고용노동부장관이 정하여 고시하는 물질을 취급하는 근로자의 경우 **30년간 보존**하여야 한다.

(2) 재해위험·작업중지 조치 (산업안전보건법, 2020.1.16. 시행기준)

ⓘ **사업주의 작업중지**(보건법 제51조) : 사업주는 산업재해가 발생할 급박한 위험이 있을 때에는 즉시 작업을 중지시키고 근로자를 작업장소에서 대피시키는 등 안전 및 보건에 관하여 필요한 조치를 하여야 한다.

ⓘ **근로자의 작업중지**(보건법 제52조) : 근로자는 산업재해가 발생할 급박한 위험이 있는 경우에는 작업을 중지하고 대피할 수 있다.
- 작업을 중지하고 대피한 근로자는 지체없이 그 사실을 관리감독자 또는 그 밖에 부서의 장(관리감독자)에게 보고하여야 한다.
- 관리감독자는 보고를 받으면 안전 및 보건에 관하여 필요한 조치를 하여야 한다.
- 사업주는 산업재해가 발생할 급박한 위험이 있다고 근로자가 믿을 만한 합리적인 이유가 있을 때에는 작업을 중지하고 대피한 근로자에 대하여 해고나 그 밖의 불리한 처우를 해서는 아니 된다.

(3) 근골격계 부담작업으로 인한 건강장해의 예방

ⓘ **근골격계 부담작업**(고용노동부고시 제2018-13) : 보건법 및 관련 규칙에 따른 근골격계 부담작업이란 다음의 어느 하나에 해당하는 작업을 말한다. 다만, **단기간작업**(2개월 이내에 종료되는 1회성 작업) 또는 **간헐적인 작업**(연간 총 작업일수가 60일을 초과하지 않는 작업)을 **제외**한다.
- 하루에 **4시간 이상** 집중적으로 자료입력 등을 위해 **키보드** 또는 **마우스**를 조작하는 작업
- 하루에 총 **2시간 이상** 목, 어깨, 팔꿈치, 손목 또는 손을 사용하여 같은 동작을 반복하는 작업
- 하루에 총 **2시간 이상** 머리 위에 손이 있거나, 팔꿈치가 어깨 위에 있거나, 팔꿈치를 몸통으로부터 들거나, 팔꿈치를 몸통 뒤쪽에 위치하도록 하는 상태에서 이루어지는 작업

- 지지되지 않은 상태이거나 임의로 자세를 바꿀 수 없는 조건에서, 하루에 **총 2시간** 이상 목이나 허리를 구부리거나 트는 상태에서 이루어지는 작업
- 하루에 **총 2시간** 이상 쪼그리고 앉거나 무릎을 굽힌 자세에서 이루어지는 작업
- 하루에 **총 2시간** 이상 지지되지 않은 상태에서 **1kg 이상**의 물건을 **한 손의 손가락**으로 집어 옮기거나, **2kg 이상**에 상응하는 힘을 가하여 **한 손의 손가락**으로 물건을 쥐는 작업
- 하루에 **총 2시간 이상** 지지되지 않은 상태에서 **4.5kg 이상**의 물건을 한 손으로 들거나 동일한 힘으로 쥐는 작업
- 하루에 **10회 이상 25kg 이상**의 물체를 드는 작업
- 하루에 **25회 이상 10kg 이상**의 물체를 무릎 아래에서 들거나, 어깨 위에서 들거나, 팔을 뻗은 상태에서 드는 작업
- 하루에 **총 2시간 이상**, 분당 2회 이상 **4.5kg 이상**의 물체를 드는 작업
- 하루에 **총 2시간 이상**, 시간당 10회 이상 손 또는 무릎을 사용하여 반복적으로 충격을 가하는 작업

ⓘ **유해요인 조사**(보건기준에 관한 규칙 제657조) : 사업주는 근로자가 근골격계 부담작업을 하는 경우에 **3년마다** 다음의 사항에 대한 유해요인 조사를 하여야 한다. 다만, **신설되는 사업장**의 경우에는 신설일부터 **1년 이내**에 최초의 유해요인 조사를 하여야 한다. 유해요인 조사에 **근로자 대표** 또는 해당 **작업 근로자**를 **참여**시켜야 한다.
- 설비·작업공정·작업량·작업속도 등 작업장 상황
- 작업시간·작업자세·작업방법 등 작업조건
- 작업과 관련된 근골격계 질환 징후와 증상 유무 등

다만, 다음에 해당하는 사유가 발생하였을 경우에 **지체없이 유해요인 조사**를 하여야 한다.
- 임시건강진단 등에서 **근골격계 질환자가 발생**하였거나 근로자가 근골격계 질환으로 **업무상 질병**으로 인정받은 경우
- 근골격계 부담작업에 해당하는 **새로운 작업·설비**를 도입한 경우
- 근골격계 부담작업에 해당하는 업무의 양과 작업공정 등 **작업환경을 변경**한 경우

ⓘ **근골격계 질환 예방관리 프로그램 시행**(보건기준에 관한 규칙 제662조) : 사업주는 다음의 어느 하나에 해당하는 경우에 근골격계 질환 예방관리 프로그램을 수립하여 시행하여야 한다.
- 근골격계 질환으로 업무상 질병으로 인정받은 근로자가 **연간 10명 이상** 발생한 사업장
- 근골격계 질환으로 업무상 질병으로 인정받은 근로자가 **연간 5명 이상** 발생한 사업장으로서 **발생 비율**이 그 사업장 근로자 수의 **10퍼센트 이상**인 경우

ⓘ **중량의 표시**(보건기준에 관한 규칙 제665조) : 사업주는 근로자가 **5kg 이상**의 중량물을 들어올리는 작업을 하는 경우에 다음의 조치를 하여야 한다.
- 주로 취급하는 물품에 대하여 근로자가 쉽게 알 수 있도록 **물품의 중량**과 **무게중심**에 대하여 작업장 주변에 안내표시를 할 것
- 취급하기 곤란한 물품은 손잡이를 붙이거나 갈고리, 진공빨판 등 적절한 보조도구를 활용할 것

PART 1 산업위생학 개론

예상 01

- 기사 : 00,17
- 산업 : 01

산업안전보건법상 근로자 건강진단의 종류가 아닌 것은?

① 퇴직 후 건강진단   ② 특수건강진단
③ 배치 전 건강진단   ④ 임시건강진단

해설 건강진단의 종류는 건강진단의 실시 시기 및 대상을 기준으로 일반건강진단 · 특수건강진단 · 배치 전 건강진단 · 수시건강진단 및 임시건강진단으로 대별된다. → 보존 5년(석면 등 유해물질은 30년)   **답** ①

유.사.문.제

01 산업안전보건법령에 명시된 근로자가 건강관리를 위한 건강진단의 종류에 해당되지 않는 것은? [14 산업]

① 배치 전 건강진단
② 수시건강진단
③ 종합건강진단
④ 임시건강진단

02 산업안전보건법상 다음 설명에 해당하는 건강진단의 종류는? [10,17 기사]

> 특수건강진단 대상업무에 종사할 근로자에 대하여 배치 예정업무에 대한 적합성 평가를 위하여 사업주가 실시하는 건강진단

① 일반건강진단
② 수시건강진단
③ 임시건강진단
④ 배치 전 건강진단

03 산업안전보건법령상 건강진단기관이 건강진단을 실시하였을 때에는 그 결과를 고용노동부장관이 정하는 건강진단 개인표에 기록하고, 건강진단 실시일부터 며칠 이내에 근로자에게 송부하여야 하는가? [12,15 산업]

① 15일   ② 30일
③ 45일   ④ 60일

hint 건강진단 실시일부터 30일 이내에 근로자에게 송부하여야 한다.

04 다음 중 산업안전보건법상 근로자 건강진단의 종류가 아닌 것은? [11 산업]

① 일반건강진단   ② 배치 전 건강진단
③ 수시건강진단   ④ 전문건강진단

05 다음 중 산업안전보건법상 산업재해의 정의로 가장 적합한 것은? [15 기사]

① 예기치 않고 계획되지 않은 사고이며, 상해를 수반하는 경우를 말한다.
② 직업상의 재해 또는 작업환경으로부터 무리한 근로의 결과로 발생되는 절상, 골절, 염좌 등의 상해를 말한다.
③ 근로자가 업무에 관계되는 건설물, 설비, 원재료, 가스, 증기, 분진 등에 의하거나 작업 또는 그 밖의 업무로 인하여 사망 또는 부상하거나 질병에 걸리는 것을 말한다.
④ 불특정 다수에게 의도하지 않은 사고가 발생하여 신체적, 재산상의 손실이 발생하는 것을 말한다.

hint 산업재해란 근로자가 업무에 관계되는 건설물 · 설비 · 원재료 · 가스 · 증기 · 분진 등에 의하거나 작업 또는 그 밖의 업무로 인하여 사망 또는 부상하거나 질병에 걸리는 것을 말한다.

06 산업안전보건법에 따라 작업환경측정을 실시한 경우 작업환경측정 결과보고서는 시료채취를 마친 날부터 며칠 이내에 관할 지방고용노동관서의 장에게 제출하여야 하는가? [13 기사]

① 7일   ② 15일
③ 30일   ④ 60일

정답 | 01.③ 02.④ 03.② 04.④ 05.③ 06.③

종합연습문제

01 다음 중 상용 근로자 건강진단의 목적과 가장 거리가 먼 것은? [13 산업]
① 근로자가 가진 질병의 조기 발견
② 질병이환 근로자의 질병치료 및 취업 제한
③ 근로자가 일에 부적합한 인적 특성을 지니고 있는지 여부 확인
④ 일이 근로자 자신과 직장동료의 건강에 불리한 영향을 미치고 있는지 여부의 발견

hint 질병이환 근로자의 질병치료 및 취업 제한은 상용 근로자 건강진단의 목적과 거리가 멀다.

02 다음 중 "작업환경측정 및 지정측정 기관평가 등에 관한 고시"에 따른 유해인자의 특정 농도 평가방법으로 틀린 것은? [13 기사]
① STEL 허용기준이 설정되어 있는 유해인자가 작업시간내 간헐적(단시간)으로 노출되는 경우에는 15분간씩 측정하여 단시간 노출값을 구한다.
② 측정한 값이 허용기준 TWA를 초과하고 허용기준 STEL 이하인 때 1회 노출지속시간이 15분 이상인 경우 허용기준을 초과한 것으로 판정한다.
③ 측정한 값이 허용기준 TWA를 초과하고 허용기준 STEL 이하인 때 1일 4회를 초과하여 노출되는 경우 허용기준을 초과한 것으로 판정한다.
④ 측정한 값이 허용기준 TWA를 초과하고 허용기준 STEL 이하인 때 각 회의 간격이 90분 미만인 경우 허용기준을 초과한 것으로 판정한다.

hint 측정값이 허용기준 STEL 이하인 때에는 다음 어느 하나 이상에 해당되면 허용기준을 초과한 것으로 판정한다.
• 1회 노출지속시간이 15분 이상인 경우
• 1일 4회를 초과하여 노출되는 경우
• 각 회의 간격이 60분 미만인 경우

03 다음 중 산업안전보건법상 고용노동부장관에 의한 보건관리 대행기관의 지정취소 및 업무정지에 관한 설명으로 틀린 것은? [13 기사]
① 고용노동부장관은 업무정지 기간 중에 업무를 수행한 경우 그 지정을 취소하여야 한다.
② 고용노동부장관은 거짓이나 그 밖의 부정한 방법으로 지정을 받은 경우 그 지정을 취소하여야 한다.
③ 지정이 취소된 자는 지정이 취소된 날부터 1년 이내에는 안전관리 대행기관으로 지정받을 수 없다.
④ 고용노동부장관은 지정받은 사항을 위반하여 업무를 수행한 경우 6개월 이내의 기간을 정하여 그 업무의 정지를 명할 수 있다.

hint 지정이 취소된 날부터 2년 이내에는 안전관리 대행기관으로 지정받을 수 없다.

04 산업안전보건법에 의한 '화학물질의 분류·표시 및 물질안전자료에 관한 기준'에서 정하는 경고표지의 색상으로 적합한 것은? [13 산업]
① 경고표지 전체의 바탕은 흰색으로, 글씨와 테두리는 검정색으로 하여야 한다.
② 경고표지 전체의 바탕은 흰색으로, 글씨와 테두리는 붉은색으로 하여야 한다.
③ 경고표지 전체의 바탕은 노란색으로, 글씨와 테두리는 검정색으로 하여야 한다.
④ 경고표지 전체의 바탕은 노란색으로, 글씨와 테두리는 붉은색으로 하여야 한다.

hint ①항이 옳다. 경고표지 전체의 바탕은 흰색으로, 글씨와 테두리는 검정색으로 하여야 한다. 다만 비닐포대 등 바탕색을 흰색으로 하기 어려운 경우에는 그 포장 또는 용기의 표면을 바탕색으로 사용할 수 있다.

정답 | 01.② 02.④ 03.③ 04.①

PART 1 산업위생학 개론

예상 02
- 기사 : 02
- 산업 : 17

특수건강진단의 실시주기로 잘못 연결된 것은 어느 것인가?
① 벤젠-3개월
② 사염화탄소-6개월
③ 광물성 분진-24개월
④ N,N-디메틸포름아미드-6개월

[해설] 벤젠의 특수건강진단의 실시주기는 6개월이다.   답 ①

예상 03
- 기사 : 02, 12, 16
- 산업 : 03

근로자 건강진단 실시결과 건강관리 구분에 따른 내용의 연결이 틀린 것은?
① R : 건강관리상 사후관리가 필요없는 근로자
② C1 : 직업성 질병으로 진전될 우려가 있어 추적검사 등 관찰이 필요한 근로자
③ D1 : 직업성 질병의 소견을 보여 사후관리가 필요한 근로자
④ D2 : 일반 질병의 소견을 보여 사후관리가 필요한 근로자

[해설] R : 일반 건강진단에서의 질환 의심자(제2차 건강진단 대상자, 질환 의심자)   답 ①

유.사.문.제

01 다음 중 산업안전보건법령상 건강진단 결과의 판정결과 'C1'의 의미로 옳은 것은? [14 산업]
① 경미한 이상소견이 있는 근로자
② 일반 질병의 소견을 보여 사후관리가 필요한 근로자
③ 직업성 질병으로 진전될 우려가 있어 추적검사 등 관찰이 필요한 근로자
④ 건강진단 1차 검사결과 건강수준의 평가가 곤란하거나 질병이 의심되는 근로자

02 고용노동부장관은 직업병의 발생원인 및 예방을 위하여 필요하다고 인정할 때는 근로자의 질병과 화학물질 등 유해요인과의 상관관계에 관한 어떤 조사를 실시할 수 있는가? [17 기사]
① 역학조사
② 안전보건진단
③ 작업환경측정
④ 특수건강진단

hint 직업성 질환의 진단 및 예방, 발생 원인의 규명을 위해 필요한 것 → 역학조사(疫學調査)

03 우리나라에서 현재 시행되고 있는 건강관리 구분(판정 등급) 중 "D1"의 내용으로 옳은 것은? [09 산업][09 기사]
① 일반건강진단에서의 질환 의심자
② 건강관리상 사후관리가 필요없는 자
③ 직업성 질병의 소견을 보여 사후관리가 필요한 자
④ 일반 질병으로 진전될 우려가 있어 추적 관찰이 필요한 자

04 산업안전보건법상 특수건강진단 대상 작업에 해당하지 않는 것은? [07,11 산업][09 기사]
① 소음·진동 작업
② 방사선 작업
③ 고온·저온 작업
④ 유해광선 작업

hint 특수건강진단 대상에 속하는 물리적 유해인자 → 소음, 진동, 방사선, 고기압, 저기압, 유해광선, 마이크로파 및 라디오파 등

정답 | 01.③ 02.① 03.③ 04.③

04. 관련법규

- 기사 : 00,05,06,07,11,14
- 산업 : 01

예상 04 다음 중 산업안전보건법령상 중대재해에 해당하지 않는 것은?

① 사망자가 1명 발생한 재해
② 부상자가 동시에 5명 발생한 재해
③ 직업성 질병자가 동시에 12명 발생한 재해
④ 3개월 이상의 요양을 요하는 부상자가 동시에 3명 발생한 재해

해설 중대재해란 산업재해 중 사망 등 재해 정도가 심하거나 다수의 재해자가 발생한 경우로서 고용노동부령으로 정하는 재해를 말한다(보건안전법 제2조-2). **고용노동부령으로 정하는 재해란 사망자가 1명 이상 발생한 재해, 3개월 이상의 요양이 필요한 부상자가 동시에 2명 이상 발생한 재해, 부상자 또는 직업성 질병자가 동시에 10명 이상 발생한 재해를 말한다**(시행규칙 제2조-1). **답** ②

유.사.문.제

01 산업안전보건법령에서 정하는 중대재해라고 볼 수 없는 것은? [15 기사]
① 사망자가 1명 이상 발생한 재해
② 3개월 이상의 요양을 요하는 부상자가 동시에 2명 이상 발생한 재해
③ 6개월 이상의 요양을 요하는 부상자가 동시에 1명 이상 발생한 재해
④ 부상자 또는 직업성 질병자가 동시에 10명 이상 발생한 재해

02 산업재해 중 재해의 정도가 심한 것을 중대재해로 구분하고 있는데, 다음 중 중대재해의 기준에 해당되지 않는 것은? [01 기사]
① 사망자가 2인이 발생한 재해
② 부상자가 동시에 8인 이상 발생한 재해
③ 직업성 질병자가 동시에 15인이 발생한 재해
④ 3개월 이상의 요양을 요하는 부상자가 동시에 3인 발생한 재해

정답 ┃ 01.③ 02.②

- 기사 : 05,07,09,16
- 산업 : 02

예상 05 산업안전보건법상 사업주는 몇 kg 이상의 중량을 들어올리는 작업에 근로자를 종사하도록 할 때 다음과 같은 조치를 취하여야 하는가?

> • 주로 취급하는 물품에 대하여 근로자가 쉽게 알 수 있도록 물품의 중량과 무게중심에 대하여 작업장 주변에 안내표시를 할 것
> • 취급하기 곤란한 물품에 대하여 손잡이를 붙이거나 갈고리 등 적절한 보조도구를 활용할 것

① 3kg   ② 5kg
③ 10kg ④ 15kg

해설 위의 사항은 5kg 이상의 중량을 들어올리는 작업에 종사하는 근로자에 대한 조치사항이다. **답** ②

PART 1 산업위생학 개론

예상 06
- 기사 : 04, 15
- 산업 : 16②

산업안전보건법령상 사업주는 근골격계 부담작업에 근로자를 종사하도록 하는 경우에는 몇 년마다 유해요인조사를 실시하여야 하는가?

① 1년 ② 2년
③ 3년 ④ 5년

해설 사업주는 근로자가 근골격계 부담작업을 하는 경우에 3년마다 유해요인조사를 하여야 한다. **답** ③

유.사.문.제

01 산업재해가 발생할 경우 급박한 위험이 있거나 중대재해가 발생하였을 경우 취하는 행동으로 다음 중 가장 적합하지 않은 것은? [14 기사]
① 사업주는 즉시 작업을 중지시키고 근로자를 작업장소로부터 대피시켜야 한다.
② 직상급자에게 보고한 후 근로자의 해당 작업을 중지시킨다.
③ 사업주는 급박한 위험에 대한 합리적인 근거가 있을 경우 작업을 중지하고 대피한 근로자에게 해고 등의 불리한 처우를 해서는 안 된다.
④ 고용노동부장관은 근로감독관 등으로 하여금 안전보건진단이나 그 밖의 필요한 조치를 하도록 할 수 있다.

02 산업안전보건법령상 보관하여야 할 서류와 그 보존기간이 잘못 연결된 것은? [18 산업]
① 건강진단 결과를 증명하는 서류 : 5년간
② 보건관리업무 수탁에 관한 서류 : 3년간
③ 작업환경 측정결과를 기록한 서류 : 3년간
④ 발암성 확인물질을 취급하는 근로자에 대한 건강진단 결과의 서류 : 30년간

hint 작업환경 측정결과 기록서류 → 5년간 보존

【정리】 기록보존 기간
- 건강진단 결과를 증명하는 서류 : 5년간
- 보건관리업무 수탁에 관한 서류 : 3년간
- 작업환경 측정결과를 기록한 서류 : 5년간
- 발암성 확인물질을 취급하는 근로자에 대한 건강진단 결과의 서류 : 30년간

03 산업재해가 발생할 급박한 위험이 있거나 중대재해가 발생하였을 경우 취하는 행동으로 적합하지 않은 것은? [17 기사]
① 근로자는 직상급자에게 보고한 후 해당 작업을 즉시 중지시킨다.
② 사업주는 즉시 작업을 중지시키고 근로자를 작업장소로부터 대피시켜야 한다.
③ 고용노동부장관은 근로감독관 등으로 하여금 안전·보건 진단이나 그 밖의 필요한 조치를 하도록 할 수 있다.
④ 사업주는 급박한 위험에 대한 합리적인 근거가 있을 경우에 작업을 중지하고 대피한 근로자에게 해고 등의 불리한 처우를 해서는 안 된다.

04 중대재해 또는 산업재해가 다발하는 사업장을 대상으로 유사 사례를 감소시켜 관리하기 위하여 잠재적 위험성의 발견과 그 개선대책의 수립을 목적으로 고용노동부장관이 지정하는 자가 실시하는 조사·평가를 무엇이라 하는가? [18, 19 기사]
① 안전·보건진단
② 사업장 역학조사
③ 안전·위생진단
④ 유해·위험성 평가

hint 안전·보건진단은 중대재해 또는 산업재해가 다발하는 사업장을 대상으로 유사 사례를 감소시켜 관리하기 위하여 잠재적 위험성의 발견과 그 개선대책의 수립을 목적으로 고용노동부장관이 지정하는 자가 실시한다.

정답 ┃ 01.③ 02.③ 03.① 04.①

4 사무실 공기관리 및 작업환경 측정·석면해체

이승원의 minimum point

(1) 사무실 공기관리

① **사무실 오염물질 관리기준**(고시 제2조)

사무실 실내공기 오염물질의 종류–관리기준–측정방법

오염물질	관리기준	시료채취방법	시료채취시간	측정횟수
미세먼지 (PM_{10})	$150\mu g/m^3$ 이하	고용량 시료채취기	업무시간동안 (6시간 이상 연속)	연 1회 이상
일산화탄소 (CO)	10ppm 이하	비분산적외선검출기	업무시작 후 1시간 이내 종료 전 1시간 이내 (각각 10분간 측정)	연 1회 이상
이산화탄소 (CO_2)	1,000ppm 이하	비분산적외선검출기 전기화학검출기	업무시작 후 2시간 전후 및 종료 전 2시간 전후 (각각 10분간 측정)	연 1회 이상
포름알데히드 (HCHO)	$120\mu g/m^3$ 이하 (0.1ppm 이하)	시료채취기 (실리카겔관 장착)	업무시간동안 (6시간 이상 연속)	연 1회 이상
총휘발성 유기화합물 (TVOC)	$500\mu g/m^3$ 이하	고체흡착관 또는 캐니스터(canister)	업무시작 후 1시간~종료 1시간 전(30분간 2회 측정)	연 1회 이상
총부유세균	$800CFU/m^3$ 이하	부유세균채취기 (충돌, 세정, 여과법)	업무시작 후 1시간~종료 1시간 전(최고 실내온도에서 1회 측정)	연 1회 이상
이산화질소 (NO_2)	0.05ppm 이하	고체흡착관	업무시작 후 1시간~종료 1시간 전(1시간 측정)	연 1회 이상
오존(O_3)	0.06 ppm 이하	여과포집기 (유리섬유여과지)	업무시간동안 (6시간 이상 연속 측정)	연 1회 이상
석면	0.01개/cc 이하	멤브레인 필터	공사완료 후 입주 전 (6시간 이상 연속 측정)	설비 또는 건축물의 해체·보수 후 입주 전

㈜ 1. 관리기준 : **8시간 시간가중평균농도**(TWA) 기준
    2. PM_{10} : Particle Matters. 입경이 $10\mu m$ 이하인 먼지
    3. CFU/m^3 : Colony Forming Unit. $1m^3$중에 존재하고 있는 집락형성 세균 개체 수

② **사무실의 환기기준**(고시 제3조)
- 1인당 필요한 최소 외기량 : **분당 $0.57m^3$ 이상**(공기정화시설을 갖춘 사무실)
- 환기횟수 : **시간당 4회 이상**

③ **사무실 공기관리 상태평가**(고시 제4조) : 사업주는 근로자가 건강장해를 호소하는 경우에는 해당 사무실의 공기관리 상태를 평가하고, 그 결과에 따라 건강장해 예방을 위한 조치를 취한다.
- 근로자가 호소하는 증상(호흡기, 눈·피부 자극 등) 조사
- 공기정화설비의 환기량이 적정한지 여부조사
- 외부의 오염물질 유입경로 조사
- 사무실내 오염원 조사 등

◦ **시료채취 및 측정지점**(고시 제7조)
  ▫ 공기의 측정시료는 사무실 안에서 공기질이 **가장 나쁠 것**으로 예상되는 **2곳 이상**에서 채취하고, 측정은 사무실 바닥면으로부터 **0.9m 이상 1.5m 이하**의 높이에서 한다.
  ▫ 다만, 사무실 면적이 **500㎡를 초과**하는 경우에는 **500㎡마다 1곳씩 추가**하여 채취한다.

◦ **측정결과의 평가**(고시 제8조)
  ▫ 측정치 전체에 대한 **평균값**을 오염물질별 관리기준과 비교하여 평가한다.
  ▫ 다만, **이산화탄소**는 각 지점에서 측정한 측정치 중 **최고값**을 기준으로 비교·평가한다.

(2) 작업환경측정
(산업안전보건법 제125조, 2020.1.16. 시행기준)

◦ **작업환경측정**(보건법 제125조) : 사업주는 유해인자로부터 근로자의 건강을 보호하고 쾌적한 작업환경을 조성하기 위하여 인체에 해로운 작업을 하는 작업장으로서 고용노동부령으로 정하는 작업장에 대하여 고용노동부령으로 정하는 자격을 가진 자로 하여금 작업환경측정을 하도록 하여야 한다.

  • **작업환경측정자의 자격**(시행규칙 제93조의2) : 고용노동부령으로 정하는 자격을 가진 자란 그 사업장에 소속된 사람으로서 산업위생관리산업기사 이상의 자격을 가진 사람을 말한다.
  • **작업환경측정 대상 사업장**(시행규칙 제93조) : 고용노동부령으로 정하는 작업장이란 [별표 11의5]의 작업환경측정 대상 유해인자에 노출되는 근로자가 있는 작업장을 말한다.

작업환경측정 대상 작업장[별표 11의5] (요약)

☐ 총 종류 : 189종
  • **화학적 인자**(180종) : 유기화합물(113종), 금속류(23종), 산 및 알칼리류(17종), 가스상태 물질류(15종), 허가대상 유해물질(12종)
  • **물리적 인자**(2종) : **소음**(8시간 시간가중평균 80dB 이상), **고열**
  • **분진**(7종) : 광물성 분진, 곡물 분진, 면 분진, 나무 분진(Wood dust), 용접 흄, 유리섬유, 석면분진

◦ **작업환경 측정방법**(시행규칙 제93조3) : 작업환경측정을 할 때에는 다음의 사항을 지켜야 한다. 측정방법 외에 유해인자별 세부측정방법 등에 관하여 필요한 사항은 고용노동부장관이 정한다.
  1. 작업환경측정을 하기 전에 **예비조사**를 할 것(이 경우 근로자대표 또는 해당 작업공정을 수행하는 근로자가 요구하는 때에는 참여시켜야 한다).
  2. **작업이 정상적**으로 이루어져 작업시간과 유해인자에 대한 근로자의 노출 정도를 정확히 평가할 수 있을 때 실시할 것
  3. **모든 측정은 개인시료 채취방법**으로 하되, 개인시료 채취방법이 곤란한 경우에는 지역시료 채취방법으로 실시(이 경우 그 사유를 작업환경측정 결과표에 분명하게 밝혀야 함)할 것

◦ **작업환경 측정횟수**(시행규칙 제93조4)
  1. 사업주는 작업장 또는 작업공정이 신규로 가동되거나 변경되는 등으로 작업환경측정 대상 작업장이 된 경우에는 그 날부터 **30일 이내에 작업환경측정**을 하고, 그 후 **6개월에 1회 이상 정기적**으로 작업환경을 측정하여야 한다.
  2. **다만**, 작업환경측정 결과가 **다음의 어느 하나**에 해당하는 작업장 또는 작업공정은 해당 유해인자에 대하여 그 측정일부터 **3개월에 1회 이상** 작업환경측정을 하여야 한다.

- 화학적 인자(허가대상물질, 관리대상 유해물질만 해당)의 측정치가 노출기준을 **초과**하는 경우
- 화학적 인자(허가대상물질, 관리대상 유해물질 이외)의 측정치가 노출기준을 2배 **이상 초과**하는 경우

3. **위의 규정에도 불구하고** 사업주는 **최근 1년간** 작업공정에서 공정 설비의 변경, 작업방법의 변경, 설비의 이전, 사용 화학물질의 변경 등으로 작업환경측정 결과에 영향을 주는 변화가 없는 경우로서 다음의 어느 하나에 해당하는 경우에는 해당 유해인자에 대한 작업환경측정을 1년에 1회 이상 할 수 있다.
   - 작업공정내 **소음**의 작업환경측정 결과가 **최근 2회 연속 85데시벨**(dB) **미만**인 경우
   - 작업공정내 **소음 외**의 다른 모든 인자의 작업환경측정 결과가 **최근 2회 연속 노출기준 미만**인 경우

ⓘ **측정시간**(작업환경측정에 관한 고시 제18조)

1. 노출기준에 **시간가중평균기준**(TWA)이 설정되어 있는 대상물질을 측정하는 경우에는 **1일** 작업시간 동안 **6시간 이상 연속** 측정하거나 작업시간을 **등간격**으로 나누어 **6시간 이상** 연속분리하여 측정하여야 한다. 다만, **다음의 경우**에는 대상물질의 **발생시간 동안 측정**할 수 있다.
   - 대상물질의 발생시간이 6시간 이하인 경우
   - 불규칙 작업으로 6시간 이하의 작업
   - 발생원에서의 발생시간이 간헐적인 경우

2. **노출기준 고시에 단시간 노출기준**(STEL)이 설정되어 있는 물질로서 작업특성상 노출이 불균일하여 단시간 노출평가가 필요하다고 자격자 또는 지정측정기관이 판단하는 경우에는 단시간 측정을 할 수 있다. 이 경우 **1회에 15분간** 측정하되 유해인자 노출특성을 고려하여 측정횟수를 정할 수 있다.

3. **노출기준 고시에 최고노출기준**(Ceiling, C)이 설정되어 있는 대상물질을 측정하는 경우에는 최고노출수준을 평가할 수 있는 **최소한의 시간동안** 측정하여야 한다. 다만, 시간가중평균기준(TWA)이 함께 설정되어 있는 경우에는 병행하여야 한다.

ⓘ **시료채취 근로자수**(작업환경측정에 관한 고시 제19조)

1. 단위작업장소에서 최고 노출근로자 **2명 이상**에 대하여 **동시에 측정**하되, 단위작업장소에 근로자가 1명인 경우에는 그러하지 아니하며, 동일 작업근로자수가 **10명을 초과하는 경우**에는 매 **5명당 1명**(1개 지점) 이상 추가하여 측정하여야 한다. 다만, 동일 작업근로자수가 **100명을 초과**하는 경우에는 최대 시료채취 근로자수를 **20명**으로 조정할 수 있다.

2. 지역시료채취방법에 따른 측정시료의 개수는 단위작업장소에서 **2개 이상**에 대하여 **동시에 측정**하여야 한다. 다만, 단위작업장소의 넓이가 **50평방미터 이상**인 경우에는 매 **30평방미터마다 1개 지점** 이상을 추가로 측정하여야 한다.

- **단위작업장소**란 규칙 작업환경 측정대상이 되는 작업장 또는 공정에서 정상적인 작업을 수행하는 동일 노출집단의 근로자가 작업을 하는 장소를 말한다.

(3) 석면의 해체·제거   (산업안전보건법 제122조, 2020.1.16. 시행기준)

ⓘ **석면의 해체·제거**(보건법 제122조)

1. **기관석면조사 대상**인 건축물이나 설비에 대통령령으로 정하는 함유량과 면적 이상의 석면이 함유되어 있는 경우 해당 건축물·설비 소유주 등은 **석면해체·제거업자**로 하여금 그 석면을 해체·제거하도록 하여야 한다.

2. 다만, 건축물·설비 소유주 등이 인력·장비 등에서 석면해체·제거업자와 **동등한 능력**을 갖추고 있는 경우 등 대통령령으로 정하는 사유에 해당할 경우에는 **스스로** 석면을 해체·제거할 수 있다.

3. 석면해체·제거는 해당 건축물이나 설비에 대하여 **기관석면조사를 실시한 기관**이 해서는 아니 된다.

- **석면해체·제거업자를 통한 석면해체·제거 대상**(시행규칙 제30조의7) : **대통령령으로 정하는 함유량과 면적 이상의 석면**이 함유되어 있는 경우란 다음에 해당하는 경우를 말한다.
  □ 철거·해체하려는 벽체재료, 바닥재, 천장재 및 지붕재 등의 **자재**에 석면이 **1%**(무게 퍼센트)를 **초과**하여 함유되어 있고 그 자재의 **면적의 합이 50m² 이상**인 경우
  □ 석면이 **1%**(무게 퍼센트)를 **초과**하여 함유된 **분무재** 또는 **내화피복재**를 사용한 경우
  □ 석면이 **1%**(무게 퍼센트)를 **초과**하여 함유(분무재 및 내화피복재는 제외)에 해당하는 **자재의 면적 합이 15제곱미터 이상** 또는 그 부피의 합이 **1m³ 이상**인 경우
  □ **파이프**에 사용된 보온재에서 석면이 **1%**(무게 퍼센트)를 **초과**하여 함유되어 있고, 그 보온재 **길이의 합이 80m 이상**인 경우

- **스스로 석면을 해체·제거할 수 있는 경우**(시행규칙 제30조7-2) : **대통령령으로 정하는 사유**에 해당할 경우란 석면해체·제거작업을 스스로 하려는 자가 등록에 필요한 인력, 시설 및 장비를 갖추고 이를 증명할 수 있는 서류를 포함하여 규정에 따라 신고를 한 경우를 말한다.

ⓘ **석면해체·제거작업 시의 조치**(산업안전보건기준에 관한 규칙 제495조)

- 분무된 석면이나 석면이 함유된 보온재 또는 내화피복재의 해체·제거작업
  □ 창문·벽·바닥 등은 비닐 등 불침투성 차단재로 밀폐하고 해당 장소를 음압(陰壓)으로 유지할 것
  □ 작업 시 석면분진이 흩날리지 않도록 석면분진 포집장치를 가동하는 등 필요한 조치를 할 것
  □ 물이나 습윤제를 사용하여 습식(濕式)으로 작업할 것
  □ 탈의실, 샤워실 및 작업복 갱의실 등의 위생설비를 작업장과 연결하여 설치할 것
- 석면이 함유된 벽체, 바닥타일 및 천장재의 해체·제거작업
  □ 창문·벽·바닥 등은 비닐 등 불침투성 차단재로 밀폐할 것
  □ 물이나 습윤제를 사용하여 습식으로 작업할 것
  □ 작업장소를 음압으로 유지할 것
- 석면이 함유된 지붕재의 해체·제거작업
  □ 해체된 지붕재는 직접 땅으로 떨어뜨리거나 던지지 말 것
  □ 물이나 습윤제를 사용하여 습식으로 작업할 것(습식작업 시 안전상 위험이 있는 경우는 제외)
  □ 난방이나 환기를 위한 통풍구가 지붕 근처에 있는 경우에는 이를 밀폐하고 환기설비의 가동을 중단할 것

- 기사 : 02
- 산업 : 09, 16

01 산업안전보건법상 사무실 실내공기 오염물질의 측정방법(사무실 공기관리 지침)으로 틀린 것은?

① 석면분진 : PVC 필터에 의한 채취
② 이산화질소 : 고체흡착관에 의한 채취
③ 일산화탄소 : 전기화학검출기에 의한 채취
④ 이산화탄소 : 비분산적외선검출기에 의한 채취

해설 석면분진은 멤브레인 필터를 사용하여 채취한다. 답 ①

유.사.문.제

01 다음 중 사무실 공기관리에 있어 오염물질에 대한 관리기준이 잘못 연결된 것은? [11,19 기사]

① 일산화탄소 − 10ppm 이하
② 이산화탄소 − 1,000ppm 이하
③ 포름알데히드(HCHO) − 0.1ppm 이하
④ 오존 − 0.1ppm 이하

02 산업안전보건법의 '사무실 공기관리지침'에서 오염물질 관리기준이 설정되지 않은 것은? [18 산업]

① 총부유세균
② CO(일산화탄소)
③ SO_2(이산화황)
④ CO_2(이산화탄소)

hint 사무실 공기관리지침에서 오염물질 관리기준이 설정되어 있는 항목은 미세먼지(PM_{10}), CO, CO_2, 포름알데히드, 총휘발성유기화합물(TVOC), 총부유세균, 이산화질소(NO_2), 오존(O_3), 석면이다.

03 산업안전보건법상 사무실 공기질의 측정대상 물질에 해당하지 않는 것은? [17 기사]

① 석면   ② 일산화질소
③ 일산화탄소   ④ 총부유세균

04 다음 중 사무실 공기관리 지침상 관리대상 오염물질의 종류에 해당하지 않은 것은? [15 기사]

① 오존
② 호흡성 분진(RSP)
③ 총부유세균
④ 일산화탄소

05 사무실 공기관리 지침에서 정하는 오염물질과 관리기준이 올바르게 연결된 것은? [09 산업]

① 이산화탄소(CO_2) : 5,000ppm 이하
② 일산화탄소(CO) : 100ppm 이하
③ 포름알데히드(HCHO) : 0.1ppm 이하
④ 오존(O_3) : 0.1ppm 이하

06 다음 중 산업안전보건법에 따른 사무실 공기질 측정대상 오염물질에 해당하지 않는 것은? [14② 기사]

① 라돈   ② 미세먼지
③ 일산화탄소   ④ 총부유세균

07 다음 중 사무실의 공기관리 지침의 관리대상 오염물질이 아닌 것은? [19 산업][10,12 기사]

① 흄
② 미세먼지(PM_{10})
③ 총부유세균
④ 오존(O_3)

08 다음 중 사무실 공기관리 지침에 있어 오염물질의 대상에 해당하지 않는 것은? [12 산업]

① 미세먼지(PM_{10})
② 포름알데히드
③ 낙하세균(PM_{50})
④ 오존(O_3)

09 다음 중 사무실 공기관리 지침상의 오염물질에 대한 관리기준으로 옳은 것은? [09 산업]

① 오존 : 0.1ppm 이하
② 일산화탄소 : 100ppm 이하
③ 석면 : 0.01개/cc 이하
④ 이산화탄소 : 5,000ppm 이하

10 포름알데히드(HCHO)에 대한 설명으로 틀린 것은? [09,14 기사]

① 자극적인 냄새를 가지며, 메틸알데히드라고도 한다.
② 메탄올을 산화시켜 얻고, 환원성이 강하다.
③ 시료채취는 고체흡착관 또는 캐니스터로 수행한다.
④ 발암성 물질로 분류되어 있다.

정답 ┃ 01.④ 02.③ 03.② 04.② 05.③ 06.① 07.① 08.③ 09.③ 10.③

종합연습문제

01 산업안전보건법의 '사무실 공기관리 지침'에서 정하는 근로자 1인당 사무실의 환기기준으로 적절한 것은? [16 기사]

① 최소 외기량 : $0.57m^3/hr$
  환기횟수 : 시간당 2회 이상
② 최소 외기량 : $0.57m^3/hr$
  환기횟수 : 시간당 4회 이상
③ 최소 외기량 : $0.57m^3/min$
  환기횟수 : 시간당 2회 이상
④ 최소 외기량 : $0.57m^3/min$
  환기횟수 : 시간당 2회 이상

02 다음 중 사무실 공기관리 지침에서 지정하는 오염물질에 대한 시료채취방법이 잘못 연결된 것은? [09, 11 기사]

① 오존 – 멤브레인 필터를 이용한 채취
② 일산화탄소 – 전기화학검출기에 의한 채취
③ 이산화탄소 – 비분산적외선검출기에 의한 채취
④ 총부유세균 – 여과법을 이용한 부유세균 채취기로 채취

03 다음 중 사무실 공기관리에 대한 설명으로 틀린 것은? [09, 15, 19 기사]

① 관리기준은 8시간 시간가중평균농도 기준이다.
② 이산화탄소와 일산화탄소는 비분산적외선검출기의 연속 측정에 의한 직독식 분석방법에 의한다.
③ 이산화탄소의 측정결과 평가는 각 지점에서 측정한 측정치 중 평균값을 기준으로 비교, 평가한다.
④ 공기의 측정시료는 사무실 내에서 공기질이 가장 나쁠 것으로 예상되는 2곳 이상에서 사무실 바닥면으로부터 0.9~1.5m의 높이에서 채취한다.

04 다음 중 사무실 공기관리에 있어서 각 오염물질에 대한 관리기준으로 옳은 것은? [11 산업]

① 8시간 시간가중평균농도를 기준으로 한다.
② 단시간노출기준을 기준으로 한다.
③ 최고노출기준을 기준으로 한다.
④ 작업장의 장소에 따라 다르다.

05 사무실 공기관리 지침에서 정한 사무실 공기의 오염물질에 대한 시료채취시간이 바르게 연결된 것은? [10, 16 기사]

① 미세먼지 : 업무시간 동안 4시간 이상 연속 측정
② 포름알데히드 : 업무시간 동안 2시간 단위로 10분간 3회 측정
③ 이산화탄소 : 업무시작 후 1시간 전후 및 종료 전 1시간 전후 각각 30분간 측정
④ 일산화탄소 : 업무시작 후 1시간 이내 및 종료 전 1시간 이내 각각 10분간 측정

06 다음 중 사무실 공기관리 지침에 관한 설명으로 틀린 것은? [09 산업]

① 총부유세균은 연 1회 이상 측정한다.
② 사무실 면적이 $1,000m^2$를 초과하는 경우에는 $500m^2$당 1곳씩 추가하여 채취한다.
③ 측정은 사무실 바닥면으로부터 0.9~1.5m 높이에서 한다.
④ 공기의 측정시료는 사무실 내에서 공기질이 가장 나쁠 것으로 예상되는 2곳 이상에서 채취한다.

07 분진의 종류 중 산업안전보건법상 작업환경측정 대상이 아닌 것은? [16 기사]

① 목 분진
② 지분진(Paper dust)
③ 면 분진
④ 곡물 분진

hint 산업안전보건법상 작업환경측정 대상 분진은 7종으로 광물성 분진, 곡물 분진, 면 분진, 나무 분진, 용접 흄, 유리섬유, 석면분진이다.

정답 | 01.④ 02.① 03.③ 04.① 05.④ 06.② 07.②

종합연습문제

01 다음 중 사무실 공기관리 지침에 관한 설명으로 틀린 것은? [09 기사]
① 사무실 공기의 관리기준은 8시간 시간가중평균농도를 기준으로 한다.
② PM_{10}이란 입경이 $10\mu m$ 이하인 먼지를 의미한다.
③ 총부유세균의 단위는 CFU/m^3로 $1m^3$중에 존재하고 있는 집락형성 세균 개체수를 의미한다.
④ 사무실 공기질의 모든 항목에 대한 측정결과는 측정치 전체에 대한 평균값을 이용하여 평가한다.

02 사무실 실내환경의 이산화탄소(CO_2) 농도를 측정하였더니 750ppm이었다. 이산화탄소가 750ppm인 사무실 실내환경의 직접적 건강영향은? [19 기사]
① 두통
② 피로
③ 호흡곤란
④ 직접적 건강영향은 없다.

hint 사무실 실내환경의 이산화탄소(CO_2) 관리기준(8시간 시간가중평균농도)은 1,000ppm이므로 CO_2에 의한 직접적 건강영향은 없는 것으로 평가한다.

03 근로자가 건강장해를 호소하는 경우 사무실 공기관리상태를 평가할 때 조사항목에 해당되지 않는 것은? [14 기사]
① 사무실 외 오염원 조사 등
② 근로자가 호소하는 증상 조사
③ 외부의 오염물질 유입경로 조사
④ 공기정화설비의 환기량 적정 여부 조사

hint 사무실 공기관리상태 평가 시 조사항목
• 사무실 내의 오염원 조사
• 근로자가 호소하는 증상 조사
• 외부의 오염물질 유입경로 조사
• 공기정화설비의 환기량 적정 여부 조사

04 다음 중 사무직 근로자가 건강장해를 호소하는 경우 사무실 공기관리상태를 평가하기 위해 사업주가 실시해야 하는 조사방법과 가장 거리가 먼 것은? [15 기사]
① 사무실 조명의 조도 조사
② 외부의 오염물질 유입경로의 조사
③ 공기정화시설의 환기량이 적정한가를 조사
④ 근로자가 호소하는 증상(호흡기, 눈, 피부자극 등)에 대한 조사

hint 사무실 공기관리상태와 조명의 조도 조사는 무관하다.

05 산업안전보건법상 작업환경 측정대상 인자는 약 몇 종인가? [16 산업]
① 약 120종
② 약 190종
③ 약 460종
④ 약 690종

06 산업안전보건법상 작업환경 측정대상 유해인자 중 물리적 인자에 해당하는 것은? [17 산업]
① 조도
② 방사선
③ 소음
④ 바이러스

07 우리나라 화학물질 및 물리적 인자의 노출기준에 없는 유해인자는? (단, 고용노동부고시를 기준으로 한다.) [17 산업]
① 석면
② 소음
③ 진동
④ 고온

hint 물리적 인자는 2종으로 8시간 시간가중평균 80dB 이상의 소음과 고열이 설정되어 있다.

08 우리나라 산업안전보건법에 의하면 시료채취는 무엇을 기본으로 하는가? [16 산업]
① 지역시료채취
② 개인시료채취
③ 동일시료채취
④ 고체흡착시료채취

정답 | 01.④ 02.④ 03.① 04.① 05.② 06.③ 07.③ 08.②

종합연습문제

01 산업안전보건법상 작업환경측정에 관한 내용으로 틀린 것은? [09,12 기사]
① 작업환경측정을 실시하기 전에 예비조사를 실시하여야 한다.
② 모든 측정은 개인시료 채취방법으로만 실시하여야 한다.
③ 작업이 정상적으로 이루어져 작업시간과 유해인자에 대한 근로자의 노출정도를 정확히 평가할 수 있을 때 실시하여야 한다.
④ 작업환경측정자는 그 사업장에 소속된 자로서 산업위생관리산업기사 이상의 자격을 가진 자를 말한다.

02 산업안전보건법에 따라 작업환경측정을 실시한 경우 작업환경측정 결과보고서는 시료채취를 마친 날부터 며칠 이내에 관할 지방노동관서의 장에게 제출하여야 하는가? [09 기사]
① 7일 ② 15일
③ 30일 ④ 60일

hint 사업주는 작업환경측정 결과를 시료채취를 마친 날부터 30일 이내에 관할 지방고용노동관서의 장에게 제출하여야 한다.

03 작업환경측정 및 정도관리 규정에 있어 시료채취 근로자수는 단위작업장소에서 최고 노출근로자 몇 명 이상에 대하여 동시에 측정하도록 되어 있는가? [12,15 산업]
① 2명 ② 3명
③ 5명 ④ 10명

04 산업안전보건법령상 단위작업장소에서 동일작업 근로자수가 13명일 경우 시료채취 근로자수는 몇 명이 되는가? [13,16,19 기사]
① 1명 ② 2명
③ 3명 ④ 4명

hint 2명을 동시 측정하되, 동일작업 근로자수가 10인을 초과하는 경우에는 매 5인당 1인 이상 추가

05 산업안전보건법상 석면의 작업환경 측정결과 노출기준을 초과하였을 때 향후 측정주기는 어떻게 되는가? [07,09,15,19 기사]
① 3개월에 1회 이상
② 6개월에 1회 이상
③ 1년에 1회 이상
④ 2년에 1회 이상

06 산업안전보건법령에 따라 작업환경 측정방법에 있어 동일작업 근로자수가 100명을 초과하는 경우 최대 시료채취 근로자수는 몇 명으로 조정할 수 있는가? [18 기사]
① 10명 ② 15명
③ 20명 ④ 50명

07 산업안전보건법에 따라 최근 1년간 작업공정에서 공정설비의 변경, 작업방법의 변경, 설비의 이전, 사용 화학물질의 변경 등으로 작업환경 측정결과에 영향을 주는 변화가 없는 경우로서 해당 유해인자에 대한 작업환경측정을 1년에 1회 이상으로 할 수 있는 경우는? [15,18 산업][19 기사]
① 작업장 또는 작업공정이 신규로 가동되는 경우
② 작업공정 내 소음의 작업환경 측정결과가 최근 2회 연속 90데시벨(dB) 미만인 경우
③ 작업공정 내 소음 외의 다른 모든 인자의 작업환경 측정결과가 최근 2회 연속 노출기준 미만인 경우
④ 작업환경 측정대상 유해인자에 해당하는 화학적 인자의 측정치가 노출기준을 초과하는 경우

08 다음 입자상 물질 중 노출기준의 단위가 나머지와 다른 것은? (단, 고용노동부고시를 기준으로 한다.) [17 산업][09 기사]
① 석면
② 증기
③ 흄
④ 미스트

정답 | 01.② 02.③ 03.① 04.③ 05.① 06.③ 07.③ 08.①

종합연습문제

01 다음 중 석면의 농도를 표시하는 단위로 옳은 것은? (단, 고용노동부고시 기준) [10,17 산업]

① 개/cm^3 ② L/m^3
③ mm/L   ④ cm/m^3

02 산업안전보건법에서 정하는 '기타 분진'의 산화규소 결정체 함유율과 노출기준으로 옳은 것은? [14,17 기사]

① 함유율 : 0.1% 이하, 노출기준 : 10mg/m^3
② 함유율 : 0.1% 이하, 노출기준 : 5mg/m^3
③ 함유율 : 1% 이하, 노출기준 : 10mg/m^3
④ 함유율 : 1% 이하, 노출기준 : 5mg/m^3

hint ③항이 옳다. 답만 참고하는 수준으로…

03 다음 중 산업안전보건법령상 기관석면조사 대상으로서 건축물이나 설비의 소유주 등이 고용노동부장관에게 등록한 자로 하여금 그 석면을 해체·제거하도록 하여야 하는 함유량과 면적기준으로 틀린 것은? [12,15,19 산업]

① 석면이 1Wt%를 초과하여 함유된 분무재 또는 내화피복재를 사용한 경우
② 파이프에 사용된 보온재에서 석면이 1Wt%를 초과하여 함유되어 있고, 그 보온재 길이의 합이 25m 이상인 경우
③ 석면이 1Wt%를 초과하여 함유된 개스킷의 면적의 합이 15m^2 이상 또는 그 부피의 합이 1m^3 이상인 경우
④ 철거·해체하려는 벽체재료, 바닥재, 천장재 및 지붕재 등의 자재에 석면이 1Wt%를 초과하여 함유되어 있고 그 자재의 면적의 합이 50m^2 이상인 경우

hint 파이프에 사용된 보온재에서 석면 1Wt%를 초과하여 함유되어 있고, 그 보온재 길이의 합이 80m 이상인 경우 고용노동부장관에게 등록한 자로 하여금 석면을 해체·제거하도록 하여야 한다.

04 산업안전보건법에 따라 지정된 석면 해체·제거업자로 하여금 그 석면을 해체·제거하도록 하여야 하는데 다음 중 석면해체·제거 대상에 해당하는 것은? [11 기사]

① 석면이 0.1Wt%를 초과하여 함유된 분무재 또는 내화피복재를 사용한 경우
② 석면이 0.5Wt%를 초과하여 함유된 단열재, 보온재에 해당하는 자재의 면적의 합이 5m^2 이상인 경우
③ 파이프에 사용된 보온재에서 석면이 0.5Wt%를 초과하여 함유되어 있고, 그 보온재 길이의 합이 50m 이상인 경우
④ 철거·해체하려는 벽체재료, 바닥재, 천장재 및 지붕재 등의 자재에 석면이 1Wt%를 초과하여 함유되어 있고 그 자재의 면적의 합이 50m^2 이상인 경우

05 산업안전보건법에 따라 지정된 석면 해체·제거업자로 하여금 그 석면을 해체·제거하도록 하여야 하는데 다음 중 석면 해체·제거 대상에 해당하지 않는 것은? [18 기사]

① 철거하려는 지붕재에 석면이 1%Wt를 초과하여 함유되어 있고 그 자재의 면적이 60m^{2}인 경우
② 석면이 1%를 초과하여 함유된 분무재 또는 내화피복재를 사용한 경우
③ 석면이 1%Wt를 초과하여 함유된 단열재를 사용한 면적이 10m^{2}인 경우
④ 파이프에 사용된 보온재에서 석면이 1%Wt를 초과하여 함유되어 있고, 길이가 100m인 경우

정답 ▎ 01.① 02.③ 03.② 04.④ 05.③

5 보건관리자 · 안전보건관리자

 이승원의 **minimum point**

(1) 보건관리자의 선임 · 자격기준 (산업안전보건법, 시행 2020.1.16 기준)

① **보건관리자**(보건법 제18조) : 사업주는 **보건에 관한 기술적인 사항**에 관하여 사업주 또는 안전보건관리책임자를 보좌하고 관리감독자에게 지도·조언하는 업무를 수행하는 보건관리자를 두어야 한다.
- 보건관리자를 두어야 하는 사업의 종류와 사업장의 상시근로자 수, 보건관리자의 수·자격·업무·권한·선임방법, 그 밖에 필요한 사항은 **대통령령**으로 정한다.
- 고용노동부장관은 산업재해 예방을 위하여 필요한 경우로서 고용노동부령으로 정하는 사유에 해당하는 경우에는 사업주에게 보건관리자를 대통령령으로 정하는 수 이상으로 늘리거나 교체할 것을 명할 수 있다.
- 대통령령으로 정하는 사업의 종류 및 사업장의 상시근로자 수에 해당하는 사업장의 사업주는 지정받은 보건관리업무를 전문적으로 수행하는 기관(보건관리전문기관)에 보건관리자의 업무를 위탁할 수 있다.

① **보건관리자의 자격**(보건법 시행령 제18조–별표 6)
- 「의료법」에 따른 의사
- 「의료법」에 따른 간호사
- 산업보건지도사
- 산업위생관리산업기사 또는 대기환경산업기사, 인간공학기사 이상의 자격 취득자
- 전문대학 이상의 학교에서 산업보건 또는 산업위생 분야의 학과를 졸업한 사람

① **보건관리자의 선임**(보건법 시행령 제16조–별표 5)
1. 보건관리자를 두어야 할 사업의 종류·규모와 보건관리자의 수 및 선임방법은 규정에 따른다.
2. 다만, 상시근로자 **300명 미만**을 사용하는 사업장에서는 보건관리자가 보건관리업무에 지장이 없는 범위에서 **다른 업무를 겸**할 수 있다.

■ **보건관리자의 수**(별표 5–요약정리)

- 광업 등 유해요인이 많은 **제조업**
  - 상시근로자 2,000명 이상 : 2명 이상(의사/간호사 1명 이상 포함)
  - 상시근로자 500 ~ 2,000명 미만 : 2명 이상
  - 상시근로자 50 ~ 500명 미만 : 1명 이상

- 이외 유해요인이 적은 **제조업**
  - 상시근로자 3,000명 이상 : 2명 이상(의사/간호사 1명 이상 포함)
  - 상시근로자 1,000 ~ 3,000명 미만 : 2명 이상
  - 상시근로자 50 ~ 1,000명 미만 : 1명 이상

- 농·어업/운수·방송업 등
  - 상시근로자 5,000명 이상 : 2명 이상(의사/간호사 1명 이상 포함)
  - 상시근로자 50 ~ 5,000명 미만 : 1명 이상

(2) 보건관리자의 업무 · 위탁관리

① **보건관리자의 업무**(안전보건법 제17조)
- 산업안전보건위원회에서 심의·의결한 업무와 안전보건관리규정 및 취업규칙에서 정한 업무
- 안전인증 대상 기계·기구 등과 자율안전확인 대상 기계·기구 등 보건과 관련된 보호구(保護具) 구입 시 적격품 선정에 관한 보좌 및 조언·지도

- 물질안전보건자료의 게시 또는 비치에 관한 보좌 및 조언·지도
- 위험성 평가에 관한 보좌 및 조언·지도
- 산업보건의의 직무(보건관리자가 의사인 경우로 한정)
- 해당 사업장 보건교육계획의 수립 및 보건교육 실시에 관한 보좌 및 조언·지도
- 해당 사업장의 근로자를 보호하기 위한 다음의 조치에 해당하는 의료행위(보건관리자가 의사 또는 간호사에 해당하는 경우로 한정)
  - 외상 등 흔히 볼 수 있는 환자의 치료
  - 응급처치가 필요한 사람에 대한 처치
  - 부상·질병의 악화를 방지하기 위한 처치
  - 건강진단 결과 발견된 질병자의 요양 지도 및 관리
  - 의료행위에 따르는 의약품의 투여
- 작업장 내에서 사용되는 전체환기장치 및 국소배기장치 등에 관한 설비의 점검과 작업방법의 공학적 개선에 관한 보좌 및 조언·지도
- 사업장 순회점검·지도 및 조치의 건의
- 산업재해 발생의 원인 조사·분석 및 재발 방지를 위한 기술적 보좌 및 조언·지도
- 산업재해에 관한 통계의 유지·관리·분석을 위한 보좌 및 조언·지도
- 법 또는 법에 따른 명령으로 정한 보건에 관한 사항의 이행에 관한 보좌 및 조언·지도
- 업무수행 내용의 기록·유지
- 그 밖에 작업관리 및 작업환경관리에 관한 사항

① **보건관리업무의 위탁**(보건법 시행령 제19조) : 보건관리자의 업무를 보건관리전문기관에 위탁할 수 있는 사업은 다음과 같다. 업종별·유해인자별 보건관리전문기관에 보건관리업무를 위탁할 수 있는 사업의 종류는 고용노동부령으로 정한다.
  - 건설업을 제외한 사업으로서 상시근로자 **300명 미만**을 사용하는 사업
  - **외딴곳**으로서 고용노동부장관이 정하는 지역에 소재하는 사업

- **업종별 보건관리전문기관**(시행규칙 제19조1) : 업종별 보건관리전문기관에 보건관리업무를 위탁할 수 있는 **사업**은 **광업**으로 한다.
- **유해인자별 보건관리전문기관**(시행규칙 제19조2) : 유해인자별 보건관리전문기관에 보건관리업무를 위탁할 수 있는 **사업**은 다음과 같다.
  1. 납 취급 사업
  2. 수은 취급 사업
  3. 크롬 취급 사업
  4. 석면 취급 사업
  5. 제조·사용 허가를 받아야 할 물질을 취급하는 사업
  6. 근골격계 질환의 원인이 되는 단순반복작업, 영상표시단말기 취급작업, 중량물 취급작업 등을 하는 사업

(3) 안전보건관리자의 선임·자격기준

① **안전보건관리담당자의 선임**(보건법 시행령 제19조4) : 다음의 어느 하나에 해당하는 사업의 사업주는 법 상시근로자 **20명 이상 50명 미만인 사업장**에 안전보건관리담당자(안전관리자와 보건관리자를 지휘·감독)를 1명 이상 선임하여야 한다.

- 안전보건관리담당자(관리책임자)를 두어야 하는 사업의 종류(보건법 시행령 제19조4)
  - 제조업, 임업
  - 하수, 폐수 및 분뇨 처리업, 폐기물 수집, 운반, 처리 및 원료 재생업
  - 환경 정화 및 복원업
- 안전보건관리담당자의 자격요건 : 안전보건관리담당자는 해당 사업장 소속 근로자로서 다음 각 호의 어느 하나에 해당하는 요건을 갖추어야 한다.
  - 안전관리자의 자격을 갖출 것
  - 보건관리자의 자격을 갖출 것
  - 고용노동부장관이 인정하는 안전·보건교육을 이수하였을 것

① 안전보건관리담당자의 업무(보건법 시행령 제19조의5)
- 안전·보건교육 실시에 관한 보좌 및 조언·지도
- 위험성 평가에 관한 보좌 및 조언·지도
- 작업환경측정 및 개선에 관한 보좌 및 조언·지도
- 건강진단에 관한 보좌 및 조언·지도
- 산업재해 발생의 원인조사, 산업재해 통계의 기록 및 유지를 위한 보좌 및 조언·지도
- 산업안전·보건과 관련된 안전장치 및 보호구 구입 시 적격품 선정에 관한 보좌 및 조언·지도

산업보건지도사(위생지도사)의 업무범위(비교)

□ 산업위생분야 - 보건지도사(위생지도사)
- 유해·위험방지계획서, 안전보건개선계획서, 물질안전보건자료 작성 지도
- 작업환경측정 결과에 대한 공학적 개선대책 기술지도
- 작업장 환기시설의 설계 및 시공에 필요한 기술지도
- 보건진단 결과에 따른 개선에 필요한 기술지도
- 그 밖에 산업위생, 건강증진에 관한 교육 또는 기술지도

□ 산업의학분야 - 보건지도사(위생지도사)
- 유해·위험방지계획서, 안전보건개선계획서, 물질안전보건자료 작성 지도
- 건강진단 결과에 따른 근로자 건강관리 지도
- 직업병 예방을 위한 작업관리, 건강관리에 필요한 지도

04. 관련법규

예상 01
- 기사 : 00,03,12
- 산업 : 01,04,09②,12,15,19

다음 중 산업안전보건법령상 보건관리자의 자격기준에 해당하지 않는 자는?

① '의료법'에 의한 의사
② '의료법'에 의한 간호사
③ '위생사에 관한 법률'에 의한 위생사
④ '고등교육법'에 의한 전문대학에서 산업보건관련 학과를 졸업한 자

해설 산업안전보건법령상 보건관리자의 자격기준에 해당하는 자는 의사, 간호사, 위생지도사, 산업위생관리산업기사, 환경관리산업기사(대기분야), 인간공학기사, 전문대학 또는 이와 같은 수준 이상의 학교에서 산업보건 또는 산업위생관련 학과를 졸업한 사람이다. **답** ③

유.사.문.제

01 산업안전보건법령상 보건에 관한 기술적인 사항에 관하여 사업주를 보좌하고 관리감독자에게 지도·조언을 할 수 있는 자는? [13,17 산업]

① 보건관리자
② 관리책임자
③ 관리감독책임자
④ 명예산업안전보건감독관

02 산업안전보건법상 최소 상시근로자 몇 인 이상의 사업장은 1인 이상의 보건관리자를 선임하여야 하는가? [10,11,16,18 산업][07,12 기사]

① 10인 이상 ② 50인 이상
③ 100인 이상 ④ 300인 이상

03 보건관리자가 보건관리 업무에 지장이 없는 범위 내에서 다른 업무를 겸할 수 있는 사업장은 상시근로자 몇 명 미만에서 가능한가? [14 기사]

① 100명 ② 200명
③ 300명 ④ 500명

04 보건관리자를 반드시 두어야 하는 사업장이 아닌 것은? [18 기사]

① 도금업
② 축산업
③ 연탄 생산업
④ 축전지(납 포함) 제조업

05 상시근로자가 1,000명인 경우 산업안전보건법에서 정하는 업종별로 선임하여야 하는 보건관리자의 인원수가 잘못 연결된 것은? [07 산업]

① 1차 금속산업 – 2명
② 가구제조업 – 2명
③ 광업 – 3명
④ 육상운송업 – 1명

06 상시근로자가 300명인 신발제조업에서 산업안전보건법에 따라 선임하여야 하는 보건관리자에 관한 설명으로 옳은 것은? [10,18 산업]

① 선임하여야 하는 보건관리자의 수는 1명이다.
② 보건관련 전공자 2명을 보건관리자로 선임하여야 한다.
③ 보건관리자의 자격을 가진 2명의 보건관리자를 선임하여야 하며, 그 중 1명은 의사나 간호사이어야 한다.
④ 보건관리자의 자격을 가진 3명의 보건관리자를 선임하여야 하며, 그 중 1명은 의사나 간호사이어야 한다.

hint 신발제조업은 유해요인이 많은 제조업에 해당하므로 상시근로자 50~500명까지 보건관리자 1명을 선임해야 한다.

정답 | 01.① 02.② 03.③ 04.② 05.③ 06.①

종합연습문제

01 다음 중 산업안전보건법상 보건관리자의 자격에 해당되지 않는 것은? [14,19 산업]
① 「의료법」에 따른 의사
② 「의료법」에 따른 간호사
③ 「산업안전보건법」에 따른 산업안전지도사
④ 「고등교육법」에 따른 전문대학에서 산업위생 관련 학과를 졸업한 사람

02 산업안전보건법령상 보건관리자의 자격에 해당하지 않는 사람은? [18 기사]
① 의료법에 따른 의사
② 의료법에 따른 간호사
③ 국가기술자격법에 따른 산업안전기사
④ 산업안전보건법에 따른 산업보건지도사

03 다음 중 산업안전보건법상 보건관리자가 수행하여야 할 직무에 해당하지 않는 것은? [10② 기사]
① 해당 사업장 안전교육계획의 수립 및 실시
② 건강장해를 예방하기 위한 작업관리
③ 물질안전보건자료의 게시 또는 비치
④ 직업성 질환 발생의 원인조사 및 대책수립

04 사업장에서의 산업보건관리 업무는 크게 3가지로 구분될 수 있다. 산업보건관리 업무와 가장 관련이 적은 것은? [19 기사]
① 안전관리 ② 건강관리
③ 환경관리 ④ 작업관리

hint 사업장에서 산업보건관리 업무는 보건에 관한 기술적 사항인 환경관리, 건강관리, 작업관리를 담당한다.

05 산업안전보건법상 보건관리자의 직무와 가장 거리가 먼 것은? [04 기사]
① 물질안전보건자료의 게시 또는 비치
② 근로자의 건강관리, 보건교육 및 건강증진지도
③ 보호구 점검, 지도, 유지 및 통계관리
④ 직업성 질환 발생의 원인조사 및 대책수립

06 산업안전보건법령상 보건관리자의 자격과 선임제도에 대한 설명으로 틀린 것은? [18 산업]
① 상시근로자 100인 이상 사업장은 보건관리자의 자격기준에 해당하는 자 중 1인 이상을 보건관리자로 선임하여야 한다.
② 보건관리 대행은 보건관리자의 직무인 보건관리를 전문으로 행하는 외부기관에 위탁하여 수행하는 제도로 1990년부터 법적 근거를 갖고 시행되고 있다.
③ 작업환경상에 유해요인이 상존하는 제조업은 근로자의 수가 2,000명을 초과하는 경우에 의료법에 따른 의사 또는 간호사인 보건관리자 1인을 포함하는 2인의 보건관리자를 선임하여야 한다.
④ 보건관리자의 자격기준은 의료법에 의한 의사 또는 간호사, 산업안전보건법에 의한 산업보건지도사, 국가기술자격법에 의한 산업위생관리산업기사 또는 환경관리산업기사(대기분야에 한함) 등이다.

hint 산업안전보건법상 상시근로자 50인 이상 사업장은 보건관리자의 자격기준에 해당하는 자 중 1인 이상을 보건관리자로 선임하여야 한다.

07 산업안전보건법상 보건관리자의 직무에 해당하지 않는 것은? [08②,10,11 산업]
① 산업안전보건위원회에서 심의·의결한 직무와 안전보건관리 규정 및 취업 규칙에서 정한 직무
② 보호구 중 보건에 관련되는 보호구의 구입 시 적격품의 선정
③ 산업재해 발생의 원인조사 및 재발방지를 위한 기술적 지도·조언
④ 물질안전보건자료의 게시 또는 비치

hint 보건관리자는 산업재해에 관한 통계의 유지·관리·분석을 위한 보좌·조언·지도, 사업장의 근로자를 보호하기 위한 교육, 물질안전보건자료의 게시 또는 비치, 보호장비 등 작업관리 및 작업환경관리에 관한 사항이 주요 직무이다.

정답 | 01.③ 02.③ 03.① 04.① 05.③ 06.① 07.③

종합연습문제

01 산업안전보건법상 보건관리자의 자격과 선임 제도에 관한 설명으로 틀린 것은? [16 기사]

① 상시근로자 50인 이상 사업장은 보건관리자의 자격기준에 해당하는 자 중 1인 이상을 보건관리자로 선임하여야 한다.
② 보건관리 대행은 보건관리자의 직무를 보건관리를 전문으로 행하는 외부기관에 위탁하여 수행하는 제도로 1990년부터 법적 근거를 갖고 시행되고 있다.
③ 작업환경상에 유해요인이 상존하는 제조업은 근로자의 수가 2,000명을 초과하는 경우에 의사인 보건관리자 1인을 포함하는 3인의 보건관리자를 선임하여야 한다.
④ 보건관리자 자격기준은 의료법에 의한 의사 또는 간호사, 산업안전보건법에 의한 산업위생지도사, 국가기술자격법에 의한 산업위생관리산업기사 또는 환경관리산업기사(대기분야에 한함) 이상이다.

hint 작업환경상에 유해요인이 상존하는 제조업은 근로자의 수가 2,000명을 초과하는 경우에 의사/간호사 보건관리자 1인을 포함하는 2인의 보건관리자를 선임하여야 한다.

02 산업안전보건법상 보건관리자의 업무에 해당하지 않는 것은? [17 산업]

① 위험성 평가에 관한 보좌 및 조언·지도
② 작업의 중지 및 재개에 관한 보좌 및 조언·지도
③ 물질안전보건자료의 게시 또는 비치에 관한 보좌 및 조언·지도
④ 산업재해 발생의 원인조사·분석 및 재발 방지를 위한 기술적 보좌 및 조언·지도

hint 보건관리자는 주로 작업관리 및 작업환경관리에 관한 사항을 보좌 및 조언·지도한다. 작업의 중지 및 재개에 관한 업무는 안전보건 총괄책임자의 직무이다.

03 다음 중 산업안전보건법상 보건관리자의 직무에 해당하지 않는 것은? [09 산업]

① 물질안전보건자료의 작성
② 건강장해를 예방하기 위한 작업관리
③ 사업장 순회점검·지도 및 조치의 건의
④ 근로자의 건강관리·보건교육 및 건강증진지도

hint 물질안전보건자료의 작성은 보건관리자가 아닌 제조 및 수입하려는 자가 하여야 한다. 보건관리자는 작성된 물질안전보건자료의 게시 또는 비치에 관한 보좌 및 조언·지도 업무를 수행한다.

04 다음 중 산업안전보건법령상 보건관리자의 직무에 해당하지 않는 것은? (단, 산업위생관리기사를 취득한 보건관리자에 한한다.) [13 산업]

① 건강장해를 예방하기 위한 작업관리
② 물질안전보건자료의 게시 또는 비치
③ 사업장 순회점검·지도 및 조치의 건의
④ 근로자의 건강장해의 원인조사와 재발 방지를 위한 의학적 조치

hint 근로자의 건강장해의 원인조사, 재발 방지를 위한 의학적 조치는 산업위생지도사의 직무이다.

05 다음 중 산업위생관리담당자의 고유 업무와 가장 거리가 먼 것은? [14 산업]

① 배출되는 폐수가 기준치에 맞는지 확인하고 관리한다.
② 호흡기 보호구(마스크)를 구매하여 지급·관리하고, 착용 여부를 확인한다.
③ 새로 사용하는 화학물질에 대한 물리·화학적 성상 및 특징 등을 확인한다.
④ 작업장 밖에서 소음을 측정하여 인근 지역주민에게 과도한 소음이 전파되는지 확인한다.

정답 ┃ 01.③ 02.② 03.① 04.④ 05.①

종합연습문제

01 다음 중 산업안전보건법령상 보건관리자의 직무에 해당하지 않는 것은? [15 산업]
① 사업장 순회점검·지도 및 조치의 건의
② 위험성 평가에 관한 보좌 및 조언·지도
③ 물질안전보건자료의 게시 또는 비치에 관한 보좌 및 조언·지도
④ 산업안전보건관리비의 집행 감독 및 그 사용에 관한 수급인 간의 협의·조정

02 산업안전보건법에서 규정한 산업위생지도사 업무와 가장 거리가 먼 것은? [03 기사]
① 작업환경의 평가 및 개선 지도
② 작업환경 개선과 관련된 계획서 및 보고서의 작성
③ 보건관리 대행업무
④ 산업위생에 관한 조사·연구

hint 산업보건지도사(산업위생지도사)는 다음의 직무를 수행한다. [법 제1142조]
1. 작업환경의 평가 및 개선 지도
2. 작업환경 개선과 관련된 계획서 및 보고서의 작성
3. 근로자 건강진단에 따른 사후관리 지도
4. 직업성 질병 진단(의사인 산업보건지도사만 해당) 및 예방 지도
5. 산업보건에 관한 조사·연구

정답 ┃ 01.④ 02.③

6 유해 · 위험물질의 관리 및 물질안전보건자료 작성

 이승원의 **minimum point**

(1) 유해 · 위험물질관리 (산업안전보건법, 시행 2020.1.16. 기준)

① **신규화학물질의 유해성 · 위험성 조사**(안전보건법 제108조) : 대통령령으로 정하는 화학물질 외의 화학물질(신규화학물질)을 제조하거나 수입하려는 자는 신규화학물질에 의한 근로자의 건강장해를 예방하기 위하여 고용노동부령으로 정하는 바에 따라 그 신규화학물질의 유해성 · 위험성을 조사하고 그 조사보고서를 고용노동부장관에게 제출하여야 한다.

- **유해성 · 위험성 조사 제외 화학물질**(보건법 시행령 제32조) : 대통령령으로 정하는 화학물질이란 다음에 해당하는 화학물질을 말한다.
  - 원소
  - 천연으로 산출된 화학물질
  - 방사성 물질
  - 고용노동부장관이 명칭, 유해성 · 위험성, 조치사항 및 연간 제조량 · 수입량을 공표한 물질로서 공표된 연간 제조량 · 수입량 이하로 제조하거나 수입한 물질
  - 고용노동부장관이 환경부장관과 협의하여 고시하는 화학물질 목록에 기록되어 있는 물질

② **유해 · 위험물질의 제조 등 금지**(안전보건법 제117조) : 누구든지 다음의 어느 하나에 해당하는 물질로서 대통령령으로 정하는 물질(제조 금지물질)을 제조 · 수입 · 양도 · 제공 또는 사용해서는 아니 된다.
1. 직업성 암을 유발하는 것으로 확인되어 근로자의 건강에 특히 해롭다고 인정되는 물질
2. 유해성 · 위험성이 평가된 유해인자나 유해성 · 위험성이 조사된 화학물질 중 근로자에게 중대한 건강장해를 일으킬 우려가 있는 물질

- **제조 금지되는 유해물질**(보건법 시행령 제29조) : 대통령령으로 정하는 물질(제조 금지물질)은 다음과 같다.
  - 황린(黃燐) 성냥
  - 백연을 함유한 페인트(함유된 용량의 비율이 **2% 이하**인 것은 제외)
  - 폴리클로리네이티드터페닐(PCT)
  - 4-니트로디페닐과 그 염
  - 악티노라이트석면, 안소필라이트석면 및 트레모라이트석면
  - 베타-나프틸아민과 그 염
  - 백석면, 청석면 및 갈석면
  - 벤젠을 함유하는 고무풀(함유된 용량의 비율이 **5% 이하**인 것은 제외)
  - 위의 어느 하나에 해당하는 물질을 함유한 제제(함유된 중량의 비율이 **1% 이하**인 것 제외)
  - 화학물질관리법에 따른 금지물질
  - 그 밖에 고용노동부장관이 정하는 유해물질

- **제조 금지물질을 제조 · 수입 · 양도 · 제공 · 사용할 수 있는 경우**(안전보건법 제117조②) : **시험 · 연구 또는 검사 목적**의 경우로 다음에 해당하는 경우에는 제조 금지물질을 제조 · 수입 · 양도 · 제공 또는 사용할 수 있다.
  1. 제조 · 수입 또는 사용을 위하여 고용노동부령으로 정하는 요건을 갖추어 고용노동부장관의 승인을 받은 경우
  2. 화학물질관리법에 따른 금지물질의 판매 허가를 받은 자가 판매 허가를 받은 경우 또는 사용 승인을 받은 자에게 제조 금지물질을 양도 또는 제공하는 경우

- **제조·사용 허가대상 유해물질**(보건법 시행령 제30조) : 제조 또는 사용 허가를 받아야 하는 유해물질은 다음과 같다.
    - 베릴륨, 황화니켈, 염화비닐, 크롬산아연, 비소 및 그 무기화합물, 크롬광(열 소성처리 경우만 해당)
    - 디클로로벤지딘과 그 염, 알파-나프틸아민과 그 염, 오로토-톨리딘과 그 염
    - 디아니시딘과 그 염, 휘발성 콜타르피치
    - 위의 어느 하나에 해당하는 물질을 함유한 제제(함유된 중량의 비율이 1% 이하인 것은 제외)
    - 벤조트리클로리드
    - 벤조트리클로리드를 함유한 제제(함유된 중량의 비율이 0.5% 이하인 것은 제외)

(2) 물질안전보건자료(MSDS) 작성물질·작성원칙 (산업안전보건법, 시행 2020.1.16. 기준)

① **물질안전보건자료의 작성 및 제출 시 포함되어야 할 사항**(안전보건법 제110조) : 화학물질 또는 이를 함유한 혼합물로서 물질안전보건자료 대상물질을 **제조**하거나 **수입**하려는 자는 다음의 사항을 적은 자료(물질안전보건자료)를 고용노동부장관에게 제출하여야 한다.
 1. 제품명
 2. 물질안전보건자료 대상물질을 구성하는 화학물질의 명칭 및 함유량
 3. 안전 및 보건상의 취급 주의사항
 4. 건강 및 환경에 대한 유해성, 물리적 위험성
 5. 물리·화학적 특성 등 고용노동부령으로 정하는 사항

- **물질안전보건자료의 기재사항**(시행규칙 제92조4) : 고용노동부령으로 정하는 사항이란 다음의 사항을 말한다.
    - 물리·화학적 특성
    - 독성에 관한 정보
    - 폭발·화재 시의 대처방법
    - 응급조치 요령
    - 그 밖에 고용노동부장관이 정하는 사항

- **물질안전보건자료의 작성·비치 등 제외 제제**(시행령 제32조2) : 대통령령으로 정하는 물질안전보건자료의 작성·비치 등 제외 제제는 다음과 같다.
    - 방사성 물질
    - 의약품·의약외품
    - 화장품
    - 마약 및 향정신성의약품
    - 농약, 사료, 비료
    - 식품 및 식품첨가물
    - 화약류
    - 폐기물
    - 의료기기
    - 주로 일반 소비자의 생활용으로 제공되는 제제
    - 그 밖에 고용노동부장관이 인정하여 고시하는 제제

ⓘ **물질안전보건자료의 작성원칙**(고용노동부고시 제11조)
- 물질안전보건자료는 **한글로 작성**하는 것을 **원칙**으로 하되 화학물질명, 외국기관명 등의 고유명사는 영어로 표기할 수 있다.
- 실험실에서 시험·연구목적으로 사용하는 시약으로서 물질안전보건자료가 **외국어로 작성된 경우**에는 한국어로 **번역하지 아니할 수 있다.**
- 시험결과를 반영하고자 하는 경우에는 해당 국가의 우수실험실기준(GLP) 및 국제공인시험기관인정(KOLAS)에 따라 **수행한 시험결과를 우선적으로 고려**하여야 한다.
- 외국어로 되어있는 물질안전보건자료를 번역하는 경우에는 자료의 신뢰성이 확보될 수 있도록 **최초 작성기관명** 및 **시기**를 함께 기재하여야 하며, 다른 형태의 관련자료를 활용하여 물질안전보건자료를 작성하는 경우에는 **참고문헌**의 **출처**를 기재하여야 한다.
- 물질안전보건자료 작성에 필요한 용어, 작성에 필요한 기술지침은 한국산업안전보건공단이 정할 수 있다.
- 물질안전보건자료의 작성단위는 「**계량에 관한 법률**」이 정하는 바에 의한다.
- 각 작성항목은 빠짐없이 작성하여야 한다. 다만, 부득이 어느 항목에 대해 **관련 정보를 얻을 수 없는 경우**에는 작성란에 "**자료 없음**"이라고 기재하고, **적용이 불가능**하거나 **대상이 되지 않는 경우**에는 작성란에 "**해당 없음**"이라고 기재한다.
- 구성 성분의 함유량을 기재하는 경우에는 함유량의 **±5%의 범위**에서 함유량의 범위(하한값 ~ 상한값)로 함유량을 대신하여 표시할 수 있다. 이 경우 함유량이 5% 미만인 경우에는 그 하한 값을 1%[발암성 물질, 생식세포 변이원성 물질은 0.1%, 호흡기 과민성물질(가스인 경우에 한정) 0.2%, 생식독성 물질은 0.3%] 이상으로 표시한다.
- 물질안전보건자료를 작성할 때에는 취급근로자의 건강보호 목적에 맞도록 성실하게 작성하여야 한다.

ⓘ **화학물질의 경고표시**(시행규칙 제92조5) : 대상화학물질을 양도하거나 제공하는 자 또는 대상화학물질을 취급하는 사업주가 경고표시를 하는 경우에는 대상화학물질 단위로 경고표지를 작성하여 대상화학물질을 담은 용기 및 포장에 붙이거나 인쇄하는 등 유해·위험정보가 명확히 나타나도록 하여야 한다. 경고표지의 규격, 그림문자, 신호어, 유해·위험 문구, 예방조치 문구, 그 밖의 경고표시의 방법 등에 관하여 필요한 사항은 <u>고용노동부장관이 정하여 고시</u>한다.

- **경고 표지 기재항목의 작성방법**(고용노동부고시 제6조의2) : 명칭은 물질안전보건자료상의 제품명을 기재하고, 그림문자는 모두 표시하며, 다음의 어느 하나에 해당되는 경우에는 이에 따른다.
  - 해골과 X자형 뼈와 감탄부호(!)의 그림문자에 모두 해당되는 경우에는 해골과 X자형 뼈의 그림문자만을 표시한다.
  - 피부 부식성 또는 심한 눈 손상성 그림문자와 피부 자극성 또는 눈 자극성 그림문자에 모두 해당되는 경우에는 피부 부식성 또는 심한 눈 손상성 그림문자만을 표시한다.
  - 호흡기 과민성 그림문자와 피부 과민성, 피부 자극성 또는 눈 자극성 그림문자에 모두 해당되는 경우에는 호흡기 과민성 그림문자만을 표시한다.
  - 5개 이상의 그림문자에 해당되는 경우에는 4개의 그림문자만을 표시할 수 있다.
  - 신호어는 위험 또는 경고를 표시한다. 다만, 대상화학물질이 위험과 경고에 모두 해당되는 경우에는 위험만을 표시한다.
  - 유해·위험 문구는 모두 표시한다. 다만, 중복되는 유해·위험문구를 생략하거나 유사한 유해·위험 문구를 조합하여 표시할 수 있다.

종합연습문제

01 산업안전보건법령상 제조·수입·양도·제공 또는 사용이 금지되는 유해물질에 해당하는 것은? [16 산업]

① 베릴륨
② 황린(黃燐) 성냥
③ 염화비닐
④ 휘발성 콜타르피치

hint 항목 중 황린 성냥은 산업안전보건법상 제조·수입·양도·제공 또는 사용이 금지되는 유해물질이다.

02 산업안전보건법상 제조 등 금지 대상물질이 아닌 것은? [17 기사]

① 황린 성냥
② 청석면, 갈석면
③ 디클로로벤지딘과 그 염
④ 4-니트로디페닐과 그 염

03 MSDS 제도상에서 제조, 수입, 양도, 제공 또는 사용을 금지하는 물질은? [17 산업]

① 비소
② 일반섬유
③ 백석면
④ 6가 크롬

04 다음 중 산업안전보건법에 따라 제조·수입·양도·제공 또는 사용이 금지되는 유해물질에 해당되지 않는 것은? [10 기사]

① 청석면 및 갈석면
② 베릴륨
③ 황린(黃燐) 성냥
④ 폴리클로리네이티드비페닐(PCB)

05 다음 중 턱뼈의 괴사를 유발하여 영국에서 사용 금지된 최초의 물질은? [11 산업][12 기사]

① 황린(Yellow Phosphorus)
② 적린(Red Phosphorus)
③ 벤지딘(Benzidine)
④ 청석면(crocidolite)

06 물질안전보건자료(MSDS)의 작성원칙에 관한 설명으로 틀린 것은? [11②,16 기사]

① MSDS는 한글로 작성하는 것을 원칙으로 한다.
② 실험실에서 시험·연구 목적으로 사용하는 시약으로서 MSDS가 외국어로 작성된 경우에는 한국어로 번역하지 아니할 수 있다.
③ 외국어로 되어있는 MSDS를 번역하는 경우에는 자료의 신뢰성이 확보될 수 있도록 최초 작성기관명과 시기를 함께 기재하여야 한다.
④ 각 작성항목을 빠짐없이 작성하여야 하지만 부득이 어느 항목에 대해 관련 정보를 얻을 수 없는 경우에는 작성란에 "해당없음"이라고 기재한다.

hint 작성항목은 빠짐없이 작성하여야 한다. 다만, 부득이 어느 항목에 대해 관련 정보를 얻을 수 없는 경우에는 작성란에 "자료없음"이라고 기재한다. "해당없음"이라고 기재하는 경우는 적용이 불가능하거나 대상이 되지 않는 경우이다.

07 물질안전보건자료(MSDS)를 작성해야 하는 건강장해 물질이 아닌 것은? [17 산업]

① 금수성 물질
② 부식성 물질
③ 과민성 물질
④ 변이원성 물질

hint 금수성(禁水性)은 물반응성 물질로서 물에 의해 자연발화되거나 인화성을 갖는 물질로 물리적 위험성 분류 중 하나의 항목이다. 건강 및 환경 유해성 분류기준은 다음과 같다.

□ 급성독성, 피부 부식 또는 자극성
□ 심한 눈 손상성 또는 자극성
□ 호흡기 과민성, 피부 과민성
□ 발암성, 생식세포 변이원성, 생식독성
□ 특정 표적장기 독성, 흡인 유해성
□ 수생 환경 유해성, 오존층 유해성 물질

정답 | 01.② 02.③ 03.③ 04.② 05.① 06.④ 07.①

종합연습문제

01 산업안전보건법령상 물질안전보건자료(MSDS) 작성 시 포함되어야 할 항목이 아닌 것은? (단, 그 밖의 참고사항은 제외한다.) [18 기사]

① 유해성, 위험성
② 안정성 및 반응성
③ 사용빈도 및 타당성
④ 노출방지 및 개인보호구

02 산업안전보건법에 따라 사업주가 허가대상 유해물질을 제조하거나 사용하는 작업장의 보기 쉬운장소에 반드시 게시하여야 하는 내용이 아닌 것은? [08②,14 기사]

① 제조날짜
② 취급상의 주의사항
③ 인체에 미치는 영향
④ 착용하여야 할 보호구

03 사업주는 사업장에 쓰이는 모든 대상화학물질에 대한 물질안전보건자료를 취급근로자가 쉽게 볼 수 있도록 비치 및 게시하여야 한다. 비치 및 게시를 하기 위한 장소로 잘못된 것은? [18 산업]

① 대상화학물질 취급작업 공정내
② 사업장내 근로자가 가장 보기 쉬운장소
③ 안전사고 또는 직업병 발생 우려가 있는 장소
④ 위급상황 시 보건관리자가 바로 활용할 수 있는 문서보관실

hint 사업주는 사업장에 쓰이는 모든 대상화학물질에 대한 물질안전보건자료를 취급근로자가 쉽게 볼 수 있는 다음의 장소 중 하나 이상의 장소에 게시하여야 한다.
- 대상화학물질 취급작업 공정내
- 안전사고 또는 직업병 발생 우려가 있는 장소
- 사업장내 근로자가 가장 보기 쉬운장소

04 다음 중 물질안전보건자료(MSDS)에 포함되어야 하는 항목이 아닌 것은? (단, 그 밖의 참고사항은 제외한다.) [12 산업]

① 응급조치 요령
② 물리화학적 특성
③ 최초 작성일자
④ 운송에 필요한 정보

05 다음 중 물질안전보건자료(MSDS)의 작성원칙에 관한 설명으로 틀린 것은? [14 기사]

① MSDS의 작성단위는 「계량에 관한 법률」이 정하는 바에 의한다.
② MSDS는 한글로 작성하는 것을 원칙으로 하되 화학물질명, 외국기관명 등의 고유명사는 영어로 표기할 수 있다.
③ 각 작성항목은 빠짐없이 작성하여야 하며, 부득이 어느 항목에 대해 관련 정보를 얻을 수 없는 경우 작성란은 공란으로 둔다.
④ 외국어로 되어있는 MSDS를 번역하는 경우에는 자료의 신뢰성이 확보될 수 있도록 최초 작성기관명 및 시기를 함께 기재하여야 한다.

06 다음 중 화학물질의 분류·표시 및 물질안전보건자료에 관한 기준에서 정한 경고 표지의 기재항목 작성방법으로 틀린 것은? [13 기사]

① 대상화학물질이 "해골과 X자형 뼈"와 "강한 부호(!)"의 그림문자에 모두 해당되는 경우에는 "해골과 X자형 뼈"의 그림문자만을 표시한다.
② 대상화학물질이 부식성 그림문자와 자극성 그림문자에 모두 해당되는 경우에는 부식성 그림문자만을 표시한다.
③ 대상화학물질이 호흡기 과민성 그림문자와 피부 과민성 그림문자에 모두 해당되는 경우에는 호흡기 과민성 그림문자만을 표시한다.
④ 대상화학물질이 4개 이상의 그림문자에 해당하는 경우 유해·위험의 우선순위별로 2가지의 그림문자만을 표시할 수 있다.

hint 대상화학물질이 5개 이상의 그림문자에 해당되는 경우에는 4개의 그림문자만을 표시해도 된다.

정답 | 01.③ 02.① 03.④ 04.③ 05.③ 06.④

PART 1 산업위생학 개론

종합연습문제

01 다음 중 산업안전보건법령상 물질안전보건자료(MSDS) 작성 시 포함되어야 할 항목이 아닌 것은? (단, 기타 사항은 제외) [09,11 기사]
① 유해·위험성
② 유효 사용기간
③ 안정성 및 반응성
④ 노출방지 및 개인보호구

02 다음 중 산업안전보건법상 대상화학물질에 대한 물질안전보건자료(MSDS)로부터 알 수 있는 정보가 아닌 것은? [07,14 기사]
① 응급조치 요령
② 법적규제 현황
③ 주요 성분 검사방법
④ 노출방지 및 개인보호구

03 다음 중 물질안전보건자료(MSDS)와 관련한 기준에 따라 MSDS를 작성할 경우 반드시 포함되어야 하는 항목이 아닌 것은? [15 기사]
① 유해, 위험성
② 게시방법 및 위치
③ 노출방지 및 개인 보호구
④ 화학제품과 회사에 관한 정보

04 산업안전보건법에서 정하고 있는 신규화학물질의 유해성·위험성 조사에서 제외되는 화학물질이 아닌 것은? [12,14,18 기사]
① 원소
② 방사성 물질
③ 일반 소비자의 생활용이 아닌 인공적으로 합성된 화학물질
④ 고용노동부장관이 환경부장관과 협의하여 고시하는 화학물질 목록에 기록되어 있는 물질

> **hint** 신규화학물질의 유해성·위험성 조사에서 제외되는 화학물질은 천연으로 산출된 화학물질이다.

05 다음 중 산업안전보건법상 물질안전보건자료의 작성과 비치가 제외되는 대상물질이 아닌 것은? [07,15 기사]
① 농약관리법에 따른 농약
② 폐기물관리법에 따른 폐기물
③ 대기관리법에 따른 대기오염물질
④ 식품위생법에 따른 식품 및 식품첨가물

06 다음 중 사업주가 신규화학물질의 안전보건자료를 작성함에 있어 인용할 수 있는 자료가 아닌 것은? [14 기사]
① 국내외에서 발간되는 저작권법상의 문헌에 등재되어 있는 유해성·위험성 조사자료
② 유해성·위험성 시험 전문연구기관에서 실시한 유해성·위험성 조사자료
③ 관련 전문학회지에 게재된 유해성·위험성 조사자료
④ OPEC 회원국의 정부기관에서 인정하는 유해·위험성 조사자료

> **hint** OPEC → OECD(경제협력개발기구)

07 물질안전보건자료(MSDS)에 포함되는 내용이 아닌 것은? [19 산업]
① 작업환경 측정방법
② 대상화학물질의 명칭
③ 안전·보건상의 취급 주의사항
④ 건강 유해성 및 물리적 위험성

> **hint** 물질안전보건자료(MSDS)에 포함되는 사항은 제품명, 물질안전보건자료 대상물질을 구성하는 화학물질의 명칭 및 함유량, 안전 및 보건상의 취급 주의사항, 건강 및 환경에 대한 유해성, 물리적 위험성, 물리·화학적 특성 등 고용노동부령으로 정하는 사항이다.

정답 | 01.② 02.③ 03.② 04.③ 05.③ 06.④ 07.①

7 특별관리물질 · 허용기준 이하 유지대상 유해인자 · 발암물질

 이승원의 **minimum point**

- **특별관리물질의 종류**(산업안전보건기준에 관한 규칙, 제420조6) : 발암성, 생식세포 변이원성, 생식독성 물질 등 근로자에게 중대한 건강장해를 일으킬 우려가 있는 다음의 물질을 말한다.
  - 유기화합물 : 벤젠, 페놀, 포름알데히드, 사염화탄소, 에틸렌이민, 트리클로로에틸렌, 퍼클로로에틸렌, 프로필렌이민, 이염화에틸렌, 하이드라진, 황산디메틸, 스토다드솔벤트, 아크릴로니트릴, 디니트로톨루엔, N,N-디메틸아세트아미드, 디메틸포름아미드, 1,2-디클로로프로판, 2-메톡시에탄올, 2-메톡시에틸아세테이트, 1,3-부타디엔, 1-브로모프로판, 2-브로모프로판, 아크릴아미드, 2-에톡시에탄올, 2-에톡시에틸아세테이트, 2,3-에폭시-1-프로판올, 1,2-에폭시프로판, 에피클로로히드린, 1,2,3-트리클로로프로판 등
  - 금속류 : 납 및 그 무기화합물, 니켈 및 그 화합물(불용성화합물만), 수은 및 그 화합물(아릴화합물 및 알킬화합물은 제외), 안티몬 및 그 화합물(삼산화안티몬만), 카드뮴 및 그 화합물, 크롬 및 그 화합물(6가 크롬만)
  - 산 · 알칼리 : 황산(pH 2.0 이하인 강산만)
  - 가스상태 물질 : 산화에틸렌

- **허용기준 이하 유지대상 유해인자**(안전보건법 제107조 및 시행령 제31조) : 발암성 물질 등 근로자에게 중대한 건강장해를 유발할 우려가 있는 <u>대통령령으로 정하는 유해인자</u>는 작업장내의 그 노출농도를 고용노동부령으로 정하는 **허용기준 이하로 유지**하여야 한다. **대통령령으로 정하는 유해인자**는 다음 과 같다.
  - 금속류 : 납, 카드뮴, 6가 크롬, 니켈(불용성 무기화합물에 한정)
  - 석면 : 제조 · 사용하는 경우만 해당
  - 유기용제 : 벤젠, 이황화탄소, 트리클로로에틸렌, 포름알데히드, 노말헥산디메틸포름아미드, 2-브로모프로판, 톨루엔-2,4-디이소시아네이트 또는 톨루엔-2,6-디이소시아네이트

- **유해인자의 분류기준**(시행규칙 제81조) : 유해인자의 분류기준 중 **건강 및 환경 유해성 분류기준**은 다음 과 같다.
  - 급성독성 물질 : 입 또는 피부를 통하여 **1회** 투여 또는 **24시간 이내**에 여러 차례로 나누어 투여하거나 호흡기를 통하여 **4시간 동안** 흡입하는 경우 유해한 영향을 일으키는 물질
  - 피부 부식성 또는 자극성 물질 : 접촉 시 피부조직을 파괴하거나 자극을 일으키는 물질(피부 부식성 물질 및 피부 자극성 물질로 구분함)
  - 심한 눈 손상성 또는 자극성 물질 : 접촉 시 눈 조직의 손상 또는 시력의 저하 등을 일으키는 물질(눈 손상성 물질 및 눈 자극성 물질로 구분함)
  - 호흡기 과민성 물질 : 호흡기를 통하여 흡입되는 경우 **기도에 과민반응**을 일으키는 물질
  - 피부 과민성 물질 : 피부에 접촉되는 경우 **피부 알레르기** 반응을 일으키는 물질
  - 발암성 물질 : 암을 일으키거나 그 발생을 증가시키는 물질
  - 생식세포 변이원성 물질 : 자손에게 유전될 수 있는 사람의 생식세포에 돌연변이를 일으킬 수 있는 물질
  - 생식독성 물질 : 생식기능, 생식능력 또는 태아의 발생 · 발육에 유해한 영향을 주는 물질
  - 특정 표적장기 독성 물질(1회 노출) : **1회 노출**로 특정 **표적장기** 또는 **전신에 독성**을 일으키는 물질
  - 특정 표적장기 독성 물질(반복 노출) : 반복적인 노출로 특정 표적장기 · 전신에 독성을 일으키는 물질
  - 수생환경 유해성 물질 : 단기간 또는 장기간의 노출로 수생생물에 유해한 영향을 일으키는 물질
  - 오존층 유해성 물질 : 오존층 보호를 위한 특정물질의 제조규제 등에 관한 법률에 따른 특정물질

□ **흡인 유해성 물질** : 액체 또는 고체 화학물질이 입이나 코를 통하여 직접적으로 또는 구토로 인하여 간접적으로, 기관 및 더 깊은 호흡기관으로 유입되어 화학적 폐렴, 다양한 폐 손상이나 사망과 같은 심각한 급성 영향을 일으키는 물질

▌ 유해인자 허용기준 ▌

유해인자		허용기준			
		시간가중평균값 (TWA)		단시간노출값 (STEL)	
		ppm	mg/m³	ppm	mg/m³
납 및 그 무기화합물			0.05		
니켈(불용성 무기화합물)			0.2		
디메틸포름아미드		10			
벤젠		0.5		2.5	
2-브로모프로판		1			
석면			0.1개/cm³		
6가 크롬화합물	불용성		0.01		
	수용성		0.05		
이황화탄소		1			
카드뮴 및 그 화합물			0.01 (호흡성 분진인 경우 0.002)		
톨루엔-2,4-디이소시아네이트 또는 톨루엔-2,6-디이소시아네이트		0.005		0.02	
트리클로로에틸렌		10		25	
포름알데히드		0.3			
노말헥산		50			

① **우리나라 발암성 유해물질의 표시**
- **1A** : 사람에게 충분한 발암성 증거가 있는 물질
- **1B** : 시험동물에서 발암성 증거가 충분히 있거나 시험동물과 사람 모두에게 제한된 발암성 증거가 있는 물질
- **2** : 사람이나 동물에서 제한된 증거가 있지만, 구분 1로 분류하기에는 증거가 충분하지 않은 물질

□ **사람에게 확인된 발암성 물질(1A)**
- 벤젠 / 베릴륨 / 포름알데히드 / 염화비닐 / 우라늄 / 석면(모든 형태) / 벤조피렌
- 니켈(가용성 화합물) / 니켈(불용성 무기화합물) / 니켈카르보닐 / 크롬(6가) / 삼산화비소(제품)
- 카드뮴 / 산화카드뮴 / 아황화니켈 / 황화니켈(흄 및 분진) / 아세네이트연 / 산화규소(결정체)
- 염화벤질 / 아르신 / 클로로에틸렌 / 크로밀클로라이드 / 벤지딘 / 클로로메틸메틸에테르
- 1,2-디클로로프로판 / β-나프틸아민 / 2-클로로아닐린 / 목재분진(적삼목) / 1,3-부타디엔
- 산화에틸렌 / **스트론티움크로메이트** / 4-아미노디페닐 / o-톨루이딘

04. 관련법규

- 기사 : 16
- 산업 : 17

01 산업안전보건법령에서 정하는 특별관리물질이 아닌 것은?

① 납 ② 톨루엔
③ 벤젠 ④ 1-브로모프로판

해설 톨루엔, 클로로포름 등은 특별관리물질에 해당하지 않는다.

답 ②

유.사.문.제

01 산업안전보건법상 허용기준 대상물질에 해당하지 않는 것은? [17 기사]

① 노말헥산
② 1-브로모프로판
③ 포름알데히드
④ 디메틸포름아미드

hint 1-브로모프로판 → 2-브로모프로판이다.

02 산업안전보건법상 발암성 물질로 확인된 물질(1A)에 포함되어 있지 않은 것은? [14 산업][13,17 기사]

① 벤지딘 ② 염화비닐
③ 베릴륨 ④ 에틸벤젠

hint 에틸벤젠은 구분 2로 분류된다. 구분 2는 사람이나 동물에서 제한된 증거가 있지만, 구분 1로 분류하기에는 증거가 충분하지 않은 물질을 의미한다.

03 ACGIH에 의한 발암물질의 구분기준으로 Group A3에 해당하는 것은? [05,11,18 산업]

① 인체 발암성 확인물질
② 동물 발암성 확인물질, 인체 발암성 모름
③ 인체 발암성 미분류 물질
④ 인체 발암성 미의심 물질

hint Group A3는 동물 발암성 확인물질로 분류된다.

▶ ACGIH 발암물질 분류체계 ◀
- 인체 발암성 확인물질 → A1
- 인체 발암성 의심물질 → A2
- 동물 발암성 확인물질 → A3
- 인체 발암성 미분류 물질 → A4
- 인체 발암성 미의심 물질 → A5

04 ACGIH에 의한 발암물질의 구분기준으로 A4에 해당되는 것은? [07 산업][07 기사]

① 인체 발암성 확인물질
② 동물발암성 확인물질, 인체 발암성 모름
③ 인체 발암성 미분류 물질
④ 인체 발암성 미의심 물질

05 다음 중 산업위생에서 유해인자를 구분할 때 가장 적합하지 않은 것은? [14 산업]

① 생물학적 유해인자
② 인간공학적 유해인자
③ 물리화학적 유해인자
④ 환경과학적 유해인자

정답 ┃ 01.② 02.④ 03.② 04.③ 05.④

PART 1 산업위생학 개론

- 기사 : 참조수준 대비
- 산업 : 참조수준 대비, 16

02 산업안전보건법 시행규칙에 의거, 근로를 금지하여야 하는 질병자에 해당되지 않는 것은?

① 정신분열증, 마비성, 치매에 걸린 사람
② 전염의 우려가 있는 질병에 걸린 사람
③ 근골격계 질환으로 감염의 우려가 있는 질병을 가진 사람
④ 심장, 신장, 폐 등의 질환이 있는 사람으로서 근로에 의하여 병세가 악화될 우려가 있는 사람

해설 근골격계 질환은 해당 질병자에 속하지 않는다. 그리고 전염될 우려가 있는 질병에 걸린 사람이라도 전염을 예방하기 위한 조치를 한 경우에는 근로금지를 받지 않는다.

【시행규칙 제116조】질병자의 근로금지 : 사업주는 다음의 어느 하나에 해당하는 사람에 대해서는 법률 규정에 따라 근로를 금지하여야 한다.
1. 전염될 우려가 있는 질병에 걸린 사람(전염을 예방하기 위한 조치를 한 경우에는 제외)
2. 정신분열증, 마비성 치매에 걸린 사람
3. 심장·신장·폐 등의 질환이 있는 사람으로서 근로에 의하여 병세가 악화될 우려가 있는 사람
4. 위의 규정에 준하는 질병으로서 고용노동부장관이 정하는 질병에 걸린 사람

【시행규칙 제117조】질병자의 취업 제한
1. 사업주의 건강진단 결과 아래에 해당하는 질병자는 해당 유해물질 또는 방사선을 취급하거나 해당 유해물질의 분진·증기 또는 가스가 발산되는 업무 또는 해당 업무로 인하여 근로자의 건강을 악화시킬 우려가 있는 업무에 종사하도록 하여서는 아니 된다.
    - 유기화합물·금속류 등의 유해물질에 중독된 사람
    - 해당 유해물질에 중독될 우려가 있다고 의사가 인정하는 사람
    - 진폐의 소견이 있는 사람
    - 방사선에 피폭된 사람
2. 사업주는 다음에 해당하는 질병이 있는 근로자를 고기압 업무에 종사하도록 해서는 안 된다.
    - 감압증이나 그 밖에 고기압에 의한 장해 또는 그 후유증
    - 결핵, 급성상기도감염, 진폐, 폐기종, 그 밖의 호흡기계의 질병
    - 빈혈증, 심장판막증, 관상동맥경화증, 고혈압증, 그 밖의 혈액 또는 순환기계의 질병
    - 정신신경증, 알코올중독, 신경통, 그 밖의 정신신경계의 질병
    - 메니에르씨병, 중이염, 그 밖의 이관협착을 수반하는 귀 질환
    - 관절염, 류마티스, 그 밖의 운동기계의 질병
    - 천식, 비만증, 바세도우씨병, 그 밖에 알레르기성·내분비계·물질대사 또는 영양장해 등과 관련된 질병

답 ③

- 기사 : 참조수준 대비, 13
- 산업 : 참조수준 대비, 14

03 산업안전보건법령상 작업환경 측정기관의 지정이 취소된 경우 지정이 취소된 날부터 몇 년 이내에 관련 기관으로 지정받을 수 없는가?

① 1년 ② 2년 ③ 3년 ④ 5년

해설 작업환경 측정기관의 지정이 취소된 경우 지정이 취소된 날부터 2년 이내에 재지정 받을 수 없다. **답** ②

190

- 기사 : 참조수준 대비, 14
- 산업 : 참조수준 대비

안전보건교육에 관한 내용으로 틀린 것은?

① 사업주는 당해 사업장의 근로자에 대하여 정기적으로 안전보건에 관한 교육을 실시한다.
② 사업주는 근로자를 채용할 때와 작업내용을 변경할 때는 당해 근로자에 대하여 당해 업무와 관계되는 안전보건에 관한 교육을 실시한다.
③ 사업주는 유해하거나 위험한 작업에 근로자를 사용할 때에는 당해 업무와 관계되는 안전보건에 관한 특별교육을 실시한다.
④ 사업주는 안전보건에 관한 교육을 교육부장관이 지정하는 교육기관에 위탁한다.

해설 사업주는 규정에 따른 안전·보건에 관한 교육을 그에 필요한 인력·시설·장비 등의 요건을 갖추어 고용노동부장관에게 등록한 안전보건교육위탁기관(안전보건교육위탁기관)에 위탁할 수 있다.

【보건법 제31조】 안전·보건교육
1. 사업주는 해당 사업장의 근로자에 대하여 고용노동부령으로 정하는 바에 따라 정기적으로 안전·보건에 관한 교육을 하여야 한다.
2. 사업주는 근로자를 채용(건설 일용근로자를 채용하는 경우는 제외)할 때와 작업내용을 변경할 때에는 그 근로자에 대하여 고용노동부령으로 정하는 바에 따라 해당 업무와 관계되는 안전·보건에 관한 교육을 하여야 한다.
3. 사업주는 유해하거나 위험한 작업에 근로자를 사용할 때에는 고용노동부령으로 정하는 바에 따라 그 업무와 관계되는 안전·보건에 관한 특별교육을 하여야 한다.
4. 사업주는 규정에 따른 안전·보건에 관한 교육을 그에 필요한 인력·시설·장비 등의 요건을 갖추어 고용노동부장관에게 등록한 안전보건교육위탁기관(안전보건교육위탁기관)에 위탁할 수 있다.

☐ **교육시간**

- **채용 시의 교육**
  - 일용근로자 : 1시간 이상
  - 일용근로자를 제외한 근로자 : 8시간 이상

- **작업장내 교육**
  - 일용근로자 : 1시간 이상
  - 일용근로자를 제외한 근로자 : 2시간 이상

- **정기교육**
  - 사무직 : 매분기 3시간 이상
  - 이외 근로자
    - 판매업 종사자 : 매분기 3시간 이상
    - 이외 종사자 : 매분기 6시간 이상
  - 관리감독자의 지위에 있는 사람 : 연간 16시간 이상

답 ④

유.사.문.제

01 생산직 종사 근로자에 대한 정기적인 산업안전보건교육의 교육시간기준은? (단, 사업내 안전보건교육) [04 기사]
① 매주 1시간 이상
② 매월 2시간 이상
③ 분기당 2시간 이상
④ 반기당 2시간 이상

02 경영자에 대한 산업보건교육 내용으로 가장 적절한 것은? [04 산업]
① 어떻게 하여야 하는가
② 언제하여야 하는가
③ 왜 하여야 하는가
④ 무엇을 하여야 하는가

정답 ❙ 01.② 02.③

8 근로시간 연장제한과 작업장 환경개선

유.사.문.제

01 산업안전보건법에 따라 사업주는 잠함(潛艦) 또는 잠수작업 등 높은 기압에서 하는 작업에 종사하는 근로자에 대하여 몇 시간을 초과하여 근로하게 하여서는 아니되는가? [11,12 기사]

① 1일 6시간, 1주 34시간
② 1일 8시간, 1주 34시간
③ 1일 6시간, 1주 40시간
④ 1일 8시간, 1주 40시간

hint 사업주는 유해하거나 위험한 작업으로서 대통령령으로 정하는 작업에 종사하는 근로자에게는 1일 6시간, 1주 34시간을 초과하여 근로하게 하여서는 아니 된다.

02 산업안전보건법상 근로자가 상시 작업하는 장소의 조도기준은 어느 곳을 기준으로 하는가? [11 기사]

① 눈높이의 공간
② 작업장 바닥면
③ 작업면
④ 천장

hint 사업주는 근로자가 상시 작업하는 장소의 작업면 조도(照度)를 다음의 기준에 맞도록 하여야 한다. 다만, 갱내(坑內) 작업장과 감광재료(感光材料)를 취급하는 작업장은 그렇지 않다.
- 초정밀작업 : 750럭스(Lux) 이상
- 정밀작업 : 300럭스 이상
- 보통작업 : 150럭스 이상
- 그 밖의 작업 : 75럭스 이상

03 산업안전보건법상 상시 작업을 실시하는 장소에 대한 작업면의 조도기준은? [17 기사]

① 초정밀작업 : 1000럭스 이상
② 정밀작업 : 500럭스 이상
③ 보통작업 : 150럭스 이상
④ 그 밖의 작업 : 50럭스 이상

04 산업안전보건법에 따라 갱내에서 고열이 발생하는 장소의 경우 갱내의 기온은 섭씨 몇 도 이하로 유지하여야 하는가? [11 산업]

① 21℃
② 25℃
③ 32℃
④ 37℃

hint 갱내의 기온은 37℃ 이하로 유지하여야 한다.

05 다음 중 작업환경조건과 피로의 관계를 올바르게 설명한 것은? [11 기사]

① 소음은 정신적 피로의 원인이 된다.
② 온열조건은 피로의 원인으로 포함되지 않으며, 신체적 작업밀도와 관계가 없다.
③ 정밀작업 시의 조명은 광원의 성질에 관계없이 100럭스(Lux) 정도가 적당하다.
④ 작업자의 심리적 요소는 작업능률과 관계되고, 피로의 직접 요인이 되지는 않는다.

hint ①항만 옳다.
▶ 바르게 고쳐보기 ◀
② 온열조건은 피로의 원인으로 포함되며, 신체적 작업밀도와 관계가 있다.
③ 정밀작업 시의 조명은 광원의 성질과도 관계 있으며 300럭스(Lux) 정도가 적당하다.
④ 작업자의 심리적 요소는 작업능률과 관계되고, 피로의 직접 요인이 된다.

06 산업안전보건법상 검정대상 보호구가 아닌 것은? [08 기사]

① 귀덮개
② 보안면
③ 안전조끼
④ 방진마스크

hint 안전조끼는 검정대상 보호구가 아니다. 산업안전보건법(보호구 의무안전인증고시)상 검정대상 보호구는 안전모, 안전화, 안전장갑, 방진마스크, 방독마스크, 송기마스크, 전동식 호흡보호구, 보안면, 보호복, 안전대, 차광보안경, 귀마개 또는 귀덮개 등이다.

정답 | 01.① 02.③ 03.③ 04.④ 05.③ 06.③

종합연습문제

01 산업안전보건법상 유기화합물의 설비 특례에 따라 사업주는 전체환기장치가 설치된 유기화합물 취급작업장으로서 밀폐설비 또는 국소배기장치를 설치하지 않을 수 있다. 다음 중 이에 해당되지 않는 경우는? [10 기사]

① 유기화합물의 노출기준이 100ppm 이상인 경우
② 유기화합물의 발생량이 대체로 균일한 경우
③ 동일 작업장에 다수의 오염원이 분산되어 있는 경우
④ 오염원이 고정된 경우

hint 오염원이 이동성(移動性)이 있는 경우

02 산업안전보건법령상 유해인자의 분류기준에 있어 다음 설명 중 ( ) 안에 해당하는 내용을 바르게 나열한 것은? [16 기사]

> 급성독성물질은 입 또는 피부를 통하여 (A)회 투여 또는 24시간 이내에 여러 차례로 나누어 투여하거나 호흡기를 통하여 (B)시간 동안 흡입하는 경우 유해한 영향을 일으키는 물질을 말한다.

① A : 1, B : 4
② A : 2, B : 4
③ A : 2, B : 4
④ A : 2, B : 6

hint 급성독성물질은 입 또는 피부를 통하여 <u>1회</u> 투여 또는 24시간 이내에 여러 차례로 나누어 투여하거나 호흡기를 통하여 <u>4시간 동안</u> 흡입하는 경우 유해한 영향을 일으키는 물질을 말한다.

03 다음 중 산업안전보건법에 따라 건강관리수첩의 발급대상에 해당하지 않는 사람은? [11 기사]

① 설비 또는 건축물에 분무된 석면을 해체·제거 또는 보수하는 업무에 1년 이상 종사한 사람
② 염화비닐을 제조하거나 사용하는 석유화학 설비를 유지·보수하는 업무에 4년 이상 종사한 사람
③ 갱내에서 암석 등을 차량계 건설기계로 싣거나 내리거나 쌓아두는 장소에서의 작업에 1년 이상 종사한 사람으로서 흉부방사선 사진상 진폐증이 있다고 인정되는 사람
④ 옥내에서 동력을 사용하여 암석 또는 광물을 조각하거나 마무리하는 장소에서의 작업에 3년 이상 종사한 사람으로서 흉부방사선 사진상 진폐증이 있다고 인정되는 사람

hint 갱내에서 암석 등을 차량계 건설기계로 싣거나 내리거나 쌓아두는 장소에서의 작업에 <u>3년 이상 종사한 사람</u>이다.

04 고용노동부장관은 건강장해를 발생할 수 있는 업무에 일정기간 이상 종사한 근로자에 대하여 건강관리수첩을 교부하여야 한다. 건강관리수첩 교부대상 업무가 아닌 것은? [18 기사]

① 벤지딘염산염(중량 비율 1% 초과 제제 포함) 제조 취급업무
② 벤조트리클로리드 제조(태양광선에 의한 염소화반응에 제조) 업무
③ 제철용 코크스 또는 제철용 가스발생로 가스 제조 시로 상부 또는 근접작업
④ 크롬산, 중크롬산, 또는 이들 염(중량 비율 0.1% 초과 제제 포함)을 제조하는 업무

hint 크롬산, 중크롬산, 또는 이들 염(중량 <u>비율 1% 초과 제제</u> 포함)을 제조하는 업무

정답 | 01.④ 02.① 03.③ 04.④

9 작업환경 측정·정도관리, 노출기준에 관한 사항

종합연습문제

01 화학물질 및 물리적 인자의 노출기준에서 고시된 공기 중 총분진의 노출기준으로 옳은 것은?
[07,08,09 산업][09 기사]

① 제1종 분진 : $1mg/m^3$, 제2종 분진 : $2mg/m^3$, 제3종 분진 : $5mg/m^3$
② 제1종 분진 : $1mg/m^3$, 제2종 분진 : $3mg/m^3$, 제3종 분진 : $5mg/m^3$
③ 제1종 분진 : $2mg/m^3$, 제2종 분진 : $3mg/m^3$, 제3종 분진 : $7mg/m^3$
④ 제1종 분진 : $2mg/m^3$, 제2종 분진 : $5mg/m^3$, 제3종 분진 : $10mg/m^3$

hint ④항만 옳다. 제1종 분진(유리규산 30% 이상) : $2mg/m^3$, 제2종 분진(유리규산 30% 미만) : $5mg/m^3$, 제3종 분진(유리규산 1% 이하) : $10mg/m^3$ 이하이다.

02 산업안전보건법상 작업환경의 측정에 있어 소음수준의 측정단위로 옳은 것은? [09,11,19 산업]

① dB(A) ② dB(B)
③ dB(C) ④ phon

hint 작업환경의 측정에 있어 소음수준의 측정단위는 dB(A)를 사용한다.

03 다음 중 화학물질의 국내 노출기준에 관한 설명으로 틀린 것은? [07 기사]

① 1일 8시간을 기준으로 한다.
② 대기오염의 평가나 관리상 지표로 사용할 수 없다.
③ 개인 민감도가 다르므로 직업성 질환의 근거로 사용할 수 없다.
④ 모든 기준치는 각 유해요인이 복합적으로 존재한 경우에 적용된다.

hint 각 유해인자의 노출기준은 해당 유해인자가 단독으로 존재하는 경우의 노출기준을 말한다.

04 작업환경측정 및 정도관리 규정상 1일 작업시간이 8시간을 초과하는 경우 노출기준을 비교, 평가할 수 있는 보정노출기준을 정하는 공식으로 옳은 것은? (단, T는 노출시간/일, H는 작업시간/주를 말한다.) [11 산업]

① 급성중독물질인 경우 보정노출기준(1일간 기준)=8시간 노출기준×$(8/T)$
② 급성중독물질인 경우 보정노출기준(1일간 기준)=8시간 노출기준×$(T/8)$
③ 만성중독물질인 경우 보정노출기준(1일간 기준)=8시간 노출기준×$(40/T)$
④ 만성중독물질인 경우 보정노출기준(1주간 기준)=8시간 노출기준×$(H/40)$

hint 1일 작업시간이 8시간을 초과하는 경우에는 다음 계산식에 따라 산출한다.
- 급성중독물질
  보정노출기준(1일) = 8시간 노출기준×$(8/T)$
- 만성중독물질
  보정노출기준(1주) = 8시간 노출기준×$(44/H)$

05 다음 중 작업장에서의 소음수준 측정방법으로 틀린 것은? [02,05,12,17② 산업][05,10 기사]

① 소음계의 청감보정회로는 A특성으로 한다.
② 소음계 지치심의 동작은 빠른(Fast) 상태로 한다.
③ 소음계의 지시치가 변동하지 않는 경우에는 해당 지시치를 그 측정점에서의 소음수준으로 한다.
④ 소음이 1초 이상의 간격을 유지하면서 최대음압수준이 120dB(A) 이상의 소음인 경우에는 소음수준에 따른 1분 동안의 발생횟수를 측정한다.

hint 소음계 지시침의 동작은 느린(Slow) 상태로 한다.

정답 ▌ 01.④ 02.① 03.④ 04.① 05.②

종합연습문제

01 다음 중 노출기준 사용상의 유의사항에 관한 설명으로 틀린 것은? [10 산업]

① 각 유해인자의 노출기준은 당해 유해인자가 단독으로 존재하는 경우의 노출기준을 말하며, 2종 또는 그 이상의 유해인자가 혼재하는 경우에는 길항작용으로 유해성이 증가할 수 있으므로 혼합물의 노출기준을 사용하여야 한다.
② 노출기준은 1일 8시간 작업을 기준으로 하여 제정된 것이므로 이를 이용할 때에는 근로시간, 작업의 강도, 온열조건, 이상기압 등의 노출기준 적용에 영향을 미칠 수 있으므로 이와 같은 제반요인에 대한 특별한 고려가 있어야 한다.
③ 노출기준은 대기오염의 평가 또는 관리상의 지표로 사용할 수 없다.
④ 유해인자에 대한 감수성은 개인에 따라 차이가 있으며 노출기준 이하의 작업환경에서도 직업성 질병이 이환되는 경우가 있다.

hint 각 유해인자의 노출기준은 해당 유해인자가 단독으로 존재하는 경우의 노출기준을 말하며, 2종 또는 그 이상의 유해인자가 혼재하는 경우에는 각 유해인자의 상가작용으로 유해성이 증가할 수 있으므로 이를 고려한 노출기준을 사용하여야 한다.

02 인간의 능력을 낭비없이 발휘하면서 편하게 일을 할 수 있도록 동작경제의 원칙에 따라 작업방법을 개선하고자 할 때 다음 중 동작경제의 3원칙에 해당하지 않는 것은? [14 산업]

① 작업비용 산정의 원칙
② 신체의 사용에 관한 원칙
③ 작업장의 배치에 관한 원칙
④ 공구 및 설비의 설계에 관한 원칙

03 다음 중 산업안전보건법에 의한 역학조사의 대상으로 볼 수 없는 것은? [07,12 산업]

① 건강진단의 실시결과만으로 직업성 질환 이환 여부의 판단이 곤란한 근로자의 질병에 대하여 건강진단기관의 의사가 역학조사를 요청하는 경우
② 근로복지공단이 노동부장관이 정하는 바에 따라 업무상 질병여부의 결정을 위하여 역학조사를 요청하는 경우
③ 건강진단의 실시결과 근로자 또는 근로자의 가족이 역학조사를 요청하는 경우
④ 직업성 질환의 이환여부로 사회적 물의를 일으킨 질병에 대하여 작업장내 유해요인과의 연관성 규명이 필요한 경우

hint 건강진단의 실시결과 사업주·근로자대표·보건관리자 또는 건강진단기관의 의사가 역학조사를 요청하는 경우 → 역학조사 대상

04 근로자의 산업안전보건을 위하여 사업주가 취하여야 할 일이 아닌 것은? [16 기사]

① 강렬한 소음을 내는 옥내작업장에 대하여 흡음시설을 설치한다.
② 내부환기가 되는 갱에서 내연기관이 부착한 기계를 사용하지 않도록 한다.
③ 인체에 해로운 가스의 옥내 작업장에서 공기 중 함유 농도가 보건상 유해한 정도를 초과하지 않도록 조치한다.
④ 유해물질 취급작업으로 인하여 근로자에게 유해한 작업인 경우 그 원인을 제거하기 위하여 대체물 사용, 작업방법 및 시설의 변경 또는 개선 조치한다.

hint 내부환기가 되지 않는 갱에서 내연기관이 부착된 기계를 사용하지 않도록 해야 한다.

정답 ┃ 01.① 02.① 03.③ 04.②

CHAPTER 05 산업재해

1 산업재해 발생원인 분석

 이승원의 minimum point

(1) 산업재해의 분류
- **중대사고**(재해) : 사망까지는 초래하지 않으나 입원할 정도의 상해가 일어나는 주요 재해
- **경미사고**(재해) : 통원할 정도의 상해가 일어나는 경미한 재해
- **유사사고**(재해) : 상해없이 재산피해만 일어나는 사고 또는 재해

(2) 산업재해의 원인 → 산업재해의 기본원인 : 4M(사람, 설비, 작업, 관리)
① **사람**(Man)
- 심리적 원인 : 망각, 착오, 착각, 무의식적 행동, 위험감각, 생략행위, 억측판단 등
- 생리적 원인 : 피로, 수면부족, 신체기능, 질병 등
- 직장으로 인한 원인 : 직장의 인과관계, 의사소통, 통솔력 등

① **설비**(Machine)
- 기계, 설비의 설계상 결함, 위험방호의 불량
- 개인 보호장구의 근본적 결함, 점검 및 정비 불량

① **작업**(Media)
- 작업정보의 부적절, 작업자세 및 작업동작의 결함
- 작업공간 및 작업환경조건의 불량

① **관리**(Management)
- 안전관리조직의 결함, 안전관리규정 미흡, 안전관리계획의 미수립
- 교육 및 훈련부족, 직장배치 부적절, 건강관리 불량, 지도 감독 부족

재해 누발자(빈발자)의 특징

- **재해 누발자의 외형적 특징** : 대체로 감정이 격하여 흥분하기 쉽고, 침착하지 못하고 마음이 들떠 있으며, 기분파로서 감정에 변덕이 많고, 경솔하고 덜렁거리며, 매사에 끈기가 없이 금방 싫증을 내는 특성이 있다.
- **재해 누발자의 유형**
  - 미숙성 누발자 → 기능미숙, 환경미숙
  - 습관성 누빈발자 → 소심, 겁이 많음, 신경과민, 재해경험자, 슬럼프
  - 상황성 누발자 → 어려운 작업, 주의집중이 어려운 환경, 심신에 근심
  - 소질적 누발자 → 주의력 지속불능, 흥분성, 비협조자, 특수한 개성 소지자

(3) 산업재해의 분석이론

ⓘ 하인리히(Heinrich) 이론
- 1 : 29 : 300 법칙 : 하인리히는 **한 사람**의 휴업부상자(**사망/중대사고**)가 발생하였다고 하면 같은 원인으로 **29명**의 **경미한 사고**가 발생하는 것이 틀림없으며, 또 같은 성질의 사고가 있으면서 **무상해**로 끝나는 것이 **300건** 있다고 하였다. 이것을 하인리히의 법칙이라고 한다.
  - 직접피해 : 간접피해=1 : 4
- 하인리히의 사고 연쇄이론 : 사회적 환경 및 유전 → 개인적 결함 → 불안전한 행위 및 상태 → 사고발생 → 재해(피해)로 나타난다는 연쇄이론이다.

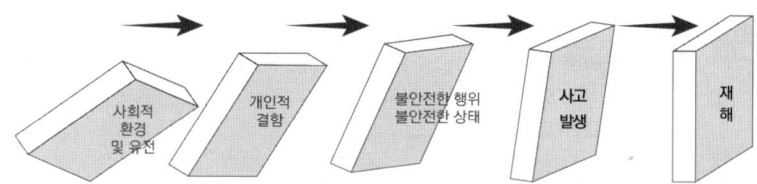

〈그림〉 하인리히의 사고 연쇄이론

ⓘ 버드(Bird)의 이론
- 버드의 1 : 10 : 30 : 600 이론 : 중대/사망사고 : 경미한 부상사고 : 물적 손해만 있는 사고 : 상해와 손해가 없는 사고의 비율을 1 : 10 : 30 : 600으로 본 것이다.
- 버드의 도미노이론 : 제어의 부족(관리) → 기본원리(기원) → 직접원리(징후) → 사고(접촉) → 상해(손실)로 나타난다는 재해연쇄이론이다.

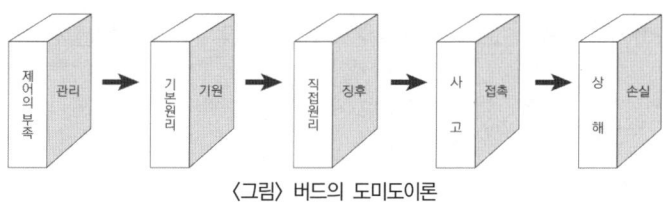

〈그림〉 버드의 도미노이론

(4) 산업재해의 분석이론

산업재해예방을 위해 활용되는 재해통계의 주요지표는 **환산재해율, 사망만인율, 도수율, 강도율** 등이 주로 활용된다. 이들 지표들은 보통 **소수점 둘째자리**까지 표시하며 미국, 영국, 독일, 일본 등 주요 국가들과 달리 우리나라에서는 **사고와 질병이 혼합된 재해율을 활용**하고 있다. 재해율은 산업안전보건분야 정부 공식통계로 활용되고 있으며 사망만인율, 도수율, 강도율 등이 부가적으로 사용되고 있다.

ⓘ **도수율**(FR, Frequency Rate of injury) : 도수율(빈도율)이란 **1,000,000 근로시간당 요양재해 발생건수**를 말한다.
- 도수율(FR) = $\dfrac{재해건수}{연근로시간수} \times 10^6$

- 도수율은 산업재해의 발생빈도(근로시간 100만시간 작업하는 동안 몇 건의 재해가 발생하였는가를 나타냄)를 나타내는 지표이다.
- 도수율은 **현재 재해발생의 정도**를 나타내는 표준척도이다.
- 근로시간의 기록이 없을 때는 1일 8시간, 1개월 25일, 근로자 1일당 연간 2,400시간을 적용한다.

💡 **강도율**(SR, Severity Rate) : 강도율이란 근로시간 합계 **1,000시간당 요양재해로 인한 근로손실일수**를 말하며, 총요양근로손실일수는 요양재해자의 총요양기간을 합산하여 산출하되, 사망, 부상 또는 질병이나 장애자의 **등급별 요양근로손실일수는 보정**하여 산정한다.

▣ 강도율$(SR) = \dfrac{\text{총근로손실일수}}{\text{연근로시간수}} \times 10^3$

- 강도율은 근로시간 1,000시간 중 재해로 인하여 잃어버린 손실일수를 나타낸다.
- 강도율은 재해의 질(심각성) 즉, 재해의 경중을 나타내는 척도로 이용된다.
- 강도율은 실질적인 재해의 정도를 나타내는 재해지표가 된다.

∥ 등급별 근로손실일수 ∥

구 분	사 망	신체장해자 등급											
		1~3	4	5	6	7	8	9	10	11	12	13	14
근로손실일수(일)	7,500	7,500	5,500	4,000	3,000	2,200	1,500	1,000	600	400	200	100	50

💡 **천인율**(千人率) : 재직 근로자 1,000명당 발생하는 **재해자 수**를 나타내며, 산업재해의 발생상황을 총괄적으로 파악하는데 적합하다.

▣ 천인율$(t_R) = \dfrac{(\text{일반재해자} + \text{직업병자})}{\text{근로자수}} \times 10^3$

- 각 **사업장 간의 재해상황을 비교하는 자료**로 활용된다. 그러나 근로일수 변동이 많은 사업장에는 부적합하다.
- 1년 동안 근로자 1,000명에 대하여 발생한 재해지수를 연천인율이라 한다. 연천인율≒재해도수율×2.4

💡 **기타 재해지표**

▣ 재해율$(C_R) = \dfrac{(\text{일반재해자} + \text{직업병자})}{\text{근로자수}} \times 100$

▣ 건수율(발생률, $n_R) = \dfrac{\text{연간재해건수}}{\text{평균근로자수}} \times 10^3$

- 천인율과 거의 동일한 개념이다.
- 한 사람이라도 재해를 두 번 당하면 2건이 된다.
- 근로시간, 근로일수의 변동이 많은 사업장에서는 정확한 재해지수가 될 수 없다.

▣ 환산도수율$(F) = \dfrac{FR}{10}$: 10만시간당(한 사람이 평생 일하는 시간개념) 재해건수를 나타낸 것

▣ 환산강도율$(S) = SR \times 100$: 10만시간당(한 사람이 평생 일하는 시간개념) 강도율을 나타낸 것

05. 산업재해

- 기사 : 01,18
- 산업 : 02,09,14,16

예상 01 산업재해의 기본원인인 4M에 해당하지 않는 것은?

① Man
② Media
③ Management
④ Material

해설 4M : Man(사람), Machine(설비), Media(작업), Management(관리) 답 ④

- 기사 : 00,06
- 산업 : 01,06②,15

예상 02 다음 중 하인리히가 제시한 산업재해의 구성 비율을 올바르게 나타낸 것은? (단, 순서는 사망 또는 중상해 : 경상 : 무상해 사고이다.)

① 1 : 29 : 300
② 1 : 30 : 330
③ 1 : 29 : 600
④ 1 : 30 : 600

해설 하인리히(Heinrich) 1 : 29 : 300 법칙은 한 사람의 휴업부상자(사망/중대사고)가 발생하였다고 하면 같은 원인으로 29명의 경미한 사고가 발생하는 것이 틀림없으며, 또 같은 성질의 사고가 있으면서 무상해로 끝나는 것이 300건 있다는 법칙이다. 답 ①

유.사.문.제

01 산업재해를 분류할 경우 '경미사고' 혹은 '경미한 재해'란 어떤 상태를 말하는가? [01,04 기사]

① 통원치료할 정도의 상해가 일어난 경우
② 사망하지는 않았으나 입원할 정도의 상해가 일어난 경우
③ 상해는 없고 재산상의 피해만 일어난 경우
④ 재산상의 피해는 없고, 시간손실만 일어난 경우

02 마이스터가 정의한 내용으로 시스템으로부터 요구된 작업결과(performance)와의 차이(deviation)는 무엇을 의미하는가? [11,17 기사]

① 무의식 행동
② 인간실수
③ 주변적 동작
④ 지름길 반응

hint 마이스터(D. Meister) : 인간공학 측면의 인적오류

03 산업재해를 분류할 때 상해없이 재산피해만 발생하는 것을 무엇이라고 하는가? [14 기사]

① 주요사고 혹은 재해(major accidents)
② 경미사고 혹은 재해(minor accidents)
③ 유사사고 혹은 재해(near accidents)
④ 가(假)사고 혹은 재해(pseudo accidents)

04 작업이 어렵거나 기계·설비에 결함이 있거나 주의력의 집중이 혼란된 경우 및 심신에 근심이 있는 경우에 재해를 일으키는 자는 어느 분류에 속하는가? [17 기사]

① 미숙성 누발자
② 상황성 누발자
③ 소질성 누발자
④ 반복성 누발자

hint 상황성 누발자 : 작업의 어려움, 기계설비의 결함, 주의력 집중의 혼란

정답 ┃ 01.① 02.② 03.③ 04.②

종합연습문제

01 재해의 경제적인 직접피해와 간접피해의 비율을 적절하게 나타낸 것은? (단, Heinrich 추정 법칙 기준, 직접피해 : 간접피해) [01,07,09 기사]

① 1 : 0.5
② 1 : 2
③ 1 : 4
④ 1 : 8

02 하인리히(Heinrich)의 재해구성 비율에 관한 설명으로 옳은 것은? [09 산업]

① 총인원 330명 중 무상해 사고자 300명
② 총인원 300명 중 경상 재해자 29명
③ 비율=중상 : 경상 : 무상해 사고 : 무상해·무사고
④ 사망, 중상 재해자는 전체인원 600명 중 1명

03 다음 중 재해와 유사재해의 비율로 적절한 것은? (단, 하인리히 학설기준, 주요 재해 : 유사재해) [00,05,08 기사]

① 1 : 400
② 1 : 300
③ 1 : 50
④ 1 : 29

> **hint** 하인리히(Heinrich) 이론의 1 : 29 : 300 법칙

04 어느 공장에서 경미한 사고가 3건이 발생하였다. 그렇다면 이 공장의 무상해 사고는 몇 건이 발생하는가? (단, 하인리히의 법칙을 활용한다.) [19 기사]

① 25
② 31
③ 36
④ 40

> **hint** 하인리히(Heinrich) 이론의 1 : 29 : 300 법칙에서 그 비율은 "사망 : 경미 : 무상해"이므로 이를 적용하면 → 29 : 300 = 3 : x, x = 31건

05 재해발생 이론 중 하인리히의 도미노 이론에서 재해예방을 위한 가장 효과적인 대책은? [19 산업]

① 사고 제거
② 개인적 결함 제거
③ 불안전한 상태 및 행동 제거
④ 유전적인 요인과 사회환경 제거

> **hint** 사고가 발생하기 바로 직전의 단계에 해당하는 불안전한 행위 및 상태를 제어하는 것이 효과적이다.

06 다음 중 하인리히의 사고예방 대책의 기본원리 5단계를 올바르게 나타낸 것은? [10,12②,15②,16,17 기사]

① 조직→사실의 발견→분석·평가→시정책의 선정→시정책의 적용
② 조직→분석·평가→사실의 발견→시정책의 선정→시정책의 적용
③ 사실의 발견→조직→분석·평가→시정책의 선정→시정책의 적용
④ 사실의 발견→조직→시정책의 선정→시정책의 적용→분석·평가

> **hint** 하인리히의 사고예방 대책의 기본원리 5단계는 조직 → 사실의 발견 → 분석·평가 → 시정책의 선정 → 시정책의 적용으로 구성된다. 반복 출제되는 문제이므로 **꼭 암기**해 두어야 한다.

07 다음 중 하인리히의 사고 연쇄반응 이론(도미노 이론)에서 사고가 발생하기 바로 직전의 단계에 해당하는 것은? [11②,15,19 기사]

① 개인적 결함
② 불안전한 행동 및 상태
③ 사회적 환경
④ 선진 기술의 미적용

> **hint** 하인리히(Heinrich)의 사고 연쇄이론은 사회적 환경 및 유전 → 개인적 결함 → 불안전한 행위 및 상태 → 사고발생 → 피해로 나타난다는 연쇄이론이다.

정답 ┃ 01.③ 02.① 03.② 04.② 05.③ 06.① 07.②

05. 산업재해

예상 03
- 기사 : 00,03②,05,08
- 산업 : 01,06②,14,17②

재해의 지표로 이용되는 지수의 산식이 틀린 것은?

① 재해율 = $\dfrac{재해자수}{전근로자수} \times 100$

② 강도율 = $\dfrac{근로손실일수}{연간근로시간일수} \times 10^3$

③ 도수율 = $\dfrac{재해발생건수}{연간평균근로자수} \times 10^3$

④ 연천인율 = $\dfrac{연간재해자수}{연간평균근로자수} \times 10^3$

해설 도수율(FR, Frequency Rate of injury)은 백만(1,000,000) 근로시간당 요양재해 발생건수를 말한다.

〈산식〉 도수율(FR) = $\dfrac{재해건수}{연근로시간수} \times 10^6$

답 ③

유.사.문.제

01 다음 중 산업재해의 발생빈도를 나타내는 지표는? [13 산업]
① 강도율 ② 연천인율
③ 유병률 ④ 도수율

02 도수율에 대한 설명으로 틀린 것은? [16 산업]
① 근로손실일수를 알아야 한다.
② 재해발생건수를 알아야 한다.
③ 연근로시간수를 계산해야 한다.
④ 산업재해의 발생빈도를 나타내는 단위이다.

03 재해율의 종류 중 도수율에 관한 설명으로 알맞지 않은 것은? [01,04,08,12 산업]
① 현재 재해발생의 빈도를 표시하는 표준척도로 사용한다.
② 재해발생건수의 산정은 응급처치 이상의 사고 모두를 포함한다.
③ 재해발생건수 또는 재해자는 동일 개념으로 사용한다.
④ 재해의 강도 즉 재해의 경중이 고려된다.

hint 재해의 경중을 고려하는 것 → 강도율(SR)

04 다음 중 도수율에 관한 설명으로 틀린 것은? [05,09 기사]
① 산업재해의 발생빈도를 나타내는 것이다.
② 연근로시간 합계 100만 시간당의 재해발생건수이다.
③ 사망과 경상에 따른 재해강도를 고려한 값이다.
④ 일반적으로 1인당 연간 근로시간수는 2,400시간으로 한다.

hint 도수율은 현재 재해발생의 정도를 나타내는 표준척도이다. 재해의 경중을 나타내는 척도는 강도율이다.

05 근로시간 100만시간 작업하는 동안 몇 건의 재해가 발생하였는가를 나타내는 산업재해지표는? [07 산업]
① 강도율 ② 도수율
③ 천인율 ④ 종합재해지수

06 산업재해 발생상황을 나타내는 지수 중에서 연근로시간수에 대한 손실작업일수의 비율로 표시하는 것으로 가장 알맞은 것은? [03 기사]
① 빈도율 ② 강도율
③ 도수율 ④ 건수율

정답 01.④ 02.① 03.④ 04.③ 05.② 06.②

종합연습문제

01 사고(事故)와 재해(災害)에 대한 설명 중 틀린 것은? [19 산업]

① 재해란 일반적으로 사고의 결과로 일어난 인명이나 재산상의 손실을 가져올 수 있는 계획되지 않거나 예상하지 못한 사건을 의미한다.
② 재해는 인명의 상해를 수분하는 경우가 대부분인데 이 경우를 상해라 하고, 인명 상해나 물적 손실 등 일체의 피해가 없는 아차사고(near accident)라고 한다.
③ 버드의 법칙은 1 : 10 : 30 : 600이라는 비율을 도출하여 하인리히의 법칙과 다른 면을 보여주고 있다. 차이점이라면 30건의 물적 손해만 생긴 소위 무상해사고를 별도로 구분한 것이다.
④ 하인리히 법칙은 한 사람의 중상자가 발생하였다고 하면 같은 원인으로 30명의 경상자가 생겼을 것이고 같은 성질의 사고가 있었으나 부상을 입지 않은 무상해자가 생겼다고 할 때 330번 무상해, 30번은 경상, 1번은 사망이라는 비율로 된다는 것이다.

hint 하인리히(Heinrich) 이론의 1 : 29 : 300 법칙에서 그 비율은 "사망(중상자) : 경미 : 무상해"이다. 따라서 총인원 330명 중 무상해 사고자 300명, 29번은 경상, 1번은 사망이라는 비율로 된다는 것이다.

02 다음 재해율 계산방법 중 강도율을 나타낸 것은? [03,08,10,12 산업][04 기사]

① $\dfrac{연간재해자수}{연평균 근로자수} \times 1{,}000$
② $\dfrac{연간 재해자수}{연평균 근로자수} \times 1{,}000{,}000$
③ $\dfrac{재해발생건수}{연근로시간수} \times 1{,}000{,}000$
④ $\dfrac{손실작업일수}{연근로시간수} \times 1{,}000$

03 산업재해 통계에 사용되는 연천인율에 대한 공식으로 옳은 것은? [15 산업]

① $\dfrac{재해발생건수}{연근로시간수} \times 10^6$
② $\dfrac{연간재해자수}{평균근로자수} \times 10^6$
③ $\dfrac{연간재해자수}{평균근로자수} \times 10^3$
④ $\dfrac{재해발생건수}{연근로시간수} \times 10^3$

04 재해 통계지수 중 종합재해지수를 올바르게 나타낸 것은? [15 산업][13 기사]

① $\sqrt{도수율 \times 강도율}$
② $\sqrt{도수율 \times 연천인율}$
③ $\sqrt{강도율 \times 연천인율}$
④ 연천인율 $\times \sqrt{도수율 \times 강도율}$

hint 종합재해지수는 도수 강도치를 말하며, 도수율은 재해발생빈도는 알 수 있으나 강도를 알기 어렵고, 강도율은 알 수 있으나 발생빈도를 알 수 없기 때문에 어느 그룹의 위험도를 비교하는 수단으로 종합재해지수($\sqrt{도수율 \times 강도율}$)를 사용한다.

05 다음 중 산업재해를 평가하기 위한 지표가 아닌 것은? [09 산업][07 기사]

① 강도율
② 유병률
③ 도수율
④ 환산재해율

06 다음 중 실질적인 재해의 정도를 가장 잘 나타내는 재해지표는? [07,10 기사]

① 강도율
② 천인율
③ 도수율
④ 결근율

hint 실질적인 재해의 정도를 가장 잘 나타내는 재해지표는 강도율이다.

정답 ❘ 01.④ 02.④ 03.③ 04.① 05.② 06.①

종합연습문제

01 산업재해 통계 중 재해 강도율에 관한 설명을 알맞지 않은 것은? [01,06 기사]
① 재해자의 수나 발생빈도에 관계없이 재해의 내용(상해정도)을 측정하는 척도로 사용된다.
② 사망 시 작업손실일수는 7,500일이다.
③ 근로손실일수=총휴업일수×(연간근로일수/365)로 나타낸다.
④ 근로시간 1,000시간당 발생한 재해에 의하여 손실된 총 근로손실시간을 말한다.

02 산업재해 통계 중 강도율에 관한 설명으로 틀린 것은? [01,08 산업]
① 재해의 경중, 즉 강도를 나타내는 척도이다.
② 연근로시간 1,000시간당 재해로 인하여 손실된 근로일수를 말한다.
③ 사망 시 근로손실일수는 7,500일이다.
④ 재해발생건수와 재해자수는 동일 개념으로 적용한다.

03 재해도수율과 연천인율과의 일반적 관계를 옳게 나타낸 것은? [01,05,07,09 산업]
① 연천인율은 재해도수율에 1.4를 곱한 값이다.
② 연천인율은 재해도수율을 1.4로 나눈 값이다.
③ 연천인율은 재해도수율에 2.4를 곱한 값이다.
④ 연천인율은 재해도수율을 2.4로 나눈 값이다.

hint 연천인율≒재해도수율×2.4

04 재해율의 종류 중 천인율에 관한 설명으로 틀린 것은? [00,07 기사]
① 재직 근로자 1,000명당 일정 기간에 발생하는 재해자수로 나타낸다.
② 재해자수를 평균 근로자수로 나눈값에 1,000을 곱하여 계산한다.
③ 재해의 경중을 나타내는 척도이다.
④ 근무시간이 같은 동종의 업체끼리만 비교가 가능하다.

hint 재해의 경중 척도가 되는 것 → 강도율(SR)

05 재해율의 종류 중 천인율에 관한 설명으로 틀린 것은? [01,06,08,17 산업][00,04 기사]
① 천인율=(재해자수/평균근로자수)×10^3
② 근무시간이 다른 타 업종 간의 비교가 용이하다.
③ 각 사업장 간의 재해상황을 비교하는 자료로 활용된다.
④ 1년 동안 근로자 1,000명에 대하여 발생한 재해지수를 연천인율이라 한다.

hint 천인율 : 근무시간이 다른 타 업종간의 비교가 용이치 못함

정답 ┃ 01.④ 02.④ 03.③ 04.③ 05.②

- 기사 : 매회대비 16,18,19②
- 산업 : 매회대비 16,17,18,19

04 상시 근로자수가 600명인 A사업장에서 연간 25건의 재해로 30명의 사상자가 발생하였다. 이 사업장의 도수율은 얼마인가? (단, 1일 9시간, 1개월에 20일 근무)

① 17.36 ② 19.29
③ 20.83 ④ 23.15

해설 도수율 계산식을 이용한다.

〈계산〉 도수율 = $\dfrac{재해건수}{연근로시간수} \times 10^6 = \dfrac{25}{9 \times 20 \times 12 \times 600} \times 10^6 = 19.29$

답 ②

종합연습문제

01 도수율(Frequency Rate of Injury)이 10인 사업장에서 작업자가 평생 동안 작업할 경우 발생할 수 있는 재해의 건수는? (단, 평생의 총근로시간수는 120,000시간으로 한다.) [13,17 기사]

① 0.8건　　② 1.2건
③ 2.4건　　④ 12건

hint 도수율 = $\dfrac{\text{재해건수}}{\text{연근로시간수}} \times 10^6$

$\Rightarrow 10 = \dfrac{\text{재해건수}}{120,000} \times 10^6$

∴ 재해건수 = 1.2건

02 600명의 근로자가 근무하는 공장에서 1년에 30건의 재해가 발생하였다. 이 가운데 근로자들이 질병, 기타의 사유로 인하여 총근로시간 중 3%를 결근하였다면 이 공장의 도수율은 얼마인가? (단, 근무는 1주일에 40시간, 연간 50주를 근무한다.) [16 기사]

① 25.77　　② 48.50
③ 49.55　　④ 50.00

hint 도수율 = $\dfrac{\text{재해건수}}{\text{연근로시간수}} \times 10^6$

$= \dfrac{30}{(600 \times 40 \times 50) \times 0.97} \times 10^6$

$= 25.77$

03 사망에 대한 근로손실을 7,500일로 산출한 근거는 다음과 같다. ( )에 알맞은 내용으로만 나열한 것은? [16 기사]

> ㉠ 재해로 인하여 사망한 근로자의 평균 연령을 ( )세로 본다.
> ㉡ 노동이 가능한 연령을 ( )세로 본다.
> ㉢ 1년 동안의 노동일수를 ( )일로 본다.

① 30, 55, 300
② 30, 60, 310
③ 35, 55, 300
④ 35, 60, 310

hint ①항이 올바르다.

04 연간 총근로시간수가 100,000시간인 사업장에서 1년 동안 재해가 50건 발생하였으며, 손실된 근로일수가 100일이었다. 이 사업장의 강도율은 얼마인가? [00,05,06,08,14,16 기사]

① 1　　② 2
③ 20　　④ 40

hint 강도율 = $\dfrac{\text{근로손실일수}}{\text{연근로시간수}} \times 10^3$

$= \dfrac{100}{100,000} \times 10^3 = 1$

05 어떤 사업장에서 70명의 종업원이 1년간 작업하는데 1급 장해 1명, 12급 장해 11명의 신체장해가 발생하였을 때 강도율은? (단, 연간 근로일수는 290일, 일근로시간은 8시간이다.) [17,18 기사]

신체장해 등급	1~3	11	12
근로손실 일수	7,500	400	200

① 59.7　　② 72.0
③ 124.3　　④ 360

hint 강도율 = $\dfrac{\text{근로손실일수}}{\text{연근로시간수}} \times 10^3$

- 근로손실 = $(1 \times 7,500) + (11 \times 200)$
  $= 9,700$일
- 연근로시간 = $8 \times 290 \times 70$
  $= 162,400$시간

∴ 강도율 = $\dfrac{9,700}{162,400} \times 10^3 = 59.73$

06 연평균 근로자수가 200명인 사업장에서 1년에 12명의 재해자가 발생하였으며 연근로시간이 1인당 2,500시간이었다. 이 사업장의 연천인율은 얼마인가? [01,05,07,09② 기사]

① 24　　② 36
③ 48　　④ 60

hint 천인율 = $\dfrac{(\text{일반재해자} + \text{직업병자})}{\text{근로자수}} \times 1,000$

∴ $t_R = \dfrac{12}{200} \times 1,000 = 60$

정답 ┃ 01.② 02.① 03.① 04.① 05.① 06.④

종합연습문제

01 50명의 근로자가 있는 사업장에서 1년 동안에 6명의 부상자가 발생하였고 총휴업일수가 219일이라면 근로손실일수와 강도율은 각각 얼마인가? (단, 연간근로시간수는 120,000시간이다.)
[14② 기사]

① 근로손실일수 : 180일, 강도율 : 1.5일
② 근로손실일수 : 190일, 강도율 : 1.5일
③ 근로손실일수 : 180일, 강도율 : 2.5일
④ 근로손실일수 : 190일, 강도율 : 2.5일

hint 근로손실일수 = 총휴업일수 $\times \frac{300}{365}$
$= 219$일 $\times \frac{300}{365} = 180$일

강도율 = $\frac{\text{근로손실일수}}{\text{연근로시간수}} \times 10^3$
$= \frac{180}{120,000} \times 10^3 = 1.5$일

02 사업장의 평균 근로자 850명, 연간 100건의 업무재해가 발생하였다. 1일 9시간 연 300일을 작업하고 연간 작업손실기간이 40,000시간이었다면 이 사업장의 도수율은 약 얼마인가? [07 산업]

① 35.46 ② 37.25
③ 43.57 ④ 44.35

hint 도수율(FR) = $\frac{\text{재해건수}}{\text{연근로시간수}(t_y)} \times 10^6$

$t_y = \frac{9\text{hr}}{\text{day}} \times \frac{300\text{day}}{\text{연}} \times 850 - 40,000$(손실)
$= 2,255,000$hr

∴ FR = $\frac{100}{2,255,000} \times 1,000,000 = 44.35$

03 산업재해지표 중 '천인율'이 가장 높은 업종은?
[02,06② 기사]

① 제조업 ② 건설업
③ 운수업 ④ 광업

hint 제시된 업종 중 '천인율'이 가장 높은 업종은 광업이다. 근래의 재해발생 비율을 보면 농임어업 및 광업이 41.1%(2,013명)로 가장 크게 증가한 것으로 나타났으며, 그리고 서비스업 33.5%(13,031명), 건설업 18.4%(3,871명)의 추이를 보이고 있다. 해마다 이 통계값은 달라질 수 있다.

04 A공장의 2011년도 총재해건수는 6건, 의사진단에 의한 총휴업일수는 900일이었다. 이 공장의 도수율과 강도율은 각각 약 얼마인가? (단, 평균 근로자는 500명, 근로자 1인당 1일 8시간씩 연간 300일을 근무하였다.) [12 기사]

① 도수율 : 7, 강도율 : 0.31
② 도수율 : 5, 강도율 : 0.62
③ 도수율 : 7, 강도율 : 0.93
④ 도수율 : 5, 강도율 : 0.24

hint 도수율(FR) = $\frac{\text{재해건수}}{\text{연근로시간수}(t_y)} \times 10^6$

$t_y = \frac{8\text{hr}}{\text{day}} \times \frac{300\text{day}}{\text{연}} \times 500 = 1,200,000$hr

∴ FR = $\frac{6}{1,200,000} \times 1,000,000 = 5$

강도율(SR) = $\frac{\text{총근로손실일수}}{\text{연근로시간수}} \times 10^3$

근로손실 = $900 \times (300/365) = 739.73$

∴ SR = $\frac{739.73}{1,200,000} \times 1,000 = 0.62$

05 재해 통계를 구할 때 사망 및 영구 전노동 불능인 경우 근로손실일수는 얼마로 산정하는가? [단, ILO(국제노동기구)의 산정기준에 따른다.]
[08,18 산업][08,11 기사]

① 2,000일 ② 3,000일
③ 5,000일 ④ 7,500일

hint 사망의 근로손실일수는 7,500일이다.

정답 ▮ 01.① 02.④ 03.④ 04.② 05.④

2 산업재해 대책·보상

이승원의 minimum point

(1) 손실비용 평가 모델 및 재해 보상

- ⓒ 산업재해 손실비용 평가 모델
    - 하인리히(H.W. Heinrich) 방식
        - ■ 총재해손실비=직접비(1)+간접비(4)=직접비×5
        - ▫ 하인리히는 재해코스트를 직접비 : 간접비 비율은 1 : 4가 된다고 하였음
        - ▫ 재해코스트는 "직접비+간접비"로 계산되고, 직접비 : 간접비 비율은 1 : 4임을 고려하여 전체 재해코스트는 "직접비×5"로 산정한다는 모델임
    - 버즈(F.E. Bird's)의 방식 → 간접비의 빙산원리를 주장함
        - ■ 총재해손실비=보험비+비보험재산비용+비보험 기타 재산비용
        - ▫ 버즈는 보험비 : 비보험재산비용 : 비보험 기타 재산비용의 비율을 1 : 5~50 : 1~3이 된다고 하였음
        - ▫ 버즈의 방식을 적용할 경우 각 부분에 대한 결과는 하인리히의 1 : 4법칙 보다 더 높게 나타남
    - 시몬즈(R.H. Simonds) 방식 : 시몬즈 방식은 하인리히의 1 : 4의 직·간접 비율에 의한 재해손실 비용 산출방안 대신에 평균치 계산방식을 제시한 산출방식임
        - ■ 총재해손실비 = 산재보험비 + 비보험비용

- ⓒ 국내 산업재해의 보상규정 : 산업재해 보험급여의 종류는 다음과 같음. 다만, **진폐에 따른 보험급여**의 종류는 요양급여, 간병급여, 장의비, 직업재활급여, 진폐보상연금 및 진폐유족연금으로 함
    - ▫ 요양급여, 휴업급여, 장해급여, 간병급여, 유족급여, 상병(傷病)보상연금
    - ▫ 장의비(葬儀費), 직업재활급여

(2) 산업재해 예방·대책

- ⓒ 재해예방의 4원칙
    - 원인계기의 원칙 : 재해발생에는 반드시 원인이 있다. 즉, 사고와 손실과의 관계는 명확한 인과 관계가 없이 주변상황에 따라 달라질 수 있지만, 사고의 원인에는 필연적인 계기가 있다는 것이 원인계기의 원칙임
    - 손실우연의 원칙 : 사고와 상해 정도(손실)에는 "사고의 결과로서 생긴 손실의 대소 또는 손실의 종류는 우연에 의하여 정해진다."는 관계가 있음. 따라서 재해를 예방하는 것은 이에 따른 손실을 미연에 제어하는 효과를 얻는 것임
    - 예방가능의 원칙 : 재해는 원칙적으로 근원적인 원인만 제거하면 예방할 수 있음. 즉, 모든 재해는 예방할 수 있다는 것이 예방가능의 원칙임
    - 대책선정의 원칙 : 재해를 예방하기 위한 대책에는 기술적 대책, 교육적 대책, 규제적 대책 등을 선정한다는 것이 대책 선정의 원칙임

- ⓒ 하인리히의 사고예방 대책 5단계 : 조직 → 사실의 발견 → 분석·평가 → 시정책의 선정 → 시정책의 적용으로 구성됨

05. 산업재해

- 기사 : 00,06,18
- 산업 : 01,05,06

산업재해 발생의 역학적 특성으로 틀린 것은?

① 여름, 겨울에 빈발
② 오전 11~12시, 오후 2~3시에 빈발
③ 작은 규모의 산업체에서 재해율이 높음
④ 입사 6개월 미만 근로자에게 높음

해설 계절별로 비교하면 봄과 가을에 재해발생 비율이 높다.   답 ①

- 기사 : 01,06
- 산업 : 06

산업재해 지표 사용 시 주의점으로 틀린 것은?

① 집계된 재해의 범주를 명시해야 한다.
② 연근로시간수는 실적에 따라 산출하고 추정은 금물이다.
③ 재해지수는 연간 또는 월간으로 산출할 수 있으나 사업장 규모가 작고 재해발생수가 적을 때는 의미가 거의 없다.
④ 재해지수는 재해발생 양상의 추세로 재해에 대한 원인분석에 대치될 수 있다.

해설 재해지수는 산업안전보건분야의 대표적인 지표로 가장 많이 활용되고 있으며 기관평가 및 각종 포상 등에도 널리 쓰이고 있다.   답 ④

유.사.문.제

01 산업재해에 따른 보상에 있어 보험급여에 해당하지 않는 것은? [13 기사]
① 유족급여
② 직업재활급여
③ 대체인력훈련비
④ 상병(傷病)보상연금

02 우리나라 산업재해 보상 보험급여의 종류와 가장 거리가 먼 것은? [03,17 기사]
① 요양급여
② 장해급여
③ 장의비
④ 신체재활급여

03 다음 중 산업재해 예방의 4원칙에 해당하지 않는 것은? [10,14,18 기사]
① 손실우연의 원칙
② 원인조사의 원칙
③ 예방가능의 원칙
④ 대책선정의 원칙

04 우리나라에서 가장 많이 발생하는 산업재해 형태는? [05 산업]
① 감김, 끼임
② 넘어짐
③ 과다동작
④ 교통사고

정답 | 01.③ 02.④ 03.② 04.②

종합연습문제

01 재해예방의 4원칙에 대한 설명으로 틀린 것은? [12,16 기사]
① 재해발생에는 반드시 그 원인이 있다.
② 재해가 발생하면 반드시 손실도 발생한다.
③ 재해는 원칙적으로 원인만 제거되면 예방이 가능하다.
④ 재해예방을 위한 가능한 안전대책은 반드시 존재한다.

02 다음 중 재해예방의 4원칙에 관한 설명으로 틀린 것은? [10,14,19 기사]
① 재해발생과 손실의 발생은 우연적이므로 사고발생 자체의 방지가 이루어져야 한다.
② 재해발생에는 반드시 원인이 있으며, 사고와 원인의 관계는 필연적이다.
③ 재해는 원칙적으로 예방이 불가능하므로 지속적인 교육이 필요하다.
④ 재해예방을 위한 가능한 안전대책은 반드시 존재한다.

03 연간 재해자수가 가장 많은 산업업종은? [05 기사]
① 광업　　② 건설업
③ 운수, 창고업　　④ 제조업

04 산업재해 발생의 급박한 위험이 있을 때 또는 중대재해가 발생하였을 때에는 누가 즉시 작업을 중지시켜야 하는가? [04 기사]
① 안전관리자　　② 보건관리자
③ 사업주　　④ 근로자 대표

hint 사업주는 산업재해가 발생할 급박한 위험이 있을 때 또는 중대재해가 발생하였을 때에는 즉시 작업을 중지시키고 근로자를 작업장소로부터 대피시키는 등 필요한 안전·보건상의 조치를 한 후 작업을 다시 시작하여야 한다.

05 다음 중 사고예방 대책의 기본원리가 다음과 같을 때 각 단계를 순서대로 올바르게 나열한 것은? [11,19 기사]

> Ⓐ 분석평가　　Ⓑ 시정책의 적용
> Ⓒ 안전관리 조직　Ⓓ 시정책의 선정
> Ⓔ 사실의 발견

① Ⓒ → Ⓔ → Ⓐ → Ⓓ → Ⓑ
② Ⓒ → Ⓔ → Ⓓ → Ⓑ → Ⓐ
③ Ⓔ → Ⓒ → Ⓓ → Ⓑ → Ⓐ
④ Ⓔ → Ⓓ → Ⓒ → Ⓑ → Ⓐ

hint 산업재해 방지를 위한 대책은 안전관리 조직Ⓒ → 사실의 발견Ⓔ → 원인분석Ⓐ → 시정책의 선정Ⓓ → 시정책의 적용 및 뒤처리Ⓑ 5단계로 이루어진다.

06 다음 중 산업재해 보상에 관한 설명으로 틀린 것은? [11,18 기사]
① "업무상의 재해"란 업무상의 사유에 따른 근로자의 부상·질병·장해 또는 사망을 말한다.
② "유족"이란 사망한 자의 손자녀·조부모 또는 형제자매를 제외한 가족의 기본 구성인 배우자·자녀·부모를 말한다.
③ "치유"란 부상 또는 질병이 완치되거나 치료의 효과를 더 이상 기대할 수 없고 그 증상이 고정된 상태에 이르게 된 것을 말한다.
④ "장해"란 부상 또는 질병이 치유되었으나 정신적 또는 육체적 훼손으로 인하여 노동능력이 상실되거나 감소된 상태를 말한다.

hint 유족이란 사망한 자의 배우자(사실상 혼인관계에 있는 자를 포함)·자녀·부모·손자녀·조부모 또는 형제자매를 말한다.

정답 ▮ 01.② 02.③ 03.④ 04.③ 05.① 06.②

종합연습문제

01 산업재해를 대비하여 작업근로자가 취해야 할 내용과 거리가 먼 것은? [04,16 기사]
① 보호구 착용
② 작업방법의 숙지
③ 사업장 내부의 정리정돈
④ 공정과 설비에 대한 검토

> **hint** 공정과 설비에 대한 검토부분은 사업주가 취해야 할 내용이다.

02 다음 중 산업재해 지표 사용 시 주의사항으로 적절하지 않은 것은? [14 산업]
① 집계된 재해의 범주를 명시해야 한다.
② 연간 근로시간수는 실적에 따라 산출하고 추정은 금물이다.
③ 재해지수는 연간 또는 월간으로 산출할 수 있으나 사업자 규모가 작고 재해발생수가 적을 때는 의미가 거의 없다.
④ 재해지수는 재해발생 양상의 추세로 재해에 대한 원인분석에 대치될 수 있다.

> **hint** 재해지수는 산업재해 지표의 재해에 대한 원인분석에 대치될 수 없다.

03 Gordon은 재해원인 분석에 있어서 역학적 기법의 유효성을 제창하였다. 재해와 상해발생에 관여하는 3가지 요인이 아닌 것은? [15 산업]
① 화학요인   ② 기계요인
③ 환경요인   ④ 개체요인

> **hint** 고든(Gordon)은 재해와 상해발생에 관여하는 3가지 요인을 시설과 장비 등의 개체·물리적 요인과 환경요인이라고 하였다.

04 건설업의 경우, 재해건수 비율이 가장 높은 위험조건은? [03 기사]
① 시설결함
② 위험방지의 미비
③ 위험한 작업방법 및 공정
④ 환경위험

05 다음 사망재해의 유형 중 가장 많은 부분(사망자수)을 차지하고 있는 것은? [06 기사]
① 진폐
② 뇌·심질환
③ 추락
④ 사업장외 교통사고

> **hint** 중대재해 발생비율은 달라질 수 있으므로 최근 통계를 기준하여 참조해 두도록 한다.

06 다음 중 재해의 원인에서 불안전한 행동에 해당하는 것은? [10 기사]
① 보호구 미착용
② 방호장치 미설치
③ 시끄러운 주위환경
④ 경고 및 위험표지 미설치

> **hint** 재해의 원인에서 불안전한 행동(행위)는 근로의 방심, 태만, 무모한 행위에서 비롯되는 것으로 보호구 미착용 등 안전장치의 불이행, 위험한 상태의 조장, 기계장치의 목적 이외 사용, 불완전한 방치, 위험한 장소로의 접근, 부적절한 작업속도 등이 여기에 해당한다. 산업재해의 80%가 불안전한 행위에서 기인한다고 한다.

07 산업재해의 직접원인을 크게 인적원인과 물적원인으로 구분할 때 다음 중 물적원인에 해당하는 것은? [11 기사]
① 복장·보호구의 결함
② 위험물 취급 부주의
③ 안전장치의 기능 제거
④ 위험장소의 접근

> **hint** 물적원인은 하인리히(Heinrich)의 연쇄이론에서 불안전한 상태를 의미한다. 기계, 기구, 물체, 물건 등의 물질적으로 불안전한 상태로서 복장이나 보호장구의 결함, 방호조치의 결함, 작업장소의 결함, 작업환경의 결함, 작업방법의 결함, 부적당한 공구, 작업장의 정돈 불량 등이 여기에 해당한다.

정답 | 01.④ 02.④ 03.① 04.③ 05.② 06.① 07.①

종합연습문제

01 탄광업의 경우 재해건수가 가장 많이 발생되는 위험조건은? [03,05 기사]

① 시설결함
② 위험한 작업방법 및 공정
③ 환경위험
④ 위험방지의 미비

02 산업재해손실의 평가에 있어서 하인리히 방식 기준으로 직접비와 간접비의 비율은 어느 정도로 나타나는가? (단, 직접비 : 간접비로 표현한다.) [07,09 기사]

① 1 : 2
② 1 : 4
③ 1 : 8
④ 1 : 16

hint 하인리히(Heinrich)는 사고로 인한 경제적 손실을 재해코스트(accident cost)라 정의하였다. 하인리히는 재해코스트를 직접비와 간접비로 구분하여, 그 비율은 1 : 4가 된다고 하였다.

03 산업재해로 인한 직접손실비용이 300만원 발생하였다면, 총재해손실비는 얼마로 추정되는가? (단, 하인리히의 재해손실비 산출기준을 따름) [06,09 기사]

① 600만원
② 900만원
③ 1,200만원
④ 1,500만원

hint 하인리히(Heinrich) 모델에 따르면 재해코스트=직접비+간접비이고, 그 비율은 1 : 4가 되기 때문에 다음의 관계식으로 재해손실비를 산출할 수 있다.
〈계산〉 비용 = 직접비(1) + 간접비(4)
   = 직접비×5
   = 300만원×5 = 1,500만원

04 간기능 장애가 있는 자에게 적합하지 않은 작업은? [05 기사]

① 분진작업
② 화학공업
③ 외상(外傷)받기 쉬운 작업
④ 일반 기계공업

05 산업재해를 일으킬 수 있는 사람을 재해 빈발자라 한다. 주의력이 산만하고 주의력 지속 불능, 흥분성, 비협조성이 있는 재해 빈발자(누발자)는 어느 분류에 속하는가? [06 기사]

① 미숙성 빈발자
② 상황성 빈발자
③ 소질적 빈발자
④ 반복성 빈발자

06 신체적 결함과 문제되는 작업을 틀리게 짝지은 것은? [04 산업]

① 비만증–고열작업
② 고혈압–정신적 긴장작업
③ 당뇨증–유기용제를 다루는 화공작업
④ 심계항진–중근작업

07 다음 중 신체적 결함과 부적합한 작업이 잘못 연결된 것은? [13,16 산업]

① 간기능 장애–화학공업
② 편평족–앉아서 하는 작업
③ 심계항진–격심작업, 고소작업
④ 고혈압–이상기온, 이상기압에서의 작업

hint 편평족(평발)–서서 하는 작업

08 다음 중 신체적 결함과 그 원인이 되는 작업이 가장 적합하게 연결된 것은? [15,18 기사]

① 평발–VDT 작업
② 진폐증–고압 및 저압 환경의 작업
③ 중추신경 장애–광산작업
④ 경견완증후군–타이핑작업

hint 경견완증후군 유발 직종 : 키펀치, 전화교환, 타이핑, 금전등록 계산, 일관조립작업 등

정답 ┃ 01.④ 02.② 03.④ 04.② 05.③ 06.③ 07.② 08.④

종합연습문제

01 신체적 결함과 이에 따른 부적합 작업을 짝지은 것으로 틀린 것은? [19 기사]

① 심계항진-정밀작업
② 간기능 장해-화학공업
③ 빈혈증-유기용제 취급작업
④ 당뇨증-외상받기 쉬운 작업

hint 심계항진증은 불규칙하거나 빠른 심장 박동이 비정상적으로 느껴지는 증상으로 어지러움, 흉부 통증, 메슥거림이 있을 수 있다. 따라서 이 질환을 앓고 있는 근로자는 격심한 작업이나 고소작업에 부적합하다.

02 산업재해의 기본원인을 4M(Management, Machine, Media, Man)이라고 할 때 다음 중 Man(사람)에 해당되는 것은? [07 기사]

① 안전교육과 훈련의 부족
② 인간관계·의사소통의 불량
③ 부하에 대한 지도·감독 부족
④ 작업자세·작업동작의 결함

정답 ❘ 01.① 02.②

산업위생학 개론 관련 2차 **필답형(실기)**

실기문제(2차)

1 이론형 쓰기문제

01 ㅁ산업 : 10.14   평점 4

다음은 산업위생의 정의이다. 괄호에 알맞은 용어를 써 넣으시오.

근로자나 일반대중에게 질병, 건강장애와 안녕방해, 심각한 불쾌감 및 능률저하 등을 초래하는 작업환경 요인과 스트레스를 (①), (②), (③)하고 (④)하는 과학과 기술이다.

해설 다음의 "답안 작성" 부분만 답안지에 기재하면 된다.

관련 이론 및 개념

■ 미국의 산업위생학회(AIHA)에서 규정하는 산업위생에 대한 정의 → 산업위생이란 근로자나 일반대중에게 질병, 건강장애와 안녕방해, 심각한 불쾌감 및 능률저하 등을 초래하는 작업환경 요인과 스트레스를 예측, 인식(인지), 측정·평가하고 관리하는 과학과 기술이다.

답안 작성

① 예측   ② 인식   ③ 측정·평가   ④ 관리

02 ㅁ기사 : 06.07.12.15   평점 3

ACGIH에서는 TLV 적용 시 유의점을 제안하고 있다. 유의사항 중 6가지를 쓰시오.

해설 다음의 "답안 작성" 부분만 답안지에 기재하면 된다.

관련 이론 및 개념

■ TLV 적용 시 유의점
- 대기오염 평가 및 관리에 적용하지 않도록 한다.
- 독성의 강도를 비교하는 지표로 사용하지 못한다.
- 안전농도와 위험농도를 구분하는 경계선으로 이용하지 않도록 한다.
- 24시간 노출 또는 정상 작업시간을 초과한 노출에 대한 독성평가에는 적용될 수 없다.
- 발생한 질병 또는 신체적 상태의 양부를 증명하는 자료로 사용할 수 없다.
- 경험 있는 산업위생전문가에 의하여 적용되어야 한다.
- 미국의 근로자들과 작업조건, 사용재료가 다르며, 공정이 다른 나라에서는 TLV를 채택할 수 없다.

답안 작성

① 대기오염 평가 및 관리에 적용할 수 없음
② 독성강도의 비교 지표로 사용할 수 없음
③ 안전농도와 위험농도를 구분하는 용도로 이용할 수 없음
④ 정상 작업시간을 초과하는 노출의 독성평가 적용할 수 없음
⑤ 질병·신체 상태의 양부를 증명하는 자료로 사용할 수 없음
⑥ 경험있는 산업위생전문가에 의하여 적용되어야 함

이론형 쓰기문제

01 ACGIH에서 유해물질의 허용농도(TLV) 설정 및 개정 시 이용되는 자료 4가지를 쓰시오.
[07②,08②,14 산업]

answer
① 화학구조상의 유사성
② 동물실험 자료
③ 인체실험 자료
④ 산업장 역학조사 자료

02 다음 용어의 정의를 쓰시오.
[06,08②,09,16,18,19 산업][07,17 기사]

(1) TWA
(2) STEL
(3) C

answer
(1) TWA : 시간가중 평균노출기준으로 1일 8시간 및 1주일 40시간동안의 나쁜 영향을 받지 않고 노출될 수 있는 평균농도
(2) STEL : 단시간 노출기준으로 근로자가 1회에 15분간 유해인자에 노출되는 경우의 기준임
(3) C : 최고노출기준으로 근로자가 1일 작업시간동안 잠시라도 노출되어서는 안 되는 기준임

03 ACGIH, NIOSH, TLV에 대한 용어의 정의(한글)를 쓰시오.
[16 기사]

answer
① ACGIH : 미국정부산업위생전문가협의회
② NIOSH : 미국국립산업안전보건연구원
③ TLV : 허용한계농도(Threshold Limit Value)

04 단시간 허용노출기준(STEL)이 설정되어 있지 않은 유해물질에 대하여 허용농도 상한치(excursion limits)를 정하고 있다. 시간가중평균치(TWA)를 기준한 노출시간에 따른 상한치를 쓰시오.
[16 산업][16 기사]

answer
① 시간가중평균치(TWA)의 3배는 하루 노출 30분 이상을 초과할 수 없음
② 시간가중평균치(TWA)의 5배는 잠시라도 노출되어서는 안 됨

05 다음 각 단체의 허용기준을 나타내는 용어를 쓰시오.
[11,17 기사]

(1) ACGIH
(2) OSHA
(3) NIOSH

answer
(1) ACGIH : TLV
(2) OSHA : PEL
(3) NIOSH : REL

06 노출기준에 대하여 기술하시오. (단, 고시기준)
[15 산업]

answer
거의 모든 근로자에게 건강상 나쁜 영향을 미치지 아니하는 유해물질의 농도수준 기준을 말함

1 산업위생학 개론 [실기]

03 □기사 : 06,14,15,17　　평점 4

산소부채에 대하여 설명하시오.

해설 다음의 "답안 작성" 부분만 답안지에 기재하면 된다.

관련 이론 및 개념

■ **산소부채(oxygen debt)의 메커니즘**
- 작업(운동)에 의한 근(筋)의 활동이 개시되면 근육 중의 **글리코겐**(glycogen)이 **해당반응**(解糖反應)의 에너지원으로 **소모**하고 부산물로 **젖산**($C_3H_6O_3$)이 **발생**됨
- 안정기에는 젖산이 산소에 의해 산화되어 이산화탄소와 물로 분해되어 체외로 배출됨
- 작업(운동) 강도가 높을 경우 작업강도에 비례하여 분해되지 못한 **젖산이 체내 축적**되는 양이 증가하게 됨
- 여기서, 젖산을 산화하는 데 필요한 산소가 부족하게 되어 발생하는 산소의 부족분을 **산소부채**라 함
- 작업(운동) 종료 후에 부족분 및 잔류하는 젖산을 제거하기 위해 보상되는 산소를 **산소부채 보상**이라 함

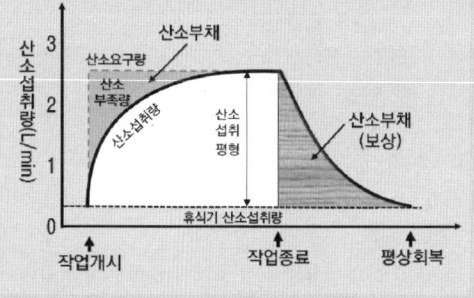

답안 작성

육체적인 노동이나 운동을 과도하게 할 때, 산소섭취량이 수요량에 미치지 못하여 체내에서 분해되지 못하고 축적되는 젖산이 발생하게 되는데 이를 산화하기 위해 요구되는 산소량을 말함

01 다음의 ( ) 안에 알맞은 용어를 쓰시오.
[09,14 기사]

(1) 혐기성 대사 순서 : (①) → (②) → (③) 또는 포도당
(2) 〈그림〉 작업부하에 따른 산소소비량

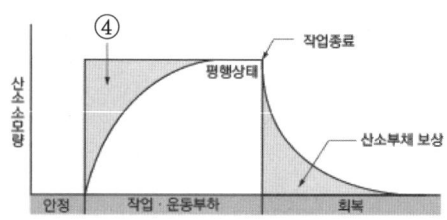

answer
① ATP　　② CP(크레아틴인산)
③ 글리코겐　　④ 산소부채

이론형 쓰기문제

01 산업피로의 발생요인 3가지를 쓰시오.
[14 산업]

answer
① 작업부하의 과중
② 부적절한 작업환경 조건과 노동시간
③ 영양·체력 등 개인적인 적응조건 및 휴식·생활 환경조건
※ 이 중에서 2항목만을 기재할 것

02 산업피로 중 전신피로의 원인을 쓰시오.
[15 산업]

answer
① 산소공급 부족
② 혈중 포도당 농도 저하
③ 혈중 젖산 농도 증가
④ 근육내 글리코겐량의 감소
⑤ 작업강도의 증가

이론형 쓰기문제

01 중량물 취급작업의 권고기준(RWL)의 관계식 및 각 인자를 쓰시오. [14 기사]

answer

$RWL(kg) = LC \times HM \times VM \times DM \times AM \times FM \times CM$
- LC : 중량물상수
- HM : 수평위치값
- VM : 수직계수값
- DM : 운반거리값
- AM : 허리비틀림각도
- FM : 빈도계수
- CM : 커플링계수

02 들기작업(Lifiting)은 작업자 보다 아래에 있는 물체를 위로 올리거나 위에 있는 것을 아래로 내리는 작업을 말한다. 중량물 취급(들기) 적용기준 2가지를 쓰시오. [16 기사]

answer

① 물체의 폭은 75cm 이하이고, 두 손을 적당히 벌리고 작업할 수 있을 것
② 보통속도로 두 손으로 들어올리는 작업을 기준으로 할 것
③ 박스(Box)인 경우는 손잡이가 있을 것
④ 작업장내의 온도는 적당할 것
※ 이 중에서 2항목만을 기재할 것

03 근골격계 질환의 위험요소 4가지를 쓰시오. [12 기사]

answer

① 고도의 반복작업
② 불안정한 자세
③ 장시간 정적작업
④ 21℃ 이하 저온에서의 지속적 작업

04 근골격계 질환 작업위험요인의 인간공학적 평가방법 3가지를 쓰시오. [18 기사]

answer

① OWAS
② RULA
③ REBA
④ JSI(SI)
※ 이 중에서 3항목만을 기재할 것

05 전신피로에 관한 다음의 설명에서 ( ) 안을 완성하시오. [11 기사]

심한 전신피로 상태란 작업종료 후 30~60초 사이의 평균 맥박수가 (①)회 초과하고, 150~180초 사이와 60~90초 사이의 차이가 (②) 미만일 때를 말한다.

answer

① 110　　② 10

06 산업피로 증상에서 혈액과 소변의 변화 2가지씩 쓰시오. [06,16,19 기사]

answer

(1) 혈액변화
① 혈당치 저하
② 혈액내 젖산이나 탄산 증가
(2) 소변변화
① 소변량 줄어듦
② 소변내 교질 및 단백질의 양이 늘어남

---

04 □산업 : 19　　평점 5

NPL(Neutral Pressure Level)의 의미를 간단히 쓰시오.

답안 건물의 굴뚝효과에 의해 외부 공기가 유입되어 실내외의 공기압력차가 0인 부분이 형성되는 데, 이 부분을 중성대(NPL)라고 함. 중성대에서는 공기의 유입도 유출도 일어나지 않음(통상 건물높이 약 0.5배에 위치)

1 산업위생학 개론 [실기]

[참고] 굴뚝효과(연돌효과, Stack Effect)
- **정의** : 건물 내부 외 외부의 공기밀도차에 따른 압력차에 의해 발생하는 공기의 흐름을 말하며, 굴뚝의 자연통풍원리와 유사하기 때문에 연돌효과(Chimney Effect)라고도 함. 여름철에는 역연돌효과가 발생함

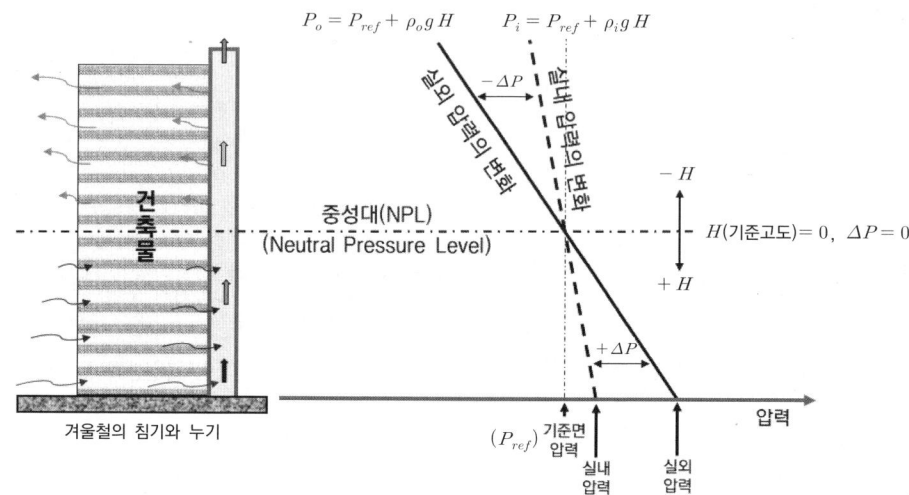

- **굴뚝효과의 영향**
  - 외기의 실내 유입에 따른 불쾌감
  - 실내 및 복도 환기시설의 오류 및 오작동
  - 화장실 및 주방배기의 어려움
  - 지하주차장 배기가스의 실내 유입으로 인한 실내 공기질 악화
  - 화재발생 시 연기의 확산속도 증대
  - 열에너지 손실 증대

이론형 쓰기문제

01 공기조화설비(HVAC)가 무엇인지 설명하시오. [17 기사]

answer

실내공기의 쾌적한 온도(17~28℃) 유지, 습도조절(상대습도 40~70%), 청정도 유지(실내공기질 기준 이내) 및 기류 유지(0.5m/min 이하) 등의 요소를 조절 또는 제어하기 위해 사용되는 장치 및 그 설비를 총칭함

02 업종별로 구분할 때 조선업의 작업환경에서 발생하는 대표적인 유해요인을 4가지 쓰시오. [07 기사]

answer
① 용접흄 ② 소음
③ 철분진 ④ 유기성 증기

03 어느 작업장 업무에 종사하는 근로자들을 대상으로 건강진단을 실시한 결과 다음과 같이 분류되었다. 이 기호는 무엇을 의미하는가? [08,12,15,19 산업]

- A · C_1 · C_2 · D_1 · D_2 · R

answer
- A : 건강한 근로자
- C_1 : 직업병 요관찰자
- C_2 : 일반질병 요관찰자
- D_1 : 직업병 유소견자
- D_2 : 일반질병 유소견자
- R : 질환의심자(제2차 건강진단 대상자)

이론형 쓰기문제

01 허용농도에 '피부(skin)' 표시가 되어 있는 물질이 있다. 노출기준에 피부(skin) 표시를 첨부해야 하는 이유와 그 물질의 특성 3가지를 쓰시오. [18 산업]

answer
(1) 이유 : 피부를 통하여 흡수되어 피부자극 개념이 아닌 전신작용을 일으키는 물질
(2) 특성
① 옥탄올-물 분배계수가 높음
② 손이나 팔에 의한 흡수가 몸 전체에서 많은 부분을 차지함
③ 급성동물 실험결과 피부 흡수에 의한 치사량이 낮음(1,000mg/kg 이하)

02 실내 환경의 오염에 영향을 미치는 생물학적 요인 5가지를 쓰시오. [16 산업]

answer
① 곰팡이
② 세균(박테리아)
③ 진균 및 진균독소
④ 바이러스
⑤ 꽃가루
⑥ 아메바
※ 이 중 5가지만 기재함

【참고】
• 입자상 : 먼지, 중금속, 석면 등
• 가스상 : 휘발성 유기화합물, 아황산가스, 질소산화물, 일산화탄소 등
• 건강장애 예방관리 측면의 주요 관리대상물질 : 호흡성 분진, 일산화탄소, 이산화탄소, 포름알데히드 등

03 고열을 이용하여 유리를 제조하는 작업장에서 작업자가 눈에 통증을 느꼈다면 그 원인이 되는 인자와 연관 질환(병)을 쓰시오. [16 기사]

answer
① 유해광선(적외선)
② 안질환(결막염, 각막염 등)

04 바이오에어로졸(bioaerosol)에 대하여 정의와 영향을 쓰시오. [18 기사]

answer
① 정의 : $0.02 \sim 100 \mu m$ 크기를 가진 생물 기원성 미생물(바이러스, 세균, 곰팡이, 원생생물 등), 곰팡이의 포자, 미생물들의 독소, 동식물의 알러젠과 꽃가루, 사람의 기침, 체액 등의 형태로 실내외에 존재하는 입자상 물질들을 말함
② 영향 : 감염성질환(탄저병, 레지오넬라병 등), 과민성 질환(천식, 비염, 과민성폐렴 등), 호흡성 열병, VOC에 의한 2차 영향 등을 일으킴

05 관리대상물질 중 특별관리물질 4가지를 쓰시오. [12 기사]

answer
① 벤젠   ② 사염화탄소
③ 포름알데히드   ④ 1,3 부타디엔

06 산업안전보건법상 MSDS(물질안전보건자료) 작성 시 포함되어야 할 항목 6가지를 쓰시오. [08,10 산업][18 기사]

answer
① 대상화학물질의 명칭
② 화학물질의 구성성분
③ 안전·보건상의 취급주의 사항
④ 인체 및 환경에 미치는 영향
⑤ 물리·화학적 특성
⑥ 독성에 관한 정보

07 물질보건자료의 작성·비치 대상에서 제외되는 물질 6가지를 쓰시오. [07,13 기사]

answer
① 방사성 물질
② 의약품·의약외품
③ 화장품
④ 마약 및 향정신성 의약품
⑤ 농약
⑥ 사료

1 산업위생학 개론 [실기]

이론형 쓰기문제

01 어느 사업장에 본인이 보건관리자로 출근을 하게 되었다. 해당 작업장에는 시너를 사용하고 있지만 업무수행 내용의 기록에는 시너에 대한 유해성과 배출 정도에 대한 자료가 없었다. 본인이 제일 먼저 수행하여야 할 업무 3가지를 기술하시오. [15 기사]

answer
① 시너에 대한 유해성 관련조사 및 확인
② 작업환경에 대한 측정
③ 측정치와 노출기준의 비교·평가

02 산업안전보건법상 사무실 공기관리 지침에 따른 다음의 관리기준에 해당하는 오염물질의 명칭을 쓰시오. [15 기사]

(1) 150μg/m³ 이하
(2) 10ppm 이하
(3) 0.01개/cc 이하

answer
(1) 미세먼지
(2) 일산화탄소
(3) 석면

03 산업안전보건법에 근로자의 건강보호를 위해 사업주가 실시하여야 하는 프로그램 3가지를 쓰시오. [18 기사]

answer
① 청력보존 프로그램
② 호흡기보호 프로그램
③ 근골격계질환 예방관리 프로그램

04 교대근무에 따른 서캐디안 리듬(circadian rhythm)에 대해 설명하시오. [16 산업]

answer
서캐디안 리듬은 일주기성 생체리듬을 의미하는데 특히 주야 교대근무는 생활리듬의 전도에 따른 생체리듬에 영향을 미치게 됨
• 수면부족
• 심신피로의 누적
• 사회생활 및 가정생활 지장
• 작업능률의 저하, 생산성 저하

05 산업보건기준에 관한 규칙(밀폐공간 작업으로 인한 건강장애의 예방)에 명시된 "적정한 공기"의 정의를 기술하시오. [08,13,16 산업][06,09,14 기사]

answer
적정공기란 산소농도의 범위가 18% 이상 23.5% 미만, 탄산가스의 농도가 1.5% 미만, 황화수소의 농도가 10ppm 미만인 수준의 공기를 말한다.

06 다음 ( ) 안에 알맞은 내용을 쓰시오. [14 산업]

> 작업환경 측정시간은 시간가중 평균기준(TWA)이 설정되어 있는 대상물질을 측정하는 경우에는 1일 작업시간 동안 (①) 이상 연속측정하거나, 작업시간을 등간격으로 나누어 (②) 이상 연속분리 측정해야 한다.

answer
① 6시간
② 6회

07 작업환경측정은 1일 작업시간 동안 6시간 연속측정하거나 작업시간을 등간격으로 나누어 6시간 이상 연속분리하여 측정해야 한다. 예외되는 경우를 3가지 쓰시오. [15,17 산업]

answer
① 대상물질의 발생이 6시간 이하인 경우
② 불규칙작업으로 6시간 이하의 작업
③ 발생원에서의 발생시간이 간헐적인 경우

08 밀폐공간에서 작업 및 환기할 때 주의사항 3가지를 쓰시오. [14 기사]

answer
① 산소 및 유해가스 농도를 측정 → 적정공기가 유지되고 있는지를 조사할 것
② 유해가스가 기준치를 초과하거나 적정공기가 유지되고 있지 않을 경우 환기 및 개인보호장비를 착용하게 할 것
③ 정전 등으로 인하여 정상적인 환기가 이루어지지 않을 때는 즉시 외부로 대피시킬 것

이론형 쓰기문제

01 석면의 종류를 쓰시오. [07,19 산업]

answer
① 백석면 ② 황석면 ③ 청석면
④ 직섬석 ⑤ 투섬석 ⑥ 녹섬석

02 다음의 설명과 관련된 석면 종류를 쓰시오. [11,17 기사]

(1) 화학식은 $Mg_3Si_2O_5(OH)_4$, 가늘고 부드럽고, 인장강도가 크며, 석면 중 가장 많이 사용됨
(2) 화학식은 $(Fe,Mg)_7Si_8O_{22}(OH)_2$, 내열성이 크고, 취성을 가짐
(3) 화학식은 $Na_2Fe_3^{2+}Fe_2^{3+}3Si_8O_{22}(OH)_2$, 석면광물 중 가장 강하고, 취성을 가짐

answer
(1) 백석면
(2) 황석면
(3) 청석면

03 사업주는 석면의 제조·사용 작업에 근로자를 종사하도록 하는 경우에 석면분진의 발산과 근로자의 오염을 방지하기 위하여 작업수칙을 정하고, 이를 작업근로자에게 알려야 한다. 작업수칙에 포함될 주요사항 3가지만 쓰시오. [10 기사]

answer
① 진공청소기 등을 이용한 작업장 바닥청소방법
② 용기에 석면을 넣거나 꺼내는 작업
③ 석면을 담은 용기의 운반

04 사업주는 석면해체·제거작업을 하기 전에 일반석면조사 또는 기관석면조사 결과를 확인한 후 석면해체·제거작업 수립계획에 따라 석면해체·제거작업을 수행하여야 한다. 석면해체 및 제거작업 계획을 수립할 때 포함되어야 할 사항 3가지를 쓰시오. [11,17 기사]

answer
① 석면해체·제거작업의 절차와 방법
② 석면 흩날림방지 및 폐기방법
③ 근로자 보호조치

05 다음의 [보기]에 맞는 〈그림〉을 바르게 연결하시오. [06,12 기사]

[보기]
① 급성독성 물질경고
② 부식성 물질경고
③ 호흡기 과민성 물질경고
④ 위험장소 경고
⑤ 인화성 물질경고
⑥ 산화성 물질경고

answer
①-204 ②-205 ③-214
④-215(현재×) ⑤-201 ⑥-202

06 플렉스타임(flex time) 제도에 대하여 간단히 설명하시오. [18 기사]

answer
작업상 전 근로자가 일하는 중추시간을 제외하고 주당 40시간 내외의 근로조건 하에서 자유롭게 출·퇴근 하는 제도

07 분진이 상시로 발생하는 분진발생 작업장에서 상시 근로하는 작업자에게 알려야 하는 5가지를 쓰시오. [11 기사]

answer
① 분진의 유해성과 노출경로
② 작업장 및 개인위생관리
③ 분진의 발산방지와 작업장의 환기방법
④ 호흡용 보호구의 사용방법
⑤ 분진에 관련된 질병 예방방법

이론형 쓰기문제

01 산업안전보건법상 벤젠의 작업환경 측정결과 노출기준을 초과하였을 때 향후 측정주기는 어떻게 되는지를 쓰시오. [18 기사]

> answer

3개월에 1회 이상 측정

02 보건관리자의 직무 중 3가지만 기술하시오.

> answer

① 보건교육계획의 수립
② 위험성 평가에 관한 보좌 및 조언·지도
③ 사업장 순회점검·지도 및 조치의 건의

※ 교재 제1편 "보건관리자" 부분 참조

2 필답형 계산문제

01 □기사 : 14 평점 6

육체적 작업능력(PWC)이 16kcal/min인 근로자가 물체운반작업을 하고 있다. 작업대사량은 7kcal/min, 휴식 시의 대사량이 2.0kcal/min일 때, 휴식 및 작업시간을 적절히 배분하시오. (단, Hertig의 식을 이용하며, 1일 8시간 작업기준이다.)

[해설] 관련 이론 및 개념중심으로 학습해 두고, 답안은 다음의 "답안 작성" 부분만 답안지에 기재하면 된다.

관련 이론 및 개념

■ **작업시간과 휴식**
- **작업능력**(PWC, Physical Work Capacity)
  □ 육체적 작업능력(PWC)은 원래 운동선수가 건육의 피로도 없이 운동할 수 있는 능력 kcal/min을 나타내며, 산소섭취량(산소소모량)으로 표현되기도 한다.
  □ PWC 결정요인
    - 호흡기계의 활동
    - 순환기계통의 활동
    - 대사정도
- **PWC와 작업강도** : 피로를 느끼지 않고 하루 4분간 계속할 수 있는 육체적 작업능력(PWC)은 젊은 남성의 경우 16kcal/min, 여성은 12kcal/min 정도이다(Chaffin, 1966). 따라서 하루 8시간 동안 피로를 느끼지 않고 일을 하기 위한 적절한 작업강도는 다음과 같이 산정된다.
  □ 적절한 작업강도(PWC_o) = 최대 PWC × $\frac{1}{3}$
- **휴식시간 분율 산정** : 적절한 육체적 작업강도와 작업대사량(M_t) 및 휴식대사량(M_r)을 사용하여 적정 휴식시간 분율(%)을 Hertig 식에 의해 다음과 같이 산출할 수 있다.
  ❖ $T_{ep}(\%) = \dfrac{PWC_o - M_t}{M_r - M_t} \times 100$

  $\begin{cases} T_{ep} : \text{휴식에 필요한 시간 분율(\%)} \\ PWC_o : \text{적절한 작업강도(kcal/min)} \\ M_r : \text{휴식대사량(kcal/min)} \\ M_t : \text{작업대사량(kcal/min)} \end{cases}$

답안 작성

⟨계산⟩ $T_{ep}(\%) = \dfrac{PWC_o - M_t}{M_r - M_t} \times 100$

$\begin{cases} PWC_o = 16 \times 1/3 = 5.33 \text{kcal/min} \\ M_r = 2 \text{kcal/min} \\ M_t = 7 \text{kcal/min} \end{cases}$

$T_{ep}(\%) = \dfrac{5.33 - 7}{2 - 7} \times 100 = 33.4\%$

∴ 1시간당 휴식시간 = $1 \times 0.334 \times 60$min/hr
  = 19.98min

작업시간 = 60 − 19.98 = 40.2min

1 산업위생학 개론 [실기]

02 □기사 : 18 □산업 : 08,12   평점 6

어느 작업장의 공기를 채취하여 분석한 결과 A, B의 두 가지 유해물질이 존재하는 것을 확인하였다. 각 물질의 농도와 노출기준은 각각 A물질 400ppm(TLV=700ppm), B물질 60ppm(TLV=100ppm)이었고, 상가작용을 하는 것으로 나타났다면 이 유해물질에 대한 허용농도 초과여부를 평가하시오.

[해설] 관련 이론 및 개념중심으로 학습해 두고, 답안은 다음의 "답안 작성" 부분만 답안지에 기재하면 된다.

관련 이론 및 개념

■ **노출지수(EI)를 이용한 허용농도 초과여부 평가**
- 혼합 유해물질의 상가작용(additive effect)을 고려하는 경우, 이때의 노출지수(EI)는 각 물질의 농도와 해당 물질의 노출기준(TLV)의 비를 합산하여 산정한다.
- EI(Exposure Index)는 혼합된 유사 유해물질의 노출에 따른 유해성 평가척도로 이용된다.
- 노출지수(EI)가 1.0 이상이면 노출기준을 초과하는 것으로 평가한다.

❖ $EI = \sum \dfrac{C}{TLV}$ $\begin{cases} C : 유해물질의\ 농도 \\ TLV : 노출기준 \end{cases}$

■ **보정된 노출기준**
- 혼합물질의 상가작용에 따른 보정 : 유해물질이 공기 중에 혼합되어 있고, 이 물질들이 상가작용(additive effect)을 할 경우 EI를 보정하여 보정된 노출기준 농도를 적용한다.

❖ 보정된 노출(허용-)기준 $= \dfrac{C_1 + \cdots + C_n}{EI}$

답안 작성

〈계산〉 $EI = \sum \dfrac{C}{TLV}$

□ $EI = \dfrac{400}{700} + \dfrac{60}{100} = 1.17$

∴ $EI > 1.0$ 이므로 허용기준을 초과함

필답형 계산문제

01 작업장에서 소음이 95dB로 3시간 동안 발생하고 105dB로 30분 동안 발생하였을 경우 노출지수를 구하시오. [16 산업]

answer

$EI = \sum \dfrac{C}{T} = \dfrac{3}{4} + \dfrac{0.5}{1} = 1.25$

02 작업환경내에서 90dB(A)의 소음이 4시간, 95dB(A)의 소음이 1시간, 100dB(A)의 소음이 1시간 발생하고 있을 때, 노출지수를 구하고 소음허용기준 초과여부를 판정하시오. [12,17 기사]

answer

$EI = \sum \dfrac{C}{T} = \dfrac{4}{8} + \dfrac{1}{4} + \dfrac{1}{2} = 1.25$

∴ $EI > 1.0$ 이므로 허용기준 초과

03

□ 기사 : 13,14,18,19
□ 산업 : 19

평점 6

공기 중 혼합물로서 톨루엔 130ppm(TLV 100ppm), 벤젠 40ppm(TLV 50ppm)으로 존재 시 허용농도 초과여부를 평가하고, 허용기준(농도)을 구하시오.

해설 관련 이론 및 개념중심으로 학습해 두고, 답안은 다음의 "답안 작성" 부분만 답안지에 기재하면 된다.

관련 이론 및 개념

■ **보정된 노출기준**

- **혼합물질의 상가작용에 따른 보정** : 유해물질이 공기 중에 혼합되어 있고, 이 물질들이 상가작용(additive effect)을 할 경우 EI를 보정하여 보정된 노출기준 농도를 적용한다.

  ❖ 보정된 노출(허용)기준 = $\dfrac{C_1 + \cdots + C_n}{EI}$

- **비정상 작업에 따른 보정** : 노출기준은 1일 8시간을 기준으로 하지만 이보다 작업시간(H)이 증가되거나 또는 감소할 경우 보정계수를 보정하여 보정된 노출기준 농도를 적용한다.

  ❖ 보정된 노출기준 = $TLV_{(8hr)} \times$ 보정계수(RF)
  ❖ 보정계수(RF) 산정
  - OSHA : $RF = \dfrac{8}{작업시간(H/일)}$
  - Brief and Scala : $RF = \dfrac{8}{H} \times \dfrac{24-H}{16}$
  - 국내(입자상) : $RF = \dfrac{8}{h(노출시간/일)}$

답안 작성

〈계산〉 $EI = \sum \dfrac{C}{TLV}$

- $EI = \dfrac{130}{100} + \dfrac{40}{50} = 2.1$
- $EI > 1.0$이므로 허용기준을 초과함

∴ 보정된 허용기준 = $\dfrac{130 + 140}{2.1} = 80.95$ ppm

■ **증발 혼합 유해물질의 노출기준**

- 혼합기체의 허용농도(TLV_m)는 독성이 있는 액체상태 유해물질이 증발하여 혼합기체를 구성할 때 적용하는 방법이다. 공기 중 혼합물의 허용농도는 다음 식(단위에 유의)으로 계산한다.

  ❖ $TLV_m (mg/m^3) = \dfrac{1}{\dfrac{f_1}{TLV_1} + \dfrac{f_2}{TLV_2} + \cdots + \dfrac{f_n}{TLV_n}}$

  $\begin{cases} TLV_{1 \sim n} : 각 물질의 측정농도(mg/m^3) \\ f_1, f_2, f_n : 각 물질의 중량비율 \end{cases}$

필답형 계산문제

01 어느 작업장의 공기를 채취하여 분석한 결과 벤젠 10ppm(TLV 10ppm), 톨루엔 130ppm(TLV 100ppm), 크실렌 150ppm(TLV 100ppm)으로 나타났다. 이 혼합물질에 대한 보정된 허용농도(ppm)를 구하시오. [07,09,13,18,19 산업][08,13,16 기사]

02 파라티온(TLV 0.1mg/m³)과 EPN(TLV 0.5mg/m³)이 1 : 4의 비율로 혼합된 유해물질의 TLV(mg/m³)를 구하시오. (단, 상가작용이 있음) [13 산업][08,13,15 기사]

03 1일 11시간 작업할 경우 Methyl cyclohexanol (TLV-TWA 50ppm)의 보정된 허용농도를 구하시오. (단, Brief와 Scala의 보정방법 적용)
[07②,09,10,16 산업][06,07,08③,12,15,16 기사]

필답형 계산문제 답안

01 〈계산〉 보정 TLV = $\dfrac{C_1 + \cdots + C_n}{EI}$

  □ EI = $\dfrac{C_1}{TLV_1} + \cdots + \dfrac{C_n}{TLV_n} = \dfrac{10}{10} + \dfrac{130}{100} + \dfrac{150}{100} = 3.8$ (EI > 1.0이므로 허용기준 초과)

  ∴ 보정 TLV = $\dfrac{10 + 130 + 150}{3.8} = 76.32$ ppm

02 〈계산〉 혼합 $TLV_m = \dfrac{1}{\dfrac{f_1}{TLV_1} + \cdots + \dfrac{f_n}{TLV_n}}$

  □ 중량 혼합비율(f) = $\dfrac{1}{5} = 0.2$, $\dfrac{4}{5} = 0.8$

  ∴ 혼합 $TLV_m = \dfrac{1}{\dfrac{0.2}{0.1} + \dfrac{0.8}{0.5}} = 0.278$ mg/m³

03 〈계산〉 보정 TLV = TLV × 보정계수(RF)

  □ RF = $\dfrac{8}{H} \times \dfrac{24-H}{16} = \dfrac{8}{11} \times \dfrac{24-11}{16} = 0.591$

  ∴ 보정된 허용농도 = 50 × 0.591 = 29.55 ppm

04 □ 기사 : 08
    □ 산업 : 06, 12   평점 **6**

어느 유기용제를 취급하는 작업장의 공기를 채취하여 분석한 결과 A, B, C 3가지 유해물질이 검출되었다. 혼합물의 공기 중 허용농도와 각 유해물질별 허용농도를 산출하시오. (단, 유해물질의 구성비와 노출기준은 표와 같음)

물 질	구성비(%)	노출기준(mg/m³)
A	40%	1,500
B	25%	1,800
C	35%	800

(1) 혼합물의 허용농도
(2) 포함된 A, B, C 각 유해물질별 허용농도
  • A (   )mg/m³   • B (   )mg/m³   • C (   )mg/m³

답안 (1) 〈계산〉 허용농도(TLV_m) = $\dfrac{1}{\dfrac{f_1}{TLV_1} + \cdots + \dfrac{f_n}{TLV_n}}$ $\begin{cases} \text{각 } f \text{ 값} = 0.4, \ 0.25, \ 0.35 \\ \text{각 TLV} = 1{,}500, \ 1{,}800, \ 800 \end{cases}$

  ∴ $TLV_m = \dfrac{1}{\dfrac{0.4}{1{,}500} + \dfrac{0.25}{1{,}800} + \dfrac{0.35}{800}} = 1{,}186.16$ mg/m³

(2) 〈계산〉 각 물질의 보정농도(TLV_a) = TLV_m × 각 물질별 f
   (A) TLV_A = 1186.16 × 0.4 = 474.46 mg/m³
   (B) TLV_B = 1186.16 × 0.25 = 296.54 mg/m³
   (C) TLV_C = 1186.16 × 0.35 = 415.16 mg/m³

필답형 계산문제

01 CS_2를 취급하는 작업장에서 근로자가 작업하는 시간동안 시료를 채취하여 분석한 결과가 다음과 같았다. 이 작업장의 CS_2에 대한 TWA를 구하시오. [07 기사]

폭로시간(hr)	측정농도(ppm)
1	20
2	4.5
2	15
3	2.0

02 1일 8시간 헥산을 취급하는 작업장에서 실제 근로자가 작업하는 시간은 오전 3시간, 오후 4시간이다. 작업장 공기에 대한 헥산 노출농도를 측정한 결과 오전 노출농도는 60ppm, 오후 노출농도는 45ppm이었다. 이 작업장의 헥산에 대한 TWA를 구하고 허용기준 초과여부를 판정하시오. (단, 헥산의 TLV 50ppm) [11,18 기사]

03 비정상작업의 노출기준, 즉 1일 8시간 보다 작업시간(H)이 증가되거나 또는 감소할 경우 보정계수를 보정하여 보정된 노출기준 농도를 적용한다. 이때 OSHA 보정방법의 경우 허용농도에 대한 보정이 필요없는 경우 3항목을 제시하고 있다. 이를 쓰시오. [16 기사]

04 유해물질 A를 취급하는 작업장에서 1일 8시간 작업기준 TLV는 150ppm이다. 만일 1일 12시간 작업 시 Brief-Scala 및 OSHA의 보정방법으로 보정된 허용농도(ppm)를 각각 구하시오. [13 기사]

05 어느 작업장에서 유기성 증기가 혼합된 공기를 분석한 결과 다음과 같았다. 상가작용 시 노출기준의 초과여부를 판단하시오. (단, 노출기준 평가 시 평가결과에 강구해야 할 조치를 필히 적으시오.) [08 기사]

유해물질	노출농도(ppm)	TLV(ppm)	SAE
아세톤	400	750	0.276
톨루엔	50	100	0.132
MEK	100	200	0.204

필답형 계산문제 답안

01 〈계산〉 시간가중 평균농도(TLV-TWA) = $\dfrac{C_1 T_1 + \cdots + C_n T_n}{8}$ $\begin{cases} \text{각 농도 } C = 20, \ 4.5, \ 15, \ 2.0 \\ \text{각 노출시간 } T = 1, \ 2, \ 2, \ 3 \end{cases}$

∴ TWA = $\dfrac{20 \times 1 + 4.5 \times 2 + 15 \times 2 + 2 \times 3}{8}$ = 8.13 ppm

02 〈계산〉 시간가중 평균농도(TLV-TWA) = $\dfrac{C_1 T_1 + \cdots + C_n T_n}{8}$ $\begin{cases} \text{각 농도 } C = 60, \ 45 \\ \text{각 노출시간 } T = 3, \ 4 \end{cases}$

▫ TWA = $\dfrac{60 \times 3 + 45 \times 4}{8}$ = 45 ppm

▫ 노출지수(EI) = $\sum \dfrac{C}{TLV}$ = $\dfrac{45}{50}$ = 0.9

∴ EI < 1.0이므로 허용기준 이하

03 ① 최고노출기준(TLV-C)을 적용하는 경우
   ② 만성중독을 유발하지 않으면서 약한 자극성을 갖는 유해물질의 노출기준
   ③ 기술적으로 타당성이 없는 노출기준

04 〈계산〉 보정 TLV = TLV × 보정계수(RF)

   ▫ Brief-Scala 보정 : $RF = \left(\dfrac{8}{H}\right) \times \dfrac{24-H}{16} = \left(\dfrac{8}{12}\right) \times \dfrac{24-12}{16} = 0.5$

   ∴ 보정 TLV = 150 × 0.5 = 75 ppm

   ▫ OSHA 보정 : $RF = \dfrac{8}{H} = \dfrac{8}{12} = 0.667$

   ∴ 보정 TLV = 150 × 0.667 = 100 ppm

05 〈계산〉 혼합물 노출계수 $(E_m) = \sum \dfrac{X}{TLV}$, 혼합물의 노출기준(CL) = $1 + RS_{ET}$

   ▫ $E_m = \dfrac{400}{750} + \dfrac{50}{100} + \dfrac{100}{200} = 1.533$

   ▫ $CL = 1 + RS_{ET}$(분석오차)

   • $RS_{ET} = \sum \dfrac{R \times SAE}{2}$ $\begin{cases} R_{아세톤} = \dfrac{X/TLV}{E_m} = \dfrac{0.533}{1.533} = 0.348 \\ R_{톨루엔} = \dfrac{X/TLV}{E_m} = \dfrac{0.5}{1.533} = 0.326 \\ R_{MEK} = \dfrac{X/TLV}{E_m} = \dfrac{0.5}{1.533} = 0.326 \end{cases}$

   • CL = 1 + 0.103 = 1.103

■ 평가 : $E_m > 1.0$, $E_m > CL$이므로 노출기준을 초과하고 있음

■ 대책(조치)
   • 방독마스크 등 개인 보호장구의 착용 조치
   • 작업환경 개선의 공학적 대책(대치, 환기, 교육 등)

필답형 계산문제

01 평균체중 70kg인 근로자가 경작업 수준(폐환기율 1.20m³/hr으로 1일 8시간 작업하는 작업장이 있다. 이 작업장의 안전흡수량이 체중 kg당 0.35mg일 경우 작업장 공기 중에 이 물질에 대한 안전농도(mg/m³)는 얼마인가? (단, 체내 잔류율은 1.2) [08 산업][08,10,12,14,16 기사]

02 평균체중 70kg인 근로자가 하루에 중등작업 수준(호흡률 1.47m³/hr으로 2시간 작업하고, 경노동 수준(호흡률 0.98m³/hr)으로 6시간 작업하였다. 작업장에서 폭로된 테트라클로로에틸렌(TLV-TWA 25ppm, MW 165.80)의 농도는 22.5ppm이었다면 이 근로자의 하루 폭로량(mg/kg)을 구하시오. (단, 폐흡수율 75%, 온도 25℃) [17 산업][06 기사]

필답형 계산문제 답안

01 〈계산〉 체내 흡수량(mg/kg·체중) = $\dfrac{C \times T \times V \times R}{BW}$ $\begin{cases} C : 공기\ 중\ 농도(mg/m^3, 안전농도) \\ BW : 몸무게 = 70kg \\ T : 폭로시간 = 8hr/day \\ V : 개인의\ 호흡률 = 1.2m^3/hr \\ R : 체내\ 잔류율 = 1.2 \end{cases}$

⇨ $\dfrac{0.35\,\text{mg}}{\text{kg}} = \dfrac{C(\text{mg})}{\text{m}^3} \bigg| \dfrac{1.2\,\text{m}^3}{\text{hr}} \bigg| \dfrac{8\,\text{hr}}{} \bigg| \dfrac{1.2}{70\,\text{kg}}$

∴ $C = 2.13\,\text{mg/m}^3$

02 〈계산〉 체내 흡수량(mg/kg · 체중) $= \dfrac{C \times T \times V \times R}{BW}$

⇨ 중등노동 $= \dfrac{22.5\,\text{mL}}{\text{m}^3} \bigg| \dfrac{165.8\,\text{mg}}{22.4\,\text{mL}} \bigg| \dfrac{273}{273+25} \bigg| \dfrac{1.47\,\text{m}^3}{\text{hr}} \bigg| \dfrac{2\,\text{hr}}{} \bigg| \dfrac{0.75}{70\,\text{kg}} = 4.81\,\text{mg/kg}$

⇨ 경노동 $= \dfrac{22.5\,\text{mL}}{\text{m}^3} \bigg| \dfrac{165.8\,\text{mg}}{22.4\,\text{mL}} \bigg| \dfrac{273}{273+25} \bigg| \dfrac{0.98\,\text{m}^3}{\text{hr}} \bigg| \dfrac{6\,\text{hr}}{} \bigg| \dfrac{0.75}{70\,\text{kg}} = 9.61\,\text{mg/kg}$

∴ 하루 폭로량 $= 4.81 + 9.61 = 14.42\,\text{mg/kg}$

MEMO

PART 02 작업위생(환경) 측정 및 평가

1. 측정 및 분석기초
2. 시료채취 계획 및 보정
3. 증기/가스상 오염물질의 시료채취와 분석
4. 입자상 오염물질의 시료채취와 분석
5. 물리적 유해인자 측정·영향
6. 평가 및 통계

2차 필답형(실기)

CHAPTER 01 측정 및 분석기초

1 일반 측정사항

 이승원의 minimum point

(1) 온도·용어·용기·시약에 대한 규정
[2017.4 고용노동부고시 기준으로 편재됨]

① **온도에 대한 규정**(고용노동부고시 2-4)
- 온도의 표시는 셀시우스(Celcius)법에 따라 아라비아 숫자의 오른쪽에 ℃를 붙인다. 절대온도는 K로 표시하고, 절대온도 0K는 -273℃로 한다.
- **상온**은 15~25℃, **실온**은 1~35℃, **미온**은 30~40℃로 하고, **찬 곳**은 따로 규정이 없는 한 0~15℃의 곳을 말한다.
- **냉수**(冷水)는 15℃ 이하, **온수**(溫水)는 60~70℃, **열수**(熱水)는 약 100℃를 말한다.

■ **온도의 환산**
- 절대온도(K, 켈빈) → $T(\mathrm{K}) = 273 + t(℃)$
- 화씨(℉)온도를 섭씨(℃)로 환산할 때 → $t(℃) = \dfrac{5}{9}[t(℉) - 32]$
- 섭씨(℃)온도를 화씨(℉)로 환산할 때 → $t(℉) = \dfrac{9}{5}t(℃) + 32$

① **용어에 대한 정의**(고용노동부고시 2-12)
- "항량이 될 때까지 건조한다 또는 강열한다"란 규정된 건조온도에서 **1시간 더 건조 또는 강열**할 때 전후 무게의 차가 **매 g당 0.3mg 이하**일 때를 말한다.
- 시험조작 중 "즉시"란 **30초 이내**에 표시된 조작을 하는 것을 말한다.
- "감압 또는 진공"이란 따로 규정이 없는 한 **15mmHg 이하**를 뜻한다.
- "바탕시험(空試驗)을 하여 보정한다"란 시료에 대한 처리 및 측정을할 때, 시료를 사용하지 않고 같은 방법으로 조작한 측정치를 빼는 것을 말한다.
- 중량을 "정확하게 단다"란 지시된 수치의 중량을 그 자릿수까지 단다는 것을 말한다.
- "약"이란 그 무게 또는 부피에 대하여 ±10% 이상의 차가 있지 아니한 것을 말한다.
- "검출한계(LOD, Limit Of Detection)"란 분석기기가 검출할 수 있는 분석물질의 가장 낮은 농도나 양을 말한다.
- "정량한계(LOQ, Limit Of Quantitation)"란 어느 주어진 분석절차에 따라서 **합리적인 신뢰성**을 가지고 분석기기가 **정량·분석할 수 있는** 가장 작은 농도나 양을 말한다.
  - 정량한계(LOQ)는 검출한계가 정량분석에서 만족스런 개념을 제공하지 못하기 때문에 검출한계의 개념을 보충하기 위해 도입된 것이다. 이는 통계적인 개념보다는 일종의 약속이다.

- **정량한계**(LOQ)는 일반적으로 **검출한계**(LOD)**의 3배**(최대 **3.3배**)에 해당한다.
- **정량한계**(LOQ)는 일반적으로 **표준편차의 10배**에 해당한다.
□ "**회수율**"이란 여과지에 채취된 성분을 추출과정을 거쳐 분석 시 실제 검출되는 비율로서 **분석량/첨가량**으로 구한다.
□ "**탈착효율**"이란 흡착제에 흡착된 성분을 추출과정을 거쳐 분석 시 실제 검출되는 비율로서 **검출량/주입량**으로 산출한다.

① **용기에 대한 규정**(고용노동부고시 2-9)
□ 용기란 시험용액 또는 시험에 관계된 물질을 보존, 운반 또는 조작하기 위하여 넣어두는 것으로 시험에 지장을 주지 않도록 깨끗한 것을 말한다.
□ **밀폐용기**(密閉容器)란 물질을 취급 또는 보관하는 동안에 이물(異物)이 들어가거나 내용물이 손실되지 않도록 보호하는 용기를 말한다.
□ **기밀용기**(機密容器)란 물질을 취급하거나 보관하는 동안에 외부로부터의 공기 또는 다른 기체가 침입하지 않도록 내용물을 보호하는 용기를 말한다.
□ **밀봉용기**(密封容器)란 물질을 취급 또는 보관하는 동안에 기체 또는 미생물이 침입하지 않도록 내용물을 보호하는 용기를 말한다.
□ **차광용기**(遮光容器)란 광선이 투과되지 않는 갈색용기 또는 투과하지 않도록 포장한 용기로서 취급 또는 보관하는 동안에 내용물의 광화학적 변화를 방지할 수 있는 용기를 말한다.

① **시약에 대한 규정**(고용노동부고시 2-7)
□ 분석에 사용되는 **표준품**은 원칙적으로 **특급시약**을 사용한다.
□ 분석에 사용하는 시약은 따로 규정이 없는 한 **특급 또는 1급** 이상이거나 이와 동등한 규격의 것을 사용하여야 한다.
□ 단순히 염산, 질산, 황산 등으로 표시하였을 때 따로 규정이 없는 다음 농도 이상의 것을 말한다.
- **염산** : 농도 35.0~37.0%(비중 1.18) 이상의 것을 말한다.
- **질산** : 농도 60.0~62.0%(비중 1.38) 이상의 것을 말한다.
- **황산** : 농도 95%(비중 1.84) 이상의 것을 말한다.
□ 시료의 시험, 바탕시험 및 표준액에 대한 시험을 일련의 동일시험으로 행할 때에 사용하는 시약 또는 시액은 동일 로트(Lot)로 조제된 것을 사용한다.

(2) 단위 및 농도에 대한 규정

① **단위 표시에 대한 규정**(고용노동부고시-작업환경측정 제20조)
□ 화학적 인자의 가스, 증기, 분진, 흄(fume), 미스트(mist) 등의 농도는 **피피엠**(ppm) 또는 **m^{3}당 밀리그램(mg/m^3)**으로 표시한다.
□ 석면의 농도 표시는 **cm^{3}당 섬유 개수(개/cm^3)**로 표시한다.
□ 소음수준의 측정단위는 **데시벨[dB(A)]**로 표시한다.
□ 고열(복사열 포함)의 측정단위는 습구·흑구온도지수(온열지수, WBGT)를 구하여 ℃로 표시한다.

ⓛ **농도단위 환산에 대한 규정** : 피피엠(ppm)과 mg/m³간의 **상호 농도변환**은 다음 계산식과 같다.

■ 노출기준(mg/m³) = 노출기준(ppm) × $\dfrac{M_w(\text{분자량})}{24.45(25℃, 1기압)}$ ㈜ 25℃, 1기압

■ 노출기준(ppm) = 노출기준(mg/m³) × $\dfrac{24.45(25℃, 1기압)}{M_w(\text{분자량})}$ ㈜ 25℃, 1기압

■ $V_2 = V_1 \times \dfrac{273+t_2}{273+t_1} \times \dfrac{P_1}{P_2}$ {기체의 부피변화($V_1 \to V_2$)는 절대온도(273+t, K)에 비례하고 압력(P)에 반비례한다. ※ Boyle−Charle's Law

ⓛ **오염물질의 농도 표시**(고용노동부고시−일반측정사항 2−5)
  ▫ **중량백분율**을 표시할 때에는 **%의 기호**를 사용한다.
  ▫ <u>액체</u>단위부피, 또는 <u>기체</u>단위부피 중의 **성분질량**(g)을 표시할 때에는 **%(W/V)**의 기호를 사용한다.
  ▫ <u>액체</u>단위부피, 또는 <u>기체</u>단위부피 중의 **성분용량**(mL)을 표시할 때에는 **%(V/V)**의 기호를 사용한다.
  ▫ **백만분율**(Parts Per Million)을 표시할 때에는 **ppm**을 사용하며, 따로 표시가 없으면 기체인 경우에는 용량 대 용량(V/V)을 액체인 경우에는 중량 대 중량(W/W)을 의미한다.
  ▫ **10억분율**(Parts per Billion)을 표시할 때에는 **ppb**를 사용하며, 따로 표시가 없으면 기체인 경우에는 용량 대 용량(V/V)을 액체인 경우에는 중량 대 중량(W/W)을 의미한다.
  ▫ 공기 중의 농도를 mg/m³로 표시했을 때는 **25℃, 1기압** 상태의 농도를 말한다.

ⓛ **OSHA**(미국산업안전보건청)의 **입자상 물질 오염물질 농도 표시**
  ▫ 노출기준(PEL) 중 **미세 흙먼지**(mica)와 **흑연**(graphite)은 "**mpppcf**"으로 표시한다.
  ▫ mppcf는 백만분율을 갖는 입자 개수단위(밀리언 파티클/세제곱 피트)로서 million particle per cubic feet의 약어이다.
  ▫ million은 100만을 의미하는 것으로 10^6에 상당하고, 1ft³는 $(0.3048)^3$m³이다.
  ▫ 이를 입자 개수농도로 나타내면 1mppcf은 35.31입자(개)/mL 또는 **35.31입자(개)/cm³**에 상당한다.

(3) 증기압에 따른 농도계산(응용단원)

■ 증발기체의 %농도 계산 → $C_\%(\%) = \dfrac{\text{분압(포화증기압)}}{\text{전압(대기압)}} \times 100$

■ 증발기체의 ppm농도 계산 → $C_p(\text{ppm}) = \dfrac{\text{분압(포화증기압)}}{\text{전압(대기압)}} \times 10^6$

■ 농도(mg/m³) = 농도(ppm) × $\dfrac{M_w(\text{분자량})}{24.45(25℃, 1기압)}$ ㈜ 25℃, 1기압

■ 농도(ppm) = 농도(mg/m³) × $\dfrac{24.45(25℃, 1기압)}{M_w(\text{분자량})}$ ㈜ 25℃, 1기압

(4) 분석관련 기초계산 공식 모음

■ pH 관계식 $\begin{cases} \text{pH} = \log\dfrac{1}{[\text{H}^+]} = 14 - \text{pOH} \\ \text{pOH} = \log\dfrac{1}{[\text{OH}^-]} = 14 - \text{pH} \end{cases}$ $\begin{cases} [\text{H}^+] : \text{수소이온의 농도(mol/L)} \\ [\text{OH}^-] : \text{수산화이온의 농도(mol/L)} \end{cases}$

- **M농도, N농도**
  - $M(\text{Molarity, mol/L}) = \dfrac{\text{용질(mol)}}{\text{용액(L)}}$
  - $N(\text{Normality, 당량/L}) = \dfrac{\text{용질}(eq)}{\text{용액(L)}}$
  - $N = M \times 가수, \quad M = N \div 가수$

- **산-염기 중화식** : $NV = N'V'$
  - N : 산의 규정농도(eq/L)
  - N' : 염기의 규정농도(eq/L)
  - V : 산의 용량
  - V' : 염기의 용량

- **혼합공식** : $C_m = \dfrac{C_1 Q_1 + \cdots + C_n Q_n}{Q_1 + \cdots + Q_n}$
  - $C_1, C_2, \cdots, C_n$: 각 물질의 농도
  - $Q_1, Q_2, \cdots, Q_n$: 각 물질의 용량

(5) 법칙과 관련된 이론 및 공식(응용단원)

① **보일의 법칙**(Boyle's law) : 일정한 온도조건에서 **부피와 압력이 반비례**한다는 표준가스 법칙
- $P_1 V_1 = P_2 V_2 \quad \begin{cases} P : 압력 \\ V : 부피 \end{cases}$

① **샤를의 법칙**(Charle's Law) : 일정한 압력조건에서 **부피와 온도는 비례**한다는 표준가스 법칙
- $V = V_o \left(1 + \dfrac{t}{273}\right) \quad \begin{cases} V_o : 0℃의 부피 \\ V : t(℃)의 부피 \end{cases}$

① **보일-샤를의 법칙**(Boyle-Charle's Law) : 일정량의 기체의 체적(V)은 압력(P)에 반비례하고 절대온도(T)에 비례한다는 법칙
- $\dfrac{V_1 P_1}{T_1} = \dfrac{V_2 P_2}{T_2}$

① **게이뤼삭의 법칙**(Gay-Lussac's Law)
- **기체팽창 법칙** : 일정한 부피조건에서 압력(P)과 온도(T)는 비례한다는 법칙. 샤를-게이뤼삭의 법칙은 압력이 일정할 때 기체의 부피는 종류에 관계없이 온도가 1℃ 올라갈 때마다 0℃일 때 부피의 1/273씩 증가한다는 법칙
- **기체반응 법칙** : 기체 화학반응에서 반응하는 기체와 생성하는 기체의 부피사이에 **정수관계**가 성립한다는 정수비례의 법칙이 적용됨

① **헨리의 법칙**(Henry's Law) : **용해**되는 난용성 기체의 양(C_s)은 그 액체 위에 미치는 **기체분압**(P_i)에 **비례**한다는 법칙
- $C_s = P_i \times H\,(헨리상수)$

① **그레이엄의 법칙**(Graham's Law) : 기체 및 액체의 **확산속도**(V)는 그 **분자량**(M_w)의 그 **제곱근에 반비례**한다는 법칙
- 확산속도(V) = $K \dfrac{1}{\sqrt{M_w}}$

① **라울의 법칙**(Raoult's Law) : 어떤 물질이 혼합된 용액에서 한 성분의 **부분증기압력**(P_v)은 혼합액에서 그 물질의 몰 분율(x_i)에 순수한 성분의 증기압(P_{ov}^*)을 곱한 것과 같다는 법칙
- 증기분압(P_v) = $x_i P_{ov}^* \quad \Rightarrow \quad SVC(\text{ppm}) = \dfrac{P_v}{P_a} \times 10^6$

01. 측정 및 분석기초

- 기사 : 01,04,12,17,19
- 산업 : 출제대비

작업환경 측정 시 온도 표시에 관한 설명으로 틀린 것은? (단, 고시기준)
① 열수 : 약 100℃
② 상온 : 15~25℃
③ 미온 : 20~30℃
④ 온수 : 60~70℃

[해설] 냉수는 15℃ 이하, 미온은 30~40℃, 온수는 60~70℃, 열수는 약 100℃를 말한다. [답] ③

유.사.문.제

01 온도 표시에 관한 내용으로 옳지 않은 것은? (단, 고용노동부고시 기준) [19 산업][14,18②,19 기사]
① 실온은 1~35℃
② 미온은 30~40℃
③ 온수는 60~70℃
④ 냉수는 4℃ 이하

02 작업환경 측정 시 온도 표시에 관한 설명으로 틀린 것은? (단, 노동부고시 기준) [09 기사]
① 열수 : 50~60℃
② 상온 : 15~25℃
③ 실온 : 1~35℃
④ 미온 : 30~40℃

03 허용기준 대상 유해인자 노출농도 측정 및 분석방법 중 온도 표시에 관한 내용으로 틀린 것은? (단, 고용노동부고시 기준) [13②,16,19 산업]
① 미온은 30~40℃이다.
② 온수는 50~60℃를 말한다.
③ 냉수는 15℃ 이하를 말한다.
④ 찬 곳은 따로 규정이 없는 한 0~15℃의 곳을 말한다.

04 64℃를 °F로 환산한 온도는? [09 기사]
① 147.2°F
② 157.2°F
③ 167.2°F
④ 177.2°F

정답 | 01.④ 02.① 03.② 04.①

- 기사 : 12
- 산업 : 14,16

허용기준 대상 유해인자의 노출농도 측정 및 분석을 위한 화학시험의 일반사항 중 용어에 관한 내용으로 틀린 것은? (단, 고용노동부고시 기준)
① "회수율"이란 흡착제에 흡착된 성분을 추출과정을 거쳐 분석 시 실제 검출되는 비율을 말한다.
② "진공"이란 따로 규정이 없는 한 15mmHg 이하를 뜻한다.
③ 시험조작 중 "즉시"란 30초 이내에 표시된 조작을 하는 것을 말한다.
④ "약"이란 그 무게 또는 부피에 대하여 ±10% 이상의 차이가 있지 아니한 것을 말한다.

[해설] 회수율이란 여과지에 채취된 성분을 추출과정을 거쳐 분석 시 실제 검출되는 비율을 말한다. [답] ①

- 기사 : 00,09,10②,15
- 산업 : 12

정량한계(LOQ)에 관한 설명으로 가장 옳은 것은?
① 검출한계의 2배로 정의
② 검출한계의 3배로 정의
③ 검출한계의 5배로 정의
④ 검출한계의 10배로 정의

[해설] 정량한계(LOQ)는 검출한계의 3배로 정의된다. [답] ②

235

종합연습문제

01 측정에서 사용되는 용어에 대한 설명이 틀린 것은? (단, 고용노동부의 고시를 기준) [18 산업]
① "검출한계"란 분석기기가 검출할 수 있는 가장 작은 양을 말한다.
② "정량한계"란 분석기기가 정성적으로 측정할 수 있는 가장 작은 양을 말한다.
③ "회수율"이란 여과지에 채취된 성분을 추출과정을 거쳐 분석 시 실제 검출되는 비율을 말한다.
④ "탈착효율"이란 흡착제에 흡착된 성분을 추출과정을 거쳐 분석 시 실제 검출되는 비율을 말한다.

hint 정량한계란 분석기기가 정량할 수 있는 가장 적은 양이나 농도를 말한다.

02 다음 중 정량한계에 관한 내용으로 옳은 것은 어느 것인가? (단, 고용노동부고시를 기준으로 한다.) [18 산업]
① 분석기기가 정량할 수 있는 가장 작은 오차를 말한다.
② 분석기기가 정량할 수 있는 가장 적은 양을 말한다.
③ 분석기기가 정량할 수 있는 가장 작은 정밀도를 말한다.
④ 분석기기가 정량할 수 있는 가장 작은 편차를 말한다.

03 다음은 산업위생분석 용어에 관한 내용이다. ( ) 안에 가장 적절한 내용은? [08,14 기사]

( )는(은) 검출한계가 정량분석에서 만족스런 개념을 제공하지 못하기 때문에 검출한계의 개념을 보충하기 위해 도입되었다. 이는 통계적인 개념보다는 일종의 약속이다

① 변이계수 ② 오차한계
③ 표준편차 ④ 정량한계

04 분석기기가 검출할 수 있고 신뢰성을 가질 수 있는 양인 정량한계(LOQ)에 관한 설명으로 옳은 것은? [11,12,15 산업][03,11,12,14,17 기사]
① 표준편차의 3배
② 표준편차의 3.3배
③ 표준편차의 5배
④ 표준편차의 10배

05 어떤 분석방법의 검출한계가 0.15mg일 때 정량한계로 가장 적합한 것은? [10,11,14,15,17 산업]
① 0.30mg ② 0.45mg
③ 0.90mg ④ 1.5mg

06 분석기기가 검출할 수 있는 가장 적은 양을 무엇이라고 하는가? [00,04 기사]
① 정량한계
② 검출한계
③ 정성한계
④ 정도한계

07 다음 중 분석과 관련된 용어에 대한 설명 또는 계산방법으로 틀린 것은? [17 산업]
① 검출한계는 어느 정해진 분석절차로 신뢰성 있게 분석할 수 있는 분석물질의 가장 낮은 농도나 양이다.
② 정량한계는 어느 주어진 분석절차에 따라서 합리적인 신뢰성을 가지고 정량·분석할 수 있는 가장 작은 농도나 양이다.
③ 회수율(%) = (분석량/첨가량) × 100
④ 탈착효율(%) = (첨가량/분석량) × 100

hint 탈착효율은 검출량/주입량으로 구한다.

08 점성계수의 단위가 아닌 것은? [03 기사]
① poise ② kg/m·s
③ $kg_f \cdot sec/m^2$ ④ stokes

hint stokes는 동점도의 단위이다.

정답 | 01.② 02.② 03.④ 04.④ 05.② 06.② 07.④ 08.④

종합연습문제

01 일반측정사항인 화학시험의 일반사항 중 용어에 관한 내용으로 옳지 않은 것은? (단, 고용노동부고시 기준) [11 산업][18 기사]

① "감압 또는 진공"이란 따로 규정이 없는 한 15mmH₂O 이하를 뜻한다.
② 시험조작 중 "즉시"란 30초 이내에 표시된 조작을 하는 것을 말한다.
③ "약"이란 그 무게 또는 부피에 대하여 ±10% 이상의 차이가 있지 아니한 것을 말한다.
④ "항량이 될 때까지 건조한다"란 규정된 건조온도에서 1시간 더 건조할 때 전후 무게의 차가 매 g당 0.3mg 이하일 때를 말한다.

hint "감압 또는 진공"이란 따로 규정이 없는 한 15mmHg 이하를 뜻한다.

02 작업환경 측정을 위한 화학시험의 일반사항 중 용어에 관한 내용으로 틀린 것은? (단, 노동부고시 기준) [09 산업]

① "감압"이란 따로 규정이 없는 한 15mmHg 이하를 뜻한다.
② "진공"이란 따로 규정이 없는 한 15mmHg 이하를 뜻한다.
③ 시험조작 중 "즉시"란 10초 이내에 표시된 조작을 하는 것을 말한다.
④ "약"이란 그 무게 또는 부피에 대하여 ±10% 이상의 차이가 있지 아니한 것을 말한다.

hint 시험조작 중 "즉시"란 30초 이내에 표시된 조작을 하는 것을 말한다.

정답 ┃ 01.① 02.③

- 기사 : 출제대비
- 산업 : 01, 15

04 물질을 취급 또는 보관하는 동안에 이물(異物)이 들어가거나 내용물이 손실되지 않도록 보호하는 용기는?

① 밀봉용기 ② 밀폐용기
③ 기밀용기 ④ 폐쇄용기

해설 밀폐용기(密閉容器)란 물질을 취급 또는 보관하는 동안에 이물(異物)이 들어가거나 내용물이 손실되지 않도록 보호하는 용기를 말한다. 답 ②

유.사.문.제

01 물질을 취급 또는 보관하는 동안에 기체 또는 미생물이 침입하지 않도록 내용물을 보관하는 용기"는 다음 중 어느 것인가? (단, 고용노동부고시 기준) [12 산업][13② 기사]

① 밀폐용기 ② 기밀용기
③ 밀봉용기 ④ 차광용기

02 취급 또는 보관하는 동안에 외부로부터의 공기 또는 다른 가스가 침입하지 않도록 보호하는 용기는? [04 기사]

① 밀폐용기 ② 기밀용기
③ 밀봉용기 ④ 차광용기

정답 ┃ 01.③ 2.②

PART 2 작업위생(환경) 측정 및 평가

예상 05
- 기사 : 12,16
- 산업 : 출제대비

화학시험의 일반사항 중 시약 및 표준물질에 관한 설명으로 틀린 것은?

① 분석에 사용하는 시약은 따로 규정이 없는 한 특급 또는 1급 이상이거나 이와 동등한 규격의 것을 사용하여야 한다.
② 분석에 사용되는 표준품은 원칙적으로 1급 이상이거나 이와 동등한 규격의 것을 사용하여야 한다.
③ 시료의 시험, 바탕시험 및 표준액에 대한 시험을 일련의 동일시험으로 행할 때에 사용하는 시약 또는 시액은 동일 로트로 조제된 것을 사용한다.
④ 분석에 사용하는 시약 중 단순히 염산으로 표시하였을 때는 농도 35.0~37.0%(비중(약)은 1.18) 이상의 것을 말한다.

[해설] 분석에 사용되는 표준품은 원칙적으로 특급시약을 사용한다. 답 ②

유.사.문.제

01 다음 중 작업장 내 유해물질 측정에 대한 기초적인 이론을 잘 설명한 것으로 틀린 것은 어느 것인가? [05,16 산업]

① 작업장내 유해화학물질의 농도는 일반적으로 25℃, 760mmHg의 조건하에서 기체 중의 농도로 나타낸다.
② 가스 또는 증기의 ppm과 mg/m^3 간의 상호 농도변환은 mg/m^3 = ppm×(24.46/M)(M은 분자량)으로 계산한다.
③ 가스란 상온·상압하에서 기체상으로 존재하는 것을 말하며, 증기란 상온·상압하에서 액체 또는 고체인 물질이 증기압에 따라 휘발 또는 승화하여 기체로 되어 있는 것을 말한다.
④ 유해물질의 측정에는 공기 중에 존재하는 유해물질의 농도를 그대로 측정하는 방법과 공기로부터 분리·농축하는 방법이 있다.

02 미국에서 사용하는 먼지수를 나타내는 방법으로서 mppcf의 단위를 사용한다. 1mppcf는 mL당 대략 몇 개의 입자를 나타내는가? [16 산업][07 기사]

① 20 ② 35
③ 50 ④ 75

03 작업환경에서 공기 중 오염물질 농도 표시인 mppcf에 대한 설명으로 틀린 것은? [08,15 산업]

① millon particle per cubic feet를 의미한다.
② OSHA PEL 중 mica와 graphite는 mpppcf로 표시한다.
③ 1mppcf는 대략 35.31개/cm^3이다.
④ ACGIH TLVs의 mg/m^3과 mppcf 전환에서 14mppcf는 1mg/m^3이다.

04 석면 및 내화성 세라믹 섬유의 노출기준 표시 단위로 맞는 것은? [03,13,15,17,19② 산업][17 기사]

① %
② ppm
③ 개/cm^3
④ mg/m^3

05 유해물질과 농도단위의 연결이 잘못된 것은? [04,16②,17 산업][01,17,18 기사]

① 흄 : ppm 또는 mg/m^3
② 석면 : ppm 또는 mg/m^3
③ 증기 : ppm 또는 mg/m^3
④ 습구·흑구온도지수(WBGT) : ℃

정답 ┃ 01.② 02.② 03.④ 04.③ 05.②

01. 측정 및 분석기초

- 기사 : 19
- 산업 : 17

0℃, 760mmHg인 작업장에 메탄올(CH_3OH) 260mg/m³가 있다면, 이는 몇 ppm인가?

① 2.9ppm　　　　　　　　② 11.6ppm
③ 182ppm　　　　　　　　④ 260ppm

해설 mg/m³ 단위를 ppm 단위로 전환한다.　　㈜ 오염물질의 종류와 분자량만 다른 유형으로 반복 출제됨

〈계산〉 $C_p(\text{ppm}) = C_m(\text{mg/m}^3) \times \dfrac{22.4 \times \dfrac{273+t}{273} \times \dfrac{760}{P}}{M_w}$　　$\begin{cases} M_w : \text{분자량} = CH_3OH = 32 \\ P : \text{압력(mmHg)} \\ \text{※ 조건 제시안 되면 무시} \end{cases}$

∴ $C_p(\text{ppm}) = 260 \times \dfrac{22.4 \times \dfrac{273+0}{273} \times \dfrac{760}{760}}{32} = 182\,\text{ppm}$　　**답** ③

유.사.문.제

01 0.05%는 몇 ppm인가?
[01,03②,08,09②,10,11,13②,19 산업]

① 50ppm　　　　② 500ppm
③ 5,000ppm　　　④ 50,000ppm

hint 1%=10,000ppm

02 100ppm을 %로 환산하면 몇 %인가?
[18 산업]

① 1%　　　　　② 0.1%
③ 0.01%　　　　④ 0.001%

hint 1%=10,000ppm

03 0.001%는 몇 ppb인가?　　　[13 산업]

① 100　　　　　② 1,000
③ 10,000　　　　④ 100,000

hint 1%=10,000ppm, 1ppm=1,000ppb

04 빛 파장의 단위로 사용되는 Å(Angstrom)을 국제표준단위계(SI)로 바르게 나타낸 것은?
[05,07 산업][04 기사]

① 10^{-6}m　　　② 10^{-8}m
③ 10^{-10}m　　　④ 10^{-12}m

hint 1Å(Angstrom)=(1/10,000,000)mm

05 작업장내 공기 중 SO_2의 농도가 40ppm일 경우 이 물질의 농도를 용적 백분율(%)로 표시하면 얼마인가? (단, SO_2 분자량 64)
[00,04,07,08,10,11,18 산업]

① 4%
② 0.4%
③ 0.04%
④ 0.004%

hint 1%=10,000ppm

06 아세톤 2,000ppb은 몇 mg/m³인가? (단, 아세톤 분자량 58, 25℃, 1기압)　　[17 산업]

① 3.7
② 4.7
③ 5.7
④ 6.7

hint 1ppm=1,000ppb

∴ $C_m = 2,000\,\text{ppb} \times \dfrac{10^{-3}\,\text{ppm}}{\text{ppb}} \times \dfrac{58}{24.45}$
　　$= 4.74\,\text{mg/m}^3$

㈜ 25℃, 1기압에서만 24.45값을 사용하도록!!
　0℃, 1기압에서는 22.4값을 사용!!
　산업환기 표준은 21℃, 1기압임을 유의할 것!!

정답 ❘ 01.② 02.③ 03.③ 04.③ 05.④ 06.②

종합연습문제

01 일산화탄소 $2m^3$가 $10,000m^3$의 밀폐된 작업장에 방출되었다면 그 작업장내의 일산화탄소 농도(ppm)는? [06,12,13 산업][00,06,10,11,18 기사]

① 2
② 20
③ 200
④ 2,000

hint $C_p = \dfrac{2m^3}{10,000m^3} \times 10^6 = 200\,ppm$

02 아세톤 100ppm을 mg/m^3 농도로 환산한 값으로 맞는 것은? (단, 아세톤 분자량 58, 25℃, 1기압 기준) [03②,06,18 산업][01,03②,05,10 기사]

① 237
② 287
③ 325
④ 349

hint $C_m = 100\,ppm \times \dfrac{58}{24.45} = 237\,mg/m^3$

03 0℃, 1기압인 작업장에서 50ppm의 톨루엔(분자량 92)은 몇 mg/m^3인가? [03 기사]

① $133mg/m^3$
② $188mg/m^3$
③ $205mg/m^3$
④ $220mg/m^3$

hint $C_m = 50\,ppm \times \dfrac{92}{22.4} = 205.4\,mg/m^3$

04 분자량이 245인 물질이 표준상태(25℃, 760 mmHg)에서 체적농도가 1.0ppm일 때, 이 물질의 질량농도는 약 몇 mg/m^3인가? [12,17 기사]

① 3.1
② 4.5
③ 10.0
④ 14.0

hint $C_m = 1\,ppm \times \dfrac{245}{24.45} = 10\,mg/m^3$

05 공기 중 벤젠(분자량 78.1)의 농도 $100mg/m^3$를 ppm 농도로 환산하면 얼마인가? (단, 1기압, 25℃ 기준) [04,16 산업]

① 63.1
② 51.3
③ 48.3
④ 31.3

hint $C_p = 100\,mg/m^3 \times \dfrac{24.45}{78.1} = 31.3\,ppm$

06 어떤 작업장에 CO가 표준상태(0℃, 1기압)에서 10ppm 포함되어 있다. 이 공기 $1m^3$ 중에 CO는 몇 μg 포함되어 있는가? [07,11 산업][00,07,13 기사]

① $9,200\mu g/Sm^3$
② $10,800\mu g/Sm^3$
③ $11,500\mu g/Sm^3$
④ $12,500\mu g/Sm^3$

hint $C_m = 10\,ppm \times \dfrac{28}{22.4} \times \dfrac{10^3\,\mu g}{mg}$
$= 12,500\,\mu g/Sm^3$

07 25℃, 1atm에서 H_2S를 함유한 공기 500L를 흡수액 20mL에 통과시켰더니 액중의 H_2S량은 20mg이었다. 공기 중 H_2S의 농도(ppm)는? (단, 포집효율 75%, S원자량 : 32) [03,13 산업]

① 19.5ppm
② 24.5ppm
③ 26.7ppm
④ 38.4ppm

hint $C_p = \dfrac{20mg}{500L} \times \dfrac{10^3L}{m^3} \times \dfrac{24.45}{34} \times \dfrac{100}{75}$
$= 38.35\,ppm(=mL/m^3)$

08 다음 중 압력이 가장 높은 것은? [17 기사]

① 2atm
② 760mmHg
③ 14.7PSI
④ 101,325Pa

hint 1기압(atm) = 760mmHg = 760torr
$= 10,332mmH_2O = 10,332kg/m^2 = 10,332mmAq$
$= 1.0332kg_f/cm^2 = 14.7PSI = 101.3kPa$

09 다음 중 78℃와 동등한 온도는? [19 기사]

① 351K
② 189°F
③ 26°F
④ 195K

hint 절대온도 K(켈빈)은 273+78 = 351 이다.

정답 | 01.③ 02.① 03.③ 04.③ 05.④ 06.④ 07.④ 08.① 09.①

종합연습문제

01 온도 20℃, 압력 760mmHg의 작업환경상태에서 Toluene의 농도 30mg/m³는 몇 ppm인가? (단, Toluene 분자량 : 92) [04 기사]

① 5.26ppm ② 7.83ppm
③ 8.93ppm ④ 9.24ppm

hint $C_p = 30\text{mg/m}^3 \times \dfrac{22.4}{92} \times \dfrac{273+20}{273} \times \dfrac{760}{760}$
$= 7.84 \text{ ppm}$

02 실내공기 중에 존재하는 메틸메르캅탄의 농도는 24ppm이다. 이를 mg/m³으로 환산한 값은? (단, 메르캅탄의 분자식은 CH_3SH, 실내온도 25℃, 기압 760mmHg) [12 기사]

① 12 ② 23
③ 47 ④ 86

hint $C_m = 24\text{ppm} \times \dfrac{48}{24.45} = 47.1 \text{ mg/m}^3$

03 작업장에서 오염물질농도를 측정하였더니 그 중 일산화탄소(CO)가 0.01%이었다. 이 때 일산화탄소농도(mg/m³)는 약 얼마인가? (단, 25℃, 1기압 기준) [13,16 기사]

① 95 ② 105
③ 115 ④ 125

hint 기체 $1\%(V/V) = 10^4 \text{ppm}(\text{mL/m}^3)$
$\therefore C_m = 0.01\% \times \dfrac{10^4 \text{mL/m}^3}{\%} \times \dfrac{28\text{mg}}{22.4\text{mL}}$
$\dfrac{273}{273+25} = 114.51 \text{mg/m}^3$

04 기체의 비중은 공기무게에 대한 같은 부피의 기체무게비이다. 이산화탄소의 기체비중은 약 얼마인가? (단, 1몰의 공기질량은 28.97g으로 한다.) [16 산업]

① 1.52 ② 1.62
③ 1.72 ④ 1.82

hint CO_2 분자량 $= 44$
$\therefore S = \dfrac{44/22.4}{28.97/22.4} = 1.52$

05 1,1,1-Trichloroethane의 농도 1,750mg/m³를 ppm 단위로 환산하면 얼마인가? (단, 25℃, 1기압, 분자량은 133임) [11,19 산업]

① 213
② 321
③ 535
④ 762

hint $C_p = 1,750\text{mg/m}^3 \times \dfrac{24.45}{133}$
$= 321.71 \text{ ppm}$

06 어느 공장 건물내의 NO_2 농도가 25℃, 1기압에서 24μg/m³이었다면, 이것은 몇 ppm인가? [06 기사]

① 0.013
② 0.032
③ 0.532
④ 0.762

hint $C_p = 24\mu\text{g/m}^3 \times \dfrac{10^{-3}\text{mg}}{\mu\text{g}} \times \dfrac{24.45}{46}$
$= 0.013 \text{ ppm}$

07 100g의 물에 40g의 용질 A을 첨가하여 혼합물을 만들었을 때, 혼합물 중 용질 A의 중량%(wt%)는 약 얼마인가? (단, 용질 A가 충분히 용해한다고 가정한다.) [19 산업]

① 28.6wt%
② 32.7wt%
③ 34.5wt%
④ 40.0wt%

hint $C\%(W_t) = \dfrac{\text{용질}}{\text{혼합물}} \times 100$
$\therefore C\%(W_t) = \dfrac{40}{100+40} \times 100 = 28.57\%$

정답 | 01.② 02.③ 03.③ 04.① 05.② 06.① 07.①

PART 2 작업위생(환경) 측정 및 평가

예상 07
- 기사 : 00,01,19
- 산업 : 05,06,11,14,16,18

대기압이 760mmHg이고, 기온이 25℃에서 톨루엔의 증기압은 30mmHg이다. 이때 포화증기농도는 약 몇 ppm인가?

① 10,000
② 20,000
③ 30,000
④ 40,000

해설 대기압을 전압(全壓)으로 하고, 증기압을 분압(分壓)으로 하여 압력분율을 취하여 농도를 구한다.

〈계산〉 $C_p(\text{ppm}) = \dfrac{\text{분압(포화증기압)}}{\text{전압(대기압)}} \times 10^6$

∴ $C_p(\text{ppm}) = \dfrac{30\,\text{mmHg}}{760\,\text{mmHg}} \times 10^6 = 39{,}473.68\,\text{ppm}$

답 ④

유.사.문.제

01 분압(증기압)이 6.0mmHg인 물질이 공기 중에서 도달할 수 있는 최고농도(포화농도, ppm)는? [18,19 산업][05,07,08,09,10,12,14,18 기사]

① 약 4,800
② 약 5,400
③ 약 6,600
④ 약 7,900

hint $C_p = \dfrac{6\,\text{mmHg}}{760\,\text{mmHg}} \times 10^6 = 7{,}894.74\,\text{ppm}$

02 A 물질의 증기압이 50mmHg이라면 이때 포화증기 최대농도(%)는? (단, 표준상태 기준) [08,12,15,18 산업][13②,16,18 기사]

① 6.6
② 8.8
③ 10.0
④ 12.2

hint $C_\% = \dfrac{50\,\text{mmHg}}{760\,\text{mmHg}} \times 100 = 6.6\,\%$

03 A공정에서 100% TCE가 휘발되었다면 공기 중 TCE 포화농도는? (단, 0℃, 1기압, TCE의 증기압은 19mmHg) [18 산업]

① 19,000ppm
② 22,000ppm
③ 25,000ppm
④ 28,000ppm

hint $C_p = \dfrac{19\,\text{mmHg}}{760\,\text{mmHg}} \times 10^6 = 25{,}000\,\text{ppm}$

04 에틸렌글리콜이 20℃, 1기압에서 증기압이 0.05mmHg이면 포화농도(ppm)는? [09,10,12,13,16 산업][07,10②,11,12②,13 기사]

① 약 44
② 약 66
③ 약 88
④ 약 102

hint $C_p = \dfrac{0.05\,\text{mmHg}}{760\,\text{mmHg}} \times 10^6 = 65.79\,\text{ppm}$

05 공기 100L 중에서 톨루엔(분자량 78.1, 비중 0.866) 1mL가 모두 증발하였다면 톨루엔의 농도는 몇 ppm인가? (단, 25℃, 1기압 기준) [06,14,16 산업][07,13 기사]

① 66
② 880
③ 1,060
④ 2,711

hint $C_p = \dfrac{0.866\,\text{g/mL}}{100\,\text{L}} \times 1\,\text{mL} \times \dfrac{10^3\,\text{L}}{\text{m}^3} \times \dfrac{10^3\,\text{mg}}{\text{g}}$

$\times \dfrac{24.45}{78.1}$

$= 2{,}711.10\,\text{ppm}$

㈜ 25℃, 1기압=기체부피 24.45기준

정답 | 01.④ 02.① 03.③ 04.② 05.①

종합연습문제

01 톨루엔은 0℃일 때 증기압이 6.8mmHg이고, 25℃일 때는 증기압이 7.4mmHg이다. 기온이 0℃일 때와 25℃일 때의 포화농도 차이는 약 몇 ppm인가? [18 산업]

① 790　　② 810
③ 830　　④ 850

hint $C_p(\text{ppm}) = \dfrac{P_v(\text{mmHg})}{760\,\text{mmHg}} \times 10^6$

∴ $\Delta C_p = \left(\dfrac{7.4-6.8}{760}\right) \times 10^6 = 789.5\,\text{ppm}$

02 Hexane의 부분압이 150mmHg(OEL 500ppm)이었을 때 Vapor Hazard Ratio(VHR)는? [14,15,17 기사]

① 335　　② 355
③ 375　　④ 395

hint Vapor Hazard Ratio(증기 위험도비)는 노출기준농도(OEL, Occupational Exposure Limits)에 대한 최대농도의 비로 산출한다.

∴ VHR = $\dfrac{C}{\text{OEL}} = \dfrac{(150/760) \times 10^6}{500} = 394.74$

03 온도가 25℃(1기압)인 밀폐된 공간에서 수은 증기가 포화상태에 도달했을 때의 공기 중 수은의 농도는? (단, 수은 원자량 201, 증기압은 25℃, 1기압에서 0.002mmHg) [13 산업]

① 36.3mg/m³　　② 26.3mg/m³
③ 23.6mg/m³　　④ 21.6mg/m³

hint $C_p = \dfrac{0.002\,\text{mmHg}}{760\,\text{mmHg}} \times 10^6 = 2.63\,\text{ppm}$

∴ $C_m = 2.63\,\text{ppm} \times \dfrac{201\,\text{mg}}{22.4\,\text{mL}} \times \dfrac{273}{273+25}$
　　$= 21.62\,\text{mg/m}^3$

04 수은(알킬수은 제외)의 노출기준은 0.05mg/m³이고 증기압은 0.0029mmHg이라면 VHR(Vapor Hazard Ratio)은? (단, 25℃, 1기압 기준, 수은 원자량은 200.6이다.) [13,15,18 기사]

① 약 330
② 약 430
③ 약 530
④ 약 630

hint VHR(증기 위험도비) = $\dfrac{C}{\text{TLV}}$

∴ VHR = $\dfrac{(0.0029/760) \times 10^6}{0.05 \times (24.45/200.6)} = 626.1$

㈜ 25℃, 1기압=기체부피 24.45기준

05 산업환기 표준상태에서 수은의 증기압은 0.0035mmHg이다. 이때 공기 중 수은증기의 최고농도는 약 몇 mg/m³인가? (단, 수은의 분자량은 200.59이다.) [15 산업]

① 24.88
② 30.66
③ 38.33
④ 44.22

hint $C_m = \dfrac{0.0035\,\text{mmHg}}{760\,\text{mmHg}} \times 10^6 \times \dfrac{200.59}{24.12}$
　　$= 38.3\,\text{mg/m}^3$

㈜ 산업환기 표준 : 21℃, 1기압

정답 ┃ 01.① 02.④ 03.④ 04.④ 05.③

- 기사 : 출제대비
- 산업 : 17

08 $H_2SO_4(M_w\ 98)$ 4.9g이 100L의 수용액 속에 용해되었을 때, 이 용액의 pH는? (단, 황산은 100% 전리한다.)

① 4　　　　② 3　　　　③ 2　　　　④ 1

[해설] 용액의 pH는 수소이온의 mol농도를 산출한 다음 그 역수에 log값을 취하여 계산한다.

⟨계산⟩ $pH = \log\dfrac{1}{[H^+]}$ $\begin{cases} H_2SO_4 \xrightarrow[100\%]{전리} 2H^+ + SO_4^{2-} \\ 1mol \quad : \quad 2mol \\ \dfrac{4.9g}{100L} \times \dfrac{1mol}{98g} \quad : \quad x\,(mol/L), \quad x = 1 \times 10^{-3}\,mol/L \end{cases}$

∴ $pH = \log\dfrac{1}{1 \times 10^{-3}} = 3$

답 ②

유.사.문.제

01 0.01N-NaOH 수용액 중의 수소이온농도 [H^+]는 몇 mol/L인가? [00,03,04,11,15 산업]

① 1×10^{-2}
② 1×10^{-13}
③ 1×10^{-12}
④ 1×10^{-11}

02 0.04M-HCl이 2% 해리되어 있는 수용액의 pH는? [07 기사]

① 3.1 ② 3.3
③ 3.5 ④ 3.7

03 500mL 수용액 속에 2g의 NaOH가 함유되어 있는 용액의 pH는? [01,06,11,15 산업]

① 13.0 ② 13.4
③ 13.6 ④ 13.8

04 pH 3.4인 HNO_3의 농도는? (단, 완전해리) [09 산업]

① $2.98 \times 10^{-4}M$
② $3.98 \times 10^{-4}M$
③ $4.98 \times 10^{-4}M$
④ $5.98 \times 10^{-4}M$

정답 ┃ 01.③ 02.① 03.① 04.②

[해설 1.] ⟨계산⟩ $pH = \log\dfrac{1}{[H^+]} = 14 - \log\dfrac{1}{[OH^-]}$ $\begin{cases} NaOH \rightarrow OH^- + Na^+ \\ 1mol \quad : \quad 1mol \\ 0.01mol/L \;:\; x, \quad x = 0.01\,mol/L \end{cases}$

⇒ $pH = 14 - \log\dfrac{1}{[0.01]} = 12$

∴ $[H^+] = 10^{-12}$

[해설 2.] ⟨계산⟩ $pH = \log\dfrac{1}{[H^+]} = 14 - \log\dfrac{1}{[OH^-]}$ $\begin{cases} HCl \rightarrow H^+ + Cl^- \\ 1mol \quad : \quad 1mol \\ 0.04 \times 0.02 \;:\; x, \quad x = 0.08 \end{cases}$

∴ $pH = \log\dfrac{1}{0.08} = 3.1$

[해설 3.] ⟨계산⟩ $pH = 14 - pOH = 14 - \log\dfrac{1}{[OH^-]}$ $\begin{cases} NaOH \rightarrow OH^- + Na^+ \\ 1mol \quad : \quad 1mol \\ \dfrac{2g}{500mL} \times \dfrac{1mol}{40g} \times \dfrac{10^3 mL}{L} \;:\; x, \quad x = 0.1\,mol/L \end{cases}$

∴ $pH = 14 - \log\dfrac{1}{0.1} = 13$

[해설 4.] ⟨계산⟩ $pH = \log\dfrac{1}{[H^+]}$ $\begin{cases} HNO_3 \xrightarrow{전리} H^+ + NO_3^- \\ 1mol \quad : \quad 1mol \\ x\,(mol/L) \;:\; 10^{-3.4}\,mol/L \end{cases}$

∴ $HNO_3 = 3.98 \times 10^{-4}\,mol/L$

종합연습문제

01 수산화나트륨 4.0g을 0.5L의 물에 녹인 후 2N-HCl 용액으로 중화시킨다면 소요되는 2N-HCl 용액의 부피는? (단, Na 원자량 23)
[13 산업]

① 5mL ② 15mL
③ 25mL ④ 100mL

hint $NV = N'V'$

$$2N \times x \times \frac{10^{-3}L}{mL} = \frac{4g}{0.5L} \times \frac{1eq}{40g}, \quad x = 100mL$$

02 NaOH 2g을 용해시켜 조제한 1000mL의 용액을 0.1N-HCl 용액으로 중화 적정 시 소요되는 HCl용액의 용량은? (단, 나트륨 원자량 : 23)
[05,13 산업][01,03,06,13② 기사]

① 1000mL ② 800mL
③ 600mL ④ 500mL

hint $NV = N'V'$

$$0.1N \times x \times \frac{10^{-3}L}{mL} = \frac{2g}{1L} \times \frac{1eq}{40g}, \quad x = 500mL$$

03 0.06M의 KOH 525mL를 중화시키는데 필요한 0.05M의 황산의 양은 몇 mL인가? [06 산업]

① 253 ② 315
③ 434 ④ 521

hint $NV = N'V'$

$0.05M \times 2 \times x = 0.06M \times 1 \times 525, \quad x = 315mL$

㈜ H_2SO_4 (2가의 산), KOH(1가의 염기)

04 pH 2, pH 5인 두 수용액을 수산화나트륨으로 각각 중화시킬 때, 중화제 NaOH의 투입량은 어떻게 되는가? [07,12,16 산업]

① pH 5인 경우보다 pH 2가 3배 더 소모된다.
② pH 5인 경우보다 pH 2가 9배 더 소모된다.
③ pH 5인 경우보다 pH 2가 30배 더 소모된다.
④ pH 5인 경우보다 pH 2가 10^3배 더 소모된다.

hint 수소이온농도의 크기로 비교한다.

$$\therefore \frac{10^{-2}}{10^{-5}} = 1,000$$

05 NaOH 10g을 10L의 용액에 녹였을 때, 이 용액의 몰농도(M)는? (단, 나트륨 원자량은 23이다.)
[00,09,17 기사]

① 0.025 ② 0.25
③ 0.05 ④ 0.5

hint $M = \frac{10g}{10L} \times \frac{1mol}{40g} = 0.025\,mol/L$

06 0.01M-NaOH 용액의 농도는? (단, Na 원자량 : 23)
[12 기사]

① 40mg/L ② 100mg/L
③ 400mg/L ④ 1000mg/L

hint $C_m = \frac{0.01\,mol}{L} \times \frac{40 \times 10^3 mg}{mol} = 400\,mg/L$

07 0.2M의 KOH(분자량 56)를 2L 제조하고자 한다. 소요되는 KOH량은 몇 g인가? [07 산업]

① 20.2 ② 22.4
③ 24.5 ④ 26.8

hint $m = \frac{0.2\,mol}{L} \times 2L \times \frac{56g}{mol} = 22.4g$

08 0.02M NaOH 용액 500mL를 준비하는데 NaOH는 몇 g이 필요한가? (단, Na의 원자량은 23)
[08,13 기사]

① 0.2 ② 0.4
③ 0.8 ④ 1.6

hint $m = \frac{0.02\,mol}{L} \times 0.5L \times \frac{40g}{mol} = 0.4g$

09 3,000mL의 0.002M의 황산 용액을 만들려고 한다. 5M 황산을 이용할 경우 몇 mL가 필요한가?
[10,12 기사]

① 0.6mL ② 1.2mL
③ 1.8mL ④ 2.4mL

hint $MV = M'V' = 0.002 \times 3,000 = 5 \times x$

$\therefore x = 1.2mL$

정답 | 01.④ 02.④ 03.② 04.④ 05.① 06.③ 07.② 08.② 09.②

종합연습문제

01 순수한 물 1.0L의 mol 수는? [09,14,17 산업]

① 35.6mol
② 45.6mol
③ 55.6mol
④ 65.6mol

hint $me = 1L \times \dfrac{1g}{mL} \times \dfrac{10^3 mL}{L} \times \dfrac{1mol}{18g}$
$= 55.6\,mol$

02 포름알데히드(CH_2O) 15g은 몇 mmole인가? [12 산업]

① 0.5
② 15
③ 200
④ 500

hint $me = 15g \times \dfrac{mol}{30g} \times \dfrac{10^3 mol}{mol} = 500\,mmol$

03 0.05N 수산화나트륨 용액 2,000mL를 만들기 위하여 필요한 NaOH의 그램(g)수는? (단, Na : 23) [06,12 산업][13 기사]

① 2.0g
② 4.0g
③ 6.0g
④ 8.0g

hint $0.05\left(\dfrac{eq}{L}\right) \times 2L = x(g) \times \dfrac{1eq}{40g}$, $x = 4g$

04 30%(W/V%) NaOH 용액의 농도는 몇 N인가? (단, Na 원자량은 23) [01,07,09,12 산업]

① 8.5N
② 7.5N
③ 6.5N
④ 5.5N

hint $N\left(\dfrac{eq}{L}\right) = \dfrac{30g}{100mL} \times \dfrac{1eq}{40g} \times \dfrac{10^3 mL}{L} = 7.5$

05 H_2SO_4 10mg을 증류수에 녹여 100mL로 하였을 때 이 용액의 규정농도는? (단, H_2SO_4의 M_w 98) [14 산업][07 기사]

① 0.01N
② 0.02N
③ 0.001N
④ 0.002N

hint $N\left(\dfrac{eq}{L}\right) = \dfrac{10 \times 10^{-3}g}{100mL} \times \dfrac{1eq}{(98/2)g} \times \dfrac{10^3 mL}{L}$
$= 2.04 \times 10^{-3}$

06 용액 1L에 녹아있는 용질을 g당량수로 나타내는 농도는? [05 산업]

① 몰(molarity)
② 몰랄(molality)
③ 포말(formality)
④ 노르말(normality)

07 0.2N−$K_2Cr_2O_7$(분자량 294.18) 500mL를 만들 때 $K_2Cr_2O_7$의 필요량은? [00,03,09,10 산업]

① 2.1g
② 4.9g
③ 6.3g
④ 8.2g

hint $NV = N'V'$
$\dfrac{0.2eq}{L} \times 0.5L = x(g) \times \dfrac{1eq}{(294.18/6)g}$
∴ $x = 4.903\,g$ (㈜ $K_2Cr_2O_7$ (6가의 산화물))

08 100g의 물에 40g의 NaCl을 가하여 용해시키면 몇 %(W/W%)의 NaCl 용액이 만들어 지는가? [04,05,08,12 산업]

① 28.6%
② 32.7%
③ 34.5%
④ 38.2%

hint $C_\% = \dfrac{40g}{40g + 100g} \times 100 = 28.57\%$

09 에틸아민(비중 0.832) 1mL를 메스플라스크(100mL)에 가하고 증류수로 혼합하여 100mL가 되게 한후 5mL를 취하여 메스플라스크(100mL)에 넣고 증류수로 100mL가 되게 했을 때 이 용액의 농도(mg/mL)는? [11 기사]

① 0.416
② 0.832
③ 4.16
④ 8.32

hint $C(mg/mL) = \dfrac{에틸아민(mg)}{용액(mL)}$
∴ $C = 1mL \times \dfrac{0.832g}{mL} \times \dfrac{5mL}{100mL} \times \dfrac{1}{100mL}$
$\times \dfrac{10^3 mg}{g}$
$= 0.416\,mg/mL$

정답 | 01.③ 02.④ 03.② 04.② 05.④ 06.④ 07.② 08.① 09.①

종합연습문제

01 2N–HCl 용액 100mL를 이용하여 0.5N 용액을 조제하려할 때 희석에 필요한 증류수의 양은? [00,06,18 산업]

① 100mL ② 200mL
③ 300mL ④ 400mL

hint $NV = N'V'$

$\frac{2eq}{L} \times 100mL = \frac{0.5eq}{L} \times (100+x)mL$

$\therefore x = 300mL$

02 온도 27℃인 때의 체적이 1m³인 이상기체를 온도 127℃까지 상승시켰을 때의 변화된 최종 체적은? (단, 기타 조건은 변화없음) [01,05,10,14,18 산업]

① 1.33m³ ② 1.43m³
③ 1.53m³ ④ 1.63m³

hint $V_2 = V_1 \times \frac{T_2}{T_1}$

$\therefore V_2 = 1m^3 \times \frac{273+127}{273+27} = 1.33m^3$

03 0℃, 1atm에서 수소가스(H₂) 10L는 373℃, 380mmHg 상태에서 몇 L인가? [09 산업]

① 40L ② 50L
③ 60L ④ 70L

hint $V_2 = V_1 \times \frac{T_2}{T_1} \times \frac{P_1}{P_2}$

$\therefore V_2 = 10L \times \frac{273+373}{273} \times \frac{760}{380} = 40L$

04 20℃, 1기압에서 100L의 공기 중에 벤젠 1mg을 혼합시켰다. 이때의 벤젠농도(V/V)는? [00,08,12 산업]

① 약 1.2ppm ② 약 3.1ppm
③ 약 5.2ppm ④ 약 6.7ppm

hint $C_p(ppm) = \frac{벤젠(mL)}{공기(m^3)}$

$\therefore C_p = \frac{1mg}{100L} \times \frac{22.4mL}{78mg} \times \frac{273+20}{273} \times \frac{10^3 L}{m^3}$

$= 3.08\ mL/m^3$

05 0.5N–H₂SO₄(분자량 98) 1,000mL를 만들 때 H₂SO₄의 필요량(g)은? [14 산업]

① 12.3 ② 16.5
③ 20.3 ④ 24.5

hint $0.5\left(\frac{eq}{L}\right) = \frac{x(g)}{1L} \times \frac{1eq}{(98/2)g}$

$\therefore x = 24.5g$

06 공기 중 일산화탄소농도가 10mg/m³인 작업장에서 1일 8시간 동안 작업하는 근로자가 흡인하는 일산화탄소의 양은 몇 mg인가? (단, 근로자의 시간당 평균 흡입량은 1,250L이다.) [15 기사]

① 10 ② 50
③ 100 ④ 500

hint $m = \frac{10mg}{m^3} \times \frac{1.25m^3}{hr} \times \frac{8hr}{day}$

$= 100mg/day$

07 25℃에서 공기의 점성계수는 1.607×10^{-4} poise, 밀도는 1.203kg/m³이다. 이 때 동점성 계수(m²/sec)는? [16 기사]

① 1.336×10^{-5}
② 1.736×10^{-5}
③ 1.336×10^{-6}
④ 1.736×10^{-6}

hint 동점도 = $\frac{점도}{밀도}$

$\therefore \nu = 1.607 \times 10^{-4}\ poise \times \frac{g/cm \cdot sec}{poise}$

$\times \frac{m^3}{1.203 kg} \times \frac{10^2 cm}{m} \times \frac{10^{-3} kg}{g}$

$= 1.336 \times 10^{-5}\ m^2/sec$

08 순수한 물의 몰(M)농도는? (단, 표준상태 기준) [14 기사]

① 35.2 ② 45.3
③ 55.6 ④ 65.7

hint $M(mol/L) = \frac{1g}{mL} \times \frac{mol}{18g} \times \frac{10^3 mL}{L}$

$= 55.56\ mol/L$

정답 ┃ 01.③ 02.① 03.① 04.② 05.④ 06.③ 07.① 08.③

종합연습문제

01 1N-HCl 500mL를 만들기 위해 필요한 진한 염산(비중 1.18, 함량 35%)의 부피(mL)는?
[17 기사]

① 약 18
② 약 36
③ 약 44
④ 약 66

hint $\dfrac{1.0eq}{L} \times 0.5L = \dfrac{1.18g}{mL} \times x(mL) \times \dfrac{1eq}{36.5g} \times \dfrac{35}{100}$

∴ $x = 44.19 \text{mL}$

02 해발고도가 1,220m인 곳에서의 대기압이 656mmHg이다. 이때 작업장에서 배출되는 공기의 온도가 200℃라면 이 공기의 밀도는 약 얼마인가? (단, 표준상태에서 공기의 밀도는 1.203 kg/m³이다.)
[17 산업]

① 0.25kg/m³
② 0.55kg/m³
③ 0.65kg/m³
④ 0.85kg/m³

hint 실제밀도 = 표준밀도 × $\dfrac{273+21}{273+t} \times \dfrac{P}{760}$

∴ 실제밀도 = $1.203 \times \dfrac{273+21}{273+200} \times \dfrac{656}{760}$
$= 0.65 \text{kg/m}^3$

03 120℃, 700mmHg 상태에서 47m³/min의 기체가 관내를 흐르고 있다. 이 기체가 21℃, 1기압일 때 표준유량(m³/min)은 약 얼마인가?
[15 산업]

① 약 18.6
② 약 32.4
③ 약 44.3
④ 약 66.2

hint 표준유량 = 실제유량 × $\dfrac{273+21}{273+t} \times \dfrac{P}{760}$

∴ 표준유량 = $47 \times \dfrac{273+21}{273+120} \times \dfrac{700}{760}$
$= 32.38 \text{ m}^3/\text{min}$

04 벤젠 100mL에 디티존 0.1g을 넣어 녹인 후 이 원액을 10배 희석시키면 디티존은 몇 $\mu g/mL$ 용액이 되겠는가?
[04,15 산업]

① $1\mu g/mL$
② $10\mu g/mL$
③ $100\mu g/mL$
④ $1,000\mu g/mL$

hint $C(\mu g/mL) = \dfrac{\text{디티존}(\mu g)}{\text{벤젠}(mL)} \times \dfrac{1}{P}$

∴ $C = \dfrac{0.1g}{100mL} \times \dfrac{10^6 \mu g}{g} \times \dfrac{1}{10} = 100 \mu g/mL$

05 실내공간 용적이 100m³인 실험실에서 MEK (Methyl Ethyl Ketone) 2mL가 기화되어 실내공기와 완전히 혼합되었다고 가정하면 이때 실내의 MEK 농도는 몇 ppm인가? (단, MEK 비중 0.805, 분자량 72.1, 25℃, 1기압 기준)
[04,05,08,11,17 기사]

① 약 2.3
② 약 3.7
③ 약 4.2
④ 약 5.5

hint $C_p(\text{ppm}) = \dfrac{\text{MEK}(m^3)}{\text{실내용적}(m^3)} \times 10^6$

■ MEK = $2mL \times \dfrac{805 kg}{m^3} \times \dfrac{10^{-6} m^3}{mL}$
$\times \dfrac{24.45}{72.1}$
$= 5.46 \times 10^{-4} m^3$

∴ $C_p = \dfrac{5.46 \times 10^{-4} m^3}{100 m^3} \times 10^6 = 5.5 \text{ppm}$

06 500mL 중 $CuSO_4 \cdot 5H_2O$(분자량 250) 31.2g을 포함한 용액은 몇 M인가?
[14 산업]

① $0.12M-CuSO_4 \cdot 5H_2O$
② $0.25M-CuSO_4 \cdot 5H_2O$
③ $0.55M-CuSO_4 \cdot 5H_2O$
④ $0.75M-CuSO_4 \cdot 5H_2O$

hint $M(mol/L) = \dfrac{31.2g}{500mL} \times \dfrac{mol}{250g} \times \dfrac{10^3 mL}{L}$
$= 0.25 \text{mol/L}$

정답 | 01.③ 02.③ 03.② 04.③ 05.④ 06.②

01. 측정 및 분석기초

예상 09
- 기사 : 07,09,12②,14,16,17
- 산업 : 12,13②,16

다음 내용은 무슨 법칙에 해당되는가?

> 일정한 부피조건에서 압력과 온도는 비례함

① 라울의 법칙
② 샤를의 법칙
③ 게이-뤼삭의 법칙
④ 보일의 법칙

해설 게이뤼삭(Gay-Lussac)의 법칙 중 표준가스 법칙은 일정한 부피조건에서 압력과 온도는 비례한다는 것으로 기체의 온도-부피에 관한 법칙인 샤를의 법칙과 같다. 또한 결합부피 법칙은 기체가 관련된 화학반응에서는 반응하는 기체와 생성하는 기체의 부피사이에 정수관계가 성립한다는 법칙이다. **답** ③

유.사.문.제

01 일정한 온도조건에서 부피와 압력이 반비례한다는 표준가스 법칙은? [14 산업] [11②,13②,15②,18 기사]

① 보일의 법칙
② 샤를의 법칙
③ 게이뤼삭의 법칙
④ 헨리의 법칙

02 일정한 압력조건에서 부피와 온도는 비례한다는 표준가스 법칙은? [07,10 산업][10,12 기사]

① 라울의 법칙
② 샤를의 법칙
③ 게이뤼삭의 법칙
④ 보일의 법칙

03 다음 중 보일-샤를의 법칙으로 옳은 것은? [12 산업]

① $\dfrac{T_1 P_1}{V_1} = \dfrac{T_2 P_2}{V_2}$
② $\dfrac{V_1 P_1}{T_1} = \dfrac{V_2 P_2}{T_2}$
③ $\dfrac{T_1}{V_1 P_1} = \dfrac{V_2 P_2}{T_2}$
④ $\dfrac{T_1 P_1}{V_1} = \dfrac{V_2 P_2}{T_2}$

04 여러 성분이 있는 용액에서 증기가 나올 때 증기의 각 성분의 부분압은 용액의 분압과 평형을 이룬다는 내용의 법칙은? [06,09 산업][06,09,18 기사]

① 라울의 법칙(Raoult's Law)
② 게이-뤼삭의 법칙(Gay-Lussac's Law)
③ 보일-샤를의 법칙(Boyle-Charle's Law)
④ 피크의 법칙(Fick's Law)

05 150℃, 720mmHg 상태에서의 100m³인 공기가 21℃, 1기압일 때 그 부피는? [14,15,19② 산업]

① 47.8m³
② 57.2m³
③ 65.8m³
④ 77.2m³

hint $V_2 = V_1 \times \dfrac{T_2}{T_1} \times \dfrac{P_1}{P_2}$

∴ $V_2 = 100 m^3 \times \dfrac{273+21}{273+150} \times \dfrac{720}{760}$
$= 65.85 m^3$

06 21℃, 1기압에서 벤젠 1.5L가 증발할 때, 발생하는 증기의 용량은 약 몇 L인가? (단, 벤젠의 분자량은 78.11, 비중 0.879) [18 산업][03,04 기사]

① 305.1
② 406.8
③ 457.7
④ 542.2

hint $V_2 = V_1 \times \dfrac{T_2}{T_1} \times \dfrac{P_1}{P_2}$

- $V_1 = 1.5L \times \dfrac{0.879 kg}{L} \times \dfrac{22.4 Sm^3}{78.11 kg}$
$= 0.383 Sm^3$

∴ $V_2 = 0.378 \times 10^3 L \times \dfrac{273+21}{273} \times \dfrac{1}{1}$
$= 407.2 L$

정답 | 01.① 02.② 03.② 04.① 05.③ 06.②

종합연습문제

01 벤젠 2kg이 모두 증발하였다면 벤젠이 차지하는 부피는? (단, 벤젠 비중 0.88, 분자량 78, 21℃, 1기압) [15 기사]

① 약 521L   ② 약 618L
③ 약 736L   ④ 약 871L

hint $V = \dfrac{m}{M_w/22.4} \times \dfrac{T_2}{T_1} \times \dfrac{P_1}{P_2}$

$\therefore V = \dfrac{2 \times 10^3 \text{g}}{78\text{g}/22.4\text{L}} \times \dfrac{273+21}{273} \times \dfrac{1}{1}$

$= 618.54\text{L}$

02 다음에서 설명하는 산업환기의 기본 법칙은? [12,14 기사]

> 일정한 압력조건에서 부피와 온도는 비례한다는 법칙

① 게이-뤼삭의 법칙
② 라울의 법칙
③ 샤를의 법칙
④ 보일의 법칙

03 흑연로 장치가 부착된 원자흡광광도계로 카드뮴을 측정 시 Blank 시료를 10번 분석한 결과 표준편차가 0.03μg/L였다. 이 분석법의 검출한계는 약 몇 μg/L인가? [19 산업]

① 0.01   ② 0.03
③ 0.09   ④ 0.15

hint 시험법의 검출한계는 0과는 확실하게 구분할 수 있는 분석 대상물질의 최소량 또는 최저 농도 또는 주어진 신뢰수준에서 noise 이상으로 검출할 수 있는 가장 최소의 양으로 정의되고 있다. 따라서 검출한계는 공시료(Blank) 분석 시그널 표준편차의 3배이다.

04 어느 실험실의 크기가 15m×10m×3m이며 실험 중 2kg의 염소(Cl_2, 분자량 70.9)를 부주의로 떨어뜨렸다. 이때 실험실에서의 이론적 염소농도(ppm)는? (단, 기압은 760mmHg, 온도 0℃, 염소는 모두 기화되고 실험실에는 환기장치가 없다.) [00,06,11 기사]

① 약 800ppm
② 약 1,000ppm
③ 약 1,200ppm
④ 약 1,400ppm

hint $C_p(\text{ppm}) = \dfrac{\text{염소}(\text{m}^3)}{\text{실내공기용적}(\text{m}^3)} \times 10^6$

- 염소 $= 2\text{kg} \times \dfrac{22.4\text{m}^3}{70.9\text{kg}} = 0.632\text{m}^3$
- 실내용적 $= 15 \times 10 \times 3 = 450\text{m}^3$

$\therefore C_p = \dfrac{0.632\text{m}^3}{450\text{m}^3} \times 10^6 = 1,404.7\,\text{ppm}$

정답 ┃ 01.② 02.③ 03.③ 04.④

2 분석기기 및 분석장치 일반

이승원의 **minimum point**

(1) 가스(기체)크로마토그래피 (고용노동부고시 3절-1)

① **원리 및 적용** : 가스크로마토그래피법은 기체시료 또는 기화시킨 액체나 고체시료를 운반가스(carrier gas)와 함께 분리관내로 전개시키면 시료 중의 각 성분은 **충전물에 대한 흡착성** 또는 **용해성**의 차이에 따라 분리관내에서의 **이동속도가 달라지므로** 분리관 출구로 검출기를 통과하면서 서로 다른 크로마토그래피 적을 형성하므로 이를 이용하여 무기물 또는 유기물질에 대한 정성·정량 분석을 하게 된다.

① **장치의 구성** : 가스크로마토그래피는 **주입부**, **칼럼오븐** 및 **검출기**의 3가지 주요요소로 구성되어 있으며, 여기에 이동상인 운반가스를 공급해 주는 가스공급장치(압축가스통 또는 가스발생기) 및 검출기에서 나오는 신호결과를 처리해 주는 데이터 처리시스템이 있어야 한다.

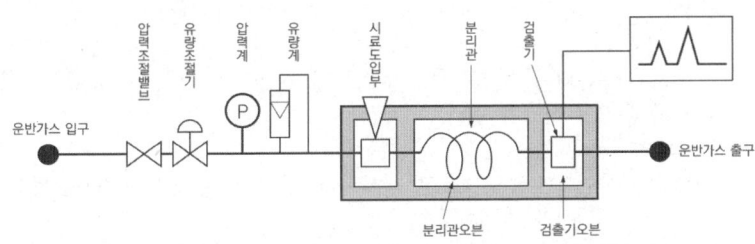

〈그림〉 가스크로마토그래피의 장치 기본 구성

① **요구 특성**
- **운반기체** : 운반기체는 충전물이나 시료에 대하여 불활성이고, 사용하는 검출기의 작동에 적합하고 수분 또는 불순물이 없는 **순도 99.99% 이상**이어야 한다.

검출기 종류	운반기체	특 징
FID	질소	적합
	수소, 헬륨	사용가능
ECD	질소	가장 우수한 감도 제공
	아르곤/메탄	가장 넓은 시료농도 범위에서 직선성을 가짐
FPD	질소	적합

- **시료주입부**
  □ 칼럼온도와 동일하거나 또는 그 이상의 온도를 유지할 수 있는 가열기구가 갖추어져야 한다.
  □ 주입부는 충진칼럼(packed column) 또는 캐필러리 칼럼(capillary column)에 적합한 것이어야 하고, 미량주사기를 이용하여 수동으로 시료를 주입하거나 또는 자동주입장치를 이용하여 시료를 주입할 수 있어야 한다.
- **칼럼오븐**
  □ 칼럼은 시료성분의 **분배와 분리기능**을 갖는다.
  □ 오븐내 전체온도가 균일하게 조절되고, 가열 및 냉각이 신속하여야 한다.
  □ 설정온도에 대한 **온도조절 정밀도**는 ±0.5℃의 범위 이내, 전원의 **전압변동 10%**에 대하여도 온도변화가 **±0.5℃ 범위** 이내이어야 한다.

- 검출기
  - 검출기는 감도가 좋고 안정성과 재현성이 있어야 하며, 시료에 대하여 선형적으로 감응해야 하고, 약 **400℃까지 작동**가능 해야 한다.
  - 온도를 조절할 수 있는 가열기구 및 이를 측정할 수 있는 측정기구가 갖추어져야 한다.

> **비교 | GC의 검출기 종류와 적응 특성**
>
> ■ **검출기 종류** : 불꽃이온화검출기(FID), 전자포획검출기(ECD), 불꽃광전자검출기(FPD), 질소인검출기(NPD), 열전도도검출기(TCD), 광이온화검출기(PID) 등
>
> ■ **주요 특징**
> - 불꽃이온화검출기(FID)
>   - FID는 **유기용제를 분석**할 때 가장 많이 사용하는 검출기이다.
>   - FID는 성분의 **탄소수에 비례**하여 높은 감응도를 보인다.
>   - FID에 감응하지 않는 화학성분들은 H_2O, CO_2, CO, N_2, NH_3, O_2, SO_2, SiO_4 등
>   - FID는 불꽃을 사용하므로 검출기의 온도가 너무 낮은 경우에는 검출기내부에 수분이 응축되어 기기가 부식될 가능성이 있으므로 적어도 **80~100℃ 이상**의 온도를 유지할 필요가 있다.
> - 전자포획검출기(ECD)
>   - ECD는 사염화탄소 등 **할로겐**, 과산화물, 퀴논, 니트로기 등 전기음성도가 큰 작용기에 예민하게 반응한다.
>   - 아민, 알코올류, 탄화수소와 같은 화합물에는 감응하지 않는다.
>   - 염소를 함유한 **농약의 검출**에 널리 사용되며, ECD를 통과한 화합물은 파괴되지 않는다는 장점이 있다.
> - 불꽃광전자검출기(FPD) : **황** 및 **인**을 함유한 화합물에 매우 높은 선택성을 갖는다.

- **분리관의 충진물질과 분리능** : 가스크로마토그래피의 충전물질(Packing Material)은 흡착성 고체분말(실리카겔, 활성탄, 알루미나, 합성제올라이트 등)을 사용하거나 적당한 담체(擔體)에 고정상 액체를 함침(含浸)시킨 분배형 충전물질을 사용한다.
  - 분리관의 분해능(가스크로마토그래피에서 인접한 두 피크를 다르다고 인식하는 능력) : 두 물질의 분배계수 값 차이가 클수록 분리가 잘 된다는 것을 의미하고, 분배계수가 크다는 것은 분리관에 머무르는 시간이 길다는 것임
  - 분해능(분리도)을 높이기 위한 방법
    - 분리도는 칼럼 길이의 제곱근에 비례하고, 분석시간은 칼럼의 길이에 비례함
    - 분리관의 **길이를 길게**(무작정 길게 하는 것은 비효율적임)
    - 시료의 양을 적게
    - 고정상의 양을 적게
    - 고체지지체의 **입자크기를 작게**
    - 일반적으로 **저온**에서 좋은 분해능을 보임
- **충진 분리관에 사용되는 액상의 요구조건**
  - 열에 대해 안정해야 한다.
  - 시료 성분을 잘 녹일 수 있어야 한다.

- 분리관의 최대온도보다 100℃ 이상에서 끓는점을 가져야 한다.
- 분석대상 성분을 완전히 분리할 수 있는 것이어야 한다.
- 사용온도에서 **증기압이 낮고, 점성이 작은** 것이어야 한다.
- 화학적으로 안정되고, 휘발성이 낮아야 한다.
- 화학적 성분이 일정한 것이어야 한다.

ⓘ **크로마토그램** : 검출기에서 검출된 전기신호를 토대로 각 성분에 대응하는 일련의 곡선 피크(Peak)를 크로마토그램(Chromatogram)이라 함

- **보유시간**(Retention Time) : 시료를 분리관에 도입시킨 후 그 중의 어떤 성분이 검출되어 기록지 상에 피크(Peak)로 나타날 때까지의 시간
- **보유용량**(Retention Volume) : 보유시간에 운반가스의 유량을 곱한 것
- **유령피크**(Ghost Peak) : 시료를 주입하지 않은 상태에서 나타나는 피크를 말함
  - **발생원인**
    - 시스템이나 칼럼이 오염된 경우
    - 칼럼이 충분하게 묵힘(Aging)되지 않아서 칼럼에 남아 있던 성분들이 배출되는 경우
    - 주입부에 있던 오염물질이 증발되어 배출되는 경우
    - 주입부에 사용하는 격막(Septum)에서 오염물질이 방출되는 경우
  - **대책**
    - 칼럼의 교체 및 충분한 세척
    - 이동상 불순물의 유입 차단
    - 주입부 및 격막(septum)의 오염물질 방출 차단
    - 공기방울 처치

(2) 원자흡광광도계 (고용노동부고시 3절-2)

ⓘ **원리 및 적용** : 원자흡광광도법은 분석대상 원소가 포함된 시료를 **불꽃**이나 **전기열**에 의해 **바닥상태의 원자로 해리**시키고, 이 원자의 증기층에 특정파장의 빛을 투과시키면 바닥상태의 분석대상 원자가 그 파장의 빛을 흡수하여 **들뜬상태의 원자**로 되는데, 이 때 흡수하는 빛의 세기를 측정하는 분석기기를 이용하여 허용기준 대상 유해인자 중 **금속 및 중금속**을 측정한다.

ⓘ **장치의 구성** : 원자흡광분석장치의 구성은 광원부 → 시료원자화부 → 단색화부 → 측광부로 되어 있다.

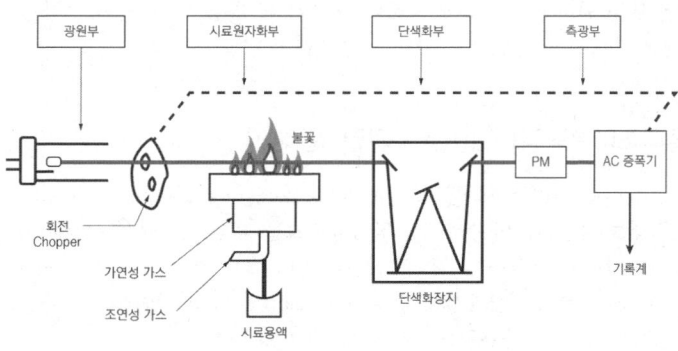

〈그림〉 원자흡광광도계의 장치 기본 구성

○ 적용되는 법칙 : 램버트-비어(Lambert-Beer) 법칙

$$\blacksquare\ 흡광도(A) = \log \frac{1}{I_t/I_o} = \log \frac{1}{t} = E_A \cdot C \cdot L \quad \begin{cases} t &: 투과도 \\ I_o &: 입사광의 강도 \\ I_t &: 투사광의 강도 \\ C &: 목적원자의 농도 \\ E_A &: 원자흡광률 \\ L &: 불꽃 중 광도 길이 \end{cases}$$

○ 요구 특성
- 광원부 : 광원은 분석하고자 하는 금속의 흡수파장의 **복사선을 방출**하여야 하며, 주로 **속빈음극램프**가 사용된다.
- 원자화부 : 원자화장치는 분석대상 원소를 자유상태로 만들어 광원에서 나온 빛의 통로에 위치시킨다.

> 참고/ **시료의 원자화방법**
>
> □ **종류 : 불꽃 방식, 비불꽃 방식, 증기발생방식**
> □ **불꽃 방식** : 용액상태의 시료를 불꽃 중에 분무하는 방법
> - 불꽃을 만들기 위한 연료가스와 조연가스의 조합에는 프로판-공기, 수소 – 공기, 아세틸렌-공기, 아세틸렌-아산화질소 등이 사용되고 있다.
> - 작업환경분야 분석에 널리 사용되는 것은 **아세틸렌-공기**와 **아세틸렌-아산화질소**이다.
> - 수소-공기는 원자외 영역(原子外 領域)에서 분석선을 갖는 원소의 분석에 적당하다.
> - 아세틸렌-아산화질소 불꽃은 **내화성산화물**(Refractory Oxide)을 만들기 쉬운 원소의 분석에 적당하다.
> □ **비불꽃 방식** : 플라즈마 제트(Plasma Jet), 고온전기로를 이용하는 spark(방전)장치 사용
> □ **증기발생방식** : 환원제를 사용, 기화된 냉증기를 발생시켜 분석하는 방법으로 기화휘발성이 강한 성분 Hg, As, Se의 측정에 많이 사용됨

- 단색화부
    □ 단색화장치는 특정 파장만 분리하여 검출기로 보내는 역할을 한다.
    □ 분광기는 일반적으로 회절격자나 프리즘을 이용한 분광기가 사용된다.
- 측광부 : 측광부는 원자화된 시료에 의하여 흡수된 빛의 흡수강도를 측정하는 것으로서 검출기, 증폭기 및 지시계기로 구성된다.

(3) 유도결합 플라즈마분광광도계(ICP) 관련 문제(별첨)

○ **원리 및 적용** : 유도결합 플라즈마분광광도계(ICP, Inductively Coupled Plasma)는 **유도 자기장**을 이용하여 **아르곤 기체**를 플라즈마화 시킨 후, **액상의 시료**를 작은 입자상태(Aerosol)로 분무시켜 **플라즈마 내에 주입**시키면 함유되어 있는 금속들이 **고온**(5,000~8,000K)으로 인하여 원자화 또는 이온화되고, 이때에 각 원소들은 **특정 파장의 빛**(Optical Emission Beam)을 **방출**하게 되는데, 이 빛의 세기를 측정함으로써 함유된 원소의 종류와 함량을 알아내는 분석기임

01. 측정 및 분석기초

- ⓘ **장치의 구성** : 전형적인 장치구성은 시료주입 시스템, 플라즈마 토치, 라디오주파수 발생기, 파장분리기, 검출기, 그리고 컴퓨터 자료처리장치이다.
  - 여기원(플라즈마) : **아르곤 플라즈마**를 사용한다.
  - 시료도입부 : 아르곤 ICP는 특별한 경우를 제외하고는 **수용액 시료**를 사용한다.
  - 분광기 : 다수의 발광선 중에서 목적으로 하는 분석선을 정확하게 선택하여 강도를 측정할 수 있는 분광기를 사용한다.

- ⓘ **ICP의 분석대상 및 특성**
  - 분석대상 : 대부분의 비금속 및 금속원소를 분석할 수 있으나 O, C, N 등의 원소와 아이오드(I)를 제외한 17족, 18족 원소는 분석이 어렵다.
  - ICP의 장·단점

장 점	단 점
• **적은 양의 시료**를 가지고 **한꺼번에 많은 금속**을 분석할 수 있음 • 비금속을 포함한 대부분의 금속을 ppb 수준까지 측정할 수 있음 • 분석의 **정밀도가 높다.** 원자흡광광도계보다 더 좋거나 적어도 같은 정밀도를 가짐 • 화학물질에 의한 방해로부터 거의 영향을 받지 않음 • 검정곡선의 **직선성 범위가 넓음** • 여러 금속을 분석할 경우 **시간이 적게** 소요됨	• 원자들은 높은 온도에서 많은 복사선을 방출하므로 화학적 간섭은 덜하나 **분광학적 간섭이 있음** • 시료의 분해과정 동안에 NO, CO, CN, C_2 등 안정한 화합물을 형성하므로 교정이 필요함 • 아르곤가스를 소비하기 때문에 **유지비용이 많이 소요**됨 • **비용**이 원자흡광광도기의 2배 이상으로 비쌈 • **알칼리 금속**과 같이 **이온화에너지가 낮은 원소**들은 검출한계가 높으며 이들이 공존하면 다른 금속의 이온화에 방해를 주기도 함

(4) 분광광도법(흡광광도법, 자외선/가시선 분광법)(별첨)

- ⓘ **원리 및 적용** : 시료에 적당한 시약을 넣어 발색시킨 **용액의 흡광도를 측정**하여 시료 중의 목적성분을 정량하는 방법으로 파장 200~1,200nm의 파장에서 액체의 흡광도를 측정함으로써 공기 중의 오염물질 분석에 적용한다.

- ⓘ **장치의 구성** : 일반적으로 사용하는 흡광광도계는 광원부 → 파장선택부 → 시료부 및 측광부로 구성되고 광원부에서 측광부까지의 광학계에는 측정목적에 따라 여러 가지 형식이 있다.

- ⓘ **적용되는 법칙** : **램버트-비어**(Lambert-Beer) **법칙** → 시료셀의 입사광의 강도(I_o)와 투사광의 강도(I_t) 사이에는 램버트 비어(Lambert-Beer)의 법칙에 의하여 다음의 관계식이 성립한다.

$$흡광도(A) = \log \frac{1}{I_t/I_o} = \log \frac{1}{t} = \varepsilon \cdot C \cdot L$$

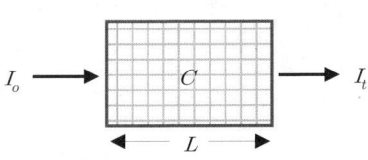

$\begin{cases} t : 투과도 \\ I_o : 입사광의 강도 \\ I_t : 투사광의 강도 \\ C : 목적원자의 농도 \\ \varepsilon : 흡광계수 \\ L : 불꽃 중 광도 길이 \end{cases}$

PART 2 작업위생(환경) 측정 및 평가

- **광원부** : 광원부의 광원에는 텅스텐램프 중수소방전관등을 사용하며 점등을 위하여 전원부나 렌즈와 같은 광학계를 부속시킨다.
  - 가시부와 근적외부의 광원 : 텅스텐 사용
  - 자외부의 광원 : 수소등을 사용
- **파장선택부** : 단색화장치(monochrometer) 또는 필터(filter)를 사용한다.
  - 단색장치 : 프리즘, 회절격자 또는 이 두 가지를 조합시킨 것을 사용
  - 필터 : 색유리 필터, 젤라틴 필터, 간접 필터 등 사용
- **측광부** : 광전측광에는 광전관, 광전자증배관, 광전도셀 또는 광전지 등을 사용
  - 자외파장~가시파장 범위 : 광전관, 광전자증배관 사용
  - 근적외 파장범위 : 광전도셀 사용
  - 가시파장 범위 : 광전지 사용
- **흡수셀** : 흡수셀은 일반적으로 4각형 또는 시험관형의 것을 사용하며, 흡수셀의 재질은 유리, 석영, 플라스틱 등을 사용한다.
  - 유리제 : 주로 가시(可視) 및 근적외(近赤外)부 파장범위를 측정할 때 사용함
  - 석영제 : 자외부 파장범위를 측정할 때 사용함
  - 플라스틱제 : 근적외부 파장범위를 측정할 때 사용함

- 기사 : 출제대비
- 산업 : 17

01 도장 작업장에서 작업 시 발생되는 유기용제를 측정하여 정량·정성 분석을 하고자 한다. 이때 가장 적합한 분석기기는?

① 적외선분광광도계 ② 흡광광도계
③ 가스크로마토그래피 ④ 원자흡광광도계

해설 가스크로마토그래피는 허용기준 대상 유해인자 중 휘발성유기화합물의 분석방법에 적용한다. **답** ③

유.사.문.제

01 가스크로마토그래피를 구성하는 주요 요소와 가장 거리가 먼 것은? [15 산업]

① 단색화부
② 검출기
③ 칼럼오븐
④ 주입부

02 다음 중 가스크로마토그래피(GC)를 이용하여 유기용제를 분석할 때 가장 많이 사용하는 검출기는? [17 산업]

① 불꽃이온화검출기
② 전자포획검출기
③ 불꽃광도검출기
④ 열전도도검출기

정답 | 01.① 02.①

종합연습문제

01 가스크로마토그래피의 검출기에 관한 설명으로 옳지 않은 것은? (단, 고용노동부고시를 기준으로 한다.) [12②,17 기사]
① 약 850℃까지 작동가능 해야 한다.
② 검출기는 시료에 대하여 선형적으로 감응해야 한다.
③ 검출기는 감도가 좋고 안정성과 재현성이 있어야 한다.
④ 검출기의 온도를 조절할 수 있는 가열기구 및 이를 측정할 수 있는 측정기구가 갖추어져야 한다.

02 사염화탄소(CCl_4)를 분석하고자할 때, 가스크로마토그래피의 감도가 가장 높은 검출기는? [00,03 기사]
① 불꽃이온화검출기(FID)
② 질소인검출기(NPO)
③ 전자포획검출기(ECD)
④ 불꽃광전자검출기(FPD)

03 다음 중 기체크로마토그래피에서 주입한 시료를 분리관을 거쳐 검출기까지 운반하는 가스에 대한 설명과 가장 거리가 먼 것은? [17,18 산업]
① 운반가스는 주로 질소, 헬륨이 사용된다.
② 운반가스는 활성이며, 순수하고 습기가 5% 미만으로 조금 있어야 한다.
③ 가스를 기기에 연결시킬 때 노출부위가 없어야 한다.
④ 운반가스의 순도는 99.99%, 전자포획검출기의 경우는 99.999% 이상의 순도를 유지해야 한다.

hint 운반기체는 충전물이나 시료에 대하여 불활성이며, 사용하는 검출기의 작동에 적합하고 순도는 99.99% 이상(ECD 99.999% 이상)이어야 한다.

04 가스크로마토그래피에서 칼럼의 역할은? [09,17 산업]
① 전개가스의 예열
② 가스 전개와 시료의 혼합
③ 용매 탈착과 시료의 혼합
④ 시료성분의 분배와 분리

05 황(S)과 인(P)을 포함한 화합물을 분석하는데 일반적으로 사용되는 가스크로마토그래피 검출기는? [12,16 산업]
① 불꽃이온화검출기(FID)
② 열전도검출기(TCD)
③ 불꽃광전자검출기(FPD)
④ 전자포획검출기(ECD)

06 가스크로마토그래피로 유해가스를 측정할 때 사용하는 검출기가 아닌 것은? [00,03,06 산업]
① ECD(전자포획형검출기)
② TCD(열전도도검출기)
③ FID(불꽃이온화검출기)
④ UVD(자외선검출기)

07 가스크로마토그래프의 검출기 중 할로겐탄화수소화합물의 분석에 적합한 것은? [01,03,05 산업]
① 불꽃광전자검출기(FPD)
② 불꽃이온화검출기(FID)
③ 광이온화검출기(PID)
④ 전자포획검출기(ECD)

08 고분자화합물질의 분석에 적합하며 이동상으로 액체를 사용하는 분석기기는? [03 산업]
① HPLC   ② GC
③ XRD   ④ ICP

hint 고분자화합물질의 분석에 적합하며, 이동상으로 액체를 사용하는 분석기기는 고성능액체크로마토그래피(HPLC, High Performance Liquid Chromatography)이다.

정답 | 01.① 02.③ 03.② 04.④ 05.③ 06.④ 07.④ 08.①

예상 02
- 기사 : 17
- 산업 : 출제대비

다음 중 가스크로마토그래피의 충진 분리관에 사용되는 액상의 성질과 가장 거리가 먼 것은?

① 휘발성이 커야 한다.
② 열에 대해 안정해야 한다.
③ 시료 성분을 잘 녹일 수 있어야 한다.
④ 분리관의 최대온도보다 100℃ 이상에서 끓는점을 가져야 한다.

해설 가스크로마토그래피의 충진 분리관에 사용되는 액상은 휘발성 및 점성이 작아야 한다.   **답** ①

유.사.문.제

01 가스크로마토그래피(GC) 분석에서 분해능(또는 분리도)을 높이기 위한 방법이 아닌 것은? [09,17 기사]
① 시료의 양을 적게 한다.
② 고정상의 양을 적게 한다.
③ 고체 지지체의 입자크기를 작게 한다.
④ 분리관(column)의 길이를 짧게 한다.

02 시료측정 시 측정하고자 하는 시료의 피크와는 전혀 관계없는 피크가 크로마토그램에 때때로 나타나는 경우가 있는데 이것을 유령피크(Ghost Peak)라고 한다. 유령피크의 발생원인으로 가장 거리가 먼 것은? [17 기사]
① 칼럼이 충분하게 묵힘(Aging)되지 않아서 칼럼에 남아 있던 성분들이 배출되는 경우
② 주입부에 있던 오염물질이 증발되어 배출되는 경우
③ 운반기체가 오염된 경우
④ 주입부에 사용하는 격막(Septum)에서 오염물질이 방출되는 경우

03 다음 중 가스크로마토그래피에서 인접한 두 피크를 다르다고 인식하는 능력을 의미하는 것은? [17 산업]
① 분해능
② 분배계수
③ 분리관의 효율
④ 상대 머무름시간

04 가스크로마토그래피로 물질을 분석할 때 분해능을 높이기 위한 조작으로 옳지 않은 것은? [11 산업]
① 분리관의 길이를 길게 한다.
② 고정상의 양을 다소 적게 한다.
③ 고체 지지체의 입자크기를 크게 한다.
④ 일반적으로 저온에서 좋은 분해능을 보이므로 온도를 낮춘다.

05 가스크로마토그래피의 분리관의 성능은 분해능과 효율로 표시할 수 있다. 분해능을 높이려는 조작으로 틀린 것은? [10,15,16 산업]
① 분리관의 길이를 길게 한다.
② 고정상의 양을 크게 한다.
③ 고체 지지체의 입자크기를 작게 한다.
④ 일반적으로 저온에서 좋은 분해능을 보이므로 온도를 낮춘다.

06 작업환경에서 채취한 시료 중 유해한 유기물질의 성분을 가스크로마토그래피법으로 분석하고자 한다. 분리관의 충전물질의 조건이다. 맞지 않는 것은? [03 기사]
① 분석대상물질을 완전히 분리하는 것이어야 한다.
② 사용온도에서 증기압이 높고 점성이 큰 것이어야 한다.
③ 화학적으로 안정된 성질을 가진 것이어야 한다.
④ 화학적 성분이 일정한 물질이어야 한다.

정답 | 01.④ 02.③ 03.① 04.③ 05.② 06.②

종합연습문제

01 작업환경 공기 중을 오염시키는 유기용제를 가스크로마토그래피로서 분석하려고 한다. 다음 중 분석원리로 가장 알맞은 것은? [05 기사]
① 화학물질의 흡착성 차이
② 화학물질의 흡수성 차이
③ 화학물질의 산·염기성 차이
④ 화학물질의 결합성 차이

hint 가스크로마토그래피의 분리기전은 흡착, 탈착, 분배이다.

02 이황화탄소(CS_2)를 GC(가스크로마토그래피)를 이용하여 분석할 경우 가장 감도가 좋은 검출기는? [08 산업]
① FID(불꽃이온화검출기)
② ECD(전자포획검출기)
③ FPD(불꽃광도검출기)
④ TCD(열전도도검출기)

hint FPD(불꽃광도검출기)는 황 및 인을 함유한 화합물에 매우 높은 선택성을 가지고 있다.

03 가스크로마토그래피의 검출기에 관한 설명으로 틀린 것은? [09 기사]
① 온도를 조절할 수 있는 가열기구 및 이를 측정할 수 있는 측정기구가 갖추어져야 한다.
② 감도가 좋고 안정성과 재현성이 있어야 한다.
③ 시료의 화학종과 운반기체의 종류에 따라 각기 다르게 감도를 나타낸다.
④ 시료에 대한 선형적 감응을 방지하여야 한다.

hint 가스크로마토그래피의 검출기는 감도가 좋고 안정성과 재현성이 있어야 하며, 시료에 대하여 선형적으로 감응해야 하고, 약 400°C까지 작동 가능 해야 한다.

04 크로마토그램에서 피크의 모양은 선처럼 가늘지 않고 일정한 폭을 가진 형태로 나타나며 분리관에서 몇 가지 요소에 의해 피크의 폭이 넓어지게 된다. 다음 중 그 요소와 가장 거리가 먼 것은? [08 기사]
① 평형 열확산
② 소용돌이 확산
③ 세로 확산
④ 비평형 물질전달

05 가스크로마토그래피의 검출기 종류인 전자포획검출기에 관한 설명으로 옳지 않은 것은? [12 기사]
① 할로겐, 과산화물, 퀴논, 니트로기와 같은 전기음성도가 큰 작용기에 대하여 대단히 예민하게 반응한다.
② 아민, 알코올류, 탄화수소와 같은 화합물에 감응하여 높은 선택성을 나타낸다.
③ 검출한계는 약 50pg 정도이다.
④ 염소를 함유한 농약의 검출에 널리 사용된다.

hint ECD(전자포획형검출기)는 할로겐, 과산화물, 퀴논, 니트로기와 같은 전기음성도가 큰 작용기에 대하여 대단히 예민하게 반응하며, 아민, 알코올류, 탄화수소 등은 ECD에 반응하지 않는다.

06 가스크로마토그래피에 적용되는 크로마토그래피의 이론으로 틀린 것은? [08 기사]
① 두 물질의 분배계수값 차이가 클수록 분리가 잘 된다는 것을 의미한다.
② 분배계수가 크다는 것은 분리관에 머무르는 시간이 길다는 것이다.
③ 같은 분자라 할지라도 머무름시간은 실험조건에 따라 다르므로 절대값이 아닌 상대적 머무름시간으로 나타낼 수 있다.
④ 분리관에서 분해능을 높이려면 시료와 고정상의 양을 늘리고 온도를 높여야 한다.

정답 | 01.① 02.③ 03.④ 04.① 05.② 06.④

PART 2 작업위생(환경) 측정 및 평가

종합연습문제

01 다음은 가스크로마토그래피의 기기구성도이다. 각 부위의 명칭이 올바르게 된 것은? (단, Detector : 검출기, Injector : 시료도입부, Column : 분리관, Recorder : 기록계) [00,04 기사]

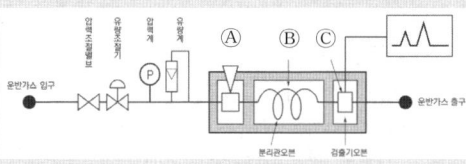

① Ⓐ Detector Ⓑ Injector Ⓒ Column
② Ⓐ Injector Ⓑ Column Ⓒ Detector
③ Ⓐ Column Ⓑ Detector Ⓒ Injector
④ Ⓐ Recorder Ⓑ Injector Ⓒ Detector

02 기체크로마토그래피와 고성능 액체크로마토그래피의 비교로 옳지 않은 것은? [19 산업]
① 기체크로마토그래피는 분석시료의 휘발성을 이용한다.
② 고성능 액체크로마토그래피는 분석시료의 용해성을 이용한다.
③ 기체크로마토그래피의 분리기전은 이온배제, 이온교환, 이온분배이다.
④ 기체크로마토그래피의 이동상은 기체이고 고성능 액체크로마토그래피의 이동상은 액체이다.

hint 기체크로마토그래피의 분리기전은 흡착성, 용해성의 차이를 이용한다.

03 휴대용 Gas chromatography의 검출기 중 불꽃이온화검출기의 적용조건과 특성에 관한 설명으로 틀린 것은? [04 산업]
① 큰 범위의 직선성
② 낮은 민감성
③ 비선택성
④ 보조가스(공기나 수소) 필요

04 가스크로마토그래프 내에서 운반기체가 흐르는 순서로 맞는 것은? [19 산업]
① 분리관 → 시료주입구 → 기록계 → 검출기
② 분리관 → 검출기 → 시료주입구 → 기록계
③ 시료주입구 → 분리관 → 기록계 → 검출기
④ 시료주입구 → 분리관 → 검출기 → 기록계

05 Toluene, Xylene 등의 유기용제 측정 시 흔히 사용되는 시료채취법과 분석법은? [04 산업]
① 여과포집법, 중량분석법
② 활성탄관법, 원자흡광도법
③ 활성탄관법, 가스크로마토그래피
④ 여과포집법, 원자흡광도법

정답 ┃ 01.② 02.③ 03.② 04.④ 05.③

- 기사 : 16,18②
- 산업 : 15,18③

예상 03 빛의 세기 I_o의 단색광이 어떤 시료 용액을 통과하여 그 광의 20%가 흡수되었을 때 흡광도는?
① 0.1
② 0.3
③ 0.5
④ 0.7

해설 흡광도 계산식을 이용한다.

〈계산〉 흡광도$(A) = \log \dfrac{1}{(1-0.2)} = 0.1$

답 ①

01. 측정 및 분석기초

 **예상 04**
- 기사 : 출제대비
- 산업 : 12, 15

원자흡광광도계는 다음 중 어떤 종류의 물질분석에 널리 적용되는가?

① 금속 ② 용매
③ 방향족 탄화수소 ④ 지방족 탄화수소

해설 원자흡광광도법은 금속 및 중금속을 측정하는데 많이 이용된다.   **답** ①

유.사.문.제

01 원자흡광분석기에서 어떤 시료를 통과하여 나온 빛의 세기가 시료를 주입하지 않고 측정한 빛의 세기의 50%일 때 흡광도는 약 얼마인가? [17 산업]

① 0.1 ② 0.3
③ 0.5 ④ 0.7

hint 흡광도$(A) = \log \dfrac{1}{(50/100)} = 0.3$

02 투과도가 50%인 경우 흡광도는?
[00, 03, 04, 05, 07, 09, 10② 산업][04 기사]

① 0.3 ② 0.4
③ 0.5 ④ 0.6

hint 흡광도$(A) = \log \dfrac{1}{0.5} = 0.3$

03 흡광도 측정에서 최초광의 70%가 흡수될 경우 흡광도는 약 얼마인가?
[03, 04, 15②, 16, 18② 산업][01, 16, 18② 기사]

① 0.28 ② 0.35
③ 0.46 ④ 0.52

hint $A = \log \dfrac{1}{t} = \log \dfrac{1}{(1-0.7)} = 0.52$

04 원자흡광분석기에 적용되어 사용되는 법칙은? [17 기사]

① 반 데르 발스(Van der Waals) 법칙
② 비어-램버트(Beer-Lambert) 법칙
③ 보일-샤를(Boyle-Charles) 법칙
④ 에너지 보존(energy conservation) 법칙

hint 원자흡광분석기 및 흡광광도기에 적용되는 법칙은 램버트-비어(Lambert-Beer) 법칙이다.

05 다음 중 중금속을 신속하고 정확하게 측정할 수 있는 측정기기는? [18, 19 산업]

① 광학현미경
② 원자흡광광도계
③ 가스크로마토그래피
④ 비분산적외선가스분석계

hint 중금속을 측정할 수 있는 측정기기는 원자흡광광도계, 유도결합 플라즈마분광광도계, 흡광광도계이다.

06 다음 중 원자흡광광도계에 대한 설명과 가장 거리가 먼 것은? [18 기사]

① 증기발생 방식은 유기용제 분석에 유리하다.
② 흑연로장치는 감도가 좋으므로 생물학적 시료분석에 유리하다.
③ 원자화방법은 불꽃 방식, 비불꽃 방식, 증기발생 방식이 있다.
④ 광원, 원자화장치, 단색화장치, 검출기, 기록계 등으로 구성되어 있다.

hint 증기발생 방식은 수은, 비소 등 기화휘발성이 강한 성분 중금속원소 분석에 이용된다.

07 원자흡광분석장치의 구성으로 알맞은 것은?
[03, 08 산업][08 기사]

① 광원부-시료원자화부-단색화부-측광부
② 광원부-단색화부-시료원자화부-측광부
③ 광원부-파장선택부-시료원자화부-측광부
④ 광원부-시료부-파장선택부-시료원자화부-측광부

정답 | 01.② 02.① 03.④ 04.② 05.② 06.① 07.①

종합연습문제

01 원자흡광광도계의 구성요소와 역할을 기술한 것으로 옳지 않은 것은? [12,19 기사]
① 광원은 분석물질이 반사할 수 있는 표준 파장의 빛을 방출한다.
② 원자화장치는 분석대상 원소를 자유상태로 만들어 광원에서 나온 빛의 통로에 위치시킨다.
③ 단색화장치는 특정 파장만 분리하여 검출기로 보내는 역할을 한다.
④ 광원은 속빈음극램프를 주로 사용한다.

hint 광원은 흡수파장의 복사선을 방출하여야 하며, 주로 속빈음극램프가 사용된다.

02 원자흡광광도계에 관한 설명으로 옳지 않은 것은? [11 기사]
① 원자흡광광도계는 광원, 원자화장치, 단색화장치, 검출부의 주요 요소로 구성되어 있어야 한다.
② 작업환경 분야에서 가장 널리 사용되는 연료가스와 조연가스의 조합으로는 아세틸렌-공기와 아세틸렌-아산화질소로서 분석대상 금속에 따라 적절히 선택하여 사용한다.
③ 검출부는 단색화장치에서 나오는 빛의 세기를 측정한 후 판독장치를 통해 흡광도나 흡광률 또는 투과율 등으로 표시한다.
④ 광원은 분석하고자 하는 금속의 흡수파장의 복사선을 흡수하여야 하며, 주로 속빈양극램프가 사용된다.

hint 광원은 분석하고자 하는 금속의 흡수파장의 복사선을 방출하여야 한다.

03 원자흡광광도법에서 불꽃을 만들기 위하여 일반적으로 가장 많이 사용되는 가연성 가스와 조연성 가스의 조합은? [07,11 산업]
① 수소-산소
② 이산화질소-공기
③ 프로판-산소
④ 아세틸렌-공기

04 원자흡광광도법에서 사용되는 불꽃으로 내화성산화물을 만들기 쉬운 원소분석에 적합한 조연성 가스와 가연성 가스의 조합으로 적합한 것은? [04 기사]
① 수소-공기
② 프로판-공기
③ 아세틸렌-공기
④ 아세틸렌-아산화질소

05 원자흡광분석법을 설명한 것이다. 잘못된 것은? [05 기사]
① 시료를 중성원자로 증기화하여 생긴 기저상태의 원자가 그 원자증기층을 투과하는 특유 파장의 빛을 흡수하는 성질을 이용한다.
② 원자흡광장치는 광원부, 파장선택부, 시료부, 측광부로 구성되어 있다.
③ 사용되는 광원은 속빈음극방전 램프이다.
④ 분광기는 일반적으로 회절격자나 프리즘을 이용한 분광기가 사용된다.

hint 원자흡광분석장치의 구성은 광원부 → 시료원자화부 → 단색화부 → 측광부로 되어 있다.

06 다른 물질의 존재에 관계없이 분석하고자 하는 대상 물질을 정확히 분석할 수 있는 능력을 무엇이라고 하는가? [08 산업]
① 검출한계특성
② 정량한계특성
③ 특이성(Specificity)
④ 재현성(Reproducibility)

hint 다른 물질의 존재에 관계없이 분석하고자 하는 대상 물질을 정확히 분석할 수 있는 능력을 특이성(Specificity)이라고 한다.

정답 ❙ 01.① 02.④ 03.④ 04.④ 05.② 06.③

- 기사 : 출제대비
- 산업 : 10, 17

예상 05 다음 중 불꽃 방식의 원자흡광광도계의 장·단점에 관한 설명으로 가장 거리가 먼 것은?

① 작업환경 중 유해금속 분석을할 수 있다.
② 분석시간이 흑연로장치에 비하여 적게 소요된다.
③ 고체시료의 경우 전처리에 의하여 적게 소요된다.
④ 적은 양의 시료를 가지고 동시에 많은 금속을 분석할 수 있다.

해설 불꽃 방식 원자흡광광도계(AAS)는 시료량이 많이 소요된다. 적은 양의 시료를 가지고 한꺼번에 많은 금속을 분석할 수 있는 장점을 가진 것은 유도결합 플라즈마발광광도계(ICP)이다. **답** ④

유.사.문.제

01 불꽃 방식의 원자흡광광도계의 일반적인 장·단점으로 옳지 않은 것은? [12,15,18 산업]

① 가격이 흑연로장치에 비하여 저렴하다.
② 흑연로장치에 비하여 분석시간이 길다.
③ 시료량이 많이 소요되며 감도가 낮다.
④ 고체시료의 경우 전처리에 의하여 매트릭스를 제거하여야 한다.

hint 흑연로장치에 비하여 분석 소요시간이 짧다.

02 원자흡광분석기의 불꽃에 의한 금속 정량의 장·단점으로 틀린 것은? [06 기사]

① 가격이 흑연로장치나 ICP에 비해 저렴하다.
② 분석시간이 흑연로장치에 비해 적게 소요된다.
③ 감도는 높으나 특이성이 불량하다.
④ 고체시료의 경우 전처리에 의해 기질을 제거해야 한다.

03 불꽃 방식의 원자흡광광도계의 일반적인 장·단점으로 틀린 것은? [09②,19 산업]

① 가격이 흑연로장치에 비하여 저렴하다.
② 분석시간이 흑연로장치에 비하여 적게 소요된다.
③ 시료량이 적게 소요되며, 감도가 높다.
④ 고체시료의 경우 전처리에 매트릭스를 제거하여야 한다.

04 불꽃 방식의 원자흡광광도계의 장·단점으로 옳지 않은 것은? [12 기사]

① 조작이 쉽고 간편하다.
② 분석시간이 흑연로장치에 비해 적게 소요된다.
③ 주입시료액의 대부분이 불꽃부분으로 매트릭스를 제거하여야 한다.
④ 고농도, 고점도에 부적합하다.

정답 ▎01.② 02.③ 03.③ 04.③

- 기사 : 08, 16
- 산업 : 출제대비

예상 06 원자가 가장 낮은 에너지상태인 바닥에서 에너지를 흡수하면 들뜬상태가 되고, 들뜬상태의 원자들이 낮은 에너지상태로 돌아올 때 에너지를 방출하게 된다. 금속마다 고유한 방출 스펙트럼을 갖고 있으며, 이를 측정하여 중금속을 분석하는 장비는?

① 불꽃 원자흡광광도계
② 비불꽃 원자흡광광도계
③ 이온크로마토그래피
④ 유도결합 플라즈마분광광도계

해설 유도결합 플라즈마분광광도계(ICP)는 아르곤 플라즈에 시료를 분무하여 고온(5,000~8,000K)에서 원자화(이온화)한 후 기저상태로 될 때 각 원소들이 방출하는 특정 파장의 빛의 세기를 측정함으로써 함유된 원소의 종류와 함량을 알아내는 분석기이다. **답** ④

종합연습문제

01 여러 가지 금속을 동시에 분석할 수 있는 분석기기로 가장 적절한 것은? [04,06,07 산업]
① 원자흡광분석기
② 가스크로마토그래피
③ ICP
④ HPLC

02 다음 중 유도결합 플라즈마원자발광분석기의 특징과 가장 거리가 먼 것은? [06,09,10,18 기사]
① 분광학적 방해의 영향이 전혀없다.
② 검량선의 직선성 범위가 넓다.
③ 동시에 여러 성분의 분석이 가능하다.
④ 유지비용이 많이 든다.

03 유도결합 플라즈마원자발광분석기에 관한 설명으로 틀린 것은? [09,15 산업]
① 동시에 많은 금속을 분석할 수 있다.
② 원자들은 높은 온도에서 많은 복사선을 방출하므로 분광학적 방해영향이 있을 수 있다.
③ 검량선의 직선성 범위가 넓다.
④ 이온화에너지가 낮은 원소들은 검출한계가 낮다.

hint ICP는 알칼리 금속과 같이 이온화에너지가 낮은 원소들은 검출한계가 높다.

04 유도결합 프라즈마(ICP)에 관한 설명으로 알맞지 않은 것은? [04,05 기사]
① 적은 양의 시료를 가지고 한꺼번에 많은 금속을 분석할 수 있다는 것이 가장 큰 장점이다.
② 사용방법이 복잡하고 넓은 농도범위에서 직선성 확보가 어려운 단점은 있으나 분석의 정확도가 높다.
③ 전형적인 장치구성은 시료주입 시스템, 플라즈마 토치, 라디오주파수 발생기, 파장분리기, 검출기, 그리고 컴퓨터 자료처리장치이다.
④ 가장 일반적으로 시료를 플라즈마로 보내는 방법은 액체 에어로졸을 직접 주입하는 분무기에 의한 것이다.

05 유도결합 플라즈마원자발광분석기를 이용하여 금속을 분석할 때의 장·단점으로 옳지 않은 것은? [11,15 산업]
① 원자흡광광도계보다 더 좋거나 적어도 같은 정밀도를 갖는다.
② 검량선의 직선성 범위가 좁아 재현성이 우수하다.
③ 화학물질에 의한 방해로부터 거의 영향을 받지 않는다.
④ 원자들은 높은 온도에서 많은 복사선을 방출하므로 분광학적 방해영향이 있을 수 있다.

06 유도결합 플라즈마원자발광분석기를 이용하여 금속을 분석할 때 장·단점으로 옳지 않은 것은? [10 산업]
① 검량선의 직선성 범위가 좁아 동시에 많은 금속을 분석할 수 있다.
② 원자들은 높은 온도에서 많은 복사선을 방출하므로 분광학적 방해영향이 있을 수 있다.
③ 화학물질에 의한 방해의 영향을 거의 받지 않는다.
④ 원자흡광광도계보다 더 좋거나 적어도 같은 정밀도를 갖는다.

hint ICP는 검정곡선의 직선성 범위가 넓다.

07 유도결합 플라즈마분석법에 관한 설명으로 틀린 것은? [04 기사]
① 비금속을 포함한 대부분의 금속을 ppb 수준까지 측정할 수 있다.
② 화학물질의 의한 방해로부터 거의 영향를 받지 않는다.
③ 적은 시간에 많은 종류의 금속을 분석할 수 있다. 즉 한 번의 시료를 주입하여 10~20초 내에 30개 이상의 원소를 분석할 수 있다.
④ 시료 분해 시 화합물의 바탕방출이 없어 분석의 정확도 및 정밀도가 높다.

정답 | 01.③ 02.① 03.④ 04.② 05.② 06.① 07.④

01. 측정 및 분석기초

- 기사 : 15
- 산업 : 05, 11

예상 07 흡광광도법에서 사용되는 흡수셀의 재질 가운데 자외선 영역의 파장범위에 사용되는 재질은?

① 유리 ② 석영
③ 플라스틱 ④ 유리와 플라스틱

해설 석영은 자외파장범위에 사용. 유리는 가시·근적외 파장범위에 사용. 플라스틱은 근적외파장범위에 주로 사용된다.

답 ②

유.사.문.제

01 흡광광도법에서 사용되는 흡수셀의 재질 중 근적외부 파장범위에서 사용되는 흡수셀의 재질로 알맞은 것은? [07 산업]

① 석영제
② 플라스틱제
③ 펄프제
④ 도자기제

02 분광광도계(흡광광도계)를 사용할 때 자외선 영역에 주로 사용되는 광원은? [00, 05 기사]

① 텅스텐램프
② 중수소방전관
③ 중공음극램프
④ 광전증배관

03 시료분석을 하기 위하여 흡광광도법으로 분석 원소의 농도를 정량할 때 가시부와 근적외부 광원에 주로 사용하는 램프는? [06 산업][08② 기사]

① 중공음극램프
② 중수소방전관
③ 텅스텐램프
④ 석영저압램프

04 다음 설명 중 지시약이 갖추어야할 조건으로 틀린 것은? [04 산업]

① 산, 알칼리성에서 변색해야 한다.
② 변색은 예민해야 한다.
③ 변색범위가 넓어야 한다.
④ 변화가 가역적이어야 한다.

05 흡광광도법에 관한 설명으로 알맞지 않은 것은? [03 기사]

① 광원에서 나오는 빛을 단색화장치에 의하여 넓은 파장범위의 빛을 선택하고 있다.
② 선택된 파장의 빛을 시료액 층으로 통과시킨 후 흡광도를 측정하여 농도를 구한다.
③ 분석의 기초가 되는 법칙은 램버트-비어의 법칙이다.
④ 표준액에 대한 흡광도와 농도의 관계를 구한 후 시료의 흡광도를 측정, 농도를 구한다.

hint 단색화장치 : 좁은 파장범위의 빛 선택

06 불꽃 방식 원자흡광광도계가 갖는 장·단점으로 틀린 것은? [08 기사]

① 분석시간이 흑연로장치에 비하여 적게 소요된다.
② 혈액이나 소변 등 생물학적 시료의 유해금속 분석에 주로 많이 사용된다.
③ 일반적으로 흑연로장치나 유도결합 플라즈마-원자발광분석기에 비하여 저렴하다.
④ 용질이 고농도로 용해되어 있는 경우 버너의 슬롯을 막을 수 있으며 점성이 큰 용액은 분무가 어려워 분무구멍을 막아버릴 수 있다.

hint 혈액이나 소변 등 생물학적 시료의 유해금속 분석에 이용하는 것은 비불꽃 원자화장치이다.

정답 ❘ 01.② 02.② 03.③ 04.③ 05.① 06.②

종합연습문제

01 어떤 시료 용액의 흡광도를 측정하였더니 흡광도가 검량선의 바깥 영역이었다. 이를 정확히 측정하기 위해 시료 용액을 3배로 희석하여 흡광도를 측정한 결과 흡광도가 0.4였다면 이 시료 용액의 농도는? [10,19 산업][01,08 기사]

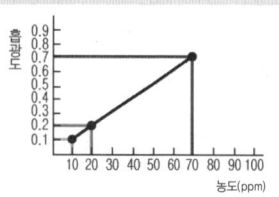

① 40ppm　② 80ppm
③ 100ppm　④ 120ppm

hint $A = \log \dfrac{1}{t} = \log \dfrac{1}{I_t/I_o} = \varepsilon CL$

ㅁ 위의 식에서 농도를 제외한 다른 조건이 일정한 것을 적용하면 다음과 같다.
$A = \varepsilon CL = KC$

ㅁ 식에서 보는 바와 같이 흡광도와 농도는 비례관계가 있으므로 그림에서 횡축의 흡광도 0.4와 맞닿는 횡축의 농도를 연결하면 40ppm이다. 따라서 시료 용액은 3배 희석한 농도이므로 원시료 용액의 농도는 다음과 같이 산출된다.

∴ 농도 = 40 ppm × 3 = 120 ppm

02 작업환경 측정법 중에서 금속착체의 생성반응을 이용하는 적정은? [03 기사]

① 침전적정법
② 킬레이트적정법
③ 중화적정법
④ 산화환원적정법

03 유해물질의 허용한계는 물질에 따라 물질의 이름 앞에 기호 표시를 하는데 피부로 흡수되어 정신적 영향을 주는 물질을 의미하는 기호는? [05 산업]

① "C"　② "S"
③ "P"　④ "A"

04 다음 중 산업위생에서 유해인자를 구분할 때 가장 적합하지 않은 것은? [14 산업]

① 생물학적 유해인자
② 인간공학적 유해인자
③ 물리화학적 유해인자
④ 환경과학적 유해인자

정답 ┃ 01.④　02.②　03.②　04.④

CHAPTER 02 시료채취 계획 및 보정

1 시료채취 계획

 이승원의 **minimum point**

(1) 작업환경 측정 관련규정 및 용어의 정의

① **작업환경 측정방법**(시행규칙 제93조3) : 사업주는 작업환경측정을 할 때에는 다음의 사항을 지켜야 한다.
  1. 작업환경측정을 하기 전에 **예비조사**를 할 것
  2. **작업이 정상적**으로 이루어져 작업시간과 유해인자에 대한 근로자의 노출 정도를 정확히 평가할 수 있을 때 실시할 것
  3. 모든 측정은 **개인시료채취방법**으로 하되, 개인시료채취방법이 곤란한 경우에는 지역시료채취방법으로 실시(이 경우 그 사유를 작업환경측정 결과표에 분명하게 밝혀야 함)할 것
  4. 작업환경 측정자는 그 사업장에 **소속된 사람**으로서 **산업위생관리산업기사 이상**의 자격을 가진 사람이어야 한다.

② **작업환경 측정에 관한 용어의 정의**(고용노동부고시 1-2, 2017.4)
  - "**액체채취방법**"이란 시료 공기를 액체 중에 통과시키거나 액체의 표면과 접촉시켜 용해·반응·흡수·충돌 등을 일으키게 하여 해당 액체에 작업환경측정을 하려는 물질을 채취하는 방법을 말한다.
  - "**고체채취방법**"이란 시료 공기를 고체의 입자층을 통해 흡입, 흡착하여 해당 고체입자에 측정하려는 물질을 채취하는 방법을 말한다.
  - "**직접채취방법**"이란 시료 공기를 흡수, 흡착 등의 과정을 거치지 아니하고 직접채취대 또는 진공채취병 등의 채취용기에 물질을 채취하는 방법을 말한다.
  - "**냉각응축채취방법**"이란 시료 공기를 냉각된 관 등에 접촉 응축시켜 측정하려는 물질을 채취하는 방법을 말한다.
  - "**여과채취방법**"이란 시료 공기를 여과재를 통하여 흡인함으로써 해당 여과재에 측정하려는 물질을 채취하는 방법을 말한다.
  - "**개인시료채취**"란 개인시료채취기를 이용하여 가스·증기·분진·흄(fume)·미스트(mist) 등을 근로자의 호흡위치(**호흡기를 중심으로 반경 30cm인 반구**)에서 채취하는 것을 말한다.
  - "**지역시료채취**"란 시료채취기를 이용하여 가스·증기·분진·흄(fume)·미스트(mist) 등을 근로자의 작업행동 범위에서 호흡기 높이에 고정하여 채취하는 것을 말한다.
  - "**단위작업장소**"란 작업환경측정 대상이 되는 작업장 또는 공정에서 정상적인 작업을 수행하는 동일 노출집단의 근로자가 작업을 하는 장소를 말한다.

③ **작업환경 측정 목적**
  - 근로자 노출에 대한 기초자료 확보(유사노출그룹별 전체 근로자 노출정도)
  - 진단을 위한 측정(위험을 초래하는 작업과 원인 파악)
  - 허용기준 초과여부 판단(고농도 노출 근로자 측정)
  - 근로자의 건강보호

(2) 작업환경 측정계획

① **예비조사**
- **예비조사의 목적** : 작업장의 공정 및 유해인자 등 기본적인 특성 파악
  - 작업장과 공정의 특성파악(근로자의 작업위치, 방법, 작업습관, 보호구 사용 등 파악)
  - 발생되는 유해인자 특성조사(간단한 측정기기인 검지관 등과 후각·시각 등을 활용)
  - 유사(동일)노출그룹(SEG 또는 HEG) 설정
  - 시료채취전략 수립
- **예비조사의 내용**
  - 작업장의 일반적인 위생상태 및 공정특성
  - 근로자의 작업특성
  - 유해인자의 특성과 현재 대책상황
- **측정계획서 작성** : 예비조사를 할 경우에는 다음의 내용이 포함된 **측정계획서**를 작성하여야 한다.
  - 원재료의 투입과정부터 최종 제품생산 공정까지의 주요 공정 도식
  - 해당 공정별 작업내용, 측정대상공정, 공정별 화학물질 사용실태 및 그 밖에 이와 관련된 운전조건 등을 고려한 유해인자 노출 가능성
  - 측정대상 유해인자, 유해인자 발생주기, 종사근로자 현황
  - 유해인자별 측정방법 및 측정 소요기간 등 필요한 사항

① **유사노출그룹**(SEG ; Similar Exposure Group or HEG ; Homogeneous Exposure Group)
- **의의** : 유사노출그룹은 유사한 유해인자별로 구분하는 것이 아니라 유사한 노출그룹(작업의 유사성과 빈도, 사용물질과 공정, 작업 수행방식의 유사성 등)으로 작업자 군을 구분함을 의미함
- **목적 및 효과** : 유사노출그룹은 노출되는 유해인자의 농도와 특성이 유사하거나 동일한 근로자 그룹을 말하며 유해인자의 특성이 동일하다는 것은 노출되는 유해인자가 동일하고 농도가 일정한 변이 내에서 통계적으로 유사하다는 의미임
  - 시료채취수를 **경제적**으로 결정하는데 있음
  - 역학조사를 수행할 때 사건이 발생된 근로자가 속한 유사노출그룹의 노출농도를 근거로 **노출원인을 추정**하는데 있음
  - 작업자들을 유사노출군으로 나눔으로써 **제한된 자원을 잘 분배**할 수 있고, 특정 작업장의 모든 노출을 평가할 수 있는 기초자료로 활용할 수 있음
  - 궁극적인 목적은 모든 근로자의 **노출농도를 효율적으로 추정**하는데 있음
- **노출 양상의 결정 및 판단과정(순서)** : 조직 → 공정 → **작업방법**(범주) → **작업내용**(업무)에 따라 유사노출군으로 구분하여 노출변이 및 동질성을 파악한다.
  - 근로자, 환경인자에 관한 유용한 정보들을 활용하여 유사노출군 설정
  - 각각의 유사노출군(SEGs)에 대한 노출 양상을 결정
  - 적절한 직업적 노출기준(OEL) 선택
  - 노출 양상과 직업적 노출기준 비교
  - 노출의 수용 여부에 의한 위험성 판단
- **설정방법** : 유사노출군의 설정방법은 **관찰에 의한 방법, 표본 접근법, 혼합법** 등이 이용된다.
  - ☐ **관찰에 의한 방법**
    - 작업장, 작업자 및 작업환경인자의 기본특성이 고려된 기초자료를 토대로 관찰에 의해 유사노출군을 설정하는 방법

- 노출군 결정인자는 공정, 직종, 직무 및 환경요인 등
- **표본접근방법**
  - 작업환경 측정자료(모니터링)를 바탕으로 임의의 유사노출군을 설정하고 한 그룹에서 근로자들의 장시간 폭로된 평균노출값의 2배수에 폭로된 사람들의 유사노출군을 설정하는 방법
  - 노출군 설정에 영향을 미치는 인자는 노출특성, 노출평가의 목적, 가용한 자료 등
- **혼합법** : 관찰방법과 표본접근방법을 혼용하여 유사노출군을 설정하는 방법이다.
  - 관찰접근법을 사용하여 기본적인 유사노출군을 정함
  - 정해진 기본적 유사노출군에 대한 노출평가를 실시함
  - 작업자의 개별 노출이 심하여 오분류 문제가 있는 유사노출군을 파악함
  - 노출평가와 통계적 분석 등 표본접근법을 적용하여 문제가 있는 유사노출군을 재설정함

개인시료채취와 지역시료채취
- **개인시료채취** : 개인시료채취기를 근로자의 **호흡위치**(호흡기를 중심으로 **반경 30cm**인 반구)에 **장착**하여 채취한다.
  - 작업자에게 노출되는 농도를 알 수 있음
  - 노출량 추정, 노출기준 평가자료로 이용됨
- **지역시료채취** : 지역시료채취기를 **발생원의 근접한 위치** 또는 작업근로자의 주 작업행동 범위의 작업근로자 **호흡기 높이에 고정**하여 채취함
  - 특정공정의 농도분포의 변화 및 환기장치의 효율성 변화 등을 알 수 있음
  - 특정공정의 계절별 농도변화 및 공정의 주기별 농도변화 등의 분석이 가능함
  - 근로자에게 노출되는 유해인자의 배경농도와 시간별 변화 등을 평가할 수 있음

(3) 시료의 측정방법 선정·측정시간·측정횟수

노출기준 종류별 측정시간(고시 제18조)
1. **시간가중평균기준(TWA)**이 설정되어 있는 대상물질을 측정하는 경우에는 1일 작업시간 동안 **6시간 이상 연속측정**하거나 작업시간을 **등간격으로 나누어 6시간 이상 연속분리**하여 측정하여야 한다. 다만, 다음의 경우에는 대상물질의 발생시간 동안 측정할 수 있다.
   - 대상물질의 발생시간이 6시간 이하인 경우
   - 불규칙 작업으로 6시간 이하의 작업
   - 발생원에서의 발생시간이 간헐적인 경우
2. **단시간 노출기준(STEL)**이 설정되어 있는 물질로서 작업특성상 노출이 불균일하여 단시간 노출평가가 필요하다고 자격자(작업환경 측정의 자격을 가진 자) 또는 지정측정기관이 판단하는 경우에는 제1항의 측정에 추가하여 단시간 측정을 할 수 있다. 이 경우 **1회에 15분간 측정**하되 유해인자 노출특성을 고려하여 측정횟수를 정할 수 있다.
3. **최고노출기준(Ceiling, C)**이 설정되어 있는 대상물질을 측정하는 경우에는 최고노출 수준을 평가할 수 있는 **최소한의 시간동안 측정**하여야 한다. 다만 시간가중평균기준(TWA)이 함께 설정되어 있는 경우에는 제1항에 따른 측정을 병행하여야 한다.

측정위치(고시 제22조)
개인시료채취방법은 근로자의 호흡기 위치에 장착, 지역시료채취방법 → 발생원의 근접한 위치·작업근로자의 작업행동 범위내 호흡기 높이에 설치한다.

ⓘ **입자상 물질 측정 및 분석방법**(고시 제21조) : 작업환경측정 대상 유해인자 중 입자상 물질은 다음의 방법으로 측정한다.

- **석면의 농도**는 여과채취방법에 의한 **계수방법** 또는 이와 동등 이상의 분석방법으로 측정할 것
- **광물성 분진**은 여과채취방법에 따라 석영, 크리스토바라이트, 트리디마이트를 분석할 수 있는 적합한 분석방법으로 측정할 것
- 다만 **규산염**과 그 밖의 **광물성 분진**은 **중량분석방법**, **유리규산**(SiO_2) 함유율을 분석할 경우는 **X선 회절분석법**을 적용할 것
- **용접흄**은 여과채취방법으로 하되 용접보안면을 착용한 경우에는 그 내부에서 **채취**하고 **중량분석방법**과 **원자흡광도계** 또는 **유도결합 프라즈마**를 이용한 분석방법으로 측정할 것
- 석면, 광물성 분진 및 용접흄을 제외한 입자상 물질은 여과채취방법에 따른 **중량분석방법**이나 유해물질 종류에 따른 적합한 분석방법으로 측정할 것
- **호흡성 분진**은 호흡성 분진용 분립장치 또는 호흡성 분진을 채취할 수 있는 기기를 이용한 **여과채취방법**으로 측정할 것
- **흡입성 분진**은 흡입성 분진용 분립장치 또는 흡입성 분진을 채취할 수 있는 기기를 이용한 **여과채취방법**으로 측정할 것

ⓘ **가스상 물질 측정 및 분석방법**(고시 제23조) : 작업환경측정 대상 유해인자 중 가스상 물질은 개인시료채취기 또는 이와 동등 이상의 특성을 가진 측정기기를 사용하여 규정된 채취방법에 따라 시료를 채취한 후 원자흡광분석, 가스크로마토그래프분석 또는 이와 동등 이상의 분석방법으로 정량분석하여야 한다.

ⓘ **검지관 방식의 측정**(고시 제25조)

- **적용** : 다음에 해당하는 경우에는 검지관 방식으로 측정할 수 있다.
  - 예비조사 목적인 경우
  - 검지관 방식 외에 다른 측정방법이 없는 경우
  - 발생하는 가스상 물질이 단일물질인 경우(다만, 자격자가 측정하는 사업장에 한정)
- **유의사항**

1. 자격자가 해당 사업장에 대하여 검지관 방식으로 측정을 하는 경우 사업주는 2년에 1회 이상 사업장위탁 측정기관에 의뢰하여 측정을 하여야 한다.
2. 검지관 방식의 측정결과가 **노출기준을 초과하는** 것으로 나타난 경우에는 즉시 규정에 따른 방법으로 재측정을 하여야 하며, 해당 사업장에 대하여는 측정치가 노출기준 이하로 나타날 때까지는 검지관 방식으로 측정할 수 없다.
3. 검지관 방식으로 측정하는 경우에는 해당 작업근로자의 호흡기 및 가스상 물질 발생원에 근접한 위치 또는 근로자 작업행동 범위의 주 작업위치에서의 **근로자 호흡기 높이**에서 측정하여야 한다.
4. 검지관 방식으로 측정하는 경우에는 1일 작업시간 동안 **1시간 간격으로 6회 이상 측정**하되 측정시간마다 **2회 이상 반복 측정**하여 **평균값**을 산출하여야 한다.
   다만, 가스상 물질의 발생시간이 6시간 이내일 때에는 작업시간 동안 **1시간 간격**으로 나누어 측정하여야 한다.

참/고/ **검지관**(檢知管, gas-detecting tube)

☐ **개요** : **시약이 들어있는 반응관**으로 공기 중의 특정 미량가스 농도를 간편하고, 신속하게 측정하기 위해 사용된다. 일정량의 공기를 관 안에 통과시키면 특정 가스와 내부의 시약이 반응하여 생기는 착색층의 길이를 토대로 작업장내 오염물질의 개략적인 농도를 추정할 수 있다.

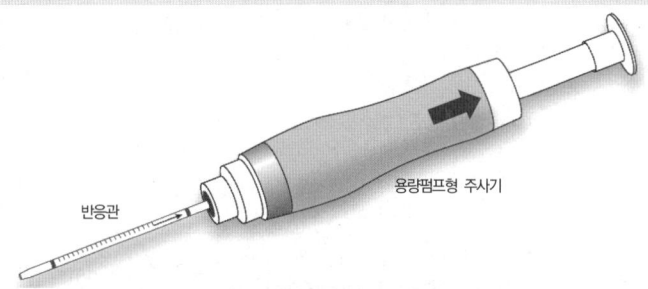

〈그림〉 검지관의 보기

☐ 검지관의 특징(장·단점)

장 점	단 점
• 재현성이 높다. • 복잡한 분석이 필요없고, 조작이 간단하다. • 반응시간이 빨라 sampling과 동시에 측정결과를 알 수 있다. • 비전문가도 용이하게 사용할 수 있다. • 소형경량으로 어디든지 운반할 수 있다. • 시약의 조합, 분석기구의 조정이 불필요하다. • 밀폐공간에서 산소부족 또는 폭발성 가스로 인한 안전이 문제가 될 때 유용하게 사용될 수 있다.	• 방해물질의 영향을 받기 쉬워 **오차가 크다**. • **민감도가 낮아** 비교적 고농도에 적용된다. • **특이도가 낮아** 방해물질의 영향을 받기 쉽다. • 측정대상 물질의 **사전 동정**이 필요하다. • 색변화가 선명하지 않아 **주관적으로 판단할** 수 있다. • 색변화가 시간에 따라 변하므로 제조자가 정한시간에 읽어야 한다. • 검지관은 **한 가지 물질**에 반응할 수 있도록 되어 있어 측정대상 물질의 사전 동정이 필요하다. • 각 오염물질에 맞는 검지관을 선정해야 하는 불편이 있다.

◐ **고열 측정**
- **단위**(고시 제20조) : 고열(복사열 포함)의 측정단위는 **습구·흑구온도지수**(WBGT)를 구하여 **섭씨온도**(℃)로 표시한다.
- **측정기기**(고시 제30조) : 고열은 습구·흑구온도지수(WBGT)를 측정할 수 있는 기기 또는 이와 동등 이상의 성능을 가진 기기를 사용한다.
- **측정방법**(고시 제31조) : 고열 측정은 다음의 방법에 따른다.
  ☐ 고열을 측정하는 경우에는 측정기 제조자가 지정한 방법과 시간을 준수하여야 한다.
  ☐ **열원마다** 측정하되 작업장소에서 **열원에 가장 가까운 위치**에 있는 근로자 또는 근로자의 주 작업행동 범위에서 일정한 높이에 **고정하여 측정**한다.

□ 측정기기를 설치한 후 일정시간 안정화 시킨 후 측정을 실시하고, 고열작업에 대해 측정하고자 할 경우에는 1일 작업시간 중 **최대로 높은 고열**에 노출되고 있는 **1시간을 10분 간격**으로 **연속**하여 측정한다.
□ 측정높이는 단위작업장소에서 측정대상이 되는 근로자의 작업행동 범위에서 주 작업위치의 바닥면으로부터 **50cm미터 이상, 150cm 이하**의 위치에서할 것
□ 측정구분 및 측정기기에 따른 **측정시간**은 다음의 [표]와 같이할 것(**구법**에 해당되는 내용으로 **개정되면서 삭제**되었으나 과년도 기출문제를 풀 때 참조하도록 하기 위해 수록함)

측정구분에 의한 측정기기와 측정시간

구분	측정기기	측정시간
습구온도	• 0.5도 간격의 눈금이 있는 아스만통풍건습계, 자연습구온도를 측정할 수 있는 기기 또는 이와 동등 이상의 성능이 있는 측정기기	• 아스만통풍건습계 : 25분 이상 • 자연습구온도계 : 5분 이상
흑구 및 습구흑구온도	• **직경이 5cm 이상** 되는 흑구온도계 또는 습구흑구온도(WBGT)를 동시에 측정할 수 있는 기기	• 직경이 15cm일 경우 25분 이상 • 직경이 7.5cm 또는 5cm일 경우 5분 이상

● **습구 · 흑구온도지수**(WBGT) **계산** : 다음 계산식에 따라 산출할 것
  □ 옥외(태양광선이 내리쬐는 장소)
    ■ WBGT(℃) = 0.7 × 자연습구온도 + 0.2 × 흑구온도 + 0.1 × 건구온도
  □ 옥내 또는 옥외(태양광선이 내리 쬐지 않는 장소)
    ■ WBGT(℃) = 0.7 × 자연습구온도 + 0.3 × 흑구온도
  □ 평균 $WBGT(℃) = \dfrac{WBGT_1 \times t_1 + \cdots + WBGT_n \times t_n}{t_1 + \cdots + t_n}$ $\begin{cases} WBGT_n : \text{각 측정치(℃)} \\ t_n : \text{각 지수의 발생시간(분)} \end{cases}$

① **소음 측정**
  ● **소음 측정방법**(고시 제23조) : 소음수준의 측정은 다음에 따른다.
    □ 측정에 사용되는 소음계는 누적소음 노출량측정기, 적분형소음계 또는 이와 동등 이상의 성능이 있는 것으로 하되, 개인시료채취방법이 불가능한 경우에는 지시소음계를 사용할 수 있으며, 발생시간을 고려한 등가소음레벨방법으로 측정할 것

    다만, 소음발생 간격이 1초 미만을 유지하면서 계속적으로 발생되는 **소음(연속음)**을 지시소음계 또는 이와 동등 이상의 성능이 있는 기기로 측정할 경우에는 그러하지 아니할 수 있다.

    □ 소음계의 **청감보정회로**는 A**특성**으로할 것
    □ 소음측정은 다음과 같이할 것
      • 소음계 지시침의 동작은 **느린(Slow) 상태**로 한다.
      • 소음계의 지시치가 변동하지 않는 경우에는 해당 지시치를 그 측정점에서의 소음수준으로 한다.
    □ 누적소음노출량 측정기로 소음을 측정하는 경우에는 **크라이테리어**(Criteria)는 **90dB**, **익스체인지레이트**(교환율, Exchange Rate)는 **5dB**, **스레쉬홀드**(Threshold)는 **80dB**로 기기를 설정할 것
    □ 소음이 **1초 이상의 간격**을 유지하면서 **최대음압수준이 120dB(A) 이상**의 소음인 경우에는 소음수준에 따른 **1분 동안의 발생횟수를 측정**할 것

02. 시료채취 계획 및 보정

- **소음 측정위치**(고시 제27조)
  - 개인시료채취방법으로 작업환경측정을 하는 경우에는 소음측정기의 센서 부분을 작업근로자의 귀 위치(귀를 중심으로 **반경 30cm인 반구**)에 장착하여야 한다.
  - 지역시료채취방법의 경우에는 소음측정기를 측정대상이 되는 근로자의 주 작업행동 범위의 **작업근로자 귀 높이**에 설치하여야 한다.
- **소음 측정시간**(고시 제27조)
  - 단위작업장소에서 소음수준은 규정된 측정위치 및 지점에서 1일 작업시간 동안 6시간 이상 연속 측정하거나 작업시간을 1시간 간격으로 나누어 6회 이상 측정하여야 한다.
    다만, 소음의 발생특성이 **연속음**으로서 측정치가 변동이 **없다고** 자격자 또는 지정측정기관이 판단한 경우에는 1시간 동안을 등간격으로 나누어 3회 이상 측정할 수 있다.
  - 단위작업장소에서의 소음발생시간이 6시간 이내인 경우나 소음발생원에서의 발생시간이 간헐적인 경우에는 발생시간 동안 연속 측정하거나 등간격으로 나누어 4회 이상 측정하여야 한다.

- 기사 : 18
- 산업 : 출제대비

산업안전보건법령상 작업환경 측정에 관한 내용으로 틀린 것은?

① 모든 측정은 개인시료채취방법으로만 실시하여야 한다.
② 작업환경 측정을 실시하기 전에 예비조사를 실시하여야 한다.
③ 작업환경 측정자는 그 사업장에 소속된 사람으로 산업위생관리산업기사 이상의 자격을 가진 사람이다.
④ 작업이 정상적으로 이루어져 작업시간과 유해인자에 대한 근로자의 노출정도를 정확히 평가할 수 있을 때 실시하여야 한다.

해설 모든 측정은 개인시료채취방법으로 하되, 개인시료채취방법이 곤란한 경우에는 지역시료채취방법으로 실시할 수 있다. 이 경우 그 사유를 작업환경측정 결과표에 분명하게 밝혀야 한다. **답** ①

- 기사 : 출제대비
- 산업 : 01,07,08,09,17,19

다음 내용은 고용노동부 작업환경 측정 고시의 일부분이다. ㉮에 들어갈 내용은?

개인시료채취란 개인시료채취기를 이용하여 가스·증기·분진·흄(fume)·미스트(mist) 등을 근로자의 호흡위치 (㉮)에서 채취하는 것을 말한다.

① 호흡기를 중심으로 반경 10cm인 반구
② 호흡기를 중심으로 반경 30cm인 반구
③ 호흡기를 중심으로 반경 50cm인 반구
④ 호흡기를 중심으로 반경 100cm인 반구

해설 개인시료채취란 개인시료채취기를 이용하여 가스·증기·분진·흄(fume)·미스트(mist) 등을 근로자의 호흡위치(호흡기를 중심으로 반경 30cm인 반구)에서 채취하는 것을 말한다. **답** ②

유.사.문.제

01 다음 용어의 정의로 적절치 못한 것은? [01,04,19 기사]

① 액체채취방법 : 시료 공기를 액체 중에 통과시키거나, 액체의 표면과 접촉시켜 용해, 반응, 흡수, 충돌 등을 일으키게 하여 당해 액체에 측정코자 하는 물질을 채취
② 고체채취방법 : 시료 공기를 고체의 입자층을 통해 흡입, 흡착하여 당해 고체입자에 측정코자 하는 물질을 채취
③ 직접채취방법 : 시료 공기를 용해, 반응, 흡착을 거치지 않고 냉각관을 통하여 직접 측정코자 하는 물질을 용기에 채취
④ 여과채취방법 : 시료 공기를 여과재를 통하여 흡인함으로써 당해 여과재에 측정하고자 하는 물질을 채취하는 방법

hint 직접채취방법이란 시료 공기를 흡수, 흡착 등의 과정을 거치지 않고 직접채취대 또는 진공채취병 등의 채취용기에 물질을 채취하는 방법을 말한다.

02 개인시료채취기를 사용할 때 적용되는 근로자의 호흡위치로 옳은 것은? (단, 고용노동부고시를 기준으로 한다.) [15,16,18 산업]

① 호흡기를 중심으로 직경 30cm인 반구
② 호흡기를 중심으로 반경 30cm인 반구
③ 호흡기를 중심으로 직경 45cm인 반구
④ 호흡기를 중심으로 반경 45cm인 반구

03 작업환경측정 대상이 되는 작업장 또는 공정에서 정상적인 작업을 수행하는 동일 노출집단의 근로자가 작업을 하는 장소는? (단, 고용노동부고시를 기준으로 한다.) [19 기사]

① 동일작업장소   ② 단위작업장소
③ 노출측정장소   ④ 측정작업장소

04 작업장에서 공기 중 오염물질을 포집하는 경우 개인포집장치(Personal air sampler)가 고정포집장치(fixed sampler)보다 우수한 경우는? [00,03 산업]

① 폭로농도 측정   ② 최고농도 측정
③ 배출원 측정   ④ 최저농도 측정

정답 | 01.③ 02.② 03.② 04.①

- 기사 : 18
- 산업 : 출제대비

예상 03 화학적 인자에 대한 작업환경 측정 순서를 [보기]를 참고하여 올바르게 나열한 것은?

[보기] A : 예비조사   B : 시료채취 전 유량보정
C : 시료채취 후 유량보정 D : 시료채취
E : 시료채취전략 수립   F : 분석

① A → B → C → D → E → F
② A → B → E → D → C → F
③ A → E → D → B → C → F
④ A → E → B → D → C → F

해설 화학적 인자에 대한 작업환경 측정계획 및 측정은 예비조사(A) → 시료채취전략 수립(E) → 시료채취 전 유량보정(B) → 시료채취(D) → 시료채취 후 유량보정(C) → 분석(F)의 순서로 이행된다. **답** ④

02. 시료채취 계획 및 보정

- 기사 : 08,15,16
- 산업 : 출제대비

작업장 기본특성 파악을 위한 예비조사 내용 중 유사노출그룹(HEG) 설정에 관한 설명으로 알맞지 않은 것은?

① 조직, 공정, 작업범주 그리고 공정과 작업내용별로 구분하여 설정한다.
② 역학조사를 수행할 때 사건이 발생된 근로자와 다른 노출그룹의 노출농도를 근거로 사건 발생된 노출농도를 추정할 수 있다.
③ 모든 근로자의 노출농도를 평가하고자 하는데 목적이 있다.
④ 모든 근로자를 유사한 노출그룹별로 구분하고 그룹별로 대표적인 근로자를 선택하여 측정하면 측정하지 않은 근로자의 노출농도까지도 추정할 수 있다.

해설 역학조사를 수행할 때 사건이 발생된 근로자가 속한 유사노출그룹의 노출농도를 근거로 노출원인을 추정할 수 있다.

답 ②

유.사.문.제

01 유사노출그룹(HEG)에 관한 내용으로 틀린 것은? [13,16 기사]

① 시료채취수를 경제적으로 하는데 목적이 있다.
② 유사노출그룹은 우선 유사한 유해인자별로 구분한 후 유해인자의 동질성을 보다 확보하기 위해 조직을 분석한다.
③ 역학조사를 수행할 때 사건이 발생된 근로자가 속한 유사노출그룹의 노출농도를 근거로 노출원인 및 농도를 추정할 수 있다.
④ 유사노출그룹은 노출되는 유해인자의 농도와 특성이 유사하거나 동일한 근로자 그룹을 말하며 유해인자의 특성이 동일하다는 것은 노출되는 유해인자가 동일하고 농도가 일정한 변이 내에서 통계적으로 유사하다는 의미이다.

hint 유사노출그룹은 유사한 유해인자별로 구분하는 것이 아니라 유사한 노출그룹으로 작업자군을 구분함을 의미한다.

02 유사노출그룹(SEG)을 결정하는 목적과 가장 거리가 먼 것은? [05,14,17 산업]

① 시료채취수를 경제적으로 결정하는 데 있다.
② 시료채취시간을 최대한 정확히 산출하는데 있다.
③ 역학조사를 수행할 때 사건이 발생된 근로자가 속한 유사노출그룹의 노출농도를 근거로 노출원인을 추정할 수 있다.
④ 모든 근로자의 노출정도를 추정하고자 하는데 있다.

hint 유사노출그룹(SEG) 선정과 시료채취의 상관성은 정확한 시료채취시간을 산출하기 위한 것이 아니라 경제적으로 유익한 표본을 얻음과 동시에 노출농도를 보다 효율적으로 추정하기 위함이다.

03 동일(유사)노출군을 가장 세분하여 분류하는 방법의 기준으로 가장 적합한 것은? [07,11,19 산업]

① 공정   ② 작업범주
③ 조직   ④ 업무

hint 동일(유사)노출군은 조직, 공정, 작업범주 그리고 업무(작업내용)별로 분류할 수 있다. 이때 가장 세분하여 분류하는 기준은 업무이다.

정답 | 01.② 02.② 03.④

종합연습문제

01 유사노출그룹(HEG)에 대한 설명으로 틀린 것은? [12,19 기사]
① 유사노출그룹은 노출되는 유해인자의 농도와 특성이 유사하거나 동일한 근로자 그룹을 말한다.
② 역학조사를 수행할 때 사건이 발생된 근로자가 속한 유사노출그룹의 노출농도를 근거로 노출원인을 추정할 수 있다.
③ 유사노출그룹 설정을 위해 시료채취수가 과다해지는 경우가 있다.
④ 유사노출그룹의 설정이유는 모든 근로자의 노출농도를 평가하고자 하는데 있다.

hint ③항 → 유사노출그룹을 설정함으로써 소수를 대상으로 정성적 혹은 정량적으로 노출의 특성을 측정할 수 있다.

02 유사노출그룹(HEG)에 대한 설명 중 잘못된 것은? [14 기사]
① 시료채취수를 경제적으로 하는데 활용한다.
② 역학조사를 수행할 때 사건이 발생된 근로자가 속한 HEG의 노출농도를 근거로 노출원인을 추정할 수 있다.
③ 모든 근로자의 노출정도를 추정하는데 활용하기는 어렵다.
④ HEG는 조직, 공정, 작업범주, 그리고 작업(업무) 내용별로 구분하여 설정할 수 있다.

03 미국산업위생학회에서는 법적인 노출기준 초과 여부를 확인하기 위해서는 어떤 상황의 노출 근로자를 대상으로 측정하는 것이 가장 타당한가? [06 기사]
① 가장 많이 노출되는 근로자
② 평균으로 노출되는 근로자
③ 모든 근로자
④ 최소로 노출되는 근로자

hint 법적인 노출기준 초과 여부를 확인하기 위해서는 가장 많이 노출되는 근로자를 대상으로 측정하는 것이 가장 타당하다.

04 작업환경 측정 시 유사노출그룹(HEG)의 설정 목적과 가장 거리가 먼 것은? [05②,07②,13 기사]
① 시료채취수를 경제적으로 하는데 있다.
② 모든 근로자의 노출농도를 평가하고자 하는데 있다.
③ 역학조사를 수행할 때 사건이 발생된 근로자가 속한 유사노출그룹의 노출농도를 근거로 노출원인 및 농도를 추정할 수 있다.
④ 법적인 노출기준 초과여부(Compliance)를 판단하기 위한 측정이다.

hint 작업환경 측정 시 유사노출그룹(HEG)의 설정 목적은 시료채취수의 경제적 결정, 노출원인 추정, 특정 작업장의 모든 노출 평가의 기초자료 확보, 모든 근로자의 노출농도를 효율적으로 추정하는데 있다.

05 작업환경 측정의 목표를 설명한 것으로 틀린 것은? [03,08 산업][05 기사]
① 근로자의 유해인자 노출 파악을 위한 직접방법이다.
② 역학조사 시 근로자의 노출량을 파악한다.
③ 환기시설을 가동하기 전과 후에 공기 중 유해물질농도를 측정하여 성능을 평가한다.
④ 근로자의 노출이 법적 기준인 허용농도를 초과하는지의 여부를 판단한다.

hint ①항 → 근로자의 유해인자 노출 파악을 위한 간접방법이다.

06 유사노출그룹(HEG)을 설정하는 목적으로 가장 거리가 먼 내용은? [09 기사]
① 근로자의 과반수 이상을 유사노출그룹에 포함시켜 작업별 유해인자를 파악할 수 있다.
② 시료채취수를 경제적으로할 수 있다.
③ 역학조사를 수행할 때 유사노출그룹의 노출자료를 활용할 수 있다.
④ 모든 작업자의 노출농도를 평가할 수 있다.

정답 ┃ 01.③ 02.③ 03.① 04.④ 05.① 06.①

종합연습문제

01 작업장 기본특성 파악을 위한 예비조사 내용 중 유사노출그룹(HEG) 설정에 관한 설명으로 가장 거리가 먼 것은? [11 기사]

① 역학조사를 수행 시 사건이 발생된 근로자와 다른 노출그룹의 노출농도를 근거로 사건이 발생된 노출농도의 추정에 유용하며, 지역시료채취만 인정된다.
② 조직, 공정, 작업범주 그리고 공정과 작업내용별로 구분하여 설정한다.
③ 모든 근로자를 유사한 노출그룹별로 구분하고 그룹별로 대표적인 근로자를 선택하여 측정하면 측정하지 않은 근로자의 노출농도까지도 추정할 수 있다.
④ 유사노출그룹 설정을 위한 목적 중 시료채취수를 경제적으로 하기 위함도 있다.

hint ①항 → 모든 측정은 개인시료채취방법으로 하되, 개인시료채취방법이 곤란한 경우에는 지역시료채취방법으로 실시할 수 있다.

02 작업환경 측정 시 예비조사단계에서 동일노출그룹(HEG)을 설정하게 된다. 다음 중 동일노출그룹을 설정하는 목적과 가장 거리가 먼 것은? [05 기사]

① 시료채취수를 경제적으로할 수 있다.
② 작업장내 지역별 농도 분포도를 파악하기 위함이다.
③ 모든 작업의 근로자에 대한 노출농도를 평가할 수 있다.
④ 역학조사 수행 시 해당 근로자가 속한 동일노출그룹의 노출농도를 근거로 노출원인 및 농도를 추정할 수 있다.

03 작업장의 환경관리를 위해서 먼저 작업장내 유해인자를 측정해야 한다. 측정하기 전에 실시해야 하는 예비조사의 내용과 가장 거리가 먼 것은? [06 기사]

① 사업장의 일반적인 위생상태를 파악한다.
② 작업자 각 개인의 질병상태를 파악한다.
③ 작업공정을 잘 이해한다.
④ 현재 쓰이고 있는 대책을 파악한다.

hint 예비조사의 내용은 작업장의 위생상태 및 공정특성 파악, 근로자의 작업특성 파악, 유해인자의 특성과 현재의 대책상황을 파악하는데 중점을 둔다.

04 작업장의 기본적인 특성을 파악하는 예비조사의 목적과 가장 거리가 먼 내용은? [03 기사]

① 동일(유사)노출그룹 설정
② 발생되는 유해인자 특성조사
③ 작업장과 공정의 특성파악
④ 노출기준 초과여부 판정

05 작업장 기본특성 파악을 위한 예비조사 내용 중 유사노출그룹(HEG) 설정에 관한 설명으로 알맞지 않은 것은? [08 기사]

① 조직, 공정, 작업범주 그리고 공정과 작업내용별로 구분하여 설정한다.
② 역학조사를 수행할 때 사건이 발생된 근로자와 다른 노출그룹의 노출농도를 근거로 사건 발생된 노출농도를 추정할 수 있다.
③ 모든 근로자의 노출농도를 평가하고자 하는 데 목적이 있다.
④ 모든 근로자를 유사한 노출그룹별로 구분하고 그룹별로 대표적인 근로자를 선택하여 측정하면 측정하지 않은 근로자의 노출농도까지도 추정할 수 있다.

hint 유사노출그룹(HEG)의 설정은 역학조사를 수행할 때 사건이 발생된 근로자가 속한 유사노출그룹의 노출농도를 근거로 노출원인을 추정할 수 있게 한다.

정답 ▮ 01.① 02.② 03.② 04.④ 05.②

PART 2 작업위생(환경) 측정 및 평가

예상 05
- 기사 : 출제대비
- 산업 : 11, 15, 18

시료채취방법에서 지역시료(area sample) 포집의 장점과 거리가 먼 것은?

① 근로자 개인시료의 채취를 대신할 수 있다.
② 특정공정의 농도분포의 변화 및 환기장치의 효율성 변화 등을 알 수 있다.
③ 특정공정의 계절별 농도변화 및 공정의 주기별 농도변화 등의 분석이 가능하다.
④ 측정결과를 통해서 근로자에게 노출되는 유해인자의 배경농도와 시간별 변화 등을 평가할 수 있다.

해설 지역시료는 통상 작업환경을 모니터링하기 위하여 시료채취기를 일시적으로 설치, 고정설치, 개인시료채취가 곤란한 경우에 적용한다. 그러므로 근로자 개인시료채취를 대신할 수 없다. **답** ①

유.사.문.제

01 지역시료채취방법과 비교한 개인시료채취방법의 장점으로 옳은 것은? [18 산업]
① 오염물질의 방출원을 찾아내기 쉽다.
② 작업자에게 노출되는 농도를 알 수 있다.
③ 어떤 장소의 고정된 위치에서 시료를 채취하기 때문에 경제적이다.
④ 특정 공정의 계절별 농도변화, 농도분포의 변화, 공의 주기별 농도변화를 알 수 있다.

02 산업안전보건법에 규정되어 있는 작업환경 측정과 관련된 내용 중 틀린 것은? [06, 19 산업]
① 측정은 원칙적으로 1일 작업시간 동안 6시간 이상 연속 측정하여야 한다.
② 호흡성 분진은 분립장치 또는 호흡성 분진을 채취할 수 있는 기기를 이용한 여과채취방법으로 측정한다.
③ 용접흄은 여과채취방법으로 측정하되 용접보안면을 착용한 경우에는 그 내부에서 채취하고 중량분석방법과 원자흡광분광기 또는 유도결합 플라즈마를 이용한 분석방법으로 측정한다.
④ 석면분진의 농도는 여과포집법에 의한 중량분석방법으로 측정한다.

hint 석면분진의 농도는 여과채취방법에 의한 계수방법으로 측정하여야 한다.

03 지역시료채취의 용어 정의로 가장 옳은 것은? (단, 고용노동부고시 기준) [08, 09, 15 산업]
① 시료채취기를 이용하여 가스, 증기, 분진, 흄, 미스트 등을 근로자의 작업위치에서 호흡기 높이로 이동하며 채취하는 것을 말한다.
② 시료채취기를 이용하여 가스, 증기, 분진, 흄, 미스트 등을 근로자의 작업행동 범위에서 호흡기 높이로 이동하며 채취하는 것을 말한다.
③ 시료채취기를 이용하여 가스, 증기, 분진, 흄, 미스트 등을 근로자의 작업위치에서 호흡기 높이에 고정하여 채취하는 것을 말한다.
④ 시료채취기를 이용하여 가스, 증기, 분진, 흄, 미스트 등을 근로자의 작업행동 범위에서 호흡기 높이에 고정하여 채취하는 것을 말한다.

04 유사 노출그룹을 분류하는 단계가 바르게 표시된 것은? [19 산업]
① 조직 → 공정 → 작업범주 → 유해인자
② 조직 → 작업범주 → 공정 → 유해인자
③ 조직 → 유해인자 → 공정 → 작업범주
④ 조직 → 작업범주 → 유해인자 → 공정

hint 동일(유사) 노출군은 조직 → 공정 → 작업범주 → 유해인자 또는 업무별로 분류한다.

정답 ┃ 01.② 02.④ 03.④ 04.①

02. 시료채취 계획 및 보정

- 기사 : 출제대비
- 산업 : 15

예상 06 작업장내에서 발생하는 분진, 흄의 농도 측정에 대한 설명으로 틀린 것은?

① 토석, 암석 및 광물성 분진(석면분진 제외)의 농도는 여과포집방법에 의한 중량분석방법으로 측정한다.
② 흄의 농도는 여과포집방법에 의한 중량분석방법으로 측정한다.
③ 호흡성 분진은 분립장치를 이용한 여과포집방법으로 측정한다.
④ 면분진의 농도는 여과포집방법을 이용하여 시료 공기를 채취하고 계수방법을 이용하여 측정한다.

해설 석면, 광물성 분진 및 용접흄을 제외한 입자상 물질은 여과채취방법에 따른 중량분석방법이나 유해물질 종류에 따른 적합한 분석방법으로 측정한다.

답 ④

유.사.문.제

01 입자상 물질의 측정방법 중 용접흄 측정에 관한 설명으로 옳은 것은? (단, 고용노동부고시 기준) [11,18 산업][12 기사]
① 용접흄은 여과채취방법으로 하되 용접 보안면을 착용한 경우에는 보안면 반경 15cm 이하의 거리에서 채취한다.
② 용접흄은 여과채취방법으로 하되 용접 보안면을 착용한 경우에는 보안면 반경 30cm 이하의 거리에서 채취한다.
③ 용접흄은 여과채취방법으로 하되 용접 보안면을 착용한 경우에는 그 내부에서 채취한다.
④ 용접흄은 여과채취방법으로 하되 용접 보안면을 착용한 경우에는 용접 보안면 외부의 호흡기 위치에서 채취한다.

02 토석, 암석 및 광물성 분진(석면분진 제외) 중의 유리규산(SiO_2) 함유율을 분석하는 방법은 어느 것인가? [15 산업]
① 불꽃광전자검출기(FTD)법
② 계수법
③ X선 회절분석법
④ 위상차현미경법

03 다음 중 입자농도의 측정방법으로 알맞지 않는 것은? [06,19 기사]
① 석면의 농도는 여과채취방법에 의한 계수방법으로 측정한다.
② 광물성 분진은 여과채취방법에 의하여 석영, 크리스토바라이트, 트리디마이트를 분석할 수 있는 적합한 분석방법으로 측정한다.
③ 용접흄은 여과채취방법으로 하되 용접 보안면을 착용한 경우에는 그 내부에서 채취하여야 한다.
④ 규산염은 분립장치 또는 입자의 크기를 파악할 수 있는 기기를 이용한 여과채취방법으로 측정한다.

hint 규산염과 그 밖의 광물성 분진은 중량분석방법으로 측정해야 한다.

04 다음 입자상 물질의 종류 중 연마, 분쇄, 절삭 등의 작업공정에서 고형물질이 파쇄되어 발생되는 미세한 고체입자를 무엇이라 하는가? [18 산업]
① 흄(fume)
② 먼지(dust)
③ 미스트(mist)
④ 연기(smoke)

정답 01.③ 02.③ 03.④ 04.②

PART 2 작업위생(환경) 측정 및 평가

예상 07
- 기사 : 출제대비
- 산업 : 15, 18

작업환경측정 및 지정측정 기관평가 등에 관한 고시에 있어 시료채취 근로자수는 단위작업장소에서 최고 노출근로자 몇 명 이상에 대하여 동시에 측정하도록 되어있는가?

① 2명 ② 3명
③ 5명 ④ 10명

해설 단위작업장소에서 최고 노출근로자 2명 이상에 대하여 동시에 측정한다.
- 동일 작업근로자수가 10명을 초과하는 경우에는 매 5명당 1명(1개 지점) 이상 추가한다. 다만, 동일 작업근로자수가 100명을 초과하는 경우에는 최대시료채취 근로자수를 20명으로 조정할 수 있다.
- 지역시료채취방법에 따른 측정시료의 개수는 단위작업장소에서 2개 이상에 대하여 동시에 측정하여야 한다. 다만, 단위작업장소의 넓이가 50m² 이상인 경우에는 매 30m²마다 1개 지점 이상을 추가로 측정하여야 한다.

답 ①

유.사.문.제

01 산업안전보건법령에 따라 작업환경 측정방법에 있어 동일작업 근로자수가 100명을 초과하는 경우 최대시료채취 근로자수는 몇 명으로 조정할 수 있는가? [01,04,13,16,18 기사]

① 10명 ② 15명
③ 20명 ④ 30명

02 작업환경 측정방법 중 시료채취 근로자수에 관한 기준으로 옳지 않은 것은? [10 기사]

① 단위작업장소에서 최고노출 근로자 2명 이상에 대하여 동시에 측정한다.
② 동일작업 근로자수가 10명을 초과하는 경우에는 5명당 1개 지점 이상 추가한다.
③ 동일작업 근로자수가 100명을 초과하는 경우에는 최대 10명으로 조정할 수 있다.
④ 단위작업장소의 넓이가 50평방미터 이상인 경우에는 매 30평방미터마다 1개 지점 이상을 추가한다.

03 작업환경 측정방법 중 측정시간에 관한 내용이다. ( ) 안에 옳은 내용은? (단, 고시 기준) [00,05,07,08,09,11,12 기사]

측정은 1일 작업시간 동안 6시간 이상 연속측정하거나 작업시간을 등간격으로 나누어 6시간 이상 연속분리하여 측정하되, 다음의 경우에는 예외로 할 수 있다. 단시간 노출기준(STEL)이 설정되어 있는 물질로서 단시간 고농도에 노출된 경우에는 ( ) 측정한 경우

① 1회에 15분간, 1시간 이상의 등간격으로 2회 이상
② 1회에 15분간, 1시간 이상의 등간격으로 4회 이상
③ 1회에 15분간, 1시간 이상의 등간격으로 6회 이상
④ 1회에 15분간, 1시간 이상의 등간격으로 8회 이상

hint 화학물질 및 물리적 인자의 노출기준에 단시간 노출기준(STEL)이 설정되어 있는 대상물질로서 단시간 고농도에 노출된 경우에는 1회에 15분간, 1시간 이상의 등간격으로 4회 이상 단시간 측정한 경우

정답 ┃ 01.③ 02.③ 03.②

02. 시료채취 계획 및 보정

- 기사 : 매회 출제대비 18
- 산업 : 출제대비

08 다음은 가스상 물질의 측정횟수에 관한 내용이다. ( ) 안에 들어갈 내용으로 옳은 것은?

> 가스상 물질을 검지관 방식으로 측정하는 경우에는 1일 작업시간 동안 1시간 간격으로 ( ) 이상 측정하되, 매 측정시간마다 2회 이상 반복 측정하여 평균값을 산출하여야 한다.

① 2회   ② 4회   ③ 6회   ④ 8회

해설 가스상 물질을 검지관 방식으로 측정하는 경우에는 1일 작업시간 동안 1시간 간격으로 6회 이상 측정하되, 측정시간마다 2회 이상 반복 측정하여 평균값을 산출하여야 한다.   **답** ③

유.사.문.제

01 검지관법에 대한 설명과 가장 거리가 먼 것은? [18 기사]
① 반응시간이 빨라서 빠른 시간에 측정결과를 알 수 있다.
② 민감도가 낮기 때문에 비교적 고농도에만 적용이 가능하다.
③ 하나의 검지관으로 여러 물질을 동시에 측정할 수 있는 장점이 있다.
④ 오염물질의 농도에 비례한 검지관의 변색층 길이를 읽어 농도를 측정하는 방법과 검지관 안에서 색변화와 표준색표를 비교하여 농도를 결정하는 방법이 있다.

02 다음 중 검지관에 관한 설명으로 틀린 것은? [03,06,07,09②,13,15②,17 산업][01,05,11 기사]
① 특이도(specificity)가 높다.
② 비교적 고농도에만 적용이 가능하다.
③ 다른 방해물질의 영향을 받기 쉽다.
④ 한 검지관으로 단일 물질만을 측정할 수 있어 각 오염물질에 맞는 검지관을 선정해야 한다.

03 다음 중 가스 검지관의 특징의 설명으로 틀린 것은? [04 산업][08 기사]
① 사용이 간편하다.   ② 반응시간이 빠르다.
③ 민감도가 높다.   ④ 특이도가 낮다.

04 검지관 사용 시 단점이라 볼 수 없는 것은? [03②,05,06,08,12,16 산업][01,09 기사]
① 밀폐공간에서 산소 부족 또는 폭발성 가스 측정에는 측정자 안전이 문제된다.
② 민감도 및 특이도가 낮다.
③ 각 오염물질에 맞는 검지관을 선정해야 하는 불편이 있다.
④ 색변화가 선명하지 않아 주관적으로 읽을 수 있어 판독자에 따라 변이가 심하다.

05 작업장내의 오염물질 측정방법인 검지관법에 관한 설명으로 옳지 않은 것은? [14② 산업] [13②,14,15②,17 기사]
① 민감도가 낮다.
② 특이도가 낮다.
③ 측정대상 오염물질의 동정없이 간편하게 측정할 수 있다.
④ 맨홀, 밀폐공간에서의 산소가 부족하거나 폭발성 가스로 인하여 안전이 문제가 될 때 유용하게 사용될 수 있다.

06 $K_2Pd(SO_3)_2$로 처리된 가스 검기관은 어떤 물질 측정용인가? [04 산업]
① CO   ② CO_2
③ 6가 크롬   ④ Cl_2

정답 | 01.③ 02.① 03.③ 04.① 05.③ 06.①

종합연습문제

01 검지관 사용의 장점이라 볼 수 없는 것은?
[15 산업]

① 사용이 간편하다.
② 전문가가 아니더라도 어느 정도만 숙지하면 사용할 수 있다.
③ 빠른 시간에 측정결과를 알 수 있어 주관적인 판독을 방지할 수 있다.
④ 맨홀, 밀폐공간에서의 산소 부족 또는 폭발성 가스로 인한 안전이 문제가 될 때 유용하게 사용할 수 있다.

02 다음 중 검지관법의 특성으로 가장 거리가 먼 것은?
[14 기사]

① 색변화가 시간에 따라 변하므로 제조자가 정한 시간에 읽어야 한다.
② 산업위생전문가의 지도 아래 사용되어야 한다.
③ 특이도가 낮다.
④ 다른 방해물질의 영향을 받지 않아 단시간 측정이 가능하다.

03 검지관을 이용한 작업환경측정에 대한 설명으로 가장 적절한 것은?
[05, 10 산업]

① 민감도와 특이도 모두가 높다.
② 민감도와 특이도 모두가 낮다.
③ 민감도는 낮으나 특이도는 높다.
④ 민감도는 높으나 특이도는 낮다.

04 검지관 사용 시 장·단점으로 가장 거리가 먼 것은?
[11 기사]

① 숙련된 산업위생전문가가 측정하여야 한다.
② 민감도가 낮아 비교적 고농도에 적용이 가능하다.
③ 특이도가 낮아 다른 방해물질의 영향을 받기 쉽다.
④ 미리미리 측정대상물질의 동정이 되어 있어야 측정이 가능하다.

05 다음 중 가스 검지관의 특징에 관한 설명으로 틀린 것은?
[14 산업]

① 색변화가 선명하지 않아 주관적으로 읽을 수 있다.
② 미리 측정대상물질의 동정이 되어 있어야 측정이 가능하다.
③ 민감도가 높아 저농도에 적용이 가능하다.
④ 특이도가 낮아 다른 방해물질의 영향을 받기 쉽다.

06 검지관의 단점으로 틀린 것은? [06 산업][09 기사]

① 민감도가 낮으며 비교적 고농도에 적용이 가능하다.
② 미리 측정대상물질의 동정이 되어 있어야 측정이 가능하다.
③ 색변화가 시간에 따라 변화하므로 측정자가 정한 시간에 읽어야 한다.
④ 특이도가 낮다. 즉 다른 방해물질의 영향을 받기 쉬워 오차가 크다.

07 검지관의 장·단점에 대한 설명으로 옳지 않은 것은?
[10, 12, 13 산업][12, 13 기사]

① 사전에 측정대상 물질의 동정이 불가능한 경우에 사용한다.
② 다른 방해물질의 영향을 받기 쉬워 오차가 크다.
③ 민감도가 낮아 비교적 고농도에서 적용한다.
④ 다른 측정방법이 복잡하거나 빠른 측정이 요구될 때 사용할 수 있다.

08 작업장에서 시료를 채취할 때, 다음 방법들 중에서 가장 좋은 방법은?
[04 산업]

① 전 작업시간 동안의 단일시료채취
② 전 작업시간 동안의 연속시료채취
③ 전 작업시간 간헐시료채취
④ 단시간 시료채취

정답 ▮ 01.③ 02.④ 03.② 04.① 05.③ 06.③ 07.① 08.②

종합연습문제

01 다음은 가스상 물질의 측정횟수에 관한 내용이다. ( ) 안에 맞는 내용은?
[06,07,09,18,19 기사]

> 가스상 물질을 검지관 방식으로 측정하는 경우에는 1일 작업시간 동안 1시간 간격으로 ( ) 이상 측정하되 매 측정시간 마다 2회 이상 반복 측정하여 평균값을 산출하여야 한다.

① 2회   ② 4회
③ 6회   ④ 8회

hint 가스상 물질을 검지관 방식으로 측정하는 경우에는 1일 작업시간 동안 1시간 간격으로 6회 이상 측정하되 매 측정시간마다 2회 이상 반복 측정하여 평균값을 산출하여야 한다.

02 가스상 유해물질을 검지관 방식으로 측정하는 경우 측정시간 간격과 측정횟수가 옳은 것은?
[06,07,09 산업]

① 측정지점에서 1일 작업시간 동안 1시간 간격으로 3회 이상 측정하여야 한다.
② 측정지점에서 1일 작업시간 동안 1시간 간격으로 4회 이상 측정하여야 한다.
③ 측정지점에서 1일 작업시간 동안 1시간 간격으로 6회 이상 측정하여야 한다.
④ 측정지점에서 1일 작업시간 동안 1시간 간격으로 8회 이상 측정하여야 한다.

03 다음 중 가스 검지관의 특징에 관한 설명으로 틀린 것은?
[08 산업]

① 색변화가 선명하지 않아 주관적으로 읽을 수 있다.
② 반응시간이 빨라 빠른 시간에 측정결과를 알 수 있다.
③ 민감도가 낮아 고농도에 적용이 가능하다.
④ 특이도가 높아 다른 방해물질의 영향이 크다.

hint 검지관은 특이도가 낮아 방해물질의 영향을 받기 쉽고, 오차가 크다.

04 단위작업장소에서 검지관 방식으로 가스상 물질을 측정할 수 있는 경우와 가장 거리가 먼 것은?
[07 산업][06 기사]

① 예비조사 목적인 경우
② 검지관 방식 외에 다른 측정방법이 없는 경우
③ 발생하는 가스상 물질이 단일물질인 경우(다만, 자격자가 측정하는 사업장에 한한다.)
④ 발생하는 가스상 물질이 복합물질이나 농도가 낮은 경우(다만, 자격자가 측정하는 사업장에 한한다.)

hint 다음에 해당하는 경우에는 검지관 방식으로 측정할 수 있다.
• 예비조사 목적인 경우
• 검지관 방식 외에 다른 측정방법이 없는 경우
• 발생하는 가스상 물질이 단일물질인 경우(다만, 자격자가 측정하는 사업장에 한정)

05 작업환경 측정을 위한 시료채취 목적과 가장 거리가 먼 것은?
[03 기사]

① 최대의 오차범위내에서 최대의 시료수를 가지고 최대의 근로자를 보호한다.
② 과거의 노출농도가 타당한지를 확인한다.
③ 작업공정, 물질, 노출요인의 변경으로 인해 근로자에 대한 과다한 노출의 가능성을 최소화한다.
④ 유해물질에 대한 근로자의 허용기준 초과여부를 결정한다.

06 고열 측정방법은 "측정기기를 설치한 후 일정시간 안정화시킨 후 측정을 실시하고, 고열작업에 대해 측정하고자 할 경우에는 1일 작업시간 중 최대로 높은 고열에 노출되고 있는 (㉠)시간을 (㉡)분 간격으로 연속하여 측정한다." ( ) 안에 들어갈 내용으로 옳은 것은?
[19 산업][19 기사]

① ㉠ 1 ㉡ 5
② ㉠ 2 ㉡ 5
③ ㉠ 1 ㉡ 10
④ ㉠ 2 ㉡ 10

정답 | 01.③ 02.③ 03.④ 04.④ 05.① 06.③

예상 09

- 기사 : 00,02,08,11,15②,17
- 산업 : 01,07,16

다음 고열 측정에 관한 내용 중 ( ) 안에 알맞은 것은? (단, 고용노동부고시를 기준으로 한다.)

> 측정은 단위작업장소에서 측정대상이 되는 근로자의 작업행동 범위에서 주 작업 위치의 ( )의 위치에서할 것

① 바닥면으로부터 50cm 이상 150cm 이하
② 바닥면으로부터 80cm 이상 120cm 이하
③ 바닥면으로부터 100cm 이상 120cm 이하
④ 바닥면으로부터 120cm 이상 150cm 이하

해설 고열 측정은 바닥면으로부터 50cm 이상 150cm 이하의 위치에서 측정한다. ※ 개정이전(2017년 이전)에는 출제빈도가 높았으나 **현행** 고시항목에서는 **삭제**되어 있으므로 참조수준으로 대비해 둘 것!! **답** ①

유.사.문.제

01 아스만통풍건습계의 습구온도 측정시간기준으로 옳은 것은? (단, 고용노동부고시를 기준으로 한다.)   [14,17 산업][16 기사]

① 5분 이상   ② 10분 이상
③ 15분 이상 ④ 25분 이상

hint 이 문제의 출제연도 이전까지만 해당 고시기준이 적용되며, 2017년 4월부로 개정되어 현재 고시내용은 해당 내용이 삭제되었다. 참조하도록!

02 다음 중 작업환경의 고열 측정에 있어 "출구온도"를 측정하는 기기와 측정시간이 올바르게 연결된 것은?   [05,07,08,12,13,17 산업][06,08,09,11,13 기사]

① 자연습구온도계 : 20분 이상
② 자연습구온도계 : 25분 이상
③ 아스만통풍건습계 : 20분 이상
④ 아스만통풍건습계 : 25분 이상

hint 개정·삭제 되었음(참조수준으로 대비)

03 직경이 15센티미터인 흑구온도계의 측정시간으로 적절한 기준은?   [04 산업]

① 15분 이상   ② 20분 이상
③ 25분 이상   ④ 30분 이상

hint 개정·삭제 되었음(이하, 참조수준으로 대비)

04 고열 측정시간에 관한 기준으로 옳지 않은 것은? (단, 고시 기준)   [05,08,12,16 기사]

① 흑구 및 습구흑구온도측정 : 직경이 15센티미터일 경우 25분 이상
② 흑구 및 습구흑구온도측정 : 직경이 7.5센티미터 또는 5센티미터일 경우 5분 이상
③ 습구온도측정 : 아스만통풍건습계 25분 이상
④ 습구온도측정 : 자연습구온도계 15분

05 고열 측정구분이 습구이고, 측정기기가 자연습구온도계인 경우 측정시간 기준은? (단, 고용노동부고시 기준)   [13,15②,16 산업][12,15,17 기사]

① 5분 이상   ② 10분 이상
③ 15분 이상 ④ 25분 이상

06 고열 측정에 관한 내용이다. ( ) 안에 옳은 내용은? (단, 고용노동부고시 기준)   [04,15 기사]

> 흑구 및 습구흑구온도의 측정시간은 온도계의 직경이 ( )일 경우 5분 이상이다.

① 7.5cm 또는 5cm
② 15cm
③ 3cm 이상 5cm 미만
④ 15cm 미만

정답 ❙ 01.④ 02.④ 03.③ 04.④ 05.① 06.①

종합연습문제

01 고열 측정구분에 의한 온도 측정기기와 측정시간기준의 연결로 옳지 않은 것은? (단, 고용노동부고시 기준) [10,14 산업][11 기사]
① 습구온도-0.5도 간격의 눈금이 있는 아스만통풍건습계-5분 이상
② 흑구 및 습구흑구온도-직경이 5센티미터 이상 되는 흑구온도계 또는 습구흑구온도를 동시에 측정할 수 있는 기기-직경이 5센티미터일 경우 5분 이상
③ 흑구 및 습구흑구온도-직경이 5센티미터 이상 되는 흑구온도계 또는 습구흑구온도를 동시에 측정할 수 있는 기기-직경이 15센티미터일 경우 25분 이상
④ 흑구 및 습구흑구온도-직경이 5센티미터 이상 되는 흑구온도계 또는 습구흑구온도를 동시에 측정할 수 있는 기기-직경이 7.5센티미터일 경우 5분 이상

02 고열 측정구분에 따른 측정기기와 측정시간의 연결로 틀린 것은? (단, 고용노동부고시 기준) [14,17 기사]
① 습구온도-0.5도 간격의 눈금이 있는 아스만통풍건습계-25분 이상
② 습구온도-자연습구온도를 측정할 수 있는 기기-자연습구온도계 5분 이상
③ 흑구 및 습구흑구온도-직경이 5센티미터 이상인 흑구온도계 또는 습구흑구온도를 동시에 측정할 수 있는 기기-직경이 15센티미터일 경우 15분 이상
④ 흑구 및 습구흑구온도-직경이 5센티미터 이상인 흑구온도계 또는 습구흑구온도를 동시에 측정할 수 있는 기기-직경이 7.5센티미터 또는 5센티미터일 경우 5분 이상

03 다음은 고열 측정구분에 의한 측정기기와 측정시간에 관한 내용이다. ( ) 안에 옳은 내용은? (단, 고용노동부고시 기준) [10,11,16 기사]

> 습구온도 : ( ) 간격의 눈금이 있는 아스만통풍건습계, 자연습구온도를 측정할 수 있는 기기 또는 이와 동등 이상의 성능이 있는 측정기기

① 0.1도 ② 0.2도
③ 0.5도 ④ 1.0도

정답 ┃ 01.① 02.③ 03.③

- 기사 : 14
- 산업 : 10,18

작업환경 측정단위에 대한 설명으로 옳은 것은?

① 분진은 mL/m³로 표시한다.
② 석면의 표시단위는 ppm/m³로 표시한다.
③ 고열(복사열 포함)의 측정단위는 습구·흑구온도지수(WBGT)를 구하여 섭씨온도(℃)로 표시한다.
④ 증기의 노출농도 표시단위는 MPa/L로 표시한다.

해설 ③항만 올바르다. 분진은 mg/m³로 표시한다. 석면은 개/cm³, 소음은 dB(A)으로 표시하고, 가스, 증기, 미스트 등의 농도는 mg/m³ 또는 ppm으로 표시한다. **답** ③

PART 2 작업위생(환경) 측정 및 평가

종합연습문제

01 산업환경에서 고열의 노출을 제한하는 데 가장 일반적으로 사용되는 지표는? (단, 고용노동부고시를 기준으로 한다.) [17 산업]
① 수정감각온도
② 습구·흑구온도지수
③ 8시간 발한 예측치
④ 건구온도, 흑구온도

02 작업환경 측정의 단위 표시로 옳지 않은 것은? (단, 고시 기준) [11 기사]
① 석면농도 : 개/cm^3
② 소음 : dB(V)
③ 가스, 증기, 미스트 등의 농도 : mg/m^3 또는 ppm
④ 고열(복사열 포함) : 습구·흑구온도지수를 구하여 ℃로 표시

hint 소음수준의 측정단위는 dB(A)로 표시한다.

03 작업환경측정의 단위 표시로 옳지 않은 것은? [11,19 기사]
① 미스트, 흄의 농도는 ppm, mg/L로 표시한다.
② 소음수준의 측정단위는 dB(A)로 표시한다.
③ 석면의 농도표시는 섬유개수(개/cm^3)로 표시한다.
④ 고온(복사열 포함)은 습구·흑구온도지수를 구하여 섭씨온도(℃)로 표시한다.

hint 가스, 증기, 미스트 등의 농도단위는 mg/m^3 또는 ppm으로 표시한다.

정답 | 01.② 02.② 03.①

- 기사 : 매회 출제대비 14,18
- 산업 : 매회 출제대비 18,19

예상 11 태양광선이 내리 쬐지 않는 옥외 작업장에서 온도를 측정결과, 건구온도는 30℃, 자연습구온도는 30℃, 흑구온도는 34℃이었을 때, 습구·흑구온도지수(WBGT)는 약 몇 ℃인가? (단, 고용노동부고시를 기준으로 한다.)

① 30.4 ② 30.8 ③ 31.2 ④ 31.6

해설 태양광선이 내리 쬐지 않는 장소 또는 옥외의 습온도지수(WBGT)는 다음 관계식으로 산출한다. 2차 실기에도 빈번히 출제되므로 꼭 정리해 두도록!!

〈계산〉 WBGT(℃) = 0.7×자연습구온도 + 0.3×흑구온도 { 자연습구온도 = 30℃, 흑구농도 = 34℃ }

∴ WBGT = (0.7×30℃) + (0.3×34℃) = 31.2℃   답 ③

【기초 관계식 한번 더 정리하기】
☐ 옥외(태양광선이 내리 쬐는 장소)
- WBGT(℃) = 0.7×자연습구온도 + 0.2×흑구온도 + 0.1×건구온도

☐ 옥내 또는 옥외(태양광선이 내리 쬐지 않는 장소)
- WBGT(℃) = 0.7×자연습구온도 + 0.3×흑구온도

☐ 평균 WBGT(℃) = $\dfrac{WBGT_1 \times t_1 + \cdots + WBGT_n \times t_n}{t_1 + \cdots + t_n}$

종합연습문제

01 옥외(태양광선이 내리 쬐지 않는 장소)의 온 열조건이 다음과 같은 경우에 습구흑구온도지수(WBGT)는? [07,14,18 기사]

- 건구온도 : 30℃
- 흑구온도 : 40℃
- 자연습구온도 : 25℃

① 28.5℃ ② 29.5℃
③ 30.5℃ ④ 31.0℃

hint WBGT = $(0.7 \times 25) + (0.3 \times 40) = 29.5$℃

02 용광로가 있는 철강 주물공장의 옥내 습구흑구온도지수(WBGT)는? (단, 작업장내 건구온도는 32℃이고, 자연습구온도는 30℃이며, 흑구온도는 34℃이다.) [14,15,18 산업][14,15 기사]

① 30.5℃
② 31.2℃
③ 32.5℃
④ 33.4℃

hint WBGT = $(0.7 \times 30) + (0.3 \times 34) = 31.2$℃

03 태양광선이 내리 쬐는 옥외 작업장에서 온도가 다음과 같을 때, 습구흑구온도지수는 약 몇 ℃인가? [매회대비 10,15,19 산업][매회대비 18 기사]

- 건구온도 : 30℃
- 흑구온도 : 32℃
- 자연습구온도 : 28℃

① 27 ② 28
③ 29 ④ 31

hint WBGT = $(0.7 \times 28) + (0.2 \times 32) + (0.1 \times 30)$ = 29℃

04 옥내 작업환경의 자연습구온도가 30℃, 흑구온도가 20℃, 건구온도가 19℃일 때, 습구흑구온도지수(WBGT)는? [17 산업][07,15②,19 기사]

① 23℃ ② 25℃
③ 27℃ ④ 29℃

hint WBGT = $(0.7 \times 30) + (0.3 \times 20) = 27$℃

05 태양광선이 내리 쬐지 않는 옥내에서 건구온도가 30℃, 자연습구온도가 32℃, 흑구온도가 35℃일 때, 습구흑구온도지수(WBGT)는? (단, 고용노동부고시를 기준으로 한다.) [06,07,10,11②,12 산업] [01,05,06,07,08,11,12,17 기사]

① 32.9℃
② 33.3℃
③ 37.2℃
④ 38.3℃

hint WBGT = $(0.7 \times 32) + (0.3 \times 35) = 32.9$℃

06 옥외(태양광선이 내리 쬐지 않는 장소)에서 습구흑구온도지수(WBGT)의 산출방법은? (단, NWB : 자연습구온도, DT : 건구온도, GT : 흑구온도) [매회대비 17,18 산업][10 기사]

① WBGT=0.7NWB+0.3GT
② WBGT=0.7NWB+0.3DT
③ WBGT=0.7NWB+0.2DT+0.1GT
④ WBGT=0.7NWB+0.2GT+0.1DT

07 옥외(태양광선이 내리 쬐는 장소)의 습구흑구 온도지수(WBGT) 산출식은? [12② 산업][05,07,10②,19 기사]

① WBGT=(0.7×자연습구온도)+(0.2×건구온도)+(0.1×흑구온도)
② WBGT=(0.7×자연습구온도)+(0.2×흑구온도)+(0.1×건구온도)
③ WBGT=(0.5×자연습구온도)+(0.3×건구온도)+(0.2×흑구온도)
④ WBGT=(0.5×자연습구온도)+(0.3×흑구온도)+(0.2×건구온도)

08 옥내의 습구흑구온도지수(WBGT)를 산출하는 공식은? [03 산업][17 기사]

① WBGT=0.7NWB+0.2GT+0.1DT
② WBGT=0.7NWB+0.3GT
③ WBGT=0.7NWB+0.1GT+0.2DT
④ WBGT=0.7NWB+0.1GT

정답 | 01.② 02.② 03.③ 04.③ 05.① 06.① 07.② 08.②

종합연습문제

01 고온작업장의 고온 허용기준인 습구흑구온도지수(WBGT)의 옥내 허용기준 산출식은 어느 것인가? [04,16 산업]

① WBGT(℃)=(0.7×흑구온도)+(0.3×자연습구온도)
② WBGT(℃)=(0.3×흑구온도)+(0.7×자연습구온도)
③ WBGT(℃)=(0.3×흑구온도)+(0.7×건구온도)
④ WBGT(℃)=(0.3×흑구온도)+(0.7×건구온도)

02 자연습구온도 31.0℃, 흑구온도 24.0℃, 전구온도 34.0℃, 실내 작업장에서 시간당 400칼로리가 소모되며, 계속작업을 실시하는 주조공장의 WBGT는? [16,19 기사]

① 28.9℃ ② 29.9℃
③ 30.9℃ ④ 31.9℃

hint WBGT(℃) = (0.7×습구)+(0.3×흑구)
= (0.7×31℃)+(0.3×24℃)
= 28.9℃

03 습구흑구온도지수(WBGT)에 관한 설명으로 알맞은 것은? [11,17 기사]

① WBGT가 높을수록 휴식시간이 증가되어야 한다.
② WBGT는 건구온도와 습구온도에 비례하고, 흑구온도에 반비례한다.
③ WBGT는 고온환경을 나타내는 값이므로 실외작업에만 적용한다.
④ WBGT는 복사열을 제외한 고열의 측정단위로 사용되며, 화씨온도(℉)로 표현한다.

hint ①항만 올바르다. WBGT가 높을수록 휴식시간이 증가되어야 하고, 그만큼 작업시간은 감소한다.

정답 ┃ 01.② 02.① 03.①

예상 12
- 기사 : 매회 출제대비 14,15,18
- 산업 : 출제대비

소음의 측정시간 및 횟수의 기준에 관한 내용으로 (   )에 들어갈 것으로 옳은 것은? (단, 고용노동부고시를 기준으로 한다.)

> 단위작업장소에서의 소음발생시간이 6시간 이내인 경우나 소음발생원에서의 발생시간이 간헐적인 경우에는 발생시간 동안 연속 측정하거나 등간격으로 나누어 (   ) 이상 측정하여야 한다.

① 2회 ② 3회
③ 4회 ④ 6회

해설 단위작업장소에서 소음수준은 규정된 측정위치 및 지점에서 1일 작업시간 동안 6시간 이상 연속 측정하거나 작업시간을 1시간 간격으로 나누어 6회 이상 측정하여야 한다.
다만, 소음의 발생특성이 **연속음**으로서 측정치가 변동이 **없다고** 자격자 또는 지정측정기관이 판단한 경우에는 1시간 동안을 등간격으로 나누어 3회 이상 측정할 수 있다.
단위작업장소에서의 소음발생시간이 6시간 이내인 경우나 소음발생원에서의 발생시간이 간헐적인 경우에는 발생시간 동안 **연속** 측정하거나 등간격으로 나누어 4회 이상 측정하여야 한다. **답** ③

종합연습문제

01 소음수준 측정 시 소음계의 청감보정회로는 어떻게 조정하여야 하는가? (단, 고용노동부고시를 기준으로 한다.) [04,13,14,18 산업][13,17 기사]

① A특성   ② C특성
③ S특성   ④ K특성

hint 소음계의 청감보정회로는 A특성으로 한다.

02 소음수준의 측정방법에 관한 설명으로 옳지 않은 것은? (단, 고용노동부고시를 기준으로 한다.) [18 기사]

① 소음계의 청감보정회로는 A특성으로 하여야 한다.
② 연속음 측정 시 소음계 지시침의 동작은 빠른(fast) 상태로 한다.
③ 측정위치는 지역시료채취방법의 경우에 소음측정기를 측정대상이 되는 근로자의 주 작업행동 범위의 작업근로자 귀 높이에 설치한다.
④ 측정시간은 1일 작업시간 동안 6시간 이상 연속 측정하거나 작업시간을 1시간 간격으로 나누어 6회 이상 측정한다.

hint 소음계 지시침의 동작은 느린(Slow) 상태

03 소음진동 공정시험기준에 따른 환경기준 중 소음측정방법으로 옳지 않은 것은? [16 기사]

① 소음계의 동특성은 원칙적으로 빠름(fast) 모드로 하여 측정하여야 한다.
② 소음계와 소음도 기록기를 연결하여 측정·기록하는 것을 원칙으로 한다.
③ 소음계 및 소음도 기록기의 전원과 기기의 동작을 점검하고 매회 교정을 실시하여야 한다.
④ 소음계의 청감보정회로는 C특성에 고정하여 측정하여야 한다.

hint 소음계의 청감보정회로는 A특성에 고정한다.
㈜ 작업환경 측정 시 소음계의 동특성을 느림(slow)으로 하지만 소음진동 공정시험기준에서는 소음계의 동특성은 원칙적으로 빠름(fast) 모드로 하여 측정한다는 것에 유의하도록!!

04 소음측정에 관한 설명 중 ( )에 알맞은 것은? (단, 고용노동부고시 기준) [04,18 산업]
[매회 출제대비 16③,17,18 기사]

> 누적소음노출량 측정기로 소음을 측정하는 경우에는 criteria는 (㉮)dB, exchange rate는 5dB, threshold는 (㉯)dB로 기기를 설정할 것

① ㉮ 70, ㉯ 80   ② ㉮ 80, ㉯ 70
③ ㉮ 80, ㉯ 90   ④ ㉮ 90, ㉯ 80

05 소음측정에 관한 설명으로 틀린 것은? (단, 고용노동부고시 기준) [13,19 산업]

① 소음수준을 측정할 때에는 특정대상이 되는 근로자의 근접된 위치의 귀 높이에서 측정하여야 한다.
② 단위작업장소에서의 소음발생시간이 6시간 이내인 경우에는 발생시간을 등간격으로 나누어 2회 이상 측정하여야 한다.
③ 누적소음노출량 측정기로 소음을 측정하는 경우에는 Criteria=90dB, Exchange Rate=5dB, Threshold=80dB로 기기설정을 하여야 한다.
④ 소음이 1초 이상의 간격을 유지하면서 최대음압수준이 120dB(A) 이상의 소음인 경우에는 소음수준에 따른 1분 동안의 발생횟수를 측정하여야 한다.

hint 소음발생시간이 6시간 이내인 경우나 소음발생원에서의 발생시간이 간헐적인 경우에는 발생시간 동안 연속 측정하거나 등간격으로 나누어 4회 이상 측정하여야 한다.

06 단위작업장소에서 소음수준은 규정된 측정위치 및 지점에서 1일 작업시간 동안 ( )시간 이상 연속 측정하거나 작업시간 동안 측정하여야 한다. ( ) 안에 알맞은 내용은? [04 기사]

① 2   ② 4
③ 6   ④ 8

정답 | 01.① 02.② 03.④ 04.④ 05.② 06.③

종합연습문제

01 소음측정 시 단위작업장소에서 소음발생시간이 6시간 이내인 경우나 소음발생원에서의 발생시간이 간헐적인 경우의 측정시간 및 횟수기준으로 옳은 것은? (단, 고용노동부고시 기준)
[16 기사]

① 발생시간 동안 연속 측정하거나 등간격으로 나누어 2회 이상 측정하여야 한다.
② 발생시간 동안 연속 측정하거나 등간격으로 나누어 4회 이상 측정하여야 한다.
③ 발생시간 동안 연속 측정하거나 등간격으로 나누어 6회 이상 측정하여야 한다.
④ 발생시간 동안 연속 측정하거나 등간격으로 나누어 8회 이상 측정하여야 한다.

02 다음 중 소음에 대한 작업환경측정 시 소음의 변동이 심하거나 소음수준이 여러 작업장소를 이동하면서 작업하는 경우 소음의 노출평가에 가장 적합한 소음기는?
[14 기사]

① 보통 소음기
② 주파수 분석기
③ 지시 소음기
④ 누적소음노출량 측정기

03 다음은 작업장 소음측정 시간 및 횟수 기준에 관한 내용이다. ( ) 안에 내용으로 옳은 것은? (단, 고용노동부고시 기준)
[12, 15, 18 산업]

> 단위작업장소에서 소음수준은 규정된 측정위치 및 지점에서 1일 작업시간 동안 6시간 이상 연속측정하거나 작업시간을 1시간 간격으로 나누어 6회 이상 측정하여야 한다. 다만, 소음의 발생특성이 연속음으로서 측정치가 변동이 없다고 자격자 또는 지정측정기관이 판단하는 경우에는 1시간 동안을 등간격으로 나누어 ( ) 측정할 수 있다.

① 2회 이상
② 3회 이상
③ 4회 이상
④ 5회 이상

04 소음측정방법에 관한 내용으로 ( )에 알맞은 내용은? (단, 고용노동부고시 기준)
[07, 10, 16, 19② 기사]

> 1초 이상의 간격을 유지하면서 최대음압수준이 120dB(A) 이상의 소음인 경우에는 소음수준에 따른 ( ) 동안의 발생횟수를 측정할 것

① 1분
② 2분
③ 3분
④ 5분

정답 ▎ 01.② 02.④ 03.② 04.①

2 보정(유량보정)

 이승원의 minimum point

(1) 보정의 목적과 범위
- **보정** : 측정도구의 표시눈금을 실제값과 일치하기 위하여 실시하는 일련의 실험설계를 말함
- **보정의 목적**
  - 근로자에게 폭로되는 정확한 양을 측정하기 위함
  - 폭로된 오염물질의 발생원을 색출하기 위함
  - 공학적 관리대책의 효과를 파악하기 위함
- **보정의 범위**
  - 시료취시 포집공기량을 보정
  - 시료에 함유된 오염물질의 양을 보정
  - 각종 측정기기의 지시눈금을 보정

(2) 표준기구(보정기구)
- **1차 표준기구**
  - 개요 : 1차 표준 보정기구(Primary Calibration)란 기구 자체가 정확한 값을 제시하는 기구로서 물리적 크기에 의해 **공간의 부피를 직접 측정**할 수 있는 기구를 말함. 일반적으로 이러한 유형의 기구의 정확도는 **±1% 이내**임
  - 1차 표준기구의 종류 및 적용범위

1차 표준기구의 종류	적용범위	정확도
흑연피스톤미터(Frictionless meter)	1~50L/min	±1~2%
비누거품미터(Soap bubble meter)	1mL/min~30L/min	±1%
피토튜브(Pitot tube)	15mL/min 이상	±1%
폐활량계(Spiro meter)	100~600L	±1%
가스치환병(Mariotte bottle)	10~500mL/min	±0.05~0.25%
유리피스톤미터(Glass-piston meter)	10~200mL/min	±2%

  - 가스치환병은 정확도가 ±0.05~0.25%로 높아 **실험실**에서 주로 많이 사용됨
  - 공기시료채취펌프의 유량보정에는 **거품미터**, 마찰이 없는 **피스톤미터**가 많이 사용됨
  - 기류 측정의 1차 표준기구는 보정이 필요없는 **피토튜브**(pitot tube)가 주로 사용됨

- **2차 표준기구**
  - 개요 : 2차 표준 보정기구(Secondary Calibration)란 1차 보정기구로 보정을 하면 1차 보정기구와 같이 정확한 값을 제시할 수 있는 기구임. 2차 표준기구는 **공간의 부피를 직접 알 수 없으며**, 1차 표준기구로 다시 보정되어야 함. 이런 유형의 기구의 **정확도는 5% 이내**임

- 2차 표준기구의 종류 및 적용범위

2차 표준기구의 종류	적용범위	정확도
로터미터(Rotameter)	1mL/min~30m^3/min	±1~25%
오리피스미터(Orifice meter)	$Q/d ≒ 10$	±0.5~2%
건식 가스미터터(Dry-gas meter)	10~150L/min	±1%
습식 테스트미터(Wet-test meter)	0.5~230L/min	±0.5%
열선기류계(Thermo-anemometer)	0.05~40m/sec	±0.1~0.2%

- 습식 테스트미터는 2차 표준기구 중 주로 **실험실에서 사용**하는 대표적인 기구임
- 건식 테스트미터는 **현장**에서 주로 사용되는 표준기구임

(3) 주요 유량계 특성·유량보정

① **로터미터**(Rotameter)
- 개요 : 로터미터는 **면적식 유량계**로 바닥으로 갈수록 점점 가늘어지는 수직관(유리나 투명 플라스틱관) 속에 자유롭게 상하로 움직이는 부자를 두어 유량의 증감에 따라 부표(Float)가 상·하로 움직임으로써 생기는 가변면적(可變面積)을 토대로 유량을 구하는 **2차 표준기구**이다.
- 특징·유량계산

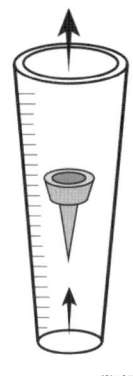

Rotameter 개념도

□ 특징
- 부표(Float)의 변위량을 토대로 유량을 측정하는 면적식이다.
- 최대유량과 최소유량의 비율이 10 : 1의 범위이다.
- 면적식의 통상적인 정밀도는 1~3%이다.
- 제공되는 검량선의 정확성은 일반적으로 ±5% 이내이다.
- 사용환경의 온도와 압력이 변하면 측정치가 달라질 수 있다.

□ 유량계산

$$Q = CAV = CA \times \sqrt{\frac{2\Delta P}{\rho}}$$

C : 유량계수
A : 유량통과 면적
V : 평균유속
ΔP : 부표 상하의 압력차
ρ : 유체의 밀도

② **피토 튜브**(Pitot tube)
- 개요 : 피토 튜브(Pitot tube)는 흐르는 유체의 총압(total pressure)과 정압(static pressure)의 차(동압)를 U자 튜브 또는 기울어진 튜브(경사관)를 이용하여 측정하여 유속을 구하는 기구이다.

- 특징·유량계산

  □ 특징
  - 총압과 정압의 차(=동압)로부터 유속을 구한다.
  - 구조가 간단하고 조작이 쉽다.
  - 기류를 측정하는 1차 표준기구로서 2차 보정이 필요없다.
  - 낮은 유속(1.5m/sec 이하)일 때는 오차가 발생하기 쉽다.
  - 높은 유속(12.7m/sec 이상)일 때는 U자 튜브를 사용한다.
  - 낮은 유속에서는 경사튜브 또는 경사마노미터를 사용한다.

  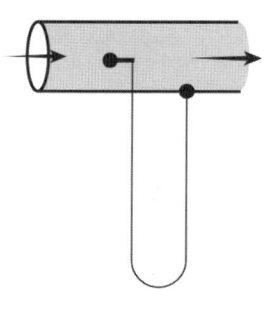
  피토관의 개념도

  □ 유량계산

  $$Q = CAV = CA \times \sqrt{\dfrac{2gP_v}{\gamma}}$$
  $$= 4.043\sqrt{P_v} \ \cdots \ (21℃, 1기압)$$

  $\begin{cases} C : 유량계수 \\ A : 단면적 \\ V : 유속 \\ P_v : 동압 \\ \gamma : 유체비중량 \end{cases}$

① **거품미터**(Soap bubble meter)
- 개요 : 비누거품이 특정 길이와 단면적을 갖는 표준 뷰렛(용량)의 내부를 흐르는 속도를 측정하여 유량을 구하는 기구이다.
- 유의사항·유량계산

  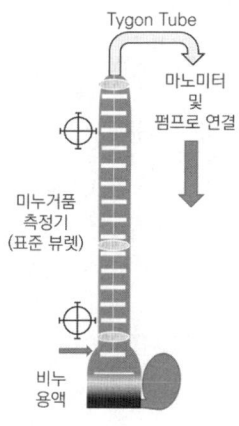

  □ 유의사항
  - 측정시간의 정확성은 ±1초 이내이어야 한다.
  - 유량측정은 최소 2회 이상을 실시한다.
  - 측정장비 및 유량보정계는 Tygon Tube로 연결한다.
  - 표준 뷰렛 내부면을 세척제 용액으로 씻어서 비누거품이 쉽게 상승할 수 있도록 한다.
  - 세척 시 아세톤이나 알코올류 등을 사용해서는 안 된다.
  - 전압 및 유량보정을 실시하기 전에 5분간 가동한다.
  - 고유량 펌프는 1,000mL 뷰렛을 사용하고 저유량 펌프에는 100mL 뷰렛으로 보정한다.

  □ 유량계산

  $$Q = A \cdot V = \dfrac{\pi D^2}{4} \times \dfrac{L}{t}$$

  $\begin{cases} A : 유량통과 뷰렛의 단면적 \\ V : 유속 \\ L : 거품의 이동길이 \\ t : 거품의 이동시간 \\ D : 뷰렛의 내경 \end{cases}$

PART 2 작업위생(환경) 측정 및 평가

예상 01
- 기사 : 07,09,15,18
- 산업 : 09,14,15,19

다음 1차 표준기구 중 일반적인 사용범위가 10~500mL/분이고, 정확도가 ±0.05~0.25%로 높아 실험실에서 주로 사용하는 것은?

① 폐활량계(Spiro meter)
② 가스치환병(Mariotte bottle)
③ 건식 가스미터(Dry-gas meter)
④ 습식 테스트미터(Wet-test meter)

해설 1차 표준기구에는 가스치환병, 비누거품미터, 폐활량계(스피로미터), 피토튜브, 흑연피스톤미터, 유리피스톤미터 등이 있다. 이 중에서 가스치환병은 정확도가 높아 주로 실험실에서 사용되고 있다. **답** ②

예상 02
- 기사 : 14,17
- 산업 : 11,13,14,18

2차 표준기구와 가장 거리가 먼 것은?

① 폐활량계
② 열선기류계
③ 오리피스미터
④ 습식 테스트미터

해설 폐활량계(스피로미터, Spiro meter)는 1차 표준기구이다. 2차 표준기구에는 열선기류계, 오리피스미터, 습식 테스트미터, 건식 가스미터, 로터미터 등이 있다. **답** ①

유.사.문.제

01 다음 2차 표준기구 중 주로 실험실에서 사용하는 것은? [12,16 산업][01,09,14,18 기사]
① 비누거품미터
② 폐활량계
③ 유리피스톤미터
④ 습식 테스트미터

hint 2차 표준기구 중 실험실 사용 : 습식 테스트미터

02 2차 표준기구 중 일반적 사용범위가 10~150L/min, 정확도는 ±1%일 경우 주 사용장소가 현장인 것은? [11,14 기사]
① 열선기류계
② 건식 가스미터
③ 피토튜브
④ 오리피스미터

03 다음 중 2차 표준기구에 해당하는 것을 고르면? [17,19 산업]
① 가스미터
② Pitot 튜브
③ 습식 테스트미터
④ 폐활량계

04 다음 중 1차 표준기구와 가장 거리가 먼 것은? [12,17 기사]
① 폐활량계
② Pitot 튜브
③ 비누거품미터
④ 습식 테스트미터

hint 습식 테스트미터 : 2차 표준기구(실험실 사용)

정답 ▮ 01.④ 02.② 03.③ 04.④

종합연습문제

01 다음 중 1차 표준기구로만 짝지어진 것은?
[07 산업][01,06,13 기사]
① 로터미터, Pitot 튜브, 폐활량계
② 비누거품미터, 가스치환병, 폐활량계
③ 건식 가스미터, 비누거품미터, 폐활량계
④ 비누거품미터, 폐활량계, 열선기류계

02 2차 표준기구와 거리가 먼 것은?
[09,10,11,12 산업][01,06,08,11,13,19 기사]
① 열선기류계
② 오리피스미터
③ 흑연피스톤미터
④ 습식·테스트미터

hint 흑연피스톤미터 → 1차 표준기구

03 1차 표준기구에 관한 설명으로 틀린 것은?
[17 산업]
① 로터미터는 유량을 측정하는 1차 표준기구이다.
② Pitot 튜브는 기류를 측정하는 1차 표준기구이다.
③ 물리적 크기에 의해서 공간의 부피를 직접 측정할 수 있는 기구이다.
④ 펌프의 유량을 보정하는데 1차 표준으로 비누거품미터를 사용할 수 있다.

hint 로터미터(Rotameter) → 2차 표준기구

04 1차, 2차 표준기구에 관한 내용으로 옳지 않는 것은?
[12 기사]
① 1차 표준기구란 물리적 차원인 공간의 부피를 직접 측정할 수 있는 기구를 말한다.
② 1차 표준기구로 폐활량계가 사용된다.
③ Wet-test미터, Rota미터, Orifice미터는 2차 표준기구이다.
④ 2차 표준기구는 1차 표준기구를 보정하는 기구를 말한다.

hint 2차 표준기구는 1차 보정기구로 보정을 하면 1차 보정기구와 같이 정확한 값을 제시할 수 있는 기구를 말한다.

05 다음 중 1차 표준기구와 가장 거리가 먼 것은?
[11,17 산업]
① 폐활량계
② 가스치환병
③ 건식 가스미터
④ 유리피스톤미터

06 측정기구의 보정을 위한 2차 표준으로서 유량 측정 시 가장 흔히 사용되는 것은?
[00,03,05,13 산업]
① 폐활량계
② 비누거품미터
③ 유리피스톤미터
④ 로터미터

07 측정기구 보정을 위한 2차 표준기기에 해당되는 것은?
[03 산업][01,04② 기사]
① Wet-test meter
② Soap buble meter
③ Pitot tube
④ Frictionless piston meter

08 다음 중 2차 표준기구인 것은? [07②,15 기사]
① 유리피스톤미터
② 폐활량계
③ 열선기류계
④ 가스치환병

09 다음 중 2차 표준기구와 가장 거리가 먼 것은?
[04 산업]
① Rotameter
② Spiro meter
③ Orifice meter
④ Wet-test meter

hint 폐활량계(스피로미터, Spiro meter)는 과거에 폐활량을 측정하는데 사용되었으나 현재는 1차 용량 표준기구로 사용된다.

정답 | 01.② 02.③ 03.① 04.④ 05.③ 06.④ 07.① 08.③ 09.②

종합연습문제

01 다음 중 1차 표준기구가 아닌 것은? [19 기사]
① 오리피스미터 ② 폐활량계
③ 가스치환병 ④ 유리피스톤미터

hint 오리피스미터는 2차 표준기구이다. 이외에 열선기류계, 습식 테스트미터, 건식 가스미터, 로터미터 등이 2차 표준기구이다.

02 다음 중 기류 측정과 가장 거리가 먼 것은? [17,18 산업]
① 풍차풍속계 ② 열선풍속계
③ 카타온도계 ④ 아스만통풍건습계

hint 아스만통풍건습계는 습도 측정기구이다.

03 비누거품방법(Bubble Meter Method)을 이용해 유량을 보정할 때의 주의사항과 가장 거리가 먼 것은? [19 기사]
① 측정시간의 정확성은 ±5초 이내이어야 한다.
② 측정장비 및 유량보정계는 Tygon Tube로 연결한다.
③ 보정램프를 시작하기 전에 충분히 충전된 펌프를 5분간 작동한다.
④ 표준뷰렛 내부면을 세척제 용액으로 씻어서 비누거품이 쉽게 상승하도록 한다.

hint 비누거품방법(Bubble Meter Method)의 측정시간의 정확성은 ±1초 이내이어야 한다.

정답 | 01.① 02.④ 03.①

- 기사 : 15,18
- 산업 : 출제대비

다음 중 로터미터에 관한 설명으로 옳지 않은 것은?
① 유량을 측정하는 데 가장 흔히 사용되는 기기이다.
② 바닥으로 갈수록 점점 가늘어지는 수직관과 그 안에서 자유롭게 상하로 움직이는 부자로 이루어져 있다.
③ 관은 유리나 투명 플라스틱으로 되어 있으며 눈금이 새겨져 있다.
④ 최대유량과 최소유량의 비율이 100 : 1 범위이고 대부분 ±0.5% 이내의 정확성을 나타낸다.

해설 로터미터의 최대유량과 최소유량의 비율은 10 : 1 범위이고, 5% 이내의 정확성을 나타낸다. 달 ④

- 기사 : 15
- 산업 : 출제대비

펌프유량 보정기구 중에서 1차 표준기구(primary standards)로 사용하는 Pitot tube에 대한 설명으로 맞는 것은?
① 속도압이 25mmH₂O일 때, 기류속도는 28.58m/sec이다.
② Pitot tube를 이용하여 곧바로 기류를 측정할 수 있다.
③ Pitot tube를 이용하여 총압과 속도압을 구하여 정압을 계산한다.
④ Pitot tube의 정확성에는 한계가 있으며, 기류가 12.7m/sec 이상일 때는 U자 튜브를 이용하고, 그 이하에서는 기울어진 튜브(inclined tube)를 이용한다.

해설 ④항만 올바르다.

02. 시료채취 계획 및 보정

▶ 바르게 고쳐보기 ◀

① 속도압(동압)이 25mmH$_2$O일 때, 기류속도 = $4.043\sqrt{25}$ = 20.22 m/sec이다.
② Pitot tube를 이용하여 측정되는 것은 동압(動壓, 속도압)이며, 이를 토대로 유속을 구할 수 있다.
③ Pitot tube를 이용할 경우 총압(總壓)과 정압(靜壓)의 차, 즉 동압(속도압)을 얻을 수 있다. 답 ④

유.사.문.제

01 로터미터(Rotameter)에 관한 설명으로 틀린 것은? [08 기사]

① 유량을 측정할 때 흔히 사용되는 2차 표준기구이다.
② 로터미터는 바닥으로 갈수록 점점 가늘어지는 수직관과 그 안에서 자유롭게 상·하로 움직이는 부자로 이루어져 있다.
③ 로터미터는 일반적으로 ±0.5% 이내의 정확성을 가진 검량선이 제공된다.
④ 대부분의 로터미터는 최대유량과 최소유량의 비율이 10 : 1의 범위이다.

02 1차 표준기구에 관한 설명으로 알맞지 않은 것은? [05 산업]

① 물리적 크기에 의해서 공간의 부피를 직접 측정할 수 있는 기구이다.
② 펌프의 유량을 보정하는 데는 1차 표준으로 비누거품미터가 가장 널리 이용된다.
③ Pitot 튜브는 기류를 측정하는 1차 표준으로 보정이 필요없다.
④ 로터미터는 유량을 측정하는 1차 표준으로 사용하는 가장 일반적인 기기이다.

03 2차 표준 보정기구와 가장 거리가 먼 것은? [04 기사]

① Wet-test meter
② Dry gas meter
③ Pitot tube meter
④ Venturi meter

04 2차 표준기구에 해당되는 것은? [06,13 산업][01,09,10 기사]

① 오리피스미터   ② 유리피스톤미터
③ 폐활량계   ④ 가스치환병

05 유량을 보정하는 방법 중 2차 표준기구용으로 가장 적절한 것은? [06,07,12 산업][01,05 기사]

① Pitot tubes
② Soiro metess
③ Wet test meter
④ Frictionless piston meters

06 공기유량과 용량을 보정하는 데 사용되는 표준기구 중 1차 표준기구가 아닌 것은? [05,08 산업][00,05,06,10,16 기사]

① 폐활량계   ② 로터미터
③ 비누거품미터   ④ 가스미터

hint 로터미터(Rotameter) : 2차 표준기구

07 다음 중 1차 표준장비에 포함되지 않는 것은? [08,15 산업][12 기사]

① 폐활량계(Spirometer)
② 비누거품미터(Soap bubble meter)
③ 가스치환병(Mariotte Bottle)
④ 열선기류계(Thermo anemometer)

08 다음 중 공간의 부피를 직접 알 수 있는 표준보정기구는? [00 기사]

① 피토튜브(Pitot tube)
② 습식 테스트미터(Wet test meter)
③ 건식 가스미터(Dry gas meter)
④ 해더미터(Head meter)

09 유량 및 용량을 보정하는데 사용되는 1차 표준장비는? [08,09,10 산업]

① 습식 테스트미터   ② 오리피스미터
③ 유리피스톤미터   ④ 열선기류계

정답 ┃ 01.③ 02.④ 03.③ 04.① 05.③ 06.② 07.④ 08.① 09.③

종합연습문제

01 2차 표준기구(유량측정)와 가장 거리가 먼 것은? [07 산업][10 기사]
① 건식 가스미터
② 유리피스톤미터
③ 오리피스미터
④ 열선기류계

02 1차 표준기구에 관한 내용으로 틀린 것은? [06 산업][01,03,05 기사]
① 물리적 크기에 의해서 공간의 부피를 직접 측정할 수 있는 기구를 말한다.
② 펌프의 유량을 보정하는 데 '1차 표준'으로서 비누거품미터가 가장 널리 사용된다.
③ 유속측정용 Wet-test미터, Rota미터, Orifice 미터가 대표적으로 사용된다.
④ 2차 표준기기는 1차 표준기기를 이용하여 보정해야 한다.

03 1차, 2차 표준기구에 관한 내용으로 틀린 것은? [12,16 기사]
① 1차 표준기구란 물리적 차원인 공기의 부피를 직접 측정할 수 있는 기구를 말한다.
② 1차 표준기구로 폐활량계가 사용된다.
③ Wet-test미터, Rota미터, Orifice미터는 2차 표준기구이다.
④ 2차 표준기구는 1차 표준기구를 보정하는 기구를 말한다.

hint 1차 표준기구는 보정 불필요, 2차 표준기구를 보정하는 기구는 1차 표준기구

04 다음 유속 측정기기들 중에 유체가 위쪽으로 흐름에 따라 float도 위로 올라가며 float와 관벽 사이의 접촉면에서 발생되는 압력강하가 float를 충분히 지지해 줄 때까지 올라간 float의 눈금을 읽어 측정하는 장비는? [04 기사]
① 오리피스미터
② 벤투리미터
③ 로터미터
④ 유출노출

05 다음은 표준기구에 관한 설명이다. ( ) 안에 가장 적합한 것은? [11 기사]

( )은/는 과거에 폐활량을 측정하는데 사용되었으나, 오늘날 "1차 용량표준"으로 자주 사용된다. 이것은 실린더 형태의 종(Bell)으로서 개구부는 아래로 향하고 있으며, 액체에 잠겨 있다.

① Rotameter
② Wet test meter
③ Pitot tube
④ Spiro meter

hint 폐활량계(스피로미터, Spiro meter)는 현재 1차 용량 표준기구로 많이 사용된다.

06 다음은 표준기구에 관한 내용이다. ( ) 안에 옳은 내용은? [11,15 산업]

유량 및 용량 보정을 하는데 있어서 1차 표준기구란 물리적 차원인 공간의 부피를 직접 측정할 수 있는 표준기구를 의미하는데 정확도가 ( ) 이내이다.

① ±1%
② ±3%
③ ±5%
④ ±10%

hint 1차 표준 보정기구(Primary Calibration)란 기구 자체가 정확한 값을 제시하는 기구 → 공간의 부피를 직접 측정할 수 있는 기구 → 정확도는 ±1% 이내(2차 표준기구는 5% 이내)

07 측정기구의 보정을 위한 비누거품미터의 활용 시 두 눈금통과 측정시간의 정확성 범위와 눈금도달 시간 측정 시 초시계의 측정한계 범위가 바르게 표기된 것은? [16 산업]
① 측정시간의 정확성 ±1초 이내이며, 초 시계로 1초까지 측정한다.
② 측정시간의 정확성 ±2초 이내이며, 초 시계로 0.1초까지 측정한다.
③ 측정시간의 정확성 ±1초 이내이며, 초 시계로 0.01초까지 측정한다.
④ 측정시간의 정확성 ±1초 이내이며, 초 시계로 0.1초까지 측정한다.

정답 ❙ 01.② 02.③ 03.④ 04.③ 05.④ 06.① 07.④

02. 시료채취 계획 및 보정

- 기사 : 02
- 산업 : 07, 18

500mL 용량의 뷰렛을 이용한 비누거품미터의 거품 통과시간을 3번 측정한 결과, 각각 10.5초, 10초, 9.5초일 때, 이 개인시료 포집기의 포집유량은 약 몇 L/분인가? (단, 기타 조건은 고려하지 않는다.)

① 0.3 ② 3 ③ 0.5 ④ 5

해설 유량(Q)은 부피(V)/시간(t)이므로 다음과 같이 계산된다.

⟨계산⟩ $V = Q \times t$ $\begin{cases} V = 500\text{mL} = 0.5\text{L} \\ t = \dfrac{10.5 + 10 + 9.5}{3}(\sec) \times \dfrac{\min}{60\sec} = 0.1667\min \end{cases}$

∴ $Q = \dfrac{0.5\text{L}}{0.1667\min} = 3\,\text{L/min}$

답 ②

유.사.문.제

01 1L의 비누거품미터(soap bubble meter)를 사용하여 공기 시료채취 펌프의 유량을 5L/분으로 보정하려고 한다. 비누거품이 1L를 통과하는 시간을 몇 초로 맞추어야 하는가? [03,06 산업]

① 35초 ② 24초
③ 12초 ④ 6초

hint $Q = \dfrac{V}{t} = \dfrac{1\text{L}}{t \times (1/60)} = 5\,\text{L/min}$

02 원통형 비누거품미터를 이용하여 공기시료 채취기의 유량을 보정하고자 한다. 원통형 비누거품미터의 내경은 4cm이고, 거품막이 30cm의 거리를 이동하는데 30초의 시간이 걸렸다면 이 공기시료 채취기의 유량은? [00,04,09,19 기사]

① 약 0.75L/min ② 약 1.65L/min
③ 약 2.15L/min ④ 약 3.35L/min

hint $Q = A \cdot V \begin{cases} A : 단면적 = \dfrac{\pi D^2}{4} \\ V : 유속 = \dfrac{L(길이)}{t(시간)} \end{cases}$

- $A = \dfrac{3.14 \times 4^2}{4} = 12.56\,\text{cm}^2$
- $V = \dfrac{L}{t} = \dfrac{30\text{cm}}{30\sec} = 1\,\text{cm/sec}$

∴ $Q = 12.56\,\text{cm}^2 \times \dfrac{1\text{cm}}{\sec} \times \dfrac{1\text{L}}{10^3\,\text{cm}^3} \times \dfrac{60\sec}{\min}$
$= 0.75\,\text{L/min}$

03 고유량 공기채취 펌프를 수동 무마찰 거품관으로 보정하였다. 비눗방울이 500cm³의 부피까지 통과하는데 17.5초가 걸렸다면 유량(L/min)은? [10,11,12,16② 산업][10 기사]

① 1.7
② 2.3
③ 2.7
④ 3.3

hint $Q = \dfrac{V}{t} = \dfrac{500 \times 10^{-3}\text{L}}{17.5 \times 60\,\min} = 1.71\,\text{L/min}$

04 용접작업장에서 개인 시료펌프를 이용하여 오전 9시 5분부터 11시 55분까지, 오후에는 1시 5분부터 4시 23분까지 시료를 채취하였다. 총채취공기량이 787L일 경우 펌프의 유량(L/min)은? [14 기사]

① 약 1.14
② 약 2.14
③ 약 3.14
④ 약 4.14

hint $Q = \dfrac{\forall (채취부피)}{t(채취시간)}$
$= \dfrac{787\text{L}}{(170 + 198)\min} = 2.14\,\text{L/min}$

정답 | 01.③ 02.① 03.① 04.②

CHAPTER 03 증기/가스상 오염물질의 시료채취와 분석

1 시료채취방식

이승원의 minimum point

(1) 순간시료채취와 연속시료채취

◎ **시료채취방법**(비교)
- 순간(단시간)시료채취 : 검지관, 직독식 기기, 진공용기, 플라스틱 백 등을 이용한 채취
- 연속시료채취
  □ 능동식 연속채취법 : 고체포집(흡착제, 흡착관), 액체흡수(흡수액), 냉각·응축법 등
  □ 수동식 연속채취법 : 확산식 시료채취(Badge 형태) → 메커니즘(펌프×) : **확산-투과-흡착**

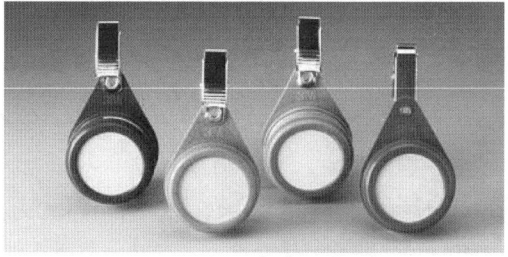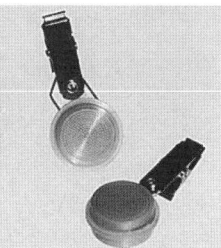

〈그림〉 수동식 확산 포집기구

◎ **가스·증기 시료채취기구**(비교)
- 순간(단시간)채취기구 : 시료채취 백(포집백) / 진공플라스크·진공 포집병 / 플라스틱 용기 / 주사기 / 스테인리스 스틸 캐니스터(canister) 등의 기구 사용
- 연속채취기구 : 흡착제(활성탄, 실리카겔 등), 흡수기구(포집병, 버블러, 임핀저), 냉각기 등 사용

◎ **측정환경·분석목적에 따른 채취방법의 적용**(비교)

순간시료채취 적용	연속시료채취 적용
• 짧은 시간에 시료를 포집하고자할 때 • 피크농도를 파악할 때 • 농도가 비교적 일정할 때 • CH_4, CO, O_2 시료를 직접 포집하고자할 때 • 반응성이 없거나 **비흡수성, 비흡착성**의 가스상 물질을 포집할 때	• 오염물질의 농도가 시간에 따라 변할 때 • 공기 중 오염물질의 농도가 낮을 때 • 측정치로 시간가중평균치를 구하고자할 때

(2) 직독식 채취기구

① 능동식과 직독식의 채취방법 및 특성 비교

● 채취방법(기법) 비교

능동식	직독식

• 고체포집법 : 흡착관(활성탄, 실리카겔, 다공성 중합체, 표면코팅 흡착제, 분자체 등)을 이용
• 액체포집법 : 흡수액(포집병, 버블러, 나선형 흡수기구 등)을 이용
• 냉각법 : 냉각트랩 등을 이용
	• 가스검지관, 광이온화검출기(PID)
	• 휴대용 가스크로마토그래피
	• 휴대용 적외선분광광도계, 전자코 시스템
	• 입자상 물질측정 직독식
	  – piezobalance(공명된 진동 이용)
	  – piezoelectric(진동 주파수 변동 이용)
	  – 분진광도계(빛의 산란특성 이용)

● 특성 비교

능동식(전형적인 방법)	직독식
• 정확하게 측정할 수 있음 • 신뢰성이 검증되어 있음 • 여러 성상을 동시에 측정할 수 있음 • 측정과 작동이 복잡하여 인력과 분석비가 많이 소요됨 • 측정장비의 보정이 요구됨 • 기술적인 훈련이 필요함	• 측정과 작동이 간편하여 인력과 분석비를 절감함 • 현장에서 유해인자의 수준과 변화를 알 수 있음 • 현장의 즉각적인 자료가 요구될 때 이용 • 민감성과 특이성이 있는 경우 매우 유용하게 사용될 수 있음 (단, **검지판**은 민감도와 물질의 특이도가 낮아 다른 방해물질의 영향을 받기 쉬움) • 정밀도와 정확도가 뒤떨어짐 • 화학반응 직독식은 음의 오차 발생가능

참/고/ **수동식**(확산식) **시료채취의 장·단점**

장점	단점
• 가볍고 착용이 편리하게 제작할 수 있다. • 시료채취방법이 쉽고, 취급이 용이하다. • 시료채취 동력을 별도로 요하지 않는다. • 뱃지(Badge) 형태의 소형으로 휴대할 수 있다. • 펌프의 보정이나 충전에 드는 시간과 노동력을 절약할 수 있다. • 전체 비용은 능동식 시료채취기에 비해 싸다.	• 채취오염물질 양이 적고 **재현성이 낮다.** • 능동식에 비해 **시료채취 속도가 낮다.** • 접촉하는 공기가 **정체되어 있으면 안 된다.** • **정체된 공기**는 시료채취 시 농도가 없어지거나 감소하는 결핍(starvation)현상이 발생할 수 있다. • **유속이 높으면 터블런스**를 일으킨다. • 공인된 방법 중 수동식 시료채취기를 사용한 방법이 많지 않다.

■ 수동식 시료채취기 사용 시 결핍(starvation)현상을 방지하면서 시료를 채취하기 위한 작업장내의 최소한의 기류속도 : **0.05~0.1m/sec 범위**

PART 2 작업위생(환경) 측정 및 평가

예상 01
- 기사 : 출제대비
- 산업 : 18

순간시료채취에서 가스나 증기상 물질을 직접 포집하는 방법이 아닌 것은?

① 주사기에 의한 포집
② 진공플라스크에 의한 포집
③ 시료채취 백에 의한 포집
④ 흡착제에 의한 포집

해설 흡착제나 흡수액을 이용하는 시료채취는 모두 연속시료채취법이다. **답** ④

유.사.문.제

01 작업환경 측정 시 공기의 단시간(순간) 시료 포집에 이용되지 않는 것은? [12,14 산업]
① 포집백
② 주사기
③ 진공포집병
④ 임핀저

hint 연속시료채취기구 : 흡착(활성탄, 실리카겔 등), 흡수(포집병, 버블러, 임핀저), 냉각기

02 가스상 물질의 순간시료채취에 사용되는 기구로 가장 거리가 먼 것은? [12 산업]
① 진공플라스크
② 미젯 임핀저
③ 플라스틱 백
④ 검지관

03 다음 중 일반적으로 사용하는 순간시료채취기(Grab sampling)가 아닌 것은? [06,11 산업]
① 버블러
② 진공플라스크
③ 시료채취 백
④ 스테인리스 스틸 캐니스터

04 다음 중 수동식 시료채취기의 포집원리와 가장 관계가 없는 것은? [05,17,19 기사]
① 확산
② 투과
③ 흡착
④ 흡수

hint 수동식 연속채취 : Badge 형태 → 펌프 사용하지 않고, 확산-투과-흡착에 의한 시료 포집

05 다음 중 순간시료채취방법(가스상 물질)을 적용할 수 없는 경우와 거리가 가장 먼 것은? [03,05,14 산업][00,05,08,13 기사]
① 오염물질의 농도가 시간에 따라 변할 때
② 공기 중 오염물질의 농도가 낮을 때
③ 시간가중평균치를 구하고자할 때
④ 반응성이 없거나 비흡착성 가스 물질을 채취할 때

06 가스상 물질을 순간시료채취방법으로 사용할 수 없는 경우는? [13 산업]
① 오염물질농도가 시간에 따라 변화되지 않을 때
② 시간가중평균치를 구하고자할 때
③ 공기 중 오염물질의 농도가 높을 때
④ 검출기의 검출한계보다 공기 중 농도가 높을 때

hint 시간가중평균치를 구하고자 할 때 → 연속채취

07 가스상 물질에 대한 시료채취방법인 순간시료채취방법을 사용할 수 없는 경우와 가장 거리가 먼 것은? [13 산업][01,03,09 기사]
① 오염물질의 농도가 시간에 따라 변할 때
② 공기 중 오염물질의 농도가 낮을 때
③ 근로자에 대한 폭로시간이 일정하지 않을 때
④ 시간가중평균치를 구하고자 할 때

정답 | 01.④ 02.② 03.① 04.④ 05.④ 06.② 07.③

03. 증기/가스상 오염물질의 시료채취와 분석

- 기사 : 18
- 산업 : 출제대비

예상 02 다음 중 직독식 기구에 대한 설명과 가장 거리가 먼 것은?

① 측정과 작동이 간편하여 인력과 분석비를 절감할 수 있다.
② 연속적인 시료채취 전략으로 작업시간 동안 완전한 시료채취에 해당된다.
③ 현장에서 실제 작업시간이나 어떤 순간에서 유해인자의 수준과 변화를 쉽게 알 수 있다.
④ 현장에서 즉각적인 자료가 요구될 때 민감성과 특이성이 있는 경우 매우 유용하게 사용될 수 있다.

[해설] 현재까지의 직독식 방법은 능동식 시료채취에 비해 정확도와 정밀도 측면에서 문제점을 보이고 있기 때문에 작업시간 동안 완전한 시료채취라고 볼 수 없다. **답 ②**

유.사.문.제

01 직독식 측정기구가 전형적 방법에 비해 가지는 장점과 가장 거리가 먼 것은? [15 기사]
① 측정과 작동이 간편하여 인력과 분석비를 절감할 수 있다.
② 현장에서 실제 작업시간이나 어떤 순간에서 유해인자의 수준과 변화를 손쉽게 알 수 있다.
③ 직독식 기구로 유해물질을 측정하는 방법의 민감도와 특이성 외의 모든 특성은 전형적 방법과 유사하다.
④ 현장에서 즉각적인 자료가 요구될 때 매우 유용하게 이용될 수 있다.

02 가스상 물질의 측정을 위한 수동식 시료채취(기)에 관한 설명으로 옳지 않은 것은? [11 기사]
① 수동식 시료채취기는 능동식에 비해 시료채취 속도가 매우 낮다.
② 오염물질이 확산, 투과를 이용하므로 농도 구배에 영향을 받지 않는다.
③ 수동식 시료채취기의 원리는 Fick's의 확산 제1법칙으로 나타낼 수 있다.
④ 산업위생전문가의 입장에서는 펌프의 보정이나 충전에 드는 시간과 노동력을 절약할 수 있다.

hint 수동식 시료채취는 오염물질의 확산, 투과력을 이용하기 때문에 농도구배의 영향을 받는다.

03 수동식 시료채취기 사용 시 최소한의 기류가 없어 채취기 표면에서 일단 확산에 의하여 오염물질이 제거되면 농도가 없어지거나 감소하는 현상은? [00,06 기사]
① 결핍 현상   ② 마스킹 현상
③ 바람막 현상   ④ Fick 확산 현상

04 수동식 시료채취기 사용 시 결핍(starvation) 현상을 방지하면서 시료를 채취하기 위한 작업장내의 최소한 기류속도는? [07,16 산업]
① 최소한 0.001~0.005m/sec
② 최소한 0.05~0.1m/sec
③ 최소한 1.0~5.0m/sec
④ 최소한 5.0~10.0m/sec

05 수동식 시료채취기의 표면에서 나타나는 결핍 현상을 제거하는데 필요한 가장 중요한 요소는 무엇인가? [01,04 기사]
① 일정온도 유지
② 일정압력 유지
③ 최소한 습도 유지
④ 최소한의 기류 유지

hint 결핍 현상은 기류가 전혀 없을 경우 채취기 표면에서 확산에 의하여 오염물질이 제거되면 농도가 없어지거나 감소하는 현상이 일어나는 것을 말한다. 분석오차의 주요원인이 된다.

정답 ▎01.③ 02.② 03.① 04.② 05.④

2 능동식-연속시료채취방법

 이승원의 **minimum point**

(1) 액체포집(흡수법)

① 포집효율을 증가시키기 위한 방법
- 용액의 **온도**를 **낮추어** 오염물질의 휘발성을 제한함
- **시료채취 유량**(시료채취 속도)을 **낮춤**
- **작은 구멍이 많은** 프리티드(fritted) 버블러 등 채취효율이 좋은 기구를 사용함
- 두 개 이상의 버블러를 연속적으로 **직렬연결**하여 포집용액, 포집시간을 늘림

① **흡수속도**(유량) : **1.0L/min 이하**(흡수액을 사용하는 능동식 시료채취 시 시료채취 유량)

① 포집효율 산정
- 단일 흡수관 : $E = \left(1 - \dfrac{m_1}{m_2}\right)$
- 직렬연결 시 : $E_T = E_1 + E_2(1 - E_1)$

$\begin{cases} m_1 : \text{첫번째 흡수관에 포집된 양} \\ E_1 : \text{첫번째 흡수관의 포집률} \\ m_2 : \text{두번째 흡수관에 포집된 양} \\ E_2 : \text{두번째 흡수관의 포집률} \end{cases}$

① 측정결과 농도계산
- $C(\text{mg/m}^3) = \dfrac{(m_1 - m_o) \times (1/\eta)}{V}$

$\begin{cases} m_1 : \text{시료 분석량(mg)} \\ m_o : \text{공시료 분석량(mg)} \\ V : \text{시료채취량(m}^3\text{)(표준상태, STP)} \\ \eta : \text{포집효율} \end{cases}$

(2) 고체포집법(흡착법)

① **흡착제 종류 및 적용** : 활성탄, 실리카겔, 다공성 중합체, 분자체(Molecular sieve), 기타 다양한 물질로 표면처리 된 흡착제 등이 사용됨

- **활성탄** : **비극성 유기용제** 등에 적합함(각종 방향족 유기용제, 할로겐화 된 지방족 유기용제, 에스테르류, 알코올류 등). 흡착제 중 **가장 많이 사용**됨
- **실리카겔** : **극성 유기용제, 산**(acid) 등에 적합(알코올, 불화수소, 염산, 방향족 아민류, 지방족 아민류 등)
- **다공성 중합체** : 농도가 낮은 휘발성 유기화합물(VOC), 유기염류, 중성화합물, 비점이 높은 화합물의 포집에 이용됨
- **분자체** : 휘발성이 큰 비극성 화합물의 포집에 사용됨

① **흡착 유량속도**(유량) : **0.2L/min 이하**(능동식 시료채취의 흡착관 기준)

① 고체포집에 영향을 미치는 요소
- 온도가 높을수록 흡착효율이 낮아짐
- 수증기는 극성 흡착제에 쉽게 흡착됨
- 유량속도가 클수록 파과 현상이 크게 나타남
- 오염물질의 농도가 높을수록 파과 현상은 비례적으로 증가함
- 혼합물 중에서 흡착제와 강한 결합을 하는 물질에 의해 치환반응이 일어남
- 흡착제의 입자가 작아지면 포집효율이 증가하고 압력은 감소함
- 튜브의 내경이 커짐에 따라 충전물의 양도 많아져야 함. 이때 충전물의 양이 많아지지 않으면 공기가 통과하는 두께가 얇아지게 됨

03. 증기/가스상 오염물질의 시료채취와 분석

□ **흡착제별 특성(Ⅰ)** → ■ **활성탄** ■

① **활성탄의 흡착특성과 사용상 제한점**

흡착특성	활성탄의 사용상 적용 제한
• 활성탄은 **소수성, 비극성 흡착제**로 표면적은 600~1,400m²/g임 • **비극성 물질의 흡착에 효과적임**(알코올류, 벤젠 등의 탄화수소류, 할로겐화 탄화수소류, 에스테르류, 에테르류, 석유계 냄새 등) • **케톤류**는 비극성 물질이지만 활성탄 표면의 물을 포함하는 **중합반응**(Polymerization)이 일어나면서 미세공의 폐쇄, 탈착률과 안정성의 문제를 일으키기 때문에 가급적 **흡착 적용 기피물질**로 분류됨 • 흡착효율이 낮은 물질 : 암모니아, 아민, 알데히드류, 부탄 등 탄화수소와 CO, NO, C_2H_4 등의 불포화 지방족 탄화수소 등 흡착관은 길이 7cm, 내경 4mm의 유리관 내에 20~40메쉬의 흡착제가 **앞층**에 100mg, **뒤층**에 50mg으로 충진되어 있음 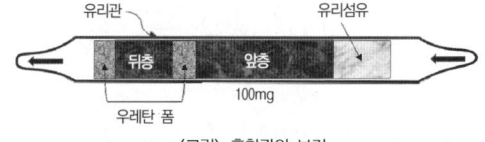 〈그림〉 흡착관의 보기	• **증기압-반응성** : 증기압이 낮은 화합물과 반응성이 강한 화합물(방향족 아민류, 페놀류, 니트로벤젠, 알데히드류, 무수화합물 등)을 포집하면 **탈착률이 매우 낮음** • **휘발성-저분자량** : 휘발성이 큰 저분자량의 탄화수소화합물의 **채취효율이 떨어짐** • **산화력-반응성** : **표면산화력**으로 인해 반응성이 큰 메르캅탄(mercaptan)과 알데히드 등의 포집에는 사용하지 않는 것이 좋음 • **저비점화합물** : 암모니아, 에틸렌, 염화수소와 같은 저비점화합물들은 증기의 흡착속도가 매우 **낮기 때문에** 효과적이지 못함 • **무기화합물** : 무기화합물(오존, 이산화질소, 염소, 황화수소, SO_2 등)은 활성탄과 **화학적 반응**을 하기 때문에 이들의 포집에는 사용하지 않는 것이 좋음 • **수분과 반응성** : 케톤의 경우 활성탄에 용이하게 포집되는 비극성 물질이지만 활성탄 표면의 물을 포함하는 경우, 중합반응에 의해 **파괴**되기 쉬우므로 탈착률과 안정성의 문제로 인해 사용하지 않는 것이 좋음 • **높은 습도** : 높은 습도는 활성탄의 흡착용량을 저하시킴

① **활성탄**(흡착제)**의 파과현상**(Breakthrough) : 앞층(전층)에서 검출된 **유해물질의 20% 이상**이 **뒤층**(후층)에서 검출되면 그 시료는 파과현상에 의해 시료의 일부가 누출되었음을 의미한다.

● 파과현상(시료)에 대한 다른 견해 { • 국내 공정시험기준 : 후단의 5% 이상(파과부피)
• OSHA의 평가 : 파과기준 5%
• NIOSH 권고사항 : 파과기준 10%
• ACHIH 규정 : 25% 이상 파과시료(폐기)

① **파과용량에 영향을 미치는 인자** : 온도, 습도, 저장시간, 흡착제의 크기, 포집오염물질의 종류 등
  □ 고온일수록 흡착능이 감소하며 **파과가 일어나기 쉬움**
  □ 고온에서는 2종 이상의 흡착대상물질 간의 반응속도도 증가하여 **흡착능이 감소하게 됨**
  □ 습도가 높으면 파과공기량(파과가 일어날 때까지의 공기채취량)이 작아짐
  □ 시료채취 속도가 빠르고 코팅된 흡착제일수록 파과가 쉽게 일어남
  □ 오염물질 농도가 높을수록 <u>파과용량은</u> 증가하나 <u>파과공기량은</u> 감소함

① **활성탄관의 흡착과 탈착**
  ● **흡착** : 반 데르 발스 힘에 의한 물리적 흡착
  ● **화학적 탈착** : **이황화탄소**(CS_2)가 용매로 사용됨(탈착률 **90% 이상**, NIOSH 권고치 75% 이상)

- 열탈착 : **300℃ 이하**(250~300℃)에서 포집한 시료를 탈착하는 방법으로 포집시료의 일부가 아닌 **한 번에 모든 시료가 주입**되어 여분의 분석물질은 남지 않기 때문에 낮은 농도의 물질을 분석할 수 있지만, **단 한번 밖에 분석할 수 없다**는 단점이 있음

□ 흡착제별 특성(Ⅱ) → ▌실리카겔 ▌

ⓛ 실리카겔의 흡착특성
- 실리카겔의 적용 : **극성 물질**의 포집에 주로 이용
    □ 극성을 갖는 유기용제류, 방향족 아민류, 페놀류, 니트로벤젠, 알데히드류
    □ 활성탄으로는 포집하기 곤란한 아닐린, 톨루이딘 등의 아민류와 무기화합물
- 극성의 크기(실리카겔과 친화력의 크기) : 물>알코올류>알데히드류>케톤류>에스테르류>방향족화합물>올레핀류>파라핀류

ⓛ 실리카겔의 장·단점

장 점	단 점
• 극성 물질의 포집률이 높다. • 물, 메탄올 등 다양한 용매를 사용하여 포집된 물질을 **용이**하게 **탈착**할 수 있다. • 활성탄과 달리 탈착용매로 **이황화탄소**(CS_2)를 사용하지 않아도 된다. • **추출물질이 기기분석을 방해하지 않는다.** • 활성탄으로는 포집하기 곤란한 아닐린, 톨루이딘 등의 아민류와 무기화합물 포집 가능	• 물을 흡수한다. • 공기 중의 습기를 흡착한다. • 물 분자가 포집된 오염물질(특히 비극성 물질)을 치환시킬 수 있다.

□ 흡착제별 특성(Ⅲ) → ▌다공성 중합체 ▌

ⓛ **다공성 중합체** : 다공성 중합체는 스티렌, 에틸비닐벤젠 혹은 디비닐벤젠 중 하나와 극성을 띤 비닐 화합물과의 공중합체(copolymer)이다.

ⓛ **종류**(상품) : Tenax tube, XAD tube, Porapak, Chromosorb 등

ⓛ 다공성 중합체의 장·단점

장 점	단 점
• 열안정성이 높다. • 저농도 측정에 이용할 수 있고 효율적으로 탈착이 가능하다. • 물리적인 성질이 우수하여 충전이 용이하다. • 특정 성분에 대한 선택성이 좋고, 추출이 용이하다.	• 활성탄에 비해 비표면적이 적다. • 흡착용량이 적고, 반응성이 떨어진다. • 비휘발성 물질(특히 CO_2)에 의해 치환반응이 일어난다. • 아민류, 글리콜류는 비가역적 흡착이 된다. • 시료에 대해 산화반응, 가수분해, 중합반응이 일어날 수 있다. • NO, SO_2, 무기산 등과 같은 반응성이 강한 기체가 존재하면 오염물질이 화학적으로 변화될 수 있다.

〈그림〉 Tenax tube

- **탈착용매 → ▮ 이황화탄소(CS₂) ▮**
  - 이황화탄소는 **비극성 유기용제**를 채취하였을 때 탈착용매로 사용됨
  - CS_2는 상온에서 휘발성이 강하여 **장시간 보관하면 휘발**로 인해 분석농도가 정확하지 않음
  - 흡착제에 흡착된 유기용제의 **탈착효율이 높으나**(90% 이상) 분석 시 **검증**을 필요로 함
  - CS_2 자체의 독성 및 인화성이 크고, 탈착작업이 열탈착 방식에 비해 번잡함
  - CS_2는 GC의 FID 감도가 낮은 특성이 있음

- **고체포집법(흡착법)의 분석 · 농도계산**
  - **고체포집법의 분석과정 및 그 순서**
    ① 유량속도 결정 → $\begin{cases} 흡착식 : 0.2L/min\ 이하 \\ 흡수식 : 1.0L/min\ 이하 \end{cases}$

    ② 측정농도(최소) 설정(C_o) 및 정량한계 검토 $\begin{cases} 정량한계(LOQ) = 10 \times 표준편차 \\ 정량한계(LOQ) = 3.3 \times 검출한계 \\ 검출한계(LOQ) = 3 \times 표준편차 \end{cases}$

    ③ 최소 시료채취량 결정 → $V_m(L) = \dfrac{LOQ}{C_o} \times 10^3$ $\begin{cases} V_m : 최소\ 시료채취량(L) \\ LOQ : 정량한계(mg) \\ C_o : 측정한계(최소)농도(mg/m^3) \end{cases}$

    ④ 최소 시료채취시간 결정 → $t(min) = \dfrac{V_m}{Q}$ $\begin{cases} t : 최소\ 시료채취시간(min) \\ V_m : 최소\ 시료채취량(L) \\ Q : 유량속도(L/min) \end{cases}$

    ⑤ 시료채취

    ⑥ 탈착 및 탈착효율 산정 → $\eta = \dfrac{m}{\alpha}$ $\begin{cases} \eta : 탈착효율(회수율) \\ m : 분석량(mg) \\ \alpha : 첨가량(mg) \end{cases}$

    - 활성탄관의 앞층(100mg)과 뒤층(50mg)을 분리하여 작은 바이엘병에 보관한다.
    - 탈착 용액을 선택한다.
    - 탈착 용액에 넣어 30분 동안 피흡착물질을 탈착시킨다.
    - 검량선을 작성한다. → 마이크로실린지(주사기)로 소량의 시료를 분취하여 가스크로마토그래피(GC)에 주입한다. → 탈착효율을 구한다.

    ⑦ 결과 · 농도계산 : 크로마토그래피의 피크높이 혹은 면적을 토대로 농도를 환산한다. → 파과현상을 파악한다. → 탈착효율을 보정한다. → 작업환경농도(C)를 계산한다.

    ▮ $C(mg/m^3) = \dfrac{(m_1 + m_2) \times (1/\eta)}{V}$ $\begin{cases} m_1 : 앞층\ 검출량(mg) \\ m_2 : 뒤층\ 검출량(mg) \\ V : 시료채취량(m^3)(표준상태,\ STP) \\ \eta : 탈착효율 \end{cases}$

(3) 기지시료(旣知試料)의 조제

- **개념** : 기지시료(spike sample)란 이미 알고 있는 공기 중 농도를 말하며, 용액상에서는 표준시료와 같은 개념임
- **조제방법의 종류** : 정적시스템(static system), 동적시스템(dynamic system)으로 분류됨

- 정적시스템(static system, 용기혼합법) : **일정한 용기**(유리, 플라스틱 백, 압력 실린더, 진공용기 등)에 공기를 넣은 후 정확한 양의 오염물질을 주입하여 기지시료를 만드는 방법으로 **경식**(硬式)과 **연식**(軟式)으로 대별됨
  - 경식(硬式)은 **유리병**이나 용기를 이용하는 방법으로 **장비가 간단**하고 제조하기 쉽지만 용기벽면에 **흡착되어 손실**이 발생할 수 있고, **폭발위험**이 있는 단점이 있음
  - 연식(軟式)은 **플라스틱 백**을 이용하는 방법으로 경식시스템의 단점을 보완할 수 있으나 시료가 플라스틱 백에 부착·반응하는 문제점이 있음
- 동적시스템(dynamic system, 다이나믹법) : 운반가스인 **공기**가 일정한 유속으로 흘러가고 있는 튜브에 일정한 양의 오염물질이 지속적으로 **첨가**되도록 하여 기저농도를 만드는 방법임
  - 가스, 증기, 에어로졸 실험도 가능함
  - 다양한 농도범위에서 제조가능(농도변화 가능)함
  - 다양한 실험이 가능함
  - 온도 및 습도 조절이 가능함
  - 소량의 누출이나 벽면에 의한 손실은 무시할 수 있음
  - 만들기가 복잡하고, 가격이 고가임
  - 지속적인 모니터링이 필요함
  - 일정한 농도를 유지하기 어려운 문제점이 있음

- 기사 : 12,15,17
- 산업 : 출제대비

예상 01 흡수 용액을 이용하여 시료를 포집할 때 흡수효율을 높이는 방법과 거리가 먼 것은?

① 시료채취 유량을 낮춘다.
② 용액의 온도를 높여 오염물질을 휘발시킨다.
③ 가는 구멍이 많은 Fritted 버블러 등 채취효율이 좋은 기구를 사용한다.
④ 두 개 이상의 버블러를 연속적으로 연결하여 용액의 양을 늘린다.

해설 용액의 온도를 높일 경우 흡수효율은 낮아진다.   **답** ②

유.사.문.제

01 각각의 포집효율이 80%인 임핀저 2개를 직렬로 연결하여 시료를 채취하는 경우 최종으로 얻어지는 포집효율은? [02,06,10,14,18 산업]

① 90%
② 92%
③ 94%
④ 96%

hint $E_T = 0.8 + 0.8(1-0.8) = 0.96 = 96\%$

02 임핀저(impinger)로 작업장내 가스를 포집하는 경우, 첫번째 임핀저의 포집효율이 90%이고, 두번째 임핀저의 포집효율은 50%이었다. 두 개를 직렬로 연결하여 포집하면 전체포집효율은? [12,15 기사]

① 93%
② 95%
③ 97%
④ 99%

hint $E_T = 0.9 + 0.5(1-0.9) = 0.95 = 95\%$

정답 ▍ 01.④ 02.②

종합연습문제

01 가스상 물질의 연속시료 채취방법 중 흡수액을 사용한 능동식 시료채취방법(시료채취 펌프를 이용하여 강제적으로 공기를 매체에 통과시키는 방법)의 일반적 시료채취 유량기준으로 가장 적절한 것은? [01,06,12,15 기사]

① 0.2L/min 이하
② 1.0L/min 이하
③ 5.0L/min 이하
④ 10.0L/min 이하

hint 흡수액을 사용할 때 1.0L/min 이하, 흡착관을 사용할 때 0.2L/min 이하

02 액체채취방법의 채취원리와 가장 거리가 먼 것은? [06 산업]

① 충돌 ② 용해
③ 반응 ④ 흡착

03 흡수제를 이용하여 시료를 포집할 때, 포집효율을 높이는 방법과 거리가 먼 것은? [04,05,06 기사]

① 흡수제의 온도를 높여준다.
② 액체에 포집된 오염물질의 휘발성을 제어한다.
③ 두 개 이상의 흡수관을 직렬로 연결한다.
④ 흡수액의 양을 늘려준다.

hint 온도를 높이면 → 포집효율 감소

04 흡수 용액을 이용하여 시료를 포집할 때, 흡수효율을 높이는 방법과 거리가 먼 것은?
[01,07,08,12,19 산업][00,07,12,14 기사]

① 용액의 온도를 낮추어 오염물질의 휘발성을 제한한다.
② 시료채취 유량을 높여서 포집효율을 향상시킨다.
③ 가는 구멍이 많은 fritted 버블러 등 채취효율이 좋은 기구를 사용한다.
④ 두 개 이상의 버블러를 연속적으로 연결하여 용액의 양을 늘린다.

hint 시료채취 유량 또는 시료채취 속도를 높이면 포집효율은 감소한다.

05 액체포집방법으로 시료를 채취하는 경우, 주의사항에 관한 설명이다. 적합하지 않은 것은? (단, 가스, 증기 포집, 포집=채취) [04 산업]

① 유기용제 등의 휘발성 물질은 흡수액의 온도가 낮을수록 포집효율이 좋아진다.
② 포집효율을 높이기 위해 흡수관을 2본 병렬로 사용하는 것이 좋다.
③ 포집기구는 종류에 따라 포집효율이 다르다.
④ 포집효율을 높이기 위해서는 시료 공기와 흡수액과의 접촉면적을 크게 하는 것이 좋다.

hint 흡수관 2본을 → 직렬연결

06 흡수액을 이용한 작업환경 측정에 대한 설명으로 옳지 않은 것은? [05 기사]

① 흡수액에 오염물질이 포화농도에 이를 때까지 시료의 흡수는 지속된다.
② 시료는 흡수액에 흡수된 후에도 증발하려는 성질이 있기 때문에 완전한 흡수는 일어나지 않는다.
③ 휘발성이 큰 물질을 용매로 사용하는 경우는 계속해서 손실액을 보충해 주어야 한다.
④ 흡수액을 사용하는 방법은 시약운반이 편리하고, 위험도가 낮아 점차 사용이 확대되고 있다.

07 펌프를 사용하여 유속 1.7L/min으로 8시간 동안 공기를 포집하였을 때, 펌프에 포집된 공기의 양은 약 몇 m^3인가? [03,18 산업]

① 0.82
② 1.41
③ 1.70
④ 2.14

hint $V = Q \times t$
$= \dfrac{1.7L}{min} \times 8hr \times \dfrac{60min}{hr} = 816L$
$= 0.82 m^3$

정답 | 01.② 02.④ 03.① 04.② 05.② 06.④ 07.①

종합연습문제

01 가스상 물질의 포집을 위한 기체 혹은 액체 치환병을 시료채취 전에 전동펌프 등을 이용한 채취대상 공기로 치환 시 채취효율에 대한 오차율이 0.03%일 때, 가스시료채취병의 공기 치환 횟수는? [17 산업]

① 18회　　② 12회
③ 8회　　　④ 5회

hint $n(\text{치환횟수}) = \ln\left(\dfrac{100}{\text{오차}}\right) = \ln\left(\dfrac{100}{0.03}\right) = 8.1$

02 2개의 흡수관을 연결하여 메탄올을 액체채취한 결과가 다음과 같았다면 농도는? [04 기사]

- 앞쪽 흡수관 : 정량된 분석량 $35.75\mu g$
- 뒤쪽 흡수관 : 정량된 분석량 $6.25\mu g$
- 공시료에서 분석된 시료량 : $2.35\mu g$
- 포집유량 : 1.0L/min
- 포집시간 365분
- 포집효율 80%

① 0.113mg/m^3　　② 0.119mg/m^3
③ 0.135mg/m^3　　④ 0.143mg/m^3

hint $C(\text{mg/m}^3) = \dfrac{(m_1 - m_o) \times (1/\eta)}{V}$

- $V(\text{m}^3) = Q \times t$
  $= 1 \times 365 \times 10^{-3} = 0.365 \text{m}^3$
- $m_1 = 35.75 + 6.25 = 42\mu g$

$\therefore C = \dfrac{42 \times (1/0.8) \times 10^{-3}}{0.365} = 0.144 \text{mg/m}^3$

03 흡수액을 이용하여 액체포집한 후 시료를 분석한 결과가 다음과 같은 수치를 얻었다. 이 물질의 공기 중 농도(mg/m^3)는? [09,14 기사]

- 시료에서 정량된 분석량 : $40.5\mu g$
- 공시료에서 정량된 분석량 : $6.25\mu g$
- 시작 시 유량 : 1.2L/min
- 종료 시 유량 : 1.0L/min
- 포집시간 : 389분
- 포집효율 : 80%

① 0.1　　② 0.2
③ 0.3　　④ 0.4

hint $C(\text{mg/m}^3) = \dfrac{(m_1 - m_o) \times (1/\eta)}{V}$

- $V(\text{m}^3) = Q \times t$
  $= \dfrac{1.2 + 1.0}{2} \times 389 \times 10^{-3}$
  $= 0.4279 \text{m}^3$

$\therefore C = \dfrac{(40.5 - 6.25) \times (1/0.8) \times 10^{-3}}{0.4279}$
$= 0.1 \text{mg/m}^3$

정답 ┃ 01.③　02.④　03.①

- 기사 : 출제대비
- 산업 : 18

02 다음 중 흡착제인 활성탄에 대한 설명과 가장 거리가 먼 것은?

① 비극성류 유기용제의 흡착에 효과적이다.
② 휘발성이 큰 저분자량의 탄화수소화합물의 채취효율이 떨어진다.
③ 표면의 산화력이 작기 때문에 반응성이 큰 알데히드의 포집에 효과적이다.
④ 케톤의 경우 활성탄 표면에서 물을 포함하는 반응에 의해 파괴되어 탈착률과 안정성에서 부적절하다.

해설 활성탄은 표면산화력이 크기 때문에 반응성이 큰 메르캅탄(mercaptan)과 알데히드(aldehyde) 등의 포집에는 사용하지 않는 것이 좋다.

답 ③

예상 03

- 기사 : 10
- 산업 : 11, 18

흡착제인 활성탄의 제한점에 관한 설명으로 옳지 않은 것은?

① 휘발성이 매우 큰 저분자량의 탄화수소화합물의 채취효율이 떨어진다.
② 암모니아, 에틸렌, 염화수소와 같은 저비점화합물에 효과가 적다.
③ 표면에 산화력이 없어 반응성이 작은 알데히드 포집에 부적합하다.
④ 비교적 높은 습도는 활성탄의 흡착용량을 저하시킨다.

[해설] 활성탄은 표면산화력이 크기 때문에 반응성이 큰 메르캅탄(mercaptan)과 알데히드(aldehyde) 등의 포집에는 사용하지 않는 것이 좋다.

[답] ③

유.사.문.제

01 다음 흡착제 중 가장 많이 사용되는 것은? [18 산업]
① 활성탄 ② 실리카겔
③ 알루미나 ④ 마그네시아

02 가스상 물질의 측정을 위한 능동식 시료채취 시 흡착관을 이용할 경우, 일반적 시료채취 유량으로 적절한 것은? (단, 연속시료채취) [14 산업]
① 0.2L/min 이하
② 1.0L/min 이하
③ 1.7L/min 이하
④ 2.5L/min 이하

> hint 흡착관을 사용할 때 0.2L/min 이하, 흡수액을 사용할 때 1.0L/min 이하

03 인쇄 또는 도장 작업에서 사용하는 페인트, 시너 또는 유성도료 등에 의해 발생되는 유해인자 중 유기용제를 포집하는 방법은? [18 산업]
① 활성탄법
② 여과포집법
③ 직독식 분진측정계법
④ 증류수 흡수액 임핀저법

04 공기 중 시료채취 원리에서 반 데르 발스 힘과 관련있는 것은? [04, 15 산업]
① 미젯임핀저 ② PVC filter
③ 활성탄관 ④ 유리섬유 여과지

05 흡착체로 사용되는 활성탄의 제한점에 관한 내용으로 옳지 않은 것은? [09, 14 기사]
① 휘발성이 적은 고분자량의 탄화수소화합물의 채취효율이 떨어짐
② 암모니아, 에틸렌, 염화수소와 같은 저비점 화합물은 비효과적임
③ 비교적 높은 습도는 활성탄의 흡착용량을 저하시킴
④ 케톤의 경우 활성탄 표면에서 물을 포함하는 반응에 의하여 파괴되어 탈착률과 안정성에서 부적절함

06 흡착제인 활성탄의 제한점에 관한 내용으로 틀린 것은? [14 기사]
① 휘발성이 매우 큰 저분자량의 탄화수소화합물의 채취효율이 떨어짐
② 암모니아, 에틸렌, 염화수소와 같은 저비점 화합물에 비효과적임
③ 케톤의 경우, 물을 포함하는 반응에 의해서 파괴되어 탈착률과 안정성에 부적절함
④ 표면의 산화력으로 인해 반응성이 적은 메르캅탄, aldehyde 포집에 부적합함

07 다음 중 비극성 유기용제 포집에 가장 적합한 흡착제는? [05, 17 기사]
① 활성탄 ② 염화칼슘
③ 황산칼슘 ④ 실리카겔

정답 | 01.① 02.① 03.① 04.③ 05.① 06.④ 07.①

예상 04

- 기사 : 00,06,19
- 산업 : 03,11

다음 내용은 흡착제로 공기 중 증기를 채취할 때 파과현상에 대한 설명이다. 옳지 않은 것은?

① 시료채취 유량이 높으면 파과가 일어나기 쉽다.
② 고온일수록 흡착성이 감소하며, 파과가 일어나기 쉽다.
③ 극성 흡착제를 사용할 경우 습도가 높을수록 파과가 일어나기 쉽다.
④ 공기 중 오염물질의 농도가 높을수록 파과용량은 감소하나 파과공기량은 증가한다.

해설 오염물질농도가 높을수록 파과용량은 증가하나 파과공기량은 감소한다. **답** ④

유.사.문.제

01 유기용제 중 활성탄관을 사용하여 효과적으로 채취하기 어려운 시료는? [08,15 산업][08 기사]

① 할로겐화 HC
② 방향족 유기용제
③ 니트로벤젠류
④ 케톤류

hint 니트로벤젠은 증기압이 낮고, 활성탄과 반응성이 강하므로 실리카겔관으로 포집하는 것이 효과적이다. 케톤류도 활성탄 표면에서 물을 포함하는 반응에 의해서 파괴될 수 있고, 안정성 측면에서 부적절하지만 별도의 수분조건이 없고, 정답은 하나를 고르는 것이므로 이를 고려한다.

02 흡착제를 이용하여 시료를 채취할 때 영향을 주는 인자에 관한 설명으로 옳지 않은 것은? [01,09②,16,17 기사]

① 습도가 높으면 파과공기량(파과가 일어날 때까지의 공기채취량)이 작아진다.
② 시료채취 속도가 낮고 코팅되지 않은 흡착제일수록 파과가 쉽게 일어난다.
③ 공기 중 오염물질의 농도가 높을수록 파과용량(흡착된 오염물질의 양)은 증가한다.
④ 고온에서는 흡착대상 오염물질과 흡착제의 표면 사이 또는 2종 이상의 흡착대상 물질간 반응속도가 증가하여 불리한 조건이 된다.

hint 시료채취 속도가 빠르고 코팅된 흡착제일수록 파과가 쉽게 일어난다.

03 흡착제를 이용하여 시료채취를 할 때 영향을 주는 인자에 관한 설명으로 틀린 것은? [07 산업][01,07,08,14,16 기사]

① 온도 : 온도가 높을수록 입자의 활성도가 커져 흡착에 좋으며 저온일수록 흡착능이 감소한다.
② 오염물질농도 : 공기 중 오염물질농도가 높을수록 파과용량은 증가하나 파과공기량은 감소한다.
③ 흡착제의 크기 : 입자의 크기가 작을수록 표면적이 증가하여 채취효율이 증가하나 압력강하가 심하다.
④ 시료채취 속도 : 시료채취 속도가 높고 코팅된 흡착제 일수록 파과가 일어나기 쉽다.

04 흡착제에 대한 설명으로 틀린 것은? [15 산업][15 기사]

① 실리카 및 알루미나계 흡착제는 그 표면에서 물과 같은 극성 분자를 선택적으로 흡착한다.
② 흡착제의 선정은 대개 극성 오염물질이면 극성흡착제를, 비극성 오염물질이면 비극성 흡착제를 사용하나 반드시 그러하지는 않다.
③ 활성탄은 다른 흡착제에 비하여 큰 비표면적을 갖고 있다.
④ 활성탄은 탄소의 불포화결합을 가진 분자를 선택적으로 흡착한다.

hint 불포화결합을 가진 분자를 선택적으로 흡착하는 것은 실리카 및 알루미늄 흡착제이다.

정답 | 01.③ 02.② 03.① 04.④

03. 증기/가스상 오염물질의 시료채취와 분석

- 기사 : 10,13
- 산업 : 13,17

05 다음 중 활성탄으로 시료채취 시 가장 많이 사용되는 탈착용매는?

① 헥산 ② 에탄올
③ 이황화탄소 ④ 클로로포름

해설 활성탄관의 탈착용매로 이황화탄소(CS_2)가 사용된다. 이황화탄소는 독성이 매우 강한 신경독성 물질이므로 취급에 각별히 유의하여야 한다. **답** ③

유.사.문.제

01 가장 많이 사용되는 표준형 활성탄관의 경우, 앞층과 뒤층에 들어있는 활성탄의 양은? (단, 앞층 : 공기 입구측) [00,03,04,14 산업]

① 앞층 : 50mg, 뒤층 : 100mg
② 앞층 : 100mg, 뒤층 : 50mg
③ 앞층 : 200mg, 뒤층 : 300mg
④ 앞층 : 300mg, 뒤층 : 200mg

02 작업장 공기 중 벤젠증기를 활성탄관 흡착제로 채취할 때 작업장 공기 중 페놀이 함께 다량 존재하면 벤젠증기를 효율적으로 채취할 수 없게 되는 이유로 가장 적합한 것은? [03,16 기사]

① 벤젠과 흡착제와의 결합자리를 페놀이 우선적으로 차지하기 때문
② 실리카겔 흡착제가 벤젠과 페놀이 반응할 수 있는 장소로 이용되어 부산물
③ 페놀이 실리카겔과 벤젠의 결합을 증가시키는 다리 역할을 하여 분석 시 벤젠의 탈착을 어렵게 하기 때문
④ 벤젠과 페놀이 공기내에서 서로 반응을 하여 벤젠의 일부가 손실되기 때문

hint 흡착자리 경쟁력 : 페놀>벤젠

03 오염물질이 흡착관의 앞층에 포화된 다음 뒤층에 흡착되지 시작되어 기류를 따라 흡착관을 빠져나가는 현상은? [17 산업]

① 파과 ② 흡착
③ 흡수 ④ 탈착

04 시료채취방법에 따라 분류할 때, 활성탄관의 사용이 속하는 방법은? [17 산업]

① 직접포집법
② 액체포집법
③ 여과포집법
④ 고체포집

05 Charcoal tube(활성탄 튜브)는 다음 포집법 중 어느 것에 해당되는가? [03 산업]

① 직접포집법 ② 여과포집법
③ 액체포집법 ④ 고체포집법

06 파과현상(breakthrough)에 영향을 미치는 요인이라고 볼 수 없는 것은? [15 기사]

① 포집대상인 작업장의 온도
② 탈착에 사용하는 용매의 종류
③ 포집을 끝마친 후부터 분석까지의 시간
④ 포집된 오염물질의 종류

07 다음 중 파과용량에 영향을 미치는 요인과 가장 거리가 먼 것은? [18 기사]

① 포집된 오염물질의 종류
② 작업장의 온도
③ 탈착에 사용하는 용매의 종류
④ 작업장의 습도

hint 파과용량에 영향을 미치는 인자 : 온도, 습도, 저장시간, 흡착제의 크기, 포집오염물질의 종류 등

정답 01.② 02.① 03.② 04.④ 05.④ 06.② 07.③

PART 2 작업위생(환경) 측정 및 평가

종합연습문제

01 흡착제인 활성탄의 제한점으로 틀린 것은?
[09,11 산업][01,09 기사]

① 염화수소와 같은 고비점화합물에 비효과적이다.
② 휘발성이 큰 저분자량의 탄화수소화합물의 채취효율이 떨어진다.
③ 비교적 높은 습도는 활성탄의 흡착용량을 저하시킨다.
④ 케톤의 경우 활성탄 표면에서 물을 포함하는 반응에 의해 파괴되어 탈착률과 안전성에서 부적절하다.

hint 활성탄은 암모니아, 에틸렌, 염화수소와 같은 저비점화합물들은 증기의 흡착속도가 매우 낮기 때문에 효과적이지 못하다.

02 가스상 물질의 분석 및 평가를 위한 '열탈착'에 관한 설명으로 틀린 것은? [09 기사]

① 용매 탈착 시 이황화탄소는 독성 및 인화성이 크고 작업이 번잡하며, 열탈착이 보다 간편한 방법이다.
② 활성탄관을 이용하여 시료를 채취한 경우, 열탈착에 필요한 300℃ 이상에서는 많은 분석물질이 분해되어 사용이 제한된다.
③ 열탈착은 용매탈착에 비하여 흡착제에 채취된 일부 분석물질만 기기로 주입되어 감도가 떨어진다.
④ 열탈착은 대개 자동으로 수행되며 탈착된 분석물질이 가스크로마토그래피로 직접 주입되도록 되어 있다.

hint 열탈착법(TD, Thermal Desorption)은 탈착된 시료는 단지 1회 주입으로 종결되고 열탈착장비 및 시료채취기의 가격이 비싸며, 분석시간이 긴 단점이 있다.

03 활성탄관으로 포집한 시료를 열탈착할 때의 특징으로 옳은 것은? [19 산업]

① 작업이 번잡하다.
② 탈착효율이 나쁘다.
③ 300℃ 이상 고온에서 사용 가능하다.
④ 한 번에 모든 시료가 주입되어 여분의 분석물질이 남지 않는다.

hint 열탈착법은 고온에서 흡착제에 흡착된 물질을 날려보내 탈착시키는 방법으로 포집시료의 일부가 아닌 한 번에 모든 시료가 주입되어 여분의 분석물질은 남지 않기 때문에 낮은 농도의 물질을 분석할 수 있지만, 단 한번 밖에 분석할 수 없다는 단점이 있다.

04 가스 및 증기 시료채취 시 사용되는 고체흡착식 방식 중 활성탄에 관한 설명과 가장 거리가 먼 것은? [19 산업]

① 증기압이 낮고 반응성이 있는 물질의 분리에 사용된다.
② 제조과정 중 탄화과정은 약 600℃의 무산소 상태에서 이루어진다.
③ 포집한 시료는 이황화탄소로 탈착시켜 가스크로마토그래피로 미량분석이 가능하다.
④ 사업장에 작업 시 발생되는 유기용제를 포집하기 위해 가장 많이 사용된다.

hint 활성탄은 증기압이 낮은 화합물과 반응성이 강한 화합물(방향족 아민류, 페놀류, 니트로벤젠, 알데히드류, 무수화합물 등)을 포집하면 탈착률이 매우 낮다.

05 다음 유기용제 물질 중 활성탄관으로 채취하기에 가장 적합하지 않은 것은? [06,11 산업]

① 에스테르류
② 할로겐화 탄화수류
③ 알코올류
④ 방향족 아민류

hint 활성탄관은 비극성류의 유기용제 등에 적합하다.

정답 | 01.① 02.③ 03.④ 04.① 05.④

종합연습문제

01 흡착을 위해 사용하는 활성탄에 대한 설명 중 옳지 않은 것은? [05,12 기사]

① 끓는점이 높은 암모니아, 에틸렌, 포름알데히드 증기는 흡착속도가 높다.
② 메탄, 일산화탄소 같은 가스는 흡착되지 않는다.
③ 비극성 물질의 탈착용매로 이황화탄소가 주로 쓰인다.
④ 유기용제 증기, 수은증기 같이 상대적으로 무거운 증기는 잘 흡착된다.

02 활성탄의 제한점에 관한 설명으로 맞는 것은? [12 기사]

① 휘발성이 매우 작은 고분자량의 탄화수소화합물의 채취효율이 떨어짐
② 암모니아, 염화수소와 같은 저비점화합물에 비효과적임
③ 케톤의 경우 활성탄 표면에서 물을 포함하지 않는 반응에 의해 탈착률은 양호하나 안정성이 부적절함
④ 표면의 흡착열으로 인해 반응성이 작은 mercaptan과 aldehyde 포집에 부적합함

03 활성탄관으로 유기용제 시료를 채취할 때 공시료의 처리방법으로 가장 적합한 것은? [08 산업]

① 관 끝을 깨지 않은 상태로 실험실의 냉장고에 그대로 보관한다.
② 현장에서 관 끝을 깨고 관 끝을 폴리에틸렌 마개로 막지 않고 현장시료와 동일한 방법으로 운반, 보관한다.
③ 관 끝을 깨지 않은 상태로 현장시료와 동일한 방법으로 운반, 보관한다.
④ 현장에서 관 끝을 깨고 관 끝을 폴리에틸렌 마개로 막고 현장시료와 동일한 방법으로 운반, 보관한다.

04 흡착제를 이용하여 시료채취를할 때 영향을 주는 인자에 관한 설명으로 옳지 않은 것은 어느 것인가? [02,08,11,12 기사]

① 온도 : 고온일수록 흡착능이 감소하며 파과가 일어나기 쉽다.
② 시료채취 속도 : 시료채취 속도가 높고 코팅된 흡착제일수록 파과가 일어나기 쉽다.
③ 오염물질농도 : 공기 중 오염물질의 농도가 높을수록 파과용량(흡착제에 흡착된 오염물질의 양)이 감소한다.
④ 습도 : 극성 흡착제를 사용할 때 수증기가 흡착되기 때문에 파과가 일어나기 쉽다.

hint 오염물질농도 : 공기 중 오염물질의 농도가 높을수록 파과용량(흡착제에 흡착된 오염물질의 양)이 증가한다.

05 흡착관을 이용하여 시료를 포집할 때 고려해야할 사항으로 거리가 먼 것은? [06 기사]

① 파과현상이 발생할 경우 오염물질의 농도를 과대평가할 수 있으므로 주의해야 한다.
② 포집시료의 보관 및 저장 시 흡착물질의 이동현상(migration)이 일어날 수 있으며 파과현상과 구별하기 힘들다.
③ 작업환경 측정 시 많이 사용하는 흡착관은 앞층이 100mg, 뒤층이 50mg으로 되어있는데 오염물질에 따라 다른 크기의 흡착제를 사용하기도 한다.
④ 실리카 및 알루미나계 흡착제는 탄소의 불포화결합을 가진 분자를 선택적으로 흡착한다.

hint 파과현상이 일어날 경우 시료의 일부가 누출되었음을 의미하므로 오염물질의 농도를 과소평가할 수 있으므로 주의해야 한다.

정답 | 01.① 02.② 03.④ 04.③ 05.①

PART 2 작업위생(환경) 측정 및 평가

- 기사 : 13, 19
- 산업 : 출제대비

예상 06 흡착관인 실리카겔관에 사용되는 실리카겔에 관한 설명으로 틀린 것은?

① 추출 용액이 화학분석이나 기기분석에 방해물질로 작용하는 경우가 많지 않다.
② 실리카겔은 극성 물질을 강하게 흡착하므로 작업장에 여러 종류의 극성 물질이 공존할 때는 극성이 강한 물질이 극성이 약한 물질을 치환하게 된다.
③ 파라핀류가 케톤류보다 극성이 강하며, 따라서 실리카겔에 대한 친화력도 강하다.
④ 매우 유독한 이황화탄소를 탈착용매로 사용하지 않는다.

해설 파라핀류는 극성이 가장 약하다. 용제의 극성 크기는 물 > 알코올 > 알데히드류 > 케톤류 > 에스테르류 > 방향족 탄화수소류 > 올레핀류 > 파라핀류이다. **답** ③

유.사.문.제

01 다음 중 실리카겔에 대한 친화력이 가장 큰 물질은? [05,12②,14,15,18② 산업][07,12,15 기사]
① 케톤류
② 에스테르류
③ 알데히드류
④ 올레핀류

hint 극성의 크기 순서 : 물>알코올류>알데히드류>케톤류>에스테르류>방향족 탄화수소류>올레핀류>파라핀류

02 다음 유기용제 중 극성이 가장 강한 것은? [02,06,07 산업][00,05,10,11,12,16,18,19 기사]
① 케톤류   ② 알코올류
③ 올레핀류 ④ 에스테르류

03 다음 중 실리카겔과 친화력이 가장 큰 유기용제는? [15,16 산업]
① 파라핀류
② 케톤류
③ 에스테르류
④ 방향족 탄화수소류

04 아민류, 페놀류, 아마이드류, 무기산 등의 채취에 적합한 흡착제는? [04 산업]
① 활성탄관   ② 실리카겔관
③ XAD   ④ Tenax GC

05 실리카겔관이 활성탄관에 비해 갖는 장점으로 옳지 않은 것은? [17 산업][04 기사]
① 활성탄관에 비해서 수분을 잘 흡수한다.
② 유독한 이황화탄소를 탈착용매로 사용하지 않는다.
③ 극성 물질을 채취한 경우 물, 메탄올 등 다양한 용매로 쉽게 탈착된다.
④ 추출액이 화학분석이나 기기분석에 방해물질로 작용하는 경우가 많지 않다.

06 실리카겔 흡착에 대한 설명으로 틀린 것은? [17 기사]
① 실리카겔은 규산나트륨과 황산의 반응에서 유도된 무정형의 물질이다.
② 극성을 띠고 흡습성이 강하므로 습도가 높을수록 파과용량이 증가한다.
③ 추출액이 화학분석이나 기기분석에 방해물질로 작용하는 경우가 많지 않다.
④ 활성탄으로 채취가 어려운 아닐린, 오르토-톨루이딘 등의 아민류나 몇몇 무기물질의 채취도 가능하다.

정답 ❘ 01.③ 02.② 03.② 04.② 05.① 06.②

종합연습문제

01 활성탄관에 비하여 실리카겔관(흡착)을 사용하여 채취하기 용이한 시료는? [07②,08,11,16 산업]
① 알코올류
② 방향족 탄화수소류
③ 나프타류
④ 니트로벤젠류

hint 실리카겔관에 유리한 것 : 극성을 갖는 유기용제, 방향족 아민, 페놀, 니트로벤젠, 알데히드류

02 유기용제 측정매체인 실리카겔에 대한 장·단점으로 틀린 것은? [06,11,14 산업][04,06,09 기사]
① 활성탄보다는 비극성 물질에 대해 선택적으로 사용된다.
② 추출액이 화학분석이나 기기분석에 방해물질로 작용하는 경우가 많지 않다.
③ 습도가 높은 작업장에서는 다른 오염물질의 파과용량이 작아져 파과를 일으키기 쉽다.
④ 매우 유독한 이황화탄소를 탈착용매로 사용하지 않는다.

03 가스 및 증기 시료채취방법 중 실리카겔에 의한 흡착방법에 관한 설명으로 적합하지 않은 것은? [14 산업]
① 탈착용매로 CS_2를 사용하지 않는다.
② 활성탄으로 채취가 어려운 아닐린, 오르토-톨루이딘 등 아민류나 몇몇 무기물질의 채취가 가능하다.
③ 추출액이 화학분석이나 기기분석에 방해물질로 작용하는 경우가 있다.
④ 물을 잘 흡수하는 단점이 있다.

04 다음 매체 중 흡착의 원리를 이용하여 시료를 채취하는 방법이 아닌 것은? [16 산업]
① 활성탄관
② 실리카겔관
③ Molecular seive
④ PVC 여과지

05 실리카겔관이 활성탄관에 비하여 가지고 있는 장점과 가장 거리가 먼 것은? [15 기사]
① 극성 물질을 채취한 경우 물, 메탄올 등 다양한 용매로 쉽게 탈착된다.
② 추출액이 화학분석이나 기기분석의 방해물질로 작용하는 경우가 많지 않다.
③ 매우 유독한 이황화탄소를 탈착용매로 사용하지 않는다.
④ 습도에 대한 민감도가 높다.

06 실리카겔 흡착관에 대한 설명으로 옳지 않은 것은? [15 산업]
① 실리카겔은 극성이 강하여 극성 물질을 채취한 경우 물과 같은 일반 용매로는 탈착되기 어렵다.
② 추출용액이 화학분석이나 기기분석에 방해물질로 작용하는 경우가 많지 않다.
③ 유독한 이황화탄소를 탈착용매로 사용하지 않는다.
④ 활성탄으로 채취가 어려운 아닐린, 오르토-톨루이딘 등의 아민류 채취가 가능하다.

hint 실리카겔은 물, 메탄올 등 다양한 용매로 쉽게 탈착된다.

07 실리카겔이 활성탄에 비해 갖는 장·단점으로 틀린 것은? [01,03,04,06 산업]
① 수분을 잘 흡수하는 단점을 가지고 있다.
② 활성탄으로 채취가 어려운 아닐린, 오르토-톨루이딘 등의 아민류나 몇몇 무기물질의 채취가 가능하다.
③ 추출액이 화학분석이나 기기분석에 방해물질로 작용하는 경우가 많지 않다.
④ 이황화탄소를 주 탈착용매로 하여 쉽게 탈착시킨다.

정답 | 01.④ 02.① 03.③ 04.④ 05.④ 06.① 07.④

종합연습문제

01 실리카겔관을 이용하여 포집한 물질을 분석할 때 보정해야 하는 실험은? [18 산업]

① 특이성 실험
② 산화율 실험
③ 탈착효율 실험
④ 물질의 농도범위 실험

hint 탈착효율(회수율)은 분석량(m)과 첨가량(α)의 비율을 말하며, 다음과 같이 산정한다.

$$E(\%) = \frac{m}{\alpha} \times 100 \quad \begin{cases} E : 탈착효율(회수율)(\%) \\ m : 분석량(mg) \\ \alpha : 첨가량(mg) \end{cases}$$

02 탈착효율 실험은 고체흡착관을 이용하여 채취한 유기용제의 분석에 관련된 실험이다. 이 실험의 목적과 가장 거리가 먼 것은? [19 산업]

① 탈착효율의 보정
② 시약의 오염 보정
③ 흡착관의 오염 보정
④ 여과지의 오염 보정

hint 탈착효율 실험의 목적은 탈착효율의 보정, 시약의 오염 보정, 흡착관의 오염 보정을 하기 위함이다.

03 활성탄관(charcoal tubes)을 사용하여 포집하기에 가장 부적합한 오염물질은? [03 기사]

① 염소화 탄화수소류
② 에스테르류
③ 방향족 아민류
④ 알코올류

04 극성류의 유기용제, 산 등과 같은 시료를 채취하는 데 가장 적합한 포집매체는? [05 산업]

① PTFE막 여과지
② 실리카겔관
③ MCE막 여과지
④ 활성탄관

05 고체포집법에 관한 설명으로 틀린 것은? [18 산업]

① 시료 공기를 흡착력이 강한 고체의 작은 입자층을 통과시켜 포집하는 방법이다.
② 실리카겔은 산과 같은 극성 물질의 포집에 사용되며, 수분의 영향을 거의 받지 않으므로 널리 사용된다.
③ 시료의 채취는 사용하는 고체입자층의 포집효율을 고려하여 일정한 흡입유량으로 한다.
④ 포집된 유기물은 일반적으로 이황화탄소로 탈착하여 분석용 시료로 사용된다.

hint 실리카겔은 가스의 흡착력이 우수하며, 물에 녹지 않고, 독성과 가연성이 없는 특징을 가진다. 그러나 활성탄에 비해 수분을 잘 흡수하여 습도에 민감한 단점이 있으며, 물 분자가 포집된 오염물질(특히 비극성 물질)을 치환시킬 수 있기 때문에 수분과 혼합된 시료의 포집에는 사용을 배제하고 있다.

06 공기 중 방향족 아민류의 시료채취에 가장 적합한 채취 매체는? [04 산업]

① 실리카겔관
② $5\mu m$ 공극의 PVC 여과지
③ 활성탄관
④ XAD-2 흡착관

07 활성탄, 실리카겔 등과 같은 흡착제를 사용하여 공기 중 유기용제 증기를 채취하는 방법은? [04 산업]

① 액체포집방법
② 고체포집방법
③ 여과포집방법
④ 직접포집방법

08 다음 화합물질 중 증기압이 낮고 반응성이 있어 활성탄이 아닌 실리카겔이나 다른 다공성 매체를 사용하여 흡착하여야 하는 물질로 가장 적절한 것은? [05②,10 산업][07 기사]

① 할로겐화탄화수소
② 아민류
③ 에테르류
④ 알코올류

정답 | 01.③ 02.④ 03.③ 04.② 05.② 06.① 07.② 08.②

종합연습문제

01 흡착제 중 실리카겔이 활성탄에 비해 갖는 장·단점으로 옳지 않은 것은? [12,14 산업][11 기사]

① 활성탄에 비해 수분을 잘 흡수하여 습도에 민감한 단점이 있다.
② 매우 유독한 이황화탄소를 탈착용매로 사용하지 않은 장점이 있다.
③ 활성탄에 비해 아닐린, 오르토-톨루이딘 등 아민류의 채취가 어려운 단점이 있다.
④ 추출액이 화학분석이나 기기분석에 방해물질로 작용하는 경우가 많지 않은 장점이 있다.

hint 실리카겔은 활성탄으로는 포집하기 곤란한 아닐린, 톨루이딘 등의 아민류와 무기화합물의 포집에 사용된다.

02 흡착제 중 실리카겔이 활성탄에 비해 갖는 장점이 아닌 것은? [01,04,08 산업][00,05,07,09 기사]

① 수분을 잘 흡수하여 습도가 높은 환경에도 흡착능 감소가 적다.
② 매우 유독한 이황화탄소를 탈착용매로 사용하지 않는다.
③ 극성 물질을 채취할 경우 물, 메탄올 등 다양한 용매로 쉽게 탈착된다.
④ 추출액이 화학분석이나 기기분석에 방해물질로 작용하는 경우가 많지 않다.

03 실리카겔 흡착에 대한 설명으로 옳지 않은 것은? [06 기사]

① 실리카겔은 규산나트륨과 황산과의 반응에서 유도된 무정형의 물질이다.
② 극성을 띠고 흡습성이 강하므로 습도가 높을수록 파과용량이 증가한다.
③ 추출액이 화학분석이나 기기분석에 방해물질로 작용하는 경우가 많지 않다.
④ 활성탄으로 채취가 어려운 아닐린, 오르토-톨루이딘 등의 아민류나 몇몇 무기물질의 채취도 가능하다.

hint 실리카겔은 극성을 띠고 흡습성이 강하므로 습도가 높을수록 파과용량은 감소한다.

04 흡착관인 실리카겔관에 사용되는 실리카겔에 관한 설명으로 틀린 것은? [12 산업][08 기사]

① 실리카겔은 극성을 띠고 흡습성이 강하므로 습도가 높을수록 파괴되기 쉽다.
② 실리카겔은 극성 물질을 강하게 흡착하므로 작업장에 여러 종류의 극성 물질이 공존할 때는 극성이 강한 물질이 극성이 약한 물질을 치환하게 된다.
③ 파라핀류보다 물의 극성이 강하며 따라서 실리카겔에 대한 친화력도 물이 강하다.
④ 실리카겔의 강한 극성으로 오염물질의 탈착이 어렵고 추출용액이 화학분석의 방해물질로 작용하는 경우가 많다.

05 흡착관을 이용하여 시료를 포집할 때, 고려해야 할 사항으로 거리가 먼 것은?
[07 산업][08②,11 기사]

① 파과현상이 발생할 경우 오염물질의 농도를 과소평가할 수 있으므로 주의해야 한다.
② 시료 저장 시 흡착물질의 이동현상이 일어날 수 있으며 파과현상과 구별하기 힘들다.
③ 작업환경 측정 시 많이 사용하는 흡착관은 앞층이 100mg, 뒤층이 50mg으로 되어 있는데 오염물질에 따라 다른 크기의 흡착제를 사용하기도 한다.
④ 활성탄 흡착제는 탄소의 불포화결합을 가진 분자를 선택적으로 흡착하며 큰 비표면적을 가진다.

hint 활성탄은 비극성이므로 선택성이 떨어진다.

06 작업환경 측정의 정확도는 시료 포집시간과 시료수에 따라 달라진다. 다음 시료 포집법 중 오차가 가장 낮은 방법은? [04 산업]

① 단시간 단일시료 포집법
② 전 작업시간 단일시료 포집법
③ 전 작업시간 연속시료 포집법
④ 부분적 연속시료 포집법

정답 ┃ 01.③ 02.① 03.② 04.④ 05.④ 06.③

PART 2 작업위생(환경) 측정 및 평가

- 기사 : 14
- 산업 : 08,12,18

07 흡착제 중 다공성 중합체에 관한 설명으로 틀린 것은?

① 활성탄보다 비표면적이 작다.
② 특정 물질에 대한 선택성이 좋다.
③ 활성탄보다 흡착용량이 크며 반응성도 높다.
④ Tenax GC는 열안정성이 높아 열탈착에 의한 분석이 가능하다.

해설 다공성 중합체는 활성탄에 비해 비표면적이 적으며, 흡착용량이 적고 반응성이 떨어진다.   **답** ③

유.사.문.제

01 가스상 또는 증기상 물질의 채취에 이용되는 흡착제 중의 하나인 다공성 중합체에 포함되지 않는 것은? [13 산업]

① Tenax GC
② XAD관
③ Chromosorb
④ Zeolite

02 가스상 또는 증기상 물질의 채취에 이용되는 흡착제 중의 하나인 다공성 중합체에 포함되지 않는 것은? [03 산업]

① Tenax GC
② XAD관
③ Choromosorb
④ Ambersorbs

03 가스상 물질 측정을 위한 흡착제인 다공성 중합체에 관한 설명으로 옳지 않은 것은? [11 기사]

① 활성탄보다 비표면적이 크다.
② 특정한 물질에 대한 선택성이 좋은 경우가 있다.
③ 대부분의 다공성 중합체는 스티렌, 에틸비닐벤젠 혹은 디비닐벤젠 중 하나와 극성을 띤 비닐화합물과의 공중합체이다.
④ 상품명으로는 Tenax tube, XAD tube 등이 있다.

hint 다공성 중합체는 활성탄에 비해 비표면적이 적으며, 흡착용량이 적고, 반응성이 떨어진다.

04 흡착제에 관한 설명으로 틀린 것은? [08 기사]

① 활성탄 : 탄소 함유 물질을 탄화 및 활성화하여 만든 흡착능력이 큰 무정형 탄소의 일종이다.
② 다공성 중합체 : 활성탄보다 반응할 수 있는 표면적이 넓어 선택적 분석이 가능하다.
③ 분자체 : 탄소 분자체는 합성 다중체나 석유타르 전구체의 무산소 열분해로 만들어지는 구형의 다공성 구조를 가지고 있다.
④ 실리카겔 : 규산나트륨과 황산과의 반응에서 유도된 무정형의 결정체이다.

hint 다공성 중합체는 활성탄보다 반응할 수 있는 표면적이 적지만 특정 성분에 대한 선택성이 좋기 때문에 선택적 분석에 이용된다.

05 흡착제에 관한 설명으로 옳지 않은 것은? [11 기사]

① 다공성 중합체는 활성탄보다 비표면적이 작다.
② 다공성 중합체는 특정한 물질에 대한 선택성이 좋은 경우가 있다.
③ 탄소 분자체는 합성 다중체나 석유타르 전구체의 무산소 열분해로 만들어지는 구형의 다공성 구조를 가진다.
④ 탄소 분자체는 수분의 영향이 적어 대기 중 휘발성이 낮은 극성화합물 채취에 사용된다.

hint 탄소 분자체는 수분의 영향이 많아 시료에 대해 가수분해, 산화반응, 중합반응이 일어날 수 있다. 따라서 대기 중에서 휘발성이 큰 비극성화합물의 포집에 주로 사용된다.

정답 | 01.④ 02.④ 03.① 04.② 05.④

03. 증기/가스상 오염물질의 시료채취와 분석

- 기사 : 출제대비
- 산업 : 18

탈착용매로 사용되는 이황탄소에 관한 설명으로 틀린 것은?

① 이황화탄소는 유해성이 강하다.
② 기체크로마토그래피에서 피크가 크게 나와 분석에 영향을 준다.
③ 주로 활성탄으로 비극성 유기용제를 채취하였을 때 탈착용매로 사용한다.
④ 상온에서 휘발성이 강하여 장시간 보관하면 휘발로 인해 분석농도가 정확하지 않다.

해설 CS_2는 GC의 불꽃이온화검출기에서 반응성이 낮아 용매 피크가 작기 때문에 분석을 유리하게 한다. **답** ②

유.사.문.제

01 다음 중 활성탄에 흡착된 유기화합물을 탈착하는 데 가장 많이 사용하는 용매는?
[01,03,06,07,08,09,13 산업][00,06,10,13,17 기사]

① 톨루엔
② 이황화탄소
③ 클로로포름
④ 메틸클로로포름

02 탈착용매로 사용되는 이황화탄소에 관한 설명으로 틀린 것은? [14 산업]

① 주로 활성탄관으로 비극성 유기용제를 채취하였을 때 탈착용매로 사용된다.
② 이황화탄소는 유해성이 강하다.
③ 상온에서 휘발성이 약하여 분석에 영향이 적은 장점이 있다.
④ 탈착효율이 좋은 용매이며, 가스크로마토그래피(FID)에서 피크가 작게 나온다.

03 흡착제의 탈착을 위한 이황화탄소 용매에 관한 설명으로 틀린 것은? [12 기사]

① 탈착효율이 좋다.
② 활성탄으로 시료채취 시 많이 사용된다.
③ GC의 불꽃이온화검출기에서 반응성이 낮아 피크가 작게 나와 분석에 유리하다.
④ 인화성이 적어 화재의 염려가 적다.

04 바이오에어로졸을 시료채취하여 2개의 배양 접시에 배지를 사용하여 세균을 배양하였으며 시료채취 전의 유량은 28.4L/min, 시료채취 후의 유량은 28.8L/min이었다. 시료채취는 10분 동안 시행되었다면 시료채취에 사용된 공기의 부피는? [14 산업][12 기사]

① 284L   ② 285L
③ 286L   ④ 288L

hint $Q_m = \dfrac{Q_1 + Q_2}{2} \times t$

$\therefore Q_m = \dfrac{28.4 + 28.8}{2} \times 10 = 286L$

05 수동식 시료채취기(passive sampler)로 8시간 동안 벤젠을 포집하였다. 포집된 시료를 GC를 이용하여 분석한 결과 20,000ng이었으며, 공시료는 0ng이었다. 회사에서 제시한 벤젠의 시료채취량은 35.6mL/분이고 탈착효율은 0.96이라면 공기 중 농도는 몇 ppm인가? (단, 벤젠의 분자량은 78, 25℃, 1기압 기준)
[08 산업][15 기사]

① 0.38   ② 1.22
③ 5.87   ④ 10.57

hint 농도$(mg/m^3) = \dfrac{m(mg)}{\forall (m^3)}$

$C = \dfrac{20,000 \times 10^{-6} mg}{35.6 \times 10^{-6} \times 480 \times 0.96 m^3}$
$= 1.22 mg/m^3$

$\therefore C'(ppm) = 1.22 \times \dfrac{24.45}{78} = 0.38 ppm$

정답 01.② 02.③ 03.④ 04.③ 05.①

PART 2 작업위생(환경) 측정 및 평가

예상 09
- 기사 : 00,05,10
- 산업 : 10,17

톨루엔을 활성탄관을 이용하여 0.2L/분으로 30분 동안 시료를 포집하여 분석한 결과 활성탄관의 앞층에서 1.2mg, 뒤층에서 0.1mg 씩 검출되었을 때, 공기 중 톨루엔의 농도는 약 몇 mg/m³인가? (단, 파과 및 공시료는 고려하지 않으며, 탈착효율은 100%이다.)

① 113　　② 138　　③ 183　　④ 217

해설 고체포집에서 농도계산은 활성탄관의 앞층 검출량(m_1)과 뒤층 검출량(m_2)을 합산하여 시료부피(V)를 나누어 산출한다. 효율(η)은 100%이므로 고려하지 않는다.

〈계산〉 $C(\text{mg/m}^3) = \dfrac{(m_1 + m_2) \times (1/\eta)}{V}$ $\begin{cases} m_1 = 1.2\,\text{mg} \\ m_2 = 0.1\,\text{mg} \\ V = \dfrac{0.2\,\text{L}}{\text{min}} \times 30\,\text{min} \times \dfrac{\text{m}^3}{10^3\,\text{L}} = 6 \times 10^{-3}\,\text{m}^3 \end{cases}$

$\therefore C = \dfrac{(1.2 + 0.1)}{6 \times 10^{-3}} = 216.67\,\text{mg/m}^3$

답 ④

유.사.문.제

01 어떤 유기용제의 활성탄관에서의 탈착효율을 구하기 위해 실험하였다. 이 유기용제를 0.50mg을 첨가하였는데 분석결과 나온 값이 0.48mg이었다면 탈착효율은? [02,08,11 산업]

① 90%　　② 92%
③ 94%　　④ 96%

hint $E(\%) = \dfrac{m}{\alpha} \times 100 = \dfrac{0.48}{0.5} \times 100 = 96\%$

02 톨루엔 취급작업장에서 활성탄관을 사용하여 작업장내 톨루엔 농도를 측정하고자 한다. 총 공기채취량은 74L이었으며, 활성탄관의 앞층에서 분석된 톨루엔의 양은 900μg, 뒤층에서 분석된 톨루엔의 양은 100μg 이었고 공시료에서는 앞층과 뒤층 모두 톨루엔이 검출되지 않았다. 탈착효율이 80%라면 작업장내 톨루엔 농도는? (단, 작업장 온도 25℃, 1기압, 톨루엔 분자량 92) [12 기사]

① 약 2.1ppm　　② 약 3.3ppm
③ 약 4.6ppm　　④ 약 5.9ppm

hint $C_p(\text{ppm}) = \dfrac{m \times (1/\eta)}{V} \times \dfrac{24.45}{M_w}$

- $\begin{cases} V(\text{시료채취량}) = 74\,\text{L} = 0.074\,\text{m}^3 \\ m(\text{검출된 오염물의 양}) = 1{,}000\,\mu\text{g} \end{cases}$

$\therefore C_p = \dfrac{1{,}000 \times 10^{-3}\,\text{mg} \times (1/0.8)}{0.074\,\text{m}^3} \times \dfrac{24.45}{92}$
$= 4.5\,\text{ppm}$

03 공기(10L)로부터 벤젠(분자량 78)을 고체흡착관에 채취하였다. 시료를 분석한 결과 벤젠의 양은 5mg이고 탈착효율은 95%였다. 공기 중 벤젠농도는? (단, 25℃, 1기압) [08,09,10,13 산업]

① 약 105ppm　　② 약 125ppm
③ 약 145ppm　　④ 약 165ppm

hint $C_p(\text{ppm}) = \dfrac{m \times (1/\eta)}{V} \times \dfrac{24.45}{M_w}$

$\therefore C_p = \dfrac{5\,\text{mg} \times (1/0.95)}{10 \times 10^{-3}\,\text{m}^3} \times \dfrac{24.45}{78} = 164.99\,\text{ppm}$

04 활성탄관을 연결한 공기시료 채취펌프를 이용하여 벤젠증기(M_w 78g/mol)를 0.038m³ 채취하였다. GC를 이용하여 분석한 결과 478μg의 벤젠이 검출되었다면 벤젠 증기의 농도(ppm)는? (단, 온도 25℃, 1기압 기준, 기타 조건은 고려 안 함) [11 산업][01,08,09,11,15 기사]

① 1.87　　② 2.34
③ 3.94　　④ 4.78

hint $C_p(\text{ppm}) = \dfrac{m}{V} \times \dfrac{24.45}{M_w}$

- $\begin{cases} V(\text{시료채취량}) = 0.038\,\text{m}^3 \\ m(\text{검출된 오염물의 양}) = 478\,\mu\text{g} \end{cases}$

$\therefore C_p = \dfrac{478 \times 10^{-3}\,\text{mg}}{0.038\,\text{m}^3} \times \dfrac{24.45}{78} = 3.94\,\text{ppm}$

정답 | 01.④ 02.③ 03.④ 04.③

종합연습문제

01 활성탄관을 이용하여 시료를 포집한 후 분석한 결과가 다음과 같다면 시료농도는?
[02,09,10 기사]

> 활성탄관 100mg층의 분석량 25μg, 활성탄관 50mg층의 분석량 2μg, 공시료 앞층의 분석량 1.5μg, 공시료 뒤층의 분석량 0.35μg, 포집유량 0.15L/min, 포집시간 6시간 10분, 탈착효율 98%

① 0.52mg/m³
② 0.46mg/m³
③ 0.35mg/m³
④ 0.21mg/m³

hint $C_m (\text{mg/m}^3) = \dfrac{m \times (1/\eta)}{V}$

- $V(\text{시료량}) = \dfrac{0.15\text{L}}{\text{min}} \times 370 \text{min}$
  $= 55.5\text{L} = 0.055 \text{m}^3$
- $\Delta m (\text{검출량}) = (25+2) - (1.5+0.35)$
  $= 25.15 \mu g$

$\therefore C_m = \dfrac{25.15 \times 10^{-3}\text{mg} \times (1/0.98)}{0.055 \text{m}^3}$
$= 0.47 \text{mg/m}^3$

02 어떤 물질에 대한 분석방법의 정량한계는 10μg 이다. 0.1mg/m³의 농도를 검출하기 위해서는 공기량을 최소 얼마나 채취하여야 하는가?
[01,06,09,10,12 산업]

① 1L
② 10L
③ 100L
④ 1,000L

hint $V_m = \dfrac{\text{LOQ}}{C_o} \times 10^3$ $\begin{cases} \text{LOQ} = 10\mu g \\ C_o = 0.1 \text{mg/m}^3 \end{cases}$

$\therefore V_m = \dfrac{10 \times 10^{-3}\text{mg}}{0.1\text{mg/m}^3} \times \dfrac{10^3 \text{L}}{\text{m}^3} = 100\text{L}$

03 TCE(분자량=131.39)에 노출되는 근로자의 노출농도를 측정하고자 한다. 추정되는 농도는 25ppm이고, 분석방법의 정량한계가 시료당 0.5mg일 때 정량한계 이상의 시료량을 얻기 위해 채취하여야 하는 공기 최소량은? (단, 25℃, 1기압 기준)
[00,03,12,16 산업]

① 2.4L
② 3.7L
③ 4.2L
④ 5.3L

hint 하단의 해설 페이지 참조

04 작업장내 톨루엔 노출농도를 측정하고자 한다. 과거의 노출농도는 평균 50ppm이었다. 시료는 활성탄관을 이용하여 0.2L/min의 유량으로 채취한다. 톨루엔의 분자량은 92, 가스크로마토그래피의 정량한계(LOQ)는 시료당 0.5mg 이다. 시료를 채취해야할 최소한의 시간(분)은? (단, 작업장내 온도는 25℃)
[04②,07,12 산업]
[01,04②,05,07,08,09,10②,11,13,15②,17 기사]

① 10.3
② 13.3
③ 16.3
④ 19.3

hint 하단의 해설 페이지 참조

05 접착공정에서 본드를 사용하는 작업장에서 톨루엔을 측정하고자 한다. 노출기준의 10%까지 측정하고자할 때, 최소시료채취 시간은 약 몇 분인가? (단, 25℃, 1기압 기준이며, 톨루엔의 분자량은 92.14, 기체크로마토그래피의 분석에서 톨루엔의 정량한계는 0.5mg, 노출기준은 100ppm, 채취 유량은 0.15L/분)
[18 기사]

① 13.3
② 39.6
③ 88.5
④ 182.5

hint 하단의 해설 페이지 참조

06 일산화탄소 0.1m³가 밀폐된 차고에 방출되었다면, 이때 차고내 공기 중 일산화탄소의 농도는 몇 ppm인가? (단, 방출 전 차고내 일산화탄소농도는 0ppm이며, 밀폐된 차고의 체적은 100,000m³이다.)
[18 기사]

① 0.1
② 1
③ 10
④ 100

hint 하단의 해설 페이지 참조

정답 | 01.② 02.③ 03.② 04.② 05.③ 06.②

해설 3. ⟨계산⟩ $V_m = \dfrac{\text{LOQ}}{C_o} \times 10^3$ $\begin{cases} \text{LOQ(정량한계)} = 0.5\,\text{mg} \\ C_o\,(\text{최소농도}) = 25\,\text{ppm} \end{cases}$

- $C_m\,(\text{mg/m}^3) = C_p\,(\text{ppm}) \times \dfrac{M_w}{24.45} = 25 \times \dfrac{131.39}{24.45} = 134.35\,\text{mg/m}^3$

$\therefore\ V_m = \dfrac{0.5}{134.35} \times 10^3 = 3.72\,\text{L}$

이승원 따라하기 語錄 ~ 계산문제는 단위로 푸는 **바보**가 공식을 암기해서 푸는 **천재를 이긴다!!**

❖ $V_m = 0.5\,\text{mg} \times \dfrac{\text{m}^3}{25\,\text{mL}} \times \dfrac{22.4\,\text{mL}}{131.39\,\text{mg}} \times \dfrac{273+25}{273} \times \dfrac{10^3\,\text{L}}{\text{m}^3} = 3.72\,\text{L}$ $\begin{cases} \text{※ 바보의 필요한 } sauce \\ \circ\ \text{STP에서 } 22.4\,\text{mL} = \text{mg분자량} \\ \circ\ \text{기체 1ppm} = 1\,\text{mL/Sm}^3 \\ \circ\ \text{실측환산은 보일샤를 법칙 적용} \end{cases}$

해설 4. ⟨계산⟩ $t\,(\min) = \dfrac{V_m}{Q}$ $\begin{cases} V_m\,(\text{L}) = \dfrac{\text{LOQ}}{C_o} \times 10^3 \\ \quad = \dfrac{0.5}{188.14} \times 10^3 = 2.66\,\text{L} \\ Q\,(\text{유량속도}) = 0.2\,\text{L/min} \end{cases}$ $\begin{cases} \text{LOQ(정량한계)} = 0.5\,\text{mg} \\ C_o = 50\,\text{ppm} \times \dfrac{92}{24.45} = 188.14\,\text{mg/m}^3 \end{cases}$

$\therefore\ t = \dfrac{2.66}{0.2} = 13.27\,\min$

이승원 따라하기 語錄 ~ 천재는 **머리로** 공부하지만 바보는 **가슴으로** 공부한다!!

❖ $t = 0.5\,\text{mg} \times \dfrac{\text{m}^3}{50\,\text{mL}} \times \dfrac{22.4\,\text{mL}}{92\,\text{mg}} \times \dfrac{273+25}{273} \times \dfrac{10^3\,\text{L}}{\text{m}^3} \times \dfrac{\min}{0.2\,\text{L}} = 13.27\,\min$ $\begin{cases} \text{※ 바보 } sauce\,? \\ \circ\ \text{항상 동일함} \\ \circ\ \text{왜?! } \cdots \text{ 바보니까!!} \end{cases}$

해설 5. ⟨계산⟩ $t\,(\min) = \dfrac{V_m}{Q}$ $\begin{cases} V_m\,(\text{최소시료채취량, L}) \\ Q\,(\text{유량속도}) = 0.15\,\text{L/min} \end{cases}$

- $V_m\,(\text{L}) = \dfrac{\text{LOQ}}{C_o} \times 10^3$ $\begin{cases} \text{LOQ(정량한계)} = 0.5\,\text{mg} \\ C_o\,(\text{측정한계(최소)농도}) = C_m = C_p \times \dfrac{M_w}{24.45} \\ \quad = 100\,\text{ppm} \times 0.1 \times \dfrac{92.14}{24.45} \\ \quad = 37.69\,\text{mg/m}^3 \end{cases}$

⇨ $V_m = \dfrac{0.5}{37.69} \times 10^3 = 13.27\,\text{L}$

$\therefore\ t = \dfrac{13.27}{0.15} = 88.47\,\min$

이승원 따라하기 語錄 ~ **IQ 160**의 천재는 **EQ 160**인 바보를 일평생 **이길 수 없다!!**

❖ $t = 0.5\,\text{mg} \times \dfrac{\text{m}^3}{100 \times 0.1\,\text{mL}} \times \dfrac{22.4\,\text{mL}}{92.14\,\text{mg}} \times \dfrac{273+25}{273} \times \dfrac{10^3\,\text{L}}{\text{m}^3} \times \dfrac{\min}{0.15\,\text{L}} = 88.46\,\min$

해설 6. ⟨계산⟩ $C_p\,(\text{ppm}) = \dfrac{v}{V} \times 10^6$ $\begin{cases} v : \text{오염물질의 검출량} \\ V : \text{시료부피} \end{cases}$

$\therefore\ C_p = \dfrac{0.1}{100{,}000} \times 10^6 = 1\,\text{ppm}$

종합연습문제

01 공기 중 벤젠(분자량은 78.1)을 활성탄관에 0.1L/min의 유량으로 2시간 동안 채취하여 분석한 결과 2.5mg이 나왔다. 공기 중 벤젠의 농도는 몇 ppm인가? (단, 공시료에서는 벤젠이 검출되지 않았으며 25℃, 1기압 기준)
[04,05,07,08,09,12,14,16② 산업][01,11 기사]

① 약 65
② 약 85
③ 약 115
④ 약 135

hint $C_p(\text{ppm}) = \dfrac{m}{V} \times \dfrac{24.45}{M_w}$

• $V = \dfrac{0.1\,\text{L}}{\text{min}} \times 120\,\text{min} \times \dfrac{\text{m}^3}{10^3\,\text{L}} = 0.012\,\text{m}^3$

∴ $C_p = \dfrac{2.5\,\text{mg}}{0.012\,\text{m}^3} \times \dfrac{24.45}{78.1} = 65.22\,\text{ppm}$

02 증기상인 A물질 100ppm은 약 몇 mg/m³인가? (단, A물질의 분자량은 58이고, 25℃, 1기압을 기준으로 한다.) [18 산업]

① 237
② 287
③ 325
④ 349

hint $C_m(\text{mg/m}^3) = C_p(\text{ppm}) \times \dfrac{M_w}{24.45}$

∴ $C_m = 100\,\text{ppm} \times \dfrac{58}{24.45} = 237.22\,\text{mg/m}^3$

03 가스나 증기상 물질을 직접 포집하는 방법으로 적합지 않은 것은? [06 산업]

① 주사통에 의한 포집
② 포집 포대에 의한 포집
③ 진공 포집병에 의한 포집
④ 여과포집 포대에 의한 포집

04 유기성 또는 무기성 가스나 증기가 포함된 공기 또는 호기를 채취할 때 사용되는 시료채취 백에 대한 설명으로 옳지 않은 것은? [06,14 기사]

① 시료채취 전에 백의 내부를 불활성 가스로 몇 번 치환하여 내부 오염물질을 제거한다.
② 백의 재질이 채취하고자 하는 오염물질에 대한 투과성이 높아야 한다.
③ 백의 재질과 오염물질 간에 반응성이 없어야 한다.
④ 분석할 때까지 오염물질이 안정하여야 한다.

hint 백의 재질은 채취하고자 하는 오염물질에 대한 투과성이 낮아야 한다.

05 직접포집방법에 사용되는 시료채취 백의 특징으로 가장 거리가 먼 것은? [16 산업]

① 가볍고 가격이 저렴할 뿐 아니라 깨질 염려가 없다.
② 개인시료 포집도 가능하다.
③ 연속시료채취가 가능하다.
④ 시료채취 후 장시간 보관이 가능하다.

hint 시료채취 백은 시료채취 후 장기간 보관이 곤란하다.

06 공기 중 시료채취방법은 수동식 시료채취 및 채취기(연속시료 채취방법)에 대한 설명으로 틀린 것은? [07 기사]

① 오염물질의 성질(확산, 투과 등)을 이용하여 동력없이 수동적으로 채취하는 방법이다.
② 채취오염물질 양이 매우 많아 재현성이 우수하다.
③ 채취기는 가볍고 착용이 편리하다.
④ 수동식 시료채취기의 원리는 Fick's 확산 제1법칙이 적용된다.

hint 수동식은 채취오염물질 양이 적고 재현성이 낮다.

정답 ┃ 01.① 02.① 03.④ 04.② 05.④ 06.②

종합연습문제

01 가스상 물질의 측정을 위한 수동식 시료채취기(passive sampler)에 관한 설명으로 옳지 않은 것은? [10 기사]

① 채취원리는 Fick's 확산 제1법칙으로 나타낼 수 있다.
② 장점은 간편성과 편리성이다.
③ 유량이라는 표현 대신에 채취 속도로 표시한다.
④ 펌프를 수동으로 간단히 작동하게 함으로써 효과적인 채취가 가능하다.

hint 수동식 시료채취기(passive sampler)는 기체의 확산 및 투과력을 이용하기 때문에 별도로 시료채취를 위한 동력을 요하지 않는다. 따라서 수동식 시료채취기는 펌프가 불필요하다.

02 가스상 물질의 측정을 위한 수동식 시료채취기(Passive sampler)에 관한 설명으로 틀린 것은? [09 기사]

① 채취원리는 Fick's 확산 제1법칙으로 나타낼 수 있다.
② 장점은 간편성과 편리성이다.
③ 유량이라는 표현 대신에 채취용량(SQ)으로 표시한다.
④ 오염물질의 성질(확산, 투과 등)을 이용하여 동력없이 수동적으로 농도구배에 따라 채취한다.

hint 수동식 시료채취기에서는 채취용량이라는 표현 대신 유량으로 나타낸다.

03 다음 중 작업환경 측정방법에서 전 작업시간을 일정시간별로 나누어 여러 개의 시료를 채취하는 방법은? [17 산업]

① 단시간 시료채취
② 무작위 시료채취
③ 부분적 연속시료채취
④ 전 작업시간 연속시료채취

04 공기 중의 유해물질, 분진 등을 측정 시 시료를 채취하지 않고 측정오차를 보정하기 위하여 사용하는 시료를 무엇이라 하는가? [05 산업]

① filter sample
② blank sample
③ random sample
④ mean sample

05 직접채취방법에 사용되는 시료채취 백의 적용상 주의점으로 거리가 먼 것은? [04 산업]

① 시료채취 백의 선택 시 오염물질과 반응성이 없는 제품을 선택해야 한다.
② 누출검사를 반드시 실시하여야 한다.
③ 순수공기로 내부 오염물질을 제거한 후 대상 공기로 수 차례 치환하여야 한다.
④ 회수율이 항상 100%가 유지될 수 있도록 관리하여야 한다.

06 가스상 물질을 측정하기 위한 '순간시료 채취방법을 사용할 수 없는 경우'와 가장 거리가 먼 것은? [03,08,12 기사]

① 유해물질의 농도가 시간에 따라 변할 때
② 작업장의 기류속도가 지적속도 이하일 때
③ 시간가중평균치를 구하고자할 때
④ 공기 중 유해물질의 농도가 낮을 때(유해물질이 농축되는 효과가 없기 때문에 검출기의 검출한계보다 공기 중 농도가 높아야 한다.)

hint 순간시료 채취방법은 작업장의 기류속도가 지적속도 이하인 경우에 전혀 영향을 받지 않는다. 지적속도에 영향을 받는 것은 연속측정법 중 수동측정법이다.

07 작업환경 측정, 분석치에 대한 정확도와 정밀도를 확보하기 위하여 통계적 처리를 통한 일정한 신뢰한계내에서 측정, 분석능력 향상을 위하여 행하는 모든 관리적 수단을 말하는 것은? [06,12 기사]

① 분석관리   ② 평가관리
③ 측정관리   ④ 정도관리

정답 | 01.④ 02.③ 03.④ 04.② 05.④ 06.② 07.④

03. 증기/가스상 오염물질의 시료채취와 분석

- 기사 : 출제대비
- 산업 : 12, 16

예상 10 가스상 물질의 분석 및 평가를 위해 "알고 있는 공기 중 농도"를 만드는 방법인 Dynamic method에 관한 설명으로 옳지 않은 것은?

① 매우 일정한 농도를 유지하기 용이하다.
② 지속적인 모니터링이 필요하다.
③ 만들기가 복잡하고 가격이 고가이다.
④ 소량의 누출이나 벽면에 의한 손실은 무시할 수 있다.

해설 다이나믹법(Dynamic method)은 다양한 농도범위에서 제조가능(농도변화 가능)하고, 다양한 실험이 가능하지만 만들기가 복잡하고 가격이 고가이며, 일정한 농도를 유지하기 어렵다. **답** ①

유.사.문.제

01 알고 있는 공기 중 농도 만들기를 위한 방법인 Dynamic method에 관한 설명으로 가장 거리가 먼 것은? [11,16 산업]

① 일정한 용기에 원하는 농도의 가스상 물질을 집어넣고 알고 있는 농도를 제조한다.
② 다양한 농도범위에서 제조 가능하다.
③ 지속적인 모니터링이 필요하다.
④ 다양한 실험을 할 수 있으며, 가스, 증기, 에어로졸 실험도 가능하다.

02 알고 있는 공기 중 농도를 만드는 방법인 다이나믹법에 관한 내용으로 틀린 것은? [14,15 기사]

① 만들기가 복잡하고, 가격이 고가이다.
② 온·습도 조절이 가능하다.
③ 소량의 누출이나 벽면에 의한 손실은 무시할 수 있다.
④ 대개 운반용으로 제작하기 용이하다.

03 연속적으로 일정한 농도를 유지하면서 만드는 방법 중 Dynamic method에 관한 설명으로 틀린 것은? [06,11,17 기사]

① 농도변화를 줄 수 있다.
② 대개 운반용으로 제작된다.
③ 만들기가 복잡하고, 가격이 고가이다.
④ 소량의 누출이나 벽면에 의한 손실은 무시할 수 있다.

04 알고 있는 공기 중 농도를 만드는 방법인 다이나믹법(Dynamic method)에 관한 내용으로 옳지 않은 것은? [09,12,14②,17 산업] [01,07,09,10②,11,12② 기사]

① 온·습도 조절이 가능하다.
② 만들기 용이하고 가격이 저렴하다.
③ 다양한 농도범위에서 제조가 가능하다.
④ 소량의 누출이나 벽면에 의한 손실을 무시할 수 있다.

05 유해화학물질 분석 시 침전법을 이용한 적정이 아닌 것은? [16,19 산업][04 기사]

① Volhard법
② Mohr법
③ Fajans법
④ Stiehler법

hint 유해화학물질 분석 시 적용되는 침전적정법에는 Volhard법, Mohr법, Fajans법이 있다.

06 중량분석방법으로 해당하지 않는 것은? [03,05 산업]

① 침전법
② 산화환원법
③ 전해법
④ 용매추출법

정답 | 01.① 02.④ 03.② 04.② 05.④ 06.②

CHAPTER 04 입자상 오염물질의 시료채취와 분석

1 일반 입자상 물질의 시료채취 및 분석

이승원의 minimum point

(1) 시료채취(입자포집) 및 포집기전(포집기구)

① **포집기구** : 펌프를 이용하여 공기 중의 입자를 채취할 때 주로 작용하는 포집기전은 관성충돌, 간섭(차단), 확산이 작용함
- **관성충돌** : 입자크기 1.0μm 이상의 포집메커니즘에 기여하는 바가 큼
- **간섭**(차단) : 입자크기 0.1~0.5μm 범위의 포집메커니즘에 기여하는 바가 큼
- **확산** : 0.1μm 이하의 미세한 입자의 포집에 중요한 포집기구로 작용함

② 입자상 시료채취기구 → ▌**직경분립 충돌식**(Cascade Impactor)▐

- **개요** : 캐스케이드 임팩터는 입자상 물질을 함유한 공기를 흡인한 후 90°로 그 흐름을 변경시키면 분진의 크기에 따른 관성력에 의해 미처 진로를 변경하지 못하고 판과 충돌하여 분리되는 충돌이론을 응용한 장치임
- 장 · 단점

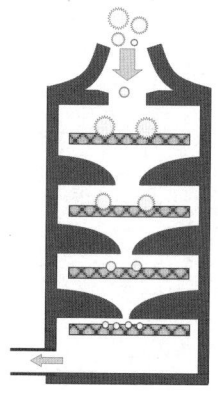

  □ **장점**
  - 입자의 크기별 질량분포를 얻을 수 있음
  - 호흡기의 부분별로 침착된 입자크기의 자료를 추정할 수 있음
  - 흡입성, 흉곽성, 호흡성 입자의 크기별 분포와 농도계산에 이용

  □ **단점**
  - **되튐효과**(recoil effect)로 인한 시료 손실이 일어날 수 있음
  - 채취준비에 **시간이 많이 소요**됨
  - 공기유입을 차단하기 위해 철저한 조립과 장착이 필요함
  - 비용이 많이 듦

- 충돌이론과 그 응용
  □ 입자의 크기 및 밀도가 크고, 기체의 유속이 빠르면 입자의 관성에 의해 유선을 이탈하여 여과지에 포집되는 비율이 많아짐
  □ 이러한 메커니즘을 지배하는 **특성수**는 입자의 운동방정식을 무차원화 했을 때 나오는 계수인 **스토크스수**(Stokes Nomber)임

$$S_N = \frac{C_s \rho_p d_p^2 V}{18\mu d_f} \begin{cases} S_N : \text{스토크스수} \\ C_s : \text{커닝햄보정계수} \\ \rho_p : \text{입자의 밀도} \\ V : \text{유속} \\ \mu : \text{점도} \\ d_f : \text{포집여재의 직경} \end{cases}$$

- 충돌이론은 스토크스수(stokes number)와 관계되어 있음
- 충돌이론에 의하여 포집효율 곡선의 모양을 예측할 수 있음
- 충돌이론에 의하여 차단점 직경(cutpoint diameter)을 예측할 수 있음

□ **입자상 시료채취기구 →** ■ **사이클론**(Cyclone, 원심분리식) ■
- **개요** : 호흡성 먼지를 측정하기 위해서는 그림과 같은 **10mm 나일론 사이클론**이 가장 많이 사용됨. 이 사이클론은 **유량 1.7L/min**에서 시료를 채취하며, 크기가 작아서 휴대용으로도 편리하고, 개인용 시료채취에 적절하여 국제적으로 가장 널리 사용되고 있음
- 장·단점

□ **장점**
- 직경분립 충돌기에 비해 사용이 **간편하고 경제적**임
- **호흡성 먼지**에 대한 자료를 쉽게 얻을 수 있음
- 되튐효과에 의한 시료의 손실이 일어나지 않음
- 매체의 코팅과 같은 별도의 특별한 처리가 필요없음
- 크기가 작아 휴대용에 편리하고, 개인시료채취가 용이함

□ **단점**
- 포집된 입자는 **적산치**이며, 입자의 크기별로 분리되지는 않음
- 재질에 따라서는 정전기로 인한 부작용이 발생할 수 있음

□ **입자의 직경분류** → 광학직경, 역학적 직경

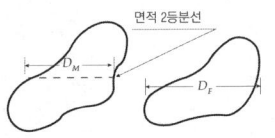
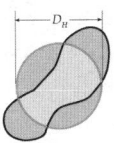

① **광학직경** { ○ 마틴경 ○ 페렛경 ○ 헤이후드경 }

- **마틴경**(Martin's diameter, 정방향면적등분경 ; D_M) : 입자의 **투영면적을 2등분**하는 선의 거리에 상당하는 직경을 말함. **과소평가**될 가능성이 있는 직경임
- **페렛경**(Feret's diameter, 정방향경 ; D_F) : 먼지의 **한쪽 끝 가장자리와 다른 쪽 가장자리** 사이의 거리에 상당하는 직경을 말한다. **과대평가**될 가능성이 있는 직경임
- **헤이후드경**(Heyhood diameter, **등면적경** ; D_H) : 입자의 투영상과 같은 **투영면적을 갖는 원의 직경**임. 가장 **정확한 직경**으로 인정받고 있음

- ① 역학적 직경 ┌ ○ 공기역학적 직경
              └ ○ 스토크스경

  - **공기역학적 직경**(Aerodynamic diameter) : 원래의 입자상 물질과 침강속도는 동일하고, 단위밀도(ρ_a =1g/cm³)를 갖는 구형 직경을 말함. 광학적 입자의 물리적인 크기를 의미하는 것이 아니라 역학적 특성(침강속도·종단속도)에 의해 측정되는 먼지의 크기를 말하며, 산업보건분야에서 많이 사용하고 있음. 스토크스 법칙에 의하여 밀도비를 보정하여 직경을 결정할 수 있음
  - **스토크스경**(Stokes diameter) : 대상밀도를 갖는 본래의 분진과 동일한 침강속도를 갖는 입자의 직경을 말한다. 스토크스경은 대상입자의 밀도를 고려한다는 점이 공기역학적 직경과 다름

☐ 입자의 영향에 따른 분류 → ▮ 흡입성(흡인성) / 흉곽성 / 호흡성 ▮

  - 개요 : 입자상 물질의 호흡기내 침착은 **충돌**(Impaction), **중력침강**(Gravitational), **확산**(Diffusion), **간섭**(Interception) 및 **정전기 침강**(Electrostatic deposition) 등의 5가지 메커니즘이 관여함
  - 폐포 침착률이 높은 입자 입경범위 : 0.5~5μm

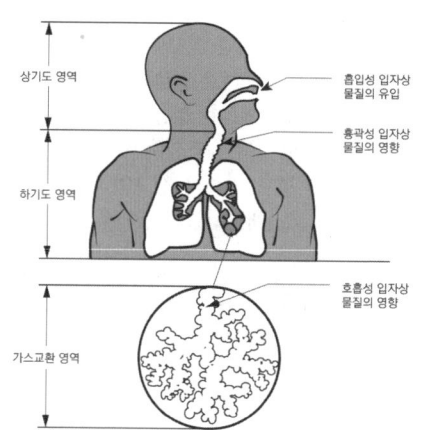

☐ **흡입성**(IPM) : 0~100μm … 이하 ACGIH
  - 호흡기의 어느 부위에 침착하더라도 독성을 유발함
  - 50μm 이하의 섬유상 먼지입자는 주로 **간섭**에 의해 침착됨

☐ **흉곽성**(TPM) : 10μm(50% 침착 크기)
  - 기도(氣道), 기관지에 침착하여 독성을 유발함

☐ **호흡성**(RPM) : 4μm(50% 침착 크기)
  - 가스교환 부위(폐포)에 침착하여 독성을 유발함
  - 0.5μm 이하 입자는 주로 **확산**효과에 의해 침착됨
  - 기관 용골(호흡기의 갈라지는 부위)에는 **충돌**에 의한 침착이 지배적임

※ 영국의학연구의원회(BMRC)는 호흡성 먼지 입경을 7.1μm 미만으로 정의하고 있음

☐ 시료채취용 → ▮ 막 여과지 ▮

종류	측정 대상물질
PVC (Polyvinyl Chloride)	• 무기물질(6가 크롬, 아연화합물 등) • 중량분석에 많이 이용(공해성 먼지, 호흡성 및 총 먼지 등) • **유리규산**, 일부 유기물질
MCE (Mixed Cellulose Ester)	• 현미경 분석시료(섬유상 분진, 석면, 유리섬유 등) • 원소 및 무기물(납, 철, 크롬 등 금속), 일부 유기물질 • 원자흡광광도법 분석시료(중금속 등)−MCE는 산에 잘 녹음
테플론(PTFE)	• **고열발생 다핵방향족탄화수소**(PAHs) • 알칼리성 먼지, 유기물질(농약), 콜타르 피치
은막(silver membrane)	• **코크스 오븐 배출물질** • 다핵방향족탄화수소(PAHs), Br, Cl
핵공(Nucleopore)	• **석면**(TEM 분석용) 시료채취

① 막 여과지의 종합적 특징
- 사용측면
  - 섬유 여과지로 사용할 수 없는 곳에 사용할 수 있음
  - 제품의 기공 크기가 일정하고 두께가 얇음(150μm 정도)
  - 제품군에 따라 다양한 크기의 기공을 선택할 수 있음
  - 무게가 가볍고, 태웠을 때 재가 거의 남지 않음
  - 화학적 성질이 다양하여 조건에 따라 선택하여 사용할 수 있음
    - 열, 화학물질, 압력 등에 강한 것 → PTEE(테플론)
    - 유기용매에 녹지 않는 것 → PTEE(테플론)
    - 산에 쉽게 녹는 것 → MCE
    - 메탄올과 아세톤 녹지 않는 것 → 셀룰로오스 질산염 맴브레인
    - 유기용매에 녹는 것 → PVC 맴브레인, 셀룰로오스 삼초산염, 나일론

- 막 여과지의 장·단점

장 점	단 점
• 포집된 입자의 형태를 변형시키지 않고 현미경으로 측정할 수 있음	• 섬유상 여과지에 비하여 포집할 수 있는 입자상 물질의 양이 적음
• 여과지의 방해를 받지 않고 표면에 퇴적된 입자를 직접 측정할 수 있음	• 섬유상 여과지에 비하여 공기저항이 심함
• 여지에 직접 사진감광유제의 처리가 가능함	• 표면에 채취된 입자들이 이탈되는 경향이 있음
• 유기용제에 의해 투명화할 수 있음	• 견고하지 못하여 지지체를 사용하여야 함

① 막 여과지의 개별 특징
- PVC(Polyvinyl Chloride)
  - 내산성 및 내염기성이 있음
  - **소수성**(비흡습성)으로 수분의 영향이 크지 않음
  - **유리규산**을 채취하여 X-선 회절분석법으로 분석할 때 용이하게 사용됨
  - 전기적인 전하(電荷)를 가지고 있기 때문에 전하를 띤 채취입자를 **반발하여 손실**시킴으로써 채취효율을 떨어뜨리는 단점이 있으며, **열이나 압력에 취약**함
  - ※ 필터를 세제용액으로 처리할 경우 반발에 의한 오차를 줄일 수 있음

- MCE(셀룰로오스 에스테르계 막 여과지, Mixed Cellulose Ester)
  - **회화가 용이**하고, **산(酸)에 쉽게 용해**되므로 입자상 물질 중의 금속을 채취하여 원자흡광광도법으로 분석하는데 이용됨
  - 산업환경측정에서는 통상 **직경 37mm**, 구멍의 크기 **0.8μm**의 여과지를 사용하고 있음
  - 원료인 셀룰로오스는 **수분을 잘 흡수**하기 때문에 **수분에 민감**한 것이 단점임
  - 흡습성이 있으므로 입자상 물질에 대한 **중량분석에 부적당**함

- 테플론(PTFE)
  - 불소수지로서 소수성이며, 내용매성이 있고, 불활성임
  - 열, 화학물질, **압력에 강한 특성**이 있음
  - 농약, 알칼리성 먼지, PAHs, 콜타르 피치 등을 채취하는데 적합함
  - 기공의 크기가 1μm, 2μm, 5μm 등 다양함

- 은막(silver membrane)
  - 균일한 공극크기를 가지고 있으며, 결합제나 섬유가 포함되어 있지 않음
  - 화학물질과 열에 대한 저항성이 강해 안정성(−130℃~+370℃)이 있음
  - 콜타르 피치 휘발성 물질의 시료채취에 사용함
  - 석영을 채취하여 X−선 회절분석법에 적합함
  - **석탄건류나 증류, 코크스 오븐** 배출물질 채취에 적합함
- 핵공(Nucleopore)
  - 폴리카보네이트에 레이저빔을 쏘아 공극을 일직선으로 만든 막 여과지임
  - 강도가 우수하고, 열안정성이 높아 석면(TEM 분석용) 시료채취에 사용됨
  - 투과전자현미경분석을 위한 석면의 채취에 이용됨

시료채취용 → 섬유 여과지

① 종류 및 특징
- 종류 : 셀룰로오스 여과지, 유리섬유 여과지, 석영여과지, 석면여과지, 플라스틱 섬유여과지 등
- 특징
  - 유리섬유 여과지의 경우 여과지의 **내부에도 포집됨**
  - 중량분석(gravimetric analysis)과 공기질을 평가할 때와 같이 **다량의 공기시료채취**에 적합함
  - 산업위생 분야에서 사용하는 경우 카세트(cassette) 또는 여과지 홀더(filter holder)의 가장자리에 의해 **파손되어 중량손실을 초래할 가능성이 있음**
  - 섬유상 여과지는 **막 여과지에 비해 비싸고, 물리적인 강도가 약한** 단점이 있음

① 섬유 여과지의 개별 특징
- 유리섬유 여과지 → 대표 여과지 : 검드(gummed)
  - 흡습성이 적고, 고온에 견딜 수 있음
  - 다소 압력강하가 발생하더라도 포집효율이 높게 나타남
  - 포집물질들을 벤젠, 물, 질산 등으로 추출해 낼 수 있음
  - 부서지기 쉬운 단점이 있고, 셀룰로오스 여과지 보다 값이 비싸며, 기계적 성질이 좋지 못함
- 셀룰로오스섬유 여과지 → 대표 여과지 : 와트만(Whatman)
  - 태웠을 때 재가 남지 않고, 두께가 얇으며, 유리섬유에 비해 값이 저렴함
  - 크기가 다양하고 항장력이 우수하며, 취급도중에 마모되는 경향이 적음
  - 흡습성이 크고, 포집효율과 유량저항이 일정하지 않음
- 혼합섬유 여과지
  - 공기청정에 광범위하게 적용할 수 있으며, 포집효율이 높고, 압력강하가 적음
  - 포집입자를 여과지에서 제거하기 곤란함
  - 화학분석이 곤란, 공기시료의 중량분석에 제한적으로 사용되고, 태웠을 때 재가 많이 발생함

(2) 농도계산

$$C(\text{mg/m}^3) = \frac{(m_1 - m_o) \times (1/\eta)}{V}$$

m_1 : 시료 분석량(mg)
m_o : 공시료 분석량(mg)
V : 시료채취량(m³)(표준상태, STP)
η : 회수율

04. 입자상 오염물질의 시료채취와 분석

- 기사 : 출제대비
- 산업 : 매회 출제대비 11, 18

여과지의 공극보다 작은 입자가 여과지에 채취되는 기전은 여과이론으로 설명할 수 있다. 다음 중 펌프를 이용하여 공기를 흡인하여 채취할 때 크게 작용하는 기전이 아닌 것은?

① 간섭 ② 중력침강
③ 관성충돌 ④ 확산

해설 펌프를 이용하여 공기 중의 입자를 채취할 때, 주로 작용하는 포집기전은 관성충돌, 간섭(차단), 확산이 작용한다. 관성충돌은 입자크기 $1.0\mu m$ 이상인 포집에 기여하는 바가 크고, $0.1\sim0.5\mu m$ 범위의 입자는 간섭(차단)과 확산이 중요한 포집기구로 작용한다. 특히 확산은 $0.1\mu m$ 이하의 미세한 입자의 포집에 중요한 포집기구이며, 펌프를 이용하여 공기를 흡인(시료채취)할 때 가장 크게 작용하는 포집기구이다. **답** ②

유.사.문.제

01 여과에 의한 입자의 채취 중 공기의 흐름방향이 바뀔 때 입자상 물질은 계속 같은 방향으로 유지하려는 원리는? [07,12,17 산업]

① 확산 ② 차단
③ 관성충돌 ④ 중력침강

hint 관성력 : 계속 같은 방향으로 유지하려는 힘
■ 영향요소 : 입경, 입자밀도, 여과속도, 섬유직경, 공극

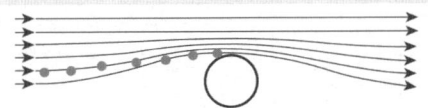

〈관성충돌(inertial impaction)〉

02 입자상 물질의 채취(카세트에 장착된 여과지 이용) 시, 펌프를 이용, 공기를 흡인하여 시료를 채취할 때 다음 기전 중 가장 크게 작용하는 것은? [07 기사]

① 확산 ② 중력침강
③ 정전기적 침강 ④ 체(sieving)거름

hint 확산(diffusion)은 기체분자와의 충돌에 의한 브라운 운동(Brownian motion) 또는 농도차에 의해 일어나는 포집기구이다.
■ 영향요소 : 입경, 농도차, 여과속도, 섬유직경, 공극

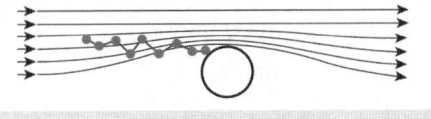

〈확산(diffusion)〉

03 입경범위가 $0.1\sim0.5\mu m$인 입자상 물질이 여과지에 포집될 경우에 관여하는 주된 메커니즘은? [12,13,16,19 기사]

① 충돌과 간섭 ② 확산과 간섭
③ 확산과 충돌 ④ 충돌

hint $0.1\sim0.5\mu m$인 입자상 물질은 주로 확산-간섭에 의해 포집된다. 표준시험 입자 : $0.3\mu m$
■ 영향요소 : 입경, 공극, 섬유직경, 여과지의 고형성

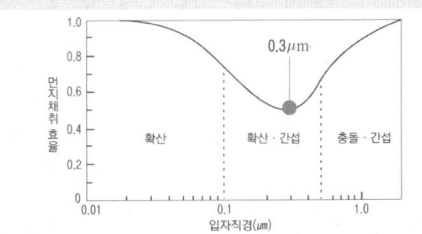

〈입경에 따른 주요 포집 메커니즘과 먼지 채취효율〉

04 입자의 크기가 $0.5\mu m$ 이하의 입자상 물질이 호흡기내에 침착하는데 작용하는 메커니즘 중 가장 그 역할이 큰 작용은? [03,07,13 산업][05 기사]

① 충돌 ② 확산
③ 침강 ④ 간섭

05 여과에 의한 입자채취 시 관여하는 기전과 가장 거리가 먼 것은? [01,06,09 산업]

① 확산 ② 관성충돌
③ 원심력 ④ 차단

정답 ┃ 01.③ 02.① 03.② 04.② 05.③

PART 2 작업위생(환경) 측정 및 평가

종합연습문제

01 먼지 입경에 따른 여과 메커니즘 및 채취효율에 관한 설명으로 틀린 것은? [06,11,19 산업]
① 0.1μm 미만인 입자는 주로 간섭에 의하여 채취된다.
② 관성충돌은 1μm 이상인 입자에서 공기의 면속도가 수 cm/sec 이상일 때 중요한 역할을 한다.
③ 입자크기는 차단, 관성충돌 등의 메커니즘에 영향을 미치는 중요한 요소이다.
④ 0.3μm인 먼지가 가장 낮은 채취효율을 가진다.

hint 0.1μm 미만인 입자는 주로 확산(diffusion)에 의하여 포집된다.

02 여과지의 공극보다 작은 입자가 여과지에 채취되는 기전은 여과이론으로 설명할 수 있는데 다음 중 여과이론과 관여하는 기전과 가장 거리가 먼 것은? [11 산업][11②,16 기사]
① 차단 ② 확산
③ 흡착 ④ 관성충돌

03 작은 입자가 여과지에 채취되는 기전은 여과이론으로 설명할 수 있는데 다음 중 여과이론에 관여되는 기전과 가장 거리가 먼 것은? [11 기사]
① 중력침강 ② 정전기적 침강
③ 체질 ④ 흡수

04 여과지에서 농도구배 차이에 의해 오염물질이 채취되는 여과포집의 원리는? [08 산업]
① 차단 ② 확산
③ 관성충돌 ④ 체(sieving)거름

05 공기 중에 부유하다가 호흡기를 통해 폐에 침착하여 진폐증의 원인이 되는 먼지의 크기 범위로 가장 알맞은 것은? [07 산업]
① 10~100μm ② 20~50μm
③ 5~15μm ④ 0.5~5μm

06 먼지가 호흡기로 들어올 때 인체가 방어하는 부위별 메커니즘으로 옳게 연결된 것은? [09 기사]
① 기관지 : 점액섬모운동, 폐포 : 대식세포 정화
② 기관지 : 면역작용, 폐포 : 대식세포 정화
③ 기관지 : 대식세포 정화, 폐포 : 점액섬모운동
④ 기관지 : 대식세포 정화, 폐포 : 면역작용

07 Fick 법칙이 적용된 확산포집방법에 의하여 시료가 포집될 경우, 포집량에 영향을 주는 요인과 가장 거리가 먼 것은? [05 기사]
① 공기 중 포집대상물질 농도와 포집매질에 함유된 포집대상물질의 농도 차이
② 포집기의 표면이 공기에 노출된 시간
③ 대상물질과 확산매질과의 확산계수 차이
④ 포집기에서 오염물질이 포집되는 면적

정답 ┃ 01.① 02.③ 03.④ 04.② 05.④ 06.① 07.③

예상 **02**
• 기사 : 출제대비 00,04,14
• 산업 : 매회 출제대비 01,03,07,15,18

공기 중에 부유하고 있는 분진을 충돌원리에 의해 입자 크기별로 분리하여 측정할 수 있는 장비는?
① Cascade Impactor ② Personal Distribution
③ Low volume Sampler ④ High volume Sampler

해설 캐스케이드 임팩터(Cascade Impactor)는 공기역학적 입경에 따라 분진의 크기별로 분리포집하는 기기로서 공기 중에 부유하고 있는 분진을 충돌의 원리에 의해 입자 크기별로 분리하여 측정할 수 있는 장비이다.

답 ①

334

종합연습문제

01 입자상 물질을 입자의 크기별로 측정하고자 할 때 사용할 수 있는 것은? [03,15 산업][04,18 기사]
① 가스크로마토그래피
② 사이클론
③ 원자발광분석기
④ 직경분립충돌기

02 용접작업자의 노출수준을 침착되는 부위에 따라 호흡성, 흉곽성, 흡입성 분진으로 구분하여 측정하고자 한다면 준비해야할 측정기구로 가장 적절한 것은? [14 기사]
① 임핀저
② Cyclone
③ Cascade impactor
④ 여과집진기

03 입자상 물질을 채취하는 방법 중 직경분립충돌기의 장점으로 틀린 것은?
[08,11,14,16②,17 산업][01,13,14,15 기사]
① 호흡기에 부분별로 침착된 입자크기의 자료를 추정할 수 있다.
② 흡입성, 흉곽성, 흡성입자의 크기별 분포와 농도를 계산할 수 있다.
③ 시료채취 준비에 시간이 적게 걸리며, 비교적 채취가 용이하다.
④ 입자의 질량 크기분포를 얻을 수 있다.

04 입자상 물질의 채취방법 중 직경분립충돌기의 장점과 가장 거리가 먼 것은?
[05,10,13②,19 산업][00,05,08,09,12,13 기사]
① 호흡기의 부분별로 침착된 입자크기의 자료를 추정할 수 있다.
② 크기별 동시 측정이 가능하여 소요비용이 절감된다.
③ 입자의 질량 크기분포를 얻을 수 있다.
④ 흡입성, 흉곽성, 호흡성 입자의 크기별로 분포와 농도를 계산할 수 있다.

05 직경분립충돌기가 사이클론 분립장치 보다 유리한 장점이 아닌 것은? [06,13 산업][14,17 기사]
① 호흡기 부분별로 침착된 입자크기의 자료를 추정할 수 있다.
② 입자의 질량 크기분포를 얻을 수 있다.
③ 채취시간이 짧고 시료의 되튐현상이 없다.
④ 흡입성, 흉곽성, 호흡성 입자의 크기별로 분포와 농도를 계산할 수 있다.

06 캐스케이드 임팩터(Cascade Impactor)에 의하여 에어로졸을 포집할 때 관여하는 충돌이론에 대한 설명이 잘못된 것은? [16 기사]
① 충돌이론에 의하여 차단점 직경(cutpoint diameter)을 예측할 수 있다.
② 충돌이론에 의하여 포집효율 곡선의 모양을 예측할 수 있다.
③ 충돌이론은 스토크스수(stokes number)와 관계되어 있다.
④ 레이놀즈수(Reynolds Number)가 200을 초과하게 되면 충돌이론에 미치는 영향은 매우 크게 된다.

07 직경분립충돌기에 관한 설명으로 틀린 것은 어느 것인가? [05 기사]
① 호흡성 입자를 채취하는 사이클론과 유사하게 입자의 밀도분포를 얻을 수 있다.
② 호흡기의 부분별로 침착된 입자크기의 자료를 추정할 수 있다.
③ 공기가 옆에서 유입되지 않도록 각 충돌기의 조립과 장착을 철저히 해야 된다.
④ 되튐으로 시료손실이 일어날 수 있어 전문가가 철저한 준비를 통하여 이용하여야 정확한 측정이 될 수 있다.

hint 직경분립충돌기(cascade impactor)는 호흡성 입자를 채취하는 사이클론과 서로 다른 입자의 밀도분포를 얻는다.

정답 | 01.④ 02.③ 03.③ 04.② 05.③ 06.④ 07.①

PART 2 작업위생(환경) 측정 및 평가

예상 03
- 기사 : 출제대비
- 산업 : 매회 출제대비 17, 19

직경분립충돌기와 비교하여 사이클론의 장점으로 틀린 것은?

① 사용이 간편하고 경제적이다.
② 입자의 질량 크기별 분포를 얻을 수 있다.
③ 시료의 되튐 현상으로 인한 손실염려가 없다.
④ 매체의 코팅과 같은 별도의 특별한 처리가 필요없다.

해설 입자의 질량 크기별 분포를 얻을 수 있는 것은 캐스케이드 임팩터(Cascade Impactor)이다. 사이클론은 공기역학적 입경에 따라 분진의 크기별로 분리포집할 수 없다. **답** ②

유.사.문.제

01 입자채취를 위한 사이클론과 충돌기를 비교한 내용으로 옳지 않은 것은? [01, 07, 11, 17 산업][10 기사]
① 충돌기에 비하여 사이클론은 시료의 되튐으로 인한 손실 염려가 없다.
② 사이클론의 경우 채취효율을 높이기 위한 매체의 코팅이 필요하다.
③ 충돌기에 비하여 사이클론은 호흡성 먼지에 대한 자료를 쉽게 얻을 수 있다.
④ 사이클론이 충돌기에 비하여 사용이 간편하고 경제적이다.

02 먼지채취 시 사이클론이 직경분립충돌기에 비해 갖는 장점이라 볼 수 없는 것은?
[01, 03, 05, 09, 12②, 14, 15 산업][00, 03, 06, 08, 15 기사]
① 사용이 간편하고 경제적이다.
② 호흡성 먼지에 대한 자료를 쉽게 얻을 수 있다.
③ 입자의 질량 크기분포를 얻을 수 있다.
④ 매체의 코팅과 같은 별도의 특별한 처리가 필요없다.

03 10mm 나일론 사이클론에 의한 호흡성 먼지 채취 시 가장 적당한 채취 유량은? [05② 산업][00; 03 기사]
① 0.7L/min ② 1.7L/min
③ 2.7L/min ④ 3.7L/min

hint 10mm 사이클론(cyclone)으로 호흡성 먼지 채취할 때 시료흡입 유량속도는 1.7L/min으로 유지한다.

04 직경분립충돌기(Cascade impactor)의 특성을 설명한 것으로 틀린 것은? [06 기사]
① 입자의 질량 크기분포를 얻을 수 있다.
② 유량을 2L/min 이상으로 채취하면 입자가 여과지에 흡착되어 과도하게 분석된다.
③ 경험이 있는 전문가가 철저한 준비를 통해 이용해야 정확한 측정이 가능하다.
④ 흡입성(inspirable), 흉곽성(thoracic), 호흡성(respirable) 입자의 크기별 분포를 얻을 수 있다.

hint 직경분립충돌기에서 유량속도 2L/min 이상으로 하면 입자의 바운딩(되튐) 현상으로 입자손실로 과소하게 분석된다.

05 작업환경측정에 사용되는 사이클론에 관한 내용으로 가장 거리가 먼 것은? [16 산업]
① 공기 중에 부유되어 있는 먼지 중에서 호흡성 입자상 물질을 채취하고자 고안되었다.
② PVC 여과지가 있는 카세트 아래에 사이클론을 연결하고 펌프를 가동하여 시료를 채취한다.
③ 사이클론과 여과지 사이에 설치된 단계적 분리판으로 입자의 질량 크기분포를 얻을 수 있다.
④ 사이클론은 사용할 때마다 그 내부를 청소하고 검사해야 한다.

hint 단계적 분리판으로 입자의 질량 크기분포를 얻을 수 있는 것은 직경분립충돌기이다.

정답 | 01.② 02.③ 03.② 04.② 05.③

종합연습문제

01 입자상 물질을 채취하는 방법 중 직경분립충돌기의 장점으로 틀린 것은? [07 기사]
① 호흡기에 부분별로 침착된 입자크기의 자료를 추정할 수 있다.
② 흡입성, 흉곽성, 호흡성 입자의 크기별로 분포와 농도를 계산할 수 있다.
③ 조절판으로 시료의 되튐을 방지할 수 있어 시료손실이 적다.
④ 입자의 질량 크기분포를 얻을 수 있다.

hint 시료의 되튐(recoil effect)이 발생하는 것은 직경분립충돌기(cascade impactor)의 중요한 단점에 속한다.

02 입자상 물질의 채취기기인 직경분립충돌기에 관한 설명으로 틀린 것은? [07,11 기사]
① 시료채취가 까다롭고 비용이 많이 소요되며 되튐으로 인한 시료의 손실이 일어날 수 있다.
② 호흡기의 부분별 침착된 입자크기의 자료를 추정할 수 있다.
③ 흡입성, 흉곽성, 호흡성 입자의 크기별 분포와 농도는 계산할 수 없으나 질량 크기분포는 얻을 수 있다.
④ 채취준비에 시간이 많이 걸리며 경험이 있는 전문가가 철저한 준비를 통하여 측정하여야 한다.

hint 직경분립충돌기(cascade impactor)는 흡입성, 흉곽성, 호흡성 입자의 크기별로 분포와 농도를 계산할 수 있는 것이 가장 중요한 장점이다.

03 공기 중 입자상 물질은 여러 기전에 의해 여과지에 채취된다. 차단, 간섭기전에 영향을 미치는 요소와 가장 거리가 먼 것은? [19 산업]
① 입자크기   ② 입자밀도
③ 여과지의 공경   ④ 여과지의 고형성

hint 차단, 간섭기전에 영향을 미치는 요소는 입경(입자크기), 섬유직경, 여과지의 공경(기공), 여과지의 고형성 등이다.

04 입자상 물질 측정을 위한 직경분립충돌기에 관한 설명으로 틀린 것은? [06 기사]
① 입자의 질량 크기분포를 얻을 수 있다.
② 호흡기의 부분별로 침착된 입자크기의 자료를 추정할 수 있다.
③ 시료채취가 까다롭고 되튐으로 인한 시료손실이 일어날 수 있다.
④ 원심력의 원리를 적용하여 챔버내 수평 공기흐름을 이용한다.

hint 원심력의 원리를 이용하는 것은 나일론 사이클론(nylon cyclone) 입자상 물질 측정기구이다.

05 직경분립충돌기의 장·단점으로 틀린 것은? [12 기사]
① 호흡기의 부분별로 침착된 입자크기의 자료를 추정할 수 있다.
② 시료채취가 까다롭고 비용이 많이 든다.
③ 블로우 다운 방식을 적용하여 되튐으로 인한 시료손실을 방지하여야 한다.
④ 흡입성, 흉곽성, 호흡성 입자의 크기별로 분포와 농도를 계산할 수 있다.

hint 직경분립충돌기에는 블로우 다운 방식을 적용하지 않는다.

06 입자상 물질을 채취하는 방법과 가장 거리가 먼 것은? [08 산업]
① 카세트에 장착된 여과지에 의한 여과방법으로 시료채취
② 사이클론과 여과방법을 이용하여 호흡성 크기의 입자를 채취
③ 확산 및 체거름 방법을 이용한 흡착 검지관식 시료채취
④ 입자상 물질을 Cascade impactor의 충돌 원리를 이용하여 크기별 채취

hint 입자의 물리적 분리와 탈착과 용이하지 않은 흡착법이나 검지관법 등은 입자상 물질 시료채취에 적용하기 어렵다.

정답 │ 01.③ 02.③ 03.② 04.④ 05.③ 06.③

PART 2 작업위생(환경) 측정 및 평가

종합연습문제

01 작업장내의 입자상 물질을 측정하는 기구 중 공명된 진동을 이용한 직독식 기구는? [05 산업]
① 여지분진계
② digital분진계
③ cascade impactor
④ piezobalance

hint 공명된 진동을 이용하여 입자상 물질 측정기구는 피에조밸런스(Piezobalance)이다.

02 부유분진을 기기내에 통과시키면서 광을 투사하여 분진에 의한 산란광을 광전자 증배관에 받아 광전류를 적분하여 이 광전류와 시간의 곱이 일정치에 도달하면 하나의 전기적 펄스를 발생하도록 한 장치는? [07 기사]
① 디지털 분진계
② piezobalance
③ 압전형 분진계
④ 전기식 분진계

hint 입자상 물질의 광산란 특성을 이용하여 공기 중 먼지농도를 측정(직독)하는 분석기는 디지털 분진계이다.

03 압전 결정판이 일정한 주파수로 진동할 때 먼지로 인하여 결정판의 질량이 달라지면 그 변화량에 비례하여 진동 주파수가 달라지게 되는데 이러한 현상을 이용한 직독식 먼지 측정기는? [13 산업]
① 틴들(Tyndall) 보정식 측정기
② Piezoelectric 저울식
③ 전기장을 이용한 계측기
④ β-선 흡수를 이용한 계측기

hint 압전식(piezoelectric) 먼지 측정기는 압전 결정판이 일정한 주파수로 진동할 때 먼지로 인하여 결정판의 질량이 달라지면 그 변화량에 비례하여 진동 주파수가 달라지게 되는 현상을 이용한 직독식 먼지 측정기이다.

04 작업자의 폭로농도를 측정하기 위해 작업자 호흡기에 가까이 부착하여 측정하는 기기명은? [05 산업]
① Personal air sampler
② Low volume air sampler
③ High volume air sampler
④ Anderson air sampler

정답 ┃ 01.④ 02.① 03.② 04.①

- 기사 : 매회 출제대비 00,08,14,16
- 산업 : 매회 출제대비 01,04,18②

예상 04 입자상 물질의 크기를 표시하는 방법 중 어떤 입자가 동일한 종단침강속도를 가지며, 밀도가 $1g/cm^3$인 가상적인 구형직경을 무엇이라고 하는가?
① 페렛 직경
② 마틴 직경
③ 질량 중위직경
④ 공기역학적 직경

해설 공기역학적 직경(aerodynamic diameter)은 원래의 입자상 물질과 침강속도는 동일하고, 단위밀도($\rho_a = 1 g/cm^3$)를 갖는 가상적인 구형 직경을 말한다. 답 ④

- 기사 : 출제대비 15
- 산업 : 매회 출제대비 01,04,05,06,13,14,16,19

예상 05 분진의 직경 중 먼지의 한쪽 끝 가장자리와 다른 쪽 가장자리 사이의 거리로서, 실제의 분진 직경보다 크게 과대평가될 수 있는 것은?
① 등면적 직경
② Feret 직경
③ Martin 직경
④ 공기역학적 직경

해설 먼지의 한쪽 끝 가장자리와 다른 쪽 가장자리 사이의 거리를 나타내는 직경은 Feret 직경이다. 답 ②

종합연습문제

01 다음 중 입자상 물질의 크기표시에 있어서 입자의 면적을 이등분하는 직경으로 과소평가의 위험성이 있는 것은? [04,07,14,18,19 산업][10,18 기사]
① Martin 직경
② Feret 직경
③ 공기역학 직경
④ 등면적 직경

02 먼지의 면적을 2등분하는 선의 길이로 표시되는 직경을 무엇이라 하는가? [08 산업]
① 공기역학 직경 ② Martin 직경
③ 등면적 직경   ④ Feret 직경

> **hint** 먼지의 면적을 2등분하는 선의 길이로 표시되는 직경을 Martin 직경이라 한다.

03 물리적 직경 중 등면적 직경에 관한 설명으로 옳은 것은? [12 산업]
① 과대평가할 가능성이 있다.
② 가장 정확한 직경으로 인정받고 있다.
③ 먼지의 한쪽 끝 가장자리와 다른 쪽 끝 가장자리 사이의 거리이다.
④ 먼지의 면적을 2등분하는 선의 길이이다.

04 공기역학적 직경(aerodynamic diameter)에 대한 설명과 가장 거리가 먼 것은? [17 기사]
① 역학적 특성, 즉 침강속도 또는 종단속도에 의해 측정되는 먼지크기이다.
② 직경분립충돌기(cascade impactor)를 이용해 입자의 크기 및 형태 등을 분리한다.
③ 대상입자와 같은 침강속도를 가지며 밀도가 1인 가상적인 구형의 직경으로 환산한 것이다.
④ 마틴 직경, 페렛 직경 및 등면적 직경의 세 가지로 나누어진다.

05 입자상 물질의 크기를 측정하는 내용이다. ( )에 들어갈 내용이 순서대로 연결된 것은? [16 산업]

> 공기역학적 직경이란 대상먼지의 ( )와 같고, 밀도가 ( )이며, ( )인 먼지의 직경을 말한다.

① 침강속도, 1, 구형
② 침강속도, 2, 구형
③ 침강속도, 2, 사각형
④ 침강속도, 1, 구형

정답 ┃ 01.① 02.② 03.② 04.④ 05.①

- 기사 : 출제대비 10, 16
- 산업 : 19

06 ACGIH에서는 입자상 물질을 크게 흡입성, 흉곽성, 호흡성으로 제시하고 있다. 다음 설명 중에서 옳은 것은?

① 흡입성 먼지는 기관지계나 폐포 어느 곳에 침착하더라도 유해한 입자상 물질로 보통 입자크기는 1~10μm 이내의 범위이다.
② 흉곽성 먼지는 가스교환부위인 폐기도에 침착하여 독성을 나타내며, 평균 입자크기는 50μm 이다.
③ 흉곽성 먼지는 호흡기계 어느 부위에 침착하더라도 유해한 입자상 물질이며, 평균 입자크기는 25μm 이다.
④ 호흡성 먼지는 폐포에 침착하여 독성을 나타내며, 평균 입자크기는 4μm 이다.

> **해설** ④항만 올바르다. 호흡성 먼지의 평균 입자크기는 4μm이다. 흡입성(흡인성) 0~100μm 범위, 흉곽성은 기도 및 기관지에 침착하여 영향을 주는 입자크기로 10μm 범위이다. 답 ④

PART 2 작업위생(환경) 측정 및 평가

종합연습문제

01 미국산업위생전문가협의회(ACGIH)의 먼지입경 분류에 관한 설명으로 틀린 것은? [14 산업]

① 흡입성 먼지의 평균 입자크기는 100μm이다.
② 흡입성 먼지는 호흡기계의 어느 부위에 침착하더라도 독성을 나타내는 입자상 물질이다.
③ 흉곽성 먼지는 가스교환지역인 폐포나 폐기도에 침착되었을 때 독성을 나타내는 입자상 물질의 크기이다.
④ 호흡성 먼지의 평균 입자크기는 10μm이다.

02 기관지와 폐포 등 폐 내부의 공기통로와 가스교환부위에 침착되는 먼지로서 공기역학적 지름이 30μm 이하의 크기를 가지는 것은? [14 기사]

① 흉곽성 먼지
② 호흡성 먼지
③ 흡입성 먼지
④ 침착성 먼지

03 입자상 물질인 흄(fume)에 관한 설명으로 옳지 않은 것은? [11,19 기사]

① 용접공정에서 흄이 발생한다.
② 흄의 입자크기는 먼지보다 매우 커 폐포에 쉽게 도달되지 않는다.
③ 흄은 상온에서 고체상태의 물질이 고온으로 액체화된 다음 증기화되고, 증기물의 응축 및 산화로 생기는 고체상의 미립자이다.
④ 용접 흄은 용접공 폐의 원인이 된다.

hint 흄의 입자크기는 먼지보다 더욱 미세하여 폐포에 쉽게 도달된다.

04 다음 중 폐포에 가장 잘 침착하는 분진의 크기(μm)는? [10,15 기사]

① 0.01~0.05
② 0.5~5
③ 5~10
④ 10~20

hint 폐포(肺胞, 하기도)에 침착률이 높은 입자의 크기는 0.5~5.0μm이다. 이 입경범위의 입자상 물질이 호흡성 입자상 물질의 대부분을 차지한다.

05 미국의 ACGIH의 정의에서 가스교환부위, 즉 폐포에 침착하는 호흡성 먼지(RPM)의 평균입경(50% 침착입경)은? [02,07,08,09,10,11,14 산업] [00,06,11,14 기사]

① 10μm
② 4μm
③ 2μm
④ 1μm

06 1952년 영국의 BMRC(British Medical Research Council)에서는 호흡성 먼지를 입경 몇 μm 미만으로 정의하였는가? [14 산업]

① 4.0μm
② 5.5μm
③ 7.1μm
④ 10.5μm

hint 영국의학연구의원회(BMRC)는 호흡성 먼지 입경을 7.1μm 미만으로 정의하고 있다.

07 다음 중 호흡성 먼지(respirable dust)에 대한 미국 ACGIH의 정의로 옳은 것은? [15 기사]

① 크기가 10~100μm로 코와 인후두를 통하여 기관지나 폐에 침착한다.
② 폐포에 도달하는 먼지로, 입경이 7.1μm 미만인 먼지를 말한다.
③ 평균 입경이 4μm이고, 공기역학적 직경이 10μm 미만인 먼지를 말한다.
④ 평균 입경이 10μm인 먼지로 흉곽성 먼지라고도 한다.

08 다음 중 주로 비강, 인후두, 기관 등 호흡기의 기도부위에 축적됨으로써 호흡기계 독성을 유발하는 분진은? [08,15 기사]

① 호흡성 분진
② 흡입성 분진
③ 흉곽성 분진
④ 총부유 분진

09 흉곽성 먼지(TPM)의 50%가 침착되는 평균 입자의 크기는? [02,06②,10,13,16 산업] [00,08,12,13②,16 기사]

① 0.5μm
② 2μm
③ 4μm
④ 10μm

정답 ❙ 01.④ 02.① 03.② 04.② 05.② 06.③ 07.③ 08.② 09.④

종합연습문제

01 호흡성 먼지를 채취할 때, 입자의 크기가 $10\mu m$ 이상인 경우의 채취효율(폐의 침착률, 미국 ACGIH 기준)로 가장 적절한 것은? [10 산업]

① 75% ② 50%
③ 25% ④ 0%

hint 호흡성 입자상 물질(RPM)의 평균입자의 크기는 $4\mu m$이다. 이 입자의 기준은 가스교환부위(폐포)에 침착하는 비율이 50%인 평균입자의 크기이다. 따라서 입자의 크기가 $10\mu m$ 이상인 경우는 흉곽성 입자상 물질에 속하므로 시료를 채취할 때 $10\mu m$ 이상의 입자는 분립장치에 의해 100% 선별 제거한 후 호흡성 먼지를 채취하기 때문에 포집비율은 0%가 된다.

02 미국 ACGIH에서 정의한 (A) 흉곽성 먼지(TPM)와 (B) 호흡성 먼지(RPM)의 평균 입자크기로 옳은 것은? [02,05,10,16 기사]

① (A) $5\mu m$, (B) $15\mu m$
② (A) $15\mu m$, (B) $5\mu m$
③ (A) $4\mu m$, (B) $10\mu m$
④ (A) $10\mu m$, (B) $4\mu m$

03 ACGIH에 의한 입자상 물질의 분진의 이름과 호흡기계 부위별 누적빈도 50%에 해당하는 크기가 연결된 것으로 틀린 것은? [16 기사]

① 폐포성 분진 : $1\mu m$
② 호흡성 분진 : $4\mu m$
③ 흉곽성 분진 : $10\mu m$
④ 흡입성 분진 : $100\mu m$

정답 | 01.④ 02.④ 03.①

- 기사 : 출제대비 18
- 산업 : 출제대비

07 시료채취대상 유해물질과 시료채취 여과지를 잘못 짝지은 것은?

① 유기규산-PVC 여과지
② 납, 철 등 금속-MCE 여과지
③ 농약, 알칼리성 먼지-은막 여과지
④ 다핵방향족탄화수소(PAHs)-PTFE 여과지

해설 농약, 알칼리성 먼지, PAH, 콜타르피치 등은 PTFE막 여과지(테프론)로 채취한다. 은막 여과지는 코크스 오븐 배출물질, 다핵방향족탄화수소(PAHs), Br, Cl 채취용으로 사용된다. 답 ③

유.사.문.제

01 열, 화학물질, 압력 등에 강한 특징을 가지고 있어 석탄건류나 증류 등의 고열공정에서 발생하는 다핵방향족탄화수소를 채취하는데 이용되는 막 여과지는? [00,04,13,14② 기사]

① PTEE막 여과지
② 은막 여과지
③ PVC막 여과지
④ MCE막 여과지

02 다음의 여과지 중 산에 쉽게 용해되므로 입자상 물질 중의 금속을 채취하여 원자흡광광도법으로 분석하는데 적당한 것은? [01,04,05,17 산업][14 기사]

① 은막 여과지
② PVC막 여과지
③ MCE막 여과지
④ 유리섬유 여과지

정답 | 01.① 02.③

종합연습문제

01 코크스 제조공정에서 발생하는 코크스 오븐 배출물질을 채취하는데 많이 이용하는 여과지는? [11,12 산업][07,10,12② 기사]

① PVC막 여과지
② 은막(silver membrane) 여과지
③ MCE막 여과지
④ 유리섬유 여과지

hint 은(銀)막(silver membrane) 여과지는 코크스 오븐 배출물질, 다핵방향족탄화수소(PAHs), Br, Cl 등의 시료채취에 적합하다.

02 유리규산을 채취하여 X-선 회절법으로 분석하는데 적절하고 6가 크롬 그리고 아연화합물의 채취에 이용하며, 수분에 영향이 크지 않아 공해성 먼지, 총 먼지 등의 중량분석을 위한 측정에 사용하는 막 여과지로 가장 적합한 것은?
[01,06,11,13②,19 산업][03,05,10,13,15 기사]

① MCE막 여과지
② PVC막 여과지
③ PTFE막 여과지
④ 은막 여과지

hint PVC(Polyvinyl Chloride) 막 여과지는 6가 크롬, 아연화합물 등의 무기물질과 유리규산을 채취하는데 많이 사용된다.

03 PVC막 여과지를 사용하여 채취하는 물질과 가장 거리가 먼 것은? [03 산업]

① 다핵방향족화합물
② 6가 크롬
③ 공해성 먼지
④ 유리규산

04 6가 크롬 시료채취에 가장 적합한 것은? [18 기사]

① 밀리포어 여과지
② 증류수를 넣은 버블러
③ 휴대용 IR
④ PVC막 여과지

05 시료채취대상 유해물질과 시료채취 여과지를 잘못 짝지은 것은? [05 기사]

① 다핵방향족탄화수소(PAHs) - PTFE막 여과지
② 납, 철, 크롬 등 금속 - MCE막 여과지
③ 유리규산 - PVC막 여과지
④ 유리섬유 - 은막 여과지

hint 섬유상 분진, 석면, 유리섬유 등은 MCE막 여과지로 시료를 채취한다.

06 산에 쉽게 용해되므로 입자상 물질 중의 금속을 채취하여 원자흡광광도법으로 분석하는데 적당하며 유리섬유, 석면 분진 등 현미경분석을 위한 시료채취에도 이용되는 막 여과지는?
[00,03,09,11,14 산업][03,19 기사]

① Glass fiber membrane
② Poly vinylchloride membrane filter
③ Mixed cellulose ester membrane filter
④ Trllon membrane filter

07 시료채취용 막 여과지에 관한 설명으로 틀린 것은? [19 산업][16 기사]

① MCE막 여과지 : 표면에 주로 침착되어 중량분석에 적당함
② PVC막 여과지 : 흡습성이 적음
③ PTEE막 여과지 : 열, 화학물질, 압력에 강한 특성이 있음
④ 은막 여과지 : 열적, 화학적 안정성이 있음

hint 중량분석에 많이 이용(공해성 먼지, 호흡성 및 총 먼지 등) 되는 것은 흡습성이 적은 PVC막이다. MCE막 여과지는 흡습성이 높기 때문에 중량분석에 적합하지 않다.

정답 | 01.② 02.② 03.① 04.④ 05.④ 06.③ 07.①

04. 입자상 오염물질의 시료채취와 분석

- 기사 : 출제대비 09,12,16
- 산업 : 01,05,06,10②,13,14

08 여과지의 종류 중 MCE membrane filter에 관한 내용으로 틀린 것은?

① 산에 쉽게 용해된다.
② 시료가 여과지의 표면 또는 표면 가까운 데에 침착되므로 석면, 유리섬유 등 현미경 분석을 위한 시료채취에 이용된다.
③ 입자상 물질 중의 금속을 채취하여 원자흡광광도법으로 분석하는 데 적당하다.
④ 입자상 물질에 대한 중량분석에 많이 사용된다.

해설 유리규산 채취와 입자상 물질에 대한 중량분석(공해성 먼지, 호흡성 및 총 먼지 등)에 사용되는 것은 PVC막 여과지이다.

답 ④

유.사.문.제

01 수분에 대한 영향이 적고, 먼지의 중량분석에 적절하며, 특히 유리규산을 채취하여 X선 회절법으로 분석하는 데 적합한 여과지는? [18 산업]

① MCE막 여과지
② 유리섬유 여과지
③ PVC막 여과지
④ 은막 여과지

hint 수분에 대한 영향이 적고(소수성), 유리규산 포집에 사용되는 것 → PVC막 여과지

02 다음 내용이 설명하는 막 여과지는?
[01,04,06,08,09,10,12②,13,14,17② 기사]

- 농약, 알칼리성 먼지, 콜타르피치 등을 채취한다.
- 열, 화학물질, 압력 등에 강한 특성이 있다.
- 석탄건류나 증류 등의 고열공정에서 발생되는 다핵방향족탄화수소를 채취하는 데 이용된다.

① 은막 여과지
② PVC막 여과지
③ 섬유상 막 여과지
④ PTFE막 여과지

hint PTFE(테플론)는 열, 화학물질, 압력 등에 강한 특징을 갖는다.

03 먼지 시료채취에 사용되는 여과지에 대한 설명이 잘못된 것은? [07,15 산업]

① PTFE막 여과지는 농약이나 알칼리성 먼지 채취에 적합하다.
② MCE막 여과지는 산에 쉽게 용해된다.
③ 은막 여과지는 코크스 제조공정에서 발생되는 코크스 오븐 배출물질 채취에 사용한다.
④ PVC막 여과지는 수분에 대한 영향이 크므로 용해성 시료채취에 사용된다.

hint PVC는 소수성으로 수분의 영향이 크지 않다.

04 입자상 물질 중의 금속을 채취하는데 사용되는 MCE(셀룰로오스 에스테르) 막 여과지에 관한 설명으로 틀린 것은? [13 산업][11,13②,16 기사]

① 산에 쉽게 용해된다.
② 석면 유리섬유 등 현미경분석을 위한 시료 채취에도 이용된다.
③ 시료가 여과지의 표면 또는 표면 가까운데 침착된다.
④ 흡습성이 낮아 중량분석에 적합하다.

hint MCE(Mixed Cellulose Ester) 막 여과지(셀룰로오스 에스테르계)는 수분에 민감한 것이 단점이다. 특히 원료인 셀룰로오스는 수분을 잘 흡수하기 때문에 입자상 물질에 대한 중량분석에는 부적당하다.

정답 | 01.③ 02.④ 03.④ 04.④

종합연습문제

01 다음 PVC막 여과지를 사용하여 채취하는 물질에 관한 내용과 가장 거리가 먼 것은 어느 것인가? [09,15,19 산업]

① 유리규산을 채취하여 X선 회절법으로 분석하는데 적절하다.
② 6가 크롬 그리고 아연산화물의 채취에 이용된다.
③ 압력에 강하여 석탄 건류나 증류 등의 공정에서 발생하는 PAHs 채취에 이용된다.
④ 수분에 대한 영향이 크지 않기 때문에 공해성 먼지 등의 중량분석을 위한 측정에 이용된다.

hint 압력에 강한 것 → 테플론(PTEE)막 여과지

02 MCE막 여과지에 관한 설명으로 틀린 것은? [04,14,16 산업][15 기사]

① MCE막 여과지는 원료인 셀룰로오스가 수분을 흡수하지 않으므로 정확성을 요구하는 중량분석에 사용된다.
② MCE막 여과지는 산에 쉽게 용해되므로 입자상 물질 중의 금속을 채취하여 원자흡광법으로 분석하는데 적정하다.
③ 산업위생에서는 거의 대부분이 직경 37mm, 구멍의 크기 0.8μm의 MCE막 여과지를 사용하고 있다.
④ 시료가 여과지의 표면 또는 표면 가까운 곳에 침착되므로 석면, 유리섬유 등 현미경분석을 위한 시료채취에도 이용된다.

hint 압력에 강한 것 → PTEE막 여과지

03 낮은 흡습성을 가지고 있고, 견고하여 중량분석을 위한 분진 채취에 가장 적합한 여과지 종류는? [03 산업][01,08 기사]

① 유리섬유 여과지
② 셀룰로오스 에스테르(MCE)막 여과지
③ PVC 여과지
④ 은막 여과지

04 PVC막 여과지에 관한 설명과 가장 거리가 먼 내용은? [14,19 기사]

① 유리규산을 채취하여 X선 회절법으로 분석하는데 적절하다.
② 코크스 제조공정에서 발생되는 코크스 오븐 배출물질을 채취하는데 이용된다.
③ 수분에 대한 영향이 크지 않다.
④ 공해성 먼지, 총 먼지 등의 중량분석을 위한 측정에 이용된다.

hint 코크스 오븐 배출물질에 적합한 것 → 은막

05 산에 쉽게 용해되므로 물질 중의 금속을 채취하여 원자흡광법으로 분석하는데 적정한 여재는? (단, 산업위생에서 대부분이 사용하고 있는 여재기준) [04 기사]

① 직경 45mm, 구멍의 크기 0.8μm인 MCE막 여과지
② 직경 45mm, 구멍의 크기 0.2μm인 MCE막 여과지
③ 직경 37mm, 구멍의 크기 0.8μm인 MCE막 여과지
④ 직경 37mm, 구멍의 크기 0.2μm인 MCE막 여과지

06 입자상 물질을 채취하기 위한 은막 여과지에 관한 설명으로 틀린 것은? [07,19 기사]

① 균일한 금속 은을 소결하여 만든 것이다.
② 결합제나 섬유가 포함되어 있지 않다.
③ 화학물질과 열에 대한 저항성은 약하나 촉매 역할이 가능하다.
④ 코크스 제조공정에서 발생되는 코크스 오븐 배출물질을 채취하는데 이용된다.

hint 은막(silver membrane)은 화학물질과 열에 대한 저항성이 강하고, 안정성(−130℃~+370℃)이 있다.

정답 | 01.③ 02.① 03.③ 04.② 05.③ 06.③

04. 입자상 오염물질의 시료채취와 분석

- 기사 : 매회 출제대비 13,16
- 산업 : 출제대비

예상 09 입자상 물질의 채취를 위한 섬유상 여과지인 유리섬유 여과지에 관한 설명으로 틀린 것은?

① 흡습성이 적고, 열에 강하다.
② 결합제 첨가형과 결합제 비첨가형이 있다.
③ 와트만(Whatman) 여과지가 대표적이다.
④ 유해물질이 여과지의 안층(내면)에도 채취된다.

해설 유리섬유 여과지의 대표적 여과지는 검드(Gummed)이다. Whatman 여과지는 셀룰로오스 여과지이다. 섬유상 여과지 중에서 유리섬유 여과지(glass fiber filter)가 중량분석용으로 가장 널리 사용되고 있다. 유리섬유 여과지는 결합제를 첨가한 첨가형과 결합제를 첨가하지 않은 비첨가형으로 대별된다. **답** ③

유.사.문.제

01 섬유상 여과지에 관한 설명으로 틀린 것은?
(단, 막 여과지와 비교) [07,13 산업][03 기사]

① 비싸다.
② 물리적인 강도가 높다.
③ 과부하에서도 채취효율이 높다.
④ 열에 강하다.

hint 섬유상 여과지는 막 여과지에 비해 비싸고, 물리적인 강도가 약한 결점이 있다.

02 다음 ( ) 안에 알맞은 내용은? [08,13 산업]

섬유상 여과지는 막 여과지에 비해 (Ⓐ) 물리적인 강도가(는) (Ⓑ)

① Ⓐ 비싸고, Ⓑ 강하다.
② Ⓐ 싸고, Ⓑ 강하다.
③ Ⓐ 비싸고, Ⓑ 약하다.
④ Ⓐ 싸고, Ⓑ 약하다.

hint 섬유상 여과지는 막 여과지에 비해 비싸고, 물리적인 강도가 약한 결점이 있다.

03 먼지시료를 채취하는 여과지 선정의 고려사항과 가장 거리가 먼 것은? [19 산업]

① 여과지 무게
② 흡습성
③ 기계적인 강도
④ 채취효율

04 섬유상 여과지에 관한 설명과 가장 거리가 먼 것은? [06 기사]

① 막 여과지에 비하여 비싸다.
② 막 여과지에 비하여 물리적 강도가 약하다.
③ 막 여과지에 비하여 흡습성이 적다.
④ 막 여과지에 비하여 과부하 시 채취효율이 낮다.

05 막 여과지와 섬유상 여과지를 비교한 설명으로 틀린 것은? [07 기사]

① 섬유상 여과지에 비하여 공기저항이 심하다.
② 여과지 표면에 채취된 입자들이 이탈되는 경향이 있다.
③ 섬유상 여과지에 비하여 더 많은 입자상 물질을 채취할 수 있다.
④ 막 여과지는 셀룰로오스 에스테르, PVC, 니트로아크릴 같은 중합체를 일정한 조건에서 침착시켜 만든 다공성의 얇은 막 형태이다.

hint 막 여과지는 섬유상 여과지에 비하여 포집할 수 있는 입자상 물질의 양이 적다.

06 석탄먼지, 결정형 유리규산, 무정형 유리규산, 별도로 분리하지 않은 먼지 등을 대상으로 무게 농도를 구하고자 할 때 채취에 필요한 여과지는? [04 기사]

① PVC
② 유리섬유 여과지
③ MCE
④ PTFE

정답 ▮ 01.② 02.③ 03.① 04.④ 05.③ 06.①

종합연습문제

01 다음 중 PTFE막 여과지에 관한 설명으로 틀린 것은? [05 기사]

① 농약, 알칼리성 먼지, 콜타르 피치 등을 채취하는데 $1\mu m$, $2\mu m$, $3\mu m$의 여러 가지 구멍 크기를 가지고 있다.
② 열, 화학물질, 압력 등에 강하다.
③ 석탄건류나 증류 등의 고열공정에서 발생되는 다핵방향족 탄화수소를 채취하는데 이용된다.
④ Polycarbonate로 만들어진 것으로 체(sieve)처럼 구멍이 일직선으로 되어 있다.

02 입자상 물질을 채취하기 위해 사용되는 여과지 중 습기에 가장 영향을 적게 받으며 전기적인 전하를 가지고 있어 채취 시 입자를 반발하여 채취효율을 떨어뜨리는 단점이 있는 것으로 채취 전에 이 필터를 세제 용액으로 처리함으로써 이러한 오차를 줄일 수 있는 것은? [06 기사]

① PVC membrane filter
② MCE membrane filter
③ 유리섬유 필터
④ PTFF membrane filter

03 다음 중 MCE막 여과지에 관한 설명으로 틀린 것은? [06 산업]

① MCE막 여과지는 원료인 셀룰로오스가 수분을 흡수하기 때문에 중량분석에는 부정확하여 잘 사용하지 않는다.
② MCE막 여과지는 산에 쉽게 용해되므로 입자상 물질 중의 금속을 채취하여 원자흡광광도법으로 분석하는데 적정하다.
③ 산업위생에서는 거의 대부분이 직경 37mm, 구멍의 크기 $0.8\mu m$의 MCE막 여과지를 사용하고 있다.
④ 시료가 여과지에 침착되므로 석면 등 현미경 분석을 위한 시료채취에는 이용되지 않는다.

hint MCE막은 석면, 유리섬유 등 현미경 분석을 위한 시료채취에도 이용된다.

04 핵공(Nucleopore) 여과지에 관한 설명으로 틀린 것은? [09,12 산업]

① 폴리카보네이트로 만들어진다.
② 강도는 우수하나 화학물질과 열에는 불안정하다.
③ 구조가 막 여과지처럼 여과지 구멍이 겹치는 것이 아니고 체(sieve)처럼 구멍이 일직선으로 되어있다.
④ TEM 분석을 위한 석면의 채취에 이용된다.

hint 핵공(Nucleopore) 막 여과지는 강도가 우수하고, 열안정성이 높아 석면(TEM 분석용) 시료채취에 사용된다. Polycarbonate의 특징은 기계적인 강도, 전기절연성이 우수하고 투명하고 연화온도도 140~150℃로 높고 내열성도 있다. 반면에 할로겐화 탄화수소, 방향족 탄화수소, 에스테르, 케톤, 에테르 등의 유기용제에 닿으면 Cracking을 발생하거나 표면이 녹기도 한다.

05 폴리카보네이트 재질에 레이저빔을 쏘아 공극을 일직선으로 만든 막 여과지로 투과전자현미경 분석을 위한 석면의 채취에 이용되는 것은 어느 것인가? [09 기사]

① Nucleopore 여과지
② Cellulose ester 여과지
③ Polytrafluroethylene 여과지
④ PVC 여과지

hint 핵공(Nucleopore) 막 여과지는 폴리카보네이트(polycarbonate)에 레이저빔을 쏘아 공극을 일직선으로 만든 막 여과지이다.

06 Nucleopore 여과지에 관한 설명으로 옳지 않은 것은

① 폴리카보네이트로 만들어진다.
② 화학물질과 열에는 불안정하다.
③ 구조가 막 여과지처럼 여과지 구멍이 겹치는 것이 아니고 체(sieve)처럼 구멍이 일직선으로 되어 있다.
④ TEM 분석을 위한 석면의 채취에 이용된다.

정답 | 01.④ 02.① 03.④ 04.② 05.① 06.②

종합연습문제

01 여과포집에 적합한 여과지의 조건이 아닌 것은? [06,07,10,16 산업][05 기사]

① 포집대상입자의 입도 분포에 대하여 포집효율이 높을 것
② 포집 시의 흡입저항은 될 수 있는 대로 낮을 것
③ 접거나 구부리더라도 파손되지 않고 찢어지지 않을 것
④ 될 수 있는 대로 흡습률이 높을 것

hint 여과지는 흡습(吸濕) 특성이 낮은 것이 바람직하다.

02 MCE막 여과지에 관한 설명으로 틀린 것은? [07 기사]

① 여과지는 산에 쉽게 용해되므로 입자상 물질 중의 금속을 채취하여 원자흡광광도법으로 분석하는데 적합하다.
② 여과지 구멍의 크기는 0.05~0.08μm가 일반적으로 사용된다.
③ 시료가 여과지의 표면 또는 표면 가까운 곳에 침착되므로 석면, 유리섬유 등 현미경 분석을 위한 시료채취에도 이용된다.
④ 여과지의 원료인 셀룰로오스가 수분을 흡수하기 때문에 중량분석에는 부정확하여 잘 사용하지 않는다.

hint MCE막 여과지 → 직경 37mm, 공극 0.8μm

03 금속 시료의 회화에 사용되는 왕수란? [05 산업]

① 황산과 질산을 3 : 1의 몰 비로 혼합한 용액이다.
② 황산과 질산을 5 : 1의 몰 비로 혼합한 용액이다.
③ 염산과 질산을 3 : 1의 몰 비로 혼합한 용액이다.
④ 염산과 질산을 5 : 1의 몰 비로 혼합한 용액이다.

04 입자상 물질을 채취하는데 이용되는 PVC막 여과지에 대한 설명으로 맞지 않은 것은? [07 기사]

① 유리규산을 채취하여 X선 회절분석법에 적합하다.
② 산(酸)에 쉽게 용해되어 금속 채취에 적당하다.
③ 수분에 대한 영향이 크지 않다.
④ 공해성 먼지, 총 먼지 등의 중량분석에 용이하다.

hint PVC(Polyvinyl Chloride)막 여과지는 내산성 및 내염기성이다. 산에 쉽게 용해되므로 입자상 물질 중의 금속을 채취하는데 이용되는 여재의 재질은 MCE(mixed cellulose ester) 막이다.

05 시료 채취용 막 여과지에 관한 설명으로 틀린 것은? [07,08 기사]

① MCE막 여과지 : 유해물질이 표면에 주로 침착되어 현미경 분석에 유리함
② PVC막 여과지 : 유리규산을 채취하여 X선 회절법으로 분석하는데 적절함
③ PTFE막 여과지 : 열, 화학물질, 압력에 강한 특성이 있음
④ 은막 여과지 : 결합제와 섬유를 포함한 금속 은을 소결하여 만듦

hint 은막은 금속 은을 소결하여 만든다.

06 여과지에 관한 설명으로 옳지 않은 것은? [12 기사]

① 막 여과지에서 유해물질은 여과지 표면이나 그 근처에서 채취된다.
② 막 여과지는 섬유상 여과지에 비해 공기저항이 심하다.
③ 막 여과지는 여과지 표면에 채취된 입자의 이탈이 없다.
④ 섬유상 여과지는 여과지 표면뿐 아니라 단면 깊게 입자상 물질이 들어가므로 더 많은 입자상 물질을 채취할 수 있다.

정답 ┃ 01.④ 02.② 03.③ 04.② 05.④ 06.③

PART 2 작업위생(환경) 측정 및 평가

예상 10
- 기사 : 매회 출제대비 00,03,12,14,18
- 산업 : 출제대비

포집기를 이용하여 납을 분석한 결과 0.00189g이었을 때, 공기 중 납농도는 약 몇 mg/m³인가? (단, 포집기의 유량은 2.0L/min, 측정시간은 3시간 2분, 분석기기의 회수율은 100%이다.)

① 4.61　　　② 5.19
③ 5.77　　　④ 6.35

해설 mg/m³ 단위의 농도계산은 포집된 유해물질의 질량(mg)과 공기량의 부피(m³)를 나누어 산출한다.

〈계산〉 $C(\text{mg/m}^3) = \dfrac{m \times (1/\eta)}{V}$
$\begin{cases} m = 0.00189\,\text{g} = 1.89\,\text{mg} \\ \eta = 100\% = 1 \\ V = \dfrac{2\text{L}}{\text{min}} \times 182\,\text{min} \times \dfrac{\text{m}^3}{10^3\text{L}} = 0.364\,\text{m}^3 \end{cases}$

$\therefore C = \dfrac{1.89}{0.364} = 5.19\,\text{mg/m}^3$

답 ②

유.사.문.제

01 PVC 필터를 이용하여 먼지 포집 시 필터무게는 시료채취 후 18.115mg이며, 시료채취 전 무게는 14.316mg이었다. 공기채취량이 400L라면 포집된 먼지의 농도는? (단, 공시료의 무게차이는 없음) [09,13②,15,18 산업][18 기사]

① 8.0mg/m³　　② 8.5mg/m³
③ 9.0mg/m³　　④ 9.5mg/m³

hint $C_m(\text{mg/m}^3) = \dfrac{m - m_o}{V}$

- $\begin{cases} V(\text{시료량}) = 400\text{L} = 0.4\,\text{m}^3 \\ m - m_o = 18.115 - 14.316 = 3.799\,\text{mg} \end{cases}$

$\therefore C_m = \dfrac{3.799}{0.4} = 9.5\,\text{mg/m}^3$

02 MCE 여과지에 금속농도 수준별로 일정량을 첨가한(spiked) 후 분석하여 검출된 양의 비(%)를 구하는 실험은 무엇을 알기 위한 것인가? [06 기사]

① 회수율　　② 분해율
③ 표준율　　④ 분리효율

03 여과지를 이용하여 채취한 금속을 분석하는데 보정하기 위해 행하는 실험은? [05 기사]

① 탈착효율 실험　　② 회수율 실험
③ 독성 실험　　　　④ 안전성 실험

04 측정 전 여과지의 무게는 0.40mg, 측정 후의 무게는 0.50mg이며, 공기채취 유량을 2.0L/min으로 6시간 채취하였다면 먼지의 농도는 약 몇 mg/m³인가? (단, 공시료는 측정 전후의 무게차이가 없다.) [12,17 산업][04,06,18 기사]

① 0.139　　② 1.139
③ 2.139　　④ 3.139

hint $C_m(\text{mg/m}^3) = \dfrac{m - m_o}{V}$

- $\begin{cases} V = \dfrac{2\text{L}}{\text{min}} \times 360\,\text{min} \times \dfrac{10^{-3}\text{m}^3}{\text{L}} = 0.72\,\text{m}^3 \\ m - m_o = 0.5 - 0.4 = 0.1\,\text{mg} \end{cases}$

$\therefore C_m = \dfrac{0.1}{0.72} = 0.139\,\text{mg/m}^3$

05 회수율 실험은 여과지를 이용하여 채취한 금속을 분석 시 분석방법에 대한 보정을 위한 실험이다. 다음 중 회수율을 구하는 식은? [05,10,19 산업]

① 회수율(%) = $\dfrac{\text{분석량}}{\text{첨가량}} \times 100$

② 회수율(%) = $\dfrac{\text{첨가량}}{\text{분석량}} \times 100$

③ 회수율(%) = $\dfrac{\text{분석량}}{1 - \text{첨가량}} \times 100$

④ 회수율(%) = $\dfrac{\text{첨가량}}{1 - \text{분석량}} \times 100$

정답 ▌ 01.④　02.①　03.②　04.①　05.①

종합연습문제

01 공기 중 납을 막 여과지로 시료 포집한 후 분석한 결과 시료 여과지에서는 $6\mu g$, 공시료 여과지에서는 $0.005\mu g$이 검출되었다. 회수율은 95%이고 공기 시료채취량은 100L이었다면 공기 중 납의 농도(mg/m³)는? [05,10,12,14 산업][08 기사]

① 약 0.028
② 약 0.045
③ 약 0.063
④ 약 0.082

hint $C_m(mg/m^3) = \dfrac{m \times (1/\eta)}{V}$

- $\begin{cases} V(\text{시료량}) = 100L = 0.1\,m^3 \\ m(\text{검출량}) = (6-0.005)\mu g \times \dfrac{10^{-3}mg}{\mu g} \\ \qquad = 5.995 \times 10^{-3}\,mg \end{cases}$

$\therefore C_m = \dfrac{5.995 \times 10^{-3} \times (1/0.95)}{0.1} = 0.063\,mg/m^3$

02 어떤 작업장에서 하이볼륨 시료채취기(High volume Sampler)를 $1.1m^3/min$의 유속에서 1시간 30분간 작동시킨 후 여과지(filter paper)에 채취된 납 성분을 전처리과정을 거쳐 산(acid)과 증류수 용액 100mL에 추출하였다. 이 용액의 7.5mL를 취하여 250mL 용기에 넣고 증류수를 더하여 250mL가 되게 하여 분석한 결과 9.80mg/L이었다. 작업장 공기내의 납농도는 몇 mg/m³인가? (단, 납의 원자량은 207, 100% 추출된다고 가정한다.) [00,03,04,10,13 기사]

① 0.18
② 0.26
③ 0.33
④ 0.48

hint $C_m(mg/m^3) = \dfrac{m}{V}$

- $\begin{cases} V = \dfrac{1.1\,m^3}{min} \times 90\,min = 99\,m^3 \\ m = \dfrac{9.80\,mg}{L} \times \dfrac{250mL}{7.5mL} \times 100mL \\ \qquad \times \dfrac{L}{10^3 mL} \\ \qquad = 32.66\,mg \end{cases}$

$\therefore C_m = \dfrac{32.66}{99} = 0.33\,mg/m^3$

03 여과지 금속농도 100mg을 첨가한 후 분석하여 검출된 양이 80mg이었다면 회수율 몇 %인가? [19 산업]

① 40
② 80
③ 125
④ 150

hint 회수율(%) $= \dfrac{80}{100} \times 100 = 80\%$

04 고유량 펌프를 이용하여 $0.489m^3$의 공기를 채취하고, 실험실에서 여과지를 10% 질산 11mL로 용해하였다. 원자흡광광도계로 농도를 분석하고 검량선으로 비교 분석한 결과, 농도가 $32.5\mu g$ Pb/mL였다면 공기 중 납 먼지의 농도(mg/m³)는? [03,04,09,10②,14,16 산업][02,09 기사]

① 0.58
② 0.62
③ 0.73
④ 0.89

hint $C_m(mg/m^3) = \dfrac{m}{V} = \dfrac{m_v \times v}{V}$

- $\begin{cases} V = 0.489\,m^3 \\ m = \dfrac{32.5\mu g}{mL} \times 11mL \times \dfrac{10^{-3}mg}{\mu g} \\ \qquad = 0.3575\,mg \end{cases}$

$\therefore C_m = \dfrac{0.3575}{0.489} = 0.731\,mg/m^3$

05 용접작업 중 발생되는 용접흄을 측정하기 위해 사용할 여과지를 화학천칭을 이용해 무게를 재었더니 70.1mg이었다. 이 여과지를 이용하여 2.5L/min의 시료채취 유량으로 120분간 측정을 실시한 후 잰 무게는 75.88mg이었다면 용접흄의 농도는? [08 산업][01,04,06,11②,15,16 기사]

① 약 13mg/m³
② 약 19mg/m³
③ 약 23mg/m³
④ 약 28mg/m³

hint $C_m(mg/m^3) = \dfrac{m - m_o}{V}$

- $\begin{cases} V = \dfrac{2.5\,L}{min} \times 120분 \times \dfrac{10^{-3}m^3}{L} = 0.3\,m^3 \\ m - m_o = (75.88 - 70.1) = 5.78\,mg \end{cases}$

$\therefore C_m = \dfrac{5.78}{0.3} = 19.27\,mg/m^3$

정답 | 01.③ 02.③ 03.② 04.③ 05.②

종합연습문제

01 어느 작업장에서 Sampler를 사용하여 분진농도를 측정한 결과, Sampling 전, 후의 filter 무게가 각각 32.4mg, 63.2mg을 얻었다. 이때 pump의 유량은 20L/min이었고 8시간 동안 시료를 채취했다면 분진의 농도는? [04,06,07,08,09②,10,13②,17 산업] [06,07,08②,12 기사]

① $3.2\,mg/m^3$ ② $4.1\,mg/m^3$
③ $5.4\,mg/m^3$ ④ $6.9\,mg/m^3$

hint $C_m\,(mg/m^3) = \dfrac{m-m_o}{V}$

- $\begin{cases} V = \dfrac{20L}{min} \times 480\,min \times \dfrac{10^{-3}m^3}{L} \\ \quad = 9.6\,m^3 \\ m-m_o = 63.2-32.4 = 30.8\,mg \end{cases}$

∴ $C_m = \dfrac{30.8}{9.6} = 3.21\,mg/m^3$

02 초기무게가 1.260g인 깨끗한 PVC 여과지를 하이볼륨 시료채취기(High-volume sampler)에 장치하여 어떤 작업장에서 오전 9시부터 오후 5시까지 4L/min의 유량으로 시료채취기를 작동시킨 후 여과지의 무게를 측정한 결과, 1.280g이었다면 채취한 입자상 물질의 평균농도(mg/m^3)는? [06,09,11 산업][09,19 기사]

① 7.8 ② 10.4
③ 15.3 ④ 19.2

hint $C_m\,(mg/m^3) = \dfrac{m-m_o}{V}$

- $\begin{cases} V = \dfrac{4L}{min} \times 480\,min \times \dfrac{10^{-3}m^3}{L} \\ \quad = 1.92\,m^3 \\ m-m_o = (1.280-1.260)g \times \dfrac{10^3 mg}{g} \\ \quad = 20\,mg \end{cases}$

∴ $C_m = \dfrac{20}{1.92} = 10.41\,mg/m^3$

03 회수율을 보정하지 않고 분석결과를 산출한 중금속농도가 $1mg/m^3$이다. 회수율 95%를 보정할 경우 중금속농도는? [11 산업][04 기사]

① $1.95\,mg/m^3$ ② $0.95\,mg/m^3$
③ $0.05\,mg/m^3$ ④ $1.05\,mg/m^3$

hint $C_m\,(mg/m^3) = C_{om}\,(mg/m^3) \times (1/\eta)$

∴ $C_m\,(mg/m^3) = 1\,mg/m^3 \times (1/0.95)$
$= 1.053\,mg/m^3$

04 5mg/L을 함유하는 카드뮴 용액의 광흡수율이 30%였다면, 투과도 60%일 때 카드뮴 용액의 농도는 약 몇 mg/L인가? [17 산업][04 기사]

① 2.121 ② 5.000
③ 7.161 ④ 10.000

hint $A(흡광도) = \varepsilon\,CL = KC$

- $\log \dfrac{1}{(1-0.3)} = K \times 5\,mg/L,\ K = 0.031$
- $A' = \log \dfrac{1}{t} = \log \dfrac{1}{0.6} = 0.222$

∴ $C_m' = \dfrac{A}{K} = \dfrac{0.222}{0.031} = 7.161\,mg/m^3$

05 산업안전보건법상 작업장의 체적이 $150m^3$이면 납의 1시간당 허용소비량(1시간당 소비하는 관리대상 유해물질의 양)은 얼마인가? [18 기사]

① 1g ② 10g
③ 15g ④ 30g

hint 1시간당 허용소비량(g) = $\dfrac{작업장\ 체적}{15}$

∴ $m_h = \dfrac{150\,m^3}{15} = 10\,g$

정답 | 01.① 02.② 03.④ 04.③ 05.②

2 석면 시료채취와 분석

 이승원의 **minimum point**

① **측정방법** : 전자현미경법(투과전자현미경법, 주사전자현미경법), 위상차현미경법(주시험법), X선 회절분석법, 편광현미경법 등

① **측정방법별 장·단점**
- 전자현미경법의 장·단점

장 점	단 점
• 가장 정확하게 석면을 동정할 수 있음 • 형태, 화학조성, 결정구조 모두 확인 가능한 가장 정확한 방법임 • 석면의 감별분석이 가능함 • 석면분석법 중 검출한계가 가장 낮음 • 개별섬유(약 $0.02\mu m$)까지 관찰 가능함 • 위상차현미경으로 볼 수 없는 매우 가는 섬유도 관찰이 가능함	• 시료의 전처리과정이 복잡하고, 시료의 훼손 가능성이 높음 • 분석에 오랜 시간이 소요됨 • 장비의 비용이 비쌈

- 위상차현미경법의 장·단점

장 점	단 점
• 전처리가 비교적 간편함 • 허용기준과 비교할 때 일반적으로 사용 • 시료의 훼손이 적고 빠른 분석결과 산출 가능 • 장비의 이동이 쉬워 현장에서 신속하게 분석결과를 산출할 수 있음 • 근로자 개인시료와 지역시료의 노출(관리)기준과 비교평가에 모두 적용할 수 있음	• 길이 대 지름의 비(aspect ratio)만을 이용하여 섬유상 입자와 비섬유상 입자를 구분·분석하므로 석면섬유를 명확하게 구분하지 못함 • 비석면섬유상 물질의 농도가 높은 환경에는 위상차현미경법을 적용하기 어려움 • 현미경의 분해능과 확대배율의 한계가 있음

- X선 회절분석법의 장·단점

장 점	단 점
• 고형 시료 중 석면함유의 중량비율(%)을 분석할 수 있는 것이 가장 큰 장점임 • 산업안전보건법의 기준인 중량비 1% 이상의 평가에 가장 타당하게 적용할 수 있는 방법임	• 섬유상과 비섬유상 입자의 구분이 불가능함 • 석면의 동정 보다는 중량비율 산출을 위한 정량분석이나 석면 함유 여부의 추가 확인(2차 분석)의 목적으로 주로 이용됨

- **편광현미경법**(PLM, Polarized Light Microscopy) : **고형 시료** 중에서 석면의 동정 및 함유율 분석에 가장 널리 사용되고 있는 광학현미경법 중 하나임
  - 100~400배의 배율로 관찰함
  - 석면의 형태, 굴절률, 분산염색의 색깔, 교차편광, 복굴절, 소멸각, 신장부호를 관찰하여 석면 여부 및 석면의 종류를 동정하고 함유율을 정량·분석함

PART 2 작업위생(환경) 측정 및 평가

예상 01
- 기사 : 01,05,08,13,18
- 산업 : 07

석면 측정방법 중 전자현미경법에 관한 설명으로 틀린 것은?
① 석면의 감별분석이 가능하다.
② 분석시간이 짧고, 비용이 적게 소요된다.
③ 공기 중 석면시료 분석에 가장 정확한 방법이다.
④ 위상차현미경으로 볼 수 없는 매우 가는 섬유도 관찰이 가능하다.

해설 전자현미경법은 분석시간이 길고, 비용이 많이 소요된다.   답 ②

예상 02
- 기사 : 00,03②,04,07,11
- 산업 : 02,03,14,19

공기 중의 석면 시료분석방법 중 가장 정확한 방법으로 석면의 감별분석이 가능하며, 위상차현미경으로 볼 수 없는 매우 가는 섬유도 관찰이 가능하나 값이 비싸고, 분석시간이 많이 소요되는 석면 측정방법은?
① 편광현미경법   ② X선 회절법
③ 직독식 현미경법   ④ 전자현미경법

해설 석면분석법 중 가장 정확하게 석면의 감별분석이 가능하고, 위상차현미경으로 볼 수 없는 섬유도 관찰이 가능하나 값이 비싸고, 분석시간이 많이 소요되는 분석법은 전자현미경법이다.   답 ④

유.사.문.제

01 공기 중 석면 시료분석에 가장 정확한 방법으로 석면의 감별분석이 가능한 것은? [07,11 산업]
① 위상차현미경법
② 전자현미경법
③ 편광현미경법
④ X선 회절법

02 작업환경 측정의 표시단위에 대한 연결이 잘못된 것은? [01,03,07,12,13,19 산업][00,06,10,12 기사]
① 석면농도 : 개/m³
② 소음 : dB(A)
③ 온열(복사열 포함) : ℃
④ 가스·증기·분진·미스트 등의 농도 : mg/m³ 또는 ppm

hint 석면 및 내화성 세라믹섬유의 노출기준 표시단위는 세제곱미터당 개수(개/cm³)를 사용한다.

03 작업환경 측정 및 지정측정기관평가 등에 의한 고시에 의하여 공기 중 석면을 위상차현미경으로 분석할 경우 그 길이가 얼마 이상인 것을 계수하는가? [04,13 산업]
① 1μm   ② 5μm
③ 10μm   ④ 15μm

hint 작업환경 측정에서 석면은 길이가 5μm보다 크고 길이 대 넓이의 비가 3 : 1 이상인 섬유만 계수한다.

04 공기 중 석면을 막 여과지에 채취한 후 전처리하여 분석하는 방법으로 다른 방법에 비하여 간편하나 석면의 감별에 어려움이 있는 측정방법은? [09,16 기사]
① X선 회절법   ② 편광현미경법
③ 위상차현미경법   ④ 전자현미경법

정답 ┃ 01.② 02.① 03.② 04.③

종합연습문제

01 공기 중 석면농도를 허용기준과 비교할 때 가장 일반적으로 사용되는 석면 측정방법은? [01, 14 산업]
① 광학현미경법
② 전자현미경법
③ 위상차현미경법
④ 편광현미경법

hint 석면분석·측정법은 위상차현미경법, 주사전자현미경법, 투과전자현미경법 등이 있으며, 위상차현미경법이 주시험방법(1차 분석법)으로 주로 이용된다.

02 석면의 측정방법에 관한 설명으로 알맞지 않는 것은? [07 기사]
① 위상차현미경법은 막 여과지에 시료를 채취한 후 전처리하여 위상차현미경으로 분석한다.
② 위상차현미경법은 다른 방법에 비해 간편하나 석면의 감별이 어렵다.
③ 편광현미경법은 은막 위의 석면물질에 빛을 조사하여 석면의 편광에 따른 회절성을 이용한다.
④ 편광현미경법은 고형 시료분석에 사용하며 석면을 감별분석할 수 있다.

hint 은막 위의 석면물질에 빛을 조사하여 석면의 편광에 따른 회절성을 이용한 방법은 X선 회절분석법(X-Ray Diffractometer)이다.

03 석면의 측정방법 중 X선 회절법에 관한 설명으로 틀린 것은? [08 산업]
① 값이 비싸고 조작이 복잡하다.
② 1차 분석에 사용하며 2차 분석에는 적용하기 어렵다.
③ 석면 포함 물질을 은막 여과지에 놓고 X선을 조사한다.
④ 고형 시료 중 크리소타일 분석에 사용한다.

hint X선 회절법은 석면의 동정 보다는 중량비율 산출을 위한 정량분석이나 석면 함유 여부의 추가 확인(2차 분석)의 목적으로 주로 이용된다.

04 석면분석방법인 전자현미경법에 관한 설명으로 옳지 않은 것은? [10 기사]
① 공기 중 석면시료 분석에 가장 정확한 방법이다.
② 전자를 주사하여 석면의 고유한 편광성을 측정한다.
③ 위상차현미경으로 볼 수 없는 매우 가는 섬유도 가능하다.
④ 석면의 감별분석이 가능하다.

hint 석면의 고유한 편광성을 측정하는 방법은 전자현미경법이 아닌 편광현미경법이다.

05 석면 측정방법에 관한 설명으로 알맞지 않은 것은? [05 산업]
① 편광현미경법 : 고형 시료분석에 사용한다.
② 위상차현미경법 : 다른 방법에 비해 복잡하나 석면의 감별을 쉽게할 수 있다.
③ X선 회절법 : 값이 비싸고 조작이 복잡하다.
④ 전자현미경법 : 공기 중 석면시료분석에 가장 정확한 방법으로 석면의 감별분석이 가능하다.

hint 위상차현미경법은 길이 대 지름의 비(aspect ratio)만을 이용하여 섬유상 입자와 비섬유상 입자를 구분·분석하므로 석면이 아닌 섬유와 석면 섬유를 구분하지 못한다.

정답 ▮ 01.③ 02.③ 03.② 04.② 05.②

CHAPTER 05 물리적 유해인자 측정·영향

1 소음과 진동

 이승원의 minimum point

(1) 관련용어·소음 노출기준

① 관련용어 정의
- 배경소음(암소음) : 측정하고자 하는 소음 이외의 소음을 말함
- 정상소음 : 시간적으로 변동하지 아니하거나 또는 변동폭이 작은 소음을 말함
- 변동소음 : 시간에 따라 소음도 변화폭이 큰 소음을 말함
- 평가소음도 : 대상소음도에 충격음, 관련 시간대에 대한 측정소음 발생시간의 백분율, 시간별, 지역별 등의 보정치를 보정한 후 얻어진 소음도를 말함
- 등가소음도 : 임의의 측정시간 동안 발생한 변동소음의 총 에너지를 같은 시간내의 정상소음의 에너지로 등가하여 얻어진 소음도를 말함

② 소음 노출기준

일반소음(충격소음 제외) 노출기준

1일 노출시간(hr)	소음강도(dB(A))
8	90
4	95
2	100
1	105
1/2	110
1/4	115

【비고】
㈜ **연속소음**은 115dB(A)를 초과하는 소음수준에 **노출되어서는 안 됨**

충격소음 노출기준

1일 노출횟수	충격소음의 강도(dB(A))
100	140
1,000	130
10,000	120

【비고】
㈜ 1. 최대음압수준이 **140dB(A)**를 초과하는 충격소음에 **노출되어서는 안 됨**
  2. **충격소음**이라 함은 최대음압수준이 **120dB(A) 이상**인 소음이 **1초 이상**의 간격으로 발생하는 것

- 소음작업 : 1일 8시간 **작업**을 기준으로 **85dB 이상**의 소음이 발생하는 작업을 말함
- 충격소음작업 : 소음이 **1초 이상**의 간격으로 발생하는 작업으로서 다음의 어느 하나에 해당하는 작업을 말함
  - 120dB을 초과하는 소음이 **1일 1만회** 이상 발생하는 작업
  - 130dB을 초과하는 소음이 **1일 1천회** 이상 발생하는 작업
  - 140dB을 초과하는 소음이 **1일 1백회** 이상 발생하는 작업

(2) 청력손실·난청

① **가청주파수와 음압도** : 사람의 귀는 저주파음과 매우 높은 고주파음에 대하여 둔감하고, **4,000Hz음**에 가장 민감. 음의 높낮이는 음의 강도로 결정되는 것이 아니라 **진동수** 또는 **파장**에 의해 결정됨
- 가청주파수 : 20~20,000Hz
- 가청음압레벨 : 0~130(120)dB ※ 정상인이 들을 수 있는 **가장 낮은 이론적 음압** : 0dB
- 가청음압도(가청 음압레벨) : 1,000Hz(정상인 기준)에서 0.00002~20N/m²

① **청력손실 및 난청의 특징**
- 청력손실 유형은 일시적 손실(TTS), 영구적 손실(PTS), 음향성 외상의 3가지로 대별됨
- 소음난청은 주파수 1,000Hz 이상의 고음역에 반복·장기간 노출될 때 발생함
- **초기**에는 **4,000Hz(C^5-dip)**에서 현저하고, 그후 고음역, 중음역이 침범되고, **고음점경형**(高音漸傾型)으로 됨
- 난청은 서서히 진행(만성진행성 소음성 난청)하지만 때로는 돌연 청력이 저하하는 것도 있음(돌발성 소음성 난청)
- 난청이 발생되면 일반적으로 이명(耳鳴)을 수반하지만 평형장해를 일으키는 일은 거의 없음

① **난청** : 500~2,000Hz 범위에서 청력손실이 **25dB 이상**이 되면 난청으로 판정됨(OSHA에서는 2,000Hz, 3,000Hz, 4,000Hz에서 **10dB 이상**의 차이가 있을 때 유의한 청력변화가 발생했다고 규정)
- **일시적 난청** : 수 초 또는 72시간 동안 일시적으로 나타남(소음노출을 중지하면 **회복되는 난청**)
- **영구적 난청** : **코르티기관**의 손상으로 수주 후에도 정상청력으로 회복되지 않는 난청을 말함
- **노인성 난청** : 고주파음인 **6,000Hz에서부터** 난청이 시작됨(C^5-dip현상은 나타나지 않음)

① **청력손실에 영향을 미치는 인자** : 청력손실(Hearing Loss)은 어떤 주파수에 대해 정상 귀의 최소가청취와 피검자와의 최소가청치와의 비를 dB로 나타낸 것임
- 개인의 감수성 : 감수성이 높은 사람이 영향을 많이 받음
- 음의 강도(음압수준) : 음압수준이 높을수록 유해함
- 노출시간 분포 및 폭로시간 : 계속적 노출이 간헐적 노출보다 더 유해함
- 소음의 물리적 특성 : **고주파음**이 저주파음보다 더욱 유해, **충격음** 및 **연속음**의 유해성이 더 큼

① **청력손실 산정**

- 6분법 : $A_c(\text{dB}) = \dfrac{a+2b+2c+d}{6}$ $\begin{cases} a : 500\,\text{Hz에서 청력손실} \\ b : 1{,}000\,\text{Hz에서 청력손실} \\ c : 2{,}000\,\text{Hz에서 청력손실} \\ d : 4{,}000\,\text{Hz에서 청력손실} \end{cases}$

- 4분법 : $A_c(\text{dB}) = \dfrac{a+2b+c}{4}$ $\begin{cases} a : 500\,\text{Hz에서 청력손실} \\ b : 1{,}000\,\text{Hz에서 청력손실} \\ c : 2{,}000\,\text{Hz에서 청력손실} \end{cases}$

① **소음평가 척도**(종류 및 구분)
- 실내소음 : SIL, NC, NR(NRN)
- 지역환경소음 : 소음 level, 평가소음 level, 등가소음 level, 주야등가소음 level 등
- 교통소음 : 교통소음지수(TNI)
- 항공기소음 : PNL, EPNL, ECPNL, WECPNL, NNI

(3) 진동 및 그 영향

① 관련용어의 정의
- 진동 : 기계, 기구, 시설 및 기타 물체의 사용으로 인하여 발생되는 강한 흔들림
- 국소진동 : 작업자의 손이나 팔로 전달되는 진동
- 진동량의 표시 : **변위, 속도, 가속도**로 표시할 수 있음
  - 변위(Displacement) : 물체가 정상정지 위치에서 일정 시간내에 도달하는 위치까지의 거리(m)
  - 진동속도 : 단위시간당 변위량으로 변위를 시간으로 미분한 것(단위 m/sec)
  - 진동가속도(가속도 진폭) : 단위시간당 속도 변위량으로 속도를 시간으로 미분한 것(m/sec^2)
  - 가속도 실효값 : 발생되는 진동의 최대 진폭에 대한 평균 제곱근을 말함

① 작업에 따른 진동유형

연속진동	충격진동	간헐적 진동
• 기계설비, 차량, 지속적인 공정작업 등	• 측량에 의한 진동과 **주기내 3회 미만** 영향을 주는 진동 • 고중량물 낙하, 인간의 유산소 운동(Aerobic) 등	• 측량에 의한 진동과 **주기내 3회 이상** 영향을 주는 진동 • 기차, 간헐적 공정작업, 고중량 장비 운반, 기계설비 일시적 작동, 인간의 보행 등

① 진동 측정단위
- 측정단위는 주파수 중 가속도 실효값으로 하며 단위는 m/s^2으로 함
- 전신진동에 대해 인체는 대략 $0.01m/s^2$에서 $10m/s^2$까지의 진동가속도를 느낄 수 있음

① 진동시스템의 구성 : 진동시스템은 입력(入力)이 동적인 힘이고, 출력이 진동으로 나타나는 시스템으로 질량(mass), 강성(stiffness), 감쇠(damping)로 구성됨
- 질량(mass) : 운동변화에 저항하는 관성력의 요소를 질량 관성모멘트로 표시
- 강성(stiffness) : 외력(모멘트)의 변화에 대응하는 탄성요소의 병진 또는 회전변위의 비(F/x)를 말하며, 탄성복원력을 나타냄
- 감쇠(damping) : 시간이나 거리에 따른 에너지가 소산됨으로써 시간에 따른 진폭의 점진적인 감소, 즉 감쇠력을 나타냄

① 국소진동 측정 및 평가 결과에 영향을 미치는 인자
- 손에 전달되는 진동의 방향
- 작업방법과 작업의 숙련도
- 작업자의 연령, 신체조건 및 건강상태
- 작업시간대별 노출형태
- 진동공구를 잡는 힘의 크기
- 손, 팔 및 몸의 자세
- 진동원의 형태와 조건
- 진동에 노출되는 손의 면적과 위치
- 기타 온도 등 기후조건, 혈액순환관련 개인 질환, 말초혈액 순환에 영향을 주는 약물의 복용, 흡연, 소음·화학물질의 노출 등

ⓘ 국소진동 노출 근로자
- 착암기 및 굴착기, 에어임팩트, 토크렌치, 에어드라이버 등
- 각종 그라인더, 각종 절단기(기계톱 등)
- 각종 햄머(치핑 햄머 등), 바이브레이타
- 제초기, 동력용 재봉틀, 오토바이 등

ⓘ 진동에 의한 생체반응에 관계하는 인자
- 진동 주파수(진동수)
- 진동의 강도, 진동방향
- 노출시간
- 누적노출량

ⓘ **국소진동이 인체에 미치는 영향** : 4시간동안의 주파수 가중등가 가속도값이 **2m/s²인 진동가속도**값에 **15년동안 노출**되었을 때, 이 값에 노출된 작업자의 **약 10%**가 **레이노드씨 현상**을 나타낼 수 있고, 같은 가속도에서 노출작업자의 50% 이상이 레이노드씨 현상을 나타내는데 걸리는 노출년수는 대략 25년 정도인 것으로 보고되고 있음. **국소진동**에 의한 **진동증후군**(HAVS)은 다음과 같다.
- 중추신경계 기능장해
- 근육 및 관절장애
- 말초신경장해
- 말초혈관장해

ⓘ 스톡홀름 워커숍(Stockholm workshop)의 진동증후군(HAVS) 분류기준

단 계	증상정도	분류기준
0	증상 없음	• 증상 없음
1	약한 증상(mild)	• 하나 이상의 손가락(말단)에 영향을 주는 간헐적인 증상 (때때로 손가락 끝부분이 하얗게 변함)
2	중간 증상(moderate)	• 하나 이상의 손가락의 말단과 지골(중간부위, 가운데마디까지)에 영향을 주는 간헐적인 증상
3	심한 증상(severe)	• 대부분의 손가락 전체에 영향을 주는 빈번한 증상
4	매우 심한 증상(very severe)	• 3단계 이상의 증상이 있으면서 손가락 끝에 생리적인 변화(손끝에 땀의 분비가 없는 등)가 있는 경우

(4) 소음·진동의 주요 공식 정리

ⓘ 주파수·음의 크기·감각과 관련되는 공식
- 주파수(f), 음속(C), 파장(λ), 주기(T)의 관계

$$f(\text{Hz}) = \frac{C}{\lambda} = \frac{1}{T} \quad \begin{cases} C : \text{공기 중 음속} = 331.4 + 0.61 \times t\,℃\,(\text{m/sec}) \\ \lambda : \text{파장(m)} \\ T : \text{주기(한 번의 왕복이 일어나는데 걸리는 시간)} \end{cases}$$

① 옥타브밴드 분석기의 중심주파수(f_c)

- 1/1 분석기 : $f_c = \sqrt{2}\, f_l$ ⇨ $\dfrac{f_u(\text{상한})}{f_l(\text{하한})} = 2$

- 1/3 분석기 : $f_c = \sqrt{1.26}\, f_l$ ⇨ $\dfrac{f_u(\text{상한})}{f_l(\text{하한})} = 2^{1/3}$

① 폰(phon, 크기레벨)과 손(sone, 감각량)의 관계(1,000Hz의 순음 40phon=1sone)

- $L_L(\text{phon}) = 33.25 \log S + 40$

- $S(\text{sone}) = 2^{\left(\dfrac{L_L - 40}{10}\right)}$

- $\Delta S(\text{감각량 변화}) \propto \dfrac{\Delta I(\text{세기 변화})}{I(\text{음의 세기})}$

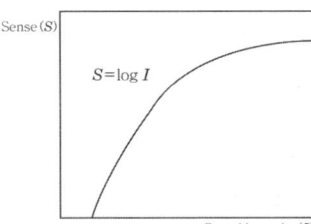

〈Weber-Fether 법칙〉

① 음의 세기와 음향파워 계산공식

- 음의 세기레벨(SIL, Sound Intensity Level)

    - $\text{SIL}(\text{dB}) = 10 \log \dfrac{I}{I_o}$ $\begin{cases} I_o : \text{소리의 세기의 기준치(최소가청음의 세기} = 10^{-12} \text{W/m}^2) \\ I : \text{소음이 발생한 곳의 소리 세기(W/m}^2) \end{cases}$

- 음압레벨(SPL, Sound Pressure Level)

    - $\text{SPL}(\text{dB}) = 20 \log \dfrac{P}{P_o}$ $\begin{cases} P_o : \text{최소음압실효치}(= 2 \times 10^{-5} \text{N/m}^2) \\ P : \text{실측 음압(N/m}^2) \end{cases}$

- 음의 세기(I)와 음압(P)의 관계(음의 세기는 음압의 제곱에 비례함)

    - $\text{SIL}(\text{dB}) = 10 \log \dfrac{P^2/\rho C}{P_o^2/\rho C} = 20 \log \dfrac{P}{P_o} = \text{SPL}(\text{dB})$

- 음향파워레벨(PWL)

    - $\text{PWL}(\text{dB}) = 10 \times \log \left(\dfrac{W}{W_o}\right)$ $\begin{cases} W : \text{음향파워(Watt)} = I \times S \\ I : \text{소리의 세기(W/m}^2) \\ S : \text{표면적 (m}^2) \\ W_o : \text{기준 음향파워} = 10^{-12} \text{Watt} \end{cases}$

- 음원·음원의 위치에 따른 음향파워(W) 산정

구 분	자유공간	반자유공간
점음원	$W = I \times 4\pi r^2$	$W = I \times 2\pi r^2$
선음원	$W = I \times 2\pi r$	$W = I \times \pi r$

【용어 개념】
- **자유공간**(自由空間)**의 음원** : 공중에 떠 있으면서 소음이 구면상으로 발산되고 있는 음원
- **반자유공간**(半自由空間)**의 음원** : 음원의 한 변이 지면이나 바닥, 벽에 접해 있는 소음원
- **점음원**(點音源) : 작고, 고정되어 있는 음원으로 소음이 구면상으로 발산되고 있는 음원
- **선음원**(線音源) : 고정되어 있지 않은 음원으로 직선으로 이동하는 소음원

음압레벨(SPL)과 음향파워레벨(PWL)의 관계식

- $SPL = PWL - 10 \times \log S$
  $PWL = SPL + 10 \times \log S$
  $PWL = SIL + 10 \times \log S$

  $\begin{cases} SPL : \text{음압레벨(dB)} \\ PWL : \text{음향파워레벨(dB)} \\ S : \text{표면적(m}^2) \\ r : \text{반경(m)} \end{cases}$

합성소음도 및 데시벨의 차 계산공식

- 데시벨(dB)의 합(합성소음도)
  - $L(dB) = 10\log\left(10^{L_1/10} + 10^{L_2/10} + \cdots + 10^{L_n/10}\right)$

- 데시벨(dB)의 차
  - $\Delta L(dB) = 10\log\left(10^{L_1/10} - 10^{L_2/10}\right)$

- 데시벨(dB)의 평균(평균소음도)
  - $L_m(dB) = 10\log\left[\dfrac{1}{n}\left(10^{L_1/10} + 10^{L_2/10} + \cdots + 10^{L_n/10}\right)\right]$

$\begin{cases} L : \text{합성소음도(dB)} \\ L_1, \cdots, L_n : \text{각 소음도(dB)} \\ L_m : \text{합성 평균소음도(dB)} \\ n : \text{음원의 수} \\ \Delta L : \text{소음도의 차(dB)} \end{cases}$

진동가속도레벨과 진동레벨

- $VAL(\text{진동가속도레벨, dB}) = 20\log\left(\dfrac{a}{a_o}\right)$

  $\begin{cases} a : \text{진동가속도 실효치(m/sec}^2) = \dfrac{\text{최대진폭}}{\sqrt{2}} \\ a_o : \text{기준진동의 가속도 실효치} = 10^{-5} \text{m/sec}^2 \end{cases}$

- $VL(\text{진동레벨, dB}) = \text{진동가속도레벨}(VAL) + W_n(\text{보정값})$

음원의 위치에 따른 지향계수(Q)와 지향지수(DI)

자유공간 (공중 음원)	반자유공간 (바닥/벽/천장)	두 변이 만나는 구석	세 변이 만나는 구석
$Q=1$, DI$=0$dB	$Q=2$, DI$=+3$dB	$Q=4$, DI$=+6$dB	$Q=8$, DI$=+9$dB

- 음원별 거리에 따른 감쇠 → 2배 떨어진 거리감쇠

  - 점음원-자유음장 ; $L_a(dB) = 20\log\left(\dfrac{r_2}{r_1}\right) = 20\log\left(\dfrac{2r_1}{r_1}\right) = 6\,dB$ 감소

  - 선음원-자유음장 ; $L_a(dB) = 10\log\left(\dfrac{r_2}{r_1}\right) = 10\log\left(\dfrac{2r_1}{r_1}\right) = 3\,dB$ 감소

⊕ 음원의 위치에 따른 음향파워레벨의 변화

- **자유공간-점음원** : 역 제곱 법칙에 의한 거리감쇠와 여기에 -11dB을 보정
  - ■ $\text{SPL} = \text{PWL} - 20\log r - 11$ … 무지향성 음원 ※ 공간조건이 별도로 없을 경우 우선 적용
- **자유공간-선음원** : 역 제곱 법칙에 의한 거리감쇠와 여기에 -8dB을 보정
  - ■ $\text{SPL} = \text{PWL} - 10\log r - 8$ … 무지향성 음원
- **반자유공간-점음원** : 역 제곱 법칙에 의한 거리감쇠와 여기에 -8dB을 보정
  - ■ $\text{SPL} = \text{PWL} - 20\log r - 8$ … 무지향성 음원
- **반자유공간-선음원** : 역 제곱 법칙에 의한 거리감쇠와 여기에 -5dB을 보정
  - ■ $\text{SPL} = \text{PWL} - 10\log r - 5$ … 무지향성 음원

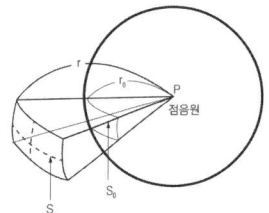 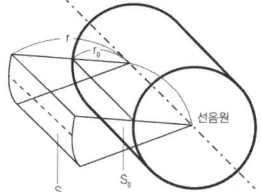

〈그림〉 자유공간-점음원   〈그림〉 자유공간-선음원

⊕ 소음노출량 및 노출평가

- **누적 소음노출량**
  - ■ $D(\%) = \left(\dfrac{C_1}{T_1} + \cdots + \dfrac{C_n}{T_n}\right) \times 100$ $\begin{cases} C : 특정소음에 노출된 시간 \\ T : 그 소음에 노출될 수 있는 허용노출시간 \end{cases}$

- **시간가중 평균 소음수준**
  - ■ $\text{TWA} = 16.61 \log\left(\dfrac{D}{100}\right) + 90$ … (8hr 측정) $\begin{cases} \text{TWA} : 시간가중 평균 소음수준[\text{dB(A)}] \\ D : 누적소음 노출량(\%) \\ t : 측정시간(\text{hr}) \end{cases}$
  - ■ $\text{TWA} = 16.61 \log\left(\dfrac{D}{12.5 \times t}\right) + 90$

- **등가음압레벨**(노출소음 평균치)
  - ■ $L_{eq}(\text{TWA}) = 16.61 \log \dfrac{D}{12.5\,T} + 90$ $\begin{cases} T : 노출시간(측정시간) \\ D : 누적소음 노출량(\%) \end{cases}$

- **소음노출지수** ⇨ EI>1.0이면 허용기준 초과
  - ■ $\text{EI} = \dfrac{C_1}{T_1} + \dfrac{C_2}{T_2} + \cdots + \dfrac{C_n}{T_n}$ $\begin{cases} C : 특정소음에 노출된 총시간 \\ T : 그 소음에 노출될 수 있는 허용노출시간 \end{cases}$

05. 물리적 유해인자 측정·영향

- 기사 : 출제대비
- 산업 : 00,03,16,19

배경소음(Background noise)을 가장 올바르게 설명한 것은?
① 관측하는 장소에 있어서 종합된 소음을 말한다.
② 환경소음 중 어느 특정소음을 대상으로할 경우 그 이외의 소음을 말한다.
③ 레벨변화가 적고 거의 일정하다고 볼 수 있는 소음을 말한다.
④ 소음원을 특정시킨 경우 그 음원에 의하여 발생한 소음을 말한다.

해설 배경소음(Background noise)은 환경소음 중 어느 특정 소음을 대상으로할 경우 그 이외의 소음을 말한다.

답 ②

유.사.문.제

01 충격소음에 대한 설명으로 가장 적절한 것은?
[18,19 산업][01,13,14,17 기사]
① 최대음압수준 120dB(A) 이상의 소음이 1초 이상의 간격으로 발생하는 소음을 말한다.
② 최대음압수준 140dB(A) 이상의 소음이 1초 이상의 간격으로 발생하는 소음을 말한다.
③ 최대음압수준 120dB(A) 이상의 소음이 5초 이상의 간격으로 발생하는 소음을 말한다.
④ 최대음압수준 140dB(A) 이상의 소음이 5초 이상의 간격으로 발생하는 소음을 말한다.

02 음압레벨이 105dB(A)인 연속소음에 대한 근로자 폭로 노출시간(시간/일) 허용기준은? (단, 우리나라 고용노동부의 허용기준) [16 기사]
① 0.5   ② 1
③ 2   ④ 4

03 우리나라 노출기준에 있어 충격소음의 1일 노출횟수가 100회일 때, 해당하는 충격소음의 강도기준은 얼마인가? [13 산업][12 기사]
① 120dB(A)
② 130dB(A)
③ 140dB(A)
④ 150dB(A)

hint 충격소음의 1일 노출횟수가 100회일 때, 해당하는 충격소음의 강도기준 충격은 140dB(A)이다.

04 소음의 종류에 대한 설명으로 맞는 것은 어느 것인가? [06,07,09 산업][18 기사]
① 연속음은 소음의 간격이 1초 이상을 유지하면서 계속적으로 발생하는 소음을 의미한다.
② 충격소음은 소음이 1초 미만의 간격으로 발생하면서, 1회 최대허용기준은 120dB(A)이다.
③ 충격소음은 최대음압수준이 120dB(A) 이상인 소음이 1초 이상의 간격으로 발생하는 것을 의미한다.
④ 단속음은 1일작업 중 노출되는 여러 가지 음압수준을 나타내며, 소음의 반복음의 간격이 3초보다 큰 경우를 의미한다.

hint 충격소음은 최대음압수준이 120dB(A) 이상인 소음이 1초 이상의 간격으로 발생하는 소음을 말한다.

05 산업안전보건법에 규정한 소음작업이라 함은 1일 8시간 작업을 기준으로 몇 데시벨 이상의 소음을 발생하는 작업을 말하는가? [08 기사]
① 80
② 85
③ 90
④ 100

hint 소음작업이란 1일 8시간 작업을 기준으로 85dB 이상의 소음이 발생하는 작업을 말한다.

정답 ┃ 01.① 02.② 03.③ 04.③ 05.②

종합연습문제

01 소음 측정방법으로 틀린 것은? [05 산업] [00,05,10 기사]

① 소음계 지시침의 동작은 빠름(fast) 상태로 한다.
② 소음계의 청감보정회로는 A특성으로 하여야 한다.
③ 소음계의 지시치가 변동하지 않는 경우에는 당해 지시치를 그 측정점에서의 소음수준으로 한다.
④ 측정에 사용되는 기기는 누적소음노출량 측정기, 적분형 소음계 또는 이와 동등 이상의 성능이 있는 것으로 하되 개인시료채취방법이 불가능한 경우에는 지시소음계를 사용할 수 있다.

hint 앞 단원(측정 및 분석기초)에서도 반복 출제된 문제임. 소음계 지시침의 동작은 느림(Slow) 상태로 하여야 한다.

02 누적소음노출량 측정기로 소음을 측정하는 경우, 기기 설정으로 적절한 것은? [06,07,12 산업] [02,07②,09,13②,18,19② 기사]

① Criteria=90dB, Exchange Rate=3dB, Threshold=80dB
② Criteria=80dB, Exchange Rate=3dB, Threshold=90dB
③ Criteria=90dB, Exchange Rate=5dB, Threshold=80dB
④ Criteria=80dB, Exchange Rate=5dB, Threshold=90dB

hint 앞 단원(측정 및 분석기초)에서도 매회 반복 출제되고 있으며, 2차 실기에서도 빈번히 출제되는 내용이므로 꼭 암기해 두어야 한다. 누적소음노출량 측정기로 소음을 측정하는 경우에는 다음과 같이 기기를 설정한다.
- 크라이테리어(Criteria) → 90dB
- 익스체인지레이트(Exchange Rate) → 5dB
- 스레쉬홀드(Threshold) → 80dB

03 작업장 소음 측정시간 및 횟수기준에 관한 설명으로 가장 올바른 것은? [00,05,07,09,13 산업]

① 단위작업장소에서 소음수준은 규정된 측정위치 및 지점에서 1일 작업시간 동안 2시간 이상 연속 측정하거나 작업시간을 1시간 간격으로 나누어 2회 이상 측정하여야 한다.
② 단위작업장소에서 소음수준은 규정된 측정위치 및 지점에서 1일 작업시간 동안 4시간 이상 연속 측정하거나 작업시간을 1시간 간격으로 나누어 4회 이상 측정하여야 한다.
③ 단위작업장소에서 소음수준은 규정된 측정위치 및 지점에서 1일 작업시간 동안 6시간 이상 연속 측정하거나 작업시간을 1시간 간격으로 나누어 6회 이상 측정하여야 한다.
④ 단위작업장소에서 소음수준은 규정된 측정위치 및 지점에서 1일 작업시간 동안 8시간 이상 연속 측정하거나 작업시간을 1시간 간격으로 나누어 8회 이상 측정하여야 한다.

hint 앞 단원(측정 및 분석기초)에서도 반복 출제된 문제임. 단위작업장소에서 소음수준은 규정된 측정위치 및 지점에서 1일 작업시간 동안 6시간 이상 연속 측정하거나 작업시간을 1시간 간격으로 나누어 6회 이상 측정하여야 한다.
다만, 소음의 발생특성이 연속음으로서 측정치가 변동이 없다고 자격자 또는 지정 측정기관이 판단한 경우에는 1시간 동안을 등간격으로 나누어 3회 이상 측정할 수 있다.

04 누적소음노출량 측정기를 사용하여 소음을 측정하고자 할 때 우리나라기준에 맞는 Criteria 및 Exchange rate는? (단, A특성 보정) [09,11 산업]

① 90dB, 10dB
② 90dB, 5dB
③ 80dB, 10dB
④ 80dB, 5dB

hint 크라이테리어(Criteria) → 90dB, 익스체인지레이트(Exchange Rate) → 5dB으로 설정한다.

정답 ▮ 01.① 02.③ 03.③ 04.②

종합연습문제

01 다음 중 소음에 관한 설명으로 옳은 것은?
[12,18 기사]
① 소음과 소음이 아닌 것은 소음계를 사용하면 구분할 수 있다.
② 작업환경에서 노출되는 소음은 크게 연속음, 단속음, 충격음 및 폭발음으로 구분할 수 있다.
③ 소음의 원래의 정의는 매우 크고 자극적인 음을 일컫는다.
④ 소음으로 인한 피해는 정신적, 심리적인 것이며 신체에 직접적인 피해를 주는 것은 아니다.

hint ②항만 옳다.

▶ 바르게 고쳐보기 ◀
① 소음계에 의해 소음과 소음이 아닌 것을 구분할 수 없다.
③ 소음은 개인의 주관적인 감각에 의한 것으로서 어떤 사람에게는 좋은 소리로 들리더라도 다른 사람에게는 소음이 될 수 있다.
④ 소음은 정신적, 심리적 피해뿐만 아니라 신체에 직접적인 피해를 준다.

02 다음 중 소음공해의 특징과 가장 거리가 먼 것은?
[11 산업][01,05 기사]
① 감각공해이다.
② 축적성이 있다.
③ 주위의 진정이 많다.
④ 대책 후에 처리할 물질이 거의 발생되지 않는다.

hint 소음공해는 국소적이고 다발적이며, 축적성이 없고 감각적인 공해이다.

03 충격소음을 제외한 연속소음에 대한 국내의 노출기준에 있어서 몇 dB(A)를 초과하는 소음 수준에 노출되어서는 안 되는가?
[12②,19 기사]
① 85
② 90
③ 100
④ 115

hint 일반 연속소음은 115dB(A)를 초과하는 소음 수준에 노출되어서는 안 되고, 충격소음은 최대음압수준이 140dB(A)를 초과하여 노출되어서는 안 된다.

04 다음 중 음(Sound)의 용어를 설명한 것으로 틀린 것은?
[13,16 기사]
① 파면 – 다수의 음원이 동시에 작용할 때 접촉하는 에너지가 동일한 점들을 연결한 선이다.
② 파동 – 음에너지의 전달은 매질의 운동에너지와 위치에너지의 교번작용으로 이루어진다.
③ 음선 – 음의 진행방향을 나타내는 선으로 파면에 수직한다.
④ 음파 – 공기 등의 매질을 통하여 전파하는 소밀파이며, 순음의 경우 정현파적으로 변화한다.

hint 파면(Wavefront) : 파동의 위상이 같은 점들을 연결한 면을 말한다.

05 다음 중 소음의 물리적 특성으로 옳지 않은 것은?
[12 산업]
① 음의 높낮이는 음의 강도로 결정된다.
② 건강한 사람의 가청주파수는 20~20,000Hz이다.
③ 같은 크기의 에너지를 가진 소리라도 주파수에 따라 크기를 다르게 느낀다.
④ 회화음역은 250~3,000Hz 정도이다.

hint 음의 높낮이는 진동수 또는 파장에 의해 결정된다. 진동수가 높으면 높은 소리이고, 진동수가 낮으면 낮은 소리이다.

06 충격소음의 노출기준에서 충격소음의 강도와 1일 노출횟수가 잘못 연결된 것은?
[11 기사]
① 120dB(A) : 10,000회
② 130dB(A) : 1,000회
③ 140dB(A) : 100회
④ 150dB(A) : 10회

hint 최대음압수준이 140dB(A)를 초과하는 충격소음에 노출되어서는 안 된다.

정답 ┃ 01.② 02.② 03.④ 04.① 05.① 06.④

종합연습문제

01 우리나라의 경우 누적소음노출량 측정기로 소음을 측정할 경우 변환율(exchange rate)을 5dB로 설정하였다. 만약 소음에 노출되는 시간이 1일 2시간일 때, 산업안전보건법에서 정하는 소음의 노출기준은? [09,10,17 기사]

① 100dB(A) ② 95dB(A)
③ 85dB(A)   ④ 80dB(A)

hint 소음의 노출기준(충격소음 제외)

1일 노출시간(hr)	소음강도(dB(A))
8	90
4	95
2	100
1	105
1/2	110
1/4	115

02 작업장 소음에 대한 1일 8시간 노출 시 허용기준은 몇 dB(A)인가? [14,18 기사]

① 45   ② 60
③ 75   ④ 90

hint 앞 문제해설의 [표] 참조

03 소음수준 측정방법에 관한 설명으로 틀린 것은? [08 산업]

① 소음수준을 측정할 때에는 측정대상이 되는 근로자의 근접된 위치의 귀 높이에서 측정하여야 한다.
② 충격소음인 경우에는 소음수준에 따른 5분 동안의 발생횟수를 측정한다.
③ 누적소음노출량 측정기로 소음을 측정하는 경우에는 Criteria 90dB, Exchange Rate 5dB로 기기설정을 하여야 한다.
④ 소음이 1초 이상의 간격을 유지하면서 최대 음압수준이 120dB(A) 이상의 소음을 충격소음이라 한다.

hint 충격소음인 경우에는 소음수준에 따른 1분 동안의 발생횟수를 측정하여야 한다.

04 다음 중 소음의 종류에 대한 설명으로 옳은 것은? [01,07,09,13 기사]

① 연속음은 소음의 간격이 1초 이상을 유지하면서 계속적으로 발생하는 소음을 말한다.
② 단속음은 1일 작업 중 노출되는 여러 가지 음압수준을 나타내며 소음의 반복음의 간격이 3초보다 큰 경우를 말한다.
③ 충격소음은 소음이 1초 이상의 간격을 유지하면서 최대음압수준이 120dB(A) 이상의 소음을 말한다.
④ 충격음은 소음이 1초 미만의 간격으로 발생하면서, 1회 최대허용기준은 140dB(A)이다.

hint ③항만 올바르다.
▶ 바르게 고쳐보기 ◀
① 연속음(continuous noise)은 상당기간 지속되는 소음을 의미하며, 산업현장에서 주로 발생하는 소음이 8시간 이상 지속되었을 때 연속음이라 한다. 근로자들이 점심시간 또는 휴게시간 등으로 일시 연속노출음에서 벗어나지만 실험결과에 의하면 이는 단절효과가 거의 없는 것으로 나타나기 때문에 연속음이라할 수 있다.
② 단속음(간헐음, intermittent noise)은 간헐적 소음이 비교적 지속시간이 짧고 강도가 강한 소음을 말하는 것으로서 대개 하루 일과 중 일정한 간격을 두고 발생하거나 간헐적으로 발생되는 소음으로 통상 반복되는 소음의 간격이 1초보다 길 때 단속음(간헐음)이라 한다.
④ 충격음(impulsive impact noise) : 짧은 시간(1초 이하)동안 지속되는 간헐음으로 음압수준이 순간적(500m/sec, 때로는 1m/sec)으로 급격하게 높은 음압수준(120dB 이상)에 이르렀다가 배경음 이하로 떨어지는 소리를 말한다.

05 개인에게 부착하여 개인의 소음노출량을 측정하는 소음 측정기구 명칭은? [03 산업]

① noise dosimeter
② sound pressure level meter
③ octave-band analyzer
④ microphone

정답 ▮ 01.① 02.④ 03.② 04.③ 05.①

05. 물리적 유해인자 측정 · 영향

- 기사 : 00,01
- 산업 : 15

소음성 난청의 초기단계에서 청력손실이 현저하게 나타나는 주파수(Hz)는?

① 1,000
② 2,000
③ 4,000
④ 8,000

[해설] 소음성 난청은 주파수 1,000Hz 이상의 고주파에 반복·장기간 노출될 때 발생하는데 초기에는 4,000Hz(C^5-dip)에서 청력손실이 현저하고, 그후 고음역, 중음역이 침범되고, 고음점경형(高音漸傾型)으로 진행된다.

답 ③

- 기사 : 01,03,05,08②,11,12,14②,16,17
- 산업 : 04,06

소음성 난청 중 청력장해(C^5-dip)가 가장 심해지는 소음의 주파수는?

① 2,000Hz
② 4,000Hz
③ 6,000Hz
④ 8,000Hz

[해설] 사람의 귀는 저주파음과 매우 높은 고주파음에 대하여 둔감하고, 4,000Hz음에 가장 민감하다. 따라서 청력장해는 4,000Hz(C^5-dip)에서 현저하게 나타난다.

답 ②

유.사.문.제

01 사람들이 일반적으로 들을 수 있는 주파수(Hz) 범위로 가장 적절한 것은? [01,03,14,19 산업][16 기사]

① 20~20,000
② 2~2,000
③ 200~200,000
④ 0.2~20,000

02 다음 중 정상인이 들을 수 있는 가장 낮은 이론적 음압은 몇 dB인가? [11,19 기사]

① 0
② 5
③ 10
④ 20

03 음압도를 측정할 때 정상청력을 가진 사람이 1,000Hz에서 가청할 수 있는 최소음압실효치(N/m^2)는? [10,16 산업]

① 0.002
② 0.0002
③ 0.00002
④ 0.000002

hint 1,000Hz, 정상인 기준의 가청음압도의 범위는 0.00002~20N/m^2이다.

04 소음에 관한 설명으로 틀린 것은? [17 기사]

① 소음작업자의 영구적 청력손실은 4,000Hz에서 가장 심하다.
② 언어를 구성하는 주파수는 주로 250~3,000Hz의 범위이다.
③ 젊은 사람의 가청주파수 영역은 20~20,000Hz의 범위가 일반적이다.
④ 기준음압은 이상적인 청력조건하에서 들을 수 있는 최소가청음역으로, 0.02$dyne/cm^2$로 잡고 있다.

hint 최소가청음역의 기준음압(실효치)은 2×10^{-5} $N/m^2 = 2 \times 10^{-4} dyne/cm^2$이다.

05 소음의 강도가 같은 경우, 청력손실에 가장 큰 영향을 미치는 주파수(Hz)의 범위는? [12,17 기사]

① 37.5~125Hz
② 125~500Hz
③ 3,000~4,000Hz
④ 8,000~16,000Hz

정답 ❙ 01.① 02.① 03.③ 04.④ 05.③

종합연습문제

01 다음 중 일반적으로 청력도(Audiogram) 검사에서 사용하지 않는 주파수는? [09 기사]

① 500Hz ② 2,000Hz
③ 4,000Hz ④ 5,000Hz

hint 6분법에 의한 평균 청력손실의 계산식은 다음과 같다.

〈계산〉 6분법 : $A_c(dB) = \dfrac{a + 2b + 2c + d}{6}$

- a : 500Hz에서 청력손실
- b : 1,000Hz에서 청력손실
- c : 2,000Hz에서 청력손실
- d : 4,000Hz에서 청력손실

02 청력손실이 500Hz에서 12dB, 1,000Hz에서 10dB, 2,000Hz에서 10dB, 40,000Hz에서 20dB일 때 6분법에 의한 평균 청력손실은 얼마인가? [00,03,05,06,12,13②,16,19 기사]

① 19dB
② 16dB
③ 12dB
④ 8dB

hint 6분법에 의한 평균 청력손실은 다음과 같이 계산한다.

〈계산〉 $A_c(dB) = \dfrac{a + 2b + 2c + d}{6}$

- a : 500Hz에서 청력손실 = 12dB
- b : 1,000Hz에서 청력손실 = 10dB
- c : 2,000Hz에서 청력손실 = 10dB
- d : 4,000Hz에서 청력손실 = 20dB

$\therefore A_c = \dfrac{12 + 2 \times 10 + 2 \times 10 + 20}{6}$
$= 12dB$

03 OSHA에서는 2,000, 3,000, 4,000(Hz)에서 몇 dB 이상의 차이가 있을 때 유의한 청력변화가 발생했다고 규정하는가? [14 기사]

① 5dB ② 10dB
③ 15dB ④ 20dB

hint 미국의 직업안전위생국(OSHA)에서는 2,000, 3,000, 4,000(Hz)에서 10dB 이상의 차이가 있을 때 유의한 청력변화가 발생했다고 규정하고 있다.

04 소음성 난청에 영향을 미치는 요소에 대한 설명으로 틀린 것은? [18 산업][10,15,18 기사]

① 음압수준이 높을수록 유해하다.
② 저주파음이 고주파음보다 더 유해하다.
③ 지속적 노출이 간헐적 노출보다 더 유해하다.
④ 개인의 감수성에 따라 소음반응이 다양하다.

hint 고주파음이 저주파음보다 영향이 크다.

05 다음 중 소음성 난청에 영향을 미치는 요소에 대한 설명으로 틀린 것은? [13 산업][09 기사]

① 음압수준이 높을수록 유해하다.
② 고주파음이 저주파음보다 더욱 유해하다.
③ 간헐적인 소음노출이 계속적 소음노출보다 더 유해하다.
④ 소음에 노출된 모든 사람들이 똑같이 반응하지는 않으며, 감수성이 매우 높은 사람이 극소수 존재한다.

hint 간헐적인 소음노출이 계속적 소음노출보다 덜 유해하다.

06 다음 중 소음성 난청에 대한 설명으로 틀린 것은? [18 기사]

① 손상된 섬모세포는 수일내에 회복이 된다.
② 강렬한 소음에 노출되면 일시적으로 난청이 발생될 수 있다.
③ 일주일 정도가 지나도록 회복되지 않는 청력치의 감소부분은 영구적 난청에 해당된다.
④ 강한 소음은 달팽이관 주변의 모세혈관 수축을 일으켜 이 부근에 저산소증을 유발한다.

hint 청신경말단부의 내이 코르티 기관의 섬모세포가 손상될 경우 회복될 수 없는 영구적인 청력저하가 발생한다.

07 다음 중 소음성 난청에 영향을 미치는 요인이 아닌 것은? [10,18 기사]

① 소음의 크기 ② 개인의 감수성
③ 소음 발생장소 ④ 소음의 주파수 구성

정답 | 01.④ 02.③ 03.② 04.② 05.③ 06.① 07.③

종합연습문제

01 소음성 난청에 영향을 미치는 요소의 설명으로 틀린 것은? [16 기사]

① 음압수준 : 높을수록 유해하다.
② 소음의 특성 : 고주파음이 저주파음보다 유해하다.
③ 노출시간 : 간헐적 노출이 계속적 노출보다 덜 유해하다.
④ 개인의 감수성 : 소음에 노출된 사람이 똑같이 반응한다.

hint 개인의 감수성은 건강한 사람보다 임산부나 노약자가 더 많은 영향을 받는다. 그리고 남성보다 여성, 노인보다 젊은이가 소음에 대해 더 민감하다. 또한 노동하고 있는 상태보다 휴식을 취하거나 취침을 하고 있을 때 감수성이 높다.

02 소음성 난청에 대한 설명으로 틀린 것은? [14 산업]

① 심한 소음에 노출되면 처음에는 일시적 청력변화를 초래하며, 이것은 소음노출을 중지하면 노출 전의 상태로 회복된다.
② 소음성 난청의 청력손실은 처음에 1,000Hz에서 가장 현저하고, 점차 고주파음역과 저주파음역으로 퍼진다.
③ 심한 소음에 반복되어 노출되면 코르티 기관에 손상이 발생하여 영구적 청력변화가 일어난다.
④ 소음성 난청에 영향을 미치는 요소 중 음압수준은 높을수록 유해하다.

hint 소음성 난청은 1,000Hz 이상의 고주파, 특히 4,000Hz에서 가장 현저하다. 이것은 사람의 청각기관이 4,000Hz에서 가장 민감하기 때문이다.

03 소음의 특성치를 알아보기 위하여 A, B, C 특성치(청감보정회로)로 측정한 결과, 3가지의 값이 거의 일치되기 시작하는 주파수는? [01,06,09 기사]

① 500Hz ② 1,000Hz
③ 2,000Hz ④ 4,000Hz

hint 청감보정회로상 A, B, C 특성치의 값이 거의 일치되기 시작하는 주파수는 1,000Hz이다.

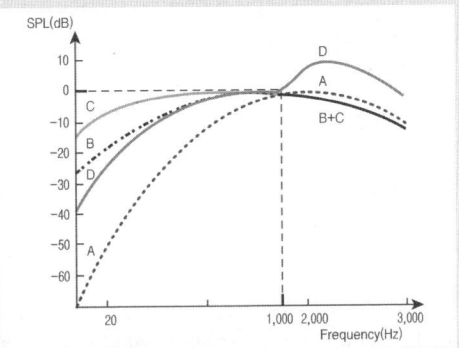

04 소음을 측정한 결과 dB(A)의 값과 dB(C)의 값이 서로 별 차이가 없을 때 이 소음의 특성은? [06,12 산업][09 기사]

① 1,000Hz 이상의 고주파이다.
② 500Hz 정도의 중·저주파이다.
③ 10Hz 이하의 저주파이다.
④ 100Hz 이하의 저주파이다.

hint A특성치와 C특성치간의 차가 크면 저주파음이고, 차가 작으면 1,000Hz 이상 고주파음이라 추정할 수 있다.

05 소음성 난청에 대한 설명으로 틀린 것은? [11,17 기사]

① 소음성 난청의 초기단계를 C^5-dip 현상이라 한다.
② 영구적인 난청(PTS)은 노인성 난청과 같은 현상이다.
③ 일시적인 난청(TTS)은 코르티 기관의 피로에 의해 발생한다.
④ 주로 4,000Hz 부근에서 가장 많은 장해를 유발하며 진행되면 전 주파수 영역으로 확대된다.

hint 영구적인 난청은 정상 청력으로 회복되지 않는 난청으로 4,000Hz 정도에서부터 난청이 진행되지만 노인성 난청은 고주파음인 6,000Hz에서부터 난청이 시작된다.

정답 | 01.④ 02.② 03.② 04.① 05.②

종합연습문제

01 소음계(sound level meter)로 소음 측정 시 A 및 C 특성으로 측정하였다. 만약 C 특성으로 측정한 값이 A 특성으로 측정한 값보다 훨씬 크다면 소음의 주파수 영역은 어떻게 추정이 되겠는가? [08,15 기사]

① 저주파수가 주성분이다.
② 중주파수가 주성분이다.
③ 고주파수가 주성분이다.
④ 중 및 고주파수가 주성분이다.

02 다음 중 일반적으로 소음계에서 A특성치는 몇 phon의 등청감곡선과 비슷하게 주파수에 따른 반응을 보정하여 측정한 음압수준을 말하는가? [04,08,11② 산업][01,05,08,11,15,19② 기사]

① 40phon
② 70phon
③ 100phon
④ 110phon

03 다음 중 1,000Hz에서의 음압레벨을 기준으로 하여 등청감곡선을 나타내는 단위로 사용되는 것은? [01,03,17 산업][14②,18 기사]

① sone
② mell
③ bell1
④ phon

hint 소음의 감각량은 1,000Hz의 순음 40dB (40phon)을 1sone으로 나타낸다.

04 1,000Hz 순음의 음의 세기레벨 40dB의 순음의 크기를 1로 하는 소음의 단위는? [05,09,10,13②,15 산업][00,03,04,07,08,11 기사]

① 1SIL
② 1NRN
③ 1phon
④ 1sone

hint 소음의 감각량은 1,000Hz의 순음 40dB (40phon)을 1sone으로 나타낸다.

05 노출 소음을 측정할 경우 저주파 대역을 보정한 청감보정회로를 사용해야 하는데 이 때 적합한 청감보정회로는? [13,19 산업][10,13,15,16 기사]

① A 특성
② B 특성
③ C 특성
④ Plat 특성

hint A 특성은 사람의 청감에 맞춘 것이다. A 특성은 대략 40phon의 등감곡선과 비슷하게 주파수에 따른 특성을 보정하여 측정한 음압수준을 말한다.

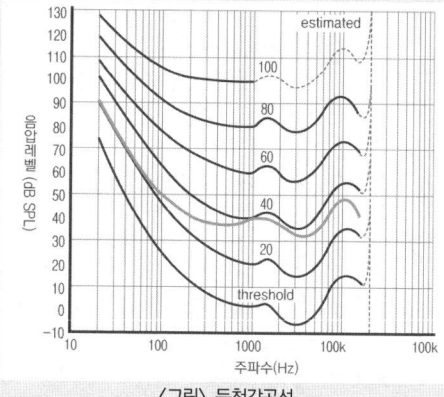

〈그림〉 등청감곡선

06 다음 중 소음에 대한 청감보정 특성치에 관한 설명으로 틀린 것은? [11 기사]

① A특성치와 C특성치를 동시에 측정하면 그 소음의 주파수 구성을 대략 추정할 수 있다.
② A, B, C 특성 모두 4,000Hz에서 보정치가 0이다.
③ 소음에 대한 허용기준은 A특성치에 준하는 것이다.
④ A특성치란 대략 40phon의 등감곡선과 비슷하게 주파수에 따른 반응을 보정하여 측정한 음압수준이다.

hint A, B, C 특성 모두 1,000Hz에서의 보정치=0이다. 이 경우 모든 주파수의 음압수준을 보정 없이 그대로 측정할 수도 있다.

정답 | 01.① 02.① 03.④ 04.④ 05.① 06.②

종합연습문제

01 다음에 대한 설명과 가장 거리가 먼 것은?
[17 산업]

① 소음성 난청은 특히 4,000Hz에서 가장 현저한 청력손실이 일어난다.
② 1kHz의 순음과 같은 크기로 느끼는 각 주파수별 음압레벨을 연결한 선을 등청감곡선이라 한다.
③ A특성치와 C특성치 간의 차이가 크면 저주파음이고, 차이가 작으면 고주파음이다.
④ 청감보정회로는 A, B, C특성으로 구분하고, A특성은 30폰, B특성은 70폰, C특성은 100폰의 음의 크기에 상응하도록 주파수에 따른 반응을 보정하여 각각 측정한 음압수준이다.

hint

종류	음압수준	특성
A특성	40phon	• 측정치가 청감과의 대응성이 좋아 **소음레벨** 측정 및 **소음 허용기준**도 이 값으로 정해져 있다. • 저음압레벨에 대한 청감응답이다.
B특성	70phon	• 중음압레벨에 대한 청감응답이다.
C특성	100phon	• 주파수 분석할 때 사용 • A특성치와 C특성치간의 **차가 크면 저주파음**이고, **차가 작으면** 1,000Hz 이상의 **고주파음**이라 추정할 수 있다.
D특성	웨클 (WECPNL)	• A특성 청감보정곡선 측정레벨보다 항상 크다. • **항공기소음**에 대하여 적용하는 청감응답이다.

02 어떤 작업자가 일하는 동안 줄곧 약 75dB의 소음에 노출되었다면 55세에 이르러 그 사람의 청력도(audiogram)에 나타날 유형으로 가장 가능성이 큰 것은?
[13 기사]

① 고주파 영역에서 청력손실이 증가한다.
② 2,000Hz에서 가장 큰 청력장해가 나타난다.
③ 저주파 영역에 20~30dB의 청력손실이 나타난다.
④ 전체 주파 영역에서 고르게 20~30dB의 청력손실이 일어난다.

hint 노인난청은 고주파 영역(6,000Hz 정도)에서부터 진행된다.

03 다음 중 소음성 난청에 관한 설명으로 틀린 것은?
[15 기사]

① 초기증상을 C^5-dip 현상이라 한다.
② 소음성 난청은 대체로 노인성 난청과 연령별 청력변화가 같다.
③ 소음성 난청은 대부분 양측성이며, 감각 신경성 난청에 속한다.
④ 소음성 난청은 주로 주파수 4,000Hz 영역에서 시작하여 전 영역으로 파급된다.

hint 소음성 난청을 초래하는 청력손실은 <u>직업성</u> 청력손실 이외에 <u>노인성</u> 난청, 비직업적 원인으로 발생하는 <u>사회성</u> 난청, 귀의 해부적 구조의 이상으로 발생하는 <u>유전성</u> 난청을 들 수 있다. 따라서 청력손실은 성별, 연령 등에 따라 청력역치수준이 다른데 남성보다 여성, 노인보다 젊은 이가 소음에 대해 더 민감한 편이다.

정답 | 01.④ 02.① 03.②

PART 2 작업위생(환경) 측정 및 평가

종합연습문제

01 ( ) 안의 Ⓐ, Ⓑ에 알맞은 숫자로 나열된 것은? [14 산업][05,06,08,09,15 기사]

> 1sone은 (Ⓐ)dB의 (Ⓑ)Hz 순음의 크기를 말한다.

① Ⓐ : 70, Ⓑ : 1,000
② Ⓐ : 40, Ⓑ : 1,000
③ Ⓐ : 70, Ⓑ : 4,000
④ Ⓐ : 40, Ⓑ : 4,000

hint 소음의 감각량은 1,000Hz의 순음 40dB(40phon)을 1sone으로 나타낸다.

02 소음과 관련된 용어 중 둘 또는 그 이상의 음파의 구조적 간섭에 의해 시간적으로 일정하게 음압의 최고와 최저가 반복되는 패턴의 파를 의미하는 것은? [11 기사]

① 정재파
② 맥놀이파
③ 발산파
④ 평면파

hint 정재파(定在波, standing wave)는 둘 또는 그 이상의 음파의 구조적 간섭에 의해 시간적으로 일정하게 음압의 최고와 최저가 반복되는 패턴의 음파를 말한다.
- **맥놀이파**는 주파수가 비슷한 두 파가 중첩이 되면 진폭의 포락선(包絡線)이 주기적으로 변하여 진폭이 커졌다가 작아졌다 하는 파를 말한다.
- **발산파**는 음원으로부터 거리가 멀어질수록 더욱 넓은 면적으로 퍼져나가는 파 즉, 음의 세기가 음원으로부터 멀어질수록 감소하는 파이다.
- **평면파**는 음의 파면이 서로 평행한 파 예를 들면 긴 실린더의 피스톤 운동에 의해 발생하는 파이다.

03 소음 측정을 위해 사용되는 지시소음계(sound level meter)는 산업장에서의 소음노출의 정도를 판단하기 위하여 사용되는 기본계기이다. 지시소음계에 관한 설명으로 틀린 것은? [16 산업]

① 지시소음계는 마이크로폰, 증폭기 및 지시계 등으로 구성되어 있으며, 소리의 세기 또는 에너지량을 음압수준으로 표시한다.
② 음량조절장치는 A특성, B특성, C특성을 나타내는 3가지의 주파수 보정회로로 되어 있다.
③ 보정회로를 붙인 이유는 주파수별로 음압수준에 대한 귀의 청각반응이 다르기 때문에 이를 보정하기 위함이다.
④ 대부분의 소음에너지가 1,000Hz 이하일 때에는 A, B, C의 각 특성치의 차이는 비슷하다.

hint 소음에너지가 1,000Hz 이하일 때에는 A, B, C의 각 특성치의 차이는 커진다.

04 다음 중 소음과 관련된 내용으로 옳지 않은 것은? [18 산업]

① 음압수준은 음압과 기준음압의 비를 대수값으로 변환하고 제곱하여 산출한다.
② 사람의 귀는 자극의 절대 물리량에 1차식으로 비례하여 반응한다.
③ 음의 강도는 단위시간당 단위면적을 통과하는 음의 에너지이다.
④ 음원에서 발생하는 에너지는 음력이다.

hint 사람의 귀는 자극의 절대 물리량에 대수적으로 비례하여 반응한다.(Weber-Fether 법칙)

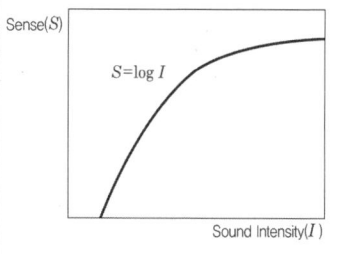

정답 ▎ 01.② 02.① 03.④ 04.②

05. 물리적 유해인자 측정·영향

- 기사 : 15,18
- 산업 : 출제대비

다음 중 진동에 대한 설명으로 틀린 것은?

① 전신진동에 대해 인체는 대략 $0.01m/s^2$에서 $10m/s^2$까지의 진동가속도를 느낄 수 있다.
② 진동 시스템을 구성하는 3가지 요소는 질량(mass), 탄성(elasticity)과 댐핑(damping) 이다.
③ 심한 진동에 노출될 경우 일부 노출군에서 뼈, 관절 및 신경, 근육, 혈관 등 연부조직에 병변이 나타난다.
④ 간헐적인 노출시간(주당 1일)에 대해 노출기준치를 초과하는 주파수-보정, 실효치, 성분가속도에 대한 급성 노출은 반드시 더 유해하다.

해설 간헐적 노출시간(주당 1일)에 대해 노출기준치를 초과하는 주파수를 보정하고, 실효치, 성분가속도에 대한 것을 모두 고려한 급성 노출의 경우 반드시 더 유해하다고 볼 수 없다. 간헐적 진동원은 측량에 의한 진동파 주기내에 3회 이상 영향을 주는 진동원으로 기차, 간헐적 공정작업, 고중량 장비 운반, 기계설비의 일시적 작동, 인간의 보행(Walking) 등에 의해 발생한다.

답 ④

유.사.문.제

01 다음 중 진동에 의한 생체반응에 관계하는 주요 4인자와 가장 거리가 먼 것은?
[07,08,12②,14,16 기사]
① 방향
② 노출시간
③ 진동의 강도
④ 개인 감응도

02 다음 중 전신진동 장해의 원인으로 가장 적절한 것은?
[03②,04,05,07,09,15 산업]
① 교통기관 승무원
② 전기톱작업
③ 착암기작업
④ 해머작업

03 다음은 진동의 크기를 나타내는 용어 중 물체가 정상정지 위치에서 일정 시간내에 도달하는 위치까지의 거리로 표현되는 것은? [03,06 산업]
① 가속도(acceleration)
② 속도(velocity)
③ 변위(displacement)
④ 공명(resonance)

04 전신진동 장해에 관한 내용으로 틀린 것은?
[14 산업][15 기사]
① 전신진동 노출 진동원은 교통기관, 중장비 차량 등이다.
② 전신진동 노출 시에는 산소소비량과 폐환기량이 급감하여 특히 대뇌혈류에 영향을 미친다.
③ 전신진동은 100Hz까지 문제이나 대개는 30Hz에서 문제가 되고 60~90Hz에서는 시력장해가 온다.
④ 외부진동의 진동수와 고유장기의 진동수가 일치하면 공명 현상이 일어날 수 있다.

hint 전신진동은 자율신경 특히 순환기에 많은 영향을 미치며, 호흡 불안정, O_2 소비량이 증가하게 된다.

05 진동에 의한 생체영향과 가장 거리가 먼 것은?
[03,07,09,16,19 기사]
① C^5-dip 현상
② Raynaud 현상
③ 내분비계 장해
④ 뼈 및 관절의 장해

hint C^5-dip 현상 : 소음과 관계된다.

정답 | 01.④ 02.① 03.③ 04.② 05.①

종합연습문제

01 다음 중 진동증후군(HAVS)에 대한 스톡홀름 워크숍의 분류로서 틀린 것은? [15,19 기사]

① 진동증후군의 단계를 0부터 4까지 5단계로 구분하였다.
② 1단계는 가벼운 증상으로 하나 또는 그 이상의 손가락 끝부분이 하얗게 변하는 증상을 의미한다.
③ 3단계는 심각한 증상으로 하나 또는 그 이상의 손가락 가운데마디부분까지 하얗게 변하는 증상이 나타나는 단계이다.
④ 4단계는 매우 심각한 증상으로 대부분의 손가락이 하얗게 변하는 증상과 함께 손끝에서 땀의 분비가 제대로 일어나지 않은 등의 변화가 나타나는 단계이다.

hint 3단계는 대부분의 손가락 지골(수지 전체)에 영향을 주는 빈번한 증상으로 분류된다.

02 무거운 저속연장 사용으로 발생하는 진동에 의한 손의 장해에 관한 내용으로 틀린 것은? (단, 가벼운 고속연장과 비교기준) [15,17 산업]

① 동통은 통상적으로 주 증상이 아니다.
② 뼈의 퇴행성 변화는 없다.
③ 손가락의 창백 현상이 특징적이다.
④ 때때로 부종이 발생할 수 있다.

hint 진동은 근육 및 관절장애를 유발한다.

03 다음 중 진동의 종류와 가장 거리가 먼 것은? [07 기사]

① 정현진동
② 동현진동
③ 충격진동
④ 감쇠진동

hint 진동(vibration)은 자유진동, 강제진동(충격진동), 자려(自勵)진동의 3종류로 대별할 수가 있으며, 자유진동은 비감쇠자유진동(조화진동·정현진동)과 감쇠자유진동 등으로 분류된다.

04 다음 중 진동의 크기를 나타내는데 사용되지 않는 것은? [07 기사]

① 변위
② 충격
③ 속도
④ 가속도

hint 진동량은 변위, 속도, 가속도로 표시할 수 있다. 변위란 물체가 진동할 때 시간에 따라 위치가 변하는 것을 의미하며 그 단위는 m이다. 진동속도는 단위시간당의 변위량으로 변위를 시간으로 미분한 것으로 그 단위는 m/sec이다. 진동가속도(가속도 진폭)는 단위시간당의 속도 변위량으로 속도를 시간으로 미분한 것으로 그 단위는 m/sec^2이다.

05 다음 중 진동의 크기(강도)를 나타내는 데 사용되지 않는 것은? [05,11,12 기사]

① 변위(displacement)
② 압력(pressure)
③ 속도(velocity)
④ 가속도(acceleration)

hint 진동의 강도 표시(크기 표시)는 변위, 속도(velocity), 가속도(acceleration) 3가지로 나타낸다.

06 어떤 공장의 진동을 측정한 결과 측정대상 진동의 가속도 실효치가 $0.03198 m/sec^2$이었다. 이 때 진동가속도레벨(VAL)은? (단, 주파수 : 18Hz, 정현진동 기준) [12 산업]

① 65dB
② 70dB
③ 75dB
④ 80dB

hint 진동가속도레벨(VAL)은 다음 식으로 계산된다.

〈계산〉 $VAL(dB) = 20 \log\left(\dfrac{A_s}{A_r}\right)$

$\begin{cases} A_s : 진동가속도\ 실효치 = 0.03198 \\ A_r : 기준가속도 = 10^{-5} \end{cases}$

$\therefore VAL = 20 \log\left(\dfrac{0.03198}{10^{-5}}\right) = 70.1 dB$

정답 | 01.③ 02.② 03.② 04.② 05.② 06.②

05. 물리적 유해인자 측정 · 영향

- 기사 : 05,06,08②,10,13,18
- 산업 : 출제대비

예상 05 전신진동에 관한 설명으로 틀린 것은?

① 말초혈관이 수축되고, 혈압상승과 맥박증가를 보인다.
② 산소소비량은 전신진동으로 증가되고, 폐환기도 촉진된다.
③ 전신진동의 영향이나 장해는 자율신경 특히 순환기에 크게 나타난다.
④ 두부와 견부는 50~60Hz 진동에 공명하고, 안구는 10~20Hz 진동에 공명한다.

해설 두부와 견부는 20~30Hz 진동에 공명하고, 안구는 60~90Hz 진동에 공명한다.

구 분	특 징
공해진동 범위	• 공해진동의 진동수 범위 : 1~80Hz • 문제가 되는 진동레벨 : 60~80dB • **진동의 역치**(사람이 겨우 느끼는 최소진동치) : **55±5dB** • 사람이 느낄 수 있는 진동가속도 범위 : 1Gal(0.01m/s²)~1,000Gal(10m/s²) • 사람이 가장 민감하게 느끼는 **수평진동** : **1~2Hz** • 사람이 가장 민감하게 느끼는 **수직진동** : **4~8Hz**

전신진동
(전신장해)
2~100Hz
 	
ISO 평가
1~80Hz
	• **자율신경** 특히 **순환기**에 많은 영향을 미침(말초혈관 수축, 혈압상승, 맥박 증가, 피부 전기저항을 떨어트린다. 또한 산소소비량을 증가시키고 폐환기량을 증대시킴)
	• 1~3Hz : 호흡 불안정, O₂ 소비 증가, 멀미(motion sickness) 같은 동요감 유발
	• 3~6Hz : 3Hz에서는 멀미, 6Hz에서는 허리, 가슴 및 등 쪽(흉강)에 통증 유발
	• 4~14Hz : 관절 및 복부 장기의 공명으로 압박감과 복통 유발
	• 12~16Hz : 복부의 심한 공명과 발성(發聲)에 영향을 줌
	• 20~30Hz : **두부(두개골) 및 견부** 진동에 따른 공명으로 시력 및 청력 장해
	• 60~90Hz : **안구에 공명**현상 발생
	  – 수직·수평 진동이 동시에 가해지면 2배의 자각증상이 나타남
	  – 진동에 의한 신체적 공진현상은 앉아 있을 때가 서 있을 때 보다 심하게 나타남

국소진동 (국소장해) 8~1,500Hz	□ **레이노드 현상**(Raynud's Phenomenon) • 착암기·압축공기(hammer)를 이용한 **진동공구 사용** 근로자에게 유발될 수 있는 질환 • 국소진동에 의해 말초혈관운동이 저하되어 혈액순환장해로 인해 발병됨 • 흰색 손가락(White finger) 또는 검은색 손가락(Dead finger) 증상이라고도 함 • 추위에 노출되면 이러한 증상은 더욱 악화됨

답 ④

유.사.문.제

01 착암기 또는 햄머(hammer) 같은 공구를 장시간 사용한 근로자에게 유발되기 가장 쉬운 국소진동에 의한 신체 증상은? [18 산업]
① 피부암   ② 소화장해
③ 불면증   ④ 레이노드 현상

02 레이노드 현상(Raynaud's phenomenon)의 주된 원인이 되는 것은? [09 산업][07,11,17 기사]
① 소음
② 고온
③ 국소진동
④ 전신진동

정답 ┃ 01.④ 02.③

종합연습문제

01 레이노드(Raynaud) 증후군의 발생 가능성이 가장 큰 작업은? [05,16 기사]
① 인쇄작업
② 용접작업
③ 보일러 수리 및 가동
④ 공기 햄머(hammer) 작업

02 레이노드 현상(Raynaud phenomenon)과 관련된 용어와 가장 관련이 적은 것은? [14 기사]
① 혈액순환장해
② 국소진동
③ 방사선
④ 저온환경

03 진동으로 손가락의 말초혈관운동 장해 때문에 손가락이 창백하여지고 동통을 느끼는 현상은? [03 산업]
① Silicosis
② Crowd poison
③ Caison disease
④ Raynaud's 현상

04 다음 중 국소진동에 의해 발생되는 레이노드씨 현상(Raynaud's phenomenon)에 대한 설명으로 틀린 것은? [14 산업]
① 압축공기를 이용한 진동공구를 사용하는 근로자들의 손가락에서 주로 발생한다.
② 손가락에 있는 말초혈관운동의 장해로 초래된다.
③ 수근골에서의 탈석회화작용을 유발한다.
④ 추위에 노출되면 현상이 악화된다.

  hint 석회화작용은 건염(Tendinitis)을 유발한다. 건염은 허혈성 부위에 칼슘이 침착하여 석회화가 이루어짐으로써 발생하는 질환이다.

05 국소진동에 의하여 손가락의 창백, 청색증, 저림, 냉감, 동통이 나타나는 장해를 무엇이라 하는가? [09 산업][11,18 기사]
① 레이노드 증후군
② 수근관통증 증후군
③ 브라운세커드 증후군
④ 스티브블래스 증후군

06 일반적인 사람이 느끼는 최소진동역치는 얼마인가? [07,08,12,15,18,19 산업][06,09,19 기사]
① 55±5dB
② 70±5dB
③ 90±5dB
④ 105±5dB

07 진동에 관한 설명으로 틀린 것은? [18 산업]
① 진동량은 변위, 속도, 가속도로 표현한다.
② 진동의 주파수는 그 주기현상을 가리키는 것으로 단위는 Hz이다.
③ 전신진동 노출 진동원은 주로 교통기관, 중장비차량, 큰 기계 등이다.
④ 전신진동인 경우에는 8~1,500Hz, 국소진동의 경우에는 2~100Hz의 것이 주로 문제가 된다.

  hint 국소진동인 경우에는 8~1,500Hz, 전신진동의 경우에는 2~100Hz의 것이 주로 문제가 된다.

08 전신진동 노출에 따른 건강장해에 대한 설명으로 틀린 것은? [07,09,18 기사]
① 평형감각에 영향을 줌
② 산소소비량과 폐환기량 증가
③ 작업수행 능력과 집중력 저하
④ 레이노드(Raynaud's) 증후군 유발

  hint 레이노드 증후군은 국소진동에 의한 장해

정답 | 01.④ 02.③ 03.④ 04.③ 05.① 06.① 07.④ 08.④

종합연습문제

01 국소진동의 경우에 주로 문제가 되는 주파수 범위로 가장 알맞은 것은? [03,06,07,16 산업] [11,15,19 기사]
① 1~8Hz
② 8~1,500Hz
③ 1,500~4,000Hz
④ 4,000~6,000Hz

02 전신진동이 인체에 미치는 영향이 가장 큰 진동의 주파수 범위는? [03,04,05②,06,08,09,13②,14 산업] [04,05,10,17 기사]
① 2~100Hz
② 140~250Hz
③ 275~500Hz
④ 4,000Hz 이상

03 진동은 수직진동, 수평진동으로 나누어지는데, 인간에게 민감하게 반응을 보이며 영향이 큰 진동수는 수직진동과 수평진동에서 각각 몇 Hz인가? [13②,17 산업][04,15 기사]
① 수직진동 : 4.0~8.0, 수평진동 : 2.0 이하
② 수직진동 : 2.0 이하, 수평진동 : 4.0~8.0
③ 수직진동 : 8.0~10.0, 수평진동 : 4.0 이하
④ 수직진동 : 4.0 이하, 수평진동 : 8.0~10.0

04 전신진동에 의한 건강장해의 설명으로 틀린 것은? [17 기사]
① 진동수 4~12Hz에서 압박감과 동통감을 받게 된다.
② 진동수 60~90Hz에서는 두개골이 공명하기 시작하여 안구가 공명한다.
③ 진동수 20~30Hz에서는 시력 및 청력 장해가 나타나기 시작한다.
④ 진동수 3Hz 이하이면 신체가 함께 움직여 motion sickness와 같은 동요감을 느낀다.

hint 안구는 60~90Hz 진동에 공명한다. 두부와 견부는 20~30Hz 진동에 공명한다.

05 전신진동에 관한 설명으로 틀린 것은? [05,08 산업]
① 전신진동으로 산소소비량 증가
② 전신진동은 2~100Hz까지가 주로 문제가 됨
③ 전신진동에 의해 안구, 내장 등이 공명됨
④ 혈압 및 맥박 상승으로 피부 전기저항 증가

hint 전신진동은 말초혈관 수축, 혈압상승, 맥박 증가, 피부 전기저항을 떨어트린다. 또한 산소소비량을 증가시키고 폐환기량을 증대시킨다.

06 전신진동의 영향이나 장해와 가장 거리가 먼 내용은? [07 산업]
① 산소소비량 증가
② 폐환기 촉진
③ 피부 전기저항 저하
④ 말초혈관 확대

07 다음 중 인체의 각 부위별로 공명 현상이 일어나는 진동의 크기를 올바르게 나타낸 것은? [14 기사]
① 둔부 : 2~4Hz
② 안구 : 6~9Hz
③ 구간과 상체 : 10~20Hz
④ 두부와 견부 : 20~30Hz

hint ④항만 올바르다. 3~6Hz : 멀미 증상 및 허리, 가슴 및 통증, 4~14Hz : 관절 및 복부 공명, 12~16Hz : 복부의 심한 공명, 20~30Hz : 두부와 견부의 공명, 60~90Hz : 안구 공명

08 다음 중 전신진동에 있어 장기별 고유진동수가 올바르게 연결된 것은? [03,08,13 기사]
① 두개골 : 5~10Hz
② 흉강 : 15~35Hz
③ 안구 : 60~90Hz
④ 골반 : 50~100Hz

hint ③항만 올바르다. 20~30Hz : 두개골 공명 현상, 6Hz : 가슴 및 등쪽(흉강) 통증 유발, 3~6Hz : 허리 및 골반 영향

정답 ┃ 01.② 02.① 03.① 04.② 05.④ 06.④ 07.④ 08.③

종합연습문제

01 다음 중 진동에 의한 감각적 영향에 관한 설명으로 틀린 것은? [09 기사]

① 맥박수가 증가한다.
② 1~3Hz에서 호흡이 힘들고 산소소비가 증가한다.
③ 13Hz에서 허리, 가슴 및 등 쪽에 감각적으로 가장 심한 통증을 느낀다.
④ 신체의 공진현상은 앉아 있을 때가 서 있을 때보다 심하게 나타난다.

hint 12~16Hz에서 복부의 심한 공명과 발성(發聲)에 영향을 준다. 허리, 가슴 및 등 쪽(흉강)에 통증 유발하는 진동수는 6Hz 범위이다.

02 다음 중 진동에 관한 설명으로 옳은 것은 어느 것인가? [11 기사]

① 수평 및 수직 진동이 동시에 가해지면 2배의 자각현상이 나타난다.
② 신체의 공진현상은 서 있을 때가 앉아 있을 때보다 심하게 나타난다.
③ 국소진동은 골, 관절, 지각 이상 이외의 중추신경이나 내분비계에는 영향을 미치지 않는다.
④ 말초혈관운동의 장애로 인한 혈액순환장애로 손가락 등이 창백해지는 현상은 전신진동에서 주로 발생한다.

hint ①항만 옳다.
▶ 바르게 고쳐보기 ◀
② 신체의 공진현상은 앉아 있을 때가 서 있을 때보다 심하게 나타난다.
③ 국소진동은 골, 관절, 지각 이상 이외의 중추신경이나 내분비계에 영향을 미친다.
④ 말초혈관운동의 장애로 인한 혈액순환장애로 손가락 등이 창백해지는 현상은 국소진동에서 주로 발생한다.

03 다음 중 레이노드 현상(Raynaud's Phenomenon)을 악화시키는 중요한 요소는? [07 산업]

① 고열
② 한랭
③ 영양
④ 소음

04 전신진동 장애에 관한 설명으로 틀린 것은 어느 것인가? [12 산업]

① 전신진동 도출 진동원은 교통기관, 중장비 차량, 큰 기계 등이다.
② 60~90Hz에서 안구가 함께 공명현상이 일어나 시력장애가 온다.
③ 3~6Hz에서 흉강, 4~5Hz에서 두개골이 공명현상을 유발하여 장애를 일으킨다.
④ 전신진동 노출 시 산소소비량과 폐환기량이 증가하며 내분비계, 심장, 평형감각 등에 영향을 미친다.

hint 20~30Hz에서 두개골이 공명현상을 유발하여 장애를 일으킨다.

05 진동에 의한 국소장해인 레이노씨 현상에 관한 설명과 가장 거리가 먼 것은? [12 산업]

① 압축공기를 이용한 진동공구를 사용하는 근로자들의 손가락에서 발생한다.
② 진동공구의 진동수가 4~12Hz 범위에서 발생되며 심한 경우 오한과 혈당치 변화가 초래된다.
③ 손가락에 있는 말초혈관운동의 장해로 인해 손가락이 창백해지고 동통을 느낀다.
④ 추위에 폭로되면 증상이 악화되며 dead finger 또는 white finger라고 부른다.

hint ②항 → 전신진동 및 소음과 관계되는 설명이다. 특히 혈당상승, 백혈구 증가 등의 악영향을 미치는 인자는 소음이다. 전신진동 4~12Hz 범위에서는 압박감, 동통감, 심하면 공포감과 오한을 유발한다.

06 일반적으로 전신진동에 의한 생체반응에 관여하는 인자로 거리가 먼 것은? [12,16,19 기사]

① 강도
② 방향
③ 온도
④ 진동수

hint 전신진동에 의한 생체반응에 관여하는 인자는 강도, 방향, 진동수, 폭로시간이다.

정답 | 01.③ 02.① 03.② 04.③ 05.② 06.③

종합연습문제

01 다음 중 진동의 생체작용에 관한 설명으로 틀린 것은? [13 기사]
① 전신진동의 영향이나 장해는 자율신경, 특히 순환기에 크게 나타난다.
② 산소소비량은 전신진동으로 증가되고, 폐환기도 촉진된다.
③ 위장장해, 내장하수증, 척추 이상 등은 국소진동의 영향으로 인한 비교적 특징적인 장해이다.
④ 그라인더 등의 손 공구를 저온환경에서 사용할 때에 Raynaud 현상이 일어날 수 있다.

hint 전신진동의 영향은 특히 순환기에 크게 나타난다. 내분비계통에 주로 영향을 미치는 것은 국소진동이다.

02 진동으로 인한 건강장해를 방지하기 위한 대책 중 적당치 못한 것은? [03 산업]
① 진동공구의 질량을 가능한 한 크게 하여 흔들림을 최대한 방지한다.
② 진동공구는 가능한 한 공구를 기계적으로 지지하여 준다.
③ 공구의 손잡이를 너무 세게 잡지 않는다.
④ 진동공구의 사용 시에 장갑을 착용한다.

03 진동의 생체작용은 전신진동과 국소진동으로 나누어 관찰할 수 있다. 다음 사항 중 전신진동의 생체작용으로 나타나는 증상과 가장 거리가 먼 것은? [05 산업]
① 말초혈관의 수축과 혈압상승
② 조혈기능 장해로 인한 빈혈
③ 발한, 피부 전기저항의 저하
④ 산소소비량 증가와 폐 환기 촉진

04 진동에 관한 설명으로 틀린 것은? [16 산업]
① 진동의 주파수는 그 주기현상을 가리키는 것으로 단위는 Hz이다.
② 전신진동의 경우에는 8~1,500Hz, 국소진동의 경우에는 2~100Hz의 것이 주로 문제가 된다.
③ 진동의 크기를 나타내는 데는 변위, 속도, 가속도가 사용된다.
④ 공명은 외부에서 발생한 진동에 맞추어 생체가 진동하는 성질을 가리키며 실제로는 진동이 증폭된다.

hint 진동의 주파수는 단위시간에 이루어지는 진동의 횟수로 진동 주기의 역수에 해당하며, 단위는 Hz로 나타낸다. 주파수는 1초 동안의 사이클(Cycle) 수를 말하며 단위는 Hz(cycle/s) 또는 회/s로 표현한다.

05 다음 중 전신진동이 생체에 주는 영향에 관한 설명으로 틀린 것은? [10,14 기사]
① 전신진동의 영향이나 장해는 중추신경계, 특히 내분비계통의 만성작용에 관해 잘 알려져 있다.
② 말초혈관이 수축되고 혈압상승, 맥박증가를 보이며 피부 전기저항의 저하도 나타낸다.
③ 산소소비량은 전신진동으로 증가되고 폐환기도 촉진된다.
④ 두부와 견부는 20~30Hz 진동에 공명하며, 안구는 60~90Hz 진동에 공명한다.

hint 전신진동의 영향이나 장해는 자율신경 특히 순환기에 크게 나타난다.

정답 ▎ 01.③ 02.① 03.② 04.① 05.①

PART 2 작업위생(환경) 측정 및 평가

- 기사 : 07,10,19
- 산업 : 출제대비

예상 06 다음 중 소음 평가치의 단위는?

① phon
② NRN
③ dB(A)
④ Hz

해설 소음평가지수(NRN, Noise Rating Number)는 청력장해, 회화장해, 소란스러움의 3가지 관점에서 평가한 소음의 평가지표이다. NRN은 소음평가지수로서, 영국에서 처음 사용되었고 국제적으로 사용되고 있다. 1/1옥타브밴드로 분석한 음압레벨을 NR차트에 작도한 다음 소음평가곡선(NR 곡선)에 접하는 값을 NR값이라 하고 여기에 음의 스펙트라, 피크펙터, 반복성, 습관성, 계절, 시간대, 지역에 따른 보정치를 보정하여 이를 소음평가지수(NRN)로 한다. **답** ②

- 기사 : 00,04,13,15,16,17,18
- 산업 : 01,14,17

예상 07 0.01W의 소리에너지를 발생시키고 있는 음원의 음향파워레벨(dB)은 얼마인가?

① 100
② 120
③ 140
④ 150

해설 음향파워레벨(dB) 계산공식을 이용한다. 기준 음향파워는 10^{-12}watt이다.

〈계산〉 $\text{PWL} = 10\log\dfrac{W}{W_o} = 10\log\left(\dfrac{0.01}{10^{-12}}\right) = 100\,\text{dB}$ **답** ①

- 기사 : 00,01,04,06,08,10②,11②,13,16,17②,18
- 산업 : 01,03,09,13,14,17②,18

예상 08 어떤 소음의 음압이 20N/m^2일 때, 음압수준(SPL, dB)은?

① 80
② 100
③ 120
④ 140

해설 음압레벨(dB) 계산공식을 이용한다. 기준음압(최소음압실효치)은 $2\times10^{-5}\text{N/m}^2$이다.

〈계산〉 $\text{SPL}(\text{dB}) = 20\log\left(\dfrac{P}{P_o}\right) = 20\log\left(\dfrac{20}{2\times10^{-5}}\right) = 120\,\text{dB}$ **답** ③

- 기사 : 00,05,13③
- 산업 : 01,06,13②,16,18

예상 09 음압이 100배 증가하면 음압 수준은 몇 dB 증가하는가?

① 10dB
② 20dB
③ 30dB
④ 40dB

해설 음압레벨(dB) 계산공식을 이용한다. 기준음압(최소음압실효치)은 $2\times10^{-5}\text{N/m}^2$이다.

〈계산〉 $\text{SPL} = 20\log\left(\dfrac{P}{P_o}\right)$

- $\text{SPL}_1 = 20\log\left(\dfrac{1}{2\times10^{-5}}\right) = 93.98\,\text{dB}$
- $\text{SPL}_2 = 20\log\left(\dfrac{100}{2\times10^{-5}}\right) = 133.98\,\text{dB}$

∴ 증가dB $= 133.98 - 93.98 = 40\,\text{dB}$ **답** ④

05. 물리적 유해인자 측정·영향

- 기사 : 01,04②,06,10,16
- 산업 : 19

중심주파수가 8,000Hz인 경우, 하한주파수와 상한주파수로 가장 적절한 것은? (단, 1/1옥타브밴드 기준이다.)

① 5,150Hz, 10,300Hz
② 5,220Hz, 10,500Hz
③ 5,420Hz, 11,000Hz
④ 5,650Hz, 11,300Hz

해설 1/1옥타브밴드의 중심주파수 계산식을 적용한다.

〈계산〉 $f_c = \sqrt{2}\, f_l$, $\dfrac{f_u\,(상한)}{f_l\,(하한)} = 2$

$\therefore f_l = \dfrac{8,000}{\sqrt{2}} = 5,650\text{Hz}$, $f_u = 2 \times 5,650 = 11,313\text{Hz}$

답 ④

유.사.문.제

01 상온에서의 음속은 약 344m/sec이다. 주파수가 2kHz인 음의 파장은 얼마인가? [18 산업]

① 0.172m
② 1.72m
③ 17.2m
④ 172m

hint $f(\text{Hz}) = \dfrac{C}{\lambda} = \dfrac{1}{T}$

$\therefore \lambda = \dfrac{C}{f} = \dfrac{344\,\text{m/sec}}{2 \times 10^3/\text{sec}} = 0.172\text{m}$

02 날개수 10개의 송풍기가 1,500rpm으로 운전되고 있다. 기본음 주파수는 얼마인가? [14 기사]

① 125Hz
② 250Hz
③ 500Hz
④ 1,000Hz

hint $f(\text{Hz}) = \dfrac{1,500\,(회/분)}{60\,(초/분)} \times 10 = 250\text{Hz}$

03 25℃일 때 공기 중에서 1,000Hz인 음의 파장은 약 몇 m인가? [10,11,12,14②,17 기사]

① 0.035
② 0.35
③ 3.5
④ 35

hint $\lambda = \dfrac{C}{f}$ $\begin{cases} C = 331.4 + (0.61 \times 25) = 346.65 \\ f = 1,000/\text{sec} \end{cases}$

$\therefore \lambda = \dfrac{346.65\,\text{m/sec}}{1,000/\text{sec}} = 0.35\text{m}$

04 0℃, 1기압의 공기 중에서 파장이 5m인 음의 주파수는? [04,06,12 기사]

① 33Hz
② 44Hz
③ 55Hz
④ 66Hz

hint $f(\text{Hz}) = \dfrac{C}{\lambda}$ $\begin{cases} C = 331.4 + (0.61 \times 0) \\ = 331.4\,\text{m/sec} \\ \lambda = 5\,\text{m} \end{cases}$

$\therefore f = \dfrac{331.4\,\text{m/sec}}{5\,\text{m}} = 66.28/\text{sec}$

05 소음의 특성을 평가하는데 주파수 분석이 이용된다. 1/1옥타브밴드의 중심주파수가 500Hz일 때 하한과 상한 주파수로 가장 적합한 것은? (단, 정비형 필터 기준) [05,07,10,11②,14 산업]

① 354Hz, 708Hz
② 362Hz, 724Hz
③ 373Hz, 746Hz
④ 382Hz, 764Hz

hint $f_c = \sqrt{2}\, f_l$, $\dfrac{f_u\,(상한)}{f_l\,(하한)} = 2$

$\therefore f_l = \dfrac{500}{\sqrt{2}} = 353.6\text{Hz}$

$f_u = 2 \times 353.6 = 707.2\text{Hz}$

정답 | 01.① 02.② 03.② 04.④ 05.①

종합연습문제

01 옥타브밴드로 소음의 주파수를 분석하였다. 낮은 쪽의 주파수가 250Hz이고, 높은 쪽의 주파수가 2배인 경우 중심주파수는 약 몇 Hz인가? [09,19 기사]

① 250
② 300
③ 354
④ 375

hint $f_c = \sqrt{f_l \times f_u} = \sqrt{250 \times 2 \times 250} = 354\text{Hz}$

02 음의 크기 sone과 음의 크기레벨 phon과의 관계를 올바르게 나타낸 것은? (단, sone은 S, phon은 L로 표현한다.) [08②,14 기사]

① $S = 2^{(L-40)/10}$
② $S = 3^{(L-40)/10}$
③ $S = 4^{(40-L)/10}$
④ $S = 5^{(40-L)/10}$

03 150sone인 음은 몇 phon인가? [09 산업]

① 103.3
② 112.3
③ 124.3
④ 136.3

hint $L_L(\text{phon}) = 33.25\log(150) + 40 = 112.4$

04 1,000Hz, 60dB인 음은 몇 sone에 해당하는가? [08 기사]

① 1
② 2
③ 3
④ 4

hint $S(\text{sone}) = 2^{\left(\frac{L_L - 40}{10}\right)} = 2^{\left(\frac{60-40}{10}\right)} = 4$

05 음원에서 발생하는 에너지를 음력(sound power)이라 한다. 그 단위는? [03 기사]

① watt
② dB
③ phon
④ sone

06 음의 세기(I)와 음압(P) 사이의 관계는 어떠한 비례관계가 있는가? [12 산업][18 기사]

① 음의 세기는 음압에 정비례
② 음의 세기는 음압에 반비례
③ 음의 세기는 음압의 제곱에 비례
④ 음의 세기는 음압의 역수에 반비례

hint 음의 세기(I)는 음압의 제곱(P^2)에 비례한다.

07 소음의 음압수준 단위인 dB의 계산식은? (단, P: 음압, P_o: 기준음압) [03,08,10,14,19 산업]

① $\text{SPL}(\text{dB}) = 10\log\left(\dfrac{P}{P_o}\right)$
② $\text{SPL}(\text{dB}) = 20\log\left(\dfrac{P}{P_o}\right)$
③ $\text{SPL}(\text{dB}) = 20\log P + \log P_o$
④ $\text{SPL}(\text{dB}) = \log\left(\dfrac{P}{P_o}\right) + 20$

08 소음 단위인 데시벨(dB)을 계산하기 위한 최소 음압실효치가 $P_o = 0.00002\text{N/m}^2$이며, 측정한 음압이 0.63N/m^2라면 이 음압수준은? [09,12,19 산업][00,04,05②,06,07,08 기사]

① 45dB
② 55dB
③ 90dB
④ 110dB

hint $\text{SPL} = 20\log\left(\dfrac{0.63}{2 \times 10^{-5}}\right) = 89.97\text{dB}$

09 어떤 음의 발생원의 Sound Power가 0.005W이면 이때 음력수준(PWL)은? [06,10②,19 산업][01,04,05,08②,09②,10,11,13 기사]

① 95dB
② 96dB
③ 97dB
④ 98dB

hint $\text{PWL} = 10\log\left(\dfrac{0.05}{10^{-12}}\right) = 97\text{dB}$

정답 | 01.③ 02.① 03.② 04.④ 05.① 06.③ 07.② 08.③ 09.③

종합연습문제

01 사업장에서 음향파워레벨(PWL)이 110dB인 소음이 발생되고 있다. 이 기계의 음향파워는 몇 W(watt)인가? [15 기사]

① 0.005
② 0.1
③ 1
④ 10

hint $PWL = 10 \log\left(\dfrac{W}{10^{-12}}\right) = 110\,dB$

$\therefore W = 10^{11} \times 10^{-12} = 0.1\,Watt$

02 음압수준 100dB(A)은 음의 세기수준으로 약 몇 dB(A)인가? (단, 공기밀도 1.18kg/m³, 공기 내의 음속 344.4m/sec이다.) [03,07 기사]

① 90
② 100
③ 110
④ 120

hint 음의 세기(I)와 음압(P)의 관계에서 음의 세기는 음압의 제곱에 비례하므로 다음의 관계식을 갖는다.

- $SIL = 10\log\dfrac{P^2/\rho C}{P_o^2/\rho C} = 20\log\left(\dfrac{P}{P_o}\right) = SPL$

03 다음 중 음원의 파워레벨(PWL)에 대한 설명으로 틀린 것은? [09 기사]

① 음원의 출력을 나타낸 것이다.
② 동일한 음원의 PWL은 측정하는 장소에 따라서 다른 수치를 나타낸다.
③ 일반적으로 PWL이 큰 것부터 방지대책을 강구함이 좋다.
④ 음원의 출력이 10배로 되면 PWL은 10dB 크게 된다.

hint 동일한 음원의 PWL은 측정하는 장소에 따른 영향을 받지 않는다.

04 음의 세기레벨이 80dB에서 85dB로 증가하면 음의 세기는 약 몇 배가 증가하겠는가? [13,15,18 기사]

① 1.5배
② 1.8배
③ 2.2배
④ 2.4배

hint $SIL = 10\log\left(\dfrac{I}{I_o}\right)$

- $I_{80} = 10^{80/10} \times 10^{-12} = 1 \times 10^{-4}$
- $I_{85} = 10^{85/10} \times 10^{-12} = 3.162 \times 10^{-4}$

$\therefore 증가 = \dfrac{I_{85} - I_{80}}{I_{80}}$

$= \dfrac{3.1625 \times 10^{-4} - 1 \times 10^{-4}}{1 \times 10^{-4}} = 2.16배$

05 음의 세기가 10배로 되면 음의 세기수준은? [04②,18,19 기사]

① 2dB 증가
② 3dB 증가
③ 6dB 증가
④ 10dB 증가

hint $SIL = 10\log\left(\dfrac{I}{I_o}\right)$

$\therefore \Delta SIL = 10\log\left(\dfrac{10 I_o}{I_o}\right) = 10\,dB$ 증가

06 음압도(SPL)가 80dB인 소음은 음압도가 40dB인 소음보다 실제음압(sound pressure)이 몇 배 더 강한가? [08 산업]

① 2배
② 10배
③ 100배
④ 10,000배

hint $SPL = 20\log\left(\dfrac{P}{P_o}\right)$

- $80 = 20\log\dfrac{P_1}{2\times 10^{-5}}$, $P_1 = 0.2\,N/m^2$
- $40 = 20\log\dfrac{P_2}{2\times 10^{-5}}$, $P_2 = 0.002\,N/m^2$

$\therefore 음압비 = \dfrac{0.2}{0.002} = 100$

정답 | 01.② 02.② 03.② 04.③ 05.④ 06.③

종합연습문제

01 음향출력이 1,000W인 점음원이 지상에 있을 때 20m 떨어진 지점에서의 음의 세기는 얼마인가? [10 기사]

① $0.2W/m^2$
② $0.4W/m^2$
③ $2.0W/m^2$
④ $4.0W/m^2$

hint $W = I \times 2\pi r^2$ (지상조건)
- W(음향출력)=1,000Watt
- r(거리)=20m
⇒ $1,000 = I \times 2 \times 3.14 \times 20^2$
∴ I(=대상음의 실효치)=0.39 $Watt/m^2$

02 음의 실효치가 $7.0 dyne/cm^2$일 때 음압수준(SPL)은? [13 산업]

① 87dB
② 91dB
③ 94dB
④ 96dB

hint $SPL = 20\log\left(\dfrac{P}{P_o}\right)$
- $P = \dfrac{7.0\ dyne}{cm^2} \times \dfrac{N}{10^5\ dyne} \times \dfrac{(100)^2 cm^2}{m^2}$
  $= 0.7\ N/m^2$
∴ $SPL = 20\log\left(\dfrac{0.7}{2\times 10^{-5}}\right) = 90.88 dB$

정답 | 01.② 02.②

예상 11
- 기사 : 매회 출제대비 16,18,19③
- 산업 : 매회 출제대비 10,12,13,15,18,19

사업장의 한 공정에서 소음의 음압수준이 75dB로 발생되는 장비 1대와 81dB로 발생되는 장비 1대가 각각 설치되어 있다. 이 장비가 동시에 가동될 때, 발생되는 소음의 음압수준은 약 몇 dB인가?

① 82   ② 83
③ 84   ④ 85

해설 합성소음도 계산식을 적용한다.

〈계산〉 $L(dB) = 10\log(10^{L_1/10} + 10^{L_2/10} + 10^{L_n/10})$
∴ $L(dB) = 10\log(10^{7.5} + 10^{8.1}) = 81.97 dB$

답 ①

예상 12
- 기사 : 매회 출제대비 01,05,09,10,11,19
- 산업 : 매회 출제대비 04,08,09,10,16,17,19

출력 0.01Watt의 점음원으로부터 100m 떨어진 곳의 SPL은? (단, 무지향성 음원, 자유공간의 경우)

① 49dB   ② 53dB
③ 59dB   ④ 63dB

해설 음원의 위치에 따른 음향파워레벨의 감쇠(자유공간-점음원)와 지향성 특성계수, 즉 역제곱 법칙에 의한 거리감쇠와 여기에 −11dB을 보정하여 산출한다.

〈계산〉 $SPL = PWL - 20\log r - 11$
∴ $SPL = \left[10\log\left(\dfrac{0.01}{10^{-12}}\right)\right] - 20\log 100 - 11 = 49 dB$

답 ①

05. 물리적 유해인자 측정·영향

- 기사 : 매회 출제대비 05②,07,08,09②,11,15,18
- 산업 : 매회 출제대비 05,07②,08,09,10,11,13

지상에서 음력이 10Watt인 소음원으로부터 10m 떨어진 곳의 음압수준은 약 얼마인가? (단, 음속은 344.4m/s, 공기밀도 1.18kg/m³)

① 96dB ② 99dB
③ 102dB ④ 105dB

해설 음원의 위치에 따른 음향파워레벨의 감쇠(지상-점음원)와 지향성 특성계수, 즉 역제곱 법칙에 의한 거리감쇠와 여기에 −8dB을 보정하여 산출한다.

⟨계산⟩ $SPL = PWL - 20\log r - 8$

∴ $SPL = \left[10\log\left(\dfrac{10}{10^{-12}}\right)\right] - 20\log 10 - 8 = 102\ dB$

답 ③

- 기사 : 매회 출제대비 06,10,16,19
- 산업 : 매회 출제대비 03,05,08,11,16

시간가중 평균소음수준[dB(A)]을 구하는 식으로 가장 적합한 것은? [단, D : 누적소음노출량(%)]

① $16.91\log\left(\dfrac{D}{100}\right)+80$
② $16.61\log\left(\dfrac{D}{100}\right)+80$
③ $16.91\log\left(\dfrac{D}{100}\right)+90$
④ $16.61\log\left(\dfrac{D}{100}\right)+90$

해설 불규칙적으로 변동하는 소음을 누적소음노출량 측정기로 측정하여 노출량으로 산출한 경우에는 시간가중평균(TWA) 소음수준으로 환산하여야 한다. ⇨ $16.61\log(D/100)+90$ 여기서, D는 누적소음폭로량(%)이므로 하루 작업시간(C, 시간)÷측정된 음압수준에 상응하는 허용노출시간(T, 시간)으로 산정[$D(\%) = C/T$]한다. 이때 노출기준은 8시간 시간가중치를 의미하므로 계산식에 90dB이 사용된다. 16.61은 상수이다.

답 ④

참고 / 소음수준 평가 시 참고할 사항

■ **역치(Threshold)** : 역치는 누적소음노출량 측정기가 측정치를 적분하기 시작하는 A특성 소음치의 하한치를 의미함
  □ 역치(Threshold)가 80dB란 의미는 80dB 이상의 소음수준만을 누적하여 측정한다는 의미가 있음
  □ 작업자가 80dB 미만의 장소에서만 작업을 하였다면 그때의 소음수준은 측정되지 않음. 국내와 미국 OSHA에서는 80dB이고, ISO에서는 75dB를 정하고 있음

■ **교환율(Exchange Rate)** : 교환율은 소음수준이 어느 정도 증가할 때마다 노출시간을 절반으로 감소시킬 것인가를 의미함
  □ 등가에너지 법칙에 의해 음압이 2배가 되면 3dB이 증가하지만 인체에 미치는 영향은 5dB 증가 시 2배가 된다는 조사결과를 반영하고 있음
  □ 국내와 미국 OSHA에서는 5dB이고, ISO, 미국 NIOSH, EPA에서는 3dB을 정하고 있음

종합연습문제

01 소음의 변동이 심하지 않은 작업장에서 1시간 간격으로 8회 측정한 산술평균의 소음수준이 93.5dB(A)이었을 때, 하루 소음노출량(dose, %)은? (단, 작업시간은 8시간) [16 기사]

① 104%
② 135%
③ 162%
④ 234%

hint $TWA = 16.61 \log\left(\dfrac{D}{100}\right) + 90$

$\Rightarrow 93.5 = 16.61 \log\left(\dfrac{D}{100}\right) + 90$

$\Rightarrow 16.61 \log\left(\dfrac{D}{100}\right) = (93.5 - 90)$

$\therefore D = 10^{\frac{3.5}{16.61}} \times 100 = 162.45\%$

02 근로자가 소음의 노출량 95%에 노출되었다면 TWA[dB(A)]로 환산하면 약 얼마인가? [19② 산업][06,07,09,12 기사]

① 80
② 85
③ 90
④ 95

hint $TWA = 16.61 \log\left(\dfrac{D}{100}\right) + 90$

$\therefore TWA = 16.61 \log\left(\dfrac{95}{100}\right) + 90 = 89.6 \, dB(A)$

03 작업환경내의 소음을 측정하였더니 105dB(A)의 소음(허용노출시간 60분)이 20분, 110dB(A)의 소음(허용노출시간 30분)이 20분, 115dB(A)의 소음(허용노출시간 15분)이 10분 발생되었다. 이때 소음노출량은 약 몇 %인가? [17 산업]

① 137
② 147
③ 167
④ 177

hint $D(\%) = \left(\dfrac{C_1}{T_1} + \cdots + \dfrac{C_n}{T_n}\right) \times 100$

$\therefore D = \left(\dfrac{20}{60} + \dfrac{20}{30} + \dfrac{10}{15}\right) \times 100 = 166.67\%$

04 소음에 대한 누적노출량계로 10시간 동안 측정한 값이 300%이었다. 이때 측정시간 동안의 소음 평균(등가음압레벨)은 얼마인가? [10,14 기사]

① 85.3dB(A)
② 88.3dB(A)
③ 96.3dB(A)
④ 96.4dB(A)

hint $L_{eq} = 16.61 \log \dfrac{300}{12.5 \times 10} + 90 = 96.3 \, dB(A)$

05 작업장에 소음 발생 기계 4대가 설치되어 있다. 1대 가동 시 소음레벨을 측정한 결과 82dB을 얻었다면 4대 동시 작동 시 소음레벨(dB)은? [04,05,06,09②,11,12,13 산업] [매회 출제대비 17② 기사]

① 89
② 88
③ 87
④ 86

hint $L(dB) = 10 \log\left(10^{L_1/10} + 10^{L_2/10} + 10^{L_n/10}\right)$

$\therefore L(dB) = 10 \log\left(10^{82/10} \times 4\right) = 88 \, dB$

06 어느 작업장의 소음 측정 결과가 다음과 같다. 이때의 총음압레벨(음압레벨 합산)은? (단, 기계 음압레벨 측정 기준) [04,08,15,16②,17,18 기사]

| A기계 : 95dB(A) |
| B기계 : 90dB(A) |
| C기계 : 88dB(A) |

① 52.3dB(A)
② 62.3dB(A)
③ 96.8dB(A)
④ 105dB(A)

hint $L(dB) = 10 \log(10^{9.5} + 10^{9.0} + 10^{8.8})$
$= 96.8 \, dB(A)$

07 B공장 집진기용 송풍기의 소음을 측정한 결과, 가동 시는 90dB(A)였으나, 가동 중지상태에서는 85dB(A)였다. 이 송풍기의 실제소음도는? [10,13,16 산업]

① 86.2dB(A)
② 87.1dB(A)
③ 88.3dB(A)
④ 89.4dB(A)

hint $L(dB) = 10 \log(10^{9.0} - 10^{8.5}) = 88.35 \, dB$

정답 | 01.③ 02.③ 03.③ 04.③ 05.② 06.③ 07.③

종합연습문제

01 소음원이 큰 작업장의 중앙 바닥에 놓여 있을 때 소음의 방향성(directivity) 계수는? [14,17 산업][10,14 기사]

① 1
② 2
③ 3
④ 4

02 두 변이 만나는 구석에 음원이 위치하고 있을 때 지향계수는? [03,09,13 산업]

① 1　　② 2
③ 3　　④ 4

03 다음의 소음원 지향성 그림에서 지향계수는? [06,09,13,19 산업][09 기사]

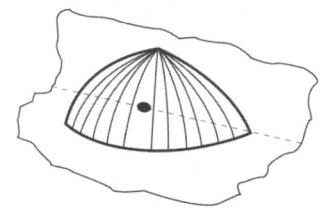

① 2　　② 4
③ 6　　④ 8

04 다음의 그림과 같이 소음원이 작업장의 모서리에 놓여 있을 때 지향계수(directivity factor)는? [04,06,09 기사]

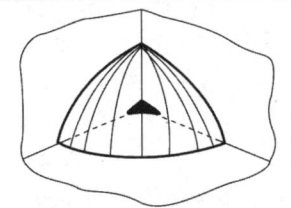

① 1　　② 2
③ 4　　④ 8

05 자유공간에서 위치한 점음원의 음향파워레벨(PWL)이 110dB일 때, 이 점음원으로부터 100m 떨어진 곳의 음압레벨(SPL)은? [13,18 산업][15 기사]

① 49dB
② 59dB
③ 69dB
④ 79dB

hint $SPL = PWL - 20\log r - 11$
$= 110 - 20\log 100 - 11 = 59dB$

06 어떤 음원의 PWL(Power Level)이 120dB이다. 이 음원에서 10m 떨어진 곳에서의 음의 세기 레벨(sound intensity level)은? (단, 점음원이고, 장해물이 없는 자유공간에서 구면상으로 전파한다고 가정한다.) [15 산업]

① 89dB　　② 92dB
③ 95dB　　④ 98dB

hint $SPL = PWL - 20\log r - 11$
$= 120 - 20\log 10 - 11 = 89dB$

07 공장내 지면에 설치된 한 기계에서 10m 떨어진 지점에서의 소음이 70dB(A)이었다. 기계의 소음이 50dB(A)로 들리는 지점은 기계에서 몇 m 떨어진 곳인가? (단, 점음원 기준이며, 기타조건은 고려하지 않음) [06,11,14,18 기사]

① 50　　② 100
③ 200　　④ 400

hint $\Delta SPL(dB) = 20\log \dfrac{r_2}{r_1}$ $\begin{cases} \Delta SPL = 20dB \\ r_1 = 10\,m \end{cases}$

⇨ $20\,dB = 20\log \dfrac{r_2}{10}$　∴ $r_2 = 100\,m$

08 자유공간에서 소음원과 음압수준의 거리가 2배 증가하면 음압수준은 얼마가 감소하는가? [06,08,11,16 산업][09,10 기사]

① 2dB　　② 3dB
③ 4dB　　④ 6dB

hint $SPL(dB) = 20\log(2r_1/r_1) = 6\,dB$

정답 ┃ 01.② 02.④ 03.② 04.④ 05.② 06.① 07.② 08.④

종합연습문제

01 어떤 음원에서 10m 떨어진 곳에서의 음의 세기레벨(sound intensity level)은 89dB이다. 음원에서 20m 떨어진 곳에서의 음의 세기레벨은? (단, 점음원이고 장해물이 없는 자유공간에서 구면상으로 전파한다고 가정한다.) [13,18,19 산업]

① 77dB
② 80dB
③ 83dB
④ 86dB

hint $\Delta \text{SIL}(\text{dB}) = 20 \log \dfrac{r_2}{r_1}$

$\Rightarrow \Delta \text{SIL} = 20 \log \dfrac{20}{10} = 6.02 \text{dB}$

$\therefore \text{SIL}_2 = 89 - 6.02 = 82.89 \text{dB}$

02 자유공간(free-field)에서 거리가 5배 멀어지면 소음수준은 초기보다 몇 dB 감소하는가? (단, 점음원 기준) [06②,08,11,13,14 산업][10 기사]

① 11dB
② 14dB
③ 17dB
④ 19dB

hint $\text{SPL}(\text{dB}) = 20 \log \dfrac{5r_1}{r_1} = 13.98 \text{dB}$

03 음원의 파워레벨 PWL(dB), 음원에서 수음점까지의 거리를 $r(\text{m})$, 음원지향계수를 Q 라 할 때 음압레벨 SPL(dB)은 PWL$-20\log r-11 +10\log Q$ 로 나타낸다. PWL가 107dB일 때 r이 2m이고, SPL이 96dB이었다면 음원의 지향계수는? [14 기사]

① 1
② 2
③ 3
④ 4

hint $\text{SPL} = \text{PWL} - 20\log r - 11 + 10\log Q$

$\Rightarrow 96 = 107 - 20\log 2 - 11 + \log Q$

$\Rightarrow 10\log Q = 6$

$\therefore Q = 10^{\frac{6}{10}} = 3.98$

04 어느 작업장의 측정소음도가 68dB(A)이고 배경소음이 50dB(A)이었다면, 이때의 대상소음도는? [07,16 산업]

① 50dB(A)
② 59dB(A)
③ 68dB(A)
④ 74dB(A)

hint 측정소음도가 배경소음보다 10dB 이상 크면 배경소음의 영향이 극히 작기 때문에 배경소음의 보정없이 측정소음도를 대상소음도로 한다. 따라서 현재 대상소음도는 배경소음도의 영향을 보정하지 않은 68dB(A)가 된다. 만약, 측정소음도가 배경소음보다 3.0~9.9dB 차이로 크면 배경소음의 영향이 있기 때문에 측정소음도의 규정에 의한 보정치를 보정한 후 대상소음도를 산정해야 한다.

05 소음이 발생하는 작업장에서 1일 8시간 근무하는 동안 100dB에 30분, 95dB에 1시간 30분, 90dB에 3시간 노출되었다면 소음노출지수는 얼마인가? [18 기사][19 산업]

① 1.0
② 1.1
③ 1.2
④ 1.3

hint $\text{EI} = \dfrac{C_1}{T_1} + \dfrac{C_2}{T_2} + \cdots + \dfrac{C_n}{T_n}$

$\therefore \text{EI} = \dfrac{0.5}{2} + \dfrac{1.5}{4} + \dfrac{3}{8} = 1.0$

06 작업환경내 105dB(A)의 소음이 30분, 110dB(A)의 소음이 15분, 115dB(A)의 소음이 5분 발생하였을 때 작업환경의 소음정도는? [단, 105dB(A), 110dB(A), 115dB(A)의 1일 노출허용시간은 각각 1시간, 30분, 15분이고, 소음은 단속음이다.] [11,12,17 기사]

① 허용기준 초과
② 허용기준 미달
③ 허용기준과 일치
④ 평가할 수 없음(조건 부족)

hint $\text{EI} = \dfrac{C_1}{T_1} + \dfrac{C_2}{T_2} + \cdots + \dfrac{C_n}{T_n}$

$\therefore \text{EI} = \dfrac{30}{60} + \dfrac{15}{30} + \dfrac{5}{15} = 1.33$ (허용기준 초과)

정답 | 01.③ 02.② 03.④ 04.③ 05.① 06.①

2 온열인자 · 고열과 한랭

> **이승원의 minimum point**

(1) 온열요소(온열인자)와 온열지수 · 지적온도

① **온열요소** → 기온, 기류, 복사열, 습도
  - 쾌적기온 : **18±2℃**(일의 종류에 따라 달라지지만 일반적으로 18~21℃ 범위)
  - 쾌적습도 : **40~70%**(상대습도 기준)
  - 쾌적기류 : **6~7m/min**   ※ 불감기류 : **0.5m/sec 이하**
  - 복사열 : 거리의 제곱에 비례하여 감소함(고온 작업장의 복사온도 측정 → **흑구온도계**)

② **표준유효온도**(SET, Standard Effective Temperature) : 상대습도 50%, 기류속도 0.1m/sec, 활동량 1Met(안정 시에 있어서 인체대사량 = 50kcal/m² · hr)의 동일한 표준환경조건에서 경험하는 기온과 등가인 열자극을 인체에 주는 온열조건을 나타내는 지표임

③ **온열지수**(thermal index) : 감각온도(지적온도), 불쾌지수, 습구흑구온도지수(WBGT), 카타 냉각력
  - **감각온도**(실효온도) : **기온 · 기습 · 기류**를 종합한 체감온도를 말함
  - **지적온도**(至適溫度) : 환경온도를 **감각온도로 표시**한 것
    - 주관적(쾌적) 지적온도 : 감각적으로 쾌적하게 느끼는 온도
    - 생리적(건강) 지적온도 : 생리적으로 인체에 부담을 가장 적게 주는 온도로서 생체가 최소한의 생명을 유지하면서 최고의 활동능력을 발휘할 수 있는 온도(18±2℃ 범위, 습도 60~65%)
    - 생산적(노동) 지적온도 : 노동할 때 생산능률을 가장 많이 올릴 수 있는 온도로 노동활동이나 작업강도에 따라 적합한 온도가 다름
      - **정신적 노동**은 근육노동에 비해 최적온도가 **높음**
      - **경작업**은 중노동 작업에 비해 최적온도가 **높음**
    - ☐ 영향인자 : 지적온도는 작업강도, 계절, 성별, 나이, 의복, 음식 등에 따라 달라짐
      - 작업량이 클수록 체열 생산량이 많아 지적온도는 낮아짐
      - 겨울철이 여름철보다 지적온도가 낮음(**여름 > 겨울**)
      - 노인들보다 **젊은** 사람의 지적온도가 낮음
      - 더운 음식물, 알코올, 기름진 음식 등을 섭취하면 지적온도는 낮아짐

  - **불쾌지수**(discomfort index) : 미국 기상국이 건구온도와 습구온도를 이용하여 지수화 한 것임

    ■ 불쾌지수(DI) = (건구(℃) + 습구(℃)) × 0.72 + 40.6
           = (건구(℉) + 습구(℉)) × 0.4 + 15

    - DI 70~75인 경우 : 약 10%가 불쾌감을 느낌
    - DI 75~80인 경우 : 약 50%가 불쾌감을 느낌
    - DI 80 이상 : 대부분의 사람이 불쾌감을 느낌

  - **습구흑구온도지수**(WBGT) : 건구온도와 습구온도를 이용한 온열평가 지수임(앞 단원참조)
  - **카타 냉각력** : 공기의 냉각력을 측정하여 쾌적도를 판단하는데 이용됨

(2) 기류 측정방법·특징

ⓘ **작업환경 기류측정** → 풍차풍속계, 열선풍속계, 카타 온도계 등 사용

- **풍차풍속계**

- 기류에 따른 날개차(翼車)의 회전수를 측정하여 기류의 풍속을 구함
- 보통 1~150m/sec 범위의 풍속을 측정할 수 있음
- **옥외 기류측정**에 주로 이용됨
- 풍속 **0.5m/sec 이하**에서는 **오차가 큼**
- 기류속도가 아주 낮을 때에는 적합하지 않음

- **열선풍속계**

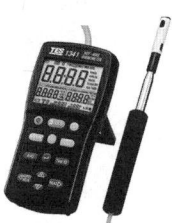

- 미세한 백금 또는 텅스텐의 금속선이 공기와 접촉하여 금속의 온도가 변하고 이에 따라 전기저항이 변하는 것을 이용하여 유속을 측정하는 풍속계임
- **옥내 기류측정** 가능
- 기류속도가 **아주 낮을 때**에는 열선풍속계 및 전리풍속계를 사용하는 것이 정확한 측정을 할 수 있음
- 열선풍속계는 **기온**과 **정압**을 동시에 구할 수 있어 환기시설의 점검에 유용하게 쓰임

- **카타 온도계**(카타 한란계)

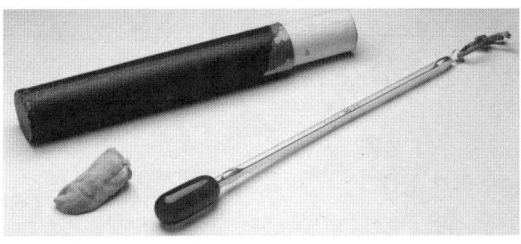

- Kata 온도계의 표면에는 **눈금**이 아래·위로 **2개** 있는데 일반용은 아래가 95°F(35℃)이고 위가 100°F(37.8℃)의 두 개의 눈금이 있음
- 알코올이 위의 눈금에서 아래 눈금까지 **하강하는 데 소요되는 시간**을 4~5회 측정·평균하여 기류를 측적하게 됨

- 옥내 기류측정에 많이 사용함
- 기류의 방향이 일정하지 않거나 실내 0.2~0.5m/sec 정도의 **불감기류**를 측정할 때 사용함
- 카타 온도계는 기류속도가 **아주 낮을 때**에는 **적합하지 않음**

ⓘ **DUCT내 기류측정** → 피토관, 열선풍속계, 회전형 풍속계, 그네날개형 풍속계 등 사용

- **피토관**(pitot tube)-**마노미터**

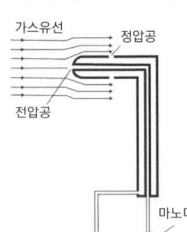

- **전압**과 **정압**을 측정하여 그 **차압**(동압)으로부터 기류의 유속을 구함
- 보통 3m/sec 이상의 기류측정에 적합함
- **옥외 기류측정** 및 **DUCT 기류측정**에 사용됨
- 견고하고, 사용온도 범위가 넓으며, 1회 보정으로 사용할 수 있음

- **그네날개형 풍속계**

- 보통 0.12~50m/sec 범위의 풍속을 측정할 수 있음
- **옥외 기류측정** 및 DUCT 기류측정에 사용됨
- 사용온도 범위가 150℃ 이하이며, 빈번히 보정해야 단점이 있음

(3) 습도(濕度, humidity)의 측정·분류

① **습도 측정방법** : 아우구스트 건습한랭계, 아스만 통풍온습도계, 자기습도계 등으로 측정됨

① **습도의 분류**
- 절대습도 : 주어진 온도에서 $1m^3$의 공기 속에 포함되어 있는 수증기를 그 질량(g)으로 나타낸 것
- 비습 : 단위질량의 습윤공기 1kg 중에 함유된 수증기량(g)을 의미함(g/kg)
- 상대습도 : 현재 기온의 포화 수증기량에 대한 실제 수증기량의 비율(%)로 나타냄. 즉 상대습도는 절대습도를 포화습도로 나눈 백분율로 산정할 수 있음

  $$상대습도(\%) = \frac{절대습도}{포화습도} \times 100 = \frac{수증기\ 분압}{포화증기압} \times 100$$

  - 보건위생학 관계에서는 주로 상대습도를 이용함
  - 상대습도가 높으면 땀이 증발되지 않아 체열방산에 영향을 주어 불쾌감 느끼게 됨

- 비교습도 : 습한 공기의 절대온도와 그 온도에 의한 포화공기의 절대습도와의 비를 퍼센트(%)로 표시한 것으로 상대습도와 비교습도의 차는 실용적으로 거의 같게 취급되고 있음

  $$비교습도(\%) = \frac{절대습도}{포화습도} \times 100 = \frac{건조공기\ 중\ 수증기량(g/g)}{포화공기\ 중\ 수증기량(포화습도,\ g/g)} \times 100$$

(4) 한랭의 측정·노출기준

① **작업장의 한랭측정 관련 규정**
- **측정주기** : **6개월에 1회 이상** 정기적으로 온도 및 기류 측정
- 측정기기 조건
  □ 기온은 **0.5℃ 이하의 간격**으로 측정이 가능한 온도계 사용
  □ 기류는 **0~20m/sec 이상 범위**의 풍속을 측정할 수 있는 기기 사용
- 측정방법 및 시간
  □ 단위작업장소에서 측정대상이 되는 근로자의 작업행동 범위내에서 주 작업위치의 바닥면으로부터 **50~150cm 이하**의 위치에서 실시
  □ 기온은 기기의 안정을 고려하여 설치 후 **5분 이상** 기다린 다음 측정
  □ **전자식** 일체형장비로 자동측정 및 자료처리가 가능한 경우에는 **측정간격을 30초**로 지정하되 각 간헐작업의 시간은 평균치의 산출을 위해 별도로 기록

- 기온 · 작업유형에 따른 한랭 측정방법

기 온	연속작업	간헐작업
−30℃ 미만	20분 이상 1분 간격으로 연속 측정	5분 간격으로 연속 측정
−30℃ 이상	30분 이상 5분 간격으로 연속 측정	5분 간격으로 연속 측정

ⓘ 한랭 작업장의 노출기준
- 10〜−25℃일 때, **경작업**인 경우에는 **50분간**, **중등작업**인 경우는 **60분간** 연속작업을 허용함
- 한번 연속작업을 한 후에는 **30분 정도** 충분한 **휴식**이 필요함
  1. 예를 들어, 연속작업시간이 20분이고 휴식시간이 30분인 경우 하루 4시간 작업한다고 했을 때 연속작업 5회, 휴식 5회 실시한다. → 작업 20분−휴식 30분−작업 20분 ⋯

한랭의 노출기준(4시간 교대작업 시 연속작업시간 한도)

등가 냉각온도	작업강도	연속작업시간(min)
−10〜−25℃	경작업 중등작업	〜30min까지 〜60min까지
−26〜−40℃	경작업 중등작업	〜30min까지 〜45min까지
−41〜−55℃	경작업 중등작업	〜20min까지 〜30min까지

(5) 고열의 측정 · 노출기준

ⓘ 작업장의 고열 측정 관련 규정
- 측정 대상인자 : **기온, 기습 및 흑구온도** 인자들을 고려한 **습구흑구온도지수**(WBGT)
- 측정주기 : **6개월에 1회** 이상 정기적 측정
- 측정방법 : 1일 작업시간 중 **최대고열**에 노출되고 있는 **1시간을 10분 간격으로 연속하여 측정**

ⓘ 고열 작업장의 노출기준

작업과 휴식시간의 비율	작업강도(WBGT$_{eff}$)		
	경작업	중등작업	중(고된)작업
연속작업	30.0℃	**26.7℃**	25.0℃
매 시간 75% 작업 / 25% 휴식	30.6℃	28.0℃	25.9℃
매 시간 50% 작업 / 50% 휴식	31.4℃	29.4℃	27.9℃
매 시간 25% 작업 / 75% 휴식	32.2℃	**31.1℃**	30.0℃

【비고】 작업 대사율(작업환경관리지침 기준, 2017)
- 경작업 대사량 : 200kcal/hr까지(손 또는 팔을 가볍게 쓰는 작업)
- 중등작업 대사량 : 평균 300kcal/hr(물체를 들거나 밀며 걸어다니는 작업)
- 중(고된)작업 대사량 : 평균 420kcal/hr(곡괭이질, 삽질 등)

(6) 온도환경에 따른 인체의 생리적 반응

환경조건	생리적 반응 구분	생리적 반응양상
저온의 영향 (추울 때)	1차 생리적 반응	• 몸 떨림(전율), 갑상선자극호르몬 **분비 증가** • 근육긴장 증가, 수의적 운동 증가 • **화학적 대사작용 증가** • 체표면적 감소(노출 감소, 웅크림) • **피부혈관의 수축**, 입모(piloerection)
	2차 생리적 반응	• 혈압변화 : 피부혈관 수축으로 혈압의 일시적 상승 • 말초냉각 : 말초혈관의 수축으로 표면조직 냉각 • 식욕변화 : 조직대사의 증진 및 **식욕항진**(증가) • 감염에 대한 저항력 저하 및 회복저하
고온의 영향 (더울 때)	1차 생리적 반응	• **피부혈관 확장**, 발한 및 불감발한 • 체표면적 증가, 입모근 이완(땀 증가) • **호흡 증가** • 근육이완(근육활동 감소)
	2차 생리적 반응	• 심혈관 장해, **수분과 염분 부족** • 신경계장해, 위장장해, 신장장해 • 피부기능 변화

(7) 온열장해

ⓘ **열사병**(熱射病, heat stoke)
  □ 고온다습 환경에서 격심한 육체노동을할 때 발병됨
  □ **뇌 온도의 상승**으로 **체온조절중추가 능력을 상실**하여 체온이 비정상적으로 상승하게 되는 질환
  □ 1차적인 증상은 **땀이 없고**, 피부 및 체온이 급증하며, 정신착란, 의식결여, 경련, 혼수상태에 빠짐

ⓘ **열경련**(heat cramp)
  □ 더운 환경에서 고된 육체적인 작업을 하면서 땀을 많이 흘릴 때 신체의 **염분(Cl^-) 손실을 충당하지 못하여 혈액의 현저한 농축**(탈수로 인하여 혈장량이 급격히 증가)으로 기인하여 발생하는 질환
  □ 일시적으로 **단백뇨**가 나오는 소견이 있고, 수의근(맘대로근)의 경련이 발생함
  □ 혈중 염분의 농도가 매우 낮기 때문에 염분관리가 중요함

ⓘ **열실신**(열허탈, 열피비, heat syncope)
  □ **직사광선** 아래 장시간 움직이거나 **고온다습**한 실내에 있는 경우 발생함
  □ 고열작업장에 순화되지 못한 근로자가 고열작업을 수행할 경우 **탈수와 미세혈관 확장**으로 몸 전체 혈액의 순환량이 줄어들 때 **뇌에 산소부족**으로 인하여 발생함
  □ 발한으로 인한 **체온은 정상**이지만 발한 증상이 있으며 맥박은 느림

ⓘ **열탈진**(일사병, heat collapse)
  □ 무더운 환경에서 심한 운동이나 활동 후 **수분을 섭취하지 못할 때** 발생하는 질병
  □ 미숙련공에게 많이 발생함
  □ 혈당치는 감소하나 그 밖의 혈액 및 요(尿) 소견은 현저한 변화가 없는 특징이 있음

ⓘ **열피로**(heat exhaustion)
  □ 흔히 더위 먹었다고 말하는 증상임

- 고열에 순화되지 않은 작업자가 장시간 **고열환경에서 정적인 작업**을 할 경우 흔히 발생함
- 발한 증상이 커 수분과 염분 보급이 충분히 이뤄지지 못하고 탈수상태에 이르렀을 때 발생함

④ **열발진**(heat rashes)
- 땀띠로도 알려져 있음
- 대개 몸속의 땀이 피부 표층에서 증발하여 쉽게 제거되지 않을 때 발생함

(8) 한랭장해(동상·참호족 등)

① **전신 저체온증**(全身低體溫症, hypothermia)
- 원인
  - 체열상실에 의해 **몸의 심부온도**가 37℃로부터 **26.7℃ 이하**로 떨어지는 것을 말함
  - 기온 **18.3℃ 이하** 또는 수온 **22.2℃ 이하**일 때 발생할 수 있음. 급성 중증장애임
  - 온도조절능력 상실과 환경적인 원인이 함께 작용하는 경우 기온과 상관없이 저체온증 발생 가능
- 증상
  - 억제하기 어려운 떨림과 냉(冷)감각이 생기고 심박동이 불규칙하고 느려짐
  - **맥박·혈압이 낮아짐** → 점차 떨림이 발작적, 언어 이상, 기억상실, 근육무력화, **졸음**이 옴

② **동상**(凍傷, frost bite)
- 원인
  - 혹심한 한랭에 노출됨으로써 조직장해가 오거나 심부혈관의 변화를 초래하는 장해
  - 표재성 조직(피부 및 피하조직) 자체가 동결하여 조직이 손상되어 발생
  - 피부 빙점은 0~-2℃(실제로는 -5~-10℃ 또는 그 이하에서도 좀처럼 얼지 않는 특성이 있음)
- 증상 : 개인차가 있으나 발가락은 12℃정도에서 시린 느낌이 생기고, 6℃정도에서는 아픔을 느낌
  - 1도 동상 : **발적**(동결시간 2~3초, 혈관이 확장하여 발적되었다가 몇 시간 경과 후 홍반이 없어짐)
  - 2도 동상 : **수포 형성과 염증**(광범위한 삼출성 염증이 일어남)
  - 3도 동상 : **조직괴사로 괴저 발생**(-15~-20℃의 환경에서 심부조직이 오랫동안 동결되면 조직의 괴사 및 괴저를 일으킴. 동상부위가 청회색으로 변색)
  - 4도 동상 : **피부전층, 피하층, 근육, 인대 뼈 동결**(부종은 거의 없으며, 얼룩반점에서 → 진한 빨강 → 청색증 → 흑색으로 변색), 심한 경우 일부를 절단해야 하고 사망에 이를 수 있음
- 처치 : 즉각적인 재가온(체온보다 약간 높은 물에 동상을 입은 조직을 담그는 것이 가장 좋음)

③ **참호족**(塹壕足, trench foot)·**침수족**(浸水足, immersion foot)
- 원인
  - **참호족**은 **물이 어는 온도** 또는 **그 부근의 찬 공기**에 오래 접하거나 **물**에 잠겨서 생김
  - **침수족**은 **물이 어는 온도 이상의 냉수**에 오랫동안 노출되어서 생김
  - 직접 동결상태에 이르지 않더라도 **15℃ 이하의 한랭**에 계속해서 장기간 폭로되고 동시에 지속적으로 습기나 물에 잠기게 될 때
  - 국소의 지속적인 **산소결핍**과 **한랭**으로 모세혈관 벽이 손상되어 발생됨
- 증상
  - 초기에 발은 차고, 무감각하며, 붓고, 창백해짐
  - 2~3일이 지나면 충혈이 나타나고, 심한 통증과 부종, 발적, 수포형성, 출혈을 보임
  - 참호족과 침수족의 증상이나 증후는 거의 동일하지만 차이점은 **발생기전**이 약간 **다름**
  - **참호족**의 발생시간은 **침수족에 비하여 짧음**

ⓘ **기타 한랭에 의한 영향** : 알러지반응, 상기도 손상, 피로증상, 기타 **지단자람증**(말초의 청색증) 악화, 레이노드씨 병의 증상악화, 작업능률의 저하 등

(9) 인체와 환경간의 열교환
ⓘ **관련인자** : 인체와 환경간의 열교환에 관여하는 온열조건인자 작업대사량, 대류에 의한 열교환, 복사에 의한 열교환, 증발에 의한 열손실 등임

ⓘ **관계식**

■ $\Delta S = M \pm C \pm R - E$ $\begin{cases} \Delta S : \text{인체의 열축적 또는 열손실} \\ M : \text{작업대사량} \\ C : \text{대류에 의한 열득실(열교환)} \\ R : \text{복사에 의한 열득실(열교환)} \\ E : \text{증발에 의한 열손실} \end{cases}$

(10) 한랭장해 예방 및 온도순화

ⓘ **한랭장해 예방대책**
- **약간 큰** 장갑과 방한화 착용하고, 양말은 항상 건조한 상태 유지
- 갑자기 찬 곳에서 고온환경에 노출되지 않도록 함
- 적절한 난방과 운동 및 영양섭취(적정한 양의 지방질과 비타민 B섭취)
- **약간 큰** 방한복 착용(함기량이 크고, 외부의 열 차단력이 큰 단벌이 좋음)
- 작업환경 기온의 적절한 수준 유지(최소 10℃ 이상)
- 바람 있는 작업장의 경우는 방풍시설을 설치하고 손이나 발을 습윤하지 않도록 관리

ⓘ **순화(馴化)**
- **개념** : 외부환경의 변동에 대응할 수 있는 생리적 적응을 거쳐서 새로운 적응한도가 성립(기능적 변화)되는 작용(대상적, 자극적, 수동적 순응현상 모두를 포함)을 말함
  - 저온순화(한랭에 대한 순화)는 고온순화보다 느림
  - 피부가 순응할 수 있는 온도는 10~40℃ 범위임
  - 인공순화보다 자연순화가 더 효과적임
- **고온순화** : 하루 100분씩 폭로하는 것이 가장 효과적(고온폭로 시간이 길다고 하여 빨리 이루어지지 않음)이며, 지속적으로 폭로될 경우 4~6일부터 시작하여 **2주내**(12~14일)에 완성됨
- **고온순화 시 생리적 변화**
  - 직장온도 **저하**, 심장박동(맥박수) **감소**
  - 체표면에 있는 **한선**(汗腺, sweat gland)량의 **증가**
  - 분비속도 및 발한량 증가(최대 2L까지)
  - 발한 시 염분배설량 **감소**(염분농도 저하)[알도스테론(aldosteron) 분비 증가]
  - 피부온도가 직장온도보다 현저히 감소
  - 항이뇨(抗利尿) 호르몬(ADH) 분비 **증가**
  - 혈장량 **증가**
  - 심장 박동수가 상대적으로 감소하여도 **심박출량**(心博出量) **증가**
  - 초기에는 간기능이 저하되고 에너지대사량은 증가하고 체온이 상승할 수 있음

PART 2 작업위생(환경) 측정 및 평가

예상 01
- 기사 : 19
- 산업 : 16

고열과 관련하여 인체에 영향을 주는 환경적 요인들을 온열인자(thermal factors)라고 한다. 다음 중 온열인자들로 묶여진 것은?

① 기온, 습도, 기류, 기압
② 기온, 습도, 기류, 복사열
③ 기온, 습도, 복사열, 전도
④ 기온, 습도, 기류, 공기밀도

해설 온열인자(온열지수)와 관련이 있는 인자는 기온, 기류, 복사열, 습도이다. **답** ②

유.사.문.제

01 기후요소 중 감각온도(등감온도)와 직접 관계가 없는 것은? [08,12,16 산업]

① 기온
② 기습
③ 기류
④ 기압

02 다음 중 작업환경내의 감각온도를 산정하는 경우 온열요소만으로 짝지어진 것은? [13 산업]

① 기온, 기습, 기압
② 기온, 기압, 작업강도
③ 기온, 기습, 기류
④ 기온, 기류, 작업강도

03 인체에 적당한 기류(온열요소)속도 범위로 가장 알맞은 것은? [06,17 기사]

① 2~3m/min
② 6~7m/min
③ 12~13m/min
④ 16~17m/min

hint 인체에 적당한 기류 → 0.1m/sec 전후

04 환경온도를 감각온도로 표시한 것을 지적온도라 하는데 다음 중 3가지 관점에 따른 지적온도로 볼 수 없는 것은? [07,15 기사]

① 주관적 지적온도
② 생리적 지적온도
③ 생산적 지적온도
④ 개별적 지적온도

05 다음 중 지적온도(optimum temperature)에 미치는 영향인자들의 설명으로 옳지 않은 것은? [12 산업][10,14,16 기사]

① 작업량이 클수록 체열 생산량이 많아 지적온도는 낮아진다.
② 여름철이 겨울철보다 지적온도가 높다.
③ 더운 음식물, 알코올, 기름진 음식 등을 섭취하면 지적온도는 낮아진다.
④ 노인들보다 젊은 사람의 지적온도가 높다.

06 다음 중 피부로서 감각할 수 없는 불감기류의 기준으로 가장 적절한 것은? [18 산업][13 기사]

① 약 0.5m/sec 이하
② 약 1.0m/sec 이하
③ 약 1.5m/sec 이하
④ 약 2.0m/sec 이하

hint 불감기류 → 0.5m/sec 이하

07 고온 작업자의 생리상태를 잘 알 수 있는 지표와 거리가 먼 것은? [00,03 기사]

① 습구흑구온도지수(WBGT)
② 흑구온도(GT)
③ 4시간 발한예측치(P_4SR)
④ 수정감각온도(CE)

hint 고온환경에서 작업 중 생리적 반응에 이용되는 적합한 지표는 수정감각온도, 습구흑구온도지수 및 4시간 발한예측치 등이 있다.

정답 | 01.④ 02.③ 03.② 04.④ 05.④ 06.① 07.②

05. 물리적 유해인자 측정·영향

- 기사 : 18
- 산업 : 출제대비

예상 02 다음 중 작업환경의 기류 측정기기와 가장 거리가 먼 것은?

① 풍차풍속계
② 열선풍속계
③ 카타온도계
④ 냉온풍속계

해설 작업환경의 기류 측정기기는 열선풍속계, 카타온도계(카타한란계), 피토관 풍속계, 마노미터(액주계), 회전형 풍속계(풍차형, 회전날개형, 풍향풍속계), 그네날개형 풍속계, 연기발생기 등이 사용된다. **답** ④

유.사.문.제

01 실내공기의 풍속을 측정하는 데 사용하는 기구는? [01,05,17,18 산업]

① 카타온도계
② 유량계
③ 복사온도계
④ 회전계

02 Kata 온도계로 불감기류를 측정하는 방법에 대한 설명으로 틀린 것은? [18 기사]

① Kata 온도계의 구(球)부를 50~60℃의 온수에 넣어 구부의 알코올을 팽창시켜 관의 상부 눈금까지 올라가게 한다.
② 온도계를 온수에서 꺼내어 구(球)부를 완전히 닦아내고 스탠드에 고정한다.
③ 알코올의 눈금이 100°F에서 65°F까지 내려가는 데 소요되는 시간을 초시계로 4~5회 측정하여 평균을 낸다.
④ 눈금 하강에 소요되는 시간으로 Kata상수를 나눈값 H는 온도계의 구부 $1cm^2$에서 1초 동안에 방산되는 열량을 나타낸다.

03 공기의 유속을 측정할 수 있는 기구가 아닌 것은? [18 기사]

① 열선유속계
② 로터미터형 유속계
③ 그네날개형 유속계
④ 회전날개형 유속계

04 기기내의 알코올이 위의 눈금에서 아래 눈금까지 하강하는 데 소요되는 시간을 측정하여 기류를 간접적으로 측정하는 기기는? [00,03,17 기사]

① 열선풍속계
② 카타온도계
③ 액정풍속계
④ 아스만통풍계

05 기류의 측정에 쓰이는 기기에 대한 설명으로 틀린 것은? [17 기사]

① 옥내 기류측정에는 Kata 온도계가 쓰인다.
② 풍차풍속계는 1m/sec 이하의 풍속을 측정하는 데 쓰이는 것으로, 옥외용이다.
③ 열선풍속계는 기온과 정압을 동시에 구할 수 있어 환기시설의 점검에 유용하게 쓰인다.
④ Kata 온도계의 표면에는 눈금이 아래위로 두 개 있는데 일반용은 아래가 95°F(35℃)이고 위가 100°F(37.8℃)이다.

06 작업장의 환경에서 기류의 방향이 일정하지 않거나, 실내 0.2~0.5m/sec 정도의 불감기류를 측정할 때 사용하는 측정기구로 가장 적절한 것은? [15,19 기사]

① 풍차풍속계
② 카타(Kata) 온도계
③ 가열온도풍속계
④ 습구흑구온도계(WBGT)

정답 ㅣ 01.① 02.③ 03.② 04.② 05.② 06.②

종합연습문제

01 작업장내 기류측정에 대한 설명으로 옳지 않은 것은? [12,15 기사]
① 풍차풍속계는 풍차의 회전속도로 풍속을 측정한다.
② 풍차풍속계는 보통 1~150m/sec 범위의 풍속을 측정하며 옥외용이다.
③ 기류속도가 아주 낮을 때에는 카타온도계와 복사풍속계를 사용하는 것이 정확하다.
④ 카타온도계는 기류의 방향이 일정하지 않거나 실내 0.2~0.5m/sec 정도의 불감기류를 측정할 때 사용한다.

hint 낮은 기류속도를 측정할 때는 열선풍속계와 전리풍속계를 사용하는 것이 더 정확하다.

02 다음 중 덕트내의 풍속측정에 사용되는 측정계기가 아닌 것은? [03 산업]
① 피토관
② 풍차풍속계
③ 열선식풍속계
④ 절연저항계

03 미세한 백금 또는 텅스텐의 금속선이 공기와 접촉하여 금속의 온도가 변하고 이에 따라 전기저항이 변하여 유속을 측정하는 풍속계는? [03 산업]
① 그네날개형 풍속계
② 회전날개형 풍속계
③ 마노미터
④ 열선풍속계

04 덕트내 공기의 압력을 측정하는 데 사용하는 장비는? [16,19 기사]
① 피토관
② 타코미터
③ 열선유속계
④ 회전날개형 유속계

05 작업장내 기류측정에 대한 설명으로 틀린 것은? [08 기사]
① 풍차풍속계는 풍차의 회전속도로 풍속을 측정한다.
② 풍차풍속계는 보통 1~150m/sec 범위의 풍속을 측정하며 옥외용이다.
③ 풍차풍속계 및 카타온도계는 기류속도가 아주 낮을 때에는 적합하지 않으며 이때에는 열선풍속계와 전리풍속계를 사용하는 것이 정확하다.
④ 카타온도계는 기류의 방향이 일정하고 실내 0.1m/sec 이하의 불감기류를 측정할 때 사용한다.

hint 카타(Kata) 온도계는 기류의 방향이 일정하지 않은 불감기류 측정에 사용된다.

06 다음 중 기류를 측정하는 기기가 아닌 것은 어느 것인가? [04 산업]
① 카타온도계
② 아스만통풍건습계
③ 열선풍속계
④ 풍차풍속계

hint 아스만통풍건습계는 습도 측정기구이다.

07 다음의 계측기기 중 기류 측정기기가 아닌 것은? [10,14,19 기사]
① 카타온도계
② 풍차풍속계
③ 열선풍속계
④ 흑구온도계

08 다음 중 기류의 속도를 잴 수 있는 기기와 거리가 먼 것은? [00,03 산업]
① 연기발생기
② 열선풍속계
③ 타코미터
④ 풍향풍속계

정답 | 01.③ 02.④ 03.④ 04.① 05.④ 06.② 07.④ 08.③

종합연습문제

01 압력 측정장비 중 경사 수직마노미터에 관한 설명으로 가장 거리가 먼 것은? [04 산업]
① 압력이 높은 부분의 정밀한 측정치를 읽을 수 있도록 경사지게 되어 있다.
② ±1%까지의 정확도를 달성할 수 있다.
③ 측정범위나 원주의 숫자 및 보정장치 등이 매우 다양하다.
④ 실험실이나 작업현장에서 미세한 압력변화를 신뢰성 있게 측정하는 데 이용된다.

hint 경사 수직마노미터는 압력이 낮은 부분의 정밀한 측정치를 읽을 수 있도록 경사지게 되어 있다.

02 다음 중 덕트내의 풍속 측정에 사용되는 측정계기가 아닌 것은? [13 산업]
① 피토관
② 회전속도 측정기
③ 풍차풍속계
④ 열선식 풍속계

hint 회전속도 측정기는 모터 등의 회전속도를 측정하는 계기이다. 덕트내의 풍속 측정에 이용되는 계기는 피토관, 마노미터(manometer), 열선풍속계, 풍차풍속계 등이다.

03 온열조건을 측정하는 방법으로 잘못 설명된 것은? [08 기사]
① 흑구온도계는 복사온도를 측정한다.
② 아스만 통풍건습계의 습구온도는 자연기류에 의한 온도이다.
③ 사업장의 환경에서 기류의 방향이 일정하지 않든가 실내 0.2~0.5m/sec 정도의 불감기류를 측정할 때는 카타온도계로 기류속도를 측정한다.
④ 풍차풍속계는 보통 1~150m/sec 범위의 풍속을 측정하는데 사용하며 옥외용이다.

hint 아스만 통풍건습계의 습구온도는 강제기류(소형 팬에 의해서 3.7m/sec)의 통풍하에서 측정한다.

04 국소배기장치 검사 공기의 유속을 측정할 수 있는 유속계 중 가장 많이 쓰이는 것은? [15 산업]
① 그네날개형
② 회전날개형
③ 열선풍속계
④ 연기발생기

05 열부하와 노동의 정도에 따라 근로자의 체온 유지에 필요한 기류의 속도는 다르다. 작업조건과 그에 따른 적절한 기류속도 범위로 틀린 것은? [15 기사]
① 앉아서 작업을 하는 고정작업장(계속노출)일 때 : 0.1~0.2m/sec
② 서서 작업을 하는 고정작업장(계속노출)일 때 : 0.5~1m/sec
③ 저열부하와 경노동(간헐노출) : 5~10m/sec
④ 고열부하와 중노동(간헐노출) : 15~20m/sec

hint 앉아서 작업을 하는 고정작업장(계속노출)일 때는 근로자의 피부로 느끼지 못할 정도의 기류속도(0.5m/sec 이하)를 유지하여야 한다.

06 복사열 측정 시 사용하는 기기명은? [15 산업]
① Kata 온도계
② 열선풍속계
③ 수은온도계
④ 흑구온도계

07 실효복사(effective radiation) 온도의 의미로 가장 적절한 것은? [03,08 기사]
① 건구온도와 습구온도의 차
② 습구온도와 흑구온도의 차
③ 습구온도와 복사온도의 차
④ 흑구온도와 기온의 차

08 고열 발생원에 대한 공학적 대책방법 중 대류에 의한 열흡수 경감법이 아닌 것은? [03,15 기사]
① 방열
② 일반환기
③ 국소환기
④ 차열판 설치

hint 차열판 설치는 공학적 대책(제거, 대체, 격리, 환기) 중 격리에 해당한다.

정답 ┃ 01.① 02.② 03.② 04.③ 05.① 06.④ 07.④ 08.④

예상 03

- 기사 : 12,15,18
- 산업 : 19

작업장의 습도를 측정한 결과 절대습도는 4.57mmHg, 포화습도는 18.25mmHg이었다. 이 작업장의 습도상태에 대한 설명으로 맞는 것은?

① 적당하다.
② 너무 건조하다.
③ 습도가 높은 편이다.
④ 습도가 포화상태이다.

해설 쾌적습도는 40~70%이다. 따라서 현재 작업장의 습도는 25% 정도이므로 건조한 상태이다.

⟨계산⟩ 상대습도(%) = $\dfrac{\text{절대습도}}{\text{포화습도}} \times 100$ $\begin{cases} \text{절대습도} = 4.57\text{mmHg} \\ \text{포화습도} = 18.25\text{mmHg} \end{cases}$

∴ 상대습도 = $\dfrac{4.57}{18.25} \times 100 = 25.04\%$

답 ②

유.사.문.제

01 작업장의 습도에 대한 설명으로 틀린 것은 어느 것인가? [09,19 산업]

① 상대습도는 ppm으로 나타낸다.
② 온도변화에 따라 상대습도는 변한다.
③ 온도변화에 따라 포화수증기량은 변한다.
④ 공기 중 상대습도가 높으면 불쾌감을 느낀다.

hint 상대습도는 현재 기온의 포화수증기량에 대한 실제수증기량의 비율(%)로 나타낸다. 즉 상대습도는 절대습도를 포화습도로 나눈 백분율로 나타낸다.

02 공기 1m^3 중에 포함된 수증기의 양을 g으로 나타낸 것을 무엇이라 하는가? [16 기사]

① 절대습도
② 상대습도
③ 포화습도
④ 한계습도

03 다음 설명에 해당하는 온열요소는? [06,14 기사]

주어진 온도에서 공기 1m^3 중에 함유한 수증기의 양을 그램(g)으로 나타내며, 기온에 따라 수증기가 공기에 포함될 수 있는 최대값이 정해져 있어 그 값은 기온에 따라 커지거나 작아진다.

① 비교습도
② 비습도
③ 절대습도
④ 상대습도

04 기온이 0℃이고, 절대습도가 4.57mmHg일 때 0℃의 포화습도는 4.57mmHg라면 이때의 비교습도는 얼마인가? [11,14 기사]

① 30%
② 40%
③ 70%
④ 100%

hint 비교습도 = $\dfrac{\text{절대습도}}{\text{포화습도}} \times 100$

∴ 비교습도 = $\dfrac{4.57}{4.57} \times 100 = 100\%$

정답 | 01.① 02.① 03.③ 04.④

예상 04

- 기사 : 00,03,16
- 산업 : 출제대비

저온의 작업환경(연속작업) 공기온도를 측정하려고 한다. 영하 20℃까지 측정할 수 있는 온도계로 측정하려고 할 때, 측정시간으로 가장 적합한 것은?

① 30초 이상
② 1분 이상
③ 3분 이상
④ 5분 이상

해설 연속작업 시 공기온도 측정은 5분 이상 기다린 다음 5분 간격으로 연속 측정하여야 한다.

답 ④

종합연습문제

01 시간당 200~350kcal의 열량이 소모되는 중등 작업조건에서 WBGT 측정치가 31.1℃일 때 고열작업 노출기준의 작업휴식조건은? [16,17 기사]

① 매 시간 50% 작업, 50% 휴식조건
② 매 시간 75% 작업, 25% 휴식조건
③ 매 시간 25% 작업, 75% 휴식조건
④ 계속작업조건

hint 아래 [표] 참조

02 시간당 약 150kcal의 열량이 소모되는 경작업 조건에서 WBGT 측정치가 30.6℃일 때, 고열작업 노출기준의 작업휴식조건으로 가장 적절한 것은? [17 기사]

① 계속작업
② 매 시간 25% 작업, 75% 휴식
③ 매 시간 50% 작업, 50% 휴식
④ 매 시간 75% 작업, 25% 휴식

03 실내에서 박스를 들고 나르는 작업을 하고 있다. 작업대사량은 300kcal/hr, 온도가 다음과 같을 때 시간당 작업시간과 휴식시간의 비율로 가장 적절한 것은? [15,17 기사]

- 자연습구온도 : 30℃
- 흑구온도 : 31℃
- 건구온도 : 28℃

① 5분 작업, 55분 휴식
② 15분 작업, 45분 휴식
③ 30분 작업, 30분 휴식
④ 45분 작업, 15분 휴식

hint WBGT=(0.7×습구온도)+(0.3×흑구온도)
=(0.7×30℃)+(0.3×31℃)
=30.3℃

작업대사율이 300kcal/hr이면, 중등작업이고, WBGT 31.1℃일 때 시간당 작업-휴식 비율은 15분 작업, 45분 휴식이다.

정답 ┃ 01.③ 02.④ 03.②

■ 작업강도에 따른 작업과 휴식시간의 비율

작업과 휴식시간의 비율	작업강도(WBGT$_{eff}$)		
	경작업	중등작업	중(고된)작업
연속작업	30.0℃	26.7℃	25.0℃
매 시간 75% 작업 / 25% 휴식	30.6℃	28.0℃	25.9℃
매 시간 50% 작업 / 50% 휴식	31.4℃	29.4℃	27.9℃
매 시간 25% 작업 / 75% 휴식	32.2℃	31.1℃	30.0℃

- 기사 : 출제대비
- 산업 : 18

예상 05 저온에 의한 생리반응 중 이차적인 생리적 반응으로 옳지 않은 것은?

① 혈압이 일시적으로 상승된다.
② 피부혈관의 수축으로 순환기능이 감소된다.
③ 말초혈관의 수축으로 표면조직의 냉각이 온다.
④ 근육활동이 감소하여 식욕이 떨어진다.

해설 저온에 의한 생리반응 중 2차적인 생리적 반응에서 조직대사가 증진되면서 식욕이 증가한다. 답 ④

종합연습문제

01 저온환경에서 나타나는 1차적인 생리적 반응이 아닌 것은? [08,12,17 기사]
① 호흡의 증가
② 피부혈관의 수축
③ 근육긴장의 증가와 떨림
④ 화학적 대사작용의 증가

hint 호흡의 증가 → 고온의 1차 생리적 반응

02 저온에 따른 일차적 생리적 영향으로 가장 옳은 것은? [13,14,18 산업]
① 식욕변화   ② 혈압변화
③ 피부혈관 수축   ④ 말초냉각

03 저온에 의한 1차적 생리적 영향에 해당하는 것은? [16 기사]
① 말초혈관의 수축
② 혈압의 일시적 상승
③ 근육긴장의 증가와 전율
④ 조직대사의 증진과 식욕항진

04 저온에 의해 일차적으로 나타내는 생리적 영향으로 가장 적절한 것은? [07,11,16 산업]
① 말초혈관 확장에 따른 표면조직 냉각
② 근육긴장의 증가
③ 식욕변화
④ 혈압변화

05 저온에 의한 2차적인 생리반응을 맞게 설명한 것은? [07 산업]
① 저온환경에서는 조직대사가 증가되어 식욕이 떨어진다.
② 저온환경에서는 근육활동이 감소하여 식욕이 떨어진다.
③ 말초혈관의 수축으로 표면조직의 냉각이 온다.
④ 피부혈관 수축으로 혈류량이 감소함으로 혈압이 일시적으로 저하된다.

06 고온이 인체에 미치는 영향에서 일차적인 생리적 반응에 해당되지 않는 것은? [14 산업]
① 수분과 염분의 부족
② 피부혈관의 확장
③ 불감발한
④ 호흡 증가

hint 수분과 염분의 부족 → 2차 생리적 반응

07 고온작업에 있어서 1차적 반응의 생리적 영향을 설명한 것은? [04 기사]
① 교감신경에 의한 피부혈관의 확장이 일어난다.
② 모세혈관으로부터 삼출액이 발생되어 조직의 부종이 유발된다.
③ 수분재 흡수를 증가시켜 뇨 배설량이 감소한다.
④ 위장관계통의 혈류량 감소로 소화기능이 감퇴된다.

08 다음 중 고온의 영향으로 나타나는 1차적 생리적 영향은? [12 산업]
① 수분과 염분부족   ② 신경계 장해
③ 피부기능 변화   ④ 발한

09 저온의 2차적 생리적 영향과 거리가 먼 것은? [17 기사]
① 말초냉각   ② 식욕변화
③ 혈압변화   ④ 피부혈관의 수축

hint 피부혈관의 수축 → 1차적 생리적 영향

10 한랭환경에서의 생리적 기전이 아닌 것은? [17 기사]
① 피부혈관의 팽창
② 체표면적의 감소
③ 체내 대사율 증가
④ 근육긴장의 증가와 떨림

hint 피부혈관의 팽창 → 고온의 1차 생리적 반응

정답 | 01.① 02.③ 03.③ 04.② 05.③ 06.① 07.① 08.④ 09.④ 10.①

종합연습문제

01 저온에 의한 생리반응으로 옳지 않은 것은 어느 것인가? [10,14 산업][09 기사]
① 말초혈관의 수축으로 표면조직에 냉각이 온다.
② 저온환경에서는 근육활동이 감소하여 식욕이 떨어진다.
③ 피부나 피하조직을 냉각시키는 환경온도 이하에서는 감염에 대한 저항력이 떨어지며 회복과정의 장애가 온다.
④ 혈압이 일시적으로 상승한다.
hint ②항은 고온환경의 생리반응이다.

02 저온환경이 인체에 미치는 영향으로 옳지 않는 것은? [05,09,12,13,15,19 산업]
① 식욕감소 ② 혈압변화
③ 근육긴장 ④ 피부혈관의 수축
hint 저온환경 → 식욕항진(증가)

03 다음 중 저온환경에서 나타나는 생리적 반응으로 틀린 것은? [12 기사]
① 호흡의 증가
② 피부혈관의 수축
③ 화학적 대사작용의 증가
④ 근육긴장의 증가와 떨림
hint 호흡의 증가 → 고온환경

04 다음 중 저온에 의한 장해에 관한 내용으로 틀린 것은? [07,14 기사]
① 근육긴장의 증가와 떨림이 발생한다.
② 혈압은 변화되지 않고 일정하게 유지된다.
③ 피부표면의 혈관들과 피하조직이 수축된다.
④ 부종, 저림, 가려움, 심한 통증 등이 생긴다.
hint 저온환경 → 혈관 수축, 혈압 일시적 상승

05 전기로, 가열로와 같은 고온작업장에서 주로 측정하는 온도계는? [04 산업]
① 건구온도계 ② 흑구온도계
③ 습구온도계 ④ Kata 온도계

06 추울 때 체온조절의 생리적 기전이라 볼 수 없는 것은? [01,06,10,11,12 기사]
① 피부혈관의 수축
② 근육긴장의 증가와 떨림
③ 갑상선자극호르몬 분비 증가
④ 활동정체 및 식욕부진
hint 활동정체, 식욕부진 → 더울 때 생리적 반응

07 더울 때 인체의 생리적 기전과 가장 거리가 먼 것은? [04,05② 기사]
① 피부혈관 확장
② 노출피부 표면적 증가
③ 호흡촉진
④ 갑상선자극호르몬 분비 증가
hint 추울 때 → 갑상선자극호르몬 분비 증가

08 산업안전보건법령상 고열, 한랭 또는 다습한 옥내 작업장에 해당하지 않는 것은? [13 기사]
① 녹인 유리로 유리제품을 성형하는 장소
② 도자기나 기와, 돌을 소성(燒成)하는 장소
③ 다량의 기화공기, 얼음 등을 취급하는 장소
④ 다량의 증기를 사용하여 가죽을 탈지(脫脂)하는 장소
hint 한랭 또는 다습한 옥내 작업장에 해당하는 곳은 다량의 액체공기·드라이아이스 등을 취급하는 장소나 냉장고·제빙고·저빙고 또는 냉동고 등의 내부이다.

09 작업장내 고열부하에 대한 관리대책으로 옳은 것은? [13 산업]
① 습도와 기류의 속도를 높인다.
② 일반 작업복보다는 증발 방지복이 적합하다.
③ 기온이 35℃ 이상이면 피부에 닿는 기류를 줄이고 옷을 입어야 한다.
④ 노출시간을 짧게 자주하는 것보다 한 번에 길게 하고 휴식하는 것이 바람직하다.

정답 | 01.② 02.① 03.① 04.② 05.② 06.④ 07.④ 08.③ 09.③

PART 2 작업위생(환경) 측정 및 평가

- 기사 : 18
- 산업 : 출제대비

다음 중 고열장해와 가장 거리가 먼 것은?
① 열사병　　② 열경련
③ 열호족　　④ 열발진

[해설] 고열장해에는 열사병, 열실신(열허탈), 열경련, 열탈진, 열피로, 열발진 등이 있다.　　**답** ③

유.사.문.제

01 고온다습한 작업환경에서 격심한 육체적 노동을 하거나 옥외에서 태양의 복사열을 두부에 직접적으로 받는 경우 체온조절 기능의 이상으로 발생하는 증상은? [00,04,18 산업]
① 열경련(heat cramp)
② 열사병(heat stroke)
③ 열피비(heat exhaustion)
④ 열쇠약(heat prostration)

hint 체온조절 중추기능 장해 → 열사병

02 다음 중 열사병에 관한 설명과 가장 거리가 먼 것은? [17 산업]
① 신체의 체온조절계통이 기능을 잃어 발생한다.
② 일차적인 증상은 많은 땀의 발생으로 인한 탈수, 습하고 높은 피부온도 등이다.
③ 체열방산을 하지 못하여 체온이 43℃까지 상승할 수 있으며 혼수상태에 이를 수 있다.
④ 대사열의 증가는 작업부하와 작업환경에서 발생하는 열부하가 원인이 되어 발생하며 열사병을 일으키는데 크게 관여하고 있다.

hint 열사병 → 땀이 없음

03 열경련(Heat Cramp)을 일으키는 가장 큰 원인은? [13 산업][18 기사]
① 체온상승
② 중추신경 마비
③ 순환기계 부조화
④ 체내 수분 및 염분 손실

hint 열경련 → 수분 및 염분 손실 문제

04 고열장해 중 신체의 염분 손실을 충당하지 못할 때 발생하며, 이 질환을 가진 사람은 혈중 염분의 농도가 매우 낮기 때문에 염분관리가 중요하다. 다음 중 이 장해는 무엇인가? [15,17 산업][03,04 기사]
① 열발진
② 열경련
③ 열허탈
④ 열사병

hint 수분 및 염분 손실 문제 → 열경련

05 고열장해에 관한 설명으로 옳지 않은 것은 어느 것인가? [14 산업]
① 열사병은 신체 내부의 체온조절계통이 기능을 잃어 발생한다.
② 열경련은 땀으로 인한 염분 손실을 충당하지 못할 때 발생하며 장해가 발생하면 염분의 공급을 위해 식염정제를 사용한다.
③ 열허탈은 고열작업장에 순화되지 못한 근로자가 고열작업을 수행할 경우 뇌의 혈액흐름이 좋지 못하게 됨에 따라 뇌에 산소가 부족하여 발생한다.
④ 일시적인 열피로는 고열에 순화되지 않은 작업자가 장시간 고열환경에서 정적인 작업을 할 경우 흔히 발생한다.

hint 정제식염수 → 안됨. 열경련 발생 시 보다 빠른 회복을 위해서는 수액으로 수분과 염분(0.1% NaCl)을 공급한다. 경증(輕症)의 열경련은 경구식염수 공급과 휴식으로 충분히 회복된다.

정답 ┃ 01.② 02.② 03.④ 04.② 05.②

종합연습문제

01 고열작업자에게 보통 몇 %의 생리적 식염수를 공급하는 것이 가장 적합한가? [01,04 기사]
① 0.1   ② 0.5
③ 1.0   ④ 5.0

02 일반적으로 더운 환경에서 고된 육체적인 작업을 하면서 땀을 많이 흘릴 때 신체의 염분 손실을 충당하지 못하여 발생하는 고열장해는? [15②,18 산업][16 기사]
① 열발진   ② 열사병
③ 열실신   ④ 열경련

hint 수분 및 염분 손실 문제 → 열경련

03 고열장해에 관한 설명이다. ( ) 안에 옳은 내용은? [13,17 산업]

( )은/는 고열작업장에 순화되지 못한 근로자가 고열작업을 수행할 경우 신체 말단부에 혈액이 과다하게 저류되어 뇌에 혈액흐름이 좋지 못하게 됨에 따라 뇌에 산소부족이 발생한다.

① 열허탈   ② 열경련
③ 열소모   ④ 열소진

hint 뇌 산소부족 → 열허탈

04 다음 설명에 해당하는 고열장해는? [15 산업]

고온환경에서 심한 육체적 노동을할 때 잘 발생되며 그 기전은 지나친 발한에 의한 탈수와 염분 소실이다. 증상으로는 작업 시 많이 사용한 수의근(voluntary muscle)에 유통성 경련이 오는 것이 특징적이며, 이에 앞서 현기증, 이명, 두통, 구역, 구토 등의 전구증상이 나타난다.

① 열경련   ② 열사병
③ 열발진   ④ 열허탈

hint 수분 및 염분 손실 문제 → 열경련

05 고온다습 환경에 노출될 때 발생하는 질병 중 뇌 온도의 상승으로 체온조절중추의 기능장해를 초래하는 질환은? [09 산업][07,15,16 기사]
① 열사병   ② 열경련
③ 열피로   ④ 피부장해

hint 체온조절중추 기능장해 → 열사병

06 고열장해인 열경련에 관한 설명으로 틀린 것은? [08,09,15 산업]
① 일반적으로 더운 환경에서 고된 육체적 작업을 하면서 땀으로 흘린 염분 손실을 충당하지 못할 때 발생한다.
② 염분을 공급할 때는 식염정제를 사용하여 빠른 공급이 될 수 있도록 하여야 한다.
③ 열경련 환자는 혈중 염분의 농도가 낮기 때문에 염분관리가 중요하다.
④ 통증을 수반하는 경련은 주로 작업 시 사용한 근육에서 흔히 발생한다.

hint 정제식염수 → 안 됨, 염분을 공급할 때는 생리식염수 0.1%를 사용한다.

07 열신실(heat syncope)에 관한 설명으로 틀린 것은? [14 산업]
① 열허탈증 또는 운동에 의한 열피비라고도 한다.
② 중근작업을 2시간 이상 하였을 때 발생한다.
③ 시원한 그늘에서 휴식시키고 염분과 수분을 경구로 보충한다.
④ 심한 경우 중추신경장애로 혼수상태에 이르게 된다.

hint 열실신=열허탈=열피비 → 뇌 산소부족

08 다음 중 고열의 대책으로 가장 적절하지 않은 것은? [12 기사]
① 방열 실시   ② 전체환기 실시
③ 복사열 차단   ④ 대류의 감소

hint 고열대책 → 대류 증가, 시원하게

정답 ┃ 01.① 02.④ 03.① 04.① 05.① 06.② 07.④ 08.④

종합연습문제

01 고온다습한 환경에 노출될 때 체온조절중추 특히 발한중추의 장해로 발생하며 가장 특이적인 소견은 땀을 흘리지 못하여 체열 발산을 하지 못하여 체온이 41~43℃까지 급격하게 상승하여 사망하기도 하는 건강장해는? [08,10,12 산업]
[08,11,12,14 기사]

① 열사병 ② 열피로
③ 열경련 ④ 열실신

hint 열사병 → 땀이 없음

02 고온노출에 의한 장해 중 열사병에 관한 설명과 거리가 가장 먼 것은? [07,18 기사]

① 중추성 체온조절 기능장해이다.
② 지나친 발한에 의한 탈수와 염분 손실이 발생한다.
③ 고온다습한 환경에서 격심한 육체노동을할 때 발병한다.
④ 응급조치방법으로 얼음물에 담가서 체온을 39℃정도까지 내려주어야 한다.

hint 열사병은 체온조절중추 특히 발한중추의 장해로 발생하는 건강장해이다. 지나친 발한에 의한 탈수와 염분 손실이 발생하는 것은 열경련(熱痙攣, heat cramp)이다.

03 땀이 나지 않더라도 피부표면과 호흡기를 통하여 수분이 증발하는데 이를 불감 발한이라 한다. 땀과 구별되는 불감 발한의 발생정도는? [05 기사]

① 약 2.4L/day ② 약 1.2L/day
③ 약 0.6L/day ④ 약 0.3L/day

04 열사병에 관한 설명으로 틀린 것은? [06 기사]

① 중추성 체온조절 기능장해이다.
② 피부는 땀이 나지 않아 건조할 때가 많다.
③ 울열방지를 위해서 사지마찰을 방지한다.
④ 항신진대사제 투여가 도움이 되나 체온 냉각 후 사용하는 것이 바람직하다.

hint 울열방지를 위한 사지마찰 → 필요한 처치

05 고열장해인 열경련에 관한 설명으로 가장 거리가 먼 것은? [11 산업]

① 보다 빠른 회복을 위해서는 수액으로 수분과 염분을 공급해서는 안 된다.
② 일반적으로 더운 환경에서 고된 육체적 작업을 하면서 땀으로 흘린 염분 손실을 충당하지 못할 때 발생한다.
③ 통증을 수반하는 경련은 주로 작업 시 사용한 근육에서 흔히 발생한다.
④ 염분의 공급 시에 식염정제가 사용되어서는 안 된다.

hint 열경련이 발생했을 때 빠른 회복을 위해서는 수액으로 수분과 염분을 공급하는 것이 좋다. 열경련(熱痙攣)은 과다한 땀의 배출로 전해질이 고갈되어 발생하는 근육의 경련현상이므로 그늘지고 시원한 곳으로 옮기고 경구식염수 공급과 휴식으로 경증의 열경련은 충분히 회복될 수 있다. 염분 공급 시 식염정제를 사용해서는 안 된다.

06 열사병(heat stroke)에 관한 설명으로 가장 거리가 먼 것은? [11 산업]

① 신체 내부의 체온조절계통이 기능을 잃어 발생한다.
② 체열방산을 하지 못하여 체온이 41℃에서 43℃까지 상승할 수 있으며 사망에까지 이를 수 있다.
③ 일차적인 증상은 많은 땀의 발생으로 인한 탈수, 습하고 높은 피부온도 등이다.
④ 대사열의 증가는 작업부하와 작업환경에서 발생하는 열부하가 원인이 되어 발생하며 열사병을 일으키는데 크게 관여하고 있다.

hint 열사병 환자는 땀을 흘리지 못하여 체열 발산을 하지 못하는 고열장해이므로 땀이 소량이거나 없으며, 피부는 건조하고 뜨거운 것이 특징이다.

정답 | 01.① 02.② 03.③ 04.③ 05.① 06.③

종합연습문제

01 열사병(heat stroke)이 발생했을 때 가장 적절한 응급처치 방법은? [01,04,13 산업]

① 통풍이 잘되는 서늘한 곳에 눕히고 포도당 주사를 준다.
② 생리식염수를 정맥주사하거나 0.1% 식염수를 마시게 한다.
③ 얼음물에 몸을 담가서 체온을 39℃ 이하로 유지시켜 준다.
④ 스포츠 음료나 설탕물을 마시게 한다.

hint 열사병은 체온조절중추가 능력을 상실하여 우리 몸의 온도가 비정상적으로 상승하게 되는 질환이므로 얼음물에 몸을 담가서 체온을 39℃ 이하로 유지시켜 주는 처치가 바람직하다.

02 다음 중 열사병(heat stroke)에 관한 설명으로 옳은 것은? [07 산업][09,19 기사]

① 피부는 차갑고, 습한상태로 된다.
② 지나친 발한에 의한 탈수와 염분소실이 원인이다.
③ 보온을 시키고, 더운 커피를 마시게 한다.
④ 뇌 온도의 상승으로 체온조절중추의 기능이 장해를 받게 된다.

03 열중증 질환 중 열피로에 대한 설명으로 가장 거리가 먼 것은? [05 산업]

① 수분 및 NaCl을 보충한다.
② 체온은 정상범위를 유지한다.
③ 혈액농축은 정상범위를 유지한다.
④ 실신, 허탈증상을 주로 나타낸다.

hint 실신, 허탈증상으로 나타나는 것은 열실신(熱失神)이다. 열실신은 고열환경에 장시간 노출되거나 고온다습한 실내에서 장시간 작업을 하는 경우 발한과 탈수 및 미세혈관의 확장에 의해 몸 전체의 혈액 순환량이 줄어 저혈압증 및 대뇌혈류가 감소하면서 뇌의 산소부족으로 별안간 의식을 잃거나 현기증을 느끼는 고열장해이다.

04 열피로에 관한 설명으로 틀린 것은? [05 산업]

① 고온환경에서 육체노동에 종사할 때 일어나기 쉽다.
② 말초혈관 확장에 따른 요구 증대만큼의 혈관운동조절이나 심박출력의 증대가 없을 때 발생한다.
③ 졸도, 과다 발한, 냉습한 피부 등의 증상을 보이며 직장온도가 경미하게 상승하는 경우도 있다.
④ 혈액의 농축이 현저하며 수분 및 소금을 보충하여 치료할 수 있다.

hint 혈액의 현저한 농축에 의해 일어나는 것은 열경련(熱痙攣)이다. 열피로는 인체의 고온 순화 미흡에 따른 혈액순환 저하 또는 많은 양의 땀 배출로 인한 탈수에 의해 발생하므로 환자에게 휴식을 취하게 하고 열을 식힌 후 0.1% 식염수를 공급(물 1L에 소금 한 티스푼 정도)한다.

05 고온환경에서 육체노동에 종사할 때 일어나기 쉬우며 말초혈관 확장에 따른 요구 증대만큼의 혈관운동 조절이나 심박출력의 증대가 없을 때 또는 탈수로 말미암아 혈장량이 감소할 때 발생하는 고열장해의 종류로 가장 적합한 것은? [00,03,07②,11 산업][08 기사]

① 열피로 ② 열경련
③ 열사병 ④ 열성발진

hint 말초혈관 확장, 뇌 산소부족 → 열피로

┃ 온열장해의 증상 및 특징비교 ┃

구분	열실신	열경련	열피로	열사병
의식	소실	정상	정상	심각
체온	정상	정상	~39℃	40℃ 이상
피부온도	정상	정상	저온	고온
발한	(+)	(+)	(+)	(-)
중증도	1도	1도	2도	3도

정답 ┃ 01.③ 02.④ 03.④ 04.④ 05.①

종합연습문제

01 열중증 질환 중 열피로에 대한 설명으로 가장 거리가 먼 것은? [08,15 산업]

① 혈중 염소농도는 정상이다.
② 체온은 정상범위를 유지한다.
③ 말초혈관 확장에 따른 요구 증대만큼의 혈관 운동 조절이나 심박출력의 증대가 없을 때 발생한다.
④ 탈수로 인하여 혈장량이 급격히 증가할 때 발생한다.

hint 탈수로 인하여 혈장량이 급격히 증가할 때 발생하는 것은 열경련(熱痙攣, heat cramp)이다.

02 다음 중 열피로(heat fatigue)에 관한 설명으로 가장 거리가 먼 것은? [13 기사]

① 권태감, 졸도, 과다발한, 냉습한 피부 등의 증상을 보이며 직장온도가 경미하게 상승할 수도 있다.
② 말초혈관 확장에 따른 요구 증대만큼의 혈관 운동 조절이나 심박출력의 증대가 없을 때 발생한다.
③ 탈수로 인하여 혈장량이 감소할 때 발생한다.
④ 신체 내부에 체온조절계통이 기능을 잃어 발생하며, 수분 및 염분을 보충해 주어야 한다.

hint 체온조절중추의 기능장해 → 열사병이다. 열피로는 말초혈관 확장, 뇌 산소부족 또는 많은 양의 땀 배출로 인한 탈수에 의해 발생한다.

03 장시간 고온환경 폭로 후에 나타나는 증상으로 대량의 염분상실을 동반한 발한과다 때문에 발생하며 일시적으로 단백뇨가 나오는 증상은? [03,12 산업][05,06,16 기사]

① 열성발진 ② 열사병
③ 열피로   ④ 열경련

hint 열경련(heat cramp)은 과다한 땀의 배출로 전해질이 고갈되어 발생하는 근육의 경련현상으로 혈액의 현저한 농축이 발생하면서 일시적으로 단백뇨가 나오는 소견이 있다.

04 열경련(Heat Cramps)에 관한 설명으로 옳은 것은? [12 산업]

① 열경련 환자는 혈중 염분의 농도가 높기 때문에 염분관리가 중요하다.
② 열경련 환자에게 염분을 공급할 때 식염정제가 사용되어서는 안 된다.
③ 더운 환경에서 고된 육체적 작업으로 인한 수분의 고갈로 신체의 염분농도가 상승하여 발생하는 고열장해이다.
④ 통증을 수반하는 경련은 주로 작업 시 사용하지 않는 근육을 갑자기 사용했을 때 발생한다.

hint ②항만 옳다.
▶ 바르게 고쳐보기 ◀
① 열경련 환자는 과다한 땀의 배출로 전해질이 고갈되어 발생하며, 혈중 Cl^- 농도가 현저히 감소한다.
③ 고온환경 땀을 많이 흘리면서 동시에 염분이 없는 음료수를 많이 마실 경우에 잘 발생한다.
④ 심한 육체적 운동을 한 후에 많이 나타나며, 많이 사용하는 근육에 통증이 있는 경련이 발생한다.

05 열경련에 관한 설명으로 알맞지 않은 것은? [04,07 산업]

① 급격한 체온냉각 조치가 필요하다.
② 체온이 약간 상승하고 혈중 Cl^- 농도가 현저히 감소한다.
③ 일시적으로 단백뇨가 나온다.
④ 복부와 사지 근육에 강직, 동통이 일어난다.

hint 급격한 체온냉각 조치가 필요한 것은 열사병(熱射病)이다. 열사병의 경우, 1시간 이내에 체온을 39℃ 이하로 냉각시키도록 해야 하며, 빠른 시간내에 적절한 치료를 하지 않으면 사망(사망률이 매우 높음)하게 된다.

정답 | 01.④ 02.④ 03.④ 04.② 05.①

종합연습문제

01 열경련의 주요원인이 되는 것은?
　　　　　　　　　　　　[01,05,09,13 산업][07 기사]
① 염분 손실
② 신체 말단부 혈액 부족
③ 순환기 부조화
④ 중추신경 이상

hint 열경련의 주요원인은 탈수로 인한 혈장증가와 지나친 발한에 의한 신체의 탈수와 염분부족이다.

02 열중증 질환 중 혈중 Cl농도가 현저히 감소하고 혈액농축이 현저하여 수분 및 소금을 보충하여야 하는 것은?　　　[06 산업][00,04 기사]
① 열경련　　　② 열피로
③ 열사병　　　④ 열쇠약

03 다음의 내용 중에서 열경련에 대한 올바른 설명만으로 짝지은 것은?　　[08 산업]

> Ⓐ 혈중 염소이온의 현저한 감소가 발생한다.
> Ⓑ 혈액의 현저한 농축이 발생한다.
> Ⓒ 주 증상은 실신, 허탈, 혼수이다.
> Ⓓ 휴식과 5% 포도당을 공급하여 치료한다.

① Ⓐ, Ⓒ　　　② Ⓑ, Ⓒ
③ Ⓑ, Ⓓ　　　④ Ⓐ, Ⓑ

hint 열경련의 주요원인은 발한에 의한 신체의 탈수와 염분부족에 의한 것이므로 많이 사용하는 근육에 통증이 있는 경련이 1~3분 간격으로 발생하고, 체온은 정상유지 또는 약간 상승하지만 혈중의 Cl⁻ 농도가 현저히 감소하며, 혈액의 현저한 농축, 일시적인 단백뇨가 나오는 증상이 있다.

04 다음 중 열경련의 증상과 대책으로 볼 수 없는 것은?　　　　　　　　　　[10 기사]
① 수의근의 경련이 발생한다.
② 중추신경계통에 장해가 유발된다.
③ 식염수를 마시게 한다.
④ 과도한 발한이 발생된다.

05 열경련의 치료방법으로 가장 적절한 것은?
　　　　　　　　　　　　[05,06,07,08,09 기사]
① 5% 포도당 공급
② 수분 및 NaCl 보충
③ 체온의 급속한 냉각
④ 더운 커피 또는 강심제의 투여

hint 열경련의 대처방법은 환자를 그늘지고 시원한 곳으로 옮기고, 보다 빠른 회복을 위해서는 수액으로 수분과 염분(NaCl)을 공급한다. 경증(輕症)의 열경련은 경구식염수 공급과 휴식만으로도 충분히 회복된다.

06 열탈진(heat exhaustion)에 관한 설명으로 틀린 것은?　　　　　　　　　[05 기사]
① 발한에 의한 탈수와 혈관의 이상수축으로 심장으로 되돌아오는 혈액량 증가에 의해 생기는 고혈압이 주원인이다.
② 고온작업장에서 중노동에 종사하는 자, 특히 미숙련공에게 많이 발생한다.
③ 구강온도는 정상이거나 약간 상승하고 맥박수가 증가하며 피부는 습윤하고 덥거나 때로는 차다.
④ 혈당치는 감소하나 그 밖의 혈액 및 요(尿) 소견은 현저한 변화가 없다.

hint 열탈진(열피비, heat exhaustion)은 매우 더운 환경에서 땀을 흘리며 염분이나 수분을 보충하지 않은 채 장시간의 운동이나 활동을 함으로써 혈액량과 염분부족으로 발생하는 신체 이상이다.

07 고열작업환경에서 발생되는 열경련의 주요 원인은?　　　　　　　　[06,10 산업]
① 고온순화 미흡에 따른 혈액순환 저하
② 고열에 의한 순환기 부조화
③ 신체의 염분 손실
④ 뇌 온도 및 체온 상승

hint 수분 및 염분 손실 문제 → 열경련

정답 ｜ 01.① 02.① 03.④ 04.② 05.② 06.① 07.③

PART 2 작업위생(환경) 측정 및 평가

종합연습문제

01 다음 중 고열장해와 건강에 미치는 영향을 연결한 것으로 틀린 것은? [09 기사]

① 열경련(heat cramps) – 고온환경에서 고된 육체적인 작업을 하면서 땀을 많이 흘릴 때 많은 물을 마시지만 신체의 염분 손실을 충당하지 못할 경우 발생한다.
② 열허탈(hedat collapse) – 고열작업에 순화되지 못해 말초혈관이 확장되고, 신체 말단에 혈액이 과다하게 저류되어 뇌의 산소부족이 나타난다.
③ 열사병(heat stroke) – 통증을 수반하는 경련이 나타나며, 주로 작업할 때 사용한 근육에서 흔히 발생하며, 휴식과 0.1% 식염수 섭취로써 쉽게 개선된다.
④ 열소모(heat exhaustion) – 과다발한으로 수분, 염분 손실에 의하여 나타나며, 두통, 구역감, 현기증 등이 나타나지만 체온은 정상이거나 조금 높아진다.

hint 통증을 수반하는 경련 → 열경련임. 열사병 → 체온조절중추 능력 상실에 따른 체온상승

02 고열에 의한 만성 체력소모를 말하는 것이며, 건강장해로 전신권태, 위장장해, 불면, 빈혈 등을 나타내는 고열폭로에 의한 증상은? [08 산업]

① 열경련 ② 열성발진
③ 열피로 ④ 열쇠약

hint 고열에 의한 체력소모 문제 → 열쇠약

03 고열장해 중 신체의 염분 손실을 충당하지 못할 때 발생하며, 이 질환을 가진 사람은 혈중 염분의 농도가 매우 낮기 때문에 염분관리가 중요한 것은? [01,06,11 산업]

① 열발진 ② 열경련
③ 열허탈 ④ 열사병

hint 수분 및 염분 손실 문제 → 열경련

04 고열로 인한 인체영향에 대한 설명으로 옳지 않은 것은? [10 산업]

① 열사병은 고열로 인하여 발생하는 건강장해 중 가장 위험성이 큰 것으로 체온조절계통이 기능을 잃어 발생한다.
② 열경련은 땀을 많이 흘려 신체의 염분 손실을 충당하지 못할 때 발생한다.
③ 열발진이 일어난 경우 벗긴 다음 피부를 물수건으로 적셔 피부가 건조하게 되는 것을 방지한다.
④ 열경련 근로자에게 염분을 공급할 때에는 식염정제가 사용되어서는 안 된다.

hint 열발진에는 냉수욕을 하는 것이 좋으며, 피부를 벗겨내지 말고 피부를 건조시킨 후 칼라민 로션 등을 바른 다음 땀에 젖지 않게 하는 것이 좋다.

정답 | 01.③ 02.④ 03.② 04.③

- 기사 : 10,15,18
- 산업 : 출제대비

07 동상의 종류와 증상이 잘못 연결된 것은?

① 1도 : 발적
② 2도 : 수포 형성과 염증
③ 3도 : 조직괴사로 괴저 발생
④ 4도 : 출혈

해설 4도 동상은 동상해를 받은 부위의 증상이 심한 경우 손발의 일부나 다리를 절단해야 하고 심하면 사망에 이른다.

답 ④

종합연습문제

01 제2도 동상의 증상으로 적절한 것은?
[08,12②,17 산업][00,04,10,18 기사]
① 따갑고 가려운 느낌이 생긴다.
② 혈관이 확장하여 발적이 생긴다.
③ 수포를 가진 광범위한 삼출성 염증이 생긴다.
④ 심부조직까지 동결되면 조직의 괴사와 괴저가 일어난다.

02 저온환경에서 발생할 수 있는 건강장해에 관한 설명으로 가장 거리가 먼 것은? [11,16,19 산업]
① 전신체온 강하는 장시간의 한랭 노출 시 체열의 손실로 말미암아 발생하는 급성 중증장애이다.
② 제3도 동상은 수포와 함께 광범위한 삼출성 염증이 일어나는 경우를 말한다.
③ 피로가 극에 달하면 체열의 손실이 급속히 이루어져 전신의 냉각상태가 수반되게 된다.
④ 참호족은 지속적인 국소의 산소결핍 때문이며 저온으로 모세혈관벽이 손상되는 것이다.

hint 수포와 함께 광범위한 삼출성 염증이 일어나는 경우 → 2도 동상

03 다음 중 한랭환경과 건강장해에 관한 설명으로 틀린 것은? [13 기사]
① 전신체온 강하는 단시간의 한랭폭로에 따른 일시적 체온상실에 따라 발생하는 중증장애에 속한다.
② 동상에 대한 저항은 개인에 따라 차이가 있으나 발가락은 12℃정도에서 시린 느낌이 생기고, 6℃정도에서는 아픔을 느낀다.
③ 참호족과 침수족은 지속적인 국소의 산소결핍 때문이며, 모세혈관 벽이 손상되는 것이다.
④ 혈관의 이상은 저온 노출로 유발되거나 악화된다.

hint 전신체온 강하는 장시간의 한랭폭로와 체열상실에 의하여 발생하는 급성중증 건강장해이다.

04 저온에서 발생될 수 있는 장해와 가장 거리가 먼 것은? [13,17 산업]
① 상기도 손상   ② 폐수종
③ 알러지 반응   ④ 참호족

hint 폐수종은 이상기압(저기압)에서 발생할 수 있는 건강장해이다.

05 한랭폭로에 의한 신체적 장애에 관한 설명으로 알맞지 않은 것은? [04,08,18 기사]
① 동상은 조직의 동결을 말하며 피부의 동결온도는 대략 −1℃ 부근이다.
② 참호족은 동결온도 이하의 찬공기에 단기간의 접촉으로 급격한 동결이 발생하는 장애이다.
③ 침수족은 부종, 저림, 가려움, 심한 통증 등이 생기고 점차 물집이 생기고 피부조직이 괴사를 일으킨다.
④ 전신체온 강하는 장시간 한랭 노출로 인한 급성 중증장애이다.

hint 참호족, 침수족은 직접 동결상태에 이르지 않더라도 15℃ 이하의 한랭에 계속해서 장기간 폭로되고 동시에 지속적으로 습기나 물에 잠기게 될 때 생긴다.

06 동상(Frostibite)에 관한 설명과 가장 거리가 먼 것은? [01,03,08,14 기사]
① 피부동결은 0~−2℃에서 발생한다.
② 동상에 대한 저항은 개인차가 있으며 일반적으로 발가락은 6℃에 도달하면 아픔을 느낀다.
③ 제2도 동상은 수포를 가진 광범위한 삼출성 염증을 유발시킨다.
④ 동상은 직접적인 동결 이외에 계속해서 습기나 물에 접촉함으로써 발생되며, 국소산소결핍이 원인이다.

hint 습기나 물에 접촉함으로써 발생되며, 국소산소결핍이 원인인 것은 침수족이다.

정답 | 01.③ 02.② 03.① 04.② 05.② 06.④

종합연습문제

01 다음 중 한랭환경으로 인하여 발생되거나 악화되는 질병과 가장 거리가 먼 것은? [03,15,19 기사]

① 동상(frostbite)
② 지단자람증(acrocyanosis)
③ 케이슨병(caisson disease)
④ 레이노드씨 병(Raynaud's disease)

hint 케이슨병은 감압환경 질환이다.

02 다음 중 한랭환경에 의한 건강장해에 대한 설명으로 틀린 것은? [15 기사]

① 전신저체온의 첫 증상은 억제하기 어려운 떨림과 냉(冷)감각이 생기고 심박동이 불규칙하고 느려지며, 맥박은 약해지고 혈압이 낮아진다.
② 제2도 동상은 수포와 함께 광범위한 삼출성염증이 일어나는 경우를 말한다.
③ 참호족은 지속적인 국소의 영양결핍 때문이며 한랭에 의한 신경조직의 손상이 발생한다.
④ 레이노씨 병과 같은 혈관이상이 있을 경우에는 증상이 악화된다.

03 한랭환경에서 나타나는 증상에 관한 설명으로 틀린 것은? [00,03,06 산업]

① 전신체온 강하 : 장시간의 한랭폭로와 체열상실에 따라 발생되는 만성질환성장해의 일종이다.
② 참호족 : 지속적인 국소의 산소결핍으로 발생한다.
③ 동상 : 강렬한 한냉으로 조직장해가 오거나 심부혈관의 변화를 초래하는 장해이다.
④ 선단자람증, 폐색성 혈전등의 장해는 한랭폭로로 악화된다.

hint 전신체온 강하는 기온이 18.3℃ 또는 수온이 22.2℃ 이하일 때 발생할 수 있으며 급성 중증장애이다.

04 전신체온 강하에 관한 설명으로 틀린 것은? [03 산업]

① 장기간의 한랭폭로와 체열상실에 따라 발생한다.
② 급성 중증장애이다.
③ 진정제 복용과 음주는 체온하강의 위험을 더욱 증대시킨다.
④ 피로가 극에 달하면 혈관의 급격한 수축으로 인하여 전신의 체온강하가 일어난다.

05 장시간의 한랭폭로와 체열상실에 의하여 발생하는 급성 중증 건강장해는? [06,13 기사]

① 전신체온 강하
② 참호족
③ 침수족
④ 급성 혈관축소

06 한랭폭로에 의한 신체적 장해에 관한 설명으로 틀린 것은? [06 산업]

① 전신 저체온은 심부온도가 37℃로부터 26.7℃ 이하로 떨어지는 것을 말한다.
② 동상은 1도, 2도, 3도의 3가지로 구분된다.
③ 참호족의 발생시간은 침수족에 비하여 길다.
④ 전신 저체온의 첫 증상으로 억제하기 어려운 떨림과 냉감각이 생기고 심박동의 불규칙하고 느려지며 맥박은 약해지고 혈압은 낮아진다.

hint 참호족의 발생시간은 침수족에 비하여 짧다.

07 다음 중 참호족에 관한 설명으로 가장 거리가 먼 것은? [07 기사]

① 직장(直腸)온도가 35℃ 수준 이하로 저하되는 경우를 말한다.
② 저온작업에서 손가락, 발가락 등의 말초부위에서 피부온도 저하가 가장 심한 부위이다.
③ 조직내부의 온도가 10℃에 도달하면 조직표면은 얼게 되며, 이러한 현상을 말한다.
④ 근로자의 발이 한랭에 장기간 노출됨과 동시에 지속적으로 습기나 물에 잠기게 되면 발생한다.

정답 | 01.③ 02.③ 03.① 04.④ 05.① 06.③ 07.①

종합연습문제

01 저온환경에서 발생할 수 있는 건강장해에 관한 설명으로 틀린 것은? [07 산업]

① 전신체온 강하는 단시간내 급냉에 따라 일시적으로 발생하는 가역적 급성 경증장애이다.
② 제2도 동상은 수포와 함께 광범위한 삼출성 염증이 일어나는 경우를 말한다.
③ 피로가 극에 달하면 체열의 손실이 급속히 이루어져 전신의 냉각상태가 수반되게 된다.
④ 참호족은 지속적인 국소의 산소결핍 때문이며 저온으로 모세혈관 벽이 손상되는 것이다.

hint 전신체온 강하는 장시간의 한랭 노출 시 체열의 손실로 말미암아 발생하는 급성 중증장애이다.

02 한랭장해 예방에 관한 설명으로 틀린 것은? [13 산업]

① 체온을 유지하기 위해 앉아서 장시간 작업한다.
② 금속의자 사용을 금지한다.
③ 외부 액체가 스며들지 않도록 방수처리된 의복을 입는다.
④ 고혈압, 심혈관 질환 및 간장장해가 있는 사람은 한랭작업을 피하도록 한다.

hint 체온을 유지하기 위해 앉아서 장시간 작업하는 일은 피해야 한다.

03 저온환경에서 발생할 수 있는 건강장해는? [19 산업]

① 감압증   ② 산식증
③ 고산병   ④ 참호족

hint 저온에서 발생될 수 있는 장해로는 참호족 상기도 손상, 알러지 반응 등이다. 참호족, 침수족은 직접 동결상태에 이르지 않더라도 15℃ 이하의 한랭에 계속해서 장기간 폭로되고 동시에 지속적으로 습기나 물에 잠겨 있을 때, 국소의 산소결핍에 의해 모세혈관 벽이 손상되어 발생된다.

04 한랭폭로에 의한 신체적 장해에 관한 설명으로 알맞지 않는 것은? [01,05,06 기사]

① 2도 동상은 물집이 생기거나 피부가 벗겨지는 결빙을 말한다.
② 저체온증은 심부온도가 37℃에서 26.7℃ 이하로 떨어지는 것을 말한다.
③ 침수족은 동결온도 이상의 냉수에 오랫동안 폭로되어 생긴다.
④ 침수족과 참호족의 발생조건은 유사하나 임상증상과 증후는 다르다.

hint 침수족과 참호족의 발생조건은 서로 다르나 임상증상과 증후는 거의 동일하다.

05 다음 중 저온에 의한 장해에 관한 내용으로 틀린 것은? [19 기사]

① 근육긴장이 증가하고 떨림이 발생한다.
② 혈압은 변화되지 않고 일정하게 유지된다.
③ 피부 표면의 혈관들과 피하조직이 수축된다.
④ 부종, 저림, 가려움, 심한 통증 등이 생긴다.

hint 저온에 따른 인체반응의 첫 증상은 억제하기 어려운 떨림과 냉(冷)감각이 생기고, 심박동이 불규칙하고 느려지며, 맥박은 약해지고 혈압이 낮아진다.

06 외부 환경의 변화에 신체반응의 항상성이 작용하는 현상의 명칭으로 적합한 것은? [19 산업]

① 신체의 변성현상
② 신체의 회복현상
③ 신체의 이상현상
④ 신체의 순응현상

hint 외부 환경조건에 따라서 변화하고 지속적인 생활을 하기 위해 신체반응의 항상성이 작용하는 것을 신체의 순응(順應)현상이라고 한다.

정답 ┃ 01.① 02.① 03.④ 04.④ 05.② 06.④

PART 2 작업위생(환경) 측정 및 평가

예상 08
- 기사 : 출제대비
- 산업 : 18

한랭작업을 피해야 하는 대상자로 가장 거리가 먼 사람은?

① 심장질환자 ② 고혈압환자
③ 위장장애자 ④ 내분비장애자

해설 한랭작업을 피해야 하는 대상자는 다음과 같다.
- 고혈압 및 심장혈관질환자
- 간장 및 위장기능 장애자
- 위산과다증자 및 신장기능 이상자
- 감기에 잘 걸리거나 한랭에 알레르기가 있는 자
- 과거에 한랭장애 병력이 있는 자
- 흡연 및 음주를 많이 하는 자

답 ④

예상 09
- 기사 : 11,18②
- 산업 : 10

인체와 환경 간의 열교환에 관여하는 온열조건 인자가 아닌 것은?

① 대류 ② 증발
③ 복사 ④ 기압

해설 생체와 환경 사이의 열교환에 미치는 요인은 기온, 기습, 기류, 복사열이다. 따라서 인체와 환경 간의 열교환에 관여하는 온열조건 인자는 작업대사량, 대류에 의한 열교환, 복사에 의한 열교환, 증발에 의한 열손실이다.

〈관계식〉 $\Delta S = M \pm C \pm R - E$
$\begin{cases} \Delta S : \text{인체의 열축적 또는 열손실} \\ M : \text{작업대사량} \\ C : \text{대류에 의한 열득실(열교환)} \\ R : \text{복사에 의한 열득실(열교환)} \\ E : \text{증발에 의한 열손실} \end{cases}$

답 ④

유.사.문.제

01 인체와 환경사이의 열교환(열역학 관계식)에 미치는 요인과 가장 거리가 먼 것은?
[00,03,14,17 산업]

① 복사 ② 전도
③ 증발 ④ 대류

hint $\Delta S = M \pm C \pm R - E$

ΔS : 인체의 열축적 또는 열손실
M : 작업대사량
C : 대류에 의한 열득실(열교환)
R : 복사에 의한 열득실(열교환)
E : 증발에 의한 열손실

02 인체와 환경 사이의 열평형에 의하여 인체는 적절한 체온을 유지하려고 노력하는데 기본적인 열평형 방정식에 있어 신체 열용량의 변화가 0보다 크면 생산된 열이 축적되게 되고 체온조절중추인 시상하부에서 혈액온도를 감지하거나 신경망을 통하여 정보를 받아들여 체온 방산작용이 활발히 시작된다. 이러한 것을 무엇이라고 하는가?
[16,19 기사]

① 정신적 조절작용
② 물리적 조절작용
③ 화학적 조절작용
④ 생물학적 조절작용

정답 | 01.② 02.②

05. 물리적 유해인자 측정·영향

- 기사 : 01,13②
- 산업 : 출제대비

예상 10 다음 중 체열의 생산과 방산이 평형을 이룬 상태에서 생체와 환경사이의 열교환을 열역학적으로 가장 올바르게 나타낸 것은? (단, ΔS는 생체 열용량의 변화, M은 체내열 생산량, R은 복사에 의한 열의 득실, E는 증발에 의한 열방산, C는 대류에 의한 열의 득실을 나타낸다.)

① $\Delta S = M - E - R - C$
② $\Delta S = M - E + R - C$
③ $\Delta S = -M + E - R - C$
④ $\Delta S = -M + E + R + C$

해설 열교환은 주로 대류, 열복사, 땀에 의한 증발 등에 의해 이루어지며, 인체와 환경사이에 적용되는 기본적인 열평형방정식은 다음과 같다.

〈관계식〉 $\Delta S = M \pm C \pm R - E$ $\begin{cases} \Delta S : \text{인체의 열축적 또는 열손실} \\ M : \text{작업대사량} \\ C : \text{대류에 의한 열득실(열교환)} \\ R : \text{복사에 의한 열득실(열교환)} \\ E : \text{증발에 의한 열손실} \end{cases}$

답 ①

- 기사 : 17
- 산업 : 출제대비

예상 11 다음과 같은 작업조건에서 1일 8시간 동안 작업하였다면, 1일 근무시간 동안 인체에 누적된 열량은 얼마인가? (단, 근로자의 체중은 60kg이다.)

- 작업대사량 : +1.5kcal/kg·hr
- 대류에 의한 열전달 : +1.2kcal/kg·hr
- 복사열 전달 : +0.8kcal/kg·hr
- 피부에서의 총 땀증발량 : 300g/hr
- 수분증발열 : 580cal/g

① 242kcal
② 288kcal
③ 1,152kcal
④ 3,072kcal

해설 인체와 환경사이에 적용되는 열평형방정식을 적용한다.

〈관계식〉 $\Delta S = M + C + R - E$

$\begin{cases} M : \text{작업대사량} = +\dfrac{1.5\,\text{kcal}}{\text{kg}\cdot\text{hr}} \times 60\,\text{kg} \times 8\,\text{hr} = 720\,\text{kcal} \\ C : \text{대류에 의한 열득실(열교환)} = +\dfrac{1.2\,\text{kcal}}{\text{kg}\cdot\text{hr}} \times 60\,\text{kg} \times 8\,\text{hr} = 576\,\text{kcal} \\ R : \text{복사에 의한 열득실(열교환)} = +\dfrac{0.8\,\text{kca}}{\text{kg}\cdot\text{hr}} \times 60\,\text{kg} \times 8\,\text{hr} = 384\,\text{kcal} \\ E : \text{증발에 의한 열손실} = \dfrac{300\,\text{g}}{\text{hr}} \times \dfrac{580\,\text{cal}}{\text{g}} \times \dfrac{\text{kcal}}{10^3\,\text{cal}} \times 8\,\text{hr} = 1{,}392\,\text{kcal} \end{cases}$

∴ $\Delta S = 720 + 576 + 384 - 1{,}392 = 288\,\text{kcal}$

답 ②

PART 2 작업위생(환경) 측정 및 평가

예상 12
- 기사 : 11,14,16
- 산업 : 출제대비

한랭장해에 대한 예방법으로 적절하지 않은 것은?
① 의복 등은 습기를 제거한다.
② 과도한 피로를 피하고, 충분한 식사를 한다.
③ 가능한 항상 발과 다리를 움직여 혈액순환을 돕는다.
④ 가능한 꼭 맞는 구두, 장갑을 착용하여 한기가 들어오지 않도록 한다.

해설 꽉끼는 장갑과 구두는 동상을 가속화시킨다. 그러므로 약간 큰 장갑과 방한화를 착용하고, 신발은 고무인 바닥을 천으로 둘러싸고 가죽으로 덮은 부츠를 신는 것이 좋다. **답** ④

예상 13
- 기사 : 출제대비
- 산업 : 14②

고온 순화기전과 가장 거리가 먼 것은?
① 체온조절기전의 항진
② 더위에 대한 내성 증가
③ 열생산 감소
④ 열방산능력 감소

해설 고온에 순화되는 과정에서는 열방산능력이 증가한다. **답** ④

유.사.문.제

01 한랭작업장에서 일하고 있는 근로자의 관리에 대한 내용으로 옳지 않은 것은? [12,15 기사]
① 한랭에 대한 순화는 고온순화보다 빠르다.
② 노출된 피부나 전신의 온도가 떨어지지 않도록 온도를 높이고 기류의 속도를 낮추어야 한다.
③ 필요하다면 작업을 자신이 조절하게 한다.
④ 외부 액체가 스며들지 않도록 방수 처리된 의복을 입는다.

hint 저온순화(한랭에 대한 순화)는 고온순화보다 느리다.

02 고온에 순화되는 과정으로 틀린 것은? [02,04,06 기사]
① 체표면에 있는 한선의 수가 감소한다.
② 땀 속의 염분농도가 희박해진다.
③ 알도스테론의 분비가 증가되어 염분의 배설량이 억제된다.
④ 처음에는 에너지대사량이 증가하고 체온이 상승하지만 이후 열생산도 정상으로 된다.

03 한랭작업과 관련된 설명으로 틀린 것은? [16 기사]
① 저체온증은 몸의 심부온도가 35℃ 이하로 내려간 것을 말한다.
② 저온작업에서 손가락, 발가락 등의 말초부위는 피부온도 저하가 가장 심한 부위이다.
③ 혹심한 한랭에 노출됨으로써 피부 및 피하조직 자체가 동결하여 조직이 손상되는 것을 말한다.
④ 근로자의 발이 한랭에 장기간 노출되고 동시에 지속적으로 습기나 물에 잠기게 되면 "선단자람증"의 원인이 된다.

hint 15℃ 이하의 한랭에 계속해서 장기간 폭로되고 동시에 지속적으로 습기나 물에 잠기게 될 때는 침수족, 참호족이 발생한다. 선단 자람증은 손이나 발가락 등 신체의 말단부위에만 생기는 청색증을 말하며, 선단 사이아노시스증 또는 말초성 청색증이라고도 한다.

정답 01.① 02.① 03.④

종합연습문제

01 고온순화에 대한 설명으로 틀린 것은? [05 기사]
① 고온순화가 되면 땀 속에 염분농도는 감소한다.
② 고온순화는 매일 고온에 반복적이며 지속적으로 폭로 시 4~6일에 주로 이루어진다.
③ 고온순화에 관계된 가장 중요한 외부영향요인은 영양과 수분 보충이다.
④ 고온순화되지 않은 작업자는 대부분 시간당 2L 이상의 땀을 흘리지만 순화된 작업자는 시간당 0.7L를 넘지 않게 된다.

hint 고온순화되지 않은 사람은 땀분비가 대부분 시간당 700cc를 넘지 않으나 1~6주간 고온에 노출되었을 때는 시간당 최대 2L까지 땀분비가 증가되기도 한다.

02 고온에 순응된 사람들이 고온에 계속 노출되었을 때 나타나는 현상은? [06 기사]
① 심장박동 증가
② 땀의 분비속도 증가
③ 직장온도 증가
④ 피부온도 증가

03 다음 중 고온에 순응된 사람들이 고온에 계속적으로 노출되었을 때 증가하는 현상을 나타내는 것은? [01,03,14 기사]
① 심장박동
② 피부온도
③ 직장온도
④ 땀의 분비속도

04 한랭작업장에서 취해야할 개인위생상 준수해야 할 사항들이 많다. 다음 중 이에 해당되지 않는 내용은? [00,04,05,08 산업]
① 팔다리 운동으로 혈액순환 촉진
② 약간 큰 장갑과 방한화의 착용
③ 건조한 양말의 착용
④ 적절한 식염수의 섭취

hint 적절한 식염수의 섭취는 고온작업장에서 취해야할 개인위생상 준수해야 할 사항이다.

05 다음중 한랭작업장에서 위생상 준수해야 할 사항과 거리가 먼 것은? [19 산업]
① 건조한 양말의 착용
② 적절한 온열장치 이용
③ 팔다리 운동으로 혈액순환 촉진
④ 약간 작은 장갑과 방한화의 착용

06 고온순화에 관한 설명으로 틀린 것은? [04 기사]
① 체 표면에 있는 한선의 수가 증가한다.
② 순화방법은 하루 100분씩 폭로하는 것이 가장 효과적이며 하루의 고온폭로시간이 같다고 하여 고온순화가 빨리 이루어지는 것은 아니다.
③ 간기능이 활성화되어 콜레스테롤과 콜레스테롤에스터의 비가 증가한다.
④ 고온에 폭로된 지 12~14일에 거의 완성되는 것으로 알려져 있다.

hint 초기에는 간기능이 저하되고 콜레스테롤과 콜레스테롤에스터의 비가 감소한다.

정답 ┃ 01.④ 02.② 03.④ 04.④ 05.④ 06.③

3 이상기압

> 이승원의 **minimum point**

(1) 산업안전보건법상 관련 규정

① 용어의 정의
- 고압작업이란 고기압(압력이 **1kg/m² 이상**인 기압)에서 잠함공법(潛函工法)이나 그 외의 압기공법(壓氣工法)으로 하는 작업을 말한다.
- 잠수작업이란 물속에서 하는 다음의 작업을 말한다.
  - 표면공급식 잠수작업 : 수면 위의 공기압축기 또는 호흡용 기체통에서 압축된 호흡용 기체를 공급받으면서 하는 작업
  - 스쿠버 잠수작업 : 호흡용 기체통을 휴대하고 하는 작업
- 압력이란 **게이지 압력**을 말한다.
- 비상기체통이란 주된 기체공급장치가 고장난 경우 잠수작업자가 안전한 지역으로 대피하기 위하여 필요한 충분한 양의 호흡용 기체를 저장하고 있는 압력용기와 부속장치를 말한다.

① 이상기압에 의한 건강장해의 예방을 위한 설비 규정
- 작업실 공기부피 : 고압작업자 1명당 4m³ 이상이 되도록 하여야 한다.
- 기압조절실 공기의 부피와 환기
  - 가압이나 감압을 받는 근로자 1인당 각각 0.3m² 이상 및 0.6m³ 이상이 되도록 하여야 한다.
  - 탄산가스(CO_2)의 분압이 0.005kg/cm²을 초과하지 않도록 환기 등 조치를 하여야 한다.
- 배기관 : 기압조절실의 배기관은 내경(內徑)을 53mm 이하로 하여야 한다.
- 압력계 : 압력계는 한 눈금이 0.2kg/cm² 이하인 것이어야 한다.
- 공기조 및 예비공기조
  - 예비공기조 안의 기체압력은 항상 최고 잠수심도(潛水深度) 압력의 1.5배 이상이어야 한다.
  - 예비공기조의 내용적(內容積)은 다음 계산식으로 계산한 값 이상이어야 한다.

    ■ $V(\text{내용적, L}) = \dfrac{60(0.3D+4)}{P}$ $\begin{cases} D : \text{최고 잠수심도(m)} \\ P : \text{예비공기조 내의 기체압력(kg/cm}^2\text{)} \end{cases}$

- 압력조절기 : 기체압력이 10kg/cm² 이상인 호흡용 기체통의 기체를 잠수작업자에게 보내는 경우에 2단 이상의 감압방식에 의한 압력조절기를 잠수작업자에게 사용하도록 하여야 한다.

① 이상기압의 유해인자
- 질소가스의 다행증
  - 질소가스는 **절대압 4기압 이상**에서 다행증(euphoria, 알코올 중독 증상과 유사)을 유발함
  - 질소 마취현상은 30m 이상 잠함(潛函) 또는 잠수(潛水)할 때 주로 나타남
  - 10기압 이상이 되면 의식을 잃고 때로는 생명을 잃게 됨
- 산소중독
  - 산소분압이 **절대압 2기압 이상**인 때 간질모양의 경련이 일어남
  - 산소중독은 수심 10m에서 나타나며, 탄산가스(CO_2)가 섞여 있을 때 더욱 심함
  - 산소중독은 **가역적**이며, 고압산소에 대한 폭로가 중지되면 즉시 회복됨

- **탄산가스 작용**
  - 이산화탄소의 분압증가에 따른 동통성 관절장애가 발생함
  - 이산화탄소는 산소의 독성과 질소의 마취작용을 증대시킴
  - 이산화탄소 농도가 고압환경에서 대기압으로 환산하여 **0.2%**를 초과해서는 안 됨
- **동맥혈 기체 색전증**
  - 수면으로 복귀하는 상승 도중 혹은 수면 도착 후 10분 이내에 발생됨
  - 갑작스런 발작, 의식상실, 마비, 감각 이상, 지각장해, 시력 이상, 현기증, 두통 등이 나타남
- **비감염성 골괴사**(무균성 골괴사, 이압성 골괴사)
  - 질소의 기포가 모세혈관을 막기 때문에 생김
  - 잠수부의 약 50%에서 발생하는 것으로 알려져 있으나 기능장해를 일으키는 것은 3% 이하임
  - 최소 2~3개월 후에 상박골의 골간 또는 대퇴골의 하단부와 경골의 골두부에 증상이 나타나며, 관절이 침범되어 영구적인 장해를 남기기 전에는 아무런 증상이 없는 것이 특징임

(2) 저기압환경이 인체에 미치는 영향

① **저기압환경의 생체반응** : 저압환경의 영향은 대체로 **고도 10,000ft**(3,000m) **이상**의 높은 장소에서 나타나며, 기압의 저하와 더불어 공기 중의 **산소부족 상태**가 인체에 영향을 미치게 됨
  - 인체내 산소 소모가 늘어나게 되어 호흡수, 심장박동, 맥박수가 증가함
  - 호흡성 알칼리증을 보정하기 위하여 자발성 **알칼리뇨**가 생성(소변량 증가)됨
  - **적혈구**와 **혈색소**는 **증가**하고, **혈장량은 감소**함
  - 극도의 우울증, 두통, 오심, 식욕부진, 구토, 식욕상실을 일으킴
  - 체액에 용해되어 있는 **질소가스가 기포화**하고, **고도 60,000ft**(19,000m)의 고도에 달하면 체온에서 체액이 끓고 이로 인해 사망에 이르게 됨

② **저기압환경의 건강장해** → 저산소증, 고공성 폐수종, 고지대 폐부종·뇌부종, 저기압성 감압병 등
- **저산소증**(hypoxia) → 증상 : 심계항진, 호흡곤란, 권태감, 우울증, 현기증, 초조감 등
  - 고도증가로 인한 **산소분압의 저하**로 저산소증이 발생됨
  - 저산소증은 **잠수부가 급속하게 감압**할 때에도 발생함
  - 저산소증의 증상은 **일산화탄소**(CO)가 섞여 있으면 **더욱 심하게** 됨
- **고공성 폐수종** → 증상 : 폐동맥의 **혈압상승**, 진해성 기침, 호흡곤란 등
  - 폐수종은 폐에 울혈이 생겨 발생하는 질환으로 폐포의 유중과 적혈구에 의한 폐포 모세혈관의 폐쇄가 일어나는 질환임
  - 고공 순화된 사람이 해면에 돌아올 때에도 일어남
  - **어른보다 아이들**에게 많이 일어나고, **여자보다는 남자**에게 일어나기 쉬움
- **고지대 폐부종** → 증상 : 기침, 호흡곤란, 피로, 의식착란 등(밤에 심해지는 경향 있음)
  - 저산소증으로 인한 폐혈관 수축과 그로 인한 고혈압 및 모세혈관을 통한 체액유출임
  - 등반속도가 빠를 때, 과격한 운동을 하였을 때
  - 고산 원주민이 낮은 지대로 갔다가 다시 올라온 경우
- **고지대 뇌부종** → 증상 : 두통, 구역/구토, 착란, 혼미, 시야혼탁, 이명, 지각 이상, 마비 등
  - 뇌 저산소증과 뇌빈혈에 기인함
- **기타** : 저기압성 감압병, 변압증(dysbarism), 항공치통, 항공이염 등

(3) 고압환경이 인체에 미치는 영향

ⓘ **고압환경**(고기압환경) **관련작업**
- 수중교량 건설작업 및 케이슨(caisson) 작업
- 터널 굴착 시 압축공기 쉴드(shield) 작업
- 수중 해산물 채취작업(해녀) 및 수중인양 잠수작업
- 기타 고압체임버 등의 고기압환경에서의 작업

ⓘ **고압환경**(고기압환경)**의 건강장해** : 고압환경은 잠함작업·잠수작업과 같은 대기압(1기압)보다 높은 이상기압을 말하며, 가압병(Compression Sickness)은 장해 메커니즘에 따라 압력차에 의한 기계적 장해와 화학적 장해로 구분함
- **1차적 가압현상(기계적 장해)** : 인체와 환경간의 기압차로 인한 장해
  - 생체표면상의 기압분포가 같지 않아서 생체와 환경기압 사이에 차이가 생기면 **1PSI**($1Lb/in^2$) 이하의 기압차라도 기계적 장해를 일으킬 수 있음
  - **스퀴즈병**(귀, 부비강, 잇몸, 폐), 복부통증, 울혈, 부종, 출혈 및 기타 동통 등
  - **압착증**(고막 내·외부의 압력차이로 인한 중이압착증, 내이압착증, 외이압착증, 부비동압착증, 물안경압착증, 폐압착증, 치아압착증 등)
  - **수심 90~120m**에서 환청, 환시, 조울증, 기억력감퇴 등이 나타남
- **2차적 가압현상(화학적 장해)** : 흡기 중의 N_2, O_2, CO_2의 분압상승에 의한 장해
  - 고압하의 흡입하는 가스의 독성 때문에 나타나는 장해
  - **질소마취작용**, **산소중독**(간질 모양의 경련), **이산화탄소작용**(동통성 관절장애) 등

(4) 감압환경이 인체에 미치는 영향

ⓘ **감압환경**(기압변동) **관련작업**
- 고기압환경에서 정상기압 환경으로 이동할 때
- 항공기조종, 등산 등으로 정상기압 환경에서 7,500m 이상의 고도로 급작스럽게 이동할 때
  ▶ 고도 10,000ft(3,048m)까지는 시력, 협조운동의 가벼운 장애 및 피로 유발
  ▶ 고도 18,000ft(5,468m) 이상이 되면 21% 이상의 산소가 필요함(산소마스크 필요)

ⓘ **감압환경의 건강장해** : 감압환경에서는 체내에 과다하게 용해되었던 **질소 등의 불활성 기체**가 압력이 낮아질 때 과포화상태로 되어 **혈액과 조직에 기포**를 형성하여 혈액순환을 방해하거나 주위조직에 기계적 영향을 줌으로써 발생함. **잠함병**(케이슨병)도 감압병(Decompression Sickness)의 하나임
- 감압과정에서 감압속도가 너무 빠를 경우 발생되는 **질소기포**는 잠수부의 **종격기종, 기흉**의 원인이 됨
- 질소기포가 **뼈의 소동맥**을 막을 경우 만성증상 비감염성 골괴사를 일으키기도 함
- 급성증상은 동통성 관절장애, 마비, 질식양 증상(chokes)과 쇼크 증후군, 의식상실 등
- 중추신경계 감압병의 경우, 고공비행사는 **뇌**에 잠수사는 **척수**에 더 잘 발생함
  ※ 1. **종격기종** : 폐에서 빠져나온 압축된 공기가 흉강에 들어가 심장과 폐기능을 방해하는 질환
  2. **기흉** : 폐에 구멍이 생겨 공기가 새고, 이로 인해 늑막강내에 공기나 가스가 고이게 되는 질환

ⓘ **이상기압에 따른 건강장해 예방 및 치료**
- 비만인 사람, 순환기에 이상이 있는 사람은 취업 또는 작업을 제한한다.
- 고압환경에서의 작업시간을 제한한다.
- 정상기압보다 **1.25기압**을 넘지 않는 고압환경에는 체내에 질소기포를 형성하지 않는다.

05. 물리적 유해인자 측정·영향

- 고압환경에서 작업할 때는 **질소를 헬륨으로 대치**한 공기를 호흡시키도록 한다.
- 특별히 잠수에 익숙한 사람을 제외하고는 **1분에 10m 정도씩 잠수**하는 것이 안전하다.
- 감압병 증상이 발생하였을 때에는 환자를 바로 원래의 고압환경에 복귀시키거나 인공적 고압실에 넣어 혈관 및 조직 속에 발생한 질소의 기포를 다시 용해시킨 다음 천천히 감압한다.
- 감압병 치료의 경우 현재로서는 재가압산소요법이 최상이다.
- 감압이 끝날 무렵에 **순수한 산소**를 흡입시키면 **감압시간을 25% 가량 단축**시킬 수 있다.

질소기포 형성량에 영향을 주는 요인

- 조직에 용해된 가스량 → **인자** : 노출기압의 크기, 노출시간(노출정도), 체내 지방량
- 혈류를 변화시키는 상태
- 감압속도
- 호흡기체의 종류
- 기타(연령, 기온, 운동, 공포감, 음주상태 등)

- 기사 : 09,18
- 산업 : 출제대비

산업안전보건법령상 이상기압에 의한 건강장해의 예방에 있어 사용되는 용어의 정의로 틀린 것은?

① 압력이란 절대압과 게이지압의 합을 말한다.
② 고기압이란 압력이 제곱센티미터당 1킬로그램 이상인 기압을 말한다.
③ 고압작업이란 이상기압에서 잠함공법이나 그 외의 압기공법으로 하는 작업을 말한다.
④ 잠수작업이란 물속에서 공기압축기나 호흡용 공기통을 이용하여 하는 작업을 말한다.

해설 압력이란 게이지압력을 말한다. ①

- 기사 : 09,17
- 산업 : 출제대비

산업안전보건법상의 이상기압에 대한 설명으로 틀린 것은?

① 고기압이란 압력이 제곱센티미터당 1킬로그램 이상인 기압을 말한다.
② 사업주는 잠수작업을 하는 잠수작업자에게 고농도의 산소만을 마시도록 하여야 한다.
③ 사업주는 기압조절실에서 고압작업자에게 가압을 하는 경우 1분에 제곱센티미터당 0.8킬로그램 이하의 속도로 가압하여야 한다.
④ 사업주는 근로자가 고압작업에 종사하는 경우에 작업실 공기의 부피가 근로자 1인당 4세제곱미터 이상이 되도록 하여야 한다.

해설 사업주는 잠수작업자에게 고농도의 산소(산소분압이 1.6bar 이상인 호흡용 기체)만을 들이마시도록 해서는 안 된다. 다만, 급부상(急浮上) 등으로 중대한 신체상의 장해가 발생한 잠수작업자를 치유하거나 감압하기 위하여 다시 잠수하도록 하는 경우에는 고농도의 산소만을 들이마시도록할 수 있다. ②

PART 2 작업위생(환경) 측정 및 평가

예상 03
- 기사 : 12,15
- 산업 : 05,07,09,11,13②,14,18,19

잠수부가 해저 30m에서 작업을 할 때 인체가 받는 절대압은?

① 3기압 ② 4기압
③ 5기압 ④ 6기압

[해설] 절대압은 대기압(1기압)에 게이지압력을 합산하여 산정한다. 수중작업의 경우 수심 10m를 1기압(약 $1.0\,kg_f/cm^2$)으로 간주한다.

〈계산〉 절대압 = 대기압 + 게이지압

∴ 절대압 = 1기압 + $30m \times \dfrac{1기압}{10m}$ = 4기압(atm)

답 ②

예상 04
- 기사 : 11,15,18
- 산업 : 14

다음 중 1기압(atm)에 관한 설명으로 틀린 것은?

① 약 $1\,kg_f/cm^2$와 동일하다. ② torr로는 0.76에 해당한다.
③ 수은주로 760mmHg와 동일하다. ④ 수주(水柱)로 10,332mmH$_2$O에 해당한다.

[해설] 기압의 환산인자는 다음과 같다.
- 1기압(atm) = 760mmHg = 760torr = 10,332mmH$_2$O = 10,332kg$_f$/m^2 = 10,332mmAq = 1.0332kg$_f$/cm^2

답 ②

유.사.문.제

01 다음 중 저기압의 영향에 관한 설명으로 틀린 것은? [14,19 기사]

① 산소결핍을 보충하기 위하여 호흡수, 맥박수가 증가한다.
② 고도 10,000ft(3,048m)까지는 시력, 협조운동의 가벼운 장애 및 피로를 유발한다.
③ 고도 18,000ft(5,468m) 이상이 되면 21% 이상의 산소가 필요하게 된다.
④ 고도의 상승으로 기압이 저하되면 공기의 산소분압이 상승하여 폐포내의 산소분압도 상승한다.

hint 고도의 상승으로 기압이 저하되면 공기의 산소분압이 감소하여 폐포내의 산소분압도 감소한다.

02 다음 중 이상기압의 영향으로 발생되는 고공성 폐수종에 관한 설명으로 틀린 것은? [10 산업][05,11,15 기사]

① 어른보다 아이들에게서 많이 발생된다.
② 고공순화된 사람이 해면에 돌아올 때에도 흔히 일어난다.
③ 산소공급과 해면 귀환으로 급속히 소실되며, 증세는 반복해서 발병하는 경향이 있다.
④ 진해성 기침과 호흡곤란이 나타나고 폐동맥 혈압이 급격히 낮아져 구토, 실신 등이 발생한다.

hint 고공성 폐수종은 진해성 기침과 호흡곤란이 나타나고, 폐동맥의 혈압이 상승한다.

정답 | 01.④ 02.④

종합연습문제

01 저기압상태의 작업환경에서 나타날 수 있는 증상이 아닌 것은? [10,11,16 기사]
① 저산소증(Hypoxia)
② 잠함병(Caisson disease)
③ 폐수종(Pulmonary edema)
④ 고산병(Mountain sickness)

hint 잠함병(Caisson disease)은 고압상태의 작업환경에서 나타날 수 있는 증상이다.

02 다음 중 저기압이 인체에 미치는 영향으로 틀린 것은? [05②,07,13 기사]
① 급성고산병 증상은 48시간내에 최고도에 달하였다가 2~3일이면 소실된다.
② 고공성 폐수종은 어린아이보다 순화적응속도가 느린 어른에게 많이 일어난다.
③ 고공성 폐수종은 진해성 기침과 호흡곤란이 나타나고, 폐동맥의 혈압이 상승한다.
④ 급성고산병은 극도의 우울증, 두통, 식욕상실을 보이는 임상 증세군이며, 가장 특징적인 것은 흥분성이다.

hint 고공성 폐수종은 어른보다 어린이에게 많이 일어난다.

03 다음 증상 중에서 저기압환경에서 일어나는 것은? [03,19 기사]
① 극도의 우울증, 두통, 오심, 구토, 식욕상실
② 작업력의 저하, 기분의 변화 등 질소마취
③ 시력장해, 환청, 근육경련 등의 산소중독
④ 이산화탄소에 의한 중독증상

04 5,000m 이상의 고공에서 비행업무에 종사하는 사람에게 가장 큰 문제가 되는 것은? [17 기사]
① 산소부족
② 질소부족
③ 탄산가스
④ 일산화탄소

05 다음 중 저산소상태에서 발생할 수 있는 질병으로 가장 적절한 것은? [03,17 산업][07,10 기사]
① Hypoxia
② Crowd poison
③ Oxygen poison
④ Caisson disease

hint 산소결핍증(Hypoxia)은 고도의 상승으로 기압이 저하되면 공기의 산소분압이 감소하여 폐포 내의 산소분압도 감소하면서 발생되는 질환이다.

06 이상기압환경에 관한 설명으로 틀린 것은? [13,17,19 산업]
① 지구 표면에서의 공기의 압력은 평균 $1kg/cm^2$이며, 이를 1기압이라고 한다.
② 수면하에서의 압력은 수심이 10m 깊어질 때마다 1기압씩 증가한다.
③ 수심 20m에서의 절대압은 2기압이다.
④ 잠함작업이나 해저터널 굴진작업은 고압환경에 해당된다.

hint 수심 20m에서의 절대압은 3기압이다.
〈계산〉 절대압 = 대기압 + 수압
∴ 절대압 = 1기압 + $20m \times \dfrac{1기압}{10m}$
= 3기압

07 다음 중 수심 30m에서의 작업압은? [10 산업]
① 3기압
② 4기압
③ 5기압
④ 6기압

hint 수중에서의 압력은 수심 약 10m마다 1기압씩 증가한다. 이때 수압에 대기압을 포함한 압력을 절대압이라고 하고 수압만을 뜻할 때는 계기압 또는 작업압이라고 한다. 따라서 수심 30m에서의 작업압은 3기압이 된다.

08 수심 50m에서의 압력은 수면보다 얼마가 높겠는가? [17 산업]
① 약 $1kg_f/cm^2$
② 약 $5kg_f/cm^2$
③ 약 $10kg_f/cm^2$
④ 약 $50kg_f/cm^2$

정답 | 01.② 02.② 03.① 04.① 05.① 06.③ 07.① 08.②

종합연습문제

01 공기의 구성 성분에서 조성비율이 표준공기와 같을 때, 압력이 낮아져 고용노동부에서 정한 산소결핍장소에 해당하게 되는데, 이 기준에 해당하는 대기압 조건은 약 얼마인가? [17 기사]

① 650mmHg
② 670mmHg
③ 690mmHg
④ 710mmHg

hint 표준공기 : 1기압(760mmHg), 산소 21%
산소결핍장소 : 산소농도 18%

⟨계산⟩ 결핍장소 압력 $= 760\text{mmHg} \times \dfrac{18}{21}$
$= 651.4 \text{ mmHg}$

02 고도가 높은 곳에서 대기압을 측정하였더니 90,659Pa이었다. 이곳의 산소분압은 약 얼마가 되겠는가? (단, 공기 중의 산소는 21vol%이다.) [06,07,09,10,12,13,14 기사]

① 135mmHg
② 143mmHg
③ 159mmHg
④ 680mmHg

hint 환산인자 : $1\text{Pa}=1\text{N/m}^2$, $1\text{N}=1\text{kg}\times 1\text{m/sec}^2$

⟨계산⟩ $x(\text{mmHg}) = 90,659\text{Pa} \times \dfrac{\text{N/m}^2}{\text{Pa}}$
$\times \dfrac{\text{kg}\cdot\text{m/sec}^2}{\text{N}} \times \dfrac{f}{9.8\text{m/sec}^2}$
$\times \dfrac{760\text{mmHg}}{10,332\text{kg}_f/\text{m}^2} \times \dfrac{21}{100}$
$= 142.9\text{mmHg}$

03 1기압에서 혼합기체가 질소(N_2) 66%, 산소(O_2) 14%, 탄산가스 20%로 구성되어 있을 때 질소가스의 분압은? (단, mmHg) [14,17,19 기사]

① 501.6
② 521.6
③ 541.6
④ 560.4

hint 부피비율=압력비율

⟨계산⟩ $x(\text{mmHg}) = 760\text{mmHg} \times \dfrac{66}{100}$
$= 501.6\text{mmHg}$

04 산소농도가 6% 이하인 공기 중의 산소분압으로 맞는 것은? (단, 표준상태이며, 부피 기준) [14,18 기사]

① 45mmHg 이하
② 55mmHg 이하
③ 65mmHg 이하
④ 75mmHg 이하

hint 부피비율=압력비율

⟨계산⟩ $x(\text{mmHg}) = 760\text{mmHg} \times \dfrac{6}{100}$
$= 45.6\text{mmHg}$

05 다음 중 해수면의 산소분압은 약 얼마인가? (단, 표준상태 기준이며, 공기 중 산소 함유량은 21vol%이다.) [04②,13,14,16②,17 기사]

① 90mmHg
② 160mmHg
③ 210mmHg
④ 230mmHg

hint 부피비율=압력비율

⟨계산⟩ $x(\text{mmHg}) = 760\text{mmHg} \times \dfrac{21}{100}$
$= 159.6\text{mmHg}$

06 가스의 정의와 주요 특성에 관한 설명과 가장 거리가 먼 것은? [10 기사]

① 상온, 상압(보통 25℃, 1기압)에서 기체형태로 존재하는 것
② 공간을 완전하게 다 채울 수 있는 물질
③ 가스는 농도가 높으면 응축됨
④ 공기의 구성성분인 질소, 산소, 아르곤, 이산화탄소, 헬륨, 수소는 모두 가스임

07 이상기압으로 나타나는 화학적 장해 중 산소의 독성과 질소의 마취작용을 증강시키는 물질은? [09 산업]

① 일산화탄소
② 이산화탄소
③ 사염화탄소
④ 암모니아

hint 이상기압으로 나타나는 화학적 장해 중 산소의 독성과 질소의 마취작용을 증강시키는 물질은 CO_2이다.

정답 ❘ 01.① 02.② 03.① 04.① 05.② 06.③ 07.②

예상 05
- 기사 : 13, 18
- 산업 : 출제대비

저기압의 작업환경에 대한 인체의 영향을 설명한 것으로 틀린 것은?

① 고도 18,000ft 이상이 되면 21% 이상의 산소를 필요로 하게 된다.
② 인체내 산소 소모가 줄어들게 되어 호흡수, 맥박수가 감소한다.
③ 고도 10,000ft까지는 시력, 협조운동의 가벼운 장해 및 피로를 유발한다.
④ 고도상승으로 기압이 저하되면 공기의 산소분압이 저하되고 동시에 폐포내 산소분압도 저하한다.

[해설] 저기압 저압환경에서는 산소결핍을 보충하기 위하여 호흡수, 맥박수가 증가한다. **답 ②**

예상 06
- 기사 : 14, 16, 19
- 산업 : 출제대비

다음 중 고기압의 작업환경에서 나타나는 건강영향에 대한 설명으로 틀린 것은?

① 청력의 저하, 귀 압박감이 일어나며, 심하면 고막파열이 일어날 수 있다.
② 부비강 개구부 감염 혹은 기형으로 폐쇄된 경우 심한 구토, 두통 등의 증상을 일으킨다.
③ 압력상승이 급속한 경우 폐 및 혈액으로 탄산가스의 일과성 배출이 일어나 호흡이 억제된다.
④ 3~4기압의 산소 혹은 이에 상당하는 공기 중 산소분압에 의하여 중추신경계의 장애에 기인하는 운동장애를 나타내는데 이것을 산소중독이라고 한다.

[해설] 압력상승이 급속한 경우 호흡곤란이 생겨 호흡이 빨라진다. **답 ③**

예상 07
- 기사 : 06, 09, 11, 18
- 산업 : 05②, 08, 10, 11

고압환경의 영향 중 2차적인 가압현상에 관한 설명으로 틀린 것은?

① 산소의 분압이 2기압을 넘으면 산소중독 증세가 나타난다.
② 4기압 이상에서 공기 중의 질소가스는 마취작용을 나타낸다.
③ 이산화탄소의 증가는 산소의 독성과 질소의 마취작용을 촉진시킨다.
④ 산소중독은 고압산소에 대한 노출이 중지되어도 근육경련, 환청 등 후유증이 장기간 계속된다.

[해설] 산소중독은 가역적이며, 고압산소에 대한 폭로가 중지되면 즉시 회복된다. **답 ④**

예상 08
- 기사 : 00, 03, 13, 14, 17, 18, 19
- 산업 : 05, 08, 10, 11, 18

감압에 따른 인체의 기포 형성량을 좌우하는 요인과 가장 거리가 먼 것은?

① 감압속도
② 산소공급량
③ 조직에 용해된 가스량
④ 혈류를 변화시키는 상태

[해설] 감압에 따른 인체의 기포 형성량을 좌우하는 요인은 ①, ③, ④항 이외에 고기압 공정 및 호흡기체의 종류, 기타 연령, 기온, 운동, 공포감, 음주상태 등이다. **답 ②**

종합연습문제

01 감압과 관련된 다음 설명 중 ( ) 안에 알맞은 내용으로 나열한 것은? [15,18 기사]

> 깊은 물에서 올라오거나 감압실내에서 감압을 하는 도중에 폐압박의 경우와는 반대로 폐 속에 공기가 팽창한다. 이때는 감압에 의한 (㉠)과 (㉡)의 두 가지 건강상 문제가 발생한다.

① ㉠ 폐수종, ㉡ 저산소증
② ㉠ 질소기포 형성, ㉡ 산소중독
③ ㉠ 가스팽창, ㉡ 질소기포 형성
④ ㉠ 가스압축, ㉡ 이산화탄소 중독

02 고압환경에서 발생할 수 있는 화학적인 인체작용이 아닌 것은? [04 산업][15,18 기사]

① 일산화탄소 중독에 의한 호흡곤란
② 질소마취작용에 의한 작업력 저하
③ 산소중독증상으로 간질모양의 경련
④ 이산화탄소 분압증가에 의한 동통성 관절장애

03 다음 중 고압환경에서 인체작용인 2차적인 가압현상에 관한 설명과 가장 거리가 먼 것은? [10,11,18 산업][12 기사]

① 산소의 분압이 2기압을 넘으면 산소중독 증세가 나타난다.
② 이산화탄소는 산소의 독성과 질소의 마취작용을 증가시킨다.
③ 질소의 분압이 2기압이 넘으면 근육경련, 정신혼란과 같은 현상이 발생한다.
④ 4기압 이상에서 공기 중의 질소가스는 마취작용을 나타내며, 작업력의 저하, 기분의 변화, 다행증을 일으킨다.

hint 질소가스에 의한 장해는 4기압 이상에서 나타난다. 근육경련, 정신혼란과 같은 증상은 산소의 분압이 2기압을 넘었을 때 나타나는 산소중독 증세이다.

04 고압환경에서 기압에 의해 발생하는 2차적 장애로 볼 수 없는 것은? [14,18 산업][10 기사]

① 질소마취작용
② 산소중독현상
③ 질소기포 형성
④ 이산화탄소중독

hint 질소기포 형성은 체내에 과다하게 용해되었던 질소, 헬륨 등이 압력이 낮아질 때 과포화상태로 되어 혈액과 조직에 기포를 형성하여 혈액순환을 방해하거나 주위 조직에 기계적 영향을 주는 감압병에서 볼 수 있는 증상이다.

05 저압환경상태에서 발생되는 질환이 아닌 것은? [16 기사]

① 폐수증
② 급성 고산병
③ 저산소증
④ 질소가스 마취장해

hint 질소가스 마취장해는 이상기압환경에서 발생하는 질환이다.

06 고기압환경에서 발생할 수 있는 장해에 영향을 주는 화학물질과 가장 거리가 먼 것은? [18 산업]

① 산소
② 질소
③ 아르곤
④ 이산화탄소

07 깊은 물에서 올라오거나 감압실내에서 감압을 하는 도중에 발생하는 기포형성으로 인해 건강상 문제를 유발하는 가스의 종류는? [18 산업]

① 질소
② 수소
③ 산소
④ 이산화탄소

08 이상기압에 의해서 발생하는 직업병에 영향을 주는 유해인자가 아닌 것은? [06 산업][09,17 기사]

① 산소(O_2)
② 이산화황(SO_2)
③ 질소(N_2)
④ 이산화탄소(CO_2)

정답 | 01.③ 02.① 03.③ 04.③ 05.④ 06.③ 07.① 08.②

종합연습문제

01 고압작업에 관한 설명으로 맞는 것은? [17 기사]
① 산소분압이 2기압을 초과하면 산소중독이 나타나 건강장해를 초래한다.
② 일반적으로 고압환경에서는 산소분압이 낮기 때문에 저산소증을 유발한다.
③ scuba와 같이 호흡장치를 착용하고 잠수하는 것은 고압환경에 해당되지 않는다.
④ 사람이 절대압 1기압에 이르는 고압환경에 노출되면 개구부가 막혀 귀, 부비강, 치아 등에서 통증이나 압박감을 느끼게 된다.

02 감압에 따른 기포형성량을 좌우하는 요인과 가장 거리가 먼 것은? [10,13,14,15,16② 산업] [05,06,12,13 기사]
① 조직에 용해된 가스량
② 혈류를 변화시키는 상태
③ 감압속도
④ 기포순환주기

hint 감압에 따른 인체의 기포 형성량을 좌우하는 요인은 ①,②,③항 이외에 고기압 공정 및 호흡 기체의 종류, 기타 연령, 기온, 운동, 공포감, 음주상태 등이다.

03 감압에 따른 기포형성량을 결정하는 요인과 가장 거리가 먼 것은? [12 산업]
① 조직에 용해된 가스량
② 조직순응 및 변이 정도
③ 감압속도
④ 혈류를 변화시키는 상태

04 감압에 따르는 조직내 질소 기포형성량에 영향을 주는 요인인 조직에 용해된 가스량을 결정하는 인자로 가장 알맞은 것은? [10 산업][10,14 기사]
① 기온
② 체내 지방량
③ 감압속도
④ 폐내의 이산화탄소 농도

hint 조직에 용해된 가스량을 결정하는 인자는 기압, 시간, 노출정도와 시간 및 체내 지방량이다.

05 감압에 따른 기포형성량을 좌우하는 조직에 용해된 가스량을 결정하는 요인과 거리가 먼 것은? [14 산업]
① 고기압의 노출 정도
② 고기압의 노출시간
③ 체내 지방량
④ 감압속도

06 고압환경에 의한 영향으로 거리가 먼 것은? [17 기사]
① 저산소증
② 질소마취작용
③ 산소독성
④ 근육통·관절통

hint 저산소증(hypoxia)은 고도 증가로 인한 산소분압의 저하로 인하여 발생된다. 고산지 작업자 또는 잠수부가 급속하게 감압할 때 이와 같은 증상을 나타낸다.

정답 ┃ 01.① 02.④ 03.② 04.② 05.④ 06.①

- 기사 : 00,01,08②,10
- 산업 : 05,06,07,08,09,16,19

09 고압환경에서 작업하는 사람에게 마취작용(다행증)을 일으키는 가스는?
① 헬륨
② 수소
③ 질소
④ 이산화탄소

해설 질소가스는 절대압 4기압 이상에서 다행증(euphoria, 알코올 중독 증상과 유사)을 유발한다. 질소마취현상은 30m 이상 잠함(潛函) 또는 잠수(潛水)할 때 주로 나타난다.

답 ③

예상 10
- 기사 : 00,04,07,19
- 산업 : 03,06,09,13②

고기압으로 인한 화학적 장해(2차적인 가압현상) 중 질소로 인한 마취작용은 보통 몇 기압 이상에서 발생하는가?

① 2기압
② 3기압
③ 4기압
④ 5기압

해설 질소가스는 절대압 4기압 이상에서 다행증(euphoria, 알코올 중독 증상과 유사)을 유발한다. 답 ③

예상 11
- 기사 : 01,09,10,13②
- 산업 : 04,07②,08,14

다음 중 이상기압의 인체작용으로 2차적인 가압현상과 가장 거리가 먼 것은? (단, 화학적 장해를 말한다.)

① 질소마취
② 이산화탄소의 중독
③ 산소중독
④ 일산화탄소의 중독

해설 고압하의 2차성 압력현상은 흡입하는 가스의 독성 때문에 나타나는 장해로서 질소마취, 산소중독, 이산화탄소중독 등이다. 답 ④

예상 12
- 기사 : 19②
- 산업 : 출제대비

감압병의 예방 및 치료에 관한 설명으로 틀린 것은?

① 고압환경에서의 작업시간을 제한한다.
② 감압이 끝날 무렵에 순수한 산소를 흡입시키면 간입시간을 25%가량 단축시킬 수 있다.
③ 특별히 잠수에 익숙한 사람을 제외하고는 10m/min속도 정도로 잠수하는 것이 안전하다.
④ 헬륨은 질소보다 확산속도가 작고 체내에서 불안정적이므로 질소를 헬륨으로 대치한 공기로 호흡시킨다.

해설 헬륨은 질소보다 확산속도가 크다. 따라서 고압환경에서 작업할 때에는 질소-산소 혼합가스를 질소-헬륨으로 대치하는 것이 좋다. 답 ④

예상 13
- 기사 : 07,11
- 산업 : 10,15②

고압환경에 관한 설명으로 알맞지 않은 것은?

① 산소의 중독작용은 운동이나 이산화탄소의 존재로 보다 악화된다.
② 산소의 분압이 2기압이 넘으면 산소중독 증세가 나타난다.
③ 폐내의 가스가 팽창하고 질소기포를 형성한다.
④ 공기 중의 질소가스는 3기압 하에서는 자극작용을 하고, 4기압 이상에서 마취작용을 나타낸다.

해설 폐내의 가스가 팽창하고 질소기포를 형성하는 것은 감압 또는 저압환경이다. 답 ③

종합연습문제

01 감압환경으로 인한 장애 중 만성장애로서 고압환경에 반복 노출될 때에 가장 일어나기 쉬운 속발증이며 질소 기포가 뼈의 소동맥을 막아서 일어나고 해당 부위에 경색이 일어나는 것은?
[10,15 산업]
① 기흉
② 비감염성 골괴사
③ 종격기종
④ 혈관전색

02 다음 중 감압환경의 설명 및 인체에 미치는 영향으로 옳은 것은? [14 기사]
① 인체와 환경 사이의 기압차이 때문으로 부종, 출혈, 동통 등을 동반한다.
② 대기가스의 독성 때문으로 시력장애, 정신혼란, 간질형태의 경련을 나타낸다.
③ 용해질소의 기포형성 때문으로 동통성 관절장애, 호흡곤란, 무균성 골괴사 등을 일으킨다.
④ 화학적 장애로 작업력 저하, 기분의 변화, 여러 종류의 다행증이 나타난다.

03 감압병의 증상 등에 관한 설명으로 틀린 것은? [04 기사]
① 동통성 관절장애(Bends)는 감압증에서 흔히 나타나는 급성장애이다.
② 질소의 기포가 뼈의 소동맥을 막아서 비감염성 골괴사를 일으키기도 한다.
③ 마비는 감압증에서 주로 나타나는 중증 합병증이다.
④ 극도의 우울증, 식욕상실, 등의 임상 증세를 보이며 가장 특징적인 것은 흥분성이다.

04 다음 중 잠함병의 주요원인은? [14 기사]
① 온도
② 광선
③ 소음
④ 압력

05 고압작업장에서 감압병을 예방하기 위해서 질소 대신에 무엇으로 대체된 가스를 흡입하도록 해야 하는가? [07,17 산업][08 기사]
① 헬륨
② 메탄
③ 아산화질소
④ 일산화질소

06 시력장애, 환청, 근육경련 등의 산소중독 증세가 나타나는 산소분압은 몇 기압 이상인가?
[07,14 산업][06 기사]
① 1기압
② 2기압
③ 3기압
④ 4기압

07 감압병이 발생하는 경우로 가장 알맞은 것은? [03 기사]
① 저기압으로 변할 때
② 고기압으로 변할 때
③ 저기압 하에서
④ 고기압 하에서

08 이상기압과 건강장해에 대한 설명으로 맞는 것은? [16 기사]
① 고기압 조건은 주로 고공에서 비행업무에 종사하는 사람에게 나타나며 이를 다루는 학문은 항공의학분야이다.
② 고기압 조건에서의 건강장해는 주로 기후의 변화로 인한 대기압의 변화 때문에 발생하며 휴식이 가장 좋은 대책이다.
③ 고압 조건에서 급격한 압력저하(감압)과정은 혈액과 조직에 녹아있던 질소가 기포를 형성하여 조직과 순환기계 손상을 일으킨다.
④ 고기압 조건에서 주요 건강장해 기전은 산소부족이므로 고기압으로 인한 건강장해의 일차적인 응급치료는 고압산소실에서 치료하는 것이 바람직하다.

정답 ┃ 01.② 02.③ 03.④ 04.④ 05.① 06.② 07.① 08.③

종합연습문제

01 고압환경에서 나타나는 질소의 마취작용에 관한 설명으로 옳지 않은 것은? [15,19 산업]

① 공기 중 질소가스는 2기압 이상에서 마취작용을 나타낸다.
② 작업력 저하, 기분의 변화 및 정도를 달리하는 다행증이 일어난다.
③ 질소의 지방 용해도는 물에 대한 용해도 보다 5배 정도 높다.
④ 고압환경의 2차적인 가압현상(화학적 장해)이다.

02 질소의 마취작용에 관한 설명으로 옳지 않은 것은? [12,16 산업]

① 예방으로는 질소 대신 마취현상이 적은 수소 또는 헬륨 같은 불활성 기체들로 대치한다.
② 대기압 조건으로 복귀 후에도 대뇌장애 등 후유증이 발생한다.
③ 수심 90~120m에서 환청, 환시, 조울증, 기억력감퇴 등이 나타난다.
④ 질소가스는 정상기압에서는 비활성이지만 4기압 이상에서는 마취작용을 나타낸다.

03 고압환경(2차적인 가압현상 : 화학적 장해)에 관한 설명 중 옳지 않은 것은? [00,04,05,06,07,11 기사]

① 공기 중의 질소가스는 4기압 이상이면 마취작용을 일으킨다.
② 산소분압이 2기압을 넘으면 산소중독 증상을 보인다.
③ 이산화탄소농도가 고압환경에서 대기압으로 환산하여 0.2%를 초과해서는 안 된다.
④ 고압환경에서 이산화탄소는 산소의 독성과 질소의 마취작용을 완화시키는 경향이 있다.

hint 고압환경에서 이산화탄소는 산소의 독성과 질소의 마취작용을 가중시킨다.

04 다음 중 고압환경의 영향에 있어 2차적인 기압현상에 해당하지 않는 것은? [13 기사]

① 질소마취
② 조직의 통증
③ 산소중독
④ 이산화탄소중독

hint 고압하의 2차성 압력현상은 흡입하는 가스의 독성 때문에 나타나는 장해로서 질소마취, 산소중독, 이산화탄소중독 등이다.

05 고압환경의 영향 중 2차적인 가압 현상에 관한 설명으로 틀린 것은? [04,15 기사]

① 4기압 이상에서 공기 중의 질소가스는 마취작용을 나타낸다.
② 이산화탄소의 증가는 산소의 독성과 질소의 마취작용을 촉진시킨다.
③ 산소의 분압이 2기압을 넘으면 산소중독 증세가 나타난다.
④ 산소중독은 고압산소에 대한 노출이 중지되어도 근육경련, 환청 등 후유증이 장기간 계속된다.

hint 산소중독은 가역적이며, 고압산소에 대한 폭로가 중지되면 즉시 회복된다.

06 저산소증에 관한 설명으로 옳지 않은 것은? [13,17 산업]

① 저기압으로 인하여 발생하는 신체장애이다.
② 작업장내 산소농도가 5%라면 혼수, 호흡 감소 및 정지, 6~8분 후 심장이 정지한다.
③ 산소결핍에 가장 민감한 조직은 뇌 특히 대뇌 피질이다.
④ 정상공기의 산소 함유량은 21% 정도이며 질소가 78%, 탄산가스가 1% 정도를 차지하고 있다.

hint 정상공기의 산소 함유량은 21% 정도이며 질소가 78%, 아르곤가스가 1% 정도를 차지하고 있다.

정답 ▮ 01.① 02.② 03.④ 04.② 05.④ 06.④

종합연습문제

01 다음 중 저압환경에 노출되었을 때 나타나는 증상과 거리가 먼 것은? [04,07 기사]

① 항공치통
② 폐수종
③ 급성고산병
④ 산소중독

hint 산소중독 → 2기압 이상 고압환경

02 고압에 의한 장해를 방지하기 위하여 인공적으로 만든 호흡용 혼합가스인 헬륨-산소 혼합가스에 관한 설명으로 옳지 않은 것은? [10,13,19 산업]

① 호흡저항이 적다.
② 고압에서 마취작용이 강하여 심해 잠수에는 사용하기 어렵다.
③ 헬륨은 체외로 배출되는 시간이 질소에 비하여 50% 정도 밖에 걸리지 않는다.
④ 헬륨은 질소보다 확산속도가 크다.

hint 고압환경에서 작업할 때에는 질소-산소 혼합가스를 질소-헬륨으로 대치하는 것이 좋다.

03 산업안전보건법상 잠함(潛艦) 또는 잠수작업 등 높은 기압에서 하는 작업에 종사하는 근로자에게는 1일 몇 시간, 1주 몇 시간을 초과하여 근로하게 하여서는 아니 되는가? [12 기사]

① 1일 6시간, 1주 34시간
② 1일 4시간, 1주 30시간
③ 1일 8시간, 1주 36시간
④ 1일 6시간, 1주 30시간

hint 잠수작업이 1일 1회 이루어지는 경우에는 실제 실시한 잠수시간과 감압시간을 합한 시간이 1일 6시간을 초과하지 않아야 하고, 각 회별 잠수시간과 감압시간을 모두 합한 시간이 1주 34시간을 초과하지 아니하도록 하여야 한다.

04 감압과정에서 발생하는 감압병에 관한 설명으로 틀린 것은? [16 기사]

① 증상에 따른 진단은 매우 용이하다.
② 감압병의 치료는 재가압산소요법이 최상이다.
③ 중추신경계 감압병은 고공비행사는 뇌에, 잠수사는 척수에 더 잘 발생한다.
④ 감압병 환자는 수중 재가압으로 시행하여 현장에서 즉시 치료하는 것이 바람직하다.

hint 감압병 증상이 발생하였을 때에는 환자를 바로 원래의 고압환경에 복귀시키거나 인공적 고압실에 넣어 혈관 및 조직 속에 발생한 질소의 기포를 다시 용해시킨 다음 천천히 감압한다. 감압병의 치료의 경우 현재로서는 재가압산소요법이 최상이다.

05 감압병 예방을 위한 이상기압환경에 대한 대책으로 적절하지 않은 것은? [19 산업][12,15,18 기사]

① 작업시간을 제한한다.
② 가급적 빨리 감압시킨다.
③ 순환기에 이상이 있는 사람은 취업 또는 작업을 제한한다.
④ 고압환경에서 작업 시 헬륨-산소 혼합가스 등으로 대체하여 이용한다.

hint 감압병 예방을 위해서는 가급적 서서히 감압시켜야 한다.
- 감압의 속도로 감압할 경우 매분 $0.8kg/cm^2$ 이하로 할 것
- 물속에서 감압하는 경우 부상속도는 매 분당 9m 이하로 할 것
- 잠수작업자가 수면 위로 올라온 후 4분 이내에 감압을 시작하고, 감압속도는 매 분당 9m 이하를 유지할 것

06 질소의 지방용해도는 물에 대한 용해도 보다 몇 배가 큰가? [07 산업]

① 2배
② 5배
③ 10배
④ 20배

hint 질소의 지방용해도 → 물보다 5배 큼

정답 | 01.④ 02.② 03.① 04.④ 05.② 06.②

종합연습문제

01 감압병의 예방 및 치료의 방법으로 적절하지 않은 것은? [16 산업][15,16 기사]

① 잠수 및 감압방법은 특별히 잠수에 익숙한 사람을 제외하고는 1분에 10m 정도씩 잠수하는 것이 안전하다.
② 감압이 끝날 무렵에 순수한 산소를 흡입시키면 예방적 효과와 함께 감압시간을 25%가량 단축시킬 수 있다.
③ 고압환경에서 작업 시 질소를 헬륨으로 대치할 경우 목소리를 변화시켜 성대에 손상을 입힐 수 있으므로 할로겐가스로 대치한다.
④ 감압병의 증상을 보일 경우 환자를 원래의 고압환경에 복귀시키거나 인공적 고압실에 넣어 혈관 및 조직 속에 발생한 질소의 기포를 다시 용해시킨 후 천천히 감압한다.

hint 고압환경에서 작업하는 근로자에게 질소를 헬륨으로 대체한 공기를 호흡시킨다.

02 다음 중 감압병의 예방 및 치료에 관한 설명으로 옳은 것은? [13 기사]

① 고압환경에서 작업할 때는 질소를 헬륨으로 대치한 공기를 호흡시키도록 한다.
② 잠수 및 감압방법에 익숙한 사람을 제외하고는 1분에 20m씩 잠수하는 것이 안전하다.
③ 정상기압보다 1.25기압을 넘지 않는 고압환경에 장시간 노출되었을 때에는 서서히 감압시키도록 한다.
④ 감압병의 증상이 있을 때는 인공적으로 산소 고압실에 넣어 산소를 공급시키도록 한다.

hint ①항만 옳다.
▶ 바르게 고쳐보기 ◀
② 특별히 잠수에 익숙한 사람을 제외하고는 1분에 10m 정도씩 잠수하는 것이 안전하다.
③ 정상기압보다 1.25기압을 넘지 않는 고압환경에는 서서히 감압하지 않더라도 영향을 받지 않는다.
④ 감압병 증상이 발생하였을 때에는 환자를 바로 원래의 고압환경에 복귀시키거나 인공적 고압실에 넣어 천천히 감압한다.

03 이상기압에 대한 작업방법으로 다음 중 적합하지 않은 것은? [04 기사]

① 고기압에서 작업을 행할 때는 규정시간을 넘지 않도록 한다.
② 고기압 작업의 감압은 압력의 2분의 1까지는 매분 1kg/cm² 비율로 감압한다.
③ 감압이 끝날 무렵에 순수한 산소를 흡입시키면 감압시간을 단축시킬 수 있다.
④ 고압환경에서 작업할 때에는 질소를 헬륨으로 대치한 공기를 호흡시킨다.

hint 감압속도 → 매 분 0.8kg/cm² 이하

04 다음 중 감압병(decompression sickness)의 직접적인 원인으로 옳은 것은? [09 산업]

① 혈액과 조직에 질소 기포의 증가
② 혈액과 조직에 이산화탄소의 증가
③ 혈액과 조직에 산소의 증가
④ 혈액과 조직에 일산화탄소의 증가

05 감압병 예방을 위한 환경관리 및 보건관리 대책으로 바르지 못한 것은? [03,16 산업]

① 질소가스 대신 헬륨가스를 흡입시켜 작업하게 한다.
② 감압을 가능한 한 짧은 시간에 시행한다.
③ 비만자의 작업을 금지시킨다.
④ 감압이 완료되면 산소를 흡입시킨다.

06 감압병의 예방 및 치료에 관한 방법 중 적절하지 못한 사항은? [04,11 산업][05,08,12 기사]

① 고압환경에서의 작업시간을 제한한다.
② 감압이 끝날 무렵에 순수한 산소를 흡입시킨다.
③ 고압환경에서 작업할 때 질소를 아르곤으로 대치한 공기를 호흡시킨다.
④ 일반적으로 1분에 10m 정도씩 잠수하는 것이 안전하다.

hint 질소를 → 헬륨으로 대치

정답 ┃ 01.③ 02.① 03.② 04.① 05.② 06.③

종합연습문제

01 이상기압작업에 대한 특성의 설명으로 틀린 것은? [08 산업][10 기사]
① 잠수작업의 경우 일반적으로 1분에 30m 정도씩 잠수하는 것이 안전하다.
② 감압이 끝날 무렵 순수산소 흡입은 감압병의 예방효과 뿐만 아니라 감압시간을 25%가량 단축시킨다.
③ 고공성 폐수종은 어른보다 어린이에게 많이 일어난다.
④ 5,000m 이상의 고공비행 종사자에게 가장 큰 문제가 되는 것은 산소부족이다.
hint 잠수 및 감압방법에 익숙한 사람을 제외하고는 1분에 10m 정도씩 잠수하는 것이 안전하다.

02 다음 중 고압환경의 생체작용과 가장 거리가 먼 것은? [18 기사]
① 고공성 폐수종
② 이산화탄소(CO_2) 중독
③ 귀, 부비강, 치아의 압통
④ 손가락과 발가락의 작열통과 같은 산소중독
hint 폐수종은 저압환경의 생체작용이다.

03 다음 중 잠함병에 대한 설명으로 옳은 것은? [08 기사]
① 케이슨병이라고도 한다.
② 혈액이 응고하여 생긴 혈전증이 주 증상이다.
③ 예방방법으로는 가능한 빠르게 감압하여야 한다.
④ 해저작업을 할 때 보다는 높은 산에 올라갈 때 생긴다.
hint 잠함병(케이슨병)도 감압병의 하나이다.

04 고압환경에서 일어날 수 있는 생체작용과 가장 거리가 먼 것은? [09 기사]
① 폐수종   ② 압치통
③ 부종   ④ 폐압박
hint 폐수종은 저압환경의 생체작용이다.

05 고기압환경에서 화학적 장해에 관한 내용으로 틀린 것은? [12 산업]
① 4기압 이상에서 질소가스에 의한 마취작용이 나타난다.
② 질소는 물보다 지방에 5배 더 많이 용해된다.
③ 수중의 잠수자는 폐압착증을 예방하기 위하여 수압과 같은 압력의 압축기체를 호흡하여야 하며, 이로 인한 산소분압 증가로 산소중독이 일어난다.
④ 산소중독을 예방하기 위해 산소 외의 가스를 수소 및 헬륨같은 불활성 기체로 대처한다.
hint 고압환경의 질소마취작용을 예방하기 위해 질소 대신 헬륨같은 불활성 기체로 대처한다.

06 다음 중 이상기압의 대책에 관한 설명으로 적절하지 않은 것은? [09,10,11 기사]
① 고압실내의 작업에서는 탄산가스의 분압이 증가하지 않도록 신선한 공기를 송기한다.
② 고압환경에서 작업하는 근로자에게는 질소의 양을 증가시킨 공기를 호흡시킨다.
③ 귀 등의 장애를 예방하기 위하여 압력을 가하는 속도를 매 분당 $0.8kg/cm^2$ 이하가 되도록 한다.
④ 감압병의 증상이 발생하였을 때에는 환자를 바로 원래의 고압환경상태로 복귀시키거나, 인공고압실에서 천천히 감압한다.
hint 고압환경에서 작업할 때에는 질소를 헬륨으로 대치한 공기를 호흡시키는 것이 좋다.

07 다음 중 고압환경의 생체작용과 가장 거리가 먼 것은? [12 기사]
① 귀, 부비강, 치아의 압통
② 이산화탄소중독
③ 손가락과 발가락의 작열통과 같은 산소중독
④ 진해성 기침과 호흡곤란, 폐수종
hint ④항의 증상은 저압환경의 생체작용이다.

정답 | 01.① 02.① 03.① 04.① 05.④ 06.② 07.④

종합연습문제

01 다음 중 고압환경의 인체작용에 있어 2차적인 가압현상에 대한 내용이 아닌 것은? [08, 12 기사]
① 4기압 이상에서 공기 중의 질소가스는 마취작용을 나타낸다.
② 흉곽이 잔기량보다 적은 용량까지 압축되면 폐압박 현상이 나타난다.
③ 산소의 분압이 2기압을 넘으면 산소중독 증세가 나타난다.
④ 이산화탄소는 산소의 독성과 질소의 마취작용을 증강시킨다.

hint ②항은 1차적 가압현상(기계적인 장해)이다.

02 다음 중 감압환경의 영향에 관한 설명과 가장 거리가 먼 것은? [05, 06, 12 기사]
① 감압속도가 너무 빠르면 폐포가 파열되고 흉부조직내로 탈출한 질소가스 때문에 종격기종, 기흉, 공기전색을 일으킬 수 있다.
② 감압에 따라 조직에 용해되었던 질소의 기포 형성량은 연령, 기온, 운동, 공포감, 음주 등으로 인하여 조직내 용해된 가스량 차이에 따라 달라진다.
③ 동통성 관절장애는 감압증에서 보는 흔한 증상이다.
④ 동통성 관절장애의 발증에 대한 감수성은 연령, 비만, 폐손상, 심장장애, 일시적 건강장해, 소인(발생소질)에 따라 달라진다.

hint 조직에 용해된 가스량은 기압, 시간, 노출정도와 시간 및 체내 지방량에 따라 달라진다.

03 다음 중 잠함병(감압병)의 직접적인 원인으로 옳은 것은? [12 기사]
① 혈중의 CO_2 농도 증가
② 체액 및 지방조직에 질소기포 증가
③ 체액 및 지방조직에 O_3 농도 증가
④ 체액 및 지방조직에 CO 농도 증가

04 다음 중 저압환경에서의 생체작용에 관한 내용으로 틀린 것은? [08, 10 기사]
① 고공증상으로 항공치통, 항공이염 등이 있다.
② 고공성 폐수종은 어른보다 아이들에게 많이 발생한다.
③ 급성고산병의 가장 특징적인 것은 흥분성이다.
④ 급성고산병은 비가역적이다.

hint 급성고산병은 가역적이다.

05 고압환경에서의 인체작용인 2차적인 가압 현상에 관한 설명으로 알맞지 않은 것은? [07 산업]
① 이산화탄소는 산소의 독성과 질소의 마취작용을 증가시킨다.
② 4기압 이상에서 공기 중의 질소가스는 마취작용을 나타내 작업력의 저하, 기분의 변환, 여러 정도의 다행증(euphoria)이 일어난다.
③ 산소의 분압이 2기압이 넘으면 산소중독 증세가 나타난다.
④ 고압환경의 이산화탄소농도는 대기압으로 환산하여 0.02%를 초과해서는 안 된다.

hint CO_2 농도 → 0.2%를 초과해서는 안 된다.

06 다음의 감압병 예방 및 치료에 관한 설명 중에서 적당하지 않은 것은? [08 산업]
① 감압병의 증상이 발생하였을 경우 환자를 원래의 고압환경으로 복귀시켜서는 안 된다.
② 고압환경에서 작업할 때에는 질소를 헬륨으로 대치한 공기를 호흡시키는 것이 좋다.
③ 잠수 및 감압방법에 익숙한 사람을 제외하고는 1분에 10m 정도씩 잠수하는 것이 좋다.
④ 감압이 끝날 무렵에 순수한 산소를 흡입시키면 예방적 효과와 감압시간을 단축시킬 수 있다.

hint 감압병의 증상이 발생하였을 환자를 즉시 원래의 고압환경으로 복귀시키거나 고압실에 넣어 혈관 및 조직 속에 발생한 질소의 기포를 다시 용해시킨 다음 천천히 감압한다.

정답 ┃ 01.② 02.② 03.② 04.④ 05.④ 06.①

4 밀폐공간, 산소결핍에 따른 영향

 이승원의 minimum point

(1) 밀폐공간 및 산소결핍 위험장소

◐ **산업안전보건법상 용어의 정의**
- 밀폐공간이란 산소결핍, 유해가스로 인한 질식·화재·폭발 등의 위험이 있는 장소로서 [별표]에서 정한 장소를 말한다.
- 유해가스란 CO_2, CO, H_2S 등의 기체로서 인체에 유해한 영향을 미치는 물질을 말한다.
- 적정공기란 다음 수준의 공기를 말한다.
  - 산소농도 범위 → **18% 이상 23.5% 미만**
  - 탄산가스 농도 → **1.5% 미만**
  - 일산화탄소농도 → **30ppm 미만**
  - 황화수소농도 → **10ppm 미만**
- 산소결핍이란 공기 중의 산소농도가 **18% 미만**인 상태를 말한다.
- 산소결핍증이란 산소가 결핍된 공기를 들이마심으로써 생기는 증상을 말한다.

 별표/ **밀폐공간**

- 우물·수직갱·터널·잠함·피트 또는 그 밖에 이와 유사한 것의 내부
- 장기간 사용하지 않은 우물 등의 내부
- 케이블·가스관 또는 지하에 부설되어 있는 매설물을 수용하기 위하여 지하에 부설된 암거·맨홀 또는 피트의 내부
- 빗물·하천의 유수 또는 용수가 있거나 있었던 통·암거·맨홀 또는 피트의 내부
- 장기간 밀폐된 강재(鋼材)의 보일러·탱크·반응탑이나 그 밖에 그 내벽이 산화하기 쉬운 시설의 내부
- 석탄·아탄·황화광·강재·원목·건성유(乾性油)·어유(魚油) 또는 그 밖의 공기 중의 산소를 흡수하는 물질이 들어 있는 탱크 또는 호퍼(hopper) 등의 저장시설이나 선창의 내부
- 곡물 또는 사료의 저장용 창고 또는 피트의 내부, 과일의 숙성용 창고 또는 피트의 내부
- 간장·주류·효모 그 밖에 발효하는 물품이 들어 있거나 들어 있었던 양조주의 내부
- 정화조·침전조·집수조·탱크·암거·맨홀·관 또는 피트의 내부
- 헬륨·아르곤·질소·프레온·탄산가스 또는 그 밖의 불활성 기체가 들어 있거나 있었던 보일러·탱크 또는 반응탑 등 시설의 내부

◐ **산소결핍 영향**
- 생체의 산소공급 정지가 2분 이상일 경우 : 뇌의 활동성이 회복되지 않을 뿐만 아니라 **비가역적 파괴**가 일어나게 됨
- 산소결핍 특성 : **무경고적, 급성적, 치명적**임

(2) 산소농도에 따른 증상(영향) 및 대책

① 산소농도에 따른 증상(영향)

산소농도(%)	산소분압 (mmHg)	동맥혈의 산소 포화도(%)	증상 및 영향
12~16	90~120	85~89	• 호흡 및 맥박수 증가 • 정신집중 곤란, 두통, 이명
9~14	60~105	74~87	• 불완전한 정신상태, 기억상실 • 전신탈력, 호흡장해, 청색증 • 체온 상승, 판단력 저하
6~10	45~70	33~74	• 의식상실, 중추신경계장해 • 안면창백, 전신근육경련
4~6 이하	45 이하	33 이하	• 수십초 내에 혼수상태 • 호흡정지, 사망

② 작업장에 대한 보건 및 작업관리 대책

- **밀폐공간 작업 프로그램의 수립·시행**
  - 사업장내 밀폐공간의 위치 파악 및 관리 방안
  - 밀폐공간내 질식·중독 등을 일으킬 수 있는 유해·위험 요인의 파악 및 관리 방안
  - 밀폐공간 작업 시 사전 확인이 필요한 사항에 대한 확인 절차
  - 안전보건교육 및 훈련
  - 그 밖에 밀폐공간 작업 근로자의 건강장해 예방에 관한 사항
- **산소 및 유해가스 농도의 측정** : 다음의 어느 하나에 해당하는 자로 하여금 해당 밀폐공간의 산소 및 유해가스 농도를 측정하여 적정공기가 유지되고 있는지를 평가하도록 하여야 함
  - 관리감독자, 보건관리자
  - 안전관리전문기관, 보건관리전문기관, 지정측정기관
- **건강장해 예방조치** : 작업장을 환기시키거나 근로자에게 공기호흡기 또는 송기마스크를 지급하여 착용하도록 하는 등 근로자의 건강장해 예방을 위하여 필요한 조치를 할 것
- **환기 및 안전장비 착용** : 작업을 시작하기 전과 작업 중에 해당 작업장을 적정공기 상태가 유지되도록 환기할 것
- **인원점검** : 밀폐공간에 근로자를 입장시킬 때와 퇴장시킬 때마다 인원을 점검할 것
- **출입통제** : 밀폐공간에는 관계 근로자가 아닌 사람의 출입을 금지하고, 출입금지 표지를 밀폐공간 근처의 보기쉬운장소에 게시할 것
- **감시인 배치** : 작업상황을 감시할 수 있는 감시인을 지정하여 밀폐공간 외부에 배치할 것
- **안전대 및 보호장비 지급·착용** : 안전대나 구명밧줄, 공기호흡기 또는 송기마스크를 지급·착용
- **대피용 기구비치** : 사업주는 근로자가 밀폐공간에서 작업을 하는 경우에 공기호흡기 또는 송기마스크, 사다리 및 섬유로프 등 비상시에 근로자를 피난시키거나 구출하기 위하여 필요한 기구를 갖추어 둘 것

05. 물리적 유해인자 측정·영향

- 기사 : 15
- 산업 : 19

다음 중 산소결핍의 위험이 가장 적은 작업장소는?
① 실내에서 전기용접을 실시하는 작업 장소
② 장기간 사용하지 않은 우물 내부의 작업 장소
③ 장기간 밀폐된 보일러 탱크 내부의 작업 장소
④ 물품 저장을 위한 지하실 내부의 청소작업 장소

[해설] 전기용접은 산소를 소모하는 작업이 아니다.   답 ①

유.사.문.제

01 밀폐공간에서 산소결핍이 발생하는 원인 중 산소소모에 관한 내용과 가장 거리가 먼 것은? [14 산업]
① 화학반응 – 금속의 산화, 녹
② 연소 – 용접, 절단, 불
③ 사고에 의한 누설 – 저장탱크 파손
④ 미생물 작용

02 밀폐공간에서는 산소결핍이 발생할 수 있다. 산소결핍의 원인 중 소모(consumption)에 해당하지 않는 것은? [11, 17 기사]
① 용접, 절단, 불 등에 의한 연소
② 금속의 산화, 녹 등의 화학반응
③ 제한된 공간내에서 사람의 호흡
④ 질소, 아르곤, 헬륨 등의 불활성 가스 사용

03 밀폐공간에서 산소결핍이 발생하는 원인 중 산소소모 원인에 관련된 내용으로 가장 거리가 먼 것은? [17 산업]
① 금속의 녹 생성과 같은 화학반응
② 제한된 공간내에서 사람의 호흡
③ 용접, 절단, 불과 같은 연소반응
④ 저장탱크 파손과 같은 사고에 의한 누설

04 다음 중 산소결핍이라 함은 공기 중의 산소농도가 몇 % 미만인 상태를 말하는가? [08, 12, 13 기사]
① 16%
② 18%
③ 21%
④ 23.5%

정답 ┃ 01.③ 02.④ 03.④ 04.②

- 기사 : 10, 15
- 산업 : 출제대비

다음 중 산소결핍이 진행되면서 생체에 나타나는 영향을 순서대로 나열한 것은?

| ㉠ 가벼운 어지러움 | ㉡ 사망 |
| ㉢ 대뇌피질의 기능 저하 | ㉣ 중추성 기능장애 |

① ㉠ → ㉢ → ㉣ → ㉡
② ㉠ → ㉣ → ㉢ → ㉡
③ ㉢ → ㉠ → ㉣ → ㉡
④ ㉢ → ㉣ → ㉠ → ㉡

[해설] 산소가 결핍되면 가벼운 어지러움증이 발생하고, 산소부족량이 더 증가하면 산소결핍에 가장 민감한 조직은 대뇌피질이므로 대뇌피질의 기능이 저하되면서 호흡 및 맥박수 증가되고, 두통 등이 유발된다. 산소농도가 6~10%에서는 중추성 기능장애로 인한 의식상실, 전신근육경련 등의 증상이 나타나고, 산소농도 6% 이하에서는 짧은 시간에 혼수상태, 호흡정지, 사망에 이르게 된다.   답 ①

종합연습문제

01 산소결핍에 의해 가장 민감한 영향을 받는 신체부위는? [01,04,05,09,13,16 산업]

① 간장　　② 대뇌
③ 심장　　④ 폐

hint 인체 중에서 산소부족에 대하여 가장 민감한 반응을 나타내는 부분은 최대의 산소 소비기관인 뇌이며, 특히 대뇌의 피질이다. 산소 결핍증의 증상은 대뇌피질의 기능 저하를 비롯하여, 궁극적으로는 뇌세포 손상에 의한 기능 상실을 거쳐 죽음에 이르게 된다. 산소부족에 따른 생리적인 적응의 한계는 산소농도 16% 정도이며, 이보다 낮은 농도에서는 생체적 보상이 불가능하며, 산소결핍증상이 나타난다.

02 산소농도가 6~10%인 산소결핍 작업장에서의 증상 기준으로 가장 옳은 것은? [09,13②,18 산업]

① 계산착오, 두통, 매스꺼움
② 의식 상실, 안면 창백, 전신 근육경련
③ 귀울림, 맥박수 증가, 호흡수 증가
④ 정신집중력 저하, 체온상승, 판단력 저하

hint 산소농도가 6~10%인 산소결핍 작업장에서의 증상은 의식상실, 중추신경계장해, 안면창백, 전신근육경련 등이 일어난다.

03 화학적 질식제로 산소결핍장소에서 보건학적 의의가 가장 큰 것은? [12②,16 기사]

① CO　　② CO_2
③ SO_2　　④ NO_2

04 생체내에서 산소공급 정지가 몇 분 이상이 되면 활동성이 회복되지 않을 뿐만 아니라 비가역적 파괴가 일어나는가? [18 기사]

① 1분
② 1.5분
③ 2분
④ 3분

hint 산소공급 정지가 2분 이상일 경우 뇌의 활동성이 회복되지 않고 비가역적 파괴가 일어난다.

05 산업안전보건법령상 적정공기의 범위에 해당하는 것은? [18② 기사]

① 산소농도 18% 미만
② 이황화탄소농도 10% 미만
③ 탄산가스 농도 10% 미만
④ 황화수소농도 10ppm 미만

06 다음 중 산소결핍에 관한 내용으로 가장 거리가 먼 것은? [17 산업]

① 산소결핍이란 공기 중 산소농도가 21% 미만인 상태를 말한다.
② 생체 중에서 산소결핍에 대하여 가장 민감한 조직은 대뇌피질이다.
③ 산소결핍은 환기, 산소농도 측정, 보호구 착용을 통하여 피할 수 있다.
④ 일반적으로 공기의 산소분압 저하는 바로 동맥혈의 산소분압 저하와 연결되어 뇌에 대한 산소공급량의 감소를 초래한다.

hint 산소결핍 : 18% 미만인 상태

07 다음의 산소결핍에 관한 내용 중 틀린 것은? [15 산업]

① 산소결핍이란 공기 중 산소농도가 20% 미만인 것을 말한다.
② 맨홀, 피트 및 물탱크 작업이 산소결핍작업 환경에 해당된다.
③ 생체 중에서 산소결핍에 대하여 가장 민감한 조직은 대뇌피질이다.
④ 일반적으로 공기의 산소분압의 저하는 바로 동맥혈의 산소분압 저하와 연결되어 뇌에 대한 산소 공급량의 감소를 초래한다.

08 산소결핍 가능 작업장에 대한 보건 및 작업관리 대책으로 가장 거리가 먼 것은? [07,16 산업]

① 작업자의 건강진단
② 환기
③ 작업 전 산소농도 측정
④ 보호구 착용(공기호흡기, 호스마스크)

정답 | 01.② 02.② 03.① 04.③ 05.④ 06.① 07.① 08.①

종합연습문제

01 의식상실과 중추신경계장해가 발생하는 산소결핍 작업장 조건은? [07,13 산업][10 기사]

① 공기 중 산소농도는 10%인 작업장
② 공기 중 산소농도는 12%인 작업장
③ 공기 중 산소농도는 14%인 작업장
④ 공기 중 산소농도는 16%인 작업장

hint 공기 중 산소농도가 6~10%인 작업장의 근로자는 의식상실, 중추신경계장해, 안면창백, 전신근육경련을 일으킬 수 있다.

02 다음 중 산소농도 저하 시 농도에 따른 증상이 잘못 연결된 것은? [10,11 기사]

① 12~16% : 맥박과 호흡수 증가
② 9~14% : 판단력 저하와 기억상실
③ 6~10% : 의식상실, 근육경련
④ 6% 이하 : 중추신경장해, Cheyne-stoke 호흡

hint 공기 중 산소농도가 6% 이하에서는 수십초 내에 혼수상태, 호흡정지, 사망한다. 참고로 체인스톡스 호흡(cheyne-stokes respiration)은 과호흡과 무호흡이 반복되는 호흡형태로 대뇌피질의 심층부와 간뇌의 구조변화가 있을 때 또는 대사성 질환에서 볼 수 있다.

03 산소결핍증에 관한 설명으로 알맞지 않은 것은? [05 기사]

① 저산소증이라고도 하며, 산소결핍에 의한 질식사고가 가스재해 중에서 큰 비중을 차지한다.
② 무경고성이고, 급성적 치명적이기 때문에 많은 희생자를 발생시킬 수 있다.
③ 작업환경내 산소농도는 18%를 하한선으로 잡을 수가 있으나 21% 근방이어야 안심할 수 있다.
④ 증상특징은 중추성 기능장애가 초기에 나타나고 산소농도 저하상태가 진행됨에 따라 대뇌피질의 기능 저하가 일어나 사망한다.

04 산소결핍에 관한 내용 중 틀린 것은? [08 산업][13 기사]

① 산소결핍장소에서 작업 시 방독마스크를 착용한다.
② 정상공기 중의 산소분압은 해면에 있어서 159mmHg 정도이다.
③ 생체 중에서 산소결핍에 대하여 가장 민감한 조직은 대뇌피질이다.
④ 공기 중의 산소결핍은 무경고적이고 급성적, 치명적이다.

hint 산소결핍장소에서는 방독마스크를 착용해서는 안 된다. 공기호흡기 또는 송기마스크를 지급하여 착용하도록 해야 한다.

05 산소결핍, 유해가스로 인한 화재·폭발 등의 위험이 있는 밀폐공간내에서 작업할 때의 조치사항으로 적합하지 않은 것은? [17 기사]

① 사업주는 밀폐공간 보건작업 프로그램을 수립하여 시행하여야 한다.
② 사업주는 밀폐공간에는 관계 근로자가 아닌 사람의 출입을 금지하고, 그 내용을 보기쉬운장소에 게시하여야 한다.
③ 사업주는 근로자가 밀폐공간에서 작업을 하는 경우 작업을 시작하기 전에 방독마스크를 착용하게 하여야 한다.
④ 사업주는 근로자가 밀폐공간에서 작업을 하는 경우에 그 장소에 근로자를 입장시키거나 퇴장시킬 때마다 인원을 점검하여야 한다.

hint 밀폐공간에서 작업을 하는 경우에는 공기호흡기 또는 송기마스크를 착용하게 하여야 한다.

정답 ▎ 01.① 02.④ 03.④ 04.① 05.③

5 전리방사선과 그 영향

 이승원의 **minimum point**

(1) 용어의 정의 · 방사선 관련업무

ⓛ 법규상 용어의 정의
- **방사선**이란 전자파나 입자선 중 직접 또는 간접적으로 공기를 전리(電離)하는 능력을 가진 것으로서 **알파선, 중양자선, 양자선, 베타선**, 그 밖의 **중하전입자선, 중성자선, 감마선, 엑스선 및 5만 전자볼트 이상 전자선**(엑스선 발생장치의 경우에는 5천 전자볼트 이상)을 말한다.
- **방사성 물질**이란 핵연료물질, 사용 후의 핵연료, 방사성 동위원소 및 원자핵분열 생성물을 말한다.
- **방사선관리구역**이란 방사선에 노출될 우려가 있는 업무를 하는 장소를 말한다.

ⓛ 관련업무
- 엑스선장치의 제조 · 사용 또는 엑스선이 발생하는 장치의 검사 업무
- 선형가속기, 사이크로트론(cyclotron) 및 신크로트론(synchrotron) 등 하전입자를 가속하는 장치의 제조 또는 방사선이 발생하는 장치의 검사 업무
- 엑스선관과 케노트론(kenotron)의 가스 제거 또는 엑스선이 발생하는 장비의 검사 업무
- 기타 방사성 물질이 장치되어 있는 기기의 취급 업무

(2) 방사선의 분류와 단위

ⓛ 방사선의 분류
⇨ 분류인자 : 이온화 성질, 파장, 주파수
⇨ 전리방사선−비전리방사선의 일반적 경계 : **12.4eV**(electron volt)

- **전리방사선**(이온화방사선) : 방사능 원소가 파괴될 때 방출되는 고속의 입자 또는 방사에너지(기체, 액체 또는 고체에 작용하여 직접 또는 간접적으로 전리하는 능력을 가진 방사선)
  - **입자형태** : 중하전 입자(α선, 양성자, 핵분열 생성물), 베타(β)선, 중성자 등
  - **전자파형태**(전자기방사선) : 엑스(X)선, 감마(γ)선
- **비전리방사선** : 원자의 이온화를 직접적으로 일으킬 만한 에너지를 가지지 못하는 방사선
  - 자외선, 가시광선, 적외선
  - 라디오파, 마이크로파, 저주파 등

ⓛ 방사선의 단위

- **흡수선량**
  - SI단위 : 그레이(Gray, Gy) | 1Gy = 1J/kg
  - 관용단위 : 래드(rad) | 100rad = 1Gy | 1rad = 100에르그/그램(erg/g)
  - 방사선의 흡수선량 단위로 1rad는 물질 1g당 100erg의 흡수가 있는 경우를 의미함
  - 조사량과 관계없이 **인체조직에 흡수된 양**을 말함
  - 흡수선량은 피폭 받은 물질의 단위질량당 전리방사선이 부여한 평균에너지를 나타냄
  - 모든 종류의 이온화방사선에 의한 외부노출, 내부노출 등 모든 경우에 적용됨

- **등가선량**
  - SI단위 : 시버트(Sievert, Sv) | 1Sv = 100rem
  - 관용단위 : 렘(rem) | 1rem = 0.01Sv
  - rem(roentgen equivalent man)은 **생물학적 효과를 고려한 선량당량**(dose equivalent)의 단위임

- rem = rad × RBE(상대 생물학적 효과)
- 동일 흡수선량이라도 생물학적 영향과 효과는 방사선의 종류에 따라 다르게 나타날 수 있음

- **방사능 강도(물질량)**
  - **SI단위** : 베크렐(Bacquerele, Bq) | 1Bq(붕괴속도) = 1개 방사능/초
    $1Bq = 2.7 \times 10^{-11} Ci$
  - **관용단위** : 큐리(Curie, Ci) | $1Ci = 3.7 \times 10^{10}$ 개·원자/초

  - 베크렐(Bq)은 **방사능의 강도** 또는 **방사성 물질의 양**을 나타내는 단위임
  - 큐리(Ci)는 단위시간에 일어나는 방사선 붕괴율을 나타내며, 초당 3.7×10^{10}개의 원자붕괴가 일어나는 방사능 물질의 양으로 정의됨
  - Bq는 1초마다 1개의 원자가 붕괴되는 방사능의 양[방사능 = 붕괴속도(붕괴/초)]으로 정의됨

- **조사선량(노출선량)**
  - **SI단위** : 쿨롱/kg(Coulomb, C/kg 공기)
  - **관용단위** : 렌트겐(Roentgen, R) | $1R = 2.58 \times 10^{-4} C/kg$

  - 렌트겐(R)은 공기 중 방사선에 의해 생성되는 이온의 양으로 주로 X선과 γ선의의 조사량을 표시할 때 사용
  - 렌트겐(R)은 공기 1kg당 1쿨롱의 전하량을 갖는 이온을 생성하는 X선 또는 γ선량을 나타냄

(3) 전리방사선의 측정

① **환경측정** : 서베이미터(Survey Meter)가 사용되고, 여기에는 방사선의 종류와 에너지의 크기에 따라 **가이거-뮐러계수기**(Geiger-Müller counter), **섬광**(Scintillation)**식**, **비례계수관**, **전리함** 등 여러 형식의 기구가 사용되고 있음

② **개인 근로자의 피폭량 측정**
- 필름배지(film badge)는 방사선 작업 시 작업자의 실질적인 방사선 폭로량을 평가하기 위해 주로 사용됨. 개인 피폭(被爆) 모니터의 일종으로서 방사선을 감광하여 색깔이 변하는 특수 필름을 수장한 배지(badge)로서 X-ray, γ-ray, β입자에 유효함
- 포켓 도시미터(pocket dosimeter)는 직독식 휴대용 기구이며, X-ray, γ-ray 측정에 유효하고 β입자의 측정에도 일부 사용됨
- 열발광식 선량계(thermoluminescent dosimeter)는 손가락 등에 부착하여 특정 국소부위의 노출량을 측정할 수 있음. 재사용이 가능하고, X-ray, γ-ray 측정에 유효함
- 전자경보 도시미터(personal electronic alarm dosimeter) 등이 사용됨

(4) 전리방사선의 특성

① a**선**(α 입자)
- **원자핵**(원자번호가 83번 이상인 핵종)**에서 방출**되는 입자로서 **2개의 양자**와 **2개의 중성자**로 구성됨
- 질량과 하전여부에 따라서 그 위험성이 결정됨
- 투과력은 가장 약하나 다른 물질을 이온화시키는 **전리작용은 가장 강함**
- 투과력은 약하므로 두꺼운 **종이 한 장**으로도 막을 수 있음

② β**선**(β입자)
- 외부조사로 인한 피해는 드물고, **체내 흡입** 및 **섭취로 인한 내부조사**의 피해가 가장 큰 전리방사선임

- 원자핵에서 방출되는 전자로서 α(알파) 입자에 비해 **질량이 작고, 음으로 하전**(−1)되어 있음
- 알파(α) 입자보다 가볍고, 속도는 10배 빠르므로 충돌할 때마다 튕겨져서 방향을 바꿈
- 전리작용은 약하지만 **투과력이 강**하므로 이를 차단하기 위해서는 수 mm정도의 **알루미늄판**이 필요함

④ γ선
- 원자핵 전환에 따라 방출되는 자연발생적인 **전자파**로서 X선과 동일한 특성을 갖는 특징이 있음
- 파장이 매우 짧은 전자기파로서 γ선은 종종 α선이나 β선과 함께 방출됨
- γ선은 전리작용이 가장 약하지만 투과력은 가장 세기 때문에 **납이나 두꺼운 콘크리트**를 통과하여야만 현히 감소됨(X선은 전자를 가속하는 장치로부터 얻어지는 인공적인 전자파임)
- 깊은 투과성 때문에 외부노출에 의한 문제점이 지적되고 있음

⑤ 중성자선
- 원자핵이 분열할 때 방출되며, 행태는 고속의 **전자**(입자)임
- 전하를 갖지 않으므로 물질을 직접 **전리시키지 않음**
- 다른 원자핵에 충돌되면 포획되어 α, β, γ선 등을 방출하는 관계로 간접적인 전리작용을 지님
- **투과력이 가장 강함**

⑥ 양자(proton)
- 수소원자의 핵이며, 하나의 **양전기로 하전**(荷電)되어 있고, 조직의 전리작용을 일으킴
- 동일 에너지의 α입자보다 비정(飛程) 거리가 긴 특징을 가짐

■ 전리방사선의 투과력
- 외기 중에서는 **중성자 > X(γ) > β > α** 순서임
- 특히 α입자는 피부를 통과하지 못하기 때문에 투과력은 크게 문제되지 않음

■ 전리방사선의 작용력
- $X(γ) < β < α$ 순서임
- 방사능 물질이 인체에 침투한 경우를 가정하면 α 입자가 가장 위험함

종 류	본 질	투과력	전리작용 특성	전기장/자기장의 특성
α선	헬륨 원자핵	약함	강함	약간의 휨성이 있음
β선	전자	보통	보통	휨성이 강함
γ선	전자기파	강함	강함	직진성이 강함

- 직접 전리방사선 : α선, β선, 중양자선, 양자선, 전자선 등
- 간접 전리방사선 : X선, γ선, 중성자선

(5) 전리방사선이 건강에 미치는 영향
① 보건상의 영향인자 : 피폭선량, 피폭방법, 전리작용, 조직의 감수성, 투과력 등
② 방사선 피폭 가중치
- 방사선 가중치 : α입자(20) > 중성자(5~20) > 양자(5) > γ, X, β선(1.0)
- 인체조직 가중치 : 생식선(0.2) > 골수, 폐, 위, 대장(0.12) > 간, 식도, 방광, 갑상선, 유방, 기타 조직(0.05) > 피부, 뼈표면(0.01)

- ⓘ **생물학적 효과비**(RBE, Relative Biological Effect) : 전리방사선(이온화방사선)의 흡수조사량과 생물학적 효과의 관계를 나타내는 양으로 각종 방사선에 대한 상대 생물학적 효과를 의미함

  $$\text{RBE} = \frac{\text{지정된 효과를 일으키는데 필요한 기준 방사선의 흡수량}}{\text{동일 효과를 일으키는데 필요한 비교 방사선의 흡수량}}$$

  - 기준방사선으로 250 kV X선이나 ^{60}Co γ선을 사용함
  - RBE 값이 1보다 크다는 것은 기준방사선보다 생물학적 위해도가 크다는 의미가 됨
  - RBE 값의 크기는 α선 > 중성자 > 양성자 > X, β, γ선의 순서임
  - RBE의 크기 인자 : 선질, 선량, 선량률, 선량분할횟수, 생물계 등

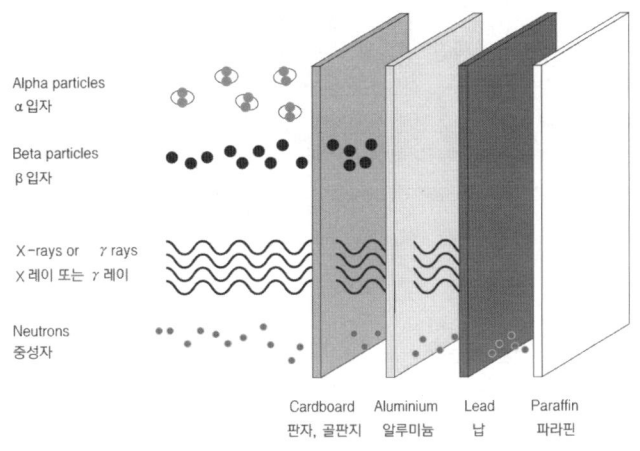

〈그림〉 전리방사선의 투과력

- ⓘ **보건상의 영향**
  - 투과력이 강하고, 전리방사선의 작용력이 강한 X(γ)선에 의한 피폭이 위험함
  - 인체조직에서 감수성이 큰 조직인 **골수, 임파구** 및 **임파조직**에 미치는 영향이 큼
  - 세포증식력이 왕성한 부분, 재생기전이 왕성한 부분, 세포분열이 영속적인 부분, 형태와 기능이 미완성인 부분이 많은 영향을 받음
  - 상대적으로 신경조직, 혈관, 근육, 뼈 등은 감수성이 낮음

- ⓘ **인체 조직별 감수성의 비교**
  - 감수성의 크기는 **골수, 수정체, 흉선** 및 **림프조직**(조혈기관) > 상피세포 > 근육세포 > **신경조직·지방**의 순서임
  - **고감수성 조직**(600R 이하에서 손상) : 골수, 임파·림프조직, 생식샘, 눈의 수정체, 정원세포
  - **중등도 감수성 조직**(3,000R 이하에서 손상) : 타액선, 피부, 위, 혈관(내피세포), 결체조직 등
  - **저감수성 조직**(3,000R 이상에서 손상) : 연골, 간, 폐, 신경조직, 신장조직, 지방 등
  - 근육을 구성하는 **근세포**나 **신경세포** 등은 **분열하지 않는 세포**들로서 세포 종류 중에서 방사선 **저항성**이 뛰어난 조직임
  - 폐 등 호흡기는 저항성이 비교적 높은 편임
  - 소화기계통 중 방사선에 가장 민감한 부분은 **소장**으로 특히 **십이지장**(duodenum)이 방사선에 가장 약함

(6) 전리방사선의 방호

① 외부 폭로에 대한 방호 3원칙 → 거리, 시간, 차폐
  - 선원과의 거리를 가능한 멀리함(방사능은 **거리의 제곱**에 **비례**하여 **감소함**)
  - 작업시간을 최소한으로 단축함(반감기가 짧은 방사능 물질에 유용)
  - 차폐제 활용

① 내부 폭로에 대한 방호 3원칙 → 격리, 희석, 차단
  - 방사성 물질을 작업자 환경과 격리
  - 작업환경의 방사성 오염농도 희석
  - 섭취경로 차단

① 노출 최소화를 위한 3가지 원칙(국제방사선 방호위원회, ICRP)
  - 작업의 최적화
  - 작업의 정당성
  - 개개인의 노출량 한계(기준 초과 가능성이 있는 경우에는 경보장치 설치)

예상 01

- 기사 : 출제대비
- 산업 : 18

다음 중 전리방사선이 아닌 것은?

① 알파선　　　　　　　　② 베타선
③ 중성자　　　　　　　　④ UV-선

해설　UV-선(자외선)은 비전리방사선(유해광선)으로 분류된다.　　　　**답** ④

유.사.문.제

01 비전리방사선에 속하는 방사선은?
[14 산업][04 기사]
① X선
② β선
③ 중성자
④ 마이크로파

02 다음 중 전리방사선이 아닌 것은? [14 기사]
① γ선　　　　② 중성자
③ 레이저　　　④ β선

hint 레이저(Laser)는 방사의 유도방출에 의한 광선을 증폭한다는 의미를 가진 것으로 보통광선과는 달리 단일파장으로 강력하고 예리한 지향성을 가졌다.

03 다음 중 전리방사선에 속하는 것은?
[03,04②,09,13,16 산업][18 기사]
① 가시광선
② X선
③ 적외선
④ 라디오파

04 전리방사선 중 입자방사선이 아닌 것은?
[09,11,19 산업]
① 알파선　　　　② 베타선
③ 엑스선　　　　④ 중성자

hint 입자형태의 방사선은 중하전 입자(α선, 양성자, 핵분열 생성물), 베타(β)선, 중성자 등이다.

정답 ▎ 01.④　02.③　03.②　04.③

종합연습문제

01 비전리방사선이 아닌 것은? [05,08,09 기사]
① 적외선　② 중성자
③ 라디오파　④ 레이저

02 다음 중 전자기 전리방사선은? [05,08,11 산업]
① α(알파)선　② β(베타)선
③ γ(감마)선　④ 중성자

03 전자파 방사선은 보통 전리방사선과 비전리방사선으로 구분한다. 다음 중 전리방사선에 해당되지 않는 것은? [15 산업]
① X선　② γ선
③ 중성자　④ 자외선

04 다음 중 전자기 전리방사선은? [12,13 산업]
① α(알파)선　② β(베타)선
③ 중성자　④ X선

05 비전리방사선으로만 나열한 것은? [13,17,19 기사]
① α선, β선, 레이저, 자외선
② 적외선, 레이저, 마이크로파, α선
③ 마이크로파, 중성자, 레이저, 자외선
④ 자외선, 레이저, 마이크로파, 가시광선

> **hint** 비전리방사선(specific ionization radiation)은 자외선, 가시광선, 적외선, 라디오파, 마이크로파, 저주파 등이다.

06 다음 중 비전리방사선은? [06 산업]
① 라디오파　② 중성자
③ X선　④ 감마선

07 방사선을 전리방사선과 비전리방사선으로 분류하는 인자로 볼 수 없는 것은? [07,19 기사]
① 이온화 성질　② 주파수
③ 투과력　④ 파장

정답 ┃ 01.②　02.③　03.④　04.④　05.④　06.①　07.③

- 기사 : 00, 04
- 산업 : 01, 03, 06, 09, 11, 12, 13, 14, 17

02 피조사체 1g에 대하여 100erg의 방사선에너지가 흡수되는 선량단위의 약자를 나타낸 것은?
① R　② Ci
③ rem　④ rad

> **해설** 피조사체 1g에 100erg(에르그)의 에너지를 흡수한다는 의미를 갖는 것은 래드(rad)이다. 에르그는 1cm 길이에 1dyne의 힘이 해낸 일의 양으로 $1erg = 10^{-7}J$의 에너지에 상당한다.　**답** ④

- 기사 : 01, 04, 06, 07, 10, 16
- 산업 : 06②, 10, 11, 13

03 단위시간에 일어나는 방사선 붕괴율 즉 1초 동안에 3.7×10^{10}개의 원자붕괴가 일어나는 방사선 물질량을 나타내는 방사선 단위는?
① R　② Ci
③ rem　④ rad

> **해설** 1초 동안에 3.7×10^{10}개의 원자붕괴가 일어나는 방사성 물질의 양을 나타내는 방사능의 단위는 Curie(Ci)이다.　**답** ②

종합연습문제

01 방사선단위 rem에 대한 설명과 가장 거리가 먼 것은? [14,17 기사]
① 생체실효선량(dose-equivalent)이다.
② rem=rad×RBE(상대적 생물학적 효과)로 나타낸다.
③ rem은 Roentgen Equivalent Man의 머리글자이다.
④ 피조사체 1g에 100erg의 에너지를 흡수한다는 의미이다.

hint 피조사체 1g에 100erg의 에너지를 흡수한다는 의미를 갖는 것은 래드(rad)이다.

02 방사선 용어 중 조직(또는 물질)의 단위질량당 흡수된 에너지를 나타낸 것은? [19 기사]
① 등가선량
② 흡수선량
③ 유효선량
④ 노출선량

hint 방사선의 조직(물질)의 단위질량당 흡수된 에너지를 나타낸 것은 흡수선량이다. 흡수선량은 조사량과 관계없이 인체조직에 흡수된 양을 말한다. 흡수선량의 SI 단위는 그레이(Gy)이고, 관용단위로는 래드(rad)를 사용하고 있다. 1rad는 물질 1g당 100erg의 흡수가 있는 경우를 의미한다.

03 전리방사선 단위 중에서 인체피해(생체실효선량)를 고려한 것은? [03 산업]
① Ci
② R
③ rem
④ rad

04 다음 중 방사선의 단위환산이 잘못 연결된 것은? [14,17 기사]
① 1rad=0.1Gy
② 1rem=0.01Sv
③ 1rad=100erg/g
④ 1Bq=2.7×10^{-11}Ci

hint 100rad=1Gy(1rad=0.01Gy)

05 전리방사선의 단위인 램(rem)을 알맞게 설명한 것은? [12 산업][01,04,05,08,10 기사]
① 공기 1cm^{3}에 X선을 조사해서 발생한 ion에 의하여 1정전단위의 전기량이 운반되는 선량이다.
② 1초간에 $3.7×10^{10}$개의 원자붕괴가 일어나는 방사선 물질의 양이다.
③ 생체에 대한 영향의 정도에 기초를 둔 단위이다.
④ 피조사체 1kg당 0.01J의 에너지가 흡수되는 선량의 단위를 나타낸다.

06 다음 방사선의 단위 중 1Gy에 해당되는 것은? [07 산업][07,09,13 기사]
① 10^{2}erg/g
② 0.1Ci
③ 1,000rem
④ 100rad

hint Gy(그레이)=100rad이다.

07 다음은 방사선과 관련된 단위이다. SI 단위로 가장 알맞게 짝지어진 것은? [05 기사]
① Sv, Gy
② Ci, R
③ rad, rem
④ N/m^2, m/sec^2

08 다음 중 전리방사선의 흡수선량이 생체에 영향을 주는 정도를 표시하는 선당량(생체실효선량)의 단위는? [08,11,14 기사]
① R
② Ci
③ Sv
④ Gy

09 전리방사선의 단위에 관한 내용과 가장 거리가 먼 것은? [04 산업]
① R : 조사선량 단위
② Ci : 방사성 물질의 양
③ rad : 흡수선량 단위
④ IR : 생체실효선량 단위

정답 ┃ 01.④ 02.② 03.③ 04.① 05.③ 06.④ 07.① 08.③ 09.④

종합연습문제

01 전리방사선의 단위 중 흡수선량의 단위는?
[13 산업]

① rad
② rem
③ curie
④ roentgen

hint 전리방사선의 흡수선량에 대한 SI단위는 Gray(Gy)이고, 관용단위는 rad이다. 흡수선량이란 방사선이 물질과 상호작용한 결과 그 물질의 단위질량에 흡수된 에너지를 의미하며, 모든 종류의 이온화방사선에 의한 외부노출, 내부노출 등 모든 경우에 적용된다.

02 다음 중 전리방사선의 단위에 관한 설명으로 틀린 것은?
[10 산업][12② 기사]

① Roentgen(R) : 공기 중에 방사선에 의해 생성되는 이온의 양으로 주로 X선 및 감마선의 조사량을 표시할 때 쓰인다.
② rad : 조사량과 관계없이 인체조직에 흡수된 양을 말한다.
③ rem : 1rad의 X선 혹은 감마선이 인체조직에 흡수된 양을 말한다.
④ Curie : 1초 동안에 3.7×10^{10}개의 원자붕괴가 일어나는 방사능물질의 양을 말한다.

03 전리 방사선의 단위를 잘못 표시한 것은?
[03 기사]

① R = 조사선량
② rem = rad × RBE
③ rad = 흡수선량
④ RBE = 방사선량

hint RBE(Relative Biological Effectiveness)는 상대 생물학적 효과를 의미하며, 방사선의 성질에 의한 생물효과의 크기 차이를 양적으로 나타내는 값으로 방사선 가중치로 이용된다. 즉, 조사량과 관계없이 인체조직에 흡수된 양을 나타내는 rad를 생물학적 효과를 고려한 선량당량으로 전환하려면 rem = rad × RBE의 상관관계를 가진다.

04 다음 설명 중 ( ) 안에 알맞은 내용은?
[00,03,05,06,10,11,13,16,17 기사]

생체를 이온화시키는 최소에너지를 방사선을 구분하는 에너지 경계선으로 한다. 따라서 ( ) 이상의 광자에너지를 가지는 경우는 이온화방사선이라 부른다.

① 1eV
② 12eV
③ 25eV
④ 50eV

hint 전리방사선-비전리방사선의 일반적 경계는 12.4eV(electron volt, 전자볼트)이다.

05 다음 중 방사선량 중 노출선량에 관한 설명으로 가장 알맞은 것은?
[06,14 기사]

① 조직의 단위질량당 노출되어 흡수된 에너지량이다.
② 방사선의 형태 및 에너지 수준에 따라 방사선 가중치를 부여한 선량이다.
③ 공기 1kg당 1쿨롱의 전하량을 갖는 이온을 생성하는 X선 또는 γ선량이다.
④ 인체내 여러 조직으로의 영향을 합계하여 노출지수로 평가하기 위한 선량이다.

06 X선을 공기 $1cm^3$에 조사해서 발생한 ion에 의하여 1정전단위의 전기량이 운반되는 선량을 1로 나타내는 단위는? (단, 0℃, 1기압 기준) [08 산업]

① 퀴리(Ci)
② 렘(Rem)
③ RBE
④ 렌트겐(R)

07 다음 중 1초 동안에 원자붕괴가 일어나는 방사선 물질의 양을 나타내는 단위는?
[09 기사]

① R(Roentgen)
② Sv(Sivert)
③ Gy(Gray)
④ Bq(Becquerel)

정답 ┃ 01.① 02.③ 03.④ 04.② 05.③ 06.④ 07.④

PART 2 작업위생(환경) 측정 및 평가

종합연습문제

01 방사선량 중 흡수선량에 관한 설명과 가장 거리가 먼 것은? [08,09,13 산업]
① 공기가 방사선에 의해 이온화되는 것에 기초를 둠
② 모든 종류의 이온화방사선에 의한 외부노출, 내부노출 등 모든 경우에 적용함
③ 관용단위는 rad(피조사체 1g에 대하여 100erg의 에너지가 흡수되는 것)임
④ 조직(또는 물질)의 단위질량당 흡수된 에너지임

hint 흡수선량이란 방사선이 물질과 상호작용한 결과 그 물질의 단위질량에 흡수된 에너지를 의미하며, 흡수선량의 SI단위는 Gray(Gy)이고, 관용단위는 rad이다. 방사선이 자유공기 중에서 공기분자를 이온화시킬 수 있는 광자의 세기를 표현하는 관용단위는 Roentgen이다.

02 이온방사선 중 입자방사선으로만 나열된 것은? [18 기사]
① α선, β선, γ선
② α선, β선, X선
③ α선, β선, 중성자
④ α선, β선, γ선, 중성자

hint 전리방사선(ionized radiation)은 입자형태와 전자파형태로 구분하여 분류한다.
- 입자(粒子) : 중하전 입자(α선, 양성자, 핵분열 생성물), 베타(β)선, 중성자 등
- 전자파(전자기방사선) : X선, γ선

03 렌트겐 단위(1R)의 정의로 옳은 것은? [14,17 산업]
① 2.58×10^{-4} C/kg
② 4.58×10^{-4} C/kg
③ 2.58×10^{4} C/kg
④ 4.58×10^{4} C/kg

04 다음의 전리방사선의 종류 중 입자의 형태를 갖추지 않은 것은? [08,09,12 산업][05,07,13 기사]
① 알파(α)선
② 베타(β)선
③ 감마(γ)선
④ 중성자

hint 전리방사선 중에서 입자(粒子)의 형태를 갖춘 것은 중하전입자(알파, 양성자, 핵분열 생성물), 베타, 중성자 등이다. 엑스선과 감마선은 전자파(電磁波)이다.

05 방사선은 전리방사선과 비전리방사선으로 구분된다. 전리방사선은 생체에 대하여 파괴적으로 작용하므로 엄격한 허용기준이 제정되어 있다. 전리방사선으로만 짝지어진 것은? [08 산업]
① α선, 중성자, X선
② β선, 레이저, 자외선
③ α선, 라디오파, X선
④ β선, 중성자, 극저주파

정답 | 01.① 02.③ 03.① 04.③ 05.①

- 기사 : 출제대비
- 산업 : 17

04 방사선 작업 시 작업자의 실질적인 방사선 노출량을 평가하기 위해 사용되는 것은? [17 산업]
① 필름배지(film badge)
② lux meter
③ 개인시료 포집장치
④ 상대농도 측정계

해설 필름배지(film badge)는 방사선 작업 시 작업자의 실질적인 방사선 폭로량을 평가하기 위해 주로 사용된다.

답 ①

446

05. 물리적 유해인자 측정·영향

예상 05
- 기사 : 10, 19
- 산업 : 10②, 14, 18②

다음 전리방사선의 종류 중 투과력이 가장 강한 것은?
① X선 ② 중성자
③ 알파선 ④ 감마선

해설 전리방사선의 투과력의 크기는 중성자 > X(γ) > β > α 순서이다.

답 ②

유.사.문.제

01 전리방사선 중 인체투과력이 큰 것에서부터 작은 순서대로 나열한 것은? [03,07,08,16 기사]

① $\gamma > \beta > \alpha$
② $\beta > \gamma > \alpha$
③ $\alpha > \beta > \gamma$
④ $\alpha > \gamma > \beta$

02 방사선의 투과력이 큰 것에서부터 작은 순으로 올바르게 나열한 것은? [18 기사]

① $X > \beta > \gamma$
② $\alpha > X > \gamma$
③ $X > \beta > \alpha$
④ $\gamma > \alpha > \beta$

03 다음 중 투과력이 가장 약한 전리방사선은? [09,12② 기사]

① α선 ② β선
③ γ선 ④ X선

04 다음 중 피부 투과력이 가장 큰 것은? [08,15 기사]

① α선 ② β선
③ X선 ④ 레이저

05 전리방사선은 생체에 대하여 파괴적으로 작용하므로 엄격한 허용기준이 제정되어 있다. 다음 중 전리방사선으로만 짝지어진 것은? [17 산업]

① α선, 중성자, X선
② β선, 레이저, 자외선
③ α선, 라디오파, X선
④ β선, 중성자, 극저주파

06 전리방사선에 관한 설명으로 틀린 것은? [06,08,18 기사]

① α선은 투과력은 약하나, 전리작용은 강하다.
② β입자는 핵에서 방출되는 양자의 흐름이다.
③ γ선은 원자핵 전환에 따라 방출되는 자연발생적인 전자파이다.
④ 양자는 조직 전리작용이 있으며, 비정(飛程) 거리는 같은 에너지의 α입자보다 길다.

hint β입자는 원자핵에서 방출되는 전자로서 α(알파) 입자에 비해 질량이 작고, 음으로 하전 (-1)되어 있다.

07 다음 설명에 해당하는 전리방사선의 종류는? [06,11,17 기사]

- 원자핵에서 방출되는 입자로서 헬륨원자의 핵과 같이 두 개의 양자와 두 개의 중성자로 구성되어 있다.
- 질량과 하전여부에 따라서 그 위험성이 결정된다.
- 투과력은 가장 약하나 전리작용은 가장 강하다.

① X선 ② γ선
③ α선 ④ β선

정답 01.① 02.③ 03.① 04.③ 05.① 06.② 07.③

종합연습문제

01 전리방사선의 특성을 잘못 설명한 것은?
[15 산업]

① X선은 전자를 가속하는 장치로부터 얻어지는 인공적인 전자파이다.
② α입자는 투과력은 약하나 전리작용은 강하다.
③ β입자는 α입자에 비하여 무거워 충돌에 따른 영향이 크다.
④ 중성자는 α입자, β입자보다 투과력이 강하다.

02 원자핵에서 방출되는 전자의 흐름으로 알파(α) 입자보다 가볍고 속도는 10배 빠르므로 충돌할 때마다 튕겨져서 방향을 바꾼다. 외부조사도 잠재적 위험이 되나 내부조사가 더 큰 건강상의 문제를 일으키는 방사선은?
[03,05 기사]

① 베타(β)입자
② 감마(γ)입자
③ 양자입자
④ 중성자입자

03 다음 중 외부조사보다 체내 흡입 및 섭취로 인한 내부조사의 피해가 가장 큰 전리방사선의 종류는?
[04 산업][15 기사]

① α선 ② β선
③ γ선 ④ X선

04 전리방사선 중 α입자의 성질을 가장 잘 설명한 것은?
[04,15 기사]

① 전리작용이 약하다.
② 투과력이 가장 약하다.
③ 전자핵에서 방출되며, 양자 1개를 가진다.
④ 외부조사로 건강상의 위해가 오는 일은 드물다.

05 전리방사선이 인체에 미치는 영향에 관여하는 인자와 가장 거리가 먼 것은?
[03 기사]

① 전리작용
② 피폭선량
③ 조직의 감수성
④ 파장 및 진동수

06 전리방사선인 β입자에 관한 설명으로 옳지 않은 것은?
[12 산업]

① 외부조사도 잠재적 위험이 되나 내부조사가 더욱 큰 건강상의 문제를 일으킨다.
② 선원은 방사선 원자핵이며 행태는 고속의 전자(입자)이다.
③ α(알파) 입자에 비해서 무겁고 속도가 느리다.
④ RBE는 1이다.

hint β입자는 α(알파) 입자에 비해서 질량이 작고 속도가 빠르며, 음으로 하전(-1)되어 있다.

07 전리방사선 중 알파(α)선에 관한 설명으로 틀린 것은?
[06,08,09 산업]

① 선원(major source) : 방사선 원자핵
② 투과력 : 매우 작음
③ 상대적 생물학적 효과 : 10
④ 형태 : 고속의 전자(입자)

hint 알파(α)선의 상대적 생물학적 효과는 20이다. 알파(α)선은 방사성 동위원소의 붕괴과정 중에 원자핵에서 방출되는 입자(양성자 2개와 중성자 2개가 결합한 Helium핵)이다.

08 전리방사선인 중성자에 관한 설명으로 옳지 않은 것은?
[11 산업]

① 선원(major source) : 방사선 원자핵
② 투과력 : 매우 강한 투과력
③ 상대적 생물학적 효과 : 10
④ 형태 : (고속) 중성입자

hint 중성자의 선원(major source)은 원자핵의 분열. 중성자선은 원자핵이 분열할 때 방출되고 1원자 질량단위의 무게를 가지며, 전하를 갖지 않으므로 물질을 직접 전리시키지는 않으나 다른 원자핵에 충돌되면 포획되어 α, β, γ선 등을 방출하는 관계로 간접적인 전리작용을 지닌다.

정답 ┃ 01.③ 02.① 03.① 04.④ 05.④ 06.③ 07.③ 08.①

종합연습문제

01 X-선과 동일한 특성을 가지는 전자파 전리방사선으로 원자의 핵에서 발생되고 깊은 투과성 때문에 외부노출에 의한 문제점이 지적되고 있는 것은? [04,06②,07,12,16,19 기사]
① 알파(α) ② 베타(β)
③ 감마(γ) ④ 중성자

02 전리방사선에 대한 설명이다. 틀린 것은? [07 산업]
① 비전리방사선보다 에너지가 크다.
② 물질을 이온화시키는 성질이 있다.
③ α선은 전자형태의 전자기 방사선이다.
④ 건강상의 영향은 암, 생식독성 등이다.

정답 | 01.③ 02.③

- 기사 : 18
- 산업 : 출제대비

예상 06 이온화방사선의 건강영향을 설명한 것으로 틀린 것은?
① α입자는 투과력이 작아 우리 피부를 직접 통과하지 못하기 때문에 피부를 통한 영향은 매우 작다.
② 방사선은 생체내 구성원자나 분자에 결합되어 전자를 유리시켜 이온화하고 원자의 들뜸현상을 일으킨다.
③ 반응성이 매우 큰 자유라디칼이 생성되어 단백질, 지질, 탄수화물, 그리고 DNA 등 생체 구성성분을 손상시킨다.
④ 방사선에 의한 분자수준의 손상은 방사선 조사 후 1시간 이후에 나타나고, 24시간 이후 DNA 손상이 나타난다.

[해설] 방사선에 의한 분자수준의 손상은 방사선 조사 후 거의 즉시 나타나고, 수분 안에 생화학반응 과정이 일어난다. 답 ④

- 기사 : 08,13,14
- 산업 : 출제대비

예상 07 전리방사선이 인체에 조사되면 다음과 같은 생체 구성성분에 손상을 일으키게 되는데, 그 손상이 일어나는 순서를 올바르게 나열한 것은?

| ㉠ 발암현상 | ㉡ 세포수준의 손상 |
| ㉢ 조직 및 기관 수준의 손상 | ㉣ 분자수준에서의 손상 |

① ㉣ → ㉡ → ㉢ → ㉠
② ㉣ → ㉢ → ㉡ → ㉠
③ ㉡ → ㉣ → ㉢ → ㉠
④ ㉡ → ㉢ → ㉣ → ㉠

[해설] 전리방사선이 인체에 조사되면 물리적 과정으로 ~10^{-16}초 이내에 물분자를 이온화하고, 생체분자를 들뜬상태로 전환시킨다. 이 과정에서 다양한 radical이 생성된다. 이후 화학반응 과정으로 ~0.001초에 radical과 생체분자가 화학반응을 하여 생체분자가 손상된다. 생체분자에 직접변화가 생기기도 한다. 다음으로 생화학반응 과정은 ~수 분 안에 손상된 생체분자가 고착화 되며, 뒤이은 생물영향 과정은 ~수 시간 안에 세포손상이 일어난다. 답 ①

종합연습문제

01 전리방사선의 영향에 대한 감수성이 가장 큰 인체내 기관은? [03 산업][06,07,08,16,17,19 기사]
① 혈관
② 뼈 및 근육조직
③ 신경조직
④ 골수 및 임파구(임파선)

02 다음 중 전리방사선에 대한 감수성이 가장 낮은 인체조직은? [05②,10 산업] [03,05,07,08,12,13 기사]
① 골수
② 생식선
③ 신경 및 근육조직
④ 임파조직

03 다음 중 전리방사선에 대한 감수성의 크기를 올바른 순서대로 나열한 것은? [06,08,13 기사]

Ⓐ 상피세포
Ⓑ 골수, 흉선 및 림프조직(조혈기관)
Ⓒ 근육세포
Ⓓ 신경조직

① Ⓐ>Ⓑ>Ⓒ>Ⓓ ② Ⓑ>Ⓐ>Ⓒ>Ⓓ
③ Ⓐ>Ⓓ>Ⓑ>Ⓒ ④ Ⓑ>Ⓒ>Ⓓ>Ⓐ

hint 전리방사선에 대한 감수성이 가장 낮은(둔감한) 인체조직은 신경조직이다. 감수성의 크기는 골수, 흉선 및 림프조직(조혈기관), 수정체>상피세포>근육세포>신경조직의 순서이다.

04 방사선 피폭으로 인한 체내 조직의 위험정도를 하나의 양으로 나타내는 유효선량을 구하기 위해서는 조직 가중치를 곱하게 된다. 가중치가 가장 높은 조직은? [03 산업]
① 골수
② 생식선
③ 피부
④ 갑상선

05 방사선에 감수성이 가장 낮은 인체조직은? [18 산업]
① 골수
② 근육
③ 생식선
④ 림프세포

06 다음 중 방사선에 감수성이 가장 큰 조직은? [06 산업][09 기사]
① 눈의 수정체
② 혈관, 복막 등 내피세포
③ 폐, 위장관, 뼈 등 내장기관 조직
④ 결합조직과 지방조직

hint 눈의 수정체가 전리방사선에 피폭되면 암을 유발시키지는 않지만 수정체가 혼탁해지는 백내장이 일어나므로 방사선 방호 관점에서 많은 관심을 받고 있다. 시각장해성 백내장이 생기는 발단선량은 0.5그레이(Gy)로 매우 낮다.

07 방사선에 감수성이 가장 낮은 인체조직은? [06 산업]
① 폐
② 혈관
③ 골수
④ 눈의 수정체

08 다음 인체조직 중 전리방사선에 대하여 감수성이 가장 적은 것은? [07 산업]
① 눈의 수정체 ② 혈관
③ 골수   ④ 임파선

09 전리방사선의 영향에 대한 감수성이 가장 적은 인체내 조직은? [08,10 산업][05 기사]
① 혈관, 복막 등 내피세포
② 흉선 및 림프조직
③ 눈의 수정체
④ 임파선

정답 | 01.④ 02.③ 03.② 04.② 05.② 06.① 07.① 08.② 09.①

종합연습문제

01 전리방사선의 영향에 대하여 감수성이 가장 큰 인체내 기관은? [03,06 산업][11 기사]
① 근육 ② 신경조직
③ 조혈기관 ④ 골상선

02 전리방사선이 인체에 미치는 영향에 관여하는 인자와 가장 거리가 먼 것은? [16 기사]
① 전리작용
② 회절과 산란
③ 피폭선량
④ 조직의 감수성

03 다음의 전리방사선 중 RBE가 가장 큰 것은? [05,07 산업][06 기사]
① 베타선 ② 감마선
③ 중성자 ④ X선

04 다음의 전리방사선 중 RBE가 가장 작은 것은? [07 산업]
① 알파선 ② 감마선
③ 중성자 ④ 자외선

05 방사능의 방어대책으로 볼 수 없는 것은? [09,18 기사]
① 방사선을 차폐한다.
② 노출시간을 줄인다.
③ 발생량을 감소시킨다.
④ 거리를 가능한 한 멀리한다.

hint 방사능의 외부 폭로에 대한 방호 3원칙은 거리, 시간, 차폐이다.

06 방사선의 외부 노출에 대한 방어대책을 세울 경우에 착안하는 원칙과 가장 거리가 먼 것은? [10 산업]
① 차폐 ② 개선
③ 거리 ④ 시간

07 전리방사선 작업장에서 피폭량을 적게 하는 방법과 관계가 없는 것은? [12,16 산업][07,09,10,11,12 기사]
① 노출시간 ② 거리
③ 차폐 ④ 물질대치

hint 방사선 방호의 기본 원칙
(1) 외부폭로 대책
 • 선원과의 거리를 가능한 멀리함
 • 작업시간을 최소한으로 단축함
 • 차폐제 활용
(2) 내부폭로 대책
 • 방사성 물질을 작업자 환경과 격리
 • 작업환경의 방사성 오염농도를 희석
 • 섭취경로 차단

08 전리방사선이 인체에 미치는 영향에 관여하는 인자와 가장 거리가 먼 것은? [07 기사]
① 전리작용
② 피폭선량
③ 조직의 감수성
④ 회절과 산란

09 전리방사선 방어의 궁극적 목적은 가능한 한 방사선에 불필요하게 노출되는 것을 최소화하는 데 있다. 국제방사선방호위원회(ICRP)가 노출을 최소화하기 위해 정한 원칙 3가지에 해당하지 않는 것은? [15 기사]
① 작업의 최적화
② 작업의 다양성
③ 작업의 정당성
④ 개개인의 노출량 한계

10 다음 중 전리방사선에 의한 장애에 해당하지 않는 것은? [11 기사]
① 참호족
② 유전적 장애
③ 조혈장애
④ 피부암

정답 | 01.③ 02.② 03.③ 04.② 05.③ 06.② 07.④ 08.④ 09.② 10.①

종합연습문제

01 전리방사선의 장애와 예방에 관한 설명으로 옳지 않은 것은? [11,15,19 산업]

① 방사선 노출수준은 반비례하여 증가하므로 발생원과의 거리를 관리하여야 한다.
② 방사선의 측정은 Geiger Muller counter 등을 사용하여 측정한다.
③ 개인 근로자의 피폭량은 pocket dosimeter, film badge 등 이용하여 측정한다.
④ 기준 초과의 가능성이 있는 경우에는 경보장치를 설치한다.

02 파장으로서 방사선의 특성으로 틀린 것은? [05,06,07,10 산업][06 기사]

① 빛의 속도로 이동한다.
② 직진한다.
③ 물질과 만나면 흡수 또는 산란된다.
④ 자장이나 전장에 영향을 받는다.

> **hint** 파장으로서 방사선은 자장이나 전장에 영향 받지 않지만 간섭을 일으키므로 물질과 만나면 흡수 또는 산란된다.

03 파장으로서 방사선의 특성으로 틀린 것은? [07,08 산업]

① 빛의 속도로 이동한다.
② 직진한다.
③ 간섭을 일으키지 않는다.
④ 자장이나 전장에 영향을 받지 않는다.

04 다음 중 원자력 산업 등에서 내부 피폭장해를 일으킬 수 있는 위험 핵종이 아닌 것은? [05,07,10 기사]

① 3H   ② 54Mn
③ 59Fe ④ 19F

> **hint** 내부 피폭장해를 일으킬 수 있는 위험 핵종은 3H, 7Be, 14C, 40K, 51Cr, 54Mn, 59Fe, 58Co, 60Co, 65Zn, 90Sr, 95Zr, 95Nb, 99Tc, 106Ru, 129I, 131I, 136Cs, 137Cs, 140Ba, 140La, 144Ce, 238U, 239Pu, and 240Pu 등이다.

05 방사능에 관한 방어대책으로 적합한 설명이 아닌 것은? [03 산업]

① 방사능은 거리의 제곱에 비례해서 감소하므로 먼 거리일수록 쉽게 방어가 가능하다.
② 알파선의 투과력은 약하여 얇은 알미늄판만 있어도 방어 가능하다.
③ 충분한 시간의 간격을 두고 방사능 취급작업을 하는 것은 반감기가 긴 방사능물질에 유용한 방법이다.
④ 큰 투과력을 갖는 방사선의 차폐물은 원자번호가 크고 밀도가 큰 물질이 효과적이다.

06 전기장(electric field)과 자기장(magnetic field)에 관한 설명이다. 바르지 않은 것은? [06 산업]

① 전기장은 전기기구에 전압만 걸려 있고 전류가 흐르지 않으면 발생하지 않는다.
② 전기장은 나무, 건물, 사람의 피부에 닿으면 쉽게 약화 또는 차폐된다.
③ 자기장은 전류가 흐를 때 흐르는 방향의 수직방향으로 또 다른 힘의 장이 형성되는 것을 말한다.
④ 자기장은 대부분의 물체를 통과하기 때문에 차폐하기 어렵다.

> **hint** 전기기구에 전압만 걸려 있을 경우 자기장은 사라지지만 전기장은 계속적으로 발생한다.

정답 | 01.① 02.④ 03.③ 04.④ 05.③ 06.①

6 비전리방사선과 그 영향

이승원의 **minimum point**

(1) 비전리방사선의 파장범위

- **비전리방사선**(non-ionizing radiation) : 물질을 통과할 때 직접 또는 간접으로 물질을 이온화시키는 능력이 거의 없거나 약한 방사선을 총칭하며, 파장의 크기에 따라 자외선, 가시광선, 적외선, 기타 전파(라디오파, 마이크로파) 등으로 구분한다.

```
          전리방사선    비전리방사선
    ←─────────────●──────────────────────────────────→
       0.01Å    10Å    400nm   800nm     1.2mm    300cm
        γ선      X선    자외선  가시광선   적외선   마이크로파   라디오파
```

(2) 자외선의 특성과 영향

- **파장범위** : 10Å ~ 400nm
- **영향**

자외선의 구분	관용명	주요 영향
UV-C : 200~290nm	살균선	• 유해 우주선(오존층, 공기에 의해 흡수 산란) • 아크용접 작업 → 자외선 전 파장범위는 물론 가시광선, 적외선을 발생시킴 • **아크용접 근로자**의 자외선 노출 → **전광성 안염** 유발
UV-B : 290~320nm **도노선** : 280~315nm	태양화상선	• **피부암**, 피부노화, 피부화상 • UV-B의 92% 정도는 각막에 **흡수·차단**됨 • 297nm에서 **생물학적 영향 최대** • 단백질과 핵산분자의 파괴, 변성작용, 적혈구·백혈구에 영향을 미침
UV-A : 320~400nm	광학선, 흑선	• 안구세포 손상, **백내장 유발** • **소독작용**, **비타민 D형성**, 피부의 색소침착 • 광독성 피부염, 광알레르기성 피부염 • 각막, 수정체, 망막에 까지 침투되어 영향을 줌 • **수정체나 망막 질환**은 대부분 UV-A의 영향을 받음

구분 \ 파장	400~320nm(A)	320~290nm(B)	290~200nm(C)
홍반 발생력	약	강	강
발현시기	4~6시간	2~6시간	0.5~1.5시간
홍반의 색조	검붉은 색	선홍색	분홍
일광화상세포 생성	미약	강	강

(3) 가시광선 및 적외선의 특성과 영향

① **가시광선**(可視光線, Visible light)
- 파장 : 400~800nm(전자기파로서 사람의 눈에 보이는 범위(色)의 파장)
- 영향
  - 광화학적이거나 열에 의한 각막손상, 피부화상 등
  - 조명과 밀접한 영향이 있음
  - 녹내장, 백내장, 망막변성 등 기질적 안질환은 조명부족과 관계없음

조명부족	조명과잉
• 근시유발, 안정피로(두통, 눈의 피로, 자극증세) • 갱내 작업자의 **안구진탕증**(nystagmus) 유발 • 안정피로(젊은 사람보다 나이가 많은 사람에게 흔히 나타남)	• 시력장해, 시야협착 • 망막변성, 황반부 변성 • 암순응의 저하, 광시 발생

① **적외선**(赤外線, Infrared radiation)
- 파장 : 750nm~1.2mm(전자기파 열선이라고도 부르며, 온도에 비례하여 적외선을 복사, 1.6eV 이하의 적은 입자에너지를 가짐). **태양**으로부터 방출되는 **복사에너지의 52%는 적외선**으로 지구 기온의 근원이 됨
  - 근적외선(IR-A, 가시광선과 가까운 파장) : 750~1,500nm → 물 투과
  - 중적외선(IR-B) 1,500~3,000nm → **유리 투과**
  - 원적외선(IR-C) : 3,000~600,000nm → 형석 투과
  - 극원적외선(IR-C, 마이크로파와 가까운 파장) : 600,000~1,200,000nm → 암염 투과
- 적외선 노출공정 : 산소아세틸렌 및 전기로, 용접, 용선로(cupula), 전기로, 주물제조, 도기(pottery), 유리가공, 가마(kiln) 등
- 특성
  - 화학결합의 붕괴·전리화 등 **화학반응을 거의 일으키지 않고**, **광화학작용도 유발하지 않음**
  - 적외선의 일반적인 작용은 구성분자의 **운동에너지를 증대**시킴으로써 조직온도를 상승시켜 체온상승, 대사활성화, 혈관확장을 일으킴
  - 인체영향에 관여하는 요인은 파장, 열전도 요인, 노출시간, 조직에 전달된 에너지량 및 조직의 수분함량 등임
  - 가시적인 영역의 적외선은 침투성이나 투과성이 크지 않으므로 주로 눈과 피부에 작용함
- 영향
  - 적외선에 강하게 노출되면 **안검록염, 각막염, 홍채위축, 백내장** 등을 일으킬 수 있음
  - 적외선 백내장은 초자공 백내장이라 불리며, 수정체의 뒷부분에서 시작되는 특징이 있음
  - 700~760nm 범위의 파장 : 적외선의 표피 및 피부 투과성이 문제되는 주요 파장범위 → 국소혈관 확장, 혈액순환 촉진, 진통작용 등
  - 1,400nm 이하 파장 : 홍체 및 수정체의 열상(만성적으로 **초자공 백내장**), 급성 피부화상
  - 1,400nm 이상 파장 : **각막손상**

(4) 마이크로파·라디오파·저주파의 특성과 영향

ⓛ 마이크로파·라디오파

- **파장**
  - 라디오파는 대략 2kHz~300GHz를 포괄하며, 마이크로파의 주파수 범위를 포함함
  - 마이크로파(전자레인지파)는 라디오파 중에서 특히 **주파수가 매우 높은 전자파**를 말하는데 대체로 300MHz~30GHz까지(파장 1~300cm)의 전자파를 말함

광선	극초단파 등		전파				전자계
	1.2mm	1m	파장	100m	1km		1,000km
적외선	마이크로파	통신/TV파		라디오파(FM-AM)			극저주파

100μm	1mm	1m	100m	1km	10km		1Mm	
		고주파(30~3MHz)		전파(극초단파-초단파-단파-중파-장파)		저주파(10kHz 이하)		
	마이크로파		초음파		가청주파수			극저주파
3THz		3GHz	3MHz	20kHz	16kHz		300Hz	1Hz

- **특성**
  - 라디오파 : 에너지가 낮아 분자전리는 일으키지 못하나 진동과 회전을 일으킬 수는 있음
  - 마이크로파 : 에너지량은 **거리의 제곱에 반비례**함
- **영향**
  - 마이크로파의 생물학적 장해부위는 파장, 출력, 노출시간, 노출조직에 따라서 달라짐
  - **열작용**(체표면 온감), 피부화상, 두통, 피로감, 기억력 감퇴 등
  - 생식기능 이상, 백내장, 콜린에스테라제의 활성치 감소, 백혈구의 증가, 혈소판의 감소 등을 일으킴
  - 중추신경계통에 작용하며 폭로 초기에는 혈압이 상승하나 곧 억제효과를 내어 **저혈압**을 초래함
  ※ 파장 10cm의 마이크로파는 동물 실험에서 백내장을 일으키는 것으로 알려지고 있음

주파수 범위별 영향	파장 범위별 영향
• 150MHz 이하 : 신체에 흡수되어도 감지 못함 • 150~1,000MHz : 심부까지 흡수, 열을 발생시킴(사람의 감각 기구에는 감지되지 않음) • 300~1,000Hz 범위 : **중추신경계** 영향 • 1,000~10,000Hz 범위 : **백내장** 유발(아스코르브산액 함량 **급감**)	• 파장 3cm 이하 : 인체표피에 흡수됨 • 파장 3~10cm : 1mm~1cm 정도 피부 투과 • 파장 25~200cm : 세포조직, 신체기관 투과 • 파장 200cm 이상 : 거의 모든 인체조직 투과

ⓛ 극저주파(전자기장, ELF-EMF)

- **주파수 범위** : 통상 30~300Hz 사이를 말함
- **특성**
  - 전원을 끌 경우 자기장은 사라지지만 전기장은 계속적으로 발생함
  - 전기장은 나무, 건물, 사람의 피부에 닿으면 쉽게 약화 또는 차폐됨
  - 자기장은 대부분의 물체를 통과하기 때문에 차폐하기 곤란함
- **영향**
  - DNA, RNA 그리고 단백질 합성, 세포증식, 면역반응에 영향을 미침
  - 양이온의 이동과 결합, 막의 신호전달체계에 영향을 미침

(5) 레이저(LASER)

① **특성**
- **단색성**(단일파장의 빛)을 가짐
- 레이저는 **위상이 균일**하기 때문에 약간의 장애물에 부딪히면 곧 **간섭을 일으킴**
- 레이저는 에너지 손실없이 전달할 수 있는 **지향성이 좋음**
- **집속도가 우수**하고, 고휘도·고에너지 강도를 가짐

② **건강에 미치는 영향**
- **맥동파**는 에너지의 양을 지속적으로 축적하여 강력한 파동을 발생시키기 때문에 **지속파보다 그 장해**를 주는 정도가 큼
- 모든 레이저에 의한 손상은 70%가 눈 손상이며, 적색이 녹색 레이저보다 안전하며, 직사광이라도 0.25초 이내로 노출될 때는 무해함
- 청색광의 경우 열적손상과 광화학손상을 모두 유발할 수 있지만, 적색광은 열작용만 있음
- 레이저의 피부에 대한 작용은 **가역적**이며, 수포, 색소침착 등이 생길 수 있음

③ **레이저 폭로량의 평가 시 유의사항**
- **각막 표면**에서의 조사량(J/cm^2) 또는 폭로량(W/cm^2)을 측정한다.
- 레이저광 같은 직사광과 형광등 또는 백열등과 같은 확산광은 구별하여 사용해야 한다.
- 레이저광에 대한 눈의 **허용량**은 그 **파장에 따라 수정**되어야 한다.
- 조사량의 서한도는 **1mm 구경**에 대한 평균치이다.

- 기사 : 17
- 산업 : 출제대비

파장이 400~760nm이면 어떤 종류의 비전리방사선인가?

① 적외선 ② 라디오파
③ 마이크로파 ④ 가시광선

해설 파장 400~760nm범위는 가시광선에 해당한다. 답 ④

- 기사 : 00,07,08,10②,12,18
- 산업 : 03,05,08,18

도노선(Dorno-ray)은 자외선의 대표적인 광선이다. 이 빛의 파장범위로 가장 적절한 것은?

① 280~315 Å
② 390~515 Å
③ 2,800~3,150 Å
④ 3,900~5,700 Å

해설 도노선은 자외선(UV-B) 중 파장 280~315nm(2,800~3,150 Å) 범위의 광선을 말한다. 피부노화, 피부화상, 피부암, 안구세포 손상, 백내장을 유발하는 한편 소독작용이 강하고, 비타민 D형성에 도움을 주기도 한다. 답 ③

종합연습문제

01 다음 중 파장이 가장 긴 것은? [14 기사]
① 자외선 ② 적외선
③ 가시광선 ④ X선

02 다음 중 비전리방사선이며, 건강선(健康線)이라고 불리는 광선의 파장으로 가장 알맞은 것은? [08,11,14 산업][14 기사]
① 50~200nm ② 280~320nm
③ 380~760nm ④ 780~1,000nm

03 자외선을 조사하였을 때 홍반, 발진, 피부암 등을 일으키는 자외선 B(UV-B)의 파장범위로 옳은 것은? [13,14 산업][09 기사]
① 80~215nm ② 100~280nm
③ 280~315nm ④ 315~400nm

04 살균작용을 하는 자외선의 파장범위는? [17 기사]
① 220~254nm ② 254~280nm
③ 280~315nm ④ 315~400nm

05 자외선에 관한 설명으로 틀린 것은? [08,16 기사]
① 비전리방사선이다.
② 200nm 이하의 자외선은 망막까지 도달한다.
③ 적혈구, 백혈구에 영향을 미친다.
④ 280~315nm 파장범위의 자외선을 도노선(Dorno ray)이라고 한다.

hint 망막까지 도달하는 자외선은 UV-A(파장범위 320~400nm)이다.

06 피부의 색소침착 등 생물학적 작용이 활발하게 일어나서 Dorno선이라고 부르는 비전리방사선은? [17 기사]
① 적외선
② 가시광선
③ 자외선
④ 마이크로파

07 다음 중 도노선(Dorno-ray)에 대한 내용으로 옳은 것은? [00,04,07,12 기사][19 산업]
① 가시광선의 일종이다.
② 280~315Å 파장의 자외선을 말한다.
③ 소독작용, 비타민 D형성(구루병 예방) 등 생물학적 작용이 강하다.
④ 절대온도 이상의 모든 물체는 온도에 비례하여 방출한다.

08 자외선에 관한 설명으로 틀린 것은? [07,09 산업]
① 자외선의 살균작용은 254nm 파장 정도에서 가장 강하다.
② 일명 화학선이라고 하며 주로 눈과 피부에 피해를 준다.
③ 눈에는 390nm 파장 정도에서 가장 영향이 크다.
④ Dorno ray는 290~315nm 정도의 범위이다.

hint 눈에는 270~300nm 파장에서 영향이 크다. 눈은 자외선에 의해 급성손상을 받기 쉬운 대표적인 기관이다. 자외선의 경우 특히 270nm에서 잘 발생하며 노출 후 6~12시간 후에 발생한다. 이외에 295~320nm의 강렬한 자외선에 의한 백내장 그리고 익상편(pterygium), 표피량 암종(epidermoid carcinoma) 등이 발생하기도 한다.

09 다음 중 피부노화와 피부암에 영향을 주는 비전리방사선은? [12,18 산업]
① UV-A ② UV-B
③ UV-D ④ UV-F

10 다음 중에서 자외선의 생물학적 작용과 거리가 가장 먼 것은? [03,13 산업]
① 피부노화 ② 색소침착
③ 구루병 발생 ④ 피부암 발생

hint 적절한 자외선은 신진대사 항진, 적혈구 및 백혈구, 혈소판 증가, 비타민 D합성(구루병 예방) 등 인체에 유익한 작용을 한다.

정답 | 01.② 02.② 03.③ 04.② 05.② 06.③ 07.③ 08.③ 09.② 10.③

종합연습문제

01 자외선에 관한 설명으로 옳지 않은 것은?
[11 산업]

① UV-B의 영향으로 피부암을 유발할 수 있다.
② 일명 화학선이라고 한다.
③ 약 100~400nm 파장범위의 전자파로 UV-A, UV-B, UV-C로 구분한다.
④ 성층권 오존층은 200nm 이하의 자외선만 지구에 도달하게 한다.

hint 자외선의 파장범위 중 200nm 이하는 오존층 또는 공기에 의해 흡수 산란되기 때문에 지구에 거의 도달하지 않는다.

02 자외선에 대한 생물학적 작용 중 옳지 않은 것은?
[11 산업]

① 피부 홍반형성과 색소침착
② 대장공 백내장
③ 전광성(전기성) 안염
④ 피부의 비후와 피부암

hint 대장공의 백내장을 유발하는 광선은 각막에 영향을 미치는 장파장의 적외선(1,400nm 전후)이다. 참고로 백내장은 적외선의 파장에서만 유발되는 것은 아니다. 마이크로파 영역에서도 유발되며, 자외선 영역에서도 유발된다. 예를 들면, 고출력 마이크로파에 노출될 경우 열작용에 의해 피부화상, 일시적 및 영구적 생식능력 이상, 백내장을 유발할 수 있다.

03 자외선에 관한 설명으로 옳지 않은 것은?
[12 산업]

① 인체에 유익한 건강선은 290~315nm 정도이다.
② 구름이나 눈에 반사되지 않아 대기오염의 지표로도 사용된다.
③ 일명 화학선이라고 하며 광화학반응으로 단백질과 핵산분자의 파괴, 변성작용을 한다.
④ 피부암은 주로 UV-B에 영향을 받는다.

hint 자외선 중에 특히 짧은 파장은 오존, 공기 및 구름이나 눈에 잘 반사된다.

04 전기성 안염(전광성 안염)과 가장 관련이 깊은 비전리방사선은?
[08 산업][10,12,18,19 기사]

① 자외선 ② 가시광선
③ 적외선 ④ 마이크로파

hint 아크용접에서 방출되는 비전리방사선은 적외선, 가시광선, 자외선이 혼합된 형태의 광학방사선(optical radiation)이다. 이 중에서 전기성 안염(전광성 안염)과 가장 관련이 깊은 비전리방사선은 자외선이다.

05 다음 중 자외선에 관한 설명으로 틀린 것은?
[15 기사]

① 비전리방사선이다.
② 태양광선, 고압수은증기등, 전기용접 등이 배출원이다.
③ 구름이나 눈에 반사되며, 고층구름이 낀 맑은 날에 가장 많다.
④ 태양에너지의 52%를 차지하며, 보통 700~1,400nm의 파장을 말한다.

hint 자외선은 태양에너지의 5% 정도를 차지하며, 10Å~400nm 파장을 말한다.

06 전자기 복사선의 파장범위 중에서 자외선-A의 파장영역으로 가장 적절한 것은?
[18 기사]

① 100~280nm ② 280~315nm
③ 315~400nm ④ 400~760nm

hint 자외선의 구분과 주요 영향

구 분	관용명	주요 영향
UV-C 200~290nm	살균선	• 유해 우주선 • 살균(핵단백 파괴) • 오존층, 공기에 의해 흡수 산란
UV-B 290~320nm	태양 화상선	• 피부노화, 홍반 • 피부암 • 백내장
도노선 280~315nm		• 소독작용 • 비타민 D합성 • 피부 색소침착
UV-A 320~400nm	광학선 흑선	• 광독성 피부염 • 광알레르기

정답 | 01.④ 02.② 03.② 04.① 05.④ 06.③

종합연습문제

01 반복하여 쪼일 경우 피부가 건조해지고 갈색을 띠게 하며 주름살이 많이 생기도록 작용하며, 눈의 각막과 결막에 흡수되어 안질환을 일으키기도 하는 것은? [06,16 산업]
① 자외선
② 적외선
③ 가시광선
④ 레이저(laser)

02 다음 중 자외선에 관한 설명과 가장 거리가 먼 것은? [17 산업]
① 피부암을 유발한다.
② 구름이나 눈에 반사되며 대기오염의 지표이다.
③ 일명 열선이라 하며 화학적작용은 크지 않다.
④ 눈에 대한 영향은 270nm에서 가장 크다.

hint 일명 열선이라 하며 화학적작용은 크지 않은 것은 적외선이다.

03 다음 중 자외선에 관한 설명으로 틀린 것은 어느 것인가? [06,10 기사]
① 진공자외선을 제외하고 생물학적 영향에 따라 3영역으로 구분된다.
② 강한 홍반작용을 나타내는 자외선의 파장은 297nm 정도이다.
③ 자외선의 조사가 부족한 경우 각기병의 유발 가능성이 높아진다.
④ 대부분은 신체표면에 흡수되기 때문에 주로 피부, 눈에 직접적인 영향을 초래한다.

hint 자외선 조사가 부족한 경우 → 구루병 발생

04 자외선에 대한 생물학적 작용 중 옳지 않은 것은? [08 산업]
① 피부홍반 형성과 색소침착
② 피부의 비후와 피부암
③ 전광성(전기성) 안염
④ 초자공 백내장

hint 초자공 백내장 → 적외선 백내장

05 자외선에 관한 설명으로 틀린 것은? [08 산업]
① 인체에 유익한 건강선은 290~315nm 정도이다.
② 구름이나 눈에 반사되며, 고층구름이 낀 맑은 날에 가장 많고 대기오염의 지표로도 사용된다.
③ 일명 화학선이라고 하며 광화학반응으로 단백질과 핵산분자의 파괴, 변성작용을 한다.
④ 피부의 자외선 투과정도는 피부 표피두께와는 관계가 없고 피부에 포함된 멜라닌색소의 정도에 따른다.

hint 피부의 자외선 투과정도는 피부 표피두께와는 관계가 깊다.
원자외선은 피부표면에서 0.03mm(각질층)까지, 근자외선은 0.05mm(진피의 말피기층)까지만 침투하며, 파장이 더욱 긴 것은 2mm의 깊이까지 도달하나 피세관층까지는 투과하지 못한다.

06 다음 내용에 해당하는 것은? [03,09 기사]
- 280~315nm 정도의 파장을 Dorno선이라 한다.
- 오존과 반응한다.
- Trichloroethylene을 phosgene으로 전환시키는 광화학적작용을 한다.

① 자외선
② 적외선
③ 레이저선
④ 마이크로파

hint 광화학작용 → 자외선

07 태양자외선과 산업장에서 발생하는 자외선은 공기 중의 NO_2와 올레핀계 탄화수소와 광화학적반응을 일으켜 트리클로로에틸렌을 독성이 강한 ( )으로 전환시키는 광화학적 작용한다] ( ) 안에 맞는 것은? [05,07 기사]
① 포름알데히드
② 포스겐
③ 아황산가스
④ 염화수소

정답 | 01.① 02.③ 03.③ 04.④ 05.④ 06.① 07.②

종합연습문제

01 다음 중 자외선 노출에 관한 설명으로 적절하지 않은 것은? [11 기사]
① 선탠로션, 크림과 같은 피부 보호제는 특정 파장을 차단해 줄 수 있다.
② 자외선의 허용 노출기준은 피부와 눈의 영향 정도에 기초하고 있다.
③ 자외선에 대한 건강영향은 파장에 관계없이 일정하게 나타난다.
④ 자외선의 노출기준은 단위면적당 조사되는 에너지로서 노출량은 J/m^2으로 표현된다.

hint 자외선에 대한 건강영향 → 파장과 밀접

02 다음 중 자외선에 의한 전신의 생체작용을 올바르게 설명한 것은? [08 기사]
① 적혈구, 백혈구, 혈소판이 증가하고 두통, 흥분, 피로 등의 2차 증상이 있다.
② 과잉조사되면 망막을 자극하여 잔상을 동반한 시력장해, 시야협착을 일으킨다.
③ 가장 영향을 받기 쉬운 조직은 골수 및 임파조직이다.
④ 국소의 혈액순환을 촉진하고, 진통작용도 있다.

03 다음 중 자외선의 인체내 작용에 대한 설명과 가장 거리가 먼 것은? [15 기사]
① 홍반은 250nm 이하에서 노출 시 가장 강한 영향을 준다.
② 자외선 노출에 의한 가장 심각한 만성영향은 피부암이다.
③ 280~320nm에서는 비타민 D의 생성이 활발해진다.
④ 254~280nm에서 강한 살균작용을 나타낸다.

hint 각질층 표피세포(말피기층)의 histamine의 양이 많아져 모세혈관 수축, 홍반형성에 이어 색소침착이 발생하며, 홍반형성은 300nm 부근 (2,000~2,900Å)의 폭로가 가장 강한 영향을 미치며 멜라닌 색소침착은 300~420nm에서 영향을 미친다.

04 자외선에 대한 설명 중 옳지 않은 것은? [13 산업]
① 인체에 유익한 건강선은 290~315nm이다.
② 구름이나 눈에 반사되며, 대기오염의 지표로도 사용된다.
③ 일명 화학선이라고 하며 광화학반응으로 단백질과 핵산분자의 파괴, 변성작용을 한다.
④ 400~500nm의 파장은 주로 피부암을 유발한다.

hint 피부암은 주로 UV-B(290~320nm, 중자외선)에 영향을 받는다. UV-B는 UV-A에 비해 1,000배나 강하여 일광화상, 광노화, 피부암 유발의 주범이 되는 광선이다.

05 자외선의 인체내 작용에 대한 설명으로 가장 거리가 먼 것은? [05 기사]
① 홍반 : 300nm 부근의 폭로가 가장 강한 영향을 줌
② 전신작용 : 자극작용이 있으며 대사가 항진되고 적혈구, 백혈구, 혈소판이 증가
③ 비타민 D 합성 : 350~400nm 생성이 가장 활발
④ 살균작용 : 254~280nm에서 핵단백 파괴

hint 비타민 D합성 → 도노선(280~315nm)

06 자외선 중에서 강한 홍반작용을 나타내는 파장의 범위로 가장 적절한 것은? [06 산업]
① 3,200~3,800Å
② 2,800~3,200Å
③ 2,000~2,900Å
④ 1,200~2,000Å

hint 자외선은 전파장 범위에서 대체로 홍반 발생작용력을 갖는다. 특히 UV-C영역(200~290nm)은 피부의 각질층 또는 눈의 각막에서 흡수되지만 UV-A와 같은 장파장 영역은 진피나 수정체, 홍체 또는 망막을 잘 침범하는 특성이 있기 때문에 짧은 노출시간에도 영향을 받을 수 있다.

정답 ▌ 01.③ 02.① 03.① 04.④ 05.③ 06.③

종합연습문제

01 자외선에 대한 설명으로 틀린 것은? [08 기사]
① 가시광선과 전리복사선 사이의 파장을 가진 전자파이다.
② 280~315nm의 파장을 가진 자외선을 "Dorno선"이라 한다.
③ 전리 및 사진감광작용은 현저하지만 형광, 광이온작용은 거의 나타나지 않는다.
④ 280~315nm의 파장을 가진 자외선은 피부의 색소침착, 소독작용, 비타민 D 형성 등 생물학적 작용이 강하다.
hint 자외선 → 광이온작용, 광화학반응

02 다음 중 자외선이 피부에 작용하는 설명으로 틀린 것은? [06 산업]
① 색소침착에 이어 홍반현상이 발생
② 2,800~3,200Å의 자외선에 노출되면 피부암 발생 가능
③ 자외선 조사량이 너무 많을 때에는 모세혈관의 투과성이 증가
④ 자외선에 노출되면 표피 및 진피의 두께가 증가
hint 자외선에 과도하게 노출될 경우 홍반현상에 이어 색소침착이 발생한다.

정답 ❘ 01.③ 02.①

- 기사 : 07,09,10,18,19
- 산업 : 출제대비

03 적외선의 생체작용에 관한 설명으로 틀린 것은?
① 조직에서의 흡수는 수분함량에 따라 다르다.
② 적외선이 조직에 흡수되면 화학반응을 일으켜 조직의 온도가 상승한다.
③ 적외선이 신체에 조사되면 일부는 피부에서 반사되고 나머지는 조직에 흡수된다.
④ 조사부위의 온도가 오르면 혈관이 확장되어 혈류가 증가되며, 심하면 홍반을 유발하기도 한다.

해설 적외선의 일반적인 작용은 구성분자의 운동에너지를 증대시킴으로써 조직온도를 상승시켜 체온상승, 대사활성화, 혈관확장을 조장하지만 직접적으로 화학반응을 일으키지는 않는다. **답** ②

유.사.문.제

01 다음 중 적외선으로부터 오는 신체장해와 가장 거리가 먼 것은? [01,03,04,07,08,13 기사]
① 초자공 백내장
② 망막손상
③ 화학적 색소침착
④ 뇌자극으로 경련을 동반한 열사병
hint 적외선은 화학결합의 붕괴·전리화 등 화학반응을 거의 일으키지 않고, 광화학작용도 유발하지 않는다.

02 다음 중 적외선의 파장범위에 해당하는 것은? [00,03 산업][11 기사]
① 280nm 이하
② 280~400nm
③ 400~750nm
④ 800~1,200nm
hint 적외선은 750nm~1.2mm의 파장을 갖는 전자기파로서 열선이라고도 부르며, 온도에 비례하여 적외선을 복사한다.

정답 ❘ 01.③ 02.④

종합연습문제

01 다음 중 적외선에 관한 설명으로 가장 거리가 먼 것은? [10,16,18 산업]
① 적외선은 대부분 화학작용을 수반하며 가시광선과 자외선 사이에 있다.
② 적외선에 강하게 노출되면 안검록염, 각막염, 홍채위축, 백내장 등을 일으킬 수 있다.
③ 일명 열선이라고 하며, 온도에 비례하여 적외선을 복사한다.
④ 적외선 중 가시광선과 가까운 쪽을 근적외선이라 한다.

hint 적외선은 화학결합의 붕괴·전리화 등 화학반응을 거의 일으키지 않는다.

02 적외선에 관한 설명으로 틀린 것은? [09,13 산업][01,04 기사]
① 가시광선보다 긴 파장으로 가시광선에 가까운 곳을 근적외선, 먼 쪽을 원적외선이라고 부른다.
② 적외선은 대부분 화학작용을 수반한 운동에너지 증대로 온도를 상승시킨다.
③ 적외선 백내장은 초자공 백내장 등으로 불리며 수정체의 뒷부분에서 시작된다.
④ 피부장해로는 충혈, 혈관확장(혈액순환 촉진 치료에 응용되기도 함), 괴사가 있다.

03 다음 중 비전리방사선에 관한 설명으로 틀린 것은? [05,11 기사]
① 고열 물체가 방출하는 복사선은 대부분 적외선으로 열선이라고도 한다.
② 290~315nm의 파장을 Dorno선 또는 생명선이라 하며 생체와 밀접한 관련이 있다.
③ 태양으로부터 방출되는 복사에너지의 52%는 가시광선이다.
④ 레이저란 자외선, 가시광선, 적외선 가운데 인위적으로 특정한 파장 부위를 강력하게 증폭시켜 얻은 복사선을 말한다.

04 다음 작업환경에서 적외선의 영향이 현저한 작업은? [00,03 산업]
① 살균 등의 취급작업
② 전지용접작업
③ 옥외건설작업
④ 용광로작업

05 각막염, 결막염 등은 아크용접작업 시 발생하는 어떠한 유해광선에 의한 것인가? [12 기사]
① 가시광선 ② 자외선
③ 적외선   ④ X선

06 적외선에 관한 내용으로 틀린 것은? [13 산업]
① 적외선은 가시광선보다 파장이 길다.
② 적외선은 대부분 화학작용을 수반한다.
③ 태양에너지의 52%를 차지한다.
④ 적외선 백내장은 초자공 백내장이라 불리며, 수정체의 뒷부분에서 시작된다.

07 적외선에 관한 설명으로 옳지 않은 것은? [11,19 산업]
① 가시광선보다 긴 파장으로 가시광선에 가까운 쪽을 근적외선, 먼 쪽을 원적외선이라고 부른다.
② 적외선은 대부분 화학작용을 수반하지 않는다.
③ 적외선 백내장은 초자공 백내장 등으로 불리며 수정체의 뒷부분에서 시작된다.
④ 적외선은 지속적 적외선, 맥동적 적외선으로 구분된다.

hint 지속적 또는 맥동적인 것에 따라 구분하는 것은 레이저이다.

08 용광로나 가열로에서 주로 발생되며 열의 노출과 관련되어 있어 열선이라고도 하는 비전리방사선은? [00,05,07 기사]
① 감마선   ② 자외선
③ 가시광선 ④ 적외선

정답 | 01.① 02.② 03.③ 04.④ 05.② 06.② 07.④ 08.④

종합연습문제

01 다음 중 조선소에 용접작업 시 발생가능한 유해인자와 가장 거리가 먼 것은? [19 기사]
① 오존 ② 자외선
③ 황산 ④ 망간흄

hint 황산은 화학공업, 가공산업 등에서 발생된다.

02 다음 중 태양복사광선의 파장범위에 따른 구분이 올바른 것은? [01, 04 산업]
① 300nm – 적외선 ② 600nm – 자외선
③ 700nm – 가시선 ④ 900nm – 도노선

03 적외선의 생체작용에 대한 설명으로 틀린 것은? [06, 19 기사]
① 조직에 흡수된 적외선은 화학반응을 일으키는 것이 아니라 구성분자의 운동에너지를 증대시킨다.
② 만성노출에 따라 눈장해인 백내장을 일으킨다.
③ 700nm 이하의 적외선은 눈의 각막을 손상시킨다.
④ 적외선이 체외에서 조사되면 일부는 피부에서 반사되고 나머지만 흡수된다.

hint 700nm 이하는 가시광선에 해당한다. 그리고 적외선이 눈의 각막을 손상시키는 파장은 적외선 중 1,400nm 이상의 장파장 영역이다.

04 적외선에 관한 내용으로 틀린 것은? [09 산업][08 기사]
① 파장이 가시광선과 가까운 쪽을 근적외선, 먼 쪽을 원적외선이라 한다.
② 적외선은 대부분 화학작용을 수반하지 않는다.
③ 500nm 이하의 단파장 적외선이 눈의 각막에 손상을 준다.
④ 적외선 백내장은 초자공 백내장 등이라 불리며 수정체의 뒷부분에서 시작된다.

hint 500nm 이하는 가시광선에 해당한다. 적외선의 단파장은 혈관에 영향을 주고, 장파장은 눈의 각막에 영향을 미친다.

05 다음 중 태양으로부터 방출되는 복사에너지의 52% 정도를 차지하고 피부조직 온도를 상승시켜 충혈, 혈관확장, 각막손상, 두부장해를 일으키는 유해광선은? [12 기사]
① 자외선
② 가시광선
③ 적외선
④ 마이크로파

hint 적외선 = 열선(熱線) → 온도상승, 충혈, 혈관확장, 각막손상, 두부(頭部)장해

06 다음 중 피부에 강한 특이적 홍반작용과 색소침착, 피부암 발생 등의 장애를 모두 일으키는 것은? [14 기사]
① 가시광선
② 적외선
③ 마이크로파
④ 자외선

hint 피부암 → 자외선

07 다음의 작업 중에서 적외선에 가장 많이 노출될 수 있는 직업에 해당되는 것은? [14 산업]
① 보석 세공작업
② 유리 가공작업
③ 전기용접
④ X선 촬영작업

hint 적외선 = 열선(熱線) → 용광로, 유리공업, 용접, 용선로, 가열로에서 방출되는 붉은 빛

08 유해광선 중 적외선의 생체작용으로 인하여 발생될 수 있는 장해와 가장 관계가 적은 것은? [00, 03, 13 기사]
① 안장해
② 피부장해
③ 조혈장해
④ 두부장해

hint 조혈장해 → 전리방사선(α, β, γ, X선 등)

정답 ┃ 01.③ 02.③ 03.③ 04.③ 05.③ 06.④ 07.② 08.③

PART 2 작업위생(환경) 측정 및 평가

예상 04
- 기사 : 18
- 산업 : 출제대비

마이크로파의 생물학적 작용과 거리가 먼 것은?

① 500cm 이상의 파장은 인체조직을 투과한다.
② 3cm 이하 파장은 외피에 흡수된다.
③ 3~10cm 파장은 1mm~1cm 정도 피부내로 투과한다.
④ 25~200cm 파장은 세포조직과 신체기관까지 투과한다.

해설 파장 200cm 이상의 마이크로파는 거의 모든 인체조직을 투과한다.   답 ①

유.사.문.제

01 다음 중 마이크로파에 관한 설명으로 틀린 것은? [05,08,14 기사]
① 주파수 범위는 10~30,000MHz 정도이다.
② 혈액의 변화로는 백혈구의 감소, 혈소판의 증가 등이 나타난다.
③ 백내장을 일으킬 수 있으며, 이것은 조직온도의 상승관계가 있다.
④ 중추신경에 대하여는 300~1,200MHz의 주파수 범위에서 가장 민감하다.

hint 마이크로파의 영향은 백혈구의 증가, 혈소판의 감소를 일으킨다.

02 마이크로파의 생체작용과 가장 거리가 먼 것은? [08,13,16 기사]
① 체표면은 조기에 온감을 느낀다.
② 두통, 피로감, 기억력 감퇴 등을 나타낸다.
③ 500~1,000Hz의 마이크로파는 백내장을 일으킨다.
④ 중추신경에 대해서는 300~1,200Hz의 주파수 범위에서 가장 민감하다.

hint 백내장 : 1,000~12,000Hz 범위

03 마이크로파의 생체작용과 가장 거리가 먼 것은? [01,04 기사]
① 열작용
② 중추신경에 대한 작용
③ 피부 및 내장조직 변형 작용
④ 혈액의 변화

04 마이크로파의 생물학적 작용에 대한 설명 중 틀린 것은? [17 기사]
① 인체에 흡수된 마이크로파는 기본적으로 열로 전환된다.
② 마이크로파의 열작용에 가장 많은 영향을 받는 기관은 생식기와 눈이다.
③ 광선의 파장과 특정 조직의 광선 흡수능력에 따라 장애 출현부위가 달라진다.
④ 일반적으로 150MHz 이하의 마이크로파와 라디오파는 흡수되어도 감지되지 않는다.

hint 마이크로파의 생물학적 작용은 조직의 광선 흡수능력에 따라 달라지는 것이 아니라 파장, 출력, 노출시간, 노출조직에 따라 장애 출현부위가 달라진다.

05 마이크로파가 건강에 미치는 영향에 관한 설명으로 옳지 않은 것은? [14 산업]
① 마이크로파의 생물학적 작용은 파장뿐만 아니라 출력, 노출시간, 노출된 조직에 따라서 다르다.
② 신체조직에 따른 투과력은 파장에 따라서 다르다.
③ 생화학적 변화로는 콜린에스테라제의 활성치가 증가한다.
④ 혈압은 노출 초기에 상승하다가 곧 억제효과를 내에 저혈압을 초래한다.

hint 마이크로파는 콜린에스테라제의 활성치를 감소시키고, 백혈구를 증가시킨다.

정답 | 01.② 02.③ 03.③ 04.③ 05.③

종합연습문제

01 마이크로파와 라디오파 방사선이 건강에 미치는 영향에 관한 설명으로 틀린 것은? [15 산업]

① 일반적으로 150MHz 이하의 마이크로파와 라디오파는 신체를 완전히 투과하며 흡수되어도 감지되지 않는다.
② 마이크로파의 열작용에 영향을 가장 많이 받는 기관은 생식기와 눈이다.
③ 50~1,000MHz의 마이크로파에 노출될 경우 눈 수정체의 아스코르브산액 함량 급증으로 백내장이 유발된다.
④ 마이크로파와 라디오파는 하전을 시키지는 못하지만 생체 분자의 진동과 회전을 시킬 수 있어 조직의 온도를 상승시키는 열작용에 의한 영향을 준다.

hint 백내장 유발 : 1,000~10,000MHz 아스코르브산이 감소한다.

02 마이크로파와 라디오파에 관한 설명으로 알맞지 않는 것은? [06,12 기사]

① 마이크로파의 파장은 약 1~300cm이다.
② 라디오파의 파장은 1MHz와 자외선 사이의 범위를 말한다.
③ 신체조직에 대한 투과력은 파장에 따라서 다르다.
④ 마이크로파의 생물학적 작용은 파장뿐만 아니라 출력, 피폭시간, 피폭된 조직에 따라 다르다.

hint 라디오파는 대략 2kHz에서 300GHz를 포괄하며, 마이크로파의 주파수 범위인 300MHz에서 300GHz를 포함한다.

03 다음 중 마이크로파의 생체작용과 거리가 먼 것은? [01,04 산업]

① 열작용
② 백내장
③ 색소침착
④ 생식기능상 장해

04 마이크로파에 의한 생물학적 작용으로 적합지 않은 것은? [04 기사]

① 인체에 흡수된 마이크로파는 기본적으로 열로 전환된다.
② 마이크로파에 의한 표적기관은 눈이다.
③ 마이크로파는 중추신경계통에 작용하며 혈압은 폭로 초기에 상승하나 곧 억제효과를 내어 저혈압을 초래한다.
④ 5~25cm의 파장의 것은 세포조직과 신체기관까지 투과한다.

hint 신체기관 투과파장 : 25~200cm

05 마이크로파의 생체작용에 대한 설명으로 틀린 것은? [05,07 기사]

① 일반적으로 100MHz 이하의 마이크로파/RF가 피부에 흡수되어 온감을 일으킨다.
② 중추신경계의 증상으로 성적 흥분 감퇴, 정서 불안정 등이 기록되어 있다.
③ 마이크로파로 인한 눈의 변화를 예측하기 위해서 수정체의 Ascorbic산 함량을 측정할 수 있다.
④ 혈액내의 백혈구 수의 증가, 망상 적혈구의 출현, 혈소판의 감소가 나타난다.

hint 일반적으로 150MHz 이하의 마이크로파는 신체에 흡수되어도 감지되지 않는다. 150~1,000MHz 범위의 마이크로파는 심부까지 흡수되어 열을 발생시키나 사람의 감각기구에 의해서는 감지되지 않는다. 라디오파 및 마이크로파의 광전자에너지는 아주 약해서 $10mW/cm^2$ 이상의 강한 에너지에 노출될 때만 열효과를 나타낸다.

06 다음 중 마이크로파에 대한 생체작용으로 볼 수 없는 것은? [08 기사]

① 백내장을 유발시킨다.
② 유전 및 생식기능에 영향을 준다.
③ 광과민성 피부질환을 일으킨다.
④ 중추신경계의 증상을 유발한다.

정답 ▮ 01.③ 02.② 03.③ 04.④ 05.① 06.③

종합연습문제

01 다음 중 마이크로파의 에너지량과 거리와의 관계에 관한 설명으로 옳은 것은? [09,11 기사]

① 에너지량은 거리의 제곱에 비례한다.
② 에너지량은 거리에 비례한다.
③ 에너지량은 거리의 제곱에 반비례한다.
④ 에너지량은 거리에 반비례한다.

hint 에너지량은 거리의 제곱에 반비례한다.

02 다음 중 눈에 백내장을 일으키는 마이크로파의 파장범위로 가장 적절한 것은? [15 기사]

① 1,000~10,000MHz
② 40,000~100,000MHz
③ 500~7,000MHz
④ 100~1,400MHz

03 일반적으로 ( )의 마이크로파는 신체에 흡수되어도 감지되지 않는다. ( ) 안에 알맞은 내용은? [04 기사]

① 150MHz 이하
② 300MHz 이하
③ 500MHz 이하
④ 1,000MHz 이하

04 다음 중 마이크로파의 생체작용에 관한 설명으로 틀린 것은? [13 기사]

① 눈에 대한 작용 : 10~100MHz의 마이크로파는 백내장을 일으킨다.
② 혈액의 변화 : 백혈구 증가, 망상적혈구의 출현, 혈소 감소 등을 보인다.
③ 생식기능에 미치는 영향 : 생식기능상의 장해를 유발할 가능성이 기록되고 있다.
④ 열작용 : 일반적으로 150MHz 이하의 마이크로파는 신체에 흡수되어도 감지되지 않는다.

hint 백내장 : 1,000~12,000Hz 범위

05 마이크로파가 건강에 미치는 영향에 관한 설명으로 옳지 않은 것은? [10 산업]

① 마이크로파의 생물학적 작용은 파장뿐만 아니라 출력, 노출시간, 노출된 조직에 따라서 다르다.
② 마이크로파는 백내장을 유발한다.
③ 생화학적 변화로는 콜린에스테라제의 활성치가 감소한다.
④ 마이크로파는 혈압을 상승시켜 결국 고혈압을 초래한다.

hint 마이크로파는 중추신경계에 영향을 주어 초기에는 자극적으로 작용함으로써 혈압이 상승하지만 곧 이어서 억제적으로 작용하여 저혈압을 초래하는 것으로 알려져 있다.

06 비전리방사선인 극저주파 전자장에 관한 내용으로 옳지 않은 것은? [12 산업]

① 통상 1~300Hz의 주파수 범위를 극저주파 전자장이라 한다.
② 직업적으로 지하철 운전기사, 발전소 기사 등 고압전선 가까이서 근무하는 근로자들의 노출이 크다.
③ 장기 노출 시 피부장해와 안장해가 발생되는 것으로 알려져 있다.
④ 노출범위와 생물학적 영향면에서 가장 관심을 갖는 주파수 영역은 전력 공급계통의 교류와 관련되는 50~60Hz 범위이다.

hint 극저주파 전자장에 장기 노출될 경우 DNA, RNA 그리고 단백질 합성, 세포증식, 면역반응에 장애를 일으킨다.

07 물체가 작열(灼熱)되면 방출되므로 광물이나 금속의 용해작업, 노(furnace)작업 특히 제강, 용접, 야금공정, 초자제조공정, 레이저, 가열램프 등에서 발생되는 방사선은? [15 기사]

① X선
② β선
③ 적외선
④ 자외선

정답 | 01.③ 02.① 03.① 04.① 05.④ 06.③ 07.③

05. 물리적 유해인자 측정·영향

예상 05
- 기사 : 01,04,05,07,08,16
- 산업 : 06

레이저광선에 가장 민감한 인체기관은?
① 눈 ② 소뇌
③ 갑상선 ④ 척수

해설 레이저광선에 가장 민감한 인체기관은 눈이다. 각막·망막에 염증, 백내장을 유발한다. **답** ①

유.사.문.제

01 비전리방사선 중 보통 광선과는 달리 단일파장이고 강력하고 예리한 지향성을 지닌 광선은 무엇인가? [18 기사]
① 적외선 ② 마이크로파
③ 가시광선 ④ 레이저광선

02 레이저에 관한 설명으로 틀린 것은?
[09 산업][06,13 기사]
① 레이저란 자외선, 가시광선, 적외선 가운데 인위적으로 특정한 파장부위를 강력하게 증폭시켜 얻은 복사선이다.
② 레이저광 중 맥동파는 지속파보다 그 장해를 주는 정도가 크다.
③ 레이저광 중 Switch파는 에너지의 양을 축적하여 강력한 지속파를 발생하게 한 것이다.
④ 레이저광에 가장 민감한 인체 표적기관은 눈이다.

03 레이저광의 노출량을 평가할 때 주의사항이 아닌 것은? [18 기사]
① 직사광과 확산광을 구별하여 사용한다.
② 각막 표면에서의 조사량 또는 노출량을 측정한다.
③ 눈의 노출기준은 그 파장과 관계없이 측정한다.
④ 조사량의 노출기준은 1mm 구경에 대한 평균치이다.

hint 레이저광에 대한 눈의 허용량은 그 파장에 따라 수정되어야 한다.

04 레이저(Lasers)에 관한 설명으로 틀린 것은?
[06,13,16 기사]
① 레이저광에 가장 민감한 표적기관은 눈이다.
② 레이저광은 출력이 대단히 강력하고 극히 좁은 파장범위를 갖기 때문에 쉽게 산란하지 않는다.
③ 파장, 조사량 또는 시간 및 개인의 감수성에 따라 피부에 홍반, 수포형성, 색소침착 등이 생긴다.
④ 레이저광 중 에너지의 양을 지속적으로 축적하여 강력한 파동을 발생시키는 것을 지속파라 한다.

hint 레이저광 중에서 에너지를 축적하여 강력한 맥동파동을 발생하는 것은 맥동파 및 Q-switch 파이다.

05 레이저광의 폭로량을 평가하는데 알아야 할 사항으로 틀린 것은? [04,10 기사]
① 각막 표면에서의 조사량(J/cm^2) 또는 폭로량(W/cm^2)을 측정한다.
② 레이저광 같은 직사광과 형광등 또는 백열등과 같은 확산광은 구별하여 사용해야 한다.
③ 레이저광에 대한 눈의 허용량은 그 파장에 따라 수정되어야 한다.
④ 조사량의 서한도는 1cm 구경에 대한 평균치이다.

hint 조사량의 노출기준은 1mm 구경에 대한 평균치이다.

정답 ❙ 01.④ 02.③ 03.③ 04.④ 05.④

종합연습문제

01 전자파의 정도를 나타내는 자속밀도의 단위인 G(Gauss)와 T(Tesla)의 관계로 알맞은 것은?
[04,06,09② 기사]

① $1\,T = 10^2\,G$
② $1\,T = 10^3\,G$
③ $1\,T = 10^4\,G$
④ $1\,T = 10^5\,G$

02 레이저가 다른 광원과 구별되는 특징으로 틀린 것은?
[14 산업]

① 단일파장으로 단색성이 뛰어나다.
② 집광성과 방향조정이 용이하다.
③ 단위면적당 빛에너지가 크게 설계되어 있다.
④ 위상이 고르고 간섭 현상이 일어나지 않는다.

hint 레이저는 간섭성이 큰 특징이 있다.

03 레이저광의 폭로량을 평가하는 사항에 해당하지 않는 항목은?
[16 기사]

① 각막 표면에서의 조사량(J/cm^2) 또는 폭로량을 측정한다.
② 조사량의 서한도는 1mm 구경에 대한 평균치이다.
③ 레이저광과 같은 직사광과 형광등 또는 백열등과 같은 확산광은 구별하여 사용해야 한다.
④ 레이저광에 대한 눈의 허용량은 폭로 시간에 따라 수정되어야 한다.

hint 레이저광에 대한 눈의 허용량은 그 파장에 따라 수정되어야 한다.

04 다음 중 레이저(Laser)에 관한 설명으로 틀린 것은?
[08,11 기사]

① 레이저는 유도 방출에 의한 광선증폭을 뜻한다.
② 레이저는 보통 광선과는 달리 단일파장으로 강력하고 예리한 지향성을 가졌다.
③ 레이저장애는 광선의 파장과 특정 조직의 광선 흡수 능력에 따라 장해출현 부위가 달라진다.
④ 레이저의 피부에 대한 작용은 비가역적이며, 수포, 색소침착 등이 생길 수 있다.

hint 레이저의 피부에 대한 작용 → 가역적

05 다음 중 레이저의 생물학적 작용에 관한 설명으로 적절하지 않은 것은?
[12 기사]

① 레이저에 가장 민감한 신체 표적기관은 눈이다.
② 피부에 대한 영향은 200~315nm가 다소 강하게 작용한다.
③ 위험정도는 광선의 강도와 파장, 노출기간, 노출된 신체부위에 따라 달라진다.
④ 200~400nm의 자외선 레이저광에서는 파장이 짧아질수록 눈에 대한 투과력이 감소한다.

hint 700nm~1mm 범위의 레이저가 피부에 다소 강하게 작용한다.

06 다음의 전자기파의 측정에 사용되는 단위 중 자계강도에 적용되는 것이 아닌 것은?
[06 기사]

① A/m
② V/m
③ $\mu T(\mu Tesla)$
④ G(Gause)

hint V/m → 전기장 세기단위

07 다음 중 유해광선과 거리와의 노출관계를 올바르게 표현한 것은?
[15 기사]

① 노출량은 거리에 비례한다.
② 노출량은 거리에 반비례한다.
③ 노출량은 거리의 제곱에 비례한다.
④ 노출량은 거리의 제곱에 반비례한다.

08 작업환경의 유해인자와 건강장해의 연결이 틀린 것은?
[15 산업]

① 자외선-혈소판 수 감소
② 고온-열사병
③ 기압-잠함병
④ 적외선-백내장

hint 혈소판 수 감소작용을 하는 것은 마이크로파이다. 자외선은 적혈구, 백혈구, 혈소판이 증가하고 두통, 홍분, 피로 등의 2차 증상이 있다.

정답 ┃ 01.③ 02.④ 03.④ 04.④ 05.② 06.② 07.④ 08.①

종합연습문제

01 레이저(LASER)의 특성을 정의한 것이다. 적합하지 않은 것은? [03 기사]

① 레이저는 유도 방출에 의한 광선증폭을 뜻한다.
② 레이저는 보통광선과는 달리 단일파장으로 강력하고 예리한 지향성을 가졌다.
③ 레이저장해는 광선의 파장과 특정 조직의 광선 흡수 능력에 따라 장해출현 부위가 달라진다.
④ 레이저의 피부에 대한 작용은 비가역적이며, 수포, 색소침착 등이 생길 수 있다.

02 비전리방사선에 대한 설명으로 틀린 것은? [17 기사]

① 적외선(IR)은 700~1mm의 파장을 갖는 전자파로서 열선이라고 부른다.
② 자외선(UV)은 X선과 가시광선 사이의 파장(100~400nm)을 갖는 전자파이다.
③ 가시광선은 400~700nm의 파장을 갖는 전자파이며 망막을 자극해서 광각을 일으킨다.
④ 레이저는 극히 좁은 파장범위이기 때문에 쉽게 산란되며, 강력하고 예리한 지향성을 지닌 특징이 있다.

hint 레이저광은 출력이 대단히 강력하고 극히 좁은 파장범위를 갖기 때문에 쉽게 산란하지 않으며, 레이저는 에너지 손실 없이 전달할 수 있는 지향성(직진성)이 좋은 특성이 있다.

03 비전리방사선인 극저주파 전자장에 관한 내용으로 옳지 않은 것은? [16 산업]

① 통상 1~300Hz의 주파수 범위를 극저주파 전자장이라 한다.
② 직업적으로 지하철 운전기사, 발전소 기사 등 고압전선 가까이서 근무하는 근로자들의 노출이 크다.
③ 장기노출 시 피부장애와 안장애가 발생되는 것으로 알려져 있다.
④ 노출범위와 생물학적 영향면에서 가장 관심을 갖는 주파수 영역은 전력공급계통의 교류와 관련되는 50~60Hz 범위이다.

04 극저주파 방사선에 대한 설명으로 틀린 것은? [18 기사]

① 강한 전기장의 발생원은 고전류장비와 같은 높은 전류와 관련이 있으며, 강한 자기장의 발생원은 고전압장비와 같은 높은 전하와 관련이 있다.
② 작업장에서 발전, 송전, 전기 사용에 의해 발생되며, 이들 경로에 있는 발전기에서 전력선, 전기설비, 기계, 기구 등도 잠재적인 노출원이다.
③ 주파수가 1~3,000Hz에 해당되는 것으로 정의되며, 이 범위 중 50~60Hz의 전력선과 관련한 주파수의 범위가 건강과 밀접한 연관이 있다.
④ 특히 교류전기는 1초에 60번씩 극성이 바뀌는 60Hz의 저주파를 나타내므로 이에 대한 노출평가, 생물학적 및 인체영향 연구가 많이 이루어져 왔다.

hint 강한 전기장의 발생원은 고압장비와 같은 높은 전하과 관련이 있으며, 강한 자기장의 발생원은 고전류장비와 같은 높은 전류와 관련이 있다.

05 비이온화 방사선의 파장별 건강영향으로 틀린 것은? [14,17 기사]

① UV-A : 315~400nm – 피부노화 촉진
② IR-B : 780~1,400nm – 백내장, 각막화상
③ UV-B : 280~315nm – 발진, 피부암, 광결막염
④ 가시광선 : 400~700nm – 광화학적이거나 열에 의한 각막손상, 피부화상

hint 중적외선(IR-B)은 파장 1,500~3,000nm 범위의 광선으로 유리 투과하는 투과능력을 갖는다. 1,400nm 이상 파장은 각막을 손상시킨다. 적외선에 만성적으로 폭로될 경우 눈장애인 백내장을 일으킬 수 있다.

정답 ┃ 01.④ 02.④ 03.③ 04.① 05.②

CHAPTER 06 평가 및 통계

1 자료의 대푯값 산정

 이승원의 **minimum point**

⚑ 산업위생 통계의 대푯값

- **개념** : 주어진 자료를 대표하는 특정 값을 그 자료의 대푯값이라고 한다. 산업위생통계에는 다음과 같은 다양한 대푯값을 사용하고 있다.
    - 평균(mean, 산술평균·가중평균·조화평균 등)
    - 중앙값(median, 중위수, 기하평균)
    - 최빈값(mode)
- **유의사항** : 생화학적 측정이나 유해물질의 농도를 평가할 때 **통상 사용**되는 평균치는 **기하평균치**이지만 노출 **대수정규분포**에서 **평균노출을 가장 잘 나타내는 대푯값**은 **산술평균**이다. 기하평균이 대수정규분포에서 산술평균보다 낮기 때문에 기하평균을 사용하는 것은 평균노출을 **과소 추정**할 수 있다.

⚑ 기하평균 : $GM = 10^M = 10^{\frac{\Sigma \log X}{N}}$ or $GM = \sqrt[N]{X_1 \times X_2 \times \cdots \times X_n}$

$\begin{cases} GM : 기하평균 \\ M : 대수값의 평균 \\ X : 유해물질의 농도 \\ N : 시료수 \end{cases}$

⚑ 산술평균 : $AM = \dfrac{X_1 + X_2 + \cdots + X_n}{N}$

⚑ 표준편차 : $SD = \left[\dfrac{\Sigma (X - X_o)^2}{(N) - 1} \right]^{1/2}$

⚑ 기하표준편차 : $GSD = \dfrac{X_{84.1}}{X_{50}}$ or $GSD = \dfrac{X_{50}}{X_{15.9}}$

$\begin{cases} X_o : 산술평균(AM) 농도 \\ GSD : 대수정규분포의 기하표준편차 \\ X_{50} : 누적도수\ 50\%\ 해당\ 농도 \\ X_{84.1} : 누적도수\ 84.1\%\ 해당\ 농도 \\ X_{15.9} : 누적도수\ 15.9\%\ 해당\ 농도 \end{cases}$

예상 01
- 기사 : 17
- 산업 : 출제대비

다음 중 대푯값에 대한 설명이 잘못된 것은?

① 측정값 중 빈도가 가장 많은 수가 최빈값이다.
② 가중평균은 빈도를 가중치로 택하여 평균값을 계산한다.
③ 중앙값은 측정값을 모두 나열하였을 때 중앙에 위치하는 측정값이다.
④ 기하평균은 n개의 측정값이 있을 때 이들의 합을 개수로 나눈 값으로, 산업위생분야에서 많이 사용한다.

해설 기하평균(GM, Geometric Mean)은 여러 개의 수를 연속으로 곱해 그 개수의 거듭제곱근으로 구한 수를 말한다. → $GM = \sqrt[N]{X_1 \times X_2 \times \cdots \times X_n}$

답 ④

- 기사 : 18
- 산업 : 출제대비

두 집단의 어떤 유해물질의 측정값이 다음 그래프와 같을 때, 두 집단의 표준편차의 크기 비교에 대한 설명 중 옳은 것은?

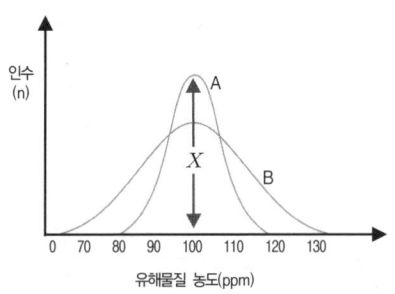

① A집단과 B집단은 서로 같다.
② A집단의 경우가 B집단의 경우보다 크다.
③ A집단의 경우가 B집단의 경우보다 작다.
④ 주어진 도표만으로 판단하기 어렵다.

해설 그림은 정규분포 파라미터인 평균과 표준편차를 나타낸 것이다. X는 평균을 나타내고, 곡선의 농도 축은 표준편차를 나타낸다. 표준편차는 자료의 산포도를 나타내는 수치로 분산의 양의 제곱근으로 정의되는데 A집단은 B집단에 비해 표준편차와 산포도가 작다. **답** ③

- 기사 : 17
- 산업 : 출제대비

작업환경 측정결과 측정치가 5, 10, 15, 15, 10, 5, 7, 6, 9, 6의 10개 일 때, 표준편차는? (단, 단위는 ppm)

① 약 1.13
② 약 1.87
③ 약 2.13
④ 약 3.76

해설 표준편차(SD) 계산식을 적용한다.

〈계산〉 $SD = \left[\dfrac{\Sigma (X-X_o)^2}{(N)-1} \right]^{1/2}$

- X_o = 산술평균(AM) 농도 = $\dfrac{X_1+X_2+\cdots+X_n}{N}$

   $= \dfrac{5+10+15+15+10+5+7+6+9+6}{10} = 8.8\,\text{ppm}$

∴ $SD = \left[\dfrac{(5-8.8)^2+(10-8.8)^2+(15-8.8)^2+(15-8.8)^2+(10-8.8)^2 \\ +(5-8.8)^2+(7-8.8)^2+(6-8.8)^2+(9-8.8)^2+(6-8.8)^2}{10-1} \right]^{0.5} = 3.77$ **답** ④

종합연습문제

01 어느 작업장의 n-Hexane의 농도를 측정한 결과가 24.5ppm, 20.2ppm, 25.1ppm, 22.4ppm, 23.9ppm일 때, 기하평균값은 약 몇 ppm인가?
[18 산업][매회 출제대비 17③,18③,19 기사]

① 21.2
② 22.8
③ 23.2
④ 24.1

hint $GM = \sqrt[n]{X_1 \times X_2 \times \cdots \times X_n}$

〈계산〉 $GM = \sqrt[5]{24.5 \times 20.2 \times 25.1 \times 22.4 \times 23.9}$
∴ $GM = 23.15\,ppm$

※ 오염물질의 종류만 변경된 동일한 유형의 문제가 반복 출제됨

02 주물공장에서 근로자에게 노출되는 호흡성 먼지를 측정한 결과(mg/m³)가 다음과 같았다면 기하평균농도(mg/m³)는?
[매회 출제대비 16,18② 산업][05,10 기사]

| 2.5 | 2.1 | 3.1 | 5.2 | 7.2 |

① 3.6
② 3.8
③ 4.0
④ 4.2

hint $GM = \sqrt[n]{X_1 \times X_2 \times \cdots \times X_n}$

〈계산〉 $GM = \sqrt[5]{2.5 \times 2.1 \times 3.1 \times 5.2 \times 7.2}$
∴ $GM = 3.6\,mg/m^3$

※ 오염물질의 종류만 변경된 동일한 유형의 문제가 반복 출제됨

03 측정값이 17, 5, 3, 13, 8, 7, 12, 10일 때, 통계적인 대푯값 9.0은 다음 중 어느 통계치에 해당되는가?
[01,09,12,18 기사]

① 최빈값
② 중앙값
③ 산술평균
④ 기하평균

hint 측정값을 낮은 순서부터 차례로 나열하면 3, 5, 7, 8, 10, 12, 13, 17이 된다. 따라서 중앙값을 산정하면 다음과 같다.

〈계산〉 중앙값 $= \dfrac{8+10}{2} = 9$

04 유기용제 작업장에서 측정한 톨루엔 농도는 65, 150, 175, 63, 83, 112, 58, 49, 205, 178(ppm)이다. 산술평균과 기하평균값은 각각 얼마인가?
[14,19 기사]

① 산술평균 108.4, 기하평균 100.4
② 산술평균 108.4, 기하평균 117.6
③ 산술평균 113.8, 기하평균 100.4
④ 산출평균 113.8, 기하평균 117.6

hint $AM = \dfrac{X_1 + X_2 + \cdots + X_n}{N}$

∴ $AM = \dfrac{1,138}{10} = 113.8$

$GM = \sqrt[n]{X_1 \times X_2 \times \cdots \times X_n}$

∴ $GM = \sqrt[10]{1.0363 \times 10^{20}} = 100.36$

05 작업환경 공기 중의 벤젠농도를 측정하였더니 8mg/m³, 5mg/m³, 7mg/m³, 3ppm, 6mg/m³이었다. 이들 값의 기하평균치(mg/m³)는? (단, 벤젠의 분자량은 78이고, 기온은 25℃이다.)
[13 기사]

① 약 7.4
② 약 6.9
③ 약 5.3
④ 약 4.8

hint $GM = \sqrt[n]{X_1 \times X_2 \times \cdots \times X_n}$

• $3ppm \times \dfrac{78}{24.45} = 9.57\,mg/m^3$

∴ $GM = \sqrt[5]{8 \times 5 \times 7 \times 9.37 \times 6} = 6.9\,mg/m^3$

06 작업장에서 생화학적 측정치나 유해물질의 농도를 평가할 때, 일반적으로 사용되는 평균치는?
[04 기사]

① 기하평균치
② 산술평균치
③ 최빈치
④ 중앙치

hint 일반적으로 많이 사용되는 평균치는 기하평균치이다.

07 노출 대수정규분포에서 평균 노출을 가장 잘 나타내는 대푯값은?
[17 기사]

① 기하평균
② 산술평균
③ 기하표준편차
④ 범위

정답 ▎ 01.③ 02.① 03.② 04.③ 05.② 06.① 07.②

2 변이계수

 이승원의 minimum point

① **의의** : 변이계수(CV, Coefficient of Variation)는 통계집단의 측정값들에 대한 균일성, 정밀성 정도를 표현하는 것으로 평균값에 대한 표준편차의 크기를 백분율로 나타낸 수치임

② **산정** : $CV_\% = \dfrac{표준편차}{평균값(산술평균)} \times 100$

③ **통계의 적용 특성**
- 변이계수는 자료의 **상대적 산포도**에 대한 척도의 하나로서 각 열에서 데이터들이 보이는 변이 정도를 나타냄
- 변이계수의 값이 **클수록** 데이터의 **변이가 심하고** 그 **정확성에 대한 신뢰도가 떨어짐**. 그러므로 변이계수의 크기가 1에 가까울수록 변이계수의 의의는 커짐
- 변이계수는 별도의 단위가 없이 백분율(%)로 표현되므로 측정단위와 무관하게 **독립적으로 산출**
- 변이계수는 단위가 서로 다른 집단이나 특성값의 상호 산포도를 비교하는데 이용될 수 있음

- 기사 : 06,09,11,18
- 산업 : 출제대비

측정값이 1, 7, 5, 3, 9일 때, 변이계수는 약 몇 %인가?

① 13 ② 63 ③ 133 ④ 183

[해설] 변이계수(%)는 표준편차를 산술평균으로 나눈 백분율이므로 다음과 같이 산출한다.

⟨계산⟩ 변이계수(%) = $\dfrac{표준편차(SD)}{산술평균(AM)} \times 100$

- $AM = \dfrac{X_1 + X_2 + \cdots + X_n}{N} = \dfrac{1+7+5+3+9}{5} = 5$
- $SD = \left[\dfrac{\Sigma(X - X_o)^2}{(N)-1}\right]^{1/2} = \left[\dfrac{(1-5)^2 + (7-5)^2 + (5-5)^2 + (3-5)^2 + (9-5)^2}{5-1}\right]^{0.5} = 3.16$

∴ 변이계수(%) = $\dfrac{3.16}{5} \times 100 = 63.15\%$

답 ②

유.사.문.제

01 측정방법의 정밀도를 평가하는 변이계수(CV)를 알맞게 나타낸 것은? [03,08 산업][05,08,11,14,16,19 기사]

① 표준편차/산술평균
② 기하평균/표준편차
③ 표준오차/표준편차
④ 표준편차/표준오차

02 통계집단의 측정값들에 대한 균일성과 정밀성의 정도를 표현하는 것으로 평균값에 대한 표준편차의 크기를 백분율로 나타낸 것은? [13 산업][07,08,10②,17 기사]

① 정확도   ② 변이계수
③ 신뢰편차율 ④ 신뢰한계율

정답 | 01.① 2.②

종합연습문제

01 다음 중 '변이계수'에 관한 설명으로 틀린 것은 어느 것인가? [08 산업][07,12,15 기사]
① 평균값의 크기가 0에 가까울수록 변이계수의 의미는 커진다.
② 측정단위와 무관하게 독립적으로 산출된다.
③ 변이계수는 %로 표현된다.
④ 통계집단의 측정값들에 대한 균일성, 정밀성 정도를 표현하는 것이다.

hint 변이계수의 크기가 1에 가까울수록 변이계수의 의의는 커진다.

02 다음 ( ) 안에 옳은 내용은? [07,10,13,15,19 산업]

> 산업위생통계에서 측정방법의 정밀도는 동일 집단에 속한 여러 개의 시료를 분석하여 평균치와 표준편차를 계산하고 표준편차를 평균치로 나눈값, 즉 ( )로 평가한다.

① 분산수
② 기하평균치
③ 변이계수
④ 표준오차

03 작업환경 측정치의 통계처리에 활용되는 변이계수에 관한 설명으로 옳지 않은 것은? [12,19 기사]
① 편차의 제곱 합들의 평균값으로 통계집단의 측정값들에 대한 균일성, 정밀성 정도를 표현한다.
② 측정단위와 무관하게 독립적으로 산출되며 백분율로 나타낸다.
③ 단위가 서로 다른 집단이나 특성값의 상호 산포도를 비교하는데 이용될 수 있다.
④ 평균값의 크기가 0에 가까울수록 변이계수의 의의는 작아진다.

hint 변이계수(CV, Coefficient of Variation)는 평균값에 대한 표준편차의 크기를 백분율로 나타낸 수치이다.

04 산업위생통계에서 적용하는 변이계수에 대한 설명으로 틀린 것은? [13 기사]
① 통계집단의 측정값들에 대한 균일성, 정밀도 정도를 표현하는 것이다.
② 표준오차에 대한 평균값의 크기를 나타낸 수치이다.
③ 단위가 서로 다른 집단이나 특성값의 상호 산포도를 비교하는데 이용될 수 있다.
④ 평균값의 크기가 0에 가까울수록 변이계수의 의의가 작아지는 단점이 있다.

hint 변이계수(CV, Coefficient of Variation)는 평균값에 대한 표준편차의 크기를 백분율로 나타낸 수치이다.

05 측정 결과의 통계처리를 위한 산포도 측정방법에는 변량 상호 간의 차이에 의하여 측정하는 방법과 평균값에 대한 변량의 편차에 의한 측정방법이 있다. 다음 중 변량 상호 간의 차이에 의하여 산포도 측정하는 방법으로 가장 옳은 것은? [10,14 기사]
① 평균차
② 분산
③ 변이계수
④ 표준편차

hint 산포도(degree of scattering)란 대푯값을 중심으로 자료들이 흩어져 있는 정도를 의미하며, 분산도(分散度)라고도 한다.

산포도는 하나의 수치로서 표현되며 수치가 작을수록 자료들이 대푯값에 밀집되어 있고, 클수록 자료들이 대푯값을 중심으로 멀리 흩어져 있다.

산포도의 측정은 평균값에 대한 변량의 편차에 의한 측정방법인 표준편차(標準偏差), 변량 상호 간의 차이에 의하여 측정하는 방법인 데이터 범위(평균차), 이외에 분산·불편분산(不偏分散)·평균편차 등이 있으나 가장 많이 사용되는 것은 분산과 표준편차이다.

정답 | 01.① 02.③ 03.① 04.② 05.①

종합연습문제

01 어느 자료로 대수정규 누적분포도를 그렸을 때 누적퍼센트 84.1%에 해당되는 값이 3.75이고 기하표준편차가 1.5라면 기하평균은? [08 기사]

① 0.4 ② 5.3
③ 5.6 ④ 2.5

hint 기하표준편차(GSD, Geometric Standard Deviation)는 대수정규확률지에 농도를 표시하여 그 분포가 직선을 나타낼 때 누적도수 84.1%에 해당하는 값, 50%에 해당하는 값의 비를 말한다.

〈계산〉 $GSD = \dfrac{X_{84.1}}{X_{50}} = \dfrac{3.75}{X_{50}} = 1.5$

∴ $X_{50} = 2.5$

02 변이계수에 관한 설명으로 옳지 않은 것은? [11 산업]

① 통계집단의 측정값들에 대한 균일성, 정밀성 정도를 표현한 것이다.
② 평균값에 대한 표준편차의 크기를 백분율로 나타낸 수치이다.
③ 측정단위에 따라 적절한 보정상수를 적용하여 산출한다.
④ 평균값의 크기가 0에 가까울수록 변이계수의 의의는 작아진다.

hint 변이계수는 백분율(%)이므로 측정단위와 무관하게 독립적으로 산출되는 특성이 있다.

03 변이계수에 관한 설명으로 옳지 않은 것은? [10,12 산업]

① 통계집단의 측정값들에 대한 균일성, 정밀성 정도를 표현한다.
② 변이계수는 '%'로 표현된다.
③ 단위가 서로 다른 집단이나 특성값의 상호 산포도를 비교하는데 이용될 수 있다.
④ 변이계수=(산술평균/표준편차)×100으로 계산된다.

hint 변이계수(CV)=(표준편차/산술평균)×100으로 계산된다.

04 어느 작업장에서 Trichloroethylene의 농도를 측정한 결과 23.3ppm, 21.6ppm, 22.4ppm, 24.1ppm, 22.7ppm, 25.4ppm을 각각 얻었다. 중앙치(median)는? [08,11,19 기사]

① 23.0ppm ② 23.2ppm
③ 23.5ppm ④ 23.8ppm

hint 측정자료를 크기 순으로 나열하면 21.6, 22.4, 22.7, 23.3, 24.1, 25.4ppm이 되고, 시료수가 짝수이므로 6/2번째 값과 (6/2)+1번째 값의 산술평균값 즉, (22.7+23.3)/2=23ppm이 중앙값(median)이 된다.
한편, 시료수가 홀수일 때는 (n+1)/2번째의 값이 중앙값이다.

05 어느 자동차공장의 프레스반 소음을 측정한 결과 측정치가 다음과 같았다면 이 프레스반 소음의 중앙치(median)는? [08,13 산업][14 기사]

79dB(A),	80db(A),	77dB(A),
82dB(A),	88dB(A),	81dB(A),
84dB(A),	76dB(A)	

① 80.5dB(A) ② 81.5dB(A)
③ 82.5dB(A) ④ 83.5dB(A)

hint 측정자료를 크기 순으로 나열하면 76dB(A), 77dB(A), 79dB(A), 80dB(A), 81dB(A), 82dB(A), 84dB(A), 88dB(A)이고, 시료수가 짝수이다.

∴ 중앙치 = $\dfrac{80+81}{2}$ = 80.5dB(A)

06 어느 작업장에서 소음의 음압수준(dB)을 측정한 결과가 85, 87, 84, 86, 89, 81, 82, 84, 83, 88일 때, 중앙값은 몇 dB인가? [11②,18 기사]

① 83.5 ② 84
③ 84.5 ④ 84.9

hint 순서는 81, 82, 83, 84, 84, 85, 86, 87, 88, 89이고, 시료수가 짝수

∴ 중앙치 = $\dfrac{84+85}{2}$ = 84.5dB

정답 | 01.④ 02.③ 03.④ 04.① 05.① 06.③

종합연습문제

01 납축전지 제조업에서의 공기 중의 납농도가 다음과 같을 때, 기하표준편차(GSD)는 약 몇 mg/m³인가? [09 기사]

[데이터] (단위 : mg/m³)
0.01, 0.03, 0.05, 0.025, 0.02

① 0.0148
② 0.0237
③ 0.2559
④ 1.803

hint 기하표준편차 계산식을 이용한다.

〈계산〉 $GSD = 10^{\left[\frac{\Sigma(\log X - M)^2}{N-1}\right]^{1/2}}$

□ $M = \dfrac{\left(\begin{array}{c}\log 0.01 + \log 0.03 + \log 0.05 \\ + \log 0.025 + \log 0.02\end{array}\right)}{5}$
$= -1.62$ (대수평균)

□ X : 0.01, 0.03, 0.05, 0.025, 0.02

∴ $GSD = 10^{\left[\frac{\begin{array}{c}[\log 0.01-(-1.62)]^2\\+[\log 0.03-(-1.62)]^2\\+[\log 0.05-(-1.62)]^2\\+[\log 0.025-(-1.62)]^2\\+[\log 0.02-(-1.62)]^2\end{array}}{(5-1)}\right]^{1/2}}$

$= 10^{\left[\frac{0.262}{(5-1)}\right]^{1/2}} = 1.803 \, mg/m^3$

02 작업환경 측정결과 측정치가 다음과 같을 때, 평균편차는 얼마인가? [19 기사]

7, 5, 15, 20, 8

① 2.8   ② 5.2
③ 11   ④ 17

hint 평균편차(AD) $= \left[\dfrac{\Sigma|(X-X_o)|}{N}\right]$

□ X_o = 산술평균
$= \dfrac{7+5+15+20+8}{5} = 11$

∴ $AD = \left[\dfrac{\begin{array}{c}|(7-11)|+|(5-11)|\\+(15-11)+(20-11)\\+|(8-11)|\end{array}}{5}\right] = 5.2$

03 표준편차를 구하는 일반적 공식으로 가장 적절한 것은? [03 기사]

① $S = \left[\dfrac{\sum_{i=1}^{n}(X-\overline{X})^2}{N}\right]^{0.5}$

② $S = \left[\dfrac{\sum_{i=1}^{n}(X-\overline{X})^2}{N}\right]^{2}$

③ $S = \left[\dfrac{\sum_{i=1}^{n}(X+\overline{X})^2}{N}\right]^{0.5}$

④ $S = \left[\dfrac{\sum_{i=1}^{n}(X+\overline{X})^2}{N}\right]^{2}$

04 산업안전보건법에 의한 작업환경 측정을 실시하는 경우에는 작업환경 측정을 실시 후 산업안전보건법 서식에 의하여 작업환경 측정결과표를 작성하여야 한다. 작업환경 측정결과표에 포함되어야 할 사항과 가장 거리가 먼 것은? [05 기사]

① 작업환경 측정일시   ② 작업환경 측정자
③ 예비조사 결과   ④ 작업환경 측정목적

hint 작업환경 측정결과표에는 사업장 개요, 작업환경 측정개요, 측정기관(측정자), 측정일시, 지정한계 및 측정실적, 예비조사 결과, 측정결과, 측정주기 등이 기재된다.

05 재해원인 분석방법 중 사고의 유형, 기인물 등 분류 항목을 큰 순서대로 도표화하는 통계적 원인분석은 무엇인가? [07 기사]

① 파레토도   ② 특성요인도
③ 크로스분석 ④ 관리도

hint 파레토도(Pareto diagram)는 막대 그래프와 꺾은선 그래프를 조합시킨 도표(각 특성별 분포에 대한 막대 그래프와 그 분포의 누적을 나타내는 꺾은선 그래프를 하나의 도표에 같이 보여줌)를 말하며, 어떤 문제의 우선순위를 보여주는 가장 간단한 방법의 그래프이다. 따라서 파레토도는 문제해결을 위한 분석도구로 유용하게 쓰이고 있다.

정답 ┃ 01.④ 02.② 03.① 04.④ 05.①

3 오차, 정확도 · 정밀도

 이승원의 **minimum point**

(1) 누적오차와 상대오차

① **누적오차**(cumulative error)
- 동일한 측정에 있어서 일정한 조건하에서는 항상 같은 크기로 생기는 오차로서 측정을 반복함에 따라 오차의 크기가 측정횟수에 비례하여 누적되는데 이를 누차정오차 계통오차라고도 함
- 정오차는 1회 관측에서 α의 오차가 생긴다고 하면 n회 관측에서는 $n\alpha$의 오차로 됨

$$E_c = \sqrt{E_1^2 + E_2^2 + \cdots + E_n^2}$$ $\begin{cases} E : \text{각 출처에서 발생된 오차(SEA)}(n=1,\ 2,\ 3,\ 4,\ \cdots) \\ \text{SEA} : \text{시료채취 · 분석 과정에서 발생하는 오차} \end{cases}$

① **상대오차**(relative error)

$$\varepsilon\,(\%) = \frac{M-T}{T} \times 100$$ $\begin{cases} \varepsilon : \text{상대오차(\%, 백분율 오차)} \\ M : \text{근사값} \\ T : \text{참값} \end{cases}$

(2) 측정 가능한 오차와 측정 불가능한 오차

① 측정 가능한 오차 → 계통오차, 과실오차
- 계통오차(systematic error) : 계통오차는 대략 세 가지로 분류되며 **오차의 크기를 줄일 수 있고, 제거 가능**한 오차임 → 표준용액과 시약의 오염, 변질, 반응온도 및 시간변화

구 분	사 례
• 계기(기기)오차	• 온도계, 계기판 등의 눈금이 정확하지 않거나 영점보정이 안 된 경우 등
• 환경오차(외계오차)	• 온도, 습도, 압력 등 **외부환경의 영향**으로 생기는 오차 • 측정기구의 **온도에 따른 팽창과 수축**으로 인한 눈금의 변화, 질량 측정 시 공기의 **부력**에 의한 영향 등에 의해 오차가 발생할 수 있음
• 개인오차	• 개인이 가지고 있는 **습관**이나 **선입견**이 작용하여 생기는 오차 • 시간을 인식하는 정도가 분석자 마다 다를 수 있음
• 기타	• 시약오차, 분석방법에 의한 오차, 실험조작에 의한 오차 등

- 과실오차(erratic error) : 계기의 **취급 부주의**로 생기는 오차임 → ex 척도의 숫자를 잘못 읽었다든지 계산을 틀리게 하여 생기는 오차 등으로 분석자가 충분히 주의하면 제거할 수 있음

① 측정 불가능한 오차 → 우발오차(우연오차, random error)
- 한 가지 실험측정을 반복할 때 측정값들의 변동에 의해 발생될 수 있음
- 알아낼 수 없는 전압의 불안정성, 검사자의 우연한 실수 등에 의해 발생하는 오차 등임
- 주위의 사정으로 측정자가 주의해도 피할 수 없는 불규칙적이고 우발적인 원인에 의해 발생
- 계통오차와 달리 제거할 수 없고 보정할 수도 없음
- 다만, 측정의 횟수를 되도록 많이, 오차의 분포를 검토하여 가장 확실성 있는 값, 즉 최확치를 추정할 수 있음

PART 2 작업위생(환경) 측정 및 평가

(3) 오차의 평가
- 계통오차가 없을 때는 측정결과가 **정확하다**고 말함
- 우발오차가 작거나 없을 때는 **정밀하다**고 말함(우발오차는 **평균값을 사용**함으로써 오차를 작게 할 수는 있으나 제거할 수 없는 오차임)

예상 01
- 기사 : 매회 출제대비 16,19
- 산업 : 매회 출제대비 17②,18

유량, 측정시간, 회수율 및 분석 등에 의한 오차가 각각 15%, 3%, 9%, 5%일 때, 누적오차는 약 몇 %인가?

① 18.4   ② 20.3
③ 21.5   ④ 23.5

해설 누적오차 산출식을 이용한다.

⟨계산⟩ 누적오차(E_c) = $\sqrt{15^2+3^2+9^2+5^2}$ = 18.44%

답 ①

유.사.문.제

01 산업위생통계에 적용되는 용어 정의에 대한 내용으로 옳지 않은 것은? [18 기사]

① 상대오차=[(근사값−참값)/참값]으로 표현된다.
② 우발오차란 측정기기 또는 분석기기의 미비로 기인되는 오차이다.
③ 유효숫자란 측정 및 분석 값의 정밀도를 표시하는 데 필요한 숫자이다.
④ 조화평균이란 상이한 반응을 보이는 집단의 중심경향을 파악하고자할 때 유용하게 이용된다.

hint 우발오차란 알아낼 수 없는 오차이다.

02 다음 중 측정기 또는 분석기기의 미비로 기인되는 것으로 실험자가 주의하면 제거 또는 보정이 가능한 오차는? [18 산업]

① 우발적 오차
② 무작위 오차
③ 계통적 오차
④ 시간적 오차

03 유량, 측정시간, 회수율, 분석에 의한 오차가 각각 10%, 5%, 7%, 5%였다. 만약 유량에 의한 오차(10%)를 5%로 개선시켰다면 개선 후의 누적오차(%)는? [00,04,17② 기사]

① 약 8.9
② 약 11.1
③ 약 12.4
④ 약 14.3

hint $E_c = \sqrt{5^2+5^2+7^2+5^2}$ = 11.14%

04 1회 분석의 우연오차의 표준편차를 σ라 하였을 때 n회의 평균치의 표준편차는? [04 산업][16 기사]

① $\dfrac{\sigma}{n}$ ② $\sigma\sqrt{n}$
③ $\dfrac{\sqrt{n}}{\sigma}$ ④ $\dfrac{\sigma}{\sqrt{n}}$

hint 표준오차(SE) = $\dfrac{\sigma}{\sqrt{n}}$ $\begin{cases} \text{SE : 표준오차} \\ \sigma \text{ : 표준편차} \\ n \text{ : 지표의 수} \end{cases}$

정답 | 01.② 02.③ 03.② 04.④

종합연습문제

01 처음 측정한 측정치는 유량, 측정시간, 회수율 및 분석 등에 의한 오차가 각각 15%, 3%, 9%, 5%였으나 유량에 의한 오차가 개선되어 10%로 감소되었다면 개선 전 측정치의 누적오차와 개선 후 측정치의 누적오차의 차이(%)는?
[00, 06, 07, 08, 10, 12, 15② 기사]

① 6.6% ② 5.6%
③ 4.6% ④ 3.8%

hint $E_c = \sqrt{E_1^2 + E_2^2 + \cdots + E_n^2}$

- 개선 전 $E_c = \sqrt{15^2 + 3^2 + 9^2 + 5^2}$
  $= 18.44\%$
- 개선 후 $E_c = \sqrt{10^2 + 3^2 + 9^2 + 5^2}$
  $= 14.67\%$

∴ $\Delta E_c = 18.44 - 14.67 = 3.77\%$

02 산업위생통계 자료표에서 M+SD로 표시한 것은 무엇을 의미하는가? [00, 04, 05, 19 산업]

① 평균치와 표준편차
② 평균치와 표준오차
③ 최빈치와 표준편차
④ 중앙치와 표준오차

hint 통계 자료표에서 M은 평균치(mean), SD는 표준편차(standard deviation)를 의미한다.

03 다음 중 계통오차의 종류로 거리가 먼 것은? [07, 11, 15 기사]

① 한 가지 실험측정을 반복할 때, 측정값들의 변동으로 발생되는 오차
② 측정 및 분석 기기의 부정확성으로 발생된 오차
③ 측정하는 개인의 선입관으로 발생된 오차
④ 측정 및 분석 시 온도나 습도와 같이 알려진 외계의 영향으로 생기는 오차

hint 한 가지 실험측정을 반복할 때, 측정값들의 변동에 의해 발생되는 오차는 우발오차이다.

04 작업환경 측정 분석 시 발생하는 계통오차의 원인과 가장 거리가 먼 것은? [13, 15 산업]

① 불안정한 기기반응
② 부적절한 표준액의 제조
③ 시약의 오염
④ 분석물질의 낮은 회수율

hint 계통오차는 원인을 규명할 수 있는 오차로서 제거가능한 오차이고, 측정가능한 오차를 말한다.
- 계통오차 : 표준 용액과 시약의 오염·변질, 분석물질의 낮은 회수율, 반응온도 및 시간 변화 등
- 우발오차 : 분석기·시약·전압의 불안정성, 검사자의 우연한 실수 등

05 일반적으로 오차는 계통오차와 우발오차로 구분되는데 다음 중 계통오차에 관한 내용으로 틀린 것은? [12 기사]

① 계통오차가 작을 때는 정밀하다고 말한다.
② 크기와 부호를 추정할 수 있고 보정할 수 있다.
③ 측정기 또는 분석기기의 미비로 기인되는 오차이다.
④ 계통오차의 종류로는 외계오차, 기계오차, 개인오차가 있다.

hint 계통오차가 없을 때는 측정결과가 정확하다고 말한다.

06 작업환경 측정 시 발생되는 오차의 설명이 잘못된 것은? [07 기사]

① 참값과 근사값의 차이를 오차라 한다.
② 상대오차는 [(근사값−참값)/근사값]이다.
③ 계통오차는 측정기 또는 분석기기의 미비로 기인된다.
④ 계통오차가 없을 때는 정확성이 높은 것으로 평가한다.

hint 상대오차는 어느 양에 대하여 비(比)로 나타내어진 오차로서 [(근사값−참값)/참값]×100으로 표현된다.

정답 ▮ 01.④ 02.① 03.① 04.① 05.① 06.②

종합연습문제

01 분석에서의 계통오차(systematic error)가 아닌 것은? [08,10 산업]

① 외계오차 ② 개인오차
③ 기계오차 ④ 우발오차

hint 계통오차 → 계기(기기)오차, 환경오차(외계오차), 개인오차

02 산업위생통계 시 적용하는 용어 정의에 관한 내용으로 틀린 것은? [08 기사]

① 유효숫자란 측정 및 분석값의 정밀도를 표시하는 데 필요한 숫자이다.
② 상대오차=[(근사값−참값)/참값]으로 표현된다.
③ 우발오차가 작을 때는 측정결과가 정확하다고 한다.
④ 조화평균이란 상이한 반응을 보이는 집단의 중심경향을 파악하고자할 때 유용하게 이용된다.

hint 우발오차가 작을 때는 정밀하다고 말한다.

03 다음 중 우발오차에 관한 설명으로 옳지 않은 것은? [10 기사]

① 우발오차가 작을 때는 정밀하다고 말한다.
② 실험자가 주의하면 오차의 제거 또는 보정이 용이하다.
③ 측정횟수를 될 수 있는 대로 많이 하여 오차의 분포를 살펴 가장 확실한 값을 추정할 수 있다.
④ 한 가지 실험 측정을 반복할 때, 측정값들의 변동으로 발생되는 오차이다.

hint 우발오차는 원인을 알 수 없는 오차이므로 제거 또는 보정을 할 수 없다. 다만 평균값을 사용함으로써 오차를 작게할 수는 있으나 제거할 수 없는 오차이다.

04 일정한 물질에 대해 분석치가 참값에 얼마나 접근하였는가 하는 수치상의 표현은? [01,06,09,16 산업]

① 정확도 ② 분석도
③ 정밀도 ④ 대표도

hint 분석치가 참값에 얼마나 접근하였는가의 척도는 정확도, 분석자료의 변동 크기가 얼마나 작은가를 나타내는 척도는 정밀도이다.

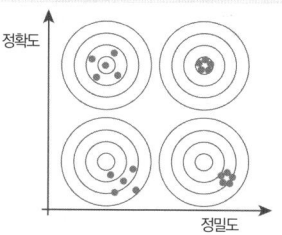

05 일정한 물질에 대해 반복 측정·분석을 했을 때 자료 분석치의 변동 크기가 얼마나 작은가를 나타내는 용어는? [04,17 산업]

① 정확도 ② 참값
③ 정밀도 ④ 대푯값

06 측정오차를 줄이는 방법에 대한 설명 중 틀린 것은? [06 산업]

① 시료채취시간을 최소한으로 한다.
② 시료수를 증가시킨다.
③ 측정기구의 보정을 정확히 한다.
④ 분석자의 분석능력을 키운다.

hint 측정오차를 줄이기 위해서는 시료채취시간을 최대로, 시료수를 증가하고, 측정기구의 보정을 정확히 하여야 한다.

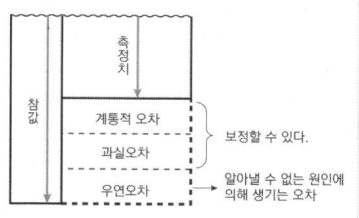

정답 | 01.④ 02.③ 03.② 04.① 05.③ 06.①

4 유해물질농도 표준화와 노출평가

 이승원의 **minimum point**

① **표준화값** : 표준화값은 측정농도(C)를 허용농도(TLV)로 나누어 산정한다.

■ 표준화값 $(Y) = \dfrac{측정농도(\text{TWA or STEL})}{허용농도(노출기준)}$

① **유해물질의 노출평가**
- 평가에 필요한 자료
  □ 시료 포집·분석오차(**SAE**, Sampling and Analytical Errors) : 공기 중 유해물질을 포집하여 분석한 측정치와 근로자가 노출되는 실제농도의 차이
  □ 신뢰하한값(**LCL**, Lower Confidence Limit)과 신뢰상한값(**UCL**, Upper Confidence Limit)
  □ 측정농도(C = **TWA**, **STEL**) 와 허용농도·노출기준(=**TLV**)

- 노출평가 순서
  □ 표준화값 산정 → 표준화값 $(Y) = \dfrac{C}{\text{TLV}}$
  □ 표준화값(Y)과 LCL, UCL 및 SAE의 관계 검토 : 표준화값(Y)과 95% 신뢰도를 갖는 상한값(UCL) 및 하한값(LCL)과 시료 포집·분석오차(SAE)의 관계 검토
    • UCL = Y + SAE
    • LCL = Y − SAE
  □ 판정
    • UCL ≤ 1일 때 → 노출기준 미만
    • LCL < 1, UCL > 1일 때 → 노출기준 초과 가능
    • LCL ≥ 1일 때 → 노출기준 초과

- 기사 : 00,04,07,16,19
- 산업 : 출제대비

산업위생통계에서 유해물질 농도를 표준화 하려면 무엇을 알아야 하는가?
① 측정치와 노출기준
② 평균치와 표준편차
③ 측정치와 시료수
④ 기하평균치와 기하표준편차

해설 유해물질농도를 표준화 하려면 측정치와 노출기준을 알아야 한다.   답 ①

종합연습문제

01 측정결과를 평가하기 위하여 '표준화값'을 산정할 때, 적용되는 인자는? (단, 고용노동부고시 기준)   [15 기사]

① 측정농도와 노출기준
② 평균농도와 표준편차
③ 측정농도와 평균농도
④ 측정농도와 표준편차

hint 표준화값은 측정치 농도를 노출기준(TLV)으로 나누어 산정한다.

02 크실렌을 측정하여 분석한 결과 5ppm이 검출되었다. 크실렌의 SAE(시료채취 및 분석오차)는 0.12, 노출기준이 100ppm일 때, 신뢰하한값(LCL : 95% 신뢰도)은?   [05 기사]

① 0.03
② 0.07
③ 0.14
④ 0.17

hint LCL = Y− SAE

$$\therefore \text{LCL} = Y- \text{SAE} = \left(\frac{5}{100}\right) - 0.12 = |0.07|$$

03 근로자의 납 노출을 측정한 결과 8시간 TWA가 0.065mg/m³이었다. 미국 OSHA의 평가방법을 기준으로 신뢰하한값(LCL)과 그에 따른 판정으로 적절한 것은? (단, 시료채취 분석오차 0.132이고, 허용기준은 0.05mg/m³)   [17,19 산업][07 기사]

① LCL=1.168, 허용기준 초과
② LCL=0.911, 허용기준 미만
③ LCL=0.983, 허용기준 초과 가능
④ LCL=0.584, 허용기준 미만

hint $\text{LCL} = Y- \text{SAE} = \left(\frac{0.065}{0.05}\right) - 0.132 = 1.168$

∴ LCL > 1.0이므로 허용기준 초과

※ 오염물질의 종류만 변경된 동일한 유형의 문제가 반복 출제되고 있음(2차 실기에도 출제!!)

04 작업환경 측정결과의 평가에서 작업시간 전체를 1개의 시료로 측정할 경우의 노출결과 구분이 바르게 표기된 것은?   [18 산업]

① 하한치(LCL)>1일 때 노출기준 미만
② 상한치(UCL)≤1일 때 노출기준 초과
③ 하한치(LCL)≤1, 상한치(UCL)<1일 때 노출기준 초과 가능
④ 하한치(LCL)>1일 때 노출기준 초과

hint 하한치(LCL)의 값이 1보다 클 경우, 노출기준을 초과한 것으로 평가한다.

05 시료채취 분석오차(SAE)를 고려하여 95% 신뢰구간의 한계치인 UCL과 LCL을 구하여 노출기준에 대해 평가하고자 한다. 다음 중 옳지 않은 것은?   [04 산업]

① UCL ≤ 1이면 노출기준을 초과하지 않는다.
② LCL ≤ 1이고, UCL > 1이면 노출기준을 초과할 가능성이 있다.
③ LCL ≤ 1이면 노출기준을 초과한다.
④ UCL =(측정농도/노출기준)+SAE이다.

06 납(Pb)흄에 노출되고 있는 근로자의 납(Pb) 노출농도를 측정한 결과 0.056mg/m³이었다. 노동부의 통계적인 평가방법에 따라 근로자의 노출을 평가하면? (단, 시료채취 및 분석오차는 0.132이고, 납에 대한 노출기준은 0.05mg/m³이다. 95% 신뢰도임)   [04 산업]

① 초과하지 않음
② 초과함
③ 초과 가능
④ 판정할 수 없음

hint $\text{LCL} = Y- \text{SAE} = \left(\frac{0.056}{0.05}\right) - 0.132 = 0.988$

$\text{UCL} = Y+ \text{SAE} = \left(\frac{0.056}{0.05}\right) + 0.132 = 1.252$

∴ LCL<1, UCL>1 이므로 → 초과 가능

※ 오염물질의 종류만 변경된 동일한 유형의 문제가 반복 출제되고 있음(2차 실기에도 출제!!)

정답 | 01.① 02.② 03.① 04.④ 05.③ 06.③

종합연습문제

01 제관공장에서 용접흄을 측정한 결과가 다음과 같다면 노출기준 초과여부 평가로 알맞은 것은?
[07 산업][04②,06,07,15,18 기사]

- 용접 fume의 TWA : 5.27mg/m^3
- 노출기준 : 5.0mg/m^3
- SAE(시료채취 분석오차) : 0.12

① 초과
② 초과 가능
③ 초과하지 않음
④ 평가할 수 없음

hint $LCL = Y - SAE = \left(\dfrac{5.27}{5}\right) - 0.12 = 0.934$

$UCL = Y + SAE = \left(\dfrac{5.27}{5}\right) + 0.12 = 1.174$

∴ LCL < 1, UCL > 1 이므로 → 초과 가능

※ 오염물질의 종류만 변경된 동일한 유형의 문제가 반복 출제되고 있음(2차 실기에도 출제!!)

02 미국 OSHA와 우리나라 노동부의 작업환경 측정방법에 따라 작업장내 납농도를 측정, 평가한다. 8시간 작업시간 동안 측정한 시료의 농도는 0.045mg/m^3이다. 이 경우 신뢰하한값(LCL)과 신뢰상한값(UCL)은 각각 얼마인가? (단, 납의 노출기준은 0.05mg/m^3, 시료채취 및 분석오차(SAE)는 0.132이다.) [07 기사]

① 0.768, 1.032
② 0.781, 0.929
③ 0.979, 1.243
④ 0.964, 1.258

hint 표준화값(Y) 신뢰하한값(LCL), 신뢰상한값(UCL) 및 시료채취·분석오차(SAE)의 관계식을 이용한다.

〈계산〉 $LCL = Y - SAE$, $UCL = Y + SAE$

□ 표준화값 $(Y) = \dfrac{측정치}{허용농도}$

$= \dfrac{0.045}{0.05} = 0.9$

∴ $LCL = 0.9 - 0.132 = 0.768$
∴ $UCL = 0.9 + 0.132 = 1.032$

03 초음파의 생체작용에 대한 설명을 틀린 것은?
[07 기사]

① 고주파성 초음파는 공기 중에서 쉽게 전파되어 생체의 전신 및 국소적으로 문제를 일으킨다.
② 작업자가 초음파에 폭로되더라도 8kHz까지의 가청음에 대한 청력장해는 오지 않는다고 알려져 있다.
③ 인간의 피부는 폭로된 초음파의 1%만을 흡수하고 나머지는 반사되고 있다.
④ 자각증상으로는 초음파 폭로 3개월 이내에 음에 대한 불쾌감이 가장 많이 오며 또한 두통, 피로, 구토 등이 나타난다.

hint 20kHz 이상의 고주파성 초음파는 공기 중에서는 쉽게 전파되지 않는다.

04 광학방사선에서 사용되는 측정량과 단위의 연결로 틀린 것은?
[14 기사]

① 방사속-W
② 광속-1m(루멘)
③ 휘도-cd/m^2
④ 조도-cd(칸델라)

hint 조도 → lux

정답 | 01.② 02.① 03.① 04.④

작업위생(환경) 측정 및 평가 관련 2차 **필답형(실기)**

실기문제(2차)

1 이론형 쓰기문제

01 □ 기사 : 매회대비 06,07,08,09,12,13,17,19
□ 산업 : 매회대비 06,08
평점 **3**

입자상 물질의 크기를 표시하는 방법 중 현미경을 이용하여 측정하는 물리적 직경 3가지를 간단히 설명하시오.

해설 다음의 "답안 작성" 부분만 답안지에 기재하면 된다.

관련 이론 및 개념

■ 광학직경
- 마틴경
- 페레트경
- 헤이후드경

Martin 직경 / Feret직경 / 등면적 직경

답안 작성

① 마틴경(정방향면적등분경) : 입자의 투영면적을 2등분하는 선의 거리에 상당하는 직경
② 페레트경(정방향경) : 먼지의 한쪽 끝 가장자리와 다른 쪽 가장자리 사이의 거리에 상당하는 직경
③ 헤이후드경(등면적경) : 입자의 투영상과 같은 투영면적을 갖는 원의 직경

02 □ 기사 : 매회대비 06,07,09,11,13,18
□ 산업 : 매회대비 08,14,15②,17
평점 **4**

먼지의 공기역학적 직경의 정의를 쓰시오.

해설 다음의 "답안 작성" 부분만 답안지에 기재하면 된다.

관련 이론 및 개념

■ 역학직경
- 공기역학적 직경
- 스토크경

- **공기역학적 직경**(Aerodynamic diameter)이란 원래의 입자상 물질과 침강속도는 동일하고, 단위밀도(1g/cm³)를 갖는 구형 직경을 말한다. 광학적 입자의 물리적인 크기를 의미하는 것이 아니라 역학적 특성(침강속도 · 종단속도)에 의해 측정되는 먼지의 크기를 나타냄
- **스토크경**(Stokes diameter) : 대상밀도를 갖는 본래의 분진과 동일한 침강속도를 갖는 입자의 직경을 말한다. 스토크경은 대상입자의 밀도를 고려한다는 점이 공기역학적 직경과 다름

답안 작성

대상 입자상 물질과 침강속도는 동일하고, 단위밀도 1g/cm³를 갖는 구형입자의 직경을 말함

03
□ 기사 : 00,03,06,07②,08,09,10,14②,16
□ 산업 : 01,05,06,07,13,15,16②,17

평점 **6**

다음의 용어를 설명하시오.
(1) 개인시료채취
(2) 지역시료채취
(3) 단위작업장소
(4) 정확도
(5) 정밀도
(6) 정도관리

[해설] 다음의 "답안 작성" 부분만 답안지에 기재하면 된다.

관련 이론 및 개념

■ **주요 용어의 정의**
- **개인시료채취**란 개인시료채취기를 이용하여 가스·증기·분진·흄(fume)·미스트(mist) 등을 근로자의 호흡위치(**호흡기를 중심으로 반경 30cm인 반구**)에서 채취하는 것을 말한다.
- **지역시료채취**란 시료채취기를 이용하여 가스·증기·분진·흄(fume)·미스트(mist) 등을 근로자의 작업 행동 범위에서 호흡기 높이에 고정하여 채취하는 것을 말한다.
- **단위작업장소**란 작업환경 측정대상이 되는 작업장 또는 공정에서 정상적인 작업을 수행하는 동일 노출집단의 근로자가 작업을 하는 장소를 말한다.
- **정확도** : 분석치가 참값에 얼마나 접근하였는가의 척도는 정확도, 분석자료의 변동 크기가 얼마나 작은가를 나타내는 척도는 정밀도이다.
- **정밀도** : 일정한 물질에 대해 반복 측정·분석을 했을 때 자료 분석치의 변동 크기가 얼마나 작은가를 나타내는 수치상의 표현이다.
- **정도관리** : 작업환경 측정·분석치에 대한 정확도와 정밀도를 확보하기 위하여 통계적 처리를 통한 일정한 신뢰한계내에서 측정, 분석능력 향상을 위하여 행하는 모든 관리적 수단을 말한다.

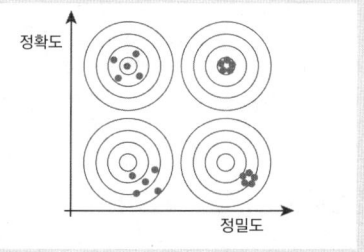

답안 작성

(1) 개인시료채취 : 개인시료채취기를 이용하여 근로자의 호흡위치(호흡기를 중심으로 반경 30cm인 반구)에서 채취
(2) 지역시료채취 : 시료채취기를 이용하여 근로자의 작업 행동 범위에서 호흡기 높이에 고정하여 채취
(3) 단위작업장소 : 작업환경 측정상의 공간단위(측정대상 유해물질 농도와 근로자의 작업행동 범위의 균등성을 주제로 함)
(4) 정확도 : 참값에 접근 정도를 수치상으로 표현
(5) 정밀도 : 자료 분석치의 변동크기(변동계수)가 얼마나 작은가 하는 수치상의 표현
(6) 정도관리 : 작업환경 측정·분석치에 대한 정확성과 정밀도를 확보하기 위한 측정기관의 작업환경 측정·분석능력의 평가, 지도·교육 등 관리수단

이론형 쓰기문제

01 다음 ( ) 안에 알맞은 용어를 쓰시오. [17 기사]

(1) 작업환경측정의 대상이 되는 작업장 또는 공정에서 정상적인 작업을 수행하는 동일 노출집단의 근로자가 작업을 행하는 장소를 ( )라고 한다.
(2) 시료채취기를 이용하여 가스·증기·분진·흄·미스트 등을 근로자의 작업행동 범위에서 호흡기 높이에 고정하여 채취하는 것을 ( )라고 한다.
(3) 작업환경 측정·분석치에 대한 정확도와 정밀도를 확보하기 위하여 통계적 처리를 통한 일정한 신뢰한계내에서 측정·분석치를 평가하고, 그 결과에 따라 지도 및 교육, 기타 측정·분석능력 향상을 위하여 행하는 모든 관리적 수단을 ( )라고 한다.
(4) 분석치가 참값에 얼마나 접근하였는가 하는 수치상의 표현을 ( )라고 한다.
(5) 일정한 물질에 대해 반복 측정·분석을 했을 때 나타나는 자료분석치의 변동 크기가 얼마나 작은가 하는 수치상의 표현을 ( )라고 한다.

> answer
(1) 단위작업장소
(2) 지역시료채취
(3) 정도관리
(4) 정확도
(5) 정밀도

02 미국정부산업위생전문가협의회(ACGIH)에 따른 입자 크기별 분류기준 3가지와 침착하는 부위, 각각의 평균입경을 쓰시오.
[매회대비 11,14,17 산업][매회대비 08,16,18,19 기사]

> answer
① 흡입성 입자상 물질(IPM) : 호흡기의 모든 부위, 입경범위 0~100μm
② 흉곽성 입자상 물질(TPM) : 기도 및 기관지, 입경범위 10μm(60% 침착입자의 크기)
③ 호흡성 입자상 물질(RPM) : 가스교환 부위(폐포), 입경범위 4μm(50% 침착입자의 크기)

03 호흡성 입자상 물질의 정의, 평균입경, 채취기구를 쓰시오. [13 산업]

> answer
① 정의 : 가스교환 부위, 즉 폐포에 침착할 때 유해한 입자상 물질
② 평균입경 : 4μm
③ 채취기구 : 분립장치를 이용한 여과 포집방법

04 입자상 물질의 호흡기내 침착 메커니즘을 4가지만 쓰시오. [11 산업][04,08 기사]

> answer
① 충돌
② 중력침강
③ 확산
④ 간섭(차단)

05 호흡성 입자상 물질(RPM)의 침착기구를 설명하시오. [15 기사]

> answer
입경범위 4μm 이하로 기관용골 부위에는 충돌에 의한 침착이 지배적이며, 0.5μm 이하의 입자는 주로 확산효과에 의해 침착됨

06 입자상 물질의 인체방어기전 중 점액섬모운동의 배출기구를 설명하시오. [15 산업]

> answer
체내로 흡수되지 못한 입자상 물질들은 점액 및 섬모운동에 의해 객담의 형태로 체외로 제거됨

07 다음 설명은 무엇에 관한 것인지 쓰시오. [15 기사]

- 역학적 특성, 즉 침강속도 또는 종단속도에 의해 측정되는 먼지 크기이다.
- 대상입자와 같은 침강속도를 가지며 밀도가 1인 가상적인 구형의 직경으로 환산한 것이다.

> answer
공기역학적 직경

이론형 쓰기문제

01 다음 그림은 활성탄관을 나타낸 것이다. ( ) 안에 알맞은 용어를 쓰시오. [14 산업]

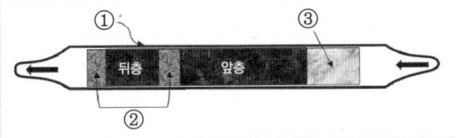

answer
① 유리관   ② 우레탄 폼   ③ 유리섬유

02 화학시험의 일반사항 중 다음 용어에 대하여 그 정의를 쓰시오. [13 산업]
(1) 시험조작 중 즉시
(2) 감압 또는 진공
(3) 약

answer
(1) 30초 이내에 표시된 조작을 하는 것
(2) 15mmHg 이하
(3) 무게 또는 부피에 대하여 ±10% 이상의 차이가 있지 아니한 것

03 다음은 압력의 단위환산 인자이다. ( ) 안을 채우시오. [08,15 산업][04,07 기사]

$$1atm = (\ ① \ )mmHg$$
$$= (\ ② \ )mmH_2O = (\ ③ \ )mbar$$
$$= (\ ④ \ )kPa = (\ ⑤ \ )dyne/cm^2$$

answer
① 760   ② 10,332   ③ 1,013.25
④ 101.3   ⑤ 101.3×10^4

04 흡광광도법에 사용되는 흡수셀의 재질 3가지와 각각의 측정파장 범위를 쓰시오. [19 산업]

answer
① 유리 : 가시부 및 근적외부 파장
② 석영 : 자외부 파장
③ 플라스틱 : 근적외부 파장

05 작업환경측정은 1일 작업시간동안 6시간 이상 연속 측정하거나 작업시간을 등간격으로 나누어 6시간 이상 연속분리 측정하는 것을 원칙으로 하지만 예외가 되는 경우도 있다. 예외가 되는 2가지를 쓰시오. [09 산업]

answer
① 1일 작업시간 중 대상물질의 발생시간이 6시간 이하인 경우
② 불규칙작업으로 6시간 이하의 작업 또는 발생원에서의 발생시간이 간헐적인 경우에는 발생시간 동안 측정한 경우

06 다음은 입자상 물질에 대한 용어의 정의를 나타낸다. 해당 물질의 명칭을 쓰시오. [09 산업]
(1) 상온에서 액체인 물질로 교반 및 발포, 스프레이 작업공정에서 공기 중으로 비산하는 액체미립자
(2) 상온에서 고체상태의 물질이며, 물질이 용융되는 과정에서 발생된 증기가 공기 중에서 응결되어 발생되는 미세한 고체입자
(3) 유기물질이 연소되는 과정에서 불완전연소되어 생성되는 에어로졸의 혼합체

answer
(1) 미스트   (2) 흄   (3) 매연

07 흡광광도법 또는 원자흡광광도법의 분석기초가 되고 있는 램버트-비어(Lambert-Beer) 법칙을 설명하시오. [14 기사]

answer
용액의 흡광도는 농도와 셀의 두께(광도길이)의 곱에 비례한다는 법칙이다.

■ 흡광도$(A) = \log \dfrac{1}{I_t/I_o} = \log \dfrac{1}{t} = E_A \cdot C \cdot L$

여기서, $\begin{cases} t : \text{투과도} \\ I_o : \text{입사광의 강도} \\ I_t : \text{투사광의 강도} \\ C : \text{목적원자의 농도} \\ E_A : \text{원자흡광률} \\ L : \text{불꽃 중 광도길이} \end{cases}$

04 □기사 : 15　　　　　　　　　　　　　평점 4

예비조사의 목적 2가지를 쓰시오.

[해설] 다음의 "답안 작성" 부분만 답안지에 기재하면 된다.

관련 이론 및 개념

■ **작업환경측정 목표 및 계획**
● **작업환경측정 목적**
　▫ 근로자의 유해인자 노출파악
　▫ 환기시설 성능평가
　▫ 역학조사 시 근로자의 노출량 파악
　▫ 허용농도와의 비교(호흡위치에서 개인용 시료채취)
● **계획순서** : 예비조사계획 → 시료채취 전략수립 → 시료채취 전 유량보정 → 시료채취 → 시료채취 후 유량보정 → 분석의 순서로 이행

1. **예비조사**
　■ 목적
　　• 작업장과 공정의 특성파악(근로자의 작업위치, 방법, 작업습관, 보호구 사용 등 파악)
　　• 발생되는 유해인자 특성조사(간단한 측정기기인 검지관 등과 후각·시각 등을 활용)
　　• 유사(동일) 노출그룹(SEG 또는 HEG) 설정
　　• 시료채취 전략수립
　■ 측정계획서상의 시행내용
　　• 주요 공정도 도식
　　• 측정 및 평가목록 작성
　　• 유해인자별 측정방법 및 측정위치, 장비, 인력, 시간계획

답안 작성

① 작업장과 공정의 특성파악
② 발생되는 유해인자 특성조사

2. **유사노출그룹 설정**
　■ 의의 : 작업의 유사성과 빈도, 사용물질과 공정, 작업 수행방식의 유사성 등이 있는 그룹을 말함
　■ 목적 : 모든 근로자의 노출농도를 효율적으로 추정하는데 있음
　　• 소수를 대상으로 함으로써 시료채취수를 경제적으로 결정
　　• 노출농도를 근거로 노출원인 추정
　　• 특정 작업장의 모든 노출의 평가자료 활용
　■ 방법
　　• 관찰에 의한 방법
　　• 표본 접근법
　　• 혼합법
　■ 유사노출그룹의 설정순서 : 조직별 → 공정별 → 작업범주별 → 유해인자별 → 업무별 유사노출그룹을 설정함

이론형 쓰기문제

01 작업환경측정에서 예비조사를 할 때 측정계획서상에서 시행하는 내용 5가지를 쓰시오.
[10,11,17,18,19 산업]

▶answer
① 주요 공정도 도식
② 측정목록 작성
③ 평가목록 작성
④ 측정방법 및 측정위치
⑤ 측정장비, 인력, 시간계획

02 작업환경측정에서 예비조사 실시 순서를 보기에서 골라 차례로 쓰시오.　　[12 기사]

[보기]
① 채취 전 보정　② 채취 및 보정
③ 채취전략　　　④ 예비조사 계획수립
⑤ 분석 및 처리　⑥ 평가

▶answer
④ → ③ → ① → ② → ⑤ → ⑥

이론형 쓰기문제

01 동일노출그룹(HEG) 또는 유사노출그룹(SEG)을 설정하는 목적을 3가지 쓰시오.
[05,12,13 산업][00,03,06,07,09,12,15 기사]

answer
① 모든 근로자의 노출농도를 효율적으로 평가
② 시료 채취수를 경제적으로 할 수 있음
③ 노출원인 및 농도의 추정

02 동일노출그룹(HEG) 또는 유사노출그룹(SEG)의 설정 순서를 완성하시오. [07 기사]

조직 → (Ⓐ) → 작업범주 → (Ⓑ) → 업무

answer
Ⓐ 공정
Ⓑ 유해인자

---

05 □기사 : 18   평점 3

검지관 측정법의 장점 3가지만 쓰시오.

해설 다음의 "답안 작성" 부분만 답안지에 기재하면 된다.

관련 이론 및 개념

■ 검지관에 의한 측정
- 검지관의 구조 : 안지름 약 3mm, 길이 약 130mm인 유리관에 실리카겔 또는 알루미나겔 입자에 흡착시킨 검지제를 60~80mm 길이에 충전한 것으로 관의 양쪽 끝은 가늘게 되어 있음(보통 $100cm^3$의 주사기 모양으로 된 기체채취용 펌프 또는 진공펌프에 장치하고, 끝의 노즐에서 시료기체를 도입함)

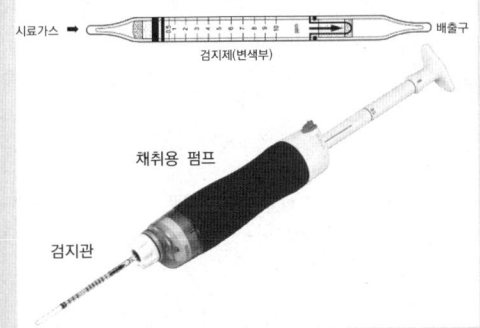

- 측정 대상가스 : CO, NH_3, Cl_2, CO_2, SO_2, NO, CS_2, 알코올류, CH_3SH, $COCl_2$ 등
- 검지관 측정위치
  □ 해당 작업근로자의 호흡기
  □ 가스상 물질 발생원에 근접한 위치
  □ 근로자 작업행동 범위의 주 작업위치(호흡기 높이)

답안 작성
① 재현성이 높다.
② 조작이 간단하다.
③ 반응시간이 빠르다.

- 검지관 측정이 가능한 경우
  □ 예비조사 목적인 경우
  □ 검지관방식 외에 다른 측정방법이 없는 경우
  □ 발생하는 가스상 물질이 단일물질인 경우
- 검지관의 장·단점
  ■ 장점
    · 재현성이 높음
    · 복잡한 분석이 필요없고, 조작이 간단함
    · 반응시간이 빠름
    · 비전문가도 용이하게 사용할 수 있음
    · 소형경량으로 어디든지 운반할 수 있음
    · 시약의 조합, 분석기구의 조정이 불필요함
  ■ 단점
    · 방해물질의 영향을 받기 쉬움
    · 민감도가 낮아 비교적 고농도에 적용됨
    · 특이도가 낮음
    · 측정대상 물질의 사전 동정이 필요함
    · 색변화에 따른 주관적 판단이 있을 수 있음

이론형 쓰기문제

01 가스상 물질을 검지관방식으로 측정하려고 한다. 검지관으로 측정가능한 경우 3가지만 기술하시오. [06,07 산업][03,06,12 기사]

> answer
> ① 예비조사 목적인 경우
> ② 검지관방식 외에 다른 측정방법이 없는 경우
> ③ 발생하는 가스상 물질이 단일물질인 경우

02 검지관방식으로 측정하는 경우 측정하여야 하는 위치를 기술하시오. [09,16 산업][02,11,14 기사]

> answer
> ① 작업근로자의 호흡기에 근접한 위치
> ② 가스상 물질 발생원에 근접한 위치
> ③ 근로자 작업행동 범위의 주 작업위치에서의 근로자 호흡기 높이

03 검지관 측정방식에 의한 측정가능한 물질 3가지만 쓰시오. [10 산업]

> answer
> ① 암모니아 ② 염소 ③ 포스겐

04 검지관 측정법의 원리 및 구조에 대하여 간략히 서술하시오. [14 기사]

> answer
> ① 원리 : 시약이 들어있는 반응관에 시료공기를 통과시키면 특정 가스와 내부의 시약이 반응하여 생기는 착색층의 길이를 토대로 작업장내 오염물질의 농도를 직독하는 측정기기임
> ② 구조 : 안지름 약 3mm, 길이 약 130mm인 유리관내에 실리카겔 또는 알루미나겔 입자에 흡착시킨 검지제(착색/변색 시약)를 60~80mm 길이에 충전되어 있으며, 측정할 때에는 양단을 개방한 후 한쪽을 채취용 기구 및 펌프에 장치하여 농도를 구함

---

06 ㅁ기사 : 12,18 평점 4

1차 표준보정기구와 2차 표준보정기구의 정의, 정확도를 각각 기술하시오.

해설 다음의 "답안 작성" 부분만 답안지에 기재하면 된다.

관련 이론 및 개념

■ 표준기구

● 1차 표준기구
 • 정의 : 물리적 크기에 의해 공간의 부피를 직접 측정할 수 있는 기구를 말함
 • 정확도 : ±1% 이내
 • 종류 : **가스치환병**(실험실에서 주로 사용), **비누거품미터**(공기시료 펌프보정), **피스톤미터**, **피토관**(기류측정), 폐활량계 등

● 2차 표준기구
 • 정의 : 공간의 부피를 직접 알 수 없으며 1차 표준기구로 다시 보정해야 하는 기구를 말함
 • 정확도 : ±5% 이내
 • 종류 : 습식 테스트미터(실험실에서 주로 사용), 건식가스미터(현장 사용), 로터미터, 오리피스 등

답안 작성

① 1차 표준보정기구 : 물리적 차원인 공간의 부피를 직접 측정할 수 있는 기구, 정확도는 ±1% 이내
② 2차 표준보정기구 : 부피를 직접 측정할 수 없으며, 주기적으로 1차 표준기구에 보정해야 하는 기구, 정확도는 통상 5% 이내

이론형 쓰기문제

01 2차 표준기구에 해당하는 장치 3가지만 기술하시오. [04,06 산업][02,12 기사]

▶answer
① 로터미터
② 습식 테스트미터
③ 건식 가스미터

02 1차 표준기구에 해당하는 장치 3가지만 기술하시오. [12,19 산업]

▶answer
① 비누거품미터
② 피스톤미터
③ 피토관

03 덕트내를 흐르는 기류의 유속을 측정하기 위해 피토관 및 마노미터를 사용하고 있다. 그림으로 이를 나타내고 속도압과 유속을 측정하는 원리를 간략하게 설명하시오. [17 기사]

▶answer
① 측정기구의 원리(구조) : 덕트의 중심선과 수평으로 일치시킨 전압공에서 측정되는 전압과 흐름방향의 직각으로 위치한 정압공에서 측정되는 정압과의 차압을 마노미터에서 읽은 값(차압)이 동압(속도압)이며, 이를 이용하여 기류의 유속을 측정할 수 있음

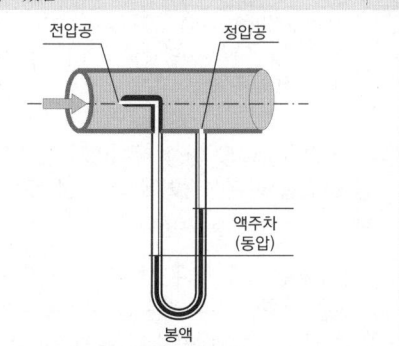

② 유속측정 : 측정된 동압의 단위를 mmH$_2$O로 하여 다음 관계식에 대입, 유속을 구함

$$V = \sqrt{\frac{2gP_v}{\gamma}} \quad \begin{cases} P_v : \text{동압}(mmH_2O) \\ \gamma : \text{공기 비중량}(kg_f/m^3) \end{cases}$$

04 국소배기시스템에서 덕트기류를 측정할 때 이용되는 대표적인 1차 표준기구의 명칭을 쓰고, 이 기구를 이용하여 실제 측정되는 압력 2가지와 이를 이용한 유속의 산정방법을 나타내시오. [16,19 산업]

▶answer
① 1차 표준기구 : 피토관
② 측정되는 압력 : 전압, 정압
③ 덕트의 유속산정

$$V(\text{m/sec}) = \sqrt{\frac{2gP_v}{\gamma}} = 4.043\sqrt{P_v}$$

여기서, P_v(속도압, mmH$_2$O) = 전압 – 정압
γ : 공기의 비중량
4.043 : 21℃, 1기압일 때 적용상수

05 단위작업장소에 최고 노출근로자 (①)인 이상에 대하여 동시에 측정하되, 단위작업장소에 근로자가 1인인 경우에는 그러하지 아니하며, 동일작업 근로자수가 10인을 초과하는 경우에는 매 (②)인당 1인 이상 추가하여 측정하여야 한다. 다만, 동일작업 근로자수가 100인을 초과하는 경우에는 최대시료채취 근로자수를 (③)인으로 조정할 수 있다. 위의 설명에서 ( ) 안에 적당한 숫자나 용어를 기술하시오. [15 산업][08,12 기사]

▶answer
① 2
② 5
③ 20

06 작업장에서 근로자 50명이 용접작업하고 있다. 이 단위작업장소에서 포집해야 할 최소 측정시료점 수는? [07 산업]

▶answer
10개

07 용접작업자가 용접면을 착용하고 작업을 할 경우 용접흄을 개인시료 포집방법으로 채취하려면 시료채취 위치는? [06 산업]

▶answer
용접보안면 내부에서 채취

07 송풍관(duct) 내부의 풍속 측정계기 2가지와 그 사용상 측정범위를 쓰시오.

□ 기사 : 05,15
□ 산업 : 15,18

평점 4

[해설] 다음의 "답안 작성" 부분만 답안지에 기재하면 된다.

관련 이론 및 개념

■ 기류측정기의 구분
- 작업환경내 기류측정 : 열선풍속계, 카타온도계(카타한란계), 피토관 풍속계, 마노미터(액주계), 회전형 풍속계(풍차형, 회전날개형, 풍향풍속계), 그네날개형 풍속계, 연기발생기(발연관) 등
- Duct(송풍관)내 기류측정 : 피토관, 열선풍속계, 회전형 풍속계, 그네날개형 풍속계 등

■ 측정기의 사용범위
- 피토관 : 3m/sec 이상
- 열선식 : 0.05~40m/sec
- 회전형(풍차형) : 1~150m/sec
- 그네날개형 : 0.12~50m/sec
- 카타온도계(실내에 한함) : 0.2~0.5m/sec

답안 작성

① 피토관 : 3m/sec 이상
② 열선식 : 0.05~40m/sec

이론형 쓰기문제

01 작업장의 납농도를 측정하기 위해 개인시료채취법으로 채취된 여과지를 산처리 후 기기분석을 하였다. 이때 시료채취에 주로 사용되는 여과지와 분석방법을 쓰시오. [13 산업][03,18 기사]

answer
① 채취여과지 : MCE막 여과지
② 분석방법 : 원자흡광광도법

02 직독식 분진측정기기의 분진측정원리 3가지를 쓰시오. [11 기사]

answer
① 빛의 투과
② 빛의 산란
③ 공명된 진동

【참고】 입자상 물질측정 직독식
- piezobalance(공명된 진동 이용)
- piezoelectric(진동주파수 변동 이용)
- 분진광도계(빛의 산란특성 이용)

03 용접흄의 시료채취방법과 분석방법을 쓰시오. [18 기사]

answer
① 시료채취방법 : 여과채취방법
② 분석방법 : 원자흡광광도계 또는 유도결합플라즈마를 이용한 방법

04 작업환경측정 대상 유해인자 중 입자상 물질 중 용접흄의 분석방법에 대한 설명이다. ( ) 안에 알맞은 용어를 쓰시오. [13 기사]

용접흄은 (①) 채취방법으로 하되 용접보안면을 착용한 경우에는 그 내부에서 채취하고, 중량분석방법과 원자흡광분광기 또는 (②)를 이용한 분석방법으로 측정한다.

answer
① 여과
② 유도결합플라즈마

이론형 쓰기문제

01 석면 시료채취에 사용되는 여과지 명칭 및 공극 크기(Pore Size), 지름을 쓰시오. [17 산업]

> answer
① 여과지 명칭 : MCE
② 공극 크기 : $0.8\mu m$
③ 지름 : 37mm

02 석면의 농도 표시는 cm^3당 섬유개수로 표시한다. 섬유(fiber)의 정의를 쓰시오. [17 산업]

> answer
길이가 $5\mu m$ 이상이고 길이 : 너비의 비가 3 : 1 이상인 가늘고 긴 것

03 작업장의 석면농도를 측정하기 위해 Open Face형 필터를 사용한다. Open Face의 정의와 사용목적을 쓰시오. [15,17 산업]

> answer
① Open Face : 상단부에 집풍기가 집착된 포집 홀더로 뚜껑을 열어 공기를 흡입할 수 있게 한 것
② 사용목적 : 입자상 물질의 간섭을 최소화하고 지면으로부터 부유하는 석면을 균일하게 포집하기 위함

04 다음 물질의 채취방법 및 분석방법을 쓰시오. (단, 고용노동부고시 기준) [16 산업]
(1) 석면
(2) 용접흄
(3) 일반 입자상 물질
(4) 호흡성 분진

> answer
(1) 여과채취, 계수법
(2) 여과채취, 중량분석방법, 원자흡광분광기
(3) 여과채취, 중량분석방법
(4) 여과채취, 중량분석방법

05 공기 중의 입자상 물질이 여과지에 포집되는 작용기전 5가지를 쓰시오. [08,12,13 산업][02,18,19 기사]

> answer
① 관성충돌 ② 간섭(차단) ③ 확산
④ 중력침강 ⑤ 정전기부착

06 여과포집방법에서 여과지의 구비조건 4가지를 쓰시오. [15 기사]

> answer
① 입경 $0.3\mu m$ 입자에 대하여 95% 이상의 포집성능을 갖출 것
② 압력손실이 적을 것
③ 내구성이 있을 것
④ 가볍고, 흡습성이 적을 것

07 분진시료 채취 시 포집여과지의 구비조건을 3가지 쓰시오. [09 산업]

> answer
① 이화학적 안정성이 높을 것
② 포집효율이 높을 것
③ 기계적 강도를 유지하고 압력강하가 적을 것
④ 시료의 손실이 일어나지 않을 것

08 다음 그림의 ( ) 안에 알맞은 포집기구를 쓰시오. [04,11,13,14,18 기사]

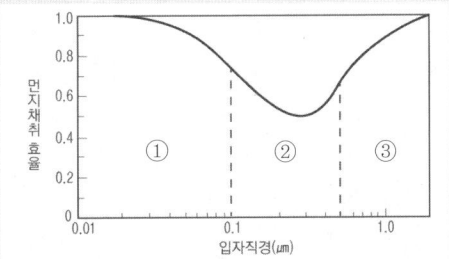

> answer
① 확산 ② 확산 및 간섭 ③ 간섭 및 충돌

09 입자상 물질의 시료채취장치(방식) 2가지를 쓰시오. (단, 여과채취방식은 제외) [19 산업]

> answer
① 직경분립충돌식 ② 사이클론식

10 다단직경분립충돌기(Cascade Impactor)의 Mylar substrate에 그리스를 바르는 이유는? [03,06,15 산업]

> answer
되튐효과(recoil effect)에 의한 시료 손실을 방지하기 위하여

이론형 쓰기문제

01 다단직경분립충돌기(Cascade Impactor)의 장·단점을 각각 2개씩 쓰시오. [10 산업][07,13 기사]

answer
(1) 장점
  ① 입자상 물질을 크기별(공기역학적 직경)로 분석할 수 있음
  ② 흡입성, 흉곽성, 호흡성 입자상 물질로 분류 가능 함
(2) 단점
  ① 채취준비에 시간이 많이 걸림
  ② 되튐효과(recoil effect)에 의한 시료의 손실이 일어날 수 있음

02 다단직경분립충돌기(Cascade Impactor)는 보통 1~3L/min까지 사용가능하다. 분당 2L 이상 초과하여 채취할 경우 어떤 문제점이 발생하는가? [06 기사]

answer
되튐효과(recoil effect)에 의한 시료 손실이 일어날 수 있음

03 공기 중에 존재하는 입자상 물질의 포집기구 중에서 "확산포집"에 영향을 주는 요소 4가지를 기술하시오. [06 기사]

answer
① 입자의 크기
② 입자의 농도차
③ 면속도
④ 여과지의 공경이나 섬유직경

04 금속흄 채취 시 MCE 여과지를 사용하는 이유 2가지를 쓰시오. [06,14 기사]

answer
① 회화가 용이함
② 산에 쉽게 용해되므로 입자상 물질 중의 금속을 채취하여 원자흡광광도법으로 분석하는데 적당

05 PVC막 여과지를 분진 중량분석에 사용하는 가장 큰 이유를 쓰시오. [15 산업]

answer
흡습성이 낮기 때문

06 중금속 중 크롬의 분석에 사용되는 채취여과지의 종류와 분석법을 쓰시오. [11 산업][10 기사]

answer
① 여과지 : MCE막 여과지
② 분석법 : 원자흡광광도법

07 산업안전보건법에 따라 화학물질 및 물리적인 유해인자의 노출기준을 표시할 때 다음의 물질 및 인자에 대한 표시단위를 쓰시오. [03,08,12,14 산업]

(1) 가스 및 증기
(2) 석면
(3) 분진
(4) 고온
(5) 소음

answer
(1) 가스 및 증기 : ppm 또는 mg/m^3
(2) 석면 : 개/cm^3
(3) 분진 : mg/m^3
(4) 고온 : WBGT(℃)
(5) 소음 : dB(A)

08 가스크로마토그래피 분석에 관한 다음 용어의 정의를 쓰시오. [17 산업]

(1) 크로마토그램
(2) 분리능

answer
① 크로마토그램 : 가스크로마토그래피에 의한 성분 분리 검출한 결과 얻어지는 크로마토 도형
② 분리능 : 크로마토그램의 인접한 봉우리의 분리의 정도를 말함(분리능을 정량적으로 나타내는 것 → 분리계수 또는 분리도)

09 작업환경 측정을 할 때, 공시료(바탕시료)의 채취목적을 쓰시오. [15 산업]

answer
현장 시료의 동일성과 정량 시 발생될 수 있는 오염과 오차를 방지하기 위함

이론형 쓰기문제

01 흡수 용액을 이용하여 시료를 포집할 때 흡수 효율을 높이는 방법 2가지만 쓰시오. [18 기사]

> answer
> ① 용액의 온도를 낮춤
> ① 시료채취유량(시료채취속도)을 낮춤

02 가스상 및 증기시료의 시료포집(채취)방법 5가지만 쓰시오. [07,08 산업][00,04,11,13 기사]

> answer
> ① 액체채취방법
> ② 고체채취방법
> ③ 냉각응축채취방법
> ④ 직접채취방법
> ⑤ 여과채취방법

03 가스상 물질을 액체흡수법(임핀저, 버블러)으로 채취할 때 흡수효율을 증대시키는 방안 3가지만 기술하시오. [06,13 기사]

> answer
> ① 용액의 온도를 낮춤
> ② 가는 구멍이 많은 버블러 사용함
> ③ 두 개 이상의 버블러를 연속적으로 연결함

04 킬레이트 적정법의 종류 4가지를 쓰시오. [18 기사]

> answer
> ① 직접적정법   ② 간접적정법
> ③ 역적정법   ④ 치환적정법
>
> 【참고】 킬레이트 적정법의 특성
> • 반응속도가 빠르고 부반응이 없음
> • 화학반응이 정량적으로 일어남
> • 생성된 킬레이트 화합물의 안정도 상수가 큼

---

08 ㅁ기사 : 18   평점 4

시료채취 활성탄관의 흡착원리와 탈착용매를 쓰시오.

해설 다음의 "답안 작성" 부분만 답안지에 기재하면 된다.

관련 이론 및 개념

■ **고체포집법** : 활성탄, 실리카겔, 다공성 중합체, 분자체(Molecular sieve), 기타 다양한 물질로 표면처리된 흡착제를 사용하여 포집하는 방법

• **활성탄** : 비극성류의 유기용제 등에 적합함(각종 방향족 유기용제, 할로겐화 된 지방족 유기용제, 에스테르류, 알코올류 등). 흡착제 중 **가장 많이 사용**됨
• **실리카겔** : **극성류의 유기용제**, 산(acid) 등에 적합 (불화수소, 염산, 방향족 아민류, 지방족 아민류 등)
• **다공성 중합체** : 농도가 낮은 휘발성 유기화합물 (VOC), 유기염류, 중성화합물, 비점이 높은 화합물의 포집에 이용됨
• **분자체** : 휘발성이 큰 비극성 화합물의 포집에 사용됨

답안 작성

① 흡착원리 : 반 데르 발스 힘에 의한 물리적 흡착
② 탈착용매 : 이황화탄소

이론형 쓰기문제

01 작업장 공기시료의 포집에 이용되는 흡착제인 실리카겔이 활성탄에 비해 유리한 장점 3가지를 쓰시오. [06,16 산업]

answer
① 극성 물질을 잘 포집함
② 다양한 용매를 사용하여 탈착할 수 있음
③ 탈착에 이황화탄소(CS_2)를 사용하지 않아도 됨

02 고체포집법에서 사용되는 흡착제인 활성탄과 실리카겔에 대한 유기용제류의 포집특성과 포집 후 탈착용매의 사용여부를 비교하시오. [19 기사]

answer
① 활성탄은 비극성 유기용제류에 적합하고, 실리카겔은 극성을 갖는 유기용제류 포집에 적합함
② 활성탄의 탈착은 이황화탄소를 탈착용매로 사용하지만 실리카겔은 이황화탄소를 사용하지 않음

03 작업장의 가스상 물질 채취방법 중 흡착법과 흡수법을 적용할 수 있는 유해가스와 대표적인 채취기구를 하나 쓰시오. [15 산업]

answer
① 흡착법 : 증발 유기용제, 고체흡착관
② 흡수법 : 염소가스, 임핀저

04 오염물질이 흡착관의 앞 층에 포화된 다음 뒤 층에 흡착되기 시작되어 기류를 따라 흡착관을 빠져나가는 현상을 무엇이라 하는가? [17 산업]

answer
파과현상

05 "고체포집방법에서 시료를 분리하는 과정을 (①)라고 하는데 활성탄에 포집된 유기용제를 분리할 때는 (②)을 사용한다." 위의 설명에서 ( ) 내에 적당한 용어나 숫자를 써 넣으시오. [02,06 산업]

answer
① 탈착
② 이황화탄소

06 활성탄관으로 작업장 공기에 대한 시료를 흡착한 후 정성, 정량 분석하기 위하여 시료를 분리하려고 할 때 탈착방법 2가지를 쓰시오. [06 산업]

answer
① 용매탈착(CS_2 탈착)
② 열탈착

07 작업장내의 공기에는 케톤류, 알코올류, 방향족 탄화수소류, 수분 등이 혼합되어 있다. 실리카겔관으로 포집할 때 이들에 대한 친화력 크기를 순서대로 쓰시오. [06 산업]

answer
물 > 알코올류 > 케톤류 > 방향족 화합물

08 흡착관을 사용하여 작업환경 농도를 측정할 때 흡착관의 앞층보다 뒤층에 더 많은 농도가 검출되는 현상을 무엇이라고 하는가? 또한 이러한 현상이 발생되는 영향인자를 3가지만 쓰시오. [11 산업][08 기사]

answer
(1) 파과현상
(2) 영향인자
① 온도와 습도가 높을 때
② 오염물질의 농도가 높을 때
③ 채취속도가 빠를 때
④ 시료의 보관·저장 기간이 길 때

09 고체채취법의 활성탄 흡착관에서 일반적으로 파과현상에 의해 시료의 일부가 누출되었음을 의미하는 범위를 쓰시오. [14 기사]

answer
앞층(전층)에서 검출된 유해물질의 20% 이상이 뒤층(후층)에서 검출되면 그 시료는 파과현상에 의해 시료의 일부가 누출되었음을 의미함

【참고】 파과현상(시료)에 대한 견해
• OSHA의 평가 : 파과기준 5%
• NIOSH 권고사항 : 파과기준 10%
• ACHIH 규정 : 25% 이상 파과시료(폐기)

이론형 쓰기문제

01 다공성 중합체(Tenax tube)를 사용하여 가스상 물질 측정을 할 때, 파과현상을 판단하는 기준은 무엇인지 쓰시오. [15 기사]

answer

앞층(전층)에서 검출된 유해물질의 20% 이상이 뒤층(후층)에서 검출되면 그 시료는 파과현상에 의해 시료의 일부가 누출되었음을 의미함

02 작업환경측정 시 많이 사용하는 흡착관에 대한 다음 설명 중 틀린 항목을 고른 후 이를 바르게 설명하시오. [17 기사]

① 통상 사용되는 흡착관은 앞층 100mg, 뒤층 50mg으로 충진되어 있다.
② 충진층이 앞층과 뒤층으로 구분되어 있는 이유는 파과현상으로 인한 오염물질의 과소평가를 방지하기 위함이다.
③ 앞층에서 검출된 시료의 5/10 이상이 뒤층으로 넘어가면 파과가 일어났다고 본다.
④ 파과현상이 일어났다는 것은 시료채취가 잘 이루어졌음을 의미한다.
⑤ 흡착제의 비극성과 극성은 파과현상과 무관하다.

answer

③ 일반적으로 앞층의 5/10 이상(50% 이상)이 뒤층으로 넘어가면 포화되었다고 한다.
④ 파과가 일어났다는 것은 시료의 손실이 일어난 것을 의미한다.
⑤ 극성 흡착제를 사용할 경우 습도가 높을수록 파과가 일어나기 쉽고, 비극성은 무관하다.

03 "사무실 공기질의 측정결과는 측정치 전체에 대한 (①)을 오염물질별 관리기준과 비교하여 평가한다. 다만, 이산화탄소는 각 지점에서 측정한 측정치 중 (②)을 기준으로 비교·평가한다." ( ) 내에 적당한 용어를 쓰시오. [09,17 산업]

answer

① 평균값   ② 최고값

04 다음은 고용노동부의 사무실 공기관리지침(고시) 내용을 나열한 것이다. 이 중에서 틀린 것을 골라 바르게 고치시오. [09,11,15,17 기사]

① 관리기준은 8시간 시간가중 평균농도로 한다.
② 공기정화시설을 갖춘 사무실에서 환기횟수는 시간당 4회 이상으로 한다.
③ 공기의 측정시료는 사무실 안에서 공기질이 가장 나쁠 것으로 예상되는 3곳 이상에서 채취한다.
④ 사무실 공기질의 측정결과는 측정치 전체에 대한 평균값을 각 지점에서 측정한 측정치 중 최고값을 기준으로 비교·평가한다.
⑤ 일산화탄소의 측정횟수는 연 1회 이상이고, 업무시작 후 2시간 전후 및 종료 전 2시간 전후에 각각 10분간 측정한다.

answer

③ 공기의 측정시료는 사무실 안에서 공기질이 가장 나쁠 것으로 예상되는 2곳 이상에서 채취한다.
④ 사무실 공기질의 측정결과는 측정치 전체에 대한 평균값을 오염물질별 관리기준과 비교하여 평가한다.
⑤ 일산화탄소의 측정횟수는 연 1회 이상이고, 업무시작 후 1시간 이내 및 종료 전 1시간 이내에 각각 10분간 측정한다.

05 수동식 시료채취(Passive sampling)에 대한 다음 물음에 답하시오. [15 산업][14,19 기사]

(1) 기본 적용 법칙
(2) 채취에 이용되는 물리적인 특성인자(2가지)
(3) 장·단점(1가지씩)

answer

(1) Fick's 확산 법칙
(2) 확산, 투과
(3) 장점 : 시료채취 동력을 별도로 필요하지 않음
   단점 : 채취오염물질 양이 적고 재현성이 낮음

06 기류를 냉각시켜 기류를 측정하는 풍속계의 종류 2가지를 쓰시오. [17 산업]

answer

① 카타온도계   ② 열선풍속계

이론형 쓰기문제

01 기본적으로 Fick's 확산 법칙이 적용되는 수동식 시료채취방식에서 시료채취 표면에서 오염물질이 제거되어 농도가 없어지거나 감소하는 현상을 무엇이라고 하는가? 또한 이러한 현상을 방지하는데 필요한 요소를 쓰시오. [11 산업]

answer
① 결핍현상
② 시료채취 시 작업장내의 최소한의 기류속도를 0.05~0.1m/sec 범위로 유지

02 실내공기질 관리법상 다음 물질의 기준을 쓰시오. [05,09,10,16 기사]
(1) 미세먼지(PM_{10})
(2) 일산화탄소(CO)
(3) 오존
(4) 석면
(5) NO_2

answer
(1) 미세먼지(PM_{10}) : $150\mu g/m^3$ 이하
(2) 일산화탄소(CO) : 10ppm 이하
(3) 오존 : 0.06ppm 이하
(4) 석면 : 0.01개/cc 이하
(5) NO_2 : 0.05ppm 이하

---

09 □기사 : 00,04,08,09,14,15
□산업 : 03,06,07,13,14,15,16
평점 **6**

인체와 환경사이의 열평형 방정식을 쓰시오. (단, 기호 사용 시에는 기호에 대한 설명을 첨삭할 것)

해설 다음의 "답안 작성" 부분만 답안지에 기재하면 된다.

관련 이론 및 개념

■ **인체와 환경간의 열교환** : 열교환은 주로 대류, 열복사, 땀에 의한 증발 등에 의해 이루어진다.

$$\Delta S = M \pm C \pm R - E$$

ΔS : 인체 열손실
M : 작업대사량
C : 대류 열교환
R : 복사 열교환
E : 증발손실

답안 작성

① 열평형 방정식 : $\Delta S = M \pm C \pm R - E$

② 각 요소
ΔS : 인체의 열축적 또는 열손실
M : 작업대사량
C : 대류에 의한 열득실(열교환)
R : 복사에 의한 열득실(열교환)
E : 증발에 의한 열손실

이론형 쓰기문제

01 유효온도는 (①), (②), (③)의 다양한 조건에 노출되었을 때 따뜻함의 정도를 결정해 놓은 값이다. ( ) 내에 알맞은 내용을 쓰시오. [09 산업]

answer
① 기온   ② 습도   ③ 풍속

02 지적온도에 영향을 미치는 인자 6가지를 쓰시오. [14 기사]

answer
① 작업강도   ② 계절   ③ 성별
④ 나이   ⑤ 의복   ⑥ 음식

이론형 쓰기문제

01 다음의 방사선을 인체의 투과력이 큰 것부터 차례로 나열하시오. [09,15 산업]

중성자, 알파선, 베타선, 감마선

▶answer
중성자 > 감마선 > 베타선 > 알파선

02 다음 방사선의 SI단위를 쓰시오. [17 산업]
(1) 방사능 강도
(2) 조사선량
(3) 흡수선량
(4) 등가선량

▶answer
(1) 방사능 강도 : Bq(베크렐)
(2) 조사선량 : C/kg(쿨롬/kg)
(3) 흡수선량 : Gy(그래이)
(4) 등가선량 : Sv(시버트)

03 실효온도의 정의를 쓰고, 습구흑구온도지수(WBGT)를 옥내, 옥외로 구분하여 계산방법을 쓰시오. [13 기사]

▶answer
(1) 실효온도 : 사람이 느끼는 추위와 더위의 감각을 기온, 습도, 풍속의 세 요소와의 조합으로 나타낸 온도로 감각온도 또는 유효온도라고도 함
(2) 습구흑구온도지수(WBGT)
① 옥내 : WBGT(℃) = (0.7 × 자연습구온도) + (0.3 × 흑구온도)
② 옥외 : WBGT(℃) = (0.7 × 자연습구온도) + (0.2 × 흑구온도) + (0.1 × 건구온도)

04 고열장해에 해당하는 열중증 2가지를 쓰고, 발생원인을 간략히 기재하시오. [18 기사]

▶answer
① 열경련 : 고온환경, 격심한 육체적인 노동 지속 → 과다한 땀의 배출 및 신체의 염분 손실을 충당하지 못함 → 혈액의 현저한 농축으로 인해 발병
② 열사병 : 고온다습 환경, 격심한 육체노동 지속 → 뇌 온도의 상승으로 체온조절 중추가 능력을 상실 → 몸의 온도가 비정상적으로 상승하여 발병

05 주로 고온환경에서 지속적으로 심한 육체적인 노동을 할 때 나타나며 과다한 땀의 배출 및 전해질이 고갈되어 발생하며, 치료방법은 수액 및 염분 보충인 고열장해는? [10 기사]

▶answer
열경련

06 고열이 발생하는 작업장에서 습구흑구온도지수(WBGT)를 산정하기 위한 측정위치 및 습구온도와 흑구온도의 측정시간을 각각 쓰시오. [06,10② 산업]

▶answer
(1) 측정위치 : 작업장 바닥면으로부터 50cm 이상 150cm 이하
(2) 측정시간
 ① 습구온도
  • 아스만통풍건습계 : 25분 이상
  • 자연습구온도계 : 5분 이상
 ② 흑구 및 습구흑구 온도
  • 직경 15cm일 경우 25분 이상
  • 직경 7.5cm 또는 5cm일 경우 5분 이상

07 고온순화 메커니즘(기전) 4가지를 쓰시오. [17산업]

▶answer
① 체온조절 기전의 항진
② 더위에 대한 내성 증가
③ 열생산 감소
④ 열방산능력 증대

08 원자흡광광도계에서 바닥상태의 원자를 들뜬 상태의 원자로 바꾸는 방법 즉, 금속원소의 전자를 생성하는 방법 3가지를 쓰시오. [12 산업]

▶answer
① 불꽃원자화
② 전열원자화
③ 글로우방전 원자화
④ 수소화물 생성법
⑤ 냉증기 원자화
※ 이 중에서 3가지만 쓸 것

이론형 쓰기문제

01 작업환경측정 목적 3가지를 쓰시오. [06,16 기사]

answer
① 근로자의 유해인자 노출 파악
② 환기시설 성능평가
③ 역학조사 시 근로자의 노출량 파악

02 감압환경과 관련된 기체 3가지를 쓰시오. [06 산업]

answer
감압환경에서는 압력차에 의한 기계적 장해와 흡기 중의 N_2, O_2, CO_2의 분압변화에 따른 화학장해를 유발함

03 변의계수의 정의, 공식을 쓰고 중요성을 설명하시오. [01,06,10②,14 기사]

answer
① 정의 : 평균값에 대한 표준편차의 크기를 백분율로 나타낸 수치
② 공식 : $CV_\% = \dfrac{\text{표준편차}}{\text{평균값(산술평균)}} \times 100$
③ 중요성
  - 측정값의 균일성, 정밀성 정도를 표현
  - 측정단위와 무관하게 독립적으로 산출됨

04 기하표준편차를 구하는 2가지의 방법을 설명하시오. [02,07,08,13②,14 기사]

answer
① 대수확률지상 직선영역의 2개의 누적 도수분포 (84.1%, 50%)를 이용하여 산출
  - 기하표준편차$(GSD) = \dfrac{X_{84.1}}{X_{50}}$
② 측정치의 대수값($\log X$)과 대수평균(M, mean)을 이용하여 산출함
  - 기하표준편차$(GSD) = 10^{\left[\frac{\Sigma(\log X - M)^2}{(N)-1}\right]^{1/2}}$

05 통계에서 계통오차에 대해서 설명하고, 그 종류 3가지를 쓰시오. [06,09,13 기사]

answer
① 계통오차는 측정기기의 문제성, 정보의 오류 등에 의한 오차를 말하며, 표본수를 증가시켜도 오류를 감소시키거나 제거할 수 없는 것이 특징임
② 종류 : 계기오차, 환경오차(외계오차), 개인오차

10 □산업 : 01,05,09,10②,16,18 [평점 6]

누적소음노출량 측정기의 법적 기기설정기준을 쓰고, 청감보정회로에서 A특성, B특성, C특성에 해당하는 phon값을 쓰시오.

해설 다음의 "답안 작성" 부분만 답안지에 기재하면 된다.

관련 이론 및 개념

■ **청감보정회로의 A, B, C 특성**
- **A특성** : 대략 40phon의 등감곡선과 비슷하게 주파수에 따른 특성을 보정하여 측정한 음압수준
- **B, C특성** : 각각 70phon과 100phon의 등감곡선과 비슷하게 보정하여 측정한 음압수준

■ **측정기기의 설정** : 누적소음노출량 측정기로 소음을 측정하는 경우, 크라이테리어(Criteria)는 90dB, 익스체인지레이트(Exchange Rate)는 5dB, 스레쉬홀드(Threshold)는 80dB로 기기를 설정할 것

답안 작성

(1) 기기설정기준
  ① 크라이테리어 : 90dB
  ② 익스체인지레이트 : 5dB
  ③ 스레쉬홀드 : 80dB
(2) A,B,C 특성
  ① A : 40폰
  ② B : 70폰
  ③ C : 100폰

구 분	음압수준	특성
A특성	40phon	• 측정치가 청감과의 대응성이 좋아 소음레벨 측정 및 소음허용기준도 이 값으로 정함 • 저음압레벨에 대한 청감응답
B특성	70phon	• 중음압레벨에 대한 청감응답
C특성	100phon	• 특히 낮은 음압의 소음평가 또는 주파수 분석할 때 사용 • A특성치와 C특성치간의 차가 크면 저주파음이고, 차가 작으면 1,000Hz 이상의 고주파음이라 추정할 수 있음
D특성	웨클(WECPNL)	• A특성 청감보정곡선으로 측정한 레벨 보다 항상 큼 • 항공기소음에 대하여 주로 적용하는 청감응답임

이론형 쓰기문제

01 소음계(Sound Level Meter)로 소음측정 시 A 및 C특성으로 측정하였다. 만약 C특성으로 측정한 값과 A특성으로 측정한 값이 다음과 같다면 소음의 주파수 영역은 어떻게 되는지를 쓰시오. [10 산업]

(1) dB(A) ≪ dB(C)
(2) dB(A) ≃ dB(C)

answer
(1) dB(A) ≪ dB(C) : 저주파음
(2) dB(A) ≃ dB(C) : 1,000Hz 이상 고주파음

02 소음기의 청감보정회로를 dB(A)로 선택하여 측정할 때와 dB(C)로 선택하여 측정할 때의 대표적인 경우를 각각 1가지씩만 쓰시오. [10 기사]

answer
① dB(A) : 소음레벨 측정 및 소음허용기준 측정
② dB(C) : 주파수 분석

이론형 쓰기문제

01 청감보정회로의 A특성 음압수준을 간략하게 설명하시오. [19 산업]

answer

A특성은 사람의 청각과 유사하게 약 40phon의 등감곡선과 비슷하게 주파수에 따른 특성을 보정하여 측정한 음압수준을 말한다.

02 소음계와 소음노출량계의 정의를 간단히 쓰시오. [10 산업]

answer

① 소음계 : 소음의 주파수를 분석하지 않고 총음압수준으로 측정하는 기기
② 소음노출량계 : 개인노출량을 측정하는 기기

03 국소진동에 의해 말초혈관운동이 저하되어 혈액순환장애로 인해 발병되고, 흰색 손가락(White finger) 또는 검은색 손가락(dead finger) 증상이라고도 하는 현상은? [09 산업]

answer

레이노드(Raynaud) 증후군

04 C^5-dip 현상을 간략하게 설명하시오. [00,03,07,15 기사]

answer

4,000Hz 부근에 국한된 청력장해로서 일반적으로 초기 청력손실을 말함

05 소음 전파과정에서 나타나는 물리적 현상 5가지를 쓰시오. [06,14 산업]

answer

① 회절 ② 간섭 ③ 굴절
④ 반사 ⑤ 투과

06 사람의 가청주파수 범위를 쓰시오. [19 기사]

answer

20~20,000Hz

07 진동에 의한 생체반응에 관계하는 4인자를 쓰시오. [11,16 산업]

answer

① 진동수
② 진동의 강도
③ 노출시간
④ 진동의 방향

08 소음성 난청(청력손실)에 영향을 미치는 인자 4가지를 쓰고, 간략하게 설명하시오. [16 산업]

answer

① 개인의 감수성 : 감수성이 높은 사람이 영향을 많이 받음
② 음의 강도 : 음압수준이 높을수록 유해함
③ 노출시간 : 계속적 노출이 간헐적 노출보다 더 유해함
④ 주파수 : 고주파음이 저주파음보다 더욱 유해. 충격음 및 연속음의 유해성이 더 큼

09 다음의 점음원에 대한 지향지수를 쓰시오. [09 산업]

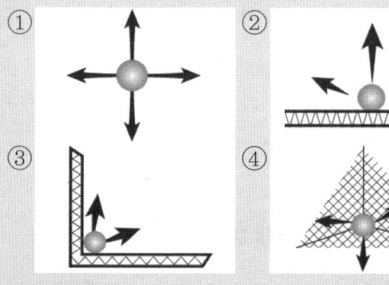

answer

① 0
② 3
③ 6
④ 9

2 필답형 계산문제

01 □ 기사 : 00,03,08,10,14,17
□ 산업 : 01,09,12,17

평점 6

온도 200℃, 압력 710mmHg 상태하에 있는 기적(氣積) 100m³인 공기를 산업환기 표준공기상태에서의 부피(m³)로 환산하시오.

[해설] 관련 이론 및 개념중심으로 학습해 두고, 답안은 다음의 "답안 작성" 부분만 답안지에 기재하면 된다.

관련 이론 및 개념

■ 기체부피의 온도 및 압력보정
- 보일-샤를의 법칙(Boyle-Charle's Law) : 일정량의 기체의 체적(V)은 압력(P)에 반비례하고 절대온도(T)에 비례한다는 법칙
  ❖ $\dfrac{V_1 P_1}{T_1} = \dfrac{V_2 P_2}{T_2}$
  ❖ $V_2 = V_1 \times \dfrac{T_2}{T_1} \dfrac{P_1}{P_2}$
- 산업환기 표준공기 : 21℃, 1기압(760mmHg)
- 공학적(자연과학) 표준상태 : 0℃, 1기압

답안 작성

〈계산〉 $V_2 = V_1 \times \dfrac{T_2}{T_1} \times \dfrac{P_1}{P_2}$

∴ $V_2 = 100\,\text{m}^3 \times \dfrac{273+21}{273+200} \times \dfrac{710}{760}$
   $= 58.07\,\text{m}^3$

02 □ 기사 : 02,05,07②,08,09,11,12②,16

평점 6

기적(氣積)이 2,000m³인 실내에 벤젠 4L가 혼합되어 있을 경우 벤젠농도를 ppm으로 구하시오. (단 25℃, 1atm, 벤젠의 분자량 78, 비중 0.88)

[해설] 관련 이론 및 개념중심으로 학습해 두고, 답안은 다음의 "답안 작성" 부분만 답안지에 기재하면 된다.

관련 이론 및 개념

■ ppm과 mg/m³의 농도변환 : ppm과 mg/m³ 간의 상호 농도단위 변환은 다음 계산식과 같다.
- $C_m(\text{mg/m}^3) = C_p(\text{ppm}) \times \dfrac{M_w(\text{분자량})}{24.45}$
- $C_p(\text{ppm}) = C_m(\text{mg/m}^3) \times \dfrac{24.45}{M_w(\text{분자량})}$

❖ 노출기준 적용 : 25℃, 1기압 기준
  □ $V_2 = V_1 \times \dfrac{273+t_2}{273+t_1} \times \dfrac{P_1}{P_2}$
  □ $V_2 = 22.4\,\text{m}^3 \times \dfrac{273+25}{273} \times \dfrac{760}{760} = 24.45\,\text{m}^3$

답안 작성

〈계산〉 $C_p(\text{ppm}) = C_m(\text{mg/m}^3) \times \dfrac{24.45}{\text{MW}}$

- $C_m = \dfrac{4\,\text{L}}{2,000\,\text{m}^3} \times \dfrac{0.88\,\text{kg}}{\text{L}} \times \dfrac{10^6\,\text{mg}}{\text{kg}}$
  $= 1,760\,\text{mg/m}^3$

∴ $C_p = 1,760\,\text{mg/m}^3 \times \dfrac{24.45}{78} = 551.69\,\text{ppm}$

※ 오염물질의 종류/분자량이 변경되는 유형으로 반복 출제

필답형 계산문제

01 20℃, 850mmHg 환경에 존재하는 이상기체 2mole의 체적(L)을 구하시오. [09 산업]

02 89.6°F, 750mmHg 상태에서 SO_2가스 $3m^3$를 공학적 표준상태의 부피(m^3)로 환산하시오. [14 기사]

03 1기압, 100℃인 작업공정에서 $2m^3$의 가스상 오염물질이 발생하고 있다. 작업공정의 환경이 2기압, 150℃로 될 때, 기체의 부피(m^3)를 구하시오. [12 산업][09,18 기사]

04 1기압, 150℃인 상태에서 가스상 오염물질의 이송유량은 $50m^3/min$이다. 760mmHg, 20℃상태의 기체유량(m^3/min)을 구하시오. [07,13 기사]

05 기적(氣積)이 $2,000m^3$인 실내에 벤젠 4L가 혼합되어 있을 경우 벤젠농도를 백분율(%)로 구하시오. (단, 벤젠비중 0.88, 분자량 78, 21℃ 1기압) [03,06,13,15,16,18 산업][00,03,06,11,16,18 기사]

※ 오염물질의 종류/분자량이 변경되는 유형으로 반복 출제

06 실내온도 0℃, 1기압에서 이산화탄소의 농도는 1,000ppm이다. 몇 mg/m^3인가? [09,12 산업]

07 21℃, 1기압에서 벤젠의 농도는 25ppm이다. 몇 mg/m^3인가? (단, 벤젠 MW 78) [04,12 산업][00,10,11,14 기사]

※ 오염물질의 종류/분자량이 변경되는 유형으로 반복 출제

08 40℃, 800mmHg의 상태에서 853L인 혼합기체 중에서 $C_5H_8O_2$의 질량은 65mg이었다. 0℃, 1기압에서의 농도(ppm)를 구하시오. [09,13,18 기사]

※ 오염물질의 종류/분자량이 변경되는 유형으로 반복 출제

09 다음 온도 30℃, 2기압일 때, 벤젠의 농도가 4ppm(V/V)이었다. 산업환기 표준상태에서의 농도(ppm, V/V)는? (단, 작업환경 표준상태는 25℃, 1기압, 산업환기 표준상태는 21℃, 1기압) [11 기사]

※ 오염물질의 종류/분자량이 변경되는 유형으로 반복 출제

10 온도 30℃, 기압 740mmHg인 실내에서 벤젠의 농도는 $18mg/m^3$이다. 이상기체 상태방정식을 이용하여 이 농도의 상대농도인 ppm 단위로 환산하시오. (단, 기체상수는 0.082L·atm/mol·K) [07,11 기사]

필답형 계산문제 답안

01 〈계산〉 $V_2 = V_1 \times \dfrac{T_2}{T_1} \times \dfrac{P_1}{P_2}$

- $1mol = 22.4L(0℃, 760mmHg)$

∴ $V_2 = 2 \times 22.4L \times \dfrac{273+20}{273} \times \dfrac{760}{780} = 46.85L$

02 〈계산〉 $V_2 = V_1 \times \dfrac{T_2}{T_1} \times \dfrac{P_1}{P_2}$

- $t℃ = \dfrac{5}{9}(t°F - 32) = \dfrac{5}{9}(89.6 - 32) = 32℃$

∴ $V_2 = 3m^3 \times \dfrac{273}{273+32} \times \dfrac{750}{760} = 2.65\,m^3$

03 〈계산〉 $V_2 = V_1 \times \dfrac{T_2}{T_1} \times \dfrac{P_1}{P_2}$

∴ $V_2 = 2m^3 \times \dfrac{(273+150)}{(273+100)} \times \dfrac{1}{2} = 1.13\,m^3$

04 〈계산〉 $Q_2 = Q_1 \times \dfrac{T_2}{T_1} \times \dfrac{P_1}{P_2}$

∴ $Q_2 = 50\,\text{m}^3/\text{min} \times \dfrac{(273+20)}{(273+150)} \times \dfrac{760}{760} = 34.63\,\text{m}^3/\text{min}$

05 〈계산〉 $C_p(\%) = C_r\,(\text{부피비}) \times 100$

- $C_r = \dfrac{4\,\text{L}}{2{,}000\,\text{m}^3} \times \dfrac{0.88\,\text{kg}}{\text{L}} \times \dfrac{22.4\,\text{m}^3}{78\,\text{kg}} \times \dfrac{273+21}{273} = 5.44 \times 10^{-4}$

∴ $C_p = 5.44 \times 10^{-4} \times 100 = 0.054\%$

06 〈계산〉 $C_m(\text{mg/m}^3) = C_p(\text{ppm}) \times \dfrac{M_w}{22.4}$ ⋯ (0℃, 1기압) $\begin{cases} C_p = 1{,}000\,\text{ppm} \\ M_w\,(\text{분자량}) = 44 \end{cases}$

∴ $C_m = 1{,}000\,\text{ppm} \times \dfrac{44}{22.4} = 1{,}964.29\,\text{mg/m}^3$

07 〈계산〉 $C_m(\text{mg/m}^3) = C_p(\text{ppm}) \times \dfrac{M_w}{24.12}$ ⋯ (21℃, 1기압)

∴ $C_m = 25\,\text{ppm} \times \dfrac{78}{24.12} = 80.85\,\text{mg/m}^3$

08 〈계산〉 $C_p(\text{ppm}) = C_m(\text{mg/m}^3) \times \dfrac{273+t}{273} \times \dfrac{760}{P}$ $\begin{cases} m : C_5H_8O_2\,(\text{안젤산})\text{의 분자량(질량)} = 65\,\text{mg} \\ V : \text{혼합기체의 체적} = 853\,\text{L}\,(40℃, 800\,\text{mmHg}) \end{cases}$

∴ $C_p = \dfrac{65\,\text{mg}}{853\,\text{L}} \times \dfrac{273+40}{273} \times \dfrac{760}{800} \times \dfrac{22.4\,\text{mL}}{100\,\text{mg}} \times \dfrac{10^3\,\text{L}}{\text{m}^3} = 18.59\,\text{ppm}$

09 〈계산〉 $C_p(\text{ppm}) = C_p^*(\text{ppm})$

∴ 4ppm

※ 용량분율(ppm)과 용량분율(ppm*)의 관계는 온도와 압력변화에 무관하게 동일한 농도를 유지함

10 〈계산〉 $\text{ppm(V/V)} = \dfrac{V_i}{V_T} \times 10^6$

- $PV = nRT \;\Rightarrow\; PV = \dfrac{W}{M}RT$

- $V_i = W\dfrac{RT}{PM}$
  $= 18\,\text{mg} \times \dfrac{0.082\,\text{L}\cdot\text{atm}}{\text{mol}\cdot\text{K}} \times \dfrac{(273+30)\text{K}}{78\,\text{g/mol}} \times \dfrac{\text{g}}{10^3\,\text{mg}} \times \dfrac{1}{(740/760)\,\text{atm}} = 5.89 \times 10^{-3}\,\text{L}$

- $V_T = 1 \times 10^3\,\text{L}$

∴ $\text{ppm(V/V)} = \dfrac{5.89 \times 10^{-3}}{1 \times 10^3} \times 10^6 = 5.89\,\text{ppm}$

---

03 □ 기사 : 00,06,08,10,11,15,18,19
□ 산업 : 03,11,12,13,15,19

평점 6

비중 2.7인 아세톤 700ppm과 비중 4.6인 사염화탄소 500ppm이 공기 중에 혼합기체로 존재한다. 이 혼합기체의 유효비중을 구하시오. (단, 계산결과는 소수점 넷째자리까지)

2 작업위생(환경) 측정 및 평가 [실기]

해설 관련 이론 및 개념중심으로 학습해 두고, 답안은 다음의 "답안 작성" 부분만 답안지에 기재하면 된다.

관련 이론 및 개념

■ **혼합기체에 대한 비중, 밀도, 분자량 계산**

- S_m (비중) $= \dfrac{S_1 Q_1 + \cdots + S_n Q_n}{Q_1 + \cdots + Q_n}$ $\begin{cases} S : \text{비중} \\ Q : \text{농도, 유량} \end{cases}$

- M_m (분자량) $= \dfrac{f_1 V_1 + \cdots + f_n V_n}{V_1 + \cdots + V_n}$ $\begin{cases} f : \text{비율} \\ V : \text{부피} \end{cases}$

답안 작성

⟨계산⟩ $S_m = \dfrac{S_1 Q_1 + S_2 Q_2 + \cdots + S_n Q_n}{Q_1 + Q_2 + \cdots + Q_n}$

$\therefore S_m = \dfrac{2.7 \times 700 + 4.6 \times 500 + 1.0 \times 998{,}800}{1{,}000{,}000}$

$= 1.0030$

※ 오염물질의 종류만 다르게 하여 다양하게 반복 출제됨

필답형 계산문제

01 21℃, 1atm에서 공기의 밀도는 1.2kg/m³이다. 온도 38℃, 압력 710mmHg인 상태로 환산하기 위한 밀도보정계수를 구하시오. [08,15 산업]

02 온도 35℃, 압력 700mmHg 상태의 공기밀도(kg/m³) 구하시오. (단, 0℃, 1기압에서의 공기밀도 1.293kg/m³이다.) [13,14 산업][10,19 기사]

03 표준공기밀도가 1.203kg/m³일 때, 온도 93℃, 압력 733mmHg 상태에서 공기밀도(kg/m³)는 얼마인가? [10 산업]

04 21℃, 1기압에서 수은의 증기압은 0.0028 mmHg이다. 이 온도와 압력에서 수은이 증발될 경우 수은의 최대농도(mg/m³)를 구하시오. (단, 수은의 원자량 200.59이다.) [10,16 산업]

05 대기압 760mmHg, 기온 21℃일 때 CCl_4의 증기압이 90mmH₂O라면 포화증기농도(%)는? [02,08,19 산업]

06 0.001N–NaOH의 pH는 얼마인가? [00,06,09②,14,16 산업]

07 빛의 세기 I_o의 단색광이 어떤 시료 용액을 통과하여 그 광의 80%가 흡수되었을 때 흡광도는? [10② 산업]

필답형 계산문제 답안

01 ⟨계산⟩ 밀도보정계수(K) $= \dfrac{273 + t_o}{273 + t} \times \dfrac{P}{760}$

$\therefore K = \dfrac{273 + 21}{273 + 38} \times \dfrac{710}{760} = 0.883$

02 ⟨계산⟩ 보정밀도(ρ_a) $= \rho_o \times K$(보정계수)

■ $K = \dfrac{273}{273 + t} \times \dfrac{P}{760} = \dfrac{273}{273 + 35} \times \dfrac{700}{760} = 0.816$

$\therefore \rho_a = 1.293 \times 0.816 = 1.06 \text{ kg/m}^3$

03 ⟨계산⟩ 보정밀도(ρ_a) $= \rho_o \times K$(보정계수)

■ $K = \dfrac{273 + t_o}{273 + t} \times \dfrac{P}{760} = \dfrac{273 + 21}{273 + 93} \times \dfrac{733}{760} = 0.775$

$\therefore \rho_a = 1.203 \times 0.775 = 0.93 \text{ kg/m}^3$

04 〈계산〉 $C_m = \text{SVC}(증기농도, \text{ppm}) \times \dfrac{M_w}{24.12}$ ··· (21℃, 1기압)

- $\text{SVC (ppm)} = \dfrac{P_i}{P_a} \times 10^6 = \dfrac{0.0028}{760} \times 10^6 = 3.68\,\text{ppm}$

∴ $C_m = 3.68 \times \dfrac{200.59}{24.12} = 30.64\,\text{mg/m}^3$

05 〈계산〉 $\text{SVC}(\%) = \dfrac{P_i}{P_a} \times 100 \Rightarrow$ ∴ $\text{SVC}(\%) = \dfrac{90 \times (760/10,332)}{760} \times 100 = 0.87\,\%(\text{V/V})$

06 〈계산〉 $\text{pH} = 14 - \text{pOH}$

- $\text{pOH} = \log\dfrac{1}{0.001} = 3$

∴ $\text{pH} = 14 - 3 = 11$

07 〈계산〉 흡광도$(A) = \log\dfrac{1}{t} = \log\dfrac{1}{I_t/I_o} \Rightarrow$ ∴ $A = \log\dfrac{1}{(1-0.8)} = 0.699$

필답형 계산문제

01 다음 조건을 이용하여 시료채취시간(분)을 산출하시오. [00,06,09 기사]

[조건]
- 검출한계(LOD) : 0.05mg
- 농도 1mg/m³까지 측정하기 위하여 Pump 유량 2L/min으로 시료채취

02 다음 조건을 이용하여 시료채취 펌프의 평균 유량(L/min)을 산출하시오. [07,19 산업][02,15 기사]

[조건]
- 시료채취용 펌프 : 비누거품미터
- 비누거품관의 용량 : 1,000cc
- 측정횟수 : 4회
- 채취시간 : 25.5초, 25.2초, 25.9초, 25.4초

03 금속제품 탈지공정에서 현재 사용 중인 트리클로로에틸렌에 대하여 과거 노출농도를 조사해 본 결과 50ppm이었다. 활성탄관을 이용하여 0.5L/min으로 시료를 채취할 경우 시료채취에 소요되는 시간은 최소 몇 분(min)이어야 하는가? (단, 25℃, 1기압의 환경조건이며, 트리클로로에틸렌의 분자량은 131.39, 측정기기 정량한계는 시료당 0.5mg이다.) [18 산업][08,18 기사]

필답형 계산문제 답안

01 〈계산〉 $t(\min) = \dfrac{V_m}{Q}$

- $V_m(\text{L}) = \dfrac{\text{LOQ}(정량한계)}{C_o} \times 10^3 = \dfrac{\text{LOD} \times 3.3}{C_o} \times 1000 = \dfrac{0.05\,\text{mg} \times 3.3}{1\,\text{mg/m}^3} \times 1,000 = 165\,\text{L}$

∴ $t(\min) = \dfrac{165\,\text{L}}{2\,\text{L/min}} = 82.5\,\min$

02 〈계산〉 $Q_m = \dfrac{Q_1 + Q_2 + \cdots + Q_n}{N}$

- $Q_{1\sim4}$ (L/min) $= \dfrac{\forall}{t}$ $\begin{cases} Q_1 = \dfrac{1\,\text{L}}{25.5\,\text{sec}} \times 60 = 2.353\,\text{L/min} \\ Q_2 = \dfrac{1\,\text{L}}{25.2\,\text{sec}} \times 60 = 2.381\,\text{L/min} \\ Q_3 = \dfrac{1\,\text{L}}{25.9\,\text{sec}} \times 60 = 2.317\,\text{L/min} \\ Q_4 = \dfrac{1\,\text{L}}{25.4\,\text{sec}} \times 60 = 2.362\,\text{L/min} \end{cases}$

$\therefore Q_m = \dfrac{2.353 + 2.381 + 2.317 + 2.362}{4} = 2.353\,\text{L/min}$

03 〈계산〉 $t\,(\min) = \dfrac{V_m}{Q}$

- $V_m\,(\text{L}) = \dfrac{\text{LOQ}}{C_o} \times 1{,}000 = \dfrac{0.5\,\text{mg}}{50 \times (131.39/24.45)\,\text{mg/m}^3} \times 1{,}000 = 1.86\,\text{L}$

$\therefore t\,(\min) = \dfrac{1.86\,\text{L}}{0.5\,\text{L/min}} = 3.72\,\min$

---

04 기사 : 00,06,07②,12,13,15
산업 : 03,06,12,18
평점 6

실내작업장에서 측정한 건구온도는 32℃, 자연습구온도는 20℃이었다. 흑구온도가 55℃일 때, 이 작업장의 습구흑구온도지수(WBGT)를 구하시오.

[해설] 관련 이론 및 개념중심으로 학습해 두고, 답안은 다음의 "답안 작성" 부분만 답안지에 기재하면 된다.

관련 이론 및 개념

■ 측정위치 : 작업 바닥면으로부터 50cm 이상 150cm 이하의 위치에서 측정

■ 습구흑구온도지수(WBGT) 산출

- 옥외(태양광선이 내리 쬐는 장소)
  ❖ WBGT(℃) = 0.7×자연습구온도 + 0.2×흑구온도 + 0.1×건구온도

- 옥내 또는 옥외(태양광선이 내리 쬐지 않는 장소)
  ❖ WBGT(℃) = 0.7×자연습구온도 + 0.3×흑구온도

□ 평균
WBGT(℃) = $\dfrac{\text{WBGT}_1 \times t_1 + \cdots + \text{WBGT}_n \times t_n}{t_1 + \cdots + t_n}$

$\begin{cases} \text{WBGT}_n : \text{각 습구흑구온도지수의 측정치(℃)} \\ t_n : \text{각 습구흑구온도지수치의 발생시간(분)} \end{cases}$

답안 작성

〈계산〉 WBGT(℃) = 0.7×자연습구온도 + 0.3×흑구온도

∴ WBGT(℃) = 0.7×20 + 0.3×55 = 30.5℃

※ 하나의 문제에 옥내, 옥외 모두 출제되기도 함

05 □ 기사 : 00,07,11
□ 산업 : 03,12,16,18

평점 **6**

어느 단조공정 작업장의 온도를 측정한 결과 건구온도 35℃, 자연습구온도 30℃, 흑구온도 50℃이었다. 작업실내의 WBGT를 구하시오. 또한 작업의 형태가 계속작업이고, 작업강도가 중등작업일 경우 노출기준 초과여부를 평가하시오.

해설 관련 이론 및 개념중심으로 학습해 두고, 답안은 다음의 "답안 작성" 부분만 답안지에 기재하면 된다.

관련 이론 및 개념

■ 습구흑구온도지수(WBGT) 계산
- 옥외(태양광선이 내리 쬐는 장소)
  ❖ WBGT(℃) = 0.7×자연습구온도
      + 0.2×흑구온도
      + 0.1×건구온도
- 옥내 또는 옥외(태양광선이 내리 쬐지 않는 장소)
  ❖ WBGT(℃) = 0.7×자연습구온도
      + 0.3×흑구온도

답안 작성

⟨계산⟩ WBGT(℃) = 0.7×자연습구온도
    + 0.3×흑구온도

∴ WBGT(℃) = 0.7×30 + 0.3×50 = 36℃

∴ 중등작업 노출기준은 26.7℃이므로 노출기준 초과함

※ 노출기준 → [표] 참조

[표] 고열작업 노출기준

(단위 : ℃, WBGT)

작업휴식 시간비 \ 작업강도	경작업	중등작업	중작업
계속작업	30.0℃	26.7℃	25.0℃
매 시간 75% 작업, 25% 휴식	30.6℃	28.0℃	25.9℃
매 시간 50% 작업, 50% 휴식	31.4℃	29.4℃	27.9℃
매 시간 25% 작업, 75% 휴식	32.2℃	31.1℃	30.0℃

필답형 계산문제

01 작업장의 온도가 4시간동안은 35℃, 3시간동안은 30℃, 1시간동안은 25℃이었다. 이 작업의 8시간 평균 WBGT는? [12 산업]

02 공기조화설비를 갖춘 실내의 환경조건이 건구 32℃, 습구 18℃, 흑구 20℃일 때, 불쾌지수를 구하시오. [16 산업]

03 온도 30℃, 상대습도 60%의 환경조건에서 피부의 체감온도를 구하시오. (단, t : 온도, X_w : 상대습도, 바람의 영향은 무시) [16 산업]

$$체감온도 = t - 0.4(t-10)\left(1 - \frac{X_w}{100}\right)$$

필답형 계산문제 답안

01 ⟨계산⟩ $WBGT(℃) = \dfrac{WBGT_1 \times t_1 + \cdots + WBGT_n \times t_n}{t_1 + \cdots + t_n}$

∴ $WBGT(℃) = \dfrac{35 \times 4 + 30 \times 3 + 25 \times 1}{8} = 31.88℃$

02 〈계산〉 불쾌지수(DI) = (건구온도 + 습구온도) × 0.72 + 40.6

∴ DI = (32 + 18) × 0.72 + 40.6 = 76.6

【참고】

■ 불쾌지수(DI, Discomfort Index)의 산정과 평가
- 불쾌지수 : 불쾌지수(DI) = (건구온도 ℃ + 습구온도 ℃) × 0.72 + 40.6
  불쾌지수(DI) = (건구온도 °F + 습구온도 °F) × 0.4 + 15
- 평가
  - DI ≥ 70 : 10%가 불쾌감 호소
  - DI ≥ 75 : 50% 이상이 불쾌감 호소
  - DI ≥ 80 : 거의 모든 사람이 불쾌감 호소

03 〈계산〉 체감온도 = $t - 0.4(t-10)\left(1 - \dfrac{X_w}{100}\right)$

∴ 피부 체감온도 = $30 - \left[0.4 \times (30-10) \times \left(1 - \dfrac{60}{100}\right)\right] = 26.8$ ℃

06
기사 : 02,08,09,11,15
산업 : 04,07

평점 6

작업장내의 공기 중 벤젠농도를 측정하기 위해 채취속도 200mL/min으로 8시간동안 활성탄관으로 채취한 결과 활성탄관에서 2mg의 벤젠을 검출하였다. 공기 중 벤젠농도(ppm)를 구하시오. (단, 벤젠의 분자량 78, 기온 25℃, 1기압)

[해설] 관련 이론 및 개념중심으로 학습해 두고, 답안은 다음의 "답안 작성" 부분만 답안지에 기재하면 된다.

관련 이론 및 개념

■ 농도계산의 유형정리

□ 용액흡수법
- 포집효율 → 단일 : $\eta = \left(1 - \dfrac{m_1}{m_2}\right)$

  직렬 : $\eta = \eta_1 + \eta_2(1 - \eta_1)$

- 농도계산

  ❖ $C(\text{mg/m}^3) = \dfrac{(m_1 - m_o) \times (1/\eta)}{V}$

□ 고체흡착관법의 농도계산

  ❖ $C(\text{mg/m}^3) = \dfrac{(m_1 + m_2) \times (1/\eta)}{V}$

□ 수동식 포집(sampler)의 농도계산

  ❖ $C(\text{mg/m}^3) = \dfrac{m(\text{mg})}{\forall (\text{m}^3)}$

□ 농도단위 전환 … (주) 증기·기체상 물질에 한함

  ❖ $C_p(\text{ppm}) = C_m(\text{mg/m}^3) \times \dfrac{24.45}{M_w}$

답안 작성

〈계산〉 $C_p(\text{ppm}) = C_m(\text{mg/m}^3) \times \dfrac{24.45}{M_w}$

- $C_m = \dfrac{m_1}{V}$

  $= \dfrac{2 \text{ mg}}{200 \text{mL/min}} \times \dfrac{10^6 \text{mL}}{\text{m}^3} \times \dfrac{\text{hr}}{60 \text{min}} \times \dfrac{1}{8 \text{hr}}$

  $= 20.83 \text{ mg/m}^3$

∴ $C_p = 20.83 \text{ mg/m}^3 \times \dfrac{22.4 \text{mL}}{78 \text{mg}} \times \dfrac{273 + 25}{273}$

  $= 6.53 \text{ ppm}$

포집효율식에서
- m_1 : 첫 번째 흡수관에 포집된 양
- η_1 : 첫 번째 흡수관의 포집률
- m_2 : 두 번째 흡수관에 포집된 양
- η_2 : 두 번째 흡수관의 포집률

농도계산식에서
- m_1 (앞), m_2 (뒤), m : 분석·검출량(mg)
- m_o : 공시료 분석량(mg)
- $V, \forall$: 시료채취량(m^3)
- η : 포집·탈착률
- M_w : 분자량
- 24.45 : 25℃, 1기압의 계수

필답형 계산문제

01 어느 작업장의 니트로벤젠의 분석결과가 다음과 같았다. 니트로벤젠의 농도(ppm)를 구하시오. (단, 니트로벤젠의 분자량 123.11) [07② 기사]

[조건]
- 8시간 포집량 : 65,000ng
- 공시료 포집량 : 0ng
- 활성탄관 탈착효율 : 0.84
- pump 유량 : 28.5mL/min(25℃, 1기압)

02 작업장의 톨루엔농도를 측정하기 위해 시료를 채취하여 분석한 결과 0.8mg이었고, 시료의 채취시간은 400min이었다. 탈착효율 95%, 채취유량 40cm³/min일 때, 작업장의 톨루엔농도(mg/m³)를 구하시오. [11 기사]

03 탈착효율을 보정하기 전 톨루엔의 농도가 4.5mg/m³이다. 탈착효율이 90%일 경우 보정농도(mg/m³)는 얼마인가? [10 산업]

04 어느 작업장에서 공기 중의 벤젠을 고체흡착관으로 측정하였다. 비누거품미터로 유량을 보정하기 위해 용량 500cc를 통과하는데 소요된 시간은 시료채취 전 16.5초, 시료채취 후 16.9초가 걸렸다. 벤젠의 측정시간 3시간, 측정된 벤젠량을 GC로 분석한 결과 활성탄관의 앞층에서 2.5mg, 뒤층에서 0.2mg이 검출되었다면 이 작업장 공기 중 벤젠의 농도(ppm)는 얼마인가? (단, 25℃, 1기압, 벤젠의 분자량은 78.11, 공시료 3개에서 분석된 벤젠의 평균은 0.01mg이다.) [08,14,17 기사]

05 입자상 물질의 시료채취 전 여과지의 무게가 80.78mg, 금속흄 시료를 8시간동안 채취한 결과 여과지의 무게는 84.54mg이었다. 시료흡인 펌프의 평균유량이 2.0L/min일 때, 공기 중 흄의 평균농도(mg/m³)는 얼마인가? [04,08 산업][03,08③,16,18 기사]

06 고용량 시료채취장치를 이용하여 작업장 공기의 먼지농도를 측정하였다. 시료채취시간은 30분, 펌프의 시료흡입유량은 800L/min, 시료채취 전 필터의 무게 2.620g, 채취 후 무게 5.012g, 시료채취 당시의 작업장내 온도와 압력이 각각 18℃, 1기압이라면 25℃, 1기압의 조건에서 작업장의 평균먼지농도(mg/m³)를 구하시오. [00,06,09,10,14,18 기사]

07 입자상 물질의 시료채취 전 여과지의 무게가 60.01mg, 공기 중 먼지시료를 8시간동안 채취한 결과 여과지의 무게는 62.25mg이었다. 시료흡인 펌프의 유량이 2.5L/min일 때, 공기 중 먼지농도를 구하고 먼지의 유리규산의 성분이 35%라면 노출기준 초과여부를 판정하시오. [08 기사]

08 도금공정의 크롬분석에 사용할 수 있는 여과지의 종류와 분석방법을 각각 1가지씩 기술하시오. 또한 이 공정에서 발생되는 도금분진을 시료 채취한 결과 여과지에 포집된 크롬의 무게는 0.1090μg 이었고, 공시료의 무게는 0.0010μg 이었다면 작업장내의 공기 중 크롬의 농도(mg/m³)는? (단, 회수율 98%, 공기채취량 100L) [11,13 기사]

09 초기 무게가 1.260g인 깨끗한 PVC 여과지를 하이볼륨 시료채취기(High-volume sampler)에 장치하여 어떤 작업장에서 오전 9시부터 오후 5시까지 4L/min의 유량으로 시료채취기를 작동시킨 후 여과지의 무게를 측정한 결과 1.280g이었다면 채취한 입자상 물질의 평균농도(mg/m³)는? [07 산업]

10 저용량 시료채취장치로 작업장의 납분석 공기시료를 채취한 결과 납의 정량치는 15μg 이고 총흡인유량이 250L일 때, 작업장 공기 중 납의 농도(mg/m³)를 구하시오. (단, 회수율은 95%이다.) [12 산업][16,18 기사]

필답형 계산문제 답안

01 〈계산〉 $C_p = C_m \times \dfrac{24.45}{M_w}$ … (25℃, 1기압) 또는 $C_p(\text{ppm}) = C_m(\text{mg/m}^3) \times \dfrac{22.4}{M_w} \times \dfrac{273+t}{273} \times \dfrac{760}{P}$

- $C_m(\text{mg/m}^3) = \dfrac{m \times (1/\eta)}{V}$ $\begin{cases} V = Q_m \times t \\ \quad = \dfrac{28.5\,\text{mL}}{\text{min}} \times 8\,\text{hr} \times \dfrac{60\,\text{min}}{\text{hr}} \times \dfrac{\text{m}^3}{10^6\,\text{mL}} = 0.014\,\text{m}^3 \\ m = m_1 - m_o = (65{,}000 - 0) = 65{,}000\,\text{ng} = 0.065\,\text{mg} \end{cases}$

⇨ $C_m = \dfrac{0.065\,\text{mg} \times (1/0.84)}{0.014\,\text{m}^3} = 5.53\,\text{mg/m}^3$

∴ $C_p = 5.53\,\text{mg/m}^3 \times \dfrac{24.45}{123.11} = 1.10\,\text{ppm}$

02 〈계산〉 보정농도 $= \dfrac{C(\text{측정농도})}{\eta(\text{탈착효율})}$

- $C = \dfrac{0.8\,\text{mg}}{40\,\text{cm}^3/\text{min}} \times \dfrac{1}{400\,\text{min}} \times \dfrac{100^3\,\text{cm}^3}{\text{m}^3} = 50\,\text{mg/m}^3$

∴ $C^* = \dfrac{50\,\text{mg/m}^3}{0.95} = 52.63\,\text{mg/m}^3$

03 〈계산〉 보정농도 $= \dfrac{C(\text{측정농도})}{\eta(\text{탈착효율})}$ ⇨ ∴ $C^* = \dfrac{4.5\,\text{mg/m}^3}{0.9} = 5\,\text{mg/m}^3$

04 〈계산〉 $C_p = C_m \times \dfrac{24.45}{M_w}$ … (25℃, 1기압)

- $C_m(\text{mg/m}^3) = \dfrac{m}{V}$ $\begin{cases} V = Q_m \times t \\ \quad = \dfrac{500\,\text{mL}}{(16.5+16.9)/2\,\text{sec}} \times 3\,\text{hr} \times \dfrac{3{,}600\,\text{sec}}{\text{hr}} \times \dfrac{\text{m}^3}{10^6\,\text{mL}} = 0.323\,\text{m}^3 \\ m = m_1 - m_o = (2.5+0.2) - 0.01 = 2.69\,\text{mg} \end{cases}$

⇨ $C_m = \dfrac{2.69\,\text{mg}}{0.323\,\text{m}^3} = 8.33\,\text{mg/m}^3$

∴ $C_p = 8.33 \times \dfrac{24.45}{78.11} = 2.61\,\text{ppm}$

05 〈계산〉 $C(\text{mg/m}^3) = \dfrac{m}{V}$ $\begin{cases} m = (84.54 - 80.78) = 3.76\,\text{mg} \\ V = \dfrac{2.0\,\text{L}}{\text{min}} \times \dfrac{\text{m}^3}{1000\,\text{L}} \times \dfrac{60\,\text{min}}{\text{hr}} \times 8\,\text{hr} = 0.96\,\text{m}^3 \end{cases}$

∴ $C = \dfrac{3.76}{0.96} = 3.92\,\text{mg/m}^3$

06 〈계산〉 $C(\text{mg/m}^3) = \dfrac{m}{V}$ $\begin{cases} m = m_1 - m_o = (5.012 - 2.620) = 2.392\,\text{g} = 2{,}392\,\text{mg} \\ V = \dfrac{800\,\text{L}}{\text{min}} \times \dfrac{\text{m}^3}{1{,}000\,\text{L}} \times 30\,\text{min} = 24\,\text{m}^3\,(18℃,\,1기압) \end{cases}$

∴ $C = \dfrac{2{,}392\,\text{mg}}{24\,\text{m}^3} \times \dfrac{273+18}{273+25} = 97.33\,\text{mg/m}^3$

07 〈계산〉 $C(\text{mg/m}^3) = \dfrac{m}{V}$ $\begin{cases} m = m_1 - m_o = m_1 = (62.25 - 60.01) = 2.24\,\text{mg} \\ V = \dfrac{2.5\,\text{L}}{\text{min}} \times \dfrac{\text{m}^3}{10^3\,\text{L}} \times \dfrac{60\,\text{min}}{\text{hr}} \times 8\,\text{hr} = 1.2\,\text{m}^3 \end{cases}$

∴ $C = \dfrac{2.24}{1.2} = 1.87\,\text{mg/m}^3$ ∴ 유리규산 노출기준은 $2\,\text{mg/m}^3$이므로 노출기준을 초과하지 않음

08 ① MCE막 여과지, 원자흡광광도법

② 〈계산〉 $C(\mathrm{mg/m^3}) = \dfrac{(m_1 - m_o) \times (1/\eta)}{V}$ $\begin{cases} m_1 - m_o = (0.1090 - 0.0010)\mu\mathrm{g} = 1.08 \times 10^{-4}\mathrm{mg} \\ \eta = 0.98 \\ V = 100\mathrm{L} = 0.1\,\mathrm{m^3} \end{cases}$

$\therefore\ C = \dfrac{1.08 \times 10^{-4} \times (1/0.98)}{0.1} = 1.1 \times 10^{-3}\ \mathrm{mg/m^3}$

09 〈계산〉 $C(\mathrm{mg/m^3}) = \dfrac{m}{V}$ $\begin{cases} m = m_1 - m_o = (1.280 - 1.260) \times 10^3 = 20\,\mathrm{mg} \\ V = \dfrac{4\,\mathrm{L}}{\min} \times \dfrac{\mathrm{m^3}}{10^3\,\mathrm{L}} \times \dfrac{60\min}{\mathrm{hr}} \times 8\,\mathrm{hr} = 1.92\,\mathrm{m^3} \end{cases}$

$\therefore\ C = \dfrac{20}{1.92} = 10.41\ \mathrm{mg/m^3}$

10 〈계산〉 $C(\mathrm{mg/m^3}) = \dfrac{m \times (1/\eta)}{V}$ $\begin{cases} m = 15\mu\mathrm{g} \times \dfrac{10^{-3}\mathrm{mg}}{\mu\mathrm{g}} = 0.015\,\mathrm{mg} \\ \eta = 0.95 \\ V = 250\,\mathrm{L} = 0.25\,\mathrm{m^3} \end{cases}$

$\therefore\ C = \dfrac{0.015 \times (1/0.95)}{0.25} = 0.063\ \mathrm{mg/m^3}$

---

07 □기사 : 14, 17   평점 8

유기용제 A, B의 TLV와 증기압이 다음과 같을 때, 각 유기용제의 포화증기농도 및 증기위험도지수(VHI)를 구하시오. (단, 대기압 760mmHg)
(1) A 유기용제(TLV 100ppm, 증기압 25mmHg)
(2) B 유기용제(TLV 350ppm, 증기압 100mmHg)

해설 관련 이론 및 개념중심으로 학습해 두고, 답안은 다음의 "답안 작성" 부분만 답안지에 기재하면 된다.

관련 이론 및 개념

■ **포화증기의 농도와 증기위험도지수**

□ 포화증기의 농도 계산 : $\mathrm{SVC(ppm)} = \dfrac{P_v}{P_a} \times 10^6$

□ 증기위험도지수(VHI, Vapor Hazard Index)
- 의의 : 증기위험도지수는 허용농도와 포화증기농도의 비를 나타냄. 증발된 유기용제분자가 공기 중에 포화하였을 때 허용농도의 몇 배로 되는가를 나타내는 값으로 유기용제의 잠재적 위험성을 평가하는 지표임
- 증기위험도지수(VHI) 계산
  ❖ $\mathrm{VHI} = \dfrac{P_v}{P_a} \times \dfrac{10^6}{\mathrm{TLV}}$
- 유기용제의 선정 : VHI가 낮은 것을 선정

답안 작성

(1) A 유기용제

〈계산〉 $\mathrm{SVC} = \dfrac{25}{760} \times 10^6 = 32{,}894.74\,\mathrm{ppm}$

〈계산〉 $\mathrm{VHI} = \dfrac{P_v}{P_a} \times \dfrac{10^6}{\mathrm{TLV}}$
$= \dfrac{32{,}894.74\,\mathrm{ppm}}{100\,\mathrm{ppm}} = 328.95$

(2) B 유기용제

〈계산〉 $\mathrm{SVC} = \dfrac{100}{760} \times 10^6 = 131{,}578.95\,\mathrm{ppm}$

〈계산〉 $\mathrm{VHI} = \dfrac{P_v}{P_a} \times \dfrac{10^6}{\mathrm{TLV}}$
$= \dfrac{131{,}578.95\,\mathrm{ppm}}{350\,\mathrm{ppm}} = 375.94$

08

□ 기사(매회대비) : 11, 14, 18
□ 산업(매회대비) : 08, 10, 13

평점 6

어느 사업장에서 근로자에 대하여 TCE를 10회 측정한 결과 다음과 같았다. 산술평균과 기하평균을 각각 구하시오.

측정결과(ppm) : 190, 47, 51, 132, 93, 61, 198, 205, 170, 55

해설 관련 이론 및 개념중심으로 학습해 두고, 답안은 다음의 "답안 작성" 부분만 답안지에 기재하면 된다.

관련 이론 및 개념

■ **산술평균과 기하평균** : 작업장에서 유해물질의 농도를 평가할 때 일반적으로 사용되는 평균치는 기하평균치이지만 노출 대수정규분포에서 평균노출을 가장 잘 나타내는 대푯값은 산술평균이다.

- 산술평균 : $AM = \dfrac{X_1 + X_2 + \cdots + X_n}{N}$
- 기하평균 : $GM = 10^{\frac{\Sigma \log X}{N}}$
  $GM = \sqrt[N]{X_1 \times X_2 \times \cdots \times X_n}$

답안 작성

〈계산〉 산술평균 $= \dfrac{\left(\begin{array}{l}190+47+51+132+93\\+61+198+205+170+55\end{array}\right)}{10}$
$= 120.2\,\mathrm{ppm}$

〈계산〉 기하평균 $= 10^{\dfrac{\left(\begin{array}{l}\log190+\log47+\log51+\log132+\log93\\+\log61+\log198+\log205+\log170+\log55\end{array}\right)}{10}}$
$= 102.61\,\mathrm{ppm}$

필답형 계산문제

01 작업환경 측정결과 측정치가 3, 6, 20, 24, 33일 경우 기하평균 및 기하표준편차를 구하시오.
[11 산업][00, 18 기사]

02 어느 자료로 대수정규 누적분포도를 그렸을 때 누적퍼센트 84.1%에 해당되는 값이 2.41이고, 50%에 해당되는 값이 1.12%, 15.9%에 해당되는 값이 0.52일 때, 기하평균과 기하표준편차를 구하시오.
[15 산업][05, 17, 18 기사]

03 작업환경측정 시 유량, 측정시간, 회수율, 분석 등에 의한 오차가 각각 10%, 7%, -13%, -5%일 때, 누적오차(%)를 산출하고, 오차를 최소화하기 위한 우선적 개선항목을 쓰시오.
[19 산업][14 기사]

04 어느 작업장에서 톨루엔을 분석하기 위해 공기시료를 포집하여 가스크로마토그래피로 분석 후 검량선을 작성한 결과 다음과 같았다. 작업장 공기 중의 톨루엔농도(ppm)를 구하시오.
[17② 산업][09, 14 기사]

[조건]
- 시료 공기채취량 : 12L
- 작업장온도 : 25℃
- 톨루엔 분자량 : 92.13
- 피크면적 : 1,126,952
- YCG(GC의 반응 피크면적) $= 8,723 \times$ 톨루엔량(μg) $+ 816.2$

필답형 계산문제 답안

01 〈계산〉 기하평균(GM) $= 10^{\frac{\Sigma \log X}{N}}$

∴ GM $= 10^{\frac{\log 3 + \log 6 + \log 20 + \log 24 + \log 33}{5}} = 12.33$

〈계산〉 기하표준편차(GSD) $= 10^{\left[\frac{\Sigma (\log X - M)^2}{(N)-1}\right]^{1/2}}$

- 대수평균(M) $= \dfrac{\log 3 + \log 6 + \log 20 + \log 24 + \log 33}{5} = 1.09$

∴ GSD $= 10^{\left[\frac{(\log 3 - 1.09)^2 + (\log 6 - 1.09)^2 + (\log 20 - 1.09)^2 + (\log 24 - 1.09)^2 + (\log 33 - 1.09)^2}{5-1}\right]^{1/2}} = 10^{0.443} = 2.77$

02 〈계산〉 기하평균(GM) $= X_{50} = 1.12$

〈계산〉 기하표준편차(GSD) $= \dfrac{X_{84.1}}{X_{50}} = \dfrac{2.41}{1.12} = 2.15$

03 〈계산〉 누적오차(E_c) $= \sqrt{E_1^2 + E_2^2 + \cdots + E_n^2}$

∴ $E_c = \sqrt{10^2 + 7^2 + (-13)^2 + (-5)^2} = 18.52\%$

∴ 절대값 기준오차가 가장 큰 회수율 항목을 우선적으로 개선하여야 함

04 〈계산〉 C_p (ppm) $= \dfrac{m}{V}$ (mg/m^3) $\times \dfrac{24.45}{M_w}$ … (25℃, 1기압)

- 피크면적(1,126,952) $= 8,723 \times$ 톨루엔량(μg) $+ 816.2$

    ⇨ 톨루엔량 $= \dfrac{(1,126,952 - 816.2)}{8,723} = 129.1\,\mu\text{g} = 0.1291\,\text{mg}$

- $V = 12\,\text{L} \times \dfrac{\text{m}^3}{10^3\,\text{L}} = 0.012\,\text{m}^3$

∴ $C_p = \dfrac{0.1291}{0.012} \times \dfrac{24.45}{92.13} = 2.86\,\text{ppm}$

필답형 계산문제

01 어느 작업장에서 공기 중의 벤젠을 고체흡착관으로 측정하였다. 비누거품미터로 유량을 보정하기 위해 용량 500mL를 통과하는데 소요된 시간은 시료채취 전 16.5초, 시료채취 후 16.9초가 걸렸다. 벤젠의 측정시간 3시간, 측정된 벤젠량을 GC로 분석한 결과 활성탄관의 앞층에서 2.5mg, 뒤층에서 0.2mg이 검출되었다면 다음 물음에 답하시오. (단, 25℃, 1기압, 벤젠의 분자량은 78.11, 공시료 3개에서 분석된 벤젠의 평균은 0.01mg이다.) [19 기사]
(1) 흡착관의 파과 유무를 쓰시오.
(2) 공기 중 벤젠의 농도(mg/m³)를 구하시오.

02 임핀저(impinger)로 작업장내 가스를 포집하는 경우, 첫 번째 임핀저의 포집효율이 90%이고, 두 번째 임핀저의 포집효율은 50%이었다. 두 개를 직렬로 연결하여 포집하면 전체포집효율은? [19 기사]

03 다음의 작업환경 조건에서 작업자가 받는 압력이 가장 높은 곳을 선택하고, 그 절대압을 산정하시오. [19 산업]

잠함작업	잠수작업	고산작업
□ 지하 : 25m □ 대기압 : 1기압	□ 수심 : 20m □ 대기압 : 1기압	□ 해발 : 500m □ 대기압 : 1기압

필답형 계산문제 답안

01 (1) 파과 유무 : $\dfrac{\text{뒤층 흡착량}}{\text{앞층 흡착량}} \times 100 = \dfrac{0.2}{2.5} \times 100 = 8\%$, 20% 미만이므로 파과되지 않았음

(2) 〈계산〉 $C_m(\text{mg/m}^3) = \dfrac{m}{V}$

$$\begin{cases} V = Q_m \times t \\ \quad = \dfrac{500\,\text{mL}}{(16.5+16.9)/2\,\text{sec}} \times 3\,\text{hr} \times \dfrac{3{,}600\,\text{sec}}{\text{hr}} \times \dfrac{\text{m}^3}{10^6\,\text{mL}} = 0.323\,\text{m}^3 \\ m = m_1 - m_o = (2.5+0.2) - 0.01 = 2.69\,\text{mg} \end{cases}$$

$\therefore\ C_m = \dfrac{2.69\,\text{mg}}{0.323\,\text{m}^3} = 8.33\,\text{mg/m}^3$

02 〈계산〉 $E_T = \eta_1 + \eta_2(1-\eta_1)$

$\therefore\ E_T = 0.9 + 0.5(1-0.9) = 0.95 = 95\%$

03 ① 압력이 가장 높은 곳 : 잠수작업
② 절대압 = 대기압 + 게이지압

$\therefore\ P = 1 + 25 \times \dfrac{0.1}{1} = 3.5\,\text{기압}$

(주) 잠함(潛函, caisson)의 경우 : 지하수면 1m당 0.1기압의 공기를 승압함

09 □ 기사 : 01.14 평점 4

0℃, 1기압의 공기 중에서 파장이 5m인 음의 주파수(Hz)를 구하시오.

[해설] 관련 이론 및 개념중심으로 학습해 두고, 답안은 다음의 "답안 작성" 부분만 답안지에 기재하면 된다.

관련 이론 및 개념

■ 소음에 대해 암기해야 할 첫 번째 8가지 공식

1. 주파수·파장
   - C(음속) $= \lambda$(파장)$\times f$(주파수)

2. 음의 세기레벨
   - $\text{SIL}(\text{dB}) = 10 \log\left(\dfrac{I}{I_o}\right)$
     - 음의 세기$(I, \text{Watt/m}^2) = \dfrac{P^2}{\rho C}$

3. 음향 파워레벨
   - $\text{PWL}(\text{dB}) = 10 \log\left(\dfrac{W}{W_o}\right)$
     - $\text{PWL} = \text{SPL} + 10 \log S$(면적)

4. 음압레벨(음압도)
   - $\text{SPL}(\text{dB}) = 20 \log\left(\dfrac{P}{P_o}\right)$
     - $\text{SPL} = \text{PWL} - 10 \log S$(면적)

5. 음원 – 떨어진 곳(r)의 음압레벨(감쇠) … 무지향성
   - 자유공간 – 점음원
     - $\text{SPL}(\text{dB}) = \text{PWL} - 20 \log r - 11$
   - 자유공간 – 선음원
     - $\text{SPL}(\text{dB}) = \text{PWL} - 10 \log r - 8$
   - 반자유공간 – 점음원
     - $\text{SPL}(\text{dB}) = \text{PWL} - 20 \log r - 8$
   - 반자유공간 – 선음원
     - $\text{SPL}(\text{dB}) = \text{PWL} - 10 \log r - 5$

6. 평균 음압레벨
   - $L(\text{dB}) = 10 \log\left[\dfrac{1}{n}\left(10^{L_1/10} + \cdots + 10^{L_n/10}\right)\right]$

7. 합성소음도(dB의 합)
   - $L(\text{dB}) = 10 \log\left(10^{L_1/10} + \cdots + 10^{L_n/10}\right)$

8. 데시벨(dB)의 차
   - $\Delta L(\text{dB}) = 10 \log\left(\dfrac{W_1}{W_o} - \dfrac{W_2}{W_o}\right)$
     $= 10 \log\left(10^{L_1/10} - 10^{L_2/10}\right)$

답안 작성

〈계산〉 $f(\text{Hz}) = \dfrac{C}{\lambda}$

$\begin{cases} C = 331.4 + (0.61 \times t℃) \\ \quad = 331.4 + (0.61 \times 0) = 331.4 \text{ m/sec} \\ \lambda = 5 \text{ m} \end{cases}$

$\therefore f = \dfrac{331.4 \text{ m/sec}}{5 \text{ m}} = 66.28/\text{sec}$

■ 공식에 들어가는 기준값 알아두기
- 음속(0℃) $= 331.4$ m/sec
- 기준음압$(P_o) = 2 \times 10^{-5}$ N/m²$(=\text{Pa})$
- 기준음의 세기$(I_o) = 10^{-12}$ W/m²
- 기준 음향파워$(W_o) = 10^{-12}$ Watt

■ 압력 환산인자 알아두기
- N/m² $=$ Pa(파스칼)
- 1N(뉴톤) $= 1\text{kg} \times 1\text{m/sec}$
- Pa $= 0.01$mb(밀리바)
- 1atm $= 101.325$ kPa(킬로파스칼) $= 1,013.25$mb
  $= 760$mmHg $= 10,332$mmH$_2$O $= 1.0332$kg$_f$/m²

■ 열량·일률 환산인자 알아두기
- 1kcal $= 4.186$ kJ(킬로줄)
- 1Watt $= 1$J/sec

필답형 계산문제

01 주파수가 500Hz인 음의 파장(m)을 구하시오. (단, 음속은 340m/sec) [15 기사]

02 소음의 음압이 3.0μbar일 때, 음압레벨(dB)을 구하시오. [17 기사]

03 음향파워가 10^{-5}Watt일 때 PWL을 구하시오. [00,16 산업]

04 음향출력 0.1Watt인 소음원(점음원)으로부터 100m되는 지점에서의 음압레벨(SPL)을 산출하시오. (단, 무지향성 점음원, 자유공간기준) [04,06,09,13,14 산업][01,06,09,11②,14 기사]

05 음향출력 0.1Watt인 점음원으로부터 50m 떨어진 곳의 음압수준(dB)은 얼마인지 각각 계산하시오. [15 산업]
(1) 무지향성, 자유공간
(2) 무지향성, 반자유공간

06 자유공간에 존재하는 선음원의 음향출력이 1Watt이다. 이 음원으로부터 40m 떨어진 지점에서의 음압레벨을 구하시오. [10 기사]

07 음압레벨이 120dB인 음파가 면적 $10m^2$인 창을 통과하고 있다. 창을 통과한 음파의 음향파워(Watt)를 구하시오. [16 기사]

08 배경소음이 57dB일 때, 작업장에서 측정한 음압레벨은 다음과 같았다. 합성소음도를 산출하시오. [02,06,07② 산업][00,03,08②,09 기사]

> 59, 61, 62, 66(dB)

09 어떤 작업장에서 측정한 실내 음압레벨은 65dB이다. 추가적으로 새로 설치한 기계를 가동함에 따라 실내 음압레벨이 72dB로 증가되었다면 새로 설치한 기계만의 소음레벨은 얼마인가? [03,07,09 산업]

10 소음 측정치가 88dB(A)인 기계 2대와 소음 측정치가 87dB(A)인 기계 3대를 동시에 가동할 경우 합성소음도를 계산하시오. [12 산업][05,13,14,16 기사]

11 음의 세기가 2배 증가할 경우 음의 세기레벨은 얼마나 증가하는가? [06 산업]

12 다음의 소음을 측정한 결과에 대한 평균음압수준을 구하시오. [08 기사]

> 100, 87, 91, 85, 92, 98(dB)

13 다음 도표(음압레벨 합산을 위한 도표)를 이용하여 음압레벨에 대한 합을 구하시오. [09,11 기사]

음압수준차	1.7~1.9	4.0~5.0	9.7~10.7	10.8~12.2	12.5~13.5	14.8~19.3	19.4~무한
높은 음압수준에 합산하는 값	2.2	1.5	0.4	0.3	0.2	0.1	0

데이터(dB) : 45.8, 98.2, 61.9, 100, 97.8, 85.4, 91.7, 91.0, 86.9

필답형 계산문제 답안

01 〈계산〉 $\lambda = \dfrac{C}{f}$

$\therefore \lambda = \dfrac{340 \, \text{m/sec}}{500 \, 1/\text{sec}} = 0.68 \, \text{m}$

02 〈계산〉 $\mathrm{SPL(dB)} = 20\log\left(\dfrac{P}{P_o}\right)$

- $P = 3.0\mu\mathrm{b} \times \dfrac{10^{-3}\mathrm{mb}}{\mu\mathrm{b}} \times \dfrac{101,325\,\mathrm{Pa}}{1,013.25\,\mathrm{mb}} = 0.3\,\mathrm{Pa}$

∴ $\mathrm{SPL} = 20\log\left(\dfrac{0.3}{10^{-5}}\right) = 89.54\,\mathrm{dB}$

03 〈계산〉 $\mathrm{PWL(dB)} = 10\log\left(\dfrac{W}{W_o}\right)$

∴ $\mathrm{PWL} = 10\log\left(\dfrac{10^{-5}}{10^{-12}}\right) = 70\,\mathrm{dB}$

04 〈계산〉 $\mathrm{SPL(dB)} = \mathrm{PWL} - 20\log r - 11$ ⋯ 점음원, 자유공간

- $\mathrm{PWL} = 10\times\log\left(\dfrac{W}{W_o}\right) = 10\times\log\left(\dfrac{0.1}{10^{-12}}\right) = 110\,\mathrm{dB}$

∴ $\mathrm{SPL} = 110 - 20\log(100) - 11 = 59\,\mathrm{dB}$

05 (1) 〈계산〉 $\mathrm{SPL(dB)} = \mathrm{PWL} - 20\log r - 11$ ⋯ 점음원, 자유공간

- $\mathrm{PWL} = 10\times\log\left(\dfrac{W}{W_o}\right) = 10\times\log\left(\dfrac{0.1}{10^{-12}}\right) = 110\,\mathrm{dB}$

∴ $\mathrm{SPL} = 110 - 20\log(50) - 11 = 65\,\mathrm{dB}$

(2) 〈계산〉 $\mathrm{SPL(dB)} = \mathrm{PWL} - 20\log r - 8$ ⋯ 점음원, 반자유공간

- $\mathrm{PWL} = 10\times\log\left(\dfrac{W}{W_o}\right) = 10\times\log\left(\dfrac{0.1}{10^{-12}}\right) = 110\,\mathrm{dB}$

∴ $\mathrm{SPL} = 110 - 20\log(50) - 8 = 68\,\mathrm{dB}$

06 〈계산〉 $\mathrm{SPL(dB)} = \mathrm{PWL} - 10\log r - 8$ ⋯ 선음원, 자유공간

- $\mathrm{PWL} = 10\times\log\left(\dfrac{W}{W_o}\right) = 10\times\log\left(\dfrac{1}{10^{-12}}\right) = 120\,\mathrm{dB}$

∴ $\mathrm{SPL} = 120 - 10\log(40) - 8 = 95.98\,\mathrm{dB}$

07 〈계산〉 $\mathrm{PWL} = \mathrm{SPL} + 10\log S(\text{면적})$
$= 120 + 10\log(10) = 130\,\mathrm{dB}$

- $\mathrm{PWL} = 10\times\log\left(\dfrac{W}{W_o}\right) = 10\times\log\left(\dfrac{W}{10^{-12}}\right) = 130\,\mathrm{dB}$

∴ $W = 10^{(130/10)} \times 10^{-12} = 10\,\mathrm{Watt}$

08 〈계산〉 $L(\mathrm{dB}) = 10\log\left(10^{L_1/10} + \cdots + 10^{L_n/10}\right)$

- $L_1 \sim L_n$: 각 음압레벨 = 57(배경), 59, 61, 62, 66(dB)

∴ $L = 10\log\left(10^{57/10} + 10^{59/10} + 10^{61/10} + 10^{62/10} + 10^{66/10}\right) = 69.10\,\mathrm{dB}$

09 〈계산〉 $\Delta L(\mathrm{dB}) = 10\log\left(10^{L_1/10} - 10^{L_2/10}\right)$

- $L_1 \sim L_n$: 각 음압레벨 = 72, 65

∴ $\Delta L = 10\log\left(10^{72/10} - 10^{65/10}\right) = 71.03\,\mathrm{dB}$

10 〈계산〉 $L(\mathrm{dB}) = 10\log\left(10^{L_1/10} + \cdots + 10^{L_n/10}\right)$

- $L_1 \sim L_n$: 각 음압레벨 = 88, 88, 87, 87, 87

∴ $L = 10\log\left[(10^{(88/10)} \times 2) + (10^{(87/10)} \times 3)\right] = 94.42\,\mathrm{dB(A)}$

11 〈계산〉 $SIL = 10 \log\left(\dfrac{I}{I_o}\right)$

- $I \to 2I$

$\therefore \dfrac{SIL_2}{SIL_1} = \dfrac{10 \log\left(\dfrac{2I}{I_o}\right)}{10 \log\left(\dfrac{I}{I_o}\right)} = 10 \log 2 = 3.01$배 증가

12 〈계산〉 $L(dB) = 10 \log\left[\dfrac{1}{n}\left(10^{L_1/10} + \cdots + 10^{L_n/10}\right)\right]$

- L : 각 음압레벨 = 100, 87, 91, 85, 92, 98(dB)

$\therefore L = 10 \log\left[\dfrac{1}{6}\left(10^{100/10} + 10^{87/10} + 10^{91/10} + 10^{85/10} + 10^{92/10} + 10^{98/10}\right)\right] = 95.22\,dB$

13 〈계산〉 $L_R = L + \sum d_n$

- 100 > 98.2 > 97.8 > 91.7 > 91.0 > 86.9 > 85.4 > 61.9 > 45.8
- $\Delta L + d \to 100 - 98.2 = 1.8(2.2) \to (102.2) - 97.8 = 4.4(1.5)$
  $\to (103.7) - 91.7 = 12(0.3) \to (104) - 91.0 = 13(0.2)$
  $\to (104.2) - 86.9 = 17.35(0.1) \to (104.3) - 85.4 = 18.9(0.1)$
  $\to (104.4) - 61.9 = 42.5(0) \to 104.4$

$\therefore L_R = 104.4\,dB$

[보충설명]

1. 가장 높은 음압수준을 발생하는 소음원과 2번째로 높은 음압수준을 발생하는 소음원에 대한 음압수준의 차를 구한다.

    ⓔⓧ 100-98.2=1.8, 제시된 도표에서 1.8범위에 해당하는 높은 음압수준에 합산하는 값을 찾아 그 값을 d라고 한다. → 2.2

2. 가장 높은 음압에 이를 플러스한 후 세 번째 음압수준과의 차이를 구한다.

    ⓔⓧ (102.2)-97.8=4.4, 4.4의 범위를 도표에서 찾는다. → 1.5, 이 값을 102.2에 합산하고 다시 그 아래 음압수준과의 차이를 구하여 앞의 방법과 같이 반복하여 높은 음압수준에 d값을 합산하는 형태로 계산을 해 나가면 된다.

10 □ 기사 : 00,02,07,10②,12,16,17
□ 산업 : 05,06,07

평점 **6**

총흡음량이 1,300sabins인 작업장의 천장에 흡음물질을 첨가하여 3,900sabins을 더할 경우 소음 감소량(dB)은 얼마인가?

해설 관련 이론 및 개념중심으로 학습해 두고, 답안은 다음의 "답안 작성" 부분만 답안지에 기재하면 된다.

관련 이론 및 개념

■ **소음에 대해 암기해야 할 두 번째 6가지 공식**

1. **음압레벨의 감소**
   - 점음원의 거리에 따른 감소
     □ $\Delta \text{SPL}(\text{dB}) = 20 \log \dfrac{r_2}{r_1}$
   - 흡음에 의한 소음감소
     □ $\text{NR}(\text{dB}) = 10 \log \dfrac{A_2}{A_1}$
     □ 노출음압(dB) = 작업장 음압 − NR
   - 귀마개 등 차음에 의한 소음감소
     □ 차음효과(FA, dB) = $\dfrac{(\text{NRR}-7)}{2}$
     □ 노출음압(dB) = 작업장 음압 − FA

2. **시간가중 평균**
   ❖ $\text{TWA} = 16.61 \log\left(\dfrac{D}{100}\right) + 90$

3. **등가소음도**(동일 측정시간, 각 소음데이터를 이용할 경우)
   ❖ $L_{eq} = 10 \log \dfrac{1}{n} \sum_{i=1}^{n} 10^{\frac{L_i}{10}}$

4. **누적노출지수와 누적 폭로량**
   - 누적노출지수
     □ $\text{EI} = \dfrac{C_1}{T_1} + \dfrac{C_2}{T_2} + \cdots + \dfrac{C_n}{T_n}$
   - 누적폭로 비율
     □ $D(\%) = \text{EI} \times 100$

5. **잔향시간**
   ❖ $T(\sec) = \dfrac{0.161\,V}{A_a}$, $T(\sec) = \dfrac{0.161\,V}{\alpha_m S}$

6. **옥타브밴드 분석기의 중심주파수**(f_c)
   - 1/1분석기 : $f_c = \sqrt{2}\, f_l$ ⇒ $\dfrac{f_u}{f_l} = 2$
   - 1/3분석기 : $f_c = \sqrt{1.26}\, f_l$ ⇒ $\dfrac{f_u}{f_l} = 2^{1/3}$

답안 작성

〈계산〉 $\text{NR} = 10 \log \dfrac{A_2}{A_1}$

□ A_1(흡음처리 전) = 1,300 sabins
□ A_2(흡음처리 후) = (1,300+3,900) sabins

∴ $\text{NR} = 10 \log \dfrac{1,300+3,900}{1,300} = 6.02\,\text{dB}$

■ **등가소음도**(지시소음계로 측정하여 등가소음도를 산정할 경우)

❖ $L_{eq} = 16.61 \log \dfrac{n_1 \times 10^{\frac{L_A}{16.61}} + \cdots + n_n \times 10^{\frac{L_A}{16.61}}}{측정치의\ 발생시간\ 합}$

여기서,
r_1, r_2 : 음원과의 거리
TWA : 시간가중 평균 소음수준
EI : 노출지수
D : 누적소음 노출량(%)
NRR : 차음평가수
C : 노출시간
T : 허용 노출시간
L_{eq} : 등가소음도
L_i : 각 음압레벨
n : 측정데이터수
V : 실내용적
A_a : 흡음량(력) = Σ 흡음률(α)×면적(S)
α_m : 평균흡음률 = $\dfrac{\Sigma S_i \cdot \alpha_i}{\Sigma S_i}$
S : 면적
f_u : 상한주파수(Hz)
f_c : 중심주파수(Hz)
f_l : 하한주파수(Hz)

필답형 계산문제

01 음압수준이 90dB(A)이고, NRR=19인 경우 귀덮개의 차음효과와 근로자가 노출되는 음압수준을 구하시오. (단, OSHA 방법 이용)
[매회대비 06,08②,15,16,18 산업]
[매회대비 06,07,14,18 기사]

02 총흡음량을 3배로 증가할 경우 실내 소음 저감량(dB)을 구하시오. [13 산업]

03 95dB(A)의 소음이 발생하는 작업장에서 소음을 저감시키기 위해 흡음물질을 추가하였다. 흡음물질이 처음의 4배 증가되었다면 흡음물질 첨가 후 예측되는 소음도[dB(A)]는 얼마인가? [12 산업][11 기사]

04 작업장에서 5초의 간격으로 측정된 10개의 소음레벨은 다음과 같다. 이 소음의 등가소음레벨(L_{eq})을 구하시오. [06,10 기사]

80, 72, 70, 73, 75, 72, 69, 81, 77, 68

05 등가소음레벨 공식을 쓰고 구성요소를 설명하시오. [16 산업]

06 작업장에서 지시소음계로 3시간동안 측정한 소음도가 89dB(A)이었다. 그 후 5시간동안의 누적소음 노출량이 85%이었다면 등가소음레벨(평균 노출소음수준)과 허용기준 초과여부를 판정하시오. [12,16 산업][08,17 기사]

07 단위작업장소에서 소음의 강도가 불규칙적으로 변동하는 소음을 누적소음 노출량 측정기로 측정하였다. 누적소음 노출량이 237%인 경우 시간가중 평균소음수준[TWA, dB(A)]을 구하시오. [09 기사]

08 소음이 발생하는 작업장에서 1일 8시간 근무하는 동안 100dB에 30분, 95dB에 1시간 30분, 90dB에 3시간이 노출되었다면 소음노출지수는 얼마인가? [09,10,17 산업][09② 기사]

09 소음이 발생하는 작업장에서 1일 작업시간동안 100dB(A)의 소음에 30분, 95dB(A)의 소음에 3시간, 90dB(A)의 소음에 2시간, 85dB(A)의 소음에 3시간 30분 노출되었을 때 소음노출기준을 이용하여 허용기준 초과여부를 판정하시오. [15,19 기사]

10 어느 작업장에서 5시간동안 발생한 소음도는 90dB, 3시간동안 발생한 소음도는 95dB이었다. 해당 작업장에 대한 누적소음 폭로량과 시간가중 평균소음수준을 구하시오. [07,15,18 산업][07,13 기사]

11 어느 소음발생 작업장에서 근로자가 하루 8시간을 작업하는 동안(휴식 15분×2회, 점심시간 30분) 노출된 소음은 90, 92, 91, 94, 90, 93, 92, 91, 90, 92(dB)이었을 때, 소음수준(TWA)을 구하고 노출기준 초과여부를 평가하시오. [11 기사]

$$노출허용시간 = \frac{8}{2^{\frac{(L_a - 90)}{5}}}$$

12 작업장의 총표면적은 300m², 작업장의 벽체면적은 100m², 흡음률 0.5, 나머지의 바닥과 천장의 흡음률은 각각 0.2일 때, 이 작업실의 흡음력(m²)을 구하시오. [17 산업][13 기사]

13 어느 작업장에서 잔향시간을 이용하여 총흡음량을 조사한 결과 125dB의 소음을 발생하였을 때 작업장의 소음이 65dB까지 감소하는 데 걸리는 시간은 2초이었다. 다음 물음에 답하시오.(단, 작업장의 규모는 가로 20m, 세로 50m, 높이 10m이다.) [10,12 산업][06 기사]
(1) 이 작업장의 총흡음량을 구하시오.
(2) 흡음량을 3배로 증가시켰을 경우 작업장의 실내 소음 저감량을 예측하시오.

14 중심주파수가 700Hz일 때 1/1옥타브밴드의 주파수 범위(하한주파수~상한주파수)를 산출하시오. [17 산업][06,09,14,15 기사]

필답형 계산문제 답안

01 〈계산〉 노출음압(dB) = 작업장 음압 − FA(차음감소량)
- 차음효과(FA) = $\dfrac{(NRR-7)}{2} = \dfrac{(19-7)}{2} = 6\,dB$

∴ 노출 음압수준(dB) = $90 - 6 = 84\,dB(A)$

02 〈계산〉 $NR = 10\log\dfrac{A_2}{A_1}$

∴ $NR = 10\log\dfrac{3A_1}{A_1} = 4.77\,dB(A)$

03 〈계산〉 노출음압(dB) = 작업장 음압 − NR(흡음 감소량)
- $NR = 10\log\dfrac{A_2}{A_1} = 10\log\dfrac{4A_1}{A_1} = 6.02\,dB$

∴ 노출 음압수준(dB) = $95 - 6.02 = 88.98\,dB(A)$

04 〈계산〉 $L_{eq} = 10\log\dfrac{1}{n}\sum_{i=1}^{n}10^{\frac{L_i}{10}}$
- $n = 10$
- L : 각 음압레벨 = 80, 72, 70, 73, 75, 72, 69, 81, 77, 68

∴ $L_{eq} = 10\log\dfrac{1}{10}\left[\begin{array}{l}10^{80/10}+10^{72/10}+10^{70/10}+10^{73/10}+10^{75/10}\\+10^{72/10}+10^{69/10}+10^{81/10}+10^{77/10}+10^{68/10}\end{array}\right] = 75.84\,dB(A)$

05 〈공식〉 $L_{eq} = 16.61\log\dfrac{n_1\times 10^{\frac{L_{A_1}}{16.61}}+\cdots+n_n\times 10^{\frac{L_{A_n}}{16.61}}}{\text{측정치의 발생시간 합}}$
- L_{eq} : 등가소음레벨[dB(A)]
- n : 각 소음레벨 측정치의 발생시간(분)
- L_A : 각 소음레벨의 측정치[dB(A)]

06 〈계산〉 $L_{eq} = 16.61\log\dfrac{n_1\times 10^{\frac{L_{A_1}}{16.61}}+\cdots+n_n\times 10^{\frac{L_{A_n}}{16.61}}}{\text{측정치의 발생시간 합}}$
- TWA(시간가중 소음수준) = $16.61\log\left(\dfrac{D}{100}\right)+90$
  = $16.61\log\left(\dfrac{85}{100}\right)+90 = 88.83\,dB(A)$
- 소음레벨 측정치의 발생시간 합 = $3\times 60 + 5\times 60 = 480\,\min$

∴ $L_{eq} = 16.61\log\dfrac{(3\times 60)\times 10^{\frac{89}{16.61}}+(5\times 60)\times 10^{\frac{88.83}{16.61}}}{480} = 88.89\,dB(A)$

∴ 8hr 노출기준 $90\,dB(A) > 88.89\,dB(A)$이므로 허용기준 이내

07 〈계산〉 $TWA = 16.61\log\left(\dfrac{D}{100}\right)+90$
- D : 누적소음 노출량 = 237%

∴ $TWA = 16.61\log\left(\dfrac{237}{100}\right)+90 = 96.22\,dB(A)$

08 〈계산〉 $EI = \dfrac{C_1}{T_1} + \dfrac{C_2}{T_2} + \cdots + \dfrac{C_n}{T_n}$

- 90dB의 노출허용시간 8hr → T_1 → 실제노출시간 = 3hr → C_1
- 95dB의 노출허용시간 4hr → T_2 → 실제노출시간 = 1.5hr → C_2
- 100dB의 노출허용시간 2hr → T_3 → 실제노출시간 = 0.5hr → C_3

∴ $EI = \dfrac{3}{8} + \dfrac{1.5}{4} + \dfrac{0.5}{2} = 1.0$

[보충자료] 소음의 노출기준(충격소음 제외)

1일 노출시간(hr)	소음강도(dB(A))	1일 노출시간(hr)	소음강도(dB(A))
8	90	1	105
4	95	1/2	110
2	100	1/4	115

09 〈계산〉 $EI = \dfrac{C_1}{T_1} + \dfrac{C_2}{T_2} + \cdots + \dfrac{C_n}{T_n}$

- 85dB의 노출허용시간 (없음 = 0) → T_1 → 실제노출시간 = 3.5hr → C_1
- 90dB의 노출허용시간 8hr → T_1 → 실제노출시간 = 2hr → C_2
- 95dB의 노출허용시간 4hr → T_2 → 실제노출시간 = 3hr → C_3
- 100dB의 노출허용시간 2hr → T_3 → 실제노출시간 = 0.5hr → C_4

∴ $EI = 0 + \dfrac{2}{8} + \dfrac{3}{4} + \dfrac{0.5}{2} = 1.25$

∴ $EI > 1$ 이므로 허용기준 초과

10 ① 누적소음 폭로량

〈계산〉 $D(\%) = EI \times 100$

- $EI = \dfrac{C_1}{T_1} + \dfrac{C_2}{T_2} + \cdots + \dfrac{C_n}{T_n}$

∴ $D(\%) = \left(\dfrac{5}{8} + \dfrac{3}{4}\right) \times 100 = 137.5\%$

② 시간가중 평균 소음수준

〈계산〉 $TWA = 16.61 \log\left(\dfrac{D}{100}\right) + 90$

∴ $TWA = 16.61 \log\left(\dfrac{137.5}{100}\right) + 90 = 92.30 \, dB(A)$

[보충설명]

1. 누적소음 폭로량의 산출 : 누적소음 폭로량(%)은 "우리나라 고용노동부의 허용기준을 이용한 노출지수×100"의 개념으로 이해하면 된다. 우리나라의 경우 고용노동부의 8시간 허용기준이 90dB(A)이고, 소음이 5dB 증가할 때마다 노출허용시간은 반감된다. 반면에 ACGIH에서는 8시간 허용기준이 85dB(A)이고, 소음이 3dB 증가할 때마다 노출허용시간은 반감된다. 특정 조건이 없으므로 우리나라의 경우 고용노동부의 허용기준을 이용한 노출지수를 산출한다.

2. 노출지수 산정

〈관계식〉 $EI = \dfrac{C_1}{T_1} + \dfrac{C_2}{T_2} + \cdots + \dfrac{C_n}{T_n}$

- 90dB의 노출허용시간 8hr, 실제노출시간=5hr
- 95dB의 노출허용시간 4hr, 실제노출시간=3hr

$\therefore \text{EI} = \dfrac{5}{8} + \dfrac{3}{4} = 1.375$ → 누적소음 폭로량$(D) = 1.375 \times 100 = 137.5\%$

11 〈계산〉 $\text{TWA} = 16.61 \log\left(\dfrac{D}{100}\right) + 90$

- $D = \text{EI} \times 100$

- $T_1 \sim T_n = \dfrac{8}{2^{\frac{(L_a - 90)}{5}}}$ $\begin{cases} T_{90} = \dfrac{8}{2^{(90-90)/5}} = 8, \quad T_{91} = \dfrac{8}{2^{(91-90)/5}} = 6.96 \\ T_{92} = \dfrac{8}{2^{(92-90)/5}} = 6.06, \quad T_{93} = \dfrac{8}{2^{(93-90)/5}} = 5.28 \\ T_{94} = \dfrac{8}{2^{(94-90)/5}} = 4.6 \end{cases}$

- $\text{EI} = \dfrac{C_1}{T_1} + \dfrac{C_2}{T_2} + \cdots + \dfrac{C_n}{T_n}$
$= \dfrac{0.7}{8} + \dfrac{0.7}{6.06} + \dfrac{0.7}{6.96} + \dfrac{0.7}{4.6} + \dfrac{0.7}{8} + \dfrac{0.7}{5.28} + \dfrac{0.7}{6.06} + \dfrac{0.7}{6.96} + \dfrac{0.7}{8} + \dfrac{0.7}{6.06} = 1.1$

$\therefore \text{EI} > 1.0$이므로 노출기준을 초과하고 있음

$\therefore \text{TWA} = 16.61 \log\left(\dfrac{110}{100}\right) + 90 = 90.69\,\text{dB(A)}$

12 〈계산〉 흡음력$(A_\alpha) = \sum$ 흡음률$(\alpha) \times$ 면적(S)

- $\alpha = \dfrac{100 \times 0.5 + 200 \times 0.2}{300} = 0.3$

$\therefore A_\alpha = 300 \times 0.3 = 90\,\text{m}^2$

13 (1) 총흡음량(잔향시간을 이용하여 산출함)

〈계산〉 잔향시간$(T,\ \sec) = \dfrac{0.161\,V}{A_a}$

- $T = 2\,\sec$
- V(실내용적)$= 20\text{m} \times 50\text{m} \times 10\text{m} = 10{,}000\,\text{m}^3$
- $\Rightarrow 2 = \dfrac{0.161 \times 10{,}000}{A_a}$

$\therefore A_a$(흡음량)$= 805\,\text{sabin}$

(2) 실내 소음 저감량

〈계산〉 $\text{NR(dB)} = 10 \log \dfrac{A_2}{A_1}$

- $A_2 = 3A_1$

$\therefore \text{NR(dB)} = 10 \log \dfrac{3A_1}{A_1} = 4.77\,\text{dB}$

14 〈계산〉 $f_c = \sqrt{2}\,f_l \longrightarrow \dfrac{f_u}{f_l} = 2$

- $700 = \sqrt{2} \times f_l,\ f_l$(= 하한주파수)$= 494.97\,\text{Hz}$
- $2 = \dfrac{f_u}{494.97},\ f_u$(= 상한주파수)$= 989.95\,\text{Hz}$

$\therefore$ 주파수 범위 $= 494.97 \sim 989.95\,\text{Hz}$

PART 03 산업환기 및 작업환경 관리대책

1. 산업환기의 기초

2. 산업환기 개념과 전체환기

3. 국소환기

산업환기 2차 필답형(실기)

4. 작업환경관리

작업환경 관리대책 2차 필답형(실기)

CHAPTER 01 산업환기의 기초

1 환기시스템에서 기류흐름에 작용하는 압력

> **이승원의 minimum point**
>
> **(1) 환기의 유체역학적 전제조건**
> - 공기는 **건조상태**로 가정, 공기의 **압축·팽창 무시**, 환기시설 내외 **열교환 무시**
> - 공기에 포함된 **유해물질의 무게와 용량 무시**
> - 별도의 지정이 없는 한 산업환기의 **표준공기**는 **상온(21℃), 1기압**으로 함
> - 1기압(1atm) = 760 mmHg(torr) = 10,332 mmH$_2$O(Aq) = 1.0332 kg$_f$/cm^2 = 1,013.25 mb
>   = 101.357 kPa = 14.7 PSI
>
> **(2) 기류흐름에 작용하는 압력**
>
> ① **전압**(total pressure) ⇨ 전압(P_t) = 동압(P_v) + 정압(P_s) … 동일 관로내 전압은 일정(베르누이의 정리)
> - 전압(全壓)은 관로내를 흐르는 유체의 **총에너지를 압력단위**로 표현한 값
> - 전압의 작용방향은 유체의 흐름방향(유동방향)임
>
> ① **정압**(static pressure)
> - 정압(靜壓)은 공기흐름에 대한 **저항의 크기**
> - 정압은 **사방으로 동일한 크기**로 작용
> - 공기의 **압축-팽창**시키는 데 관여한 에너지의 크기
> - 단위체적의 유체가 **압력이라는 형태로 나타나는 에너지의 크기**
> - 정압이 대기압보다 높으면 (+)양의 압력을 가짐
> - 정압이 대기압보다 낮으면 (−)음의 압력을 가짐
> - 정압은 속도압과 관계없이 **독립적으로 발생**
>
>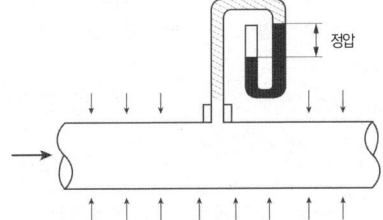
>
> ① **동압**(dynamic pressure)
> - 동압(動壓)은 **속도압**(速度壓)이라고도 함
> - 동압은 **유동방향**으로 작용함
> - 동압은 단위체적의 유체가 지닌 **운동에너지**의 크기
> - 운동에너지에 비례하여 **항상 양**(+)인 압력임
> - 운동에너지로서 풍속(유속)이 클수록 동압도 증가함
>
>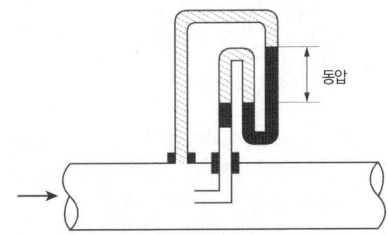

• 529

PART 3 산업환기 및 작업환경 관리대책

예상 01

- 기사 : 09,12,16,19
- 산업 : 출제대비

환기시설내 기류가 기본적 유체역학적 원리에 의하여 지배되기 위한 전제조건에 관한 내용으로 틀린 것은?

① 환기시설 내외의 열교환은 무시한다.
② 공기의 압축이나 팽창을 무시한다.
③ 공기는 포화수증기 상태로 가정한다.
④ 대부분의 환기시설에서는 공기 중에 포함된 유해물질의 무게와 용량을 무시한다.

해설 공기는 건조한 상태로 가정한다.   **답** ③

유.사.문.제

01 작업환경에서 환기시설내 기류에는 유체역학적 원리가 적용된다. 다음 중 유체역학적 원리의 전제조건과 가장 거리가 먼 것은? [18 기사]

① 공기는 건조하다고 가정한다.
② 공기의 압축과 팽창을 무시한다.
③ 환기시설 내외의 열교환은 무시한다.
④ 대부분의 환기시설에는 공기 중에 포함된 유해물질의 무게와 용량을 고려한다.

02 환기시설내 기류가 기본적인 유체역학적 원리에 따르기 위한 전제조건과 가장 거리가 먼 것은? [17 기사]

① 환기시설 내외의 열교환은 무시한다.
② 공기의 압축이나 팽창은 무시한다.
③ 공기는 절대습도를 기준으로 한다.
④ 공기 중에 포함된 유해물질의 무게와 용량은 무시한다.

03 국소배기장치에 대한 압력측정용 장비가 아닌 것은? [16 산업]

① 피토관
② U자 마노미터
③ Smoke tube
④ 경사마노미터

hint 국소배기장치에 대한 압력측정용 장비는 ①, ②,④항 이외에 마그네헬릭차압계, 아네로이드 기압계 등이 사용된다.

04 다음 중 베르누이의 정리에 대한 설명으로 가장 적절한 것은? [09 산업]

① 압력은 체적에 반비례하고 절대온도에 비례한다.
② 관에 유발된 전체 외력의 합은 운동량 플러스의 변화량과 같다.
③ 압축성이며 점성이 있는 실제유체의 정상류를 기준으로 한다.
④ 유입된 에너지의 총량은 유출된 에너지의 총량과 같다.

hint 베르누이 정리(Bernoulli's theorem)는 동일한 관로에서 유체가 지니는 총에너지(총에너지=위치에너지+운동에너지)의 합은 항상 일정하다는 성질을 이용한 것으로 유체가 흐르는 속도와 압력, 높이의 관계를 수량적으로 나타낸 것이다.

▶ 바르게 고쳐보기 ◀
① 압력은 밀도에 비례하고 속도의 제곱에 비례한다.
② 유체의 위치에너지와 운동에너지의 합은 항상 일정하다.
③ 점성을 무시할 수 있는 완전유체에 적용되며, 실제유체에 대해서는 적당히 변형된다.

05 국소배기의 압력을 나타낸 수주(mmH_2O)는 대기의 기압(760mmHg)을 기준으로 하여 표현한다. 대기 1기압에서 수주(mmH_2O)는? [00,04 산업]

① 10,336
② 10,421
③ 10,512
④ 10,621

hint $760mmHg \times (13.6/1) = 10,336 mmH_2O$

정답 | 01.④ 02.③ 03.③ 04.④ 05.①

01. 산업환기의 기초

- 기사 : 출제대비
- 산업 : 00,03,09,14,18

02 정압, 속도압, 전압에 관한 설명 중 틀린 것은?

① 정압이 대기압보다 높으면 (+)압력이다.
② 정압이 대기압보다 낮으면 (−)압력이다.
③ 정압과 속도압의 합을 총압 또는 전압이라고 한다.
④ 공기흐름이 기인하는 속도압은 항상 (−)압력이다.

해설 속도압(동압)은 공기의 운동에너지에 비례하여 항상 0 또는 양압(+압력)을 갖는다. 기류의 흐름이 있을 경우 동압은 공기가 이동하는 방향으로 작용하며, 그 크기는 항상 0 이상이다. 답 ④

- 기사 : 출제대비
- 산업 : 17

03 산업환기에 있어 압력에 대한 설명으로 틀린 것은?

① 전압은 정압과 동압의 곱이다.
② 정압은 속도압과 관계없이 독립적으로 발생한다.
③ 송풍기 위치와 상관없이 동압은 항상 양압이다.
④ 정압은 송풍기 앞에서는 음압, 송풍기 뒤에서는 양압이다.

해설 전압(全壓)은 정압(靜壓)과 동압(動壓)을 합한 값이다. 답 ①

유.사.문.제

01 다음 중 관내 속도압에 관한 설명으로 틀린 것은? [09 산업][18 기사]

① 공기의 비중량에 비례한다.
② 유속의 제곱에 비례한다.
③ 제어속도와 반비례한다.
④ 중력가속도와 반비례한다.

hint 관내의 속도압(동압, velocity pressure)은 제어속도(유속) 제곱에 비례한다.

- $P_v = \dfrac{\gamma V^2}{2g}$ $\begin{cases} P_v : \text{속도압 or 동압} \\ \gamma : \text{유체의 비중량} \\ V : \text{제어속도 또는 유속} \end{cases}$

02 모든 방향으로 동일하게 영향을 주는 압력으로 공기흐름에 대한 저항을 나타내는 압력은? [01,04 산업]

① 전압   ② 속도압
③ 정압   ④ 분압

hint 저항의 크기 → 정압(靜壓)

03 정압과 속도압에 관한 설명으로 틀린 것은? [07,17 산업]

① 속도압은 언제나 (−)값이다.
② 정압과 속도압의 합이 전압이다.
③ 저압<대기압이면 (−)압력이다.
④ 정압>대기압이면 (+)압력이다.

hint 속도압(동압)은 공기의 운동에너지에 비례하여 항상 0 또는 양압(+압력)을 갖는다.

04 다음 중 전압, 속도압, 정압에 대한 설명으로 틀린 것은? [15,19 산업]

① 속도압은 항상 양압이다.
② 정압은 속도압에 의존하여 발생한다.
③ 정압은 속도압과 정압을 합한 값이다.
④ 송풍기의 전·후 위치에 따라 덕트내의 정압이 음(−)이나 양(+)으로 된다.

hint 정압은 독립적으로 발생한다.

정답 ❙ 01.③ 02.③ 03.① 04.②

PART 3 산업환기 및 작업환경 관리대책

종합연습문제

01 다음 중 공기압력에 관한 설명으로 틀린 것은? [15 산업]
① 압력은 정압, 동압 및 전압 3가지로 구분된다.
② 전압은 단위유체에 작용하는 정압과 동압의 총합이다.
③ 동압을 때로는 저항압력 또는 마찰압력이라고도 한다.
④ 동압은 정지상태의 공기를 일정한 속도로 흐르도록 가속화시키는데 필요한 압력을 말한다.

hint 저항압력 또는 마찰압력이라고 하는 것은 정압이다.

02 다음은 관내 기류의 단위체적당 유체에 작용하는 힘, 즉 압력을 설명한 것이다. 틀리게 설명된 것은? [04 산업]
① 전압은 흐름의 방향으로 작용한다.
② 동압은 단위체적의 유체가 지닌 운동에너지이다.
③ 동압은 때로는 저항압력 또는 마찰압력이라고도 한다.
④ 정압은 단위체적의 유체가 압력이라는 형태로 나타내는 에너지이다.

03 다음은 무엇에 대한 설명인가? [00,04,07,12 산업]

> Duct내 사방으로 동일하게 미치는 압력으로 대기압보다 낮을 때는 Negative pressure(음압)이고, 대기압보다 낮을 때는 Positive pressure(양압)로 표시한다.

① 전압   ② 정압
③ 동압   ④ 속도압

04 다음 중 동압을 측정할 수 있는 기기는? [03 산업]
① 풍차풍속계   ② 피토관과 마노미터
③ 열선풍속계   ④ 기압계

05 다음 중 전압, 정압, 속도압에 관한 설명으로 틀린 것은? [14 산업]
① 속도압과 정압을 합한 값을 전압이라 한다.
② 속도압은 공기가 정지할 때 항상 발생한다.
③ 속도압이란 정지상태의 공기를 일정한 속도로 흐르도록 가속화시키는데 필요한 압력을 말하며, 공기의 운동에너지에 비례한다.
④ 정압은 사방으로 동일하게 미치는 압력으로 공기를 압축 또는 팽창시키며, 공기흐름에 대한 저항을 나타내는 압력으로 이용된다.

06 다음 중 덕트계에서 공기의 압력에 대한 설명으로 틀린 것은? [15 산업]
① 속도압은 공기가 이동하는 힘으로 항상 0 이상이다.
② 공기의 흐름은 압력차에 의해 이동하므로 송풍기의 앞은 항상 음(−)의 값을 갖는다.
③ 정압은 잠재적인 에너지로 공기의 이동에 소요되어 유용한 일을 하므로 항상 양(+)의 값을 갖는다.
④ 국소배기장치의 배출구 압력은 항상 대기압보다 높아야 한다.

hint 정압은 송풍기 앞에서는 음압, 송풍기 뒤에서는 양압이다.

07 다음 중 속도압, 정압, 전압에 관한 설명으로 틀린 것은? [09,11,12 산업]
① 정압과 속도압을 합하면 전압이 된다.
② 속도압은 공기가 이동할 때 항상 발생한다.
③ 정압은 속도압과 관계없이 독립적으로 발생하며 대기압보다 낮을 때를 음압(−), 대기압보다 높을 때를 양압(+)이라 한다.
④ 속도압이란 정지상태의 공기를 일정한 속도로 흐르도록 가속화시키는데 필요한 압력이며 공기의 운동에너지에 반비례한다.

hint 속도압(동압)은 공기의 운동에너지에 비례한다.

정답 | 01.③ 02.③ 03.② 04.② 05.② 06.③ 07.④

종합연습문제

01 다음 중 정압에 관한 설명으로 틀린 것은?
[00,08,10,19 산업]

① 정압은 속도압에서 전압을 뺀 값이다.
② 정압은 위치에너지에 속한다.
③ 밀폐공간에서 전압이 50mmHg이면 정압은 50mmHg이다.
④ 송풍기가 덕트내의 공기를 흡인하는 경우 정압은 음압이다.

hint 정압(靜壓)은 전압(全壓)에서 속도압(동압)을 뺀 값이다. ⇨ $P_s = P_t - P_v$

02 Ⓐ 공기흐름에 대한 저항을 나타내는 압력으로 이용되는 것과 Ⓑ 공기의 운동에너지에 비례하여 항상 양압인 압력은 각각 무엇인가? [01,06 산업]

① Ⓐ 전압, Ⓑ 정압
② Ⓐ 속도압, Ⓑ 정압
③ Ⓐ 전압, Ⓑ 속도압
④ Ⓐ 정압, Ⓑ 속도압

hint 저항의 크기 → 정압(靜壓), 운동에너지로서 항상 양압인 것 → 동압(動壓)

03 후드가 직관덕트와 일직선으로 연결된 경우 후드 정압의 측정지점은 일반적으로 덕트직경의 몇 배 떨어진 지점인가? [11,19 산업]

① 0.1~0.5배
② 0.5~1배
③ 1~2배
④ 7~8배

hint 후드가 직관덕트와 일직선으로 연결된 경우 후드 정압의 측정지점은 일반적으로 덕트직경의 2~4배 떨어진 지점에서 측정할 수 있다. 그러나 보다 균일한 기류상태에서 측정하기 위해서, 엘보, 후드, 지덕트 접속부 등 기류변동이 있는 지점으로부터 최소한 덕트 지름의 7.5배 이상 떨어진 하류측에 설치하여야 한다.

04 후드가 곡관 덕트로 연결되는 경우 속도압의 측정위치로 가장 적절한 것은? [08,10,12 산업]

① 덕트직경의 0.5~1배 되는 지점
② 덕트직경의 1~2배 되는 지점
③ 덕트직경의 2~4배 되는 지점
④ 덕트직경의 7~8배 되는 지점

정답 ▎01.① 02.④ 03.④ 04.④

2 환기공학의 기초

 이승원의 **minimum point**

ⓘ **표준공기**
- 산업환기의 표준상태 공기 : 21℃, 1기압(760mmHg), 가스밀도 1.203kg/m³
- 산업위생(보건)의 표준상태 공기 : 25℃, 1기압(760mmHg)
- 공학상(실외공기)의 표준상태 공기
  - 공기조성 : N_2(≒78%), O_2(≒21%), Ar(≒1%), 기타 CO_2(0.03%) 등 ※ **분자량**≒29
  - 표준상태(STP, Standard Temperature and Pressure) : 0℃, 1기압(760mmHg)

ⓘ **기체부피의 온도 및 압력보정**

■ $V_2 = V_1 \times \dfrac{T_2}{T_1}\dfrac{P_1}{P_2}$ $\begin{cases} V : 기체부피 \\ T : 온도(K=273+t℃) \\ P : 압력 \end{cases}$

ⓘ **유량의 온도 및 압력보정** : $Q_2 = Q_1 \times \dfrac{T_2}{T_1}\dfrac{P_1}{P_2}$ $\begin{cases} \forall : 기체부피 \\ T : 온도(K=273+t(℃)) \\ P : 압력 \end{cases}$

ⓘ **밀도 및 비중량의 온도·압력보정** : $\rho_2 = \rho_1 \times \dfrac{T_1}{T_2}\dfrac{P_2}{P_1}$ $\begin{cases} \rho : 밀도(kg/m^3) \\ T : 온도(K=273+t(℃)) \\ P : 압력 \end{cases}$

ⓘ **밀도보정** : 보정된 밀도(ρ_a) = 기준밀도(ρ_s) × 보정계수

ⓘ **밀도보정계수**(d_f) = $\dfrac{273+21}{273+t} \times \dfrac{P}{760}$ $\begin{cases} t : 실측온도(℃) \\ 21 : 환기시설 표준온도(℃) \\ P : 실측압력(mmHg) \\ 760 : 환기시설 표준압력(mmHg) \end{cases}$

ⓘ **대상 기체비중**(S) = $\dfrac{대상기체\ 분자량/22.4}{공기분자량/22.4}$ = $\dfrac{대상기체\ 분자량}{공기분자량}$ = $\dfrac{M}{29}$

ⓘ **유효비중**(S_m) = $\dfrac{S_1 Q_1 + \cdots + S_n Q_n}{Q_1 + \cdots + Q_n}$ $\begin{cases} S_1, S_n : 각 기체의 비중(공기에 대한 비중은 1.0) \\ Q_1, Q_n : 각 기체의 부피 또는 부피비율 \end{cases}$

ⓘ **0~50μm 범위 입자의 침강속도**(V_g) = $0.003 \rho_p d_p^2$ ⋯ 리프만(Lippmann) 식

ⓘ **유속**(V, m/sec) = $\dfrac{Q}{A} = C\sqrt{\dfrac{2gP_v}{\gamma}}$ $\xrightarrow{\text{작업장내 표준상태}}$ $V = 4.043 \times \sqrt{P_v}$ $\begin{cases} P_v : 동압(속도압, mmH_2O) \\ \gamma : 유체의 비중량(kg_f/m^3) \\ C : 계수 \\ g : 중력가속도(9.8\ m/sec^2) \end{cases}$

ⓘ **동압**(속도압, mmH_2O) $P_v = P_t - P_s = \dfrac{\gamma V^2}{2g}$ $\begin{cases} P_v : 동압(속도압, mmH_2O) \\ P_t : 전압(mmH_2O) \\ P_s : 정압(mmH_2O) \end{cases}$

ⓘ **부피유량**(Q, m^3/sec) = $A(m^2) \times V$(m/sec) $\begin{cases} A : 단면적 \\ V : 유속 \end{cases}$

ⓘ **동일한 관로에서 유량과 유속의 관계**(연속방정식) : $Q_1 = Q_2 \rightarrow A_1 V_1 = A_2 V_2$

ⓘ **레이놀드 수**(Reynold number)(Re) = $\dfrac{DV\rho}{\mu} = \dfrac{DV}{\nu}$ $\begin{cases} V : 유속, \quad D : 관의 직경 \\ \rho : 유체밀도, \mu : 유체점도, \nu : 유체동점도 \end{cases}$

01. 산업환기의 기초

- 기사 : 출제대비
- 산업 : 10,17

산업환기에 관한 일반적인 설명으로 틀린 것은?

① 산업환기에서 표준공기의 밀도는 1.203kg/m³ 정도이다.
② 일정량의 공기부피는 절대온도에 반비례하여 증가한다.
③ 산업환기에서의 표준상태란 21℃, 260mmHg를 의미한다.
④ 산업환기장치내의 유체는 별도의 언급이 없는 한 표준공기로 취급한다.

[해설] 산업환기에서 일정량의 공기부피는 절대온도에 비례하여 증가한다.

〈관계〉 $V_2 = V_1 \times \dfrac{T_2}{T_1} \dfrac{P_1}{P_2}$ $\begin{cases} V : 기체부피 \\ T : 온도(K = 273 + t(℃)) \\ P : 압력 \end{cases}$

답 ②

유.사.문.제

01 우리가 호흡하는 공기부피는 대체로 질소(N_2) : 78%, 산소(O_2) : 21%, (1) : 1%, (2) : 0.03%로 되어 있다. ( ) 안에 알맞은 것은?
[13 산업][06 기사]

	(1)	(2)
①	이산화탄소	수소
②	아르곤	이산화탄소
③	이산화탄소	이산화질소
④	수소	오존

02 다음 중 산업환기분야에서의 표준상태를 말하는 기온, 기압, 공기밀도를 올바르게 나타낸 것은?
[09,11,19 산업]

① 기온 : 25℃, 기압 : 1기압, 공기밀도 : 1.1kg/m³
② 기온 : 21℃, 기압 : 1기압, 공기밀도 : 1.2kg/m³
③ 기온 : 0℃, 기압 : 1기압, 공기밀도 : 1.3kg/m³
④ 기온 : 0℃, 기압 : 1기압, 공기밀도 : 1.2kg/m³

정답 ∥ 01.② 02.②

- 기사 : 출제대비
- 산업 : 00,03,04,16②,18

온도가 150℃, 압력이 700mmHg일 때 200m³인 기체는 산업환기의 표준상태에서 약 얼마의 체적을 갖는가?

① 118.0m³
② 128.0m³
③ 138.0m³
④ 148.0m³

[해설] 기체의 부피는 절대온도에 비례하고, 압력에 반비례하므로 다음과 같이 계산한다.

〈계산〉 $V_2 = V_1 \times \dfrac{T_2}{T_1} \dfrac{P_1}{P_2}$
$= 200\text{m}^3 \times \dfrac{273+21}{273+100} \times \dfrac{700}{760} = 128.03\text{m}^3$

답 ②

PART 3 산업환기 및 작업환경 관리대책

예상 03
- 기사 : 13,18②
- 산업 : 15,18

온도 125℃, 800mmHg인 관내로 100m³/min의 유량의 기체가 흐르고 있다. 표준상태에서 기체의 유량은 약 몇 m³/min인가? (단, 표준상태는 20℃, 760mmHg)

① 52
② 69
③ 77
④ 83

해설 125℃, 800mmHg인 상태의 100m³/min 부피유량을 20℃, 760mmHg으로 환산한다.

⟨계산⟩ $Q_2 = Q_1 \times \dfrac{T_2}{T_1} \dfrac{P_1}{P_2}$

$= \dfrac{100\text{m}^3}{\text{min}} \times \dfrac{273+20}{273+125} \times \dfrac{800}{760} = 77.49\,\text{m}^3/\text{min}$

답 ③

유.사.문.제

01 온도 127℃, 800mmHg인 관로(管路)내로 50m³/min인 유량의 기체가 흐르고 있다. 표준상태(25℃, 760mmHg)의 유량은? [11,13 산업][09,13 기사]

① 약 31m³/min
② 약 33m³/min
③ 약 36m³/min
④ 약 39m³/min

hint $Q_2 = \dfrac{50\,\text{m}^3}{\text{min}} \times \dfrac{273+25}{273+127} \times \dfrac{800}{760}$
$= 39.21\,\text{m}^3/\text{min}$

02 온도 130℃, 기압 690mmHg 상태인 기체 유량은 50m³/min이다. 이 기체가 표준상태(0℃, 1atm)일 때의 유량은 약 몇 m³/min인가? [07② 산업]

① 30.8
② 41.5
③ 57.4
④ 61.5

hint $Q_2 = \dfrac{50\,\text{m}^3}{\text{min}} \times \dfrac{273}{273+130} \times \dfrac{690}{760}$
$= 30.75\,\text{m}^3/\text{min}$

03 다음 중 압력이 가장 높은 것은? [11 기사]

① 14.7PSI
② 101,325Pa
③ 760mmHg
④ 2atm

hint 1atm=760mmHg=10,332mmH₂O
$= 1.0332\text{kg}_f/\text{cm}^2 = 101,325\text{Pa}$
$= 14.7\text{PSI}$

04 1기압, 0℃에서 공기의 비중량을 $1.293\text{kg}_f/\text{m}^3$ 라고 할 때 동일기압에서 23℃일 때 공기의 비중량은 약 얼마인가? [11,14 산업][07 기사]

① $0.95\text{kg}_f/\text{m}^3$
② $1.015\text{kg}_f/\text{m}^3$
③ $1.193\text{kg}_f/\text{m}^3$
④ $1.205\text{kg}_f/\text{m}^3$

hint $\gamma_2 = \gamma_1 \times \dfrac{T_1}{T_2} \dfrac{P_2}{P_1}$

$= \dfrac{1.293\,\text{kg}_f}{\text{m}^3} \times \dfrac{273}{273+23} \times \dfrac{760}{760} = 1.193$

05 0℃, 1기압인 표준상태에서 공기의 밀도가 1.293kg/Sm³라고 할 때, 25℃, 1기압에서의 공기밀도는 몇 kg/m³인가? [12 산업][06,15 기사]

① $0.903\text{kg}/\text{m}^3$
② $1.085\text{kg}/\text{m}^3$
③ $1.185\text{kg}/\text{m}^3$
④ $1.1411\text{kg}/\text{m}^3$

hint $\rho_2 = \rho_1 \times \dfrac{T_1}{T_2} \dfrac{P_2}{P_1}$

$= \dfrac{1.293\,\text{kg}}{\text{m}^3} \times \dfrac{273}{273+25} \times \dfrac{760}{760} = 1.185$

정답 ❘ 01.④ 02.① 03.① 04.③ 05.③

01. 산업환기의 기초

- 기사 : 출제대비
- 산업 : 01,07,10,13②,14,16,17

예상 04 온도 55℃, 압력 710mmHg인 공기의 밀도보정계수는 약 얼마인가?

① 0.747
② 0.837
③ 0.974
④ 0.995

[해설] 밀도보정계수(d_f) 계산공식을 적용한다.

〈계산〉 $d_f = \dfrac{273+21}{273+t} \times \dfrac{P}{760}$ $\begin{cases} t : 실측온도 = 55℃ \\ P : 실측압력 = 710\text{mmHg} \end{cases}$

∴ $d_f = \dfrac{273+21}{273+55} \times \dfrac{710}{760} = 0.837$

답 ②

유.사.문.제

01 다음은 밀도보정계수(d_f)에 관한 설명 중 옳은 것으로 짝지어진 것은? [05 기사]

㉠ 고도 및 기압이 일정한 상태에서 온도가 증가할수록 밀도보정계수는 감소한다.
㉡ 고도 및 온도가 일정한 상태에서 압력이 증가할수록 밀도보정계수는 증가한다.
㉢ 밀도보정계수는 고도, 압력 및 온도에 비례한다.
㉣ 밀도보정계수의 단위는 mmHg/℃ 또는 inHg/℉로 표현된다.

① ㉠, ㉡
② ㉡, ㉢
③ ㉠, ㉢
④ ㉠, ㉣

hint ㉠, ㉡만 올바르다. 밀도는 온도에 반비례하여 감소하고, 압력에는 비례하여 증가하므로 밀도보정계수는 온도가 증가할수록 감소하고, 압력이 증가할수록 증가한다. 또한, 밀도보정계수는 단위가 없는 무차원이다.

02 기온 21℃이고, 고도가 1,830m인 경우 공기 밀도는 약 몇 kg/m³인가? (단, 1기압, 21℃일 때 공기의 밀도는 1.2kg/m³, 1,830m 고도에서의 압력은 608mmHg이다.) [08 산업]

① 0.66
② 0.76
③ 0.86
④ 0.96

hint $\rho_2 = \rho_1 \times \dfrac{T_1}{T_2} \dfrac{P_2}{P_1}$

∴ $\rho_2 = \dfrac{1.2\,\text{kg}}{\text{m}^3} \times \dfrac{273+21}{273+21} \times \dfrac{608}{760}$
$= 0.96\,\text{kg/m}^3$

03 25℃에서 공기의 점성계수 $\mu=1.607\times10^{-4}$ poise, 밀도 $\rho=1.203$kg/m³이다. 이때 동점성계수는? [06 기사]

① 1.336×10^{-5} m²/sec
② 1.736×10^{-5} m²/sec
③ 1.336×10^{-6} m²/sec
④ 1.736×10^{-6} m²/sec

hint 동점도 $(\nu) = \dfrac{점도(\mu)}{밀도(\rho)}$

∴ $\nu = 1.607\times10^{-4}\,\text{posie} \times \dfrac{\text{g/cm}\cdot\text{sec}}{\text{posie}}$
$\times \dfrac{\text{kg}}{1,000\text{g}} \times \dfrac{100\text{cm}}{\text{m}} \times \dfrac{\text{m}^3}{1.203\text{kg}}$
$= 1.336\times10^{-5}\,\text{m}^2/\text{sec}$

정답 ┃ 01.① 02.④ 03.①

PART 3 산업환기 및 작업환경 관리대책

예상 05
- 기사 : 매회대비 14,17,18
- 산업 : 매회대비 10,13②,18,19②

화학공장에서 작업환경을 측정하였더니 TCE 농도가 10,000ppm이었을 때, 오염공기의 유효비중(effective specific gravity)은? (단, TCE의 증기비중은 5.7, 공기비중은 1.0)

① 1.028
② 1.047
③ 1.059
④ 1.087

해설 유효비중(S_m) 계산공식을 적용한다. 이때 ppm은 백만분율(10^6)이므로 TCE를 제외한 기체는 공기로 간주하여 문제를 푼다.

〈계산〉 $S_m = \dfrac{S_1 Q_1 + S_2 Q_2}{Q_1 + Q_2}$ $\begin{cases} S_1 : \text{TCE 비중} = 5.7 \\ S_2 : \text{공기비중} = 1.0 \\ Q_1 : \text{TCE 부피} = 10,000 \\ Q_2 : \text{공기부피} = 10^6 - 10,000 = 990,000 \end{cases}$

∴ S_m(혼합공기비중) $= \dfrac{(5.7 \times 10,000) + (1.0 \times 990,000)}{10,000 + 990,000} = 1.047$

답 ②

유.사.문.제

01 작업장에서 5,000ppm의 사염화에틸렌이 공기 중에 함유되었다면 이 작업장 공기의 비중은 얼마인가? (단, 표준기압, 온도이며, 공기의 분자량은 29이고, 사염화에틸렌의 분자량은 166이다.) [18 기사]

① 1.024
② 1.032
③ 1.047
④ 1.054

hint $S_m = \dfrac{[(166/29) \times 5,000] + (1.0 \times 995,000)}{10^6}$
$= 1.0236$

02 30,000ppm의 테트라클로로에틸렌이 작업환경 중의 공기와 완전혼합되어 있다. 이 혼합물의 유효비중은? (단, 테트라클로로에틸렌은 공기보다 5.7배 무겁다.) [17 기사]

① 약 1.124
② 약 1.141
③ 약 1.164
④ 약 1.186

hint $S_m = \dfrac{[(5 \times 1) \times 30,000] + (1.0 \times 970,000)}{10^6}$
$= 1.141$

03 이산화탄소가스의 비중은? (단, 0℃, 1기압 기준) [11 산업][09,12 기사]

① 1.34
② 1.41
③ 1.52
④ 1.63

hint 기체비중 $(S) = \dfrac{\text{대상기체의 밀도}(\rho_a)}{\text{공기의 밀도}(\rho_s)}$

∴ $S = \dfrac{\text{MW}/22.4}{28.97/22.4} = \dfrac{44}{28.97} = 1.52$

04 다음 중 가스상태에 있어서 비중이 작은 물질은? [07 산업]

① 포스겐
② 암모니아
③ 일산화탄소
④ 이산화탄소

hint S(기체비중) $= \dfrac{\text{MW}/22.4}{28.97/22.4} = \dfrac{\text{MW}}{28.97}$

∴ 분자량(MW)이 작을수록 비중이 작은 기체가 된다. 포스겐($COCl_2$)의 분자량 99, 암모니아(NH_3)의 분자량 17, 일산화탄소(CO)의 분자량 28, 이산화탄소(CO_2)의 분자량 44이므로 비중이 가장 작은 물질은 암모니아이다.

정답 | 01.① 02.② 03.③ 04.②

01. 산업환기의 기초

- 기사 : 매회 대비 17,18,19
- 산업 : 매회 대비 17,18②

예상 06 직경이 2μm이고, 비중이 3.5인 산화철 흄의 침강속도는?

① 0.023cm/sec
② 0.036cm/sec
③ 0.042cm/sec
④ 0.054cm/sec

해설 리프만(Lippmann)이 제시한 관계식을 적용하여 문제를 푼다. 이때 Lippmann의 식에서 산출되는 침강속도(종단속도)의 단위는 "cm/sec"임을 잘 기억해 두어야 한다.

〈계산〉 $V_g = 0.003 \rho_p d_p^2$

∴ $V_g = 0.003 \times 3.5 \times 2^2 = 0.042 \, \text{cm/sec}$

답 ③

유.사.문.제

01 종단속도가 0.632m/hr인 입자가 있다. 이 입자의 직경이 3μm이라면 비중은? [10,13②,16 기사]

① 0.65
② 0.55
③ 0.86
④ 0.77

hint $V_g = 0.003 \rho_p d_p^2$

$V_g = 0.632 \, \text{m/hr} = 1.77 \times 10^{-3} \, \text{cm/sec}$
$= 0.003 \times \rho_p \times (3)^2$

∴ $\rho_p = 0.65$

02 80μm인 분진입자를 중력침강실에서 처리하려고 한다. 입자의 밀도는 2g/cm³, 가스의 밀도는 1.2kg/m³, 가스의 점성계수는 2.0×10⁻³g/cm·sec일 때 침강속도는? (단, Stoke's 식 적용) [12,15 기사]

① 3.49×10^{-3} m/sec
② 3.49×10^{-2} m/sec
③ 4.49×10^{-3} m/sec
④ 4.49×10^{-2} m/sec

hint $V_g = \dfrac{d_p^2(\rho_p - \rho)g}{18\mu}$

$\begin{cases} d_p = 80\mu\text{m} = 80 \times 10^{-6} \, \text{m} \\ \rho_p = 2 \, \text{g/cm}^3 = 2{,}000 \, \text{kg/m}^3 \\ \mu = 2 \times 10^{-3} \, \text{g/cm} \cdot \text{sec} \\ \quad = 0.0002 \, \text{kg/m} \cdot \text{sec} \end{cases}$

∴ $V_g = \dfrac{(80 \times 10^{-6})^2 \times (2{,}000 - 1.2) \times 9.8}{18 \times 0.0002}$
$= 0.0349 \, \text{m/sec} = 3.49 \times 10^{-2} \, \text{m/sec}$

03 산업보건분야에서 스토크스의 법칙에 따른 침강속도를 구하는 식을 대신하여 간편하게 계산하는 식으로 적절한 것은? (단, V_g : 종단속도(cm/sec), ρ_p : 입자의 비중, d_p : 입자의 직경(μm), 입자의 크기는 1~50μm)
[01,04,14,15 산업][00,05,06,07,16 기사]

① $V_g = 0.001 \rho_p d_p^2$
② $V_g = 0.003 \rho_p d_p^2$
③ $V_g = 0.005 \rho_p d_p^2$
④ $V_g = 0.009 \rho_p d_p^2$

hint $V_g = \dfrac{d_p^2 \rho_p g}{18\mu} = \dfrac{(d_p \times 10^{-4})^2 \rho_p \times 980}{18 \times 1.8 \times 10^{-5} \times 10^1}$
$= 0.003 d_p^2 \rho_p$

04 작업장에 직경이 5μm이면서 비중이 3.5인 입자와 직경이 6μm이면서 비중이 2.2인 입자가 있다. 작업장의 높이가 6m일 때, 모든 입자가 가라앉는 최소시간은?
[11,15,18 산업][09,12,13②,14 기사]

① 약 42분
② 약 72분
③ 약 102분
④ 약 132분

hint 침강시간(t) = $\dfrac{H}{V_g} = \dfrac{H}{0.003 \rho_p d_p^2}$

$V_g = 0.003 \rho_p d_p^2 = 0.003 \times 2.2 \times 6^2$
$= 0.238 \, \text{cm/sec}$

∴ $t = \dfrac{6 \times 100}{0.238} = 2{,}525 \, \text{sec} = 42.1 \, \text{min}$

정답 ┃ 01.① 02.② 03.② 04.①

PART 3 산업환기 및 작업환경 관리대책

예상 07
- 기사 : 14, 17
- 산업 : 출제대비

폭 a, 높이 b인 사각형 단면을 가진 관의 유체학적으로 등가인 원형관(직경 D_o)의 관계식으로 옳은 것은?

① $D_o = \dfrac{ab}{2(a+b)}$

② $D_o = \dfrac{2(a+b)}{ab}$

③ $D_o = \dfrac{2ab}{a+b}$

④ $D_o = \dfrac{a+b}{2ab}$

해설 사각형의 단면을 갖는 관로를 유체학적으로 등가인 원형관으로 환산한 직경(D_o)을 등가직경 또는 상당직경이라고 하는데, 상당직경은 유체가 흐르는 단면적과 접촉면의 길이 비를 4배한 값과 같다.

〈관계〉 $D_o = \dfrac{2ab}{a+b}$ $\begin{cases} a : 가로(폭) \\ b : 세로(높이) \end{cases}$

답 ③

유.사.문.제

01 사각형 직관에서 장변이 0.3m, 단변이 0.2m일 때 상당직경(equivalent diameter)은 약 몇 m인가? [04,06,13②,19 산업]

① 0.24 ② 0.34
③ 0.44 ④ 0.54

hint $D_o = \dfrac{2ab}{a+b}$

∴ $D_o = \dfrac{2 \times 0.3 \times 0.2}{0.3 + 0.2} = 0.24$ m

02 가로가 400mm, 세로가 800mm인 사각형 덕트의 상당직경은 몇 mm인가? (단, 다음의 관계식을 이용) [05 산업]

$$D_o = 1.3 \times [(ab)^{0.625}/(a+b)^{0.25}]$$

① 553.3mm ② 598.7mm
③ 609.3mm ④ 697.5mm

hint $D_o = 1.3 \times [(ab)^{0.625}/(a+b)^{0.25}]$

∴ $D_o = 1.3 \times \dfrac{(0.4 \times 0.8)^{0.625}}{(0.4 + 0.8)^{0.25}} = 0.6093$m
  $= 609.3$mm

03 원형덕트의 송풍량이 24m³/min이고, 반송속도가 12m/sec일 때 필요한 덕트의 내경은 약 몇 m인가? [05,11,15 산업]

① 0.151 ② 0.206
③ 0.303 ④ 0.502

hint $Q = AV = \dfrac{\pi D^2}{4} \times V$

$24 = \dfrac{3.14 \times D^2}{4} \times 12 \times 60$

∴ $D = 0.206$ m

04 관의 내경이 200mm인 직관에 55m³/min의 공기를 송풍할 때, 관내 기류의 평균유속(m/sec)은 약 얼마인가? [15,16,19 산업][18,19 기사]

① 19.5 ② 26.5
③ 29.2 ④ 47.5

hint $Q = AV = \dfrac{\pi D^2}{4} \times V$

$55 = \dfrac{3.14 \times 0.2^2}{4} \times V \times 60$

∴ $V = 29.19$ m/sec

정답 | 01.① 02.③ 03.② 04.③

종합연습문제

01 관의 안지름이 200mm인 직관을 통하여 가스유량이 55m³/min의 표준공기를 송풍할 때, 평균유속(m/sec)은? [05②,06②,07,10,12②,13② 산업]
[00,06,08②,14,16,18 기사]

① 약 21.8 ② 약 24.5
③ 약 29.2 ④ 약 32.2

hint $V(유속) = \dfrac{Q(유량)}{A(단면적)}$

$A = \dfrac{\pi D^2}{4} = \dfrac{3.14 \times 0.2^2}{4} = 0.0314\,\text{m}^2$

$\therefore V = \dfrac{55/60}{0.0314} = 29.19\,\text{m/sec}$

02 송풍량이 45m³/min, 반송속도가 15m/sec, 가로, 세로 길이가 같은 정사각형 송풍관의 한 변의 길이는? [09 기사]

① 약 22.4cm ② 약 32.4cm
③ 약 40.0cm ④ 약 45.5cm

hint $V(유속) = \dfrac{Q(유량)}{A(단면적)}$

정사각형의 $A = 가로(a) \times 세로(b) = a^2$

$15 = \dfrac{45/60}{a^2}$

$\therefore a = 0.224\,\text{m} = 22.4\,\text{cm}$

03 어느 유체관의 유속이 5m/sec이고 관의 직경이 30mm일 때, 유량(m³/hr)은? [17 산업][07 기사]

① 12.7 ② 15.5
③ 18.2 ④ 25.2

hint $Q = A \times V$

$\therefore Q = \dfrac{3.14 \times 0.03^2}{4} \times 5 \times 3{,}600\,\text{sec/hr}$

$= 12.72\,\text{m}^3/\text{hr}$

04 Duct의 단면적이 0.5m²이고, 반송속도가 30m/sec일 때, 유량(m³/min)은? [01,06 산업]

① 600 ② 700
③ 800 ④ 900

hint $Q = 0.5 \times 30 \times 60 = 900\,\text{m}^3/\text{min}$

05 다음 중 Duct내 유속에 관한 설명으로 옳은 것은? [13,17 산업]

① 덕트내 압력손실은 유속에 반비례한다.
② 같은 송풍량인 경우 덕트의 직경이 클수록 유속은 커진다.
③ 같은 송풍량인 경우 덕트의 직경이 작을수록 유속은 작게 된다.
④ 주물사와 같은 단단한 입자상 물질의 유속을 너무 크게 하면 덕트 수명이 단축된다.

hint ④항만 옳다.

▶ 바르게 고쳐보기 ◀
① 덕트내 압력손실은 유속의 제곱에 비례한다.
② 같은 송풍량인 경우 덕트의 직경이 클수록 유속은 작아진다.
③ 같은 송풍량인 경유 덕트의 직경이 작을수록 유속은 증가된다.

06 연속방정식 $Q = AV$의 적용조건은? (단, Q : 유량, A : 단면적, V : 평균속도) [18 기사]

① 압축성 정상유동
② 압축성 비정상유동
③ 비압축성 정상유동
④ 비압축성 비정상유동

07 정상류가 흐르고 있는 유체유동에 관한 연속방정식을 설명하는데 적용된 법칙은?
[00,03,05,16 기사]

① 관성의 법칙
② 운동량의 법칙
③ 질량보존의 법칙
④ 점성의 법칙

hint 정상류 흐름에 질량보존의 원리를 적용하여 얻은 유체역학적 기본이론은 연속방정식이다. 동일 관로내를 흐르는 유체의 질량은 항상 동일하다. 즉, $m_1 = m_2$이다.

$A_1 V_1 \rho_1 = A_2 V_2 \rho_2$ $\begin{cases} A : 단면적 \\ V : 유속 \\ \rho : 밀도 \\ 첨자\ 1, 2 : 각\ 지점 \end{cases}$

정답 ▌ 01.③ 02.① 03.① 04.④ 05.④ 06.③ 07.③

PART 3 산업환기 및 작업환경 관리대책

예상 08
- 기사 : 출제대비
- 산업 : 10, 14, 17

속도압을 P_v, 비중량을 γ, 수두를 h, 중력가속도를 g라고 할 때, 유체의 관내 속도를 구하는 식으로 옳은 것은?

① $\dfrac{\gamma h^2}{2g}$

② $\sqrt{\dfrac{2gP_v}{\gamma}}$

③ $\dfrac{\gamma P_v^{\,2}}{2g}$

④ $\sqrt{\dfrac{4gh}{\gamma}}$

해설 유체의 관내 속도는 동압(속도압)의 제곱근에 비례하고, 유체의 비중량의 제곱근에 반비례한다.

⟨관계⟩ 유속 $(\text{m/sec}) = C\sqrt{\dfrac{2gP_v}{\gamma}}$

$\begin{cases} P_v : \text{동압(속도압, mmH}_2\text{O)} \\ \gamma : \text{유체의 비중량(kg}_f/\text{m}^3) \\ C : \text{계수} \\ g : \text{중력가속도}(9.8\,\text{m/sec}^2) \end{cases}$

답 ②

예상 09
- 기사 : 00, 01, 04, 06, 08, 09, 11, 12, 16, 17, 18
- 산업 : 01, 03, 04②, 05, 06②, 11, 12, 16, 18

배기덕트로 흐르는 오염공기의 속도압이 6mmH$_2$O일 때, 덕트내 오염공기의 유속은 약 몇 m/sec인가? (단, 오염공기밀도는 1.25kg/m^{3}이고, 중력가속도는 9.8m/sec^{2}이다.)

① 6.6
② 7.2
③ 8.3
④ 9.7

해설 속도압(동압)과 유속의 관계식을 이용한다.

⟨계산⟩ $V(\text{유속}) = C\sqrt{\dfrac{2gP_v}{\gamma}}$

$\begin{cases} P_v : \text{속도압} = 6\,\text{mmH}_2\text{O} \\ \gamma : \text{유체의 비중량} = 1.25\,\text{kg}_f/\text{m}^3 \\ C : \text{계수} = 1 \\ g : \text{중력가속도} = 9.8\,\text{m/sec}^2 \end{cases}$

$\therefore V = \sqrt{\dfrac{2 \times 9.8 \times 6}{1.25}} = 9.7\,\text{m/sec}$

답 ④

유.사.문.제

01 공기가 20℃의 송풍관내에서 20m/sec의 유속으로 흐르는 상태에서의 속도압(mmH$_2$O)은? (단, 공기밀도는 1.2kg/m^3)
[19 산업][03,10,13② 기사]

① 약 15.5
② 약 24.5
③ 약 33.5
④ 약 40.2

hint $20\,\text{m/sec} = \sqrt{\dfrac{2 \times 9.8 \times P_v}{1.2}}$

$\therefore P_v = \dfrac{1.2 \times 20^2}{2 \times 9.8} = 24.49\,\text{mmH}_2\text{O}$

02 피토튜브와 마노미터를 이용하여 측정된 덕트내 동압이 20mmH$_2$O일 때, 공기의 속도는 약 몇 m/sec인가? (단, 덕트의 공기는 21℃, 1기압으로 가정한다.)
[18 산업]

① 14
② 18
③ 22
④ 24

hint $V = \sqrt{\dfrac{2 \times 9.8 \times 20}{1.2}} = 18.1\,\text{m/sec}$

정답 ❘ 01.② 02.②

종합연습문제

01 20℃의 송풍관 내부에 520m/min으로 공기가 흐르고 있을 때, 속도압(동압)은? (단, 0℃ 공기밀도는 1.296kg/m³이다.) [05,13 산업] [13,14,15,19 기사]

① 4.6mmH₂O   ② 6.8mmH₂O
③ 8.2mmH₂O   ④ 10.1mmH₂O

hint $V(유속) = C\sqrt{\dfrac{2gP_v}{\gamma}}$

▫ $\gamma_2 = \gamma_1 \times \dfrac{T_1}{T_2}\dfrac{P_2}{P_1} = 1.296 \times \dfrac{273}{273+20}$
  $= 1.207$

∴ $P_v = \dfrac{1.207 \times (520/60)^2}{2 \times 9.8} = 4.63 \text{ mmH}_2\text{O}$

02 표준상태에서 관내 속도압을 측정한 결과 10mmH₂O이었다. 관내 유속은 약 얼마인가? [16②,18 산업]

① 10.0m/sec   ② 12.8m/sec
③ 18.1m/sec   ④ 40.0m/sec

hint 작업장 표준상태 공기에 대한 유속 산출공식을 적용한다.

∴ $V = 4.043 \times \sqrt{P_v}$
  $= 4.043 \times \sqrt{10} = 12.79 \text{ m/sec}$

03 직경 40cm인 덕트내부를 유량 120m³/min의 공기가 흐르고 있을 때, 덕트내의 동압(속도압)은 약 몇 mmH₂O인가? (단, 덕트내의 공기는 21℃, 1기압으로 가정) [08,09,16,17 산업] [07,10,13,14 기사]

① 11.5   ② 15.5
③ 23.5   ④ 26.5

hint $P_v = \dfrac{\gamma V^2}{2g}$

▫ $V = \dfrac{Q}{A} = \dfrac{120/60}{\pi \times 0.4^2/4} = 15.92 \text{ m/sec}$

▫ $\gamma_2 = \gamma_1 \times \dfrac{T_1}{T_2}\dfrac{P_2}{P_1} = 1.296 \times \dfrac{273}{273+21}$
  $= 1.203$

∴ $P_v = \dfrac{1.203 \times 15.92^2}{2 \times 9.8} = 15.56 \text{ mmH}_2\text{O}$

04 Slot형 후드의 처리유량이 60m³/min이고 슬롯의 개구면적이 0.04m²라면 슬롯의 속도압(mmH₂O)은 약 얼마인가? [11 산업][07 기사]

① 18.2   ② 25.3
③ 38.2   ④ 43.3

hint $P_v = \dfrac{\gamma V^2}{2g}$

▫ $V = \dfrac{Q}{A} = \dfrac{60/60}{0.04} = 25 \text{ m/sec}$

▫ $\gamma = 1.2$ (조건제시 없는 경우)

∴ $P_v = \dfrac{1.2 \times 25^2}{2 \times 9.8} = 38.27 \text{ mmH}_2\text{O}$

05 송풍관을 흐르는 공기의 0℃, 1기압에서 비중량은 1.293kg_f/m³이다. 65℃의 공기가 송풍관내를 15m/sec의 유속으로 흐를 때, 속도압은 약 몇 mmH₂O인가? [07,10,13,16 산업] [08,09,12,19 기사]

① 9   ② 10
③ 12   ④ 14

hint $V(유속) = C\sqrt{\dfrac{2gP_v}{\gamma}}$

▫ $\gamma_2 = \gamma_1 \times \dfrac{T_1}{T_2}\dfrac{P_2}{P_1} = 1.293 \times \dfrac{273}{273+65}$
  $= 1.044$

∴ $P_v = \dfrac{1.044 \times 15^2}{2 \times 9.8} = 11.99 \text{ mmH}_2\text{O}$

06 공기온도가 50℃인 덕트의 유속이 4m/sec일 때, 이를 표준공기로 보정한 유속(V)은 얼마인가? (단, 밀도 1.2kg/m³) [15 기사]

① 3.19m/sec   ② 3.64m/sec
③ 5.19m/sec   ④ 6.19m/sec

hint $V_2 = \dfrac{Q}{A} \times \dfrac{273+21}{273+t}$

∴ $V_2 = 4 \times \dfrac{273+21}{273+50} = 3.64 \text{ m/sec}$

정답 | 01.① 02.② 03.② 04.③ 05.③ 06.②

예상 10

- 기사 : 05②, 09②, 10, 12, 17
- 산업 : 출제대비

어느 송풍관의 동압(Velocity pressure)이 20mmH₂O이고, 관의 직경이 25cm일 때 유량(m^3/hr)은? (단, 21℃, 1기압 기준)

① 약 3,000
② 약 3,200
③ 약 3,500
④ 약 3,800

해설 속도압과 유속의 관계식을 이용한다.

⟨계산⟩ $Q(유량) = V(유속) \times A(단면적)$

- $\gamma_2 = \gamma_1 \times \dfrac{T_1}{T_2} \dfrac{P_2}{P_1} = 1.296 \times \dfrac{273}{273+21} = 1.203$
- $V = 1\sqrt{\dfrac{2 \times 9.8 \times 20}{1.203}} = 18.05 \, \text{m/sec}$
- $A = \dfrac{\pi D^2}{4} = \dfrac{3.14 \times 0.25^2}{4} = 0.049 \, \text{m}^2$

∴ $Q = 18.05 \times 0.049 \times 3,600 \, \text{sec/hr} = 3,188 \, \text{m}^3/\text{hr}$

답 ②

예상 11

- 기사 : 출제대비
- 산업 : 05, 11, 15, 18

그림과 같이 Q_1과 Q_2에서 유입된 기류가 합류관인 Q_3로 흘러갈 때, Q_3의 유량은? (단, Q_3의 직경은 350mm임)

ID	직경(mm)	유속(m/sec)
Q_1	200	10
Q_2	150	14

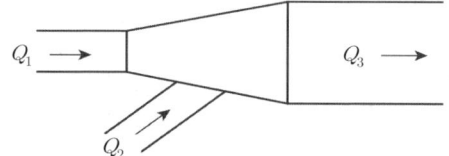

① 33.7 m^3/min
② 36.3 m^3/min
③ 38.5 m^3/min
④ 40.2 m^3/min

해설 Q_3의 유량은 Q_1과 Q_2의 합류유량이므로 다음과 같이 계산된다.

⟨계산⟩ $Q(유량) = V(유속) \times A(단면적)$

- 유량$(Q_1) = A_1 \times V_1 = \dfrac{\pi D_1^2}{4} \times V_1 = \dfrac{3.14 \times 0.2^2}{4} \times 10 = 0.314 \, \text{m}^3/\text{sec}$
- 유량$(Q_2) = A_2 \times V_2 = \dfrac{\pi D_2^2}{4} \times V_2 = \dfrac{3.14 \times 0.15^2}{4} \times 14 = 0.247 \, \text{m}^3/\text{sec}$

∴ 합류유량$(Q_3) = Q_1 + Q_2 = (0.314 + 0.247) \times 60 = 33.68 \, \text{m}^3/\text{min}$

답 ①

종합연습문제

01 전자부품을 납땜하는 공정에 설치된 외부식 국소배기장치 후드의 규격은 400×400mm, 제어거리를 20cm, 제어속도를 0.5m/sec 그리고 반송속도를 1,200m/min으로 하고자 할 때 덕트내에서 속도압은 약 몇 mmH₂O인가? (단, 덕트내의 온도는 21℃이며, 이때 가스의 비중량은 1.2kg_f/m³이다.) [06,08,18 산업]

① 24.5 ② 26.6
③ 27.4 ④ 28.5

hint $P_v = \dfrac{\gamma V^2}{2g}$

∴ $P_v = \dfrac{1.2 \times (1,200/60)^2}{2 \times 9.8} = 24.49$ mmH₂O

02 직경이 180mm인 환기용 덕트내의 정압은 −58.5mmH₂O, 전압은 23.5mmH₂O이다. 이때 표준 공기유량은 약 몇 m³/min인가? [10,12,19 산업] [08,10②,11 기사]

① 42 ② 56
③ 69 ④ 81

hint $Q = A \times V = A \times \sqrt{\dfrac{2gP_v}{\gamma}}$

□ $P_v = P_t - P_s = 23.5 - (-58.5) = 82$

∴ $Q = \dfrac{3.14 \times 0.18^2}{4} \times \sqrt{\dfrac{2 \times 9.8 \times 82}{1.2}}$
$= 0.931$ m³/sec $= 55.85$ m³/min

03 Duct의 한 지점에서 정압을 측정한 결과 10mmH₂O였고 전압은 35mmH₂O였다. 원형 Duct 내부 직경이 30cm일 때 송풍량은? [16 산업]

① 36m³/min ② 56m³/min
③ 86m³/min ④ 106m³/min

hint Q(유량) $= V$(유속) $\times A$(단면적)

□ $V = \sqrt{\dfrac{2gP_v}{\gamma}} = \sqrt{\dfrac{2 \times 9.8 \times (35-10)}{1.2}}$
$= 20.21$ m/sec

∴ $Q = \dfrac{3.14 \times 0.3^2}{4} \times 20.21 = 1.43$ m³/sec
$= 85.66$ m³/min

04 기체유량이 10m³/sec으로 그림의 A점을 지나 원형관내를 흐르고 있다. B 지점에서의 유속 (m/sec)은? (단, 각 부분의 직경은 d_1 0.2m, d_2 0.4m이다.) [03,06 산업][07,11 기사]

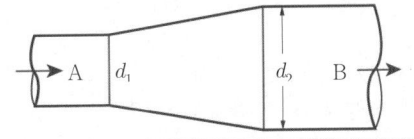

① 60.6 ② 71.1
③ 47.1 ④ 79.6

hint $V_B = \dfrac{Q}{A} = \dfrac{10}{\pi(d_2)^2/4}$
$= \dfrac{10}{3.14 \times 0.4^2/4} = 79.62$ m/sec

정답 ┃ 01.① 02.② 03.③ 04.④

예상 12
- 기사 : 11,17
- 산업 : 08,09,10

레이놀드 수(Re)를 산출하는 공식은? [단, D : 덕트직경(m), V : 공기유속(m/sec), μ : 공기의 점성계수(kg/m·sec), ρ : 공기밀도(kg/m³)]

① $Re = (\mu \times \rho \times D)/V$ ② $Re = (\rho \times V \times \mu)/D$
③ $Re = (D \times V \times \mu)/\rho$ ④ $Re = (\rho \times D \times V)/\mu$

해설 레이놀드 수(Reynold number)는 관로를 흐르는 유체의 유동상태를 판단하는 척도로 이용되는 무차원군(dimensionless group)으로 유체의 관성력과 점성력의 비율을 나타내며, 다음의 관계식을 갖는다.

〈관계〉 $Re = \dfrac{관성력}{점성력} = \dfrac{DV\rho}{\mu} = \dfrac{DV}{\nu}$ $\begin{cases} V : 유속 & D : \text{Duct의 직경} & \rho : 유체의 밀도 \\ \mu : 점도 & \nu : 동점도 \end{cases}$

답 ④

PART 3 산업환기 및 작업환경 관리대책

예상 13
- 기사 : 00,06,08,13,14,16,17,19
- 산업 : 01,04②,06②

Duct 직경이 30cm이고, 공기유속이 5m/sec일 때, 레이놀드 수는 약 얼마인가? (단, 20℃에서 공기의 점성계수는 1.85×10^{-5} kg/m·sec, 공기밀도 1.2kg/m³이다.)

① 97,300
② 117,500
③ 124,400
④ 135,200

해설 레이놀드 수(Reynold number) 계산식을 적용한다.

〈관계〉 $Re = \dfrac{DV\rho}{\mu}$
- V : 유속 = 5 m/sec
- D : Duct의 직경 = 0.3 m
- ρ : 유체의 밀도 = 1.2 kg/m³
- μ : 유체의 점도 = 1.85×10^{-5} kg/m·sec

∴ $Re = \dfrac{0.3 \times 5 \times 1.2}{1.85 \times 10^{-5}} = 97,297$

답 ①

유.사.문.제

01 레이놀드(Reynolds) 수를 구할 때, 고려되어야 할 요소가 아닌 것은? [06,09,11,17 산업][14 기사]
① 관의 길이
② 공기밀도
③ 공기속도
④ 덕트의 직경

02 작업환경내의 덕트내부로 흐르는 유체의 관성력과 점성력의 비율을 나타내는 무차원수는? [01,05,07,09 기사]
① 마하 수(Mach number)
② 슈미트 수(Schmiat number)
③ 레이놀드 수(Reynold number)
④ 프란틀 수(Prandtl number)

03 다음 중 일반적인 산업환기 배관내 기류흐름의 Reynolds 수 범위로 가장 올바른 것은? [03,13 산업]
① $10^{-3} \sim 10^{-7}$
② $10^{-7} \sim 10^{-11}$
③ $10^{2} \sim 10^{3}$
④ $10^{5} \sim 10^{6}$

hint 산업환기 공정에서 운영되는 배관내 기류흐름의 Reynolds 수 범위는 $10^5 \sim 10^6$이다.

04 다음 중 층류에 대한 설명으로 틀린 것은? [08,11 산업]
① 유체입자가 관벽에 평행한 직선으로 흐르는 흐름이다.
② 레이놀드 수가 4,000 이상인 유체의 흐름이다.
③ 관내에서의 속도분포가 정상 포물선을 그린다.
④ 평균유속은 최대유속의 약 1/2 정도이다.

hint 레이놀드 수가 2,000 이하인 유체의 흐름을 층류라 한다. 4,000 이상인 유체의 흐름은 난류로 분류된다.

05 수평의 원형 직관단면에서 층류의 유체가 흐를 때 유속이 가장 빠른 부분은? [04,12 산업][05 기사]
① 관 벽
② 관 중심부
③ 관 중심에서 외측으로 1/2지점
④ 관 중심에서 외측으로 1/3지점

hint 원형관에서 층류의 유체가 흐를 때 유속이 가장 빠른 부분은 관 중심부(위에서 1/2)이다.

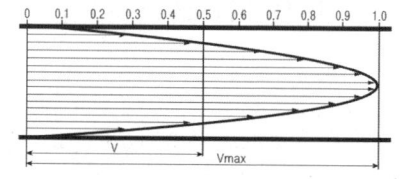

정답 | 01.① 02.③ 03.④ 04.② 05.②

종합연습문제

01 관내를 흐르는 공기의 유속은 5m/sec, 관의 직경 0.1m일 때, Reynold 수는? (단, 20℃, 동점성계수는 $1.5 \times 10^{-5} \text{m}^2/\text{sec}$) [01,03,04,05②,16 산업]
[00,04,05,07②,10②,12,15②,16 기사]

① 1.4×10^5 ② 1.7×10^5
③ 2.1×10^4 ④ 3.3×10^4

hint $Re = \dfrac{DV}{\nu}$

∴ $Re = \dfrac{0.1 \times 5}{1.5 \times 10^{-5}} = 33,333.33$

02 내경이 760mm의 얇은 강철판의 직관을 통하여 풍량 115m³/min의 표준공기를 송풍할 때의 Reynold 수는? (단, 동점도 $1.5 \times 10^{-5} \text{m}^2/\text{sec}$)
[05②,06,09,11 기사]

① 2.14×10^5 ② 4.20×10^5
③ 6.67×10^5 ④ 8.61×10^5

hint $Re = \dfrac{DV}{\nu}$

□ $V = \dfrac{Q}{\pi D^2/4} = \dfrac{115/60}{3.14 \times (0.76)^2/4} = 4.23 \text{ m/sec}$

∴ $Re = \dfrac{0.76 \times 4.23}{1.5 \times 10^{-5}} = 214,320$

03 폭 320mm, 높이 760mm의 곧은 각관내를 유량 280m³/min의 표준공기가 흐르고 있을 때 레이놀드 수 값은? (단, 동점도 $1.5 \times 10^{-5} \text{m}^2/\text{sec}$이다.)
[04,08,11 기사]

① 3.76×10^5 ② 3.76×10^6
③ 5.76×10^5 ④ 5.76×10^6

hint $Re = \dfrac{D_o V}{\nu}$

□ $D_o = \dfrac{2ab}{a+b} = \dfrac{2(0.32 \times 0.76)}{0.32 + 0.76} = 0.45$

□ $V = \dfrac{Q}{a \times b} = \dfrac{280/60}{0.32 \times 0.76} = 19.19 \text{m/sec}$

∴ $Re = \dfrac{0.45 \times 19.19}{1.5 \times 10^{-5}} = 575,658$

04 관경이 200mm인 직관 속을 공기가 흐르고 있다. 공기의 동점성계수가 $1.5 \times 10^{-5} \text{m}^2/\text{sec}$이고, 레이놀드 수가 40,000이라면 직관의 풍량(m³/hr)은? [01,04,06,08,13② 기사]

① 약 340 ② 약 420
③ 약 530 ④ 약 650

hint $Q = AV$

□ $Re = \dfrac{DV}{\nu} \rightarrow 40,000 = \dfrac{0.2 \times V}{1.5 \times 10^{-5}}$

$V(\text{유속}) = 3 \text{m/sec}$

∴ $Q = \dfrac{\pi D^2}{4} \times V = \dfrac{3.14 \times 0.2^2}{4} \times 3$
$= 0.0942 \text{ m}^3/\text{sec} = 339.12 \text{m}^3/\text{hr}$

05 20℃의 공기가 직경 10cm인 원형관 속을 흐르고 있다. 층류로 흐를 수 있는 최대유량은? (단, 층류의 임계레이놀드 수 2,100, 공기의 동점성계수 $1.50 \times 10^{-5} \text{m}^2/\text{sec}$이다.) [14 기사]

① 0.318m³/min ② 0.228m³/min
③ 0.148m³/min ④ 0.078m³/min

hint $Q = AV$

□ $Re = \dfrac{DV}{\nu} \rightarrow 2,100 = \dfrac{0.1 \times V}{1.5 \times 10^{-5}}$

$V(\text{유속}) = 0.35 \text{m/sec}$

∴ $Q = \dfrac{\pi D^2}{4} \times V = \dfrac{3.14 \times 0.1^2}{4} \times 0.315$
$= 0.00247 \text{ m}^3/\text{sec} = 0.148 \text{m}^3/\text{min}$

06 공기밀도에 관한 설명으로 틀린 것은?
[14,17 산업]

① 공기 1m³와 물 1m³의 무게는 다르다.
② 온도가 상승하면 공기가 팽창하여 밀도가 작아진다.
③ 고공으로 올라갈수록 압력이 낮아져 공기는 팽창하고 밀도는 작아진다.
④ 다른 모든 조건이 일정할 경우 공기밀도는 절대온도에 비례하고, 압력에 반비례한다.

hint 공기밀도는 절대온도에 반비례하고, 압력에 비례한다.

정답 | 01.④ 02.① 03.③ 04.① 05.③ 06.④

종합연습문제

01 다음은 기류의 본질에 대한 내용이다. Ⓐ와 Ⓑ에 들어갈 내용이 알맞게 연결된 것은?
[10,15,19 산업]

> 유체가 관내를 아주 느린 속도로 흐를 때는 소용돌이나 선회운동을 일으키지 않고, 관 벽에 평행으로 유동한다. 이와 같은 흐름을 (Ⓐ)(이)라 하며 속도가 빨라지면 관내 흐름은 크고 작은 소용돌이가 혼합된 형태로 변하여 혼합상태로 흐른다. 이런 모양의 흐름을 (Ⓑ)(이)라 한다.

① Ⓐ 층류 Ⓑ 난류
② Ⓐ 난류 Ⓑ 층류
③ Ⓐ 유선운동 Ⓑ 층류
④ Ⓐ 난류 Ⓑ 유선운동

hint 유체가 관내를 아주 느린 속도로 흐를 때는 소용돌이나 선회운동을 일으키지 않고 관 벽에 평행하게 유동한다. 이와 같은 흐름을 층류라고 한다. 한편, 속도가 빨라지면 관내 흐름은 크고 작은 소용돌이가 혼합된 형태로 변하여 혼합상태로 흐른다. 이런 모양의 흐름을 난류라고 한다.

02 다음 중 환기와 관련한 식이 잘못된 것은? (단, 관련기호는 표 참고)
[11 산업]

기호	설명	기호	설명
Q	유량	SP_h	후드정압
A	단면적	P_T	전압
V	유속	P_v	동압
D	직경	P_s	정압
C_e	유입계수		

① $Q = AV$

② $A = \dfrac{\pi D^2}{4}$

③ $C_e = \sqrt{\dfrac{P_v}{SP_h}}$

④ $P_v = P_T + P_s$

hint 동압 → 전압과 정압의 차

정답 ┃ 01.① 02.④

CHAPTER 02 산업환기 개념과 전체환기

1 국소배기장치 및 전체환기장치의 적용/특성

이승원의 minimum point

(1) 국소배기장치(국소환기시스템)

① 장치구성과 시스템의 원리 : 발생원의 유해물질을 **후드**(Hood) → **덕트**(Duct) → 공기정화장치 → **배풍기**(송풍기) 및 배기구(굴뚝) → 대기로 배출하는 장치 및 시스템을 말함

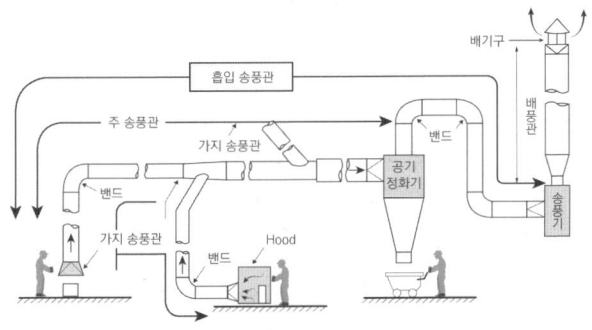

〈그림〉 국소배기장치의 개요도

① 국소배기장치의 특징
- 유해물질을 오염원에서 **직접·제거**하는 시스템임
- 오염물질이 실내에 **확산되기 이전**에 **효율적**으로 **고농도**로 포집하여 제거할 수 있음
- 크기가 비교적 큰 **침강성 먼지**도 제거할 수 있어 청소비 및 청소인력을 절약할 수 있음
- 오염물질이 소량의 공기에 고농도로 포함되어 있으므로 필요송풍량을 줄일 수 있음
- **전체환기방식보다** 제어되는 **공기량이 적고, 보충공기량을 적게** 할 수 있음

① 국소환기의 적용
- 유해물질의 **독성**이 높은 경우
- 오염원이 **고정성**이고, 유해물질 **발생량이 많은** 경우
- 유해물질의 농도가 **허용농도 이상**으로 높아 영향을 줄 우려가 큰 경우

(2) 전체환기장치(전체환기시스템)

① 장치구성과 시스템의 원리 : 작업장의 개구부(창문, 환기구 등) → 자연적 방법(자연환기법) 또는 기계적 방법(강제환기법)에 의해 → 바람·작업장 내외의 온도차·압력차 → 대류작용 → 작업장의 공기를 치환하는 환기시스템을 말함

전체환기의 개념과 목적

- **개념** : 전체환기는 유해물질을 오염원에서 제거하는 방법이 아닌 유해물질의 농도를 희석하여 낮게 하는 방법임
- **목적**
  - 유해물질을 외부의 청정공기로 희석하여 실내의 유해물질농도 감소, 건강 유지 증진
  - 화재 및 폭발 예방
  - 온도 및 습도 조절

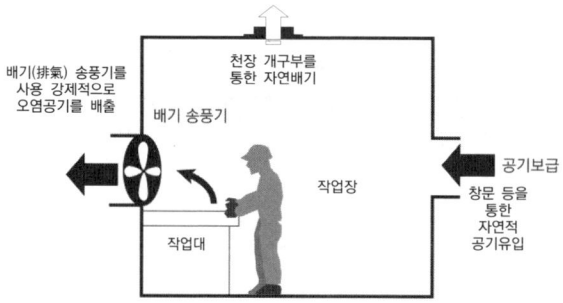

〈그림〉 전체 환기시스템의 개요도

전체환기 설계의 기본원칙

- 희석에 필요한 환기량 산정은 오염물질 사용량, **문헌조사** 및 **경험자료** 등으로 부터 확보할 것
- 오염물질 **배출구**는 가능한 한 **오염원으로부터 가까운 곳**에 설치하여 **점환기 효과**를 얻을 것
- 급기구와 배기구는 **급기된 공기**가 **작업자를 먼저 통과**한 다음 **오염영역을 통과**하도록 할 것
- 오염원 주위에 **다른 작업공정이 존재**하면 배기량을 급기량보다 많게 하여 **음압**을 유지할 것
- 오염원 주위에 **다른 작업공정이 없으면** 급기량을 배기량보다 많게 하여 **양압**을 유지할 것
- 보충용 공기는 외부의 청정공기를 공급하고 **필요에 따라 가온**하거나 **냉각**하여 공급할 것
- 배기구는 창문 등의 **개구부로부터 멀리**하여 재유입을 방지할 것

전체환기의 장·단점

- **자연환기법**

장 점	단 점
• 설치비와 운영비가 적게 소요됨 • 보수가 용이하고, 소음 발생문제가 없음 • 동력이 소요되지 않음 • 효율적 운영 시 냉방비의 절감효과 있음	• 외기의 변화에 따른 환기량이 일정하지 않음 • 작업환경 개선의 효율성이 낮음 • 환기량 예측자료를 구하기 힘듦 • 내부 작업조건에 따른 환기량 변화가 큼

- **강제환기법**(기계법)

장 점	단 점
• 환기량을 일정 목표수준으로 유지 가능 • 작업환경 개선의 효율성이 높음 • 기상조건에 영향을 받지 않음 • 내부 작업조건에 따른 환기량 변화가 적음	• 설치비 및 운영비가 많이 소요됨 • 소음이 발생하고, 동력을 요함 • 급기 및 배기가 균형을 이루지 못할 경우 급격한 환기효율 저하를 초래할 수 있음

02. 산업환기 개념과 전체환기

ⓘ **전체환기의 적용**
- 유해물질의 독성이 낮은 경우, 오염원이 이동성인 경우, 발생량이 대체로 균일한 경우
- 발생량이 적고, 다수의 오염원이 넓게 분산되어 있는 경우, 국소환기가 불가능한 경우
- 유해물질 발생량이 적어 필요환기량이 많지 않아 국소환기보다 실용성이 있는 경우
- 유해물질의 농도가 허용농도 이하로 낮아 영향을 줄 우려가 적은 경우

(3) 보충용 공기(Make-up Air)

ⓘ **정의** : 작업장내에서 국소배기시설을 통해 외부로 방출된 양 만큼의 공기를 작업장내로 공급하는 공기를 말함

ⓘ **보충용 공기의 공급량** : 배기된 공기량의 약 10% 정도를 과잉으로 공급

ⓘ **공기공급 시스템의 기능**(8가지)
- 작업장의 환기 및 희석
- 작업장의 압력조절
- 국소배기장치의 효율 유지 및 배출공기의 보충
- 건물이나 공정의 온도조절 및 연료절약
- 근로자에게 영향을 미치는 냉각기류 제거
- 정화되지 않은 실외공기의 건물내로 유입되는 것을 방지
- 작업장의 안전사고 예방
- 청정공간의 확보 및 제품보호

ⓘ **보충용 공기가 부족할 경우 나타나는 현상**(3가지)
- 국소배기장치의 성능 저하
- 작업장의 음압발생과 횡단기류 발생
- 역류현상 및 불완전 연소

- 기사 : 출제대비
- 산업 : 18②

예상 01 전체환기방식에 대한 설명 중 틀린 것은?
① 자연환기는 기계환기보다 보수가 용이하다.
② 효율적인 자연환기는 냉방비 절감효과가 있다.
③ 청정공기가 필요한 작업장은 실내압을 양압(+)으로 유지한다.
④ 오염이 높은 작업장은 실내압을 매우 높은 양압(+)으로 유지하여야 한다.

해설 전체환기방식은 기본적으로 유해물질 발생량이 적어 필요환기량이 많지 않은 작업장에 적용된다. 또한, 오염도가 높을 때는 실내압을 음압(-)으로 유지하여 주위 작업자들에게 유해물질이 확산되지 않도록 하여야 한다.

■ 환기시스템에서 실내의 압력유지
■ 음압(-)유지 : 1.0±0.5 mmH₂O 범위
㉠ 오염물질의 오염도가 높아 인근에 피해를 줄 수 있는 경우
㉡ 유해오염원 주위에 다른 작업공정이 존재할 경우(<u>배출량을 급기량보다 많게</u>)

ⓒ 발암물질 등과 같이 오염물질이 외부로 유출되어서는 안 되는 곳
- **양압(+)유지** : 급기량을 배기량보다 5~10% 증가시킴
  ㉠ 전자, 의약, 식품산업 등과 같이 고도의 청정실(淸淨室)이 필요한 곳(급기구에 기계환기장치를 설치하고 배기구는 자연환기방식을 채택)
  ㉡ 유해오염원 주위에 다른 작업공정이 없는 곳(급기량을 배출량보다 약간 많게 하여 양압을 유지)

답 ④

유.사.문.제

01 다음 중 전체환기를 실시하고자 할 때, 고려해야 하는 원칙과 가장 거리가 먼 것은? [17 기사]
① 필요환기량은 오염물질이 충분히 희석될 수 있는 양으로 설계한다.
② 오염물질이 발생하는 가장 가까운 위치에 배기구를 설치해야 한다.
③ 오염원 주위에 근로자의 작업공간이 존재할 경우는 급기를 배기보다 약간 많게 한다.
④ 희석을 위한 공기가 급기구를 통하여 들어와서 오염물질이 있는 영역을 통과하여 배기구로 빠져나가도록 설계해야 한다.

hint 오염원 주위에 근로자의 작업공간이 존재할 경우 → 배기를 급기보다 약간 많게(음압)

02 전체환기방식에 대한 다음 설명 중 틀린 것은? [05,09 산업]
① 오염이 높은 작업장은 실내압을 매우 높은 양압(+)으로 유지하여야 한다.
② 청정공기가 필요한 작업장은 실내압을 양압(+)으로 유지한다.
③ 자연환기의 작업장 내외의 압력차는 몇 mmH₂O 이하의 차이이므로 공기를 정화해야 할 때는 인공환기를 하여야 한다.
④ 자연환기는 기계환기보다 보수가 용이하다.

hint 오염이 높은 작업장 → 실내압을 음압(陰壓)

03 오염이 높은 작업장의 실내압으로 알맞은 것은? [04 산업]
① 양압(+) 유지   ② 음압(-) 유지
③ 정압 유지   ④ 동압 유지

04 작업장내 공기압력을 음압(-)으로 유지해야 할 곳으로 가장 적절한 것은? [06,10 산업][05 기사]
① 오염이 전혀 없는 깨끗한 작업장
② 오염이 심한 작업장
③ 오염의 정도가 정확히 확인되지 않는 작업장
④ 청정공기를 필요로 하는 식품공업이나 전자공업 작업장

hint 오염이 높은 작업장은 실내압을 음압(-)으로 유지한다.

05 작업장내 압력을 양압(+)으로 유지해야 할 작업장으로 가장 적절한 것은? [07 기사]
① 오염이 높은 석면 작업장
② 오염이 높은 유기용제 취급 작업장
③ 깨끗한 공기를 필요로 하는 식품공업
④ 납을 취급하는 축전지 제조공업

06 고농도 오염물질을 취급할 경우 오염물질이 주변 지역으로 확산되는 것을 방지하기 위해서 실내압은 어떤 상태로 유지하는 것이 적정한가? [17 산업]
① 정압유지
② 음압(-) 유지
③ 동압유지
④ 양압(+) 유지

정답 ┃ 01.③ 02.① 03.② 04.② 05.③ 06.②

02. 산업환기 개념과 전체환기

- 기사 : 17
- 산업 : 출제대비

전체환기의 목적에 해당되지 않는 것은?

① 발생된 유해물질을 완전히 제거하여 건강을 유지·증진한다.
② 유해물질의 농도를 감소시켜 건강을 유지·증진한다.
③ 화재나 폭발을 예방한다.
④ 실내의 온도와 습도를 조절한다.

해설 전체환기 시스템은 발생된 유해물질을 완전히 제거하는 것이 아니라 오염원에서 방출된 유해물질을 외부의 청정공기로 희석시켜 줌으로써 실내의 유해물질농도를 감소시키고, 건강을 유지·증진시킨다. **답** ①

- 기사 : 12,19
- 산업 : 10,15,17

다음 중 작업장의 공기를 전체환기로 하고자 할 경우 조건으로 잘못된 것은?

① 유해물질의 독성이 높은 경우
② 동일 작업장에 다수의 오염원이 분산되어 있는 경우
③ 배출원에서 유해물질이 시간에 따라 균일하게 발생하는 경우
④ 근로자의 근무장소가 오염원에서 충분히 멀리 떨어져 있는 경우

해설 전체환기방식은 유해물질의 농도가 낮거나 독성이 낮은 경우 적용된다. 전체환기방식을 적용하는 주요 조건은 다음과 같다.
- 독성이 낮은 경우, 발생량이 낮은 경우, 다수의 오염원이 넓게 분산되어 있는 경우
- 오염원이 이동성이 있거나 작업방법 및 공정상 국소환기가 불가능한 경우
- 유해물질 발생량이 적어 필요환기량이 많지 않아 국소환기보다 실용성이 있는 경우 등

답 ①

유.사.문.제

01 작업장에 전체환기장치를 설치하고자 한다. 다음 중 전체환기의 목적으로 볼 수 없는 것은? [10,14,15,17 산업]

① 화재나 폭발을 예방한다.
② 작업장의 온도와 습도를 조절한다.
③ 유해물질의 농도를 감소시켜 건강을 유지시킨다.
④ 유해물질을 발생원에서 직접제거시켜 근로자의 노출농도를 감소시킨다.

hint 유해물질을 발생원에서 직접제거시키는 방식은 국소배기장치에 의한 환기시스템이다.

02 작업환경 개선을 위한 전체환기시설의 설치 조건으로 적절하지 않은 것은? [18,19 산업][13 기사]

① 유해물질 발생량이 많아야 한다.
② 유해물질 발생이 비교적 균일해야 한다.
③ 독성이 낮은 유해물질을 사용하는 장소여야 한다.
④ 공기 중 유해물질의 농도가 허용농도 이하이어야 한다.

hint 유해물질 발생량이 많거나, 독성이 높은 물질인 경우는 국소배기장치에 의한 환기시스템이 적용되어야 한다.

정답 | 01.④ 02.①

종합연습문제

01 전체환기법을 적용하고자 할 때 갖추어야 할 조건과 거리가 먼 것은? [16 산업][06 기사]
① 배출원이 이동성일 경우
② 유해물질의 배출량 변화가 클 경우
③ 배출원에서 유해물질 발생량이 적을 경우
④ 동일 작업장에 배출원 다수가 분산되어 있는 경우

hint 전체환기방식은 유해물질의 배출량 변화가 적을 때 적용된다.

02 전체환기를 적용하기에 가장 적합하지 않은 곳은? [18 산업]
① 오염물질의 독성이 낮은 곳
② 오염물질의 발생원이 이동하는 곳
③ 오염물질의 발생량이 많고 넓게 퍼져 있는 곳
④ 작업공정상 국소배기장치의 설치가 불가능한 곳

hint 전체환기방식은 오염물질의 발생량이 적고 넓게 퍼져 있는 곳에 적용된다.

03 다음 중 전체환기(희석환기) 시설을 설치하기에 가장 부적합한 경우는? [05,07,08②,10,19 산업]
① 오염물질의 노출기준 값이 매우 작은 경우
② 동일한 작업장에 오염원이 분산되어 있는 경우
③ 오염물질의 발생량이 비교적 적은 경우
④ 오염물질이 증기나 가스인 경우

hint 전체환기는 독성이 낮은 유해물질을 사용하는 곳에 적합하게 적용된다.

04 전체환기(희석환기) 적용에 적당한 조건이라 볼 수 없는 것은? [04,06,09,12 산업][04,16,19 기사]
① 유해물질의 독성이 비교적 낮은 경우
② 유해물질의 발생원이 한 군데 집중된 경우
③ 유해물질이 시간에 따라 균일하게 발생될 경우
④ 오염물질의 발생량이 적은 경우

hint 전체환기는 유해물질의 발생원이 분산되어 있을 때 적용하는 것이 좋다.

05 다음 중 전체환기가 필요한 경우로 가장 적합하지 않은 것은? [05,15,19 산업][13 기사]
① 오염물질이 시간에 따라 균일하게 발생될 때
② 배출원이 고정되어 있을 때
③ 발생원이 다수 분산되어 있을 때
④ 유해물질이 허용농도 이하일 때

hint 전체환기는 오염원이 이동성인 경우에 적합하다.

06 국소배기장치와 전체환기시설을 비교한 것으로 틀린 것은? [16 산업]
① 국소배기장치는 오염물질 발생원에서 쉽게 포집하여 제거할 수 있다.
② 국소배기장치는 크기가 큰 침강성 먼지도 제거할 수 있으므로 청소비와 청소인력이 절약된다.
③ 국소배기장치는 오염물질이 소량의 공기에 고농도로 포함되어 있으므로 필요송풍량을 줄일 수 있다.
④ 국소배기장치에 배출되는 공기량 많고 동시에 보충되어야 할 급기량도 많으므로 전체환기보다 경제적이지 못하다.

hint 국소배기장치에 의한 제어방식은 오염물질이 실내에 확산되기 이전에 효율적으로 고농도로 포집하여 제거할 수 있으므로 전체환기방식보다 제어되는 공기량이 적고, 보충할 급기량도 적다.

07 다음 중 전체환기의 설치조건으로 적합하지 않은 작업장은? [07,09,14 산업]
① 금속흄의 농도가 높은 작업장
② 오염물질이 널리 퍼져 있는 작업장
③ 공기 중 오염물질 독성이 적은 작업장
④ 오염물질이 시간에 따라 균일하게 발생되는 작업장

hint 전체환기방식은 오염물질의 농도가 낮은 경우 적용된다.

정답 ┃ 01.② 02.③ 03.① 04.② 05.② 06.④ 07.①

종합연습문제

01 전체환기를 적용하기 부적절한 경우는? [16 기사]
① 오염발생원이 근로자가 근무하는 장소와 근접되어 있는 경우
② 소량의 오염물질이 일정한 시간과 속도로 사업장으로 배출되는 경우
③ 오염물질의 독성이 낮은 경우
④ 동일사업장에 다수의 오염발생원이 분산되어 있는 경우

hint 오염발생원이 근로자가 근무하는 장소와 근접되어 있는 경우 → 국소배기방식 적용

02 전체환기시설을 설치하기에 가장 적절한 곳은? [16 산업]
① 오염물질의 독성이 높은 경우
② 근로자가 오염원에서 가까운 경우
③ 오염물질이 한 곳에 모여 있는 경우
④ 오염물질이 균일하게 발생하는 경우

hint ④항만 전체환기방식에 적합하다. ①, ②, ③항의 경우 국소배기방식 적용

03 전체환기장치를 설치하기에 적당하지 않은 것은? [13 산업][08 기사]
① 독성이 낮을 때
② 발생원이 이동성일 때
③ 발생량이 많거나 일정할 때
④ 발생원이 분산되어 있을 때

hint 발생량이 많거나 일정할 때 → 국소배기 유리

04 전체환기를 적용하기 부적절한 경우는? [06 기사]
① 오염발생원이 근로자가 근무하는 장소와 근접되어 있는 경우
② 소량의 오염물질이 일정한 시간과 속도로 사업장으로 배출되는 경우
③ 오염물질의 독성이 낮은 경우
④ 동일사업장에 다수의 오염발생원이 분산되어 있는 경우

05 전체환기를 하는 것이 적절하지 못한 경우는? [11, 12 산업][08, 12 기사]
① 오염발생원에서 유해물질 발생량이 적어 국소배기설치가 비효율적인 경우
② 동일사업장에 소수의 오염발생원이 분산되어 있는 경우
③ 오염발생원이 근로자가 근무하는 장소로부터 멀리 떨어져 있거나 공기 중 유해물질농도가 노출기준 이하인 경우
④ 오염발생원이 이동성인 경우

hint 전체환기는 동일작업장내에 다수의 오염원이 분산되어 있을 때 적용된다.

06 다음 중 전체환기시설을 설치하기 위한 조건으로 적절하지 않은 것은? [11 산업]
① 독성이 낮은 유해물질을 사용하고 있다.
② 공기 중 유해물질의 농도가 허용농도 이하로 낮다.
③ 유해물질의 발생농도는 낮으나 총발생량은 많다.
④ 근로자의 작업위치가 유해물질 발생원으로부터 멀리 떨어져 있다.

hint 전체환기는 발생농도가 낮고, 발생량이 적으며, 유해성이 낮은 오염물질의 제어에 적용된다.

07 유해물질을 관리하기 위해 전체환기를 적용할 수 있는 일반적인 상황과 가장 거리가 먼 것은? [15 기사]
① 작업자가 근무하는 장소로부터 오염발생원이 멀리 떨어져 있는 경우
② 오염발생원의 이동성이 없는 경우
③ 동일작업장에 다수의 오염발생원이 분산되어 있는 경우
④ 소량의 오염물질이 일정속도로 작업장으로 배출되는 경우

hint 전체환기방식은 오염물질 발생원이 이동성이 있는 경우에 유리하게 적용된다.

정답 | 01.① 02.④ 03.③ 04.① 05.② 06.③ 07.②

PART 3 산업환기 및 작업환경 관리대책

종합연습문제

01 전체환기를 설치할 때 적용되는 기본원칙이 아닌 것은? [04 산업]

① 오염물질 사용량을 조사하여 필요환기량을 계산한다.
② 오염물질 배출구는 가능한 한 오염원으로부터 가까운 곳에 설치하여 '점환기'의 효과를 얻는다.
③ 공기배출구와 근로자의 작업위치 사이에 오염원이 위치해야 한다.
④ 공기가 배출되면서 오염장소를 통과하지 않도록 배출구와 유입구 위치를 선정하여야 한다.

hint 희석에 필요한 환기량 산정은 오염물질 사용량, 경험자료, 문헌조사 등을 이용하여 산정한다.

02 고온작업장에 분포하거나 유해성이 낮은 유해물질을 오염원에서 완전히 제거하는 것이 아니라 희석하거나 온도를 낮추는데 채택될 수 있는 환경개선대책은? [10기사]

① 국소배기시설 설치
② 전체환기시설 설치
③ 공정의 변경
④ 시설의 변경

hint 전체환기시설은 희석하거나 온도를 낮추는 데 채택될 수 있는 환경개선대책이다. 전체환기장치는 자연적 또는 기계적인 방법에 의하여 작업장내의 열, 증기 및 유해물질을 희석, 환기시키는 장치 또는 설비를 말한다.

정답 ┃ 01.① 02.②

- 기사 : 10,16
- 산업 : 출제대비

04 다음 보기에서 공기공급 시스템(보충용 공기의 공급장치)이 필요한 이유 모두를 옳게 짝지은 것은?

a. 연료를 절약하기 위하여
b. 작업장내 안전사고를 예방하기 위하여
c. 국소배기장치를 적절하게 가동시키기 위하여
d. 작업장의 교차기류 유지를 위하여

① a, b
② b, c, d
③ a, b, c
④ a, b, c, d

해설 보충용 공기를 적절하게 공급함으로써 작업장의 교차기류 형성을 방지할 수 있으므로 ⓓ항목은 공기공급 시스템(보충용 공기의 공급장치)의 기능 및 역할과 상반되는 내용이다. 답 ③

유.사.문.제

01 국소배기장치에서 공기공급 시스템이 필요한 이유로 옳지 않은 것은? [05,07,10,13②,18 기사]

① 국소배기장치의 효율 유지
② 안전사고 예방
③ 에너지 절감
④ 작업장의 교차기류 유지

02 환기시설의 공기공급 시스템이 필요한 이유가 아닌 것은? [05,10 산업][04,13 기사]

① 국소배기장치의 효율적인 작동
② 작업장의 교차(방해)기류를 생성
③ 연료절약
④ 안전사고 예방

정답 ┃ 01.④ 02.②

02. 산업환기 개념과 전체환기

- 기사 : 03,13,14,17
- 산업 : 출제대비

예상 05 강제환기를 실시할 때, 환기효과를 제고할 수 있는 필요 원칙을 모두 고른 것은?

> ㉮ 배출구가 창문이나 문 근처에 위치하지 않도록 한다.
> ㉯ 배출공기를 보충하기 위하여 청정공기를 공급한다.
> ㉰ 공기배출구와 근로자의 작업위치 사이에 오염원이 위치하여야 한다.
> ㉱ 오염물질 배출구는 오염원으로부터 가까운 곳에 설치하여 점환기 현상을 방지한다.

① ㉮, ㉯
② ㉮, ㉯, ㉰
③ ㉮, ㉯, ㉱
④ ㉮, ㉯, ㉰, ㉱

해설 오염물질 배출구는 가능한 한 오염원 가까이에 설치하여 점환기 효과를 증가시키도록 하여야 한다. 따라서 ㉱항을 제외한 3항목이 강제환기의 환기효과를 높일 수 있는 원칙에 해당한다. **답** ②

유.사.문.제

01 강제환기의 효과를 제고하기 위한 원칙으로 틀린 것은? [09②,10,13②,15 기사]

① 오염물질 배출구는 가능한 한 오염원으로부터 가까운 곳에 설치하여 '점환기' 현상을 방지한다.
② 공기배출구와 근로자의 작업위치 사이에 오염원이 위치하여야 한다.
③ 공기가 배출되면서 오염장소를 통과하도록 공기배출구와 유입구의 위치를 선정한다.
④ 오염원 주위에 다른 작업공정이 있으면 공기배출량을 공급량보다 약간 크게 하여 음압을 형성하여 주위 근로자에게 오염물질이 확산되지 않도록 한다.

hint 오염물질 배출구는 가능한 한 오염원으로부터 가까운 공에 설치하여 '점환기'의 효과를 얻을 수 있게 해야 한다.

02 전체환기 중 강제환기를 실시할 때, 따라야 하는 원칙으로 옳지 않은 것은?
[04 산업][05,12②,15②,18 기사]

① 보충공기는 청정공기로 공급한다.
② 공기배출구와 근로자의 작업위치 사이에 오염원이 위치하지 않도록 한다.
③ 오염물질 배출구는 가능한 한 오염원으로부터 가까운 곳에 설치하여 점환기의 효과를 얻는다.
④ 공기가 배출되면서 오염장소를 통과하도록 공기배출구와 유입구의 위치를 선정한다.

hint 공기배출구와 근로자의 작업위치 사이에 오염원이 위치하도록 하여야 한다.

03 전체환기를 활용하기에 가장 적절치 못한 유해인자는? [05 산업]

① 나무분진 ② 톨루엔 증기
③ 이산화탄소 ④ 아세톤 증기

hint 전체환기를 활용하기에 적절한 유해인자는 미세한 흄(fume), 가스상 물질, 유기성 증기 등이다.

정답 ┃ 01.① 02.② 03.①

종합연습문제

01 전체환기를 실시하고자 할 때 고려하여야 하는 원칙과 가장 거리가 먼 것은? [11 기사]

① 먼저 자료를 통해서 희석에 필요한 충분한 양의 환기량을 구해야 한다.
② 가능하면 오염물질이 발생하는 가장 가까운 위치에 배기구를 설치해야 한다.
③ 희석을 위한 공기가 급기구를 통하여 들어와서 오염물질이 있는 영역을 통과하여 배기구로 빠져나가도록 설계해야 한다.
④ 배기구는 창문이나 문 등 개구 근처에 위치하도록 설계하여 오염공기의 배출이 충분하게 한다.

> **hint** 배기구는 지붕 위의 적절한 높이까지 높이거나 창문 등의 개구부로부터 멀리하여 배출된 오염물질이 재유입되지 않도록 하여야 한다.

02 강제환기를 실시할 때 환기효과를 제고시킬 수 있는 원칙으로 틀린 것은? [09 기사]

① 오염물질 배출구는 가능한 한 오염원으로부터 가까운 곳에 설치하여 '점환기'의 효과를 얻는다.
② 공기가 배출되면서 오염장소를 통과하도록 공기배출구와 유입구의 위치를 선정한다.
③ 공기배출구와 근로자의 작업위치 사이에 오염원이 위치하여야 한다.
④ 공기배출구를 창문이나 문 근처에 위치시켜 '환기상승' 효과를 얻는다.

> **hint** 강제환기 시스템에서는 공기배출구 쪽에 창문이나 공기급구 등 열림시설이 있어서는 안 된다. 그것은 배출된 오염공기가 실내로 재유입 될 가능성이 높기 때문이다.

03 전체환기시설을 설치하기 위한 기본원칙으로 가장 거리가 먼 것은? [06,08 기사]

① 오염물질 사용량을 조사하여 필요환기량을 계산한다.
② 오염물질 배출구는 가능한 한 오염원으로부터 가까운 곳에 설치하여 '점환기'의 효과를 얻는다.
③ 공기배출구와 근로자의 작업위치 사이에 오염원이 위치해야 한다.
④ 오염원 주위에 다른 작업공정이 있으면 공기공급량을 배출량보다 크게 하여 양압을 형성시킨다.

> **hint** 유해오염원 주위에 다른 작업공정이 존재하면 배출량을 급기량보다 많게 하여 음압(陰壓)을 형성시켜 주위 작업자들에게 유해물질이 확산되지 않도록 할 필요가 있다.

04 국소배기장치가 효과적인 기능을 발휘하기 위해서는 후드를 통해 배출되는 것과 같은 양의 공기가 외부로부터 보충되어야 한다. 이것을 무엇이라 하는가? [07,11,14,18 산업]

① 메이크업 에어(make up air)
② 충만실(plenum chamber)
③ 테이크 오프(take off)
④ 번 아웃(burn out)

> **hint** 보충용 공기(Make-up Air)라 함은 작업장 내에서 국소배기시설을 통해 외부로 방출된 양만큼의 공기를 작업장내로 공급하는 공기를 말한다. 따라서 보충용 공기는 배기된 공기량의 약 10% 정도를 과잉으로 공급해야 한다.

정답 ┃ 01.④ 02.④ 03.④ 04.①

02. 산업환기 개념과 전체환기

- 기사 : 11,14,17②
- 산업 : 출제대비

자연환기와 강제환기에 관한 설명으로 옳지 않은 것은?
① 강제환기는 외부조건에 관계없이 작업환경을 일정하게 유지시킬 수 있다.
② 자연환기는 환기량 예측자료를 구하기가 용이하다.
③ 자연환기는 적당한 온도차와 바람이 있다면 비용면에서 상당히 효과적이다.
④ 자연환기는 외부기상조건과 내부작업조건에 따라 환기량 변화가 심하다.

해설 자연환기는 외기의 영향을 많이 받으므로 환기량의 예측자료를 구하기 어렵다. 답 ②

- 기사 : 17
- 산업 : 출제대비

일반적인 실내외 공기에서 자연환기에 영향을 주는 요소와 가장 거리가 먼 것은?
① 기압   ② 온도   ③ 조도   ④ 바람

해설 자연환기에 영향을 주는 요소는 외기의 환경요소(바람, 온도, 기압 등)이다. 답 ③

유.사.문.제

01 자연환기의 장·단점으로 틀린 것은?
[12,13 산업][07,09 기사]
① 환기량 예측자료를 구하기 힘들다.
② 자연환기는 냉방비의 절감효과가 있다.
③ 내부작업조건에 따른 환기량 변화가 적다.
④ 운전에 따른 에너지 비용이 없다.

hint 자연환기방식은 내부작업조건이나 풍압 및 실내·외 온도차이 등 기상조건에 따른 환기량 변화가 크다.

02 자연환기방식에 의한 전체환기의 효율은 주로 무엇에 의해 결정되는가? [10,12,19 산업]
① 풍압과 실내·외 온도 차이
② 대기압과 오염물질의 농도
③ 오염물질의 농도와 실내·외의 습도 차이
④ 작업자 수와 작업장 내부시설의 위치

03 일반적으로 자연환기의 가장 큰 원동력이 될 수 있는 것은 실내외 공기의 무엇에 기인하는가?
[14 기사]
① 기압   ② 온도
③ 조도   ④ 기류

04 작업장내 교차기류 형성에 따른 영향과 가장 거리가 먼 것은? [06,14 기사]
① 국소배기의 제어속도에 영향을 미친다.
② 작업장의 음압으로 인해 형성된 높은 기류는 근로자에게 불쾌감을 준다.
③ 작업장내의 오염된 공기를 다른 곳으로 분산시키기 곤란하다.
④ 먼지가 발생되는 공정인 경우, 침강된 먼지를 비산·이동시켜 다시 오염되는 결과를 야기한다.

hint 교차기류는 작업장내 오염공기를 다른 곳으로 분산시키므로 제어효과를 저하시킨다.

05 작업장에 희석환기(자연환기)를 이용하여 공기의 질을 유지하려고 한다. 희석환기는 다음의 어떠한 특성을 이용하는가? [03 기사]
① 작업장 내외의 오염물질 온도차
② 작업장 상하의 공기 온도차
③ 작업장 내외의 풍속차
④ 작업장 내외의 기압차

hint 자연환기 → 실내외의 풍압(기압)과 온도차

정답 ┃ 01.③ 02.① 03.② 04.③ 05.④

PART 3 산업환기 및 작업환경 관리대책

종합연습문제

01 다음 중 자연환기에 대한 설명으로 적절하지 않은 것은? [13 산업]
① 운전비용이 거의 들지 않는다.
② 에너지 비용을 최소화 할 수 있다.
③ 계절변화와 관계없이 안정적으로 사용할 수 있다.
④ 지붕 벤틸레이터, 창문, 출입문 등을 통한 환기방식이다.

hint 자연환기방식은 내부작업조건이나 풍압 및 실내·외 온도차 등 기상조건에 따른 환기량 변화가 크다.

02 다음 중 전체환기를 설치하고자 할 때 적용되는 기본원칙과 가장 거리가 먼 것은? [11 산업]
① 오염물질 사용량을 조사하여 필요환기량을 계산한다.
② 배출공기를 보충하기 위하여 실내공기와 동질의 공기를 공급한다.
③ 공기배출구와 근로자의 작업위치 사이에 오염원이 위치해야 한다.
④ 공기가 배출되면서 오염장소를 통과하도록 공기배출구와 유입구의 위치를 선정한다.

hint 보충용 공기는 외부의 청정공기를 공급하고 필요에 따라 가온하거나 냉각하여 공급한다.

03 건강보호를 위해 전체환기를 하는 경우, 필요환기량을 계산할 때, 공기의 불완전 혼합에 대한 여유계수(K)를 도입한다. 이때 고려해야 할 요인과 가장 거리가 먼 것은? [03 산업]
① 근로자의 노출시간
② 유해물질의 발생률
③ 환기시설의 성능
④ 물질의 독성

hint 여유계수는 작업장내 공기의 불완전 혼합으로 인한 안전계수이므로 유해물질의 발생률이나 환기시설의 성능 및 오염물질의 독성에 따라 다르게 설정되어야 한다.

04 자연환기방식에 의한 전체환기의 효율은 주로 무엇에 의해 결정되는가? [14 산업]
① 대기압과 오염물질의 농도
② 풍압과 실내·외 온도의 차이
③ 작업자 수와 작업장 내부시설의 위치
④ 오염물질의 농도와 실내·외 습도의 차이

05 용해로가 있는 작업장에 환기를 위해 자연환기를 실시하고자 한다. 작업장 상부에 자연환기구가 설치되어 있고, 창문은 항상 열려있다면, 다음 중 가장 높은 환기효율을 기대할 수 있는 계절은? (단, 풍속 및 풍향은 동일) [04 산업]
① 봄
② 여름
③ 가을
④ 겨울

hint 자연환기 효율이 높은 계절 → 실내외 온도차가 큰 계절

06 다음 중 산업환기에 관한 설명으로 가장 적절하지 않은 것은? [14 산업]
① 작업장 실내·외 공기를 교환하여 주는 것이다.
② 작업환경상의 유해요인인 먼지, 화학물질, 고열 등을 관리한다.
③ 작업자의 건강보호를 위해 작업장 공기를 쾌적하게 하는 것이다.
④ 작업장에서 기계의 힘을 이용한 환기를 자연환기라 한다.

hint 기계의 힘을 이용한 환기 → 강제환기

07 국소배기장치를 반드시 설치해야 하는 경우와 가장 거리가 먼 것은? [14 기사]
① 법적으로 국소배기장치를 설치해야 하는 경우
② 근로자와 작업위치가 유해물질 발생원에 근접해 있는 경우
③ 발생원이 주로 이동하는 경우
④ 유해물질의 발생량이 많은 경우

hint 발생원이 이동하는 경우 → 전체환기 시스템을 적용한다.

정답 | 01.③ 02.② 03.① 04.② 05.④ 06.④ 07.③

2 환기량 계산

 이승원의 **minimum point**

ⓘ CO_2 제거를 위한 필요환기량 : $Q = \dfrac{G}{C_s - C_o} \times 100$

$\begin{cases} Q : \text{필요환기량} \\ G : \text{실내 } CO_2 \text{의 발생량} \\ C_s : \text{기준농도(\%)} \\ C_o : \text{배경(외기) } CO_2 \text{ 농도(\%)} \end{cases}$

ⓘ 시간당 공기교환횟수(ACH, Air Change per Hour)

- 공급공기 중 대상오염물질의 농도를 무시할 때
  - $ACH = \dfrac{Q}{\forall}$, $Q = ACH \times \forall \times K$

$\begin{cases} ACH : \text{시간당 공기교환횟수} \\ Q : \text{환기량} \\ \forall : \text{실내용적} \\ t : \text{환기시간} \\ K : \text{안전계수} \end{cases}$

- 공급공기 중 대상오염물질의 농도를 고려할 때
  - $ACH = \dfrac{\ln(C_o - C_i) - \ln(C_t - C_i)}{t}$
  - $Q = \dfrac{\forall}{ACH} \ln(C_o - C_i) - \ln(C_t - C_i)$

$\begin{cases} ACH : \text{시간당 공기교환횟수} \\ Q : \text{환기량} \\ \forall : \text{실내용적} \\ t : \text{환기시간} \\ C_o : \text{초기농도} \\ C_t : t\text{시간 환기 후 농도} \\ C_i : \text{공급공기 중 오염물질의 농도} \end{cases}$

- 평형상태(정상상태)를 가정한 전체환기량
  - $Q = \dfrac{K \cdot G \cdot S \times 24.1 \times 10^6}{MW \times TLV}$
  - $Q = \dfrac{K \cdot W \times 24.1 \times 10^6}{MW \times TLV}$

$\begin{cases} Q : \text{환기량} \\ K : \text{안전계수} \\ G : \text{유해물질 발생률(부피, L)} \\ W : \text{유해물질 발생률(질량, kg)} \\ S : \text{비중(밀도)} \\ MW : \text{분자량} \\ TLV : \text{허용농도} \end{cases}$

- 상가작용의 환기량 $(Q) = Q_1 + \cdots + Q_n$

〈단위관계〉 $Q(m^3/hr) = \dfrac{K}{} \left| \dfrac{G(L)}{hr} \right| \dfrac{S(kg)}{L} \left| \dfrac{1}{TLV\ ppm} \right| \dfrac{22.4\ (mL)}{MW\ (mg)} \left| \dfrac{273+21}{273} \right| \dfrac{10^6 mg}{kg}$

ⓘ 배출원에 따른 환기량과 농도계산 ㈜ 21℃ 적용 → 공식에서 24.1, 25℃ 적용 → 공식에서 24.45 사용

- 연속 배출원 → 배출량 > 환기량
  - 농도 C에 도달하는 시간 : $t = \dfrac{\forall}{Q'} \ln\left(\dfrac{G - Q'C}{G}\right)$
  - t시간의 농도(C) : $C_p \times 10^{-6} = \dfrac{G(1 - e^{-\frac{Q'}{\forall} \times t})}{Q'}$

$\begin{cases} Q : \text{환기량} \\ Q' : \text{유효환기량} = Q/K \\ K : \text{안전계수} \\ \forall : \text{작업장의 용적} \\ C : \text{농도(용량단위)} \\ C_p : \text{시간 } t\text{에서의 유해물질농도(ppm)} \\ G : \text{유해물질의 발생률(부피, L)} \\ t : \text{환기시간} \\ C_1 : \text{초기농도} \\ C_2 : t\text{시간 환기 후 농도} \end{cases}$

- 비연속 배출원(일시 배출원)
  - 농도 C에 도달하는 시간 : $t = \dfrac{\forall}{Q'} \ln\left(\dfrac{C_1}{C_2}\right)$
  - t시간 후 농도(C_2) : $C_2 = C_1 \times e^{-\frac{Q'}{\forall} \times t}$

$\begin{cases} Q : \text{환기량} \\ K : \text{안전계수} \\ G : \text{유해물질 발생률(부피, L)} \\ S : \text{비중(밀도)} \\ MW : \text{분자량} \\ LEL : \text{폭발하한농도(\%)} \\ C : \text{온도보정상수} \\ B : \text{온도에 따른 LEL 보정계수} \\ \quad \bullet\ 120℃ \text{까지} = 1.0 \\ \quad \bullet\ 120℃ \text{ 이상} = 0.7 \\ 100 : \text{단위환산계수} \end{cases}$

ⓘ 폭발방지를 위한 환기량 : $Q = \dfrac{K \cdot G \cdot S \times 24.1 \times 10^2 \times C}{MW \times LEL \times B}$

〈단위관계〉 $Q(m^3/hr) = \dfrac{G(L)}{hr} \left| \dfrac{S(kg)}{L} \right| \dfrac{100}{LEL\ \%} \left| \dfrac{22.4\ (m^3)}{MW\ (kg)} \right| \dfrac{273+21}{273} \left| \dfrac{K}{B} \right.$

예상 01

- 기사 : 00,03
- 산업 : 01,03,13,16

다음 중 일정 용적을 갖는 작업장내에서 매 시간 $G(\text{m}^3)$의 CO_2가 발생할 때 필요환기량(Q, m^3/hr) 공식으로 옳은 것은? [단, C_s는 작업환경 실내 CO_2 기준농도(%), C_o는 작업환경 실외 CO_2 농도(%)를 나타낸다.]

① $Q = \left[\dfrac{G}{C_s - C_o}\right] \times 100$ ② $Q = \left[\dfrac{C_s - C_o}{G}\right] \times 100$

③ $Q = \left[\dfrac{C_s}{C_o} \times G\right] \times 100$ ④ $Q = \left[\dfrac{C_o}{C_s} \times G\right] \times 100$

해설 필요환기량(m^3/hr)은 다음 계산식으로 산출된다.

〈관계〉 $Q = \dfrac{G}{C_s - C_o} \times 100 \quad \begin{cases} G : \text{배출량} \\ C_s - C : \text{실내허용농도 - 외기농도} \end{cases}$

답 ①

예상 02

- 기사 : 19
- 산업 : 13,14,19

작업장의 실내 체적은 $1,600\text{m}^3$이고, 환기량이 시간당 800m^3라고 하면, 시간당 공기교환횟수는 얼마인가?

① 0.5회 ② 1회
③ 2회   ④ 4회

해설 환기되는 공기 중 오염물질에 대한 농도조건이 없으므로 단순히 환기량과 공기교환횟수와의 관계식을 이용하여 문제를 푼다.

〈계산〉 $\text{ACH} = \dfrac{Q}{\forall} \quad \begin{cases} Q : \text{필요환기량} = 800\text{m}^3/\text{hr} \\ \forall : \text{공간용적} = 1,600\text{m}^3 \end{cases}$

$\therefore \text{ACH} = \dfrac{800}{1,600} = 0.5\text{회/hr}$

답 ①

유.사.문.제

01 작업장의 크기가 세로 20m, 가로 30m, 높이 6m이고, 필요환기량이 $120\text{m}^3/\text{min}$일 때 1시간당 공기교환횟수는 몇 회인가?

[01,04,06,10,12②,15,16,19 산업]
[00,11,12 기사]

① 1회 ② 2회
③ 3회 ④ 4회

hint $\text{ACH} = \dfrac{Q}{\forall}$

$\therefore \text{ACH} = \dfrac{120 \times 60}{20 \times 30 \times 6} = 2\text{회/hr}$

02 사무실에서 일하는 근로자의 건강장해를 예방하기 위해 시간당 공기교환횟수는 6회 이상 되어야 한다. 사무실의 체적이 150m^3일 때, 최소 필요한 환기량(m^3/min)은? [10,16② 기사]

① 9   ② 12
③ 15 ④ 18

hint $\text{ACH} = \dfrac{Q}{\forall} \rightarrow 6\text{회/hr} = \dfrac{Q \times 60}{150}$

$\therefore Q = 15\text{m}^3/\text{min}$

정답 ┃ 01.② 02.③

02. 산업환기 개념과 전체환기

- 기사 : 출제대비
- 산업 : 12,13,17

대기의 이산화탄소농도가 0.03%, 실내 이산화탄소의 농도가 0.3%일 때, 한 사람 시간당 이산화탄소 배출량이 21L이다. 1인 1시간당 필요환기량(m^3/hr·인)은 약 얼마인가?

① 5.4
② 7.8
③ 9.2
④ 11.4

해설 1인 1시간당 필요환기량(m^3/hr·인)은 다음 계산식으로 산출된다.

⟨계산⟩ $Q = \dfrac{G}{C_s - C_o} \times 100$ $\begin{cases} G : 1인당\ 배출량 = 21\ L/인·hr = 21 \times 10^{-3}\ m^3/인·hr \\ C_s - C : 실내허용농도 - 외기농도 = 0.3\% - 0.03\% = 2.7 \times 10^{-3} \end{cases}$

∴ $Q = \dfrac{21 \times 10^{-3}}{2.7 \times 10^{-3}} = 7.78\ m^3/hr·인$

답 ②

- 기사 : 07,09
- 산업 : 05,11

흡연실에서 발생되는 담배연기를 배기시키기 위해 전체환기를 실시하고자 한다. 흡연실의 크기는 2m(높이)×4m(폭)×4m(길이)이고, 필요한 시간당 공기교환율(ACH)을 10회로 할 경우 필요한 환기량은? (단, 안전계수 K는 3임)

① 14m^3/min
② 16m^3/min
③ 18m^3/min
④ 20m^3/min

해설 밀폐된 특정공간을 대상으로 전체환기를 실시할 경우 환기량은 다음과 같이 산출된다.

⟨계산⟩ $Q = ACH \times \forall \times K$ $\begin{cases} ACH : 시간당\ 환기횟수 = 10회/hr \\ K : 안전계수 = 3 \\ \forall : 공간용적 = 2 \times 4 \times 4 = 32m^3 \end{cases}$

∴ 환기량(Q) = $10 \times 32 \times 3 \times (1/60) = 16m^3/min$

답 ②

- 기사 : 06,07,12
- 산업 : 출제대비

어느 실내의 길이, 넓이, 높이가 각각 25m, 10m, 3m이며, 실내에 1시간당 18회의 환기를 하고자 한다. 직경 50cm의 개구부를 통하여 공기를 공급하고자 하면 개구부를 통과하는 공기의 유속(m/sec)은?

① 13.7
② 15.3
③ 17.2
④ 19.1

해설 개구부를 통과하는 공기유속은 환기량/단면적으로 산출할 수 있다.

⟨계산⟩ $V = \dfrac{Q}{A}$ $\begin{cases} Q : 환기량 = ACH \times \forall = 18회/hr \times 25 \times 10 \times 3 = 13,500\ m^3/hr = 3.75\ m^3/sec \\ A : 개구부의\ 단면적 = \dfrac{\pi D^2}{4} = 0.196\ m^2 = 0.196\ m^2 \end{cases}$

∴ $V = \dfrac{3.75}{0.196} = 19.1\ m/sec$

답 ④

예상 06

- 기사 : 00,01,04,05,08,10,16,18,19
- 산업 : 03,05,06②

사무실에 직원이 모두 퇴근한 직후 공기 중 CO_2의 농도를 측정한 결과 1,400ppm이 나왔다. 2시간 경과 후 다시 측정한 결과 500ppm이 나왔다면 이 사무실의 환기량은 ACH(시간당 공기교환횟수)로 얼마인가? (단, 외부공기 중 CO_2의 농도는 330ppm으로 계산할 것)

① 0.51
② 0.83
③ 1.73
④ 3.42

해설 환기용 공급공기 중 CO_2의 농도가 330ppm으로 제시되어 있으므로 이를 고려하여 시간당 공기교환횟수(ACH)를 산출하여야 한다.

〈계산〉 $ACH = \dfrac{\ln(C_o - C_i) - \ln(C_t - C_i)}{t}$ $\begin{cases} C_o : t=0일\ 때\ 농도 = 1,400\,\text{ppm} \\ C_t : t시간\ 후\ 농도 = 500\,\text{ppm} \\ C_i : 공급공기\ 중\ 농도 = 330\,\text{ppm} \\ t : 경과시간 = 2\,\text{hr} \end{cases}$

$\therefore ACH = \dfrac{\ln(1,400 - 330) - \ln(500 - 330)}{2} = 0.83\,\text{회/hr}$

답 ②

예상 07

- 기사 : 출제대비
- 산업 : 12,18

화재·폭발 방지를 위한 전체환기량 계산에 관한 설명으로 틀린 것은?

① 화재·폭발 농도 하한치를 활용한다.
② 온도에 따른 보정계수는 120℃ 이상의 온도에서는 0.3을 적용한다.
③ 공정의 온도가 높으면 실제 필요환기량은 표준환기량에 대해서 절대온도에 따라 재계산한다.
④ 안전계수가 4라는 의미는 화재·폭발이 일어날 수 있는 농도에 대해 25% 이하로 낮춘다는 의미이다.

해설 온도에 따른 보정계수는 120℃까지 1.0, 120℃ 이상에서는 0.7을 적용한다.

답 ②

예상 08

- 기사 : 05,18
- 산업 : 출제대비

화재 및 폭발방지 목적으로 전체환시시설을 해야 할 때 필요환기량 계산에 필요없는 것은?

① 안전계수
② 유해물질의 분자량
③ TLV(Threshold Limit Value)
④ LEL(Lower Explosive Limit)

해설 화재 및 폭발방지 목적으로 하는 전체환기시설의 필요환기량 산정식은 다음과 같다.

〈관계〉 $Q = \dfrac{GS\,24.1 \times 10^2 \times C}{MW \times LEL \times B}$ $\begin{cases} Q : 환기량 \\ LEL : 폭발하한 \\ G : 유해물질\ 발생률 \\ MW : 분자량 \\ S : 유해물질의\ 비중 \\ C : 온도보정,\ B : 온도\ 안전계수 \end{cases}$

답 ③

종합연습문제

01 폭발방지를 위한 환기량은 해당 물질의 공기 중 농도를 어느 수준 이하로 감소시키는 것인가? [09,11,18 산업]

① 노출기준 하한치 ② 폭발농도 하한치
③ 노출기준 상한치 ④ 폭발농도 상한치

02 폭발하한치인 LEL에 대한 설명 중 틀린 것은? [15 기사]

① 폭발성, 인화성이 있는 가스 및 증기 혹은 입자상의 물질을 대상으로 한다.
② LEL은 근로자의 건강을 위해 만들어 놓은 TLV보다 낮은 값이다.
③ LEL의 단위는 %이다.
④ 밀폐되고 환기가 계속적으로 가동되고 있는 곳에서는 LEL의 1/4을 유지한다.

hint LEL은 TLV보다 높은 값이다.

03 선반제조공장에서 선반을 에나멜에 담갔다가 건조시키는 작업이 있다. 이 공장의 온도는 177℃이고 에나멜이 건조된 때 Xylene 2L/hr가 증발한다. 폭발방지를 위한 실제환기량은? (단, Xylene의 LEL=1%, 비중 0.88, 분자량 106, 안전계수 10) [00,05,08② 기사]

① $10\text{m}^3/\text{min}$ ② $15\text{m}^3/\text{min}$
③ $20\text{m}^3/\text{min}$ ④ $25\text{m}^3/\text{min}$

hint $Q = \dfrac{GS\,24.1 \times 10^2 \times C}{MW \times LEL \times B}$

$\begin{cases} G: \text{유해물질의 발생률} = 2\text{L/hr} \\ LEL: \text{폭발하한} = 1\% \\ B: \text{보정상수} = 0.7 (120℃ \text{ 이상이므로}) \\ C = (273+177)/(273+21) \end{cases}$

$\therefore Q = \dfrac{10 \times 2 \times 0.88 \times 24.1 \times 10^2}{106 \times 1 \times 0.7}$
$\times \dfrac{273+177}{273+21} \times \dfrac{1\,hr}{60\,min}$
$= 14.58\,\text{m}^3/\text{min}$

정답 ┃ 01.② 02.② 03.②

- 기사 : 출제대비
- 산업 : 17

09 전체환기에서 오염물질 사용량(G, L)에 대한 필요환기량(Q, m³/hr)을 산출하는 공식은? (단, S : 비중, K : 안전계수, MW : 분자량, TLV : 노출기준이다.)

① $Q = \dfrac{24.1 \times K \times 10^6}{MW \times TLV}$ ② $Q = \dfrac{387 \times K \times 10^6}{MW \times TLV}$

③ $Q = \dfrac{24.1 \times S \times G \times K \times 10^6}{MW \times TLV}$ ④ $Q = \dfrac{403 \times S \times G \times K \times 10^6}{MW \times TLV}$

해설 오염물질 사용량이 부피단위일 경우 정상상태를 가정한 전체환기량 $Q = \dfrac{KGS\,24.1 \times 10^6}{MW \times TLV}$ 이다. **답** ③

- 기사 : 매회 출제대비 13,14,15②,16②
- 산업 : 매회 출제대비 10②,13③,16②

10 A의 유해물질이 1시간 동안 0.95L가 균일하게 공기 중으로 증발되는 작업장이 있다. A물질의 공기 중 농도를 노출기준(TLV-TWA 100ppm)의 50%로 유지하기 위한 전체환기의 필요환기량은 약 얼마인가? (단, 21℃, 1기압, A물질의 비중은 0.866, 분자량은 92.13, 안전계수는 5로 하며, ACGIH의 공식을 활용한다.)

① $164\text{m}^3/\text{min}$ ② $259\text{m}^3/\text{min}$
③ $359\text{m}^3/\text{min}$ ④ $459\text{m}^3/\text{min}$

PART 3 산업환기 및 작업환경 관리대책

[해설] 평형상태(정상상태)를 가정한 전체환기량 계산식을 이용하여 문제를 푼다. 다음의 계산식에 사용하는 단위를 주의 깊게 알아두어야 한다. 특히 환기량의 분모단위(시간)는 유해물질 발생률과 관계가 있고, 10^6은 오염물질의 농도단위(ppm)와 관계가 있다.

〈계산〉 $Q = \dfrac{KGS\,24.1 \times 10^6}{MW \times TLV}$
$\begin{cases} K : \text{안전계수} = 5 \\ G : \text{유해물질의 발생률} = 0.95\,L/hr \\ MW : \text{유해물질 분자량} = 92.13 \\ S : \text{유해물질 비중} = 0.866 \\ TLV = 100 \times 0.5 = 50\,\text{ppm} \end{cases}$

$\therefore Q = \dfrac{5 \times 0.95 \times 0.866 \times 24.1 \times 10^6}{92.13 \times 50} \times \dfrac{1\,\text{hr}}{60\,\text{min}} = 358.68\,m^3/min$

■ 오염물질의 종류 및 분자량만 다르게 제시되는 형태로 반복 출제되고 있다.

답 ③

예상 11
- 기사 : 01.06②,12,17
- 산업 : 05,10,15,16,19

톨루엔(MW 92)의 증기발생량은 300g/시간이다. 실내의 평균농도를 억제농도(100ppm, 377mg/m³)로 하기 위해 전체환기를 할 경우, 필요환기량(m³/min)은? (단, 표준상태기준, K는 1이라 가정함)

① 약 $13\,m^3/\text{분}$ ② 약 $23\,m^3/\text{분}$
③ 약 $33\,m^3/\text{분}$ ④ 약 $43\,m^3/\text{분}$

[해설] 유해물질 발생량이 g/hr 단위로 제시되어 있고, 억제농도(TLV) 단위도 mg/m³으로 제시되어 있으므로 다음과 같이 환기량을 산정한다.

〈계산〉 $Q = \dfrac{KW \times 10^3}{TLV}$
$\begin{cases} K : \text{안전계수} = 4 \\ W : \text{유해물질의 발생률} = 300\,g/hr \\ TLV = 377\,mg/m^3 \end{cases}$

$\therefore Q = \dfrac{1 \times 300 \times 10^3}{377} \times \dfrac{1\,\text{hr}}{60\,\text{min}} = 13.30\,m^3/min$

답 ①

유.사.문.제

01 자동차 공업사에서 톨루엔이 분당 8g 증발되고 있다. 톨루엔의 MW는 92이고 노출기준은 50ppm이다. 톨루엔의 공기 중 농도를 노출기준 이하로 유지하고자 한다면 이를 위해서 공급해 주어야 할 전체환기량(m³/min)은? (단, 혼합물을 위한 여유계수(K)는 5) [05,06,08,11,12 산업][01,13,19 기사]

① 120 ② 180
③ 210 ④ 240

hint $Q = \dfrac{KW\,24.1 \times 10^6}{MW \times TLV}$ $\begin{cases} K = 5 \\ W = 8 \times 10^{-3}\,kg/min \end{cases}$

$\therefore Q = \dfrac{5 \times 8 \times 10^{-3} \times 24.1 \times 10^6}{92 \times 50}$
$= 209.57\,m^3/min$

02 A공정에서 이산화탄소의 발생률이 $1.0\,m^3$/분일 때, 이산화탄소를 노출기준(5,000ppm)으로 유지하기 위하여 공급해야 하는 환기량(m³/분)은? (단, $K=10$) [07 기사]

① 1,100 ② 1,800
③ 2,100 ④ 2,500

hint $Q = \dfrac{KW\,24.1 \times 10^6}{MW \times TLV}$

$\begin{cases} K = 10 \\ W = 1 \times (44/22.4) = 1.964\,kg/min \\ MW = 44 \end{cases}$

$\therefore Q = \dfrac{10 \times 1.964 \times 24.1 \times 10^6}{44 \times 50}$
$= 2,151.79\,m^3/min$

정답 | 01.③ 02.③

02. 산업환기 개념과 전체환기

예상 12
- 기사 : 07②,11,12,13,14②,18
- 산업 : 출제대비

A 용제가 400m³의 공간에 저장되어 있다. 공기를 공급하기 전에 측정한 농도는 400ppm이었다. 이 방으로 환기량 40m³/min으로 공급한다면 노출기준인 100ppm으로 달성되는데 걸리는 시간은? (단, 유해물질 발생은 정지, 환기만 고려)

① 약 8분   ② 약 14분   ③ 약 23분   ④ 약 32분

해설 비연속 배출원(유해물질 발생은 정지, 환기만 고려)이므로 유해물질의 농도는 환기에 의해 시간에 따라 감소하게 된다. 따라서 다음의 관계식을 사용하여 문제를 푼다.

〈계산〉 $\ln\dfrac{C_2}{C_1} = -\dfrac{Q}{\forall} \times t$ $\begin{cases} C_1 : \text{초기농도} = 400\text{ppm} \\ C_2 : t\text{시간 환기 후 농도} = 100\text{ppm} \\ Q : \text{유효환기량} = 40\text{m}^3/\text{min} \\ \forall : \text{공간용적} = 400\text{m}^3 \end{cases}$ ⇨ $\ln\dfrac{100}{400} = -\dfrac{40}{400} \times t$

∴ $t(= \text{환기시간}) = 13.86\,\text{min}$ **답** ②

예상 13
- 기사 : 출제대비
- 산업 : 19

SF_6 가스를 이용하여 주택의 침투(자연환기)를 측정하려고 한다. 시간(t)=0분일 때, SF_6 농도는 40μg/m³이고, 시간(t) = 30분일 때, 7μg/m³였다. 주택의 체적이 1,500m³이라면, 이 주택의 침투(또는 자연환기)량은 몇 m³/hr인가? (단, 기계환기는 전혀 없고, 중간과정의 결과는 소수점 셋째자리에서 반올림하여 구한다.)

① 5,130   ② 5,235   ③ 5,335   ④ 5,735

해설 자연환기의 희석식을 이용한다.

〈계산〉 $C_2 = C_1 \times e^{-\frac{Q}{\forall} \times t}$ ⇨ $7 = 40 \times e^{-\frac{Q}{1,500} \times 30}$

∴ $Q = \dfrac{\ln(7/40)}{-30} \times 1,500 = 87.148\,\text{m}^3/\text{min} = 5228.91\,\text{m}^3/\text{hr}$ **답** ②

유.사.문.제

01 오염물질의 농도가 200ppm까지 도달하였다가 오염물질 발생이 중지되었을 때, 공기 중 농도가 200ppm에서 25ppm으로 감소하는 데 얼마나 걸리는가? (단, 1차 반응, 공간부피 3,000m³, 환기량 1.17m³/sec) [07 산업][매회 출제대비 11,14,15,17 기사]

① 약 60분   ② 약 90분
③ 약 120분   ④ 약 150분

hint $\ln\dfrac{25}{200} = -\dfrac{70.2}{3000} \times t$

∴ $t(= \text{환기시간}) = 88.87\,\text{min}$

■ 오염물질의 종류만 다르게 제시되는 형태로 반복 출제될 수 있다.

02 유해성 유기용매 A가 7m×14m×4m의 체적을 가진 방에 저장되어 있다. 공기를 공급하기 전에 측정한 농도는 400ppm이었다. 이 방으로 60m³/min의 공기를 공급한 후 노출기준이 100ppm으로 달성되는 데 걸리는 시간은? (단, 유해성 유기용매 증발 중단, 공급공기의 유해성 유기용매농도는 0, 희석만 고려) [07 산업][10,13,16 기사]

① 약 3분   ② 약 5분
③ 약 7분   ④ 약 9분

hint $\ln\dfrac{100}{400} = -\dfrac{7 \times 14 \times 4}{60} \times t$

∴ $t(= \text{환기시간}) = 9.09\,\text{min}$

정답 | 01.② 02.④

3 혼합물·온열·습도 조절을 위한 환기량 계산

이승원의 minimum point

◍ **혼합물질의 환기량 산정**
- 상가작용이 있는 경우 환기량 산정(순서)
  ① 상가효과 유무 파악 → 노출지수(EI, Exposure Index) 산정
  □ $EI = \dfrac{C_1}{TLV_1} + \dfrac{C_2}{TLV_2} + \cdots + \dfrac{C_n}{TLV_n}$ → EI ≥ 1.0일 때 → 허용기준 초과 → 환기 필요
  ② 오염물질의 각 환기량 산정
  □ $Q_1, Q_2, \cdots, Q_n = \dfrac{K \cdot W \times 24.1 \times 10^6}{MW \cdot TLV}$ ⎰ Q : 환기량
  K : 안전계수
  MW : 분자량
  TLV : 허용농도
  ③ 환기량 결정(개별환기량을 모두 합산) → $Q = Q_1 + \cdots + Q_n$

- 독립적 유해작용이 있는 경우 환기량 산정(유해작용이 전혀 다른 물질이 혼합되어 있는 경우)
  ① 각 물질별 노출지수(EI) 산정
  □ $EI_1 = \dfrac{C_1}{TLV_1}$, $EI_2 = \dfrac{C_2}{TLV_2}$, $EI_n = \dfrac{C_n}{TLV_n}$
  ② 개별 EI ≥ 1.0일 때 → 허용기준 초과 → 환기 필요(각 오염물질별 환기량 산정)
  □ $Q_1, Q_2, \cdots, Q_n = \dfrac{K \cdot W \times 24.1 \times 10^6}{MW \cdot TLV}$
  ③ 환기량 결정 : 개별환기량 중 가장 큰 값을 필요환기량으로 결정한다.

- 상가작용 물질과 독립적 유해작용이 있는 물질이 혼합된 경우 : 상가작용에 대한 개별환기량을 산출하여 합산한 환기량과 독립적 유해작용이 있는 물질에 대한 환기량을 각각 산출한 다음 **환기량이 큰 값**을 필요환기량으로 결정한다.

- 안전계수의 적용
  □ $K = 1$: 작업장내의 공기혼합이 원활한 경우
  □ $K = 2$: 작업장내의 공기혼합이 보통인 경우
  □ $K = 3$: 작업장내의 공기혼합이 불완전한 경우

◍ **온열관리와 환기**
- **열평형방정식**(인체 ⇌ 환경) : $\Delta S = M \pm C \pm R - E$
  □ **온열요소** : 기온, 기습, 복사열 및 기류 등
  □ **유효온도** : 기온, 습도, 풍속의 3요소와의 조합된 온도

$\begin{cases} \Delta S : \text{인체의 열축적(열손실)} \\ M : \text{작업대사량} \\ C : \text{대류 열교환} \\ R : \text{복사 열교환} \\ E : \text{증발 열손실} \end{cases}$

◍ **발열 시 필요환기량** : $H_s = QC_p\Delta t$, $Q = \dfrac{H_s}{C_p \Delta t} = \dfrac{H_s}{0.3\,\Delta t}$

$\begin{cases} H_s : \text{작업장 열부하} \\ \Delta t : \text{상승된 온도(온도차)} \\ C_p : \text{비열} \end{cases}$

◍ **재순환율** : $R(\%) = \dfrac{C_i - C_a}{C_R - C_a} \times 100$, $I_A(\%) = 100 - R(\%)$

$\begin{cases} I_A : \text{급기 중 외부공기 함량} \\ C_i : \text{급기 중 } CO_2 \text{농도} \\ C_R : \text{재순환 공기 중 } CO_2 \text{농도} \\ C_a : \text{외기 중 } CO_2 \text{농도} \end{cases}$

◍ **습도조절을 위한 필요환기량** : $W = Q\gamma\Delta G$, $Q = \dfrac{W}{1.2\,\Delta G}$

$\begin{cases} W : \text{작업장내 수증기 발생량} \\ \gamma : \text{공기 비중량}(=1.2) \\ \Delta G : \text{상승된 습도(절대습도차)} \end{cases}$

02. 산업환기 개념과 전체환기

- 기사 : 06,09,13②
- 산업 : 06,09

01 다음 중 전체환기에서의 열평형방정식(heat balance equation)과 관련이 없는 것은?

① 대류 ② 복사
③ 전도 ④ 증발

해설 인체와 작업환경 사이의 열교환은 주로 대류(convection), 열복사(radiation), 땀에 의한 증발(evaporation) 등에 의해 이루어진다. 인체와 환경사이에 적용되는 기본적인 열평형방정식은 다음과 같다.

〈관계〉 $\Delta S = M \pm C \pm R - E$
$\begin{cases} \Delta S : \text{인체의 열축적(열손실)} \\ M : \text{작업대사량} \\ C : \text{대류열교환} \\ C : \text{복사열교환} \\ E : \text{증발열손실} \end{cases}$

답 ③

유.사.문.제

01 다음 중 온열요소(생체-환경사이의 열교환)를 결정하는 주요 인자들로만 나열된 것은? [09,12 기사]

Ⓐ 기온 Ⓑ 기습 Ⓒ 지형
Ⓓ 위도 Ⓔ 기류

① Ⓐ,Ⓑ,Ⓒ ② Ⓑ,Ⓒ,Ⓓ
③ Ⓒ,Ⓓ,Ⓔ ④ Ⓐ,Ⓑ,Ⓔ

hint 대류, 열복사 및 증발에 영향을 미치는 온열요소는 기온, 기습, 기류 및 복사열 등이다.

02 피부로서 감각할 수 없는 불감기류의 기준으로 적절한 것은? [05,13 기사]

① 약 0.5m/sec 이하
② 약 1.0m/sec 이하
③ 약 1.5m/sec 이하
④ 약 2.0m/sec 이하

hint 불감기류는 0.5m/sec 이하를 말한다.

03 인체와 환경 사이에서 일어나는 열교환은 4가지 물리적 법칙에 따라 환경과 접하고 있는 피부를 통하여 이루어진다. 4가지 물리적 요인과 가장 거리가 먼 것은? [05 산업]

① 증발 ② 전도
③ 반사 ④ 대류

04 열평형방정식에서 항상 음(-)의 값을 가지는 인자는 무엇인가? [11 산업]

① 복사 ② 대류
③ 증발 ④ 대사

05 다음 중 실효복사(effective radiation)온도의 의미로 가장 적절한 것은? [05,09 기사]

① 건구온도와 습구온도의 차
② 습구온도와 흑구온도의 차
③ 습구온도와 복사온도의 차
④ 흑구온도와 기온의 차

06 체내 열생산을 주로 담당하고 있는 기관을 가장 알맞게 짝지은 것은? [06 기사]

① 골격근, 심장
② 골격근, 조혈기관
③ 골격근, 대뇌
④ 골격근, 간장

정답 | 01.④ 02.① 03.③ 04.③ 05.④ 06.④

예상 02

- 기사 : 00, 04, 05②, 08, 10, 12②, 17
- 산업 : 15, 18

최근 에너지 절약의 일환으로 난방이나 냉방을 실시할 때 외부공기를 100% 공급하지 않고, 실내공기를 재순환시켜 외부공기와 혼합하여 공급한다. 재순환공기 중 CO_2 농도는 750ppm, 급기 중 CO_2 농도는 550ppm이었다. 급기 중 외부공기의 함량(%)은? (단, 외부공기의 CO_2 농도는 330ppm, 급기는 재순환공기와 외부공기가 혼합된 공기)

① 23.8%   ② 35.4%
③ 47.6%   ④ 52.3%

해설 공급되는 급기(給氣) 중 외부공기의 함량은 공기 중 재순환공기의 비율(%)과 관계식을 이용하여 산정한다.

⟨계산⟩ $R(\%) = \dfrac{C_i - C_a}{C_R - C_a} \times 100$ $\begin{cases} C_i : \text{급기 중 } CO_2 \text{농도} = 550\,\text{ppm} = 0.055\% \\ C_R : \text{재순환공기 중 } CO_2 \text{농도} = 750\,\text{ppm} = 0.075\% \\ C_a : \text{외부공기의 } CO_2 \text{농도} = 330\,\text{ppm} = 0.033\% \end{cases}$

□ $R(\%) = \dfrac{0.055 - 0.033}{0.075 - 0.033} \times 100 = 52.38\%$ (= 공급공기 중 재순환공기의 비율)

∴ 급기 중 외부공기의 함량 = 100 - 52.38 = 47.61%

답 ③

예상 03

- 기사 : 출제대비
- 산업 : 19

접착제를 사용하는 A공정에서는 메틸에틸케톤(MEK)과 톨루엔이 발생, 공기 중으로 완전혼합 된다. 두 물질은 모두 마취작용을 하므로 상가효과가 있다고 판단되며, 각 물질의 사용 정보가 다음과 같을 때, 필요환기량(m^3/min)은 약 얼마인가? (단, 주위는 25℃, 1기압 상태이다.)

- MEK - 안전계수 : 4
  - 분자량 : 72.1, 비중 : 0.805
  - TLV : 200ppm
  - 사용량 : 시간당 2L
- 톨루엔 - 안전계수 : 5
  - 분자량 : 92.13, 비중 : 0.866
  - TLV : 50ppm
  - 사용량 : 시간당 2L

① 182   ② 558   ③ 765   ④ 946

해설 두 물질의 상가작용 조건이므로 다음과 같이 문제를 푼다.

⟨계산⟩ $Q = \dfrac{K \cdot G \cdot S \times 24.45 \times 10^6}{MW \cdot TLV}$

□ $Q_1 = \dfrac{4 \times 2 \times 0.805 \times 24.45 \times 10^6}{72.1 \times 200} = 10{,}919.4\,m^3/hr = 182\,m^3/min$

□ $Q_1 = \dfrac{5 \times 2 \times 0.866 \times 24.45 \times 10^6}{92.13 \times 50} = 45{,}964.8\,m^3/hr = 766\,m^3/min$

∴ Q_t(환기량) = 182 + 766 = 948 m^3/min

답 ④

유.사.문.제

01 어느 작업장에서 톨루엔(분자량 92, 허용기준 100ppm)과 이소프로필알코올(분자량 60, 허용기준 400ppm)을 각각 100g/시간을 사용하며, 여유계수는 각각 10이다. 필요환기량(m³/hr)은? (단, 21℃, 1기압기준, 두 물질은 상가작용을 한다.) [11,15 산업][5,14 기사]

① 약 1,900　② 약 2,400
③ 약 3,600　④ 약 4,100

hint $Q = \dfrac{KW\,24.1\times10^3}{MW \cdot TLV}$

$\begin{cases} Q_1 = \dfrac{10\times100\times24.1\times10^3}{92\times100} \\ \quad = 2,619.6\,\text{m}^3/\text{hr} \\ Q_2 = \dfrac{10\times100\times24.1\times10^3}{60\times400} \\ \quad = 1004.2\,\text{m}^3/\text{hr} \end{cases}$

▫ 두 물질이 상가작용 → 유량합산

∴ $Q = Q_1 + Q_2 = 3,623.37\,\text{m}^3/\text{hr}$

02 화학공장에서 n-Hexane(분자량 86.17, 노출기준 100ppm)과 dichloroethylene(분자량 98.96, 노출기준 50ppm)이 각각 100g/hr, 50g/hr씩 기화한다면 이때의 필요환기량(m³/hr)은? (단, 21℃ 기준, K 값은 각각 6과 4이며, 상가작용을 한다.) [09,12 기사]

① 1,300m³/hr　② 1,800m³/hr
③ 2,200m³/hr　④ 2,700m³/hr

hint $Q = \dfrac{KW\,24.1\times10^3}{MW \cdot TLV}$

▫ $Q_1 = \dfrac{6\times100\times24.1\times10^3}{86.17\times100}$
　　$= 1,678.08\,\text{m}^3/\text{hr}$

▫ $Q_2 = \dfrac{4\times50\times24.1\times10^3}{98.96\times50}$
　　$= 974.13\,\text{m}^3/\text{hr}$

▫ 두 물질이 상가작용 → 유량합산

∴ $Q = Q_1 + Q_2 = 2,652.21\,\text{m}^3/\text{hr}$

정답 ▍ 01.③　02.④

- 기사 : 출제대비
- 산업 : 00,03,14

04 불필요한 열이 발생하는 작업장을 환기시키려고 할 때, 필요환기량(m³/hr)을 구하는 식으로 옳은 것은? [단, 온도차 Δt(℃), 열부하 H_s(kcal/hr)]

① $Q = \dfrac{H_s}{1.2\Delta t}$

② $Q = H_s \times 1.2\Delta t$

③ $Q = \dfrac{H_s}{0.3\Delta t}$

④ $Q = H_s \times 0.3\Delta t$

해설 작업장의 열부하와 환기량의 관계식은 다음과 같다.

⟨산식⟩ $H_s = QC_p\Delta t$

∴ $Q = \dfrac{H_s}{C_p \Delta t} = \dfrac{H_s}{0.3\,\Delta t}$　$\begin{cases} H_s : \text{작업장 열부하} \\ \Delta t : \text{상승된 온도(온도차)} \\ C_p : \text{비열} \end{cases}$

답 ③

PART 3 산업환기 및 작업환경 관리대책

예상 05
- 기사 : 01,08,10,15,19
- 산업 : 09,12,13②,14,17,19

작업장내 열부하량이 20,000kcal/hr이며, 외기온도는 20℃, 작업장내 온도는 35℃이다. 이때 전체환기를 위한 필요환기량(m^3/min)은? (단, 정압비열은 0.3kcal/m^3·℃)

① 약 64 ② 약 74
③ 약 84 ④ 약 94

해설 작업장의 열부하관련 환기량 관계식을 이용한다.

〈계산〉 $H_s = Q C_p \Delta t$

$$\therefore Q = \frac{H_s}{C_p \Delta t} = \frac{H_s}{0.3 \Delta t} = \frac{20,000}{0.3 \times (35-20)} \times \frac{1hr}{60min} = 74.07 m^3/min$$

답 ②

유.사.문.제

01 수증기가 발생하는 작업장의 필요환기량[Q(m^3/시간)]을 구하는 식으로 알맞은 것은? [단, 수증기 부하량 : W(kg/시간), 급배기의 절대습도차 ΔG(kg/kg 건기)] [10 산업][03 기사]

① $Q = 1.2 \dfrac{W}{\Delta G}$ ② $Q = \dfrac{W}{1.2 \Delta G}$
③ $Q = 0.3 \dfrac{W}{\Delta G}$ ④ $Q = \dfrac{W}{0.3 \Delta G}$

hint $W = Q\gamma \Delta G \Rightarrow Q = \dfrac{W}{1.2 \Delta G}$

- W: 작업장내 수증기 발생량
- γ : 공기 비중량(=1.2)
- ΔG: 상승된 습도(절대습도차)

02 유해작용이 다르고, 독립적인 영향을 나타내는 물질 3종류를 다루는 작업장에서 각 물질에 대한 필요환기량을 계산한 결과 120m^3/min, 150m^3/min, 200m^3/min이었다. 이 작업장에서 필요환기량(m^3/min)은 얼마인가? [11,14,17 산업]

① 120m^3/min
② 150m^3/min
③ 200m^3/min
④ 470m^3/min

hint 각 물질의 유해작용이 다르고, 독립적인 영향으로 작용할 경우 개별환기량 중 가장 큰 값을 필요환기량으로 결정한다.

03 다음 중 실내의 중량 절대습도가 80%, 외부의 중량 절대습도가 60%, 실내의 수증기가 시간당 3kg씩 발생할 때, 수분 제거를 위하여 중량단위로 필요한 환기량(m^3/min)은 약 얼마인가? (단, 공기의 비중량은 1.2kg_f/m^3로 한다.) [11,15 산업]

① 0.21 ② 4.17
③ 7.52 ④ 12.50

hint $W = Q\gamma \Delta G$

- W: 수증기량 = 3kg/hr = 0.05kg/min
- γ : 공기 비중량 = 1.2kg_f/m^3
- ΔG: 습도차 = 0.8 − 0.6 = 0.2kg_f/kg_f 건기

$$\therefore Q = \frac{W}{\gamma \Delta G} = \frac{0.05}{1.2 \times 0.2} = 0.21 m^3/min$$

정답 ▎01.② 02.③ 03.①

예상 06
- 기사 : 11
- 산업 : 출제대비

다음과 같은 작업조건에서 1일 8시간 동안 작업하였다면, 1일 근무시간 동안 인체에 누적된 열량은 얼마인가? (단, 근로자의 체중은 60kg이다.)

- 작업대사량 : +1.5kcal/kg·hr
- 대류에 열전달 : +1.2kcal/kg·hr
- 복사열전달 : +0.8kcal/kg·hr
- 피부에서의 총 땀증발량 : 300g/hr
- 수분증발열 : 580cal/g

① 242kcal ② 288kcal
③ 1,152kcal ④ 3,072kcal

해설 열평형방정식을 이용한다.

〈계산〉 $\Delta S = M \pm C \pm R - E$

$\begin{cases} M : 작업대사량 = +1.5\text{kcal/kg}\cdot\text{hr} \\ C : 대류에\ 의한\ 열교환 = +1.2\text{kcal/kg}\cdot\text{hr} \\ R : 복사열전달 = +0.8\text{kcal/kg}\cdot\text{hr} \\ E : 증발에\ 의한\ 열손실 = 2.9\text{kcal/kg}\cdot\text{hr} \end{cases}$

□ $E = \dfrac{300\text{g}}{\text{hr}} \left| \dfrac{580\text{cal}}{\text{g}} \right| \dfrac{\text{kcal}}{1,000\text{cal}} \left| \dfrac{1}{60\text{kg}} \right. = 2.9\text{kcal/kg}\cdot\text{hr}$

∴ $\Delta S = 1.5 + 1.2 + 0.8 - 2.9 = 0.6\text{kcal/kg}\cdot\text{hr}$

∴ $\Delta S^* = \dfrac{0.6\text{kcal}}{\text{kg}\cdot\text{hr}} \times 60\text{kg} \times \dfrac{8\text{hr}}{\text{day}} = 288\text{kcal/day}$

답 ②

CHAPTER 03 국소환기

1 국소배기장치의 구성과 후드의 특징

 이승원의 minimum point

① **구성요소** : hood → duct → 공기정화장치 → 송풍기 및 배기구
① **국소배기장치의 설계순서** : 후드형식 선정 → 제어속도 결정 → 소요풍량 계산 → 반송속도 결정 → Duct 직경 산출 → 후드의 용량결정 → Duct 배치 및 설치장소 결정 → 공기정화장치 선정 → 계통도 및 배치도 작성 → 총 압력손실 계산 → 송풍기 동력산정 및 송풍기 선정
① **분출과 흡인의 기류흐름**
  - **분출과 흡인의 기류흐름** : 일반적으로 송풍기의 배출구에서 공기를 분출하는 경우에는 **토출부 직경의 30배 거리**에서 공기속도가 **1/10**로 감소하나 공기를 흡인(吸引, suction)할 때는 기류의 방향에 관계 없이 **흡인부 직경(D)과 동일한 거리**에서 개구면 흡인속도의 **1/10**로 감소함
  - **잠재중심부**(potential core) : 무한공간에 분출되는 자유제트의 경우 분출구 공기가 주변공기와 혼합되지 않는 영역으로, 분출구 직경의 2~6배($2 \sim 6D$) 이내까지 형성됨
  - **천이부**(遷移部) : 자유제트 분사구의 개구면보다 중심부의 평균유속이 50%로 감소되는 지점까지의 거리를 말한다.
  - **완전전개부** : 완전전개부는 취출기류가 충분히 혼합, 확산하는 구역이다.

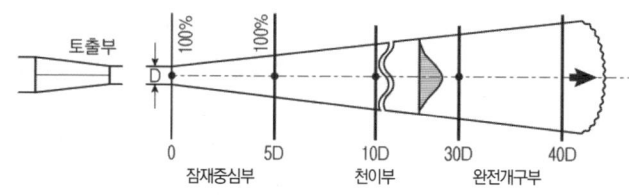

① **후드형식의 구분과 종류**
  - **후드형식의 구분**

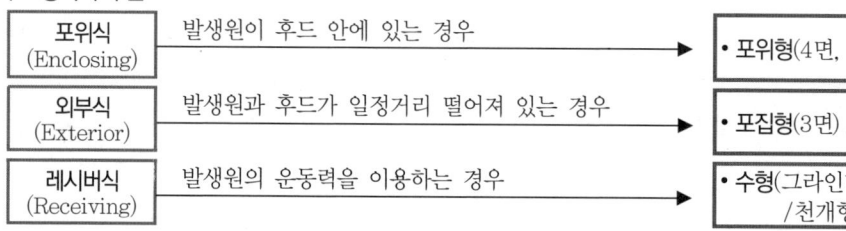

후드의 형식별 종류와 특성

형식	적용	종류
포위식 (Enclosing type)	유해물질의 발생원을 전부 또는 부분적으로 포위하는 후드	• 포위형(Enclosing type) • 부스형(Booth hood) • **장갑부착상자형**(Glove box hood) • 드래프트 챔버형(Draft chamber hood)
외부식 (Exterior type)	유해물질의 발생원을 포위하지 않고 발생원 가까운 위치에 설치하는 후드	• 슬롯형(Slot hood) • 루버형(Louve hood) • **그리드형**(Grid hood) • **푸쉬-풀형**(Push pull hood)
레시버식 (Receiver type)	유해물질이 발생원에서 상승기류, 관성기류 등 일정방향의 흐름을 가지고 발생할 때 설치하는 후드	• **그라인더커버형**(Grinder cover hood) • **캐노피형**(천개형, Canopy hood)

- **포위식 후드**(Enclosures Hood) : 유해물질 발생원을 완전히 덮어 오염물질의 누설을 방지하기 위한 후드
    - 이용 : 유독물질의 처리공정(예 방사성 물질, 발암성 물질, 병원성 물질의 취급공정, 전로 등)
    - 종류 : 커버형, 글로브 박스형, 부스형, 드래프트 챔버형 등이 있음
    - 특징
        - 발생된 오염물질을 고농도로 흡인 가능, 작업장의 완전한 오염방지 가능
        - 맹독성 물질을 제어하는데 가장 적합, 잉여공기량이 가장 적음
        - 주변의 난기류의 영향을 가장 적게 받음

- **외부식 후드**(Capture Hood, 포집형) : 오염원이 후드 외부에 있고, 흡인공기의 유입을 통해 오염물질을 통제하는 후드
    - 이용 : 작업장의 구조상 또는 조업상 **발생원을 전혀 덮을 수 없는 경우**에 사용되는 후드임
    - 종류 : 후드 개구면 모양에 따라 슬롯형, 루버형, 그리드형 등이 있고, 흡인위치에 따라 측방·상방·하방형 등으로 분류됨
    - 특징
        - 후드가 오염원 가까이 설치되므로 근로자가 발생원과 환기시설 사이에서 작업하지 않음
        - 다른 후드에 비하여 작업자의 작업영역을 크게 방해하지 않는 이점이 있음
        - 충분한 제어속도를 만들기 위해서는 **많은 환기량이 필요**한 단점이 있음
        - 포위식 후드보다 일반적으로 **필요송풍량이 많은 단점**이 있음
        - 작업장내 **횡단기류**가 후드의 제어효율을 크게 저하시킬 수 있음
        - 후드의 **제어거리가 60cm 이내**로 짧은 단점이 있음
        - 포위식에 비해 작업장의 완전한 오염방지 기능이 떨어짐
    - 외부식 후드의 적용상 유의점
        - 전기 도금공정과 같은 상부개방형 탱크에서 방출되는 유해물질을 포집하기 위해서는 폭이 좁고 긴 직사각형의 **슬롯형 후드**를 사용하는 것이 효율적임
        - 폭이 넓고, 개방된 오염원(탱크)에서는 **푸쉬 풀**(Push pull)**방식**을 채용하는 것이 바람직함

- **레시버식 후드**(receiving hood, 수형 후드) : 오염물질 또는 발생원에서 일정한 방향으로 작용하는 열상승력 또는 관성력을 이용하여 포집하는 후드
    - 이용 : 비교적 유해성이 적은 오염물 및 톱밥, 철가루 등의 포집에 이용
    - 종류 : 고열에 의한 **상승기류의 열부력**을 이용(canopy type, **천개형**), 입자상 물질의 **관성력을 이용**하여 포집(grinder cover type), **유해물질과 공기의 비중차** 등을 이용하여 비산하는 유해물질의 확산방향에서 포집(**자립형**, Free Standing type)
    - 특징
        - 잉여공기량이 다소 많음
        - 유해성이 높은 오염물질의 처리에 부적당

- 기사 : 19
- 산업 : 매회 출제대비 17②,18②

예상 01 다음 중 국소배기장치의 일반적인 배열순서로 가장 적합한 것은?

① 후드 → 송풍기 → 공기정화기 → 덕트 → 배기구
② 덕트 → 후드 → 송풍기 → 공기정화기 → 배기구
③ 후드 → 덕트 → 공기정화기 → 송풍기 → 배기구
④ 덕트 → 송풍기 → 공기정화기 → 후드 → 배기구

해설 국소배기장치는 후드 → 덕트 → 공기정화기 → 송풍기 → 배기구 계통으로 구성된다. **답** ③

- 기사 : 출제대비
- 산업 : 00,03,08②,14,16,18

예상 02 국소배기장치의 설계 시 가장 먼저 결정하여야 하는 것은?

① 필요송풍량 결정
② 반송속도 결정
③ 후드의 형식 결정
④ 공기정화장치의 선정

해설 국소배기장치의 설계 시 가장 먼저 결정하여야 하는 것은 후드형식의 선정이다. 국소배출장치의 설계 순서는 후드형식 선정 → 제어속도 결정 → 소요풍량 계산 → 반송속도 결정 → Duct 직경 산출 → 후드의 용량결정 → Duct 배치 및 설치장소 결정 → 공기정화장치 선정 → 계통도 및 배치도 작성 → 총 압력손실 계산 → 송풍기 동력산정 및 송풍기 선정 **답** ③

유.사.문.제

01 국소배기장치의 기본설계를 위한 다음 과정 중 가장 먼저 실시하여야 하는 것은? [14 산업]

① 제어속도 결정
② 반송속도 결정
③ 후드의 크기 결정
④ 배관의 배치와 설치장소 결정

02 맹독성 물질을 제어하는 데 가장 적합한 후드의 형태는? [01,05②,08②,10,16 산업]

① 포위식
② 외부식 측방형
③ 레시버식
④ 외부식 슬롯형

정답 | 01.① 02.①

종합연습문제

01 일반적으로 국소배기장치의 설계순서로 가장 옳게 나열한 것은? [07② 산업][15,19 기사]

① 후드크기 선정 → 배관의 배치와 설치장소 선정 → 소요풍량 계산 → 반송속도 결정
② 후드형식 선정 → 반송속도 결정 → 배관내경 산출 → 제어속도 결정
③ 후드크기 선정 → 국소배기 계통도 작성 → 배관내경 산출 → 반송속도 결정
④ 후드형식 선정 → 제어속도 결정 → 소요풍량 계산 → 반송속도 결정

02 다음 [보기]를 이용하여 일반적인 국소배기장치의 설계순서를 가장 적절하게 나열한 것은? [09,10,19 산업]

ⓐ 총 압력손실 계산
ⓑ 제어속도 결정
ⓒ 필요송풍량의 계산
ⓓ Duct 직경 산출
ⓔ 공기정화기 선정
ⓕ 후드의 형식 선정

① ⓕ→ⓑ→ⓒ→ⓓ→ⓔ→ⓐ
② ⓑ→ⓒ→ⓐ→ⓓ→ⓔ→ⓕ
③ ⓒ→ⓑ→ⓓ→ⓐ→ⓕ→ⓔ
④ ⓕ→ⓒ→ⓑ→ⓐ→ⓓ→ⓔ

정답 | 01.④ 02.①

- 기사 : 출제대비
- 산업 : 12

03 다음 중 후드의 설계 및 선정 시 고려해야 할 사항으로 가장 적절하지 않은 것은?

① 필요유량을 최소화한다.
② 오염원에 가능한 한 가까이 설치한다.
③ 개구부로 유입되는 공기의 속도분포가 균일하도록 한다.
④ 비중이 공기보다 무거운 유해물질은 바닥에 후드를 설치한다.

해설 비중이 공기보다 무거운 유해물질은 바닥에 후드를 설치한다는 생각은 일반적인 오류를 범하기 쉬운 그릇된 판단이다. 국소배기장치의 설치 및 에너지 비용 절감을 위해 가장 우선적으로 검토하여야 할 것은 후드를 오염물질 발생원에 최대한 근접시켜 필요송풍량을 줄이는 것이다. **답** ④

유.사.문.제

01 후드의 선택지침으로 적절하지 않은 것은? [07,14,19 산업]

① 필요환기량을 최대화할 것
② 작업자의 호흡영역을 보호할 것
③ 추진된 설계사양을 사용할 것
④ 작업자가 사용하기 편리하도록 만들 것

hint 후드에서는 필요환기량을 최소화하는 것이 무엇보다 중요하다.

02 국소배기장치의 설계 시 후드의 성능을 유지하기 위한 방법이 아닌 것은? [16 산업]

① 제어속도의 유지
② 송풍기 용량의 확보
③ 주위의 방해기류 제어
④ 후드의 개구면적 최대화

hint 후드의 개구면적을 좁혀서 제어속도를 높여야 한다.

정답 | 01.① 02.④

종합연습문제

01 국소배기장치 설치에는 오염물질의 제어효율뿐만 아니라 비용 문제도 고려해야 한다. 다음 중 국소배기장치의 설치 및 에너지 비용 절감을 위해 가장 우선적으로 검토하여야 할 것은?
[10,13,17 산업]

① 재료비 절감을 위해 덕트직경을 가능한 줄인다.
② 송풍기 운전비 절감을 위해 댐퍼로 배기유량을 줄인다.
③ 후드 개구면적을 가능한 넓혀서 개방형으로 설치한다.
④ 후드를 오염물질 발생원에 최대한 근접시켜 필요송풍량을 줄인다.

hint 국소배기장치의 설치 및 에너지 비용 절감을 위해 가장 우선적으로 검토하여야 할 것은 후드를 오염물질 발생원에 최대한 근접시켜 필요송풍량을 줄이는 것이 중요하다.

02 후드의 필요환기량을 감소시키는 방법으로 적절하지 않은 것은?
[17 산업]

① 작업장내 방해기류 영향을 최대화한다.
② 후드 개구면에서 기류가 균일하게 분포되도록 설계한다.
③ 포집형을 사용할 때에는 가급적 배출오염원에 가깝게 설치한다.
④ 공정에서의 발생 또는 배출되는 오염물질의 절대량을 감소시킨다.

hint 후드의 필요환기량을 감소시키기 위해서는 작업장내 방해기류 영향이 없도록 해야 한다.

정답 ▮ 01.④ 02.①

- 기사 : 출제대비
- 산업 : 11②,13,19

예상 04 다음의 토출기류에 대한 설명 중 ( ) 안에 알맞은 값은?

> 공기의 토출속도는 덕트 직경의 30배 거리에서 약 ( )% 정도로 감소한다.

① 5 ② 10 ③ 80 ④ 90

해설 공기를 분출하는 경우에는 토출부 직경의 30배 거리에서 공기속도가 1/10로 감소하나 공기를 흡인(吸引, suction)할 때는 기류의 방향에 상관없이 흡인부 직경(D)과 동일한 거리에서 개구면 흡인속도의 1/10(10%)로 감소한다.

답 ②

유.사.문.제

01 송풍기로 공기를 불어줄 때, 공기속도가 덕트 직경의 몇 배 정도 거리에서 1/10로 감소하는가?
[17 산업]

① 10배 ② 20배
③ 30배 ④ 40배

02 송풍관(duct) 내부에서 유속이 가장 빠른 곳은? (단, d는 직경)
[05,15 기사]

① (1/10)d 지점 ② (1/5)d 지점
③ (1/3)d 지점 ④ (1/2)d 지점

hint 유속이 가장 빠른 곳 → 0.5d의 하류지점

정답 ▮ 01.③ 02.④

종합연습문제

01 송풍기로 공기를 불어줄 때, 공기의 속도는 토출 개구면의 직경이 d일 경우, 개구면으로부터 $30d$ 떨어진 곳에서 약 1/10로 감소한다. 그렇다면 공기를 흡인할 때에는 흡인 개구면의 직경이 200mm일 때, 개구면에서 얼마나 떨어지면 흡인 속도가 약 1/10이 되는가? [11 산업]

① 200mm ② 400mm
③ 800mm ④ 6,000mm

hint 흡인속도 1/10지점 → 개구면 직경의 1배

02 직경이 d인 노즐의 분사구 속도는 분사구로부터 분출거리에 따라 그 속도가 떨어지는데 다음 중 분류중심의 속도가 거의 떨어지지 않는 거리로 옳은 것은? [10 산업]

① $5d$ 까지 ② $10d$ 까지
③ $15d$ 까지 ④ $20d$ 까지

hint 분류중심의 속도가 거의 떨어지지 않는 거리를 잠재중심부(퍼텐셜 코어, potential core)라고 하는데 이 영역은 축류 분출구로부터의 분출구 직경의 5배까지이다.

03 그림과 같이 노즐(nozzle) 분사구 개구면의 유속을 100%라고 하고, 분사구 내경을 D라고 할 때 분사구 개구면의 유속이 50%로 감소되는 지점의 거리는? [09,12,17 산업]

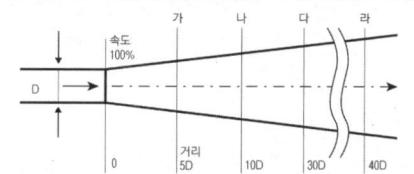

① $5D$
② $10D$
③ $30D$
④ $40D$

hint 분사구의 개구면 유속이 50%로 감소되는 지점의 거리를 천이부라고 한다.

04 다음 설명 중 ( ) 안의 내용으로 올바르게 나열한 것은? [13,18 산업]

공기속도는 송풍기로 공기를 불 때 덕트직경의 30배 거리에서 (㉮)로 감소하나 공기를 흡인할 때는 기류의 방향과 관계없이 덕트직경과 같은 거리에서 (㉯)로 감소한다.

① ㉮ $\frac{1}{10}$, ㉯ $\frac{1}{10}$
② ㉮ $\frac{1}{10}$, ㉯ $\frac{1}{30}$
③ ㉮ $\frac{1}{30}$, ㉯ $\frac{1}{30}$
④ ㉮ $\frac{1}{30}$, ㉯ $\frac{1}{10}$

05 점흡인의 경우 후드의 흡인에 있어 개구부로부터 거리가 멀어짐에 따라 속도는 급격히 감소하는데 이때 개구면의 직경만큼 떨어질 경우 후드 흡인기류의 속도는 약 어느 정도로 감소하겠는가? [10,16 산업]

① 1/10
② 1/5
③ 1/4
④ 1/2

hint 원형후드를 사용하여 공기를 점흡인(點吸引, Point suction)할 때는 기류의 방향에 관계없이 흡인부 직경(D)과 동일한 거리에서 개구면 흡인속도의 1/10까지 감소한다.

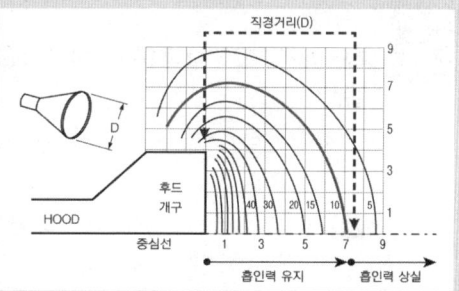

정답 | 01.① 02.① 03.③ 04.① 05.①

종합연습문제

01 다음 중 방형후드의 가로와 세로의 비를 나타낸 것으로 같은 수치의 등속선이 가장 멀리까지 영향을 줄 수 있는 것은? (단, 제어속도와 단면적은 일정하다.) [13 산업]

① 1 : 4 ② 1 : 3
③ 1 : 2 ④ 1 : 1

hint 방형(사각형) 후드의 가로와 세로의 비, 즉 측장비가 작을수록 등속선이 멀리까지 미친다.

02 후드의 형태 중 포위식이 외부식에 비하여 효과적인 이유로 볼 수 없는 것은? [19 산업]

① 제어풍량이 적기 때문이다.
② 유해물질이 포위되기 때문이다.
③ 플랜지가 부착되어 있기 때문이다.
④ 영향을 미치는 외부기류를 사방면에서 차단하기 때문이다.

hint 플랜지 → 외부식 후드에 부착한다.

정답 | 01.① 02.③

- 기사 : 출제대비
- 산업 : 01,04,11,16

덕트의 시작점에서는 공기의 베나 수축(vena contractor)이 일어난다. 베나 수축이 일반적으로 붕괴되는 지점으로 맞는 것은?

① 덕트 직경의 약 2배쯤에서 ② 덕트 직경의 약 3배쯤에서
③ 덕트 직경의 약 4배쯤에서 ④ 덕트 직경의 약 5배쯤에서

해설 공기의 베나 수축(vena contractor)이 붕괴되는 지점은 덕트직경의 약 2배쯤이다.

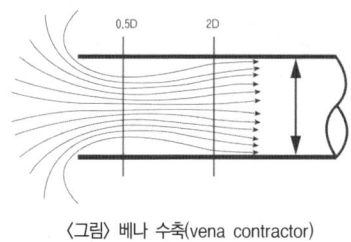
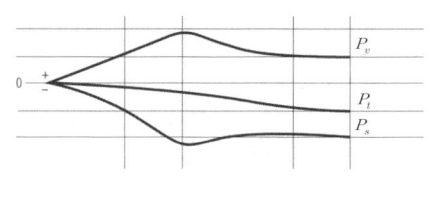

〈그림〉 베나 수축(vena contractor)   〈그림〉 Duct내 압력변화

답 ①

- 기사 : 00,03
- 산업 : 출제대비

후드 개구부에서 발생되는 베나 수축(vena contractor)의 형성과 분리에 의해 일어나는 에너지 손실은?

① 유입손실 ② 가속손실
③ 마찰손실 ④ 동압손실

해설 베나 수축(vena contractor)의 형성과 분리에 의해 일어나는 에너지 손실, 즉 유입손실은 다음 관계식으로 나타낼 수 있다.

〈관계〉 $\Delta P_i = F_i \times P_v$ $\begin{cases} \Delta P_i : 유입손실(\text{mmH}_2\text{O}) \\ F_i : 유입손실계수 \\ P_v : 속도압(동압)(\text{mmH}_2\text{O}) \end{cases}$

답 ①

- 기사 : 05,18
- 산업 : 출제대비

예상 07 다음 그림의 국소배기장치의 후드는 무슨 형인가?

① 수형(하방형)
② 외부식(슬롯형)
③ 포위식
④ 레시버식

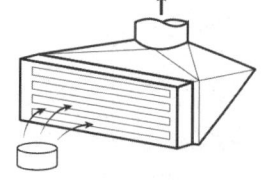

해설 오염원에서 발생된 오염물질을 외부공기의 흡인과 함께 제어하는 방식이므로 외부식 후드이고, 후드의 개구면의 길이(L)가 폭(W)에 비해 매우 긴 형태이므로 슬롯형 후드이다. **답** ②

- 기사 : 출제대비
- 산업 : 09,18

예상 08 다음 후드의 종류에서 외부식 후드가 아닌 것은?

① 루버형 후드
② 그리드형 후드
③ 슬롯형 후드
④ 드래프트 챔버형 후드

해설 드래프트 챔버형(Draft chamber hood)은 포위식(4면 포위식) 후드로 분류된다.

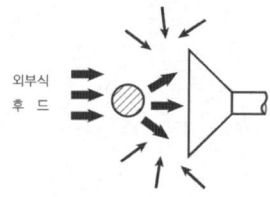

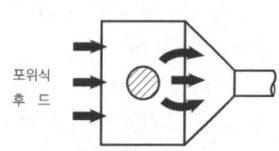

- 유해물질의 발생원을 포위하지 않고 발생원 가까운 위치에 설치하는 후드
  - 슬롯형(Slot hood)
  - 루버형(Louve hood)
  - 그리드형(Grid hood)
  - 푸쉬-풀형(Push pull hood)

- 유해물질의 발생원을 전부 또는 부분적으로 포위하는 후드
  - 포위형(Enclosing type)
  - 부스형(Booth hood)
  - 장갑부착상자형(Glove box hood)
  - 드래프트 챔버형(Draft chamber hood)

〈그림〉 외부식과 포위식의 개념 비교 **답** ④

- 기사 : 출제대비
- 산업 : 09,15

예상 09 다음 후드의 종류에서 외부식 후드가 아닌 것은?

① 루버형 후드
② 그리드형 후드
③ 캐노피형 후드
④ 슬롯형 후드

해설 캐노피형(canopy type, 천개형)은 레시버식 후드(receiving hood, 수형 후드)에 속한다.

PART 3 산업환기 및 작업환경 관리대책

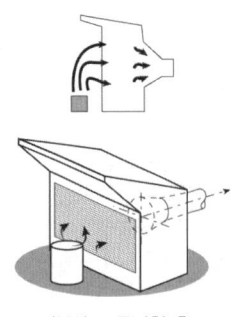
외부식 – 루버형 후드

외부식 – 그리드형 후드

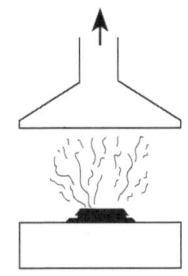
천개형(캐노피형) 후드

〈그림〉 외부식과 레시버식 천개형의 개념 비교

답 ③

유.사.문.제

01 다음 중 용해로, 열처리로, 배소로 등의 가열로에서 가장 많이 사용하는 후드는? [14 산업]

① 슬롯형 후드
② 부스식 후드
③ 외부식 후드
④ 레시버식 캐노피형 후드

02 유기용제 작업장에 후드를 설치하고자 한다. 이때 가장 효율이 좋은 후드는? [16 산업]

① 외부식 상방형
② 외부식 하방형
③ 외부식 측방형
④ 포위식 부스형

03 다음 중 재료를 분쇄하거나 독극물을 취급할 때 가장 적합한 후드는? [11 산업]

① 부스형
② 외부식 원형
③ 슬롯형
④ 외부식 캐노피형

04 다음 중 방사성 동위원소나 독성가스를 취급하는 공정에서 가장 적합한 후드의 형식은? [11 산업]

① 건축부스형
② 캐노피형
③ 슬롯형
④ 장갑부착 상자형

hint 맹독, 유해성 높은 물질 → 장갑부착 상자형

05 다음 설명 중 ( ) 안에 들어갈 올바른 수치는? [00,06,08,09,11,12,15 산업]

슬롯 후드는 일반적으로 후드 개방부분의 길이가 길고, 높이(혹은 폭)가 좁은 형태로 높이 길이의 비가 ( ) 이하인 경우를 말한다.

① 0.2
② 0.5
③ 1.0
④ 2.0

hint 후드의 개구면이 좁고 길어서 폭 : 길이의 비율이 0.2 이하인 후드를 슬롯형 후드라고 한다.

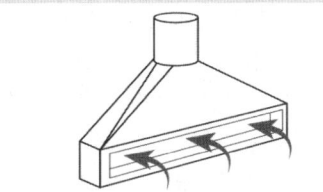

06 국소배기장치에 부착하는 후드의 효과가 큰 것부터 작은 것 순서로 올바르게 나열한 것은? [01,09 산업]

① 포위식 > 외부식 > 부스식
② 포위식 > 부스식 > 외부식
③ 외부식 > 포위식 > 부스식
④ 부스식 > 포위식 > 외부식

정답 | 01.④ 02.④ 03.① 04.④ 05.① 06.②

종합연습문제

01 후드의 개방면에서 특정한 속도로서 면속도가 제어속도가 되는 형태의 후드는? [07,09,13 산업]

① 포위형 후드
② 포집형 후드
③ 푸쉬-풀형 후드
④ 캐노피형 후드

hint 포위형 후드는 개방면에서 측정한 면속도가 제어속도가 된다.

02 국소배기장치의 Hood에서 가장 효과적인 것은 다음 중 어느 것인가? [00,03 기사]

① 레시버식 캐노피형
② 외부식 그리드형
③ 외부식 스롯형
④ 포위식 글로브박스형

03 다음 중 오염물질이 일정한 방향으로 배출되는 연삭기공정에서 일반적으로 사용되는 후드로 가장 적절한 것은? [06,14 산업]

① 포위식 후드
② 포집형 후드
③ 캐노피 후드
④ 레시버형 후드

hint 레시버식 후드(receiving hood, 수형 후드)는 오염물질이 가지고 있는 열상승력 또는 관성력을 이용하여 포집하는 후드이다. 비교적 유해성이 적은 오염물 및 톱밥, 철가루 등의 포집에 이용된다.

정답 ┃ 01.① 02.④ 03.④

- 기사 : 00,03,07,12
- 산업 : 00,03,06,08

도금조처럼 상부가 개방되어 있고, 개방면적이 넓어 한쪽 후드에서의 흡입만으로 충분한 흡인력이 발생하지 않는 경우에 가장 적합한 후드는?

① 슬롯 후드
② 캐노피 후드
③ push pull 후드
④ 저유량 고유속 후드

해설 푸쉬 풀(push pull) 방식은 흡인후드가 있는 개방조의 전면에 가압노즐(push nozzle)을 설치하여 흡인(吸引) 방향으로 기류를 분사하여 흡인효과를 증대시키는 방식으로 압인환기방식(壓引換氣方式), 밀어당김방식이라고도 하며, 도금조처럼 상부가 개방되어 있고 개방면적이 넓은 경우에 효과적으로 사용할 수 있다.

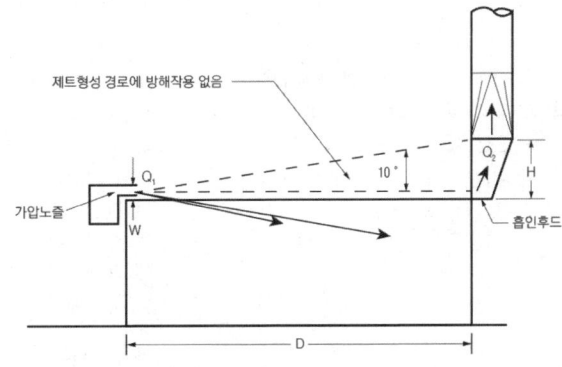

답 ③

PART 3 산업환기 및 작업환경 관리대책

종합연습문제

01 밀어당김형 후드(push pull hood)에 의한 환기로서 가장 효과적인 경우는? [10,14,18 기사]

① 오염원의 발산량이 많은 경우
② 오염원의 발산농도가 낮은 경우
③ 오염원의 발산농도가 높은 경우
④ 오염원 발산면의 폭이 넓은 경우

hint 푸쉬 풀(push pull) 방식은 도금조와 같이 오염 발산면이 폭이 넓은 경우에 이용된다.

02 푸쉬 풀(push pull) 후드에 관한 설명으로 맞는 것은? [16 산업]

① push 공기의 속도는 빠를수록 좋다.
② 일반적으로 상방흡인형 외부식 후드에 사용된다.
③ 후드와 작업지점과의 거리가 가까운 경우에 주로 활용된다.
④ 후드로부터 멀리 떨어져 발생하는 유해물질을 후드 가까이 가도록 밀어준다.

hint ④항만 올바르다.
▶ 바르게 고쳐보기 ◀
① push 공기의 속도는 적절해야 한다. 푸쉬 송풍량이 과도할 경우 흡입후드의 과부하와 원료손실, 동력낭비가 발생한다.
② 일반적으로 측방흡인형 외부식 후드에 사용된다. push되는 노즐의 각도는 제트공기가 방해받지 않도록 하향방향으로 향하게(최대 20° 이내)하여야 한다.
③ 푸쉬 풀(push pull) 후드는 도금조처럼 상부가 개방되어 있고 개방면적이 넓은 경우에 효과적으로 사용할 수 있다.

03 밀어당김형 후드(push pull hood)에 있어서는 여러 가지의 영향인자가 존재하므로 ( )% 정도의 유량조정이 가능하도록 설계되어야 한다. ( )에 가장 적절한 수치는? [00,04 산업]

① ±10
② ±20
③ ±30
④ ±40

04 다음 중 push-pull형 환기장치에 관한 설명으로 틀린 것은? [13,16 산업]

① 도금조, 자동차 도장공정에서 이용할 수 있다.
② 일반적인 국소배기장치 후드보다 동력비가 많이 든다.
③ 한쪽에서는 공기를 불어(push)주고 한쪽에서는 공기를 흡인(pull)하는 장치이다.
④ 공정상 제어거리가 길어서 단지 공기를 제어하는 일반적인 후드로는 효과가 낮을 때 이용하는 장치이다.

hint push pull방식을 적용할 경우 포집효율을 증가시키면서 필요유량을 대폭 감소시킬 수 있으므로 일반적인 국소배기장치 후드보다 동력비를 절감할 수 있다.

05 푸쉬 풀 후드(push pull hood)에 관한 설명으로 옳지 않은 것은? [11 기사]

① 도금조와 같이 폭이 넓은 경우에 사용하면 포집효율을 증가시키면서 필요유량을 대폭 감소시킬 수 있다.
② 개방조 한 변에서 압축공기를 이용하여 오염물질이 발생하는 표면에 공기를 불어 반대쪽에 오염물질이 도달하게 한다.
③ 배기후드의 목적은 측방형 후드와 같이 제어속도를 내기 위함이며, 배기후드에서의 슬롯속도는 1m/sec 정도가 되도록 배기구 크기를 조절한다.
④ 공정에서 작업물체를 처리조에 넣거나 꺼내는 중에 공기막이 파괴되어 오염물질이 발생하는 단점이 있다.

hint Push-Pull방식은 가압노즐(push nozzle)과 흡인후드(pull hood)로 구성되며, 가압노즐로부터 분사된 가압류(push jet) 속으로 주위 공기로부터 유도기류가 혼입되어 흡인후드 측의 유량이 가압노즐의 유량보다 훨씬 많아지는 것을 이용한 것이다. 따라서 제어속도는 푸쉬 제트기류에 의해 발생되며, 슬롯속도는 10m/sec 정도가 되도록 배기구 크기를 조절한다.

정답 ❙ 01.④ 02.④ 03.② 04.② 05.③

종합연습문제

01 푸쉬 풀(push pull) 후드에 관한 설명으로 옳지 않은 것은? [11 기사]

① 도금조와 같이 폭이 넓은 경우에 사용하면 포집효율을 증가시키면서 필요유량을 대폭 감소시킬 수 있다.
② 제어속도는 푸쉬 제트기류에 의해 발생한다.
③ 가압노즐 송풍량은 흡인후드 송풍량의 2.5~5배 정도이다.
④ 작업물체를 처리조에 넣거나 꺼내는 중에 공기막이 파괴되어 오염물질이 발생한다.

hint push pull방식에서 흡인후드 송풍량은 가압노즐 송풍량의 1.5~2배 정도로 적용한다.

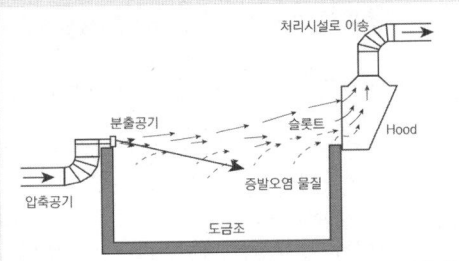

02 밀어당김형 후드(push pull hood)에 대한 설명 중 적합지 않은 것은? [04 기사]

① 공정에서 작업물체를 처리조에 넣거나 꺼내는 중에 공기막이 파괴되어 오염물질이 발생할 수 있다.
② 노즐 전체면적은 기류분포를 고르게 하기 위해서 노즐 충만실 단면적의 10%를 넘지 않도록 하여야 한다.
③ 도금조와 같이 폭이 넓은 경우에 사용하면 포집효율을 증가시키면서 필요유량을 감소시킬 수 있는 장점이 있다.
④ 노즐의 각도는 제트공기가 방해받지 않도록 하향방향을 향하고 최대 20° 이내를 유지하도록 한다.

hint push pull hood에서 노즐 전체면적은 플레넘(plenum) 단면적의 25%를 초과하지 않도록 하여야 한다.

03 푸쉬 풀 후드에 관한 설명으로 틀린 것은? [08,09 기사]

① 도금조와 같이 폭이 좁은 경우에 사용하면 포집효율과 필요유량을 증가시킬 수 있다.
② 공정에서 작업물체를 처리조에 넣거나 꺼내는 중에 공기막이 파괴되어 오염물질이 발생하는 단점이 있다.
③ 제어속도는 푸쉬 제트기류에 의해 발생한다.
④ 노즐의 각도는 제트공기가 방해받지 않도록 하향방향을 향하고 최대 20° 내를 유지하도록 한다.

hint 푸쉬 풀(push pull) 방식은 도금조와 같이 폭이 넓은 경우에 적용한다.

04 푸쉬 풀(push pull) 후드에 관한 설명으로 틀린 것은? [06 기사]

① 도금조와 같이 폭이 넓은 경우에 사용하면 포집효율을 증가시키면서 필요유량을 대폭 감소시킬 수 있다.
② 제어속도는 푸쉬 제트기류에 의해 발생한다.
③ 설비 중 노즐의 각도는 제트기류의 방해받지 않도록 상향으로 일정한 각도 이상을 유지하도록 한다.
④ 공정에서 작업물체를 처리조에 넣거나 꺼내는 중에 공기막이 파괴되어 오염물질이 발생한다.

05 푸쉬 풀 후드(push pull hood)에 대한 설명으로 적합하지 않는 것은? [00,04,05,19 기사]

① 도금조와 같이 폭이 넓은 경우, 포집효율을 증가시키면서 필요유량을 줄일 수 있다.
② 공정에서 작업물체를 처리조에 넣거나 꺼낼 때 공기막이 형성되어 오염물질 발생을 방지할 수 있다.
③ 개방조 한 변에서 압축공기를 이용하여 오염물질이 발생하는 표면에 공기를 불어 반대쪽에 오염물질이 도달하게 한다.
④ 제어속도는 푸쉬 제트기류에 의해 발생한다.

정답 | 01.③ 02.② 03.① 04.③ 05.②

PART 3 산업환기 및 작업환경 관리대책

예상 11
- 기사 : 07,08,15
- 산업 : 출제대비

외부식 후드(포집형 후드)의 단점이 아닌 것은?

① 포위식 후드보다 일반적으로 필요송풍량이 많다.
② 근로자가 발생원과 환기시설 사이에서 작업할 수 없어 여유계수가 커진다.
③ 외부 난기류의 영향을 받아서 흡인효과가 떨어진다.
④ 기류속도가 후드 주변에서 매우 빠르므로 쉽게 흡인되는 물질의 손실이 크다.

해설 외부식 후드(포집형 후드)는 후드가 오염원 가까이 설치되므로 근로자가 발생원의 영향을 받지 않는 장점이 있다. 외부식 후드(Capture Hood)는 오염원이 후드 외부에 있고, 흡인공기의 유입을 통해 오염물질을 통제하는 후드로서 다음과 같은 장·단점이 있다.

장 점	단 점
□ 후드가 오염원 가까이 설치되므로 근로자가 발생원의 영향을 받지 않음 □ 근로자가 발생원과 환기시설 사이에서 작업하지 않음 □ 다른 후드에 비하여 작업자의 작업영역을 크게 방해하지 않음	□ 오염원으로부터 충분한 제어속도를 만들기 위해서는 많은 환기량이 필요함 □ 포위식 후드보다 일반적으로 필요송풍량이 많음 □ 작업장내 횡단기류가 후드의 제어효율을 크게 저하시킬 수 있음 □ 기류속도가 후드 주변에서 매우 빠르므로 쉽게 흡인되는 물질(유기용제, 미세 원료분말 등)의 손실이 큼 □ 대부분의 후드의 제어거리가 60cm 이내로 짧음 □ 포위식에 비해 작업장의 완전한 오염방지 기능이 떨어짐

답 ②

유.사.문.제

01 다음 중 필요환기량을 감소시키기 위한 후드의 선택지침으로 적합하지 않은 것은? [01,07,15 산업]

① 가급적이면 공정을 많이 포위한다.
② 포집형 후드는 가급적 배출오염원 가까이에 설치한다.
③ 후드 개구면의 속도는 빠를수록 효율적이다.
④ 후드 개구면에서의 기류가 균일하게 분포되도록 설계한다.

hint 후드의 필요환기량을 감소시키기 위해서는 후드 개구면의 속도를 적절한 범위내에서 감소시키는 것이 좋다.

02 후드 개구면의 유속을 균일하게 분포시키는 방법과 가장 거리가 먼 것은? [04 산업][05 기사]

① 테이퍼 부착
② 슬롯 사용
③ 파이프 적용
④ 차폐막 사용

hint 후드 개구면 속도를 균일하게 분포시키는 방법은 ①,②,④항 이외에 분리날개 설치 등이 적용된다.

정답 01.③ 02.③

종합연습문제

01 슬롯 후드에서 슬롯의 역할은? [17,19 기사]
① 제어속도를 감소시킴
② 후드 제작에 필요한 재료 절약
③ 공기가 균일하게 흡입되도록 함
④ 제어속도를 증가시킴

hint 슬롯은 후드 개구면과 덕트사이에 존재하는 것으로 플레넘(plenum) 역할, 즉 제어공기가 균일하게 흡입되도록 하는 작용을 한다.

02 후드 개구면 속도를 균일하게 분포시키는 방법으로 도금조와 같이 비교적 길이가 긴 탱크에서 가장 적절하게 사용할 수 있는 것은? [03,10 산업]
① 테이퍼 부착
② 분리날개 설치
③ 차폐막 이용
④ 슬롯 사용

03 국소배기시설에서 필요환기량을 감소시키기 위한 방법으로 틀린 것은? [09 기사]
① 후드 개구면에서 기류가 균일하게 분포되도록 설계한다.
② 공정에서 발생 또는 배출되는 오염물질의 절대량을 감소시키는 것이 곧 필요환기량을 감소시키는 것이다.
③ 포집형이나 레시버형 후드를 사용할 때에 가급적 후드를 배출오염원에 가깝게 설치한다.
④ 공정내 측면부착 차폐막이나 커튼 사용을 줄여 오염물질의 희석을 유도한다.

04 외부식 후드는 발생원과 어느 정도의 거리를 두게 됨으로 발생원 주위의 방해기류가 발생되어 후드의 흡인유량을 증가시키는 요인이 된다. 다음 중 방해기류의 방지를 위해 설치하는 설비가 아닌 것은? [09,16 산업]
① 플랜지   ② 댐퍼
③ 칸막이   ④ 풍향판

hint 댐퍼는 유량조절 및 차단, 압력조정 등의 제어를 위한 설비이다.

05 다음 중 후드의 개구면 속도를 균일하게 분포시키는 방법으로 적절하지 않은 것은? [09 산업]
① 덕트의 직경 확대
② 테이퍼 부착
③ 분리날개 설치
④ 슬롯 사용

hint 덕트의 직경을 확대시키면 오히려 개구면의 유속이 감소하게 되고 난류를 유발하는 요인이 된다.

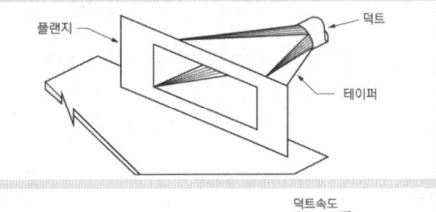

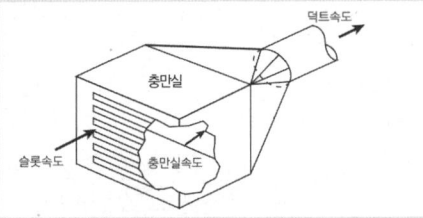

06 국소배기장치의 설계 시 후드의 성능을 유지하기 위한 방법과 가장 거리가 먼 것은? [10 산업]
① 제어속도의 유지
② 주위온도를 고려한 설계
③ 후드의 개구면적 확대
④ 송풍기의 용량 확보

hint 후드의 성능을 유지하기 위해서는 개구면적을 적절한 범위내에서 감소시켜야 한다.

07 다음 중 국소배기장치의 시설투자비용 및 운전비를 적게 하기 위한 방법으로 가장 적당한 것은? [11 산업][17 기사]
① 가능한 제어속도 증대
② 후드의 개구면적 증가
③ 필요송풍량을 최소화시키는 후드의 형식 적용
④ 덕트의 가지관을 주관에 직각으로 연결

정답 ▎ 01.③ 02.④ 03.④ 04.② 05.① 06.③ 07.③

PART 3 산업환기 및 작업환경 관리대책

예상 12
- 기사 : 출제대비
- 산업 : 01,06,08,17,18

작업공정에는 이상이 없다고 가정할 때, 다음의 후드를 효율이 가장 우수한 것부터 나쁜 순으로 나열한 것은? (단, 제어속도는 1m/sec, 제어거리는 0.5m, 개구면적은 $2m^2$로 동일하다.)

> ㉮ 포위식 후드
> ㉯ 테이블에 고정된 플랜지가 붙은 외부식 후드
> ㉰ 자유공간에 설치된 외부식 후드
> ㉱ 자유공간에 설치된 플랜지가 붙은 외부식 후드

① ㉮ → ㉰ → ㉯ → ㉱
② ㉯ → ㉮ → ㉰ → ㉱
③ ㉮ → ㉯ → ㉱ → ㉰
④ ㉯ → ㉮ → ㉱ → ㉰

해설 포위식은 오염원이 후드내에 있고, 오염물질을 고농도로 흡인할 수 있으므로 잉여공기량이 가장 적고, 오염물질 제어효율이 가장 우수하다. 다음은 테이블에 고정된 플랜지가 붙은 외부식 후드>자유공간에 설치된 플랜지가 붙은 외부식 후드 순서로 효율이 낮아진다.   **답** ③

유.사.문.제

01 다음 중 국소배기장치의 투자비용과 전력소모비를 적게 하기 위하여 최우선으로 고려하여야 할 사항은? [14 산업]
① 덕트의 직경을 최대한 크게 한다.
② 후드의 필요송풍량을 최소화한다.
③ 제어속도를 최대한 증가시킨다.
④ 배기량을 많게 하기 위해 발생원과 후드사이의 거리를 가능한 한 멀게 유지한다.

02 국소배기시설의 투자비용과 운전비를 적게 하기 위한 필요조건으로 알맞은 것은? [05 산업][01,04,07 기사]
① 필요송풍량 감소
② 제어속도 증가
③ 후드 개구면적 증가
④ 발생원과의 원거리 유지

hint 필요송풍량을 감소시킬 경우 유량변화의 세제곱에 비례하여 동력을 감소시킬 수 있고, 운전에 소요되는 운영비용도 절감할 수 있다.

03 국소배기시설의 필요환기량을 감소시키기 위한 방법으로 틀린 것은? [10 산업][09,12,18 기사]
① 가급적 공정의 포위를 최소화한다.
② 포집형이나 레시버형 후드를 사용할 때에는 가급적 후드를 배출오염원에 가깝게 설치한다.
③ 공정에서 발생 또는 배출되는 오염물질의 절대량을 감소시키는 것이 곧 필요환기량을 감소시키는 것이다.
④ 후드 개구면에서 기류가 균일하게 분포되도록 설계한다.

hint 공정을 포위하여 오염물질을 제어할 경우, 잉여공기량을 최소화 할 수 있고, 필요환기량을 감소시킬 수 있다.

04 다음 중 도금조와 사형주조에 사용되는 후드형식으로 가장 적절한 것은? [19 기사]
① 부스식
② 포위식
③ 외부식
④ 장갑부착상자식

정답 | 01.② 02.① 03.① 04.③

종합연습문제

01 푸쉬-풀(push-pull) 후드에서 효율적인 조 (tank)의 길이로 맞는 것은? [19 산업]

① 1.0~2.2m ② 1.2~2.4m
③ 1.4~2.6m ④ 1.5~3.0m

hint 개방형 탱크로서 탱크의 폭이 1,200mm(48″) 이상이 되면 푸쉬-풀(push-pull) 후드를 적용하는데 탱크의 길이가 3,000m/m(10ft)를 넘는 경우 반드시 복수 흡입구를 설치하여야 한다. 따라서 푸쉬-풀(push-pull) 후드에서 효율적인 조 (tank)의 길이는 1.2~2.4m가 적절하다.

02 다음 중 공기를 후드로 끌어당기고(흡입기류) 불어주고(취출기류)하는 과정에서의 공기의 이동 특성에 대한 설명으로 틀린 것은? [12 산업]

① 흡입기류는 취출기류에 비해서 거리에 따른 감소속도가 적다.
② 흡입기류는 취출기류에 비해서 거리에 따른 감소속도가 크다.
③ 흡입기류가 취출기류에 비해서 거리에 따른 감소속도가 크므로 후드는 가능하면 오염원에 가까이 설치해야 한다.
④ 후드의 제어거리가 일정거리 이상일 경우 푸쉬 풀(push pull)형 환기장치가 필요하다.

hint 흡입기류는 취출기류에 비해서 거리에 따른 감소속도가 크다.

03 수공구에 부착하는 저용량-고유속 후드의 단점과 가장 거리가 먼 것은? [04,07 산업]

① 필요환기량이 상승한다.
② 소음이 크다.
③ 덕트내 마모가 심하다.
④ 정전기가 발생한다.

hint 수공구에 부착하는 저용량 고속후드는 흡인속도가 50~60m/sec으로 고속으로 흡인하는 후드이지만 통제면적이 작고, 국부적으로 흡인하는 저용량 후드이므로 필요환기량이 적고, 동력소비량이 낮다. 반면에 소음이 크고, 유속이 빠르므로 덕트내 마모가 심하며, 정전기가 발생할 수 있는 단점이 있다.

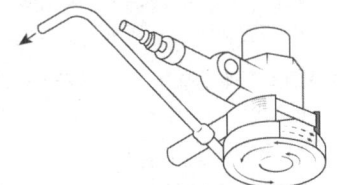

〈그림〉 저용량 고속후드

04 수공구 등에 부착하여 사용하는 포집형 후드로서, 오염물질 발생원에 아주 근접하여 흡인하여 아주 높은 흡인효율을 나타내는 후드 명칭으로 알맞은 것은? [00,04 산업]

① 저유량-고유속 후드
② 고유량-저유속 후드
③ 저유량-고효율 후드
④ 고유량-고효율 후드

정답 | 01.② 02.① 03.① 04.①

2 제어속도와 반송속도

> **이승원의 minimum point**

☼ 제어속도(Control Velocity)

- **정의** : 제어속도(Control Velocity)란 매연이나 오염물질을 후드(Hood)내로 유입시키기 위해 필요한 공기의 **최소흡인속도**를 말하며, 일명 통제속도, 포착속도라고도 함
- **제어속도의 설정 시 고려사항**
  □ 저독성 및 저공해물질이나 유해물질의 생성량이 적고, 간헐적인 경우 또는 대형 후드로서 배풍량이 큰 경우는 하한값(최소범위)의 제어속도를 적용함
  □ 실내공기의 난기류가 클 경우, 유해물질의 독성이 높은 경우 또는 유해물질의 발생농도 및 발생량이 많은 공정, 후드가 작고 배풍량이 작은 경우에는 상한값(최대범위)의 제어속도를 적용함
- **제어속도에 영향을 미치는 인자**(고려요소)
  - 발생원의 가스나 분진의 성상·유해물질의 독성·유해물질의 사용량
  - 오염물질의 종류·확산상태·발생원 주변의 기류상태
  - 후드에서 오염원까지의 거리·후드의 모양
- **제어속도에 영향을 주는 방해기류의 발생원**
  - 고열작업 시 발생되는 고온의 기류
  - 기계의 동작(연마기, 컨베이어 벨트 등)
  - 물질의 이동 및 근로자의 동작
  - 작업장내의 기류
  - 국부적인 냉각 및 가열에 의해 형성되는 기류
- **오염물질의 방출조건에 따른 제어속도 설계범위**

오염물질의 방출조건	관련공정	제어속도
• 오염원 : 비산속도가 없이 발생 • 주변 : 고요한 공기 중으로 방출	• 개방조로부터의 증발 • 액면에서 발생하는 가스, 증기, 흄	0.25~0.5 m/sec
• 오염원 : 약한 방출속도를 가짐 • 주변 : 약간의 공기움직 중으로 방출	• 분무도장, 저속 컨베이어 이송 • 용접, 도금공정, 산세(酸洗)	0.5~1.0 m/sec
• 오염원 : 비교적 빠른 방출속도를 가짐 • 주변 : 빠른 기류 속으로 방출	• 컨베이어 적재 • 분쇄기, 분무도장	1.0~2.5 m/sec
• 오염원 : 급속한 방출속도를 가짐 • 주변 : 고속의 기류영역으로 방출	• 그라인딩 • 석재연마, 회전연마, 블라스트	2.5~10 m/sec

- **후드형식에 따른 제어속도 설계기준**

후드의 형식		제어속도의 기준	제어속도
포위식 후드		• 후드 개구면에서의 최소풍속	04 m/sec
외부식 후드	측방 흡인형	• 후드 개구면으로부터 가장 먼 거리의 작업위치에서 풍속	0.5 m/sec
	하방 흡인형		0.5 m/sec
	상방 흡인형		1.0 m/sec

ⓘ Duct 반송속도(Transportation Velocity)
- 반송속도 : 덕트(Duct)를 통하여 이동하는 유해물질이 덕트내에서 퇴적이 일어나지 않는 상태로 이동시키기 위하여 필요한 **최소속도**를 말함
- 유해물질 특성에 따른 반송속도 : 반송속도가 다른 **2 이상의 덕트가 합류**하는 경우에는 합류 후의 **반송속도가 큰 쪽을 선택**하고, 집진장치 하류의 배풍관에서는 유해물질을 반송할 필요가 없으므로 풍속(Duct내 유속)을 **10m/sec 정도**로 유지함

오염물질의 발생형태	유해물질의 종류	반송속도 (m/sec)
증기, 가스, 연기	모든 증기, 가스 및 연기	5~10
흄	아연흄, 용접흄, 산화알루미늄 흄	10~12.5
미세하고 가벼운 분진	미세 면분진, 목재분진, 종이분진	12.5~15
건조한 분진, 분말	고무분진, 면분진, 가죽분진, 동물 털분진	15~20
공업 및 산업 분진	그라인딩분진, 주물분진, 금속분말, 석면분진	17.5~20
무거운 분진	납분진, 젖은 톱밥, 샌드블라스트 분진, 주조분진	20~22.5
무겁고 습한 분진	석면덩이, 요업분진, 습한 시멘트 분진	25 이상

- 반송속도의 영향 : 통상적으로 먼지를 제거하는 국소배기시설 설계에 필요한 최소 덕트내 반송속도는 이론치나 실험치보다는 높게 설정됨

반송속도 과소	반송속도 과대
• 덕트내 분진퇴적과 폐색(閉塞) 현상 발생 • 눈막힘과 압력손실 증가 및 동력낭비	• 전력소모량 증가 • 덕트의 마모 및 손상 증대

ⓘ Duct 및 분지관의 연결
- 후드 뒷면 : 후드 뒷면에서 주덕트 접속부까지의 지덕트 길이는 가능한 한 **지덕트 3배 이상**이 되도록 할 것(지덕트가 장방형 덕트인 경우에는 원형 덕트의 상당지름을 이용)
- 송풍기 연결 : 송풍기를 연결할 때에는 **최소 덕트직경의 6배** 정도를 직선구간으로 할 것
- 분지관 연결
  □ **주덕트**와 **지덕트**의 **접속**은 30° 이내가 되도록 할 것
  □ 분지관이 연결되는 **주관의 확대각**은 15° 이내로 할 것
  □ 지덕트가 2개 이상을 연결할 경우, 저항이 최소화되는 구조로 하고, 2개 이상의 지덕트를 확대관 또는 축소관의 동일한 부위에 접속하지 않도록 할 것
  □ 주덕트와 지덕트의 연결점에서 **압력손실의 차가 5% 이내**가 되도록 압력평형 유지
  □ 반바지 모양의 **원형 브리칭**(breeching)의 **합류각**은 **30~60° 범위**로 할 것
- 확대/축소관 연결 : 확대 또는 축소되는 덕트의 관은 **경사각**이 15° **이하**로 하거나, 확대 또는 축소 전후의 덕트 지름 차이가 5배 이상 되도록 할 것
- 곡관연결
  □ 덕트의 직경이 150mm **미만**일 경우는 새우등 **3개** 이상으로 하고, 덕트직경이 150mm **이상**일 경우는 새우등 **5개** 이상을 사용하여 곡관부위를 부드럽게 연결할 것
  □ 곡관의 **곡률반경**은 최소 덕트직경의 **1.5 이상**으로 할 것(주로 2.0을 사용)
  □ 곡관의 곡률반경을 크게 할수록 압력손실이 낮아짐
  □ 반경비가 2.5인 곡관의 경우는 작은 직경을 갖는 덕트에 유리함

PART 3 산업환기 및 작업환경 관리대책

예상 01
- 기사 : 출제대비
- 산업 : 15②, 18②

다음 설명에 해당하는 국소배기와 관련한 용어는?

> - 후드 근처에서 발생되는 오염물질을 주변의 방해기류를 극복하고 후드 쪽으로 흡인하기 위한 유체의 속도를 의미한다.
> - 후드 앞 오염원에서의 기류로 오염공기를 후드로 흡인하는 데 필요하며 방해기류를 극복해야 한다.

① 면속도　　　　　　　　　　② 제어속도
③ 플레넘속도　　　　　　　　④ 슬롯속도

해설 제어풍속(Control Velocity)은 후드 전면 또는 후드 개구면에서 유해물질이 함유된 공기를 당해 후드로 흡입시킴으로써 그 지점의 유해물질을 제어할 수 있는 공기속도를 말한다. 다만, 포위식 및 부스식 후드에서는 후드의 개구면에서 흡입되는 기류의 풍속을 말하며, 외부식 및 레시버식 후드에서는 후드의 개구면으로부터 가장 먼 거리의 유해물질을 후드 쪽으로 흡인되는 기류의 속도를 말한다. **답** ②

예상 02
- 기사 : 01, 06, 18
- 산업 : 출제대비

국소배기장치를 설계하고 현장에서 효율적으로 적용하기 위해서는 적절한 제어속도가 필요하다. 이때 제어속도의 의미로 가장 적절한 것은?

① 공기정화기의 내부공기의 속도
② 발생원에서 배출되는 오염물질의 발생속도
③ 발생원에서 오염물질이 자유공간으로 확산되는 속도
④ 오염물질을 후드 안쪽으로 흡인하기 위하여 필요한 최소한의 속도

해설 제어풍속(Control Velocity)은 발생원에서 발생된 매연이나 오염물질을 후드(Hood)내로 도입시키기 위해 필요한 공기의 최소흡인속도를 말하며, 일명 통제속도, 포착속도라고도 한다. **답** ④

예상 03
- 기사 : 출제대비
- 산업 : 14, 18②

제어속도의 범위를 선택할 때 고려되는 사항으로 가장 거리가 먼 것은?

① 근로자 수　　　　　　　　② 작업장내 기류
③ 유해물질의 사용량　　　　④ 유해물질의 독성

해설 제어속도 적용 시에 고려하여야 할 인자는 발생원의 가스나 분진의 성상(性狀), 독성, 확산조건, 통제거리 등과 발생원 주변(작업장)의 기류상태, 후드의 형식 등이다. **답** ①

예상 04
- 기사 : 19
- 산업 : 15

다음 중 일반적으로 제어속도를 결정하는 인자와 가장 거리가 먼 것은?

① 온도와 습도 및 덕트의 재질　　② 후드에서 오염원까지의 거리
③ 오염물질의 종류 및 확산상태　　④ 후드의 모양과 작업장의내의 기류

해설 작업장내의 온도와 습도, 덕트의 재질은 제어속도를 결정하는 인자와 거리가 멀다. **답** ①

종합연습문제

01 다음 중 분진 및 유해화학물질이 발생되는 작업장에 설치하는 국소배기장치 후드의 설치상 기본 유의사항으로 가장 적절하지 않은 것은? [09,13② 산업]

① 최대한 발생원 부근에 설치할 것
② 발생원의 상태에 맞는 형태와 크기일 것
③ 발생원 부근에 최대제어속도를 만족하는 정상기류를 만들 것
④ 작업자가 후드에 흡인되는 오염기류내에 들어가거나 노출되지 않도록 배치할 것

hint 국소배기장치를 설계할 때는 후드의 흡인성능을 만족시키기 위한 발생원 부근에 최소제어속도를 만족시킬 수 있게 해야 한다.

02 다음 중 국소배기장치 설치상의 기본 유의사항으로 잘못된 것은? [14 산업]

① 발산원의 상태에 맞는 형과 크기일 것
② 후드의 흡인성능을 만족시키기 위해 발산원의 최소제어풍속을 만족시킬 것
③ 작업자가 후드의 기류 흡인부위에 충분히 들어가서 작업할 수 있도록 할 것
④ 분진이 관내에 축적되지 않도록 관내 풍속이 적정 범위내에 있을 것

hint 작업자가 후드에 흡인되는 오염기류내에 들어가거나 노출되지 않도록 배치해야 한다.

03 다음 중 제어속도에 관한 설명으로 틀린 것은 어느 것인가? [16,19 산업]

① 포집속도라고도 한다.
② 유해물질이 후드로 유입되는 최대속도를 말한다.
③ 같은 유해인자라도 후드의 모양과 방향에 따라 달라진다.
④ 제어속도는 유해물질의 발생조건과 공기의 난기류속도 등에 의해 결정된다.

04 발생원에서 비산되는 분진, 가스, 증기, 흄 등을 비산한계점 내에 있는 점에서 포집, 후드 개구부내에 유입시키기 위하여 필요한 최소흡입 속도를 무엇이라 하는가? [11,12 산업][01,07 기사]

① 제어속도 ② 비산속도
③ 유입속도 ④ 반송속도

hint 발생원에서 비산되는 분진, 가스, 증기, 흄 등을 비산한계점내에 있는 점에서 포집, 후드 개구부내에 유입시키기 위하여 필요한 최소흡입속도를 제어속도(Control Velocity) 또는 통제속도, 포착속도라고도 한다.

05 다음 중 제어속도에 관한 설명으로 옳은 것은? [15 산업]

① 제어속도가 높을수록 경제적이다.
② 제어속도를 증가시키기 위해서 송풍기용량의 증가는 불가피하다.
③ 외부식 후드에서 후드와 작업지점과의 거리를 줄이면 제어속도가 증가한다.
④ 유해물질을 실내의 공기 중으로 분산시키지 않고 후드내로 흡인하는데 필요한 최대기류속도를 말한다.

06 국소환기장치 설계에서 제어풍속에 대한 설명으로 가장 알맞은 것은? [16 기사]

① 작업장내의 평균유속을 말한다.
② 발산되는 유해물질을 후드로 완전히 흡인하는데 필요한 기류속도이다.
③ 덕트내의 기류속도를 말한다.
④ 일명 반송속도라고도 한다.

07 후드의 제어풍속을 측정하기에 가장 적합한 것은? [16 산업]

① 열선풍속계
② 피토관
③ 카타온도계
④ 마노미터

정답 | 01.③ 02.③ 03.② 04.① 05.③ 06.② 07.①

종합연습문제

01 제어속도의 범위를 선택할 때 고려되는 사항으로 가장 거리가 먼 것은? [08 산업]

① 근로자 수
② 작업장내 기류
③ 유해물질의 사용량
④ 유해물질의 독성

hint 제어속도의 범위를 선택할 때 고려되는 사항은 ②,③,④항 이외에 발생원에서 오염물질의 발산상태, 비산거리, 포집에 사용되는 후드의 형식 등이다.

02 국소배기에서 제어속도(포촉속도)를 결정할 때 고려할 사항과 가장 거리가 먼 것은? [00,03 산업]

① 오염물질의 비산방향
② 오염물질의 비산거리
③ 후드의 형식
④ 오염물질의 허용농도

03 다음 중 제어속도에 관한 설명으로 옳은 것은? [11 산업]

① 제어속도가 높을수록 경제적이다.
② 제어속도를 증가시키기 위해서 송풍기 용량의 증가는 불가피하다.
③ 외부식 후드에서 후드와 작업지점과의 거리를 줄이면 제어속도가 증가한다.
④ 유해물질을 실내의 공기 중으로 분산시키지 않고 후드내로 흡인하는데 필요한 최대기류속도를 말한다.

04 후드의 뒷부분에 압력 충만실(플레넘)을 설치하는 이유로 가장 적절한 것은? [00,03,04,05 산업]

① 후드 입구 균일류 형성
② 압력손실을 최소화
③ 배기유량을 최소화
④ 소음발생의 최소화

hint 충만실(plenum chamber, 플레넘 챔버)은 슬롯 후드의 뒤쪽에 위치하여 압력과 공기흐름을 균일하게 형성하는데 도움을 주는 장치이다.

05 오염물질을 후드로 유입하는 데 필요한 기류의 속도는? [17 산업]

① 반송속도
② 속도압
③ 제어속도
④ 개구면속도

06 다음 중 후드가 갖추어야 할 사항과 거리가 먼 것은? [04 산업]

① 오염물질 발생원에 가까이 설치한다.
② 제어속도는 빠를수록 좋다.
③ 작업에 방해되지 않도록 설치하여야 한다.
④ 오염물질 발생특성을 충분히 고려하여 설계하여야 한다.

07 후드의 성능 불량원인이 아닌 경우는? [17 산업]

① 제어속도가 너무 큰 경우
② 송풍기의 용량이 부족한 경우
③ 후드 주변에 심한 난기류가 형성된 경우
④ 송풍관 내부에 분진이 과다하게 퇴적되어 있는 경우

08 국소환기에서 효율성 있는 운전을 하기 위해서 가장 먼저 고려해야 할 사항은? [04 기사]

① 필요송풍량 감소
② 제어속도 증가
③ 마찰력 증가
④ 후드 개구면적 감소

09 다음 중 국소배기 시스템에 설치된 충만실(plenum chamber)에 있어 가장 우선적으로 높여야 하는 효율의 종류는? [01,03,11,15,18 산업]

① 정압효율
② 배기효율
③ 정화효율
④ 집진효율

정답 | 01.① 02.④ 03.③ 04.① 05.③ 06.② 07.① 08.① 09.②

03. 국소환기

- 기사 : 10
- 산업 : 16

예상 05 분진발생 공정에 대한 대책의 일환으로 국소배기장치를 들 수 있다. 연마작업, 블라스트 작업과 같이 대단히 빠른 기동이 있는 작업장소에서 분진이 초고속으로 비산하는 경우 제어풍속의 범위는?

① 0.25~0.5m/sec
② 0.5~1.0m/sec
③ 1.0~2.5m/sec
④ 0.2~10.0m/sec

해설 고속기류가 발생하는 작업장소에 초고속으로 비산하는 분진을 제어하기 위한 제어속도는 2.5~10m/sec 범위로 설계한다.   답 ④

- 기사 : 출제대비
- 산업 : 10,13,19

예상 06 주형을 부수고 모래를 터는 장소에서 포위식 후드를 설치하는 경우의 최소제어풍속(m/sec)으로 옳은 것은?

① 0.5
② 0.7
③ 1.0
④ 1.2

해설 주형을 부수고 모래를 터는 장소에서 포위식 후드를 설치하는 경우의 최소제어풍속은 0.7m/sec이다. 분진작업장소의 후드형식에 따른 오염물질의 제어속도(제어풍속)는 다음 [표]와 같다.   답 ②

분진작업장소	제어풍속(m/sec)			
	포위식 후드	외부식 후드		
		측방형	하방형	상방형
□ 암석 등 탄소원료를 체로 거르는 장소	0.7	–	–	–
□ 주물모래를 재생하는 장소	0.7	–	–	–
□ 주형을 부수고 모래를 터는 장소	0.7	1.3	1.3	–
□ 그 밖의 분진작업장소	0.7	1.0	1.0	1.2

- 기사 : 12
- 산업 : 05,07,19

예상 07 움직이지 않는 공기 중에서 속도없이 배출되는 작업조건(작업공정 사례 : 탱크에서 증발, 탈지)에서 제어속도의 적절한 범위는? (단, 미국산업위생전문가협의회 권고기준)

① 0.1~0.15m/sec
② 0.15~0.25m/sec
③ 0.25~0.5m/sec
④ 0.5~1.0m/sec

해설 움직이지 않는 공기 중에서 실질적으로 비산속도가 없이 발산되는 작업조건의 제어속도는 0.25~0.5m/sec 범위로 설계한다.   답 ③

PART 3 산업환기 및 작업환경 관리대책

종합연습문제

01 약간의 공기움직임이 있고 낮은 속도로 오염물질이 배출되는 스프레이 도장, 용접, 도금, 저속 컨베이어 운반공정에서의 제어속도 범위로 가장 적절한 것은? (단, ACGIH 권고기준)
[06,07②,12 산업][00,03②,09 기사]

① 0.5~1.0m/sec
② 1.0~2.5m/sec
③ 2.5~4.0m/sec
④ 4.0~5.5m/sec

hint 약간의 공기움직임이 있고 낮은 속도로 배출되는 작업조건의 제어속도는 0.5~1m/sec 범위로 한다.

02 발생기류가 높고 유해물질이 활발하게 발생하는 작업조건(스프레이 도장, 용기충진, 컨베이어 적재, 분쇄기 작업공정)의 제어속도 범위로 알맞은 것은? (단, ACGIH 권고기준)
[03,14,15 산업][01,05②,06,07 기사]

① 0.5~1.0m/sec
② 1.0~2.5m/sec
③ 2.5~5.0m/sec
④ 5.0~7.5m/sec

hint 비교적 빠른 방출속도를 가지며, 빠른 기류속으로 방출되는 컨베이어 적재 시 발생하는 분진, 분쇄기, 분무도장 등에서 발생하는 분진을 제어하기 위한 유속은 1.0~2.5m/sec 범위로 한다.

03 일반적으로 발생원에 대한 제어속도가 가장 큰 작업공정은? [08,16 산업]

① 연마작업
② 인쇄작업
③ 도장작업
④ 도금작업

04 다음 중 국소배기장치에서 포촉점의 오염물질을 이송하기 위한 제어속도를 가장 크게 해야 하는 것은? [11 산업]

① 통조림작업, 컨베이어의 낙하구
② 액면에서 발생하는 가스, 증기, 흄
③ 저속 컨베이어, 용접작업, 도금작업
④ 연마작업, 블라스트 분사작업, 암석연마작업

05 발생기류가 높고 유해물질이 활발하게 발생하는 작업조건(스프레이 도장, 용기충진, 컨베이어 적재, 분쇄기 작업공정)의 제어속도로 가장 알맞은 것은? (단, ACGIH 권고기준)
[08 산업][09 기사]

① 2.0m/sec
② 3.0m/sec
③ 4.0m/sec
④ 5.0m/sec

hint 컨베이어 적재, 분쇄기 작업공정 등 발생기류가 높고 유해물질이 활발하게 발생하는 작업조건에서는 1.0~2.5m/sec 범위의 제어속도를 유지하여야 한다.

06 고속기류내로 높은 초고속으로 배출되는 작업조건에서 회전연삭, 블라스팅작업 공정 시 제어속도로 적절한 것은? (단, 미국산업위생전문가협의회 권고기준) [10,15 기사]

① 1.8m/sec
② 2.1m/sec
③ 8.8m/sec
④ 12.8m/sec

hint 고속 기류내로 초고속으로 배출되는 먼지를 포집하기 위해서는 2.5~10m/sec 범위의 제어속도를 유지하여야 한다.

07 제어속도(control velocity)에 대한 설명 중 틀린 것은? [17 산업]

① 먼지나 가스의 성상, 확산조건, 발생원 주변 기류 등에 따라서 크게 달라진다.
② 유해물질이 낮은 기류 발생하는 도금 또는 용접 작업공정에서는 대략 0.5~1.0m/sec 이다.
③ 제어풍속이라고도 하며 후드 앞 오염원에서의 기류로서 오염공기를 후드로 흡인하는데 필요하다.
④ 유해물질이 자연적으로 발생하고 있고, 기류가 전혀 없는 탱크에서 유기용제가 증발할 때는 1.6~2.1m/sec 범위로 한다.

hint 유해물질이 자연적으로 발생하고 있고, 기류가 전혀 없는 탱크에서 유기용제가 증발할 경우 제어속도는 0.25~0.5m/sec 범위로 한다.

정답 | 01.① 02.② 03.① 04.④ 05.① 06.③ 07.④

종합연습문제

01 조용한 대기 중에 실제로 거의 속도가 없는 상태로 가스, 증기, 흄이 발생할 때, 국소환기에 필요한 제어속도 범위로 가장 적절한 것은?
[03,04 산업][00,04,17,18 기사]

① 0.25~0.5m/sec
② 0.1~0.25m/sec
③ 0.05~0.1m/sec
④ 0.01~0.05m/sec

hint 움직이지 않는 공기 중에서 실질적으로 비산속도가 없이 발생 배출되는 작업조건의 제어속도는 0.25~0.5m/sec 범위로 설계한다.

02 산업안전보건법령에서 규정한 관리대상 유해물질 관련 물질의 상태 및 국소배기장치 후드의 형식에 따른 제어풍속으로 옳은 것은? [14 산업]

① 외부식 측방 흡인형(가스상) : 0.1m/sec
② 외부식 측방 흡인형(입자상) : 0.5m/sec
③ 외부식 상방 흡인형(가스상) : 0.5m/sec
④ 외부식 상방 흡인형(입자상) : 1.2m/sec

hint 외부식 후드의 제어풍속기준은 유기용제의 경우 측방형이나 하방형은 0.5m/sec, 상방형은 1m/sec으로 하여야 하고, 분진의 경우 측방형과 하방형은 1.0~1.3m/sec, 상방형은 1.2m/sec으로 설계된다.

03 일반적으로 제어속도가 가장 빠르게 설계되는 작업공정은? [01,03 산업]

① 그라인딩작업
② 산세척작업
③ 탱크로부터 유기용제의 증발
④ 인쇄작업

hint 그라인딩작업은 급속한 방출속도를 가지며, 고속의 기류영역으로 입자가 방출되므로 제어속도를 2.5~10m/sec 범위로 설계하여야 한다.

04 외부식 후드의 필요송풍량을 절약하는 방법에 대한 설명으로 틀린 것은? [16 기사]

① 가능한 발생원의 형태와 크기에 맞는 후드를 선택하고 그 후드의 개구면을 발생원에 접근시켜 설치한다.
② 발생원의 특성에 맞는 후드의 형식을 선정한다.
③ 후드의 크기는 유해물질이 밖으로 빠져나가지 않도록 가능한 한 크게 하는 편이 좋다.
④ 가능하면 발생원의 일부만이라도 후드 개구 안에 들어가도록 설치한다.

hint 후드의 크기는 유해물질이 밖으로 빠져나가지 않도록 가능한 한 작게 하는 편이 좋다.

정답 | 01.① 02.④ 03.① 04.③

- 기사 : 출제대비
- 산업 : 16, 18

예상 08 다음의 내용과 가장 관련 있는 것은?

입자상 물질, 즉 분진, 미스트 또는 흄을 함유한 공기를 수평 덕트에서 이송시킬 때 침강에 의해 덕트 하부에 퇴적되지 않게 하여야 하는 최소한의 유지조건

① 반송속도
② 덕트내 정압
③ 공기팽창률
④ 오염물질 제거율

해설 반송속도는 덕트를 통하여 이동하는 유해물질이 덕트내에서 퇴적이 일어나지 않는 상태로 이동시키기 위하여 필요한 최소속도를 말한다.

답 ①

PART 3 산업환기 및 작업환경 관리대책

- 기사 : 출제대비
- 산업 : 09, 14

예상 09 다음 중 국소배기에서 덕트의 반송속도에 대한 설명으로 틀린 것은?

① 분진의 경우 반송속도가 낮으면 덕트내에 분진이 퇴적될 우려가 있다.
② 가스상 물질의 반응속도는 분진의 반송속도보다 늦다.
③ 덕트의 반송속도는 송풍기 용량에 맞춰 가능한 높게 설정한다.
④ 같은 공정에서 발생되는 분진이라도 수분이 있는 것은 반송속도를 높여야 한다.

해설 반송속도는 유해물질이 덕트내에서 퇴적이 일어나지 않으면서 이동시킬 수 있는 최소속도를 유지할 수 있게 설정한다. 통상적으로 먼지를 제거하는 국소배기시설 설계에 필요한 최소덕트내 반송속도는 이론치나 실험치보다는 높게 설정되지만 너무 높을 경우 전력소모량이 증대되고 덕트의 마모 및 손상문제가 발생할 수 있으므로 가능한 낮게 설정하는 것이 좋다. **답** ③

- 기사 : 출제대비
- 산업 : 18②

예상 10 가스, 증기, 흄 및 극히 가벼운 물질의 반송속도(m/sec)로 가장 적합한 것은?

① 5~10
② 15~20
③ 20~23
④ 23 이상

해설 반송속도는 이송대상 입자상 물질의 비중에 비례한다. 그러므로 가스, 증기, 흄 및 극히 가벼운 물질의 반송속도는 가장 낮은 범위인 5~10m/sec 정도로 설계된다.

오염물질의 발생형태	유해물질의 종류	반송속도 (m/sec)
증기, 가스, 연기	모든 증기, 가스 및 연기	5~10
흄(fume)	아연흄, 용접흄, 산화알루미늄흄	10~12.5
미세하고 가벼운 먼지	미세 면분진, 목재분진, 종이분진	12.5~15
건조한 분진, 분말	고무분진, 면분진, 가죽분진, 동물 털분진	15~20
공업 및 산업 분진	그라인딩분진, 주물분진, 금속분말, 석면분진	17.5~20
무거운 분진	납분진, 젖은 톱밥, 샌드블라스트 분진, 주조분진	20~22.5
무겁고 습한 분진	석면덩이, 요업분진, 습한 시멘트분진	25 이상

답 ①

유.사.문.제

01 일반 공업분진(털, 나무 부스러기, 대패 부스러기, 샌드블라스트, 그라인더 분진, 내화벽돌 분진)의 일반적인 반송속도(m/sec)로 적절한 것은? [06,11 산업][01,05 기사]

① 10 ② 15
③ 20 ④ 25

hint 건조한 분진 또는 분말이나 일반 산업분진의 반송속도는 20m/sec 전후가 적합하다.

02 습한 납분진, 철분진, 주물사, 요업재료 등 일반적으로 무겁고 습한 분진의 반송속도(m/sec)로 가장 적당한 것은? [10 산업]

① 5~10 ② 15
③ 20 ④ 25 이상

hint 무겁고 습한 분진의 반송속도는 25m/sec 이상으로 유지하여야 한다.

정답 | 01.③ 02.④

종합연습문제

01 다음 중 유해물질별 송풍관의 적정반송속도로 옳지 않은 것은? [18 기사]

① 가스상 물질 : 10m/sec
② 무거운 물질 : 25m/sec
③ 일반 공업물질 : 20m/sec
④ 가벼운 건조물질 : 30m/sec

02 국소배기용 덕트 설계 시 처리물질에 따라 반송속도가 결정된다. 다음 중 반송속도가 가장 느린 물질은? [14 산업]

① 곡분
② 합성수지분
③ 선반작업 발생먼지
④ 젖은 주조작업 발생먼지

03 가벼운 건조분진(원면, 곡물 분, 고무, 플라스틱 톱밥 등의 분진, 연마분진, 경금속 분진)을 덕트에서 운반하기 위한 반송속도로 적절한 것은? [06,07 기사]

① 1.5m/sec   ② 2.5m/sec
③ 5m/sec   ④ 15m/sec

04 가벼운 건조먼지가 작업장내에 발생하고 있어 국소배기하려고 한다. 적당한 반송속도는? [00,04 산업]

① 15m/sec   ② 10m/sec
③ 5m/sec   ④ 1~4m/sec

05 다음 중 덕트내에서 피토관으로 속도압을 측정하여 반송속도를 추정할 때 반드시 필요한 자료가 아닌 것은? [11,14,17 산업]

① 횡단 측정지점에서의 덕트 면적
② 횡단 지점에서 지점별로 측정된 속도압
③ 횡단 측정지점과 측정시간에서 공기의 온도
④ 처리대상 공기 중 유해물질의 조성

hint 속도압$(P_v) = \dfrac{\gamma V_d^2}{2g}$ $\begin{cases} \gamma : \text{실측상태 비중량} \\ V_d : \text{반송속도} \end{cases}$

06 일반적으로 덕트내의 반송속도를 가장 크게 해야 하는 물질은? [08,16 산업]

① 증기
② 목재분진
③ 고무분
④ 주조분진

07 국소배기용 덕트 설계 시 처리물질에 따라 반송속도가 결정된다. 다음 중 반송속도가 가장 낮은 물질은? [10 산업]

① 털
② 주물사
③ 산화아연의 흄
④ 그라인더 작업 발생먼지

08 국소배기장치에 관한 주의사항으로 가장 거리가 먼 것은? [11,19 기사]

① 배기관은 유해물질이 발산하는 부위의 공기를 모두 빨아낼 수 있는 성능을 갖출 것
② 흡인되는 공기가 근로자의 호흡기를 거치지 않도록 할 것
③ 먼지를 제거할 때에는 공기속도를 조절하여 배기관 안에서 먼지가 일어나도록 할 것
④ 유독물질의 경우에는 굴뚝에 흡인장치를 보강할 것

hint 먼지를 제거할 때에는 공기속도를 조절하여 배기관 안에서 먼지가 퇴적되지 않게 하는 범위 내에서 최소유량으로 설계하여야 한다.

09 국소배기장치의 압력손실이 증가되는 경우가 아닌 것은? [03,18,19 산업]

① 덕트를 길게 한다.
② 덕트의 직경을 줄인다.
③ 덕트를 급격하게 구부린다.
④ 곡관의 곡률반경을 크게 한다.

hint 곡관의 곡률반경이 클수록 압력손실은 감소한다.

정답 ｜ 01.④ 02.② 03.④ 04.① 05.④ 06.④ 07.③ 08.③ 09.④

PART 3 산업환기 및 작업환경 관리대책

예상 11 ・기사 : 출제대비
・산업 : 00,03,07,10,16

덕트 제작 및 설치에 대한 고려사항으로 적절하지 않은 것은?
① 가급적 원형덕트를 설치한다.
② 덕트 연결부위는 가급적 용접하는 것을 피한다.
③ 직경이 다른 덕트를 연결할 때에는 경사 30° 이내의 테이퍼를 부착한다.
④ 수분이 응축될 경우 덕트내로 들어가지 않도록 경사나 배수구를 마련한다.

[해설] 덕트의 연결부위는 접속부의 내면이 돌기물이 없도록 하고, 외부공기가 들어오지 아니하도록 가능한 한 용접을 하여야 하며, 접속부는 덕트 소용돌이(vortex) 기류가 발생하지 않는 구조로 하여야 한다. **답 ②**

예상 12 ・기사 : 출제대비
・산업 : 12,14,17

덕트의 설계에 관한 사항으로 적절하지 않은 것은?
① 사각형 덕트를 사용할 경우 가급적 정방형을 사용한다.
② 덕트의 직경, 단면확대 또는 수축, 곡관 수 및 모양 등을 고려해야 한다.
③ 사각형 덕트가 원형 덕트보다 덕트내 유속분포가 균일하므로 가급적 사각형 덕트를 사용한다.
④ 덕트가 여러 개인 경우 덕트의 직경을 조절하거나 송풍량을 조절하여 전체적으로 균형이 맞도록 설계한다.

[해설] 원형덕트가 사각형 덕트보다 덕트내 유속분포가 균일하므로 가급적 원형덕트를 사용하여야 한다. **답 ③**

유.사.문.제

01 국소배기 시스템 설치 시 고려사항으로 적절하지 않은 것은? [06,08,10,11,13,14,16,18 산업][04 기사]
① 가급적 원형 덕트를 사용한다.
② 후드는 덕트보다 두꺼운 재질을 선택한다.
③ 송풍기를 연결할 때에는 최소덕트반경의 6배 정도는 직선구간으로 하여야 한다.
④ 곡관의 곡률반경은 최소덕트직경의 1.5 이상으로 하며 주로 2.0을 사용한다.

hint 송풍기를 연결할 때에는 최소덕트직경의 6배 정도는 직선구간으로 하여야 한다. 덕트의 설치원칙은 ①,②,④항 이외에 다음과 같은 항목이 추가된다.
• 덕트의 길이는 가능한 한 짧게, 굴곡부의 수는 적게, 내면은 돌출이 없게 할 것
• 공기가 아래로 흐르도록 하향구배를 할 것

02 다음 중 덕트의 설치원칙과 가장 거리가 먼 것은? [14,18 기사]
① 가능한 한 후드와 먼 곳에 설치한다.
② 덕트는 가능한 한 짧게 배치하도록 한다.
③ 밴드의 수는 가능한 한 적게 하도록 한다.
④ 공기가 아래로 흐르도록 하향구배를 만든다.

hint 덕트는 가능한 후드의 가까운 곳에 설치하여야 한다. 덕트의 설치원칙은 ②,③,④항 이외에 다음과 같은 항목이 추가된다.
• 구부러짐 전·후에는 청소구를 만들 것
• 접속부의 내면은 돌출된 부분이 없게 할 것
• 연결부위는 가능한 한 용접방식으로 할 것
• 송풍기를 연결할 때는 최소덕트직경의 6배 정도 직선구간을 확보할 것
• 직경이 다른 덕트를 연결할 때에는 경사 30° 이내의 테이퍼를 부착할 것

정답 | 01.③ 02.①

종합연습문제

01 덕트 설치의 주요사항으로 옳은 것은? [17 기사]
① 구부러짐 전, 후에는 청소구를 만든다.
② 공기흐름은 상향구배를 원칙으로 한다.
③ 덕트는 가능한 한 길게 배치하도록 한다.
④ 밴드의 수는 가능한 한 많게 하도록 한다.

02 덕트 설치 시 고려사항으로 적절하지 않은 것은? [17 산업]
① 가급적 원형덕트를 사용하는 것이 좋다.
② 덕트 연결부위는 용접하지 않는 것이 좋다.
③ 덕트와 송풍기 연결부위는 진동을 고려하여 유연한 재질로 한다.
④ 수분이 응축될 경우 덕트내로 들어가지 않도록 하며 경사나 배수구를 마련한다.

03 다음 중 덕트의 설치를 결정할 때 유의사항으로 적절하지 않은 것은? [07,09,12,15 산업]
① 청소구를 설치한다.
② 곡관의 수를 적게 한다.
③ 가급적 원형덕트를 사용한다.
④ 가능한 곡관의 곡률반경을 작게 한다.
hint 가능한 곡관의 곡률반경을 크게 하여야 한다. 곡관의 곡률반경은 최소덕트직경의 1.5배 이상. 주로 2.0배를 사용한다.

04 다음 중 덕트 설치 시의 주요원칙으로 틀린 것은? [06,14 산업][07,10,11,14 기사]
① 가능한 한 후드의 가까운 곳에 설치한다.
② 곡관의 수는 가능한 한 적게 하도록 한다.
③ 공기는 항상 위로 흐르도록 상향구배로 한다.
④ 덕트는 가능한 한 짧게 배치하도록 한다.
hint 공기의 흐름은 하향구배로 만들어야 한다.

05 주덕트에 분지관을 연결할 때 손실계수가 가장 큰 각도는? [14 기사]
① 30° ② 45°
③ 60° ④ 90°

06 국소배기장치의 덕트를 설계하여 설치하고자 한다. 덕트는 직경 200mm의 직관 및 곡관을 사용하도록 하였다. 이때 마찰손실을 감소시키기 위하여 곡관부위의 새우등 곡관은 최소 몇 개 이상이 가장 적당한가? [04,09,11,14,18 산업][01,04 기사]
① 2 ② 3
③ 4 ④ 5
hint 덕트의 직경이 150mm 미만일 경우는 새우등 3개 이상으로 하고, 덕트직경이 150mm 이상일 경우는 새우등 5개 이상을 사용하여 곡관부위를 연결한다.

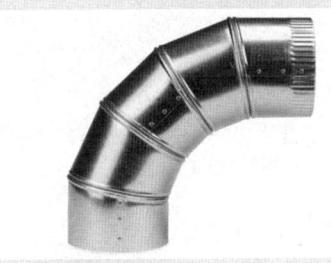

07 국소배기장치의 이송덕트 설계에 있어서 분지관이 연결되는 주관 확대각의 범위로 가장 적절한 것은? [07,12 산업][11 기사]

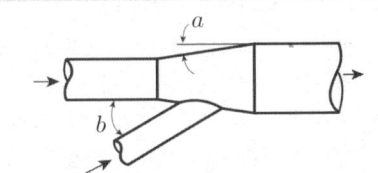

	ⓐ	ⓑ
①	15° 이내	30° 이내
②	30° 이내	20° 이내
③	45° 이내	60° 이내
④	15° 이내	60° 이내

hint 분지관이 연결되는 주관의 확대각은 15° 이내로 하여야 하고, 주덕트와 지덕트의 접속은 30°이내가 되도록 접속한다.

정답 ▌ 01.① 02.② 03.④ 04.③ 05.④ 06.④ 07.①

PART 3 산업환기 및 작업환경 관리대책

종합연습문제

01 다음 중 가지덕트를 주덕트에 연결하고자 할 때 각도로 가장 적합한 것은? [18 기사]
① 30°   ② 50°
③ 70°   ④ 90°

02 국소배기장치의 이송덕트 설계에 있어서 분지관이 연결되는 주관 확대각의 범위로 가장 적절한 것은? [15 산업]

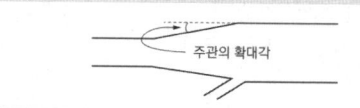

① 15° 이내   ② 30° 이내
③ 45° 이내   ④ 60° 이내

hint 공기의 흐름은 응축되는 수분의 배출이 용이하도록 하향구배로 만들어야 한다.

03 덕트 설치 시 고려사항으로 틀린 것은? [13 산업][06 기사]
① 가급적 원형덕트를 사용하며 부득이 사각형 덕트를 사용할 경우는 정방형을 사용한다.
② 직경이 다른 덕트를 연결할 때는 경사 30° 이내의 테이퍼를 부착한다.
③ 송풍기를 연결할 때에는 최소덕트직경의 6배 정도는 직선구간으로 하여야 한다.
④ 곡관의 곡률반경은 최대덕트직경의 2.0 이상으로 하며 주로 3.0을 사용한다.

hint 곡관의 곡률반경은 최소덕트직경의 1.5배 이상, 주로 2.0배로 한다.

04 국소배기장치 중 덕트의 관리방안으로 적합하지 않은 것은? [17 산업]
① 분진 등의 퇴적이 없어야 한다.
② 마모 또는 부식이 없어야 한다.
③ 덕트내의 정압이 초기정압의 ±10% 이내이어야 한다.
④ 덕트 마모방지를 위해 분진은 곡관에서의 속도를 낮게 유지해야 한다.

05 유기용제를 취급하는 공정에 환기시설을 설치하고자 한다. 덕트의 재료로 가장 적당한 것은? [01,04 산업][00,04,07,13 기사]
① 아연도금 강판
② 중질 콘크리트
③ 스테인리스 강판
④ 흑피 강판

hint 유기용제를 취급하는 공정에는 아연도금 강판이 적합하다. 아연도금 강판은 가장 광범위하게 적용되고 있으며, 타 재질보다 가공이 용이하고, 수명이 길어 경제적인 면에서도 유리하다. 다음 풀이를 수험대비 할 것!!

▶ 바르게 고쳐보기 ◀
② 중질 콘크리트 – 전리방사선 취급
③ 스테인리스 강판 – 강산, 염소계 용제 취급
④ 흑피 강판 – 주물사, 고온가스 취급

06 덕트의 재질은 사용 물질에 따라 다르다. 다음 중 사용 물질과 덕트 재질의 연결이 틀린 것은? [08,18 기사]
① 알칼리 – 강판
② 주물사, 고온가스 – 흑피 강판
③ 강산, 염소계 용제 – 아연도금 강판
④ 전리방사선 – 중질 콘크리트

07 주물사, 고온가스를 취급하는 공종에 환기시설을 설치하고자 할 때, 덕트의 재료로 가장 적당한 것은? [13,16,19 기사]
① 아연도금 강판
② 중질 콘크리트
③ 스테인리스 강판
④ 흑피 강판

정답 | 01.① 02.① 03.④ 04.④ 05.① 06.③ 07.④

3 국소장치 및 후드의 환기량 산정

이승원의 minimum point

① **흡인유량**(Suction Discharge) : 후드내로 유입되는 유량을 말하며, 필요환기량 또는 후드가 제어할 수 있는 유량이라 하여 **제어유량**(Q_c, Control Discharge)이라고도 함

- **반송유량**(이송유량)과의 관계 : 반송유량(Q)은 덕트(duct)내의 관로유량으로 이송유량이라고도 하며, 제어유량(Q_c)과 동일한 값을 가짐
    - $Q_c(\mathrm{m^3/sec}) = A_c(\mathrm{m^2}) \times V_c(\mathrm{m/sec})$
    - $Q(\mathrm{m^3/sec}) = A(\mathrm{m^2}) \times V(\mathrm{m/sec})$
- **제어속도**(V_c, Control Velocity)는 발생원의 오염물질을 후드(Hood)내로 유입시키기 위해 필요한 공기의 **최소흡인속도**를 말하며, 일명 **통제속도, 포착속도**라고도 함
- **제어면적**(A_c, Control Surface) : 제어면적(통제면적)은 통제유속이 미치는 범위의 **공기 겉표면적**을 말함
- **제어거리**(X, Control Space) : 제어거리(통제거리)는 후드의 개구면에서 후드의 흡인력이 미치는 **발생원까지의 거리**를 말함

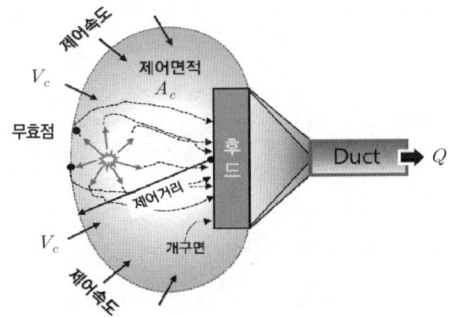

■ **무효점**(null point) : 발생원에서 방출된 오염물질이 **운동에너지를 상실**하여 **비산속도가 0**이 되는 평형점으로 일명 비산한계점(飛散限界點), 정지점(停止点)이라고도 함

〈그림〉 제어속도와 제어거리 개념

① **외부식 후드의 환기량**

- **기본식** : 통제거리(X)가 덕트직경(D)의 1.5배 이내일 때
    - $\dfrac{Y}{100-Y} = \dfrac{0.1\,A}{X^2}$ … Della valle / Homeon의 식
    - 일반형(사각형/원형) : $Q_c = (10X^2 + A) \times V_c$

$\begin{cases} Q_c : 환기량(흡인유량)(\mathrm{m^3/sec}) \\ V_c : 제어유속(\mathrm{m/sec}) \\ A : 후드 개구면적(\mathrm{m^2}) \\ Y : 속도율(\%) = (V_c/V) \times 100 \\ X : 제어거리(\mathrm{m}) \end{cases}$

- 한 변이 작업대에 경계된 일반형의 경우 : 거울효과를 고려(수정 Homeon의 식)
    - $Q_c = \dfrac{(10X^2 + 2A)}{2} \times V_c = 0.5(10X^2 + 2A) \times V_c$
- 한 변이 작업대에 경계된 플랜지 부착형
    - $Q_c = 0.5(10X^2 + A) \times V_c$

- 자유공간형의 후드 형태에 따른 유량산정

후드의 형태		W/L	설계 흡인유량(필요환기량) (m³/sec)
외부식 장방형	O ←X→ →Q_c	0.2 이상 또는 원형	$Q_c = (10X^2 + A)V_c$
외부식 플랜지부착 장방형	Q_c, X	0.2 이상 또는 원형	$Q_c = 0.75(10X^2 + A)V_c$ ※ 1. 플랜지 부착 시 약 **25%의 환기량 절약** 2. **플랜지의 폭**은 후드 개구면적의 제곱근 $\sqrt{A}$ 이상으로 하여야 한다.

ⓘ 외부식 슬롯(Solt) 후드

- 공통으로 적용하는 식 : $Q_c = CXLV_c$ $\begin{cases} Q : 유량(m^3/sec) \\ X : 제어거리(m) \\ L : 후드의 길이(m) \end{cases}$

  ※ C : 상수(통제구면에 따른 상수)

- 후드의 형태에 따른 흡인유량(환기량) 산정

후드의 형태		W/L	설계 흡인유량(필요환기량) (m³/sec)
외부식 슬롯형 (공간형)	L, X, W	0.2 이하	자유공간형 : $Q_c = 3.7XLV_c$
외부식 플랜지부착 슬롯형	X	0.2 이하	플랜지 부착형 : $Q_c = 2.6XLV_c$ ※ 플랜지 부착 시 약 30%의 환기량 절약
외부식 다단 슬롯형	L, W, X	0.2 이상	자유공간형 : $Q_c = (10X^2 + A)V_c$ ※ 폭/길이 비율이 0.2 이상이 될 경우 장방형 후드의 특성이 강함
외부식 플랜지부착 다단 슬롯형	L, W, X	0.2 이상	플랜지 부착형 $Q_c = 0.75(10X^2 + A)V_c$ ※ 폭/길이 비율이 0.2 이상이 될 경우 장방형 후드의 특성이 강함

ⓛ 외부식 천개형(캐노피) 후드

- 배출원과의 거리 : 배출원의 크기(E)에 대한 후드면과 배출원 간의 거리(H)의 비(H/E)는 0.7 이하로 하는 것이 좋음
- 후드의 폭(직경) : 다음의 관계식을 적용하여 후드폭을 설정함

■ $F_3 = E + 0.8H$ $\begin{cases} F_3 : \text{후드의 폭(m)} \\ H : \text{열원까지의 거리(m)} \\ E : \text{열원의 폭(m)} \end{cases}$

■ 난기류가 없을 경우 흡인유량 : $Q_c = Q_1 + Q_2 = Q_1 \times (1 + K_L)$ … (m³/min)

■ 난기류가 있을 경우 흡인유량 : $Q_c = Q_1 \times [1 + (mK_L)]$ … (m³/min)

여기서, Q_c : 후드의 흡인유량(m³/min), K_L : 누입한계 유량비(Q_2/Q_1)
m : 누출 안전계수, Q_1 : 열상승기류량(m³/min), Q_2 : 유도기류량(m³/min)

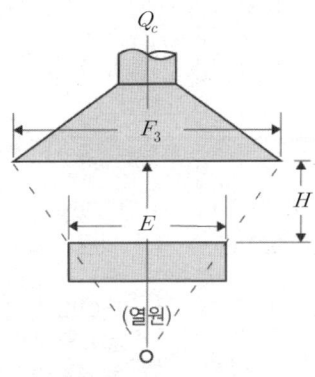

〈그림〉 열상승기류를 고려한 흡인유량(난기류가 없는 경우)

후드의 형태		적용	필요환기량 (흡인유량, m³/sec)
사방노출 캐노피형	캐노피 Hood (W, L, H, 발생원)	$H/L \leq 0.3$ 장방형	• $Q_c = 1.4 PHV_c$ $\begin{cases} P : \text{주변길이} = 2(L+W) \\ W : \text{폭(m)}, \quad L : \text{길이(m)} \end{cases}$
		$0.3 < H/W \leq 0.75$ 장방형, 원형	• $Q_c = 14.5H^{1.8}W^{0.2} \times V_c$
3측면 노출 캐노피형	캐노피 Hood (발생원)	$0.3 < H/W \leq 0.75$ 장방형, 원형	• $Q_c = 8.5H^{1.8}W^{0.2} \times V_c$ $\begin{cases} V_c : \text{제어속도(m/sec)} \\ H : \text{개구면 - 배출원 높이(m)} \\ W : \text{캐노피 직경(장변)(m)} \end{cases}$

PART 3 산업환기 및 작업환경 관리대책

예상 01
- 기사 : 출제대비
- 산업 : 03,05,06,08②,10,13,15,18

일반적으로 외부식 후드에 플랜지를 부착하면 약 어느 정도 효율이 증가될 수 있는가? (단, 플랜지의 크기는 개구면적의 제곱근 이상으로 한다.)

① 15%
② 25%
③ 35%
④ 45%

해설 외부식 후드 개구면적의 제곱근 이상의 플랜지(flange)를 부착한 경우, 필요환기량은 약 25%가 절약된다. 환기량의 산출 계산식을 토대로 이를 살펴보면 다음과 같다.
Ⓐ 일반형(사각형/원형) 후드 : $Q_c = (10X^2 + A) \times V_c$
Ⓑ 개구면적의 제곱근 이상 플랜지를 부착한 후드 : $Q_c^* = 0.75(10X^2 + A) \times V_c$
∴ 감소량 $= \left(\dfrac{Q_c - Q_c^*}{Q_c}\right) \times 100 = \left(\dfrac{Q_c - 0.75Q_c}{Q_c}\right) \times 100 = 25\%$

답 ②

유.사.문.제

01 국소환기장치에서 플랜지(flange)가 벽, 바닥, 천장 등에 접하고 있는 경우 필요환기량은 약 몇 %가 절약되는가? [18 산업]

① 10
② 25
③ 30
④ 50

hint 플랜지(flange)부분이 벽, 바닥, 천장 등에 접하고 있는 경우, 필요환기량은 약 50%가 절약된다. 환기량의 산출 계산식을 토대로 보면 다음과 같다.
Ⓐ 일반형(사각형/원형) 후드
$Q_c = (10X^2 + A) \times V_c$
Ⓑ 한 변이 작업대에 경계된 플랜지 부착한 후드
$Q_c^* = 0.5(10X^2 + A) \times V_c$
∴ 감소량 $= \left(\dfrac{Q_c - Q_c^*}{Q_c}\right) \times 100$
$= \left(\dfrac{Q_c - 0.5Q_c}{Q_c}\right) \times 100 = 50\%$

02 외부식 후드에서 플랜지가 붙고 공간에서 설치된 후드와 플랜지가 붙고 면에 고정 설치된 후드의 필요공기량을 비교할 때 플랜지가 붙고 면에 고정 설치된 후드는 플랜지가 붙고 공간에 설치된 후드에 비하여 필요공기량을 약 몇 % 절감할 수 있는가? (단, 후드는 장방형 기준) [08,12,15 기사]

① 12%   ② 20%
③ 25%   ④ 33%

hint 외부식 후드에서 플랜지가 붙은 후드와 플랜지가 붙고 면에 고정 설치된 후드의 필요환기량을 비교하면 플랜지가 붙고 면에 고정 설치된 후드의 흡인유량이 약 33% 절약된다. 환기량의 산출 계산식을 토대로 이를 살펴보면 다음과 같다.
Ⓐ 개구면적의 제곱근 이상의 플랜지를 부착한 장방형 후드 : $Q_c = 0.75(10X^2 + A) \times V_c$
Ⓑ 한 변이 작업대에 경계된 플랜지 부착한 장방형 후드 : $Q_c^* = 0.5(10X^2 + A) \times V_c$
∴ 감소량 $= \left(\dfrac{Q_c - Q_c^*}{Q_c}\right) \times 100$
$= \left(\dfrac{0.75 - 0.5}{0.75}\right) \times 100 = 33\%$

정답 ┃ 01.④ 02.④

종합연습문제

01 플랜지가 부착된 슬롯형 후드의 필요송풍량은 플랜지가 없는 슬롯형 후드에 비하여 필요송풍량이 몇 %가 감소되는가? (단, 기타 조건의 변화는 없다.) [11,16 산업]

① 15%
② 30%
③ 45%
④ 50%

hint 슬롯형 후드에서 플랜지(flange)를 부착하는 경우 30%의 필요환기량을 감소시킬 수 있다.
□ 플랜지 미부착 : $Q_c = 3.7 \, X L V_c$
□ 플랜지 부착 : $Q_c = 2.6 \, X L V_c$
∴ 감소량 $= \left(\dfrac{3.7 - 2.6}{3.7}\right) \times 100 = 29.7\%$

02 외부식 후드의 경우, 필요송풍량을 가장 적게 할 수 있는 모양은? [01,03,06 산업][00,10 기사]

① 플랜지가 없고 적절한 공간이 있는 모양
② 플랜지가 없고 면에 고정된 모양
③ 플랜지가 있고 적절한 공간이 있는 모양
④ 플랜지가 있고 면에 고정된 모양

hint 플랜지가 있는 후드는 플랜지가 없는 후드에 비해서 동일한 조건에서 동일한 풍속을 얻는데 필요한 공기량을 약 25%까지 절감할 수 있다.

03 다음 중 슬롯(slot)형 후드에서 슬롯속도와 제어풍속과의 관계를 설명한 것으로 가장 옳은 것은? [13 산업]

① 제어풍속은 슬롯속도에 반비례한다.
② 제어풍속은 슬롯속도의 제곱근이다.
③ 제어풍속은 슬롯속도의 제곱에 비례한다.
④ 제어풍속은 슬롯속도에 영향을 받지 않는다.

hint 푸쉬 풀(push-pull)방식의 제어풍속은 슬롯속도에는 영향을 받지 않는다. 다만 푸쉬 제트기류에 의한 영향이 지배적이다.

04 원형이나 정사각형의 후드인 경우 필요환기량은 Dalla Valle 공식 $[Q = V(10X^2 + A)]$을 활용한다. 이 공식은 오염원에서 후드까지의 거리가 덕트 직경의 몇 배 이내일 때만 유효한가? [03,06,13,16 산업]

① 0.5배
② 1.5배
③ 2.5배
④ 5.0배

05 후드에 플랜지(flange)를 부착하여 얻는 효과로 볼 수 없는 것은? [17 산업]

① 후드 전면의 포집범위가 넓어진다.
② 후드폭을 줄일 수 있어 제어속도가 감소한다.
③ 동일한 흡인속도를 얻는데 필요송풍량이 감소한다.
④ 등속흡인곡선에서 덕트직경만큼 떨어진 부위의 유속이 덕트유속의 7.5%를 초과한다.

hint 플랜지가 있는 후드는 플랜지가 없는 후드에 비해서 동일한 조건에서 동일한 풍속을 얻는데 필요한 공기량을 약 25%까지 절감할 수 있다. 다시 말해서 플랜지 후드의 필요환기량은 플랜지가 없는 후드의 75%만으로도 동일한 제어효과를 얻을 수 있다.

06 국소배기장치의 필요송풍량을 최소화하기 위해 취해진 조치로 잘못된 것은? [16 산업]

① 오염물질 발생원을 가능한 밀폐한다.
② 플랜지 등을 설치하여 후드 유입기류를 조절한다.
③ 주위 방해기류를 최소화하여 후드의 기류형성이 쉽도록 한다.
④ 작업에 방해가 되지 않도록 후드와 오염물질 발생원 간의 거리를 멀게 한다.

hint 필요송풍량을 최소화 하기 위해서는 후드와 오염물질 발생원 간의 거리를 가깝게 해야 한다.

정답 | 01.② 02.④ 03.④ 04.② 05.② 06.④

예상 02

- 기사 : 출제대비
- 산업 : 07, 17

Della Valle 유도한 공식으로 외부식 후드의 필요환기량을 산출할 때, 가장 큰 영향을 주는 인자는?

① 후드 모양
② 후드의 재질
③ 후드의 개구면적
④ 후드로부터의 오염원까지의 거리

해설 델라 벨리(Della valle)의 경험식은 다음과 같다. 이 식에서 Y는 속도비율(%)로서 후드의 개구면 속도(V)에 대한 후드의 통제유속(V_c)의 백분율이며, X는 안전치를 고려한 후드 개구면에서 오염원까지의 거리(통제거리)이다. 여기서, 외부식 후드의 필요환기량을 산출할 때 가장 큰 영향을 주는 인자는 후드로부터의 오염원까지의 거리(X)가 되는 것을 알 수 있다.

〈관계〉 $\dfrac{Y}{100-Y} = \dfrac{0.1A}{X^2} \Rightarrow Q = (10X^2+A) \times V_c$

답 ④

유.사.문.제

01 자유공간에서 설치한 폭과 높이의 비가 0.5인 사각형 후드의 필요환기량(Q, m³/sec)을 구하는 식으로 옳은 것은? (단, L : 폭(m), W : 높이(m), V_c : 제어속도(m/sec), X : 유해물질과 후드 개구부 간의 거리(m), K : 안전계수)

[18 산업][17 기사]

① $Q = V_c(10X^2+LW)$
② $Q = V_c(5.3X^2+2.7LW)$
③ $Q = 3.7LV_cX$
④ $Q = 2.6LV_cX$

02 필요송풍량은 Q(m³/min), 후드의 단면적을 A(m²), 후드면과 대상물질 사이의 거리를 X(m) 그리고 제어속도를 V_c(m/sec)라 했을 때 다음 관계식 중 옳은 것은? [07 산업]

① $Q = 60V_cA$
② $Q = \dfrac{(60V_cX)}{A}$
③ $Q = \dfrac{(60V_cA)}{X}$
④ $Q = V_cA$

hint 문제에서 후드의 형식을 특정하지 않았으므로 외부식 일반형 후드의 흡인유량을 적용한다. 즉, Q(m³/min) = $A \times V_c \times 60$으로 산출된다.

03 실험실에 있는 포위식 후드의 필요환기량을 구하고자 한다. 제어속도는 0.5m/sec이고, 개구면적이 0.5×0.3m일 때, 필요환기량(m³/분)은?

[11, 12 산업][11② 기사]

① 0.075m³/min
② 0.45m³/min
③ 4.5m³/min
④ 7.5m³/min

hint $Q_c = A_c \times V_c$
□ 포위식의 $A_c = 0.5 \times 0.3 = 0.15\text{m}^2$
∴ $Q_c = 0.15 \times 0.5 = 0.075\text{m}^3/\text{sec}$
  $= 4.5\text{m}^3/\text{min}$

04 후드로부터 0.25m 떨어진 곳에 있는 공정에서 발생되는 먼지를 제어속도는 5m/sec, 후드 직경 0.4m인 원형 후드를 이용하여 제거하고자 한다. 이때 필요한 환기량(m³/min)은? (단, 플랜지 등 기타 조건은 고려하지 않음)

[05, 12 산업][09②, 10, 12, 17, 19 기사]

① 225
② 255
③ 275
④ 295

hint $Q_c = (10X^2+A) \times V_c$
□ 일반 원형(A) = $\dfrac{\pi D^2}{4} = \dfrac{3.14 \times 0.4^2}{4}$
  $= 0.126\text{m}^2$
∴ $Q_c = (10 \times 0.25^2 + 0.126) \times 5$
  $= 3.75\text{m}^3/\text{sec} = 225.18\text{m}^3/\text{min}$

정답 | 01.① 02.① 03.③ 04.①

03. 국소환기

예상 03
- 기사 : 출제대비
- 산업 : 09,14②,17,19

자유공간에 떠 있는 직경 20cm인 원형개구 후드의 개구면으로부터 20cm 떨어진 곳의 입자를 흡인하려고 한다. 제어풍속을 0.8m/sec로 할 때, 덕트에서의 속도는 약 얼마인가?

① 7m/sec ② 11m/sec
③ 15m/sec ④ 18m/sec

해설 자유공간에 떠 있는 원형개구 후드(일반형 후드)의 흡인유량 계산식은 $Q_c = (10X^2 + A)V_c$이고, 이 유량은 Duct의 반송유량($Q = A \times V$)과 동일하므로 다음과 같이 덕트유속을 산출할 수 있다.

⟨계산⟩ $V = \dfrac{Q}{A}$ $\begin{cases} A = \dfrac{\pi D^2}{4} = \dfrac{3.14 \times 0.2^2}{4} = 0.0314\,\text{m}^2 \\ Q = Q_c = (10X^2 + A)V_c \\ \quad = (10 \times 0.2^2 + 0.0314) \times 0.8 = 0.346\,\text{m}^3/\text{sec} \end{cases}$

$\therefore V = \dfrac{0.346}{0.0314} = 11.0\,\text{m/sec}$

답 ②

유.사.문.제

01 한 변이 1m인 정사각형 장방형 후드를 설치하였다. 오염원에서 후드까지의 거리 0.5m, 제어속도 0.3m/sec일 때 필요한 환기량(m^3/sec)은? [03,14 산업][05,11 기사]

① 약 1 ② 약 2
③ 약 3 ④ 약 4

hint $Q_c = (10X^2 + A) \times V_c$
□ 일반형 $A = 1 \times 1 = 1\,\text{m}^2$
$\therefore Q_c = (10 \times 0.5^2 + 1) \times 0.3 = 1.05\,\text{m}^3/\text{sec}$

02 직경이 10cm인 원형 후드가 있다. 관내를 흐르는 유량이 $0.1\,\text{m}^3/\text{sec}$이라면 후드 입구에서 15cm 떨어진 후드 축선상에서의 제어속도는? (단, Dalla Valle의 경험식을 이용) [18 산업][16 기사]

① 0.25m/sec ② 0.29m/sec
③ 0.35m/sec ④ 0.43m/sec

hint $Q_c = (10X^2 + A) \times V_c$
□ 일반형 $A = \dfrac{3.14 \times 0.1^2}{4} = 0.00785\,\text{m}^2$
⇨ $0.1 = (10 \times 0.15^2 + 0.00785) \times V_c$
$\therefore V_c = 0.43\,\text{m/sec}$

03 후드로부터 0.25m 떨어진 곳에 있는 공정에서 발생되는 먼지를 제어속도 5m/sec, 후드직경 0.4m인 원형 후드를 이용하여 제거하고자 한다. 이때 필요환기량(m^3/min)은? (단, 플랜지는 고려하지 않음) [12,14②,18 기사]

① 205 ② 215
③ 225 ④ 235

hint $Q_c = (10X^2 + A) \times V_c$
□ 일반형 $A = \dfrac{3.14 \times 0.4^2}{4} = 0.1256\,\text{m}^2$
$\therefore Q_c = (10 \times 0.25^2 + 0.1256) \times 5 \times 60$
$= 225.18\,\text{m}^3/\text{min}$

04 개구면적 $0.6\,\text{m}^2$인 외부식 사각형 후드가 자유공간에 설치되어 있다. 개구면과 유해물질 사이의 거리는 0.5m이고 제어속도가 0.80m/sec일 때, 필요한 송풍량은 약 몇 m^3/min인가? (단, 플랜지 미부착 상태) [07,10,18 기사]

① 126 ② 149
③ 164 ④ 182

hint $Q_c = (10X^2 + A) \times V_c$
□ 일반형 $A = 0.6\,\text{m}^2$
$\therefore Q_c = (10 \times 0.5^2 + 0.6) \times 0.8 \times 60$
$= 148.80\,\text{m}^3/\text{min}$

정답 | 01.① 02.④ 03.③ 04.②

- 기사 : 출제대비
- 산업 : 04,15,19

예상 04 전자부품을 납땜하는 공정에 외부식 국소배기장치를 설치하려 한다. 후드의 규격은 가로, 세로 각각 400mm이고, 제어거리는 20cm, 제어속도 0.5m/sec, 반송속도를 1,200m/min으로 유지하고자 할 때 필요소요풍량(m^3/min)은 약 얼마인가? (단, 플랜지는 없으며, 공간에 설치한다.)

① 13.2
② 15.6
③ 16.8
④ 18.4

해설 자유공간에 존재하는 사각형 후드(일반형 후드)의 흡인유량 계산식 $Q_c = (10X^2 + A)V_c$을 적용한다.

〈계산〉 $Q_c = (10X^2 + A)V_c$ $\begin{cases} A = WH = 0.4 \times 0.4 = 0.16\,m^2 \\ V_c = 0.5\,m/sec \end{cases}$

∴ $Q_c = (10 \times 0.2^2 + 0.16) \times 0.5 \times 60 = 16.8\,m^3/min$

답 ③

- 기사 : 10
- 산업 : 18

예상 05 전자부품을 납땜하는 공정에 외부식 국소배기장치를 설치하였다. 후드의 규격은 400mm×400mm, 제어거리 20cm, 제어속도 0.5m/sec으로 하고자 할 때, 이때 소요풍량(m^3/min) 보다 후드에 플랜지를 부착하여 공간에 설치하면 소요풍량(m^3/min)은 얼마나 감소하는가?

① 1.2
② 2.2
③ 3.2
④ 4.2

해설 사각형 일반 후드의 흡인유량은 $Q_{c1} = (10X^2 + A)V_c$을 관계식을 적용하고, 사각형 플랜지 부착 후드의 흡인유량은 $Q_{c2} = 0.75(10X^2 + A)V_c$을 관계식을 적용한다.

답 ④

〈계산〉 $\Delta Q_c = Q_{c1} - Q_{c2}$ $\begin{cases} Q_{c1} = (10 \times 0.2^2 + 0.16) \times 0.5 \times 60 = 16.8\,m^3/min \\ Q_{c2} = 0.75 \times 16.8\,m^3/min = 12.6\,m^3/min \end{cases}$

∴ $\Delta Q_c = 16.8 - 12.6 = 4.2\,m^3/min$

- 기사 : 18
- 산업 : 18

예상 06 테이블에 붙여서 설치한 사각형 후드의 필요환기량(m^3/min)을 구하는 식으로 적절한 것은? (단, 플랜지는 부착되지 않았고, $A(m^2)$는 개구면적, $X(m)$는 개구부와 오염원 사이의 거리, V_c(m/sec)는 제어속도이다.)

① $Q_c = V_c \times (5X^2 + A)$
② $Q_c = V_c \times (7X^2 + A)$
③ $Q_c = 60V_c \times (5X^2 + A)$
④ $Q_c = 60V_c \times (7X^2 + A)$

해설 한 변이 작업대에 경계된 일반형 후드의 경우, 거울효과를 고려하여 다음과 같이 필요환기량을 산정한다.

〈계산〉 $Q_c = \dfrac{(10X^2 + 2A)}{2} \times V_c \times 60 = 0.5(10X^2 + 2A) \times V_c \times 60 = 60V_c \times (5X^2 + A)$

답 ③

종합연습문제

01 그림과 같이 작업대 위에 용접흄을 제거하기 위해 작업면 위에 플랜지가 붙은 외부식 후드를 설치했다. 개구면에서 제어점까지의 거리는 0.3m, 제어속도는 0.5m/sec, 후드 개구의 면적이 $0.6m^2$일 때, Della Valle 식을 이용한 필요 송풍량(m^3/min)은 약 얼마인가? (단, 후드 개구의 높이/폭은 0.2보다 크다.) [11,16 산업][14 기사]

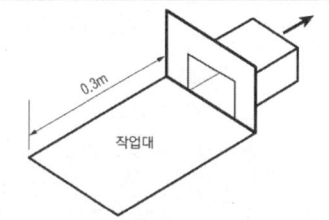

① 18
② 23
③ 34
④ 45

hint 후드개구의 높이/폭이 0.2보다 큰 후드이므로 슬롯형이 아닌 일반형 후드이다. 따라서 한 변이 작업대에 경계된 플랜지 부착형의 흡인유량 계산식을 적용한다.

〈계산〉 $Q_c = 0.5(10X^2 + A) \times V_c$
∴ $Q_c = 0.5 \times (10 \times 0.3^2 + 0.6) \times 0.5 \times 60$
     $= 22.5\,m^3/min$

02 작업대 위에서 용접을 할 때, 흄을 포집 제거하기 위해 작업면에 고정된 플랜지가 붙은 외부식 장방형 후드를 설치했다. 개구면에서 포촉점까지의 거리는 0.25m, 제어속도는 0.5m/sec, 후드 개구면적이 $0.5m^2$일 때, 소요 송풍량은? [17 산업][04,13,16,18 기사]

① 약 $0.14m^3$/sec
② 약 $0.28m^3$/sec
③ 약 $0.36m^3$/sec
④ 약 $0.42m^3$/sec

hint $Q_c = 0.5(10X^2 + A) \times V_c$
∴ $Q_c = 0.5 \times (10 \times 0.25^2 + 0.5) \times 0.5$
     $= 0.28\,m^3/sec$

03 용접작업대에 그림과 같은 외부식 후드를 설치할 때 개구면적이 $0.15m^2$이면 송풍량은? [04,07,08,11 기사]

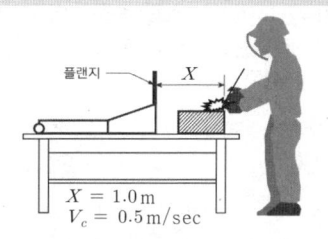

① 약 $50m^3$/min
② 약 $100m^3$/min
③ 약 $150m^3$/min
④ 약 $200m^3$/min

hint 후드의 한 변이 작업대에 고정되어 있으며, 플랜지가 부착된 후드이므로 한 변이 작업대에 경계된 플랜지 부착형 후드의 흡인유량 산출식을 적용한다.

〈계산〉 $Q_c = 0.5(10X^2 + A) \times V_c$
∴ $Q_c = 0.5 \times (10 \times 1^2 + 0.15) \times 0.5$
     $= 2.54\,m^3/sec = 152.3\,m^3/min$

04 플랜지가 붙은 일반적인 형태의 외부식 후드(원형 또는 정사각형)가 공간에 위치하고 있다. 개구면의 단면적이 $0.5m^2$이고, 개구면으로부터 30cm 되는 거리에서의 제어속도를 0.7m/sec가 되도록 설계하려고 한다. 이 후드의 필요환기량 (m^3/min)은? [06,15 산업][06②,08②,12,13 기사]

① $56m^3$/min
② $44m^3$/min
③ $36m^3$/min
④ $25m^3$/min

hint $Q_c = 0.75(10X^2 + A)V_c$
∴ $Q_c = 0.75 \times (10 \times 0.3^2 + 0.5) \times 0.7$
     $= 0.735\,m^3/sec = 44.1\,m^3/min$

정답 | 01.② 02.② 03.③ 04.②

종합연습문제

01 용접흄이 발생하는 공정의 작업대에 부착고정하여 개구면적이 $0.6m^2$인 측방 외부식 테이블상 플랜지 부착 장방형 후드를 설치하였다. 제어속도가 0.4m/sec, 소요 송풍량이 $63.6m^3$/min이라면, 발생원으로부터 어느 정도 떨어진 위치에 후드를 설치해야 하는가? [05,09,14 기사]

① 0.69m ② 0.86m
③ 1.23m ④ 1.52m

hint $Q_c = 0.5(10X^2 + A)V_c$
⇒ $63.6 = 60 \times 0.5 \times (10X^2 + 0.6) \times 0.4$
∴ $X = \sqrt{\dfrac{63.6/(60 \times 0.5 \times 0.4) - 0.6}{10}} = 0.69m$

02 가로, 세로가 각각 0.4m, 1m인 플랜지가 달린 개구형 후드의 배량량을 $90m^3$/min으로 할 오염원에서의 제어속도를 0.5m/sec로 유지하기 위해서는 제어거리를 얼마로 하여야 하는가? (단, 플랜지 부착을 고려하며 Dalla Valle 식을 적용한다.) [09 산업]

① 0.6m ② 0.8m
③ 1.2m ④ 1.5m

hint $Q_c = 0.75(10X^2 + A)V_c$
- 개구면적 $A = 0.4 \times 1 = 0.4m^2$
⇒ $90 = 60 \times 0.75 \times (10X^2 + 0.4) \times 0.5$
∴ $X = \sqrt{\dfrac{90/(60 \times 0.75 \times 0.5) - 0.4}{10}} = 0.6m$

정답 ┃ 01.① 02.①

- 기사 : 출제대비
- 산업 : 08,10

전자부품을 납땜하는 공정에 외부식 국소배기장치를 설치하고자 한다. 후드의 규격은 400mm×400mm, 제어거리를 20cm, 제어속도를 0.5m/sec, 그리고 반송속도를 1,200m/min으로 하고자 할 때 덕트의 직경은 약 몇 m로 해야 하는가?

① 0.13m ② 0.26m
③ 0.33m ④ 1.34m

해설 별도의 조건이 없으므로 일반형 사각형 후드의 흡인유량 계산식 $Q_c = (10X^2 + A)V_c$을 적용한다.

〈계산〉 $Q_c = (10X^2 + A)V_c = A \times V$
⇒ $Q_c = (10 \times 0.2^2 + 0.16) \times 0.5 = 0.28\ m^3/sec$
⇒ $Q_c = Q = \dfrac{\pi D^2}{4} \times V$ ⇒ $0.28 = \dfrac{3.14 \times D^2}{4} \times \dfrac{1,200}{60}$
∴ $D = 0.13m$

답 ①

- 기사 : 09
- 산업 : 출제대비

폭과 길이의 비(종횡비, W/L)가 0.2 이하인 슬롯형 후드의 경우, 배풍량은 다음 중 어느 공식에 의해서 산출하는 것이 가장 적절하겠는가? (단, 플랜지가 부착되지 않음. L : 길이, W : 폭, X : 오염원에서 후드 개구부까지의 거리, V_c : 제어속도)

① $Q = 2.6XLV_c$ ② $Q = 3.7XLV_c$
③ $Q = 4.3XLV_c$ ④ $Q = 5.2XLV_c$

해설 플랜지가 부착되지 않은 슬롯형 후드로서 통제구면(원주)을 특정하지 않는 경우 전원주 슬롯형 후드로 간주하여 「산업환기 기술지침」에 따라 ⇒ $Q = 3.7XLV_c$

답 ②

03. 국소환기

- 기사 : 출제대비
- 산업 : 08,10,11

예상 09 슬롯형 후드 중에서 후드면과 대상물질 사이의 거리, 제어속도 후드 개구면의 길이가 같을 때 필요송풍량이 가장 적게 요구되는 것은?

① 전원주 슬롯형
② 1/4 원주 슬롯형
③ 1/2 원주 슬롯형
④ 3/4 원주 슬롯형

[해설] 동일 후드의 동일조건에서는 통제면적(슬롯형의 경우 원주면적)이 작을수록 필요송풍량이 적다. **답** ②

- 기사 : 출제대비
- 산업 : 10,12,14,15

예상 10 폭이 10cm이고, 길이가 1m인 1/4원주형 슬롯 후드가 있다. 제어거리가 30cm이고, 제어속도가 0.4m/sec라면 필요송풍량은 약 얼마인가?

① 8.6m³/min
② 11.5m³/min
③ 20.1m³/min
④ 32.5m³/min

[해설] 슬롯형 후드로서 1/4원주형으로 제시하고 흡인유량 산출에 필요한 상수(C)를 별도로 제시하지 않은 경우, 1/4원주형 슬롯은 1.6을 적용한다.

〈계산〉 $Q_c = CXLV_c$ $\begin{cases} C : 상수 = 1.6 \\ X : 제어거리 = 0.3m \\ L : 후드의 길이 = 1m \\ V_c : 제어속도(통제유속) = 0.4m/sec \end{cases}$

∴ $Q_c = 1.6 \times 0.3 \times 1 \times 0.4 = 0.192 \, m^3/sec = 11.52 \, m^3/min$ **답** ②

유.사.문.제

01 슬롯길이 3m, 제어속도 2m/sec인 슬롯 후드가 있다. 오염원이 1m 떨어져 있을 경우 필요환기량(m³/min)은? (단, 공간에 설치하며 플랜지는 부착되어 있지 않음) [09,12,15,19 기사]

① 226
② 688
③ 1,332
④ 2,461

hint $Q_c = 3.7 \, X \, LV_c$
∴ $Q_c = 3.7 \times 1 \times 3 \times 2 = 22.2 \, m^3/sec$
$= 1,332 \, m^3/min$

02 길이가 2.4m, 폭이 0.4m인 플랜지 부착 슬롯형 후드가 설치되어 있다. 제어거리가 0.5m, 제어속도가 0.8m/sec일 때 필요송풍량은? [08,11②,18 기사]

① 20.2m³/min
② 40.3m³/min
③ 80.6m³/min
④ 150m³/min

hint $Q_c = 2.6 \, X \, LV_c$
∴ $Q_c = 2.6 \times 0.5 \times 2.4 \times 0.8 = 2.5 \, m^3/sec$
$= 149.8 \, m^3/min$

정답 | 01.③ 02.④

예상 11

- 기사 : 05
- 산업 : 출제대비

레시버식 캐노피형 후드를 설치하고자 한다. 배출원의 크기(E)에 대한 후드면과 배출원 간의 거리 (H)의 비(H/E)는 얼마로 하는 것이 가장 좋은가?

① 0.7 이하 ② 0.8 이하
③ 0.9 이하 ④ 1.0 이하

해설 레시버식 캐노피형 후드는 후드면과 배출원 간의 거리의 비(H/E)가 0.7 이하로 하는 것이 좋다. **답** ①

유.사.문.제

01 그림과 같은 레시버식 캐노피형에서 후드의 직경(F_3)으로 가장 알맞은 것은? [05,06,07,18 산업]

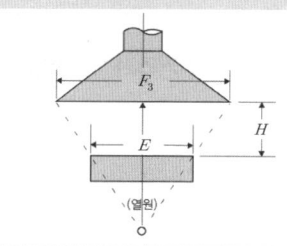

① $F_3 = E \times 1.6H$
② $F_3 = E + 0.8H$
③ $F_3 = E \times 0.8H$
④ $F_3 = E \div 1.6H$

hint 그림과 같은 사방 개방형의 레시버식 캐노피형 후드는 발생원에서 배출되어 부력에 의해 상승하는 유해기류를 포집하는데 효과적인 후드로서 다음의 관계식에 의해 개구면의 폭(직경)을 산출할 수 있다.

〈관계식〉 $F_3 = E + 0.8H$

$\begin{cases} F_3 : \text{후드의 폭 또는 직경(m)} \\ H : \text{열원과 후드까지의 거리(m)} \\ E : \text{열원의 폭(m)} \end{cases}$

02 후드의 열상승기류량이 10m³/min이고, 유도기류량이 15m³/min일 때 누입한계유량비(K_L)는? (단, 기타 조건은 무시한다.) [07,12 산업]

① 0.67
② 1.5
③ 2.0
④ 2.5

hint $K_L = \dfrac{Q_2}{Q_1}$ $\begin{cases} Q_2 : \text{유도기류} = 15\text{m}^3/\text{min} \\ Q_1 : \text{열상승기류} = 10\text{m}^3/\text{min} \end{cases}$

$\therefore K_L = \dfrac{15}{10} = 1.5$

03 용해로에 레시버식 캐노피형 국소배기장치를 설치할 때 주변환경의 난류형성에 따른 누출 안전계수는 소요 송풍량 결정에 크게 작용한다. 열상승기류량 30m³/min, 누입한계 유량비 3.0, 누출안전계수 7이라면 소요 송풍량은?
[04,05,17 산업][03,05,06②,08 기사]

① 70m³/min   ② 320m³/min
③ 450m³/min ④ 660m³/min

hint 난기류가 있는 경우 천개형 후드의 최소흡인 유량은 다음 식으로 산출된다.

〈계산〉 $Q_c = Q_1 \times [1 + (mK_L)]$

$\begin{cases} Q_1 : \text{열상승기류량} = 30\text{m}^3/\text{min} \\ K_L : \text{누입한계유량비}(Q_2/Q_1) = 3.0 \\ m : \text{누출안전계수} = 7 \end{cases}$

$\therefore Q_c = 30 \times [1 + (7 \times 3)] = 660\text{m}^3/\text{min}$

정답 | 01.② 02.② 03.④

03. 국소환기

예상 12
- 기사 : 10, 11
- 산업 : 출제대비

한 면이 1m인 정사각형 외부식 캐노피형 Hood를 설치하고자 한다. 높이 0.7m, 제어속도 18m/min일 때 소요 송풍량(m³/min)은? (단, 다음 공식 중 적합한 수식을 선택 적용할 것)

$$Q = 60 \times 1.4 \times 2(L+W) \times H \times V_c, \quad Q = 60 \times 14.5 \times H^{1.8} \times W^{0.2} \times V_c$$

① 약 110m³/min   ② 약 140m³/min
③ 약 170m³/min   ④ 약 190m³/min

해설 캐노피형(천개형) Hood이고, 높이/폭의 비율 즉, H/W를 산출해 보면 $0.7/1=0.7$이다. 따라서, H/W이 0.3~0.7 범위에 들어가는 캐노피형 hood는 문제에서 제시된 두 번째 식을 적용하여 흡인유량을 산출한다.

〈계산〉 $Q_c = 14.5 H^{1.8} W^{0.2} \times V_c$ $\begin{cases} H : \text{높이} = 0.7\text{m} \\ W : \text{폭} = 1\text{m} \\ V_c : \text{제어속도(통제유속)} = 18\text{m/min} \end{cases}$

∴ $Q_c = 14.5 \times 0.7^{1.8} \times 1^{0.2} \times 18 = 137.35 \text{m}^3/\text{min}$

답 ②

예상 13
- 기사 : 18
- 산업 : 19

그림과 같은 작업에서 상방 흡인형의 외부식 후드의 설치를 계획하였을 때, 필요한 송풍량은 약 몇 m³/min인가? [단, 기온에 따른 상승기류는 무시함. $P = 2(L+W)$, $V_c = 1\text{m/sec}$]

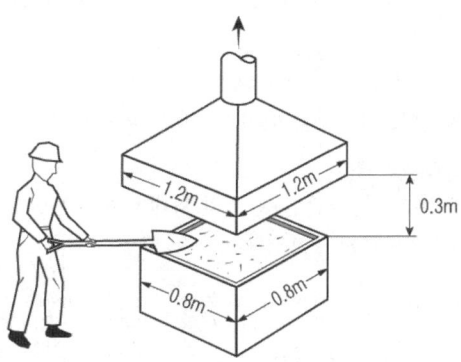

① 100   ② 110
③ 120   ④ 130

해설 $H=0.3\text{m}$, $L=1.2\text{m}$이고, $H/L=0.25$이므로 $H/L \leq 0.3$인 장방형의 사방노출 캐노피형 후드의 흡인유량 계산식을 적용한다.

〈계산〉 $Q_c = 1.4 PHV_c$ $\begin{cases} P : \text{주변길이} = 2(L+W) = 2 \times (1.2+1.2) = 4.8\text{m} \\ H : \text{제어거리} = 0.3\text{m} \\ V_c : \text{제어속도} = 1\text{m/sec} \end{cases}$

∴ $Q_c = 1.4 \times 4.8 \times 0.3 \times 1 \times 60 = 120.96 \text{m}^3/\text{min}$

답 ③

4 압력손실과 정압평형 유지

이승원의 minimum point

① 후드의 유입 압력손실과 후드정압

- 유입손실 : $\Delta P_h = F_i \times P_v$
- 후드정압 : $|P_s| = (1+F_i)P_v$
- 유입손실계수$(F_i) = \dfrac{1-C_e^{\,2}}{C_e^{\,2}}$, $C_e^{\,2} = \dfrac{1}{1+F_i}$

$\begin{cases} \Delta P_h : \text{후드의 유입손실(압력손실)} \\ F_i : \text{유입손실계수} \\ P_v : \text{속도압(동압)} \\ P_s : \text{후드정압} \\ C_e : \text{유입계수(entry coefficient)} \end{cases}$

① 압력손실 계산방법 → 등거리법 ▮ 속도압법

- 등거리법 → 라이트(Wright)방정식 적용 : 덕트의 일정길이(100ft 또는 1m)당 발생되는 마찰손실(h_L)을 산출하여 이를 토대로 시스템 전체의 마찰손실을 산출하는 방법임

$$h_L = \dfrac{5.3845\, V^{1.9}}{d_m^{1.22}}, \quad h_{L_f} = 2.74\, \dfrac{(V_f/1{,}000)^{1.9}}{D_i^{1.22}}$$

$\begin{cases} V : \text{유속(m/sec)} \\ V_f : \text{유속(ft/min)} \\ d_m : \text{덕트직경(mm)} \\ D_i : \text{덕트직경(in)} \end{cases}$

- 속도압법 → 레플러(Loeffler) 제안식 : 덕트의 재료에 따른 마찰계수(h_f)와 길이(L) 및 속도압(P_v)에 비례함을 이용하여 시스템의 마찰손실을 산출하는 방법임

$$h_L = h_f\, L\, P_v \quad \leftarrow \text{마찰계수}(h_f) = \dfrac{aV^b}{Q^c}$$

$\begin{cases} L : \text{덕트길이(m)} \\ V : \text{유속(m/sec)} \\ Q : \text{유량(m}^3\text{/sec)} \\ a,\, b,\, c : \text{상수} \end{cases}$

① 압력손실 인자
- 접촉에 의한 마찰 및 부대장치 및 시설 설치에 의한 손실
- 난류(유속의 변화, 방향변화, 단면적의 변화 등)에 의한 손실

① DUCT의 개별인자에 따른 압력손실 계산
- $\Delta P_T = $ 마찰손실+굴곡손실+합류손실+단면의 확대·축소 손실+배기구(토출)손실+기타 손실
- $\Delta P_T = \Delta P_f + \Delta P_c + \Delta P_d + \Delta P_s + \Delta P_o + \cdots + \Delta P_n$

- 마찰손실 $\begin{cases} \text{원형 직선 DUCT} : \Delta P_f = \lambda\, \dfrac{L}{D} \times \dfrac{\gamma V^2}{2g} \\ \text{사각형 직선 DUCT} : \Delta P_f = \lambda\, \dfrac{L}{D_o} \times \dfrac{\gamma V^2}{2g} \end{cases}$

- 굴곡손실 $\begin{cases} \Delta P_c = f_c \times P_v \\ \Delta P_c = f_c \times \dfrac{\gamma V^2}{2g} \\ \Delta P_c = \left(f_c \times \dfrac{\theta}{90}\right) P_v \end{cases}$

- 합류손실 $\begin{cases} \Delta P_d = \Delta P_1 + \Delta P_2 \\ \Delta P_d = f_{d_1} \times P_{v_1} + f_{d_2} \times P_{v_2} \end{cases}$

- 확대/축소손실 $\begin{cases} \Delta P_s = \zeta \times \Delta P_v \\ \Delta P_s = |\Delta P_v| + |\Delta P_s| \end{cases}$

$\begin{cases} \Delta P_f : \text{마찰손실(mmH}_2\text{O)} \\ h_f : \text{마찰손실계수} \\ P_v : \text{속도압(mmH}_2\text{O)} \\ V : \text{관내유속(m/sec)} \\ \gamma : \text{유체의 비중량(밀도)} \\ L : \text{관로의 길이(m)} \\ a,\, b : \text{폭과 높이(m)} \\ \lambda : \text{다르시 마찰계수} \\ f : \text{패닝 마찰계수} = \lambda/4 \\ D_o : \text{상당직경(m)} = 2ab/(a+b) \\ \Delta P_c : \text{곡관손실(mmH}_2\text{O)} \\ f_c : \text{곡관손실계수} \\ \Delta P_{90} : 90° \text{ 관로의 압력손실(mmH}_2\text{O)} \\ \theta : \text{굴곡각(°)} \\ \Delta P_d : \text{합류에 의한 압력손실} \\ f_d : \text{합류에 의한 압력손실계수} \\ \Delta P_s : \text{확대/축소관의 압력손실} \\ \zeta : \text{확대축소관의 압력손실계수} \end{cases}$

ⓘ 확대·축소관의 정압변화

- **정압회복량** : 확대·축소관의 압력손실계수 ζ, 정압회복계수 ζ^*, 정압회복량(mmH₂O, SP_R), 정압감소량(mmH₂O, SP_D)라고 할 때 확대관 축소관에 대한 정압회복량 및 정압은 다음과 같이 산정된다. P_v는 각 지점의 속도압, P_s는 각 지점의 정압을 의미한다.

확대관 정압회복량	축소관 정압회복량
$SP_R = (P_{v1} - P_{v2}) - \Delta P$ $= (1-\zeta)\Delta P_v = \zeta^* \Delta P_v$	$SP_D = -(P_{v2} - P_{v1}) - \Delta P$ $= -(1-\zeta)\Delta P_v$

- **확대측과 축소측의 정압**

확대측의 정압	축소측의 정압
$P_{s2} - P_{s1} = \Delta P_v - \Delta P$ $P_{s2} = P_{s1} + (1-\zeta)\Delta P_v$	$P_{s2} - P_{s1} = -(\Delta P_v) - \Delta P$ $P_{s2} = P_{s1} - (1+\zeta)\Delta P_v$

ⓘ 덕트(DUCT) 합류점의 정압평형

- **저항조절 평형법(댐퍼조절 평형법)** : 덕트에 댐퍼를 부착하여 압력을 조정하여 평형을 유지하는 방법. 압력손실계산은 **저항이 제일 큰 지관(支管)의 기준**으로 산출됨
  - 적용 : 분지관의 수가 많고 덕트의 압력손실이 클 때 사용
  - 특징

장 점	단 점
• 설계 계산 간편, 고도의 지식을 요하지 않음 • 설치 후 송풍량 조절이 비교적 용이함 • 장래 변경이나 확장에 대한 유연성이 높음 • 최소 설계송풍량으로 평형유지가 가능함	• 댐퍼를 잘못 설치 시 평형상태가 파괴될 수 있음 • 부분적 폐쇄에 따른 침식, 부식, 분진퇴적 문제 • 환기의 정상기능을 저해할 수 있는 요소가 있음 • 작업이 복잡하고 어려움

- **정압조절 평형법(유속조절 평형법)** : 저항이 큰 쪽의 Duct 직경을 약간 크게 하여 저항을 줄이거나 저항이 작은 쪽의 Duct 직경을 감소시켜 저항을 증가시키는 방법
  - 적용 : 분지관 수가 적고, 고독성 물질, 폭발성 및 방사성 분진제어에 주로 사용됨(높은 쪽 정압과 낮은 쪽 정압의 비(정압비)가 1.2 이하일 경우에 다음 식을 적용함)
  - 관계식 : $Q_c = Q_d \sqrt{\dfrac{P_{sL}}{P_{ss}}}$
    - Q_c : 보정유량(m³/min)
    - Q_d : 설계유량(m³/min)
    - P_{sL} : 압력손실이 큰 관의 정압(mmH₂O)
    - P_{ss} : 압력손실이 작은 관의 정압(mmH₂O)
  - 특징

장 점	단 점
• 덕트의 폐쇄가 잘 일어나지 않음 • 잘못 설계된 분지관을 쉽게 발견할 수 있음 • 설계가 정확할 때에는 가장 효율이 높음	• 근로자나 운전자가 쉽게 조절할 수 없음 • 설치 후 변경이나 확장에 대한 유연성이 낮음 • 송풍량 선택이 부정확한 편임 • 설계가 어렵고 시간이 많이 소요됨

PART 3 산업환기 및 작업환경 관리대책

예상 01

- 기사 : 15, 17
- 산업 : 출제대비

국소배기 시스템의 유입계수(C_e)에 관한 설명으로 옳지 않은 것은?

① 후드에서의 압력손실이 유량의 저하로 나타나는 현상이다.
② 유입계수란 실제유량/이론유량의 비율이다.
③ 유입계수는 속도압/후드정압의 제곱근으로 구한다.
④ 손실이 일어나지 않는 이상적인 후드가 있다면 유입계수는 0이 된다.

해설 손실이 일어나지 않는 이상적인 후드가 있다면 유입계수는 1.0이 된다. **답** ④

【참고】
- 유입계수의 정의 : 유입계수는 실제유량과 이상적 최대유량의 비로서 정의됨
- 관계식 : $C_e = \dfrac{Q}{Q_{\max}}$ $\begin{cases} Q : 실제유량(Q = 단면적 \times 유속) \\ Q_{\max} : 최대유량(정압손실이 없고, 유입손실계수(F_i) = 0인 상태유량) \end{cases}$

- 유입손실계수와 유입계수의 관계식의 유도과정

    □ $Q = A \times \sqrt{\dfrac{2gP_v}{\gamma}}$

    - $|P_s| = (1 + F_i)P_v \Rightarrow F_i = \dfrac{|P_s|}{P_v} - 1 = 0, \quad \therefore |P_s| = P_v$

    $\Rightarrow Q = A \times \sqrt{\dfrac{2gP_v}{\gamma}} \Rightarrow |P_s| = P_v$를 적용 $\Rightarrow Q_{\max} = A \times \sqrt{\dfrac{2g|P_s|}{\gamma}}$

    □ $C_e = \dfrac{Q}{Q_{\max}} = \dfrac{A \times \sqrt{\dfrac{2gP_v}{\gamma}}}{A \times \sqrt{\dfrac{2g|P_s|}{\gamma}}} = \sqrt{\dfrac{P_v}{|P_s|}}$

    - $P_v = 1$이라 하고, $|P_s| = (1 + F_i)$을 대입하면 다음과 같다.

    $\Rightarrow C_e = \sqrt{\dfrac{1}{1 + F_i}} \Rightarrow C_e^2 = \dfrac{1}{1 + F_i}$

    $\therefore$ 유입손실계수$(F_i) = \dfrac{1 - C_e^2}{C_e^2}$

유.사.문.제

01 다음 중 후드의 유입계수(C_e)에 관한 설명으로 틀린 것은? [10, 19 산업]

① 후드의 유입효율을 나타낸다.
② 유입계수가 1에 가까울수록 압력손실이 작은 후드이다.
③ 유입손실계수가 0이면 유입계수는 1이 된다.
④ 유입계수는 이상적 흡인유량/실제 흡인유량으로 정의된다.

02 유입계수를 C_e라고 나타낼 때 유입손실계수 F_i를 바르게 나타낸 것은? [11 기사]

① $F_i = \dfrac{C_e^2}{1 - C_e^2}$
② $F_i = \dfrac{1 - C_e^2}{C_e^2}$
③ $F_i = \sqrt{\dfrac{1}{1 + C_e}}$
④ $F_i = \sqrt{\dfrac{1}{1 + C_e^2}}$

정답 ▮ 01.④ 02.②

03. 국소환기

- 기사 : 출제대비
- 산업 : 07,17

예상 02 다음 중 후드의 압력손실과 비례하는 것은?

① 정압 ② 대기압
③ 덕트의 직경 ④ 속도압

[해설] 후드의 압력손실(ΔP_h)은 손실계수×속도압으로 산정된다.

$$\langle 관계\rangle \ \Delta P_h = F_i \times P_v = F_i \times \left(\frac{\gamma V^2}{2g}\right) \quad \begin{cases} F_i : 손실계수 \\ P_v : 속도압(동압) \\ \gamma : 공기비중량 \\ V : 공기유속 \end{cases}$$

답 ④

- 기사 : 01,13,14,17
- 산업 : 07,08②,12,13,14,18

예상 03 유입계수(C_e) 0.7인 후드의 유입손실계수(F_i)는?

① 0.42 ② 0.61 ③ 0.72 ④ 1.04

[해설] 후드의 유입손실계수(압력손실계수)는 유입계수를 이용하여 다음의 관계식으로 산출된다.

$$\langle 계산\rangle \ F_i = \frac{1-C_e^{\,2}}{C_e^{\,2}} \quad \text{또는} \quad F_i = \frac{1}{C_e^{\,2}} - 1$$

$$\therefore \ F_i = \frac{1-0.7^{\,2}}{0.7^{\,2}} = \frac{1}{0.7^{\,2}} - 1 = 1.04$$

답 ④

- 기사 : 12,13
- 산업 : 출제대비

예상 04 덕트의 속도압이 35mmH₂O, 후드의 압력손실이 15mmH₂O일 때, 후드의 유입계수는?

① 0.84 ② 0.75 ③ 0.68 ④ 0.54

[해설] 후드의 압력손실은 유입손실계수와 속도압(동압)의 곱으로 계산되며, 이를 이용하여 유입손실계수(F_i)를 산출한 다음 이를 이용하여 유입계수(C_e)를 구한다.

$$\langle 계산\rangle \ \Delta P_h = F_i \times P_v \quad \begin{cases} \Delta P_h : 후드의 압력손실 = 15\text{mmH}_2\text{O} \\ P_v : 속도압 = 35\text{mmH}_2\text{O} \end{cases}$$

$$\Rightarrow 15 = F_i \times 35, \quad F_i = 0.429$$

$$\therefore \ C_e = \sqrt{\frac{1}{1+F_i}} = \sqrt{\frac{1}{1+0.429}} = 0.836$$

답 ①

- 기사 : 00,04,07,12,18,19
- 산업 : 출제대비

예상 05 후드 정압이 50mmH₂O이고, 속도압이 20mmH₂O이라면 후드의 유입손실계수는?

① 0.6 ② 1.2 ③ 1.5 ④ 1.8

[해설] 후드 정압과 유입손실계수의 관계식을 이용한다.

$$\langle 계산\rangle \ |P_s| = (1+F_i)P_v$$

$$\Rightarrow |50| = (1+F_i) \times 20$$

$$\therefore \ F_i(유입손실계수) = 1.5$$

답 ③

PART 3 산업환기 및 작업환경 관리대책

종합연습문제

01 어떤 단순 후드의 유입계수가 0.90이고 속도압이 20mmH₂O일 때, 후드 정압은? [12 기사]

① -24.6mmH₂O
② -36.4mmH₂O
③ -42.2mmH₂O
④ -52.2mmH₂O

hint $|P_s| = (1+F_i)P_v$

$F_i = \dfrac{1-C_e^2}{C_e^2} = \dfrac{1-0.9^2}{0.9^2} = 0.235$

∴ $|P_s| = (1+0.235) \times 20 = 24.7$ mmH₂O

02 후드의 개구부에서 압력을 측정한 결과 정압이 -30mmH₂O이고, 전압(총압)이 -10mmH₂O이었다. 이 개구부의 유입손실계수(F_i)는? [09,14 기사]

① 0.3   ② 0.4
③ 0.5   ④ 0.6

hint $|P_s| = (1+F_i)P_v$
⇒ $30 = (1+F_i) \times [(-10)-(-30)]$
∴ $F_i = 0.5$

03 환기장치의 공기유량(Q) 0.15m³/sec, 덕트 직경 10.0cm, 후드 압력손실계수(F_i) 0.4일 때 후드 정압(P_s)은? (단, 공기밀도 1.2kg/m³) [18 산업][08,11②,15 기사]

① 31.3mmH₂O
② 42.4mmH₂O
③ 53.2mmH₂O
④ 67.6mmH₂O

hint $|P_s| = (1+F_i)P_v$

$P_v = \dfrac{\gamma V^2}{2g}$
$= \dfrac{1.2 \times [0.15/(3.14 \times 0.1^2/4)]^2}{2 \times 9.8}$
$= 22.35$ mmH₂O

∴ $|P_s| = (1+0.4) \times 22.35 = 31.30$ mmH₂O

04 다음 중 후드의 유입계수가 0.82, 속도압이 50mmH₂O일 때, 후드 유입손실은?
[04,05②,06②,07,09,11②,16 산업]
[00,03,09②,07,11,12,13,14,16,17,18,19 기사]

① 22.4mmH₂O
② 24.4mmH₂O
③ 26.4mmH₂O
④ 28.4mmH₂O

hint $\Delta P_h = F_i \times P_v$

⇒ $F_i = \dfrac{1-C_e^2}{C_e^2} = \dfrac{1-0.82^2}{0.82^2} = 0.487$

∴ $\Delta P_h = 0.487 \times 50 = 24.36$ mmH₂O

05 후드의 유입손실계수가 0.8, 덕트(Dust)내의 공기 흐름속도가 20m/sec일 때, 후드의 유입손실 약 몇 mmH₂O인가? (단, 공기의 비중량은 1.2kg_f/m³이다.) [06,10,14,15 산업]

① 14   ② 16
③ 20   ④ 24

hint $\Delta P_h = F_i \times P_v$

⇒ $P_v = \dfrac{\gamma V^2}{2g} = \dfrac{1.2 \times 20^2}{2 \times 9.8}$
$= 24.49$ mmH₂O

∴ $\Delta P_h = 0.8 \times 24.49 = 19.59$ mmH₂O

06 덕트의 속도압이 35mmH₂O, 후드의 압력손실이 15mmH₂O일 때, 후드의 유입계수는 약 얼마인가? [06②,10,13,18 기사]

① 0.54   ② 0.68
③ 0.75   ④ 0.84

hint $\Delta P_h = F_i \times P_v$

⇒ $15 = F_i \times 35$, $F_i = 0.428$

⇒ $F_i = \dfrac{1-C_e^2}{C_e^2} = 0.428$

∴ $C_e = \sqrt{\dfrac{1}{1+0.428}} = 0.84$

정답 ┃ 01.① 02.③ 03.① 04.② 05.③ 06.④

- 기사 : 00,05,10
- 산업 : 03,06,09,10

후드의 유입계수가 0.7이고, 후드의 압력손실이 1.6mmH₂O일 때, 후드의 속도압은?

① 1.54mmH₂O
② 1.62mmH₂O
③ 1.79mmH₂O
④ 1.85mmH₂O

해설 후드의 압력손실은 유입손실계수와 속도압(동압)의 곱으로 계산되므로 이를 이용하여 속도압(동압)을 산출한다.

〈계산〉 $\Delta P_h = F_i \times P_v$

$$\begin{cases} \Delta P_h = 1.6\text{mmH}_2\text{O} \\ F_i = \dfrac{1-C_e^2}{C_e^2} = \dfrac{1-0.7^2}{0.7^2} = 1.04 \end{cases}$$

⇨ $1.6 = 1.04 \times P_v$

∴ $P_v(=속도압) = 1.54\text{mmH}_2\text{O}$

답 ①

【참고】 후드의 형태에 따른 유입계수와 유입손실

후드 개구부의 형태		유입계수(C_e)	유입손실계수(F_i)
일반 개구면 (원형/장방형)		0.72	$F_i = \dfrac{1-0.72^2}{0.72^2} = 0.93$
플랜지부착 개구면 (원형/장방형)		0.82	$F_i = \dfrac{1-0.82^2}{0.82^2} = 0.49$
종형 개구면 (벨마우스형)		0.98	$F_i = \dfrac{1-0.98^2}{0.98^2} = 0.04$

PART 3 산업환기 및 작업환경 관리대책

예상 07
- 기사 : 출제대비
- 산업 : 17

압력손실계수 F_i, 속도압 P_{v1}이 각각 0.59, 10mmH₂O이고, 유입계수 C_e, 속도압 P_{v2}가 각각 0.92, 10mmH₂O인 후드 2개의 전체압력손실(mmH₂O)은 약 얼마인가?

① 5 ② 8 ③ 15 ④ 20

해설 후드 2개의 총압력손실(ΔP_T)은 각 후드의 손실계수×속도압으로 산정한 후 합산하는 방식으로 계산할 수 있다.

〈계산〉 $\Delta P_T = \Delta P_1 + \Delta P_2$

$$\begin{cases} \bullet \Delta P_1 = F_i \times P_v = 0.59 \times 10 = 5.9\, \text{mmH}_2\text{O} \\ \bullet \Delta P_2 = F_i \times P_v = \left(\dfrac{1}{C_e^2} - 1\right) P_v = \left(\dfrac{1}{0.92^2} - 1\right) \times 10 = 1.81\, \text{mmH}_2\text{O} \end{cases}$$

∴ $\Delta P_T = 5.9 + 1.81 = 7.71\, \text{mmH}_2\text{O}$

답 ②

예상 08
- 기사 : 00,05,06,10,12
- 산업 : 05,07,12②,17,18

자유공간에 떠 있는 직경 30cm인 원형 개구 후드의 개구면으로부터 30cm 떨어진 곳의 입자를 흡인하려고 한다. 제어풍속을 0.6m/sec으로 할 때, 후드 정압은 약 몇 mmH₂O인가? (단, 원형 개구 후드의 유입손실계수는 0.93이다.)

① -14.0 ② -12.0 ③ -10.0 ④ -8.0

해설 후드 정압은 다음의 관계식으로 산출된다.

〈계산〉 $|P_s| = (1 + F_i)P_v$ $\begin{cases} F_i : \text{손실계수} = 0.93 \\ P_v(\text{속도압}) = \dfrac{\gamma V^2}{2g} \end{cases}$

$$\begin{cases} V = \dfrac{Q}{A} \\ Q = (10X^2 + A)V_c = \left[(10 \times 0.3^2) + \left(\dfrac{3.14 \times 0.3^2}{4}\right)\right] \times 0.6 = 0.582\, \text{m}^3/\text{sec} \\ \therefore V = \dfrac{0.582}{(3.14 \times 0.3^2/4)} = 8.24\, \text{m/sec} \end{cases}$$

⇒ $P_v = \dfrac{1.2 \times 8.24^2}{2 \times 9.8} = 4.16\, \text{mmH}_2\text{O}$

∴ $|P_s| = (1 + 0.93) \times 4.16 = 8.02\, \text{mmH}_2\text{O}$

답 ④

유.사.문.제

01 송풍관내에서 기류의 압력손실 원인과 관계가 가장 적은 것은? [08,12 산업]
① 기체의 속도 ② 송풍관의 형상
③ 송풍관의 직경 ④ 분진의 크기

hint 압력손실 → 분진의 크기와 무관

02 다음 중 덕트내 공기에 의한 마찰손실에 영향을 주는 요소와 가장 거리가 먼 것은? [17 기사]
① 덕트직경 ② 공기점도
③ 덕트의 재료 ④ 덕트면의 조도

hint 마찰손실 → 덕트재료와 무관

정답 | 01.④ 02.③

03. 국소환기

- 기사 : 00,01,05,09
- 산업 : 05,07,11,17

환기시스템에서 덕트의 마찰손실에 대한 설명으로 틀린 것은? (단, Darcy-Weisbach방정식 기준)

① 마찰손실은 덕트길이에 비례한다.
② 마찰손실은 덕트직경에 비례한다.
③ 마찰손실은 속도제곱에 반비례한다.
④ 마찰손실은 Moody chart에서 구한 마찰계수를 적용하여 구한다.

해설 덕트의 압력손실은 유속(V)의 제곱에 비례하고, 길이(L)에 비례, 직경(D)에 반비례한다.

⟨계산⟩ 마찰손실
- 원형 직선 DUCT : $\Delta P_f = \lambda \dfrac{L}{D} \times \dfrac{\gamma V^2}{2g}$
- 사각형 직선 DUCT : $\Delta P_f = \lambda \dfrac{L}{D_o} \times \dfrac{\gamma V^2}{2g}$

답 ③

유.사.문.제

01 다음 빈칸의 내용이 알맞게 조합된 것은? [14,17 기사]

> 원형 직관에서 압력손실은 (㉠)에 비례하고, (㉡)에 반비례 속도의 (㉢)에 비례한다.

① ㉠ 송풍관의 길이, ㉡ 송풍관의 직경, ㉢ 제곱
② ㉠ 송풍관의 직경, ㉡ 송풍관의 길이, ㉢ 제곱
③ ㉠ 송풍관의 길이, ㉡ 속도압, ㉢ 세제곱
④ ㉠ 속도압, ㉡ 송풍관의 길이, ㉢ 세제곱

02 다음 중 공기가 직경 30cm, 길이 1m의 원형 덕트를 통과할 때 발생되는 압력손실의 종류로 가장 올바르게 나열한 것은? (단, 21℃, 1기압으로 가정한다.) [14 산업]

① 마찰, 압축   ② 마찰, 난류
③ 압축, 팽창   ④ 난류, 팽창

hint 압력손실 인자는 접촉에 의한 마찰 및 부대장치 및 시설 설치에 의한 손실, 난류(유속의 변화, 방향변화, 단면적의 변화 등)에 의한 손실이다.

03 덕트내에서 압력손실이 발생되는 경우가 아닌 것은? [07,09 산업]

① 낮은 전압
② 덕트 내부면과의 마찰
③ 가지덕트 단면적의 변화
④ 곡관이나 관의 확대에 의한 공기의 속도변화

04 원형덕트내 흐르는 공기의 총압력손실에 관한 설명 중 옳지 않은 것은? [04 기사]

① 총압력손실은 덕트의 길이에 비례
② 총압력손실은 덕트의 직경에 반비례
③ 총압력손실은 유속의 제곱에 비례
④ 총압력손실은 공기의 밀도에 비례

hint 압력손실은 공기의 밀도에 반비례한다.

05 덕트의 마찰손실을 설명한 것 중 바르지 못한 것은? [06 산업][06 기사]

① 마찰손실은 덕트직경에 반비례한다.
② 마찰손실의 계산은 등거리방법 또는 속도압 방법을 적용한다.
③ 마찰손실은 속도압에 반비례한다.
④ 마찰손실은 덕트길이에 비례한다.

hint $\Delta P_f = \left(\lambda \times \dfrac{L}{D}\right) \times P_v(\text{속도압})$

06 다음 중 송풍관 설계에 있어 압력손실을 줄이는 방법으로 적절하지 않은 것은? [07,10 산업]

① 마찰계수를 작게 한다.
② 분지관의 수를 가급적 적게 한다.
③ 곡관의 반경비(r/d)를 크게 한다.
④ 분지관을 주관에 접속할 때 90°에 가깝도록 한다.

정답 01.① 02.② 03.① 04.④ 05.③ 06.④

예상 10

- 기사 : 출제대비
- 산업 : 11,12

국소배기장치의 직선 덕트는 가로(a) 0.13m, 세로(b) 0.26m이고, 길이는 15m, 속도압은 20mmH₂O, 관마찰계수가 0.016일 때, 덕트의 압력손실(mmH₂O)은 약 얼마인가? (단, 등가직경은 $2ab/(a+b)$으로 구한다.)

① 12　　　　② 20
③ 28　　　　④ 26

해설 다르시 웨이스바흐(Darcy-Weisbach) 방정식을 적용한다.

〈계산〉 $\Delta P_f = \lambda \times \dfrac{L}{D_o} \times P_v$ $\begin{cases} \lambda : \text{마찰계수} = 0.016 \\ D_o : \text{상당직경} = \dfrac{2ab}{a+b} = \dfrac{2 \times 0.13 \times 0.26}{0.13+0.26} = 0.173\,\text{m} \\ P_v : \text{속도압} = 20\,\text{mmH}_2\text{O} \end{cases}$

∴ $\Delta P_f = 0.016 \times \dfrac{15}{0.173} \times 20 = 27.75\,\text{mmH}_2\text{O}$

답 ③

예상 11

- 기사 : 09,10,13
- 산업 : 04,05,19

직경 30cm의 원형관내에 50m³/min의 공기가 흐르고 있다. 관길이 20m당 압력손실(mmH₂O)은 약 얼마인가? (단, 관마찰계수 0.019, 공기비중량 $1.2\,\text{kg}_f/\text{m}^3$)

① 7.2　　　　② 10.8
③ 18.6　　　　④ 20.4

해설 다르시 웨이스바흐(Darcy-Weisbach) 방정식을 적용한다.

〈계산〉 $\Delta P_f = \lambda \times \dfrac{L}{D} \times \dfrac{\gamma V^2}{2g}$ $\begin{cases} \lambda : \text{마찰계수} = 0.019 \\ V : \text{유속} = \dfrac{Q}{A} = \dfrac{Q}{\pi D^2/4} = \dfrac{50/60}{3.14 \times 0.3^2/4} = 11.80\,\text{m/sec} \end{cases}$

∴ $\Delta P_f = 0.019 \times \dfrac{20}{0.3} \times \dfrac{1.2 \times 11.8^2}{2 \times 9.8} = 10.79\,\text{mmH}_2\text{O}$

답 ②

유.사.문.제

01 덕트의 기체유량 20m³/min일 때 덕트의 압력손실이 15mmH₂O였다. 동일한 덕트내에 30m³/min의 유량을 흐르게 하면 압력손실(mmH₂O)은 약 얼마가 발생하겠는가? [09 산업]

① 22.51　　　② 25.83
③ 33.75　　　④ 45.24

hint $\Delta P = F \times \dfrac{\gamma V^2}{2g} \Rightarrow \Delta P = K \times \left(\dfrac{Q}{A}\right)^2$

⇒ 비례식을 적용하면 다음과 같다.

$15\,\text{mmH}_2\text{O} : 20^2 = \Delta P_2 : 30^2$

∴ $\Delta P_2 = 33.75\,\text{mmH}_2\text{O}$

02 원형 덕트의 직경을 1/2로 하면 직관부분의 압력손실은 몇 배로 되는가? [04②,06 기사]

① 4배　　　② 8배
③ 16배　　　④ 32배

hint $\Delta P = \lambda \dfrac{L}{D} \dfrac{\gamma V^2}{2g} \Rightarrow \Delta P = K \times \dfrac{V^2}{D}$

⇒ 유속$(V) = \dfrac{Q}{A} = \dfrac{Q}{\pi D^2/4}$

∴ $\dfrac{\Delta P_2}{\Delta P_1} = \dfrac{K \times \dfrac{(4V)^2}{(1/2)D}}{K \times \dfrac{V^2}{D}} = 4^2 \times 2 = 32$배

정답 ▮ 01.③　02.④

종합연습문제

01 덕트내에서 압력손실이 발생되는 경우로 볼 수 없는 것은? [19 산업]

① 정압이 높은 경우
② 덕트내부면과 마찰
③ 가지덕트 단면적이 변화
④ 곡관이나 관의 확대에 의한 공기의 속도변화

hint $\Delta P = F \times P_v$ $\begin{cases} \Delta P : \text{압력손실} \\ F : \text{압력손실계수} \\ P_v : \text{속도압} \end{cases}$

02 관마찰손실에 영향을 주는 상대조도를 적절히 나타낸 것은? [07,13 산업][08 기사]

① 절대조도 ÷ 덕트직경
② 절대조도 × 덕트직경
③ 레이놀드 수 ÷ 절대조도
④ 레이놀드 수 × 절대조도

hint 상대조도 = $\dfrac{\text{절대조도}}{\text{덕트직경}}$

03 다음의 내용에서 ㉠, ㉡에 해당하는 숫자로 맞는 것은? [19 산업]

> 산업환기 시스템에서 공기유량(m³/sec)이 일정할 때, 덕트직경을 3배로 하면 유속은 (㉠)로, 직경은 그대로 하고 유속을 1/4로 하면 압력손실은 (㉡)로 변한다.

① ㉠ : 1/3, ㉡ : 1/8
② ㉠ : 1/12, ㉡ : 1/6
③ ㉠ : 1/6, ㉡ : 1/12
④ ㉠ : 1/9, ㉡ : 1/16

hint $V(\text{유속}) = \dfrac{Q}{A} = \dfrac{Q}{\pi D^2/4}$

$\Delta P(\text{압력손실}) = \lambda \times \dfrac{L}{D} \times \dfrac{\gamma V^2}{2g}$

∴ 유속(V)은 유량(Q)/단면적(A)이며, 단면적은 직경(D)의 제곱에 비례하므로 직경을 3배로 증가시키면 유속은 3^2배 만큼 감소하게 된다. 그리고, 압력손실(ΔP)은 직경에 반비례하고, 유속의 제곱에 비례하는데, 직경은 그대로 하고 유속을 1/4로 하면 압력손실은 4^2배 만큼 감소하게 된다.

정답 ┃ 01.① 02.① 03.④

예상 12
- 기사 : 08,11②
- 산업 : 03,07,08②

가로 380mm, 세로 760mm의 곧은 각관내에 280m³/min의 표준공기가 흐르고 있을 때 길이 5m당 압력손실은 약 몇 mmH₂O인가? (단, 관의 마찰계수는 0.019, 공기의 비중량은 1.2kg$_f$/m³이다.)

① 9　　　　　　　　　② 7
③ 5　　　　　　　　　④ 3

해설 관내 마찰계수에 대하여 별도 지정이 없는 경우, 환기공학에서는 마찰손실 계산식을 다르시 웨이스바흐(Darcy-Weisbach) 방정식을 적용하고 있기 때문에 마찰계수는 주로 다르시 마찰계수(Darcy friction factor, λ)를 사용하도록 한다.

〈계산〉 $\Delta P_f = \lambda \times \dfrac{L}{D_o} \times \dfrac{\gamma V^2}{2g}$ $\begin{cases} \lambda : \text{마찰계수} = 0.019 \\ D_o : \text{상당직경} = \dfrac{2ab}{a+b} = \dfrac{2 \times 0.38 \times 0.76}{0.38 + 0.76} = 0.51\text{m} \\ V : \text{유속} = \dfrac{Q}{A} = \dfrac{Q}{ab} = \dfrac{280/60}{0.38 \times 0.76} = 16.16\text{m/sec} \end{cases}$

∴ $\Delta P_f = 0.019 \times \dfrac{5}{0.51} \times \dfrac{1.2 \times 16.16^2}{2 \times 9.8} = 2.98\text{mmH}_2\text{O}$

답 ④

PART 3 산업환기 및 작업환경 관리대책

예상 13
- 기사 : 01,05,15
- 산업 : 04,15

90° 곡관의 반경비가 2.0일 때, 압력손실계수는 0.27이다. 속도압이 14mmH₂O이라면 곡관의 압력손실(mmH₂O)은?

① 7.6
② 5.5
③ 3.8
④ 2.7

해설 곡관의 압력손실은 압력손실계수와 속도압의 곱으로 산출된다.

〈계산〉 $\Delta P_c = f_c \times P_v$ $\begin{cases} f_c : 곡관의\ 압력손실계수 = 0.27 \\ P_v : 속도압 = 14\text{mmH}_2\text{O} \end{cases}$

$\therefore \Delta P_c = 0.27 \times 14 = 3.78 \text{mmH}_2\text{O}$

답 ③

유.사.문.제

01 곡관의 각이 90°, 곡관의 곡률반경이 2.50, 속도압이 15mmAq일 때, 압력손실계수는 0.22이다. 이러한 곡관의 곡률반경과 여타 조건이 같을 때, 곡관의 각을 45°로 변동한다면 압력손실은? [05,09,18 산업]

① 1.55mmAq
② 1.65mmAq
③ 1.75mmAq
④ 1.85mmAq

hint $\Delta P_c = \Delta P_{90} \times \dfrac{\theta}{90}$

$\Rightarrow \Delta P_{90} = f_c \times P_v = 0.22 \times 15 = 3.3$

$\therefore \Delta P_{90} = 3.3 \times \dfrac{45}{90} = 1.65 \text{mmAq}(= \text{mmH}_2\text{O})$

02 덕트 주관에 45°로 분지관에 연결되어 있다. 주관과 분지관의 반송속도는 모두 18m/sec이고 주관의 압력손실계수는 0.20이며, 분지관의 압력손실계수는 0.28이다. 주관과 분지관의 합류에 의한 압력손실(mmH₂O)은? (단, 공기밀도는 1.2kg/m³ 기준) [07,17 기사]

① 9.5
② 8.5
③ 7.5
④ 6.5

hint $\Delta P_d = f_{d_1} \times P_{v_1} + f_{d_2} \times P_{v_2}$

$\Rightarrow P_v = \dfrac{1.2 \times 18^2}{2 \times 9.8} = 19.84 \text{mmH}_2\text{O}$

$\therefore \Delta P_d = (0.2 + 0.28) \times 19.84 = 9.52 \text{mmH}_2\text{O}$

03 Duct 주관에 25°로 분지관이 연결되어 있고 주관과 분지관의 속도압이 모두 25mmH₂O일 때, 주관과 분지관의 합류에 의한 압력손실은 약 몇 mmH₂O인가? (단, 원형 합류관의 압력손실계수는 다음 [표]를 참고한다.) [10,14,16 산업]

합류각	압력손실계수	
	주 관	분지관
15°	0.2	0.09
20°		0.12
25°		0.15
30°		0.18
35°		0.21

① 3.2
② 7.6
③ 8.8
④ 10.8

hint $\Delta P_d = \Delta P_1 + \Delta P_2$
$= f_{d_1} \times P_v + f_{d_2} \times P_v$

□ $\begin{cases} f_{d1} : 주관의\ 압력손실계수 = 0.2 \\ f_{d2} : 분지관의\ 압력손실계수 = 0.15 \\ P_v : 주관과\ 분지관의\ 속도압 = 25 \end{cases}$

$\therefore \Delta P_d = (f_{d_1} + f_{d_2}) \times P_v$
$= (0.2 + 0.15) \times 25 = 8.75 \text{mmH}_2\text{O}$

정답 | 01.② 02.① 03.③

종합연습문제

01 주관에 45°로 분지관이 연결되어 있을 때, 주관입구와 분지관의 속도압은 10mmH₂O로 같고, 압력손실계수는 각각 0.2와 0.28이다. 이때 주관과 분지관의 합류로 인한 압력손실(mmH₂O)은 약 얼마인가? [08 산업][16 기사]

① 4.8
② 7.6
③ 9.4
④ 12.5

hint $\Delta P_d = \Delta P_1 + \Delta P_2$
$= f_{d_1} \times P_v + f_{d_2} \times P_v$

- $\begin{cases} f_{d_1} : \text{주관의 압력손실계수} = 0.2 \\ f_{d_2} : \text{분지관의 압력손실계수} = 0.2 \\ P_v : \text{주관과 분지관의 속도압} = 10 \end{cases}$

∴ $\Delta P_d = (f_{d_1} + f_{d_2}) \times P_v$
$= (0.2 + 0.28) \times 10 = 4.8\,mmH_2O$

02 그림에서 $P_{s1} = -30mmH_2O$, $P_{v1} = P_{v2} = 20mmH_2O$, $P_{s2} = -35mmH_2O$일 때, 압력손실은 얼마인가? [13 산업]

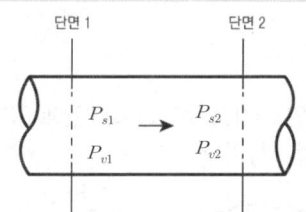

① 65mmH₂O
② 45mmH₂O
③ 15mmH₂O
④ 5mmH₂O

hint $\Delta P = |P_{Ti}| - |P_{To}|$
∴ $\Delta P = [20 + (-30)] - [20 + (-35)]$
$= 5\,mmH_2O$

03 정압회복계수 0.72, 정압회복량 7.2mmH₂O인 원형 확대관의 압력손실은? [11,16 기사]

① 2.8mmH₂O ② 3.6mmH₂O
③ 4.2mmH₂O ④ 5.3mmH₂O

hint $SP_R = (P_{v1} - P_{v2}) - \Delta P$
$= \zeta (P_{v1} - P_{v2})$

- $\begin{cases} SP_R : \text{정압회복량} = 7.2mmH_2O \\ \zeta : \text{정압회복계수} = 0.72 \end{cases}$

⇨ $7.2 = 0.72 \times (P_{v1} - P_{v2})$

- $(P_{v1} - P_{v2}) = 10mmH_2O$

⇨ $7.2 = 10 - \Delta P$

∴ $\Delta P = 10 - 7.2 = 2.24\,mmH_2O$

04 그림과 같은 덕트의 Ⅰ과 Ⅱ단면에서 압력을 측정한 결과 Ⅰ단면의 정압(P_{s1})은 -10mmH₂O였고, Ⅰ과 Ⅱ단면의 동압(P_v)은 각각 20mmH₂O와 15mmH₂O였다. Ⅱ단면의 정압(P_{s2})이 -20mmH₂O이었다면 단면 확대부에서의 압력손실(mmH₂O)은 얼마인가? [07,12 산업]

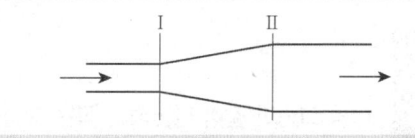

① 5   ② 10
③ 15 ④ 20

hint 확대 또는 축소되는 관로의 압력손실(ΔP_s)은 압력손실계수(ζ)와 확대 또는 축소 전후의 동압차(ΔP_v)의 곱으로 산출하거나 확대 또는 축소 전후의 동압차(ΔP_v)와 정압차(ΔP_s)의 합으로 산출한다.

〈계산〉 $\Delta P_s = |\Delta P_v| + |\Delta P_s|$

- $\begin{cases} \Delta P_v : \text{동압차(속도압차)} \\ \quad = 20 - 15 = 5mmH_2O \\ \Delta P_s : \text{정압차} = |20| - |10| \\ \quad = 10mmH_2O \end{cases}$

∴ $\Delta P_s = 5 + 10 = 15\,mmH_2O$

정답 ❘ 01.① 02.④ 03.① 04.③

종합연습문제

01 확대각이 10°인 원형 확대관에서 입구직관의 정압은 $-15\text{mmH}_2\text{O}$, 속도압은 $35\text{mmH}_2\text{O}$이고, 확대된 출구직관의 속도압은 $25\text{mmH}_2\text{O}$이다. 확대측의 정압(mmH_2O)은? (단, 확대각이 10°일 때 압력손실계수 $\zeta = 0.28$이다.) [12 기사]

① -1.4
② -2.8
③ -5.4
④ -7.8

hint
$P_{s2} = P_{s1} + (1-\zeta)(P_{v1} - P_{v2})$
$\therefore P_{s2} = -15 + (1-0.28) \times (35-25)$
$= -7.8\text{mmH}_2\text{O}$

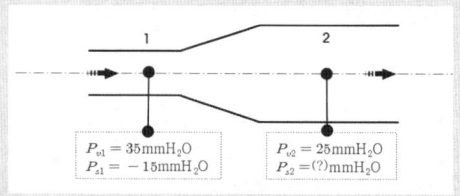

$P_{v1} = 35\text{mmH}_2\text{O}$
$P_{s1} = -15\text{mmH}_2\text{O}$
$P_{v2} = 25\text{mmH}_2\text{O}$
$P_{s2} = (?)\text{mmH}_2\text{O}$

02 원형 축소관이 있다. 입구직관의 속도압은 $20\text{mmH}_2\text{O}$이고, 축소된 출구직관의 속도압은 $25\text{mmH}_2\text{O}$로 두 관을 연결한 축소관의 각도가 30°로서 압력손실계수는 0.08이라면 이 축소관의 압력손실은? [06 산업][08 기사]

① 0.4
② 2.8
③ 5.4
④ 7.8

hint
$\Delta P_s = \zeta \times (P_{v1} - P_{v2})$
$\square (P_{v1} - P_{v2}) = 25 - 20 = 5\text{mmH}_2\text{O}$
$\therefore \Delta P_s = 0.08 \times 5 = 0.4\text{mmH}_2\text{O}$

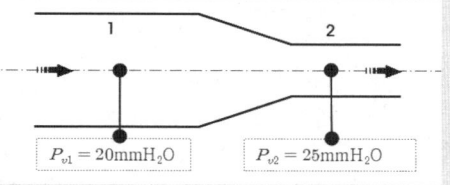

$P_{v1} = 20\text{mmH}_2\text{O}$
$P_{v2} = 25\text{mmH}_2\text{O}$

정답 ▌ 01.④ 02.①

예상 14
- 기사 : 출제대비
- 산업 : 07, 15, 18

다음 그림과 같이 단면적이 작은 쪽이 ⓐ, 큰 쪽이 ⓑ인 사각형 덕트의 확대관에 대한 압력손실을 구하는 방법으로 가장 적절한 것은? (단, 경사각은 $\theta_1 > \theta_2$이다.)

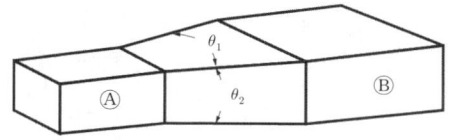

① θ_1의 각도를 경사각으로 한 단면적을 이용한다.
② θ_2의 각도를 경사각으로 한 단면적을 이용한다.
③ 두 각도의 평균값을 이용한 단면적을 이용한다.
④ 작은 쪽(ⓐ)과 큰 쪽(ⓑ)의 등가(상당)직경을 이용한다.

해설 단면적이 작은 쪽이 ⓐ, 큰 쪽이 ⓑ인 사각형 덕트의 확대관에 대한 압력손실을 구하는 방법은 작은 쪽(ⓐ)과 큰 쪽(ⓑ)의 등가직경(상당직경)을 이용한다. 장방형 덕트에서 θ_1과 θ_2가 다를 때 단순하게 생각하여 큰 각도를 확대각으로 택하거나 두 각도의 평균 각도를 확대각으로 잡아 원형 확대관의 자료에 이를 적용하여 압력손실을 계산해서는 안 된다. 압력손실이란 속도압의 변화에 수반되는 에너지 손실이므로 덕트내 유체의 반송속도와 관련되기 때문에 장방형관의 반송속도는 상당직경(등가직경)을 도출하여 압력손실을 산출하여야 한다.

답 ④

03. 국소환기

- 기사 : 14, 17
- 산업 : 출제대비

국소환기시설 설계(총압력손실 계산)에 있어 정압조절 평형법의 장·단점으로 옳지 않은 것은?

① 예기치 않은 침식 및 부식이나 퇴적문제가 일어난다.
② 송풍량은 근로자나 운전자의 의도대로 쉽게 변경되지 않는다.
③ 설계 시 잘못 설계된 분지관 또는 저항이 제일 큰 분지관을 쉽게 발견할 수 있다.
④ 설계가 어렵고, 시간이 많이 소요된다.

해설 정압조절 평형법은 분진퇴적으로 인한 퇴적문제가 일어나지 않는다.

장 점	단 점
• 덕트의 폐쇄가 잘 일어나지 않음 • 잘못 설계된 분지관을 쉽게 발견할 수 있음 • 설계가 정확할 때에는 가장 효율이 높음 • 고독성 물질/폭발성/방사성 분진제어	• 근로자나 운전자가 쉽게 조절할 수 없음 • 설치 후 변경이나 확장에 대한 유연성이 낮음 • 송풍량 선택이 부정확한 편임 • 설계가 어렵고 시간이 많이 소요됨

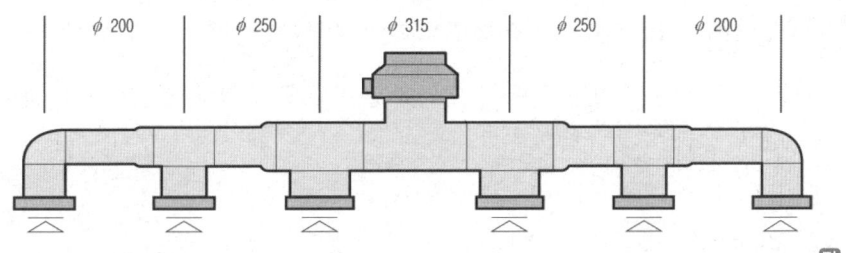

답 ①

유.사.문.제

01 산업환기 시스템에 대한 설명으로 틀린 것은? [19 산업]

① 원형 덕트를 우선시 한다.
② 합류점에서 정압이 큰 쪽이 공기흐름을 지배하므로 지배정압(SP governig)이라 한다.
③ 댐퍼를 이용한 균형방법은 주로 시설 설치 전에 댐퍼를 가지덕트에 설치하여 유량을 조절하게 된다.
④ 후드 정압은 정지상태의 공기를 가속시키는 데 필요한 에너지(속도압)와 난류손실의 합으로 표현된다.

hint 시설 설치 전에 덕트의 직경, 유량을 보정하여 균형을 유지하는 방법은 정압조절 균형법(유속조절 평형법)이다.

02 양쪽 덕트내의 정압이 다를 경우 합류점에서 정압을 조절하는 방법인 공기조절용 댐퍼에 의한 균형유지법에 관한 설명으로 틀린 것은? [03, 14, 19 기사]

① 임의로 댐퍼 조정 시 평형상태가 깨지는 단점이 있다.
② 시설의 설치 후 변경하기 어려운 단점이 있다.
③ 최소유량으로 균형유지가 가능한 장점이 있다.
④ 설계 계산이 상대적으로 간단한 장점이 있다.

hint 공기조절용 댐퍼에 의한 균형법(저항조절 평형법)은 시설설치 후 장래 변경이나 확장에 대한 유연성이 높다.

정답 ▮ 01.③ 02.②

[재정리] 공기조절용 댐퍼에 의한 균형유지법

장 점	단 점
• 설계 계산 간편, 고도의 지식을 요하지 않음 • 설치 후 송풍량 조절이 비교적 용이함 • 장래 변경이나 확장에 대한 유연성이 높음 • 최소설계 송풍량으로 평형유지가 가능함	• 댐퍼를 잘못 설치 시 평형상태가 파괴될 수 있음 • 부분적 폐쇄에 따른 침식, 부식, 분진퇴적 문제 • 환기의 정상기능을 저해할 수 있는 요소가 있음 • 작업이 복잡하고 어려움

〈그림〉 출시 되고 있는 댐퍼의 유형들

유.사.문.제

01 배출원이 많아서 여러 개의 후드를 주관에 연결한 경우(분지관의 수가 많고 덕트의 압력손실이 클 때) 총압력손실 계산법으로 가장 적절한 방법은? [08,09,17 기사]

① 정압조절 평형법
② 저항조절 평형법
③ 등가조절 평형법
④ 속도압 평형법

hint 저항조절 평형법(댐퍼조절 평형법)은 배출원이 많아서 여러 개의 후드를 주관에 연결한 경우, 즉 분지관의 수가 많고 덕트의 압력손실이 클 때 사용하는 것이 유리하다.

02 덕트 합류 시 댐퍼를 이용하여 합류점에서 정압의 균형을 유지하는 방법의 장점과 가장 거리가 먼 것은? [05 기사]

① 시설설치 후 변경에 유연하게 대처 가능
② 설계계산이 상대적으로 간단함
③ 최대유량으로 균형유지 가능
④ 설치 후 부적당한 배기유량 조절가능

hint 댐퍼를 이용하여 합류점에서 정압의 균형을 유지하는 방법은 최소유량으로 균형·유지 가능하다.

03 총압력손실 계산방법 중 정압조절 평형법의 장점이 아닌 것은? [09,16 산업]

① 향후 변경이나 확장에 대해 유연성이 크다.
② 설계가 확실할 때는 가장 효율적인 시설이 된다.
③ 설계 시 잘못 설계된 분지관을 쉽게 발견할 수 있다.
④ 예기치 않는 침식 및 부식이나 퇴적문제가 일어나지 않는다.

hint 정압조절 평형법은 설치 후 변경이나 확장에 대한 유연성이 낮다.

04 다음 중 국소배기장치에서 후드를 추가로 설치해도 쉽게 정압조절이 가능하고, 사용하지 않는 후드를 막아 다른 곳에 필요한 정압을 보낼 수 있어 현장에서 가장 편리하게 사용할 수 있는 압력균형방법은? [13,19 산업]

① 댐퍼 조절법   ② 회전수 변화
③ 압력 조절법   ④ 안내익 조절법

hint 댐퍼를 이용한 균형유지법은 장래의 변경이나 확장에 대한 유연성이 높고, 작업공정에 따라 덕트의 위치변경이 용이하다.

정답 ▮ 01.② 02.③ 03.① 04.①

종합연습문제

01 국소환기시설 설계(총압력손실 계산)에 있어 정압조절 평형법의 장점이 아닌 것은?
[15 산업][08,13②,16 기사]

① 예기치 않은 침식 및 부식이나 퇴적문제가 일어나지 않는다.
② 유속의 범위가 적절히 선택되면 덕트의 폐쇄가 일어나지 않는다.
③ 설계 시 잘못 설계된 분지관 또는 저항이 제일 큰 분지관을 쉽게 발견할 수 있다.
④ 설치된 시설의 개조가 용이하여 장치변경이나 확장에 대한 유연성이 크다.

hint 정압조절 평형법은 설치 후 변경이나 확장에 대한 유연성이 낮은 것이 단점이다.

02 덕트 합류 시 설계에 의한 정압 균형유지방법의 장·단점으로 옳지 않은 것은?
[15 산업][04,10 기사]

① 최대저항경로 선정이 잘못된 경우에는 설계 시 쉽게 발견하기 어려움
② 설계가 복잡하고 시간이 걸림
③ 균형이 유지되려면 설계도면에 있는 대로 덕트가 설치되어야 함
④ 임의로 유량을 조절하기 어려움

hint 저항조절 평형법(댐퍼조절 평형법)은 잘못 설계된 분지관 또는 저항이 제일 큰 분지관을 쉽게 발견할 수 있는 장점이 있다.

03 다음 중 덕트 합류 시 댐퍼를 이용한 균형유지법의 장·단점으로 가장 거리가 먼 것은 어느 것인가?
[07,11 기사]

① 임의로 댐퍼 조정 시 평형상태가 깨짐
② 시설설치 후 변경에 대한 대처가 어려움
③ 설계 계산이 상대적으로 간단함
④ 설치 후 부적당한 배기유량의 조절이 가능

hint 댐퍼를 이용한 균형유지법은 장래의 변경이나 확장에 대한 유연성이 높고, 작업공정에 따라 덕트의 위치변경이 용이하다.

04 다음 중 국소배기장치가 설치된 현장에서 가장 적합한 상황에 해당하는 것은? [12,15,19 산업]

① 최종 배출구가 작업장내에 있다.
② 사용하지 않는 후드는 댐퍼로 차단되어 있다.
③ 증기가 발생하는 도장 작업지점에는 여과식 공기정화장치가 설치되어 있다.
④ 여름철 작업장내에 대형 선풍기로 작업자에게 바람을 불어주고 있다.

hint 국소배기장치가 설치된 현장에서 가장 적합한 상황에 해당하는 것은 ②항이다. 사용하지 않는 후드는 댐퍼로 차단하여야만 누출위험을 방지하고, 유입공기로 인한 흡인효율 저하를 방지할 수 있으며, 송풍기의 풍량을 유효하게 이용할 수 있게 된다.

05 덕트 합류 시 균형유지방법 중 댐퍼에 의한 균형유지법의 장·단점이 아닌 것은? [06 산업]

① 임의로 댐퍼 조정 시 평형상태가 깨짐
② 설계 계산이 상대적으로 복잡함
③ 설치 후 부적당한 배기유량의 조절 가능
④ 최소유량으로 균형유지 가능

hint 댐퍼에 의한 균형유지법은 설계 계산이 간편하고, 고도의 지식을 요하지 않는다.

06 압력손실 계산법 중에서 분지관이 작고 먼지를 대상으로 하는 경우 설계의 표준이 되는 것은?
[04 기사]

① 저항조절 평형법   ② 유속조절 평형법
③ vane control법   ④ damper 부착법

07 고독성 물질이나 폭발성 및 방사성 분진을 대상으로 하는 경우에 사용하는 총압력손실 계산법으로 가장 적절한 방법은? [03 기사]

① 정압조절 평형법
② 저항조절 평형법
③ 등가길이 평형법
④ 속도압 평형법

정답 | 01.④ 02.① 03.② 04.② 05.② 06.② 07.①

PART 3 산업환기 및 작업환경 관리대책

종합연습문제

01 총압력손실 계산법 중 정압조절 평형법의 단점에 해당하지 않는 것은? [05,08 산업][06 기사]
① 설계 시 잘못된 유량을 수정하기가 어렵다.
② 설계가 복잡하고 시간이 걸린다.
③ 최대저항경로의 선정이 잘못되었을 경우 설계 시 발견이 어렵다.
④ 설계유량 산정이 잘못되었을 경우, 수정은 덕트크기의 변경을 필요로 한다.

hint 최대저항경로의 선정이 잘못되었을 경우 설계시 발견이 어려운 것은 저항조절 평형법이다. 저항조절 평형법은 비정상적으로 가동되지 않는 한 저항이 가장 큰 분지관을 쉽게 찾을 수 없다.

02 정압조절 평형법에 대한 설명으로 틀린 것은? [08 산업][04,06② 기사]
① 설계가 정확할 때는 가장 효율적인 시설이 된다.
② 송풍량은 근로자나 운전자의 의도대로 쉽게 변경된다.
③ 유속의 범위가 적절히 선택되면 덕트의 폐쇄가 일어나지 않는다.
④ 설계가 어렵고, 시간이 많이 걸린다.

hint 정압조절 평형법은 근로자나 운전자가 쉽게 조절할 수 없는 단점이 있다.

03 복합환기시설의 합류점에서 각 분지관의 정압차가 5~20%일 때, 정압평형이 유지되도록 하는 방법으로 가장 적절한 것은? [12,15 산업]
① 압력손실이 적은 분지관의 유량을 증가시킨다.
② 압력손실이 적은 분지관의 직경을 작게 한다.
③ 압력손실이 많은 분지관의 유량을 증가시킨다.
④ 압력손실이 많은 분지관의 직경을 작게 한다.

hint 분지관의 정압차가 5~20%일 때는 압력손실이 적은 분지관의 유량을 증가시켜 정압평형을 유지시킨다. 단, 정압차가 20% 이상인 경우에는 압력손실이 낮은 분지관을 재설계 해야 한다.

04 두 개의 덕트가 합류될 때 정압(P_s)에 따른 개선사항이 잘못된 것은? [18 산업]
① $0.95 \leq$ (낮은 P_s/높은 P_s) : 차이를 무시
② 두 개의 덕트가 합류될 때 정압의 차이가 없는 것이 이상적
③ (낮은 P_s/높은 P_s) < 0.8 : 정압이 높은 덕트의 직경을 다시 설계
④ $0.8 \leq$ (낮은 P_s/높은 P_s) < 0.95 : 정압이 낮은 덕트의 유량을 조정

hint ③항은 정압이 낮은 덕트의 직경을 다시 설계하여야 한다.
▫ (낮은 P_s/높은 P_s) < 0.8 : 정압이 낮은 덕트의 직경을 다시 설계
▫ $0.85 \leq$ (낮은 P_s/높은 P_s) < 0.95 : 정압이 낮은 덕트의 유량조정
▫ $0.95 \leq$ (낮은 P_s/높은 P_s) : 차이를 무시

정답 ┃ 01.③ 02.② 03.① 04.③

예상 16
- 기사 : 출제대비
- 산업 : 17

국소배기장치 설계 시 압력손실을 감소시킬 수 있는 방안과 가장 거리가 먼 것은?
① 가능하면 덕트길이를 짧게 한다.
② 가능하면 후드를 오염원 가까운 곳에 설치한다.
③ 덕트내면은 마찰계수가 적은 재료로 선정한다.
④ 덕트의 구부림은 최대로 하고, 구부림의 개소를 증가시킨다.

해설 덕트의 구부림을 최소로 하고, 굴곡부의 개소를 적게 할수록 압력손실을 감소시킬 수 있다. **답** ④

03. 국소환기

예상 17
- 기사 : 출제대비
- 산업 : 18

다음 [그림]과 같이 국소배기장치에서 공기정화기가 막혔을 경우 정압의 절대값은 이전 측정에 비해 어떻게 변하는가?

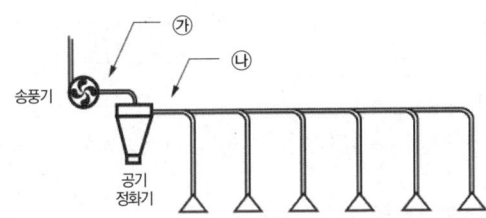

① ㉮ 감소, ㉯ 증가
② ㉮ 증가, ㉯ 감소
③ ㉮ 감소, ㉯ 감소
④ ㉮ 거의 정상, ㉯ 증상

해설 국소배기 시스템에서 공기정화기가 폐쇄된 경우, 후드로부터 흡입된 공기는 정화기를 통화하지 못하므로 ㉯부분은 공기의 유입이 일어나지 않고, 배기측의 송풍기는 정상 가동되고 있으므로 ㉮부분은 부압이 크게 증가하게 된다. 따라서 ②항이 올바르다.

공기정화장치 입구정압 감소	공기정화장치 출구~송풍기 입구정압 증가
• 송풍기의 이상 및 성능 저하 • 송풍기 이후 배기관이 막힘 • 송풍기 및 입구관로의 외기 누입 • 송풍기 입구 Duct 연결부위 구멍뚫림	• 후드의 막힘 • Duct의 먼지퇴적 및 막힘 • Duct에 부설된 댐퍼의 차단 • 유량 및 유속 증가요인 발생

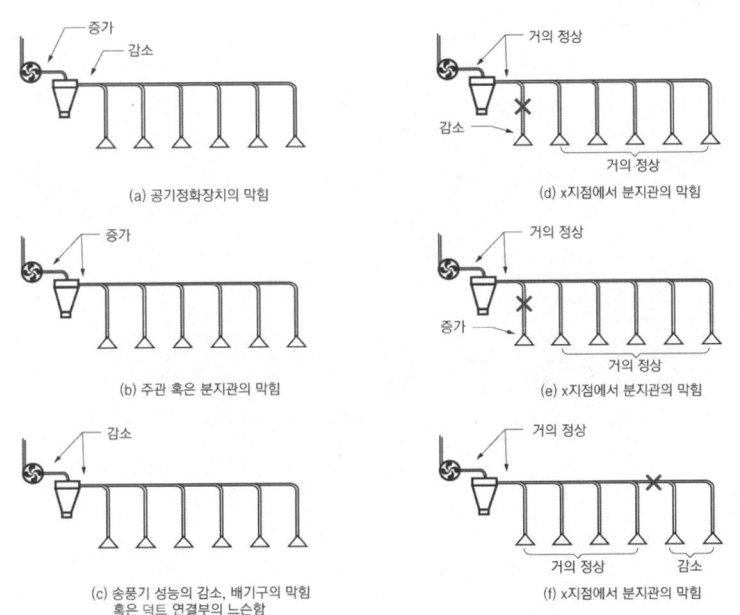

〈그림〉 공기정화장치의 입구·출구의 정압의 변화

답 ②

종합연습문제

01 다음 중 공기정화장치 입구 및 출구의 정압이 동시에 감소되는 경우의 원인으로 맞는 것은?
[18 산업]

① 송풍기의 능력 저하
② 분지관과 후드 사이의 분진퇴적
③ 주관과 분지관 사이의 분진퇴적
④ 공기정화장치 앞쪽 주관의 분진퇴적

02 탁상형 그라인더 작업에서 발생되는 분진을 제어하기 위해 설치한 국소배기장치에서 송풍기 정압이 갑자기 증가하였다. 그 원인이 될 수 없는 것은?
[03,05 산업]

① 백필터 분진퇴적
② 덕트라인 분진퇴적
③ 후드에 부착된 댐퍼가 닫힘
④ 백필터가 파손되어 분진이 제진되지 않음

hint ④항의 경우는 송풍기 정압이 감소하게 된다.

03 공기정화장치의 전·후에서 정압 감소가 발생하였다면 그 발생원인으로 가장 관계가 먼 것은?
[07,14 산업]

① 공기정화장치의 입구 주관내에 분진퇴적
② 송풍기의 능력 저하
③ 송풍기 점검 뚜껑의 열림
④ 송풍기와 송풍관의 연결부위가 풀림

hint 공기정화장치의 입구 주관내에 분진퇴적한 경우는 공기정화장치의 전·후의 정압이 증가하게 된다.

04 공기정화장치의 입구와 출구의 정압이 동시에 감소되었다면 국소배기장치(설비)의 이상원인으로 가장 적절한 것은?
[12,15 산업]

① 제진장치내의 분진퇴적
② 분지관과 후드 사이의 분진퇴적
③ 분지관의 시험공과 후드 사이의 분진퇴적
④ 송풍기의 능력저하 또는 송풍기와 덕트의 연결부위 풀림

정답 ┃ 01.① 02.④ 03.① 04.④

5 송풍기

이승원의 minimum point

◐ **원심 송풍기** : 다익팬, 레이디얼(평판형)팬, 터보팬, 익형팬 등

유형	형태	효율 (%)	풍량 (m³/min)	정압 (mmH₂O)	특징
전향날개형 (다익형)		40 ~ 60	10 ~ 10,000	10 ~ 150	• 전체환기나 공기조화용, 저속덕트 공조용, 공조 급·배기용, 저압난방 및 환기에 이용됨 • 제한된 장소나 **저압에서 대풍량을 요하는 곳** • 동일 풍량·풍압에 비해 임펠러의 회전속도가 낮기 때문에 소음문제가 거의 발생하지 않음 • 소형, 경량이고, 저렴하고, 저가에 제작 가능 • **높은 압력손실에서 송풍량이 급격히 떨어짐** • 구조상 고속회전이 어렵고, 효율에 비해 큰 동력을 요하므로 고온·고압·고속에는 부적합함
후향날개형 (터보형)		60 ~ 80	60 ~ 900	50 ~ 2,000	• 송풍량이 증가해도 동력이 증가하지 않는 장점이 있어 **한계부하 송풍기**라고도 함 • 압력변동이 있어도 풍량의 변화가 비교적 작음 • 시설저항/운전상태가 변하여도 과부하가 걸리지 않음 • **고온·고압의 대용량**에 적합함(압입 통풍기에 적합) • **압입 통풍기**로 주로 사용(보일러 급기용) • **효율이 높음**(방사형과 전향에 비해 효율이 높음) • 고농도 분진 함유 공기를 이송시킬 경우 회전날개 뒷면에 분진이 퇴적되어 효율이 떨어질 수 있음 • 소음이 비교적 낮으나 **구조가 가장 큼**
방사날개형 (평판형) (레이디얼형)		40 ~ 70	20 ~ 1,000	30 ~ 300	• 깃의 구조가 분진을 자체 정화할 수 있도록 되어 있어 **자기청소**(self cleaning) 특성이 있음 • 고농도 공기나 부식성이 강한 공기를 이송시키는 데 사용(흡입 통풍기에 적합) • 환기용, **물질의 이송취급**(시멘트, 사료, **톱밥 이송**), 산업용의 고압장치에 이용됨 • **대형**으로 **중량이 무거움**, 설치장소의 제약을 받음 • 가격이 비싸고 **효율이 낮음** • 소음면에서는 다른 송풍기에 비해 좋지 못함
비행기날개형 (익형)		75 ~ 85	60 ~ 1,500	40 ~ 250	• **후향날개형(터보형)을 정밀하게 변형시킨 것** • 고속회전이 가능하고, 소음이 적음 • 원심력 송풍기 중 **효율이 가장 좋음** • 입자상 물질이 퇴적하기 쉬우며 부식에 약함

◎ **축류 송풍기** : 프로펠러팬, 송풍관 붙이 축류팬, 정익 붙이 축류팬 등으로 분류된다. **다량의 풍량**이 요구될 때 적합하며, 소음이 있고, **규정풍량 이외**에서는 **효율이 갑자기 떨어지는 단점**이 있다.

유 형	형 태	효율 (%)	풍량 (m³/min)	정압 (mmH₂O)	특 징
프로펠러형 (평판형)		10~50	10~400	0~15	• 축차에 2개 이상의 두꺼운 날개를 부착하고 있음 • 구조가 가장 간단하고, 적은 비용으로 많은 양의 공기를 이송시킬 수 있음 • **효율이 낮으며 저압공기 운송에 이용** • 덕트가 없는 벽에 부착되어 공간내 공기의 순환에 응용됨
원통축류형 (튜브형)		55~65	500~10,000	5~15	• 많은 날개를 가지며, 효율과 압력상승에 효과를 높이기 위해 드럼 또는 원통으로 감싼 형태임 • 압력손실이 낮은 **대형 냉각탑, 대풍량에 적합** • 건조오븐, 페인트, 분무실, 훈연 배기장치로 사용
고정날개 축류형 (베인형)		75~85	40~1,000	10~80	• 축류형 중 **효율이 높고, 중·고압을 얻을 수 있음** • 공기의 분포가 양호하여 **국소통풍용, 터널환기용** 등으로 사용됨 • 효율과 압력상승효과를 얻기 위해 직선형 고정날개를 주로 사용함

◎ **특수 송풍기** : 사류팬, 횡류팬, 송풍관 붙이 원심팬
- **사류팬** : 원심송풍기와 축류 송풍기의 중간적인 흐름, 즉 공기가 축방향으로 흘러 들어와서 **90°가 아닌 경사방향**으로 흘러나가는 형태의 송풍기
  - 원심력과 양력을 동시에 이용함
  - 광범위 유량에 걸쳐 **효율의 선택범위가 넓음**
  - 동력의 변화가 적음
- **횡류팬** : 회전차는 다익팬과 비슷하나 폭이 직경에 비해 매우 크며, 공기가 회전차의 반경방향으로 흘러들어와 반경방향으로 흘러나가는 **횡단흐름을 가지는 송풍기**
  - 풍압이 낮음
  - 효율이 비교적 낮음
  - 소형으로 다량의 풍량을 처리할 수 있음
- **송풍관 붙이 원심팬** : 회전차는 후경깃을 가진 익형팬과 유사하나 케이싱은 와권형이 아니고 정익 붙이 축류팬과 유사하게 설계된 송풍기
  - 풍압이 낮음
  - 풍량이 작음
  - 효율이 낮음
  - 공기순환용 및 환기통풍용으로 주로 사용

⚙ **송풍기 전·후의 압력변화** : 대기압 하에 있는 작업장 공기가 후드로 흡입되어 Duct → 집진기로 이송되면서 압력손실이 증가하므로 대기압보다 낮은 음압(−)이 되고, 송풍기(Fan) 토출측과 배출구에서는 대기압 보다 높은 양압(+)을 형성, 대기로 방출되게 된다.

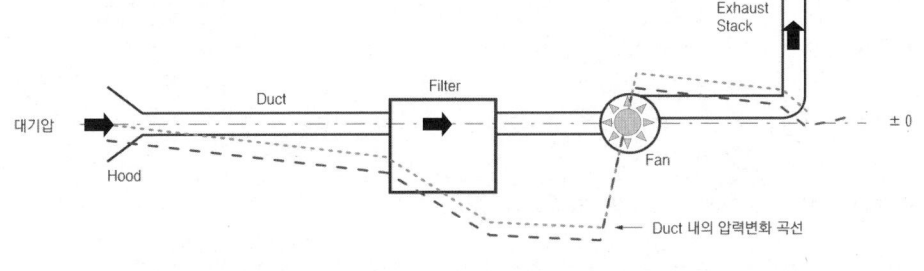

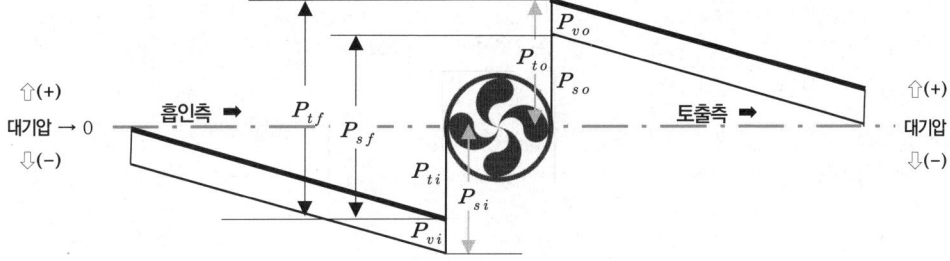

〈그림〉 송풍기 전·후의 전압 및 정압의 변화

⚙ **송풍기의 유효정압과 유효전압**
- 유효정압(P_{sf}) : $P_{sf} = |P_{so}| + |P_{si}| - P_{vi}$ (주) | |값은 절대값으로!!
- 유효전압(P_{sf}) : $P_{tf} = P_{sf} + P_{vo}$

⚙ **송풍기 입구 흡인관**(吸引管) : 동압은 양압(+)이고, 전압과 정압은 음압(陰壓, −)이다.

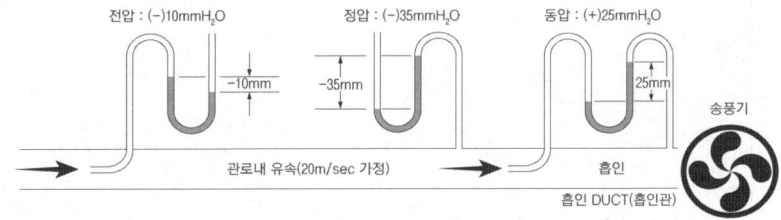

⚙ **송풍기 출구 배기관**(排氣管) : 전압, 정압, 동압 모두 양압(陽壓, +)이다.

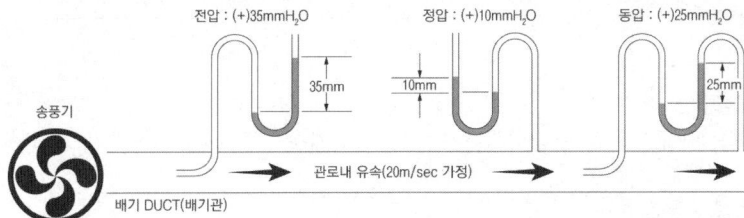

산업환기 및 작업환경 관리대책

- **송풍기의 동력계산** : $P = \dfrac{\Delta P \cdot Q}{102\,\eta_m\,\eta_s} \times \alpha = P_a\,\alpha = \dfrac{P_o}{\eta\,\eta_m}\alpha$

$\begin{cases} Q : \text{가스유량}(\text{m}^3/\text{sec}) \\ \Delta P : \text{유효전압(압력손실)} \\ \alpha : \text{여유율(안전율)} \\ \eta : \text{송풍기효율} \\ \eta_m : \text{모터효율} \\ P : \text{소요동력} \\ P_a : \text{축동력} \\ P_o : \text{이론동력} \\ D : \text{송풍기의 크기(날개)} \\ N : \text{분당 회전수(rpm)} \\ k : \text{비례상수} \\ \rho : \text{공기밀도} \end{cases}$

- **송풍기의 성능인자·상사 법칙 및 차원해석**
  - 유량 : $Q = kD^3N^1 \;\Rightarrow\; Q_2 = Q_1 \times \left(\dfrac{N_2}{N_1}\right)$
  - 풍압(압력손실) : $\Delta P = kD^2N^2\rho \;\Rightarrow\; \Delta P_2 = \Delta P_1 \times \left(\dfrac{N_2}{N_1}\right)^2$
  - 동력 : $P = kD^5N^3\rho \;\Rightarrow\; P_2 = P_1 \times \left(\dfrac{N_2}{N_1}\right)^3$

- **송풍기의 특성곡선** : 송풍기는 고유의 특성이 있으며, 이러한 특성을 하나의 선도로 나타낸 것을 송풍기의 특성곡선이라 한다. 송풍 특성곡선은 일정한 회수에서 가로축을 풍량(Q)(m³/min), 세로축을 정압 P_s 및 전압 P_t(mmAq), 효율 η(%), 동력 L(kW)로 놓고 풍량에 따라 이들의 압력 및 효율의 변화과정을 나타낸다.

  - **동작점(운전점)** : 송풍기의 동작점은 **성능곡선과 시스템 특성곡선**(system characteristic curve)이 **만나는 점**이다. 압력손실이 증가하면 운전점은 정압이 높은 쪽으로 이동하게 되고, 송풍량은 감소한다.

  - **압력손실의 변화에 따른 동작점의 변화** : 송풍기 성능곡선과 시스템 요구곡선이 만나는 송풍기 동작점은 설계과정에서 압력손실의 산정결함이나 시간경과에 따른 송풍기의 장력 감소, 임펠러의 이물질 부착 등에 의한 효율 감소 등의 요인에 따라 여러 형태로 변할 수 있다.

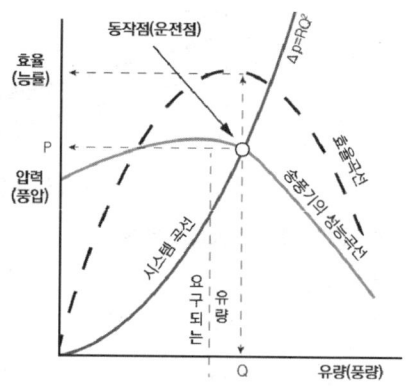

〈그림〉 송풍기 특성곡선과 운전점

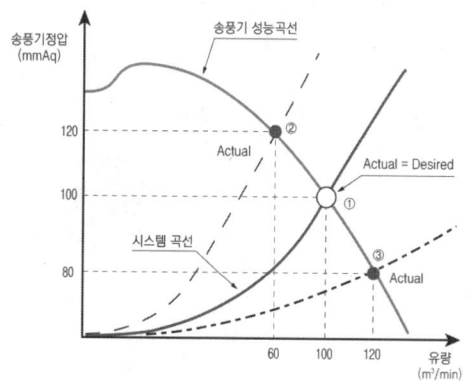

① 의 운전점 : 송풍기의 선정이 적절하여 원했던 송풍량이 나오는 경우이다.
② 의 운전점 : 운전상의 압력손실이 예측한 압력손실보다 높게 나타남으로써 실제풍량이 예상풍량보다 부족한 경우의 운전점이 됨
③ 의 운전점 : 운전상의 압력손실이 예측한 압력손실보다 낮게 나타남으로써 실제풍량이 예상풍량보다 많은 경우의 운전점이 됨

- **송풍기의 풍량 조절법**
  - 송풍기의 성능곡선의 모양과 위치변경 : 회전수 변환법, 안내깃 조절법, 흡입구 틈새 조절법, 가변피치 조절법, 흡입댐퍼 조절법 등
  - 시스템 곡선변경 : 토출댐퍼 조절법

03. 국소환기

- 기사 : 13
- 산업 : 04,11

01 다음 설명에 해당하는 송풍기의 종류로 옳은 것은?

> - 소요 정압이 떨어져도 동력은 크게 상승하지 않으므로 시설저항 및 운전상태가 변하여도 과부하가 걸리지 않는다.
> - 소음도 비교적 낮으나 구조가 가장 크다.
> - 통상적으로 최고속도가 높으므로 효율이 높다.

① 축류형 송풍기
② 프로펠러팬형 송풍기
③ 다익형 송풍기
④ 터보팬형 송풍기

해설 후향날개형(터보형)은 송풍량이 증가해도 동력이 증가하지 않는 장점이 있어 한계부하 송풍기라고도 하며, 압력변동이 있어도 풍량의 변화가 비교적 적은 것이 특징이며 효율이 높다. **답** ④

- 기사 : 출제대비
- 산업 : 00,03,05②,06,08,09,12,16

02 송풍량이 증가해도 동력이 증가하지 않는 장점이 있어 한계부하 송풍기라고도 하는 원심력 송풍기는?

① 프로펠러 송풍기
② 전향날개형 송풍기
③ 후향날개형 송풍기
④ 방사날개형 송풍기

해설 후향날개형(터보형) 송풍기는 송풍량이 증가해도 동력이 증가하지 않는 장점이 있어 한계부하 송풍기라고도 하며, 소음이 크나 구조가 간단하여 설치장소의 제약이 작고, 고온·고압의 대용량에 적합한 송풍기이다. **답** ③

- 기사 : 04,13
- 산업 : 출제대비

03 터보(Turbo) 송풍기에 관한 설명으로 틀린 것은?

① 후향날개형 송풍기라고도 한다.
② 송풍기의 깃이 회전방향 반대편으로 경사지게 설계되어 있다.
③ 고농도 분진함유 공기를 이송시킬 경우, 집진기 후단에 설치하여 사용해야 한다.
④ 방사날개형이나 전향날개형 송풍기에 비해 효율이 떨어진다.

해설 방사날개형(평판형, 레이디얼형) 송풍기는 효율 및 소음 측면에서는 다른 송풍기에 비해 좋지 못하다. 후향날개형(터보형) 송풍기는 장치가 견고하고 가격이 저렴하며 효율이 높은 장점이 있다. 송풍기 효율의 크기 순서는 비행기날개형(익형) > 후향날개형(터보형) > 방사날개형(평판형, 레이디얼형) > 전향날개형(다익형)이다. **답** ④

- 기사 : 00, 04
- 산업 : 14, 18

송풍기에 관한 설명으로 맞는 것은?

① 프로펠러 송풍기는 구조가 가장 간단하지만, 많은 양의 공기를 이송시키기 위해서는 그만큼의 많은 비용이 소요된다.
② 저농도 분진함유 공기나 금속성이 많이 함유된 공기를 이송시키는 데 많이 이용되는 송풍기는 방사날개형 송풍기(평판형 송풍기)이다.
③ 동일 송풍량을 발생시키기 위한 전향날개형 송풍기의 임펠러 회전속도는 상대적으로 낮기 때문에 소음문제가 거의 발생하지 않는다.
④ 후향날개형 송풍기는 회전날개가 회전방향 반대편으로 경사지게 설계되어 있어 충분한 압력을 발생시킬 수 있고, 전향날개형 송풍기에 비해 효율이 떨어진다.

[해설] ③항이 옳다.
▶ 바르게 고쳐보기 ◀
① 프로펠러 송풍기는 구조가 가장 간단하고, 적은 비용으로 많은 양의 공기를 이송시킬 수 있다.
② 방사날개형 송풍기(평판형 송풍기)는 고농도 공기나 부식성이 강한 공기를 이송시키는 데 사용된다.
④ 후향날개형 송풍기는 방사형과 전향날개형 송풍기에 비해 효율이 높다.

답 ③

- 기사 : 17
- 산업 : 출제대비

방사날개형 송풍기에 관한 설명으로 틀린 것은?

① 고농도 분진함유 공기나 부식성이 강한 공기를 이송시키는 데 많이 이용된다.
② 깃이 평판으로 되어 있다.
③ 가격이 저렴하고 효율이 높다.
④ 깃의 구조가 분진을 자체 정화할 수 있도록 되어 있다.

[해설] 방사날개형(평판형, 레이디얼형)은 대형으로 중량이 무겁고, 설치장소의 제약을 받으며, 가격이 비싸며, 효율이 낮다.

답 ③

- 기사 : 01
- 산업 : 05②, 10

다음 중 깃의 구조가 분진을 자체 정화할 수 있도록 되어 있어 고농도 공기나 부식성이 강한 공기를 이송시키는 데 많이 사용되는 송풍기는?

① 다익팬형 원심송풍기
② 레이디얼팬형 원심송풍기
③ 터보블로어형 송풍기
④ 축류형 송풍기

[해설] 방사날개형(평판형, 레이디얼형) 송풍기는 깃의 구조가 분진을 자체 정화할 수 있도록 되어 있어 자기청소(selt cleaning) 특성이 있는 것이 특징이며, 물질의 이송취급(시멘트, 사료, 톱밥이송) 및 산업용으로는 고압장치에 이용되며, 특히 고농도 공기나 부식성이 강한 공기를 이송시키는 데 적합한 송풍기이다.

답 ②

03. 국소환기

- 기사 : 출제대비
- 산업 : 07,09

예상 07 국소배기시스템에 일반적으로 사용하는 원심력 송풍기가 아닌 것은?

① 프로펠러 송풍기　　　② 평판형 송풍기
③ 전향날개형 송풍기　　④ 터보 송풍기

해설　프로펠러 송풍기는 축류식 송풍기에 속한다. 원심력 송풍기는 ②,③,④항 이외에 비행기날개형(익형)이 있다.　　답 ①

- 기사 : 출제대비
- 산업 : 04,11

예상 08 다음 중 동일 풍량, 동일 풍압에 비해 가장 소형이며, 제한된 장소에서 사용이 가능한 원심력 송풍기는?

① 평판 송풍기　　　② 다익 송풍기
③ 터보 송풍기　　　④ 프로펠러 송풍기

해설　전향날개형(다익형) 송풍기는 동일 풍량, 동일 풍압에 비해 가장 소형, 경량이므로 제한된 장소에서 사용이 가능하다. 또한 가격이 저렴하며, 소음문제가 적은 특징이 있다.　　답 ②

- 기사 : 01,05,07②,08,11
- 산업 : 10

예상 09 원심력 송풍기인 방사날개형 송풍기에 관한 설명으로 옳지 않은 것은?

① 플레이트 송풍기 또는 평판형 송풍기라고도 한다.
② 깃이 평판으로 되어 있고 강도가 매우 높게 설계되어 있다.
③ 깃의 구조가 분진을 자체 정화할 수 있도록 되어 있다.
④ 견고하고 가격이 저렴하며 효율이 높은 장점이 있다.

해설　방사날개형(평판형, 레이디얼형) 송풍기는 효율 및 소음 측면에서는 다른 송풍기에 비해 좋지 못하고, 대형으로 중량이 무거우며, 설치장소의 제약을 받는다. 장치가 견고하고 가격이 저렴하며 효율이 높은 장점이 있는 송풍기는 후향날개형(터보형) 송풍기이다.　　답 ④

- 기사 : 01,12,19
- 산업 : 13

예상 10 원심력 송풍기인 방사날개형 송풍기에 관한 설명으로 틀린 것은?

① 깃이 평판으로 되어 있다.
② 깃의 구조가 분진을 자체 정화할 수 있도록 되어 있다.
③ 큰 압력손실에서 송풍량이 급격히 떨어지는 단점이 있다.
④ 플레이트(plate)형 송풍기라고도 한다.

해설　높은 압력손실에서 송풍량이 급격히 떨어지는 것은 전향날개형(다익형) 송풍기이다.　　답 ③

종합연습문제

01 다음 중 국소배기장치에 주로 사용하는 터보 송풍기에 관한 설명으로 틀린 것은? [15,18 산업]

① 송풍량이 증가해도 동력이 증가하지 않는다.
② 방사날개형 송풍기나 전향날개형 송풍기에 비해 효율이 높다.
③ 직선 익근을 반경방향으로 부착시킨 것으로 구조가 간단하고 보수가 용이하다.
④ 고농도 분진함유 공기를 이송시킬 경우, 회전날개 뒷면에 퇴적되어 효율이 떨어진다.

hint 터보형은 익근이 후향으로 부착된다. 직선 익근을 반경방향으로 부착시킨 것은 방사날개형(레이디얼형)이다.

02 송풍기의 효율이 큰 순서대로 나열된 것은? [17 산업][17 기사]

① 평판 송풍기 > 다익 송풍기 > 터보 송풍기
② 다익 송풍기 > 평판 송풍기 > 터보 송풍기
③ 터보 송풍기 > 다익 송풍기 > 평판 송풍기
④ 터보 송풍기 > 평판 송풍기 > 다익 송풍기

03 시멘트, 미분탄, 곡물, 모래 등의 고농도 분진이나 마모성이 강한 분진 이송용으로 일반적으로 사용되는 원심력 송풍기는? [00,04,14 산업]

① 프로펠러형
② 전향날개형
③ 후향날개형
④ 방사날개형

04 다음 중 터보팬형 송풍기의 특징을 설명한 것으로 틀린 것은? [13,19 산업]

① 소음도 비교적 낮으나 구조가 가장 크다.
② 통상적으로 최고속도가 높으므로 효율이 높다.
③ 규정풍량 이외에서는 효율이 갑자기 떨어지는 단점이 있다.
④ 소요 정압이 떨어져도 동력은 크게 상승하지 않으므로 시설저항 및 운전상태가 변하여도 과부하가 걸리지 않는다.

05 원심형 송풍기 중 터보형에 대한 설명 중 바르지 않은 것은? [01,04,17 산업]

① 후향곡형(backward type) 송풍기로서 팬의 날이 회전방향에 반대되는 쪽으로 기울어진 형태이다.
② 송풍량이 증가해도 동력이 증가하지 않는 장점이 있다.
③ 효율이 다른 원심력 송풍기에 비해 비교적 좋다.
④ 분진이 다량함유된 공기를 이송할 때 효율이 높다.

hint 터보형은 고농도 분진함유 공기를 이송시킬 경우, 날개 뒷면에 퇴적되어 효율이 떨어진다.

06 다음 중 송풍기에 관한 설명으로 틀린 것은? [10,12 산업]

① 프로펠러 송풍기는 구조가 가장 간단하고, 적은 비용으로 많은 양의 공기를 이송시킬 수 있다.
② 방사날개형 송풍기는 평판형 송풍기라고도 하며 고농도 분진함유 공기나 부식성이 강한 공기를 이송시키는 데 많이 이용된다.
③ 전향날개형 송풍기는 동일 송풍량을 발생시키기 위한 임펠러 회전속도가 상대적으로 낮기 때문에 소음문제가 거의 발생하지 않는다.
④ 후향날개형 송풍기는 회전날개가 회전방향 반대편으로 경사지게 설계되어 있어 충분한 압력을 발생시킬 수 있고, 전향날개형 송풍기에 비해 효율이 떨어진다.

hint 후향날개형은 송풍기로서 팬의 날이 회전방향에 반대되는 쪽으로 기울어진 형태이며, 전향날개형 송풍기에 비해 효율이 높다. 송풍기효율의 크기 순서는 비행기날개형(익형) > 후향날개형(터보형) > 방사날개형(평판형, 레이디얼형) > 전향날개형(다익형)으로 전향날개형 송풍기가 효율이 가장 낮다.

정답 | 01.③ 02.④ 03.④ 04.③ 05.④ 06.④

종합연습문제

01 원심력 송풍기 중 후향날개형 송풍기에 관한 설명으로 틀린 것은? [06,07,14 기사]

① 송풍기 깃이 회전방향으로 경사지게 설계되어 충분한 압력을 발생시킬 수 있다.
② 고농도 분진함유 공기를 이송시킬 경우 긴 뒷면에 분진이 퇴적된다.
③ 고농도 분진함유 공기를 이송시킬 경우 집진기 후단에 설치하여야 한다.
④ 깃의 모양은 두께가 균일한 것과 익형이 있다.

hint 회전날개가 회전방향 반대편으로 경사지게 설계되어 있어 충분한 압력을 발생시킨다.

02 원심력 송풍기 중 후향날개형 송풍기에 관한 설명으로 옳지 않은 것은? [10 기사]

① 분진농도가 낮은 공기나 고농도 분진함유 공기를 이송시킬 경우, 집진기 후단에 설치한다.
② 송풍량이 증가하면 동력도 증가하므로 한계부하 송풍기라고도 한다.
③ 회전날개가 회전방향 반대편으로 경사지게 설계되어 있어 충분한 압력을 발생시킨다.
④ 고농도 분진함유 공기를 이송시킬 경우 회전날개 뒷면에 퇴적되어 효율이 떨어진다.

03 원심력 송풍기 중 후향날개형 송풍기에 관한 설명으로 틀린 것은? [04 기사]

① 터보 송풍기라고도 하며 전향날개형 송풍기에 비해 효율이 좋다.
② 송풍량 증가에 따라 동력의 증가율이 높은 단점이 있다.
③ 회전날개가 회전방향 반대편으로 경사지게 설계되어 있어 충분한 압력을 발생시킬 수 있다.
④ 고농도 분진함유 공기를 이송시킬 경우, 집진기 후단에 설치해야 한다.

04 원심력 송풍기 중 후향날개형 송풍기에 관한 설명으로 틀린 것은? [04 산업]

① 회전날개가 회전방향 반대편을 경사지게 설계되어 있어 충분한 압력을 발생시킬 수 있다.
② 방사날개형, 전향날개형에 비하여 효율이 좋다.
③ 고농도 분진함유 공기 이송 시에 집진기 전단에 설치한다.
④ 송풍량이 증가해도 동력이 증가하지 않는다.

05 원심력 송풍기 중 전향날개형 송풍기에 관한 설명으로 옳지 않은 것은? [06,10,11,14 기사]

① 송풍기의 임펠러가 다람쥐 쳇바퀴모양으로 생겼다.
② 송풍기의 깃이 회전방향과 반대방향으로 설계되어 있다.
③ 큰 압력손실에서 송풍량이 급격하게 떨어지는 단점이 있다.
④ 다익형 송풍기라고도 한다.

hint 원심력 송풍기 중 전향날개형(다익형) 송풍기는 송풍기의 임펠러가 다람쥐 쳇바퀴모양으로 회전날개가 회전방향과 동일한 방향으로 설계되어 있다.

06 원심력 송풍기의 종류 중에서 전향날개형 송풍기에 관한 설명으로 옳지 않은 것은? [13,14 기사]

① 송풍기의 임펠러가 다람쥐 쳇바퀴모양이며, 송풍기 깃이 회전방향과 동일한 방향으로 설계되어 있다.
② 동일 송풍량을 발생시키기 위한 임펠러 회전속도가 상대적으로 낮아 소음문제가 거의 발생하지 않는다.
③ 다익형 송풍기라고도 한다.
④ 큰 압력손실에도 송풍량의 변동이 적은 장점이 있다.

hint 전향날개형 송풍기는 높은 압력손실에서는 송풍량이 급격하게 떨어지는 결점이 있다.

정답 ┃ 01.① 02.② 03.② 04.③ 05.② 06.④

종합연습문제

01 원심력 송풍기 중 전향날개형 송풍기에 관한 설명으로 틀린 것은? [13 기사]
① 송풍기의 임펠러가 다람쥐 쳇바퀴모양으로 생겼으며 송풍기 깃이 회전방향과 동일한 방향으로 설계되어 있다.
② 평판형 송풍기라고도 하며 깃이 분진의 자체 정화가 가능한 구조로 되어 있다.
③ 동일 송풍량을 발생시키기 위한 임펠러 회전속도는 상대적으로 낮아 소음문제가 거의 없다.
④ 이송시켜야 할 공기량은 많으나 압력손실이 작게 걸리는 전체환기나 공기조화용으로 널리 사용된다.

hint 평판형 송풍기는 방사날개형 또는 레이디얼형이라고 하며, 깃의 구조가 분진을 자체 정화할 수 있도록 되어 있다. 반면에 원심력 송풍기 중 전향날개형 송풍기는 송풍기의 임펠러가 다람쥐 쳇바퀴모양으로 회전날개가 회전방향과 동일한 방향으로 설계되어 있기 때문에 다익형 송풍기라고 한다.

02 원심력 송풍기 중 전향날개형 송풍기에 관한 설명으로 틀린 것은? [09 기사]
① 송풍기의 임펠러가 다람쥐 쳇바퀴모양으로 생겼다.
② 송풍기 깃이 회전방향과 동일한 방향으로 설계되어 있다.
③ 큰 압력손실에도 송풍량을 일정하게 유지할 수 있는 장점이 있다.
④ 다익형 송풍기라고도 한다.

03 플레이트 송풍기, 평판형 송풍기라고도 하며 깃이 평판으로 되어 있고 강도가 매우 높게 설계된 원심력 송풍기는? [10 기사]
① 후향날개형 송풍기
② 전향날개형 송풍기
③ 방사날개형 송풍기
④ 양력날개형 송풍기

04 원심력 송풍기 중 전향날개형 송풍기에 관한 설명으로 틀린 것은? [05 기사]
① 송풍기의 임펠러가 다람쥐 쳇바퀴모양으로 회전날개가 회전방향과 동일한 방향으로 설계되어 있다.
② 동일 송풍량을 발생시키기 위한 임펠러 회전속도가 낮고, 소음문제가 거의 없다.
③ 강도문제가 그리 중요하지 않기 때문에 저가로 제작이 가능하다.
④ 높은 압력손실에서도 송풍량 변동이 적어 전체환기나 공기조화용으로 널리 사용된다.

05 축류 송풍기에 관한 설명으로 가장 거리가 먼 것은? [16 기사]
① 전동기와 직결할 수 있고, 또 축방향 흐름이기 때문에 관로 도중에 설치할 수 있다.
② 가볍고 재료비 및 설치비용이 저렴하다.
③ 원통형으로 되어 있다.
④ 규정풍량 범위가 넓어 가열공기 또는 오염공기의 취급에 유리하다.

hint 축류형 송풍기는 전동기와 직결할 수 있고, 축방향 흐름이기 때문에 관로 중에 설치할 수 있으며, 경량이고, 재료비 및 설치비용이 저렴한 장점이 있다. 그러나 풍압이 낮고, 원심 송풍기에 비해 주속도가 높아 소음이 크며, 규정풍량 이외에서는 효율이 급격히 저하된다.

06 축류 송풍기 중 프로펠러 송풍기에 관한 설명으로 틀린 것은? [07,13 산업]
① 구조가 간단하고 값이 저렴하다.
② 많은 양의 공기를 값싸게 이송시킬 수 있다.
③ 압력손실이 비교적 큰 곳에서도 송풍량의 변화가 적은 장점이 있다.
④ 국소배기용보다는 압력손실이 비교적 작은 전체환기용으로 사용해야 한다.

hint 압력손실이 비교적 많이 걸리는 시스템에 사용했을 때 서징 현상으로 진동과 소음이 심한 경우가 많다.

정답 ▎ 01.② 02.③ 03.③ 04.④ 05.④ 06.③

종합연습문제

01 축류 송풍기에 관한 설명으로 가장 거리가 먼 것은? [11 기사]

① 전동기와 직결할 수 있고, 또 축방향 흐름이기 때문에 관로 도중에 설치할 수 있다.
② 무겁고, 재료비 및 설치비용이 비싸다.
③ 풍압이 낮으며, 원심 송풍기보다 주속도가 커서 소음이 크다.
④ 규정풍량 이외에서는 효율이 떨어지므로 가열공기 또는 오염공기의 취급에 부적당하다.

hint 축류형 송풍기는 가볍고, 재료비 및 설치비용이 저렴하다. 축류형 송풍기는 전동기와 직결할 수 있고, 축방향 흐름이기 때문에 관로 중에 설치할 수 있으며, 경량이고, 재료비 및 설치비용이 저렴한 장점이 있다. 그러나 풍압이 낮고, 원심송풍기에 비해 주속도가 높아 소음이 크며, 규정풍량 이외에서는 효율이 급격히 저하되므로 가열공기 또는 오염공기 취급에는 부적합하다.

02 축류 송풍기에 관한 설명으로 틀린 것은? [06 산업]

① 덕트에 바로 삽입할 수 없어 현장 통용성이 떨어진다.
② 최대송풍량의 70% 이하가 되도록 압력손실이 걸릴 경우 서징 현상을 피할 수 없다.
③ 압력손실이 비교적 많이 걸리는 시스템에 사용했을 때 서징 현상으로 진동과 소음이 심한 경우가 많다.
④ 전향날개형 송풍기와 유사한 특징을 가지고 있다.

hint 축류형 송풍기는 전동기와 직결할 수 있고, 축방향 흐름이기 때문에 관로 중에 설치할 수 있는 특징이 있다.

03 일반적으로 창이나 측벽에 설치되어 공기를 직접 대기로 방출하는 저풍압, 대풍량의 전체환기용으로 많이 사용하는 송풍기는? [03 산업]

① 다익팬   ② 프로펠러팬
③ 사류팬   ④ 횡류팬

04 특수 송풍기 중 원심 송풍기와 축류 송풍기의 중간적인 흐름, 즉 공기가 축방향으로 흘러들어와서 90°가 아닌 경사방향으로 흘러나가는 형태의 송풍기로서 원심력과 양력을 동시에 이용하는 것은? [05,07 기사]

① 사류팬
② 횡류팬
③ 이젝터
④ 송풍관 붙이 원심팬

hint 공기가 축방향으로 흘러들어와서 90°가 아닌 경사방향으로 흘러나가는 형태의 송풍기는 사류팬이다.

05 다음 송풍기 중 원심력 송풍기가 아닌 것은? [04 기사]

① 튜브형(Tubeaxial)
② 전향형(Forward-curved)
③ 후향형(Backward-curved)
④ 레이디얼형(Radial)

06 다음 중 송풍기에 관한 설명으로 틀린 것은? [15,19 산업]

① 평판 송풍기는 타 송풍기에 비하여 효율이 낮아 미분탄, 톱밥 등을 비롯한 고농도 분진이나 마모성이 강한 분진의 이송용으로는 적당하지 않다.
② 원심 송풍기로는 다익팬, 레이디얼팬, 터보팬 등이 해당된다.
③ 터보형 송풍기는 압력변동이 있어도 풍량의 변화가 비교적 작다.
④ 다익형 송풍기는 구조상 고속회전이 어렵고, 큰 동력의 용도에는 적합하지 않다.

hint 평판형은 깃의 구조가 분진을 자체적으로 정화할 수 있게 되어 있으므로 시멘트나 톱밥 등 물질의 이송취급이나 산업용의 고압장치 등에 많이 이용된다.

정답 | 01.② 02.① 03.② 04.① 05.① 06.①

예상 11

- 기사 : 13
- 산업 : 출제대비

흡입관의 정압과 속도압이 각각 $-30.5\text{mmH}_2\text{O}$, $7.2\text{mmH}_2\text{O}$이고, 배출관의 정압과 속도압이 각각 $20.0\text{mmH}_2\text{O}$, $15\text{mmH}_2\text{O}$이면, 송풍기의 유효전압(mmH_2O)은?

① 58.3
② 64.2
③ 72.3
④ 81.1

해설 송풍기의 유효전압은 입·출구의 전압차로부터 계산할 수 있다.

〈계산〉 $P_{tf} = P_{to} - P_{ti}$

$$\begin{cases} \circ \text{출구전압} = P_{so} + P_{vo} = 15 + 20 = 35\,\text{mmH}_2\text{O} \\ \circ \text{입구전압} = P_{si} + P_{vi} = 7.2 + (-30.5) = -23.23\,\text{mmH}_2\text{O} \end{cases}$$

$\therefore P_{tf} = 35 - (-23.23) = 58.3\,\text{mmH}_2\text{O}$

답 ①

예상 12

- 기사 : 01,05,08,13,14
- 산업 : 05,11,19

흡입관의 정압과 속도압이 각각 $-30.5\text{mmH}_2\text{O}$, $7.2\text{mmH}_2\text{O}$이고, 배출관의 정압과 속도압이 각각 $23.0\text{mmH}_2\text{O}$, $15\text{mmH}_2\text{O}$이면, 송풍기의 유효정압(mmH_2O)은?

① 26.1
② 33.2
③ 46.3
④ 58.4

해설 송풍기의 유효정압은 입·출구의 정압의 합과 입구속도압의 차로부터 계산할 수 있다.

〈계산〉 $P_{sf} = |P_{so}| + |P_{si}| - P_{vi}$

$$\begin{cases} \circ \text{출구정압} = 23\,\text{mmH}_2\text{O} \\ \circ \text{입구정압} = -30.5\,\text{mmH}_2\text{O} \\ \circ \text{입구속도압} = 7.2\,\text{mmH}_2\text{O} \end{cases}$$

$\therefore P_{sf} = (23 + 30.5) - 7.2 = 46.3\,\text{mmH}_2\text{O}$

답 ③

예상 13

- 기사 : 출제대비
- 산업 : 18

국소배기장치의 설계 시 송풍기의 동력을 결정할 때 가장 필요한 정보는?

① 송풍기 동압과 가격
② 송풍기 동압과 효율
③ 송풍기 전압과 크기
④ 송풍기 전압과 필요송풍량

해설 송풍기의 동력을 결정할 때 가장 필요한 정보는 송풍기 전압과 필요송풍량이다.

〈관계〉 소요동력$(P) = \dfrac{\Delta P \cdot Q}{102\,\eta_m\,\eta_s} \times \alpha$ $\begin{cases} Q : \text{가스유량}(\text{m}^3/\text{sec}) \\ \Delta P : \text{유효전압(압력손실)} \\ \alpha : \text{여유율(안전율)} \\ \eta : \text{송풍기효율} \\ \eta_m : \text{모터효율} \end{cases}$

답 ④

종합연습문제

01 송풍기의 소요동력을 구하고자 할 때 필요한 인자가 아닌 것은? [07②,08 산업]
① 송풍기의 효율
② 풍량
③ 송풍기의 유효전압
④ 회전수 및 속도압

02 다음 중 일반적으로 송풍기의 소요동력(kW)을 구하고자 할 때 관여되는 주요 인자로 볼 수 없는 것은? [15 산업]
① 풍량
② 송풍기의 유효전압
③ 송풍기의 효율
④ 송풍기의 종류

03 다음 중 송풍기를 선정하는데 반드시 필요하지 않은 요소는? [14,17 산업]
① 송풍량
② 소요동력
③ 송풍기 정압
④ 송풍기 속도압

04 송풍기의 소요동력을 계산하는 데 필요한 인자로 볼 수 없는 것은? [18 산업]
① 송풍기의 효율
② 풍량
③ 송풍기 날개수
④ 송풍기 전압

정답 ❙ 01.④ 02.④ 03.④ 04.③

예상 14
- 기사 : 18
- 산업 : 출제대비

송풍기에 연결된 환기시스템에서 송풍량에 따른 압력손실 요구량을 나타내는 $Q-P$ 특성곡선 중 Q와 P의 관계는? (단, Q는 풍량, P는 풍압이며, 유동조건은 난류형태이다.)

① $P \propto Q$
② $P^2 \propto Q$
③ $P \propto Q^2$
④ $P^2 \propto Q^3$

해설 환기시스템에서 송풍량에 따른 압력손실 요구량은 $P \propto Q^2$의 관계이다. 동력은 (유량비)^{2}에 비례하고, (회전수비)^{3}에 비례한다. 또한 풍압은 (유량비)에 비례하고, (회전수비)^{2}에 비례한다. 답 ③

유.사.문.제

01 송풍기 법칙 중 올바른 것은? (단, 회전수 N, 풍량 Q, 풍압 P, 동력 L) [03 산업]
① $Q^2 \propto N$
② $L \propto N^4$
③ $P \propto N^2$
④ $L \propto N^2$

02 다음 중 송풍기의 풍량, 풍압 및 동력 간의 관계를 올바르게 나타낸 것은? (단, Q는 풍량, N은 회전속도, P는 풍압, W는 동력) [14 산업]
① $P \propto N^2$
② $W \propto N$
③ $Q \propto N^3$
④ $Q \propto N^2$

정답 ❙ 01.③ 02.①

예상 15

- 기사 : 05,13
- 산업 : 출제대비

유효전압이 120mmH$_2$O, 송풍량이 306m^3/min인 송풍기의 축동력이 7.5kW일 때, 이 송풍기의 전압효율은? (단, 기타 조건은 고려하지 않음)

① 65% ② 70% ③ 75% ④ 80%

해설 송풍기 축동력 계산식을 이용하여 산출한다.

⟨계산⟩ $P_a = \dfrac{\Delta P \cdot Q}{102 \times \eta}$ ⇨ $7.5 \text{ kW} = \dfrac{120 \times (306/60)}{102 \times \eta}$

∴ $\eta = 0.8 = 80\%$

답 ④

예상 16

- 기사 : 01,06,15,16
- 산업 : 출제대비

어떤 송풍기가 송풍기 유효전압 100mmH$_2$O이고, 풍량은 16m^3/min의 성능을 발휘한다. 전압효율이 80%일 때, 축동력(kW)은?

① 0.13 ② 0.26 ③ 0.33 ④ 0.57

해설 송풍기 축동력 계산식을 이용하여 산출한다.

⟨계산⟩ $P_a = \dfrac{\Delta P \cdot Q}{102 \times \eta}$

∴ $P_a = \dfrac{100 \times (16/60)}{102 \times 0.8} = 0.33 \text{ kW}$

답 ③

예상 17

- 기사 : 출제대비
- 산업 : 00,03,14

송풍기의 소요동력(kW)을 구하는 산식으로 옳은 것은? (단, Q_s는 송풍량(m^3/min), P_{Tf}는 송풍기의 전압(mmH$_2$O)을 의미한다.)

① $\dfrac{Q_s \times P_{Tf}}{6,120}$ ② $\dfrac{Q_s}{6,120 \times P_{Tf}}$

③ $\dfrac{6,120 \times P_{Tf}}{Q_s}$ ④ $\dfrac{6,120}{Q_s \times P_{Tf}}$

답 ③

예상 18

- 기사 : 매회 출제대비 16,17,18②,19
- 산업 : 매회 출제대비 14,17,18,19

송풍기 전압이 125mmH$_2$O이고, 송풍기의 총송풍량이 20,000m^3/hr일 때, 소요동력은? (단, 송풍기의 효율 80%, 안전율 50%)

① 8.1kW ② 10.3kW ③ 12.8kW ④ 14.2kW

해설 송풍기 소요동력 계산식을 이용하여 산출한다.

⟨계산⟩ $P = \dfrac{\Delta P \cdot Q}{102 \times \eta_s} \times \alpha$

∴ $P = \dfrac{125 \times 5.56}{102 \times 0.8} \times 1.5 = 12.78 \text{ kW}$

답 ③

- 기사 : 01,05②,09,10,11,14
- 산업 : 출제대비

예상 19 회전차 외경이 600mm인 레이디얼 송풍기의 풍량은 300m³/min, 송풍기 풍압은 60mmH₂O, 축동력은 0.7kW이다. 회전차 외경이 1,200mm인 상사인 레이디얼 송풍기가 같은 회전수로 운전된다면 이 송풍기의 풍량은? (단, 모두 표준공기를 취급한다.)

① 600m³/min
② 800m³/min
③ 1,600m³/min
④ 2,400m³/min

해설 송풍기의 크기 D와 회전수 N 및 가스밀도 ρ와의 관계로부터 송풍기의 풍량 Q를 산출한다.

〈계산〉 $Q = kD^3 N^1$

$$\therefore Q_2 = Q_1 \times \left(\frac{D_2}{D_1}\right)^3 = 300 \times \left(\frac{1,200}{600}\right)^3 = 2,400\,\text{m}^3/\text{min}$$

답 ④

유.사.문.제

01 회전차의 외경이 600mm인 레이디얼 송풍기를 가동할 때, 풍량은 300m³/min, 송풍기 전압은 60mmH₂O, 축동력은 0.70kW이다. 회전차 외경이 1,200mm로 상사인 레이디얼 송풍기가 같은 회전수로 운전된다면 이 송풍기의 전압은? [07,10,16 기사]

① 540mmH₂O
② 480mmH₂O
③ 360mmH₂O
④ 240mmH₂O

hint $\Delta P = kD^2 N^2 \rho^1$

$$\therefore \Delta P_2 = \Delta P_1 \times \left(\frac{D_2}{D_1}\right)^2$$

$$= 60 \times \left(\frac{1,200}{600}\right)^2 = 240\,\text{mmH}_2\text{O}$$

02 풍압이 2.5cmH₂O일 때, 송풍기의 회전속도가 180rpm이다. 만약 회전속도가 360rpm으로 증가되었다면 풍압(cmH₂O)은? [04,07,19 기사]

① 10
② 15
③ 20
④ 25

hint $\Delta P = kD^2 N^2 \rho^1$

$$\therefore \Delta P_2 = \Delta P_1 \times \left(\frac{N_2}{N_1}\right)^2$$

$$= 2.5 \times \left(\frac{360}{180}\right)^2 = 10\,\text{cmH}_2\text{O}$$

03 회전차 외경이 600mm인 레이디얼 송풍기의 풍량이 300m³/min, 송풍기 전압은 60mmH₂O, 축동력이 0.40kW이다. 회전차 외경이 1,200mm로 상사인 레이디얼 송풍기가 같은 회전수로 운전된다면 이 송풍기의 축동력은? (단, 두 경우 모두 표준공기를 취급한다.) [08,11 기사]

① 10.2kW
② 12.8kW
③ 14.4kW
④ 16.6kW

hint $P = kD^5 N^3 \rho$

$$\therefore P_2 = P_1 \times \left(\frac{D_2}{D_1}\right)^5$$

$$= 0.4 \times \left(\frac{1,200}{600}\right)^2 = 12.8\,\text{kW}$$

04 유량이 300m³/min이고 rpm이 500인 송풍기에 필요한 동력이 6HP이다. 이 송풍기의 rpm을 700으로 증가시켰을 때의 동력은? [06 산업][19 기사]

① 10.4HP
② 11.8HP
③ 14.4HP
④ 16.5HP

hint $P = kD^5 N^3 \rho$

$$\therefore P_2 = P_1 \times \left(\frac{N_2}{N_1}\right)^3$$

$$= 6 \times \left(\frac{700}{500}\right)^3 = 16.46\,\text{HP}$$

정답 | 01.④ 02.① 03.② 04.④

종합연습문제

01 작업장에 설치된 국소배기장치의 제어속도를 증가시키기 위해 송풍기날개의 회전속도를 20% 증가시켰다면 동력은 약 몇 % 증가할 것으로 예측되는가? (단, 기타 조건은 동일) [09,13 기사]

① 43　　② 65
③ 73　　④ 82

hint $X(\%) = \dfrac{P_2 - P_1}{P_1} \times 100$

$= \left[\left(\dfrac{1.2N_1}{N_1}\right)^3 - 1\right] \times 100 = 72.8\%$

02 송풍량이 300m³/min일 때, 송풍기의 회전속도는 150rpm이었다. 송풍량을 500m³/min으로 증대시킬 경우 동일 송풍기의 회전속도는 대략 몇 rpm이 되는가? (단, 기타 조건은 같다고 가정함) [13,15 기사]

① 약 200rpm　　② 약 250rpm
③ 약 300rpm　　④ 약 350rpm

hint $Q_2 = Q_1 \times \left(\dfrac{N_2}{N_1}\right)$

⇒ $500 = 300 \times \left(\dfrac{N_2}{150}\right)$

∴ $N_2 = 250\,\text{rpm}$

03 후향날개형 송풍기가 1,000rpm으로 운전될 때 송풍량이 20m³/min, 송풍기의 정압은 40mmH₂O, 축동력이 0.6kW이었다. 송풍기의 회전수를 1,300rpm으로 증가시키면 송풍량은? [00,05,06,17 산업]

① 26m³/min
② 34m³/min
③ 44m³/min
④ 56m³/min

hint $Q_2 = Q_1 \times \left(\dfrac{N_2}{N_1}\right)$

∴ $Q_2 = 20 \times \left(\dfrac{1,300}{1,000}\right) = 26\,\text{m}^3/\text{min}$

04 다음 중 송풍기에 관한 비례관계로 옳은 것은? (단, Q는 풍량, N은 회전속도, ΔP는 풍압, P는 동력이다.) [07,08 산업]

① $Q \propto N^3$　　② $P \propto N$
③ $\Delta P \propto N^2$　　④ $Q \propto N^2$

hint 송풍기의 크기(D)와 유체밀도(ρ)가 일정할 때 유량은 송풍기의 회전속도에 비례하고, 풍압은 송풍기의 회전속도의 2승에 비례하며, 동력은 송풍기의 회전속도의 3승에 비례한다.
□ $Q \propto N$, $\Delta P \propto N^2$, $P \propto N^3$

05 송풍기의 풍량, 풍압, 동력과 회전수와의 관계를 바르게 설명한 것은? [07,08,09,15 산업][03,04,16 기사]

① 풍량은 회전수에 비례한다.
② 풍압은 회전수의 제곱에 반비례한다.
③ 동력은 회전수의 제곱에 반비례한다.
④ 동력은 회전수의 제곱에 비례한다.

hint $Q_2 = Q_1 \times (N_2/N_1)$

06 다음은 송풍기의 회전속도와 풍량, 풍압 및 동력과의 관계를 설명한 것이다. 가장 올바르게 설명된 것은? [05,08,15 산업]

① 풍압은 회전수 제곱에 비례한다.
② 풍량은 회전수 제곱에 비례한다.
③ 동력은 회전수 제곱에 비례한다.
④ 동력은 회전수에 정비례한다.

hint $\Delta P = kD^2 N^2 \rho^1$

07 송풍기 상사 법칙과 관련이 없는 것은? [08,18 산업][03 기사]

① 송풍량　　② 축동력
③ 덕트의 길이　　④ 회전수

08 송풍기의 회전수를 2배 증가시키면 동력은 몇 배 증가하겠는가? [00,03,05 산업]

① 2배　　② 4배
③ 8배　　④ 16배

정답 ┃ 01.③　02.②　03.①　04.③　05.①　06.①　07.③　08.③

종합연습문제

01 다음 중 송풍기의 상사 법칙에 관한 설명으로 틀린 것은? [09②,13,17 산업]

① 풍량은 송풍기 회전수와 정비례한다.
② 풍압은 회전차의 직경에 반비례한다.
③ 풍압은 송풍기 회전수의 제곱에 비례한다.
④ 동력은 송풍기 회전수의 세제곱에 비례한다.

hint $\Delta P = k D^2 N^2 \rho^1$

02 후향날개형 송풍기가 2,000rpm으로 운전될 때 송풍량이 20m³/min, 송풍기 정압이 50mmH$_2$O, 축동력이 0.5kW였다. 다른 조건은 동일하고 송풍기의 rpm을 조절하여 3,200rpm으로 운전한다면 송풍량, 송풍기 정압, 축동력은? [14 기사]

① 32m³/min, 80mmH$_2$O, 1.86kW
② 32m³/min, 128mmH$_2$O, 2.05kW
③ 32m³/min, 80mmH$_2$O, 1.86kW
④ 32m³/min, 128mmH$_2$O, 2.05kW

hint $P = k D^5 N^3 \rho$

∴ $Q_2 = 20\text{m}^3/\text{min} \times \left(\dfrac{3,200}{2,000}\right) = 32\text{m}^3/\text{min}$

∴ $P_{s2} = 50\text{mmH}_2\text{O} \times \left(\dfrac{3,200}{2,000}\right)^2 = 128\text{mmH}_2\text{O}$

∴ $P_2 = 0.5 \times \left(\dfrac{3,200}{2,000}\right)^3 = 2.05\text{kW}$

03 유해물질을 제거하기 위해 작업장에 설치된 후드가 300m³/min으로 환기되도록 송풍기를 설치하였다. 설치 초기 시, 후드 정압은 50mmH$_2$O였는데, 6개월 후에 후드 정압을 측정해 본 결과 절반으로 낮아졌다면 기타 조건에 변화가 없을 때의 환기량은? (단, 상사 법칙 적용) [19 산업][14,19 기사]

① 환기량이 252m³/min으로 감소하였다.
② 환기량이 212m³/min으로 감소하였다.
③ 환기량이 150m³/min으로 감소하였다.
④ 환기량이 125m³/min으로 감소하였다.

hint $P_{s2} = P_{s1} \times \left(\dfrac{Q_2}{Q_1}\right)^2$

∴ $Q_2 = 300\text{m}^3/\text{min} \times \left(\dfrac{25}{50}\right)^{0.5} = 212.13\text{m}^3/\text{min}$

04 21℃ 기체를 취급하는 어떤 송풍기의 풍량이 20m³/min이다. 동일한 송풍기가 동일한 회전수로 50℃인 기체를 취급한다면 이때 풍량은 얼마인가? [04,18 기사]

① 10m³/min
② 15m³/min
③ 20m³/min
④ 25m³/min

hint 회전수가 동일하면 풍량도 동일하다.

정답 | 01.② 02.④ 03.② 04.③

- 기사 : 출제대비
- 산업 : 06,09

송풍기 설계 시 주의사항으로 적합하지 아니한 것은?

① 송풍량과 송풍압력을 완전히 만족시켜 예상되는 풍량의 변동범위내에서 과부하 하지 않고 완전한 운전이 되도록 한다.
② 송풍관의 중량을 송풍기에 가중시키지 않는다.
③ 송풍배기의 입자농도와 그 마모성을 참작하여 송풍기의 형식과 내마모구조를 고려한다.
④ 송풍기와 배관 간에 Flexible bypass를 설치하여 송풍압력의 변동을 감소시킨다.

해설 Flexible은 송풍기와 덕트 사이에 설치하여 진동을 감소시키는 데 사용된다. 답 ④

PART 3 산업환기 및 작업환경 관리대책

예상 21
- 기사 : 출제대비
- 산업 : 09

다음 그림은 송풍기의 성능곡선과 시스템곡선이 만나는 송풍기 동작점을 나타낸 것이다. Ⓐ와 Ⓑ에 들어갈 용어로 옳은 것은?

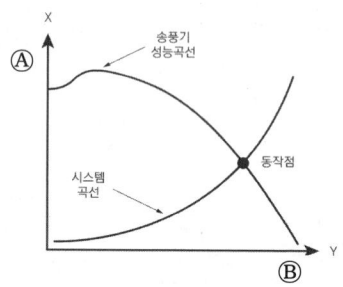

① Ⓐ 송풍기 동압, Ⓑ 덕트 유속
② Ⓐ 덕트 유속, Ⓑ 송풍기 동압
③ Ⓐ 송풍기 정압, Ⓑ 송풍량
④ Ⓐ 송풍기 정압, Ⓑ 송풍기 동압

해설 송풍기 특성곡선은 일정한 회전수에서 가로축(Y)을 풍량 Q(㎥/min), 세로축(X)을 정압 P_s 및 전압 P_t(mmAq), 효율 η(%), 동력 L(kW)로 놓고, 풍량에 따라 이들의 압력 및 효율의 변화과정을 나타낸다.

답 ③

유.사.문.제

01 송풍기의 동작점에 관한 설명으로 가장 알맞은 것은? [19 산업][06,17 기사]
① 송풍기의 성능곡선과 시스템 동력곡선이 만나는 점
② 송풍기의 성능곡선과 시스템 요구곡선이 만나는 점
③ 송풍기의 정압곡선과 시스템 효율곡선이 만나는 점
④ 송풍기의 정압곡선과 시스템 동압곡선이 만나는 점

hint 송풍기의 동작점(operating point)은 성능곡선(performance curve)과 시스템 특성곡선(system characteristic curve)이 만나는 점이다.

02 송풍기의 성능곡선은 어떤 변수를 이용하여 나타낸 것인가? [03 기사]
① 송풍기 전압, 축동력, 효율, 유량
② 송풍기 정압, 축동력, 효율, 유량
③ 송풍기 동압, 축동력, 효율, 유속
④ 송풍기 전압, 축동력, 효율, 유속

03 다음 중 국소배기장치의 올바른 송풍기 선정 과정과 가장 거리가 먼 것은? [15 산업]
① 송풍량과 송풍압력을 가급적 큰 용량으로 선정한다.
② 덕트계의 압력손실 계산결과에 의하여 배풍기 전후의 압력차를 구한다.
③ 특성선도를 사용하여 필요한 정압, 풍량을 얻기 위한 회전수, 축동력, 사용모터 등을 구한다.
④ 배풍기와 덕트의 설치장소를 고려해서 회전방향, 토출방향을 결정한다.

정답 | 01.② 02.② 03.①

예상 22
- 기사 : 출제대비
- 산업 : 06

송풍기 성능곡선과 시스템 요구곡선이 만나는 송풍기 동작점은 현장의 상황에 따라 여러 형태로 변할 수 있다. 다음 그림 중 시스템 곡선의 예측은 적절하였지만, 송풍기 성능이 약해서 송풍량이 충분히 유지되지 못하고 있는 상황을 나타낸 그림은?

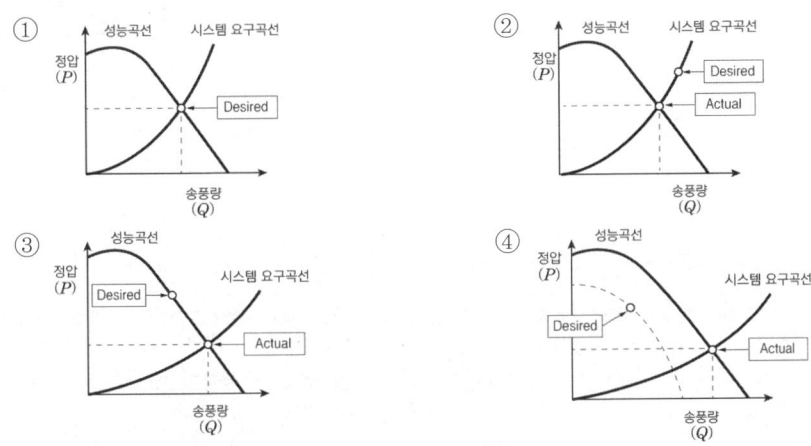

해설 시스템 곡선의 예측은 적절하였지만, 송풍기 성능이 약해서 송풍량이 충분히 유지되지 못하고 있는 상황을 나타낸 것은 ②항이다. 송풍기 성능곡선이 Desired점을 지나는 운전점을 가질 수 있도록 송풍기의 성능이 지금보다 큰 것으로 교체하여야 정상적인 환기시스템이 가동된다. ①항이 정상적으로 목표한 송풍량을 얻는 경우이다.　　**답** ②

예상 23
- 기사 : 출제대비
- 산업 : 16

송풍기 성능곡선과 시스템 요구곡선이 만나는 송풍기 동작점은 현장의 상황에 따라 여러 형태로 변할 수 있다. 송풍기가 역회전 하고 있거나 성능이 저하되어 회전수가 부족한 경우를 나타내는 그림은?

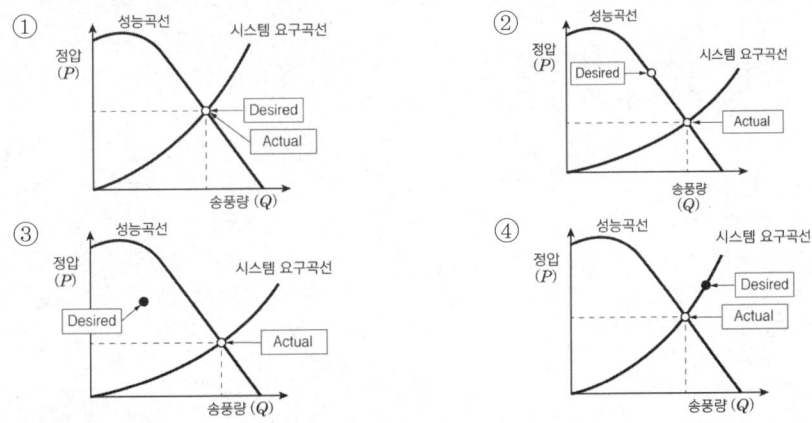

해설 회전수가 부족하거나 부실한 유지관리를 한 경우, 송풍기의 실제 동작점이 시스템 특성곡선의 설계 동작점 하단에 위치하게 되므로 요구되는 정압과 송풍량을 얻지 못하게 된다.　　**답** ④

PART 3 산업환기 및 작업환경 관리대책

【참고】
- **운전점의 변화**: 시스템의 압력손실 평가는 적절하나 송풍기의 선정이 잘못되어 송풍량이 예상보다 많이 나오거나 부족한 경우가 발생되는 경우의 운전점 변화는 다음 그림과 같다.

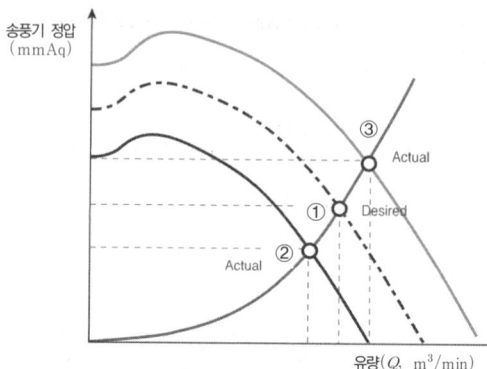

①의 운전점 : 송풍기의 선정이 적절하여 원했던 송풍량이 나오는 경우이다.

②의 운전점 : 시스템 곡선의 예측은 적절하였지만, 송풍기 성능이 약해서 송풍량이 충분히 유지되지 못하는 경우이다.

③의 운전점 : 시스템 곡선의 예측은 적절하였지만, 너무 큰 송풍기를 선정하여 송풍량이 과도한 경우이다.

유.사.문.제

01 다음 [그림]과 같은 송풍기 성능곡선에 대한 설명으로 옳은 것은? [10,12,19 산업]

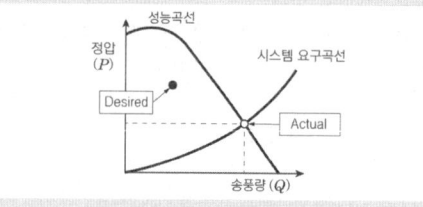

① 송풍기의 선정이 적절하여 원했던 송풍량이 나오는 경우이다.
② 성능이 약한 송풍기를 선정하여 송풍량이 작게 나오는 경우이다.
③ 송풍기의 선정은 적절하나 시스템의 압력손실이 과대평가되어 송풍량이 예상보다 많이 나오는 경우이다.
④ 너무 큰 송풍기를 선정하고, 시스템 압력손실도 과대평가된 경우이다.

hint 현재의 송풍기 특성곡선으로 보아 예상되는 시스템 압력손실을 과대평가하여 송풍기의 풍량이 큰 송풍기가 설치한 경우이다.

02 다음 그림의 송풍기 성능곡선에 대한 설명으로 맞는 것은? [16 산업]

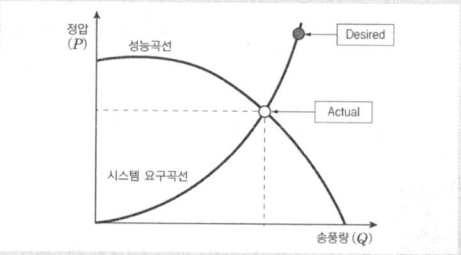

① 너무 큰 송풍기를 선정한 결과 시스템 압력손실이 과대평가된 경우이다.
② 시스템 곡선의 예측은 적절하나 성능이 약한 송풍기를 선정하여 송풍량이 적게 나오는 경우이다.
③ 설계단계에서 예측했던 시스템 요구곡선이 잘 맞고, 송풍기의 선정도 적절하여 원했던 송풍량이 나오는 경우이다.
④ 송풍기의 선정은 적절하나 시스템의 압력손실 예측이 과대평가되어 실제로는 압력손실이 작게 걸려 송풍량이 예상보다 많이 나오는 경우이다.

hint 실제 동작점이 시스템 특성곡선의 설계동작점 하단에 위치하는 경우 → 시스템 곡선의 예측은 적절하나 회전수 또는 성능이 약함

정답 ❘ 01.④ 02.②

03. 국소환기

【참고】 잘못된 압력손실 평가 및 유지관리 불량에 의한 운전점의 변화

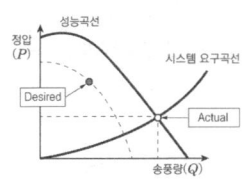
- 너무 큰 송풍기를 선정하여 시스템 압력손실이 과대평가됨

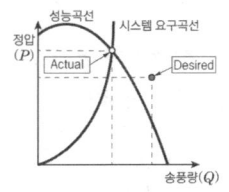
- 작은 송풍기를 선정하여 시스템 압력손실 과소평가됨

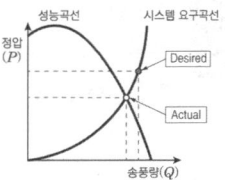
- 회전수가 부족하거나 부실한 관리를 하여 효율이 감소한 경우

- 기사 : 출제대비
- 산업 : 11, 16

다음 중 송풍기를 직렬로 연결하여 사용하는 경우로 가장 적절한 것은?

① 24시간 생산체제로 운전할 때
② 1대의 대형 송풍기를 사용할 수 없어 분할이 필요한 경우
③ 송풍기 정압이 1대의 송풍기로 얻을 수 있는 정압보다 더 필요한 경우
④ 송풍기가 고장이 나더라도 어느 정도의 송풍량을 확보할 필요가 있는 경우

해설 ③항만 송풍기를 직렬로 연결하여 사용하는 경우에 부합된다. 이외 항목은 병렬로 연결하여 사용하는 경우에 해당된다. **답** ③

【참고】 송풍기의 연합운전

- 1대의 송풍기로 목표 풍압이나 목표 풍량을 얻는데 부족함이 있는 경우에는 송풍기 2대를 직렬(直列)이나 병렬(並列)로 연결하여 운전함으로써 용량을 증가시키거나 목적 풍압을 얻을 수 있지만 관저항의 크기가 문제될 수 있다.

병렬 연합운전	직렬 연합운전
(그래프: Q_A, Q_B에서 점 A, B)	(그래프: P_A, P_B에서 점 A, B)
• 적용 • 대형 송풍기를 설치할 수 없는 좁은 공간에 분할의 필요가 있는 경우 • 송풍기의 고장대책을 요하는 경우 • 송풍계통의 저항이 전압에 비해 적은 경우 • 풍압보다 풍량 증가에 목표를 두는 경우	• 적용 • 소요풍압이 1대로 얻어지는 최대풍압보다 큰 것이 요구되는 경우 • 송풍계통의 특정 부위에서 고압이 요구될 때의 부스터로 사용하는 경우와 풍량보다는 풍압 증대에 중점을 두는 경우
• 성능특성 • 병렬풍압곡선과 시스템곡선의 교차점이 운전점이 되며, 이때의 풍량은 단독 송풍기의 풍량(Q)에 2배 이하가 됨 • 이종특성을 갖는 송풍기를 병렬로 연결할 때는 역류 현상이 유발될 가능성이 높음	• 성능특성 • 직렬풍압곡선과 시스템곡선의 교차점이 운전점이 되며, 이때의 풍량은 단독 송풍기의 풍(Q)에 2배 이하가 됨 • 직렬풍압은 단독풍압의 약 2배로 증가되며 풍압곡선의 기울기는 더욱 급한 경사를 이룸

예상 25

- 기사 : 출제대비
- 산업 : 04

다음 그림은 송풍기 후단에서 측정한 정압(P_s), 속도압(P_v), 전압(P_T)이다. Ⓐ,Ⓑ,Ⓒ에 들어갈 측정압력 값을 기록한 것으로 맞는 것은?

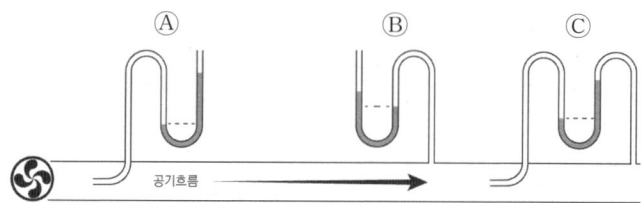

① Ⓐ $P_v = +25\text{mmH}_2\text{O}$ Ⓑ $P_s = +10\text{mmH}_2\text{O}$ Ⓒ $P_T = +35\text{mmH}_2\text{O}$
② Ⓐ $P_T = +35\text{mmH}_2\text{O}$ Ⓑ $P_s = +10\text{mmH}_2\text{O}$ Ⓒ $P_v = +25\text{mmH}_2\text{O}$
③ Ⓐ $P_v = +25\text{mmH}_2\text{O}$ Ⓑ $P_s = -10\text{mmH}_2\text{O}$ Ⓒ $P_T = +15\text{mmH}_2\text{O}$
④ Ⓐ $P_T = +15\text{mmH}_2\text{O}$ Ⓑ $P_s = -10\text{mmH}_2\text{O}$ Ⓒ $P_v = +25\text{mmH}_2\text{O}$

해설 ②항이 올바르다. **답** ②

예상 26

- 기사 : 출제대비
- 산업 : 07,13

송풍기의 풍량 조절법에 속하지 않는 것은?

① 회전수 변화법
② Vane Control법
③ Damper 부착법
④ 송풍기의 풍향 변경법

해설 송풍기의 풍량 조절법은 크게 나누어 송풍기의 성능곡선의 모양과 위치를 변경하는 방법인 회전수 변환법, 안내깃 조절법, 흡입구 틈새 조절법, 가변피치 조절법, 흡입댐퍼 조절법 등과 시스템곡선을 변경하는 방법인 토출댐퍼 조절법 등이 있다. **답** ④

유.사.문.제

01 후드를 추가로 설치해도 쉽게 압력조절이 가능하고, 사용하지 않는 후드를 막아 다른 곳에 필요한 정압을 보낼 수 있어 현장에서 편리하게 사용할 수 있는 압력균형 방법은? [03 산업]

① 회전수 변화법
② 안내익 조절법
③ 압력조절법
④ 댐퍼법

02 송풍기의 풍량조절방법이라 할 수 없는 것은? [04 산업]

① 원동기의 회전수 조절
② 안내익(vane)의 조절
③ 댐퍼를 부착 조절
④ 익근 출구각도 조절

정답 ┃ 01.④ 02.④

03. 국소환기

- 기사 : 출제대비
- 산업 : 08②,19

27 다음 중 국소환기시설의 자체검사 시 필요한 필수장비에 속하지 않는 것은?

① 고도측정계　　　　　　② 절연저항계
③ 열선풍속계　　　　　　④ 스모크테스터

해설 국소환기시설의 자체검사 시 필요한 필수장비에는 연기발생기(smoke tester), 청음기 또는 청음봉, 절연저항계, 열선풍속계, 표면온도계 및 초자온도계, 줄자 등이다. 한편, 필요선택 측정기는 테스트 해머, 나무봉 또는 대나무봉, 초음파 두께 측정기, 마노메타(manometer), 정압 프로브(prove) 부착 열선풍속계, 키사게(scraper), 회전계, 피토관, 스톱스위치 또는 시계, 기타 집진효율 측정용 기구, 풍차풍속계, 인장계측기 등이다.

답 ①

유.사.문.제

01 다음 중 국소배기장치에 대한 압력 측정장비가 아닌 것은? [07,10,12 산업]

① U자 마노미터
② 타코미터
③ 피토관
④ 경사 마노미터

hint 타코미터(tachometer)는 회전속도를 측정하는 장치이다.

02 국소배기장치의 자체검사 시 압력측정과 관련된 장비가 아닌 것은? [09 산업]

① 발연관
② 피토관
③ 마노미터
④ 아네로이드 게이지

03 다음 중 덕트내의 풍속측정에 사용되는 측정계기가 아닌 것은? [13 산업]

① 피토관
② 회전속도 측정기
③ 풍차풍속계
④ 열선식 풍속계

hint 회전속도 측정기는 모터 등의 회전속도를 측정하는 계기이다. 덕트내의 풍속측정에 이용되는 계기는 피토관, 마노메타(manometer), 열선풍속계, 풍차풍속계 등이다.

04 다음 중 국소배기설비 점검 시 반드시 갖추어야 할 필수장비로 볼 수 없는 것은? [07,13 산업]

① 청음기　　　　　② 연기발생기
③ 테스트 해머　　 ④ 절연저항계

05 다음 중 국소배기장치의 자체검사 시에 갖추어야 할 필수 측정기구로 볼 수 없는 것은? [12 산업]

① 줄자　　　　　② 연기발생기
③ 청음기　　　　④ 피토관

06 송풍기의 베어링에 대한 점검사항은? [05 산업]

① 송풍기의 이상 소음발생 유무 확인
② 캔버스 이음매 파손 여부 확인
③ 벨트의 굴곡이 적정한지를 확인
④ 벨트에 마모, 손상이 있는지 확인

07 다음 중 덕트에서의 배풍량을 측정하기 위해 사용하는 기구가 아닌 것은? [12 산업]

① 피토관　　　　　② 열선 풍속계
③ 마노메타　　　　④ 스모크 테스터

hint 스모크 테스터(smoke tester)는 기류의 흐름을 측정하기 위한 발연추적관이나 여과식 매연계(매연 농도의 측정)를 총칭한다. 산업환기에서는 주로 기류흐름을 측정하는데 이용되는 필수장비이다.

정답 ┃ 01.② 02.① 03.② 04.③ 05.④ 06.① 07.④

종합연습문제

01 송풍기로 공기를 흡인할 때 덕트내의 전압, 정압, 동압 상태를 옳게 설명한 것은? [10 산업]
① 전압, 정압, 동압 모두 음압이다.
② 전압, 정압, 동압 모두 양압이다.
③ 전압과 정압은 음압이고, 동압은 양압이다.
④ 전압은 양압이고, 정압과 동압은 음압이다.

02 다음 중 작업장내의 실내환기량을 평가하는 방법과 거리가 먼 것은? [10 산업]
① 시간당 공기교환횟수
② 이산화탄소 농도를 이용하는 방법
③ Tracer가스를 이용하는 방법
④ 배기 중 내부공기의 수분함량 측정

  hint 작업장내의 실내환기량을 평가하는 방법은 ①, ②, ③항 이외에 환기효율 산정에 의한 평가방법, 환기량에 의한 평가방법, 모델링에 의한 평가법 등이 적용된다.

정답 ▮ 01.③ 02.④

예상 28
- 기사 : 출제대비
- 산업 : 14, 17

배출구의 배기시설에 대한 일반적인 설치방법에 있어 "15-4-15" 중 "3"이 의미하는 내용으로 맞는 것은?

① 외기풍속의 3배로 한다.
② 유입구로부터 3m 떨어지도록 한다.
③ 배기속도는 3m/sec가 되도록 한다.
④ 이웃하는 지붕보다 3m 높게 한다.

해설 15-4-15 중 3이 의미하는 내용은 이웃하는 지붕보다 3m 높게 하여야 한다는 것이다.

■ 15-3-15 규칙(배기구의 설치규정)
- 15 : 배출구와 공기를 유입하는 흡입구는 서로 15m 이상 떨어져야 한다.
- 3 : 배출구의 높이는 지붕 꼭대기나 공기유입구보다 위로 3m 이상 높게 하여야 한다.
- 15 : 배출되는 공기는 재유입되지 않도록 배출가스 속도를 15m/sec 이상으로 유지한다.

답 ④

예상 29
- 기사 : 출제대비
- 산업 : 16

송풍기 벨트의 점검사항으로 늘어짐 한계 표시를 맞게 한 것은? [16 산업]

① $0.01l < X < 0.02l$
② $0.04l < X < 0.05l$
③ $0.07l < X < 0.08l$
④ $0.10l < X < 0.12l$

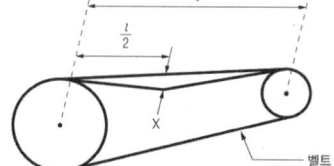

해설 송풍기 벨트의 늘어짐을 점검할 때 벨트를 손으로 눌렀을 때 늘어진 치수가 $0.01l < X < 0.02l$ 범위 이내이어야 한다.

답 ①

03. 국소환기

- 기사 : 출제대비
- 산업 : 03

국소환기장치의 측정공에 대한 설명 중 틀린 것은?
① 측정공의 내면이 날이 서지 않도록 매끈하게 한다.
② 측정공을 사용하지 않을 경우 고무마개 등으로 막을 수 있도록 한다.
③ 후드의 위쪽, 송풍관의 주요 부분에 설치한다.
④ 측정기가 삽입이 용이하도록 송풍관 벽을 경사지게 뚫는다.

[해설] 측정공은 송풍관 벽에 직각(가스 흐름방향)으로 뚫어야 한다.　　　　　[답] ④

6 공기정화(집진장치 · 유해가스 처리장치)

이승원의 minimum point

① **집진장치에 대한 주요 정리사항**
- **집진장치의 기본유속**
  - 가장 **빠른 것** : 벤투리 스크러버(60~90m/sec)
  - 가장 **느린 것** : 백 필터(여과집진기)(0.3~10cm/sec)
  - 유속이 적당히 빠를수록 집진율이 높아지는 것 : 사이클론(원심력), 관성력, 벤투리 스크러버
  - 유속이 느릴수록 집진율이 높아지는 것 : 중력, 여과, 전기집진기 등
- **집진장치의 압력손실** : 압력손실과 동력소모 및 유지비 … (대체로 비례관계임)
  - 높은 것 : 벤투리 스크러버(300~800 mmH$_2$O) > 여과집진장치(100~200mmH$_2$O)
  - 낮은 것 : 중력(15 mmH$_2$O 이하), 전기집진기(20 mmH$_2$O 이하)
  - 승압효과를 갖는 것(송풍기 필요없음) : 제트 스크러버(0~200 mmH$_2$O 승압)
- **유지비용이 저렴한 것** : 중력집진기, 전기집진기
- **집진장치의 처리입경 ↔ 집진율** 및 **설치비용**과 대체로 반비례관계임
  - 가장 미세한 입자를 제거할 수 **있는 것** : 전기집진기(0.01μm까지 제거가능)
  - 미세한 입자를 제거할 수 **없는 것** : 중력(20μm 이상 제거가능)
- **기타 참조할 집진장치의 특징**
  - 먼지입자와 유해가스를 동시에 제거할 수 있는 것 → 세정집진기
  - 점착성, 부착성, 폭발성 분진 및 고온가스 처리에 적합한 것 → 세정집진기
  - 점착성, 부착성, 폭발성 분진 및 고온가스 처리에 가장 부적합한 것 → 여과집진기
  - 공정부하(조건변동) 및 가스의 조성변동에 민감한 것 → 전기집진기, 원심력집진기

① **중력집진장치**
- 원리 : 입자가 지닌 중력에 의하여 배기 중의 입자를 자연침강에 의하여 분리·포집한다.
- 특징

장 점	단 점
• 압력손실이 낮음	• 시설의 규모가 큼
• 전처리장치(1차 집진장치)로 많이 이용	• 집진효율이 낮음
• 구조 간단, 유지비(운전비) 및 설치비용 저렴	• 미세한 입자의 포집성능이 떨어짐
• 부하가 높은 가스 및 고온가스 처리 가능함	• 먼지부하 및 유량변동에 적응성이 낮음

① **원심력집진장치**(사이클론)
- 원리 : 함진가스에 선회운동을 부여함으로써 입자에 작용하는 원심력에 원심력과 관성력에 의하여 무거운 입자들을 분리·포집한다.
- 특징

장 점	단 점
• 구조가 간단하고, 가동부가 적음	• 분리한계 입경이 큰 편임(통상 3μm 이상)
• 고온에서 운전이 가능함	• 미세입자에 대한 집진효율이 낮음
• 유지·보수 비용이 적게 듦	• 압력손실이 비교적 높음
• 사용범위가 광범위함	• 먼지부하, 유량변동에 민감함
• 단독처리 또는 전처리장치로 활용 가능	• 점화성, 점착성, 마모성 분진처리에 부적합

ⓘ **세정집진장치**
- **원리** : 세정집진장치는 액적, 액막·기포 등을 이용하여 함진가스를 세정시킴으로써 입자의 충돌, 차단(부착), 상호응집을 촉진시켜 먼지를 분리·포집하는 장치이다.
- **특징**

장 점	단 점
• 가연성, 폭발성 먼지를 처리할 수 있음 • 가스와 분진의 포집이 동시에 가능함 • 비산분진 및 재비산 분진이 발생하지 않음 • 고온가스를 냉각시킬 수 있음	• 압력손실이 크며, 동력 소비량이 큼 • 건식보다 재료에 대한 부식 잠재성이 큼 • 배기의 상승 확산력이 감소되는 문제점 초래 • 처리후 폐수, 슬러지처분 문제

ⓘ **여과집진장치**
- **원리** : 함진가스를 여과재에 통과시켜 입자를 관성충돌, 차단, 확산, 중력작용 등에 의해 제거한다. 입자의 직경이 $0.1\mu m$ 전후로 미세한 경우에는 확산작용이 지배적인 집진력이 되고, 입자가 $1\mu m$ 이상으로 비교적 큰 경우는 관성충돌작용, 차단작용이 유효한 집진력으로 작용한다.
- **특징**

장 점	단 점
• 미세입자에 대한 집진효율이 높음 • 여러 가지 형태의 분진을 포집할 수 있음 • 다양한 용량을 처리할 수 있음 • 가스량·밀도 변화에 따른 영향을 받지 않음	• 폭발성, 점착성, 흡습성 분진제거가 곤란함 • 가스온도에 따른 여재의 선택에 제한이 있음 • 수분, 여과속도에 대한 적응성이 낮음 • 넓은 설치공간이 소요됨

ⓘ **전기집진장치**
- **원리** : 입자에 전기적인 부하(전하)를 제공하여 전계(電界)를 형성시키고, 하전(荷電)된 입자를 집진극상으로 포집되도록 유도함으로써 분진을 제거하게 된다. 집진 시 작용하는 집진력은 전기력, 확산력, 관성력, 중력 등이 집진력으로 작용하지만 가장 지배적인 것은 전기력이다.
- **특징**

장 점	단 점
• 집진효율이 높음 • 낮은 압력손실로 대량가스 처리가 가능함 • 광범위한 온도범위(고온)에서 설계가 가능함 • 배기가스의 온도강하가 적음 • 유지관리가 용이, 유지비·운전비가 적게 듦	• 설치비용이 많이 듦 • 가연성 입자의 처리에 부적합함 • 운전조건의 변화에 따른 유연성이 낮음 • 넓은 설치면적이 요구됨 • 비저항이 큰 분진 제거에 불리함

ⓘ **요약사항(주요 계산식 / 집진기능 향상을 위한 조치)**
- **중력집진장치 관련**
    - 중력침강속도 : $V_g(\text{m/sec}) = \dfrac{d_p^2(\rho_p - \rho)g}{18\mu}$

    $V_g(\text{cm/sec}) = 0.003\, S_p\, d_\mu^2$

    - 중력집진장치 효율 : $\eta_d(\%) = \dfrac{d_p^2(\rho_p - \rho)gL}{18\mu VH} \times 100$

$\begin{cases} V_g : \text{중력침강속도(m/sec)} \\ d_p : \text{입자의 직경(m)} \\ d_\mu : \text{입자직경}(\mu m) \\ \rho_p : \text{입자의 밀도(kg/m}^3) \\ S_p : \text{입자비중} \\ \rho : \text{가스의 밀도(kg/m}^3) \\ \mu : \text{가스의 점도(kgm/sec)} \\ V : \text{수평유속(m/sec)} \\ H : \text{장치의 높이(m)} \\ L : \text{장치의 길이(m)} \end{cases}$

- **원심력집진장치 관련**
  - 분류 : 접선유입식 ▮ 축류식
  - 원심분리속도 : $V_R = \dfrac{d_p^2(\rho_p - \rho)V^2}{18\mu R}$
  - 분리계수 : $S = \dfrac{원심력}{중력} = \dfrac{V^2}{R \cdot g}$
  - 절단입경(50% 분리입경) : $d_{p_{50}} = \left[\dfrac{9\mu B_c}{2(\rho_p - \rho)\pi N_e V}\right]^{1/2} \times 10^6$
  - 부분집진효율 : $\eta_d(\%) = \dfrac{d_p^2(\rho_p - \rho)\pi N_e V}{9\mu B_c} \times 100$

  $\begin{cases} V_R : 원심분리속도(m/sec) \\ d_p : 입자의\ 직경(m) \\ \rho_p : 입자의\ 밀도(kg/m^3) \\ \rho : 가스의\ 밀도(kg/m^3) \\ \mu : 가스의\ 점도(kgm/sec) \\ V : 선회가스\ 유속(m/sec) \\ R : 선회반경(m) \\ B_c : 입구폭(m) \\ N_e : 선회수 \\ d_{p50} : 절단입경(\mu m) \\ Q : 유입가스\ 유량(m^3/sec) \end{cases}$

  - 블로다운(blow-down)방식
    - 개념 : 사이클론 하부의 분진박스(dust box)에서 유입유량의 일부(5~15%)에 상당하는 함진가스를 추출시켜 주는 방식
    - 효과 : 유효 원심력 증대 ▮ 분진의 재비산 방지 ▮ 집진효율 증대 ▮ 원추 하부 또는 출구의 분진퇴적 방지 ▮ 내통의 분진 폐색방지
    ※ 축류식은 블로다운(blow down)이 필요치 않음

- **세정집진장치 관련**
  - 분류
    - 유수식 : S임펠러형, 로터형, 가스 선회형, 가스 분출(분수)형 등
    - 가압수식 : 벤투리 스크러버, 제트 스크러버, 사이클론 스크러버, 충전탑, 분무탑 등
    - 회전식 : 타이젠 와셔, 임펄스 스크러버
  - 충돌효율 : $\eta_t = \dfrac{1}{1+(0.65/\phi)}$
  - 분리수(충돌파라미터) : $\phi = \dfrac{d_p^2 \rho_p V_o}{18\mu d_w}$

  $\begin{cases} d_p : 입자의\ 직경(m) \\ \rho_p : 입자의\ 밀도(kg/m^3) \\ \mu : 가스의\ 점도(kgm/sec) \\ d_w : 물방울\ 직경(m) \\ V_o : 입자-가스\ 상대유속(m/sec) \end{cases}$

- **여과집진장치 관련**
  - 여과속도 : $V_f = \dfrac{Q_f}{A_f}$
  - 공기여재비 : $A/C = \dfrac{Q_f}{A_f}$
  - 여과포 소요개수 : $n = \dfrac{Q_f}{Q_i} = \dfrac{Q_f}{A_i V_f}$
  - 분진부하 : $L_d = C_i V_f \eta t$

  $\begin{cases} Q_f : 처리가스량(m^3/sec) \\ A_f : 여과면적(m^2) \\ Q_i : 1개\ 여과포의\ 처리유량(m^3/sec) \\ A_i : 1개\ 여과포의\ 면적(m^2) \\ V_f : 여과속도(m/sec) \\ L_d : 먼지부하(g/m^2) \\ C_i : 유입\ 먼지농도(g/m^3) \\ \eta : 제거효율 \\ t : 가동시간 \end{cases}$

- **전기집진장치 관련**
  - 이론효율 : $\eta = \dfrac{A W_e}{Q} \times 100$

  $\begin{cases} A : 집진면적(m^2) \\ W_e : 입자의\ 겉보기\ 이동속도(m/sec) \\ Q : 처리가스량(m^3/sec) \end{cases}$

- 실제집진효율(도이치식) : $\eta = 1 - \varepsilon^{-\frac{AW_e}{Q}K}$

  $\begin{cases} A : 집진면적(m^2) \\ W_e : 입자의 겉보기 이동속도(m/sec) \\ Q : 처리가스량(m^3/sec) \\ K : 형상등 보정계수 \end{cases}$

- 먼지입자의 비저항
  - **개념** : 포집된 분진층의 전류에 대한 전기저항을 말하며, 단위길이당 저항(Ω·cm)으로 표시된다.
  - **영향** : 정상적인 집진이 이루어지기 위해서는 비저항이 10^4Ω·cm 이상 10^{11}Ω·cm 이하로 유지하기 위한 운영관리가 필요하다.

비저항의 분류		영향 및 대책
저비저항	재비산 현상 (jumping 현상)	●**영향** : 포집분진의 재비산 현상 발생으로 집진효율 저하됨 ●**대책** □ 배기가스에 NH_3를 주입한다. □ 온도와 습도를 낮게 유지한다. □ 전기전도도가 높은 조대한 입자가 많을 경우 사이클론 집진장치를 사용하여 전처리 제거한다. □ 집진극에 배플(baffle)을 설치한다.
	비저항 10^4Ω·cm 이하	
고비저항	역전리 현상	●**영향** : 불꽃방전이 빈발하고 이후 형광을 띤 양(⊕)코로나가 발생되면서 이어서 역전리(back corona) 현상이 일어남으로써 집진효율 저하됨 ●**대책** □ 물을 분사하여 가스습도를 조절한다. □ 처리가스의 온도를 적절하게 조절한다. □ 배기가스에 무수황산(SO_3) 등의 조질제를 주입한다. □ 황(S) 함량이 높은 연료와 섞어 연소시킨다. □ 탈리주기를 빠르게 하여 집진극의 분진두께를 작게 한다. □ 공기예열기 앞에 고온 전처리장치를 설치한다.
	비저항 10^{11}Ω·cm 이상	

- ✪ **집진장치 입·출구 농도 및 분진부하를 이용한 집진율 계산**

  - 단일 집진시스템의 집진율 : $\eta = \left(1 - \dfrac{C_o Q_o}{C_i Q_i}\right) \times 100$
  - 직렬연결 집진시스템의 총집진율 : $\eta_T = \eta_1 + \eta_2(1 - \eta_1)$

  $\begin{cases} C_i : 유입농도 \\ Q_i : 유입유량 \\ C_o : 유출농도 \\ Q_o : 유출유량 \\ \eta_1 : 1차측 집진율 \\ \eta_2 : 2차측 집진율 \end{cases}$

- ✪ **유해가스 처리방법** : 흡수법 ▪ 흡착법 ▪ 분해법 ▪ 산화법(연소산화/화학적산화/촉매산화) ▪ 환원법

- ✪ **흡수처리**(absorption process)
  - 흡수장치 종류
    - **액분산형** : 충전탑, 분무탑, 벤투리 스크러버 등
    - **가스분산형** : 다공판탑, 포종탑, 기포탑 등

- ⓘ 충전탑
  - 특징

장 점	단 점
• 포종탑에 비해 비용이 적게 듦 • 포종탑에 비해 압력손실이 적음 • 포말성 흡수액에 적응성이 좋음 • 흡수액의 hold up이 포종탑에 비하여 적음	• 부유물에 의해 공극이 폐쇄되기 쉬움 • 온도의 변화가 큰 곳에 부적당함 • 희석열이 심한 곳에는 부적합함 • 충전물이 고가이므로 초기설치비가 많이 듦

  - 헨리의 법칙(Henry's law) : 기체의 용해도는 그 부분압력에 비례한다는 법칙이다. 비교적 낮은 농도와 압력 그리고 난용성 기체(CO, NO 등)에 적용된다.
    - $P = HC$ $\begin{cases} P : \text{기상의 유해가스 분압(atm)} \\ H : \text{헨리상수}(atm \cdot m^3/kmol) \\ C : \text{액상 중의 유해가스 농도}(kmol/m^3) \end{cases}$

  - 충전층의 높이 : $h = N_{OG} \times H_{OG}$ $\begin{cases} N_{OG} : \text{총괄이동단위수(NTU ; }N\text{mberof Transfer Unit)} \\ H_{OG} : \text{총괄이동단위높이(HTU ; Heightof Transfer Unit)} \end{cases}$

  - 충전물의 구비조건 : 단위용적에 대하여 표면적이 클 것 ▮ 공극률이 클 것 ▮ 압력손실이 작고 충전밀도가 클 것 ▮ 내식성과 내열성이 크고, 가벼우며, 기계적 강도와 내구성이 있을 것 ▮ 충전물 간격의 단면적이 클 것

  - 흡수액의 구비조건 : 용해도가 클 것 ▮ 휘발성이 적을 것 ▮ 부식성이 없을 것 ▮ 점성이 작고 화학적으로 안정되고 독성이 없을 것 ▮ 가격이 저렴하고 용매의 화학적 성질과 비슷할 것

- ⓘ 흡착처리(adsorption process)
  - 개념 : 기체분자 및 원자가 고체표면에 달라붙는 성질을 이용하여 오염된 기체를 제거하는 방법으로 유해가스 및 VOC, 악취 또는 회수가치가 있는 가스의 처리조작 등에 많이 이용됨
  - 흡착제 : 활성탄, 실리카겔, 활성 알루미나, 합성 제올라이트, 보크사이트, 마그네시아 등
  - 적용
    - ▫ 오염물질이 비연소성이거나 연소시키기 어려운 경우
    - ▫ 오염물질을 회수할 가치가 충분히 있는 경우
    - ▫ 배기가스내의 오염물농도가 매우 낮은(희박한) 경우

- ⓘ 연소처리(combustion process) : 가연성, 유기성 가스의 폭발위험을 감소시키는 데 효과적으로 적용할 수 있는 방법이다.

연소처리법	특 징	
	농도/유량	적 용
직접연소방법 (DFI)	고농도(유리) 저농도(가능) 대량가스 처리	• VOC, CO, H_2, HCN, NH_3, 악취 등의 기체오염물을 직접 연소하는 것으로 오염물질의 발열량(發熱量)이 연소에 필요한 전체열량의 50% 이상될 때 경제적임
가열연소방법 (TI)	저농도	• H_2S, 악취물질, mercaptane, VOC, 가솔린 등을 연소 제거하는데 사용하며, 비교적 낮은 농도의 오염물에 적합함
촉매연소방법 (CI)	저농도	• 페인트공장, 질산공장의 VOC나 악취제거에 사용하며, 비교적 오염물질량이 적을 때 많이 이용함

※ DFI ; Direct Flame Incineration,   TI ; Thermal Incinertion,   CI ; Catalytic Incinertion

03. 국소환기

- 기사 : 출제대비
- 산업 : 02,10,12,14,17

다음 중 집진장치의 선정 시 반드시 고려해야 할 사항으로 볼 수 없는 것은?
① 집진효율
② 오염물질의 회수율
③ 오염물질의 농도 및 입자의 크기
④ 총에너지 요구량

해설 집진장치 선정 시 고려할 인자는 먼지의 특성(입경분포, 농도, 분진의 종류 및 물리적·화학적 조성과 특성 등)과 가스의 특성(처리가스량, 온도 및 점도, 밀도, 기타 가스의 물리적·화학적 조성과 특성), 그리고 에너지소비량, 설치비용 및 운영비용, 폐기물의 처분문제 등이다. 답 ②

- 기사 : 01,07
- 산업 : 출제대비

다음의 집진장치 중 압력손실이 가장 큰 것은?
① 여과집진
② 관성력집진
③ 중력집진
④ 전기집진

해설 집진장치 중 압력손실이 큰 것은 세정집진장치(벤투리 스크러버)와 여과집진장치이다. 벤투리 스크러버의 압력손실은 300~800 mmH$_2$O, 여과집진장치의 압력손실은 100~200 mmH$_2$O 범위이다. 답 ①

- 기사 : 00,01,06,07,12,16,18,19
- 산업 : 01,09,19

중력침강속도에 대한 설명으로 틀린 것은? (단, Stoke's 법칙 기준)
① 입자직경의 제곱에 비례한다.
② 입자의 밀도차에 반비례한다.
③ 중력가속도에 비례한다.
④ 공기의 점성계수에 반비례한다.

해설 중력침강속도는 입자와 가스의 밀도차에 비례한다. 답 ②

〈관계〉 $V_g = \dfrac{d_p^2(\rho_p - \rho)g}{18\mu}$
$\begin{cases} d_p : \text{입자의 직경(m)} \\ \rho_p : \text{입자의 밀도(kg/m}^3) \\ \rho : \text{가스의 밀도(kg/m}^3) \\ \mu : \text{가스의 점도(kg·m/sec)} \end{cases}$

- 기사 : 00,01
- 산업 : 04,08,17

중력집진장치에서 집진효율을 향상시키는 방법으로 적절하지 않은 것은?
① 처리가스 배기속도를 작게 한다.
② 수평도달거리를 길게 한다.
③ 침강실내의 배기 기류를 균일하게 한다.
④ 침강높이를 크게 한다.

해설 중력집진장치에서 집진효율을 증대시키기 위해서는 침강높이를 작게 해야 한다. 답 ④

665

종합연습문제

01 고농도의 분진이 발생되는 작업장에서는 후드로 유입된 공기가 공기정화장치로 유입되기 전에 입경과 비중이 큰 입자를 제거할 수 있도록 전처리장치를 둔다. 전처리를 위한 집진기는 일반적으로 효율이 비교적 낮은 것을 사용하는데, 다음 중 전처리장치로 적합하지 않은 것은? [10,15 산업]

① 중력집진기
② 원심력집진기
③ 관성력집진기
④ 여과집진기

02 다음 중 처리입경(μm)이 가장 작은 집진장치는 어느 것인가? [16 산업]

① 중력집진장치
② 세정집진장치
③ 전기집진장치
④ 원심력집진장치

03 중력집진장치의 집진원리는 Stokes의 법칙에 의거 분진의 자연침강을 이용하고 있다. 이때의 분리속도에 대한 다음 기술 중 옳지 않은 것은? [01,03 산업]

① 분리속도는 분진의 밀도가 클수록 커진다.
② 분리속도는 공기의 밀도가 클수록 작아진다.
③ 분리속도는 분진의 직경이 클수록 작아진다.
④ 분리속도가 클수록 집진율이 높아진다.

04 다음 중 입자상 물질을 처리하기 위한 공기정화장치와 가장 거리가 먼 것은? [17 기사]

① 사이클론
② 중력집진장치
③ 여과집진장치
④ 촉매산화에 의한 연소장치

정답 ┃ 01.④ 02.③ 03.③ 04.④

- 기사 : 출제대비
- 산업 : 11,17

05 다음 중 관성력집진기에 관한 설명으로 틀린 것은?

① 집진효율을 높이기 위해서는 충돌 후 집진기 후단의 출구기류 속도를 가능한 한 높여야 한다.
② 집진효율을 높이기 위해서는 압력손실이 증가하더라도 기류의 방향전환 횟수를 늘린다.
③ 집진효율을 높이기 위해서는 충돌 전 처리배기 속도는 입자의 성상에 따라 적당히 빠르게 한다.
④ 관성력집진기는 미세한 입자보다는 입경이 큰 입자를 제거하는 전처리용으로 많이 사용된다.

[해설] 집진효율을 높이기 위해서는 충돌 후 집진기 후단의 출구기류 속도를 가능한 한 낮게 하여야 한다.

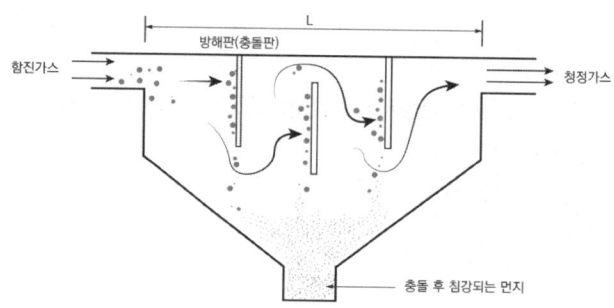

답 ①

03. 국소환기

【참고】관성력집진장치의 기능향상 조건
- 함진배기가스가 방해판에 **충돌 직전** 및 **방향전환 직전**의 **가스유속이 적당히 빠를수록** 집진효율은 증가함
- 기류의 **방향전환 각도가 작고, 전환횟수가 많을수록** 집진효율은 증가됨
- **방해판이 많을수록** 압력손실은 증가하나 집진효율은 증가함
- 충돌 후 출구가스 속도가 느릴수록 미세한 입자가 제거됨
- 액체입자의 포집에 사용되는 multi baffle형은 1.0μmm 전후의 미립자 제거가 가능하나, 완전하게 처리하기 위해 출구에 충전층을 설치하는 것이 좋다.
- poket형, channel형과 같은 미로형에서는 먼지가 장치에 누적되므로 먼지의 성상을 충분히 파악하여 충격, 세정에 의하여 제거할 필요가 있다.

유.사.문.제

01 구조 및 원리가 간단하며 미세입자 집진을 위한 전처리용으로 많이 사용되는 집진장치는?　[00,05 산업]
① 관성력집진장치　② 전기집진장치
③ 세정집진장치　④ 여과집진장치

hint 집진시스템에서 전처리 집진장치로 이용되는 것 → 중력, 관성력

02 구조 및 원리가 간단하며 비교적 큰 입자 제거에 효율적이고 고온가스 중의 입자상 물질제거가 가능하여 덕트 중간에 설치할 수도 있는 집진장치는?　[02,03 산업]
① 관성력집진장치　② 전기집진장치
③ 세정집진장치　④ 여과집진장치

03 관성력집진장치에 관한 설명으로 틀린 것은?　[16 기사]
① 충돌 전의 처리가스 속도를 적당히 빠르게 하면 미세입자를 포집할 수 있다.
② 처리 후의 출구가스 속도가 느릴수록 미세입자를 포집할 수 있다.
③ 기류의 방향전환각도가 작을수록 압력손실이 적어져 집진효율이 높아진다.
④ 기류의 방향전환 횟수가 많을수록 압력손실은 증가한다.

hint 관성력집진장치는 기류의 방향전환 각도가 작을수록 압력손실은 증가되고, 집진효율도 높아진다.

정답 | 01.① 02.① 03.③

- 기사 : 01,02,09
- 산업 : 07,09

06 공기정화장치의 한 종류인 원심력집진장치의 분리계수(separration factor)에 대한 설명으로 맞는 것은?

① 분리계수는 중력가속도와 비례한다.
② 사이클론에서 입자에 작용하는 원심력을 중력으로 나눈 값을 분리계수라 한다.
③ 분리계수는 입자의 접속방향 속도에 반비례한다.
④ 분리계수는 사이클론의 원추하부 반경에 비례한다.

해설 분리계수(separation factor)는 입자에 작용하는 중력과 원심력의 크기의 비를 취함으로써 원심력에 의한 입자의 분리능력을 파악할 수 있는 집진장치의 평가지표로 활용된다.

〈관계〉 $S = \dfrac{원심력}{중력} = \dfrac{V^2}{R \cdot g}$ $\begin{cases} S : 분리계수 \\ V : 선회기류의 주분속도(m/sec) \\ R : 내통의 반경 \\ g : 중력가속도 \end{cases}$

답 ②

종합연습문제

01 공기정화장치의 한 종류인 원심력제진장치의 분리계수(separation factor)에 대한 설명으로 적절치 않은 것은? [02,04 산업][01,04 기사]

① 분리계수는 중력가속도와 비례한다.
② 반경이 작을수록 분리계수 값은 높아진다.
③ 분리계수는 입자의 접속방향속도 제곱에 비례한다.
④ 분리계수는 원심력을 중력으로 나눈 값이다.

02 공기정화장치의 한 종류인 원심력제진장치의 분리계수(separation factor)에 대한 설명으로 옳지 않은 것은? [13 산업][10,15 기사]

① 분리계수는 중력가속도와 반비례한다.
② 사이클론에서 입자에 작용하는 원심력을 중력으로 나눈 값을 분리계수라 한다.
③ 분리계수는 입자의 접선방향속도에 반비례한다.
④ 분리계수는 사이클론의 원추하부 반경에 반비례한다.

정답 | 01.① 02.③

- 기사 : 출제대비
- 산업 : 13

예상 07 다음 중 분진을 제거하기 위해 사용되는 사이클론에 관한 설명으로 틀린 것은?

① 주로 원심력이 작용한다.
② 관내경이 작을수록 효율이 좋다.
③ 성능에 큰 영향을 미치는 것은 사이클론의 직경이다.
④ 유입구의 공기속도가 빠를수록 분진 제거효율은 나빠진다.

해설 사이클론 집진장치의 경우 유입구의 공기속도가 빠를수록 분진 제거효율은 증가한다.

〈관계〉 부분집진율$(\eta_d) = \dfrac{d_p^2(\rho_p - \rho)\pi N_e V}{9\mu B_c}$

□ $\begin{cases} N_e : \text{선회와류수(회전수)} \\ B_c : \text{유입구폭} \\ V : \text{가스유속} \\ \rho_p : \text{입자밀도} \\ \rho : \text{가스밀도} \end{cases}$

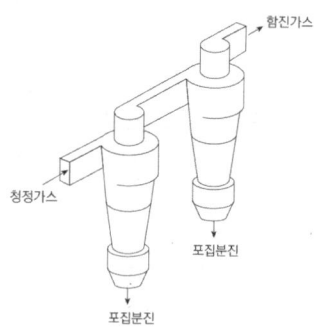

〈그림〉 접선유입식 multi stage cyclone

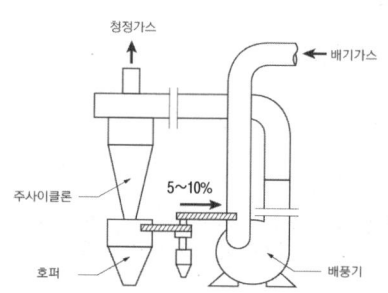

〈그림〉 블로다운(blow down) 시스템

예상 08

- 기사 : 출제대비
- 산업 : 18

블로다운(blow down) 효과와 관련이 있는 공기정화장치는?

① 전기집진장치　　　　　② 원심력집진장치
③ 중력집진장치　　　　　④ 관성력집진장치

해설 블로다운(blow-down)방식은 사이클론 하부의 분진박스(dust box)에서 유입유량의 일부(5~15%)에 상당하는 함진가스를 추출시켜 주는 방식으로 분진의 재비산 방지효과가 있어 내통의 분진 폐색을 방지하고, 집진효율을 증가시키기 위해 적용한다. 일반적으로 접선유입식, 소구경 멀티사이클론(multiclon) 등에 적용된다.　　　**답** ②

유.사.문.제

01 집진장치에서 발생하는 Blow down방식에 관한 설명으로 알맞은 것은? [13 산업][02,07 기사]

① 사이클론내의 난류 현상을 억제하여 집진된 먼지의 비산을 억제시킨다.
② 집진장치 내벽에 먼지가 축적되는 현상을 일으킨다.
③ 중력집진장치의 효율을 약화시킨다.
④ 처리배기량의 30% 정도가 재유입되는 현상이다.

02 사이클론의 집진율을 높이는 방법으로 분진박스나 호퍼부에서 처리가스의 일부를 흡인하여 사이클론내의 난류 현상을 억제시킴으로써 집진된 먼지의 비산을 방지시키는 방법을 무엇이라 하는가? [01,05,07,10,16 산업]

① 블로다운 효과
② 멀티사이클론 효과
③ 원심력 효과
④ 중력침강 효과

03 다음 중 블로다운(Blow down) 효과에 대한 설명으로 틀린 것은? [13 산업]

① 사이클론의 부식방지 효과
② 사이클론의 집진효율을 높이는 효과
③ 사이클론내의 원심력을 높이는 효과
④ 사이클론내의 집진먼지의 비산을 방지할 수 있는 효과

04 사이클론 설계 시에 블로다운 시스템(Blow-down system)을 설치하면 집진효율을 증가시킬 수 있다. 일반적으로 블로다운 시스템에 적용되는 가스량은? [03,06,07,08,18 산업][01,04,10 기사]

① 처리가스량의 1~5%
② 처리가스량의 5~10%
③ 처리가스량의 10~15%
④ 처리가스량의 15~20%

05 사이클론 집진장치에서 발생하는 블로다운(Blow down) 효과에 관한 설명으로 옳은 것은? [11,15,19 기사]

① 유효원심력을 감소시켜 선회기류의 흐트러짐을 방지한다.
② 관내 분진부착으로 인한 장치의 폐쇄 현상을 방지한다.
③ 부분적 난류증가로 집진된 입자가 재비산된다.
④ 처리 배기량의 50% 정도가 재유입되는 현상이다.

06 다음 중 유해물질을 함유한 배기가스를 유입시켜 내부에서 회전시키고 그 원심력에 의하여 유해물질을 제거시키는 집진장치는? [07,08,09,19 산업]

① 관성력집진장치
② 사이클론집진장치
③ 여과집진장치
④ 벤투리 스크러버

정답 | 01.① 02.① 03.① 04.② 05.② 06.②

예상 09

- 기사 : 18
- 산업 : 출제대비

원심력집진장치에 관한 설명 중 옳지 않은 것은?

① 비교적 적은 비용으로 집진이 가능하다.
② 분진의 농도가 낮을수록 집진효율이 증가한다.
③ 함진가스에 선회류를 일으키는 원심력을 이용한다.
④ 입자의 크기가 크고 모양이 구체에 가까울수록 집진효율이 증가한다.

해설 원심력집진장치는 분진의 밀도가 낮을수록 집진효율이 감소한다.

〈관계〉 부분집진율(η_d) $= \dfrac{d_p^2(\rho_p - \rho)\pi N_e V}{9\mu B_c}$

$\begin{cases} N_e : \text{선회와류수(회전수)} \\ B_c : \text{유입구 폭} \\ V : \text{가스(공기) 유속} \\ \rho_p : \text{입자(분진) 밀도} \\ \rho : \text{가스(공기) 밀도} \end{cases}$

답 ②

예상 10

- 기사 : 00,01,02
- 산업 : 04,08,09

사이클론제진장치에서 입구의 유입유속의 범위로 가장 적절한 것은? (단, 접선유입식 기준이며 원통상부에서 접선방향으로 유입된다.)

① 1.5~3.0m/sec
② 3.0~7.0m/sec
③ 7.0~15.0m/sec
④ 15.0~25.0m/sec

해설 접선유입식 사이클론집진장치의 입구유속은 7~15m/sec로 운전된다. 한편 축류식은 10m/sec이다.

답 ③

예상 11

- 기사 : 00,01,04,16
- 산업 : 02,03,05,15

공기정화장치의 한 종류인 원심력집진기에서 절단입경(cut-size)은 무엇을 의미하는가?

① 100% 분리포집되는 입자의 최소입경
② 100% 처리효율로 제거되는 입자크기
③ 90% 이상 처리효율로 제거되는 입자크기
④ 50% 처리효율로 제거되는 입자크기

해설 원심력집진기에서 절단입경(cut-size)은 50% 처리효율로 제거되는 입자크기를 의미한다.

〈관계〉 $d_{p_{50}} = \left[\dfrac{9\mu B_c}{2(\rho_p - \rho)\pi N_e V}\right]^{1/2} \times 10^6$

$\begin{cases} \rho_p : \text{입자의 밀도(kg/m}^3) \\ \rho : \text{가스의 밀도(kg/m}^3) \\ \mu : \text{가스의 점도(kg·m/sec)} \\ V : \text{선회가스 유속(m/sec)} \\ B_c : \text{입구폭(m)} \\ N_e : \text{선회수} \\ d_{p50} : \text{절단입경}(\mu m) \end{cases}$

답 ④

예상 12
- 기사 : 출제대비
- 산업 : 17

분진을 제거하기 위해 사용되는 원심력집진장치에 관한 설명으로 틀린 것은?

① 주로 원심력이 작용한다.
② 사이클론에는 접선유입식과 축류유입식이 있다.
③ 현장에서 전처리용 집진장치로 널리 이용된다.
④ 점성분진을 처리할 경우 내부에 분진이 퇴적되어 압력손실이 감소한다.

해설 원심력집진장치에서 점성분진을 처리할 경우 내부에 분진이 퇴적되어 압력손실은 증가할 수 있다.

답 ④

유.사.문.제

01 다음 중 사이클론집진장치에서 미세한 입자를 원심분리하고자 할 때, 가장 큰 영향을 주는 인자는? [08 산업]

① 입구유속
② 사이클론의 직경
③ 압력손실
④ 유입가스 중의 분진농도

hint 사이클론집진장치는 배기관경이 작을수록 집진효율은 증가하고 압력손실은 높아진다. 입구유속이 적절히 빠를수록 유효원심력이 커지고 효율은 증가하며, 블로다운방식을 사용함으로써 효율 증대에 기여할 수 있다.

02 다음 중 원심력집진장치의 장점이 아닌 것은? [07 산업]

① 배출가스로부터 분진 회수 및 분리가 적은 비용으로 가능하다.
② 고온에서 운전이 가능하다.
③ 가스상 오염물질 처리가 가능하다.
④ 직렬 또는 병렬로 연결하여 사용이 가능하다.

hint 가스상 오염물질의 제거가 가능한 집진장치는 세정집진장치이다.

03 다음 중 공기정화장치인 사이클론에 대한 점검사항으로 적절하지 않은 것은? [11 산업]

① 원추 하부에 분진이 퇴적되어 있는가?
② 세정수는 규정량을 분출하고 있는가?
③ 내부에 역류를 일으키는 돌기나 요철이 있는가?
④ 외부 상통 및 원추 하부에 마모로 인한 구멍이 발생하였는가?

hint 세정수의 규정량 분출 유무에 대한 점검은 세정집진장치에 대한 점검사항이다.

04 다음 중 원심력(사이클론)집진장치의 장점이 아닌 것은? [14 산업]

① 점성분진에 특히 효과적인 제거능력을 가지고 있다.
② 직렬 또는 병렬로 연결하면 사용폭을 보다 넓힐 수 있다.
③ 비교적 적은 비용으로 큰 입자를 효과적으로 제거할 수 있다.
④ 고온가스, 고농도가스 처리도 가능하며, 설치장소에 구애를 받지 않는다.

hint 사이클론은 점성분진, 마모성분진 등에는 적용하기 부적합하다.

정답 | 01.② 02.③ 03.② 04.①

PART 3 산업환기 및 작업환경 관리대책

예상 13
- 기사 : 01, 11
- 산업 : 08

세정제진장치의 입자 포집원리에 관한 설명으로 옳지 않은 것은?

① 입자를 함유한 가스를 선회 운동시켜 입자에 원심력을 갖게 하여 부착된다.
② 액적에 입자가 충돌하여 부착된다.
③ 입자를 핵으로 한 증기의 응결에 따라서 응집성이 촉진된다.
④ 액막 및 기포에 입자가 접촉하여 부착된다.

해설 입자를 함유한 가스를 선회 운동시켜 입자에 원심력을 갖게 하여 제거하는 집진장치는 사이클론이다. 세정집진장치는 액적, 액막·기포 등을 이용하여 함진가스를 세정시킴으로써 입자의 부착, 상호 응집을 촉진시켜 먼지를 분리·포집하는 장치이다. 입자의 분리·포집에 작용하는 주요 집진력은 관성력, 확산력, 중력이며, 응집효과를 고려하는 경우 열력, 전기력도 포함된다.

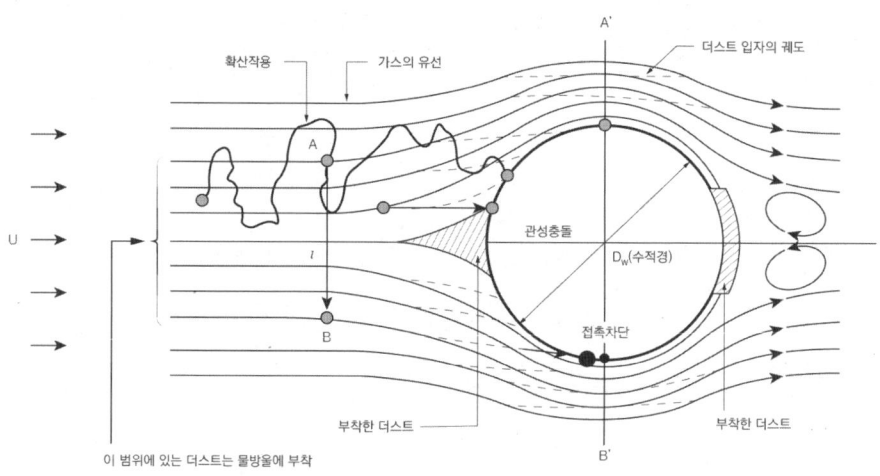

〈그림〉 세정집진장치의 다양한 포집기구

답 ①

유.사.문.제

01 세정식제진장치의 사용 시 문제점에 대한 설명 중 틀린 것은? [02,06,08 기사]
① 폐수의 처리
② 공업용수의 과잉사용
③ 한랭기에 의한 동결
④ 배기의 상승 확산력 증가

hint 세정식제진장치는 배기의 냉각에 의해 상승 확산력이 감소된다.

02 입자상 및 가스상 물질의 동시 처리가 가능하며 일명 스크러버로 알려진 집진장치는? [01,05,06 산업]
① 관성력집진장치
② 원심력집진장치
③ 세정집진장치
④ 사이클론

hint 입자상 및 가스상 물질의 동시 처리가 가능한 집진장치는 세정집진장치(Dust Scrubber)이다.

정답 ▮ 01.④ 02.③

예상 14

- 기사 : 출제대비
- 산업 : 00,02,04,11,17

세정집진장치 중 물을 가압·공급하여 함진배기를 세정하는 방법과 가장 거리가 먼 것은?

① 충전탑 ② 벤투리 스크러버
③ 임펄스형 스크러버 ④ 분무탑

해설 물을 가압·공급하여 함진배기를 세정하는 방법을 가압수식이라 분류한다. 가압수식에 속하는 세정집진장치는 벤투리 스크러버, 제트 스크러버, 사이클론 스크러버, 충전탑(packed tower), 분무탑(spray tower) 등이다. 임펄스형 스크러버는 회전식이다.

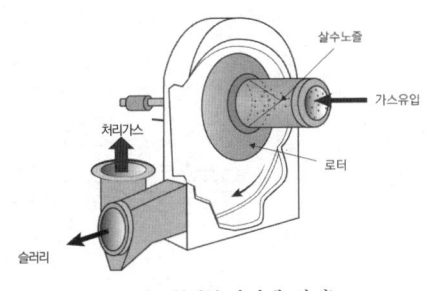

〈그림〉 회전식(타이젠 와셔)

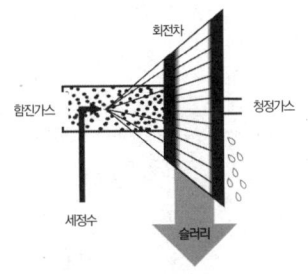

〈그림〉 회전식(임펄스형)

답 ③

유.사.문.제

01 세정집진장치의 종류가 아닌 것은?
[08 산업][00,02,04 기사]

① 유수식 ② 가압수식
③ 충전탑식 ④ 사이클론식

hint 세정집진장치는 세정액의 접촉방법에 따라 일반적으로 유수식, 가압수식, 회전식으로 분류되며, 탑의 형태인 충전탑식을 추가하기도 한다.

02 다음 중 세정식집진장치에 관한 설명으로 틀린 것은? [10 산업]

① 비교적 큰 입자상 물질의 처리에 사용한다.
② 단일장치로 분진포집 및 가스흡수가 동시에 가능하다.
③ 포집된 분진은 오염되지 않고, 회수가 용이하다.
④ 미스트를 처리할 수 있으며, 포집효율을 변화시킬 수 있다.

hint 세정집진장치로 포집된 분진은 함수율이 높은 슬러리 상태이므로 회수가 용이하지 못하고, 2차 오염 가능성이 높기 때문에 지정된 방법에 의해 처리하여야 한다.

03 세정집진장치의 효율을 향상시키기 위한 방안으로 옳지 않은 것은? [12 기사]

① 충전탑은 공탑내의 배기속도를 크게 한다.
② 체류시간을 길게 한다.
③ 분무되는 물방울의 입경을 작게 한다.
④ 충전제의 표면적과 충전밀도를 크게 한다.

hint 충전탑(packed bed type)은 공탑내의 배기속도를 작게 유지할수록 처리효율이 높아진다.

04 공기정화장치 중의 하나인 벤투리 스크러버의 점검내용이 아닌 것은? [01,09 산업]

① 각 부의 부식 여부
② 원추하부의 분진퇴적 여부
③ 세정수의 규정량 분출 여부
④ 내벽의 분진부착 및 퇴적 여부

hint 원추하부의 분진퇴적 여부를 점검해야 하는 집진장치는 사이클론이다.

정답 | 01.④ 02.③ 03.① 04.②

PART 3 산업환기 및 작업환경 관리대책

예상 15
- 기사 : 01,11,18
- 산업 : 02,08,13

입자상 물질을 처리하기 위한 장치 중 고효율 집진이 가능하며, 원리가 직접차단, 관성충돌, 확산, 중력침강 및 정전기력 등이 복합적으로 작용하는 장치는?

① 여과집진장치 ② 전기집진장치
③ 원심력집진장치 ④ 관성력집진장치

해설 여과집진(filter house)은 함진가스를 여과재에 통과시켜 입자상 물질을 관성충돌, 차단, 확산, 정전기, 중력작용 등에 의해 제거한다. 입자의 직경이 $0.1\mu m$ 전후로 미세한 경우에는 확산작용이 지배적인 집진력이 되고, 입자가 $1.0\mu m$ 이상으로 비교적 큰 경우는 관성 충돌작용, 차단작용이 유효한 집진력으로 작용한다.

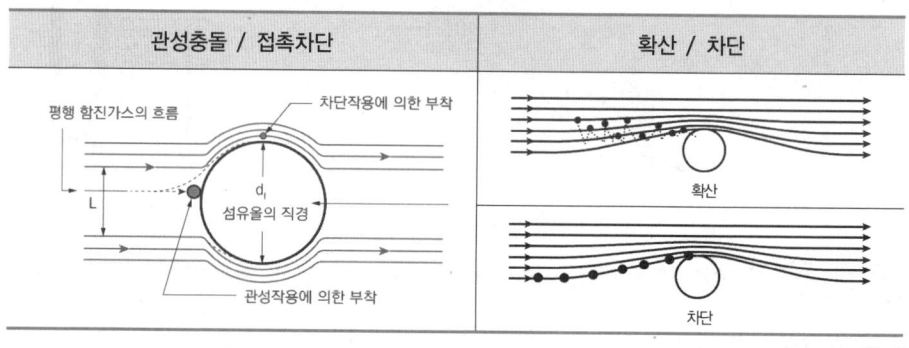

답 ①

유.사.문.제

01 여과집진장치의 입자 포집원리와 가장 거리가 먼 것은? [03,09,12,14,17 산업]
① 관성력 ② 직접차단
③ 원심력 ④ 확산

02 입자의 직경이 $0.1 \sim 0.5\mu m$인 것은 주로 어떤 메커니즘에 의해 여과지에 포집되는가? [02,05 산업][13 기사]
① 간섭(interception)
② 관성충돌(inertial impaction)
③ 확산(diffusion)
④ 확산(diffusion)과 간섭(interception)

hint $0.1 \sim 0.5\mu m$의 입자는 주로 확산(diffusion)과 간섭(interception)에 의해 포집된다. $0.1\mu m$ 이하는 확산에 의해 포집되며, $1\mu m$ 이상은 관성충돌에 의해 주로 포집된다.

03 $1\mu m$ 이상의 분진의 포집은 99%가 관성충돌과 직접차단에 의하여 이루어지고, $0.1\mu m$ 이하의 분진은 확산과 정전기력에 의하여 포집되는 집진장치로 가장 적절한 것은? [04,13 산업]
① 관성력집진장치 ② 원심력집진장치
③ 세정집진장치 ④ 여과집진장치

04 여과집진장치의 여과포의 모양에 따른 형식의 분류 중 이에 해당되지 않는 것은? [05 기사]
① tube type ② flat screen type
③ Cyclone type ④ envelope type

hint 여과포의 모양에 따른 형식은 원통식(tube type), 봉투식(envelope type), 메트식(판형)(flat screen type) 등으로 분류된다. 일반적으로 많이 사용되고 있는 것은 원통식이며 dust tube collector라고도 한다.

정답 ▌ 01.③ 02.④ 03.④ 04.③

예상 16
- 기사 : 12,15
- 산업 : 출제대비

다음 보기에서 여과집진장치의 장점만을 고른 것은?

> Ⓐ 다양한 용량(송풍량)을 처리할 수 있다.
> Ⓑ 습한 가스처리에 효율적이다.
> Ⓒ 미세입자에 대한 집진 효율이 비교적 높은 편이다.
> Ⓓ 여과재는 고온 및 부식성 물질에 손상되지 않는다.

① Ⓐ, Ⓑ   ② Ⓐ, Ⓒ
③ Ⓒ, Ⓓ   ④ Ⓑ, Ⓓ

해설 여과집진장치는 습한 가스처리에 부적합하고, 고온 및 부식성 물질에 손상 받기 쉬운 것이 단점이다. **답** ②

【참고】여과집진장치의 장·단점

장 점	단 점
• 미세입자에 대한 집진효율이 높음 • 여러 가지 형태의 분진을 포집할 수 있음 • 다양한 용량을 처리할 수 있음 • 가스량·밀도변화에 따른 영향을 받지 않음	• 넓은 설치공간이 필요함 • 폭발성, 점착성, 흡습성 분진제거가 곤란함 • 가스온도에 따른 여재의 선택에 제한이 있음 • 수분, 여과속도에 적응성이 낮고, 여과재의 교환에 많은 비용이 소요됨

유.사.문.제

01 다음 중 여과집진장치의 장점으로 틀린 것은?   [00,03,12,16 산업]
① 다양한 용량을 처리할 수 있다.
② 고온 및 부식성 물질의 포집이 가능하다.
③ 여러 가지 형태의 분진을 포집할 수 있다.
④ 가스의 양이나 밀도의 변화에 의해 영향을 받지 않는다.

hint 여과집진장치는 250℃ 이상의 고온 및 부식성 물질의 포집이 불가능하다.

02 여과집진장치의 장·단점으로 가장 거리가 먼 것은?   [12,16 기사]
① 다양한 용량을 처리할 수 있다.
② 탈진방법과 여과재의 사용에 따른 설계상의 융통성이 있다.
③ 섬유 여포상에서 응축이 일어날 때 습한 가스를 취급할 수 없다.
④ 집진효율이 처리가스의 양과 밀도변화에 영향이 크다.

정답 ┃ 01.② 02.④

예상 17
- 기사 : 출제대비
- 산업 : 01,06,08

여과집진장치에서 사용되는 탈진장치의 종류가 아닌 것은?

① 진동형   ② 수동형
③ 역기류형   ④ 역제트형

[해설] 여과집진장치의 탈리방식은 간헐식과 연속식으로 대별된다.
- 간헐식 탈리방식 : 여과조작과 탈진조작을 분리하여 행하는 방식으로 진동형(중앙진동, 상하진동), 역세형(역기류형), 역세·진동형 등의 탈리방식이 적용된다.
- 연속식 탈리방식 : 여과조작과 탈진조작을 동시에 행하는 방식으로 충격기류식(pulse jet형, reverse jet형), 음파 제트(sonic jet)형 등의 탈리방식이 적용된다. **답** ②

예상 18
- 기사 : 출제대비
- 산업 : 06

여과집진기의 여과속도 산출식으로 적절한 것은?

① 공기흡인량 – 공기배기량
② 공기흡인량 + 공기배기량
③ 공기흡인량 ÷ 여포막의 두께
④ 공기흡인량 ÷ 여포면적

[해설] 여과집진기의 여과속도(filtration rate)는 처리대상 가스량을 여과면적으로 나누어 산정한다.

〈관계〉 $V_f = \dfrac{Q_f}{A_f}$ $\begin{cases} V_f : \text{여과속도} \\ Q_f : \text{처리가스 부하량} \\ A_f : \text{여과면적} \end{cases}$ **답** ④

예상 19
- 기사 : 00,01,06②,10,12,13,17
- 산업 : 19

직경이 38cm, 유효높이 2.5m의 원통형 백필터를 사용하여 0.5m³/sec의 함진가스를 처리할 때, 여과속도는?

① 5cm/sec
② 8cm/sec
③ 12cm/sec
④ 17cm/sec

[해설] 여과집진기의 여과속도(filtration rate)는 다음과 같이 산출한다. 이때 처리대상 가스량의 시간단위와 여과속도의 시간단위를 동일하게 하도록!!

〈계산〉 $V_f = \dfrac{Q_f}{A_f}$ $\begin{cases} Q_f : \text{처리가스 부하량} = 0.5\text{m}^3/\text{sec} \\ A_f : \text{여과면적} = \pi DL = 3.14 \times 0.38 \times 2.5 = 2.983\text{m}^2 \end{cases}$

∴ $V_f = \dfrac{0.5}{2.983} = 0.1676\text{m/sec} = 16.76\text{cm/sec}$ **답** ④

- 기사 : 출제대비
- 산업 : 16

예상 20
유량이 600m³/min인 배기가스 중의 분진을 2m/min의 여과속도로 bag filter에서 처리하고자 할 때 필요한 여과집진기의 면적은 얼마인가?

① 100m²
② 200m²
③ 300m²
④ 400m²

[해설] 여과집진기의 여과면적은 다음과 같이 산출한다. 이때 처리대상 가스량의 시간단위와 여과속도의 시간단위를 동일하게 하도록!!

〈계산〉 $A_f = \dfrac{Q_f}{V_f}$ $\begin{cases} Q_f : \text{처리가스 부하량} = 600\text{m}^3/\text{min} \\ V_f : \text{여과속도} = 2\text{m/min} \end{cases}$

∴ $A_f = \dfrac{600}{2} = 300\text{m}^2$ **답** ③

03. 국소환기

- 기사 : 출제대비
- 산업 : 10

예상 21 전기집진장치의 전기집진과정을 올바르게 나열한 것은?

> Ⓐ 집진극으로부터의 분진입자의 제거
> Ⓑ 포집된 분진입자의 전하상실 및 중성화
> Ⓒ 함진가스의 이온화
> Ⓓ 분진입자의 집진극으로의 이동 및 포집
> Ⓔ 분진입자의 대전

① Ⓒ → Ⓔ → Ⓓ → Ⓑ → Ⓐ
② Ⓓ → Ⓑ → Ⓒ → Ⓐ → Ⓔ
③ Ⓔ → Ⓒ → Ⓐ → Ⓓ → Ⓑ
④ Ⓔ → Ⓒ → Ⓑ → Ⓓ → Ⓐ

해설 전기집진장치의 집진과정은 함진가스의 이온화 → 분진입자의 대전 → 분진입자의 집진극으로의 이동 및 포집 → 포집된 분진입자의 전하상실 및 중성화 → 집진극으로부터의 분진입자의 제거에 의해 포집이 완료된다. 집진 및 포집과정을 보충하여 정리하면 다음과 같다.

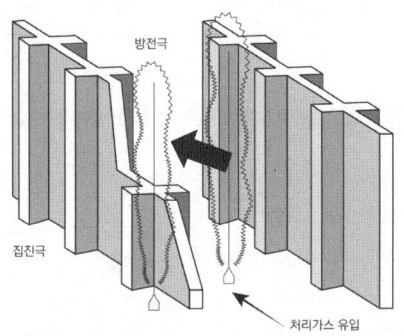
〈그림〉 판형(평판형) 건식 전기집진기

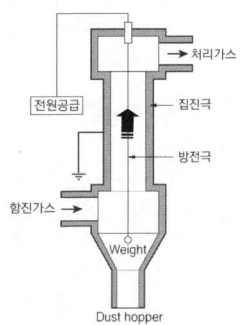
〈그림〉 관형(파이프형) 전기집진기

㉠ **불평등 전계의 형성** : 집진극을 (⊕)극, 방전극을 (⊖)극으로 하여 60kV 정도의 특고압 직류전원을 사용, 전압을 증가시키면 집진극과 방전극 사이에 있는 공기 및 가스의 절연이 파괴되어 코로나 (corona) 전류가 흐르게 되고 방전극과 집진극 사이에는 일정한 방향의 불평등전계(不平等電界)가 형성하게 된다.

㉡ **코로나 방전 개시** : 불평등 전계가 형성되면 방전극 주변에 있는 가스분자가 전기적으로 파괴되어 소위 코로나방전(corona discharge)이 일어나게 된다.

㉢ **가스분자의 이온화** : 코로나방전은 방전극 주위의 가스분자에 대한 이온화를 촉진시키고 다수의 음 (⊖)이온 또는 양(⊕)이온이 생성되는데 양이온은 방전극에 의해 중화되는 한편 음이온 및 자유전자(free electron)는 집진극을 향해 빠른 속도로 이동한다.

㉣ **입자의 하전(荷電)** : 전하(電荷)를 띤 음이온은 극간(極間) 영역내로 유입되는 분진입자에 대하여 이온 및 전자의 직접충돌(전계충전)이나 이온의 열운동에 의한 충돌(확산충전)을 일으키면서 분진입자를 거의 순간적으로 대전시켜 전하를 부여하게 된다.

㉤ **전기력에 의한 입자의 이동** : 대전된 분진입자는 쿨롱력(Coulombic Force, 전기력)에 의해 집진극으로 이동하여 집진극에 분리·포집된다.

㉥ **집진된 분진의 포집·제거** : 집진극에 부착된 분진은 탈진장치에 의해 분리되어 분진 퇴적함(hopper)으로 제거된다.

답 ①

PART 3 산업환기 및 작업환경 관리대책

예상 22

- 기사 : 00,06,07②,13,17,18
- 산업 : 09②,15

전기집진장치의 장점이라 할 수 없는 것은?

① 압력손실이 낮아 송풍기의 가동비용이 저렴하다.
② 고온가스를 처리할 수 있다.
③ 가연성 입자의 처리가 용이하다.
④ 넓은 범위의 입경과 분진농도에 집진효율이 높다.

해설 전기집진장치는 가연성 입자의 처리에 부적합하다. 가연성 입자는 세정집진장치로 처리하는 것이 유리하다. 전기집진장치의 장·단점은 다음과 같다.

장 점	단 점
• 집진효율이 높음($0.01\mu m$까지 제거 가능)	• 설치비용이 많이 듦
• 낮은 압력손실로 대량가스 처리가 가능함	• 가연성 입자의 처리에 부적합함
• 광범위한 온도(고온)범위에서 설계가 가능함	• 운전조건의 변화에 따른 유연성이 낮음
• 배기가스의 온도강하가 적음	• 넓은 설치면적이 요구됨
• 유지관리가 용이, 유지비·운전비가 적게 듦	• 비저항이 큰 분진 제거에 불리함

답 ③

유.사.문.제

01 다음 중 $0.01\mu m$ 정도의 미세분진까지 처리할 수 있는 집진기로 가장 적합한 것은? [18 기사]

① 중력집진기
② 전기집진기
③ 세정집진기
④ 원심력집진기

02 다음 중 전기집진장치의 장점이 아닌 것은? [01,07,11,12,14,16②,18 산업]

① 고온가스의 처리가 가능하다.
② 설치면적이 적고, 기체상의 오염물질의 포집에 용이하다.
③ $0.01\mu m$ 정도의 미세입자의 포집이 가능하여 높은 집진효율을 얻을 수 있다.
④ 압력손실이 낮고, 대용량의 가스를 처리할 수 있다.

hint 전기집진장치는 설치면적이 많이 들고, 기체상의 오염물질을 포집할 수 없다. 가스상 오염물질을 제거할 수 있는 것은 세정집진장치이다.

03 전기집진장치의 장·단점과 가장 거리가 먼 것은? [19 산업][12②,16 기사]

① 운전 및 유지비가 많이 든다.
② 초기 설치비가 많이 소요된다.
③ 고온가스를 처리할 수 있어 보일러와 철강로 등에 설치할 수 있다.
④ 넓은 범위의 입경과 분진농도에 집진효율이 높다.

04 전기집진기의 장점에 관한 설명으로 옳지 않은 것은? [02,05 산업][10 기사]

① 낮은 압력손실로 대량의 가스를 처리할 수 있다.
② 건식 및 습식으로 집진할 수 있다.
③ 회수 가치성이 있는 입자 포집이 가능하다.
④ 설치 후에도 운전조건 변화에 따른 유연성이 크다.

hint 전기집진장치는 설치 후에 운전조건 변화에 따른 유연성이 좋지 못하다.

정답 ▎01.② 02.② 03.① 04.④

종합연습문제

01 다음 중 전기집진장치에 관한 설명으로 틀린 것은? [09,10,11③ 기사]
① 압력손실이 적어 가동비용이 저렴하다.
② 고온가스를 처리할 수 있다.
③ 배출가스의 온도강하가 적으며 대량의 가스 처리가 가능하다.
④ 전압변동과 같은 조건변동에 쉽게 적응할 수 있다.

02 전기집진기(EP, Electrostatic Precipitator)의 장점이라고 볼 수 없는 것은? [08②,15,18 산업]
① 보일러와 철강로 등에 설치할 수 있다.
② 좁은 공간에서도 설치가 가능하다.
③ 고온의 입자상 물질도 처리 가능하다.
④ 넓은 범위의 입경과 분진의 농도에서 집진효율이 높다.

03 전기집진장치의 장점과 가장 거리가 먼 것은? [00,06 기사]
① 비교적 압력손실이 낮다.
② 넓은 범위의 입경과 분진농도에 집진효율이 좋다.
③ 고온가스, 가연성 입자의 처리가 용이하다.
④ 운전과 유지비가 싸다.

04 다음 설명에 해당하는 집진장치로 옳은 것은? [11 산업]

- 고온가스의 처리가 가능하다.
- 가연성 입자의 처리가 곤란하다.
- 넓은 범위의 입경과 분진농도에 집진효율이 높다.
- 초기 설비비가 많이 들고, 넓은 설치공간이 요구된다.

① 여과집진장치
② 벤투리 스크러버
③ 원심력집진장치
④ 전기집진장치

hint 보기의 조건에 부합하는 집진장치는 전기집진장치이다.

05 전기집진장치의 장점이 아닌 것은? [03 산업]
① 압력손실이 비교적 낮다.
② 고온가스 처리가 가능하다.
③ 집진효율이 높다.
④ 설치비용이 저렴하다.

정답 ┃ 01.④ 02.② 03.③ 04.④ 05.④

- 기사 : 00,02,04,07,12
- 산업 : 출제대비

예상 23 2개의 집진장치를 직렬로 연결하였다. 집진율 70%인 사이클론을 전처리 장치로 사용하고 전기집진장치를 후처리 장치로 사용한다. 총집진율 98.5%일 때, 전기집진장치의 집진율은?
① 93%   ② 95%
③ 97%   ④ 99%

해설 집진장치 2개를 직렬로 연결한 경우에는 총집진율 계산식을 이용하여 다음과 같이 문제를 푼다.

〈계산〉 $\eta_T = \eta_1 + \eta_2(1-\eta_1)$
⇨ $0.985 = 0.7 + \eta_2(1-0.7)$
∴ $\eta_2 = 0.95 = 95\%$

답 ②

PART 3 산업환기 및 작업환경 관리대책

예상 24
- 기사 : 출제대비
- 산업 : 01,06,08

유해가스 처리법 중 회수가치가 있는 불연성 희박농도 가스의 처리에 가장 적합한 것은?

① 촉매산화법 ② 연소법
③ 침전법 ④ 흡착법

해설 유해가스 처리법 중 흡착법은 오염물질이 비연소성이거나 연소시키기 어려운 경우, 오염물질을 회수할 가치가 충분히 있는 경우, 배기가스내의 오염물농도가 매우 낮은(희박한) 경우에 유효하게 사용할 수 있는 방법이다.   답 ④

예상 25
- 기사 : 00,05
- 산업 : 출제대비

충전탑(packed bed type)의 충전물질이 갖추어야 할 조건이 아닌 것은?

① 압력손실이 적고 충전밀도가 클 것
② 단위부피내의 표면적이 클 것
③ 세정액의 체류현상(hold-up)이 클 것
④ 대상물질에 부식성이 작을 것

해설 충전탑(packed bed type)에서 세정액의 체류현상(홀드업)은 적을수록 유리하다.   답 ③

유.사.문.제

01 다음 중 공기정화장치의 종류와 그 원리에 대한 설명이 잘못 연결된 것은? [09 산업]

① 벤투리 스크러버는 정전기를 이용하여 분진을 반대 전극에 부착시킨다.
② 사이클론집진장치는 원심력에 의하여 분진과 공기를 분리한다.
③ 여과집진장치는 처리가스가 필터를 구성하는 섬유와 관성충돌, 차단, 확산 등에 의하여 집진된다.
④ 관성력집진장치는 처리해야 할 가스를 방해판에 충돌시켜 기류의 방향을 급격하게 바꿈으로써 입자를 분리·포집한다.

hint 정전기를 이용하여 분진을 반대 전극에 부착시켜 제거하는 집진장치는 전기집진장치이다.

02 가스(gas)를 제거하는 데 사용하는 충전탑(packed tower)은 주로 어떤 원리를 이용하여 가스를 제거하는가? [10 산업]

① 원심법 ② 응축법
③ 재연소법 ④ 흡수법

hint 충전탑(packed bed type)은 탑내에 충전물을 충전하여 배기가스와 세정액의 접촉을 통하여 유해가스를 흡수제거하는 장치이다.

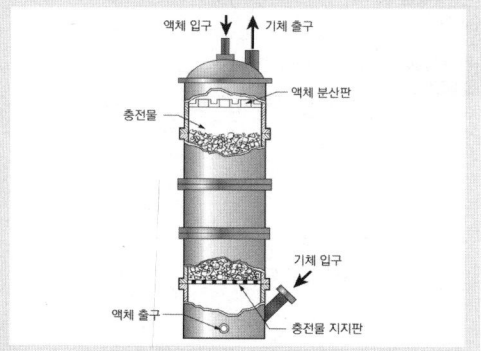

정답 ┃ 01.① 02.④

종합연습문제

01 다음 유해가스 처리 제거기술 중 가스의 용해도와 관계가 깊은 것은? [07,15 산업]
① 흡수제거법 ② 흡착제거법
③ 연소제거법 ④ 희석제거법

hint 유해가스 처리 제거기술 중 가스의 용해도와 관계가 깊은 처리공정은 흡수법이다.

02 흡착제 중에서 현재 가장 많이 사용하고 있으며, 비극성의 유기용제를 제거하는데 유용한 것은? [12 산업]
① 활성탄
② 활성알루미나
③ 실리카겔
④ 합성제올라이트

hint 비극성류의 유기용제 등에 적합한 것은 활성탄이다. 활성탄은 각종 방향족 유기용제, 할로겐화 된 지방족 유기용제, 에스테르류, 알코올류 등의 흡착에 이용된다.

03 다음 중 유해가스의 처리방법에 있어 연소에 의한 처리방법의 장점이 아닌 것은? [11 산업]
① 폐열을 회수하여 이용할 수 있다.
② 시설투자비와 유지관리비가 적게 든다.
③ 배기가스의 유량과 농도의 변화에 잘 적용할 수 있다.
④ 가스연소장치의 설계 및 운전조절을 통해 유해가스를 거의 완전히 제거할 수 있다.

hint 연소처리법은 오염물질의 연소에 따른 2차 오염물질이 발생할 우려가 높고, 시설투자비와 유지관리비가 많이 드는 유해가스 처리법이다.

04 다음 중 B사업장의 도장 부스에서 발생된 유기용제 증기를 처리하기 위한 공기정화장치로 가장 적당한 것은? [00,04,13 산업]
① 흡착탑 ② 전기집진기
③ 여과집진기 ④ 원심력집진기

hint 유기용제 증기는 흡착처리 하는 것이 가장 바람직하다. 집진장치로는 제어할 수 없다.

05 정유공장의 비상구조 설비로부터 비정상적으로 발생되는 고농도의 VOC를 처리하는데 제거 효율이 가장 높은 처리방법은? [03,07 산업]
① 소각로 ② 촉매연소법
③ 불꽃연소법 ④ 가열연소법

hint 비정상적으로 발생되는 고농도의 VOC를 처리하는데 가장 효율적인 처리방법은 불꽃연소법 (DFO, Direct Flame Oxidation)이다. 이 방법은 인화한계 이내로 조정된 연소성 폐가스를 화염(flare)으로 직접연소시키는 방법으로 많은 양의 VOCs 가스나 순수한 형태의 VOCs 가스를 수증기 형태의 증기 또는 공기를 이용하여 신속하게 점화하여 산화시키는 방법이다.

06 일반적으로 사용하고 있는 흡착탑 점검을 위하여 압력계를 이용하여 흡착탑 차압을 측정하고자 한다. 다음 중 차압의 측정방법과 측정범위로 가장 적절한 것은? [14,19 산업]

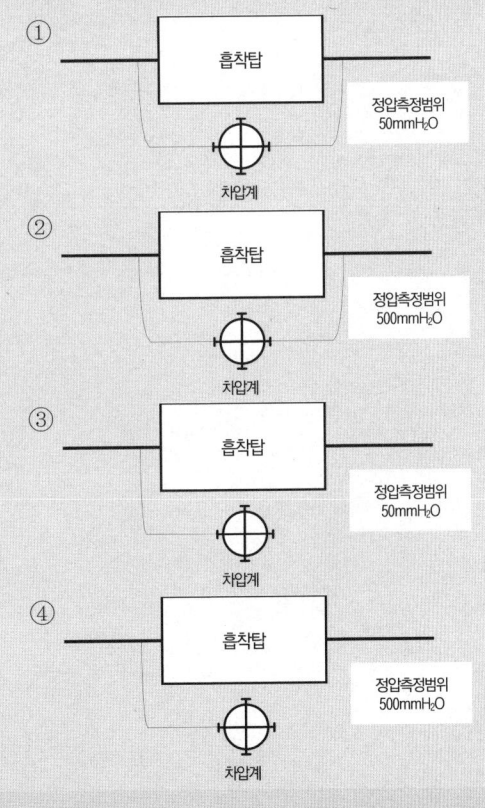

정답 01.① 02.① 03.② 04.① 05.③ 06.②

예상 26

- 기사 : 출제대비
- 산업 : 19

유해가스의 처리방법 중 연소를 통한 처리방법에 대한 설명이 아닌 것은?

① 처리경비가 저렴하다.
② 제거효율이 매우 높다.
③ 저농도 유해물질에도 적합하다.
④ 배기가스의 온도를 높여야 한다.

해설 배기가스의 온도를 인위적으로 높여야 하는 방법은 가열연소법이나 촉매산화법이다. 특히 직접연소법은 제거효율이 매우 높고, 고농도 대량가스 처리에 적합하나 배기가스의 유량과 농도의 변화에 잘 적용할 수 있으므로 저농도 유해물질에도 적용할 수 있다.

답 ④

산업환기 관련 2차 **필답형(실기)**

실기문제(2차)

1 이론형 쓰기문제

01
- 기사(매회 출제대비) : 15,16,18②,19②
- 산업(매회 출제대비) : 14,15,17②,18②,19

평점 5

전체환기를 적용할 수 있는 조건(고려할 조건) 5가지를 기술하시오.

해설 다음의 "답안 작성" 부분만 답안지에 기재하면 된다.

관련 이론 및 개념

■ **전체환기**
- **전체환기의 개념** : 유해물질을 오염원에서 제거하는 방법이 아닌 유해물질의 농도를 희석하여 낮게 하는 방법. 작업장의 개구부 → 자연적 방법(자연환기법) 또는 기계적 방법(강제환기법)에 의해 → 바람·작업장 내외의 온도차·압력차 → 대류작용 → 작업장의 공기를 치환하는 환기 시스템임

- **전체환기의 목적**
  - 유해물질을 외부의 청정공기로 희석
  - 화재 및 폭발 예방
  - 온도 및 습도 조절

- **전체환기의 적용(고려) 조건**
  - 유해물질의 독성이 낮은 경우
  - 유해물질의 발생량이 대체로 균일한 경우
  - 발생량이 적고, 다수의 오염원이 넓게 분산되어 있는 경우
  - 오염원이 이동성인 경우
  - 작업방법 및 공정상 국소환기가 불가능한 경우
  - 유해물질 발생량이 적어 필요환기량이 많지 않아 국소환기보다 실용성이 있는 경우
  - 유해물질의 농도가 허용농도 이하로 낮아 영향을 줄 우려가 적은 경우

- **전체환기의 설계 기본원칙**
  - 오염물질 배출구는 가능한 한 오염원으로부터 가까운 곳에 설치하여 점환기 효과를 얻을 것
  - 급기구와 배기구는 급기된 공기가 작업자를 먼저 통과한 다음 오염영역을 통과하도록 할 것
  - 오염원 주위에 다른 작업공정이 존재하면 배기량을 급기량보다 많게 하여 음압을 유지할 것

답안 작성

① 오염물질의 독성이 낮은 경우
② 유해물질의 발생량이 대체로 균일한 경우
③ 소량의 오염물질이 일정한 시간·속도로 배출되는 경우
④ 동일 사업장에 다수의 오염발생원이 분산되어 있는 경우
⑤ 오염발생원이 이동성인 경우

【비교】

- **국소환기의 적용**
  - 유해물질의 독성이 높은 경우
  - 오염원이 고정성인 경우
  - 유해물질 발생량이 많은 경우
  - 유해물질의 농도가 허용농도 이상으로 높은 경우
  - 발생주기가 균일하지 않은 경우
  - 근로자의 작업위치가 유해물질 발생원에 가까이 근접해 있는 경우

- **국소환기의 특징**
  - 오염물질이 실내에 확산되기 이전에 효율적으로 고농도로 포집하여 제거할 수 있음
  - 국소배기장치는 크기가 큰 침강성 먼지도 어느정도 제거할 수 있으므로 청소비와 청소인력이 절약됨
  - 국소배기장치는 오염물질이 소량의 공기에 고농도로 포함되어 있으므로 필요송풍량을 줄일 수 있음

3 산업환기 및 작업환경 관리대책 [실기]

이론형 쓰기문제

01 다음 전체환기 정의 내용 중 ( ) 안에 알맞은 용어를 쓰시오. [10,13② 기사]

> 전체환기는 작업장의 개구부를 통하여 바람이나 작업장 내외의 (①)와 (②) 차이에 의한 (③)으로 행해지는 환기를 말한다.

answer
① 온도 ② 압력 ③ 대류작용

02 전체환기시설의 설계를 위한 계획은 그 목적에 따라 크게 2가지로 대별할 수 있다. 이 2가지를 쓰시오. [02,05,09 기사]

answer
① 자연환기 ② 강제환기(기계환기)

[참조]
- **자연환기** : 바람의 힘이나 건물 내·외부의 온도차에 의한 대류작용에 의하여 실내의 오염된 공기를 외부의 공기와 혼합되게 함
- **기계환기** : 송풍기를 이용하여 강제적으로 외부의 공기를 급·배기시키는 방법으로 급기법, 배기법, 급·배기법 등을 이용함

03 자연환기에 비하여 강제환기방식이 갖는 장단점을 각각 2가지씩 쓰시오. [01,04,06,16② 산업]

answer
(1) 장점
 ① 작업환경 개선의 효율성이 높음
 ② 기상조건에 영향을 받지 않음
(2) 단점
 ① 동력을 요함
 ② 설치비 및 운영비가 많이 듦

04 전체환기의 목적 3가지를 쓰시오. [16② 산업]

answer
① 유해물질을 외부의 청정공기로 희석
② 화재 및 폭발 예방
③ 온도 및 습도 조절

05 전체환기는 급기와 배기방식에 따라 여러 가지 형식으로 구분할 수 있는데 작업장 내부의 실내압을 양압(+)으로 유지시키고자 할 때 요구되는 급기 및 배기 방식을 각각 1가지씩 보기를 들어 기술하고 이런 형식을 적용함으로써 얻게 되는 환기효과 및 적용되는 작업장의 예(업종)를 쓰시오. [09,15 산업]

answer
① 양압(+)유지 환기방식 : 송풍기 이용 급기방식
② 적용의 예 : 전자, 의약, 식품산업 등

06 전체환기에 관한 다음 설명 중 ( ) 안에 알맞은 용어를 쓰시오. [00,07,16② 기사]

> - 전체환기는 작업장의 개구부를 통하여 바람이나 작업장 내외의 (①)와 (②) 차이에 의한 (③)으로 행해지는 환기를 말한다.
> - 전체환기에서 유입되는 공기측과 배출되는 공기측의 실내외 압력차가 0이 되는 지점, 즉, 공기의 유출입이 없는 면이 형성되는데 이를 (④)라고 하며, 높을수록 환기효과가 증대된다.
> - 강제환기 중 배기법은 오염도가 높을 때 적용되며, 실내압을 (⑤)으로 유지한다. 반면에 청정산업에 주로 적용되는 급기법은 실내압은 (⑥)으로 유지한다.

answer
① 온도 ② 압력 ③ 대류작용
④ 중성대 ⑤ 음압 ⑥ 양압

07 전체환기의 설계 기본원칙 4가지를 쓰시오. [17② 기사]

answer
① 배출구는 오염원에 가까운 곳에 설치할 것
② 급기된 공기는 작업자를 먼저 통과한 다음 오염영역을 통과하여 배기되도록 할 것
③ 보충용 공기는 외부의 청정공기를 공급할 것
④ 배기구는 창문 등의 개구부로부터 멀리하여 재유입을 방지할 것

02 기사 : 00, 04, 08③, 09, 13 평점 3

국소배기시설의 합류점 정압평형법 중 저항조절 평형법과 정압조절 평형법의 장점을 각각 3가지씩 쓰시오.

[해설] 다음의 "답안 작성" 부분만 답안지에 기재하면 된다.

관련 이론 및 개념

- **저항조절 평형법(댐퍼조절 평형법)** : 덕트에 댐퍼를 부착하여 압력을 조정하여 평형을 유지하는 방법. 압력손실 계산은 저항이 제일 큰 지관의 기준으로 산출됨 → 분지관수가 적고, 고독성 물질, 폭발성 및 방사성 분진제어에 주로 사용됨

- **정압조절 평형법(유속조절 평형법)** : 저항이 큰 쪽의 Duct 직경을 약간 크게 하여 저항을 줄이거나 저항이 작은 쪽의 Duct 직경을 감소시켜 저항을 증가시키는 방법으로 → 분지관의 수가 많고 덕트의 압력손실이 클 때 사용됨

Q_c(보정유량) $= Q_d$(설계유량) $\times \sqrt{\dfrac{P_{sL}}{P_{ss}}}$

$\begin{cases} P_{sL} : 압력손실이 \ 큰 \ 관의 \ 정압(\text{mmH}_2\text{O}) \\ P_{ss} : 압력손실이 \ 작은 \ 관의 \ 정압(\text{mmH}_2\text{O}) \end{cases}$

답안 작성

(1) 저항조절 평형법의 장점
 ① 설계계산이 간편함
 ② 설치 후 송풍량 조절이 비교적 용이함
 ③ 장래 변경이나 확장에 대한 유연성이 높음
(2) 정압조절 평형법의 장점
 ① 덕트의 폐쇄가 잘 일어나지 않음
 ② 잘못 설계된 분지관을 쉽게 발견할 수 있음
 ③ 설계가 정확할 때에는 가장 효율적임

03 산업 : 00, 03, 07 평점 6

국소배기 시스템의 구성은 다음과 같다. 덕트내의 기류에 대한 전압(P_T), 속도압(P_v), 정압(P_s)의 변화를 그림으로 나타내시오.

흡입공기 → HOOD → DUCT → 송풍기 → 배기

[답안] 답안지는 범례와 함께 다음과 같이 작도한다.

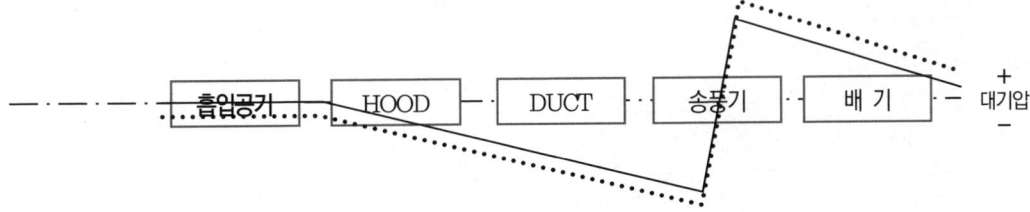

[범례] 실선(―) : 속도압(동압)(P_v)의 변화
　　　점선(…) : 정압(P_s)의 변화
　　　전압(P_T) $= P_v + P_s$

3 산업환기 및 작업환경 관리대책 [실기]

04
기사 : 01,05,07,08,09,10,14
산업 : 19②
평점 5

국소배기장치 점검 시 필요한 필수 국소배기장치 성능시험 측정장비 5가지를 쓰시오.

해설 다음의 "답안 작성" 부분만 답안지에 기재하면 된다.

관련 이론 및 개념

■ 국소배기장치 성능 측정장비

1. **필수장비** : 국소환기시설의 자체검사 시 필요한 필수 장비에는 발연관(연기발생기, smoke tester), 청음기 또는 청음봉, 절연저항계, 표면온도계 및 초자온도계, 줄자 등이다.

2. **필요선택 측정기** : 국소환기시설의 자체검사 시 필요한 필요선택 측정기는 테스트 해머, 나무봉 또는 대나무봉, 초음파 두께 측정기, 마노메타(manometer), 열선풍속계, 정압 프로브(prove) 부착 열선풍속계, 키사게(scraper), 회전계, 피토관, 스톱스위치 또는 시계, 기타 집진효율 측정용 기구, 풍차 풍속계, 인장계측기 등이다.

답안 작성

① 발연관(연기발생기, smoke tester)
② 청음기 또는 청음봉
③ 절연저항계
④ 표면온도계 및 초자온도계
⑤ 줄자

05
기사 : 00,03,18
산업 : 04,08,10②
평점 6

다음은 국소배기장치의 설계 순서이다. ( ) 안을 채우시오.

후드형식 선정 → (①) → 소요풍량 계산 → (②) → 배관내경 산출 → 후드의 크기 결정 → 배관의 배치와 설치장소 선정 → (③) → 국소배기 계통도와 배치도 작성 → (④) → 송풍기 선정

해설 다음의 "답안 작성" 부분만 답안지에 기재하면 된다.

관련 이론 및 개념

■ 국소배기장치 설계순서

① 후드형식 선정 → ② 제어속도 결정 → ③ 소요풍량 계산 → ④ 반응속도 결정 → ⑤ Duct 직경 산출 → ⑥ 후드의 용량결정 → ⑦ Duct배치 및 설치장소 결정 → ⑧ 공기정화장치 선정 → ⑨ 계통도 및 배치도 작성 → ⑩ 총압력손실 계산 → ⑪ 송풍기 동력산정 및 송풍기 선정

답안 작성

① 제어속도 결정
② 반응속도 결정
③ 공기정화장치 선정
④ 총압력손실량 계산

이론형 쓰기문제

01 다음의 환경조건에서 표준상태를 정의하는 온도, 압력 및 기체 1mol의 적용 부피를 쓰시오. [14,19 기사]

(1) 순수 자연과학의 표준상태
(2) 산업환기의 표준상태
(3) 산업위생(작업환경)의 표준상태

> answer

(1) 순수 자연과학 : 0℃, 1기압, 22.4L
(2) 산업환기 : 21℃, 1기압, 24.1L
(3) 산업위생(작업환경) : 25℃, 1기압, 24.45L

02 환기시스템 설계에 기본적으로 적용되는 유체의 연속방정식(질량보존의 법칙)을 적용하기 위한 기류의 유체역학적 전제조건 4가지를 쓰시오. [13 기사]

> answer

① 환기시설 내외의 열교환은 무시한다.
② 공기의 압축이나 팽창을 무시한다.
③ 공기는 건조한 상태로 가정한다.
④ 공기에 포함된 유해물질의 무게와 용량을 무시한다.

03 유체의 유동상태를 관성력과 점성력을 이용하여 설명하시오. [15 산업]

> answer

유체의 유동상태를 판단하는 척도로 이용되는 레이놀드수(Re)는 유체의 관성력과 점성력의 비를 나타내며, 다음의 관계식을 가짐

$$Re = \frac{관성력}{점성력} = \frac{DV\rho}{\mu} \quad \begin{cases} V : 유속(\text{m/sec}) \\ D : \text{Duct의 직경(m)} \\ \rho : 유체의 밀도(\text{kg/m}^3) \\ \mu : 점성계수(\text{kg/m}\cdot\text{sec}) \end{cases}$$

① 층류상태 : 관성력이 점성력의 2,000배 미만으로 작용하는 흐름상태를 말함
② 난류흐름 : 관성력이 점성력의 4,000배 이상으로 작용하는 흐름상태를 말함

04 덕트내에 작용하는 압력의 종류 3가지를 기술하고 간략하게 설명하시오. [11,18 기사]

> answer

① 전압(P_T) : 덕트내를 흐르는 기류의 총에너지를 압력단위로 표현한 값 → $P_T = P_v + P_s$
② 정압(P_s) : 공기흐름에 대한 저항을 압력단위로 표현한 값
③ 동압(P_v) : 유동방향으로 작용하는 단위체적의 유체가 갖는 운동에너지의 크기를 나타내는 압력

05 다음 압력에 대해 기술하시오. [17 산업]

(1) 동압
(2) 정압

> answer

(1) 동압
 ① 유동방향으로 작용하는 단위체적의 유체가 지닌 운동에너지의 크기를 나타냄
 ② 운동에너지에 비례하여 항상 양(+)인 압력임
(2) 정압
 ① 공기의 압축─팽창시키는 데 관여한 에너지의 크기를 나타내는 압력임
 ② 공기흐름에 대한 저항의 크기를 나타냄

06 다음 그림은 덕트내에 작용하는 압력을 나타낸 것이다. 이 그림에서 전압, 동압, 정압을 각각 찾아 기술하시오. [03,07,13,18 산업][00,04,12,14,17 기사]

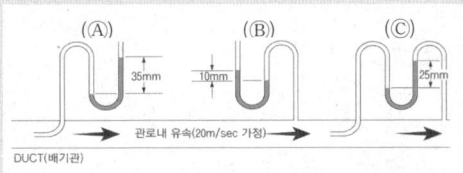

> answer

Ⓐ 전압
Ⓑ 정압
Ⓒ 동압

이론형 쓰기문제

01 베르누이 정리에서 속도압의 정의와 기류속도와의 관계식을 쓰시오. [03,16,18 산업][02,17,18 기사]

answer

① 속도압이란 유동방향으로 작용하는 단위체적의 유체가 갖는 운동에너지의 크기를 나타내는 압력을 나타냄

② 관계식 : $P_v = \dfrac{\gamma V^2}{2g}$ $\begin{cases} P_v : 속도압(mmH_2O) \\ \gamma : 비중량(kg_f/m^3) \\ V : 유속(m/sec) \\ g : 중력가속도 \end{cases}$

$P_v = \left(\dfrac{V}{4.043}\right)^2$ (작업장 표준상태)

02 국소배기장치의 주요 구성장치 5가지를 오염원에서부터 배기구에 이르기까지를 차례대로 쓰시오. [02,03,09 산업][00,04,12 기사]

answer

후드 → 덕트 → 공기정화장치 → 송풍기 → 배기구

03 다음 그림을 보고 각각의 명칭을 쓰시오. [15 산업]

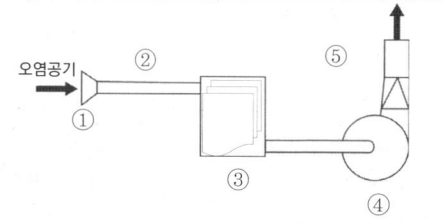

answer

① 후드 ② 덕트
③ 공기정화장치 ④ 송풍기
⑤ 배기구

04 실내 환기시설을 설치하는 통상적인 목적 3가지를 쓰시오. [16 산업]

answer

① 오염된 공기의 실외로 배출
② 외부의 청정공기로 실내공기의 치환
③ 건강도모와 능률 향상

05 다음의 유속분포를 가질 경우 평균유속의 측정점은? [02,07 산업]

(1) 관내 유속분포가 축대칭인 경우
(2) 관내 유속분포가 비축대칭인 경우

answer

(1) 관내 유속분포가 축대칭인 경우 : 덕트 직경의 16.7%, 50%, 83.3%에 위치한 지점에서 유속을 측정하여 평균함
(2) 관내 유속분포가 비축대칭인 경우 : 덕트 면적을 등면적으로 나누어 각 면적의 중심점에서 측정한 유속을 평균함

06 다음은 전체환기 시스템을 적용하는 작업장의 급기구와 배기구의 위치를 나타낸 것이다. 이에 대한 환기효과를 불량, 양호, 우수로 구분하여 기재하시오. [12,15 산업][15② 기사]

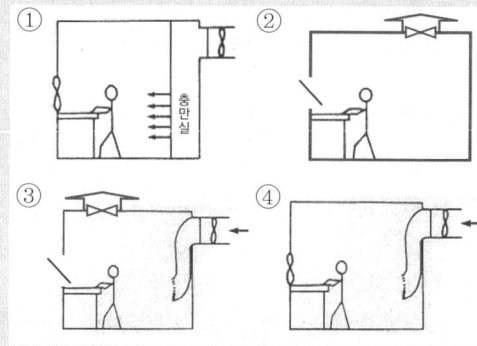

answer

① 우수 ② 불량
③ 양호 ④ 우수

07 먼지와 흄 등의 입자상 물질을 제어하기 위해서는 전체환기방식을 적용하지 않는다. 그 이유를 간단하게 쓰시오. [14② 기사]

answer

전체환기 시스템은 유해물질을 제거하는 방법이 아닌 유해물질의 농도를 희석하여 낮게 하는 방법이므로 오염물질을 포집·제어해야 할 필요가 있는 곳에는 적용할 수 없다.

이론형 쓰기문제

01 전체환기 시스템에서 필요한 환기량에 안전계수(K)를 반영하고 있다. 이 안전계수를 결정하는데 있어서 고려하여야 할 사항 6가지를 쓰시오. [05,07,12 산업]

answer
① 물질의 독성
② 유해화학물질의 발생률
③ 환기시설의 성능
④ 허용기준 및 폭발한계
⑤ 작업조건의 온도
⑥ 상가효과

02 전체환기방식 적용 시 작업시간 1시간당 필요 환기량을 산정할 때 사용되는 안전계수값을 각각 쓰시오. [13 기사]
(1) 작업장내의 공기혼합이 원활한 경우
(2) 작업장내의 공기혼합이 보통한 경우
(3) 작업장내의 공기혼합이 불완전한 경우

answer
(1) $K=1$
(2) $K=2$
(3) $K=3$

03 ACGIH에서 제시하고 있는 발생원에 따른 제어풍속 권고치에서 상한치를 적용하여야 하는 경우 3가지 쓰시오. [08 산업][02 기사]

answer
① 유해물질의 독성이 높을 때
② 유해물질의 발생량이 많을 때
③ 작업장내 기류가 국소배기효과를 방해할 때

04 무한공간에 노즐을 통해 분출되는 분출기류가 노즐의 형상비 및 난류유동에 의해 영향을 받아 중심부의 평균유속이 50%로 감소되는 지점까지의 거리를 무엇이라고 하는가? [19 산업]

answer
천이부

05 다음은 무한공간에 분출되는 분출기류에 대한 그림이다. 그림의 A, B, C에 알맞은 유속비율(%)을 기재하시오. [08②,10 산업][03,07,14 기사]

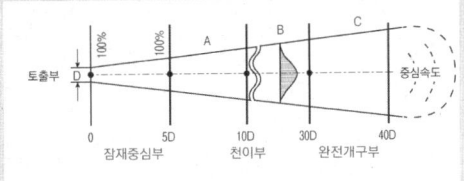

answer
A : 80%   B : 50%   C : 40%

【참고】분출기류 확장영역의 구분
- 잠재중심부(핵심영역) : 제트의 최대속도가 변하지 않는 영역을 말하며, 노즐출구에서 직경의 2~6배의 거리[$L=D_o \times (2~6)$]
- 천이부(천이영역) : 노즐의 형상비 및 난류유동에 의해 영향을 받는 영역(50% 감소)으로 핵심영역에서 8~10배까지 거리[$L=D_o \times (8~10)$]
- 완전개구부(난류영역) : 완전 발달된 난류유동 형태를 나타내며, 천이영역 경계로부터 노즐직경의 10~100배까지 거리[$L=D_o \times (10~100)$]
- 소멸영역 : 노즐출구로부터 분사된 공기속도가 급격히 감소하는 영역으로서 난류영역 이후의 영역을 말함

06 무한공간에 분출되는 분출기류 분류에서 잠재중심부에 대하여 기술하시오. [15 기사]

answer
잠재중심부(핵심영역) : 제트의 최대속도가 변하지 않는 영역을 말하며, 노즐출구에서 직경의 2~6배의 거리에 상당한다.

07 송풍기에 출구측 배기부에서 흡기는 흡입면의 직경 1배인 위치에서 입구 유속의 10%로 된다. 토출할 경우 출구 유속의 10%로 되는 거리를 직경으로 나타내시오. [16 산업]

answer
거리 = 직경×30배

3 산업환기 및 작업환경 관리대책 [실기]

이론형 쓰기문제

01 다음의 용어에 대한 정의를 간략하게 쓰시오.
[03,12 산업][00,05,13,16②,17,19 기사]

(1) slot hood (2) plenum(충만실)
(3) hood flange (4) null point
(5) skin (6) 테이퍼

answer

(1) slot hood : 개구부의 길이가 길고, 폭이 좁은 형태로 높이 : 길이의 비가 0.2 이하인 외부형 후드
(2) plenum : 충만실(plenum)은 슬롯 후드의 뒤쪽에 위치하여 압력과 공기흐름을 균일하게 형성하는데 도움을 주는 장치
(3) hood flange : 잉여공기의 유입을 억제하고 포집효과를 증대시키기 위해 부착하는 외부형 후드의 개구면에 부착하는 부속장치
(4) null point : 발생원에서 방출된 오염물질이 운동에너지를 상실하여 비산속도가 0이 되는 평형점을 말함
(5) skin : 눈, 점막을 포함한 피부를 통하여 흡수되어 전신독작용에 의한 건강장애가 나타날 수 있는 물질을 의미함
(6) 테이퍼 : 후드의 뒤쪽에 위치하여 압력과 공기흐름을 균일하게 형성하는데 도움을 주는 장치로 충만실(plenum)과 같은 역할을 함

02 국소배기 시스템에서 배기된 양 만큼의 공기가 보충되어야 하는 이유 4가지를 기술하시오.
[02,07 기사]

answer

① 작업장의 환기 및 희석
② 작업장의 압력조절
③ 국소배기장치의 효율 유지
④ 배출공기의 보충

03 염화제2주석이 공기와 반응하여 흰색 연기를 발생시키는 것을 이용한 것으로 국소환기시설의 자체검사(개구부 흡인기류 방향 확인) 시 필요한 필수장비로 쓰이는 측정기의 명칭을 쓰시오.
[03,14,16② 기사]

answer

발연관(연기발생기, smoke tester)

04 산업환기 시스템에서 작업장내에서 배기된 만큼의 공기를 작업장내로 공급하는 공기 또는 국소배기장치를 통해 배기되는 만큼의 공기를 외부로부터 보충하는 공기를 무엇이라 하는가?
[04,17 기사]

answer

보충용 공기

05 산업환기 시스템에서 보충용 공기(make-up air)의 의의를 쓰시오. [00,03,16 기사]

answer

작업장내에서 국소배기시설을 통해 외부로 방출된 양 만큼의 공기를 작업장내로 공급하는 공기를 말하며, 배기된 공기량의 약 10% 정도 과잉으로 공급함

06 산업환기에서 공기공급 시스템이 갖는 기능 6가지를 쓰시오. [13,15②,18②,19 산업][16 기사]

answer

① 작업장의 환기 및 오염물질 희석
② 작업장의 압력조절
③ 국소배기장치의 효율 유지 및 배출공기의 보충
④ 건물이나 공정의 온도조절 및 연료절약에 기여
⑤ 작업장의 안전사고 예방
⑥ 정화되지 않은 실외공기의 유입방지

07 작업장에서 배기되는 공기량 9,000m³/hr, 외부로부터 공급되는 공기량 7,000m³/hr일 때 나타날 수 있는 문제점 3가지를 쓰시오. [16 산업]

answer

① 작업장의 음압발생과 횡단기류 발생
② 국소배기장치의 성능 저하
③ 역류현상 및 불완전연소 발생

08 국소배기장치의 후드 선정에 있어서 고려사항 3가지를 쓰시오. [11 기사]

answer

① 필요 흡인유량이 적고, 잉여공기량이 적을 것
② 유해물질의 포집효율이 높을 것
③ 작업자의 호흡영역을 충분히 보호할 수 있을 것

이론형 쓰기문제

01 전체환기방식과 비교한 국소배기방식의 장점 3가지를 쓰시오. [16 산업]

answer
① 유해물질이 실내에 확산되기 이전에 직접포집하여 제거할 수 있음
② 크기가 비교적 큰 침강성 먼지도 제거할 수 있어 청소비 및 청소인력을 절약할 수 있음
③ 오염물질이 소량의 공기에 고농도로 포함되어 있으므로 필요송풍량을 줄일 수 있음

02 국소배기시설 후드를 설계할 때 필요유량이 많으면 송풍기의 용량 증가로 인해 동력비가 상승하기 때문에 필요 유량을 가능한 최소화 시켜야 한다. 후드의 필요 유량을 최소화 할 수 있는 방법 4가지를 쓰시오. [12 산업][15 기사]

answer
① 후드의 개구면을 발생원에 근접시킨다.
② 국소적 흡인을 취하고, 난기류를 차단한다.
③ 플랜지를 부착하거나 푸시-풀 방식을 적용한다.
④ 가능한 한 발생원을 포위하도록 한다.

03 국소배기장치 사용 전 점검사항 3가지를 쓰시오. [03,10,12,15 산업]

answer
① 덕트와 배풍기의 분진상태
② 덕트 접속부가 헐거워졌는지 여부
③ 흡기 및 배기 능력

04 국소배기장치 적용 시 조건을 5가지 쓰시오. [17 산업][00,04 기사]

answer
① 유해물질의 독성이 높은 경우
② 오염원이 고정성인 경우
③ 유해물질 발생량이 많은 경우
④ 유해물질의 농도가 허용농도 이상으로 높은 경우
⑤ 발생주기가 균일하지 않은 경우

05 후드의 개구면 속도를 균일하게 분포시키는 방법 3가지를 쓰시오. [18 기사]

answer
① 테이퍼 부착
③ 분리날개 설치
④ 슬롯 사용

06 제어속도(포착속도, Control Velocity)의 정의를 쓰시오. [07 산업][00,04 기사]

answer
발생원의 오염물질을 후드(Hood)내로 도입시키기 위해 필요한 공기의 최소흡인속도를 말함

07 제어속도의 정의와 제어속도를 결정할 때 고려하여야 할 사항 3가지를 쓰시오. [14 기사]

answer
(1) 제어속도 : 발생원의 오염물질을 후드(Hood)내로 도입시키기 위해 필요한 공기의 최소흡인속도를 말함
(2) 고려사항
① 오염물질의 이화학적 특성과 방출속도
② 후드의 형식 및 형태
③ 상·하·측방 등 흡인방향

08 다음의 작업공정에 대하여 후드를 설계할 때, 제어속도가 작은 것부터 큰 순서대로 해당 번호를 차례로 나열하시오. [14 산업][14 기사]

① 개방조에서 증발, 탈지시설, 흄
② 회전연마, 그라인딩, 블라스팅
③ 컨베이어 적재, 분쇄기
④ 용접, 도금공정, 산세

answer
① > ④ > ③ > ②

【참고】 문제의 공정별 제어속도의 범위
①항 : 0.25~0.5 m/sec
④항 : 0.5~1.0 m/sec
③항 : 1.0~2.5 m/sec
②항 : 2.5~10 m/sec

3 산업환기 및 작업환경 관리대책 [실기]

이론형 쓰기문제

01 제어속도를 상한치로 적용해야 하는 기준 3가지를 쓰시오. [12 산업]

answer
① 작업장내 난기류가 있을 때
② 유해물질 독성이 높을 때
③ 유해물질 발생량이 많을 때

02 다음 4개의 공정을 대상으로 제어풍속을 빠르게 설계해야 하는 공정에서부터 느리게 설계해야 하는 공정의 순서로 배열하시오. [09 산업]

① 회전연마, 블라스팅
② 컨베이어 적재, 분쇄기, 용기충전
③ 개방조로부터의 증발, 탈지
④ 저속 컨베이어 운반, 용접, 도금공정

answer
① > ② > ④ > ③

03 덕트내로 유입된 먼지를 운반하는 반송속도를 결정할 때 고려해야 할 인자 4가지를 쓰시오. [17 기사]

answer
① 먼지의 입경
② 먼지의 비중
③ 먼지의 부착성, 점착성, 수분 함량
④ 덕트의 마찰 또는 상태 및 모양

【참고】 설계 반송속도
- 가스, 증기, 흄, 가벼운 먼지 : 10 m/sec
- 가벼운 건조먼지 : 15 m/sec
- 일반공업먼지 : 20 m/sec
- 납분, 탈사분진 등 무거운 먼지 : 25 m/sec
- 습윤한 납분 등 : 25 m/sec 이상

04 국소배기장치에서 제어속도 및 반송속도의 정의를 쓰시오. [00,03,15 산업]

answer
① 제어속도 : 발생원의 오염물질을 후드(Hood)내로 도입시키기 위해 필요한 공기의 흡인속도를 말함
② 반송속도 : 덕트를 통하여 이동하는 유해물질이 덕트내에서 퇴적이 일어나지 않는 상태로 이동시키기 위하여 필요한 최소속도를 말함

05 외부식 후드에서 방해기류의 간섭을 억제하고 송풍량을 감소하기 위한 방안(장치 포함)을 3가지 쓰시오. [04,15 기사]

answer
① 플랜지 부착
② 칸막이 또는 차폐막 설치
③ 풍향판 설치

06 후드 형식별 적용 작업의 예를 각각 2가지씩 쓰시오. [11 기사]
(1) 부스식
(2) 외부식
(3) 레시버식

answer
(1) 부스식 : ① 실험실 후드 ② 페인트 스프레이
(2) 외부식 : ① 도금탱크 ② 용접작업대
(3) 레시버식 : ① 연마작업 ② 가열로의 상부

07 hood 내부가 음압으로 형성되어 독성가스 및 발암물질, 방사능 동위원소 등 맹독성 물질을 취급하는 장소에 설치되는 국소환기시설(Hood)의 형식을 기술하시오. [06,16 산업]

answer
포위형 후드

08 포위형 후드의 장점 3가지를 쓰시오. [18 기사]

answer
① 발생된 오염물질을 고농도로 제어할 수 있음
② 작업장의 완전한 오염방지가 가능함
③ 잉여공기량이 적고, 송풍기 동력이 적게 듦

09 외부식(Exterior type) 후드의 종류 3가지를 쓰고, 대표적으로 적용되는 작업장(시설)을 각각 1가지씩 쓰시오. [17 산업]

answer
① 슬롯형 : 주물작업
② 그리드형 : 도장작업
③ 푸시-풀형 : 도금조

이론형 쓰기문제

01 열원 상승기류와 함께 배출되는 유해물질을 포집하는데 적합한 후드의 형식을 쓰고, 후드의 설치위치를 그림으로 나타내시오. [15 산업]

> answer

① 천개형 후드
② 설치위치 : 열원(오염원)의 상부

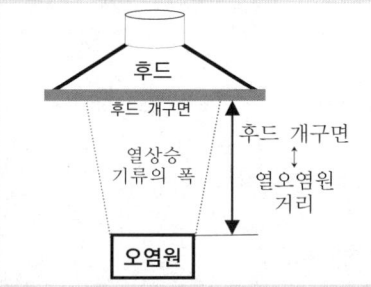

02 수형 천개형(캐노피형) 후드에 대하여 다음의 관계인자[용어, (Q_1, Q_2, m, K_L, K_D)]를 기술하시오. [02,06,15 기사]

- $Q_T = Q_1(1 + K_L)$, $K_L = \dfrac{Q_2}{Q_1}$
- $Q_T = Q_1 \times [1 + (m + K_L)]$
  $= Q_1 \times (1 + K_D)$

> answer

① Q_T : 후드의 흡인유량
② Q_1 : 열상승 기류량
③ Q_2 : 유도 기류량
④ m : 누출 안전계수
⑤ K_L : 누입한계 유량비(Q_2/Q_1)
⑥ K_D : 설계 유량비(mK_L)

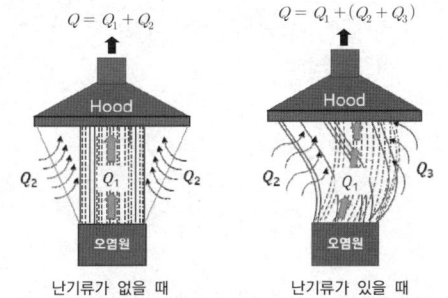

03 다음 국소배출장치에 대한 후드의 필요환기량 산정식을 쓰시오. [17 산업][18 기사]
(1) 플랜지 부착 외부식 일반 후드
(2) 외부식 하방형 일반 후드(오염원이 개구면에 가까이 있을 때)
(3) 포위식 후드
(4) 플랜지 미부착 외부식 장방형 후드(자유공간)
(5) 레시버식 천개형 후드(난기류 없음)

> answer

(1) $Q_c(\text{m}^3/\text{min}) = 60 \times 0.75(10X^2 + A)V_c$
(2) $Q_c(\text{m}^3/\text{min}) = 60 \times AV_c$
(3) $Q_c(\text{m}^3/\text{min}) = 60 \times AV_c$
(4) $Q_c(\text{m}^3/\text{min}) = 60 \times (10X^2 + A)V_c$
(5) $Q_c(\text{m}^3/\text{min}) = Q_1(1 + K_L)$

여기서, Q_c : 필요환기량(m^3/min)
V_c : 제어풍속(m/min)
A : 후드 개구면적(m^2)
X : 제어거리(통제거리)(m)
Q_1 : 열상승 기류량(m^3/min)
K_L : 누입한계 유량비

04 다음 보기의 후드를 경제적으로 우수한 순서대로 쓰시오. [07,09 기사]

[보기]
① 포위식 후드
② 플랜지가 없는 외부식 후드
③ 플랜지가 작업면에 고정되어 있는 외부식 후드
④ 플랜지가 부착된 후드로서 자유공간에 위치

> answer

① > ③ > ④ > ②

05 도금조처럼 상부가 개방되어 있고, 그 면적이 넓어 한쪽 방향에 후드를 설치하는 것으로는 충분한 흡인력이 발생되지 않는 경우에 적용하는 후드 형식을 쓰시오. [00,04,06 산업]

> answer

푸시-풀 후드

이론형 쓰기문제

01 Push Pull 후드로 오염물질을 포착 시 배출방법의 장점 및 단점을 한 가지씩 기술하시오.
[01,03,06,11 기사]

answer
① 장점 : 도금조처럼 상부가 개방되어 있고 개방면적이 넓은 경우에 효과적으로 사용할 수 있음
② 단점 : 부대시설을 필요로 함

02 푸시-풀(Push-Pull) 후드에 대하여 다음 사항이 포함된 내용을 구분하여 답하시오. [18 산업]
(1) 처리개념
(2) 적용시설
(3) 노즐 설계면적

answer
(1) 가압노즐(push nozzle) 측에서는 공기를 불어주고(push) 흡인후드(pull hood) 쪽에서는 공기를 흡인(pull)하는 방식을 취한다.
(2) 도금조와 같이 폭이 넓은 경우에 적용된다.
(3) 노즐 설계면적은 충만실(plenum) 단면적의 25%를 초과하지 않도록 한다.

03 포집형 후드로 오염물질을 흡인할 때 유입되는 공기의 흐름분포를 균일하게 유지시키는 것은 후드 개구면에서 와류 현상을 줄임으로써 오염물질을 포집효율을 높이기 위함이다. 이때 공기흐름을 균일하게 분포시키는 방법 3가지를 쓰시오.
[02,09,10,11 산업]

answer
① 플레넘에서의 유속을 슬로트 유속의 1/2 이하로 유지
② 기류의 균일한 분산을 위한 배플 설치
③ 후드와 덕트의 연결 부위에 테이퍼(Taper) 부착

04 배기구의 설치규정에서 15-3-15 규칙의 의미를 쓰시오. [14 산업][06,17 기사]

answer
① 15 : 배출구와 흡입구는 서로 15m 이상 이격
② 3 : 배출구 높이는 지붕 최상단 또는 유입구보다 3m 이상 높게
③ 15 : 배출가스 속도는 15m/sec 이상 유지

05 공기압력과 배기시스템에 대한 다음의 설명 중 틀린 부분을 지적하고 이를 바르게 고쳐 기술하시오. [05,07,12,16 기사]

① 정압은 잠재적인 에너지로 공기의 이동에 소요되며, 유용한 일을 하기 때문에 (+) 혹은 (-)압을 가질 수 있다.
② 동압은 공기가 이동하는 힘이므로 항상 (+)압이다.
③ 공기의 흐름은 압력차에 의해 이동하므로 송풍기 입구의 압력은 항상 (+)압이고 출구의 압력은 (-)압이다.
④ 후드내의 압력은 일반 작업장의 압력보다 낮아야 한다.
⑤ 송풍기 배출구의 압력은 항상 대기압보다 낮아야 한다.

answer
③ 공기의 흐름은 압력차에 의해 이동하므로 송풍기 입구의 압력은 항상 (-)압이고 출구의 압력은 (+)압이다.
⑤ 송풍기 배출구의 압력은 항상 대기압보다 높아야 한다.

06 다음의 Duct 연결에 대하여 물음에 답하시오.
[09 기사]

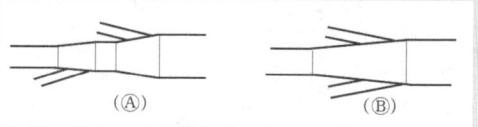
(A)   (B)

(1) 압력손실 저감에 효과적인 것은?
(2) 가지덕트를 주덕트에 연결할 때 적절한 연결각도는?

answer
(1) 압력손실 저감에 효과적인 것 : Ⓐ
(2) 연결각도 : 30° 이하

이론형 쓰기문제

01 덕트직경 200mm일 경우 마찰손실을 감소시키기 위하여 90° 곡관 부위에 새우등 곡관을 사용하고자 한다. 최소 몇 개 이상 사용하여야 하는지를 새우등 곡관을 그려서 개수로 나타내시오.
[13 기사]

> answer

① 직경 150mm 이상이므로 : 새우등 곡관 5개 이상
② 곡관의 결합형태

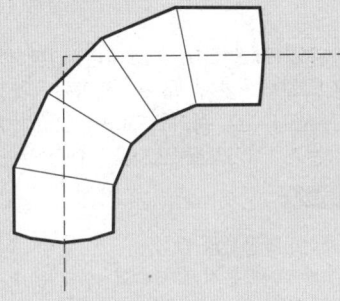

[참고] 새우등 곡관의 연결
- 직경 150mm 이상 : 5개 이상 연결
- 직경 150mm 미만 : 3개 이상 연결

02 국소배기장치의 압력손실 발생원인 3가지 쓰시오.
[03,08,19 산업]

> answer

① 접촉에 의한 마찰손실
② 난류에 의한 압력손실
③ 장치의 설치에 따른 압력손실

03 다음은 원형 직선 Duct의 마찰손실에 대한 설명이다. ( )내를 완성하시오. [00,04,06 산업]

(1) 마찰손실은 덕트의 (①)에 비례한다.
(2) 마찰손실은 덕트의 (②)에 반비례한다.
(3) 마찰손실은 유속의 (③)에 비례한다.

> answer

① 길이
② 직경
③ 제곱

04 국소배기 시스템을 설계할 때 총압력손실을 계산하는 이유를 3가지만 쓰시오. [04,09,11,12 기사]

> answer

① 제어속도, 반송속도, 송풍기형식 기초자료
② 덕트의 직경 및 시설 규모 결정자료
③ 소요동력 및 운영비 산정의 기초자료

05 국소배기 시스템을 설계할 때, 덕트의 압력손실의 발생원인과 압력손실 계산방법 2가지 각각 쓰시오.
[08,10 산업]

> answer

① 덕트의 압력손실의 발생원인 : 마찰에 의한 압력손실, 난류에 의한 압력손실
② 압력손실 계산방법 : 등거리법, 속도압법

06 곡관덕트의 압력손실에 영향을 주는 요인 4가지를 쓰시오.
[16 기사]

> answer

① 덕트의 크기와 모양
② 반송속도
③ 관경과 곡률반경 비(R/D)
④ 곡관에 연결된 송풍관의 상태

07 고독성 물질, 폭발성 물질, 방사성 분진을 대상으로 채택되고 있는 압력손실 계산방법을 기술하고, 이 방법의 장·단점 3개씩 쓰시오.
[02,07,15,18 산업]

> answer

(1) 정압조절 평형법(유속조절 평형법)
(2) 장·단점
　① 장점
　　• 덕트의 폐쇄가 잘 일어나지 않음
　　• 잘못 설계된 분지관을 쉽게 발견할 수 있음
　　• 효율이 높음
　② 단점
　　• 근로자나 운전자가 쉽게 조절할 수 없음
　　• 설계가 어렵고 시간이 많이 소요됨
　　• 설치 후 변경에 대한 유연성이 낮음

3 산업환기 및 작업환경 관리대책 [실기]

이론형 쓰기문제

01 총압력손실 계산방법 중 저항조절 평형법의 장·단점을 3가지씩 쓰시오. [06,12,15 기사]

answer

(1) 장점
① 설계계산 간편, 고도의 지식을 요하지 않음
② 설치 후 송풍량 조절이 비교적 용이함
③ 장래 변경이나 확장에 대한 유연성이 높음

(2) 단점
① 부분적 폐쇄에 따른 침식, 부식, 분진퇴적 문제
② 작업이 복잡하고 어려움
③ 환기의 정상기능을 저해할 수 있는 요소가 있음

02 총압력손실 계산방법 중 정압조절 평형법의 장·단점을 각각 3가지씩 쓰시오. [08,18 산업]

answer

(1) 장점
① 덕트의 폐쇄가 잘 일어나지 않음
② 잘못 설계된 분지관을 쉽게 발견할 수 있음
③ 설계가 정확할 때에는 가장 효율적임

(2) 단점
① 근로자 및 운전자가 쉽게 조절할 수 없음
② 설치 후 변경이나 확장에 대한 유연성이 낮음
③ 설계가 어렵고, 시간이 많이 소요됨

03 다음 보기의 덕트 중 배기효율이 높은 순으로 나열하시오. [11 산업]

① 원형 덕트
② 직사각형 덕트
③ 신축형(Flexible) 덕트

answer

① 원형덕트 > ② 직사각형 덕트 > ③ 신축형 덕트

04 환기시스템의 제어풍속이 설계 시보다 저하되었을 경우 그 원인은 어디에 있겠는가? 이를 예측하여 3가지 기술하시오. [15② 산업][10 기사]

answer

① 송풍기의 성능 저하로 풍량이 감소한 경우
② 먼지의 퇴적 등으로 관로의 압력손실이 증가한 경우
③ 후드와 송풍기 사이의 관로에 외부공기의 누입이 있는 경우

05 송풍기의 정압이 200mmH₂O로 설계된 배기시스템에서 2년 후의 정압을 측정한 결과 450mmH₂O로 증가되었다면 그 원인은 어디에 있겠는가? 3가지를 쓰시오. [15,16 산업][01,09 기사]

answer

① 공기정화장치의 막힘
② 주관 혹은 분지관의 막힘
③ 먼지퇴적에 의한 압력손실 증가

06 덕트의 조도를 나타내는 상대조도의 계산식을 쓰시오. [07,14 산업][01,12 기사]

answer

$$상대조도(거칠기\ 정도) = \frac{절대표면조도}{덕트직경}$$

06 여과집진장치의 장점을 기술하시오.
□ 산업 : 19 평점 6

[해설] 다음의 "답안 작성" 부분만 답안지에 기재하면 된다.

관련 이론 및 개념

■ 여과집진장치
- 집진원리 : 함진가스를 여과재에 통과시켜 입자를 **관성충돌, 차단, 확산, 중력작용, 체거름작용** 등에 의해 제거한다. 입자의 직경이 $0.1\mu m$ 전후로 미세한 경우에는 확산작용이 지배적인 집진력이 되고, 입자가 $1\mu m$ 이상으로 비교적 큰 경우는 관성충돌작용과 차단작용이 유효한 집진력으로 작용한다.

- 장점
  - 미세입자에 대한 제거성능이 우수함
  - 집진효율이 높고, 건조형태로 집진을 할 수 있음
  - 여러 가지 형태의 분진을 포집할 수 있음
  - 다양한 용량을 처리할 수 있음
  - 가스량의 변화 따른 영향을 받지 않음
  - 밀도 및 농도 변화에 따른 영향을 거의 받지 않음

- 단점
  - 폭발성, 점착성, 흡습성 분진제거가 곤란함
  - 가스온도에 따른 여재의 선택에 제한이 있음
  - 수분, 여과속도에 대한 적응성이 낮음
  - 넓은 설치공간이 소요됨

답안 작성

① 미세입자에 대한 제거성능이 우수함
② 집진효율이 높고, 건조형태로 집진을 할 수 있음
③ 여러 가지 형태의 분진을 포집할 수 있음
④ 다양한 용량을 처리할 수 있음
⑤ 가스량의 변화 따른 영향을 받지 않음
⑥ 밀도 및 농도 변화에 따른 영향을 거의 받지 않음

이론형 쓰기문제

01 공기정화장치(집진목적)의 종류를 주요 작용력에 따라 5가지로 구분하여 쓰시오.
[11,15,18② 산업][03,18 기사]

answer
① 중력집진장치 : 중력
② 관성력집진장치 : 관성력
③ 원심력집진장치 : 원심력
④ 세정집진장치 : 확산력, 열력
⑤ 전기집진장치 : 전기력

02 다음의 특성을 가지는 집진장치의 명칭을 기술하시오.
[06 산업]

(1) 효율 : 40~60%, 압력손실 : 5~10mmH$_2$O
(2) 효율 : 60~90%, 압력손실 : 50~150mmH$_2$O
(3) 효율 : 95% 이상, 압력손실 : 100~200mmH$_2$O
(4) 효율 : 99.9% 이상, 압력손실 : 10~20mmH$_2$O

answer
(1) 중력집진장치
(2) 원심력집진장치
(3) 여과집진장치
(4) 전기집진장치

이론형 쓰기문제

01 세정집진장치의 3가지 형식으로 분류하시오.
[00,07,19 산업]

answer
① 가압수식
② 유수식
③ 회전식

02 세정집진장치의 먼지 제거원리(포집기구) 4가지를 쓰시오. [06,16 산업][03,10② 기사]

answer
① 충돌에 의한 포집
② 차단에 의한 포집
③ 확산에 의한 포집
④ 증습에 의한 응집포집

03 벤투리 스크러버(Venturi Scrubber)의 분진 포집원리를 설명하시오. [16 기사]

answer
함진가스를 60~90m/sec의 속도로 스로트부(목부)를 통과시키면서 분사되는 물방울과 분진의 충돌, 차단, 확산접촉을 유도하여 입자상 물질을 제거한다.

04 벤투리 스크러버의 유지관리상 점검사항 4가지를 쓰시오. [13 산업]

answer
① 물분사 노즐의 막힘 유무
② 목(slot)부의 마모 유무 점검
③ 적정 액가스비 유지여부 및 수적경 점검(1:150)
④ 기액분리부의 온도 점검

05 여과집진장치(Bag filter)에 의한 분진 제거 원리를 4가지 쓰시오. [00,03,07,09,10,12 기사]

answer
① 충돌에 의한 포집
② 차단에 의한 포집
③ 확산에 의한 포집
④ 체거름효과에 의한 포집

06 여과집진장치의 여과포 눈막힘 현상(blinding effect)의 발생방지대책 2가지를 쓰시오.
[14 기사]

answer
① 습윤·점착성 분진의 유입을 억제한다.
② 탈리빈도를 증가시킨다.

07 전기집진장치의 장점을 3가지만 기술하시오.
[07 산업][00,04,06,18 기사]

answer
① 집진효율이 높음
② 낮은 압력손실로 대량가스 처리가 가능함
③ 유지관리가 용이하고, 운영비가 적게 듦

08 사이클론(cyclone)의 집진효율을 향상시키기 위한 하나의 방법으로 사이클론 하부의 분진 박스(dust box)에서 유입유량의 일부(5~15%)에 상당하는 함진가스를 추출시켜 주는 방식을 무엇이라 하는가? [17 산업]

answer
블로다운방식

09 원심력집진장치의 블로다운(Blow-down)의 정의와 그 효과에 대해 기술하시오.
[04,08,17 산업][01,08,16 기사]

answer
(1) 정의 : 사이클론 하부의 분진 박스(dust box)에서 유입유량의 일부(5~15%)에 상당하는 함진가스를 추출시켜 주는 방식을 말함
(2) 효과
① 유효 원심력 증대
② 분진의 재비산방지
③ 집진효율 증대
④ 원추 하부 또는 출구의 분진 퇴적방지
⑤ 내통의 분진 폐색방지

이론형 쓰기문제

01 오염물질의 처리 메커니즘에 따른 유해가스 처리의 처리방법 3가지를 쓰시오. (단, 증기상의 휘발성 유기증기) [05,11,15,16 산업]

answer

① 흡수법
② 흡착법
③ 연소산화 및 촉매산화법

02 흡수탑의 충진물 구비조건 5가지를 쓰시오. [13 기사]

answer

① 표면적이 클 것
② 공극률이 클 것
③ 압력손실이 작고 충전밀도가 클 것
④ 내식성과 내열성이 크고, 가벼울 것
⑤ 기계적 강도와 내구성이 있을 것

03 유해가스의 흡수처리에 사용되는 흡수액의 구비조건 4가지를 쓰시오. [06 산업][01,05,11 기사]

answer

① 용해도가 클 것
② 화학적으로 안정할 것
③ 독성이 없고 휘발성이 낮을 것

04 휘발성 유기화합물(VOC)을 연소법으로 처리하려고 한다. 적용가능한 연소법 3가지를 쓰시오. [07,18 산업]

answer

① 불꽃(직접)연소법
② 가열연소법
③ 촉매연소법

05 유해가스 처리를 할 때, 특별히 직접화염 연소법을 사용하는 경우 3가지를 쓰시오. [12 산업]

answer

① 가연성 유해가스일 때
② 유해가스 농도가 높은 경우
③ 다량의 VOC 및 악취가스를 처리할 때

06 휘발성 유기화합물(VOC)을 처리하기 위한 다음의 처리방법에 대하여 그 특징을 2가지씩 기술하시오. [18 산업][05,11,14,15,16,18 기사]

(1) 불꽃연소법
(2) 가열연소법
(3) 촉매산화법

answer

(1) 불꽃연소법 : 800℃ 이상의 불꽃에 직접 접촉연소
 ① 고농도, 대량의 VOC를 처리하는데 유리함
 ② 연소 열발생량이 전체열량의 50% 이상될 때 경제적임
(2) 가열연소법 : 500℃ 전후의 온도에서 열산화
 ① 저농도, 소량의 VOC를 처리하는데 유리함
 ② 보조에너지가 필요함
(3) 촉매산화법 : 300℃ 범위에서 촉매접촉산화
 ① 저농도, 소량의 VOC 처리에 유리함
 ② 낮은 온도에서 조작되므로 NO_x 발생이 적음

07 유해가스 및 증기를 제거하기 위한 흡착장치를 설계할 때, 고려하여야 할 사항 3가지를 쓰시오. [17 산업][08,15②,17 기사]

answer

① 대상가스의 특성(폭발한계, 응축성, 용해성, 수분, 유량, 온도, 먼지 함량 등)
② 피흡착 물질의 종류, 농도, 분자량, 극성, 임계온도
③ 흡착시간, 흡착제 사용량, 재생방식, 재생주기
④ 처리효율과 배출허용기준

08 송풍기를 기류의 흐름방향에 따라 2가지로 분류하시오. [17산업]

answer

① 원심송풍기 ② 축류송풍기

【참고】송풍기의 분류

- 원심송풍기 : 다익팬(전향날개형), 레이디얼팬(방사날개형), 터보팬(후향날개형), 익형팬(비행기날개형) 등
- 축류송풍기 : 프로펠러팬(평판형), 원통축류형(튜브형), 고정날개축류형(베인형) 등

이론형 쓰기문제

01 원심송풍기를 회전날개의 각도에 따라 3가지로 분류하시오. [06,14 산업]

▶ answer

① 전향날개형 ② 후향날개형 ③ 방사날개형

02 터보송풍기라고도 하며, 회전날개가 회전방향 반대편으로 경사지게 설계되어 있어 충분한 압력을 발생시킬 수 있는 송풍기 명칭을 쓰시오. [06 산업]

▶ answer

후향날개형 송풍기

03 송풍기 동작점이란 무엇인지 간단히 쓰시오. [06 산업]

▶ answer

송풍기의 특성곡선에서 송풍기의 성능곡선과 시스템 특성곡선이 만나는 점

04 송풍기의 성능은 회전수에 따라 달라진다. 송풍기의 임펠러 회전수의 비와 풍량, 풍압, 동력의 상관관계를 설명하시오. [16② 산업][02 기사]

▶ answer

① 풍량은 회전수비에 비례한다.
② 풍압은 회전수비의 제곱에 비례한다.
③ 동력은 회전수비의 세제곱에 비례한다.

05 송풍량 과부족 현상이 나타난 경우 풍량조절 방법 3가지를 쓰시오. [06,12,16 산업][03,07,14 기사]

▶ answer

① 회전수 증가법
② 병렬연합운전
③ 안내깃 조절법

※ 송풍량 과부족 현상 조건이므로 "댐퍼 조절법"은 여기에 기술하면 안 된다.

06 송풍관내의 풍속을 측정할 수 있는 계기 3가지를 쓰시오. [14 산업]

▶ answer

① 피토관
② 풍차풍속계
③ 열선식·풍속계
④ 그네날개형 풍속계

※ 이 중에서 3가지만 기재할 것(교재 제2단원 "고열과 한랭-기류의 측정방법·영향" 편을 참조)

07 송풍관(Duct)내의 압력을 측정할 수 있는 계기 3가지를 쓰시오. [19 기사]

▶ answer

① 피토관
② U자관 마노미터
③ 차압식(오리피스형, 벤투리형, 노즐식)

08 송풍기 임펠러 직경과 공기의 밀도가 일정할 때 회전수 변화에 따른 송풍기의 풍량, 풍압, 동력의 변화를 식으로 나타내시오. [17 산업]

▶ answer

① 풍량변화 : $Q_2 = Q_1 \times \left(\dfrac{N_2}{N_1}\right)$

② 풍압변화 : $Ps_2 = Ps_1 \times \left(\dfrac{N_2}{N_1}\right)^2$

③ 동력변화 : $HP_2 = HP_1 \times \left(\dfrac{N_2}{N_1}\right)^3$

여기서, N_1 : 변화 전 회전수
N_2 : 변화 후 회전수

2 필답형 계산문제

01 ㅁ기사 : 00,06,07③,08,09,11,16,18,19②
ㅁ산업 : 03,08②,12,13,19②

평점 6

용액상의 에나멜에 선반을 담근 후 건조시키는 도장공정에서 크실렌이 1.5L/hr 증발되고 있다. 작업장의 작업 및 환경조건이 다음과 같다면 이 작업장의 폭발방지를 위한 필요환기량(m^3/min)을 산출하시오.

[조건]
- 작업장 주위환경(외기온도) : 25℃
- 크실렌의 비중 : 0.88
- 크실렌의 폭발하한계 : 1%
- 크실렌의 분자량 : 106
- 작업조건의 온도(사용온도) : 175℃
- 안전계수 : 10

[해설] 관련 이론 및 개념중심으로 학습해 두고, 답안은 다음의 "답안 작성" 부분만 답안지에 기재하면 된다.

관련 이론 및 개념

■ 환기량 계산
- 폭발방지(LEL)를 위한 환기량
  ❖ $Q = \dfrac{K \cdot G \cdot S \times 24.45 \times 10^2 \times C}{MW \times LEL \times B}$ ... 25℃
  ❖ $Q = \dfrac{K \cdot W \times 24.45 \times 10^2 \times C}{MW \times LEL \times B}$ ... 25℃
  ※ 계산식의 온도계수는 25℃의 온도조건이므로 현재 24.45를 사용하였다. 만약 21℃ 온도의 조건으로 제시한다면 이 온도계수를 24.1로 적용하면 된다.

- 노출기준(TLV) 적용 환기량
  ❖ $Q = \dfrac{K \cdot G \cdot S \times 24.1 \times 10^6}{MW \times TLV}$ ... 21℃
  ❖ $Q = \dfrac{K \cdot W \times 24.1 \times 10^6}{MW \times TLV}$ ... 21℃
  ※ TLV값이 mg/m^3로 제시되는 경우는 ppm으로 환산하여 식에 대입하여야 한다.

- CO_2 제거를 위한 필요 환기량
  ❖ $Q = \dfrac{G}{C_s - C_o} \times 100$

- 공기교환횟수(ACH) 관계 환기량
  ㅁ 공급공기 중 유입농도 무시할 경우
  ❖ $Q = ACH \times \forall \times K$
  ㅁ 공급공기 중 유입농도 고려할 경우
  ❖ $Q = \dfrac{\forall}{ACH} \ln(C_o - C_i) - \ln(C_t - C_i)$

답안 작성

〈계산〉 $Q = \dfrac{K \cdot G \cdot S \times 24.45 \times 10^2 \times C}{MW \times LEL \times B}$ ... 25℃

- $C = \dfrac{273+t}{273+t_o} = \dfrac{273+175}{273+25} = 1.5$

∴ $Q = \dfrac{10 \times 1.5 \times 0.88 \times 24.45 \times 10^2 \times 1.5}{106 \times 1 \times 0.7}$
$= 652.44\,m^3/hr = 10.87\,m^3/min$

여기서,
Q : 환기량
K : 안전계수(혼합계수)
G : 유해물질 발생률(부피, L)
S : 비중(밀도)
MW : 분자량
LEL : 폭발하한농도(%)
C : 온도보정상수(실제온도 K/표준온도 K)
B : 온도에 따른 LEL 보정계수
- 120℃ 까지 = 1.0
- 120℃ 이상 = 0.7
$10^2, 10^6$: 단위환산계수
W : 유해물질 발생률(질량, kg)
TLV : 허용농도(ppm)
G : 실내 CO_2의 발생량
C_s : 기준농도(%)
C_o : 배경(외기) CO_2 농도(%)
ACH : 시간당 공기교환횟수
$\forall$: 실내용적
C_o : 초기농도
C_t : t시간 환기 후 농도
C_i : 공급공기 중 오염물질의 농도

필답형 계산문제

01 21℃, 1기압의 작업장에 작업온도 150℃인 공정에서 크실렌이 시간당 5kg 발생하고 있다. 폭발방지를 위한 환기량(m^3/min)을 구하시오. (단, 크실렌의 LEL=1%, MW=106, K=5)
[10,15,18 기사]

answer

LEL 적용 환기량 계산식 이용

〈계산〉 $Q = \dfrac{K \cdot W \times 24.1 \times 10^2 \times C}{MW \times LEL \times B}$ ⋯ 21℃

□ $C = \dfrac{273+t}{273+t_o} = \dfrac{273+150}{273+21} = 1.44$

□ $B = 0.7$

∴ $Q = \dfrac{5 \times 5 \times 24.1 \times 10^2 \times 1.44}{106 \times 1 \times 0.7}$
$= 1169.27 \, m^3/hr = 19.49 \, m^3/min$

02 21℃, 1기압의 작업장에서 작업온도 200℃인 건조오븐에서 크실렌이 시간당 3L씩 발생하고 있다. 폭발방지를 위한 환기량(m^3/min)을 구하시오. (단, 크실렌 LEL=1%, 비중=0.88, 분자량=106, 안전계수=8)
[14 산업]

answer

$Q = \dfrac{K \cdot G \cdot S \times 24.1 \times 10^2 \times C}{MW \times LEL \times B}$ ⋯ 21℃

□ $C = \dfrac{273+t}{273+t_o} = \dfrac{273+200}{273+21} = 1.61$

□ $B = 0.7$

∴ $Q = \dfrac{8 \times 3 \times 0.88 \times 24.1 \times 10^2 \times 1.61}{106 \times 1 \times 0.7}$
$= 1104.42 \, m^3/hr = 18.41 \, m^3/min$

03 작업온도 70℃의 건조로에서 톨루엔(비중 0.87, 분자량 92)이 시간당 0.3L씩 발생하고 있다. 톨루엔의 LEL=5%일 때, LEL의 20% 이하를 농도로 유지하여 폭발을 방지하고자 한다. 폭발방지를 위한 환기량(m^3/min)은? (단, 온도보정은 고려하지 않음)
[13,15 기사]

answer

$Q = \dfrac{K \cdot G \cdot S \times 24.1 \times 10^2 \times C}{MW \times LEL \times B}$

∴ $Q = \dfrac{(1/0.2) \times 0.3 \times 0.87 \times 24.1 \times 10^2}{92 \times 5 \times 1.0}$
$= 6.84 \, m^3/hr = 0.11 \, m^3/min$

04 다음 A공장에서 1시간에 4L의 메틸에틸케톤(MEK)이 증발되어 공기를 오염시키고 있다면 이 작업장을 전체환기하기 위한 필요환기량(m^3/min)은? (단, 21℃, 1기압, K=3, 분자량 72.06, 비중 0.805, 허용기준 TLV 200ppm이다.)
[02,06②,07,08,09,11,14,16,18②,19 산업]
[00,04,06,07,09,10,17,18 기사]

answer

노출기준(TLV) 적용 환기량 계산식 이용

〈계산〉 $Q = \dfrac{K \cdot G \cdot S \, 24.1 \times 10^6}{MW \times TLV}$ ⋯ 21℃

∴ $Q = \dfrac{3 \times 4 \times 0.805 \times 24.1 \times 10^6}{72.06 \times 200} \times \dfrac{1hr}{60min}$
$= 269.23 \, m^3/min$

05 어느 작업장내에서 톨루엔(분자량 92)이 시간당 3kg 발생한다. 전체환기시설을 설치할 경우 필요환기량(m^3/min)을 구하시오. (단, TLV 100ppm, 작업장 조건은 21℃, 1기압, 혼합계수 6.0이다.)
[14,15,16,18 산업][13,16 기사]

answer

$Q = \dfrac{K \cdot W \times 24.1 \times 10^6}{MW \times TLV}$ ⋯ 21℃

∴ $Q = \dfrac{6 \times 3 \times 24.1 \times 10^6}{92 \times 100} \times \dfrac{1hr}{60min}$
$= 785.87 \, m^3/min$

06 어느 작업장에서 톨루엔(분자량 92) 증기가 시간당 300g 발생되고 있다. 실내의 평균농도를 억제농도 377mg/m^3로 하기 위해 전체환기를 할 경우 필요환기량(m^3/min)은? (단, 표준상태기준, K=1이라 가정)
[05,09,10,15 산업][03,06,08,10 기사]

answer

$Q = \dfrac{K \cdot W \times 24.45 \times 10^6}{MW \times TLV}$ ⋯ 25℃

□ $TLV = 377 \, mg/m^3 \times \dfrac{24.45}{92} = 100.2 \, ppm$

∴ $Q = \dfrac{1 \times 0.3 \times 24.45 \times 10^6}{92 \times 100.2} \times \dfrac{1hr}{60min}$
$= 13.26 \, m^3/min$

필답형 계산문제

01 인조견 생산시설에서 이황화탄소(분자량 76)가 시간당 100g 발생하고 있다. 이황화탄소의 허용기준(10ppm) 이하로 유지하기 위하여 공급해야 할 필요환기량(m^3/min)을 구하시오. (단, 작업장 환경은 21℃, 1기압, 혼합 여유계수는 5이다.) [15 산업]

answer

$$Q = \frac{K \cdot W \times 24.1 \times 10^6}{MW \times TLV} \cdots 21℃$$

$$\therefore Q = \frac{5 \times 0.1 \times 24.1 \times 10^6}{76 \times 10} \times \frac{1hr}{60min}$$
$$= 264.25 \, m^3/min$$

02 작업장 온도 30℃에서 이소프로필알코올(분자량 60)이 5분당 10kg씩 증발하고 있다. 이 작업장의 폭발방지를 위한 환기량(m^3/min)을 구하시오. (단, 폭발하한농도 2.02%, 압력은 760mmHg, 안전계수는 4이다.) [13 기사]

answer

$$Q = \frac{K \cdot W \times 24.1 \times 10^2 \times C}{MW \times LEL \times B} \cdots 21℃$$

□ $C = \frac{273+t}{273+t_o} = \frac{273+30}{273+21} = 1.03$

□ $B = 1.0$

$$\therefore Q = \frac{4 \times (10/5) \times 24.1 \times 10^2 \times 1.03}{60 \times 2.02 \times 1.0}$$
$$= 163.85 \, m^3/min$$

---

02 □ 기사 : 00,03,07,09,15 평점 6

대기 중의 CO_2 농도가 0.03%, 실내의 CO_2의 허용농도가 0.1%일 때, 사무실의 필요환기량(m^3/hr)을 구하시오. (단, 시간당 CO_2 배출량은 0.14m^3)

해설 관련 이론 및 개념중심으로 학습해 두고, 답안은 다음의 "답안 작성" 부분만 답안지에 기재하면 된다.

관련 이론 및 개념

■ 환기량 계산

- CO_2 제거를 위한 필요환기량

  ❖ $Q = \frac{G}{C_s - C_o} \times 100$

  $\begin{cases} G : \text{실내 } CO_2\text{의 발생량} \\ C_s : \text{기준농도(\%)} \\ C_o : \text{배경(외기) } CO_2 \text{ 농도(\%)} \end{cases}$

- 공기교환횟수(ACH) 관계 환기량

  □ 공급공기 중 유입농도 무시할 경우

  ❖ $Q = ACH \times \forall \times K$

  □ 공급공기 중 유입농도 고려할 경우

  ❖ $Q = \frac{\forall}{ACH} \ln(C_o - C_i) - \ln(C_t - C_i)$

답안 작성

〈계산〉 $Q = \frac{G}{C_s - C_o} \times 100$

$\therefore Q = \frac{0.14}{0.1 - 0.03} \times 100 = 200 \, m^3/hr$

여기서, $\begin{cases} ACH : \text{시간당 공기교환횟수} \\ \forall : \text{실내용적} \\ C_o : \text{초기농도} \\ C_t : t\text{시간 환기 후 농도} \\ C_i : \text{공급공기 중 오염물질의 농도} \end{cases}$

필답형 계산문제

01 대기 중의 CO_2 농도가 0.03%, 실내의 CO_2의 허용농도가 0.3%이다. 실내 근무자 한 사람의 시간당 CO_2 배출량이 21L이라면, 1인 1시간당 필요환기량(m^3/hr·인)은 약 얼마인가?
[10 산업][11 기사]

answer

$$Q = \frac{G}{C_s - C_o} \times 100$$

□ $G = \frac{21L}{hr \cdot 인} \times \frac{m^3}{10^3 L} = 21 \times 10^{-3} \, m^3/hr \cdot 인$

∴ $Q = \frac{21 \times 10^{-3} \, m^3/hr \cdot 인}{2.7 \times 10^{-3} \, \%} \times 100$
$= 7.78 \, m^3/hr \cdot 인$

02 작업장내에 근로자 20명이 있다. 1인당 CO_2 발생량이 40L/hr이고 실내 CO_2 농도 허용기준이 700ppm일 때 필요환기량(m^3/hr)을 구하시오. (단, 외기 CO_2 농도는 400ppm) [17② 기사]

answer

$$Q = \frac{G}{C_s - C_o} \times 100$$

□ $G = \frac{40L}{hr \cdot 인} \times \frac{m^3}{10^3 L} \times 20인 = 0.8 \, m^3/hr$

∴ $Q = \frac{0.8 \, m^3/hr}{(700-400) \times 10^{-4} \, \%} \times 100$
$= 2666.67 \, m^3/hr$

03 실내체적이 200m^3인 교실에서 학생 30명이 공부하고 있다. 실내 CO_2의 허용치가 0.07%일 경우 적절한 환기횟수(ACH)를 계산하시오. (단, 1인당 CO_2의 배출량은 21L/hr이고, 실내로 공급되는 외기의 CO_2 농도는 0.03%이다.)
[08,14,16 산업][05,10,11②,13,15,19 기사]

answer

$$ACH = \frac{Q}{\forall}$$

□ $Q = \frac{G}{C_s - C_o} \times 100$
$= \frac{21 \times 10^{-3} \, m^3/hr \cdot 인 \times 30인}{0.07 - 0.03} \times 100$
$= 1,500 \, m^3/hr$

∴ $ACH = \frac{1,500}{200} = 7.5 \, 회/hr$

04 작업장의 규모가 가로 40m, 세로 40m, 높이 12m이다. 이 작업장의 필요환기량이 11,800m^3/min이라고 할 때, 1시간당 공기교환 횟수(ACH)는 얼마인가?
[06,08,10,13,18 산업][01,04,12,17 기사]

answer

$$ACH = \frac{Q}{\forall}$$

□ $Q = 11,800 \, m^3/min = 708,000 \, m^3/hr$
□ $\forall = 40m \times 40m \times 12m = 19,200 \, m^3$

∴ $ACH = \frac{708,000}{19,200} = 36.88 \, 회/hr$

05 어느 A작업장의 모든 문과 창문은 밀폐된 상태에 있으며, 1개의 국소배기장치만 가동되고 있다. 피토관을 이용하여 측정한 덕트의 유속은 2m/sec이며, 덕트의 직경은 15cm이고, 작업장의 규모는 가로 5m, 세로 7m, 높이 2m라고 할 때 건강보호를 위한 시간당 공기환기횟수를 구하시오.(단, 문과 창문을 통한 자연환기는 없음)
[08 기사]

answer

$$ACH = \frac{Q}{\forall}$$

□ $Q = \frac{\pi D^2}{4} \times V = \frac{3.14 \times 0.15^2}{4} \times 2 \times 3,600$
$= 127.17 \, m^3/hr$

∴ $ACH = \frac{127.17}{70} = 1.82 \, 회/hr$

06 사무실에 직원이 모두 퇴근한 직후 공기 중 CO_2의 농도를 측정한 결과 1,400ppm이 나왔다. 2시간 경과 후 다시 측정한 결과 500ppm이 나왔다면 이 사무실의 환기량은 ACH(시간당 공기교환횟수)는 얼마인가? (단, 외부공기 중 CO_2의 농도는 330ppm으로 적용할 것)
[07,08,11,15,16 산업][02,04,11 기사]

answer

$$Q = \frac{\forall}{ACH} \ln(C_o - C_i) - \ln(C_t - C_i)$$

□ $\forall/Q = 2 \, hr$

∴ $ACH = \frac{\ln(1,400-330) - \ln(500-330)}{2}$
$= 0.83 \, 회/hr$

03 [기사: 00,06②,11,13,17②,19 / 산업: 19] — 배점 6

작업장의 기적(氣積)이 $4,000\text{m}^3$이고, 유효환기량(Q')은 $56.6\text{m}^3/\text{min}$이다. 이 작업장에서 유해물질 발생을 중지시켰을 때 유해물질의 실내 농도는 100mg/m^3에서 25mg/m^3으로 감소하였다. 감소에 소요된 시간(min)은 얼마인가?

[해설] 관련 이론 및 개념중심으로 학습해 두고, 답안은 다음의 "답안 작성" 부분만 답안지에 기재하면 된다.

관련 이론 및 개념

■ 환기량 · 환기시간과 농도변화

- 비연속배출원에서 농도변화

  ❖ $C_2 = C_1 \times e^{-\frac{Q'}{\forall} \times t}$

  $\begin{cases} Q : \text{환기량} \\ Q' : \text{유효환기량} = Q/K \\ K : \text{안전계수} \\ \forall : \text{작업장의 용적} \\ t : \text{환기시간} \\ C_1 : \text{초기농도} \\ C_2 : t\text{시간 환기 후 농도} \end{cases}$

- 연속배출원에서 농도변화

  ❖ $C_p \times 10^{-6} = \dfrac{G(1-e^{-\frac{Q'}{\forall} \times t})}{Q'}$

  $\begin{cases} Q : \text{환기량} \\ Q' : \text{유효환기량} = Q/K \\ K : \text{안전계수} \\ \forall : \text{작업장의 용적} \\ C_p : \text{시간 } t\text{에서의 유해물질농도(ppm)} \\ G : \text{유해물질의 발생률(부피, L)} \\ t : \text{환기시간} \end{cases}$

답안 작성

⟨계산⟩ $C_2 = C_1 \times e^{-\frac{Q'}{\forall} \times t}$

$25 = 100 \times e^{-\frac{4,000}{56.6} \times t}$

∴ 감소시간(t) = $\dfrac{4,000}{56.6} \times \ln\left(\dfrac{100}{25}\right) = 97.97\text{min}$

※ 농도단위가 ppm으로 제시되기도 하지만 풀이 방식은 위와 동일하게 하면 된다.

필답형 계산문제

01 실내용적이 $2,500\text{m}^3$인 작업장에서 메틸클로로폼 증기가 분당 0.03m^3씩 연속적으로 발생하고 있다. 작업장의 유효환기량이 $50\text{m}^3/\text{min}$일 때 작업장의 초기농도가 0ppm인 상태에서 200ppm으로 증가되는데 소요되는 시간(min)을 구하시오. 또한 1시간 후의 실내 공기 중 메틸클로로폼의 농도는 몇 ppm이겠는가?
[15 산업][03,08,11,13,14 기사]

※ 오염물질의 종류만을 다르게 하여 반복 출제됨

02 실내용적 $3,000\text{m}^3$인 작업장에서 A유해물질이 600L/hr로 발생하고 있다. 작업장의 유효환기량이 $56.6\text{m}^3/\text{min}$일 때, 환기시간 30분 경과 후 작업장의 A유해물질의 농도(ppm)를 구하시오. (단, 초기농도는 고려하지 않으며, 환기에 따른 희석효과는 1차 반응에 따름)
[15 기사]

필답형 계산문제 — 답안

01 〈계산〉 $C_p \times 10^{-6} = \dfrac{G(1-e^{-\frac{Q'}{\forall} \times t})}{Q'}$

- $200 \times 10^{-6} = \dfrac{0.03 \times (1-e^{-\frac{50}{2,500} \times t})}{50}$

$\therefore t = \ln\left(\dfrac{0.03}{0.03-(200 \times 10^{-6} \times 50)}\right) \times \dfrac{2,500}{50} = 20.27 \min$

〈계산〉 $C_p \times 10^{-6} = \dfrac{G(1-e^{-\frac{Q'}{\forall} \times t})}{Q'}$

- $C_p \times 10^{-6} = \dfrac{0.03 \times (1-e^{-\frac{50}{2,500} \times 1 \times 60})}{50}$

$\therefore C_p = 419.28 \,\text{ppm}$

02 〈계산〉 $C_p \times 10^{-6} = \dfrac{G(1-e^{-\frac{Q'}{\forall} \times t})}{Q'}$

- $G = \dfrac{600\,\text{L}}{\text{hr}} \times \dfrac{\text{hr}}{60\,\text{min}} \times \dfrac{\text{m}^3}{10^3\,\text{L}} = 0.01\,\text{m}^3/\text{min}$

$\therefore C_p = \dfrac{0.01 \times (1-e^{-\frac{56.6}{3,000} \times 30})}{56.6} \times 10^6 = 76.36 \,\text{ppm}$

---

04 □ 기사 : 00, 03, 06, 09, 18
□ 산업 : 02, 06, 10, 14, 17③

평점 **6**

난방이나 냉방을 실시할 때, 외부공기를 100% 공급하지 않고 실내공기를 재순환시켜 외부공기와 혼합하여 공급하려고 한다. 재순환공기 중 CO_2 농도는 750ppm, 급기 중 CO_2 농도는 550ppm이었다. 급기 중 외부공기의 함량(%)은 얼마인가? (단, 외부공기의 CO_2 농도는 330ppm, 급기는 재순환공기와 외부공기가 혼합된 공기이다.)

답안 공급공기의 재순환율(R)의 관계식을 이용한다.

〈계산〉 $R(\%) = \dfrac{C_i - C_a}{C_R - C_a} \times 100$ 　$\begin{cases} C_i : \text{급기 중 } CO_2 \text{ 농도} = 550\,\text{ppm} \\ C_R : \text{재순환공기 중 } CO_2 \text{ 농도} = 750\,\text{ppm} \\ C_a : \text{외부공기의 } CO_2 \text{ 농도} = 330\,\text{ppm} \end{cases}$

- $R(\%) = \dfrac{550-330}{750-330} \times 100 = 52.38\%$

∴ 급기 중 외부공기의 함량 = 100 - 52.38 = 47.61%

※ CO_2 농도 대신 난방이나 냉방을 위한 각각의 온도(℃)가 제시되더라도 동일한 계산방식을 적용한다.

05
□ 기사 : 05,08,10
□ 산업 : 08,15

평점 6

공기 중에 유해물질 A, B, C, D 4종류가 혼합되어 존재하는 작업장이 있다. A, B, C는 상가작용을 하는 물질이며, D는 독립적으로 영향을 나타내는 물질이다. 각각의 물질에 대한 필요환기량을 산정한 결과 120m³/min, 200m³/min, 180m³/min, 180m³/min이었다면 이 작업장에서 필요한 전체환기량(m³/min)은 얼마인가?

해설 관련 이론 및 개념중심으로 학습해 두고, 답안은 다음의 "답안 작성" 부분만 답안지에 기재하면 된다.

관련 이론 및 개념

■ **상가작용이 있는 경우 환기량 산정(순서)**

- 노출지수(EI) 산정
  - $EI = \dfrac{C_1}{TLV_1} + \cdots + \dfrac{C_n}{TLV_n}$
- EI ≥ 1.0일 때 → 허용기준 초과 → 환기 필요
- 오염물질의 각 환기량 산정
  - $Q_1, Q_2, \cdots, Q_n = \dfrac{K \cdot W \times 24.1 \times 10^6}{MW \cdot TLV}$
- 환기량 결정(개별 환기량을 모두 합산)
  - $Q = Q_1 + \cdots + Q_n$

■ **독립작용이 있는 경우 환기량 산정(순서)** : 유해작용이 전혀 다른 물질이 혼합되어 있는 경우에 적용됨

- 각 물질별 노출지수(EI) 산정
  - $EI_1 = \dfrac{C_1}{TLV_1}, \ EI_2 = \dfrac{C_2}{TLV_2}, \ EI_n = \dfrac{C_n}{TLV_n}$
- 개별 EI ≥ 1.0일 때 → 허용기준 초과 → 환기 필요
- 각 오염물질별 환기량 산정
  - $Q_1, Q_2, \cdots, Q_n = \dfrac{K \cdot W \times 24.1 \times 10^6}{MW \cdot TLV}$
- 환기량 결정 : 개별환기량 중 가장 큰 값을 필요환기량으로 결정함

■ **상가작용과 독립작용이 혼재한 경우 환기량 산정**

① 상가작용에 대한 개별환기량을 모두 합산시킴
  - $Q = Q_1 + \cdots + Q_n$

② 독립작용에 대한 개별환기량 중 가장 큰 값 산정

③ ①항의 환기량과 ②항의 환기량을 비교하여 큰 값을 필요환기량으로 최종 결정함

답안 작성

① 상가작용에 따른 환기량

⟨계산⟩ $Q = Q_A + Q_B + Q_C$
$= 120 + 200 + 180 = 500 \, m^3/min$

② 독립적 영향에 따른 환기량

⟨계산⟩ $Q_D = 180 \, m^3/min$

∴ $Q > Q_D$ 이므로 필요환기량 $= 500 \, m^3/min$

필답형 계산문제

01 다음 어느 작업장에서 톨루엔(분자량 86.18, TLV 100ppm)과 크실렌(분자량 98.96, TLV 50ppm)을 각각 200g/hr가 배출되고 있다. 이들 물질에 대한 안전계수는 각각 7일 경우 필요환기량(m^3/hr)을 구하시오. (단, 노출지수 EI > 1.0인 상가작용을 적용하고, 공기의 온도 및 압력은 25℃, 1기압) [05,08 기사]

answer

$Q = Q_1 + Q_2$

$Q_1 = \dfrac{K \cdot W\, 24.45 \times 10^6}{MW \cdot TLV}$
$= \dfrac{7 \times 0.2 \times 24.45 \times 10^6}{86.18 \times 100}$
$= 3,971.92\,m^3/hr$

$Q_2 = \dfrac{K \cdot W\, 24.45 \times 10^6}{MW \cdot TLV}$
$= \dfrac{7 \times 0.2 \times 24.45 \times 10^6}{98.96 \times 50}$
$= 6,917.95\,m^3/hr$

$\therefore Q = 3,971.92 + 6,917.95 = 10,889.87\,m^3/hr$

02 작업장에서 사용하는 클로로폼(비중 1.476, 분자량 119.39)의 양이 시간당 200mL이고, MEK(비중 0.805, 분자량 72.1)의 사용량이 시간당 2L라면 환기량(m^3/min)을 산출하시오. (단, 25℃기준, 독성작용은 독립적으로 작용하고, 클로로폼의 TLV 10ppm, K 6, 메틸에틸케톤의 TLV 200ppm, K 4이다.) [11 기사]

answer

$Q = \dfrac{K \cdot G \cdot S\, 24.1 \times 10^6}{MW \times TLV}$

① 클로로폼에 대한 환기량

$Q_c = \dfrac{6 \times 0.2 \times 1.476 \times 24.1 \times 10^6}{119.39 \times 10} \times \dfrac{1hr}{60min}$
$= 595.89\,m^3/min$

② 메틸에틸케톤에 대한 환기량

$Q_m = \dfrac{4 \times 2 \times 0.805 \times 24.1 \times 10^6}{72.1 \times 200} \times \dfrac{1hr}{60min}$
$= 179.39\,m^3/min$

$\therefore Q_c > Q_m$ 이므로 → $Q = 595.89\,m^3/min$

03 어느 작업장에서 아세톤(분자량 58.08, 비중 0.79)이 시간당 1,200mL 증발되고 있다. 여기에 더불어 메틸알코올(분자량 32.04, 비중 0.792)도 시간당 950mL 증발되어 작업장 공기 중에 혼합물을 형성하고 있다. 작업환경 측정결과 아세톤(TLV 500ppm)이 300ppm, 메틸알코올(TLV 200ppm)이 150ppm일 경우 이 혼합물에 대한 노출기준의 초과여부를 평가하고 필요환기량(m^3/min)을 구하시오. (단, 아세톤과 메틸알코올에 대한 안전계수는 각각 4, 6이고, 두 물질은 상가작용을 하며, 공기의 온도와 압력은 25℃, 1atm이다.) [04,09②,17 산업][03,05,18 기사]

answer

$EI = \dfrac{C_1}{TLV_1} + \dfrac{C_2}{TLV_2} = \dfrac{300}{500} + \dfrac{150}{200} = 1.35$

▫ $EI > 1.0$이므로 노출기준 초과

〈계산〉 $Q = Q_1 + Q_2$

$Q_1 = \dfrac{K \cdot G \cdot S\, 24.45 \times 10^6}{MW \times TLV}$
$= \dfrac{4 \times 1.2 \times 0.79 \times 24.45 \times 10^6}{58.08 \times 500}$
$= 3,192.64\,m^3/hr$

$Q_2 = \dfrac{K \cdot G \cdot S\, 24.45 \times 10^6}{MW \times TLV}$
$= \dfrac{6 \times 0.95 \times 0.792 \times 24.45 \times 10^6}{32.04 \times 200}$
$= 17,224.89\,m^3/hr$

$\therefore Q = 3,192.64 + 17,224.89$
$= 20,417.53\,m^3/hr = 340.29\,m^3/min$

04 실내용적 1,500m^3인 작업장에 A물질의 농도는 40$\mu g/m^3$이다. 30분 환기 후 7$\mu g/m^3$으로 농도가 감소하였다면 유효환기량(m^3/hr)을 구하시오. [02,16 산업]

answer

$C_2 = C_1 \times e^{-\frac{Q'}{\forall} \times t}$

▫ $7 = 40 \times e^{-\frac{Q'}{1,500} \times (30/60)}$

$\therefore Q' = -\dfrac{1,500}{0.5} \ln\left(\dfrac{7}{40}\right)$
$= 5,228.91\,m^3/hr$

06

- 기사 : 00,03,09,13,15,17,18
- 산업 : 05,08,09,14,16

평점 6

열부하량이 15,600kcal/hr, 온도가 35℃인 작업장이 있다. 작업장 주변의 외기온도가 20℃일 때 열부하에 따른 필요환기량(m^3/hr)을 구하시오.

해설 관련 이론 및 개념중심으로 학습해 두고, 답안은 다음의 "답안 작성" 부분만 답안지에 기재하면 된다.

관련 이론 및 개념

■ 온열 · 습도 조절을 위한 환기량 계산

- 열평형 방정식(인체 ⇌ 환경)
  - ❖ $\Delta S = M \pm C \pm R - E$
  - □ 온열요소 : 기온, 기습, 복사열, 기류 등
  - □ 유효온도 : 기온, 습도, 풍속의 3요소와 조합온도

- 발열 시 필요환기량 : $H_s = Q C_p \Delta t$
  - ❖ $Q = \dfrac{H_s}{C_p \Delta t} = \dfrac{H_s}{0.3 \Delta t}$

- 재순환율 : $R(\%) = \dfrac{C_i - C_a}{C_R - C_a} \times 100$
  - ❖ $I_A(\%) = 100 - R(\%)$

- 습도조절을 위한 필요환기량 : $W = Q \gamma \Delta G$
  - ❖ $Q = \dfrac{W}{1.2 \Delta G}$

답안 작성

〈계산〉 $Q = \dfrac{H_s}{C_p \Delta t} = \dfrac{H_s}{0.3 \Delta t}$

∴ $Q = \dfrac{15,600}{0.3 \times (35-20)} = 3,466.67 \, m^3/hr$

여기서,
ΔS : 인체의 열축적(열손실)
M : 작업대사량
C : 대류열교환
R : 복사열교환
E : 증발열손실
H_s : 작업장 열부하
Δt : 상승된 온도(온도차)
C_p : 비열
I_A : 급기 중 외부공기 함량
C_i : 급기 중 CO_2 농도
C_R : 재순환 공기 중 CO_2 농도
C_a : 외기 중 CO_2 농도
W : 작업장내 수증기 발생량
γ : 공기비중량($= 1.2$)
ΔG : 상승된 습도(절대습도차)

필답형 계산문제

01 1대당 동력이 10HP인 기계가 10대 가동되고, 0.3kW 용량의 전등이 4대 켜져 있는 작업장에서 시간당 250칼로리의 열량을 발산하는 작업자 10명이 작업을 하고 있다. 실내온도가 32℃이고, 외부 공기온도가 27℃일 때 실내온도를 외부 공기온도 수준으로 낮추기 위한 환기량(m^3/min)을 산출하시오. (단, 1HP=642kcal/hr, 1HP=0.746kW이다.) [12,14 산업]

02 다음의 작업조건에서 근로자들이 1일 8시간 동안 작업하고 있다. 1일 근무시간동안 인체에 누적된 열량(kcal/day)을 산출하시오. (단, 근로자의 체중 60kg) [00,04 기사]

- 작업대사량 : +1.5kcal/kg · hr
- 복사열 전달 : +0.8kcal/kg · hr
- 수분 증발열 : 580cal/g
- 대류에 의한 열전달 : +1.2kcal/kg · hr
- 피부에서의 총 땀증발량 : 300g/hr

필답형 계산문제 답안

01 〈계산〉 $Q = \dfrac{H_s}{\Delta t}$

- $H_s = H_1 + H_2 + \cdots + H_n$

$$= \dfrac{10 \times 10\text{HP}}{} \left|\dfrac{642\text{kcal}}{\text{HP} \cdot \text{hr}}\right. + \dfrac{4 \times 0.3\text{kW}}{0.746\text{kW/HP}} \left|\dfrac{642\text{kcal}}{\text{HP} \cdot \text{hr}}\right. + \dfrac{10 \times 250\text{kcal}}{\text{hr}}$$

$$= 67{,}732.71\,\text{kcal/hr}$$

$\therefore Q = \dfrac{67{,}732.71}{(32-27)} = 13{,}546.54\,\text{m}^3/\text{hr} = 225.78\,\text{m}^3/\text{min}$

02 〈계산〉 $\Delta S = M \pm C \pm R - E$

- M : 작업대사량 $= +1.5\,\text{kcal/kg·hr}$
- C : 대류에 의한 열교환 $= +1.2\,\text{kcal/kg·hr}$
- R : 복사 열전달 $= +0.8\,\text{kcal/kg·hr}$
- E : 증발에 의한 열손실 $= \dfrac{300\text{g}}{\text{hr}} \left|\dfrac{580\text{cal}}{\text{g}}\right.\left|\dfrac{\text{kcal}}{1{,}000\text{cal}}\right.\left|\dfrac{1}{60\text{kg}}\right. = 2.9\,\text{kcal/kg} \cdot \text{hr}$

$\therefore \Delta S$ (인체 열축적) $= 1.5 + 1.2 + 0.8 - 2.9 = 0.6\,\text{kcal/kg} \cdot \text{hr}$

$\therefore$ 누적열량 $= \dfrac{0.6\,\text{kcal}}{\text{kg} \cdot \text{hr}} \times 60\,\text{kg} \times \dfrac{8\,\text{hr}}{\text{day}} = 288\,\text{kcal/day}$

필답형 계산문제

01 정압조절 평형에 의해 유량이 조절되는 배기시스템이 있다. 가지덕트의 배풍량이 $30\,\text{m}^3/\text{min}$일 때 압력손실은 $21\,\text{mmH}_2\text{O}$이었다. 주 덕트의 압력손실이 $25\,\text{mmH}_2\text{O}$일 때 정압평형을 유지하기 위한 가지덕트의 이송유량(m^3/min)을 구하시오.
[01,05,07,14 기사]

> answer

$$Q_c = Q_d \sqrt{\dfrac{SP_L}{SP_s}}$$

$\therefore Q_c = 30\,\text{m}^3/\text{min} \times \sqrt{\dfrac{25}{21}} = 32.73\,\text{m}^3/\text{min}$

02 고열환경에 영향을 미치는 온열요소 4가지를 쓰시오.
[12 산업]

> answer

① 기온
② 기습
③ 복사열
④ 기류

03 두 분지관이 합류하는 지점에서 한쪽 분지관의 송풍량은 $200\,\text{m}^3/\text{min}$, 정압은 $-30\,\text{mmH}_2\text{O}$이고, 다른 쪽 분지관의 송풍량은 $150\,\text{m}^3/\text{min}$, 정압은 $-26\,\text{mmH}_2\text{O}$일 경우 정압평형에 의한 유량을 조정하고 있다. 다음 물음에 답하시오.
[17 산업]

(1) 정압비를 구하시오.
(2) 보정된 환기량(m^3/min)을 구하시오.
(3) 합류관의 환기량(m^3/min)을 구하시오.

> answer

① 정압비 : $R = \dfrac{SP_L}{SP_s}$

$\therefore R = \dfrac{-30}{-26} = 1.15$

② 보정환기량 : $Q_c = Q_d \times \sqrt{SP_L / SP_s}$

$\therefore Q_c = 150 \times \sqrt{\dfrac{-30}{-20}} = 161.13\,\text{m}^3/\text{min}$

③ 합류 유량 : $Q = Q_1 + Q_d$

$\therefore Q = 200 + 161.13 = 361.13\,\text{m}^3/\text{min}$

07
□ 기사 : 00,04,08,10,19
□ 산업 : 03,08,09,10

평점 6

어느 용접작업 공정에서 플랜지가 부착된 원형 후드를 설치하려고 한다. 후드의 설계 제어속도는 0.8m/sec, 발생원과 후드와의 거리 30cm, 흡입 후드의 직경은 200mm이다. 제어유량(송풍량, m³/min)을 산출하시오.

해설 관련 이론 및 개념중심으로 학습해 두고, 답안은 다음의 "답안 작성" 부분만 답안지에 기재하면 된다.

관련 이론 및 개념

■ 후드의 종류에 따른 제어유량 계산
- 외부식 일반형 후드
  - □ 플랜지 미부착 외부식 후드(자유공간)
    - ❖ $Q_c = (10X^2 + A) \times V_c$
  - □ 플랜지 부착 외부식 후드(자유공간)
    - ❖ $Q_c = 0.75 \times (10X^2 + A) \times V_c$
  - □ 한 변이 경계된 플랜지 미부착 외부식 후드
    - ❖ $Q_c = 0.5(10X^2 + 2A) \times V_c$
  - □ 한 변이 경계된 플랜지 부착 외부식 후드
    - ❖ $Q_c = 0.5(10X^2 + A) \times V_c$
  - □ 외부식 하방형 일반 후드(오염원이 개구면 주변)
    - ❖ $Q_c = AV_c$

- 슬롯형 후드
  - □ 플랜지 미부착 슬롯형 후드(자유공간)
    - ❖ $Q_c = 3.7 X L V_c$
  - □ 플랜지 부착 슬롯형 후드(자유공간)
    - ❖ $Q_c = 2.6 X L V_c$
  - □ 다단 슬롯형 외부식 후드
    - ❖ $Q_c = (10X^2 + A) \times V_c$
  - □ 플렌지 부착 다단 슬롯형 외부식 후드
    - ❖ $Q_c = 0.75 \times (10X^2 + A) \times V_c$

- 포위식, 부스식 후드
  - ❖ $Q_c = AV_c$

4. 레시버식 천개형 후드
  - □ 4방향 노출형
    - ❖ $Q_c = 1.4 PHV_c$
  - □ 열상승기류를 이용하는 경우(난기류 없음)
    - ❖ $Q_c = Q_1(1+K_L)$
  - □ 열상승기류를 이용하는 경우(난기류 있음)
    - ❖ $Q_c = Q_1 \times [1+(mK_L)]$

답안 작성

〈계산〉 $Q_c = 0.75(10X^2 + A) V_c$

- $A = \dfrac{\pi D^2}{4} = \dfrac{3.14 \times 0.2^2}{4} = 0.0314\,\text{m}^2$

∴ $Q_c = 0.75 \times (10 \times 0.3^2 + 0.0314) \times 0.8$
   $= 0.5584\,\text{m}^3/\text{sec}$
   $= 33.53\,\text{m}^3/\text{min}$

여기서,
- Q_c : 환기량(흡인유량)(m³/sec)
- V_c : 제어유속(m/sec)
- A : 후드 개구면적(m²)
- Y : 속도율(%) = $(V_c/V) \times 100$
- X : 제어거리(m)
- Q_c : 유량(m³/sec)
- X : 제어거리(m)
- L : 후드의 길이(m)
- Q_c : 흡인유량
- K_L : 누입한계유량비(Q_2/Q_1)
- m : 누출안전계수
- Q_1 : 열상승기류량
- Q_2 : 유도기류량
- P : 주변길이 = $2(L+W)$
- W : 폭
- L : 길이
- H : 개구면 – 배출원 높이

필답형 계산문제

01 작업장내의 오염원을 제어하기 위해 외부식 국소배기후드를 설치하려고 한다. 설계된 후드의 개구면적은 $0.9m^2$이고, 제어속도는 $0.5m/sec$이다. 후드의 개구면에서 발생원까지의 거리가 $0.5m$인 것을 $1m$로 증가시킬 경우 송풍량은 처음의 몇 배로 증가하는가? [02,08,10 기사]

answer

$$Q_c = (10X^2 + A)V_c$$

- $Q_{c1} = (10 \times 0.5^2 + 0.9) \times 0.5$
  $= 1.7 \, m^3/sec$
- $Q_{c2} = (10 \times 1^2 + 0.9) \times 0.5$
  $= 5.45 \, m^3/sec$

$\therefore \dfrac{Q_{c2}}{Q_{c1}} = \dfrac{5.45}{1.7} = 3.21$배 증가

02 작업 테이블 위에 플랜지가 붙은 외부식 후드를 설치하였다. 설치된 후드의 개구면적은 $2.4m^2$이고, 제어속도는 $1.8m/sec$, 개구면에서 발생원까지의 거리는 $1.2m$이다. 이 후드의 필요송풍량(m^3/min)은 얼마인가? [06,14,18 산업][07,09,17 기사]

answer

$$Q_c = 0.5(10X^2 + A) \times V_c$$

$\therefore Q_c = 0.5 \times (10 \times 1.2^2 + 2.4) \times 1.8$
$= 15.12 \, m^3/sec = 907.2 \, m^3/min$

03 자유공간에 송풍량이 $60m^3/min$인 외부식 후드를 설치하였다. 후드의 개구면적과 설치위치가 동일한 상태에서 플랜지를 부착하여 포집성능을 향상시키려고 한다. 개선 전후 동일한 제어속도를 유지하고 있다면 개선 후의 송풍량(m^3/min)은 얼마인가? [04,09 산업]

answer

$$Q_c = A_c \times V_c$$

- $Q_{c1} = 60 \, m^3/min = (10X^2 + A) \times V_c$
- $Q_{c2} = 0.75 \times (10X^2 + A)V_c$

$\therefore Q_{c2} = 0.75 \times 60 = 45 \, m^3/min$

04 납땜을 할 때 발생하는 납 증기를 제어하기 위해 전자부품 제조공정에서 외부식 국소배기장치를 설치하려고 한다. 후드의 규격이 $400mm \times 400mm$이고, 제어거리 $30cm$, 제어속도 $0.5m/sec$, 반송속도 $1,200m/min$를 유지하고자 할 때, 원형 Duct의 직경(m)은 얼마로 설계하여야 하는가? (단, $21℃$, 1기압기준, 후드는 자유공간에 있으며 플랜지는 없음) [06 산업][01,06 기사]

answer

$$Q_d(\text{Duct}) = Q_c(\text{Hood}) = (10X^2 + A)V_c$$

- $Q_c = [10 \times 0.3^2 + (0.4 \times 0.4)] \times 0.5$
  $= 0.53 \, m^3/sec$
- $A_d = \dfrac{3.14 \times D^2}{4} = \dfrac{Q_d(\text{반송유량})}{V_d(\text{반송속도})}$
  $= \dfrac{0.53 \, m^3/sec}{(1,200/60) \, m/sec} = 0.785D^2$

$\therefore D = 0.184m$

05 플랜지가 부착된 반경 $0.6m$의 외부식 원형 후드가 설치되어 있다. 오염물질은 후드 개구부의 중심선상으로부터 $4m$ 떨어진 지점에서 $8cm/sec$로 배출되고 있다. 오염물질을 흡입하기 위한 최소흡입유량(m^3/sec)과 이때 후드 개구면에서의 속도압(mmH$_2$O)을 산출하시오. (단, $21℃$, 1기압을 기준함) [06 산업][00,06 기사]

answer

① $Q_c = 0.75(10X^2 + A)V_c$

- $A = \dfrac{\pi D^2}{4} = \dfrac{3.14 \times (2 \times 0.6)^2}{4}$
  $= 1.13 \, m^2$

$\therefore Q_c = 0.75 \times (10 \times 4^2 + 1.13) \times 0.08$
$= 9.67 \, m^3/sec$

② $P_v = \dfrac{\gamma V^2}{2g}$

- $V = \dfrac{Q}{A} = \dfrac{9.67 \, m^3/sec}{1.13 \, m^2}$
  $= 8.56 \, m/sec$

$\therefore P_v = \dfrac{1.2 \times 8.56^2}{2 \times 9.8} = 4.48 \, mmH_2O$

필답형 계산문제

01 외부식 후드에서 플랜지가 붙고 공간에서 설치된 후드와 플랜지가 붙고 면에 고정설치된 후드의 필요공기량을 비교할 때, 플랜지가 붙고 면에 고정설치된 후드는 플랜지가 붙고 공간에 설치된 후드에 비하여 필요공기량을 몇 % 절감할 수 있는가? (단, 후드는 장방형 기준) [13 기사]

> **answer**

감소량 $= \left(\dfrac{Q_c - Q_c^*}{Q_c}\right) \times 100$

① 플랜지 부착식 장방형

$Q_c = 0.75(10X^2 + A) \times V_c$

② 한 변이 작업대에 경계된 플랜지 부착형

$Q_c^* = 0.5(10X^2 + A) \times V_c$

∴ 감소량 $= \left(\dfrac{0.75 - 0.5}{0.75}\right) \times 100 = 33\%$

02 플랜지가 부착된 장방형 후드의 크기는 30cm×40cm이고, 개구면에서 발생원까지의 거리는 40cm이다. 후드의 제어속도가 1m/sec일 경우 흡인유량(m^3/min)과 플랜지의 최소폭(cm)을 구하시오. (단, 후드는 한 변이 경계되어 작업대 위에 위치한다.) [14, 19 기사]

> **answer**

① $Q_c = 0.5(10X^2 + A) \times V_c$

    □ $A = W \times H = 0.3 \times 0.4 = 0.12 m^2$

∴ $Q_c = 0.5 \times (10 \times 0.4^2 + 0.12) \times 1$
    $= 0.86 m^3/sec = 51.6 m^3/min$

② 플랜지 최소폭(W^*) $= \sqrt{A(개구면적)}$

∴ $W^* = \sqrt{A} = \sqrt{0.12} = 0.3464 m = 34.64 cm$

03 외부식 장방형 후드(개구면적 $0.5m^2$)가 직경 20cm인 원형 덕트와 연결되어 있다. 다음 물음에 답하시오. (단, 제어거리 1m, 제어속도는 0.5m/sec이다.) [17 산업][02, 05, 18 기사]

(1) 이 후드의 흡인유량을 구하시오.
(2) 플랜지 부착 시 흡인유량을 구하시오.

> **answer**

(1) 일반 장방형

$Q_c = (10X^2 + A)V_c$

∴ $Q_c = (10 \times 1^2 + 0.5) \times 0.5 = 5.25 m^3/sec$

(2) 플랜지 부착식 장방형

$Q_c = 0.75(10X^2 + A) \times V_c$

∴ $Q_c = 0.75 \times (10 \times 1^2 + 0.5) \times 0.5$
    $= 3.94 m^3/sec$

04 외부식 장방형 후드(크기 40cm×20cm)가 직경 20cm인 원형 덕트와 연결되어 있다. 다음 물음에 답하시오. [17 산업]

(1) 이 후드에 플랜지를 부착할 경우 플랜지가 없는 경우에 비해 송풍량은 몇 % 절감할 수 있는지 산출하시오.
(2) 플랜지의 최소폭(cm)을 구하시오.

> **answer**

(1) 감소량 $= \left(\dfrac{Q_c - Q_c^*}{Q_c}\right) \times 100$

    □ 일반형 : $Q_c = (10X^2 + A)V_c$

    □ 플랜지형 : $Q_c^* = 0.75(10X^2 + A) \times V_c$

∴ 감소량 $= \left(\dfrac{Q_c - 0.75 Q_c}{Q_c}\right) \times 100 = 25\%$

(2) 플랜지 최소폭(W^*) $= \sqrt{A(개구면적)}$

∴ $W^* = \sqrt{A} = \sqrt{0.08}$
    $= 0.2828 m = 28.28 cm$

필답형 계산문제

01 작업대에서 발생되는 용접흄을 제어하기 위해 개구면적 $0.8m^2$, 제어거리 30cm, 제어속도 $0.5m/sec$인 외부식 후드를 설치하였다. 플랜지만 부착한 경우와 플랜지를 부착하고 한 변을 작업대에 고정시켰을 경우의 필요공기량을 각각 산출하고, 플랜지가 붙고 작업대에 고정설치된 후드는 플랜지가 붙고 공간에 설치된 후드에 비하여 필요공기량을 몇 % 절감할 수 있는지를 구하시오. [15,16,17 기사]

answer

① 플랜지 부착형
$$Q_c = 0.75(10X^2 + A) \times V_c$$
∴ $Q_c = 0.75 \times [(10 \times 0.3^2) + 0.8] \times 0.5$
    $= 0.638 \, m^3/sec$

② 한 변이 작업대에 경계된 플랜지 부착형
$$Q_c^* = 0.5(10X^2 + A) \times V_c$$
∴ $Q_c^* = 0.5 \times (10 \times 0.3^2 + 0.8) \times 0.5$
    $= 0.425 \, m^3/sec$

∴ 감소량 $= \left(\dfrac{0.638 - 0.425}{0.638}\right) \times 100 = 33\%$

02 Flange가 부착된 slot형 후드의 길이는 2.5m, 폭 0.5m, 오염원과의 거리는 1m, 제어속도 $0.6m/sec$일 때, 후드의 송풍량(m^3/min)은 얼마인가? [11②,14,18 기사]

answer

$Q_c = 2.6 \, XLV_c$
∴ $Q_c = 2.6 \times 2.5 \times 0.6 = 3.9 \, m^3/sec$
    $= 234 \, m^3/min$

03 폭이 10cm이고, 길이가 1m인 1/4원주형 슬롯 후드가 있다. 제어거리가 30cm이고, 제어속도가 $0.4m/sec$라면 필요송풍량(m^3/min)을 구하시오. [18 기사]

answer

$Q_c = 1.6 \, XLV_c$
∴ $Q_c = 1.6 \times 0.3 \times 1 \times 0.4$
    $= 0.192 \, m^3/sec = 11.52 \, m^3/min$

04 가로 50cm, 세로 40cm인 개구면을 가진 부스식 후드의 제어속도가 $0.5m/sec$이어야 한다면 이때 필요송풍량(m^3/min)을 구하시오. [18 기사]

answer

$Q_c = AV_c$
∴ $Q_c = 0.2 \times 0.5 = 0.1 \, m^3/sec = 6 \, m^3/min$

05 가로 1m, 세로 0.6m의 개구면을 가진 장방형 후드에서 흡인하는 유량은 $20 \, m^3/min$이다. 덕트 반송속도를 $1,000 \, m/min$로 유지할 때, 덕트의 직경(cm)을 정수로 구하시오. [16 기사]

answer

$$A_d = \dfrac{3.14 \times D^2}{4} = \dfrac{Q_d(반송유량)}{V_d(반송속도)}$$

▫ $Q_d(\text{Duct}) = Q_c(\text{Hood}) = 20 \, m^3/min$

⇒ $A_d = \dfrac{3.14 \times D^2}{4} = \dfrac{20}{1000}$
    $= 0.785 D^2$

∴ $D = 0.16 \, m = 16 \, cm$

06 트리클로로에틸렌(TCE) 증기비중은 5.3으로 공기보다 무겁지만 작업장 근로자를 보호하기 위한 국소배출장치는 하방형 후드가 아닌 상방형 후드를 설치하고 있다. 그 이유를 유효 비중을 적용하여 설명하시오. (단, 트리클로로에틸렌의 배출농도는 10,000ppm, 공기의 비중은 1) [17 산업]

answer

유효비중 $(S_m) = \dfrac{S_1 Q_1 + S_2 Q_2}{Q_1 + Q_2}$

▫ $\begin{cases} S_1, S_2 : 각 \; 비중 = TCE(5.3), 공기(1.0) \\ Q_1, Q_2 : 각 \; 부피(10,000 + 990,000) \\ Q_1 + Q_2 = 10^6 \end{cases}$

∴ $S_m = \dfrac{5.3 \times 10,000 + 1.0 \times (10^6 - 10,000)}{10^6}$
    $= 1.043$

∴ 혼합 증기비중이 공기비중과 유사하기 때문에 바닥으로 자연침강하기 어려우므로 하방형이 아닌 상방형 후드를 사용하여 제어하는 것이 효과적이다.

필답형 계산문제

01 고열원이 발생하는 작업장에서 후드를 통하여 유입되는 열상승 기류량이 30m³/min이고, 유도 기류량이 45m³/min일 때 누입한계 유량비를 산출하시오. [00,06,09,16 산업]

answer

$$K_L = \frac{Q_2 (\text{유도 기류량})}{Q_1 (\text{열상승 기류량})}$$

$$\therefore K_L = \frac{45}{30} = 1.5$$

02 용융로에 설치된 캐노피형 후드에 의해 흡인되는 공기의 열상승 기류량이 50m³/min일 때, 누입한계 유량비 1.5를 적용할 경우 필요송풍량(m³/min)을 구하시오. (단, 표준상태기준, 후드 주위에 난기류 영향은 없다.) [13 산업][18 기사]

answer

$$Q_c = Q_1(1+K_L)$$

$$\therefore Q_c = 50 \times (1+1.5) = 125\,\text{m}^3/\text{min}$$

03 캐노피형 후드에 의해 흡인되는 공기의 열상승 기류량이 20m³/min일 때, 누출안전계수 6, 누입한계 유량비 2.0을 적용할 경우 필요송풍량(m³/min)을 구하시오. [07 산업][06,14,18 기사]

answer

$$Q_c = Q_1 \times [1+(mK_L)]$$

$$\therefore Q_c = 20 \times [1+(6 \times 2.0)] = 260\,\text{m}^3/\text{min}$$

04 그림과 같은 레시버식 캐노피형에서 후드 개구면의 설계직경(F_3)을 산정하시오. [12 산업][18 기사]

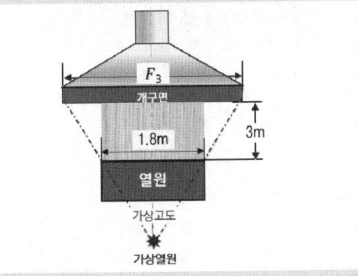

answer

$$F_3 = E + 0.8H$$

$$\therefore F_3 = 1.8 + 0.8 \times 3 = 4.2\,\text{m}$$

05 용융로에서 발생되는 열상승기류의 직경(E)은 1.2m, 열원 상단높이(H) 1m 위에 레시버식 캐노피형 후드를 설치하였다. 열원의 온도가 1,800℃일 때, 다음의 관계식과 조건을 이용하여 열상승 기류량(Q, m³/min)을 구하시오. (단, 열원의 종횡비 $r=1$ 적용) [12,19 기사]

[관계식]

$$Q = \frac{0.57}{r} \times (rA_s)^{0.33} \times \Delta t^{0.42} \times Z^{1.5}$$

[조건]

Ⓐ 온도(Δt) 요소 산정
- $H/E \leq 0.7$일 때 : $\Delta t = t - 20$
- $H/E > 0.7$:

$$\Delta t = (t-20)\left(\frac{2E+H}{2.7E}\right)^{-1.7}$$

Ⓑ 가상고도(Z) 요소 산정
- $H/E \leq 0.7$일 때 : $Z = 2E$
- $H/E > 0.7$: $Z = 0.74(2E+H)$

answer

$$Q = \frac{0.57}{r} \times (rA_s)^{0.33} \times \Delta t^{0.42} \times Z^{1.5}$$

▫ $A_s = \frac{\pi D^2}{4} = \frac{3.14 \times 1.2^2}{4} = 1.13\,\text{m}^2$

▫ $\Delta t = (1{,}800-20)\left(\frac{2 \times 1.2 + 1}{2.7 \times 1.2}\right)^{-1.7}$
$= 1{,}640$

▫ $Z = 0.74 \times (21.2+1) = 2.51$

$$\therefore Q = \frac{0.57}{1} \times (1 \times 1.13)^{0.33} \times 1{,}640^{0.42}$$
$$\times 2.51^{1.5}$$
$$= 52.86\,\text{m}^3/\text{min}$$

08

□ 기사 : 00,03,07,08,09,11,15,16
□ 산업 : 04,10,13,19

평점 6

직경 40cm인 원형 직관내에 이송되는 공기유량은 200m³/min이다. 직관 길이 10m당 압력손실(mmH₂O)을 산출하시오. (단, 마찰계수는 0.02, 공기 비중량 1.2로 한다.)

해설 관련 이론 및 개념중심으로 학습해 두고, 답안은 다음의 "답안 작성" 부분만 답안지에 기재하면 된다.

관련 이론 및 개념

■ Duct의 유속, 유량, 동압, 레이놀드수

1. 유량(Q)-유속(V)-동압(P_v)-비중량(γ)의 관계

❖ Q(유량) = 유속(V) × 단면적(A)

□ $Q_2 = Q_1 \times \dfrac{T_2}{T_1} \times \dfrac{P_1}{P_2}$

□ $V = \sqrt{\dfrac{2gP_v}{\gamma}}$, $V = 4.043\sqrt{P_v}$ … (21℃)

□ P_v(속도압, 동압) = $\dfrac{\gamma V^2}{2g}$

$P_v = \left(\dfrac{V}{4.043}\right)^2$ … (21℃)

□ A(단면적) $\begin{cases} \text{원형}: A = \dfrac{\pi D^2}{4} \\ \text{장방형}: A = WH \end{cases}$

□ $\gamma = \gamma_s \times \dfrac{T_a}{T_s} \times \dfrac{P_s}{P_a}$

2. 유속(V)-레이놀드수(Re)의 관계

❖ $Re = \dfrac{DV\rho}{\mu} = \dfrac{DV}{\nu}$

3. 유속(V)-속도압(P_v)-압력손실(ΔP)의 관계

❖ ΔP(압력손실) = 계수(F) × 속도압(P_v)

□ 원형 직선 duct의 마찰손실

$\Delta P_f = \lambda \dfrac{L}{D} \times \dfrac{\gamma V^2}{2g}$

□ 장방형 duct의 마찰손실

$\Delta P_f = \lambda \dfrac{L}{D_o} \times \dfrac{\gamma V^2}{2g}$

□ 곡관의 압력 손실

$\Delta P_c = \left(f_c \times \dfrac{\theta}{90}\right) P_v$

□ 확대 및 축소 손실

$\Delta P = \zeta \times \Delta P_v$

$\Delta P_s = |\Delta P_v| + |\Delta P_s|$

답안 작성

〈계산〉 $\Delta P_f = \lambda \dfrac{L}{D} \times \dfrac{\gamma V^2}{2g}$

- $V = \dfrac{Q}{A} = \dfrac{Q}{\pi D^2 / 4}$

$= \dfrac{200}{3.14 \times 0.4^2 / 4} = 1,592.36 \, \text{m}^3/\text{min}$

$= 26.54 \, \text{m/sec}$

∴ $\Delta P_f = 0.02 \times \dfrac{10}{0.4} \times \dfrac{1.2 \times 26.54^2}{2 \times 9.8}$

$= 21.56 \, \text{mmH}_2\text{O}$

여기서,
Q : 유량
V : 유속
A : 단면적
D : 직경
W : 폭(가로)
H : 높이(세로)
P_v : 속도압(동압)
γ : 비중량(kg$_f$/m³)
γ_s : 온도/압력 보정 전 비중량
ρ : 기체밀도
μ : 기체의 점도
ν : 기체의 동점도
T_1, T_2 : 절대온도(K)
P_1, P_2 : 압력
L : 덕트의 길이
λ : 관마찰계수
D_o : 상당직경[$2ab/(a+b)$]
a : 가로
b : 세로
θ : 각도
ζ, f_c : 손실계수
ΔP_s : 정압차
ΔP_v : 속도압차

필답형 계산문제

01 온도 140℃, 기압 680mmHg인 공기가 Duct 내에서 분당 120m³으로 이송되고 있다. 0℃, 1기압 하에서 이송되는 유량(m³/min)을 구하시오. [02,08,13,14,16 산업]

answer

$$Q_s = Q_a \times \frac{T_s}{T_a} \frac{P_a}{P_s}$$

$$\therefore Q_s = 120 \times \frac{273}{273+140} \times \frac{680}{760}$$

$$= 70.97 \, m^3/min$$

02 원형 Duct 2개가 합류되는 송풍시스템이 있다. A덕트의 유량은 50m³/min이고, B덕트의 유량은 30m³/min일 때, 합류관의 유속을 측정한 결과 20m/sec이었다. 합류관의 직경(m)을 구하시오. [07,15 기사]

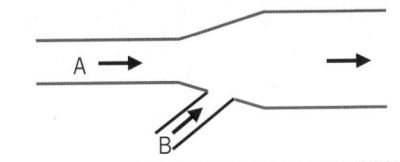

answer

$$V = \frac{Q}{A} = \frac{Q}{\pi D^2/4}$$

▫ $Q(총유량) = Q_A + Q_B$
$= 50 + 30 = 80 \, m^3/min$
$= 1.33 \, m^3/sec$

▫ $A(단면적) = \frac{3.14 \times D^2}{4} = 0.785 \times D^2$

⇨ $20 \, m/sec = \frac{1.33}{0.785 \times D^2}$

$\therefore D = 0.29 \, m$

03 덕트내를 흐르는 공기의 속도압이 1mmH₂O일 때 공기의 유속(m/sec)을 구하시오. (단, 공기밀도 1.2kg/m³) [06,18,19 산업]

answer

$$V = \sqrt{\frac{2gP_v}{\gamma}}$$

$$\therefore V = \sqrt{\frac{2 \times 9.8 \times 1}{1.2}} = 4.04 \, m/sec$$

04 덕트내를 흐르는 공기에 대하여 피토관으로 속도압을 측정한 결과 15mmAq이었고, 공기의 비중량은 1.3(0℃, 1기압), 덕트내의 가스온도는 270℃이었다. 피토관의 계수 0.96일 때 덕트내를 흐르는 가스의 유속(m/sec)을 구하시오. [11,16 기사]

answer

$$V = C\sqrt{\frac{2gP_v}{\gamma}}$$

▫ $\gamma = 1.3 \, kg/m^3 \times \frac{273}{273+270} \times \frac{760}{760}$
$= 0.654 \, kg/m^3$

▫ $P_v = 15 \, mmAq = 15 \, mmH_2O$

$$\therefore V = 0.96 \times \sqrt{\frac{2 \times 9.8 \times 15}{0.654}}$$

$$= 20.35 \, m/sec$$

05 직경 50cm인 Duct에 표준공기가 이송되고 있다. Duct 내부에서 측정된 표준공기의 전압이 102mmH₂O, 정압이 85mmH₂O이었다면 이 Duct의 공기 이송유량(m³/sec)은 얼마인가? (단, 공기밀도 1.2kg/m³) [18②,19 산업][00,06,09,12,16 기사]

answer

$Q = A \times V$

▫ $V = \sqrt{\frac{2gP_v}{\gamma}}$
$= \sqrt{\frac{2 \times 9.8 \times (102-85)}{1.2}}$
$= 16.66 \, m/sec$

▫ $A = \frac{\pi D^2}{4} = \frac{3.14 \times 0.5^2}{4} = 0.196 \, m^2$

$\therefore Q = 0.196 \times 16.66 = 3.27 \, m^3/sec$

06 직경 350mm인 Duct에 밀도 1.2kg/m³의 공기 120m³/min를 이송하고 있다. 덕트내를 흐르는 공기의 속도압(mmH₂O)을 구하시오. [06,07 산업][01,15②,16 기사]

answer

$$P_v = \frac{\gamma V^2}{2g}$$

▫ $V = \frac{Q}{A} = \frac{120/60}{3.14 \times 0.35^2/4} = 20.8 \, m/sec$

$\therefore P_v = \frac{1.2 \times 20.8^2}{2 \times 9.8} = 26.48 \, mmH_2O$

필답형 계산문제

01 국소배기 시스템에서 45℃의 공기가 유속 15m/sec의 속도로 Duct 내부를 흐를 때, 동압(mmH$_2$O)은 얼마인가? (단, 0℃의 공기밀도는 1.293kg/m^{3}이다.) [00,05,15 산업]

answer

$$P_v = \frac{\gamma V^2}{2g}$$

□ $\gamma = \gamma_o \times \frac{273}{273+t}$
$= 1.293 \text{ kg/m}^3 \times \frac{273}{273+45}$
$= 1.11 \text{ kg/m}^3$

∴ $P_v = \frac{1.11 \times 15^2}{2 \times 9.8} = 12.74 \text{ mmH}_2\text{O}$

02 길이 70cm, 폭 10cm인 slot hood의 흡인유량은 90m^3/min이다. 후드 개구면의 속도압(mmH$_2$O)을 구하시오. (단, 산업환기 표준상태 기준) [16,18 기사]

answer

$$P_v = \frac{\gamma V^2}{2g}$$

□ $\gamma = 1.2 \text{ kg/m}^3$

□ $V = \frac{Q}{A} = \frac{90/60}{0.7 \times 0.1} = 21.43 \text{ m/sec}$

∴ $P_v = \frac{1.2 \times 21.43^2}{2 \times 9.8} = 28.11 \text{ mmH}_2\text{O}$

03 25℃, 1기압상태의 공기조성비는 질소 78.1%, 산소 21%, 수증기 0.6%, 이산화탄소 0.3%이었다. 이 공기의 습윤상태 평균분자량과 공기밀도 (kg/m^3)를 각각 구하시오. [11,17 기사]

answer

① 분자량 계산
$M_m = M_1 X_1 + M_2 X_2 + \cdots + M_n X_n$

∴ $M_m = 28 \times 0.781 + 32 \times 0.21 + 18 \times 0.006 + 44 \times 0.003$
$= 28.828$

② 밀도 계산 : $\rho = \frac{M_m}{V}$

□ $V = 22.4 \text{m}^3 \times \frac{273+25}{273} = 24.45 \text{m}^3$

∴ $\rho = \frac{28.828 \text{kg}}{24.45 \text{m}^3} = 1.18 \text{kg/m}^3$

04 정상적인 작업환경 조건에서 공기의 조성비가 질소 78%, 산소 21%, 아르곤 0.9%, 이산화탄소 0.03%일 때 공기의 밀도(kg/m^3)를 구하시오. (단, 25℃, 1기압기준 조성비이며, 아르곤의 분자량은 40이다.) [16 기사]

answer

$$\rho = \frac{M_m}{V}$$

□ $M_m = M_1 X_1 + M_2 X_2 + \cdots + M_n X_n$
$= 28 \times 0.78 + 32 \times 0.21 + 40 \times 0.009 + 44 \times 0.0003$
$= 28.93$

□ $V = 22.4 \text{m}^3 \times \frac{273+25}{273} = 24.45 \text{m}^3$

∴ $\rho = \frac{28.93 \text{kg}}{24.45 \text{m}^3} = 1.18 \text{kg/m}^3$

05 21℃, 1atm에서 공기의 밀도가 1.2kg/m^{3}이었다. 38℃, 710mmHg 상태로 보정하기 위한 공기의 밀도 보정계수를 구하시오. [17 산업]

answer

$\rho_2 = \rho_1 \times d_f$ (보정계수)

⇒ $\rho_2 = \rho_1 \left(\frac{\text{kg}}{\text{m}^3}\right) \times \frac{273+21}{273+38} \times \frac{710}{760}$

∴ $d_f = \frac{273+21}{273+38} \times \frac{710}{760} = 0.88$

06 국소배기장치의 직선 덕트는 가로 0.13m, 세로 0.26m이고, 길이는 15m이고, 덕트를 흐르는 기류의 속도압은 20mmH$_2$O, 관마찰계수가 0.016일 때, 덕트의 압력손실(mmH$_2$O)을 구하시오. [12②,19 기사]

answer

$$\Delta P_f = \lambda \times \frac{L}{D_o} \times P_v$$

□ $D_o = \frac{2ab}{a+b} = \frac{2 \times 0.13 \times 0.26}{0.13 + 0.26}$
$= 0.173 \text{m}$

∴ $\Delta P_f = 0.016 \times \frac{15}{0.173} \times 20 = 27.75 \text{mmH}_2\text{O}$

09

□ 기사 : 00,03,05,06,19
□ 산업 : 06,08,09,13,17②

평점 **6**

직경 20cm인 Duct에 유속 3m/sec으로 공기를 이송하고 있다. 공기의 온도가 20℃일 때, 이 유체의 Reynold's Number를 산출하시오. (단, 20℃에서 공기의 점성계수 1.8×10^{-5} kg/m·sec, 공기밀도 1.2kg/m³이다.)

[해설] 관련 이론 및 개념중심으로 학습해 두고, 답안은 다음의 "답안 작성" 부분만 답안지에 기재하면 된다.

관련 이론 및 개념

■ 유속(V)-레이놀드수(Re)의 관계

❖ $Re = \dfrac{관성력}{점성력} = \dfrac{DV\rho}{\mu} = \dfrac{DV}{\nu}$

여기서, $\begin{cases} V : 유속 \\ D : 직경 \\ \rho : 기체밀도 \\ \mu : 기체의 점도 \\ \nu : 기체의 동점도 \end{cases}$

답안 작성

〈계산〉 $Re = \dfrac{DV\rho}{\mu}$

∴ $Re = \dfrac{0.2 \times 3 \times 1.2}{1.8 \times 10^{-5}} = 40,000$

필답형 계산문제

01 직경이 35cm인 Duct 내로 유속 11m/sec의 속도로 공기를 이송할 때, 이 유체의 Reynold's Number를 산출하고, 그 결과를 토대로 공기의 흐름상태를 판단하시오. (단, 공기온도 21℃, 점성계수는 1.8×10^{-5}kg/m·sec, 공기밀도는 1.2kg/m³이다.) [14,16 산업][07,10,18 기사]

> answer

$Re = \dfrac{DV\rho}{\mu}$

∴ $Re = \dfrac{0.35 \times 11 \times 1.203}{1.8 \times 10^{-5}} = 23,391.67$

∴ $Re > 4,000$이므로 난류 흐름상태

02 직경 120mm인 Duct내를 공기가 5m/sec의 속도로 흐를 때 Reynold 수를 구하고, 유체 흐름의 상태를 쓰시오. (단, 20℃, 1기압, 동점성계수 1.5×10^{-5}m²/sec) [16 기사]

> answer

$Re = \dfrac{DV}{\nu}$

∴ $Re = \dfrac{0.12 \times 5}{1.5 \times 10^{-5}} = 40,000$(난류)

03 Duct내를 표준공기에 대하여 Reynold's Number를 산출한 결과 3×10^4이었다면 덕트내를 흐르는 공기의 유속(m/sec)은 얼마인가? (단, 덕트의 직경은 50mm이고, 동점성계수는 1.5×10^{-5}m²/sec이다.) [06,08,11,12 산업][01,06,09,12,17,19 기사]

> answer

$Re = \dfrac{DV}{\nu} = \dfrac{0.05 \times V}{1.5 \times 10^{-5}} = 3 \times 10^4$

∴ $V = 9$m/sec

04 원형관에서 반송유량이 레이놀드수 50,000, 중심속도 6m/sec으로 이동하고 있다. Duct의 평균유속(m/sec)을 구하시오. (단, 레이놀드수가 100,000 이하의 난류에서 평균속도는 $0.762 V_{max}$의 지수함수 관계를 갖는다.) [17 산업]

> answer

$V = 0.762 V_{max}$

∴ $V = 0.762 \times 6 = 4.57$m/sec

필답형 계산문제

01 직경 100mm인 Duct에 표준공기가 흐르고 있다. 레이놀드수가 30,000일 때 덕트내를 흐르는 공기의 유속(m/sec)을 구하시오. (단, 점성계수 1.607×10^{-4}poise, 비중 1.203)
[12,14 산업]

answer

$Re = \dfrac{DV\rho}{\mu}$

□ $\mu = 1.607\times10^{-4}\text{poise}\times\dfrac{10^{-1}\text{kg/m}\cdot\text{sec}}{\text{poise}}$
$= 1.607\times10^{-5}\text{kg/m}\cdot\text{sec}$

⇒ $30,000 = \dfrac{0.1\times V\times 1.203}{1.607\times10^{-5}}$

∴ $V = 4\text{m/sec}$

02 Duct 내를 흐르는 유체의 밀도 1.225kg/m^3, 동점성계수 $1.51\times10^{-5}\text{m}^2/\text{sec}$일 때, 레이놀드수 $=0.666\,VD\times10^5$가 됨을 증명하시오.
[01,06 기사]

answer

$Re = \dfrac{DV\rho}{\mu} = \dfrac{DV}{\nu}$

□ $\nu(\text{동점도}) = \dfrac{\mu}{\rho} = \dfrac{\mu}{1.225\text{kg/m}^3}$
$= 1.51\times10^{-5}\text{m}^2/\text{sec}$
$\mu = 1.84975\times10^{-5}\text{kg}\cdot\text{m/sec}$

∴ $Re = \dfrac{DV\times 1.225}{1.84975\times10^{-5}}$
$= 66,225.166\,DV = 0.662\,VD\times10^5$

03 원형 직선덕트에 공기를 이송하고 있다. 덕트의 직경을 1/2로 줄일 경우 직관부분의 압력손실은 몇 배로 증가되는가? (단, 유량과 관마찰계수는 일정한 것으로 가정한다.)
[06,18 산업][10,18 기사]

answer

$\Delta P_f = \lambda\dfrac{L}{D}\times\dfrac{\gamma V^2}{2g}$ ⇒ $\Delta P_f = K\dfrac{V^2}{D}$

□ $V = \dfrac{Q}{A} = \dfrac{Q}{\pi D^2/4}$

□ 위에서 유량이 일정할 때 직경(D)이 1/2로 감소하면 유속은 4배로 증가함

∴ $\dfrac{\Delta P_{f2}}{\Delta P_{f1}} = \dfrac{[K(4V)^2]/(1/2D)}{[KV^2]/D}$
$= 4^2\times 2 = 32$배 증가

04 원형 직선 Duct의 마찰손실을 측정한 결과 $20\text{mmH}_2\text{O}$이었다. 관마찰계수 0.02, 관의 길이 1,000cm, 관내를 흐르는 표준공기의 속도압이 $30\text{mmH}_2\text{O}$으로 운전되고 있다면 현재 사용되는 Duct의 직경은 몇 m인가? [10 기사]

answer

$\Delta P_f = \lambda\dfrac{L}{D}\times P_v$

⇒ $20\text{mmH}_2\text{O} = 0.02\times\dfrac{10}{D}\times 30$

∴ $D = 0.3\text{m}$

05 직경 0.1m, 길이 10m인 Duct에 반송유량이 10m/sec으로 이송되고 있다. 마찰에 따른 압력손실(mmH$_2$O)을 계산하시오. [단, 관마찰계수 = $0.015-0.002\log(Re)$, 공기밀도 1.186kg/m^3, 공기의 동점도 $1.55\times10^{-5}\text{m}^2/\text{sec}$이다.] [16 산업]

answer

$\Delta P_f = \lambda\dfrac{L}{D}\times\dfrac{\gamma V^2}{2g}$

□ $Re = \dfrac{DV}{\nu} = \dfrac{10\times 0.1}{1.55\times10^{-5}} = 64,516.13$

□ $\lambda = 0.015 - [0.002\log(64,516.13)]$
$= 0.0054$

∴ $\Delta P_f = 0.0054\dfrac{10}{0.1}\times\dfrac{1.186\times10^2}{2\times 9.8}$
$= 3.26\text{mmH}_2\text{O}$

06 장방형 Duct의 단변이 0.3m, 장변은 0.7m, 길이 5m이다. 이 Duct를 통하여 상온상태의 공기를 이송하고 있다. 공기의 이송유량이 $240\text{m}^3/\text{min}$일 경우 이 직선 Duct의 압력손실(mmH$_2$O)을 구하시오. (단, 마찰계수는 0.019, 공기밀도 1.2kg/m^3이다.)
[04,07,08,09,13,14 산업][00,03,06,07②,09,15 기사]

answer

$\Delta P_f = \lambda\dfrac{L}{D_o}\times\dfrac{\gamma V^2}{2g}$

□ $V = \dfrac{Q}{A} = \dfrac{Q}{ab} = \dfrac{240\text{m}^3/\text{min}}{0.3\times 0.7\text{m}^2}$
$= 1,142.86\text{m}^3/\text{min} = 19.05\text{m/sec}$

□ $D_o = \dfrac{2ab}{a+b} = \dfrac{2\times 0.3\times 0.7}{0.3+0.7} = 0.42$

∴ $\Delta P_f = 0.019\times\dfrac{5}{0.42}\times\dfrac{1.2\times 19.05^2}{2\times 9.8}$
$= 5.03\text{mmH}_2\text{O}$

필답형 계산문제

01 장방형 Duct의 규격은, 가로 75cm, 세로 30cm이다. 이 덕트내를 260m³/min의 표준공기가 흐르고 있을 때 길이 10m당 발생된 압력손실은 11.35mmH₂O이었다면 관마찰손실계수(λ)는 얼마인가? (단, 표준공기에서 밀도는 1.2kg/m³) [03,08 산업]

> answer

$$\Delta P_f = \lambda \frac{L}{D_o} \times \frac{\gamma V^2}{2g}$$

□ $V = \dfrac{Q}{A} = \dfrac{Q}{ab} = \dfrac{260\,\text{m}^3/\text{min}}{0.75 \times 0.3\,\text{m}^2}$
  $= 1{,}155.56\,\text{m}^3/\text{min} = 19.26\,\text{m/sec}$

□ $D_o = \dfrac{2ab}{a+b} = \dfrac{2 \times 0.75 \times 0.3}{0.75 + 0.3} = 0.43$

⇨ $11.35 = \lambda \times \dfrac{10}{0.43} \times \dfrac{1.2 \times 19.26^2}{2 \times 9.8}$

∴ $\lambda = 0.021$

02 현재 가동되고 있는 국소배기 시스템에서 전압은 20mmH₂O, 정압은 15mmH₂O이었다. 관마찰에 따르는 압력손실계수가 0.44일 때, 이 시설의 압력손실(mmH₂O)을 구하시오. (단, 압력손실은 관마찰에 의한 손실만 고려) [10 기사]

> answer

$\Delta P = h_f \times P_v$
∴ $\Delta P = 0.44 \times (20 - 15) = 2.2\,\text{mmH}_2\text{O}$

03 기존에 설치된 원형 Duct의 직경은 20cm, 각도는 90°, 곡률반경은 50cm, 압력손실계수는 0.22, 속도압은 20mmH₂O이었다. 이 곡관의 유체흐름을 개선하기 위해 각도를 45°로 조정할 경우 압력손실(mmH₂O)을 구하시오. (단, 다른 조건은 일정) [01,07,09,17 산업]

> answer

$\Delta P_c = \left(f_c \times \dfrac{\theta}{90}\right) P_v$
∴ $\Delta P_c = \left(0.22 \times \dfrac{45}{90}\right) \times 20 = 2.2\,\text{mmH}_2\text{O}$

04 다음의 [표]는 합류관의 각도에 따른 압력손실계수를 나타낸 것이다. 합류관의 유입각도를 90°에서 30°로 변경할 경우 합류관에서 발생되는 압력손실(mmAq)을 얼마나 감소시킬 수 있는지 산출하시오. (단, 합류관의 속도압은 모두 10mmH₂O로 동일하다.) [16 기사]

θ	15°	30°	45°	90°
f_c	0.09	0.18	0.28	1.00

> answer

$\Delta P = \Delta P_{c90} - \Delta P_{c30}$

□ $\Delta P_{c90} = \left(1 \times \dfrac{90}{90}\right) \times 10 = 10\,\text{mmAq}$

□ $\Delta P_{c30} = \left(0.18 \times \dfrac{30}{90}\right) \times 10 = 0.6\,\text{mmAq}$

∴ $\Delta P = 10 - 0.6 = 9.4\,\text{mmAq}$

05 새우 연결곡관의 직경 $D=20$cm, $R=50$cm, $P_v=25$mmH₂O일 때, 압력손실을 구하시오. (단, $R/D=2.5$일 때 $f=0.22$) [06 산업]

> answer

$\Delta P_c = f_c \times P_v$
∴ $\Delta P_c = 0.22 \times 25 = 5.5\,\text{mmH}_2\text{O}$

06 직경(D) 30cm인 곡관의 곡률반경(R)은 60cm이고, 각도의 변화는 30°, 곡관내를 흐르는 유체의 속도압은 20mmH₂O이었다. 다음의 자료를 이용하여 Duct의 곡관압력손실(mmH₂O)을 구하시오. [08,09 기사]

R/D	1.5	1.75	2.0	2.25
f_c	0.37	0.31	0.27	0.26

> answer

$\Delta P_c = \left(f_c \times \dfrac{\theta}{90}\right) P_v$
∴ $\Delta P_c = \left(0.27 \times \dfrac{30}{90}\right) \times 20 = 1.8\,\text{mmH}_2\text{O}$

필답형 계산문제

01 곡관의 방향전환각도는 90°이고, 직경은 20cm이다. 곡관의 곡률반경이 50cm일 때 압력손실계수는 0.22이고, 측정된 동압은 25mmH₂O이었다. 이와 동일한 압력손실을 유지하는 60° 곡관에서의 공기유속(m/sec)을 구하시오. [08 기사]

> answer

$$V = \sqrt{\frac{2gP_v}{\gamma}}$$

□ $\Delta P_{c90} = f_c \times P_v$
   $= 0.22 \times 25 = 5.5 \, mmH_2O$

□ $\Delta P_{c90} = \Delta P_{c60}$
   $= \left(0.22 \times \frac{60}{90}\right) \times P_v = 5.5$
   $P_v = 37.5 \, mmH_2O$

$\therefore V = \sqrt{\frac{2 \times 9.8 \times 37.5}{1.2}} = 24.75 \, m/sec$

02 원형 확대관의 확대각은 30°, 유입부의 정압 -10mmH₂O, 속도압 50mmH₂O이고, 확대관 내의 속도압은 30mmH₂O이다. 확대관의 확대손실(mmH₂O)과 확대측의 정압(mmH₂O)을 구하시오. (단, $\theta = 30°$일 때 압력손실계수는 0.56이다.) [16 산업][18 기사]

> answer

① 확대손실 : $\Delta P_s = \zeta \times \Delta P_v$
$\therefore \Delta P_s = 0.56 \times (50-30) = 11.2 \, mmH_2O$

② 확대측 정압 : $P_{s2} = P_{s1} + (1-\zeta)\Delta P_v$
$\therefore \Delta P_s = -10 + (1-0.56) \times (50-30)$
$= -1.2 \, mmH_2O$

03 다음의 그림에서 A지점과 B지점간의 압력손실이 10mmH₂O일 경우, B지점의 정압(mmH₂O)은 얼마인가? [00,08,12 기사]

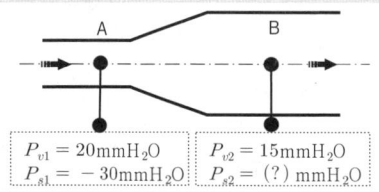
$P_{v1} = 20 mmH_2O$ $P_{v2} = 15 mmH_2O$
$P_{s1} = -30 mmH_2O$ $P_{s2} = (?) mmH_2O$

> answer

$P_{s2} - P_{s1} = \Delta P_v - \Delta P$
$\Rightarrow P_{s2} - (-)30 = (20-15) - 10$
$\therefore P_{s2} = -35 \, mmH_2O$

04 폭(W) 30cm, 높이(D) 15cm인 장방형 덕트가 곡률반경(R) 30cm로 구부러진 90° 곡관으로 되어 있으며, 이 Duct에 설계속도의 표준공기를 이송한 결과 속도압이 20mmH₂O로 나타났다. 다음에 제시되는 형상비와 반경비의 도표를 이용하여 이 덕트의 압력손실(mmH₂O)을 산출하시오. [07,10 산업][11,14,18 기사]

형상비	$f_c = \Delta P/P_v$		
반경비	1.0	2.0	3.0
0.5	1.05	0.95	0.84
1.0	0.21	0.21	0.20
1.5	0.13	0.13	0.12
2.0	0.11	0.11	0.10
3.0	0.11	0.11	0.10

> answer

$\Delta P_c = f_c \times P_v$

□ 형상비 $= \frac{폭(W)}{높이(D)} = \frac{30}{15} = 2$

□ 반경비 $= \frac{곡률반경(R)}{높이(D)} = \frac{30}{15} = 2$

□ $f_c = 0.11$

$\therefore \Delta P_c = 0.11 \times 20 = 2.2 \, mmH_2O$

05 원형 Duct의 직경은 100mm이고 길이는 3m이다. 이 덕트를 통해 12m³/min의 표준공기를 이송할 때 속도압법에 의한 압력손실을 산출하시오. (단, 마찰계수 상수 $a=0.0155$, $b=0.533$, $c=0.612$이다.) [12,16 기사]

> answer

$\Delta P = h_f L P_v$

□ $V = \frac{Q}{A} = \frac{12/60}{3.14 \times 0.1^2 / 4}$
   $= 25.48 \, m/sec$

□ $h_f = \frac{aV^b}{Q^c}$
   $= \frac{0.0155 \times 25.48^{0.533}}{(12/60)^{0.612}} = 0.233$

□ $P_v = \frac{\gamma V^2}{2g} = \frac{1.2 \times 25.48^2}{2 \times 9.8}$
   $= 39.75 \, mmH_2O$

$\therefore \Delta P = 0.233 \times 3 \times 39.75 = 27.79 \, mmH_2O$

필답형 계산문제

01 환기시스템의 전체압력손실 산정방법 2가지를 쓰고, 간단하게 설명하시오. [07 산업][19 기사]

answer

① 등거리법 : 덕트의 일정길이당 발생되는 마찰손실을 산출하여 이를 토대로 시스템 전체의 마찰손실을 산출하는 방법

② 속도압법 : 덕트의 재료에 따른 마찰계수와 길이 및 속도압에 비례함을 이용하여 시스템 전체의 마찰손실을 산출하는 방법

02 원형 Duct의 직경은 100mm이고 길이는 3m이다. 이 덕트를 통해 12m³/min의 표준공기를 이송할 때 등거리법에 의한 압력손실과 속도압법에 의한 압력손실을 각각 산출하시오. (단, 등거리법의 압력손실 계산은 다음의 식에 따르고, 속도압법에 적용할 마찰계수 산정시 상수 $a=0.0155$, $b=0.533$, $c=0.612$이다.) [04, 07 기사]

$$h_L = \frac{5.3845\, V^{1.9}}{D^{1.2}} \qquad h_f = \frac{a V^b}{Q^c}$$

answer

① 등거리법 : $\Delta P = h_L \times L$

$V = \dfrac{Q}{A} = \dfrac{12/60}{3.14 \times 0.1^2/4}$
  $= 25.48\,\text{m/sec}$

$h_L = \dfrac{5.3845 \times (25.48)^{1.9}}{(100)^{1.22}}$
  $= 9.18\,\text{mmH}_2\text{O/m}$

$\therefore \Delta P = h_L \times L = 9.18 \times 3 = 27.54\,\text{mmH}_2\text{O}$

② 속도압법 : $\Delta P = h_f L P_v$

$h_f = \dfrac{a V^b}{Q^c}$
  $= \dfrac{0.0155 \times 25.48^{0.533}}{(12/60)^{0.612}} = 0.233$

$P_v = \dfrac{\gamma V^2}{2g} = \dfrac{1.2 \times 25.48^2}{2 \times 9.8}$
  $= 39.75\,\text{mmH}_2\text{O}$

$\therefore \Delta P = 0.233 \times 3 \times 39.75 = 27.79\,\text{mmH}_2\text{O}$

03 원형 축소관의 입구부의 정압은 $-15\text{mmH}_2\text{O}$, 속도압은 $20\text{mmH}_2\text{O}$이고, 축소부인 출구측 속도압은 $30\text{mmH}_2\text{O}$이다. 관로의 압력손실계수가 0.08일 때, 압력손실과 축소부의 정압(mmH_2O)을 계산하시오. (단, 두 관을 연결한 축소관의 각도는 30°) [10 산업]

answer

① 압력손실 : $\Delta P = \zeta \times \Delta P_v$

$\therefore \Delta P = 0.08 \times (30 - 20) = 0.8\,\text{mmH}_2\text{O}$

② 출구정압 : $P_{s2} = P_{s1} + (1-\zeta)\Delta P_v$

$\therefore P_{s2} = (-)15 - (1-0.08) \times (30-20)$
  $= -5.8\,\text{mmH}_2\text{O}$

04 입구부의 직경이 300mm, 출구부의 직경이 400mm인 원형 확대관내에 유량 0.5m³/sec가 흐르고 있다. 다음 물음에 답하시오. (단, 압력손실계수 0.81) [10 산업]

(1) 확대관의 압력손실(mmH_2O)을 구하시오.
(2) 입구 정압이 $-21.5(\text{mmH}_2\text{O})$일 때, 출구 정압($\text{mmH}_2\text{O}$)을 구하시오.

answer

(1) 확대관 압력손실 : $\Delta P = \zeta \times \Delta P_v$

$V_1 = \dfrac{Q}{A_1} = \dfrac{0.5}{3.14 \times (0.3)^2/4}$
  $= 7.08\,\text{m/sec}$

$P_{v1} = \dfrac{1.2 \times 7.08^2}{2 \times 9.8} = 3.07\,\text{mmH}_2\text{O}$

$V_2 = \dfrac{Q}{A_2} = \dfrac{0.5}{3.14 \times (0.4)^2/4}$
  $= 3.98\,\text{m/sec}$

$P_{v2} = \dfrac{1.2 \times 3.98^2}{2 \times 9.8} = 0.97\,\text{mmH}_2\text{O}$

$\therefore \Delta P = 0.81 \times (3.07 - 0.97) = 1.70\,\text{mmH}_2\text{O}$

(2) 출구 정압 : $P_{s2} = P_{s1} + (1-\zeta)\Delta P_v$

$\therefore P_{s2} = (-)21 + (1-0.81) \times (3.07 - 0.97)$
  $= -20.60\,\text{mmH}_2\text{O}$

10 기사 : 00,03,08,09,10,11,16 평점 6

후드 정압이 $20\text{mmH}_2\text{O}$일 때 속도압은 $12\text{mmH}_2\text{O}$이었다. 이때 유입계수(C_e)는 얼마인가?

[해설] 관련 이론 및 개념중심으로 학습해 두고, 답안은 다음의 "답안 작성" 부분만 답안지에 기재하면 된다.

관련 이론 및 개념

■ 유입계수, 유입손실계수, 후드 정압, 후드의 압력손실

1. 유입계수(C_e) : $C_e = \dfrac{Q(\text{실제유량})}{Q_{\max}(\text{최대유량})}$

   ❖ $C_e = \sqrt{\dfrac{1}{1+F_i}}$, $C_e = \sqrt{\dfrac{P_v}{|P_s|}}$

2. 유입손실계수(F_i) : $F_i = \dfrac{1-C_e^2}{C_e^2}$

3. 후드 정압(P_s, SP_h)

   ❖ $|P_s| = (1+F_i)P_v$

4. 후드의 압력손실(ΔP_h)

   ❖ $\Delta P_h = F_i \times P_v = F_i \times \left(\dfrac{\gamma V^2}{2g}\right)$

답안 작성

〈계산〉 $C_e = \sqrt{\dfrac{1}{1+F_i}}$

$F_i = \dfrac{\Delta P_h}{P_v} = \dfrac{20}{12} = 1.667$

$\therefore C_e = \sqrt{\dfrac{1}{1+1.667}} = 0.612$

여기서,
- C_e : 유입계수
- F_i : 유입손실계수
- P_v : 속도압(동압)
- P_s : 정압
- $|P_s|$, $|SP_h|$: 후드 정압
- ΔP_h : 후드 압력손실
- γ : 공기비중량
- V : 공기유속

필답형 계산문제

01 용접작업 공정 상부의 자유공간에 외부식 원형 후드가 설치되어 있다. 후드의 유입풍량이 $10\text{m}^3/\text{min}$, 후드 직경 200mm, 유입손실계수 0.4의 조건에서 후드의 압력손실(유입손실, mmH_2O)을 구하시오. (단, 가스밀도 1.2kg/m^3이다.)
[02,06②,08,15,19 산업]

answer

$\Delta P_h = F_i \times P_v$

$V = \dfrac{Q}{A} = \dfrac{10}{3.14 \times (0.2)^2/4}$
$= 318.47\,\text{m/min} = 5.31\,\text{m/sec}$

$P_v = \dfrac{\gamma V^2}{2g} = \dfrac{1.2 \times 5.31^2}{2 \times 9.8}$
$= 1.72\,\text{mmH}_2\text{O}$

$\therefore \Delta P_h = 0.4 \times 1.72 = 0.69\,\text{mmH}_2\text{O}$

02 어느 국소배기 시스템에는 유입손실계수가 0.65, 직경 30cm인 원형 후드가 설치되어 있다. 후드의 흡입유량이 $50\text{m}^3/\text{min}$일 때 후드 정압(mmH_2O)을 산출하시오. (단, 21℃, 1atm)
[09,11,13,17 산업][01,07②,10,17,19 기사]

answer

$|P_s| = (1+F_i)P_v$

$A = \dfrac{\pi D^2}{4} = \dfrac{3.14 \times 0.3^2}{4} = 0.071\,\text{m}^2$

$V = \dfrac{Q}{A} = \dfrac{50\,\text{m}^3/\text{min}}{0.071\,\text{m}^2} = 704.23\,\text{m/min}$
$= 11.74\,\text{m/sec}$

$P_v = \dfrac{\gamma V^2}{2g} = \dfrac{1.2 \times 11.74^2}{2 \times 9.8}$
$= 8.43\,\text{mmH}_2\text{O}$

$\therefore |P_s| = (1+0.65) \times 8.43 = 13.92\,\text{mmH}_2\text{O}$

필답형 계산문제

01 연마작업장에 설치된 하방형 그라인더 후드에는 유입계수가 0.65, 직경 11cm인 원형 후드가 설치되어 있다. 후드의 흡입유량이 $22.7m^3/min$일 때 후드 정압(mmH$_2$O)을 산출하시오. (단, 21℃, 1atm) [00,05,07,09②,11,13,14 기사]

answer

$$|P_s| = (1+F_i)P_v$$

- $F_i = \dfrac{1-C_e^2}{C_e^2} = \dfrac{1-0.65^2}{0.65^2} = 1.367$

- $A = \dfrac{3.14 \times 0.11^2}{4} = 9.5 \times 10^{-3}\,m^2$

- $V = \dfrac{Q}{A} = \dfrac{22.7\,m^3/min}{9.5 \times 10^{-3}\,m^2}$
  $= 2,389.85\,m/min = 39.83\,m/sec$

- $P_v = \dfrac{\gamma V^2}{2g} = \dfrac{1.2 \times 39.83^2}{2 \times 9.8}$
  $= 97.13\,mmH_2O$

∴ $|P_s| = (1+1.367) \times 97.13$
  $= 229.91\,mmH_2O$

02 국소배기시설에 설치된 Duct의 단면적은 $0.038m^2$이고, 덕트내를 흐르는 공기의 정압 $-64.5mmH_2O$, 전압 $-20.5mmH_2O$이다. 덕트내의 반송속도(m/sec)와 유량(m^3/min)을 각각 산출하시오. (단, 공기밀도 $1.2kg/m^3$) [08,10,14 산업][03,07,13,19 기사]

answer

① 반송속도 : $V = \sqrt{\dfrac{2gP_v}{\gamma}}$

- $P_v = P_t(\text{전압}) - P_s(\text{정압})$
  $= (-)20.5 - (-)64.5 = 44\,mmH_2O$

∴ $V = \sqrt{\dfrac{2 \times 9.8 \times 44}{1.2}} = 26.81\,m/sec$

② 유량 : $Q = A \times V$

- $A = 0.038\,m^2$

∴ $Q = 0.038\,m^2 \times 26.81\,m/sec$
  $= 1.019\,m^3/sec = 61.13\,m^3/min$

03 공기의 이송유량이 $0.165m^3/sec$이고, Duct의 직경이 11cm일 때, 관로내를 흐르는 유체의 속도압(mmH$_2$O)을 계산하시오. (단, 밀도 $1.2kg/m^3$, 유입손실계수 0.45이다.) [09 산업][03,06 기사]

answer

$$P_v = \dfrac{\gamma V^2}{2g}$$

- $A = \dfrac{3.14 \times 0.11^2}{4} = 9.5 \times 10^{-3}\,m^2$

- $V = \dfrac{Q}{A} = \dfrac{0.165\,m^3/sec}{9.5 \times 10^{-3}\,m^2}$
  $= 17.37\,m/sec$

∴ $P_v = \dfrac{1.2 \times 17.37^2}{2 \times 9.8} = 18.47\,mmH_2O$

04 어느 작업장의 환기시스템에서 국소배출장치가 설치되어 있다. 후드 유입계수 0.8, 원형 후드의 직경 20cm, 후드 정압 45mmH$_2$O이다. 이 환기 시스템의 유량(m^3/min)을 산출하시오. (단, 21℃, 1atm) [08 기사]

answer

$$Q = A \times V$$

- $A = \dfrac{\pi D^2}{4} = \dfrac{3.14 \times 0.2^2}{4} = 0.0314\,m^2$

- $F_i = \dfrac{1-C_e^2}{C_e^2} = \dfrac{1-0.8^2}{0.8^2} = 0.563$

- $|P_s| = (1+F_i)P_v$
  $45 = (1+0.563) \times P_v, \quad P_v = 28.8$

- $V = \sqrt{\dfrac{2gP_v}{\gamma}} = \sqrt{\dfrac{2 \times 9.8 \times 28.8}{1.2}}$
  $= 21.69\,m/sec$

∴ $Q = 0.0314\,m^2 \times 21.69\,m/sec$
  $= 0.681\,m/sec = 40.86\,m^3/min$

3 산업환기 및 작업환경 관리대책 [실기]

11 ㅁ기사 : 00,07,08,19
ㅁ산업 : 08,09,16
평점 5

송풍기의 흡입측 정압은 $60\text{mmH}_2\text{O}$이고, 배출측 정압은 $20\text{mmH}_2\text{O}$이다. 송풍기의 입구 평균유속이 20m/sec일 때, 송풍기의 정압(mmH_2O)을 구하시오.

[해설] 관련 이론 및 개념중심으로 학습해 두고, 답안은 다음의 "답안 작성" 부분만 답안지에 기재하면 된다.

관련 이론 및 개념

■ 송풍기 관련 계산문제의 공식

1. 유효정압 : $P_{sf} = |P_{so}| + |P_{si}| - P_{vi}$
2. 유효전압(전압손실) : $P_{tf} = P_{sf} + P_{vo} = \Delta P$
3. 동력계산 : $P(\text{kW}) = \dfrac{\Delta P \cdot Q}{102\,\eta_m \cdot \eta_s} \times \alpha$
4. 송풍기의 상사 법칙
   - 유량(풍량) : $Q = kD^3 N^1$
     ❖ $Q_2 = Q_1 \times \left(\dfrac{N_2}{N_1}\right)$
   - 풍압(압력손실) : $P_s = kD^2 N^2 \rho$
     ❖ $P_{s2} = P_{s1} \times \left(\dfrac{N_2}{N_1}\right)^2 = P_{s1} \times \left(\dfrac{Q_2}{Q_1}\right)^2$
   - 동력(마력) : $P = kD^5 N^3 \rho$
     ❖ $P_2 = P_1 \times \left(\dfrac{N_2}{N_1}\right)^3 = P_1 \times \left(\dfrac{V_2}{V_1}\right)^3$

답안 작성

〈계산〉 $P_{sf} = |P_{so}| + |P_{si}| - P_{vi}$

ㅁ $P_{vi} = \dfrac{\gamma V^2}{2g} = \dfrac{1.2 \times 20^2}{2 \times 9.8} = 24.49\,\text{mmH}_2\text{O}$

∴ $P_{sf} = 20 + 60 - 24.49 = 55.51\,\text{mmH}_2\text{O}$

여기서,
P_{so} : 출구정압
P_{si} : 입구정압
P_{vi} : 입구동압
Q : 가스유량(m^3/sec)
ΔP : 유효전압(압력손실)
α : 여유율(안전율)
η : 송풍기효율
η_m : 모터효율
P : 소요동력
D : 송풍기의 크기(날개)
N : 분당 회전수(rpm)
k : 비례상수
ρ : 공기밀도

필답형 계산문제

01 송풍기의 회전수가 1,200rpm일 때 유량이 $100\text{m}^3/\text{min}$이고, 송풍기 정압은 $1,800\text{N/m}^2$, 동력은 3.5kW이었다. 유량이 $125\text{m}^3/\text{min}$으로 증가될 경우 송풍기의 정압(N/m^2)과 소요동력(kW)은 각각 얼마인가? (단, 유체의 밀도는 일정하다고 가정함) [07,12 산업][07,08②,11 기사]

▶answer

① 송풍기 정압 : $P_{s2} = P_{s1} \times \left(\dfrac{Q_2}{Q_1}\right)^2$

∴ $P_{s2} = 1,800 \times \left(\dfrac{125}{100}\right)^2 = 3,515.63\,\text{N/m}^2$

② 동력 : $P_2 = P_1 \times \left(\dfrac{Q_2}{Q_1}\right)^3$

∴ $P_2 = 3.5 \times \left(\dfrac{125}{100}\right)^3 = 6.84\,\text{kW}$

02 송풍기의 분당 회전수가 1,000rpm일 때 송풍량은 $15\text{m}^3/\text{min}$, 풍압은 $10\text{mmH}_2\text{O}$, 동력은 1.5kW이었다. 회전수를 1,125rpm으로 증가시켰을 경우 송풍기의 풍량과 풍압 및 동력을 각각 산출하시오. [매회대비 09②,12,13,15 산업]
[매회대비 13,14,15②,17,19 기사]

▶answer

① $Q_2 = Q_1 \times (N_2/N_1)$
∴ $Q_2 = 15 \times (1,125/1,000) = 16.88\,\text{m}^3/\text{min}$

② $P_{s2} = P_{s1} \times (N_2/N_1)^2$
∴ $P_{s2} = 10 \times (1,125/1,000)^2 = 12.66\,\text{mmH}_2\text{O}$

③ $P_2 = P_1 \times (N_2/N_1)^3$
∴ $P_2 = 1.5 \times (1,125/1,000)^3 = 2.14\,\text{kW}$

필답형 계산문제

01 송풍기의 송풍량 100m³/min, 전압손실 95mmH₂O, 송풍기의 효율 70%, 여유율 1.2일 경우 이 송풍기의 소요동력(kW)을 산출하시오. [매회대비 12,14 산업][매회대비 10,11,16,18② 기사]

answer

$$P = \frac{\Delta P \cdot Q}{102 \times \eta} \times \alpha$$

$$\therefore P = \frac{95 \times (100/60)}{102 \times 0.7} \times 1.2 = 2.66 \text{ kW}$$

02 송풍기 흡입관의 정압과 속도압이 각각 −38 mmH₂O, 6mmH₂O이고, 배출관의 정압과 속도압이 각각 20mmH₂O, 12mmH₂O일 때, 송풍기의 유효정압과 유효전압은 각각 얼마인가? [03,07,15 산업]

answer

① 유효정압

〈계산〉 $P_{sf} = |P_{so}| + |P_{si}| - P_{vi}$

$\therefore P_{sf} = |38| + |20| - 6 = 52 \text{ mmH}_2\text{O}$

② 유효전압

〈계산〉 $P_{tf} = P_{sf} + P_{vo}$

$\therefore P_{tf} = 52 + 12 = 64 \text{ mmH}_2\text{O}$

03 송풍기 흡입관의 정압이 −95mmH₂O이고, 배출관의 정압은 10mmH₂O, 속도압은 흡입관, 배출관 각각 15mmH₂O이다. 반송유량 150m³/min인 송풍기의 소요동력(kW)은 얼마인가? (단, 송풍기의 효율 80%, 여유율 1.2이다.) [17 산업]

answer

$$P = \frac{\Delta P \cdot Q}{102 \times \eta} \times \alpha$$

ㅁ $\Delta P = P_{tf} = P_{sf} + P_{vo}$
$= |95| + |10| - 15 + 15$
$= 105 \text{ mmH}_2\text{O}$

$\therefore P = \frac{105 \times (150/60)}{102 \times 0.8} \times 1.2 = 3.86 \text{ kW}$

04 송풍기 정압이 1,800N/m²일 때, 이송유량은 25m³/sec이다. 유량이 38m³/sec로 증가할 경우 정압(N/m²)을 구하시오. [15,19 산업][15 기사]

answer

$P_{s2} = P_{s1} \times (Q_2/Q_1)^2$

$\therefore P_{s2} = 1,800 \times (38/25)^2 = 4,158.72 \text{ N/m}^2$

05 송풍기의 송풍량 250m³/min, 송풍기 정압은 200mmH₂O, 송풍기의 효율 0.7, 여유율 1.2일 경우 이 송풍기의 축동력(kW)을 산출하시오. [07 기사]

answer

$$P = \frac{\Delta P \cdot Q}{102 \times \eta}$$

$$\therefore P = \frac{200 \times (250/60)}{102 \times 0.7} = 11.67 \text{ kW}$$

※ 축동력 산출에는 여유율이 제외됨

06 송풍기의 설치 초기 송풍량은 300m³/min, 정압은 100mmH₂O, 동력은 10HP, 임펠러의 회전수는 600rpm이었다. 일정기간 가동 후 임펠러의 회전수가 500rpm으로 떨어진 경우 변경된 송풍량, 정압을 구하고, 송풍기의 정압이 감소된 이유 2가지를 예측하시오. [14 기사]

answer

① 송풍량 : $Q_2 = Q_1 \times (N_2/N_1)$

〈계산〉 $Q_2 = 300 \times (500/600) = 250 \text{ m}^3/\text{min}$

② 송풍기 정압 : $P_{s2} = P_{s1} \times (N_2/N_1)^2$

〈계산〉 $P_{s2} = 100 \times (500/600)^2 = 69.44 \text{ mmH}_2\text{O}$

③ 송풍기 정압의 감소 이유
- 벨트의 마모 및 장력 부족
- 임펠러의 마모 및 분진 부착

07 송풍기의 회전수가 10% 감소되었을 때, 유량, 풍압, 동력은 처음의 몇 %가 되는지를 각각 산출하시오. (단, 기체의 밀도 등 기타조건은 동일하다고 가정함) [00,07 산업]

answer

① 송풍량 : $Q_2 = Q_1 \times \left(\dfrac{0.9N}{N}\right)$

〈계산〉 유량비율 $= \dfrac{0.9 Q_1}{Q_1} \times 100 = 90\%$

② 풍압 : $P_{s2} = P_{s1} \times \left(\dfrac{0.9N}{N}\right)^2$

〈계산〉 풍압비율 $= \dfrac{0.9^2 \Delta P_1}{\Delta P_1} \times 100 = 81\%$

③ 동력 : $P_2 = P_1 \times \left(\dfrac{0.9N}{N}\right)^3$

〈계산〉 동력비율 $= \dfrac{0.9^3 \Delta P_1}{\Delta P_1} \times 100 = 72.9\%$

3 산업환기 및 작업환경 관리대책 [실기]

필답형 계산문제

01 국소배기 시스템에서 반송 Duct의 단면적이 $0.038m^2$이고, 덕트내 정압은 $-64.5mmH_2O$, 전압은 $-20.5mmH_2O$이다. Duct내의 반송속도(m/sec) 및 공기유량(m^3/min)을 각각 산출하시오. (단, 공기밀도 $1.2kg/m^3$)
[12,19 산업][10,17,18 기사]

02 송풍기의 송풍량이 $18m^3$/min(25℃ 공기)일 때 송풍기 정압은 $48mmH_2O$, 송풍기의 축동력은 0.52kW이었다. 동일한 송풍기를 사용하여 50℃의 공기를 송풍할 경우, 송풍기의 정압과 축동력(kW)을 각각 산출하시오. [07 산업]

03 제어속도가 0.5m/sec인 부스식 후드가 길이 10m인 Duct 끝에 공기정화장치와 송풍기가 연결된 국소배출 시스템이 있다. 부스식 후드의 개구면 크기는 155cm×125cm이고, 정압손실은 $0.03mmH_2O$이다. 관마찰손실계수 0.03, 공기정화장치의 압력손실이 $90mmH_2O$일 때, 다음 물음에 답하시오. (단, 공기의 밀도는 표준상태로 한다.) [15 기사]

(1) 후드 송풍량(m^3/min)을 구하시오.
(2) 반송속도를 15m/sec으로 유지할 때, 원형 Duct의 직경(cm)을 구하시오.
(3) 송풍기에 요구되는 총압력손실(mmH_2O)을 구하시오.
(4) 송풍기의 소요동력(kW)을 구하시오. (단, 효율은 75%, 여유율 20%)

04 어느 작업장에 가로×세로의 규격이 60cm×60cm인 외부식 측방형 후드(플랜지 부착식)로 오염물질을 포집한 후 원형 Duct로 이송하여 공기정화장치에서 처리하고 있다. 다음 물음에 답하시오.
[12② 기사]

- 제어속도 : 0.5m/sec
- 후드와 발생원과의 거리 : 40cm
- 후드 압력손실계수 : 0.30
- 반송속도 : 10m/sec
- 후드의 압력손실 : $0.03mmH_2O$
- 공기정화기 압력손실 : $100mmH_2O$
- 작업장내 총 덕트 길이 : 5m
- 송풍기효율 : 75%
- 공기밀도 : 1.2

$$h_L = 2.74 \frac{(V/1{,}000)^{1.9}}{D^{1.22}}$$

(1) 유량(m^3/min)을 구하시오.
(2) 총압력손실(mmH_2O)을 구하시오.
(3) 소요동력(kW)을 산출하시오.

05 미세한 먼지를 포집하기 위해 설계된 후드의 환기량은 $200m^3$/min, 후드 정압은 $60mmH_2O$이었다. 5개월 가동 후 측정된 후드 정압이 $15.2mmH_2O$로 낮아졌다. 다음 물음에 답하시오. [14,16 기사]

(1) 현재 후드에 의한 환기량을 구하시오.
(2) 후드 정압이 감소하게 된 원인(후드에 국한)을 2가지 쓰시오.

필답형 계산문제 답안

01 ① 반송속도 계산

〈계산〉 $V = \sqrt{\dfrac{2gP_v}{\gamma}}$ $\begin{cases} P_t = P_s + P_v \\ \therefore P_v = (-)20.5 - (-)64.5 = 44mmH_2O \end{cases}$

$\therefore V = \sqrt{\dfrac{2 \times 9.8 \times 44}{1.2}} = 26.01 \, \text{m/sec}$

② 공기유량 계산

〈계산〉 $Q = A \times V$

$\therefore Q = 0.038 \times 26.01 = 1.09 \, m^3/\text{sec} = 61.12 m^3/\text{min}$

02 ① 송풍기정압

〈계산〉 $P_s = kD^2 N^2 \rho^1 = K_o \times \rho$, $\{K_o : 비례상수(constans)$

　　　□ $\rho_2 = \rho_1 \times \dfrac{273+t_1}{273+t_2}$

　　　∴ $P_{s2} = P_{s1} \times \dfrac{273+t_1}{273+t_2} = 48 \times \dfrac{273+25}{273+50} = 44.28 \text{ mmH}_2\text{O}$

② 축동력 계산

〈계산〉 $P = kD^5 N^3 \rho^1 = K_o \times \rho$, $\{K_o : 비례상수(constans)$

　　　∴ $P_2 = P_1 \times \dfrac{273+t_1}{273+t_2} = 0.52 \times \dfrac{273+25}{273+50} = 0.48 \text{ kW}$

03 (1) 유량 계산

〈계산〉 $Q_c = A V_c$ $\begin{cases} A = WH = 1.55 \times 1.25 = 1.938 \text{ m}^2 \\ V_c = 0.5 \text{ m/sec} \end{cases}$

　　　∴ $Q_c = 1.938 \times 0.5 = 0.969 \text{ m}^3/\text{sec} = 58.13 \text{ m}^3/\text{min}$

(2) Duct직경 계산

〈계산〉 $\dfrac{\pi D^2}{4} = \dfrac{Q}{V_d}$ $\begin{cases} Q_c = Q_d = 0.969 \text{ m}^3/\text{sec} \\ V_d = 15 \text{ m/sec} \end{cases}$

　　　∴ $\dfrac{\pi D^2}{4} = \dfrac{0.969}{15}$, $D = 0.2869 \text{ m} = 28.69 \text{ cm}$

(3) 압력손실 계산

〈계산〉 $\Delta P_T = \Delta P_f(관내마찰) + \Delta P_H(후드) + \Delta P_d(공기정화기)$

　　　□ $\Delta P_f = \lambda \times \dfrac{L}{D} \times \dfrac{\gamma V^2}{2g} = 0.03 \times \dfrac{10}{0.287} \times \dfrac{1.2 \times 15^2}{2 \times 9.8} = 14.4 \text{ mmH}_2\text{O}$

　　　∴ $\Delta P_T = 14.4 + 0.03 + 90 = 104.43 \text{ mmH}_2\text{O}$

(4) 동력 계산

〈계산〉 $P = \dfrac{\Delta P \cdot Q}{102 \times \eta} \times \alpha$

　　　∴ $P = \dfrac{104.4 \times 0.969}{102 \times 0.75} \times 1.2 = 1.59 \text{ kW}$

04 (1) 유량 계산

〈계산〉 $Q_c = (10X^2 + A) V_c$

　　　□ $A = WH = 0.6 \times 0.6 = 0.36 \text{ m}^2$

　　　∴ $Q_c = (10 \times 0.4^2 + 0.36) \times 0.5 \times 60 = 58.8 \text{ m}^3/\text{min}$

(2) 총압력손실 계산

〈계산〉 $\Delta P_T = \Delta P_f(\text{관내마찰}) + \Delta P_H(\text{후드}) + \Delta P_d(\text{공기정화기})$

- $\Delta P_{f(100ft)} = 2.74 \dfrac{(V/1,000)^{1.9}}{D^{1.22}}$ … (Wright 식)

  $\begin{cases} \bullet\ Q_c = \dfrac{58.8}{60} = \dfrac{\pi D^2}{4} \times V \\ \qquad = \dfrac{3.14}{4} \times D^2 \times 10\text{m/sec} \\ \qquad \therefore D = 0.353\text{m} = 13.91\text{in} \\ \bullet\ V = \dfrac{10\text{m}}{\text{sec}} \times \dfrac{1\text{ft}}{0.3048\text{m}} \times \dfrac{60\text{sec}}{\text{min}} \\ \qquad = 1,968.5\,\text{ft/min} \end{cases}$

⇨ $\Delta P_{f(100ft)} = 2.74 \dfrac{(1,968.5/1,000)^{1.9}}{13.91^{1.22}} = 0.146\ \text{inH}_2\text{O}/100\text{ft}$

⇨ $\dfrac{0.146\ \text{inH}_2\text{O}}{100\text{ft}} \times 5\text{m} \times \dfrac{\text{ft}}{0.3048\text{m}} \times \dfrac{2.54\text{cm}}{\text{in}} \times \dfrac{10\text{mm}}{\text{cm}} = 0.608\ \text{mmH}_2\text{O}$

∴ $\Delta P_T = 0.608 + 0.03 + 100 = 100.64\ \text{mmH}_2\text{O}$

(3) 소요동력 계산

〈계산〉 $P = \dfrac{\Delta P \cdot Q}{102 \times \eta} \times \alpha$

∴ $P = \dfrac{100.64 \times 0.98}{102 \times 0.75} \times 1.0 = 1.29\,\text{kW}$

05 (1) 환기량 계산(상사 법칙 적용)

〈계산〉 $P_{s2} = P_{s1} \times \left(\dfrac{Q_2}{Q_1}\right)^2$ ⇨ $15.2 = 60 \times \left(\dfrac{Q_2}{200}\right)^2$

∴ $Q_2 = 100.66\,\text{m}^3/\text{mim}$

(2) 환기량의 감소원인
  ① 후드 연결부위에 구멍뚫림
  ② 충만실의 막힘

12 □ 기사 : 00,05,10,15,16,19
□ 산업 : 07,08

평점 6

밀도 1.3g/cm^3, 입자직경 $15\mu\text{m}$인 분진입자가 공기 중에서 자연침강할 때, 입자의 침강속도(cm/sec)를 구하시오. (단, Stokes식을 적용하고, 공기밀도는 0.0012g/cm^3, 점성계수는 $1.78\times 10^{-4}\text{g/cm}\cdot\text{sec}$으로 함)

해설 관련 이론 및 개념중심으로 학습해 두고, 답안은 다음의 "답안 작성" 부분만 답안지에 기재하면 된다.

관련 이론 및 개념

■ 집진장치의 성능 계산

1. 중력집진장치
   - 입자 침강속도
     ❖ $V_g(\text{m/sec}) = \dfrac{d_p^2(\rho_p-\rho)g}{18\mu}$
     ❖ $V_g(\text{cm/sec}) = 0.003\,S_p\,d_\mu^2$ (1~50μm 범위)
   - 효율 : $\eta_d(\%) = \dfrac{V_g L}{UH}\times 100$
   - 입자 침강시간 : $t = \dfrac{H}{V_g}$

2. 원심력집진장치(사이클론)
   - 분리계수 : $S = \dfrac{\text{원심력}}{\text{중력}} = \dfrac{V^2}{R\cdot g}$
   - 효율 : $\eta_d(\%) = \dfrac{d_p^2(\rho_p-\rho)\pi N_e V}{9\mu B_c}\times 100$
   - 절단입경 : $d_{p_{50}} = \left[\dfrac{9\mu B_c}{2(\rho_p-\rho)\pi N_e V}\right]^{1/2}\times 10^6$

3. 전기집진장치
   - 효율 : $\eta = 1-e^{-\frac{AW_e}{Q}K}$

4. 입·출구 먼지농도에 따른 효율 계산
   - 농도만 이용 : $\eta = \left(1-\dfrac{C_o}{C_i}\right)\times 100$
   - 농도-유량 이용 : $\eta = \left(1-\dfrac{C_o Q_o}{C_i Q_i}\right)\times 100$

5. 직렬연결에 따른 효율 계산
   ❖ $\eta_T = \eta_1 + \eta_2(1-\eta_1)$

답안 작성

〈계산〉 $V_g = \dfrac{d_p^2(\rho_p-\rho)g}{18\mu}$

■ $d_p : 15\mu\text{m} = 15\times 10^{-3}\text{mm} = 15\times 10^{-4}\text{cm}$

∴ $V_g = \dfrac{(15\times 10^{-4})^2\times(1.3-0.0012)\times 980}{18\times 1.78\times 10^{-4}}$

$= 0.89\,\text{cm/sec}$

여기서, $\begin{cases} V_g : \text{중력침강속도(m/sec)} \\ d_p : \text{입자의 직경(m)} \\ d_\mu : \text{입자직경}(\mu\text{m}) \\ \rho_p : \text{입자의 밀도(kg/m}^3) \\ S_p : \text{입자비중} \\ \rho : \text{가스의 밀도(kg/m}^3) \\ \mu : \text{가스의 점도(kgm/sec)} \\ U : \text{수평유속(m/sec)} \\ H : \text{장치의 높이(m)} \\ L : \text{장치의 길이(m)} \end{cases}$

여기서, $\begin{cases} V : \text{선회가스 유속(m/sec)} \\ R : \text{선회반경} \\ B_c : \text{입구폭(m)} \\ N_e : \text{선회수} \\ d_{p50} : \text{절단입경(50\% 한계입경)}(\mu\text{m}) \end{cases}$

여기서, $\begin{cases} A : \text{집진면적(m}^2) \\ W_e : \text{입자의 겉보기 이동속도(m/sec)} \\ Q : \text{처리가스량(m}^3/\text{sec}) \\ K : \text{형상등 보정계수} \end{cases}$

여기서, $\begin{cases} C_i : \text{유입농도} \\ Q_i : \text{유입유량} \\ C_o : \text{유출농도} \\ Q_o : \text{유출유량} \\ \eta_1 : \text{1차측 집진율} \\ \eta_2 : \text{2차측 집진율} \end{cases}$

필답형 계산문제

01 직경이 $5\mu m$, 비중이 1.8인 A물질의 침강속도(cm/sec)는? [09②,12,16,18 산업][03,09,12,15 기사]

answer

$$V_g = 0.003\, S_p\, d_\mu^2$$
$$\therefore V_g = 0.003 \times 1.8 \times (5)^2 = 0.135\,\text{cm/sec}$$

02 작업장에서 비산먼지가 발생하였다. 비산먼지의 발생 이후 2차 비산분진 발생을 억제시키기 위해서는 몇 분 후에 청소를 시작하는 것이 좋은가? (단, 작업장 바닥에서 천장까지의 높이는 3m, 비산먼지의 직경은 $2\mu m$, 비산먼지의 비중은 2.5이다.) [11,16 기사]

answer

$$t = \frac{H}{V_g}$$
$$\square\ V_g = 0.003\, S_p\, d_\mu^2 = 0.003 \times 2.5 \times 2^2 = 0.03\,\text{cm/sec}$$
$$\therefore t = \frac{300}{0.03} = 10{,}000\,\text{sec} = 166.67\,\text{min}$$

03 2단으로 된 전기집진장치로 유입되는 분진농도는 $4{,}600\text{mg/m}^3$이고, 가스량은 $100\text{m}^3/\text{min}$이다. 집진판의 규격은 가로 2.4m, 세로 3.6m이고, 집진판의 간격은 25cm이다. 하나의 Duct에 $75\text{m}^3/\text{min}$의 함진가스를 유입시켜 처리하고, 다른 하나는 $25\text{m}^3/\text{min}$의 함진가스를 유입시켜 처리하고 있다. 집진 후 배출되는 분진량(g/hr)을 구하시오. (단, 분진의 겉보기 이동속도는 0.12m/sec이다.) [00,06,09 기사]

$$\eta = 1 - \exp\left[-\frac{A \cdot W_e}{Q}\right]$$

answer

$$S_o = C_i \times Q_i \times (1-\eta)$$
$$\square\ \eta_1 = 1-\exp\left[-\frac{A\cdot W_e}{Q_1}\right] = 1-e^{-\frac{2\times 2.4\times 3.6\times 0.12}{75/60}} = 0.81$$
$$\square\ \eta_2 = 1-\exp\left[-\frac{A\cdot W_e}{Q_2}\right] = 1-e^{-\frac{2\times 2.4\times 3.6\times 0.12}{25/60}} = 0.993$$
$$\therefore S_o = 4{,}600\times 75\times(1-0.81) + 4{,}600\times 25\times(1-0.993)$$
$$= 66{,}355\,\text{mg/min} = 3{,}981.3\,\text{g/hr}$$

04 표준형 사이클론 집진장치내로 900m/min의 속도로 80℃의 함진가스가 유입된다. 사이클론의 외통경은 2.8m이고, 사이클론 유입구의 폭은 외통경의 1/4, 함진가스의 유효 회전수는 5회이다. 다음의 조건을 이용하여 평균입경 $30\mu m$인 분진입자의 포집효율을 구하시오. (단, 사이클론의 절단입경은 다음의 식을 이용하고, 80℃ 함진가스의 점도는 $2.1\times 10^{-5}\text{kg/m}\cdot\text{sec}$, 가스밀도(0℃, 1기압) 1.3kg/m^3) [07,12 기사]

$$D_p = \left(\frac{9\mu B}{2\pi NV(\rho_p - \rho)}\right)^{0.5}$$

[Lapple법의 사이클론 성능 표]

d_p/D_p	1.6	2.1	2.6	3.1
제거효율	70	81	88	91

answer

$$D_p = \left(\frac{9\mu B}{2\pi NV(\rho_p - \rho)}\right)^{0.5}$$
$$\square\ \rho_p = 1.5\,\text{g/cm}^3 = 1{,}500\,\text{kg/m}^3$$
$$\square\ \rho = \rho_s \times \frac{273}{273+t} = 1.3\,\text{kg/m}^3 \times \frac{273}{273+80} = 1.0\,\text{kg/m}^3$$
$$\square\ V = 900\,\text{m/min} = 15\,\text{m/sec}$$
$$\therefore D_p = \left(\frac{9\times 2.1\times 10^{-5}\times 2.8\times(1/4)}{2\times 3.14\times 5\times 15\times(1{,}500-1.0)}\right)^{0.5}$$
$$= 1.368\times 10^{-5}\,\text{m} = 13.68\,\mu m$$
$$\Rightarrow \frac{d_p}{D_p} = \frac{30}{13.68} = 2.13$$
$$\therefore \text{성능 표에서 2.1의 집진효율 81\%}$$

05 어느 먼지 배출공정에 전기집진장치를 설치하였다. 전기집진장치의 입구농도가 4mg/m^3일 때 집진장치 출구농도는 0.3mg/m^3이었다. 이 집진장치의 먼지포집효율은 몇 %인가? [02,08 산업]

answer

$$\eta = \left(1 - \frac{C_o}{C_i}\right)\times 100$$
$$\therefore \eta = \left(1 - \frac{0.3}{4}\right)\times 100 = 92.5\,\%$$

필답형 계산문제

01 국소환기 시스템에서 집진장치로 유입되는 분진 농도는 10g/m³이고, 함진가스량은 1,000m³/hr 이다. 집진장치의 배출구로 분진량을 1일 50kg 으로 유지하기 위해서 요구되는 집진효율(%)은 얼마이어야 하는가? (단, 연속가동기준) [06 기사]

answer

$$\eta = \left(1 - \frac{C_o Q_o}{C_i Q_i}\right) \times 100$$

- $C_o \times Q_o = 50 \, \text{kg/day}$
- $C_i \times Q_i = \dfrac{10 \times 10^{-3} \, \text{kg}}{\text{m}^3} \times \dfrac{1,000 \, \text{m}^3}{\text{hr}} \times \dfrac{24 \, \text{hr}}{\text{day}}$
  $= 240 \, \text{kg/day}$

$$\therefore \eta = \left(1 - \frac{50}{240}\right) \times 100 = 79.17\%$$

02 집진효율이 50%인 중력집진장치와 55%인 관성력집진장치, 60%인 원심력집진장치, 70% 인 여과집진장치 4개를 직렬로 연결한 집진시스템이 있다. 중력집진장치로 유입되는 먼지농도가 1,000mg/m³일 때, 시스템의 최종 배출구 먼지농도(mg/m³)를 구하시오. [16 산업]

answer

$$C_o = C_i \times (1 - \eta_T)$$

$$\therefore C_o = 1,000 \times (1-0.5) \times (1-0.55) \\ \times (1-0.6) \times (1-0.7) \\ = 27 \, \text{mg/m}^3$$

03 2개의 집진장치를 직렬로 연결한 집진시스템에서 총집진효율은 99%이었다. 두 번째 집진장치의 집진효율이 97%일 때, 첫 번째 집진장치의 집진효율(%)은 얼마인가? [17 산업][01,07,08 기사]

answer

$$\eta_T = \eta_1 + \eta_2(1-\eta_1)$$

$$\Rightarrow 0.99 = \eta_1 + 0.97 \times (1-\eta_1)$$

$$\therefore \eta_1 = 1 - \frac{(1-\eta_T)}{(1-\eta_2)} = 1 - \frac{(1-0.99)}{(1-0.97)}$$

$$= 0.6666 = 66.67\%$$

04 집진효율 70%인 사이클론 집진장치와 전기 집진장치를 직렬로 연결한 집진시스템의 총집진효율은 99%이었다. 이때 전기집진장치의 집진효율(%)을 구하시오. [05,14 산업]

answer

$$\eta_T = \eta_1 + \eta_2(1-\eta_1)$$

$$\Rightarrow 0.99 = 0.7 + \eta_2 \times (1-0.7)$$

$$\therefore \eta_2 = 1 - \frac{(1-\eta_T)}{(1-\eta_1)} = 1 - \frac{(1-0.99)}{(1-0.7)}$$

$$= 0.9667 = 96.67\%$$

CHAPTER 04 작업환경관리

1 작업환경 관리방법 · 개선대책

이승원의 **minimum point**

(1) 작업환경관리 우선순위

- ☪ **작업환경관리** : 관리(control)는 유해인자로부터 **근로자를 보호하는 모든 수단**을 말함
  - **발생원관리** : 발생원 또는 유해요인으로부터 근로자를 보호하기 위한 대치, 격리(환기) 또는 밀폐, 공정의 재설계, 기타 물리적·화학적·생물학적 인자의 관리
  - **작업관리** : 조업방법 개선, 작업환경의 청결유지 및 정리정돈, 작업환경 평가(측정), 개인보호구 착용, 기타 작업환경의 공학적 관리
  - **공정관리** : 유해물질 발산 차단, 발생원의 격리와 환기, 위험요인 제거
  - **의학적 관리** : 위생관리, 스트레스 관리, 영양관리 및 주기적인 건강진단
  - **교육** : 기업주와 근로자에 대한 보건교육 실시, 직업성 질환인식 및 예방의식 제고

- ☪ **작업환경관리 우선순위** : 공학적 대책(대치/격리/환기/공정관리) → 관리적 대책(근로시간 변경, 순환근무, 이중배치, 교육·훈련) → 작업관리(노출관리, 보호구 착용 등)

(2) 작업환경개선

- ☪ **작업환경개선의 기본원칙** : 대치(물질변경, 공정변경, 시설변경), 격리, 환기, 교육

- ☪ **대치(代置, substitution)** : 보완적으로 대체하는 것 → 작업환경개선을 위한 물질·원료변경, 공정변경, 시설변경 등이 이에 해당함
  - **물질변경**
    - 성냥 제조 시 황린, 백린을 → 적린으로
    - 분체의 원료의 작은 입자를 → 큰 입자로
    - 야광시계 자판의 라듐을 → 인으로
    - 석면을 → 유리섬유나 암면으로
    - 메틸브로마이드를 → 프레온 → HCFC으로
    - 샌드 블라스트(sand blasting)를 → 쇼트 블라스트(shot blasting)로
  - **공정변경**
    - 분무도장을 → 담금도장으로
    - 리벳팅공정을 → 아크용접공정으로 → 볼트, 너트 작업공정으로
    - 압축공기 분무도장을 → 정전기도장으로
    - 건식(분쇄, 연마)작업을 → 물 등에 의한 습식화(계면활성제 용액 등을 분사)로
    - 금속을 두드려서 자르는 대신 → 톱으로 자르는 공정으로

- 납 땜질 연마용 고속회전 그라인더를 → 저속 Oscillating-type sander로 변경
- 고속회전 작은 날개 송풍기를 → 큰 날개, 저속회전 송풍기로 변경
- **시설변경**
  - 임팩트 렌치를 → 유압식 렌치로
  - 일반 그라인더를 → 후드 부착그라인더로
  - 흄 배출용 드래프트 창을 → 안전유리로
  - 가연성 물질의 저장용 유리병을 → 철제 통으로

ⓛ **격리**(隔離, Isolation) : 유해인자와 작업자 사이에 장벽, 거리, 시간 등의 요소를 부여하는 것
- **공정의 격리** : 원격조정, 중앙통제시스템 구축, CCTV 이용, 방사선 동위원소 취급용 밀폐장소 설치, 저장탱크들 사이에 도랑 설치 등
- **근로자의 격리** : 근로자용 부스설치, 근로자 주위에 차단벽 설치

(3) 사업주의 관리사항

사업주가 → 작업배치 전 → 작업근로자에게 알려주어야 할 사항

- **관리대상 유해물질 취급자에게**
  - 관리대상 유해물질의 명칭 및 물리적·화학적 특성
  - 인체에 미치는 영향과 증상
  - 취급상의 주의사항
  - 착용하여야 할 보호구와 착용방법
  - 위급상황 시의 대처방법과 응급조치 요령

- **진동작업 근로자에게**
  - 인체에 미치는 영향과 증상
  - 보호구의 선정과 착용방법
  - 진동기계·기구 관리방법
  - 진동장해 예방방법

- **방사선 관련 근로자에게**
  - 방사선이 인체에 미치는 영향
  - 안전한 작업방법 및 건강관리 요령

- **병원체 취급 근로자에게**
  - 감염병의 종류와 원인
  - 전파 및 감염경로
  - 감염병의 증상과 잠복기
  - 감염되기 쉬운 작업의 종류와 예방방법
  - 노출 시 보고 등 노출과 감염후 조치

- **분진 취급 근로자에게**
  - 분진의 유해성과 노출경로
  - 분진의 발산방지와 작업장의 환기방법
  - 작업장 및 개인 위생관리
  - 호흡용 보호구의 사용방법
  - 분진에 관련된 질병 예방방법

- **공기정화설비 등의 청소, 개·보수 작업자에게**
  - 발생하는 사무실 오염물질의 종류 및 유해성
  - 사무실 오염물질 발생을 억제할 수 있는 작업방법
  - 착용하여야 할 보호구와 착용방법
  - 응급조치 요령
  - 그 밖에 근로자의 건강장해의 예방에 관한사항

- **근골격계부담작업을 하는 자에게**
  - 근골격계 부담작업의 유해요인
  - 근골격계 질환의 징후와 증상
  - 근골격계 질환발생 시의 대처요령
  - 올바른 작업자세와 작업도구, 작업시설의 올바른 사용방법

PART 3 산업환기 및 작업환경 관리대책

예상 01
- 기사 : 출제대비
- 산업 : 00,02,05,06,09,11,13

작업환경에서 발생되는 유해요인을 감소시키기 위한 공학적 대책과 가장 거리가 먼 것은 어느 것인가?

① 유해성이 적은 물질로 대치
② 개인 보호장구의 착용
③ 유해물질과 근로자 사이에 장벽 설치
④ 국소 및 전체 환기시설 설치

해설 공학적 대책은 대치와 격리, 환기로 크게 대별된다. 개인 보호장구의 착용은 유해요인을 감소시키는 대책과 거리가 멀고, 관리적 대책으로 분류된다.

답 ②

유.사.문.제

01 다음 중 작업환경개선의 기본원칙과 가장 거리가 먼 것은? [17 산업]
① 교육　　② 환기
③ 휴식　　④ 공정변경

hint 작업환경개선의 기본원칙은 대치(물질변경, 공정변경, 시설변경), 격리, 환기, 교육이다.

02 작업환경개선의 기본원칙으로 짝지어진 것은? [18 기사]
① 대체, 시설, 환기
② 격리, 공정, 물질
③ 물질, 공정, 시설
④ 격리, 대체, 환기

03 다음 중 작업환경개선에서 공학적인 대책과 가장 거리가 먼 것은? [17 기사]
① 환기　　② 대체
③ 교육　　④ 격리

hint 공학적 대책 : 대치/격리/환기/공정관리
관리적 대책 : 근로시간변경/순환근무/이중배치/의학적/교육·훈련~개인보호구 착용 등

04 작업환경개선을 위한 공학적인 대책과 가장 거리가 먼 것은? [02,03,13 산업]
① 환기　　② 평가
③ 격리　　④ 대치

05 다음 중 작업환경개선의 기본원칙인 대체(대치)의 방법과 가장 거리가 먼 것은? [18 기사]
① 시간의 변경
② 시설의 변경
③ 공정의 변경
④ 물질의 변경

hint 대치(대체)는 보완적으로 대체하는 것으로 작업환경개선을 위한 물질(사용원료)의 변경, 공정의 변경, 시설의 변경 등이다.

06 작업환경개선의 기본원칙인 대치(대체)의 방법과 가장 거리가 먼 것은? [05,10 산업][13 기사]
① 장소의 변경　　② 시설의 변경
③ 공정의 변경　　④ 물질의 변경

07 유해한 작업환경에 대한 개선대책인 대치의 내용과 가장 거리가 먼 것은? [00,03,15,17,19 산업]
① 공정의 변경　　② 시설의 변경
③ 작업자의 변경　　④ 물질의 변경

08 작업환경개선의 기본원칙 중 대치의 관리방법에 해당하지 않는 것은? [03,15,16 산업][03 기사]
① 공정 변경
② 작업위치 변경
③ 유해물질 변경
④ 시설의 변경

정답 01.③ 02.④ 03.③ 04.② 05.① 06.① 07.③ 08.②

04. 작업환경관리

- 기사 : 출제대비
- 산업 : 10

02 다음 가동 중인 시설에 대한 작업환경대책 중 성격이 다른 것은?

① 작업시간 변경　　② 작업량 조절
③ 순환배치　　　　④ 공정변경

[해설] ①,②,③항은 관리적 대책이지만 ④항만 공학적 대책이다.
- 공학적 대책 : 대치(물질변경, 공정변경, 시설변경), 격리, 환기, 기타 공정개선
- 관리적 대책 : 근로시간변경, 순환근무, 이중배치, 교육, 훈련
- 노출관리 : 개인보호구(호흡보호구, 청력보호구, 장갑 등 각종 보호구 등)에 의한 작업자의 보호

답 ④

- 기사 : 00,02,05,09,10,14,18
- 산업 : 01,04,05,08,10,14,18

03 다음 중 유해작업환경에 대한 개선대책 중 대치(substitution) 방법에 대한 설명으로 옳지 않은 것은?

① 아조염료의 합성에 디클로로벤지딘 대신 벤지딘을 사용한다.
② 분체입자를 큰 것으로 바꾼다.
③ 야광시계의 자판을 라듐 대신 인을 사용한다.
④ 금속 세척작업 시 TCE 대신에 계면활성제를 사용한다.

[해설] 아조염료의 합성에 사용되는 벤지딘을 → 디클로로벤지딘으로 대치한다.

답 ①

유.사.문.제

01 유해화학물질에 대한 발생원 대책으로 원재료의 대체방법을 열거한 예이다. 옳은 것만으로 짝지어진 것은? [13 산업]

a. 아조 염료 합성에 벤지딘 → 디클로로벤지딘으로
b. 금속 세척작업에 트리클로로에틸렌 → 계면활성제로
c. 샌드블라스팅에 모래 → 철가루로
d. 야광시계의 자판을 인 → 라듐으로

① a, b, c　　② a, c, d
③ b, c, d　　④ 모두

hint 야광시계 자판의 라듐을 → 인(P)으로 대체한다.

02 산업장에서 사용물질의 독성이나 위험성을 줄이기 위하여 사용물질을 변경하는 경우로 가장 타당한 것은? [02,05,07,08,15 산업]

① 유기합성 용매로 지방족화합물을 사용하던 것을 방향족화합물의 휘발유계 용매로 전환한다.
② 금속제품의 탈지에 계면활성제를 사용하던 것을 트리클로로에틸렌으로 전환한다.
③ 분체의 원료는 입자가 큰 것으로 전환한다.
④ 금속제품 도장용으로 수용성 도료를 유기용제로 전환한다.

hint ③항만 옳다.

▶ 바르게 고쳐보기 ◀
① 방향족화합물의 휘발유계 용매를 → 지방족화합물 용매로 전환
② 트리클로로에틸렌을 → 계면활성제로 전환
④ 유기용제를 → 수용성 도료로 전환

정답 | 01.① 02.③

● 737

종합연습문제

01 작업환경 중에서 발생되는 분진에 대한 방진대책을 수립하고자 한다. 다음 중 분진발생 방지대책으로 가장 적합한 방법은? [18 산업]

① 전체환기
② 작업시간의 조정
③ 물 등에 의한 취급물질의 습식화
④ 방진마스크나 송기마스크에 의한 흡입방지

hint 제시된 항목 중 건식(분쇄, 연마)작업을 → 물 등에 의한 습식화(계면활성제 용액 등을 분사)로 공정을 변경(대체)하는 것이 분진발생 방지대책으로 적합하다.

02 유해작업환경개선대책 중 대체에 해당되는 내용으로 옳지 않은 것은? [18 산업]

① 보온재로 유리섬유 대신 석면 사용
② 소음이 많이 발생하는 리베팅 작업 대신 너트와 볼트 작업으로 전환
③ 성냥제조 시 황린 대신 적린 사용
④ 작은 날개로 고속회전시키는 송풍기를 큰 날개로 저속회전시킴

hint 보온재로 사용되는 석면을 → 유리섬유나 암면으로 대치(대체)하여야 한다.

03 다음 중 대체방법으로 유해작업환경을 개선한 경우와 가장 거리가 먼 것은? [18,19 기사]

① 유연 휘발유를 무연 휘발유로 대체한다.
② 블라스팅 재료로서 모래를 철구슬로 대체한다.
③ 야광시계의 자판을 인에서 라듐으로 대체한다.
④ 보온재료의 석면을 유리섬유나 암면으로 대체한다.

hint 야광시계 자판의 라듐을 → 인으로 대체한다.

04 다음 중 작업환경관리에 있어서 '왜' 하여야 하는가를 가르쳐 주어야 하는데 초점을 맞추어야 하는 계층은? [06 산업]

① 경영자
② 기술자
③ 감독자
④ 작업자

05 작업환경관리의 공학적 대책에서 기본적 원리인 대치와 거리가 먼 것은? [15 기사]

① 자동차산업에서 납을 고속회전 그라인더로 깎아 내던 작업을 저속 Oscillating작업으로 바꾼다.
② 가연성 물질저장 시 사용하던 유리병을 안전한 철제 통으로 바꾼다.
③ 방사선 동위원소 취급장소를 밀폐하고, 원격장치를 설치한다.
④ 성냥제조 시 황린 대신 적린을 사용하게 한다.

hint ③항은 공학적 대책에서 격리에 해당한다.

06 다음 중 유해작업환경에 대한 개선대책 중 대체(substitution)에 대한 설명과 가장 거리가 먼 것은? [17 기사]

① 페인트내에 들어있는 아연을 납 성분으로 전환한다.
② 큰 압축공기식 임팩트렌치를 저소음 유압식 렌치로 교체한다.
③ 소음이 많이 발생하는 리벳팅 작업 대신 너트와 볼트 작업으로 전환한다.
④ 유기용제에 사용하는 세척공정을 스팀 세척이나 비눗물을 이용하는 공정으로 전환한다.

hint 페인트내에 들어있는 납을 → 아연으로 대치한다.

07 공학적 작업환경대책의 대체 중 물질의 대체에 관한 내용으로 가장 거리가 먼 것은? [17 산업]

① 성냥 제조 시 황린 대신 적린을 사용하였다.
② 보온재로 석면을 대신하여 유리섬유나 암면을 사용하였다.
③ 야광시계의 자판에서 라듐을 대신하여 인을 사용하였다.
④ 유기용제를 사용하는 세척공정을 스팀세척이나 비눗물을 사용하는 공정으로 대체하였다.

hint ④항의 경우 물질 대체가 아닌 공정변경에 해당한다.

정답 | 01.③ 02.① 03.③ 04.① 05.③ 06.① 07.④

종합연습문제

01 작업환경 관리대책의 원칙 중 대치(물질)에 의한 개선의 예로 틀린 것은? [02,04,12 산업][08 기사]

① 분체 입자 : 작은 입자로 대치
② 야광시계 : 자판을 라듐에서 인으로 대치
③ 샌드브라스트 : 모래를 대신하여 철가루 사용
④ 단열재 : 석면 대신 유리섬유나 암면을 사용

hint 분체 입자 : 큰 입자로 대치(대체)하여야 분진 발생을 줄일 수 있다.

02 물질의 대치로 옳지 않은 것은?
[03,04,06,09 산업][11,14 기사]

① 성냥 제조 시에 사용되는 적린을 백린으로 교체
② 금속표면을 블라스팅할 때 사용재료로 모래 대신 철구슬(shot) 사용
③ 보온재로 석면 대신 유리섬유나 암면 사용
④ 주물공정에서 실리카 모래 대신 그린 모래로 주형을 채우도록 대치

hint 성냥 제조 시에 사용되는 백린 또는 황린을 적린으로 대치하는 것이 바람직하다.

03 사업장의 유해물질을 물리적, 화학적 성질과 사용 목적을 조사하여 유해성이 보다 작은 물질로 대치한 경우로 보기 어려운 것은? [04,06 산업]

① 아조염료의 합성 원료인 디클로로벤지딘을 불화수소로 전환한 경우
② 단열재로서 사용하는 석면을 유리섬유로 전환한 경우
③ 금속제품의 탈지에 사용되는 트리클로로에틸렌을 계면활성제로 전환한 경우
④ 분체의 원료를 입자가 큰 것으로 전환한 경우

hint 아조 염료 합성에 벤지딘을 → 디클로로벤지딘으로 전환한다.

04 유해물질을 발산하는 공정에서 작업자가 수동 작업을 하는 경우 해당 공정에 가장 현실적인 작업환경 관리대책은? [15 산업]

① 밀폐   ② 격리
③ 환기   ④ 교육

05 대치(substitution)방법으로 유해작업환경을 개선한 것으로 적절하지 않은 것은? [12,15 기사]

① 유연 휘발유를 무연 휘발유로 대치
② 블라스팅 재료로서 모래를 철구슬로 대치
③ 야광시계의 자판을 라듐에서 인으로 대치
④ 페인트 희석제를 사염화탄소에서 석유나프타로 대치

hint ④항의 경우는 확실한 물질의 대치효과에 의한 작업환경개선을 기대할 수 없다.

06 작업환경개선을 위한 물질의 대치로 옳지 않은 것은? [12 산업][00,06,12,19 기사]

① 주물공정에서 실리카모래 대신 그린모래로 주형을 채우도록 대치
② 보온재로 석면 대신 유리섬유나 암면 등 사용
③ 금속표면을 블라스팅할 때 사용재료를 철 구슬(shot) 대신 모래(sand) 사용
④ 야광시계의 자판을 라듐 대신 인을 사용

hint 금속표면을 블라스팅할 때, 사용재료로 모래 대신 → 철구슬(shot), 철사를 사용

07 공학적 작업환경대책인 대치(substitution) 중 물질의 대치에 관한 내용으로 가장 거리가 먼 것은? [11 산업][15 기사]

① 보온재로 석면을 대신하여 유리섬유나 암면을 사용하였다.
② 금속 표면을 블라스팅할 때 사용재료로서 모래 대신 철가루를 사용하였다.
③ 성냥 제조 시 황린 대신 적린을 사용하였다.
④ 소음을 줄이기 위해 리벳팅 작업을 너트와 볼트 작업으로 전환하였다.

hint ④항은 물질의 대치가 아닌 공정(시설) 대치에 해당한다.

정답 ┃ 01.① 02.① 03.① 04.③ 05.④ 06.③ 07.④

종합연습문제

01 작업환경의 관리원칙인 대치 중 물질의 변경에 따른 개선 예로 가장 거리가 먼 것은?
[12 산업][02,06,08 기사]

① 페인트 도장공정 : 압축공기를 이용한 스프레이 도장을 대신하여 담금 도장으로 변경
② 금속 세척작업 : TCE를 대신하여 계면활성제로 변경
③ 세탁 시 화재예방 : 석유나프타를 대신하여 4클로로에틸렌으로 변경
④ 분체 입자 : 큰 입자로 대치

hint ①항은 물질변경에 의한 개선이 아닌 공정(시설) 변경이다.

02 유해작업환경개선대책 중 대치에 해당되는 내용으로 틀린 것은? [09 산업]

① 세탁 시 화재예방을 위하여 4클로로에틸렌 대신에 석유나프타 사용
② 수작업으로 페인트를 분무하는 것을 담그는 공정으로 자동화
③ 성냥 제조 시 황린 대신 적린 사용
④ 작은 날개로 고속회전시키는 송풍기를 큰 날개로 저속회전 시킴

hint ①항 → 세탁 시 화재예방을 위해 석유나프타 대신 4클로로에틸렌으로 대치하는 것이 바람직하다.

03 다음은 작업환경개선대책 중 대치의 방법을 열거한 것이다. 이 중 공정변경의 대책과 가장 거리가 먼 것은? [08,11,16 기사]

① 금속을 두드려서 자르는 대신 톱으로 자른다.
② 흄 배출용 드래프트 창 대신에 안전유리로 교체한다.
③ 작은 날개로 고속회전시키는 송풍기를 큰 날개로 저속 회전시킨다.
④ 자동차산업에서 땜질한 납 연마 시 고속회전 그라인더의 사용을 저속 Oscillating-type sander로 변경한다.

hint ②항은 공정변경이 아닌 시설변경에 해당한다.

04 작업환경관리를 위한 공학적 대책 중 공정 대치의 설명으로 옳지 않은 것은?
[07,11,14 산업][10 기사]

① 볼트, 너트 작업을 줄이고 리벳팅 작업으로 대치한다.
② 유기용제 세척공정을 스팀세척이나 비눗물 사용공정으로 대치한다.
③ 압축공기식 임팩트 렌치작업을 저소음 유압식 렌치로 대치한다.
④ 도자기 제조공정에서 건조 후 실시하던 점토 배합을 건조 전에 실시한다.

hint ①항 → 소음저감을 위해서 리벳팅(ribet) 공정을 볼트, 너트 작업공정으로 대치하는 것이 바람직하다.

05 작업환경관리 원칙 중 대치에 관한 설명으로 옳지 않은 것은? [10 산업][01,08,13,16 기사]

① 야광시계 자판에 Radium을 인으로 대치한다.
② 건조 전에 실시하던 점토배합을 건조 후 실시한다.
③ 금속세척 작업 시 TCE를 대신하여 계면활성제를 사용한다.
④ 분체 입자를 큰 입자로 대치한다.

hint ②항 → 점토배합을 건조 전에 실시하는 것은 분진발생을 줄일 수 있는 공정대치이다. 옳은 항목에 대해서도 수험대비해 두어야 한다.

06 수은 작업장의 작업환경 관리대책으로 적합하지 못한 것은? [07 산업]

① 수은 주입과정을 자동화시킨다.
② 수거한 수은은 물통에 보관한다.
③ 바닥은 다공질의 재료를 사용하여 수은이 외부로 노출되는 것을 막는다.
④ 실내온도를 가능한 한 낮게 유지시키고 일정하게 유지시킨다.

hint ③항 → 바닥은 다공질의 재료가 아닌 재료를 사용하여 수은이 외부로 노출되는 것을 막는다.

정답 ❘ 01.① 02.① 03.② 04.① 05.② 06.③

종합연습문제

01 가동 중인 시설에 대한 작업환경관리를 위하여 공정을 대치하는 경우, 유의할 사항으로 가장 옳은 것은? [13 산업]
① 일반적으로 가장 비용이 많이 드는 대책이라는 것을 유의한다.
② 일반적으로 유지 및 보수에 대한 많은 관심을 가진다.
③ 2-브로모프로판에 의한 생식독성 사례를 고찰한다.
④ 대용할 시설과 안전관계 시설에 대한 지식이 필요하다.

hint 가동 중인 시설에 대한 작업환경관리를 위하여 공정을 대치하는 경우 대용할 시설과 안전관계 시설에 대한 지식이 필요하다.

02 작업환경 관리대책 중 대치물질 개선에 해당되지 않는 것은? [09 기사]
① 금속세척작업 : TCE를 대신하여 계면활성제 사용
② 샌드브라스트 : 모래를 대신하여 암면유리섬유 사용
③ 야광시계의 자판 : 라듐(Ra) 대신 인으로
④ 분체 입자를 큰 입자로 대치

hint 금속표면을 블라스팅할 때 사용재료 모래 대신 → 철구슬(shot) 사용

03 공학적 작업환경 관리대책 중 대치가 적절치 못한 것은? [10,12,16 산업]
① 세탁 시에 화재예방을 위하여 석유나프타 대신 4클로로에틸렌을 사용
② TCE 대신에 계면활성제를 사용하여 금속세척
③ 큰 날개에서 고속 작은 날개의 송풍기 사용으로 진동방지
④ 샌드블라스트 적용 시 모래를 대신하여 철가루 사용

hint 고속회전 작은 날개의 송풍기를 → 저속회전 큰 날개로 대치

04 작업환경의 관리원칙인 대치 개선방법으로 틀린 것은? [09,11,15 기사]
① 성냥 제조 시 : 황린 대신 적린을 사용한다.
② 세탁 시 : 화재예방을 위해 석유나프타 대신 4클로로에틸렌을 사용한다.
③ 분말로 출하되는 원료를 고형상태인 원료로 출하한다.
④ 땜질한 납을 Oscillating-type sander로 깎던 것을 고속회전 그라인더를 이용한다.

hint 땜질한 납 연마 시 고속회전 그라인더의 사용을 저속 Oscillating-type sander로 변경한다.

05 작업환경개선을 위한 물질의 대치로 알맞지 않는 것은? [06,13 기사]
① 성냥을 만들 때 백린을 적린으로 교체
② 금속표면을 블라스팅할 때, 사용재료로서 모래 대신 철 구슬을 사용
③ 주물공정에서 실리카 모래 대신 그린 모래로 주형을 채우도록 대치
④ 세척작업 시 트리클로로에틸렌을 사염화탄소로 대치

hint 세척작업에 사용되는 사염화탄소 → 트리클로로에틸렌, 퍼클로로에틸렌, 불화탄화수소로 전환한다.

06 작업환경 관리대책 중 대치물질 개선에 해당되지 않는 것은? [14,17 산업][02,04,05,07 기사]
① 금속세척작업 : TCE를 대신하여 계면활성제 사용
② 샌드블라스트 : 모래를 대신하여 철가루 사용
③ 세탁 시 : 클로로에틸렌을 대신하여 석유나프타 사용
④ 성냥 제조 시 : 황린 대신 적린 사용

hint 세척작업에 사용되는 사염화탄소, 석유나프타를 → 트리클로로에틸렌, 퍼클로로에틸렌, 불화탄화수소로 전환한다.

정답 | 01.④ 02.② 03.③ 04.④ 05.④ 06.③

종합연습문제

01 생산공정 작업방법 개선의 예와 가장 거리가 먼 것은? [00,05 산업]
① 분진이 비산되는 작업에 습식 공법의 채택
② 전기를 이용한 흡착식 페인트 분무방식을 공기식 직접 분무방식으로 변경
③ 고속회전식 그라인더 작업을 저속 연마작업으로 변경
④ 금속을 두들겨 자르는 것을 톱으로 자르는 것으로 변경

02 작업환경관리에 있어 공정의 변경 내용으로 틀린 것은? [06 산업]
① 도자기 제조공정에서 건조 후 실시하던 점토 배합을 건조 전에 실시하는 것
② 페인트 도장 시 분무하는 일을 페인트 담그는 일로 바꾸는 것
③ 송풍기의 작은 날개로 고속회전시키는 것을 큰 날개로 저속회전시키는 것
④ 금속을 톱으로 자르는 대신 두드려 자르는 것

03 작업환경의 관리원칙 중 '대치'에 관한 내용으로 틀린 것은? [15 산업]
① 세척작업에서 사염화탄소 대신 트리클로로에틸렌으로 전환
② 소음이 많이 발생하는 리베팅 작업 대신 너트와 볼트 작업으로 전환
③ 제품의 표면 마감에 사용되는 저속, 왕복형 절삭기 대신 소형, 고속회전식 그라인더로 대치
④ 조립공정에서 많이 사용하는 소음발생이 큰 압축공기식 임팩트 렌치를 저소음 유압식 렌치로 대치

hint 고속회전식 그라인더 작업을 → 저속 왕복형 절삭기로 대치한다.

04 작업환경의 관리원칙 중 대치로 적절하지 않은 것은? [17,18 기사]
① 성냥 제조 시에 황린 대신 적린을 사용한다.
② 분말로 출하되는 원료를 고형상태의 원료로 출하한다.
③ 광산에서 광물을 채취할 때 습식공정 대신 건식공정을 사용한다.
④ 단열재 석면을 대신하여 유리섬유나 암면 또는 스티로폼 등을 사용한다.

hint 광산에서 광물을 채취할 때 건식공정을 → 습식공정으로 대치하여야 한다.

05 작업환경의 관리방법 중 공정의 변경에 의한 대치방법과 가장 거리가 먼 것은? [04 기사]
① 알코올을 사용한 엔진 개발
② 금속을 두들겨 자르던 공정을 톱으로 절단
③ 가연성 물질을 철제 통에 저장
④ 전기 흡착식 페인트 분무방식 사용

hint 가연성 물질저장 시 사용하던 유리병을 안전한 철제 통으로 바꾸는 것은 공정변경이 아닌 시설변경에 해당한다.

06 작업환경관리의 원칙 중 대치에 관한 내용으로 가장 거리가 먼 것은? [13 기사]
① 금속 세척 시 벤젠사용 대신에 트리클로로에틸렌을 사용한다.
② 성냥 제조 시 황린 대신에 적린을 사용한다.
③ 분체 입자를 큰 입자로 대치한다.
④ 금속을 두드려서 자르는 대신 톱으로 자른다.

hint 금속 세척작업에 클리클로로에틸렌 대신에 계면활성제를 사용한다.

정답 | 01.② 02.④ 03.③ 04.③ 05.③ 06.①

04. 작업환경관리

- 기사 : 출제대비
- 산업 : 18

다음 중 작업환경개선대책 중 격리에 대한 설명과 가장 거리가 먼 것은?

① 작업자와 유해요인 사이에 물체에 의한 장벽을 이용한다.
② 작업자와 유해요인 사이에 명암에 의한 장벽을 이용한다.
③ 작업자와 유해요인 사이에 거리에 의한 장벽을 이용한다.
④ 작업자와 유해요인 사이에 시간에 의한 장벽을 이용한다.

해설 격리(隔離, Isolation)는 유해인자와 작업자 사이에 장벽, 거리, 시간 등의 요소를 부여하는 것이다. 따라서 명암에 의한 대책은 격리와 무관하다. 답 ②

유.사.문.제

01 다음 작업환경관리의 관리원칙 중 격리에 대한 내용과 가장 거리가 먼 것은? [18 산업]

① 도금조, 세척조, 분쇄기 등을 밀폐한다.
② 페인트 분무를 담그거나 전기흡착식 방법으로 한다.
③ 소음이 발생하는 경우 방음과 흡음재를 보강한 상자로 밀폐한다.
④ 고압이나 고속회전이 필요한 기계인 경우 강력한 콘크리트 시설에 방호벽을 쌓고 원격조정한다.

hint ②항은 격리가 아닌 공정변경에 의한 대치에 속한다.

02 산업위생관리를 작업환경관리, 작업관리, 건강관리로 나눠서 구분할 때, 다음 중 작업환경관리와 가장 거리가 먼 것은? [18 기사]

① 유해공정의 격리
② 유해설비의 밀폐화
③ 전체환기에 의한 오염물질의 희석 배출
④ 보호구 사용에 의한 유해물질의 인체 침입 방지

hint 보호구 착용은 유해인자에 노출방지 및 차단. 유해인자에 노출되는 근로자의 관리를 위한 작업관리에 해당한다.

03 유해물질이 발생하는 공정에서 유해인자의 농도를 깨끗한 공기를 이용하여 그 유해물질을 관리하는 가장 적합한 작업환경 관리대책은? [18 산업]

① 밀폐   ② 격리
③ 환기   ④ 교육

hint 깨끗한 공기를 이용하여 그 유해물질을 관리하는 작업환경 관리대책은 환기이다.

04 공학적 작업환경 관리대책 중 격리에 해당하지 않는 것은? [02,07,17 산업]

① 저장탱크들 사이에 도랑 설치
② 소음발생 작업장에 근로자용 부스 설치
③ 유해한 작업을 별도로 모아 일정한 시간에 처리
④ 페인트 분사공정을 함침작업으로 실시

hint 페인트 분사공정을 함침작업으로 전환하는 것은 격리가 아닌 공정변경에 해당한다. 격리(隔離)는 유해인자와 작업자 사이에 장벽, 거리, 시간 등의 요소를 부여하는 것이어야 한다.

05 작업환경 개선대책 중 격리와 가장 거리가 먼 것은? [16,19 기사]

① 방호벽의 설치
② 원격조정
③ 자동화
④ 국소배기 설치

hint 국소배기 설치는 격리가 아닌 관리에 해당한다.

정답 | 01.② 02.④ 03.③ 04.④ 05.④

PART 3 산업환기 및 작업환경 관리대책

종합연습문제

01 작업환경개선대책 중 격리(isolation)에 대한 설명과 가장 거리가 먼 것은? [12 산업]

① 작업자와 유해요인 사이에 물체에 의한 장벽 이용
② 작업자와 유해요인 사이에 거리에 의한 장벽 이용
③ 작업자와 유해요인 사이에 시간에 의한 장벽 이용
④ 작업자와 유해요인 사이에 관리에 의한 장벽 이용

hint 격리는 작업자와 유해인자 사이에 장벽(물체), 거리, 시간 등의 요소를 부여하는 것이다.

02 유해작업장의 분진이 바닥이나 천장에 쌓여서 2차 발진된다. 이것을 방지하기 위한 공학적 대책으로 오염농도를 희석시키는 데 이때 사용되는 주요대책방법으로 가장 적절한 것은? [11,18 산업]

① 개인보호구 ② 칸막이 설치
③ 전체환기 ④ 소음기 설치

hint 작업장내 오염물질 농도를 희석시키기 위해서는 환기를 통하여 오염물질을 외부로 배출하고, 외부공기를 실내로 공급하여야 한다. 따라서 ②항과 ④항은 오염물질에 노출되는 것을 방지하거나 감소시킬 수는 있지만 오염물질의 농도를 희석시키는 방법은 아니므로 정답에서 배제되고, ①항의 국소배기시설은 작업장의 분진이 바닥이나 천장에 쌓여서 2차 발진되는 상태이므로 적용하기 부적합하다. 따라서 문제와 같은 조건에서 가장 적합한 공학적 대책은 전체환기를 통한 오염물질 제어가 될 것이다.

03 작업환경의 관리원칙 중 격리(Isolation) 관리방법에 속하지 않는 경우는? [03 기사]

① 위생보호구 사용
② 방사능 물질은 원격조정이나 자동화 감시체제
③ 인화성이 강한 물질 저장 시 저장 탱크사이에 도랑을 파고 제방을 만든다.
④ Fume 배출 드래프트의 창을 안전 유리창으로 바꾼다.

04 다음 중 작업환경의 관리원칙으로 격리와 가장 거리가 먼 것은? [17 산업]

① 고열, 소음작업 근로자용 부스 설치
② 블라스팅 재료를 모래에서 철 구슬로 전환
③ 방사성 동위원소 취급 시 원격장치를 이용
④ 인화물질 저장탱크와 탱크 사이에 도량, 제방 설치

hint ②항은 대치에 해당한다.

05 공학적 작업환경 관리대책과 유의점에 관한 내용으로 옳지 않은 것은? [12 기사]

① 물질대치 : 경우에 따라서 지금까지 알려지지 않았던 전혀 다른 장해를 줄 수 있음
② 장비대치 : 적절한 대치방법 개발이 어려움
③ 환기 : 설계, 시설 설치, 유지보수가 필요
④ 격리 : 비용은 적게 소요되나 효과 검증 필요

06 작업환경에서 발생되는 유해요인을 감소시키기 위한 기본 관리개선책 중 직접적이며 적극적인 대책과 가장 거리가 먼 것은? [04 산업]

① 유해작용이 적은 물질로 대치
② 유해작용이 있는 물질에 대한 개인보호구 착용
③ 유해작용이 있는 물질과 근로자의 격리
④ 유해작용이 있는 물질을 사용하는 작업장에 전체환기시설 내지는 국소환기시설을 한다.

07 다음은 분진발생 작업환경에 대한 대책이다. 옳은 것을 모두 짝지은 것은? [14,19 기사]

㉠ 연마작업에서는 국소배기장치가 필요하다.
㉡ 암석 굴진작업, 분쇄작업에서는 연속적인 살수가 필요하다.
㉢ 샌드블라스팅에 사용되는 모래를 철사(鐵砂)나 금강사(金剛砂)로 대치한다.

① ㉠, ㉡ ② ㉡, ㉢
③ ㉠, ㉢ ④ ㉠, ㉡, ㉢

정답 | 01.④ 02.③ 03.④ 04.② 05.④ 06.② 07.④

2 안전보호구·위생보호구

> 이승원의 minimum point

ⓘ **작업조건에 따른 안전보호구**
- 물체가 떨어지거나 날아올 위험 또는 근로자가 추락할 위험이 있는 작업 → **안전모**(교체주기 2년)
- 높이 또는 깊이 2m 이상의 추락할 위험이 있는 장소에서 하는 작업 → **안전대**(安全帶)
- 물체의 낙하·충격, 끼임, 감전 또는 정전기의 대전에 의한 위험이 있는 작업 → **안전화**
- 물체가 흩날릴 위험이 있는 작업 → **보안경**
- 용접 시 불꽃이나 물체가 흩날릴 위험이 있는 작업 → **보안면**
- 감전의 위험이 있는 작업 → **절연용 보호구**
- 고열에 의한 화상 등의 위험이 있는 작업 → **방열복**
- 선창 등에서 분진(粉塵)이 심하게 발생하는 하역작업 → **방진마스크**
- −18℃ 이하인 급냉동어창에서 하는 하역작업 → **방한모·방한복·방한화·방한장갑**
- 물건을 운반하거나 수거·배달하기 위하여 이륜자동차 운행하는 작업 → **승차용 안전모**

ⓘ **보호 목적에 따른 위생보호구**
- 호흡기 보호구 : 방진마스크, 송풍마스크, 호스마스크, 방독마스크 등
- 피부 보호구 : 장갑, 앞치마, 일반 보호의, 방열의(알루미나이즈 방열의), 방한복, 위생복, 장화
  - ⓐ 일반용 장갑 : 일회용 장갑, 직물장갑
  - ⓑ 내구성 장갑 : 금속장갑, 알루미늄 장갑, 가죽장갑, 아라미드 섬유 장갑
  - ⓒ 화학용 장갑 : 천연고무, 네오프렌, 니트릴, 부틸
    - 비극성 용제에 효과적인 재질 → **비트론**(Vitron), **네오프렌**(Neoprene), **니트릴**(Nitrile)
    - 극성용제(알코올, 케톤류)에 효과적인 재질 → **부틸, 천연고무**(Latex), **폴리비닐알코올**
    - 산, 부식성 물질에 효과적인 재질 → **네오프렌, 폴리비닐알코올**
    - 고체상 물질에 효과적인 재질 → **면**
    - 알코올 및 용제에 부적합한 재질 → **면, 가죽**
    - 물이나 알코올에 부적합한 재질 → **폴리비닐알코올**
    - 대부분의 화학물질 취급에 사용할 수 있는 재질 → **에틸렌비닐알코올**
- 눈 보호구 : 방진안경, 차광안경 등
- 귀 보호구 : 귀마개, 귀덮개 등
- 안면 보호구 : 보안경, 보안면 등
- ※ 1. **산업용 피부보호제** : 지용성 피부보호제, 수용성 피부보호제, 광과민성 피부보호제
  2. **차광 크림 성분** : 글리세린, 산화제이철 등
  3. **피막형 크림 성분** : 정제 벤드나이드겔, 염화비닐수지 등

ⓘ **작업에 따른 위생보호구**
- 전기용접−차광안경
- 노면 토석굴착−방진마스크
- 도금공장−방독마스크
- Tank내 분무도장−송기마스크
- 병타기공정−차음용 보호구(귀마개, 귀덮개 등)

- 기사 : 16
- 산업 : 출제대비

예상 01 보호구에 대한 설명으로 틀린 것은?
① 신체 보호구에는 내열 방화복, 정전복, 위생보호복, 앞치마 등이 있다.
② 방열의에는 석면제나 섬유에 알루미늄 등을 증착한 알루미나이즈 방열의가 사용된다.
③ 위생복(보호의)에서 방한복, 방한화, 방한모는 −18℃ 이하인 급냉동 창고 하역작업 등에 이용된다.
④ 안면 보호구에는 일반 보호면, 용접면, 안전모, 방진마스크 등이 있다.

해설 안면 보호구에는 보안경, 보안면 등이 있다. 물체가 흩날릴 위험이 있는 작업에는 보안경을 착용하고, 용접 시 불꽃이나 물체가 흩날릴 위험이 있는 작업에는 보안면을 착용하여야 한다.   답 ④

- 기사 : 02, 06, 17
- 산업 : 출제대비

예상 02 다음 중 산업위생보호구와 가장 거리가 먼 것은 어느 것인가?
① 내열 방화복 ② 안전모
③ 일반 장갑   ④ 일반 보호면

해설 안전모는 물체가 떨어지거나 날아올 위험 또는 근로자가 추락할 위험이 있는 작업장의 근로자에게 지급되는 안전보호구이다.   답 ②

- 기사 : 06②, 09, 14
- 산업 : 12, 17

예상 03 알데히드(지방족)를 다루는 작업장에서 사용하는 장갑의 재질로 가장 적절한 것은?
① 네오프렌 ② PVC
③ 니트릴   ④ 부틸

해설 극성용제(알코올, 케톤류)에 효과적인 장갑재질은 부틸, 천연고무(Latex), 폴리비닐알코올 등이다.   답 ④

- 기사 : 18
- 산업 : 출제대비

예상 04 산업위생보호구의 점검, 보수 및 관리방법에 관한 설명 중 틀린 것은?
① 보호구의 수는 사용하여야 할 근로자의 수 이상으로 준비한다.
② 호흡용 보호구는 사용 전, 사용 후 여재의 성능을 점검하여 성능이 저하된 것은 폐기, 보수, 교환 등의 조치를 취한다.
③ 보호구의 청결 유지에 노력하고, 보관할 때에는 건조한 장소와 분진이나 가스 등에 영향을 받지 않는 일정한 장소에 보관한다.
④ 호흡용 보호구나 귀마개 등은 특정유해물질 취급이나 소음에 노출될 때 사용하는 것으로서 그 목적에 따라 반드시 공용으로 사용해야 한다.

해설 호흡용 보호구나 귀마개 등은 공용으로 사용하면 안 되며 반드시 전용으로 사용해야 한다.   답 ④

종합연습문제

01 작업과 보호구를 가장 적절하게 연결한 것은 어느 것인가? [10,18,19 산업]

① 전기용접-차광안경
② 노면 토석굴착-방독마스크
③ 도금공장-내열복
④ Tank내 분무도장-방진마스크

02 유기용제를 사용하는 도장작업의 관리방법에 관한 설명으로 옳지 않은 것은? [08,11,19 산업]

① 흡연 및 화기사용을 절대 금지시킨다.
② 작업장의 바닥을 청결하게 유지한다.
③ 보호장갑은 유기용제 등의 오염물질에 대한 흡수성이 우수한 것을 사용한다.
④ 옥외에서 스프레이 도장작업 시 유해가스용 방독마스크를 착용한다.

hint 보호장갑은 유기용제 등의 오염물질을 잘 흡수하지 않는 내흡수성이 우수한 것을 사용한다.

03 개인보호구에 관한 설명으로 옳은 것은 어느 것인가? [08,11 산업]

① 보호장구 재질인 천연고무(latex)는 극성용제에 효과적이나 비극성용제에는 효과적이지 못하다.
② 눈 보호구의 차광도 번호(shade number)가 낮을수록 빛의 차단이 크다.
③ 미국 EPA에서 정한 차진 평가수 NRR은 실제 작업현장에서의 차진효과(dB)를 그대로 나타내 준다.
④ 귀덮개는 기본형, 준맞춤형, 맞춤형으로 구분된다.

hint ①항만 옳다.

▶ 바르게 고쳐보기 ◀
② 눈 보호구의 차광도 번호(shade number)가 높을수록 빛의 차단이 크다.
③ 미국 OSHA에서 정한 차진 평가수 NRR은 실제 작업현장에서의 차진효과(dB)를 그대로 나타내 준다.
④ 귀마개는 기본형, 준맞춤형, 맞춤형으로 구분된다.

04 보호구의 재질에 따른 효과적 보호가 가능한 화학물질을 잘못 짝지은 것은? [18 기사]

① 가죽-알코올
② 천연고무-물
③ 면-고체상 물질
④ 부틸고무-알코올

hint 알코올, 용제에 부적합한 재질 → 면, 가죽

05 보호장구의 재질별 효과적인 적용물질이 바르게 연결된 것은? [14,18 산업]

① 면-비극성용제
② Butyl 고무-비극성용제
③ 천연고무(latex)-극성용제
④ Vitron-극성용제

06 다음 중 보호구를 착용하는 데 있어서 착용자의 책임으로 가장 거리가 먼 것은? [17 기사]

① 지시대로 착용해야 한다.
② 보호구가 손상되지 않도록 잘 관리해야 한다.
③ 매번 착용할 때마다 밀착도 체크를 실시해야 한다.
④ 노출위험성의 평가 및 보호구에 대한 검사를 해야 한다.

07 방열복이나 방열장갑의 재료로 가장 많이 사용되는 것은? [01,03,05,06 산업][00,04 기사]

① 석면
② 면섬유
③ 고탄성고무
④ 알루미늄

hint 방열복이나 방열장갑은 내열성(耐熱性)이 강한 아라미드 섬유의 표면에 알루미늄으로 특수 코팅한 겉감과 내열 섬유의 중간층과 안감 등의 여러 겹으로 되어 있어서 열을 반사시키고 차단하여 화재로부터 인체를 보호해 준다. 겉감이 파열하여 균열이 생기거나 알루미늄 피막이 벗겨지지 않아야 하며, 기름이나 약품이 묻은 상태로 방치하거나 습기가 많은 곳에 방치하면 직물 표면이 손상될 우려가 있다.

정답 ❘ 01.① 02.③ 03.① 04.① 05.③ 06.④ 07.④

PART 3 산업환기 및 작업환경 관리대책

종합연습문제

01 보호장구의 재질과 적용화학물질에 관한 내용으로 틀린 것은? [10 기사]

① Butyl 고무는 극성용제에 효과적으로 적용할 수 있다.
② 가죽은 기본적인 찰과상 예방이 되며 용제에는 사용하지 못한다.
③ 천연고무(latex)는 절단 및 찰과상 예방에 좋으며 수용성 용액, 극성용제에 효과적으로 적용할 수 있다.
④ Vitron은 구조적으로 강하며 극성용제에 효과적으로 사용할 수 있다.

hint 비트론(Vitron) or 바이턴(Viton)은 불소고무로서 내열(耐熱), 내유(耐油), 내약품성이 우수하지만 구조적으로 약하며, 비극성용제에는 효과적이나 극성용제에는 사용하기 부적당하다.

02 보호장구의 재질과 적용물질에 대한 내용으로 옳지 않은 것은? [11 기사]

① 면 – 극성용제에 효과적이다.
② Nitrile 고무 – 비극성용제에 효과적이다.
③ 가죽 – 용제에는 사용하지 못한다.
④ 천연고무(latex) – 극성용제에 효과적이다.

hint 알코올 및 용제에 부적합한 재질 → 면, 가죽

03 보호장구의 재질과 적용하는데 효과적인 물질을 잘못 짝지은 것은? [08 산업][02,05 기사]

① 부틸고무 – 극성용제
② 면 – 비극성용제
③ 천연고무(latex) – 수용성 용액, 극성용액
④ Vitron – 비극성용제

hint 알코올 및 용제에 부적합한 재질 → 면, 가죽

04 보호장구의 재질과 그 재질로 효과적 보호가 가능한 화학물질을 틀리게 짝지은 것은? [07 기사]

① 부틸고무 – 알코올
② Latex – 케톤류
③ 면 – 에스테르
④ 천연고무 – 물

05 사업장에서 취급하는 화학물질에 적합한 보호장구의 재질에 대한 설명으로 옳지 않은 것은? [08,10 기사]

① Butyl 고무재질의 보호장구는 극성용제를 취급할 경우에 효과적으로 사용할 수 있다.
② Ethylene Vinyl Alcohol 재질의 보호장구는 대부분의 화학물질을 취급할 경우에 효과적으로 사용할 수 있다.
③ 천연고무(latex) 재질의 보호장구는 비극성용제를 취급하는 경우에 효과적으로 사용할 수 있다.
④ Neoprene 고무재질의 보호장구는 비극성용제, 산, 부식성 물질 등을 취급하는 경우에 효과적으로 사용할 수 있다.

hint 천연고무(latex) 재질의 보호장구는 수용성 용액 및 극성용제를 취급하는 경우에 효과적으로 사용할 수 있다.

06 보호장구의 재질과 효과적으로 적용할 수 있는 화학물질로 옳지 않은 것은? [12,14,19 기사]

① 부틸고무 – 극성용제
② 면 – 고체상 물질
③ 천연고무(latex) – 수용성 용액
④ Vitron – 극성용제

hint 비극성용제에 효과적인 재질 → 비트론, 네오프렌(Neoprene), 니트릴(Nitrile)

07 손보호구에 대한 설명 중 맞는 것은? [00,03,05 기사]

① 일반작업용 장갑의 재료 중 면은 촉감, 구부러짐 등이 우수하며, 마모가 잘 되지 않는다.
② 용접용 보호장갑의 재료는 나일론과 비닐론을 사용하며 유연성과 탄력성이 있어야 한다.
③ 전기용 장갑의 외측 파손을 막기 위해 가죽장갑을 착용하고 작업해야 한다.
④ 내열장갑으로 가장 많이 사용하는 것으로는 알루미늄으로 활성탄 분말로 표면처리하여 사용한다.

정답 01.④ 02.① 03.② 04.③ 05.③ 06.④ 07.③

종합연습문제

01 피부 보호 크림의 종류 중 광산류, 유기산, 염류 및 무기염류 취급작업 시 주로 사용하는 것은? (단, 적용 화학물질은 밀랍, 탈수라놀린, 파라핀, 유동파라핀, 탄산마그네슘) [05②,09,11,16 산업][06,16 기사]

① 친수성 크림　② 소수성 크림
③ 차광 크림　　④ 피막형 크림

hint 광산류, 유기산, 염류 및 무기염류 등은 취급하는 과정에서 액체와 피부가 접촉되는 것을 차단할 필요가 있으므로 소수성 크림을 피부 보호 크림으로 사용한다. 소수성 크림의 화학물질은 물에 잘 녹지 않는 유지성 기제가 함유되어 있는데 그 대표적인 성분이 광물성 유지류(주로 석유부산물)는 바셀린, 파라핀이 함유되고, 동식물성 유지류는 라놀린(양모에서 추출), 밀랍(벌집에서 추출)이 함유된다. 그리고 화학물질로는 탄산마그네슘, 카오린, 탄산칼슘 등이 첨가되는데 이 성분들은 땀이나 피지 등의 피부분비물을 흡수하여 지워짐을 막고, 미끄러움을 방지하기 위해 첨가되는 첨가물이다.

02 적용 화학물질은 정제 벤드나이드겔, 염화비닐수지이며 분진, 유리섬유, 전해약품제조, 원료 취급작업에 주 용도로 사용하는 보호 크림으로 가장 알맞은 것은? [03,06,07,10,14,15,18 산업][03 기사]

① 친수성 크림　② 소수성 크림
③ 차광 크림　　④ 피막형 크림

hint 분진, 전해약품제조, 원료 취급작업에서 발생되는 유해물질의 피부접촉을 차단하기 위해 사용되는 보호 크림은 피부표층에 피막을 형성시켜 접촉을 제어하는 것이 효과적이다. 따라서 피막 형성 크림은 에나멜의 구성성분인 피막형성제 즉, 벤드나이드겔, 염화비닐수지, 니트로셀룰로오스, 가소제 등이 함유되어 있다.

03 다음은 소수성 보호 크림의 작용 기능에 관한 내용이다. ( ) 안에 알맞은 내용은? [09,14 산업]

　　　(　　)을 만들고 소수성으로 산을 중화한다.

① 내염성 피막　② 탈수 피막
③ 내수성 피막　④ 내유성 피막

04 차광 보호 크림의 적용 화학물질로 가장 알맞게 짝지어진 것은? [01,06 기사]

① 글리세린, 산화제이철
② 벤드나이드, 탄산마그네슘
③ 밀랍이산화티탄, 염화비닐수지
④ 탈수라놀린, 스테아린산

hint 차광 크림은 빛의 산란성, 보습성, 부착성, 피복성을 필요로 하므로 산란제인 산화제이철, 산화아연, 산화티타늄, 유기화합물 등과 보습제인 글리세린, 소르비톨, 프로필렌글리콜이 함유되어 있고, 부착제인 금속비누와 피복제인 산화티탄, 산화아연 등이 함유되어 있다.

05 다음의 성분과 용도를 가진 보호 크림은? [04,07,14 산업][02,16 기사]

　㉠ 정제 벤드나이드겔, 염화비닐수지
　㉡ 용도 : 분진, 전해약품제조, 원료 취급작업

① 소수성 크림　② 차광 크림
③ 피막형 크림　④ 친수성 크림

hint 피막형 크림은 분진, 유리섬유, 전해약품제조, 원료 취급작업에서 발생되는 유해물질의 피부접촉을 차단하기 위해 사용되는 보호 크림이다.

06 산업용 피부보호제에 관한 설명 중 틀린 것은? [04 기사]

① 피부에 직접 유해물질이 닿지 않도록 하는 방법으로 고안된 것이다.
② 피막형성 보호제는 분진, 유리섬유 등에 대한 장해예방에 사용된다.
③ 광과민성 물질에 대한 피부보호제는 주로 적외선, 즉 열선에 대한 장해예방에 사용된다.
④ 사용물질에 따라 지용성 물질, 광과민성 물질에 대한 피부보호제, 수용성 피부보호제, 피막형성 피부보호제 중 선택하여 사용한다.

정답 ｜ 01.② 02.④ 03.③ 04.① 05.③ 06.③

종합연습문제

01 피부에 직접 유해물질이 닿지 않도록 피부 보호용 크림이 사용되는데 사용물질에 따라 분류된다. 다음 피부보호제 중 이에 해당되지 않는 것은? [16 산업]
① 지용성 물질에 대한 피부보호제
② 수용성 피부보호제
③ 광과민성 물질에 대한 피부보호제
④ 수막형성 피부보호제

02 피부접촉에 의해 심한 피부염을 일으키는 물질은? [04 기사]
① 황린   ② 흑린
③ 청린   ④ 적린

03 다음 보호장구의 재질 중 극성용제에 가장 효과적인 것은? (단, 극성용제에는 알코올, 물, 케톤류 등을 포함한다.) [14,19 기사]
① Neoprene 고무
② Butyl 고무
③ Viton
④ Nitrile 고무

04 다음 중 비극성용제에 효과적인 보호장구의 재질로 가장 옳은 것은? [14,17 기사]
① 면
② 천연고무
③ Nitrile 고무
④ Butyl 고무

05 보호장구의 재질과 적용물질에 대한 내용으로 옳지 않은 것은? [19 산업][14 기사]
① Butyl 고무 – 비극성용제에 효과적이다.
② 면 – 용제에는 사용하지 못한다.
③ 천연고무 – 극성용제에 효과적이다.
④ 가죽 – 용제에는 사용하지 못한다.

06 레이저용 보안경을 착용할 경우 $4,000\text{mW/cm}^2$의 레이저가 0.4mW/cm^2의 강도로 낮아진다면 이 보안경의 흡광도(OD, Optical Density)는 얼마인가? [14 기사]
① 2   ② 3
③ 4   ④ 8

hint 보안경의 흡광도 $= \log\left(\dfrac{4,000}{0.4}\right) = 4$

정답 | 01.④ 02.① 03.② 04.③ 05.① 06.③

3 호흡기 오염물질과 호흡기 보호구·보호구의 구비조건

 이승원의 **minimum point**

① 호흡기 오염물질
- 입자상 물질(액체 및 고체상 물질)의 종류와 특징
  - 먼지(dust) : 고체 또는 액체상으로 입자의 크기 범위는 0.001~100μm 범위임
  - 섬유(fibers)상 물질 : 석면, 유리섬유 등이 이에 속함
  - 미스트(mist) : 액체상 물질로 입경 0.01~10μm 범위임
  - 연무질(aerosol) : 공기 중에 부유되어 있는 액체와 고체의 미세한 입자상 혼합체를 말함
  - 흄(fume) : 상온에서 고체상태의 금속이 승화(昇華) 또는 용융과정에서 발생된 증기가 → 산화 → 응축되어 생성되는 입경 0.001~0.5μm 범위의 고체상 물질. 특히, 용접과정에서 발생되는 fume은 용접공폐(熔接工肺, welder's lung)의 주요원인이 되고 있음
  - 스모크(Smoke) : 고체 및 액체의 입자와 가스 등의 혼합물질이며, 유기물이 불완전한 연소에 의해서 생성된 미세한 입자로서 그 직경은 0.01~1μm 정도임
- 호흡성 분진과 흡입성 분진
  - **호흡성 분진** : 호흡기를 통하여 **폐포에 축적**될 수 있는 크기의 분진
  - **흡입성 분진** : 호흡기의 **어느 부위에 침착**하더라도 **독성**을 일으키는 분진

[표] 미국정부산업위생전문가협의회(ACGIH)에 따른 분류

흡입성 입자상 물질(IPM)	흉곽성 입자상 물질(TPM)	호흡성 입자상 물질(RPM)
· 입경범위 : 0~100μm · 영향 : 호흡기의 어느 부위에 침착하더라도 독성을 유발함	· 입경범위 : 평균 10μm · 호흡기 침착률 : 60% 침착 · 영향 : 기도(氣道), 기관지에 침착하여 독성을 유발함	· 입경범위 : 평균 4μm · 호흡기 침착률 : 50% 침착 · 영향 : 가스교환 부위(폐포)에 침착하여 독성을 유발한다.

- 가스상(기체상) 유해물질의 구분 및 인체에 미치는 영향

구 분	인체에 미치는 영향
질식성 물질	· 체내에서 산소활동 방해 → ex 질소, 수소, 헬륨, 메탄 등
화학적 질식성 물질	· 저농도에서 체내의 산소공급 또는 활용 방해 → ex 일산화탄소, 시안화수소, 시안 등
자극성 물질	· 부식성 물질로서 호흡기계통 및 피부, 눈에 자극을 유발하거나 염증 또는 폐기종을 유발시킴 → ex 암모니아, 염소가스, 포름알데히드, 아황산가스, 염소, 오존, 이산화질소, 포스겐, 삼염화비소
마취성 물질	· 의식을 잃게 하거나 심할 경우 사망에 이르게 할 수 있으며, 감각을 상실하게 함 → ex 이산화질소, 탄화수소류, 에텔류
감작성(感作性) 물질	· 생리학적 반응 증가 물질 → ex 이소시아네이트류, 에폭시수지류
전신성 독성 물질	· 수은 : 신경계와 각종 장기 · 황화수소 : 호흡마비 · 비소(적혈구와 간), 인(골)
발암물질	· 잠복기간 경과 후 암을 발생시키는 물질 → ex 염화비닐모노마, 벤젠

① **호흡기 보호구** : 방진마스크, 송풍마스크, 호스마스크, 방독마스크 등

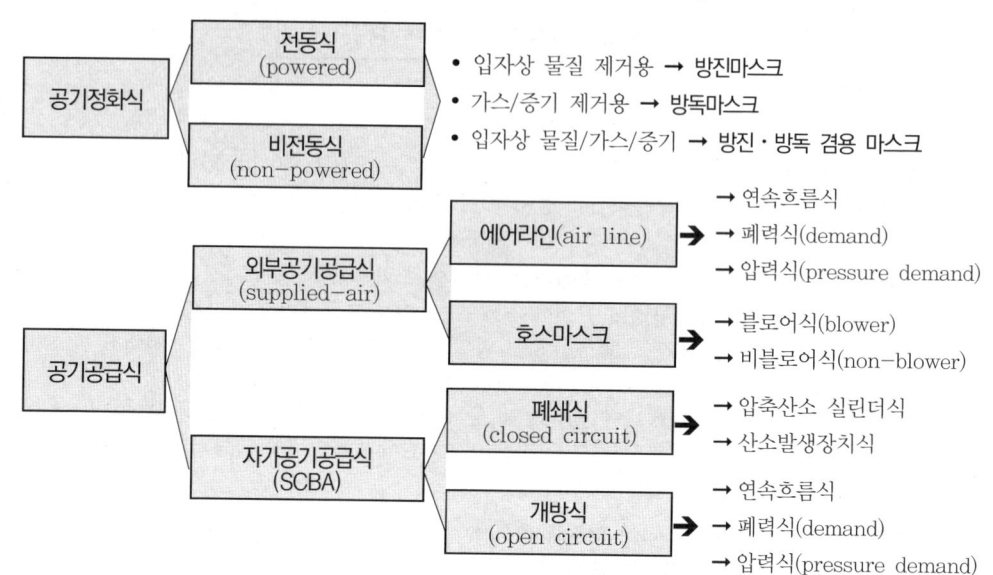

- 공기정화식 / 공기공급식 보호구의 특징

보호구 형식	노출방지 원리 및 사용상의 특징
공기정화식	• 오염공기가 여과재 또는 정화통을 통과한 뒤 호흡기로 흡입되기 전에 오염물질을 제거하는 방식 □ 공기정화식은 가격이 저렴하며 사용이 간편하여 널리 사용됨 □ 공기정화식은 **산소농도 18% 미만인 장소나 위해비**(HR=공기 중 오염물질의 농도/노출기준)**가 높은 경우에는 사용할 수 없음** □ 공기정화식은 단기간(30분) 노출되었을 시 사망 또는 회복 불가능한 상태를 초래할 수 있는 농도(IDLH) 이상에서는 사용할 수 없음
공기공급식	• 공기공급관, 공기 호스 또는 자급식 공기원을 가진 호흡용 보호구로부터 유해공기를 분리하여 신선한 호흡용 공기만 공급하는 방식 □ 공기공급식은 가격이 비쌈 □ 공기공급식은 **산소농도 18% 미만인 장소나 위해비가 높은 경우에 사용**됨

- **위해비**(hazardous ratio) : 공기 중 유해물질 농도가 **노출기준의 몇 배**에 상당하는 가를 나타냄

  ■ $HR = \dfrac{C_{Air}}{TLV}$ $\begin{cases} C_{Air} : 공기\ 중\ 유해물질의\ 농도 \\ TLV : 노출기준 \end{cases}$

- **보호계수**(protection factor) : 보호구를 착용함으로써 유해물질로부터 보호를 받을 수 있는 정도와 한계를 나타내는 계수로서 방호계수(防護係數)라고도 함

  ■ $PF = \dfrac{C_o}{C_i}$ $\begin{cases} C_o : 보호구\ 밖의\ 농도 \\ C_i : 보호구내의\ 농도 \end{cases}$

- **최대사용농도**(maximumuse concentration) : 보호구에 대한 최대사용농도

  ■ MUC = PF × TLV $\begin{cases} PF : 보호계수 \\ TLV : 노출기준 \end{cases}$

- **방독마스크의 사용가능시간** = 표준유효시간 × $\dfrac{\text{시험가스 농도}}{\text{공기 중 유해가스 농도}}$

① **방진마스크**(dust respirator)
- **적용** : 고체 분진, 흄, 미스트, 안개와 같은 액체입자의 흡입을 방지하기 위하여 사용
- **필터 재료** : 압축된 섬유상의 **면, 모, 합성섬유, 유리섬유, 금속섬유** 등
- 종류 및 특징

반면형 마스크	전면형 마스크
• 눈을 보호할 수는 없고 호흡기로 흡입되는 분진만을 제거할 수 있음 • 착용에는 다소 편리한 점이 있으나 눈과 얼굴, 피부를 보호할 수 없음 • 얼굴과의 밀착성이 떨어짐 • 일정한 주기로 필터 등을 교체하는 보수형과 필터교환이 필요없는 1회용 무보수형이 있음	• 눈을 포함하여 얼굴 전체를 보호할 수 있음 • 얼굴과의 밀착성이 양호함 • 안경을 낀 사람은 착용이 불편함 • 일정한 주기로 필터와 여과통 등을 교체할 수 있게 되어 있음

① **방독마스크**(canister mask)
- **적용** : 산세척 작업장, 도장 및 인쇄작업장, 가스상의 물질과 액체나 고체상태의 물질이 고온에 의해서 증발하여 발생하는 증기 발생 작업장 등(가스상의 물질이나 유해 증기 등의 농도가 2% 이하로 존재하는 작업장)

종 류	정화통의 색	대상 유해물질
유기가스용	**흑색**	• 유기용제, 유기화합물 등의 가스 또는 증기
할로겐가스용	회색 및 흑색	• 할로겐 가스 또는 증기
일산화탄소용	**적색**	• 일산화탄소가스
암모니아용	녹색	• 암모니아가스
아황산가스용	황적색	• 아황산가스
아황산가스 / 황	백색 및 황적색	• 아황산가스 및 황의 증기 또는 분진

- **작용금지 작업장** : 고농도(IDLH) 작업장, 산소결핍(18% 이하)의 위험이 있는 작업장, 맨홀내 작업, 지하 및 배 밑의 창고, 오래된 우물 안, 기름탱크 안 등
- 종류 및 특징
  □ **격리식** : 흡수통이 독립되어 연결관을 통해 걸러진 공기를 흡입하는 형식
  □ **직결식, 소형 마스크** : 면체에 흡수통이 직접 연결되어 있어 **1% 이하의 저농도**에서만 사용
- **필터 재료** : 활성탄, 실리카겔, 석회, 제올라이트, 다공성 미네랄, 활성알루미나 등

ⓘ **공기공급식 보호구**(송기마스크, air supplied respirator)
- **적용** : 지하 맨홀작업, 탱크내 청소작업, 즉각적으로 생명과 건강에 위협을 줄 수 있는 농도(IDLH)에서는 유해물질의 종류와 관계없이 어느 장소에서나 사용이 가능(단, 에어라인방식은 non-IDLH 상황에서 사용)
- **선정기준**
  - 격리된 장소, 행동반경이 크거나 공기의 공급장소가 멀리 떨어진 경우, 공기호흡기를 지급함 (지급전 기능을 확실히 체크해야 함)
  - 인근에 오염된 공기가 있는 경우는 폐력식이나 수동형은 적합하지 않음
  - **위험도가 높은 장소**에서는 <u>폐력식</u>이나 <u>수동형</u>은 **적합하지 않음**
  - 화재폭발이 발생할 우려가 있는 위험지역내에서 사용해야 할 경우, 전기기기는 방폭형을 사용하여야 함
- **에어라인방식의 종류와 특징**

에어라인방식	특 징
폐력식 (demand)	• 착용자가 호흡할 때 발생하는 압력에 따라 공기를 공급하도록 한 방식으로 디맨드(demand) 방식이라고도 함 • 보호구내가 음압(陰壓)이 되므로 누설 가능성이 있음
압력식 (pressure demand)	• 착용자가 흡기(吸氣)할 때나 호기(呼氣)할 때 보호구내의 압력을 상시 일정하게 유지하는 방식임 • 보호구내가 양압(陽壓)이 되므로 누설 가능성이 적음
연속흐름식 (continuous flow)	• 공기압축기(compressor)에서 일정한 양의 충분한 공기가 작업자에게 공급되도록 한 것으로 보호구의 안면부는 밀착형이나 느슨형이나 관계없음

- **자가 공기공급장치**(SCBA, Self Contained Breathing Apparatus)

SCBA	특 징
폐쇄식 (closed circuit)	• 착용자의 호기(呼氣)가 외부로 배출되지 않고 장치내에서 순환되는 방식임 • 발생된 CO_2는 NaOH 등으로 씻어내고 호흡용 산소는 압축산소통이나 산소발생장치에서 공급됨 • 산소발생장치는 KO_2를 사용하며, CO_2+H_2O의 반응에 의해 O_2를 발생시킴 • 사용시간은 30분~4시간임 • 개방식보다 가벼운 것이 장점이지만 비용이 많이 들고, KO_2의 반응을 중지시킬 수 없는 단점이 있음
개방식 (open circuit)	• 호흡용 공기는 압축공기를 사용하며, 착용자의 호기(呼氣)는 밖으로 배출하는 방식임 • 사용시간은 30분~1시간임 • 압축산소는 절대 사용할 수 없음(폭발위험) • **소방관**들이 착용하는 호흡기 보호구는 개방식임

04. 작업환경관리

- 기사 : 00,02,10
- 산업 : 02,06,09

예상 01 실내환경의 오염물질 중 금속이 용해되어 액상물질로 되고 이것이 가스상 물질로 기화된 후 다시 응축되어 발생하는 고체입자를 무엇이라 하는가?

① 에어로졸(aerosol)   ② 흄(fume)
③ 미스트(mist)   ④ 스모그(smog)

해설 흄(훈연)은 승화 또는 용융된 물질이 휘발하여 증기가 응축할 때 생긴 0.5μm 이하의 고체로 금속정련이나 도금공정에서 많이 발생된다. 유해한 중금속 성분이 대부분이고, 활발한 브라운(Brown) 운동에 의해 상호 충돌하여 응집하기도 하며, 한 번 응집한 후 재분리가 곤란한 특징을 가진다.   **답** ②

유.사.문.제

01 입자상 물질의 하나인 흄(fume)의 발생기전 3단계에 해당하지 않는 것은? [17 기사]

① 산화   ② 응축
③ 입자화   ④ 증기화

hint 흄(fume)은 고체상태의 금속이 승화(昇華) 또는 용융과정에서 발생된 증기가 → 산화 → 응축되어 생성된다.

02 다음 중 흄(fume)에 대한 설명으로 알맞은 내용은? [18 산업]

① 기체상태로 있던 무기물질이 승화하거나 화학적 변화를 일으켜 형성된 고형의 미립자이다.
② 금속을 용융하는 경우 발생되는 증기가 공기에 의해 산화되어 만들어진 미세한 금속산화물이다.
③ 콜로이드보다 입자의 크기가 크고 단시간 동안 공기 중에 부유할 수 있는 고체입자이다.
④ 액체물질이던 것이 미립자가 되어 공기 중에 분산된 입자이다.

03 입자상 물질의 종류 중 액체나 고체의 2가지 상태로 존재할 수 있는 것은? [14,18 기사]

① 흄(fume)
② 미스트(mist)
③ 증기(vapor)
④ 스모그(smoke)

04 금속이 용해되어 액상물질로 되고, 이것이 가스상 물질로 기화된 후 다시 응축되어 발생하는 고체입자를 무엇이라 하는가? [15 기사]

① aerosol   ② fume
③ 미스트(mist)   ④ smog

05 공기 중 오염물질을 분류함에 있어 상온, 상압에서 액체 또는 고체(임계온도가 25℃ 이상) 물질이 증기압에 따라 휘발 또는 승화하여 기체 상태로 된 것을 무엇이라 하는가? [11,16,18 산업]

① 흄   ② 증기
③ 미스트   ④ 더스트

hint 휘발 또는 승화하여 기체상태로 된 물질을 "증기(蒸氣)"라 하고, 휘발 또는 승화하여 고체상태로 된 물질은 "훈연(흄)"이라고 한다.

06 유기물의 불완전 연소 시 발생한 액체와 고체의 미세한 입자가 공기 중에 부유되어 있는 혼합체를 무엇이라 하는가? [03 기사]

① fume   ② aerosol
③ mist   ④ vapor

07 입자상 물질에 속하지 않는 것은? [19 산업]

① 흄   ② 분진
③ 증기   ④ 미스트

정답 ┃ 01.③ 02.② 03.④ 04.② 05.② 06.② 07.③

예상 02

- 기사 : 출제대비
- 산업 : 02, 07

미국 ACGIH에서 모든 입자상 물질에 대하여 침착하는 부위 및 먼지 입경에 따라 분류하는 것 중 가스 교환지역인 폐포나 폐기도에 침착되었을 때 독성을 나타내는 입자상 물질의 크기로 50%가 침착되는 평균 입자의 크기가 $10\mu m$인 것은?

① 흡입성 입자상 물질
② 흉곽성 입자상 물질
③ 호흡성 입자상 물질
④ 폐포성 입자상 물질

해설 $10\mu m$의 분진(60% 침착되는 입자)을 흉곽성 분진(TPM, Thoracic Particulate Mass)이라 한다.

■ 꼭 다시 한번 더 정리
- **호흡성 분진**(RPM, Respirable Particulate Mass) : 입경범위 $4\mu m$(폐포 독성유발)
- **흡입성 분진**(IPM, Inspirable Particulate Mass) : 입경범위 $0\sim100\mu m$(호흡기 모든 부위 독성유발)
- **흉곽성 분진**(TPM, Thoracic Particulate Matter) : 입경범위 $10\mu m$(기도, 기관지 독성유발)
  (주) mass 또는 matter를 사용하지만 본 교재에서는 mass를 사용함

답 ②

유.사.문.제

01 호흡기계의 어느 부위에 침착하더라도 독성을 나타내는 입자물질(보통 입경범위 $0\sim100\mu m$)로 옳은 것은? (단, 미국 ACGIH 기준) [14 기사]

① ORM
② IPM
③ TPM
④ RPM

02 다음은 흉곽성 먼지(TPM, ACGIH 기준)에 관한 내용이다. ( ) 안에 내용으로 옳은 것은? [13 기사]

> 가스 교환지역인 폐포나 폐기도에 침착되었을 때 독성을 나타내는 입자상 크기이다. 50%가 침착되는 평균 입자의 크기는 ( )이다.

① $2\mu m$
② $4\mu m$
③ $10\mu m$
④ $50\mu m$

03 흡입성 입자상 물질(IPM)의 입경범위는? (단, 미국 ACGIH 정의 기준) [00, 04 기사]

① $0.5\sim5\mu m$
② $5\sim10\mu m$
③ $0\sim100\mu m$
④ $10\sim50\mu m$

04 흉곽성 먼지의 50%가 침착되는 평균 입자의 크기는? (단, ACGIH 기준) [13 산업][13 기사]

① $0.5\mu m$
② $2\mu m$
③ $4\mu m$
④ $10\mu m$

hint 흉곽성 입자상 물질(TPM)의 50% 침착되는 평균 입자의 입경은 $10\mu m$이다.

05 주로 비강, 인후두, 기관 등 호흡기의 기도부위에 축적됨으로써 호흡기계 독성을 유발하는 분진은? [19 기사]

① 흡입성 분진
② 호흡성 분진
③ 흉곽성 분진
④ 총부유 분진

정답 ▮ 01.② 02.③ 03.③ 04.④ 05.①

04. 작업환경관리

- 기사 : 출제대비
- 산업 : 18, 19

방진마스크의 종류가 아닌 것은?

① 특급 ② 0급
③ 1급 ④ 2급

해설 방진마스크는 특급, 1급, 2급으로 분류된다.

구 분	특급	1급	2급
적용	• 베릴륨 등과 같이 독성이 강한 물질들을 함유한 분진 등 발생장소 • 석면 취급장소	• 특급 적용 이외 장소 • 금속흄(열적 분진 등) • 기계적 분진 발생장소 (규소 등은 제외)	• 특급 및 1급 마스크 착용장소를 제외한 분진 등 발생장소
	배기밸브가 없는 안면부 여과식 마스크는 특급 및 1급 장소에 사용해서는 안 된다.		
포집효율	99.95 이상	94.0 이상	80.0 이상
흡기저항	전면형(50~250Pa), 반면형(50~200Pa)		
배기 저항	300Pa 이하(2.25mmHg 이하)		
여과재 호흡저항	900~1,140Pa 이하	900~1,140Pa 이하	800~1040Pa 이하
유효 시야(%)	전면형 기준 70% 이상		
누설률 (안면부 여과식 기준)	0.05% 이하		

답 ②

유.사.문.제

01 분리식 특급 방진마스크의 여과지 포집효율은 몇 % 이상인가? [18 기사]

① 80.0 ② 94.0
③ 99.0 ④ 99.95

02 방진마스크의 여과효율을 검정할 때, 일반적으로 사용하는 먼지는 약 몇 μm인가? (단, ACGIH 기준) [16, 17, 19 산업]

① 0.03 ② 0.3
③ 3 ④ 30

03 일반적으로 방진마스크의 배기 저항(Pa)의 기준으로 가장 적절한 것은? [03 산업][02, 05 기사]

① 6 이하 ② 130 이하
③ 200 이하 ④ 300 이하

04 방진마스크의 적절한 구비조건만으로 짝지어진 것은? [15 기사]

㉠ 전면형의 유효 시야는 70% 이상(하방 시야가 60도 이상) 되어야 한다.
㉡ 여과효율이 높고, 흡·배기 저항이 커야 한다.
㉢ 여과재로서 면, 모, 합성섬유, 유리섬유, 금속섬유 등이 있다.

① ㉠, ㉡ ② ㉡, ㉢
③ ㉠, ㉢ ④ ㉠, ㉡, ㉢

정답 | 01.④ 02.② 03.④ 04.③

예상 04
- 기사 : 00,06,12,19
- 산업 : 02,08,10,12②,14,16

방진마스크에 관한 설명으로 옳지 않은 것은?

① 종류에는 격리식과 직결식, 면체여과식이 있다.
② 비휘발성 입자에 대한 보호가 가능하다.
③ 필터재질로는 활성탄이 가장 많이 사용된다.
④ 포집효율이 높고 흡기, 배기 저항이 낮은 것이 좋다.

[해설] 필터재질로 활성탄이 주로 사용되는 것은 방독마스크이다. 방진마스크의 필터재질은 면·모·합성섬유 등이다.

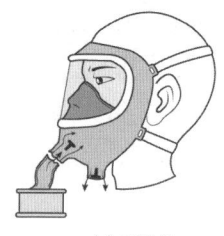
(a) 격리식

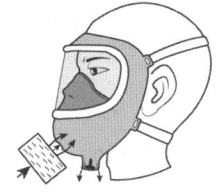
(b) 직결식

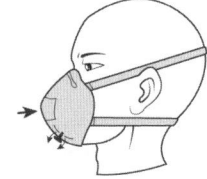
(c) 안면부 여과식

〈그림〉 방진마스크 형식의 종류와 개요도

답 ③

예상 05
- 기사 : 01,05
- 산업 : 출제대비

다음 중 방진마스크를 사용하기 곤란한 작업장소는?

① 광산의 채석장
② 통합분진이 발생되는 작업장
③ 금속산화물 흄(Fume)이 생기는 작업장
④ 맨홀이나 지하가스 발생 작업장

[해설] 맨홀이나 지하가스 발생 작업장은 방진마스크를 착용할 것이 아니라 작업시작 전과 작업 중에 산소농도 및 유해가스 농도를 측정하고 측정값에 따라 작업자에게 공기호흡기 또는 송기마스크 등 호흡용 보호구를 착용하여야 한다.

답 ④

예상 06
- 기사 : 00,05,07,08,09,13,14,17,18
- 산업 : 02,08,09

방진마스크에 관한 설명으로 틀린 것은?

① 흡기, 배기 저항은 낮은 것이 좋다.
② 흡기저항 상승률은 높은 것이 좋다.
③ 비휘발성 입자에 대한 보호가 가능하다.
④ 여과효율이 우수하려면 필터에 사용되는 섬유의 직경이 작고, 조밀하게 압축되어야 한다.

[해설] 방진마스크는 분진 포집효율이 높고 흡기·배기 저항이 낮고, 흡기저항 상승률이 낮은 것이 좋다.

답 ②

【정리사항】 방진마스크의 구비요건
- 분진 포집효율이 높을 것
- 흡기저항이 낮고, 흡기저항 상승률이 낮을 것(0.45~2.25mmH$_2$O 범위)

- 배기 저항이 낮을 것(300Pa 이하=2.25mmH₂O 이하)
- 유해물질에 맞는 최상의 포집효율(비휘발성의 0.3㎛ 입자)을 가질 것
- 가볍고 시야가 넓을 것(70% 이상, 하방시계 60° 이상)
- 안면 밀착성이 좋아 기밀이 잘 유지될 것
- 마스크 내부에 호흡에 의한 습기가 발생하지 않을 것
- 안면 접촉부위는 땀을 흡수할 수 있는 재질일 것

유.사.문.제

01 방진마스크의 선정기준으로 틀린 내용은?
[00,02,03,04,05②,06,10,16,18 산업]
① 포집효율이 높은 것이 좋다.
② 흡기저항은 큰 것이 좋다.
③ 배기 저항은 작은 것이 좋다.
④ 중량은 가벼운 것이 좋다.

02 방진마스크의 선정기준으로 틀린 것은? [10 산업]
① 포집효율이 높은 것이 좋다.
② 흡기저항은 작은 것이 좋다.
③ 배기 저항은 큰 것이 좋다.
④ 중량은 가벼운 것이 좋다.

03 호흡용 보호구를 잘못 설명한 것은? [06 산업]
① 오염물질을 정화하는 방법에 따라 공기정화식과 공기공급식으로 구분된다.
② 흡기저항이 큰 호흡용 보호구는 분진제거율이 높아 안전성이 확보된다.
③ 분진제거용 필터는 일반적으로 압축된 섬유상 물질을 사용한다.
④ 산소농도가 정상적이고 먼지만 존재하는 작업장에서는 방진마스크를 사용한다.

04 방진마스크의 필터에 사용되는 재질과 가장 거리가 먼 것은? [10 산업]
① 활성탄
② 합성섬유
③ 면
④ 유리섬유

05 방진마스크에 대한 설명으로 가장 거리가 먼 것은? [17 기사]
① 방진마스크는 인체에 유해한 분진, 연무, 흄, 미스트, 스프레이 입자를 작업자가 흡입하지 않도록 하는 보호구이다.
② 격리식과 직결식, 면체여과식이 있다.
③ 방진마스크의 필터에는 활성탄과 실리카겔이 주로 사용된다.
④ 비휘발성 입자에 대한 보호만 가능하며, 가스 및 증기로부터의 보호는 안 된다.

06 다음 중 방진마스크에 관한 설명으로 옳지 않은 것은? [10,17 기사]
① 형태별로 전면마스크와 반면마스크가 있다.
② 비휘발성 입자에 대한 보호가 가능하다.
③ 반면마스크는 안경을 쓴 사람에게 유리하며 밀착성이 우수하다.
④ 필터의 재질은 면, 모, 합성섬유, 유리섬유, 금속섬유 등이다.

hint 반면마스크는 안경을 쓴 사람에게 유리하며 얼굴과의 밀착성이 떨어진다.

07 방진마스크에 대한 설명으로 옳은 것은? [16 기사]
① 무게중심은 안면에 강한 압박감을 주는 위치여야 한다.
② 흡기저항 상승률이 높은 것이 좋다.
③ 필터의 흡입저항이 클수록 좋다.
④ 비휘발성 입자에 대한 보호만 가능하고 가스 및 증기의 보호는 안 된다.

정답 | 01.② 02.③ 03.② 04.① 05.③ 06.③ 07.④

유.사.문.제

01 방진마스크에 관한 설명으로 틀린 것은?
[09,13 산업][02,09 기사]

① 방진마스크의 종류에는 격리식과 직결식, 면체여과식이 있으며 형태별로는 전면, 반면 마스크가 있다.
② 대상입자에 맞는 필터재질(비휘발성용, 휘발성용)을 사용한다.
③ 흡기, 배기 저항은 낮은 것이 좋으며 흡기저항 상승률도 낮은 것이 좋다.
④ 여과제의 탈착이 가능하여야 한다.

hint 대상입자에 맞는 필터재질(비휘발성용, 휘발성용)을 사용하는 것은 방독마스크이다.

02 분진으로 인한 진폐증을 예방하기 위한 대책으로서 적합하지 않은 것은?
[16 산업]

① 분진 발생원이 비교적 많고 분진농도가 높은 경우에는 국소배기장치의 설치보다 우선적으로 방진마스크 착용을 고려한다.
② 2차 비산분진이 발생하지 않도록 작업장을 청결히 한다.
③ 분진 발생원과 근로자 분리하는 방법으로 원격조정장치 등을 사용할 수 있다.
④ 연마, 분쇄, 주물작업 시에는 습식으로 작업하며 부유분진을 감소시키도록 해야 한다.

hint 분진 발생원이 비교적 많고, 분진농도가 높은 경우에는 방진마스크를 착용보다 국소배기장치를 우선적으로 고려하여야 한다.

정답 ┃ 01.② 02.①

- 기사 : 출제대비
- 산업 : 15

예상 07 방진마스크의 올바른 사용법이라 할 수 없는 것은?

① 보관은 전용 보관상자에 넣거나 깨끗한 비닐봉지에 넣는다.
② 면체의 손질은 중성세제로 닦아 말리고 고무 부분은 햇빛에 잘 말려 사용한다.
③ 필터의 수명은 환경, 보관정도에 따라 달라지나 통상 1개월 이내에 바꾸어 착용한다.
④ 필터에 부착된 분진은 세게 털지 말고 가볍게 털어준다.

[해설] 방진마스크를 손질할 때는 안면부를 손질 시 중성세제를 사용하고, 고무 등의 부분은 기름이나 유기용제에 약하므로 접촉을 피하고, 자외선에도 약하므로 직사광선을 피해 그늘에 말려야 한다. 한편, 사용상의 금기사항은 수건 등을 대고 그 위에 방진마스크 착용 금지, 면체의 접합부에 접안용 헝겊을 사용 금지 등이다.

답 ②

예상 08
- 기사 : 출제대비
- 산업 : 18

방진마스크의 밀착성 시험 중 정량적인 방법에 관한 설명으로 옳은 것은?

① 간단하게 실험할 수 있다.
② 누설의 판정기준이 지극히 개인적이다.
③ 시험장치가 비교적 저가이며, 측정조작이 쉽다.
④ 일반적으로 보호구의 안과 밖에서 농도의 차이나 압력의 차이로 밀착정도를 수적인 방법으로 나타낸다.

해설 현재 국내에서 시행되는 방진마스크의 밀착성 시험의 정량적인 방법은 염화나트륨 에어로졸(평균 입경은 약 0.6μm)을 피시험자의 머리 위로 직접 흘러내리도록 하여 마스크의 안과 밖에서 농도의 차이로 측정하여 밀착정도를 수적(數的)인 방법으로 평가(누설률)한다. 에어로졸 대신 압력의 차이로 평가할 수도 있다.   답 ④

예상 09
- 기사 : 14,17
- 산업 : 출제대비

다음 중 방독마스크의 사용 용도와 가장 거리가 먼 것은?

① 산소결핍 장소에서는 사용해서는 안 된다.
② 흡착제가 들어있는 카트리지나 캐니스터를 사용해야 한다.
③ IDLH(Immediately Dangerous to Life and Health) 상황에서 사용한다.
④ 일반적으로 흡착제로는 비극성의 유기증기에는 활성탄을, 극성 물질에는 실리카겔을 사용한다.

해설 방독마스크를 착용할 수 **없는 사업장**은 고농도(IDLH) 작업장, 산소결핍(18% 이하)의 위험이 있는 작업장, 맨홀내 작업, 지하 및 배 밑의 창고, 오래 방치된 우물 속의 작업, 오래 방치된 정화조내 작업, 기름탱크 안 등이다. 고농도(IDLH, 즉각적으로 생명과 건강에 위협을 줄 수 있는 농도)를 갖는 작업장은 송기마스크(air supplied respirator)를 사용하여야 한다.   답 ③

유.사.문.제

01 방독마스크를 효과적으로 사용할 수 있는 작업으로 가장 적절한 것은? [08,16 기사]

① 맨홀 작업
② 오래 방치된 우물 속의 작업
③ 오래 방치된 정화조내 작업
④ 지상의 유해물질 중독 위험작업

hint ①,②,③항은 송기마스크를 사용하여야 한다.
다음의 경우에는 송기마스크를 사용하여야 한다.
- 유해물질의 종류, 농도가 불분명한 장소
- 작업강도가 매우 큰 작업장소
- 산소결핍의 우려가 있는 작업장소

02 다음 중 산소결핍 장소의 출입 시 착용하여야 할 보호구로 적절하지 않은 것은? [11 기사]

① 공기호흡기   ② 송기마스크
③ 방독마스크   ④ 에어라인마스크

03 다음 호흡용 보호구 중 안면밀착형인 것은 어느 것인가? [18 기사]

① 두건형   ② 반면형
③ 의복형   ④ 헬멧형

hint 반면형은 입/코 호흡기 부위만 보호

정답 ┃ 01.④ 02.③ 03.②

■ 기사 : 출제대비
■ 산업 : 00,03,07,08,09,12,16

방독마스크의 흡수제의 재질로 적당하지 않은 것은?

① fiber glass
② silica gel
③ activated carbon
④ soda lime

해설 방독마스크의 흡수통(필터)은 유해물질을 제거하는 중요한 부품이며, 일반적으로 충전물질로 사용되는 것은 활성탄(activated carbon), 실리카겔(silica gel), 석회(soda lime) 등의 흡착제이다.

〈그림〉 직결식 반면형

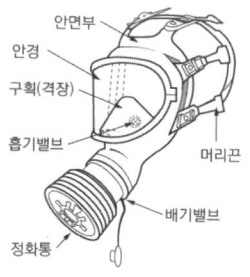
〈그림〉 직결식 전면형

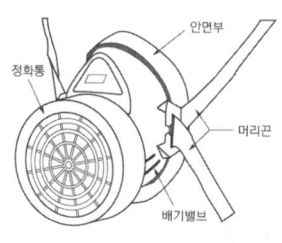
〈그림〉 저농도용 반면형

답 ①

유.사.문.제

01 방독마스크의 흡수제로서 가장 많이 사용되는 물질은? [02,04,05 산업]

① silica gel
② soda lime
③ hopcalite
④ activated carbon

02 방독마스크의 흡착제로 주로 사용되는 물질과 가장 거리가 먼 것은? [15,19 산업]

① 활성탄
② 실리카겔
③ soda lime
④ 금속섬유

정답 ❙ 01.④ 02.④

■ 기사 : 매년/매회 출제대비 18
■ 산업 : 매년/매회 출제대비

호흡기 보호구의 밀착도 검사(fit test)에 대한 설명이 잘못된 것은?

① 정량적인 방법에는 냄새, 맛, 자극물질 등을 이용한다.
② 밀착도 검사란 얼굴피부 접촉면과 보호구 안면부가 적합하게 밀착되는지를 측정하는 것이다.
③ 밀착도 검사를 하는 것은 작업자가 작업장에 들어가기 전 누설정도를 최소화시키기 위함이다.
④ 어떤 형태의 마스크가 작업자에게 적합한지 마스크를 선택하는 데 도움을 주어 작업자의 건강을 보호한다.

해설 냄새, 맛, 자극물질 등을 이용하여 평가하는 방법은 정성적이다. 정량적 평가는 보호구 내·외부에서 측정된 대상 시험가스의 농도나 압력으로 판단한다. 예를 들면, 방독마스크의 밀착도 등을 검사하기 위해서는 사염화탄소, 시클로헥산, 디메틸에테르, 이소부탄, 염소 등의 시험가스를 사용한다.

답 ①

04. 작업환경관리

예상 12
- 기사 : 출제대비
- 산업 : 00, 04, 06, 16

방독마스크의 정화통의 성능을 시험할 때 사용하는 물질로 가장 알맞은 것은?

① 사염화탄소 ② 부탄올
③ 메탄올   ④ 이산화탄소

해설 방독마스크 정화통(흡수통)의 성능을 시험할 때는 일반적으로 방독대상 오염물질을 시험가스로 사용한다. 현재 제시된 항목 중에서는 사염화탄소(CCl₄)가 적합한 시험물질로 본다.   **답** ①

예상 13
- 기사 : 11
- 산업 : 출제대비

방독마스크의 카트리지의 수명에 영향을 미치는 요소와 가장 거리가 먼 것은?

① 흡착제의 질과 양
② 상대습도
③ 온도
④ 오염물질의 입자크기

해설 방독마스크의 카트리지의 수명에 영향을 미치는 요소는 흡착제의 질과 양, 상대습도, 온도, 오염물질의 농도, 증기와의 혼합여부, 착용자의 호흡률을 포함한 노출조건, 포장의 균일성과 밀도, 다른 가스의 존재여부이다.   **답** ④

예상 14
- 기사 : 14, 18
- 산업 : 출제대비

호흡용 보호구에 관한 설명으로 틀린 것은?

① 방독마스크는 주로 면, 모, 합성섬유 등을 필터로 사용한다.
② 방독마스크는 공기 중의 산소가 부족하면 사용할 수 없다.
③ 방독마스크는 일시적인 작업 또는 긴급용으로 사용하여야 한다.
④ 방진마스크는 비휘발성 입자에 대한 보호가 가능하다.

해설 면·모·합성섬유 등을 필터로 사용하는 것은 방진마스크이다.   **답** ①

유.사.문.제

01 방독마스크 카트리지에 포함된 흡착제의 수명은 여러 환경요인에 영향을 받는다. 흡착제의 수명에 영향을 주는 환경요인과 가장 거리가 먼 것은?   [02, 04, 14 산업]

① 작업장의 온도
② 작업장의 습도
③ 작업장의 유해물질농도
④ 작업장의 체적

02 유해한 환경의 산소결핍 장소에 출입 시 착용하여야 할 보호구로 적절하지 않은 것은?   [16 기사]

① 방독마스크
② 송기마스크
③ 공기호흡기
④ 에어라인마스크

hint 산소결핍 장소에서는 방독마스크나 방진마스크는 사용할 수 없다.

정답 ┃ 01. ④ 02. ①

종합연습문제

01 보호구에 관한 설명으로 옳지 않은 것은?
[11 기사]

① 방진마스크의 흡기저항과 배기 저항은 모두 낮은 것이 좋다.
② 방진마스크의 포집효율과 흡기저항 상승률은 모두 높은 것이 좋다.
③ 방독마스크는 사용 중에 조금이라도 가스냄새가 나는 경우 새로운 정화통으로 교체하여야 한다.
④ 방독마스크의 흡수제는 활성탄, 실리카겔, soda lime 등이 사용된다.

hint 방진마스크는 분진 포집효율이 높고 흡기·배기 저항이 낮고, 흡기저항 상승률이 낮은 것이 좋다.

02 호흡용 보호구에 대한 설명 중 알맞지 않은 것은?
[00,03 기사]

① 송풍마스크는 유해물질의 농도가 높을 때에도 사용할 수 있다.
② 방독마스크는 공기 중에 산소가 16% 이하이면 사용할 수 없다.
③ 방진마스크에 사용되는 필터에는 활성탄이 많이 사용되고 있다.
④ 방독마스크의 흡수제가 수명이 다 된 것을 흡수관의 파과(破過)라고 한다.

03 호흡용 보호구에 관한 설명으로 가장 거리가 먼 것은?
[02,07②,10,11,12 기사]

① 방진마스크는 비휘발성 입자에 대한 보호가 가능하다.
② 방독마스크는 공기 중의 산소가 부족하면 사용할 수 없다.
③ 방독마스크는 일시적인 작업 또는 긴급용으로 사용하여야 한다.
④ 방독마스크는 면, 모, 합성섬유 등을 필터로 사용한다.

hint 방독마스크는 활성탄, 실리카겔, 석회(soda lime) 등의 흡착제를 사용한다. 한편, 면·모·합성섬유 등을 필터로 사용하는 것은 방진마스크이다.

04 페인트 도장이나 농약 살포와 같이 공기 중에 가스 및 증기상 물질과 분진이 동시에 존재하는 경우 호흡 보호구에 이용되는 가장 적절한 공기 정화기는?
[15 기사]

① 필터
② 요오드를 입힌 활성탄
③ 금속산화물을 도포한 활성탄
④ 만능형 캐니스터

정답 | 01.② 02.③ 03.④ 04.④

- 기사 : 출제대비
- 산업 : 01,09,11,15

방독마스크 사용 시 유의사항으로 틀린 것은?

① 대상가스에 맞는 정화통을 사용할 것
② 유효시간이 불분명한 경우는 송기마스크나 자급식 호흡기를 사용할 것
③ 산소결핍 위험이 있는 경우는 송기마스크나 자급식 호흡기를 사용할 것
④ 사용 중에 조금이라도 가스 냄새가 나는 경우는 송기마스크나 자급식 호흡기를 사용할 것

해설 방독마스크는 사용 중 가스의 냄새가 나거나 숨쉬기가 답답하다고 느낄 때는 즉시 작업을 중지하고 새로운 흡수통(정화통)으로 교환하여야 한다. 그리고 정화통의 유효시간을 명확히 파악할 수 없는 경우는 새로운 송기마스크나 자급식 호흡기를 사용하여야 한다. 다음의 경우는 **송기마스크**를 사용한다.
- 유해물질의 종류나 농도가 불분명한 장소 / 정화통의 유효시간이 불분명한 경우
- 작업강도가 매우 큰 작업장 / 산소결핍 장소

답 ④

04. 작업환경관리

- 기사 : 출제대비
- 산업 : 17

16 방독마스크의 유해인자와 카트리지 색깔의 연결이 틀린 것은?

① 유기용제 – 흑색 ② 암모니아 – 녹색
③ 일산화탄소 – 청색 ④ 아황산가스 – 황적색

해설 일산화탄소의 방독마스크 카트리지의 색깔은 적색이다.

유기용제 가스용	흑색	• 유기용제, 유기화합물 등의 가스 또는 증기
할로겐 가스용	회색 및 흑색	• 할로겐 가스 또는 증기
일산화탄소용	적색	• 일산화탄소가스
암모니아용	녹색	• 암모니아가스
아황산가스용	황적색	• 아황산가스
아황산가스 / 황	백색 및 황적색	• 아황산가스 및 황의 증기 또는 분진

답 ③

유.사.문.제

01 방독마스크에 사용되는 흡수관의 종류와 표시이 잘못된 것은? [03 기사]

① 유기가스용 – C, 검은색
② 일산화탄소용 – E, 빨간색
③ 암모니아용 – H, 초록색
④ 황화수소용 – A, 회색

02 산소가 결핍된 밀폐공간에서 작업하려고 한다. 가장 적합한 호흡용 보호구는? [19 산업][15 기사]

① 방진마스크 ② 방독마스크
③ 송기마스크 ④ 면체여과식마스크

hint 송기마스크를 사용해야 하는 작업장 → 밀폐공간으로 유해물질의 종류나 농도가 불분명한 장소 / 정화통의 유효시간이 불분명한 경우 / 작업강도가 매우 큰 작업장 / 산소결핍 장소

정답 | 01.④ 02.③

- 기사 : 00,05,08,09②,13,16,18
- 산업 : 02,10①,13,15,17

17 다음 중 다음 조건에서 방독마스크의 사용 가능시간은?

- 공기 중의 사염화탄소농도 0.2%
- 사용 정화통의 정화능력이 사염화탄소 0.5%에서 50분간 사용 가능

① 110분 ② 125분
③ 145분 ④ 175분

해설 방독마스크의 사용시간은 다음 관계식을 이용하여 산출할 수 있다.

⟨계산⟩ 사용 가능시간 = 표준유효시간 × $\dfrac{\text{시험가스 농도}}{\text{공기 중 유해가스 농도}}$

∴ 사용 가능시간 = $50 \text{ min} \times \dfrac{0.5\%}{0.2\%} = 125 \text{min}$

답 ②

- 기사 : 출제대비
- 산업 : 10

예상 18. 다음 중에서 방독마스크의 사용 가능여부를 가장 정확히 확인할 수 있는 것은?

① 파과곡선 ② 냄새유무
③ 자극유무 ④ 용해곡선

해설 방독마스크는 흡착제를 사용하기 때문에 방독마스크의 사용 가능여부를 가장 정확히 확인할 수 있는 것은 파과곡선(破過曲線, break point curve)이다.

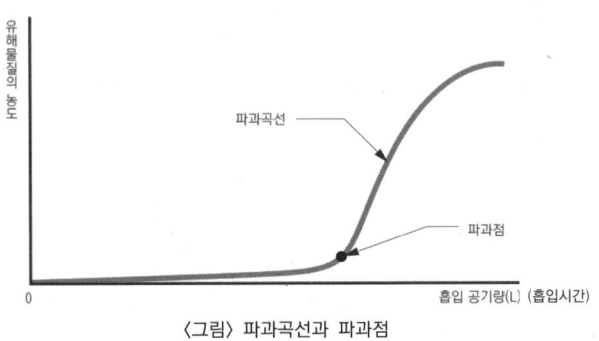

〈그림〉 파과곡선과 파과점

답 ①

- 기사 : 00,06,12,18
- 산업 : 02,05,09,17

예상 19. 다음 중 장기간 사용하지 않았던 오래된 우물 속으로 작업을 위하여 들어갈 때 가장 적절한 마스크는?

① 호스마스크 ② 특급의 방진마스크
③ 유기가스용 방독마스크 ④ 일산화탄소용 방독마스크

해설 공기공급식 보호구(송기마스크, air supplied respirator)는 산소결핍의 위험성이 있는 지하 맨홀작업이나 탱크내 청소작업, 오래된 우물 속으로 작업, 고농도의 유해물질이 존재하는 작업장, 즉각적으로 생명과 건강에 위협을 줄 수 있는 농도(IDLH, Immediately Dangerous to Life and Health)로 존재하는 작업장에 들어갈 때 사용된다. 단, 에어라인 방식은 non-IDLH 상황에서 사용한다.

답 ①

- 기사 : 02,05
- 산업 : 19

예상 20. 위생보호구에 대한 설명으로 틀린 것은?

① 개인 위생보호구는 유해물질을 줄이거나 완전히 제거하지 못하는 경우에 착용한다.
② 방진마스크의 필터는 유해물질을 걸러주는데 중요한 부품이며 재질은 면, 합성섬유, 금속섬유 등이 있다.
③ 산소가 결핍되어 있거나 유해물질의 농도가 높을 때는 방독마스크가 효과적이다.
④ 방독마스크의 흡수제로 가장 많이 쓰이는 것은 활성탄이다.

해설 산소가 결핍되어 있거나 유해물질의 농도가 높을 때는 공기공급식(송기마스크, 산소호흡기, 공기호흡기 등)을 사용하여야 한다. 방독마스크는 공기정화식으로 산소농도가 18% 미만인 장소나 위해비(공기 중 오염물질의 농도/노출기준)가 높은 경우에는 사용할 수 없다.

답 ③

04. 작업환경관리

【참고】

〈그림〉 공기공급식 보호구의 착용 모습

〈그림〉 공기정화식 보호구의 착용 모습

유.사.문.제

01 공기공급식 호흡기 보호구 중 자가공기 공급장치에 관한 설명으로 알맞지 않은 것은? [08,15 산업]

① 개방식 : 호기에서 나온 공기는 장치 밖으로 배출되며 사용시간은 30분에서 60분 정도이다.
② 개방식 : 소방관이 주로 사용하며 호흡용 공기는 압축공기를 사용한다.
③ 폐쇄식 : 산소발생장치에는 주로 H_2O_2를 사용한다.
④ 폐쇄식 : 개방식보다 가벼운 것이 장점이며 사용시간은 30분에서 4시간 정도이다.

hint 폐쇄식 자가공기 공급장치는 KO_2를 사용 → $CO_2 + H_2O$의 반응에 의해 O_2를 발생시킨다.

02 호흡용 호스마스크의 종류를 송기법에 따라 구분한 것으로 알맞지 않은 것은? [04 기사]

① 송풍마스크
② 압축공기식마스크
③ 흡입작용식마스크
④ 통기마스크

03 공기공급식 호흡기 보호구 중 자가공기 공급장치에 관한 설명으로 알맞지 않은 것은? [04 산업]

① 개방식 : 호기에서 나온 공기는 장치 밖으로 배출되며, 사용시간은 30분에서 60분 정도이다.
② 개방식 : 소방수가 주로 사용하며, 압축산소를 사용한다.
③ 폐쇄식 : 산소발생장치에는 주로 KO_2를 사용한다.
④ 폐쇄식 : 개방식보다 가벼운 것이 장점이며, 사용시간을 30분에서 4시간 정도이다.

hint 개방식에서 압축산소는 절대 사용해서는 안 된다. 폭발위험이 있다.

04 산소가 결핍된 환경 또는 유해물의 농도가 높거나 독성이 강한 작업장에서 사용해야 할 마스크(보호구)로 적합한 것은? [01,04 산업]

① 방진마스크
② 방독마스크
③ 공기공급식마스크
④ 일반면마스크

정답 | 01.③ 02.③ 03.② 04.③

종합연습문제

01 다음 중 산소결핍이 우려되고, 증기가 발산되는 유기화합물을 넣었던 탱크 내부에서 세척 및 페인트칠 업무를 하고자 할 때 근로자가 착용하여야 하는 보호구로 가장 적절한 것은? [14 산업]
① 위생마스크 ② 방독마스크
③ 송기마스크 ④ 방진마스크

02 밀폐공간에 근로자를 종사하도록 할 때, 사업주는 건강장해 예방을 위해 조치를 취해야 한다. 이때의 조치사항으로 관계가 없는 것은? [16 산업]
① 작업시작 전 적정한 공기상태 여부의 확인을 위한 측정·평가
② 응급조치 등 안전보건 교육 및 훈련
③ 공기호흡기 또는 송기마스크 등의 착용 및 관리
④ 청력보호구의 착용 및 관리

03 공기공급식 호흡기 보호구인 Air Line 식의 종류가 아닌 것은? [08 산업]
① 폐쇄식(closed-circuit) 마스크
② 폐력식(demand) 마스크
③ 압력식(pressure demand) 마스크
④ 연속흐름식(continuous flow) 마스크

hint 에어라인식에는 폐력식(demand) 마스크, 압력식(pressure demand) 마스크, 연속흐름식(continuous flow) 마스크의 3가지가 있다.

04 일정장소에 설치되어 있는 콤프레셔나 압축공기실린더에서 호흡할 수 있는 공기를 보호구 안면부에 연결된 관을 통하여 공급하는 호흡용 보호기 중 폐력식에 관한 내용으로 가장 거리가 먼 것은? [02,06,15 기사]
① 누설 가능성이 없다.
② 보호구안에 음압이 생긴다.
③ demand식이라고도 한다.
④ 레귤레이터는 착용자가 호흡할 때 발생하는 압력에 따라 공기가 공급된다.

hint 폐력식(demand)은 보호구안이 음압(陰壓)으로 되기 때문에 누설 가능성이 있다. 한편, 압력식은 보호구내가 양압(陽壓)이 되므로 누설 가능성이 적다.

05 송풍형 호스마스크의 기계송풍 시 경작업을 행하는 경우 적절한 공기공급량은? [03 기사]
① 50L/min
② 150L/min
③ 250L/min
④ 350L/min

hint 경작업 송풍형 호스마스크 → 150L/min

정답 ┃ 01.③ 02.④ 03.① 04.① 05.②

예상 21
- 기사 : 출제대비
- 산업 : 11,16,19

적절히 밀착이 이루어진 호흡기 보호구를 훈련된 일련의 착용자들이 작업장에서 착용하였을 때 기대되는 최소 보호 정도치를 무엇이라 하는가?
① 정도보호계수 ② 할당보호계수
③ 밀착보호계수 ④ 작업보호계수

해설 작업장에서 적절하게 밀착된 호흡기 보호기구를 착용하였을 때 기대되는 최소 보호 정도치를 할당보호계수(割當保護係數, assigned protection factor)라 한다. 예를 들면, 보호계수가 100인 보호구를 착용하고 작업장에 들어가면 착용자는 외부 유해물질로부터 적어도 100배 만큼의 보호를 받을 수 있다는 의미이다.

답 ②

04. 작업환경관리

- 기사 : 10,16,18
- 산업 : 출제대비

보호구의 보호 정도를 나타내는 할당보호계수(APF)에 관한 설명으로 가장 거리가 먼 것은?

① 보호구 밖의 유량과 안의 유량비(Q_o/Q_i)로 표현된다.
② APF를 이용하여 보호구에 대한 최대사용 농도를 구할 수 있다.
③ APF가 100인 보호구를 착용하고 작업장에 들어가면 착용자는 외부 유해물질로부터 적어도 100배만큼의 보호를 받을 수 있다는 의미이다.
④ 일반적인 PF 개념의 특별한 적용으로 적절히 밀착이 이루어진 호흡기 보호구를 훈련된 일련의 착용자들이 작업장에서 착용하였을 때 기대되는 최소 보호 정도치를 말한다.

[해설] 작업장에서 적절하게 밀착된 호흡기 보호기구를 착용하였을 때 기대되는 최소 보호 정도치를 할당보호계수(APF, Assigned Protection Factor)라 한다. 보호구의 할당보호계수는 위해비(HR, Hazardous Ratio, 공기 중 유해물질농도/노출기준의 배수) 이상이어야 한다.

〈관계〉 $APF \geq \dfrac{\text{공기 중 농도}}{\text{노출기준}}$

답 ①

- 기사 : 01,08
- 산업 : 출제대비

일반적으로 다음의 양압, 음압 호흡기 보호구 중 할당보호계수(APF)가 가장 큰 것은? (단, 기능별, 형태별 분류기준)

① 양압 호흡기 보호구 - 전동 공기정화식[에어라인, 압력식(개방/폐쇄식)] - 반면형
② 양압 호흡기 보호구 - 공기공급식[SCBA, 압력식(개방/폐쇄식)] - 전면형
③ 음압 호흡기 보호구 - 전동 공기공급식[에어라인, 압력식(개방/폐쇄식)] - 전면형
④ 음압 호흡기 보호구 - 공기정화식[에어라인(폐쇄식)] - 헬멧형

[해설] 양압(陽壓) 호흡기 보호구의 경우 자가 공기공급식(SCBA, 압력식-개방/폐쇄식)인 경우 전면형(全面型)의 할당보호계수(APF)는 10,000으로 가장 크다. 기타 양압 호흡기 보호구의 반면형(半面型) 할당보호계수(APF)는 형식에 무관하게 50이고, 전면형은 1,000이다. 반면에 음압(陰壓) 호흡기 보호구의 경우 반면형은 형식에 무관하게 10이고, 전면형은 100이다.

답 ②

예상 24
- 기사 : 00,02,09,11,14,17,19
- 산업 : 출제대비

보호구의 보호정도와 한계를 나타내는데 필요한 보호계수를 산정하는 공식으로 옳은 것은? (단, 보호계수 = PF, 보호구 밖의 농도 = C_o, 보호구 안의 농도 = C_i)

① $PF = C_o/C_i$
② $PF = (C_i/C_o) \times 100$
③ $PF = (C_o/C_i) \times 0.5$
④ $PF = (C_i/C_o) \times 0.5$

[해설] 보호구 밖의 농도를 C_o, 보호구 안의 농도를 C_i라고 할 때 보호계수는 다음의 관계식으로 산정된다.

〈관계〉 $PF = \dfrac{C_o}{C_i}$

답 ①

PART 3 산업환기 및 작업환경 관리대책

예상 25
- 기사 : 출제대비
- 산업 : 12, 16

보호구에 대한 최대사용농도(MUC, Maximum Use Concentration) 계산식으로 옳은 것은? (단, TLV : 허용기준, PF : 보호계수)

① MUC=TLV×PF ② MUC=TLV/PF
③ MUC=PF/TLV ④ MUC=TLV+PF

해설 보호구에 대한 최대사용농도(MUC, Maximum Use Concentration)는 특정 유해물질의 허용농도(TLV 또는 PEL)에 보호계수(PF)를 곱하여 산출한다.

〈관계〉 MUC = PF × TLV

답 ①

종합연습문제

01 보호구 밖의 농도가 300ppm이고, 보호구 안의 농도가 12ppm이었을 때 보호계수(PF) 값은? [10,13,16 산업][09,12,15 기사]

① 200   ② 100
③ 50   ④ 25

hint $PF = \dfrac{C_o}{C_i} = \dfrac{300}{12} = 25$

02 기대되는 공기 중의 농도가 30ppm이고, 노출기준이 2ppm이면 적어도 호흡기 보호구의 할당보호계수(APF)는 최소 얼마 이상인 것을 선택해야 하는가? [01,02,05,11,16 산업]

① 0.07 ② 2.5
③ 15   ④ 60

hint $APF \geq \dfrac{\text{공기 중 농도}}{\text{노출기준}}$

∴ $APF \geq \dfrac{30}{2} = 15$ 이상

03 A분진의 노출기준은 $10mg/m^3$이며 일반적으로 반면형 마스크의 할당보호계수(APF)는 10일 때, 반면형 마스크를 착용할 수 있는 작업장내 A분진의 최대농도는 얼마인가? [14,17 산업][17 기사]

① $1mg/m^3$ ② $10mg/m^3$
③ $50mg/m^3$ ④ $100mg/m^3$

hint $APF \geq \dfrac{\text{공기 중 농도}}{\text{노출기준}}$

⇒ $10 = \dfrac{\text{공기 중 농도}}{10}$

∴ 공기 중 농도 = $100mg/L$

04 할당보호계수가 25인 반면형 호흡기 보호구를 구리흄이 존재하는 작업장에서 사용한다면 최대사용농도는 몇 mg/m^3인가? (단, 허용농도는 $0.3mg/m^3$이다.) [02,05,08,12,18 산업][00,14 기사]

① 3.5   ② 5.5
③ 7.5   ④ 9.5

hint $MUC = APF \times TLV$

∴ $MCU = 25 \times 0.3 = 7.5 mg/L$

정답 | 01.④ 02.③ 03.④ 04.③

4 호흡기 유해물질관리

  이승원의 minimum point

① 분진 및 유해가스의 관리

구 분	관리대상	관리내용	관리목표
작업환경관리 (기술적 대책)	유해물질사용	• 원료·시설의 대치 • 공정의 개선 및 변경 • 설비장치의 부하 조정	발산억제
	유해물질발생	• 원격조작 • 자동화 • 설비의 밀폐	격리
	공기 중 농도	• 국소배기·전체배기 • 건물 구조개선	희석제거
작업관리 (관리적 대책)	호흡위치의 농도 (노출농도)	• 작업방법·작업자세의 관리 및 개선 • 시간제한 • 호흡보호구 사용	노출제한
건강관리 (의학적 대책)	체내 침입량		침입억제
	생체반응	• 작업전환, 건강상담 및 진료	장해예방
	건강장해	• 요양, 치료	

- 기사 : 출제대비
- 산업 : 00,03,12,15,17,18

작업장에서 발생된 분진에 대한 작업환경 관리대책과 가장 거리가 먼 것은 어느 것인가?

① 국소배기장치의 설치
② 발생원의 밀폐
③ 방독마스크의 지급 및 착용
④ 전체환기

해설 방독마스크(canister mask)는 가스상의 물질과 증기(가스상의 물질이나 유해 증기 등의 농도가 2% 이하로 존재하는 작업장)에 노출되는 것을 방지하기 위해 사용된다. **분진에 대한 작업환경 관리대책**은 다음과 같다.
  ▫ 환기(국소배기, 전체환기)
  ▫ 물을 사용하는 습식공법으로 대치
  ▫ 발생원의 밀폐(가장 완벽한 대책)
  ▫ 재료의 변경(발진이 적은 것, 독성이 낮은 것으로 변경, 연마기의 사암을 인공마석으로 교체)
  ▫ 보호구 착용(방진마스크 지급 및 착용) 등

답 ③

종합연습문제

01 분진작업장의 작업환경 관리대책 중 분진발생 방지나 분진 비산 억제대책으로 가장 적절한 것은? [02,06,12,16,18 산업]
① 작업의 강도를 경감시켜 작업자의 호흡량을 감소
② 작업자가 착용하는 방진마스크를 송기마스크로 교체
③ 광석 분쇄, 연마작업 시 물을 분사하면서 하는 방법으로 변경
④ 분진발생 공정과 타 공정을 교대로 근무하게 하여 노출시간 감소

02 분진작업장의 작업환경 관리대책 중 분진발생 방지나 분진비산 억제대책으로 보기 어려운 것은? [05 산업]
① 연마작업자가 착용하는 방진마스크를 에어라인마스크로 교체
② 포위형 국소배기장치로 교체
③ 연마기의 사암을 인공마석으로 교체
④ 광석 분쇄, 연마작업 시 계면활성제 용액을 분사하면서 하는 방법으로 변경

03 분진작업장의 관리방법을 설명한 것이다. 틀린 것은? [08,19 산업]
① 습식으로 작업
② 작업장의 바닥에 적절히 수분을 공급
③ 샌드블라스팅 작업 시 모래 대신 철을 사용
④ 유리규산 함량이 높은 모래 사용

hint 유리규산 함량이 낮은 모래를 사용

04 다음 중 먼지가 발생하는 작업장에서 가장 완벽한 대책은? [19 산업]
① 근로자가 방진마스크를 착용한다.
② 발생된 먼지를 습식법으로 제어한다.
③ 전체환기를 실시한다.
④ 발생원을 완전히 밀폐한다.

05 산소가 결핍된 장소에서 주로 사용하는 호흡용 보호구는? [15 산업]
① 방진마스크
② 일산화탄소용 방독마스크
③ 산성가스용 방독마스크
④ 호스마스크

06 호흡용 보호구에 관한 설명으로 틀린 것은? [16 산업]
① 오염물질을 정화하는 방법에 따라 공기정화식과 공기공급식으로 구분된다.
② 흡기저항이 큰 호흡용 보호구는 분진제거율이 높아 안전성이 확보된다.
③ 분진제거용 필터는 일반적으로 압축된 섬유상 물질을 사용한다.
④ 산소농도가 정상적이고 먼지만 존재하는 작업장에서 방진마스크를 사용한다.

hint 방진마스크는 분진 포집효율이 높고 흡기·배기 저항이 낮고, 흡기저항 상승률이 낮은 것이 좋다.

07 분진대책 중의 하나인 발진의 방지방법과 가장 거리가 먼 것은? [08,15 기사]
① 원재료 및 사용재료의 변경
② 생산기술의 변경 및 개량
③ 습식화에 의한 분진발생 억제
④ 밀폐 또는 포위

hint 밀폐 및 포위는 발진(發塵)의 방지대책보다는 비산(飛散)방지대책에 속한다.
- 발진방지
  □ 대치(생산기술·공정변경, 재료변경 등)
  □ 습식방법 적용
- 비산방지
  □ 밀폐 또는 포위
  □ 국소배기 또는 전체환기

정답 ┃ 01.③ 02.① 03.④ 04.④ 05.④ 06.② 07.④

04. 작업환경관리

- 기사 : 01,19
- 산업 : 02,07

공기 중에 트리클로로에틸렌(trichloroethylene)이 고농도로 존재하는 작업장에서 아크용접을 실시하는 경우 트리클로로에틸렌이 어떠한 물질로 전환될 수 있는가?

① 사염화탄소 ② 벤젠
③ 이산화질소 ④ 포스겐

해설 포스겐($COCl_2$)(=카르보닐클로라이드)은 트리클로로에틸렌(TCE) 등으로 피용접물을 세척한 경우에 남아 있는 염화수소(염소계 유기용제)가 불꽃(자외선)에 접촉되면 광화학적으로 발생한다. **답** ④

- 기사 : 출제대비
- 산업 : 08,11,15

용접작업 시 발생하는 가스에 관한 설명으로 틀린 것은?

① 강한 자외선에 의해 산소가 분해되면서 오존이 형성·발생된다.
② 아크전압이 낮은 경우 불완전연소로 이황화탄소가 발생한다.
③ 이산화탄소 용접에서 이산화탄소가 일산화탄소로 환원되어 발생한다.
④ 포스겐은 TCE로 세정된 철강재 용접 시에 발생한다.

해설 용접작업에서 발생되는 가스상 물질은 오존, 질소산화물, 일산화탄소, 포스겐, 포스핀 등이다. 용접공정은 이황화탄소(CS_2) 배출공정과 거리가 멀며, 아크전압이 적절하지 않을 경우는 불완전연소로 인한 가스 및 흄의 발생량이 증가하게 된다. **답** ②

【참고】
- 오존(O_3)은 대기 중의 산소와 용접 시 발생되는 자외선에 의해 생성된다.
- 질소산화물(NO_x)은 오존과 마찬가지로 아크용접 시 자외선에 의해 생성된다. 보통 이산화질소(NO_2)와 일산화질소(NO)로 구성되며, 이산화질소(NO_2)가 주종을 이룬다.
- 일산화탄소(CO)는 전극봉 피복과 용재의 연소 및 분해 시 생성된다. 이산화탄소 용접에서는 이산화탄소가 일산화탄소로 환원되어 발생한다.
- 포스겐($COCl_2$)(=카르보닐클로라이드)은 트리클로로에틸렌 등으로 피용접물을 세척한 경우에 남아 있는 염화수소(염소계 유기용제)가 불꽃에 접촉되면 발생하는 물질이다.
- 포스핀(PH_3)은 도장부에서 전처리 공정으로 녹 방지용 인산피막 처리를 한 피용제를 용접하는 경우 발생하는 것으로 알려지고 있다.

- 기사 : 출제대비
- 산업 : 12,19

용접방법과 조건은 흄과 가스발생에 영향을 준다. 아크용접에서 용접흄 발생량을 증가시키는 원인으로 옳지 않은 것은?

① 봉 극성이 (-)극성인 경우 ② 아크전압이 낮은 경우
③ 아크길이가 긴 경우 ④ 토치의 경사각도가 큰 경우

해설 용접 흄 발생량은 용접전류와 전압이 증가에 따라 증가한다. 아크용접에서 용접 흄 발생량이 증가되는 요건은 다음과 같다.
- 봉의 극성이 (-)극성인 경우, 아크전류와 전압이 높을수록 흄 발생량이 증가한다.
- 아크길이가 길수록, 토치의 경사각도가 클수록 흄 발생량이 증가한다. **답** ②

5 작업장의 소음·진동관리

 이승원의 **minimum point**

① **청력보호구의 사용 및 관리**
- **사용** : 다음과 같은 소음 노출상태에 있는 모든 근로자는 귀마개, 귀덮개와 같은 청력보호구를 착용해야 한다.
  - 8시간 TWA ≥ 85dB(A)
  - 작업장 소음수준 ≥ 100dB(A)(노출시간과 무관하게 청력보호구 어느 하나를 착용)
  - 작업장 소음수준 ≥ 105dB(A)(노출시간과 무관하게 **귀마개와 귀덮개를 동시**에 착용)
  - ※ **청력보호구 사용**으로 **소음수준을 85dB(A) 미만**까지 감소시킬 수 있어야 한다.
- **관리** : 청력보호구는 적절하게 관리하고 점검해야 한다. 재사용 귀마개와 귀덮개 일부 부품은 매일 중성세제와 물로 세척하고, 건조시킨 후 깨끗한 환경에 보관해야 한다.

① **귀마개**
- **차음효과** : 25~35dB 차음효과 있음(특히 **4,000Hz의 고주파수 영역**에서 감음효과가 큼)
- **장·단점**

장 점	단 점
• 귀마개는 기본형, 준맞춤형, 맞춤형으로 다양함 • 부피가 작아서 휴대하기가 편리함 • 좁은 장소에서 머리를 많이 움직이는 작업을 할 때 사용하기 편리함 • 고온작업장에서도 불편없이 사용할 수 있음 • 고개를 움직이는 데 불편함이 없음	• 차음효과가 떨어짐 • 제대로 착용하는 데 시간이 걸림 • 외청도(외이도)에 이상이 있는 경우 사용 불가능 • 사람에 따라 차음효과 차이가 큼 • 더러운 손으로 만짐으로써 외청도 오염 가능 • 대화 등에 의해 귀마개의 위치가 잘못될 수 있음 • 분실의 염려가 높음

① **귀덮개**
- **차음** : 간헐적 소음노출에 유리함, **저음영역**에서는 **20dB**, **고음영역**에서 **35~45dB** 차음효과 있음 **귀마개와 귀덮개를 동시에 착용**하면 추가로 **3~5dB**의 감음효과가 있으나 어떤 경우에도 50dB 이상의 감음은 불가능함
- **장·단점**

장 점	단 점
• 간헐적 소음노출에 유리하게 적용 • 귀마개보다 일관성 있는 차음효과를 얻음 • 동일한 크기의 귀덮개를 대부분의 근로자가 사용할 수 있음(크기를 여러 가지로 할 필요가 없음) • 귀에 염증이 있어도 사용할 수 있음 • 귀마개보다 차음효과가 크고, 개인차가 작음 • 귀마개보다 쉽게 착용할 수 있고 착용법이 틀리거나 잃어버리는 일이 적음 • 착용여부를 쉽게 확인할 수 있음 • 크기가 커서 잃어버릴 염려가 적음	• 고온다습한 작업장에서 착용 곤란 • 귀덮개 밴드에 의해 차음효과가 감소될 수 있음 • 보안경과 함께 사용하기 불편, 차음효과 감소 • 귀걸이의 탄력성이 줄었을 때 또는 귀걸이가 휘었을 때는 차음효과가 떨어짐 • 값이 비교적 비쌈 • 보호구 접촉면에 땀이 남 • 장기간 사용 시 꼭 끼는 느낌이 듦

차음과 흡음의 개념

차음(遮音)	흡음(吸音)

• 차음은 외부와의 음의 교류 차단하는 것을 말함
• 음의 에너지를 반사시켜 차음벽의 밖으로 음파가 새어나가지 않게 함
• 차음재료는 공기음의 입사에 대해 사용됨
• 차음의 효과는 투과계수(투과손실)로 평가됨
• 음으로 진동하거나 진동을 전하지 않는 재질의 칸막이나 살을 끼워 넣은 벽 등에 의해 차음됨
  ▫ 창문 등의 2중 설치
  ▫ 두꺼운 천의 커튼이나 펠트(felt)
	• 흡음은 물체가 소리를 흡수하는 것을 말함
	• 흡음의 효과는 흡음률로 평가됨
	• 어떤 재료에 입사한 소리의 에너지는 그 일부가 표면에서 반사되고 일부는 투과하며, 나머지는 재료 내에 흡수됨
	  ▫ **다공성 재료** : 내부마찰, 점성저항, 소섬유의 진동에 의해 에너지 상실
	  ▫ **판·천 : 막진동**에 의해 에너지 상실
	  ▫ **좁은 항아리 : 공명**에 의해 에너지 상실

차음에 의한 소음감소

▫ 보정한 차음효과(FA)는 다음 식에 의해 비교적 간단하게 계산할 수 있다. 소음 스펙트럼의 불확실성(spectral uncertainty)을 보정하기 위해 **차음평가수(NRR,** Noise Reduction Rating)**에서 7을 뺀 다음 50% 안전계수(0.5)를 적용**, 차음효과(FA) 값을 산출함

▫ 두 개의 청력보호구를 사용할 경우 가장 효과적인 보호구에 기초하여 FA를 계산하고 두 번째 보호구에 대해서는 5를 더하여 산정함

$$FA = \frac{(NRR - 7)}{2} \begin{cases} FA : 차음효과 \\ NRR : 차음평가수 \end{cases}$$

흡음에 의한 소음감소(NR, Noise Reduction)

$$NR(dB) = 10\log\frac{A_2}{A_1} \begin{cases} A_1 : 흡음처리\ 전\ 총흡음량(sabins) \\ A_2 : 흡음처리\ 후\ 총흡음량(sabins) \end{cases}$$

흡음률, 흡음력의 산정

- **흡음률**(α) : 입사에너지(E_i) 또는 입사음의 세기(I_i)에 대한 반사되지 않은 에너지($E_i - E_r$) 또는 반사되지 않은 음의 세기($I_i - I_r$)의 비율을 의미함

$$\alpha = \frac{E_i - E_r}{E_i} = \frac{I_i - I_r}{I_i}$$

- **흡음력**(A_a) : 세이빈(meter sabine)은 흡음력의 단위로 m^2로 표시함. 흡음력은 재료의 **평균 흡음률**(α_m)**과 표면적**(S)**의 곱으로 산정함**(Sabine 식에 따름)

$$A_a = \alpha_m S = \frac{0.161\,\forall}{T} \begin{cases} T : 잔향시간 \\ \forall : 실내부피 \\ A_a : 흡음력 \\ \alpha_m : 평균\ 흡음률 \\ S : 면적 \end{cases}$$

- **평균 흡음률**(α_m)은 재료별 흡음률(α_i)과 재료의 면적(S_i)의 평균으로 산정함

$$\alpha_m = \frac{\sum S_i \cdot \alpha_i}{\sum S_i}$$

- ⓛ **잔향시간**(반향시간, reverberation time) : 잔향시간은 실내에서 음원을 끈 순간부터 음압레벨이 **60dB 감소**되는 소요시간을 의미하며, 잔향시간은 재료의 흡음률을 산정하는 데 이용됨

  $$T(\sec) = \frac{0.161 \forall}{A_a}$$

- ⓛ **투과율과 투과손실 산정**
  - 투과율 : $\tau = \dfrac{I_t}{I_i}$, $\tau = 1 - $ 반사율 $= 10^{-(\text{투과손실}/10)}$ $\begin{cases} I_i : \text{입사음의 세기(W/m}^2\text{)} \\ I_t : \text{투과음의 세기(W/m}^2\text{)} \end{cases}$
  - 투과손실 : $\text{TL(dB)} = 20\log(m \cdot f) - 43$ … 수직입사 $\begin{cases} m : \text{면밀도(kg/m}^2\text{)} \\ f : \text{주파수(Hz)} \end{cases}$
  - 투과율에 따른 투과손실 : $\text{TL(dB)} = 10\log\left(\dfrac{1}{\tau}\right)$ $\begin{cases} \text{TL} : \text{투과손실(dB)} \\ \tau : \text{투과율} \end{cases}$
  - 총투과손실 : $\text{TL}_T(\text{dB}) = 10\log\left(\dfrac{\sum S_i}{\sum S_i \tau_i}\right)$ $\begin{cases} S_i : \text{각 재료의 투과면적} \\ \tau_i : \text{각 재료의 투과율} \end{cases}$

- ⓛ **재료의 차음특성과 사용상 유의점**
  - 이중벽 차음효과는 **다공질재〉탄성재〉강성재** 순으로 낮아짐
  - 탄성이 큰 재료(발포재 등)나 강성이 큰 재료로 구성된 이중벽은 차음성능이 떨어짐
  - **차음**에 **가장 큰 영향**을 미치는 것 → **공극**(틈)을 없게 할 것
  - 차음재를 흡음재와 붙여서 사용할 경우 → 흡음재를 음원 쪽에 차음재는 바깥쪽에 붙여야 함
  - 높은 차음효과(40dB 이상)를 원하는 경우 → 다공질 재료를 끼운 2중벽으로 시공하는 것이 좋음
  - 기진력(起振力)이 큰 기계가 있는 **공장의 차음벽** → **탄성지지**, **방진합금**을 이용하거나 **댐핑**(damping) 처리를 하는 것이 바람직함
  - 고체음 대상 차음벽은 방사면적이 증가하여 소음레벨을 증가시킬 수 있음에 유의할 것
  - 높은 차음성능이 요구될 경우 중량이 큰 구조체를 필요하게 됨(하중문제 추가 검토할 것)

- ⓛ **소음·진동 대책**

구 분	소음대책	진동대책
발생원 대책	• 원인제거 및 운전스케줄의 변경 • 강제력 저감 • 파동차단, 음향출력 저감, 방진처리 • 방사율 저감, 방음박스 설치 • **소음기 사용**, 저소음 장비의 사용	• 가진력 감쇠, 탄성지지 • 진동원 제거, 방진재료 사용 • 기초 중량의 경감, 불평형력의 균형 • 동적 흡진 원인제거, 공진방지 • 저진동 기계로 교체
전파경로 대책	• 소음장치(**흡음덕트** 등) • **방음벽** 설치, 내벽 흡음처리 • 벽체 차음성 증대(투과손실 증가) • 거리감쇠, 지향성 변환(고주파음에 유효)	• 진동발생원의 이격 • 수진점 근방에 **방진구**(肪振溝) 설치
수음측 대책 수진측 대책	• 건물의 차음성 증대, 2중창 설치 • 벽면의 투과손실과 실내 흡음력 증대 • 마스킹, **귀마개**(고주파수 대역에 효과적)	• 수진측의 탄성지지 • 수진측의 강성(剛性) 변경 • 진동방지 장갑 사용

ⓘ 방진재료(vibration isolating material)
- **목적**: 진동원과 진동매체 사이에 삽입시켜 진동의 전도를 방지할 목적으로 사용
- **종류**: 방진고무, 금속스프링, 공기스프링, 펠트(felt), 코르크(cork), 목재, 납판, 침유피혁(浸油皮革), 모래, 자갈, 톱밥, 대패밥 등
- **방진재료의 구비조건**
  - 탄성체로서 광범위한 탄성을 지닐 것
  - 탄성계수가 작고 일정 하중이나 진동에 의한 변형이 없을 것
  - 진동원을 지지함에 충분한 강도를 가질 것
  - 가격이 저렴하고 구입이 용이할 것

ⓘ 방진재료별 특성
- 금속스프링의 특징

장 점	단 점
• 환경요소에 대한 저항성이 큼 • 최대변위가 허용됨 • **저주파 차진**에 좋음 • 용이하게 제조할 수 있으며, 가격도 저렴함 • 부착이 용이하고, 내구성이 우수함 • 뒤틀리거나 오무라들지 않음	• **감쇠가 거의 없음** • 공진 시에 전달률이 매우 큼 • 고주파 진동 시에 단락됨 • surging, rocking을 발생시킬 수 있음 • 소형 경량으로 하기 어려움 • 고주파 진동의 절연성이 고무에 비해 나쁨

- 공기스프링의 특징

장 점	단 점
• 설계 시 스프링의 높이, 스프링정수를 각각 **독립적으로 광범위하게 설정**할 수 있음 • 부하능력이 광범위함 • 자동제어가 가능함 • 하중의 변화에 따라 고유진동수를 일정하게 유지할 수 있음	• 공기누출 위험이 있음 • 압축기 등 부대시설이 필요함 • 구조가 복잡하고 시설비가 많이 듦 • 사용 진폭이 작아 **별도의 damper를 필요**로 하는 경우가 많음

- 방진고무의 특징

장 점	단 점
• 내부감쇠저항이 크므로 damper가 불필요 • **압축·전단·비틀림 등을 조합 사용가능** • 진동수 비가 1 이상인 방진영역에서도 진동전달률이 거의 증대하지 않음 • 고주파 차진에 좋으며, 고주파 영역에 있어서 고체음의 절연성능이 있음 • **스프링정수를 넓은 범위에 걸쳐 선정가능** • 서징(surging)이 거의 생기지 않음	• **스프링정수를 극히 작게 설계하기 어려움** • 고유진동수의 하한을 4~5Hz으로 설계 • 대용량에 적용할 경우 비용이 많이 듦 • 금속스프링 보다 고온 및 저온에 대한 저항성이 낮음 • 금속스프링 보다 **환경변화에 대한 대응성이 떨어짐** • **기름**이나 공기 중 **오존(O_3)에 취약**함

PART 3 산업환기 및 작업환경 관리대책

예상 01
- 기사 : 00,02,06,09,11
- 산업 : 출제대비

다음은 귀마개의 장점이다. 맞는 것만으로 짝지은 것은?

> ㉠ 외이도에 이상이 있어도 사용이 가능하다.
> ㉡ 좁은 장소에서도 사용이 가능하다.
> ㉢ 고온작업 장소에서도 작업이 가능하다.

① ㉠, ㉡
② ㉡, ㉢
③ ㉠, ㉢
④ ㉠, ㉡, ㉢

해설 ㉡, ㉢항만 귀마개의 장점으로 옳게 설명하고 있다. ㉠항에서 귀마개는 외이도에 이상이 있을 경우 사용이 불가능하다. 귀에 염증이 있어도 사용할 수 있는 것은 귀덮개이다.

비교/적용	귀마개(ear plug)	귀덮개(ear muff)
제품형태		
좁은 장소 사용	용이	불리
고온/다습환경 사용	용이	불리
머리를 움직이는 작업	용이	불리
보안경 착용	용이	차음효과 감소
형식-개인차	다양함-개인차가 큼	단순함-개인차가 적음
부피 및 휴대성	작음	큼
비용	저렴함	비쌈
차음효과	낮음 (4,000Hz의 **고주파수** 대역에 **효과적**)	**우수, 일관성 좋음** (저음역 20dB, **고음역 45dB**)
착용 소요시간	많이 소요	적게 소요
간헐적 소음노출	불리	용이
착용여부 확인	불리	용이
외이도 이상 자	불리	용이

답 ②

유.사.문.제

01 귀마개의 사용 환경과 거리가 먼 것은? [13 기사]

① 덥고 습한 환경에 좋음
② 장시간 사용할 때
③ 간헐적 소음에 노출될 때
④ 다른 보호구와 동시 사용할 때

hint 간헐적 소음노출에 유리한 것 → 귀덮개

02 다음 중 청력보호구인 귀마개의 장점이 아닌 것은? [10,13②,14,15 산업]

① 작아서 휴대하기가 편리하다.
② 고개를 움직이는 데 불편함이 없다.
③ 고온에서 착용하여도 불편함이 없다.
④ 짧은 시간내에 제대로 착용할 수 있다.

hint 귀마개는 착용하는 데 시간이 걸린다.

정답 | 01.③ 02.④

종합연습문제

01 귀마개의 장·단점과 가장 거리가 먼 것은?
[13 산업][12,15,19 기사]
① 제대로 착용하는 데 시간이 걸린다.
② 착용여부 파악이 곤란하다.
③ 보안경 사용 시 차음효과가 감소한다.
④ 귀마개 오염 시 감염될 가능성이 있다.

hint 보안경과 함께 사용하는 경우 다소 불편하며 차음효과가 감소하는 것은 귀덮개의 단점이다.

02 소음작업장 개인보호구인 귀마개에 관한 설명으로 옳지 않은 것은? [12 산업]
① 귀마개는 좁은 장소에서 머리를 많이 움직이는 작업을 할 때 사용하기 편리하다.
② 오래 사용하여 귀걸이의 탄력성이 줄었을 때는 차음효과가 떨어진다.
③ 외청도에 이상이 없는 경우에 사용이 가능하며 또 이상이 없어도 사용 기간에 제한을 받는다.
④ 제대로 착용하는 데 시간이 걸리고 요령을 습득하여야 한다.

hint ②항은 귀덮개에 대한 설명이다.

03 차음보호구인 귀마개(Ear plug)를 설명한 것으로 가장 거리가 먼 것은? (단, 귀덮개와 비교)
[07 산업][01,07,17 기사]
① 제대로 착용하는 데 시간은 걸리나 부피가 작아서 휴대하기가 편하다.
② 더러운 손으로 만짐으로써 외청도를 오염시킬 수 있다.
③ 차음효과는 일반적으로 귀덮개보다 우수하다.
④ 외청도에 이상이 없는 경우에 사용 가능하다.

04 귀덮개의 사용 환경으로 가장 옳은 것은?
[12,15,16 기사]
① 장시간 사용 시
② 간헐적 소음 노출 시
③ 덥고 습한 환경에서 작업 시
④ 다른 보호구와 동시 사용 시

05 다음 중 귀마개에 관한 설명으로 틀린 것은?
[02,09,11 기사]
① 휴대가 편하다.
② 고온작업장에서도 불편없이 사용할 수 있다.
③ 근로자들이 보호구를 착용하였는지 쉽게 확인할 수 있다.
④ 제대로 착용하는 데 시간이 걸리고 요령을 습득해야 한다.

hint 근로자들이 보호구를 착용하였는지 쉽게 확인할 수 있는 것은 귀덮개이다.

06 귀마개의 단점이라 볼 수 없는 내용은? (단, 귀덮개와 비교기준) [08 산업][00,06 기사]
① 차음효과가 떨어진다.
② 제대로 착용하는 데 시간이 걸리며 요령을 습득하여야 한다.
③ 외청도에 이상이 없는 경우에 사용 가능하다.
④ 고온작업장에서는 사용이 불편하다.

hint 귀마개는 고온작업장에서도 불편없이 사용할 수 있다.

07 귀덮개와 비교하여 귀마개에 대한 설명으로 틀린 것은? [09,12,13 산업]
① 부피가 작아서 휴대하기가 편리하다.
② 좁은 장소에서 머리를 많이 움직이는 작업을 할 때 사용하기 편리하다.
③ 제대로 착용하는 데 시간이 적게 소요되며 용이하다.
④ 일반적으로 차음효과는 떨어진다.

hint 귀마개는 착용시간이 많이 걸린다.

08 귀마개와 비교 시 귀덮개의 단점과 가장 거리가 먼 것은? [11 산업]
① 값이 비교적 비싸다.
② 착용여부 확인이 어렵다.
③ 보호구 접촉면에 땀이 난다.
④ 보안경과 함께 사용하는 경우 다소 불편하다.

정답 | 01.③ 02.② 03.③ 04.② 05.③ 06.④ 07.③ 08.②

PART 3 산업환기 및 작업환경 관리대책

예상 02
- 기사 : 10.14
- 산업 : 출제대비

귀덮개의 장점을 모두 짝지은 것으로 가장 옳은 것은?

㉠ 귀마개보다 쉽게 착용할 수 있다.
㉡ 귀마개보다 일관성 있는 차음효과를 얻을 수 있다.
㉢ 크기를 여러 가지로 할 필요가 없다.

① ㉠, ㉡　　　　② ㉡, ㉢
③ ㉠, ㉢　　　　④ ㉠, ㉡, ㉢

해설 모든 항목이 귀덮개의 장점이다. 귀덮개는 귀마개보다 간헐적 소음노출에 유리하게 사용할 수 있고, 귀마개보다 일관성 있는 차음효과를 얻을 수 있으며, 동일한 크기의 귀덮개를 대부분의 근로자가 사용할 수 있다.(크기를 여러 가지로 할 필요가 없음) 또한 귀에 염증이 있어도 사용할 수 있고, 귀마개보다 차음효과가 크며, 개인차이가 작고, 쉽게 착용할 수 있으며, 착용법이 틀리거나 분실할 염려가 적고, 착용여부를 쉽게 확인할 수 있는 장점이 있다.

답 ④

유사문제

01 다음 중 귀덮개의 장·단점으로 옳지 않은 것은? [02,04,09,10②,12,14,17 산업][01,03,13 기사]
① 귀마개보다 개인차가 크다.
② 귀에 이상이 있을 때에도 사용할 수 있다.
③ 고온작업장에서 착용하기가 어렵다.
④ 착용법이 틀리는 일이 적다.

hint 귀덮개는 귀마개보다 개인차가 적다. 귀덮개는 동일한 크기로 대부분의 근로자가 사용할 수 있다. 따라서 크기를 여러 가지로 할 필요가 없다.

02 다음 중 귀덮개(ear muff)의 장점과 가장 거리가 먼 내용은? [01,05,09,10,15 산업]
① 귀마개보다 차음효과가 일반적으로 크다.
② 귀덮개 크기의 다양화가 용이하다.
③ 귀마개보다 차음효과의 개인차가 작다.
④ 귀에 이상이 있을 때도 사용할 수 있다.

hint 크기의 다양화가 필요한 것은 귀마개이다. 동일한 크기의 귀덮개를 대부분의 근로자가 사용할 수 있으므로 크기를 여러 가지로 할 필요가 없다.

03 귀덮개에 대한 설명으로 틀린 것은? [08 산업]
① 고음영역보다 저음영역에서 차음효과가 탁월하다.
② 귀마개보다 쉽게 착용할 수 있고 착용법이 틀리거나 잃어버리는 일이 적다.
③ 귀에 질병이 있을 때도 사용·가능하다.
④ 크기를 여러 가지로 할 필요가 없다.

hint 귀덮개는 저음영역에서는 20dB 이상, 고음영역에서 45dB 이상 차음효과가 있으며, 귀마개와 귀덮개를 동시에 착용하면 추가로 3~5dB의 감음효과가 있다.

04 청력보호를 위한 귀마개의 감음효과는 주로 어느 주파수영역에서 가장 크게 나타나는가? [12,19 산업]
① 회화음역 주파수(125~250Hz)
② 가청주파수 영역(500~2,000Hz)
③ 저주파수 영역(100Hz 이하)
④ 고주파수 영역(4,000Hz)

hint 귀마개는 4,000Hz의 고주파수 영역에서 감음효과가 크게 나타난다.

정답 ❙ 01.① 02.② 03.① 04.④

종합연습문제

01 다음 방음보호구에 대한 설명 중 옳은 것만으로 짝지어진 것은? [02,05,10 기사]

㉠ 귀덮개는 고온착용에 불편이 없다.
㉡ 귀덮개는 작업자가 착용하고 있는지 확인하기가 쉽다.
㉢ 귀에 염증이 있는 사람은 귀덮개를 착용해서는 안 된다.
㉣ 귀덮개는 귀마개보다 일관성 있는 차음효과를 얻을 수 있다.

① ㉠, ㉡   ② ㉡, ㉢
③ ㉡, ㉣   ④ ㉢, ㉣

hint ㉡과 ㉣항만 옳다.

02 개인보호구에서 귀덮개의 장점 중 틀린 것은? [00,05,19 기사]

① 귀마개보다 일관성 있는 차음효과를 얻을 수 있다.
② 동일한 크기의 귀덮개를 대부분의 근로자가 사용할 수 있다.
③ 귀에 염증이 있어도 사용할 수 있다.
④ 고온에서 사용해도 불편이 없다.

hint 귀덮개는 고온다습한 작업장에서 착용하기 어렵다. 고온다습한 작업장에서는 귀마개가 주로 사용된다.

03 귀덮개 착용 시 일반적으로 요구되는 차음효과를 가장 알맞게 나타낸 것은? [05②,15,17 기사]

① 저음역 20dB 이상, 고음역 45dB 이상
② 저음역 20dB 이상, 고음역 55dB 이상
③ 저음역 30dB 이상, 고음역 40dB 이상
④ 저음역 30dB 이상, 고음역 50dB 이상

hint 귀덮개는 저음영역에서는 20dB 이상, 고음영역에서 45dB 이상 차음효과가 있다.

04 귀덮개에 대한 설명으로 틀린 것은? [05 산업]

① 고음영역보다 저음영역에서 차음효과가 탁월하다.
② 귀마개보다 쉽게 착용할 수 있고 착용법이 틀리거나 잃어버리는 일이 적다.
③ 귀에 질병이 있을 때도 사용이 가능하다.
④ 크기를 여러 가지로 할 필요가 없다.

05 귀덮개의 단점이 아닌 것은? [07 산업][01,04,17 기사]

① 외이도에 염증이 있는 경우 착용이 불가능하다.
② 장기간 사용 시 꼭 끼는 느낌이 든다.
③ 보호구 접촉면에 땀이 난다.
④ 보안경과 함께 사용하는 경우 다소 불편하며 차음효과가 감소한다.

정답 ┃ 01.③ 02.④ 03.① 04.① 05.①

예상 03

- 기사 : 01,02,06
- 산업 : 출제대비

다음 귀의 구조(외이, 중이, 내이)에 대한 설명이다. 귀의 기관과 적용기전에 관한 설명으로 틀린 것은?

① 내이의 이관(eustachian tube)은 내이의 기압을 조정한다.
② 중이의 음의 전달매질은 고체이다.
③ 중이는 이소골에 의해 진동음압을 20배 정도 증폭하는 임피던스 변환기 역할을 한다.
④ 내이의 음의 전달매질은 액체이다.

해설 이관(耳管, 유스타키오관)은 가운데귀와 코 인두를 연결하는 관으로 가운데귀(중이)의 환기와 분비물을 배출하는 역할과 고막의 안과 바깥쪽이 같은 기압을 유지하는 역할을 한다. 답 ①

- 기사 : 00,02,07,08,10②,12,14,15,17②
- 산업 : 01,04,06,09,14,16,17

예상 04 어떤 작업장의 음압수준이 100dB(A)이고, 작업장의 근로자가 NRR이 25인 귀마개를 착용하고 있다면 차음효과(dB)는? (단, OSHA 방법 기준)

① 9　　　　　　　　　　　　② 12
③ 15　　　　　　　　　　　　④ 18

[해설] 소음 스펙트럼의 불확실성(spectral uncertainty)을 보정하기 위해 차음평가수(NRR)에서 7을 뺀 다음 안전계수 50%(0.5)를 적용하여 차음효과(FA) 값을 산출한다.

〈계산〉 차음효과 = (NRR−7)×0.5
∴ 차음효과 = (25−7)×0.5 = 9 dB(A)

답 ①

- 기사 : 매회 출제대비 16,19
- 산업 : 매회 출제대비 15②,18

예상 05 어떤 근로자가 음압수준이 100dB(A)인 작업장에 NRR인 27인 귀마개를 착용하였다. 이 근로자가 노출되는 음압수준은 얼마이겠는가? (단, OSHA 방법으로 계산)

① 73.0dB(A)
② 86.5dB(A)
③ 90.0dB(A)
④ 95.5dB(A)

[해설] 근로자가 노출되는 음압수준은 다음 식으로 계산된다.

〈계산〉 노출 음압수준 = 작업장의 음압수준 − 차음효과(FA) $\begin{cases} 작업장의\ 음압수준 = 100\,dB(A) \\ 차음효과 = (27−7)×0.5 = 10\,dB(A) \end{cases}$

∴ 노출 음압수준 = 100−10 = 90 dB(A)

답 ③

- 기사 : 01,02,04
- 산업 : 08

예상 06 어느 작업공정에서 발생되는 소음의 음압수준이 110dB(A)이고, 근로자는 귀덮개(NRR 20)를 착용하고 있다. 차음효과 및 근로자에게 노출되는 음압수준이 알맞게 연결된 것은?

① 차음효과 : 6.5dB(A), 근로자 노출 음압수준 : 103.5dB(A)
② 차음효과 : 2.5dB(A), 근로자 노출 음압수준 : 107.5dB(A)
③ 차음효과 : 10.5dB(A), 근로자 노출 음압수준 : 99.5dB(A)
④ 차음효과 : 5.0dB(A), 근로자 노출 음압수준 : 105.0dB(A)

[해설] 근로자가 노출되는 음압수준은 다음 식으로 계산된다.

〈계산〉 차음효과 = (NRR−7)×0.5
∴ 차음효과 = (20−7)×0.5 = 6.5 dB(A)

〈계산〉 노출 음압수준 = 작업장의 음압수준 − 차음효과(FA)
∴ 노출 음압수준 = 110−6.5 = 103.5 dB(A)

답 ①

종합연습문제

01 근로자가 귀덮개(NRR=17)를 착용하고 있는 경우 미국 OSHA의 방법으로 계산한다면 차음효과는? [02,07,10,11,12,15,16,17,18 산업]
① 5dB ② 8dB
③ 10dB ④ 12dB

hint FA = (17−2)×0.5 = 5dB(A)

02 청력보호구의 차음효과를 높이기 위한 사항 중 틀린 것은? [03,06②,08 산업][04,06,07,08,09,15 기사]
① 청력보호구는 머리의 모양이나 귓구멍에 잘 맞는 것을 사용한다.
② 청력보호구는 잘 고정시켜서 보호구 자체의 진동을 최소한도로 줄여야 한다.
③ 청력보호구는 기공(氣孔)이 많은 재료를 사용하여 제조한다.
④ 귀덮개 형식의 보호구는 머리카락이 길 때와 안경테가 굵어서 잘 밀착되지 않을 때는 사용이 어렵다.

hint 청력보호구는 차음효과를 높이기 위해 기공(氣孔)이 적은 재료를 사용하여 제조한다.

03 다음 차음평가수를 나타내는 것은? [12,14 기사]
① TL ② SRN
③ phon ④ NRR

hint 청력보호구의 차음효과를 나타내는 척도로 차음평가수(NRR, Noise Reduction Rating)을 사용한다.

04 차음보호구에 대한 다음의 설명 사항 중에서 알맞지 않은 것은? [15 기사]
① ear plug는 외청도가 이상이 없는 경우에만 사용이 가능하다.
② ear plug의 차음효과는 일반적으로 ear muff보다 좋고, 개인차가 적다.
③ ear muff는 일반적으로 저음역의 차음효과는 20dB, 고음역의 차음효과는 45dB 이상을 갖는다.
④ ear muff는 ear plug에 비하여 고온작업장에서 착용하기가 어렵다.

hint 귀덮개(ear muff)가 귀마개(ear plug)보다 차음효과가 높으며 차음효과의 개인차가 적다.

05 귀마개와 귀덮개를 동시에 사용하여야 할 경우의 소음 정도는? [04 기사]
① 80dB 이상 ② 95dB 이상
③ 110dB 이상 ④ 120dB 이상

06 소음을 감지하는 털감각세포로 구성된 귀의 부분은? [01,03 기사]
① 반고리반(semicircular canals)
② 달팽이관(cochlea)
③ 등골(stapes)
④ 침골(anvil)

정답 | 01.① 02.③ 03.④ 04.② 05.④ 06.②

- 기사 : 00,03,04,07,13,16②,18
- 산업 : 01,03,07,18

07 소음에 대한 차음효과는 벽체의 단위표면적에 대하여 벽체의 무게를 배로 할 때마다 몇 dB씩 증가하는가? (단, 음파가 벽면에 수직입사하며 질량 법칙을 적용)
① 3 ② 6 ③ 9 ④ 18

해설 단일벽의 투과손실(TL)은 재료의 밀도와 일치효과의 상관성이 있으므로 다음 관계식으로 나타낸다.

〈계산〉 $TL(dB) = 20\log(m \cdot f) - 43$ $\begin{cases} m : 벽의\ 면밀도(kg/m^3) \\ f : 주파수(Hz) \end{cases}$

∴ $TL(dB) = 20\log(2m \cdot f) - 43 = 20\log(2) = 6$

답 ②

PART 3 산업환기 및 작업환경 관리대책

예상 08
- 기사 : 출제대비
- 산업 : 13

차음재의 특성과 거리가 먼 것은?

① 상대적으로 고밀도이다.
② 기공이 많고 흡음재료로도 사용할 수 있다.
③ 음에너지를 감쇠시킨다.
④ 음의 투과를 저감하여 음을 억제시킨다.

해설 차음재는 소리를 차단하여 투과음을 줄이는 것이 주목적이기 때문에 재질이 단단하고 무거운 것이 특징이다. 차음재는 음으로 진동하거나 진동을 전하지 않는 재질의 칸막이나 살을 끼워 넣은 벽 등에 의해 차음되며, 차음의 효과는 투과계수(투과손실)로 평가된다. **답** ②

예상 09
- 기사 : 출제대비
- 산업 : 12, 13

소음의 흡음재 특성과 가장 거리가 먼 것은?

① 차음 재료로도 널리 사용된다.
② 음에너지를 소량의 열에너지로 변환시킨다.
③ 잔향음의 에너지를 저감시킨다.
④ 공기에 의하여 전파되는 음을 저감시킨다.

해설 흡음과 차음은 메커니즘이 서로 다르다. 흡음(吸音)은 반사음이 없도록 흡수하는 것에 중점을 두는 반면 차음(遮音)은 반사음은 발생하되 투과되지 않도록 하는 것에 중점을 둔다. 그러므로 차음재(遮音材)와 방음재(防音材)는 구분하여 사용되어야 한다.
- 흡음재는 다공질(多孔質)·섬유질을 가짐
- 차음재는 소리를 차단하여 투과음을 줄이는 것이 주목적이기 때문에 재질이 단단하고 무거움

답 ①

유.사.문.제

01 차음재의 특징으로 틀린 것은? [08 산업][13 기사]
① 상대적으로 고밀도이다.
② 음에너지를 감쇠시킨다.
③ 음의 투과를 저감하여 음을 억제시킨다.
④ 기공이 많아 흡음재료로도 사용한다.

hint 차음효과의 증대는 통기성의 차단을 의미한다. 청력보호구는 기공(氣孔)이 적은 재료를 사용하여 제조한다.

02 다음 중 소음에 대한 대책으로 적절하지 않은 것은? [11 기사]
① 차음효과는 밀도가 큰 재질일수록 좋다.
② 흡음효과를 높이기 위해서는 흡음재를 실내의 틈이나 가장자리에 부착시키는 것이 좋다.
③ 저주파 성분이 큰 공장이나 기계실 내에서는 다공질 재료에 의한 흡음처리가 효과적이다.
④ 흡음효과에 방해를 주지 않기 위해서 다공질 재료 표면에 종이를 입혀서는 안 된다.

hint 다공질 재료에 의한 흡음처리는 고주파 성분에 유효하다.

정답 ▎ 01.④ 02.③

종합연습문제

01 소음방지를 위한 흡음재료의 선택 및 사용상 주의사항으로 옳지 않은 것은? [11,18 산업]

① 흡음재료를 벽면에 부착할 때 한 곳에 집중하는 것보다 전체 내벽에 분산하여 부착하는 것이 흡음력을 증가시킨다.
② 실의 모서리나 가장자리 부분에 흡음재를 부착시키면 흡음효과가 좋아진다.
③ 다공질 재료는 산란되기 쉬우므로 표면을 얇은 직물로 피복하는 것이 바람직하다.
④ 막진동이나 판진동형의 것은 도장여부에 따라 흡음률 차이가 크다.

hint 막진동이나 판진동형은 도장(칠)을 해도 차이가 없으나 다공질 재료의 표면에 도장을 하면 고음역에서 흡음률이 저하된다.

■ 흡음재료의 사용·시공상 유의점
㉠ 흡음재료를 한 곳에 집중하는 것보다 전체 내벽에 분산하여 부착하는 것이 흡음력을 증가시키고, 반사음을 확산시킨다.
㉡ 실내의 모서리나 가장자리 부분에 흡음재를 부착시키면 흡음효과가 좋다.
㉢ 흡음 텍스(tex)는 다공질 재료에 의한 흡음작용 뿐만 아니라 판진동에 의한 흡음작용도 발생하므로 접착제를 사용할 경우 진동이 방해되므로 못으로 시공하는 것이 좋다.
㉣ 막진동이나 판진동형은 도장(칠)을 해도 차이가 없으나 다공질 재료의 표면에 도장을 하면 고음역에서 흡음률이 저하된다.

02 근로자를 소음의 폭로로부터 보호하기 위하여 다음과 같은 흡음재료를 사용하였을 때 청력보호에 가장 효과적인 것은? [00,03,06 기사]

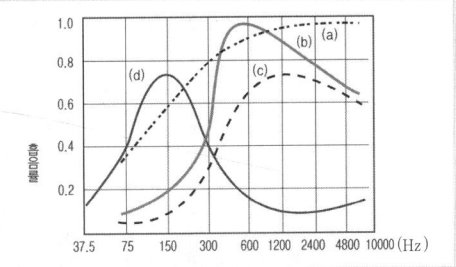

① a
② b
③ c
④ d

hint a의 흡음재료가 넓은 대역의 주파수에 대하여 높은 흡음률을 가지고 있으므로 청력보호에 가장 효과적이다.

03 작업장 소음의 발생원 대책과 가장 거리가 먼 것은? [09 산업]

① 불평형력의 균형
② 수진측의 강성 변경
③ 동적 흡진
④ 기초중량의 부가 및 경감

hint 수진측(修振側)의 강성 변경은 수진점의 진동대책이다.

정답 | 01.④ 02.① 03.②

- 기사 : 00,02,05,11
- 산업 : 출제대비

다음 중 소음의 대책에 있어 전파경로에 대한 대책과 가장 거리가 먼 것은 어느 것인가?

① 거리감쇠 : 배치의 변경
② 차폐효과 : 방음벽 설치
③ 지향성 : 음원방향 유지
④ 흡음 : 건물 내부 소음처리

해설 지향성 → 지향성 변환(고주파음에 유효)

답 ③

【재정리】 소음 및 진동대책

구 분	소음대책	진동대책
발생원 대책	• 원인제거 및 운전스케줄의 변경 • 강제력 저감 • 파동차단, 음향출력 저감, 방진처리 • 방사율 저감, 방음박스 설치 • 소음기 사용, 저소음 장비의 사용	• 가진력 감쇠, 탄성지지 • 진동원 제거, 방진재료 사용 • 기초중량의 경감, 불평형력의 균형 • 동적 흡진 원인제거, 공진방지 • 저진동 기계로 교체
전파경로 대책	• 소음장치(흡음덕트 등) • 방음벽 설치, 내벽 흡음처리 • 벽체 차음성 증대(투과손실 증가) • 거리감쇠, 지향성 변환(고주파음에 유효)	• 진동발생원의 이격 • 수진점 근방에 방진구(防振溝) 설치
수음측 대책 수진측 대책	• 건물의 차음성 증대, 2중창 설치 • 벽면의 투과손실과 실내 흡음력 증대 • 마스킹, 귀마개 착용	• 수진측의 탄성지지 • 수진측의 강성(剛性) 변경 • 진동방지 장갑 사용

유.사.문.제

01 다음 중 소음발생의 대책으로 가장 먼저 고려해야 할 사항은? [09,17 기사]

① 소음전파 차단
② 차음보호구 착용
③ 소음노출시간 단축
④ 소음원 밀폐

02 소음작업장에서 소음예방을 위한 전파경로 대책과 가장 거리가 먼 것은? [11,16 산업]

① 공장건물 내벽의 흡음처리
② 지향성 변환
③ 소음기(消音器) 설치
④ 방음벽 설치

03 손가락의 말초혈관운동의 장애로 인한 혈액순환장애로 손가락의 감각이 마비되고, 창백해지며, 추운 환경에서 더욱 심해지는 레이노드(Raynaud) 현상의 주요 원인으로 옳은 것은? [08②,12 기사]

① 진동
② 소음
③ 조명
④ 기압

04 진동 발생원에 대한 대책으로 가장 적극적인 방법은? [17 기사]

① 발생원의 격리
② 보호구 착용
③ 발생원의 제거
④ 발생원의 재배치

05 작업장에서 방음대책을 음원대책과 전파경로 대책으로 분류할 때, 다음 중 음원대책으로 가장 거리가 먼 것은? [11 산업]

① 지향성 변환
② 소음기 설치
③ 마찰력 감소
④ 벽체로 음원 밀폐

06 소음을 감소시키기 위한 대책으로 적합하지 않은 것은? [07,10 산업]

① 소음을 줄이기 위하여 병타법을 용접법으로 바꾼다.
② 소음을 줄이기 위하여 프레스법을 단조법으로 바꾼다.
③ 기계의 부분적 개량을 위하여 노즐, 버너 등을 개량하거나 공명부분을 차단한다.
④ 압축공기 구동기기를 전동기기로 대체한다.

hint 진동이 작은 기계로 교체하여 가진력을 감소시키기 위해서는 단조기를 → 단압 프레스기로 교체하여야 한다.

정답 ┃ 01.④ 02.③ 03.① 04.③ 05.① 06.②

종합연습문제

01 일반적인 소음관리대책 중에서 소음원 대책에 해당하지 않는 것은? [18 산업]
① 소음기 설치
② 보호구 착용
③ 소음원의 밀폐와 격리
④ 공정의 변경

02 소음작업장의 소음대책은 음원대책, ( ), 수음자 대책으로 크게 나눌 수 있다. ( ) 안에 알맞은 내용은? [02,04 산업]
① 발생원의 제거대책
② 전파경로 대책
③ 방음보호구
④ 방진대책

03 다음 중 진동방지의 대책으로 가장 관계가 먼 것은? [00,05,09,14 산업]
① 완충물의 사용
② 공진점 진동수를 일치
③ 진동원의 제거
④ 진동의 전파경로 차단

hint 공진점 진동수를 일치시키면 오히려 진동이 증폭된다.

04 진동이 발생되는 작업장에서 근로자에게 노출되는 양을 줄이기 위한 관리대책 중 적절하지 못한 항목은? [04,16 기사]
① 진동전파 경로를 차단한다.
② 완충물 등 방진재료를 사용한다.
③ 공진을 확대시켜 진동을 최소화 한다.
④ 작업시간의 단축 및 교대제를 실시한다.

hint 공진을 감소시켜 진동을 최소화해야 한다.

05 전신진동의 대책과 거리가 먼 것은? [01,05,14 기사]
① 작업시간 단축   ② 전파경로 차단
③ 보온대책   ④ 보건교육

06 진동에 대한 대책을 발생원, 전파경로, 수진측으로 크게 구분할 때 다음 중 발생원에 대한 대책과 가장 거리가 먼 것은? [10 기사]
① 탄성지지
② 가진력 감쇠
③ 진동발생원과의 거리 증가
④ 기초 중량의 부가 또는 경감

hint 진동발생원과의 거리 증가는 전파경로(전반경로) 대책이다.

07 진동방지대책 중 발생원 대책으로 가장 옳은 것은? [12,15,18 산업][05 기사]
① 수진점 근방의 방진구
② 수진측의 탄성지지
③ 기초 중량의 부가 및 경감
④ 거리감쇠

hint 발생원 대책으로 ③항만 옳다.
▶ 바르게 고쳐보기 ◀
① 수진점 근방의 방진구 → 전파경로 대책
② 수진측의 탄성지지 → 수진측 대책
④ 거리감쇠 → 전파경로 대책

08 방진대책 중 발생원대책과 가장 거리가 먼 것은? [10,11,16 산업]
① 동적 흡진
② 기초 중량의 부가 및 경감
③ 수진점 근방 방진구 설치
④ 탄성지지

09 방진대책 중 발생원대책으로 옳지 않은 것은? [12,14 산업]
① 가진력 증가
② 기초 중량의 부가 및 경감
③ 탄성지지
④ 동적흡진

정답 | 01.② 02.② 03.② 04.③ 05.③ 06.③ 07.③ 08.③ 09.①

종합연습문제

01 다음 중 인체에 도달되는 진동의 장해를 최소화시키는 방법과 거리가 먼 것은? [09,19 기사]

① 발진원을 격리시킨다.
② 진동의 노출기간을 최소화시킨다.
③ 훈련을 통한 신체의 적응력을 향상시킨다.
④ 진동을 최소화하기 위하여 공학적으로 설계하고 관리한다.

02 다음 중 진동발생원에 대한 대책으로 적절하지 않은 것은? [10 기사]

① 진동원의 제거
② 진동방지 장갑의 사용
③ 방진재료의 사용
④ 저진동 기계로 교체

hint 진동방지 장갑의 사용은 수진측 대책이다.

03 진동대책에 관한 설명으로 알맞지 않은 것은? [08,10 산업]

① 체인톱과 같이 발동기가 부착되어 있는 것을 전동기로 바꿈으로써 진동을 줄일 수 있다.
② 공구로부터 나오는 바람이 손에 접촉하도록 하여 보온을 유지하도록 한다.
③ 진동공구의 손잡이를 너무 세게 잡지 말도록 작업자에게 주의시킨다.
④ 진동공구는 가능한 한 공구를 기계적으로 지지(支持)하여 주어야 한다.

04 소음에 대한 대책으로 적절하지 않은 것은? [17 기사]

① 차음효과는 밀도가 큰 재질일수록 좋다.
② 흡음효과에 방해를 주지 않기 위해서, 다공질 재료 표면에 종이를 입혀서는 안 된다.
③ 흡음효과를 높이기 위해서는 흡음재를 실내의 틈이나 가장자리에 부착하는 것이 좋다.
④ 저주파 성분이 큰 공장이나 기계실내에서는 다공질 재료에 의한 흡음처리가 효과적이다.

hint 고저주파 성분이 큰 공장이나 기계실내에서는 다공질 재료에 의한 흡음처리가 효과적이다.

05 소음발생원이 고체음인 경우의 대책으로 가장 거리가 먼 것은? [06 기사]

① 밸브의 다단화   ② 방사면 축소
③ 공명방지   ④ 가진력 억제

hint 밸브의 다단화는 기류음의 대책에 속한다.

■ 기류음의 대책 : 분출유속 저감 / 마찰저항 감소(굴곡 완화 등) / 밸브의 다단화 / 소음기 부착
■ 고체음의 대책 : 공명방지 / 가진력 억제 / 방사면 축소 / 제진처리 / 방진
• 1차 고체음(바닥진동) → 차진 또는 방진
• 2차 고체음(떨림에 의한 소음) → 제진

06 다음 중 근로자와 발진원(發振原) 사이의 진동대책으로 적절하지 않은 것은? [10 기사]

① 수용자의 격리
② 발진원의 격리
③ 구조물의 진동 최소화
④ 정면전파를 측면전파로 변경

hint 정면전파를 측면전파로 변경할 경우 입사파와 판사파가 중첩됨으로써 큰 미기압파를 유발시켜 오히려 진동을 증대시킬 수 있다.

07 다음 중 진동발생원에 대한 대책으로 가장 적극적인 방법은? [12 기사]

① 발생원의 제거   ② 발생원의 격리
③ 발생원의 재배치 ④ 보호구 착용

08 진동작업장의 환경 관리대책이나 근로자의 건강보호를 위한 조치로 틀린 것은? [14,17 기사]

① 발진원과 작업자의 거리를 가능한 멀리한다.
② 작업자의 체온을 낮게 유지시키는 것이 바람직하다.
③ 절연패트의 재질로는 코르크, 펠트(felt), 유리섬유 등을 사용한다.
④ 진동공구의 무게는 10kg을 넘지 않게 하며, 방진장갑 사용을 권장한다.

hint 진동작업자의 체온을 따뜻하게 유지시키는 것이 바람직하다.

정답 ┃ 01.③ 02.② 03.② 04.④ 05.① 06.④ 07.① 08.②

종합연습문제

01 다음은 국소진동대책을 설명한 것이다. 올바른 것은? [02,04 산업][00,03 기사]
① 작업 시에는 따뜻하게 체온을 유지시켜 준다.
② 진동공구의 무게는 20kg 이상 초과하지 않도록 한다.
③ 작업의 효율을 위하여 두꺼운 장갑보다 얇은 장갑이 바람직하다.
④ 총 동일한 시간을 휴식한다면 여러 번 자주 휴식하는 것보다 한 두 번의 장시간 휴식이 바람직하다.

hint ①항이 옳다.
▶ 바르게 고쳐보기 ◀
② 진동공구의 무게는 10kg 이상 초과하지 않도록 한다.
③ 진동관련 작업을 할 때 가급적 두꺼운 방진장갑을 사용하도록 한다.
④ 동일한 시간을 휴식한다면 장시간 휴식하는 것보다 여러 번 나누어 휴식하는 것이 좋다.

02 고소음으로 인한 소음성 난청 질환자를 예방하기 위한 작업환경관리방법 중 공학적 개선에 해당되지 않는 것은? [16 기사]
① 소음원의 밀폐
② 보호구의 지급
③ 소음원을 벽으로 격리
④ 작업장 흡음시설의 설치

03 다음 중 실내 음향수준을 결정하는 데 필요한 요소가 아닌 것은? [14 기사]
① 밀폐 정도
② 방의 색감
③ 방의 크기와 모양
④ 벽이나 실내장치의 흡음도

04 다음 중 소음대책에 대한 공학적 원리에 관한 설명으로 틀린 것은? [15 기사]
① 고주파음은 저주파음보다 격리 및 차폐함으로써 소음감소 효과를 크게 할 수 있다.
② 넓은 드라이브 벨트는 좁은 드라이브 벨트로 대치하여 벨트 사이에 공간을 두는 것이 소음발생을 줄일 수 있다.
③ 원형 톱날에는 고무 코팅재를 톱날측면에 부착시키면 소음의 공명 현상을 줄일 수 있다.
④ 덕트내에 이음부를 많이 부착하면 흡음효과로 소음을 줄일 수 있다.

hint 덕트의 이음부를 많게 할수록 기류음에 의한 소음은 증가한다.

정답 ▎ 01.① 02.② 03.② 05.④

예상 11
- 기사 : 02,03
- 산업 : 출제대비

방음벽 설계 시 유의사항 중 틀린 것은?
① 음원의 지향성과 크기에 대한 상세한 조사를 실시한다.
② 벽의 투과손실은 회절 감쇠치보다 최소한 5dB 이상 크게 하는 것이 바람직하다.
③ 벽의 길이는 점음원일 경우 벽 높이의 3배 이상으로 하는 것이 바람직하다.
④ 벽에 의한 실용적인 삽입손실 값의 한계는 점음원일 경우 25dB 정도이다.

해설 점음원의 경우 방음벽의 길이가 높이의 5배 이상인 경우에는 길이에 의한 영향은 고려하지 않아도 되며, 선음원일 때는 방음벽의 길이가 음원과 수음점 간의 직선거리를 2배 이상으로 한다.

PART 3 산업환기 및 작업환경 관리대책

■ **방음벽의 적용·설계·시공 시 유의할 점**
□ 방음벽(防音壁)은 음원을 완전히 차단할 수 없는 경우 차음구조(遮音構造)를 대신하여 사용됨
□ 설계자료는 무지향성 음원을 가정한 것이므로 음원의 지향성과 크기에 대한 상세한 조사가 필요함
□ 음원의 지향성이 수음측 방향으로 클 때는 벽에 의한 감쇠치가 계산치보다 크게 되는 경향이 있음
□ 벽의 투과손실은 회절 감쇠치보다 적어도 5dB 이상 크게 하는 것이 바람직함
□ 점음원의 경우 방음벽의 길이가 높이의 5배 이상인 경우에는 길이에 의한 영향은 고려하지 않아도 되며, 선음원일 때는 방음벽의 길이가 음원과 수음점 간의 직선거리를 2배 이상으로 함
□ 방음벽에 의한 감쇠치의 최대한계는 점음원의 경우 25dB, 선음원은 21dB 정도임. 그러나 실제 감쇠치는 5~15dB 정도인 것으로 알려지고 있음

답 ③

- 기사 : 10,12,13,19
- 산업 : 출제대비

예상 12 다음 중 소음의 흡음평가 시 적용되는 잔향시간(Reverberation time)에 관한 설명으로 옳은 것은?

① 잔향시간은 실내공간의 크기에 비례한다.
② 실내 흡음량을 증가시키면 잔향시간도 증가한다.
③ 잔향시간은 음압수준이 30dB 감소하는데 소요되는 시간이다.
④ 잔향시간을 측정하려면 실내 배경소음이 90dB 이상되어야 한다.

[해설] ①항만 옳다.

▶ 바르게 고쳐보기 ◀
② 실내 흡음량을 증가시키면 잔향시간은 감소한다.
③ 잔향시간은 음압수준이 60dB 감소하는데 소요되는 시간이다.
④ 잔향시간을 측정하려면 바탕 소음레벨은 측정 하한레벨보다 최소 10dB 작아야 한다.

답 ①

- 기사 : 13,18
- 산업 : 출제대비

예상 13 다음 중 잔향시간(reverberation time)에 관한 설명으로 옳은 것은?

① 소음원에서 발생하는 소음과 배경소음간의 차이가 40dB인 경우에는 60dB 만큼 소음이 감소하지 않기 때문에 잔향시간을 측정할 수 없다.
② 소음원에서 소음발생이 중지한 후 소음의 감소는 시간의 제곱에 반비례하여 감소한다.
③ 잔향시간은 소음이 닿은 면적을 계산하기 어려운 실외에서 흡음량을 추정하기 위하여 주로 사용한다.
④ 잔향시간과 작업장의 공간부피만 알면 흡음량을 추정할 수 있다.

[해설] 잔향시간은 작업장의 공간부피만 알면 흡음량을 추정할 수 있다.

〈관계〉 $T(\sec) = \dfrac{0.161 \forall}{A_a}$ $\begin{cases} T : \text{잔향시간} \\ \forall : \text{실내부피} \\ A_a : \text{흡음력} \end{cases}$

▶ 바르게 고쳐보기 ◀
① 잔향시간을 측정하려면 바탕 소음레벨은 측정 하한레벨보다 최소 10dB 작아야 한다.
② 소음원에서 소음발생이 중지한 후 소음의 감소는 시간에 반비례하여 감소한다.
③ 잔향시간은 소음이 닿은 면적을 계산하기 어려운 실내에서 흡음량을 추정하기 위하여 주로 사용한다.

답 ④

04. 작업환경관리

- 기사 : 01,02,08
- 산업 : 09,11,15,17

예상 14

가로 15m, 세로 25m, 높이 3m인 어느 작업장의 음의 잔향시간을 측정해 보니 0.238sec였다. 이 작업장의 총흡음력을 51.6% 증가시키면 잔향시간은 몇 sec가 되겠는가?

① 0.157　　② 0.183　　③ 0.196　　④ 0.217

해설 흡음력과 잔향시간의 관계식을 적용한다.

〈계산〉 $T(\sec) = \dfrac{0.161 \, \forall}{A_a}$ $\begin{cases} T : 잔향시간 = 0.238\sec \\ \forall : 실내부피 = 15 \times 25 \times 3 = 1{,}125\,\mathrm{m}^3 \end{cases}$

$\Rightarrow 0.238(\sec) = \dfrac{0.161 \times 1{,}125}{A_a}$, $A_a(= 흡음력) = 761.03$

$\therefore T'(\sec) = \dfrac{0.161 \times 1125}{761.03 \times (1+0.516)} = 0.157\sec$

답 ①

유.사.문.제

01 현재 총흡음량이 1,000sabins인 작업장의 천장에 흡음물질을 첨가하여 4,000sabins을 더할 경우 소음감소는 어느 정도가 되겠는가?
[11,14,15 산업][00,05,08,10,11,14,15,18,19 기사]

① 5dB　　② 6dB
③ 7dB　　④ 8dB

hint 흡음(吸音)에 의한 소음감소(NR)는 다음 식을 이용하여 산출할 수 있다.

〈계산〉 $NR(dB) = 10 \log \dfrac{A_2}{A_1}$

$\begin{cases} A_1 : 초기\ 흡음량 = 1{,}000\,\mathrm{sabins} \\ A_2 : 강화\ 흡음량 = 1{,}000 + 4{,}000 \\ \qquad\qquad\qquad\qquad = 5{,}000\,\mathrm{sabins} \end{cases}$

$\therefore NR = 10 \log \dfrac{5{,}000}{1{,}000} = 7\,\mathrm{dB}$

02 가로 10m, 세로 7m, 높이 4m인 작업장의 흡음률이 바닥은 0.1, 천장은 0.2, 벽은 0.15이다. 이 방의 평균흡음률은 얼마인가? [12,15 기사]

① 0.10　　② 0.15
③ 0.20　　④ 0.25

hint 평균흡음률 계산식을 이용한다.

〈계산〉 흡음률$(\alpha_m) = \dfrac{\sum S_i \cdot \alpha_i}{\sum S_i}$

구분	바닥	벽 1	벽 2	천장
S	10×7	4×7×2	4×10×2	10×7
α	0.1	0.15	0.15	0.2

□ $\sum S_i \alpha_i = 41.4$　　□ $\sum S_i = 276$

$\therefore \alpha_m = \dfrac{41.4}{276} = 0.15$

정답 ┃ 01.③　02.②

- 기사 : 출제대비
- 산업 : 09

예상 15

음의 마스킹 효과에 관한 설명으로 틀린 것은?

① 저음이 고음을 잘 마스킹한다.
② 두 음의 주파수가 비슷하면 마스킹 효과가 없다.
③ 작업장 안에서의 Back music으로 활용된다.
④ 음파의 간섭에 의하여 발생된다.

해설 두 음의 주파수가 비슷할 경우 마스킹 효과는 증가한다.

답 ②

PART 3 산업환기 및 작업환경 관리대책

【참고】 Masking 효과

- 마스킹은 크고 작은 두 소리를 동시에 들을 경우 큰 소리만 들리고 작은 소리는 듣지 못하는 현상을 말하며, 이러한 현상은 음파의 간섭에 의해 일어난다. 마스킹 효과는 Haas 효과와 관련 있으나 더 복잡한 현상이다.
- 저음이 고음을 잘 마스킹한다.
- 두 음의 주파수가 비슷할 경우, 마스킹 효과는 대단히 커진다.
- 두 음의 주파수가 같을 경우, 맥동(beat)이 발생하여 마스킹 효과는 감소한다.

예상 16
- 기사 : 01,11,13
- 산업 : 02,05,19

다음 중 방진재료와 가장 거리가 먼 것은?

① 방진고무
② 코르크
③ 강화된 유리섬유
④ Felt

해설 강화유리섬유는 방진재료의 구비조건을 만족시키는데 부족함이 많다. 방진재료로 사용되는 것은 방진고무, 금속스프링, 공기스프링, 펠트(Felt), 코르크(Cork), 목재, 납판, 침유피혁(浸油皮革), 모래, 자갈, 톱밥, 대패밥 등이다. 이 중에서 고무 또는 스프링계열을 많이 사용하고 있고, 코르크를 비롯한 다른 재료들은 잘 사용되지 않는다. 코르크(Cork)의 경우, 재질이 일정하지 않고 균일하지 않아 정확한 설계가 곤란하며 처짐을 크게 할 수 없고 고유진동수가 10Hz 전·후 밖에 되지 않아 진동방지보다는 고체음의 전파방지 목적으로 제한적으로 사용되고 있다.

답 ③

유.사.문.제

01 다음 중 재질이 일정하지 않으며 균일하지 않으므로 정확한 설계가 곤란하고 처짐을 크게 할 수 없으며, 고유진동수가 10Hz 전후 밖에 되지 않아 진동방지 보다는 고체음의 전파방지에 유익한 방진재료는? [07,08,19 산업][04②,13 기사]

① 방진고무
② Felt
③ 공기용수철
④ 코르크

hint 코르크(Cork)의 경우 재질이 일정하지 않고 균일하지 않아 정확한 설계가 곤란하며, 처짐을 크게 할 수 없고 고유진동수가 10Hz 전·후 밖에 되지 않아 진동방지보다는 고체음의 전파방지 목적으로 제한적으로 사용되고 있다.

02 작업장에서 작업공구와 재료 등에 적용할 수 있는 진동대책과 가장 거리가 먼 것은? [17 기사]

① 진동공구의 무게는 10kg 이상 초과하지 않도록 만들어야 한다.
② 강철로 코일 용수철을 만들면 설계를 자유스럽게 할 수 있으나 oil damper 등의 저항요소가 필요할 수 있다.
③ 방진고무를 사용하면 공진 시 진폭이 지나치게 커지지 않지만 내구성, 내약품성이 문제가 될 수 있다.
④ 코르크는 정확하게 설계할 수 있고, 고유진동수가 20Hz 이상이므로 진동방지에 유용하게 사용할 수 있다.

정답 | 01.④ 02.④

04. 작업환경관리

예상 17
- 기사 : 00,03,06
- 산업 : 01,03,04,05,08,12,14

일반적으로 저주파 차진에 좋고, 환경요소에 저항이 크나 감쇠가 거의 없고 공진 시에 전달률이 매우 큰 방진재료는?

① 금속스프링 ② 방진고무
③ 공기스프링 ④ 코르크

해설 저주파 차진에 좋고 환경요소에 저항이 크나 감쇠가 거의 없고 공진 시에 전달률이 매우 큰 방진재료는 금속스프링이다.

■ **방진재료에 대해 정리해 둘 사항**
- 저주파 차진 성능 우수한 것 → 금속스프링
- 감쇠가 작고, 공진 시에 전달률이 매우 큰 것 → 금속스프링
- 고주파 차진 성능 우수한 것 → 방진고무
- 내부마찰에 의한 저항을 얻을 수 있어 압축·전단·비틀림 등을 조합 사용할 수 있는 것 → 방진고무
- damper가 불필요한 것 → 방진고무
- damper, 압축기 등 부대시설을 필요로 하는 것 → 공기스프링
- 내유 및 내열성 및 기후에 약하고, 오존에 의해 산화되는 것 → 방진고무

답 ①

유.사.문.제

01 방진재인 공기스프링에 관한 설명으로 틀린 것은? [06,09,10,11 산업][02,05,09 기사]
① 부하능력이 광범위하다.
② 압축기 등 부대시설이 필요하다.
③ 사용 진폭이 적어 별도의 댐퍼가 필요없다.
④ 하중의 변화에 따라 고유진동수를 일정하게 유지할 수 있다.

02 내부마찰로 적당한 저항력을 가지며, 설계 및 부착이 비교적 간결하고, 금속과도 견고하게 접착할 수 있는 방진재료는? [16 기사]
① 코르크   ② 펠트(Felt)
③ 방진고무 ④ 공기용수철

03 방진재 중 금속스프링에 관한 설명으로 옳지 않은 것은? [11 산업]
① 공진 시에 전달률이 크다.
② 저주파 차진에 좋다.
③ 감쇠가 크다.
④ 환경요소에 대한 저항성이 크다.

04 방진고무에 관한 설명으로 틀린 것은? [06,13② 기사]
① 내유 및 내열성이 약하다.
② 공기 중의 오존에 의해 산화된다.
③ 내부마찰에 의한 저항을 얻을 수 없다.
④ 고주파 진동의 차진에 양호하다.

05 방진재료인 금속스프링에 관한 설명으로 틀린 것은? [09,13 산업]
① 최대변위가 허용된다.
② 고주파 차진에 좋다.
③ 감쇠가 거의 없다.
④ 공진 시에 전달률이 매우 크다.

06 방진재 중 금속스프링에 관한 설명으로 틀린 것은? [06 산업][18 기사]
① 공진 시에 전달률이 적다.
② 저주파 차진에 좋다.
③ 최대변위가 허용된다.
④ 환경요소에 대한 저항성이 크다.

정답 ❘ 01.③ 02.③ 03.③ 04.③ 05.② 06.①

PART 3 산업환기 및 작업환경 관리대책

종합연습문제

01 다음 설명에 해당하는 진동방진 재료는?
[09,12,16,17 기사]

> 설계자료가 잘 되어 있어서 용수철 정수를 광범위하게 선택할 수 있고, 여러 가지 형태로 된 철물에 견고하게 부착할 수 있는 반면 내후성, 내열성에 약하고 공기 중의 오존에 의해 산화된다는 단점을 가지고 있다.

① 금속스프링 ② 코르크
③ 방진고무 ④ 공기스프링

02 방진재인 공기스프링에 관한 설명으로 틀린 것은?
[06,10,14 산업]

① 부하능력이 광범위하다.
② 하중의 변화에 따라 고유진동수를 일정하게 유지할 수 있다.
③ 구조가 간단하고 자동제어가 가능하다.
④ 사용 진폭이 적은 것이 많아 별도의 댐퍼가 필요한 경우가 많다.

03 방진재인 공기스프링에 관한 설명으로 가장 거리가 먼 것은?
[16 산업]

① 부하능력이 광범위하다.
② 구조가 복잡하고 시설비가 많이 든다.
③ 사용 진폭이 적어 별도의 damper가 필요없다.
④ 하중의 변화에 따라 고유진동수를 일정하게 유지할 수 있다.

04 공장 내부에 기계 및 설비가 복잡하게 설치되어 있는 경우에 작업장 기계에 의한 흡음이 고려되지 않아 실제흡음보다 과소평가되기 쉬운 흡음 측정방법은?
[04 기사]

① Sabin method
② Reverberation time method
③ Sound power method
④ Loss due to distance method

hint 답만 참조할 것!!

05 방진재료로 사용하는 방진고무의 장점과 가장 거리가 먼 것은?
[00,04,07,11 기사]

① 내후성, 내유성, 내약품성이 좋아 다양한 분야에 적용·가능하다.
② 여러 가지 형태로 된 철물에 견고하게 부착할 수 있다.
③ 설계자료가 잘 되어 있어서 용수철 정수를 광범위하게 선택할 수 있다.
④ 고무의 내부마찰로 적당한 저항을 가지며 공진 시의 진폭도 지나치게 크지 않다.

06 방진재인 공기스프링에 관한 설명으로 옳지 않은 것은?
[10,14 산업]

① 부하능력이 광범위하다.
② 압축기 등의 부대시설이 필요하지 않다.
③ 구조가 복잡하고 시설비가 비싸다.
④ 사용 진폭이 적은 것이 많아 별도의 댐퍼가 필요한 경우가 많다.

07 방진재료로 사용하는 방진고무의 장·단점으로 틀린 것은?
[16 기사]

① 공기 중의 오존에 의해 산화된다.
② 내부마찰에 의한 발열 때문에 열화되고 내유 및 내열성이 약하다.
③ 동적배율이 낮아 스프링 정수의 선택범위가 좁다.
④ 고무 자체의 내부마찰에 의해 저항을 얻을 수 있고 고주파의 진도의 차진이 양호하다.

hint 방진고무는 동적배율이 높아 스프링정수를 광범위하게 선택할 수 있다.

정답 | 01.③ 02.③ 03.③ 04.① 05.① 06.② 07.③

예상 18

- 기사 : 출제대비
- 산업 : 07

다음 내용이 나타내는 소음기 성능표시는?

> 소음원에 소음기를 부착하기 전과 후의 공간상의 어떤 특정위치에서 측정한 음압 레벨의 차와 그 측정위치로 정의

① 감쇠치
② 감음량
③ 투과 손실치
④ 삽입 손실치

해설 소음원에 소음기를 부착하기 전과 후의 공간상의 어떤 특정위치에서 측정한 음압레벨의 차와 그 측정위치로 정의되는 것은 삽입손실치(IL, Insertion Loss)이다.　　**답** ④

6 작업장의 온열·한랭 관리

 이승원의 **minimum point**

ⓘ 고열발생원에 대한 작업환경관리대책
- 작업환경 기온이 높은 경우 → 대류에 의한 방법 적용
  - 고열물체의 방열(표면온도가 낮은 물체에 대해서만 실효성이 있음)
  - 환기개선
  - 냉방(시설 및 유지비가 많이 소요됨)
  - 방열복 착용(극심한 더위에 대해서는 통풍 방열복을 착용)
- 작업장의 습도가 높은 경우 → 증발에 의한 체열방산의 제한
- 고열물체가 있는 경우
  - 고열물체의 방열(Insulation) → 통상 표면온도가 낮은 물체에 대해서만 실효성이 있음
  - 차열(Shielding) → 복사체와 작업자 사이에 차열 물체 1~2개를 둠
- 방열보호구
- 도장 : 고열물체, 차열 물체 또는 방열보호구의 표면에 칠을 함
  - 태양광선의 단파장 부분을 막기 위해서는 → 흰색
  - 적외선을 막기 위해서는 → 알루미늄 박판

ⓘ NIOSH에서 정한 고열부하에 대한 특수 관리대책

항 목		고려되는 대책
제어방법	인체 열생산	• 작업 부하량을 줄인다. • 격심작업은 기계의 도움을 받는다.
	복사열	• 직접복사 차단(용광로 차단벽체, 금속 반사스크린, 열반사 방열복 착용) • 몸의 노출부분을 덮는다.
	대류	• 기온이 35℃ 이상일 때는 피부에 닿는 기류를 줄이고 옷을 입는다. • 기온이 35℃ 미만일 때는 피부에 닿는 기류를 높이고 옷을 얇게 입는다.
	땀에 의한 최대냉각	• 습도를 낮추고 기류의 속도를 높여 냉각력을 증대시킨다. • 옷을 얇게 입는다.
작업조정		• 각 노출시간을 단축한다. → 긴 노출시간으로 드물게 노출시키는 것보다 짧은 노출시간으로 자주 노출하는 것이 좋다. • 가능한 한 하루 중 가장 선선한 시간에 최고 고열작업을 실시한다.
개인보호 (복사열, 대류, 땀 냉각)		• 공랭식·수냉식 혹은 얼음을 이용한 방열복 착용 • 열반사복 혹은 앞치마 착용
기타 고려사항		• 기본적으로 심혈관계의 상태를 점검한다. • 미숙련자(순화되지 않은)에 대한 감독을 철저히 한다. • 탈수를 막기 위해 짧은 시간 간격으로 수분을 공급한다. • 작업과 무관한 피로나 질병(가벼운 감염증, 설사, 알코올 섭취, 불면 등)이 있으면 일시적으로 작업을 금지시킨다.
열풍		• 고열주의 프로그램을 운용한다.

04. 작업환경관리

- 기사 : 출제대비
- 산업 : 11

고온작업장의 대책에 관한 설명으로 가장 거리가 먼 것은?

① 작업대사량 : 작업량 감소
② 대류 : 작업주기 증가
③ 급성 고열폭로 : 공냉, 수냉식 방열복 착용
④ 복사열 : 방열판으로 차단

해설 대류에 의한 작업환경 기온이 높은 경우는 작업주기를 단축시키는 대책이 필요하고, 환기개선 및 표면온도가 낮은 물체에 대해서 고열물체 방열(Insulation) 대책을 강구한다. **답** ②

- 기사 : 출제대비
- 산업 : 08

NIOSH에서 정한 고열부하에 대한 관리대책으로 틀린 것은?

① 복사열 : 몸의 노출부분을 덮는다.
② 인체 열생산 : 작업부하량을 줄인다.
③ 인체 열생산 : 격심작업은 기계의 도움을 받는다.
④ 대류 : 기온이 35℃ 이상이면 기류의 속도를 높이고 옷을 얇게 입는다.

해설 기온이 35℃ 이상일 때는 피부에 닿는 기류를 줄이고 옷을 입는다. 기류의 속도를 높이고 옷을 얇게 입는 것이 유리한 경우는 기온이 35℃ 미만일 때이다. **답** ④

- 기사 : 출제대비
- 산업 : 12, 13

다음 중 고열작업장의 작업환경 관리대책으로 옳지 않은 것은?

① 작업자에게 개인별로 국소적인 송풍기를 지급한다.
② 작업장내 낮은 습도를 유지한다.
③ 방수복(water-barrier)을 증발 방지복(vapor-barrier)으로 바꾼다.
④ 열차단판인 알루미늄 박판에 기름먼지가 묻지 않도록 청결을 유지한다.

해설 습도가 극심할 때는 통풍 방열복을 착용하여야 한다. **답** ③

- 기사 : 12
- 산업 : 출제대비

다음 중 고열의 대책으로 가장 적절하지 않은 것은?

① 방열 실시
② 전체환기 실시
③ 복사열 차단
④ 대류의 감소

해설 작업환경 기온이 높은 경우는 대류를 증가시켜야 한다. 환기를 강화하거나 열 물체의 방열(Insulation), 방열복 착용 등의 대책이 필요하다. **답** ④

PART 3 산업환기 및 작업환경 관리대책

종합연습문제

01 다음 중 고열(高熱)환경에 대한 대책으로 가장 적합하지 않은 것은? [07 기사]

① Vortex tube의 원리를 이용한 냉방복을 착용한다.
② 작업의 자동화와 기계화를 통하여 고열작업의 경감을 꾀한다.
③ 근로자에게 식염수를 공급한다.
④ 고열작업장에서 냉방장치를 설치하여 일정온도를 유지한다.

hint 냉방에 의한 대책은 제한된 공간이 아니면 시설비와 유지비가 많이 들기 때문에 제한적이다.

02 작업장에서 고열에 대한 대책으로 틀린 것은? [02,05 기사]

① 절연방법을 이용하여 로(爐)에서 발생되는 열을 차단한다.
② 고열작업장에서는 상승기류가 생기므로 적절히 환기를 한다.
③ 냉방장치를 설치한다.
④ 피복의 외피는 통기성이 작고 함기성이 큰 것을 택한다.

03 다음 중 고열로 인한 스트레스를 평가하는 지수에 해당되지 않는 것은? [09 기사]

① 열평형 ② 불쾌지수
③ 유효온도 ④ 대사열

hint 고열로 인한 스트레스를 평가하는 지수는 보기의 항목 중 ②,③,④항이 적용될 수 있다. 그러나 산업안전보건법에서 근로자가 고열환경에 종사함으로써 받는 열 스트레스 또는 위해를 평가하기 위한 도구는 기온, 기습 및 복사열을 종합적으로 고려한 지표인 습구흑구온도지수(WBGT)를 사용하고 있다.

04 복사체-열차단판-흑구온도계-벽체의 순서로 배열하였을 때 열차단판의 조건이 어떤 경우에 흑구온도계의 온도가 가장 낮겠는가? [18 기사]

① 열차단판 양면을 흑색으로 한다.
② 열차단판 양면을 알루미늄으로 한다.
③ 복사체 쪽은 알루미늄, 온도계 쪽은 흑색으로 한다.
④ 복사체 쪽은 흑색, 온도계 쪽은 알루미늄으로 한다.

hint 열차단판 양면을 알루미늄으로 하여 열반사율을 크게 할 때 열차단 효과가 증대한다.

정답 | 01.④ 02.④ 03.① 04.②

- 기사 : 01,06
- 산업 : 출제대비

05 사람의 몸은 어느 정도까지는 고열노출에 적응할 수 있다. 이러한 생리적인 적응을 순화라고 한다. 고온에 순화되는 과정으로 틀린 것은?

① 체표면에 있는 한선의 수가 감소한다.
② 땀 속의 염분농도가 희박해진다.
③ 알도스테론의 분비가 증가되어 염분의 배설량이 억제된다.
④ 처음에는 에너지대사량이 증가하고 체온이 상승하지만 후에 근육이 이완하고 열생산도 정상으로 된다.

해설 고온에 순화되는 과정에서는 체표면에 있는 한선의 수가 증가한다. 답 ①

【참고】 고온순화의 생리적 변화
- 직장온도와 맥박수의 감소
- 한선(汗腺, sweat gland)량 증가

04. 작업환경관리

- 조기발한 및 발한량 증가
- 체내 알도스테론 분비 증가
- 염분 배설량 억제
- 땀 속의 염분농도 낮아짐
- 피부온도가 직장온도보다 현저히 감소
- 항이뇨(抗利尿) 호르몬(ADH) 분비 증가
- 혈장량 증가
- 심장박동수가 상대적으로 감소하여도 심박출량(心搏出量) 증가

- 기사 : 출제대비
- 산업 : 00, 05, 08

한랭작업장에서 취해야 할 개인 위생상 준수해야 할 사항들이 많다. 다음 중 이에 해당되지 않는 내용은?

① 팔다리 운동으로 혈액순환 촉진
② 약간 큰 장갑과 방한화의 착용
③ 건조한 양말의 착용
④ 적절한 식염수의 섭취

해설 적절한 식염수의 섭취는 고온작업장에서 취해야 할 개인 위생상 준수해야 할 사항이다. 답 ④

【참고】 한랭장해의 예방관리
- 적절한 난방과 운동 및 영양섭취(적정한 양의 지방질과 비타민 B섭취)
- 방한/방수복 착용(함기량이 크고 외부의 열 차단력이 큰 단벌이 좋음)
- 약간 큰 장갑과 방한화의 착용
- 작업환경 기온의 적절한 수준 유지(최소 10℃ 이상)
- 바람 있는 작업장의 경우는 방풍시설 설치
- 건조한 양말의 착용 등 수족부를 습윤하지 않도록 관리
- 장시간 앉아서 정적작업하지 않도록 하고, 팔다리 운동으로 혈액순환 촉진
- 금속의자 사용을 금지
- 고혈압, 심혈관 질환 및 간장장해가 있는 사람은 한랭작업을 피하도록 함

- 기사 : 출제대비
- 산업 : 13

한랭장해 예방에 관한 설명으로 틀린 것은?

① 체온을 유지하기 위해 앉아서 장시간 작업한다.
② 금속의자 사용을 금지한다.
③ 외부 액체가 스며들지 않도록 방수 처리된 의복을 입는다.
④ 고혈압, 심혈관 질환 및 간장장해가 있는 사람은 한랭작업을 피하도록 한다.

해설 체온을 유지하기 위해 앉아서 장시간 작업하는 일은 피한다. 답 ①

• 799

7 조명관계 이론

이승원의 minimum point

① 관련 용어와 개념
- 밝기의 단위 : 칸델라(Candle), 루멘(Lumen), 럭스(Lux), 램버트(Lambert), 휘도, 반사율

구 분	용어의 정의
칸델라(Candle) (광도)	■ 빛의 세기단위 • 광원으로부터 나오는 **빛의 세기**(단위 cd) • 단위 입체각으로 1루멘(lm)의 에너지를 방사하는 광원의 광도 → 1cd
촉광(燭光) (candle power)	■ 빛의 세기단위 • 지름 1인치 되는 촛불이 수평방향으로 비칠 때의 광도 • 1촉광≒1cd(1.0067cd) • 1촉광=4π루멘=12.57lumen
루멘(Lumen) (광속)	■ 광속단위(빛의 양) • 광속은 빛이 일정한 면을 통과하는 비율 또는 광원으로부터 나오는 빛의 양 • 1cd의 균일한 광도의 광원으로부터 단위 입체각의 부분에 방출되는 광속(인간의 눈으로 관찰되는 빛의 세기)을 1루멘(lm)이라 함 • 1촉광의 광원으로부터 한 단위 입체각으로 나가는 광속을 나타내는 단위
럭스(Lux) (조도)	■ 조도(밝기) 단위 • 1루멘(lm)의 광선속이 $1m^2$의 평면에 비칠 때의 밝기 • $Lux=lm/m^2=cd/m^2$ • 조도는 어떤 면에 들어오는 광속의 양에 비례하고, 입사 단면적에 반비례함
풋캔들 (Foot candle)	• 1루멘(lm)의 빛이 $1ft^2$의 단위면적에 수직방향으로 비칠 때 그 평면의 빛의 양을 말함 • 단위 기호는 fc이다. $1fc=10.8Lux=1lm/ft^2$
휘도(輝度)	• 단위 평면적에서 발산 또는 반사되는 광량(눈으로 느끼는 광원 또는 반사체의 밝기) • 휘도의 단위 : 니트($nit=nt=cd/m^2$) • 단위 평면적에서 발산 또는 반사되는 광량을 휘도라 함 • 반사율은 조도에 대한 휘도의 비로 함

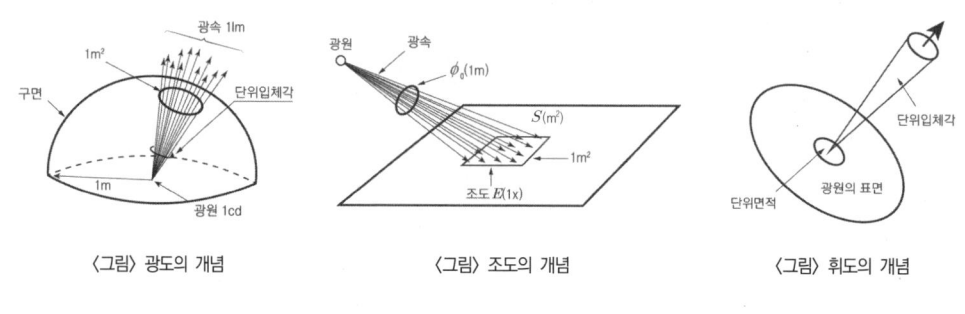

〈그림〉 광도의 개념   〈그림〉 조도의 개념   〈그림〉 휘도의 개념

04. 작업환경관리

- 기사 : 11,14,17
- 산업 : 출제대비

빛의 단위 중 광도(Luminance)의 단위에 해당하지 않는 것은?

① nit
② Lambert
③ cd/m²
④ lumen/m²

해설 광도의 단위는 칸델라(cd)를 기본단위로 사용하고 유도단위로서 광속의 루멘(lm=cd/sr), 휘도의 니트(nit=cd/m²) 또는 램버트(Lambert), 조명도의 럭스(Lux=lm/m²) 등이 사용된다. 니트(nit)는 휘도(단위면적에 대한 밝기)를 나타내는 단위로 스틸브(sb, stilb)로 표시하기도 한다. 1sb=1cd/cm²이고, 1nit=1cd/m²이다. 램버트(Lambert)는 1cm²당 1루멘의 비율로 빛을 방사 또는 반사하는 임의 표면의 평균휘도를 나타내며, 1Lambert=3.183cd/m²에 상당한다. **답** ④

유.사.문.제

01 다음 중 빛 또는 밝기와 관련된 단위가 아닌 것은? [11,16,19 기사]

① cd ② lm
③ nit ④ Wb

hint 웨버(weber)는 자기력선속 측정단위이다.

02 빛과 밝기의 단위로 사용되는 측정량과 단위를 잘못 짝지은 것은? [15 산업]

① 조도 : 럭스(Lux)
② 광도 : 칸델라(cd)
③ 휘도 : 와트(W)
④ 광속 : 루멘(lm)

03 광원으로부터 나오는 빛의 세기인 광도의 단위는? [01,07 산업]

① 촉광 ② 루멘
③ 럭스 ④ 램버트

hint 광원으로부터 나오는 빛의 세기를 광도라 하며 단위로는 칸델라를 사용한다.

04 지름 1인치(inch) 되는 촛불이 수평방향으로 비칠 때 빛의 광 강도를 나타내는 단위는? [00,03 산업]

① Lux ② Candle
③ Lumen ④ Lambert

05 1촉광의 광원으로부터 단위 입체각으로 나가는 광속의 단위는? [02,08,13,15,19 산업]

① 루멘(Lumen)
② 풋캔들(Foot-candle)
③ 럭스(Lux)
④ 램버트(Lambert)

hint 루멘(Lumen)은 1촉광의 광원으로부터 단위 입체각으로 나가는 광속의 단위이다.

06 다음 중 빛의 측광량과 단위가 잘못 연결된 것은? [10 기사]

① 광속 : lumen ② 조도 : Lux
③ 광도 : cd ④ 휘도 : fc

hint 단위 평면적에서 발산 또는 반사되는 광량을 휘도(輝度)라 한다. 휘도의 단위는 스틸브(sb, stilb) 및 니트(nt, nit)를 사용한다. 한편, fc는 풋캔들(foot candle)로서 1루멘(1lm)의 빛이 단위 수직면(1ft²)에 비칠 때의 밝기를 말한다.

07 광원으로부터 나오는 빛의 세기인 광도의 단위로 적합한 것은? [06②,09,10,11,12,15 산업]

① lumen ② Lux
③ candela ④ foot lambert

hint 광도의 단위는 칸델라(cd)를 사용한다. 단위 입체각에 대해서 1루멘(lm)의 광속이 방사되었을 때의 광도를 기본단위로 하며 이것을 촉광(candle power)이라고 한다.

정답 | 01.④ 02.③ 03.① 04.② 05.① 06.④ 07.③

종합연습문제

01 1루멘(lumen)의 빛이 1m²의 평면에 비칠 때의 밝기를 무엇이라 하는가? [01,04,17 기사]

① lambert
② 럭스(Lux)
③ 촉광(candle)
④ 풋캔들(Foot candle)

02 1럭스(Lux)의 정의로 옳은 것은? [04 산업][04 기사]

① 1루멘의 빛이 1ft²의 평면상에 수직방향으로 비칠 때의 밝기
② 1루멘의 빛이 1cm²의 평면상에 수직방향으로 비칠 때의 밝기
③ 1루멘의 빛이 1m²의 평면상에 수직방향으로 비칠 때의 밝기
④ 1루멘의 빛이 1in²의 평면상에 수직방향으로 비칠 때의 밝기

03 빛과 밝기에 관한 설명으로 틀린 것은? [18 기사]

① 광도의 단위로는 칸델라(candela)를 사용한다.
② 광원으로부터 한 방향으로 나오는 빛의 세기를 광속이라 한다.
③ 루멘(Lumen)은 1촉광의 광원으로부터 단위입체각으로 나가는 광속의 단위이다.
④ 조도는 어떤 면에 들어오는 광속의 양에 비례하고, 입사면의 단면적에 반비례한다.

> **hint** 광속은 빛이 일정한 면을 통과하는 비율 또는 광원으로부터 나오는 빛의 양을 말한다.

04 다음 중 1루멘의 빛이 1ft²의 평면상에 수직 방향으로 비칠 때 그 평면의 빛 밝기를 무엇이라고 하는가? [12 산업][00,03,12,15 기사]

① 1Lux
② 1candela
③ 1촉광
④ 1foot candle

> **hint** 풋캔들(foot candle)은 1루멘(1lm)의 빛이 단위 수직면(1ft²)에 비칠 때 그 평면의 밝기를 말한다.

05 빛의 밝기단위에 관한 설명 중 틀린 것은? [17 기사]

① 럭스(Lux) - 1ft²의 평면에 1루멘의 빛이 비칠 때의 밝기이다.
② 촉광(candle) - 지름이 1인치 되는 촛불이 수평방향으로 비칠 때가 1촉광이다.
③ 루멘(lumen) - 1촉광의 광원으로부터 한 단위 입체각으로 나가는 광속의 단위이다.
④ 풋캔들(foot candle) - 1루멘의 빛이 1ft²의 평면상에 수직방향으로 비칠 때 그 평면의 빛의 양이다.

> **hint** 럭스(Lux) - 1m²의 단위면적에 1루멘(lm)의 광속이 조사되고 있을 때의 조도이다. 단위 수직면(1ft²)에 1루멘의 빛이 비칠 때 그 평면의 밝기를 풋캔들(foot candle)이라 한다. 1Foot candle =10.8Lux이다.

06 다음의 빛과 밝기의 단위를 설명한 것으로 옳은 것은? [15,19 기사]

> 1루멘의 빛이 1ft²의 평면상에 수직방향으로 비칠 때, 그 평면의 빛의 양, 즉 조도를 (A)라 하고, 1m²의 평면에 1루멘의 빛이 비칠 때의 밝기를 1(B)라고 한다.

① A : 풋캔들(footcandle), B : 럭스(Lux)
② A : 럭스(Lux), B : 풋캔들(footcandle)
③ A : 캔들(candle), B : 럭스(Lux)
④ A : 럭스(Lux), B : 캔들(candle)

07 다음 중 1fc(foot candle)은 약 몇 럭스(Lux)인가? [09,11 기사]

① 3.9
② 8.9
③ 10.8
④ 13.4

> **hint** 풋캔들(fc, foot candle)은 1루멘(1lm)의 빛이 단위 수직면(1ft²)에 비칠 때 그 평면의 밝기를 말하며, 단위 기호는 fc이고, 1fc=10.764, Lux= 1lm/ft²의 관계를 갖는다.

정답 | 01.② 02.③ 03.② 04.④ 05.① 06.① 07.③

종합연습문제

01 조도에 대한 설명 중 틀린 내용은? [03 기사]
① 1촉광은 12.57루멘(lumen)과 같다.
② 1루멘(lumen)은 1촉광의 광원으로부터 단위 입체각으로 나가는 광속의 단위이다.
③ 1럭스(Lux)는 $1m^2$의 평면에 1풋캔들(foot candle)의 빛이 비칠 때의 밝기를 말한다.
④ 1풋캔들(foot candle)의 10.8럭스이다.
hint 1럭스(Lux)는 1루멘의 빛이 $1m^2$의 평면상에 수직방향으로 비칠 때의 밝기이다.

02 빛과 밝기의 단위에 관한 설명으로 옳지 않은 것은? [11 산업][10 기사]
① 광원으로부터 나오는 빛의 세기를 광도라 하며 단위로는 칸델라를 사용한다.
② 루멘은 1촉광의 광원으로부터 단위 입체각으로 나가는 광속의 단위이다.
③ 단위 평면적에서 발산 또는 반사되는 광량, 즉 눈으로 느끼는 광원 또는 반사체의 밝기를 휘도라고 한다.
④ 방사에너지 흐름의 시간적 비율을 조도라 하며 단위는 candle을 사용한다.
hint 방사에너지 흐름의 시간적 비율을 광속이라 하며, 루멘(Lumen)을 사용한다. 한편, 조도(照度)는 입사면의 단면적에 대한 광속의 비를 말하며 단위는 럭스(Lux)를 사용한다.

03 촉광에 대한 설명으로 틀린 것은? [02,06 산업]
① 단위는 럭스(Lux)를 사용한다.
② 지름이 1인치 되는 촛불이 수평방향으로 비칠 때 대략 1촉광의 빛을 낸다.
③ 빛의 광도를 나타내는 단위로 국제촉광을 사용한다.
④ 1촉광=4π루멘의 관계가 성립한다.
hint 촉광의 단위는 칸델라를 사용한다. 1촉광=4π루멘=12.57lumen에 상당한다.

04 빛과 밝기의 단위에 관한 설명으로 틀린 것은? [09,11 산업][01,05,06 기사]
① 광원으로부터 나오는 빛의 양을 광속이라 한다.
② 럭스는 광원으로부터 단위 입체각으로 나가는 광속의 단위이다.
③ 광원으로부터 나오는 빛의 세기를 광도라고 한다.
④ 광도의 단위는 칸델라(cd)를 사용한다.
hint 럭스(Lux)는 $1m^2$의 단위면적에 1루멘(lm)의 광속이 평균적으로 조사되고 있을 때의 조도를 말한다. 광원으로부터 단위 입체각으로 나가는 광속의 단위는 칸델라(cd)이다.

05 1촉광의 광원으로부터 단위 입체각으로 나가는 광속의 단위는? [05,07,10,13 산업][00,05,08,12 기사]
① 루멘(Lumen)
② 풋캔들(Foot-candle)
③ 럭스(Lux)
④ 램버트(Lambert)
hint 광속의 단위는 루멘(lumen)을 사용한다. 루멘은 1촉광의 광원으로부터 단위 입체각으로 나가는 광속단위의 개념이다.

06 다음 중 빛과 밝기의 단위에 관한 설명으로 틀린 것은? [06,10,12 기사]
① 광도의 단위로는 칸델라(candela)를 사용한다.
② 루멘(Lumen)은 1촉광의 광원으로부터 단위 입체각으로 나가는 광속의 단위이다.
③ 조도는 어떤 면에 들어오는 광속의 양에 비례하고 입사면의 단면적에 비례한다.
④ 광원으로부터 나오는 빛의 세기를 광속이라 한다.
hint 단위시간당 통과하는 광량(光量)을 광속(Luminous flux)이라 한다.

정답 ┃ 01.③ 02.④ 03.① 04.② 05.① 06.④

종합연습문제

01 빛과 밝기의 단위에 관한 내용으로 옳은 것은? [08,16 기사]

① 촉광 : 지름이 10cm되는 촛불이 수평방향으로 비칠 때의 빛의 광도
② Lumen : 1촉광의 광원으로부터 1m 거리에 $1m^2$ 면적에 투사되는 빛의 양
③ Lux : 1루멘의 빛이 $1m^2$의 구면상에 수직으로 비추어질 때의 그 평면의 빛 밝기
④ Foot-candle : 1촉광의 빛이 $1in^2$의 평면상에 수평방향으로 비칠 때의 그 평면의 빛의 밝기

02 다음 중 광원으로부터의 밝기에 관한 설명으로 틀린 것은? [01,07②,09,13 기사]

① 루멘은 1촉광의 광원으로부터 한 단위입체각으로 나가는 광속의 단위이다.
② 밝기는 조사평면과 광원에 대한 수직평면이 이루는 각(cosine)에 비례한다.
③ 밝기는 광원으로부터의 거리제곱에 반비례한다.
④ 1촉광은 4π루멘으로 나타낼 수 있다.

hint 밝기는 조사평면과 광원에 대한 수직평면이 이루는 각(cosine)에 반비례한다.

〈관계〉 $L(휘도) = \dfrac{I}{S\cos\theta}$ $\begin{cases} I : 광도(cd) \\ S : 면적(m^2) \\ \theta : 각도(°) \end{cases}$

03 빛과 밝기의 단위에 관한 설명 중 틀린 것은? [00,06,13 기사]

① 반사율은 조도에 대한 휘도의 비로 표시한다.
② 광원으로부터 나오는 빛의 양을 광속이라고 하며 단위는 루멘을 사용한다.
③ 광원으로부터 나오는 빛의 세기를 광도라고 하며 단위는 칸델라를 사용한다.
④ 입사면의 단면적에 대한 광도의 비를 조도라 하며 단위는 촉광을 사용한다.

hint 조도는 단위면에 수직으로 투하된 광속밀도를 말하며 단위는 럭스(Lux)를 사용한다.

04 빛의 밝기의 단위인 루멘(Lumen)에 대한 설명으로 가장 정확한 것은? [05,08,16,18 산업]

① 1Lux의 광원으로부터 한 단위입체각으로 나가는 조도의 단위이다.
② 1Lux의 광원으로부터 한 단위입체각으로 나가는 광속의 단위이다.
③ 1촉광의 광원으로부터 한 단위입체각으로 나가는 조도의 단위이다.
④ 1촉광의 광원으로부터 한 단위입체각으로 나가는 광속의 단위이다.

05 다음 중 조도에 관한 설명과 가장 거리가 먼 것은? [09,17 산업]

① 1Foot candle은 10.8Lux이다.
② 단위로는 럭스(Lux)를 사용한다.
③ 광원의 밝기는 거리의 2승에 역비례한다.
④ 단위 평면적에서 발산 또는 반사되는 광량, 즉 눈으로 느끼는 광원 또는 반사체의 밝기를 말한다.

hint 단위 평면적에서 발산 또는 반사되는 광량, 눈으로 느끼는 광원 또는 반사체의 밝기를 휘도라 한다.

06 다음 중 빛과 밝기의 단위에 관한 설명으로 틀린 것은? [14 산업][13 기사]

① 반사율은 조도에 대한 휘도의 비로 한다.
② 광원으로부터 나오는 빛의 양을 광속이라고 하며 단위는 루멘을 사용한다.
③ 광원으로부터 나오는 빛의 세기를 광도라고 하며 단위는 칸델라를 사용한다.
④ 조도는 광속의 양에 반비례하고 입사면의 단면적에 비례하며, 단위는 럭스(Lux)이다.

hint 조도는 광속의 양에 비례하고, 입사면의 단면적에 반비례한다.

정답 ┃ 01.③ 02.② 03.④ 04.④ 05.④ 06.④

- 기사 : 18
- 산업 : 출제대비

다음 중 빛과 밝기의 단위에 관한 설명으로 틀린 것은?

① 반사율은 조도에 대한 휘도의 비로 표시한다.
② 광원으로부터 나오는 빛의 양을 광속이라고 하며, 단위는 루멘을 사용한다.
③ 입사면의 단면적에 대한 광도의 비를 조도라고 하며, 단위는 촉광을 사용한다.
④ 광원으로부터 나오는 빛의 세기를 광도라고 하며, 단위는 칸델라를 사용한다.

해설 입사면의 단면적에 대한 광속의 비를 조도라고 하며, 단위는 Lux를 사용한다.   답 ③

유.사.문.제

01 다음 중 빛에 관한 설명으로 틀린 것은? [08 기사]

① 광원으로부터 나오는 빛의 세기를 조도라 한다.
② 단위 평면적에서 발산 또는 반사되는 광량을 휘도라 한다.
③ 조도는 어떤 면에 들어오는 광속의 양에 비례하고, 입사면의 단면적에 반비례한다.
④ 루멘은 1촉광의 광원으로부터 단위 입체각으로 나가는 광속의 단위이다.

hint 휘도는 단위 평면적에서 발산 또는 반사되는 광량(눈으로 느끼는 광원)으로 실제로는 주위의 조건에 따라서도 시각의 변동은 크며 특히 가시 환경의 물체로부터의 반사가 중요하다.

02 다음 중 광원으로부터의 밝기에 관한 설명으로 틀린 것은? [14 기사]

① 촉광에 반비례한다.
② 거리의 제곱에 반비례한다.
③ 조사평면과 수직평면이 이루는 각에 반비례한다.
④ 색깔의 감각과 평면상의 반사율에 따라 밝기가 달라진다.

hint 빛의 밝기는 광원의 촉광에 비례한다.

03 빛에 관한 설명으로 틀린 것은? [16 기사]

① 광원으로부터 나오는 빛의 세기를 조도라 한다.
② 단위 평면적에서 발산 또는 반사되는 광량을 휘도라 한다.
③ 루멘은 1촉광의 광원으로부터 단위 입체각으로 나가는 광속의 단위이다.
④ 조도는 어떤 면에 들어오는 광속의 양에 비례하고, 입사면의 단면적에 반비례한다.

hint 광원으로부터 나오는 빛의 세기를 광도라고 하며, 단위는 칸델라(cd)를 사용한다. 조도는 밝기에 대한 감각이며 어떤 물체에서 나오는 광속의 양으로 나타낸다. 조도는 단위면에 수직으로 투하된 광속밀도를 말한다.

04 사무실 책상면($1.4m^2$)의 수직으로 광원이 있으며 광도가 1,000cd(모든 방향으로 일정하다)이다. 이 광원에 대한 책상에서의 조도(Lux)는 약 얼마인가? [16,19 기사]

① 410
② 444
③ 510
④ 544

hint $E_h (Lux) = \dfrac{I}{R^2} \cos\theta \quad \begin{cases} I = 1,000\,cd \\ R^2 = 1.4m^2 \end{cases}$

$\therefore E_h = \dfrac{1,000}{1.4^2} = 510.2\,Lux$

정답 ┃ 01.② 02.① 03.① 04.③

8 작업장의 조명 및 채광관리

 이승원의 minimum point

⚖ **작업장의 적정 조도**
- 보통작업 : 150Lux 이상
- 정밀작업 : 300Lux 이상
- 초정밀작업 : 750Lux 이상
- 기타 작업 : 75Lux 이상

⚖ **인공조명 설계 시 고려할 사항**
- 폭발, 화재의 위험이 없고, 유해가스가 발생되지 않을 것
- 가격이 저렴하고 경제적이며, 취급하기 간단할 것
- 조명도는 균일하고 조도가 충분할 것
- 빛의 색은 일광에 가까운 **주광색**이 좋음
- 광원은 간접조명방식으로 하는 것이 작업능률 향상과 건강에 유리함
- 광원은 우상방(右上方) 보다는 **좌상방**(左上方)에 두는 것이 더 좋음

⚖ **자연 조명·채광**
- 개각(開角)과 입사각 : 실내의 조도(照度)는 입사각의 사인(sin) 또는 개각의 코사인(cosine)에 비례하여 증가함
    - 입사각 : 실내 각 점에서 **28° 이상**으로 하는 것이 좋음
    - 개각 : 실내 각 점에서 **4~5° 범위**로 하는 것이 좋음
- 주광률(晝光率) : 주광률(실내조도/실외조도×100)을 1% 이상으로 하는 것이 바람직함
- 창의 면적과 높이
    - 면적 : **바닥면적의 15~20%**(1/5~1/7)가 이상적임
    - 높이 : 작업실 전·후 깊이의 1/2 이상이 되도록 하는 것이 바람직함
    - ※ 창의 폭을 크게 하는 것보다 **높이를 증가**시키는 것이 효과적임
- 창의 방향과 위치
    - 건물과의 거리 : 남창 앞 인접건물과의 거리가 건물높이의 2~3배 떨어져 있는 것이 좋음
    - 많은 채광을 요구할 경우 : 남향 창이 좋음
    - 균일한 조명이 요구될 경우 : 동북 또는 북향 창이 좋음(북쪽의 자연광은 종일 조도의 변화가 적고 균일하여 눈의 피로도가 적음)
    - 천창(天窓)의 경우 : 일반 창의 3배 이상 밝은 효과를 얻을 수 있음

⚖ **조명부족 및 과도에 따른 인체영향**

구 분	인체에 미치는 영향		
조명이 부족할 경우	• 안구진탕증(nystagmus) • 근시(近視)	• 희미한 시야 • 안정피로(Asthenopia)	• 눈의 자극감
조명이 과도할 경우	• 근시(近視) • 시력저하	• 시력장해 또는 시력협착 • 망막 또는 황반부 변성에 의한 암점(暗點)	

예상 01
- 기사 : 02,09,18
- 산업 : 출제대비

정밀작업과 보통작업을 동시에 수행하는 작업장의 적정조도는?

① 150럭스 이상 ② 300럭스 이상
③ 450럭스 이상 ④ 750럭스 이상

해설 정밀작업과 보통작업을 동시에 수행할 경우 작업장 적정조도는 정밀작업 기준 300럭스 이상으로 하여야 한다.

답 ②

예상 02
- 기사 : 18,19
- 산업 : 출제대비

실내 자연채광에 관한 설명으로 틀린 것은?

① 입사각은 28° 이상이 좋다. ② 조명의 균등에는 북창이 좋다.
③ 실내 각 점의 개각은 40~50°가 좋다. ④ 창 면적은 방바닥의 15~20%가 좋다.

해설 자연채광 시 실내 각 점의 개각은 4~5°, 입사각은 28° 이상이 좋으며, 입사각이 클수록 실내는 밝다.

답 ③

유.사.문.제

01 채광에 관한 내용으로 틀린 것은? [13 산업]
① 창의 실내 각 점의 개각은 15° 이상이어야 한다.
② 실내의 일정지점의 조도와 옥외의 조도와의 비율을 %로 표시한 것을 주광률이라고 한다.
③ 창의 면적은 바닥면적의 15~20%가 이상적이다.
④ 균일한 조명을 요하는 작업실은 동북 또는 북창이 좋다.

hint 자연채광 시 실내 각 점의 개각은 4~5°, 입사각은 28° 이상이 좋으며, 입사각이 클수록 실내는 밝다.

02 자연조명을 하고자 하는 집에서 창의 면적은 바닥면적의 몇 %로 만드는 것이 가장 이상적인가? [04,09,14,16 산업][00,02,04 기사]
① 10~15% ② 15~20%
③ 20~25% ④ 25~30%

03 다음 중 일반적으로 인공조명 시 고려하여야 할 사항으로 가장 적절하지 않은 것은? [11,13,16 기사]
① 광색은 백색에 가깝게 한다.
② 가급적 간접조명이 되도록 한다.
③ 조도는 작업상 충분히 유지시킨다.
④ 조명도는 균등히 유지할 수 있어야 한다.

hint 인공조명 광색 → 주광색에 가깝도록 한다.

04 작업장의 자연채광 계획수립에 관한 설명으로 맞는 것은? [08 산업][17 기사]
① 실내의 입사각은 4~5°가 좋다.
② 창의 방향은 많은 채광을 요구할 경우 북향이 좋다.
③ 창의 방향은 조명의 평등을 요하는 작업실인 경우 남향이 좋다.
④ 창의 면적은 일반적으로 바닥면적의 15~20%가 이상적이다.

정답 | 01.① 02.② 03.① 04.④

PART 3 산업환기 및 작업환경 관리대책

- 기사 : 출제대비
- 산업 : 09,17

자연조명에 관한 설명으로 틀린 것은?

① 지상에서 태양조도는 약 100,000Lux 정도이다.
② 창의 면적은 바닥면적의 15~20%가 이상적이다.
③ 천공광이란 태양광선의 직사광을 말하며 1년 동안 주광량의 50% 정도의 비율이다.
④ 실내 일정 지점의 조도와 옥외 조도와의 비율을 %로 표시한 것을 주광률이라고 한다.

[해설] 천공광(天空光, Sky light)이란 직사일광이 산란된 확산광 및 투과광과 반사광이 땅에서 대기 속으로 재 반사된 확산광도 포함된다.

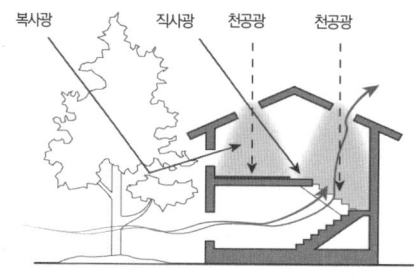

〈그림〉 복사광-직사광-천공광의 개념

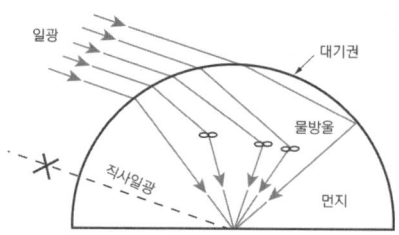

〈그림〉 전천공광조도(全天空光照度)

답 ③

유.사.문.제

01 다음 중 자연채광을 이용한 조명방법으로 가장 적절하지 않은 것은? [18 산업][15 기사]
① 입사각은 25° 미만이 좋다.
② 실내 각 점의 개각은 4~5°가 좋다.
③ 창의 면적은 바닥면적의 15~20%가 이상적이다.
④ 창의 방향은 많은 채광을 요구할 경우 남향이 좋으며 조명의 평등을 요하는 작업실의 경우 북창이 좋다.

02 균일한 조명을 요하는 작업장 창의 방향으로 알맞은 것은? [04 산업]
① 남향
② 동남향
③ 북향
④ 서북향

03 채광(자연조명)에 관한 내용으로 옳은 것은? [06,15 산업][00,03,06 기사]
① 창의 면적은 벽면적의 15~20%가 이상적이다.
② 창의 면적은 벽면적의 20~35%가 이상적이다.
③ 창의 면적은 바닥면적의 15~20%가 이상적이다.
④ 창의 면적은 바닥면적의 20~35%가 이상적이다.

04 효과적인 자연채광을 위해 바닥면적에 대한 유효창의 면적 비율은? [15 산업][01,03 기사]
① 1/2~1/3
② 1/5~1/7
③ 1/8~1/10
④ 1/10~1/15

정답 ┃ 01.① 02.③ 03.③ 04.②

종합연습문제

01 자연조명에 관한 설명으로 틀린 것은?
[09,11 산업][06,12 기사]
① 유리창은 청결하여도 10~15% 조도가 감소한다.
② 지상에서의 태양조도는 10,000Lux 정도이다.
③ 균일한 조명을 요하는 작업실은 동북 또는 북창이 좋다.
④ 실내의 일정지점의 조도와 옥외조도와의 비율을 주광률(%)이라 한다.

hint 지상에서의 태양조도는 약 100,000Lux 정도이다.

02 채광에 관한 설명 중 알맞지 않은 것은?
[05,06,12,13 산업][09 기사]
① 창의 방향은 많은 채광을 요구할 경우 남향이 좋다.
② 균일한 조명을 요구하는 작업실 창의 방향은 북향이 좋다.
③ 자연채광은 태양광선이 창을 통해 실내를 밝힘으로써 근로자들의 눈에 피로를 가져오지 않고 필요한 밝기를 얻는 것이다.
④ 자연채광 시 실내 각 점의 개각은 28°, 입사각은 4~5° 이상이 좋다.

hint 자연채광 시 실내 각 점의 개각은 4~5°, 입사각은 28° 이상이 좋으며 입사각이 클수록 실내는 밝다.

03 채광계획에 관한 다음 설명 중 바르지 못한 것은?
[05 기사]
① 조도의 평등을 요하는 작업실은 남향으로 하는 것이 좋다.
② 창의 면적은 방바닥면적의 15~20%가 이상적이다.
③ 실내 각 점의 개각은 4~5°, 입사각은 28° 이상이 되어야 한다.
④ 보통 조도는 창의 높이를 증가시키는 것이 효과적이다.

04 인공조명 시 고려해야 할 사항으로 틀린 것은?
[14 산업]
① 폭발과 발화성이 없을 것
② 광색은 주광색에 가까울 것
③ 유해가스를 발생하지 않을 것
④ 광원은 우상방에 위치할 것

hint 광원은 → 작업대 좌상측에서 비추게 한다.

05 채광에 관한 설명으로 옳지 않은 것은? [10 산업]
① 지상에서의 태양조도는 약 100,000Lux 정도이며 건물의 창 내측에서는 약 2,000Lux 정도이다.
② 균일한 조명을 요구하는 작업실은 북창이 좋다.
③ 창의 면적은 벽면적의 15~20%가 이상적이다.
④ 개각은 4~5°, 입사각은 28° 이상이 좋다.

hint 창의 면적 → 바닥면적의 15~20%

06 자연조명에 관한 설명으로 틀린 것은?
[13 산업][06,09 기사]
① 균일한 조명을 요하는 작업실은 동북 또는 북창이 좋다.
② 창의 면적은 바닥면적의 15~20%가 이상적이다.
③ 개각은 4~5°가 좋은데 개각이 작을수록 실내는 밝다.
④ 입사각은 28° 이상이 좋은데 입사각이 클수록 실내는 밝다.

hint 개각이 클수록 실내는 밝다.

07 다음 중 인공조명 시에 고려하여야 할 사항으로 옳은 것은?
[13 기사]
① 폭발과 발화성이 없을 것
② 광색은 야광색에 가까울 것
③ 장시간 작업 시 광원은 직접조명으로 할 것
④ 일반적인 작업 시 우상방에서 비치도록 할 것

정답 ┃ 01.② 02.④ 03.① 04.④ 05.③ 06.③ 07.①

예상 04
- 기사 : 02,04,07②,12,18
- 산업 : 06

다음의 내용 중 ( ) 안에 알맞은 것은?

"국부조명에만 의존할 경우에는 작업장의 조도가 균등하지 못해서 눈의 피로를 가져올 수 있으므로 전체조명의 조도는 국부조명에 의한 조도의 ( ) 정도가 되도록 조절한다."

① $\dfrac{1}{10} \sim \dfrac{1}{5}$ ② $\dfrac{1}{20} \sim \dfrac{1}{10}$ ③ $\dfrac{1}{30} \sim \dfrac{1}{20}$ ④ $\dfrac{1}{50} \sim \dfrac{1}{30}$

해설 전반국부 병용조명에서 전반조명의 조도는 국부조명에 의한 조도의 1/10 이상 1/5 미만으로 하는 것이 바람직하다.

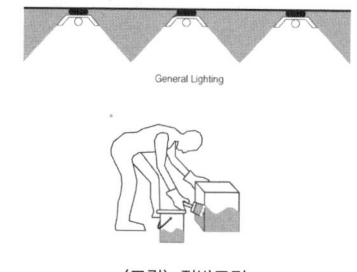
〈그림〉 전반조명

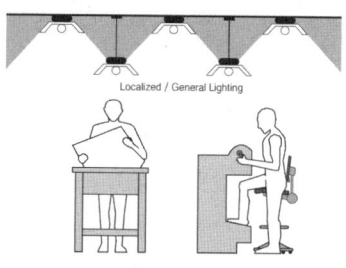
〈그림〉 국부전반조명

답 ①

예상 05
- 기사 : 10
- 산업 : 출제대비

다음 중 직접조명의 단점으로 볼 수 없는 것은 어느 것인가?
① 휘도가 크다.
② 조명효율이 낮다.
③ 눈의 피로도가 크다.
④ 강한 음영으로 불쾌감이 있다.

해설 직접조명(直接照明, direct lighting)은 광원으로부터의 발산된 빛이 대부분 작업면에 직접 조사되는 조명방식으로 조명률이 높은 장점을 가지고 있다.

직접조명	장 점	단 점
	• 조명률이 높음 • 설계비가 적게 들고 설계가 단순함 • 벽체, 천장의 오염에 따른 조도 감소가 적음 • 소비전력이 적게 듦(소비전력은 간접조명의 1/2~1/3) • 조명기구의 점검, 보수가 용이함 • 그늘이 생기므로 물체의 식별이 입체적임	• 심한 음영과 과도휘도를 일으킴 • 천장이 어두움 • 그림자가 짙게 생기고 눈부심이 큼

답 ②

04. 작업환경관리

- 기사 : 출제대비
- 산업 : 07

예상 06 작업장의 조명관리에 관한 설명이다. 틀린 것은?

① 간접조명은 조도가 균일하며 실내의 입체감이 커지는 장점이 있다.
② 전반조명이란 광원을 일정한 간격과 높이로 설치하여 균일한 조도를 얻기 위함이다.
③ 직접조명은 조명기구가 간단하여 기구의 효율이 좋고, 설치비용이 저렴하다.
④ 국소조명은 밝고 어둠의 차이가 많아 눈부심을 일으켜 눈을 피로하게 한다.

해설 간접조명은 눈부심이 적고 피조면(被照面)의 조도(照度)가 균일한 장점이 있으나 실내의 입체감이 작아지는 단점이 있다.

간접조명	장 점	단 점
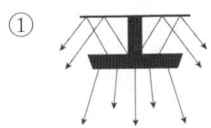	• 과도휘도가 없고, 반사적 현위가 없음 • 균일한 피조면의 조도를 얻을 수 있음 • 그림자가 부드러움 • 온화한 분위기를 얻을 수 있음 • 등기구의 사용을 최소화 할 수 있음	• 광원의 촉광수를 높여야 함 • 설비비와 경상비가 많이 듦 • 다른 조명방식보다 효율이 낮음 • 보수가 용이하지 못함

답 ①

- 기사 : 00,05,07
- 산업 : 출제대비

예상 07 일반적으로 눈의 피로를 줄이는데 가장 효과적인 조명방법은?

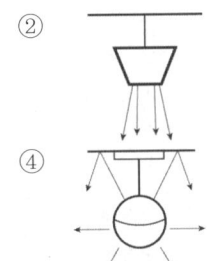

해설 간접조명은 그림자가 없고 과도휘도가 없으며, 반사적 현위가 없는 균등한 조명을 얻을 수 있으므로 눈의 피로를 줄이는데 가장 효과적인 조명방법이다.

답 ③

유.사.문.제

01 눈을 부시게 하지 않고 조도가 균일하나 기구 효율이 나쁘며, 설치가 복잡하고 실내의 입체감이 작아지는 단점이 있는 조명은? [07 산업]

① 직접조명　② 간접조명
③ 국소조명　④ 전반조명

02 작업장의 조명상태를 조사하고자 할 때, 측정해야 되는 기본항목에 포함되지 않는 것은? [02,04,16 산업]

① 조명도　② 흡광도
③ 휘도　　④ 반사율

정답 ┃ 01.② 02.②

종합연습문제

01 다음 중 조명방법에 관한 설명으로 틀린 것은? [10 기사]
① 균등한 조도를 유지한다.
② 인공조명에 있어 광색은 주광색에 가깝도록 한다.
③ 작은 물건의 식별과 같은 작업에는 음영이 생기지 않는 전체조명을 적용한다.
④ 자연조명에 있어 창의 면적은 바닥면적의 15~20% 정도가 되도록 한다.

hint 작은 물건의 식별과 같은 작업에는 음영이 생기지 않는 국부조명을 적용한다.

02 작업장의 조명관리에 관한 설명으로 옳지 않는 것은? [12 산업]
① 간접조명은 음영과 현휘로 인한 입체감과 조명효율이 높은 것이 장점이다.
② 반간접조명은 간접과 직접조명을 절충한 방법이다.
③ 직접조명은 작업면의 빛의 대부분이 광원 및 반사용 삿갓에서 직접 온다.
④ 직접조명은 기구의 구조에 따라 눈을 부시게 하거나 균일한 조도를 얻기 힘들다.

hint 직접조명은 음영과 현휘로 인한 입체감과 조명효율이 높은 것이 장점이다.

03 인공조명의 조명방법에 관한 설명으로 옳지 않은 것은? [11,19 산업]
① 간접조명은 강한 음영으로 분위기를 온화하게 만든다.
② 간접조명은 설비비가 많이 소요된다.
③ 직접조명은 작업면에 빛의 대부분이 광원 및 반사용 삿갓에서 직접 온다.
④ 일반적으로 분류하는 인공적인 조명방법은 직접조명과 간접조명, 반간접조명 등으로 구분할 수 있다.

hint 간접조명은 빛이 반사적 현위가 없이 부드러움 → 그림자가 없는 온화한 분위기를 만든다.

04 다음에 알맞은 공장별 조명방법은? [03 기사]

> 전반조명으로 작업장 전체에 미치게 하고, 필요 최저한의 조도를 주고, 협조형의 반사등을 이용해서 광원을 적당한 높이로 하여 높은 조도를 준다.

① 천장이 낮고 넓은 작업장
② 천장이 높고 좁은 작업장
③ 천장이 높고 폭이 넓은 작업장
④ 천장이 낮고 폭이 좁은 작업장

05 다음 중 자연조명을 이용할 때, 고려해야 할 사항으로 적합하지 않은 것은? [05,10 기사]
① 북쪽 광선은 일(日) 중 조도의 변동이 작고 균등하여, 눈의 피로가 적게 발생할 수 있다.
② 창의 자연 채광량은 광원면인 창으로부터의 거리와 창의 대소 및 위치에 따라 달라진다.
③ 보통 조도는 창의 높이를 증가시키는 것보다 창의 크기를 증가시키는 것이 효과적이다.
④ 바닥면적에 대한 유리창의 면적은 보통 1/5 ~1/6이 적합하나 실내 각 점의 개각에 따라 달라질 수 있다.

hint 실내조도는 창의 폭을 크게 하는 것보다 높이를 증가시키는 것이 효과적이다.

06 다음 중 인공조명 시에 고려하여야 할 사항으로 옳은 것은? [13 기사]
① 폭발과 발화성이 없을 것
② 광색은 야광색에 가까울 것
③ 장시간 작업 시 광원은 직접조명으로 할 것
④ 일반적인 작업 시 우상방에서 비치도록 할 것

hint ①항만 옳다.
▶ 바르게 고쳐보기 ◀
② 광색은 주광색에 가까울 것
③ 장시간 작업 시 광원은 간접조명으로 할 것
④ 일반적인 작업 시 좌상방에서 비치도록 할 것

정답 | 01.③ 02.① 03.① 04.③ 05.③ 06.①

종합연습문제

01 다음 중 조명 시의 고려사항으로 광원으로부터의 직접적인 눈부심을 없애기 위한 방법으로 적당하지 않은 것은? [01,04,12,15 기사]

① 광원 또는 전등의 휘도를 줄인다.
② 광원을 시선에서 멀리 위치시킨다.
③ 광원 주위를 어둡게 하여 광도비를 높인다.
④ 눈이 부신 물체와 시선과의 각을 크게 한다.

hint 광원 주위를 밝게 하여 조도비를 적절하게 조절하여야 한다.

02 다음 중 일반적인 작업장의 인공조명 시 고려사항으로 적절하지 않은 것은? [11,13 기사]

① 조명도를 균등히 유지할 것
② 경제적이며 취급이 용이할 것
③ 가급적 직접조명이 되도록 설치할 것
④ 폭발성 또는 발화성이 없으며 유해가스를 발생하지 않을 것

03 다음 중 작업장내의 직접조명에 관한 설명으로 옳은 것은? [11 기사]

① 장시간 작업 시에도 눈이 부시지 않는다.
② 작업장내의 균일한 조도의 확보가 가능하다.
③ 조명기구가 간단하고, 조명기구의 효율이 좋다.
④ 벽이나 천장의 색조에 좌우되는 경향이 있다.

04 인공조명 시 고려해야 할 사항과 가장 거리가 먼 것은? [09,11 산업]

① 광원은 간접조명과 우상방에 설치
② 발화성, 폭발성이 없을 것
③ 경제성, 취급의 간편
④ 균등한 조도 유지

hint 광원은 우상방 보다는 좌상방에 두는 것이 더 좋으며, 광색은 주광색에 가까운 것이 좋다.

정답 │ 01.③ 02.③ 03.③ 04.①

 **예상 08**
- 기사 : 00,04,14,17
- 산업 : 출제대비

갱 내부 조명부족과 관련한 질환으로 알맞은 것은?

① 백내장　　　　　② 망막변성
③ 녹내장　　　　　④ 안구진탕증

해설 녹내장, 백내장, 망막변성 등 기질적인 안질환은 조명부족과는 관계가 없는 질환이다. 조명부족과 관련한 질환은 안구진탕증(nystagmus), 희미한 시야, 눈의 자극감, 근시(近視), 안정피로(asthenopia) 등을 유발할 수 있다.

답 ④

유.사.문.제

01 다음 중 조명을 작업환경의 한 요인으로 볼 때 고려해야 할 중요한 사항과 가장 거리가 먼 것은? [15,19 기사]

① 빛의 색
② 눈부심과 휘도
③ 조명시간
④ 조도와 조도의 분포

02 다음 중 조명부족(조도부족)이 원인이 되는 질병으로 가장 적절한 것은? [10 산업]

① 안정피로
② 녹내장
③ 전광성 안염
④ 망막변성

정답 │ 01.③ 02.①

813

종합연습문제

01 조명에 대한 설명으로 틀린 것은? [16 기사]
① 갱내부에서의 안구진탕증은 조명부족으로 발생할 수 있다.
② 망막변성 등 기질적 안질환은 조명부족에 의한 영향이 큰 안질환이다.
③ 조명부족 하에서 작은 대상물을 장시간 직시하면 근시를 유발할 수 있다.
④ 조명과잉은 망막을 자극해서 잔상을 동반한 시력장애 또는 시력협착을 일으킨다.

02 가시광선의 조명부족에 의한 피해증상이라고 할 수 없는 것은? [05 산업]
① 안정피로 ② 안구진탕증
③ 녹내장   ④ 근시유발

03 작업장에서는 통상 근로자의 눈을 보호하기 위하여 인공광선에 의해 충분한 조도를 확보하여야 한다. 다음의 조건 중 조도를 증가하지 않아도 되는 것은? [15 기사]
① 피사체의 반사율이 증가할 때
② 시력이 나쁘거나 눈에 결함이 있을 때
③ 계속적으로 눈을 뜨고 정밀작업을 할 때
④ 취급물체가 주위와의 색깔 대조가 뚜렷하지 않을 때

04 빛의 반사율에 대한 설명으로 틀린 것은? [07 산업]
① 대부분의 반사율은 45~65% 정도이다.
② 조도에 대한 휘도의 비로 표시한다.
③ 완전히 검은 평면의 반사율은 0이다.
④ 빛을 받은 평면에서 반사되는 빛의 밝기를 말한다.

hint 대부분의 사물이 가진 반사율은 18% 정도이다.

05 다음 중 조명에 대한 설명으로 틀린 것은? [04, 07 기사]
① 갱내 내부에서의 안구진탕증은 조명부족으로 발생할 수 있다.
② 조명부족 하에서 작은 대상물을 장시간 직시하면 근시를 유발할 수 있다.
③ 망막변성 등 기질적 안질환은 조명부족에 의한 영향이 큰 안질환이다.
④ 조명과잉은 망막을 자극해서 잔상을 동반한 시력장해 또는 시력협착을 일으킨다.

hint 기질적 안질환 → 망막변성, 녹내장, 백내장 등을 말함 → 조명부족과 무관

06 다음 중 금속전극에 빛을 조사하면 전자가 튀어나오는 현상을 이용한 것으로, 시간의 지체없이 조도와 전류가 비례하고 빛에 민감하여 피로 현상을 나타내지 않는 장점을 갖는 조도계는? [06 기사]
① 광전지 조도계   ② 광전관 조도계
③ 럭스계   ④ 멕베스 조도계

hint 광전관 조도계(光電管照度計)는 금속전극에 빛을 조사하면 전자가 튀어나오는 현상을 이용한 것으로 시간의 지체없이 조도와 전류가 비례하고 빛에 민감하여 피로 현상을 나타내지 않는 장점을 갖는 조도계이다.

07 광전관 조도계에 관한 설명으로 틀린 것은? [05 산업]
① 아황산동이나 Se 광전지에 의해 광에너지를 전류로 바꾼다.
② 시간의 지체없이 조도와 전류가 비례하여 빛에 민감하다.
③ 피로 현상이 없는 것이 장점이다.
④ 금속전극에 빛을 조사하면 전자가 튀어나오는 현상을 이용한다.

hint 아황산동이나 Se 광전지에 의해 광에너지를 전류로 바꾸는 원리를 이용하는 것은 광전지 조도계(photocell illuminometer)이다.

정답 | 01.② 02.③ 03.① 04.① 05.③ 06.② 07.①

04. 작업환경관리

- 기사 : 14
- 산업 : 출제대비

다음 중 작업장내 조명방법에 관한 설명으로 틀린 것은?

① 나트륨등은 색을 식별하는 작업장에 가장 적합하다.
② 백열전구와 고압수은등 적절히 혼합시켜 주광에 가까운 빛을 얻는다.
③ 천장, 마루, 기계, 벽 등의 반사율을 크게 하면 조도를 일정하게 얻을 수 있다.
④ 천장에 바둑판형 형광등의 배열은 음영을 약하게 할 수 있다.

해설 나트륨램프 같은 단색광원 아래에서는 색채를 구분할 수 없고, 위험요소를 인지하지 못할 수 있다.
- 텅스텐할로겐램프 : 높은 온도에서 작동되고 작업자가 가까이에서 장시간 사용했을 때 눈의 각막과 피부에 해로운 많은 양의 자외선이 방출된다(근접작업 금지)
- 고강도 방전등, 탄소아크 및 쇼트아크램프 : 텅스텐할로겐램프가 방출하는 양보다 많은 양의 자외선을 방출한다.

답 ①

유.사.문.제

01 형광방전등에 관한 설명으로 알맞지 않은 것은? [02, 04 기사]

① 주로 자외선을 방사하는 방전관의 관벽에 적당한 조성비의 형광물질을 칠한 것으로 대부분은 백색에 가까운 빛을 얻는 광원으로 사용된다.
② 백열전구나 수은등 보다 효율이 높다.
③ 백열전구에 비하여 수명이 길며, 전원의 전압이 일정하지 않아도 조도 세기에 영향이 없고 보조기구가 필요없다.
④ 방전으로 방사되는 에너지의 60% 내외는 수은의 공명선이며, 전 입력의 20%가 형광으로서 방출된다.

02 형광방전등에 관한 설명으로 알맞지 않는 것은? [06 기사]

① 백열전구에 비하여 수명이 길다.
② 백열전구 수은등보다 효율이 높다.
③ 빛의 흔들림이 없고 보조기구가 필요없다.
④ 같은 조도를 얻는 데 있어 기타 등에 비하여 1/3~1/4정도의 전력이 소요된다.

hint 형광방전등은 빛의 흔들림이 있고 보조기구가 필요하다. 형광등은 백열등에 비해 에너지 소모가 1/3 정도 적고, 효율이 높으며, 백열등에 비해 수명이 몇 배 긴 장점이 있으나 점등 시 에너지 소모가 많고, 빛의 흔들림이 있으며, 변동하는 기온이나 조건하에서 전등의 발광 및 효율을 일정하게 유지하기 어려운 단점이 있다.

정답 ▮ 01. ③ 02. ③

작업환경 관리대책 관련 2차 **필답형(실기)**

실기문제(2차)

1 이론형 쓰기문제

01 □ 기사 : 00,02,05,11,15,16
□ 산업 : 03,18
평점 4

작업환경 개선의 기본원칙 4가지와 그 방법 2가지씩 쓰시오.

[해설] 다음의 "답안 작성" 부분만 답안지에 기재하면 된다.

관련 이론 및 개념

■ **작업환경 개선**
- **작업환경 개선의 기본원칙** : 대치(물질변경, 공정변경, 시설변경), 격리, 환기, 교육
- **작업환경관리 우선순위** ➪ **공학적 대책** : 대치/격리/환기/공정관리 등 → **관리적 대책** : 근로시간 변경, 순환근무, 이중배치, 교육·훈련 등 → **작업관리** : 노출관리, 보호구 착용 등

■ **작업환경의 공학적 대책**
- 대치(유해성이 적은 물질로 대치, 시설의 변경, 공정의 변경)
- 유해물질과 근로자 사이에 장벽 설치
- 국소 및 전체 환기시설 설치

■ **보건관리자의 행정적(관리적) 대책**
- 근로시간 변경
- 순환근무
- 이중배치
- 교육, 훈련

답안 작성

① 대치 : 물질·원료변경, 공정 및 시설 변경
② 격리 : 공정격리, 근로자의 격리
③ 환기 : 전체환기시스템 설치, 국소환기장치 설치
④ 교육 : 보건교육 실시, 예방의식 제고

이론형 쓰기문제

01 작업환경 개선을 위해 보건관리자가 취해야 할 공학적 대책 및 행정적 대책을 각각 3가지씩 쓰시오. [02,15 산업]

> answer
① 공학적 대책 : 대치, 격리, 환기
② 행정적 대책 : 교육, 훈련, 근로시간 변경

02 작업환경 개선의 공학적 대책 4가지를 쓰시오. [00,05,08 기사]

> answer
① 대치 ② 격리
③ 환기 ④ 공정관리

이론형 쓰기문제

01 대치에 해당되는 경우를 3가지 쓰시오. [00,05,08 산업]

answer
① 원료물질의 변경
② 공정의 변경
③ 시설 및 기구의 변경

02 작업환경 개선의 공학적 대책 중 대치의 3가지 방법 및 각각의 예를 1가지씩 쓰시오. [15 산업]

answer
① 원료물질의 변경 : 성냥 제조 시 황린, 백린을 적린으로 변경
② 공정의 변경 : 분무도장을 담금도장으로 변경
③ 시설의 변경 : 임팩트 렌치를 유압식 렌치로 변경

※ 본 교재의 "작업환경관리 및 개선대책"편 참조

03 고농도 분진이 발생하는 작업장에 대한 환경관리 대책 4가지를 쓰시오. [17,19 산업][16,19 기사]

answer
① 습식화에 의한 분진발생 억제
② 재료의 변경(발진이 적은 것으로)
③ 개인보호구 착용
④ 국소배기장치 설치 및 개선

04 용해작업장의 근로자가 착용하여야 할 개인보호구 3가지를 쓰고, 관계 유해물질, 착용 목적을 설명하시오. [17 산업]

answer
① 방진마스크 : 흄, 호흡기 흡입방지
② 방열장갑 : 고열, 피부보호
③ 보호안경 : 열적외선, 안면 및 눈 보호

05 소음방지를 위한 전파경로 대책 3가지를 쓰시오. [18 산업]

answer
① 소음장치(흡음덕트 등)
② 방음벽 설치, 내벽 흡음처리
③ 벽체 차음성 증대(투과손실 증가)

06 귀마개의 장점과 단점을 2가지씩 쓰시오. [02,16 기사]

answer
(1) 장점
① 부피가 작아서 휴대하기가 편리함
② 고개를 움직이는 데 불편함이 없음
(2) 단점
① 차음효과가 떨어짐
② 분실의 염려가 높음

※ 본 교재의 "작업장의 소음·진동관리"편 참조

07 소음에 대한 개인보호구 중 귀덮개의 장점 3가지를 쓰시오. [01,06 산업][19 기사]

answer
① 착용여부를 쉽게 확인할 수 있음
② 귀에 염증이 있어도 사용할 수 있음
③ 귀마개보다 차음효과가 크고, 개인차이가 작음

08 다공질형 흡음재로의 종류 5가지를 쓰시오. [13 산업]

answer
① 유리면
② 암면
③ 발포수지
④ 섬유
⑤ 펠트(felt)

09 관(tube)내에서 토출되는 공기에 의하여 발생하는 취출음의 감소방법 3가지를 쓰시오. [15 기사]

answer
① 분출유속 저감
② 마찰저항 감소(관의 굴곡 완화 등)
③ 밸브의 다단화
④ 소음기부착

※ 이 중에서 3가지 기재

3 산업환기 및 작업환경 관리대책 [실기]

이론형 쓰기문제

01 작업장에서 95dB(A)의 소음이 발생할 경우 다음 대책을 2가지씩 쓰시오. [14 기사]

(1) 공학적 대책
(2) 작업관리 대책
(3) 근로자 대책

▶answer

(1) 공학적 대책
  ① 격리 및 차폐
  ② 흡음 및 차음
(2) 작업관리 대책
  ① 순환근무
  ② 교육
(3) 근로자 대책
  ① 귀마개 착용
  ② 귀덮개 착용

02 인공조명 시 고려해야 할 사항 3가지를 쓰시오. [17 산업]

▶answer

① 발화성, 폭발성이 없을 것
② 경제성, 취급의 간편
③ 균등한 조도 유지

03 다음 작업장에 대한 적정조도를 쓰시오. [18 산업]

(1) 보통작업
(2) 초정밀작업
(3) 기타 작업

▶answer

(1) 보통작업 : 150Lux 이상
(2) 초정밀작업 : 750Lux 이상
(3) 기타 작업 : 75Lux 이상

2 필답형 계산문제

필답형 계산문제

01 톨루엔에 대한 방독마스크의 정화통 수명이 5,000ppm에서 60min일 때 다음 물음에 답하시오. [00,03,14 기사]
  (1) 공기 중 톨루엔농도가 200ppm일 때, 사용 가능시간(min)을 구하시오.
  (2) 방독마스크의 할당 보호계수가 50일 때, 공기 중 톨루엔의 농도(ppm)를 구하시오. (단, 방독마스크 안의 농도 20ppm)

02 유해가스 농도가 1,000ppm인 어느 작업장에서 사용한 방독마스크의 파과시간(break point time)은 50분이었다. 유해가스의 농도가 100ppm인 곳에서 동일한 방독마스크를 사용할 경우 파과시간은 몇 분인가? 또한 파과시간의 변화에 영향을 미친 이유를 설명하시오. [02,11 기사]

필답형 계산문제 답안

01 (1) 사용 가능시간

〈계산〉 사용 가능시간 = 표준유효시간 × $\dfrac{\text{시험가스 농도}}{\text{공기 중 유해가스 농도}}$

∴ 사용 가능시간 = $60\,\text{min} \times \dfrac{5,000\,\text{ppm}}{200\,\text{ppm}} = 1,500\,\text{min}$

(2) 공기 중 톨루엔농도

〈계산〉 보호계수(PF) = $\dfrac{C_o}{C_i}$ ⇨ $50 = \dfrac{C_o}{20\,\text{ppm}}$

∴ C_o(공기 중 농도) = $1000\,\text{ppm}$

02 ① 사용 가능시간

〈계산〉 사용 가능시간(t) = 표준유효시간(t_o) × $\dfrac{\text{시험가스 농도}(C_o)}{\text{공기 중 유해가스 농도}(C)}$

- 유해가스 농도를 제외한 조건이 일정하므로 → 사용 가능시간(t) = $K \times \dfrac{1}{C}$

⇨ $50\,\text{min} : \dfrac{1}{1,000} = t^*(\text{min}) : \dfrac{1}{100}$

∴ $t^* = 500\,\text{min}$

② 파과시간 변화요인 : 오염물질의 농도와 파과시간은 반비례 관계이기 때문임

MEMO

PART 04 산업독성학

1. 산업독성학 총론
2. 입자·기체상 물질의 특성과 건강장애
3. 중금속의 독성
4. 생물학적 모니터링과 역학조사
5. 2차 필답형(실기)

CHAPTER 01 산업독성학 총론

1 용어의 정의 및 기초개념

 이승원의 **minimum point**

(1) 산업독성학의 활용
- 대체 화학물질의 선정에 활용
- 화학물질 노출기준 설정에 활용
- 생물학적 모니터링에 활용
- 다른 학문의 관계 연계 및 지원 등에 활용

(2) 노출기준·독성작용의 용량평가

① 노출기준
- ACGIH(미국정부산업위생전문가협의회)의 TLVs[Threshold Limit Values, 허용농도(**서한도**)]
  - TLVs(노출기준)은 근로자들의 건강장해를 예방하기 위한 기준이다.
  - 노출기준은 대기오염의 평가 또는 관리상의 지표로 사용하여서는 **안 된다**.
  - 노출기준은 유해물질이 단독으로 존재할 때의 기준이다.
  - 정상작업시간을 초과하는 노출에 대한 독성평가에는 **적용될 수 없다**.
  - 기존의 질병이나 신체적 조건을 판단(증명 또는 반응자료)하기 위한 척도로 **사용될 수 없다**.
- TWA(Time Weighted Average) : 시간가중평균노출기준(1일 8시간 및 1주일 40시간 동안의 평균농도)
- STEL(Short Term Exposure Limit) : 단시간노출기준(15분간의 TWA)
- Ceiling-C : 최고노출기준(잠시라도 노출되어서는 안 되는 기준)
- EL(Eexcursion Limits) : 허용농도 상한치(TWA의 3배는 하루 노출 30분 이상을 초과할 수 없으며, TWA의 5배는 잠시라도 노출되어서는 안 되는 노출 상한농도)

① 독성작용에 대한 용량평가와 표시
- 치사량(LD, Lethal Dose) : 실험동물의 사망 빈도수로 나타내는 화학물질의 용량
- LD_{50}(Lethal Dose 50%) : 50% 치사용량
- LC_{50}(Lethal Concentration 50%) : 50% 치사농도
- TD_{50}(median toxic dose) : 중간독성량(실험동물의 50%에서 심각한 독성반응이 나타나는 중독량)
- 유효량(EDs, Effective Doses) : 독성을 일으키지 않으나 관찰가능한 가역적인 반응이 나타나는 양(물질의 유효성)
- 중독량(독성량, TDs, Toxic doses) : 유해한 독성작용을 일으키는 용량

- ⓘ **안전역**(화학물질의 투여에 의한 독성범위)
  - ■ 안전역 $= \dfrac{\text{중독량}}{\text{유효량}} = \dfrac{TD_{50}}{ED_{50}} = \dfrac{LD_1}{ED_{99}}$

- ⓘ **위해성 평가**(risk assessment) **4단계**
  - **제 1 단계** : 유해성 확인(위험도 확인)
    - 오염물질에 대한 물리, 화학적 성질, 오염원에 대한 관련자료의 규명
    - 배경 데이터(background data)의 조사
    - 동물자료를 비롯한 독성자료 수집 등 필요한 모든 기초자료를 수집·정리 단계
  - **제 2 단계** : 유해성 평가(용량-반응평가)
    - 위험성이 확인된 후 **위해도를 정량적으로 표현**하는 단계
    - 독성물질의 **양-반응관계**, 잠재성, 생물종의 변이, 기전 등을 확정하는 단계
  - **제 3 단계** : 독성평가(노출·폭로 평가)
    - 위험성이 확인된 유해화학물질의 위해정도를 **측정·평가**하는 단계
    - 평가요소는 집단의 크기(size), 노출의 강도(strength), 빈도(frequency), 기간(duration) 등
    - 인체에 대한 노출량 평가(경구섭취, 흡입, 피부흡수) 등
  - **제 4 단계** : 위험성 확인과 위해도 결정
    - 노출평가, 용량-반응평가에서 도출된 모든 값을 종합적으로 정리하여 최종적인 위해도 값을 제안하는 단계

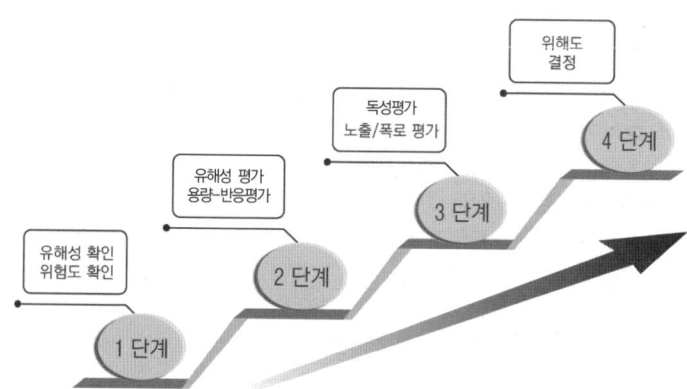

- ⓘ **유해물질의 인체 침투경로**
  - **호흡기계, 피부** : 화학물질의 자체독성에 의해 독성수준이 결정됨
  - **소화기관, 복강주사** : 체내의 대사물질의 독성에 의해 화학물질의 독성수준이 결정됨

- ⓘ **화학물질의 생체막 투과 메커니즘**
  - **단순확산**(simple diffusion) : 농도차에 의해 유발(지용성 여부, 분자의 크기, 이온화도 등)
  - **촉진확산**(facilitated diffusion) : 운반체(carrier)의 확산성에 의해 발생(운반체 수, 물질의 양)
  - **능동투과**(active transport) : 농도구배의 반대방향으로 이동하는 현상

유해물질과 유해성 관계인자

- 하버의 법칙(Haber's law) : 유해물질의 **농도와 폭로시간의 곱은 일정**하다는 법칙

  $$K = C \times t \quad \begin{cases} K : 유해물질\ 지수 \\ C : 유해물질의\ 농도 \\ t : 폭로시간 \end{cases}$$

- 체내 잔류율 : $R = \dfrac{C_i - C_o}{C_i}$ $\begin{cases} C_i : 흡입공기\ 중\ 유해물질\ 농도 \\ C_o : 호기(exhaledair)\ 중\ 유해물질\ 농도 \end{cases}$

- 체내 흡수량(AD, mg) $= C \cdot t \cdot V \cdot R \quad \begin{cases} C : 공기\ 중\ 유해물질농도(mg/m^3) \\ t : 노출시간(hr) \\ V : 호흡률(폐환기율,\ m^3/hr) \\ R : 체내\ 잔류율(폐\ 흡수비) \end{cases}$

- 안전용량(SHD, mg/day) $= ThD_o \times \dfrac{70}{SF} \quad \begin{cases} ThD_o : 독성물질에\ 대한\ 역치(mg/kg \cdot day) \\ \quad\quad\quad (독물의\ 한계치\ 또는\ NOAEL) \\ SF : 안전인자(안전계수,\ 10 \sim 1,000) \\ 70 : 사람의\ 표준\ 몸무게(kg) \end{cases}$

유해물질의 상호작용

구분형태	특징과 그 사례
상가작용 (additivity)	• 둘 이상의 유해물질 조합으로 개별적 **독성을 합산**한 것과 같은 독성을 미치는 경우 ■ 2+3 → 5 ex 염소계 살충제와 할로겐계 용매
길항작용 (antagonism)	• 어떤 화학물질에 대한 노출이 다른 화학물질의 **작용을 감소**시키는 결과를 가져올 때 ■ 2+3 → 0.5 ex 해독제 및 항생제
강화작용 (가승작용) (potentiation)	• **독성작용이 없는** 화학물질이 다른 화학물질의 **독성을 더욱 유독**하게 만들 때 ■ 0+2 → 5 ex 이소프로판올과 사염화탄소 ex 소금+시안화칼륨=염화칼륨+시안화나트륨
상승작용 (synergism)	• 어떤 화학물질에 대한 노출이 다른 화학물질의 **작용을 극적으로 증가**시킬 때 ■ 0.5+1 → 10 ex 에탄올과 사염화탄소

유해물질의 길항작용

구분형태	특징과 그 사례
기능적 길항작용 (생리학적 길항작용) (physiological antagonism)	• 두 물질이 생체에서 서로 반대되는 생리적 기능을 갖는 관계를 이용하여 동시에 투여한 경우 독성이 상쇄 또는 감소되는 경우를 말함
화학적 길항작용 (chemical antagonism)	• 두 물질을 동시에 투여한 경우에 상호반응에 의하여 독성이 감소되는 것으로서 불활성화라고도 함
배분적 길항작용 (기질적 길항작용) (disposition antagonism)	• 독성물질의 생체과정인 흡수, 분포, 생체전환, 배설 등에 변화를 일으켜 독성이 낮아지는 경우임
수용체 길항작용 (receptor antagonism)	• 두 물질이 생체내에서 같은 수용체에 결합하는 관계를 이용하여 동시에 투여한 경우 경쟁관계를 일으켜 독성이 감소되는 경우임

PART 4 산업독성학

예상 01
- 기사 : 13

다음 중 산업독성학의 활용과 가장 거리가 먼 것은?
① 작업장 화학물질의 노출기준 설정 시 활용된다.
② 작업환경의 공기 중 화학물질의 분석기술에 활용된다.
③ 유해 화학물질의 안전한 사용을 위한 대책수립에 활용된다.
④ 화학물질 노출을 생물학적으로 모니터링을 하는 역할에 활용된다.

해설 산업독성학은 대체 화학물질의 선정, 화학물질 노출기준 설정, 생물학적 모니터링의 역할, 다른 학문의 관계 연계 및 지원 등에 활용된다. **답** ②

예상 02
- 기사 : 00,01,05,07,19
- 산업 : 출제대비

실험동물을 대상으로 양을 투여했을 때 독성을 초래하지는 않지만 관찰가능한 가역적인 반응이 나타나는 양을 말하는 용어는?
① 유효량(ED) ② 치사량(LD)
③ 독성량(TD) ④ 서한량(PD)

해설 유효량(EDs, Effective Doses)은 실험동물을 대상으로 양을 투여했을 때 독성을 초래하지는 않지만 관찰가능한 가역적인 반응이 나타나는 양을 말하며, 물질의 유효성을 나타내는 데 사용된다. **답** ①

【참고】 독성작용에 대한 평가와 표시
- **치사량**(LD) : 실험동물의 사망 빈도수로 나타내는 화학물질의 용량
- LD_{50} : 50% 치사용량
- LC_{50} : 50% 치사농도
- TD_{50} : 실험동물의 50%에서 심각한 독성반응이 나타나는 양(중독량)
- **유효량**(EDs) : 독성을 초래하지는 않지만 관찰가능한 가역적인 반응이 나타나는 양
- **독성량**(TDs, Toxic Doses) : 유해한 독성작용을 일으키는 용량
- **무해용량**(NOAEL, No Observed Adverse Effect Level) : 독성이 관찰되지 않는 최고량
- **최소유해용량**(LOAEL, Low Observed Adverse Effect Level) : 독성이 관찰된 최저량
- **최소영향량**(LOEL, Low Observed Effect Level) : 역반응이 발견되는 최저농도(최소작용량)
- **무영향량**(NOEL, No Observed Effect Level) : 악영향을 나타내는 반응이 없는 농도(만성독성 시험에 구해지는 지표임)

예상 03
- 기사 : 00,03,07
- 산업 : 출제대비

LD_{50}은 유해물질의 작용범위를 결정하는 예비 독성검사에서 얻은 용량-반응곡선으로부터 구한다. 다음 중 LD_{50}의 설명으로 틀린 것은?
① 흡입실험 경우의 치사량 단위는 ppm, mg/m^3으로 표시한다.
② 일정기간(통상 30일) 동안에 실험동물의 50%가 죽는 치사량을 말한다.
③ LD_{50}에는 변역 또는 95% 신뢰한계를 명시하여야 한다.
④ 치사량은 단위체중당으로 표시하는 것이 보통이다.

해설 일반적인 용량단위는 체중(kg)에 대한 물질의 양(mg)에 해당하는 mg/kg을 사용한다. **답** ①

종합연습문제

01 독성실험에 관한 용어의 설명으로 틀린 것은?
[01,06,08 기사]

① LD_{50} : 시험동물군의 50%가 일정기간 동안에 죽는 치사량
② LC_{50} : 흡입시험인 경우 시험동물군의 50%를 죽게 하는 독성물질의 농도
③ TD_{50} : 실험동물군의 50%가 살아남을 수 있는 독성물질의 최대농도
④ ED_{50} : 실험동물군의 50%가 관찰가능한 가역적인 반응을 나타내는 양

02 다음 중 산업독성에서 LD_{50}의 정확한 의미는?
[14 기사]

① 실험동물의 50%가 살아남을 확률이다.
② 실험동물의 50%가 죽게 되는 양이다.
③ 실험동물의 50%가 죽게 되는 농도이다.
④ 실험동물의 50%가 살아남을 비율이다.

03 동물을 대상으로 양을 투여했을 때 독성을 초래하지는 않지만 대상의 50%가 관찰가능한 가역적인 반응이 나타나는 작용량을 무엇이라고 하는가?
[00,06,09,16 기사]

① ED_{50} ② LC_{50}
③ LD_{50} ④ TD_{50}

04 유해물질의 경구투여용량에 따른 반응범위를 결정하는 독성검사에서 얻은 용량-반응곡선에서 실험동물군의 50%가 일정시간 동안 죽는 치사량을 나타내는 것은?
[00,03,06,08,18 기사]

① LC_{50} ② LD_{50}
③ ED_{50} ④ TD_{50}

05 급성독성과 관련이 있는 용어는? [17 기사]

① TWA
② C(Ceiling)
③ ThDo(Threshold Dose)
④ NOEL(No Observed Effect Level)

06 산업독성학에서 LC_{50}의 설명으로 맞는 것은?
[19 기사]

① 실험동물의 50%가 죽게 되는 양이다.
② 실험동물의 50%가 죽게 되는 농도이다.
③ 실험동물의 50%가 살아남을 비율이다.
④ 실험동물의 50%가 살아남을 확률이다.

07 산업독성학 용어 중 무관찰영향수준(NOEL)에 관한 설명으로 틀린 것은? [07 기사]

① NOEL의 투여에서는 투여하는 전체 기간에 걸쳐 치사, 발병 및 병태생리학적 변화가 모든 실험대상에서 관찰되지 않는다.
② 양-반응관계에서 안전하다고 여겨지는 양으로 간주된다.
③ 주로 동물실험에서 유효량으로 이용된다.
④ 만성독성 시험에 구해지는 지표이다.

hint 무관찰영향수준(NOEL)은 주로 동물실험에서 역치량(ThDo, Threshold Dose)으로 이용된다.

08 다음 중 악영향을 나타내는 반응이 없는 농도수준(SNARL)과 동일한 의미의 용어는? [11 기사]

① 독성량(Toxic Dose, TD)
② 무관찰영향수준(No Observed Effect Level, NOEL)
③ 유효량(Effective Dose, ED)
④ 서한도(Threshold Limit Values, TLVs)

hint 무관찰영향수준(NOEL)은 악영향을 나타내는 반응이 없는 농도수준(SNARL, Suggested No-Adverse-Response Level)과 동일한 의미의 용어로서 무작용량이라고도 한다.

09 산업위생관리에서 사용되는 용어의 설명으로 틀린 것은? [16 기사]

① STEL은 단시간노출기준을 의미한다.
② LEL은 생물학적 허용기준을 의미한다.
③ TLV는 유해물질의 허용농도를 의미한다.
④ TWA는 시간가중평균노출기준을 의미한다.

hint LEL은 폭발농도(하한농도)를 의미한다.

정답 | 01.③ 02.② 03.① 04.② 05.② 06.② 07.③ 08.② 09.②

PART 4 산업독성학

예상 04 기사 : 13

다음 중 작업환경내의 유해물질 노출기준의 적용에 대한 설명으로 틀린 것은?
① 근로자들의 건강장해를 예방하기 위한 기준이다.
② 노출기준은 대기오염의 평가 또는 관리상의 지표로 사용하여서는 안 된다.
③ 노출기준은 유해물질이 단독으로 존재할 때의 기준이다.
④ 노출기준은 과중한 작업을 할 때도 똑같이 적용하는 특징이 있다.

[해설] 노출기준은 24시간 노출 또는 정상 작업시간을 초과하는 노출에 대한 독성평가에는 적용될 수 없다. **답 ④**

예상 05
- 기사 : 09②,11,12,13②,14,16,18,19
- 산업 : 출제대비

다음 설명 중 ( ) 안에 내용을 올바르게 나열한 것은?

> 단시간노출기준(STEL)이란 (㉮)간의 시간가중평균노출값으로서 노출정도가 시간가중평균노출기준(TWA)을 초과하고 단시간노출기준(STEL) 이하인 경우에는 (㉯) 노출지속시간이 15분 미만이어야 한다. 이러한 상태가 1일 (㉰) 이하로 발생하여야 하며 각 노출의 간격은 (㉱) 이상이어야 한다.

① ㉮ 5분, ㉯ 1회, ㉰ 6회, ㉱ 30분
② ㉮ 15분, ㉯ 1회, ㉰ 4회, ㉱ 60분
③ ㉮ 15분, ㉯ 2회, ㉰ 4회, ㉱ 30분
④ ㉮ 15분, ㉯ 2회, ㉰ 6회, ㉱ 60분

[해설] 단시간노출기준(STEL)은 15분간 1회에 유해인자에 노출되는 경우의 기준이며, 이 기준 이하에서는 1회 노출간격이 1시간 이상인 경우 1일 작업시간 동안 4회까지 노출이 허용될 수 있는 기준을 말한다. **답 ②**

유.사.문.제

01 미국정부산업위생전문가협의회(ACGIH)의 노출기준(TLV) 적용에 관한 설명으로 틀린 것은? [10,15 기사]
① 기존의 질병을 판단하기 위한 척도이다.
② 산업위생전문가에 의하여 적용되어야 한다.
③ 독성의 강도를 비교할 수 있는 지표가 아니다.
④ 대기오염의 정도를 판단하는데 사용해서는 안 된다.

02 유해물질의 노출기준에 있어서 주의해야 할 사항이 아닌 것은? [17 기사]
① 노출기준은 피부로 흡수되는 양은 고려하지 않았다.
② 노출기준은 생활환경에 있어서 대기오염 정도의 판단기준으로 사용되기에는 적합하지 않다.
③ 노출기준은 1일 8시간 평균농도이므로 1일 8시간을 초과하여 작업을 하는 경우 그대로 적용할 수 없다.
④ 노출기준은 작업장에서 일하는 근로자의 건강장해를 예방하기 위해 안전 또는 위험의 한계를 표시하는 지침이다.

정답 ▍ 01.① 02.③

종합연습문제

01 작업장내 유해물질에 의한 노출에서의 위해성(유해, 위험성)은 어느 사항에 의하여 지배되는가? [00,03,19 기사]
① 노출기준과 노출량
② 노출기준과 노출농도
③ 독성과 노출량
④ 배출농도와 사용량

02 다음 중 우리나라의 노출기준 단위가 다른 하나는? [14 기사]
① 결정체 석영
② 유리섬유 분진
③ 광물성 섬유
④ 내화성 세라믹섬유

hint 내화성 세라믹섬유나 석면의 노출기준 단위는 개/cm^{2}로 나타낸다. 나머지 항목은 mg/m^{3}로 나타낸다.

03 발암성 물질이나 유리규산 등의 농도를 평가하고자 한다. 건강상의 영향을 고려할 때 평가를 위한 노출기준으로 가장 적합한 것은? [03 산업]
① 천장값(TLV-Ceiling)
② 단시간노출허용기준(STEL)
③ 시간가중평균치(TWA)
④ 장기간평균(LTA)

04 동물실험을 통하여 산출한 독물량의 한계치(NOED : No-Observable Effect Dose)을 사람에게 적용하기 위하여 인간의 안전폭로량(SHD)을 계산할 때 무엇을 기준으로 외삽(extrapolation)하는가? [01,04 기사]
① 체중
② 축적도
③ 평균수명
④ 감응도

정답 | 01.③ 02.④ 03.④ 04.①

- 기사 : 00,01,04,18

화학물질의 투여에 의한 독성범위를 나타내는 안전역을 맞게 나타낸 것은? (단, LD는 치사량, TD는 중독량, ED는 유효량이다.)
① 안전역 = ED_1/TD_{99}
② 안전역 = TD_1/ED_{99}
③ 안전역 = ED_1/LD_{99}
④ 안전역 = LD_1/ED_{99}

해설 화학물질의 투여에 의한 독성범위를 나타내는 안전역은 유효량을 기준한 중독량의 비로 나타낸다.

〈관계〉 안전역 $= \dfrac{중독량}{유효량} = \dfrac{TD_{50}}{ED_{50}} = \dfrac{LD_1}{ED_{99}}$

답 ②

- 기사 : 13
- 산업 : 출제대비

다음 중 유해물질이 인체로 침투하는 경로로써 가장 거리가 먼 것은?
① 호흡기계
② 신경계
③ 소화기계
④ 피부

해설 유해물질이 인체로 침투하는 경로는 호흡기 및 피부, 소화기관 및 복강주사 등이다.

답 ③

PART 4 산업독성학

예상 08
- 기사 : 16
- 산업 : 출제대비

유해화학물질의 노출 경로에 관한 설명으로 틀린 것은?

① 위의 산도에 따라서 유해물질이 화학반응을 일으키기도 한다.
② 입으로 들어간 유해물질은 침이나 그 밖의 소화액에 의해 위장관에서 흡수된다.
③ 소화기계통으로 노출되는 경우가 호흡기로 노출되는 경우보다 흡수가 잘 이루어진다.
④ 소화기계통으로 침입하는 것은 위장관에서 산화, 환원, 분해과정을 거치면서 해독되기도 한다.

[해설] 소화기 계통으로 노출되는 경우가 호흡기로는 노출되는 경우보다 흡수가 잘 이루어지지 않는다. 음식물이나 음용수 등을 통하여 경구로 유입되는 경우로 위장관(pH 1~3), 소장(小腸)과 대장(pH 5~8) 등 부위에 따라 화학물질의 흡수가 다르게 나타난다.

경구로 유입된 유해물질은 단순확산 또는 촉진확산, 특이적인 수송과정, 음세포작용(pinocytosis)에 의해 소화관에서 흡수된다. 여기서, 음세포작용이란 세포의 식작용 중에서 특히 액상체를 받아들이는 현상을 말한다. 인체에 침입 시 접촉면적의 크기는 호흡기>피부>소화기 순서이다. **답** ③

유.사.문.제

01 유해물질이 인체내에 침입 시 접촉면적이 큰 순서대로 나열된 것은? [16 기사]

① 소화기>피부>호흡기
② 호흡기>피부>소화기
③ 피부>소화기>호흡기
④ 소화기>호흡기>피부

02 공기 중에 분산되어 있는 유해물질의 인체내 침입경로 중 유해물질이 가장 많이 유입되는 경로는 무엇인가? [16 산업][17 기사]

① 호흡기계통
② 피부계통
③ 소화기계통
④ 신경·생식계통

03 다음 중 유해물질의 독성 또는 건강영향을 결정하는 인자로 가장 거리가 먼 것은? [14,19 기사]

① 작업강도
② 인체내 침입경로
③ 노출강도
④ 작업장내 근로자수

hint 유해물질이 인체에 미치는 영향을 결정하는 인자는 인체 침입경로, 유해물질의 독성과 유해화학물질의 물리화학적 성상, 노출강도, 노출시간, 개인의 감수성, 작업강도(호흡량), 기상조건(습도, 바람 등) 등이다.

04 다음 중 화학물질의 건강영향 또는 그 정도를 좌우하는 인자와 가장 거리가 먼 것은? [13② 기사]

① 숙련도
② 작업강도
③ 노출시간
④ 개인의 감수성

05 유해물질이 인체에 미치는 유해성(건강영향)을 좌우하는 인자로 그 영향이 적은 것은? [16 기사]

① 호흡량
② 개인의 감수성
③ 유해물질 밀도
④ 노출시간

06 다음 중 작업장에서 일반적으로 금속에 대한 노출 경로를 설명한 것으로 틀린 것은? [15 기사]

① 대부분 피부를 통해서 흡수되는 것이 일반적이다.
② 호흡기를 통해서 입자상 물질 중의 금속이 침투된다.
③ 작업장내에서 휴식시간에 음료수, 음식 등에 오염된 채로 소화관을 통해서 흡수될 수 있다.
④ 4-에틸납은 피부로 흡수될 수 있다.

hint 호흡기를 통해서 흡수되는 양이 가장 많다.

정답 | 01.② 02.① 03.④ 04.① 05.③ 06.①

01. 산업독성학 총론

- 기사 : 00,04,12,16
- 산업 : 04

09 다음 중 작업장 유해인자의 위해도 평가를 위해 고려하여야 할 요인과 가장 거리가 먼 것은?
① 시간적 빈도와 기간 ② 공간적 분포
③ 평가의 합리성 ④ 조직적 특성

해설 작업장 유해인자의 위해도 평가 시 고려하여야 할 요인은 유해성(hazard), 시간적 빈도와 기간, 공간적 분포, 노출대상의 특성, 조직적 특성 등이다. **답** ③

유.사.문.제

01 다음 중 화학물질이 사람에게 흡수되어 초래되는 바람직하지 않은 영향의 범위, 정도, 특성을 무엇이라 하는가? [08,09 기사]
① 위해성(hazard)
② 유효량(effective dose)
③ 위험(risk)
④ 독성(toxicity)

02 유해물질의 위해성 평가(risk assessment)는 4단계로 이루어진다. 독성물질의 양-반응관계, 잠재성, 생물종의 변이, 기전 등을 확정하는 것은 어떤 단계에서 하는가? [01,07 기사]
① 유해성 확인(Hazard identification)
② 유해성 평가(Hazard evaluation)
③ 노출(폭로) 평가(Exposure evaluation)
④ 위해성 추정(Risk estimation)

hint 유해성 평가(Hazard evaluation) 단계는 위험성이 확인된 후 위해도를 정량적으로 표현하는 단계로서 독성물질의 양-반응관계, 잠재성, 생물종의 변이, 기전 등을 확정하는 단계이다.

03 작업장의 유해인자에 대한 위해도 평가에 영향을 미치는 것 중 가장 거리가 먼 것은? [17 기사]
① 유해인자의 위해성
② 휴식시간의 배분 정도
③ 유해인자에 노출되는 근로자 수
④ 노출되는 시간 및 공간적인 특성과 빈도

04 작업환경내 유해물질 노출로 인한 위해도의 결정요인은 무엇인가? [18 기사]
① 반응성과 사용량
② 위해성과 노출량
③ 허용농도와 노출량
④ 반응성과 허용농도

hint 위해도의 결정요인은 위해성과 노출량이다. 위해도 결정단계는 유해물질의 위해성 평가의 마지막 단계(4단계)이다.

05 유해인자에 대한 노출평가방법인 위해도 평가(Risk assessment)를 설명한 것으로 가장 거리가 먼 것은? [16 기사]
① 위험이 가장 큰 유해인자를 결정하는 것이다.
② 유해인자가 본래 가지고 있는 위해성과 노출 요인에 의해 결정된다.
③ 모든 유해인자 및 작업자, 공정을 대상으로 동일한 비중을 두면서 관리하기 위한 방안이다.
④ 노출도 많고 건강상의 영향이 큰 인자인 경우 위해도가 크고 관리해야 할 우선순위가 높게 된다.

hint 모든 유해인자 및 작업자, 공정을 대상으로 동일한 비중을 두는 것이 아니라 유해인자의 위해성 및 위험성, 노출요인 및 확산 가능성, 건강상의 영향 등에 따라 관리의 우선순위를 두어 관리하여야 한다.

정답 | 01.④ 02.② 03.② 04.② 05.③

PART 4 산업독성학

예상 10
- 기사 : 00,04,05,07,08,10,12
- 산업 : 출제대비

상대적 독성(수치는 독성의 크기)이 다음과 같은 형태로 나타나는 화학적 상호작용을 무엇이라 하는가?

$$2 + 0 \rightarrow 10$$

① 상가작용(additive)
② 가승작용(potentiation)
③ 상쇄작용(antagonism)
④ 상승작용(synergistic)

해설 가승작용(강화작용, Potentiation)은 특정 독성작용을 가지고 있지 않거나 거의 없는 화학물질이 다른 화학물질의 독성을 더욱 유독하게 만들 때 나타난다. **답** ②

예상 11
- 기사 : 01,04,06③,08②,10,12
- 산업 : 출제대비

독성물질의 생체과정인 흡수, 분포, 생체전환, 배설 등에 변화를 일으켜 독성이 낮아지는 길항작용의 종류로 적절한 것은?

① 화학적 길항작용
② 기능적 길항작용
③ 배분적 길항작용
④ 수용체 길항작용

해설 배분적 길항작용(기질적 길항작용)은 독성물질의 생체과정인 흡수, 분포, 생체전환, 배설 등의 변화를 일으켜 독성이 저하되는 경우이다.
  ex 유기인 살충제의 독성을 활성탄을 이용하여 유기인의 체내 흡수를 방해하는 원리이다. **답** ③

유.사.문.제

01 인체내에서 독성물질 간의 상호작용 중 그 성격이 다른 것은? [08 기사]

① 상가작용(addition)
② 상승작용(synergism)
③ 길항작용(antagonism)
④ 가승작용(potentiation)

hint 길항작용(antagonism)만 독성이 작아지는 작용이며, ①,②,④항은 독성이 증가되는 작용이다.

02 수치로 나타낸 독성의 크기가 각각 2와 5인 두 물질이 화학적 상호작용에 의해 상대적 독성이 7로 상승하였다면 이러한 상호작용을 무엇이라 하는가 [01,04,16,17 산업][00,03,04,07,09,16 기사]

① 상가작용
② 상승작용
③ 가승작용
④ 길항작용

03 수치로 나타낸 독성의 크기가 각각 2와 5인 두 물질이 화학적 상호작용에 의해 상대적 독성이 9로 상승하였다면 이러한 상호작용을 무엇이라 하는가? [10,17,18 기사]

① 상가작용(addition)
② 상승작용(synergism)
③ 가승작용(potentiation)
④ 길항작용(antagonism)

hint 독성 2와 5인 두 물질의 합산독성이 7보다 큰 상태이므로 상승작용에 해당한다. 합산독성이 7일 때는 상가작용, 7보다 작을 때는 길항작용으로 된다. 한편, 가승작용은 어느 한 물질의 독성이 없거나 거의 없는 상태의 화학적 상호작용 즉, 독성 0와 5인 두 물질의 독성이 현저히 증대(10 정도)되는 경우가 된다.

정답 ┃ 01.③ 02.① 03.②

종합연습문제

01 독성물질 간의 상호작용을 잘못 표현한 것은?
(단, 숫자는 독성값을 표현한 것) [00,04,14,17 기사]

① 길항작용 : 3+3=0
② 상승작용 : 3+3=5
③ 상가작용 : 3+3=6
④ 가승작용 : 3+0=10

hint 3+3=5는 길항작용에 해당한다. 상승작용의 예를 들면, 석면에 노출된 사람이 흡연을 통해 폐암 발생이 상승하는 경우 또는 사염화탄소와 에탄올에 동시 노출되는 경우 간독성이 훨씬 심해지는 경우가 이에 해당한다.

02 페노바비탈은 디란틴을 비활성화시키는 효소를 유도함으로써 급·만성의 독성이 감소될 수 있다. 이러한 상호작용을 무엇이라고 하는가?
[16 기사]

① 상가작용   ② 부가작용
③ 단독작용   ④ 길항작용

hint 길항작용은 독성이 적어지는 경우를 의미하며 기능적, 화학적, 분배적 그리고 수용체에 대한 길항작용이 있다.

03 단위작업장의 공기 중에 질산과 카드뮴이 동시에 발생되어 작업자가 노출되었을 때 이들은 어떤 작용을 나타내는가? [03 기사]

① 상승작용   ② 복합작용
③ 길항작용   ④ 독립작용

hint 질산염은 혈액독성 및 기관지계통에 영향을 미치고 카드뮴은 대사기능 또는 암을 유발하는 물질이다. 그러므로 각각의 독성물질이 서로 다른 조직이나 기관에 영향을 미치게 되므로 이 혼합물은 독립작용(Independent effect)을 한다고 보아야 한다. 독립작용의 다른 예는 톨루엔과 황산이 동시에 노출되는 경우이다.

04 SO_2와 HCN과 같이 반응양상이 다른 유해물질이 일으키는 작용은? [01,04 산업]

① 길항작용   ② 상가작용
③ 독립작용   ④ 상승작용

05 화학물질의 상호작용인 길항작용 중 배분적 길항작용에 대하여 가장 적절히 설명한 것은?
[15 기사]

① 두 물질이 생체에서 서로 반대되는 생리적 기능을 갖는 관계로 동시에 투여한 경우 독성이 상쇄 또는 감소되는 경우
② 두 물질을 동시에 투여하였을 때 상호반응에 의하여 독성이 감소되는 경우
③ 독성물질의 생체과정인 흡수, 분포, 생체전환, 배설 등의 변화를 일으켜 독성이 낮아지는 경우
④ 두 물질이 생체내에서 같은 수용체에 결합하는 관계로 동시 투여 시 경쟁관계로 인하여 독성이 감소되는 경우

hint ③항이 배분적(配分的) 길항작용(disposition antagonism)을 설명하고 있다.
①항은 기능적 길항작용(생리학적 길항작용)
②항은 화학적 길항작용
④항은 수용체 길항작용

06 한 개 또는 두 개 이상의 유해물질이 공존하여 건강에 미치는 작용 중 현재 허용기준이 설정되어 있는 것으로 알맞게 짝지어진 것은? [00,03 산업]

① 독립작용과 상승작용
② 상가작용과 길항작용
③ 상승작용과 상가작용
④ 독립작용과 상가작용

hint **독립작용**은 각각의 독성물질이 서로 다른 조직이나 기관에 영향을 미치는 경우 → **예** 톨루엔과 황산이 동시에 노출되는 경우
상가작용은 혼합 유기용제에 노출되어 중추신경계에 독성이 심해지는 경우 → **예** 두 가지 이상의 유기인계 살충제에 노출 시 콜린에스테라제의 기능저하가 심해지는 경우도 있다.

정답 | 01.② 02.④ 03.④ 04.③ 05.③ 06.④

PART 4 산업독성학

예상 12
- 기사 : 출제대비
- 산업 : 18

화학물질이 2종 이상 혼재하는 경우, 다음 공식에 의하여 계산된 EI값이 1을 초과하지 아니하면 기준치를 초과하지 아니하는 것으로 인정할 때, 이 공식을 적용하기 위하여 각각의 물질 사이의 관계는 어떤 작용을 하여야 하는가? (단, C는 화학물질 각각의 측정치, T는 화학물질 각각의 노출기준을 의미한다.)

$$EI = \frac{C_1}{T_1} + \frac{C_2}{T_2} + \cdots + \frac{C_n}{T_n}$$

① 가승작용(potentiation) ② 상가작용(additive effect)
③ 상승작용(synergistic effect) ④ 길항작용(antagonistic effect)

해설 화학물질이 2종 이상 혼재할 때 노출지수(EI)값이 1을 초과하지 않으므로 혼합물의 독성은 각 화학물질들의 개별적 독성을 합산한 것과 같은 독성을 미치게 되므로 상가작용(Additive effect)을 하는 것으로 평가한다. 혼합 유기용제에 노출되는 경우 중추신경계에 독성이 심해지는 경우가 이에 해당한다. 예를 들면, 두 가지 이상의 유기인계 살충제에 노출 시 콜린에스테라아제의 기능저하가 나타난다. **답** ②

예상 13
- 기사 : 00,05,12

다음 중 사업장에서의 중독증에 관여하는 요인에 관한 설명으로 틀린 것은?
① 유해물질의 농도 상승률보다 유해도의 증대율이 훨씬 크다.
② 동일한 농도의 경우에는 일정시간 동안 계속 노출되는 편이 단속(斷續)적으로 같은 시간에 노출되는 것보다 피해가 적다.
③ 대체로 연소자, 부녀자 그리고 간, 심장, 신장질환이 있는 경우는 중독에 대한 감수성이 높다.
④ 습도가 높거나 공기가 안정된 상태에서는 유해가스가 확산되지 않고, 농도가 높아져 중독을 일으킨다.

해설 폭로시간이 동일한 경우에도 계속적으로 폭로된 경우가 단속적(斷續的)으로 폭로된 경우보다 더 큰 피해가 나타난다. **답** ②

예상 14
- 기사 : 00,01,04
- 산업 : 18

혼합 유기용제의 구성비(중량비)가 다음과 같을 때, 이 혼합물의 노출농도(TLV)는?

- 메틸클로로폼 30%(TLV : 1,900mg/m³)
- 헵탄 50%(TLV : 1,600mg/m³)
- 퍼클로로에틸렌 20%(TLV : 335mg/m³)

① 937mg/m³ ② 1,087mg/m³ ③ 1,137mg/m³ ④ 1,287mg/m³

해설 $TLV_m = \dfrac{1}{\dfrac{0.3}{1,900} + \dfrac{0.5}{1,600} + \dfrac{0.2}{335}} = 936.9 \text{mg/m}^3$

답 ①

종합연습문제

01 오염원에서 perchloroethylene 20%(TLV : 670mg/m³), methylene chloride 30%(TLV : 720mg/m³) 및 heptane 50%(TLV : 1,600 mg/m³)의 중량비로 조성된 용제가 증발되어 작업환경을 오염시켰을 경우, 작업장내 노출기준은? [15 산업]

① 973mg/m³ ② 1,085mg/m³
③ 1,191mg/m³ ④ 1,212mg/m³

hint $TLV_m = \dfrac{1}{\dfrac{0.2}{670}+\dfrac{0.3}{720}+\dfrac{0.5}{1,600}}$
$= 973.1 \, mg/m^3$

02 유해물질 농도를 측정한 결과 벤젠 4ppm(노출기준 10ppm) 톨루엔 64ppm(노출기준 100ppm), n-헥산 12ppm(노출기준 50ppm)이었다면 이들 물질의 복합 노출지수는? (단, 상가작용 기준) [01,04,18 산업]

① 0.98 ② 1.14
③ 1.24 ④ 1.28

hint $EI = \dfrac{4}{10}+\dfrac{64}{100}+\dfrac{12}{50} = 1.28$

03 유기용제가 다음의 중량비로 혼합되어 공기 중으로 휘발(증발)되었을 때 공기 중 노출기준(mg/m³)은? [단, ( ) 안은 TLV] [00,03 산업]

- 50% 헵탄(1,640mg/m³)
- 30% 메틸클로로폼(1,910mg/m³)
- 20% 퍼클로로에틸렌(170mg/m³)

① 305mg/m³
② 610mg/m³
③ 915mg/m³
④ 1,220mg/m³

hint $TLV_m = \dfrac{1}{\dfrac{0.5}{1,640}+\dfrac{0.3}{1,910}+\dfrac{0.2}{170}}$
$= 610.3 \, mg/m^3$

정답 ▮ 01.① 02.④ 03.②

- 기사 : 10,18

15 다음 중 노출기준이 가장 낮은 것은?

① 오존(O_3) ② 암모니아(NH_3)
③ 염소(Cl_2) ④ 일산화탄소(CO)

해설 제시된 항목 중 오존(O_3)의 노출기준이 가장 낮다(TWA : 0.08ppm, STEL : 0.2ppm). 답 ①

- 기사 : 18,19

16 산화규소는 폐암 등의 발암성이 확인된 유해인자이다. 종류에 따른 호흡성 분진의 노출기준을 연결한 것으로 맞는 것은?

① 결정체 석영-0.1mg/m³ ② 결정체 tripoli-0.1mg/m³
③ 비결정체 규소-0.01mg/m³ ④ 결정체 tridymite-0.5mg/m³

해설 산화규소의 노출기준은 석영, tridymite는 0.05mg/m³이고, tripoli, 비결정체는 0.1mg/m³이다. 답 ②

PART 4 산업독성학

【참조】 유해물질별 노출기준

유해물질	화학식	노출기준 TWA ppm	노출기준 TWA mg/m³	노출기준 STEL ppm	노출기준 STEL mg/m³	비 고
구리(흄)	Cu/CuO/Cu₂O	–	0.1	–	–	–
납(무기분진 및 흄)	Pb	–	0.05	–	–	발암성 2
노말-헥산	CH₃(CH₂)₄CH₃	50	180	–	–	생식독성 2
니켈(금속)	Ni	–	1	–	–	발암성 2
니트로벤젠	C₆H₅NO₂	1	5	–	–	발암성 2, 생식독성 2, Skin
디메틸아민	(CH₃)₂NH	5	9	15	27	–
망간(흄)	Mn	–	1	–	3	–
베릴륨	Be	–	0.002	–	0.01	발암성 1A
벤젠	C₆H₆	1	3	5	16	발암성 1A, 생식세포 변이원성 1B
불화수소	HF	0.5	–	3	2.5	–
사염화탄소	CCl₄	5	30	–	–	발암성 1B, Skin
산화아연(흄)	ZnO	–	5	–	10	–
수은(알킬화합물)	Hg	–	0.01	–	0.03	Skin
시안화수소	HCN	C 4.7	C 5	–	–	Skin
암모니아	NH₃	25	18	35	27	–
염소	Cl₂	0.5	1.5	1	3	–
염화수소	HCl	1	1.5	2	3	–
오존	O₃	0.08	0.16	0.2	0.4	–
이산화질소	NO₂/N₂O₄	3	6	5	10	–
이산화황	SO₂	2	5	5	10	–
이황화탄소	CS₂	10	30	–	–	생식독성 2, Skin
일산화탄소	CO	30	34	200	229	생식독성 1A
크롬(6가, 무기물)	Cr	–	0.01	–	–	발암성 1A
클로로벤젠	C₆H₅Cl	10	46	20	94	발암성 2
톨루엔	C₆H₅CH₃	50	188	150	560	생식독성 2
트리클로로에틸렌	CCl₂CHCl	50	270	200	1,080	발암성 1B, 생식세포 변이원성 2
페놀	C₆H₅OH	5	19	–	–	생식세포 변이원성 2, Skin
포름알데히드	HCHO	0.5	0.75	1	1.5	발암성 1A
황화수소	H₂S	10	14	15	21	–

- 기사 : 00, 05, 07, 17
- 산업 : 출제대비

예상 17 다음 중 Haber의 법칙을 가장 잘 설명한 공식은? (단, K : 유해지수, C : 농도, t : 시간)

① $K = C^2 \times t$ ② $K = C \times t$
③ $K = C/t$ ④ $K = t/C$

해설 하버(Haber)의 법칙에서 유해물질의 지수는 유해물질 농도와 시간의 곱으로 계산한다.   **답** ②

종합연습문제

01 Haber의 법칙에서 유해물질지수는 노출시간과 무엇의 곱으로 나타내는가? [08,16 기사]
① 상수(Constant)
② 용량(Capacity)
③ 천장치(Ceiling)
④ 농도(Concentration)

hint $K = C \times t$ $\begin{cases} K: 유해지수(용량) \\ C: 농도 \\ t: 노출시간 \end{cases}$

02 유해물질의 급성중독에 있어서의 유해물질농도(C)와 폭로시간(t)에 의한 인체피해 등의 유해물질지수(K)의 관계를 나타내는 양-반응관계 식은? [01,03②,04 기사]
① $K = C \times t$
② $K = C/t$
③ $K = 2C + t$
④ $K = C/2t$

03 근로자의 화학물질에 대한 노출을 평가하는 방법으로 가장 거리가 먼 것은? [19 기사]
① 개인시료 측정
② 생물학적 모니터링
③ 유해성 확인 및 독성평가
④ 건강감사(Medical Surveillance)

hint 유해성 확인 및 독성평가는 노출을 평가가 아닌 독성 및 위해성 평가에 해당한다.

04 중독발생에 관여하는 요인에 관한 설명으로 틀린 것은? [05 기사]
① 유해물질의 농도 상승률보다 유해도의 증대율이 훨씬 크다.
② 동일한 농도의 경우에는 일정시간 동안 계속 폭로되는 편이 단속(斷續)적으로 같은 시간에 폭로되는 것보다 피해가 적다.
③ 대체로 연소자, 부녀자 그리고 간, 심장, 신장질환이 있는 경우는 중독에 대한 감수성이 높다.
④ 습도가 높거나 대기가 안정된 상태에서는 유해가스가 확산되지 않고 농도가 높아져 중독을 일으킨다.

hint 폭로시간이 동일한 경우에도 계속적으로 폭로된 경우가 단속적으로 폭로된 경우보다 피해가 크게 나타난다.

05 다음은 어떠한 법칙에 대한 설명인가? [00,05,08 산업]

"단시간 노출되었을 때에 유해물질의 지수는 유해물질의 농도와 노출시간의 곱으로 계산한다."

① Halden의 법칙
② Lambert의 법칙
③ Henry의 법칙
④ Haber의 법칙

정답 | 01.④ 02.① 03.③ 04.② 05.④

• 기사 : 15

다음 설명 중 ( ) 안에 들어갈 용어가 올바른 순서대로 나열된 것은?

산업위생에서 관리해야 할 유해인자의 특성은 (㉠)이나 (㉡), 그 자체가 아니고 근로자의 노출 가능성을 고려한 (㉢)이다.

① ㉠ 독성, ㉡ 유해성, ㉢ 위험
② ㉠ 위험, ㉡ 독성, ㉢ 유해성
③ ㉠ 유해성, ㉡ 위험, ㉢ 독성
④ ㉠ 반응성, ㉡ 독성, ㉢ 위험

해설 산업위생에서 관리해야 할 유해인자의 특성은 독성이나 유해성, 그 자체가 아니고 근로자의 노출 가능성을 고려한 위험성이다.

답 ①

PART 4 산업독성학

예상 19 ▪ 기사 : 16, 19

동물실험에서 구해진 역치량을 사람에게 외삽하여 "사람에게 안전한 양"으로 추정한 것을 SHD(Safe Human Dose)라고 하는데 SHD 계산에 활용되지 않는 항목은?

① 배설률
② 노출시간
③ 호흡률
④ 폐 흡수비율

[해설] 사람에게 안전한 안전용량(SHD)은 다음 관계식 및 과정으로 설정된다. **답 ①**

⟨관계⟩ $SHD(mg/day) = ThDo \times \dfrac{70}{SF}$

  □ SHD = 체내 흡수량(안전용량) × BW
  □ 체내 흡수량$(mg/kg) = \dfrac{C \cdot T \cdot V \cdot R}{BW}$

$\begin{cases} ThDo(=NOAEL) : 역치(mg/kg \cdot day) \\ \quad (영향이\ 없는\ 독물량) \\ SF : 안전인자(안전계수,\ 10 \sim 1,000) \\ 70 : 사람의\ 표준\ 몸무게(kg) \end{cases}$

- 체내 흡수량(mg/kg) = (노출농도 × 노출시간 × 폐환기율 × 체내 잔류율) ÷ 시험동물의 무게
- 동물실험에서 구해진 역치량(ThDo, Threshold Dose = 투여하는 전 기간에 걸쳐 치사(致死), 발병 및 병태생리학적 변화가 모든 실험대상에서 관찰되지 않는 값) 또는 무해용량(NOAEL, No Observed Adverse Effect Level = 무부작용량이라고도 하며, 독성이나 유해효과가 관찰되지 않은 최고치) 및 독물량의 한계치(NOED, No-Observable Effect Dose) 중 어느 하나를 기준으로 함
- 사람에게 적용하기 위하여 표준 체중을 외삽(extrapolation)하고, 안전인자를 고려하여 최종적으로 안전용량을 설정함

예상 20 ▪ 기사 : 10, 14, 17

사람에 대한 안전용량(SHD)을 산출하는 데 필요하지 않은 항목은?

① 독성량(TD)
② 안전인자(SF)
③ 사람의 표준 몸무게
④ 독성물질에 대한 역치(ThDo)

[해설] 기초 독성자료로 흔히 이용되는 것에는 역치(threshold, 안전하다고 여기는 물질의 양), 무관찰 작용량(no observed effect level, 동물실험에서 임상적, 병리적, 생리적 독성영향이 관찰되지 않은 물질의 양), 사람에 대한 안전용량은 동물실험 결과를 근거로 사람에게 안전한 것으로 추정된 양(SHD, Safe Human Dose) 등이 있다.

사람에 대한 안전용량(SHD, Safe Human Dose)을 산정하기 위해서는 실험동물에 의하여 얻은 결과를 사람에게 적용하기 위해서는 동물과 사람 사이를 연결하는 기준이 필요하다. 이때 가장 바람직한 방법은 체표면적을 이용하는 것이지만 현실적으로 체표면적으로 정확하게 산정하기 어려우므로 일반적으로 체중을 이용한 방법이 안전용량 산정방법이 사용되고 있다.

⟨관계⟩ $SHD(mg/day) = ThDo \times \dfrac{70}{SF}$ $\begin{cases} ThDo(=NOAEL) : 독성물질에\ 대한\ 역치(mg/kg \cdot day) \\ \quad (독물의\ 한계치\ 또는\ 영향이\ 없는\ 독물량) \\ SF : 안전인자(안전계수,\ 10 \sim 1,000) \\ 70 : 사람의\ 표준\ 몸무게(kg) \end{cases}$

답 ①

01. 산업독성학 총론

• 기사 : 00,04

근로자가 일정시간 동안 일정농도의 유해물질에 노출되고 있을 때, 체내에 흡수되는 유해물질의 양은 다음 식에 의해서 계산된다. (   )에 들어갈 내용으로 적합한 것은?

> 체내 흡수량(mg) = (   ) × 노출시간 × 폐환기율 × 체내 잔류율

① 공기 중 유해물질 농도
② 체내 흡수농도
③ 체내 허용농도
④ 체내 혈중농도

해설 체내에 흡수되는 유해물질의 양은 다음 관계식으로 산정한다.

〈관계〉 체내 흡수량(mg) = $C \cdot t \cdot V \cdot R$

$\begin{cases} C: \text{공기 중 유해물질 농도} \\ t: \text{노출시간(hr)} \\ V: \text{호흡률(폐환기율)} \\ R: \text{체내 잔류율} \end{cases}$

답 ①

• 기사 : 13,14,16

납의 독성에 대한 인체실험 결과, 안전흡수량이 체중(kg)당 0.005mg이었다. 1일 8시간 작업 시의 허용농도는 약 몇 mg/m³인가? (단, 근로자의 평균체중은 70kg, 해당 작업 시의 폐환기율은 시간당 1.25m³으로 가정한다.)

① 0.030 ② 0.035 ③ 0.040 ④ 0.045

해설 근로자의 유해물질 체내 흡수량(mg/kg)은 다음 관계식으로 산출된다.

〈계산〉 체내 흡수량(mg/kg · 체중) = $\dfrac{C \cdot T \cdot V \cdot R}{BW}$

$\begin{cases} T: \text{폭로시간} = 8\text{hr} \\ V: \text{개인의 호흡률} = 1.25\text{m}^3/\text{hr} \\ R: \text{폐흡수율(체내 잔류율)} = 1.0 \\ BW: \text{몸무게} = 70\text{kg} \end{cases}$

$\Rightarrow 0.005 \text{mg/kg} = \dfrac{C \times 8 \times 1.25 \times 1.0}{70}$

∴ $C(= \text{공기 중 농도}) = 0.035 \text{mg/m}^3$

답 ②

• 기사 : 18

공기 중 일산화탄소 농도가 10mg/m³인 작업장에서 1일 8시간 동안 작업하는 근로자가 흡입하는 일산화탄소의 양은 몇 mg인가? (단, 근로자의 시간당 평균 흡기량은 1,250L이다.)

① 10 ② 50 ③ 100 ④ 500

해설 근로자의 유해물질 체내 흡수량(mg)은 다음 관계식으로 산출된다.

〈계산〉 체내 흡수량 = $C \cdot t \cdot V \cdot R$

$\begin{cases} C: \text{공기 중 농도} = 10\text{mg/m}^3 \\ t: \text{폭로시간} = 8\text{hr/day} \\ V: \text{개인의 호흡률} = 1.25\text{m}^3/\text{hr} \end{cases}$

∴ 체내 흡수량 = $\dfrac{10 \text{mg}}{\text{m}^3} \times \dfrac{8\text{hr}}{\text{day}} \times \dfrac{1.25\text{m}^3}{\text{hr}} \times 1.0 = 100 \text{mg/day}$

답 ③

2 진폐증 · 자극성 · 질식성 · 전신독성 · 금속열

 이승원의 minimum point

✿ **진폐증**(塵肺症, pneumoconiosis) : 진폐증을 가장 잘 일으킬 수 있는 섬유상 분진의 크기는 **길이가 5μm 이상**이고 **너비가 1.5μm보다 얇으면서 길이와 너비의 비가 3 : 1보다 큰 섬유**임
- 무기성 분진 : 탄광부진폐증, 용접공폐증, 석면폐증, 규폐증, 흑연폐증, 탄소폐증, 철폐증, 베릴륨폐증, 주석폐증, 칼륨폐증, 바륨폐증, 활석폐증, 규조토폐증 등
- 유기성 분진 : 면폐증, 목재분진폐증, 농부폐증, 연초폐증, 설탕폐증, 모발분진폐증
- 비교원성 진폐증과 교원성 진폐증 비교

비교항목	비교원성 진폐증	교원성 진폐증
전구분진	• 비섬유성 분진	• 섬유성 분진, 비섬유성 분진
폐조직	• 정상, 가역적 변화, 망상섬유	• 파괴, 비가역적 변화
간질반응	• 경미	• 명백하고 정도가 심함
종류	• 주석폐, 바륨폐, 칼륨폐, 용접공폐증	• 섬유성 : 규폐증, 석면폐증 • 비섬유성 : 탄광부 진폐증

✿ **자극제**(刺戟劑, irritants) : 피부와 점막에 작용하여 부식작용을 하거나 수포를 형성하는 물질
- 상기도의 점막 자극 : 물에 대한 용해도가 비교적 높은 물질
  - 암모니아, 염화수소, 불화수소, 아황산가스, 황화수소, 알데히드류, 산화에틸렌 등
  - 알칼리성 먼지 및 미스트, 크롬산 등
- 상기도 점막-호흡기관지의 자극 : 물에 대한 용해도가 중증 정도인 물질
  - 오존, 염소, 브롬, 불소, 요오드, 염소산화물, 염화시안, 브롬화시안 등
  - 황산염, 디에틸황산염, 디메틸황산염, 삼염화인, 오염화인
- 하기도 점막-폐포의 자극 : 물에 대한 용해도가 낮은 물질, 불용성 물질
  - 이산화질소(NO_2), 이황화탄소(CS_2), 포스겐($COCl_2$), 삼염화비소 등

✿ **섬모기능 장해물질** : 카드뮴(Cd), 니켈(Ni), 황화합물(SO_x) 등

✿ **질식제**(窒息劑, asphyxiants) : 호흡기와 혈액을 통한 산소의 공급을 방해하는 물질
- 단순 질식제 : 생리적으로는 무해(無害), 산소분압 저하에 따른 질식유발
  - N_2, He, H_2, CO_2, N_2O, 탄화수소류(CH_4, C_2H_2, C_2H_6, …) 등
- 화학적 질식제(Chemical asphyxiant) : 혈액 중 헤모글로빈(Hb)과 결합하여 영향을 미침
  - CO, HCN, H_2S, 디클로로메탄, 아닐린, 메틸아닐린, 톨루이딘, 니트로벤젠
  - 메트헤모글로빈(Met hemoglobin) 형성 : 아닐린류, 톨루이딘, 니트로벤젠, HCN 등

✿ **전신독성**(全身毒性, systemic toxicity)
- 간장장애 물질 : 사염화탄소 및 할로겐화 탄화수소, 아플라톡신(독버섯의 유독성분) 등
- 조혈장애 물질(재생불능성 빈혈 등) : **벤젠, 2-브로모프로판, TNT** ※ **납**(Pb)

- 중추신경계 영향
  - 활성억제 : 할로겐화합물＞에테르＞에스테르＞유기산＞알코올＞알켄＞알칸
  - 자극작용 : 아민류＞유기산＞알데히드＞알코올＞탄화수소류
- 신경장애 물질 : 이황화탄소, 할로겐족, 에틸납, 수은, 망간, 탈륨, 유기인계 농약, 티오펜 등
- 피부궤양 물질 : 크롬(대표적 물질), 베릴륨, 니켈, 비소, 산화칼슘, 비산칼슘 등
- 급성독성(急性毒性, acute toxicity) : 노출 후 거의 즉시(몇 시간/며칠) 일어나는 독성
  - MIC(methyl isocyanate), CO(carbon monoxide), 에탄올의 중추신경계 억제
  - 비소에 의한 소화기관 손상 등
- 아만성독성(亞慢性毒性, subchronic toxicity) : 몇 주나 몇 달에 걸쳐 반복되는 노출(1일~3개월 미만)에 의해 일어나는 독성
  - 납(Pb)에 수주간 노출 → 빈혈(anemia)
- 만성독성(慢性毒性, chronic toxicity) : 특정 유해물질에 3개월 이상 장기간의 지속적이고 반복적으로 노출되었거나 1회 또는 반복 노출된 후 1개월 이상의 잠복기를 거쳐 나타나는 독성
  - 수 년간 납(Pb)에 노출되어 발생한 만성 신장질환
  - 석탄 광부들의 폐섬유화(진폐증)
  - 에탄올에 의한 간경화
  - 비소에 의한 피부암, 간암 등
- 발암성(發癌性 carcinogencity) : 발암은 암을 유발할 수 있는 비정상적 세포증식과 분화의 복잡한 다단계 과정임(개시 → 촉진 → 전환 → 진행).
  - 금속(비소, 6가 크롬 및 크롬화합물)
  - 석면, 방사선, 알킬화합물(아자리딘, 비스)
  - 탄화수소(방향족, 지방족), 방향족 아민(벤지딘, 2-나프탈렌)
  - 불포화아질산염(아크로닐로니트릴) 등
- 발생독성(Deveopmental Toxicity) : 배자나 태자의 발달에 대한 유해독성작용을 나타냄

⊕ **금속열**(金屬熱, metal fever) : 금속 증기를 흡입함으로써 일어나는 열로서 금속 증기열 또는 월요일열(monday fever)이라고도 함
- 유발물질 : 아연, 동(구리), 망간, 철, 납, 니켈, 마그네슘, 산화알루미늄, 안티몬 등의 흄(fume)
- 특징
  - 특히 아연에 의한 경우가 많으므로 이것을 아연열이라고도 함
  - 일시적인 발열성 질병으로 감기와 증상이 비슷하며, 점차 완화(치료회복 2주)됨
  - 놋쇠주조나 용접작업에 종사하는 사람에게 많으며, 새로 작업하는 사람이 발병하기 쉬움
  - 철 폐증은 철 분진흡입 시 발생되는 하나의 금속열의 유형임

⊕ **혈액-신경계 독성**
- CO, $NaNO_2$, 질산염(NO_3^-), 아질산염(NO_2^-), 디클로로메탄(CH_2Cl_2) : 헤모글로빈과 결합 → 산소운반능력 저해 → 신경 손상
- Pb, Hg : 청력과 시력계통 신경 손상
- 유기인 : 감각기능 상실
- 유기수은화합물 : 뉴런(Neuron)의 단백질 합성능력 저하

PART 4 산업독성학

예상 01

- 기사 : 18
- 산업 : 출제대비

다음 중 무기성 분진에 의한 진폐증이 아닌 것은?

① 규폐증(silicosis)
② 연초폐증(tabacosis)
③ 흑연폐증(graphite lung)
④ 용접공폐증(welder's lung)

해설 연초폐증(tabacosis)은 유기성 분진에 의한 진폐증이다. **답** ②

【참고】 흡입분진 종류에 따른 진폐증의 분류

- 무기성 분진 : 탄광부진폐증, 용접공폐증, 석면폐증, 규폐증, 흑연폐증, 탄소폐증, 철폐증, 베릴륨폐증, 알루미늄폐증, 주석폐증, 칼륨폐증, 바륨폐증, 활석폐증, 규조토폐증 등
- 유기성 분진 : 면폐증, 목재분진폐증, 농부폐증, 연초폐증, 설탕폐증, 모발분진폐증

[표] 진폐증의 종류와 관련공정

분진종류		진폐증의 분류	관련 공정
무기성 분진	유리규산	• 규폐증(silicosis)	• 금속광산, 석공, 주물공정, 규사 • 초자공업, 샌드브라스트 작업
	석면/활석	• 석면폐증(asbestosis)	• 석면방직, 활석제조, 규조토 공장
	알루미늄	• 알루미늄폐증(aluminum lung)	• 알루미늄공업, 주물작업, 금박제조
	철/용접흄	• 철폐증 • 용접공폐증(welders lung)	• 철광운반, 용접작업, 황화광산
	베릴륨/화합물	• 베릴륨폐증(berylliosis)	• 베릴륨제련 및 가공공정
	흑연/탄소	• 흑연폐증(graphite lung)	• 탄광, 석탄선별 및 운반, 활성탄제조
유기성 분진		• 면폐(byssinosis) • 목재분진 폐증 • 농부폐증(farmers lung) • 연초폐증(tabacosis) • 설탕폐증	• 면직공장, 곡물가공·목재가공 먼지 • 담배가공, 설탕가공 먼지 등

유.사.문.제

01 무기성 분진에 의한 진폐증이 아닌 것은?
[00,01,04,07,08,10,15,18 기사]

① 면폐증
② 규폐증
③ 철폐증
④ 용접공폐증

02 유기성 분진에 의한 진폐증은? [08②,14,19 산업]
[02,05②,07,09,17 기사]

① 탄광부진폐증
② 용접공폐증
③ 농부폐증
④ 흑연폐증

정답 ▮ 01.① 02.③

종합연습문제

01 진폐증을 일으키는 물질이 아닌 것은? [16 기사]
① 철 ② 흑연
③ 베릴륨 ④ 셀레늄

02 진폐증의 종류 중 무기성 분진에 의한 것은? [02,08②,14 기사]
① 면폐증 ② 석면폐증
③ 농부폐증 ④ 목재분진폐증

03 다음 중 무기성 분진에 의한 진폐증에 해당하는 것은? [10 기사]
① 면폐증 ② 규폐증
③ 농부폐증 ④ 목재분진폐증

04 유기성 분진에 의한 것으로 체내 반응보다는 직접적인 알레르기반응을 일으키며 특히 호열성 방선균류의 과민증상이 많은 진폐증은? [04,17 기사]
① 농부폐증
② 규폐증
③ 석면폐증
④ 면폐증

05 유리규산으로 인하여 발생되는 진폐증의 종류로 가장 적절한 것은? [00,04,17 산업]
① 석면폐증 ② 규폐증
③ 면폐증 ④ 농부폐증

06 다음 중 흡입된 분진이 폐 조직에 축적되어 병적인 변화를 일으키는 질환을 총괄적으로 말해 주는 용어는? [13,16 기사]
① 중독증 ② 진폐증
③ 천식 ④ 질식

> **hint** 진폐증(塵肺症, pneumoconiosis)은 일반적으로 호흡기를 통하여 폐에 침착된 분진이 폐조직에 축적되어 병적인 변화를 일으키는 질환을 총칭한다.

07 다음의 흡입분진의 종류에 따른 진폐증의 분류에서 유기성 분진에 의한 진폐증에 해당하는 것은? [07,09 기사]
① 규폐증 ② 연초폐증
③ 활석폐증 ④ 석면폐증

08 다음의 진폐증 중에서 흡입분진의 종류가 다른 것은? [02,04 기사]
① 규폐증 ② 연초폐증
③ 활석폐증 ④ 탄소폐증

09 주요원인물질은 혼합물질이며, 건축업, 도자기 작업장, 채석장, 석재공장 등의 작업장에서 근무하는 근로자에게 발생할 수 있는 진폐증은? [15,19 기사]
① 석면폐증
② 용접공폐증
③ 철폐증
④ 규폐증

10 다음 중 규폐증을 일으키는 원인물질로 가장 관계가 깊은 것은? [09 기사]
① 매연
② 석탄분진
③ 암석분진
④ 일반 부유분진

11 진폐증 발생에 관여하는 인자와 가장 거리가 먼 것은? [08,11,15 기사]
① 분진의 노출기간
② 분진의 분자량
③ 분진의 농도
④ 분진의 크기

> **hint** 분자량은 진폐증 발생요인과 무관하다. 진폐증 관련인자는 ①,③,④항 이외에 분진의 종류, 작업강도, 보호시설의 유무와 보호장비의 착용 여부 등이다.

정답 | 01.④ 02.② 03.② 04.① 05.② 06.② 07.② 08.② 09.④ 10.③ 11.②

PART 4 산업독성학

- 기사 : 12,18
- 산업 : 출제대비

다음 중 진폐증의 독성 병리기전을 설명한 것으로 틀린 것은?

① 폐포 탐식세포는 분진 탐식과정에서 활성산소 유리기에 의한 폐포 상피세포의 증식을 유도한다.
② 진폐증의 대표적인 병리소견은 섬유증(fibrosis)이다.
③ 콜라겐 섬유가 증식하면 폐의 탄력성이 떨어져 호흡곤란, 지속적인 기침, 폐기능 저하를 가져온다.
④ 섬유증이 동반되는 진폐증의 원인물질로는 석면, 알루미늄, 베릴륨, 석탄분진, 실리카 등이 있다.

해설 폐포 탐식세포의 분진 탐식과정에서 반응성 산소종(활성산소 유리기)이 폐포 상피세포를 손상시킴으로써 급성 및 만성 폐염증을 일으키게 된다.
- 진폐증은 일반적으로 호흡기를 통하여 폐에 침착된 분진이 폐조직에 축적되어 병적인 변화를 일으키는 질환을 총칭한다.
- 진폐증의 대표적인 병리소견은 섬유증(纖維症, fibrosis)이다.
- 진폐증은 폐포·폐포관·세기관지 등을 이루고 있는 세포 사이에 콜라겐 섬유(collagen fiber)가 비정상적으로 증식되어 생긴다.
- 섬유증이 발생하면 폐의 탄력성이 떨어지고 딱딱하게 되면서 호흡곤란, 지속적인 기침과 함께 폐의 기능이 저하된다.
- 섬유증이 동반되는 진폐증의 원인물질은 실리카, 석면, 석탄분진, 알루미늄 입자, 베릴륨, 석탄분진, 활석 등이다.

답 ①

유.사.문.제

01 다음 진폐증의 대표적인 병리소견인 섬유증에 관한 설명이다. ( ) 안에 알맞은 내용은?
[02,07,11 산업]

> 섬유증이란 폐포, 폐포관, 모세기관지 등을 이루고 있는 세포들 사이에 ( )가 증식하는 병리적 현상임

① 실리카 섬유
② 유리 섬유
③ 콜라겐 섬유
④ 에멀션 섬유

hint 섬유증(纖維症, Fibrosis)은 섬유세포의 비정상적 형성을 통칭하는데 호흡기의 섬유증은 폐포, 폐포관, 모세기관지 등을 이루고 있는 세포들 사이에 콜라겐 섬유(collagen fiber)가 증식하는 병리적 현상을 말한다.

02 석탄공장, 벽돌 제조, 도자기 제조 등과 관련해서 발생하고, 폐결핵과 같은 질환으로 이완될 가능성이 높은 진폐증으로 옳은 것은?
[00,03,04,11,17,19 산업]

① 석면폐증
② 규폐증
③ 면폐증
④ 용접폐증

hint 규폐증(珪肺症, silicosis)은 진폐증의 대표적인 것으로 유리규산(Crystalline Silica)의 분진을 흡입함에 따라 폐에 만성의 섬유증식을 일으키는 질환이다. 규폐증의 발병률이 높은 작업장은 광산, 채석장과 터널 공사장 등이고 그 외에 석재 연마, 유리, 도자기, 에나멜 제조, 규사가 함유된 모래를 사용하는 주물공장, 내화벽돌 공장 등이다.

정답 ┃ 01.③ 02.②

종합연습문제

01 진폐증과 진폐증을 일으키는 원인이 되는 분진에 관한 설명 중 틀린 것은? [08 산업]
① 진폐증 발생에 관여하는 호흡성 분진의 직경은 0.5~5μm 정도이다.
② 비교원성 진폐증은 폐조직이 정상이고 망상섬유로 구성되어 있다.
③ 진폐증의 유병률과 노출기간은 비례하는 것으로 알려져 있다.
④ 주로 납, 수은 등 금속성 분진흡입으로 진폐증이 발생한다.

hint 진폐증(塵肺症, pneumoconiosis)은 폐에 분진(호흡성 분진, 0.5~5μm)이 침착하여 폐 세포에 염증과 섬유화가 일어난 상태를 통칭한다. 진폐증의 진행은 용량-반응관계를 성립되기 때문에 고농도에 오래 폭로되면 질병 발생의 위험이 증가하며, 분진폭로가 중단되더라도 괴사성 섬유화까지 진행하여 폐의 기능적 장애가 나타나고 사망하기도 한다.

02 다음 석면폐증(asbestosis)은 규폐증(silicosis)과 거의 비슷하지만 구별되는 증상이 있다. 석면폐증의 특징적 증상은? [02,05,16 기사]
① 폐암
② 폐결핵
③ 가슴의 통증
④ 폐기종

hint 석면폐증은 규폐증이나 용접공폐증과는 달리 폐에 콩알 같은 굳은살이 생기는 것이 아니라 실을 허트러 놓은 듯한 선상음영을 보이며, 다른 진폐증 보다 호흡곤란이 한결 심하고, 폐암으로 발전할 가능성이 대단히 높은 것으로 알려지고 있다.

03 석면폐증(Asbestosis)에 관한 설명 중 맞지 않는 것은? [00,03 기사]
① 방적공장 근로자가 걸리기 쉽다.
② 폐하엽부위에 다발한다.
③ 폐암발생률이 높은 진폐증의 일종이다.
④ 늑막과 복막에 중피종이 생기기 쉽다.

04 유리규산(석영) 분진에 의한 규폐성 결정과 폐포벽 파괴 등 망상내피계 반응은 분진입자의 크기가 얼마일 때 자주 일어나는가? [01,05,10,18 기사]
① 0.1~0.5μm
② 2~5μm
③ 10~15μm
④ 15~20μm

hint 유리규산(석영) 분진에 의한 규폐성 결정과 폐포벽 파괴 등 망상내피계 반응은 분진입자의 크기가 0.5~5μm 범위일 때 자주 일어나며 1~2μm 전후한 입자가 폐포 침착률이 가장 높다.

05 다음 중 진폐증을 가장 잘 일으킬 수 있는 섬유상 분진의 크기는? [00,04②,14 기사]
① 길이가 5~8μm보다 길고, 두께가 0.25~1.5μm보다 얇은 것
② 길이가 5~8μm보다 짧고, 두께가 0.25~1.5μm보다 얇은 것
③ 길이가 5~8μm보다 길고, 두께가 0.25~1.5μm보다 두꺼운 것
④ 길이가 5~8μm보다 짧고, 두께가 0.25~1.5μm보다 두꺼운 것

hint 진폐증을 가장 잘 일으킬 수 있는 섬유상 분진의 크기는 길이가 5μm 이상이고 너비가 1.5μm보다 얇으면서 길이와 너비의 비가 3 : 1보다 큰 섬유이다.

06 다음 중 규폐증(silicosis)을 잘 일으키는 먼지의 종류와 크기로 가장 적절한 것은? [11 기사]
① SiO_2함유 먼지 0.1μm의 크기
② SiO_2함유 먼지 0.5~5μm의 크기
③ 석면함유 먼지 0.1μm의 크기
④ 석면함유 먼지 0.5~5μm의 크기

07 다음 분진 중 악성 중피종(mesothelioma)을 유발시키는 것은? [06,09 기사]
① 석면
② 실리카
③ 활석
④ 주석

정답 | 01.④ 02.① 03.① 04.② 05.① 06.② 07.①

PART 4 산업독성학

종합연습문제

01 진폐증 중 폐결핵을 합병증으로 폐하엽부위에 많이 생기는 것은? [02,04 산업][00,03,16 기사]

① 면폐증   ② 규폐증
③ 석면폐증   ④ 용접폐증

hint 진폐증 중 폐결핵을 합병증으로 폐하엽부위에 많이 생기는 것은 규폐증이다.

02 다음 중 규폐증에 관한 설명으로 틀린 것은? [11 기사]

① 주로 석재가공, 내화벽돌 제조, 도자기 제조 공정에서 환자가 발생한다.
② 폐결핵을 합병증으로 하여 폐하엽 부위에 많이 생긴다.
③ 결정형 유리규산 입자의 흡입이 원인이 된다.
④ 초기에는 천식발작 증상을 보이며 폐암발생률을 높인다.

hint 발병 초기에는 천식발작 증상을 보이며 폐암 발생률이 높은 것은 석면폐증이다.

03 규폐증(silicosis)에 관한 설명으로 틀린 것은? [10,13②,16 기사]

① 석영분진에 직업적으로 노출될 때 발생하는 진폐증의 일종이다.
② 채석장 및 모래분사 작업장에 종사하는 작업자들이 잘 걸리는 폐질환이다.
③ 석면의 고농도분진을 단기적으로 흡입할 때 주로 발생되는 질병이다.
④ 역사적으로 보면 이집트의 미이라에서도 발견되는 오랜 질병이다.

hint 규폐증은 고농도의 실리카(유리규산) 분진을 장기적으로 흡입할 때 주로 발생되는 질병이다. 석면의 고농도분진을 장기적으로 흡입할 때 주로 발생되는 질병은 석면폐증이다. 규폐증의 자각증상은 호흡곤란, 지속적인 기침, 다량의 담액이지만, 일반적으로 자각 증상 없이 서서히 진행된다.

정답 ┃ 01.② 02.④ 03.③

■ 기사 : 00,06,09
■ 산업 : 출제대비

예상 03 폐조직이 정상이면서 간질반응도 경미하고 망상섬유를 나타내는 진폐증을 무엇이라 하는가?

① 비가역성 진폐증   ② 비교원성 진폐증
③ 비활동성 진폐증   ④ 비폐포성 진폐증

해설 폐조직이 정상이며, 간질반응이 경미한 진폐증은 비교원성 진폐증(Noncollagenous pneumoconiosis)이다.

답 ②

【재정리】비교원성 진폐증과 교원성 진폐증의 비교

비교항목	비교원성 진폐증	교원성 진폐증
원인분진	비섬유성 분진	섬유성 분진, 비섬유성 분진
폐조직	정상, 가역적 변화, 망상섬유	파괴, 비가역적 변화
간질반응	경미	명백하고 정도가 심함
종류	주석폐증, 바륨폐증, 칼륨폐증, 용접공폐증	• 섬유성 : 규폐증, 석면폐증 • 비섬유성 : 탄광부 진폐증

종합연습문제

01 비교원성 진폐증의 종류로 가장 알맞은 것은? [10,18 산업]
① 규폐증　　② 주석폐증
③ 석면폐증　④ 탄광부진폐증

02 규폐증이나 석면폐증은 병리학적 변화로 볼 때 어느 진폐증에 속하는가? [06,10 기사]
① 교원성 진폐증
② 비교원성 진폐증
③ 활동성 진폐증
④ 비활동성 진폐증

03 비교원성 진폐증에 관한 설명으로 틀린 것은? [00,04 기사]
① 비교원성 간질반응이 명백하고 정도가 심하다.
② 망상섬유로 구성되어 있다.
③ 분진에 의한 조직반응은 가역성인 경우가 많다.
④ 용접공폐증, 주석폐증, 바륨폐증, 칼륨폐증을 말한다.

04 비교원성 진폐증에 관한 내용으로 알맞은 것은? [04 산업]
① 폐포조직이 비가역성 변화나 파괴가 있다.
② 간질반응이 명백하며 그 정도가 심하다.
③ 망상섬유로 구성되어 있다.
④ 규폐증, 석면폐증이 대표적인 예이다.

05 규폐증이나 석면폐증을 병리학적으로 볼 때 어느 진폐증에 속하는가? [01,03 기사]
① 교원성 진폐증　　② 비교원성 진폐증
③ 활동성 진폐증　　④ 비활동성 진폐증

06 진폐증의 병리적 변화에 따라 구분된 교원성 진폐증에 관한 설명으로 틀린 것은? [06② 산업]
① 망상섬유로 구성되어 있다.
② 폐포조직의 비가역성 변화가 있다.
③ 교원성 간질반응이 명백하다.
④ 규폐증, 석면폐증이 대표적인 예이다.

hint 망상섬유로 구성되어 있는 것은 비교원성 진폐증(Noncollagenous pneumoconiosis)이다.

07 비교원성 진폐증에 관한 설명으로 틀린 것은? [02,07 산업]
① 폐조직이 정상임
② 규폐증, 석면폐증이 대표적임
③ 간질반응이 경미함
④ 분진에 대한 조직반응은 가역성인 경우가 많음

08 다음 중 석면 및 내화성 세라믹 섬유의 노출기준 표시단위로 옳은 것은? [12 기사]
① ppm　　　② 개/cm^3
③ %　　　　④ mg/m^3

정답 ｜ 01.② 02.① 03.① 04.③ 05.① 06.① 07.② 08.②

예상 04
・기사 : 02,06,08,17

물에 대하여 비교적 용해성이 낮고 상기도를 통과하여 폐수종을 일으킬 수 있는 자극제는?
① 염화수소　　　② 암모니아
③ 불화수소　　　④ 이산화질소

해설 물에 대한 용해도가 낮은 경우 상기도를 통과하여 하기도에 침투하게 된다. 따라서 하기도 점막-폐포의 자극-폐수종을 유발하는 물질은 제시된 항목 중 이산화질소이다. 물에 대한 용해도가 낮고, 하기도에 영향을 미치는 물질은 이산화질소, 포스겐, 삼염화비소 등이다.　답 ④

PART 4 산업독성학

■ 기사 : 01,08,10,14,18

예상 05 다음 중 가스상 물질의 호흡기계 축적을 결정하는 가장 중요한 인자는?

① 물질의 수용성 정도
② 물질의 농도차
③ 물질의 입자분포
④ 물질의 발생기전

해설 가스와 증기는 폐포의 혈액을 통해 흡수되기 때문에 화학물질의 용해도가 가장 중요한 변수가 된다. 용해도가 높은 물질일수록 흡수율이 높으며, 흡수속도가 빠르고, 체내에 유입된 화학물질량은 호흡률에 비례하여 증가한다. 또한, 용해도가 높은 물질은 혈류량의 증가와 무관하지만 용해도가 낮은 물질은 혈류량이 증가할수록 생체내로 유입되는 양이 증가하는 특징이 있다. **답** ①

■ 기사 : 00,05,06,08
■ 산업 : 출제대비

예상 06 다음 중 상기도 점막자극가스와 가장 거리가 먼 것은?

① 포스겐
② 암모니아
③ 크롬산
④ 염화수소

해설 포스겐($COCl_2$)은 하기도(下氣道) 점막자극물질이다. 포스겐은 무색의 기체로서 쉽게 액화되며, 저농도에서는 마른 풀 냄새가 나지만 고농도에서는 자극적인 냄새가 난다.
- 포스겐은 매우 치명적인 자극성 가스로서, 표적장기는 하부 호흡기계, 피부 그리고 눈이다.
- 포스겐은 습기가 있는 곳에서는 저절로 가수분해 되어 점막에 대한 자극성이 강하다. 특히, 고농도로 노출될 때에는 처음에는 가벼운 자극증상 정도만 있다가 폐포까지 들어간 포스겐이 염소와 염화수소를 발생시켜서 급성 폐부종, 폐출혈을 일으켜 하루 이내에 지연성 사망을 일으킨다.
- 포스겐에 의한 폐부종, 청색증, 폐렴, 심부전증, 사망은 노출 후 72시간까지 소요되는 수가 있다. 이러한 치명적인 증상·징후가 나타나는 기간 동안의 잠복기에는 거의 증상을 느끼지 못하는 경우가 많다. **답** ①

■ 기사 : 01,07,09,12,14,18
■ 산업 : 출제대비

예상 07 다음 중 화학적 질식제에 대한 설명으로 옳은 것은?

① 뇌순환혈관에 존재하면서 농도에 비례하여 중추신경작용을 억제한다.
② 공기 중에 다량 존재하여 산소분압을 저하시켜 조직세포에 필요한 산소를 공급하지 못하게 하여 산소부족 현상을 발생시킨다.
③ 피부와 점막에 작용하여 부식작용을 하거나 수포를 형성하는 물질로 고농도 하에 호흡이 정지되고 구강내 치아산식증 등을 유발한다.
④ 혈액 중에서 혈색소와 결합한 후에 혈액의 산소운반능력을 방해하거나, 또는 조직세포에 있는 철 산화효소를 불활성화시켜 세포의 산소수용능력을 상실시킨다.

해설 화학적 질식제(Chemical asphyxiant)는 혈액 중 헤모글로빈과 결합하여 산소공급능력을 방해하거나 조직세포내 철 산화효소를 불활성화(不活性化)시켜 세포의 산소수용능력을 상실시키는 물질들이 이에 해당한다. 예를 들면, 일산화탄소, 디클로로메탄, 시안화수소, 황화수소, 아닐린, 메틸아닐린, 디메틸아닐린, 톨루이딘, 니트로벤젠 등이다. **답** ④

848

01. 산업독성학 총론

예상 08
- 기사 : 10,15
- 산업 : 출제대비

생리적으로는 아무 작용도 하지 않으나 공기 중에 많이 존재하여 산소분압을 저하시켜 조직에 필요한 산소의 공급부족을 초래하는 질식제는?

① 단순 질식제 ② 화학적 질식제
③ 물리적 질식제 ④ 생물학적 질식제

해설 단순 질식제는 생리적으로는 무해(無害)하지만 공기 중에 많이 존재하여 산소분압을 저하시켜 조직에 필요한 산소의 공급부족을 초래하는 물질을 말한다. 예를 들면, N_2, He, H_2, CO_2, CH_4, C_2H_6, N_2O 등이 이에 속한다. **답** ①

예상 09
- 기사 : 18,19
- 산업 : 출제대비

자극성 가스이면서 화학 질식제라 할 수 있는 것은?

① H_2S ② NH_3
③ Cl_2 ④ CO_2

해설 자극성 가스이면서 화학 질식제에 속하는 것은 황화수소이다. **화학적 질식제**는 일산화탄소, 디클로로메탄, 시안화수소, 황화수소, 아닐린, 메틸아닐린, 디메틸아닐린, 톨루이딘, 니트로벤젠 등이고, 상기도의 자극성 물질은 물에 대한 용해도가 비교적 높은 물질로 암모니아, 염화수소, 불화수소, 아황산가스, 황화수소, 알데히드류, 산화에틸렌 등이다. 황화수소는 매우 독성이 강한 가스로 급성중독의 경우에 0.1ppm 농도에서는 자극과 감각손실이 온다. 1,000ppm 정도의 높은 농도에서는 화학적 질식가스로 작용을 하여 저산소증으로 사망에 이르게 된다. **답** ①

01 폐자극 가스와 가장 거리가 먼 것은? [08 산업]

① 염소 ② 포스겐
③ NO_x ④ 암모니아

hint 암모니아는 용해도가 높으므로 주로 상기도의 점막을 자극한다.

02 상기도 점막자극성 물질과 가장 거리가 먼 것은? [00,04 기사]

① 암모니아 ② 아황산가스
③ 알데히드 ④ 포스겐

hint 포스겐, 이산화질소 등과 같이 물에 대한 용해도가 낮은 물질이나 불용성 물질은 하기도에 침투하여 점막을 자극하는 등 하기도에 영향을 미치는 물질이다.

03 다음 중 자극성이며, 물에 대한 용해도가 가장 높은 물질은? [15 산업]

① 암모니아
② 염소
③ 포스겐
④ 이산화질소

04 다음 중 폐자극 가스와 가장 거리가 먼 것은? [02,09 산업]

① 염소 ② 포스겐
③ NO_x ④ 시안화수소

hint 시안화수소는 조직중독성 저산소증을 유발하는 화학적(chemical) 질식제에 속한다.

정답 | 01.④ 02.④ 03.① 04.④

PART 4 산업독성학

종합연습문제

01 다음의 자극제 중 호흡기 상기도 점막에 자극을 유발하는 물질로 가장 적절한 것은? [06 산업]
① 이산화질소 ② 삼염화비소
③ 포스겐 ④ 암모니아

02 암모니아나 염화수소가 상기도에 심한 자극을 유발하는 물리화학적 이유는? [00,08 산업]
① 미극성 ② 높은 수용성
③ 낮은 증기압 ④ 높은 휘발성

03 유해물질을 생리적 작용에 의하여 분류한 자극제에 관한 설명으로 틀린 것은? [04 기사]
① 호흡기관의 종말기관지와 폐포점막에 작용하는 자극제는 물에 잘 녹는 물질로 심각한 영향을 준다.
② 상기도의 점막에 작용하는 자극제는 크롬산, 산화에틸렌 등이 해당된다.
③ 상기도 점막과 호흡기관지에 작용하는 자극제는 불소, 요오드 등이 해당된다.
④ 피부·점막에 작용하여 부식작용을 하거나 수포를 형성하는 물질을 자극제라고 하며 고농도가 눈에 들어가면 결막염·각막염을 일으킨다.

04 유해가스의 생리학적 분류를 단순 질식제, 화학 질식제, 자극가스 등으로 할 때, 다음 중 단순질식제로 구분되는 것은? [09 기사]
① 일산화탄소 ② 아세틸렌
③ 포름알데히드 ④ 오존

> **hint** 단순(simple) 질식제는 생리적으로는 무해(無害)하지만 산소분압 저하에 의해 질식을 유발하는 물질이다. N_2, He, H_2, CO_2, N_2O, 탄화수소류(CH_4, C_2H_2, C_2H_6, …) 등이 이에 속한다.

05 유해가스의 생리학적 분류를 단순 질식제, 자극가스 등으로 할 때, 다음 중 단순 질식제로 구분되는 것은? [15 기사]
① 일산화탄소 ② 아세틸렌
③ 포름알데히드 ④ 오존

06 유해물질의 생리적 작용에 의한 분류에서 질식제를 단순 질식제와 화학적 질식제로 구분할 때 다음 중 화학적 질식제에 해당하는 것은? [14 기사]
① 헬륨(He) ② 메탄(CH_4)
③ 수소(H_2) ④ 일산화탄소(CO)

> **hint** 화학적 질식제에 속하는 것은 CO, HCN, H_2S, 디클로로메탄, 아닐린, 메틸아닐린, 톨루이딘, 니트로벤젠 등이다.

07 화학적 질식제(chemical asphyxiant)에 심하게 노출되었을 경우 사망에 이르게 되는 이유로 적절한 것은? [16,19 기사]
① 폐에서 산소를 제거하기 때문
② 심장의 기능을 저하시키기 때문
③ 폐 속으로 들어가는 산소의 활용을 방해하기 때문
④ 신진대사 기능을 높여 가용한 산소가 부족해지기 때문

08 다음 중 유해물질의 분류에 있어 단순 질식제로 분류되지 않는 것은? [02,07,08,10,13②,14,15,18,19 기사]
① H_2 ② N_2
③ H_2S ④ O_3

> **hint** 오존은 물에 대한 용해도가 중증 정도인 물질로 분류되며, 상기도 점막-호흡기관지의 자극물질에 속한다.

09 유해물질의 생리적 작용에 의한 분류에서 질식제를 단순 질식제와 화학적 질식제로 구분할 때, 화학적 질식제에 해당하는 것은? [00,09,14,17 기사]
① 수소(H_2) ② 메탄(CH_4)
③ 헬륨(He) ④ 일산화탄소(CO)

10 단순 질식제가 아닌 것은? [02,17 산업]
① 수소가스 ② 헬륨가스
③ 질소가스 ④ 암모니아가스

정답 | 01.④ 02.② 03.① 04.② 05.② 06.④ 07.③ 08.④ 09.④ 10.④

종합연습문제

01 단순 질식제에 해당되는 물질은? [02,07,18 기사]
① 탄산가스
② 아닐린가스
③ 니트로벤젠가스
④ 황화수소

02 다음 중 단순 질식제에 해당하는 것은? [09,15 기사]
① 수소가스 ② 염소가스
③ 불소가스 ④ 암모니아가스

03 유해가스 중 단순 질식성 가스는 어느 것인가? [15 산업][11 기사]
① 메탄 ② 아황산가스
③ 시안화수소 ④ 황화수소

04 화학적 질식성 가스로만 조합된 것은? [03 기사]
① 이산화탄소-청산가스
② 메탄-에탄
③ 아황산가스-암모니아
④ 일산화탄소-황화수소

05 다음 보기와 같은 유해물질들이 호흡기내에서 자극하는 부위로 가장 적절한 것은? [00,06,09 기사]

> 암모니아, 염화수소, 불화수소, 산화에틸렌

① 상기도점막 ② 폐조직
③ 종말기관지 ④ 폐포점막

06 다음 중 인체의 세포내 호흡을 방해하는 화학적 질식성 물질은? [10,11 기사]
① 탄산가스
② 포스겐
③ HCN 등 시안화합물
④ 아황산가스

07 호흡기에 대한 자극작용은 유해물질의 용해도에 따라 구분되는데 다음 중 상기도 점막 자극제에 해당하지 않는 것은? [10 기사]
① 염화수소 ② 아황산가스
③ 암모니아 ④ 이산화질소

08 다음 중 호흡기에 대한 자극작용이 가장 심한 것은? [09 기사]
① 케톤류 유기용제
② 글리콜류 유기용제
③ 에스테르류 유기용제
④ 알데히드류 유기용제

> **hint** 알데히드류 유기용제(RCHO)는 공기 중에서 1ppm 이하에서 인지할 수 있는 심한 자극성 냄새가 나는 무색의 기체이다. 눈과 호흡기에 자극제이며, 일차적 자극성 및 알러지성 피부염을 유발하고 고농도에서 암을 유발할 가능성이 높은 물질이다. 또한 체내에서 매우 짧은 시간에 대사가 되므로 노출직후에 호흡기 입구의 점막이나 혈중에서 포름알데히드를 검출하기가 어렵다. 따라서 특별한 생체지표가 없는 것이 특징이다.
>
> ■ 참고
> □ 케톤류 : 케톤류는 무색의 휘발성 액체로서 아세톤과 비슷한 특유의 방향성 냄새가 나지만 좀 더 강한 편이다. 냄새역치(threshold value)는 약 2~10ppm이다.
> □ 글리콜류 : 글리콜류는 투명한 무색의 인화성 액체로서 대체로 냄새는 거의 나지 않거나 냄새의 역치 약 200ppm 정도로 높으며, 에테르와 비슷한 방향성의 냄새를 내기도 한다.
> □ 에스테르류 : 무색의 휘발성이 강한 가연성 액체로서 대체로 과일냄새가 난다.

09 질식제에 속하지 않는 것은? [08 기사]
① 황화수소
② 일산화탄소
③ 이산화탄소
④ 질소산화물

정답 | 01.① 02.① 03.① 04.④ 05.① 06.③ 07.④ 08.④ 09.④

PART 4 산업독성학

예상 10
- 기사 : 10
- 산업 : 출제대비

다음 중 화학적 질식가스에 관한 설명으로 옳은 것은?

① 혈액 중의 혈색소와 결합하여 산소운반능력을 촉진시킨다.
② 일산화탄소는 산소와 혈색소의 결합을 촉진시킨다.
③ 청산(靑酸) 및 그 화합물은 조직내에서 산화과정을 촉진시킨다.
④ 아닐린, 메틸아닐린 등은 메트헤모글로빈을 형성시킨다.

[해설] ④항만 옳다.

▶ 바르게 고쳐보기 ◀
① 혈액 중의 혈색소와 결합하여 산소운반능력을 감소시킨다.
② 일산화탄소는 산소와 혈색소의 결합을 방해한다.
③ 청산(靑酸, HCl) 및 그 화합물은 조직내에서 산화과정을 방해한다.   답 ④

예상 11
- 기사 : 00,03,05,08
- 산업 : 출제대비

"호흡기에 대한 자극작용은 유해물질의 (   )에 따라서 다르며, 이에 따라 자극제를 상기도 점막 자극제, 상기도 점막 및 폐조직 자극제, 종말기관지 및 폐포점막 자극제로 구분한다." (   ) 안에 알맞은 내용은?

① 농도 ② 용해도
③ 입자크기 ④ 폭로시간

[해설] 암모니아, 염화수소, 불화수소, 아황산가스, 알데히드류 등과 같이 물에 대한 용해도가 높은 물질은 주로 상기도의 점막을 자극하고, 이산화질소, 포스겐 등과 같이 물에 대한 용해도가 낮은 물질 또는 불용성 물질은 하기도의 점막이나 폐포를 자극하게 된다.   답 ②

예상 12
- 기사 : 01,05②,14
- 산업 : 출제대비

다음 중 중추신경에 대한 자극작용이 가장 큰 것은?

① 알칸 ② 아민
③ 알코올 ④ 알데히드

[해설] 아민류는 유기화합물 중에서 가장 독성이 강하고, 자극성도 강한 물질이다. 중추신경계 자극작용의 크기는 아민류>유기산>알데히드>알코올>알칸계열의 탄화수소류 순서이다.   답 ②

예상 13
- 기사 : 11,15,18
- 산업 : 출제대비

다음 중 중추신경계에 억제작용이 가장 큰 것은?

① 알칸족 ② 알코올족
③ 알켄족 ④ 할로겐족

[해설] 중추신경계(CNS) 활성 억제작용의 크기 순서는 할로겐화합물>에테르>에스테르>유기산>알코올>알켄>알칸 순이다.   답 ④

종합연습문제

01 다음 중 중추신경 억제작용이 가장 큰 것은? [00,06,07,08,13 기사]

① 알칸 ② 알코올
③ 에테르 ④ 에스테르

02 Met hemoglobin을 형성하는 화학적 질식제는? [02,04 산업]

① 일산화탄소 ② 질소
③ 황화수소 ④ 아닐린

hint 메트헤모글로빈(Met hemoglobin)을 형성하는 물질은 아닐린류, 톨루이딘, 니트로벤젠, 니트로클로로벤젠, 니트로글리콜, 시안화수소와 그 화합물 등이다.

03 신경계통 중 중추신경계에 작용하여 파킨슨증후군을 유발하는 유해물질로 가장 적절한 것은? (단, 생물학적 폭로 지표로는 iodine-azide 검사 이용) [01,04 기사]

① 스타이렌 ② 이황화탄소
③ 수은 ④ 납

04 다음 중 중추신경계 억제작용이 큰 유기화학물질의 순서로 옳은 것은? [09,13,15,16,17,19 기사]

① 유기산 < 알칸 < 알켄 < 알코올 < 에스테르 < 에테르
② 유기산 < 에스테르 < 에테르 < 알칸 < 알켄 < 알코올
③ 알칸 < 알켄 < 알코올 < 유기산 < 에스테르 < 에테르
④ 알코올 < 유기산 < 에스테르 < 에테르 < 알칸 < 알켄

05 인조견, 셀로판 등에 이용되고 실험실에서 추출용 등의 시약으로 쓰이며 장기간에 걸쳐 고농도로 폭로되면 기질적 뇌손상, 말초신경병, 신경행동학적 이상, 시각·청각 장애 등이 발생하는 유기용제는 어느 것인가? [18 산업]

① 벤젠
② 사염화탄소
③ 메탄올
④ 이황화탄소

정답 ┃ 01.③ 02.④ 03.② 04.③ 05.④

- 기사 : 18
- 산업 : 출제대비

예상 14 탈지용 용매로 사용되는 물질로 간장, 신장에 만성적인 영향을 미치는 것은?

① 크롬 ② 유리규산
③ 메탄올 ④ 사염화탄소

해설 전신독성을 나타내는 화학물질은 작용 부위에 따라 간장장애물질, 신장장애물질, 조혈장애물질, 신경장애물질 등으로 구분되고 있다. 간장장애물질은 사염화탄소 및 할로겐화 탄화수소, 독버섯의 유독성분 아플라톡신 등이 있고, 신장장애물질은 할로겐화 탄화수소, 우라늄 등이다. 답 ④

예상 15
- 기사 : 18
- 산업 : 출제대비

벤젠 중독의 특이증상으로 가장 적절한 것은?

① 조혈기관의 장애 ② 간과 신장의 장애
③ 피부염과 피부암 발생 ④ 호흡기계 질환 및 폐암 발생

해설 조혈기관의 장애물질은 벤젠, 납, TNT 등이다. 답 ①

산업독성학

종합연습문제

01 인체내 조혈기관에 만성적 장해를 유발시키는 물질은? [00,03 산업]
① TCE   ② 케톤
③ 벤젠   ④ 아세톤

hint 벤젠(C_6H_6)은 주로 혈액 생성조직에 독성을 보이는 특정 장기독소로서 골수세포의 손상으로 인한 급성 뇌척추성 백혈병을 유발하는 원인이 된다.

02 다음 중 조혈장애를 일으키는 물질은? [14,19 기사]
① 납   ② 망간
③ 수은   ④ 우라늄

03 다음의 유기용제 중 특이증상이 간기능 장애인 것으로 가장 적절한 것은? [14 기사]
① 벤젠
② 염화탄화수소
③ 노말헥산
④ 에틸렌글리콜에테르

hint 간장장애물질은 사염화탄소 및 할로겐화 탄화수소, 독버섯의 유독성분 아플라톡신 등이다.

04 고농도로 폭로되면 중추신경계 장해 외에 간장이나 신장에 장애가 일어나 황달, 단백뇨, 혈뇨의 증상을 보이는 할로겐화 탄화수소로 적절한 것은? [13,16 기사]
① 벤젠   ② 톨루엔
③ 사염화탄소   ④ 니트로클로로벤젠

hint 사염화탄소에 고농도로 단기간 노출 시 중추신경계 억제효과로 현기증, 어지러움, 지속적인 두통, 구역 및 구토, 간 부위 압통, 오심, 설사, 그 외 심부정맥, 적혈구 증가, 빈혈 등도 보일 수 있다. 급성 노출 후 며칠이 지난 후에 신장 및 간에 장애가 나타난다. 25~30ppm에 반복적으로 노출되는 경우, 오심, 구토, 현기증, 몽롱함, 두통 등이 나타나고, 만성노출의 경우 시야협착 등이 일어날 수 있다.

05 방향족 탄화수소 중 조혈장애를 유발시키는 물질로 페놀 등의 화학물질 제조에 사용하는 것은? [01,04 산업]
① 톨루엔   ② 크실렌
③ 벤젠   ④ 포스겐

hint 벤젠의 급성독성은 중추신경계 독성이다. 만성독성은 골수 억제, 재생불량성 빈혈, 급성 백혈병, 다발성 골수종 및 임파종 등이 발생되는 것으로 알려져 있다.

정답 | 01.③ 02.① 03.② 04.③ 05.③

예상 16
- 기사 : 10
- 산업 : 출제대비

다음 중 금속 증기열에 관한 설명으로 틀린 것은?
① 주로 베릴륨, 크롬, 주석 등이 원인이 된다.
② 철 폐증은 철 분진 흡입 시 발생되는 금속열의 한 형태이다.
③ 감기와 증상이 비슷하며, 하루가 지나면 점차 완화된다.
④ 월요일 열(monday fever)이라고도 한다.

해설 금속열(金屬熱, metal fever)의 유발물질은 아연, 마그네슘, 산화알루미늄, 카드뮴, 안티몬, 망간, 니켈, 구리 등의 흄이나 증기 등이다. 금속열은 금속 증기를 흡입함으로써 일어나는 열로서 금속 증기열 또는 월요일 열(monday fever)이라고도 한다. 특히, 아연에 의한 경우가 많으므로 이것을 아연열이라고도 한다. 놋쇠주조나 용접작업에 종사하는 사람에게 많으며, 새로 작업하는 사람이 발병하기 쉽다. 철 폐증은 철 분진 흡입 시 발생되는 금속열의 한 형태이다. 답 ①

종합연습문제

01 다음 중 흄이 공기 중에 산화한 것을 흡입하면 금속열을 일으키는 금속은? [07,15 기사]
① 납 ② 아연
③ 수은 ③ 카드뮴

hint 금속열은 특히 아연에 의한 경우가 많으므로 이것을 아연열이라고도 한다.

02 전신(계통)적 장애를 일으키는 금속물질은? [18 기사]
① 납 ② 크롬
③ 아연 ④ 산화철

03 다음 중 금속열을 일으키는 물질과 가장 거리가 먼 것은? [17 기사]
① 구리 ② 아연
③ 수은 ④ 마그네슘

04 금속열에 관한 설명으로 틀린 것은? [18 기사]
① 금속열이 발생하는 작업장에서는 개인보호용구를 착용해야 한다.
② 금속흄에 노출된 후 일정시간의 잠복기를 지나 감기와 비슷한 증상이 나타난다.
③ 금속열은 하루 정도가 지나면 증상은 회복되나 후유증으로 호흡기, 시신경 장애 등을 일으킨다.
④ 아연, 마그네슘 등 비교적 융점이 낮은 금속의 제련, 용해, 용접 시 발생하는 산화 금속 흄을 흡입할 경우 생기는 발열성질병이다.

hint 금속열은 일시적인 발열성 질병으로 감기와 증상이 비슷하며, 점차 완화되는 특징이 있으며, 심할 경우도 약 2주정도 치료를 받았을 때 회복된 사례가 많다. 다만, 망간과 같은 특정 금속 fume에 만성적으로 노출될 경우 정신력이 늦어지거나 불규칙하게 특정 글자는 읽을 수 없는 후유증이 나타나기도 한다고 한다.

05 다음 중 금속열에 관한 설명으로 틀린 것은? [13②,16 기사]
① 고농도의 금속산화물을 흡입함으로써 발병된다.
② 용접, 전기도금, 제련과정에서 발생하는 경우가 많다.
③ 폐렴이나 폐결핵의 원인이 되며 증상은 유행성 감기와 비슷하다.
④ 주로 아연과 마그네슘, 망간산화물의 증기가 원인이 되지만 다른 금속에 의하여 생기기도 한다.

hint 금속열은 감기와 증상이 비슷하며, 하루가 지나면 점차 완화된다.

06 중금속 노출에 의하여 나타나는 금속열은 흄 형태의 금속을 흡입하여 발생되는데, 감기증상과 매우 비슷하여 오한, 구토감, 기침, 전신위약감 등의 증상이 있으며, 월요일 출근 후에 심해져서 월요일 열이라고도 한다. 다음 중 금속열을 일으키는 물질이 아닌 것은? [16 기사]
① 납 ② 카드뮴
③ 산화아연 ④ 안티몬

07 다음 중 규폐증에 관한 설명으로 틀린 것은? [12 기사]
① 규폐증의 원인 분진은 이산화규소 또는 유리규산이다.
② 자각증상은 호흡곤란, 지속적인 기침, 다량의 담액 등이다.
③ 폐결핵을 합병증으로 하여 폐하엽 부위에 많이 생긴다.
④ 규소분진과 호열성 방선균류의 과민증상으로 고열이 발생한다.

hint 규폐증(silicosis)은 유리규산에 의해 발병된다. 호열성 방선균류의 과민증상으로 고열이 발생하는 것은 유기성 분진에 의한 알레르기반응에 의한 것이다.

정답 | 01.② 02.③ 03.③ 04.③ 05.③ 06.① 07.④

• 기사 : 15

다음 중 유해화학물질의 노출기간에 따른 분류 가운데 만성독성에 해당되는 기간으로 가장 적절한 것은? (단, 실험동물에 외인성 물질을 투여하는 경우이다.)

① 1일 이상~14일 정도
② 30일 이상~60일 정도
③ 3개월 이상~1년 정도
④ 1년 이상~3년 정도

해설 만성독성(慢性毒性, chronic toxicity)은 특정 유해물질에 3개월 이상 장기간의 지속적이고 반복적으로 노출되었거나 1회 또는 반복 노출된 후 1개월 이상의 잠복기를 거쳐 나타나는 독성을 말한다. 답 ③

CHAPTER 02 입자·기체상 물질의 특성과 건강장애

1 체내의 흡수·침착·방어기전

 이승원의 minimum point

◎ **입자상 물질의 호흡기 침착기전**
- **충돌**(impaction) : 비강·인후두 부위에 축적(5~30μm 범위)
- **침전**(중력침강, sedimentation) : 기관지·세기관지·종말 세기관지 부위에 축적(1~5μm 범위)
- **확산**(diffusion) : 비강~폐포 부위에 축적(0.5μm 이하)
- **차단**(간섭, interception) : 섬유분진이나 석면처럼 길이가 긴 입자의 가장자리가 기도 표면을 스치게 되어 침착하는 현상(0.1~1μm 범위)

◎ **입경에 따른 호흡기 침착부위**
- 5μm 이상 : 비인두(鼻咽頭) 부위에 축적
- 2~5μm : 기관·기관지 부위까지 침투
- 1μm 미만 : 폐 꽈리 부위까지 침투, 폐포에 축적 및 흡수

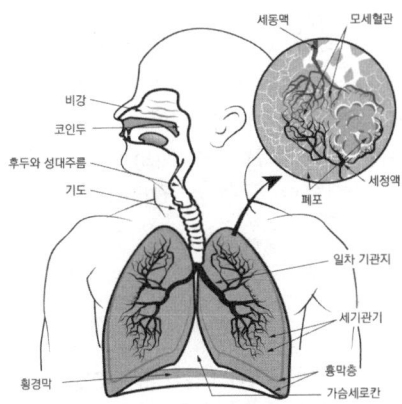

〈그림〉 호흡기의 구성과 주요 부위

◎ **유해물질의 체내 흡수·침착과 방어기전**
- **흡수** : 인체의 점막세포는 두께가 두껍고, 유입된 기체 및 물질들이 빠르게 이동하기 때문에 비인두(鼻咽頭) 부위에서는 흡수가 거의 일어나지 않고, **기관·기관지 부위로 유입**됨
  □ 기관·기관지 부위내로 유입된 **용해성 가스**는 **혈류**로 쉽게 들어갈 수 있음

- 흡수되지 못한 **잔류물질**들은 **점액** 및 **섬모운동**에 의해 객담의 형태로 **체외**로 제거됨
- 폐 꽈리를 통한 흡수는 호흡기의 다른 부위와 비교할 때, 매우 쉽게 이루어지며, 비교적 용해성이 있는 물질들은 체순환을 통해 빠르게 흡수됨
- 기체 및 증기가 혈액에 대해 높은 용해도를 갖는 경우 1회 호흡으로도 완전흡수될 수 있음

- **방어기전**
  - 폐에 침착된 먼지는 **대식세포**에 의하여 포위·용해되고, 일부는 미세 기관지로 운반된 후 **점액섬모운동**에 의하여 정화됨
  - 폐의 대식세포(大食細胞, macrophage)는 미립자들을 **효소작용**에 의한 **용해·포식**할 수 있음
  - **불용성 물질**들은 대식세포들에 의해 포식되어 **임파선을 통해** 제거됨
  - ※ 섬모운동 기능에 영향을 미치는 물질
    - 가스상 물질 : **오존, 황산화물, 질소산화물**
    - 입자상 물질 : **카드뮴, 니켈** 등

- **체내 침착 및 분산**
  - 제거되지 못한 물질들은 폐 꽈리내에 **무기한으로 잔류**하도록 함 → 석탄 먼지에 의한 검은 폐, 석면에 의한 석면 침착증을 유발
  - 유입된 물질이 **흡수성**이 있고, **지용성**이 있는 경우 → 다양한 장기의 **세포막을 통과**하거나 **지방 속에 용해**되어 체내에 분산될 수 있음(ex **클로로폼**이나 **에테르**는 대표적인 지용성 물질로 혈액에 매우 잘 용해됨)

- **잔류물질의 영향**
  - 호흡기내에서 독성반응 유발 → 기관지염, 폐기종, 폐섬유화증 및 폐암 등
  - 독성물질이 폐 꽈리의 대식세포를 죽임 → 호흡기 면역기능 약화

ⓒ 호흡기 천식(喘息, asthma)

- **의의** : 천식은 폐 속에 있는 기관지가 아주 예민해진 상태로, 때때로 기관지가 좁아져서 숨이 차고 가랑 가랑하는 숨소리가 들리면서 기침을 심하게 하는 증상을 나타내는 병
- **원인물질** : **플라스틱** 제조공정 또는 **우레탄 도료** 등에서 사용되는 **톨루엔디이소시안산염**(TDI, Toluene Diisocyanate), **무수트리멜리트산**(TMA, Trimellitic Anhydride) 등이 대표적이고, 이외에 **목재분진, 중금속**(니켈, 크롬), 매연, 곡물 분진, 가축의 분변, 미생물 등이 천식을 유발하는 물질로 알려져 있음
- **직업성 천식의 발생 메커니즘**(순서)
  ① 천식 유발물질의 흡입
  ② 체내 **항원 공여세포**가 이를 탐식
  ③ T림프구 중에서 특정 알레르기 항원을 인식하는 **Ⅱ형 보조 T림프구**((typeⅡ helper Tcell)가 특정 알레르기 항원에 대한 **IgE 혹은 IgG를 생성·분비**하도록 B림프구를 활성화시킴
  ④ 생성된 항체가 세포 또는 호염구 표면의 **항체수용체에 결합**
  ⑤ 히스타민과 같은 **화학물질 분비**
  ⑥ 기관지 **점액증가** 및 **염증성 병변형성**
  ⑦ **기관지염, 천식, 비염** 등의 **증상이 나타남**

02. 입자·기체상 물질의 특성과 건강장애

- 기사 : 00,09,11,14,18
- 산업 : 출제대비

01 입자상 물질의 호흡기계 침착기전 중 길이가 긴 입자가 호흡기계로 들어오면 그 입자의 가장자리가 기도의 표면을 스치게 됨으로써 침착하는 현상은?

① 충돌 ② 침전
③ 차단 ④ 확산

해설 섬유분진이나 석면처럼 길이가 긴 입자의 가장자리가 기도 표면을 스치게 되어 침착하는 메커니즘을 차단(간섭)이라고 한다. 주로 입경 0.1~1μm 범위를 갖는 입자의 호흡기 축적기전으로 작용한다. **답** ③

- 기사 : 출제대비
- 산업 : 16

02 입자상 물질의 호흡기내 침착기전에서 먼지의 운동속도가 낮은 미세기관지나 폐포에서는 어떠한 기전이 중요한 역할을 하는가?

① 충돌 ② 중력침강
③ 확산 ④ 간섭

해설 중력침강(침전, sedimentation)에 의한 침착기전은 먼지의 운동속도가 낮은 1~5μm 범위를 갖는 입자상 물질이 미세기관지, 종말 세기관지 부위에 침착되는 데 중요한 역할을 한다. **답** ②

- 기사 : 출제대비
- 산업 : 02,13,14,19

03 다음 중 입자상 물질의 호흡기내 주요 침착 메커니즘이 아닌 것은?

① 충돌 ② 침강
③ 확산 ④ 흡수·회피

해설 입자상 물질의 호흡기내 침착은 충돌(Impaction), 중력침강(Gravitational), 확산(Diffusion), 간섭(Interception) 및 정전기 침강(Electrostatic deposition) 등의 5가지 메커니즘이 관여한다. **답** ④

유.사.문.제

01 다음 중 입자의 호흡기계 축적기전이 아닌 것은? [01,05,07,10,13,16 기사]

① 충돌 ② 변성
③ 차단 ④ 확산

02 공기 중 입자상 물질의 호흡기계 축적기전에 해당하지 않는 것은? [15,18 기사]

① 교환 ② 충돌
③ 침전 ④ 확산

03 1~5μm 크기의 입자상 물질의 주된 축적기전으로 적절한 것은? [05,07 기사]

① 충돌 ② 차단
③ 확산 ④ 침전

hint 1~5μm 범위의 입자상 물질의 체내 축적기전은 침전(sedimentation)이다. 침전에 의해 제거되는 입경범위는 주로 기관지 및 세기관지, 종말 세기관지 부위에 축적된다.

정답 ┃ 01.② 02.① 03.④

PART 4 산업독성학

- 기사 : 01,07,10
- 산업 : 출제대비

예상 04 다음 중 흄에 대한 설명으로 가장 적절한 것은?

① 대부분 콜로이드(colloid) 보다는 크고 공기나 다른 가스에 단시간 동안 부유할 수 있는 고체입자를 말한다.
② 불완전 연소에 의하여 발생하는 에어로졸로서, 주로 고체상태이고 탄소와 기타 가연 물질로 구성되어 있다.
③ 금속이 용해되어 공기에 의하여 산화되어 미립자가 되어 분산하는 것이다.
④ 자연오염이나 인공오염에 의하여 발생한 대기오염물질로 에어로졸에 대하여 광범위하게 적용된다.

해설 흄(Fume)은 금속과 같은 고형물질이 용접작업과 같은 고온에서 용융되어 승화(昇華)된 후 냉각과정에서 석출된 미세한 고체입자를 말한다. 크기는 보통 0.001~0.5㎛정도이다. 따라서 흄은 대부분 인공적인 오염원에서 발생되며, 입자가 미세하므로 쉽게 침강되지 않고 공기 중에 장기간 부유하며, 그 성분은 주로 중금속류로 구성되어 있다. 특히, 용접과정에서 발생되는 fume은 용접공폐(熔接工肺, welder's lung)의 주요 원인이 되고 있다.

■ **흄의 발생공정** : 용접, 도금공정, 금속용융·정련 등

■ **흄의 발생단계**(발생기전)
- **I 단계**(금속의 증기화) : 금속이 녹는 점 이상의 열에너지를 받아 증기형태로 승화되어 공기 중으로 휘산된다.
- **II 단계**(증기의 산화) : 공기 중으로 휘산된 금속증기는 공기 중의 산소에 의해 산화되어 산화물을 형성한다.
- **III 단계**(산화물의 응축) : 금속산화물은 외기온도의 영향을 받아 급속하게 냉각·응축되면서 다시 미세한 고체입자로 석출된다.

답 ③

유.사.문.제

01 입자상 물질의 하나인 흄(fume)의 발생기전 3단계에 해당하지 않는 것은? [12 기사]
① 입자화 ② 증기화
③ 산화   ④ 응축

hint 흄(fume)의 발생기전은 I 단계 금속의 증기화, II단계 증기의 산화, III단계 산화물의 응축으로 이루어진다.

02 다음 중 상온 및 상압에서 흄(fume)의 상태를 가장 적절하게 나타낸 것은? [00,07,11 기사]
① 고체상태 ② 기체상태
③ 액체상태 ④ 기체+액체

03 입자상 물질의 종류 중 액체나 고체의 2가지 상태로 존재할 수 있는 것은? [11 기사]
① 흄(fume)   ② 미스트(mist)
③ 증기(vapor) ④ 스모크(smoke)

hint 스모크(Smoke)는 가연성 물질이 연소할 때 생성된 연소생성물이 공기 중에 부유하는 고체 및 액체의 입자와 가스 등의 혼합물질이며, 유기물이 불완전한 연소에 의해서 생성된 미세한 입자로 그 직경은 0.01~1㎛ 정도이다. 흄(fume)은 고체상, 미스트(mist)는 액체상, 증기(vapor)는 액체상, 스모크(smoke)는 액체+고체로 이루어진 입자상으로 분류된다.

정답 ┃ 01.① 02.① 03.④

종합연습문제

01 입자상 물질인 흄(fume)에 관한 설명으로 옳지 않은 것은? [15 산업][15 기사]
① 용접공정에서 흄이 발생한다.
② 흄의 입자크기는 먼지보다 매우 커 폐포에 쉽게 도달되지 않는다.
③ 흄은 상온에서 고체상태의 물질이 고온으로 액체화된 다음 증기화 되고, 증기물의 응축 및 산화로 생기는 고체상의 미립자이다.
④ 용접 흄은 용접공폐의 원인이 된다.

hint 흄은 입경 0.001~0.5μm 범위로 입자상 물질 중 가장 미세한 고체물질이다.

02 주물작업 시 발생하는 유해인자와 거리가 먼 것은? [00,07,11,19 기사]
① 소음발생
② 금속흄 발생
③ 분진발생
④ 자외선 발생

hint 주물작업 시 발생하는 유해인자는 소음, 결정형 실리카(주물공정에서 가장 위험한 유해인자로서 주형해체(탈사)작업, 가공(연마)작업에서 발생되는 분진임), 금속분진(금속분진은 용해로에 금속원료를 장입할 때와 주물품의 가공작업에서 발생), 금속흄(용해작업이나 용탕 주입작업에서 발생) 등이다.

03 폐의 미세기관지나 폐에서는 분진의 운동속도가 낮아 기관지 침착기전 중 중력침강이나 확산이 중요한 역할을 한다. 침강속도가 얼마 이하인 경우 중력침강보다 확산에 의한 침착이 더 중요한 역할을 하는가? [12 기사]
① 1cm/sec
② 0.1cm/sec
③ 0.01cm/sec
④ 0.001cm/sec

hint 확산(diffusion)은 주로 0.5μm 이하 범위의 입자 침착 메커니즘으로 침강속도가 0.001cm/sec 이하인 경우 중력침강보다 확산에 의한 침착이 더 중요한 역할을 한다.

04 작업환경 중 직경 10μm 이상 되는 분진에 노출된 경우의 건강 영향을 설명한 것으로 가장 적절한 것은? [12 기사]
① 매우 독성이 크다.
② 대부분 상기도에 침착한다.
③ 폐포에 대부분 도달한다.
④ 대부분 호흡성 폐기도까지 도달한다.

hint 입자의 직경이 5μm 이상일 경우는 대부분 상기도의 비인두(鼻咽頭) 부위에 축적되고 하기도에는 거의 침착되지 않는다.

정답 ▮ 01.② 02.④ 03.④ 04.②

- 기사 : 01,09,11
- 산업 : 출제대비

05 다음 중 기관지와 폐포 등 폐 내부의 공기통로와 가스교환 부위에 침착되는 먼지로서 공기역학적 지름이 30μm 이하의 크기를 가지는 것은?

① 흡입성 먼지
② 호흡성 먼지
③ 흉곽성 먼지
④ 침착성 먼지

해설 공기역학적 지름이 30μm 이하의 크기를 가진 분진은 흉곽성 먼지(TPM)에 속한다. 흉곽성 먼지는 60% 침착되는 평균 입자의 크기가 10μm이고, 기도(氣道) 및 기관지에 침착하여 독성을 유발한다.

■ 흡입성 먼지 : 호흡기의 어느 부위에 침착하더라도 독성을 유발하는 먼지(0~100μm)
■ 호흡성 먼지 : 가스교환 부위(폐포)에 침착하여 독성을 유발하는 먼지로 50% 침착되는 평균 입자의 크기는 4μm임

답 ③

PART 4 산업독성학

예상 06
- 기사 : 00,05,09,11②,14
- 산업 : 02,07

다음 중 호흡기계통으로 들어온 입자상 물질에 대한 제거기전의 조합으로 가장 적절한 것은?

① 면역작용과 대식세포의 작용
② 폐포의 활발한 가스교환과 대식세포의 작용
③ 점액 섬모운동과 대식세포에 의한 정화
④ 점액 섬모운동과 면역작용에 의한 정화

해설 호흡기계통으로 들어온 입자상 물질은 기관 및 기관지 부위로 유입되면서 1차적으로 점액 및 섬모운동에 의해 객담의 형태로 체외로 제거되고 이후 잔류하는 입자상 물질은 하기도(下氣道) 폐포의 대식세포(大食細胞, macrophage)들에 의해 포식되어 임파선을 통해 제거된다.

답 ③

유.사.문.제

01 기도와 기관지에 침착된 먼지는 점막 섬모운동과 같은 방어작용에 의해 정화되는데 다음 중 정화작용을 방해하는 물질이 아닌 것은? [13 기사]

① 카드뮴(Cd)
② 니켈(Ni)
③ 황화합물(SO_x)
④ 이산화탄소(CO_2)

hint 이산화탄소는 섬모운동 기능에 영향을 미치는 물질이 아니다. 섬모운동에 영향을 미치는 오염물질은 가스상 물질로서 오존, 황산화물, 질소산화물 등이고, 입자상 물질로서 카드뮴, 니켈 등을 들 수 있다.

02 다음 중 작업자의 호흡작용에 있어서 호흡공기와 혈액 사이에 기체교환이 가장 비활성적인 곳은? [11 기사]

① 기도(trachea)
② 폐포낭(Alveolar sac)
③ 폐포(Alveoli)
④ 폐포관(Alveolar duct)

hint 호흡공기와 혈액 사이에 기체교환이 가장 비활성적인 곳은 기도(trachea)이다.

03 다음 중 폐에 침착된 먼지의 정화과정에 대한 설명으로 틀린 것은? [15,19 기사]

① 어떤 먼지는 폐포벽을 뚫고 림프계나 다른 부위로 들어가기도 한다.
② 먼지는 세포가 방출하는 효소에 의해 용해되지 않으므로 점액층에 의한 방출 이외에는 체내에 축적된다.
③ 폐에서 먼지를 포위하는 식세포는 수명이 다한 후 사멸하고 다시 새로운 식세포가 먼지를 포위하는 과정이 계속적으로 일어난다.
④ 폐에 침착된 먼지는 식세포에 의하여 포위되어, 포위된 먼지의 일부는 미세 기관지로 운반되고 점액 섬모운동에 의하여 정화된다.

hint 먼지와 같은 불용성 물질들은 폐의 대식세포들에 의해 포위되어 미세 기관지로 운반된 후 점액 섬모운동에 의하여 체외로 배출되거나 폐의 대식세포들에 의해 포식되어 임파선을 통해 제거되기도 한다. 제거되지 못한 먼지는 폐 꽈리내에 무기한으로 잔류·축적된다. 석탄먼지나 석면들은 각각 검은 폐나 석면 침착증을 유발하기도 한다.

정답 | 01.④ 02.① 03.②

02. 입자·기체상 물질의 특성과 건강장애

예상 07
- 기사 : 10,14
- 산업 : 출제대비

다음 중 직업성 천식을 유발하는 원인물질로만 나열된 것은?

① TDI(Toluene Diisocyanate), TMA(Trimellitic Anhydride)
② TDI, Asbestos
③ 알루미늄, 2-Bromopropane
④ 실리카, DBCP(1,2-dibromo-3-chloropropane)

해설 천식(喘息, asthma)의 대표적인 원인물질은 플라스틱 제조공정 또는 우레탄 도료 등에서 사용되는 톨루엔디이소시안산염(TDI), 무수트리멜리트산(TMA)과 이 외에 목재분진, 중금속(니켈, 크롬), 매연, 곡물분진, 가축의 분변, 미생물 등이다. **답** ①

유.사.문.제

01 다음 중 직업성 천식의 설명으로 틀린 것은? [11,17,19 기사]

① 직업성 천식은 근무시간에 증상이 점점 심해지고, 휴일 같은 비근무시간에 증상이 완화되거나 없어지는 특징이 있다.
② 작업환경 중 천식유발 대표물질은 톨루엔디이소시안염(TDI), 무수트리멜리트산(TMA)을 들 수 있다.
③ 항원 공여세포가 탐식되면 T림프구 중 I형 보조 T림프구(type I killer T cell)가 특정 알레르기 항원을 인식한다.
④ 일단 질환에 이환하게 되면 작업환경에서 추후 소량의 동일한 유발물질에 노출되더라도 지속적으로 증상이 발현된다.

hint 직업성 천식의 발생 메커니즘에서 항원 공여세포가 탐식하면 T림프구 중에서 특정 알레르기 항원을 인식하는 II형 보조 T림프구(type II helper T cell)가 특정 알레르기 항원에 대한 IgE 혹은 IgG를 생성·분비하도록 B림프구를 활성화시킨다.

02 자동차 정비업체에서 우레탄 도료를 사용하는 도장 작업근로자에게서 직업성 천식이 발생되었다면 원인물질은 무엇으로 추측할 수 있는가? [12,19 기사]

① 신나 ② 벤젠
③ 크실렌 ④ TDI

03 작업장 공기 중에 노출되는 분진 및 유해물질로 인하여 나타나는 장애가 잘못 연결된 것은? [14 기사]

① 규산분진, 탄분진-진폐
② 니켈카르보닐, 석면-암
③ 카드뮴, 납, 망간-직업성 천식
④ 식물성·동물성 분진-알레르기성 질환

hint 직업성 천식의 원인물질은 톨루엔디이소시안산염(TDI), 무수트리멜리트산(TMA)과 이 외에 목재분진, 중금속(니켈, 크롬), 매연, 곡물분진, 가축의 분변, 미생물 등이다. 카드뮴, 납, 망간은 생식기 독성을 유발하는 물질이다.

04 다음 중 직업성 천식을 유발할 수 있는 업종과 원인물질이 잘못 연결된 것은? [12 기사]

① 업종-피혁제조
 원인물질-포르말린, 크롬화합물
② 업종-식물성 기름제조
 원인물질-아마씨, 목화씨
③ 업종-플라스틱제조업
 원인물질-스피라마이신, 설파티아졸
④ 업종-페인트 도장작업
 원인물질-디이소시아네이트, 디메틸에탄올아민

hint 천식은 플라스틱 제조공정, 우레탄 도료 등에서 사용되는 TDI, TMA에 의해 발생한다.

정답 | 01.③ 02.④ 03.③ 04.③

PART 4 산업독성학

종합연습문제

01 직업성 천식이 유발될 수 있는 근로자와 거리가 가장 먼 것은? [15,18 기사]

① 채석장에서 돌을 가공하는 근로자
② 목분진에 과도하게 노출되는 근로자
③ 빵집에서 밀가루에 노출되는 근로자
④ 폴리우레탄 페인트 생산에 TDI를 사용하는 근로자

hint 채석장 및 모래분사 작업장에 종사하는 근로자들이 잘 걸리는 질환은 규폐증이다.

02 직업성 천식을 유발하는 물질이 아닌 것은? [17 기사]

① 실리카
② 목분진
③ 무수트리멜리트산(TMA)
④ 톨루엔디이소시안산염(TDI)

03 건강영향에 따른 분진의 분류와 유발물질의 종류를 잘못 짝지은 것은? [13,16 기사]

① 진폐성 분진 - 규산, 석면, 활석, 흑연
② 불활성 분진 - 석탄, 시멘트, 탄화규소
③ 알레르기성 분진 - 크롬산, 망간, 황 및 유기성 분진
④ 발암성 분진 - 석면, 니켈카보닐, 아민계 색소

hint 알레르기성 분진은 털 등의 유기성 분진, 꽃가루, 나무가루, 포자 등과 니켈, 크롬 및 코발트와 기타 유기화합물 등이다. 크롬산은 피부에 궤양을 유발시키는 대표적인 물질이고, 망간은 신경염, 신장염, 중추신경장애를 일으키는 물질이다.

04 직업성 천식을 확진하는 방법이 아닌 것은? [17 기사]

① 작업장내 유발검사
② Ca-EDTA 이동시험
③ 증상 변화에 따른 추정
④ 특이항원 기관지 유발검사

hint Ca-EDTA 이동시험은 납중독 확인방법이다.

05 다음 중 분진 및 분진장해에 대한 설명으로 틀린 것은? [03 산업]

① $1\mu m$ 미만의 분진은 폐내에 침착될 가능성이 크며 오랜 시일에 걸쳐 섬유증식 또는 결절형성 등의 증상을 나타낸다.
② 털, 나무가루 등의 유기분진은 알레르기성 천식을 유발시킬 수 있다.
③ 석탄, 시멘트와 같이 많은 양의 분진을 흡입하지 않아도 유해작용이 큰 것을 불활성 분진이라 한다.
④ 석면, 카보닐 니켈은 발암성 분진이다.

hint 석탄, 시멘트와 같이 많은 양의 분진을 흡입하지 않는 한 유해작용이 없는 분진을 불활성 분진이라 한다.

■ **진폐증 유발분진** : 섬유증식, 결절형성, 폐결핵증 유발하는 것 → 유리규산, 석면, 활석, 산화베릴륨 등
■ **알레르기성 분진** : 알레르기성 천식, 피부병, 눈병 등 유발하는 것 → 꽃가루, 털, 나무분진 등
■ **전신중독성 분진** : 중추신경계, 신장, 조혈기능 장애를 일으키는 것 → 수은, 납, 카드뮴, 망간, 안티몬, 베릴륨 등의 금속과 비소, 인, 셀레늄, 유황 등의 화합물로 구성된 분진
■ **자극성 분진** : 눈, 호흡기 및 소화기 점막 및 피부자극, 궤양을 형성하는 것 → 산·알칼리·불화물의 염류, 크롬산염류 등
■ **불활성 분진** : 많은 양을 흡입하지 않는 한 유해한 작용이 없는 것 → 석탄, 석회석, 시멘트 분진 등
■ **발암성 분진** : 인체에 암을 일으킬 수 있는 것 → 석면, 카보닐 니켈, 아민계 분진 등

06 주로 비강, 인후두, 기관 등 호흡기의 기도부위에 축적됨으로써 호흡기계 독성을 유발하는 분진은? [19 기사]

① 흡입성 분진
② 호흡성 분진
③ 흉곽성 분진
④ 총부유 분진

hint 흡입성 분진은 $0 \sim 100\mu m$ 범위로 호흡기의 모든 부위에 침착하여 독성을 유발하는 분진이다.

정답 | 01.① 02.① 03.③ 04.② 05.③ 06.①

예상 08
- 기사 : 00,02,04,06
- 산업 : 출제대비

석면 중 발암성이 가장 강한 형태로 알려진 것은?

① Chrysotile   ② Amosite
③ Crocidolite   ④ Tremolite

해설 석면 중 발암성이 가장 강한 형태는 청석면(크로시도라이트, Crocidolite)이다. 한편, 백석면(온석면-크리소타일Chrysotile)이 발암성이 가장 낮다.   답 ③

【참고】 석면의 종류와 특징

구 분		이미지	특 징
사문석계열	백석면 (온석면) 크리소타일 (Chrysotile)		• 분자식 : $3MgO \cdot 2SiO_2 \cdot 2H_2O$ • **실리카와 마그네슘**이 주성분임 • 사용량 가장 많음(세계 93% 이상) • **꼬인 물결모양**의 섬유다발 • 강도 우수, 가늘고 부드러워 잘 휘어짐 • 가열하면 **무색 → 밝은 갈색**으로 됨 • 질이 좋은 것은 실이나 직물로 이용됨 • **발암성이 가장 약함**
각섬석계열	황석면 (갈석면) 아모사이트 (Amosite)		• 분자식 : $(Fe,Mg)SiO_2(H_2O)$ • **실리카와 산화철**이 주성분임 • 곧고, 다발 끝은 **빗자루처럼 분산** • 내열성, 내약품성이 강함 • 섬유의 강도는 약함 • 가열하면 **무색 → 갈색**으로 됨 • 발암성 : **청석면 > 황석면 > 백석면**
	청석면 크로시도라이트 (Crocidolite)		• 분자식 : $NaFe(SiO_3)/FeSiO_3/H_2O$ • **실리카와 산화철**이 주성분임 • 철분의 함량이 높아 청색을 띰 • 곧고, 다발 끝은 **빗자루처럼 분산** • 내열성, 내약품성이 강함 • 섬유의 **강도가 가장 강함** • 폐에서 용해되지 않음 • **발암성이 가장 강함**
	기타	• 녹섬석(양기석) • 안소필라이트 • 규회석 • 비석 등	

종합연습문제

01 인체에 미치는 영향에 있어서 석면은 유리규산(free silica)과 거의 비슷하지만 구별되는 특징이 있다. 석면에 의한 특징적 질병 혹은 증상은? [16 기사]

① 폐기종
② 악성중피종
③ 호흡곤란
④ 가슴의 통증

hint 석면은 석면폐증, 폐암, 악성중피종을 유발하는 물질이다.

02 다음 중 주성분으로 규산과 산화마그네슘 등을 함유하고 있으며 중피종, 폐암 등을 유발하는 물질은? [19 산업][14 기사]

① 석면
② 석탄
③ 흑연
④ 운모

03 석면 흡입에 따라 발생할 수 있는 암의 종류와 가장 거리가 먼 것은? [03 기사]

① 중피종암
② 늑막암
③ 위암
④ 간암

04 다음 중 석면 발생예방 대책으로 적절하지 않은 것은? [12,19 기사]

① 석면 등을 사용하는 작업은 가능한 한 습식으로 하도록 한다.
② 석면을 사용하는 작업장이나 공정 등은 격리시켜 근로자의 노출을 막는다.
③ 근로자가 상시 접근할 필요가 없는 석면취급 설비는 밀폐실에 넣어 양압을 유지한다.
④ 공정상 기기의 밀폐가 곤란한 경우, 적절한 형식과 기능을 갖춘 국소배기장치를 설치한다.

hint 밀폐실에 넣어 음압을 유지한다.

05 다음 분진 중에서 악성중피종을 유발시키는 것은? [01,04 기사]

① 석면
② 유리규산
③ 활석
④ 유리섬유

06 다음 중 20년간 석면을 사용하여 브레이크 라이닝과 패드를 만들었던 근로자가 걸릴 수 있는 질병과 가장 거리가 먼 것은? [13 기사]

① 폐암
② 급성골수성백혈병
③ 석면폐증
④ 악성중피종

hint 급성골수성백혈병과 관련이 있는 오염물질은 벤젠이다.

07 다음 중 가장 적절한 기준이 되는 ( ) 안의 비율은? [00,02,03 산업]

> 섬유상 분진 특히 석면분진의 경우는 길이와 두께의 비가 (길이 : 두께)보다 큰 분진이 석면폐증을 잘 일으킨다.

① 2 : 1
② 3 : 1
③ 4 : 1
④ 5 : 1

08 호흡성 분진 중 석면이 비함유된 활석(Talc)의 노출기준으로 옳은 것은? [09 기사]

① $1mg/m^3$
② $2mg/m^3$
③ $5mg/m^3$
④ $10mg/m^3$

hint 활석(Talc)은 우리나라 고용노동부의 화학물질 및 물리적 인자의 노출기준에 의하면 석면이 함유되어 있지 않은 활석의 노출기준은 $2mg/m^3$으로 되어 있으며, 석면이 함유되어 있는 활석은 석면의 기준을 따르도록 하고 있다. 국제암연구소(IARC, International Agency for Research on Cancer)에서는 석면형 섬유를 함유한 활석을 Group 1(인체발암물질), 활석함유 바디파우더를 Group 2B(인체발암 가능물질), 석면형 섬유를 포함하지 않는 활석(흡입노출)을 Group 3(인체발암물질로 분류할 수 없는 물질)로 분류하고 있다.

정답 | 01.② 02.① 03.④ 04.③ 05.① 06.② 07.② 08.②

2 액체·기체상 유해물질의 특성과 영향

이승원의 minimum point

① 사염화탄소(CCl_4)

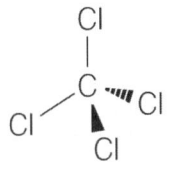

- 특성 : 무색의 불연성 액체, 약간의 향기, **탈지용 용매**로 사용
- 노출·흡수 : 호흡기, **피부흡수**(※ 피부흡수만으로도 중독 가능)
- 영향 → 간, 신장, 중추신경계
  - 중추신경계 억제(두통, 현기증, 구토, 설사, 적혈구 증가, 빈혈 등)
  - 신장 및 간기능 손상(**빈뇨·혈뇨**, 피로감, **황달** 등)
  - 만성노출의 경우 시야 협착, **간의 중심소엽성 괴사**, 무뇨증에 의한 사망

① 이황화탄소(CS_2)

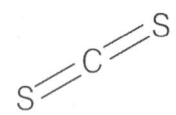

- 특성 : 상온에서 무색의 액체(공업용은 담황색), 황화수소와 비슷한 불쾌한 냄새, **인조견**(레이온 섬유)·셀로판·사염화탄소 제조에 사용
- 노출·흡수 : 호흡기 > 피부흡수
- 생물학적 노출지표 : 뇨(尿) 중의 **TTCA(티오티아졸리딘카본산)** 검사방법을 적용함
- 영향 → 감각·운동 신경계
  - 전신중독(비가역적 신경계 손상), 지질 대사장애, 고혈압 유병률 증가
  - 두통, 비타민(B_6)과 니코틴산의 대사장애, 동맥경화성 질환 유발

① 클로로폼($CHCl_3$)

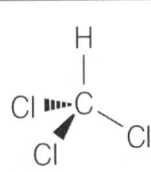

- 특성 : 상온에서 무색의 휘발성 액체, 자극적이지 않은 냄새
- 노출·흡수 : 호흡기
- 영향
  - 중추신경계, 간, 신장장애

① 메틸알코올(메탄올)(CH_3OH)

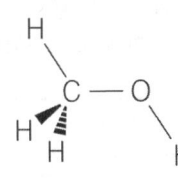

- 특성 : 상온에서 투명한 무색의 인화성 액, 물에 잘 용해, 연소 시 포름알데히드 같은 유독가스를 발생시킴
- 노출·흡수 : 흡입, 경구, 피부접촉
  - 체내 대사 : 메틸알코올 → 포름알데히드 → 개미산 → 이산화탄소
- 영향
  - **중추신경계** 중독증상, **시신경** 손상
  - 중독 시 **개미산(포름산)**에 의해서 독성작용이 나타남
  - 호흡기를 통한 메틸알코올 흡입에 의한 중독 사례는 비교적 드묾

① 벤젠(C_6H_6)

- **특성** : 상온에서 무색~옅은 노란색의 액체, 방향족 냄새
  - 인화성, 물에는 거의 녹지 않지만 유기용제나 기름에는 잘 녹음
  - 산화제와는 격렬하게 반응, 휘발성, 기화하기 쉬움
- **노출·흡수** : 호흡기, 소화기 < 피부
- **생물학적 노출지표** : 뇨(尿) 중 **페놀**(phenol)
- **영향**
  - 중추신경계 독성, 두통, 오심, 어지럼증
  - 골수 억제, **재생불량성 빈혈**, 급성 백혈병, 다발성 골수종 및 임파종 등

① 톨루엔($C_6H_5CH_3$)

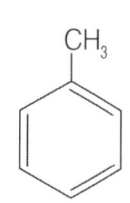

- **특성** : 상온에서 무색·투명한 휘발성 액체, 방향족 냄새
  - 물에 잘 녹지 않음
  - 인화성이 높음
- **노출·흡수** : 호흡기 > 피부흡수
- **생물학적 노출지표** : 뇨(尿) 중 **마뇨산**(hippuric acid)
- **영향 → 급성 전신중독**
  - 중추신경계 기능 저하
  - 호흡기 자극제로서 **화학성 폐렴**, 저산소증, 산증
  - 대사성 산증, 저칼륨혈증, 혈뇨, 단백뇨 등의 장애

① 클로로벤젠(C_6H_5Cl)

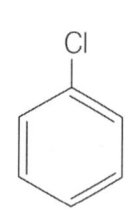

- **특성** : 상온에서 무색 또는 엷은 황색의 액체, 아몬드와 같은 냄새
  - 강한 산화제와 접촉하면 화재 및 폭발
  - 연소할 경우 염화수소, 포스겐 등의 유해가스 발생
- **노출·흡수** : 호흡기, 피부
- **영향**
  - 상기도와 눈에 자극증상
  - 피부점막의 자극과 중추신경계 장애
  - 간, 신(腎) 및 폐의 장해

① 페놀(C_6H_5OH)

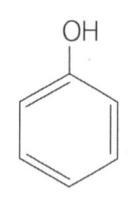

- **특성** : 상온에서 무색~분홍색의 결정형 고체, 특유의 달콤한 냄새
  - 열에 불안정, 증발성 낮음, 강한 산화제와 접촉하면 화재 및 폭발위험
- **노출·흡수** : 호흡기 > 눈 또는 피부 접촉, 경피
- **영향**
  - 조직에 대한 부식작용이 강하여 눈에 닿으면 실명 위험이 있음
  - 전신중독(폐 및 중추신경계의 기능장애)은 경피흡수에 의해서 잘 생김
  - 두통, 정신장애, 피부발진, 간 장애, 피부의 색소 감소 등

02. 입자·기체상 물질의 특성과 건강장애

ⓘ **크실렌**(자일렌)[$C_6H_4(CH_3)_2$]

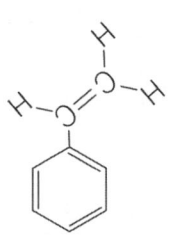

- **특성** : 상온에서 무색·투명한 인화성 액체, 방향족의 달콤한 냄새
  - 물에 불용성, 유기용제에 잘 녹음
  - 강한 산화제와 접촉하면 화재 및 폭발위험이 있음
- **노출·흡수** : 호흡기, 피부
- **생물학적 노출지표** : 뇨 중의 **메틸마뇨산**(methyl hippuric acid)
- **영향 → 급성 전신중독**
  - 중추신경계 장애, 안구조절장애(시야혼탁, 대부분의 경우 가역적)
  - 호흡기계 장애(점막자극, 폐부종, 호흡부전, 화학적 폐렴 등)
  - 기타 심혈관계, 신장, 간독성, 생식장애

ⓘ **스티렌**($C_6H_5CH=CH_2$)

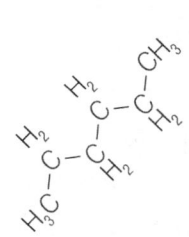

- **특성** : 상온에서 무색~황색의 기름형태 액체, 방향족의 달콤한 냄새
- **노출·흡수** : 호흡기
- **생물학적 노출지표** : 뇨(尿) 중 **만델산**(mandelic acid)
- **영향 → 급성 전신중독**
  - 신경계장애(두통, 피로, 불쾌, 긴장, 어지러움증 등)
  - 호흡기장애(천명음, 빈호흡 등), 염색체 변이 및 발암성 가능성
  - 생식독성(스티렌은 태반을 통과하므로 자연유산 등)

ⓘ **n-헥산**[$CH_3(CH_2)_4CH_3$]

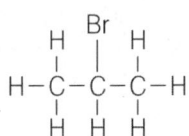

- **특성** : 상온에서 무색·투명한 액체, 가솔린과 비슷한 냄새
  - 가연성, 물에 난용성
- **노출·흡수** : 호흡기, 경피, 소화기관
- **생물학적 노출지표** : 뇨(尿) 중 **헥산디온**(2,5-hexanedione)
- **영향 → 말초신경의 이상감각**
  - 알케인(alkane, C_nH_{2n+2}) 중에서 **가장 독성이 강한 물질**
  - 피부에 닿으면 곧 홍반과 출혈 등 자극증상이 생김
  - 근무력증, 사지의 지각상실, 발의 동통 … 가역적
  - 말초신경계 장애, **앉은뱅이 증후군**

ⓘ **2-브로모프로판**($CH_3CHBrCH_3$)

```
    Br
H   |   H
 \  |  /
H-C-C-C-H
 /  |  \
H   H   H
    H
```

- **특성** : 상온에서 무색의 액체, 에테르와 유사한 냄새
  - 발화 가능, 강염기 및 강산화제와 혼합해서는 안 됨
  - 물에 약간 용해성, 아세톤, 메탄올, 사염화탄소 등에 용해
- **노출·흡수** : 경구, 호흡기, 눈, 피부접촉
- **영향**
  - 생식기관 및 조혈기관 질환, 기억력장애, 정신집중장애, 수면장애 등
  - **부식작용이 강함**, 눈에 닿으면 실명 위험

⚛ 1,4-디옥산($C_4H_8O_2$)

- 특성 : 상온에서 무색의 가연성 액체, 에테르와 비슷한 냄새
  - 물과 모든 유기용제와 잘 섞임
  - 강한 산화제와 접촉하면 화재 및 폭발위험
- 노출·흡수 : 호흡기>눈, 피부

- 영향
  - 아무런 **사전 징후없이 심한 중독** 또는 치명적인 중독을 일으킬 수 있음
  - 눈, 코 자극하고, 졸음, 현기증, 구토, 복통,
  - **간과 신장에 독작용**

⚛ 디클로로메탄(CH_2Cl_2)

- 특성 : 상온에서 무색의 액체, 클로로폼과 비슷한 냄새
  - 비가연성, 강한 산화제·염기류 또는 활성금속과 접촉 시 발화 위험
- 노출·흡수 : 호흡기, 피부

- 영향 → 중추신경, 간·신장장애, 화학적 질식제
  - **표적장기 → 간(肝)**
  - 중추신경계 및 신경증상, 생식독성, 발암(췌장암)
  - 심장독성(체내에서 CO로 대사되어 COHb 형성), 생식독성

⚛ 1,2-디클로로에탄($C_2H_4Cl_2$)

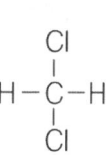

- 특성 : 상온에서 무색의 액체, 클로로폼과 비슷한 냄새
  - 물에 약간 녹지만 알코올, 에테르, 클로로폼에는 잘 녹음
  - 연소 시 염화수소, 포스겐과 같은 유독가스가 발생함
- 노출·흡수 : 호흡기, 피부

- 영향 → 중추신경, 간·신장장애
  - 경피로 흡수되어도 전신증상을 일으키는 특징이 있음
  - 액체, 증기가 눈에 닿으면 결막 출혈과 각막 손상을 입을 수 있음
  - 중추신경계 억제작용, 간과 신장을 손상

⚛ 테트라클로로에틸렌($Cl_2C=CCl_2$)

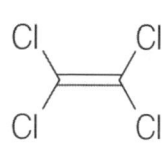

- 특성 : 상온에서 무색·투명한 불연성 액체, 에테르와 비슷한 냄새
  - 물에 난용성, 대부분의 유기용제에는 잘 녹음
  - 강한 산화제나 활성금속(바륨, 아연 등)과는 잘 반응
  - 분해되어 **염화수소, 포스겐 등의 유해가스를 발생**
- 노출·흡수 : 호흡기>피부접촉

- 영향 → 중추신경, 간·신장장애
  - 오심, 구토, 두통, 현기증, 식욕감퇴
  - 중추신경계 억제작용(마취제로 사용할 수 있을 정도는 아님)
  - 간 손상(간종대, 황달 등), 피부손상, 말초신경계의 손상

ⓘ **포스겐**(COCl₂)

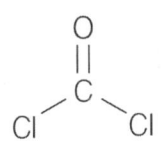

- □ 특성 : 상온에서 무색의 기체, 용이하게 액화, 저농도에서는 마른 풀 냄새
  - 불연성, 물에 약간 녹음
  - 가수분해될 경우 염화가스 발생
- □ 노출·흡수 : 호흡기>피부
- □ 영향 → 하기도 점막자극, 유독가스
  - **치명적인 유독·자극성** 가스(급성 노출 시 치명적임)
  - 표적장기는 호흡기계(폐부종, 청색증, 심부전 증상 등)
  - 폐기종, 폐섬유화, 폐쇄성 세기관지염 유발

ⓘ **포름알데히드**(HCHO)

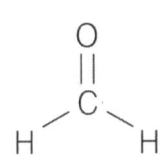

- □ 특성 : 상온에서 무색의 기체, 심한 자극성 냄새
  - 물에 매우 잘 녹음, 에테르, 알코올에도 잘 녹음, 강한 산화제로 작용
  - 37%(by weight) 포름알데히드는 **포르말린**으로 사용
- □ 노출·흡수 : 호흡기, 피부
- □ 영향 → 호흡기 자극
  - 호흡기 독성, 점막 자극(염증), 기도손상, 폐부종 및 폐렴
  - 폐쇄성 만성기관지염, 후두의 부종, 이형증식증(암의 전단계)

ⓘ **불화수소**(HF, Hydrogen Fluoride)

- □ 특성 : 강한 자극성 냄새, 물에 대한 용해도가 높음, 불연성
- □ 노출·흡수 : 호흡기
- □ 영향
  - 불산 용액이 피부에 직접 닿으면 조직이 파괴됨(동통성 화상)
  - 불소이온은 연부조직의 괴사 및 **뼈에 탈칼슘작용**을 함
  - HF는 호흡기 자극제, 청색증 및 폐수종 유발, 요추 및 골반 등에 불소 침착증

ⓘ **시안화수소**(HCN, Hydrogen Cyanide)

- □ 특성 : 일명 **청산**(cyanide)이라고도 한다. 26℃에서 담청색의 액체로 액화
  - 물과 알코올에 잘 녹지만 에테르에는 약간 녹음, 휘발성과 인화성 및 폭발성이 강함
  - Fe^{2+}과 친화력이 강함, 체내 산화효소(치토크롬 산화효소)와 화학적으로 굳게 결합 → 호흡효소와 혈색소의 산화방해·기능마비에 의한 저산소증 질식을 일으킴
- □ 노출·흡수 : 호흡기, 피부, 경구
- □ 영향 → 화학적 질식제
  - 경증의 중독증상은 무력증, 두통, 정신착란, 구역, 구토를 일으킴
- □ 치료
  - 질산아밀 흡입 → 질산나트륨을 정맥주사(메트헤모글로빈 형성, 순환 중의 시안이온과 굳게 결합시킴) → 티오황산나트륨 정맥주사 → 시안화합물을 독성이 낮은 시안화합물로 전환

PART 4 산업독성학

ⓘ 염소(Cl_2, Chlorine)
- 특성 : 강한 자극성의 냄새, 녹황색 가스, 불연성, 강산화제로 작용
- 노출·흡수 : 호흡기
- 영향 → 화학적 질식제
  - 1,000ppm의 고농도에서는 심호흡을 몇 번만 하더라도 사망에 이르게 됨
  - 폐렴, 피부 작열감, 염증·수포형성
  - 액체염소에 닿으면 눈과 피부에 화상을 입음

ⓘ 황화수소(H_2S, Hydrogen Sulfide)
- 특성 : 무색의 가연성 기체, 달걀 썩는 냄새
  - 하수구·발효조 등에서 발생
  - 공기 중 4.3% 이상이 되면 폭발할 수 있으며, 고온(260℃)에서는 자연발화의 위험이 있음
- 노출·흡수 : 호흡기
- 영향 → 화학적 질식제
  - 호흡효소인 **치토크롬 산화효소**(cytochrome oxidase)의 기능을 억제 → 산소이용 방해
  - 매우 낮은 0.1ppm 농도에서는 자극과 감각손실 일으킴
  - 1,000ppm 정도의 높은 농도에서는 **화학적 질식가스**로 작용
- 치료
  - 100% O_2를 투여하는 등의 조치가 필요함
  - 메트헤모글로빈혈증(methemoglobinemia)을 유도하는 약제(ⓒⓗ sodium nitrite 주사) 사용

ⓘ 암모니아(NH_3, Ammonia)
- 특성 : 실온에서 무색의 가연성 액체, 자극적인 냄새, 물에 대한 용해도가 높음
  - 알코올, 에테르에 매우 잘 녹음
  - 강한 산화제와 접촉(칼슘, 염화표백제, 금, 수은 및 은 등)할 경우 화재 및 폭발위험 있음
  - 할로겐화합물과는 격렬히 반응하며, 암모니아가 분해할 때는 질소산화물이 발생함
- 노출·흡수 : 호흡기, 경구 > 피부
- 영향
  - 암모니아는 눈, 호흡기 및 피부 및 점막에 강한 자극 유발
  - 기관지염, 폐렴, 폐수종, 폐부종 … 분홍색의 거품가래
  - 무수암모니아액이 피부와 점막에 닿았을 때 → 액체암모니아에 의한 동상, 수산화암모니아의 해리열에 의한 화상, 알칼리에 의한 화학적 화상 유발

ⓘ 염화수소(HCl, Hydrogen Chloride)
- 특성 : 무색의 기체, 강한 자극성 냄새, 물에 비교적 잘 용해됨
  - **인화성**과 **폭발성**은 **없음**, 다만, 활성금속과 접촉하면 발열하는 특성이 있음
  - 일부 합금을 제외한 거의 모든 금속에 대해 부식성을 가짐
- 노출·흡수 : 호흡기
- 영향
  - 눈 및 호흡기계 점막자극, 만성 기관지염, 비중격 궤양, 위염, 피부염, 피부변색, 실명 등
  - 눈에 닿으면 비록 희석된 산이라 하더라도 결막부종과 각막손상이 일어날 수 있음

- ⓘ **골수장애로 재생불량성 빈혈을 유발하는 물질** : 벤젠, 2-브로모프로판, TNT(trinitrotoluene)

■ **유기용제**(Organic Solvent)
  - **개념** : 어떤 물질을 녹일 수 있는 액체상태의 유기화학물질을 총칭함
  - **분류** : 화학구조에 따라 → 탄화수소계, 할로겐화 탄화수소, 알코올류, 알데히드류, 에스테르류, 에스테르류, 케톤류, 글리콜유도체, 기타 이황화탄소 등으로 분류됨
  - 일반적인 성질
    □ 상온·상압 하에서 액체이고 휘발하기 쉽고, 화학적으로 비교적 안정하다.
    □ 물질의 성질을 변화시키지 않고 용해시키고, 기름이나 지방을 잘 녹인다.
    □ 피부에 묻으면 지방질을 통과하여 체내에 흡수된다.
    □ 쉽게 증발하여 호흡기를 통하여 잘 흡수된다.
    □ 인화성이 있고, 중독성이 강하여 뇌와 신경에 해를 끼쳐 마취작용과 두통을 유발한다.
  - 공통적인 독성작용
    □ 피부의 지방과 콜레스테롤을 녹임 → 피부염, 점막에 자극으로 염증반응 유발
    □ 지방이 많은 골수, 중추신경계, 부신피질 등에 친화성이 있음 → 중추신경계(CNS) 마취작용
    □ 중추신경계 활성 억제작용 → 크기 : **할로겐화합물 > 에테르 > 에스테르 > 유기산 > 알코올 > 알칸**
    □ 피부탈지에 의한 피부장애
    □ 급성중독 증상 : 피로감, 흥분, 두통, 메스꺼움, 현기증, 식욕감퇴, 만복감, 심계항진, 숨참, 근경련, 의식상실 등
    □ 만성중독 : 간·신장장애, 소화기계 장애, 조혈기능 장애 등

- ⓘ **비특이적 증상** : 주된 비특이증상 → **중추신경계에 억제** 증상

- ⓘ **특이 증상**
  - 물질별 대표적 증상
    □ 벤젠 : **조혈장애, 재생불량성 빈혈**
    □ 할로겐화 탄화수소(염화탄화수소, 포르말린 등) : 간장장애 및 신장장애
    □ 메틸알코올 : **시신경 장애**
    □ 노말헥산 및 메틸부틸케톤 : 말초신경 장애
    □ 이황화탄소 : 급성마비, 중추신경·말초신경 장애, 시각 및 청각장애, 심장장애
    □ 글리콜에테르류 : 조혈 및 생식기 장애
    □ 2-브로모프로판(2-bromopropane) : 조혈 및 생식기능 장애
    □ 염화비닐 : 간의 **혈관육종**(hemangiosarcoma)
  - 신경계 독성작용별 유기용제의 종류
    □ 급성 정신병을 동반한 독성 뇌 병증 → 이황화탄소(CS_2)
    □ 시신경염과 시신경 위축 → **메틸알코올**
    □ 치사 가능한 급성독성 뇌 병증 → 염화메틸, 브롬화메틸
    □ 말초신경 장애 → 노말헥산, 메틸부틸케톤, 이황화탄소(CS_2)
    □ **청각신경 장애** → 톨루엔, 크실렌, 헥산, 트리클로로에틸렌, 이황화탄소 등

PART 4 산업독성학

예상 01
- 기사 : 17
- 산업 : 출제대비

어느 근로자가 두통, 현기증, 구토, 피로감, 황달, 빈뇨 등의 증세를 보인다면, 어느 물질에 노출되었다고 볼 수 있는가?

① 납
② 황화수은
③ 수은
④ 사염화탄소

해설 사염화탄소(CCl_4)에 고농도로 단기간 노출될 경우 중추신경계 억제효과에 따른 지속적인 두통, 현기증, 구토, 간부위 압통, 오심, 설사, 그 외 심부정맥, 적혈구 증가, 빈혈증상이 나타나고, 급성 노출 후 며칠이 경과 되면 신장 및 간에 장애가 나타나면서 빈뇨·혈뇨, 황달 등의 증세를 보인다. **답** ④

유.사.문.제

01 할로겐화 탄화수소인 사염화탄소에 관한 설명으로 틀린 것은? [11,19 기사]
① 생식기에 대한 독성작용이 특히 심하다.
② 고농도에 노출되면 중추신경계 장애 외에 간장과 신장 장애를 유발한다.
③ 신장장애 증상으로 감뇨, 혈뇨 등이 발생하며, 완전 무뇨증이 되면 사망할 수도 있다.
④ 초기증상으로는 지속적인 두통, 구역 또는 구토, 복부선통과 설사, 간압통 등이 나타난다.

hint 생식기 독성을 유발하는 물질은 CS_2, 염화비닐, 알킬화제, PCB, DDT 등의 화학물질과 카드뮴, 망간, 납, 수은 등의 중금속류 등이다. 사염화탄소에 대한 실험동물에 의하면 주요 표적장기는 간이다. 인체에서는 신(콩팥) 손상에 따른 신부전이 주요 사망원인으로 알려져 있다.

02 유해화학물질에 의한 간의 중요한 장애인 중심소엽성 괴사를 일으키는 물질 중 대표적인 것은? [01,04,06②,14,19 기사]
① 에틸렌글리콜
② 사염화탄소
③ 이황화탄소
④ 수은

03 고농도에 폭로 시 간장이나 신장장애를 유발하며, 초기증상으로 지속적인 두통, 구역 및 구토, 간 부위의 압통 등의 증상을 일으키는 할로겐화 탄화수소는? [07 기사]
① 사염화탄소
② 벤젠
③ 에틸아민
④ 에틸알코올

04 다음 중 탈지용 용매로 사용되는 물질로 간장, 신장에 만성적인 영향을 미치는 것은 어느 것인가? [11 기사]
① 크롬
② 사염화탄소
③ 유리규산
④ 메탄올

05 인체의 주요 기관별로 유해물질에 의한 중독 영향을 고려할 때, 각 기관과 장애를 주는 유해물질을 옳게 짝지은 것은? [00,03 기사]
① 신장 : 4-aminodiphenyl
② 조혈기관 : 카드뮴과 수은
③ 방광 : 벤젠과 TNT
④ 간 : 사염화탄소(CCl_4)

hint 신장장애물질-할로겐화 탄화수소, 우라늄 등, 조혈장애물질-벤젠, 납, TNT 등, 방광장애물질-벤지딘, 클로로폼 등이다.

06 다음 중 피부로부터 흡수되어 전신중독을 일으킬 수 있는 물질은? [14 기사]
① 질소
② 포스겐
③ 메탄
④ 사염화탄소

07 다음 중 냄새가 있는 무색액체로서 백혈병을 유발하는 것으로 확증된 물질은? [07 기사]
① 톨루엔
② 벤젠
③ 시클로헥산
④ 크실렌

정답 01.① 02.② 03.① 04.② 05.④ 06.④ 07.②

02. 입자·기체상 물질의 특성과 건강장애

- 기사 : 02,06,17
- 산업 : 출제대비

이황화탄소(CS₂)에 중독될 가능성이 가장 높은 작업장은?

① 비료제조 및 초자공 작업장
② 유리제조 및 농약제조 작업장
③ 타르, 도장 및 석유정제 작업장
④ 인조견, 셀로판 및 사염화탄소 생산작업장

해설 이황화탄소(CS₂)가 가장 많이 사용되는 용도는 비스코스 레이온 섬유(인조견)와 셀로판 생산(약 45%)이며, 사염화탄소(carbon tetrachloride) 제조에 30% 정도 사용된다. 이 외에 농약, 농작물 훈증제, 유지, 왁스, 수지제조, 성냥제조 등에 사용된다. **답** ④

유.사.문.제

01 다음 중 이황화탄소(CS₂)에 관한 설명으로 틀린 것은? [00,05,06②,15 기사]

① 감각 및 운동 신경에 장애를 유발한다.
② 생물학적 노출지표는 소변 중의 삼염화에탄올 검사방법을 적용한다.
③ 휘발성이 강한 액체로서 인조견, 셀로판 및 사염화탄소의 생산, 수지와 고무제품의 용제에 이용된다.
④ 고혈압의 유병률과 콜레스테롤수치의 상승빈도가 증가되어 뇌, 심장 및 신장에 동맥경화성 질환을 초래한다.

hint 이황화탄소의 생물학적 노출지표는 뇨(尿) 중의 TTCA(티오티아졸리딘카본산) 검사방법이 적용된다.

02 이황화탄소에 관한 설명으로 틀린 것은? [04 기사]

① 냉각제, 금속세척, 황화수소 제조에 흔히 사용된다.
② 휘발성이 매우 높은 무색액체이다.
③ 대부분 상기도를 통해서 체내에 흡수된다.
④ 생물학적 폭로지표로는 TTCA 검사가 이용된다.

03 이황화탄소를 취급하는 근로자를 대상으로 생물학적 모니터링을 하는데 이용될 수 있는 생체내 대사산물은? [19 기사]

① 소변 중 마뇨산
② 소변 중 메탄올
③ 소변 중 메틸마뇨산
④ 소변 중 TTCA

04 다음 중 장시간 동안 고농도에 노출되면 기질적 뇌손상, 말초신경병, 신경행동학적 이상과 심장장애를 일으키는 물질은? [08 기사]

① 메탄   ② 니트로벤젠
③ 메틸알코올   ④ 이황화탄소

hint 이황화탄소에 의한 건강장애는 고혈압의 유병률과 콜레스테롤치의 상승빈도가 증가되어 뇌, 심장 및 신장의 동맥경화성 질환을 초래한다. 또한 장시간 동안 고농도에 노출되면 기질적 뇌손상, 말초신경병, 신경행동학적 이상과 심장장애를 일으킨다.

05 휘발성이 매우 높은(비점 46℃) 무색액체로서 주로 인조견과 셀로판 생산에 사용되며, 사염화탄소의 제조에도 흔히 이용되고 중추신경계에 대한 특징적인 독성작용으로 심한 급성 혹은 아급성 뇌병증을 유발하는 물질은? [03 기사]

① 메탄올   ② 글리콜에틸류
③ 불화탄소   ④ 이황화탄소

정답 | 01.② 02.① 03.④ 04.④ 05.④

PART 4 산업독성학

- 기사 : 00,02,07,08,09,10③,13
- 산업 : 출제대비

예상 03 다음 물질을 급성 전신중독 시 독성이 가장 강한 것부터 약한 순서대로 나열한 것은?

> 벤젠, 톨루엔, 크실렌

① 크실렌 > 톨루엔 > 벤젠
② 톨루엔 > 크실렌 > 벤젠
③ 톨루엔 > 벤젠 > 크실렌
④ 벤젠 > 톨루엔 > 크실렌

해설 톨루엔은 벤젠과 같이 재생불량성 빈혈(Aplastic anemia)과 같은 만성 혈액학적 영향은 일으키지 않지만 고농도에서 노출될 경우, 급성 전신중독의 독성은 매우 강하다. 따라서 급성 전신중독의 독성 크기를 나타내면 **톨루엔 > 크실렌 > 벤젠**의 순서가 된다. 각 화학물질에 높은 농도로 노출되었을 경우 나타날 수 있는 인체의 영향을 살펴보면 다음과 같다.

■ **톨루엔**($C_6H_5CH_3$)의 마취작용은 고농도에서 급속한 중추신경계 기능 저하와 혼수상태를 일으킨다. 액체상태나 가스상태의 경우에는 피부로도 흡수되는데 <u>625mg/kg</u>의 톨루엔을 경구 섭취한 뒤 사망한 사례가 보고된 바 있다.

■ **크실렌**($C_6H_4(CH_3)_2$)에 다량으로 노출될 경우 중추신경계의 영향을 받게 된다. 200ppm 이상에서 눈과 호흡기를 자극하고, 부정맥 유발효과에 따른 심근의 감수성을 증가시키며, <u>700ppm 이상</u>의 크실렌을 흡입할 경우 30분에서 60분 후에 중추신경계에 증상이 나타난다.

■ **벤젠**(C_6H_6)의 급성독성도 중추신경계에 영향을 미치는데 500ppm 미만의 저농도 노출에서는 두통, 오심, 어지럼증을 일으키며, 고농도 노출(<u>3,000ppm 이상</u>)에서는 의식변화, 혼수, 호흡정지를 일으킬 수 있다.

답 ②

유.사.문.제

01 방향족 탄화수소 중 저농도에 장기간 폭로되어 만성중독을 일으키는 경우, 가장 위험하다고 할 수 있는 유기용제는? [01,03,04,08,10,15 기사]

① 벤젠
② 톨루엔
③ 클로로폼
④ 사염화탄소

hint 문제의 전제조건이 저농도에 장기간 폭로되어 만성중독을 일으키는 경우 가장 위험한 물질은 벤젠이 된다.
방향족 화합물 중 벤젠은 저농도라도 장기간 노출되면 골수 및 조혈기능 장애(백혈병 등)를 유발하지만 톨루엔과 크실렌은 골수 및 조혈기능 장애를 유발하지 않는다.

02 염료, 합성고무 등의 원료로 사용되며 저농도로 장기간 폭로 시 혈액장애, 간장장애를 일으키고 재생불량성 빈혈, 백혈병을 일으키는 유해화학물질은? [05,17 산업][04,12 기사]

① 노말헥산
② 벤젠
③ 사염화탄소
④ 알킬수은

03 방향족 탄화수소 중 급성 전신중독을 유발하는데 독성이 가장 강한 물질은? [03,04 기사]

① 벤젠
② 크실렌
③ 톨루엔
④ 스타이렌

정답 ▌ 01.① 02.② 03.③

■ 기사 : 02,09
■ 산업 : 출제대비

방향족 탄화수소 중 만성노출에 의한 조혈장애를 유발시키는 것은?

① 벤젠 ② 톨루엔
③ 클로로폼 ④ 나프탈렌

해설 방향족 탄화수소 중 만성노출에 의한 조혈장애를 유발시키는 것은 벤젠이다. 방향족 탄화수소는 고리 모양의 탄화수소 중 벤젠고리 및 그의 유도체를 포함한 탄화수소로서 여기에는 벤젠, 톨루엔, 크실렌(자일렌), 나프탈렌, 다환방향족 탄화수소(PAH) 등이 해당한다.

- **벤젠** : 벤젠 그 자체는 직접적으로 골수독성 성분으로 작용되지 않으나 체내에 유입된 후 대사과정 또는 대사산물에 의해 독성물질이 발생하게 되고, 이 독성성분이 혈액의 응고력을 저하시킴으로써 재생불량성 빈혈증을 유발하며 → 성장부전증 → 백혈병 등의 심각한 만성독성으로 전이 되는 것으로 알려지고 있다.
- **톨루엔** : 톨루엔은 골수 및 조혈기능 장애를 일으키지 않는다. 비가역적 신경장애와 간장 및 신장 장애를 유발한다.
- **나프탈렌** : 중추신경계, 자극, 백내장을 유발시킨다. 발암 가능 물질로도 보고되고 있다.
- **클로로폼** : 클로로폼의 표적장기는 중추신경계, 간, 신장이고, 고농도에 단시간 노출된 경우 중추신경계 독성을 보인다.

답 ①

유.사.문.제

01 골수장애로 재생불량성 빈혈을 일으키는 물질이 아닌 것은? [18 기사]

① 벤젠(benzene)
② 2-브로모프로판(2-bromopropane)
③ TNT(trinitrotoluene)
④ 2,4-TDI(Toluene-2,4-diisocyanate)

hint 2,4-TDI는 직업성 천식을 유발하는 대표적인 물질이다.

02 향기로운 방향이 있는 무색액체로서 백혈병을 유발하는 것으로 확증된 물질은? [00,04 기사]

① 톨루엔 ② 벤젠
③ 시클로핵산 ④ 크실렌

03 벤젠이 함유된 물질을 다량취급하여 발생되는 빈혈증은 어느 것인가? [03 기사]

① 용혈성 빈혈증
② 적혈구 색소감소 빈혈증
③ 재생불량성 빈혈증
④ 적혈구 모세포 빈혈증

04 벤젠에 관한 설명으로 틀린 것은? [18 기사]

① 벤젠은 백혈병을 유발하는 것으로 확인된 물질이다.
② 벤젠은 지방족화합물로서 재생불량성 빈혈을 일으킨다.
③ 벤젠은 골수독성(myelotoxin) 물질이라는 점에서 다른 유기용제와 다르다.
④ 혈액조직에서 벤젠이 유발하는 가장 일반적인 독성은 백혈구 수의 감소로 인한 응고작용 결핍 등이다.

05 석유정제공장에서 다량의 벤젠을 분리하는 공정의 근로자가 해당 유해물질에 반복적으로 계속해서 노출될 경우 발생 가능성이 가장 높은 직업병은 무엇인가? [11,17 기사]

① 신장 손상
② 직업성 천식
③ 급성골수성 백혈병
④ 다발성 말초신경 장애

정답 ┃ 01.④ 02.② 03.③ 04.② 05.③

종합연습문제

01 다음 중 벤젠에 관한 설명으로 틀린 것은? [11 기사]

① 벤젠은 백혈병을 유발하는 것으로 확인된 물질이다.
② 벤젠은 골수독성(myelotoxin) 물질이라는 점에서 다른 유기용제와 다르다.
③ 벤젠은 지방족화합물로서 재생불량성 빈혈을 일으킨다.
④ 혈액조직에서 벤젠이 유발하는 가장 일반적인 독성은 백혈구수의 감소로 인한 응고작용 결핍 등이다.

hint 벤젠은 방향족 화합물이며, 재생불량성 빈혈을 일으킨다.

02 산업장에서 사용되는 벤젠은 중독증상을 유발시킨다. 벤젠중독의 특이증상으로 가장 적절한 것은? [01,05,08 기사]

① 피부염과 피부암 발생
② 간과 신장의 장애
③ 조혈기관의 장애
④ 호흡기계 질환 및 폐암 발생

03 다음 중 유기용제에 대한 설명으로 틀린 것은? [15 기사]

① 벤젠은 백혈병을 일으키는 원인물질이다.
② 벤젠은 만성장애로 조혈장애를 유발하지 않는다.
③ 벤젠은 주로 페놀로 대사되며, 페놀은 벤젠의 생물학적 노출지표로 이용된다.
④ 방향족 탄화수소 중 저농도에 장기간 노출되어 만성중독을 일으키는 경우에는 벤젠의 위험도가 크다.

hint 저농도 벤젠에 장기간 폭로될 경우 만성장애로 혈액장애, 간장장애, 재생불량성 빈혈, 백혈병 등을 일으킨다.

04 벤젠(C_6H_6)에 관한 설명으로 알맞지 않은 것은? [04 기사]

① 주요 최종 대사산물은 페놀이며, 이것은 황산 혹은 글루크론산과 결합하여 소변으로 배출된다.
② 급성중독은 주로 골수손상으로 인한 급성 빈혈이며 심하면 사망에 이르기도 한다.
③ 고농도의 벤젠증기는 마취작용이 있으며 약하기는 하지만 눈 및 호흡기 점막을 자극한다.
④ 벤젠 폭로의 후유증은 백혈병이 발생한다는 것이 알려져 있다.

05 다음 중 벤젠에 의한 혈액조직의 특징적인 단계별 변화를 설명한 것으로 틀린 것은? [15 기사]

① 1단계 : 백혈구수의 감소로 인한 응고작용 결핍이 나타난다.
② 1단계 : 혈액성분 감소로 인한 백혈구 감소증이 나타난다.
③ 2단계 : 벤젠의 노출이 계속되면 골수의 성장부전이 나타난다.
④ 3단계 : 더욱 장시간 노출되어 심한 경우 빈혈과 출혈이 나타나고 재생불량성 빈혈이 된다.

hint 1단계는 벤젠이 체내에 유입된 후 대사과정 또는 대사산물에 의해 독성물질이 발생하게 되고, 이 독성성분이 혈액의 응고력을 저하시킴으로써 혈액성분 감소로 인한 백혈구 감소증이 나타난다. 2단계는 벤젠의 노출이 계속되면 골수의 과형성이 나타난다. 3단계는 빈혈과 출혈(잇몸출혈, 코피, 점상출혈 등)이 나타나고 재생불량성 빈혈이 된다. 4단계는 골수의 성장부전이 나타나면서 백혈병으로 발전하게 된다.

정답 ┃ 01.③ 02.③ 03.② 04.② 05.③

02. 입자·기체상 물질의 특성과 건강장애

 기사 : 02, 08, 11

예상 05 다음 중 탄화수소계 유기용제에 관한 설명으로 틀린 것은?

① 지방족 탄화수소 중 탄소수가 4개 이하인 것은 단순 질식제로서의 역할 외에는 인체에 거의 영향이 없다.
② 할로겐화 탄화수소의 독성의 정도는 할로겐원소의 수 및 화합물의 분자량이 작을수록 증가한다.
③ 방향족 탄화수소의 대표적인 것은 톨루엔, 크실렌 등이 있으며, 고농도에서는 주로 중추신경계에 영향을 미친다.
④ 방향족 탄화수소 중 저농도에서 장기간 노출되면 조혈장애를 일으키는 대표적인 것이 벤젠이다.

해설 할로겐화 탄화수소의 독성정도는 할로겐원소의 수 및 화합물의 분자량이 클수록 증가한다. 분자의 크기가 증가하면 전신독성도 증가하지만 방향족고리로 치환되거나 염소를 불소로 치환시키면 독성은 현저하게 저하된다.   **답** ②

【참고】 할로겐화 탄화수소류의 특성
- 할로겐화 탄화수소는 **불연성**이며, 화학반응성이 낮다.
- 고농도에서는 주로 **중추신경계**에 영향을 미친다.
- 할로겐화 탄화수소는 아드레날린에 대한 감수성을 변화시켜 심부정맥, 심장정지를 일으킬 수 있다.
- 독성의 정도는 할로겐원소의 수 및 화합물의 **분자량이 클수록 증가**한다.
- 분자의 크기가 증가하면 전신독성도 증가하지만 방향족고리로 치환되거나 염소를 불소로 치환시키면 독성은 현저하게 저하된다.
- 염화비닐 및 염화에틸렌 등의 **염소를 포함한 재료**가 고온에서 연소할 경우 독성이 강한 **포스겐, 염화수소** 및 **염소**를 발생시킨다.
- 마그네슘과 할로겐가스와 고온에서 작용하면 폭발적으로 반응하며 포스겐(맹독성 가스)이 발생된다.

유.사.문.제

01 다음 중 할로겐화 탄화수소에 관한 설명으로 틀린 것은? [01,04,05,18 기사]
① 대개 중추신경계의 억제에 의한 마취작용이 나타난다.
② 가연성과 폭발의 위험성이 높으므로 취급 시 주의하여야 한다.
③ 일반적으로 할로겐화 탄화수소의 독성의 정도는 화합물의 분자량이 커질수록 증가한다.
④ 일반적으로 할로겐화 탄화수소의 독성의 정도는 할로겐원소의 수가 커질수록 증가한다.

hint 할로겐화 탄화수소는 불연성이며, 화학반응성이 낮다.

02 다음 중 화기에 의하여 분해되면 유독성의 포스겐이 발생하여 폐수종을 일으킬 수 있는 유기용제는? [10 기사]
① 벤젠 ② 크실렌
③ 염화에틸렌 ④ 노말헥산

hint 염화비닐 및 염화에틸렌 등의 염소를 포함한 재료가 고온에서 연소할 경우 독성이 강한 포스겐, 염화수소 및 염소를 발생시킨다. 특히 마그네슘과 할로겐가스와 고온에서 작용하면 폭발적으로 반응하며 포스겐($COCl_2$)이 발생된다.

정답 | 01.② 02.③

- 기사 : 16
- 산업 : 16

예상 06
공기 중에 트리클로로에틸렌(trichloro-ethylene)이 고농도로 존재하는 작업장에서 아크용접을 실시하는 경우 트리클로로에틸렌이 어떠한 물질로 전환될 수 있는가?

① 사염화탄소 ② 벤젠
③ 이산화질소 ④ 포스겐

해설 트리클로로에틸렌(C_2HCl_3)이 고농도로 존재하는 작업장에서 아크용접을 실시하는 경우 포스겐, 염화수소 같은 유독가스와 증기가 발생될 수 있다. 포스겐($COCl_2$)은 매우 치명적인 자극성 가스로서, 표적장기는 하부 호흡기계, 피부 그리고 눈이다.   **답** ④

【참고】 포스겐이 발생될 수 있는 할로겐화 탄화수소류
- **사염화탄소**(CCl_4) : 연소할 경우 염화수소, 포스겐, 탄산가스 같은 유독가스와 증기가 발생된다.
- **클로로벤젠**(C_6H_5Cl) : 강한 산화제와 접촉하면 화재 및 폭발위험이 있으며, 연소할 경우 염화수소, 포스겐 등의 유해가스를 발생시킨다.
- **1,2-디클로로에탄**(ClH_2C-CH_2Cl) : 산화제나 활성금속과 반응성이 좋으며, 연소할 경우 염화수소, 포스겐과 같은 유독가스가 발생된다.
- **트리클로로에틸렌**($Cl_2C=CHCl$) 및 **테트라클로로에틸렌**($Cl_2C=CCl_2$) : 강한 산화제나 활성금속(바륨, 아연 등)과는 잘 반응하는 성질이 있고, 연소 시 염화수소, 포스겐 등의 유해가스를 발생시킨다.
- **염화비닐**($H_2C=CHCl$) 및 **염화에틸렌**(ClH_2C-CH_2Cl) : 고온에서 연소할 경우 독성이 강한 포스겐, 염화수소 및 염소를 발생시킨다. 특히 마그네슘과 할로겐가스와 고온에서 작용하면 폭발적으로 반응하며 포스겐(맹독성 가스)이 발생된다.

- 기사 : 00,03,16
- 산업 : 출제대비

예상 07
무색의 휘발성 용액으로서 도금사업장에서 금속표면의 탈지 및 세정용으로 사용되며, 간 및 신장 장해를 유발시키는 유기용제는?

① 톨루엔 ② 노르말헥산
③ 트리클로로에틸렌 ④ 클로로폼

해설 트리클로로에틸렌은 무색의 휘발성 용액으로서 금속표면의 탈지 및 세정용으로 사용되며, 간 및 신장 장애를 유발시키는 유기용제이다.   **답** ③

【참고】 트리클로로에틸렌(CCl_2CHCl)의 특성
- 트리클로로에틸렌은 발암성 1B(발암성 증거가 있는 물질), 생식세포 변이원성2(유전성 변이 유발성)로 분류되는 물질이다.
- 트리클로로에틸렌은 동물실험에서는 간암과 신장암의 발생을 증가시키는 것으로 보고되고 있다.
- 신장암 유발물질(신장암 : 트리클로로에틸렌, 클로로폼, 염소화비페닐, 콜타르 등) 중 하나이다.
- 간 장애를 일으킨다. 그 독성은 사염화탄소에 비하여 훨씬 약하다.(간 장애 : 사염화탄소, 클로로폼, 트리클로로에틸렌)
- 심장민감화 유발물질(트리클로로에틸렌, 톨루엔 등) 중 하나이다.
- 트리클로로에틸렌은 청각장애 물질(청신경 장애 : 트리클로로에틸렌, 톨루엔, 크실렌, n-헥산, 이황화탄소 등) 중 하나이다.
- 트리클로로에틸렌은 **스티븐스존슨 증후군**을 유발하는 원인물질로 알려져 있음
- 알레르기성 접촉성 피부염을 유발한다.(알레르기 물질 : PCE, 메틸알코올, 아크릴아미드 등)
- 여성은 월경불순, 남성은 성욕(libido)이 감소한다는 보고가 있다.

02. 입자·기체상 물질의 특성과 건강장애

■ 기사 : 01,05,07,09

유기용제별 특이증상을 잘못 짝지은 것은?

① 메탄올 – 시신경 장애
② 노말헥산 및 메틸부틸케톤 – 생식기 장애
③ 이황화탄소 – 중추신경 장애
④ 염화탄화수소 – 간 장애

해설 노말헥산 및 메틸부틸케톤은 말초신경 장애를 유발하는 물질이다. 생식기 장애를 유발하는 유기용제는 글리콜에테르, 브로모프로판(2-bromopropane) 등이다.   **답** ②

【재정리】 유기용제가 인체에 미치는 영향

[표] 물질별 증상

유기용제 종류	인체에 미치는 영향
▫ 벤젠	• 조혈장애
▫ 할로겐화 탄화수소(염화탄화수소, 포르말린 등)	• 간장장애 및 신장장애
▫ 메틸알코올(메탄올)	• 시신경 장애, 마취작용
▫ 노말헥산 및 메틸부틸케톤	• 말초신경 장애
▫ 이황화탄소	• 중추·말초신경 장애, 시각·청각신경 장애
▫ 에틸렌글리콜에테르류	• 조혈 및 생식기능 장애
▫ 2-브로모프로판(2-bromopropane)	• 조혈 및 생식기능 장애
▫ 염화비닐	• 간의 혈관육종(hemangiosarcoma)

[표] 신경계 독성작용별 유기용제의 종류

독성작용	유기용제 종류
▫ 급성 정신병을 동반한 독성 뇌 병증	• 이황화탄소(CS_2)
▫ 시신경염과 시신경 위축	• 메틸알코올(메탄올)
▫ 치사 가능한 급성독성 뇌 병증	• 염화메틸, 브롬화메틸
▫ 말초신경 장애	• 노말헥산, 메틸부틸케톤, 이황화탄소(CS_2)
▫ 청각장애	• 톨루엔, 크실렌, CS_2, 트리클로로에틸렌 등

유.사.문.제

01 다음 중 유기용제별 중독의 특이증상을 올바르게 짝지은 것은? [14 기사]

① 벤젠 – 간 장애
② MBK – 조혈장애
③ 염화탄화수소 – 시신경 장애
④ 에틸렌글리콜에테르 – 생식기능 장애

02 다음 중 유기용제와 그 특이증상을 짝지은 것으로 틀린 것은? [06,15 기사]

① 벤젠 – 조혈장애
② 염화탄화수소 – 시신경 장애
③ 메틸부틸케톤 – 말초신경 장애
④ 이황화탄소 – 중추신경 및 말초신경 장애

정답 ┃ 01.④ 02.②

PART 4 산업독성학

종합연습문제

01 다음의 유기용제와 그 특이증상을 짝지은 것 중 알맞지 않은 것은? [04 기사]
① 벤젠-조혈장애
② 염화탄화수소-간 장애
③ 이황화탄소-중추신경 및 말초신경 장애
④ 메틸부틸케톤-시신경 장애

02 다음 중 작업환경내의 유해물질과 그로 인한 대표적인 장애를 잘못 연결한 것은? [12 기사]
① 이황화탄소-생식기능 장애
② 염화비닐-간 장애
③ 벤젠-시신경 장애
④ 톨루엔-중추신경제 억제

> **hint** 벤젠-조혈장애. 시신경 장애를 유발하는 물질은 이황화탄소, 메틸알코올 등이다.

03 다음 유기용제의 노출에 따른 특이증상(가장 심각한 독성영향)에 대한 내용과 가장 거리가 먼 것은? [06 기사]
① 에틸렌글리콜에테르-생식기 장애
② 메탄올-시신경 장애
③ 염화탄화수소-간 장애
④ 노말헥산-중추신경 장애

> **hint** 노말헥산-말초신경 장애이다. 노말헥산은 alkane류 중에서 가장 독성이 강한 물질이며, 만성적으로 폭로되면 말초신경계 장애를 초래한다.

04 다음 중 유기용제에 관한 설명으로 틀린 것은? [07 기사]
① 톨루엔은 골수 및 조혈기능 장애를 일으킨다.
② 피용해물질의 성질을 변화시키지 않고 다른 물질을 녹일 수 있는 액체성 유기화합물질을 말한다.
③ 호흡기를 통하여 인체로 흡입되는 경우가 많다.
④ 알코올, 에스테르, 케톤류는 마취작용이 있다.

> **hint** 톨루엔과 크실렌(자일렌)은 골수 및 조혈기능 장애를 유발하지 않는다.

05 다음 중 이황화탄소(CS_2) 중독의 증상으로 가장 적절한 것은? [12 기사]
① 급성마비, 두통, 신경증상
② 피부염, 궤양, 호흡기질환
③ 치아산식증, 순환기 장애, 천식
④ 질식, 시신경 장애, 심장장애

06 다음의 유기용제 중 특이증상이 '간 장애'인 것으로 가장 적절한 것은? [00, 06 기사]
① 염화탄화수소   ② 벤젠
③ 노말헥산   ④ 에틸렌글리콜에테르

> **hint** 할로겐화 탄화수소(염화탄화수소, 사염화 탄소, 포르말린 등)는 간장장애 및 신장장애를 일으키는 대표적인 유기용제이다.

07 유기용제류의 산업중독에 관한 설명으로 적절하지 않은 것은? [11 기사]
① 간장장애를 일으킨다.
② 중추신경계를 작용하여 마취, 환각현상을 일으킨다.
③ 장시간 노출되어도 만성중독이 발생하지 않는 특징이 있다.
④ 유기용제는 지방, 콜레스테롤 등 각종 유기물질을 녹이는 성질 때문에 여러 조직에 다양한 영향을 미친다.

> **hint** 장시간 노출될 경우 만성중독이 발생된다. 유기용제는 피부의 지방과 콜레스테롤을 녹이는 성질로 인해 피부염, 점막의 염증반응을 일으킨다.

08 유기용제의 증기가 가장 활발하게 발생될 수 있는 환경조건은? [05 산업]
① 낮은 온도와 낮은 기압
② 높은 온도와 높은 기압
③ 높은 온도와 낮은 기압
④ 낮은 온도와 높은 기압

> **hint** 유기용제는 온도가 높을수록, 기압은 낮을수록 증발량은 증가한다.

정답 | 01.④ 02.③ 03.④ 04.① 05.① 06.① 07.③ 08.③

02. 입자·기체상 물질의 특성과 건강장애

 ▪ 기사 : 17

예상 09 최근 사회적 이슈가 되었던 유해인자와 그 직업병의 연결이 잘못된 것은?
① 석면 – 악성중피종
② 메탄올 – 청신경 장애
③ 노말헥산 – 앉은뱅이 증후군
④ 트리클로로에틸렌 – 스티븐슨존슨 증후군

해설 메탄올 - 신경장애, 시각장애이다. 청신경 장애 물질은 톨루엔, 크실렌, n-헥산, 이황화탄소 등이다. **답** ②

【참고】 알코올류

■ 특성
- 알코올류는 탄소수가 유사한 지방족 탄화수소류보다 강력한 중추신경계(CNS) 억제력을 가짐
- 알코올류의 중추신경계(CNS) 억제력은 **3차 알코올 > 2차 알코올 > 1차 알코올** 순서임
- 알코올류는 **분자의 크기가 작을수록** 자극성은 증가하지만 전신독성은 감소함
- 알코올류는 아민류, 알데히드류, 케톤류보다 자극성이 약함
- 메탄올은 호흡기, 위장관, 피부 등 모든 경로로 흡수될 수 있음(특히 피부 흡수율이 높음)
- 메탄올의 체내에서 메틸알코올 → 포름알데히드 → **개미산(포름산)** → 이산화탄소로 대사됨
- **개미산**이 대사성 산증을 유발하여 전신적인 중독증상을 유발함
- 메탄올 중독 시 개미산(포름산)에 의해서 독성작용이 나타나는 1차적인 부위는 **시신경**임
- 메탄올은 사망에 이르지 않은 농도에서도 **중추신경계** 중독, **시신경 손상**으로 실명을 가져 올 수 있음
- 에탄올은 피부혈관 확장, 심장혈관 억압, 위장분비 증가, 간장의 지방축적, 뇌하수체의 뇨(尿) 억제 호르몬의 방출억제 기능이 있음

■ 대책·치료
- 전반적인 작업환경 개선(최우선 순위)
- 메탄올보다 저독성 물질인 **에탄올(에틸알코올)**로 대체
- 메탄올을 취급하는 작업장에는 밀폐설비나 국소배기장치를 설치·가동
- 작업관리 및 보호구 착용 등
- 메탄올 중독 시 중탄산염의 투여와 혈액투석 치료가 도움이 됨

유.사.문.제

01 다음 중 메탄올에 관한 설명으로 틀린 것은? [12,19 기사]
① 자극성이 있고, 중추신경계를 억제한다.
② 특징적인 악성변화는 간 혈관육종이다.
③ 플라스틱, 필름제조와 휘발유 첨가제 등에 이용된다.
④ 메탄올 중독 시 중탄산염의 투여와 혈액투석 치료가 도움이 된다.

hint 메탄올의 특이증상은 시신경, 망막 및 관련 신경절세포(ganglion cells)에 영향을 미친다.

02 메탄올이 독성을 나타내는 대사단계를 바르게 나타낸 것은? [00,02,04,16,19 기사]
① 메탄올 → 에탄올 → 포름산 → 포름알데히드
② 메탄올 → 아세트알데히드 → 아세테이트 → 물
③ 메탄올 → 포름알데히드 → 포름산 → 이산화탄소
④ 메탄올 → 아세트알데히드 → 포름알데히드 → 이산화탄소

hint 메탄올의 체내에서 메틸알코올 → 포름알데히드 → 개미산 → 이산화탄소로 대사된다.

정답 ▎ 01.② 02.③

PART 4 산업독성학

예상 10 ▪ 기사 : 00,02,04,07

다음 중 메탄올에 대한 설명으로 틀린 것은?

① 메탄올은 공업용제로 사용되며, 신경 독성물질이다.
② 메탄올의 주요 독성은 시각장애, 중추신경계 작용억제, 혼수상태를 야기한다.
③ 메탄올은 호흡기 및 피부로 흡수된다.
④ 메탄올의 대사물인 포름산은 망막조직에 손상을 준다.

해설 메탄올은 체내에서 메틸알코올 → 포름알데히드 → 개미산(formicacid) → 이산화탄소로 대사되면서 생성된 개미산은 눈을 포함한 신체조직에 축적되어 대사성 산증을 야기하고 특징적인 안독성을 유발한다. 따라서 포름산은 망막조직보다는 시신경(視神經)을 손상시킨다. **답** ④

예상 11 ▪ 기사 : 12,16

유기용제의 화학적 성상에 따른 유기용제의 구분으로 볼 수 없는 것은?

① 시너류
② 글리콜류
③ 케톤류
④ 지방족 탄화수소

해설 유기용제는 화학구조에 따라 탄화수소계, 할로겐화 탄화수소, 알코올류, 알데히드류, 에스테르류, 에스터류, 케톤류, 글리콜유도체, 기타 이황화탄소 등의 유기용제로 분류된다. **답** ①

유.사.문.제

01 다음 중 작업환경내 발생하는 유기용제의 공통적인 비특이적 증상은? [01,03,14 기사]

① 중추신경계 활성억제
② 조혈기능 장애
③ 간 기능의 저하
④ 복통, 설사 및 시신경 장애

02 다음 중 유기용제 중독예방을 위한 가장 중요한 대책은? [00,04 산업]

① 일반 건강진단 실시
② 작업환경 개선
③ 보호구 착용
④ 작업시간 단축

hint 예방을 위한 가장 중요한 대책은 작업환경 및 공정개선이다. 독성물질을 사용하지 않는 공정으로 바꿈, 독성이 적거나 없는 다른 유기용제를 사용, 작업공정 밀폐, 국소배기장치 설치 등

03 다음 중 유기용제의 중추신경계에 대한 일반적인 독성작용의 원리로 틀린 것은? [12 기사]

① 불포화화합물은 포화화합물보다 더욱 강력한 중추신경 억제물질이다.
② 탄소사슬의 길이가 길수록 유기화학물질의 중추신경 억제효과는 증가한다.
③ 탄소사슬의 길이가 증가하면 수용성도 증가하고 지용성이 감소하여 체내 조직에 폭넓게 분포할 수 있다.
④ 유기분자의 중추신경 억제특성은 할로겐화 하면 크게 증가하고 알코올 작용기에 의하여 다소 증가한다.

hint 탄소사슬의 길이가 길수록 유기화학물질의 중추신경 억제효과는 증가하며, 수용성이 감소하지만 지용성은 증가한다.

정답 | 01.① 02.② 03.③

종합연습문제

01 유기용제의 중추신경계에 대한 일반적인 독성 작용에 관한 설명으로 틀린 것은? [05 기사]

① 탄소사슬의 길이가 길수록 유기화학물질의 중추신경 억제효과는 증가한다.
② 탄소사슬의 길이가 증가하면 수용성은 감소하고 반면 지용성이 증가한다.
③ 유기분자의 중추신경 억제특성은 일반적으로 할로겐화로 감소시킬 수 있다.
④ 불포화합물은 포화합물보다 더욱 강력한 중추신경 억제물질이다.

hint 유기할로겐분자의 중추신경 억제특성이 저감되거나 독성이 낮아지는 원리는 다음과 같다.
- 분자의 크기를 감소시킴
- 방향족 고리로 치환함
- 할로겐화를 파괴함
- 포화상태로 전환
- 염소를 불소로 치환시킴

■ 중추신경계 활성 억제작용의 크기
할로겐화합물 > 에테르 > 에스테르 > 유기산 > 알코올 > 알칸 순서이다.

02 다음 중 유기용제에 의한 중독을 예방하기 위한 대책과 가장 거리가 먼 것은? [11 기사]

① 유기용제를 취급하는 작업에 종사하는 근로자에 대하여는 정기적으로 일반 건강진단을 실시한다.
② 사업주가 작업환경 개선을 위해 생산공정의 변경, 생산, 설비의 밀폐 등의 방법으로 유해요인을 근원적으로 차단한다.
③ 작업환경 상태의 정확한 파악을 위하여 작업환경 측정을 실시하고 불량 작업장에 대하여는 환경을 개선한다.
④ 유기용제 취급자에게는 유기용제의 유해성에 관하여 정기적으로 교육시킨다.

hint 유기용제를 취급하는 작업에 종사하는 근로자에 대하여는 정기적으로 특수 건강진단을 실시하여야 한다.

03 다음 중 유기용제 중독자의 응급처치로 적절하지 않은 것은? [07, 09 기사]

① 용제가 묻은 의복을 벗긴다.
② 의식장애가 있을 때는 산소를 흡입시킨다.
③ 차가운 장소로 이동하여 정신을 긴장시킨다.
④ 유기용제가 있는 장소로부터 대피시킨다.

hint 유기용제 중독환자는 보온과 안정에 특히 유의하여야 한다.

■ 사고 시 행동요령
- 급성중독의 위험이 있는 경우에는 현장으로부터 즉시 대피할 것
- 사고수습 투입자는 유기가스용 방독면 또는 송기마스크 등을 착용할 것
- 유기용제 등이 피부에 접촉된 경우에는 즉시 세제 또는 물로 씻어낼 것
- 눈에 접촉한 경우 즉시 많은 양의 물로 씻어내고 안과의사의 검진을 받을 것

■ 중독자에 대한 응급조치
- 유기용제가 있는 장소로부터 대피시킴
- 환기가 잘 되는 장소로 이동시킨 후 용제가 묻은 의복을 벗김
- 보온과 안정
- 의식이 있는 환자는 온수나 커피를 공급
- 의식장애가 있을 때는 산소를 흡입시킴

04 산업독성의 범위에 관한 설명으로 거리가 먼 것은? [14 기사]

① 독성물질이 산업현장이 생산공정의 작업환경 중에서 나타내는 독성이다.
② 작업자들의 건강을 위협하는 독성물질의 독성을 대상으로 한다.
③ 공중보건을 위협하거나 우려가 있는 독성물질의 치료를 목적으로 한다.
④ 공업용 화학물질 취급 및 노출과 관련된 작업자의 건강보호가 목적이다.

hint 산업독성의 범위는 치료를 목적으로 하는 것이 아니라 예방, 건강보호, 측정 및 평가를 목적으로 한다.

정답 ┃ 01.③ 02.① 03.③ 04.③

PART 4 산업독성학

예상 12
- 기사 : 18
- 산업 : 출제대비

다음 중 복사기, 전기기구, 플라즈마 이온방식의 공기청정기 등에서 공통적으로 발생할 수 있는 유해물질로 가장 적절한 것은?

① 오존 ② 이산화질소
③ 일산화탄소 ④ 포름알데히드

해설 복사기, 플라즈마 이온방식의 공기청정기 등에서 공통적으로 발생할 수 있는 유해물질은 오존이다. 오존의 시간가중 평균농도(TWA)는 0.08ppm으로 매우 낮다.

답 ①

유.사.문.제

01 불활성가스 용접에서는 자외선량이 많아 오존이 발생한다. 염화계 탄화수소에 자외선이 조사되어 분해될 경우 발생하는 유해물질로 맞은 것은? [16 기사]

① $COCl_2$(포스겐)
② HCl(염화수소)
③ NO_3(삼산화질소)
④ HCHO(포름알데히드)

02 체내 흡수된 화학물질의 분포에 대한 설명으로 틀린 것은? [14 기사]

① 간장과 신장은 화학물질과 결합하는 능력이 매우 크고, 다른 기관에 비하여 월등히 많은 양의 독성물질을 농축할 수 있다.
② 유기성 화학물질은 지용성이 높아 세포막을 쉽게 통과하지 못하기 때문에 지방조직에 독성물질이 잘 농축되지 않는다.
③ 불소와 납과 같은 독성물질은 뼈 조직에 침착되어 저장되며, 납의 경우 생체에 존재하는 양의 약 90%가 뼈 조직에 있다.
④ 화학물질이 혈장단백질과 결합하면 모세혈관을 통과하지 못하고 유리상태의 화학물질만 모세혈관을 통과하여 각 조직세포로 들어갈 수 있다.

hint 지용성 물질은 분배계수가 높고, 생체막의 통과가 용이하며, 통과속도가 빠르다.

03 다음 물질 중 뼈에 가장 많이 축적되는 것은? [00,04,07 기사]

① DDT ② 불소
③ PCB ④ 벤젠

hint 작업장에서 불화수소(Hydrogen Fluoride)의 흡수는 주로 호흡기를 통해서 일어난다. 그러나 소화관을 통한 흡수도 가능한데 이는 개인위생이 철저하지 못한 경우이거나, 폐에서 씻겨나오는 가래 등을 삼킴으로써 발생할 수 있다. 뼈가 주요한 저장장소이며, 소변으로 주로 배설된다.

04 다음 중 코와 인후를 자극하며, 중등도 이하의 농도에서 두통, 흉통, 오심, 구토, 무통각증을 일으키는 유해물질은? [13 기사]

① 브롬 ② 포스겐
③ 불소 ④ 암모니아

hint 코와 인후 자극성 물질로 중등도 이하의 농도에서 두통, 흉통 등을 일으키는 물질은 NH_3이다. 고농도에서는 호흡곤란, 기관지 경련, 흉통, 폐수종을 일으켜 치명적인 영향을 미친다.

05 유독가스에 관한 내용 중 틀린 것은? [03 산업]

① 이산화질소는 종말기관지 및 폐포점막 자극제이다.
② 크롬산은 상기도 점막 자극제이다.
③ 단순 질식제로는 일산화탄소, 질소 등이 있다.
④ 황화수소는 화학적 질식제이다.

hint CO는 화학적 질식제이다.

정답 | 01.① 02.② 03.② 04.④ 05.③

종합연습문제

01 다음 중 암모니아(NH_3)가 인체에 미치는 영향으로 가장 적절한 것은? [11 기사]
① 고농도일 때, 기도의 염증, 폐수종, 치아산식증, 위장장애 등을 초래한다.
② 용해도가 낮아 하기도까지 침투하며, 급성 증상으로는 기침, 천명, 흉부 압박감 외에 두통, 오심 등이 발생한다.
③ 전구증상이 없이 치사량에 이를 수 있으며, 심한 경우 호흡부전에 빠질 수 있다.
④ 피부, 점막에 작용하고, 눈의 결막, 각막을 자극하며, 폐부종, 성대경련, 호흡장애 및 기관지 경련 등을 초래한다.

hint 암모니아는 눈, 호흡기 및 피부에 대한 심한 자극제이다. 고농도에 노출되거나 흡입하면 각막 자극이 심하고 호흡곤란, 기관지 경련, 흉통, 폐수종을 일으켜 치명적이다. 흔히 분홍색의 거품 가래가 생기며 결과적으로 기관지염이나 폐렴을 일으키고 폐기능이 떨어진다.

02 다음 중 가스상태에 있어서 비중이 가장 작은 물질은? [00,03 산업]
① 암모니아 ② 포스겐
③ 일산화탄소 ④ 황화수소

hint 가스상 물질의 비중은 분자량이 작을수록 작은 물질이다. 분자량은 원자량의 합이며, 원자량은 C=12, H=1, O=16, S=32, N=14, Cl=35.5이고, 분자식은 암모니아(NH_3), 포스겐($COCl_2$), 일산화탄소(CO), 황화수소(H_2S)이다.

03 다음 중 천연가스, 석유정제산업, 지하석탄광업 등을 통해서 노출되고 중추신경의 억제와 후각의 마비증상을 유발하며, 치료로는 100% O_2를 투여하는 등의 조치가 필요한 물질은? [15,19 기사]
① 암모니아
② 포스겐
③ 오존
④ 황화수소

04 다음 중 가스상태에 있을 때 비중이 가장 큰 물질은? [00,05 기사]
① 암모니아
② 포스겐
③ 일산화탄소
④ 염화수소가스

05 이산화탄소가스의 비중은? (단, 0℃, 1기압 기준) [01,15 기사]
① 1.34
② 1.41
③ 1.52
④ 1.63

hint 기체비중 = $\dfrac{\text{대상가스 밀도}}{\text{공기밀도}}$ = $\dfrac{\text{분자량}/22.4}{\text{분자량}/22.4}$ = $\dfrac{44}{29}$ = 1.52

정답 │ 01.④ 02.① 03.④ 04.② 05.③

예상 13
- 기사 : 10
- 산업 : 출제대비

다음 중 혈색소와 친화도가 산소보다 강하여 $COHb$를 형성하여 조직에서 산소공급을 억제하며, 혈중 $COHb$의 농도가 높아지면 HbO_2의 해리작용을 방해하는 물질은?

① 일산화탄소 ② 아질산염
③ 방향족아민 ④ 염소산염

해설 CO에 폭로될 경우 혈액내로 흡수된 CO는 적혈구내 혈색소와 결합하여 HbCO를 형성하는데 CO의 혈색소와의 친화력은 산소에 비하여 약 210~240배나 된다.

답 ①

PART 4 산업독성학

【참고】일산화탄소의 영향과 치료

■ CO 농도에 따른 영향
- 0.02% : 2~3시간 노출 시 가벼운 두통
- 0.04% : 1~2시간 노출 시 앞두통, 2.5~3.5시간 노출 시 후두통
- 0.08% : 2시간 노출 시 실신
- 0.16% : 2시간 노출 시 사망
- 0.32% : 30분 노출 시 사망

■ CO 중독 시 치료
- 환기(창문 개방) 및 환자를 신선한 공기가 있는 장소로 옮김
- 의식이 없는 경우 심폐소생술
- 병원으로 이송(이송할 때 고농도의 산소공급 → 병원의 고압산소 치료)

■ 지표동물 : 카나리아

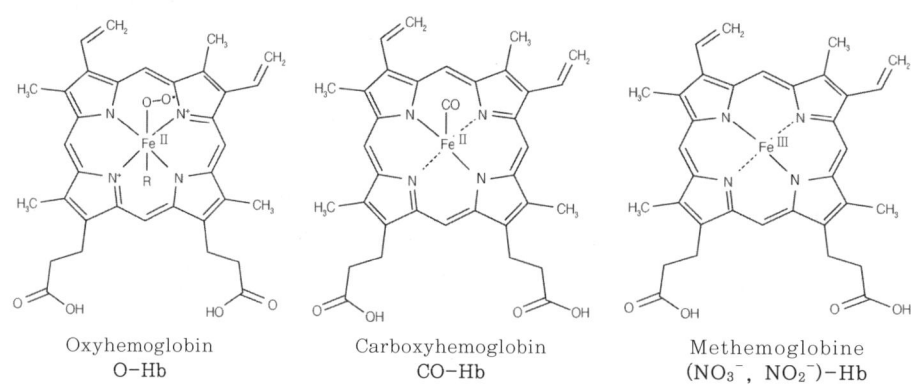

Oxyhemoglobin
O-Hb

Carboxyhemoglobin
CO-Hb

Methemoglobine
(NO_3^-, NO_2^-)-Hb

【참고】헤모글로빈에 영향을 미치는 질식제

■ 화학적 질식제 : 혈액 중 헤모글로빈과 결합하여 산소공급능력을 방해하거나 조직 세포내의 철 산화 효소를 불활성화(不活性化)시켜 세포의 산소수용능력을 상실시키는 물질 등이 이에 속함
- CO로 대사되어 영향을 주는 물질 : 일산화탄소, 디클로로메탄(CO와 CO_2로 대사)
- 철 산화효소를 불활성화 하여 영향을 주는 물질 : HCN, H_2S, 아닐린, 톨루이딘, 니트로벤젠 등

■ 메트헤모글로빈 형성물질 : 질산염, 이질산염으로 대사되는 물질(아닐린, 톨루이딘, 니트로벤젠, 니트로글리콜, 시안화수소와 그 화합물 등)

유.사.문.제

01 일산화탄소 중독과 관련이 없는 것은? [17 기사]
① 고압산소실
② 카나리아 새
③ 식염의 다량투여
④ 카르복시헤모글로빈(carboxyhemoglobin)

02 다음 중 적혈구의 산소운반 단백질을 무엇이라 하는가? [13 기사]
① 헤모글로빈   ② 백혈구
③ 혈소판   ④ 단구

hint 혈액은 혈장과 혈구로 이뤄지며 혈구는 적혈구, 백혈구, 혈소판으로 구분된다. 적혈구는 헤모글로빈이라는 단백질(산소운반 단백질)을 통해 산소를 운반한다.

정답 ┃ 01.③ 02.①

02. 입자·기체상 물질의 특성과 건강장애

• 기사 : 16

14 헤모글로빈의 철성분이 어떤 화학물질에 의하여 메트헤모글로빈으로 전환되기도 하는데 이러한 현상은 철성분이 어떠한 화학작용을 받기 때문인가?

① 산화작용 ② 환원작용
③ 착화물작용 ④ 가수분해작용

해설 질산염(Nitrate)이나 아질산염(Nitrite)은 혈액에 있는 헤모글로빈의 헴(heme)에서 Fe^{2+}에서 Fe^{3+}으로 전환시킴으로써 산소운반을 저해하는 메트헤모글로빈(Methemoglobine)을 형성시킨다. **답** ①

• 기사 : 00, 04, 07, 16

15 혈액독성의 평가내용으로 알맞지 않은 것은?

① 혈구용적 : 정상치보다 높으면 탈수증과 다혈구증이 의심된다.
② 혈색소 : 정상치보다 높으면 간장질환, 관절염이 의심된다.
③ 백혈구수 : 정상치보다 낮으면 재생불량성 빈혈이 의심된다.
④ 혈소판수 : 정상치보다 낮으면 골수기능 저하가 의심된다.

해설 혈색소가 정상치보다 높으면 혈색소증이 의심된다. **답** ②

[참고] 혈액 독성평가

평가항목	정상치	평 가
헤마토크리트 (혈구용적)	남자 : 40~54% 여자 : 36~47%	• 높을 때 : 탈수증, 다혈구증 의심 • 낮을 때 : 빈혈 의심
헤모글로빈 (혈색소)	남자 : 13.5~18g/100mL 여자 : 11.5~16.5g/100mL	• 높을 때 : 혈색소증 의심 • 낮을 때 : 빈혈, 신장과 간장질환, 관절염, 암 의심
적혈구수 (RBC)	남자 : 490~650만개/mm^3 여자 : 390~560만개/mm^3	• 높을 때 : 신장질환, 저산소증, 폐질환, 탈수증 의심 • 낮을 때 : 용혈성 빈혈, 재생불량성 빈혈 의심
백혈구수 (WBC)	4천~1만개/mm^3	• 높을 때 : 급성 충수염, 세균성감염, 백혈병 의심 • 낮을 때 : 재생불량성 빈혈, 바이러스 감염 의심
혈소판수	15만~45만개/mm^3	• 높을 때 : 만성 백혈병 의심 • 낮을 때 : 골수기능 저하, 감염증 의심

• 기사 : 16

16 화학물질의 독성특성을 설명한 것으로 틀린 것은?

① 혈액의 독성물질이란 임파액과 호르몬의 생산이나 그 정상 활동을 방해하는 것을 말한다.
② 중추신경계 독성물질이란 뇌, 척수에 작용하여 마취작용, 신경염, 정신장애 등을 일으킨다.
③ 화학적 질식성 물질이란 혈액 중의 혈색소와 결합하여 산소운반능력을 방해하여 질식시키는 물질을 말한다.
④ 단순 질식성 물질이란 그 자체의 독성은 약하나 공기 중에 많이 존재하면 산소분압을 저하시켜 조직에 필요한 산소공급의 부족을 초래하는 물질을 말한다.

PART 4 산업독성학

해설 혈액 독성물질이란 혈액에 존재하거나 혈액 세포와 결합하여 혈액의 기능에 영향을 주는 물질을 총칭한다. 산업위생에서 많이 취급되는 혈액 독성물질에는 CO, $COCl_2$, 질산염, 아질산염, 시안화수소, 벤젠, 톨루엔, 염화비닐 등이 있다.

답 ①

【참고】혈액의 구성과 기능 : 혈액은 혈장과 혈구로 이루어져 있다.

- **혈장** : 혈장은 액체성분으로 수용성 단백질인 혈청단백과 섬유소원, 영양물질과 노폐물 등이 용해되어 있다.
- **혈구** : 혈구 세포는 적혈구, 백혈구, 혈소판 등으로 구성된다.
  - 적혈구
    - 적혈구는 헤모글로빈이라는 단백질(산소운반 단백질)을 통해 산소분자를 운반한다.
    - 혈중 산도가 낮아지면 산소와 헤모글로빈의 결합력이 약해져 조직으로 산소를 내보낸다.
  - 백혈구
    - 백혈구는 과립구, 단구, 림프구로 나뉘며 이들은 외부의 침입에 대항하여 반응한다.
    - 과립구 중 호중구와 단구는 이물질을 세포내로 포식하고 소화시킨다.
    - 림프구는 외부 병원체에 대한 항체를 생성한다.
  - 혈소판 : 혈소판은 혈장내의 단백질과 함께 혈액의 응고에 중요한 역할을 한다.

 · 기사 : 01,05,08,16

17 장기간 노출될 경우 간 조직세포에 섬유화 증상이 나타나고, 특징적인 악성변화로 간에 혈관육종(hemangiosarcoma)을 일으키는 물질은?

① 염화비닐 ② 삼염화에틸렌
③ 메틸클로로폼 ④ 사염화에틸렌

해설 간에 혈관육종(혈관내피육종, hemangiosarcoma)을 유발하는 물질은 염화비닐이다.

답 ①

【참고】육종을 유발하는 유해인자(동물의 실험포함)
- 염화비닐(Vinyl Chloride) → 간의 혈관육종(hemangiosarcoma)
- 석면분진 → 중피종(mesotheliom)
- 1,3-부타디엔 → 림프육종(lymphosarcoma)

【참고】주요 간장 독성물질 : 염화비닐, 트리클로로에틸렌, 사염화탄소, 클로로폼, 테트라클로로에탄, 크레졸, 염소화비페닐, 삼산화비소 등

【참고】염화비닐(C_2H_3Cl)의 특성
- 염화비닐은 간세포의 증식과 비대, 국소적인 간세포의 변성 등을 유발한다. 특히 장기간 노출될 경우 간 조직세포에 **섬유화 증상** 및 **간의 혈관육종**을 유발하는 것으로 알려지고 있다.
- 염화비닐은 **간암 유발물질**(간암 : 디클로로메탄, 에틸렌아민, 염화비닐, 클로로포름 등) 중 하나이다.
- 염화비닐은 남성의 생식독성 유발(CS_2, 염화비닐, 알킬화제, PCB, DDT 등)물질 중 하나이다.
- 기타 혈소판 감소증, 혈장 단백질의 증가 현상이 나타나기도 한다.

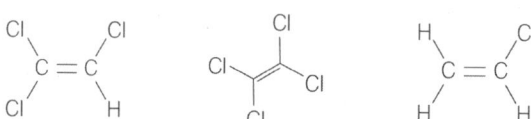

트리클로로에틸렌(PCE)   테트라클로로에틸렌(TCE)   염화비닐(VC)

02. 입자·기체상 물질의 특성과 건강장애

예상 18
- 기사 : 02,07,12,18

인체내 주요 장기 중 화학물질 대사능력이 가장 높은 기관은?
① 폐   ② 간장   ③ 소화기관   ④ 신장

해설 간장은 대사효소가 집중되어 분포하고 있고, 이들 효소활동에 의해 다양한 대사물질이 만들어지므로 다른 기관에 비해 독물에 가장 많은 영향을 받는다. **답 ②**

예상 19
- 기사 : 16,19
- 산업 : 출제대비

유해물질의 흡수에서 배설까지에 관한 설명으로 틀린 것은?
① 흡수된 유해물질은 원래의 형태든, 대사산물의 형태로든 배설되기 위하여 수용성으로 대사된다.
② 흡수된 유해화학물질은 다양한 비특이적 효소에 의하여 이루어지는 유해물질의 대사로 수용성이 증가되어 체외로 배출이 용이하게 된다.
③ 간은 화학물질을 대사시키고 콩팥과 함께 배설시키는 기능을 가지고 있는 것과 관련하여 다른 장기보다도 여러 유해물질의 농도가 낮다.
④ 유해물질은 조직에 분포되기 전에 먼저 몇 개의 막을 통과하여야 하며, 흡수속도는 유해물질의 물리화학적 성상과 막의 특성에 따라 결정된다.

해설 간은 다른 장기보다 여러 유해물질이 집중된다. 따라서 그 농도가 높다. 간의 다양한 기능을 살펴보면 다음과 같다.
   □ 중간대사 : 아미노산·지방산의 분해, 당의 글리코겐으로 변환·저장·방출
   □ 해독작용 : 체내 유입된 이물질을 무해한 것으로 변화시키거나 독성이 낮은 물질로 변환
   □ 혈구처리 : 수명이 다한 혈구의 파괴와 처리
   □ 외분비 작용 : 쓸개즙의 생산·분비
■ **간독성 물질** : 일반적으로 **할로겐원소**나 **니트로기**를 가지고 있는 화학종 **답 ③**

유.사.문.제

01 다음 중 신체적 결함으로 간기능 장애가 있는 작업자가 취업하고자 할 때 가장 적합하지 않은 직업은? [14 산업]
① 진동작업
② 유기용제 취급작업
③ 분진발생작업
④ 고열발생작업

hint 간독성 물질은 할로겐원소나 니트로기를 가지고 있는 유기화학물질이 많으므로 유기용제 취급작업에는 간기능 장애가 있는 작업자를 배치하지 않는 것이 바람직하다.

02 다음 중 유해물질의 생체내 배설과 관련된 설명으로 틀린 것은? [15 기사]
① 유해물질은 대부분 위(胃)에서 대사된다.
② 흡수된 유해물질은 수용성으로 대사된다.
③ 유해물질의 분포량은 혈중농도에 대한 투여량으로 산출한다.
④ 유해물질의 혈장농도가 50%로 감소하는데 소요되는 시간을 반감기라고 한다.

hint 유해물질은 대부분 간에서 대사된다. 간은 체내 유입된 이물질을 무해한 것으로 변화시키거나 독성이 낮은 물질로 변환·배설하는 기능을 한다.

정답 ▌01.② 02.①

종합연습문제

01 다음 중 유해화학물질에 노출되었을 때 간장이 표적장기가 되는 주요 이유로 가장 거리가 먼 것은? [15 기사]

① 간장은 각종 대사효소가 집중적으로 분포되어 있고, 이들 효소활동에 의해 다양한 대사물질이 만들어지기 때문에 다른 기관에 비해 독성물질의 노출 가능성이 매우 높다.
② 간장은 대정맥을 통하여 소화기계로부터 혈액을 공급받기 때문에 소화기관을 통하여 흡수된 독성물질의 2차 표적이 된다.
③ 간장은 정상적인 생활에서도 여러 가지 복잡한 생화학반응 등 매우 복합적인 기능을 수행함에 따라 기능의 손상 가능성이 매우 높다.
④ 혈액의 흐름이 매우 풍부하기 때문에 혈액을 통해서 쉽게 침투가 가능하다.

hint 간장은 문정맥을 통하여 소화기계로부터 혈액을 공급받기 때문에 소화기관을 통하여 흡수된 독성물질의 1차 표적이 된다.

02 폭로물질에 대하여 간장이 표적장기가 되는 이유와 가장 거리가 먼 것은? [01,04,06 기사]

① 간장은 체액의 전해질 및 pH를 조절하여 신체의 항상성 유지 등의 신체 조정역할을 수행하기 때문에 폭로에 민감하다.
② 간장은 혈액의 흐름이 매우 풍성하기 때문에 혈액을 통하여 쉽게 침투가 가능하다.
③ 간장은 매우 복합적인 기능을 수행하기 때문에 기능의 손상 가능성이 매우 높다.
④ 간장은 문정맥을 통하여 소화기계로부터 혈액을 공급받기 때문에 소화기관을 통하여 흡수된 독성물질의 1차 표적이 된다.

hint ①항은 신장(腎臟)에 대한 설명이다. 신장은 체액의 전해질 및 pH를 조절하여 신체의 항상성 유지 등의 신체 조정역할을 수행하기 때문에 폭로에 민감하다. 간장(肝臟)은 체내에 흡수된 물질의 대사작용에 의한 화학복합물을 생산하고 노폐물을 제거하며, 이화작용에 의해 체열과 에너지를 생산하는 기능을 한다.

03 다음 중 간장이 독성물질의 주된 표적이 되는 이유로 틀린 것은? [14 기사]

① 혈액의 흐름이 많다.
② 대사효소가 많이 존재한다.
③ 크기가 다른 기관에 비하여 크다.
④ 여러 가지 복합적인 기능을 담당한다.

04 신장을 통한 배설과정에 대한 설명으로 틀린 것은? [16 기사]

① 세뇨관을 통한 분비는 선택적으로 작용하며 능동 및 수동수송 방식으로 이루어진다.
② 신장을 통한 배설은 사구체 여과, 세뇨관 재흡수, 그리고 세뇨관 분비에 의해 제거된다.
③ 세뇨관내의 물질은 재흡수에 의해 혈중으로 돌아갈 수 있으나, 아미노산 및 독성물질은 재흡수 되지 않는다.
④ 사구체를 통한 여과는 심장의 박동으로 생성되는 혈압 등의 정수압의 차이에 의하여 일어난다.

hint 신장을 통한 독성물질의 배설은 사구체 여과, 세뇨관 재흡수, 그리고 세뇨관 분비에 의해 제거된다. 세뇨관을 통한 분비는 선택적으로 작용하는데 아연, 칼슘 등의 염과 필수금속, 아미노산과 포도당은 거의 완전히 재흡수 되고, 일부 중금속도 방광에 도달하기 전에 세뇨관 상피에서 재흡수 된다. 이때 재흡수 및 배설되는 비율은 소변의 pH, 아미노산의 종류와 양, 금속과 결합한 단백질, 상호작용 금속의 존재여부에 따라 달라진다.

정답 ▍ 01.② 02.① 03.③ 04.③

02. 입자·기체상 물질의 특성과 건강장애

예상 20

- 기사 : 13, 19

다음 중 페니실린을 비롯한 약품을 정제하기 위한 추출제 혹은 냉동제 및 합성수지에 이용되는 물질로 가장 적절한 것은?

① 클로로폼
② 브롬화메틸
③ 벤젠
④ 텍사클로로나프탈렌

해설 클로로폼(클로로포름)에 주로 노출되는 공정은 냉매 생산, 펄프 및 제지공장, 합성수지 제조, 약품 추출, 향수, 드라이클리닝 등이다. **답** ①

【참고】 클로로폼($CHCl_3$)의 특성
- 클로로폼의 표적장기는 중추신경계, 간, 신장이다. 저농도에 장시간 노출된 경우 간, 신장독성을 나타내며, 실험동물에서 발암성(간암과 신장암)이 확인된 물질이다.
- 클로로폼이나 에테르는 대표적인 지용성 물질로 혈액에 매우 잘 용해된다.
  • 발암 Group 2B : 클로로폼, 아세트알데히드, 삼산화안티몬 등
  • 간암 : 클로로폼, 디클로로메탄, 에틸렌아민, 염화비닐 등
  • 신장암 : 클로로폼, 트리클로로에틸렌(PCE), 염소화비페닐, 콜타르 등
  • 방광암 : 클로로폼, 벤지딘, 베타-나프틸아민, 3,3-디클로로 4,4-디아미노디페닐메탄 등

예상 21

- 기사 : 00, 03, 04, 06, 08, 18
- 산업 : 02, 06

염료, 합성고무 경화제의 제조에 사용되며 급성중독으로는 피부염, 급성방광염을 유발하며, 만성중독으로는 방광, 요로계 종양을 유발하는 유해물질은 다음 중 어느 것인가?

① 벤지딘
② 이황화탄소
③ 노말헥산
④ 이염화메틸렌

해설 방광암(膀胱癌)을 유발하는 물질은 벤지딘과 그 염, 클로로폼, 마젠타, 콜타르, 파라-디메틸아미노아조벤젠 등이다. 벤지딘은 자연적인 화학물질이 아닌 순수한 인공 화학물질로서 백색 혹은 황회색, 적회색의 결정이다. **답** ①

유.사.문.제

01 화기 등에 접촉하면 유독성의 포스겐이 발생하여 폐수종을 일으킬 수 있는 유기용제는? [16 기사]

① 벤젠
② 크실렌
③ 노말헥산
④ 염화에틸렌

02 '벤지딘(Benzidine)'에 장기간 직업적으로 폭로되었을 때 암이 발생 될 수 있는 인체부위로 가장 적절한 것은? [06, 10, 19 기사]

① 피부
② 뇌
③ 폐
④ 방광

03 발암성 물질로 알려진 PCB가 과거에 가장 많이 사용되었던 업종은? [03, 13 기사]

① 식품공업
② 전기공업
③ 섬유공업
④ 폐기물처리업

hint PCB(Polychlorinated BinPhenyl)는 TV·VTR 등 가전제품에서부터 컴퓨터·이동전화·인공위성 등에 이르기까지 모든 전자기기에 사용된다.

정답 ┃ 01.④ 02.④ 03.②

PART 4 산업독성학

예상 22
■ 기사 : 01,03,05

투명한 휘발성 액체로 페인트, 신나, 잉크 등의 용제로 사용되며 장기간 폭로될 경우, 독성 말초신경 장애가 초래되어 사지의 지각상실과 신근마비 등 다발성 신경장애를 일으키는 파라핀계 탄화수소의 대표적인 유해물질은?

① 벤젠
② 톨루엔
③ 클로로폼
④ 노말헥산

해설 노말헥산[n-Hexane, $CH_3(CH_2)_4CH_3$]은 가솔린과 비슷한 연한 냄새가 나는 무색·투명한 액체로 물에 잘 녹지 않는다. 빨리 건조하는 고무풀과 잉크의 용제, 종자의 기름 추출용 용제, 타이어 접착제, 테이프 제조, 반창고 제조, 붕대 제조, 세척제, 시험실 시약, 저온 측정용 온도계 제조 등에 사용된다. 노말헥산은 알케인(alkane)류 중에서 <u>가장 독성이 강한 물질</u>이다. 먹었을 경우, 메스꺼움, 현기증, 기관지나 위장관 자극증상, 그리고 중추신경계 억제증상이 나타난다. **답** ④

예상 23
■ 기사 : 00,05,07,12

알데히드류에 관한 설명으로 틀린 것은?

① 호흡기에 대한 자극작용이 심한 것이 특징이다.
② 포름알데히드는 무취, 무미하며 발암성이 있다.
③ 지용성 알데히드는 기관지 및 폐를 자극한다.
④ 아크롤레인은 특별히 독성이 강하다고 할 수 있다.

해설 포름알데히드(포름알데하이드)는 공기 중에서 1ppm 이하에서도 인지할 수 있는 심한 자극성 냄새가 나는 무색의 기체이다. 포름알데히드는 일차적 자극성 및 알러지성 피부염을 유발하고, 고농도에서는 암을 유발할 가능성이 높은 물질(발암성 1A)로 분류되고 있다. **답** ②

【참고】 알데히드(알데하이드, $CHCl_3$)**의 특성**
- 눈과 호흡기에 자극제(자극성 및 알러지성 피부염 유발)로 작용함
- 고농도에서 암을 유발할 수 있음
- 체내에서 매우 짧은 시간에 대사가 되므로 노출 직후에 호흡기 입구의 점막이나 혈중에서 포름알데히드를 검출하기가 어려움(특별한 **생체지표가 없는 것이 특징**)
- **포름알데히드**(HCHO) : 심한 자극성 냄새, 무색, 물에 매우 잘 녹음, 에테르·알코올에도 잘 녹음
  - 혈액암, 백혈병 유발물질(포름알데히드, 벤젠, TCE 등) 중 하나임
  - 폐암 유발물질(포름알데히드, 6가 크롬, 니켈, 비소, 카드뮴, 석면, 실리카, 베릴륨, 중크롬산, PAHs, 디클로로메탄, 벤조트리클로라이드, 에틸렌아민, 염화비닐 등) 중 하나임
  - 비강암 유발물질(포름알데히드, 카르보닐니켈, 황산디메틸 등) 중 하나임
- **아세트알데히드**(CH_3CHO) : 반응성이 매우 큼, 액상이나 증기상태 모두 가연성이 높음
  - 증기는 공기와 함께 가연성과 폭발성이 큰 물질을 형성
  - 경구 투입된 알코올의 중간 분해산물(술·에탄올 → 아세트알데히드 → 아세트산+물)
- **아크릴알데히드**(아크롤레인, $CH_2=CHCHO$) : 자극적인 냄새, 중합성이 있음(합성원료로 사용)
  - 아크롤레인은 특별히 독성이 강하다고 할 수 있음
  - 일차적 자극성 및 알러지성 피부염을 유발함
  - 고농도에서 암을 유발할 가능성이 높음
  - 지용성 알데히드(레틴알데히드 등)는 기관지 및 폐를 자극함

02. 입자·기체상 물질의 특성과 건강장애

- 기사 : 01,04,07,09,17,19
- 산업 : 출제대비

다핵방향족 화합물(PAH)에 대한 설명으로 틀린 것은?

① 톨루엔, 크실렌 등이 대표적이라 할 수 있다.
② PAH는 벤젠고리가 2개 이상 연결된 것이다.
③ PAH는 배설을 쉽게 하기 위하여 수용성으로 대사된다.
④ PAH의 대사에 관여하는 효소는 시토크롬 P-448로 대사되는 중간산물이 발암성을 나타낸다.

[해설] 다핵방향족 화합물(PAH)은 벤젠고리가 2개 이상인 것으로 PAH의 대표적인 물질인 벤조피렌을 비롯하여 나프탈렌, 안트라센, 페난트렌 등이 이에 속한다.

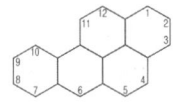 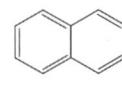 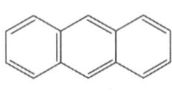 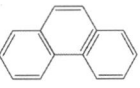

벤조(a)피렌   나프탈렌   안트라센   페난트렌

답 ①

【참고】 다환방향족 탄화수소(PAH)의 대사특성

■ **발생·흡수** : PAHs는 담배의 흡연 또는 연소공정, 철강제조업에서 석탄을 건류할 때나 아스팔트를 콜타르피치로 포장할 때 주로 생성되며, 비극성, 물에 난용성, 지용성의 안정된 물질임

■ **체내 대사특성**
- PAH는 호흡기 또는 소화기관을 통해서 흡수됨
- 체내에 유입된 PAHs는 **시토크롬**(cytochrome) **P-450**의 준개체단(subpopulation)에 의해 대사되고, 이러한 준개체단은 PAHs에 의해 유도됨
- 일반적으로 AHH 효소(Aryl Hydrocarbon Hydroxylase) 또는 **시토크롬 P-488**이라고 부름
- PAHs는 대사가 거의 되지 않는 난용성의 고리화합물이므로 체내에서는 배설되기 쉬운 **수용성형태**로 만들기 위하여 **수산화**(水酸化, hydroxylation)가 되어야 함
- 이를 위하여 산화아렌(arene oxide)을 형성하는데 아렌(Arene)의 산화물은 반응성과 잠재적인 독성이 있으며, **발암**(發癌)을 야기하는 대사산물임

■ **건강에 미치는 영향**
- 1,700년대에 영국의 **Pott**가 굴뚝청소부 소년의 **음낭암**(scrotal cancer) 발생을 최초 보고함
- 이 외에도 피부에 대한 자극작용, 동물실험에서의 **간독성, 중추신경계 억제작용, 신**(腎)**독성, 조혈기능 억제작용** 및 비장 등에 대한 독성이 알려져 있음
- PAHs는 발암단계에서 **개시작용**과 **촉진작용**의 역할을 함
- 대사과정에서 **변화된 후에만 발암성**을 나타내는 **선행발암물질**임(PAH, nitrosamine 등)
- PAHs는 신장과 간장의 퇴행성 변화를 일으키고, 조혈계통과 임파계통에 독성작용을 일으킴
- 최기형성(催畸形性)으로 기형발생 및 배자독성에 영향을 미침

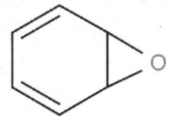   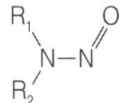

산화아렌(arene oxide)   니트로사민(nitrosamine)

PART 4 산업독성학

예상 25 · 기사 : 14

다음 중 농약에 의한 중독을 일으키는 것으로 인체에 대한 독성이 강한 유기인제 농약에 포함되지 않는 것은?

① 파라치온   ② 말라티온   ③ TEPP   ④ 클로로팜

해설 클로로팜은 발아억제 등에 사용되는 유기염소제 농약이다.
- 유기인제 농약 : 파라치온, 말라티온, 메치다치온, 다이아지논, TEPP(테트라에틸피로포스페이트), EPN, DEP, PAP, PMP, CMP, EBP 등
- 유기염소제 농약 : DDT, DDD, 디코폴, 앨드린, 헵타클로, 엔도설판 등

파라치온   말라티온   DDT

답 ④

【참고】유기인제 농약의 독성 / 해독제

■ **독성** : 유기인제는 간(肝), 혈청, 췌장에 존재하면서 아실콜린(acylcholine)의 가수분해 반응을 촉진하는 **콜린에스테라제**(cholinesterase) **효소작용**을 강력히 억압하여 말단 신경계통에 손상을 입히고, 감각기능을 상실하게 함
- 유기인제는 아세틸콜린에스테라제(AChE) 기능을 불활성화 시킴 → 아세틸콜린의 분해를 억제함
- 아세틸콜린 축적 → 콜린성 과다유발 → 콜린성 자극의 과다에 따른 급성독성 유발
- 자율신경계, 신경근육 접합부, 중추신경계 장해(신경장애물질 : 유기인계 농약, 이황화탄소, 에틸납, 수은, 망간, 탈륨, 티오펜 등) → 호흡중추 저하, 신경근육 저하, 기관지 수축(호흡부전)
- **여성 생식독성 유발**(생식독성 유발물질 : 유기인계 농약, PCB, DDT, 마취제, 알킬화제 등)

■ **해독제** : 아트로핀(Atropine), 프랄리독심(Pralidoxime)

유.사.문.제

01 대사과정에 의해서 변화된 후에만 발암성을 나타내는 선행발암물질(procarcinogen)로만 연결된 것은? [17 기사]

① PAH, nitrosamine
② PAH, methyl nitrosourea
③ benzo(a)pyrene, dimethyl sulfate
④ nitrosamine, ethyl methanesulfonate

hint 대사과정에 의해서 변화된 후에만 발암성을 나타내는 선행발암물질의 대표적 물질은 PAH, 니트로사민(nitrosamine) 등이다.

02 물질 자체로는 발암물질이 아니라 발암과정을 촉진시키는 물질을 발암 촉진제라 한다. 다음 중 방광암의 촉진제로 알려져 있는 것은? [06 기사]

① 트립토산
② 프로토온코젠
③ 위산
④ 사카린

hint 사카린(saccharin)의 경우 메틸니트로소우레아(methylnitrosourea)에 의한 방광암 촉진인자로 알려져 있다.

정답 | 01.① 02.④

종합연습문제

01 다음 중 다핵방향족 탄화수소(PAHs)에 대한 설명으로 틀린 것은? [02,09,08 기사]

① 벤젠고리가 2개 이상이다.
② 대사가 활발한 다핵고리 화합물로 되어 있으며 수용성이다.
③ 시토크롬(cytochrome) P-450의 준개체단에 의하여 대사된다.
④ 철강제조업에서 석탄을 건류할 때나 아스팔트를 콜타르피치로 포장할 때 발생된다.

hint PAH는 대사가 거의 되지 않는 다환고리 화합물로 되어 있으며 난용성, 난분해성이다.

02 다환방향족 탄화수소류(PAH)에 관한 설명으로 틀린 것은? [02,05 산업]

① 흡연 또는 연소공정에서 주로 생성된다.
② 극성의 수용성 화합물로 호흡기로 쉽게 흡수된다.
③ 대사 중에 arene oxide를 생성한다.
④ 연속적으로 폭로된다는 것은 불가피하게 발암성으로 진행된다.

hint PAHs는 비극성의 지용성 화합물로 소화관을 통하여 쉽게 흡수된다.

03 다환방향족 탄화수소류(PAHs)에 관한 설명으로 틀린 것은? [01,07 산업]

① 담배의 흡연 또는 연소공정에서 주로 생성된다.
② 비극성의 지용성 화합물로 소화관을 통하여 쉽게 흡수된다.
③ 대사 중에 배설이 되지 않는 발암성 물질인 알데히드를 생성한다.
④ PAH는 대사가 거의 되지 않는 방향족 고리로 구성되어 있다.

hint PAHs는 체내에서 배설되기 쉬운 수용성형태로 변형된 아렌(Arene)의 산화물을 생성한다.

04 다음 중 cholinesterase 효소를 억압하여 신경증상을 나타내는 것은? [15 기사]

① 중금속화합물
② 유기인제
③ 파라쿼트
④ 비소화합물

05 체내에 유입된 화합물은 체내에서 해독되는데 이들 반응에 중요한 작용을 하는 것은? [16 산업][00,03,16,17 기사]

① 백혈구
② 효소
③ 적혈구
④ 임파구

06 유기인제 살충제의 급성중독 원인으로 적절한 것은? [04 기사]

① 파라치온의 가수분해 억제
② 조혈기능의 장애
③ 혈액 응고작용 억제
④ 아세틸콜린에스테라제의 활동 억제

정답 | 01.② 02.② 03.③ 04.② 05.② 06.④

PART 4 산업독성학

예상 26 ▪ 기사 : 02, 06, 18

남성 근로자의 생식독성 유발 유해인자와 가장 거리가 먼 것은?
① 고온　　　　　　　　　② 저혈압증
③ 항암제　　　　　　　　④ 마이크로파

해설 저혈압증은 남성 근로자의 생식독성 유발 유해인자와 거리가 멀다.　　　　**답** ②

【참고】 남성 근로자의 생식독성 유발 유해인자

분 류	유해인자
물리적·사회적 인자	• 마이크로파, X선, 고온, 음주, 흡연, 마약
중금속	• 카드뮴, 수은, 납, 망간
화학물질	• CS_2, 염화비닐, 알킬화제, DDT
의약품	• 항암제, 마취제, 호르몬제제 등

【참고】 여성 근로자의 생식독성 유발 유해인자

분 류	유해인자
물리적·생물학적 인자	• 고열, 저산소증, X선, 매독감염, 풍진감염
사회적 기호 및 습관	• 음주, 흡연, 약물사용
중금속	• 카드뮴, 비소, 수은, 납, 니켈, 카드뮴, 망간
화학물질	• 마취제, 알킬화제, 유기인계 농약, PCB, DDT
의약품	• 항암제, 이뇨제, 스테로이드계 약물, 항생물질, 과량의 비타민 A, K 등

유.사.문.제

01 남성 근로자의 생식독성 유발요인이 아닌 것은?　　[17 기사]
① 흡연　　② 망간
③ 풍진　　④ 카드뮴

02 다음 중 남성 근로자의 생식독성 유발요인이 아닌 것은?　　[10 기사]
① 풍진　　② 흡연
③ 카드뮴　　④ 망간

03 여성 근로자의 생식독성 인자 중 연결이 잘못된 것은?　　[14 기사]
① 중금속 – 납
② 물리적인자 – X선
③ 화학물질 – 알킬화제
④ 사회적 습관 – 루벨라바이러스

정답 ┃ 01.③　02.①　03.④

02. 입자·기체상 물질의 특성과 건강장애

• 기사 : 16

예상 27. 작업장에서 발생하는 독성물질에 대한 생식독성 평가에서 기형발생의 원리에 중요한 요인으로 작용하는 것과 거리가 먼 것은?

① 대사물질 ② 사람의 감수성
③ 노출시기 ④ 원인물질의 용량

해설 현재까지 밝혀진 **기형발생의 원리**에 중요한 요인은 원인물질의 용량, 사람의 감수성, 노출시기이다.
- ■ **원인물질의 용량** : 기형발생물질은 용량 의존적으로 기형발생 위해성을 증가시킴
  - ▫ 임계용량을 초과하는 경우 → 태아사망, 기형발생물질에 단 한 번 노출되었다고 하더라도 태아는 심각한 손상을 입을 수 있음
  - ▫ 여타의 독성이 나타나지 않는 수준에서도 기형이 발생 될 수 있음
- ■ **감수성** : 같은 조건에서 기형유발물질에 노출되더라도 감수성에 따라 다르게 나타남
  - ▫ 감수성에 기여하는 인자 : 약물대사의 차이, 태반의 형태 및 기능, 태반 형성시기, 임신기간 등임
- ■ **노출시기** : 기형의 위험성이 가장 큰 시기는 기관형성시기(사람의 경우 임신 3개월)임   **답** ①

유.사.문.제

01 다음은 최기형성에 대한 설명이다. 가장 거리가 먼 것은? [06 기사]
① 노출되는 화학물질의 양이 중요하다.
② 노출시기와 상관없이 정량적인 영향이 나타나는 것이 특징이다.
③ 노출되는 사람의 감수성도 관련이 있다.
④ 독성이 나타나지 않는 낮은 양에서도 기형이 발생될 수 있다.

02 다음 중 작업장에서 발생하는 독성물질에 대한 생식독성 평가에서 기형발생의 원리에 중요한 요인으로 작용하는 것과 가장 거리가 먼 것은? [11 기사]
① 원인물질의 용량
② 사람의 감수성
③ 대사물질
④ 노출시기

03 고압 및 고압산소요법의 질병 치료기전과 가장 거리가 먼 것은? [16 기사]
① 간장 및 신장 등 내분비계 감수성 증가효과
② 체내에 형성된 기포의 크기를 감소시키는 압력효과
③ 혈장내 용존산소량을 증가시키는 산소분압 상승효과
④ 모세혈관 신생촉진 및 백혈구의 살균능력항진 등 창상 치료효과

hint 고압산소치료는 일반적인 호흡환경보다 2~5배 높은 기압이 올라간 상태에서 100% 순도의 산소로 1~2시간 호흡하는 치료법을 말한다. 이를 통해 외상, 염증, 병균 감염 또는 부종 등으로 손상된 조직들에 효과적으로 산소를 공급해 치료효과를 높이는 방법으로 통상 CO중독, 감압병, 공기색전증, 피부궤양, 열화상 등의 치료에 이용되고 있다. 반면에 간장 및 신장 등 내분비계 치료법으로는 사용되지 않는다. 내분비계에는 감수성 증가효과가 높은 것은 항생제이다.

정답 | 01.② 02.③ 03.①

3 피부질환

 이승원의 **minimum point**

ⓘ 피부흡수 독성물질
- 피부흡수 유해물질
  - 비교적 흡수가 잘 되는 유해물질 : 사염화탄소, 이황화탄소, 메탄올, 불화수소, 시안화수소, 페놀, 벤젠, 클로로벤젠, 톨루엔, 크실렌, 스티렌, 노말헥산, 포름알데히드, 2-브로모프로판, 디클로로메탄, 1,2-디클로로에탄 등
  - 흡수가 소량 일어나는 유해물질 : 암모니아, 디옥산, TCE, 납, 수은, 6가 크롬, 망간, 니켈 등
- 특성
  - 화학물질의 자체 독성에 의해 독성수준이 결정된다.
  - 화학물질이 피부를 투과하는 과정은 단순확산이며, 각질층을 용이하게 통과하지 못함
  - 피부가 부분적으로 수화(水化, hydration)될 경우는 투과도가 증대되어 흡수가 촉진됨
  - 유기용제는 피부에 묻으면 지방질을 통과하여 체내에 흡수된다.
  - 유기용제는 피부의 지방과 콜레스테롤을 녹이는 성질로 인해 피부염을 일으킬 수 있고, 점막에 자극으로 염증반응을 일으킨다.
  - 아민류는 pH 10 이상이므로 피부에 접촉하자마자 손상을 입히며, 불포화아민류가 전신독성 및 피부 독성이 더 크다.

ⓘ 독성물질의 피부흡수에 영향을 주는 인자
- 직접요인 : 물리적 요인, 화학적 요인
  - 물리적 요인 : 고온, 저온, 지역, 마찰 및 진동, 자외선, X-ray, 유리섬유 등
  - 화학적 요인 : 강산, 강알칼리, 산화·환원제, 계면활성제, 중금속(니켈, 크롬 등), 기타 물질
- 간접요인·생물학 요인 : 인종, 피부 종류·부위·표피의 상태, 연령, 성별, 땀·모공, 계절, 청결, 수화, 아토피 등의 병태

ⓘ 주요 피부흡수 유해물질이 건강에 미치는 영향
- 피부궤양 유발물질 : 크롬(대표적 물질), 베릴륨, 니켈, 비소, 산화칼슘, 비산칼슘 등
- 피부종양 유발물질 : 비소, 타르·피치 등
- 피부탈색 물질 : 페놀
- 경피 흡수 후 인체에 미치는 영향

물질명	인체영향	물질명	인체영향
톨루엔	중추신경계 독성	아크로레인	폐수종, 자극
n-헥산	중추신경계 독성, 신경, 자극	알드린	간장병변
이황화탄소	중추신경계 독성, 뇌혈관계	벤젠	혈액암
사이클로헥산올	중추신경계 독성, 자극	벤지딘	방광암
무기수은	중추신경계 독성, 신장, 신경	사염화탄소	간장독성, 암
아크릴아미드	중추신경계 독성, 피부염	포름알데히드	간장독성, 자극
펜타클로로페놀	중추신경계, 뇌혈관, 자극	나프탈렌	혈액증상, 안구, 자극

02. 입자·기체상 물질의 특성과 건강장애

■ 기사 : 18

예상 01 피부는 표피와 진피로 구분하는데, 진피에만 있는 구조물이 아닌 것은?

① 혈관 ② 모낭
③ 땀샘 ④ 멜라닌세포

해설   멜라닌세포는 표피에 존재한다. 피부는 표피(epidermis), 진피(dermis), 피하조직(subcutaneous tissue)의 3층으로 구성되는데 진피에는 모낭, 땀샘, 많은 수의 혈관(정맥)과 모세임파선이 존재한다. 알레르기반응을 일으키는 관련 세포는 대식세포, 림프구, 랑게르(랑거)한스세포로 구분된다.

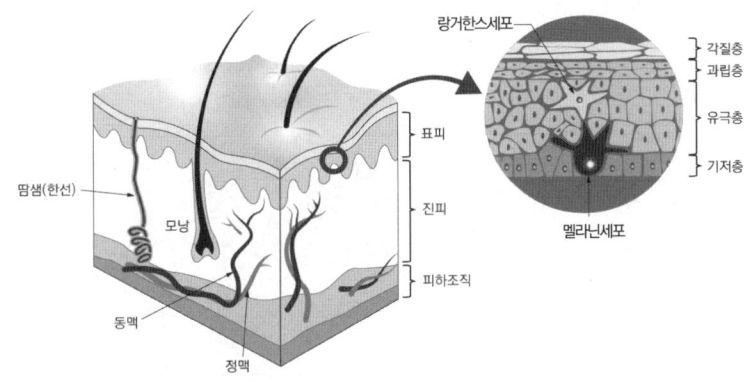

〈그림〉 피부(표피-진피-피하조직)의 구성

답 ④

유.사.문.제

01 다음 중 피부 표피의 설명으로 틀린 것은?
[12,17 기사]

① 혈관 및 림프관이 분포한다.
② 대부분 각질 세포로 구성된다.
③ 멜라닌세포와 랑게르한스세포가 존재한다.
④ 각화세포를 결합하는 조직은 케라틴 단백질이다.

hint 피부는 표피(epidermis), 진피(dermis), 피하조직(subcutaneous tissue)의 3층으로 구성되는데 혈관 및 림프관이 분포하는 곳은 피하조직이다.
표피의 각질은 밀도가 높고 수용성이 크므로 친유성 화학물질인 경우, 유효 혈중농도를 유지할 수 있을 정도의 피부 투과가 쉽지는 않다. 그러나 친수성과 상용성이 좋은 지용성 물질 또는 반극성의 물질은 각질을 용이하게 투과하여 진피와 표피층으로 쉽게 투과한다.

02 유해물질이 피부에 부착하여 체내로 침투되도록 확산측로(diffusion shunt)의 역할을 수행하는 진피 속의 기관은?
[00,07 기사]

① 모낭 ② 신경
③ 혈관 ④ 피하지방

hint 일반적으로 분자량이 작은 유해물질이 피부에 부착하여 체내로 침투되지만 단백질과 같은 분자량이 큰 물질은 모공(毛孔)을 통하여 확산측로(diffusion shunt)로 흡수된다.

03 다음 중 피부의 색소침착(pigmentation)이 가능한 표피층내의 세포는?
[14,19 기사]

① 기저세포
② 멜라닌세포
③ 각질세포
④ 피하지방세포

정답 ▌ 01.① 02.① 03.②

예상 02 ▪ 기사 : 14, 19

다음 중 인체 순환기계에 대한 설명으로 틀린 것은?

① 인체의 각 구성세포에 영양소를 공급하며, 노폐물 등을 운반한다.
② 혈관계의 동맥은 심장에서 말초혈관으로 이동하는 원심성 혈관이다.
③ 림프관은 체내에서 들어온 감염성 미생물 및 이물질을 살균 또는 식균하는 역할을 한다.
④ 신체방어에 필요한 혈액응고 효소 등을 손상받은 부위로 수송한다.

해설 림프관(lymphatic duct)은 림프액이 흐르는 관을 말한다. 림프절(lymph node)은 림프관 중간 중간에 위치하여 생체내의 여러 이물질의 처리 및 감염성 미생물의 살균 또는 식균하는 역할을 한다.

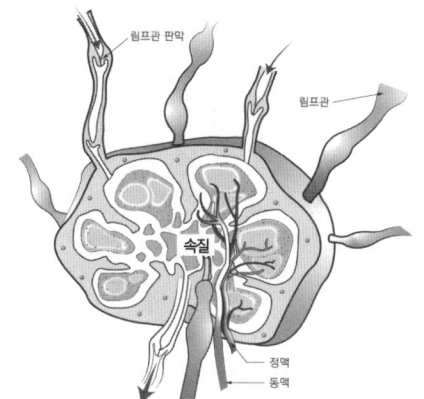

답 ③

예상 03 ▪ 기사 : 01, 11, 15, 18

피부 독성에 있어 경피흡수에 영향을 주는 인자와 가장 거리가 먼 것은?

① 온도   ② 화학물질
③ 개인의 민감도   ④ 용매(vehicle)

해설 공개된 정답은 ①항이지만 정답으로 인정하기엔 모호한 면이 있다. 화학물질의 피부흡수는 물질의 물리·화학적 성질, 피부의 성상, 온도, 습도 등 외부환경과 흡수조건 등에 영향을 받는다. 피부의 습도와 온도는 경피흡수에 영향을 미친다. 표피층의 습도가 높으면 각질층이 연화되어 물질의 침투가 잘 될 것이며, 온도가 높을 때는 모공이 크게 열리기 때문에 투과가 보다 용이하게 될 것이다. 답 ①

예상 04 ▪ 기사 : 18

직업성 피부질환 유발에 관여하는 인자 중 간접적 인자와 가장 거리가 먼 것은?

① 땀   ② 인종
③ 연령   ④ 지역

해설 직업성 피부질환에 영향을 주는 간접적인 요인 중 인체요소는 피부의 종류, 각질층(표피의 가장 바깥층)의 상태, 피부부위(민감도 → 얼굴＞등＞팔앞), 성별(민감도 → 여성＞남성), 연령(민감도 → 고령층＞장년층), 인종, 모공(원인물질이 저분자성 물질이 대부분이지만 단백질과 같은 분자량이 큰 물질은 모공 등을 통하여 확산측로로 흡수됨) 등이다. 답 ①

02. 입자·기체상 물질의 특성과 건강장애

【정리】직업성 피부질환 유발에 관여하는 인자

■ 직접요인 : 물리적, 생물학적, 화학적 요인
- 물리적 요인 : 고온, 저온, 지역, 마찰 및 진동, 자외선, X-ray, 유리섬유 등
- 화학적 요인 : 강산, 강알칼리, 산화·환원제, 계면활성제, 중금속(니켈, 크롬 등), 기타 피부궤양 물질
- 생물학적 요인 : 세균, 진균류, 바이러스, 기생충 등

■ 간접요인 : 인종, 피부 종류·부위·표피의 상태, 연령, 성별, 땀·모공, 계절, 청결, 아토피 등

유.사.문.제

01 직업성 피부질환에 영향을 주는 간접적인 요인과 가장 거리가 먼 항목은? [02,06 기사]
① 피부의 종류
② 연령
③ 인종
④ 고온

02 직업성 피부질환에 영향을 주는 직접적인 요인에 해당되는 항목은? [17 기사]
① 연령
② 인종
③ 고온
④ 피부의 종류

03 다음 중 피부독성에 대한 설명으로 틀린 것은? [00,07,09 기사]
① 피부에 접촉하는 화학물질의 통과속도는 일반적으로 각질층에서 가장 느리다.
② 피하지방은 자외선의 유해성을 감소시키는 역할을 한다.
③ 인종, 성별, 계절은 직업성 피부질환에 영향을 주는 간접인자이다.
④ 접촉성 피부염의 대부분은 자극성 접촉피부염이다.

hint 자외선 파장은 표피와 진피까지는 침투할 수 있으나 그 아래에 있는 피하지방까지 직접 침투하지 못한다. 그러나 자외선은 피하지방세포내에서 지방을 만들어 내는 효소를 제거할 뿐만 아니라 새로 생성되는 것도 막기 때문에 피하지방량을 감소시키는 역할을 한다.

04 직업성 피부질환에 영향을 주는 간접적인 요인과 그에 대한 설명으로 틀린 것은? [01,04 산업]
① 연령 : 젊은 근로자들이나 일에 미숙한 근로자일수록 직업성 피부질환이 많이 발생하는 경향이 있다.
② 피부의 종류 : 지루성 피부는 비누, 용제절삭유 등의 자극에 민감한 것으로 알려져 있다.
③ 땀 : 과다한 땀의 분비는 땀띠를 유발하며 이는 2차적 피부감염을 유발하기도 한다.
④ 인종 : 인종에 큰 차이는 없는 것으로 알려져 있다.

hint 지루성 피부는 비누, 용제절삭유 등에 자극을 덜 받는 것으로 알려져 있다.

05 직업성 피부질환에 영향을 주는 간접적인 요인과 그 예에 대한 설명으로 알맞지 않은 것은? [01,03 기사]
① 인종 : 인종에 따라 주로 발생되는 직업성피부질환의 종류는 큰 차이를 보이는 것으로 알려져 있다.
② 피부의 종류 : 지루성 피부(oily skin)는 비누, 용제절삭유 등에 자극을 덜 받는 것으로 알려져 있다.
③ 연령 : 젊은 근로자들이나 일에 미숙한 근로자일수록 직업성 피부질환이 많이 발생하는 경향이 있다.
④ 땀 : 과다한 땀의 분비는 땀띠를 유발하며 이는 때로 2차적 피부감염을 유발하기도 한다.

hint 피부질환은 인종에 큰 차이는 없는 것으로 알려져 있다.

정답 | 01.④ 02.③ 03.② 04.② 05.①

- 기사 : 13

05 다음 중 피부의 색소를 감소시키는 물질은?
① 페놀 ② 구리
③ 크롬 ④ 니켈

해설 페놀은 조직에 대한 부식작용이 강하다. 급성폭로 될 경우 눈에 닿으면 심한 손상을 입어 실명하고, 피부에 닿으면 청색증(靑色症, cyanosis)을 유발하거나 접촉부위가 하얗게 되지만 아프지는 않다. **답** ①

- 기사 : 12

06 다음 중 화학물질의 노출로 인해 색소증가의 원인물질이 아닌 것은?
① 콜타르 ② 햇빛
③ 화상   ④ 만성피부염

해설 화상은 주로 열에 의해 피부와 피부 부속기에 생긴 손상을 말한다. 색소증가는 피부색소의 이상변색, 멜라닌 색소의 증가 또는 감소로 인한 색소침착과 탈색으로 구분된다. 색소침착은 타르, 기름류, 식물, 태양광선 및 외상과 관련이 깊으며, 색소감소 또는 탈색은 화상, 만성피부염 또는 하이드로퀴논의 모노벤질에테르, 석유화합물 등의 노출과 관련이 깊다. **답** ③

- 기사 : 12
- 산업 : 02,08

07 알레르기성 접촉피부염의 진단에 가장 유용한 검사방법은?
① 면역글로블린 검사 ② 조직검사
③ 첩포검사   ④ 일반혈액검사

해설 접촉피부염의 진단에는 환자의 병력이 대단히 중요하다. 특히 알레르기성 접촉피부염의 경우에는 병력상 의심되는 물질에 대해 첩포시험(Patch test)을 시행함으로써 원인물질의 확인이 가능하다. **답** ③

- 기사 : 출제대비
- 산업 : 00,03

08 피부질환의 직접적 요인 중 화학적 요인에 관한 설명으로 알맞지 않은 것은?
① 색소변성 : 색소를 침착하는 물질로는 tar, pitch 등이 대표적이다.
② 모낭염 : 대표적인 것은 절삭유에 의한 것이다.
③ 알레르기성 접촉피부염 : 직업성 접촉피부염의 80% 이상을 차지한다.
④ 원발성 접촉피부염 : 산, 알칼리 용제 등이 원인이다.

해설 접촉성 피부염은 피부질환의 대부분(90%)을 차지하며, 그 중 80% 내외는 자극성에 의한 원발성 접촉피부염이고, 나머지 20%는 알레르기성 접촉피부염이다. **답** ③

【정리】접촉피부염의 분류
- ■ 원발성 접촉피부염 : 비누, 세제 등과 같은 알칼리와 산(酸), 연화제 등의 용매, 샴푸, 시멘트, 염색약, 농약, 금속염, 용제, 기저귀 등의 접촉에 의해 발생
- ■ 알레르기성 접촉피부염 : 식물(옻), 금속(니켈, 크롬, 코발트, 수은 등), 접착제, 향수, 매니큐어, 방부제, 고무, 합성수지 등의 접촉에 의해 발생

종합연습문제

01 직업성 피부질환 중 가장 많은 부분을 차지하고 있는 것은? [05 기사]
① 세균감염에 의한 피부염
② 자극에 의한 원발성 피부염
③ 알레르기에 의한 접촉피부염
④ 화학물질에 인한 비접촉피부염

> **hint** 직업성 피부질환 중 접촉성 피부염은 피부질환의 대부분(90%)을 차지하며, 그 중 80% 내외는 자극성에 의한 원발성 접촉피부염이고, 나머지 20%는 알레르기성 접촉피부염이다. 원발성(primary) 피부염은 일정한 농도의 자극을 주면 거의 모든 사람에게 피부염을 일으키는 경우를 말한다. 원발성 자극피부염은 알레르기성 접촉피부염보다 발생빈도가 훨씬 높다.

02 다음 중 직업성 피부질환에 관한 설명으로 틀린 것은? [11,19② 기사]
① 가장 빈번한 피부반응은 접촉성 피부염이다.
② 알레르기성 접촉피부염은 효과적인 보호기구를 사용하거나 자극이 적은 물질을 사용하면 효과가 좋다.
③ 첩포시험은 알레르기성 접촉피부염의 감작물질을 색출하는 기본수기이다.
④ 일부 화학물질과 식물은 광선에 의해서 활성화되어 피부반응을 보일 수 있다.

> **hint** 알레르기성 접촉피부염은 극소량 노출에 의해서도 피부염이 발생할 수 있으며, 면역학적 반응에 따라 과거 노출경험이 있을 때, 심하게 반응이 나타나기 때문에 자극이 적은 물질을 사용하는 것은 예방효과가 거의 없다. 그리고 보호크림을 사용하거나 고무장갑 등은 알레르기원에 대한 방호효과가 거의 없다고 할 수 있다.

03 피부독성 평가에서 고려해야 할 사항과 가장 거리가 먼 것은? [17 기사]
① 음주·흡연
② 피부 흡수특성
③ 열·습기 등의 작업환경
④ 사용물질의 상호작용에 따른 독성학적 특성

04 자극성 접촉피부염에 관한 설명으로 틀린 것은? [16 기사]
① 작업장에서 발생빈도가 가장 높은 피부질환이다.
② 증상은 다양하지만 홍반과 부종을 동반하는 특징이 있다.
③ 원인물질은 크게 수분, 합성 화학물질, 생물성 화학물질로 구분할 수 있다.
④ 면역학적 반응에 따라 과거 노출경험이 있을 때 심하게 반응이 나타난다.

> **hint** 자극성 접촉피부염은 면역학적 반응에 따라 과거 노출경험과는 관계가 없다.

05 다음 중 알레르기성 접촉피부염에 관한 설명으로 틀린 것은? [06,14 기사]
① 항원에 노출되고 일정시간이 지난 후에 다시 노출되었을 때 세포 매개성 과민반응에 의하여 나타나는 부작용의 결과이다.
② 알레르기성 반응은 극소량 노출에 의해서도 피부염에 발생할 수 있는 것이 특징이다.
③ 알레르기원에 노출되고 이 물질에 알레르기원으로 작용하기 위해서는 일정기간이 소요되며 그 기간을 휴지기라 한다.
④ 알레르기반응을 일으키는 관련 세포는 대식세포, 림프구, 랑게르한스세포로 구분된다.

> **hint** 알레르기원에서 노출되고 이 물질이 알레르기원으로 작용하기 위해서는 일정기간이 소요되는 그 기간(2~3주)을 유도기라고 한다.

06 다음 중 특정한 파장의 광선과 작용하여 광알레르기성 피부염을 일으킬 수 있는 물질은 어느 것인가? [15 기사]
① 아세톤(acetone)
② 아닐린(aniline)
③ 아크리딘(acridine)
④ 아세토니트릴(acetonitrile)

정답 ┃ 01.② 02.② 03.① 04.④ 05.③ 06.③

PART 4 산업독성학

종합연습문제

01 다음 중 피부의 색소를 감소시키는 물질은?
[13 기사]

① 페놀 ② 구리
③ 크롬 ④ 니켈

hint 페놀은 조직에 대한 부식작용이 강하다. 급성 폭로될 경우 눈에 닿으면 심한 손상을 입어 실명하고, 피부에 닿으면 청색증을 유발하거나 접촉 부위가 하얗게 되지만 아프지는 않다.

02 자극성 접촉피부염에 관한 설명으로 틀린 것은?
[05 기사]

① 작업장에서 발생빈도가 가장 높은 피부질환이다.
② 면역학적 반응에 따라 과거 노출경험이 있을 때 심하게 반응이 나타난다.
③ 홍반과 부종을 동반하는 것이 특징이다.
④ 원인물질은 크게 수분, 합성 화학물질, 생물성 화학물질로 구분할 수 있다.

hint 과거 노출경험이 있을 때 심하게 반응이 나타나는 것은 알레르기성 접촉피부염이다. 알레르기성 접촉피부염의 원인물질은 보통 알레르겐 또는 항원이라 부르며, 이는 정상인에게는 피부병을 일으키지 않으나 이 물질에 감작된(예민하게 된) 사람에게는 피부염을 잘 일으킨다.

03 직업성 피부염을 평가할 때 실시하는 가장 중요한 임상시험은?
[02, 08 기사]

① 생체시험(in vivo test)
② 실험생체시험(in vitro test)
③ 첩포시험(patch test)
④ 에임즈시험(ames assey)

04 다음 중 피부에 건강상의 영향을 일으키는 화학물질과 가장 거리가 먼 것은?
[11 기사]

① PAH
② 망간흄
③ 크롬
④ 절삭유

05 ACGIH에서 제시한 TLV에서 유해화학물질의 노출기준 또는 허용기준에 "피부" 또는 "skin"이라는 표시가 되어 있다면 무엇을 의미하는가?
[01, 07 기사]

① 그 물질은 피부로 흡수되어 전체 노출량에 기여할 수 있다.
② 그 화학물질은 피부질환을 일으킬 가능성이 있다.
③ 그 물질은 어느 때라도 피부와 접촉이 있으면 안 된다.
④ 그 물질은 피부가 관련되어야 독성학적으로 의미가 있다.

hint 호흡으로 인한 흡수뿐만 아니라 피부접촉으로 인한 흡수로 유의한 인체영향을 나타낼 수 있는 유해화학물질에는 노출기준 또는 허용기준에 '피부' 또는 'skin'으로 표시하게 된다.

06 유기용제에 의한 장해의 설명으로 틀린 것은?
[19 기사]

① 유기용제의 중추신경계 작용으로 잘 알려진 것은 마취작용이다.
② 사염화탄소는 간장과 신장을 침범하는데 반하여 이황화탄소는 중추신경계통을 침해한다.
③ 벤젠은 노출초기에는 빈혈증을 나태내고 장기간 노출되면 혈소판 감소, 백혈구 감소를 초래한다.
④ 대부분의 유기용제는 유독성의 포스겐을 발생시켜 장기간 노출 시 폐수종을 일으킬 수 있다.

hint 염화비닐 및 염화에틸렌 등의 염소를 포함한 할로겐화 탄화수소류의 유기용제가 고온에서 연소할 경우 독성이 강한 포스겐, 염화수소 및 염소를 발생시킨다.

정답 | 01.① 02.② 03.③ 04.② 05.① 06.④

4 발암(發癌)

이승원의 minimum point

- **발암성**(發癌性 carcinogencity) : 발암성은 암을 유발할 수 있는 비정상적 세포증식과 분화의 복잡한 다단계 과정임(개시 → 촉진 → 전환 → 진행)
- **발암물질** : **중금속**(비소, 6가 크롬 및 크롬화합물), **석면**, **알킬화합물**(아자리딘, 비스), **탄화수소**(방향족, 지방족), **방향족아민**(벤지딘, 2-나프탈렌), **불포화아질산염**(아크릴로니트릴), 방사선 등
- **발암농도와 발암 잠재력**
  - 발암농도 : 환경유해인자의 노출로 인해 발암 빈도가 5%, 10%, 25% 등과 같이 유의한 증가를 보일 때 이에 해당되는 **평생 일일평균노출량**을 말함
  - 발암 잠재력 : 평균 체중의 건강한 성인이 어떤 환경유해인자의 단위노출량으로 오염된 물, 공기, 식품 등을 기대수명 기간 접촉하였을 경우, 발생할 수 있는 **초과발암확률의 95% 상한값**으로 저농도 노출 시 암발생과의 직선 상관식의 기울기(CSF, Carcinogenic Slope Factor)
- **발암물질의 분류체계**

구 분	분류체계		
	미국정부산업위생 전문가협의회 (ACGIH)	국제암연구기구 (IARC)	우리나라
인체 발암성 확인	A1	Group 1	1A
동물 발암성 확인 인체 발암성 의심	A2	Group 2A	1B
동물 발암성(제한된 확인) 인체 발암성 미확인(근거 부족)	A3	Group 2B	2
동물/인체 발암성 인정 근거 적음 (인체발암성 미분류)	A4	Group 3	
발암성 의심되지 않음	A5	Group 4	

- A1 : **석면, 벤젠, 벤지딘**, 베릴륨, 우라늄, 6가 크롬, 비소, 염화비닐, 콜타르 등
- A2 : **카드뮴**, 사염화탄소, 포름알데히드, 벤조트리클로라이드, 아크릴로니트릴 등
- A3 : 납, 클로로폼, 디클로로메탄, 클로로벤젠, 테트라클로로에틸렌, 가솔린, 아크릴아미드, 에틸렌아민 등
- A4 : 3가 크롬, 수은, 페놀, 시클로헥사논, 아세톤, 크실렌, 톨루엔, 스티렌, 염소 등
- A5 : 트리클로로에틸렌 등
  - Group 1 : **석면, 벤젠, 벤지딘, 카드뮴** 등
  - Group 2A : 아크릴아미드, 트리클로로에틸렌, 디메틸황산염 등
  - Group 2B : 클로로폼, 아세트알데히드, 삼산화안티몬 등
  - Group 3 : 아크릴섬유, 카페인, 초산벤질 등

PART 4 산업독성학

예상 01

- 기사 : 00, 02, 05, 07, 14, 18
- 산업 : 출제대비

미국정부산업위생전문가협의회(ACGIH)의 발암물질 구분으로 '동물 발암성 확인물질', '인체 발암성 모름'에 해당되는 Group은?

① A3   ② A4
③ A5   ④ A6

해설 미국 ACGIH에 따르면 Group A3는 '동물 발암 확인물질', '인체 발암성 모름'으로 분류된다. **답** ①

유.사.문.제

01 ACGIH에서 발암물질을 분류하는 설명으로 틀린 것은? [08,18 기사]
① Group A1 : 인체 발암성 확인물질
② Group A2 : 인체 발암성 의심물질
③ Group A3 : 동물 발암성 확인물질, 인체 발암성 모름
④ Group A4 : 인체 발암성 미의심 물질

02 ACGIH에 의한 발암물질의 구분기준으로 Group A3에 해당되는 것은? [15 산업]
① 인체 발암성 확인물질
② 동물 발암성 확인물질, 인체 발암성 모름
③ 인체 발암성 미분류 물질
④ 인체 발암성 미의심 물질

03 다음 중 ACGIH에서 발암등급 "A1"으로 정하고 있는 물질이 아닌 것은? [11,14,18 기사]
① 석면
② 6가 크롬화합물
③ 우라늄
④ 텅스텐

04 다음 중 ACGIH의 발암성 분류 및 유해물질을 바르게 나열한 것은? [13 산업]
① A3 : Beryllium, Pb
② A2 : Arsenic(As), Cr^{+6}
③ A1 : Benzene, Asbestos
④ A4 : Cadmium, Carbon black

05 국제암연구위원회(IARC)의 발암물질 구분 기준에서 인체 발암성 가능물질(Group 2B)의 종류에 해당되는 물질은? [08 기사]
① 벤젠   ② 카드뮴
③ 카페인   ④ 클로로폼

06 국제암연구위원회(IARC)의 발암물질에 대한 Group의 구분과 정의가 올바르게 연결된 것은? [08,10 기사]
① Group 1 – 인체 발암성 가능물질
② Group 2A – 인체 발암성 예측 추정물질
③ Group 3 – 인체 미발암성 추정물질
④ Group 4 – 인체 발암성 미분류 물질

07 국제암연구위원회(IARC)의 발암물질 구분 중 Group 2B에 관한 설명으로 틀린 것은? [01,05,06,09 기사]
① 인체 발암성 가능물질을 말한다.
② 실험동물에 대한 발암성 근거가 제한적이거나 부적당하고 사람에 대한 근거 역시 부적당함
③ 사람에 있어서 원인적 연관성 연구결과들이 상호 일치되지 못하고 아울러 통계적 유의성도 약함
④ 실험동물에 대한 발암성 근거가 충분하지 못하며 사람에 대한 근거 역시 제한적임

정답 | 01.④ 02.② 03.④ 04.③ 05.④ 06.② 07.②

- 기사 : 13
- 산업 : 19

화학물질 및 물리적 인자의 노출기준 중에서 발암성 정보물질 중 "사람에게 충분한 발암성 증거가 있는 물질"에 대한 표기방법으로 옳은 것은?

① 1　　　　　　　　　　② 1A
③ 2A　　　　　　　　　 ④ 2B

해설 발암성 정보물질의 표기 중 1A는 사람에게 충분한 발암성 증거가 있는 물질을 의미한다.
- 1A : 사람에게 충분한 발암성 증거가 있는 물질
- 1B : 사람에게 충분한 발암성이 있는 정도의 동물시험 증거가 있는 물질

답 ②

- 기사 : 00, 08
- 산업 : 02, 06

염료, 작물, 제지, 화학공업 등에서 주로 노출되며 방광암을 유발하는 것으로 가장 알맞은 것은?

① 카드뮴　　　　　　　 ② 아크릴로니트릴
③ 벤젠　　　　　　　　 ④ 벤지딘

해설 방광암(膀胱癌)을 유발하는 물질은 벤지딘, 클로로폼, 마젠타, 콜타르, 파라-디메틸아미노아조벤젠 등이다.

답 ④

【참조】 인체의 주요 장기별 발암 및 발암가능 유해물질
- ■ 폐암(肺癌) : 6가 크롬, 니켈, 비소, 카드뮴, 석면, 결정형 실리카, 베릴륨, 중크롬산, 다핵방향족 탄화수소(PAHs), 디클로로메탄, 포름알데히드, 콜타르, 나프타, 벤조트리클로라이드, 에틸렌아민, 염화비닐, 클로로메틸, 메틸에테르, 아크릴로니트릴 등
- ■ 간암(肝癌) : 사염화탄소, 트리클로로에틸렌, 디클로로메탄, 에틸렌아민, 염화비닐, 클로로폼, 염소화비페닐, 비소 등
- ■ 비강암(鼻腔癌) : 포름알데히드, 카보닐니켈, 황산디메틸, 6가 크롬 등
- ■ 신장암(腎臟癌) : 트리클로로에틸렌(PCE), 클로로폼, 염소화비페닐, 콜타르 등
- ■ 방광암(膀胱癌) : 클로로폼, 벤지딘, 베타-나프틸아민, 콜타르, 파라-디메틸아미노아조벤젠 등
- ■ 전립선암 : 카드뮴, 아크릴로니트릴 등
- ■ 육종 : 염화비닐(간혈관), 1,3 부타디엔(림프), 페놀(섬유육종), 삼산화비소(맥관육종), 벤젠(임파종)
- ■ 대장암 : 아크릴로니트릴, 소시지·햄·일정한 공정을 거친 육류, 적색육
- ■ 백혈병 : 벤젠(급성 골수성 백혈병), 스티렌(림프성 백혈병)

유.사.문.제

01 작업환경에서 발생되는 유해물질과 암의 종류를 연결한 것으로 틀린 것은? [18 기사]
① 벤젠-백혈병
② 비소-피부암
③ 포름알데히드-신장암
④ 1,3 부타디엔-림프육종

02 다음 중 발암작용이 없는 물질은? [11 기사]
① 브롬
② 벤젠
③ 벤지딘
④ 석면

정답 ┃ 01.③ 02.①

PART 4 산업독성학

종합연습문제

01 흡입을 통하여 노출되는 유해인자로 인해 발생되는 암 종류를 틀리게 짝지은 것은? [06,14 기사]
① 비소-폐암
② 결정형 실리카-폐암
③ 베릴륨-간암
④ 6가 크롬-비강암

> **hint** 베릴륨은 육아종을 유발하는데 폐에 주로 나타나고 피부, 간, 췌장, 신장, 비장, 림프절, 심근층 등에 나타나기도 한다. 베릴륨이 호흡기에 미치는 영향은 무기성 진폐증, 폐렴, 폐수종, 폐암을 일으키는 물질로 알려져 있으며, ACGIH의 암 분류체계상 A1에 해당하는 물질이다. 간암(肝癌)을 일으키는 유해물질은 디클로로메탄, 에틸렌아민, 염화비닐, 클로로폼 등이다.

02 다음 중 호흡기계 발암성과의 관련성이 가장 낮은 것은? [02,09,18 기사]
① 석면
② 크롬
③ 용접흄
④ 황산니켈

> **hint** 모든 용접흄이 발암성과 관련 있는 것은 아니다. 암을 유발할 수 있는 유해물질이 함유된 용접흄에 한하여 발암가능성이 있다. 예를 들면, 카드뮴이 혼합된 용접봉을 사용하는 용접작업, 니켈이나 크롬이 함유된 스테인리스 용접봉을 사용하는 용접작업 등은 발암과 관련된다.

03 폐와 대장에서 주로 암을 발생시키고, 플라스틱 산업, 합성섬유 제조, 합성고무 생산공정 등에서 노출되는 물질은? [14 기사]
① 아크릴로니트릴
② 비소
③ 석면
④ 벤젠

04 다음 중 발암성이 있다고 밝혀진 중금속이 아닌 것은? [14 기사]
① 니켈
② 비소
③ 망간
④ 6가 크롬

05 화학적인 발암물질 중 유전독성 물질에 해당하지 않는 것은? [07 기사]
① 에스트로겐
② 알킬화제
③ PAHs
④ 6가 크롬

> **hint** 발암성 유전독성물질(genotoxic acting)이란 유전인자에 손상을 일으켜 암을 유발하는 물질이다.
> □ 직접적 발암물질 : 알킬화제
> □ 간접적 발암물질 : CCl_4, PAH 등
> □ 무기 발암물질 : 6가 크롬, 니켈, 비소 등의 중금속류

정답 | 01.③ 02.③ 03.① 04.③ 05.①

예상 04
• 기사 : 01,06②,16

화학물질에 의한 암발생 이론 중 다단계 이론에서 언급되는 단계와 거리가 먼 것은?
① 개시단계
② 진행단계
③ 촉진단계
④ 병리단계

해설 암발생 이론 중 다단계 이론에서 언급되는 암유전자의 활성 4단계는 개시(initiation) → 촉진(promotion) → 전환(conversion) → 진행(전이, progression)이다. **답** ④

【참조】암발생 다단계 이론 : 화학물질에 의해 정상세포가 전이암이 되기까지는 최소한 유전자의 변이가 여러 번 일어나야 한다는 이론임. **암유전자의 활성단계**는 다음과 같이 **4단계**로 구분됨

■ **개시단계(1단계)** : 정상세포가 암세포로 전환되는 단계(비가역적인 세포내 변화 초래)
• 형태학적으로 정상세포와 암세포의 구분이 되지 않음

- 단순 돌연변이가 여러 번 발생한 후 유전자내에 고착되는 시기
- ■ **촉진단계(2단계)** : 암세포가 분화 또는 촉진되어 크기가 증가하는 단계이다. 개시단계는 짧은 한순간에 진행되지만 촉진단계는 느릿느릿 진행되는 특징이 있으며, 여러 가지 암을 촉진시키는 인자가 필요함
- 개시인자에 의해 이미 시작된 발암과정을 촉진하는 단계
- 촉진인자를 예를 들면, 방광암을 촉진하는 사카린, 피부암을 촉진하는 디메틸벤조안트라센 등
- ■ **전환단계(3단계)** : 암세포가 악성종양으로 전환되는 단계
- ■ **진행단계(4단계)** : 악성종양이 다른 장기로 전이되는 단계
- 형태학적으로 정상세포와 암세포의 구분됨
- 주위조직으로 침윤되고 다른 부위로 전이되는 특성이 있음

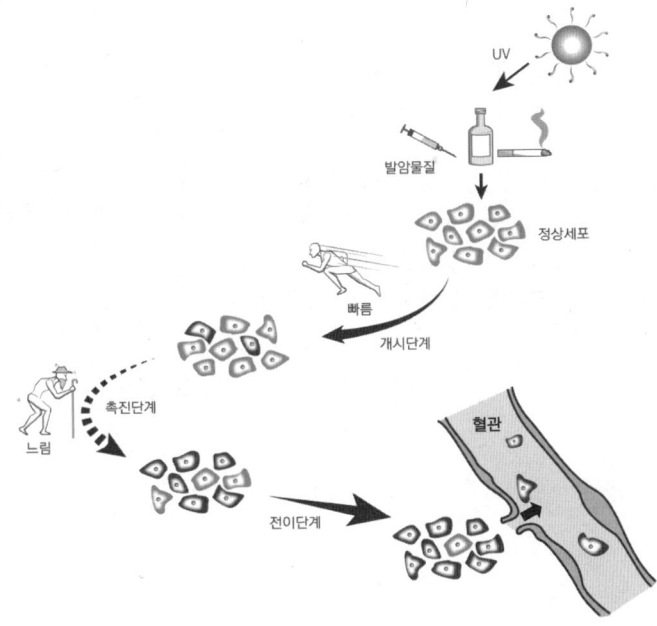

유.사.문.제

01 다음 중 발암을 일으키는 과정에서 개시단계에 관한 설명이 아닌 것은? [10 기사]
① 비가역적인 세포내 변화가 초래되는 시기이다.
② 형태학적으로 정상세포와 구분이 되지 않는다.
③ 돌연변이가 세포분열을 통하여 유전자내에서 분리되는 시기이다.
④ 발암원에 의해 단순 돌연변이가 발생한다.

hint 개시단계는 1단계로서 발암원이 DNA를 공격하여 돌연변이를 유발하는 비가역 반응단계이다. 촉진은 2단계에서, 분열은 양성종양에서 악성종양으로 전환되는 3단계에서 일어나고, 전이는 4단계에서 일어난다.

02 화학적 발암작용 기전인 체세포 변이원설의 증거로 틀린 것은? [04 기사]
① 암이란 세포에서 다음 세대의 세포로, 즉 세포차원에서 유전된다.
② 발암물질들은 그 자체로서 혹은 대사됨으로써 DNA와 공유결합을 형성한다.
③ 암세포는 여러개의 분지계로부터 유래된다.
④ 전부는 아니지만 대부분의 염색체 이상을 나타낸다.

hint 암세포는 DNA의 구조가 변화하여 생성되며, 이들이 계속 분열증식함으로써 암이 발생한다.

정답 ▮ 01.③ 02.③

종합연습문제

01 다음 중 중금속에 의한 폐기능의 손상에 관한 설명으로 틀린 것은? [09,14,19 기사]

① 철폐증(siderosis)은 철분진 흡입에 의한 암 발생(A1)이며, 중피종과 관련이 없다.
② 화학적 폐렴은 베릴륨, 산화카드뮴에어로졸 노출에 의하여 발생하며 발열, 기침, 폐기종이 동반된다.
③ 금속열은 금속이 용융점 이상으로 가열 될 때 형성되는 산화금속을 흄 형태로 흡입할 때 발생한다.
④ 6가 크롬은 폐암과 비강암 유발인자로 작용한다.

hint 철폐증(Pulmonary siderosis)은 철분진 흡입 시 발생되는 금속열의 한 형태로서 철분진을 장기간 흡입함으로 인해 유발되는 직업성 폐질환(진폐증)이다.

02 암의 발생원인 중 그 기여도가 가장 낮은 것은? [00,04 기사]

① 노화
② 만성감염
③ 환경오염
④ 부적절한 음식섭취

03 사업장 근로자의 음주와 폐암에 대한 연구를 하려고 한다. 이때 혼란변수는 흡연, 성, 연령 등이 될 수 있는데, 다음 중 그 이유로 가장 적합한 것은? [14 기사]

① 폐암 발생에만 유의하게 영향을 미칠 수 있기 때문에
② 음주와 유의한 관련이 있기 때문에
③ 음주와 폐암 발생 모두에 원인적 연관성을 갖기 때문에
④ 폐암에는 원인적 연관성이 있는데 음주와는 상관없기 때문에

정답 ▮ 01.① 02.③ 03.②

- 기사 : 18

화학물질의 노출기준에 관한 설명으로 맞는 것은?

① 발암성 정보물질의 표기로 "2A"는 사람에게 충분한 발암성 증거가 있는 물질을 의미한다.
② "Skin" 표시물질은 점막과 눈 그리고 경피로 흡수되어 전신영향을 일으킬 수 있는 물질을 의미한다.
③ 발암성 정보물질의 표기로 "2B"는 시험동물에서 발암성 증거가 충분히 있는 물질을 의미한다.
④ 발암성 정보물질의 표기로 "1"은 사람이나 동물에서 제한된 증거가 있지만, 구분 "2"로 분류하기에는 증거가 충분하지 않은 물질을 의미한다.

해설 ②항만 옳다.

▶ 바르게 고쳐보기 ◀
① **우리나라** 화학물질의 노출기준 표기체계는 1A, 1B, 2로 분류하고 있으므로 2A는 없다. 2A는 국제암연구기구(IARC)의 분류체계(Group 1, 2A, 2B, 3, 4) 중 하나이며, 사람에게 충분한 발암성 증거가 있는 물질일 경우 Group 1로 분류된다.
③ 우리나라 화학물질의 노출기준 표기체계는 1A, 1B, 2로 분류하고 있으므로 2B는 없다. 국제암연구기구

(IARC)의 노출기준 표기체계에 따르면 "2B"는 아직 사람에 대한 발암성이 확인되지 않았으나, 발암 가능성이 있는 물질로 분류된다.

④ 우리나라 화학물질의 노출기준 표기체계는 1A, 1B, 2로 분류하고 있다. "2"는 사람이나 동물에서 제한된 증거가 있지만, 구분 "1"로 분류하기에는 증거가 충분하지 않는 물질로 분류하고 있다. 국제암연구기구(IARC)의 노출기준 표기체계에 따르는 "Group 1"의 물질은 충분한 역학적인 근거에 의해서 사람에 대한 발암성이 확인된 물질이다.

[표] 우리나라 산업안전보건법상 관리 대상물질 중 발암성 물질

표기체계	구분기준
1A	• 사람에게 충분한 발암성 증거가 있는 물질
1B	• 시험동물에서 발암성 증거가 충분히 있거나, 시험동물과 사람 모두에서 제한된 발암성 증거가 있는 물질
2	• 사람이나 동물에서 제한된 증거가 있지만, 구분 "1"로 분류하기에는 증거가 충분하지 않는 물질

답 ②

유·사·문·제

01 다음 중 암발생 돌연변이로 알려진 유전자가 아닌 것은? [15 기사]

① jun
② integrin
③ ZPP(Zine-Protoporphyrin)
④ VEGF(Vascular Endothelial Growth Factor)

> **hint** 아연 프로토포르피린(zinc protoporphyrin, ZPP) 검사는 헴의 합성과정 중 파괴를 분별할 수 있는 적혈구 혈액검사이다. 헴은 폐에서 체내 각 조직과 세포로 산소를 운반하는 적혈구에 있는 단백인 혈색소의 필수 구성 요소인데 이용 가능한 철의 양이 충분하지 않다면 프로토포르피린은 철 대신 아연과 결합하여 ZPP를 만들게 되므로 이를 통하여 납중독 여부를 판정하게 된다.

02 점돌연변이의 주요기전과 가장 거리가 먼 내용은? [01,06 기사]

① 염기의 치환   ② 염기의 합성
③ 염기의 삽입   ④ 염기의 탈락

> **hint** 돌연변이는 소규모 점돌연변이와 대규모 돌연변이로 구분되는데 점돌연변이는 DNA의 염기서열에 새로운 염기가 삽입, 탈락, 치환되는 경우이고 대규모 돌연변이는 염색체의 구조나 수에 변화가 오는 것을 말한다.

03 다음 중 환경호르몬에 관한 설명으로 틀린 것은? [12 기사]

① 내분비계 교란물질이라고 한다.
② 플라스틱(합성화학물질)에 잔류된 화학물질이 사용 중에 인체에 미량 흡수되어 영향을 미친다.
③ 호르몬의 생성, 분비, 이동 등에 혼란을 준다.
④ 환경호르몬의 노출로 가장 큰 건강상의 장해는 면역체계의 이상이다.

> **hint** 환경호르몬의 노출로 가장 큰 건강상의 장해는 내분비체계 이상 따른 기형성 및 생식기능장애이다.

04 "모든 화학물질은 독물이며 독물이 아닌 화학물질은 없다. 적절한 양을 기준으로 독물이냐 치료약이냐가 구별될 수 있다. 즉 적절한 양으로 사용하면 치료약이지만 그러하지 아니하면 독물이다."라고 한 의학자는? [06 기사]

① Paracelsus   ② Alice Hamilton
③ Ellenog   ④ Bernardino

> **hint** 파라셀수스(Philippus)는 스위스의 의학자·화학자이다. 학문세계의 중세적 풍습의 타파에 주력하였다. 의학 속에 화학적 개념을 도입하는 데 힘을 써 '의화학'의 원조로 알려져 있다.

정답 | 01.③ 02.② 03.④ 04.①

종합연습문제

01 정상세포와 악성 종양세포의 차이점 중 세포질/핵 비율에 관한 설명으로 알맞은 것은? [06 기사]

① 정상세포와 악성종양세포 모두 낮다.
② 정상세포와 악성종양세포 모두 높다.
③ 정상세포가 높고 악성종양세포가 낮다.
④ 정상세포가 낮고 악성종양세포가 높다.

hint 암세포의 형태학적 특징은 암종(癌腫)이라는 상피성 악성종양세포의 경우 보통 서로 연결되고, 조직의 표면을 덮기도 하며 관강(管腔)을 형성하는 경향이 있으므로 이 점에서 비(非)상피성인 육종과 구별된다. 구조뿐만 아니라 세포 자체에도 세포핵의 크기·형태의 이상 및 불규칙성, 염색체수의 이상, 형태의 변화, DNA량의 변동, 다핵세포나 다극성 분열 같은 이상(異常)핵분열의 출현, 무사(無絲)분열, 핵소체(核小體)의 비대, 핵과 세포질의 비(比)에서 핵의 우세 즉, 세포질/핵 비율이 낮은 특징이 있다.

02 다음 중 작업장 유해물질에 관한 설명으로 틀린 것은? [11 기사]

① 작업장에서 유해물질의 주 흡수경로는 호흡기계이다.
② 유해물질의 체내 배설은 주로 대변을 통해서 이루어진다.
③ 납은 혈액, 일산화탄소는 헤모글로빈, 인은 골격의 기능장애를 일으킨다.
④ 수은, 망간은 신경계통에 기능장애를 일으킨다.

hint 유해물질의 체내 배설은 주로 소변을 통해서 이루어진다.

정답 ┃ 01.③ 02.②

CHAPTER 03 중금속의 독성

1 납(Pb)

 이승원의 minimum point

- ☺ **금속의 일반적인 독성기전**
  - DNA의 구조변화(염기와 작용 → 염기쌍의 수소결합 파괴)
  - 금속 평형의 파괴, 단백질 기능변화(-SH, sulfhydryl기와 높은 친화성으로 단백질의 침전유발)
  - 효소 억제작용, 필수 금속성분의 대체(생물학적 과정이 민감한 방향으로 변화)

- ☺ **납의 특성·용도·배출원**
  - **특성** : **청색·은회색**의 연한 중금속으로 화합물은 2가와 4가 상태로 존재하며 **2가 상태**가 일반적임
    - 무기납 : 금속납(Pb), 산화납(PbO), 황산납, 황화납, 질산납, 염화납, 인산납 등
    - 유기납 : 4-에틸납[Pb(C_2H_5)$_4$], 4-메틸납[Pb(CH_3)$_4$] 등 자동차 휘발유 첨가제
  - **용도 및 배출원**
    - 무기납 : 축전지제조(일산화납), 페인트나 염료산업, 방청도료(Pb_3O_4)·방청제 등
    - 산화납·규산납 : 도자기·타일 광택제, 전압기제품(티타늄 납), 유리(광학·전자제품·모니터)

- ☺ **납의 체내 유입경로·중독자의 생체특징**
  - **유입경로** : **호흡기**(1μm정도의 입자 및 증기) > **소화기** > 피부(지용성이 있는 유기납)
  - **대사** : 체내 순환 납량의 **95% 이상이 적혈구와 결합**되어 있음
    - 혈액뇌관문(blood brain barrier)을 통과하지만 **뇌에 축적되지는 않음**
    - 세포내에서 **SH-기와 결합** → **포르피린**(porphyrin)과 **헴**(Hume) 합성에 관여하는 효소를 포함한 여러 세포의 효소작용을 방해함
    - 흡수된 납은 **90%는 뼈(골수)에 축적**되고, 혈액과 연부조직에 5% 정도가 존재함
  - **납중독 근로자의 생체특징**
    - 감소요소 : 혈중 K^+, 혈색소량·전해질, 수분, 아미노레불린산 합성효소(δ-ALAD)의 활성치 등
    - 증가요소 : 삼투압, 적혈구내 Fe, 적혈구, 망상적혈구(reticulocyte), 뇨(尿 중 코프로포르피린(Coproporphyrin), 혈청 및 뇨(尿 중의 델타아미노레불린산(δ-ALA) 등

- ☺ **인체에 미치는 영향** : 중추신경계·소화기계(식욕부진)·조혈계(심혈관계)·생식기계·골격근계 영향, 소아의 IQ 저하(기억상실), 불면증, 치은염(치은의 연선), 체중감소, 손목마비(사지마비), 손처짐 등

- ☺ **납중독 확인시험**
  - 혈액검사(혈색소량, 전혈비중), 혈중의 납, 뇨(尿 중의 납
  - 헴(heme)의 대사, 신경전달속도, 델타 ALA(δ-ALA, Aminolevulinic acid) 배설량
  - 누적혈중 ZPP(zinc protoporphyrin)측정, Ca-EDTA 이동시험 등

PART 4 산업독성학

> ① **납중독의 치료**
> - **작업제한** : 납에 과다하게 폭로된 근로자 → 폭로 단절조치
> - **급성중독 치료** : 경구폭로 시 3%-나트륨용액으로 위세척 후 CaNa$_2$-EDTA 투여
> - **만성중독 치료** : 납배설 촉진제(Ca-EDTA, CaNa$_2$-EDTA, 페니실라민) 투여, 대증요법(진정제, 안정제, 비타민 B$_1$ · B$_{12}$ 섭취)
> ※ 배설 촉진제는 예방목적 투여금지, **신장이 약한 사람** 투여금지, **유기납**은 킬레이트 화합물과 **무반응**

예상 01 · 기사 : 12, 17

다음 중 금속의 일반적인 독성기전으로 틀린 것은?

① DNA 염기의 대체
② 금속 평형의 파괴
③ 필수 금속성분의 대체
④ 술프히드릴(sulfhydryl)기와의 친화성으로 단백질 기능 변화

해설 금속 양이온은 DNA 염기를 대체하는 것이 아니라 DNA 염기와 상호작용하여 염기쌍 사이의 수소결합을 파괴함으로서 DNA의 구조를 변화시킨다. 특히 비소 등 특정 금속들은 DNA 복구과정을 방해하는 것으로 잘 알려져 있다. **답** ①

유.사.문.제

01 납중독을 확인하는데 이용하는 시험으로 적절하지 않은 것은? [00,02,06,09,13,17 기사]

① 혈중의 납
② EDTA 흡착능
③ 신경전달속도
④ 헴(heme)의 대사

hint 납중독을 확인하는데 이용하는 시험은 혈액검사(혈색소량, 전혈비중), 혈중의 납(2ppm 이상이면 만성중독), 뇨(尿) 중의 납, 헴(heme)의 대사, 신경전달속도, 델타 ALA(δ-ALA) 배설량, 혈중 Zn-프로토포르피린(ZPP) 측정, Ca-EDTA 이동시험 등이다. 납중독이 될 경우 뇨 중 코프로포르피린의 증가, 혈청 및 뇨 중 δ-ALA 증가, 적혈구내 프로토포르피린 증가, 혈청내 철 등을 증가시킨다. 반면에 혈중 K$^+$, 혈색소량·전해질, 수분, 아미노레불린산 합성효소(δ-ALAD)의 활성치 등은 감소시킨다.

02 포르피린과 헴(heme)의 합성에 관여하는 효소를 억제하며, 소화기계 및 조혈계에 영향을 주는 물질은? [17 기사]

① 납
② 수은
③ 카드뮴
④ 베릴륨

hint 납은 세포내에서 -SH기와 결합하여 포르피린과 헴(heme)의 합성에 관여하는 효소를 억제함으로써 델타 ALAD(δ-ALAD) 활성치 저하, 혈색소량 저하, 적혈구수 감소 및 수명단축, 망상적혈구수 증가, 혈청내 철분증가, 호염기성 점적혈구수 증가, 혈청 및 뇨 중의 델타 ALA(δ-ALA) 증가 등으로 빈혈증, 신장기능 저하(통풍증후), 소화기능 저하 및 위장장애를 일으키고 신경조직을 변화시킨다.

정답 | 01.② 02.①

03. 중금속의 독성

▪ 기사 : 13

02 다음 중 납중독에 관한 설명으로 옳은 것은?

① 유기납의 경우 주로 호흡기와 소화기를 통하여 흡수된다.
② 무기납 중독은 약품에 의한 킬레이트 화합물에 반응하지 않는다.
③ 납중독 치료에 사용되는 납 배설 촉진제는 신장이 나쁜 사람에게는 금기로 되어 있다.
④ 혈중의 납의 양은 체내에 축적된 납의 총량을 반영하여 최근에 흡수된 납량을 나타내 준다.

해설 ③항만 올바르다. 납중독 치료에 사용되는 납 배설 촉진제는 신장이 나쁜 사람에게는 금기로 되어 있다. 유기납(4-알킬납, 4-에틸납 등)의 경우에는 지용성과 휘발성이 있어서 피부, 호흡기 및 소화기점막을 통해서 체내에 쉽게 흡수된다. 체내에 흡수된 유기납은 무기납 화합물과 다르게 뇌에 쉽게 이행되고 특이한 신경증상을 일으킨다. 또한 유기납 중독은 약품에 의한 킬레이트 화합물에 반응하지 않는 특성이 있으므로 유의하여야 한다. 혈중의 납의 양은 최근에 폭로된 납의 양을 나타낸다. **답** ③

유.사.문.제

01 다음 중 납중독의 초기증상으로 볼 수 없는 것은? [11,18 기사]

① 권태, 체중감소
② 식욕저하, 변비
③ 연산통, 관절염
④ 적혈구 감소, Hb의 저하

hint 납(Pb)은 급성독성은 없지만 축적성이 있기 때문에 가장 영향을 많이 받는 기관은 소화기계(식욕부진, 변비, 복부팽만), 조혈계(빈혈, 적혈구 감소, Hb의 저하), 신경계 및 골격근계(중추신경계 장애, 권태, 체중감소, 두통, 근육통, 관절통 등)이고, 신장과 심장혈관에도 영향을 미치지만 관절염을 유발하지는 않는다. 단기간에 고농도 환경에 노출될 경우 복통이나 관절통, 연산통(鉛疝痛) 이외에는 납중독이 되어도 아무런 증상을 느끼지 못한다는 것이 가장 큰 문제점이다.

02 다음 중 납중독에 대한 대표적인 임상증상으로 볼 수 없는 것은? [01,09,16 기사]

① 위장장애
② 안구장애
③ 중추신경장애
④ 신경 및 근육 계통의 장애

hint 안구에 영향을 미치는 물질은 주로 유기용제 중 크실렌, 펜타클로로페놀 등이다.

03 납중독의 임상증상과 가장 거리가 먼 것은? [02,08,14 기사]

① 위장장애
② 신경 및 근육계통의 장애
③ 호흡기계통의 장애
④ 중추신경장애

hint 호흡기계통에 영향을 미치는 유해물질은 진폐 유발 분진과 질소산화물, 황산화물, 포스겐 등이다.

04 납중독의 대표적인 증상 및 징후로 틀린 것은? [17 기사]

① 간장장애
② 근육계통장애
③ 위장장애
④ 중추신경장애

05 다음 중 인체에 침입한 납(Pb) 성분이 주로 축적되는 곳은? [11,17 기사]

① 간
② 신장
③ 근육
④ 뼈

hint 인체내로 흡수된 납은 인체의 모든 조직에서 발견되나 체내의 총 납의 90%는 뼈에 축적되고 혈액과 연부조직에 5% 정도가 존재한다.

정답 ┃ 01.③ 02.② 03.③ 04.① 05.④

 **예상 03** ▪ 기사 : 17

납은 적혈구 수명을 짧게 하고, 혈색소 합성에 장애를 발생시킨다. 납이 흡수됨으로써 초래되는 결과로 틀린 것은?

① 뇨 중 코프로포르피린 증가
② 혈청 및 뇨 중 δ-ALA 증가
③ 적혈구내 프로토포르피린 증가
④ 혈중 β-2마이크로글로불린 증가

해설 혈중 β-2마이크로글로불린(B2M)은 대부분의 체액에 존재하는 단백성분으로 신장의 신세뇨관에서 재흡수되지만 발암성 금속류의 만성중독에 따른 다발성 골수종, 백혈병, 및 림프종과 같은 암이나 염증성 질환이 있을 때는 혈액내 농도가 증가하게 된다. 납은 적혈구 수명을 짧게 하고, 혈색소 합성 장애를 유발하지만 발암성분이 아니므로 혈중 B2M의 증가와 무관하다.   **답** ④

 **예상 04** ▪ 기사 : 15,19
▪ 산업 : 출제대비

다음 중 납중독의 주요 증상에 포함되지 않는 것은?

① 혈중의 methallothionein 증가
② 적혈구의 protoporphyrin 증가
③ 혈색소량 저하
④ 혈청내 철 증가

해설 납중독이 될 경우 뇨 중 코프로포르피린의 증가, 혈청 및 뇨 중 δ-ALA 증가, 적혈구내 프로토포르피린 증가, 혈청내 철 등을 증가시킨다. 반면에 혈중 K^+, 혈색소량·전해질, 수분, 아미노레불린산 합성 효소(δ-ALAD)의 활성치 등은 감소시킨다. 한편, 카드뮴이 인체에 유입될 경우 신장이나 간장에 축적되어 있는 카드뮴은 메탈로티오네인(methallothionein)과 결합된 형태이다.   **답** ①

유.사.문.제

01 납이 인체내로 흡수됨으로써 초래되는 현상이 아닌 것은? [00,04,08,10,12,16 기사]

① 혈색소량 저하
② 혈청내 철 감소
③ 망상적혈구수의 증가
④ 소변 중 코프로폴피린 증가

hint 납중독은 혈청내 철을 증가시킨다.

02 납중독에 관한 설명으로 틀린 것은? [18 기사]

① 혈청내 철이 감소한다.
② 뇨 중 δ-ALAD 활성치가 저하된다.
③ 적혈구내 프로토포르피린이 증가한다.
④ 임상증상은 위장계통의 장애, 신경근육계통의 장애, 중추신계통의 장애 등 크게 3가지로 나눌 수 있다.

03 다음 중 납중독 진단을 위한 검사로 적합하지 않은 것은? [15 기사]

① 소변 중 코프로포르피린 배설량 측정
② 혈액 검사(적혈구 측정, 전혈비중 측정)
③ 혈액 중 징크-프로토포르피린(ZPP)의 측정
④ 소변 중 β-2microglobulin과 같은 저분자 단백질 검사

04 다음 중 납중독을 확인하는 시험이 아닌 것은? [15,19 기사]

① 소변 중 단백질
② 혈중의 납 농도
③ 말초신경의 신경전달 속도
④ ALA(Amino Levulinic Acid) 축적

정답 | 01.② 02.① 03.④ 04.①

종합연습문제

01 다음 중 납중독이 조혈기능에 미치는 영향으로 옳은 것은? [18 산업]
① 혈색소량 증가
② 적혈구수 증가
③ 혈청내 철 감소
④ 적혈구내 프로토포르피린 증가

02 납중독을 확인하는데 이용되는 시험내용과 거리가 먼 것은? [01,04,06,19 기사]
① 혈중의 납
② 헴(Heme)의 대사
③ 신경전달속도
④ β-ALA 이동시험

03 다음 중 납중독에서 나타날 수 있는 증상을 모두 나열한 것은? [14,18 기사]

> ㉠ 빈혈
> ㉡ 신장장애
> ㉢ 중추 및 말초 신경장애
> ㉣ 소화기장애

① ㉠, ㉢
② ㉠, ㉡, ㉢
③ ㉡, ㉢
④ ㉠, ㉡, ㉢, ㉣

04 다음 내용과 가장 관계가 깊은 물질은? [00,04,16 기사]

> • 뇨 중 코프로포르피린 증가
> • 뇨 중 델타 아미노레블린산 증가
> • 혈중 프로토포르피린 증가

① 납
② 비소
③ 수은
④ 카드뮴

05 납에 노출된 근로자가 납중독 되었는지를 확인하기 위하여 소변을 시료로 채취하였을 경우 다음 중 측정할 수 있는 항목이 아닌 것은? [13 기사]
① 델타-ALA
② 납 정량
③ coproporphyrin
④ protoporphyrin

hint 프로토포프린(protoporphyrin)은 간기능 항진에 관계되는 물질이다.
■ 납 노출 근로자의 생체특징
- 감소요소 : 델타-ALAD의 활성감소, 혈중 K^+와 수분감소 등
- 증가요소 : 혈청 및 뇨(尿) 중의 델타-ALA 증가, 적혈구 및 뇨 중 코프로포르피린 증가, 적혈구내 철 증가 등

06 다음 납이 발생되는 환경에서 납 노출에 대한 평가활동이다. 가장 올바른 순서로 나열된 것은? [09,13,17 기사]

> ㉠ 납에 대한 독성과 노출기준 등을 MSDS를 통해 찾아본다.
> ㉡ 납에 대한 노출을 측정하고 분석한다.
> ㉢ 납에 대한 노출은 부적합하므로 개선시설을 해야 한다.
> ㉣ 납에 대한 노출정도를 노출기준과 비교한다.
> ㉤ 납이 어떻게 발생되는지 예비조사한다.

① ㉠ → ㉡ → ㉢ → ㉣ → ㉤
② ㉢ → ㉡ → ㉠ → ㉣ → ㉤
③ ㉤ → ㉠ → ㉡ → ㉣ → ㉢
④ ㉤ → ㉡ → ㉠ → ㉣ → ㉢

hint 환경 중 유해물질에 대한 노출평가 및 개선과정은 발생원 조사 → 유해물질의 독성과 노출기준 조사 → 유해물질에 대한 노출측정 및 분석 → 노출정도와 노출기준의 비교평가 → 시설의 개선 등 조치의 순서로 이루어진다.

정답 ┃ 01.④ 02.④ 03.④ 04.① 05.④ 06.③

PART 4 산업독성학

예상 05
- 기사 : 00, 02, 05, 10, 12, 16②
- 산업 : 출제대비

무기성 납으로 인한 중독 시 원활한 체내 배출을 위해 사용하는 배설촉진제는?

① Ca-EDTA
② δ-ALAD
③ β-BAL
④ 코프로폴린산

해설 무기성 납으로 인한 중독 시 원활한 체내 배출을 위해 사용하는 배설촉진제 Ca-EDTA, 피니실라민(penicillamine) 등이 사용된다.

답 ①

유.사.문.제

01 납의 조혈기능에 대한 영향 중 틀리는 것은? [05 기사]

① δ-ALAD 활성치 증가
② 혈청 및 뇨(尿) 중의 δ-ALA 증가
③ 뇨(尿) 중 Coproporphyrin 증가
④ 적혈구내 Coproporphyrin 증가

hint 납의 조혈기능에 미치는 영향은 δ-ALAD(아미노레불린산 합성효소)의 활성치가 낮아진다.

02 작업자가 납흄에 장기간 노출되어 혈액 중 납의 농도가 높아졌을 때 일어나는 혈액내 현상이 아닌 것은? [01, 07, 11, 12 기사]

① K^+와 수분이 손실된다.
② 삼투압이 증가하여 적혈구가 위축된다.
③ 적혈구 생존시간이 감소한다.
④ 적혈구내 전해질이 급격히 증가한다.

hint 혈액 중 납의 농도가 높아지면 적혈구내 전해질은 감소한다.

03 피부를 통하여 인체로 침입하는 대표적인 유해물질은? [01, 03 산업][00, 03 기사]

① 카드뮴
② 4에틸납
③ 수은
④ 라듐

04 무기납에 속하지 않는 것은? [11 기사]

① 금속납
② 일산화납
③ 사산화삼납
④ 4메틸납

05 다음 중 납에 관한 설명으로 틀린 것은? [16 기사]

① 폐암을 야기하는 발암물질로 확인되었다.
② 축전지제조업, 광명단제조업 근로자가 노출될 수 있다.
③ 최근의 납의 노출정도는 혈액 중 납 농도로 확인할 수 있다.
④ 납중독을 확인하는 데는 혈액 중 ZPP 농도를 이용할 수 있다.

hint 납은 발암물질이 아니다.

06 납이 인체에 미치는 영향과 거리가 먼 것은? [16 산업]

① 신경계통의 장애
② 조혈기능에 장애
③ 간에 미치는 장애
④ 신장에 미치는 장애

07 무기납의 만성노출에 의한 건강장애(만성작용)와 가장 거리가 먼 것은? [05 기사]

① 용혈
② 빈혈
③ 피로 및 쇠약
④ 근육통

hint 무기납은 말초신경을 수축시키고, 혈액 및 혈액조성 조직(골수)에 영향을 미친다.

정답 | 01.① 02.④ 03.② 04.④ 05.① 06.③ 07.①

2 수은(Hg)

 이승원의 **minimum point**

ⓘ **특성·용도·배출원**
- **특성** : 상온(常溫)에서 유일하게 액체(비중 13.59)로 존재하는 금속으로 철·니켈·코발트·마그네슘 등을 제외한 대부분의 금속과 아말감(amalgam)을 만듦
  - **금속수은**(Hg^0)
  - **무기수은** : Hg^+, Hg^{2+} 및 무기수은염(질산수은·승홍·감홍·뇌홍 등)
  - **유기수은** : 알킬수은(메틸·에틸수은 등) 및 아릴수은
- **용도 및 배출원** : 의약(amalgam), 안료(금속제품 도금), 폭발물(뇌홍), 형광등, 계측기 봉액

ⓘ **표적장기·흡수·배설경로**
- **금속수은** → 표적장기 : 신장과 뇌(금속수은은 피부로도 흡수 가능함)
  - Hg^0은 주로 **증기**로써 폐에 흡수되며, **수은증기의 폐흡수율은 50~100%**임
  - 산화될 경우 Hg^{2+}으로 전환됨 → Hg^{2+}는 혈액-뇌관문을 통과하지 못하므로 **뇌조직**에 축적
  - 산화되지 않은 금속수은(Hg^0)은 혈액-뇌관문을 통과하여 **중추신경장애** 유발
  - 주 배출경로는 **뇨(尿)**와 **분변**으로 배출되며, 대변보다 소변으로 배설이 잘 됨
- **무기수은** → 표적장기 : 신장(수은염류는 호흡기나 경구 등 어느 경로라도 흡수가능함)
  - 특히, 염화제2수은은 피부로 흡수될 수 있음
  - 무기수은의 **소화관 흡수율은 2~7% 정도**로 낮음(유기수은의 경우 95% 이상)
  - 세포막과 세포내의 -SH기 **단백질**에 결합하여 효소기능을 억제함
  - 주 배출경로는 **뇨(尿)**와 **분변**으로 배출되며, 금속수은의 배설경로와 유사함
- **유기수은** → 표적장기 : 신경계, 전신독성(호흡기 및 경피흡수율이 비교적 높음)
  - 유기수은의 장관흡수율은 매우 높음(에틸수은 및 메틸수은의 경우 95% 이상)
  - 인체에 미치는 영향은 무기수은에 비하여 **메틸수은의 독성이 큼**
  - 생물농축을 통해 어패류 등에 주로 존재
  - **헌터루셀**(Hunter-Russel) **증후군** 및 **미나마타병**(메틸수은)
  - 주로 **분변**으로 배설(90% 이상), **땀**이나 **뇨(尿)** 중으로의 배설되기도 하지만 그 양이 적음
- **수은의 전반적인 독성**
  - 수은은 황과 공유결합을 하여 **멀캅티드**(mercaptides)를 형성하여 세포대사를 방해함
  - 수은은 -SH기를 가진 **효소를 불활성화**시키는 생물학적 독성을 일으키며, 수은이 제거되면 효소의 작용은 정상으로 회복됨
  - **무기수은**은 **신장**에 큰 영향을 주며, 신장과 간에 가장 높은 농도로 존재함
  - 수은은 **혈액 뇌장벽**(blood-brain barrier)과 **태반을 통과**함

ⓘ **치료**
  - **우유**와 **달걀흰자**를 먹인 후 세척시킴
  - N-아세틸-D-페니실라민 투여, DMPS 투여, BAL 투여
  - ※ 주의사항 : EDTA 투여금기, 유기수은에 중독된 경우는 BAL 투여금기, 무기수은의 경구흡수의 경우 킬레이션 요법에 의한 치료가 필요없음

PART 4 산업독성학

예상 01

- 기사 : 10,11,12,17
- 산업 : 출제대비

인간의 연금술, 의약품 등에 가장 오래 사용해 왔던 중금속 중의 하나로 17세기 유럽에서 신사용 중 절모자를 제조하는 데 사용하여 근육경련을 일으킨 물질은?

① 납
② 비소
③ 수은
④ 베릴륨

해설 수은에 의한 인체피해는 17세기에는 영국 모자 제조공장의 수은중독(Hatter's shakes-모자장수의 경련), 1956년 일본의 화학공장 인근 유기수은에 오염된 조개와 어류를 섭취한 주민들에게 집단 발병한 미나마타병 등이 알려져 있다.

답 ③

유.사.문.제

01 수은중독 증상으로만 나열된 것은? [08,17 기사]

① 구내염, 근육진전
② 비중격천공, 인두염
③ 급성뇌증, 신근쇠약
④ 단백뇨, 칼슘대사 장애

hint 무기 수은중독의 급성 및 아급성 증상은 치은염, 구내염, 구토, 복통, 설사, 신경장애 등이다. 만성중독 초기에는 흥분, 기분의 변화와 같은 과민증상이 나타나고, 이어서 근육진전(筋肉震顫, amyostasia)에 따른 손가락의 떨림이 나타난다.

02 다음 중금속 중 미나마타병과 관계가 깊은 것은? [17 산업]

① 납(Pb)
② 아연(Zn)
③ 수은(Hg)
④ 카드뮴(Cd)

hint 유기수은은 전신적 독성을 나타내고, 주 표적 장기는 신경계이다. 헌터루셀(Hunter-Russel)과 불안, 보행실조, 시야협착, 청각장애, 운동마비, 언어장애, 미나마타병(Minamata disease)을 유발한다.

03 다음 중 단백질을 침전시키며 thiol(-SH)기를 가진 효소의 작용을 억제하여 독성을 나타내는 것은? [00,09,13,18 기사]

① 구리
② 아연
③ 코발트
④ 수은

04 수은중독에 관한 설명 중 틀린 것은? [02,04,07,17,19 기사]

① 주된 증상은 구내염, 근육진전, 정신증상이 있다.
② 급성중독인 경우의 치료는 10% EDTA를 투여한다.
③ 알킬수은 화합물의 독성은 무기수은 화합물의 독성보다 훨씬 강하다.
④ 전리된 수은이온이 단백질을 침전시키고 thiol기(SH)를 가진 효소작용을 억제한다.

hint 수은중독 치료로 킬레이션 요법을 사용할 때 N-아세틸-D-페니실라민, DMPS, BAL을 투여한다. EDTA(Ethylene Diamine Tetraacetic Acid)는 투여가 금기되는 약품이다.

05 다음 중 수은중독에 관한 설명으로 틀린 것은? [10,14,19 기사]

① 수은은 주로 골 조직과 신경에 많이 축적된다.
② 무기수은염류는 호흡기나 경구적 어느 경로라도 흡수된다.
③ 수은중독의 특징적인 증상은 구내염, 근육진전 등이 있다.
④ 전리된 수은이온은 단백질을 침전시키고 thiol기(-SH)를 가진 효소작용을 억제한다.

hint 수은은 신장 및 간에 축적되고, 수은중독 시에는 만성신경계 질환으로 인한 운동장애, 언어장애, 난청, 마비 등이 발생한다.

정답 | 01.① 02.③ 03.④ 04.② 05.①

종합연습문제

01 다음 설명에 해당하는 중금속의 종류는?
[00,03,08,10,12,13②,15,16,18 기사]

> 이 중금속 중독의 특징적인 증상은 구내염, 정신증상, 근육 진전이다. 급성중독 시 우유나 계란의 흰자를 먹이며, 만성중독 시 취급을 즉시 중지하고 BAL을 투여한다.

① 납
② 크롬
③ 수은
④ 카드뮴

02 수은중독의 증상과 가장 거리가 먼 것은?
[05 기사]

① 잇몸에 특징적인 띠가 나타난다.
② 구내염이 생기고 침을 많이 흘린다.
③ 혀나 손가락의 근육이 떨린다.
④ 심한 뇌증상이 올 수도 있다.

> **hint** 수은중독으로 인하여 구내염이 발생하지만 잇몸에 특징적인 띠모양으로 나타나지는 않는다. 이러한 증상은 바이러스에 의한 대상포진이나 이 물질에 의해 손상된 경우일 수 있다.

03 다음 중 수은의 성상에 관한 설명으로 틀린 것은?
[07,09,11 기사]

① 무기수은 화합물의 독성은 알킬수은 화합물보다 강하다.
② 수은 화합물은 크게 무기수은 화합물과 유기수은 화합물로 대별한다.
③ 무기수은 화합물은 대부분의 금속과 화합하여 아말감을 만든다.
④ 무기수은 화합물은 질산수은, 승홍, 뇌홍 등이 있으며, 유기수은 화합물에는 페닐수은, 에틸수은 등이 있다.

> **hint** 알킬수은 화합물의 독성이 무기수은 화합물의 독성보다 훨씬 강하다.

04 수은중독환자의 치료에 적합하지 않는 방법은?
[00,04,17 산업][04,05,12 기사]

① Ca-EDTA 투여
② BAL(British Anti-Lewisite) 투여
③ N-acetyl-D-penicillamine 투여
④ 우유와 계란의 흰자를 먹인 후 세척

> **hint** 수은중독환자의 치료에는 EDTA(Ethylene Diamine Tetraacetic Acid)의 투여를 금기한다. 수은중독환자의 치료대책은 우유와 달걀흰자를 먹인 후 세척, BAL(British Anti Lewisite) 투여, N-아세틸-D-페니실라민 투여, DMPS 투여 등의 조치가 이루어진다.

05 급성중독 시 우유와 계란의 흰자를 먹여 단백질과 해당 물질을 결합시켜 침전시키거나, BAL(dimercaprol)을 근육주사로 투여하여야 하는 물질은?
[02,08,13 기사]

① 납
② 크롬
③ 수은
④ 카드뮴

06 다음 설명에 해당하는 중금속은? [11,15 기사]

> - 뇌홍의 제조에 사용
> - 소화관으로 2~7% 정도의 소량으로 흡수
> - 금속 형태는 뇌, 혈액, 심근에 많이 분포
> - 만성노출 시 식욕부진, 신기능 부진, 구내염 발생

① 납(Pb)
② 수은(Hg)
③ 카드뮴(Cd)
④ 안티몬(Sb)

정답 | 01.③ 02.① 03.① 04.① 05.③ 06.②

PART 4 산업독성학

예상 02
- 기사 : 18

다음 중 수은의 배설에 관한 설명으로 틀린 것은?

① 유기수은 화합물은 땀으로도 배설된다.
② 유기수은 화합물은 주로 대변으로 배설된다.
③ 금속수은은 대변보다 소변으로 배설이 잘 된다.
④ 금속수은 및 무기수은의 배설경로는 서로 상이하다.

해설 금속수은 및 무기수은의 배설경로는 유사하다. 금속수은(Hg^0)이 인체에 유입되어 적혈구 중에서 산화될 경우 무기수은인 2가 수은(Hg^{2+})으로 전환되어 혈청 알부민 및 적혈구의 헤모글로빈과 결합한다. 이후 산화된 Hg^{2+}는 혈액-뇌관문을 통과하기 어렵기 때문에 간·신장 또는 뇌조직에 축적되거나 단백질의 -SH기와 결합하여 그 구조 및 기능을 변화시킨다. 한편, 산화되지 않은 금속수은(Hg^0)은 혈액-뇌관문을 통과하여 뇌조직에서 산화되어 단백질의 효소기능을 억제한다. **답 ④**

예상 03
- 기사 : 15
- 산업 : 출제대비

다음 중 수은의 배설에 관한 설명으로 틀린 것은?

① 유기수은 화합물은 땀으로도 배설된다.
② 유기수은 화합물은 대변으로 주로 배설된다.
③ 금속수은은 대변보다 소변으로 배설이 잘 된다.
④ 무기수은 화합물의 생물학적 반감기는 2주 이내이다.

해설 무기수은 화합물의 생물학적 반감기는 29~60일이다. 유기수은(메틸수은)의 반감기는 약 70일, 금속수은의 반감기는 뇌에서 반년 이상이다. **답 ④**

유.사.문.제

01 다음 중 수은중독의 예방대책으로 가장 적합하지 않은 것은? [15,19 기사]

① 수은 주입과정을 밀폐공간 안에서 자동화한다.
② 작업장내에서 음식물을 먹거나 흡연을 금지한다.
③ 작업장에 흘린 수은은 신체가 닿지 않는 방법으로 즉시 제거한다.
④ 수은 취급근로자의 비점막 궤양 생성여부를 면밀히 관찰한다.

hint 수은을 취급하는 공장에 장기간 근무한 근로자에서는 수정체 앞면이 적갈색이나 황색으로 착색되는데 이것이 폭로의 지표가 된다.

02 다음 중 수은작업장의 작업환경 관리대책으로 가장 적합하지 못한 것은? [00,04,18 산업]

① 수은 주입과정을 자동화시킨다.
② 수거한 수은은 물과 함께 통에 보관한다.
③ 수은은 쉽게 증발하기 때문에 작업장의 온도를 80℃로 유지한다.
④ 독성이 적은 대체품을 연구한다.

hint 수은 취급작업장의 경우 실내온도를 가능한 한 낮게 유지시키고 일정하게 유지시키는 것이 바람직한 작업환경 관리대책이다.

정답 ┃ 01.④ 02.③

3 카드뮴(Cd)

 이승원의 minimum point

ⓘ 특성·용도·배출원
- **특성** : 푸른색을 띠는 은백색 금속(칼로 자를 수 있을 정도로 무름)
  - 연성과 전성이 좋고, 화학적 성질은 아연과 비슷함
  - 산에 용해되어 +2가 산화상태의 염을 만들지만 알칼리에는 녹지 않음
- **용도 및 배출원** : 니켈, 알루미늄과의 합금, 살균제, 철의 전기도금, 페인트(색소), 축전지, 사진재료, 플라스틱공업, 타이어, 용접재료 등

ⓘ 표적장기·흡수·배설경로
- **표적장기** : **신장피질**이며, 세뇨관(細尿管, renal tubule) 장애와 사구체(絲球體) 변화가 나타남
- **흡수** : 호흡기 및 경구흡수(피부를 통한 흡수는 거의 없음)
  - 호흡기 흡수율은 최대 35% 정도임
  - 경구(위장관) 흡수율은 5~8%로 호흡기 흡수율보다 낮으나 칼슘과 철의 결핍 또는 단백질이 적은 식사를 할 경우 흡수율은 20%까지 증가됨
- **대사** : 생체로 유입된 카드뮴의 50~75%는 **간장, 신장**에 축적되고, 특히 장관벽이나 **신피질**(腎皮質)에 고농도로 축적됨
  - 카드뮴에 폭로되면 **메탈로티오네인**(metallothionein)이라는 단백질을 합성하여 독성을 저감시킴
  - 흡수된 카드뮴은 간, 신장, 장관벽으로 이동하여 -SH기가 있는 **효소를 불활성화**하여 세포독으로 작용함
- **배설** : 간장에서 해독이 일어나며, 해독된 카드뮴의 경우 담즙과 함께 십이지장으로 배출됨
  - 체외배출 속도가 느리고, 주로 **뇨**(尿)**를 통해 배출**됨
  - **소변 속의 카드뮴 배설량**은 카드뮴 흡수를 나타내는 지표가 됨
  - 카드뮴, 구리, 철, 납, 니켈, 아연 등과 같은 금속은 **땀을 통하여 배출**되기도 함
  - 카드뮴의 생물학적 반감기는 18~33년으로 알려져 있음

ⓘ **인체영향** : 칼슘대사에 장애를 주어 신결석을 동반한 **신증후군**이 나타나고 다량의 칼슘배설이 일어나 뼈의 통증(**이타이이타이병**), **골연화증** 및 **골수공증**과 같은 골격계 장애를 유발함. 카드뮴은 흡입독성이 경구독성보다 약 8배정도 강하며 산화카드뮴 흡입에 의한 장애가 가장 심함
  - 두통, **관절통**, 복통, 체중감소, **단백뇨**(착색뇨), **혈뇨** 발생
  - 간, 신장기능 장애, 골격계 장애, 고혈압과 심혈관 질환, 폐기능 장애(폐활량 감소, 잔기량 증가 및 호흡곤란) 등

ⓘ 치료
  - 안정을 취하고 단백질 식이요법 시행
  - 대증요법(산소호흡, 적당량의 스테로이드 투여)에 의한 치료
  - 만성중독 초기에는 10~20% **글루쿠론산칼륨**(glucuronic acid potassium)을 정맥주사
  - 비타민 D 피하주사
  - ※ 주의사항 : BAL이나 Ca-EDTA의 **투여는 금기**한다. 특히 BAL은 신독성(腎毒性)을 증가시키는 것으로 알려져 있음

PART 4 산업독성학

▪ 기사 : 00,02,04,05②,08,10②,12,14,18

카드뮴에 노출되었을 때 체내의 주된 축적 기관은?
① 간, 신장, 장관벽
② 심장, 뇌, 비장
③ 뼈, 피부, 근육
④ 혈액, 신경, 모발

해설 체내로 유입된 카드뮴은 혈액으로 들어가 인체의 각 장기(臟器)에 농축되며, 특히 생체내로 유입된 카드뮴의 50~75%는 간장, 신장에 축적되고, 특히 장관벽이나 신피질(腎皮質)에 고농도로 축적된다. 답 ①

▪ 기사 : 17

다음 사례의 근로자에게서 의심되는 노출인자는?

> 41세 A씨는 1990년부터 1997년까지 기계공구제조업에서 산소용접작업을 하다가 두통, 관절통, 전신근육통, 가슴 답답함, 이가 시리고 아픈 증상이 있어 건강검진을 받았다. 건강검진 결과 단백뇨와 혈뇨가 있어 신장질환 유소견자 진단을 받았다. 이 유해인자의 혈중, 소변 중 농도가 직업병 예방을 위한 생물학적 노출기준을 초과하였다.

① 납　　② 망간　　③ 수은　　④ 카드뮴

해설 카드뮴의 급성중독 증상은 구토를 동반하는 설사와 급성 위장염이 발생하고, 두통, 근육통, 복통, 체중감소, 단백뇨(착색뇨), 혈뇨 발생, 간 및 신장기능 장애가 나타난다. 답 ④

▪ 기사 : 13,16

카드뮴 중독의 발생 가능성이 가장 큰 산업 작업 또는 제품으로만 나열된 것은?
① 니켈, 알루미늄과의 합금, 살균제, 페인트
② 페인트 및 안료의 제조, 도자기제조, 인쇄업
③ 금, 은의 정련, 청동 주석 등의 도금, 인견제조
④ 가죽제조, 내화벽돌제조, 시멘트제조업, 화학비료공업

해설 카드뮴은 푸른색을 띠는 은백색의 연성이 있는 금속으로 연성과 전성이 좋고, 화학적 성질이 아연과 비슷하여 니켈, 알루미늄과의 합금, 철의 전기도금, 페인트(색소) 등에 이용된다. 이 외에 아연정련, 용접, 살균제, 축전지, 사진재료, 플라스틱공업, 타이어 등에 이용되고 있다. 답 ①

▪ 기사 : 07,08

다음 중 카드뮴의 만성중독 증상이 아닌 것은?
① 신장기능 장애
② 골격계 장애
③ 폐기능 장애
④ 위장장애

해설 카드뮴의 만성중독 증상으로는 자각증상(가래, 기침, 코점막 이상, 식욕부진, 구토, 반복성 설사, 오심 등), 신장기능 장애, 폐기능 장애, 골격계 장애, 고혈압과 심혈관 질환 등이다. 답 ④

종합연습문제

01 카드뮴중독에 있어 체내 대사에 관한 기술 중에서 옳지 않은 것은? [05 기사]

① 경구 흡수율은 3~5%로 호흡기 흡수율보다 작으나 단백질이 다량 포함된 식사를 할 경우 흡수율이 증가된다.
② 칼슘 결핍 시 장내에서 칼슘 결합 단백질의 생성이 촉진되어 카드뮴의 흡수가 증가한다.
③ 카드뮴의 체내 이동은 분자량 10,500 정도의 저분자 단백질인 metallothionein이 관여한다.
④ 체내에 축적된 카드뮴의 50~75%는 간과 신장에 축적된다.

hint 카드뮴의 경구 흡수율은 5~8%로 호흡기 흡수율보다 낮으나 칼슘과 철의 결핍 또는 단백질이 적은 식사를 할 경우 흡수율은 증가된다.

02 카드뮴에 관한 설명으로 가장 거리가 먼 것은? [06,07,15 기사]

① 카드뮴은 부드럽고 연성이 있는 금속으로 납광물이나 아연광물을 제련할 때 부산물로 얻어진다.
② 흡수된 카드뮴은 혈장단백질과 결합하여 최종적으로 신장에 축적된다.
③ 인체내에서 철을 필요로 하는 효소와의 치환반응으로 독성을 나타낸다.
④ 카드뮴 흄이나 먼지에 급성적으로 노출되면 호흡기가 손상되며 사망에 이르기도 한다.

hint 인체내에서 철을 필요로 하는 효소와의 치환반응으로 독성을 나타내는 것은 납(Pb)이다. 카드뮴은 주로 메탈로티오네인과 알부민에 결합하여 순환한다.

03 카드뮴에 의한 만성작용과 가장 거리가 먼 것은? [06 기사]

① 단백뇨   ② 폐기종
③ 화학성 폐렴   ④ 빈혈

hint 화학성 폐렴을 유발하는 대표적인 중금속은 수은증기이다.

04 다음 중 카드뮴의 중독, 치료 및 예방대책에 관한 설명으로 틀린 것은? [11,19 기사]

① 소변 속의 카드뮴 배설량은 카드뮴 흡수를 나타내는 지표가 된다.
② BAL 또는 Ca-EDTA 등을 투여하여 신장에 대한 독작용을 제거한다.
③ 칼슘대사에 장애를 주어 신결석을 동반한 증후군이 나타나고 다량의 칼슘배설이 일어난다.
④ 폐활량 감소, 잔기량 증가 및 호흡곤란의 폐 증세가 나타나며, 이 증세는 노출기간과 노출농도에 의해 좌우된다.

hint 카드뮴중독 시 BAL이나 Ca-EDTA의 투여는 금기한다.

05 다음 중 체내에 소량 흡수된 카드뮴은 체내에서 해독되는데 이들 반응에 중요한 작용을 하는 것은? [10,19 기사]

① 임파구   ② 백혈구
③ 적혈구   ④ 간장

hint 소량의 카드뮴이나 수은은 체내에서 흡수된 후 간에서 해독되어 담즙과 함께 십이지장으로 배출된다. 간장은 대사효소가 집중되어 분포하고 있으므로 이들 효소활동에 의해 다양한 대사산물이 만들어지기 때문에 다른 기관에 비해 독성물질에 폭로될 가능성이 매우 높다.

06 중금속에 중독되었을 경우에 치료제로서 BAL이나 Ca-EDTA 등 금속배설 촉진제를 투여해서는 안 되는 중금속은? [11,16 기사]

① 납   ② 카드뮴
③ 수은   ④ 망간

07 카드뮴의 만성중독 증상에 속하지 않는 것은? [02,08 기사]

① 폐기종   ② 단백뇨
③ 칼슘 배설   ④ 파킨슨씨 증후군

hint 파킨슨씨 증후군과 관련된 중금속은 망간이다.

정답 | 01.① 02.③ 03.③ 04.② 05.④ 06.② 07.④

4 크롬(Cr)

 이승원의 minimum point

- **특성·용도·배출원**
  - 특성 : 공기 및 습기에 대해서 매우 안정하고 단단한 중금속
    - 2가(Cr^{2+})~6가(Cr^{6+})까지 존재(토양·암석에는 0가, 3가, 6가)으로 존재하며, 0가, 6가는 일반적으로 산업공정 중에 생산되는 것임
    - 크롬(Cr^{3+})은 인체에 필수영양소로서 결핍 시는 인슐린의 저하로 인한 것과 같은 탄수화물의 대사장애를 일으키며, 크롬 중 가장 안정된 형태임
  - 용도 및 배출원 : 니켈과의 합금(스테인리스), 가죽의 무두질, 도금

- **표적장기·흡수·배설경로**
  - 표적장기 : 신장, 비장, 간 → 세뇨관장애, 천식 및 폐암 및 비강암, 피부궤양(대표적 물질)
  - 흡수 : 산업장에서 폭로의 관점에서 보면 **Cr^{6+}이 유해성**이 더 높음
    - 작업환경 중 작업자가 흡입하는 금속형태는 **흄**(fume)과 **먼지형태**임
    - 수용성일수록 흡수율이 높고, Cr^{6+}이 Cr^{3+}에 비해 흡수율이 더 높음(Cr^{3+}은 위장관에서 거의 흡수되지 않음. 0.5~2.0% 흡수)
    - Cr^{3+}은 피부흡수가 잘 되지 않으나 **Cr^{6+}은 쉽게 피부를 통과**함
    - 경구 노출에 의한 크롬 흡수율은 매우 낮음
    - **위액**(胃液)은 **Cr^{6+}을 Cr^{3+}으로 환원**시킴(Cr^{6+}의 흡수량을 감소시킴)
  - 대사 : 체내로 흡수된 크롬은 간장, 신장, 폐 및 골수에 축적됨
    - 체내 Cr^{6+}은 5가 크롬, 4가 크롬의 중간 단계를 거쳐 Cr^{3+}으로 환원됨
    - 크롬은 트랜스페린(transferrin) 및 알부민과 결합하여 혈액을 통해서 이동함
  - 배설
    - 체내 흡수된 크롬은 신장을 통해서 **소변으로 배설**(소량은 모발, 땀 및 담즙을 통해 배설)
    - 경구로 유입된 크롬은 간장, 신장, 폐 및 골수에 일부 축적되며, 대부분 대변을 통해 배설됨

- **인체영향**
  - Cr^{6+}는 피부나 코의 부식 및 폐암을 일으키는 반면, Cr^{3+}은 상대적으로 독성이 적으며, 세포내에서 **세포핵**(핵산, nuclear enzyme, nucleotide)과 **결합될 때만 발암성**을 나타냄
  - 극심한 **신장장애 → 과뇨증 → 무뇨증 → 요독증** → 사망
  - 눈·코 점막의 충혈발생 → 반점 → 종창 → 궤양 → 연골부의 **비중격천공** 발생
  - 호흡기증상(급성폐렴), 원발성 기관지암 및 폐암, 피부궤양(크롬산), 위장장애 등

- **치료** : 마셨을 경우의 응급처치는 **황산나트륨**으로 위를 세척하고, 우유, 석회 등을 공급함
  - 해독제로 구연산나트륨, 티오황산나트륨, 10% 수산화마그네슘 용액을 투여
  - 환원제로 **아스코르빈산**(ascorbic acid), **비타민 C**를 섭취케 함
  - 코와 피부궤양은 10% Ca-EDTA 연고 또는 10% $CaNa_2$-EDTA를 사용하여 치료
  - **만성 크롬중독**인 경우 약품 치료제(BAL, EDTA 등)의 **투여효과가 없고**, 폭로중단 이외에는 특별한 방법이 없음

03. 중금속의 독성

- 기사 : 00,02,04,06,08,15

01 급성중독의 특징으로 심한 신장장애로 과뇨증이 오며, 더 진전되면 무뇨증을 일으켜 요독증으로 10일 안에 사망에 이르게 하는 물질은?

① 비소
② 크롬
③ 벤젠
④ 베릴륨

해설 크롬의 급성중독은 심한 신장장애로 과뇨증, 무뇨증, 요독증을 유발하는 특징이 있다.   답 ②

- 기사 : 01,03,06,10,12

02 다음 중 크롬(Cr)의 특성에 관한 설명으로 옳은 것은?

① 6가 크롬은 피부흡수가 어려우나 3가 크롬은 쉽게 피부를 통과한다.
② 6가 크롬은 세포막 통과가 어렵지만 3가 크롬은 세포 통과가 용이하여 산업장 노출의 관점에서 6가 크롬이 더 해롭다.
③ 세포막을 통과한 3가 크롬은 세포내에서 수분에서 수 시간만에 발암성을 가진 6가 형태로 환원된다.
④ 3가 크롬은 세포내에서 헥산, nuclear enzyme, nucleotide와 같은 세포핵과 결합될 때 발암성을 나타낸다.

해설 ④항만 옳다. 3가 크롬은 세포핵·효소(헥산, nuclear enzyme, nucleotide)와 결합될 때만 발암성을 나타낸다.

▶ 바르게 고쳐보기 ◀
① 3가 크롬은 피부흡수가 어려우나 6가 크롬은 쉽게 피부를 통과한다.
② 3가 크롬은 세포막 통과가 어렵지만 6가 크롬은 세포 통과가 용이하여 산업장 노출의 관점에서 6가 크롬이 더 해롭다.
③ 세포막을 통과한 Cr^{3+}은 세포내에서 발암성을 가진 Cr^{6+}형태로 산화된다.   답 ④

- 기사 : 10,13,19

03 다음 중 크롬에 관한 설명으로 틀린 것은?

① 6가 크롬은 발암성 물질이다.
② 주로 소변을 통하여 배설된다.
③ 형광등 제조, 치과용 아말감 산업이 원인이 된다.
④ 만성 크롬중독인 경우 특별한 치료방법이 없다.

해설 형광등 제조, 치과용 아말감 산업이 원인이 되는 것은 수은이다. 수은은 철·니켈·코발트·마그네슘 등을 제외한 대부분의 금속과 아말감(amalgam)을 만든다.   답 ③

PART 4 산업독성학

종합연습문제

01 다음 중 중금속의 노출 및 독성 기전에 대한 설명으로 틀린 것은? [14 기사]

① 작업환경 중 작업자가 흡입하는 금속형태는 흄과 먼지형태이다.
② 대부분의 금속이 배설되는 가장 중요한 경로는 신장이다.
③ 크롬은 6가 크롬보다 3가 크롬이 체내 흡수가 많이 된다.
④ 납에 노출될 수 있는 업종은 축전지 제조, 광명단 제조업체, 전자산업 등이다.

hint Cr^{3+}은 위장관에서 거의 흡수되지 않는다. 섭취한 3가 크롬의 0.5~2.0%만이 인체의 위장관에서 흡수되는 것으로 알려져 있다.

02 3가 및 6가 크롬의 인체 작용 및 독성에 관한 내용으로 틀린 것은? [17 기사]

① 산업장의 노출의 관점에서 보면 3가 크롬이 더 해롭다.
② 3가 크롬은 피부 흡수가 어려우나 6가 크롬은 쉽게 피부를 통과한다.
③ 세포막을 통과한 6가 크롬은 세포내에서 수분 내지 수 시간만에 발암성을 가진 3가 형태로 환원된다.
④ 6가에서 3가로의 환원이 세포질에서 일어나면 독성이 적으나 DNA의 근위부에서 일어나면 강한 변이원성을 나타낸다.

hint 산업장의 노출의 관점에서 보면 Cr^{6+}이 더 해롭다.

03 크롬에 의한 급성중독의 특징으로 가장 알맞은 것은? [00,04,05,08,13 기사]

① 혈액장애   ② 신장장애
③ 피부습진   ④ 중추신경장애

hint 크롬의 급성중독 특징으로 심한 신장장애가 있으며, 위장장애(복통, 빈혈을 수반하는 설사, 구토), 급성폐렴 등의 호흡기질환을 유발한다.

04 체내로 흡입하게 되면 부식성이 강하여 점막 등에 침착되어 궤양을 유발하고 장기적으로 취급하면 비중격천공을 일으키는 물질은? [00,03②,15,18 산업][16 기사]

① 크롬
② 수은
③ 아세톤
④ 카드뮴

05 피부에 궤양을 야기시키는 대표적인 물질은? [03 기사]

① 크롬산(chromic acid)
② 피치(pitch)
③ 에폭시수지(epoxy resin)
④ 타르(tar)

06 점막이 충혈되어 화농성비염이 되고 차례로 깊이 들어가서 궤양이 되고 비중격천공이 나타나는 물질은? [01,03 기사]

① 수은   ② 크롬
③ 아연   ④ 납

07 주요 독성을 나타내는 금속에 관한 설명으로 틀린 것은? [04 산업]

① 알킬수은 중 메틸수은은 미나마타병을 비롯하여 종종 집단적인 중독증 발생의 원인이 된다.
② 수은의 만성독성으로서는 신장기능 장애를 일으킨다.
③ 크롬은 3가 크롬보다 6가 크롬이 체내 흡수가 많이 된다.
④ 체내의 3가 크롬은 6가 크롬으로 산화되어 독성을 나타낸다.

hint 체내 Cr^{6+}은 5가 크롬, 4가 크롬의 중간 단계를 거쳐 Cr^{3+}으로 환원된다.

정답 | 01.③ 02.① 03.② 04.① 05.① 06.② 07.④

예상 04 ・기사 : 17

크롬으로 인한 피부궤양 발생 시 치료에 사용하는 것과 가장 관계가 먼 것은?

① 10% BAL 용액
② sodium citrate 용액
③ sodium thiosulfate 용액
④ 10% CaNa₂EDTA 연고

해설 만성중독 시 BAL(British Anti-Lewisite)이나 EDTA(Ethylene Diamine Tetra-Acetic acid) 투여는 아무런 효과가 없으며, 폭로중단 이외에는 특별한 방법이 없다. 구강 섭취한 경우의 응급처치는 황산나트륨으로 위를 세척하고, 우유, 석회 등을 공급한다. 해독제로 구연산나트륨(sodium citrate) 용액, 티오황산나트륨(sodium thiosulfate) 용액, 10% 수산화마그네슘 용액을 투여하고, 환원제로 아스코르빈산(ascorbic acid), 비타민 C를 섭취하게 한다. 코와 피부궤양은 10% Ca-EDTA 연고 또는 10% CaNa₂-EDTA를 바른다. **답** ①

유.사.문.제

01 크롬중독에 관한 설명 중 틀린 것은? [06 기사]

① 크롬중독 시 BAL, Ca-EDTA 복용은 효과가 없다.
② 크롬은 생체에 필수적인 금속으로서 결핍 시에는 인슐린의 증가로 인한 대사장애를 일으킨다.
③ 만성중독 증상은 피부증상, 호흡기증상, 폐암 등이 있다.
④ 경구로 체내에 흡수된 크롬은 간장, 신장, 폐 및 골수에 축적되며, 대부분 대변을 통해 배설된다.

hint 크롬은 생체내에 필수적인 금속으로 결핍 시 인슐린의 저하로 인한 것과 같은 탄수화물의 대사장애를 일으킨다.

02 크롬을 사고로 먹었을 경우 응급조치로서 곧 우유와 환원제로 무엇을 섭취시켜야 하는가? [00,04 산업]

① 비타민 C
② 비타민 B₁
③ 비타민 B₂
④ 비타민 E

03 다음 중 크롬 및 크롬중독에 관한 설명으로 틀린 것은? [10 기사]

① 3가 크롬은 피부흡수가 어려우나, 6가 크롬은 피부를 쉽게 통과한다.
② 크롬중독으로 판정되었을 때에는 노출을 즉시 중단시키고 EDTA를 복용하여야 한다.
③ 산업장에서 노출의 관점에서 보면 3가 크롬보다 6가 크롬이 더욱 해롭다고 할 수 있다.
④ 주로 소변을 통해 배설되며 대변으로는 소량 배출된다.

hint 크롬의 만성중독 시 BAL이나 EDTA는 아무런 효과가 없다. 폭로중단 이외에는 특별한 방법이 없다.

04 다음 중 금속에 장기간 노출되었을 때 발생할 수 있는 건강장애로 잘못 연결된 것은? [17 산업]

① 납-빈혈
② 크롬-운동장애
③ 망간-보행장애
④ 수은-뇌신경세포 손상

hint 크롬의 만성중독 증상은 피부증상, 호흡기증상, 폐암 등이다.

정답 | 01.② 02.① 03.② 04.②

5 망간(Mn)

 이승원의 **minimum point**

ⓛ 특성·용도·배출원
- **특성** : Mn은 철보다 단단하고, 마모에 강하지만 쉽게 부서지는 은색 금속임
  - 망간은 2가와 3가 이온이 생체내에서 흔하며, 화합물에서 가장 안정한 산화상태는 2가임
  - Mn은 중추신경계가 정상적으로 기능하는데 중요한 역할을 하는 미량원소임
  - Mn은 골격, 간, 신장 등에 많이 몰려 있으며, 전체 망간의 25%는 골격에 존재함
- **용도 및 배출원** : 제철 및 제련에서 환원제, 강도 및 경도 강화제, 건전지, 유리, 도자기 유약, 화약, 용접봉 제조업, 연료첨가제(MMT), $KMnO_4$는 세탁, 표백 및 소독을 위한 산화제로 사용됨

ⓛ 표적장기·흡수·배설경로
- **표적장기** : 신경, 생식독성
- **흡수** : 호흡기, 소화기, 피부 등을 통해 체내에 들어오게 되나 **호흡기 노출**이 주 경로임
  - 체내에 흡수된 망간은 혈액에서 신속하게 제거되고 체내 총량의 **43% 정도는 뼈에 침착**됨
  - 내장기관은 간, 뇌하수체, 소장, 췌장 순으로 침착되며, 장내 흡수율은 1~5%임
- **대사** : 흡수된 망간 중 **10~20%는 간에 축적**되고, 기타 폐, 비장, 손톱, 모발 등에도 축적됨
- **배설** : 체내 흡수된 망간 배설의 95% 정도는 담즙을 통해 장관으로 분비되어 대변으로 배설되고, 매우 소량만이 소변으로 배설됨

ⓛ 인체영향 : 사고로 인해 대량으로 흡입된 경우를 제외하고는 급성중독이 발생치 않음
- 망간중독은 추체외로 증상(錐體外路症狀)을 중심으로 한 신경학적 장애로 2차성 **파킨슨 증후군**(secondary parkinsonism)의 한 형태를 보임
- **만성중독**을 일으키는 것은 **2가 망간화합물**이고, 3가 이상의 망간화합물은 부식성에 따른 피해를 주며, 망간의 직업성 폭로는 철강제조업, 용접봉 제조업 등에서 많은 편임
- 초기단계
  - 이산화망간 흄에 급성 폭로 → 열, 오한, 호흡곤란 등의 증상(**금속열 유발**)
  - 무력증, 식욕감퇴, 두통, 현기증, 무관심, 근력저하, 정서장애, 행동장애, 언어장애, 보행장애
  - 중독자의 80%가 성적 흥분기 → 성욕감퇴 → 무관심 상태의 증상을 보임
- 중기단계 : **파킨슨 씨 증후**가 점차 분명해 짐
- 말기단계 : 감각기능은 정상이나 균형감각이나 정신력이 떨어짐, 글씨 쓰는 것이 불규칙하고, 어떤 글자는 읽을 수 없게 됨, 맥박변화

ⓛ 치료
- 페니실라민(penicillamine), 펜타닐(penthanil), L-dopa 등은 치료효과 가능성이 있음
- 이틀 간격으로 5% 포도당의 250~500mL에 이염화칼슘 15~25mL/kg을 넣어 1~2시간에 걸쳐 정맥주사
- Mn의 독성 제거에 Ca-EDTA를 사용할 수 있으나 중독 말기환자에게는 효과가 없음
- ※ BAL이나 칼슘, $CaNa_2$-EDTA 등은 치료효과가 없음

03. 중금속의 독성

- 기사 : 02,06,09,12,17

유해물질 중 '망간'에 대한 설명으로 틀린 것은?
① 만성중독은 3가 이상의 망간화합물에 의해서 발생한다.
② 전기용접봉 제조업, 도자기 제조업에서 발생된다.
③ 언어장애, 균형감각상실 등의 증세를 보인다.
④ 호흡기 노출이 주경로이다.

해설 만성중독을 일으키는 것은 주로 2가 망간화합물이고, 3가 이상의 망간화합물은 부식성에 의한 영향을 미친다. **답** ①

- 기사 : 16

다음의 사례에 의심되는 유해인자는?

> 48세의 이씨는 10년 동안 용접작업을 하였다. 1998년부터 왼쪽 손 떨림, 구음장애, 왼쪽 상지의 근력저하 등의 소견이 나타났고, 주위 사람으로부터 걸을 때 팔을 흔들지 않는다는 이야기를 들었다. 몇 개월 후 한의원에서 중풍의 진단을 받고 한 달 동안 치료를 하였으나 증상의 변화는 없었다. 자기공명영상촬영에서 뇌기저핵 부위에 고신호강도 소견이 있었다.

① 크롬　　　② 망간　　　③ 톨루엔　　　④ 크실렌

해설 만성중독의 경우 중기단계에서 파킨슨 씨 증후가 점차 분명해 진다. 말기단계에서는 감각기능은 정상이나 균형감각이나 정신력이 떨어지고, 글씨 쓰는 것이 불규칙하며, 어떤 글자는 읽을 수 없게 된다. **답** ②

- 기사 : 00,03,04,17
- 산업 : 출제대비

중독 증상으로 파킨슨 증후군 소견이 나타날 수 있는 중금속은?
① 납　　　② 비소　　　③ 망간　　　④ 카드뮴

해설 망간중독은 추체외로 증상(錐體外路症狀, extrapyramidal symptoms)을 중심으로 한 신경학적 장애로 2차성 파킨슨 증후군(secondary parkinsonism)의 한 형태를 보인다. **답** ③

- 기사 : 01,06,15

다음 중 망간중독에 관한 설명으로 틀린 것은?
① 금속망간의 직업성 노출은 철강제조 분야에서 많다.
② 치료제는 Ca-EDTA가 있으며, 중독 시신경이나 뇌세포 손상회복에 효과가 있다.
③ 망간에 계속 노출되면 파킨슨 증후군과 거의 비슷하게 될 수 있다.
④ 이산화망간 흄에 급성 폭로되면 열, 오한, 호흡곤란 등의 증상을 특징으로 하는 금속열을 일으킨다.

해설 망간(Mn)의 독성 제거에 Ca-EDTA를 사용할 수 있으나 중독 말기환자에게는 효과가 없다. 그리고 BAL이나 칼슘, $CaNa_2$-EDTA 등은 치료효과가 없다. **답** ②

6 베릴륨(Be)·비소(As)·니켈(Ni)·구리(Cu) 등

 이승원의 minimum point

(1) 베릴륨

ⓛ 특성·용도·배출원
- 특성 : Be는 은백색으로 내식성에 뛰어나고, 녹는점이 높으며, 가장 가벼운 금속임
  - 화학적으로는 알루미늄과 비슷한 성질을 보임(표면만이 산화되어 산화막을 만듦)
  - 상온에서는 무르지만, 고온에서는 전연성이 있음
- 용도 및 배출원 : 구리·니켈과 고강도 합금, 치과기공, 용접기, 핵융합로 부품 제조공정 등

ⓛ 표적장기·흡수·배설경로
- 표적장기 : 폐, 간
- 흡수 : 호흡기 및 경구, **호흡기 노출**이 주 경로임
  - 호흡기로 흡입된 가용성 베릴륨염은 초기 흡입량의 20% 정도가 흡수되며, **산화베릴륨**은 흡수 속도가 대단히 **느림**
  - 경구투여된 베릴륨은 높은 pH의 영향을 받아 **난용성 인산염**으로 침전하게 되므로 흡수와 축적은 1% 미만이며, 대부분 흡수되지 않고 대변으로 배출됨
- 대사 : 난용성 베릴륨화합물의 경우는 70~80%가 폐에 잔류함
- 배설 : 흡수된 베릴륨의 **20~70%가 소변으로 배설**되고 나머지는 대변 및 가래로 배출됨

ⓛ **인체영향** : 베릴륨(Be, 2족-2주기)은 화학적으로 Mg과 비슷(2족-3주기)하여 체내의 효소에서 **Mg를 치환**함으로써 효소가 제기능을 수행하지 못하도록 함
  - 급성 기관지염, 화학성 폐렴, 병리학적 독성은 전신성 질환을 유발하며, 폐, 간, 피부, 림프절을 포함한 다양한 기관에서 **육아종**을 유발함
  - 급성독성 : 폐의 염증성 육아종성 손상·괴사·섬유화, 폐포벽의 비후 등(염화물, 황화물, 불화물과 같은 **용해성 화합물**에 의함)
  - 만성독성 : 베릴륨의 만성중독을 소위 **네이버후드 캐이스**(Neighborhood cases)라고도 불림. 폐렴, 육아종, 농양, 괴사, 폐울혈, 폐기종, 섬유화, 간세포 변성 등을 유발함

ⓛ 치료
  - **스테로이드**(steroid) 투여(급성/만성 중독 시)
  - 피부는 깨끗이 세척하고 스테로이드 제제 연고를 바름

(2) 비소

ⓛ 특성·용도·배출원
- 특성 : 은빛 광택, 가열 시 녹지 않고 청백색 불꽃을 내며 승화(昇華)되어 산화비소가 됨
  - 화합물에서 보통 3가지 산화 상태(-3, +3, +5) 중 한 가지로 존재
  - 흰색 또는 무색, 증발성이 없고, 냄새와 맛을 느끼지 못함
  - 물이나 부식성 산에도 녹지 않음
- 용도 및 배출원 : 농약(목재 방부제, 살충제, 살균제, 제초제, 살서제), 의약(독가스, 매독·암 치료제, 급성골수성 백혈병 치료제 등), 축전지, 반도체 등

ⓘ **흡수 · 배설경로**
- **흡수** : 호흡기 및 경구, **호흡기 노출**이 주 경로임
    □ 비산염(arsenate)과 아비산염(arsenite)은 경구 및 호흡을 통해 잘 흡수됨
    □ 피부를 통한 흡수는 많이 알려진 바 없음
- **대사**
    □ 흡입경로로 투여된 삼산화비소는 주로 **간**과 **신장조직**에 많이 분포함
    □ **3가 비소화합물**은 5가에 비하여 **독성이 강함**(5가 비소는 3가 비소로 환원되어 독성을 줌)
    □ 3가 비소는 -SH기를 갖는 효소와 결합 → 세포호흡, 글루타치온대사, DNA 복구과정 방해
- **배설** : 비소 및 그 대사체는 **소변** 및 **담즙**을 통해 쉽게 배출됨
    □ 흡수된 비소의 75% 이상이 소변으로 배출됨
    □ 일반적으로 인체에서는 DMA(Dimethylarsinic Acid)가 주 배설형태(40~75%)이고, 무기비소가 20~25%, MMA(Monomethyl Arsonic Acid)가 15~25%를 차지함

ⓘ **인체영향** : 장기간 폭로되면 피부 특히 겨드랑이나 국부 등에 **습진형 피부염**이 생기며, **피부암**을 비롯하여 **폐암**, **간암** 등 각종 암을 유발시킴
  □ 적은 양의 폭로 : 메스꺼움, 구토, 설사, 근육경직, 안면부종, 신장 이상 등
  □ 많은 양의 폭로 : 심장박동 이상, 소화기관·혈관 손상(용혈성 빈혈), 사망
  □ 만성독성 : 방광암, 피부암, 간암, 신장암, 폐암, 전신중독 증상의 일부로 피부장애

ⓘ **치료** : 먹었을 경우는 토하게 하고, 활성탄(charcoal)과 설사약(下劑)을 투여함
  □ 해독제로 1~2%의 **수산화나트륨** 사용, BAL(British Anti-Lewisite) 투여
  □ **디메르카프롤**(Dimercaprol) 투여(단, 삼산화비소 중독 시는 효과가 없음)
  □ **쇼크치료**는 강력한 정맥 수액제와 혈압상승제 사용
  ※ 디메르카프롤(Dimercaprol) : 비소, 납, 크롬, 수은 등의 해독제로 사용가능

(3) 니켈

ⓘ **특성 · 용도 · 배출원**
- **특성** : 은백색 금속, 자석성질, 화학반응성은 비교적 작고 철보다 안정함
    □ 니켈은 -1, 0, +2, +3, +4의 산화상태로 존재할 수 있음(자연환경에서는 +2)
    □ 내부식성인 스테인리스 강의 재료가 됨
- **용도 및 배출원** : 스테인리스스틸 용접, 도금, 합금, 제강공업, 전지 등의 제조업 등

ⓘ **흡수 · 배설경로**
- **흡수** : 호흡, 섭취, 피부를 통해 체내로 유입됨
    □ 호흡에 의한 경우 약 20~35%가 혈액으로 흡수되는 것으로 알려짐
    □ 섭취의 경우 **식품보다는 음용수**를 통할 때 **40배** 정도 많이 흡수됨
    □ 피부 접촉 시에는 소량의 니켈이 혈류로 흡수될 수 있음
- **대사** : 니켈은 인체의 미량 필수금속으로 결핍 시 **당 대사장애**를 유발할 수 있음
    □ 사람의 경우 폐와 갑상선, 신장에 분포하는 비율이 높음
    □ 니켈의 세포 외 대사는 주로 리간드 교환반응으로 분자량이 작은 니켈-히스티딘 결합체를 형성할 경우 생체막을 통과할 수 있는 것으로 알려져 있음

- 배설 : 주로 대변, 소변을 통하여 배설(침, 땀, 눈물, 젖에서도 관찰)
  - 음용수를 통하여 공급된 니켈은 **대부분 대변을 통해 배설**(소변 25% 정도)
  - 식품을 통하여 섭취된 니켈은 대부분 대변을 통해 배설(소변 2% 정도)

ⓒ 인체영향
  - 니켈카보닐, 흄·분진상태로 흡입할 경우 호흡기장애, 전신장애, 피부염, **폐암·비강암** 등 유발
  - 수용성 니켈 연무질을 흡입할 경우 만성비염, 부비동염, 비중격천공 발생
  - 접촉성 피부염, 정신과민반응, 최기성 및 태아독성 유발
  - **중추신경증상**(일산화탄소중독의 경우와 유사)

ⓒ 치료
  - 니켈에 노출되지 않도록 격리
  - 배설촉진을 위해 킬레이트제인 **디티오카브**(dithiocarb) 투여

(4) 구리

ⓒ 특성·용도·배출원
  - 특성 : 붉은색 광택이 나는 금속, 전성과 연성이 풍부, 전기양성도가 작음
    - 구리화합물은 +1과 +2의 산화상태를 가짐
    - 수분과 이산화탄소(CO_2)의 작용으로 천천히 푸른색 녹[녹청, $CuCO_3 \cdot Cu(OH)_2$]을 발생시킴
    - 황화수소(H_2S), 황, 황화물, 할로겐원소 등과 반응함
  - 용도 및 배출원 : 도금공업, 농약, 살조제, 구리정련공업, 전선 제조업, 파이프 제조업 등

ⓒ 인체영향
  - 고등식물과 동물에게 미량 필수영양소로 이용(적혈구 생성에 필요)
  - 구리가 결핍되면 여러 신체 이상을 일으킬 수 있다. 갑각류, 연체동물, 일부 절지동물들의 혈액은 산소운반체로 철이 들어있는 헤모글로빈(hemoglobin) 대신에 구리가 들어 있는 헤모시아닌(혈청소, hemocyanin)을 포함하고 있어 푸른색을 띰
  - **윌슨병**(Wilson's disease)을 앓는 사람은 체내에 구리가 과다하게 축적되어 뇌, 간, 신장 기능에 영향을 미치고 정신질환을 일으킬 수 있음

ⓒ **치료** : 중독 시는 **페니실라민**(penicillamine)이 사용됨

- 기사 : 00,05,07

01 이제까지 알려진 가장 가벼운 금속 중의 하나이며, 흡수경로는 주로 호흡기이고, 폐에 축적되며, 만성중독은 "Neighborhood cases"라고 불리우기도 하는 금속은?

① 니켈　　　　　　　　　② 아연
③ 베릴륨　　　　　　　　④ 바륨

해설 베릴륨은 지금까지 알려진 가장 가벼운 금속 중의 하나이며, 알루미늄보다 가볍다. 화학적으로는 알루미늄과 비슷한 성질을 보이며, 상온에서는 무르지만, 고온에서는 전연성이 있다. 공기 중에는 표면만이 산화되어 산화막을 만든다. 물과는 표면에 산화막을 만들지만, 반응은 진행되지 않는다. 베릴륨의 만성중독을 소위 네이버후드 캐이스(Neighborhood cases)라고도 한다.　　　답 ③

■ 기사 : 02,06,15

02 다음 중 급성 중독자에게 활성탄과 하제를 투여하고 구토를 유발시키며, 확진되면 dimercaprol로 치료를 시작하는 유해물질은? (단, 쇼크치료는 강력한 정맥 수액제와 혈압상승제 사용)

① 납(Pb) ② 크롬(Cr)
③ 비소(As) ④ 카드뮴(Cd)

해설 구강 섭취한 급성노출의 경우는 토하게 하고, 활성탄과 설사약(下劑)을 투여한다. 해독제로는 1~2%의 수산화나트륨 부유액을 사용하고 때에 따라 BAL(British Anti-Lewisite)을 투여하기도 한다. 그리고 중금속 해독제의 일종인 디메르카프롤(Dimercaprol)을 투여하기도 한다. 단, 삼산화비소중독 치료에는 효과가 없다. 답 ③

■ 기사 : 06,07,09,12

03 다음 중 비소의 체내 대사 및 영향에 관한 설명과 관계가 가장 적은 것은?

① 생체내의 -SH기를 갖는 효소작용을 저해시켜 세포호흡에 장애를 일으킨다.
② 뼈에는 비산칼륨의 형태로 축적된다.
③ 주로 모발, 손톱 등에 축적된다.
④ MMT를 함유한 연료제조에 종사하는 근로자에게 노출되는 일이 많다.

해설 MMT를 함유한 연료제조의 종사자에게 노출되는 일이 많은 중금속은 망간(Mn)이다. MMT(Methyl-cyclopentadienyl Mangan Tricarbonyl)는 망간을 함유한 연료첨가제이다. 답 ④

■ 기사 : 14

04 사업장 유해물질 중 비소에 관한 설명으로 틀린 것은?

① 삼산화비소가 가장 문제가 된다.
② 호흡기 노출이 가장 문제가 된다.
③ 체내 -SH기를 파괴하여 독성을 나타낸다.
④ 용혈성 빈혈, 신장기능 저하, 흑피증(피부침착) 등을 유발한다.

해설 3가 비소는 -SH기를 가지는 효소와 결합하여 세포호흡, 글루타치온대사, DNA 복구과정을 방해한다. 답 ③

■ 기사 : 00,03,04,05,08,09,15

05 체내에서의 중금속 수송 및 해독에 저분자 단백질인 metallothionein이 관여하는 중금속 물질은?

① 납 ② 수은
③ 크롬 ④ 카드뮴

해설 혈액내의 카드뮴은 90% 이상 세포에 존재하며, 카드뮴의 체내 수송 및 해독에는 분자량 10,500 정도의 저분자 단백질인 메탈로티오네인(metallothionein)이 관여한다. 메탈로티오네인이 형성될 경우 신장조직에 카드뮴이 어느 정도 축적되어도 독성이 잘 나타나지 않으며, 태반의 메탈로티오네인은 모체 내 카드뮴이 태아로 이동하는 것으로 방지하는 것으로 알려져 있다. 답 ④

PART 4 산업독성학

- 기사 : 출제대비
- 산업 : 11

06 다음 설명에 해당하는 작업장으로 가장 적절한 것은?

> 이 작업장은 시안화합물이 많이 발생하며 사망사고 등 재해성 질환이 많다. 산(acid)을 많이 사용하는데 시안화합물은 산에 대해 불안정하고, 공기 중 미량인 탄산가스에 반응하여 맹독의 시안화수소가 발생하기도 한다. 또한 내식성, 내마모성 때문에 크롬을 많이 사용하여 피부궤양, 비중격천공, 암 등 다양한 직업병이 발생할 수 있다.

① 도금
② 도장
③ 주조
④ 크롬용접

해설 도금공정에서는 미세한 금속 fume이 대량발생하며, 작업자에게 중금속 중독을 유발할 수 있다. 특히 장기간 반복적으로 노출될 경우 니켈, 크롬 등의 도금작업은 부생되는 가스상 물질(시안화수소 등)에 의한 호흡기질환 및 니켈, 크롬 등의 중금속에 의한 대사기능 장애와 폐암 등이 유발되기 쉽다. **답** ①

- 기사 : 01,05,07,08,10
- 산업 : 출제대비

07 마모에 강한 특성 때문에 최근에 대부분 금속제품에 널리 활용되며 만성적인 노출장애로 파킨슨 증후군이 발생되는 물질은?

① 아연
② 망간
③ 비소
④ 크롬

해설 망간중독은 추체외로증상(錐體外路症狀, extrapyramidal symptoms)을 중심으로 한 신경학적 장애로 2차성 파킨슨 증후군(secondary parkinsonism)의 한 형태를 보인다. **답** ②

- 기사 : 00,05,07,09,10,12

08 다음 중 유해화학물질이 체내에서 해독되는데 가장 중요한 작용을 하는 것은?

① 효소
② 임파구
③ 적혈구
④ 체표온도

해설 유해화학물질이 체내에서 해독되는데 가장 중요한 작용을 하는 것은 효소이다. 특히 침, 소화액, 간에서 분비되는 담즙은 유해화학물질의 대사, 분해(수용성을 높여 배설되기 쉽도록 변화시킨다.)에 중요한 역할을 한다. **답** ①

종합연습문제

01 비소에 대한 설명으로 틀린 것은? [03,08 기사]
① 5가보다는 3가의 비소화합물이 독성이 강하다.
② 장기간 노출 시 치아산식증을 일으킨다.
③ 급성중독은 용혈성 빈혈을 일으킨다.
④ 분말은 피부 또는 점막에 작용하여 염증 또는 궤양을 일으킨다.

> **hint** 치아산식증은 음식찌꺼기가 치아에 남아 생기는 플라그와 위산역류·탄산음료·구토 등에 의해 발생한다.

02 다음 중 조혈장기에 장애를 입지지 않는 물질은? [10 기사]
① 벤젠 ② TNT
③ 망간 ④ 납

> **hint** 망간(Mn)은 열, 오한, 호흡곤란 등의 증상을 특징으로 하는 금속열을 유발하고, 무력증, 식욕감퇴, 두통, 현기증, 무관심, 무감동, 정서장애, 행동장애, 보행장애를 일으킨다.

03 은빛 광택을 내는 비금속으로서 가열하면 녹지 않고 승화되며 피부 특히, 겨드랑이나 국부 등에 습진형 피부염이 생기며 피부암이 유발되는 물질은? [04,07 기사]
① 알루미늄 ② 크롬
③ 베릴륨   ④ 비소

> **hint** 비소에 장기간 폭로되면 피부 특히 겨드랑이나 국부 등에 습진형 피부염이 생기며, 피부암을 비롯하여 폐암, 간암 등 각종 암을 유발시킨다.

04 점막이 충혈되어 화농성비염이 되고 차례로 깊이 들어가서 궤양이 되고 비중격천공이 나타나는 물질은? [00,05,10,12 기사]
① 수은 ② 크롬
③ 아연 ④ 납

> **hint** 크롬에 노출되어 중독증상이 발생할 경우 눈점막, 코 점막의 충혈발생 → 반점 → 종창 → 궤양 → 연골부의 비중격천공 발생으로 진전된다.

05 베릴륨중독에 관한 설명과 가장 거리가 먼 것은? [04 기사]
① 염화물, 황화물, 불화물과 같은 용해성 베릴륨화합물은 급성중독을 일으킨다.
② 베릴륨의 만성중독은 Neighborhood cases라고도 불리운다.
③ 치료는 BAL등 금속배설촉진제를 투여하며 피부병소는 BAL연고를 바른다.
④ 예방을 위해 X선 촬영과 폐기능검사가 포함된 정기 건강검진이 필요하다.

> **hint** 베릴륨중독 시 치료는 스테로이드(steroid)를 투여(급성/만성 중독 시)한다. 피부의 경우는 깨끗이 세척하고 스테로이드 제재 연고를 바른다.

06 세포내에서 $-SH$기와 결합하여 포르피린(porphyrin)과 헴(Hume)합성에 관여하는 효소를 포함한 여러 세포의 효소작용을 방해하는 물질은? [01,05,08 기사]
① 수은 ② 카드뮴
③ 납   ④ 베릴륨

> **hint** 납(Pb)은 세포내에서 $-SH$기와 결합하여 포르피린(porphyrin)과 헴(Hume)합성에 관여하는 효소를 포함한 여러 세포의 효소작용을 방해한다. 한편, $-SH$기를 가진 효소를 불활성화하는 중금속은 수은, 카드뮴, 비소이다.

07 다음 중 만성중독 시 코, 폐 및 위장의 점막에 병변을 일으키며, 장기간 흡입하는 경우 원발성 기관지암과 폐암이 발생하는 것으로 알려진 중금속은? [08,09,11 기사]
① 납(Pb)
② 수은(Hg)
③ 크롬(Cr)
④ 베릴륨(Be)

> **hint** 크롬을 장기간 흡입할 경우 코, 폐, 위장의 점막, 피부에 변병을 일으키고, 위장장애, 호흡기증상(기도 및 기관지자극, 부종 등), 원발성 기관지암 및 폐암을 일으킨다.

정답 ▎ 01.② 02.③ 03.④ 04.② 05.③ 06.③ 07.③

PART 4 산업독성학

종합연습문제

01 다음 중 지방질을 지방산과 글리세린으로 가수 분해하는 물질은? [12 기사]

① 리파아제(lipase)
② 말토오스(malose)
③ 트립신(trypsin)
④ 판크레오지민(pancreozymin)

hint 리파아제(lipase)는 지방을 지방산과 글리세롤로 가수분해하는 효소로 동물의 소화효소로서 위액·이자액·장액 속에 분비된다.

02 다음 중 피부에 궤양을 유발시키는 가장 대표적인 물질은? [09 기사]

① 크롬산(chromic acid)
② 콜타르피치(coal tar pitch)
③ 에폭시수지(epoxy resin)
④ 벤젠(benzene)

03 다음 금속 중 증기를 발생하여 산업중독을 일으키기 가장 쉬운 것은? [01,05 기사]

① 카드뮴
② 납
③ 수은
④ 니켈

hint 무기수은(無機水銀, inorganic mercury)은 일반적으로 용해도가 작아 체내에 들어가 해가 적지만 수은증기로 흡입할 경우 매우 유독하다. 수은증기의 작업환경에 있어서의 허용농도는 $0.05mg/m^3$이다.

04 1~5세의 소아 이미증(pica) 환자에게서 발생하기 쉬운 중금속 중독은? [07 기사]

① 납중독 ② 수은중독
③ 카드뮴중독 ④ 크롬중독

hint 이미증(Pica)은 유리, 흙, 종이 등 먹을 수 없는 것을 먹는 병인데 이 병을 가진 환자는 단맛을 내는 납을 함유한 페인트 칩을 섭취함으로써 납중독에 걸리기 쉽다.

05 중금속 중에서 칼슘대사에 장애를 주어 신결석을 동반한 신증후군이 나타나고 다량의 칼슘배설이 일어나 뼈의 통증, 골연화증 및 골수공증과 같은 골격계 장애를 유발하는 것으로 가장 알맞은 것은? [06,11 기사]

① 망간(Mn)
② 카드뮴(Cd)
③ 비소(As)
④ 수은(Hg)

hint 카드뮴은 인체의 칼슘대사에 장애를 주어 신결석을 동반한 신증후군이 나타나고 다량의 칼슘배설이 일어나 뼈의 통증, 골연화증 및 골수공증과 같은 골격계 장애를 유발한다.

06 다음 중 중금속의 영향을 잘못 연결한 것은 어느 것인가? [09 기사]

① 납 - 소아의 IQ 저하
② 카드뮴 - 호흡기의 손상
③ 수은 - 파킨슨병
④ 크롬 - 폐암

hint 파킨슨씨 증후군과 관련된 중금속은 망간이다.

07 다음 중 납중독이 발생할 수 있는 작업장과 가장 관계가 적은 것은? [15 기사]

① 납의 용해작업
② 고무제품 접착작업
③ 활자의 문선, 조판작업
④ 축전지의 납 도포작업

08 작업장 공기 중에 노출되는 분진 및 유해물질로 인하여 나타나는 장애가 잘못 연결된 것은? [10 기사]

① 규산분진, 탄분진 - 진폐
② 카르보닐니켈, 석면 - 암
③ 식물성, 동물성 분진 - 알레르기성 질환
④ 카드뮴, 납, 망간 - 직업성 천식

정답 | 01.① 02.① 03.③ 04.① 05.② 06.③ 07.② 08.④

종합연습문제

01 금속물질인 니켈에 대한 건강상의 영향이 아닌 것은? [18 기사]

① 접촉성 피부염이 발생한다.
② 폐나 비강에 발암작용이 나타난다.
③ 호흡기 장애와 전신중독이 발생한다.
④ 비타민 D를 피하주사하면 효과적이다.

hint 비타민 D를 피하주사하면 효과적인 것은 카드뮴중독이다. 니켈에 노출된 경우 배설을 촉진하도록 디티오카브(Dithiocarb)를 투여한다.

02 카드뮴에 관한 설명으로 가장 거리가 먼 것은? [04 기사]

① 카드뮴은 부드럽고 연성이 있는 금속으로 납광물이나 아연광물을 제련할 때 부산물로 얻어진다.
② 흡수된 카드뮴은 혈장단백질과 결합하여 최종적으로 간에 축적된다.
③ 체내로부터 카드뮴이 배설되는 것은 대단히 느리다.
④ 카드뮴에 의한 급성노출 및 만성노출 후의 장기적인 속발증은 고환의 기능쇠퇴, 폐기종, 간 손상 등이다.

hint 흡수된 카드뮴은 혈액으로 들어가 인체의 각 장기(臟器)에 농축되며, 특히 생체내로 유입된 카드뮴의 50~75%는 간장, 신장에 축적되고, 특히 장관벽이나 신피질(腎皮質)에 고농도로 축적된다.

03 다음 중 소화기계로 유입된 중금속의 체내 흡수기전으로 볼 수 없는 것은? [05,07,09,14 기사]

① 단순확산   ② 특이적 수송
③ 여과   ④ 음세포작용

hint 경구로 유입된 중금속류는 단순확산 또는 촉진확산, 특이적인 수송과정(specific transport processes), 음세포작용(pinocytosis)에 의해 소화관에서 흡수된다. 여기서, 음세포작용이란 세포의 식작용 중에서 특히 액상체를 받아들이는 현상을 말한다.

04 중금속 취급에 의한 직업성 질환을 나타낸 것으로 서로 관련이 가장 적은 것은? [05,10,18 기사]

① 납중독 : 골수침입, 빈혈, 소화기장애
② 수은중독 : 구내염, 수전증, 정신장애
③ 망간중독 : 신경염, 신장염, 중추신경장애
④ 니켈중독 : 백혈병, 재생불량성 빈혈

hint 백혈병, 재생불량성 빈혈과 관계 있는 유해물질은 벤젠이다. 니켈카보닐, 니켈 흄·분진을 흡입할 경우 호흡기장애, 전신장애, 피부염, 폐 비강 등의 발암작용을 일으킨다. 카르보닐니켈은 매우 독성이 강하며, 유기니켈화합물 중 유일하게 인체에서 전신독성을 나타낸다. 흡입 시 독성은 일산화탄소의 약 5배 정도이다.

05 다음 중 금속의 독성에 관한 일반적인 특성을 설명한 것으로 틀린 것은? [10,16 기사]

① 금속의 대부분은 이온상태로 작용한다.
② 생리과정에 이온상태의 금속이 활용되는 정도는 용해도에 달려있다.
③ 용해성 금속염은 생체내 여러 가지 물질과 작용하여 수용성 화합물로 전환된다.
④ 금속이온과 유기화합물 사이의 강한 결합력은 배설률에도 영향을 미치게 한다.

hint 용해성 금속염은 생체내 생물학적 대사과정을 통해 흡수가 용이한 지용성 화합물로 전환된다.

06 금속 증기열은 고농도의 금속산화물을 흡입함으로써 발병되는 질병이다. 그 원인물질로 알맞은 것은? [00,03 기사]

① 아연
② 크롬
③ 수은
④ 비소

hint 금속열(金屬熱, metal fever)은 금속 증기를 흡입함으로써 일어나는 열로서 금속 증기열 또는 월요일 열(monday fever)이라고도 한다. 유발물질은 아연, 마그네슘, 산화알루미늄, 안티몬, 망간, 니켈, 구리 등의 흄이다.

정답 | 01.④ 02.② 03.③ 04.④ 05.③ 06.①

PART 4 산업독성학

종합연습문제

01 합금, 도금 및 전지 등의 제조에 사용되며, 알레르기반응, 폐암 및 비강암을 유발할 수 있는 중금속은? [17 기사]

① 비소　　② 니켈
③ 베릴륨　④ 안티몬

hint 비강암(鼻腔癌)을 유발하는 물질은 카르보닐 니켈, 6가 크롬, 포름알데히드, 황산디메틸 등이다. 니켈카보닐, 니켈 흄·분진을 흡입할 경우 호흡기장애, 전신장애, 피부염, 폐암·비강암 등을 일으킨다.

02 인쇄 및 도료 작업자에게 자주 발생하는 연(鉛)중독 증상과 관계없는 것은? [14 기사]

① 적혈구의 증가
② 치은의 연선(lead line)
③ 적혈구의 호염기성 반점
④ 소변 중의 coproporphyrin 증가

hint 납중독은 적혈구수를 감소시킨다. 납(Pb)은 적혈구와 친화성이 매우 커서 최소한 체내 순환하는 납량의 95% 이상이 적혈구와 결합되어 있다. 따라서 납은 혈색소 합성을 방해하고 순환적 혈구의 생존기간을 감소시킴으로서 빈혈을 유발한다.

03 다음 중 유해화학물질의 노출경로에 관한 설명으로 틀린 것은? [11 기사]

① 소화기계통으로 노출되는 경우가 호흡기로 노출되는 경우보다 흡수가 잘 이루어진다.
② 소화기계통으로 침입하는 것은 위장관에서 산화, 환원, 분해과정을 거치면서 해독되기도 한다.
③ 입으로 들어간 유해물질은 침이나 그 밖의 소화액에 의해 위장관에서 흡수된다.
④ 위의 산도에 의하여 유해물질이 화학반응을 일으켜 다른 물질로 되기도 한다.

hint 호흡기계통으로 노출되는 경우가 소화기계통으로 노출되는 경우보다 흡수가 잘 이루어진다.

04 원자량 207.21, 비중 11.34의 청색 또는 은회색의 연한 중금속으로서 중독되었을 때 초기증상으로 피로, 수면장애, 두통, 뼈 및 근육통, 변비, 위통 및 식욕감퇴 등의 증상을 유발시키는 것은? [03 기사]

① Pb
② Cd
③ Hg
④ Cu

hint 납(Pb)은 청색 또는 은회색의 연한 중금속으로 납에 의해 가장 영향을 많이 받는 기관은 소화기계, 조혈계, 신경계 및 골격근계이고, 신장과 심장혈관에도 영향을 미친다. 납중독에서 가장 많이 나타나는 증상으로는 조혈기관의 기능장애에 따른 빈혈, 근육약화, 산통, 변비, 두통, 안면창백, 기억상실(IQ 저하), 불면증, 치은염, 식욕부진, 체중감소, 초조감, 손목마비(사지마비), 손처짐 등이다.

05 다음 중 소화기관에서 화학물질의 흡수율에 영향을 미치는 요인과 가장 거리가 먼 것은? [11 기사]

① 식도의 두께
② 위액의 산도(pH)
③ 음식물의 소화기관 통과속도
④ 화합물의 물리적 구조와 화학적 성질

hint 식도의 두께는 소화기관의 화학물질 흡수율에 영향을 미치지 않는다. 소화기관에서 화학물질의 흡수율에 영향을 미치는 요인은 다음과 같다.
- 화학물질의 물리적 성질(지용성과 분자의 크기)
- 창자내의 융모(villi)와 미소융모
- 촉진투과와 능동투과의 메커니즘
- 위액의 산도(pH)
- 소장과 대장에 생존하는 미생물량
- 음식물의 소화기관 통과속도
- 화합물의 물리적 구조와 화학적 성질
- 소화기관내에서 다른 물질과의 상호작용
- 개인의 연령과 영양상태

정답 ┃ 01.② 02.① 03.① 04.① 05.①

03. 중금속의 독성

- 기사 : 00,02,05,07,09,10,12

인체에 흡수된 대부분의 중금속을 배설, 제거하는데 가장 중요한 역할을 담당하는 기관은 무엇인가?

[19 기사]

① 대장 ② 소장
③ 췌장 ④ 신장

해설 대부분의 금속이 배설되는 가장 중요한 경로는 신장이다. 따라서 간이나 신장질환이 있는 경우는 중독에 대한 감수성이 높다.   **답** ④

CHAPTER 04 생물학적 모니터링과 역학조사

1 생물학적 모니터링

> **이승원의 minimum point**
>
> ① **의의** : 생물학적 모니터링(Biological monitoring of exposure)이란 근로자의 **생물학적 검체**(생체시료)를 이용하여 화학물질에 대한 **노출정도, 내재용량**을 측정함으로써 근로자의 전체적인 **유해물질의 노출** 및 **체내 흡수정도** 또는 **건강영향 가능성** 등을 **평가**하는 것을 말함
>
> ① **생체시료** : **소변, 혈액**(정맥), **호기**(Exhaled Air), **모발**, 기타 생체내 효소나 조직 등으로부터 획득한 표적분자에 실제 활성인 화학물질 또는 유해물질의 대사산물 또는 생화학적 변화산물 등이 이용됨
>
> ① **생물학적 모니터링의 중요성**
> - 체내 흡수경로, 흡수량, 표적기관, 인체내 대사산물, 배설경로 등의 대사와 각종 조직에서의 작용기전에 대한 정보를 얻을 수 있음
> - 생물학적 노출지수(Biological exposure indices, BEIs)와 비교하여 노출정도를 평가함
> - 근로자의 화학물질 노출상태의 평가 및 건강영향에 대한 감시자료로 활용됨
>
> ① **생물학적 노출지수**(BEI, Biological Exposure Index) : 작업장에서 서한도(恕限度, threshold) 농도 이하의 유해물질을 흡입하면서 일하는 건강한 근로자들에서 채취한 생물학적 시료에서 검출되는 유해물질 자체, 그 대사산물의 통상적인 농도 또는 그 화학물질에 의해서 유발된 생화학적 변화상태를 의미함
> - BEI는 현재의 환경이 **잠재적으로 가지고 있는 건강장애 위험**을 결정하는 평가지표(참고치)
> - 근로자 **개개인의 반응을 평가**하는 동시에 **총 노출량을 측정**하는 지표로 활용됨
> - BEI의 측정치가 기준치를 넘었다고 해서 건강장애를 초래하는 정도로 유해물질에 노출되었다는 것을 의미하는 것은 아님(건강에 아무런 장애를 일으키지 않고서도 생물학적 변이에 의해서 기준치를 넘을 수 있음)
>
> ① **생물학적 모니터링의 장점·단점·제한점**
> - **장점**
>   - 화학물질에 대한 종합적인 흡수 정도를 보다 정확하게 **직접평가** 할 수 있음
>   - 혈액, 소변, 호흡기, 모발, 피부 등 모든 경로를 통한 체내 흡수량을 **직접추정**할 수 있음
>   - **비직업성 노출**도 측정할 수 있음
>   - 호흡 보호구의 사용이나 노동 강도의 차이에 따른 **작업자 개인차를 반영**할 수 있음
>   - 혈액 하나로 여러 유해물질이나 각종 혈액검사를 동시에 진행할 수 있음

- 생물학적 모니터링의 단점
  - **분석수행**이 용이하지 못함
  - **시료채취**가 용이하지 못함(사람에게 직접 생체시료를 얻어야 함)
  - 유기시료의 **특이성** 및 **복잡성** 등으로 결과 해석을 명확하게 내리기 곤란함
  - 측정결과와 건강장애의 직접적인 연관성을 증명하기 어려움
  - 모니터링 가능한 **오염물질의 제한성**, **분석기술의 한계**와 시료오염 등의 문제가 있음

- 생물학적 모니터링의 제한점
  - **호흡기계**나 **눈에 자극을 주는 물질**은 반감기가 매우 짧아 생물학적 모니터링이 불가능하다. 따라서 이러한 물질은 **개인시료**에 의한 측정에 의해서만 모니터링할 수 있음
  - 노출에 대한 생물학적 모니터링은 1차 폐자극성 물질(O_3, HCl 등)과 같이 **처음으로 접촉하는 부위**에 직접 독성영향을 나타내는 물질이나 **흡수가 잘 되지 않는 물질**에 대한 노출을 평가하는데는 적합하지 않음

① 모니터링과정에서 채취한 검체시료 중의 내재용량의 의미
  - 최근에 흡수된 화학물질의 양을 의미함
  - 여러 신체부분이나 몸 전체에 저장(과거 수 개월 동안 축적)된 화학물질의 양을 의미함
  - 체내 주요조직이나 부위에 결합된 화학물질의 양을 의미함

① 생물학적 모니터링의 구분
  - 노출에 대한 생물학적 모니터링 : 화학물질의 노출정도를 추정
  - 건강영향에 대한 생물학적 모니터링 : 화학물질노출에 따른 건강위험의 평가
  - 필수 지표물질 : 건강진단의 필수항목에 포함되어 있어 반드시 실시하여야 하는 노출 지표물질
  - 선택 지표물질 : 선택항목 검사 시 필요하다고 인정되는 경우에 실시할 수 있는 노출 지표물질

∥ 생물학적 노출 지표의 필수항목 ∥

구 분	유해물질	생물학적 노출 지표물질
유기화합물	N,N-디메틸아세트아미드	뇨 중 N-메틸아세트아미드
	N,N-디메틸포름아미드(DMF)	뇨 중 N-메틸포름아미드(NMF)
	메틸클로로포름 (1,1,1-트리클로로에탄)	뇨 중 삼염화초산 또는 총 삼염화에탄올
	스티렌	뇨 중 **만델릭산** 또는 **페닐글리옥실산**
	크실렌(자일렌)	뇨 중 **메틸마뇨산**
	톨루엔	뇨 중 **마뇨산**
	트리클로로에틸렌	뇨 중 삼염화초산 또는 총 삼염화물
	퍼클로로에틸렌 (테트라클로로에틸렌)	뇨 중 삼염화초산
금속류	납	혈중 연
	수은	뇨 중 수은
	카드뮴	혈중 카드뮴
가스상 물질	**일산화탄소**	혈중 **카복시헤모글로빈** 또는 호기중 **일산화탄소**

ⓘ **생물학적 모니터링에서 유의해야 할 점**
- **실시시기** : **정상작업**이 이루어지고 있을 때 실시할 것
- **시료채취시기 및 뇨 검사시료**
  - 시료채취시기는 생물학적 반감기를 고려하여 '수시', '당일', '주말', '작업 전'으로 구분됨
  - **뇨 검사시료**로 **부적합한 시료**는 통상 **크레아티닌이 0.5 이하**이거나 **3.0 이상**인 경우, 비중 **1.01 이하**이거나 또는 **1.03 이상**인 경우임
- **시료분석** : 가능하면 2일 이내로 하도록 할 것(지연되는 경우에는 시료를 냉동보관 할 것)

ⓘ **생물학적 모니터링 시료의 채취시기**
- 배출이 빠르고 반감기가 짧은 물질 : **작업 중** 또는 **작업 종료 시**에 시료를 채취할 것
  - 벤젠, 톨루엔, 크실렌, 페놀, 스티렌, 노말헥산, 이황화탄소, 일산화탄소, N,N-디메틸포름아미드, 디클로로메탄, 메틸에틸케톤, 메틸이소부틸케톤, 아세톤, 메틸알코올, 이소프로필알코올 등
- 반감기가 하루 이상으로 주중에 축적될 수 있는 물질 : **주중 마지막 작업 종료 후**에 시료를 채취함
  - 트리클로로에틸렌, 트리클로로에탄, 퍼클로로에틸렌 등과 중금속 중 수은, 크롬, 니켈, 바나듐, 비소, 6가 크롬 등
- 반감기가 대단히 길고, 인체 축적성 물질 : **측정시기가 중요하지 않음** → 납, 카드뮴 등

ⓘ **생물학적 결정인자 선택기준 시 고려사항** : 생체지표를 선택할 때, 일반적으로 특이성(specificity), 민감성(sensitivity), 접근성(accessibility), 측정·분석 가능성(availability)에 기초를 둠
  ▫ 충분히 특이적일 것
  ▫ 적절한 민감도를 가질 것
  ▫ 분석적인 변이나 생물학적 변이가 적을 것
  ▫ 시료채취가 편리할 것(근로자에게 불편을 주지 않을 것)
  ▫ 건강위험을 평가하기 위한 유용성이 있을 것

ⓘ **생물학적 노출기준 값의 의미** : BEI 값은 일주일에 44시간 작업하는 근로자가 작업환경 노출기준 정도의 수준에 노출될 때, 검출되는 생물학적 노출지표의 수치이며, 대부분의 근로자들에게 건강상의 장애를 주지 않는 수준을 의미함. 노출기준 값 이상의 수준에 장기간 노출될 경우에는 해당 유해물질에 의해 건강상의 장애를 일으킬 수 있음

ⓘ **생물학적 모니터링의 결과 및 평가**(사용되는 약어의 의미)
- **B**(background, 배경농도 고려) : 직업적으로 노출되지 않은 근로자의 검체에서 동일한 결정인자가 검출될 수 있음을 의미
- **Sc**(susceptibiliy, 감수성) : 화학물질의 영향으로 감수성이 커질 수도 있음을 의미
- **Ns**(nonspecific, 비특이적) : 특정 화학물질 노출에서 뿐만 아니라 다른 화학물질에 의해서도 이 결정인자가 나타날 수 있다는 의미
- **Nq**(nonqualitative, 비정량적) : 결정인자가 공기 중 노출농도와 상관성 자료가 충분하지 않음을 의미
- **Sq**(semi quantitative) : 노출 확증은 가능하나 측정치를 정량적으로 해석하는 것은 곤란하다는 의미

04. 생물학적 모니터링과 역학조사

- 기사 : 13

다음 중 작업환경내의 유해물질 노출기준의 적용에 대한 설명으로 틀린 것은?
① 근로자들의 건강장애를 예방하기 위한 기준이다.
② 노출기준은 대기오염의 평가 또는 관리상의 지표로 사용하여서는 안 된다.
③ 노출기준은 유해물질이 단독으로 존재할 때의 기준이다.
④ 노출기준은 과중한 작업을 할 때도 똑같이 적용하는 특징이 있다.

[해설] 노출기준은 일주일에 44시간 작업하는 근로자가 노동부고시에서 제시하는 작업환경 노출기준 정도의 수준에 노출될 때 적용되는 기준이다. 정상 작업시간을 초과하거나 과중한 작업 및 노출에 대한 독성 평가에는 적용될 수 없다.   답 ④

- 기사 : 00,06,08,10②,15
- 산업 : 02,13

다음 중 생물학적 모니터링을 위한 시료가 아닌 것은?
① 공기 중 유해인자
② 혈액 중의 유해인자나 대사산물
③ 뇨(尿) 중의 유해인자나 대사산물
④ 호기(Exhaled Air) 중의 유해인자나 대사산물

[해설] 생물학적 모니터링(biological monitoring)에 사용되는 근로자의 생물학적 검체는 소변, 혈액, 호기(Exhaled Air), 머리카락, 생체내 효소나 조직, 표적분자에 실제 활성인 화학물질, 건강상 악영향을 초래하지 않은 화학물질의 내재용량 측정 등을 통해 화학물질에 대한 노출 정도를 추정하게 된다.   답 ①

- 기사 : 01,05,06,10,18
- 산업 : 출제대비

작업환경측정과 비교한 생물학적 모니터링의 장점과 가장 거리가 먼 것은?
① 모든 노출경로에 의한 흡수정도를 나타낼 수 있다.
② 분석 수행이 용이하고 결과 해석이 명확하다.
③ 작업환경측정(개인시료)보다 더 직접적으로 근로자 노출을 추정할 수 있다.
④ 건강상의 위험에 대해서 보다 정확한 평가를 할 수 있다.

[해설] 생물학적 모니터링은 분석 수행이 용이하지 못하고 결과 해석을 명확하게 내릴 수 없는 단점이 있다.   답 ②

- 기사 : 18②
- 산업 : 출제대비

생물학적 모니터링을 위한 시료가 아닌 것은?
① 공기 중의 바이오 에어로졸
② 뇨 중의 유해인자나 대사산물
③ 혈액 중의 유해인자나 대사산물
④ 호기(exhaled air) 중의 유해인자나 대사산물

[해설] 공기 중에서 채취된 물질은 개인시료에 해당한다.   답 ①

종합연습문제

01 다음 중 노출에 대한 생물학적 모니터링의 단점으로 거리가 먼 것은? [09 기사]

① 시료채취의 어려움
② 유기시료의 특이성과 복잡성
③ 근로자의 생물학적 차이
④ 호흡기를 통한 노출만을 고려

hint 생물학적 모니터링은 모든 노출경로(호흡기, 피부, 소화기 등)에 의한 흡수정도를 나타낼 수 있는 것이 장점 중의 하나이다. 호흡기를 통한 노출만을 고려하는 것은 화학적 모니터링(개인시료 측정)이다.

02 다음 중 생물학적 모니터링의 장점으로 틀린 것은? [11 기사]

① 흡수경로와 상관없이 전체적인 노출을 평가할 수 있다.
② 노출된 유해인자에 대한 종합적 흡수정도를 평가할 수 있다.
③ 지방조직 등 인체에서 채취할 수 있는 모든 부분에 대하여 분석할 수 있다.
④ 인체에 흡수된 내재용량이나 중요한 조직 부위에 영향을 미치는 양을 모니터링할 수 있다.

hint 생물학적 모니터링(biological monitoring)에 이용되는 검체는 소변, 혈액, 내쉬는 숨, 머리카락, 생체내 효소나 조직 등이다.

03 다음 중 유기용제 노출을 생물학적 모니터링으로 평가할 때 일반적으로 가장 많이 활용되는 생체시료는? [00,03,13② 기사]

① 혈액
② 피부
③ 모발
④ 소변

hint 유기용제 노출을 생물학적 모니터링으로 평가할 때 일반적으로 가장 많이 활용되는 생체시료는 소변이다.
- 호기/혈액 : CO
- 혈액/소변 : 이소프로필알코올, 벤젠, 톨루엔, 수은, 납, 비소 등
- 혈액 : 디클로로메탄, 디메틸아닐린, 퍼클로로에틸렌, 망간 등

04 노출에 대한 생물학적 모니터링의 단점이 아닌 것은? [17 기사]

① 시료채취의 어려움
② 근로자의 생물학적 차이
③ 유기시료의 특이성과 복잡성
④ 호흡기를 통한 노출만을 고려

hint 노출에 대한 생물학적 모니터링은 근로자의 혈액·소변·호기(呼氣)에서의 결정인자들을 측정하여 근로자의 흡수량을 파악하고 이를 통하여 건강상의 위험을 평가하는 방법이다.

05 다음 중 생물학적 모니터링에서 사용되는 약어의 의미가 틀린 것은? [19 기사]

① B-background, 직업적으로 노출되지 않은 근로자의 검체에서 동일한 결정인자가 검출될 수 있다는 의미
② Sc-susceptibiliy(감수성), 화학물질의 영향으로 감수성이 커질 수도 있다는 의미
③ Nq-nonqualitative, 결정인자가 동 화학물질에 노출되어 있다는 지표일 뿐이고 측정치를 정량적으로 해석하는 것은 곤란하다는 의미
④ Ns-nonspecific(비특이적), 특정 화학물질 노출에서 뿐만 아니라 다른 화학물질에 의해서도 이 결정인자가 나타날 수 있다는 의미

06 다음 중 내재용량에 대한 개념으로 틀린 것은 어느 것인가? [15 기사]

① 개인시료 채취량과 동일하다.
② 최근에 흡수된 화학물질의 양을 나타낸다.
③ 과거 수 개월 동안 흡수된 화학물질의 양을 의미한다.
④ 체내 주요 조직이나 부위의 작용과 결합한 화학물질의 양을 의미한다.

hint 내재용량에 해당되는 것은 개인시료 채취 값이 아닌 생물학적 모니터링을 위한 생체시료의 분석치에 해당한다.

정답 | 01.④ 02.③ 03.④ 04.④ 05.③ 06.①

04. 생물학적 모니터링과 역학조사

• 기사 : 02,05,06,07,12

BEI(생물학적 노출지표)에 관한 설명으로 틀린 것은?

① 혈액, 뇨(尿), 모발, 손톱, 생체조직 또는 체액 중의 유해물질의 양을 측정, 조사한다.
② 산업위생분야에서 현 환경이 잠재적으로 갖고 있는 건강장애 위험을 결정하는 데에 지침으로서 이용된다.
③ 직업성 질환의 진단, 중독정도를 비교적 정확히 평가하여 안전수준을 결정할 수 있다.
④ 호기 중의 유해물질량을 측정, 조사한다.

해설 생물학적 노출지표는 직업성 질환의 진단이나 중독정도를 평가하는데 이용되는 것이 아니다. BEI(Biological Exposure Index, 생물학적 노출지수)는 산업위생상의 건강장애를 평가하는 지표로 정해진 참고치로서 BEI의 측정치가 기준치를 넘었다고 해서 건강장애를 초래하는 정도로 유해물질에 노출되었다는 것을 의미하는 것은 아니다. **답** ③

• 기사 : 00,05,07 기사

여성이 남성보다 납, 수은, 비소, 벤젠 등의 유해화학물에 대한 저항이 약한 이유와 가장 거리가 먼 내용은?

① 여자의 피부가 남자보다 섬세하다.
② 월경으로 인한 혈액소모가 크다.
③ 각 장기의 기능이 남성에 비해 떨어진다.
④ 여성이 지방조직이 많기 때문이다.

해설 여성이 남성보다 체내 수분이 적고, 지방이 많은 것은 사실이지만 이것은 유해화학물에 대한 저항이 약한 이유가 되기보다는 알코올에 대한 저항이 약한 이유 중 하나가 된다. 여성이 남성보다 유해화학물질에 대한 저항이 약하고, 남성보다 피부가 섬세하며, 생리로 인한 혈액소모가 크고, 각 장기의 기능이 남성에 비해 떨어진다. **답** ④

• 기사 : 13

다음 중 생물학적 노출지수(BEI)에 관한 설명으로 틀린 것은?

① 혈액에서 휘발성 물질의 생물학적 노출지수는 동맥 중의 농도를 말한다.
② 유해물질의 대사산물, 유해물질 자체 및 생화학적 변화 등을 총칭한다.
③ 배출이 바르고 반감기가 5분 이내의 물질에 대해서는 시료채취시기가 대단히 중요하다.
④ 시료는 소변, 호기 및 혈액 등이 주로 이용된다.

해설 혈액에서 휘발성 물질의 생물학적 노출지수는 정맥(vein, 靜脈) 중의 농도를 말한다. 심장에서 나가는 방향의 혈액이 흐르는 혈관을 동맥, 심장으로 들어가는 방향의 혈액이 흐르는 혈관을 정맥이라 한다. 정맥은 흔히 얕은 정맥(표재성 정맥)과 깊은 정맥(심부정맥)으로 구분할 수 있고, 이 둘의 정맥이 연결되거나 합쳐지는 통로가 되는 정맥을 교통정맥(communicating vein)이라고 한다. **답** ①

종합연습문제

01 생물학적 모니터링(Biological monitoring)에 관한 설명으로 틀린 것은? [16 기사]
① 근로자 채용 후 검사시기를 조정하기 위하여 실시한다.
② 건강에 영향을 미치는 바람직하지 않은 노출 상태를 파악하는 것이다.
③ 최근의 노출량이나 과거로부터 축적된 노출량을 간접적으로 파악한다.
④ 건강상의 위험은 생물학적 검체에서 물질별 결정인자를 생물학적 노출지수와 비교하여 평가된다.

> **hint** 생물학적 모니터링(Biological monitoring)은 체내 화학물질의 양과 환경 중의 노출량 또는 건강장애 위험을 결정하는 데에 필요한 자료로 활용하기 위해 실시한다.

02 다음 중 생물학적 노출지수(BEI_S)를 이용하여 유해물질의 노출 및 흡수정도를 평가하기 위한 측정시료로 가장 거리가 먼 것은? [03 기사]
① 소변(urime)
② 호기(exhaled air)
③ 혈액(Blood)
④ 피부(skin)

03 다음 중 생물학적 모니터링의 방법에서 생물학적 결정인자로 보기 어려운 것은? [14 기사]
① 체액의 화학물질 또는 그 대사산물
② 표적조직에 작용하는 활성 화학물질의 양
③ 건강상의 영향을 초래하지 않은 부위나 조직
④ 처음으로 접촉하는 부위에 직접 독성영향을 야기하는 물질

> **hint** 노출에 대한 생물학적 모니터링은 1차 폐자극성 물질과 같이 처음으로 접촉하는 부위에 직접 독성영향을 나타내는 물질이나 흡수가 잘 되지 않는 물질에 대한 노출을 평가하는데는 적합하지 않다.

04 다음 중 생물학적 모니터링에 대한 설명과 가장 거리가 먼 것은? [11 기사]
① 화학물질의 종합적인 흡수 정도를 평가할 수 있다.
② 생물학적 시료를 분석하는 것은 작업환경 측정보다 훨씬 복잡하고 취급이 어렵다.
③ 노출기준을 가진 화학물질의 수보다 BEI를 가지는 화학물질의 수가 더 많다.
④ 근로자의 유해인자에 대한 노출 정도를 소변, 호기, 혈액 중에서 그 물질이나 대사산물을 측정함으로써 노출 정도를 추정하는 방법을 말한다.

> **hint** 생물학적 모니터링은 분석기술의 한계가 있으며, 아직도 대사기전을 모르는 물질이 많이 있기 때문에 노출기준을 가진 화학물질의 수보다 BEI를 가지는 화학물질의 수가 적다.

05 다음은 생물학적 폭로지표에 대한 설명이다. 옳지 않은 것은? [03 기사]
① 폭로근로자의 호기, 뇨, 혈액, 기타 생체시료로 분석하게 된다.
② 직업성 질환의 진단이나 중독 정도를 평가하게 된다.
③ 유해물의 전반적인 폭로량을 추정할 수 있다.
④ 생물학적 폭로지표는 작업의 강도, 기온과 습도 그리고 개인의 생활태도에 따라 차이가 있을 수 있다.

06 BEI(생물학적 노출지표)의 측정 내용에 들어갈 수 없는 것은? [01,03 기사]
① 혈액, 뇨, 모발, 손톱, 생체조직 또는 체액 중의 유해물질의 양을 측정·조사한다.
② 생체조직 또는 체액 중에 함유하는 유해물질의 대사산물의 양을 측정, 조사한다.
③ 흡기 중의 유해물질량을 측정, 조사한다.
④ 호기 중의 유해물질량을 측정, 조사한다.

정답 | 01.① 02.④ 03.④ 04.③ 05.② 06.③

04. 생물학적 모니터링과 역학조사

- 기사 : 14,18

08 작업장에서 생물학적 모니터링이 결정인자를 선택하는 근거를 설명한 것으로 틀린 것은?

① 충분히 특이적이다.
② 적절한 민감도를 갖는다.
③ 분석적인 변이나 생물학적 변이가 타당해야 한다.
④ 톨루엔에 대한 건강위험평가는 크레졸보다 마뇨산이 신뢰성 있는 결정인자이다.

해설 톨루엔에 대한 생물학적 모니터링이 결정인자는 뇨 중 마뇨산 또는 o-크레졸이며, 혈액 중에서는 톨루엔이다.

▌ 주요 용제 및 가스상 물질의 생체내 측정물질의 종류와 측정시기 ▌

물질명	측정물질	측정시기
벤젠	소변(尿) 중 **페놀, 뮤콘산**(t,t-Muconic acid) 소변 중 s-페닐머캅토산, 혈액 중 벤젠	작업종료 시
니트로벤젠	뇨(尿) 중 P-니트로페놀	작업종료 시
에틸벤젠	뇨(尿) 중 **만델린산**(mandelic acid)	작업종료 시
클로로벤젠	뇨(尿) 중 클로로카테콜	작업종료 시
파라니트로클로로벤젠	혈액 중 메트헤모글로빈	수시
스티렌(stylene)	뇨(尿) 중 **만델린산**(mandelic acid)	작업종료 시
톨루엔(toluene)	뇨(尿) 중 **마뇨산, o-크레졸**, 혈액 중 톨루엔	작업종료 시
크실렌(xylene)	뇨 중 **메틸마뇨산**(methyl hippuric acid)	작업종료 시
이황화탄소(CS_2)	뇨(尿) 중 **티오티아졸리딘카본산**(TTCA)	작업종료 시
노말헥산(n-hexane)	뇨(尿) 중 **헥산디온**(2,5-hexanedione)	작업종료 시
메틸부틸케톤 (methyl butyl keton)	뇨(尿) 중 헥산디온(2,5-hexanedione)	작업종료 시
일산화탄소	혈액 중 **카복시헤모글로빈**, 호기 중 CO	작업종료 시
트리클로로에틸렌 트리클로로에탄	뇨(尿) 중 **삼염화초산**, 총 삼염화물	주중 마지막 작업종료 시
테트라클로로에틸렌	뇨(尿) 중 총 삼염화물	주중 마지막 작업종료 시

답 ④

- 기사 : 02,08

09 생물학적 모니터링의 방법에서 생물학적 결정인자로 보기 어려운 것은?

① 체액의 화학물질 또는 그 대사산물
② 표적조직에 작용하는 활성 화학물질의 양
③ 건강상의 영향을 초래하지 않은 부위나 조직
④ 처음으로 접촉하는 부위에 직접 독성영향을 야기하는 물질

해설 노출에 대한 생물학적 모니터링은 1차 폐자극성 물질과 같이 처음으로 접촉하는 부위에 직접 독성영향을 나타내는 물질이나 흡수가 잘 되지 않는 물질에 대한 노출을 평가하는데는 적합하지 않으며, 호흡기계나 눈에 자극을 주는 물질은 반감기가 매우 짧아 생물학적 모니터링이 불가능하다.

답 ④

PART 4 산업독성학

예상 10
- 기사 : 11,15 기사

다음 중 생물학적 모니터링을 할 수 없거나 어려운 물질은?

① 카드뮴
② 유기용제
③ 톨루엔
④ 자극성 물질

해설 염화수소, 오존 등 자극성 물질은 생물학적 모니터링을 할 수 없거나 어려운 물질로 분류된다. **답** ④

예상 11
- 기사 : 02,08,10,13

다음 [보기]는 노출에 대한 생물학적 모니터링에 관한 설명이다. [보기] 중 틀린 것으로만 조합된 것은?

> Ⓐ 생물학적 검체인 호기, 소변, 혈액 등에서 결정인자를 측정하여 노출정도를 추정하는 방법이다.
> Ⓑ 결정인자는 공기 중에서 흡수된 화학물질이나 그것의 대사산물 또는 화학물질에 의해 생긴 비가역적인 생화학적 변화이다.
> Ⓒ 공기 중의 농도를 측정하는 것이 개인의 건강위험을 보다 직접적으로 평가할 수 있다.
> Ⓓ 목적은 화학물질에 대한 현재나 과거의 노출이 안전한 것인지를 확인하는 것이다.
> Ⓔ 공기 중 노출기준이 설정된 화학물질의 수만큼 생물학적 노출기준(BEI)이 있다.

① Ⓐ, Ⓑ, Ⓒ
② Ⓐ, Ⓒ, Ⓓ
③ Ⓑ, Ⓒ, Ⓔ
④ Ⓑ, Ⓓ, Ⓔ

해설 Ⓑ, Ⓒ, Ⓔ항목은 틀린 설명이다.
▶ 바르게 고쳐보기 ◀
Ⓑ 결정인자는 공기 중에서 흡수된 화학물질이나 그것의 대사산물 또는 화학물질에 의해 생긴 가역적인 생화학적 변화이다.
Ⓒ 공기 중의 농도를 측정하는 것보다 개인의 건강위험을 보다 직접적으로 평가할 수 있다.
Ⓔ 공기 중 노출기준이 설정된 화학물질의 수만큼 생물학적 노출기준(BEI)이 마련되어 있지 않다. 또한 실제 편리하게 이용 가능한 생물학적 결정인자나 변수 그리고 EBI를 가지고 있는 화학물질은 매우 적다. **답** ③

예상 12
- 기사 : 15

다음 중 유해인자의 노출에 대한 생물학적 모니터링을 하는 방법과 가장 거리가 먼 것은?

① 유해인자의 공기 중 농도 측정
② 표적분자에 실제 활성인 화학물질에 대한 측정
③ 건강상 악영향을 초래하지 않은 내재용량의 측정
④ 근로자의 체액에서 화학물질이나 대사산물의 측정

해설 공기 중 농도측정은 개인시료 채취에 해당한다. 생물학적 모니터링에 이용되는 분석자료는 근로자의 체액에서 측정·분석한 화학물질이나 대사산물, 표적분자에 실제 활성을 유발하고 있는 화학물질의 측정·분석치, 생체시료의 측정·분석을 통해 건강상 악영향을 초래하지 않은 내재용량 산정 등이다. **답** ①

04. 생물학적 모니터링과 역학조사

 ▪ 기사 : 09,17

13 근로자의 유해물질 노출 및 흡수 정도를 종합적으로 평가하기 위하여 생물학적 측정이 필요하다. 또한, 유해물질 배출 및 축적 속도에 따라 시료채취 시기를 적절히 정해야 하는데, 시료채취 시기에 제한을 가장 적게 받는 것은?

① 뇨 중 납
② 호기 중 벤젠
③ 혈중 총 무기수은
④ 뇨 중 총 페놀

[해설] 반감기가 대단히 길어서 장기간 인체에 축적되는 물질(납, 카드뮴, 크롬, 비소, 니켈 등의 중금속류)은 측정시기가 중요하지 않으므로 채취시간에 제한이 없다. [답] ①

 ▪ 기사 : 16

14 생물학적 모니터링을 위한 시료채취시간에 제한이 없는 것은?

① 소변 중 아세톤
② 소변 중 카드뮴
③ 호기 중 일산화탄소
④ 소변 중 총 크롬(6가)

[해설] 생물학적 모니터링을 위한 시료채취시간에 제한이 없는 것은 카드뮴, 납이 대표적인 유해물질이다.

■ 유해 금속류의 생물학적 모니터링을 위한 시료채취시간 지표물질, 노출기준 값

구 분	유해 물질명	시료채취 종류	시료채취 채취시간	지표물질	노출기준
필수항목	납	혈액	수시	납	$40\mu g/dL$
	수은	소변	작업 전	수은	$200\mu g/L$
	카드뮴	혈액	수시	카드뮴	$5\mu g/L$
선택항목	납	소변	수시	납	$150\mu g/L$
		혈액	수시	ZPP	$100\mu g/dL$
		소변	수시	δ-ALA	$5mg/L$
	수은	혈액	주말	수은	$15\mu g/L$
	카드뮴	소변	수시	카드뮴	$5\mu g/g$
	크롬	소변	주말	크롬	$3\mu g/g$
	니켈	소변	주말	니켈	$80\mu g/L$
	망간	혈액	당일	망간	$36\mu g/L$
	바나듐	소변	주말	바나듐	$50\mu g/g$
	비소	혈액	주말	비소	$10\mu g/dL$
		소변	주말	비소	$220\mu g/L$

[답] ②

PART 4 산업독성학

예상 15 · 기사 : 09

생물학적 지표로 이용되는 대사산물을 측정하고자 할 때, 화학물질에 대한 채취시간의 조합이 틀린 것은?

① Acetone – 작업 종료 시
② Carbon Monoxide – 주말작업 종료 시
③ Chlorbenzene – 작업 종료 시
④ Chromium(6가) – 주말작업 종료 시

해설 Carbon Monoxide(일산화탄소)의 생물학적 지표로 이용되는 대사산물은 호기 중 채취된 일산화탄소의 농도 또는 근무종료 후 채취된 혈중 카복시헤모글로빈(Carboxyhemoglobin)이다. 주말작업 종료 후 채취하는 화학물질은 바나듐, 비소, 6가 크롬 등이다.

[표] 유기화합물, 산 및 알칼리류, 가스류의 생물학적 노출지표의 노출기준 값 및 검사방법

구 분	유해 물질명		시료채취 종 류	시 기	지표 물질명	노출기준
필수	크실렌		소변	당일	메틸마뇨산	1.5g/g
	N,N-디메틸아세트아미드		소변	당일	N-메틸아세트아미드	30mg/g
	퍼클로로에틸렌		소변	주말	삼염화초산	5mg/L
	톨루엔		소변	당일	마뇨산	2.5g/g
	스티렌		소변	당일	만델릭산	800mg/g
			소변	당일	페닐글리옥실산	240mg/g
	1,1,1-트리클로로에탄		소변	주말	삼염화초산	10mg/L
			소변	주말	총 삼염화에탄올	30mg/L
	트리클로로에틸렌		소변	주말	총 삼염화물	300mg/g
			소변	주말	삼염화초산	100mg/g
	일산화탄소		혈액	당일	카복시헤모글로빈	5%
			호기	당일	일산화탄소	40ppm
선택	노르말헥산		소변	당일	2,5-헥산디온	5mg/g
	디클로로메탄		혈액	당일	카복시헤모글로빈	3.5%
	메틸알코올		소변	당일	메탄올	15mg/L
	메틸에틸케톤		소변	당일	메틸에틸케톤	2mg/L
	아세톤		소변	당일	아세톤	80mg/L
	에틸렌글리콜모노에틸에테르		소변	주말	2-에톡시초산	100mg/g
	에틸렌글리콜모노에틸아세테이트		소변	주말	2-에톡시초산	100mg/g
	이소프로필알코올		혈액	당일	아세톤	50mg/L
			소변			50mg/L
	이황화탄소		소변	당일	TTCA	5mg/g
	클로로벤젠		소변	당일	총 클로로카테콜	150mg/g
	벤젠	1ppm 기준	소변	당일	s-페닐머캅토산	50μg/g
			소변	당일	뮤콘산	1mg/g
			혈액	당일	벤젠	5μg/L
		10ppm 기준	소변	당일	페놀	50mg/g
	불화수소		소변	당일	불화물	10mg/g
	질산		혈액	수시	메트헤모글로빈	1.5%
	파라니트로클로로벤젠		혈액	수시	메트헤모글로빈	1.5%
	디메틸아닐린		혈액	수시	메트헤모글로빈	1.5%

답 ②

04. 생물학적 모니터링과 역학조사

- 기사 : 00,05,06②
- 산업 : 15,19

다음 중 생물학적 모니터링의 대상물질 및 대사산물의 연결이 틀린 것은?

① benzene(C_6H_6) : s-phenylmercapturic acid in urine
② carbon disulfide(CS_2) : t,t-muconic acid in blood
③ mecury(Hg) : total inorganic mercury in blood
④ xylenes[$C_6H_4(CH_3)_2$] : methylhippuric acid in urine

해설 이황화탄소(carbon disulfide, CS_2)의 생물학적 폭로지표는 뇨(尿) 중의 TTCA(2-티오티아졸리딘-4-카본산) 검사방법을 적용한다. t,t-뮤코닉산은 벤젠의 생체지표로 이용된다. **답** ②

- 기사 : 12,17
- 산업 : 출제대비

유해물질과 생물학적 노출지표 물질이 잘못 연결된 것은?

① 납-소변 중 납
② 페놀-소변 중 총 페놀
③ 크실렌-소변 중 메틸마뇨산
④ 일산화탄소-소변 중 carboxyhemoglobin

해설 일산화탄소의 생물학적 노출지표는 혈액 중 카르복시헤모글로빈(carboxyhemoglobin)이다. **답** ④

- 기사 : 00,07,08,09,18
- 산업 : 01,04

벤젠을 취급하는 근로자를 대상으로 벤젠에 대한 노출량을 추정하기 위해 호흡기 주변에서 벤젠농도를 측정함과 동시에 생물학적 모니터링을 실시하였다. 벤젠 노출로 인한 대사산물의 결정인자(determinant)로 맞는 것은?

① 호기 중의 벤젠   ② 소변 중의 마뇨산
③ 소변 중의 총 페놀   ④ 혈액 중의 만델린산

해설 벤젠의 생물학적 모니터링을 위한 대사산물의 결정인자는 뇨(尿) 중 페놀 또는 뮤콘산(t,t-Muconic acid)이다. **답** ③

- 기사 : 01,08,14,18
- 산업 : 03,05

유해물질과 생물학적 노출지표와의 연결이 잘못된 것은?

① 벤젠-소변 중 페놀
② 톨루엔-소변 중 마뇨산
③ 크실렌-소변 중 카테콜
④ 스티렌-소변 중 만델린산

해설 크실렌의 생물학적 모니터링을 위한 대사산물의 결정인자는 뇨(尿) 중 메틸마뇨산이다. 소변 중 염화카테콜(4-chlorocatechol)은 클로로벤젠의 생물학적 노출지표로 이용된다. **답** ③

PART 4 산업독성학

예상 20
- 기사 : 00,04,06,09,12,14,18,19
- 산업 : 출제대비

2,000년대 외국인 근로자에게 다발성 말초신경병증을 집단으로 유발한 노말헥산(n-Hexane)은 체내 대사과정을 거쳐 어떤 물질로 배설되는가?

① hippuric acid
② 2,5-hexanedione
③ hydroquinone
④ mandelic acid

해설 노말헥산의 생물학적 폭로지표는 작업종료 후 소변 중의 2,5-헥산디온(2,5-hexanedione)이다. **답** ②

유.사.문.제

01 유해물질과 생물학적 노출지표로 이용되는 대사물의 연결이 잘못된 것은? [05,09,16 산업][10,11 기사]
① 벤젠-소변 중의 총 페놀
② 톨루엔-소변 중의 만델린산
③ 크실렌-소변 중의 메틸마뇨산
④ 트리클로로에틸렌-소변 중의 트리클로로초산

hint 톨루엔에 대한 생물학적 노출지표로 이용되는 대산물은 소변 중의 마뇨산(hippuric acid)이다.

02 벤젠 노출근로자에게 생물학적 모니터링을 하기 위하여 소변시료를 확보하였다. 다음 중 분석해야 하는 대사산물로 옳은 것은? [15 기사]
① 마뇨산(hippuric acid)
② t,t-뮤코닉산(t,t-muconic acid)
③ 메틸마뇨산(methylhippuric acid)
④ 트리클로로아세트산(trichloroacetic acid)

hint 방향족 화합물 중 벤젠의 생체지표는 뇨(尿)로 배설되는 페놀(phenol) 또는 t,t-뮤코닉산이지만 톨루엔은 뇨(尿)로 배설되는 마뇨산(hippuric acid), 크실렌은 뇨(尿)로 배설되는 메틸마뇨산(methyl hippuric acid)을 측정한다.

03 크실렌의 생물학적 폭로지표로 이용되는 대사산물은? [03,08,17 기사]
① 마뇨산
② 메틸마뇨산
③ 만델린산
④ 페놀

hint 크실렌의 생체지표는 뇨(尿)로 배설되는 메틸마뇨산(methyl hippuric acid)이다.

04 유기용제 중 스티렌의 생체내 대사물로 측정되는 것으로 알맞은 것은? [00,03 산업][04 기사]
① 뇨 중 마뇨산
② 뇨 중 만델린산
③ 뇨 중 메틸마뇨산
④ 뇨 중 메탄올

hint 스티렌의 생체내 대사물로 측정되는 것은 소변 중의 만델린산(mandelic acid)이다.
- 소변 중 마뇨산 → 톨루엔
- 소변 중 메틸마뇨산 → 크실렌(xylene)
- 소변 중 만델린산 → 스틸렌(stylene)
- 소변 중 페놀 → 벤젠
- 소변 중 메탄올 → 메탄올

05 유기용제 중 벤젠에 관한 내용으로 틀린 것은? [06 기사]
① 방향족 탄화수소이다.
② 만성장애로서 조혈장애를 유발시킨다.
③ 마뇨산은 벤젠의 생물학적 폭로지표로 이용된다.
④ 벤젠에 의한 백혈병의 흔한 형은 급성골수성 백혈병이다.

hint 마뇨산은 톨루엔의 생물학적 폭로지표로 이용된다.

정답 | 01.② 02.② 03.② 04.② 05.③

종합연습문제

01 유기용제의 생물학적 모니터링에 유기용제와 소변 중 대사산물의 짝이 잘못 이루어진 것은?
[17 산업]

① 톨루엔 : 마뇨산
② 스티렌 : 삼염화초산
③ 크실렌 : 메틸마뇨산
④ 노말헥산 : 2,5-헥산디온

hint 스티렌의 생체내 대사물로 측정되는 것은 소변 중의 만델린산(mandelic acid)이다. 소변 중의 삼염화초산(트리클로초산)을 생체 대사물로 측정되는 것은 트리클로로에틸렌 및 테트라크로로에틸렌이다.

02 다음 중 유기용제별 생체내 대사물이 잘못 짝 지어진 것은?
[05,09,12 기사]

① 톨루엔 - 마뇨산
② 크실렌 - 만델린산
③ 에틸벤젠 - 만델린산
④ 벤젠 - 페놀

hint 크실렌의 생체지표는 뇨(尿)로 배설되는 메틸마뇨산(methyl hippuric acid)이다.

03 벤젠에 관한 설명으로 틀린 것은? [02,06 산업]

① 만성장애로서 조혈장애를 유발시킨다.
② 생물학적 지표로 마뇨산이 이용된다.
③ 빈혈을 일으킨다.
④ 방향족 탄화수소에 속한다.

hint 생물학적 지표로 마뇨산이 이용되는 유해물질은 톨루엔이다. 한편 크실렌의 생물학적 지표는 메틸마뇨산이 이용된다. 마뇨산(hippuric acid, 馬尿酸)은 안식향산과 글리신이 결합해서 생긴 화합물이다. 간기능장애가 있으면 마뇨산 합성능이 저하하기 때문에 간(肝) 기능검사에 이용된다.

04 방향족 탄화수소에 속하는 에틸벤젠의 생물학적 노출지표로 이용되는 대사산물은? [05② 기사]

① 페놀
② 마뇨산
③ 메틸마뇨산
④ 만델린산

hint 에틸벤젠의 생물학적 노출지표는 작업종료 후 소변 중의 만델린산(mandelic acid)을 측정한다.

05 작업자의 소변에서 마뇨산이 검출되었다. 이 작업자는 어떤 물질을 취급하였다고 볼 수 있는가?
[07 기사]

① 클로로벤젠
② 트리클로로에틸렌
③ 에탄올
④ 톨루엔

hint 톨루엔(toluene)에 노출된 경우 작업종료 직후 시료로 채취한 소변 중에서 마뇨산(hippuric acid)이 검출된다.

06 유기용제에 대한 생물학적지표로 이용되는 뇨 중 대사산물을 알맞게 짝지은 것은? [16 기사]

① 톨루엔 - 페놀
② 크실렌 - 페놀
③ 노말헥산 - 만델린산
④ 에틸벤젠 - 만델린산

07 다음 중 메탄올(CH_3OH)에 대한 설명으로 틀린 것은?
[14 기사]

① 메탄올은 호흡기 및 피부로 흡수된다.
② 메탄올은 공업용제로 사용되며, 신경독성 물질이다.
③ 메탄올의 생물학적 노출지표는 소변 중 포름산이다.
④ 메탄올은 중간대사체에 의하여 시신경에 독성을 나타낸다.

hint 메탄올의 생물학적 노출지표는 소변 중 메탄올이다.

정답 ┃ 01.② 02.② 03.② 04.④ 05.④ 06.④ 07.③

PART 4 산업독성학

예상 21

기사 : 01,05,08,10

니트로벤젠의 화학물질의 영향에 대한 생물학적 모니터링 대상으로 옳은 것은?

① 혈액에서의 메타헤모글로빈
② 뇨에서의 마뇨산
③ 뇨에서의 저분자량 단백질
④ 적혈구에서의 ZPP

해설 니트로벤젠의 화학물질의 영향에 대한 생물학적 모니터링에서 비특이적 폭로지표로 작업중 또는 종료 시에 혈중 메트헤모글로빈량을 측정한다. **답** ①

【참고】
- 요에서의 마뇨산 → 톨루엔(Toluene)
- 요에서의 저분자량 단백질 → 카드뮴(저분자 단백질인 메탈로티오닌과 결합되어 배출)
- 적혈구에서의 ZPP(zinc protoprophyrin) → 납(Pb)

유.사.문.제

01 카드뮴의 노출과 영향에 대한 생물학적 지표를 맞게 나열한 것은? [16 기사]

① 혈중 카드뮴-혈중 ZPP
② 혈중 카드뮴-뇨 중 마뇨산
③ 혈중 카드뮴-혈중 포르피린
④ 뇨 중 카드뮴-뇨 중 저분자량 단백질

02 생물학적 모니터링은 노출에 대한 것과 영향에 대한 것으로 구분한다. 다음 중 노출에 대한 생물학적 모니터링에 해당하는 것은? [14 기사]

① 일산화탄소-호기 중 일산화탄소
② 카드뮴-소변 중 저분자량 단백질
③ 납-적혈구 ZPP
④ 납-FEP

hint CO-호기 중 일산화탄소와 같이 노출에 대한 생물학적 모니터링은 화학물질의 노출정도를 추정하는데 의의를 가지며, 영향에 대한 생물학적 모니터링은 화학물질 노출에 따른 건강위험을 평가하는데 그 의의를 가진다. 따라서 생물학적 모니터링은 1차 폐자극성 물질과 같이 처음으로 접촉하는 부위에 직접적으로 독성을 나타내는 물질이나 흡수가 잘 되지 않는 물질에 대한 노출을 평가하는데는 적합하지 않다.

03 생물학적 모니터링(biological monitoring) 에 대한 개념을 설명한 것으로 적절하지 않은 것은? [15,19 기사]

① 내재용량은 최근에 흡수된 화학물질의 양이다.
② 화학물질이 건강상 영향을 나타내는 조직이나 부위에 결합된 양을 말한다.
③ 여러 신체부분이나 몸 전체에 저장된 화학물질 중 호흡기계로 흡수된 물질을 의미한다.
④ 생물학적 모니터링은 노출에 대한 모니터링과 건강상의 영향에 대한 모니터링으로 나눌 수 있다.

hint 생물학적 모니터링(Biological monitoring of exposure)은 노출에 대한 모니터링과 건강상의 영향에 대한 모니터링으로 나눌 수 있다. 모니터링과정에서 채취한 검체시료 중의 내재용량은 다음의 의미를 가진다.
- 최근에 흡수된 화학물질의 양을 의미한다.
- 여러 신체부분이나 몸 전체에 저장된 화학물질의 양을 의미한다.
- 건강상 영향을 나타내는 조직이나 부위에 결합된 양을 의미한다.

정답 ▮ 01.④ 02.① 03.③

04. 생물학적 모니터링과 역학조사

■ 기사 : 00,07,16

예상 22 methyl n-butyl ketone에 노출된 근로자의 소변 중 배설량으로 생물학적 노출지표에 이용되는 물질은?

① quinol
② phenol
③ 2,5-hexanedione
④ 8-hydroxy quinone

해설 메틸 n-부틸케톤(MBK)의 생물학적 노출지표에 이용되는 근로자의 소변 중 배설물질은 2,5-헥산디온이며, 노출기준은 5mg/g이다. **답 ③**

[참고] 생물학적 노출지표의 비교

유해 물질명	시료채취 종류	시료채취 시기	지표 물질명	노출기준
노르말헥산	소변	당일	2,5-헥산디온	5mg/g
메틸 n-부틸케톤(메틸부틸케톤)	소변	당일	2,5-헥산디온	5mg/g
메틸이소부틸케톤	소변	당일	메틸이소부틸케톤	2mg/L
메틸에틸케톤	소변	당일	메틸에틸케톤	2mg/L
파라디메틸아미노아조벤젠	혈액	수시	메트헤모글로빈	1.5%
디메틸아닐린	혈액	수시	메트헤모글로빈	1.5%
파라디메틸아미노아조벤젠	혈액	수시	메트헤모글로빈	1.5%
질산	혈액	수시	메트헤모글로빈	1.5%
디클로로메탄	혈액	당일	카복시헤모글로빈	3.5%
일산화탄소	혈액	당일	카복시헤모글로빈	5%

■ 기사 : 18
■ 산업 : 19

예상 23 생물학적 노출지표(BEIs) 검사 중 1차 항목검사에서 당일 작업종료 시 채취해야 하는 유해인자가 아닌 것은?

① 크실렌
② 디클로로메탄
③ 트리클로로에틸렌
④ N,N-디메틸포름아미드

해설 생물학적 노출지표(BEIs) 검사 중 1차 항목검사에서 당일 작업종료 시 채취해야 하는 유해인자는 유기용제처럼 작업종료 직후에 가장 높은 농도를 유지하다가 짧은시간에 농도가 급격히 낮아지는 물질들이다. 벤젠, 페놀, 톨루엔, 스티렌, 크실렌, 일산화탄소, 불화수소, 디클로로메탄, N,N-디메틸포름아미드(DMF), 노르말헥산, 디클로로메탄, 메틸에틸케톤, 메틸이소부틸케톤, 아세톤, 메틸알코올, 이소프로필알코올, 이황화탄소, 클로로벤젠 등이 이에 해당한다. 중금속류 중 유일하게 망간이 해당된다. 이들 물질에 대한 생체시료 채취는 당일 작업종료 2시간 전부터 직후 이내에 채취하여야 한다.

트리클로로에틸렌, 퍼클로로에틸렌, 1,1,1-트리클로로에탄, 에틸렌글리콜모노에틸에테르(셀로솔브), 에틸렌글리콜모노에틸아세테이트(셀로솔브아세테이트), 콜타르, 중금속 중 수은, 크롬, 니켈, 바나듐, 비소, 6가 크롬 등은 생체내 배설반감기가 비교적 길기(하루 이상) 때문에 주중에 축적될 수 있는 물질이므로 주중 마지막 작업종료 후에 시료를 채취한다. 주말이란 목요일이나 금요일 또는 4~5일간의 연속작업의 작업종료 2시간 전부터 직후까지를 말한다.

한편, 납이나 카드뮴처럼 생체내 축적되며, 배설반감기가 매우 긴 유해물질은 수시(아무 때)나 시료를 채취해도 일정한 농도 수준을 유지하는 물질이다. **답 ③**

PART 4 산업독성학

예상 24
- 기사 : 출제대비
- 산업 : 16

생물학적 노출지수에서 통계적으로 상관계수가 높게 나타날 수 있는 항목은?

① 공기 중 일산화탄소 농도와 혈중 무기수은의 양
② 공기 중 이산화탄소 농도와 혈중 이황화탄소의 양
③ 공기 중 벤젠농도와 뇨 중 s-phenyl-mercapturic aicd
④ 공기 중 분진농도와 난청도

해설 벤젠 노출의 생물학적 모니터링을 위한 대사산물의 결정인자(determinant)는 소변 중의 총 페놀 (s-phenyl-mercapturic aicd)과 t,t-뮤콘산(muconic-acid) **답** ③

예상 25
- 기사 : 15

다음 중 피부에 묻었을 경우 피부를 강하게 자극하고, 피부로부터 흡수되어 간장장애 등의 중독증상을 일으키는 유해화학물질은?

① 납(lead)
② 헵탄(heptane)
③ 아세톤(acetone)
④ DMF(Dimethylformamide)

해설 N,N-디메틸포름아마이드(DMF, C_3H_7NO)는 폼산아마이드로 합성섬유의 방사용제 또는 공업 프로세스에서 부타디엔, 아세틸렌, 방향족 탄화수소의 선택적 추출 용제로 사용되는 물질로 피부에 묻었을 경우 피부를 강하게 자극하고, 피부로부터 흡수되어 간장장애 등의 중독증상을 일으키는 유해물질이다. **답** ④

2 역학조사

 이승원의 minimum point

- **의의** : 산업장에 적용·운용되고 있는 역학은 근로자들이 노출되는 각종 직업적 요인과 건강장애 및 이상상태 사이의 상관관계를 규명하는 것에 그 의미를 두고 있음
- **산업보건에서 역학의 활용**
  - 유해인자의 확인, 노출기준의 설정, 근로자의 건강보호
  - 건강수준과 질병양상의 측정(Description)
  - 직업병/직업관련성 질환의 자연사 파악
  - 노출의 평가(Exposure assessment)
- **산업장의 적용역학** : 산업장에서 적용되고 있는 역학은 대체로 비실험적 역학(코호트연구, 단면연구, 환자-코호트연구, 환자-대조군연구)이며, 이 중에서 코호트연구가 많이 활용되고 있음
- **코호트연구**(cohort study)
  - 코호트(cohort)는 어떤 특정 기간동안 직업노출이 비슷한 연구학적 특성이 있는 집단을 말함
  - 코호트연구(cohort study)는 위험요인에 노출된 집단과 노출되지 않은 집단으로 구분하여 일정기간 동안 추적·조사·관찰한 후 어느 시점에서 두 집단의 질병발생률을 비교하는 체계를 가짐
- **활용** : 지금까지 가장 잘 알려진 코호트연구는 흡연과 암의 관계임
  - 발생률이 높은 질병이나 원인에 폭로되어 발병까지의 기간이 짧은 질병에 적용
  - 환자대조군 연구로 인과관계가 어느 정도 확인된 질병에 적용 가능
- **코호트연구의 구분·특징**

전향적 코호트연구	후향적 코호트연구
• 코호트 구축 시점 : 연구 시작 시점에 코호트를 구축(연구를 시작하면서 연구대상자를 모집하고, 모집한 대상자들을 시간에 따라 조사) • 조사방식 : 추적조사(follow up)	• 코호트 구축 시점 : 연구 시작 시점에 코호트를 구축하여 조사를 수행하는 것이 아니고, 기존에 있는 기록(기억)을 통해 특정 인자 노출 여부와 질병발생 여부에 대한 자료를 얻는 연구를 선행함 • 조사방식 : 노출그룹과 비노출그룹을 나누고 각 그룹에서 질병발생 여부 확인

- **코호트연구의 장·단점**

장 점	단 점
• 시간흐름에 따른 정보를 얻을 수 있음 • 수집된 정보들의 편견이 비교적 적음 • 대상질병의 자연사를 알 수 있음 • 결과를 모집단에 적용하는 것이 가능함 • 질병위험도를 직접 밝힐 수 있음 • 희귀요인 및 다양한 요인에 노출되었을 때의 정보를 수집할 수 있음	• 경비, 노력, 시간이 많이 필요함 • 발생률이 높은 질병이어야 함 • 연구 대상자의 요인변화나 탈락으로 인해 추적조사 하는데 차질이 생길 수 있음 • 연구기간이 길어짐에 따라 연구자들의 변동에 의한 조사에 차질이 발생할 수 있음 • 추적기간이 길어지면 다른 편향이 생길 수 있음

자료에 대한 분석과 평가

노출 또는 질병발생 예측(자료의 예)

검사결과		실제값(노출 또는 질병)	
		양성	음성
측정 혹은 판단	양성	가	나
	음성	다	라

- **민감도**(敏感度, sensitivity) : 양성을 양성이라고 예측하는 확률이다. 즉, 실제로 노출된 사람이 측정방법 또는 전문가의 판단에 의하여 노출된 것으로 나타날 확률을 말한다.

  $$민감도 = \frac{실제값\ 양성}{실제값\ 양성 + 실제값\ 음성} \Rightarrow 민감도 = \frac{가}{가 + 다}$$

- **특이도**(特異度, specificity) : 음성을 음성이라고 예측하는 확률이다. 즉, 실제 노출되지 않은 사람이 측정방법 또는 전문가의 판단에 의하여 노출되지 않은 것으로 나타날 확률을 말한다.

  $$특이도 = \frac{실제값\ 음성}{실제값\ 음성의\ 합} \Rightarrow 특이도 = \frac{라}{나 + 라}$$

- **누적노출량**(累積露出量, cumulative exposure) : 누적노출량은 근로자가 노출되었던 부서, 기간, 노출 농도 등을 고려하여 산정하며, 다음 관계식으로 구한다.

  $$E_{cum} = \sum C_j \times T_j \quad \begin{cases} E_{cum} : 모든\ 직업이나\ 공정에서\ 노출된\ 유해인자의\ 누적된\ 농도나\ 강도 \\ C_j : 특정\ 기간동안\ 특정\ 직업이나\ 공정에서\ 노출된\ 농도 \\ T_j : 특정\ 직업이나\ 공정에서\ 노출된\ 기간 \end{cases}$$

- **발생률**(發生率, incidence rate) : 특정기간 위험에 노출된 인구 중 새로 발생한 사례수로 나타내는 것이므로 위험에 노출된 인구 중 질병에 걸릴 확률의 개념이다. 발생률은 어떤 질병에 걸릴 위험의 척도로 이용된다.

  $$발생률(I) = \frac{위험에\ 노출된\ 인구\ 중\ 새로\ 발생한\ 환자수}{위험에\ 노출된\ 전체인구} \times 단위인구$$

- **유병률**(有病率, prevalence rate) : 어느 시점에 해당 집단의 작업자 중(직업병을 가진 사람 포함)에서 직업병을 가지고 있는 사람의 수적비율(%)을 나타낸다. 유병률(P)이 10% 이하, 발생률과 평균 이환기간이 시간경과에 따라 일정하다고 할 때, 유병률과 발생률의 사이에는 다음 관계가 성립된다.

  $$유병률(P) = I \times D \quad \begin{cases} I : 발생률 \\ D : 평균\ 이환기간 \end{cases}$$

- **위험도**(危險度, risk) : 위험도를 나타내는 지표는 **상대위험도, 기여위험도, 교차비**이며, 다음의 관계식으로 산출된다.

  위험도 및 교차비 예측(자료의 예)

구 분	질병발생	질병발생 하지 않음	합계
유해인자 노출	a	b	$a+b$
유해인자 노출되지 않음	c	d	$c+d$

- **상대위험도**(비교위험도, Relative Risk, RR) : 특정 유해인자에 노출된 집단에서 질병발생률을 비노출군의 질병발생률로 나눈 값이다.

▣ 상대위험도(RR) = $\dfrac{노출군\ 발생률}{비노출군\ 발생률}$ ⇨ RR = $\dfrac{a/(a+b)}{c(c+d)}$

- 상대위험도(비교위험도)가 1보다 클 때 → 질병에 대한 위험 증가
- 상대위험도(비교위험도)가 1일 때 → 노출과 질병발생과의 상관성이 없음
- 상대위험도(비교위험도)가 1보다 작을 때 → 질병에 대한 방어효과가 있음

● **기여위험도**(귀속위험도, Attributable Risk, AR) : 어떤 유해인자의 노출에 따른 순수한 위험도를 평가하는 것으로 노출군의 발생률에서 비노출군의 발생률을 뺀 값이다. 기여위험도를 알면 특정 위험요인의 노출에 대한 **질병의 증감** 및 **예방**할 수 있는지를 알 수 있다.

▣ 기여위험도(AR) = 노출군 발생률 − 비노출군 발생률 ⇨ AR = $\dfrac{a}{a+b} - \dfrac{c}{a+d}$

● **교차비**(오즈비=공산비, Odd Ratio, OR) : 질병이 발생한 집단(대상군)과 발생하지 않은 집단(대조군)에서 유해인자에 대한 노출교차의 비를 말한다. 교차비는 사례수가 매우 적은 만성질환(암 등)에 대한 상대위험도를 추정하기 위해 분석되며, 노출과 결과의 연관성은 밝힐 수 있지만 상대위험도처럼 노출의 선후관계를 명확하게 규명할 수 없다.

▣ 교차비(오즈비, OR) = $\dfrac{사례군\ 노출교차비}{대조군\ 노출교차비}$ ⇨ OR = $\dfrac{(a/c)}{(b/d)} = \dfrac{ad}{bc}$

- 교차비가 1보다 클 때 → 노출요인이 질병을 증가시킴
- 교차비가 1일 때 → 노출요인과 질병발생과의 상관성이 없음
- 교차비가 1보다 작을 때 → 노출요인이 질병에 대한 방어효과가 있음

ⓘ 체내 흡수량과 안전폭로량

● **체내 흡수량** : 근로자가 일정기간 동안 공기 중 유해물질에 노출될 경우 체내에 흡수되는 체중당 유해물질의 양(mg/kg)은 다음 식으로 산출된다.

▣ 체내 흡수량(mg/kg) = $\dfrac{C \times T \times V \times R}{BW}$

$\begin{cases} C : 공기\ 중\ 농도(mg/m^3,\ 안전농도) \\ T : 폭로시간(hr,\ 일반적으로\ 8시간\ 적용) \\ V : 개인의\ 호흡률(m^3/hr) \\ R : 폐에서\ 흡수되는\ 율(일반적으로\ 100\%\ 적용) \\ BW : 몸무게(kg) \end{cases}$

● **안전폭로량**(안전용량 ; SHD, Safe Human Dose) : 동물실험을 통하여 산출한 독물량의 한계치(NOED, No-Observable Effect Dose)를 사람에게 적용하기 위해서는 동물과 사람 사이를 연결하는 기준이 필요하다. 가장 좋은 방법은 체표면적을 이용하는 방법이지만 현실적으로 어렵기 때문에 대부분 체중을 사용하고 있다. SHD는 다음 식으로 산출한다.

▣ SHD = $\dfrac{ThDo \times 70}{SF}$

▣ SHD = 체내 흡수량(안전용량) × BW

$\begin{cases} SHD : 안전폭로량(mg/day) \\ ThDo : 독성물질의\ 한계치(mg/kg \cdot day) \\ 70 : 일반사람의\ 평균체중(kg) \\ SF : 안전인자(일반적으로\ 10 \sim 100) \\ BW : 몸무게(남자\ 70kg,\ 여자\ 60kg\ 적용) \end{cases}$

ⓘ 신장기능의 평가
: 신장을 통한 배설속도에 영향을 미치는 인자는 사구체의 여과속도, 세뇨관의 재흡수작용, 세뇨관의 배설작용 등이다.

● **사구체의 여과속도**(GFR) : 사구체의 여과속도(glomerular filtration rate)는 다음 식으로 계산한다.

▣ GFR = $\dfrac{A_C \times L_m}{A_H}$ $\begin{cases} A_C : 소변\ 중\ 아눌렌(annulene)의\ 농도(mg/mL) \\ A_H : 혈장\ 중\ 아눌렌의\ 농도(mg/mL) \\ L_m : 1분간\ 소변의\ 양(mL/min) \end{cases}$

- **신장을 통한 제거율** : 신장을 통한 제거율은 다음 식으로 계산한다.

  $$O_A = \frac{C_A \times L_m}{C_H}$$

  $\begin{cases} C_A : \text{소변 중 A물질의 농도(mg/mL)} \\ C_H : \text{혈장 중 A물질의 농도(mg/mL)} \\ L_m : \text{1분간 소변의 양(mL/min)} \end{cases}$

  - 비율이 1보다 작을 때 → 여과, 배설, 재흡수가 부분적으로 일어남
  - 비율이 1보다 클 때 → 여과, 배설될 뿐만 아니라 동시에 분비되고 있음

독성 실험단계

- **제1단계** : 동물에 대한 급성 폭로시험
  - 치사성과 기관장애에 대한 양-반응곡선을 작성한다.
  - 눈과 피부에 대한 자극성 실험을 한다.
  - 변이원성에 대하여 1차적인 스크리닝 실험을 한다.

- **제2단계** : 동물에 대한 만성 폭로시험
  - 두 가지의 생물종에 대해 양-반응곡선(90일)을 작성한다.
  - 장기(臟器) 독성실험을 한다.
  - 생식독성과 최기형성 독성실험을 한다.
  - 약동력학적 실험, 생물체의 흡수, 분포, 생체내 변화, 배설 등을 조사한다.
  - 행동특성을 실험한다.
  - 상승작용, 상가작용, 길항작용에 대해 실험한다.

- **제3단계** : 인간에 대한 만성 독성시험
  - 포유동물에 대한 변이원성 실험을 한다.
  - 설치류에 대한 발암성 실험을 실시한다.(전 생애기간)
  - 인간에 대한 약동력학적 실험을 한다.
  - 인간에 대한 임상학적 실험을 한다.
  - 급성 및 만성 폭로에 대한 역학적 자료를 취득한다.

역학연구의 신뢰도에 영향을 미치는 오류(誤謬, error)

- **계통적 오류** : 측정자의 편견(선택편견, 혼란편견, 정보편견, 관찰편견 등), 측정기기의 문제성, 정보의 오류 등이 이에 해당된다. 산업역학의 계통적 오류는 주로 편견(偏見, bias)에서 발생하는데 이는 연구를 반복하더라도 동일한 결과의 오류를 가져오기 때문에 **표본수를 증가시켜도 이 오류를 감소시키거나 제거할 수 없는 것이 특징**임
  - 역학연구에서 가장 일반적으로 발생되는 대표적인 계통적 오류는 선택편견임
  - 선택편견에 의한 오차는 연구집단으로 선택되는 집단과 선택되지 않은 집단 간의 특성에서 나타나는 계통적 차이로 발생하는 오류임

- **무작위 오류** : 무작위 오류는 측정방법의 부정확성에 기인하는 오류임
  - 무작위 오류가 큰 경우 측정결과의 정밀성이 떨어짐
  - 표본수를 증가시킴으로써 무작위변이를 감소시킬 수 있음

- **노출분류 오류** : 노출분류 오류는 작업노출과 관련하여 노출을 평가할 때, 노출특성에 대한 분류를 올바르게 하지 못한 경우를 말함

04. 생물학적 모니터링과 역학조사

• 기사 : 00,02,05②,06,10

예상 01

다음 중 직업병의 분석역학 방법과 가장 거리가 먼 것은?

① 단면연구
② 집단군연구
③ 환자-대조군연구
④ 코호트연구

해설 산업장에서 적용되고 있는 역학은 대체로 비실험적 역학(코호트연구, 단면연구, 환자-코호트연구, 환자-대조군연구)이며, 이 중에서 코호트연구가 많이 활용되고 있다. **답** ②

• 기사 : 15

예상 02

다음 중 전향적 코호트 역학연구와 후향적 코호트연구의 가장 큰 차이점은?

① 질병 종류
② 유해인자 종류
③ 질병 발생률
④ 연구개시 시점과 기간

해설 전향적 코호트연구(prospective cohort study)와 후향적 코호트연구(Retrospective cohort study)의 가장 큰 차이점은 연구개시 시점과 기간이다. 전향적 코호트연구는 연구를 시작하면서 연구대상자를 모집하고, 모집한 대상자들을 시간에 따라 조사하지만 후향적 코호트연구는 연구를 시작하면서 코호트를 구축하여 조사를 수행하는 것이 아니고 기존에 있는 기록이나 기억을 통해 특정 인자 노출여부와 질병발생여부에 대한 자료를 얻는 과정을 선행하는 것이 다르다. **답** ④

• 기사 : 01,08,10,13,16

예상 03

유기용제 중독을 스크린 하는 다음 검사법의 민감도(sensitivity)는 얼마인가?

구 분		실제값(질병)	
		양 성	음 성
검사법	양성	15	25
	음성	5	15

① 25.0%
② 37.5%
③ 62.5%
④ 75.0%

해설 민감도(敏感度, sensitivity)는 양성을 양성이라고 예측하는 확률, 즉 실제로 노출된 사람이 측정방법 또는 전문가의 판단에 의하여 노출된 것으로 나타날 확률을 말하므로 다음과 같이 계산된다.

〈계산〉 민감도(%) = $\dfrac{\text{실제값 양성}}{\text{실제값 양성} + \text{실제값 음성}} \times 100$ $\begin{cases} \text{실제값 양성} = 15 \\ \text{실제값 음성} = 5 \end{cases}$

∴ 민감도(%) = $\dfrac{15}{15+5} \times 100 = 75\%$ **답** ④

PART 4 산업독성학

예상 04
- 기사 : 00,09,16,18

다음 표와 같은 망간중독을 스크린 하는 검사법을 개발하였다면 이 검사법의 특이도는 약 얼마인가?

구 분		망간중독 진단	
		양 성	음 성
검사법	양성	17	7
	음성	5	25

① 70.8%   ② 77.3%
③ 78.1%   ④ 83.3%

해설 특이도(特異度, specificity)는 음성을 음성이라고 예측하는 확률, 즉 실제 노출되지 않은 사람이 측정방법 또는 전문가의 판단에 의하여 노출되지 않은 것으로 나타날 확률을 말하므로 다음과 같이 계산된다.

⟨계산⟩ 특이도(%) = $\dfrac{\text{실제값 음성}}{\text{실제값 음성의 합}} \times 100$ $\begin{cases} \text{실제값 음성} = 25 \\ \text{실제값 음성의 합} = 7+25 = 32 \end{cases}$

∴ 특이도(%) = $\dfrac{25}{32} \times 100 = 78.1\%$

답 ③

- 기사 : 06②

05 질병의 발생빈도 측정을 위한 '유병률'에 관한 설명으로 틀린 것은?
① 여러 가지 인자에 영향을 받아 위험성을 실제적으로 나타내지 못한다.
② 어느 시점에 해당 집단의 작업자 중(직업병을 가진 사람 포함)에서 직업병을 가지고 있는 사람의 수적비율이다.
③ 연구집단내에 존재하고 있는 환자수를 표현한 것이다.
④ 특정기간 위험에 노출된 인구 중 새로 발생한 환자의 수로 나타낸다.

해설 유병률(有病率, prevalence rate)은 어떤 특정시점에서 연구집단내에 존재한 사례의 비례적인 분율(%)이다. 특정기간 위험에 노출된 인구 중 새로 발생한 환자의 수로 나타내는 것은 발생률(發生率, incidence rate)이다.

답 ④

- 기사 : 02,08,11

06 다음 중 위험도를 나타내는 지표가 아닌 것은 어느 것인가?
① 발생률
② 상대위험비
③ 기여위험도
④ 교차비

해설 위험도(危險度, risk)를 나타내는 지표는 상대위험비, 기여위험도, 교차비이다.

답 ①

종합연습문제

01 최근 스마트 기기의 등장으로 이를 활용하는 방법이 빠르게 소개되고 있다. 소음측정을 위하여 개발된 스마트 기기용 어플리케이션의 민감도(sensitivity)를 확인하려고 한다. 85dB을 넘는 조건과 그렇지 않은 조건을 어플리케이션과 소음측정기로 동시에 측정하여 다음과 같은 결과를 얻었다. 이 스마트 기기 어플리케이션의 민감도는 얼마인가? [17 기사]

- 어플리케이션을 이용하였을 때 85dB 이상이 30개소, 85dB 미만이 50개소
- 소음측정기를 이용하였을 때 85dB 이상이 25개소, 85dB 미만이 55개소
- 어플리케이션과 소음측정기 모두 85dB 이상은 18개소

① 60%
② 72%
③ 78%
④ 86%

hint 민감도는 실제로 노출된 사람이 측정방법에 의하여 노출된 것으로 나타날 확률을 말한다.

〈계산〉 민감도 = $\frac{18}{25} \times 100 = 72\%$

02 유병률과 발생률에 관한 설명으로 틀린 것은? [08 기사]

① 유병률은 발생률과는 달리 시간개념이 적다.
② 발생률은 조사시점 이전에 이미 직업성 질병에 걸린 사람도 포함하여 산출한다.
③ 발생률은 위험에 노출된 인구 중 질병에 걸릴 확률의 개념이다.
④ 유병률은 어떤 시점에서 인구집단내에 존재하던 환자의 비례적인 분율 개념이다.

hint 발생률은 특정기간 위험에 노출된 인구 중 새로 발생한 사례수로 나타내므로 조사시점 이전에 이미 직업성 질병에 걸린 사람은 포함되지 않는다.

03 다음 중 위험도 또는 기여위험도에 관한 설명으로 틀린 것은? [05, 07 기사]

① 위험도란 집단에 소속된 구성원 개개인이 일정기간내에 질병이 발생할 확률을 말한다.
② 기여위험도는 순수하게 유해요인에 노출되어 나타난 위험도를 평가하기 위한 것이다.
③ 기여위험도는 어떤 유해요인에 노출되어 얼마만큼 환자수가 증가되어 있는지를 설명해 준다.
④ 기여위험도는 노출군에서의 발생률을 비노출군에서의 발생률로 나누어 준 값으로 나타낸다.

hint 기여위험도(寄與危險度, attributable risk)는 어떤 유해인자의 노출에 따른 순수한 위험도를 평가하는 것으로 노출군의 발생률에서 비노출군의 발생률을 뺀 값이다.

04 다음 중 유해인자에 노출된 집단에서의 질병발생률과 노출되지 않은 집단에서 질병발생률과의 비를 무엇이라 하는가? [13 기사]

① 교차비
② 상대위험도
③ 발병비
④ 기여위험도

hint 상대위험도(비교위험도, Relative Risk, RR)는 특정 유해인자에 노출된 집단에서의 질병발생률을 비노출군의 질병발생률로 나눈 값이다.

05 직업병의 유병률이란 발생률에서 어떠한 인자를 제거한 것인가? [10 기사]

① 장소
② 기간
③ 질병종류
④ 집단수

정답 ┃ 01.② 02.② 03.④ 04.② 05.②

PART 4 산업독성학

- 기사 : 02,06,07,09,12,16

예상 07 산업역학에서 이용되는 상대위험도가 '1'일 때 의미하는 것은?
① 노출과 질병발생 사이의 연관 없음
② 노출군 전부가 발병하였음
③ 질병의 위험이 증가함
④ 질병에 대한 방어효과가 있음

해설 상대위험도가 '1'일 때는 노출과 질병발생 사이의 상관성이 없음을 의미한다. 한편, 상대위험도가 1보다 크면 질병의 위험이 증가함을 의미하며, 1보다 작으면 질병에 대한 방어효과가 있음을 의미한다. **답** ①

- 기사 : 11

예상 08 [표]의 석면분진 노출과 폐암과의 관계를 참고하여 석면분진에 노출된 근로자가 노출이 되지 않은 근로자에 비해 폐암이 발생될 수 있는 비교위험도(relative risk)를 올바르게 나타낸 식은?

석면노출 유무 \ 폐암 유무	있음	없음	합계
노출됨	a	b	$a+b$
노출 안 됨	c	d	$c+d$
합계	$a+c$	$b+d$	$a+b+c+d$

① $\dfrac{a}{a+b} \div \dfrac{c}{c+d}$

② $\dfrac{b}{a+b} \div \dfrac{d}{c+d}$

③ $\dfrac{a}{a+b} \times \dfrac{c}{c+d}$

④ $\dfrac{b}{a+b} \times \dfrac{d}{c+d}$

해설 상대위험도(비교위험도, Relative Risk, RR)는 특정 유해인자에 노출된 집단에서 의 질병발생률을 비노출군의 질병발생률로 나눈 값이다.

〈계산〉 상대위험도 = $\dfrac{노출군\ 발생률}{비노출군\ 발생률}$

- 위험요인에 폭로된 집단에서의 질병발생률 = $\dfrac{a}{a+b}$
- 위험요인에 비폭로된 집단에서의 질병발생률 = $\dfrac{c}{c+d}$

∴ RR = $\dfrac{a}{a+b} \div \dfrac{c}{c+d}$ ⇨ 상대위험도 = $\dfrac{a/(a+b)}{c(c+d)}$

답 ①

04. 생물학적 모니터링과 역학조사

 • 기사 : 00,09,12,18

다음 표는 A 작업장의 백혈병과 벤젠에 대한 코호트연구를 수행한 결과이다. 이때 벤젠의 백혈병에 대한 상대위험비는 약 얼마인가?

구 분	백혈병	백혈병 없음	합 계
벤젠 노출	5	14	19
벤젠비 노출	2	25	27
합 계	7	39	46

① 3.29　　② 3.55
③ 4.64　　④ 4.82

해설 상대위험도(비교위험도, Relative Risk, RR)는 특정 유해인자에 노출된 집단에서의 질병발생률을 비노출군의 질병발생률로 나눈 값이다.

〈계산〉 상대위험도 $= \dfrac{a/(a+b)}{c/(c+d)}$

∴ $RR = \dfrac{5}{5+14} \div \dfrac{2}{2+25}$ ⇨ 상대위험도 $= \dfrac{5/(5+14)}{2/(2+25)} = 3.55$

답 ②

유.사.문.제

01 유해인자에 노출된 집단에서의 질병발생률과 노출되지 않은 집단에서 질병발생률과 비를 무엇이라고 하는가? [01,03 기사]
① 교차비　　② 상대위험비
③ 기여위험비　　④ 발병비

hint 상대위험도(비교위험도, Relative Risk, RR)란 특정 유해인자에 노출된 집단의 질병발생률을 비노출군의 질병발생률로 나눈 값이다.

02 질병발생의 요인을 제거하면 질병발생이 얼마나 감소될 것인가를 말해주는 위험도는?
[01,04,07,16 산업][00,08 기사]
① 상대위험도　　② 절대위험도
③ 비교위험도　　④ 기여위험도

hint 기여위험도(귀속위험도)란 어떤 유해인자의 노출에 따른 순수한 위험도를 평가하는 것으로 노출군의 발생률에서 비노출군의 발생률을 뺀 값(증감)을 의미한다. 따라서 기여위험도를 알면 특정 위험요인의 노출을 완전히 제거할 경우 질병을 얼마나 예방할 수 있는지를 알 수 있다.

03 유해요인에 노출될 때 얼마만큼의 환자수가 증가되는지를 설명해 주는 위험도는? [08,17 기사]
① 상대위험도　　② 인자위험도
③ 기여위험도　　④ 노출위험도

hint 기여위험도(寄與危險度)는 위험요소에 노출된 사람의 발병률과 노출되지 않은 사람의 발병률 사이의 산술적인 수의 차이(증감)를 말한다. 예를 들면, 흡연자의 흡연 때문에 폐암 증가에 미치는 비율이 어느 정도 인가를 알면 특정 위험요인의 노출을 완전히 제거할 경우 질병을 얼마나 예방할 수 있는지를 알 수 있게 된다.

04 다음 중 유해인자에 노출된 집단에서의 질병발생률과 노출되지 않은 집단에서 질병발생률과의 비를 무엇이라 하는가? [13 기사]
① 교차비　　② 상대위험도
③ 발병비　　④ 기여위험도

hint 상대위험도(비교위험도, Relative Risk, RR)는 특정 유해인자에 노출된 집단에서 의 질병발생률을 비노출군의 질병발생률로 나눈 값이다.

정답 ┃ 01.② 02.④ 03.③ 04.②

예상 10

■ 기사 : 10,13,19

어떤 물질의 독성에 관한 인체실험결과 안전흡수량이 체중 1kg당 0.15mg이었다. 체중이 70kg인 근로자가 1일 8시간 작업할 경우 이 물질의 체내 흡수를 안전 흡수량 이하로 유지하려면 공기 중 농도를 얼마 이하로 하여야 하는가? (단, 작업 시 폐환기율은 1.3m³/hr, 체내 잔류율은 1.0으로 한다.)

① $0.52\,\text{mg/m}^3$
② $1.01\,\text{mg/m}^3$
③ $1.57\,\text{mg/m}^3$
④ $2.02\,\text{mg/m}^3$

해설 근로자가 일정기간 동안 공기 중 유해물질에 노출될 경우 체내에 흡수되는 체중당 유해물질의 양(mg/kg)은 다음 식으로 산출된다.

〈계산〉 체내 흡수량(mg/kg) = $\dfrac{C \times T \times V \times R}{BW}$

$\begin{cases} C : \text{공기 중 농도(mg/m}^3\text{, 안전농도)} \\ T : \text{폭로시간} = 8\,\text{hr} \\ V : \text{개인의 호흡률} = 1.3\,\text{m}^3/\text{hr} \\ R : \text{폐에서 흡수되는 율} = 1.0 \\ BW : \text{몸무게} = 70\,\text{kg} \end{cases}$

⇨ $0.15\,\text{mg/kg} = \dfrac{C \times 8 \times 1.5 \times 1.0}{70}$

∴ $C(=\text{공기 중 농도}) = 1.01\,\text{mg/m}^3$

답 ②

예상 11

■ 기사 : 11,15,19

뇨(尿) 중 화학물질 A의 농도는 28mg/mL, 단위시간당 배설되는 뇨(尿)의 부피는 1.5mL/min, 혈장 중 화학물질 A의 농도는 0.2mg/mL라면 단위시간당 화학물질 A의 제거율(mL/min)은 얼마인가?

① 120
② 180
③ 210
④ 250

해설 화학물질의 제거율은 다음 식으로 계산한다.

〈계산〉 $O_A = \dfrac{C_A \times L_m}{C_H}$ $\begin{cases} C_A : \text{소변 중 농도} = 28\,\text{mg/mL} \\ C_H : \text{혈장 중 농도} = 0.2\,\text{mg/mL} \\ L_m : \text{1분간 소변의 양} = 1.5\,\text{mL/min} \end{cases}$

∴ $O_A = \dfrac{28 \times 1.5}{0.2} = 210\,\text{mL/min}$

답 ③

예상 12

■ 기사 : 00,06,14

사업장 역학연구의 신뢰도에 영향을 미치는 계통적 오류에 대한 설명으로 틀린 것은?

① 편견으로부터 나타난다.
② 표본수를 증가시킴으로써 오류를 제거할 수 있다.
③ 연구를 반복하더라도 똑같은 결과의 오류를 가져오게 된다.
④ 측정자의 편견, 측정기기의 문제성, 정보의 오류 등이 해당된다.

해설 계통적 오류는 주로 편견(偏見, bias)에서 발생하는데 이는 연구를 반복하더라도 동일한 결과의 오류를 가져오는 것을 말한다. 따라서 표본수를 증가시켜도 이 오류를 감소시키거나 제거할 수 없다.

답 ②

04. 생물학적 모니터링과 역학조사

예상 13 ▪ 기사 : 01,05,13,18

독성실험 단계에 있어 제1단계(동물에 대한 급성노출시험)에 관한 내용과 가장 거리가 먼 것은?

① 생식독성과 최기형성 독성실험을 한다.
② 눈과 피부에 대한 자극성실험을 한다.
③ 변이원성에 대하여 1차적인 스크리닝실험을 한다.
④ 치사성과 기관장애에 대한 양-반응곡선을 작성한다.

해설 생식독성과 최기형성 독성실험은 만성폭로시험 항목이다. 제1단계 동물에 대한 급성폭로시험은 ②, ③,④항 3개 항목이다. **답** ①

예상 14 ▪ 기사 : 00,07,11,12②,13

다음 중 유해물질이 인체에 미치는 유해성(건강영향)을 좌우하는 인자로 그 영향이 가장 적은 것은?

① 유해물질의 밀도
② 유해물질의 노출시간
③ 개인의 감수성
④ 호흡량

해설 유해물질이 인체에 미치는 영향을 결정하는 인자는 인체 침입경로, 유해물질의 독성과 유해화학물질의 물리화학적 성상, 폭로농도, 폭로시간, 개인의 감수성, 작업강도(호흡량), 기상조건(습도, 바람 등) 등이다. **답** ①

유.사.문.제

01 크롬에 노출되지 않은 집단에서의 질병발생률은 1.0이었고, 노출된 집단에서의 질병발생률은 1.2였다. 다음 중 이에 대한 설명으로 틀린 것은? [09 기사]

① 이 유해물질에 대한 상대위험도는 0.8이다.
② 이 유해물질에 대한 상대위험도는 1.2이다.
③ 노출집단에서 위험도가 더 큰 것으로 나타났다.
④ 노출되지 않은 집단에서 위험도가 더 작은 것으로 나타났다.

hint 상대위험도(RR, Relative Risk)는 비노출군 발생률을 기준한 노출군의 발생률이므로 상대위험도는 1.2/1.0=1.2가 된다.

02 구리의 독성에 대한 인체실험 결과, 안전흡수량이 체중 kg당 0.008mg이었다. 1일 8시간 작업 시의 허용농도는 약 몇 mg/m³인가? (단, 근로자 평균체중은 70kg, 작업 시의 폐환기율은 1.45m³/hr로 가정한다.) [08,09②,11 기사]

① 0.035
② 0.048
③ 0.056
④ 0.064

hint 체내 흡수량(mg/kg) = $\dfrac{C \times T \times V \times R}{BW}$

$\Rightarrow 0.08 \text{ mg/kg} = \dfrac{C \times 8 \times 1.45 \times 1.0}{70}$

$\therefore C(=$ 공기 중 농도$) = 0.048 \text{ mg/m}^3$

정답 01.① 02.②

PART 4 산업독성학

종합연습문제

01 역학연구의 계통적 오류를 발생시키는 편견의 종류와 가장 거리가 먼 것은? [05,07 기사]

① 선택편견
② 정보편견
③ 인적편견
④ 혼란편견

hint 인적편견(人的偏見)은 분석역학의 계통적 오류를 발생시키는 요인과 거리가 멀다. 역학연구에서 가장 일반적으로 발생되는 대표적인 계통적 오류는 선택편견이다. 선택편견은 연구집단으로 선택되는 집단과 선택되지 않은 집단 간의 특성에서 나타나는 계통적 차이로 발생하는 오류이다.

02 다음 중 화학물질의 독성시험을 수행할 때 고려해야 할 사항과 가장 거리가 먼 것은? [12 기사]

① 실험동물(생물체)의 선정
② 시험대상 독성물질의 선정
③ 독성시험 시설의 배수성 여부
④ 모니터하거나 측정할 최종점(end point) 선정

hint 화학물질의 독성시험을 수행할 때 고려해야 할 사항은 시험동물 선정, 시험대상 독성물질의 선정, 시험방법 결정, 동태시험, 시험기간, 모니터하거나 측정할 최종점(end point) 선정 등이다.

03 다음 중 독성물질의 생체내 변환에 관한 설명으로 틀린 것은? [15 기사]

① 생체내 변환은 독성물질이나 약물의 제거에 대한 첫 번째 기전이며, 1상 반응과 2상 반응으로 구분한다.
② 1상 반응은 산화, 환원, 가수분해 등의 과정을 통해 이루어진다.
③ 2상 반응은 1상 반응이 불가능한 물질에 대한 추가적 축합반응이다.
④ 생체변화의 기전은 기존의 화합물보다 인체에서 제거하기 쉬운 대사물질로 변화시키는 것이다.

hint 2상 반응은 제1상 반응을 거친 물질을 더욱 수용성으로 하여 배설되기 좋게 하거나 글리신, 황산 등과 결합하여 무해한 물질이 되는 포합반응(抱合反應)이다.

04 독성실험 단계 중 제2단계(동물에 대한 만성 폭로 시험)에 관한 내용과 가장 거리가 먼 것은? [00,04 기사]

① 행동 특성을 실험한다.
② 장기(臟器) 독성실험을 한다.
③ 변이원성에 대하여 2차적인 스크리닝 실험을 한다.
④ 치사성과 중독성 장해에 대한 반응곡선을 작성한다.

hint 치사성과 중독장해에 대한 양-반응곡선을 작성하는 것은 제1단계에 관한 사항이다.

05 다음 중 급성독성 시험에서 얻을 수 있는 일반적인 정보로 볼 수 있는 것은? [04,11 기사]

① 치사율
② 눈, 피부에 대한 자극성
③ 생식영향과 산아장애
④ 독성무관찰용량(NOEL)

hint 급성독성 시험에서 얻을 수 있는 일반적인 정보는 자극성(눈, 피부, 호흡기 등), 과민반응, 변이원성 등이다. 한편, 아만성독성 시험에서 얻을 수 있는 일반적인 정보는 발암성을 제외한 거의 모든 독성에 관한 정보와 만성독성 시험을 위한 투여량 결정(독성무관찰용량, NOEL)이며, 만성독성 시험에서 얻을 수 있는 일반적인 정보는 발암성, 기형발생 및 생식독성 등이다.

06 다음 중 유병률(P)은 10% 이하이고, 발생률(I)과 평균이환기간(D)이 시간경과에 따라 일정하다고 할 때, 다음 중 유병률과 발생률 사이의 관계로 옳은 것은? [04,15 기사]

① $P = \dfrac{I}{D^2}$
② $P = \dfrac{I}{D}$
③ $P = I \times D^2$
④ $P = I \times D$

hint 유병률(有病率, prevalence rate)은 어떤 특정시점에서 연구집단내에 존재한 사례의 비례적인 분율(%)이다. 따라서 발생률과 평균이환기간이 시간경과에 따라 일정하다고 할 경우, 유병률은 발생률과 이환율의 곱으로 산정할 수 있다.

정답 ▍ 01.③ 02.③ 03.③ 04.④ 05.② 06.④

예상 15
▪ 기사 : 01,06,12

산업역학 연구에서 원인(유해인자에 대한 노출)과 결과(건강상의 장애 또는 직업병 발생)의 연관성을 확정짓기 위해서 충족되어야 하는 조건으로 틀린 것은?

① 원인과 질병 사이의 연관성의 강도
② 질병이 요인보다 먼저 나타나야 하는 시간적 속발성
③ 요인에 많이 노출될수록 질병발생이 증가되는 양-반응관계
④ 특정요인이 특정질병을 유발하는 특이성

[해설] 원인과 결과의 연관성을 확정짓기 위해서 충족되어야 하는 조건 중에서 질병이 요인보다 먼저 나타나야 하는 것이 아니라 요인이 질병보다 먼저 나타나야 하는 시간적 속발성이어야 한다. 시간적 속발성은 원인이 질병보다 선행하는 것을 밝히는 것이다. 역학조사방법 중 단면연구(cross-sectional study)에서는 위해성의 척도가 존재하지 않으므로 인과관계를 추정할 수 없으며, 사례(환자)-대조군 연구(case-control study)에서 편견(偏見)은 시간적 속발성을 왜곡시킬 수 있다. **[답]** ②

예상 16
▪ 기사 : 09,11,17

벤젠에 노출되는 근로자 10명이 6개월 동안 근무하였고, 5명이 2년 동안 근무하였을 경우 노출인년(person-years of exposure)은 얼마인가?

① 10　　　　② 15
③ 20　　　　④ 25

[해설] 노출인년(person-years of exposure)은 연간 노출된 근로자의 수를 말하므로 다음과 같이 산출한다.

〈계산〉 노출인년 = 노출자(근무자)의 수 × 연간 근무시간

∴ 노출인년 = $10\text{인} \times \dfrac{6\text{월}}{12\text{월/year}} + 5\text{인} \times \dfrac{24\text{월}}{12\text{월/year}} = 15\text{인} \cdot \text{year}$　　**[답]** ②

실기문제(2차)

1 이론형 쓰기문제

01 □ 기사 : 00,02,06,12,15
□ 산업 : 01,07,08,10②,17② 평점 6

화학물질이 2종 이상 혼재하는 경우, 건강에 미치는 영향을 각 화학물질간 상호작용에 따라 다르게 나타난다. 이와 같이 2가지 이상 화학물질 상호간의 작용의 종류를 4가지 쓰고, 간단히 설명하시오.

[해설] 다음의 "답안 작성" 부분만 답안지에 기재하면 된다.

관련 이론 및 개념

■ **유해물질의 상호작용**
- **상가작용** : 둘 이상의 유해물질 조합으로 개별적 독성을 합산한 것과 같은 독성을 미치는 경우
  ❖ 2+3 → 5
- **길항작용** : 어떤 화학물질에 대한 노출이 다른 화학물질의 작용을 감소시키는 결과를 가져올 때
  ❖ 2+3 → 0.5
- **가승작용** : 독성작용이 없는 화학물질이 다른 화학물질의 독성을 더욱 유독하게 만들 때
  ❖ 0+2 → 5
- **상승작용** : 어떤 화학물질에 대한 노출이 다른 화학물질의 작용을 극적으로 증가시킬 때
  ❖ 0.5+1 → 10

답안 작성

① 상가작용 : 개별적 독성을 합산한 것과 같은 독성을 미치는 작용(2+3 → 5)
② 길항작용 : 화학물질의 작용을 감소시키는 결과를 가져오는 작용(2+3 → 0.5)
③ 가승작용 : 독성작용이 없는 화학물질이 화학물질의 독성을 더욱 유독하게 만드는 작용(0+2 → 5)
④ 상승작용 : 화학물질의 작용을 극적으로 증가시키는 작용(0.5+1 → 10)

이론형 쓰기문제

01 인체내 방어기전 중 대식세포의 기능에 손상을 주는 물질 3가지를 쓰시오. [17 산업]

> answer

① 타르 등 미세입자상 물질
② 석면, 유리섬유
③ 유해가스 및 독성물질

02 유해물질의 독성을 결정하는 인자 4가지를 쓰시오. [02,07 기사]

> answer

① 인체 침입경로
② 유해화학물질의 물리화학적 성상
③ 폭로농도
④ 폭로시간

이론형 쓰기문제

01 화학물질의 상호작용 중 길항작용의 종류 3가지를 쓰시오. (단, 화학적 길항작용 외의 종류)
[06,09,11 산업][00,06,13 기사]

answer

① 기능적 길항작용 : 서로 반대되는 생리적 기능을 갖는 관계에 의해 독성이 감소
② 배분적 길항작용 : 흡수, 생체전환, 배설 등의 변화에 따른 독성 감소
③ 수용체 길항작용 : 두 물질이 경쟁관계를 일으켜 독성이 감소

02 생물학적 모니터링을 위한 생체시료에 주로 이용되는 것을 3가지 쓰시오. [08,16 기사]

answer

① 혈액
② 뇨
③ 호기

03 생물학적 모니터링 생체시료를 이용할 때, 호기(exhaled air)를 잘 사용하지 않는 이유 2가지를 쓰시오. [10 산업][16 기사]

answer

① 호기 중 농도는 시간에 따라 급속히 변함
② 호기 중의 유해인자나 대사산물은 개인차가 큼

04 생물학적 모니터링에서 벤젠 및 톨루엔의 뇨 중 대사산물을 쓰시오. [01,08 기사]

answer

① 벤젠 : 소변 중 페놀 또는 뮤콘산
② 톨루엔 : 소변 중 마뇨산

05 무색의 방향성을 가지는 액체로 분자량은 약 92이고, 인화·폭발의 위험성이 있으며, 인체에 흡수될 경우 대사산물로 소변을 통하여 마뇨산으로 되어 배출되는 물질은?
[02,09,18 산업][01,08,15 기사]

answer

톨루엔

06 생물학적 모니터링에 대한 내용에서 ( ) 안에 알맞은 용어를 써 넣으시오. [02,09,14,17 산업]

물질명	생물학적 검체대상	결정인자 (대사산물)	시료 채취시간
아세톤	(①)	아세톤	작업종료 시
카드뮴	혈액	(②)	중요하지 않음
일산화탄소	(③)	일산화탄소	(④)
클로로벤젠	소변	(⑤)	작업종료 시
6가 크롬	소변	크롬	(⑥)

answer

① 아세톤 : 소변
② 카드뮴 : 카드뮴
③ CO : 호기 중
④ 작업종료 시
⑤ 클로로벤젠 : 4-chlorocatechol
⑥ 크롬 : 주말 작업종료 시

07 다음은 생물학적 모니터링에 대한 설명이다. 이 중 잘못된 항을 바르게 고쳐쓰시오. [13 기사]

① 생물학적 모니터링은 혈액, 뇨, 모발, 손톱, 생체조직 또는 체액 중의 유해물질의 양을 측정, 조사한다.
② 개인시료 결과보다 측정결과를 해석하기가 간편하고 쉽다.
③ 개인의 작업 특성, 습관 등에 따른 노출의 차이는 평가할 수 없다.
④ 인체에 흡수된 내재용량이나 중요한 조직 부위에 영향을 미치는 양을 모니터링할 수 있다.

answer

② 개인시료 결과보다 측정결과를 해석하기가 복잡하고 어렵다.
③ 개인의 작업 특성, 습관 등에 따른 노출의 차이도 평가할 수 있다.

이론형 쓰기문제

01 유해·위험성 평가 실시 순서(4단계)를 쓰시오. [14 기사]

answer

① 유해성 확인
② 유성평가(용량-반응 평가)
③ 독성평가(노출 평가)
④ 위해도 결정

02 흄(fume)의 생성기전 3단계를 쓰시오. [14 기사]

answer

① 1단계 : 금속의 증기화
② 2단계 : 증기의 산화
③ 3단계 : 산화물의 응축

03 다음 ( ) 안에 알맞은 용어를 쓰시오. [16 기사]

> 가스상 물질은 ( )정도에 따라 인체에 영향을 미치는 부분이 달라진다. SO_2는 주로 상기도에 영향을 미치는 반면, 오존이나 이황화탄소는 주로 폐포에 침착되어 영향을 미친다.

answer

물에 용해성

04 국제암연구회(IARC)의 발암물질 구분 그룹의 정의에 대해 쓰시오. [02,08,09②,14 기사]

answer

① 1 : 인체에 대한 발암성 확인물질
② 2A : 인체에 대한 발암 가능성이 높은 물질
③ 2B : 인체에 대한 발암 가능성이 있는 물질
④ 3 : 자료의 불충분으로 인체 발암물질로 분류되지 않은 물질
⑤ 4 : 인체에 발암성이 없는 물질

05 곤충 및 동물매개 감염병에 의한 건강장애 예방대책 4가지를 쓰시오. [18 기사]

answer

① 멸균되지 않은 음식물 섭취 금지
② 작업 시 손발 등에 상처 유무 확인
③ 긴 바지 및 소매옷, 장화, 장갑 등 보호구 착용
④ 감염병 발생우려장소에서는 음식물 섭취 제한

06 다음은 독성물질 A와 B에 대하여 동물실험을 한 결과이다. 농도에 따른 독성의 강도를 평가하시오. [19 기사]

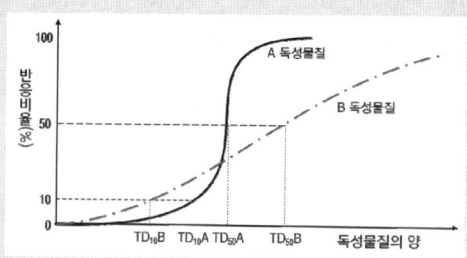

answer

저농도에서는 독성물질 B가 A에 비하여 상대적으로 독성이 강하고, 고농도로 갈수록 A독성물질의 독성이 B독성물질보다 상대적으로 강해진다.

07 유해물질의 독성을 결정하는 인자 5가지를 쓰시오. [19 기사]

answer

① 침투경로(혈관, 소화기관, 호흡기, 피부 등)
② 유해물질의 물리화학적 성상(지용성, 수용성 등)
③ 노출농도·상호작용
④ 노출시간(총노출시간, 연속적·간헐적 노출)
⑤ 개인적 요소(성별, 연령, 인종, 유전성 등)

2 필답형 계산문제

01 □ 기사 : 00, 02, 07, 09, 13, 16 평점 6

석면을 취급하는 작업장에서 환자-대조군 간의 폐암발생에 대한 연구결과이다. 상대위험비를 구하고, 그 의미를 기술하시오.

구 분	환자군	대조군
노출	3	15
비노출	1	18

[해설] 관련 이론 및 개념중심으로 학습해 두고, 답안은 다음의 "답안 작성" 부분만 답안지에 기재하면 된다.

관련 이론 및 개념

■ 위험도 관련 계산공식

구 분	질병 발생	발생 않음	합계
유해인자에 노출	a	b	$a+b$
노출되지 않았음	c	d	$c+d$

- 상대위험도
  - ❖ $RR = \dfrac{a/(a+b)}{c/(c+d)}$
  - ※ RR이 1보다 크면 위험도 높음

- 기여위험도
  - ❖ $AR = \dfrac{a}{a+b} - \dfrac{c}{a+d}$

- 교차비
  - ❖ $OR = \dfrac{(a/c)}{(b/d)} = \dfrac{ad}{bc}$
  - ※ OR이 1보다 크면 노출요인이 질병을 증가

■ 체내 흡수량 관련 계산 공식
  - ❖ 흡수량(mg/kg) = $\dfrac{C \times T \times V \times R}{BW}$

■ 안전폭로량 관련 계산 공식
  - ❖ $SHD = \dfrac{ThDo \times 70}{SF}$
  - ❖ SHD = 체내 흡수량(안전용량)×BW

답안 작성

〈계산〉 상대위험도(RR) = $\dfrac{\text{노출군 발생률}}{\text{비노출군 발생률}}$

∴ $RR = \dfrac{a/(a+b)}{c/(c+d)} = \dfrac{3/(3+15)}{1/(1+18)} = 3.17$

∴ RR > 1.0이므로 폐암발생 위험이 높음(비노출군에 비해 3.17배 높음)

여기서,
- C : 공기 중 농도(mg/m³, 안전농도)
- T : 폭로시간(hr, 통상 8시간 적용)
- V : 개인의 호흡률(m³/hr)
- R : 폐에서 흡수되는 율
- BW : 몸무게(kg)

여기서,
- SHD : 안전폭로량(mg/day)
- ThDo : 독성물질의 한계치(mg/kg·day)
- 70 : 일반사람의 평균체중(kg)
- SF : 안전인자(일반적으로 10~100)
- BW : 몸무게(남자 70kg, 여자 60kg 적용)

4 산업독성학 [실기]

필답형 계산문제

01 다음 조건에서의 기여위험도를 계산하시오. [15 기사]

- 노출군에서 질병 발생률 : 10/100
- 비노출군에서 질병 발생률 : 1/100

answer

기여위험도는 노출군의 질병발생률에서 비노출군의 질병발생률을 뺀 값이다.

〈계산〉 $AR = \dfrac{10}{100} - \dfrac{1}{100} = 0.09$

02 다음은 위상차현미경을 이용하여 석면시료를 분석한 결과이다. 석면의 농도(개/cc)를 구하시오. (단, 개수면적은 $0.00785mm^2$) [16 기사]

- 측정시료 1시야당 3.1개
- 공시료 1시야당 0.05개
- 사용 여과지의 유효직경 22.14mm
- 시료채취유량 2.4L/min로 1.5시간 채취

answer

농도(개/cc) = $\dfrac{석면개수}{시료량}$

□ 개수 = $\dfrac{(3.1-0.05)개}{시야} \times \dfrac{시야}{0.00785mm^2}$
$\times \dfrac{3.14 \times (22.14)^2}{4}(mm^2)$
= 149,504.778 개

□ 시료량 = $\dfrac{2.4L}{min} \times 1.5 \times 60\,min \times \dfrac{10^3 cc}{L}$
= 216,000 cc

∴ 농도 = $\dfrac{149,504.778}{216,000}$ = 0.69 개/cc

03 테트라클로로에틸렌농도가 22.5ppm인 작업장에서 체중 70kg인 근로자가 호흡률 $1.47m^3/hr$인 중노동 2시간, 호흡률 $0.98m^3/hr$인 경노동을 6시간동안 진행하면서 테트라클로로에틸렌에 노출되었다. 작업자의 하루 폭로량(mg/kg)을 구하시오. (단, 테트라클로로에틸렌의 폐흡수율 75%, TLV-TWA 25ppm, 분자량 165.80, 온도 25℃) [17 산업]

answer

체내 흡수량(mg/kg · 체중) = $\dfrac{C \cdot T \cdot V \cdot R}{BW}$

□ $C(mg/m^3) = 22.5\,ppm \times \dfrac{165.80}{24.45}$
= $152.58\,mg/m^3$

□ 흡수량 $\begin{cases} 경노동: 152.58 \times 6 \times 0.98 \times 0.75 \\ \quad = 672.88\,mg \\ 중노동: 152.58 \times 2 \times 1.47 \times 0.75 \\ \quad = 336.44\,mg \end{cases}$

∴ $A_D = \dfrac{672.88 + 336.44}{70}$ = 14.42 mg/kg

04 다음 조사자료를 토대로 근로자의 조사년한을 노출인년으로 환산하시오. [13,19 기사]

- 3개월 동안 노출농도를 조사한 사람의 수 : 8명
- 3년 동안 노출농도를 조사한 사람의 수 : 10명

answer

노출인년 = 노출자수 × 연간 근무시간

∴ 노출인년 = $8인 \times \dfrac{3월}{12월/년}$
$+ 10인 \times \dfrac{3 \times 12월}{12월/년}$
= 32인 · 년

부록

과년도 출제문제

- 산업위생관리기사 · 산업기사(2018. 8. 19 시행)
- 산업위생관리기사 · 산업기사(2019. 3. 3 시행)
- 산업위생관리기사 · 산업기사(2019. 4. 27 시행)
- 산업위생관리기사 · 산업기사(2019. 8. 4 시행)
- 산업위생관리기사 · 산업기사(2020. 6. 6 시행)
- 산업위생관리기사 · 산업기사(2020. 8. 22 시행)
- 산업위생관리기사(2020. 9. 26 시행)
- 산업위생관리기사(2021. 3. 7 시행)
- 산업위생관리기사(2021. 5. 15 시행)
- 산업위생관리기사(2021. 8. 14 시행)
- 산업위생관리기사(2022. 3. 15 시행)
- 산업위생관리기사(2022. 4. 24 시행)

2018 제3회 산업위생관리(기사)

2018. 8. 19 시행

제1과목 산업위생학 개론

01 작업장에서 누적된 스트레스를 개인차원에서 관리하는 방법에 대한 설명으로 틀린 것은?
① 신체검사를 통하여 스트레스성 질환을 평가한다.
② 자신의 한계와 문제의 징후를 인식하여 해결방안을 도출한다.
③ 명상, 요가, 선(禪) 등의 긴장이완 훈련을 통하여 생리적 휴식상태를 점검한다.
④ 규칙적인 운동을 피하고, 직무외적인 취미, 휴식, 즐거운 활동 등에 참여하여 대처능력을 함양한다.

[해설] 누적된 스트레스를 개인차원에서 관리하기 위해서는 규칙적인 운동을 하고, 직무 외적인 취미, 휴식 등에 참여하여 대처능력을 함양하는 것이 바람직하다.

02 중대재해 또는 산업재해가 다발하는 사업장을 대상으로 유사사례를 감소시켜 관리하기 위하여 잠재적 위험성의 발견과 그 개선대책의 수립을 목적으로 고용노동부장관이 지정하는 자가 실시하는 조사·평가를 무엇이라 하는가?
① 안전·보건진단
② 사업장 역학조사
③ 안전·위생진단
④ 유해·위험성 평가

[해설] 안전·보건진단이란 산업재해를 예방하기 위하여 잠재적 위험성을 발견하고 그 개선대책을 수립할 목적으로 고용노동부장관이 지정하는 자가 하는 조사·평가를 말한다.

03 상시근로자수가 100명인 A사업장의 연간 재해발생건수가 15건이다. 이때의 사상자가 20명 발생하였다면 이 사업장의 도수율은 약 얼마인가? (단, 근로자는 1인당 연간 2,220시간을 근무하였다.)
① 68.18
② 90.91
③ 150.00
④ 200.00

[해설] 도수율 $= \dfrac{재해건수}{연근로시간수} \times 10^6$
$= \dfrac{15}{2,200 \times 100} \times 10^6 = 68.18$

04 사무실 등 실내환경의 공기질 개선에 관한 설명으로 틀린 것은?
① 실내 오염원을 감소한다.
② 방출되는 물질이 없거나 매우 낮은(기준에 적합한) 건축자재를 사용한다.
③ 실외 공기의 상태와 상관없이 창문 개폐횟수를 증가하여 실외 공기의 유입을 통한 환기개선이 될 수 있도록 한다.
④ 단기적 방법은 베이크 아웃(bake-out)으로 새 건물에 입주하기 전에 보일러 등으로 실내를 가열하여 각종 유해물질이 빨리 나오도록 한 후 이를 충분히 환기시킨다.

[해설] 실외 공기의 상태에 따라 창문 개폐횟수를 조절하여야 한다.

05 1800년대 산업보건에 관한 법률로서 실제로 효과를 거둔 영국의 공장법의 내용과 거리가 가장 먼 것은?
① 감독관을 임명하여 공장을 감독한다.
② 근로자에게 교육을 시키도록 의무화한다.

정답 01.④ 02.① 03.① 04.③ 05.④

③ 18세 미만 근로자의 야간작업을 금지한다.
④ 작업할 수 있는 연령을 8세 이상으로 제한한다.

[해설] 영국의 공장법(1833년)은 작업할 수 있는 연령을 13세 이상으로 제한하였다.

06 육체적 작업능력(PWC)이 16kcal/min인 근로자가 1일 8시간 동안 물체를 운반하고 있고, 이때의 작업대사량은 9kcal/min이며, 휴식 시의 대사량은 1.5kcal/min이다. 적정 휴식시간과 작업시간으로 가장 적합한 것은?

① 매 시간당 25분 휴식, 35분 작업
② 매 시간당 29분 휴식, 31분 작업
③ 매 시간당 35분 휴식, 25분 작업
④ 매 시간당 39분 휴식, 21분 작업

[해설] $T_{ep}(\%) = \dfrac{PWC_o - M_t}{M_r - M_t} \times 100$

$\begin{cases} PWC_o = 16 \times 1/3 = 5.33 \text{ kcal/min} \\ M_r : \text{휴식대사량} = 1.5 \text{kcal/min} \\ M_t : \text{작업대사량} = 9 \text{kcal/min} \end{cases}$

$\Rightarrow T_{ep}(\%) = \dfrac{5.33 - 9}{1.5 - 9} \times 100 = 48.89\%$

∴ 휴식시간 = 1hr × 0.4889 × 60min/hr = 29.33min
∴ 작업시간 = 60 − 29.33 = 30.67min

07 실내 공기오염과 가장 관계가 적은 인체 내의 증상은?

① 광과민증(photosensitization)
② 빌딩증후군(sick building syndrome)
③ 건물관련 질병(building related disease)
④ 복합화합물질민감증(multiple chemical sensitivity)

[해설] 광과민증(光線過敏症)은 실내 공기오염과 거리가 멀다. 광과민증은 피부의 MED(최소홍반량) 이하의 광선조사로 피부에 홍반, 수포, 색소침착 등의 증상을 보이는 것을 말한다.

08 국소피로를 평가하기 위하여 근전도(EMG) 검사를 실시하였다. 피로한 근육에서 측정된 현상을 설명한 것으로 맞는 것은?

① 총 전압의 증가
② 평균주파수 영역에서 힘(전압)의 증가
③ 저주파수(0~40Hz) 영역에서 힘(전압)의 감소
④ 고주파수(40~200Hz) 영역에서 힘(전압)의 증가

[해설] 국소피로 시 정상근육과 비교한 근전도(EMG)는 저주파수, 총 전압영역의 힘은 증가하며, 평균주파수, 고주파수 영역의 힘은 감소하는 특징이 있다.

09 다음은 A전철역에서 측정한 오존의 농도이다. 기하평균농도는 약 몇 ppm인가? (단, 단위는 ppm이다.)

| 4.42 | 5.58 | 1.26 | 0.57 | 5.82 |

① 2.07 ② 2.21
③ 2.53 ④ 2.74

[해설] $GM = \sqrt[n]{X_1 \times X_2 \times \cdots \times X_n}$
$= \sqrt[5]{4.42 \times 5.58 \times 1.26 \times 0.57 \times 5.82} = 2.53$

10 다음 중 정상 작업영역에 대한 설명으로 맞는 것은?

① 두 다리를 뻗어 닿는 범위이다.
② 손목이 닿을 수 있는 범위이다.
③ 전박(前膊)과 손으로 조작할 수 있는 범위이다.
④ 상지(上肢)와 하지(下肢)를 곧게 뻗어 닿는 범위이다.

[해설] 정상 작업영역은 전박(前膊)과 손으로 조작할 수 있는 범위(약 34~45cm의 범위)이다.

11 산업피로의 예방대책으로 틀린 것은?

① 작업과정에 따라 적절한 휴식을 삽입한다.
② 불필요한 동작을 피하여 에너지소모를 적게 한다.
③ 충분한 수면은 피로회복에 대한 최적의 대책이다.
④ 작업시간 중 또는 작업 전·후의 휴식시간을 이용하여 축구, 농구 등의 운동시간을 삽입한다.

[해설] 휴식시간에 축구, 농구 등의 운동시간을 갖는 것보다 영양을 보충하거나 간단한 체조나 오락시간을 갖는 것이 바람직하다.

12 다음 중 산업재해 보상에 관한 설명으로 틀린 것은?

① 업무상의 재해란 업무상의 사유에 따른 근로자의 부상·질병·장애 또는 사망을 의미한다.
② 유족이란 사망한 자의 손자녀·조부모 또는 형제자매를 제외한 가족의 기본구성인 배우자·자녀·부모를 의미한다.
③ 장애란 부상 또는 질병이 치유되었으나 정신적 또는 육체적 훼손으로 인하여 노동능력이 상실되거나 감소된 상태를 의미한다.
④ 치유란 부상 또는 질병이 완치되거나 치료의 효과를 더 이상 기대할 수 없고 그 증상이 고정된 상태에 이르게 된 것을 의미한다.

[해설] 유족이란 사망한 자의 배우자(사실상 혼인 관계에 있는 자를 포함)·자녀·부모·손자녀·조부모 또는 형제자매를 말한다.

13 신체적 결함과 그 원인이 되는 작업이 가장 적합하게 연결된 것은?

① 평발-VDT 작업
② 진폐증-고압, 저압환경 작업
③ 중추신경 장애-광산작업
④ 경견완증후군-타이핑작업

[해설] 경견완증후군은 장시간 일정한 자세로 상지를 반복하여 과도하게 사용하는 노동으로 발생하는 직업성 건강장해로 경견완장해라고도 한다. 유발 직종은 키펀치, 전화교환, 타이핑, 금전등록 계산, 일관조립작업 등이다. 평발(편평족)-과체중, 부적합한 신발, 장시간 서서 하는 작업, 진폐증-광산작업, 중추신경계 장애-벤젠, CS₂ 등 취급작업과 관련있다.

14 작업자의 최대작업영역이란 무엇인가?

① 하지(下肢)를 뻗어서 닿는 작업영역
② 상지(上肢)를 뻗어서 닿는 작업영역
③ 전박(前膊)을 뻗어서 닿는 작업영역
④ 후박(後膊)을 뻗어서 닿는 작업영역

[해설] 최대작업영역(maximum working area)이란 작업자가 작업할 때 상지(上肢)를 뻗어 도달하는 최대범위에 해당한다.

15 산업안전보건법령에 따라 작업환경 측정방법에 있어 동일 작업근로자수가 100명을 초과하는 경우 최대시료채취 근로자수는 몇 명으로 조정할 수 있는가?

① 10명
② 15명
③ 20명
④ 50명

[해설] 동일 작업근로자수가 100명을 초과하는 경우에는 최대시료채취 근로자수를 20명으로 조정할 수 있다.

16 미국산업위생학회 등에서 산업위생전문가들이 지켜야 할 윤리강령을 채택한 바 있는데, 전문가로서의 책임에 해당하는 것은?

① 일반 대중에 관한 사항은 정직하게 발표한다.
② 성실성과 학문적 실력 면에서 최고수준을 유지한다.
③ 위험요소와 예방조치에 관하여 근로자와 상담한다.
④ 신뢰를 존중하여 정직하게 권고하고, 결과와 개선점을 정확히 보고한다.

[해설] 산업위생전문가로서 지켜야 할 책임은 다음과 같다.
• 성실성과 학문적 실력 면에서 최고수준을 유지한다.
• 전문분야로서의 산업위생을 학문적으로 발전시킨다.
• 전문가 판단이 타협에 의하여 좌우될 수 있는 상황에는 개입하지 않는다.
• 근로자, 사회 및 전문 직종의 이익을 위해 과학적 지식을 공개하고 발표한다.
• 과학적방법의 적용과 자료의 해석에서 객관성을 유지한다.
• 기업체의 기밀은 누설하지 않는다.

정답 12.② 13.④ 14.② 15.③ 16.②

17 여러 기관이나 단체 중에서 산업위생과 관계가 가장 먼 기관은?

① EPA   ② ACGIH
③ BOHS   ④ KOSHA

해설 EPA는 미국환경보호청으로 산업위생과 관련된정보를 얻을 수 있는 기관과 관계가 멀다.
② ACGIH : 미국정부산업위생전문가협의회
③ BOHS : 영국산업위생학회
④ KOSHA : 안전보건공단

18 사업주가 관계 근로자 외에는 출입을 금지시키고 그 뜻을 보기 쉬운장소에 게시하여야 하는 작업장소가 아닌 것은?

① 산소의 농도가 18% 미만인 장소
② 탄산가스의 농도가 1.5%를 초과하는 장소
③ 일산화탄소의 농도가 30ppm을 초과하는 장소
④ 황화수소의 농도가 100만분의 1을 초과하는 장소

해설 적정한 공기가 존재하지 않는 곳에 관계 근로자 외에 출입금지 게시를 하여야 한다. 적정한 공기는 산소농도 18% 이상 23.5% 미만, 탄산가스 농도 1.5% 미만, 황화수소농도가 10ppm 미만 수준의 공기이다. 100만분의 1은 1ppm이다.

19 직업병의 진단 또는 판단 시 유해요인 노출내용과 정도에 대한 평가가 반드시 이루어져야 한다. 이와 관련한 사항과 가장 거리가 먼 것은?

① 작업환경 측정   ② 과거 직업력
③ 생물학적 모니터링   ④ 노출의 추정

해설 과거의 질병 유무는 유해요인 노출내용과 정도에 대한 평가 보다는 직업성 질환을 인정할 때 고려사항이다.

20 요통이 발생되는 원인 중 작업동작에 의한 것이 아닌 것은?

① 작업자세의 불량
② 일정한 자세의 지속
③ 정적인 작업으로 전환
④ 체력의 과신에 따른 무리

해설 요통유발 가능성이 높은 직종에 종사하는 작업자가 정적인 작업으로 전환하는 것은 요통예방에 도움이 된다. 요통유발 가능성이 높은 작업유형은 다음과 같다.
• 중량물 들기·밀기, 당기는 동작이 반복되는 작업
• 허리를 과도하게 굽히거나 젖히거나 비트는 자세가 반복되는 작업
• 과도한 전신진동에 장시간 노출되는 작업
• 지속적으로 서 있거나 앉아 있는 자세로 근육 긴장을 초래하는 작업
• 허리부위에 과도한 부담을 초래하는 자세나 동작이 하나 이상 존재하는 작업

제2과목   작업위생측정 및 평가

21 태양광선이 내리 쬐는 옥외작업장에서 온도가 다음과 같을 때, 습구흑구온도지수는 약 몇 ℃인가? (단, 고용노동부고시를 기준)

• 건구온도 : 30℃
• 흑구온도 : 32℃
• 자연습구온도 : 28℃

① 27   ② 28
③ 29   ④ 31

해설 WBGT = (0.7×자연습구)+(0.2×흑구)+(0.1×건구)
∴ WBGT = (0.7×28)+(0.2×32)+(0.1×30)
      = 29℃

22 다음 1차 표준기구 중 일반적인 사용범위가 10~500mL/min이고, 정확도가 ±0.05~0.25%로 높아 실험실에서 주로 사용하는 것은 어느 것인가?

① 폐활량계   ② 가스치환병
③ 건식 가스미터   ④ 습식 테스트미터

해설 1차 표준기구에는 가스치환병, 비누거품미터, 폐활량계(스피로미터), 피토튜브, 흑연 피스톤미터, 유리 피스톤미터 등이 있다. 이 중에서 가스치환병은 정확도가 높아 주로 실험실에서 사용되고 있다.

정답 17.① 18.④ 19.② 20.③ 21.③ 22.②

23 다음 중 고열장애와 가장 거리가 먼 것은?
① 열사병   ② 열경련
③ 열호족   ④ 열발진

해설 고열장애에는 열사병, 열실신(열허탈), 열경련, 열탈진, 열피로, 열발진 등이 있다.

24 수은의 노출기준이 0.05mg/m³이고 증기압이 0.0018mmHg인 경우, VHR(Vapor Hazard Ratio)는 약 얼마인가? (단, 25℃, 1기압 기준이며, 수은 원자량은 200.59이다.)
① 306   ② 321
③ 354   ④ 389

해설 $VHR = \dfrac{C_p}{TLV}$
$= \dfrac{(0.0018/760) \times 10^6}{0.05 \times (24.45/200.59)}$
$= 388.61$

25 6가 크롬 시료채취에 가장 적합한 것은?
① 밀리포어 여과지
② 증류수를 넣은 버블러
③ 휴대용 IR
④ PVC막 여과지

해설 PVC(Polyvinyl Chloride)막 여과지는 6가 크롬, 아연화합물 등의 무기물질과 유리규산을 채취하는데 많이 사용된다.

26 한 공정에서 음압수준이 75dB인 소음이 발생되는 장비 1대와 81dB인 소음이 발생되는 장비 1대가 각각 설치되어 있을 때, 이 장비들이 동시에 가동되는 경우 발생되는 소음의 음압수준은 약 몇 dB인가?
① 82   ② 84
③ 86   ④ 88

해설 $L(dB) = 10 \log(10^{L_1/10} + 10^{L_2/10})$
$\therefore L(dB) = 10 \log(10^{7.5} + 10^{8.1}) = 81.97 dB$

27 제관공장에서 오염물질 A를 측정한 결과가 다음과 같다면, 노출농도에 대한 설명으로 옳은 것은?

- 오염물질 A의 측정값 : 5.9mg/m³
- 오염물질 A의 노출기준 : 5.0mg/m³
- SAE(시료채취 분석오차) : 0.12

① 허용농도를 초과한다.
② 허용농도를 초과할 가능성이 있다.
③ 허용농도를 초과하지 않는다.
④ 허용농도를 평가할 수 없다.

해설 $LCL = Y - SAE = \left(\dfrac{C}{TLV}\right) - SAE$
$= \left(\dfrac{5.9}{5}\right) - 0.12 = 1.06$
$\therefore LCL \geq 1$이므로 노출기준 초과

28 근로자에게 노출되는 호흡성 먼지를 측정한 결과 다음과 같았다. 이때 기하평균농도는? (단, 단위는 mg/m³이다.)

| 2.4 | 1.9 | 4.5 | 3.5 | 5.0 |

① 3.04   ② 3.24
③ 3.54   ④ 3.74

해설 $GM = \sqrt[n]{X_1 \times X_2 \times \cdots \times X_n}$
$\therefore GM = \sqrt[5]{2.4 \times 1.9 \times 4.5 \times 3.5 \times 5.0} = 3.24 mg/m^3$

29 어떤 작업장에서 액체혼합물이 A가 30%, B가 50%, C가 20%인 중량비로 구성되어 있다면, 이 작업장의 혼합물의 허용농도는 몇 mg/m³인가? (단, 각 물질의 TLV는 A의 경우 1,600mg/m³, B의 경우 720mg/m³, C의 경우 670mg/m³이다.)
① 101   ② 257
③ 847   ④ 1,151

해설 $TLV_m = \dfrac{1}{\dfrac{f_1}{TLV_1} + \dfrac{f_2}{TLV_2} + \cdots + \dfrac{f_n}{TLV_n}}$

$$\therefore \text{TLV}_m = \cfrac{1}{\cfrac{0.3}{1,600}+\cfrac{0.5}{720}+\cfrac{0.2}{670}}$$
$$= 847.13\,\text{mg/m}^3$$

30 작업장에서 5,000ppm의 사염화에틸렌이 공기 중에 함유되었다면 이 작업장 공기의 비중은 얼마인가? (단, 표준기압, 온도이며, 공기의 분자량은 29이고, 사염화에틸렌의 분자량은 166이다.)

① 1.024
② 1.032
③ 1.047
④ 1.054

해설 S_m (혼합공기 비중) $= \cfrac{S_1Q_1+S_2Q_2}{Q_1+Q_2}$

□ 사염화에틸렌 비중 $= \cfrac{166}{29} = 5.724$

□ 순수공기 비중 $= \cfrac{29}{29} = 1.0$

$\therefore S_m = \cfrac{5.724\times 5,000 + 1\times(10^6-5,000)}{10^6} = 1.024$

31 일산화탄소가 0.1m^3가 밀폐된 차고에 방출되었다면, 이때 차고 내 공기 중 일산화탄소의 농도는 몇 ppm인가? (단, 방출 전 차고 내 일산화탄소농도는 0ppm이며, 밀폐된 차고의 체적은 $100,000\text{m}^3$이다.)

① 0.1
② 1
③ 10
④ 100

해설 $C_p = \cfrac{0.1\text{m}^3}{100,000\text{m}^3}\times 10^6 = 1\,\text{ppm}$

32 입자상 물질을 입자의 크기별로 측정하고자 할 때 사용할 수 있는 것은?

① 가스크로마토그래피
② 사이클론
③ 원자발광분석기
④ 직경분립충돌기

해설 직경분립충돌기(cascade impactor)는 입자의 질량 크기 분포를 얻을 수 있는 특징이 있다.

33 작업장 소음수준을 누적소음 노출량 측정기로 측정할 경우 기기 설정으로 옳은 것은? (단, 고용노동부고시를 기준으로 한다.)

① Threshold=80dB, Criteria=90dB, Exchange Rate=5dB
② Threshold=80dB, Criteria=90dB, Exchange Rate=10dB
③ Threshold=90dB, Criteria=80dB, Exchange Rate=10dB
④ Threshold=90dB, Criteria=80dB, Exchange Rate=5dB

해설 누적소음 노출량 측정기로 소음을 측정하는 경우에는 크라이테리어(Criteria)는 90dB, 익스체인지레이트(Exchange Rate)는 5dB, 스레쉬홀드(Threshold)는 80dB로 기기를 설정한다.

34 어느 작업장에 있는 기계의 소음 측정결과가 다음과 같을 때, 이 작업장의 음압레벨 합산은 약 몇 dB인가?

- A : 92dB • B : 90dB • C : 88dB

① 92.3
② 93.7
③ 95.1
④ 98.2

해설 $L(\text{dB}) = 10\log(10^{9.2}+10^{9.0}+10^{8.8})$
$= 95.07\,\text{dB(A)}$

35 다음 중 로터미터에 관한 설명으로 옳지 않은 것은?

① 유량을 측정하는 데 가장 흔히 사용되는 기기이다.
② 바닥으로 갈수록 점점 가늘어지는 수직관과 그 안에서 자유롭게 상하로 움직이는 부자로 이루어져 있다.
③ 관은 유리나 투명 플라스틱으로 되어 있으며 눈금이 새겨져 있다.
④ 최대유량과 최소유량의 비율이 100 : 1 범위이고 대부분 ±0.5% 이내의 정확성을 나타낸다.

정답 30.① 31.② 32.④ 33.① 34.③ 35.④

해설 로터미터의 최대유량과 최소유량의 비율은 10 : 1 범위이고, 5% 이내의 정확성을 나타낸다.

36 측정값이 1, 7, 5, 3, 9일 때, 변이계수는 약 몇 %인가?

① 13
② 63
③ 133
④ 183

해설 변이계수(%) = $\dfrac{\text{표준편차}}{\text{산술평균}} \times 100$

□ 산술평균 = $\dfrac{X_1 + \cdots + X_n}{N}$
= $\dfrac{1+7+5+3+9}{5} = 5$

□ 표준편차 = $\left[\dfrac{\Sigma(X-X_o)^2}{(N)-1}\right]^{1/2}$
= $\left[\dfrac{(1-5)^2 + (7-5)^2 + (5-5)^2 + (3-5)^2 + (9-5)^2}{5-1}\right]^{0.5}$
= 3.16

∴ 변이계수(%) = $\dfrac{3.16}{5} \times 100 = 63.15\%$

37 어느 작업장에서 샘플러를 사용하여 분진 농도를 측정한 결과, 샘플링 전·후의 필터의 무게가 각각 32.4mg, 44.7mg이었을 때, 이 작업장의 분진농도는 몇 mg/m³인가? (단, 샘플링에 사용된 펌프의 유량은 20L/min이고, 2시간 동안 시료를 채취하였다.)

① 1.6
② 5.1
③ 6.2
④ 12.3

해설 $C_m (\text{mg/m}^3) = \dfrac{m - m_o}{V}$

□ $\begin{cases} V = \dfrac{20\text{L}}{\text{min}} \times 2 \times 60\text{min} \times \dfrac{10^{-3}\text{m}^3}{\text{L}} = 2.4\text{ m}^3 \\ m - m_o = 44.7 - 32.4 = 12.3\text{ mg} \end{cases}$

∴ $C_m = \dfrac{12.3}{2.4} = 5.13\text{ mg/m}^3$

38 다음 중 온도 표시에 대한 설명으로 틀린 것은 어느 것인가? (단, 고용노동부고시를 기준으로 한다.)

① 절대온도는 K로 표시하고, 절대온도 0K는 -273℃로 한다.
② 실온은 1~35℃, 미온은 30~40℃로 한다.
③ 온도의 표시는 셀시우스(Celcius)법에 따라 아라비아 숫자의 오른쪽에 ℃를 붙인다.
④ 냉수는 5℃ 이하, 온수는 60~70℃를 말한다.

해설 냉수는 15℃ 이하, 온수는 60~70℃, 열수(熱水)는 약 100℃를 말한다.

39 다음은 가스상 물질의 측정횟수에 관한 내용이다. ( ) 안에 들어갈 내용으로 옳은 것은?

> 가스상 물질을 검지관 방식으로 측정하는 경우에는 1일 작업시간 동안 1시간 간격으로 ( ) 이상 측정하되 매 측정시간마다 2회 이상 반복 측정하여 평균값을 산출하여야 한다.

① 2회
② 4회
③ 6회
④ 8회

해설 가스상 물질을 검지관 방식으로 측정하는 경우에는 1일 작업시간 동안 1시간 간격으로 6회 이상 측정하되 매 측정시간마다 2회 이상 반복 측정하여 평균값을 산출하여야 한다. 다만, 가스상 물질의 발생시간이 6시간 이내일 때에는 작업시간 동안 1시간 간격으로 나누어 측정하여야 한다.

40 다음 중 허용기준 대상 유해인자의 노출농도 측정 및 분석 방법에 관한 내용으로 틀린 것은 어느 것인가? (단, 고용노동부고시를 기준으로 한다.)

① 바탕시험(空試驗)을 하여 보정한다. : 시료에 대한 처리 및 측정을 할 때, 시료를 사용하지 않고 같은 방법으로 조작한 측정치를 빼는 것을 말한다.
② 감압 또는 진공 : 따로 규정이 없는 한 760mmHg 이하를 뜻한다.
③ 검출한계 : 분석기기가 검출할 수 있는 가장 적은 양을 말한다.
④ 정량한계 : 분석기기가 정량할 수 있는 가장 적은 양을 말한다.

정답 36.② 37.② 38.④ 39.③ 40.②

해설 감압 또는 진공이란 따로 규정이 없는 한 15mmHg 이하를 뜻한다.

[제3과목] **작업환경관리대책**

41 다음 중 직경이 400mm인 환기시설을 통해서 50m³/min의 표준상태의 공기를 보낼 때, 이 덕트 내의 유속은 약 몇 m/sec인가?

① 3.3 ② 4.4
③ 6.6 ④ 8.8

해설 $V(\text{m/sec}) = \dfrac{Q}{A}$

$\therefore V = \dfrac{50 \times 60}{(3.14 \times 0.4^2)/4} = 6.63 \, \text{m/sec}$

42 개구면적이 0.6m²인 외부식 사각형 후드가 자유공간에 설치되어 있다. 개구면과 유해물질 사이의 거리는 0.5m이고 제어속도가 0.80m/sec일 때, 필요한 송풍량은 약 몇 m³/min인가? (단, 플랜지를 부착하지 않은 상태이다.)

① 126 ② 149
③ 164 ④ 182

해설 $Q_c = (10X^2 + A) \times V_c$

$\therefore Q_c = (10 \times 0.5^2 + 0.6) \times 0.8 \times 60$
$= 148.80 \, \text{m}^3/\text{min}$

43 테이블에 붙여서 설치한 사각형 후드의 필요환기량(m³/min)을 구하는 식으로 적절한 것은? (단, 플랜지는 부착되지 않았고, $A(\text{m}^2)$는 개구면적, $X(\text{m})$는 개구부와 오염원 사이의 거리, $V_c(\text{m/sec})$는 제어속도이다.)

① $Q_c = V_c \times (5X^2 + A)$
② $Q_c = V_c \times (7X^2 + A)$
③ $Q_c = 60 \times V_c \times (5X^2 + A)$
④ $Q_c = 60 \times V_c \times (7X^2 + A)$

해설 한 변이 작업대에 경계된 일반형 후드의 경우, 거울효과를 고려하여 다음과 같이 필요환기량을 산정한다.

■ $Q_c = \dfrac{(10X^2 + 2A)}{2} \times V_c \times 60$
$= 0.5(10X^2 + 2A) \times V_c \times 60$
$= 60 V_c \times (5X^2 + A)$

44 다음 중 강제환기의 설계에 관한 내용과 가장 거리가 먼 것은?

① 공기가 배출되면서 오염장소를 통과하도록 공기배출구와 유입구의 위치를 선정한다.
② 공기배출구와 근로자의 작업위치 사이에 오염원이 위치하지 않도록 주의하여야 한다.
③ 오염물질 배출구는 가능한 한 오염원으로부터 가까운 곳에 설치하여 '점환기'의 효과를 얻는다.
④ 오염원 주위에 다른 작업공정이 있으면 공기배출량을 공급량보다 약간 크게 하여 음압을 형성하여 주위 근로자에게 오염물질이 확산되지 않도록 한다.

해설 공기배출구와 근로자의 작업위치 사이에 오염원이 위치하도록 하여야 한다.

45 다음 중 작업환경 개선의 기본원칙인 대체의 방법과 가장 거리가 먼 것은?

① 시간의 변경 ② 시설의 변경
③ 공정의 변경 ④ 물질의 변경

해설 대치(대체)는 보완적으로 대체하는 것으로 작업환경 개선을 위한 물질(사용원료)의 변경, 공정의 변경, 시설의 변경 등이다.

46 다음 중 대체방법으로 유해작업환경을 개선한 경우와 가장 거리가 먼 것은?

① 유연 휘발유를 무연 휘발유로 대체한다.
② 블라스팅 재료로서 모래를 철구슬로 대체한다.
③ 야광시계의 자판을 인에서 라듐으로 대체한다.
④ 보온재료의 석면을 유리섬유나 암면으로 대체한다.

해설 야광시계 자판의 라듐을 인(P)으로 대체한다.

정답 41.③ 42.② 43.③ 44.② 45.① 46.③

47 직경이 $2\mu m$이고 비중이 3.5인 산화철 흄의 침강속도는?

① 0.023cm/sec
② 0.036cm/sec
③ 0.042cm/sec
④ 0.054cm/sec

해설 $V_g = 0.003\,\rho_p\,d_p^2$
∴ $V_g = 0.003 \times 3.5 \times 2^2 = 0.042\,cm/sec$

48 조용한 대기 중에 실제로 거의 속도가 없는 상태로 가스, 증기, 흄이 발생할 때, 국소환기에 필요한 제어속도 범위로 가장 적절한 것은?

① 0.25~0.5m/sec   ② 0.1~0.25m/sec
③ 0.05~0.1m/sec   ④ 0.01~0.05m/sec

해설 움직이지 않는 공기 중에서 실질적으로 비산속도가 없이 발생 배출되는 작업조건의 제어속도는 0.25~0.5m/sec 범위로 설계한다.

49 다음 중 덕트의 설치원칙과 가장 거리가 먼 것은?

① 가능한 한 후드와 먼 곳에 설치한다.
② 덕트는 가능한 한 짧게 배치하도록 한다.
③ 밴드의 수는 가능한 한 적게 하도록 한다.
④ 공기가 아래로 흐르도록 하향구배를 만든다.

해설 가능한 한 후드와 가까운 곳에 설치한다.

50 송풍기의 송풍량이 $4.17m^3/sec$이고 송풍기전압이 $300mmH_2O$인 경우 소요동력은 약 몇 kW인가? (단, 송풍기효율은 0.85이다.)

① 5.8   ② 14.4
③ 18.2   ④ 20.6

해설 $P = \dfrac{\Delta P \cdot Q}{102 \times \eta_s} \times \alpha$

∴ $P = \dfrac{300 \times 4.17}{102 \times 0.85} \times 1.0 = 14.43\,kW$

51 다음 중 전기집진장치의 특징으로 옳지 않은 것은?

① 가연성 입자의 처리가 용이하다.
② 넓은 범위의 입경과 분진농도에 집진효율이 높다.
③ 압력손실이 낮아 송풍기의 가동비용이 저렴하다.
④ 고온가스를 처리할 수 있어 보일러와 철강로 등에 설치할 수 있다.

해설 전기집진장치는 가연성 입자의 처리에 부적합하다. 가연성 입자는 세정집진장치로 처리하는 것이 유리하다.

52 밀어당김형 후드(push-pull hood)가 가장 효과적인 경우는?

① 오염원의 발산량이 많은 경우
② 오염원의 발산농도가 낮은 경우
③ 오염원의 발산농도가 높은 경우
④ 오염원 발산면의 폭이 넓은 경우

해설 푸시 풀(push pull) 방식은 도금조와 같이 오염 발산면이 폭이 넓은 경우에 이용된다.

53 다음 중 국소배기장치에서 공기공급 시스템이 필요한 이유와 가장 거리가 먼 것은 어느 것인가?

① 에너지 절감
② 안전사고 예방
③ 작업장의 교차기류 유지
④ 국소배기장치의 효율 유지

해설 국소배기장치에서 공기공급 시스템은 보충용 공기를 적절하게 공급함으로써 작업장의 교차기류 형성을 방지할 수 있게 한다.

54 화재 및 폭발방지 목적으로 전체환기시설을 설치할 때, 필요환기량 계산에 필요없는 것은?

① 안전계수
② 유해물질의 분자량
③ TLV(Threshold Limit Value)
④ LEL(Lower Explosive Limit)

정답 47.③ 48.① 49.① 50.② 51.① 52.④ 53.③ 54.③

해설 화재 및 폭발방지 목적으로 하는 전체환기시설의 필요환기량 산정식은 다음과 같다.

$$Q = \frac{G \cdot S\, 24.1 \times 10^2 \times C}{MW \times LEL \times B}$$

$\begin{cases} Q : 환기량 \\ LEL : 폭발하한 \\ G : 유해물질 발생률 \\ MW : 분자량 \\ S : 유해물질의 비중 \\ C : 온도보정,\ B : 온도 안전계수 \end{cases}$

55 다음 호흡용 보호구 중 안면밀착형인 것은 어느 것인가?

① 두건형 ② 반면형
③ 의복형 ④ 헬멧형

해설 반면형은 입/코 호흡기 부위만 보호하는 호흡용 보호구이다.

56 분리식 특급 방진마스크의 여과지 포집효율은 몇 % 이상인가?

① 80.0 ② 94.0
③ 99.0 ④ 99.95

해설 분리식 특급 방진마스크의 여과지 포집효율은 99.95% 이상이다.

57 다음 중 유해물질별 송풍관의 적정 반송속도로 옳지 않은 것은?

① 가스상 물질-10m/sec
② 무거운 물질-25m/sec
③ 일반 공업물질-20m/sec
④ 가벼운 건조물질-30m/sec

해설 미세하고 가벼운 건조물질(먼지)의 반송속도는 12.5~15m/sec의 범위로 유지한다.

58 후드의 정압이 12.00mmH$_2$O이고, 덕트의 속도압이 0.80mmH$_2$O일 때, 유입계수는 얼마인가?

① 0.129 ② 0.194
③ 0.258 ④ 0.387

해설 $|P_s| = (1+F_i)P_v$
⇨ $12 = (1+F_i) \times 0.8$, $F_i = 14$
⇨ $F_i = \dfrac{1-C_e^2}{C_e^2} = 14$
∴ $C_e = \sqrt{\dfrac{1}{1+14}} = 0.258$

59 21℃의 기체를 취급하는 어떤 송풍기의 송풍량이 20m^3/min일 때, 이 송풍기가 동일한 조건에서 50℃의 기체를 취급한다면 송풍량은 몇 m^3/min인가?

① 10 ② 15
③ 20 ④ 25

해설 송풍기의 상사 법칙에서 유량은 회전수에 비례한다. 따라서 송풍기의 회전수가 동일하면 풍량도 동일하다.

60 방진마스크에 대한 설명으로 옳지 않은 것은?

① 포집효율이 높은 것이 좋다.
② 흡기저항 상승률이 높은 것이 좋다.
③ 비휘발성 입자에 대한 보호가 가능하다.
④ 여과효율이 우수하려면 필터에 사용되는 섬유의 직경이 작고 조밀하게 압축되어야 한다.

해설 방진마스크는 분진 포집효율이 높고 흡기·배기 저항이 낮고, 흡기저항 상승률이 낮은 것이 좋다.

第4과목 물리적유해인자관리

61 작업장의 습도를 측정한 결과 절대습도는 4.57mmHg, 포화습도는 18.25mmHg이었다. 이 작업장의 습도상태에 대한 설명으로 맞는 것은?

① 적당하다.
② 너무 건조하다.
③ 습도가 높은 편이다.
④ 습도가 포화상태이다.

해설 쾌적습도는 40~70%이다. 따라서 현재 작업장의 습도는 25% 정도이므로 너무 건조한 상태이다.

□ 상대습도(%) = $\frac{절대습도}{포화습도} \times 100$

∴ 상대습도 = $\frac{4.57}{18.25} \times 100 = 25.04\%$

62 다음 중 소음에 의한 인체의 장애 정도(소음성 난청)에 영향을 미치는 요인이 아닌 것은?

① 소음의 크기
② 개인의 감수성
③ 소음 발생장소
④ 소음의 주파수 구성

해설 청력손실(Hearing Loss) 인자는 개인의 감수성, 음의 강도(음압수준), 노출시간 분포 및 폭로시간, 소음의 물리적 특성(고주파음이 저주파음보다 더욱 유해하고, 충격음 및 연속음의 유해성이 더 큼)이다.

63 소독작용, 비타민 D형성, 피부색소 침착 등 생물학적 작용이 강한 특성을 가진 자외선(Dorno선)의 파장범위는?

① 1,000~2,800 Å
② 2,800~3,150 Å
③ 3,150~4,000 Å
④ 4,000~4,700 Å

해설 도노선(Dorno-ray)은 파장범위 2,800~3,150 Å 영역의 자외선으로 소독작용, 비타민 D형성, 피부색소 침착 등 생물학적 작용이 강한 특성이 있다.

64 전신진동 노출에 따른 건강장해에 대한 설명으로 틀린 것은?

① 평형감각에 영향을 줌
② 산소 소비량과 폐환기량 증가
③ 작업수행 능력과 집중력 저하
④ 레이노드(Raynaud's) 증후군 유발

해설 레이노드 증후군은 국소진동에 의한 장해이다.

65 이온화 방사선의 건강영향을 설명한 것으로 틀린 것은?

① α 입자는 투과력이 작아 우리 피부를 직접 통과하지 못하기 때문에 피부를 통한 영향은 매우 작다.
② 방사선은 생체 내 구성원자나 분자에 결합되어 전자를 유리시켜 이온화하고 원자의 들뜸 현상을 일으킨다.
③ 반응성이 매우 큰 자유라디칼이 생성되어 단백질, 지질, 탄수화물, 그리고 DNA 등 생체 구성성분을 손상시킨다.
④ 방사선에 의한 분자수준의 손상은 방사선 조사 후 1시간 이후에 나타나고, 24시간 이후 DNA 손상이 나타난다.

해설 방사선에 의한 분자수준의 손상은 방사선 조사 후 거의 즉시 나타나고, 수분 안에 생화학반응과정이 일어난다.

66 세기레벨이 80dB에서 85dB로 증가하면 음의 세기는 약 몇 배 증가하겠는가?

① 1.5배
② 1.8배
③ 2.2배
④ 2.4배

해설 $SIL = 10\log\left(\frac{I}{I_o}\right)$

- $I_{80} = 10^{80/10} \times 10^{-12} = 1 \times 10^{-4}$
- $I_{85} = 10^{85/10} \times 10^{-12} = 3.162 \times 10^{-4}$

∴ 증가 = $\frac{I_{85} - I_{80}}{I_{80}}$

$= \frac{3.1625 \times 10^{-4} - 1 \times 10^{-4}}{1 \times 10^{-4}} = 2.16$배

67 반향시간(reverberation time)에 관한 설명으로 맞는 것은?

① 반향시간과 작업장의 공간부피만 알면 흡음량을 추정할 수 있다.
② 소음원에서 소음발생이 중지한 후 소음의 감소는 시간의 제곱에 반비례하여 감소한다.
③ 반향시간은 소음이 닿는 면적을 계산하기 어려운 실외에서의 흡음량을 추정하기 위하여 주로 사용한다.
④ 소음원에서 발생하는 소음과 배경소음간의 차이가 40dB인 경우에는 60dB만큼 소음이 감소하지 않기 때문에 반향시간을 측정할 수 없다.

정답 62.③ 63.② 64.④ 65.④ 66.③ 67.①

해설 반향시간(잔향시간)은 작업장의 공간부피만 알면 흡음량을 추정할 수 있다.

$$T(\sec) = \frac{0.161 \forall}{A_a} \begin{cases} T : \text{잔향시간} \\ \forall : \text{실내부피} \\ A_a : \text{흡음력} \end{cases}$$

68 소음의 종류에 대한 설명으로 맞는 것은?
① 연속음은 소음의 간격이 1초 이상을 유지하면서 계속적으로 발생하는 소음을 의미한다.
② 충격소음은 소음이 1초 미만의 간격으로 발생하면서, 1회 최대허용기준은 120dB(A)이다.
③ 충격소음은 최대음압수준이 120dB(A) 이상인 소음이 1초 이상의 간격으로 발생하는 것을 의미한다.
④ 단속음은 1일 작업 중 노출되는 여러 가지 음압수준을 나타내면 소음의 반복음의 간격이 3초보다 큰 경우를 의미한다.

해설 ③항만 올바르다. 충격소음은 최대음압수준이 120dB(A) 이상인 소음이 1초 이상의 간격으로 발생하는 소음을 말한다. **연속음**(continuous noise)은 상당기간 지속되는 소음을 의미하며, 산업현장에서 주로 발생하는 소음이 8시간 이상 지속되었을 때 연속음이라 한다. **단속음**(간헐음, intermittent noise)은 간헐적 소음이 비교적 지속시간이 짧고 강도가 강한 소음을 말한다.

69 다음 중 진동에 대한 설명으로 틀린 것은 어느 것인가?
① 전신진동에 대해 인체는 대략 0.01m/s²에서 10m/s²까지의 진동가속도를 느낄 수 있다.
② 진동 시스템을 구성하는 3가지 요소는 질량(mass), 탄성(elasticity)과 댐핑(damping)이다.
③ 심한 진동에 노출될 경우 일부 노출군에서 뼈, 관절 및 신경, 근육, 혈관 등 연부조직에 병변이 나타난다.
④ 간헐적인 노출시간(주당 1일)에 대해 노출기준치를 초과하는 주파수-보정, 실효치, 성분가속도에 대한 급성노출은 반드시 더 유해하다.

해설 간헐적 노출시간(주당 1일)에 대해 노출기준치를 초과하는 주파수를 보정하고, 실효치, 성분가속도에 대한 것을 모두 고려한 급성노출의 경우 반드시 더 유해하다고 볼 수 없다. 간헐적 진동원은 측량에 의한 진동파 주기 내에 3회 이상 영향을 주는 진동원으로 기차, 간헐적 공정작업, 고중량 장비 운반, 기계설비의 일시적 작동, 인간의 보행(Walking) 등에 의해 발생한다.

70 음력이 2Watt인 소음원으로부터 50m 떨어진 지점에서의 음압수준(sound pressure level)은 약 몇 dB인가? (단, 공기의 밀도는 1.2kg/m³, 공기에서의 음속은 344m/sec로 가정한다.)
① 76.6
② 78.0
③ 79.4
④ 80.7

해설 $SPL = PWL - 20\log r - 11$ (자유공간)
$$\therefore SPL = \left[10\log\left(\frac{2}{10^{-12}}\right)\right] - 20\log 50 - 11$$
$$= 78.03 \, dB$$

71 다음 중 극저주파 방사선에 대한 설명으로 틀린 것은?
① 강한 전기장의 발생원은 고전류장비와 같은 높은 전류와 관련이 있으며, 강한 자기장의 발생원은 고전압장비와 같은 높은 전하와 관련이 있다.
② 작업장에서 발전, 송전, 전기 사용에 의해 발생되며, 이들 경로에 있는 발전기에서 전력선, 전기설비, 기계, 기구 등도 잠재적인 노출원이다.
③ 주파수가 1~3,000Hz에 해당되는 것으로 정의되며, 이 범위 중 50~60Hz의 전력선과 관련한 주파수의 범위가 건강과 밀접한 연관이 있다.
④ 특히 교류전기는 1초에 60번씩 극성이 바뀌는 60Hz의 저주파를 나타내므로 이에 대한 노출평가, 생물학적 및 인체 영향 연구가 많이 이루어져 왔다.

해설 극저주파는 통상 파장이 1,000km 이상인 전자계로 주파수 1~300Hz의 범위를 갖는다. 극저주파의 강한 전기장의 발생원은 고압장비와 같은 높은 전하과 관련이 있으며, 강한 자기장의 발생원은 고전류장비와 같은 높은 전류와 관련이 있다.

72 소음에 관한 설명으로 맞는 것은?
① 소음의 원래 정의는 매우 크고 자극적인 음을 일컫는다.
② 소음과 소음이 아닌 것은 소음계를 사용하면 구분할 수 있다.
③ 작업환경에서 노출되는 소음은 크게 연속음, 단속음, 충격음 및 폭발음으로 구분할 수 있다.
④ 소음으로 인한 피해는 정신적, 심리적인 것이며 신체에 직접적인 피해를 주는 것은 아니다.

해설 ③항만 올바르다. 소음계로는 소음과 소음이 아닌 것을 구분할 수 없으며, 소음은 개인의 주관적인 감각에 의한 것이며, 소음은 정신적, 심리적 피해뿐만 아니라 신체에 직접적인 피해를 준다.

73 전리방사선에 해당하는 것은?
① 마이크로파   ② 극저주파
③ 레이저광선   ④ X선

해설 전리방사선(ionized radiation)은 입자형태와 전자파형태로 구분하여 입자(粒子)는 중하전 입자(α선, 양성자, 핵분열 생성물), 베타(β)선, 중성자 등이고, 전자파(전자기방사선)은 X선, γ선이 이에 해당한다.

74 다음 그림과 같이 복사체, 열차단판, 흑구온도계, 벽체의 순서로 배열하였을 때 열차단판의 조건이 어떤 경우에 흑구온도계의 온도가 가장 낮겠는가?

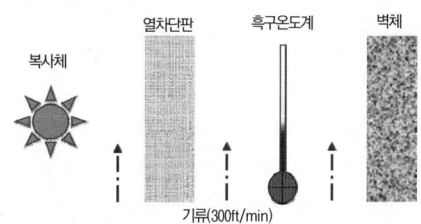

① 열차단판 양면을 흑색으로 한다.
② 열차단판 양면을 알루미늄으로 한다.
③ 복사체 쪽은 알루미늄, 온도계 쪽은 흑색으로 한다.
④ 복사체 쪽은 흑색, 온도계 쪽은 알루미늄으로 한다.

해설 열차단판 양면을 알루미늄으로 하여 열반사율을 크게 할 때 열차단 효과가 증대한다.

75 작업장의 조도를 균등하게 하기 위하여 국부조명과 전체조명이 병용될 때, 일반적으로 전체조명의 조도는 국부조명의 어느 정도가 적당한가?
① $\dfrac{1}{20} \sim \dfrac{1}{10}$ ② $\dfrac{1}{10} \sim \dfrac{1}{5}$
③ $\dfrac{1}{5} \sim \dfrac{1}{3}$ ④ $\dfrac{1}{3} \sim \dfrac{1}{2}$

해설 병용조명에서 전반조명의 조도는 국부조명에 의한 조도의 1/10 이상 1/5 미만으로 하는 것이 바람직하다.

76 동상의 종류와 증상이 잘못 연결된 것은?
① 1도 : 발적
② 2도 : 수포 형성과 염증
③ 3도 : 조직괴사로 괴저 발생
④ 4도 : 출혈

해설 4도 동상은 동상해를 받은 부위의 증상이 심한 경우 손발의 일부나 다리를 절단해야 하고 심하면 사망에 이른다.

77 다음 중 1기압(atm)에 관한 설명으로 틀린 것은?
① 약 $1kg_f/cm^2$와 동일하다.
② torr로는 0.76에 해당한다.
③ 수은주로 760mmHg와 동일하다.
④ 수주(水株)로 10,332mmH$_2$O에 해당한다.

해설 기압의 환산인자
1기압(atm) = 760mmHg = 760torr = 10,332mmH$_2$O
= 10,332kg/m^2 = 10,332mmAq = 1.0332kg$_f$/cm^2

78 산소농도가 6% 이하인 공기 중의 산소분압으로 맞는 것은? (단, 표준상태이며, 부피기준이다.)
① 45mmHg 이하   ② 55mmHg 이하
③ 65mmHg 이하   ④ 75mmHg 이하

정답 72.③ 73.④ 74.② 75.② 76.④ 77.② 78.①

해설 부피비율 = 압력비율
$$\therefore x(\mathrm{mmHg}) = 760\,\mathrm{mmHg} \times \frac{6}{100} = 45.6\,\mathrm{mmHg}$$

79 감압과 관련된 다음 설명 중 ( ) 안에 알맞은 내용으로 나열한 것은?

> 깊은 물에서 올라오거나 감압실 내에서 감압을 하는 도중에 폐압박의 경우와는 반대로 폐 속에 공기가 팽창한다. 이때는 감압에 의한 (㉠)과 (㉡)의 두 가지 건강상 문제가 발생한다.

① ㉠ 폐수종, ㉡ 저산소증
② ㉠ 질소기포 형성, ㉡ 산소 중독
③ ㉠ 가스 팽창, ㉡ 질소기포 형성
④ ㉠ 가스 압축, ㉡ 이산화탄소 중독

해설 감압병(Decompression Sickness)은 가스 팽창과 질소기포 형성이 건강상 문제가 발생한다. 급격한 감압은 체내에 과다하게 용해되었던 불활성 기체가 압력이 낮아질 때 과포화상태로 되어 혈액과 조직에 기포를 형성하여 혈액순환을 방해하거나 주위조직에 기계적 영향을 줌으로써 감압병을 유발시킨다. 감압과정에서 발생되는 질소기포는 잠수부의 종격기종, 기흉의 원인이 된다.

80 고압환경에서 발생할 수 있는 화학적인 인체작용이 아닌 것은?

① 일산화탄소 중독에 의한 호흡 곤란
② 질소마취작용에 의한 작업력 저하
③ 산소중독증상으로 간질모양의 경련
④ 이산화탄소 분압증가에 의한 동통성 관절장애

해설 고압환경에서 발생할 수 있는 화학적인 인체작용(화학적 장해)은 흡기 중의 N_2, O_2, CO_2의 분압상승에 의한 장해와 고압 하의 흡입하는 가스의 독성 때문에 나타나는 장해, 질소마취작용, 산소중독(간질모양의 경련), 이산화탄소작용(동통성 관절 장애) 등을 들 수 있다.

[제5과목] 산업독성학

81 금속물질인 니켈에 대한 건강상의 영향이 아닌 것은?

① 접촉성 피부염이 발생한다.
② 폐나 비강에 발암작용이 나타난다.
③ 호흡기 장애와 전신중독이 발생한다.
④ 비타민 D를 피하주사하면 효과적이다.

해설 비타민 D를 피하주사하면 효과적인 것은 카드뮴 중독이다. 니켈에 노출된 경우 배설을 촉진하도록 디티오카브(Dithiocarb)를 투여한다.

82 급성중독 시 우유와 계란의 흰자를 먹여 단백질과 해당 물질을 결합시켜 침전시키거나, BAL(dimercaprol)을 근육주사로 투여하여야 하는 물질은?

① 납   ② 크롬
③ 수은   ④ 카드뮴

해설 수은에 급성중독되었을 경우 우유와 달걀 흰자를 먹인 후 세척시키고, N-아세틸-D-페니실라민, DMPS, BAL 등을 투여한다.

83 염료, 합성고무 경화제의 제조에 사용되며 급성중독으로는 피부염, 급성방광염을 유발하며, 만성중독으로는 방광, 요로계 종양을 유발하는 유해물질은 다음 중 어느 것인가?

① 벤지딘
② 이황화탄소
③ 노말헥산
④ 이염화메틸렌

해설 방광암(膀胱癌)을 유발하는 물질은 벤지딘과 그 염, 클로로폼, 마젠타, 콜타르, 파라-디메틸아미노아조벤젠 등이다. 벤지딘은 자연적인 화학물질이 아닌 순수한 인공 화학물질로서 백색 혹은 황회색, 적회색의 결정이다.

정답 79.③ 80.① 81.④ 82.③ 83.①

84 작업환경측정과 비교한 생물학적 모니터링의 장점이 아닌 것은?
① 모든 노출경로에 의한 흡수 정도를 나타낼 수 있다.
② 분석수행이 용이하고 결과해석이 명확하다.
③ 건강상의 위험에 대해서 보다 정확한 평가를 할 수 있다.
④ 작업환경측정(개인시료)보다 더 직접적으로 근로자 노출을 추정할 수 있다.

[해설] 생물학적 모니터링은 분석수행이 용이하지 못하고, 시료채취가 용이하지 못하며(사람에게 직접 생체시료를 얻어야 함), 유기시료의 특이성 및 복잡성 등으로 결과 해석을 명확하게 내리기 곤란한 단점이 있다.

85 납중독에 관한 설명으로 틀린 것은?
① 혈청 내 철이 감소한다.
② 뇨 중 δ-ALAD 활성치가 저하된다.
③ 적혈구 내 프로토포르피린이 증가한다.
④ 임상증상은 위장계통의 장애, 신경근육계통의 장애, 중추신경계통의 장애 등 크게 3가지로 나눌 수 있다.

[해설] 납중독이 될 경우 뇨 중 코프로포르피린의 증가, 혈청 및 뇨 중 δ-ALA 증가, 적혈구 내 프로토포르피린 증가, 혈청 내 철 등을 증가시킨다. 반면에 혈중 K^+, 혈색소량·전해질, 수분, 아미노레불린산 합성효소(δ-ALAD)의 활성치 등은 감소시킨다.

86 작업장에서 생물학적 모니터링이 결정인자를 선택하는 근거를 설명한 것으로 틀린 것은?
① 충분히 특이적이다.
② 적절한 민감도를 갖는다.
③ 분석적인 변이나 생물학적 변이가 타당해야 한다.
④ 톨루엔에 대한 건강위험평가는 크레졸보다 마뇨산이 신뢰성 있는 결정인자이다.

[해설] 톨루엔에 대한 생물학적 모니터링 결정인자는 뇨 중 마뇨산 또는 o-크레졸이며, 혈액 중에서는 톨루엔이다.

87 직업성 천식이 유발될 수 있는 근로자와 거리가 가장 먼 것은?
① 채석장에서 돌을 가공하는 근로자
② 목분진에 과도하게 노출되는 근로자
③ 빵집에서 밀가루에 노출되는 근로자
④ 폴리우레탄 페인트 생산에 TDI를 사용하는 근로자

[해설] 채석장 및 모래분사 작업장에 종사하는 근로자들이 잘 걸리는 질환은 규폐증이다.

88 다음 중 무기성 분진에 의한 진폐증이 아닌 것은?
① 규폐증(silicosis)
② 연초폐증(tabacosis)
③ 흑연폐증(graphite lung)
④ 용접공폐증(welder's lung)

[해설] 연초폐증(tabacosis)은 유기성 분진에 의한 진폐증이다.

89 다음 중 할로겐화탄화수소에 관한 설명으로 틀린 것은?
① 대개 중추신경계의 억제에 의한 마취작용이 나타난다.
② 가연성과 폭발의 위험성이 높으므로 취급 시 주의하여야 한다.
③ 일반적으로 할로겐화탄화수소의 독성의 정도는 화합물의 분자량이 커질수록 증가한다.
④ 일반적으로 할로겐화탄화수소의 독성의 정도는 할로겐원소의 수가 커질수록 증가한다.

[해설] 할로겐화탄화수소는 대부분 불연성이며, 화학반응성이 낮다.

90 피부 독성에 있어 경피흡수에 영향을 주는 인자와 가장 거리가 먼 것은?
① 온도
② 화학물질
③ 개인의 민감도
④ 용매(vehicle)

정답 84.② 85.① 86.④ 87.① 88.② 89.② 90.①

[해설] 공개된 정답은 ①항이지만 정답으로 인정하기엔 모호한 면이 있다. 화학물질의 피부흡수는 물질의 물리·화학적 성질, 피부의 성상, 온도, 습도 등 외부환경과 흡수조건 등에 영향을 받는다. 피부의 습도와 온도는 경피흡수에 영향을 미친다. 표피층의 습도가 높으면 각질층이 연화되어 물질의 침투가 잘 될 것이며, 온도가 높을 때는 모공이 크게 열리기 때문에 투과가 보다 용이하게 될 것이다.

91 유리규산(석영) 분진에 의한 규폐성 결정과 폐포벽 파괴 등 망상내피계 반응은 분진입자의 크기가 얼마일 때 자주 일어나는가?

① 0.1~0.5μm
② 2~5μm
③ 10~15μm
④ 15~20μm

[해설] 유리규산(석영) 분진에 의한 규폐성 결정과 폐포벽 파괴 등 망상내피계 반응은 분진입자의 크기가 0.5~5μm 범위일 때 자주 일어나며 1~2μm 전후한 입자가 폐포 침착률이 가장 높다.

92 피부는 표피와 진피로 구분하는데, 진피에만 있는 구조물이 아닌 것은?

① 혈관
② 모낭
③ 땀샘
④ 멜라닌세포

[해설] 멜라닌세포는 표피에 존재한다. 피부는 표피(epidermis), 진피(dermis), 피하조직(subcutaneous tissue)의 3층으로 구성되는데 진피에는 모낭, 땀샘, 많은 수의 혈관(정맥)과 모세임파선이 존재한다.

93 호흡기계 발암성과의 관련성이 가장 낮은 것은?

① 석면
② 크롬
③ 용접흄
④ 황산니켈

[해설] 모든 용접흄이 발암성과 관련 있는 것은 아니다. 암을 유발할 수 있는 유해물질이 함유된 용접흄에 한하여 발암가능성이 있다. 예를 들면, 카드뮴이 혼합된 용접봉을 사용하는 용접작업, 니켈이나 크롬이 함유된 스테인리스 용접봉을 사용하는 용접작업 등에 한 한다.

94 화학적 질식제에 대한 설명으로 맞는 것은?

① 뇌순환 혈관에 존재하면서 농도에 비례하여 중추신경작용을 억제한다.
② 피부와 점막에 작용하여 부식작용을 하거나 수포를 형성하는 물질로 고농도 하에서 호흡이 정지되고 구강 내 치아산식증 등을 유발한다.
③ 공기 중에 다량 존재하여 산소분압을 저하시켜 조직세포에 필요한 산소를 공급하지 못하게 하여 산소부족 현상을 발생시킨다.
④ 혈액 중에서 혈색소와 결합한 후에 혈액의 산소운반능력을 방해하거나, 또는 조직세포에 있는 철 산화효소를 불활성화시켜 세포의 산소수용능력을 상실시킨다.

[해설] 화학적 질식제(Chemical asphyxiant)는 혈액 중 헤모글로빈과 결합하여 산소공급능력을 방해하거나 조직세포 내의 철 산화효소를 불활성화(不活性化)시켜 세포의 산소수용능력을 상실시키는 물질들이 이에 해당한다. 예를 들면, 일산화탄소, 디클로로메탄, 시안화수소, 황화수소, 아닐린, 메틸아닐린, 디메틸아닐린, 톨루이딘, 니트로벤젠 등이다.

95 전신(계통)적 장애를 일으키는 금속 물질은?

① 납
② 크롬
③ 아연
④ 산화철

[해설] 전신적 장애란 몸 전체에 영향을 미치는 것을 말한다. 금속 증기열은 특히 아연에 의한 경우가 많으므로 이것을 아연열이라고도 한다. 아연열은 앞머리의 통증과 몸이 떨리면서 춥고, 신경통 및 뼈마디가 쑤시며 가슴이 답답하고 열감증상을 느낀다.

96 생물학적 모니터링을 위한 시료가 아닌 것은?

① 공기 중의 바이오에어로졸
② 뇨 중의 유해인자나 대사산물
③ 혈액 중의 유해인자나 대사산물
④ 호기(exhaled air) 중의 유해인자나 대사산물

[해설] 공기 중에서 채취된 물질은 개인시료에 해당한다.

정답 91.② 92.④ 93.③ 94.④ 95.③ 96.①

97 단순 질식제에 해당되는 물질은?
① 탄산가스
② 아닐린가스
③ 니트로벤젠가스
④ 황화수소

[해설] 단순 질식제는 생리적으로는 무해하지만 산소분압의 저하에 따른 질식을 유발하는 물질로서 N_2, He, H_2, CO_2, N_2O, 탄화수소류 등이 이에 속한다.

98 공기 중 일산화탄소 농도가 10mg/m³인 작업장에서 1일 8시간 동안 작업하는 근로자가 흡입하는 일산화탄소의 양은 몇 mg인가? (단, 근로자의 시간당 평균흡기량은 1,250L이다.)
① 10
② 50
③ 100
④ 500

[해설] 체내 흡수량 $= C \cdot t \cdot V \cdot R$
$\begin{cases} C: \text{공기 중 농도} = 10\,\text{mg/m}^3 \\ t: \text{폭로시간} = 8\,\text{hr/day} \\ V: \text{개인의 호흡률} = 1.25\,\text{m}^3/\text{hr} \end{cases}$

∴ 체내 흡수량 $= \dfrac{10\,\text{mg}}{\text{m}^3} \times \dfrac{8\,\text{hr}}{\text{day}} \times \dfrac{1.25\,\text{m}^3}{\text{hr}} \times 1.0$
$= 100\,\text{mg/day}$

99 직업성 피부질환 유발에 관여하는 인자 중 간접적 인자와 가장 거리가 먼 것은?
① 땀
② 인종
③ 연령
④ 지역

[해설] 직업성 피부질환에 영향을 주는 간접적인 요인 중 인체요소는 피부의 종류, 각질층의 상태, 피부부위, 성별, 연령, 인종, 모공 등이다.

100 미국정부산업위생전문가협의회(ACGIH)의 발암물질 구분으로 동물 발암성 확인물질, 인체 발암성 모름에 해당되는 Group은?
① A2
② A3
③ A4
④ A5

[해설] 미국 ACGIH에 따르면 Group A3는 '동물 발암 확인물질', '인체 발암성 모름'으로 분류된다.

2018 제3회 산업위생관리(산업기사)

2018. 8. 19 시행

제1과목 산업위생학 개론

01 직업병의 예방대책에 관한 설명으로 가장 거리가 먼 것은?
① 유해요인을 적절하게 관리하여야 한다.
② 유해요인에 노출되고 있는 모든 근로자를 보호하여야 한다.
③ 건강장애에 대한 보건교육을 해당 근로자에게만 실시한다.
④ 근로자들이 업무를 수행하는 데 불편함이나 스트레스가 없도록 하여야 하며, 새로운 유해요인이 발생되지 않아야 한다.

해설 바람직한 직업병 예방대책은 해당 근로자에게만 보건교육을 실시할 것이 아니라 모든 근로자에게 실시해야 효과가 있다.

02 다음 중 미국산업위생학술원에서 채택한 산업위생전문가 윤리강령의 내용과 거리가 먼 것은?
① 기업체의 비밀은 누설하지 않는다.
② 사업주와 일반 대중의 건강보호가 1차적 책임이다.
③ 위험요소와 예방조치에 관하여 근로자와 상담한다.
④ 전문적 판단이 타협에 의해서 좌우될 수 있으나 이해관계가 있는 상황에서는 개입하지 않는다.

해설 산업위생전문가가 지켜야 할 윤리강령은 전문가로서의 책임, 근로자에 대한 책임, 기업주와 고객에 대한 책임, 일반 대중에 대한 책임으로 구분되는데 산업위생전문가는 사업주와 대중에 우선하여 근로자의 건강보호가 1차적인 책임이라는 것을 인식하여야 한다.

03 유해물질의 허용농도의 종류 중 근로자가 1일 작업시간 동안 잠시라도 노출되어서는 안 되는 기준을 나타내는 것은?
① PEL
② TLV-TWA
③ TLV-C
④ TLV-STEL

해설 최고노출기준(TLV-C, Ceiling)은 근로자가 1일 작업시간 동안 잠시라도 노출되어서는 안 되는 기준이다.

04 작업자세는 에너지소비량에 영향을 미친다. 다음 중 바람직한 작업자세가 아닌 것은 어느 것인가?
① 정적작업을 피한다.
② 불안정한 자세를 피한다.
③ 작업물체와 몸과의 거리를 약 30cm 유지하도록 한다.
④ 원활한 혈액의 순환을 위해 작업에 사용하는 신체부위를 심장 높이보다 아래에 두도록 한다.

해설 작업자세는 작업에 사용하는 신체부위를 심장 높이보다 위에 두는 것이 바람직하다.

05 야간 교대근무자의 건강관리 대책상 필요한 조건 중 관계가 가장 적은 것은?
① 난방, 조명 등 환경조건을 갖출 것
② 작업량이 과중하지 않도록 할 것
③ 야근에 부적합한 자를 가려내는 검진을 할 것
④ 육체적으로나 정신적으로 생체의 부담도가 심하게 나타나는 순으로 저녁근무, 밤근무, 낮근무 순서로 할 것

해설 교대근무 순환주기는 역교대보다 낮근무, 저녁근무, 밤근무 순서(정교대)가 좋으며, 이 반대 방식은 시간간격이 짧아서 좋지 않다.

정답 01.③ 02.② 03.③ 04.④ 05.④

06 우리나라 산업위생의 역사에 있어서 1981년에 일어난 일과 가장 관계가 깊은 것은 어느 것인가?
① ILO 가입
② 근로기준법 제정
③ 산업안전보건법 공포
④ 한국산업위생학회 창립

해설 우리나라의 산업안전보건법은 1981년 공포되었다. ILO(국제노동기구)에 우리나라가 정식가입한 것은 1993년, 근로기준법 제정은 1953년, 한국산업위생학회 창립은 1990년에 이루어 졌다.

07 재해율을 산정할 때 근로자가 사망한 경우에는 근로손실일수를 얼마로 하는가? (단, 국제노동기구의 기준에 따른다.)
① 3,000일
② 4,000일
③ 5,500일
④ 7,500일

해설 사망한 경우의 근로손실일수는 7,500일로 한다.

08 Shimonson이 말하는 산업피로 현상이 아닌 것은?
① 활동자원의 소모
② 조절기능의 장애
③ 중간대사물질의 소모
④ 체내의 물리화학적 변화

해설 Shimonson은 산업피로의 개념을 중간대사물질의 축적, 활동자원의 소모, 체내의 물리화학적 변화, 조절기능 장애라고 하였다.

09 피로한 근육에서 측정된 근전도(EMG)의 특징으로 맞는 것은?
① 저주파수(0~40Hz) 힘의 증가, 총전압의 감소
② 고주파수(40~200Hz) 힘의 감소, 총전압의 증가
③ 저주파수(0~40Hz) 힘의 감소, 평균주파수의 증가
④ 고주파수(40~200Hz) 힘의 증가, 평균 주파수의 감소

해설 국소 피로근육의 근전도(EMG)는 총 전압, 저주파수(0~40Hz)영역의 힘은 증가하고, 고주파수(40~200Hz), 평균 주파수 영역의 힘은 감소되는 특징이 있다.

10 인체의 구조에서 앉을 때, 서 있을 때, 물체를 들어올릴 때 및 뛸 때 발생하는 압력이 가장 많이 흡수되는 척추의 디스크는?
① L_5/S_1
② L_3/S_2
③ L_2/S_1
④ L_4/S_5

해설 중량작업에 압력이 가장 많이 흡수되는 척추 디스크는 L_5/S_1이다.

11 실내공기질 관리법령상 다중이용시설에 적용되는 실내공기질 권고기준 대상항목이 아닌 것은?
① 석면
② 라돈
③ 이산화질소
④ 총휘발성유기화합물

해설 실내공기질 권고기준 오염물질 항목은 이산화질소, 라돈, 총휘발성유기화합물, 미세먼지($PM_{2.5}$), 곰팡이다.

12 태양광선이 없는 옥내 작업장의 WBGT(℃)를 나타내는 공식은 무엇인가? (단, NWB는 자연습구온도, DB는 건구온도, GT는 흑구온도이다.)
① WGBT=0.7NWB+0.3GT
② WGBT=0.7NWB+0.3DB
③ WGBT=0.7NWB+0.2GT+0.1DB
④ WGBT=0.7NWB+0.2DB+0.1GT

해설 태양광선이 없는 옥내 작업장에 적용되는 습구흑구온도지수(WBGT)=0.7NWB+0.3GT으로 산출된다.

정답 06.③ 07.④ 08.③ 09.② 10.① 11.① 12.①

13 산업위생에 대한 일반적인 사항의 설명 중 틀린 것은?

① 유독물질 발생으로 인한 중독증을 관리하는 것으로 제조업 근로자가 주 대상이다.
② 작업환경요인과 스트레스에 대해 예측, 인식, 평가, 관리하는 과학과 기술이다.
③ 사업장의 노출정도에 따라 사업장에서 발생하는 유해인자에 대해 적절한 관리와 대책을 제시한다.
④ 산업위생전문가는 전문가로서의 책임, 근로자에 대한 책임, 기업주와 고객에 대한 책임, 일반 대중에 대한 책임 등의 윤리강령을 준수할 필요가 있다.

[해설] 산업위생은 발생된 질병의 관리에 초점을 두는 것이 아니라 사전에 예방하기 위한 작업환경의 개선과 근로자의 건강보호에 주안점을 두고 있다.

14 작업환경측정 및 지정측정 기관평가 등에 관한 고시에 있어 시료채취 근로자수는 단위작업장소에서 최고 노출근로자 몇 명 이상에 대하여 동시에 측정하도록 되어 있는가?

① 2명　　② 3명
③ 5명　　④ 10명

[해설] 단위작업장소에서 최고 노출근로자 2인 이상에 대하여 동시에 측정하여야 한다. 동일작업 근로자수가 10인을 초과하는 경우에는 매 5인당 1인(1개 지점) 이상 추가하여 측정하여야 한다.

15 산업안전보건법령상 최근 1년간 작업공정에서 공정설비의 변경, 작업방법의 변경, 설비의 이전, 사용 화학물질의 변경 등으로 작업환경측정 결과에 영향을 주는 변화가 없는 경우로 해당 유해인자에 대한 작업환경측정을 1년에 1회 이상으로 할 수 있는 경우는?

① 작업장 또는 작업공정이 신규로 가동 되는 경우
② 작업공정 내 소음의 작업환경측정 결과가 최근 2회 연속 90데시벨(dB) 미만인 경우
③ 작업환경측정 대상 유해인자에 해당하는 화학적 인자의 측정치가 노출기준을 초과하는 경우
④ 작업공정 내 소음 외의 다른 모든 인자의 작업환경측정 결과가 최근 2회 연속 노출기준 미만인 경우

[해설] 다음의 경우에 1년에 1회 이상 작업환경측정을 할 수 있다.
• 작업공정 내 소음의 작업환경측정 결과가 최근 2회 연속 85dB 미만인 경우
• 작업공정 내 소음 외의 다른 모든 인자의 작업환경측정 결과가 최근 2회 연속 노출기준 미만인 경우

16 산업안전보건법상 제조업에서 상시근로자가 몇 명 이상인 경우 보건관리자를 선임하여야 하는가?

① 5명　　② 50명
③ 100명　　④ 300명

[해설] 제조업의 경우 상시근로자가 50명 이상이면 보건관리자 1명 이상을 선임하여야 한다.

17 인간공학적 방법에 의한 작업장 설계 시 정상작업영역의 범위로 가장 적절한 것은?

① 물건을 잡을 수 있는 최대영역
② 팔과 다리를 뻗어 파악할 수 있는 영역
③ 상완과 전완을 곧게 뻗어서 파악할 수 있는 영역
④ 상완을 자연스럽게 수직으로 늘어뜨린 상태에서 전완을 뻗어 파악할 수 있는 영역

[해설] 정상작업영역의 범위는 앉은 자세에서 위팔(상완)은 몸에 붙이고, 아래팔(전완)만 곧게 뻗어 닿는 영역이다.

18 근골격계 질환을 예방하기 위한 조치로 적절한 것은?

① 손잡이에 완충물질을 사용하지 않는다.
② 작업의 방법이나 위치를 변화시키지 않는다.
③ 임팩트 렌치나 천공 해머를 사용하지 않는다.
④ 가능한 파워 그립보다 핀치 그립을 사용할 수 있도록 설계한다.

정답 13.① 14.① 15.④ 16.② 17.④ 18.③

해설 ③항만 올바르다. 손잡이에 완충물질을 사용하고, 작업의 방법이나 위치를 변화시키며, 가능한 pinch grip보다 power grip을 사용하는 것이 근골격계 질환을 예방하는데 좋다.

19 국소피로와 관련한 작업강도와 적정 작업시간의 관계를 설명한 것 중 틀린 것은?

① 힘의 단위는 kP(kilo pound)로 표시한다.
② 적정 작업시간은 작업강도와 대수적으로 비례한다.
③ 1kP(kilo pound)는 2.2pounds의 중력에 해당한다.
④ 작업강도가 10% 미만인 경우 국소피로는 오지 않는다.

해설 적정 작업시간은 작업강도와 대수적으로 반비례한다.

20 다음 중 생리학적 적성검사항목이 아닌 것은 어느 것인가?

① 체력검사 ② 지각동작검사
③ 감각기능검사 ④ 심폐기능검사

해설 지각동작검사는 심리적 적성검사항목이다.

제2과목 작업환경측정 및 평가

21 개인시료 채취기를 사용할 때 적용되는 근로자의 호흡위치로 옳은 것은? (단, 고용노동부 고시를 기준으로 한다.)

① 호흡기를 중심으로 직경 30cm인 반구
② 호흡기를 중심으로 반경 30cm인 반구
③ 호흡기를 중심으로 직경 45cm인 반구
④ 호흡기를 중심으로 반경 45cm인 반구

해설 개인시료채취란 개인시료 채취기를 이용하여 가스·증기·분진·흄(fume)·미스트(mist) 등을 근로자의 호흡위치(호흡기를 중심으로 반경 30cm인 반구)에서 채취하는 것을 말한다.

22 작업환경측정 결과의 평가에서 작업시간 전체를 1개의 시료로 측정할 경우의 노출결과 구분이 바르게 표기된 것은?

① 하한치(LCL)>1일 때 노출기준 미만
② 상한치(UCL)≤1일 때 노출기준 초과
③ 하한치(LCL)≤1, 상한치(UCL)<1일 때 노출기준 초과 가능
④ 하한치(LCL)>1일 때 노출기준 초과

해설 하한치(LCL)의 값이 1보다 클 경우 노출기준을 초과한 것으로 평가한다.

23 순간시료채취에서 가스나 증기상 물질을 직접 포집하는 방법이 아닌 것은?

① 주사기에 의한 포집
② 진공플라스크에 의한 포집
③ 시료채취백에 의한 포집
④ 흡착제에 의한 포집

해설 흡착제나 흡수액을 이용하는 시료채취는 모두 연속시료채취법이다. 순간시료채취에서 가스나 증기상 물질을 직접 포집하는 방법은 ①,②,③항 이외에 액체치환병에 의한 포집방법이 있다.

24 수분에 대한 영향이 크지 않으므로 먼지의 중량분석에 적절하고, 특히 유리규산을 채취하여 X선 회절법으로 분석하는 데 적합한 여과지는?

① MCE막 여과지 ② 유리섬유 여과지
③ PVC막 여과지 ④ 은막 여과지

해설 PVC(Polyvinyl Chloride)는 소수성(비흡습성)으로 수분의 영향이 크지 않으므로 유리규산을 채취하여 X-선 회절분석법으로 분석할 때 많이 사용한다.

25 증기상인 A물질 100ppm은 약 몇 mg/m³인가? (단, A물질의 분자량은 58이고, 25℃, 1기압을 기준으로 한다.)

① 237 ② 287
③ 325 ④ 349

정답 19.② 20.② 21.② 22.④ 23.④ 24.③ 25.①

해설 $C_m(\text{mg/m}^3) = C_p(\text{ppm}) \times \dfrac{M_w}{24.45}$

∴ $C_m = 100\text{ppm} \times \dfrac{58}{24.45} = 237.2\,\text{mg/m}^3$

26 어느 작업장의 벤젠농도(ppm)를 5회 측정한 결과가 각각 30, 33, 29, 27, 31일 때, 벤젠의 기하평균농도는 약 몇 ppm인가?

① 29.9
② 30.5
③ 30.9
④ 31.1

해설 $\text{GM} = \sqrt[n]{X_1 \times X_2 \times \cdots \times X_n}$

∴ $\text{GM} = \sqrt[5]{30 \times 33 \times 29 \times 27 \times 31} = 29.92\,\text{ppm}$

27 각각의 포집효율이 80%인 임핀저 2개를 직렬로 연결하여 시료를 채취하는 경우 최종으로 얻어지는 포집효율은?

① 90%
② 92%
③ 94%
④ 96%

해설 $E_T = \eta_1 + \eta_2(1-\eta_1)$

∴ $E_T = 0.8 + 0.8(1-0.8) = 0.96 = 96\%$

28 충격소음에 대한 설명으로 가장 적절한 것은?

① 최대음압수준 120dB(A) 이상의 소음이 1초 이상의 간격으로 발생하는 소음을 말한다.
② 최대음압수준 140dB(A) 이상의 소음이 1초 이상의 간격으로 발생하는 소음을 말한다.
③ 최대음압수준 120dB(A) 이상의 소음이 5초 이상의 간격으로 발생하는 소음을 말한다.
④ 최대음압수준 140dB(A) 이상의 소음이 5초 이상의 간격으로 발생하는 소음을 말한다.

해설 충격소음작업이란 소음이 1초 이상의 간격으로 발생하는 작업으로서 다음의 어느 하나에 해당하는 작업을 말한다.
- 120데시벨을 초과하는 소음이 1일 1만회 이상 발생하는 작업
- 130데시벨을 초과하는 소음이 1일 1천회 이상 발생하는 작업
- 140데시벨을 초과하는 소음이 1일 1백회 이상 발생하는 작업

29 유량, 측정시간, 회수율, 분석에 의한 오차(%)가 각각 15, 3, 5, 9일 때의 누적오차는?

① 18.4%
② 19.4%
③ 20.4%
④ 21.4%

해설 $E_c(\text{누적오차}) = \sqrt{E_1^2 + E_2^2 + \cdots + E_n^2}$

∴ $E_c = \sqrt{15^2 + 3^2 + 9^2 + 5^2} = 18.44\%$

30 혼합 유기용제의 구성비(중량비)가 다음과 같을 때, 이 혼합물의 노출농도(TLV)는?

- 메틸클로로포름 30%(TLV : 1,900mg/m³)
- 헵탄 50%(TLV : 1,600mg/m³)
- 퍼클로로에틸렌 20%(TLV : 335mg/m³)

① 937mg/m³
② 1,087mg/m³
③ 1,137mg/m³
④ 1,287mg/m³

해설 $\text{TLV}_m = \dfrac{1}{\dfrac{f_1}{\text{TLV}_1} + \dfrac{f_2}{\text{TLV}_2} + \cdots + \dfrac{f_n}{\text{TLV}_n}}$

∴ $\text{TLV}_m = \dfrac{1}{\dfrac{0.3}{1,900} + \dfrac{0.5}{1,600} + \dfrac{0.2}{335}} = 936.6\,\text{mg/m}^3$

31 여과지의 공극보다 작은 입자가 여과지에 채취되는 기전은 여과이론으로 설명할 수 있다. 다음 중 펌프를 이용하여 공기를 흡인하여 채취할 때 크게 작용하는 기전이 아닌 것은?

① 간섭
② 중력침강
③ 관성충돌
④ 확산

해설 펌프를 이용하여 공기 중의 입자를 채취할 때 주로 작용하는 포집기전은 관성충돌, 간섭(차단), 확산이 작용한다. 관성충돌은 입자 크기 $1.0\,\mu m$ 이상인 포집에 기여하는 바가 크고, $0.1\sim0.5\,\mu m$ 범위의 입자는 간섭(차단)과 확산이 중요한 포집기구로 작용한다. 특히 확산은 $0.1\,\mu m$ 이하의 미세한 입자의 포집에 중요한 포집기구이며, 펌프를 이용하여 공기를 흡인(시료채취)할 때 가장 크게 작용하는 포집기구이다.

정답 26.① 27.④ 28.① 29.① 30.① 31.②

32 A물건을 제작하는 공정에서 100% TCE를 사용하고 있다. 작업자의 잘못으로 TCE가 휘발되었다면 공기 중 TCE 포화농도는? (단, 0℃, 1기압에서 환기가 되지 않고, TCE의 증기압은 19mmHg이다.)

① 19,000ppm   ② 22,000ppm
③ 25,000ppm   ④ 28,000ppm

해설 $C_p(\text{ppm}) = \dfrac{\text{분압(포화증기압)}}{\text{전압(대기압)}} \times 10^6$

∴ $C_p(\text{ppm}) = \dfrac{19\,\text{mmHg}}{760\,\text{mmHg}} \times 10^6 = 25,000\,\text{ppm}$

33 다음 중 정량한계에 관한 내용으로 옳은 것은 어느 것인가? (단, 고용노동부고시를 기준으로 한다.)

① 분석기기가 정량할 수 있는 가장 작은 오차를 말한다.
② 분석기기가 정량할 수 있는 가장 적은 양을 말한다.
③ 분석기기가 정량할 수 있는 가장 작은 정밀도를 말한다.
④ 분석기기가 정량할 수 있는 가장 작은 편차를 말한다.

해설 정량한계(LOQ, Limit Of Quantitation)란 어느 주어진 분석절차에 따라서 합리적인 신뢰성을 가지고 분석기기가 정량·분석할 수 있는 가장 작은 농도나 양을 말한다.

34 실리카겔관을 이용하여 포집한 물질을 분석할 때 보정해야 하는 실험은?

① 특이성 실험
② 산화율 실험
③ 탈착효율 실험
④ 물질의 농도범위 실험

해설 탈착효율(회수율)은 분석량(m)과 첨가량(α)의 비율을 말하며, 다음과 같이 산정한다.

□ $E(\%) = \dfrac{m}{\alpha} \times 100$ $\begin{cases} E : \text{탈착효율(회수율)(\%)} \\ m : \text{분석량(mg)} \\ \alpha : \text{첨가량(mg)} \end{cases}$

35 펌프를 사용하여 유속 1.7L/min으로 8시간 동안 공기를 포집하였을 때, 펌프에 포집된 공기의 양은 약 몇 m³인가?

① 0.82   ② 1.41
③ 1.70   ④ 2.14

해설 $V(\text{m}^3) = Q \times t$

∴ $V(\text{m}^3) = \dfrac{1.7\,\text{L}}{\text{min}} \times 480\,\text{min} \times \dfrac{\text{m}^3}{10^3\,\text{L}} = 0.82\,\text{m}^3$

36 작업환경 측정단위에 대한 설명으로 옳은 것은?

① 분진은 mL/m³로 표시한다.
② 석면의 표시단위는 ppm/m³로 표시한다.
③ 고열(복사열 포함)의 측정단위는 습구흑구온도지수(WBGT)를 구하여 섭씨온도(℃)로 표시한다.
④ 가스 및 증기의 노출기준 표시단위는 MPa/L로 표시한다.

해설 ③항만 올바르다. 분진은 mg/m³, 석면은 개/cm³, 가스 및 증기의 농도는 ppm 또는 mg/m³으로 표시한다.

37 용광로가 있는 철강 주물공장의 옥내 습구흑구온도지수(WBGT)는? (단, 작업장 내 건구온도는 32℃이고, 자연습구온도는 30℃이며, 흑구온도는 34℃이다.)

① 30.5℃   ② 31.2℃
③ 32.5℃   ④ 33.4℃

해설 $\text{WBGT}(℃) = (0.7 \times \text{자연습구}) + (0.3 \times \text{흑구})$

∴ $\text{WBGT} = (0.7 \times 30℃) + (0.3 \times 34℃) = 31.2℃$

38 흡착제인 활성탄의 제한점에 관한 설명으로 옳지 않은 것은?

① 휘발성이 매우 큰 저분자량의 탄화수소화합물의 채취효율이 떨어진다.
② 암모니아, 에틸렌, 염화수소와 같은 저비점 화합물에 효과가 적다.

③ 표면에 산화력이 없어 반응성이 작은 알데히드 포집에 부적합하다.
④ 비교적 높은 습도는 활성탄의 흡착용량을 저하시킨다.

해설 활성탄은 표면산화력이 크기 때문에 반응성이 큰 메르캅탄(mercaptan)과 알데히드(aldehyde) 등의 포집에는 사용하지 않는 것이 좋다.

39 직경이 $5\mu m$이고, 비중이 1.2인 먼지입자의 침강속도는 약 몇 cm/sec인가?

① 0.01　　② 0.03
③ 0.09　　④ 0.3

해설 $V_g = 0.003 \rho_p d_p^2$
∴ $V_g = 0.003 \times 1.2 \times 5^2 = 0.09 \, cm/sec$

40 흡광광도법에서 단색광이 시료액을 통과하여 그 광의 30%가 흡수되었을 때 흡광도는?

① 0.15　　② 0.3
③ 0.45　　④ 0.6

해설 흡광도$(A) = \log\left(\dfrac{1}{투과도}\right)$
∴ $A = \log\left(\dfrac{1}{1-0.3}\right) = 0.15$

제3과목　작업환경관리

41 다음 중 소음과 관련된 내용으로 옳지 않은 것은?

① 음압수준은 음압과 기준음압의 비를 대수값으로 변환하고 제곱하여 산출한다.
② 사람의 귀는 자극의 절대물리량에 1차식으로 비례하여 반응한다.
③ 음의 강도는 단위시간당 단위면적을 통과하는 음의 에너지이다.
④ 음원에서 발생하는 에너지는 음력이다.

해설 사람의 귀는 자극의 절대물리량에 대수적으로 비례하여 반응한다(Weber-Fether 법칙).

42 다음 중 적외선에 관한 설명으로 가장 거리가 먼 것은?

① 적외선은 대부분 화학작용을 수반하며 가시광선과 자외선 사이에 있다.
② 적외선에 강하게 노출되면 안검록염, 각막염, 홍채위축, 백내장 등을 일으킬 수 있다.
③ 일명 열선이라고 하며, 온도에 비례하여 적외선을 복사한다.
④ 적외선 중 가시광선과 가까운 쪽을 근적외선이라 한다.

해설 적외선은 화학결합의 붕괴·전리화 등 화학반응을 거의 일으키지 않는다.

43 일반적으로 더운 환경에서 고된 육체적인 작업을 하면서 땀을 많이 흘릴 때, 신체의 염분손실을 충당하지 못하여 발생하는 고열장애는?

① 열발진
② 열사병
③ 열실신
④ 열경련

해설 열경련(heat cramp) : 일반적으로 더운 환경에서 고된 육체적인 작업을 하면서 땀을 많이 흘릴 때, 신체의 염분(Cl^-) 손실을 충당하지 못하여 혈액의 현저한 농축(탈수로 인하여 혈장량이 급격히 증가)으로 발생하는 질환이다.

44 유해물질이 발생하는 공정에서 유해인자의 농도를 깨끗한 공기를 이용하여 그 유해물질을 관리하는 가장 적합한 작업환경 관리대책은?

① 밀폐　　② 격리
③ 환기　　④ 교육

해설 깨끗한 공기를 이용하여 그 유해물질을 관리하는 작업환경 관리대책은 환기이다.

정답　39.③　40.①　41.②　42.①　43.④　44.③

45 잠수부가 해저 30m에서 작업을 할 때 인체가 받는 절대압은?

① 3기압   ② 4기압
③ 5기압   ④ 6기압

해설 절대압 = 대기압 + 수압

∴ 절대압 = 1기압 + 30m × $\frac{1기압}{10m}$ = 4기압

46 다음 중 납중독이 조혈기능에 미치는 영향으로 옳은 것은?

① 혈색소량 증가
② 적혈구수 증가
③ 혈청 내 철 감소
④ 적혈구 내 프로토포르피린 증가

해설 납중독이 될 경우 뇨 중 코프로포르피린의 증가, 혈청 및 뇨 중 δ-ALA 증가, 적혈구 내 프로토포르피린 증가, 삼투압의 증가, 혈청 내 철 증가, K^+과 수분의 손실 등이 증가한다. 반면에 적혈구가 위축되고, 적혈구의 생존기간이 감소하며, 적혈구수와 혈색소량이 감소한다.

47 입자(비중 5)의 직경이 3μm인 먼지가 다른 방해기류 없이 층류이동을 할 경우 50cm 높이의 챔버 상부에서 하부까지 침강할 때 필요한 시간은 약 몇 분인가?

① 3.1   ② 6.2
③ 12.4 ④ 24.8

해설 침강시간(t) = $\frac{H}{V_g}$ = $\frac{H}{0.003\rho_p d_p^2}$

ㅁ $V_g = 0.003 \rho_p d_p^2 = 0.003 \times 5 \times 3^2$
 = 0.135 cm/sec

∴ $t = \frac{50}{0.135}$ = 370.37 sec = 6.17 min

48 밝기의 단위인 루멘(Lumen)에 대한 설명으로 가장 정확한 것은?

① 1Lux의 광원으로부터 단위입사각으로 나가는 광도의 단위이다.
② 1Lux의 광원으로부터 단위입사각으로 나가는 휘도의 단위이다.
③ 1촉광의 광원으로부터 단위입사각으로 나가는 조도의 단위이다.
④ 1촉광의 광원으로부터 단위입사각으로 나가는 광속의 단위이다.

해설 루멘(Lumen)은 1촉광의 광원으로부터 단위입체각으로 나가는 광속의 단위이다. 한편, Lux는 1루멘의 빛이 $1m^2$의 구면상에 수직으로 비추어질 때의 그 평면의 빛 밝기를 나타낸다.

49 적용 화학물질이 정제 벤토나이트 겔, 염화비닐수지이며, 분진, 전해약품 제조, 원료 취급작업에서 주로 사용되는 보호크림으로 가장 적절한 것은?

① 피막형 크림   ② 차광 크림
③ 소수성 크림   ④ 친수성 크림

해설 분진, 전해약품 제조, 원료 취급작업에서 발생되는 유해물질의 피부접촉을 차단하기 위해 사용되는 보호크림은 피부표층에 피막을 형성시켜 접촉을 제어하는 것이 효과적이다. 따라서 피막형성 크림은 에나멜의 구성성분인 피막형성제 즉, 벤드나이드겔, 염화비닐수지, 니트로셀룰로오스, 가소제 등이 함유되어 있다.

50 음압이 $2N/m^2$일 때 음압수준은 몇 dB인가?

① 90   ② 95
③ 100 ④ 105

해설 $SPL(dB) = 20\log\left(\frac{P}{P_o}\right)$

∴ $SPL = 20\log\left(\frac{2}{2\times 10^{-5}}\right) = 100\,dB$

51 작업과 보호구를 가장 적절하게 연결한 것은?

① 전기용접-차광안경
② 노면토석굴착-방독마스크
③ 도금공장-내열복
④ Tank 내 분무도장-방진마스크

정답 45.② 46.④ 47.② 48.④ 49.① 50.③ 51.①

해설 ①항만 올바르다. 노면 토석굴착-방진마스크, 도금공장-방독마스크, Tank 내 분무도장-송기마스크

52 보호장구의 재질별 효과적인 적용물질이 바르게 연결된 것은?

① 면-비극성 용제
② Butyl 고무-비극성 용제
③ 천연고무(latex)-극성 용제
④ Vitron-극성 용제

해설 보호장구 재질인 천연고무(latex)는 극성 용제에 효과적이나 비극성 용제에는 효과적이지 못하다.

53 작업장에서 발생된 분진에 대한 작업환경 관리대책과 가장 거리가 먼 것은 어느 것인가?

① 국소배기장치의 설치
② 발생원의 밀폐
③ 방독마스크의 지급 및 착용
④ 전체환기

해설 분진발생 작업환경에 사용되는 보호구는 방진마스크이다. 방독마스크(canister mask)는 가스상의 물질과 증기(가스상의 물질이나 유해 증기 등의 농도가 2% 이하로 존재하는 작업장)에 노출되는 것을 방지하기 위해 사용된다.

54 일반적인 소음관리대책 중에서 소음원 대책에 해당하지 않는 것은?

① 소음기 설치
② 보호구 착용
③ 소음원의 밀폐와 격리
④ 공정의 변경

해설 보호구 착용은 수음측 대책에 해당한다.

55 고압환경에서 기압에 의해 발생하는 장애로 볼 수 없는 것은?

① 질소 마취작용
② 산소중독 현상
③ 질소기포 형성
④ 이산화탄소중독

해설 질소기포 형성은 체내에 과다하게 용해되었던 질소, 헬륨 등이 압력이 낮아질 때 과포화상태로 되어 혈액과 조직에 기포를 형성하여 혈액순환을 방해하거나 주위 조직에 기계적 영향을 주는 감압병에서 볼 수 있는 증상이다.

56 다음 중 피부노화와 피부암에 영향을 주는 비전리방사선은?

① UV-A
② UV-B
③ UV-D
④ UV-F

해설 자외선 중 UV-B는 단백질과 핵산분자의 파괴, 변성작용, 적혈구·백혈구에 영향을 미친다. 따라서 피부노화, 피부화상, 피부암을 유발하는 비전리방사선으로 알려져 있다.

57 다음 중 입자상 물질의 크기 표시에 있어서 입자의 면적을 이등분하는 직경으로 과소평가의 위험성이 있는 것은?

① Martin 직경
② Feret 직경
③ 공기역학적 직경
④ 등면적 직경

해설 마틴경(Martin's diameter)은 입자의 투영면적을 2등분하는 선의 거리에 상당하는 직경을 말한다. 과소평가될 가능성이 있는 직경이다.

58 다음 중 저온에 따른 일차적 생리적 영향은?

① 식욕변화
② 혈압변화
③ 말초냉각
④ 피부혈관 수축

해설 저온에 따른 인체의 1차적 생리적 증상은 몸 떨림(전율), 피부혈관의 수축, 입모(piloerection), 체표면적 감소(노출 감소, 웅크림)되면서 내적으로는 갑상선 자극호르몬의 분비가 증가되면서 화학적 대사작용이 증대하게 된다.

정답 52.③ 53.③ 54.② 55.③ 56.② 57.① 58.④

59 다음 중 소음성 난청에 대한 설명으로 옳지 않은 것은?

① 음압수준이 높을수록 유해하다.
② 저주파음이 고주파음보다 더욱 유해하다.
③ 간헐적 노출이 계속적 노출보다 덜 유해하다.
④ 심한 소음에 반복하여 노출되면 일시적 청력변화는 영구적 청력변화로 변한다.

해설 고주파음이 저주파음보다 영향이 크다. 또한 지속적인 소음노출이 단속적인(간헐적인) 소음노출보다 더 큰 영향을 미친다.

60 다음 중 흄(fume)에 대한 설명으로 알맞은 내용은?

① 기체상태로 있던 무기물질이 승화하거나, 화학적 변화를 일으켜 형성된 고형의 미립자
② 금속을 용융하는 경우 발생되는 증기가 공기에 의해 산화되어 만들어진 미세한 금속산화물
③ 콜로이드보다 입자의 크기가 크고 단시간동안 공기 중에 부유할 수 있는 고체입자
④ 액체물질이던 것이 미립자가 되어 공기 중에 분산된 입자

해설 흄(fume)은 용융된 고체상태의 물질이 고온으로 액체화된 다음 증기화되고, 증기물의 응축 및 산화로 생기는 고체상의 금속산화물로 된 미립자이다.

[**제4과목** 산업환기]

61 다음 [그림]과 같이 국소배기장치에서 공기정화기가 막혔을 경우 정압의 절대값은 이전 측정에 비해 어떻게 변하는가?

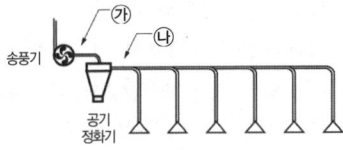

① ㉮ 감소 ㉯ 증가
② ㉮ 증가 ㉯ 감소
③ ㉮ 감소 ㉯ 감소
④ ㉮ 거의 정상 ㉯ 증상

해설 국소배기 시스템에서 공기정화기가 폐쇄된 경우, 후드로부터 흡입된 공기는 정화기를 통화하지 못하므로 ㉯부분은 공기의 유입이 일어나지 않고, 배기측의 송풍기는 정상 가동되고 있으므로 ㉮부분은 부압이 크게 증가하게 된다. 따라서 ②항이 올바르다.

62 직경이 10cm인 원형 후드가 있다. 관내를 흐르는 유량이 0.1m³/sec라면 후드 입구에서 15cm 떨어진 후드 축선상에서의 제어속도는? (단, Dalla Valle의 경험식을 이용한다.)

① 0.25m/sec ② 0.29m/sec
③ 0.35m/sec ④ 0.43m/sec

해설 $Q_c = (10X^2 + A) \times V_c$

  □ 일반형 $A = \dfrac{3.14 \times 0.1^2}{4} = 0.00785\,\text{m}^2$

  ⇨ $0.1 = (10 \times 0.15^2 + 0.00785) \times V_c$

  ∴ $V_c = 0.43\,\text{m/sec}$

63 두 개의 덕트가 합류될 때 정압(P_s)에 따른 개선사항이 잘못된 것은?

① $0.95 \leq$ (낮은 P_s/높은 P_s) : 차이를 무시
② 두 개의 덕트가 합류될 때 정압의 차이가 없는 것이 이상적
③ (낮은 P_s/높은 P_s) < 0.8 : 정압이 높은 덕트의 직경을 다시 설계
④ $0.8 \leq$ (낮은 P_s/높은 P_s) < 0.95 : 정압이 낮은 덕트의 유량을 조정

해설 ③항은 정압이 낮은 덕트의 직경을 다시 설계하여야 한다.
  □ (낮은 P_s/높은 P_s) < 0.8 : 정압이 낮은 덕트의 직경을 다시 설계
  □ $0.85 \leq$ (낮은 P_s/높은 P_s) < 0.95 : 정압이 낮은 덕트의 유량조정
  □ $0.95 \leq$ (낮은 P_s/높은 P_s) : 차이를 무시

64 자유공간에 떠 있는 직경 30cm인 원형 개구후드의 개구면으로부터 30cm 떨어진 곳의 입자를 흡인하려고 한다. 제어풍속을 0.6m/sec로 할 때 후드 정압(P_s)은 약 몇 mmH$_2$O인가? (단, 원형 개구후드의 유입손실계수(F_i)는 0.93이다.)

① -14.0 ② -12.0
③ -10.0 ④ -8.0

[해설] $|P_s| = (1+F_i)P_v$

- F_i : 유입손실계수 = 0.93
- $P_v = \dfrac{\gamma V^2}{2g}$

$\begin{cases} V = \dfrac{Q}{A} \\ Q = (10X^2 + A)V_c \\ \quad = \left[(10 \times 0.3^2) + \left(\dfrac{3.14 \times 0.3^2}{4}\right)\right] \times 0.6 \\ \quad = 0.582 \text{m}^3/\text{sec} \\ \therefore V = \dfrac{0.582}{(3.14 \times 0.3^2/4)} = 8.24 \text{m/sec} \end{cases}$

⇨ $P_v = \dfrac{1.2 \times 8.24^2}{2 \times 9.8} = 4.16 \text{mmH}_2\text{O}$

∴ $|P_s| = (1+0.93) \times 4.16 = 8.02 \text{ mmH}_2\text{O}$

65 다음 설명에 해당하는 국소배기와 관련한 용어는?

- 후드 근처에서 발생되는 오염물질을 주변의 방해기류를 극복하고 후드 쪽으로 흡인하기 위한 유체의 속도를 의미한다.
- 후드 앞 오염원에서의 기류로 오염공기를 후드로 흡인하는 데 필요하며 방해기류를 극복해야 한다.

① 면속도 ② 제어속도
③ 플레넘속도 ④ 슬롯속도

[해설] 제어풍속(Control Velocity)은 후드 전면 또는 후드 개구면에서 유해물질이 함유된 공기를 당해 후드로 흡입시킴으로써 그 지점의 유해물질을 제어할 수 있는 공기속도를 말한다. 다만, 포위식 및 부스식 후드에서는 후드의 개구면에서 흡입되는 기류의 풍속을 말하며, 외부식 및 레시버식 후드에서는 후드의 개구면으로부터 가장 먼 거리의 유해물질이 후드 쪽으로 흡입되는 기류의 속도를 말한다.

66 27℃, 1기압 하에 존재하는 2L의 산소기체를 327℃, 2기압으로 변화시키면 그 부피는 몇 L가 되겠는가?

① 0.5 ② 1.0
③ 2.0 ④ 4.0

[해설] $V_2 = V_1 \times \dfrac{T_2}{T_1} \dfrac{P_1}{P_2}$

∴ $V_2 = 2\text{L} \times \dfrac{273+327}{273+27} \times \dfrac{1}{2} = 2\text{L}$

67 국소배기 시스템 설치 시 고려사항으로 가장 적절하지 않은 것은?

① 가급적 원형 덕트를 사용한다.
② 후드는 덕트보다 두꺼운 재질을 선택한다.
③ 곡관의 곡률반경은 최소덕트직경의 1.5배 이상으로 하며, 주로 2배를 사용한다.
④ 송풍기를 연결할 때에는 최소덕트직경의 2배 정도는 직선구간으로 하여야 한다.

[해설] 송풍기를 연결할 때에는 최소덕트직경의 6배 정도는 직선구간으로 하여야 한다. 덕트의 설치원칙은 ①, ②, ③항 이외에 다음과 같은 항목이 추가된다.
- 덕트의 길이는 가능한 한 짧게, 굴곡부의 수는 적게, 내면은 돌출이 없게 할 것
- 공기가 아래로 흐르도록 하향구배를 할 것

68 다음 [그림]과 같이 단면적이 작은 쪽이 Ⓐ, 큰 쪽이 Ⓑ인 사각형 덕트의 확대관에 대한 압력손실을 구하는 방법으로 가장 적절한 것은? (단, 경사각은 $\theta_1 > \theta_2$이다.)

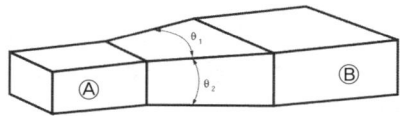

① θ_1의 각도를 경사각으로 한 단면적을 이용한다.
② θ_2의 각도를 경사각으로 한 단면적을 이용한다.
③ 두 각도의 평균값을 이용한 단면적을 이용한다.
④ 작은 쪽(Ⓐ)과 큰 쪽(Ⓑ)의 등가(상당)직경을 이용한다.

해설 단면적이 작은 쪽이 Ⓐ, 큰 쪽이 Ⓑ인 사각형 덕트의 확대관에 대한 압력손실을 구하는 방법은 작은 쪽(Ⓐ)과 큰 쪽(Ⓑ)의 등가직경(상당직경)을 이용한다. 왜냐하면 속도압의 변화에 수반되는 에너지 손실이므로 덕트 내 유체의 반송속도와 관련되기 때문이다.

69 국소배기장치에 주로 사용하는 터보 송풍기에 관한 설명으로 틀린 것은?

① 송풍량이 증가해도 동력이 증가하지 않는다.
② 방사날개형 송풍기나 전향날개형 송풍기에 비해 효율이 좋다.
③ 직선 익근을 반경방향으로 부착시킨 것으로 구조가 간단하고 보수가 용이하다.
④ 고농도 분진함유 공기를 이송시킬 경우, 회전날개 뒷면에 퇴적되어 효율이 떨어진다

해설 터보형은 익근이 후향으로 부착된다. 직선 익근을 반경방향으로 부착시킨 것은 방사날개형(레이디얼형)이다.

70 유해 작업장의 분진이 바닥이나 천장에 쌓여서 2차 발진된다. 이것을 방지하기 위한 공학적 대책으로 오염농도를 희석시키는데, 이때 사용되는 주요 대책방법으로 가장 적절한 것은?

① 개인보호구 착용
② 칸막이 설치
③ 전체환기시설 가동
④ 소음기 설치

해설 작업장 내 오염물질 농도를 희석시키기 위해서는 환기를 통하여 오염물질을 외부로 배출하고, 외부공기를 실내로 공급하여야 한다. 따라서 ②항과 ④항은 오염물질에 노출되는 것을 방지하거나 감소시킬 수는 있지만 오염물질의 농도를 희석시키는 방법은 아니므로 정답에서 배제되고, ①항의 국소배기시설은 작업장의 분진이 바닥이나 천장에 쌓여서 2차 발진되는 상태이므로 적용하기 부적합하다. 따라서 문제와 같은 조건에서 가장 적합한 공학적 대책은 전체환기를 통한 오염물질 제어가 될 것이다.

71 사이클론의 집진효율을 향상시키기 위해 blow-down 방법을 이용할 때, 사이클론의 더스트박스 또는 멀티사이클론의 호퍼부에서 처리배기량의 몇 %를 흡입하는 것이 가장 이상적인가?

① 1~3%   ② 5~10%
③ 15~20%   ④ 25~30%

해설 블로다운(blow-down)방식은 사이클론 하부의 분진박스(dust box)에서 유입유량의 일부(5~15%)에 상당하는 함진가스를 추출시켜 주는 방식으로 분진의 재비산 방지효과가 있어 내통의 분진 폐색을 방지하고, 집진효율을 증가시키기 위해 적용한다.

72 전체환기를 적용하기에 가장 적합하지 않은 곳은?

① 오염물질의 독성이 낮은 곳
② 오염물질의 발생원이 이동하는 곳
③ 오염물질의 발생량이 많고 널리 퍼져 있는 곳
④ 작업공장상 국소배기장치의 설치가 불가능한 곳

해설 전체환기 방식은 오염물질의 발생량이 적고 넓게 퍼져 있는 곳에 적용된다.

73 다음 후드의 종류에서 외부식 후드가 아닌 것은?

① 루바형 후드
② 그리드형 후드
③ 슬롯형 후드
④ 드래프트 챔버형 후드

해설 드래프트 챔버형 후드(Draft chamber hood)는 포위식(4면 포위식) 후드로 분류된다.

74 송풍기의 소요동력을 계산하는 데 필요한 인자로 볼 수 없는 것은?

① 송풍기의 효율   ② 풍량
③ 송풍기 날개수   ④ 송풍기 전압

해설 송풍기의 동력을 결정할 때 필요한 정보는 송풍기 전압(압력손실)과 송풍량, 효율이다.

정답 69.③ 70.③ 71.② 72.③ 73.④ 74.③

□ 소요동력$(P) = \dfrac{\Delta P \cdot Q}{102\,\eta_m\,\eta_s} \times \alpha$

$\begin{cases} Q : \text{가스유량}(m^3/sec) \\ \Delta P : \text{유효전압(압력손실)} \\ \alpha : \text{여유율(안전율)} \\ \eta_s : \text{송풍기효율} \\ \eta_m : \text{모터효율} \end{cases}$

75 피토튜브와 마노미터를 이용하여 측정된 덕트 내 동압이 20mmH₂O일 때, 공기의 속도는 약 몇 m/sec인가? (단, 덕트 내의 공기는 21℃, 1기압으로 가정한다.)

① 14　　② 18
③ 22　　④ 24

[해설] $V(\text{유속}) = \sqrt{\dfrac{2gP_v}{\gamma}}$

∴ $V = \sqrt{\dfrac{2 \times 9.8 \times 20}{1.2}} = 18.1\,\text{m/sec}$

76 폭발방지를 위한 환기량은 해당 물질의 공기 중 농도를 어느 수준 이하로 감소시키는 것인가?

① 폭발농도 하한치
② 폭발농도 상한치
③ 노출기준 하한치
④ 노출기준 상한치

[해설] 폭발방지를 위한 환기량은 해당 물질의 공기 중 농도를 폭발농도 하한치 이하로 감소시키는 것을 목표로 산정한다.

□ $Q = \dfrac{G \cdot S\,24.1 \times 10^2 \times C}{MW \times LEL \times B}$
$\begin{cases} Q : \text{환기량} \\ LEL : \text{폭발하한} \\ G : \text{유해물질 발생률} \\ MW : \text{분자량} \\ S : \text{유해물질의 비중} \\ C : \text{온도보정} \\ B : \text{온도 안전계수} \end{cases}$

77 분압이 1.5mmHg인 물질이 표준상태의 공기 중에서 도달할 수 있는 최고농도(%)는 약 얼마인가?

① 0.2%　　② 1.1%
③ 2.0%　　④ 11.0%

[해설] $C_\% = \dfrac{P_v(\text{mmHg})}{760\,\text{mmHg}} \times 100$

∴ $C_\% = \dfrac{1.5\,\text{mmHg}}{760\,\text{mmHg}} \times 100 = 0.2\%$

78 실내 공기의 풍속을 측정하는 데 사용하는 기구는?

① 카타온도계　　② 유량계
③ 복사온도계　　④ 회전계

[해설] 카타온도계는 기류의 방향이 일정하지 않거나 실내 0.2~0.5m/sec 정도의 불감기류를 측정할 때 사용된다.

79 톨루엔은 0℃일 때 증기압이 6.8mmHg이고, 25℃일 때는 증기압이 7.4mmHg이다. 기온이 0℃일 때와 25℃일 때의 포화농도 차이는 약 몇 ppm인가?

① 790　　② 810
③ 830　　④ 850

[해설] $\Delta C_p(\text{ppm}) = \dfrac{\Delta P_v(\text{mmHg})}{760\,\text{mmHg}} \times 10^6$

∴ $\Delta C_p = \left(\dfrac{7.4 - 6.8}{760}\right) \times 10^6 = 789.5\,\text{ppm}$

80 국소환기장치에서 플랜지(flange)가 벽, 바닥, 천장 등에 접하고 있는 경우 필요환기량은 약 몇 %가 절약되는가?

① 10　　② 25
③ 30　　④ 50

[해설] 플랜지(flange)가 벽, 바닥, 천장 등에 접하고 있는 경우, 필요환기량은 약 50%가 절약된다. 환기량의 산출 계산식을 토대로 이를 살펴보면 다음과 같다.

Ⓐ 일반형 후드
$Q_c = (10X^2 + A) \times V_c$

Ⓑ 한 변이 작업대에 경계된 플랜지 부착한 후드
$Q_c^* = 0.5(10X^2 + A) \times V_c$

∴ 감소량 $= \left(\dfrac{Q_c - Q_c^*}{Q_c}\right) \times 100$
$= \left(\dfrac{Q_c - 0.5Q_c}{Q_c}\right) \times 100 = 50\%$

정답 75.② 76.① 77.① 78.① 79.① 80.④

2019 제1회 산업위생관리(기사)

2019. 3. 3 시행

[제1과목] 산업위생학 개론

01 신체적 결함과 이에 따른 부적합 작업을 짝지은 것으로 틀린 것은?

① 심계항진 – 정밀작업
② 간기능 장애 – 화학공업
③ 빈혈증 – 유기용제 취급작업
④ 당뇨증 – 외상받기 쉬운 작업

해설 심계항진증은 불규칙하거나 빠른 심장 박동이 비정상적으로 느껴지는 증상으로 어지러움, 흉부 통증, 메슥거림이 있을 수 있다. 따라서 이 질환을 앓고 있는 근로자는 격심한 작업이나 고소작업에 부적합하다.

02 OSHA가 의미하는 기관의 명칭으로 맞는 것은?

① 세계보건기구
② 영국보건안전부
③ 미국산업위생협회
④ 미국산업안전보건청

해설 OSHA는 미국산업안전보건청을 의미한다.
(Occupational Safety and Health Administration)

03 사고예방대책의 기본원리 5단계를 순서대로 나열한 것으로 맞는 것은?

① 사실의 발견 → 조직 → 분석 → 시정책(대책)의 선정 → 시정책(대책)의 적용
② 조직 → 분석 → 사실의 발견 → 시정책(대책)의 선정 → 시정책(대책)의 적용
③ 조직 → 사실의 발견 → 분석 → 시정책(대책)의 선정 → 시정책(대책)의 적용
④ 사실의 발견 → 분석 → 조직 → 시정책(대책)의 선정 → 시정책(대책)의 적용

해설 하인리히의 사고예방대책 5단계는 조직 → 사실의 발견 → 분석·평가 → 시정책의 선정 → 시정책의 적용으로 구성된다.

04 실내공기의 오염에 따른 건강상의 영향을 나타내는 용어가 아닌 것은?

① 새집증후군
② 헌집증후군
③ 화학물질과민증
④ 스티븐스존슨증후군

해설 스티븐스존슨증후군은 실내공기의 오염에 따른 질환이 아니다. 스티븐스존슨증후군은 알레르기 반응을 일으키는 물질이나 독성 물질로 인한 피부 혈관의 반응에 따른 질환이다.

05 국가 및 기관별 허용기준에 대한 사용 명칭을 잘못 연결한 것은?

① 영국 HSE – OEL
② 미국 OSHA – PEL
③ 미국 ACGIH – TLV
④ 한국 – 화학물질 및 물리적 인자의 노출기준

해설 영국의 노출기준은 WEL(Workplace Exposure Limits)이다. OEL(Occupational Exposure Limits)은 스웨덴, 프랑스, 일본에서 적용하는 노출기준이다.

06 물체의 실제무게를 미국 NIOSH의 권고중량물한계기준(RWL : Recommended Weight Limit)으로 나누어 준 값을 무엇이라 하는가?

① 중량상수(LC)
② 빈도승수(FM)
③ 비대칭승수(AM)
④ 중량물 취급지수(LI)

정답 01.① 02.④ 03.③ 04.④ 05.① 06.④

해설 중량물 취급지수(LI, Lifting Index)는 실제작업물의 무게(L)와 권고기준(RWL, 권장무게한계)의 비(ratio)를 의미하며, 특정 작업에서의 육체적 스트레스의 상대적인 양을 나타내는 척도가 된다.

07 1994년 ABIH(American Board of Industrial Hygiene)에서 채택된 산업위생전문가의 윤리강령 내용으로 틀린 것은?
① 산업위생 활동을 통해 얻은 개인 및 기업의 정보는 누설하지 않는다.
② 과학적 방법의 적용과 자료의 해석에서 경험을 통한 전문가의 주관성을 유지한다.
③ 전문적 판단이 타협에 의하여 좌우될 수 있거나 이해관계가 있는 상황에는 개입하지 않는다.
④ 쾌적한 작업환경을 만들기 위해 산업위생이론을 적용하고 책임 있게 행동한다.

해설 산업위생전문가는 과학적 방법의 적용과 자료의 해석에서 객관성을 유지하여야 할 책임이 있다.

08 최대작업영역(maximum working area)에 대한 설정으로 맞는 것은?
① 양팔을 곧게 폈을 때 도달할 수 있는 최대영역
② 팔을 위 방향으로만 움직이는 경우에 도달할 수 있는 작업영역
③ 팔을 아래 방향으로만 움직이는 경우에 도달할 수 있는 작업영역
④ 팔을 가볍게 몸체에 붙이고 팔꿈치를 구부린 상태에서 자유롭게 손이 닿는 영역

해설 최대작업영역은 어깨(위팔)로부터 팔(아래팔)을 펴서 어깨를 축으로 하여 수평면상에서 원을 그릴 때 부채꼴 모양의 원호의 내부영역에 해당한다.

09 산업안전보건법령상 석면에 대한 작업환경 측정결과 측정치가 노출기준을 초과하는 경우 그 측정일로부터 몇 개월에 몇 회 이상의 작업환경측정을 하여야 하는가?

① 1개월에 1회 이상
② 3개월에 1회 이상
③ 6개월에 1회 이상
④ 12개월에 1회 이상

해설 산업안전보건법령상 석면 등 허가대상물질, 관리대상 유해물질의 측정치가 노출기준을 초과하는 경우 그 측정일로부터 3개월에 몇 1회 이상의 작업환경측정을 하여야 한다.

10 미국산업위생학회(AHIA)에서 정한 산업위생의 정의로 옳은 것은?
① 작업장에서 인종·정치적 이념·종교적 갈등을 배제하고 작업자의 알권리를 최대한 확보해주는 사회과학적 기술이다.
② 작업자가 단순하게 허약하지 않거나 질병이 없는 상태가 아닌 육체적·정신적 및 사회적인 안녕상태를 유지하도록 관리하는 과학과 기술이다.
③ 근로자 및 일반대중에게 질병, 건강장애, 불쾌감을 일으킬 수 있는 작업환경 요인과 스트레스를 예측·측정·평가 및 관리하는 과학이며 기술이다.
④ 노동 생산성보다는 인권이 소중하다는 이념하에 노사간 갈등을 최소화하고 협력을 도모하여 최대한 쾌적한 작업환경을 유지 증진하는 사회과학이며 자연과학이다.

해설 미국의 산업위생학회(AIHA)는 산업위생에 정의를 "산업위생이란 근로자나 일반대중에게 질병, 건강장해와 안녕방해, 심각한 불쾌감 및 능률저하 등을 초래하는 작업환경 요인과 스트레스를 예측·측정·평가 및 관리하는 과학이며 기술이다."라고 하였다.

11 직업성 질환의 범위에 대한 설명으로 틀린 것은?
① 합병증이 원발성 질환과 불가분의 관계를 가지는 경우를 포함한다.
② 직업상 업무에 기인하여 1차적으로 발생하는 원발성 질환은 제외한다.
③ 원발성 질환과 합병 작용하여 제2의 질환을 유발하는 경우를 포함한다.

정답 07.② 08.① 09.② 10.③ 11.②

④ 원발성 질환부위가 아닌 다른 부위에서도 동일한 원인에 의하여 제2의 질환을 일으키는 경우를 포함한다.

해설 직업상의 업무로 인하여 1차적으로 발생하는 질환이 원발성이므로 가장 우선적으로 직업병에 포함된다. 직업성 질환의 범위는 원발성 질환, 속발성 질환, 원발성 질환과 불가분의 관계를 가지는 합병증이나 제2의 질환을 유발하는 경우를 포함하며, 원발성 질환부위가 아닌 다른 부위에서도 동일한 원인에 의하여 제2의 질환을 일으키는 경우도 포함한다.

12 산업피로에 대한 설명으로 틀린 것은?
① 산업피로는 원칙적으로 일종의 질병이며 비가역적 생체변화이다.
② 산업피로는 건강장해에 대한 경고반응이라고 할 수 있다.
③ 육체적, 정신적 노동부하에 반응하는 생체의 태도이다.
④ 산업피로는 생산성의 저하뿐만 아니라 재해와 질병의 원인이 된다.

해설 산업피로(industrial fatigue) 문제는 노동운동에 의하여 여러 가지 체내변화가 일어나고 있지만 휴식에 의하여 회복된다는 의미에서 피로는 가역적이다.

13 산업안전보건법상 사무실 공기관리에 있어 오염물질에 대한 관리기준이 잘못 연결된 것은?
① 오존-0.1ppm 이하
② 일산화탄소-10ppm 이하
③ 이산화탄소-1,000ppm 이하
④ 포름알데히드(HCHO)-0.1ppm 이하

해설 오존의 관리기준은 0.06ppm 이하이다.

14 밀폐공간과 관련된 설명으로 틀린 것은?
① 산소결핍이란 공기 중의 산소농도가 16% 미만인 상태를 말한다.
② 산소결핍증이란 산소가 결핍된 공기를 들이마심으로써 생기는 증상을 말한다.
③ 유해가스란 탄산가스, 일산화탄소, 황화수소 등의 기체로서 인체에 유해한 영향을 미치는 물질을 말한다.
④ 적정공기란 산소농도의 범위가 18% 이상, 23.5% 미만, 탄산가스의 농도가 1.5% 미만, 황화수소의 농도가 10ppm 미만인 수준의 공기를 말한다.

해설 산소결핍이란 공기 중의 산소농도가 18% 미만인 상태를 말한다.

15 산업피로의 대책으로 적합하지 않은 것은?
① 불필요한 동작을 피하고 에너지소모를 적게 한다.
② 작업과정에 따라 적절한 휴식기간을 가져야 한다.
③ 작업능력에는 개인별 차이가 있으므로 각 개인마다 작업량을 조정해야 한다.
④ 동적인 작업은 피로를 더하게 하므로 가능한 한 정적인 작업으로 전환한다.

해설 정적인 작업은 피로를 더하게 할 수 있으므로 가능한 한 움직일 수 있는 동적인 작업으로 전환하는 것이 피로예방에 도움이 된다.

16 산업안전보건법에서 정하는 중대재해라고 볼 수 없는 것은?
① 사망자가 1명 이상 발생한 재해
② 부상자 또는 직업성 질병자가 동시에 10명 이상 발생한 재해
③ 3개월 이상의 요양을 요하는 부상자가 동시에 2명 이상 발생한 재해
④ 재산피해액 5천만원 이상의 재해

해설 중대재해란 산업재해 중 사망 등 재해정도가 심한 것으로서 고용노동부령으로 정하는 다음의 재해를 말한다.
• 사망자가 1명 이상 발생한 재해
• 3개월 이상의 요양이 필요한 부상자가 동시에 2명 이상 발생한 재해
• 부상자 또는 직업성 질병자가 동시에 10명 이상 발생한 재해

정답 12.① 13.① 14.① 15.④ 16.④

17 상시근로자수가 1,000명인 사업장에 1년 동안 6건의 재해로 8명의 재해자가 발생하였고, 이로 인한 근로손실일수는 80일이었다. 근로자가 1일 8시간씩 매월 25일씩 근무하였다면, 이 사업장의 도수율은 얼마인가?

① 0.03　　② 2.50
③ 4.00　　④ 8.00

[해설] 도수율 $= \dfrac{\text{재해건수}}{\text{연근로시간수}} \times 10^6$
$= \dfrac{6}{8 \times 25 \times 12 \times 1{,}000} \times 10^6$
$= 2.5$

18 근육운동의 에너지원 중에서 혐기성 대사의 에너지원에 해당되는 것은?

① 지방
② 포도당
③ 글리코겐
④ 단백질

[해설] 혐기성 운동은 단시간 내에 많은 힘을 요구하는 운동으로 신속한 에너지 공급을 요구하지만 산소와 근육기질의 공급을 받을 여유가 없기 때문에 혐기성 대사가 일어나면서 에너지원으로 크레아틴인산(CP)과 글리코겐 등 근육자체에 저장된 에너지를 주로 이용하게 된다.

19 산업안전보건법에서 산업재해를 예방하기 위하여 잠재적 위험성을 발견하고 그 개선대책을 수립할 목적으로 고용노동부장관이 지정하는자가 하는 조사·평가를 무엇이라 하는가?

① 위험성 평가
② 작업환경측정·평가
③ 안전·보건진단
④ 유해성·위험성 조사

[해설] 안전·보건진단은 산업재해를 예방하기 위하여 잠재적 위험성의 발견과 그 개선대책의 수립을 목적으로 고용노동부장관이 지정하는 자가 실시하는 조사·평가를 말한다.

20 유체적작업능력(PWC)이 15kcal/min인 근로자가 1일 8시간 물체를 운반하고 있다. 이때의 작업대사율이 6.5kcal/min이고, 휴식 시의 대사량이 1.5kcal/min일 때 매 시간당 적정 휴식시간은 약 얼마인가? (단, Hertig의 식을 적용한다.)

① 18분　　② 25분
③ 30분　　④ 42분

[해설] $T_{ep}(\%) = \dfrac{PWC_o - M_t}{M_r - M_t} \times 100$

$\begin{cases} PWC_o = 15 \times 1/3 = 5\,kcal/min \\ M_r : \text{휴식대사량} = 1.5\,kcal/min \\ M_t : \text{작업대사량} = 6.5\,kcal/min \end{cases}$

$\Rightarrow T_{ep}(\%) = \dfrac{5 - 6.5}{1.5 - 6.5} \times 100 = 30\%$

∴ 휴식시간 $= 1hr \times 0.3 \times 60min/hr$
$= 18\,min$

※ 작업시간 $= 60 - 18 = 42\,min$

[**제2과목**] **작업환경측정 및 평가**

21 유기용제 작업장에서 측정한 톨루엔농도는 65, 150, 175, 63, 83, 112, 58, 49, 205, 178(ppm)일 때, 산술평균과 기하평균값은 약 몇 ppm인가?

① 산술평균 108.4, 기하평균 100.4
② 산술평균 108.4, 기하평균 117.6
③ 산술평균 113.8, 기하평균 100.4
④ 산술평균 113.8, 기하평균 117.6

[해설] $AM(\text{산술평균}) = \dfrac{X_1 + X_2 + \cdots + X_n}{N}$

ㅁ $X_1 \sim X_n$: 각 농도치(65, 150, 175, ⋯ 등)
ㅁ N : 데이터수 $= 10$

∴ $AM = \dfrac{1{,}138}{10} = 113.8$

$GM(\text{기하평균}) = \sqrt[N]{X_1 \times X_2 \times \cdots \times X_n}$

∴ $GM = \sqrt[10]{1.0363 \times 10^{20}} = 100.36$

정답 17.② 18.③ 19.③ 20.① 21.③

22 유사노출그룹에 대한 설명으로 틀린 것은?

① 유사노출그룹은 노출되는 유해인자의 농도와 특성이 유사하거나 동일한 근로자 그룹을 말한다.
② 역학조사를 수행할 때 사건이 발생된 근로자가 속한 유사노출그룹의 노출농도를 근거로 노출원인을 추정할 수 있다.
③ 유사노출그룹 설정을 위해 시료채취수가 과다해지는 경우가 있다.
④ 유사노출그룹은 모든 근로자의 노출상태를 측정하는 효과를 가진다.

해설 유사노출그룹을 설정함으로써 소수를 대상으로 정성적 혹은 정량적으로 노출의 특성을 측정할 수 있으므로 시료채취수를 경제적으로 결정할 수 있고, 모든 근로자의 노출농도를 효율적으로 추정할 수 있다.

23 입자의 가장자리를 이등분한 직경으로 과대평가될 가능성이 있는 직경은?

① 마틴 직경   ② 페렛 직경
③ 공기역학 직경   ④ 등면적 직경

해설 페렛 직경(Feret's diameter)은 먼지의 한쪽 끝 가장자리와 다른 쪽 가장자리 사이의 거리에 상당하는 직경을 말한다. 과대평가될 가능성이 있는 직경이다.

24 다음 중 1차 표준기구가 아닌 것은?

① 오리피스미터
② 폐활량계
③ 가스치환병
④ 유리 피스톤미터

해설 오리피스미터는 2차 표준기구이다. 이외에 열선기류계, 습식 테스트미터, 건식 가스미터, 로터미터 등이 2차 표준기구이다.

25 온도 표시에 대한 설명으로 틀린 것은? (단, 고용노동부고시를 기준으로 한다.)

① 절대온도는 K로 표시하고 절대온도 0K는 −273℃로 한다.
② 실온은 1∼35℃, 미온은 30∼40℃로 한다.
③ 온도의 표시는 셀시우스(Celcius)법에 따라 아라비아 숫자의 오른 쪽에 ℃를 붙인다.
④ 냉수는 4℃ 이하, 온수는 60∼70℃를 말한다.

해설 온수는 60∼70℃, 냉수는 15℃ 이하, 열수는 약 100℃를 말한다.

26 원통형 비누거품미터를 이용하여 공기시료 채취기의 유량을 보정하고자 한다. 원통형 비누거품미터의 내경은 4cm이고 거품막이 30cm의 거리를 이동하는데 10초의 시간이 걸렸다면 이 공기시료 채취기의 유량은 약 몇 cm^3/sec 인가?

① 37.7   ② 16.5
③ 8.2   ④ 2.2

해설 $Q = A \cdot V$ $\begin{cases} A : 단면적 = \dfrac{\pi D^2}{4} \\ V : 유속 = \dfrac{L(길이)}{t(시간)} \end{cases}$

• $A = \dfrac{3.14 \times 4^2}{4} = 12.56 \, cm^2$

• $V = \dfrac{L}{t} = \dfrac{30cm}{10sec} = 3cm/sec$

∴ $Q = 12.56 \, cm^2 \times \dfrac{3 \, cm}{sec} = 37.68 \, cm^3/sec$

27 출력이 0.4W의 작은 점음원에서 10m 떨어진 곳의 음압수준은 약 몇 dB인가? (단, 공기의 밀도는 $1.18kg/m^3$이고, 공기에서 음속은 344.4m/sec이다.)

① 80   ② 85
③ 90   ④ 95

해설 $SPL = PWL - 20 \log r - 11$
※ 공간조건 없을 때

∴ $SPL = \left[10 \log \left(\dfrac{0.4}{10^{-12}} \right) \right] - 20 \log 10 - 11$
$= 85.02 \, dB$

28 입자의 크기에 따라 여과기전 및 채취효율이 다르다. 입자 크기가 0.1~0.5μm일 때, 주된 여과기전은?

① 충돌과 간섭
② 확산과 간섭
③ 차단과 간섭
④ 침강과 간섭

[해설] 0.1~0.5μm인 입자상 물질은 주로 확산-간섭에 의해 포집된다.

29 입경이 20μm이고, 입자 비중이 1.5인 입자의 침강속도는 약 몇 cm/sec인가?

① 1.8
② 2.4
③ 12.7
④ 36.2

[해설] $V_g = 0.003\, \rho_p\, d_p^2$

∴ $V_g = 0.003 \times 1.5 \times 20^2 = 1.8\, cm/sec$

30 측정결과를 평가하기 위하여 "표준화값"을 산정할 때 필요한 것은? (단, 고용노동부고시를 기준으로 한다.)

① 시간가중평균값(단시간 노출값)과 허용기준
② 평균농도와 표준편차
③ 측정농도와 시료채취분석오차
④ 시간가중평균값(단시간 노출값)과 평균농도

[해설] 표준화값을 산정할 때 필요한 것은 유해물질 농도 측정치(시간가중평균)와 노출기준이다.

□ 표준화값 $(Y) = \dfrac{측정농도(TWA\ or\ STEL)}{허용농도(노출기준)}$

31 다음은 가스상 물질을 측정 및 분석하는 방법에 대한 내용이다. ( ) 안에 알맞은 것은? (단, 고용노동부고시를 기준으로 한다.)

> 가스상 물질을 검지관 방식으로 측정하는 경우에 1일 작업시간 동안 1시간 간격으로 (㉠)회 이상 측정하되 매 측정시간 마다 (㉡)회 이상 반복 측정하여 평균값을 산출하여야 한다.

① ㉠ 6 ㉡ 2
② ㉠ 6 ㉡ 3
③ ㉠ 8 ㉡ 2
④ ㉠ 8 ㉡ 3

[해설] 가스상 물질을 검지관 방식으로 측정하는 경우에는 1일 작업시간 동안 1시간 간격으로 6회 이상 측정하되 매 측정시간 마다 2회 이상 반복 측정하여 평균값을 산출하여야 한다. 다만, 가스상 물질의 발생시간이 6시간 이내일 때에는 작업시간 동안 1시간 간격으로 나누어 측정하여야 한다.

32 에틸렌글리콜이 20℃, 1기압에서 공기 중 증기압이 0.05mmHg라면, 20℃, 1기압에서 공기 중 포화농도는 약 몇 ppm인가?

① 55.4
② 65.8
③ 73.2
④ 82.1

[해설] $C_p(ppm) = \dfrac{분압(포화증기압)}{전압(대기압)} \times 10^6$

∴ $C_p(ppm) = \dfrac{0.05\,mmHg}{760\,mmHg} \times 10^6 = 65.8\,ppm$

33 입자상 물질을 채취하기 위해 사용하는 막 여과지에 관한 설명으로 틀린 것은?

① MCE막 여과지 : 산에 쉽게 용해되므로 입자상 물질 중의 금속을 채취하여 원자흡광광도법으로 분석하는데 적당하다.
② PCV막 여과지 : 유리규산을 채취하여 X선 회절법으로 분석하는데 적절하다.
③ PTFE막 여과지 : 농약, 알칼리성 먼지, 콜타르피치 등을 채취하는데 사용한다.
④ 은막 여과지 : 금속은 결합체 섬유 등을 소결하여 만든 것으로 코크스 오븐 배출물질을 채취하는데 적당하나 열에 대한 저항이 약한 단점이 있다.

[해설] 은막 여과지는 화학물질과 열에 대한 저항성이 강하기 때문에 코크스 오븐 배출물질, 다핵방향족탄화수소(PAHs), Br, Cl 채취용으로 사용된다.

정답 28.② 29.① 30.① 31.① 32.② 33.④

34 유량, 측정시간, 회수율 및 분석에 의한 오차가 각각 18%, 3%, 9%, 5%일 때, 누적오차는 약 몇 %인가?

① 18　　② 21
③ 24　　④ 29

해설 $E_c = \sqrt{E_1^2 + E_2^2 + \cdots + E_n^2}$

∴ $E_c = \sqrt{18^2 + 3^2 + 9^2 + 5^2} = 20.95\%$

35 옥외(태양광선이 내리 쬐는 장소)에서 습구흑구온도지수(WBGT)의 산출식은? (단, 고용노동부고시를 기준으로 한다.)

① (0.7×자연습구온도)+(0.2×건구온도)+(0.1×흑구온도)
② (0.7×자연습구온도)+(0.2×건구온도)+(0.1×건구온도)
③ (0.7×자연습구온도)+(0.3×흑구온도)
④ (0.7×자연습구온도)+(0.3×건구온도)

해설 옥외(태양광선이 내리 쬐는 장소)에서 습구흑구온도지수(WBGT) 계산식은 다음과 같다.
▫ WBGT(℃) = 0.7×자연습구 + 0.2×흑구 + 0.1×건구

36 다음 중 78℃와 동등한 온도는?

① 351K　　② 189°F
③ 26°F　　④ 195K

해설 절대온도 K(켈빈)은 273+78 = 351K 이다.
• 화씨(°F)온도를 섭씨(℃)로 환산
  ▫ $t℃ = \frac{5}{9}(t°F - 32)$
• 섭씨(℃)온도를 화씨(°F)로 환산
  ▫ $t°F = \frac{9}{5}t℃ + 32$

37 이황화탄소(CS_2)가 배출되는 작업장에서 시료분석농도가 3시간에 3.5ppm, 2시간에 15.2ppm, 3시간에 5.8ppm일 때, 시간가중평균값은 약 몇 ppm인가?

① 3.7　　② 6.4
③ 7.3　　④ 8.9

해설 $TWA = \frac{C_1 T_1 + \cdots + C_n T_n}{8}$

∴ $TWA = \frac{3.5 \times 3 + 15.2 \times 2 + 5.8 \times 3}{8} = 7.29$ ppm

38 소음측정방법에 관한 내용으로 (　)에 알맞은 것은? (단, 고용노동부고시를 기준으로 한다.)

> 소음이 1초 이상의 간격을 유지하면서 최대음압수준이 120dB(A) 이상의 소음인 경우에는 소음수준에 따른 (　) 동안의 발생횟수를 측정할 것

① 1분　　② 2분
③ 3분　　④ 5분

해설 소음이 1초 이상의 간격을 유지하면서 최대음압수준이 120dB(A) 이상의 소음인 경우에는 소음수준에 따른 1분 동안의 발생횟수를 측정하여야 한다.

39 측정에서 변이계수를 알맞게 나타낸 것은?

① 표준편차/산술평균　② 기하평균/표준편차
③ 표준오차/표준편차　④ 표준편차/표준오차

해설 변이계수(%)는 표준편차를 산술평균으로 나눈 백분율이므로 다음 관계식을 갖는다.
▫ 변이계수(%) = $\frac{표준편차}{산술평균} \times 100$

40 다음 중 자외선에 관한 내용과 가장 거리가 먼 것은?

① 비전리 방사선이다.
② 인체와 관련된 Drono선을 포함한다.
③ 100~1,000nm 사이의 파장을 갖는 전자파를 총칭하는 것으로 열선이라고도 한다.
④ UV-B는 약 280~315nm의 파장의 자외선이다.

해설 열선이라고 하는 것은 적외선이다. 자외선은 10 Å(옹스트롬)~400nm까지의 범위이다.

정답 34.② 35.② 36.① 37.③ 38.① 39.① 40.③

[**제3과목**] **작업환경관리대책**

41 후드의 유입계수가 0.7이고 속도압이 20 mmH$_2$O일 때, 후드의 유입손실은 약 몇 mmH$_2$O인가?

① 10.5
② 20.8
③ 32.5
④ 40.8

해설 $\Delta P_h = F_i \times P_v$

$F_i = \dfrac{1-C_e^2}{C_e^2} = \dfrac{1-0.7^2}{0.7^2} = 1.041$

∴ $\Delta P_h = 1.041 \times 20 = 20.82\,\text{mmH}_2\text{O}$

42 주물작업 시 발생되는 유해인자로 가장 거리가 먼 것은?

① 소음 발생
② 금속흄 발생
③ 분진 발생
④ 자외선 발생

해설 주물작업 시 발생하는 유해인자는 소음, 결정형 실리카[주물공정에서 가장 위험한 유해인자로서 주형해체(탈사)작업, 가공(연마)작업에서 발생되는 분진임], 금속분진(금속분진은 용해로에 금속원료를 장입할 때와 주물품의 가공작업에서 발생), 금속흄(용해작업이나 용탕주입작업에서 발생) 등이다.

43 보호구의 보호정도와 한계를 나타내는데 필요한 보호계수를 산정하는 공식으로 옳은 것은? (단, 보호계수 = PF, 보호구 밖의 농도 = C_o, 보호구 안의 농도 = C_i)

① PF = C_o / C_i
② PF = $(C_i / C_o) \times 100$
③ PF = $(C_o / C_i) \times 0.5$
④ PF = $(C_i / C_o) \times 0.5$

해설 PF(보호계수) = $\dfrac{C_o}{C_i}$

44 국소배기시설의 일반적 배열 순서로 가장 적절한 것은?

① 후드 → 덕트 → 송풍기 → 공기정화장치 → 배기구
② 후드 → 송풍기 → 공기정화장치 → 덕트 → 배기구
③ 후드 → 덕트 → 공기정화장치 → 송풍기 → 배기구
④ 후드 → 공기정화장치 → 덕트 → 송풍기 → 배기구

해설 국소배기장치의 일반적인 배열 순서는 후드 → 덕트 → 공기정화기 → 송풍기 → 배기구 계통으로 구성된다.

45 작업장의 음압수준이 86dB(A)이고, 근로자는 귀덮개(차음평가지수 19)를 착용하고 있을 때, 근로자에게 노출되는 음압수준은 약 몇 dB(A)인가?

① 74
② 76
③ 78
④ 80

해설 노출음압 = 작업장 음압 − 차음(FA)

작업장 음압 = 100 dB(A)
차음효과 = (NRR − 7) × 0.5
= (19 − 7) × 0.5 = 6 dB(A)

∴ 노출음압 수준 = 86 − 6 = 80 dB(A)

46 작업장에 설치된 후드가 100 m^3/min으로 환기되도록 송풍기를 설치하였다. 사용함에 따라 정압이 절반으로 줄었을 때, 환기량의 변화로 옳은 것은? (단, 상사 법칙을 적용한다.)

① 환기량이 33.3 m^3/min으로 감소하였다.
② 환기량이 50 m^3/min으로 감소하였다.
③ 환기량이 57.7 m^3/min으로 감소하였다.
④ 환기량이 70.7 m^3/min으로 감소하였다.

해설 $P_{s2} = P_{s1} \times \left(\dfrac{Q_2}{Q_1}\right)^2$

∴ $Q_2 = 100\,\text{m}^3/\text{min} \times \left(\dfrac{0.5 P_{s1}}{P_{s1}}\right)^{0.5} = 70.71\,\text{m}^3/\text{min}$

정답 41.② 42.④ 43.① 44.③ 45.④ 46.④

47 회전수가 600rpm이고, 동력은 5kW인 송풍기의 회전수를 800rpm으로 상향 조정하였을 때, 동력은 약 몇 kW인가?

① 6   ② 9
③ 12   ④ 15

해설 $P_2 = P_1 \times \left(\dfrac{N_2}{N_1}\right)^3$

$\therefore P_2 = 5 \times \left(\dfrac{800}{600}\right)^3 = 11.85\,\text{kW}$

48 작업환경 개선대책 중 격리와 가장 거리가 먼 것은?

① 국소배기장치의 설치
② 원격조정장치의 설치
③ 특수저장창고의 설치
④ 콘크리트 방호벽의 설치

해설 국소배기장치의 설치는 격리(隔離, Isolation)가 아닌 관리에 해당한다.

49 주물사, 고온가스를 취급하는 공정에 환기시설을 설치하고자 할 때, 다음 중 덕트의 재료로 가장 적당한 것은?

① 아연도금 강판   ② 중질 콘크리트
③ 스테인리스 강판   ④ 흑피 강판

해설 흑피 강판은 주물사 및 고온가스 취급공정의 환기시설 덕트의 재료로 적당하다.

50 보호구의 재질과 적용 대상 화학물질에 대한 내용으로 잘못 짝지어진 것은?

① 천연고무 – 극성 용제
② Butyl 고무 – 비극성 용제
③ Nitrile 고무 – 비극성 용제
④ Neoprene 고무 – 비극성 용제

해설 부틸(Butyl) 고무는 극성 용제에 효과적이다. 극성 용제에는 알코올, 물, 케톤류 등이 포함된다. 비극성 용제에 효과적인 재질은 비트론(Vitron), 네오프렌(Neoprene), 니트릴(Nitrile) 등이다.

51 다음 중 덕트 합류 시 댐퍼를 이용한 균형 유지법의 특징과 가장 거리가 먼 것은?

① 임의로 댐퍼 조정 시 평형상태가 깨진다.
② 시설 설치 후 변경이 어렵다.
③ 설계계산이 상대적으로 간단하다.
④ 설치 후 부적당한 배기유량의 조절이 가능하다.

해설 공기조절용 댐퍼에 의한 균형법(저항조절 평형법)은 시설 설치 후 장래변경이나 확장에 대한 유연성이 높다.

52 작업장 내 열부하량이 5,000kcal/hr이며, 외기온도 20℃, 작업장 내 온도는 35℃이다. 이때 전체환기를 위한 필요환기량은 약 몇 m³/min인가? (단, 정압비열은 0.3kcal/(m³·℃)이다.)

① 18.5   ② 37.1
③ 185   ④ 1111

해설 $H_s = Q\,C_p\,\Delta t$

$\therefore Q = \dfrac{H_s}{C_p\,\Delta t}$

$= \dfrac{5{,}000}{0.3 \times (35 - 20)} \times \dfrac{1\,\text{hr}}{60\,\text{min}}$

$= 18.52\,\text{m}^3/\text{min}$

53 공기가 20℃의 송풍관 내에서 20m/sec의 유속으로 흐를 때, 공기의 속도압은 약 몇 mmH₂O인가? (단, 공기밀도는 1.2kg/m³이다.)

① 15.5
② 24.5
③ 33.5
④ 40.2

해설 $V(\text{유속}) = C\sqrt{\dfrac{2gP_v}{\gamma}}$

$\therefore P_v = \dfrac{1.2 \times 20^2}{2 \times 9.8}$

$= 24.49\,\text{mmH}_2\text{O}$

54 다음 중 전체환기를 적용할 수 있는 상황과 가장 거리가 먼 것은?

① 유해물질의 독성이 높은 경우
② 작업장 특성상 국소배기장치의 설치가 불가능한 경우
③ 동일 사업장에 다수의 오염발생원이 분산되어 있는 경우
④ 오염발생원이 근로자가 작업하는 장소로부터 멀리 떨어져 있는 경우

해설 전체환기방식은 유해물질의 농도가 낮거나 독성이 낮은 경우 적용된다.

55 환기량을 $Q(m^3/hr)$, 작업장 내 체적을 $V(m^3)$라고 할 때, 시간당 환기횟수(회/hr)로 옳은 것은?

① 시간당 환기횟수 $= Q \times V$
② 시간당 환기횟수 $= V/Q$
③ 시간당 환기횟수 $= Q/V$
④ 시간당 환기횟수 $= Q \times \sqrt{V}$

해설 $ACH = \dfrac{Q}{V}$ $\begin{cases} ACH : 환기횟수 \\ Q : 필요환기량 \\ V : 작업장 체적 \end{cases}$

56 푸시풀 후드(push pull hood)에 대한 설명으로 적합하지 않은 것은?

① 도금조와 같이 폭이 넓은 경우에 사용하면 포집효율을 증가시키면서 필요유량을 감소시킬 수 있다.
② 공정에서 작업물체를 처리조에 넣거나 꺼내는 중에 발생되는 공기막 파괴 현상을 사전에 방지할 수 있다.
③ 개방조 한 변에서 압축공기를 이용하여 오염물질이 발생하는 표면에 공기를 불어 반대쪽에 오염물질이 도달하게 한다.
④ 제어속도는 푸시 제트기류에 의해 발생한다.

해설 공정에서 작업물체를 처리조에 넣거나 꺼내는 중에 공기막이 파괴되어 오염물질이 발생할 수 있다.

57 덕트 직경이 30cm이고 공기유속이 10m/sec일 때, 레이놀즈 수는 약 얼마인가? (단, 공기의 점성계수는 1.85×10^{-5} kg/sec·m, 공기밀도는 1.2 kg/m^{3}이다.)

① 195,000   ② 215,000
③ 235,000   ④ 255,000

해설 $Re = \dfrac{DV\rho}{\mu}$

$\begin{cases} V : 유속 = 10 \text{ m/sec} \\ D : Duct의\ 직경 = 0.3 \text{ m} \\ \rho : 유체의\ 밀도 = 1.2 \text{ kg/m}^3 \\ \mu : 유체의\ 점도 = 1.85 \times 10^{-5} \text{ kg/m·sec} \end{cases}$

∴ $Re = \dfrac{0.3 \times 10 \times 1.2}{1.85 \times 10^{-5}} = 194,594.6$

58 다음 중 도금조와 사형주조에 사용되는 후드 형식으로 가장 적절한 것은?

① 부스식   ② 포위식
③ 외부식   ④ 장갑부착상자식

해설 외부식은 유해물질의 발생원을 포위하지 않고 발생원 가까운 위치에 설치하는 후드로 발생원과 후드가 일정거리 떨어져 있기 때문에 난기류의 영향을 받기 쉽고, 통제거리에 한계가 있으므로 푸시풀 형식(push pull hood) 후드가 아닐 경우 제어효과가 떨어진다.

59 사이클론집진장치의 블로우 다운에 대한 설명으로 옳은 것은?

① 유효 원심력을 감소시켜 선회기류의 흐트러짐을 방지한다.
② 관내 분진부착으로 인한 장치의 폐쇄 현상을 방지한다.
③ 부분적 난류 증가로 집진된 입자가 재비산된다.
④ 처리배기량의 50% 정도가 재유입되는 현상이다.

해설 ②항만 올바르다. 블로우 다운방식(유입배기량의 5~15% 정도를 추출하는 방식)을 적용함으로써 유효 원심력을 증가시켜 선회기류의 흐트러짐을 방지하고, 난류에 의해 재비산되는 입자가 발생하지 않도록 한다.

60 다음 중 개인보호구에서 귀덮개의 장점과 거리가 먼 것은?

① 귀 안에 염증이 있어도 사용이 가능하다.
② 동일한 크기의 귀 덮개를 대부분의 근로자가 사용할 수 있다.
③ 멀리서도 착용 유무를 확인할 수 있다.
④ 고온에서 사용해도 불편이 없다.

[해설] 귀덮개는 고온작업장에서 착용하기가 불편하다.

제4과목 물리적유해인자관리

61 진동증후군(HAVS)에 대한 스톡홀롬 워크숍의 분류로서 틀린 것은?

① 진동증후군의 단계를 0부터 4까지 5단계로 구분하였다.
② 1단계는 가벼운 증상으로 하나 또는 그 이상의 손가락 끝부분이 하얗게 변하는 증상을 의미한다.
③ 3단계는 심각한 증상으로 하나 또는 그 이상의 손가락 가운뎃마디 부분까지 하얗게 변하는 증상이 나타나는 단계이다.
④ 4단계는 매우 심각한 증상으로 대부분의 손가락이 하얗게 변하는 증상과 함께 손끝에서 땀의 분비가 제대로 일어나지 않는 등의 변화가 나타나는 단계이다.

[해설] 2단계는 중간 증상단계로 수지 하나 혹은 그 이상 수지의 중간부위(손가락 가운뎃마디 부분)까지 때때로 증상발생하는 단계이다.
• 0단계 : 증상 없음
• 1단계 : 수지 하나 혹은 그 이상의 수지말단(손가락 끝부분)이 때때로 하얗게 변하는 증상 발생
• 2단계 : 수지 하나 혹은 그 이상 수지의 중간부위 이상에 때때로 증상발생
• 3단계 : 대부분의 수지들 전체에 빈번하게 증상발생하는 단계
• 4단계 : 3단계의 증상이 있고 수지말단의 피부 변화가 있으면서 손끝에서 땀의 분비가 제대로 일어나지 않는 등의 변화가 나타나는 단계

62 다음 중 피부 투과력이 가장 큰 것은?
① X선　　② α선
③ β선　　④ 레이저

[해설] 전리방사선의 투과력의 크기는 중성자>X(γ)>β>α의 순서이다.

63 다음의 빛과 밝기의 단위를 설명한 것으로 ㉠, ㉡에 해당하는 용어로 맞는 것은?

> 1루멘의 빛이 $1ft^2$의 평면상에 수직방향으로 비칠 때, 그 평면의 빛의 양, 즉 조도를 (㉠)(이)라 하고, $1m^2$의 평면에 1루멘의 빛이 비칠 때의 밝기를 1(㉡)(이)라고 한다.

① ㉠ 캔들(Candle)　㉡ 럭스(Lux)
② ㉠ 럭스(Lux)　㉡ 럭스(Lux)
③ ㉠ 럭스(Lux)　㉡ 풋캔들(Foot candle)
④ ㉠ 풋캔들(Foot candle)　㉡ 럭스(Lux)

[해설] 1루멘의 빛이 $1ft^2$의 평면상에 수직방향으로 비칠 때, 그 평면의 빛의 양, 즉 조도를 풋캔들(Foot candle)이라 하고, $1m^2$의 평면에 1루멘의 빛이 비칠 때의 밝기를 1럭스(Lux)라고 한다.

64 저기압의 영향에 관한 설명으로 틀린 것은?

① 산소결핍을 보충하기 위하여 호흡수, 맥박수가 증가된다.
② 고도 18,000ft(5,468m) 이상이 되면 21% 이상의 산소가 필요하게 된다.
③ 고도 10,000ft(3,048m)까지는 시력, 협조운동의 가벼운 상해 및 피로를 유발한다.
④ 고도의 상상으로 기압이 저하되면 공기의 산소분압이 상승하여 폐포 내의 산소분압도 상승한다.

[해설] 고도상승으로 기압이 저하되면 공기의 산소분압이 저하되고 동시에 폐포 내 산소분압도 저하한다. 또한 저기압 저압환경에서는 산소결핍을 보충하기 위하여 호흡수, 맥박수가 증가한다.

정답　60.④　61.③　62.①　63.④　64.④

65 온열지수(WBGT)를 측정하는데 있어 관련이 없는 것은?

① 기습 ② 기류
③ 전도열 ④ 복사열

[해설] 온열지수(WBGT) 또는 온열인자와 관련이 있는 기온, 기류, 복사열, 습도이다.

66 열사병(heat stroke)에 관한 설명으로 맞는 것은?

① 피부가 차갑고, 습한 상태로 된다.
② 보온을 시키고, 더운 커피를 마시게 한다.
③ 지나친 발한에 의한 탈수와 염분소실이 원인이다.
④ 뇌 온도의 상승으로 체온조절중추의 기능이 장해를 받게 된다.

[해설] 열사병은 체온조절중추 특히 발한중추의 장해로 발생하는 건강장해이다. 지나친 발한에 의한 탈수와 염분손실이 발생하는 것은 열경련(熱痙攣)이다.

67 자연조명에 관한 설명으로 틀린 것은?

① 창의 면적은 바닥면적의 15~20% 정도가 이상적이다.
② 개각은 4~5°가 좋으며, 개각이 작을수록 실내는 밝다.
③ 균일한 조명을 요하는 작업실은 동북 또는 북창이 좋다.
④ 입사각은 28° 이상이 좋으며, 입사각이 클수록 실내는 밝다.

[해설] 자연채광 시 실내 각 점의 개각은 4~5°, 입사각은 28° 이상이 좋으며 입사각이 클수록 실내는 밝다.

68 다음 중 저온에 의한 장해에 관한 내용으로 틀린 것은?

① 근육 긴장이 증가하고 떨림이 발생한다.
② 혈압은 변화되지 않고 일정하게 유지된다.
③ 피부 표면의 혈관들과 피하조직이 수축된다.
④ 부종, 저림, 가려움, 심한 통증 등이 생긴다.

[해설] 저온에 따른 인체반응의 첫 증상은 억제하기 어려운 떨림과 냉(冷)감각이 생기고, 심박동이 불규칙하고 느려지며, 맥박은 약해지고 혈압이 낮아진다.

69 적외선의 생체작용에 대한 설명으로 틀린 것은?

① 조직에 흡수된 적외선은 화학반응을 일으키는 것이 아니라 구성분자의 운동에너지를 증대시킨다.
② 만성노출에 따라 눈장해인 백내장을 일으킨다.
③ 700nm 이하의 적외선은 눈의 각막을 손상시킨다.
④ 적외선이 체외에서 조사되면 일부는 피부에서 반사되고 나머지만 흡수된다.

[해설] 700nm 이하는 가시광선에 해당한다. 그리고 적외선이 눈의 각막을 손상시키는 파장은 1,400nm 이상의 장파장 영역이다. 1,400nm 이하 파장에서는 홍체 및 수정체의 열상(초자공의 만성노출에 따른 백내장), 급성 피부화상 등을 일으킨다.

70 다음의 설명에서 ( ) 안에 들어갈 알맞은 숫자는?

> ( )기압 이상에서 공기 중의 질소가스는 마취작용을 나타내서 작업력의 저하, 기분의 변환, 여러 정도의 다행증(多幸症)이 일어난다.

① 2 ② 4
③ 6 ④ 8

[해설] 4기압 이상에서 공기 중의 질소가스는 마취작용을 나타내 작업력의 저하, 기분의 변환, 여러 정도의 다행증(euphoria)이 일어난다.

71 방사선 용어 중 조직(또는 물질)의 단위질량당 흡수된 에너지를 나타낸 것은?

① 등가선량 ② 흡수선량
③ 유효선량 ④ 노출선량

정답 65.③ 66.④ 67.② 68.② 69.③ 70.② 71.②

해설 방사선의 조직(물질)의 단위질량당 흡수된 에너지를 나타낸 것은 흡수선량이다. 흡수선량은 조사량과 관계없이 인체조직에 흡수된 양을 말한다. 흡수선량의 SI단위는 그레이(Gy)이고, 관용단위로는 레드(rad)를 사용하고 있다. 1rad는 물질 1g당 100erg의 흡수가 있는 경우를 의미한다.

72 감압병의 예방 및 치료에 관한 설명으로 틀린 것은?

① 고압환경에서의 작업시간을 제한한다.
② 감압이 끝날 무렵에 순수한 산소를 흡입시키면 감압시간을 25% 가량 단축시킬 수 있다.
③ 특별히 잠수에 익숙한 사람을 제외하고는 10m/min속도 정도로 잠수하는 것이 안전하다.
④ 헬륨은 질소보다 확산속도가 작고 체내에서 불안정적이므로 질소를 헬륨으로 대치한 공기로 호흡시킨다.

해설 헬륨은 질소보다 확산속도가 크다. 따라서 고압환경에서 작업할 때에는 질소-산소 혼합가스를 질소-헬륨으로 대치하는 것이 좋다.

73 사람이 느끼는 최소진동역치로 맞는 것은?

① 35±5dB ② 45±5dB
③ 55±5dB ④ 65±5dB

해설 진동의 역치(사람이 겨우 느끼는 최소진동치)는 55±5dB이다.

74 비전리 방사선이 아닌 것은?

① 감마선 ② 극저주파
③ 자외선 ④ 라디오파

해설 비전리 방사선은 원자의 이온화를 직접적으로 일으킬 만한 에너지를 가지지 못하는 방사선으로 자외선, 가시광선, 적외선, 라디오파, 마이크로파, 저주파 등이다.

75 소음성 난청(NIHL)에 관한 설명으로 틀린 것은?

① 소음성 난청은 4,000~6,000Hz 정도에서 가장 많이 발생한다.
② 일시적 청력변화 때의 각 주파수에 대한 청력손실의 양상은 같은 소리에 의하여 생긴 영구적 청력변화 때의 청력손실 양상과는 다르다.
③ 심한 소음에 노출되면 처음에는 일시적 청력변화(Temporary Threshold Shift)를 초래하는데, 이것은 소음노출을 중단하면 다시 노출 전의 상태로 회복되는 변화이다.
④ 심한 소음에 반복하여 노출되면 일시적 청력변화는 영구적 청력변화로 변하며 코르티 기관에 손상이 온 것이므로 회복이 불가능하다.

해설 일시적 청력손실과 영구적 청력손실의 주파수대역은 서로 다르지 않다. 청력손실은 주파수 500~2,000Hz 범위에서 6분법의 청력손실이 25dB 이상이 되면 난청, 40dB 이상이 되면 장해판정을 받게 되는 난청이다. 또한 OSHA의 경우 2,000, 3,000, 4,000(Hz)에서 10dB 이상의 차이가 있을 때 유의한 청력변화가 발생했다고 규정하고 있다. 일시적 청력변화는 수 초 또는 72시간 일시적으로 나타나지만 노출을 중지하면 회복되는 것이 특징이다. 그러나 영구적 청력변화는 코르티기관 등의 심각한 손상으로 수주 후에도 정상청력으로 회복되지 않는다. 따라서 주파수에 대한 청력손실 양상으로 이를 구분하지는 않는다.

76 정상인이 들을 수 있는 가장 낮은 이론적 음압은 몇 dB인가?

① 0   ② 5
③ 10 ④ 20

해설 가청음압레벨은 0~130(120)dB이므로 정상인이 들을 수 있는 가장 낮은 이론적 음압은 0dB이다.

77 소음의 흡음 평가 시 적용되는 반향시간(Reverberation time)에 관한 설명으로 맞는 것은?

① 반향시간은 실내공간의 크기에 비례한다.
② 실내 흡음량을 증가시키면 반향시간도 증가한다.
③ 반향시간은 음압수준이 30dB 감소하는데 소요되는 시간이다.
④ 반향시간을 측정하려면 실내 배경소음이 90dB 이상 되어야 한다.

정답 72.④ 73.③ 74.① 75.② 76.① 77.①

해설 잔향시간(반향시간)은 음압수준이 60dB 감소하는 데 소요되는 시간으로 실내공간의 크기에 비례한다.

$$T(\sec) = \frac{0.161 \forall}{A_a} \begin{cases} T : 잔향시간 \\ \forall : 실내부피 \\ A_a : 흡음력 \end{cases}$$

78 사무실 실내환경의 이산화탄소(CO_2) 농도를 측정하였더니 750ppm이었다. 이산화탄소가 750ppm인 사무실 실내환경의 직접적 건강영향은?

① 두통
② 피로
③ 호흡곤란
④ 직접적 건강영향은 없다.

해설 사무실 실내환경의 이산화탄소(CO_2) 관리기준 (8시간 시간가중평균농도)은 1,000ppm이므로 CO_2에 의한 직접적 건강영향은 없는 것으로 평가한다.

79 각각 90dB, 90dB, 95dB, 100dB의 음압수준을 발생하는 소음원이 있다. 이 소음원들이 동시에 가동될 때 발생되는 음압수준은?

① 99dB
② 102dB
③ 105dB
④ 108dB

해설 $L(\text{dB}) = 10 \log(10^{L_1/10} + 10^{L_2/10} + 10^{L_n/10})$
∴ $L(\text{dB}) = 10 \log(10^9 + 10^9 + 10^{9.5} + 10^{10})$
$= 101.81 \text{dB}$

80 일반적으로 소음계의 A특성치는 몇 phon의 등감곡선과 비슷하게 주파수에 따른 반응을 보정하여 측정한 음압수준을 말하는가?

① 40
② 70
③ 100
④ 140

해설 소음계에서 A특성치는 40phon의 등청감곡선과 비슷하게 주파수에 따른 반응을 보정하여 측정한 음압수준을 말한다.

[제5과목] 산업독성학

81 작업장 내 유해물질 노출에 따른 위험성을 결정하는 주요 인자로만 나열된 것은?

① 독성과 노출량
② 배출농도와 사용량
③ 노출기준과 노출량
④ 노출기준과 노출농도

해설 작업장 내 유해물질에 의한 노출에 따른 위험성 (유해성)은 독성과 노출량에 의하여 결정된다.

82 유해물질의 분류에 있어 질식제로 분류되지 않은 것은?

① H_2
② N_2
③ O_3
④ H_2S

해설 오존은 염소, 브롬, 불소, 요오드, 염소산화물, 염화시안, 브롬화시안 등과 함께 자극제로 분류된다.

83 베릴륨 중독에 관한 설명으로 틀린 것은?

① 베릴륨의 만성중독은 Neighborhood cases라고 불리운다.
② 예방을 위해 X선 촬영과 폐기능 검사가 포함된 정기 건강검진이 필요하다.
③ 염화물, 황화물, 불화물과 같은 용해성 베릴륨화합물은 급성중독을 일으킨다.
④ 치료는 BAL 등 금속배설 촉진제를 투여하며, 피부병소에는 BAL 연고를 바른다.

해설 베릴륨 중독 시 치료는 스테로이드(steroid) 투여(급성/만성 중독 시)하고, 피부는 깨끗이 세척하고 스테로이드 제제 연고를 바른다. 베릴륨은 육아종을 유발하는 대표적인 물질이다. 육아종은 폐에 주로 나타나지만 피부, 간, 췌장, 신장, 비장, 림프절, 심근층 등에 나타나기도 한다. 호흡기에 미치는 영향은 무기성 진폐증, 폐렴, 폐수종, 폐암(肺癌)을 일으키는 물질로 알려져 있으며, ACGIH의 암 분류체계상 A1에 해당하는 물질이다.

84 인체에 흡수된 대부분의 중금속을 배설, 제거하는데 가장 중요한 역할을 담당하는 기관은 무엇인가?
① 대장　　　② 소장
③ 췌장　　　④ 신장

해설 ▶ 대부분의 금속이 배설되는 가장 중요한 경로는 신장이다. 따라서 간이나 신장질환이 있는 경우는 중독에 대한 감수성이 높다.

85 납의 독성에 대한 인체실험 결과 안전흡수량이 체중(kg)당 0.005mg이었다. 1일 8시간 작업 시의 허용농도(mg/m^3)는? (단, 근로자의 평균체중은 70kg, 해당 작업자의 폐환기량(또는 호흡량)은 시간당 $1.25m^3$으로 가정한다.)
① 0.030　　　② 0.035
③ 0.040　　　④ 0.045

해설 ▶ 체내 흡수량(mg/kg) = $\dfrac{C \times T \times V \times R}{BW}$

$\begin{cases} C : \text{공기 중 농도}(mg/m^3, \text{허용농도}) \\ T : \text{폭로시간} = 8\,hr \\ V : \text{개인의 호흡률} = 1.25\,m^3/hr \\ R : \text{폐에서 흡수되는 율} = 1.0 \\ BW : \text{몸무게} = 70\,kg \end{cases}$

⇒ $0.005\,mg/kg = \dfrac{C \times 8 \times 1.25 \times 1.0}{70}$

∴ $C\,(= \text{공기 중 허용농도}) = 0.035\,mg/m^3$

86 체내에 소량 흡수된 카드뮴은 체내에서 해독되는데 이들 반응에 중요한 작용을 하는 것은?
① 효소　　　② 임파구
③ 간과 신장　　　④ 백혈구

해설 ▶ 체내에 유입된 중금속류(특히 소량의 카드뮴이나 수은 등)는 체내에서 흡수된 후 간에서 해독되어 담즙과 함께 십이지장으로 배출된다. 간장은 대사효소가 집중되어 분포하고 있으므로 이들 효소활동에 의해 다양한 대사산물이 만들어지기 때문에 다른 기관에 비해 독성물질에 폭로될 가능성이 매우 높다.

87 이황화탄소를 취급하는 근로자를 대상으로 생물학적 모니터링을 하는데 이용될 수 있는 생체 내 대사산물은?
① 소변 중 마뇨산　　　② 소변 중 메탄올
③ 소변 중 메틸마뇨산　　　④ 소변 중 TTCA

해설 ▶ 이황화탄소의 생물학적 노출지표는 뇨(尿) 중의 TTCA(티오티아졸리딘카본산) 검사방법이 적용된다.

88 수은중독의 예방대책이 아닌 것은?
① 수은 주입과정을 밀폐공간 안에서 자동화한다.
② 작업장 내에서 음식물 섭취와 흡연 등의 행동을 금지한다.
③ 수은취급 근로자의 비점막 궤양 생성여부를 면밀히 관찰한다.
④ 작업장에 흘린 수은은 신체가 닿지 않는 방법으로 즉시 제거한다.

해설 ▶ 비점막 궤양 생성여부는 예방대책이 아닌 폭로지표가 된다. 수은을 취급하는 공장에 장기간 근무한 근로자에서는 수정체 앞면이 적갈색이나 황색으로 착색되는데 이러한 증상은 수은의 폭로지표로 이용된다.

89 폐에 침착된 먼지의 정화과정에 대한 설명으로 틀린 것은?
① 어떤 먼지는 폐포벽을 통과하여 림프계나 다른 부위로 들어가기도 한다.
② 먼지는 세포가 방출하는 효소에 의해 용해되지 않으므로 점액층에 의한 방출 이외에는 체내에 축적된다.
③ 폐에 침착된 먼지는 식세포에 의하여 포위되고, 포위된 먼지의 일부는 미세 기관지로 운반되고 점액 섬모운동에 의하여 정화된다.
④ 폐에서 먼지를 포위하는 식세포는 수명이 다한 후 사멸하고 다시 새로운 식세포가 먼지를 포위하는 과정이 계속적으로 일어난다.

해설 ▶ 먼지와 같은 불용성 물질들은 폐의 대식세포들에 의해 포위되어 미세 기관지로 운반된 후 점액 섬모운동에 의하여 체외로 배출되거나 폐의 대식세포들에 의해 포식되어 임파선을 통해 제거되기도 한다. 제거되지 못한 먼지는 폐꽈리 내에 무기한으로 잔류·축적된다. 석탄먼지나 석면들은 각각 검은 폐나 석면 침착증을 유발하기도 한다.

정답 84.④ 85.② 86.③ 87.④ 88.③ 89.②

90 메탄올에 관한 설명으로 틀린 것은?
① 특징적인 약성변화는 간 혈관육종이다.
② 자극성이 있고, 중추신경계를 억제한다.
③ 플라스틱, 필름제조와 휘발유첨가제 등에 이용된다.
④ 시각장애의 기전은 메탄올의 대사산물인 포름알데히드가 망막조절을 손상시키는 것이다.

해설 메탄올의 특이증상은 시신경, 망막 및 관련 신경절세포(ganglion cells)에 영향을 미친다. 간의 혈관육종(hemangiosarcoma)을 유발하는 것은 염화비닐이다.

91 납중독을 확인하는 시험이 아닌 것은?
① 혈중의 납농도
② 소변 중 단백질
③ 말초신경의 신경전달속도
④ ALA(Amino Levulinic Acid) 축적

해설 납중독을 확인하는데 이용하는 시험은 혈액검사(혈색소량, 전혈비중), 혈중의 납농도(2ppm 이상이면 만성중독), 뇨(尿) 중의 납, 헴(heme)의 대사, 신경전달속도, 델타 ALA(δ-ALA) 배설량, 혈중 Zn-프로토포르피린(ZPP) 측정, Ca-EDTA 이동시험 등이다. 납중독이 될 경우 뇨 중 코프로포르피린의 증가, 혈청 및 뇨 중 δ-ALA 증가, 적혈구 내 프로토포르피린 증가, 혈청 내 철 등을 증가시킨다. 반면에 혈중 K^+, 혈색소량·전해질, 수분, 아미노레불린산 합성효소(δ-ALAD)의 활성치 등은 감소시킨다.

92 유기용제의 종류에 따른 중추신경계 억제 작용을 작은 것부터 큰 것으로 순서대로 나타낸 것은?
① 에스테르<유기산<알코올<알켄<알칸
② 에스테르<알칸<알켄<알코올<유기산
③ 알칸<알켄<알코올<유기산<에스테르
④ 알켄<알코올<에스테르<알칸<유기산

해설 중추신경계(CNS) 활성 억제작용의 크기는 할로겐화합물>에테르>에스테르>유기산>알코올>알칸의 순서이다.

93 메탄올의 시각장애 독성을 나타내는 대사단계의 순서로 맞는 것은?
① 메탄올→에탄올→포름산→포름알데히드
② 메탄올→아세트알데히드→아세테이드→물
③ 메탄올→아세트알데히드→포름알데히드→이산화탄소
④ 메탄올→포름알데히드→포름산→이산화탄소

해설 메탄올의 체내에서 메틸알코올 → 포름알데히드 → 개미산(포름산) → 이산화탄소로 대사된다.

94 주로 비강, 인후두, 기관 등 호흡기의 기도부위에 축적됨으로써 호흡기계 독성을 유발하는 분진은?
① 흡입성 분진
② 호흡성 분진
③ 흉곽성 분진
④ 총부유 분진

해설 흡입성 분진은 호흡기의 어느 부위에 침착하더라도 독성을 일으키는 분진으로 입경범위는 0~100μm이다.

95 유기용제에 의한 장해의 설명으로 틀린 것은?
① 유기용제의 중추신경계 작용으로 잘 알려진 것은 마취작용이다.
② 사염화탄소는 간장과 신장을 침범하는데 반하여 이황화탄소는 중추신경계통을 침해한다.
③ 벤젠은 노출 초기에는 빈혈증을 나태내고 장기간 노출되면 혈소판 감소, 백혈구 감소를 초래한다.
④ 대부분의 유기용제는 유독성의 포스겐을 발생시켜 장기간 노출 시 폐수종을 일으킬 수 있다.

해설 유기용제 중 염화비닐 및 염화에틸렌 등의 염소를 포함한 할로겐화탄화수소류가 고온에서 연소할 경우 독성이 강한 포스겐, 염화수소 및 염소를 발생시킨다. 폐포까지 들어간 포스겐이 염소와 염화수소를 발생시켜서 노출 후 72시간에 급성 폐부종, 폐출혈을 일으켜 사망을 일으킬 수 있다.

정답 90.① 91.② 92.③ 93.④ 94.① 95.④

96 할로겐화탄화수소인 사염화탄소에 관한 설명으로 틀린 것은?

① 생식기에 대한 독성작용이 특히 심하다.
② 고농도에 노출되면 중추신경계 장애 외에 간장과 신장장애를 유발한다.
③ 신장장애 증상으로 감뇨, 혈뇨 등이 발생하며, 완전 무뇨증이 되면 사망할 수도 있다.
④ 초기 증상으로는 지속적인 두통, 구역 또는 구토, 복부진통과 설사, 간압통 등이 나타난다.

해설 생식기 독성을 유발하는 물질은 CS_2, 염화비닐, 알킬화제, PCB, DDT 등의 화학물질과 카드뮴, 망간, 납, 수은 등의 중금속류 등이다. 사염화탄소에 대한 실험동물에 의하면 주요 표적장기는 간이다. 인체에서는 신(콩팥) 손상에 따른 신부전이 주요 사망원인으로 알려져 있다.

97 설명에서 ㉠~㉢에 해당하는 내용이 맞는 것은?

> 단시간노출기준(STEL)이란 (㉠)분간의 시간가중평균 노출값으로서 노출농도가 시간가중평균 노출기준(TWA)을 초과하고 단시간노출기준(STEL) 이하인 경우에는 1회 노출 지속시간이 (㉡)분 미만이어야 하고, 이러한 상태가 1일 (㉢)회 이하로 발생하여야 하며, 각 노출의 간격은 60분 이상이어야 한다.

① ㉠ 15 ㉡ 20 ㉢ 2
② ㉠ 15 ㉡ 15 ㉢ 4
③ ㉠ 20 ㉡ 15 ㉢ 2
④ ㉠ 20 ㉡ 20 ㉢ 4

해설 단시간노출기준(STEL)이란 15분간의 시간가중평균 노출값으로서 노출농도가 시간가중평균 노출기준(TWA)을 초과하고 단시간노출기준(STEL) 이하인 경우에는 1회 노출 지속시간이 15분 미만이어야 하고, 이러한 상태가 1일 4회 이하로 발생하여야 하며, 각 노출의 간격은 60분 이상이어야 한다.

98 페니실린을 비롯한 약품을 정제하기 위한 추출제 혹은 냉동제 및 합성수지에 이용되는 물질로 가장 적절한 것은?

① 벤젠
② 클로로포름
③ 브롬화메틸
④ 헥사클로로나프탈렌

해설 클로로포름에 주로 노출되는 공정은 냉매 생산, 펄프 및 제지공장, 합성수지 제조, 약품 추출, 향수, 드라이클리닝 등이다.

99 채석장 및 모래 분사 작업장(sandblasting) 작업자들이 석영을 과도하게 흡입하여 발생하는 질병은?

① 규폐증   ② 탄폐증
③ 면폐증   ④ 석면폐증

해설 채석장 및 모래 분사 작업장, 금속광산, 주물공정, 규사취급, 초자공업, 샌드브라스트 작업 등에서는 무기성의 유리규산 먼지가 발생하고 이로 인하여 규폐증(silicosis)이 유발되기 쉽다.

100 근로자의 화학물질에 대한 노출을 평가하는 방법으로 가장 거리가 먼 것은?

① 개인시료 측정
② 생물학적 모니터링
③ 유해성확인 및 독성평가
④ 건강감사(Medical Surveillance)

해설 유해성확인 및 독성평가는 노출을 평가가 아닌 독성 및 위해성 평가에 해당한다.

2019

제1회 산업위생관리(산업기사)

2019. 3. 3 시행

[제1과목] 산업위생학 개론

01 메틸에틸케톤(MEK) 50ppm(TLV 200ppm), 트리클로로에틸렌(TCE) 25ppm(TLV 50ppm), 크실렌(Xylene) 30ppm(TLV 100ppm)이 공기 중 혼합물로 존재할 경우 노출지수와 노출기준 초과여부로 맞는 것은? (단, 혼합물질은 상가작용을 한다.)

① 노출지수 0.5, 노출기준 미만
② 노출지수 0.5, 노출기준 초과
③ 노출지수 1.05, 노출기준 미만
④ 노출지수 1.05, 노출기준 초과

해설 $EI(노출지수) = \sum \dfrac{C}{TLV}$

∴ $EI = \dfrac{50}{200} + \dfrac{25}{50} + \dfrac{30}{100} = 1.05$

∴ EI 값이 1.0 이상이므로 노출기준 초과

02 다음의 설명과 관련이 있는 것은?

> 진동작업에 따른 증상으로 손과 손가락의 혈관이 수축하며 혈행(血行)이 감소하여 손이나 손가락이 창백해지고 바늘로 찌르듯이 저리며 통증이 심하다. 또한 추운 곳에서 작업할 때 더욱 악화될 수 있다.

① Raynaud's syndrome
② Carpal tunnel syndrome
③ Thoracic outlet syndrome
④ Multiple chemical sensitivity

해설 레이노드 현상(Raynaud's syndrome)은 착암기·압축공기(hammer)를 이용한 진동공구 사용 근로자에게 유발될 수 있는 질환으로 국소진동에 의해 말초혈관운동이 저하되어 혈액순환장애로 인해 발병된다.

03 상용근로자 건강진단의 목적과 가장 거리가 먼 것은?

① 근로자가 가진 질병의 조기 발견
② 질병이환 근로자의 질병치료 및 취업제한
③ 근로자가 일에 부적합한 인적 특성을 지니고 있는지 여부를 확인
④ 일이 근로자 자신과 직장동료의 건강에 불리한 영향을 미치고 있는지 여부의 발견

해설 건강진단은 의학적 치료를 필요로 하기 이전 또는 효과적인 치료가 가능한 시기에 건강장해나 질병을 발견할 목적으로 실시하는 의학적 검사이므로 질병이환 근로자의 치료 및 취업제한에 목적을 두지 않는다.

04 PWC가 16.5kcal/min인 근로자가 1일 8시간 동안 물체를 운반하고 있다. 이때의 작업대사량은 10kcal/min이고, 휴식 시의 대사량은 1.2kcal/min이다. Hertig의 식을 적용할 때 휴식시간 분율은 약 몇 %인가?

① 41
② 46
③ 51
④ 56

해설 $T_{ep}(\%) = \dfrac{PWC_o - M_t}{M_r - M_t} \times 100$

$\begin{cases} PWC_o = 16.5 \times 1/3 = 5.5 \, kcal/min \\ M_r : 휴식대사량 = 1.2 \, kcal/min \\ M_t : 작업대사량 = 10 \, kcal/min \end{cases}$

∴ $T_{ep}(\%) = \dfrac{5.5 - 10}{1.2 - 10} \times 100 = 51.14\%$

05 작업대사율이 4인 경우 실동률은 약 몇 %인가? (단, 사이또와 오시마 식을 적용한다.)

① 25
② 40
③ 65
④ 85

정답 01.④ 02.① 03.② 04.③ 05.③

해설 실동률(%) = 85 − (5×MRM)
∴ 실동률 = 85 − (5×4) = 65%

06 산업피로의 발생요인 중 작업부하와 관련이 가장 적은 것은?
① 적응조건 ② 작업강도
③ 작업자세 ④ 조작방법

해설 산업피로의 발생요인 중 작업부하와 관련되는 것은 작업공간, 작업방식, 작업밀도, 작업강도, 작업자세, 조작방법 등이다. 적응조건은 내적·개인적 요인에 해당한다.

07 NIOSH에서는 권장무게한계(RWL)와 최대허용한계(MPL)에 따라 중량물 취급작업을 분류하고, 각각의 대책을 권고하고 있는데 MPL을 초과하는 경우에 대한 대책으로 가장 적절한 것은?
① 문제 있는 근로자를 적절한 근로자로 교대시킨다.
② 반드시 공학적 방법을 적용하여 중량물 취급작업을 다시 설계한다.
③ 대부분의 정상근로자들에게 적절한 작업조건으로 현 수준을 유지한다.
④ 적절한 근로자의 선택과 적정배치 및 훈련, 그리고 작업방법의 개선이 필요하다.

해설 미국국립산업안전보건연구원(NIOSH)에서는 최대허용기준(MPL, 최대허용한계)를 초과하는 경우에는 반드시 공학적 방법을 적용하여 중량물 취급작업을 다시 설계하도록 권고하고 있다.

08 산업피로의 종류 중, 과로상태가 축적되어 단기간의 휴식으로는 회복할 수 없는 병적인 상태로, 심하면 사망에까지 이를 수 있는 것은?
① 곤비 ② 피로
③ 과로 ④ 실신

해설 곤비(困憊)는 과로상태가 축적된 상태로서 단기간 휴식을 통해서는 회복될 수 없는 피로로서 심하면 사망에까지 이를 수 있다.

09 생물학적 모니터링의 대상물질과 대사산물의 연결이 틀린 것은?
① 카드뮴 : 카드뮴(혈중)
② 수은 : 총무기수은(혈중)
③ 크실렌 : 메틸마뇨산(소변중)
④ 이황화탄소 : 카르복시헤모글로빈(혈중)

해설 이황화탄소(carbon disulfide, CS_2)의 생물학적 폭로 지표는 뇨(尿) 중의 TTCA(2-티오티아졸리딘-4-카본산) 검사방법을 적용한다. 혈중 카르복시헤모글로빈은 일산화탄소의 생체지표로 이용된다.

10 화학물질의 분류·표시 및 물질안전보건자료에 관한 기준상 발암성 물질 구분에 있어 사람에게 충분한 발암성 증거가 있는 물질의 분류는?
① Ca ② A1
③ C1 ④ 1A

해설 우리나라의 화학물질의 분류·표시에서 "사람에게 충분한 발암성 증거가 있는 물질"은 1A로 표시되고 있다 (석면, 베릴륨, 벤젠, 크롬, 포름알데히드 등). 한편, 미국정부산업위생전문가협의회(ACGIH)에서는 A1, 국제암연구기구(IARC)에서는 Group 1로 분류된다.

11 사무실 실내환경의 복사기, 전기기구, 전기집진기형 공기정화기에서 주로 발생되는 유해 공기오염물질은?
① O_3 ② CO_2
③ VOCs ④ HCHO

해설 사무실의 복사기, 전기집진기형 공기정화기에서 주로 발생되는 유해 공기오염물질은 오존이다.

12 근육운동에 필요한 에너지는 혐기성 대사와 호기성 대사를 통해 생성된다. 혐기성과 호기성 대상에 모두 에너지원으로 작용하는 것은?
① 지방(fat) ② 단백질(protein)
③ 포도당(glucose) ④ 아데노신삼인산(ATP)

해설 혐기성과 호기성 대상에 모두 에너지원으로 작용하는 것은 포도당(glucose)이다.

13 미국산업위생학회(AIHA)의 산업위생에 대한 정의로 가장 적합한 것은?

① 근로자나 일반 대중의 육체적, 정신적, 사회적 건강을 고도로 유지 증진시키는 과학과 기술
② 작업조건으로 인하여 근로자에게 발생할 수 있는 질병을 근본적으로 예방하고 치료하는 학문과 기술
③ 근로자나 일반 대중에게 육체적, 생리적, 심리적으로 최적의 환경을 제공하여 최고의 작업능률을 높이기 위한 과학과 기술
④ 근로자나 일반 대중에게 질병, 건강장해와 안녕방해, 심각한 불쾌감 및 능률저하 등을 초래하는 작업환경 요인과 스트레스를 예측, 측정, 평가하고 관리하는 과학과 기술

[해설] 미국의 산업위생학회(AIHA)에서 규정하는 산업위생에 정의는 "산업위생이란 근로자나 일반 대중에게 질병, 건강장해와 안녕방해, 심각한 불쾌감 및 능률저하 등을 초래하는 작업환경 요인과 스트레스를 예측, 인식(인지), 측정·평가하고 관리하는 과학과 기술이다."이라 하였다.

14 피로의 예방대책으로 가장 거리가 먼 것은?

① 작업환경은 항상 정리, 정돈한다.
② 작업시간 중 적당한 때에 체조를 한다.
③ 동적작업은 피하고 되도록 정적작업을 수행한다.
④ 불필요한 동작을 피하고 에너지소모를 적게 한다.

[해설] 정적인 작업은 피로를 더하게 할 수 있으므로 가능한 한 움직일 수 있는 동적인 작업으로 전환하는 것이 피로예방에 도움이 된다.

15 세계 최초의 직업성 암으로 보고된 음낭암의 원인물질로 규명된 것은?

① 납(lead) ② 황(sulfur)
③ 구리(copper) ④ 검댕(soot)

[해설] 음낭암의 주된 원인물질은 검댕(soot), 다환방향족탄화수소(PAHs)이다.

16 무게 10kg의 물건을 근로자가 들어올리려고 한다. 해당 작업조건의 권고기준(RWL)이 5kg이고 이동거리가 20cm일 때, 중량물 취급지수(LI)는 얼마인가? (단, 1분 2회씩 1일 8시간을 작업한다.)

① 1 ② 2
③ 3 ④ 4

[해설] 취급지수(LI) = $\frac{실제무게}{RWL} = \frac{10}{5} = 2$

17 VDT 작업자세로 틀린 것은?

① 팔꿈치의 내각은 90도 이상이어야 함
② 발의 위치는 앞꿈치만 닿을 수 있도록 함
③ 화면과 근로자의 눈과의 거리는 40cm 이상이 되게 함
④ 의자에 앉을 때는 의자 깊숙이 앉아 의자등받이에 등이 충분히 지지되어야 함

[해설] 발의 위치는 작업자의 발바닥 전면(모든면)이 바닥면에 닿을 수 있도록 해야 한다.

18 산업안전보건법령상 기관석면조자 대상으로서 건축물이나 설비의 소유주 등이 고용노동부장관에게 등록한 자로 하여금 그 석면을 해체·제거하도록 하여야 하는 함유량과 면적기준으로 틀린 것은?

① 석면이 1퍼센트(무게 퍼센트)를 초과하여 함유된 분무재 또는 내화피복재를 사용한 경우
② 파이프에 사용된 보온재에서 석면이 1퍼센트(무게 퍼센트)를 초과하여 함유되어 있고, 그 보온재 길이의 합이 25미터 이상인 경우
③ 석면이 1퍼센트(무게 퍼센트)를 초과하여 함유된 관련 규정에 해당하는 자재의 면적의 합이 15제곱미터 이상 또는 그 부피의 합이 1세제곱미터 이상인 경우
④ 철거·해체하려는 벽체재료, 바닥재, 천장재 및 지붕재 등의 자재에 석면이 1퍼센트(무게 퍼센트)를 초과하여 함유되어 있고 그 자재의 면적의 합이 50제곱미터 이상인 경우

해설 파이프에 사용된 보온재에서 석면 1wt%를 초과하여 함유되어 있고, 그 보온재 길이의 합이 80m 이상인 경우 고용노동부장관에게 등록한 자로 하여금 석면을 해체·제거하도록 하여야 한다.

19 재해발생 이론 중 하인리히의 도미노 이론에서 재해예방을 위한 가장 효과적인 대책은?

① 사고 제거
② 인감결함 제거
③ 불안전한 상태 및 행동 제거
④ 유전적인 요인과 사회환경 제거

해설 하인리히(Heinrich)의 사고 연쇄이론 중에서 사고가 발생하기 바로 직전의 단계에 해당하는 불안전한 행위 및 상태를 제어하는 것이 효과적이다.

20 국제노동기구(ILO) 협약에 제시된 산업보건 관리업무와 가장 거리가 먼 것은?

① 산업보건교육, 훈련과 정보에 관한 협력
② 작업능률 향상과 생산성 제고에 관한 기획
③ 작업방법의 개선과 새로운 설비에 대한 건강상 계획의 참여
④ 직장에 있어서의 건강 유해요인에 대한 위험성의 확인과 평가

해설 작업능률 향상과 생산성 제고에 관한 기획은 국제노동기구(ILO)의 산업보건 관리업무와 거리가 멀다. 주로 산업보건교육, 훈련과 정보에 관한 협력, 노동과 노동조건으로 일어날 수 있는 건강장해로부터 근로자를 보호, 작업에 있어 근로자의 정신적, 육체적 적응, 근로자의 정신적, 육체적 안녕상태의 유지 증진, 건강상 계획의 참여, 건강 유해요인에 대한 위험성의 확인과 평가 등에 맞추어져 있다.

[**제2과목** 작업환경측정 및 평가]

21 작업장의 습도에 대한 설명으로 틀린 것은?

① 상대습도는 ppm으로 나타낸다.
② 온도변화에 따라 상대습도는 변한다.
③ 온도변화에 따라 포화수증기량은 변한다.
④ 공기 중 상대습도가 높으면 불쾌감을 느낀다.

해설 상대습도는 현재 기온의 포화수증기량에 대한 실제 수증기량의 비율(%)로 나타낸다.

22 다음 중 직경분립충돌기의 특징과 가장 거리가 먼 것은?

① 입자의 질량 크기 분포를 얻을 수 있다.
② 시료채취가 용이하고 비용이 저렴하다.
③ 흡입성, 흉곽성, 호흡성 입자의 크기별로 분포를 얻을 수 있다.
④ 호흡기에 부분별로 침착된 입자 크기의 자료를 추정할 수 있다.

해설 직경분립충돌기는 채취준비에 시간이 많이 소요되고, 비용이 많이 든다.

23 옥외 작업장(태양광선이 내리 쬐는 장소)의 WBGT 지수값은 얼마인가? (단, 자연습구온도 : 28℃, 건구온도 : 30℃, 흑구온도 : 32℃, 고용노동부고시 기준)

① 29.0℃   ② 30.8℃
③ 31.6℃   ④ 32.3℃

해설 WBGT(℃) = 0.7×자연습구 + 0.2×흑구 + 0.1×건구
∴ WBGT = (0.7×28)+(0.2×32)+(0.1×30) = 29℃

24 다음 입자상 물질의 크기 표시 중 입자의 면적을 2등분하는 선의 길이로 과소평가의 위험에 있는 것은?

① 페렛 직경
② 마틴 직경
③ 등면적 직경
④ 공기역학적 직경

해설 마틴경(Martin's diameter)은 입자의 투영면적을 2등분하는 선의 거리에 상당하는 직경이며, 과소평가될 가능성이 있는 직경이다.

25 일반적인 사람들이 들을 수 있는 가청주파수 범위로 가장 적절한 것은?

① 약 2~2,000Hz
② 약 20~20,000Hz
③ 약 200~200,000Hz
④ 약 200~2,000,000Hz

해설 사람이 들을 수 있는 일반적인 가청주파수는 20~20,000Hz 영역이다.

26 표준기구에 관한 설명으로 가장 거리가 먼 것은?

① 폐활량계는 1차 용량표준으로 자주 사용된다.
② 펌프의 유량을 보정하는데 1차 표준으로 비누 거품미터가 널리 사용된다.
③ 1차 표준기구는 물리적 차원인 공간의 부피를 직접 측정할 수 있는 기구를 말한다.
④ Wet-test meter(용량측정용)는 용량측정을 위한 1차 표준으로 2차 표준용량 보정에 사용된다.

해설 습식 테스트미터(Wet-test meter)는 2차 표준기구 중 주로 실험실에서 사용하는 대표적인 기구이다.

27 흡습성이 적고 가벼워 먼지의 중량분석, 유리규산 채취, 6가 크롬 채취에 적용되는 여과지는?

① PVC 여과지
② 은막 여과지
③ 유리섬유 여과지
④ 셀룰로오스에스테르 여과지

해설 PVC(Polyvinyl Chloride)막 여과지는 6가 크롬, 아연화합물 등의 무기물질과 유리규산을 채취하는데 많이 사용된다.

28 먼지 입경에 따른 여과 메커니즘 및 채취효율에 관한 설명과 가장 거리가 먼 것은?

① 약 $0.3\mu m$인 입자가 가장 낮은 채취효율을 가진다.
② $0.1\mu m$ 미만인 입자는 주로 간섭에 의하여 채취된다.
③ $0.1~0.5\mu m$ 입자는 주로 확산 및 간섭에 의하여 채취된다.
④ 입자 크기는 먼지 채취효율에 영향을 미치는 중요한 요소이다.

해설 $0.1\mu m$ 미만인 입자상 물질은 주로 확산에 의해 포집된다.

29 다음 중 작업장 내 소음을 측정 시 소음계의 청감보정회로로 옳은 것은? (단, 고용노동부 고시를 기준으로 한다.)

① A특성
② W특성
③ E특성
④ S특성

해설 소음계의 청감보정회로는 A특성으로 하여야 한다. A특성은 사람의 청감에 맞춘 것이다. A특성은 대략 40phon의 등감곡선과 비슷하게 주파수에 따른 특성을 보정하여 측정한 음압수준을 말한다.

30 기체크로마토그래피와 고성능 액체크로마토그래피의 비교로 옳지 않은 것은?

① 기체크로마토그래피는 분석시료의 휘발성을 이용한다.
② 고성능 액체크로마토그래피는 분석시료의 용해성을 이용한다.
③ 기체크로마토그래피의 분리기전은 이온배제, 이온교환, 이온분배이다.
④ 기체크로마토그래피의 이동상은 기체이고 고성능 액체크로마토그래피의 이동상은 액체이다.

해설 기체크로마토그래피의 분리기전은 충전물에 대한 각각의 흡착성, 용해성의 차이를 이용한다.

정답 25.② 26.④ 27.① 28.② 29.① 30.③

31 탈착효율 실험은 고체흡착관을 이용하여 채취한 유기용제의 분석에 관련된 실험이다. 이 실험의 목적과 가장 거리가 먼 것은?

① 탈착효율의 보정
② 시약의 오염보정
③ 흡착관의 오염보정
④ 여과지의 오염보정

해설 탈착효율 실험의 목적은 탈착효율의 보정, 시약의 오염보정, 흡착관의 오염보정을 하기 위함이다.

32 납 흄에 노출되고 있는 근로자의 납 노출 농도를 측정한 결과 0.056mg/m³이었다. 미국 OSHA의 평가방법에 따라 이 근로자의 노출을 평가하면? (단, 시료채취 및 분석오차(SAE) = 0.082이고 납에 대한 허용기준은 0.05mg/m³이다.)

① 판정할 수 없음
② 허용기준을 초과함
③ 허용기준을 초과하지 않음
④ 허용기준을 초과할 가능성이 있음

해설 LCL = Y − SAE = $\left(\dfrac{0.065}{0.05}\right)$ − 0.082 = 1.22

∴ LCL > 1.0이므로 허용기준 초과

33 가스 및 증기시료 채취 시 사용되는 고체흡착식 방식 중 활성탄에 관한 설명과 가장 거리가 먼 것은?

① 증기압이 낮고 반응성이 있는 물질의 분리에 사용된다.
② 제조과정 중 탄화과정은 약 600℃의 무산소 상태에서 이루어진다.
③ 포집한 시료는 이황화탄소로 탈착시켜 가스크로마토그래피로 미량분석이 가능하다.
④ 사업장에 작업 시 발생되는 유기용제를 포집하기 위해 가장 많이 사용된다.

해설 활성탄은 증기압이 낮은 화합물과 반응성이 강한 화합물(방향족 아민류, 페놀류, 니트로벤젠, 알데히드류, 무수화합물 등)을 포집하면 탈착률이 매우 낮다.

34 공기 중 석면시료 분석에 가장 정확한 방법으로 석면의 감별 분석이 가능하며, 위상차 현미경으로 볼 수 없는 매우 가는 섬유도 관찰이 가능하지만, 값이 비싸고 분석시간이 많이 소요되는 방법은?

① X선 회절법
② 편광현미경법
③ 전자현미경법
④ 직동식현미경법

해설 전자현미경법은 가장 정확한 방법으로 석면의 감별 분석이 가능하며 위상차현미경으로 볼 수 없는 매우 가능 섬유도 관찰이 가능하나 값이 비싸고 분석시간이 많이 소요되는 석면측정방법이다.

35 1,1,1-Trichloroethane 1750mg/m³을 ppm단위로 환산한 것은? (단, 25℃, 1기압, 1,1,1-Trichloroethane의 분자량은 133이다.)

① 약 227ppm
② 약 322ppm
③ 약 452ppm
④ 약 527ppm

해설 $C_p(\text{ppm}) = C_m(\text{mg/m}^3) \times \dfrac{24.45(25℃, 1기압)}{M_w(분자량)}$

∴ $C_p = 1{,}750\text{mg/m}^3 \times \dfrac{24.45}{133} = 321.71$ ppm

36 활성탄관으로 포집한 시료를 열탈착할 때의 특징으로 옳은 것은?

① 작업이 번잡하다.
② 탈착효율이 나쁘다.
③ 300℃ 이상 고온에서 사용 가능하다.
④ 한 번에 모든 시료가 주입되어 여분의 분석물질이 남지 않는다.

해설 활성탄관으로 포집한 시료를 탈착하는 방법으로 열탈착법과 용매탈착법이 사용되고 있는데 열탈착은 고온에서 흡착제에 흡착된 물질을 날려보내 탈착시키는 방법으로 포집시료의 일부가 아닌 한 번에 모든 시료가 주입되어 여분의 분석물질을 남지 않기 때문에 낮은 농도의 물질을 분석할 수 있지만, 단 한번 밖에 분석할 수 없다는 단점이 있다. 반면에 용매탈착은 주로 CS_2 용매를 이용하는데, CS_2는 GC의 FID 감도도 낮고, 여러 물질에 대해 탈착효율도 우수한 특징을 가지고 있으나 탈착효율을 검증하여야 한다.

정답 31.④ 32.② 33.① 34.③ 35.② 36.④

37 가스상 물질의 시료 포집 시 사용하는 액체포집방법의 흡수효율을 높이기 위한 방법으로 옳지 않은 것은?

① 시료채취속도를 높여 채취유량을 줄이는 방법
② 채취효율이 좋은 프리티드 버블러 등의 기구를 사용하는 방법
③ 흡수 용액의 온도를 낮추어 오염물질의 휘발성을 제한하는 방법
④ 두 개 이상의 버블러를 연속적으로 연결하여 채취효율을 높이는 방법

해설 가스상 물질을 흡수·포집할 때 시료채취유량 또는 시료채취속도를 높이면 포집효율은 감소한다.

38 여과지 금속농도 100mg을 첨가한 후 분석하여 검출된 양이 80mg이었다면 회수율 몇 %인가?

① 40   ② 80
③ 125 ④ 150

해설 회수율(%) = $\frac{분석량}{첨가량} \times 100$

∴ 회수율(%) = $\frac{80}{100} \times 100 = 80\%$

39 유사노출그룹을 가장 세분하게 분류할 때, 다음 중 분류기준으로 가장 적합한 것은?

① 공정   ② 조직
③ 업무   ④ 작업범주

해설 유사노출그룹을 분류할 때, 조직 → 공정 → 작업범주 → 업무(작업내용)별로 구분하여 설정한다.

40 자동차 도장공정에서 노출되는 톨루엔의 측정결과 85ppm이고, 1일 10시간 작업한다고 가정할 때, 고용노동부에서 규정한 보정 노출기준(ppm)과 노출평가 결과는? (단, 톨루엔의 8시간 노출기준은 100ppm이라고 가정한다.)

① 보정 노출기준 : 30, 노출평가 결과 : 미만
② 보정 노출기준 : 50, 노출평가 결과 : 미만
③ 보정 노출기준 : 80, 노출평가 결과 : 초과
④ 보정 노출기준 : 125, 노출평가 결과 : 초과

해설 보정 노출기준 = TLV × $\left(\frac{8}{H}\right)$

∴ 보정 노출기준 = $100 \times \left(\frac{8}{10}\right) = 80\,ppm$

∴ 보정 노출기준 < 측정농도이므로 노출기준 초과

제3과목 작업환경관리

41 저온환경에서 발생할 수 있는 건강장해는?

① 감압증   ② 산식증
③ 고산병   ④ 참호족

해설 저온에서 발생될 수 있는 장해로는 참호족, 상기도 손상, 알러지 반응 등이다. 참호족, 침수족은 직접 동결상태에 이르지 않더라도 15℃ 이하의 한랭에 계속해서 장기간 폭로되고 동시에 지속적으로 습기나 물에 잠겨 있을 때, 국소의 산소결핍에 의해 모세혈관 벽이 손상되어 발생된다.

42 감압병 예방을 위한 환경관리 및 보건관리 대책과 가장 거리가 먼 것은?

① 질소가스 대신 헬륨가스를 흡입시켜 작업하게 한다.
② 감압 가능한 한 짧은 시간에 시행한다.
③ 비만자의 작업을 금지시킨다.
④ 감압이 완료되면 산소를 흡입시킨다.

해설 감압병 예방을 위해서는 가급적 서서히 감압시켜야 한다. 따라서 물속에서 감압하는 경우 부상속도는 매 분당 9m 이하로 하는 것이 감압병 예방에 도움이 된다.

43 인공조명의 조명방법에 관한 설명으로 옳지 않은 것은?

① 간접조명은 강한 음영으로 분위기를 온화하게 만든다.
② 간접조명은 설비비가 많이 소요된다.
③ 직접조명은 조명효율이 크다.
④ 일반적으로 분류하는 인공적인 조명방법은 직접조명, 간접조명, 반간접조명 등으로 구분할 수 있다.

정답 37.① 38.② 39.③ 40.③ 41.④ 42.② 43.①

[해설] 간접조명은 조도분포가 균일하고, 빛이 반사적 현위가 없어 부드럽기 때문에 그림자가 잘 안 생기는 온화한 분위기를 만든다.

44 방진마스크의 종류가 아닌 것은?

① 0급 ② 1급
③ 2급 ④ 특급

[해설] 방진마스크는 특급, 1급, 2급으로 분류된다.

45 분진 흡입에 따른 진폐증 분류 중 유기성 분진에 의한 진폐증은?

① 규폐증 ② 주석폐증
③ 농부폐증 ④ 탄소폐증

[해설] 유기성 분진에 의한 진폐증은 면폐증, 목재분진폐증, 농부폐증, 연초폐증, 설탕폐증, 모발분진폐증 등이다.

46 먼지 시료를 채취하는 여과지 선정의 고려사항과 가장 거리가 먼 것은?

① 여과지 무게
② 흡습성
③ 기계적인 강도
④ 채취효율

[해설] 여과지의 선정 시 고려할 사항은 흡습성, 기계적 강도, 분진의 포집효율 등이다.

47 이상기압에 관한 설명으로 옳지 않은 것은?

① 수면 하에서의 압력은 수심이 10m가 깊어질 때 마다 약 1기압씩 높아진다.
② 공기 중의 질소가스는 2기압 이상에서 마취 증세가 나타난다.
③ 고공성 폐수종은 어른보다 어린이에게 많이 일어난다.
④ 급격한 감압조건에서는 혈액과 조직에 용해되어 있던 질소가 기포를 형성하는 현상이 일어난다.

[해설] 질소가스는 절대압 4기압 이상에서 다행증(알코올 중독 증상과 유사)을 유발한다.

48 다음 중 음압레벨(L_p)을 구하는 식은?
(단, P : 측정되는 음압, P_o : 기준음압)

① $L_p = 10 \log_{10} \dfrac{P_o}{P}$

② $L_p = 10 \log_{10} \dfrac{P}{P_o}$

③ $L_p = 20 \log_{10} \dfrac{P_o}{P}$

④ $L_p = 20 \log_{10} \dfrac{P}{P_o}$

[해설] 음압레벨(SPL, Sound Pressure Level)은 실측음압(P)과 기준음압($P_o = 2 \times 10^{-5} \text{N/m}^2$)의 비를 상용대수를 취해 20배 한 값이다.

49 다음 중 적외선에 관한 설명과 가장 거리가 먼 것은?

① 가시광선보다 긴 파장으로 가시광선에 가까운 쪽을 근적외선, 먼쪽을 원적외선이라고 부른다.
② 적외선은 일반적으로 화학작용을 수반하지 않는다.
③ 적외선에 강하게 노출되면 각막염, 백내장과 같은 장애를 일으킬 수 있다.
④ 적외선은 지속적 적외선, 맥동적 적외선으로 구분된다.

[해설] 지속적 또는 맥동적인 것에 따라 구분하는 것은 레이저이다.

50 음압레벨이 80dB로 동일한 두 소음이 합쳐질 경우 총 음압레벨은 약 몇 dB인가?

① 81 ② 83
③ 85 ④ 87

[해설] $L(\text{dB}) = 10 \log (10^{L_1/10} + 10^{L_2/10} + 10^{L_n/10})$
∴ $L(\text{dB}) = 10 \log (10^8 \times 2) = 83.01 \, \text{dB}$

51 입자상 물질이 호흡기 내로 침착하는 작용 기전이 아닌 것은?

① 침강 ② 확산
③ 회피 ④ 충돌

해설 입자상 물질의 호흡기 내 침착은 충돌(Impaction), 중력침강, 확산(Diffusion), 간섭(Interception) 및 정전기 침강(Electrostatic deposition) 등의 5가지 메커니즘이 관여한다.

52 다음 그림과 같은 음원의 방향성(지향성, directivity) 계수는?

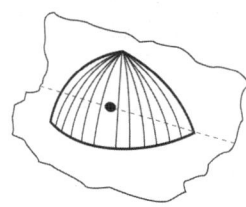

① 1 ② 2
③ 3 ④ 4

해설 두 변이 만나는 구석에 음원이 존재하므로 지향성 계수는 4이다.

53 작업장에서 훈련된 착용자들이 적절히 밀착이 이루어진 호흡기 보호구를 착용하였을 때, 기대되는 최소 보호정도치는?

① 정도보호계수 ② 밀착보호계수
③ 할당보호계수 ④ 기밀보호계수

해설 작업장에서 적절하게 밀착된 호흡기 보호기구를 착용하였을 때 기대되는 최소 보호정도치를 할당보호계수(assigned protection factor)라 한다.

54 방진마스크의 여과효율을 검정할 때 사용하는 먼지의 크기는 몇 μm인가?

① 0.1 ② 0.3
③ 0.5 ④ 1.0

해설 방진마스크의 여과효율을 검정할 때 사용하는 먼지의 크기는 $0.3\mu m$이다.

55 밀폐공간에서 작업할 때 관리방법으로 옳지 않은 것은?

① 비상시 탈출할 수 있는 경로를 확인 후 작업을 시작한다.
② 작업장에 들어가기 전에 산소농도와 유해물질의 농도를 측정한다.
③ 환기량은 급기량이 배기량보다 10% 많게 한다.
④ 산소결핍 및 황화수소의 노출이 과도하게 우려되는 작업장에서는 방독마스크를 착용한다.

해설 산소가 결핍되어 있거나 유해물질의 농도가 높을 때는 공기공급식(송기마스크, 산소호흡기, 공기호흡기 등)을 사용하여야 한다. 방독마스크는 공기정화식으로 산소농도가 18% 미만인 장소나 위해비(공기 중 오염물질의 농도/노출기준)가 높은 경우에는 사용할 수 없다.

56 1/1 옥타브밴드의 중심주파수가 500Hz일 때, 하한과 상한 주파수로 가장 적합한 것은? (단, 정비형 필터기준으로 한다.)

① 354Hz, 707Hz ② 362Hz, 724Hz
③ 373Hz, 746Hz ④ 382Hz, 764Hz

해설 f_c(중심주파수) $= \sqrt{2} f_l$, $\dfrac{f_u(\text{상한})}{f_l(\text{하한})} = 2$

$\therefore f_l(\text{하한}) = \dfrac{500}{\sqrt{2}} = 353.6 \text{Hz}$

$\therefore f_u(\text{상한}) = 2 \times 354.6 = 707.1 \text{Hz}$

57 작업과 관련 위생 보호구가 올바르게 짝지어진 것은?

① 전기 용접작업 – 차광안경
② 분무 도장작업 – 방진 스크
③ 갱내의 토석 굴착작업 – 방독마스크
④ 철판 절단을 위한 프레스 작업 – 고무제 보호의

해설 ①항만 올바르다. 참고로 분무 도장작업은 피부의 보호를 위한 보호의, 장갑, 앞치마 등을 착용해야 하고, 지하나 탱크 내 작업 등 바람이 통하지 않는 곳에서는 송기마스크를 착용, 환기가 잘 되는 곳에서는 방독마스크를 착용해야 하며, 일반 방진마스크는 사용해서는 안 된다.

58 입자상 물질에 속하지 않는 것은?
① 흄   ② 분진
③ 증기   ④ 미스트

해설 증기는 기체상 물질로 분류한다. 증기는 상온, 상압에서 액체 또는 고체(임계온도가 25℃ 이상) 물질이 증기압에 따라 휘발 또는 승화하여 기체상태로 된 것을 말한다.

59 비타민 D의 형성과 같이 생물학적 작용이 활발하게 일어나게 하는 Dorno선과 가장 관계가 있는 것은?
① UV-A   ② UV-B
③ UV-C   ④ UV-S

해설 자외선의 UV-B 파장영역(290~320nm)은 4소독작용, 비타민 D형성, 피부의 색소침착에 영향을 미친다.

60 다음 중 한랭 작업장에서 위생상 준수해야 할 사항과 거리가 먼 것은?
① 건조한 양말의 착용
② 적절한 온열장치 이용
③ 팔다리 운동으로 혈액순환 촉진
④ 약간 작은 장갑과 방한화의 착용

해설 약간 큰 장갑과 방한화를 착용하여야 한다. 한랭장해를 예방하기 위한 조치사항은 다음과 같다.
- 적절한 난방과 운동 및 영양섭취(적정한 양의 지방질과 비타민 B섭취)
- 방한복 착용(함기량이 크고 외부의 열 차단력이 큰 단벌이 좋음)
- 작업환경 기온의 적절한 수준 유지(적절한 온열장치를 이용하여 최소 10℃ 이상유지)
- 바람 있는 작업장의 경우는 방풍시설 설치
- 수족부를 습윤하지 않도록 관리할 것(건조한 양말의 착용)
- 팔다리 운동으로 혈액순환 촉진

제4과목 산업환기

61 유해가스의 처리방법 중, 연소를 통한 처리방법에 대한 설명이 아닌 것은?
① 처리경비가 저렴하다.
② 제거효율이 매우 높다.
③ 저농도 유해물질에도 적합하다.
④ 배기가스의 온도를 높여야 한다.

해설 배기가스의 온도를 인위적으로 높여야 하는 방법은 가열연소법이나 촉매산화법이다. 특히 직접연소법은 제거효율이 매우 높고, 고농도 대량가스 처리에 적합하나 배기가스의 유량과 농도의 변화에 잘 적용할 수 있으므로 저농도 유해물질에도 적용할 수 있다.

62 공기정화장치의 압력손실이 300mmH$_2$O, 처리가스량이 1,000m^3/min, 송풍기의 효율이 80%이다. 이 장치의 소요동력은 약 몇 kW인가?
① 56.9   ② 61.3
③ 72.5   ④ 80.6

해설 $P = \dfrac{\Delta P \cdot Q}{102 \times \eta_s} \times \alpha$

$\therefore P = \dfrac{300 \times (1,000/60)}{102 \times 0.8}$
$= 61.27 \text{ kW}$

63 자유 공간에 떠 있는 직경 20cm인 원형 개구후드의 개구면으로부터 20cm 떨어진 곳의 입자를 흡인하려고 한다. 제어풍속을 0.8m/sec로 할 때 필요환기량은 약 몇 m^3/min인가?
① 5.8   ② 10.5
③ 20.7   ④ 30.4

해설 $Q_c = (10X^2 + A)V_c$

$\Big\{ A = \dfrac{\pi D^2}{4} = \dfrac{3.14 \times 0.2^2}{4} = 0.0314 \text{ m}^2$

$\therefore Q_c = (10 \times 0.2^2 + 0.0314) \times 0.8$
$= 0.345 \text{ m}^3/\text{sec}$
$= 20.7 \text{ m}^3/\text{min}$

정답 58.③ 59.② 60.④ 61.④ 62.② 63.③

64 작업장 내의 열부하량이 200,000kcal/hr 이며, 외부의 기온은 25℃이고, 작업장 내의 기온은 35℃이다. 이러한 작업장의 전체환기에 필요환기량(m³/min)은 약 얼마인가?

① 1,100 ② 1,600
③ 2,100 ④ 2,600

해설 $H_s = Q C_p \Delta t$

$$\therefore Q = \frac{H_s}{C_p \Delta t} = \frac{H_s}{0.3 \times \Delta t}$$

$$= \frac{200,000}{0.3 \times (35-25)} \times \frac{1\text{hr}}{60\text{min}}$$

$$= 1,111.11 \text{m}^3/\text{min}$$

65 보기를 이용하여 일반적인 국소배기장치의 설계 순서를 가장 적절하게 나열한 것은?

- ㉠ 반송속도의 결정
- ㉡ 제어속도의 결정
- ㉢ 송풍기의 결정
- ㉣ 후드 크기의 결정
- ㉤ 덕트 직경의 산출
- ㉥ 필요 송풍량의 계산

① ㉥ → ㉡ → ㉢ → ㉣ → ㉤ → ㉠
② ㉥ → ㉢ → ㉡ → ㉠ → ㉣ → ㉤
③ ㉢ → ㉡ → ㉣ → ㉠ → ㉥ → ㉤
④ ㉡ → ㉥ → ㉠ → ㉤ → ㉣ → ㉢

해설 국소배출장치의 설계 순서는 후드형식 선정 → 제어속도 결정 → 소요풍량 계산 → 반송속도 결정 → Duct 직경 산출 → 후드의 용량결정 → Duct 배치 및 설치장소 결정 → 공기정화장치 선정 → 계통도 및 배치도 작성 → 총 압력손실 계산 → 송풍기 동력산정 및 송풍기 선정

66 자연환기방식에 의한 전체환기의 효율은 주로 무엇에 의해 결정되는가?

① 풍압과 실내·외 온도 차이
② 대기압과 오염물질의 농도
③ 오염물질의 농도와 실내·외 습도 차이
④ 작업자 수와 작업장 내부 시설의 위치

해설 전체환기 시스템에서 자연환기방식은 외기의 바람·작업장 내외의 온도차·압력차에 의해 작업장의 공기를 치환하는 환기시스템이다.

67 전압, 속도압, 정압에 대한 설명으로 틀린 것은?

① 속도압은 항상 양압이다.
② 정압은 속도압에 의존하여 발생한다.
③ 전압은 속도압과 정압을 합한 값이다.
④ 송풍기의 전·후 위치에 따라 덕트 내의 정압이 음(-)이나 양(+)으로 된다.

해설 정압은 속도압과 관계없이 독립적으로 발생한다.

68 산업환기 시스템에 대한 설명으로 틀린 것은?

① 원형 덕트를 우선시 한다.
② 합류점에서 정압이 큰 쪽이 공기흐름을 지배하므로 지배정압(SP governig)이라 한다.
③ 댐퍼를 이용한 균형방법은 주로 시설 설치 전에 댐퍼를 가지덕트에 설치하여 유량을 조절하게 된다.
④ 후드 정압은 정지상태의 공기를 가속시키는데 필요한 에너지(속도압)와 난류손실의 합으로 표현된다.

해설 시설 설치 전에 덕트의 직경, 유량을 보정하여 균형을 유지하는 방법은 정압조절 균형법(유속조절 평형법)이다. 댐퍼조절 평형법(저항조절 평형법)은 시설 설치 전에 유량을 보정하는 것이 아니라 설치 후 각 합류점에 있는 덕트의 댐퍼를 조절함으로써 유량균형을 유지하는 방법이다.

69 후드의 형태 중, 포위식이 외부식에 비하여 효과적인 이유로 볼 수 없는 것은?

① 제어풍량이 적기 때문이다.
② 유해물질이 포위되기 때문이다.
③ 플랜지가 부착되어 있기 때문이다.
④ 영향을 미치는 외부기류를 사방면에서 차단하기 때문이다.

정답 64.① 65.④ 66.① 67.② 68.③ 69.③

해설 포위식은 발생원이 후드 안에 있으므로 유해물질의 발생원을 전부 또는 부분적으로 포위하는 형식이다. 따라서 포위식 후드에 플랜지를 부착하는 것이 아니라 외부식에 플랜지를 부착한다.

70 전체환기시설의 설치조건으로 가장 거리가 먼 것은?

① 오염물질이 증기나 가스인 경우
② 오염물질의 발생량이 비교적 적은 경우
③ 오염물질의 노출기준 값이 매우 작은 경우
④ 동일한 작업장에 오염원이 분산되어 있는 경우

해설 오염물질의 노출기준 값이 매우 작은 경우는 유독성이 높은 오염물질에 해당되므로 전체환기방식 보다는 국소배기장치를 설치하는 것이 좋다. 전체환기방식은 독성이 낮은 유해물질을 사용하는 장소, 공기 중 유해물질의 농도가 허용농도 이하인 작업장에 적용된다.

71 후드에서의 유입손실이 전혀 없는 이상적인 후드의 유입계수는 얼마인가?

① 0   ② 0.5
③ 0.8   ④ 1.0

해설 후드에서의 유입손실이 전혀 없는 이상적인 후드(유입손실계수가 0)의 유입계수는 1.0이다.

□ 유입손실계수(F_i) = $\dfrac{1-C_e^2}{C_e^2}$

72 국소배기장치의 투자비용과 전력소모비를 적게 하기 위하여 최우선으로 고려하여야 할 사항은?

① 제어속도를 최대한 증가시킨다.
② 덕트의 직경을 최대한 크게 한다.
③ 후드의 필요송풍량을 최소화 한다.
④ 배기량을 많게 하기 위해 발생원과 후드 사이의 거리를 가능한 한 멀게 한다.

해설 시설비용과 전력 소모비용은 제어속도, 송풍유량(제어유량)과 밀접한 관계가 있으며, 이 값들을 최소화할 때 시설비용과 유지비용을 절감할 수 있다.

73 다음의 내용에서 ㉠, ㉡에 해당하는 숫자로 맞는 것은?

> 산업환기 시스템에서 공기유량(m^3/sec)이 일정할 때, 덕트 직경을 3배로 하면 유속은 (㉠)로, 직경은 그대로 하고 유속을 1/4로 하면 압력손실은 (㉡)로 변한다.

① ㉠ 1/3   ㉡ 1/8
② ㉠ 1/12   ㉡ 1/6
③ ㉠ 1/6   ㉡ 1/12
④ ㉠ 1/9   ㉡ 1/16

해설 유속(V)은 유량(Q)/단면적(A)이며, 단면적은 직경(D)의 제곱에 비례하므로 직경을 3배로 증가시키면 유속은 3^2배 만큼 감소하게 된다. 그리고, 압력손실(ΔP)은 직경에 반비례하고, 유속의 제곱에 비례하는데, 직경은 그대로 하고 유속을 1/4로 하면 압력손실은 4^2배 만큼 감소하게 된다.

□ $V(유속) = \dfrac{Q}{A} = \dfrac{Q}{\pi D^2/4}$

□ $\Delta P(압력손실) = \lambda \times \dfrac{L}{D} \times \dfrac{\gamma V^2}{2g}$

74 80℃에서 공기의 부피가 5m³일 때, 21℃에서 이 공기의 부피는 약 몇 m³인가? (단, 공기의 밀도는 1.2kg/m³이고, 기압의 변동은 없다.)

① 4.2   ② 4.8
③ 5.2   ④ 5.6

해설 $V_2 = V_1 \times \dfrac{T_2}{T_1} \times \dfrac{P_1}{P_2}$

∴ $V_2 = 5\,m^3 \times \dfrac{273+21}{273+80} = 4.16\,m^3$

75 송풍기의 바로 앞부분(up stream)까지의 정압이 −200mmH₂O, 뒷부분(down stream)에서의 정압이 10mmH₂O이다. 송풍기의 바로 앞부분과 뒷부분에서의 속도압이 모두 8mmH₂O일 때 송풍기정압(mmH₂O)은 얼마인가?

① 182   ② 190
③ 202   ④ 218

해설 $P_{sf} = |P_{so}| + |P_{si}| - P_{vi}$

$\begin{cases} \circ \text{출구정압} = 10\,\text{mmH}_2\text{O} \\ \circ \text{입구정압} = -200\,\text{mmH}_2\text{O} \\ \circ \text{입구속도압} = 8\,\text{mmH}_2\text{O} \end{cases}$

$\therefore P_{sf} = (10+200) - 8 = 202\,\text{mmH}_2\text{O}$

76 제어속도에 관한 설명으로 옳은 것은?

① 제어속도가 높을수록 경제적이다.
② 제어속도를 증가시키기 위해서 송풍기 용량의 증가는 불가피하다.
③ 외부식 후드에서 후드와 작업지점과의 거리를 줄이면 제어속도가 증가한다.
④ 유해물질을 실내의 공기 중으로 분산시키지 않고 후드 내로 흡인하는데 필요한 최대기류 속도를 의미한다.

해설 ③항만 올바르다. 제어속도가 낮을수록 경제적이며, 송풍기 용량을 증가시키지 않고도 제어속도를 증가시킬 수 있으며(개구면적을 작게), 제어속도는 후드 근처에서 발생되는 오염물질을 주변의 방해기류를 극복하고 후드 쪽으로 흡인하는데 필요한 최소기류 속도를 의미한다.

77 작업장의 크기가 세로 20m, 가로 30m, 높이 6m이고, 필요환기량이 120m³/min일 때, 1시간당 공기교환횟수는 몇 회인가?

① 1 ② 2
③ 3 ④ 4

해설 $\text{ACH} = \dfrac{Q}{\forall}$

$\therefore \text{ACH} = \dfrac{120 \times 60}{20 \times 30 \times 6} = 2\text{회}/\text{hr}$

78 급기구와 배기구의 직경을 d라고 할 때, 급기구와 배기구로부터 각각 일정거리에서의 유속이 최초속도의 10%가 되는 거리는 얼마인가?

① 급기구 : $1d$, 배기구 : $30d$
② 급기구 : $1d$, 배기구 : $30d$
③ 급기구 : $1d$, 배기구 : $30d$
④ 급기구 : $1d$, 배기구 : $30d$

해설 공기를 분출하는 경우에는 토출부 직경의 30배 거리에서 공기속도가 1/10로 감소하나 공기를 흡인(吸引, suction)할 때는 기류의 방향에 상관없이 흡인부 직경과 동일한 거리에서 개구면 흡인속도의 1/10(10%)로 감소한다.

79 다음 중 원심력을 이용한 공기정화장치에 해당하는 것은?

① 백필터(bag filter)
② 스크러버(scrubber)
③ 사이클론(cyclone)
④ 충진탑(packed tower)

해설 원심력집진장치(사이클론)은 함진가스에 선회운동을 부여함으로써 입자에 작용하는 원심력에 원심력과 관성력에 의하여 무거운 입자들을 분리·포집한다.

80 사염화에틸렌 10,000ppm이 공기 중에 존재한다면 공기와 사염화에틸렌 혼합물의 유효비중은 얼마인가? (단, 사염화에틸렌의 증기비중은 5.7로 한다.)

① 1.0047 ② 1.047
③ 1.47   ④ 10.47

해설 $S_m = \dfrac{S_1 Q_1 + S_2 Q_2}{Q_1 + Q_2}$

$\begin{cases} S_1 : \text{TCE 비중} = 5.7 \\ S_2 : \text{공기비중} = 1.0 \\ Q_1 : \text{TCE 부피} = 10,000 \\ Q_2 : \text{공기부피} = 10^6 - 10,000 = 990,000 \end{cases}$

$\therefore S_m = \dfrac{(5.7 \times 10,000) + (1.0 \times 990,000)}{10,000 + 990,000} = 1.047$

2019 제2회 산업위생관리(기사)

2019. 4. 27 시행

[제1과목] 산업위생학 개론

01 산업위생 분야에 종사하는 사람들이 반드시 지켜야 할 윤리강령의 전문가로서의 책임에 대한 설명 중 틀린 것은?

① 기업체의 기밀은 누설하지 않는다.
② 과학적 방법의 적용과 자료의 해석에서 객관성을 유지한다.
③ 근로자 사회 및 전문직종의 이익을 위해 과학적 지식을 공개하고 발표한다.
④ 전문적 판단이 타협에 의하여 좌우될 수 있거나 이해관계가 있는 상황에는 적극적으로 개입한다.

해설 전문적 판단이 타협에 의하여 좌우될 수 있는 상황에는 개입하지 않아야 한다.

02 근로자가 트리클로로에틸렌(TLV 50ppm)이 담긴 탈지탱크에서 금속가공 제품의 표면에 존재하는 절삭유 등의 기름 성분을 제거하기 위해 탈지작업을 수행하였다. 또 이 과정을 마치고 포장단계에서 표면 세척을 위해 아세톤(TLV 500ppm)을 사용하였다. 이 근로자의 작업환경 측정결과는 트리클로로에틸렌이 45ppm, 아세톤이 100ppm이었을 때, 노출지수와 노출기준에 관한 설명으로 맞는 것은? (단, 두 물질은 상가작용을 한다.)

① 노출지수는 0.9이며, 노출기준 미만이다.
② 노출지수는 1.1이며, 노출기준을 초과하고 있다.
③ 노출지수는 6.1이며, 노출기준을 초과하고 있다.
④ 트리클로로에틸렌의 노출지수는 0.9, 아세톤의 노출지수는 0.2이며, 혼합물로써 노출기준 미만이다.

해설 $EI = \sum \dfrac{C}{TLV}$

$\therefore EI = \dfrac{45}{50} + \dfrac{100}{500} = 1.1$

$\therefore EI > 1$ 이므로 노출기준 초과

03 화학물질의 국내 노출기준에 관한 설명으로 틀린 것은?

① 1일 8시간을 기준으로 한다.
② 직업병 진단기준으로 사용할 수 없다.
③ 대기오염의 평가나 관리상 지표로 사용할 수 없다.
④ 직업성 질병의 이환에 대한 반증자료로 사용할 수 있다.

해설 노출기준은 발생한 질병 또는 신체적 상태의 양부를 증명하는 자료로 사용할 수 없다.

04 하인리히의 사고 연쇄반응 이론(도미노 이론)에서 사고가 발생하기 바로 직전의 단계에 해당하는 것은?

① 개인적 결함
② 사회적 환경
③ 선진 기술의 미적용
④ 불안전한 행동 및 상태

해설 하인리히의 사고 연쇄이론은 사회적 환경 및 유전 → 개인적 결함 → 불안전한 행위 및 상태 → 사고발생 → 피해로 나타난다는 연쇄이론이다.

05 직업성 질환의 범위에 해당되지 않는 것은?

① 합병증
② 속발성 질환
③ 선천적 질환
④ 원발성 질환

정답 01.④ 02.② 03.④ 04.④ 05.③

[해설] 직업성 질환의 범위에 속하는 것은 원발성 질환(직업상 업무로 인한 1차적 질환), 속발성 질환(원발성 질환에 기인하여 속발), 합병증(원발성 질환과 합병하는 제2의 질환)이다.

06 최근 실내공기질에서 문제가 되고 있는 방사성 물질인 라돈에 관한 설명으로 옳지 않은 것은?

① 무색, 무취, 무미한 가스로 인간의 감각에 의해 감지할 수 없다.
② 인광석이나 산업폐기물을 포함하는 토양, 석재, 각종 콘크리트 등에서 발생할 수 있다.
③ 라돈의 감마(γ)-붕괴에 의하여 라돈의 딸핵종이 생성되며 이것이 기관지에 부착되어 감마선을 방출하여 폐암을 유발한다.
④ 우라늄 계열의 붕괴과정 일부에서 생성될 수 있다.

[해설] 라돈은 라듐(Ra)이 알파(α) 붕괴할 때 생기는 기체상태의 원소로 무색, 무미, 무취의 특성을 보이며, 호흡을 통해 유입되기 쉬운 방사선 물질이다.

07 산업안전보건법상 최근 1년간 작업공정에서 공정설비의 변경, 작업방법의 변경, 설비의 이전, 사용 화학물질의 변경 등으로 작업환경 측정결과에 영향을 주는 변화가 없는 경우 작업공정 내 소음 외의 다른 모든 인자의 작업환경 측정결과가 최근 2회 연속 노출기준 미만인 사업장은 몇 년에 1회 이상 측정할 수 있는가?

① 6월　　　　　　② 1년
③ 2년　　　　　　④ 3년

[해설] 작업공정 내 소음 외의 다른 모든 인자의 작업환경 측정결과가 최근 2회 연속 노출기준 미만인 사업장에 해당하는 경우는 해당 유해인자에 대한 작업환경 측정을 1년에 1회 이상 할 수 있다.

08 산업안전법령상 사무실 공기관리의 관리대상 오염물질의 종류에 해당하지 않는 것은?

① 오존(O_3)
② 총 부유세균
③ 호흡성분진(RPM)
④ 일산화탄소(CO)

[해설] 산업안전보건법상 사무실 공기질의 관리 대상물질은 이산화탄소(CO_2), 일산화탄소(CO), 이산화질소(NO_2), 포름알데히드(HCHO), 총 휘발성유기화합물(TVOCs), 오존(O_3), 미세먼지(PM_{10}), 총 부유세균(TAB), 석면 9가지이다.

09 사업장에서의 산업보건 관리업무는 크게 3가지로 구분될 수 있다. 산업보건관리 업무와 가장 관련이 적은 것은?

① 안전관리　　　　② 건강관리
③ 환경관리　　　　④ 작업관리

[해설] 산업보건관리 업무는 보건에 관한 기술적인 사항인 환경관리, 건강관리, 작업관리를 담당한다.

10 인간공학에서 최대작업영역에 대한 설명으로 가장 적절한 것은?

① 허리의 불편없이 적절히 조작할 수 있는 영역
② 팔과 다리를 이용하여 최대한 도달할 수 있는 영역
③ 어깨에서부터 팔을 뻗어 도달할 수 있는 최대영역
④ 상완을 자연스럽게 몸에 붙인 채로 전완을 움직일 때 도달하는 영역

[해설] 최대작업영역(maximum area)은 어깨(위팔)로부터 팔(아래팔)을 펴서 어깨를 축으로 하여 수평면상에서 원을 그릴 때 부채꼴 모양의 원호의 내부영역에 해당한다.

11 젊은 근로자의 약한 쪽 손의 힘은 평균 50kP이고, 이 근로자가 무게 10kg인 상자를 두 손으로 들어올릴 경우에 한 손의 작업강도(%MS)는 얼마인가? (단, 1kP는 질량 1kg을 중력의 크기로 당기는 힘을 말한다.)

① 5　　　　　　　② 10
③ 15　　　　　　④ 20

정답　06.③　07.②　08.③　09.①　10.③　11.②

해설 $M_x(\%) = \dfrac{RF}{MS} \times 100$

∴ $M_x(\%) = \dfrac{10/2}{50} \times 100 = 10\%$

12 해외 국가의 노출기준 연결이 틀린 것은?

① 영국 — WEL(Workplace Exposure Limit)
② 독일 — REL(Recommended Exposure Limit)
③ 스웨덴 — OEL(Occupational Exposure Limit)
④ 미국(ACGIH) — TLV(Threshold Limit Value)

해설 독일 : MAK(Maximum Concentration Values)

13 다음 산업위생 역사에서 영국의 외과의사 Percivall Pott에 대한 내용 중 틀린 것은?

① 직업성 암을 최초로 보고하였다.
② 산업혁명 이전의 산업위생 역사이다.
③ 어린이 굴뚝청소부에게 많이 발생하던 음낭암 (scrotal cancer)의 원인물질을 검댕(soot)이라고 규명하였다.
④ Pott의 노력으로 1788년 영국에서는 도제건강 및 도덕법(Health and Morals of Apprentices Act)이 통과되었다.

해설 산업위생의 원리를 적용한 최초의 법률제정(도제건강 및 도덕법)에 기여한 사람은 로버트 필(Robert peel)이다. Pott는 굴뚝청소부법 제정에 기여하였다.

14 단기간 휴식을 통해서 회복될 수 없는 발병단계의 피로를 무엇이라 하는가?

① 곤비
② 정신피로
③ 과로
④ 전신피로

해설 곤비(困憊)는 과로상태가 축적된 상태로서 단기간 휴식을 통해서는 회복될 수 없는 피로로서 심하면 사망에 이를 수 있다.

15 Flex-Time 제도의 설명으로 맞는 것은?

① 하루 중 자기가 편한 시간을 정하여 자유롭게 출·퇴근 하는 제도
② 주휴 2일제로 주당 40시간 이상의 근무를 원칙으로 하는 제도
③ 연중 4주간의 년차 휴가를 정하여 근로자가 원하는 시기에 휴가를 갖는 제도
④ 작업상 전 근로자가 일하는 중추시간(core time)을 제외하고 주당 40시간 내외의 근로조건 하에서 자유롭게 출·퇴근 하는 제도

해설 플렉스 타임(Flex-time)제도는 출퇴근 시간을 정하지 않고 자율적으로 일하는 노동시간 관리제도로서 작업상 전 근로자가 일하는 중추시간(core time)을 제외하고 주당 40시간 내외의 근로조건 하에서 자유롭게 출·퇴근 하는 제도이다. 업무능률 향상, 근로자의 만족도, 요일이나 시간대별로 일자리 만들기와 일자리 나누기(잡셰어링)를 할 수 있는 장점이 있다.

16 L_5/S_1 디스크에 얼마 정도의 압력이 초과되면 대부분의 근로자에게 장해가 나타나는가?

① 3,400N
② 4,400N
③ 5,400N
④ 6,400N

해설 미국산업안전보건연구원(NIOSH)에 따르면 최대허용기준(MPL)에 해당하는 작업은 L_5/S_1 요추 디스크에 6,400N의 압력으로 작용하게 되고 대부분의 근로자에게 장해가 나타는 것으로 보고 있다.

17 어느 공장에서 경미한 사고가 3건이 발생하였다. 그렇다면 이 공장의 무상해 사고는 몇 건이 발생하는가? (단, 하인리히의 법칙을 활용한다.)

① 25
② 31
③ 36
④ 40

해설 하인리히(Heinrich) 이론의 1 : 29 : 300 법칙에서 그 비율은 "사망 : 경미 : 무상해"이므로 이를 적용하면 → 29 : 300 = 3 : x, x = 31건(무상해사고)

정답 12.② 13.④ 14.① 15.④ 16.④ 17.②

18 인간공학에서 고려해야 할 인간의 특성과 가장 거리가 먼 것은?

① 감각과 지각
② 운동력과 근력
③ 감정과 생산능력
④ 기술, 집단에 대한 적응 능력

해설 인간공학에서 고려해야 할 인간의 특성은 민족, 인간의 습성, 기술·집단에 대한 적응능력, 신체의 크기와 작업환경, 감각과 지각, 운동력과 근력 등이다.

19 NIOSH의 권고중량한계(RWL)에 사용되는 승수(multiplier)가 아닌 것은?

① 들기거리(Lift Multiplier)
② 이동거리(Distance Multiplier)
③ 수평거리(Horizontal Multiplier)
④ 비대칭각도(Asymmetry Multiplier)

해설 NIOSH의 권고중량한계(RWL) 산출 식은 다음과 같다.
- RWL(kg)=LC×HM×DM×VM×AM×CM×FM

여기서, 산식에 사용되는 승수(곱하는 수)는 LC : 중량상수 23kg, HM : 수평거리에 의한 승수, DM : 물체의 수직이동거리에 의한 승수, VM : 수직거리에 의한 승수, AM : 비틀림각도 승수, CM : 커플링계수, FM : 빈도계수이다.

20 심리학적 적성검사와 가장 거리가 먼 것은?

① 감각기능검사
② 지능검사
③ 지각동작검사
④ 인성검사

해설 감각기능검사는 생리적 적성검사에 해당한다.

제2과목 작업환경측정 및 평가

21 다음 중 수동식 채취기에 적용되는 이론으로 가장 적절한 것은?

① 침강원리, 분산원리
② 확산원리, 투과원리
③ 침투원리, 흡착원리
④ 충돌원리, 전달원리

해설 수동식 시료채취기에 적용되는 이론은 펌프 사용하지 않고, 확산-투과-흡착에 의해 시료를 포집한다.

22 다음 중 PVC막 여과지에 관한 설명과 가장 거리가 먼 것은?

① 수분에 대한 영향이 크지 않다.
② 공해성 먼지, 총 먼지 등의 중량분석을 위한 측정에 이용된다.
③ 유리규산을 채취하여 X-선 회절법으로 분석하는데 적절하다.
④ 코크스 제조공정에서 발생되는 코크스 오븐 배출물질을 채취하는데 이용된다.

해설 PVC는 열이나 압력에 취약하므로 코크스 오븐 배출물질을 채취하는데는 부적합하다. 석탄건류나 증류, 코크스 오븐 배출물질 채취에 적합한 것은 은막(silver membrane)이다.

23 시료공기를 흡수, 흡착 등의 과정을 거치지 않고 진공채취병 등의 채취용기에 물질을 채취하는 방법은?

① 직접채취방법
② 여과채취방법
③ 고체채취방법
④ 액체채취방법

해설 시료공기를 흡수, 흡착 등의 과정을 거치지 않고 진공채취병 등의 채취용기에 물질을 채취하는 방법을 직접채취방법이라 한다.

24 어느 작업장에 8시간 작업시간 동안 측정한 유해인자의 농도는 0.045mg/m³일 때, 95%의 신뢰도를 가진 하한치는 얼마인가? (단, 유해인자의 노출기준은 0.05mg/m³, 시료채취 분석오차는 0.132이다.)

① 0.768   ② 0.929
③ 1.032   ④ 1.258

해설 LCL = $Y -$ SAE = $\left(\dfrac{C}{TLV}\right) -$ SAE

∴ LCL = $\left(\dfrac{0.045}{0.05}\right) - 0.132 = 0.768$

25 옥내 작업장에서 측정한 건구온도 73℃이고 자연습구온도 65℃, 흑구온도 81℃일 때, 습구흑구온도지수는?

① 66.4℃   ② 67.4℃
③ 69.8℃   ④ 71.0℃

해설 WBGT(℃) = 0.7×자연습구 + 0.3×흑구

∴ WBGT(℃) = 0.7×65 + 0.3×81 = 69.8℃

26 온도 표시에 대한 내용으로 틀린 것은? (단, 고용노동부고시를 기준으로 한다.)

① 미온은 20~30℃를 말한다.
② 온수(溫水)는 60~70℃를 말한다.
③ 냉수(冷水)는 15℃ 이하를 말한다.
④ 상온은 15~25℃, 실온은 1~35℃를 말한다.

해설 미온은 30~40℃를 말한다.

27 원자흡광광도계의 구성요소와 역할에 대한 설명 중 옳지 않은 것은?

① 광원은 속빈 음극램프를 주로 사용한다.
② 광원은 분석물질이 반사할 수 있는 표준파장의 빛을 방출한다.
③ 단색화장치는 특정 파장만 분리하여 검출기로 보내는 역할을 한다.
④ 원자화장치에서 원자화방법에는 불꽃방식, 흑연로방식, 증기화방식이 있다.

해설 광원은 분석하고자 하는 금속의 흡수파장의 복사선을 방출하여야 하며, 주로 속빈 음극램프가 사용된다.

28 비누거품방법(Bubble Meter Method)을 이용해 유량을 보정할 때의 주의사항과 가장 거리가 먼 것은?

① 측정시간의 정확성은 ±5초 이내이어야 한다.
② 측정장비 및 유량보정계는 Tygon Tube로 연결한다.
③ 보정램프를 시작하기 전에 충분히 충전된 펌프를 5분간 작동한다.
④ 표준뷰렛 내부면을 세척제 용액으로 씻어서 비누거품이 쉽게 상승하도록 한다.

해설 측정시간의 정확성은 ±1초 이내이어야 하고 유량측정은 최소 2회 이상을 실시한다.

29 입자상 물질의 측정 및 분석방법으로 틀린 것은? (단, 고용노동부고시를 기준으로 한다.)

① 석면의 농도는 여과채취방법에 의한 계수방법으로 측정한다.
② 규산염은 분립장치 또는 입자의 크기를 파악할 수 있는 기기를 이용한 여과채취방법으로 측정한다.
③ 광물성 분진은 여과채취방법에 따라 석영, 크리스토바라이트, 트리디마이트를 분석할 수 있는 적합한 분석방법으로 측정한다.
④ 용접흄은 여과채취방법으로 하되 용접보안면을 착용한 경우에는 그 내부에서 채취하고 중량분석방법과 원자흡광분광기 또는 유도결합플라스마를 이용한 분석방법으로 측정한다.

해설 규산염과 그 밖의 광물성 분진은 중량분석방법으로 측정해야 한다.

30 어느 작업환경에서 발생되는 소음원 1개의 음압수준이 92dB이라면, 이와 동일한 소음원이 8개일 때의 전체음압수준은?

① 101dB   ② 103dB
③ 105dB   ④ 107dB

정답 24.① 25.③ 26.① 27.② 28.① 29.② 30.①

해설 $L(\text{dB}) = 10 \log(10^{L_1/10} + 10^{L_2/10} + 10^{L_n/10})$

∴ $L(\text{dB}) = 10 \log(10^{9.2} \times 8) = 101.03 \text{ dB}$

31 상온에서 벤젠(C_6H_6)의 농도 20mg/m^3는 부피단위농도로 약 몇 ppm인가?

① 0.06
② 0.6
③ 6
④ 60

해설 $C_p(\text{ppm}) = C_m(\text{mg/m}^3) \times \dfrac{24.45}{M_w}$

∴ $C_p(\text{ppm}) = 20 \times \dfrac{24.45}{78} = 6.27 \text{ ppm}$

32 고체 흡착제를 이용하여 시료채취를 할 때 영향을 주는 인자에 관한 설명으로 옳지 않은 것은?

① 온도 : 고온일수록 흡착 성질이 감소하며 파과가 일어나기 쉽다.
② 오염물질농도 : 공기 중 오염물질의 농도가 높을수록 파과공기량이 증가한다.
③ 흡착제의 크기 : 입자의 크기가 작을수록 채취효율이 증가하나 압력강하가 심하다.
④ 시료채취유량 : 시료채취유량이 높으면 파과가 일어나기 쉬우며 코팅된 흡착제 일수록 그 경향이 강하다.

해설 오염물질농도가 높을수록 파과용량은 증가하나 파과공기량은 감소한다.

33 다음은 작업장 소음 측정에 관한 고용노동부고시 내용이다. ( ) 안에 내용으로 옳은 것은?

> 누적소음 노출량 측정기로 소음을 측정하는 경우에는 Criteria 90dB, Exchange Rate 5dB, Threshold ( )dB로 기기를 설정한다.

① 50
② 60
③ 70
④ 80

해설 누적소음 노출량 측정기로 소음을 측정하는 경우에는 크라이테리어(Criteria)는 90dB, 익스체인지레이트(Exchange Rate)는 5dB, 스레쉬홀드(Threshold)는 80dB로 기기를 설정한다.

34 어느 작업장에서 A물질의 농도를 측정한 결과 각각 23.9ppm, 21.6ppm, 22.4ppm, 24.1ppm, 22.7ppm, 25.4ppm을 얻었다. 측정결과에서 중앙값(median)은 몇 ppm인가?

① 23.0
② 23.1
③ 23.3
④ 23.5

해설 측정자료를 크기 순으로 나열하면 21.6, 22.4, 22.7, 23.3, 24.1, 25.4(ppm)이 되고, 시료수가 짝수이므로 6/2번째 값과 (6/2)+1번째 값의 산술평균값 즉, (22.7+23.3)/2=23ppm이 중앙값(median)이 된다. 한편, 시료수가 홀수일 때는 $(n+1)/2$번째의 값이 중앙값이다. (주) 공개된 정답과는 차이가 있을 수 있음

35 화학공장의 작업장 내에 먼지농도를 측정하였더니 5, 6, 5, 6, 6, 6, 4, 8, 9, 8(ppm)일 때, 측정치의 기하평균은 약 몇 ppm인가?

① 5.13
② 5.83
③ 6.13
④ 6.83

해설 $GM = \sqrt[N]{X_1 \times X_2 \times \cdots \times X_n}$

∴ $GM = \sqrt[10]{5 \times 6 \times 5 \times 6 \times 6 \times 6 \times 4 \times 8 \times 9 \times 8}$
= 6.128

36 다음 중 작업환경 측정치의 통계처리에 활용되는 변이계수에 관한 설명과 가장 거리가 먼 것은?

① 평균값의 크기가 0에 가까울수록 변이계수의 의의는 작아진다.
② 측정단위와 무관하게 독립적으로 산출되며 백분율로 나타낸다.
③ 단위가 서로 다른 집단이나 특성값의 상호산포도를 비교하는데 이용될 수 있다.
④ 편차의 제곱 합들의 평균값으로 통계집단의 측정값들에 대한 균일성, 정밀성 정도를 표현한다.

해설 변이계수는 표준편차를 산술평균으로 나눈 값으로 통계집단의 측정값들에 대한 균일성, 정밀성 정도를 표현하는 것이다.

37 작업환경 측정대상이 되는 작업장 또는 공정에서 정상적인 작업을 수행하는 동일 노출집단의 근로자가 작업을 하는 장소는? (단, 고용노동부고시를 기준으로 한다.)

① 동일작업장소 ② 단위작업장소
③ 노출측정장소 ④ 측정작업장소

> **해설** 작업환경 측정대상이 되는 작업장 또는 공정에서 정상적인 작업을 수행하는 동일 노출집단의 근로자가 작업을 하는 장소를 단위작업장소라 한다.

38 다음 중 흡착관인 실리카겔관에 사용되는 실리카겔에 관한 설명과 가장 거리가 먼 것은?

① 이황화탄소를 탈착용매로 사용하지 않는다.
② 극성 물질을 채취한 경우 물 또는 메탄올을 용매로 쉽게 탈착된다.
③ 추출 용액이 화학분석이나 기기분석에 방해물질로 작용하는 경우가 많지 않다.
④ 파라핀류가 케톤류보다 극성이 강하기 때문에 실리카겔에 대한 친화력도 강하다.

> **해설** 파라핀류는 극성이 가장 약하다. 용제의 극성 크기는 물 > 알코올 > 알데히드류 > 케톤류 > 에스테르류 > 방향족 탄화수소류 > 올레핀류 > 파라핀류이다.

39 다음 중 조선소에 용접작업 시 발생가능한 유해인자와 가장 거리가 먼 것은?

① 오존   ② 자외선
③ 황산   ④ 망간 흄

> **해설** 변이계수(%)는 표준편차를 산술평균으로 나눈 백분율이므로 다음 관계식을 갖는다.
>
> □ 변이계수(%) = $\dfrac{표준편차}{산술평균} \times 100$

40 소음의 측정방법으로 틀린 것은? (단, 고용노동부고시를 기준으로 한다.)

① 소음계의 청감보정회로는 A특성으로 한다.
② 소음계 지시침의 동작은 느린(Slow)상태로 한다.
③ 소음계의 지시치가 변동하지 않는 경우에는 해당 지시치를 그 측정점에서의 소음수준으로 한다.
④ 소음이 1초 이상의 간격을 유지하면서 최대음압수준이 120dB(A) 이상의 소음인 경우에는 소음수준에 따른 10분 동안의 발생횟수를 측정한다.

> **해설** 소음이 1초 이상의 간격을 유지하면서 최대음압수준이 120dB(A) 이상의 소음인 경우에는 소음수준에 따른 1분 동안의 발생횟수를 측정하여야 한다.

제3과목 작업환경관리대책

41 국소배기장치에 관한 주의사항과 가장 거리가 먼 것은?

① 유독물질의 경우에는 굴뚝에 흡인장치를 보강할 것
② 흡인되는 공기가 근로자의 호흡기를 거치지 않도록 할 것
③ 배기관은 유해물질이 발산하는 부위의 공기를 모두 흡입할 수 있는 성능을 갖출 것
④ 먼지를 제거할 때에는 공기속도를 조절하여 배기관 안에서 먼지가 일어나도록 할 것

> **해설** 먼지를 제거할 때에는 공기속도를 조절하여 배기관 안에서 먼지가 퇴적되지 않게 하는 범위 내에서 최소유량으로 설계하여야 한다.

42 정압이 3.5cmH₂O인 송풍기의 회전속도를 180rpm에서 360rpm으로 증가시켰다면 송풍기의 정압은 약 몇 cmH₂O인가? (단, 기타 조건을 같다고 가정한다.)

① 16   ② 14
③ 12   ④ 10

> **해설** $\Delta P_2 = \Delta P_1 \times \left(\dfrac{N_2}{N_1}\right)^2$
>
> $\therefore \Delta P_2 = 3.5 \times \left(\dfrac{360}{180}\right)^2 = 14\,cmH_2O$

43 작업환경의 관리원칙인 대체 중 물질의 변경에 따른 개선 예와 가장 거리가 먼 것은?

① 성냥 제조 시 황린 대신 적린을 사용하였다.
② 세척작업에서 사염화탄소 대신 트리클로로에틸렌을 사용하였다.
③ 야광시계의 자판에서 인 대신 라듐을 사용하였다.
④ 보온재료 사용에서 석면 대신 유리섬유를 사용하였다.

해설 야광시계 자판의 라듐을 → 인으로 대체한다.

44 다음 중 작업환경 개선을 위해 전체환기를 적용할 수 있는 상황과 가장 거리가 먼 것은?

① 오염발생원의 유해물질 발생량이 적은 경우
② 작업자가 근무하는 장소로부터 오염발생원이 멀리 떨어져 있는 경우
③ 소량의 오염물질이 일정속도로 작업장으로 배출되는 경우
④ 동일 작업장에 오염발생원이 한 군데로 집중되어 있는 경우

해설 동일 작업장에 오염발생원이 한 군데로 집중되어 있는 경우는 국소환기방식이 바람직하다. 전체환기는 유해물질의 발생원이 분산되어 있을 때 적용된다.

45 20℃의 송풍관 내부에 480m/min으로 공기가 흐르고 있을 때, 속도압은 약 몇 mmH₂O 인가? (단, 0℃, 공기밀도는 1.296kg/m³로 가정한다.)

① 2.3   ② 3.9
③ 4.5   ④ 7.3

해설 $P_v = \dfrac{\gamma V^2}{2g}$

ㅁ $\gamma_2 = \gamma_1 \times \dfrac{T_1}{T_2} \dfrac{P_2}{P_1} = 1.296 \times \dfrac{273}{273+20}$
 $= 1.207$

∴ $P_v = \dfrac{1.207 \times (480/60)^2}{2 \times 9.8} = 3.94$ mmH₂O

46 흡인풍량이 200m³/min, 송풍기 유효전압이 150mmH₂O, 송풍기효율이 80%인 송풍기의 소요동력은?

① 3.5kW   ② 4.8kW
③ 6.1kW   ④ 9.8kW

해설 $P = \dfrac{\Delta P \cdot Q}{102 \times \eta_s} \times \alpha$

∴ $P = \dfrac{150 \times (200/60)}{102 \times 0.8} = 6.13$ kW

47 1기압에서 혼합기체가 질소(N_2) 50vol%, 산소(O_2) 20vol%, 탄산가스 30vol%로 구성되어 있을 때, 질소(N_2)의 분압은?

① 380mmHg   ② 228mmHg
③ 152mmHg   ④ 740mmHg

해설 부피비율 = 압력비율

∴ x(mmHg) $= 760$ mmHg $\times \dfrac{50}{100} = 380$ mmHg

48 어떤 작업장의 음압수준이 80dB(A)이고 근로자가 NRR이 19인 귀마개를 착용하고 있다면, 차음효과는 몇 dB(A)인가? (단, OSHA 방법 기준)

① 4   ② 6
③ 60 ④ 70

해설 차음효과 = (NRR − 7) × 0.5
∴ 차음효과 = (19 − 7) × 0.5 = 6 dB(A)

49 환기시설 내 기류가 기본적인 유체역학적 원리에 따르기 위한 전제조건과 가장 거리가 먼 것은?

① 공기는 절대습도를 기준으로 한다.
② 환기시설 내외의 열교환은 무시한다.
③ 공기의 압축이나 팽창은 무시한다.
④ 공기 중에 포함된 유해물질의 무게와 용량을 무시한다.

해설 공기는 건조한 상태로 가정한다.

50 다음 중 오염물질을 후드로 유입하는데 필요한 기류의 속도인 제어속도에 영향을 주는 인자와 가장 거리가 먼 것은?

① 덕트의 재질
② 후드의 모양
③ 후드에서 오염원까지의 거리
④ 오염물질의 종류 및 확산상태

해설 덕트의 재질은 제어속도를 결정하는 인자와 거리가 멀다.

51 방진마스크에 관한 설명으로 옳지 않은 것은?

① 일반적으로 활성탄 필터가 많이 사용된다.
② 종류에는 격리식, 직결식, 면체여과식이 있다.
③ 흡기저항 상승률은 낮은 것이 좋다.
④ 비휘발성 입자에 대한 보호가 가능하다.

해설 필터 재질로 활성탄이 주로 사용되는 것은 방독마스크이다. 방진마스크의 필터 재질은 면·모·합성섬유 등이다.

52 후드로부터 0.25m 떨어진 곳에 있는 공정에서 발생되는 먼지를, 제어속도가 5m/sec, 후드 직경이 0.4m인 원형 후드를 이용하여 제거할 때, 필요환기량은 약 몇 m^3/min인가? (단, 프랜지 등 기타 조건은 고려하지 않음)

① 205   ② 215
③ 225   ④ 235

해설 $Q_c = (10X^2 + A) \times V_c$

ㅁ 일반 원형 $(A) = \dfrac{\pi D^2}{4} = \dfrac{3.14 \times 0.4^2}{4}$
$= 0.126 m^2$

$\therefore Q_c = (10 \times 0.25^2 + 0.126) \times 5$
$= 3.75 m^3/sec = 225.18 m^3/min$

53 작업장에서 Methylene chloride(비중 1.336, 분자량 84.94, TLV 500ppm)를 500g/hr를 사용할 때, 필요한 환기량은 약 몇 m^3/min인가? (단, 안전계수는 7이고, 실내온도는 21℃이다.)

① 26.3   ② 33.1
③ 42.0   ④ 51.3

해설 $Q = \dfrac{K \cdot W \times 24.1 \times 10^6}{MW \times TLV}$

$\begin{cases} K : \text{안전계수} = 7 \\ W : \text{유해물질의 발생률} = 500 \times 10^{-3} kg/hr \\ TLV = 500\ ppm \end{cases}$

$\therefore Q = \dfrac{7 \times 0.5 \times 24.1 \times 10^6}{84.94 \times 500} \times \dfrac{1hr}{60min}$
$= 33.10\ m^3/min$

54 다음은 분진발생 작업환경에 대한 대책이다. 옳은 것을 모두 고른 것은?

㉠ 연마작업에서는 국소배기장치가 필요하다.
㉡ 암석 굴진작업, 분쇄작업에서는 연속적인 살수가 필요하다.
㉢ 샌드 블라스팅에 사용되는 모래를 철사나 금강사로 대치한다.

① ㉠, ㉡
② ㉡, ㉢
③ ㉠, ㉢
④ ㉠, ㉡, ㉢

해설 모두 분진발생 대책으로 올바르다.

55 다음 그림이 나타내는 국소배기장치의 후드 형식은?

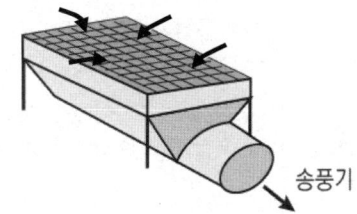

① 측방형   ② 포위형
③ 하방형   ④ 슬롯형

해설 그림은 외부식 그리드형 후드로 하방형을 나타낸 것이다.

정답 50.① 51.① 52.③ 53.② 54.④ 55.③

56 입자의 침강속도에 대한 설명으로 틀린 것은? (단, 스토크스 식을 기준으로 한다.)
① 입자직경의 제곱에 비례한다.
② 공기와 입자 사이의 밀도차에 반비례한다.
③ 중력가속도에 비례한다.
④ 공기의 점성계수에 반비례한다.

해설 중력침강속도(V_g)는 공기와 입자 사이의 밀도차 ($\rho_p - \rho$)에 비례한다.

$$V_g = \frac{d_p^2(\rho_p - \rho)g}{18\mu} \begin{cases} d_p : \text{입자의 직경(m)} \\ \rho_p : \text{입자의 밀도(kg/m}^3) \\ \rho : \text{가스의 밀도(kg/m}^3) \\ \mu : \text{가스의 점도(kg · m/sec)} \end{cases}$$

57 보호장구의 재질과 대상 화학물질이 잘못 짝지어진 것은?
① 부틸고무 – 극성용제
② 면 – 고체상 물질
③ 천연고무(latex) – 수용성 용액
④ Vitron – 극성용제

해설 비트론(Vitron) or 바이턴(Viton)은 불소고무로서 내열(耐熱), 내유(耐油), 내약품성이 우수하지만 구조적으로 약하며, 비극성 용제에는 효과적이나 극성용제에는 사용하기 부적당하다.

58 슬롯 후드에서 슬롯의 역할은?
① 제어속도를 감소시킨다.
② 후드 제작에 필요한 재료를 절약한다.
③ 공기가 균일하게 흡입되도록 한다.
④ 제어속도를 증가시킨다.

해설 슬롯은 후드 개구면과 덕트사이에 존재하는 것으로 플레넘(plenum) 역할, 즉 제어공기가 균일하게 흡입되도록 하는 작용을 한다.

59 체적이 1,000m³이고 유효환기량이 50m³/min 인 작업장에 메틸클로로폼 증기가 발생하여 100ppm의 상태로 오염되었다. 이 상태에서 증기발생이 중지되었다면 25ppm까지 농도를 감소시키는데 걸리는 시간은?
① 약 17분   ② 약 28분
③ 약 32분   ④ 약 41분

해설 $\ln\frac{C_2}{C_1} = -\frac{Q}{\forall} \times t$

$\ln\frac{25}{100} = -\frac{50}{1000} \times t$

$\therefore t(= \text{환기시간}) = 27.72\min$

60 송풍기에 관한 설명으로 옳은 것은?
① 풍량은 송풍기의 회전수에 비례한다.
② 동력은 송풍기의 회전수의 제곱에 비례한다.
③ 풍력은 송풍기의 회전수의 세제곱에 비례한다.
④ 풍압은 송풍기의 회전수의 세제곱에 비례한다.

해설 송풍기 상사 법칙에 따르면 풍량은 송풍기의 회전수에 비례하고, 풍압은 송풍기의 회전수의 제곱에 비례하며, 동력은 송풍기의 회전수의 세제곱에 비례한다.

[제4과목] 물리적유해인자관리

61 사무실 책상면으로부터 수직으로 1.4m의 거리에 1,000cd(모든 방향으로 일정)의 광도를 가지는 광원이 있다. 이 광원에 대한 책상에서의 조도(intensity of illumination, Lux)는 약 얼마인가?
① 410   ② 444
③ 510   ④ 544

해설 $E_h(\text{Lux}) = \frac{I}{R^2}\cos\theta \begin{cases} I = 1,000\text{cd} \\ R^2 = 1.4\text{m}^2 \end{cases}$

$\therefore E_h = \frac{1,000}{1.4^2} = 510.2\text{Lux}$

62 다음 중 음의 세기레벨을 나타내는 dB의 계산식으로 옳은 것은? (단, I_o = 기준음향의 세기, I = 발생음의 세기)
① $dB = 10\log\frac{I}{I_o}$ ② $dB = 20\log\frac{I}{I_o}$
③ $dB = 10\log\frac{I_o}{I}$ ④ $dB = 20\log\frac{I_o}{I}$

정답 56.② 57.④ 58.③ 59.② 60.① 61.③ 62.①

해설 음의 세기레벨(dB)은 발생음의 세기레벨(I)을 기준음향의 세기(I_o)로 나눈 상용대수 값을 10배 한 것이다.

- $SIL = 10 \log \left(\dfrac{I}{I_o}\right)$

63 산업안전보건법령상 소음의 노출기준에 따르면 몇 dB(A)의 연속소음에 노출되어서는 안 되는가? (단, 충격소음은 제외한다.)

① 85 ② 90
③ 100 ④ 115

해설 연속소음은 115dB(A)를 초과하는 소음 수준에 노출되어서는 안 된다. 참고로 충격소음은 최대음압수준이 140dB(A)를 초과하는 충격소음에 노출되어서는 안 된다.

64 일반적으로 전신진동에 의한 생체반응에 관여하는 인자로 가장 거리가 먼 것은?

① 온도 ② 강도
③ 방향 ④ 진동수

해설 전신진동에 의한 생체반응에 관여하는 인자는 강도, 방향, 진동수, 폭로시간이다.

65 다음 중 투과력이 커서 노출 시 인체 내부에도 영향을 미칠 수 있는 방사선의 종류는?

① γ 선 ② α 선
③ β 선 ④ 자외선

해설 전리방사선의 투과력의 크기는 중성자>(X, γ)>β>α의 순서이다.

66 개인의 평균청력손실을 평가하기 위하여 6분법을 적용하였을 때, 500Hz에서 6dB, 1,000Hz에서 10dB, 2,000Hz에서 10dB, 4,000Hz에서 20dB이면 이때의 청력손실은 얼마인가?

① 10dB ② 11dB
③ 12dB ④ 13dB

해설 $A_c(dB) = \dfrac{a + 2b + 2c + d}{6}$

- $\begin{cases} a : 500Hz에서 \ 청력손실 = 6dB \\ b : 1,000Hz에서 \ 청력손실 = 10dB \\ c : 2,000Hz에서 \ 청력손실 = 10dB \\ d : 4,000Hz에서 \ 청력손실 = 20dB \end{cases}$

$\therefore A_c = \dfrac{6 + 2 \times 10 + 2 \times 10 + 20}{6} = 11\,dB$

67 인공호흡용 혼합가스 중 헬륨-산소 혼합가스에 관한 설명으로 틀린 것은?

① 헬륨은 고압 하에서 마취작용이 약하다.
② 헬륨은 분자량이 작아서 호흡저항이 적다.
③ 헬륨은 질소보다 확산속도가 작아 인체에 흡수속도를 줄일 수 있다.
④ 헬륨은 체외로 배출되는 시간이 질소에 비하여 50%정도 밖에 걸리지 않는다.

해설 헬륨은 질소보다 확산속도가 크다. 따라서 고압환경에서 작업할 때에는 질소-산소 혼합가스를 질소-헬륨으로 대치하는 것이 좋다.

68 현재 총 흡음량이 1,000sabins인 작업장에 흡음를 보강하여 4,000sabins을 더할 경우, 총 소음감소는 약 얼마인가? (단, 소수점 첫째자리에서 반올림)

① 5dB ② 6dB
③ 7dB ④ 8dB

해설 $NR(dB) = 10 \log \dfrac{A_2}{A_1}$

- $\begin{cases} A_1 : 초기 \ 흡음량 = 1,000\,sabins \\ A_2 : 강화 \ 흡음량 = 1,000 + 4,000 \\ \quad\quad\quad\quad\quad\quad\quad = 5,000\,sabins \end{cases}$

$\therefore NR = 10 \log \dfrac{5,000}{1,000} = 7\,dB$

69 고온환경에 노출된 인체의 생리적 기전과 가장 거리가 먼 것은?

① 수분부족
② 피부혈관 확장
③ 근육이완
④ 갑상선자극호르몬 분비 증가

[해설] 갑상선자극호르몬의 분비 증가는 저온환경에서 나타나는 1차 생리적 반응이다. 고온환경이 되면 간뇌의 체온 조절중추작동 → 교감신경 약화 → 피부 모세혈관과 입모근 이완, 피부표면으로 가는 혈류량 증가 → 열 발산량 증대, 땀샘 자극 → 땀 분비량 증가 → 기화열에 의한 손열 증대 → 체온 낮춤, 수분부족, 근육의 긴장도 감소 → 열 발생량 감소로 이어진다.

70 저기압 환경에서 발생하는 증상으로 옳은 것은?

① 이산화탄소에 의한 산소중독증상
② 폐 압박
③ 질소마취 증상
④ 우울감, 두통, 구토, 식욕상실

[해설] 저기압환경 하에서는 인체 내 산소 소모가 늘어나게 되어 호흡수, 심장박동, 맥박수가 증가하면서 호흡성 알칼리증을 보정하기 위하여 자발성 알칼리이뇨가 생성(소변량 증가)되기도 하고, 적혈구와 혈색소는 증가하고, 혈장량은 감소한다. 또한 극도의 우울증, 두통, 오심, 식욕부진, 구토, 식욕상실을 일으킨다.

71 작업장에서 사용하는 트리클로로에틸렌을 독성이 강한 포스겐으로 전환시킬 수 있는 광화학작용을 하는 유해광선은?

① 적외선
② 자외선
③ 감마선
④ 마이크로파

[해설] 포스겐($COCl_2$)(=카르보닐클로라이드)은 트리클로로에틸렌(TCE) 등으로 피용접물을 세척한 경우에 남아 있는 염화수소(염소계유기용제)가 불꽃(자외선)에 접촉되면 광화학적으로 발생한다.

72 빛 또는 밝기와 관련된 단위가 아닌 것은?

① weber
② candela
③ lumen
④ footlambert

[해설] 웨버(weber)는 자기력선속 측정단위이다.

73 다음 중 체온의 상승에 따라 체온조절중추인 사상하부에서 혈액온도를 감지하거나 신경망을 통하여 정보를 받아 들여 체온 방산작용이 활발해지는 작용은?

① 정신적 조절작용(spiritual thermo regulation)
② 물리적 조절작용(physical thermo regulation)
③ 화학적 조절작용(chemical thermo regulation)
④ 생물학적 조절작용(biological thermo regulation)

[해설] 신체 열용량의 변화가 0보다 크면 생산된 열이 축적되게 되고 체온조절중추인 시상하부에서 혈액온도를 감지하거나 신경망을 통하여 정보를 받아 들여 체온 방산작용이 활발히 시작되는데 이러한 작용을 물리적 조절작용(physical thermo regulation)이라 한다.

74 전리방사선에 대한 감수성이 가장 큰 조직은?

① 간
② 골수세포
③ 연골
④ 신장

[해설] 전리방사선에 대한 감수성이 가장 큰 조직은 골수, 임파구 및 임파조직이다. 세포증식력이 왕성한 부분, 재생기전이 왕성한 부분, 세포분열이 영속적인 부분, 형태와 기능이 미완성인 부분이 많은 영향을 받는다. 반면에 신경조직, 혈관, 근육, 뼈 등은 감수성이 낮다.

75 질소마취 증상과 가장 연관이 많은 작업은?

① 잠수작업
② 용접작업
③ 냉동작업
④ 금속제조작업

[해설] 질소 마취현상은 30m 이상 잠함(潛函) 또는 잠수(潛水)할 때 주로 나타난다. 질소가스는 절대압 4기압 이상에서 다행증(euphoria, 알코올 중독 증상과 유사)을 유발하는 것으로 알려져 있다.

정답 70.④ 71.② 72.① 73.② 74.② 75.①

76 단기간 동안 자외선(UV)에 초과 노출될 경우 발생할 수 있는 질병은?

① Hypothermia
② Welder's flash
③ Phossy jaw
④ White fingers syndrome

해설 아크용접에서 방출되는 비전리방사선은 적외선, 가시광선, 자외선이 혼합된 형태의 광학방사선(optical radiation)이다. 이 중에서 전기성 안염(전광성 안염)과 가장 관련이 깊은 비전리방사선은 자외선이며, UV의 상대적 유효 방사도는 270nm 파장에서 최대로 된다. ①항은 저체온증, ③항은 인중독에 의한 인산 괴사, ④항 손가락의 창백증을 의미한다.

77 참호족에 관한 설명으로 맞는 것은?

① 직장(直腸)온도가 35℃ 수준 이하로 저하되는 경우를 의미한다.
② 체온이 35~32.2℃에 이르면 신경학적 억제 증상으로 운동실조, 자극에 대한 반응도 저하와 언어이상 등이 온다.
③ 27℃에서는 떨림이 멎고 혼수에 빠지게 되고, 25~23℃에 이르면 사망하게 된다.
④ 근로자의 발이 한랭에 장기간 노출됨과 동시에 지속적으로 습기나 물에 잠기게 되면 발생된다.

해설 참호족은 물이 어는 온도 또는 그 부근의 찬 공기에 오래 접하거나 물에 잠겨서 생기며, 침수족은 물이 어는 온도 이상의 냉수에 오랫동안 노출되어서 생기며, 직접 동결상태에 이르지 않더라도 15℃ 이하의 한랭에 계속해서 장기간 폭로되고 동시에 지속적으로 습기나 물에 잠기게 될 때 유발된다.

78 이상기압과 건강장해에 대한 설명으로 맞는 것은?

① 고기압 조건은 주로 고공에서 비행업무에 종사하는 사람에게 나타나며 이를 다루는 학문은 항공의학 분야이다.
② 고기압 조건에서의 건강장해는 주로 기후의 변화로 인한 대기압의 변화 때문에 발생하며 휴식이 가장 좋은 대책이다.
③ 고압 조건에서 급격한 압력저하(감압)과정은 혈액과 조직에 녹아있던 질소가 기포를 형성하여 조직과 순환기계 손상을 일으킨다.
④ 고기압 조건에서 주요 건강장해 기전은 산소부족이므로 일차적인 응급치료는 고압산소실에서 치료하는 것이 바람직하다.

해설 고압 조건에서 급격한 압력저하(감압)과정은 혈액과 조직에 녹아있던 질소가 기포를 형성하여 조직과 순환기계 손상을 일으킨다. 감압병은 체내에 과다하게 용해되었던 불활성 기체가 압력이 낮아질 때 과포화상태로 되어 혈액과 조직에 기포를 형성하여 혈액순환을 방해하거나 주위조직에 기계적 영향을 줌으로써 발생하는데 잠함병(케이슨병)도 감압병의 하나이다.

79 옥타브밴드로 소음의 주파수를 분석하였다. 낮은 쪽의 주파수가 250Hz이고, 높은 쪽의 주파수가 2배인 경우 중심주파수는 약 몇 Hz인가?

① 250 ② 300
③ 354 ④ 375

해설 $f_c = \sqrt{f_l \times f_u}$
∴ $f_c = \sqrt{250 \times (2 \times 250)} = 354\,Hz$

80 진동에 의한 장해를 최소화시키는 방법과 거리가 먼 것은?

① 진동의 발생원을 격리시킨다.
② 진동의 노출시간을 최소화시킨다.
③ 훈련을 통하여 신체의 적응력을 향상시킨다.
④ 진동을 최소화하기 위하여 공학적으로 설계 및 관리한다.

해설 훈련을 통하여 신체의 적응력을 향상시키는 방법은 비현실적인 방법이며, 적응훈련을 통해 진동에 의한 피해를 줄일 수는 없다.

정답 76.② 77.④ 78.③ 79.③ 80.③

[제5과목] 산업독성학

81 다음 중 직업성 피부질환에 관한 설명으로 틀린 것은?

① 가장 빈번한 직업성 피부질환은 접촉성 피부염이다.
② 알레르기성 접촉 피부염은 일반적인 보호기구로도 개선효과가 좋다.
③ 첩포시험은 알레르기성 접촉 피부염의 감작물질을 색출하는 임상시험이다.
④ 일부 화학물질과 식물은 광선에 의해서 활성화되어 피부반응을 보일 수 있다.

해설 알레르기성 접촉 피부염은 극소량 노출에 의해서도 피부염이 발생할 수 있으며, 면역학적 반응에 따라 과거 노출경험이 있을 때, 심하게 반응이 나타나기 때문에 자극이 적은 물질을 사용하는 것은 예방효과가 거의 없다. 그리고 보호크림을 사용하거나 고무장갑 등은 알레르기원에 대한 방호효과가 거의 없다고 할 수 있다.

82 다음 중 생물학적 모니터링에서 사용되는 약어의 의미가 틀린 것은?

① B-background, 직업적으로 노출되지 않은 근로자의 검체에서 동일한 결정인자가 검출될 수 있다는 의미
② Sc-susceptibiliy(감수성), 화학물질의 영향으로 감수성이 커질 수도 있다는 의미
③ Nq-nonqualitative, 결정인자가 동 화학물질에 노출되어 있다는 지표일 뿐이고 측정치를 정량적으로 해석하는 것은 곤란하다는 의미
④ Ns-nonspecific(비특이적), 특정 화학물질 노출에서 뿐만 아니라 다른 화학물질에 의해서도 이 결정인자가 나타날 수 있다는 의미

해설 Nq-nonqualitative, 결정인자가 공기 중 노출농도와 상관성 자료가 충분하지 않음을 의미한다.

83 동물실험에서 구해진 역치량을 사람에게 외삽하여 "사람에게 안전한 양"으로 추정한 것을 SHD(Safe Human Dose)라고 하는데 SHD 계산에 필요하지 않은 항목은?

① 배설률
② 노출시간
③ 호흡률
④ 폐흡수비율

해설 SHD = 체내 흡수량(안전용량)×BW

체내 흡수량(mg/kg) = $\dfrac{C \cdot T \cdot V \cdot R}{BW}$

$\begin{cases} C : \text{공기 중 농도}(mg/m^3, \text{안전농도}) \\ T : \text{노출시간}(hr, \text{일반적으로 8시간 적용}) \\ V : \text{개인의 호흡률}(m^3/hr) \\ R : \text{폐에서 흡수되는 율}(\text{일반적으로 100% 적용}) \\ BW : \text{몸무게}(kg) \end{cases}$

84 크롬에 관한 설명으로 틀린 것은?

① 6가 크롬은 발암성 물질이다.
② 주로 소변을 통하여 배설된다.
③ 형광등 제조, 치과용 아말감 산업이 원인이 된다.
④ 만성 크롬중독인 경우 특별한 치료방법이 없다.

해설 형광등 제조, 치과용 아말감 산업이 원인이 되는 것은 수은이다. 수은은 철·니켈·코발트·마그네슘 등을 제외한 대부분의 금속과 아말감(amalgam)을 만든다.

85 산업독성학에서 LC_{50}의 설명으로 맞는 것은?

① 실험동물의 50%가 죽게 되는 양이다.
② 실험동물의 50%가 죽게 되는 농도이다.
③ 실험동물의 50%가 살아남을 비율이다.
④ 실험동물의 50%가 살아남을 확률이다.

해설 LC_{50}은 흡입시험인 경우 시험동물군의 50%를 죽게 하는 독성물질의 농도를 나타낸다.

86 소변 중 화학물질 A의 농도는 28mg/mL, 단위시간(분)당 배설되는 소변의 부피는 1.5mL/min, 혈장 중 화학물질 A의 농도가 0.2mg/mL라면 단위시간(분)당 화학물질 A의 제거율(mL/min)은 얼마인가?

① 120
② 180
③ 210
④ 250

[해설] $O_A = \dfrac{C_A \times L_m}{C_H}$

- C_A : 소변 중 농도 = 28 mg/mL
- C_H : 혈장 중 농도 = 0.2 mg/mL
- L_m : 1분간 소변의 양 = 1.5 mL/min

$\therefore O_A = \dfrac{28 \times 1.5}{0.2} = 210\,\text{mL/min}$

87 다음 중 카드뮴의 중독, 치료 및 예방대책에 관한 설명으로 틀린 것은?

① 소변 속의 카드뮴 배설량은 카드뮴 흡수를 나타내는 지표가 된다.
② BAL 또는 Ca-EDTA 등을 투여하여 신장에 대한 독작용을 제거한다.
③ 칼슘대사에 장해를 주어 신결석을 동반한 증후군이 나타나고 다량의 칼슘배설이 일어난다.
④ 폐활량 감소, 잔기량 증가 및 호흡곤란의 폐 증세가 나타나며, 이 증세는 노출기간과 노출농도에 의해 좌우된다.

[해설] 카드뮴 중독 시 BAL이나 Ca-EDTA의 투여는 금기한다.

88 화학적 질식제(chemical asphyxiant)에 심하게 노출되었을 경우 사망에 이르게 되는 이유로 적절한 것은?

① 폐에서 산소를 제거하기 때문
② 심장의 기능을 저하시키기 때문
③ 폐속으로 들어가는 산소의 활용을 방해하기 때문
④ 신진대사 기능을 높여 가용한 산소가 부족해지기 때문

[해설] 화학적 질식제(Chemical asphyxiant)는 혈액 중 헤모글로빈(Hb)과 결합하여 폐속으로 들어가는 산소의 활용을 방해하기 때문에 심하게 노출되었을 경우 사망에 이르게 할 수 있다. 화학적 질식제에 해당하는 것은 CO, HCN, H_2S, 디클로로메탄, 아닐린, 메틸아닐린, 톨루이딘, 니트로벤젠 등이다.

89 다음 중 납중독의 주요 증상에 포함되지 않는 것은?

① 혈중의 methallothionein 증가
② 적혈구 내 protoporhyrin 증가
③ 혈색소량 저하
④ 혈청 내 철 증가

[해설] 납중독이 될 경우 뇨 중 코프로포르피린의 증가, 혈청 및 뇨 중 δ-ALA 증가, 적혈구 내 프로토포르피린 증가, 혈청 내 철 등을 증가시킨다. 한편, 카드뮴이 인체에 유입될 경우 신장이나 간장에 축적되어 있는 카드뮴은 메탈로티오네인(methallothionein)과 결합된 형태이다.

90 유해물질의 흡수에서 배설까지의 과정에 대한 설명으로 옳지 않은 것은?

① 흡수된 유해물질은 원리의 형태든, 대사산물의 형태로든 배설되기 위하여 수용성으로 대사된다.
② 흡수된 유해화학물질은 다양한 비특이적 효소에 의한 유해물질의 대사로 수용성이 증가되어 체외로의 배출이 용이하게 된다.
③ 간은 화학물질을 대사시키고 콩팥과 함께 배설시키는 기능을 담당하여, 다른 장기보다도 여러 유해물질농도가 높다.
④ 유해물질은 조직에 분포되기 전에 먼저 몇 개의 막을 통과하여야 하며, 흡수속도는 유해물질의 물리화학적 성상과 막의 특성에 따라 결정된다.

[해설] 간은 다른 장기보다 여러 유해물질이 집중되기 때문에 그 농도가 높으며, 체내 유입된 이 물질을 무해한 것으로 변화시키거나 독성이 낮은 물질로 변환시키는 작용을 한다.

91 중금속에 의한 폐기능의 손상에 관한 설명으로 틀린 것은?

① 철폐증(siderosis)은 철분진 흡입에 의한 암발생(A1)이며, 중피증과 관련이 없다.

② 화학적 폐렴은 베릴륨, 산화카드뮴 에어로졸 노출에 의하여 발생하며 발열, 기침, 폐기종이 동반된다.
③ 금속열은 금속이 용융점 이상으로 가열될 때 형성되는 산화금속을 흄 형태로 흡입할 경우 발생한다.
④ 6가 크롬은 폐암과 비강암 유발인자로 작용한다.

해설 철폐증(Pulmonary siderosis)은 철 분진 흡입 시 발생되는 금속열의 한 형태로서 철분진을 장기간 흡입함으로 인해 유발되는 직업성 폐질환(진폐증)이다.

92 노말헥산이 체내 대사과정을 거쳐 변환되는 물질로, 노말헥산에 폭로된 근로자의 생물학적 노출지표로 이용되는 물질로 옳은 것은?

① hippuric acid
② 2,5-hexanedione
③ hydroquinone
④ 9-hydroxyquinoline

해설 노말헥산의 생물학적 폭로지표는 작업종료 후 소변 중의 2,5-헥산디온(2,5-hexanedione)이다.

93 납중독을 확인하기 위한 시험방법과 가장 거리가 먼 것은?

① 혈액 중 납농도 측정
② 헴(Heme)합성과 관련된 효소의 혈중농도 측정
③ 신경전달속도 측정
④ β-ALA 이동 측정

해설 납중독을 확인하는데 이용하는 시험은 혈액검사(혈색소량, 전혈비중), 혈중의 납(2ppm 이상이면 만성중독), 뇨(尿) 중의 납, 헴(heme)의 대사, 신경전달속도, 델타 ALA(δ-ALA) 배설량, 혈중 Zn-프로토포르피린(ZPP) 측정, Ca-EDTA 이동시험 등이다. 납중독이 될 경우 뇨 중 코프로포르피린의 증가, 혈청 및 뇨 중 δ-ALA 증가, 적혈구 내 프로토포르피린 증가, 혈청 내 철 등을 증가시킨다. 반면에 혈중 K^+, 혈색소량·전해질, 수분, 아미노레불린산 합성효소(δ-ALAD)의 활성치 등은 감소시킨다.

94 다핵방향족탄화수소(PAHs)에 대한 설명으로 틀린 것은?

① 철강제조업의 석탄 건류공정에서 발생된다.
② PAHs의 대사에 관여하는 효소는 시토크롬 P-448이다.
③ PAHs는 배설을 쉽게 하기 위하여 수용성으로 대사된다.
④ 벤젠고리가 2개 이상인 것으로 톨루엔이나 크실렌 등이 있다.

해설 벤젠고리가 2개 이상인 것으로 PAH의 대표적인 물질인 벤조피렌을 비롯하여 나프탈렌, 안트라센, 페난트렌 등이다.

95 유해물질의 독성 또는 건강영향을 결정하는 인자로 가장 거리가 먼 것은?

① 작업강도
② 인체 내 침입경로
③ 노출농도
④ 작업장 내 근로자 수

해설 유해물질이 인체에 미치는 영향을 결정하는 인자는 인체 침입경로, 유해물질의 독성과 유해화학물질의 물리화학적 성상, 노출강도, 노출시간, 개인의 감수성, 작업강도(호흡량), 기상조건(습도, 바람 등) 등이다.

96 다음 중 피부의 색소침착(pigmentation)이 가능한 표피층 내의 세포는?

① 기저세포
② 멜라닌세포
③ 각질세포
④ 피하지방세포

해설 피부의 색소침착과 관련되는 멜라닌세포는 표피에 존재한다.

97 조혈장애를 일으키는 물질은?

① 납
② 망간
③ 수은
④ 우라늄

해설 조혈장애 물질은 납(Pb), 벤젠, 2-브로모프로판, TNT 등이다.

98 다음 중 유해화학물질에 의한 간의 중요한 장해인 중심소엽성 괴사를 일으키는 물질로 옳은 것은?
① 수은 ② 사염화탄소
③ 이황화탄소 ④ 에틸렌글리콜

해설 사염화탄소에 만성적으로 노출될 경우 시야 협착, 간의 중심소엽성 괴사, 무뇨증에 의한 사망에 이르게 된다.

99 다음 중 석면작업의 주의사항으로 적절하지 않은 것은?
① 석면 등을 사용하는 작업은 가능한 습식으로 하도록 한다.
② 석면을 사용하는 작업장이나 공정 등은 격리시켜 근로자의 노출을 막는다.
③ 근로자가 상시 접근할 필요가 없는 석면 취급설비는 밀폐실에 넣어 양압을 유지한다.
④ 공정상 밀폐가 곤란한 경우, 적절한 형식과 기능을 갖춘 국소배기장치를 설치한다.

해설 근로자가 상시 접근할 필요가 없는 석면 취급설비는 밀폐실에 넣어 음압을 유지하여야 한다.

100 자동차 정비업체에서 우레탄 도료를 사용하는 도장작업 근로자에게서 직업성 천식이 발생되었을 때, 원인물질로 추측할 수 있는 것은?
① 시너(thinner)
② 벤젠(benzene)
③ 크실렌(Xylene)
④ TDI(Toluene Diisocyanate)

해설 플라스틱 제조공정, 우레탄 도료 등에서 사용되는 TDI, TMA 등은 천식을 유발하는 주요 원인물질이다.

2019 제2회 산업위생관리(산업기사)

2019. 4. 27 시행

제1과목 산업위생학 개론

01 산업위생과 관련된 정보를 얻을 수 있는 기관으로 관계가 가장 적은 것은?
① EPA ② AIHA
③ OSHA ④ ACGIH

해설 EPA는 미국환경보호청(Environmental Protection Agency)으로 산업위생과 관련된 정보를 얻을 수 있는 기관과 관계가 멀다.

02 ACGIH TLV의 적용상 주의사항으로 맞는 것은?
① TLV는 독성의 강도를 비교할 수 있는 지표가 된다.
② 반드시 산업위생전문가에 의하여 적용되어야 한다.
③ TLV는 안전농도와 위험농도를 정확히 구분하는 경계선이 된다.
④ 기존의 질병이나 육체적 조건을 판단하기 위한 척도로 사용될 수 있다.

해설 ②항만 올바르다. TLV는 독성강도를 비교할 수 있는 지표가 아니며, 안전농도와 위험농도를 정확히 구분하는 경계선으로 이용하지 못하고, 기존의 질병이나 육체적 조건을 판단하기 위한 척도로 사용될 수 없다.

03 VDT 증후군에 해당하지 않는 질병은?
① 안면피부염 ② 눈 질환
③ 감광성 간질 ④ 전리방사선 질환

해설 전리방사선 질환은 방사선(α, β, γ 등)과 관련된 질환이다.

04 피로의 예방대책과 가장 거리가 먼 것은?
① 개인별 작업량을 조절한다.
② 작업환경을 정비, 정돈한다.
③ 동적작업을 정적작업으로 바꾼다.
④ 작업과정에 적절한 간격으로 휴식시간을 둔다.

해설 피로예방을 위해서는 정적인 작업을 동적인 작업으로 바꾸는 것이 좋다.

05 작업환경측정 및 지정측정기관 평가 등에 관한 고시에 있어 정도관리의 실시 시기 및 구분에 관한 설명으로 틀린 것은?
① 정기정도관리는 매년 분기별로 각 1회 실시한다.
② 작업환경 측정기관으로 지정받고자 하는 경우 특별정도관리를 실시한다.
③ 정기정도관리의 세부실시계획은 실무위원회가 정하는 바에 따른다.
④ 정기·특별정도관리 결과 부적합 평가를 받은 기관은 최초 도래하는 해당 정도관리를 다시 받아야 한다.

해설 정기정도관리는 매년 반기별로 각 1회 실시하여야 한다.

06 실내환경의 빌딩관련 질환에 관한 설명으로 틀린 것은?
① 레지오넬라 질환은 주요 호흡기 질병의 원인균 중 하나로서 1년까지도 물속에서 생존하는 균으로 알려져 있다.
② 과민성 폐렴은 고농도의 알레르기 유발물질에 직접 노출되거나 저농도에 지속적으로 노출될 때 발생한다.

정답 01.① 02.② 03.④ 04.③ 05.① 06.④

③ SBS(Sick Building Syndrome)는 점유자들이 건물에서 보내는 시간과 관계하여 특별한 증상없이 건강과 편안함에 영향을 받는 것을 의미한다.
④ BRI(Building Related Illness)는 건물 공기에 대한 노출로 인해 야기된 질병을 지칭하는 것으로, 증상의 진단이 불가능하며 직접적인 원인은 알 수 없는 질병을 뜻한다.

해설 빌딩관련 질환(Building Related Illness)은 실내 근무와 관련하여 의사의 임상적 진단에 의해 증상이 확인되고 사무실 내에 이러한 건강장해를 일으키는 원인, 즉 오염물질이 존재하는 질환을 말한다.

07 원인별로 분류한 직업병과 직종이 잘못 연결된 것은?
① 규폐증 – 채석광, 채광부
② 구내염, 피부염 – 제강공
③ 소화기질병 – 시계공, 정밀기계공
④ 탄저병, 파상풍 – 피혁제조, 축산, 제분

해설 소화기질병 – 납, 비소, 금속증기, 톨루엔 등과 관련 있다. 시계공, 정밀기계공은 눈의 근시 및 조명부족에 따른 안구진탕증이 발생되기 쉽다.

08 피로측정 분류법과 측정대상 항목이 올바르게 연결된 것은?
① 자율신경검사 – 시각, 청각, 촉각
② 운동기능검사 – GSR, 연속반응시간
③ 순환기능검사 – 심박수, 혈압, 혈류량
④ 심적기능검사 – 호흡기 중의 산소농도

해설 피로측정과 관련된 항목과 검사이므로 ③항만 올바르다. 참고로 자율신경검사는 심혈관계 반사작용, 발한 작용, 피부반응(GSR) 등을 검사하고, 운동기능검사는 근력, 근긴장도, 근육부피 등을 검사하며, 심적기능검사는 주의력, 집중력, 기억력 등을 검사하게 된다.

09 1일 12시간 톨루엔(TLV 50ppm)을 취급할 때 노출기준을 Brief & Scala의 방법으로 보정하면 얼마가 되는가?

① 15ppm ② 25ppm
③ 50ppm ④ 100ppm

해설 보정된 노출기준 = TLV × RF(계수)
$$\Rightarrow TLV \times \left(\frac{8}{H} \times \frac{24-H}{16}\right)$$
- $RF = \frac{8}{12} \times \frac{24-12}{16} = 0.5$
∴ 보정된 노출기준 = 50ppm × 0.5 = 25ppm

10 심한 근육노동을 하는 근로자에게 충분히 공급되어야 할 비타민은?
① 비타민 A   ② 비타민 B_1
③ 비타민 C   ④ 비타민 B_2

해설 근육노동자에게 특히 보급하여야 할 영양소는 비타민 B_1(thiamine)이다. B_1은 호기적 산화를 촉진시켜 근육으로의 열량공급을 원활하게 해 주는 역할을 한다.

11 교대근무제를 실시하려고 할 때, 교대제 관리원칙으로 틀린 것은?
① 야근은 2~3일 이상 연속하지 않을 것
② 근무시간의 간격은 24시간 이상으로 할 것
③ 야근 시 가면이 필요하며 이를 제도화 할 것
④ 각 반의 근로시간은 8시간을 기준으로 할 것

해설 규칙적인 근무조 교대 및 근무간격은 최소 12시간 이상 유지하여야 하고, 야간근무의 연속일수는 2~3일 이상 연속하지 않아야 한다. 그리고, 근로시간은 1주 40시간, 각 반의 근로시간은 1회당 8시간을 준수하여야 한다.

12 일본에서 발생한 중금속 중독 사건으로, 이른바 이타이이타이(itai-itai)병의 원인물질에 해당하는 것은?
① 크롬(Cr)
② 납(Pb)
③ 수은(Hg)
④ 카드뮴(Cd)

해설 이타이이타이병 : 카드뮴, 미나마타병 : 수은

정답 07.③ 08.③ 09.② 10.② 11.② 12.④

13 직업과 적성에 있어 생리적 적성검사에 해당하지 않는 것은?

① 체력검사　　② 지각동작검사
③ 감각기능검사　④ 심폐기능검사

해설 지각동작검사는 심리적 적성검사 항목에 속한다.

14 기초대사량이 1.5kcal/min이고, 작업대사량이 225kcal/hr인 사람이 작업을 수행할 때, 작업의 실동률(%)은 얼마인가? (단, 사이또와 오지마의 경험식을 적용한다.)

① 61.5　　② 66.3
③ 72.5　　④ 77.5

해설　실동률(%) = 85 − (5×RMR)

$$RMR = \frac{작업대사량}{기초대사량} = \frac{225}{1.5 \times 60} = 2.5$$

∴ 실동률 = 85 − (5×2.5) = 72.5

15 피로를 일으키는 인자에 있어 외적요인에 해당하는 것은?

① 작업환경　　② 적응능력
③ 영양상태　　④ 숙련정도

해설 피로를 일으키는 외적요인에는 작업환경과 관련된 작업부하, 노동시간, 그리고 휴식·생활환경 조건 등을 들 수 있다.

16 석면에 대한 설명으로 틀린 것은?

① 우리나라 석면의 노출기준은 0.5개/cc이다.
② 석면관련 질병으로는 석면폐, 악성중피종, 폐암 등이 있다.
③ 석면 함유 물질이란 순수한 석면만으로 제조되거나 석면에 다른 섬유물질이나 비섬유질이 혼합된 물질을 의미한다.
④ 건축물에 사용되는 석면 대체품은 유리면, 암면 등 인조광물섬유 보온재와 석고보드, 세라믹 섬유 등의 규산칼슘 보온재가 있다.

해설 우리나라의 석면 노출기준은 0.1개/cm³이다.

17 사고(事故)와 재해(災害)에 대한 설명 중 틀린 것은?

① 재해란 일반적으로 사고의 결과로 일어난 인명이나 재산상의 손실을 가져올 수 있는 계획되지 않거나 예상하지 못한 사건을 의미한다.
② 재해는 인명의 상해를 수분하는 경우가 대부분인데 이 경우를 상해라 하고, 인명 상해나 물적 손실 등 일체의 피해가 없는 아차사고(near accident)라고 한다.
③ 버드의 법칙은 1 : 10 : 30 : 600이라는 비율을 도출하여 하인리히의 법칙과 다른 면을 보여주고 있다. 차이점이라면 30건의 물적 손해만 생긴 소위 무상해사고를 별도로 구분한 것이다.
④ 하인리히 법칙은 한 사람의 중상자가 발생하였다고 하면 같은 원인으로 30명의 경상자가 생겼을 것이고 같은 성질의 사고가 있었으나 부상을 입지 않은 무상해자가 생겼다고 할 때 330번은 무상해, 30번은 경상, 1번은 사망이라는 비율로 된다는 것이다.

해설 하인리히(Heinrich) 이론의 1 : 29 : 300 법칙에서 그 비율은 "사망(중상자) : 경미 : 무상해"이다. 따라서 총 인원 330명 중 무상해 사고자 300명, 29번은 경상, 1번은 사망이라는 비율로 된다는 것이다.

18 산업안전부건법령에서 정의한 강렬한 소음작업에 해당하는 작업은?

① 90dB 이상의 소음이 1일 4시간 이상 발생되는 작업
② 95dB 이상의 소음이 1일 2시간 이상 발생되는 작업
③ 100dB 이상의 소음이 1일 1시간 이상 발생되는 작업
④ 110dB 이상의 소음이 1일 30분 이상 발생되는 작업

해설 강렬한 소음작업이란 다음의 어느 하나에 해당하는 작업을 말한다.
• 90데시벨 이상의 소음이 1일 8시간 이상 발생하는 작업

- 95데시벨 이상의 소음이 1일 4시간 이상 발생하는 작업
- 100데시벨 이상의 소음이 1일 2시간 이상 발생하는 작업
- 105데시벨 이상의 소음이 1일 1시간 이상 발생하는 작업
- 110데시벨 이상의 소음이 1일 30분 이상 발생하는 작업
- 115데시벨 이상의 소음이 1일 15분 이상 발생하는 작업

19 다음 중 미국 NIOSH에서 제안된 인양작업(lifting)의 감시기준(AL)에 대한 설정기준의 내용으로 틀린 것은?

① 남자의 99%, 여자의 75%가 작업가능하다.
② 작업강도, 즉 에너지 소비량이 3.5kcal/min이다.
③ 5번 요추와 1번 천추에 미치는 압력이 3,400N의 부하이다.
④ AL을 초과하면 대부분의 근로자들에게 근육 및 골격 장애가 발생한다.

해설 AL을 초과하면 약간명의 근로자에게 장애의 위험이 있으나 대부분 작업이 가능하다.

20 산업안전보건법령상 보건관리자의 자격기준에 해당하지 않는 자는?

① 「의료법」에 의한 의사
② 「의료법」에 의한 간호사
③ 「위생사」에 관한 법률에 의한 위생사
④ 「고등교육법에 의한 전문대학」에서 산업보건 관련학과를 졸업한 사람

해설 보건관리자의 자격기준에 해당하지 않는 자는 다음과 같다.
- 「의료법」에 따른 의사
- 「의료법」에 따른 간호사
- 산업보건지도사
- 산업위생관리산업기사 또는 대기환경산업기사, 인간공학기사 이상의 자격 취득자
- 전문대학 이상의 학교에서 산업보건 또는 산업위생 분야의 학과를 졸업한 사람

[**제2과목**] 작업환경측정 및 평가

21 공기 중 톨루엔(TLV 100ppm)이 50ppm, 크실렌(TLV 100ppm)이 80ppm, 아세톤(TLV 750ppm)이 1,000ppm으로 측정되었다면, 이 작업환경의 노출지수 및 노출기준 초과여부는? (단, 상가작용을 한다고 가정한다.)

① 노출지수 : 2.63, 초과함
② 노출지수 : 2.05, 초과함
③ 노출지수 : 0.63, 초과하지 않음
④ 노출지수 : 0.83, 초과하지 않음

해설 복합노출지수$(EI) = \sum \dfrac{C}{TLV}$

$\therefore EI = \dfrac{50}{100} + \dfrac{80}{100} + \dfrac{1,000}{750} = 2.63$

$\therefore EI \geq 1$이므로 노출기준 초과

22 다음 중 ( ) 안에 들어갈 내용으로 옳은 것은?

산업위생 통계에서 측정방법의 정밀도는 동일집단에 속한 여러 개의 시료를 분석하여 평균치와 표준편차를 계산하고 표준편차를 평균치로 나눈값, 즉 ( )로 평가한다.

① 분산수 ② 기하평균치
③ 변이계수 ④ 표준오차

해설 변이계수는 통계집단의 측정값들에 대한 균일성, 정밀성 정도를 표현하는 것으로 평균값에 대한 표준편차의 크기를 백분율로 나타낸 수치이다. 변이계수는 표준편차를 산술평균으로 나눈값으로서 산출된다.

23 통계자료 표에서 M±SD는 무엇을 의미하는가?

① 평균치와 표준편차 ② 평균치와 표준오차
③ 최빈치와 표준편차 ④ 중앙치와 표준오차

해설 산업위생 통계 자료 표에서 M+SD로 표시한 것은 평균치(mean)와 표준편차(standard deviation)를 의미한다.

24 어느 작업환경의 소음을 측정하여 보니 허용기준 4시간인 95dB(A)의 소음이 210분 발생되고 있었고, 허용기준 8시간인 90dB(A)의 소음이 270분 발생되고 있었을 때, 노출지수는 약 얼마인가? (단, 상가효과를 고려한다.)

① 1.14　　② 1.24
③ 1.34　　④ 1.44

해설 $EI = \dfrac{C_1}{T_1} + \dfrac{C_2}{T_2} + \cdots + \dfrac{C_n}{T_n}$

1일 노출시간(hr)	소음강도(dB(A))
8	90
4	95
2	100
1	105
1/2	110
1/4	115

∴ $EI = \dfrac{(210/60)}{4} + \dfrac{(270/60)}{8} = 1.44$

25 흡광광도법으로 시료 용액의 흡광도를 측정한 결과 흡광도가 검량선의 영역 밖이었다. 시료 용액을 2배로 희석하여 흡광도를 측정한 결과 흡광도가 0.4였을 때, 이 시료 용액의 농도는?

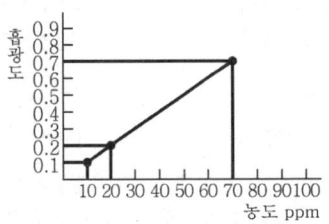

① 20ppm　　② 40ppm
③ 80ppm　　④ 160ppm

해설 램버트 비어(Lambert-Beer)의 법칙에 따른 흡광도(A) 관계식은 다음과 같다.

〈계산〉 $A = \log\dfrac{1}{t} = \log\dfrac{1}{I_t/I_o} = \varepsilon CL$

- 위의 식에서 농도를 제외한 다른 조건이 일정한 것을 적용하면 다음과 같다.
  $A = \varepsilon CL = KC$
- 식에서 보는 바와 같이 흡광도와 농도는 비례관계가 있으므로 그림에서 횡축의 흡광도 0.4와 맞닿은 횡축의 농도를 연결하면 40ppm이다. 따라서 시료 용액은 2 희석한 농도이므로 원시료 용액의 농도는 다음과 같이 산출된다.

∴ 농도 = 40ppm × 2 = 80ppm

26 충격소음에 대한 설명으로 옳은 것은?

① 최대음압수준에 130dB(A) 이상인 소음이 1초 이상의 간격으로 발생하는 것
② 최대음압수준에 130dB(A) 이상인 소음이 10초 이상의 간격으로 발생하는 것
③ 최대음압수준에 120dB(A) 이상인 소음이 1초 이상의 간격으로 발생하는 것
④ 최대음압수준에 120dB(A) 이상인 소음이 10초 이상의 간격으로 발생하는 것

해설 충격소음은 최대음압수준이 120dB(A) 이상인 소음이 1초 이상의 간격으로 발생하는 것을 말한다.

27 다음 중 석면에 관한 설명으로 틀린 것은?

① 석면의 종류에는 백석면, 갈석면, 청석면 등이 있다.
② 시료채취에는 셀룰로오스에스테르 막여과지를 사용한다.
③ 시료채취 시 유량보정은 시료채취 전·후에 실시한다.
④ 석면분진의 농도는 여과포집법에 의한 중량분석방법으로 측정한다.

해설 석면분진의 농도는 여과채취방법에 의한 계수방법으로 측정하여야 한다.

28 태양광선이 내리 쬐지 않는 옥외 작업장에서 자연습구온도 20℃, 건구온도 25℃, 흑구온도가 20℃일 때, 습구흑구온도지수(WBGT)는?

① 20℃　　② 20.5℃
③ 22.5℃　　④ 23℃

해설 WBGT(℃) = 0.7 × 자연습구 + 0.3 × 흑구
∴ WBGT = (0.7 × 20℃) + (0.3 × 20℃) = 20℃

29 소음측정에 관한 설명으로 틀린 것은? (단, 고용노동부고시를 기준으로 한다.)

① 소음수준을 측정할 때에는 측정대상이 되는 근로자의 주 작업행동 범위의 작업근로자 귀 높이에 설치하여야 한다.
② 단위작업장소에서 소음발생시간이 6시간 이내인 경우에는 발생시간을 등간격으로 나누어 2회 이상 측정하여야 한다.
③ 누적소음 노출량 측정기로 소음을 측정하는 경우에는 Criteria는 90dB, Exchange Rate는 5dB, Threshold는 80dB로 기기를 설정해야 한다.
④ 소음이 1초 이상의 간격을 유지하면서 최대음 압수준이 120dB(A) 이상의 소음인 경우에는 소음수준에 따른 1분 동안의 발생횟수를 측정하여야 한다.

[해설] 소음발생시간이 6시간 이내인 경우나 소음발생원에서의 발생시간이 간헐적인 경우에는 발생시간동안 연속 측정하거나 등간격으로 나누어 4회 이상 측정하여야 한다.

30 유해화학물질 분석 시 침전법을 이용한 적정이 아닌 것은?

① Volhard법　　② Mohr법
③ Fajans법　　④ Sitehler법

[해설] 유해화학물질 분석 시 적용되는 침전적정법에는 Volhard법, Mohr법, Fajans법이 있다.

31 작업환경 중 유해금속을 분석할 때 사용되는 불꽃방식 원자흡광광도계에 관한 설명으로 틀린 것은?

① 가격이 흑연로장치에 비하여 저렴하다.
② 분석시간이 흑연로장치에 비하여 적게 소요된다.
③ 감도가 높아 혈액이나 소변시료에서의 유해금속 분석에 많이 이용된다.
④ 고체시료의 경우 전처리에 의하여 매트릭스를 제거해야 한다.

[해설] 불꽃방식 원자흡광광도계는 감도가 낮은 단점이 있으며, 작업환경 중 유해금속 분석을 할 수 있다. 점성이 큰 용액은 분무가 어려우며 분무구멍을 막아버릴 수 있기 때문에 사용하기 어렵다.

32 다음 중 시료채취방법 중에서 개인 시료채취 시 채취지점으로 옳은 것은? (단, 고용노동부고시를 기준으로 한다.)

① 근로자의 호흡위치(호흡기를 중심으로 반경 30cm인 반구)
② 근로자의 호흡위치(호흡기를 중심으로 반경 60cm인 반구)
③ 근로자의 호흡위치(바닥면을 기준으로 1.2~1.5m 높이의 고정된 위치)
④ 근로자의 호흡위치(바닥면을 기준으로 0.9~1.2m 높이의 고정된 위치)

[해설] 개인 시료채취는 개인 시료채취기를 이용하여 가스·증기·분진·흄(fume)·미스트(mist) 등을 근로자의 호흡위치(호흡기를 중심으로 반경 30cm인 반구)에서 채취하는 것을 말한다.

33 물질 Y가 20℃, 1기압에서 증기압이 0.05mmHg이면, 물질 Y의 공기 중의 포화농도는 약 몇 ppm인가?

① 44　　② 66
③ 88　　④ 102

[해설] $C_p = \dfrac{P_v(\text{mmHg})}{760\,\text{mmHg}} \times 10^6$

$\therefore C_p = \dfrac{0.05\,\text{mmHg}}{760\,\text{mmHg}} \times 10^6 = 65.79\,\text{ppm}$

34 다음 중 온도 표시에 관한 내용으로 틀린 것은? (단, 고용노동부고시를 기준으로 한다.)

① 미온은 30~40℃를 말한다.
② 온수는 40~50℃를 말한다.
③ 냉수는 15℃ 이하를 말한다.
④ 찬 곳은 따로 규정이 없는 한 0~15℃의 곳을 말한다.

정답 29.② 30.④ 31.③ 32.① 33.② 34.②

해설 냉수는 15℃ 이하, 미온은 30~40℃, 온수는 60~70℃, 열수는 약 100℃를 말한다.

35 유량 및 용량을 보정하는 데 사용되는 1차 표준장비는?

① 오리피스미터　② 로타미터
③ 열선기류계　　④ 가스치환병

해설 1차 표준기구에는 가스치환병, 비누거품미터, 폐활량계(스피로미터), 피토튜브, 흑연 피스톤미터, 유리피스톤미터 등이 있다. 이 중에서 가스치환병은 정확도가 높아 주로 실험실에서 사용되고 있다.

36 공기 중 석면농도의 단위로 옳은 것은?

① 개/cm^3　　② ppm
③ mg/m^3　　④ g/m^2

해설 분진은 mg/m^3, 석면은 개/cm^3, 가스 및 증기의 농도는 ppm 또는 mg/m^3으로 표시한다.

37 100g의 물에 40g의 용질 A을 첨가하여 혼합물을 만들었을 때, 혼합물 중 용질 A의 중량%(wt%)는 약 얼마인가? (단, 용질 A가 충분히 용해한다고 가정한다.)

① 28.6wt%　　② 32.7wt%
③ 34.5wt%　　④ 40.0wt%

해설 $C\%(W_t) = \dfrac{용질}{혼합물} \times 100$

∴ $C\%(W_t) = \dfrac{40}{100+40} \times 100 = 28.57\%$

38 회수율 실험은 여과지를 이용하여 채취한 금속을 분석한 것을 보정하는 실험이다. 다음 중 회수율을 구하는 식은?

① 회수율(%) = $\dfrac{분석량}{첨가량} \times 100$

② 회수율(%) = $\dfrac{첨가량}{분석량} \times 100$

③ 회수율(%) = $\dfrac{분석량}{1 - 첨가량} \times 100$

④ 회수율(%) = $\dfrac{첨가량}{1 - 분석량} \times 100$

해설 회수율(%) = $\dfrac{분석량}{첨가량} \times 100$

39 입자의 가장자리를 이등분하는 직경으로 과대평가의 위험성이 있는 입자상 물질의 직경은?

① 마틴 직경　　② 페렛 직경
③ 등거리 직경　④ 등면적 직경

해설 페렛경(Feret's diameter)은 먼지의 한쪽 끝 가장자리와 다른 쪽 가장자리 사이의 거리에 상당하는 직경을 말한다. 과대평가될 가능성이 있는 직경이다.

40 다음 중 PVC막 여과지를 사용하여 채취하는 물질에 관한 내용과 가장 거리가 먼 것은?

① 유리규산을 채취하여 X-선 회절법으로 분석하는데 적절하다.
② 6가 크롬, 아연산화물의 채취에 이용된다.
③ 압력에 강하여 석탄건류나 증류 등의 공정에서 발생하는 PAHs 채취에 이용된다.
④ 수분에 대한 영향이 크지 않기 때문에 공해성 먼지 등의 중량분석을 위한 측정에 이용된다.

해설 PVC막은 열이나 압력에 취약하기 때문에 석탄건류나 증류 등의 공정에서 발생하는 오염물질 채취에는 부적합하다. PAHs 채취에는 주로 테플론(PTFE)이 사용된다.

제3과목　작업환경관리

41 출력 0.01W의 점음원으로부터 100m 떨어진 곳의 음압수준은? (단, 무지향성 음원, 자유공간의 경우)

① 49dB　　② 53dB
③ 59dB　　④ 63dB

해설 $SPL = PWL - 20\log r - 11$

∴ $SPL = \left[10\log\left(\dfrac{0.01}{10^{-12}}\right)\right] - 20\log 100 - 11 = 49dB$

42 공기 중에 발산된 분진입자는 중력에 의하여 침강하는데 스토크스 식이 많이 사용되고 있다. 침강속도식으로 맞는 것은? (단 V_g : 침강속도, ρ_p : 먼지밀도, ρ : 공기밀도, μ : 공기의 점성, d_p : 먼지직경, g : 중력가속도)

① $V_g = \dfrac{2(\rho-\rho_p)\mu d_p^2}{9g}$

② $V_g = \dfrac{2(\rho_p-\rho)\mu d_p}{9g}$

③ $V_g = \dfrac{(\rho_p-\rho)g d_p^2}{18\mu}$

④ $V_g = \dfrac{(\rho-\rho_p)\mu d_p}{18\mu}$

해설 $V_g = \dfrac{d_p^2(\rho_p-\rho)g}{18\mu}$ $\begin{cases} d_p : 입경(m) \\ \rho_p : 입자밀도(kg/m^3) \\ \rho : 가스밀도(kg/m^3) \\ \mu : 가스점도(kg\cdot m/sec) \end{cases}$

43 진폐증을 일으키는 분진 중에서 폐암과 가장 관련이 많은 것은?
① 규산분진   ② 석면분진
③ 활석분진   ④ 규조토분진

해설 진폐증을 유발하는 분진은 유리규산, 석면, 활석, 산화베릴륨 등이다. 이 중에서 폐암과 가장 관련이 많은 것은 석면이다. 석면은 석면폐증, 폐암, 악성중피종을 유발하는 물질이다.

44 다음 중 방진재료와 가장 거리가 먼 것은?
① 방진고무   ② 코르크
③ 강화된 유리섬유   ④ 펠트

해설 강화유리섬유는 방진재료의 구비조건을 만족시키는데 부족함이 많다. 방진재료로 사용되는 것은 방진고무, 금속스프링, 공기스프링, 펠트(Felt), 코르크(Cork), 목재, 납판, 침유피혁(浸油皮革), 모래, 자갈, 톱밥, 대패밥 등이다.

45 다음 중 먼지가 발생하는 작업장에서 가장 완벽한 대책은?

① 근로자가 방진마스크를 착용한다.
② 발생된 먼지를 습식법으로 제어한다.
③ 전체환기를 실시한다.
④ 발생원을 완전히 밀폐한다.

해설 먼지가 발생하는 작업장에서 가장 완벽한 대책은 발생원을 완전히 밀폐하는 것이다.

46 기압에 관한 설명으로 틀린 것은?
① 1기압은 수은주로 760mmHg에 해당한다.
② 수면 하에서의 압력은 수심이 10m 깊어질 때마다 1기압씩 증가한다.
③ 수심 20m에서의 절대압은 2기압이다.
④ 잠함작업이나 해저터널 굴진작업 내 압력은 대기압보다 높다.

해설 절대압 = 대기압 + 수압
∴ 절대압 = 1기압 + 20m × $\dfrac{1기압}{10m}$ = 3기압

47 고압환경에서 작업하는 사람에게 마취작용(다행증)을 일으키는 가스는?
① 이산화탄소   ② 질소
③ 수소   ④ 헬륨

해설 질소가스(N_2)는 절대압 4기압 이상에서 다행증(euphoria, 알코올 중독 증상과 유사)을 유발한다.

48 유기용제를 사용하는 도장작업의 관리방법에 관한 설명으로 옳지 않은 것은?
① 흡연 및 화기사용을 금지시킨다.
② 작업장의 바닥을 청결하게 유지한다.
③ 보호장갑은 유기용제에 대한 흡수성이 우수한 것을 사용한다.
④ 옥외에서 스프레이 도장작업 시 유해가스용 방독마스크를 착용한다.

해설 보호장갑은 유기용제 등의 오염물질을 잘 흡수하지 않는 내흡수성이 우수한 것을 사용한다.

정답 42.③ 43.② 44.③ 45.④ 46.③ 47.② 48.③

49 다음 중 유해한 작업환경에 대한 개선대책인 대치의 내용과 가장 거리가 먼 것은?

① 공정의 변경
② 작업자의 변경
③ 시설의 변경
④ 물질의 변경

해설 대치(대체)는 보완적으로 대체하는 것으로 작업환경 개선을 위한 물질(사용원료)의 변경, 공정의 변경, 시설의 변경 등이다.

50 1촉광의 광원으로부터 단위입체각으로 나가는 광속의 단위는?

① Lumen
② Foot-candle
③ Lux
④ Lambert

해설 루멘(Lumen)은 1촉광의 광원으로부터 단위입체각으로 나가는 광속의 단위이다.

51 청력보호를 위한 귀마개의 감음효과는 주로 어느 주파수 영역에서 가장 크게 나타나는가?

① 회화 음역주파수 영역
② 가청주파수 영역
③ 저주파수 영역
④ 고주파수 영역

해설 귀마개는 4,000Hz의 고주파수 영역에서 감음효과가 크게 나타난다.

52 피부 보호장구의 재질과 적용 화학물질로 올바르게 연결되지 않은 것은?

① Neoprene 고무 – 비극성 용제
② Nitrile 고무 – 비극성 용제
③ Butyl 고무 – 비극성 용제
④ Polyvinyl Chloride – 수용성 용액

해설 Butyl 고무는 극성 용제에 가장 효과적이다. 극성용제에는 알코올, 물, 케톤류 등을 포함한다.

53 공기 중 입자상 물질은 여러 기전에 의해 여과지에 채취된다. 차단, 간섭기전에 영향을 미치는 요소와 가장 거리가 먼 것은?

① 입자크기
② 입자밀도
③ 여과지의 공경
④ 여과지의 고형분

해설 입자상 물질의 입자밀도는 여과지에 채취되는 차단, 간섭기전에 영향을 미치는 요소와 거리가 멀다.

54 일반적으로 사람이 느끼는 최소진동역치는?

① 25 ± 5dB   ② 35 ± 5dB
③ 45 ± 5dB   ④ 55 ± 5dB

해설 사람이 느끼는 최소진동역치는 55 ± 5dB이다.

55 다음 중 산소결핍의 위험이 적은 작업장소는?

① 전기 용접작업을 하는 작업장
② 장기간 미사용한 우물의 내부
③ 장시간 밀폐된 화학물질의 저장 탱크
④ 화학물질 저장을 위한 지하실

해설 전기용접은 산소를 소모하는 작업이 아니다.

56 저온환경에서 발생할 수 있는 건강장해에 관한 설명으로 틀린 것은?

① 전신체온강하는 장시간의 한랭 노출 시 체열의 손실로 인해 발생하는 급성 중증 장해이다.
② 제3도 동상은 수포와 함께 광범위한 삼출성 염증이 일어나는 경우를 말한다.
③ 피로가 극에 달하면 체열의 손실이 급속히 이루어져 전신의 냉각상태가 수반된다.
④ 참호족은 지속적인 국소의 산소결핍 때문이며 저온으로 모세혈관벽이 손상되는 것이다.

해설 수포와 함께 광범위한 삼출성 염증이 일어나는 경우는 2도 동상이다.

57 저온환경이 인체에 미치는 영향으로 옳지 않은 것은?

① 식욕감소　　② 혈압변화
③ 피부혈관의 수축　④ 근육긴장

[해설] 저온환경에서는 근육활동, 조직대사가 증진되어 식욕이 항진된다.

58 다음 중 영상표시단말기(VDT)로 작업하는 사업장의 환경관리에 대한 설명과 가장 거리가 먼 것은?

① 작업 중 시야에 들어오는 화면, 키보드, 서류 등의 주요 표면 밝기는 차이를 두어 입체감이 있도록 한다.
② 실내조명은 화면과 명암의 대조가 심하지 않고 동시에 눈부시지 않도록 하여야 한다.
③ 정전기 방지는 접지를 이용하거나 알코올 등으로 화면을 세척한다.
④ 작업장 주변환경의 조도는 화면의 바탕색상이 검정색일 때에는 300~500Lux를 유지하면 좋다.

[해설] 작업 중 시야에 들어오는 화면, 키보드, 서류 등의 주요 표면 밝기는 차이를 두지 않는 것이 좋다. 화면의 바탕색상이 검정색 계통일 때는 작업실 조도를 300~500럭스(Lux) 범위로 한다. 일반적으로 작업실의 수평면 조도는 300~700럭스(Lux), 수직면 조도는 500~1,000럭스(Lux) 정도를 유지하고, 휘도비(콘트라스트)가 1 : 10을 넘지 않도록 한다.

59 밀폐공간 작업에서 사용하는 호흡보호구로 가장 적절한 것은?

① 방진마스크　② 송기마스크
③ 방독마스크　④ 반면형 마스크

[해설] 송기마스크를 사용해야 하는 작업장은 밀폐공간으로 유해물질의 종류나 농도가 불분명한 장소, 정화통의 유효시간이 불분명한 경우, 작업강도가 매우 큰 작업장, 산소결핍장소 등이다.

60 밀폐공간 작업 시 작업의 부하인자에 대한 설명으로 틀린 것은?

① 모든 옥외작업의 경우와 거의 같은 양상의 근력부하를 갖는다.
② 탱크바닥에 있는 슬러지 등으로부터 황화수소가 발생한다.
③ 철의 녹 사이에 황화물이 혼합되어 있으면 아황산가스가 발생할 수 있다.
④ 산소농도가 25% 이하가 되면 산소결핍증이 되기 쉽다.

[해설] 산소결핍증이란 산소가 결핍된 공기를 들이마심으로써 생기는 증상을 말하는데 산소결핍이란 공기 중의 산소농도가 18% 미만인 상태를 말한다.

제4과목　산업환기

61 아세톤이 공기 중에 10,000ppm으로 존재한다. 아세톤 증기비중이 2.0이라면, 이 때 혼합물의 유효비중은?

① 0.98　　② 1.01
③ 1.04　　④ 1.07

[해설] S_m(혼합기체 유효비중) $= \dfrac{S_1 Q_1 + S_2 Q_2}{Q_1 + Q_2}$

$\begin{cases} S_1 : \text{아세톤 비중} = 2.0 \\ S_2 : \text{공기비중} = 1.0 \\ Q_1 : \text{아세톤 부피} = 10,000 \\ Q_2 : \text{공기부피} = 10^6 - 10,000 = 990,000 \end{cases}$

$\therefore S_m = \dfrac{(2 \times 10,000) + (1.0 \times 990,000)}{10,000 + 990,000} = 1.01$

62 터보팬형 송풍기의 특징을 설명한 것으로 틀린 것은?

① 소음은 비교적 낮으나 구조가 가장 크다.
② 통상적으로 최고속도가 높으므로 효율이 높다.
③ 규정풍량 이외에서는 효율이 갑자기 떨어지는 단점이 있다.
④ 소요정압이 떨어져도 동력은 크게 상승하지 않으므로 시설저항 및 운전상태가 변하여도 과부하가 걸리지 않는다.

해설 터보팬형 송풍기는 방사형과 전향에 비해 효율이 높으나 고농도 분진 함유 공기를 이송시킬 경우 회전 날개 뒷면에 분진이 퇴적되어 효율이 떨어질 수 있다. 한편, 규정풍량 이외에서는 효율이 갑자기 떨어지는 단점이 있는 것은 축류형 송풍기이다.

63 국소배기장치에서 송풍량이 30m³/min이고 덕트의 직경이 200mm이면, 이 때 덕트 내의 속도는 약 몇 m/sec인가? (단, 원형 덕트인 경우이다.)

① 13
② 16
③ 19
④ 21

해설 $Q = AV = \dfrac{\pi D^2}{4} \times V$

$30 = \dfrac{3.14 \times 0.2^2}{4} \times V \times 60$

$\therefore V = 15.92 \text{ m/sec}$

64 국소배기장치에서 후드를 추가로 설치해도 쉽게 정압조절이 가능하고, 사용하지 않는 후드를 막아 다른 곳에 필요한 정압을 보낼 수 있어 현장에서 가장 편리하게 사용할 수 있는 압력 균형방법은?

① 댐퍼 조절법
② 회전수 변화
③ 압력 조절법
④ 안내익 조절법

해설 댐퍼를 이용한 균형법은 장래의 변경이나 확장에 대한 유연성이 높고, 작업공정에 따라 덕트의 위치변경이 용이하여 현장에서 가장 편리하게 사용할 수 있는 압력 균형방법이다.

65 일반적으로 국소배기장치를 가동할 경우에 가장 적합한 상황에 해당하는 것은?

① 최종 배출구가 작업장 내에 있다.
② 사용하지 않는 후드는 댐퍼로 차단되어 있다.
③ 증기가 발생하는 도장작업 지점에는 여과식 공기정화장치가 설치되어 있다.
④ 여름철 작업장 내에서는 오염물질 발생장소를 향하여 대형 선풍기가 바람을 불어주고 있다.

해설 ②항만 올바르다. 사용하지 않는 후드는 댐퍼로 차단하여야만 누출위험을 방지하고, 유입공기로 인한 흡인효율 저하를 방지할 수 있으며, 송풍기의 풍량을 유효하게 이용할 수 있게 된다.

66 덕트 내에서 압력손실이 발생되는 경우로 볼 수 없는 것은?

① 정압이 높은 경우
② 덕트 내부면과 마찰
③ 가지덕트 단면적이 변화
④ 곡관이나 관의 확대에 의한 공기의 속도변화

해설 압력손실은 동압에 비례관계이다.

$\Delta P = F \times P_v$ $\begin{cases} \Delta P : \text{압력손실} \\ F : \text{압력손실계수} \\ P_v : \text{속도압} \end{cases}$

67 접착제를 사용하는 A공정에서는 메틸에틸케톤(MEK)과 톨루엔이 발생, 공기 중으로 완전혼합된다. 두 물질은 모두 마취작용을 하므로 상가효과가 있다고 판단되며, 각 물질의 사용 정보가 다음과 같을 때, 필요환기량(m³/min)은 약 얼마인가? (단, 주위는 25℃, 1기압 상태이다.)

- MEK – 안전계수 : 4
  – 분자량 : 72.1
  – 비중 : 0.805
  – TLV : 200ppm
  – 사용량 : 시간당 2L
- 톨루엔 – 안전계수 : 5
  – 분자량 : 92.13
  – 비중 : 0.866
  – TLV : 50ppm
  – 사용량 : 시간당 2L

① 182
② 558
③ 765
④ 946

해설 $Q = \dfrac{K \cdot G \cdot S \times 24.45 \times 10^6}{MW \cdot TLV}$

$Q_1 = \dfrac{4 \times 2 \times 0.805 \times 24.45 \times 10^6}{72.1 \times 200}$

$= 10,919.4 \text{ m}^3/\text{hr} = 182 \text{ m}^3/\text{min}$

$$Q_1 = \frac{5 \times 2 \times 0.866 \times 24.45 \times 10^6}{92.13 \times 50}$$
$$= 45,964.8 \text{ m}^3/\text{hr} = 766 \text{ m}^3/\text{min}$$
$$\therefore Q_t (환기량) = 182 + 766 = 948 \text{ m}^3/\text{min}$$

68 국소배기장치를 유지·관리하기 위한 자체검사 관련 필수 측정기와 관련이 없는 것은?

① 절연저항계 ② 열선풍속계
③ 스모크테스터 ④ 고도측정계

해설 국소환시시설의 자체검사 시 필요한 필수장비에는 연기발생기(smoke tester), 청음기 또는 청음봉, 절연저항계, 표면온도계 및 초자온도계, 줄자 등이다.

69 그림과 같은 송풍기 성능곡선에 대한 설명으로 맞는 것은?

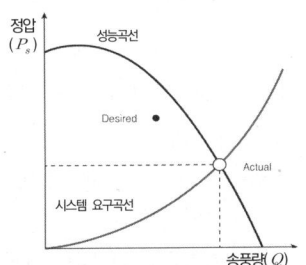

① 송풍기의 선정이 적절하여 원했던 송풍량이 나오는 경우이다.
② 성능이 약한 송풍기를 선정하여 송풍량이 작게 나오는 경우이다.
③ 너무 큰 송풍기를 선정하고, 시스템 압력손실도 과대평가된 경우이다.
④ 송풍기의 선정은 적절하나 시스템의 압력손실이 과대평가되어 송풍량이 예상보다 많이 나오는 경우이다.

해설 현재의 송풍기 특성곡선으로 보아 예상되는 시스템 압력손실을 과대평가하여 송풍기의 풍량이 큰 송풍기가 설치한 경우이다.

70 직경이 38cm, 유효높이 5m인 원통형 백필터를 사용하여 0.5m³/sec의 함진가스를 처리할 때, 여과속도(cm/sec)는 약 얼마인가?

① 6.4 ② 7.4
③ 8.4 ④ 9.4

해설 $V_f = \dfrac{Q_f}{A_f}$

$\begin{cases} Q_f : 처리가스량 = 0.5\text{m}^3/\text{sec} \\ A_f : 여과면적 = \pi DL \\ \quad = 3.14 \times 0.38 \times 5 = 5.97\text{m}^2 \end{cases}$

$\therefore V_f = \dfrac{0.5}{5.97} = 0.084 \text{m/sec} = 8.4 \text{cm/sec}$

71 전체환기가 필요한 경우가 아닌 것은?

① 배출원이 고정되어 있을 때
② 유해물질이 허용농도 이하일 때
③ 발생원이 다수 분산되어 있을 때
④ 오염물질이 시간에 따라 균일하게 발생될 때

해설 전체환기는 오염원이 이동성이거나 분산되어 있을 때 적합한 환기방식이다.

72 24시간 가동되는 작업장에서 환기하여야 할 작업장 실내 체적은 3,000m³이다. 환기시설에 의해 공급되는 공기의 유량이 4,000m³/hr일 때, 이 작업장에서의 시간당 환기횟수는 얼마인가?

① 1.2회 ② 1.3회
③ 1.4회 ④ 1.5회

해설 $ACH = \dfrac{Q}{\forall}$ $\begin{cases} Q : 필요환기량 = 4,000\text{m}^3/\text{hr} \\ \forall : 공간용적 = 3,000\text{m}^3 \end{cases}$

$\therefore ACH = \dfrac{4,000}{3,000} = 1.3회/\text{hr}$

73 산업환기에서 의미하는 표준공기에 대한 설명으로 맞는 것은?

① 표준공기는 0℃, 1기압(760mmHg)인 상태이다.
② 표준공기는 21℃, 1기압(760mmHg)인 상태이다.
③ 표준공기는 25℃, 1기압(760mmHg)인 상태이다.
④ 표준공기는 32℃, 1기압(760mmHg)인 상태이다.

해설 별도의 지정이 없는 한 산업환기의 표준공기는 상온(21℃), 1기압으로 한다.

정답 68.④ 69.③ 70.③ 71.① 72.② 73.②

74 표준공기 21℃(비중량 $\gamma = 1.2\text{kg/m}^3$)에서 800m/min의 유속으로 흐르는 공기의 속도압은 몇 mmH_2O인가?

① 10.9 ② 24.6
③ 35.6 ④ 53.2

해설 $V(\text{m/sec}) = \sqrt{\dfrac{2gP_v}{\gamma}}$

$\therefore P_v = \dfrac{1.2 \times (800/60)^2}{2 \times 9.8}$
$= 10.9\,\text{mmH}_2\text{O}$

75 탱크에서 증발, 탈지와 같이 기류의 이동이 없는 공기 중에서 속도없이 배출되는 작업조건인 경우 제어속도의 범위로 가장 적절한 것은? (단, 미국정부산업위생전문가협의회의 권고기준이다.)

① 0.10~0.15m/sec
② 0.15~0.25m/sec
③ 0.25~0.50m/sec
④ 0.50~1.00m/sec

해설 탱크에서 증발, 탈지와 같이 기류의 이동이 없는 공기 중에서 속도없이 배출되는 작업조건의 제어속도는 0.25~0.50m/sec 범위로 설계된다.

76 SF_6 가스를 이용하여 주택의 침투(자연환기)를 측정하려고 한다. 시간(t)=0분일 때, SF_6 농도는 40μg/m^{3}이고, 시간(t)=30분일 때, 7μg/m^{3}이었다. 주택의 체적이 1,500m^{3}이라면, 이 주택의 침투(또는 자연환기)량은 몇 m^3/hr인가? (단, 기계환기는 전혀없고, 중간과정의 결과는 소수점 셋째자리에서 반올림하여 구한다.)

① 5130 ② 5229
③ 5335 ④ 5735

해설 $C_2 = C_1 \times e^{-\frac{Q}{V} \times t}$

$\square\ 7 = 40 \times e^{-\frac{Q}{1,500} \times 30}$

$\therefore Q = \dfrac{\ln(7/40)}{-30} \times 1,500 = 87.148\,\text{m}^3/\text{min}$
$= 5,228.91\,\text{m}^3/\text{hr}$

77 전자부품을 납땜하는 공정에 외부식 국소배기 장치를 설치하고자 한다. 후드의 규격은 가로·세로 각각 400mm이고, 제어거리를 20cm, 제어속도는 0.5m/sec, 반송속도를 1,200m/min으로 하고자 할 때 필요소요풍량(m^3/min)은? (단, 플랜지는 없으며, 자유공간에 설치한다.)

① 13.2 ② 15.6
③ 16.8 ④ 18.4

해설 $Q_c = (10X^2 + A)V_c$

$\square\ \begin{cases} A = WH = 0.4 \times 0.4 = 0.16\,\text{m}^2 \\ V_c = 0.5\,\text{m/sec} \end{cases}$

$\therefore Q_c = (10 \times 0.2^2 + 0.16) \times 0.5 \times 60 = 16.8\,\text{m}^3/\text{min}$

78 전기집진기의 장점이 아닌 것은?

① 운전 및 유지비가 비싸다.
② 넓은 범위의 입경과 분진농도에 집진효율이 높다.
③ 압력손실이 낮으므로 송풍기의 가동비용이 저렴하다.
④ 고온가스를 처리할 수 있어 보일러와 철강로 등에 설치할 수 있다.

해설 전기집진기는 설치비용은 비싸지만 운전 및 유지비가 저렴한 특징이 있다.

79 덕트의 설치를 결정할 때 유의사항으로 적절하지 않은 것은?

① 청소구를 설치한다.
② 곡관의 수를 적게 한다.
③ 가급적 원형 덕트를 사용한다.
④ 가능한 곡관의 곡률반경을 작게 한다.

해설 가능한 곡관의 곡률반경을 크게 할수록 압력손실을 줄일 수 있다.

정답 74.① 75.③ 76.② 77.③ 78.① 79.④

80 푸시-풀(push-pull) 후드에서 효율적인 조(tank)의 길이로 맞는 것은?

① 1.0~2.2m   ② 1.2~2.4m
③ 1.4~2.6m   ④ 1.5~3.0m

해설 개방형 탱크로서 탱크의 폭이 1,200mm(48″) 이상이 되면 푸시-풀(push-pull) 후드를 적용하는데 탱크의 길이가 3,000m/m(10ft)를 넘는 경우 반드시 복수 흡입구를 설치하여야 한다. 따라서 푸시-풀(push-pull) 후드에서 효율적인 조(tank)의 길이는 1.2~2.4m가 적절하다.

정답 80.②

2019 제3회 산업위생관리(기사)

2019. 8. 04 시행

[제1과목] 산업위생학 개론

01 재해예방의 4원칙에 관한 설명으로 옳지 않은 것은?
① 재해발생과 손실의 관계는 우연적이므로 사고의 예방이 가장 중요하다.
② 재해발생에는 반드시 원인이 있으며, 사고와 원인의 관계는 필연적이다.
③ 재해는 예방이 불가능하므로 지속적인 교육이 필요하다.
④ 재해예방을 위한 가능한 안전대책은 반드시 존재한다.

해설 재해예방의 4원칙에는 '예방가능의 원칙'이 있다. 재해는 원칙적으로 근원적인 원인만 제거하면 예방할 수 있음을 의미한다. 즉, 모든 재해는 예방할 수 있다는 것이 예방가능의 원칙이다.

02 실내환경 공기를 오염시키는 요소로 볼 수 없는 것은?
① 라돈
② 포름알데히드
③ 연소가스
④ 체온

해설 실내환경 공기를 오염시키는 요소(발생원)는 흡연, 연소기기, 호흡, 사무기기, 건축자재, 가구류, 주차시설 등이고, 산업안전보건법상 사무실 공기질의 관리 대상물질은 이산화탄소(CO_2), 일산화탄소(CO), 이산화질소(NO_2), 포름알데히드(HCHO), 총 휘발성유기화합물(TVOCs), 오존(O_3), 미세먼지(PM_{10}), 총 부유세균(TAB), 석면으로 9가지 항목이며, 실내공기질 권고기준 항목은 NO_2, 라돈, 총 휘발성유기화합물, 미세먼지, 곰팡이로 5가지 항목이다.

03 300명의 근로자가 1주일에 40시간, 연간 50주를 근무하는 사업장에서 1년동안 50건의 재해로 60명의 재해자가 발생하였다. 이 사업장의 도수율은 약 얼마인가? (단, 근로자들은 질병, 기타 사유로 인하여 총 근로시간의 5%를 결근하였다.)
① 93.33
② 87.72
③ 83.33
④ 77.72

해설 도수율(FR) = $\dfrac{\text{재해건수}}{\text{연근로시간수}} \times 10^6$

∴ 도수율(FR) = $\dfrac{50}{40 \times 50 \times 300 \times (1-0.05)} \times 10^6$
= 87.72

04 근육운동에 동원되는 주요 에너지 생산방법 중 혐기성 대사에 사용되는 에너지원이 아닌 것은?
① 아데노신삼인산
② 크레아틴인산
③ 지방
④ 글리코겐

해설 에너지원이 되는 것으로 혐기성 대사에 동원되는 순서는 ATP(아데노신삼인산) → CP(크레아틴인산) → Glycogen이다.

05 피로에 관한 설명으로 틀린 것은?
① 일반적인 피로감은 근육 내 글리코겐의 고갈, 혈중 글루코오스의 증가, 혈중 젖산의 감소와 일치하고 있다.
② 충분한 영양섭취와 휴식은 피로의 예방에 유효한 방법이다.
③ 피로의 주관적 측정방법으로는 CMI(Control Medical Index)를 이용한다.
④ 피로는 질병이 아니고 원래 가역적인 생체 반응이며 건강장해에 대한 경고적 반응이다.

정답 01.③ 02.④ 03.② 04.③ 05.①

해설 ①항은 반대로 설명하고 있다. 피로가 나타낼 때 발생하는 생리학적 현상은 혈중 젖산 농도의 증가, 혈중 포도당 농도의 저하, 근육 내 글리코겐 양의 감소, 산소 공급부족 등이다.

06 산업안전보건법령상 물질안전조건자료(MSDS)의 적성원칙에 관한 설명으로 가장 거리가 먼 것은?

① MSDS의 작성단위는 '계량에 관한 법률'이 정하는 바에 의한다.
② MSDS는 한글로 작성하는 것을 원칙으로 하되, 화학물질명, 외국기관명 등의 고유명사는 영어로 표기할 수 있다.
③ 각 작성항목은 빠짐없이 작성하여야 하며, 부득이 어느 항목에 대해 관련 정보를 얻을 수 없는 경우, 작성란은 공란으로 둔다.
④ 외국어로 되어있는 MSDS를 번역하는 경우에는 자료의 신뢰성이 확보될 수 있도록 최초 작성기관명 및 시기를 함께 기재하여야 한다.

해설 각 작성항목은 빠짐없이 작성하여야 한다. 다만, 부득이 어느 항목에 대해 관련 정보를 얻을 수 없는 경우에는 작성란에 "자료 없음"이라고 기재하고, 적용이 불가능하거나 대상이 되지 않는 경우에는 작성란에 "해당 없음"이라고 기재한다.

07 산업안전보건법령상 사무실 공기관리에 대한 설명으로 옳지 않은 것은?

① 관리기준은 8시간 시간가중 평균농도 기준이다.
② 이산화탄소와 일산화탄소는 비분산적외선검출기의 연속 측정에 의한 직독식 분석방법에 의한다.
③ 이산화탄소의 측정결과 평가는 각 지점에서 측정한 측정치 중 평균값을 기준으로 비교·평가한다.
④ 공기의 측정시료는 사무실 안에서 공기질이 가장 나쁠 것으로 예상되는 2곳 이상에서 채취하고, 사무실 바닥면으로부터 0.9~1.5m의 높이에서 한다.

해설 이산화탄소는 각 지점에서 측정한 측정치 중 최고값을 기준으로 비교·평가한다.

08 영국에서 최초로 직업성 암을 보고하여, 1788년에 굴뚝청소부법이 통과되도록 노력한 사람은?

① Ramazzini
② Paracelsus
③ Percivall pott
④ Robert Owen

해설 영국의 포트(Percivall Pott)는 굴뚝 검댕과 음낭암의 관계(최초 직업성 암)를 밝혔으며, 굴뚝청소부법 제정에 기여하였다.

09 미국산업안전보건연구원(NIOSH)의 중량물 취급 작업기준 중 들어올리는 물체의 폭에 대한 기준은 얼마인가?

① 55cm 이하
② 65cm 이하
③ 75cm 이하
④ 85cm 이하

해설 미국산업안전보건연구원(NIOSH)의 중량물 취급 작업기준 중 들어올리는 물체의 폭은 75cm 이하이다.

10 작업종류별 바람직한 작업시간과 휴식시간을 배분한 것으로 옳지 않은 것은?

① 사무작업 : 오전 4시간 중에 2회, 오후 1시에서 4시 사이에 1회, 평균 10~20분 휴식
② 정신집중작업 : 가장 효과적인 것은 60분 작업에 5분간 휴식
③ 신경운동성의 경속도 작업 : 40분간 작업과 20분간 휴식
④ 중근작업 : 1회 계속작업을 1시간 정도로 하고, 20~30분씩 오전에 3회, 오후에 2회 정도 휴식

해설 작업종류별 바람직한 작업시간과 휴식시간의 배분을 묻고 있는 듯하지만 실상은 노동법에 따른 8시간 근로기준에서 1시간 이상의 휴게시간을 주도록 규정하고 있는데, 이에 부합되지 않는 항목을 묻고 있는 것이다. 따라서 정답은 ②항이 된다. 정신집중작업의 경우 가장 효과적인 것은 30분간 작업에 5분간 휴식이 바람직하다.

정답 06.③ 07.③ 08.③ 09.③ 10.②

작업형태	시간배분	
	작업	휴식
사무작업	오전	2회 : 10~20분
	오후	1회 : 10~20분
정신집중작업	30분당	5분
가벼운 수작업	1시간당	10분
신경운동의 경속도작업	40분당	20분
중근작업	오전(1시간당)	3회 : 20~30분
	오후(1시간당)	2회 : 20~30분
일반기계작업	오전(1시간당)	2회 : 15~20분
	오후(1시간당)	1회 : 15~20분

11 "근로자 또는 일반대중에게 질병, 건강장해, 불편함, 심한 불쾌감 및 능률 저하 등을 초래하는 작업요인과 스트레스를 예측, 측정, 평가하고 관리하는 과학과 기술"이라고 산업위생을 정의한 기관은?

① 미국산업위생학회(AIHA)
② 국제노동기구(ILO)
③ 세계보건기구(WHO)
④ 산업안전보건청(OSHA)

해설 미국산업위생학회(AIHA)는 "산업위생이란 근로자나 일반대중에게 질병·건강장해·안녕방해·심각한 불쾌감 및 능률저하 등을 초래하는 작업환경 요인과 스트레스를 예측, 인식(인지), 측정·평가하고 관리하는 과학과 기술이다."라고 산업위생을 정의하고 있다.

12 노동의 적응과 장애에 관련된 내용으로 적절하지 않은 것은?

① 인체는 환경에서 오는 여러 자극(stress)에 대하여 적응하려는 반응을 일으킨다.
② 인체에 적응이 일어나는 과정은 뇌하수체와 부신피질을 중심으로 한 특유의 반응이 일어나는데, 이를 부적응증상군이라고 한다.
③ 직업에 따라 신체 형태와 기능에 국소적 변화가 일어나는데 이것을 직업성 변이라고 한다.
④ 외부의 환경변화나 신체활동이 반복되면 조절기능이 원활해지며, 이에 숙련 습득된 상태를 순화라고 한다.

해설 인체에 적응이 일어나는 과정은 뇌하수체와 부신피질을 중심으로 한 특유의 반응이 일어나는데, 이를 일반 적응증후군이라고 한다. "실무노동용어사전"에 따르면 직장의 부적응은 여러 가지 원인으로 직장에 적응할 수 없어 각종 자각증상을 호소하며, 직장에서는 불안하여 작업을 할 수 없고 그만큼 능률이 저하되는 상태를 말한다. 이러한 부적응 상태를 일으키는 원인으로 체질, 소질(정신적 상태), 사생활 등이 있으며, 직장의 과중한 노동, 인간관계, 직장의 환경 등을 들 수 있다. 직장 부적응의 결과로 무단결근, 직장이탈, 신경증, 사고빈발, 알코올중독 등이 일어날 수 있다.

13 산업안전보건법령에 따라 단위작업장소에서 동일 작업근로자 13명을 대상으로 시료를 채취할 때의 최소 시료채취 근로자수는 몇 명인가?

① 1명
② 2명
③ 3명
④ 4명

해설 단위작업장소에서 최고 노출근로자 2명 이상에 대하여 동시에 측정하되, 동일 작업근로자 수가 10명을 초과하는 경우에는 매 5명당 1명(1개 지점) 이상 추가하여 측정하여야 한다.

14 미국산업위생학술원(AAIH)이 채택한 윤리강령 중 산업위생전문가가 지켜야 할 책임과 가장 거리가 먼 것은?

① 기업체의 기밀은 누설하지 않는다.
② 과학적 방법의 적용과 자료의 해석에서 객관성을 유지한다.
③ 근로자, 사회 및 전문직종의 이익을 위해 과학적 지식을 공개하고 발표한다.
④ 전문적 판단이 타협에 의하여 좌우될 수 있는 상황에 개입하여 객관적 자료로 판단한다.

해설 전문가 판단이 타협에 의하여 좌우될 수 있는 상황에는 개입하지 않는다.

15 직업병 예방을 위하여 설비개선 등의 조치로는 어려운 경우 가장 마지막으로 적용하는 방법은?

① 격리 및 밀폐
② 개인보호구의 지급
③ 환기시설 등의 설치
④ 공정 또는 물질의 변경, 대치

해설 산업위생의 활동요소는 예측 → 인식(인지)·측정 → 평가 → 관리이다. 이 중에서 관리(control)는 유해인자로부터 근로자를 보호하는 모든 수단을 말하는데 그 우선 순위는 설비개선 및 공학적인 관리(대치, 격리, 포위·밀폐, 환기시설 설치 등)이고, 그 다음이 의학적 대책 → 교육 → 개인보호구에 의한 관리 → 마지막으로 행정적인 관리가 이루어지도록 한다. 따라서 제시된 항목에서 행정적인 관리가 없으므로 가장 마지막으로 적용하는 방법은 개인보호구의 지급이다.

16 ACGIH에서 권고하는 TLV-TWA(시간가중평균치)에 대한 근로자 노출의 상한치와 노출가능 시간의 연결로 옳은 것은?

① TLV-TWA의 3배 : 30분 이하
② TLV-TWA의 3배 : 60분 이하
③ TLV-TWA의 5배 : 5분 이하
④ TLV-TWA의 5배 : 15분 이하

해설 근로자 노출의 상한치(excursion limits)는 단시간 허용노출기준(STEL)이 설정되어 있지 않은 물질에 대하여 적용하며, 시간가중평균치(TWA)의 3배는 하루 노출 30분 이상을 초과할 수 없고, 시간가중평균치(TWA)의 5배는 잠시라도 노출되어서는 안 된다.

17 정상작업영역에 대한 정의로 옳은 것은?

① 위팔은 몸통 옆에 자연스럽게 내린 자세에서 아래팔의 움직임에 의해 편안하게 도달 가능한 작업영역
② 어깨로부터 팔을 뻗어 도달 가능한 작업영역
③ 어깨로부터 팔을 머리 위로 뻗어 도달 가능한 작업영역
④ 위팔은 몸통 옆에 자연스럽게 내린 자세에서 손에 쥔 수공구의 끝 부분이 도달 가능한 작업영역

해설 정상작업영역(Normal work area)은 앉은 자세에서 위팔(상완)은 몸에 붙이고, 아래팔(전완)만 곧게 뻗어 닿는 영역으로 전박(前膊)과 손으로 조작할 수 있는 범위이다.

18 산업안전보건법령상의 "충격소음작업"은 몇 dB 이상의 소음이 1일 100회 이상 발생되는 작업을 말하는가?

① 110
② 120
③ 130
④ 140

해설 충격소음작업이란 소음이 1초 이상의 간격으로 발생하는 작업 120데시벨을 초과하는 소음이 1일 10,000회 이상 발생하는 작업이거나 130데시벨을 초과하는 소음이 1일 1,000회 이상 발생하는 작업, 140데시벨을 초과하는 소음이 1일 100회 이상 발생하는 작업이다.

19 전신피로에 관한 설명으로 틀린 것은?

① 작업에 의한 근육 내 글리코겐 농도의 변화는 작업자의 훈련 유무에 따라 차이를 보인다.
② 작업강도가 증가하면 근육 내 글리코겐량이 비례적으로 증가되어 근육피로가 발생된다.
③ 작업강도가 높을수록 혈중 포도당 농도는 급속히 저하하며, 이에 따라 피로감이 빨리온다.
④ 작업대사량의 증가에 따라 산소소비량도 비례하여 증가하나, 작업대사량이 일정한계를 넘으면 산소소비량은 증가하지 않는다.

해설 전신피로에 있어 생리학적 원인 3가지는 장기간 과도한 작업으로 인한 산소 공급부족, 혈중 포도당 농도의 저하, 근육 내 글리코겐 양의 감소이다.

20 크롬에 노출되지 않은 집단의 질병발생률은 1.0이었고, 노출된 집단의 질병발생률은 1.2였을 때, 다음 설명으로 옳지 않은 것은?

① 크롬의 노출에 대한 귀속위험도는 0.2이다.
② 크롬의 노출에 대한 비교위험도는 1.2이다.
③ 크롬에 노출된 집단의 위험도가 더 큰 것으로 나타났다.
④ 비교위험도는 크롬의 노출이 기여하는 절대적인 위험률의 정도를 의미한다.

정답 15.② 16.① 17.① 18.④ 19.② 20.④

해설 비교위험도(상대위험도, relative risk)는 특정 유해인자에 노출된 집단에서 질병발생률을 비노출군의 질병발생률로 나눈값으로 비교위험도(상대위험도)는 1.2/1.0=1.2가 되고, 귀속위험도는 노출군의 발생률에서 비노출군의 발생률을 뺀 값이므로 1.2-1=0.2이다. 그러므로 노출된 집단의 위험도가 더 큰 것으로 나타나고 있으며, 위험인자가 없는 경우에 비해 위험인자가 있을 때 질병이 발생할 생태적인 위험도가 높기 때문에 질병에 대한 위험이 증가한다는 의미를 가지는 것이지 절대적 위험률을 갖는 의미는 아니다.

[제2과목] 작업환경측정 및 평가

21 자연습구온도는 31℃, 흑구온도는 24℃, 건구온도는 34℃인 실내작업장에서 시간당 400칼로리가 소모된다면 계속작업을 실시하는 주조공장의 WBGT는 몇 ℃인가?

① 28.9 ② 29.9
③ 30.9 ④ 31.9

해설 WBGT(℃) = 0.7×자연습구 + 0.3×흑구
∴ WBGT(℃) = 0.7×31 + 0.3×24 = 28.9℃

22 작업환경측정의 단위 표시로 틀린 것은? (단, 고용노동부고시를 기준으로 한다.)

① 미스트, 흄의 농도는 ppm, mg/mm^3로 표시한다.
② 소음수준의 측정단위는 dB(A)로 표시한다.
③ 석면의 농도 표시는 섬유개수(개/cm^3)로 표시한다.
④ 고열(복사열 포함)의 측정단위는 섭씨온도(℃)로 표시한다.

해설 가스, 증기, 미스트 등의 농도 : mg/m^3 또는 ppm 단위로 표시한다.

23 공기시료채취 시 공기유량과 용량을 보정하는 표준기구 중 1차 표준기구는?

① 흑연피스톤미터 ② 로터미터
③ 습식테스트미터 ④ 건식가스미터

해설 1차 표준기구에는 가스치환병, 비누거품미터, 폐활량계(스피로미터), 피토튜브, 흑연 피스톤미터, 유리 피스톤미터 등이 있다.

24 고열 측정방법에 관한 내용이다. ( )안에 들어갈 내용으로 맞는 것은? (단, 고용노동부고시를 기준으로 한다.)

측정기기를 설치한 후 일정시간 안정화시킨 후 측정을 실시하고, 고열작업에 대해 측정하고자 할 경우에는 1일 작업시간 중 최대로 높은 고열에 노출되고 있는 (㉠)시간을 (㉡)분 간격으로 연속하여 측정한다.

① ㉠ : 1, ㉡ : 5
② ㉠ : 2, ㉡ : 5
③ ㉠ : 1, ㉡ : 10
④ ㉠ : 2, ㉡ : 10

해설 고열 측정방법은 측정기기를 설치한 후 일정시간 안정화시킨 후 측정을 실시하고, 고열작업에 대해 측정하고자 할 경우에는 1일 작업시간 중 최대로 높은 고열에 노출되고 있는 1시간을 10분 간격으로 연속하여 측정한다.

25 흉곽성 입자상 물질(TPM)의 평균입경(μm)은? (단, ACGIH 기준)

① 1 ② 4
③ 10 ④ 50

해설 흉곽성 입자상 물질(TPM)은 평균입자의 크기가 10μm(50% 침착 크기)으로 기도(氣道), 기관지에 침착하여 독성을 유발한다.

26 일반적으로 소음계는 A, B, C 세 가지 특성에서 측정할 수 있도록 보정되어 있다. 그 중 A특성치는 몇 phon의 등감곡선에 기준한 것인가?

① 20phon ② 40phon
③ 70phon ④ 100phon

해설 A특성은 사람의 청감에 맞춘 것이다. A특성은 대략 40phon의 등감곡선과 비슷하게 주파수에 따른 특성을 보정하여 측정한 음압수준을 말한다.

27 입자상 물질인 흄(fume)에 관한 설명으로 옳지 않은 것은?

① 용접공정에서 흄이 발생한다.
② 일반적으로 흄은 모양이 불규칙하다.
③ 흄의 입자 크기는 먼지보다 매우 커 폐포에 쉽게 도달하지 않는다.
④ 흄은 상온에서 고체상태의 물질이 고온으로 액체화된 다음 증기화 되고, 증기물의 응축 및 산화로 생기는 고체상의 미립자이다.

해설 흄의 입자 크기는 먼지보다 매우 미세하여 폐포에 쉽게 도달된다.

28 유기용제 중 실리카겔에 대한 친화력이 가장 강한 것은?

① 알코올류   ② 케톤류
③ 올레핀류   ④ 에스테르류

해설 실리카겔은 극성류의 유기용제, 산(acid) 등에 적합하다. 실리카겔과 친화력(극성)의 크기 순서는 물>알코올류>알데히드류>케톤류>에스테르류>방향족화합물>올레핀류>파라핀류이다.

29 0.2~0.5m/sec 이하의 실내기류 측정하는데 사용할 수 있는 온도계는?

① 금속온도계   ② 건구온도계
③ 카타온도계   ④ 습구온도계

해설 사업장의 환경에서 기류의 방향이 일정하지 않든가 실내 0.2~0.5m/sec 정도의 불감기류를 측정할 때는 카타온도계를 사용하는 것이 좋다. 보다 낮은 기류속도를 측정할 때는 열선풍속계와 전리풍속계를 사용하는 것이 더 정확하다.

30 누적소음 노출량(D, %)을 적용하여 시간가중평균 소음수준[TWA, dB(A)]을 산출하는 식은?

① $TWA = 61.16 \left(\log \dfrac{D}{100} \right) + 70$
② $TWA = 16.61 \left(\log \dfrac{D}{100} \right) + 70$
③ $TWA = 16.61 \left(\log \dfrac{D}{100} \right) + 90$
④ $TWA = 61.16 \left(\log \dfrac{D}{100} \right) + 90$

해설 불규칙적으로 변동하는 소음을 누적소음 노출량 측정기로 측정하여 노출량으로 산출한 경우에는 시간가중평균(TWA) 소음수준으로 환산하여야 한다. ⇨ $16.61 \log(D/100)+90$ 여기서, D는 누적소음 폭로량(%)이므로 하루 작업시간(C, 시간)÷측정된 음압수준에 상응하는 허용노출시간(T, 시간)으로 산정 $[D(\%) = C/T]$한다. 이때 노출기준은 8시간 시간가중치를 의미하므로 계산식에 90dB이 사용된다. 16.61은 상수이다.

31 소음의 측정시간에 관련한 다음 내용에서 ( )에 들어갈 수치로 알맞은 것은? (단, 고용노동부고시를 기준으로 한다.)

단위작업장소에서의 소음발생시간이 6시간 이내인 경우나 소음발생원에서의 발생시간이 간헐적인 경우에는 발생시간동안 연속 측정하거나 등간격으로 나누어 ( )회 이상 측정하여야 한다.

① 2   ② 4
③ 6   ④ 8

해설 소음발생시간이 6시간 이내인 경우나 소음발생원에서의 발생시간이 간헐적인 경우에는 발생시간동안 연속 측정하거나 등간격으로 나누어 4회 이상 측정하여야 한다.

32 작업환경 공기 중 A물질(TLV 10ppm)이 5ppm, B물질(TLV 100ppm)이 50ppm, C물질(TLV 100ppm)이 60ppm 있을 때, 혼합물의 허용농도는 약 몇 ppm인가? (단, 상가작용 기준)

① 78   ② 72
③ 68   ④ 64

정답 27.③ 28.① 29.③ 30.③ 31.② 32.②

[해설] 보정 TLV = $\frac{C_1 + C_2 + \cdots + C_n}{EI}$

　□ EI = $\frac{5}{10} + \frac{50}{100} + \frac{60}{100}$ = 1.6

　∴ 보정 TLV = $\frac{(5+50+60)}{1.6}$ = 71.88 ppm

33 입자상 물질을 채취하는데 이용되는 PVC 여과지에 대한 설명으로 틀린 것은?

① 유리규산을 채취하여 X-선 회절분석법에 적합하다.
② 수분에 대한 영향이 크지 않다.
③ 공해성, 먼지 총 먼지 등의 중량분석에 용이하다.
④ 산에 쉽게 용해되어 금속 채취에 적당하다.

[해설] 산에 쉽게 용해되어 금속 채취에 적당한 것은 MCE(셀룰로오스 에스테르계막 여과지)이다.

34 절삭작업을 하는 작업량의 오일미스트 농도 측정결과가 아래 표와 같다면 오일미스트의 TWA는 얼마인가?

측정시간	농도(mg/m³)
09:00~10:00	0
10:00~11:00	1.0
11:00~12:00	1.5
13:00~14:00	1.5
14:00~15:00	2.0
15:00~17:00	4.0
17:00~18:00	5.0

① 3.24mg/m³　② 2.38mg/m³
③ 2.16mg/m³　④ 1.78mg/m³

[해설] TWA = $\frac{C_1 T_1 + \cdots + C_n T_n}{8}$

　∴ TWA = [(0×1)+(1×1)+(1.5×2)+(2×1)+(4×2)+(5×1)] ÷ 8
　　　　= 2.375 ppm

35 작업장에서 오염물질 농도를 측정했을 때 일산화탄소(CO)가 0.01%라면 일산화농도의 농도(mg/m³)는 약 얼마인가? (단, 25℃, 1기압 기준이다.)

① 95　② 105
③ 115　④ 125

[해설] $C_m = C_\% \times 10^4 \times \frac{M}{24.45}$

　∴ $C_m = 0.01 \times 10^4 \times \frac{28}{24.45}$ = 114.52 mg/m³

36 석면을 포집하는데 적합한 여과지는?

① 은막 여과지　② 섬유상막 여과지
③ PTFE막 여과지　④ MCE막 여과지

[해설] 섬유상 분진, 석면, 유리섬유 등은 MCE막 여과지로 시료를 채취한다. 또한 핵공(Nucleopore)막 여과지는 강도가 우수하고, 열안정성이 높아 석면(TEM 분석용) 시료채취에 사용된다.

37 작업환경 측정결과 측정치가 다음과 같을 때, 평균편차는 얼마인가?

7, 5, 15, 20, 8

① 2.8　② 5.2
③ 11　④ 17

[해설] 평균편차(AD) = $\left[\frac{\Sigma |(X-X_o)|}{N}\right]$

　□ X_o = 산술평균 = $\frac{7+5+15+20+8}{5}$ = 11

　∴ AD = $\left[\frac{|(7-11)|+|(5-11)|+|(15-11)|+|(20-11)|+|(8-11)|}{5}\right]$ = 5.2

38 초기 무게가 1.260g인 깨끗한 PVC 여과지를 하이볼륨(High-volume) 시료 채취기에 장착하여 작업장에서 오전 9시부터 오후 5시까지 2.5L/분의 유량으로 시료 채취기를 작동시킨 후 여과지의 무게를 측정한 결과가 1.280g이었다면 채취한 입자상 물질의 작업장 내 평균농도(mg/m³)는?

① 7.8　② 13.4
③ 16.7　④ 19.2

정답 33.④　34.②　35.③　36.④　37.②　38.③

해설 C_m (mg/m³) $= \dfrac{m-m_o}{V}$

$\begin{cases} V = \dfrac{2.5\text{L}}{\text{min}} \times 480\,\text{min} \times \dfrac{10^{-3}\text{m}^3}{\text{L}} = 1.2\,\text{m}^3 \\ m-m_o = (1.280-1.260)\text{g} \times \dfrac{10^3\text{mg}}{\text{g}} = 20\,\text{mg} \end{cases}$

$\therefore C_m = \dfrac{20}{1.2} = 16.67\,\text{mg/m}^3$

39 표본에서 얻은 표준편차와 표본의 수만 가지고 얻을 수 있는 것은?

① 산술평균치
② 분산
③ 변이계수
④ 표준오차

해설 표본에서 얻은 표준편차와 표본의 수만 가지고 얻을 수 있는 것은 표준오차이다.

■ 표준오차(SE) $= \dfrac{\sigma}{\sqrt{n}}$ $\begin{cases} \text{SE} : \text{표준오차} \\ \sigma : \text{표준편차} \\ n : \text{지표의 수} \end{cases}$

40 누적소음 노출량 측정기로 소음을 측정하는 경우, 기기 설정으로 적절한 것은? (단, 고용노동부고시를 기준으로 한다.)

① Criteria−80dB, Exchange rate−5dB, THreshold−90dB
② Criteria−80dB, Exchange rate−10dB, THreshold−90dB
③ Criteria−90dB, Exchange rate−10dB, THreshold−80dB
④ Criteria−90dB, Exchange rate−5dB, THreshold−80dB

해설 누적소음 노출량 측정기로 소음을 측정하는 경우에는 다음과 같이 기기를 설정한다.
• 크라이테리어(Criteria) → 90dB
• 익스체인지레이트(Exchange Rate) → 5dB
• 스레쉬홀드(Threshold) → 80dB

제3과목 작업환경관리대책

41 후드의 정압이 50mmH₂O이고 덕트 속도압이 20mmH₂O일 때, 후드의 압력손실계수는?

① 1.5   ② 2.0
③ 2.5   ④ 3.0

해설 $|P_s| = (1+F_i)P_v$
$\begin{cases} P_s : \text{정압} \\ F_i : \text{유입손실(압력손실)계수} \\ P_v : \text{속도압} \end{cases}$

$\Rightarrow |50| = (1+F_i) \times 20$
$\therefore F_i(\text{유입손실계수}) = 1.5$

42 내경 15mm인 관에 40m/min의 속도로 비압축성 유체가 흐르고 있다. 같은 조건에서 내경만 10mm로 변화하였다면, 유속은 약 몇 m/min인가? (단, 관내 유체의 유량은 같다.)

① 90   ② 120
③ 160 ④ 210

해설 $Q = AV = \dfrac{\pi D^2}{4} \times V$

$\Rightarrow Q = \dfrac{3.14 \times 0.15^2}{4} \times 40 = 0.7065\,\text{m}^3/\text{min}$

$\therefore V = \dfrac{Q}{A} = \dfrac{0.7065}{3.14 \times 0.1^2/4} = 90\,\text{m/min}$

43 0℃, 1기압에서 A기체의 밀도가 1.415 kg/m³일 때, 100℃, 1기압에서 A기체의 밀도는 몇 kg/m³인가?

① 0.903   ② 1.036
③ 1.085   ④ 1.411

해설 $\rho_2 = \rho_1 \times \dfrac{T_1}{T_2} \dfrac{P_2}{P_1}$

$\therefore \rho_2 = \dfrac{1.415\,\text{kg}}{\text{m}^3} \times \dfrac{273}{273+100} \times \dfrac{760}{760}$
$= 1.036\,\text{kg/m}^3$

44 덕트 내 공기의 압력을 측정할 때 사용하는 장비로 가장 적절한 것은?

① 피토관 ② 타코메타
③ 열선유속계 ④ 회전날개형 유속계

해설 덕트 내의 풍속 측정에 가장 적합한 계기는 제시된 항목 중 피토관이다.

45 귀마개의 특징과 거리가 먼 것은?

① 제대로 착용하는데 시간이 걸린다.
② 보안경 사용 시 차음효과가 감소한다.
③ 착용여부 파악이 곤란하다.
④ 귀마개 오염에 따른 감염 가능성이 있다.

해설 보안경과 함께 사용하는 경우 다소 불편하며 차음효과가 감소하는 것은 귀덮개의 단점이다.

46 국소배기장치에서 공기공급 시스템이 필요한 이유와 가장 거리가 먼 것은?

① 에너지 절감
② 안전사고 예방
③ 작업장의 교차기류 촉진
④ 국소배기장치의 효율 유지

해설 공기공급 시스템은 작업장의 교차기류를 억제하는 기능을 가진다. 공기공급 시스템의 기능은 작업장의 환기 및 희석, 작업장의 압력조절, 국소배기장치의 효율유지 및 배출공기의 보충, 건물이나 공정의 온도조절 및 연료절약, 근로자에게 영향을 미치는 냉각기류 제거, 정화되지 않은 실외공기의 건물 내로 유입되는 것을 방지, 작업장의 안전사고 예방, 청정공간의 확보 및 제품보호 등이다.

47 오후 6시 20분에 측정한 사무실 내 이산화탄소의 농도는 1,200ppm, 사무실이 빈 상태로 1시간이 경과한 오후 7시 20분에 측정한 이산화탄소의 농도는 400ppm이었다. 이 사무실의 시간당 공기교환횟수는? (단, 외부 공기 중의 이산화탄소의 농도는 330ppm이다.)

① 0.56 ② 1.22
③ 2.52 ④ 4.26

해설 $ACH = \dfrac{\ln(C_o - C_i) - \ln(C_t - C_i)}{t}$

$\begin{cases} C_o : t=0일 \text{ 때 농도} = 1,200\,ppm \\ C_t : t시간 \text{ 후 농도} = 400\,ppm \\ C_i : 공급 \text{ 공기 중 농도} = 330\,ppm \\ t : 경과시간 = 1\,hr \end{cases}$

$\therefore ACH = \dfrac{\ln(1,200-330) - \ln(400-330)}{1}$
$= 2.52회/hr$

48 안지름이 200mm인 관을 통하여 공기를 55m³/min의 유량으로 송풍할 때, 관 내 평균유속은 약 몇 m/sec인가?

① 21.8 ② 24.5
③ 29.2 ④ 32.2

해설 $V = \dfrac{Q}{A}$

$\therefore V = \dfrac{55/60}{3.14 \times 0.2^2/4} = 29.19\,m/sec$

49 슬롯 길이가 3m이고, 제어속도가 2m/sec인 슬롯 후드에서 오염원이 2m 떨어져 있을 경우 필요환기량은 몇 m³/min인가? (단, 공간에 설치하며 플랜지는 부착되어 있지 않다.)

① 1,434 ② 2,664
③ 3,734 ④ 4,864

해설 $Q_c = 3.7 \times L V_c$

$\therefore Q_c = 3.7 \times 2 \times 3 \times 2$
$= 44.4\,m^3/sec$
$= 2,664\,m^3/min$

50 방진마스크에 대한 설명으로 옳은 것은?

① 흡기 저항 상승률이 높은 것이 좋다.
② 형태에 따라 전면형 마스크와 후면형 마스크가 있다.
③ 필터의 여과효율이 낮고 흡입저항이 클수록 좋다.
④ 비휘발성 입자에 대한 보호가 가능하고 가스 및 증기의 보호는 안 된다.

정답 44.① 45.② 46.③ 47.③ 48.③ 49.② 50.③

해설 방진마스크는 비휘발성 입자에 대한 보호가 가능하다. 나머지 항목은 반대로 설명하고 있다. 방진마스크는 흡기 저항 상승률이 낮은 것이 좋다. 형태에 따라 전면형 마스크와 안면형 마스크가 있다. 필터의 여과효율이 높고 흡입저항이 적을수록 좋다.

51 한랭작업장에서 일하고 있는 근로자의 관리에 대한 내용으로 옳지 않은 것은?

① 가장 따뜻한 시간대에 작업을 실시한다.
② 노출된 피부나 전신의 온도가 떨어지지 않도록 온도를 높이고 기류의 속도는 낮추어야 한다.
③ 신발은 발을 압박하지 않고 습기가 있는 것을 신는다.
④ 외부 액체가 스며들지 않도록 방수 처리된 의복을 입는다.

해설 신발, 특히 방한화는 약간 큰 것을 착용하고 습기가 없는 것을 신어야 한다.

52 스토크스 식에 근거한 중력침강속도에 대한 설명으로 틀린 것은? (단, 공기 중의 입자를 고려한다.)

① 중력가속도에 비례한다.
② 입자직경의 제곱에 비례한다.
③ 공기의 점성계수에 반비례한다.
④ 입자와 공기의 밀도차에 반비례한다.

해설 중력침강속도는 입자와 공기의 밀도차에 비례하는 요소이다.

□ $V_g = \dfrac{d_p^2(\rho_p - \rho)g}{18\mu}$ $\begin{cases} V_g : 침강속도 \\ \rho_p - \rho : 밀도차 \\ \mu : 가스의 점성계수 \end{cases}$

53 국소배기장치 설계의 순서로 가장 적절한 것은?

① 소요풍량 계산 → 후드형식 선정 → 제어속도 결정
② 제어속도 결정 → 소요풍량 계산 → 후드형식 선정
③ 후드형식 선정 → 제어속도 결정 → 소요풍량 계산
④ 후드형식 선정 → 소요풍량 계산 → 제어속도 결정

해설 국소배기장치의 설계 순서는 ③항이 올바르다. 국소배기장치의 설계순서를 좀더 구체적으로 나열하자면 다음과 같다. 후드형식 선정 → 제어속도 결정 → 소요풍량 계산 → 반송속도 결정 → Duct 직경 산출 → 후드의 용량 결정 → Duct 배치 및 설치장소 결정 → 공기정화장치 선정 → 계통도 및 배치도 작성 → 총 압력손실 계산 → 송풍기 동력산정 및 송풍기 선정 순서로 진행된다.

54 방독마스크의 카트리지의 수명에 영향을 미치는 요소와 가장 거리가 먼 것은?

① 흡착제의 질과 양
② 상대습도
③ 온도
④ 분진 입자의 크기

해설 방독마스크의 카트리지의 수명에 영향을 미치는 요소는 흡착제의 질과 양, 상대습도, 온도, 오염물질의 농도, 증기와의 혼합 여부, 착용자의 호흡률을 포함한 노출조건, 포장의 균일성과 밀도, 다른 가스의 존재 여부이다.

55 원심력 송풍기인 방사 날개형 송풍기에 관한 설명으로 틀린 것은?

① 깃이 평판으로 되어 있다.
② 플레이트형 송풍기라고도 한다.
③ 깃의 구조가 분진을 자체 정화할 수 있도록 되어 있다.
④ 큰 압력손실에서 송풍량이 급격히 떨어지는 단점이 있다.

해설 높은 압력손실에서 송풍량이 급격히 떨어지는 것은 전향날개형(다익형) 송풍기이다. 방사날개형(평판형, 레이디얼형) 송풍기는 깃의 구조가 분진을 자체 정화할 수 있도록 되어 있어 자기청소(selt cleaning) 특성이 있는 것이 특징이며, 물질의 이송취급(시멘트, 사료, 톱밥이송) 및 산업용으로는 고압장치에 이용되며, 특히 고농도 공기나 부식성이 강한 공기를 이송시키는데 적합한 송풍기이다.

정답 51.③ 52.④ 53.③ 54.④ 55.④

56 작업환경 개선을 위한 물질의 대체로 적절하지 않은 것은?

① 주물공정에서 실리카 모래 대신 그린모래로 주형을 채우도록 한다.
② 보온재로 석면 대신 유리섬유나 암면 등 사용한다.
③ 금속표면을 블라스팅할 때 사용재료를 철구슬 대신 모래를 사용한다.
④ 야광시계 자판의 라듐을 인으로 대체하여 사용한다.

해설 금속표면을 블라스팅할 때 사용재료를 모래 대신 철구슬(shot)을 사용하는 것이 올바른 대체이다.

57 원심력 송풍기의 종류 중 전향 날개형 송풍기에 관한 설명으로 옳지 않은 것은?

① 다익형 송풍기라고도 한다.
② 큰 압력손실에도 송풍량의 변동이 적은 장점이 있다.
③ 송풍기의 임펠러가 다람쥐 쳇바퀴모양이며, 송풍기 깃이 회전방향과 동일한 방향으로 설계되어 있다.
④ 동일 송풍량을 발생시키기 위한 임펠러 회전속도가 상대적으로 낮아 소음문제가 거의 발생하지 않는다.

해설 전향 날개형(다익형) 송풍기는 동일 풍량, 동일 풍압에 비해 가장 소형, 경량이므로 제한된 장소에서 사용이 가능하고, 소음문제가 적지만 높은 압력손실에서 송풍량이 급격히 떨어지는 문제점이 있다.

58 필요환기량을 감소시키는 방법으로 옳지 않은 것은?

① 가급적이면 공정이 많이 포위되지 않도록 하여야 한다.
② 후드 개구면에서 기류가 균일하게 분포되도록 설계 한다.
③ 공정에서 발생 또는 배출되는 오염물질의 절대량을 감소시킨다.
④ 포집형이나 레시버형 후드를 사용할 때는 가급적 후드를 배출 오염원에 가깝게 설치한다.

해설 후드의 필요환기량을 감소시키기 위해서는 가급적이면 공정이 포위되도록 하여야 한다.

59 국소배기 시스템 설계에서 송풍기 전압이 $136mmH_2O$이고, 송풍량은 $184m^3/min$일 때, 필요한 송풍기 소요동력은 약 몇 kW인가? (단, 송풍기의 효율은 60%이다.)

① 2.7 ② 4.8
③ 6.8 ④ 8.7

해설 $P = \dfrac{\Delta P \cdot Q}{102 \times \eta_s} \times \alpha$

$\therefore P = \dfrac{136 \times (184/60)}{102 \times 0.6} = 6.8\,kW$

60 작업환경관리의 목적과 가장 거리가 먼 것은?

① 산업재해 예방 ② 작업환경의 개선
③ 작업능률의 향상 ④ 직업병 치료

해설 작업환경관리의 목적은 치료보다는 예방에 목적을 두고 있다.

[**제4과목**] **물리적유해인자관리**

61 흑구온도가 260K이고, 기온이 251K일 때 평균복사온도는? (단, 기류속도는 1m/sec이다.)

① 227.8 ② 260.7
③ 287.2 ④ 300.6

해설 복사온도는 흑구온도와 기온의 차에 기류속도와 흑구온도를 보정하여 산정된다.

$T_m^4 = C\sqrt{v} \times (t_g - t_a) + T_g^4$
$= 0.247 \times 10^9 \sqrt{1} \times (9) + (260)^4$

$\therefore T_m = 287.09\,K$

62 산업안전보건법령상 적정한 공기에 해당하는 것은? (단, 다른 성분의 조건은 적정한 것으로 가정한다.)

① 탄산가스가 1.0%인 공기
② 산소 농도가 16%인 공기
③ 산소 농도가 25%인 공기
④ 황화수소 농도가 25ppm인 공기

해설 적정한 공기란 산소 농도 18% 이상 23.5% 미만, 탄산가스의 농도 1.5% 미만, 일산화탄소 농도 30ppm 미만, 황화수소 농도 10ppm 미만인 수준의 공기를 말한다. 한편, 산소결핍이란 공기 중의 산소 농도가 18% 미만인 상태를 말한다.

63 높은(고)기압에 의한 건강영향의 설명으로 틀린 것은?

① 청력의 저하, 귀의 압박감이 일어나며 심하면 고막파열이 일어날 수 있다.
② 부비강 개구부 감염 혹은 기형으로 폐쇄된 경우 심한 구토, 두통 등의 증상을 일으킨다.
③ 압력상승이 급속한 경우 폐 및 혈액으로 탄산가스의 일과성 배출이 일어나 호흡이 억제된다.
④ 3~4기아의 산소 혹은 이에 상당하는 공기 중 산소분압에 의하여 중추신경계의 장애에 기인하는 운동장애를 나타내는 데 이것을 산소중독이라고 한다.

해설 압력상승이 급속한 경우 호흡곤란이 생겨 호흡이 빨라진다.

64 적외선의 생물학적 영향에 관한 설명으로 틀린 것은?

① 근적외선은 급성 피부화상, 색소침착 등을 일으킨다.
② 적외선이 흡수되면 화학반응에 의하여 조직온도가 상승한다.
③ 조사 부위의 온도가 오르면 홍반이 생기고, 혈관이 확장된다.
④ 장기간 조사 시 두통, 자극작용이 있으며, 강력한 적외선은 뇌막자극 증상을 유발할 수 있다.

해설 적외선의 일반적인 작용은 구성분자의 운동에너지를 증대시킴으로써 조직온도를 상승시켜 체온상승, 피부화상, 색소침착, 두통·홍반, 혈관확장 등을 조장하지만 직접적으로 화학반응을 일으키지는 않는다.

65 피부로 감지할 수 없는 불감기류의 최고 기류범위는 얼마인가?

① 약 0.5m/sec 이하
② 약 1.0m/sec 이하
③ 약 1.3m/sec 이하
④ 약 1.5m/sec 이하

해설 불감기류는 0.5m/sec 이하의 공기유동이다.

66 소음 작업장에서 A, B, C 각 음원의 음압레벨이 110dB, 80dB, 70dB이다. 음원이 동시에 가동될 때, 작업장의 음압레벨(SPL)은?

① 87dB
② 90dB
③ 95dB
④ 110dB

해설 $L(dB) = 10\log(10^{L_1/10} + \cdots + 10^{L_n/10})$
$\therefore L(dB) = 10\log(10^{11} + 10^8 + 10^7) = 110\,dB$

67 한랭환경으로 인하여 발생되거나 악화되는 질병과 거리가 가장 먼 것은?

① 동상(Frist bite)
② 지단자람증(Acrocyanosis)
③ 케이슨병(Caisson disease)
④ 레이노드씨 병(Raynaud's disease)

해설 케이슨병은 감압환경에서 발생되는 질환이다.

68 진동에 의한 생체영향과 가장 거리가 먼 것은?

① C^5 dip 현상
② Raynaud 현상
③ 내분비계 장해
④ 뼈 및 관절의 장애

해설 C^5 dip 현상은 소음난청의 초기증상을 말한다. 소음성 난청은 주파수 1,000Hz 이상의 고주파에 반복·장기간 노출될 때 발생하는데 초기에는 4,000Hz (C^5-dip)에서 청력손실이 현저하고, 그 후 고음역, 중음역이 침범되고, 고음점경형(高音漸傾型)으로 진행된다.

69 소음의 생리적 영향으로 볼 수 없는 것은?

① 혈압감소
② 맥박수 증가
③ 위분비액 감소
④ 집중력 감소

해설 소음이 인체에 미치는 영향과 피해는 다음과 같다.
- 인체에 생리적·심리적 영향(대화방해, 수면방해, 집중력 저하) 및 작업능률을 저하
- 단기적 영향은 심장박동수의 감소, 피부의 말초혈관 수축 현상에 따른 혈압상승, 호흡의 크기 증가, 소화기 계통에 영향(위분비액 감소)
- 장기적인 영향은 내분비선의 호르몬 방출에 따른 혈행장애와 스트레스, 혈행장애에 따른 심장과 뇌 등에 나쁜 영향을 미치고, 스트레스에 따른 위장과 대장 등 소화기장애와 호흡기에 나쁜 영향을 미치게 된다.

70 자유공간에 위치한 점음원의 음향파워레벨(PWL)이 110dB일 때, 이 점음원으로 부터 100m 떨어진 곳의 음압레벨(SPL)은?

① 49dB
② 59dB
③ 69dB
④ 79dB

해설 $SPL = PWL - 20\log r - 11$
$= 110 - 20\log 100 - 11 = 59 dB$

71 방사선을 전리방사선과 비전리방사선으로 분류하는 인자가 아닌 것은?

① 파장
② 주파수
③ 이온화하는 성질
④ 투과력

해설 방사선을 전리방사선과 비전리방사선으로 분류하는 인자는 파장, 주파수, 이온화하는 성질 등이다. 방사선이란 전자파나 입자선 중 직접 또는 간접으로 공기를 전리(電離)하는 능력을 가진 것으로서 알파선, 중양자선, 양자선, 베타선, 그 밖의 중하전입자선, 중성자선, 감마선, 엑스선 및 5만 전자볼트 이상 전자선(엑스선 발생장치의 경우에는 5천 전자볼트 이상)을 말하는데 전리방사선(이온화방사선)은 방사능 원소가 파괴될 때 방출되는 고속의 입자 또는 방사에너지(기체, 액체 또는 고체에 작용하여 직접 또는 간접적으로 전리하는 능력을 가진 방사선)를 지닌 방사선으로 입자 형태의 중하전 입자(α선, 양성자, 핵분열 생성물), 베타(β)선, 중성자가 있고, 전자파 형태의 엑스(X)선, 감마(γ)선이 전리방사선에 해당한다. 한편, 비전리방사선은 원자의 이온화를 직접적으로 일으킬 만한 에너지를 가지지 못하는 방사선으로 자외선, 가시광선, 적외선, 라디오파, 마이크로파, 저주파 등이 이에 해당한다.

72 기류의 측정에 사용되는 기구가 아닌 것은?

① 흑구온도계
② 열선풍속계
③ 카타온도계
④ 풍차풍속계

해설 작업환경의 기류측정에는 열선풍속계, 카타온도계(카타한란계), 피토관 풍속계, 마노미터(액주계), 회전형 풍속계(풍차형, 회전날개형, 풍향풍속계), 그네 날개형 풍속계, 연기발생기 등이 사용된다.

73 전리방사선의 단위에 관한 설명으로 틀린 것은?

① rad – 조사량과 관계없이 인체조직에 흡수된 량을 의미한다.
② rem – 1rad의 X선 혹은 감마선이 인체조직에 흡수된 양을 의미한다.
③ Curie – 1초 동안에 3.7×10^{10}개의 원자붕괴가 일어나는 방사능 물질의 양을 의미한다.
④ Roentgen(R) – 공기 중에 방사선에 의해 생성되는 이온의 양으로 주로 X선 및 감마선의 조사량을 표시할 때 쓰인다.

해설 rem은 생체에 대한 영향의 정도에 기초를 둔 단위이다. 인체조직에 흡수된 양을 의미하는 것은 SI단위로는 그레이(Gy)이고, 관용 단위는 래드(rad)를 사용하고 있다. red는 피조사체 1g에 100erg(에르그)의 에너지를 흡수한다는 의미를 갖는다.

74 국소진동에 노출된 경우에 인체에 장애를 발생시킬 수 있는 주파수 범위로 알맞은 것은?

① 10~150Hz
② 10~300Hz
③ 8~500Hz
④ 8~1500Hz

해설 국소진동인 경우에는 8~1,500Hz, 전신진동의 경우에는 2~100Hz의 것이 주로 문제가 된다.

75 소음 평가치의 단위로 가장 적절한 것은?

① Hz ② NRR
③ phon ④ NRN

해설 소음평가지수(NRN, Noise Rating Number)는 청력장애, 회화장애, 소란스러움의 3가지 관점에서 평가한 소음의 평가지표이다. NRN은 소음평가지수로서, 영국에서 처음 사용되었고 국제적으로 사용되고 있다. 1/1옥타브밴드로 분석한 음압레벨을 NR 차트에 작도한 다음 소음평가 곡선(NR 곡선)에 접하는 값을 NR값이라 하고 여기에 음의 스펙트라, 피크펙터, 반복성, 습관성, 계절, 시간대, 지역에 따른 보정치를 보정하여 이를 소음평가지수(NRN)로 한다.

76 조명을 작업환경의 한 요인으로 볼 때, 고려해야 할 사항이 아닌 것은?

① 빛의 색
② 조명 시간
③ 눈부심과 휘도
④ 조도와 조도의 분포

해설 작업환경의 조명설계 시 고려해야 할 사항은 빛의 색, 눈부심과 휘도, 조도, 조도의 분포, 광원의 위치, 안전성 등이다.

77 감압에 따른 기포 형성량을 좌우하는 요인이 아닌 것은?

① 감압속도
② 체내 가스의 팽창 정도
③ 조직에 용해된 가스량
④ 혈류를 변화시키는 상태

해설 감압에 따른 인체의 기포 형성량을 좌우하는 요인은 ①,③,④항 이외에 고기압 공정 및 호흡기체의 종류, 기타 연령, 기온, 운동, 공포감, 음주상태 등이다.

78 도노선(Dorono-ray)에 대한 내용으로 맞는 것은?

① 가시광선의 일종이다.
② 280~315Å 파장의 자외선을 의미한다.
③ 소독작용, 비타민 D 형성 등 생물학적 작용이 강하다.
④ 절대온도 이상의 모든 물체는 온도에 비례하여 방출한다.

해설 도노선(Dorono-ray)은 자외선(UV-B) 중 파장 280~315nm(2,800~3,150Å) 범위의 광선을 말한다. 피부노화, 피부화상, 피부암, 안구세포 손상, 백내장을 유발하는 한편 소독작용이 강하고, 비타민 D 형성에 도움을 주기도 한다.

79 일반적인 작업장의 인공조명 시 고려사항으로 적절하지 않은 것은?

① 조명도를 균등히 유지할 것
② 경제적이면서 취급이 용이할 것
③ 가급적 직접조명이 되도록 설치할 것
④ 폭발성 또는 발화성이 없으며 유해가스를 발생하지 않을 것

해설 광원은 간접조명 방식으로 하는 것이 작업능률 향상과 건강에 유리하다.

80 미국(EPA)의 차음평가수를 의미하는 것은?

① NRR ② TL
③ SNR ④ SLC 80

해설 미국(EPA)에서는 소음 스펙트럼의 불확실성을 보정하기 위해 차음평가수(NRR, Noise Reduction Rating)를 사용한다. 보정한 차음효과(FA)는 귀덮개 등 보호구 및 차음재의 차음평가수(NRR)에서 7을 뺀 다음 50% 안전계수(0.5)를 적용하여 차음효과(FA)값을 다음 식에 따라 산정한다.

$$FA = \frac{(NRR-7)}{2} \quad \begin{cases} FA : 차음효과 \\ NRR : 차음평가수 \end{cases}$$

제5과목 산업독성학

81 카드뮴에 관한 설명으로 틀린 것은?
① 카드뮴은 부드럽고 연성이 있는 금속으로 납 광물이나 아연광물을 제련할 때 부산물로 얻어진다.
② 흡수된 카드뮴은 혈장단백질과 결합하여 최종적으로 신장에 축적된다.
③ 인체 내에서 철을 필요로 하는 효소와의 결합반응으로 독성을 나타낸다.
④ 카드뮴 흄이나 먼지에 급성 노출되면 호흡기가 손상되며 사망에 이르기도 한다.

해설 인체 내에서 철을 필요로 하는 효소와의 치환반응으로 독성을 나타내는 것은 납(Pb)이다. 카드뮴은 주로 메탈로티오네인과 알부민에 결합하여 순환한다.

82 실험동물을 대상으로 투여 시 독성을 초래하지는 않지만 관찰 가능한 가역적인 반응이 나타나는 양을 의미하는 용어는?
① 유효량(ED)
② 치사량(LD)
③ 독성량(TD)
④ 서한량(PD)

해설 유효량(EDs, Effective Doses)은 독성을 일으키지 않으나 관찰 가능한 가역적인 반응이 나타나는 양(물질의 유효성)을 의미한다.

83 진폐증 발생에 관여하는 인자와 가장 거리가 먼 것은?
① 분진의 노출기간
② 분진의 분자량
③ 분진의 농도
④ 분진의 크기

해설 분진의 분자량은 진폐증 발생요인과 무관하다. 진폐증 관련인자는 ①,③,④항 이외에 분진의 종류, 작업강도, 보호시설의 유무와 보호장비의 착용여부 등이다.

84 유해화학물질의 노출기준을 정하고 있는 기관과 노출기준 명칭의 연결이 옳은 것은?
① OSHA-REL
② AIHA-MAK
③ ACGIH-TLV
④ NIOSH-PEL

해설 ③항만 올바르다. OSHA(미국산업안전보건청) → PEL, NIOSH(미국국립산업안전보건연구원) → REL, 독일 → MAK, 우리나라 → 화학물질 및 물리적 인자의 노출기준을 적용하고 있다.

85 생물학적 모니터링에 관한 설명으로 적절하지 않은 것은?
① 생물학적 모니터링은 작업자의 생물학적 시료에서 화학물질의 노출 정도를 추정하는 것을 말한다.
② 근로자 노출평가와 건강상의 영향평가 두 가지 목적으로 모두 사용될 수 있다.
③ 내재용량은 최근에 흡수된 화학물질의 양을 말한다.
④ 내재용량은 여러 신체 부분이나 몸 전체에서 저장된 화학물질의 양을 말하는 것은 아니다.

해설 생물학적 모니터링의 내용량은 여러 신체 부분이나 몸 전체에서 저장된 화학물질의 양을 의미할 수 있다.
생물학적 모니터링은 노출에 대한 모니터링과 건강상의 영향에 대한 모니터링으로 나눌 수 있는데, 모니터링과정에서 채취한 검체시료 중의 내재용량은 최근에 흡수된 화학물질의 양을 의미할 수 있고, 여러 신체부분이나 몸 전체에 저장된 화학물질의 양을 의미할 수 있으며, 건강상 영향을 나타내는 조직이나 부위에 결합된 양을 의미하기도 한다.

86 생체 내에서 혈액과 화학작용을 일으켜서 질식을 일으키는 물질은?
① 수소
② 헬륨
③ 질소
④ 일산화탄소

해설 화학적 질식제(Chemical asphyxiant)는 혈액 중 헤모글로빈(Hb)과 결합하여 영향을 미치는 화학종으로 CO, HCN, H_2S, 디클로로메탄, 아닐린, 메틸아닐린, 톨루이딘, 니트로벤젠 등이 이에 속한다.

정답 81.③ 82.① 83.② 84.③ 85.④ 86.④

87 헥산 하나를 탈락시키거나 첨가함으로써 돌연변이를 일으키는 물질은?

① 아세톤(acetone)
② 아닐린(aniline)
③ 아크리딘(acridine)
④ 아세토니트릴(acetonitrile)

해설 돌연변이(mutation)는 크게 나누어 **유전자 돌연변이** → DNA 치환·첨가·결실에 따른 변화에 의한 유형과 **염색체 돌연변이** → 염색체 단편의 결실·중복·재배열에 의한 유형으로 구분되는데, 제시된 항목 중 아크리딘(acridine)은 DNA 염기쌍 중에서 헥산 하나를 탈락시키거나 첨가함으로써 돌연변이를 유발하는 물질로 알려져 있다. 첨가에 의한 돌연변이에 대해 예를 들면, 납작한 분자(아크리딘, 프로플라빈, 아크리플라빈 등)가 DNA 염기쌍 사이로 들어가 복제오차를 유발함으로써 염기서열에 오차가 생기게 되고 그로 인하여 격자이동 돌연변이를 유발한다고 한다.

88 직업적으로 벤지딘(Benzidine)에 장기간 노출되었을 때, 암이 발생될 수 있는 인체 부위로 가장 적절한 것은?

① 피부
② 뇌
③ 폐
④ 방광

해설 벤지딘(Benzidine)은 방광암을 유발하는 대표적인 유해물질이다. 벤지딘 외에 방광암을 유발하는 물질은 클로로폼, 베타-나프틸아민, 3,3-디클로로 4,4-디아미노디페닐메탄 등이 있다.

89 다음 표와 같은 크롬중독을 스크리닝하는 검사법을 개발하였다면 이 검사법의 특이도는 얼마인가?

구 분		크롬중독진단		합계
		양 성	음 성	
검사법	양성	15	9	24
	음성	9	21	30
합계		24	30	54

① 68%
② 69%
③ 70%
④ 71%

해설 특이도(%) = $\frac{\text{실제값 음성}}{\text{실제값 음성의 합}} \times 100$

$\begin{cases} \text{실제값 음성} = 21 \\ \text{실제값 음성의 합} = 30 \end{cases}$

∴ 특이도(%) = $\frac{21}{30} \times 100 = 70\%$

90 수은중독에 관한 설명으로 틀린 것은?

① 수은은 주로 골 조직과 신경에 많이 축적된다.
② 무기수은염류는 호흡기나 경구적 어느 경로라도 흡수된다.
③ 수은중독의 특징적인 증상은 구내염, 근육진전 등이 있다.
④ 전리된 수은이온은 단백질을 침전시키고, thiol기(SH)를 가진 효소작용을 억제한다.

해설 수은은 신장 및 간에 축적되고, 수은중독 시에는 만성신경계 질환으로 인한 운동장애, 언어장애, 난청, 마비 등이 발생한다.

91 인체순환기계에 대한 설명으로 틀린 것은?

① 인체의 각 구성 세포에 영양소를 공급하며, 노폐물 등을 운반한다.
② 혈관계의 동맥은 심장에서 말초혈관으로 이동하는 원심성 혈관이다.
③ 림프관은 체내에서 들어온 감염성 미생물 및 살균 또는 식균하는 역할을 한다.
④ 신체방어에 필요한 혈액응고 효소 등을 손상받는 부위로 수송한다.

해설 림프관(lymphatic duct)은 림프액이 흐르는 관을 말한다. 림프절(lymph node)은 림프관 중간 중간에 위치하여 생체 내의 여러 이물질의 처리 및 감염성 미생물의 살균 또는 식균하는 역할을 한다.

92 달걀 썩는 것 같은 심한 부패성 냄새가 나는 물질로, 노출 시 중추신경의 억제와 후각의 마비 증상을 유발하며, 치료를 위하여 100% O_2를 투여하는 등의 조치가 필요한 물질은?

① 암모니아
② 포스겐
③ 오존
④ 황화수소

정답 87.③ 88.④ 89.③ 90.① 91.③ 92.④

해설 황화수소는 무색의 가연성 기체로서 달걀 썩는 냄새가 나는 물질이며, 인체에는 화학적 질식제로 작용한다. 매우 낮은 0.1ppm 농도에서는 자극과 감각손실 일으킨다.

93 수은중독 환자의 치료방법으로 적합하지 않은 것은?

① Ca-EDTA 투여
② BAL(British Anti-Lewisite) 투여
③ N-acetyl-D-penicillamine 투여
④ 우유와 계란의 흰자를 먹인 후 위 세척

해설 수은중독 환자는 Ca-EDTA 투여가 금기되어 있다. 수은중독 치료로 킬레이션 요법을 사용할 때 N-아세틸-D-페니실라민, DMPS, BAL를 투여한다. 한편, 유기수은에 중독된 경우는 BAL도 투여가 금기이다. 무기수은의 경구흡수의 경우 킬레이션 요법에 의한 치료가 필요없다.

94 ACGIH에 의하여 구분된 입자상 물질의 명칭과 입경을 연결한 것으로 틀린 것은?

① 폐포성 입자상 물질 – 평균입경이 $1\mu m$
② 호흡성 입자상 물질 – 평균입경이 $4\mu m$
③ 흉곽성 입자상 물질 – 평균입경이 $10\mu m$
④ 흡입성 입자상 물질 – 평균입경이 $0 \sim 100\mu m$

해설 ACGIH에서는 입자상 물질을 흡입성 입자, 흉곽성 입자, 호흡성 입자로 구분하고 있다. 호흡성 먼지 크기는 $4\mu m$, 흡입성(흡인성) $0 \sim 100\mu m$ 범위, 흉곽성은 기도 및 기관지에 침착하여 양향을 주는 입자 크기로 $10\mu m$ 범위이다.

95 벤젠 노출근로자의 생물학적 모니터링을 위하여 소변시료를 확보하였다. 다음 중 분석해야 하는 대사 산물로 맞는 것은?

① 마뇨산(hippuric aicd)
② t,t-뮤코닉산(t,t-Muconic acid)
③ 메틸마뇨산(Methylhippuric acid)
④ 트리클로로아세트산(trichloroacetic acid)

해설 t,t-뮤코닉산은 벤젠의 생체지표로 이용된다.

96 ACGIH의 발암물질 구분 중 인체 발암성 미분류 물질구분으로 알맞은 것은?

① A2
② A3
③ A4
④ A5

해설 ACGIH의 발암물질 구분 중 A4는 동물/인체 발암성 인정 근거가 적은 물질로서 인체 발암성 미분류 물질로서 3가 크롬, 수은, 페놀, 시클로헥사논, 아세톤, 크실렌, 톨루엔, 스티렌, 염소 등이 이에 속한다. A3는 동물 발암성이 제한 범위에서 확인 되었으나 인체 발암성 미확인(근거 부족) 물질이며, A5는 발암성이 의심되지 않는 물질이므로 정답과 거리가 멀다.

97 산업안전보건법령상 기타 분진의 산화규소 결정체 함유율과 노출기준으로 맞는 것은?

① 함유율 : 0.01% 이상, 노출기준 : $5mg/m^3$
② 함유율 : 0.01% 이하, 노출기준 : $10mg/m^3$
③ 함유율 : 1% 이상, 노출기준 : $5mg/m^3$
④ 함유율 : 1% 이하, 노출기준 : $10mg/m^3$

해설 산화규소의 노출기준은 결정체 석영, 결정체 크리스토바라이트, 결정체 트리디마이트는 $0.05mg/m^3$이고, 결정체 트리폴리, 비결정체 규소, 용용된 산화규소는 $0.1mg/m^3$, 비결정체 규조토, 비결정체 실리카겔, 산화규소 결정체 1% 이하는 $10mg/m^3$이다.

98 혈색소와 친화도가 산소보다 강하여 COHb를 형성하여 조직에서 산소공급을 억제하며, 혈중 COHb의 농도가 높아지면 HbO_2의 해리작용을 방해하는 물질은?

① 일산화탄소
② 에탄올
③ 리도카인
④ 염소산염

해설 CO에 폭로될 경우 혈액 내로 흡수된 CO는 적혈구 내 혈색소와 결합하여 HbCO를 형성하는데 CO의 혈색소와의 친화력은 산소에 비하여 약 210~240배나 된다.

99 직업성 천식의 발생기전과 관계가 없는 것은?

① Metallothionein
② 항원 공여세포
③ IgG
④ Histamine

해설 메탈로티오네인(metallothionein)이라는 단백질은 카드뮴에 폭로되면 합성되는 물질이다. 따라서 천식의 발생기전과 관계가 없다. 천식의 발생 메커니즘은 천식 유발물질을 흡입하면 체내 항원 공여세포가 이를 탐식하고, T림프구 중에서 특정 알레르기 항원을 인식하는 Ⅱ형 보조 T림프구((typeⅡ helper Tcell)가 특정 알레르기 항원에 대한 IgE 혹은 IgG를 생성·분비하도록 B림프구를 활성화시키는데, 이때 생성된 항체가 세포 또는 호염구 표면의 항체수용체에 결합하여 히스타민과 같은 화학물질을 분비하거나 기관지 점액증가 및 염증성 병변을 형성하면서 기관지염, 천식, 비염 등의 증상이 나타나게 된다.

100 할로겐화탄화수소에 속하는 삼염화에틸렌(trichloroethylene)은 호흡기를 통하여 흡수된다. 삼염화에틸렌의 대사 산물은?

① 삼염화에탄올
② 메틸마뇨산
③ 사염화에틸렌
④ 페놀

해설 삼염화에틸렌(trichloroethylene)의 대사 산물은 뇨 중 삼염화초산 또는 총 삼염화에탄올이다.

2019 제3회 산업위생관리(산업기사)

2019. 8. 04 시행

[제1과목] **산업위생학 개론**

01 안전보건법령상 바람직한 VDT 작업자세로 틀린 것은?

① 무릎의 내각(KNEE ANGLE)은 120° 전후가 되도록 한다.
② 아래팔은 손등과 일직선을 유지하여 손목이 꺾이지 않도록 한다.
③ 눈으로부터 화면까지의 시거리는 40cm 이상을 유지한다.
④ 작업자의 시선은 수평선상으로부터 아래로 10°~15° 이내로 한다.

해설 의자에 앉은 상태에서 무릎의 내각은 90° 전·후가 되도록 하는 것이 바람직하다.

02 산업안전보건법령상 보건관리자의 업무에 해당하지 않은 것은?

① 물질안전보건자료의 작성
② 산업재해 발생의 원인 조사·분석 및 재발 방지를 위한 기술직 보좌 및 조언·지도
③ 산업안전보건위원회에서 심의·의결한 업무와 안전보건관리 규정 및 취업규칙에서 정한 업무
④ 안전인증 대상 기계·기구 등과 자율안전확인 대상 기계·기구 중 보건과 관련된 보호구 구입 시 적격품 선정에 관한 보좌 및 조언·지도

해설 보건관리자는 물질안전보건자료를 작성하는 업무가 아니라 물질안전보건자료의 게시 또는 비치에 관한 보좌 및 조언·지도업무를 담당한다. 물질안전보건자료의 작성은 보건관리자가 아닌 제조 및 수입하려는 자가 하여야 한다.

03 400명의 근로자가 1일 8시간, 연간 300일을 근무하는 사업장이 있다. 1년 동안 30건의 재해가 발생하였다면 도수율은?

① 26.26
② 28.75
③ 31.25
④ 33.75

해설 도수율 $= \dfrac{\text{재해건수}}{\text{연근로시간수}} \times 10^6$
$= \dfrac{30}{8 \times 400 \times 300} \times 10^6 = 31.25$

04 공장의 기계시설을 인간공학적으로 검토할 때, 준비단계에서 검토할 내용으로 적절한 것은?

① 공장설계에 있어서의 기능적 특성, 제한점을 고려한다.
② 인간-기계 관계의 구성인자 특성을 명확히 알아낸다.
③ 각 작업을 수행하는데 필요한 직종간의 연결성을 고려한다.
④ 인간-기계 관계 전반에 걸친 상황을 실험적으로 검토한다.

해설 준비단계(1단계)에서는 인간과 기계의 구성인자간의 특성 파악, 인간과 기계가 각기 해야 할 일을 고려한다.

05 산업안전보건법령상 작업환경 측정에서 소음수준의 측정단위로 옳은 것은?

① phon
② dB(A)
③ dB(B)
④ dB(C)

해설 작업환경의 측정에 있어 소음수준의 측정단위는 dB(A)를 사용한다.

정답 01.① 02.① 03.③ 04.② 05.②

06 산업안전보건법령상 쾌적한 사무실 공기를 유지하기 위해 관리해야 할 사무실 오염물질에 해당하지 않는 것은?

① 흄
② 이산화질소
③ 포름알데히드
④ 총 휘발성유기화합물

해설 사무실 공기관리 지침에서 오염물질 관리기준이 설정되어 있는 항목은 미세먼지(PM_{10}), CO, CO_2, 포름알데히드, 총 휘발성유기화합물(TVOC), 총 부유세균, 이산화질소(NO_2), 오존(O_3), 석면이다.

07 피로의 예방대책으로 적절하지 않은 것은?

① 적당한 작업속도를 유지한다.
② 불필요한 동작을 피하도록 한다.
③ 너무 정적인 작업은 동적인 작업으로 바꾸도록 한다.
④ 카페인이 적당히 들어있는 커피, 홍차 및 엽차를 마신다.

해설 커피, 홍차 및 엽차는 피로회복에 도움이 되므로 피로회복 대책으로 공급하되 대부분 습관성이므로 섭취에 각별한 주의를 요하는 음료이다. 이들은 피로회복 대책에 도움이 되는 것이지 피로예방에 대한 대책은 되지 못한다.

08 기초대사량이 75kcal/hr이고, 작업대사량이 4kcal/min인 작업을 계속하여 수행하고자 할 때, 다음 식을 참고하면 계속작업한계시간은? (단, T_{end}는 계속작업한계시간, RMR은 작업대사율을 의미한다.)

$$\log(T_{end}) = 3.724 - 3.25 \log RMR$$

① 1.5시간
② 2시간
③ 2.5시간
④ 3시간

해설 $\log(T_{end}) = 3.724 - 3.25 \log RMR$
$\Rightarrow \log(T_{end}) = 3.724 - 3.25 \log\left(\dfrac{4 \times 60}{75}\right)$
∴ $T_{end} = 120\min = 2hr$

09 NIOSH에서 정한 중량물 취급 작업권고치(Action Limit, AL)에 영향을 가장 많이 주는 요인은 무엇인가?

① 빈도
② 수평거리
③ 수직거리
④ 이동거리

해설 중량물 취급에 있어서 작업권고치에 가장 많은 영향을 주는 것은 빈도(頻度)이다. 그것은 최대허용기준(MPL)은 감시기준(AL)의 3배가 되는데 들기작업 권고기준(RWL)의 산식에서 보정하는 계수값이 작을수록 영향을 많이 주는 요소라 할 수 있다. 계수의 크기 순서를 예로 들어보면 비대칭계수(AM) 1.0 > 수직계수(VM) 1~0.955 > 커플링계수(CM) 1~0.95 > 거리계수(DM) 0.91 > 수평계수(HM) 0.5 > 빈도계수(FM) 0.45가 적용된다.

10 물질에 관한 생물학적 노출지수(BEIs)를 측정하려 할 때, 반감기가 5시간을 넘어서 주중(週中)에 축적될 수 있는 물질로 주말작업 종료 시에 시료 채취하는 것은?

① 이황화탄소
② 자일렌(크실렌)
③ 일산화탄소
④ 트리클로로에틸렌

해설 트리클로로에틸렌, 퍼클로로에틸렌, 1,1,1-트리클로로에탄, 에틸렌글리콜모노에틸에테르(셀로솔브), 에틸렌글리콜모노에틸아세테이트(셀로솔브아세테이트), 콜타르, 중금속 중 수은, 크롬, 니켈, 바나듐, 비소, 6가 크롬 등은 생체 내 배설반감기가 비교적 길기(하루 이상) 때문에 주중에 축적될 수 있는 물질이므로 주 마지막 작업 종료 후에 시료를 채취해야 한다. 한편, 납이나 카드뮴처럼 생체 내 축적되며, 배설반감기의 매우 긴 유해물질은 수시(아무 때)로 시료를 채취해도 일정한 농도 수준을 유지하는 물질이다.

11 외부 환경의 변화에 신체반응의 항상성이 작용하는 현상의 명칭으로 적합한 것은?

① 신체의 변성현상
② 신체의 회복현상
③ 신체의 이상현상
④ 신체의 순응현상

해설 외부 환경조건에 따라서 변화하고 지속적인 생활을 하기 위해 신체반응의 항상성이 작용하는 것을 신체의 순응(順應)현상이라고 한다.

12 산업안전보건법령상의 충격소음 노출기준에서 충격소음의 강도가 140dB(A)일 때 1일 노출횟수는?

① 10　　　　　　② 100
③ 1,000　　　　 ④ 10,000

해설 충격소음의 강도가 140dB(A)일 때 1일 노출횟수는 100회이다.

13 어떤 작업의 강도를 알기 위하여 작업대사율(RMR)을 구하려고 한다. 작업 시 소요된 열량이 5,000kcal, 기초대사량이 1,200kcal, 안정 시 열량이 기초대사량의 1.2배인 경우 작업대사율은 약 얼마인가?

① 1　　　　　　② 2
③ 3　　　　　　④ 4

해설 $RMR = \dfrac{작업대사량}{기초대사량}$

∴ $RMR = \dfrac{5,000 - 1.2 \times 1,200}{1,200} = 2.97$

14 직업성 피부질환과 원인이 되는 화학적 요인의 연결로 옳지 않은 것은?

① 색소 감소 – 모노벤질에테르
② 색소 증가 – 콜타르
③ 색소 감소 – 하이드로퀴논
④ 색소 증가 – 3차 부틸페놀

해설 3차 부틸페놀은 화학적 백혈병을 유발하는 물질로 알려져 있다. 따라서 피부에 접촉되었을 때 색소 증가 아닌 색소 감소 및 침착(탈색)을 유발한다. 화학적 백혈병의 직업과 관련된 위험물질에는 하이드로퀴논(모노벤존)의 모노벤질에테르, 파라 3급 부틸카테콜, 파라 3차 부틸페놀, 파라페닐렌디아민 및 아미노페놀, 파라 3차 아밀페놀, 하이드로퀴논 및 모노메틸에테르를 포함한 페놀릭카테콜 유도체가 포함된다. 기타 화학적 백혈병을 야기시키는 화합물은 염료, 향수, 세제, 클렌저, 살충제, 고무 콘돔, 고무 슬리퍼, 아이라이너, 립라이너, 립스틱, 치약, 페놀계 유도체 함유 물질 및 수은 요오드화물 함유 살균 비누, 비소 함유 화합물 등이 알려져 있다. 특히 의약품 중 기미 치료에 널리 사용되는 탈색제인 하이드로퀴논은 도포 부위에서 가역적으로 저색소 침착을 유도한다.

15 국제노동기구(ILO)와 세계보건기구(WHO) 공동위원회에서 정한 산업보건의 정의에 포함된 내용으로 적합하지 않은 것은?

① 근로자의 건강진단 및 산업재해 예방
② 근로자들의 육체적, 정신적, 사회적 건강을 유지·증진
③ 근로자를 생리적, 심리적으로 적합한 작업환경에 배치
④ 작업조건으로 인한 질병예방 및 건강에 유해한 취업방지

해설 세계보건기구(WHO)와 국제노동기구(ILO)에 따르면 "산업보건이란 모든 직업에서 일하는 근로자들의 육체적·정신적 그리고 사회적 건강을 고도로 유지·증진시키며, 직업조건으로 인한 질병을 예방하고, 건강에 유해한 취업을 방지하며, 근로자들을 생리적으로나 심리적으로 적합한 작업환경에 배치하여 일하도록 하는 것"으로 정의하고 있다.

16 산업안전보건법령상 보건관리자의 자격에 해당되지 않는 것은?

① 「의료법」에 따른 의사
② 「의료법」에 따른 간호사
③ 「산업안전보건법」에 따른 산업안전지도사
④ 「고등교육법」에 따른 전문대학에서 산업위생 분야의 학과를 졸업한 사람

해설 보건관리자의 자격은 「의료법」에 따른 의사, 「의료법」에 따른 간호사, 산업보건지도사, 산업위생관리산업기사 또는 대기환경산업기사, 인간공학기사 이상의 자격취득자, 전문대학 이상의 학교에서 산업보건 또는 산업위생 분야의 학과를 졸업한 사람이다.

17 사업장에서 부적응의 결과로 나타나는 현상을 모두 고른 것은?

> ㉠ 생산성의 저하
> ㉡ 사고/재해의 증가
> ㉢ 신경증의 증가
> ㉣ 규율의 문란

① ㉠, ㉡, ㉢
② ㉠, ㉢, ㉣
③ ㉡, ㉢, ㉣
④ ㉠, ㉡, ㉢, ㉣

해설 사업장에서 부적응 현상의 결과는 위 항목 모두에 해당되며, 이 외에 결근 증가, 노동이동의 증가, 산업피로, 모랄(moral)의 저하, 파업발생 등이다. 직장에서 부적응 현상으로 나타나는 양상은 공격적, 퇴행적, 고집, 체념, 구실, 작업도피 등이다.

18 미국산업위생학술원(AIHA)에서 채택한 산업위생전문가가 지켜야 할 윤리강령의 구성이 아닌 것은?

① 국가에 대한 책임
② 전문가로서의 책임
③ 근로자에 대한 책임
④ 기업주와 고객에 대한 책임

해설 산업위생전문가의 윤리강령에는 국가에 대한 책임이 포함되지 않는다.

19 그리스의 히포크라테스에 의하여 역사상 최초로 기록된 직업병은?

① 납중독
② 음낭암
③ 진폐증
④ 수은중독

해설 B.C 4세기경 히포크라테스(Hippocrates)의 광산에서 납(Pb)중독 보고는 역사상 최초로 기록된 직업병으로 기록되고 있다.

20 피로에 관한 설명으로 옳지 않은 것은?

① 정신피로나 신체피로가 각각 단독으로 나타나는 경우는 매우 희박하다.
② 정신피로는 주로 말초신경계의 피로를, 근육피로는 중추신경계의 피로를 의미한다.
③ 과로는 하룻밤 잠을 잘 자고 난 다음날까지도 피로상태가 계속되는 것을 의미한다.
④ 피로는 질병이 아니며 원래 가역적인 생체반응이고 건강장해에 대한 경고적 반응이다.

해설 ②항은 반대로 설명하고 있다. 정신피로는 주로 중추신경계의 피로를, 근육피로는 말초신경계의 피로를 의미한다.

제2과목 작업환경측정 및 평가

21 유사노출그룹을 분류하는 단계가 바르게 표시된 것은?

① 조직 → 공적 → 작업범주 → 유해인자
② 조직 → 작업범주 → 공정 → 유해인자
③ 조직 → 유해인자 → 공정 → 작업범주
④ 조직 → 작업범주 → 유해인자 → 공정

해설 유사(동일)노출군은 조직 → 공정 → 작업범주 → 유해인자 또는 업무별로 분류한다.

22 펌프의 유량을 보정하는데 1차 표준으로서 가장 널리 사용하는 기기는?

① 오리피스미터
② 비누거품미터
③ 건식가스미터
④ 로터미터

해설 1차 표준기구에는 가스치환병, 비누거품미터, 폐활량계(스피로미터), 피토튜브, 흑연 피스톤미터, 유리 피스톤미터 등이 있다. 이 중에서 비누거품미터나 가스치환병은 실험실에서 많이 사용되고 있다.

23 입자상 물질을 채취하기 위해 사용되는 직경분립 충돌기에 비해 사이클론이 갖는 장점과 가장 거리가 먼 것은?

① 입자의 질량 크기분포를 얻을 수 있다.
② 매체의 코팅과 같은 별도의 특별한 처리가 필요없다.
③ 호흡성 먼지에 대한 자료를 쉽게 얻을 수 있다.
④ 충돌기에 비해 사용이 간편하고 경제적이다.

해설 입자의 질량 크기별 분포를 얻을 수 있는 것은 캐스케이드 임팩터(Cascade Impactor)이다. 사이클론은 공기역학적 입경에 따라 분진의 크기별로 분리포집할 수 없다.

24 태양광선이 내리 쬐지 않는 옥내의 습구흑구온도지수(WBGT)의 계산식은?

① WBGT=(0.7×흑구온도)+(0.3×자연습구온도)
② WBGT=(0.3×흑구온도)+(0.7×자연습구온도)
③ WBGT=(0.7×흑구온도)+(0.3×건구온도)
④ WBGT=(0.3×흑구온도)+(0.7×건구온도)

해설 WBGT = 0.7×습구 + 0.3×흑구

25 납과 그 화합물을 여과지로 채취한 후 농도를 분석할 수 있는 기기는?

① 원자흡광분석기 ② 이온크로마토그래프
③ 광학현미경   ④ 액체크로마토그래프

해설 중금속류는 주로 원자흡광분석기와 유도결합 플라즈마분광광도계로 분석한다.

26 흑연로장치가 부착된 원자흡광광도계로 카드뮴을 측정 시 Blank 시료를 10번 분석한 결과 표준편차가 $0.03\mu g/L$였다. 이 분석법의 검출한계는 약 몇 $\mu g/L$인가?

① 0.01   ② 0.03
③ 0.09   ④ 0.15

해설 시험법의 검출한계는 0과는 확실하게 구분할 수 있는 분석 대상물질의 최소량 또는 최저 농도 또는 주어진 신뢰수준에서 noise 이상으로 검출할 수 있는 가장 최소의 양으로 정의되고 있다. 따라서 검출한계는 공시료(Blank) 분석 시그널 표준편차의 3배이다.

27 석면의 공기 중 농도를 표현하는 표준단위로 사용하는 것은? (단, 고용노동부고시를 기준으로 한다.)

① ppm   ② 개/cm³
③ $\mu m/m^3$ ④ mg/m^3

해설 석면의 공기 중 농도를 표현하는 표준단위로 사용하는 것은 개/cm³이다.

28 가스교환 부위에 침착할 때 독성을 일으킬 수 있는 물질로서 평균입경이 $4\mu m$인 입자상 물질은? (단, ACGIH 기준)

① 흡입성 입자상 물질 ② 흉곽성 입자상 물질
③ 복합성 입자상 물질 ④ 호흡성 입자상 물질

해설 호흡성 먼지의 평균 입자 크기는 $4\mu m$이다. 흡입성(흡인성) 0~100μm 범위, 흉곽성은 기도 및 기관지에 침착하여 영향을 주는 입자 크기로 $10\mu m$ 범위이다.

29 가스크로마토그래프 내에서 운반기체가 흐르는 순서로 맞는 것은?

① 분리관 → 시료주입구 → 기록계 → 검출기
② 분리관 → 검출기 → 시료주입구 → 기록계
③ 시료주입구 → 분리관 → 기록계 → 검출기
④ 시료주입구 → 분리관 → 검출기 → 기록계

해설 가스크로마토그래피의 운반기체 흐름은 시료주입구 → 분리관 → 검출기까지만 흐른다. 검출기에서 기록계로는 전자적인 신호만 전달된다. 출제 오류로 판단된다.

30 액체포집법과 관련 있는 것은?

① 실리카겔관   ② 필터
③ 활성탄관   ④ 임핀저

해설 액체포집법은 흡수액(포집병, 버블러, 임핀저, 나선형 흡수기구 등)을 이용한다.

31 작업환경 측정결과가 다음과 같을 때, 노출지수는? (단, 상가작용한다고 가정한다.)

- 아세톤 : 400ppm(TLV : 750ppm)
- 부틸아세테이트 : 150ppm(TLV : 200ppm)
- 메틸에틸케톤 : 100ppm(TLV : 200ppm)

① 11.5   ② 5.56
③ 1.78   ④ 0.78

정답 24.② 25.① 26.③ 27.② 28.④ 29.④ 30.④ 31.③

해설) $EI = \sum \dfrac{C}{TLV}$

- C : 유해물질의 농도 = 400, 150, 100
- TLV : 노출기준 = 750, 200, 200

∴ 노출지수(EI) $= \dfrac{400}{750} + \dfrac{150}{200} + \dfrac{100}{200} = 1.78$

32 강렬한 소음에 노출되는 6시간 동안 측정한 누적소음 노출량은 110%이었을 때, 근로자는 평균적으로 몇 dB의 소음수준에 노출된 것인가?

① 90.8
② 91.8
③ 92.8
④ 93.8

해설) 누적소음 노출량 측정기로 6시간 측정하여 노출량으로 산출되었으므로 시간가중평균(TWA) 소음수준은 다음과 같이 계산한다.

- $TWA = 16.61 \log\left(\dfrac{D}{12.5 \times t}\right) + 90$

∴ $TWA = 16.61 \log\left(\dfrac{110}{12.5 \times 6}\right) + 90 = 92.76\,dB(A)$

33 작업장의 일산화탄소 농도가 14.9ppm이라면, 이 공기 1m³ 중에 일산화탄소는 약 몇 mg인가? (단, 0℃, 1기압 상태이다.)

① 10.8
② 12.5
③ 15.3
④ 18.6

해설) $C_m = C_p(ppm) \times \dfrac{22.4}{M}$

∴ $C_m = 14.9\,ppm \times \dfrac{28}{22.4} = 18.63\,mg/m^3$

34 MCE막 여과지에 관한 설명으로 틀린 것은?

① MCE막 여과지는 수분을 흡수하지 않기 때문에 중량분석에 잘 적용된다.
② MCE막 여과지는 산에 쉽게 용해된다.
③ 입자상 물질 중의 금속을 채취하여 원자흡광법으로 분석하는데 적절하다.
④ 시료가 여과지의 표면 또는 표면 가까운 곳에 침착되므로 석면의 현미경분석을 위한 시료채취에 이용된다.

해설) 중량분석에 많이 이용(공해성 먼지, 흡습성 및 총먼지 등)되는 것은 흡습성이 적은 PVC막이다. MCE막 여과지는 흡습성이 높기 때문에 중량분석에 적합하지 않다.

35 하루 11시간 일할 때, 톨루엔(TLV 100ppm)의 노출기준을 Brief와 Scala의 보정 방법을 이용하여 보정하면 얼마인가? (단, 1일 노출시간을 기준으로 할 때, TLV 보정계수는 $8/H \times (24-H)/16$)

① 0.38ppm
② 38ppm
③ 59ppm
④ 169ppm

해설) 보정 $TLV = TLV \times \left(\dfrac{8}{H} \times \dfrac{24-H}{16}\right)$

∴ 보정 $TLV = 100 \times \left(\dfrac{8}{11} \times \dfrac{24-11}{16}\right)$
$= 59.10\,ppm$

36 부피비로 0.001%는 몇 ppm인가?

① 10
② 100
③ 1,000
④ 10,000

해설) 1%=10,000ppm

∴ $C_p = 0.001 \times 10^4 = 10\,ppm$

37 배경소음(Background Noise)을 가장 올바르게 설명한 것은?

① 관측하는 장소에 있어서의 종합된 소음을 말한다.
② 환경소음 중 어느 특정 소음을 대상으로 할 경우 그 이외의 소음을 말한다.
③ 레벨변화가 적고 거의 일정하다고 볼 수 있는 소음을 말한다.
④ 소음원을 특정시킨 경우 그 음원에 의하여 발생한 소음을 말한다.

해설) 배경소음(암소음)은 측정하고자 하는 소음 이외의 소음을 말한다.

정답 32.③ 33.④ 34.① 35.③ 36.① 37.②

38 가스상 물질을 검지관 방식으로 측정하는 내용의 일부이다. ( ) 안에 들어갈 내용으로 옳은 것은? (단, 고용노동부고시를 기준으로 한다.)

> 검지관 방식으로 측정하는 경우에는 1일 작업시간 동안 1시간 간격으로 (ⓐ)회 이상 측정하되, 측정시간마다 (ⓑ)회 이상 반복 측정하여 평균값을 산출하여야 한다.

① ⓐ 6 ⓑ 2
② ⓐ 4 ⓑ 1
③ ⓐ 10 ⓑ 2
④ ⓐ 12 ⓑ 1

해설 검지관 방식으로 측정하는 경우에는 1일 작업시간 동안 1시간 간격으로 6회 이상 측정하되 측정시간마다 2회 이상 반복 측정하여 평균값을 산출하여야 한다. 다만, 가스상 물질의 발생시간이 6시간 이내일 때에는 작업시간 동안 1시간 간격으로 나누어 측정하여야 한다.

39 벤젠 100mL에 디티존 0.1g을 넣어 녹인 용액을 10배 희석시키면 디티존의 농도는 약 몇 $\mu g/mL$인가?

① 1
② 10
③ 100
④ 1,000

해설 농도$\left(\dfrac{\mu g}{mL}\right) = \dfrac{디티존(\mu g)}{벤젠(mL)} \times \dfrac{1}{희석배수}$

$\therefore C = \dfrac{0.1g}{100mL} \times \dfrac{1}{10} \times \dfrac{10^6 \mu g}{g} = 100\mu g/mL$

40 고열의 측정방법에 대한 내용이 다음과 같을 때, ( ) 안에 들어갈 내용으로 옳은 것은? (단, 고용노동부고시를 기준으로 한다.)

> 측정기기를 설치한 후 일정시간 안정화 시킨 후 측정을 실시하고, 고열작업에 대해 측정하고자 할 경우에는 1일 작업시간 중 최대로 높은 고열에 노출되고 있는 ( ) 간격으로 연속하여 측정한다.

① 5분을 1분
② 10분을 1분
③ 1시간을 10분
④ 8시간을 1시간

해설 고열의 측정은 측정기기를 설치한 후 일정시간 안정화 시킨 후 측정을 실시하고, 고열작업에 대해 측정하고자 할 경우에는 1일 작업시간 중 최대로 높은 고열에 노출되고 있는 1시간을 10분 간격으로 연속하여 측정한다.

[**제3과목**] **작업환경관리**

41 고압에 의한 장해를 방지하기 위하여 인공적으로 만든 호흡용 혼합가스인 헬륨-산소 혼합가스에 관한 설명으로 옳지 않은 것은?

① 질소 대신 헬륨을 사용한 가스이다.
② 헬륨의 분자량이 작아서 호흡저항이 적다.
③ 고압에서 마취작용이 강하여 심해 잠수에는 사용하기 어렵다.
④ 헬륨은 체외로 배출되는 시간이 질소에 비하여 50% 정도 밖에 걸리지 않는다.

해설 헬륨은 질소보다 확산속도가 크다. 따라서 고압환경에서 작업할 때에는 질소-산소 혼합가스를 질소-헬륨으로 대치하는 것이 좋다.

42 아크용접에서 용접흄 발생량을 증가시키는 경우와 가장 거리가 먼 것은?

① 아크 길이가 긴 경우
② 아크 전압이 낮은 경우
③ 봉 극성이 (−)극성인 경우
④ 토치의 경사각도가 큰 경우

해설 용접흄 발생량은 용접전류와 전압의 증가에 따라 증가한다. 아크용접에서 봉의 극성이 (−)극성인 경우, 아크 전류와 전압이 높을수록 흄 발생량이 증가한다. 또한 아크 길이가 길수록, 토치의 경사각도가 클수록 흄 발생량이 증가한다.

43 작업장에서 사용 물질의 독성이나 위험성을 줄이기 위하여 사용 물질을 변경하는 경우로 가장 적절한 것은?

① 분체의 원료는 입자가 큰 것으로 전환한다.
② 금속제품 도장용으로 수용성 도료를 유기용제로 전환한다.
③ 아조 염료 합성원료로 디클로로벤지딘을 벤지딘으로 전환한다.
④ 금속제품의 탈지에 계면활성제를 사용하던 것을 트리클로로에틸렌으로 전환한다.

해설 ①항만 옳다. 나머지 항목은 그 반대로 설명하고 있다.

44 환경개선에 관한 내용과 가장 거리가 먼 것은?

① 분진작업에는 습식 방법의 고려가 필요하다.
② 제진장치의 선정에 있어서는 함유 분진의 입경 분포를 고려한다.
③ 유기용제를 사용하는 경우에는 되도록 휘발성이 적은 물질로 대체한다.
④ 전체환기장치의 경우 공기의 입구와 출구를 근접한 위치에 설치하여 환기효과를 증대한다.

해설 전체환기장치의 경우 공기의 입구와 출구를 가급적 멀리 떨어지게 설치하여야 환기효과를 증대할 수 있다. 공기배출구 쪽에 공기입구가 근접해 있어서는 안 된다. 그것은 배출된 오염공기가 실내로 재유입 될 가능성이 높기 때문이다.

45 물질안전보건자료(MSDS)에 포함되는 내용이 아닌 것은?

① 작업환경 측정방법
② 대상화학물질의 명칭
③ 안전·보건상의 취급주의 사항
④ 건강 유해성 및 물리적 위험성

해설 물질안전보건자료(MSDS)에 포함되는 사항은 제품명, 물질안전보건자료 대상물질을 구성하는 화학물질의 명칭 및 함유량, 안전 및 보건상의 취급주의 사항, 건강 및 환경에 대한 유해성, 물리적 위험성, 물리·화학적 특성 등 고용노동부령으로 정하는 사항이다.

46 고온작업환경에서 열중증의 예방대책으로 가장 잘 짝지어진 것은?

㉠ 열원의 차폐
㉡ 근로시간 및 작업강도의 조절
㉢ 보호구의 착용
㉣ 수분 및 염분의 공급

① ㉠, ㉡
② ㉡, ㉢
③ ㉠, ㉡, ㉢
④ ㉠, ㉡, ㉢, ㉣

해설 모든 항목이 고온작업환경의 열중증 예방대책으로 적절하다.

47 출력이 0.005W인 음원의 음력수준은 약 몇 dB인가?

① 83
② 93
③ 97
④ 100

해설 $\text{PWL}(\text{dB}) = 10 \times \log\left(\dfrac{W}{10^{-12}}\right)$

$\therefore \text{PWL} = 10\log\left(\dfrac{0.05}{10^{-12}}\right) = 97\,\text{dB}$

48 온도 표시에 관한 내용으로 틀린 것은? (단, 고용노동부고시를 기준으로 한다.)

① 실온은 15~20℃를 말한다.
② 미온은 30~40℃를 말한다.
③ 상온은 15~25℃를 말한다.
④ 찬 곳은 따로 규정이 없는 한 0~15℃의 곳을 말한다.

해설 실온은 1~35℃를 말한다.

49 전리방사선의 장애와 예방에 관한 설명과 가장 거리가 먼 것은?

① 작업절차 등을 고려하여 방사선에 노출되는 시간을 짧게 한다.
② 방사선의 종류, 에너지에 따라 적절한 차폐대책을 수립한다.
③ 방사선원을 납, 철 콘크리트 등으로 차폐하여 작업장의 방사선량률을 저하시킨다.

정답 43.① 44.④ 45.① 46.④ 47.③ 48.① 49.④

④ 방사선 노출수준은 거리에서 반비례하여 증가하므로 발생원과의 거리를 관리하여야 한다.

해설 방사선 노출수준은 거리의 제곱에 비례해서 감소하므로 거리를 가능한 한 멀리한다. 방사능의 외부 폭로에 대한 방호 3원칙은 거리, 시간, 차폐이다.

50 산소가 결핍된 장소에서 사용할 보호구로 가장 적절한 것은?

① 방진마스크
② 에어라인 마스크
③ 산성가스용 방독마스크
④ 일산화탄소용 방독마스크

해설 공기공급식 보호구(송기마스크)는 산소결핍의 위험성이 있는 지하 맨홀작업이나 탱크 내 청소작업, 오래된 우물 속으로 작업, 고농도의 유해물질이 존재하는 작업장, 즉각적으로 생명과 건강에 위협을 줄 수 있는 농도(IDLH ; Immediately Dangerous to Life and Health)로 존재하는 작업장에 들어갈 때 사용된다. 단, 에어라인 방식은 non-IDLH 상황에서 사용한다.

51 분진작업장의 관리방법에 대한 설명과 가장 거리가 먼 것은?

① 습식으로 작업한다.
② 작업장의 바닥에 적절히 수분을 공급한다.
③ 샌드블라스팅 작업 시에는 모래 대신 철을 사용한다.
④ 유리규산 함량이 높은 모래를 사용하여 마모를 최소화한다.

해설 유리규산 함량이 낮은 모래를 사용하여야 한다.

52 방독마스크의 흡착제로 주로 사용되는 물질과 가장 거리가 먼 것은?

① 활성탄   ② 금속섬유
③ 실리카겔   ④ 소다라임

해설 금속섬유는 방진마스크의 필터재료로 이용된다. 이 외의 방진마스크 재료는 압축된 섬유상의 면, 모, 합성섬유, 유리섬유 등이다. 한편, 방독마스크의 재료로 사용되는 것은 흡착성이 극대화된 활성탄, 실리카겔, 석회, 제올라이트, 소다라임, 다공성 미네랄, 활성 알루미나 등이다.

53 고압환경에 관한 설명으로 옳지 않은 것은?

① 산소의 분압이 2기압이 넘으면 산소중독 증세가 나타난다.
② 폐 내의 가스가 팽창하고 질소기포를 형성한다.
③ 공기 중의 질소는 4기압 이상에서 마취작용을 나타낸다.
④ 산소의 중독작용은 운동이나 이산화탄소의 존재로 보다 악화된다.

해설 폐 내의 가스가 팽창하고 질소기포를 형성하는 것은 감압 또는 저압환경이다.

54 점음원에서 발생되는 소음이 10m 떨어진 곳에서 음압레벨이 100dB일 때, 이 음원에서 30m 떨어진 곳의 음압레벨은 약 몇 dB인가? (단, 점음원이고 장해물이 없는 자유공간에서 구면상으로 전파한다고 가정한다.)

① 72.3dB   ② 88.1dB
③ 90.5dB   ④ 92.3dB

해설 $\Delta SPL(dB) = 20\log\dfrac{r_2}{r_1}$

$\Rightarrow \Delta SPL = 20\log\dfrac{30}{10} = 9.542\,dB$

$\therefore SPL_2 = 100 - 9.542 = 90.46\,dB$

55 자외선에 관한 설명으로 가장 거리가 먼 것은?

① 자외선의 파장은 가시광선보다 작다.
② 자외선에 노출되어 피부암이 발생할 수 있다.
③ 구름이나 눈에 반사되지 않아 대기오염의 지표로도 사용된다.
④ 일명 화학선이라고 하며 광화학반응으로 단백질과 핵산분자의 파괴, 변성작용을 한다.

해설 자외선 중에 특히 짧은 파장은 오존, 공기 및 구름이나 눈에 잘 반사된다.

56 벽돌제조, 도자기제조 과정 등에서 발생하고, 폐암, 결핵과 같은 질환을 유발하는 진폐증은?

① 규폐증 ② 면폐증
③ 석면폐증 ④ 용접폐증

해설 건축업, 벽돌제조, 도자기제조 과정, 채석장, 석재공장 등의 작업장에서 근무하는 근로자에게 발생할 수 있는 진폐증은 주로 규폐증이다. 규폐증(珪肺症, silicosis)은 진폐증의 대표적인 것으로 유리규산(Crystalline Silica)의 분진을 흡입함에 따라 폐에 만성의 섬유증식을 일으키는 질환이다.

57 수심 20m인 곳에서 작업하는 잠수부에게 작용하는 절대압은?

① 1기압 ② 2기압
③ 3기압 ④ 4기압

해설 절대압 = 대기압 + 게이지압(수압)
∴ 절대압 = 1기압 + $20m \times \dfrac{1기압}{10m}$ = 3기압(atm)

58 전리방사선 중 입자방사선이 아닌 것은?

① α(알파)입자
② β(베타)입자
③ γ(감마)입자
④ 중성자

해설 입자 형태의 방사선은 중하전 입자(α선, 양성자, 핵분열 생성물), 베타(β)선, 중성자 등이다.

59 재질이 일정하지 않고 균일하지 않아 정확한 설계가 곤란하며, 처짐을 크게 할 수 없어 진동방지보다는 고체음의 전파방지에 유익한 방진재료는?

① 코르크
② 방진고무
③ 공기용수철
④ 금속코일용수철

해설 코르크(Cork)의 경우 재질이 일정하지 않고 균일하지 않아 정확한 설계가 곤란하며, 처짐을 크게 할 수 없고, 고유진동수가 10Hz 전·후 밖에 되지 않아 진동방지보다는 고체음의 전파방지 목적으로 제한적으로 사용되고 있다.

60 소음노출량계로 측정한 노출량이 200%일 경우 8시간 시간가중평균(TWA)은 약 몇 dB인가? (단, 우리나라 소음의 노출기준을 적용한다.)

① 80dB ② 90dB
③ 95dB ④ 100dB

해설 $TWA = 16.61 \log\left(\dfrac{D}{100}\right) + 90$ ⋯ (8hr 측정)
∴ $TWA = 16.61 \log\left(\dfrac{200}{100}\right) + 90 = 95 \, dB(A)$

[**제4과목**] **산업환기**

61 후드의 선정원칙으로 틀린 것은?

① 필요한 환기량을 최대한으로 한다.
② 추천된 설계사양을 사용해야 한다.
③ 작업자의 호흡영역을 보호해야 한다.
④ 작업자가 사용하기 편리하도록 한다.

해설 후드를 선정할 때 필요 유량을 최소할 수 있는 후드를 선정해야 한다.

62 국소배기장치의 원형 덕트의 직경은 0.173m이고, 직선 길이는 15m, 속도압은 20mmH$_2$O, 관마찰계수가 0.016일 때, 덕트의 압력손실(mmH$_2$O)은 약 얼마인가?

① 12 ② 20
③ 26 ④ 28

해설 $\Delta P_f = \lambda \times \dfrac{L}{D} \times P_v$ $\begin{cases} \lambda : 마찰계수 = 0.016 \\ P_v : 속도압 = 20 \, mmH_2O \end{cases}$
∴ $\Delta P_f = 0.016 \times \dfrac{15}{0.173} \times 20 = 27.75 \, mmH_2O$

정답 56.① 57.③ 58.③ 59.① 60.③ 61.① 62.④

63 다음은 덕트 내 기류에 대한 내용이다. ㉠과 ㉡에 들어갈 내용으로 맞는 것은?

> 유체가 관내를 아주 느린 속도로 흐를 때는 소용돌이나 선회운동을 일으키지 않고 관벽에 평행으로 유동한다. 이와 같은 흐름을 (㉠)(이)라 하며, 속도가 빨라지면 관내 흐름은 크고 작은 소용돌이가 혼합된 형태로 변하여 혼합상태로 흐른다. 이런 모양의 흐름을 (㉡)(이)라 한다.

① ㉠ 난류　　㉡ 층류
② ㉠ 층류　　㉡ 난류
③ ㉠ 유선운동　㉡ 층류
④ ㉠ 층류　　㉡ 천이유동

해설 유체가 관내를 아주 느린 속도로 흐를 때는 소용돌이나 선회운동을 일으키지 않고 관벽에 평행으로 유동한다. 이와 같은 흐름을 층류라 하며, 속도가 빨라지면 관내 흐름은 크고 작은 소용돌이가 혼합된 형태로 변하여 혼합상태로 흐른다. 이런 모양의 흐름을 난류라 한다.

64 작업장 내의 실내 환기량을 평가하는 방법과 거리가 먼 것은?

① 시간당 공기교환횟수
② Tracer가스를 이용하는 방법
③ 이산화탄소 농도를 이용하는 방법
④ 배기 중 내부 공기의 수분함량 측정

해설 배기 중 내부 공기의 수분함량을 측정하는 것은 실내환기량과 무관하다. 작업장 내의 실내 환기량을 평가하는 방법은 ①, ②, ③항 이외에 환기효율 산정에 의한 평가방법, 환기량에 의한 평가방법, 모델링에 의한 평가법 등이 적용된다.

65 주형을 부수고 모래를 터는 장소에서 포위식 후드를 설치하는 경우의 최소제어풍속으로 맞는 것은?

① 0.5m/sec　② 0.7m/sec
③ 1.0m/sec　④ 1.2m/sec

해설 주형을 부수고 모래를 터는 장소에서 포위식 후드를 설치하는 경우의 최소제어풍속은 0.7m/sec이다.

66 사각형 직관에서 장변이 0.3m, 단변이 0.2m일 때, 상당 직경(equivalent diameter)은 약 몇 m인가?

① 0.24　② 0.34
③ 0.44　④ 0.54

해설 $D_o = \dfrac{2ab}{a+b}$

$\therefore D_o = \dfrac{2 \times 0.3 \times 0.2}{0.3 + 0.2} = 0.24\,\text{m}$

67 송풍기에 관한 설명으로 틀린 것은?

① 원심송풍기로는 다익팬, 레이디얼팬, 터보팬 등이 해당된다.
② 터보형 송풍기는 압력변동이 있어도 풍량의 변화가 비교적 작다.
③ 다익형 송풍기는 구조상 고속회전이 어렵고, 큰 동력의 용도에는 적합하지 않다.
④ 평판형 송풍기는 타 송풍기에 비하여 효율이 낮아 미분탄, 톱밥 등을 비롯한 고농도 분진이나 마모성이 강한 분진의 이송용으로는 적당하지 않다.

해설 평판형은 깃의 구조가 분진을 자체적으로 정화할 수 있게 되어 있으므로 시멘트나 톱밥 등 물질의 이송 취급이나 산업용의 고압장치 등에 많이 이용된다.

68 송풍기의 동작점(point of operation) 설명으로 옳은 것은?

① 송풍기의 정압과 송풍기의 전압이 만나는 점
② 송풍기의 성능곡선과 시스템 요구곡선이 만나는 점
③ 급기 및 배기에 따른 음압과 양압이 송풍기에 영향을 주는 점
④ 송풍량이 Q일 때 시스템의 압력손실을 나타내는 곡선

정답 63.② 64.④ 65.② 66.① 67.④ 68.②

[해설] 송풍기의 동작점(operating point)은 성능곡선과 시스템 특성곡선(system characteristic curve)이 만나는 점이다.

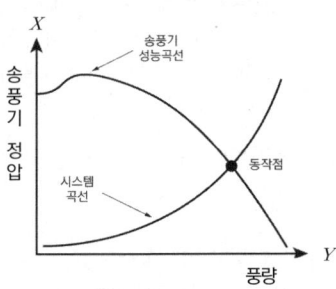

69 150℃, 720mmHg에서 100m³인 공기는 21℃, 1기압에서는 약 얼마의 부피로 변하는가?

① 47.8m³ ② 57.2m³
③ 65.8m³ ④ 77.2m³

[해설] $V_2 = V_1 \times \dfrac{T_2}{T_1} \times \dfrac{P_1}{P_2}$

∴ $V_2 = 100\text{m}^3 \times \dfrac{273+21}{273+150} \times \dfrac{720}{760}$
$= 65.85 \text{ m}^3$

70 다음의 조건에서 캐노피(canopy) 후드의 필요환기량(m³/sec)은?

- 장변 : 2m
- 단변 : 1.5m
- 개구면과 배출원과의 높이 : 0.6m
- 제어속도 : 0.25m/sec
- 고열 배출원이 아니며, 사방이 노출된 상태

① 1.47 ② 2.47
③ 3.47 ④ 4.47

[해설] $Q_c = 1.4 \, PHV_c$

$\begin{cases} P : 주변길이 = 2(L+W) \\ \qquad\qquad\quad = 2 \times (2+1.5) = 7\text{m} \\ H : 제어거리 = 0.6\text{m} \\ V_c : 제어속도 = 0.25\text{m/sec} \end{cases}$

∴ $Q_c = 1.4 \times 7 \times 0.6 \times 0.25 = 1.47 \text{ m}^3/\text{sec}$

71 일반적으로 사용하고 있는 흡착탑 점검을 위하여 압력계를 이용하여 흡착탑 차압을 측정하고자 한다. 차압의 측정범위와 측정방법으로 가장 적절한 것은?

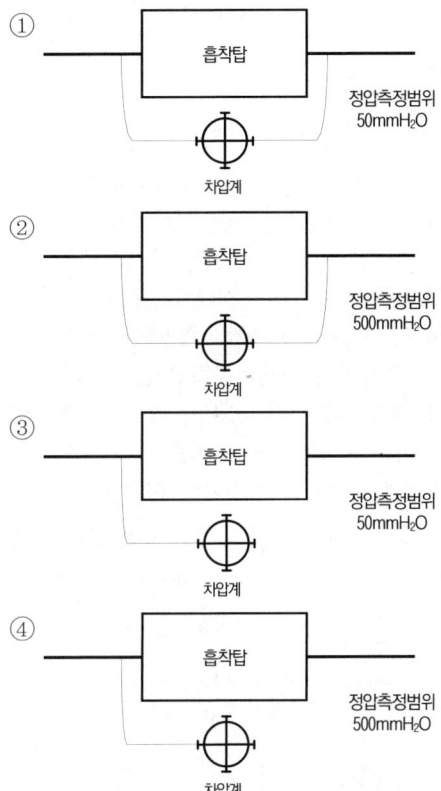

72 직경이 150mm인 덕트 내를 흐르는 기류의 정압 -64.5mmH₂O, 전압 -31.5mmH₂O이다. 이 때 덕트 내의 공기속도(m/sec)는 약 얼마인가?

① 23.23 ② 32.09
③ 32.47 ④ 39.61

[해설] $V = 4.043 \times \sqrt{P_v}$

$\quad P_v = P_t - P_s$
$\quad\quad = (-)31.5 - (-)64.5$
$\quad\quad = 33 \text{ mmH}_2\text{O}$

∴ $V = 4.043 \times \sqrt{33} = 23.23 \text{ m/sec}$

정답 69.③ 70.① 71.② 72.②

73 용접용 후드의 정압이 처음에는 18mmH$_2$O 이였고, 이때의 유량은 50m^3/min이었다. 최근에 조사해 본 결과 정압이 14mmH$_2$O이었다면, 최근의 유량(m^3/min)은?

① 44.10　　② 46.10
③ 48.10　　④ 50.10

해설 $P_{s2} = P_{s1} \times \left(\dfrac{Q_2}{Q_1}\right)^2$

∴ $Q_2 = 50\,\text{m}^3/\text{min} \times \left(\dfrac{14}{18}\right)^{0.5} = 44.1\,\text{m}^3/\text{min}$

74 작업장 내에 톨루엔(분자량 92, TLV 50ppm)이 시간당 300g씩 증발되고 있다. 이 작업장에 전체환기장치를 설치할 경우 필요환기량은 약 얼마인가? (단, 주위는 21℃, 1기압이고, 여유계수는 5로 하며, 비중 0.87톨루엔은 모두 공기와 완전혼합된 것으로 한다.)

① 110.98m^3/min　　② 130.98m^3/min
③ 4,382.60m^3/min　④ 7,858.70m^3/min

해설 $Q = \dfrac{K \cdot W \times 10^3}{\text{TLV}\,(\text{mg/m}^3)}$

□ $\begin{cases} K : \text{여유계수(안전계수)} = 5 \\ W : \text{유해물질의 발생률} = 300\,\text{g/hr} \\ \text{TLV} = 50\,\text{ppm} \end{cases}$

□ $C_m = 50\,\text{ppm} \times \dfrac{M_w}{24.12} = 50 \times \dfrac{92}{24.12}$
$= 190.713\,\text{mg/m}^3$

∴ $Q = \dfrac{5 \times 300 \times 10^3}{190.713} \times \dfrac{1\,\text{hr}}{60\,\text{min}} = 131\,\text{m}^3/\text{min}$

75 일반적으로 후드에서 정압과 속도압을 동시에 측정하고자 할 때, 측정공의 위치는 후드 또는 덕트의 연결부로부터 얼마 정도 떨어져 있는 것이 가장 적절한가?

① 후드 길이의 1~2배 지점
② 후드 길이의 3~4배 지점
③ 덕트 직경의 1~2배 지점
④ 덕트 직경의 4~6배 지점

해설 덕트에는 덕트 내 반송속도를 측정할 수 있는 측정구를 적절한 위치에 설치하여야 하며, 측정구의 위치는 균일한 기류상태에서 측정하기 위해서, 엘보, 후드, 지덕트 접속부 등 기류 변동이 있는 지점으로부터 최소한 덕트 지름의 7.5배 이상 떨어진 하류측에 설치하여야 한다.(산업환기설비에 관한 기술지침 2014)
이를 토대로 한다면 답안 선택에 문제가 될 수 있으므로 가능하면 연결부로부터 많이 떨어진 지점을 선택하도록 한다.

76 다음 설명에 해당하는 집진장치로 맞는 것은?

- 고온가스의 처리가 가능하다.
- 가연성 입자의 처리가 곤란하다.
- 넓은 범위의 입경과 분진농도에 집진효율이 높다.
- 초기 설치비가 많이 들고, 넓은 설치공간이 요구된다.

① 여과집진장치　　② 벤투리스크러버
③ 전기집진장치　　④ 원심력집진장치

해설 보기의 조건에 부합하는 집진장치는 전기집진장치이다. 고온가스 처리가 불가능한 집진장치는 여과집진장치이고, 원심력집진장치는 고온가스를 처리할 수 있으나 집진효율이 보통이다. 그리고 가연성 입자의 처리가 가능한 집진장치는 벤투리스크러버이지만 넓은 설치공간이 요구되지 않는다.

77 환기와 관련한 식으로 옳지 않은 것은? (단, 관련 기호는 표를 참고하시오.)

기호	설명	기호	설명
Q	유량	SP_h	후드정압
A	단면적	TP	전압
V	유속	VP	동압
D	직경	SP	정압
C_e	유입계수		

① $Q = AV$　　② $A = \dfrac{\pi D^2}{4}$

③ $VP = TP + SP$　　④ $C_e = \sqrt{\dfrac{VP}{SP_h}}$

해설 동압(VP)은 전압(TP)과 정압(SP)의 차로 상정된다. 즉, $VP = TP - PS$이다.

78 포위식 후드의 장점이 아닌 것은?
① 작업장의 완전한 오염방지가 가능
② 난기류 등의 영향을 거의 받지 않음
③ 다른 종류의 후드보다 작업방해가 적음
④ 최소의 환기량으로 유해물질의 제거 가능

해설 포위식 후드는 발생원 주변을 둘러 싸는 형태이므로 다른 종류의 후드보다 작업방해가 많다. 그러나 포위식은 맹독성 물질을 제어하는 데 가장 적합한 후드의 형태이다.

79 전체환기시설을 설치하기 위한 조건으로 적절하지 않은 것은?
① 유해물질의 발생량이 많다.
② 독성이 낮은 유해물질을 사용하고 있다.
③ 공기 중 유해물질의 농도가 허용농도 이하로 낮다.
④ 근로자의 작업위치가 유해물질 발생원으로부터 멀리 떨어져 있다.

해설 유해물질의 발생량이 많을 경우는 전체환기시설 보다 국소환기시설을 설치하는 것이 효과적이다.

80 후드의 유입계수가 0.75이고, 관내 기류속도가 25m/sec일 때, 후드의 압력손실은 약 몇 mmH$_2$O인가? (단, 표준상태에서 공기의 밀도는 1.20kg/m^{3}으로 한다.)
① 22   ② 25
③ 30   ④ 31

해설 $\Delta P_h = F_i \times P_v = F_i \times \left(\dfrac{\gamma V^2}{2g} \right)$

$\square\ F_i = \dfrac{1 - C_e^2}{C_e^2} = \dfrac{1 - 0.75^2}{0.75^2} = 0.778$

$\therefore\ \Delta P_h = 0.778 \times \dfrac{1.2 \times 25^2}{2 \times 9.8} = 29.76\ \text{mmH}_2\text{O}$

2020 제1,2회 산업위생관리(기사)

2020. 6. 6 시행

알림글
- 이 교재의 동영상 강좌는 연합플러스 평생교육원(yhe.co.kr) 또는 유튜브(이승원TV)에서 청강할 수 있습니다.
- 학습 중 질문사항은 연합플러스 평생교육원(yhe.co.kr)의 묻고 답하기 질문 코너나 유튜브(이승원TV)에 댓글을 남겨 주시면 신속히 해결해 드리겠습니다.

[제1과목] 산업위생학 개론

01 직업성 질환 발생의 요인을 직접적인 원인과 간접적인 원인으로 구분할 때 직접적인 원인에 해당되지 않는 것은?
① 물리적 환경요인
② 화학적 환경요인
③ 작업시간적 요인
④ 부자연스런 자세와 단순반복작업 등의 작업요인

[풀이] 작업강도, 작업시간, 작업환경 등은 직업성 질환 발생의 간접요인에 해당한다.

02 산업안전보건법령상 시간당 200~350kcal의 열량이 소요되는 작업을 매시간 50% 작업, 50% 휴식 시의 고온노출기준(WBGT)은?
① 26.7℃
② 28.0℃
③ 28.4℃
④ 29.4℃

[풀이] 작업대사량이 평균 300kcal/hr이면 중등작업대사량에 해당한다. 그러므로 매시간 50% 작업, 50% 휴식시의 고온노출기준(WBGT)은 29.4℃이다.

03 산업안전보건법령상 사무실 오염물질에 대한 관리기준으로 옳지 않은 것은?
① 라돈 : 148Bq/m³ 이하
② 일산화탄소 : 10ppm 이하
③ 이산화질소 : 0.1ppm 이하
④ 포름알데히드 : 500µg/m³ 이하

[풀이] 포름알데히드 : 120µg/m³ 이하(0.1ppm 이하)

04 유해인자와 그로 인하여 발생되는 직업병이 올바르게 연결된 것은?
① 크롬 – 간암
② 이상기압 – 침수족
③ 망간 – 비중격천공
④ 석면 – 악성중피종

[풀이] 석면은 중피종, 폐암, 석면폐증을 유발한다.

05 근골격계 부담작업으로 인한 건강장해 예방을 위한 조치항목으로 옳지 않은 것은?
① 근골격계 질환 예방관리 프로그램을 작성·시행 할 경우에는 노사협의를 거쳐야 한다.
② 근골격계 질환 예방관리 프로그램에는 유해요인조사, 작업환경개선, 교육·훈련 및 평가 등이 포함되어 있다.
③ 사업주는 25kg 이상의 중량물을 들어 올리는 작업에 대하여 중량과 무게중심에 대하여 안내표시를 하여야 한다.
④ 근골격계 부담작업에 해당하는 새로운 작업·설비 등을 도입한 경우, 지체 없이 유해요인조사를 실시하여야 한다.

[풀이] 물품의 중량과 무게중심에 대하여 작업장 주변에 안내표시를 해야 하는 것은 5kg 이상의 중량물을 들어 올리는 작업이다.

정답 01.③ 02.④ 03.④ 04.④ 05.③

06 연평균 근로자수가 5,000명인 사업장에서 1년 동안에 125건의 재해로 인하여 250명의 사상자가 발생하였다면, 이 사업장의 연천인율은 얼마인가?(단, 이 사업장의 근로자 1인당 연간 근로시간은 2,400시간이다.)

① 10 ② 25
③ 50 ④ 200

풀이) 천인율 $= \dfrac{(일반재해자 + 직업병자)}{근로자수} \times 1,000$

$\therefore t_R = \dfrac{250}{5,000} \times 1,000 = 50$

07 영국의 외과의사 Pott에 의하여 발견된 직업성 암은?

① 비암 ② 폐암
③ 간암 ④ 음낭암

풀이) 포트(Percivall Pott)는 최초로 직업성 암인 음낭암을 발견(원인은 검댕 중의 PAH)하였다.

08 산업피로(industrial fatigue)에 관한 설명으로 옳지 않은 것은?

① 산업피로의 유발원인으로는 작업부하, 작업환경조건, 생활조건 등이 있다.
② 작업과정 사이에 짧은 휴식보다 장시간의 휴식시간을 삽입하여 산업피로를 경감시킨다.
③ 산업피로의 검사방법은 한 가지 방법으로 판정하기는 어려우므로 여러 가지 검사를 종합하여 결정한다.
④ 산업피로란 일반적으로 작업현장에서 고단하다는 주관적인 느낌이 있으면서, 작업능률이 떨어지고, 생체기능의 변화를 가져오는 현상이라고 정의할 수 있다.

풀이) 장시간 한 번 휴식하는 것보다 여러 번 나누어 자주 휴식하는 것이 피로회복에 도움이 된다.

09 산업안전보건법령상 사무실 공기의 시료 채취 방법이 잘못 연결된 것은?

① 이산화질소 – 캐니스터를 이용한 채취
② 일산화탄소 – 전기화학검출기에 의한 채취
③ 이산화탄소 – 비분산적외선검출기에 의한 채취
④ 총부유세균 – 충돌법을 이용한 부유세균채취기로 채취

풀이) 이산화질소는 고체흡착관으로 시료를 채취한다.

10 재해예방의 4원칙에 대한 설명으로 옳지 않은 것은?

① 발생하면 반드시 손실도 발생한다.
② 재해발생에는 반드시 그 원인이 있다.
③ 재해는 원인 제거를 통하여 예방이 가능하다.
④ 재해예방을 위한 가능한 안전대책은 반드시 존재한다.

풀이) 사고와 상해 정도(손실)에는 "사고의 결과로서 생긴 손실의 대소 또는 손실의 종류는 우연에 의하여 정해진다."는 손실 우연의 원칙이 있다.

11 산업안전보건법령상 보건관리자의 업무가 아닌 것은?(단, 그 밖에 작업관리 및 작업환경관리에 관한 사항은 제외한다.)

① 물질안전보건자료의 게시 또는 비치에 관한 보좌 및 지도·조언
② 보건교육계획의 수립 및 보건교육 실시에 관한 보좌 및 지도·조언
③ 안전인증 대상기계 등 보건과 관련된 보호구의 점검, 지도, 유지에 관한 보좌 및 지도·조언
④ 전체 환기장치 등에 관한 설비의 점검과 작업방법의 공학적 개선에 관한 보좌 및 지도·조언

풀이) 보건관리자는 보호구의 점검, 지도, 유지에 관한 보좌 및 지도·조언이 아니라 보건과 관련된 보호구 구입 시 적격품 선정에 관한 보좌 및 조언·지도이다.

정답 06.③ 07.④ 08.② 09.① 10.① 11.③

12 작업환경측정기관이 작업환경측정을 한 경우 결과를 시료채취를 마친 날부터 며칠 이내에 관할 지방고용노동관서의 장에게 제출하여야 하는가?(단, 제출기간의 연장은 고려하지 않는다.)
① 30일　　② 60일
③ 90일　　④ 120일

[풀이] 산업안전보건법에 따라 작업환경측정을 실시한 경우 작업환경측정 결과보고서는 시료채취를 마친 날부터 30일 이내에 관할 지방고용노동관서의 장에게 제출하여야 한다.

13 인간공학에서 고려해야 할 인간의 특성과 가장 거리가 먼 것은?
① 인간의 습성
② 신체의 크기와 작업환경
③ 기술, 집단에 대한 적응능력
④ 인간의 독립성 및 감정적 조화성

[풀이] 인간공학에서 고려해야 할 인간의 특성은 ①, ②, ③항 이외에 민족, 감각과 지각, 기술수준 및 능력, 운동력과 근력 등이다. 인간공학은 인간과 직업, 기계, 환경, 근로의 관계를 과학적으로 연구하는 분야이다.

14 산업안전보건법령상 유해위험방지계획서의 제출 대상이 되는 사업이 아닌 것은?(단, 모두 전기 계약용량이 300킬로와트 이상이다.)
① 항만운송사업　　② 반도체 제조업
③ 식료품 제조업　　④ 전자부품 제조업

[풀이] 항만운송사업은 유해위험방지 대상사업과 거리가 멀다. 유해위험방지계획서 제출 대상은 ②, ③, ④항 이외에 금속가공제품 제조업(기계 및 가구 제외), 비금속 광물제품 제조업, 기타 기계 및 장비 제조업, 자동차 및 트레일러 제조업, 고무제품 및 플라스틱제품 제조업, 목재 및 나무제품 제조업, 1차 금속 제조업, 가구 제조업, 화학물질 및 화학제품 제조업이다.

15 산업위생전문가의 윤리강령 중 "전문가로서의 책임"에 해당하지 않는 것은?
① 기업체의 기밀은 누설하지 않는다.
② 과학적 방법의 적용과 자료의 해석에서 객관성을 유지한다.
③ 전문적 판단이 타협에 의하여 좌우될 수 있는 상황에는 개입하지 않는다.
④ 근로자, 사회 및 전문 직종의 이익을 위해 과학적 지식은 공개하거나 발표하지 않는다.

[풀이] 근로자, 사회 및 전문 직종의 이익을 위해 과학적 지식을 공개하고 발표해야 한다.

16 작업자세는 피로 또는 작업 능률과 밀접한 관계가 있는데, 바람직한 작업자세의 조건으로 보기 어려운 것은?
① 정적 작업을 도모한다.
② 작업에 주로 사용하는 팔은 심장높이에 두도록 한다.
③ 작업물체와 눈과의 거리는 명시거리로 30cm 정도를 유지토록 한다.
④ 근육을 지속적으로 수축시키기 때문에 불안정한 자세는 피하도록 한다.

[풀이] 바람직한 작업자세는 정적 작업을 피해야 한다.

17 지능검사, 기능검사, 인성검사는 직업 적성검사 중 어느 검사항목에 해당되는가?
① 감각적 기능검사
② 생리적 적성검사
③ 신체적 적성검사
④ 심리적 적성검사

[풀이] 심리적 적성검사 항목에는 지능검사, 지각동작검사, 기능검사, 인성검사 등이 속한다.

18 산업위생 활동 중 유해인자의 양적, 질적인 정도가 근로자들의 건강에 어떤 영향을 미칠 것인지 판단하는 의사결정단계는?
① 인지　　② 예측
③ 측정　　④ 평가

[풀이] 산업위생 활동 중 유해인자의 양적, 질적인 정도가 근로자들의 건강에 어떤 영향을 미칠 것인지 판단하는 의사결정단계는 평가(evaluation)단계이다.

정답 12.① 13.④ 14.① 15.④ 16.① 17.④ 18.④

19 근로자에 있어서 약한 손(왼손잡이의 경우 오른손)의 힘은 평균 45kP라고 한다. 이 근로자가 무게 18kg인 박스를 두 손으로 들어 올리는 작업을 할 경우의 작업강도(%MS)는?

① 15% ② 20%
③ 25% ④ 30%

풀이 $M_x(\%) = \dfrac{RF}{MS} \times 100$

∴ $M_x(\%) = \dfrac{18/2}{45} \times 100 = 20\%$

20 물체 무게가 2kg, 권고중량한계가 4kg일 때 NIOSH의 중량물 취급지수(LI, Lifting Index)는?

① 1 ② 2
③ 0.5 ④ 4

풀이 취급지수(LI) = $\dfrac{\text{실제무게}}{\text{RWL}} = \dfrac{2}{4} = 0.5$

제2과목 작업위생측정 및 평가

21 시료채취기를 근로자에게 착용시켜 가스·증기·미스트·흄 또는 분진 등을 호흡기 위치에서 채취하는 것을 무엇이라고 하는가?

① 지역시료채취 ② 개인시료채취
③ 작업시료채취 ④ 노출시료채취

풀이 시료채취기를 근로자에게 착용시켜 가스·증기·미스트·흄 또는 분진 등을 호흡기 위치에서 채취하는 것을 개인시료채취라고 한다. 개인시료는 호흡기를 중심으로 반경 30cm인 반구에서 채취된다.

22 공장 내 지면에 설치된 한 기계로부터 10m 떨어진 지점의 소음이 70dB(A)일 때, 기계의 소음이 50ddB(A)로 들리는 지점은 기계에서 몇 m 떨어진 곳인가?(단, 점음원을 기준으로 하고, 기타 조건은 고려하지 않는다.)

① 50 ② 100
③ 200 ④ 400

풀이 $\Delta SPL(dB) = 20\log\dfrac{r_2}{r_1}\begin{cases}\Delta SPL = 20dB\\r_1 = 10\text{ m}\end{cases}$

⇒ $20\text{ dB} = 20\log\dfrac{r_2}{10}$ ∴ $r_2 = 100\text{ m}$

23 Low Volume Air Sampler로 작업장 내 시료를 측정한 결과 2.55mg/m³이고, 상대농도계로 10분간 측정한 결과 155이고, dark count가 6일 때 질량농도의 변환계수는?

① 0.27 ② 0.36
③ 0.64 ④ 0.85

풀이 변환계수는 특정 단위에서 목표 단위로 변환하는 데 필요한 값을 말하며, 다음과 같이 산정된다.

변환계수 = $\dfrac{\text{실측값}}{(\text{분당 상대측정값} - \text{dark count})}$

∴ $K = \dfrac{2.55}{(155/10) - 6} = 0.268$

24 소음작업장에서 두 기계 각각의 음압레벨이 90dB로 동일하게 나타났다면 두 기계가 모두 가동되는 이 작업장의 음압레벨(dB)은?(단, 기타 조건은 같다.)

① 93 ② 95
③ 97 ④ 99

풀이 $L(dB) = 10\log(10^{90/10} \times 2) = 93\text{ dB}$

25 대푯값에 대한 설명 중 틀린 것은?

① 측정값 중 빈도가 가장 많은 수가 최빈값이다.
② 가중평균은 빈도를 가중치로 택하여 평균값을 계산한다.
③ 중앙값은 측정값을 모두 나열하였을 때 중앙에 위치하는 측정값이다.
④ 기하평균은 n개의 측정값이 있을 때 이들의 합을 개수로 나눈 값으로 산업위생 분야에서 많이 사용한다.

정답 19.② 20.③ 21.② 22.② 23.① 24.① 25.④

[풀이] 기하평균(GM, Geometric Mean)은 여러 개의 수를 연속으로 곱해 그 개수의 거듭제곱근으로 구한 수를 말한다. → $GM = \sqrt[N]{X_1 \times X_2 \times \cdots \times X_n}$

26 금속 도장 작업장의 공기 중에 혼합된 기체의 농도와 TLV가 다음 표와 같을 때, 이 작업장의 노출지수(EI)는 얼마인가?(단, 상가작용 기준이며 농도 및 TLV의 단위는 ppm이다.)

기체명	기체의 농도	TLV
Toluene	55	100
MBK	25	50
Acetone	280	750
MEK	90	200

① 1.573 ② 1.673
③ 1.773 ④ 1.873

[풀이] $EI = \sum \dfrac{C}{TLV}$ … (상가작용 기준)

∴ $EI = \dfrac{55}{100} + \dfrac{25}{50} + \dfrac{280}{750} + \dfrac{90}{200} = 1.873$

27 허용농도(TLV) 적용상 주의할 사항으로 틀린 것은?

① 대기오염 평가 및 관리에 적용될 수 없다.
② 안전농도와 위험농도를 정확히 구분하는 경계선이 아니다.
③ 사업장의 유해조건을 평가하고 개선하는 지침으로 사용될 수 없다.
④ 기존의 질병이나 육체적 조건을 판단하기 위한 척도로 사용될 수 없다.

[풀이] 노출기준은 사업장의 유해조건을 평가하고 개선하는 지침으로 사용될 수 있다. 다만, 대기오염 평가 및 관리에 적용할 수 없다.

28 작업환경측정 및 정도관리 등에 관한 고시상 원자흡광광도법(AAS)으로 분석할 수 있는 유해인자가 아닌 것은?

① 코발트   ② 구리
③ 산화철   ④ 카드뮴

[풀이] 원자흡광광도법(AAS)로 분석할 수 있는 중금속 유해인자는 ②, ③, ④항 이외에 납, 니켈, 크롬, 망간, 산화마그네슘, 산화아연, 수산화나트륨 10가지이다.

29 소음 측정을 위한 소음계(Sound level meter)는 주파수에 따른 사람의 느낌을 감안하여 세 가지 특성 즉 A, B 및 C 특성에서 음압을 측정할 수 있다. 다음 내용에서 A, B 및 C 특성에 대한 설명이 바르게 된 것은?

① A특성 보정치는 4,000Hz 수준에서 가장 크다.
② B특성 보정치(dB)는 2,000Hz에서 값이 0이다.
③ A특성 보정치(dB)는 1,000Hz에서 값이 0이다.
④ B특성 보정치와 C특성 보정치는 각각 70phon과 40phon의 등감곡선과 비슷하게 보정하여 측정한 값이다.

[풀이] ③항만 올바르다. 청감보정회로상 A, B, C 특성치의 값이 모두 일치되는 주파수는 1,000Hz이고, A특성 보정치(dB)는 1000Hz에서 값이 0이다.

30 불꽃방식 원자흡광광도계가 갖는 특징으로 틀린 것은?

① 분석시간이 흑연으로 장치에 비하여 적게 소요된다.
② 혈액이나 소변 등 생물학적 시료의 유해금속 분석에 주로 많이 사용된다.
③ 일반적으로 흑연로장치나 유도결합플라스마-원자발광분석기에 비하여 저렴하다.
④ 용질이 고농도로 용해되어 있는 경우 버너의 슬롯을 막을 수 있으며 점성이 큰 용액이 분무가 어려워 분무구멍을 막아버릴 수 있다.

[풀이] 혈액이나 소변 등 생물학적 시료의 유해금속 분석에 이용하는 것은 비불꽃 원자화장치이다.

31 작업환경측정결과를 통계처리 시 고려해야 할 사항으로 적절하지 않은 것은?

① 대표성   ② 불변성
③ 통계적 평가 ④ 2차 정규분포 여부

[정답] 26.④ 27.③ 28.① 29.③ 30.② 31.④

풀이 통계처리 시 고려해야 할 사항은 ①, ②, ③항 이외에 정규분포 여부이다. 여러 검정방법들이 데이터의 정규분포를 가정하고 수행된다.

32 1N-HCl(F=1,000) 500mL를 만들기 위해 필요한 진한 염산의 부피(mL)는?(단, 진한 염산의 물성은 비중 1.18, 함량 35%이다.)
① 약 18 ② 약 36
③ 약 44 ④ 약 66

풀이 $\dfrac{1eq}{L} \times 1,000 \times 500mL \times \dfrac{10^{-3}L}{mL}$
$= x(mL) \times \dfrac{1.18g}{mL} \times \dfrac{35}{100} \times \dfrac{eq}{36.5g}$
∴ $x = 44.19\,mL$

33 고온의 노출기준에서 작업자가 경작업을 할 때, 휴식 없이 계속 작업할 수 있는 기준에 위배되는 온도는?(단, 고용노동부 고시를 기준으로 한다.)
① 습구흑구온도지수 : 30℃
② 태양광이 내리쬐는 옥외장소
    흑구온도 : 32℃
    건구온도 : 40℃
③ 태양광이 내리쬐는 옥외장소
    자연습구온도 : 29℃
    흑구온도 : 33℃
    건구온도 : 33℃
④ 태양광이 내리쬐는 옥외장소
    자연습구온도 : 30℃
    흑구온도 : 30℃
    건구온도 : 30℃

풀이 경작업을 할 때, 휴식 없이 계속 작업(연속작업)할 수 있는 기준은 WBGT 30.0℃이다.
WT(℃)=0.7×자습+0.2×흑구+0.1×건구
③항의 조건을 위 식에 대입하면 → 30.2℃이다.

34 다음 중 고열 측정기기 및 측정방법 등에 관한 내용으로 틀린 것은?

① 고열을 측정하는 경우 측정기 제조자가 지정한 방법과 시간을 준수하여 사용한다.
② 측정기의 위치는 바닥 면으로부터 50cm 이상, 150cm 이하의 위치에서 측정한다.
③ 고열은 습구흑구온도지수를 측정할 수 있는 기기 또는 이와 동등 이상의 성능을 가진 기기를 사용한다.
④ 고열작업에 대한 측정은 1일 작업시간 중 최대로 고열에 노출되고 있는 1시간을 30분 간격으로 연속하여 측정한다.

풀이 고열작업에 대해 측정하고자 할 경우에는 1일 작업시간 중 최대로 높은 고열에 노출되고 있는 1시간을 10분 간격으로 연속하여 측정한다.

35 다음 중 활성탄에 흡착된 유기화합물을 탈착하는데 가장 많이 사용하는 용매는?
① 톨루엔 ② 이황화탄소
③ 클로로포름 ④ 메틸클로로포름

풀이 화학적 탈착방법은 이황화탄소(CS_2)가 용매로 사용된다. 탈착률 90% 이상, NIOSH 권고치 75% 이상

36 입경이 $50\mu m$ 이고 비중이 1.32인 입자의 침강속도(cm/s)는 얼마인가?
① 8.6 ② 9.9
③ 11.9 ④ 13.6

풀이 $V_g = 0.003\,\rho_p\,d_p^2$ … 리프만(Lippmann)식
∴ $V_g = 0.003 \times 1.32 \times 50^2 = 9.9\,cm/sec$

37 작업자가 유해물질에 노출된 정도를 표준화하기 위한 계산식으로 옳은 것은?(단, 고용노동부 고시를 기준으로 하며, C는 유해물질의 농도, T는 노출시간을 의미한다.)

① $\dfrac{\sum_{n=1}^{m}(C_n \times T_n)}{8}$ ② $\dfrac{8}{\sum_{n=1}^{m}(C_n) \times T_n}$

③ $\dfrac{\sum_{n=1}^{m}(C_n) \times T_n}{8}$ ④ $\dfrac{\sum_{n=1}^{m}(C_n) + T_n}{8}$

정답 32.③ 33.③ 34.④ 35.② 36.② 37.①

[풀이] 유해물질에 노출된 정도를 표준화하기 위해서는 유해물질의 농도와 노출시간을 곱하여 합산한 값을 8로 나누어(8시간 기준) 계산한다.

38 원자흡광분광법의 기본 원리가 아닌 것은?

① 모든 원자들은 빛을 흡수한다.
② 흡수되는 빛의 양은 시료에 함유되어 있는 원자의 농도에 비례한다.
③ 칼럼 안에서 시료들은 충진제와 친화력에 의해서 상호작용하게 된다.
④ 빛을 흡수할 수 있는 곳에서 빛은 각 화학적 원소에 대한 특정파장을 갖는다.

[풀이] 칼럼 안에서 충진제와 친화력에 의해서 상호작용하는 것은 가스크로마토그래피법의 원리이다.

39 다음 (   ) 안에 들어갈 수치는?

단시간노출기준(STEL) : (   )분간의 시간 가중 평균노출값

① 10　　　　② 15
③ 20　　　　④ 40

[풀이] 단시간노출기준(STEL)은 15분간의 시간가중 평균 노출값이다.

40 흡수액 측정법에 주로 사용되는 주요 기구로 옳지 않은 것은?

① 간이 가스 세척병
② 유리구 충진분리관
③ 테들라 백(Tedlar bag)
④ 프리티드 버블러(Fritted bubbler)

[풀이] 테들라 백(Tedlar bag)은 용기포집법에 필요한 기구이다. 백의 재질은 연질 염화비닐, 4불화비닐, 4불화에틸렌(Teflon), 폴리에틸렌텔레프탈레이트 등이 사용한다.

[**제3과목**] **작업환경관리대책**

41 무거운 분진(납분진, 주물사, 금속가루분진)의 일반적인 반송속도로 적절한 것은?

① 5m/s　　　　② 10m/s
③ 15m/s　　　④ 25m/s

[풀이] 납분진, 주물사, 금속가루 등은 반송속도를 20m/s 이상을 유지하여야 하고, 석면 덩이, 요업분진, 습한 시멘트분진 등 무겁고 습한 분진은 25m/s 이상을 유지하여야 한다. 그러므로 답은 ④항이 적합하다.

42 여과제진장치의 설명 중 옳은 것은?

㉠ 여과속도가 클수록 미세입자포집에 유리하다.
㉡ 연속식은 고농도 함진 배기가스처리에 적합하다.
㉢ 습식 제진에 유리하다.
㉣ 조작 불량을 조기에 발견할 수 있다.

① ㉠, ㉢　　　　② ㉡, ㉣
③ ㉡, ㉢　　　　④ ㉠, ㉡

[풀이] 여과제진장치의 설명 중 옳게 설명한 것은 ②항이다. 여과제진장치는 여과속도가 클수록 미세입자포집에 불리하고, 습식 제진을 할 수 없다.

43 호흡기 보호구의 밀착도 검사(fit test)에 대한 설명이 잘못된 것은?

① 정량적인 방법에는 냄새, 맛, 자극물질 등을 이용한다.
② 밀착도 검사란 얼굴피부 접촉면과 보호구 안면부가 적합하게 밀착되는지를 검사하는 것이다.
③ 밀착도 검사를 하는 것은 작업자가 작업장에 들어가기 전 누설 정도를 최소화시키기 위함이다.
④ 어떤 형태의 마스크가 작업자에게 적합한지 마스크를 선택하는 데 도움을 주어 작업자의 건강을 보호한다.

[풀이] 냄새, 맛, 자극물질 등을 이용하여 평가하는 방법은 정성적이다. 정량적 평가는 보호구 내·외부에서 측정된 대상 시험가스의 농도나 압력으로 판단한다. 예를 들면, 방독마스크의 밀착도 등을 검사하기 위해서는 사염화탄소, 시클로헥산, 디메틸에테르, 이소부탄, 염소 등의 시험가스를 사용한다.

44 어떤 공장에서 접착공정이 유기용제 중독의 원인이 되었다. 직업병 예방을 위한 작업환경 관리대책이 아닌 것은?

① 조업방법의 개선
② 보건교육 미실시
③ 공정의 밀폐 및 격리
④ 신선한 공기에 의한 희석 및 환기실시

[풀이] 보건교육 미실시는 직업병 예방대책이 될 수 없다. 직업병 예방을 위한 작업환경 관리대책은 공학적 대책 → 의학적 대책 → 교육 → 개인보호구를 기본 원칙으로 대치, 격리(밀폐), 환기, 개인보호구 착용, 교육 및 훈련, 작업환경의 정비 등을 세부 실천항목으로 설정하여 실행하여야 한다.

45 후드의 개구(opening) 내부로 작업환경의 오염공기를 흡인시키는데 필요한 압력차에 관한 설명 중 적합하지 않은 것은?

① 정지상태의 공기 가속에 필요한 것 이상의 에너지이어야 한다.
② 개구에서 발생되는 난류손실을 보전할 수 있는 에너지이어야 한다.
③ 개구에서 발생되는 난류손실은 형태나 재질에 무관하게 일정하다.
④ 공기의 가속에 필요한 에너지는 공기의 이동에 필요한 속도압과 같다.

[풀이] 후드의 개구(opening)에서 발생되는 난류손실은 개구부의 형태나 재질에 영향을 받는다. 절삭 면보다는 벨마우스형이 거친 표면을 갖는 것보다는 매끄러운 표면을 갖는 것이 난류손실이 적다.

46 90° 곡관의 반경비가 2.0일 때, 압력손실계수는 0.27이다. 속도압이 14mmH₂O라면 곡관의 압력손실(mmH₂O)은?

① 7.6   ② 5.5
③ 3.8   ④ 2.7

[풀이] $\Delta P_c = f_c \times P_v = 0.27 \times 14 = 3.78 \text{mmH}_2\text{O}$

47 용기충진이나 콘베이어 적재와 같이 발생기류가 높고 유해물질이 활발하게 발생하는 작업조건의 제어속도로 가장 알맞은 것은?(단, ACGIH 권고 기준)

① 2.0m/sec   ② 3.0m/sec
③ 4.0m/sec   ④ 5.0m/sec

[풀이] 용기충진이나 콘베이어 적재, 분쇄기, 분무 도장과 같이 발생기류가 높고 유해물질이 활발하게 발생하는 작업조건의 제어속도는 1.0~2.5 m/sec 정도가 적절하다.

48 귀덮개의 장점을 모두 짝지은 것으로 가장 옳은 것은?

A. 귀마개보다 쉽게 착용할 수 있다.
B. 귀마개보다 일관성 있는 차음효과를 얻을 수 있다.
C. 크기를 여러 가지로 할 필요가 없다.
D. 착용 여부를 쉽게 확인할 수 있다.

① A, B, D   ② A, B, C
③ A, C, D   ④ A, B, C, D

[풀이] 귀덮개의 장점은 A, B, C, D항목 이외에 간헐적 소음노출에 유리하게 적용할 수 있고, 귀에 염증이 있어도 사용할 수 있으며, 착용법이 틀리거나 잃어버리는 일이 적다.

49 후드 흡인기류의 불량상태를 점검할 때, 필요하지 않은 측정기기는?

① Pitot tube
② 열선풍속계
③ 연기발생기
④ Threaded thermometer

[풀이] 나사산 서모미터(Threaded thermometer)는 -50~200℃ 범위의 온도측정(액체 및 기체 유체)에 이용되는 기기이다. 따라서 후드 흡인기류의 불량상태 점검에 필요하지 않다. 국소환기시설의 자체검사 시 필요한 필수장비에는 연기발생기, 청음기 또는 청음봉, 절연저항계, 열선풍속계, 표면온도계 및 초자온도계, 줄자 등이다.

50 강제환기의 효과를 제고하기 위한 원칙으로 틀린 것은?

① 공기배출구와 근로자의 작업위치 사이에 오염원이 위치하여야 한다.
② 공기가 배출되면서 오염장소를 통과하도록 공기배출구와 유입구의 위치를 선정한다.
③ 오염물질 배출구는 가능한 한 오염원으로부터 가까운 곳에 설치하여 점환기 현상을 방지한다.
④ 오염원 주위에 다른 작업공정이 있으면 공기배출량을 공급량보다 약간 크게 하여 음압을 형성하여 주위 근로자에게 오염물질이 확산되지 않도록 한다.

[풀이] 오염물질 배출구는 가능한 한 오염원으로부터 가까운 곳에 설치하여 점환기 효과를 얻을 수 있도록 해야 한다.

51 덕트(duct)의 압력손실에 관한 설명으로 옳지 않은 것은?

① 덕트 압력손실은 관직경과 반비례한다.
② 압력손실은 유체의 속도압에 반비례한다.
③ 덕트 압력손실은 배관의 길이와 정비례한다.
④ 직관에서의 마찰손실과 형태에 따른 압력손실로 구분할 수 있다.

[풀이] 압력손실(h_L)은 유체의 속도압(P_v)과 길이(L)에 비례하고, 압력손실계수(h_f)는 관의 직경에 반비례한다.
∴ $h_L = h_f L P_v$

52 원심력 송풍기 중 다익형 송풍기에 관한 설명으로 가장 거리가 먼 것은?

① 송풍기의 임펠러가 다람쥐 쳇바퀴 모양으로 생겼다.
② 큰 압력손실에서 송풍량이 급격하게 떨어지는 단점이 있다.
③ 고강도가 요구되기 때문에 제작비용이 비싸다는 단점이 있다.
④ 다른 송풍기와 비교하여 동일 송풍량을 발생시키기 위한 임펠러 회전속도가 상대적으로 낮기 때문에 소음이 작다.

[풀이] 강도가 매우 높게 설계되고, 고강도가 요구되는 시스템에 사용되기 때문에 제작비용이 비싼 단점이 있는 것은 고압공정용 평판형 송풍기(방사날개형 또는 레이디얼형)이다. 고온·고압의 대용량에 사용되는 터보형도 제작비가 비싸게 든다. 평판형은 저농도 분진 함유 공기나 금속성이 많이 함유된 공기를 이송시키는 데 많이 이용된다.

53 송풍기 깃이 회전방향 반대편으로 경사지게 설계되어 충분한 압력을 발생시킬 수 있고, 원심력송풍기 중 효율이 가장 좋은 송풍기는?

① 후향날개형 송풍기
② 방사날개형 송풍기
③ 전향날개형 송풍기
④ 안내깃이 붙은 축류 송풍기

[풀이] 원심력송풍기 중 효율이 가장 좋은 송풍기는 후향날개형(터보형) 송풍기이다. 터보형은 방사형과 전향 송풍기에 비해 효율이 높으며, 송풍량이 증가해도 동력이 증가하지 않는 장점이 있어 한계부하 송풍기라고도 한다.

54 전기집진장치의 장점으로 옳지 않은 것은?

① 가연성 입자의 처리에 효율적이다.
② 넓은 범위의 입경과 분진농도에 집진효율이 높다.
③ 압력손실이 낮으므로 송풍기의 가동비용이 저렴하다.
④ 고온가스를 처리할 수 있어 보일러와 철강로 등에 설치할 수 있다.

[풀이] 전기집진장치는 가연성 입자의 처리에 부적합하다. 가연성 입자는 세정집진장치(벤투리스크러버 등)로 처리하는 것이 유리하다.

55 어떤 원형덕트에 유체가 흐르고 있다. 덕트의 직경을 1/2로 하면 직관부분의 압력손실은 몇 배로 되는가?(단, 달시의 방정식을 적용한다.)
① 4배
② 8배
③ 16배
④ 32배

풀이) $\Delta P = \lambda \dfrac{L}{D} \dfrac{\gamma V^2}{2g}$ → $\Delta P = K \times \dfrac{V^2}{D}$

⇒ 유속$(V) = \dfrac{Q}{A} = \dfrac{Q}{\pi D^2 / 4}$

∴ $\dfrac{\Delta P_2}{\Delta P_1} = \dfrac{K \times \dfrac{(4V)^2}{(1/2)D}}{K \times \dfrac{V^2}{D}} = 4^2 \times 2 = 32$배

56 눈 보호구에 관한 설명으로 틀린 것은? (단, KS 표준 기준)
① 400A 이상의 아크 용접 시 차광도 번호 14의 차광도 보호안경을 사용하여야 한다.
② 눈을 보호하는 보호구는 유해광선 차광 보호구와 먼지나 이물을 막아주는 방진안경이 있다.
③ 단순히 눈의 외상을 막는데 사용되는 보호안경은 열처리를 하거나 색깔을 넣은 렌즈를 사용할 필요가 없다.
④ 눈, 지붕 등으로부터 반사광을 받는 작업에서는 차광도 번호 1.2~3 정도의 차광도 보호안경을 사용하는 것이 알맞다.

풀이) 보안경은 비산물, 분진, 유해광선 등으로부터 눈을 보호하기 위한 것이다. 작업 중 발생되는 파편, 비산물 등으로부터 눈을 보호하는 일반보안경과 자외선, 적외선, 강렬한 가시광선 등으로부터 눈을 보호하는 차광보안경으로 구분할 수 있다. 단순히 눈의 외상을 막는 용도로 사용되는 도수 없는 안경이라도 눈 보호 목적으로 사용한다면 열처리를 하거나 색깔을 넣은 렌즈를 사용할 필요가 있다. 참고로 눈, 지붕 등으로부터 반사광을 받는 작업에서는 차광도 번호 1.2~3번 정도, 가스용접에는 차광도 번호 4~6번, 금속아크 용접(300~400A)은 차광도 번호 13번의 보호 안경을 사용하여야 하고, 탄소아크 400A 이상은 차광도 번호 14번의 보호안경을 사용하여야 한다.

57 소음 작업장에 소음수준을 줄이기 위하여 흡음을 중심으로 하는 소음 저감대책을 수립한 후, 그 효과를 측정하였다. 소음 감소효과가 있었다고 보기 어려운 경우는?
① 대책 후의 총 흡음량이 약간 증가하였다.
② 실내상수 R을 계산해보니 R값이 대책수립 전보다 커졌다.
③ 음의 잔향시간을 측정하였더니 잔향시간이 약간이지만 증가한 것으로 나타났다.
④ 소음원으로부터 거리가 멀어질수록 소음수준이 낮아지는 정도가 대책수립 전보다 커졌다.

풀이) 잔향시간(반향시간, reverberation time)은 실내에서 음원을 끈 순간부터 음압레벨이 60dB 감소되는 소요시간을 의미하며, 잔향시간은 재료의 흡음력 평가의 척도가 된다. 잔향시간과 흡음력은 반비례관계이므로 잔향시간이 증가하였다면 흡음력이 저하한 것이다.

58 국소환기시설에 필요한 공기송풍량을 계산하는 공식 중 점흡인에 해당하는 것은?
① $Q = 4\pi X^2 \times V_c$
② $Q = 2\pi LX \times V_c$
③ $Q = 60 \times 0.5 V_c (10X^2 + A)$
④ $Q = 60 \times 0.75 V_c (10X^2 + A)$

풀이) 점흡인 유량은 점오염원에 설치된 국소환기시설의 이론적 흡인량을 산정할 때 이용된다. 점흡인의 통제면적은 하나의 이상적인 구형으로 간주되므로 흡인유량은 다음과 같이 산정된다.
$Q = 4\pi X^2 \times V_c$

59 확대각이 10°인 원형 확대관에서 입구직관의 정압은 -15mmH$_2$O, 속도압은 35mmH$_2$O이고, 확대된 출구직관의 속도압은 25mmH$_2$O이다. 확대측의 정압(mmH$_2$O)은?(단, 확대각이 10°일 때 압력손실계수(ζ)는 0.28이다.)

① 7.8　　　　② 15.6
③ -7.8　　　④ -15.6

풀이 $P_{s2} = P_{s1} + (1-\zeta)(P_{v1} - P_{v2})$
∴ $P_{s2} = -15 + (1-0.28) \times (35-25)$
　　　$= -7.8 \text{mmH}_2\text{O}$

60 목재분진을 측정하기 위한 시료채취장치로 가장 적합한 것은?

① 활성탄관(charcoal tube)
② 실리카겔관(silica gel tube)
③ 흡입성분진 시료채취기(IOM sampler)
④ 호흡성분진 시료채취기(aluminum cyclone)

풀이 목재분진은 흡입성분진으로 입경범위 0~100μm를 갖는다. 호흡기의 어느 부위에 침착하더라도 독성을 유발하는 분진으로 분류된다. 이 외에 제빵과정의 밀가루분진, 농작업 및 농약살포 시에 흡입성분진에 의한 영향을 받기 쉽다. 따라서 이러한 흡입성분진 측정은 ACGIH에서 권고하고 있는 유리섬유여과지(glass fiber filter)를 장착하는 흡입성분진 측정기, 즉 Institute of Occupational Medicine(IOM) 샘플러를 사용하여 정량한다.

제4과목　물리적 유해인자관리

61 질식 우려가 있는 지하 맨홀작업에 앞서서 준비해야 할 장비나 보호구로 볼 수 없는 것은?

① 안전대　　　② 방독마스크
③ 송기마스크　④ 산소농도 측정기

풀이 방독마스크는 고농도(IDLH) 작업장, 산소결핍(18% 이하)의 위험이 있는 작업장, 맨홀 내 작업, 지하 및 배 밑의 창고, 오래된 우물 안, 기름탱크 안 등에는 사용할 수 없다.

62 진동 발생원에 대한 대책으로 가장 적극적인 방법은?

① 발생원의 격리　② 보호구 착용
③ 발생원의 제거　④ 발생원의 재배치

풀이 진동 발생원에 대한 대책으로 가장 적극적인 방법은 발생원의 제거이다.

63 전리방사선에 의한 장해에 해당하지 않는 것은?

① 참호족　　　② 피부장해
③ 유전적 장해　④ 조혈기능 장해

풀이 참호족은 물이 어는 온도 또는 그 부근의 찬 공기에 오래 접하거나 물에 잠겨서 생긴다. 참호족은 지속적인 국소의 산소결핍 때문이며 저온으로 모세혈관 벽이 손상되는 것이다.

64 고소음으로 인한 소음성 난청 질환자를 예방하기 위한 작업환경관리방법 중 공학적 개선에 해당되지 않는 것은?

① 소음원의 밀폐
② 보호구의 지급
③ 소음원의 벽으로 격리
④ 작업장 흡음시설의 설치

풀이 보호구의 지급은 작업관리 대책에 해당한다. 소음에 대한 작업환경관리방법 중 공학적 개선에 해당되는 것은 대치, 밀폐 및 격리, 흡음시설의 설치, 공정관리 등이다.

65 비이온화 방사선의 파장별 건강에 미치는 영향으로 옳지 않은 것은?

① UV-A : 315~400nm - 피부노화 촉진
② IR-B : 780~1,400nm - 백내장, 각막화상
③ UV-B : 280~315nm - 발진, 피부암, 광결막염
④ 가시광선 : 400~700nm - 광화학적이거나 열에 의한 각막손상, 피부화상

풀이 비이온화 방사선(비전리 방사선)은 원자의 이온화를 직접적으로 일으킬 만한 에너지를 가지지 못하는 방사선으로 자외선, 가시광선, 적외선, 라디오파, 마이크로파, 저주파 등을 총칭한다. ②항의 중적외선(IR-B)의 파장범위는 1,500~3,000nm이고, 유리면을 투과하는 특성을 가지므로 1,400nm 이상 파장에서는 각막손상을 일으킨다. 한편, 1,400nm 이하 파장에서는 홍체 및 수정체의 열상으로 대장공의 백내장(초자공 백내장=적외선 백내장)을 유발한다.

정답 60.③　61.②　62.③　63.①　64.②　65.②

66 WBGT에 대한 설명으로 옳지 않은 것은?
① 표시단위는 절대온도(K)이다.
② 기온, 기습, 기류 및 복사열을 고려하여 계산된다.
③ 고온에서의 작업-휴식 시간비를 결정하는 지표로 활용된다.
④ 태양광선이 있는 옥외 및 태양광선이 없는 옥내로 구분된다.

풀이 고열(복사열 포함)의 측정단위는 습구·흑구온도지수(온열지수, WBGT)를 구하여 ℃로 표시한다.

67 작업자 A의 4시간 작업 중 소음노출량이 76%일 때, 측정시간에 있어서의 평균치는 약 몇 dB(A)인가?
① 88 ② 93
③ 98 ④ 103

풀이 $TWA = 16.61 \log\left(\dfrac{D}{100}\right) + 90$
∴ $TWA = 16.61 \log\left(\dfrac{76 \times (8/4)}{100}\right) + 90 = 93 dB(A)$

68 이온화 방사선과 비이온화 방사선을 구분하는 광자에너지는?
① 1eV ② 4eV
③ 12.4eV ④ 15.6eV

풀이 이온화 방사선(전리방사선)과 비이온화 방사선(비전리방사선)의 일반적 경계는 12.4eV(electron Volt, 전자볼트)이다.

69 이상기압에 의하여 발생하는 직업병에 영향을 미치는 유해인자가 아닌 것은?
① 산소(O_2) ② 이산화황(SO_2)
③ 질소(N_2) ④ 이산화탄소(CO_2)

풀이 질소가스는 절대압 4기압 이상에서 다행증을 유발하고, 산소분압이 절대압 2기압 이상인 때는 간질모양의 경련이 일어나는 산소중독증이 발생한다. 이산화탄소의 분압이 높아지면 동통성 관절장애가 발생하고, 이산화탄소는 산소의 독성과 질소의 마취작용을 증대시키는 역할을 한다.

70 채광계획에 관한 설명으로 옳지 않은 것은?
① 창의 면적은 방바닥 면적의 15~20%가 이상적이다.
② 조도의 평등을 요하는 작업실은 남향으로 하는 것이 좋다.
③ 실내 각점의 개각은 4~5°, 입사각은 28° 이상이 되어야 한다.
④ 유리창은 청결한 상태여도 10~15% 조도가 감소되는 점을 고려한다.

풀이 많은 양의 자연채광을 요구할 경우는 남향으로 창을 내는 것이 좋고, 균일한 조명을 요하는 작업실은 동북 또는 북창이 좋다.

71 빛에 관한 설명으로 옳지 않은 것은?
① 광원으로부터 나오는 빛의 세기를 조도라 한다.
② 단위 평면적에서 발산 또는 반사되는 광량을 휘도라 한다.
③ 루멘은 1촉광의 광원으로부터 단위 입체각으로 나가는 광속의 단위이다.
④ 조도는 어떤 면에 들어오는 광속의 양에 비례하고, 입사면의 단면적에 반비례한다.

풀이 광원으로부터 나오는 빛의 세기를 광도라고 하며, 단위는 칸델라(cd)를 사용한다. 조도는 밝기에 대한 감각이며 어떤 물체에서 나오는 광속의 양으로 나낸다. 조도는 단위면에 수직으로 투하된 광속밀도를 말한다.

72 태양으로부터 방출되는 복사 에너지의 52% 정도를 차지하고 피부조직 온도를 상승시켜 충혈, 혈관확장, 각막손상, 두부장해를 일으키는 유해광선은?
① 자외선 ② 적외선
③ 가시광선 ④ 마이크로파

풀이 적외선은 열선(熱線)으로 과도하게 조사될 경우 인체의 과도한 온도상승, 충혈, 혈관확장, 각막손상, 두부(頭部)장해를 일으킨다.

73 감압병의 예방 및 치료의 방법으로 옳지 않은 것은?

① 감압이 끝날 무렵에 순수한 산소를 흡입시키면 예방적 효과와 함께 감압시간을 단축시킬 수 있다.
② 잠수 및 감압 방법은 특별히 잠수에 익숙한 사람을 제외하고는 1분에 10m 정도씩 잠수하는 것이 안전하다.
③ 고압환경에서 작업 시 질소를 헬륨으로 대치하면 성대에 손상을 입힐 수 있으므로 할로겐가스로 대치한다.
④ 감압병의 증상을 보일 경우 환자를 인공적 고압실에 넣어 혈관 및 조직 속에 발생한 질소의 기포를 다시 용해시킨 후 천천히 감압한다.

풀이 감압병을 예방하기 위해 고압환경에서 작업하는 근로자는 질소 대신 마취현상이 적은 수소 또는 헬륨 같은 불활성 기체들로 대치하는 것이 좋다. 헬륨은 질소보다 확산속도가 크므로 고압환경에서 작업할 때에는 질소-산소 혼합가스를 질소-헬륨으로 대치하는 것이 좋다.

74 흑구온도는 32℃, 건구온도는 27℃, 자연습구온도는 30℃인 실내작업장의 습구·흑구온도지수는?

① 33.3℃   ② 32.6℃
③ 31.3℃   ④ 30.6℃

풀이 WBGT(℃) = 0.7×자연 + 0.3×흑구
∴ WBGT = (0.7×30)+(0.3×32)= 30.6℃

75 저온환경에서 나타나는 일차적인 생리적 반응이 아닌 것은?

① 체표면적의 증가
② 피부혈관의 수축
③ 근육긴장의 증가와 떨림
④ 화학적 대사작용의 증가

풀이 저온환경에서 나타나는 일차적인 생리적 반응은 ②, ③, ④항 이외에 체표면적의 감소, 피부혈관의 수축, 입모(piloerection), 체내 대사율 증가, 몸 떨림(전율), 갑상선자극호르몬 분비 증가 등이 일어난다.

76 소음에 의하여 발생하는 노인성 난청의 청력손실에 대한 설명으로 옳은 것은?

① 2,000Hz에서 가장 큰 청력장애가 예상된다.
② 고주파영역으로 갈수록 큰 청력손실이 예상된다.
③ 1,000Hz 이하에서는 20~30dB의 청력손실이 예상된다.
④ 1,000~8,000Hz 영역에서는 0~20dB의 청력손실이 예상된다.

풀이 ②항만 올바르다. 영구적인 난청은 정상 청력으로 회복되지 않는 난청으로 4,000Hz 정도에서부터 난청이 진행되지만 노인성 난청은 고주파음인 6,000Hz에서부터 난청이 시작된다. 고주파영역에서 청력손실이 증가한다. 반복 출제될 수 있으므로 잘 대비하도록!!

77 음(sound)에 관한 설명으로 옳지 않은 것은?

① 음(음파)이란 대기압보다 높거나 낮은 압력의 파동이고, 매질을 타고 전달되는 진동에너지이다.
② 사람이 대기압에서 들을 수 있는 음압은 0.000002N/m²에서부터 20N/m²까지 광범위한 영역이다.
③ 음의 단위는 물리적 단위를 쓰는 것이 아니라 감각수준인 데시벨(dB)이라는 무차원의 비교 단위를 사용한다.
④ 주파수란 1초 동안에 음파로 발생되는 고압력 부분과 저압력 부분을 포함한 압력변화의 완전한 주기를 말한다.

풀이 가청음압도(가청 음압레벨)는 1,000Hz(정상인 기준)에서 0.00002($2×10^{-5}$N/m²)~20N/m²이다. 참고로 가청주파수는 20~20,000Hz, 가청음압레벨은 0~130(120)dB이며, 정상인이 들을 수 있는 가장 낮은 이론적 음압은 0dB이다.

정답 73.③ 74.④ 75.① 76.② 77.②

78 고압환경에서 발생할 수 있는 생체증상으로 볼 수 없는 것은?

① 부종
② 압치통
③ 폐압박
④ 폐수종

풀이 폐수종은 저압환경의 생체작용이다. 고압환경은 잠함작업·잠수작업과 같은 대기압(1기압)보다 높은 이상기압을 말하며, 가압병(Compression Sickness)은 장해 메커니즘에 따라 압력차에 의한 기계적 장해와 화학적 장해로 구분한다. 폐수종은 이상기압(저기압)에서 발생할 수 있는 건강장해이다.

79 흡음재의 종류 중 다공질 재료에 해당되지 않는 것은?

① 암면
② 펠트(felt)
③ 석고보드
④ 발포 수지재료

풀이 석고보드는 판구조 흡음재료이다. 다공질 흡음재료는 유리면(글라스울), 암면, 스랙울, 발포재(연속기포), 각종 섬유, 철물, 펠트(felt) 등이다. 한편, 판구조 흡음재는 석고보드, 석면시멘트판, 하드보드, 합판, 알루미늄, 철판 등이 있다. 새롭게 출제되는 문제 유형이므로 해설을 잘 정리해 두어야 함!!!

80 $6N/m^2$의 음압은 약 몇 dB의 음압수준인가?

① 90
② 100
③ 110
④ 120

풀이 $SPL(dB) = 20\log\left(\dfrac{P}{P_o}\right)$
$= 20\log\left(\dfrac{6}{2\times 10^{-5}}\right) = 109.5 dB$

[제5과목] **산업독성학**

81 metallothionein에 대한 설명으로 옳지 않은 것은?

① 방향족 아미노산이 없다.
② 주로 간장과 신장에 많이 축적된다.
③ 카드뮴과 결합하면 독성이 강해진다.
④ 시스테인이 주성분인 아미노산으로 구성된다.

풀이 카드뮴에 폭로되면 메탈로티오네인이라는 단백질을 합성하여 독성을 저감시킨다. 혈액 내의 카드뮴은 90% 이상 세포에 존재하며, 카드뮴의 체내 수송 및 해독에는 분자량 10,500정도의 저분자 단백질인 메탈로티오네인(metallothionein)이 관여한다. 메탈로티오네인이 형성될 경우 신장조직에 카드뮴이 어느 정도 축적되어도 독성이 잘 나타나지 않으며, 태반의 메탈로티오네인은 모체 내 카드뮴이 태아로 이동하는 것을 방지하는 것으로 알려져 있다.

82 직업병의 유병률이란 발생률에서 어떠한 인자를 제거한 것인가?

① 기간
② 집단수
③ 장소
④ 질병종류

풀이 10년 전에 출제되었던 문제가 재출제되었다. 발생률이 새로 생긴 환자의 수라면 유병률은 전부터이던 새로 생겼던 현재 그 질병을 앓고 있는 모든 사람을 말한다. 즉, 유병률이란 발생률에서 기간을 제거한 것이다. 유병률은 어느 시점에 해당 집단의 작업자 중 (직업병을 가진 사람 포함)에서 직업병을 가지고 있는 사람의 수적비율(%)을 나타낸다. 유병률(P)이 10% 이하, 발생률과 평균이환기간이 시간경과에 따라 일정하다고 할 때, 유병률과 발생률의 사이에는 다음 관계가 성립된다.

□ 유병률$(P) = I \times D \begin{cases} I : 발생률 \\ D : 평균 이환기간 \end{cases}$

83 급성 전신중독을 유발하는데 있어 그 독성이 가장 강한 방향족 탄화수소는?

① 벤젠(Benzene)
② 크실렌(Xylene)
③ 톨루엔(Toluene)
④ 에틸렌(Ethylene)

풀이 톨루엔은 벤젠과 같이 재생불량성 빈혈(Aplastic anemia)과 같은 만성 혈액학적 영향은 일으키지 않지만 고농도에서 노출될 경우, 급성 전신중독의 독성은 매우 강하다. 따라서 급성 전신중독의 독성 크기를 나타내면 톨루엔>크실렌>벤젠의 순서가 된다. 반복 출제될 수 있으므로 시험대비 잘해 두도록!!

정답 78.④ 79.③ 80.③ 81.③ 82.① 83.③

부록

84 투명한 휘발성 액체로 페인트, 시너, 잉크 등의 용제로 사용되며 장기간 노출될 경우 말초 신경장해가 초래되어 사지의 지각상실과 신근마비 등 다발성 신경장해를 일으키는 파라핀계 탄화수소의 대표적인 유해물질은?

① 벤젠 ② 노말헥산
③ 톨루엔 ④ 클로로포름

풀이 노말헥산[n-Hexane, $CH_3(CH_2)_4CH_3$]은 가솔린과 비슷한 연한 냄새가 나는 무색·투명한 액체로 물에 잘 녹지 않는다. 빨리 건조하는 고무풀과 잉크의 용제, 종자의 기름 추출용 용제, 타이어 접착제, 테이프 제조, 반창고 제조, 붕대 제조, 세척제, 시험실 시약, 저온 측정용 온도계 제조 등에 사용된다. 노말헥산은 알케인(alkane)류 중에서 가장 독성이 강한 물질이다. 먹었을 경우, 메스꺼움, 현기증, 기관지나 위장관 자극증상, 그리고 중추신경계 억제증상이 나타난다.

85 사업장에서 노출되는 금속의 일반적인 독성기전이 아닌 것은?

① 효소 억제
② 중추신경계
③ 금속평형의 파괴
④ 필수금속 성분의 대체

풀이 금속의 일반적인 독성기전은 DNA의 구조변화(염기와 작용 → 염기쌍의 수소결합 파괴), 금속 평형의 파괴, 단백질 기능변화(-SH, sulfhydryl기와 높은 친화성으로 단백질의 침전유발), 효소 억제작용, 필수 금속성분의 대체작용(생물학적 과정이 민감한 방향으로 변화) 등이다. 중추신경계 영향을 미치는 것으로 활성 억제작용을 하는 것은 할로겐화합물>에테르>에스테르>유기산>알코올>알켄>알칸이고, 자극작용을 유발하는 것은 아민류>유기산>알데히드>알코올>탄화수소류이다.

86 생물학적 모니터링에 대한 설명으로 옳지 않은 것은?

① 화학물질의 종합적인 흡수 정도를 평가할 수 있다.
② 노출기준을 가진 화학물질의 수보다 BEI를 가지는 화학물질의 수가 더 많다.
③ 생물학적 시료를 분석하는 것은 작업환경 측정보다 훨씬 복잡하고 취급이 어렵다.
④ 근로자의 유해인자에 대한 노출 정도를 소변, 호기, 혈액 중에서 그 물질이나 대사산물을 측정함으로써 노출 정도를 추정하는 방법을 의미한다.

풀이 생물학적 모니터링은 분석기술의 한계가 있으며, 아직도 대사기전을 모르는 물질이 많이 있기 때문에 노출기준을 가진 화학물질의 수보다 BEI를 가지는 화학물질의 수가 적다. 이 문제는 9년만에 반복 출제되는 문제이다.

87 무기성 분진에 의한 진폐증에 해당하는 것은?

① 면폐증 ② 농부폐증
③ 규폐증 ④ 목재분진폐증

풀이 진폐증 유발 분진은 섬유증식, 결절형성, 폐결핵증을 유발하는 것으로 유리규산, 석면, 활석, 산화베릴륨 등이 있다. 무기성 분진에 의한 진폐증은 탄광부 진폐증, 용접공폐증, 석면폐증, 규폐증, 흑연폐증, 탄소폐증, 철폐증, 베릴륨폐증, 알루미늄폐증, 주석폐증, 칼륨폐증, 바륨폐증, 활석폐증, 규조토폐증 등이다.

88 니트로벤젠의 화학물질의 영향에 대한 생물학적 모니터링 대상으로 옳은 것은?

① 요에서의 마뇨산
② 적혈구에서의 ZPP
③ 요에서의 저분자량 단백질
④ 혈액에서의 메트헤모글로빈

풀이 니트로벤젠의 화학물질의 영향에 대한 생물학적 모니터링에서 비특이적 폭로 지표로 작업 중 또는 종료 시에 혈중 메트헤모글로빈량을 측정한다. 이 문제는 10년만에 반복 출제되는 문제이다.

89 직업성 천식을 유발하는 대표적인 물질로 나열된 것은?

① 알루미늄, 2-Bromopropane
② TDI(Toluene Diisocyanate), Asbestos
③ 실리카, DBCP(1,2-dibromo-3-chloropropane)
④ TDI(Toluene Diisocyanate), TMA(Trimellitic Anhydride)

[풀이] 천식(喘息, asthma)의 대표적인 원인 물질은 플라스틱 제조공정 또는 우레탄 도료 등에서 사용되는 톨루엔디이소시안산염(TDI), 무수트리멜리트산(TMA)과 이외에 목재분진, 중금속(니켈, 크롬), 매연, 곡물분진, 가축의 분변, 미생물 등이다.

90 생리적으로는 아무 작용도 하지 않으나 공기 중에 많이 존재하여 산소분압을 저하시켜 조직에 필요한 산소의 공급부족을 초래하는 질식제는?

① 단순 질식제
② 화학적 질식제
③ 물리적 질식제
④ 생물학적 질식제

[풀이] 단순 질식제는 생리적으로는 무해(無害)하지만 공기 중에 많이 존재하여 산소분압을 저하시켜 조직에 필요한 산소의 공급 부족을 초래하는 물질을 말한다. 예를 들면, N_2, He, H_2, CO_2, CH_4, C_2H_6, N_2O 등이 이에 속한다.

91 크롬화합물 중독에 대한 설명으로 옳지 않은 것은?

① 크롬중독은 뇨 중의 크롬량을 검사하여 진단한다.
② 중독치료는 배설촉진제인 Ca-EDTA를 투약하여야 한다.
③ 크롬 만성중독의 특징은 코, 폐 및 위장에 병변을 일으킨다.
④ 정상인보다 크롬 취급자는 폐암으로 인한 사망률이 약 13~31배나 높다고 보고된 바 있다.

[풀이] 크롬화합물에 노출되어 코와 피부궤양이 발생한 경우는 10% Ca-EDTA 연고 또는 10% $CaNa_2$-EDTA를 사용하여 치료하지만 만성 크롬중독인 경우 약품치료제(BAL, Ca-EDTA 등)의 투여 효과가 없고, 폭로 중단 이외에는 특별한 방법이 없다. 이 문제는 10년만에 유사문제로 반복출제되었다.

92 기관지와 폐포 등 폐 내부의 공기통로와 가스교환 부위에 침착되는 먼지로서 공기역학적 지름이 30μm 이하의 크기를 가지는 것은?

① 흉곽성 먼지
② 호흡성 먼지
③ 흡입성 먼지
④ 침착성 먼지

[풀이] 공기역학적 지름이 30μm 이하의 크기를 가진 분진은 흉곽성 먼지(TPM)에 속한다. 흉곽성 먼지는 60% 침착되는 평균 입자의 크기가 10μm이고, 기도(氣道) 및 기관지에 침착하여 독성을 유발한다. 이 문제는 9년만에 반복 출제되었다.

93 자극성 접촉피부염에 대한 설명으로 옳지 않은 것은?

① 홍반과 부종을 동반하는 것이 특징이다.
② 작업장에서 발생빈도가 가장 높은 피부질환이다.
③ 진정한 의미의 알레르기 반응이 수반되는 것은 포함시키지 않는다.
④ 항원에 노출되고 일정시간이 지난 후에 다시 노출되었을 때 세포매개성 과민반응에 의하여 나타나는 부작용의 결과이다.

[풀이] ④항은 알레르기성 접촉피부염에 대한 사항이다. 알레르기성 접촉피부염은 항원에 노출되고 일정 시간이 지난 후에 다시 노출되었을 때 세포 매개성 과민반응에 의하여 나타나는 부작용의 결과이다. 접촉성 피부염은 피부질환의 대부분(90%)을 차지하며, 그 중 80% 내외는 자극성에 의한 원발성 접촉피부염이고, 나머지 20%는 알레르기성 접촉피부염이다.

94 작업환경에서 발생될 수 있는 망간에 관한 설명으로 옳지 않은 것은?

① 주로 철합금으로 사용되며, 화학공업에서는 건전지 제조업에 사용된다.
② 급성중독 시 신장장애를 일으켜 요독증(uremia)으로 8~10일 이내 사망하는 경우도 있다.
③ 만성노출 시 언어가 느려지고, 무표정하게 되며, 파킨슨 증후군 등의 증상이 나타나기도 한다.
④ 망간은 호흡기, 소화기 및 피부를 통하여 흡수되며, 이 중에서 호흡기를 통한 경로가 가장 많고 위험하다.

[풀이] 크롬은 급성중독의 특징으로 심한 신장장애로 과뇨증이 오며, 더 진전되면 무뇨증을 일으켜 요독증으로 10일 안에 사망에 이르게 하는 물질이다. 6가 크롬도 과뇨증 → 무뇨증 → 요독증 → 사망에 이르게 하는 유해 중금속물질이다.

정답 90.① 91.② 92.① 93.④ 94.②

95 중금속과 중금속이 인체에 미치는 영향을 연결한 것으로 옳지 않은 것은?

① 크롬-폐암
② 수은-파킨슨병
③ 납-소아의 IQ 저하
④ 카드뮴-호흡기의 손상

[풀이] 파킨슨씨 증후군과 관련된 중금속은 망간이다. 이 문제는 11년 만에 반복 출제되었다.

96 어떤 물질의 독성에 관한 인체실험 결과 안전흡수량이 체중 1kg당 0.15mg이었다. 체중이 70kg인 근로자가 1일 8시간 작업할 경우, 이 물질의 체내 흡수를 안전흡수량 이하로 유지하려면, 공기 중 농도를 약 얼마 이하로 하여야 하는가?[단, 작업 시 폐환기율(호흡률)은 $1.3m^3/hr$, 체내 잔류율은 1.0으로 한다.]

① $0.52mg/m^3$
② $1.01mg/m^3$
③ $1.57mg/m^3$
④ $2.02mg/m^3$

[풀이] 체내 흡수량$(mg/kg) = \dfrac{C \times T \times V \times R}{BW}$

$\begin{cases} C : 공기\ 중\ 농도(mg/m^3,\ 안전농도) \\ T : 폭로시간 = 8hr \\ V : 개인의\ 호흡률 = 1.3m^3/hr \\ R : 폐에서\ 흡수되는\ 율 = 1.0 \\ BW : 몸무게 = 70kg \end{cases}$

$\Rightarrow 0.15\ mg/kg = \dfrac{C \times 8 \times 1.3 \times 1.0}{70}$

$\therefore C(= 공기\ 중\ 농도) = 1.01mg/m^3$

97 유해물질을 생리적 작용에 의하여 분류한 자극제에 관한 설명으로 옳지 않은 것은?

① 상기도의 점막에 작용하는 자극제는 크롬산, 산화에틸렌 등이 해당된다.
② 상기도 점막과 호흡기관지에 작용하는 자극제는 불소, 요오드 등이 해당된다.
③ 호흡기관의 종말기관지와 폐포점막에 작용하는 자극제는 수용성이 높아 심각한 영향을 준다.
④ 피부와 점막에 작용하여 부식작용을 하거나 수포를 형성하는 물질을 자극제라고 하며 고농도로 눈에 들어가면 결막염과 각막염을 일으킨다.

[풀이] 자극제(刺戟劑, irritants)는 피부와 점막에 작용하여 부식작용을 하거나 수포를 형성하는 물질을 말한다. 수용성이 높아 상기도의 점막 자극물질(암모니아, 염화수소, 불화수소, 아황산가스, 황화수소, 알데히드류, 산화에틸렌 등)이다. 호흡기관의 종말기관지와 폐포점막에 심각한 영향을 미치는 자극제는 물에 대한 용해도가 낮은 물질, 불용성 물질(NO_2, CS_2, $COCl_2$, 삼염화비소 등)이다.

98 ACGIH에서 규정한 유해물질 허용기준에 관한 사항으로 옳지 않은 것은?

① TLV-C : 최고노출기준
② TLV-STEL : 단기간노출기준
③ TLV-TWA : 8시간 평균노출기준
④ TLV-TLM : 시간가중 한계농도기준

[풀이] ACGIH에서 규정하는 유해물질 허용기준(노출기준)은 1일 작업시간 동안의 시간가중 평균노출기준(TWA), 단시간노출기준(STEL) 또는 최고노출기준(Ceiling, C)으로 표시한다.

99 먼지가 호흡기계로 들어올 때 인체가 가지고 있는 방어기전으로 가장 적정하게 조합된 것은?

① 면역작용과 폐내의 대사작용
② 폐포의 활발한 가스교환과 대사작용
③ 점액 섬모운동과 가스교환에 의한 정화
④ 점액 섬모운동과 폐포의 대식세포의 작용

[풀이] 호흡기계통으로 들어온 입자상 물질은 기관 및 기관지 부위로 유입되면서 1차적으로 점액 및 섬모운동에 의해 객담의 형태로 체외로 제거되고 이후 잔류하는 입자상 물질은 하기도(下氣道) 폐포의 대식세포(大食細胞, macrophage)들에 의해 포식되어 임파선을 통해 제거된다.

100 공기 중 입자상 물질의 호흡기계 축적기전에 해당하지 않는 것은?
① 교환　　② 충돌
③ 침전　　④ 확산

풀이 공기 중 입자상 물질의 호흡기계 축적기전은 충돌, 중력침강, 확산, 간섭(Interception) 및 정전기 침강(Electrostatic deposition) 등의 5가지 메커니즘이 관여한다.

정답 100.①

2020 제1,2회 산업위생관리(산업기사)

2020. 6. 6 시행

알림글
- 이 교재의 동영상 강좌는 연합플러스 평생교육원(yhe.co.kr) 또는 유튜브(이승원TV)에서 청강할 수 있습니다.
- 학습 중 질문사항은 연합플러스 평생교육원(yhe.co.kr)의 묻고 답하기 질문 코너나 유튜브(이승원TV)에 댓글을 남겨 주시면 신속히 해결해 드리겠습니다.

제1과목 산업위생학 개론

01 정교한 작업을 위한 작업대 높이의 개선 방법으로 가장 적절한 것은?
① 팔꿈치 높이를 기준으로 한다.
② 팔꿈치 높이보다 5cm 정도 낮게 한다.
③ 팔꿈치 높이보다 10cm 정도 낮게 한다.
④ 팔꿈치 높이보다 5~10cm 정도 높게 한다.

[풀이] 작업대 표면은 팔꿈치 높이의 5~15cm 아래에 위치시키며, 아주 정교한 작업인 경우에는 팔꿈치 높이보다 5~10cm 정도 높게 하고, 팔걸이를 사용하는 것이 좋다.

02 상시근로자가 100명인 A사업장의 지난 1년간 재해통계를 조사한 결과 도수율이 4이고, 강도율이 1이었다. 이 사업장의 지난해 재해발생건수는 총 몇 건이었는가?(단, 근로자는 1일 10시간씩 연간 250일을 근무하였다.)
① 1 ② 4
③ 10 ④ 250

[풀이] 도수율 = $\frac{재해건수}{연근로시간수} \times 10^6$

$\Rightarrow 4 = \frac{x}{10 \times 250 \times 100} \times 10^6$

∴ 재해건수(x) = 1

03 피로를 가장 적게 하고 생산량을 최고로 증대시킬 수 있는 경제적인 작업속도를 무엇이라고 하는가?
① 부상속도 ② 지적속도
③ 허용속도 ④ 발한속도

[풀이] 인간의 경우 피로를 가장 적게 하고, 생산량을 최고로 올릴 수 있는 경제적인 작업속도를 일반적으로 지적속도(至適速度)라고 한다.

04 산업안전보건법령상 역학조사의 대상으로 볼 수 없는 것은?
① 건강진단의 실시결과 근로자 또는 근로자의 가족이 역학조사를 요청하는 경우
② 근로복지공단이 고용노동부장관이 정하는 바에 따라 업무상 질병 여부의 결정을 위하여 역학조사를 요청하는 경우
③ 건강진단의 실시 결과만으로 직업성 질환에 걸렸는지를 판단하기 곤란한 근로자의 질병에 대하여 건강진단기관의 의사가 역학조사를 요청하는 경우
④ 직업성 질환에 걸렸는지 여부로 사회적 물의를 일으킨 질병에 대하여 작업장 내 유해요인과의 연관성 규명이 필요한 경우로 지방고용노동관서의 장이 요청하는 경우

[풀이] 건강진단의 실시결과 사업주·근로자대표·보건관리자 또는 건강진단기관의 의사가 역학조사를 요청하는 경우 → 역학조사 대상이 된다.

정답 1.④ 2.① 3.② 4.①

05 직업병이 발생된 원진레이온에서 원인이 되었던 물질은?

① 납　　　　　　② 수은
③ 이황화탄소　　 ④ 사염화탄소

[풀이] 1880년대 우리나라의 원진레이온에서 비스코스레이온 합성공정의 안전설비 결여로 인하여 이황화탄소(CS_2)에 노출됨으로써 집단 직업병을 유발시켰다.

06 산업안전보건법령상 보건관리자의 업무에 해당하지 않는 것은?

① 사업장 순회점검, 지도 및 조치 건의
② 위험성평가에 관한 보좌 및 지도·조언
③ 물질안전보건자료의 게시 또는 비치에 관한 보좌 및 지도·조언
④ 산업안전보건관리비의 집행 감독 및 그 사용에 관한 수급인 간의 협의·조정

[풀이] 보건관리자는 산업재해에 관한 통계의 유지·관리·분석을 위한 보좌·조언·지도, 사업장의 근로자를 보호하기 위한 교육, 물질안전보건자료의 게시 또는 비치, 보호장비 등 작업관리 및 작업환경관리에 관한 사항이 주요 직무이다.

07 누적외상성 질환의 발생과 가장 관련이 적은 것은?

① 18℃ 이하에서 하역작업
② 진동이 수반되는 곳에서의 조립작업
③ 나무망치를 이용한 간헐성 분해작업
④ 큰 변화가 없는 동일한 연속동작의 운반작업

[풀이] 누적외상성 질환은 연속적 반복동작에 의해 유발된다. 누적외상성 질환(CTDs)=근골격계질환(MSDs)=경견완증후군=반복외상장해(RSI)로 이해하고 대비할 것!!

08 만성중독 시 나타나는 특징으로 코 점막의 염증, 비중격천공 등의 증상이 나타나는 대표적인 물질은?

① 납　　　　② 크롬
③ 망간　　　④ 니켈

[풀이] 크롬은 도금, 제련공정에서 발생하는 유해한 중금속으로 피부궤양, 비중격천공, 폐암, 무뇨증을 유발하는 중금속이다.

09 직업병을 일으키는 물리적인 원인에 해당되지 않는 것은?

① 온도　　　② 유해광선
③ 유기용제　④ 이상기압

[풀이] 직업병을 일으키는 물리적인 원인에 해당되는 것은 고열, 건열, 습열, 유해광선, 소음진동, 이상기압, 조명 등이다. 반면에 유기용제류(벤젠, 톨루엔 등), 중금속류(납, 수은, 비소, 크롬 등), 금속증기 등은 화학적 원인에 해당한다. 이 문제는 13년만에 반복 출제된 문제이다.

10 산업안전보건법령에 의한「화학물질 및 물리적 인자의 노출기준」에서 정한 노출기준 표시 단위로 옳지 않은 것은?

① 증기 : ppm　　　② 분진 : mg/m^3
③ 고온 : WBGT(℃)　④ 석면분진 : 개수/m^3

[풀이] 석면의 농도를 표시는 개수/cm^3(mL)로 나타낸다. 출제빈도가 높은 문제 유형이다. 잘 대비해 두도록 !!

11 다음 적성검사 중 심리학적 검사에 해당되지 않는 것은?

① 지능검사　　　② 인성검사
③ 감각기능검사　④ 지각동작검사

[풀이] 감각기능검사, 심폐기능검사, 체력검사 등은 생리적 적성검사에 해당한다.

12 피로 측정 및 판정에서 가장 중요하며 객관적인 자료에 해당하는 것은?

① 개인적 느낌　　② 생체기능의 변화
③ 작업능률 저하　④ 작업자세의 변화

[풀이] 피로 측정 및 판정에서 가장 중요하며 객관적인 자료에 해당하는 것은 의학적 검사에 의한 생체의 생리적 변화이다.
피로는 하나의 추상적·주관적인 개념으로 피로 자체는 질병이 아니라 가역적인 생체 변화이며, 생체기능의 평가(검사) 항목은 주로 순환기능검사(심박수, 혈압, 혈류량 등)를 하게 된다.

[정답] 5.③ 6.④ 7.③ 8.② 9.③ 10.④ 11.③ 12.②

13 작업자가 유해물질에 어느 정도 노출되었는지를 파악하는 지표로서 작업자의 생체시료에서 대사산물 등을 측정하여 유해물질의 노출량을 추정하는데 사용되는 것은?

① BEI
② TLV-TWA
③ TLV-S
④ Excursion limit

[풀이] 생물학적 노출지수(BEI, Biological Exposure Indices)는 작업자가 유해물질에 어느 정도 노출되었는지를 파악하는 지표로서 작업자의 생체시료에서 대사산물 등을 측정하여 유해물질의 노출량을 추정하는 데 이용된다.

14 산업안전보건법령에 의한 「화학물질의 분류・표시 및 물질안전보건자료에 관한 기준」에서 정하는 경고표지의 색상으로 옳은 것은?

① 경고표지 전체의 바탕은 흰색으로, 글씨와 테두리는 검정색으로 하여야 한다.
② 경고표지 전체의 바탕은 흰색으로, 글씨와 테두리는 붉은색으로 하여야 한다.
③ 경고표지 전체의 바탕은 노란색으로, 글씨와 테두리는 검정색으로 하여야 한다.
④ 경고표지 전체의 바탕은 노란색으로, 글씨와 테두리는 붉은색으로 하여야 한다.

[풀이] 경고표지 전체의 바탕은 흰색으로, 글씨와 테두리는 검정색으로 하여야 한다. 다만, 비닐포대 등 바탕색을 흰색으로 하기 어려운 경우에는 그 포장 또는 용기의 표면을 바탕색으로 사용할 수 있다.

15 육체적 작업능력(PWC)이 16kcal/min인 근로자가 물체운반작업을 하고 있다. 작업대사량은 7kcal/min, 휴식 시의 대사량이 2kcal/min일 때 휴식 및 작업시간을 가장 적절히 배분한 것은?(단, Hertig의 식을 이용하며, 1일 8시간 작업기준이다.)

① 매시간 약 5분 휴식하고, 55분 작업한다.
② 매시간 약 10분 휴식하고, 50분 작업한다.
③ 매시간 약 15분 휴식하고, 45분 작업한다.
④ 매시간 약 20분 휴식하고, 40분 작업한다.

[풀이] $T_{ep}(\%) = \dfrac{PWC_o - M_t}{M_r - M_t} \times 100$

$\begin{cases} PWC_o = 16 \times 1/3 = 5.33 \text{kcal/min} \\ M_r : \text{휴식대사량} = 2.0 \text{kcal/min} \\ M_t : \text{작업대사량} = 7 \text{kcal/min} \end{cases}$

$\Rightarrow T_{ep}(\%) = \dfrac{5.33 - 7}{2 - 7} \times 100 = 33.4\%$

∴ 휴식 = $1\text{hr} \times 0.334 \times 60\text{min/hr} = 19.98 \text{min}$
∴ 작업 = $60 - 19.98 = 40.2 \text{min}$

16 미국의 ACGIH, AIHA, ABIH 등에서 채택한 산업위생에 종사하는 사람들이 반드시 지켜야 할 윤리강령 중 전문가로서의 책임에 해당하지 않는 것은?

① 전문 분야로서의 산업위생을 학문적으로 발전시킨다.
② 과학적 방법을 적용하고 자료해석에 객관성을 유지한다.
③ 근로자, 사회 및 전문 분야의 이익을 위해 과학적 지식을 공개한다.
④ 위험요인의 측정, 평가 및 관리에 있어서 외부의 압력에 굴하지 않고 중립적 태도를 취한다.

[풀이] 산업위생 종사자들이 지켜야 할 윤리강령 중 전문가로서의 책임에 해당하는 것은 ①, ②, ③항 외에 성실성과 학문적 실력면에서 최고수준을 유지한다. 전문가 판단이 타협에 의하여 좌우될 수 있는 상황에는 개입하지 않는다. 기업체의 기밀은 누설하지 않는다. 등이다. ④항은 근로자에 대한 책임이다.

17 산업위생의 기본적인 과제와 가장 거리가 먼 것은?

① 작업환경에 의한 신체적 영향과 최적환경의 연구
② 작업능력의 신장과 저하에 따르는 작업조건의 연구
③ 작업능력의 신장과 저하에 따르는 정신적 조건의 연구
④ 신기술 개발에 따른 새로운 질병의 치료에 관한 연구

정답 13.① 14.① 15.④ 16.④ 17.④

[풀이] 질병치료에 관한 연구는 산업위생의 과제가 아닌 산업의학 분야의 과제이다.

18 NIOSH의 들기작업 권장무게한계(RWL)에서 중량물상수와 수평위치값의 기준으로 옳은 것은?

① 중량물상수 : 18kg, 수평위치값 : 20cm
② 중량물상수 : 20kg, 수평위치값 : 23cm
③ 중량물상수 : 23kg, 수평위치값 : 25cm
④ 중량물상수 : 25kg, 수평위치값 : 30cm

[풀이] 중량물상수(Load Constant)는 변하지 않는 상수값으로 항상 23kg을 기준으로 한다. 수평위치값(Horizontal Multiplier)은 몸의 수직선상의 중심에서 물체를 잡는 손의 중앙까지의 수평거리(H, cm)를 측정하여 $25/H$로 구하는데 그 기준값은 25cm이고, 25cm보다 낮으면 1.0으로 한다.

19 작업에 소요된 열량이 400kcal/시간인 작업의 작업대사율(RMR)은 약 얼마인가?(단, 작업자의 기초대사량은 60kcal/시간이며, 안정 시 열량은 기초대사량의 1.2배이다.)

① 2.8   ② 3.4
③ 4.5   ④ 5.5

[풀이] $RMR = \dfrac{\text{작업 시 소비}(E) - \text{안정 시}(E)}{\text{기초대사량}}$

∴ $RMR = \dfrac{400 - (60 \times 1.2)}{60} = 5.47$

20 혐기성 대사에서 혐기성 반응에 의해 에너지를 생산하지 않는 것은?

① 지방
② 포도당
③ 크레아틴인산(CP)
④ 아데노신삼인산(ATP)

[풀이] 혐기성 과정(anaerobic process)에서 글리코겐(당원)이 포도당(글루코오스)으로 분해될 때 생성되는 글루코오스 1인산과 ADP의 반응에 의해 형성되는 ATP를 이용하게 된다. 즉, 혐기성 과정의 에너지 동원 순서는 ATP → CP(크레아틴인산) → 글리코겐이다.

[제2과목] **작업환경측정 및 평가**

21 산에 쉽게 용해되므로 입자상 물질 중의 금속을 채취하여 원자흡광법으로 분석하는데 적당하며, 석면의 현미경 분석을 위한 시료채취에도 이용되는 여과지는?

① PVC막 여과지   ② 섬유상 여과지
③ PTFE막 여과지   ④ MCE막 여과지

[풀이] 산에 쉽게 용해되므로 입자상 물질 중의 금속을 채취하여 원자흡광법으로 분석하는데 적당하며, 석면의 현미경 분석을 위한 시료채취에도 이용되는 여과지는 MCE(Mixed Cellulose Ester) 막 여과지이다.

22 다음 중 검지관 측정법의 장·단점으로 틀린 것은?

① 다른 방해물질의 영향을 받기 쉬워 오차가 크다.
② 근로자에게 노출된 TWA를 측정하는 데 유리하다.
③ 숙련된 산업위생전문가가 아니더라도 어느 정도만 숙지하면 사용할 수 있다.
④ 밀폐공간에서 산소부족 또는 폭발성 가스로 인한 안전이 문제가 될 때 유용하게 사용될 수 있다.

[풀이] 검지관 측정법은 간이측정 개념이다. 즉, 예비조사를 목적으로 하거나 검지관방식 외에 다른 측정방법이 없는 경우, 발생하는 가스상 물질이 단일물질인 경우에 한하여 제한적으로 사용된다. 따라서 검지관법은 근로자에게 노출된 TWA를 측정하는데 부적합하고, 통상 잘 사용하지 않는다. 혹여, 사업장에 대하여 검지관방식으로 측정을 하였을 때 측정결과가 노출기준을 초과하는 것으로 나타난 경우에는 즉시 규정에 따른 방법으로 재측정을 하여야 하며, 해당 사업장에 대하여는 측정치가 노출기준 이하로 나타날 때까지는 검지관방식으로 측정할 수 없다.

정답 18.③ 19.④ 20.① 21.④ 22.②

23 코크스 제조공정에서 발생되는 코크스 오븐 배출물질을 채취하는 데 많이 이용되는 여과지는?

① PVC막 여과지 ② 은막 여과지
③ MCE막 여과지 ④ 유리섬유 여과지

[풀이] 은(銀)막(silver membrane) 여과지는 코크스 오븐 배출물질, 다핵방향족탄화수소(PAHs), Br, Cl 등의 시료채취에 적합하다.

24 포스겐($COCl_2$) 가스농도가 $120\mu g/m^3$이었을 때, ppm으로 환산하면 약 몇 ppm인가? (단, $COCl_2$의 분자량은 99이고, 25℃, 1기압을 기준으로 한다.)

① 2.6 ② 29
③ 0.03 ④ 0.2

[풀이] $C_p(ppm) = C_m(mg/m^3) \times \frac{22.4}{M_w} \times \frac{273+t}{273}$

∴ $C_p = 120 \times 10^{-3} \times \frac{22.4}{99} \times \frac{273+25}{273} = 0.03 ppm$

25 원자흡광분석기에서 빛이 어떤 시료 용액을 통과할 때 그 빛의 85%가 흡수될 경우의 흡광도는?

① 0.64 ② 0.76
③ 0.82 ④ 0.91

[풀이] 흡광도$(A) = \log\frac{1}{t}$

∴ 흡광도$(A) = \log\frac{1}{(1-0.85)} = 0.82$

26 고유량 공기채취펌프를 수동 무마찰거품관으로 보정하였다. 비눗방울이 $300cm^3$의 부피까지 통과하는 데 12.5초 걸렸다면 유량(L/min)은?

① 1.4 ② 2.4
③ 2.8 ④ 3.8

[풀이] $Q = \frac{V}{t} = \frac{300 \times 10^{-3} L}{12.5 \div 60 min} = 1.44 L/min$

27 사업장에서 70dB과 80dB의 소음이 발생되는 장비가 각각 설치되어 있을 때, 장비 2대가 동시에 가동할 때 발생되는 소음은 몇 dB인가?

① 75.0 ② 80.4
③ 82.4 ④ 86.6

[풀이] $L(dB) = 10\log(10^{L_1/10} + 10^{L_2/10} + 10^{L_n/10})$

∴ $L = 10\log(10^7 + 10^8) = 80.4 dB$

28 일정한 부피조건에서 가스의 압력과 온도가 비례한다는 것과 관계있는 것은?

① 보일의 법칙 ② 라울의 법칙
③ 하인리히의 법칙 ④ 게이-뤼삭의 법칙

[풀이] 게이-뤼삭의 기체팽창 법칙은 일정한 부피조건에서 압력(P)과 온도(T)는 비례한다는 법칙이다. 또한 샤를-게이뤼삭의 법칙은 압력이 일정할 때 기체의 부피는 종류에 관계없이 온도가 1℃ 올라갈 때마다 0℃일 때 부피의 1/273씩 증가한다는 법칙이다.

29 소음의 음압수준(L_P)를 구하는 식은? (단, P : 음압, P_o : 기준 음압)

① $L_P = 10\log\left(\frac{P}{P_o}\right)$ ② $L_P = 20\log\left(\frac{P}{P_o}\right)$
③ $L_P = \log\frac{P}{P_o} + 20$ ④ $L_P = 20\log P + \log P_o$

[풀이] 음압수준(음압레벨)은 음의 세기를 나타내는 것으로 특정 음의 음압이 기준 음압과 비교하여 어느 정도의 레벨이 되는가를 데시벨(dB) 척도로 나타낸 것이므로 다음과 같이 계산된다.

$SPL(dB) = 20\log\frac{P}{P_o}$

30 주물공장 내에서 비산되는 먼지를 측정하기 위해서 High volume air sampler을 사용하였을 때, 분당 3L로 60분간 포집한 결과 여과지의 무게가 2.46mg이면, 주물공장 내 먼지 농도는 약 몇 mg/m^3인가? (단, 포집 전의 여과지의 무게는 1.66mg이다.)

① 2.44 ② 3.54
③ 4.44 ④ 5.54

정답 23.② 24.③ 25.③ 26.① 27.② 28.④ 29.② 30.③

[풀이] $C_m \text{(mg/m}^3) = \dfrac{m - m_o}{V}$

$\begin{cases} V = \dfrac{3\text{L}}{\text{min}} \times 60\,\text{min} \times \dfrac{10^{-3}\,\text{m}^3}{\text{L}} = 0.18\,\text{m}^3 \\ m - m_o = 2.46 - 1.66 = 0.8\,\text{mg} \end{cases}$

$\therefore C_m = \dfrac{0.8}{0.18} = 4.44\,\text{mg/m}^3$

31 가스크로마토그래피-질량분석기(GC-MS)를 이용하여 물질분석을 할 때 사용하는 일반적인 이동상 가스는 무엇인가?

① 헬륨　　② 질소
③ 수소　　④ 아르곤

[풀이] 가스크로마토그래피에 사용되는 운반기체는 충전물이나 시료에 대하여 불활성이고, 사용하는 검출기의 작동에 적합하며, 수분 또는 불순물이 없는 고순도의 기체(He, N₂, Ar, H₂ 등)를 사용하여야 하는데, **공개된 정답은 ①항이지만 본 문제의 정답은 ①, ②항 2개** 나올 수 있다.

그 이유를 살펴보면 다음과 같다.
일반 가스크로마토그래피와 다르게 GC-MS(질량분석기)에는 부피백분율 99.999% 이상의 순도를 갖는 헬륨을 사용하지만 문제의 조건처럼 아무리 "일반적인 조건"이라 하더라도 여건에 따라서는 헬륨을 대신하여 질소를 사용할 수 있기 때문에 특정한 전제조건이나 제한조건이 더 추가되지 않는 한 현재 출제된 문제는 선명성이 부족한 출제오류라 판단된다.

32 다음 중 고분자화합물질의 분석에 적합하며 이동상으로 액체를 사용하는 분석기기는?

① GC　　② XRD
③ ICP　　④ HPLC

[풀이] 이동상으로 액체를 사용하는 분석기기는 고성능 액체크로마토그래피(HPLC)이다. 이 문제는 13년 만에 반복 출제되는 문제이다.
HPLC(High Performance Liquid Chromatography)는 용매전달부, 시료주입부, 분리관 및 검출부 등으로 구성되는데, 이동상 액체를 가압하여 이송하는 과정에 시료를 주입한 후 분리관 칼럼을 통과시켜 목적성분을 분리한 다음, 자외선검출기로 검출하거나 완충 용액으로 pH를 조정한 후 유도체화하여 형광검출기로 정량하게 된다.

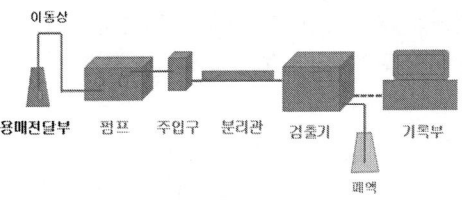

〈고성능 액체크로마토그래피(HPLC)〉

33 가스상 물질을 채취하는 흡착제로서 활성탄 대비 실리카겔이 갖는 장점이 아닌 것은?

① 비교적 고온에서도 흡착이 가능하다.
② 극성물질을 채취한 경우 물, 메탄올 등 다양한 용매로 쉽게 탈착된다.
③ 추출액이 화학분석이나 기기분석에 방해물질로 작용하는 경우가 많지 않다.
④ 활성탄으로 채취가 어려운 아닐린과 같은 아민류나 몇몇 무기물질의 채취도 가능하다.

[풀이] 모든 흡착제는 물리적 흡착력을 이용하기 때문에 온도가 높을수록 분자간의 인력이 감소한다. 그러므로 고온에서는 흡착대상 오염물질과 흡착제의 표면 사이 또는 2종 이상의 흡착대상물질 간 반응속도가 증가하여 불리한 조건이 되며, 고온일수록 흡착능력이 감소하며 파괴가 일어나기 쉽다.

34 부탄올 흡수액을 이용하여 시료를 채취한 후 분석된 양이 75 μg이며, 공시료에 분석된 평균량은 0.5 μg, 공기채취량은 10L일 때, 부탄의 농도는 약 몇 mg/m³인가?(단, 탈착효율은 100%이다.)

① 7.45　　② 9.1
③ 11.4　　④ 14.8

[풀이] $C\text{(mg/m}^3) = \dfrac{(m_1 - m_2) \times (1/\eta)}{V}$

$\begin{cases} m_1 = 75 \times 10^{-3}\,\text{mg} \\ m_2 = 0.5 \times 10^{-3}\,\text{mg} \\ V = 10\text{L} \times \dfrac{\text{m}^3}{10^3\,\text{L}} = 0.01\,\text{m}^3 \end{cases}$

$\therefore C = \dfrac{(75 - 0.5) \times 10^{-3}}{0.01} = 7.45\,\text{mg/m}^3$

정답　31.①,②　32.④　33.①　34.①

35 음력이 1.0W인 작은 점음원으로부터 500m 떨어진 곳의 음압레벨은 약 몇 dB(A)인가?(단, 기준음력은 10^{-12}W이다.)

① 50   ② 55
③ 60   ④ 65

풀이 SPL = PWL − 20 log r − 11 (점음원 − 자유공간)

∴ SPL = $\left[10\log\left(\dfrac{1}{10^{-12}}\right)\right] - 20\log 500 - 11$
= 120 − 53.98 − 11
= 55 dB

36 가스크로마토그래피(GC)에서 이황화탄소, 니트로메탄을 분석할 때 주로 사용하는 검출기는?

① 열전도도검출기(TCD)
② 전자포획검출기(ECD)
③ 불꽃이온화검출기(FID)
④ 불꽃광전자검출기(FPD)

풀이 FPD(불꽃광전자검출기, 불꽃광도검출기)는 황 및 인을 함유한 화합물에 매우 높은 선택성을 가지고 있다. 이 문제는 12년만에 반복 출제된 문제이다.

37 다음 중 1차 표준기구가 아닌 것은?

① 폐활량계   ② 비누거품미터
③ 가스치환병   ④ 건식가스 미터

풀이 1차 표준기구에는 가스치환병, 비누거품미터, 폐활량계(스피로미터), 피토튜브, 흑연피스톤미터, 유리피스톤미터 등이 있다. 이 문제는 3년만에 반복 출제되고 있다.

38 하루 8시간 작업하는 근로자가 200ppm 농도에서 1시간, 100ppm 농도에서 2시간, 50ppm에 3시간 동안 TCE에 노출되었을 때, 이 근로자의 8시간 동안 TWA 농도는?

① 약 35.8ppm   ② 약 68.8ppm
③ 약 91.8ppm   ④ 약 116.8ppm

풀이 TWA 농도 = $\dfrac{\sum_{n=1}^{m}(C_n \times T_n)}{8}$

∴ TWA = $\dfrac{200 \times 1 + 100 \times 2 + 50 \times 3}{8}$ = 68.75ppm

39 누적소음노출량 측정기로 소음을 측정하는 경우 소음계의 Exchange rate 설정 기준은?(단, 고용노동부 고시를 기준으로 한다.)

① 1dB   ② 3dB
③ 5dB   ④ 10dB

풀이 누적소음노출량 측정기로 소음을 측정하는 경우에는 크라이테리어(기준, Criteria)는 90dB, 익스체인지레이트(교환율, Exchange Rate)는 5dB, 스레쉬홀드(한계값, Threshold)는 80dB로 설정된다.

40 공기 중 석면 농도를 허용기준과 비교할 때 가장 일반적으로 사용되는 석면 측정방법은?

① 광학현미경법   ② 전자현미경법
③ 위상차현미경법   ④ 직독식현미경법

풀이 석면분석 · 측정법은 위상차현미경법, 주사전자현미경법, 투과전자현미경법 등이 있으며, 위상차현미경법이 주시험방법(1차 분석법)으로 주로 이용된다. 6년만에 반복 출제되는 문제이다.

제3과목 작업환경관리

41 주물사업장에서 습구흑구온도를 측정한 결과 자연습구온도 40℃, 흑구온도 42℃, 건구온도 41℃로 확인되었다면 습구흑구온도지수는?[단, 옥외(태양광선이 내리쬐지 않는 장소)를 기준으로 한다.]

① 41.5℃   ② 40.6℃
③ 40.0℃   ④ 39.6℃

풀이 WBGT(℃) = 0.7 × 자습 + 0.3 × 흑구
∴ WBGT = (0.7 × 40℃) + (0.3 × 42℃) = 40.6℃

42 비중격천공의 원인물질로 알려진 중금속은?

① 카드뮴(Cd)   ② 수은(Hg)
③ 크롬(Cr)   ④ 니켈(Ni)

풀이 크롬은 도금, 제련공정에서 발생하는 유해한 중금속으로 피부궤양, 비중격천공, 폐암, 무뇨증을 유발하는 중금속이다.

정답 35.② 36.④ 37.④ 38.② 39.③ 40.③ 41.② 42.③

43 염료, 합성고무 등의 원료로 사용되며 저농도로 장기간 폭로 시 혈액장애, 간장장애를 일으키고 재생불량성 빈혈, 백혈병까지 발병할 수 있는 물질은?

① 노르말헥산 ② 벤젠
③ 사염화탄소 ④ 알킬수은

[풀이] 백혈병, 재생불량성 빈혈과 관계있는 유해물질은 벤젠이다. 벤젠의 급성독성은 중추신경계 독성이다. 만성독성은 골수 억제, 재생불량성 빈혈, 급성 백혈병, 다발성 골수종 및 임파종 등이 발생되는 것으로 알려져 있다.

44 분진이 발생되는 사업장의 작업공정 개선대책으로 틀린 것은?

① 생산공정을 자동화 또는 무인화
② 비산방지를 위하여 공정을 습식화
③ 작업장 바닥을 물세척이 가능하게 처리
④ 분진에 의한 폭발은 없으므로 근로자의 보건분야 집중관리

[풀이] 분진에 의한 폭발이 발생할 수 있다. 특히 비산되는 마그네슘 함유 금속류 분진, 인이나 황을 함유하는 분진류가 그렇다. 따라서 분진이 발생되는 사업장의 작업공정 개선대책으로 근로자의 보건 분야에 대한 관리도 중요하지만 연소 및 폭발에 의한 안전에 대한 대책도 철저히 강구하여야 한다.

45 공기 중 트리클로로에틸렌이 고농도로 존재하는 작업장에서 아크용접을 실시하는 경우 트리클로로에틸렌은 어떠한 물질로 전환될 수 있는가?

① 사염화탄소 ② 벤젠
③ 이산화질소 ④ 포스겐

[풀이] 포스겐($COCl_2$)(=카르보닐클로라이드)은 트리클로로에틸렌(TCE) 등으로 피용접물을 세척한 경우에 남아 있는 염화수소(염소계 유기용제)가 불꽃(자외선)에 접촉되면 광화학적으로 발생한다.

46 인공조명을 선정 및 설치할 때, 고려사항으로 틀린 것은?

① 폭발과 발화성이 없을 것
② 균등한 조도를 유지할 것
③ 광원은 우하방에 위치할 것
④ 유해가스를 발생하지 않을 것

[풀이] 광원은 우상방(右上方) 보다는 좌상방(左上方)에 두는 것이 더 좋다. 이 문제는 6년만에 다시 출제되는 문제이다. 이러한 사례를 보고 허급지급 과년도 출제문제만 별도로 또 구입하는 사람들을 보아 왔다. 속된말로 속빈강정, 봉잡히는 수험생이 된다. 이런 것 하지 말 것을 권고드린다.!! 시간낭비, 돈낭비가 되기 십상이다. 더도말고 덜도말고 **이승원**이 쓴 이 교재(도서출판 **기문사**) 딱 한권이면 이론+실기+20년치 과년도 출제문제 모두가 해결된다.

47 전신진동의 주파수 범위로 가장 적절한 것은?

① 1~100Hz ② 100~250Hz
③ 250~1,000Hz ④ 1,000~4,000Hz

[풀이] 인체에 영향을 미치는 공해진동의 진동수 범위는 1~80Hz(2~100Hz)이다. 아래 사항도 시험에 나올 수 있다. 잘 알아 두시도록!!!
• 문제가 되는 진동레벨은 60~80dB
• 진동의 역치는 55±5dB
• 사람이 느낄 수 있는 진동가속도 : 1Gal(0.01m/s^2)~1,000Gal(10m/s^2) 범위
• 사람이 가장 민감하게 느끼는 수평진동 : 1~2Hz
• 사람이 가장 민감하게 느끼는 수직진동 : 4~8Hz

48 소음에 대한 차음을 위해 사용하는 귀덮개와 귀마개를 비교 설명한 내용으로 옳지 않은 것은?

① 귀덮개는 귀마개보다 개인차가 크다.
② 귀덮개는 고온다습한 작업장에서 착용하기 어렵다.
③ 귀덮개는 한 가지의 크기로 여러 사람에게 적용 가능하다.
④ 귀덮개는 귀마개보다 작업자가 착용하고 있는지 여부를 체크하기 쉽다.

[풀이] 귀덮개는 대부분의 근로자가 사용할 수 있고, 개인차이가 작다. 또한 귀에 염증이 있어도 사용할 수 있고, 귀마개보다 차음효과가 크며, 쉽게 착용할 수 있으며, 착용법이 틀리거나 분실할 염려가 적고, 착용 여부를 쉽게 확인할 수 있는 장점이 있다.

정답 43.② 44.④ 45.④ 46.③ 47.① 48.①

49 공기 중 유해물질의 농도 표시를 할 때 ppm 단위를 사용하지 않는 물질은?(단, 고용노동부 고시를 기준으로 한다.)

① 석면　　　② 증기
③ 가스　　　④ 분진

> 풀이 공기 중 유해물질의 농도 표시를 할 때 ppm 단위를 사용하지 않는 물질은 석면이다. 석면의 단위는 단위부피당 개수, 즉 개수/cm³로 나타낸다.

50 밀폐공간에서 작업할 때의 관리대책으로 틀린 것은?

① 작업지휘자를 선임하여 작업을 지휘한다.
② 환기는 급기량보다 배기량이 많도록 조절한다.
③ 작업 전에 산소농도가 18% 이상이 되는지 확인한다.
④ 작업 전에 폭발성 가스농도는 폭발하한농도의 10% 이하가 되는지 확인한다.

> 풀이 특수한 경우를 제외하고는 통상 환기는 배기량보다 급기량이 많도록 해야 한다. 여기서, 특수한 경우란 하나의 대형 작업공간에 다양한 작업공정이 존재할 때, 유해오염원 주위에 다른 작업공정이 존재하면 배출량을 급기량보다 많게 하여 음압(陰壓)을 형성시켜 주위 작업자들에게 유해물질이 확산되지 않도록 할 필요가 있다.

51 고압환경의 영향 중 2차적인 가압 현상과 가장 거리가 먼 것은?

① 질소 마취　　　② 산소 중독
③ 폐내 가스 팽창　　　④ 이산화탄소 중독

> 풀이 2차적 가압 현상(화학적 장해)는 흡기 중의 N_2, O_2, CO_2의 분압상승에 의한 장해, 고압하의 흡입하는 가스의 독성 때문에 나타나는 장해, 질소마취작용, 산소중독(간질 모양의 경련), 이산화탄소작용(동통성 관절 장해) 등이다. 폐내 가스 팽창은 깊은 물에서 올라오거나 감압실 내에서 감압을 하는 도중에 폐압박의 경우와는 반대로 폐 속에 공기가 팽창한다. 이때는 감압에 의한 가스팽창과 질소 기포형성의 두 가지 건강상 문제가 발생한다.

52 고압환경에서 나타나는 질소의 마취작용에 관한 설명으로 옳지 않은 것은?

① 고압환경의 화학적 장해이다.
② 공기 중 질소가스는 4기압 이상에서 마취작용을 나타낸다.
③ 작업력 저하, 기분의 변화 및 정도를 달리하는 다행증이 일어난다.
④ 질소의 물에 대한 용해도는 지방에 대한 용해도보다 5배 정도 높다.

> 풀이 질소의 지방 용해도는 물에 대한 용해도보다 5배 정도 높다. 이 문제와 같이 질소의 용해도에 관한 문제는 13년만에 출제되었다.

53 유해화학물질에 대한 발생원 대책으로 원재료의 대체방법이 다음과 같을 때, 옳은 것만으로 짝지어진 것은?

A : 아조 염료 합성 - 벤지딘을 디클로로벤지딘으로 교체
B : 성냥 제조 - 백린(황린)을 적린으로 교체
C : 샌드블라스팅 - 모래를 철구슬로 교체
D : 야광시계의 자판 - 인을 라듐으로 교체

① A, B, C　　　② A, C, D
③ B, C, D　　　④ A, B, C, D

> 풀이 ①항이 올바르다. D의 경우 야광시계의 자판을 라듐 대신 인을 사용한다. 이 문제는 7년만에 반복 출제된 문제이다.

54 방독마스크 내 흡수제의 재질로 적당하지 않은 것은?

① silica gel　　　② soda lime
③ fiber glass　　　④ activated carbon

> 풀이 방독마스크의 흡수통(필터)은 유해물질을 제거하는 중요한 부품이며, 일반적으로 충전물질로 사용되는 것은 활성탄(activated carbon), 실리카겔(silica gel), 석회(soda lime) 등의 흡착제이다.

정답 49.① 50.② 51.③ 52.④ 53.① 54.③

55 방독마스크의 정화통 능력이 사염화탄소 0.4%에 대해서 표준유효시간 100분인 경우, 사염화탄소의 농도가 0.15%인 환경에서 사용 가능한 시간은?

① 약 100분 ② 약 67분
③ 약 267분 ④ 약 200분

풀이) $t = t_o \times \dfrac{C_o}{C_t}$

∴ $t = 100 \times \dfrac{0.4}{0.14} = 266.7 \min$

56 가로 15m, 세로 25m, 높이 3m인 작업장에 음의 잔향시간을 측정해보니 0.238초였을 때, 작업장의 총 흡음력을 30% 증가시키면 변경된 잔향시간은 약 몇 초인가?

① 0.217 ② 0.196
③ 0.183 ④ 0.157

풀이) $T(\sec) = \dfrac{0.161\,V}{A_a}$

$\begin{cases} T : 잔향시간 = 0.238\sec \\ V : 실내용적 = 15 \times 25 \times 3 = 1,125\,\mathrm{m}^3 \end{cases}$

⇒ $0.238(\sec) = \dfrac{0.161 \times 1,125}{A_a}$

$A_a (= 흡음력) = 761.03$

∴ $T'(\sec) = \dfrac{0.161 \times 1125}{761.03 \times (1+0.3)} = 0.183\sec$

57 방독마스크의 방독 물질별 정화통 외부 측면의 표시색 연결이 틀린 것은?

① 암모니아용 정화통 – 녹색
② 할로겐용 정화통 – 파란색
③ 아황산용 정화통 – 노란색
④ 유기화합물용 정화통 – 갈색

풀이) 할로겐가스용은 정화통 외부 측면의 표시색이 회색 및 흑색으로 표시된다.

58 전리방사선에 속하는 것은?

① 적외선   ② X선
③ 가시광선 ④ 라디오파

풀이) 전리방사선(이온화 방사선)은 방사능 원소가 파괴될 때 방출되는 고속의 입자 또는 방사에너지를 가지는 방사선을 말하며, 입자형태는 중하전 입자(α선, 양성자, 핵분열 생성물), 베타(β)선, 중성자 등이 있고, 전자파 형태로는 엑스(X)선, 감마(γ)선이 이에 속한다.

59 차음평가수(NRR)가 27인 귀마개를 착용하고 있을 때, 차음효과는 몇 dB인가?(단, 미국산업안전보건청(OSHA)를 기준으로 한다.)

① 5   ② 10
③ 20 ④ 27

풀이) 차음효과 = (NRR - 7) × 0.5
∴ 차음효과 = (27 - 7) × 0.5 = 10 dB(A)

60 다음 작업 중 적외선에 가장 많이 노출될 수 있는 작업에 해당되는 것은?

① X선 촬영작업   ② 초자 제조작업
③ 수산 양식작업 ④ 보석 세공작업

풀이) 적외선은 열선(熱線)으로 용광로, 유리공업, 용접, 용선로, 가열로 등에서 방출되는 붉은 빛의 색깔을 가진다.

제4과목 산업환기

61 환기장치에서 관경이 350mm인 직관을 통하여 풍량 100m³/min의 표준공기를 송풍할 때 관내 평균풍속은 약 몇 m/sec인가?

① 17 ② 32
③ 42 ④ 52

풀이) $V(유속) = \dfrac{Q(유량)}{A(단면적)}$

$A = \dfrac{\pi D^2}{4} = \dfrac{3.14 \times 0.35^2}{4} = 0.096\,\mathrm{m}^2$

∴ $V = \dfrac{100/60}{0.096} = 17.36\,\mathrm{m/sec}$

부록

62 실내의 중량 절대습도가 80kg/kg, 외부의 중량 절대습도가 60kg/kg, 실내의 수증기가 시간당 3kg씩 발생할 때 수분 제거를 위하여 중량 단위로 필요한 환기량(m^3/min)은 약 얼마인가? (단, 공기의 비중량은 $1.2kg_f/m^3$으로 한다.)

① 0.21 ② 4.17
③ 7.52 ④ 12.50

풀이 $W = Q\gamma\Delta G$

$\begin{cases} W: 수증기량 = 3kg_f/hr = 0.05 kg_f/min \\ \gamma: 공기 비중량 = 1.2 kg_f/m^3 \\ \Delta G: 습도차 = 0.8 - 0.6 = 0.2 kg_f/kg_f 건조 \end{cases}$

$\therefore Q = \dfrac{W}{\gamma \Delta G} = \dfrac{0.05}{1.2 \times 0.2} = 0.21 m^3/min$

▌출제오류

첫째, 절대습도(absolute humidity)란 원칙적으로 대기 중에 포함된 수증기의 양을 표시하는 방법으로 단위 부피당 수증기의 질량(g/m^3)을 말한다. 문제의 조건상 중량 절대습도(kg/kg)으로 제시할 수는 있다. 그런데,
문제에서 제시된 중량 절대습도가 80kg/kg, 60kg/kg 이다. 공기 1kg중에 80kg 또는 60kg의 수증기가 포함되어 있다는 것인데 → 여러분들도 생각을 해 보라 → 공기 1kg 중에 80kg, 60kg의 수증기가 포함될 수 있는지 … 이건 말도 안 되는 허무맹랑한 전제조건으로 완전히 사실과 틀리다. 그리고 설상 그대로 적용하여 풀어내더라도 공단에서 공개된 정답이 나오지 않는다. 이러한 것임에도 공신력이 생명인 국가시험의 검증시스템에서 걸러내지 못한 것도 큰 문제라 본다.

둘째, 수분 제거를 위하여 중량 단위로 필요한 환기량(m^3/min)이라고 하였는데 앞의 어간 "중량 단위"라는 것과 결과값 "환기량(m^3/min)"의 단위가 맞지 않다. 이것은 뭘 모르고 그냥 쓴 소설이다.
이상은 출제된 시험지의 원본을 대조하여 확인한 것을 근거로 지적한 것이다.

▌오류를 바로 잡으려면

첫째, 제시된 절대습도 값에 ‰ 단위를 붙여야 한다. 80‰(kg/kg), 60‰(kg/kg)

둘째, 수분 제거를 위하여 "중량 단위로 필요한 환기량(m^3/min)" 대신 → 수분 제거를 위하여 필요한 환기량(m^3/min)으로 출제해야 오류가 없어진다.

▌저자는 이 문제에 대하여 문제 양식으로 그대로 둔 채 출제오류를 지적하면서 여러분들의 궁금증을 해소하고, 해설에는 80‰(kg/kg), 60‰(kg/kg)로 전환하여 풀이과정을 전개했음을 알려드린다.

63 A사업장에서 적용 중인 후드의 유입계수가 0.8이라면, 유입손실계수는 약 얼마인가?

① 0.56 ② 0.73
③ 0.83 ④ 0.93

풀이 $F_i = \dfrac{1 - C_e^2}{C_e^2}$ 또는 $F_i = \dfrac{1}{C_e^2} - 1$

$\therefore F_i = \dfrac{1 - 0.8^2}{0.8^2} = \dfrac{1}{0.8^2} - 1 = 0.563$

64 일반적으로 제어속도를 결정하는 인자와 가장 거리가 먼 것은?

① 작업장 내의 온도와 습도
② 후드에서 오염원까지의 거리
③ 오염물질의 종류 및 확산상태
④ 후드의 모양과 작업장 내의 기류

풀이 작업장 내의 온도와 습도는 제어속도를 결정하는 인자와 거리가 멀다. 제어속도를 결정하는 인자는 ②, ③, ④항 이외에 발생원의 가스나 분진의 성상, 유해물질의 독성, 유해물질의 사용량 등이다.

65 다음 중 송풍기의 정압효율이 가장 우수한 형식은?

① 평판형 ② 터보형
③ 축류형 ④ 다익형

풀이 송풍기의 일반적인 효율은 터보송풍기 > 평판송풍기 > 다익송풍기 순서이다. 세부적으로 비교하면 비행기날개형(익형) > 후향날개형(터보형) > 방사날개형(평판형, 레이디얼형) > 전향날개형(다익형)으로 전향날개형 송풍기가 효율이 가장 낮다.

66 플랜지가 붙은 슬롯 후드가 있다. 제어거리가 30cm, 제어속도가 1m/sec일 때, 필요송풍량(m^3/min)은 약 얼마인가?(단, 슬롯의 길이는 10cm이다.)

① 2.88 ② 4.68
③ 8.64 ④ 12.64

정답 62.① 63.① 64.① 65.② 66.②

[풀이] $Q_c = 2.6 \times L V_c$
∴ $Q_c = 2.6 \times 0.3 \times 0.1 \times 1 = 0.078 \, m^3/sec$
   $= 4.68 \, m^3/min$

67 전압, 정압, 속도압에 관한 설명으로 옳지 않은 것은?

① 속도압과 정압을 합한 값을 전압이라 한다.
② 속도압은 공기가 정지할 때 항상 발생한다.
③ 속도압이란 정지상태의 공기를 일정한 속도로 흐르도록 가속화시키는 데 필요한 압력을 의미하며, 공기의 운동에너지에 비례한다.
④ 정압은 사방으로 동일하게 미치는 압력으로 공기를 압축 또는 팽창시키며, 공기흐름에 대한 저항을 나타내는 압력으로 이용된다.

[풀이] 속도압(동압)은 공기의 운동에너지에 비례하여 항상 0 또는 양압(+압력)을 갖는다. 기류의 흐름이 있을 경우 동압은 공기가 이동하는 방향으로 작용하며, 그 크기는 항상 0 이상이다.

68 외부식 후드의 흡인기능의 불량원인과 거리가 먼 것은?

① 송풍기의 용량이 부족한 경우
② 제어속도가 필요속도보다 큰 경우
③ 후드 입구에 심한 난기류가 형성된 경우
④ 송풍관과 덕트 연결부에 공기누설량이 큰 경우

[풀이] 제어속도가 필요속도보다 큰 경우는 흡인기능은 저하되지 않지만 과잉공기량(흡인유량)의 증가로 인하여 반송계통 및 처리시설의 유량부하, 소요동력이 증가하게 되고 그로 인한 유지비용이 많이 드는 등, 경제성이 낮아지게 된다.

69 입자상 물질의 원심력을 집진장치에 주로 이용하는 공기정화장치는?

① 침강실   ② 백(bag) 필터
③ 사이클론   ④ 벤투리스크러버

[풀이] 사이클론은 유해물질을 함유한 배기가스를 유입시켜 내부에서 회전시키고 그 원심력에 의하여 유해물질을 제거시키는 집진장치이다.

70 전체환기시설의 설치 전제조건과 가장 거리가 먼 것은?

① 오염물질의 발생량이 적은 경우
② 오염물질의 독성이 비교적 낮은 경우
③ 오염물질이 시간에 따라 균일하게 발생하는 경우
④ 동일 작업장소에 배출원이 한 곳에 집중되어 있는 경우

[풀이] 전체환기시설은 동일 사업장에 다수의 오염발생원이 분산되어 있는 경우에 적용된다. 동일 작업장소에 배출원이 한 곳에 집중되어 있는 경우는 국소배기시설을 설치하는 것이 바람직하다.

71 1기압, 0°C에서 공기의 비중량이 1.293 kg_f/m^3일 경우, 동일 기압에서 23°C일 때, 공기의 비중량은 약 얼마인가?

① 1.193 kg_f/m^3 ② 1.205 kg_f/m^3
③ 0.950 kg_f/m^3 ④ 1.015 kg_f/m^3

[풀이] $\gamma_2 = \gamma_1 \times \dfrac{T_1}{T_2} \dfrac{P_2}{P_1}$

∴ $\gamma_2 = \dfrac{1.293 \, kg_f}{m^3} \times \dfrac{273}{273+23} \times \dfrac{760}{760} = 1.193$

72 공기정화장치의 입구와 출구의 정압이 동시에 감소되었다면, 국소배기장치(설비)의 이상원인으로 가장 적합한 것은?

① 제진장치 내의 분진퇴적
② 분지관과 후드 사이의 분진퇴적
③ 분지관의 시험공과 후드 사이의 분진퇴적
④ 송풍기의 능력저하 또는 송풍기와 덕트의 연결부위 풀림

[풀이] 공기정화장치의 입구와 출구의 정압이 동시에 감소되는 경우는 송풍기의 능력저하 또는 송풍기와 덕트의 연결 부위가 풀렸을 때 이런 이상현상이 발생하기 쉽다.

정답 67.② 68.② 69.③ 70.④ 71.① 72.④

73 송풍관 내에서 기류의 압력손실 원인과 관계가 가장 적은 것은?

① 기체의 속도 ② 송풍관의 형상
③ 분진의 크기 ④ 송풍관의 직경

[풀이] 압력손실은 분진의 크기와 무관하다. 압력손실 인자는 기체의 속도, 송풍관의 형상에 따른 접촉에 의한 마찰손실과 부대장치 설치 및 시설 설치에 의한 손실, 난류(유속의 변화, 방향변화, 단면적의 변화 등)에 의한 손실 등이다.

74 후드를 선정 및 설계할 때 고려해야 할 사항으로 옳지 않은 것은?

① 가급적이면 공정을 많이 포위한다.
② 가급적 후드를 배출 오염원에 가깝게 설치한다.
③ 후드 개구면에서 기류가 균일하게 분포되도록 설계한다.
④ 공정에서 발생, 배출되는 오염물질의 절대량은 최소발생량을 기준으로 한다.

[풀이] 공정에서 발생 또는 배출되는 오염물질의 절대량을 감소시키는 것이 곧 필요환기량을 감소시키는 것이므로 공정에서 발생, 배출되는 오염물질의 절대량은 최대발생량을 기준으로 설계하여야 한다.

75 자동차 공업사에서 톨루엔이 분당 8g 증발되고 있다. 톨루엔의 MW는 92이고, 노출기준은 50ppm이다. 톨루엔의 공기 중 농도를 노출기준 이하로 유지하고자 한다면 이를 위해서 공급해 주어야 할 전체환기량(m^3/min)은?(단, 혼합물을 위한 여유계수(K)는 5이다.)

① 120 ② 180
③ 210 ④ 240

[풀이] $Q = \dfrac{KW 24.1 \times 10^6}{MW \times TLV}$ $\begin{cases} K = 5 \\ W = 8 \times 10^{-3} \text{kg/min} \end{cases}$

∴ $Q = \dfrac{5 \times 8 \times 10^{-3} \times 24.1 \times 10^6}{92 \times 50} = 209.57 \, m^3/min$

76 push pull형 환기장치에 관한 설명으로 옳지 않은 것은?

① 도금조, 자동차도장 공정에서 이용할 수 있다.
② 일반적인 국소배기장치 후드보다 동력비가 많이 든다.
③ 한쪽에서는 공기를 불어 주고(push) 한쪽에서는 공기를 흡인(pull)하는 장치이다.
④ 공정상 포착거리가 길어서 단지 공기를 제어하는 일반적인 후드로는 효과가 낮을 때 이용하는 장치이다.

[풀이] push pull방식을 적용할 경우 포집효율을 증가시키면서 필요유량을 대폭 감소시킬 수 있으므로 일반 국소배기장치 후드보다 동력비를 절감할 수 있다.

77 작업장의 크기가 12m×22m×45m인 곳에서의 톨루엔 농도가 400ppm이다. 이 작업장으로 600m^3/min의 공기가 유입되고 있다면 톨루엔 농도를 100ppm까지 낮추는데 필요한 환기시간은 약 얼마인가?(단, 공기와 톨루엔은 완전 혼합 된다고 가정한다.)

① 27.45분 ② 31.44분
③ 35.45분 ④ 39.44분

[풀이] $\ln \dfrac{C_2}{C_1} = -\dfrac{Q}{\forall} \times t$

$\begin{cases} C_1 : 초기농도 = 400ppm \\ C_2 : t시간 환기 후 농도 = 100ppm \\ Q : 유효환기량 = 600 \, m^3/min \\ \forall : 공간용적 = 12 \times 22 \times 45 = 11,880 \, m^3 \end{cases}$

⇒ $\ln \dfrac{100}{400} = -\dfrac{600}{11,880} \times t$

∴ $t(= 환기시간) = 27.45 \, min$

78 직경이 $2\mu m$, 비중이 6.6인 산화철 흄(fume)의 침강속도는 약 얼마인가?

① 0.8m/min
② 0.8cm/s
③ 0.08m/min
④ 0.08cm/s

[풀이] $V_g = 0.003 \, \rho_p \, d_p^2$

∴ $V_g = 0.003 \times 6.6 \times 2^2 = 0.079 \, cm/sec$

79 국소배기설비 점검 시 반드시 갖추어야 할 필수장비로 볼 수 없는 것은?

① 청음기　　② 연기발생기
③ 테스트 해머　　④ 절연저항계

[풀이] 국소환기시설의 자체검사 시 필요한 필수장비에는 연기발생기(smoke tester), 청음기 또는 청음봉, 절연저항계, 열선풍속계, 표면온도계 및 초자온도계, 줄자 등이다. 한편, 필요선택 측정기는 테스트 해머, 나무봉 또는 대나무봉, 초음파 두께 측정기, 마노메타(manometer), 정압 프로브(prove) 부착 열선풍속계, 키사게(scraper), 회전계, 피토관, 스톱스위치 또는 시계, 기타 집진효율 측정용 기구, 풍차 풍속계, 인장 계측기 등이다.

80 송풍기의 상사 법칙에서 회전수(N)와 송풍량(Q), 소요동력(L), 정압(P)과의 관계를 올바르게 나타낸 것은?

① $\dfrac{Q_1}{Q_2}=\left(\dfrac{N_1}{N_2}\right)^2$　　② $\dfrac{Q_1}{Q_2}=\left(\dfrac{N_1}{N_2}\right)^3$

③ $\dfrac{P_1}{P_2}=\left(\dfrac{N_1}{N_2}\right)^2$　　④ $\dfrac{L_1}{L_2}=\left(\dfrac{Q_1}{Q_2}\right)^2$

[풀이] 송풍기의 상사 법칙에서 송풍량(Q)은 송풍기 회전수(N)와 정비례하고, 정압(P)은 송풍기 회전수의 제곱에 비례하며, 동력(L)은 송풍기 회전수의 세제곱에 비례한다. 따라서 ③항만 올바르다.

2020 제3회 산업위생관리(기사)

2020. 8. 22 시행

알림글

- 이 교재의 동영상 강좌는 연합플러스 평생교육원(yhe.co.kr) 또는 유튜브(이승원TV)에서 청강할 수 있습니다.
- 학습 중 질문사항은 연합플러스 평생교육원(yhe.co.kr)의 묻고 답하기 질문 코너나 유튜브(이승원TV)에 댓글을 남겨 주시면 신속히 해결해 드리겠습니다.

제1과목 산업위생학 개론

01 주로 정적인 자세에서 인체의 특정 부위를 지속적·반복적으로 사용하거나 부적합한 자세로 장기간 작업할 때 나타나는 질환을 의미하는 것이 아닌 것은?

① 반복성 긴장장애
② 누적외상성 질환
③ 작업관련성 신경계 질환
④ 작업관련성 근골격계 질환

[풀이] 정적인 자세에서 인체의 특정 부위를 지속적·반복적으로 사용하거나 부적합한 자세로 장기간 작업할 때 나타나는 질환은 ①, ②, ④항 이외에 경견완장해, 반복외상장해 등이다. 신경계질환은 정신피로, 특히 중추신경계의 피로에 의해 유발되는 것으로 아주 정밀한 작업을 하거나 어려운 계산을 하는 등 정신적 긴장을 요하는 직업군에서 주로 발생한다.

02 산업안전보건법령상 발암성 정보물질의 표기법 중 '사람에게 충분한 발암성 증거가 있는 물질'에 대한 표기방법으로 옳은 것은?

① 1
② 1A
③ 2A
④ 2B

[풀이] 우리나라의 화학물질의 노출기준에서 1A는 사람에게 충분한 발암성 증거가 있는 물질을 의미한다.

03 육체적 작업 시 혐기성 대사에 의해 생성되는 에너지원에 해당하지 않는 것은?

① 산소(oxygen)
② 포도당(glucose)
③ 크레아틴인산(CP)
④ 아데노신삼인산(ATP)

[풀이] 혐기성 대사는 단시간 내에 많은 힘을 요구하는 운동일 때 혐기성 대사가 이행되고, 신속한 에너지를 충족하지 못하므로 ATP 부족 및 산소부족발생(산소부채 발생) 현상이 일어난다. 크레아틴인산(CP)과 글리코겐 등 근육 자체에 저장된 에너지를 주로 이용하여 ATP를 생성한다. 에너지 동원 순서(혐기성 대사)는 ATP → CP(크레아틴인산) → 글리코겐(Glycogen)이다.

04 산업안전보건법령상 작업환경 측정에 대한 설명으로 옳지 않은 것은?

① 사업주는 작업환경 측정결과를 해당 작업장의 근로자에게 알려야 한다.
② 작업환경 측정의 방법, 횟수 등 필요사항은 사업주가 판단하여 정할 수 있다.
③ 사업주는 작업환경의 측정 중 시료의 분석을 작업환경 측정기관에 위탁할 수 있다.
④ 사업주는 근로자대표가 요구할 경우 작업환경 측정 시 근로자대표를 참석시켜야 한다.

[풀이] 작업환경 측정의 방법·횟수, 그 밖에 필요한 사항은 고용노동부령으로 정한다. 측정방법 외에 유해인자별 세부 측정방법 등에 관하여 필요한 사항도 고용노동부장관이 정한다.

정답 1.③ 2.② 3.① 4.②

05 산업위생전문가의 윤리강령 중 "근로자에 대한 책임"에 해당하는 것은?

① 적절하고도 확실한 사실을 근거로 전문적인 견해를 발표한다.
② 기업주에 대하여는 실현가능한 개선점으로 선별하여 보고한다.
③ 이해관계가 있는 상황에서는 고객의 입장에서 관련 자료를 제시한다.
④ 근로자의 건강보호가 산업위생전문가의 1차적인 책임이라는 것을 인식한다.

풀이 산업위생전문가의 윤리강령 중 근로자에 대한 책임에 해당하는 것은 ④항이다. 이 외에 근로자에 대한 책임으로 근로자와 기타 여러 사람의 건강과 안녕이 산업위생전문가의 판단에 의해 좌우된다는 것을 인식하고 위험요인의 측정, 평가 및 관리에 있어서 외부의 압력에 굴하지 않고 중립적 태도를 취하고, 위험요소와 예방조치에 관하여 근로자와 상담하는 것이다.

06 다음 ( ) 안에 들어갈 알맞은 것은?

> 산업안전보건법령상 화학물질 및 물리적 인자의 노출기준에서 "시간가중 평균노출기준(TWA)"이란 1일 (㉮)시간 작업을 기준으로 하여 유해인자의 측정치에 발생시간을 곱하여 (㉯)시간으로 나눈 값을 말한다.

① ㉮ 6, ㉯ 6   ② ㉮ 6, ㉯ 8
③ ㉮ 8, ㉯ 6   ④ ㉮ 8, ㉯ 8

풀이 시간가중 평균노출기준(TLV-TWA, Time Weighted Average)은 1일 8시간 및 1주일 40시간 동안의 평균농도로서 거의 모든 근로자가 나쁜 영향을 받지 않고 노출될 수 있는 농도이다. 그러므로 1일 8시간 작업을 기준으로 하여 유해인자의 측정치에 발생시간을 곱하여 8시간으로 나눈 값을 말한다.

□ TWA 환산값 $= \dfrac{C_1 T_1 + \cdots + C_n T_n}{8}$

07 화학적 원인에 의한 직업성 질환으로 볼 수 없는 것은?

① 정맥류   ② 수전증
③ 치아산식증   ④ 시신경 장해

풀이 정맥류는 격심한 육체작업, 하역, 운반, 서서 일하는 작업자에게 주로 발병되는 물리적 원인이 되어 발생하는 직업성 질환 인자이다.

08 온도 25℃, 1기압 하에서 분당 100mL씩 60분 동안 채취한 공기 중에서 벤젠이 5mg 검출되었다면 검출된 벤젠은 약 몇 ppm인가?(단, 벤젠의 분자량은 78이다.)

① 157   ② 261
③ 15.7   ④ 26.1

풀이 $C_p(\text{ppm}) = C_m(\text{mg/m}^3) \times \dfrac{22.4}{M_w} \times$ 온도·압력 보정

$\begin{cases} C_m : 5\text{mg}/100\text{mL} \\ M_w : \text{대상물질(벤젠)의 분자량} = 78 \\ t : \text{온도} = 25℃ \\ P : \text{압력} = 1\text{기압} = 760\text{mmHg} \end{cases}$

$\therefore C_p(\text{ppm}) = \dfrac{5\text{mg}}{(100 \times 60)\text{mL}} \times \dfrac{22.4\text{mL}}{78\text{mg}} \times \dfrac{273 + 25}{273}$
$\times \dfrac{760}{760} \times \dfrac{10^6 \text{mL}}{\text{m}^3}$
$= 261.23 \text{ mL/m}^3$

09 산업피로의 종류에 대한 설명으로 옳지 않은 것은?

① 근육의 일부 부위에만 발생하는 국소피로와 전신에 나타나는 전신피로가 있다.
② 신체피로는 육체적 노동에 의한 근육의 피로를 말하는 것으로 근육노동을 할 경우 주로 발생된다.
③ 피로는 그 정도에 따라 보통 피로, 과로 및 곤비로 분류할 수 있으며 가장 경증의 피로단계는 곤비이다.
④ 정신피로는 중추신경계의 피로를 말하는 것으로 정밀작업 등과 같은 정신적 긴장을 요하는 작업 시에 발생된다.

정답 5.④ 6.④ 7.① 8.② 9.③

[풀이] 피로는 그 정도에 따라 보통 피로, 과로 및 곤비로 분류할 수 있으며 가장 경증의 피로단계는 보통 피로이다. 곤비는 과로상태가 축적된 상태로서 단기간 휴식을 통해서는 회복될 수 없는 피로로서 심하면 사망에 이를 수 있다. 피로도는 보통피로 → 과로 → 곤비상태로 증가한다.

10 주요 실내오염물질의 발생원으로 보기 어려운 것은?

① 호흡   ② 흡연
③ 자외선 ④ 연소기기

[풀이] 자외선은 실내오염물질의 발생원으로 보기 어렵다. 실내오염물질의 발생원이 되는 것은 흡연, 연소기기, 호흡, 사무기기, 건축자재, 가구류, 주차시설 등과 연돌효과(굴뚝효과) 등이다.

11 산업안전보건법령상 사업주가 사업을 할 때 근로자의 건강장해를 예방하기 위하여 필요한 보건상의 조치를 하여야 할 항목이 아닌 것은?

① 폭발성, 발화성 및 인화성 물질 등에 의한 위험작업의 건강장해
② 사업장에서 배출되는 기체·액체 또는 찌꺼기 등에 의한 건강장해
③ 계측감시, 컴퓨터 단말기 조작, 정밀공작 등의 작업에 의한 건강장해
④ 단순반복작업 또는 인체에 과도한 부담을 주는 작업에 의한 건강장해

[풀이] 산업안전보건법령상 사업주가 사업을 할 때 근로자의 건강장해를 예방하기 위하여 필요한 보건상의 조치(보건조치)를 하여야 할 항목은 ②, ③, ④항 이외에 다음 사항이 포함된다.
- 원재료·가스·증기·분진·흄(fume, 열이나 화학반응에 의하여 형성된 고체증기가 응축되어 생긴 미세입자)·미스트(mist, 공기 중에 떠다니는 작은 액체방울)·산소결핍·병원체 등에 의한 건강장해
- 방사선·유해광선·고온·저온·초음파·소음·진동·이상기압 등에 의한 건강장해
- 환기·채광·조명·보온·방습·청결 등의 적정기준을 유지하지 아니하여 발생하는 건강장해
- 정보통신망을 통하여 상대하면서 상품을 판매하거나 서비스를 제공하는 업무에 종사하는 근로자에 대하여 고객의 폭언, 폭행, 그 밖에 적정범위를 벗어난 신체적·정신적 고통을 유발하는 행위로 인한 건강장해 예방

이 문제는 새롭게 출제되는 문제유형이므로 반복 출제될 수 있다. 참고 정도로 대비하고, 해설부분만 잘 정리해 두도록!!

12 육체적 작업능력(PWC)이 16kcal/min인 남성 근로자가 1일 8시간 동안 물체를 운반하는 작업을 하고 있다. 이때 작업대사율은 10kcal/min이고 휴식 시 대사율은 2kcal/min이다. 매시간 적정한 휴식시간은 약 몇 분인가?(단, Hertig의 공식을 작용하여 계산한다.)

① 15분   ② 25분
③ 35분   ④ 45분

[풀이] $T_{ep}(\%) = \dfrac{PWC_o - M_t}{M_r - M_t} \times 100$

$\begin{cases} PWC_o = 16 \times 1/3 = 5.33\,kcal/min \\ M_r : 휴식대사량 = 2.0\,kcal/min \\ M_t : 작업대사량 = 10\,kcal/min \end{cases}$

⇒ $T_{ep}(\%) = \dfrac{5.33 - 10}{2 - 10} \times 100 = 58.38\%$

∴ 휴식 = $1hr \times 0.5838 \times 60min/hr = 35\,min$
∴ 작업 = $60 - 35 = 25\,min$

13 Diethyl ketone(TLV=200ppm)을 사용하는 근로자의 작업시간이 9시간일 때 허용기준을 보정하였다. OSHA 보정법과 Brief and Scala 보정법을 적용하였을 경우 보정된 허용기준치 간의 차이는 약 몇 ppm인가?

① 5.05   ② 11.11
③ 22.22 ④ 33.33

[풀이] 보정농도 = 8시간 기준 × 보정계수
- OSHA 보정농도 = $TLV \times \left(\dfrac{8}{H}\right)$
  $= 200\,ppm \times \dfrac{8}{9} = 177.78\,ppm$
- Brief and Scala 보정농도
  $= TLV \times \left(\dfrac{8}{H} \times \dfrac{24-H}{16}\right)$
  $= 200\,ppm \times 0.83 = 166.67\,ppm$

∴ 농도차 = 11.11ppm

14 산업위생의 역사에서 직업과 질병의 관계가 있음을 알렸고, 광산에서의 납중독을 보고한 인물은?

① Larigo
② Paracelsus
③ Percival Pott
④ Hippocrates

풀이 히포크라테스(Hippocrates)는 B.C 4세기경 광산에서 납(Pb)중독을 보고하였다. 이것이 역사상 최초로 기록된 직업병이다.

15 피로의 예방대책으로 적절하지 않은 것은?

① 충분한 수면을 갖는다.
② 작업환경을 정리·정돈한다.
③ 정적인 자세를 유지하는 작업을 동적인 작업으로 전환하도록 한다.
④ 작업과정 사이에 여러 번 나누어 휴식하는 것보다 장시간의 휴식을 취한다.

풀이 동일한 시간을 휴식한다면 장시간 휴식하는 것보다 여러 번 나누어 휴식하는 것이 좋다.

16 직업성 변이(occupational stigmata)의 정의로 옳은 것은?

① 직업에 따라 체온량의 변화가 일어나는 것이다.
② 직업에 따라 체지방량의 변화가 일어나는 것이다.
③ 직업에 따라 신체활동량의 변화가 일어나는 것이다.
④ 직업에 따라 신체형태와 기능에 국소적 변화가 일어나는 것이다.

풀이 직업성 변이(occupational stigmata)는 작업에 따라서 신체 형태와 기능에 국소적 변화가 일어나는 것을 말한다.

17 생체와 환경과의 열교환 방정식을 올바르게 나타낸 것은?(단, ΔS : 생체 내 열용량의 변화, M : 대사에 의한 열생산, E : 수분 증발에 의한 열방산, R : 복사에 의한 열득실, C : 대류 및 전도에 의한 열득실이다.)

① $\Delta S = M + E \pm R - C$
② $\Delta S = M - E \pm R \pm C$
③ $\Delta S = M + E + R + C$
④ $\Delta S = C - M - R - E$

풀이 생체와 환경 사이의 열교환에 미치는 요인은 기온, 기습, 기류, 복사열이다. 따라서 인체와 환경 간의 열교환에 관여하는 온열조건 인자는 작업대사량, 대류에 의한 열교환, 복사에 의한 열교환, 증발에 의한 열손실이다. 계산식에서 수분 증발에 의한 열방산만 감산한다.

□ $\Delta S = M \pm C \pm R - E$
ΔS : 인체의 열축적 또는 열손실
M : 작업대사량
C : 대류에 의한 열득실(열교환)
R : 복사에 의한 열득실(열교환)
E : 증발에 의한 열손실

18 작업적성에 대한 생리적 적성검사 항목에 해당하는 것은?

① 체력검사
② 지능검사
③ 인성검사
④ 지각동작검사

풀이 제시된 항목 중 체력검사만 생리적 적성검사에 속한다. 생리적 적성검사는 감각기능검사(시력, 색각, 청력 검사 등), 심폐기능검사(호흡량, 맥박, 혈압 측정 등), 체력검사(악력, 배근력 측정) 등이다. 동일한 문제는 9년 전에 한번 출제되었다.

19 다음 ( ) 안에 들어갈 알맞은 용어는?

( )은/는 근로자나 일반 대중에게 질병, 건강장해와 능률저하 등을 초래하는 작업환경 요인과 스트레스를 예측, 인식(측정), 평가, 관리하는 과학인 동시에 기술을 말한다.

① 유해인자
② 산업위생
③ 위생인식
④ 인간공학

풀이 산업위생이란 근로자나 일반대중에게 질병·건강장해·안녕방해·심각한 불쾌감 및 능률저하 등을 초래하는 작업환경 요인과 스트레스를 예측, 인식(인지), 측정·평가하고 관리하는 과학과 기술로 정의되고 있다.

20 근로시간 1,000시간당 발생한 재해에 의하여 손실된 총 근로손실일수로 재해자의 수나 발생빈도와 관계없이 재해의 내용(상해 정도)을 측정하는 척도로 사용되는 것은?

① 건수율 ② 연천인율
③ 재해 강도율 ④ 재해 도수율

[풀이] 재해 강도율은 근로시간 1,000시간당 발생한 재해에 의하여 손실된 총 근로손실일수로 재해자의 수나 발생빈도와 관계없이 재해의 내용(상해 정도)을 측정하는 척도로 사용된다.

제2과목 작업위생측정 및 평가

21 다음 중 분석용어에 대한 설명으로 틀린 것은?

① AAS 분석원리는 원자가 갖고 있는 고유한 흡수파장을 이용한 것이다.
② 이동상이란 시료를 이동시키는데 필요한 유동체로서 기체일 경우를 GC라고 한다.
③ 크로마토그램이란 유해물질이 검출기에서 반응하여 띠 모양으로 나타난 것을 말한다.
④ 전처리는 분석물질 이외의 것들을 제거하거나 분석에 방해되지 않도록 하는 과정으로서 분석기기에 의한 정량을 포함한다.

[풀이] 전처리는 분석물질 이외의 것들을 제거하거나 분석에 방해되지 않도록 하는 과정으로서 분석기기에 의한 정량을 포함하지 않는다.
시료 전처리(前處理, sample preparation)의 목적은 통상 채취된 시료에는 보통 유기물 및 부유물질 등을 함유하고 있을 수 있고(탁하거나 색상을 띠고 있는 경우), 분석하고자 하는 목적 성분들이 흡착되어 있거나 난분해성의 착화합물 또는 착이온 상태로 존재하는 경우도 있기 때문에 실험 목적에 따라 적당한 방법으로 처리를 한 후 실험하여야 한다. 특히 금속성분을 측정하기 위한 시료일 경우에는 유기물 등을 분해시킬 수 있는 전처리 조작이 필수적이다.

22 벤젠으로 오염된 작업장에서 무작위로 15개 지점의 벤젠 농도를 측정하여 다음과 같은 결과를 얻었을 때, 이 작업장의 표준편차는?

(단위 : ppm)
8, 10, 15, 12, 9, 13, 16, 15, 11, 9, 12, 8, 13, 15, 14

① 4.7 ② 3.7
③ 2.7 ④ 0.7

[풀이] $SD = \left[\dfrac{\Sigma(X-X_o)^2}{(N)-1}\right]^{1/2}$

• X_o = 산술평균(AM)
$= \dfrac{X_1 + X_2 + \cdots + X_n}{N}$
$= \left(\dfrac{8+10+15+12+9+13+16+15+11+9+12+8+13+15+14}{15}\right)$
$= 12\,ppm$

$\therefore SD = \left[\dfrac{\begin{array}{l}(8-12)^2+(10-12)^2+(12-12)^2+\\(9-12)^2+(13-12)^2+(16-12)^2+\\(15-12)^2+(11-12)^2+(9-12)^2+\\(12-12)^2+(8-12)^2+(13-12)^2+\\(15-12)^2+(14-12)^2\end{array}}{15-1}\right]^{0.5}$

$= \left(\dfrac{104}{15-1}\right)^{0.5} = 2.73\,ppm$

23 시료채취 매체와 해당 매체로 포집할 수 있는 유해인자의 연결로 가장 거리가 먼 것은?

① 활성탄관-메탄올
② MCE막 여과지-석면
③ 유리섬유여과지-캡탄
④ PVC 여과지-석탄분진

[풀이] 활성탄관은 비극성물질(벤젠 등의 탄화수소류, 할로겐화탄화수소류, 에스테르류, 에테르류 등)의 흡착에 효과적이다. 알코올류는 극성이 강하다.
※ **교재오류**를 바로 잡습니다. 304p (2)고체포집법 활성탄 부분에서 '알코올'과 305p 상단 [표] 흡착특성에서 두 번째 항목의 '알코올'을 삭제하시기 바랍니다.
극성의 크기는 물>알코올류>알데히드류>케톤류>에스테르류>방향족화합물>올레핀류>파라핀류 순이다. 알코올은 극성이 강한 물질에 속합니다.

24 방사선이 물질과 상호작용한 결과 그 물질의 단위질량에 흡수된 에너지(Gray : Gy)의 명칭은?

① 조산선량　　② 등가선량
③ 유효선량　　④ 흡수선량

[풀이] 방사선이 물질과 상호작용한 결과 그 물질의 단위질량에 흡수된 에너지를 의미하는 것은 흡수선량이다. 흡수선량의 SI 단위는 Gray(Gy)이고, 관용 단위는 rad이다. 방사선이 자유공기 중에서 공기분자를 이온화시킬 수 있는 광자의 세기를 표현하는 관용 단위는 Roentgen이다.

25 두 개의 버블러를 연속적으로 연결하여 시료를 채취할 때, 첫 번째 버블러의 채취효율이 75%이고, 두 번째 버블러의 채취효율이 90%이면, 전체 채취효율(%)은?

① 91.5　　② 93.5
③ 95.5　　④ 97.5

[풀이] $E_T = \eta_1 + \eta_2(1-\eta_1)$
∴ $E_T = 0.75 + 0.9(1-0.75) = 0.975 = 97.5\%$

26 18℃, 770mmHg인 작업장에서 Methylethyl ketone의 농도가 26ppm일 때 mg/m³ 단위로 환산된 농도는?(단, Methylethyl ketone의 분자량은 72g/mol이다.)

① 64.5　　② 79.4
③ 87.3　　④ 93.2

[풀이] $C_m = C_p(\text{ppm}) \times \dfrac{M_w (\text{분자량})}{22.4 \times \text{온도} \cdot \text{압력 보정}}$

∴ $C_m(\text{mg/m}^3) = \dfrac{26\,\text{mL}}{\text{m}^3} \times \dfrac{72}{22.4} \times \dfrac{273}{273+18} \times \dfrac{770}{760}$
$= 79.43\,\text{mg/m}^3$

27 작업환경측정 및 정도관리 등에 관한 고시상 시료채취 근로자 수에 대한 설명 중 옳은 것은?

① 지역시료채취방법으로 측정을 하는 경우 단위작업장소 내에서 3개 이상의 지점에 대하여 동시에 측정하여야 한다.
② 지역시료채취방법으로 측정을 하는 경우 단위작업장소의 넓이가 60평방미터 이상인 경우에는 30평방미터마다 1개 지점 이상을 추가로 측정하여야 한다.
③ 단위작업장소에서 최고노출근로자 2명 이상에 대하여 동시에 개인시료채취방법으로 측정하되, 동일 작업근로자 수가 100명을 초과하는 경우에는 최대시료채취근로자 수를 20명으로 조정할 수 있다.
④ 단위작업장소에서 최고노출근로자 2명 이상에 대하여 동시에 개인시료채취방법으로 측정하되, 단위작업장소에 근로자가 1명인 경우에는 그러하지 아니하며, 동일 작업근로자 수가 20명을 초과하는 경우에는 5명당 1명 이상 추가하여 측정하여야 한다.

[풀이] 단위작업장소에서 최고노출근로자 2명 이상에 대하여 동시에 측정하되, 단위작업장소에 근로자가 1명인 경우에는 그러하지 아니하며, 동일 작업근로자수가 10명을 초과하는 경우에는 매 5명당 1명(1개 지점) 이상 추가하여 측정하여야 한다. 다만, 동일 작업근로자 수가 100명을 초과하는 경우에는 최대시료채취근로자 수를 20명으로 조정할 수 있다.
지역시료채취방법에 따른 측정시료의 개수는 단위작업장소에서 2개 이상에 대하여 동시에 측정하여야 한다. 다만, 단위작업장소의 넓이가 50평방미터 이상인 경우에는 매 30평방미터마다 1개 지점 이상을 추가로 측정하여야 한다.

28 고성능 액체크로마토그래피(HPLC)에 관한 설명으로 틀린 것은?

① 분석물질이 이동상에 녹아야 하는 제한점이 있다.
② 주 분석대상 화학물질은 PCB 등의 유기화학물질이다.
③ 장점으로 빠른 분석속도, 해상도, 민감도를 들 수 있다.
④ 이동상인 운반가스의 친화력에 따라 윤리법, 치환법으로 구분된다.

풀이 고성능 액체크로마토그래피(HPLC)는 흡착, 분배, 이온교환, 분자체 작용에 의해 목적 성분을 분리 정량한다. 이동상과 정지상의 극성의 선정에 따라 정상법, 역상법으로 구분된다. 이동상이 비극성이고 정지상이 극성인 경우를 정상법(정상용리)이라 하고, 이와 반대의 경우를 역상법(역상용리)이라 한다.
액체크로마토그래피는 통상 정지상은 극성, 이동상을 비극성으로 하지만 HPLC은 이와 반대의 시스템을 더 많이 채용하고 있다.
HPLC는 높은 감도와 해상도로 신속한 분석이 가능하며, 비휘발성 성분이나 열적으로 불안정한 물질도 쉽게 정량할 수 있지만 분석물질이 이동상에 녹아야 하는 제한점이 있다.
HPLC의 분석대상은 PCB 등의 유기화학물질과 아미노산, 단백질, 헥산, 탄화수소, 탄수화물, 약품, 테르노이드, 살충제, 항생제, 스테로이드, 금속유기물, 각종 무기물 등이다.

29 어떤 작업장에 50% Acetone, 30% Benzene, 20% Xylene의 중량비로 조성된 용제가 증발하여 작업환경을 오염시키고 있을 때, 이 용제의 허용농도(TLV : mg/m³)는?(단, Actone, Benzene, Xylene의 TLV는 각각 $1,600mg/m^3$, $720mg/m^3$, $670mg/m^3$이고, 용제의 각 성분은 상가작용을 하며, 성분 간 비휘발도 차이는 고려하지 않는다.)

① 873　　　　② 973
③ 1,073　　　④ 1,173

풀이 $TLV_m (mg/m^3) = \dfrac{1}{\dfrac{f_1}{TLV_1} + \cdots + \dfrac{f_n}{TLV_n}}$

∴ $TLV_m = \dfrac{1}{\dfrac{0.5}{1,600} + \dfrac{0.3}{720} + \dfrac{0.2}{670}} = 973.1 \, mg/m^3$

30 작업장에 작동되는 기계 두 대의 소음레벨이 각각 98dB(A), 98dB(A)로 측정되었을 때, 두 대의 기계가 동시에 작동되었을 경우의 소음레벨[dB(A)]은?

① 98　　　　② 101
③ 102　　　④ 104

풀이 $L(dB) = 10 \log(10^{L_1/10} + 10^{L_2/10} + \cdots + 10^{L_n/10})$
∴ $L(dB) = 10 \log(10^{9.8} + 10^{9.8}) = 101 \, dB$

31 검지관의 장·단점으로 틀린 것은?
① 민감도가 낮으며 비교적 고농도에 적용이 가능하다.
② 측정대상물질의 동정이 미리 되어 있지 않아도 측정이 가능하다.
③ 특이도가 낮다. 즉, 다른 방해물질의 영향을 받기 쉬워 오차가 크다.
④ 색이 시간에 따라 변화하므로 제조자가 정한 시간에 읽어야 한다.

풀이 검지관은 한 가지 물질에 반응할 수 있도록 되어 있어 측정대상물질의 사전 동정이 필요하다.

32 시간당 약 150kcal의 열량이 소모되는 작업조건에서 WBGT 측정치가 30.6℃일 때 고온의 노출기준에 따른 작업휴식조건으로 적절한 것은?
① 계속작업
② 매시간 75% 작업, 25% 휴식
③ 매시간 50% 작업, 50% 휴식
④ 매시간 25% 작업, 75% 휴식

풀이 시간당 약 150kcal의 열량이 소모되는 작업조건은 시간당 200kcal 이하의 열량이 소모되는 경작업에 해당하므로 30.6℃일 때, 노출기준에 따른 작업휴식조건은 매시간 75% 작업, 25% 휴식을 취해야 한다.

33 MCE 여과지를 사용하여 금속성분을 측정·분석한다. 샘플링이 끝난 시료를 전처리하기 위해 화학용액(ashing acid)을 사용하는데, 다음 중 NIOSH에서 제시한 금속별 전처리용액 중 적절하지 않은 것은?
① 납 : 질산
② 크롬 : 염산+인산
③ 카드뮴 : 질산, 염산
④ 다성분 금속 : 질산+과염소산

풀이 MCE(Mixed Cellulose Ester)막 여과지는 산에 잘 녹기 때문에 PVC막 여과지를 대신하여 중금속류 특히, 원자흡광광도법 분석시료의 채취에 사용되고 있다. 오염된 작업장의 경우, 총 크롬(Cr) 중 3가와 6가의 비율은 약 6 : 4 정도로 알려져 있으며, 대기(공기) 중에서는 3가 크롬은 6가로 잘 산화되지 않지만 6가 크롬의 경우, 공기 중의 유기물질이나 철(2가)이온의 영향을 받을 경우 보다 용이하게 3가로 환원되는 성질을 가지고 있으므로 시료채취 및 전처리에 특별히 유의하지 않으면 측정오차를 유발할 수 있다.
전처리에 사용되는 화학용액 중 가장 많이 사용되는 것은 질산이나 염산이고, 다성분 금속이 함유된 경우는 질산과 과염소산을 함께 사용하기도 한다. 그런데 인산은 산화를 방지하기 위한 완충액으로 주로 이용되는 화학용액이기 때문에 MCE 여과지를 사용하여 크롬을 정량할 때 인산은 사용되지 않는다.

34 Kata 온도계로 불감기류를 측정하는 방법에 대한 설명으로 틀린 것은?

① 온도계를 온수에서 꺼내어 구(球)부를 완전히 닦아내고 스탠드에 고정한다.
② 알코올의 눈금이 100°F에서 65°F까지 내려가는데 소요되는 시간을 초시계로 4~5회 측정하여 평균을 낸다.
③ Kata 온도계의 구(球)부를 50~60℃의 온수에 넣어 구부의 알코올을 팽창시켜 관의 상부 눈금까지 올라가게 한다.
④ 눈금 하강에 소요되는 시간으로 Kata 상수를 나눈 값 H는 온도계의 구부 $1cm^2$에서 1초 동안에 방산되는 열량을 나타낸다.

풀이 Kata 온도계의 표면에는 눈금이 아래·위로 2개 있는데 일반용은 아래가 95°F(35℃)이고 위가 100°F(37.8℃)의 두 개의 눈금이 있다. 측정방법은 알코올이 위의 눈금에서 아래 눈금까지 하강하는 데 소요되는 시간을 4~5회 측정·평균하여 기류를 측정하게 된다.

35 작업장에서 어떤 유해물질의 농도를 무작위로 측정한 결과가 다음과 같을 때, 측정값에 대한 기하평균(GM)은?

5, 10, 28, 46, 90, 200   (단위 : ppm)

① 11.4 ② 32.4
③ 63.2 ④ 104.5

풀이 $GM = \sqrt[n]{X_1 \times X_2 \times \cdots \times X_n}$
$\Rightarrow GM = \sqrt[6]{5 \times 10 \times 28 \times 46 \times 90 \times 200}$
∴ $GM = 32.41\,ppm$

36 다음 중 실리카겔 흡착에 대한 설명으로 틀린 것은?

① 실리카겔은 규산나트륨과 황산의 반응에서 유도된 무정형의 물질이다.
② 극성을 띠고 흡습성이 강하므로 습도가 높을수록 파과용량이 증가한다.
③ 추출액이 화학분석이나 기기분석에 방해물질로 작용하는 경우가 많지 않다.
④ 활성탄으로 채취가 어려운 아닐린, 오르토-톨루이딘 등의 아민류나 몇몇 무기물질의 채취도 가능하다.

풀이 실리카겔은 극성물질을 강하게 흡착하므로 작업장에 여러 종류의 극성물질이 공존할 때는 극성이 강한 물질이 극성이 약한 물질을 치환하게 된다. 그러므로 습도가 높은 작업장에서는 다른 오염물질의 파과용량이 작아져 파과를 일으키기 쉽다.

37 접착공정에서 본드를 사용하는 작업장에서 톨루엔을 측정하고자 한다. 노출기준의 10%까지 측정하고자 할 때, 최소시료채취시간(min)은?(단, 작업장은 25℃, 1기압이며, 톨루엔의 분자량은 92.14, 기체크로마토그래피의 분석에서 톨루엔의 정량한계는 0.5mg/㎥, 노출기준은 100ppm, 채취유량은 0.15L/분이다.)

① 13.3
② 39.6
③ 88.5
④ 182.5

풀이) $t(\min) = \dfrac{V_m}{Q}$ $\begin{cases} V_m(\text{최소시료채취량, L}) \\ Q(\text{유량속도}) = 0.15\text{L/min} \end{cases}$

$V_m(L) = \dfrac{\text{LOQ}}{C_o} \times 10^3$

$\begin{cases} \text{LOQ(정량한계)} = 0.5\text{mg} \\ C_o(\text{측정한계(최소)농도}) = C_m = C_p \times \dfrac{M_w}{24.45} \\ \qquad = 100\text{ppm} \times 0.1 \times \dfrac{92.14}{24.45} = 37.69\text{mg/m}^3 \end{cases}$

$\Rightarrow V_m = \dfrac{0.5}{37.69} \times 10^3 = 13.27\text{L}$

$\therefore t = \dfrac{13.27}{0.15} = 88.47\min$

38 셀룰로오스 에스테르막 여과지에 관한 설명으로 옳지 않은 것은?

① 산에 쉽게 용해된다.
② 중금속 시료채취에 유리하다.
③ 유해물질이 표면에 주로 침착된다.
④ 흡습성이 적어 중량분석에 적당하다.

풀이) MCE(Mixed Cellulose Ester)막 여과지(셀룰로오스 에스테르계)는 수분에 민감한 것이 단점이다. 특히 원료인 셀룰로오스는 수분을 잘 흡수하기 때문에 입자상 물질에 대한 중량분석에는 부적당하다.

39 코크스 제조공정에서 발생되는 코크스 오븐배출물질을 채취할 때, 다음 중 가장 적합한 여과지는?

① 은막 여과지 ② PVC 여과지
③ 유리섬유 여과지 ④ PTFE 여과지

풀이) 은막 여과지는 코크스 오븐 배출물질, 다핵방향족 탄화수소(PAHs), Br, Cl 채취용으로 사용된다.

40 작업장 소음에 대한 1일 8시간 노출 시 허용기준[(dB(A)]은?(단, 미국 OSHA의 연속소음에 대한 노출기준으로 한다.)

① 45 ② 60
③ 75 ④ 90

풀이) 연속소음에 대한 노출기준은 8시간 시간가중치로서 90dB이다.

[제3과목] **작업환경관리대책**

41 덕트에서 평균속도압이 25mmH₂O일 때, 반송속도(m/s)는?

① 20.2 ② 10.1
③ 101.1 ④ 50.5

풀이) $V(\text{유속}) = C\sqrt{\dfrac{2gP_v}{\gamma}}$

$\begin{cases} P_v : \text{속도압} = 25\text{ mmH}_2\text{O} \\ \gamma : \text{유체의 비중량} = 1.2\text{kg}_f/\text{m}^3 \\ C : \text{계수} = 1 \\ g : \text{중력가속도} = 9.8\text{ m/sec}^2 \end{cases}$

$\therefore V = \sqrt{\dfrac{2 \times 9.8 \times 25}{1.2}} = 20.2\text{ m/sec}$

42 덕트 합류 시 댐퍼를 이용한 균형유지방법의 장점이 아닌 것은?

① 임의로 유량을 조절하기 어려움
② 설계 계산이 상대적으로 간단함
③ 설치 후 부적당한 배기유량 조절 가능
④ 시설 설치 후 변경에 유연하게 대처 가능

풀이) 댐퍼를 이용한 균형유지법은 장래의 변경이나 확장에 대한 유연성이 높고, 작업공정에 따라 덕트의 위치변경이 용이하다.

43 송풍기의 송풍량과 회전수의 관계에 대한 설명 중 옳은 것은?

① 송풍량과 회전수는 비례한다.
② 송풍량과 회전수는 역비례한다.
③ 송풍량은 회전수의 제곱에 비례한다.
④ 송풍량은 회전수의 세제곱에 비례한다.

풀이) 송풍기의 크기(D)와 유체밀도(ρ)가 일정할 때 유량(Q)은 송풍기 회전속도에 비례하고, 풍압(P_s)은 송풍기 회전속도의 2승에 비례하며, 동력(P)은 송풍기 회전속도의 3승에 비례한다.

$Q_2 = Q_1 \times \left(\dfrac{N_2}{N_1}\right)$

44 동일한 두께로 벽체를 만들었을 경우에 차음효과가 가장 크게 나타나는 재질은?(단, 2,000Hz 소음을 기준으로 하며, 공극률 등 기타조건은 동일하다고 가정한다.)

① 납
② 석고
③ 알루미늄
④ 콘크리트

풀이 차음에 가장 큰 영향을 미치는 것은 공극(틈)이다. 공극이 없이 치밀한 재료일수록 차음효과는 높아지므로 탄성이 큰 재료(발포재 등)로 된 벽은 차음성이 떨어진다. 따라서 차음효과는 강성재(납>알루미늄>콘크리트)>탄성재>다공질재 순으로 된다.

45 다음 〈보기〉 중 공기공급시스템(보충용 공기의 공급장치)이 필요한 이유가 모두 선택된 것은?

〈보기〉
㉮ 연료를 절약하기 위해서
㉯ 작업장 내 안전사고를 예방하기 위해서
㉰ 국소배기장치를 적절하게 가동시키기 위해서
㉱ 작업장의 교차기류를 유지하기 위해서

① ㉮, ㉯
② ㉮, ㉯, ㉰
③ ㉯, ㉰, ㉱
④ ㉮, ㉯, ㉰, ㉱

풀이 보충용 공기를 적절하게 공급함으로써 작업장의 교차기류 형성을 방지할 수 있으므로 ㉱항목은 공기공급시스템(보충용 공기의 공급장치)의 기능 및 역할과 상반되는 내용이다. 공기공급시스템(보충용 공기의 공급장치)이 필요한 이유는 ㉮, ㉯, ㉰항 이외에 작업장의 환기 및 희석, 작업장의 압력조절, 근로자에게 영향을 미치는 냉각기류 제거, 정화되지 않은 실외공기의 건물 내로 유입되는 것을 방지, 청정공간의 확보 및 제품보호 등이 목적으로 시공된다.
보충용 공기(Make up Air)는 작업장 내에서 국소배기시설을 통해 외부로 방출된 양 만큼의 공기를 작업장 내로 공급하는 공기를 말하며, 환기를 위해 배기된 공기량의 약 10% 정도를 과잉으로 공급하여야 한다.

46 동력과 회전수의 관계로 옳은 것은?

① 동력은 송풍기 회전속도에 비례한다.
② 동력은 송풍기 회전속도에 반비례한다.
③ 동력은 송풍기 회전속도의 제곱에 비례한다.
④ 동력은 송풍기 회전속도의 세제곱에 비례한다.

풀이 송풍기의 크기(D)와 유체밀도(ρ)가 일정할 때 유량(Q)은 송풍기의 회전속도에 비례하고, 풍압(P_s)은 송풍기 회전속도의 2승에 비례하며, 동력(P)은 송풍기 회전속도의 3승에 비례한다.

$$P_2 = P_1 \times \left(\frac{N_2}{N_1}\right)^3$$

47 강제환기를 실시할 때 환기효과를 제고하기 위해 따르는 원칙으로 옳지 않은 것은?

① 배출공기를 보충하기 위하여 청정공기를 공급할 수 있다.
② 공기배출구와 근로자의 작업위치 사이에 오염원이 위치하여야 한다.
③ 오염물질 배출구는 가능한 한 오염원으로부터 가까운 곳에 설치하여 점환기 현상을 방지한다.
④ 오염원 주위에 다른 작업공정이 있으면 공기배출량을 공급량보다 약간 크게 하여 음압을 형성하여 주위 근로자에게 오염물질이 확산되지 않도록 한다.

풀이 오염물질 배출구는 가능한 한 오염원으로부터 가까운 곳에 설치하여 점환기의 효과를 얻도록 해야 한다.

48 점음원과 1m 거리에서 소음을 측정한 결과 95dB로 측정되었다. 소음수준을 90dB로 하는 제한구역을 설정할 때, 제한구역의 반경(m)은?

① 3.16
② 2.20
③ 1.78
④ 1.39

풀이 $SPL = PWL - 20\log r - 11$
⇒ $95 = PWL - 20\log(1) - 11$, $PWL = 106$
⇒ $90 = 106 - 20\log(x) - 11$
∴ $x = 10^{\left(\frac{106-90-11}{20}\right)} = 1.78 \, m$

정답 44.① 45.② 46.④ 47.③ 48.③

49 층류영역에서 직경이 $2\mu m$이며 비중이 3인 입자상 물질의 침강속도(cm/sec)는?

① 0.032　　② 0.036
③ 0.042　　④ 0.046

[풀이] $V_g = 0.003\,\rho_p\,d_p^2$
∴ $V_g = 0.003 \times 3 \times 2^2 = 0.036\,cm/sec$

50 입자상 물질을 처리하기 위한 공기정화장치로 가장 거리가 먼 것은?

① 사이클론
② 중력집진장치
③ 여과집진장치
④ 촉매산화에 의한 연속장치

[풀이] 촉매산화에 의한 연속장치는 기체상 유해물질을 처리하는데 이용된다. 이 문제는 3년만에 반복출제되었다.

51 공기가 흡인되는 덕트관 또는 공기가 배출되는 덕트관에서 음압이 될 수 없는 압력의 종류는?

① 속도압(VP)　　② 정압(SP)
③ 확대압(EP)　　④ 전압(TP)

[풀이] 속도압(동압)은 공기의 운동에너지에 비례하여 항상 0 또는 양압(+압력)을 갖는다. 그러므로 덕트관에서 음압이 될 수 없는 압력은 속도압이다.

52 다음의 보호장구 재질 중 극성용제에 가장 효과적인 것은?

① Nitrile 고무　　② Viton
③ Neoprene 고무　　④ Butyl 고무

[풀이] 극성용제(알코올, 케톤류)에 효과적인 장갑재질은 부틸(Butyl) 고무, 천연고무(Latex), 폴리비닐 알코올 등이 적합하다.

53 귀덮개 착용 시 일반적으로 요구되는 차음효과는?

① 저음에서 15dB 이상, 고음에서 30dB 이상
② 저음에서 20dB 이상, 고음에서 45dB 이상
③ 저음에서 25dB 이상, 고음에서 50dB 이상
④ 저음에서 30dB 이상, 고음에서 55dB 이상

[풀이] 귀덮개는 저음영역에서는 20dB 이상, 고음영역에서 45dB 이상 차음효과가 있다. 이 문제는 3년만에 재 출제된 문제이다.

54 움직이지 않는 공기 중으로 속도 없이 배출되는 작업조건(예시 : 탱크에서 증발)의 제어속도 범위(m/sec)는?(단, ACGIH 권고 기준)

① 0.1~0.3　　② 0.3~0.5
③ 0.5~1.0　　④ 1.0~1.5

[풀이] 움직이지 않는 공기 중에서 실질적으로 비산속도가 없이 발산되는 작업조건의 제어속도는 0.25~0.5 m/sec 범위로 설계한다. 이 문제는 8년만에 재 출제된 문제이다.

55 호흡용 보호구 중 마스크의 올바른 사용법이 아닌 것은?

① 마스크를 착용할 때는 반드시 밀착성에 유의해야 한다.
② 유해물질의 농도가 극히 높으면 자기공급식 장치를 사용한다.
③ 정화통 혹은 흡수통(canister)은 한번 계통하면 재사용을 피하는 것이 좋다.
④ 공기정화식 가스마스크(방독마스크)는 방진마스크와는 달리 산소결핍 작업장에서도 사용이 가능하다.

[풀이] 가스마스크(방독마스크)는 고농도(IDLH) 작업장, 산소결핍(18% 이하)의 위험이 있는 작업장, 맨홀 내 작업, 지하 및 배 밑의 창고, 오래된 우물 안, 기름탱크 안 등에는 사용해서는 안 된다.

56 기류를 고려하지 않고 감각온도(effective temperature)의 근사치로 널리 사용되는 지수는?

① WBGT　　② Radiation
③ Evaporation　　④ Glove Temperature

[풀이] 온열인자(온열지수)와 관련이 있는 인자는 기온, 기류, 복사열, 습도이다. 여기서 기류를 고려하지 않고 감각온도의 근사치로 널리 사용되는 것은 습구흑구온도지수(WBGT)이다.

정답 49.② 50.④ 51.① 52.④ 53.② 54.② 55.④ 56.①

57 안전보건규칙상 국소배기장치의 덕트 설치 기준으로 틀린 것은?

① 접속부의 안쪽은 돌출된 부분이 없도록 할 것
② 연결부위 등은 내부공기가 들어오지 않도록 할 것
③ 가능하면 길이는 짧게 하고 굴곡부의 수는 적게 할 것
④ 덕트 내부에 오염물질이 쌓이지 않도록 이송속도를 유지할 것

[풀이] 덕트의 연결부위는 접속부의 내면이 돌기물이 없도록 하고, 외부공기가 들어오지 아니하도록 가능한 한 용접을 하여야 하며, 접속부는 덕트 소용돌이 (vortex) 기류가 발생하지 않는 구조로 하여야 한다.

58 Stokes 침강 법칙에서 침강속도에 대한 설명으로 옳지 않은 것은?(단, 자유공간에서 구형의 분진입자를 고려한다.)

① 중력가속도에 비례한다.
② 기체의 점도에 반비례한다.
③ 분진입자 직경의 제곱에 비례한다.
④ 기체와 분진입자의 밀도 차에 반비례한다.

[풀이] 침강속도는 입자와 가스의 밀도차에 비례한다.

$$V_g = \frac{d_p^2(\rho_p - \rho)g}{18\mu} \begin{cases} d_p : \text{입자의 직경(m)} \\ \rho_p : \text{입자의 밀도(kg/m}^3\text{)} \\ \rho : \text{가스의 밀도(kg/m}^3\text{)} \\ \mu : \text{가스의 점도(kg·m/sec)} \end{cases}$$

59 21℃, 1기압의 어느 작업장에서 톨루엔과 이소프로필알코올을 각각 100g/hr씩 사용(증발)할 때 필요환기량(m^3/hr)은?(단, 두 물질은 상가작용을 하며, 톨루엔의 분자량은 92, TLV는 50ppm, 이소프로필알코올의 분자량은 60, TLV는 200ppm이고, 각 물질의 여유계수는 10으로 동일하다.)

① 약 6,250 ② 약 7,250
③ 약 8,650 ④ 약 9,150

[풀이] $Q = \dfrac{KW \times 24.1 \times 10^3}{MW \cdot TLV}$

$\begin{cases} Q_1 = \dfrac{10 \times 100 \times 24.1 \times 10^3}{92 \times 50} = 5239.1 \, m^3/hr \\ Q_2 = \dfrac{10 \times 100 \times 24.1 \times 10^3}{60 \times 200} = 2008.3 \, m^3/hr \end{cases}$

• 두 물질이 상가작용 → 유량 합산
∴ $Q = Q_1 + Q_2 = 7247.4 \, m^3/hr$

60 덕트에서 속도압 및 정압을 측정할 수 있는 표준기기는?

① 피토관 ② 풍차풍속계
③ 임핀저관 ④ 열선풍속계

[풀이] 덕트에서 속도압 및 정압을 측정할 수 있는 표준기기는 피토관이다.

제4과목 물리적 유해인자관리

61 지적환경(optimum working environment)을 평가하는 방법이 아닌 것은?

① 생산적(productive) 방법
② 생리적(physiological) 방법
③ 정신적(psychological) 방법
④ 생물역학적(biomechanical) 방법

[풀이] 지적환경(至適環境)이란 일을 하는 데 가장 적합한 환경을 말하며, 그 평가방법은 생산적 평가(정신적 작업에서는 근육작업에 비해 지적온도가 저온임), 생리적 평가, 정신적(주관적) 평가로 구분된다. 이와 동일한 유형의 문제는 10년 전에 출제된 적이 있다.

62 진동의 강도를 표현하는 방법으로 옳지 않은 것은?

① 속도(velocity)
② 투과(transmission)
③ 변위(displacement)
④ 가속도(acceleration)

[풀이] 진동의 강도 표시(크기 표시)는 변위, 속도, 가속도(acceleration) 3가지로 나타낸다.

정답 57.② 58.④ 59.② 60.① 61.④ 62.②

63 감압환경의 설명 및 인체에 미치는 영향으로 옳은 것은?

① 인체와 환경 사이의 기압 차이 때문으로 부종, 출혈, 동통 등을 동반한다.
② 화학적 장해로 작업력의 저하, 기분의 변환, 여러 종류의 다행증이 일어난다.
③ 대기가스의 독성 때문으로 시력장애, 정신혼란, 간질 모양의 경련을 나타낸다.
④ 용해질소의 기포 형성 때문으로 동통성 관절장애, 호흡곤란, 무균성 골괴사 등을 일으킨다.

[풀이] 감압환경에서는 체내에 과다하게 용해되었던 질소 등의 불활성 기체가 압력이 낮아질 때 과포화상태로 되어 혈액과 조직에 기포를 형성하여 혈액순환을 방해하거나 주위조직에 기계적 영향을 줌으로써 발생한다. 잠함병(케이슨병)도 감압병의 하나이다.

64 전리방사선의 흡수선량이 생체에 영향을 주는 정도를 표시하는 선당량(생체실효선량)의 단위는?

① R
② Ci
③ Sv
④ Gy

[풀이] 전리방사선의 흡수선량이 생체에 영향을 주는 정도를 표시하는 선당량(생체실효선량)의 SI 단위는 시버트(Sievert, Sv)이다. 1Sv=100rem에 해당한다. 렘(rem)은 생물학적 효과를 고려한 선량당량의 관용 단위이며, rem=rad×RBE(상대 생물학적 효과)의 관계이다. 동일 흡수선량이라도 생물학적 영향과 효과는 방사선의 종류에 따라 다르게 나타날 수 있다.

65 실효음압이 $2\times10^{-3}\text{N/m}^2$인 음의 음압수준은 몇 dB인가?

① 40
② 50
③ 60
④ 70

[풀이] $SPL(dB) = 20\log\left(\dfrac{P}{P_o}\right)$

기준음압(최소음압실효치)= $2\times10^{-5}\text{N/m}^2$

$\therefore \ SPL = 20\log\left(\dfrac{2\times10^{-3}}{2\times10^{-5}}\right) = 40\text{dB}$

66 다음 중 고압 작업환경만으로 나열된 것은?

① 고소작업, 등반작업
② 용접작업, 고소작업
③ 탈지작업, 샌드블라스트(sand blast) 작업
④ 잠함(caisson)작업, 광산의 수직갱 내 작업

[풀이] 고압 작업환경이란 고기압(압력이 1kg/m² 이상인 기압)에서 작업하는 잠함공법(潛函工法)이나 그 외의 압기공법(壓氣工法)으로 하는 광산의 수직갱 내 작업, 해저터널 굴진작업 등이 이에 속한다.

67 다음 ( ) 안에 들어갈 내용으로 옳은 것은?

일반적으로 ( )의 마이크로파는 신체를 완전히 투과하며 흡수되어도 감지되지 않는다.

① 150MHz 이하
② 300MHz 이하
③ 500MHz 이하
④ 1,000MHz 이하

[풀이] 마이크로파(전자레인지파)는 라디오파 중에서 특히 주파수가 매우 높은 전자파를 말하는데 대체로 300MHz~30GHz까지(파장 1~300cm)의 전자파를 말하는데 150MHz 이하는 신체를 완전히 투과하며 신체에 흡수되어도 감지하지 못한다. 이 문제는 16년만에 반복 출제되었다.

68 저온에 의한 1차적인 생리적 영향에 해당하는 것은?

① 말초혈관의 수축
② 혈압의 일시적 상승
③ 근육긴장의 증가와 전율
④ 조직대사의 증진과 식욕 항진

[풀이] 저온의 영향(추울 때) 1차 생리적 반응은 몸 떨림(전율), 갑상선자극호르몬 분비 증가, 근육긴장 증가, 수의적 운동 증가, 화학적 대사작용 증가, 체표면적 감소(노출 감소, 웅크림), 피부혈관의 수축 등의 현상이 나타난다.

69 실내 작업장에서 실내 온도조건이 다음과 같을 때 WBGT(℃)는?

- 흑구온도 32℃
- 건구온도 27℃
- 자연습구온도 30℃

① 30.1 ② 30.6
③ 30.8 ④ 31.6

풀이 WBGT(℃)=0.7×자연습구+0.3×흑구
∴ WBGT(℃)=(0.7×30)+(0.3×32)=30.6℃

70 다음 중 살균력이 가장 센 파장영역은?

① 1,800~2,100 Å ② 2,800~3,100 Å
③ 3,800~4,100 Å ④ 4,800~5,100 Å

풀이 소독작용(살균작용)이 가장 센 파장영역은 자외선 영역 중 도노선이다. 도노선은 자외선(UV-B) 중 파장 280~315nm(2,800~3,150 Å) 범위의 광선을 말한다. 도노선은 피부노화, 피부화상, 피부암, 안구세포 손상, 백내장을 유발하는 한편 소독작용(살균작용)이 강하고, 비타민 D 합성에 도움을 주기도 하여 건강선으로 불리기도 한다.

71 고압환경의 인체작용에 있어 2차적 가압 현상에 해당하지 않는 것은?

① 산소중독 ② 질소마취
③ 공기전색 ④ 이산화탄소중독

풀이 2차적 가압 현상은 화학적 장해로 흡기 중의 N_2, O_2, CO_2의 분압상승에 의한 장해를 말한다. 고압하의 흡입하는 가스의 독성 때문에 나타나는 장해나 질소마취작용, 산소중독(간질 모양의 경련), 이산화탄소작용(동통성 관절 장해) 등이 이에 속한다.
공기전색은 혈관 내에 갑자기 많은 양의 공기가 침입하여 혈관강(血管腔)을 막는 현상을 말하는데 주로 감압환경에서 나타난다. 잠수부가 물위로 올라올 때 감압속도가 너무 빠르면 폐포가 파열되고 흉부조직 내로 탈출한 질소가스 때문에 종격기종, 기흉, 공기전색을 일으킬 수 있다.

72 다음 중 차음평가지수를 나타내는 것은?

① sone   ② NRN
③ NRR   ④ phon

풀이 NRR(NRR, Noise Reduction Rating)은 차음평가지수(차음평가 수, 소음감소 급수)이다. 귀마개, 귀덮개 등의 보호구 착용이나 차음벽 설치 등 공학적 대책으로 인한 소음 감소효과는 차음평가지수를 이용하여 평가한다. 예를 들어, 보호구의 착용에 따른 차음효과를 NRR을 적용해 계산하려면 다음 식을 적용한다.

- $FA = \dfrac{(NRR-7)}{2}$ $\begin{cases} FA : 차음효과 \\ NRR : 차음평가지수 \end{cases}$

한편, NRN(Noise Rating Number)은 소음평가지수이므로 혼동하지 말아야 한다. 소음평가지수는 청력장해, 회화장해, 소란스러움의 3가지 관점에서 평가한 소음평가지표이다. NRN은 영국에서 처음 사용되었고 현재는 국제적으로 사용되고 있다.

73 소음성 난청에 대한 내용으로 옳지 않은 것은?

① 내이의 세포 변성이 원인이다.
② 청력손실은 초기에 4,000Hz 부근에서 영향이 현저하다.
③ 음이 강해짐에 따라 정상인에 비해 음이 급격하게 크게 들린다.
④ 소음 노출과 관계없이 연령이 증가함에 따라 발생하는 청력장애를 말한다.

풀이 소음난청은 주파수 1,000Hz 이상의 고음역에 반복·장기간 노출될 때 발생하며, 청력손실은 초기에 4,000Hz 부근에서 영향이 현저하다. 소음성 난청을 초래하는 청력손실은 직업성 청력손실 이외에 노인성 난청, 비직업적 원인으로 발생하는 사회성 난청, 귀의 해부적 구조의 이상으로 발생하는 유전성 난청을 들 수 있다. 따라서 청력손실은 성별, 연령 등에 따라 청력역치수준이 다른데 남성보다 여성, 노인보다 젊은이가 소음에 대해 더 민감한 편이다.

74 레이노드 현상(Raynaud's phenomenon)과 관련이 없는 것은?

① 방사선 ② 국소진동
③ 혈액순환장애 ④ 저온환경

정답 69.② 70.② 71.③ 72.③ 73.④ 74.①

[풀이] 레이노 현상과 방사선은 무관하다. 레이노드 현상(Raynud's Phenomenon)은 국소진동에 의한 장애이다. 착암기·압축공기(hammer)를 이용한 진동공구 사용 근로자에게 발병될 수 있는 것으로 국소진동에 의해 말초혈관운동이 저하되어 혈액순환장해에 의한 것이다. 저온환경이나 추위에 노출되면 이러한 증상은 더욱 악화된다.

75 전리방사선 방어의 궁극적 목적은 가능한 한 방사선에 불필요하게 노출되는 것을 최소화하는데 있다. 국제방사선방호위원회(ICRP)가 노출을 최소화하기 위해 정한 원칙 3가지에 해당하지 않는 것은?

① 작업의 최적화
② 작업의 다양성
③ 작업의 적당성
④ 개개인의 노출량 한계

[풀이] 국제방사선방호위원회(ICRP)가 노출을 최소화하기 위해 정한 원칙 3가지는 작업의 최적화, 작업의 적당성, 개개인의 노출량 한계(기준 초과 가능성이 있는 경우에는 경보장치 설치)이다.

76 현재 총 흡음량이 1,200sabins인 작업장의 천장에 흡음물질을 첨가하여 2,800sabins을 더할 경우 예측되는 소음감소량(dB)은 약 얼마인가?

① 3.5
② 4.2
③ 4.8
④ 5.2

[풀이] 소음감소량(NR)(dB) $= 10 \log \dfrac{A_2}{A_1}$

$\begin{cases} A_1 : \text{초기 흡음량} = 1,200\,\text{sabins} \\ A_2 : \text{강화 흡음량} = 1,200 + 2,800 \\ \qquad\qquad\qquad\quad = 4,000\,\text{sabins} \end{cases}$

$\therefore$ NR $= 10 \log \dfrac{4,000}{1,200} = 5.23$ dB

77 소음계(sound level meter)로 소음 측정 시 A 및 C 특성으로 측정하였다. 만약 C특성으로 측정한 값이 A특성으로 측정한 값보다 훨씬 크다면 소음의 주파수영역은 어떻게 추정이 되는가?

① 저주파수가 주성분이다.
② 중주파수가 주성분이다.
③ 고주파수가 주성분이다.
④ 중 및 고주파수가 주성분이다.

[풀이] A특성치와 C특성치 간의 차가 크면 저주파음이고, 차가 작으면 1,000Hz 이상 고주파음이라 추정할 수 있다.

78 작업장 내 조명방법에 관한 내용으로 옳지 않은 것은?

① 형광등은 백색에 가까운 빛을 얻을 수 있다.
② 나트륨등은 색을 식별하는 작업장에 가장 적합하다.
③ 수은등은 형광물질의 종류에 따라 임의의 광색을 얻을 수 있다.
④ 시계공장 등 작은 물건을 식별하는 작업을 하는 곳은 국소조명이 적합하다.

[풀이] 나트륨램프 같은 단색광원 아래에서는 색채를 구분할 수 없고, 위험요소를 인지하지 못할 수 있다.
반면에 텅스텐 할로겐 램프는 높은 온도에서 작동되고 작업자가 가까이에서 장시간 사용했을 때 눈의 각막과 피부에 해로운 많은 양의 자외선이 방출된다(근접작업 금지). 그리고 고강도 방전등, 탄소아크 및 쇼트아크 램프는 텅스텐 할로겐 램프가 방출하는 양보다 많은 양의 자외선을 방출한다.

79 다음 중 럭스(lux)의 정의를 설명한 것으로 옳은 것은?

① 1m^2의 평면에 1루멘의 빛이 때의 밝기를 의미한다.
② 1촉광의 광원으로부터 한 단위 입체각으로 나가는 빛의 밝기 단위이다.
③ 1루멘의 빛이 1ft^2의 평면상에 수직방향으로 비칠 때 그 평면의 빛의 양을 의미한다.
④ 지름이 1인치 되는 촛불이 수평방향으로 비칠 때의 빛의 광도를 나타내는 단위이다.

[풀이] 럭스(Lux)는 조도(밝기) 단위로 1루멘(lm)의 광선속이 1m^2의 평면에 비칠 때의 밝기를 나타낸다.
Lux $= \text{lm/m}^2 = \text{cd/m}^2$

80 유해한 환경의 산소결핍장소에 출입 시 착용하여야 할 보호구와 가장 거리가 먼 것은?

① 방독마스크 ② 송기마스크
③ 공기호흡기 ④ 에어라인마스크

[풀이] 산소결핍장소에서는 방독마스크를 착용해서는 안 된다. 공기호흡기 또는 송기마스크, 에어라인마스크를 지급하여 착용하도록 해야 한다. 방독마스크를 착용할 수 없는 사업장은 고농도(IDLH) 작업장, 산소결핍(18% 이하)의 위험이 있는 작업장, 맨홀 내 작업, 지하 및 배 밑의 창고, 오래 방치된 우물 속의 작업, 오래 방치된 정화조 내 작업, 기름탱크 안 등이다.

[제5과목] 산업독성학

81 다음 중 만성중독 시 코, 폐 및 위장의 점막에 병변을 일으키며, 장기간 흡입하는 경우 원발성 기관지암과 폐암이 발생하는 것으로 알려진 대표적인 중금속은?

① 납(Pb) ② 수은(Hg)
③ 크롬(Cr) ④ 베릴륨(Be)

[풀이] 크롬(Cr)은 만성중독 시 코, 폐 및 위장의 점막에 병변을 일으키며, 장기간 흡입하는 경우 원발성 기관지암과 폐암이 발생하는 것으로 알려진 대표적인 중금속이다.

82 화학물질 및 물리적 인자의 노출기준에서 근로자가 1일 작업시간 동안 잠시라도 노출되어서는 아니 되는 기준을 나타내는 것은?

① TLV-C ② TLV-skin
③ TLV-TWA ④ TLV-STEL

[풀이] TLV-C(ceiling)는 최고노출기준으로 근로자가 1일 작업시간 동안 잠시라도 노출되어서는 안 되는 기준이다. 한편, TLV-TWA(Time Weighted Average)는 시간가중 평균노출기준으로 1일 8시간 및 1주일 40시간 동안의 평균농도이고, TLV-STEL(Short Term Exposure Limit)은 단시간노출기준으로 15분간의 시간가중 평균노출값이다.

83 생물학적 모니터링을 위한 시료가 아닌 것은?

① 공기 중 유해인자
② 요 중의 유해인자나 대사산물
③ 혈액 중의 유해인자나 대사산물
④ 호기(exhaled air) 중의 유해인자나 대사산물

[풀이] 생물학적 모니터링(Biological Monitoring)에 사용되는 근로자의 생물학적 검체는 소변, 혈액, 호기(Exhaled Air), 머리카락, 생체 내 효소나 조직, 표적분자에 실제 활성인 화학물질, 건강상 악영향을 초래하지 않은 화학물질의 내재용량 측정 등을 통해 화학물질에 대한 노출 정도를 추정하게 된다.

84 흡입분진의 종류에 의한 진폐증의 분류 중 무기성 분진에 의한 진폐증이 아닌 것은?

① 규폐증 ② 면폐증
③ 철폐증 ④ 용접공폐증

[풀이] 면폐증은 유기성 분진에 의한 진폐증이다. 무기성 분진에 의한 진폐증은 탄광부 진폐증, 용접공폐증, 석면폐증, 규폐증, 흑연폐증, 탄소폐증, 철폐증, 베릴륨폐증, 알루미늄폐증, 주석폐증, 칼륨폐증, 바륨폐증, 활석폐증, 규조토폐증 등이다.

85 2가 및 6가 크롬의 인체작용 및 독성에 관한 내용으로 옳지 않은 것은?

① 산업장의 노출의 관점에서 보면 3가 크롬이 6가 크롬보다 더 해롭다.
② 3가 크롬은 피부 흡수가 어려우나 6가 크롬은 쉽게 피부를 통과한다.
③ 세포막을 통과한 6가 크롬은 세포 내에서 수 분 내지 수 시간 만에 발암성을 가진 3가 형태로 환원된다.
④ 6가에서 3가로의 환원이 세포질에서 일어나면 독성이 적으나 DNA의 근위부에서 일어나면 강한 변이원성을 나타낸다.

[풀이] 6가 크롬은 세포막 통과가 어렵지만 3가 크롬은 세포 통과가 용이하여 산업장 노출의 관점에서 6가 크롬이 더 해롭다.

정답 80.① 81.③ 82.① 83.① 84.② 85.①

86 유해물질의 생리적 작용에 의한 분류엣 질식제를 단순 질식제와 화학적 질식제로 구분할 때 화학적 질식제에 해당하는 것은?

① 수소(H_2)   ② 메탄(CH_4)
③ 헬륨(He)   ④ 일산화탄소(CO)

풀이 화학적 질식제(Chemical Asphyxiant)는 혈액 중 헤모글로빈과 결합하여 산소공급능력을 방해하거나 조직 세포 내의 철 산화효소를 불활성화(不活性化)시켜 세포의 산소수용능력을 상실시키는 물질들이 이에 해당한다. 예를 들면, 일산화탄소, 디클로로메탄, 시안화수소, 황화수소, 아닐린, 메틸아닐린, 디메틸아닐린, 톨루이딘, 니트로벤젠 등이다.

87 독성물질의 생체 내 변환에 관한 설명으로 옳지 않은 것은?

① 1상 반응은 산화, 환원, 가수분해 등의 과정을 통해 이루어진다.
② 2상 반응은 1상 반응이 불가능한 물질에 대한 추가적 축합반응이다.
③ 생체변환의 기전은 기존의 화합물보다 인체에서 제거하기 쉬운 대사물질로 변화시키는 것이다.
④ 생체 내 변환은 독성물질이나 약물의 제거에 대한 첫 번째 기전이며, 1상 반응과 2상 반응으로 구분된다.

풀이 2상 반응은 1상 반응을 거친 물질을 더욱 수용성으로 하여 배설되기 좋게 하거나 글리신, 황산 등과 결합하여 무해한 물질이 되는 포합반응(抱合反應)이다. 이 문제는 5년만에 반복 출제되는 문제이다.

88 산업안전보건법령상 석면 및 내화성 세라믹 섬유의 노출기준 표시단위로 옳은 것은?

① %   ② ppm
③ 개/cm^3 ④ mg/m^3

풀이 석면 및 내화성 세라믹 섬유의 노출기준 표시 단위는 개/cm^3이다. 독성학에서는 8년만에 반복 출제된 문제이다. 주로 위생학 개론에서 많이 출제된다.

89 다음 중 가스상 물질의 호흡기계 축적을 결정하는 가장 중요한 인자는?

① 물질의 농도차
② 물질의 발생기
③ 전물질의 입자 분포
④ 물질의 수용성 정도

풀이 가스와 증기는 폐포의 혈액을 통해 흡수되기 때문에 화학물질의 용해도가 가장 중요한 변수가 된다. 용해도가 높은 물질일수록 흡수율이 높으며, 흡수속도가 빠르고, 체내에 유입된 화학물질량은 호흡률에 비례하여 증가한다. 또한, 용해도가 높은 물질은 혈류량의 증가와 무관하지만 용해도가 낮은 물질은 혈류량이 증가할수록 생체 내로 유입되는 양이 증가하는 특징이 있다.

90 중금속에 중독되었을 경우에 치료제로 BAL이나 Ca-EDTA 등 금속 배설촉진제를 투여해서는 안 되는 중금속은?

① 납   ② 비소
③ 망간   ④ 카드뮴

풀이 카드뮴 중독 시 BAL이나 Ca-EDTA의 투여는 금기한다.

91 다음 중금속 취급에 의한 대표적인 직업성 질환을 연결한 것으로 서로 관련이 가장 적은 것은?

① 니켈중독-백혈병, 재생불량성 빈혈
② 납중독-골수침입, 빈혈, 소화기장해
③ 수은중독-구내염, 수전증, 정신장해
④ 망간중독-신경염, 신장염, 중추신경장해

풀이 백혈병, 재생불량성 빈혈과 관계있는 유해물질은 벤젠이다. 니켈카보닐, 니켈 흄·분진을 흡입할 경우 호흡기장애, 전신장애, 피부염, 폐비강 등의 발암작용을 일으킨다. 카르보닐 니켈은 매우 독성이 강하며, 유기니켈화합물 중 유일하게 인체에서 전신독성을 나타낸다. 흡입 시 독성은 일산화탄소의 약 5배 정도이다.

92 피부독성 반응의 설명으로 옳지 않은 것은?
① 가장 빈번한 피부반응은 접촉성 피부염이다.
② 알레르기성 접촉피부염은 면역반응과 관계가 없다.
③ 광독성 반응은 홍반·부종·착색을 동반하기도 한다.
④ 담마진 반응은 접촉 후 보통 30~60분 후에 발생한다.

[풀이] 알레르기성 접촉피부염은 극소량 노출에 의해서도 피부염이 발생할 수 있으며, 면역학적 반응에 따라 과거 노출 경험이 있을 때, 심하게 반응이 나타나기 때문에 자극이 적은 물질을 사용하는 것은 예방효과가 거의 없다. 그리고 보호 크림을 사용하거나 고무장갑 등은 알레르기원에 대한 방호 효과가 거의 없다고 할 수 있다.

93 산업안전보건법령상 사람에게 충분한 발암성 증거가 있는 물질(1A)에 포함되지 않는 것은?
① 벤지딘(Benzidine)
② 베릴륨(Beryllium)
③ 에틸벤젠(Ethyl benzene)
④ 염화비닐(Vinyl chloride)

[풀이] 에틸벤젠은 방향족탄화수소 유기물로서 눈, 피부, 점막을 자극하며, 간과 신장에 독성을 유발할 수 있다. 에틸벤젠의 LD_{50}(Median Dose)은 5,460mg/kg으로 높은 편이며, 발암물질이 아니다.
1A는 사람에게 발암성 확인된 물질로서 벤젠 / 벤지딘 / 베릴륨 / 포름알데히드 / 염화비닐 / 우라늄 / 석면(모든 형태) / 벤조피렌, 니켈(가용성화합물) / 니켈(불용성 무기화합물) / 니켈카르보닐 / 크롬(6가) / 삼산화비소(제품), 카드뮴 / 산화카드뮴 / 아황산니켈 / 황화니켈(흄 및 분진) / 아세네이트연 / 산화규소(결정체), 염화벤질 / 아르신 / 클로로에틸렌 / 크로밀 클로라이드 / 클로로메틸 메틸에테르, 1,2-디클로로프로판 / β-나프틸아민 / 2-클로로아닐린 / 목재분진(적삼목) / 1,3-부타디엔, 산화에틸렌 / 스트론티움크로메이트 / 4-아미노디페닐 / o-톨루이딘 등이 1A 물질로 지정되어 있다.

94 단백질을 침전시키며 thiol(-SH)기를 가진 효소의 작용을 억제하여 독성을 나타내는 것은?
① 수은 ② 구리
③ 아연 ④ 코발트

[풀이] 전리된 수은이온은 단백질을 침전시키고 thiol기(-SH)를 가진 효소작용을 억제한다.

95 동물을 대상으로 약물을 투여했을 때 독성을 초래하지는 않지만 대상의 50%가 관찰가능한 가역적인 반응이 나타나는 작용량을 무엇이라 하는가?
① LC_{50} ② ED_{50}
③ LD_{50} ④ TD_{50}

[풀이] 동물을 대상으로 약물을 투여했을 때 독성을 초래하지는 않지만 대상의 50%가 관찰가능한 가역적인 반응이 나타나는 작용량을 ED_{50}으로 나타낸다.
- LD_{50} : 시험동물군의 50%가 일정 기간에 죽는 치사량을 나타냄
- LC_{50} : 흡입시험인 경우 시험동물군의 50%를 죽게 하는 독성물질의 농도를 나타냄
- TD_{50} : 실험동물의 50%에서 심각한 독성반응이 나타나는 양(중독량)을 나타냄

96 이황화탄소(CS_2)에 중독될 가능성이 가장 높은 작업장은?
① 비료 제조 및 초자공 작업장
② 유리 제조 및 농약 제조 작업장
③ 타르, 도장 및 석유 정제 작업장
④ 인조견, 셀로판 및 사염화탄소 생산 작업장

[풀이] 이황화탄소(CS_2)는 중상온에서 무색의 액체(공업용은 담황색), 황화수소와 비슷한 불쾌한 냄새가 난다. 이황화탄소의 용도는 비스코스 레이온 섬유(인조견)와 셀로판 생산(약 45%)이며, 사염화탄소(carbon tetrachloride) 제조에 30% 정도 사용된다. 이 외에 농약, 농작물 훈증제, 유지, 왁스, 수지제조, 성냥제조 등에 사용된다.

97 벤젠을 취급하는 근로자를 대상으로 벤젠에 대한 노출량을 추정하기 위해 호흡기 주변에서 벤젠 농도를 측정함과 동시에 생물학적 모니터링을 실시하였다. 벤젠 노출로 인한 대사산물의 결정인자(determinant)로 옳은 것은?

① 호기 중의 벤젠
② 소변 중의 총 페놀
③ 소변 중의 마뇨산
④ 혈액 중의 만델리산

풀이 벤젠의 생물학적 모니터링을 위한 대사산물의 결정인자는 요(尿) 중 총 페놀 또는 뮤콘산(t,t-Muconic acid)이다.

98 유기용제의 중추신경 활성 억제 순위를 큰 것부터 작은 순으로 바르게 나타낸 것은?

① 알켄>알칸>알코올
② 에테르>알코올>에스테르
③ 할로겐화합물>에스테르>알켄
④ 할로겐화합물>유기산>에테르

풀이 유기용제의 중추신경계 활성을 억제하는 크기 순위는 할로겐화합물>에테르>에스테르>유기산>알코올>알켄>알칸이다.

99 다음 입자상 물질의 종류 중 액체나 고체의 2가지 상태로 존재할 수 있는 것은?

① 흄(fume)
② 증기(vapor)
③ 미스트(mist)
④ 스모크(smoke)

풀이 스모크(Smoke)는 가연성물질이 연소할 때 생성된 연소생성물이 공기 중에 부유하는 고체 및 액체의 입자와 가스 등의 혼합물질이며, 유기물이 불완전한 연소에 의해서 생성된 미세한 입자로 그 직경은 0.01~1μm 정도이다. 흄(fume)은 고체상, 미스트(mist)는 액체상, 증기(vapor)는 액체상, 스모크(smoke)는 액체+고체로 이루어진 입자상으로 분류된다. 이 문제는 9년 만에 반복 출제된 문제이다.

100 다음 사례의 근로자에게서 의심되는 노출인자는?

41세 A씨는 1990년부터 1997년까지 기계공구 제조업에서 산소용접작업을 하다가 두통, 관절통, 전신근육통, 가슴답답함, 이가 시리고 아픈 증상이 있어 건강검진을 받았다. 건강검진 결과 단백뇨와 혈뇨가 있어 신장질환 유소견자 진단을 받았다. 이 유해인자의 혈중·소변 중 농도가 직업병 예방을 위한 생물학적 노출기준을 초과하였다.

① 납
② 망간
③ 수은
④ 카드뮴

풀이 카드뮴의 급성중독 증상은 구토를 동반하는 설사와 급성 위장염을 발생하고, 두통, 근육통, 복통, 체중감소, 단백뇨(착색뇨), 혈뇨 발생, 간 및 신장기능 장애가 나타난다.

2020

제3회 2020. 8. 22 시행

산업위생관리(산업기사)

알림글

- 이 교재의 동영상 강좌는 연합플러스 평생교육원(yhe.co.kr) 또는 유튜브(이승원TV)에서 청강할 수 있습니다.
- 학습 중 질문사항은 연합플러스 평생교육원(yhe.co.kr)의 묻고 답하기 질문 코너나 유튜브(이승원TV)에 댓글을 남겨 주시면 신속히 해결해 드리겠습니다.

[제1과목] 산업위생학 개론

01 작업강도와 관련된 내용으로 잘못된 것은?

① 실동률은 $95^{-5} \times$ RMR로 구할 수 있다.
② 일반적으로 열량소비량을 기준으로 평가한다.
③ 작업대사율(RMR)은 작업대사량을 기초대사량으로 나눈 값이다.
④ 작업대사율(RMR)은 작업강도를 에너지소비량으로 나타낸 하나의 지표이지, 작업강도를 정확하게 나타냈다고는 할 수 없다.

풀이 사이토(齋藤)와 오시마(大島)는 실동률과 작업대사율(RMR)의 관계를 다음과 같이 나타내고 있다.

- 실동률(%) = 85 − (5 × RMR)
- RMR = $\dfrac{\text{작업대사량}}{\text{기초대사량}}$
  = $\dfrac{\text{작업 시 소비에너지} - \text{안정 시 소비에너지}}{\text{기초대사량}}$

실동률은 실제작업시간의 비율로서 작업량과 능률이 동시에 고려된 개념이다. 따라서 작업의 강도가 클수록 작업시간은 짧아지지만 휴식시간은 길어지며, 실동률은 감소하게 된다.

02 NIOSH의 중량물 취급기준으로 적용할 수 있는 작업상황이 아닌 것은?

① 작업장 내의 온도가 적절해야 한다.
② 물체를 잡을 때 불편함이 없어야 한다.
③ 빠른 속도로 두 손으로 들어 올리는 작업이라야 한다.
④ 물체의 폭이 75cm 이하로서 두 손을 적당히 벌리고 작업할 수 있어야 한다.

풀이 NIOSH의 중량물 취급작업에 대한 기준의 적용범위는 보통속도로 두 손으로 들어 올리는 작업을 기준으로 한다.

03 미국산업위생학술원(AAIH)은 산업위생전문가들이 지켜야 할 윤리강령을 채택하고 있다. 윤리강령의 4개 분류에 속하지 않는 것은?

① 전문가로서의 책임
② 근로자에 대한 책임
③ 기업주와 고객에 대한 책임
④ 정부와 공직사회에 대한 책임

풀이 산업위생전문가의 윤리강령에는 정부와 공직사회에 대한 책임이 포함되지 않는다.

04 산업안전보건법령상 건강진단기관이 건강진단을 실시하였을 때에는 그 결과를 고용노동부장관이 정하는 건강진단개인표에 기록하고 건강진단을 실시한 날로부터 며칠 이내에 근로자에게 송부하여야 하는가?

① 15일
② 30일
③ 45일
④ 60일

풀이 진단결과는 건강진단 실시일부터 30일 이내에 근로자와 사업주에게 송부하여야 한다.

정답 1.① 2.③ 3.④ 4.②

05 근로자에 있어서 약한 손(오른손잡이의 경우 왼손)의 힘은 평균 40kP(kilopond)라고 한다. 이러한 근로자가 무게 10kg인 상자를 두 손으로 들어 올릴 경우의 작업강도(%MS)는?

① 40
② 80
③ 12.5
④ 25

[풀이] $M_x(\%) = \dfrac{RF}{MS} \times 100$

$\begin{cases} MS(\text{취약측 힘}) = 40kP = 40kg_f \\ \text{※} 1kP = 1kg_f \text{ 힘과 동일하게 봄} \\ RF(\text{요구 힘}) = 10kg_f \\ \text{※ 두 손 사용할 경우 } 1/2 = 5kg_f \end{cases}$

∴ $M_x(\%) = \dfrac{5}{40} \times 100 = 12.5\%$

06 산업위생활동 범위인 예측, 인식, 평가, 관리 중 인식(recognition)에 대한 설명으로 옳지 않은 것은?

① 상황이 존재(설치)하는 상태에서 유해인자에 대한 문제점을 찾아내는 것이다.
② 현장조사로 정량적인 유해인자의 양을 측정하는 것으로 시료의 채취와 분석이다.
③ 인식 단계에서의 이러한 활동들은 사업장의 특성, 근로자의 작업특성, 유해인자의 특성에 근거한다.
④ 건강에 장해를 줄 수 있는 물리적·화학적·생물학적·인간공학적 유해인자 목록을 작성하고, 작업내용을 검토하고, 설치된 각종 대책과 관련된 조치들을 조사하는 활동이다.

[풀이] 산업위생활동 중 인식은 물리, 화학, 생물, 인간공학, 공기역학적 인지(認知)로 구분할 수 있으며, 현존상황에서 존재 또는 잔재하고 있는 유해인자들에 대한 문제점과 특성을 구체적으로 찾아내며, 각종 대책과 관련된 조치들을 조사하는 활동이다.

07 근로자가 휴식 중일 때의 산소소비량(oxygen uptake)이 약 0.25L/min일 경우 운동 중일 때의 산소소비량은 약 얼마까지 증가하는가?(단, 일반적인 성인 남성의 경우이며, 산소공급이 충분하다고 가정한다.)

① 2.0L/min
② 5.0L/min
③ 9.5L/min
④ 15.0L/min

[풀이] 산소소비량은 휴식 중일 때는 0.25L/min이고, 운동 중일 때는 2배로 증가하여 약 0.5L/min으로 된다. 가벼운 작업을 할 때 산소소비량은 0.5~1.0L/min범위이고, 힘든 작업을 할 때는 1.5~2.0L/min범위로 증가한다.

08 다음 중 영양소와 그 영양소의 결핍으로 인한 주된 증상의 연결로 옳지 않은 것은?

① 비타민 A-야맹증
② 비타민 B_1-구루병
③ 비타민 B_2-구강염, 구순염
④ 비타민 K-혈액 응고작용 지연

[풀이] 비타민 B군 결핍은 각기병, 구내염, 구각염, 설염, 피부염 및 각막 충혈, 백내장, 골수기능 저하 등을 일으킨다.

09 일하는데 가장 적합한 환경을 지적환경(Optimum Working Environment)이라고 한다. 이러한 지적환경을 평가하는 방법과 거리가 먼 것은?

① 신체적(physical) 방법
② 생산적(productive) 방법
③ 생리적(physiological) 방법
④ 정신적(psychological) 방법

[풀이] 지적환경 평가방법은 생산적(productive) 평가, 생리적(physiological) 평가, 정신적(psychological) 평가로 구분된다.

10 작업대사율(RMR)이 10인 작업을 하는 근로자의 계속작업 한계시간은 약 몇 분인가?

① 0.5분
② 1.5분
③ 3.0분
④ 4.5분

[풀이] $\log(CWT) = 3.724 - 3.25 \log RMR$
⇒ $\log(CWT) = 3.724 - 3.25 \log 10$
∴ $CWT = 10^{0.474} = 2.98 \min$
※ 계산식이 제시되지 않는 경우가 많으므로 꼭 암기해 두어야 한다.

11 Methyl chloroform(TLV=350ppm)을 1일 12시간 작업할 때 노출기준을 Brief & Scala 방법으로 보정하면 몇 ppm으로 하여야 하는가?

① 150 ② 175
③ 200 ④ 250

풀이 보정농도 = $TLV \times \left(\dfrac{8}{H} \times \dfrac{24-H}{16}\right)$

∴ 보정농도 = $350\,ppm \times \left(\dfrac{8}{12} \times \dfrac{24-12}{16}\right)$
= $175\,ppm$

12 다음 피로의 종류 중 다음 날까지 피로상태가 계속 유지되는 것은?

① 과로 ② 전신피로
③ 피로 ④ 국소피로

풀이 과로(過勞)는 다음날까지도 피로상태가 계속되는 상태의 축적성 피로를 의미한다. 한편, 곤비(困憊)는 과로상태가 축적된 상태로서 단기간 휴식을 통해서는 회복될 수 없는 피로를 말한다.

13 접착제 등의 원료로 사용되며 피부나 호흡기에 자극을 주어 새집증후군의 주요한 원인으로 지목되고 있는 실내공기 중 오염물질은?

① 라돈 ② 이산화질소
③ 오존 ④ 포름알데히드

풀이 포름알데히드는 메탄올을 산화시켜 얻고, 환원성이 강하며, 자극적인 냄새를 가지며, 메틸알데히드라고도 한다. 접착제 등의 원료로 사용되며 건축물에 사용되는 단열재, 섬유, 옷감에서 주로 발생된다. 새집증후군의 주요한 원인으로 지목되고 있는 물질이다. 급성독성, 피부자극성이 있고, 국제암연구센터는 발암우려 물질로 분류하고 있다.

14 산업안전보건법령상 작업환경측정 시 측정의 기본 시료채취방법은?

① 개인시료채취
② 지역시료채취
③ 직독식 시료채취
④ 고체흡착 시료채취

풀이 산업안전보건법령상 모든 측정은 개인시료채취방법으로 하되, 개인시료채취방법이 곤란한 경우에는 지역시료채취방법으로 실시(이 경우 그 사유를 작업환경측정 결과표에 분명하게 밝혀야 함)하여야 한다.

15 근골격계 질환을 예방하기 위한 작업환경 개선의 방법으로 인체측정치를 이용한 작업환경의 설계가 이루어질 때, 다음 중 가장 먼저 고려되어야 할 사항은?

① 조절가능 여부
② 최대치의 적용 여부
③ 최소치의 적용 여부
④ 평균치의 적용 여부

풀이 근골격계 질환을 예방하기 위한 작업환경 개선의 일환으로 인체측정치를 이용한 작업환경 설계를 할 경우 조절가능 여부 → 극단치의 적용 여부 → 최대치의 적용 여부 순으로 고려되어야 한다.

16 재해율 통계방법 중 강도율을 나타낸 것은?

① $\dfrac{\text{연간 총 재해자 수}}{\text{연평균 근로자수}} \times 1{,}000$

② $\dfrac{\text{연간 총 재해자 수}}{\text{연평균 근로자수}} \times 1{,}000{,}000$

③ $\dfrac{\text{연간 총 근로손실일 수}}{\text{연간 총 근로시간수}} \times 1{,}000$

④ $\dfrac{\text{연간 재해발생건 수}}{\text{연간 총 근로시간수}} \times 1{,}000{,}000$

풀이 강도율 = $\dfrac{\text{손실작업일수}}{\text{연근로시간수}} \times 1{,}000$으로 산정된다.

17 한국의 산업위생 역사 중 연도와 활동이 잘못 연결된 것은?

① 1990년-한국산업위생학회 창립
② 1962년-가톨릭 산업의학연구소 설립
③ 1989년-작업환경 측정 정도관리제도 도입
④ 1958년-석탄공사 장성병원 중앙실험실 설치

풀이 우리나라는 1992년 4월 작업환경 측정 및 정도관리규정 제정, 한국산업안전공단 산업보건연구원이 개원되었다.

정답 11.② 12.① 13.④ 14.① 15.① 16.③ 17.③

18 규폐증은 공기 중 분진에 어느 물질이 함유되어 있을 때 주로 발생하는가?

① 석면
② 목재
③ 크롬
④ 유리규산

풀이 석재공장, 주물공장 등에서 발생하는 유리규산은 규폐증(진폐)의 원인이 된다.

19 산업안전보건법령상 사무실 공기관리지침 중 오염물질 관리기준이 설정되지 않은 것은?

① 이산화황
② 총부유세균
③ 일산화탄소
④ 이산화탄소

풀이 항목 중 사무실 공기관리지침 중 오염물질 관리기준이 설정되지 않은 것은 이산화황이다. 산업안전보건법령상 사무실 오염물질 관리기준이 설정되어 있는 항목은 미세먼지(PM_{10}), 일산화탄소(CO), 이산화탄소(CO_2), 포름알데히드(HCHO), 총 휘발성 유기화합물(TVOC), 총 부유세균, 이산화질소(NO_2), 오존(O_3), 석면이다.

20 산업안전보건법령상 석면 해체작업장의 석면농도 측정방법으로 옳지 않은 것은?(단, 작업장은 실내이며, 석면 해체·제거 작업이 모두 완료되어 작업장의 밀폐시설 등이 정상적으로 가동되는 상태이다.)

① 밀폐막이 손상되지 않고 외부로부터 작업장이 차폐되어 있음을 확인해야 한다.
② 작업이 완료되면 작업장 바닥이 젖어 있거나 물이 고여 있지 않음을 확인해야 한다.
③ 작업장 내 침전된 분진이 비산(飛散)될 경우 근로자에게 영향을 미치므로 비산이 되기 전 즉시 시료를 채취한다.
④ 시료채취펌프를 이용하여 멤브레인 여과지(Mixed Cellulose Ester membrane filter)로 공기 중 입자상 물질을 여과 채취한다.

풀이 석면 채취 시 작업장 내 공기는 건조한 상태를 유지하고, 송풍기 등을 이용하여 석면이 제거된 표면, 먼지가 침전될 수 있는 작업장 표면, 시료채취 위치 주변 등 작업장 내 침전된 분진을 충분히 비산(飛散)시킨 후 즉시 시료를 채취해야 한다.

[**제2과목**] **작업환경측정 및 평가**

21 직접포집방법에 사용되는 시료채취백의 특징과 거리가 먼 것은?

① 연속시료채취가 가능하다.
② 개인시료 포집도 가능하다.
③ 시료채취 후 장시간 보관이 가능하다.
④ 가볍고 가격이 저렴할 뿐 아니라 깨질 염려가 없다.

풀이 직접포집방법에 사용되는 시료채취백은 시료채취 후 장기간 보관이 곤란하다.

22 유량, 측정시간, 회수율 및 분석 등에 의한 오차가 각각 15%, 3%, 9%, 5%일 때 누적오차(%)는?

① 18.4
② 20.3
③ 21.5
④ 23.5

풀이 $E_c = \sqrt{E_1^2 + E_2^2 + \cdots + E_n^2}$

∴ 누적오차(E_c) = $\sqrt{15^2 + 3^2 + 9^2 + 5^2}$ = 18.44%

23 가스상 유해물질을 검지관방식으로 측정하는 경우 측정시간 간격과 측정횟수로 옳은 것은?(단, 고용노동부 고시를 기준으로 한다.)

① 측정지점에서 1일 작업시간 동안 1시간 간격으로 3회 이상 측정하여야 한다.
② 측정지점에서 1일 작업시간 동안 1시간 간격으로 4회 이상 측정하여야 한다.
③ 측정지점에서 1일 작업시간 동안 1시간 간격으로 6회 이상 측정하여야 한다.
④ 측정지점에서 1일 작업시간 동안 1시간 간격으로 8회 이상 측정하여야 한다.

풀이 가스상 유해물질을 검지관방식으로 측정하는 경우 측정시간 간격과 측정횟수는 측정지점에서 1일 작업시간 동안 1시간 간격으로 6회 이상 측정하여야 한다.

정답 18.④ 19.① 20.③ 21.③ 22.① 23.③

24 검출한계(LOD)에 관한 내용으로 옳은 것은?
① 표준편차의 3배에 해당
② 표준편차의 5배에 해당
③ 표준편차의 10배에 해당
④ 표준편차의 20배에 해당

[풀이] 검출한계(LOD)는 분석기기가 검출할 수 있는 분석물질의 가장 낮은 농도나 양을 말하며, 통상 표준편차의 3배에 해당한다.

25 검지관의 장점에 대한 설명으로 틀린 것은?
① 특이도가 높다.
② 사용이 간편하다.
③ 반응시간이 빠르다.
④ 산업조건전문가가 아니더라도 어느 정도 숙지하면 사용할 수 있다.

[풀이] 검지관은 특이도가 낮다. 즉 다른 방해물질의 영향을 받기 쉬워 오차가 크다.

26 여과지의 종류 중 MEC membrane filter에 관한 내용으로 틀린 것은?
① 입자상 물질에 대한 중량분석에 많이 사용된다.
② 셀룰로오스부터 PVC, PTFE까지 다양한 원료로 제조된다.
③ 입자상 물질 중의 금속을 채취하여 원자흡광광도법으로 분석하는데 적정하다.
④ 시료가 여과지의 표면 또는 표면 가까운 데에 침작되므로 석면, 유리섬유 등 현미경 분석을 위한 시료채취에 이용된다.

[풀이] MCE(셀룰로오스 에스테르계막 여과지, mixed cellulose ester)는 흡습성이 있으므로 입자상 물질에 대한 중량분석에 부적당하다. 유리규산 채취와 입자상 물질에 대한 중량분석(공해성 먼지, 호흡성 및 총먼지 등)에 사용되는 것은 PVC막 여과지이다.

27 다음 중 개인용 방사선 측정기로 의료용 진단에서 가장 널리 사용되고 있는 측정기는?
① X선 필름
② Lux meter
③ 상대농도 측정계
④ 개인시료 포집장치

[풀이] 필름배지(film badge)는 방사선 작업 시 작업자의 실질적인 방사선 폭로량을 평가하기 위해 주로 사용되는데 개인 피폭(被爆) 모니터의 일종으로서 방사선을 감광하여 색깔이 변하는 특수 필름을 수장한 배지(badge)로서 X-ray(X선 필름), γ-ray(γ선 필름), β 입자에 유효하다.

28 아세톤, 부틸아세테이트, 메틸에틸케톤 1:2:1 혼합물의 허용농도(ppm)는?(단, 아세톤, 부틸아세테이트, 메틸에틸케톤의 TLV값은 750ppm, 200ppm, 200ppm이다.)
① 약 225 ② 약 235
③ 약 245 ④ 약 255

[풀이] 혼합 $TLV = \dfrac{1}{\dfrac{f_1}{TLV_1} + \cdots + \dfrac{f_n}{TLV_n}}$

∴ 혼합 $TLV = \dfrac{1}{\dfrac{(1/4)}{750} + \dfrac{(2/4)}{200} + \dfrac{(1/4)}{200}}$

$= 244.9 \, ppm$

29 근로자가 노출되는 소음의 주파수 특성을 파악하여 공학적인 소음관리대책을 세우고자 할 때 적용하는 소음계로 가장 적당한 것은?
① 보통 소음계
② 적분형 소음계
③ 누적소음폭로량 측정계
④ 옥타브밴드분석 소음계

[풀이] 근로자가 노출되는 소음은 순음이 아니라 각 주파수의 합성음인 복합음이다. 그러므로 근로자가 노출되는 소음의 주파수 특성을 파악하여 공학적인 소음관리대책을 세우고자 할 때 적용하는 소음계가 옥타브밴드분석 소음계이다. 옥타브밴드는 다양한 스펙트럼의 주파수 음들을 중심주파수로 나타내 주는 것으로 31.5, 63, 125, 250, …, 2000, 4000, 8000(Hz)의 중심주파수로 나타낸다.

30 시료 전처리인 회화(axhing)에 대한 설명 중 틀린 것은?

① 회화용액에 주로 사용되는 것은 염산과 질산이다.
② 시료가 다상의 성분일 경우에는 여러 종류의 산을 혼합하여 사용한다.
③ 회화법은 실험용기에 의한 영향은 거의 없으므로 일반 유리제품을 사용한다.
④ 분석하고자 하는 금속을 제외한 나머지의 기질과 산을 제거하는 과정을 회화라 한다.

> 풀이 회화법으로 전처리를 할 때 분해 용기에 의한 시료의 오염을 유발할 수 있으므로 일반 유리제품을 사용할 수 없다. 회화법은 백금접시, 백금도가니, 또는 사기도가니 등을 사용하고, 마이크로파 산분해법을 사용할 때는 테플론 용기를 사용한다. 테플론 용기는 용기에 의한 금속오염이 없고, 고압 하에서 분해할 수 있으므로 질산으로도 대부분 금속을 산화시킬 수 있는 이점이 있다.

31 분석기기마다 바탕선량(back ground)과 구별하여 분석될 수 있는 가장 적은 분석물질의 양을 무엇이라 하는가?

① 특이성(specificity)
② 검량선(callbration graph)
③ 검출한계(Limit Of Detection : LOD)
④ 정량한계(Limit Of Quantization : LOQ)

> 풀이 검출한계(LOD, Limit Of Detection)란 분석기기가 검출할 수 있는 분석물질의 가장 낮은 농도나 양을 말하며, 표준편차의 3배에 해당한다.

32 미국산업위생전문가협의회(ACGIH)에서 정의한 흉곽성 입자상 물질의 평균입경(μm)은 얼마인가?

① 3 ② 4
③ 5 ④ 10

> 풀이 흉곽성 먼지는 가스교환지역인 폐포나 폐기도에 침착되었을 때 독성을 나타내는 입자상 물질의 크기이다. 흉곽성 먼지(TPM)의 50%가 침착되는 평균입자의 크기는 10μm이다.

33 하루 중 80dB(A)의 소음이 발생되는 장소에서 1/3 근무하고, 70dB(A)의 소음이 발생하는 장소에서 2/3 근무한다고 할 때, 이 근로자의 평균소음피폭량[dB(A)]은?

① 80 ② 78
③ 75 ④ 74

> 풀이 $L_{eq} = 16.61 \log \dfrac{n_1 \times 10^{\frac{L_A}{16.61}} + \cdots + n_n \times 10^{\frac{L_A}{16.61}}}{측정치의 발생시간 합}$
>
> $\therefore L_{eq} = 16.61 \log \dfrac{2.67 \times 10^{\frac{80}{16.61}} + 5.33 \times 10^{\frac{70}{16.61}}}{8}$
> $= 75.0 \text{dB(A)}$

34 활성탄에 흡착된 증기(유기용제-방향족 탄화수소)를 탈착시키는 데 일반적으로 사용하는 용매는?

① H_2O ② CS_2
③ Chloroform ④ Methyl chloroform

> 풀이 활성탄 관의 탈착용매로 이황화탄소(CS_2)가 사용된다. 이황화탄소는 독성이 매우 강한 신경독성물질이므로 취급에 각별히 유의하여야 한다.

35 가스크로마토그래피(GC) 분리관의 성능은 분해능과 효율로 표시할 수 있다. 분해능을 높이려는 조작으로 틀린 것은?

① 분리관의 길이를 길게 한다.
② 고체 지지체의 입자 크기를 작게 한다.
③ 일반적으로 저온에서 좋은 분해능을 보이므로 온도를 낮춘다.
④ 이론층 해당 높이를 최대로 하는 속도로 운반가스의 유속을 결정한다.

> 풀이 분리관의 분해능(분리도)을 높이기 위해서는 시료의 양을 적게, 고정상의 양을 적게 하여 이론층 해당 높이를 최소로 하는 속도로 운반가스의 유속을 결정하여야 한다. 분리관의 분리도는 칼럼 길이의 제곱근에 비례하고, 분석시간은 칼럼의 길이에 비례한다.

36 소음계의 성능에 관한 설명으로 틀린 것은?

① 지시계기의 눈금오차는 0.5dB 이내이어야 한다.
② 측정 가능 소음도 범위는 10~150dB 이상이어야 한다.
③ 측정 가능 주파수 범위는 31.5Hz~8kHz 이상이어야 한다.
④ 자동차 소음 측정에 사용되는 것의 측정 가능 소음도 범위는 45~130dB 이상이어야 한다.

[풀이] 소음계의 성능은 측정가능 주파수 범위는 31.5Hz~8kHz 이상이어야 하고, 측정가능 소음도 범위는 35~130dB 이상이어야 한다. 다만, 자동차 소음측정에 사용되는 것은 45~130dB 이상으로 한다. 또한 레벨레인지 변환기가 있는 기기에 있어서 레벨레인지 변환기의 전환오차가 0.5dB 이내이어야 하고, 지시계기의 눈금오차는 0.5dB 이내이어야 한다.
소음계의 역치(Threshold)는 누적소음노출량 측정기가 측정치를 적분하기 시작하는 A특성 소음치의 하한치를 의미한다. 예를 들어, 역치(Threshold)가 80dB란 의미는 80dB 이상의 소음수준만을 누적하여 측정한다는 의미가 된다. 국내와 미국 OSHA에서는 80dB이고, ISO에서는 75dB로 정하고 있다. 교환율(Exchange Rate)은 소음수준이 어느 정도 증가할 때마다 노출시간을 절반으로 감소시킬 것인가를 의미한다.

37 20mL의 1% sodium bisulfite를 담은 임핀저를 이용하여 포름알데히드가 함유된 공기 0.4m³을 채취하여 비색법으로 분석하였다. 검량선과 비교한 결과 시료용액 중 포름알데히드 농도는 40μg/mL이었다. 공기 중 포름알데히드 농도(ppm)는? (단, 25℃, 1기압 기준이며, 포름알데히드의 분자량은 30g/mol이다.)

① 0.8 ② 1.6
③ 3.2 ④ 6.4

[풀이] $C_p(\text{ppm}) = \frac{m}{V} \times \frac{24.45}{M_w}$

$V(\text{m}^3) = 0.4\,\text{m}^3$

$m = \frac{40\mu g}{mL} \times 20mL \times \frac{10^{-3}mg}{\mu g} = 0.8\,mg$

$\therefore C_p = \frac{0.8}{0.4} \times \frac{24.45}{30} = 1.63\,\text{ppm}$

38 임핀저(Impinger)를 이용하여 채취할 수 있는 물질이 아닌 것은?

① 각종 금속류의 먼지
② 이소시아네이트(isocyanates)류
③ 톨루엔디아민(toluene diamine)
④ 활성탄관이나 실리카겔로 흡착이 되지 않는 증기, 가스와 산

[풀이] 임핀저(Impinger)나 버블러(Bubbler)는 공기 중의 기체·액체상 오염물질을 흡수시켜 포집하는 데 이용된다. 염소가스(Cl_2)나 이산화질소(NO_2) 등과 같이 흡수액에 쉽게 흡수되지 않는 물질에 대해서는 접촉면적을 증가시켜야 하므로 임핀저보다는 버블러(Bubbler)가 적합하다. 적용대상 오염물질은 염화수소(HCl), 불화수소(HF), 아황산가스(SO_2), 염소가스(Cl_2), 이산화질소(NO_2) 등의 가스상 물질을 비롯하여 활성탄관이나 실리카겔로 흡착이 되지 않는 산(酸), 증기, 미스트(mist)의 흡수 및 크롬산, 이소시아네이트(Isocyanate)류, 톨루엔디아민 등이다.

39 다음 내용은 고용노동부 작업환경측정 고시의 일부분이다. ㉮에 들어갈 내용은?

"개인시료채취"란 개인시료채취기를 이용하여 가스·증기·분진·흄(fume)·미스트(mist) 등을 근로자의 호흡위치(㉮)에서 채취하는 것을 말한다.

① 호흡기를 중심으로 반경 10cm인 반구
② 호흡기를 중심으로 반경 30cm인 반구
③ 호흡기를 중심으로 반경 50cm인 반구
④ 호흡기를 중심으로 반경 100cm인 반구

[풀이] 개인시료채취란 개인시료채취기를 이용하여 가스·증기·분진·흄(fume)·미스트(mist) 등을 근로자의 호흡위치 중심으로 반경 30cm인 반구에서 채취하는 것을 말한다.

정답 36.② 37.② 38.① 39.②

40 공기 중 입자상 물질의 여과에 의한 채취 원리가 아닌 것은?

① 확산(diffusion)
② 흡착(adsorption)
③ 직접차단(direct interception)
④ 관성충돌(intertial impaction)

풀이 여과채취방법은 시료공기를 여과재를 통하여 흡인함으로써 해당 여과재에 측정하려는 물질을 채취하는 방법을 말한다. 포집기전은 관성충돌, 간섭(차단), 확산이 작용한다. 관성충돌은 입자 크기 $1.0\mu m$ 이상인 포집에 기여하는 바가 크고, $0.1\sim0.5\mu m$ 범위의 입자는 간섭(차단)과 확산이 중요한 포집기구로 작용한다. 특히 확산은 $0.1\mu m$ 이하의 미세한 입자의 포집에 중요한 포집기구이다.

[제2과목] 작업환경 관리

41 방진마스크의 필터에 사용되는 재질과 가장 거리가 먼 것은?

① 활성탄
② 합성섬유
③ 면
④ 유리섬유

풀이 방진마스크의 필터재료는 면·모·합성섬유 등이다. 한편, 방독마스크는 활성탄, 실리카겔, 석회(soda lime) 등의 흡착제를 사용한다. 동일한 유형의 문제는 10년 전에 반복 출제되었다.

42 음압레벨이 80dB인 소음과 40dB인 소음과의 음압 차이는?

① 2배
② 20배
③ 40배
④ 100배

풀이 $SPL = 20\log\left(\dfrac{P}{P_o}\right)$

$80 = 20\log\dfrac{P_1}{2\times10^{-5}}$, $P_1 = 0.2\text{N/m}^2$

$40 = 20\log\dfrac{P_2}{2\times10^{-5}}$, $P_2 = 0.002\text{N/m}^2$

∴ 음압차(음압비) $= \dfrac{0.2}{0.002} = 100$

※ 이 문제는 12년 만에 반복 출제되는 문제이다.

43 소음방지대책으로 가장 효과적인 방법은?

① 소음기 이용
② 장해물에 의한 차음
③ 음향재료에 의한 흡음
④ 소음원의 제거 및 억제

풀이 소음방지대책으로 가장 효과적인 방법은 소음원의 제거 및 억제하는 것이다.

44 자외선이 피부에 작용하는 설명으로 틀린 것은?

① 자외선에 노출 시 표피의 두께 증가
② 2,800~3,200 Å의 자외선에 노출 시 피부암 발생 가능
③ 자외선 조사량이 너무 많을 시 모세혈관 벽의 투과성 증가
④ 1,000~2,800 Å의 자외선에 노출 시 홍반현상 및 즉시 색소침착 발생

풀이 이 문제의 공개된 정답은 ④항이지만 답안의 **선명성이 낮다고 판단**되어 수험생이 이 문제 정답에 대한 이의제기를 할 수 있도록 상세설명을 추가한다.
출제의도는 UV-B를 염두에 두고 출제한 듯하여 그 의도를 짚어보면 → 1,000 Å 영역은 지표에 도달하지 않는 UV-C 영역이고, 통상 홍반현상 후 색소침착이 일어난다고 판단하여 정답을 ④항으로 한 듯하다.
아니면 출제자가 2006년 산업위생산업기사의 출제문제를 변형 출제하면서 착오가 있었거나 일부 산업위생학의 이론서를 참조한 결과일 것이라 판단된다. 일부 산업위생학에서 홍반형성은 300nm 부근(2,000~2,900 Å)의 폭로가 가장 강한 영향을 미치며, 멜라닌 색소침착은 300~420nm에서 영향을 미치는 것으로 설명하고 있고, 저자 역시 이 책에 이를 인용한 바 있다.
그러나 **한국과학기술정보연구원**에서 제공되는 "**자외선에 의한 피부반응**" 관련 자료를 토대로 이 문제의 정답에 대한 이의를 제기하고 그 이유를 다음과 같이 설명한다.

개요 : 자외선은 광파장 10~400nm(1000~4000 Å)범위를 갖는데 파장의 크기에 따라 A>B>C로 세분된다. 파장이 짧을수록 홍반 발생력이 강하고 노출 시 발현시간이 짧아진다. 홍반(Erythema)은 피부가 일시적으로 붉게 변하는 현상으로 혈관이 확장되어 혈류가 증가되어 나타나는 현상으로 자외선의 종류에 따라 다음과 같이 나타난다.

정답 40.② 41.① 42.④ 43.④ 44.④

자외선-A(400~320nm) : 자외선 B와 마찬가지로 피부 홍반과 색소 침착을 유발하지만 발생력이 약함
- 자외선 A는 피부 내 차단 기능이 부족해 피부 깊숙이 침투함
- 홍반색조는 **검붉은 색**을 띰

자외선-B(320~290nm) : 강력한 피부세포 파괴력이 있으며 피부의 핵산, 단백질 등의 합성을 억제시키고 화상을 입힘
- 자외선 B는 피부 내 차단 기능(각질에 의해 약 70%가 반사)이 작동되고 있음
- 급격한 태양 노출로 인한 피부의 홍반, 물집 등 화상이나 염증을 일으킴
- 홍반색조는 **선홍색**을 띰
- 자외선 B는 새로운 색소를 만들어, 색소 침착을 유발하는가 하면, 면역학적 기능을 저하시켜 세균감염 및 암을 유발하기도 함

자외선-C(290~200nm) : 자외선 C는 지구 생명체에는 치명적인 광파장(유해우주선)임
- 대기권에서 오존층에 의해 대부분 흡수되므로 지표면까지 도달되는 경우가 거의 없음 → 그러나 노출 위험 직업군은 비행기 운항 및 우주선 조종사 등임
- 홍반색조는 **분홍색**을 띰

▌자외선 조사에 따른 피부반응

급성반응 : 홍반반응, 색소반응, 피부두께 변화 등
- **홍반반응** : 피부의 주된 세포인 각질형 세포를 비롯하여 진피세포들이 관여하여 진피혈관을 확장시키는 반응을 말함
- **색소반응** : 멜라닌세포가 관여하는 반응으로서 자외선 조사 후 즉시 피부가 검어지는 즉시 세포침착과 수일 후 검어지는 지연 색소침착으로 나눔
- **피부 두께의 변화** : 색소반응과 함께 자외선 조사로부터 몸을 보호하기 위한 방어작용의 일종임

만성반응 : 광노화 현상과 광발암 현상을 들 수 있는데 광노화란 장기간에 걸친 광노출로 인한 피부의 노화를 말하며, 생리적인 노화와는 임상적, 조직학적으로 확연하게 다른 차이를 보임

45 정화능력이 사염화탄소의 농도 0.7%에서 50분인 방독마스크를 사염화탄소의 농도가 0.2%인 작업장에서 사용할 때 방독마스크의 사용가능한 시간(분)은?

① 110 ② 125
③ 145 ④ 175

[풀이] 사용 가능시간 $= t_o \times \dfrac{C_o}{C}$

∴ 사용 가능시간 $= 50\,\text{min} \times \dfrac{0.7\,\%}{0.2\,\%} = 175\,\text{min}$

46 자연채광에 관한 설명으로 틀린 것은?
① 균일한 조명을 요하는 작업실은 북창이 좋다.
② 창의 면적은 벽 면적의 15~20%가 이상적이다.
③ 실내 각점의 개각은 4~5°, 입사각은 28° 이상이 좋다.
④ 창의 방향은 많은 채광을 요구하는 경우 남향이 좋다.

[풀이] 창의 면적은 바닥 면적의 15~20%(1/5~1/7)가 이상적이다.

47 음원에서 10m 떨어진 곳에서 음압수준이 89dB(A)일 때 음원에서 20m 떨어진 곳에서의 음압수준[dB(A)]은?(단, 점음원이고 장해물이 없는 자유공간에서 구면상으로 전파한다고 가정한다.)

① 77 ② 80
③ 83 ④ 86

[풀이] L_a(감소레벨, dB) $= 20\log\left(\dfrac{r_2}{r_1}\right)$

∴ SPL $= 89 - 20\log\left(\dfrac{20}{10}\right) = 82.98\,\text{dB(A)}$

48 다음 중 작업에 기인하여 전신진동을 받을 수 있는 작업자로 가장 올바른 것은?
① 병타 작업자 ② 착암 작업자
③ 해머 작업자 ④ 교통기관 승무원

[풀이] 전신진동 노출 가능성이 높은 작업자는 교통기관 승무원, 중장비차량 운전자 등이다. 문제가 되는 전신진동 주파수는 2~100Hz 범위이다.

49 유해화학물질이 체내로 침투되어 해독되는 경우 해독반응에 가장 중요한 작용을 하는 것은?
① 림프 ② 효소
③ 적혈구 ④ 백혈구

정답 45.④ 46.② 47.③ 48.④ 49.②

[풀이] 유해화학물질이 체내에서 해독되는데 가장 중요한 작용을 하는 것은 효소이다. 특히 침, 소화액, 간에서 분비되는 담즙은 유해화학물질의 대사, 분해(수용성을 높여 배설되기 쉽도록 변화시킴)에 중요한 역할을 한다. 이 문제는 기사시험(독성학)에서 8년 전에 출제된 문제인데 산업기사 시험에는 이번 회차에 처음 출제되었다.

50 안전보건규칙상 적정공기의 물질별 농도 범위로 틀린 것은?

① 탄산가스-2.0% 미만
② 황화수소-10ppm 미만
③ 일산화탄소-30ppm 미만
④ 산소-18% 이상, 23.5% 미만

[풀이] 적정공기란 산소농도의 범위가 18% 이상 23.5% 미만, 탄산가스의 농도가 1.5% 미만, 일산화탄소의 농도가 30ppm 미만, 황화수소의 농도가 10ppm 미만인 수준의 공기를 말한다.

51 공기역학적 직경의 의미로 옳은 것은?

① 먼지의 면적을 2등분하는 선의 길이
② 먼지의 면적과 동일한 면적을 가지는 구형의 직경
③ 먼지와 침강속도가 같고, 밀도가 1이며, 구형인 먼지의 직경
④ 먼지의 한쪽 끝 가장자리에서 다른 쪽 끝 가장자리까지의 거리

[풀이] 공기역학적 직경(Aerodynamic diameter)이란 원래의 입자상 물질과 침강속도는 동일하고, 단위밀도($\rho_a=1\,g/cm^3$)를 갖는 구형 직경을 말한다. 광학적 입자의 물리적인 크기를 의미하는 것이 아니라 역학적 특성(침강속도·종단속도)에 의해 측정되는 먼지의 크기를 말하며, 산업보건 분야에서 많이 사용하고 있음. 스토크 법칙에 의하여 밀도비를 보정하여 직경을 결정할 수 있다.

52 감압법 예방 및 치료에 관한 설명으로 옳지 않은 것은?

① 감압병의 증상이 발생하였을 경우 환자를 원래의 고압환경으로 복귀시킨다.
② 고압환경에서 작업할 때에는 질소를 아르곤으로 대치한 공기를 호흡시키는 것이 좋다.
③ 잠수 및 감압 방법에 익숙한 사람을 제외하고는 1분에 10m 정도씩 잠수하는 것이 좋다.
④ 감압이 끝날 무렵에 순수한 산소를 흡인시키면 예방적 효과와 감압시간을 단축시킬 수 있다.

[풀이] 고압환경에서 작업할 때는 질소를 헬륨으로 대치한 공기를 호흡시키도록 하는 것이 좋다.

53 장기간 사용하지 않은 오래된 우물에 들어가서 작업하는 경우 작업자가 반드시 착용해야 할 개인보호구는?

① 입자용 방진마스크
② 송기형 호스마스크
③ 유기가스용 방독마스크
④ 일산화탄소용 방독마스크

[풀이] 공기공급식 보호구(송기마스크)는 산소결핍의 위험성이 있는 지하 맨홀작업이나 탱크 내 청소작업, 오래된 우물 속으로 작업, 고농도의 유해물질이 존재하는 작업장, 즉각적으로 생명과 건강에 위협을 줄 수 있는 농도(IDLH)로 존재하는 작업장에 들어갈 때 사용된다. 단, 에어라인방식은 non-IDLH 상황에서 사용한다.

54 수은 작업장의 작업환경 관리대책으로 가장 적합하지 않은 것은?

① 수은 주입과정을 자동화시킨다.
② 독성이 적은 대체품을 연구한다.
③ 수거한 수은은 물과 함께 통에 보관한다.
④ 수은은 쉽게 증발하기 때문에 작업장의 온도를 80℃로 유지한다.

[풀이] 수은(Hg)은 상온에서 은백색을 띠는 액체 금속으로 철·니켈·코발트·마그네슘 등을 제외한 대부분의 금속과 합금(아말감)을 만들 수 있다. 금속 수은의 끓는점은 630K이지만 증기압이 0.002mmHg(25℃)로 낮아 쉽게 증발하여 무색의 기체를 만들기 때문에 작업장의 실내온도는 가능한 한 낮게, 일정하게 유지시켜야 하고, 수거한 수은은 물통에 보관하는 등 취급·관리에 각별히 주의하여야 한다.

55 고압환경에서 발생할 수 있는 장해에 영향을 주는 화학물질과 가장 거리가 먼 것은?
① 산소   ② 질소
③ 아르곤   ④ 이산화탄소

풀이 고압환경에서 발생할 수 있는 화학적인 인체작용은 질소마취작용에 의한 작업력 저하, 산소중독증상으로 간질모양의 경련, 이산화탄소 분압 증가에 의한 동통성 관절장애 등이다.

56 작업장의 조명관리에 관한 설명으로 옳지 않은 것은?
① 반간접조명은 간접과 직접 조명을 절충한 방법이다.
② 간접조명은 음영과 현휘로 인한 입체감과 조명효율이 높은 것이 장점이다.
③ 직접조명은 작업 면의 빛의 대부분이 광원 및 반사용 삿갓에서 직접 온다.
④ 직접조명은 기구의 구조에 따라 눈을 부시게 하거나 균일한 조도를 얻기 힘들다.

풀이 간접조명은 눈부심이 적고 피조면(被照面)의 조도(照度)가 균일한 장점이 있으나 실내의 입체감이 작아지는 단점이 있다. 음영과 현휘로 인한 입체감과 조명효율이 높은 것이 장점이 있는 것은 직접조명이다.

57 보호구 밖의 농도가 300ppm이고 보호구 안의 농도가 12ppm이었을 때 보호계수(Protection Factor, PF)는?
① 50   ② 25
③ 200   ④ 100

풀이 $PF = \dfrac{공기\ 중\ 농도}{노출기준}$

$\therefore PF = \dfrac{C_o}{C_i} = \dfrac{300}{12} = 25$

58 작업 중 잠시라도 초과되어서는 안 되는 농도를 나타낸 단위는?
① TLV   ② TLV-TWA
③ TLV-C   ④ TLV-STEL

풀이 최고노출기준(천장값, TLV-C, ceiling)은 근로자가 1일 작업시간동안 잠시라도 노출되어서는 안 되는 기준이다.

59 금속에 장기간 노출되었을 때 발생할 수 있는 건강장애가 잘못 연결된 것은?
① 납-빈혈
② 크롬-운동장애
③ 망간-보행장애
④ 수은-뇌신경세포 손상

풀이 크롬은 피부궤양, 비중격천공, 폐암, 무뇨증을 유발한다. 특히 금속작업 근로자에게 많이 발생되는 크롬 만성중독의 특징으로 코점막 염증, 비중격천공 등의 증상을 일으킨다.

60 태양복사광선의 파장범위에 따른 구분으로 옳은 것은?
① 300nm-적외선   ② 600nm-자외선
③ 700nm-가시광선   ④ 900nm-Dorno선

풀이 가시광선(Visible light) 파장만 올바르다. 가시광선은 파장 400~800nm(전자기파로서 사람의 눈에 보이는 색(色) 광선이다. 적외선은 파장 750nm~1.2mm이고, 자외선은 10Å~400nm범위이다.

제4과목 산업환기

61 산업안전보건법령에서 규정한 관리대상 유해물질 관련 물질의 상태 및 국소배기장치 후드의 형식에 따른 제어풍속으로 틀린 것은?
① 외부식 상방흡인형(입자상) : 1.0m/sec
② 외부식 측방흡인형(입자상) : 1.0m/sec
③ 외부식 상방흡인형(가스상) : 1.0m/sec
④ 외부식 측방흡인형(가스상) : 0.5m/sec

[풀이] 외부식 상방흡인형(입자상) : 1.2m/sec

(2018 개정 기준)

후드의 형식		제어속도(m/sec)	
		가스	입자
포위식 후드		0.4	0.7
외부식 후드	측방형	0.5	1.0
	하방형	0.5	1.0
	상방형	1.0	1.2

62 일반적으로 외부식 후드에 플랜지를 부착하면 약 어느 정도 효율이 증가될 수 있는가? (단, 플랜지의 크기는 개구면적의 제곱근 이상으로 한다.)

① 15%
② 25%
③ 35%
④ 45%

[풀이] 외부식 후드 개구면적의 제곱근 이상의 플랜지(flange)를 부착한 경우, 필요환기량은 약 25%가 절약된다.

63 흡인유량을 320m³/min에서 200m³/min으로 감소시킬 경우 소요동력은 몇 % 감소하는가?

① 14.4
② 18.4
③ 20.4
④ 24.4

[풀이] $P_2 = P_1 \times \left(\dfrac{Q_2}{Q_1}\right)^3$

$P_2 = P_1 \times \left(\dfrac{200}{320}\right)^3 = 0.244 P_1$

∴ $\Delta P = \dfrac{0.244 P_1}{P_1} \times 100 = 24.4\%$

64 송풍기의 설계 시 주의사항으로 옳지 않은 것은?

① 송풍관의 중량을 송풍기에 가중시키지 않는다.
② 송풍기의 덕트 연결부위는 송풍기와 덕트가 같이 진동할 수 있도록 직접 연결한다.
③ 배기가스의 입자의 종류와 농도 등을 고려하여 송풍기의 형식과 내마모구조를 고려한다.
④ 송풍량과 송풍압력을 만족시켜 예상되는 풍량의 변동범위 내에서 과부하하지 않고 운전이 되도록 한다.

[풀이] 송풍기의 덕트 연결부위는 Flexible로 연결하여 송풍기와 덕트가 같이 진동하지 않게 하여야 한다. 이 문제는 11년 전에 출제되었던 문제를 약간 변형하여 출제하였다.

65 대기압이 760mmHg이고, 기온이 25℃에서 톨루엔의 증기압은 약 30mmHg이다. 이때 포화증기 농도는 약 몇 ppm인가?

① 10,000
② 20,000
③ 30,000
④ 40,000

[풀이] $C_p(\text{ppm}) = \dfrac{P_v}{P_a} \times 10^6$

∴ $C_p(\text{ppm}) = \dfrac{30\,\text{mmHg}}{760\,\text{mmHg}} \times 10^6 = 39473.68\,\text{ppm}$

66 덕트 제작 및 설치에 대한 고려사항으로 옳지 않은 것은?

① 가급적 원형 덕트를 설치한다.
② 덕트 연결부위는 가급적 용접하는 것을 피한다.
③ 직경이 다른 덕트를 연결할 때에는 경사 30° 이내의 테이퍼를 부착한다.
④ 수분이 응축될 경우 덕트 내로 들어가지 않도록 경사나 배수를 마련한다.

[풀이] 덕트의 연결부위는 접속부의 내면이 돌기물이 없도록 하고, 외부공기가 들어오지 아니하도록 가능한 용접을 하여야 하며, 접속부는 덕트 소용돌이(vortex)기류가 발생하지 않는 구조로 하여야 한다.

67 메틸에틸케톤이 5L/hr로 발산되는 작업장에 대해 전체환기를 시키고자 할 경우 필요환기량(m³/min)은? (단, 메틸에틸케톤 분자량은 72.06, 비중은 0.805, 21℃, 1기압 기준, 안전계수는 2, TLV는 200ppm이다.)

① 224
② 244
③ 264
④ 284

정답 62.② 63.④ 64.② 65.④ 66.② 67.①

[풀이] $Q = \dfrac{K \cdot G \cdot S \times (25℃ \ 공식) \times 10^6}{MW \cdot TLV}$

∴ $Q_1 = \dfrac{2 \times 5 \times 0.805 \times (25℃ \ 공식) \times 10^6}{72.06 \times 200}$

$= 13472.5 \ m^3/hr = 224.54 \ m^3/min$

68 국소배기장치의 배기덕트 내 공기에 의한 마찰손실과 관련이 없는 것은?

① 공기조성　　② 공기속도
③ 덕트 직경　　④ 덕트 길이

[풀이] 덕트 압력손실은 유속(V)의 제곱에 비례하고, 길이(L)에 비례, 직경(D)에 반비례한다.

$\Delta P_f = \lambda \times \dfrac{L}{D_o} \times \dfrac{\gamma V^2}{2g}$

69 습한 납 분진, 철 분진, 주물사, 요업재료 등과 같이 일반적으로 무겁고 습한 분진의 반송속도(m/sec)로 옳은 것은?

① 5~10　　② 15
③ 20　　　④ 25 이상

[풀이] 무겁고 습한 분진의 반송속도는 25m/sec 이상으로 유지하여야 한다. 참고로 단순히 무거운 분진, 예를 들면, 납 분진, 젖은 톱밥, 샌드블라스트 분진, 주조 분진 등은 반송속도를 20~22.55m/sec으로 유지하여야 한다.

70 환기 시스템 자체검사 시에 필요한 측정기로서 공기의 유속 측정과 관련이 없는 장비는?

① 피토관　　　② 열선풍속계
③ 스모크 테스터　④ 흡구건구온도계

[풀이] 흡구건구온도계가 아닌 일반 온도계를 사용하여 측정한 온도 측정치가 필요하다. 덕트 내의 유속(풍속) 측정에 이용되는 계기는 피토관, 마노메타, 열선풍속계, 풍차풍속계, 스모크 테스터 등이다.

71 국소배기장치의 설계 시 후드의 성능을 유지하기 위한 방법이 아닌 것은?

① 제어속도를 유지한다.
② 주위의 방해기류를 제어한다.
③ 후드의 개구면적을 최소화한다.
④ 가급적 배출오염원과 멀리 설치한다.

[풀이] 국소배기장치의 설계 시 후드의 성능을 유지하기 위해서는 후드 개구부를 가급적 배출오염원과 가까이 설치해야 한다.

72 스크러버(scrubber)라고도 불리며 분진 및 가스 함유 공기를 물과 접촉시킴으로써 오염물질을 제거하는 방법의 공기정화장치는?

① 세정집진장치　　② 전기집진장치
③ 여포집진장치　　④ 원심력집진장치

[풀이] 스크러버(scrubber)라고도 불리며 분진 및 가스 함유 공기를 물과 접촉시킴으로써 오염물질을 제거하는 방법의 공기정화장치는 세정집진장치이다. 이 문제는 14년 만에 반복 출제되는 문제이다.

73 그림과 같이 작업대 위의 용접 흄을 제거하기 위해 작업면 위에 플랜지가 붙은 외부식 후드를 설치했다. 개구면에서 포착점까지의 거리는 0.3m, 제어속도는 0.5m/sec, 후드개구의 면적이 0.6m²일 때, Delta valle 식을 이용한 필요 송풍량(m³/min)은 약 얼마인가?(단, 후드 개구의 폭/높이는 0.2보다 크다.)

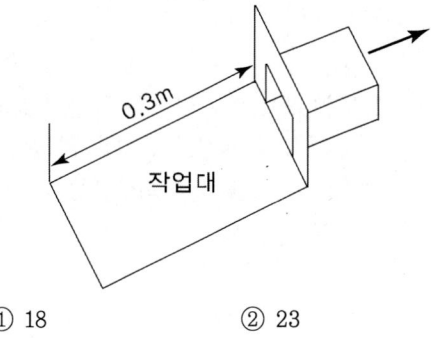

① 18　　② 23
③ 32　　④ 45

[풀이] $Q_c = 0.5(10X^2 + A) \times V_c$

∴ $Q_c = 0.5 \times (10 \times 0.3^2 + 0.6) \times 0.5 \times 60$
$= 22.5 \ m^3/min$

정답　68.①　69.④　70.④　71.④　72.①　73.②

74 환기시설을 효율적으로 운영하기 위해서는 공기공급 시스템이 필요한데, 그 이유로 적절하지 않은 것은?

① 연료를 절약하기 위해서
② 작업장의 교차기류를 활용하기 위해서
③ 근로자에게 영향을 미치는 냉각기류를 제거하기 위해서
④ 실외공기가 정화되지 않은 채 건물 내로 유입되는 것을 막기 위해서

[풀이] 보충용 공기를 적절하게 공급함으로써 작업장의 교차기류 형성을 방지할 수 있다. 그러므로 ②항은 공기공급 시스템(보충용 공기의 공급장치)의 기능 및 역할과 상반되는 내용이다. 10년 전에 출제된 문제가 유사문제 형태로 전환되어 반복 출제되었다.

75 20℃, 1기압에서의 유체의 점성계수는 1.8×10^{-5} kg/sec·m이고, 덕트 직경이 0.5m일 경우의 레이놀즈수는?(단, 공기유속 1m/sec)

① 1.27×10^5 ② 1.79×10^5
③ 2.78×10^4 ④ 3.33×10^4

[풀이] $Re = \dfrac{DV\rho}{\mu}$
$\begin{cases} V : 유속 = 1\text{m/sec} \\ D : \text{Duct의 직경} = 0.5\text{ m} \\ \rho : 밀도 = 1.2\text{ kg/m}^3 \\ \mu : 점도 = 1.8 \times 10^{-5}\text{ kg/m·sec} \end{cases}$
$\therefore Re = \dfrac{0.5 \times 1 \times 1.2}{1.8 \times 10^{-5}} = 33333.33$

76 0℃, 1기압에서 공기의 비중량은 1.293 kg_f/m^3이다. 65℃의 공기가 송풍관 내를 15 m/sec의 유속으로 흐를 때, 속도압은 약 몇 mmH_2O인가?

① 20 ② 16
③ 12 ④ 18

[풀이] $P_v = \dfrac{\gamma V^2}{2g}$
$\gamma = \dfrac{1.293\text{kg}_f}{\text{m}^3} \times \dfrac{273}{273+65} = 1.044$
$\therefore P_v = \dfrac{1.044 \times 15^2}{2 \times 9.8} = 11.99 \text{ mmH}_2\text{O}$

77 다음 중 압력에 관한 설명으로 옳지 않은 것은?

① 정압이 대기압보다 작은 경우도 있다.
② 정압과 속도압의 합은 전압이라고 한다.
③ 정압은 속도압과 관계없이 독립적으로 발생한다.
④ 속도압은 공기흐름으로 인하여 (−)압력이 발생한다.

[풀이] 속도압은 공기흐름으로 인하여 (+)압력이 발생한다. 속도압은 운동에너지에 비례하여 항상 양의 압력을 가지며, 운동에너지로서 풍속(유속)이 클수록 동압도 증가한다.

78 후드의 형식 분류 중 포위식 후드에 해당하는 것은?

① 슬롯형 ② 캐노피형
③ 건축부스형 ④ 그리드형

[풀이] 포위식 후드는 유해물질의 발생원을 전부 또는 부분적으로 포위하는 후드로 포위형, 건축부스형(Booth hood), 장갑부착상자형(Glove box hood), 드래프트 챔버형(Draft chamber hood) 등이 이에 해당한다.

79 흡착법에서 사용하는 흡착제 중 일반적으로 사용되고 있으며, 비극성의 유기용제를 제거하는데 유용한 것은?

① 활성탄
② 실리카겔
③ 활성알루미나
④ 합성제올라이트

[풀이] 비극성류의 유기용제 등에 적합한 것은 활성탄이다. 활성탄은 각종 방향족 유기용제, 할로겐화된 지방족 유기용제, 에스테르류, 알코올류 등의 흡착에 이용된다.

80 다음 중 전체환기방식을 적용하기에 적절하지 못한 것은?

① 목재분진　② 톨루엔 증기
③ 이산화탄소　④ 아세톤 증기

풀이 전체환기를 활용하기에 적절한 유해인자는 미세한 흄(fume), 가스상 물질, 유기성 증기 등이다. 목재분진은 국소배기가 효과적이다. 이 문제는 15년 만에 반복 출제되는 문제이다.
전체환기장치는 자연적 또는 기계적인 방법에 의하여 작업장 내의 열, 증기 및 유해물질을 희석, 환기시키는 장치 또는 설비를 말한다.
전체환기방식은 유해물질의 농도가 낮거나 독성이 낮은 경우 적용된다. 따라서 오염물질의 농도가 낮은 경우, 오염물질의 발생량이 적고 넓게 퍼져 있는 곳이나 동일 작업장 내에 다수의 오염원이 분산되어 있을 때 적합하다.

정답 80.①

2020 제4회 산업위생관리(기사)

2020. 9. 26 시행

알림글
- 이 교재의 동영상 강좌는 연합플러스 평생교육원(yhe.co.kr) 또는 유튜브(이승원TV)에서 청강할 수 있습니다.
- 학습 중 질문사항은 연합플러스 평생교육원(yhe.co.kr)의 묻고 답하기 질문 코너나 유튜브(이승원TV)에 댓글을 남겨 주시면 신속히 해결해 드리겠습니다.

제1과목 산업위생학 개론

01 미국산업위생학술원(AAIH)에서 채택한 산업위생전문가의 윤리강령 중 기업주와 고객에 대한 책임과 관계된 윤리강령은?

① 기업체의 기밀은 누설하지 않는다.
② 전문적 판단이 타협에 의하여 좌우될 수 있는 상황에는 개입하지 않는다.
③ 근로자, 사회 및 전문직종의 이익을 위해 과학적 지식을 공개하고 발표한다.
④ 결론을 뒷받침할 수 있도록 기록을 유지하고 산업위생사업을 전문가답게 운영, 관리한다.

[풀이] 윤리강령 중 기업주와 고객에 대한 책임에 관한 내용은 ④항 이외에 •정확한 기록을 유지하고, 산업위생사업을 전문가답게 전문부서들을 운영·관리한다. •기업주와 고객보다는 근로자의 건강보호에 궁극적 책임을 두어 행동한다. •쾌적한 작업환경을 조성하기 위하여 산업위생의 이론을 적용하고 책임감 있게 행동한다. •신뢰를 존중하여 정직하게 권고하고 결과와 개선점을 정확하게 보고한다.

02 산업안전보건법령상 보건관리자의 자격에 해당되지 않는 것은?

① 「의료법」에 따른 의사
② 「의료법」에 따른 간호사
③ 「국가기술자격법」에 따른 대기환경기사 이상의 자격을 취득한 사람
④ 「국가기술자격법」에 따른 산업위생관리산업기사 이상의 자격을 취득한 사람

[풀이] 「국가기술자격법」에 따른 대기환경산업기사 이상의 자격을 취득한 사람이면 보건관리자 선임이 가능하다. 물론 대기환경기사도 마땅히 보건관리자가 될 수 있다. 지문이 "보건관리자의 자격에 해당되지 않는 것은?"이라고 묻지 말고 "보건관리자의 자격조건과 일치하지 않는 것은?"이라고 해야 정확한 지문이 될 것 같다. 아니면 차라리 ③항을 "「국가기술자격법」에 따른 환경기능사 이상의 자격을 취득한 사람"이라고 하던가 …
이런 식의 선명성이 떨어지는 문제유형은 괜시리 수험생의 이의제기(민원)를 불러올 수 있고, 출제측에서 답안 취지에 상세 설명을 하더라도 쉽게 해결되지 않으며, 다툼의 여지를 남길 수 있다.

03 근육과 뼈를 연결하는 섬유조직을 무엇이라 하는가?

① 건(tendon)   ② 관절(joint)
③ 뉴런(neuron)   ④ 인대(ligament)

[풀이] 우리 몸에서 근육과 뼈를 연결하는 섬유조직을 힘줄 즉 건(tendon)이라고 한다. 이 문제는 8년만에 반복 출제되었다.

04 다음 중 18세기 영국에서 최초로 보고하였으며, 어린이 굴뚝 청소부에게 많이 발생하였고, 원인물질이 검댕(soot)이라고 규명된 직업성 암은?

① 폐암   ② 후두암
③ 음낭암   ④ 피부암

정답 1.④ 2.③ 3.① 4.③

[풀이] 18세기 영국의 Percival pott가 최초로 보고한 음낭암은 어린이 굴뚝 청소부에게 많이 발생하였고, 원인물질이 검댕(soot)이라고 규명되었다.

05 다음은 직업성 질환과 그 원인이 되는 직업이 가장 적합하게 연결된 것은?

① 평편족-VDT 작업
② 진폐증-고압, 저압 작업
③ 중추신경장해-광산 작업
④ 목위팔(경견완)증후군-타이핑 작업

[풀이] 경견완장해(cervical syndrome)는 장시간 일정한 자세로 상지(上肢)를 반복하여 과도하게 사용하는 노동으로 발생하는 직업성 건강장해로 그 원인이 되는 직업은 키펀치 작업, 전화교환작업, 타이핑, 금전등록기의 계산작업, 일관조립작업 등이다.

06 산업안전보건법령상 제조 등이 금지되는 유해물질이 아닌 것은?

① 석면
② 염화비닐
③ β-나프틸아민
④ 4-니트로디페닐

[풀이] 산업안전보건법령상 제조금지 유해물질은 ①, ③, ④항 이외에 황린(黃燐) 성냥, 백연을 함유한 페인트(함유된 용량의 비율이 2% 이하인 것은 제외), 폴리클로리네이티드비페닐(PCT), 벤젠을 함유하는 고무풀(함유된 용량의 비율이 5% 이하인 것은 제외), 기타 화학물질관리법에 따른 금지물질, 그 밖에 고용노동부장관이 정하는 유해물질이다.

07 효과적인 교대근무제의 운용방법에 대한 내용으로 옳은 것은?

① 야근근무 종료 후 휴식은 24시간 전후로 한다.
② 야근은 가면(假眠)을 하더라도 10시간 이내가 좋다.
③ 신체적 적응을 위하여 야근 근무의 연속일수는 대략 1주일로 한다.
④ 누적 피로를 회복하기 위해서는 정교대방식보다는 역교대방식이 좋다.

[풀이] ②항만 올바르다. 야근은 2~3일 이상 연속하지 않게 하고, 야근은 가면을 하더라도 10시간 이내가 되도록 한다.

08 재해발생의 주요원인에서 불완전한 행동에 해당하는 것은?

① 보호구 미착용
② 방호장치 미설치
③ 시끄러운 주변환경
④ 경고 및 위험표지 미설치

[풀이] 재해의 원인에서 불완전한 행동(행위)는 근로의 방심, 태만, 무모한 행위에서 비롯되는 것으로 보호구 미착용 등 안전장치의 불이행, 위험한 상태의 조장, 기계장치의 목적 이외 사용, 불완전한 방치, 위험한 장소로의 접근, 부적절한 작업속도 등이 여기에 해당한다. 산업재해의 80%가 불안전한 행위에서 기인한다고 한다. 이 문제는 10년만에 반복 출제된 문제이다.

09 산업안전보건법령상 입자상 물질의 농도평가에서 2회 이상 측정한 단시간노출농도 값이 단시간노출기준과 시간가중평균기준값 사이일 때 노출기준 초과로 평가해야 하는 경우가 아닌 것은?

① 1일 4회를 초과하는 경우
② 15분 이상 연속 노출되는 경우
③ 노출과 노출 사이의 간격이 1시간 이내인 경우
④ 단위작업장소의 넓이가 80평방미터 이상인 경우

[풀이] 지역시료 채취방법에 따른 측정시료의 개수는 단위작업장소에서 2개 이상에 대하여 동시에 측정하여야 한다. 다만, 단위작업장소의 넓이가 50평방미터 이상인 경우에는 매 30평방미터마다 1개 지점 이상을 추가로 측정하여야 한다.

정답 5.④ 6.② 7.② 8.① 9.④

10 산업안전보건법령상 영상표시단말기(VDT) 취급근로자의 작업자세로 옳지 않은 것은?

① 팔꿈치의 내각은 90° 이상이 되도록 한다.
② 무릎의 내각(Knee Angle)은 90° 전후가 되도록 한다.
③ 근로자의 발바닥 전면이 바닥면에 닿는 자세를 기본으로 한다.
④ 근로자의 시선은 수평선상으로부터 10~15° 위로 가도록 한다.

[풀이] 근로자의 시선은 수평선상에서 아래로 10~15° 이내 범위로 유지하는 것이 좋다.

11 다음 산업위생의 정의 중 ( ) 안에 들어갈 내용으로 볼 수 없는 것은?

> 산업위생이란 근로자나 일반 대중에게 질병, 건강장애 등을 초래하는 작업환경 요인과 스트레스를 ( )하는 과학과 기술이다.

① 보상 ② 예측
③ 평가 ④ 관리

[풀이] 산업위생이란 근로자나 일반 대중에게 질병·건강장애·안녕방해·심각한 불쾌감 및 능률 저하 등을 초래하는 작업환경 요인과 스트레스를 예측, 인식(인지), 측정·평가하고 관리하는 과학과 기술이다.

12 직업성 질환에 관한 설명으로 옳지 않은 것은?

① 직업성 질환과 일반 질환은 경계가 뚜렷하다.
② 직업성 질환은 재해성 질환과 직업병으로 나눌 수 있다.
③ 직업성 질환이란 어떤 작업에 종사함으로써 발생하는 업무상 질병을 의미한다.
④ 직업병은 저농도 또는 저수준의 상태로 장시간 걸쳐 반복노출로 생긴 질병을 의미한다.

[풀이] 직업성 질환과 일반 질환은 경계가 뚜렷하지 않다. 직업병은 직업에 의해 발생된 질병으로서 직업적 노출과 특정 질병 간에 명확하거나 강한 인과관계가 있어야 하지만 임상적 또는 병리적 소견이 일반 질병과 명확히 구분하기 어려운 문제점이 있다.

13 사고예방대책 기본원리 5단계를 올바르게 나열한 것은?

① 사실의 발견 → 조직 → 시정방법의 선정 → 시정책의 적용 → 분석·평가
② 사실의 발견 → 조직 → 분석·평가 → 시정방법의 선정 → 시정책의 적용
③ 조직 → 사실의 발견 → 분석·평가 → 시정방법의 선정 → 시정책의 적용
④ 조직 → 분석·평가 → 사실의 발견 → 시정방법의 선정 → 시정책의 적용

[풀이] 하인리히의 사고예방대책의 기본원리 5단계는 조직 → 사실의 발견 → 분석·평가 → 시정책의 선정 → 시정책의 적용으로 구성된다. 반복 출제되는 문제이므로 꼭 암기해 두어야 한다.

14 유해물질의 생물학적 노출지수 평가를 위한 소변 시료채취방법 중 채취시간에 제한 없이 채취할 수 있는 유해물질은 무엇인가?(단, ACGIH 권장기준이다.)

① 벤젠 ② 카드뮴
③ 일산화탄소 ④ 트리클로로에틸렌

[풀이] 유해물질의 생물학적 노출지수(BEI) 평가를 위한 소변 시료채취방법 중 반감기가 대단히 길어서 장기간 인체에 축적되는 물질(납, 카드뮴, 크롬, 비소, 니켈 등의 중금속류)은 측정시기가 중요하지 않으므로 채취시간에 제한이 없다. 이러한 유형은 4년전 독성학에 출제된 문제이다.

15 A유해물질의 노출기준은 100ppm이다. 잔업으로 인하여 작업시간이 8시간에서 10시간으로 늘었다면 이 기준치는 몇 ppm으로 보정해 주어야 하는가?(단, Brief와 Scala의 보정방법을 적용하며 1일 노출시간을 기준으로 한다.)

① 60 ② 70
③ 80 ④ 90

[풀이] 보정된 노출기준 = TLV × RF(계수)

$$\Rightarrow TLV \times \left(\frac{8}{H} \times \frac{24-H}{16}\right)$$

$$RF = \frac{8}{10} \times \frac{24-10}{16} = 0.7$$

∴ 보정된 노출기준 = 100ppm × 0.7 = 70ppm

정답 10.④ 11.① 12.① 13.③ 14.② 15.②

16 젊은 근로자의 약한 손(오른손잡이일 경우 왼손)의 힘이 평균 45kP일 경우 이 근로자가 무게 10kg인 상자를 두 손으로 들어 올릴 경우의 작업강도(%MS)는 약 얼마인가?

① 1.1   ② 8.5
③ 11.1   ④ 21.1

풀이 $M_x(\%) = \dfrac{RF}{MS} \times 100$

$\begin{cases} MS(\text{취약측 힘}) = 45kP = 45kg_f \\ \text{※1kP} = 1kg_f \text{ 힘과 동일하게 봄} \\ RF(\text{요구 힘}) = 10kg_f \\ \text{※두 손 사용할 경우 1/2} = 5kg_f \end{cases}$

$\therefore M_x(\%) = \dfrac{5}{45} \times 100 = 11.11\%$

17 다음 최대작업역(maximum area)에 대한 설명으로 옳은 것은?

① 작업자가 작업할 때 상체를 기울여 손이 닿는 영역
② 작업자가 작업할 때 팔과 다리를 모두 이용하여 닿는 영역
③ 작업자가 작업을 할 때 아래팔을 뻗어 파악할 수 있는 영역
④ 작업자가 작업할 때 윗팔과 아래팔을 곧게 펴서 파악할 수 있는 영역

풀이 최대작업역(최대작업영역)은 어깨(위팔)로부터 팔(아래팔)을 펴서 어깨를 축으로 하여 수평면상에서 원을 그릴 때 부채꼴 모양의 원호의 내부 영역에 해당한다.

18 산업 스트레스의 반응에 따른 심리적 결과에 해당되지 않는 것은?

① 가정문제   ② 수면방해
③ 돌발적 사고   ④ 성(性)적 역기능

풀이 돌발적 사고는 산업 스트레스의 반응에 따른 행동적 결과에 해당된다. 심리적 결과는 ①, ②, ④항이다.

19 전신피로의 원인으로 볼 수 없는 것은?

① 산소공급의 부족
② 작업강도의 증가
③ 혈중포도당 농도의 저하
④ 근육 내 글리코겐량의 증가

풀이 운동(노동)에 의한 근(筋)의 활동이 개시되면 근육 중의 글리코겐(glycogen)이 해당반응(解糖反應)의 에너지원으로 소모되고 부산물로 젖산($C_3H_6O_3$)이 발생되고, 젖산은 산소에 의해 산화되어 이산화탄소와 물로 분해되어 체외로 배출된다.

20 공기 중의 혼합물로서 아세톤 400ppm(TLV=750ppm), 메틸에틸케톤 100ppm(TLV=200ppm)이 서로 상가작용을 할 때 이 혼합물의 노출지수(EI)는 약 얼마인가?

① 0.82   ② 1.03
③ 1.10   ④ 1.45

풀이 $EI = \sum \dfrac{C}{TLV}$

$\begin{cases} C : \text{유해물질의 농도} = 400, 100 \\ TLV : \text{노출기준} = 750, 200 \end{cases}$

$\therefore$ 복합노출지수$(EI) = \dfrac{400}{750} + \dfrac{100}{200} = 1.03$

$\therefore$ EI값이 1.0 이상이면 노출기준 초과로 평가함

제2과목 작업위생측정 및 평가

21 공기 중에 카본 테트라클로라이드(TLV=10ppm) 8ppm, 1,2-디클로로에탄(TLV=50ppm) 40ppm, 1,2-디브로모에탄(TLV=20ppm) 10ppm으로 오염되었을 때, 이 작업장 환경의 허용기준 농도(ppm)는?(단, 상가작용을 기준으로 한다.)

① 24.5   ② 27.6
③ 29.6   ④ 58.0

풀이 보정 $TLV = \dfrac{C_1 + C_2 + \cdots + C_n}{EI}$

$EI = \dfrac{8}{10} + \dfrac{40}{50} + \dfrac{10}{20} = 2.1$

$\therefore$ 보정 $TLV = \dfrac{(8+40+10)}{2.1} = 27.62 \text{ppm}$

정답 16.③ 17.④ 18.③ 19.④ 20.② 21.②

22 시간당 200~300kcal의 열량이 소요되는 중등작업 조건에서 WBGT 측정치가 31.1℃일 때 고열작업 노출기준의 작업휴식 조건으로 가장 적절한 것은?

① 계속작업
② 매시간 25% 작업, 75% 휴식
③ 매시간 50% 작업, 50% 휴식
④ 매시간 75% 작업, 25% 휴식

[풀이] 시간당 200~300kcal의 열량이 소요되는 중등작업 조건에서 WBGT 측정치가 31.1℃일 때는 매시간 25% 작업-75% 휴식하여야 한다.

23 다음 중 직독식 기구로만 나열된 것은?

① AAS, ICP, 가스모니터
② AAS, 휴대용 GC, GC
③ 휴대용 GC, ICP, 가스검지관
④ 가스모니터, 가스검지관, 휴대용 GC

[풀이] 작업환경 측정의 직독식 기구는 가스검지관, 광이온화검출기(PID), 휴대용 가스크로마토그래피, 휴대용 적외선분광광도계, 전자코 시스템, 입자상 물질측정 직독식이 있다.

24 입자상 물질을 채취하는데 사용하는 여과지 중 막 여과지(membrane filter)가 아닌 것은?

① MCE 여과지   ② PVC 여과지
③ 유리섬유 여과지   ④ PTFE 여과지

[풀이] 유리섬유 여과지는 섬유상 여과지이다. 섬유상 여과지 중 유리섬유 여과지의 대표 여과지는 검드(gummed)이고, 셀룰로오스섬유 여과지의 대표 여과지는 와트만(Whatman), 이 외에 혼합섬유 여과지가 있다.

25 연속적으로 일정한 농도를 유지하면서 만드는 방법 중 Dynamic Method에 관한 설명으로 틀린 것은?

① 농도변화를 줄 수 있다.
② 대개 운반용으로 제작된다.
③ 만들기가 복잡하고, 가격이 고가이다.
④ 소량의 누출이나 벽면에 의한 손실은 무시할 수 있다.

[풀이] 대개 운반용으로 제작되는 것은 정적시스템(용기 혼합법)이다. 일정한 용기(유리, 플라스틱백, 압력 실린더, 진공용기 등)에 공기를 넣은 후 정확한 양의 오염물질을 주입하여 기지시료를 만드는 방법으로 경식(硬式)과 연식(軟式)으로 대별된다.

26 다음 중 활성탄관과 비교한 실리카겔관의 장점과 가장 거리가 먼 것은?

① 수분을 잘 흡수하여 습도에 대한 민감도가 높다.
② 매우 유독한 이황화탄소를 탈착용매로 사용하지 않는다.
③ 극성물질을 채취한 경우 물, 에탄올 등 다양한 용매로 쉽게 탈착된다.
④ 추출액이 화학분석이나 기기분석에 방해물질로 작용하는 경우가 많지 않다.

[풀이] 실리카겔은 활성탄에 비해 수분을 잘 흡수하여 습도에 민감한 단점이 있으며, 습도가 높은 작업장에서는 다른 오염물질의 파괴용량이 작아져 파과를 일으키기 쉽다. 하지만 유독한 이황화탄소를 탈착용매로 사용하지 않고, 활성탄으로 채취가 어려운 아닐린, 오르토-톨루이딘 등의 아민류 채취가 가능한 장점이 있다.

27 셀룰로오스 에스테르막 여과지에 대한 설명으로 틀린 것은?

① 산에 쉽게 용해된다.
② 중금속 시료채취에 유리하다.
③ 흡습성이 적어 중량분석에 주로 적용된다.
④ 유해물질이 표면에 주로 침착되어 현미경분석에 유리하다.

[풀이] 셀룰로오스섬유 여과지는 크기가 다양하고 항장력이 우수하며, 취급도중에 마모되는 경향이 적지만 흡습성이 크고, 포집효율과 유량저항이 일정하지 않은 문제점이 있다.

정답 22.② 23.④ 24.③ 25.② 26.① 27.③

28 호흡성 먼지에 관한 내용으로 옳은 것은? (단, ACGIH를 기준으로 한다.)

① 평균입경은 1㎛이다.
② 평균입경은 4㎛이다.
③ 평균입경은 10㎛이다.
④ 평균입경은 50㎛이다.

풀이 호흡성 먼지는 평균입경이 4㎛이고, 공기역학적 직경이 10㎛ 미만인 먼지를 말한다.

29 작업장의 유해인자에 대한 위해도 평가에 영향을 미치는 것과 가장 거리가 먼 것은?

① 유해인자의 위해성
② 휴식시간의 배분 정도
③ 유해인자에 노출되는 근로자 수
④ 노출되는 시간 및 공간적인 특성과 빈도

풀이 작업장 유해인자의 위해도 평가 시 고려하여야 할 요인은 유해성(hazard), 시간적 빈도와 기간, 공간적 분포, 노출대상의 특성, 유해인자에 노출되는 근로자 수, 조직적 특성 등이다.

30 직경이 5㎛, 비중이 1.8인 원형입자의 침강속도(cm/min)는?(단, 공기밀도는 0.0012g/cm³, 공기의 점도는 1.807×10^{-4} poise이다.)

① 6.1   ② 7.1
③ 8.1   ④ 9.1

풀이 $V_g = \dfrac{d_p^2(\rho_p - \rho)g}{18\mu}$

$\begin{cases} d_p = 5\mu m = 5 \times 10^{-4} cm \\ \rho_p = 1.8 g/cm^3 \\ \rho = 0.0012 g/cm^3 \\ \mu = 1.807 \times 10^{-4} g/cm \cdot sec \end{cases}$

$\therefore V_g = \dfrac{(5 \times 10^{-4})^2 \times (1.8 - 0.0012) \times 980}{18 \times 1.807 \times 10^{-4}}$
$= 0.1355 cm/sec = 8.13 m/min$

31 어느 작업장의 소음 측정결과가 다음과 같을 때, 총 음압레벨(dB(A))은? (단, A, B, C 기계는 동시에 작동된다.)

• A기계 : 81dB(A)   • B기계 : 85dB(A)
• C기계 : 88dB(A)

① 84.7   ② 86.5
③ 88.0   ④ 90.3

풀이 $L(dB) = 10\log(10^{L_1/10} + 10^{L_2/10} + 10^{L_n/10})$

$\therefore L(dB) = 10\log(10^{8.1} + 10^{8.5} + 10^{8.8})$
$= 90.31 dB(A)$

32 작업환경측정방법 중 소음측정 시간 및 횟수에 관한 내용 중 ( ) 안에 들어갈 내용으로 옳은 것은?(단, 고용노동부 고시를 기준으로 한다.)

단위작업장소에서의 소음발생시간이 6시간 이내인 경우나 소음발생원에서의 발생시간이 간헐적인 경우에는 발생시간 동안 연속 측정하거나 등간격으로 나누어 ( )회 이상 측정하여야 한다.

① 2   ② 3
③ 4   ④ 6

풀이 작업환경측정방법 중 소음측정은 단위작업장소에서의 소음발생시간이 6시간 이내인 경우나 소음발생원에서의 발생시간이 간헐적인 경우에는 발생시간 동안 연속 측정하거나 등간격으로 나누어 4회 이상 측정하여야 한다.

33 레이저광의 폭로량을 평가하는 사항에 해당하지 않는 항목은?

① 조사량의 서한도는 1mm 구경에 대한 평균치이다.
② 각막 표면에서의 조사량(J/cm^2) 또는 폭로량을 측정한다.
③ 레이저광에 대한 눈의 허용량은 폭로시간에 따라 수정되어야 한다.
④ 레이저광과 같은 직사광파 형광등 또는 백열등과 같은 확산광은 구별하여 사용해야 한다.

풀이 레이저광에 대한 눈의 허용량은 그 파장에 따라 수정되어야 한다.

정답 28.② 29.② 30.③ 31.④ 32.③ 33.③

34 분석기기에서 바탕선량(background)과 구별하여 분석될 수 있는 최소의 양은?

① 검출한계 ② 정량한계
③ 정성한계 ④ 정도한계

[풀이] 검출한계(LOD, Limit Of Detection)는 분석기기가 검출할 수 있는 분석물질의 가장 낮은 농도나 양, 즉 분석기기마다 바탕선량(back ground)과 구별하여 분석될 수 있는 가장 적은 분석물질의 양을 말한다. 검출한계는 표준편차의 3배에 해당한다.

35 금속제품을 탈지 세정하는 공정에서 사용하는 유기용제인 트리클로로에틸렌이 근로자에게 노출되는 농도를 측정하고자 한다. 과거의 노출농도를 조사해 본 결과, 평균 50ppm이었을 때, 활성탄관(100mg/50mg)을 이용하여 0.4L/min으로 채취하였다면 채취해야 할 시간(min)은? (단, 트리클로로에틸렌의 분자량은 131.39이고 기체크로마토그래피의 정량한계는 시료당 0.5mg, 1기압, 25℃ 기준으로 기타 조건은 고려하지 않는다.)

① 2.4 ② 3.2
③ 4.7 ④ 5.3

[풀이] $t\,(\min) = \dfrac{V_m}{Q}$ $\begin{cases} V_m\,(최소시료채취량,\ L) \\ Q\,(유량속도) = 0.4L/\min \end{cases}$

$V_m\,(L) = \dfrac{LOQ}{C_o} \times 10^3$

$\begin{cases} LOQ\,(정량한계) = 0.5mg \\ C_o\,(과거\ 측정농도) = C_m = C_p \times \dfrac{M_w}{24.45} \\ \quad = 50ppm \times \dfrac{131.39}{24.45} = 268.69mg/m^3 \end{cases}$

$\Rightarrow V_m = \dfrac{0.5}{268.69} \times 10^3 = 1.86L$

$\therefore t = \dfrac{1.86}{0.4} = 4.65\min$

36 작업장의 온도측정결과가 다음과 같을 때, 측정결과의 기하평균은?

5, 7, 12, 18, 25, 13   (단위 : ℃)

① 11.6℃ ② 12.4℃
③ 13.3℃ ④ 15.7℃

[풀이] $GM = \sqrt[n]{X_1 \times X_2 \times \cdots \times X_n}$

$\therefore GM = \sqrt[6]{5 \times 7 \times 12 \times 18 \times 25 \times 13} = 11.62℃$

37 5M 황산을 이용하여 0.004M 황산용액 3L를 만들기 위해 필요한 5M 황산의 부피(mL)는?

① 5.6 ② 4.8
③ 3.1 ④ 2.4

[풀이] $MV = M'V' = 5 \times x = 5 \times x$

$\Rightarrow 5 \times x = 0.004 \times 3$

$\therefore x = 2.4 \times 10^{-3}L = 2.4mL$

38 작업환경 공기 중의 물질 A(TLV 50ppm)가 55ppm이고, 물질 B(TLV 50ppm)가 47ppm이며, 물질 C(TLV 50ppm)가 52ppm이었다면, 공기의 노출농도 초과도는?(단, 상가작용을 기준으로 한다.)

① 3.62 ② 3.08
③ 2.73 ④ 2.33

[풀이] $EI = \sum \dfrac{C}{TLV}$

$\therefore EI = \dfrac{55}{50} + \dfrac{47}{50} + \dfrac{52}{50} = 3.08$

39 다음 중 정밀도를 나타내는 통계적 방법과 가장 거리가 먼 것은?

① 오차 ② 산포도
③ 표준편차 ④ 변이계수

[풀이] 정밀도는 일정한 물질에 대해 반복 측정·분석을 했을 때 자료분석치의 변동 크기가 얼마나 작은가를 나타내는 것이고, 통계집단의 측정값들에 대한 정밀성 정도를 표현한 것이 변이계수이다.
변이계수는 단위가 서로 다른 집단이나 특성값의 상호 산포도를 비교하는데 이용될 수 있다. 산포도는 대표값을 중심으로 자료들이 흩어져 있는 정도를 의미한다. 산포도의 측정은 평균값에 대한 변량의 편차에 의한 측정방법인 표준편차, 변량 상호 간의 차이에 의하여 측정하는 방법인 데이터 범위(평균차), 이외에 분산·불편분산(不偏分散)·평균편차 등이 있으나 가장 많이 사용되는 것은 분산과 표준편차이다.

정답 34.① 35.③ 36.① 37.④ 38.② 39.①

40 빛의 파장의 단위로 사용되는 Å(Ångström)을 국제표준 단위계(SI)로 나타낸 것은?

① 10^{-6}m ② 10^{-8}m
③ 10^{-10}m ④ 10^{-12}m

풀이 옹스트롬(Ångström)은 길이의 단위로써 10^{-10}미터 또는 0.1nm를 나타낸다.

제3과목 작업환경관리대책

41 두 분지관이 동일 합류점에서 만나 합류관을 이루도록 설계되어 있다. 한쪽 분지관의 송풍량은 200m³/min, 합류점에서의 이 관의 정압은 -34mmH₂O이며, 다른 쪽 분지관의 송풍량은 160m³/min, 합류점에서의 이 관의 정압은 -30mmH₂O이다. 합류점에서 유량의 균형을 유지하기 위해서는 압력손실이 더 적은 관을 통해 흐르는 송풍량(m³/min)을 얼마로 해야 하는가?

① 165 ② 170
③ 175 ④ 180

풀이 Q_c(보정유량) $= Q_d$(설계유량)$\times \sqrt{\dfrac{P_{sL}}{P_{ss}}}$

∴ $Q_c = 160\text{m}^3/\text{min} \times \sqrt{\dfrac{-34}{-30}} = 170.33 \text{ m}^3/\text{min}$

42 페인트 도장이나 농약 살포와 같이 공기 중에 가스 및 증기상 물질과 분진이 동시에 존재하는 경우 호흡보호구에 이용되는 가장 적절한 공기정화기는?

① 필터
② 만능형 캐니스터
③ 요오드를 입힌 활성탄
④ 금속산화물을 도포한 활성탄

풀이 캐니스터(Canister)는 정화통에 활성탄소가 충진된 것으로 페인트 도장이나 농약 살포와 같이 공기 중에 가스 및 증기상 물질과 분진이 동시에 존재하는 경우 호흡보호구에 이용되고 있다. 이 문제는 5년 만에 재출제되었다.

43 전체환기시설을 설치하기 위한 기본원칙으로 가장 거리가 먼 것은?

① 오염물질 사용량을 조사하여 필요환기량을 계산한다.
② 공기배출구와 근로자의 작업위치 사이에 오염원이 위치해야 한다.
③ 오염물질 배출구는 가능한 한 오염원으로부터 가까운 곳에 설치하여 점환기 효과를 얻는다.
④ 오염원 주위에 다른 작업공정이 있으면 공기공급량을 배출량보다 크게 하여 양압을 형성시킨다.

풀이 오염원 주위에 다른 작업공정이 존재하면 배기량을 급기량보다 많게 하여 음압을 유지하는 것이 바람직하다. 한편, 급기량을 배기량보다 많게 하여 양압을 유지할 필요가 있는 작업장은 오염원 주위에 다른 작업공정이 없을 때이다. 이 문제는 12년만에 반복 출제되었다.

44 송풍관(duct) 내부에서 유속이 가장 빠른 곳은?(단, d는 송풍관의 직경을 의미한다.)

① 위에서 $1/5 \cdot d$ 지점
② 위에서 $1/3 \cdot d$ 지점
③ 위에서 $1/2 \cdot d$ 지점
④ 위에서 $1/10 \cdot d$ 지점

풀이 송풍관(duct) 내부에서 유속이 가장 빠른 곳은 송풍관 직경 0.5배(0.5d)의 하류지점이다.

45 작업장 용적이 10m×3m×40m이고, 필요환기량이 120m³/min일 때, 시간당 공기교환 횟수는?

① 6회 ② 60회
③ 360회 ④ 0.6회

풀이 $\text{ACH} = \dfrac{Q}{V}$

∴ $\text{ACH} = \dfrac{120 \times 60}{10 \times 3 \times 40} = 6\text{회/hr}$

46 국소배기시설이 희석환기시설보다 오염물질을 제거하는 데 효과적이므로 선호도가 높다. 이에 대한 이유가 아닌 것은?

① 오염물질 독성이 클 때도 효과적 제거가 가능하다.
② 설계가 잘된 경우 오염물질의 제거가 거의 완벽하다.
③ 오염발생원의 이동성이 큰 경우에도 적용 가능하다.
④ 오염물질의 발생 즉시 배기시키므로 필요공기량이 적다.

[풀이] 오염원이 이동성인 경우, 발생량이 대체로 균일한 경우, 발생량이 적고, 다수의 오염원이 넓게 분산되어 있는 경우는 국소배기시설 보다는 전체환기(희석환기)시설을 적용하는 것이 바람직하다.

47 산업안전보건법령상 관리대상 유해물질 관련 국소배기장치 후드의 제어풍속(m/sec)의 기준으로 옳은 것은?

① 가스상태(포위식 포위형) : 0.4
② 입자상태(포위식 포위형) : 1.0
③ 입자상태(외부식 상방흡인형) : 1.5
④ 가스상태(외부식 상방흡인형) : 0.5

[풀이] ①항만 올바르다. 관리대상 유해물질 관련 국소배기장치 후드의 제어풍속은 다음과 같다.

후드의 형식		제어속도(m/sec)	
		가스	입자
포위식 후드		0.4	0.7
외부식 후드	측방형	0.5	1.0
	하방형	0.5	1.0
	상방형	1.0	1.2

48 총 흡음량이 900sabins인 소음발생작업장에 흡음재를 천장에 설치하여 2000sabins 더 추가하였다. 이 작업장에서 기대되는 소음 감소치(NR ; db(A))는?

① 약 3   ② 약 5
③ 약 7   ④ 약 9

[풀이] 소음감소(NR, dB) $= 10 \log \dfrac{A_2}{A_1}$

$\begin{cases} A_1 : \text{초기 흡음량} = 900\,\text{sabins} \\ A_2 : \text{강화 흡음량} = 900 + 2,000 = 2,900\,\text{sabins} \end{cases}$

$\therefore \text{NR} = 10 \log \dfrac{2,900}{900} = 5.08\,\text{dB}$

49 외부식 후드(포집형 후드)의 단점이 아닌 것은?

① 포위식 후드보다 일반적으로 필요송풍량이 많다.
② 외부 난기류의 영향을 받아서 흡인효과가 떨어진다.
③ 근로자가 발생원과 환기시설 사이에서 작업하게 되는 경우가 많다.
④ 기류속도가 후드 주변에서 매우 빠르므로 쉽게 흡인되는 물질의 손실이 크다.

[풀이] 외부식 후드(포집형 후드)는 후드가 오염원 가까이 설치되므로 근로자가 발생원의 영향을 받지 않는 장점이 있다. 외부식 후드(Capture Hood)는 오염원이 후드 외부에 있고, 흡인공기의 유입을 통해 오염물질을 통제한다.

50 송풍기의 효율이 큰 순서대로 나열된 것은?

① 평판송풍기 > 다익송풍기 > 터보송풍기
② 다익송풍기 > 평판송풍기 > 터보송풍기
③ 터보송풍기 > 다익송풍기 > 평판송풍기
④ 터보송풍기 > 평판송풍기 > 다익송풍기

[풀이] 송풍기 효율의 크기 순서는 비행기날개형(익형) > 후향날개형(터보형) > 방사날개형(평판형, 레이디얼형) > 전향날개형(다익형)으로 전향날개형 송풍기가 효율이 가장 낮다.

51 송풍기 입구 전압이 280mmH$_2$O이고, 송풍기 출구 전압이 100mmH$_2$O이다. 송풍기 출구 속도압이 200mmH$_2$O일 때, 전압(mmH$_2$O)은?

① 20   ② 40
③ 80   ④ 180

정답 46.③ 47.① 48.② 49.③ 50.④ 51.①

풀이 $P_{tf} = P_{to} - P_{ti}$
$\begin{cases} \text{출구 전압} = P_{so} + P_{vo} \\ \quad = 100 + 200 = 300 \text{mmH}_2\text{O} \\ \text{입구 전압} = P_{si} + P_{vi} = 280 \text{mmH}_2\text{O} \end{cases}$
∴ $P_{tf} = 300 - 280 = 20 \text{mmH}_2\text{O}$

52 플레넘형 환기시설의 장점이 아닌 것은?

① 주관의 어느 위치에서도 분지관을 추가하거나 제거할 수 있다.
② 주관은 입경이 큰 분진을 제거할 수 있는 침강실의 역할이 가능하다.
③ 연마분진과 같이 끈적거리거나 보풀거리는 분진의 처리가 용이하다.
④ 분지관으로부터 송풍기까지 낮은 압력손실을 제공하여 운전동력을 최소화할 수 있다.

풀이 플레넘형 환기시설 후드 유입부는 주관과 연결된 대용량의 충만실(Plenum chamber)이 정압을 일정하게 유지하고, 여기에 측방 슬롯이 다단의 개구면을 형성·설치되어 있으므로 일반 환기시설에 비해 연마분진과 같이 끈적거리거나 보풀거리는 분진처리에는 불리한 편이다.

53 귀덮개의 차음성능 기준상 중심주파수가 1,000Hz인 음원의 차음치(dB)는?

① 10 이상   ② 20 이상
③ 25 이상   ④ 35 이상

풀이 귀덮개는 저음영역에서는 20dB 이상, 고음영역에서 45dB 이상 차음효과가 있으며, 차음성능 기준에서 중심주파수가 1,000Hz인 음원의 차음치는 25dB 이상이다. 귀마개와 귀덮개를 동시에 착용하면 추가로 3~5dB의 감음효과가 있다. 귀마개의 차음효과는 고음영역에서 25~35dB이며, 사람의 목소리 영역인 1,000Hz 이하의 저음영역에서는 25dB 이상의 차음효과가 있다.

54 레시버식 캐노피형 후드를 설치할 때, 적절한 H/E는?(단, E는 배출원의 크기이고, H는 후드면과 배출원 간의 거리를 의미한다.)

① 0.7 이하   ② 0.8 이하
③ 0.9 이하   ④ 1.0 이하

풀이 레시버식 캐노피형 후드는 후드면과 배출원 간의 거리의 비(H/E)가 0.7 이하로 하는 것이 좋다. 이 문제는 15년만에 반복 출제된 문제이다.

55 다음 중 작업장에서 거리, 시간, 공정, 작업자 전체를 대상으로 실시하는 대책은?

① 대체   ② 격리
③ 환기   ④ 개인보호구

풀이 작업장에서 거리, 시간, 공정, 작업자 전체를 대상으로 실시하는 대책은 격리이다.

56 작업대 위에서 용접할 때 흄(fume)을 포집 제거하기 위해 작업면에 고정된 플랜지가 붙은 외부식 사각형 후드를 설치하였다면 소요 송풍량(m^3/min)은?(단, 개구면에서 작업지점까지의 거리는 0.25m, 제어속도는 0.5m/sec, 후드 개구 면적은 0.5m^2이다.)

① 0.281   ② 8.430
③ 16.875   ④ 26.425

풀이 $Q_c = 0.5(10X^2 + A) \times V_c$
∴ $Q_c = 0.5 \times (10 \times 0.25^2 + 0.5) \times 0.5 \times 60$
$= 16.88 \, m^3/min$

57 산업위생보호구의 점검, 보수 및 관리방법에 관한 설명 중 틀린 것은?

① 보호구의 수는 사용하여야 할 근로자의 수 이상으로 준비한다.
② 호흡용 보호구는 사용 전, 사용 후 여재의 성능을 점검하여 성능이 저하된 것은 폐기, 보수, 교환 등의 조치를 취한다.
③ 보호구의 청결유지에 노력하고, 보관할 때에는 건조한 장소와 분진이나 가스 등에 영향을 받지 않는 일정한 장소에 보관한다.
④ 호흡용 보호구나 귀마개 등은 특정유해물질 취급이나 소음에 노출될 때 사용하는 것으로서 그 목적에 따라 반드시 공용으로 사용해야 한다.

[풀이] 호흡용 보호구나 귀마개 등은 공용으로 사용하면 안 되며 반드시 전용으로 사용해야 한다.

58 세정제진장치의 특징으로 틀린 것은?

① 배출수의 재가열이 필요 없다.
② 포집효율을 변화시킬 수 있다.
③ 유출수가 수질오염을 야기할 수 있다.
④ 가연성, 폭발성 분진을 처리할 수 있다.

[풀이] 공개된 정답은 ①항이다. 그러나 ①항은 정답이 될 수 없다. 세정집진장치에서 가스를 처리하고 난 세정수는 재가열할 필요가 없다. 그러므로 옳은 내용이므로 정답으로 채택될 수 없다. ⋯ 〈정답 없음〉
세정장치에서 물을 사용하기 때문에 배기의 냉각에 의해 상승 확산력이 감소되므로 처리 후 배출가스는 필요에 따라 재가열하기도 한다. 그런데 문제는 "배출가스"가 아닌 "배출수"의 재가열로 표현했으므로 완전한 잘못이다. 저자는 이의신청 권리가 없다. 수험생들이 피해를 본 것이므로 수험생들이 직접 이의신청해서 바로잡아야 할 부분이다.
세정장치는 처리 후 폐수, 슬러지처분 문제가 발생한다. 처리수(유출수)와 슬러지는 배기가스 중에 함유된 각종 오염물질을 함유하고 있기 때문에 반드시 규정된 방법으로 처리한 후 배출하여야 한다. 그러므로 배출수의 경우는 처리 후 배출하여야 한다.

59 다음은 직관의 압력손실에 관한 설명으로 잘못된 것은?

① 직관의 길이에 비례한다.
② 직관의 직경에 비례한다.
③ 직관의 마찰계수에 비례한다.
④ 속도(관내 유속)의 제곱에 비례한다.

[풀이] 덕트 압력손실은 유속(V)의 제곱에 비례하고, 길이(L)에 비례, 직경(D)에 반비례한다.

- 원형 직선 DUCT : $\Delta P_f = \lambda \dfrac{L}{D} \times \dfrac{\gamma V^2}{2g}$
- 사각형 직선 DUCT : $\Delta P_f = \lambda \dfrac{L}{D_o} \times \dfrac{\gamma V^2}{2g}$

60 덕트의 설치원칙과 가장 거리가 먼 것은?

① 가능한 한 후드와 먼 곳에 설치한다.
② 덕트는 강한 한 짧게 배치하도록 한다.
③ 밴드의 수는 가능한 한 적게 하도록 한다.
④ 공기가 아래로 흐르도록 하향구배를 만든다.

[풀이] 덕트는 가능한 후드의 가까운 곳에 설치하여야 한다. 덕트의 설치원칙은 ②, ③, ④항 이외에 다음과 같은 항목이 추가된다.
- 구부러짐 전·후에는 청소구를 만들 것
- 접속부의 내면은 돌출된 부분이 없게 할 것
- 연결부위는 가능한 한 용접방식으로 할 것
- 송풍기를 연결할 때는 최소 덕트 직경의 6배 정도 직선구간을 확보할 것
- 직경이 다른 덕트를 연결할 때에는 경사 30° 이내의 테이퍼를 부착할 것

제4과목 물리적 유해인자관리

61 다음에서 설명하고 있는 측정기구는?

> 작업장의 환경에서 기류의 방향이 일정하지 않거나 실내 0.2~0.5m/sec 정도의 불감기류를 측정할 때 사용되며 온도에 따른 알코올의 팽창, 수축원리를 이용하여 기류속도를 측정한다.

① 풍차풍속계
② 가열온도풍속계
③ 카타(Kata)온도계
④ 습구흡구온도계(WBGT)

[풀이] Kata 온도계는 알코올이 위의 눈금에서 아래 눈금까지 하강하는 데 소요되는 시간을 4~5회 측정·평균하여 기류를 측정하는데 작업장의 환경에서 기류의 방향이 일정하지 않거나 실내 0.2~0.5m/sec 정도의 불감기류를 측정할 때 사용된다. 보다 낮은 옥내 기류속도를 측정할 때는 열선풍속계와 전리풍속계를 사용하는 것이 더 정확하다.

62 진동에 의한 작업자의 건강장해를 예방하기 위한 대책으로 옳지 않은 것은?

① 공구의 손잡이를 세게 잡지 않는다.
② 진동공구를 사용하는 작업시간을 단축시킨다.
③ 진동공구와 손 사이 공간에 방진재료를 채워 놓는다.
④ 가능한 한 무거운 공구를 사용하여 진동을 최소화한다.

[풀이] 진동공구의 무게는 10kg을 넘지 않게 하며, 방진장갑을 사용하고, 진동공구의 손잡이를 너무 세게 잡지 말도록 작업자에게 주의시키며, 가능한 한 공구를 기계적으로 지지(支持)하여 주어야 한다.

63 마이크로파가 인체에 미치는 영향으로 옳지 않은 것은?

① 1,000~10,000Hz의 마이크로파는 백내장을 일으킨다.
② 두통, 피로감, 기억력 감퇴 등의 증상을 유발시킨다.
③ 마이크로파의 열작용에 많은 영향을 받는 기관은 생식기와 눈이다.
④ 중추신경계는 1,400~2,800Hz 마이크로파 범위에서 가장 영향을 많이 받는다.

[풀이] 중추신경계에 가장 많은 영향을 주는 마이크로파는 주파수 300~1,000Hz 범위이다.

64 감압에 따르는 조직 내 질소기포 형성량에 영향을 주는 요인인 조직에 용해된 가스량을 결정하는 인자로 가장 적절한 것은?

① 감압속도
② 혈류의 변화 정도
③ 폐 내의 이산화탄소 농도
④ 노출정도와 시간 및 체내 지방량

[풀이] 조직에 용해된 질소가스량에 영향을 미치는 인자는 노출기압의 크기, 노출시간(노출정도), 체내 지방량이다.

65 다음 중 전리방사선에 대한 감수성이 가장 낮은 인체조직은?

① 골수
② 생신선
③ 신경조직
④ 임파조직

[풀이] 전리방사선에 대한 감수성이 가장 낮은(둔감한) 인체조직은 신경조직이다. 감수성의 크기는 골수, 흉선 및 림프조직(조혈기관), 수정체>상피세포>근육세포>신경조직의 순서이다.

66 비전리 방사선 중 유도방출에 의한 광선을 증폭시킴으로서 얻는 복사선으로, 쉽게 산란하지 않으며 강력하고 예리한 지향성을 지닌 것은?

① 적외선
② 마이크로파
③ 가시광선
④ 레이저광선

[풀이] 레이저(Laser)는 방사의 유도방출에 의한 광선을 증폭한다는 의미를 가진 것으로 보통 광선과는 달리 단일파장으로 강력하고 예리한 지향성을 가졌다.

67 한랭환경에서 발생할 수 있는 건강장해에 관한 설명으로 옳지 않은 것은?

① 혈관의 이상은 저온 노출로 유발되거나 악화된다.
② 참호족과 침수족은 지속적인 국소의 산소결핍 때문이며, 모세혈관 벽이 손상되는 것이다.
③ 전신체온강하는 단시간의 한랭폭로에 따른 일시적 체온상실에 따라 발생하는 중증장해에 속한다.
④ 동상에 대한 저항은 개인에 따라 차이가 있으나 중증환자의 경우 근육 및 신경조직 등 심부조직이 손상된다.

[풀이] 전신체온강하는 장시간의 한랭 노출 시 체열의 손실로 말미암아 발생하는 급성 중증장애이다.

68 일반소음의 차음효과는 벽체의 단위표적면에 대하여 벽체의 무게를 2배로 할 때 또는 주파수가 2배로 증가될 때 차음은 몇 dB 증가하는가?

① 2dB
② 6dB
③ 10dB
④ 15dB

풀이 $TL(dB) = 20\log(m \cdot f) - 43$
$\begin{cases} m : 벽의 면밀도(kg/m^3) \\ f : 주파수(Hz) \end{cases}$
$\Rightarrow TL(dB) = K_o\, 20\log(2)$
$\therefore \Delta TL = 6\,dB\ 증가$

69 $3N/m^2$의 음압은 약 몇 dB의 음압수준인가?

① 95　　　　　　② 104
③ 110　　　　　④ 1115

풀이 $SPL(dB) = 20\log\left(\dfrac{P}{P_o}\right)$
$\therefore SPL = 20\log\left(\dfrac{3}{2 \times 10^{-5}}\right) = 103.52\,dB$

70 고열장해에 대한 내용으로 옳지 않은 것은?

① 열허탈(heat collapse) : 고열작업에 순화되지 못해 말초혈관이 확장되고, 신체 말단에 혈액이 과다하게 저류되어 뇌의 산소부족이 나타난다.
② 열소모(heat exhaustion) : 과다발한으로 수분/염분 손실에 의하여 나타나며, 두통, 구역감, 현기증 등이 나타나지만 체온은 정상이거나 조금 높아진다.
③ 열경련(heat cramps) : 고온환경에서 고된 육체적인 작업을 하면서 땀을 많이 흘릴 때 많은 물을 마시지만 신체의 염분 손실을 충당하지 못할 경우 발생한다.
④ 열사병(heat stroke) : 작업환경에서 가장 흔히 발생하는 피부장해로서 땀에 젖은 피부 각질층이 떨어져 땀구멍을 막아 염증성 반응을 일으켜 붉은 구진 형태로 나타난다.

풀이 열사병은 고온다습한 작업환경에서 격심한 육체적 노동을 하거나 옥외에서 태양의 복사열을 두부에 직접적으로 받는 경우 체온조절 기능의 이상으로 발생하는 증상이다. 열사병이 발생하면 체열방산을 하지 못하여 체온이 43℃까지 상승할 수 있으며 혼수상태에 이를 수 있다.

71 손가락의 말초혈관운동의 장애로 인한 혈액순환장애로 손가락의 감각이 마비되고, 창백해지며, 추운 환경에서 더욱 심해지는 레이노(Raynaud) 현상의 주요 원인으로 옳은 것은?

① 진동　　　　　② 소음
③ 조명　　　　　④ 기압

풀이 레이노(Raynaud) 현상은 국소진동에 의하여 손가락의 창백, 청색증, 저림, 냉감, 동통이 나타나는 장해이다.

72 이상기압의 대책에 관한 내용으로 옳지 않은 것은?

① 고압환경에서 작업하는 근로자에게는 질소의 양을 증가시킨 공기를 호흡시킨다.
② 고압실 내의 작업에서는 탄산가스의 분압이 증가하지 않도록 신선한 공기를 송기한다.
③ 귀 등의 장해를 예방하기 위하여 압력을 가하는 속도를 매 분당 $0.8\,kg/cm^2$ 이하가 되도록 한다.
④ 감압병의 증상이 발생하였을 때에는 환자를 바로 원래의 고압환경상태로 복귀시키거나, 인공고압실에서 천천히 감압한다.

풀이 고압환경에서 작업할 때는 질소를 헬륨으로 대치한 공기를 호흡시키도록 해야 한다.

73 산소농도가 6% 이하인 공기 중의 산소분압으로 옳은 것은?(단, 표준상태이며, 부피기준이다.)

① 45mmHg 이하　　② 55mmHg 이하
③ 65mmHg 이하　　④ 75mmHg 이하

풀이 $P_i = P_t \times \dfrac{V_i}{V_t}$
$\therefore P_i\,mmHg = 760\,mmHg \times \dfrac{6}{100} = 45.6\,mmHg$

74 1fc(foot candle)은 약 몇 럭스(Lux)인가?

① 3.9　　　　　② 8.9
③ 10.8　　　　④ 13.4

정답　69.② 70.④ 71.① 72.① 73.① 74.③

[풀이] fc는 풋캔들(foot candle)로서 1루멘(1lm)의 빛이 단위 수직면(1ft²)에 비칠 때의 밝기를 말한다. 럭스(Lux)는 1루멘(lumen)의 빛이 1m²의 평면에 비칠 때의 밝기를 말한다. 그러므로 1fc=10.764Lux=1lm/ft²의 관계를 갖는다. 이 문제는 9년 만에 동일한 유형의 문제로 반복 출제되었다.

75 작업장 내의 직접조명에 관한 설명으로 옳은 것은?

① 장시간 작업에도 눈이 부시지 않는다.
② 벽이나 천장의 색조에 좌우되는 경향이 있다.
③ 작업장 내의 균일한 조도의 확보가 가능하다.
④ 조명기구가 간단하고, 조명기구의 효율이 좋다.

[풀이] 직접조명의 특성에 대한 설명은 ④항이다.

76 고압환경의 생체작용과 가장 거리가 먼 것은?

① 고공성 폐수종
② 이산화탄소(CO_2) 중독
③ 귀, 부비강, 치아의 압통
④ 손가락과 발가락의 작열통과 같은 산소 중독

[풀이] 폐수종은 저압환경의 생체작용이다. 고공성 폐수종은 어른보다 어린이에게 많이 일어난다.

77 음압이 20N/m²일 경우 음압수준(sound pressure level)은 얼마인가?

① 100dB ② 110dB
③ 120dB ④ 130dB

[풀이] $SPL(dB) = 20\log\left(\dfrac{P}{P_o}\right)$

$\therefore SPL = 20\log\left(\dfrac{20}{2\times10^{-5}}\right) = 120\,dB$

78 25℃일 때, 공기 중에서 1,000Hz인 음의 파장은 약 몇 m인가?(단, 0℃, 1기압에서의 음속은 331.5m/sec이다.)

① 0.035 ② 0.35
③ 3.5   ④ 35

[풀이] $\lambda = \dfrac{C}{f}$ $\begin{cases} C = 331.5 + (0.61 \times 25) \\ \quad = 346.75\,m/sec \\ f = 1,000/sec \end{cases}$

$\therefore \lambda = \dfrac{C}{f} = \dfrac{346.75\,m/sec}{1,000/sec} = 0.35\,m$

79 난청에 관한 설명으로 옳지 않은 것은?

① 일시적 난청은 청력의 일시적인 피로 현상이다.
② 영구적 난청은 노인성 난청과 같은 현상이다.
③ 일반적으로 초기청력손실을 C_5-dip 현상이라 한다.
④ 소음성 난청은 내이의 세포변성을 원인으로 볼 수 있다.

[풀이] 영구적 난청은 코르티기관의 손상으로 수주 후에도 정상 청력으로 회복되지 않는 난청을 말한다. 노인성 난청은 고주파음인 6,000Hz에서부터 난청이 시작되는 난청(C_5-dip 현상은 나타나지 않음)으로 서로 메커니즘이 다르다. 또한 영구적인 난청은 정상 청력으로 회복되지 않는 난청으로 4,000Hz 정도에서부터 난청이 진행되지만 노인성 난청은 고주파음인 6,000Hz에서부터 난청이 시작된다.

80 다음 전리방사선 중 투과력이 가장 약한 것은?

① 중성자   ② γ 선
③ β 선   ④ α 선

[풀이] 전리방사선의 투과력의 크기는 중성자 > $X(\gamma)$ > β > α 순서이다.

[**제5과목**] **산업독성학**

81 물질 A의 독성에 관한 인체실험 결과, 안전흡수량이 체중 kg당 0.1mg이었다. 체중이 50kg인 근로자가 1일 8시간 작업할 경우 이 물질의 체내 흡수를 안전흡수량 이하로 유지하려면 공기 중 농도를 몇 mg/m³ 이하로 하여야 하는가?(단, 작업 시 폐환기율은 1.25m³/hr, 체내 잔류율은 1.0으로 한다.)

정답 75.④ 76.① 77.③ 78.② 79.② 80.④ 81.①

① 0.5　　② 1.0
③ 1.5　　④ 2.0

[풀이] 체내 흡수량(mg/kg) = $\dfrac{C \times T \times V \times R}{BW}$

C: 공기 중 농도(mg/m³, 안전농도)
T: 폭로시간 = 8hr
V: 개인의 호흡률 = 1.25 m³/hr
R: 폐에서 흡수되는 율 = 1.0
BW: 몸무게 = 50kg

⇨ $0.1 \text{ mg/kg} = \dfrac{C \times 8 \times 1.25 \times 1.0}{50}$

∴ C(= 공기 중 농도) = 0.5 mg/m³

82 소변을 이용한 생물학적 모니터링의 특징으로 옳지 않은 것은?

① 비파괴적 시료채취방법이다.
② 많은 양의 시료확보가 가능하다.
③ EDTA와 같은 항응고제를 첨가한다.
④ 크레아티닌 농도 및 비중으로 보정이 필요하다.

[풀이] 소변시료는 채취 직후 아이스박스 등을 이용하여 냉장상태로 가능한 빨리 실험실로 옮긴 후 분석의뢰용 및 보관용으로 소분한다. 따라서 EDTA와 같은 항응고제를 첨가하지 않는다.
소변이 지나치게 농축되었거나 묽을 경우, 물질의 대사기전에 변화가 일어나 소변 중 농도가 실제와 다르게 나타날 수 있으므로 이러한 시료는 부적합한 시료로 처리하여 적절한 시기에 다시 채취하여야 한다. 부적합한 시료는 통상 소변 중 크레아티닌이 0.5g/L 이하이거나 3.0g/L 이상인 경우, 비중이 1.01 이하이거나 또는 1.03 이상인 경우이다.
적정한 소변시료에서 분석한 생물학적 노출지표 농도는 물질의 종류에 따라 그냥 사용할 수도 있고, 크레아티닌, 요 비중 또는 배설량 등으로 보정하여 사용할 수도 있다.

83 톨루엔(Toluene)의 노출에 대한 생물학적 모니터링 지표 중 소변에서 확인 가능한 대사산물은?

① thiocyante　　② glucuronate
③ hippuric acid　　④ organic sulfate

[풀이] 톨루엔에 대한 생물학적 모니터링 결정인자는 요 중 마뇨산(hippuric acid) 또는 o-크레졸이며, 혈액 중에서는 톨루엔이다.

84 생물학적 모니터링 방법 중 생물학적 결정인자로 보기 어려운 것은?

① 체액의 화학물질 또는 그 대사산물
② 표적조직에 작용하는 활성 화학물질의 양
③ 건강상의 영향을 초래하지 않은 부위나 조직
④ 처음으로 접촉하는 부위에 직접 독성영향을 야기하는 물질

[풀이] 노출에 대한 생물학적 모니터링은 1차 폐자극성 물질과 같이 처음으로 접촉하는 부위에 직접 독성영향을 나타내는 물질이나 흡수가 잘되지 않는 물질에 대한 노출을 평가하는 데는 적합하지 않으며, 호흡기계나 눈에 자극을 주는 물질은 반감기가 매우 짧아 생물학적 모니터링이 불가능하다. 이 문제는 12년 만에 반복 출제된 문제이다.

85 작업환경 내의 유해물질과 그로 인한 대표적인 장애를 잘못 연결한 것은?

① 벤젠-시신경 장애
② 염화비닐-간 장애
③ 톨루엔-중추신경계 억제
④ 이황화탄소-생식기능 장애

[풀이] 벤젠은 조혈장애 유발물질이며, 노출 초기에는 빈혈증을 나태내고 장기간 노출되면 혈소판 감소, 백혈구 감소를 초래한다. 시신경 장애를 유발하는 물질은 이황화탄소, 메틸알코올 등이다. 이 문제는 8년만에 반복 출제된 문제이다.

86 독성을 지속기간에 따라 분류할 때 만성독성(chronic toxicity)에 해당되는 독성물질 투여(노출)기간은?(단, 실험동물에 외인성 물질을 투여하는 경우로 한정한다.)

① 1년 이상~3년 정도
② 1일 이상~14일 정도
③ 3개월 이상~1년 정도
④ 30일 이상~60일 정도

[풀이] 만성독성(慢性毒性)은 특정유해물질에 3개월 이상 장기간의 지속적이고 반복적으로 노출되었거나 1회 또는 반복 노출된 후 1개월 이상의 잠복기를 거쳐 나타나는 독성이다. 이 문제는 5년만에 반복 출제된 문제이다.

정답 82.③　83.③　84.④　85.①　86.③

87 단시간 노출기준이 시간가중 평균농도(TLV-TWA)와 단기간 노출기준(TLV-STEL) 사이일 경우 충족시켜야 하는 3가지 조건에 해당하지 않는 것은?

① 1일 4회를 초과해서는 안 된다.
② 15분 이상 지속 노출되어서는 안 된다.
③ 노출과 노출 사이에는 60분 이상의 간격이 있어야 한다.
④ TLV-TWA의 3배 농도에는 30분 이상 노출되어서는 안 된다.

풀이 ④항은 단시간 허용노출기준(STEL)이 설정되어 있지 않은 물질에 대하여 적용하는 허용농도 상한치(EL, Excursion Limits)에 대한 내용이다. EL은 허용농도 상한치로 TWA의 3배는 하루 노출 30분 이상을 초과할 수 없으며, TWA의 5배는 잠시라도 노출되어서는 안 되는 노출 상한농도이다.

88 직업성 폐암을 일으키는 물질로 가장 거리가 먼 것은?

① 니켈 ② 석면
③ β-나프틸아민 ④ 결정형 실리카

풀이 β-나프틸아민은 방광암 유발물질이다. 폐암 유발물질은 포름알데히드, 6가 크롬, 니켈, 비소, 카드뮴, 석면, 실리카, 베릴륨, 중크롬산, PAHs, 디클로로메탄, 벤조트리클로리드, 에틸렌이민, 염화비닐 등이다.

89 2000년대 외국인 근로자에게 다발성 말초신경병증을 집단으로 유발한 노말헥산(n-hexane)은 체내 대사과정을 거쳐 어떤 물질로 배설되는가?

① 2-hexanone ② 2,5-hexanedione
③ hexachlorophene ④ hexachloroethane

풀이 노말헥산의 생물학적 폭로지표는 작업종료 후 소변 중의 2,5-헥산디온(2,5-hexanedione)이다.

90 비중격 천공을 유발시키는 물질은?

① 납 ② 크롬
③ 수은 ④ 카드뮴

풀이 크롬에 노출되어 중독증상이 발생할 경우 눈 점막, 코 점막의 충혈발생 → 반점 → 종창 → 궤양 → 연골부의 비중격 천공발생으로 진전된다.

91 진폐증의 독성병리기전과 거리가 먼 것은?

① 천식 ② 섬유증
③ 폐 탄력성 저하 ④ 콜라겐 섬유 증식

풀이 천식은 진폐증의 독성병리기전과 거리가 멀다. 진폐증의 대표적인 병리소견은 섬유증(纖維症, fibrosis)이며, 폐포·폐포관·세기관지 등을 이루고 있는 세포 사이에 콜라겐 섬유(collagen fiber)가 비정상적으로 증식되어 생긴다. 섬유증이 발생하면 폐의 탄력성이 떨어지고 딱딱하게 되면서 호흡곤란, 지속적인 기침과 함께 폐의 기능이 급격히 저하된다.

92 중금속 노출에 의하여 나타나는 금속열은 흄 형태의 금속을 흡입하여 발생되는데, 감기증상과 매우 비슷하여 오한, 구토감, 기침, 전신위약감 등의 증상이 있으며 월요일 출근 후에 심해져서 월요일열(monday fever)이라고도 한다. 다음 중 금속열을 일으키는 물질이 아닌 것은?

① 납 ② 카드뮴
③ 안티몬 ④ 산화아연

풀이 월요일열(monday fever)은 금속열(金屬熱, metal fever)을 말하는데 금속 증기를 흡입함으로써 일어나는 열로서 금속 증기열이라고도 한다. 유발물질은 아연, 마그네슘, 카드뮴, 산화알루미늄, 안티몬, 망간, 니켈, 구리 등의 흄이다.

93 독성물질의 생체과정인 흡수, 분포, 생전환, 배설 등에 변화를 일으켜 독성이 낮아지는 길항작용(antagonism)은?

① 화학적 길항작용 ② 기능적 길항작용
③ 배분적 길항작용 ④ 수용체 길항작용

풀이 배분적 길항작용(기질적 길항작용)은 독성물질의 생체과정인 흡수, 분포, 생체전환, 배설 등의 변화를 일으켜 독성이 저하되는 경우이다. ➡ **ex** 유기인 살충제의 독성을 활성탄을 이용하여 유기인의 체내 흡수를 방해하는 원리이다.

94 합금, 도금 및 전지 등의 제조에 사용되며, 알레르기 반응, 폐암 및 비강암을 유발할 수 있는 중금속은?

① 비소 ② 니켈
③ 베릴륨 ④ 안티몬

[풀이] 비강암(鼻腔癌)을 유발하는 물질은 카르보닐니켈, 6가 크롬, 포름알데히드, 황산디메틸 등이다. 니켈카보닐, 니켈 흄·분진을 흡입할 경우 호흡기장애, 전신장애, 피부염, 폐암·비강암 등을 일으킨다.

95 암모니아(NH_3)가 인체에 미치는 영향으로 가장 적합한 것은?

① 고농도일 때 기도의 염증, 폐수종, 치아산식증, 위장장해 등을 초래한다.
② 전구증상이 없이 치사량에 이를 수 있으며, 심한 경우 호흡부전에 빠질 수 있다.
③ 용해도가 낮아 하기도까지 침투하며, 급성 증상으로는 기침, 천명, 흉부압박감 외에 두통, 오심 등이 온다.
④ 피부, 점막에 작용하며 눈의 결막, 각막을 자극하며 폐부종, 성대경련, 호흡장애 및 기관지경련 등을 초래한다.

[풀이] 암모니아는 눈, 호흡기 및 피부에 대한 심한 자극제이다. 고농도에 노출되거나 흡입하면 각막자극이 심하고 호흡곤란, 기관지 경련, 흉통, 폐수종을 일으켜 치명적이다. 흔히 분홍색의 거품가래가 생기며 결과적으로 기관지염이나 폐렴을 일으키고 폐기능이 떨어진다. 이 문제는 10년 전체 출제되었던 문제이다.

96 독성실험단계에 있어 제1단계(동물에 대한 급성노출시험)에 관한 내용과 가장 거리가 먼 것은?

① 생식독성과 최기형성 독성실험을 한다.
② 눈과 피부에 대한 자극성 실험을 한다.
③ 변이원성에 대하여 1차적인 스크리닝 실험을 한다.
④ 치사성과 기관장해에 대한 양-반응 곡선을 작성한다.

[풀이] 생식독성과 최기형성 독성실험은 만성폭로시험 항목이다. 제1단계 동물에 대한 급성폭로시험은 ②, ③, ④항 3개 항목이다.

97 지방족 할로겐화 탄화수소물 중 인체 노출 시, 간의 장해인 중심소엽성 괴사를 일으키는 물질은?

① 톨루엔 ② 노말헥산
③ 사염화탄소 ④ 트리클로로에틸렌

[풀이] 사염화탄소는 간, 신장, 중추신경계에 영향을 미친다. 중추신경계 억제(두통, 현기증, 구토, 설사, 적혈구 증가, 빈혈 등), 신장 및 간기능 손상(빈뇨·혈뇨, 피로감, 황달 등), 만성노출의 경우 시야 협착, 간의 중심소엽성 괴사, 무뇨증에 의한 사망에 이른다.

98 납중독을 확인하는데 이용하는 시험으로 옳지 않은 것은?

① 혈중 납중도 ② EDTA 흡착능
③ 신경전달속도 ④ 헴(heme)의 대사

[풀이] 납중독을 확인하는데 이용하는 시험은 혈액검사(혈색소량, 전혈비중), 혈중의 납(2ppm 이상이면 만성중독), 요(尿) 중의 납, 헴(heme)의 대사, 신경전달속도, 델타 ALA(δ-ALA)배설량, 혈중 Zn-프로토포르피린(ZPP) 측정, Ca-EDTA 이동시험 등이다. 납중독이 될 경우 요 중 코프로포르피린의 증가, 혈청 및 뇨 중 δ-ALA 증가, 적혈구 내 프로토포르피린 증가, 혈청 내 철 등을 증가시킨다. 반면에 혈중 K^+, 혈색소량·전해질, 수분, 아미노레불린산 합성효소(δ-ALAD)의 활성치 등은 감소시킨다.

99 유기용제 중 벤젠에 대한 설명으로 옳지 않은 것은?

① 벤젠은 백혈병을 일으키는 원인물질이다.
② 벤젠은 만성장해로 조혈장해를 유발하지 않는다.
③ 벤젠은 빈혈을 일으켜 혈액의 모든 세포성분이 감소한다.
④ 벤젠은 주로 페놀로 대사되며 페놀은 벤젠의 생물학적 노출지표로 이용된다.

정답 94.② 95.④ 96.① 97.③ 98.② 99.②

[풀이] 벤젠은 백혈병을 유발하는 것으로 확인된 물질이다. 저농도 벤젠에 장기간 폭로될 경우 만성장애로 혈액장애, 간장장애, 재생불량성 빈혈, 백혈병 등을 일으킨다.

100 근로자의 유해물질 노출 및 흡수 정도를 종합적으로 평가하기 위하여 생물학적 측정이 필요하다. 또한 유해물질 배출 및 축적 속도에 따라 시료채취 시기를 적절히 정해야 하는데, 시료채취 시기에 제한을 가장 작게 받는 것은?
① 요 중 납
② 호기 중 벤젠
③ 요 중 총 페놀
④ 혈중 총 무기수은

[풀이] 반감기가 대단히 길어서 장기간 인체에 축적되는 물질인 납, 카드뮴, 크롬, 비소, 니켈 등의 중금속류는 측정시기가 중요하지 않으므로 채취시간에 제한이 없다.

정답 100.①

2021 제1회 산업위생관리(기사)

2021. 3. 7 시행

알림글

- 이 교재의 동영상 강좌는 연합플러스 평생교육원(yhe.co.kr) 또는 유튜브(이승원TV)에서 청강할 수 있습니다.
- 학습 중 질문사항은 연합플러스 평생교육원(yhe.co.kr)의 묻고 답하기 질문 코너나 유튜브(이승원TV)에 댓글을 남겨 주시면 신속히 해결해 드리겠습니다.

제1과목 산업위생학 개론

01 산업재해의 원인을 직접원인(1차 원인)과 간접원인(2차 원인)으로 구분할 때 직접원인에 대한 설명으로 옳지 않은 것은?

① 불완전한 상태와 불안전한 행위로 나눌 수 있다.
② 근로자의 신체적 원인(두통, 현기증, 만취상태 등)이 있다.
③ 작업장소의 결함, 보호장구의 결함 등의 물적 원인이 있다.
④ 근로자의 방심, 태만, 무모한 행위에서 비롯되는 인적 원인이 있다.

풀이 ②항은 간접원인에 해당한다. 산업재해의 기본원인은 4M(사람, 설비, 작업, 관리)이다. 직접원인은 불완전한 상태와 불안전한 행위로 나눌 수 있는데 작업자가 바닥의 공기호스에 걸려서 넘어져 사고가 난 경우를 사례로 들면 다음과 같다.
직접원인 중 불완전한 상태는 작업장소의 결함, 작업장 통행로 바닥에 호스가 놓여 있는 상태에 비유될 수 있고, 근로자의 방심, 태만, 무모한 행위 등은 직접원인 중 불완전한 행위에 해당된다.
간접원인이란 직접적으로 재해를 일으킨 원인이 아니라 그러한 직접원인을 유발시킨 원인, 예를 들면 전날 밤 음주 또는 수면부족으로 머리가 멍하여 통로를 뛰어서는 안 된다는 안전규칙을 준수하지 않은 것, 불안전한 상태가 발생된 원인 등이 재해의 간접원인에 해당한다.

02 어느 사업장에서 톨루엔($C_6H_5CH_3$)의 농도가 0℃일 때 100ppm이었다. 기압의 변화 없이 기온이 25℃로 올라갈 때 농도는 약 몇 mg/m³인가?

① 325mg/m³
② 346mg/m³
③ 365mg/m³
④ 376mg/m³

풀이 $C_m = C_p(\text{ppm}) \times \dfrac{M_w}{22.4 \times 온도 \cdot 압력 보정}$

$\begin{cases} C_p : 100\text{ppm} = 100\text{mL/m}^3 \\ M_w : 대상물질 분자량 = 92 \\ t : 온도 = 25℃ \\ P : 압력 = 1기압 = 760\text{mmHg} \end{cases}$

∴ $C_m(\text{mg/m}^3) = \dfrac{100\text{mL}}{\text{m}^3} \times \dfrac{92}{22.4} \times \dfrac{273}{273+25} \times \dfrac{760}{760}$
$= 376.26\text{mg/m}^3$

03 작업장에서 누적된 스트레스를 개인차원에서 관리하는 방법에 대한 설명으로 옳지 않은 것은?

① 신체검사를 통하여 스트레스성 질환을 평가한다.
② 자신의 한계와 문제의 징후를 인식하여 해결방안을 도출한다.
③ 규칙적인 운동을 삼가하고 흡연, 음주 등을 통해 스트레스를 관리한다.
④ 명상, 요가 등의 긴장 이완훈련을 통하여 생리적 휴식상태를 점검한다.

정답 01.② 02.④ 03.③

[풀이] 누적된 스트레스를 관리하기 위해서는 규칙적인 운동을 하고, 직무 외적인 취미, 휴식 등에 참여하여 대처능력을 함양한다. 2018년에 출제된 문제가 반복 출제되고 있다.

04 인체의 항상성(homeostasis) 유지기전의 특성에 해당하지 않는 것은?

① 확산성(diffusion)
② 보상성(compensatory)
③ 자가조절성(self-regulatory)
④ 되먹이기전(feedback mechanism)

[풀이] 인체의 항상성이란 인체가 외부의 환경 및 자극에 대하여 적응하고 인간의 신체상태를 일정하게 유지하려는 경향으로 정의된다. 항상성 유지기전에는 자가조절성(양성/음성 → 혈당량, 체온, 삼투압 등) 보상성(교정 후 정상상태로 회복하려는 것), 되먹임기전(양성/음성 → 대부분의 경우 음성 되먹임에 의해 기능조절이 되며, 양성 되먹임이 활성화되면 상해·질병·죽음을 초래함)

05 산업안전보건법령상 밀폐공간작업으로 인한 건강장해의 예방에 있어 다음 각 용어의 정의로 옳지 않은 것은?

① "산소결핍"이란 공기 중의 산소농도가 16% 미만인 상태를 말한다.
② "밀폐공간"이란 산소결핍, 유해가스로 인한 화재, 폭발 등의 위험이 있는 장소이다.
③ "유해가스"란 탄산가스·일산화탄소·황화수소 등의 기체로서 인체에 유해한 영향을 미치는 물질을 말한다.
④ "적정한 공기"란 산소농도의 범위가 18% 이상 23.5% 미만, 탄산가스 농도가 1.5% 미만, 황화수소의 농도가 10ppm 미만인 수준의 공기를 말한다.

[풀이] 산소결핍이란 공기 중의 산소농도가 18% 미만인 상태를 말한다.

06 AIHA(American Industrial Hygiene Association)에서 정의하고 있는 산업위생의 범위에 해당하지 않는 것은?

① 근로자의 작업 스트레스를 예측하여 관리하는 기술
② 작업장 내 기계의 품질향상을 위해 관리하는 기술
③ 근로자에게 비능률을 초래하는 작업환경요인을 예측하는 기술
④ 지역사회 주민들에게 건강장애를 초래하는 작업환경요인을 평가하는 기술

[풀이] 작업장 내 기계의 품질향상은 안전과 관련된 부분이다. 산업위생학은 근로자의 건강과 쾌적한 작업환경을 위해 공학적으로 연구하는 학문으로 정의되며, 기본적인 연구과제는 다음과 같다.
- 최적 작업환경 조성에 관한 연구 및 유해 작업환경에 의한 신체적 영향 연구
- 작업능력의 신장과 저하에 따르는 작업조건의 연구
- 작업능력의 신장과 저하에 따르는 정신적 조건의 연구
- 노동력의 재생산과 사회경제적 조건에 관한 연구

07 하인리히의 사고예방대책의 기본원리 5단계를 순서대로 나타낸 것은?

① 조직 → 사실의 발견 → 분석·평가 → 시정책의 선정 → 시정책의 적용
② 조직 → 분석·평가 → 사실의 발견 → 시정책의 선정 → 시정책의 적용
③ 사실의 발견 → 조직 → 분석·평가 → 시정책의 선정 → 시정책의 적용
④ 사실의 발견 → 조직 → 시정책의 선정 → 시정책의 적용 → 분석·평가

[풀이] 하인리히의 사고예방대책의 기본원리 5단계는 조직 → 사실의 발견 → 분석·평가 → 시정책의 선정 → 시정책의 적용으로 구성된다. 반복 출제되는 문제이므로 꼭 암기해 두어야 한다. 이 문제는 2020년에 이어 연속적으로 출제되는 문제이다.

08 혈액을 이용한 생물학적 모니터링의 단점으로 옳지 않은 것은?

① 보관, 처치에 주의를 요한다.
② 시료채취 시 오염되는 경우가 많다.
③ 시료채취 시 근로자가 부담을 가질 수 있다.
④ 약물 동력학적 변이 요인들의 영향을 받는다.

풀이 생물학적 모니터링에서 혈액을 이용할 경우 시료채취 시 오염되는 경우가 적은 장점이 있다. 반면에 약물 동력학적 변이 요인들의 영향을 받기 쉬우며, 보관 및 처치에 주의를 요한다. 이 문제는 2007년 출제된 문제가 재출제되었다.

09 산업안전보건법령상 위험성평가를 실시하여야 하는 사업장의 사업주가 위험성평가의 결과와 조치사항을 기록할 때 포함되어야 하는 사항으로 볼 수 없는 것은?

① 위험성 결정의 내용
② 위험성 결정에 따른 조치의 내용
③ 위험성 평가에 소요된 기간, 예산
④ 위험성평가 대상의 유해·위험요인

풀이 사업장의 사업주가 위험성평가의 결과와 조치사항을 기록할 때는 다음의 사항이 포함되어야 하며, 해당 자료는 3년간 보존해야 한다.
• 위험성평가 대상의 유해·위험요인
• 위험성 결정의 내용
• 위험성 결정에 따른 조치의 내용
• 그 밖에 위험성평가의 실시내용을 확인하기 위하여 필요한 사항

10 단순반복동작 작업으로 손, 손가락 또는 손목의 부적절한 작업방법과 자세 등으로 주로 손목 부위에 주로 발생하는 근골격계질환은?

① 테니스엘보
② 회전근개손상
③ 수근관증후군
④ 흉곽출구증후군

풀이 근골격계 질환은 장시간에 걸친 반복동작에 의하여 근육이나 관절, 혈관, 신경 등에 미세한 손상이 발생하고, 이것이 누적되어 목, 어깨, 팔, 손목 및 손가락 등에 만성적인 동통과 감각 이상으로 발전되는 직업성질환으로 요통, 수근관증후군, 건염, 흉곽출구증후군, 경추자세증후군 등으로 표현되기도 한다.

11 작업자의 최대작업역(maximum area)이란?

① 어깨에서부터 팔을 뻗쳐 도달하는 최대영역
② 위팔과 아래팔을 상, 하로 이동할 때 닿는 최대범위
③ 상체를 좌, 우로 이동하여 최대한 닿을 수 있는 범위
④ 위팔을 상체에 붙인 채 아래팔과 손으로 조작할 수 있는 범위

풀이 최대작업역(최대작업영역)은 어깨에서부터 팔을 뻗어 도달할 수 있는 최대영역을 말한다. 반복 출제되는 문제이므로 꼭 수험 대비해야 한다.

12 미국산업위생학술원(AAIH)에서 정한 산업위생전문가들이 지켜야 할 윤리강령 중 전문가로서의 책임에 해당되지 않는 것은?

① 기업체의 기밀을 누설하지 않는다.
② 전문 분야로서의 산업위생 발전에 기여한다.
③ 근로자, 사회 및 전문 분야의 이익을 위해 과학적 지식을 공개하고 발표한다.
④ 위험요인의 측정, 평가 및 관리에 있어서 외부의 압력에 굴하지 않고 중립적 태도를 취한다.

풀이 ④항은 근로자에 대한 책임이다. 이 문제는 2020년 산업기사에 출제된 문제이지만 2021년에 기사시험에 중복 출제되었다.

13 턱뼈의 괴사를 유발하여 영국에서 사용 금지된 최초의 물질은?

① 벤지딘(benzidine)
② 청석면(crocidolite)
③ 적린(red phosphorus)
④ 황린(yellow phosphorus)

풀이 황린은 턱뼈의 괴사를 유발하여 영국에서 사용 금지된 최초의 물질이다. 현재 황린 성냥은 산업안전보건법상 제조·수입·양도·제공 또는 사용이 금지되는 유해물질이다. 2012년 출제된 문제가 반복 출제되었다.

정답 08.② 09.③ 10.③ 11.① 12.④ 13.④

14 산업안전보건법령상 강렬한 소음작업에 대한 정의로 옳지 않은 것은?

① 90데시벨 이상의 소음이 1일 8시간 이상 발생하는 작업
② 105데시벨 이상의 소음이 1일 1시간 이상 발생하는 작업
③ 110데시벨 이상의 소음이 1일 30분 이상 발생하는 작업
④ 115데시벨 이상의 소음이 1일 10분 이상 발생하는 작업

[풀이] 110데시벨 이상의 소음이 1일 30분 이상 발생하는 작업이 강렬한 소음작업에 해당한다. 2015년 산업기사에 출제된 문제가 기사시험으로 재출제되었다.

15 38세 된 남성근로자의 육체적 작업능력(PWC)은 15kcal/min이다. 이 근로자가 1일 8시간 동안 물체를 운반하고 있으며 이때의 작업대사량이 7kcal/min이고, 휴식 시 대사량이 1.2kcal/min일 경우 이 사람이 쉬지 않고 계속하여 일을 할 수 있는 최대허용시간(T_{end})은? (단, $\log T_{end} = 3.724 - 0.1949E$이다.)

① 7분
② 98분
③ 224분
④ 3063분

[풀이] 계속작업 한계시간(CWT) 관계식을 이용한다.
$\log(CWT) = 3.724 + (-0.1949) \times 7$
$\therefore CWT = 10^{2.161} = 223.7 \text{min}$

16 다음 중 직업병의 발생원인으로 볼 수 없는 것은?

① 국소 난방
② 과도한 작업량
③ 유해물질의 취급
④ 불규칙한 작업시간

[풀이] 국소적 난방은 직업병의 발생원인으로 볼 수 없다. 2007년 산업기사에 출제되었던 유형이 재출제되었다.

17 교대 근무제의 효과적인 운영방법으로 옳지 않은 것은?

① 업무효율을 위해 연속근무를 실시한다.
② 근무 교대시간은 근로자의 수면을 방해하지 않도록 정해야 한다.
③ 근무시간은 8시간을 주기로 교대하며 야간 근무 시 충분한 휴식을 보장해 주어야 한다.
④ 교대작업은 피로회복을 위해 역교대 근무방식보다 전진근무방식(주간근무 → 저녁근무 → 야간근무 → 주간근무)으로 하는 것이 좋다.

[풀이] 연속근무는 근무 간격이 짧아져서 피로회복이 잘 안 되므로 지양해야 한다. 규칙적 생활리듬을 유지할 수 있는 근무시간제 운영이 실시되어야 한다.

18 온도 25℃, 1기압 하에서 분당 100mL씩 60분 동안 채취한 공기 중에서 벤젠이 3g 검출되었다면 이때 검출된 벤젠은 약 몇 ppm인가? (단, 벤젠의 분자량은 78이다.)

① 11
② 15.7
③ 111
④ 157

[풀이] $C_p = C_m(\text{mg/m}^3) \times \dfrac{22.4}{M_w} \times$ 온도·압력 보정

$\therefore C_p(\text{ppm}) = \dfrac{3 \times 10^3 \text{mg}}{100 \times 60 \times 10^{-3} \text{m}^3} \times \dfrac{22.4}{78} \times \dfrac{273+25}{273}$
$= 156.7 \text{mL/m}^3 (\text{ppm})$

19 다음 물질에 관한 생물학적 노출지수를 측정하려 할 때 시료의 채취시기가 다른 하나는?

① 크실렌
② 이황화탄소
③ 일산화탄소
④ 트리클로로에틸렌

[풀이] 트리클로로에틸렌은 반감기가 하루 이상으로 주중에 축적될 수 있는 물질이므로 주중 마지막 작업 종료 후에 시료를 채취하는 것이 바람직하다. 항목 중 TCE 이외 물질은 배출이 빠르고 반감기가 짧은 물질이므로 작업 중 또는 작업 종료 시에 시료를 채취하는 것이 좋다.

20 심한 작업이나 운동 시 호흡조절에 영향을 주는 요인과 거리가 먼 것은?

① 산소
② 수소이온
③ 혈중 포도당
④ 이산화탄소

정답 14.④ 15.③ 16.① 17.① 18.④ 19.④ 20.③

풀이 포도당은 혐기성과 호기성 대사에 모두 에너지원으로 작용하는 물질이다. 따라서 심한 작업이나 운동 시 호흡조절에 영향을 주는 요인과 거리가 멀다. 2011년에 출제된 문제가 반복 출제되었다.

[제2과목] 작업위생측정 및 평가

21 어느 작업장에서 소음의 음압수준(dB)을 측정한 결과가 85, 87, 84, 86, 89, 81, 82, 84, 83, 88일 때, 측정결과의 중앙값(dB)은?

① 83.5 ② 84.0
③ 84.5 ④ 84.9

풀이 중앙값은 측정값을 모두 나열하였을 때 중앙에 위치하는 측정값이므로 측정값을 낮은 순서부터 차례로 나열하면 81, 82, 83, 84, 84, 85, 86, 87, 88, 89가 된다. 따라서 중앙값을 산정하면;

$$\therefore 중앙값 = \frac{84+85}{2} = 84.5 dB$$

22 직경 25mm 여과지(유효면적 385mm²)를 사용하여 백석면을 채취하여 분석한 결과 단위 시야당 시료는 3.15개, 공시료는 0.05개였을 때 석면의 농도(개/cc)는?(단, 측정시간은 100분, 펌프 유량은 2.0L/min, 단위 시야의 면적은 0.00785mm²이다.)

① 0.74 ② 0.76
③ 0.78 ④ 0.80

풀이 $C(개/mL) = \frac{A(N_1 - N_2)}{aVn} \times \frac{1}{1,000}$

$\begin{cases} A = 385 mm^2 \\ N_1 = 3.15 \\ N_2 = 0.05 \\ a = 0.00785 mm^2 \\ V = 2 \times 100 = 200L \\ n(시야 갯수) = 1 \end{cases}$

$\therefore C = \frac{385(3.15-0.05)}{0.00785 \times 200 \times 1} \times 10^{-3} = 0.76$ 개/mL

23 측정기구와 측정하고자 하는 물리적 인자의 연결이 틀린 것은?

① 피토관-정압
② 흑구온도-복사온도
③ 아스만통풍건습계-기류
④ 가이거뮬러카운터-방사능

풀이 아스만통풍건습계는 습도 측정기구이다. 아스만통풍건습계의 습구온도는 강제 기류(소형 팬에 의해서 3.7m/sec)의 통풍 하에서 측정한다.

24 양자역학을 응용하여 아주 짧은 파장의 전자기파를 증폭 또는 발진하여 발생시키며, 단일 파장이고 위상이 고르며 간섭현상이 일어나기 쉬운 특성이 있는 비전리방사선은?

① X-ray ② Microwave
③ Laser ④ gamma-ray

풀이 레이저(Laser)는 비전리방사선으로 방사의 유도 방출에 의한 광선을 증폭한다는 의미를 가진 것으로 보통광선과는 달리 단일파장으로 강력하고 예리한 지향성을 가졌다.

25 태양광선이 내리쬐지 않는 옥외 장소의 습구흑구온도지수(WBGT)를 산출하는 식은?

① WBGT=0.7×자연습구온도+0.3×흑구온도
② WBGT=0.3×자연습구온도+0.7×흑구온도
③ WBGT=0.3×자연습구온도+0.7×건구온도
④ WBGT=0.7×자연습구온도+0.3×건구온도

풀이 태양광선이 내리쬐지 않는 옥외 장소의 습구흑구온도지수(WBGT)는 다음 식으로 산출된다.
□ WBGT=0.7×자연습구온도+0.3×흑구온도

26 일정한 온도조건에서 가스의 부피와 압력이 반비례하는 것과 가장 관계가 있는 법칙은?

① 보일의 법칙 ② 샤를의 법칙
③ 라울의 법칙 ④ 게이-뤼삭의 법칙

풀이 보일의 법칙(Boyle's law)은 일정한 온도조건에서 부피와 압력이 반비례한다는 표준가스 법칙이다.

정답 21.③ 22.② 23.③ 24.③ 25.① 26.①

27 소음의 단위 중 음원에서 발생하는 에너지를 의미하는 음력(sound power)의 단위는?
① dB ② Phon
③ W ④ Hz

[풀이] 음원에서 발생하는 에너지를 음력(sound power)이라 하는데 그 단위는 watt를 사용한다.

28 산업안전보건법령상 유해인자와 단위의 연결이 틀린 것은?
① 소음 – dB
② 흄 – mg/m^3
③ 석면 – 개/cm^3
④ 고열 – 습구·흑구온도지수, ℃

[풀이] 소음수준 측정단위는 데시벨[dB(A)]로 표시한다.

29 작업장의 기본적인 특성을 파악하는 예비조사의 목적으로 가장 적절한 것은?
① 유사노출그룹 설정
② 노출기준 초과여부 판정
③ 작업장과 공정의 특성파악
④ 발생되는 유해인자 특성조사

[풀이] 유사노출그룹 설정은 작업장의 기본적인 특성을 파악하는 예비조사의 목적이 있으며, 유사노출그룹을 설정함으로써 소수를 대상으로 정성적 혹은 정량적으로 노출의 특성을 효과적으로 파악할 수 있다.

30 유기용제 취급사업장의 메탄올 농도 측정결과가 100, 89, 94, 99, 120(ppm)일 때, 이 사업장의 메탄올 농도 기하평균(ppm)은?
① 99.4 ② 99.9
③ 100.4 ④ 102.3

[풀이] 기하평균(GM, Geometric Mean)은 여러 개의 수를 연속으로 곱해 그 개수의 거듭제곱근으로 구한 수를 말하며, 다음과 같이 산출된다. 매회 출제대비 해야 한다.

$$GM = \sqrt[N]{X_1 \times X_2 \times \cdots \times X_n}$$

$\therefore GM = \sqrt[5]{100 \times 89 \times 94 \times 99 \times 120} = 99.87\,ppm$

31 소음의 변동이 심하지 않은 작업장에서 1시간 간격으로 8회 측정한 산술평균의 소음수준이 93.5dB(A)이었을 때, 작업시간이 8시간인 근로자의 하루 소음노출량(Noise dose ; %)은? (단, 기준 소음노출시간과 수준 및 exchange rate은 OHSA 기준을 준용한다.)
① 104 ② 135
③ 162 ④ 234

[풀이] 소음노출량(Noise dose ; %) 계산식을 적용한다. 계산식을 꼭 암기해 두도록!!

$$TWA = 16.61 \log\left(\frac{D}{100}\right) + 90$$

$$93.5 = 16.61 \log\left(\frac{D}{100}\right) + 90$$

$$\Rightarrow 16.61 \log\left(\frac{D}{100}\right) = (93.5 - 90)$$

$$\therefore D = 10^{\frac{3.5}{16.61}} \times 100 = 162.45\%$$

32 흡착제를 이용하여 시료채취를 할 때 영향을 주는 인자에 관한 설명으로 틀린 것은?
① 습도 : 극성 흡착제를 사용할 때 수증기가 흡착되기 때문에 파과가 일어나기 쉽다.
② 온도 : 온도가 높을수록 기공활동이 활발하여 흡착능이 증가하나 흡착제의 변형이 일어날 수 있다.
③ 흡착제의 크기 : 입자의 크기가 작을수록 표면적이 증가하여 채취효율이 증가하나 압력강하가 심하다.
④ 흡착관의 크기 : 흡착관의 크기가 커지면 전체 흡착제의 표면적이 증가하여 채취용량이 증가하므로 파과가 쉽게 발생되지 않는다.

[풀이] 고온에서는 흡착대상오염물질과 흡착제의 표면 사이 또는 2종 이상의 흡착대상물질 간 반응속도가 증가하여 불리한 조건이 된다. 2016년 출제된 문제가 반복 출제되었다.

정답 27.③ 28.① 29.① 30.② 31.③ 32.②

33 0.04M HCl이 2% 해리되어 있는 수용액의 pH는?

① 3.1   ② 3.3
③ 3.5   ④ 3.7

[풀이] pH 계산식을 적용하여 문제를 푼다. 이 문제는 2007년도 출제문제가 재출제되었다.

$$pH = \log \frac{1}{[H^+]} \quad \begin{cases} HCl \rightarrow H^+ + Cl^- \\ 1\,mol \quad : \quad 1\,mol \\ 0.04 \times 0.02 \;:\; x, \; x = 0.08 \end{cases}$$

$$\therefore pH = \log \frac{1}{0.08} = 3.1$$

34 표집효율이 90%와 50%의 임핀저(impinger)를 직렬로 연결하여 작업장 내 가스를 포집할 경우 전체포집효율(%)은?

① 93   ② 95
③ 97   ④ 99

[풀이] 직렬연결 시 포집효율 관계식을 적용한다. 이 문제는 2020년, 2021년 연달아 출제되고 있다.

$$E_T = E_1 + E_2(1-E_1)$$
$$\therefore E_T = 0.9 + 0.5(1-0.9) = 0.95 = 95\%$$

35 먼지를 크기별 분포로 측정한 결과를 가지고 기하표준편차(GSD)를 계산하고자 할 때 필요한 자료가 아닌 것은?

① 15.9%의 분포를 가진 값
② 18.1%의 분포를 가진 값
③ 50.0%의 분포를 가진 값
④ 84.1%의 분포를 가진 값

[풀이] 기하표준편차(GSD)는 대수정규확률지에 농도를 표시하여 그 분포가 직선을 나타낼 때 누적도수 84.1%에 해당하는 값, 50%에 해당하는 값의 비 또는 50%에 해당하는 값과 15.9%의 분포를 가진 값의 비를 말한다.

36 복사기, 전기기구, 플라즈마 이온방식의 공기청정기 등에서 공통적으로 발생할 수 있는 유해물질로 가장 적절한 것은?

① 오존   ② 이산화질소
③ 일산화탄소   ④ 포름알데히드

[풀이] 복사기, 전기기구, 플라즈마 이온방식의 공기청정기 등에서 공통적으로 발생할 수 있는 유해물질은 오존이다. 2019년 산업기사의 개론에 출제된 문제가 2021년에 기사시험에서는 작업환경 측정 및 평가과목으로 출제되었다.

37 벤젠이 배출되는 작업장에서 채취한 시료의 벤젠농도 분석결과가 3시간 동안 4.5ppm, 2시간 동안 12.8ppm, 1시간 동안 6.8ppm일 때, 이 작업장의 벤젠 TWA(ppm)는?

① 4.5   ② 5.7
③ 7.4   ④ 9.8

[풀이] TWA 계산식을 적용한다.

$$TWA = \frac{C_1 T_1 + \cdots + C_n T_n}{8}$$

$$\therefore TWA = [(3 \times 4.5) + (2 \times 12.8) + (1 \times 6.8)] \div 8 = 5.74\,ppm$$

38 입자상 물질의 여과원리와 가장 거리가 먼 것은?

① 차단   ② 확산
③ 흡착   ④ 관성충돌

[풀이] 입자상 물질의 여과원리는 관성충돌, 간섭(차단), 확산작용이다. 관성충돌은 입자 크기 $1.0\mu m$ 이상인 포집에 기여하는 바가 크고, $0.1 \sim 0.5\mu m$ 범위의 입자는 간섭(차단)과 확산이 중요한 포집기구로 작용한다. 특히 확산은 $0.1\mu m$ 이하의 미세한 입자의 포집에 중요한 포집기구이다.

39 산화마그네슘, 망간, 구리 등의 금속 분진을 분석하기 위한 장비로 가장 적절한 것은?

① 원자흡광광도계
② 핵자기공명분광계
③ 가스크로마토그래피
④ 자외선/가시광선 분광광도계

[풀이] 제시된 항목 중 중금속 등 금속 분진 분석에 적합한 분석기기는 원자흡광광도계이다.

정답 33.① 34.② 35.② 36.① 37.② 38.③ 39.①

40 산업안전보건법령상 고열 측정시간과 간격으로 옳은 것은?

① 작업시간 중 가장 높은 고열에 노출되는 1시간, 5분 간격
② 작업시간 중 가장 높은 고열에 노출되는 1시간, 10분 간격
③ 작업시간 중 노출되는 고열의 평균온도에 해당하는 1시간, 5분 간격
④ 작업시간 중 노출되는 고열의 평균온도에 해당하는 1시간, 10분 간격

풀이 고열 측정은 1일 작업시간 중 최대고열에 노출되고 있는 1시간을 10분 간격으로 연속하여 측정한다.

제3과목 작업환경관리대책

41 유해물질의 증기 발생률에 영향을 미치는 요소로 가장 거리가 먼 것은?

① 물질의 비중 ② 물질의 사용량
③ 물질의 증기압 ④ 물질의 노출기준

풀이 물질의 노출기준은 측정결과 평가 시 표준화 값을 산정할 때 적용되는 인자이다.

42 회전차 외경이 600mm인 원심송풍기의 풍량은 200m³/min이다. 회전차 외경이 1,000mm인 동류(상사 구조)의 송풍기가 동일한 회전수로 운전된다면 이 송풍기의 풍량(m³/min)은?(단, 두 경우 모두 표준공기를 취급한다.)

① 333 ② 556
③ 926 ④ 2572

풀이 송풍기의 크기 D와 회전수 N 및 가스밀도 ρ와의 관계로부터 송풍기의 풍량 Q를 산출한다.
$$Q = kD^3N^1$$
$$\therefore Q_2 = Q_1 \times \left(\frac{D_2}{D_1}\right)^3 = 200 \times \left(\frac{1{,}000}{600}\right)^3$$
$$= 925.93\,\mathrm{m^3/min}$$

43 후드의 유입계수가 0.82, 속도압이 50mmH₂O일 때 후드의 유입손실(mmH₂O)은?

① 22.4 ② 24.4
③ 26.4 ④ 28.4

풀이 후드의 유입손실(mmH₂O) 산출식을 이용한다.
$$\Delta P_h = F_i \times P_v$$
$$F_i = \frac{1-C_e^2}{C_e^2} = \frac{1-0.82^2}{0.82^2} = 0.487$$
$$\therefore \Delta P_h = 0.487 \times 50 = 24.36\,\mathrm{mmH_2O}$$

44 길이, 폭, 높이가 각각 25m, 10m, 3m인 실내에 시간당 18회의 환기를 하고자 한다. 직경 50cm의 개구부를 통하여 공기를 공급하고자 하면 개구부를 통과하는 공기의 유속(m/sec)은?

① 13.7 ② 15.3
③ 17.2 ④ 19.1

풀이 개구부를 통과하는 공기유속은 환기량/단면적으로 산출할 수 있다.
$$V = \frac{Q}{A}$$
$$\begin{cases} Q = \mathrm{ACH} \times \forall = 18(\text{회/hr}) \times 25 \times 10 \times 3 \\ \quad = 13{,}500\,\mathrm{m^3/hr} = 3.75\,\mathrm{m^3/sec} \\ A = \dfrac{\pi D^2}{4} = \dfrac{3.14 \times 0.5^2}{4} = 0.196\,\mathrm{m^2} \end{cases}$$
$$\therefore V = \frac{3.75}{0.196} = 19.1\,\mathrm{m/sec}$$

45 입자상 물질 집진기의 집진원리를 설명한 것이다. 다음 설명에 해당하는 집진원리는?

> 분진의 입경이 클 때, 분진은 가스흐름의 궤도에서 벗어나게 된다. 즉 입자의 크기에 따라 비교적 큰 분진은 가스통과 경로를 따라 발산하지 못하고 작은 분진은 가스와 같이 발산한다.

① 직접차단 ② 관성충돌
③ 원심력 ④ 확산

[풀이] 분진의 입경이 클 때 작용할 수 있는 집진력은 ①, ②, ③항이다. 이 중에서 비교적 큰 분진은 가스 통과 경로를 따라 발산하지 못하고 작은 분진은 가스와 같이 발산한다고 하였으므로 ②항이 답이 된다.

46 철재 연마공정에서 생기는 철가루의 비산을 방지하기 위해 가로 50cm, 높이 20cm인 직사각형 후드에 플랜지를 부착하여 바닥면에 설치하고자 할 때, 필요환기량(m^3/min)은? (단, 제어풍속은 ACGIH 권고치 기준의 하한으로 설정하며, 제어풍속이 미치는 최대거리는 개구면으로부터 30cm라 가정한다.)

① 112　　② 119
③ 253　　④ 238

[풀이] 사각형 플랜지 부착 후드의 흡인유량 계산식을 적용한다. 공개된 정답은 단순히 자유공간을 통제범위를 갖는 플랜지부착 사각형 후드로 간주해야 해당 정답의 값이 나온다. 문제조건에서 "바닥면에 설치"한다고 하였는데도 진작은 정답은 거울효과를 고려하지 않은 상태의 값으로 해야 정답에 근접하므로 제시된 문제조건과 정답이 맞지 않다.

$Q_c = 0.75(10X^2 + A) \times V_c \leftarrow A = 0.5 \times 0.2$
회전연삭, 블래스팅 $V_c : 2.5 \sim 10 m/sec$
$\therefore Q_c = 0.75 \times (10 \times 0.3^2 + 0.1) \times 2.5 \times 60$
$= 112.5 m^3/min$
※ 바닥 설치형 : $Q_c = 0.5(10X^2 + A) \times V_c$

47 다음 중 위생보호구에 대한 설명과 가장 거리가 먼 것은?

① 규격에 적합한 것을 사용해야 한다.
② 근로자 스스로 폭로대책으로 사용할 수 있다.
③ 사용자는 손질방법 및 착용방법을 숙지해야 한다.
④ 보호구 착용으로 유해물질로부터의 모든 신체적 장해를 막을 수 있다.

[풀이] 보호구 착용은 유해인자에 노출방지 및 차단, 유해인자에 노출되는 근로자의 관리를 위한 작업관리에 해당한다. 따라서 보호구 착용은 작업환경에서 발생되는 유해요인을 감소시키기 위한 기본관리 개선책 중 직접적이며 적극적인 대책과 거리가 멀다.

48 곡관에서 곡률반경비(R/D)가 1.0일 때 압력손실계수 값이 가장 작은 곡관의 종류는?

① 2조각 관
② 3조각 관
③ 4조각 관
④ 5조각 관

[풀이] 연결 조각개수가 많을수록 압력손실계수 값 및 압력손실이 작아진다. 통상 덕트의 직경이 150mm 미만일 경우는 새우등 3개 이상으로 하고, 덕트 직경이 150mm 이상일 경우는 새우등 5개 이상을 사용하여 곡관부위를 부드럽게 연결해야 한다.

49 작업 중 발생하는 먼지에 대한 설명으로 옳지 않은 것은?

① 용융규산(fused silica)은 비결정형 규산으로 노출기준은 총 먼지로 10mg/m^3이다.
② 결정형 유리규산(free silica)은 규산의 종류에 따라 Cristobalite, Quartz, Tridymite, Tripoli가 있다.
③ 일반적으로 호흡성 먼지란 종말 모세기관지나 폐포 영역의 가스교환이 이루어지는 영역까지 도달하는 미세먼지를 말한다.
④ 일반적으로 특별한 유해성이 없는 먼지는 불활성 먼지 또는 공해성 먼지라고 하며, 이러한 먼지에 노출될 경우 일반적으로 폐용량에 이상이 나타나지 않으며, 먼지에 대한 폐의 조직반응은 가역적이다.

[풀이] 노출기준이 10mg/m^3인 것은 규산칼슘·산화규소(비결정체 규조토)·산화규소(비결정체 침전규소)·산화규소(비결정체 실리카겔)이다. 산화규소(결정체 석영)·산화규소(결정체 크리스토바라이트)·산화규소(결정체 트리디마이트)의 노출기준은 0.05mg/m^3, 산화규소(결정체 트리폴리), 산화규소(비결정체 규소, 용융된)의 노출기준은 0.1mg/m^3이다.

정답 46.① 47.④ 48.④ 49.①

50 고열 배출원이 아닌 탱크 위에 한 변이 2m인 정방형 모양의 캐노피형 후드를 3측면이 개방되도록 설치하고자 한다. 제어속도가 0.25m/s, 개구면과 배출원 사이의 높이가 1.0m일 때 필요 송풍량(m^3/min)은?

① 2.44　　② 146.46
③ 249.15　　④ 435.81

[풀이] 3측면노출 캐노피형 후드의 흡인유량 산출식을 적용한다. 2011년 출제된 문제가 재출제되었다. 이러한 후드는 경험식을 사용해야 하기 때문에 출제자가 수험자에게 계산식을 제시해 주는 것이 원칙이다.

□ $Q_c = 8.5H^{1.8}W^{0.2} \times V_c$

∴ $Q_c = 8.5 \times 1^{1.8} \times 2^{0.2} \times 0.25 \times 60$
　　　$= 146.46 \, m^3/min$

51 그림과 같은 형태로 설치하는 후드는?

① 포위식 커버형(Enclosures cover Hoods)
② 레시버식 캐노피형(Receiving Canopy Hoods)
③ 외부식 그리드형(Exterior Capturing Grid Hoods)
④ 부스식 드래프트 챔버형(Boooth Draft Chamber Hoods)

[풀이] 그림과 같은 형태로 설치하는 후드는 레시버식(유해물질이 발생원에서 상승기류, 관성기류 등 일정방향의 흐름을 가지고 발생할 때 설치하는 후드 형식)의 캐노피 후드(Canopy Hoods)이다.

52 산업안전보건법령상 안전인증 방독마스크에 안전인증 표시 외에 추가로 표시되어야 할 항목이 아닌 것은?

① 포집효율　　② 파과곡선도
③ 사용시간 기록카드　　④ 사용상의 주의사항

[풀이] 안전인증 방독마스크에 안전인증 표시 외에 추가로 표시되어야 할 항목은 파과곡선도, 사용시간 기록카드, 정화통 외부 측면색, 사용 주의사항 등이다.

53 에틸벤젠의 농도가 400ppm인 1,000m^3 작업장의 환기를 위해 90m^3/min 속도로 외부 공기를 유입한다고 할 때, 이 작업장의 에틸벤젠 농도가 노출기준(TLV) 이하로 감소되기 위한 최소 소요시간(min)은?(단, 에틸벤젠의 TLV는 100ppm이고 외부 유입공기 중 에틸벤젠의 농도는 0ppm이다.)

① 11.8　　② 15.4
③ 19.2　　④ 23.6

[풀이] 1차 반응에 따르는 희석식을 이용한다.

$\ln \dfrac{C_t}{C_o} = -\dfrac{Q}{V} \times t \to \ln \dfrac{100}{400} = -\dfrac{90}{1,000} \times t$

∴ $t(=$ 환기시간$) = 15.4 \, min$

54 덕트에서 공기흐름의 평균속도압이 25 mmH₂O였다면 덕트에서의 공기의 반송속도(m/sec)는?(단, 공기밀도는 1.21kg/m^3로 동일하다.)

① 10　　② 15
③ 20　　④ 25

[풀이] 속도압(동압)과 유속의 관계식을 이용한다. 매회 출제 대비해야 하는 중요한 유형의 문제이다.

V(유속) $= \sqrt{\dfrac{2gP_v}{\gamma}}$

$\begin{cases} P_v : \text{속도압} = 25 \, mmH_2O \\ \gamma : \text{유체의 비중량} = 1.21 \, kg_f/m^3 \\ g : \text{중력가속도} = 9.8 \, m/sec^2 \end{cases}$

∴ $V = \sqrt{\dfrac{2 \times 9.8 \times 25}{1.21}} = 20.12 \, m/sec$

55 전기집진장치의 장·단점으로 틀린 것은?

① 압력손실이 낮다.
② 설치공간이 많이 든다.
③ 고온가스 처리가 가능하다.
④ 운전 및 유지비가 많이 든다.

정답 50.② 51.② 52.① 53.② 54.③ 55.④

[풀이] 전기집진장치는 설치비용은 많이 들지만 운전 및 유지비가 적게 드는 장점이 있다. 2016년 출제문제가 재출제되었다.

56 강제환기를 실시할 때 환기효과를 제고시킬 수 있는 방법이 아닌 것은?
① 배출구가 창문이나 문 근처에 위치하지 않도록 한다.
② 공기배출구와 근로자의 작업위치 사이에 오염원이 위치하지 않도록 하여야 한다.
③ 공기가 배출되면서 오염장소를 통과하도록 공기배출구와 유입구의 위치를 선정한다.
④ 오염물질 배출구는 가능한 한 오염원으로부터 가까운 곳에 설치하여 점환기 효과를 얻는다.

[풀이] 공기배출구와 근로자의 작업위치 사이에 오염원이 위치해야 한다. 2018년 출제문제가 재출제되었다.

57 산업위생관리를 작업환경관리, 작업관리, 건강관리로 나눠서 구분할 때, 다음 중 작업환경관리와 가장 거리가 먼 것은?
① 유해공정의 격리
② 유해설비의 밀폐화
③ 전체환기에 의한 오염물질의 희석 배출
④ 보호구 사용에 의한 유해물질의 인체 침입 방지

[풀이] 보호구 착용은 유해인자에 노출방지 및 차단, 유해인자에 노출되는 근로자의 관리를 위한 작업관리에 해당한다. 2018년 출제문제가 재출제되었다.

58 국소환기 시스템의 슬롯(slot) 후드에 설치된 충만실(plenum chamber)에 관한 설명 중 옳지 않은 것은?
① 후드가 크게 되면 충만실의 공기속도 손실도 고려해야 한다.
② 슬롯에서의 병목 현상으로 인하여 유체의 에너지가 손실된다.
③ 충만실의 목적은 슬롯의 공기유속을 결과적으로 일정하게 상승시키는 것이다.
④ 제어속도는 슬롯속도와는 관계가 없어 슬롯속도가 높다고 흡인력을 증가시키지는 않는다.

[풀이] 충만실(plenum chamber, 플레넘 챔버)은 슬롯 후드의 뒤쪽에 위치하여 압력과 공기흐름을 균일하게 형성하는데 도움을 주는 장치이다.

59 귀마개에 관한 설명으로 가장 거리가 먼 것은?
① 휴대가 편하다.
② 고온작업장에서도 불편 없이 사용할 수 있다.
③ 근로자들이 착용하였는지 쉽게 확인할 수 있다.
④ 제대로 착용하는데 시간이 걸리고 요령을 습득해야 한다.

[풀이] 근로자들이 착용하였는지 쉽게 확인할 수 있는 것은 귀덮개이다. 2011년 출제문제가 재출제되었다.

60 덕트 설치 시 고려해야 할 사항으로 가장 거리가 먼 것은?
① 직경이 다른 덕트를 연결할 때는 경사 30° 이내의 테이퍼를 부착한다.
② 송풍기를 연결할 때에는 최소덕트 직경의 6배 정도는 직선구간으로 한다.
③ 곡관의 곡률반경은 최대덕트 직경의 3.0 이상으로 하며 주로 4.0을 사용한다.
④ 가급적 원형덕트를 사용하여 부득이 사각형 덕트를 사용할 경우는 가능한 한 정방형을 사용한다.

[풀이] 곡관의 곡률반경은 최소덕트 직경의 1.5 이상으로 해야 한다. 주로 2.0을 적용한다. 곡관의 곡률반경을 크게 할수록 압력손실이 낮아진다. 2006년 출제문제가 재출제되었다.

정답 56.② 57.④ 58.③ 59.③ 60.③

[제4과목] 물리적 유해인자관리

61 귀마개의 차음평가수(NRR)가 27일 경우 이 귀마개의 차음효과는 얼마인가?(단, OSHA의 계산방법을 따른다.)

① 6dB ② 8dB
③ 10dB ④ 12dB

풀이 소음 스펙트럼의 불확실성(spectral uncertainty)을 보정하기 위해 차음평가수(NRR)에서 7을 뺀 다음 안전계수 50%(0.5)를 적용하여 차음효과(FA) 값을 산출한다. 2017년 문제가 재출제되었다. 매회 출제 대비해야 하는 중요한 문제이다.

차음효과 = (NRR − 7) × 0.5
∴ 차음효과 = (27 − 7) × 0.5 = 10dB(A)

62 소음성 난청에 영향을 미치는 요소의 설명으로 옳지 않은 것은?

① 음압수준 : 높을수록 유해하다.
② 소음의 특성 : 저주파음이 고주파음보다 유해하다.
③ 노출시간 : 간헐적 노출이 계속적 노출보다 덜 유해하다.
④ 개인의 감수성 : 소음에 노출된 사람이 똑같이 반응하지는 않으며, 감수성이 매우 높은 사람이 극소수 존재한다.

풀이 소음성 난청은 주파수 1,000Hz 이상의 고주파에 반복·장기간 노출될 때 발생하는데 초기에는 4,000Hz(C_5-dip)에서 청력손실이 현저하고, 그 후 고음역, 중음역이 침범되고, 고음점경형(高音漸傾型)으로 진행된다.

63 진동작업장의 환경관리 대책이나 근로자의 건강보호를 위한 조치로 옳지 않은 것은?

① 발진원과 작업자의 거리를 가능한 멀리한다.
② 작업자의 체온을 낮게 유지시키는 것이 바람직하다.
③ 절연패드의 재질로는 코르크, 펠트(felt), 유리섬유 등을 사용한다.
④ 진동공구의 무게는 10kg을 넘지 않게 하며 방진장갑 사용을 권장한다.

풀이 진동작업자의 체온을 따뜻하게 유지시키는 것이 바람직하다.

64 한랭환경에 의한 건강장해에 대한 설명으로 옳지 않은 것은?

① 레이노씨 병과 같은 혈관 이상이 있을 경우에는 증상이 악화된다.
② 제2도 동상은 수포와 함께 광범위한 삼출성 염증이 일어나는 경우를 의미한다.
③ 참호족은 지속적인 국소의 영양결핍 때문이며, 한랭에 의한 신경조직의 손상이 발생한다.
④ 전신 저체온의 첫 증상은 억제하기 어려운 떨림과 냉(冷)감각이 생기고 심박동이 불규칙하고 느려지며, 맥박은 약해지고 혈압이 낮아진다.

풀이 참호족, 침수족은 직접 동결상태에 이르지 않더라도 15℃ 이하의 한랭에 계속해서 장기간 폭로되고 동시에 지속적으로 습기나 물에 잠기게 될 때 생긴다. 이 문제는 2015년 문제가 재출제되었다.

65 다음 중 피부에 강한 특이적 홍반작용과 색소침착, 피부암 발생 등의 장해를 모두 일으키는 것은?

① 가시광선 ② 적외선
③ 마이크로파 ④ 자외선

풀이 자외선에 과도하게 노출되었을 때 홍반, 발진, 피부암 등을 일으키는 원인이 된다. 이 문제는 2014년 문제가 재출제되었다.

66 인체에 미치는 영향이 가장 큰 전신진동의 주파수 범위는?

① 2~100Hz
② 140~250Hz
③ 275~500HZ
④ 4,000Hz 이상

정답 61.③ 62.② 63.② 64.③ 65.④ 66.①

풀이 국소진동인 경우에는 8~1,500Hz, 전신진동의 경우에는 2~100Hz 주파수 범위가 주로 문제를 일으킨다. 전신진동은 대개 30Hz에서 문제가 되기 시작하여 60~90Hz에서는 시력장해가 온다.

67 음력이 1.2W인 소음원으로부터 35m 되는 자유공간 지점에서의 음압수준(dB)은 약 얼마인가?

① 62
② 74
③ 79
④ 121

풀이 음원의 위치에 따른 음향파워레벨의 감쇠(자유공간-점음원)와 지향성 특성계수, 즉 역제곱 법칙에 의한 거리감쇠와 여기에 −11dB을 보정하여 산출한다. 공식 암기하고, 매회 출제대비하도록!!

$$SPL = PWL - 20\log r - 11$$
$$\therefore SPL = \left[10\log\left(\frac{1.2}{10^{-12}}\right)\right] - 20\log 35 - 11$$
$$= 120.79 - 30.88 - 11 = 78.91 \text{dB}$$

68 극저주파 방사선(extremely low frequency fields)에 대한 설명으로 옳지 않은 것은?

① 강한 전기장의 발생원은 고전류장비와 같은 높은 전류와 관련이 있으며 강한 자기장의 발생원은 고전압장비와 같은 높은 전하와 관련이 있다.
② 작업장에서 발전, 송전, 전기 사용에 의해 발생되며 이들 경로에 있는 발전기에서 전력선, 전기설비, 기계·기구 등도 잠재적인 노출원이다.
③ 주파수가 1~3,000Hz에 해당되는 것으로 정의되며, 이 범위 중 50~60Hz의 전력선과 관련한 주파수의 범위가 건강과 밀접한 연관이 있다.
④ 교류전기는 1초에 60번씩 극성이 바뀌는 60Hz의 저주파를 나타내므로 이에 대한 노출평가, 생물학적 및 인체영향 연구가 많이 이루어져 왔다.

풀이 극저주파의 강한 전기장의 발생원은 고압장비와 같은 높은 전하와 관련이 있으며, 강한 자기장의 발생원은 고전류장비와 같은 높은 전류와 관련이 있다. 이 문제는 2018년 출제된 문제가 반복 출제되었다.

69 다음 중 전리방사선의 영향에 대하여 감수성이 가장 큰 인체 내의 기관은?

① 폐
② 혈관
③ 근육
④ 골수

풀이 전리방사선에 대한 인체 조직에서 감수성이 큰 조직은 골수, 임파구 및 임파조직이다. 매회 출제 대비해야 하는 중요한 문제이다.

70 1루멘의 빛이 1ft²의 평면상에 수직방향으로 비칠 때 그 평면의 빛 밝기를 나타내는 것은?

① 1lux
② 1candela
③ 1촉광
④ 1foot candle

풀이 풋캔들(Foot candle)은 1루멘(lm)의 빛이 1ft²의 단위면적에 수직방향으로 비칠 때 그 평면의 빛의 양을 말한다. 2015년 출제문제가 재출제되었다.

71 인체와 환경 간의 열교환에 관여하는 온열조건 인자로 볼 수 없는 것은?

① 대류
② 증발
③ 복사
④ 기압

풀이 인체와 환경 간의 열교환에 관여하는 온열조건 인자 작업대사량, 대류에 의한 열교환, 복사에 의한 열교환, 증발에 의한 열손실 등이다.

72 감압병의 증상에 대한 설명으로 옳지 않은 것은?

① 흉통 및 호흡곤란은 흔하지 않은 특수형 질식이다.
② 관절, 심부 근육 및 뼈에 동통이 일어나는 것을 bends라 한다.
③ 산소의 기포가 뼈의 소동맥을 막아서 후유증으로 무균성 골괴사를 일으킨다.
④ 마비는 감압증에서 보는 중증 합병증이며 하지의 강직성 마비가 나타나는데 이는 척수나 그 혈관에 기포가 형성되어 일어난다.

풀이 감압병은 질소기포가 뼈의 소동맥을 막을 경우 만성증상 비감염성 골괴사를 일으키기도 한다.

73 작업환경 조건을 측정하는 기기 중 기류를 측정하는 것이 아닌 것은?
① 열선풍속계
② 풍차풍속계
③ Kata 온도계
④ Assmann 통풍건습계

풀이 아스만(Assmann) 통풍건습계는 습도 측정기구이다.

74 음의 세기(I)와 음압(P) 사이의 관계로 옳은 것은?
① 음의 세기는 음압에 정비례
② 음의 세기는 음압에 반비례
③ 음의 세기는 음압의 제곱에 비례
④ 음의 세기는 음압의 세제곱에 비례

풀이 음의 세기는 음압의 제곱에 비례한다.
□ $SIL(dB) = 10\log\dfrac{P^2/\rho C}{P_o^2/\rho C} = 20\log\dfrac{P}{P_o}$

75 고압환경의 인체작용에 있어 2차적인 가압현상에 대한 내용이 아닌 것은?
① 산소의 분압이 2기압을 넘으면 산소중독증세가 나타난다.
② 4기압 이상에서 공기 중의 질소가스는 마취작용을 나타낸다.
③ 이산화탄소는 산소의 독성과 질소의 마취작용을 증강시킨다.
④ 흉곽이 잔기량보다 적은 용량까지 압축되면 폐압박 현상이 나타난다.

풀이 ④항은 1차적 가압현상(기계적인 장해)이다.

76 작업장에 흔히 발생하는 일반 소음의 차음효과(transmission loss)를 위해서 장벽을 설치한다. 이때 장벽의 단위 표면적당 무게를 2배씩 증가함에 따라 차음효과는 약 얼마씩 증가하는가?
① 2dB
② 6dB
③ 10dB
④ 16dB

풀이 $TL(dB) = 20\log(m \cdot f) - 43$
$\begin{cases} m : 벽의\ 면밀도(kg/m^3) \\ f : 주파수(Hz) \end{cases}$
⇨ $TL(dB) = K_o\ 20\log(2)$
∴ $\Delta TL = 6\ dB$ 증가

77 산업안전보건법령상 상시작업을 실시하는 장소에 대한 작업면의 조도 기준으로 옳은 것은?
① 보통작업 : 150럭스 이상
② 정밀작업 : 500럭스 이상
③ 그 밖의 작업 : 50럭스 이상
④ 초정밀작업 : 1,000럭스 이상

풀이 작업장의 적정 조도는 보통작업 : 150Lux 이상, 정밀작업 : 300Lux 이상, 초정밀작업 : 750Lux 이상, 기타 작업 : 75Lux 이상이다.

78 산업안전보건법령상 근로자가 밀폐공간에서 작업을 하는 경우, 사업주가 조치해야 할 사항으로 옳지 않은 것은?
① 사업주는 밀폐공간 작업 프로그램을 수립하여 시행하여야 한다.
② 사업주는 사업장 특성상 환기가 곤란한 경우 방독마스크를 지급하여 착용하도록 하고 환기를 하지 않을 수 있다.
③ 사업주는 근로자가 밀폐공간에서 작업을 하는 경우 그 장소에 근로자를 입장시킬 때와 퇴장시킬 때마다 인원을 점검하여야 한다.
④ 사업주는 밀폐공간에는 관계 근로자가 아닌 사람의 출입을 금지하고, 출입금지 표지를 밀폐공간 근처의 보기 쉬운 장소에 게시하여야 한다.

정답 73.④ 74.③ 75.④ 76.② 77.① 78.②

풀이 사업주는 근로자가 밀폐공간에서 작업을 하는 경우에 공기호흡기 또는 송기마스크, 사다리 및 섬유로프 등 비상시에 근로자를 피난시키거나 구출하기 위하여 필요한 기구를 갖추어 두어야 한다.

79 인간 생체에서 이온화시키는데 필요한 최소에너지를 기준으로 전리방사선과 비전리방사선을 구분한다. 전리방사선과 비전리방사선을 구분하는 에너지의 강도는 약 얼마인가?

① 7eV
② 12eV
③ 17eV
④ 22eV

풀이 전리방사선-비전리방사선의 일반적 경계는 12.4eV (electron volt, 전자볼트)이다.

80 고온환경에서 심한 육체노동을 할 때 잘 발생하며, 그 기전은 지나친 발한에 의한 탈수와 염분 소실로 나타나는 건강장해는?

① 열발진(heat rashes)
② 열경련(heat cramps)
③ 열피로(heat fatigue)
④ 열실신(heat syncope)

풀이 열경련은 고온환경에서 심한 육체적 노동을 할 때 잘 발생되며 그 기전은 지나친 발한에 의한 탈수와 염분 소실이다. 증상으로는 작업 시 많이 사용한 수의근(voluntary muscle)에 유통성 경련이 오는 것이 특징적이며, 이에 앞서 현기증, 이명, 두통, 구역, 구토 등의 전구증상이 나타난다.

제5과목 산업독성학

81 호흡기에 대한 자극작용은 유해물질의 용해도에 따라 구분되는데 다음 중 상기도 점막 자극제에 해당하지 않는 것은?

① 염화수소
② 아황산가스
③ 암모니아
④ 이산화질소

풀이 상기도 점막-호흡기관지의 자극물질의 특징은 물에 대한 용해도가 중증 정도인 물질이다. 예를 들면, 오존, 염소, 브롬, 불소, 요오드, 염소산화물, 염화시안, 브롬화시안과 황산염, 디에틸황산염, 디메틸황산염, 삼염화인, 오염화인 등이다. 2010년 출제된 문제가 반복 출제되었다.

82 납중독에 대한 치료방법의 일환으로 체내에 축적된 납을 배출하도록 하는데 사용되는 것은?

① Ca-EDTA
② DMPS
③ 2-PAM
④ Atropin

풀이 납중독에 대한 치료방법의 일환으로 체내에 축적된 납을 배출하도록 하는데 사용되는 것은 Ca-EDTA 이다. 납배설 촉진제는 Ca-EDTA, $CaNa_2$-EDTA, 페니실라민이 있고, 대증요법으로는 진정제, 안정제, 비타민 $B_1 \cdot B_{12}$ 섭취 등이다.

83 다음에서 설명하고 있는 유해물질 관리기준은?

이것은 유해물질에 폭로된 생체시료 중의 유해물질 또는 그 대사물질 등에 대한 생물학적 감시(montioring)를 실시하여 생체 내에 침입한 유해물질의 총량 또는 유해물질에 의하여 일어난 생체변화의 강도를 지수로서 표현한 것이다.

① TLV(Threshold Limit Value)
② BEI(Biological Exposure Indices)
③ STEL(Short Term Exposure Limit)
④ THP(Total Health Promotion Plan)

풀이 BEI(Biological Exposure Index, 생물학적 노출지수)는 산업위생상의 건강장애를 평가하는 지표로 정해진 참고치로 이용되고 있다.

84 수치로 나타낸 독성의 크기가 각각 2와 3인 두 물질이 화학적 상호작용에 의해 상대적 독성이 9로 상승하였다면 이러한 상호작용을 무엇이라 하는가?

① 상가작용
② 가승작용
③ 상승작용
④ 길항작용

[풀이] 독성 2와 3인 두 물질의 합산독성이 5보다 큰 상태이므로 상승작용에 해당한다. 합산독성이 5일 때는 상가작용, 5보다 작을 때는 길항작용으로 된다. 한편, 가승작용은 어느 한 물질의 독성이 없거나 거의 없는 상태의 화학적 상호작용 즉, 독성 0과 5인 두 물질의 독성이 현저히 증대(10 정도)되는 경우가 된다.

85 화학물질 및 물리적 인자의 노출 기준상 산화규소 종류와 노출 기준이 올바르게 연결된 것은? (단, 노출 기준은 TWA 기준이다.)

① 결정체 석영 – $0.1mg/m^3$
② 비결정체 규소 – $0.01mg/m^3$
③ 결정체 트리폴리 – $0.1mg/m^3$
④ 결정체 트리디마이트 – $0.01mg/m^3$

[풀이] 산화규소의 노출 기준은 tripoli, 비결정체는 $0.1mg/m^3$이고, 석영, tridymite는 $0.05mg/m^3$이다.

86 노출에 대한 생물학적 모니터링의 단점이 아닌 것은?

① 시료채취의 어려움
② 근로자의 생물학적 차이
③ 유기시료의 특이성과 복잡성
④ 호흡기를 통한 노출만을 고려

[풀이] 생물학적 모니터링은 모든 노출경로(호흡기, 피부, 소화기 등)에 의한 흡수정도를 나타낼 수 있는 것이 장점 중의 하나이다. 호흡기를 통한 노출만을 고려하는 것은 화학적 모니터링(개인시료 측정)이다. 이 문제는 2009년에 출제된 문제가 반복 출제되었다.

87 인체 내 주요 장기 중 화학물질 대사능력이 가장 높은 기관은?

① 폐
② 간장
③ 소화기관
④ 신장

[풀이] 간장은 대사효소가 집중되어 분포하고 있고, 이들 효소 활동에 의해 다양한 대사물질이 만들어지므로 다른 기관에 비해 독물에 가장 많은 영향을 받는다.

88 중추신경계에 억제작용이 가장 큰 것은?

① 알칸족
② 알켄족
③ 알코올족
④ 할로겐족

[풀이] 중추신경계를 활성억제 하는 크기는 할로겐화합물 > 에테르 > 에스테르 > 유기산 > 알코올 > 알켄 > 알칸 순서이다.

89 망간중독에 대한 설명으로 옳지 않은 것은?

① 금속망간의 직업성 노출은 철강제조 분야에서 많다.
② 망간의 만성중독을 일으키는 것은 2가의 망간화합물이다.
③ 치료제는 CaEDTA가 있으며 중독 시 신경이나 뇌세포 손상 회복에 효과가 크다.
④ 이산화망간 흄에 급성 폭로되면 열, 오한, 호흡곤란 등의 증상을 특징으로 하는 금속열을 일으킨다.

[풀이] 망간중독은 추체외로 증상(錐體外路症狀)을 중심으로 한 신경학적 장애로 2차성 파킨슨증후군의 한 형태를 보인다. 따라서 망간(Mn)의 독성 제거에 Ca-EDTA를 사용할 수 있으나 중독 말기 환자에게는 효과가 없다. 그리고 BAL이나 칼슘, $CaNa_2$-EDTA 등은 치료효과가 없다.

90 다음 단순 에스테르 중 독성이 가장 높은 것은?

① 초산염
② 개미산염
③ 부틸산염
④ 프로피온산염

[풀이] 단순 에스테르 중 독성이 가장 높은 것은 부틸산염이다.

정답 85.③ 86.④ 87.② 88.④ 89.③ 90.③

91 작업장에서 생물학적 모니터링의 결정인자를 선택하는 기준으로 옳지 않은 것은?

① 적절한 민감도(sensitivity)를 가진 결정인자이어야 한다.
② 검사에 대한 분석적인 변이나 생물학적 변이가 타당해야 한다.
③ 검체의 채취나 검사과정에서 대상자에게 불편을 주지 않아야 한다.
④ 결정인자는 노출된 화학물질로 인해 나타나는 결과가 특이하지 않고 평범해야 한다.

[풀이] 생물학적 모니터링에서 생체지표를 선택할 때, 일반적으로 특이성(specificity), 민감성(sensitivity), 접근성(accessibility), 측정·분석 가능성(availability)에 기초를 둔다.

92 카드뮴의 만성중독 증상으로 볼 수 없는 것은?

① 폐기능 장해　② 골격계의 장해
③ 신장기능 장해　④ 시각기능 장해

[풀이] 카드뮴의 만성중독 증상으로는 자각증상(가래, 기침, 코점막이상, 식욕부진, 구토, 반복성 설사, 오심 등), 신장기능 장애, 폐기능 장애, 골격계 장애, 고혈압과 심혈관 질환 등이다.

93 인체에 흡수된 납(Pb) 성분이 주로 축적되는 곳은?

① 간　② 뼈
③ 신장　④ 근육

[풀이] 불소와 납과 같은 독성물질은 뼈조직에 침착되어 저장되며, 납의 경우 생체에 존재하는 양의 약 90%가 뼈조직에 있다.

94 작업자의 소변에서 마뇨산이 검출되었다. 이 작업자는 어떤 물질을 취급하였다고 볼 수 있는가?

① 톨루엔　② 에탄올
③ 클로로벤젠　④ 트리클로로에틸렌

[풀이] 마뇨산(hippuric acid)은 톨루엔의 생물학적 폭로지표로 이용된다. 2007년 출제문제가 반복 출제되었다.

95 중금속의 노출 및 독성기전에 대한 설명으로 옳지 않은 것은?

① 크롬은 6가 크롬보다 3가 크롬이 체내 흡수가 많이 된다.
② 대부분의 금속이 배설되는 가장 중요한 경로는 신장이다.
③ 작업환경 중 작업자가 흡입하는 금속형태는 흄과 먼지형태이다.
④ 납에 노출될 수 있는 업종은 축전지 제조, 합금업체, 전자산업 등이다.

[풀이] Cr^{3+}은 위장관에서 거의 흡수되지 않는다. 섭취한 3가 크롬의 0.5~2.0%만이 인체의 위장관에서 흡수되는 것으로 알려져 있다. 2014년 출제문제가 반복 출제되었다.

96 약품 정제를 하기 위한 추출제 등에 이용되는 물질로 간장, 신장의 암발생에 주로 영향을 미치는 것은?

① 크롬　② 벤젠
③ 유리규산　④ 클로로포름

[풀이] 클로로포름의 표적장기는 중추신경계, 간, 신장이고, 고농도에 단시간 노출될 경우 중추신경계 독성을 보이며, 국제암연구위원회(IARC)의 발암물질 구분 기준에서 인체 발암성 가능물질(Group 2B)의 종류에 해당되는 물질이다.

97 다음 중 악성 중피종(mesothelioma)을 유발시키는 대표적인 인자는?

① 석면　② 주석
③ 아연　④ 크롬

[풀이] 석면은 석면폐증, 폐암, 악성중피종을 유발하는 물질이다.

98 유리규산(석영) 분진에 의한 규폐성 결정과 폐포벽 파괴 등 망상 내피계 반응은 분진입자의 크기가 얼마일 때 자주 일어나는가?

① 0.1~0.5μm ② 2~8μm
③ 10~15μm ④ 15~20μm

[풀이] 유리규산(석영) 분진에 의한 규폐성 결정과 폐포벽 파괴 등 망상 내피계 반응은 분진입자의 크기가 0.5~5μm범위일 때 자주 일어나며 1~2μm 전후한 입자가 폐포 침착률이 가장 높다.

99 입자상 물질의 호흡기계 침착기전 중 길이가 긴 입자가 호흡기계로 들어오면 그 입자의 가장자리가 기도의 표면을 스치게 됨으로써 침착하는 현상은?

① 충돌 ② 침전
③ 차단 ④ 확산

[풀이] 섬유분진이나 석면처럼 길이가 긴 입자의 가장자리가 기도 표면을 스치게 되어 침착하는 메커니즘을 차단(간섭)이라고 한다. 주로 입경 0.1~1μm 범위를 갖는 입자의 호흡기 축적기전으로 작용한다.

100 다음에서 설명하는 물질은?

> 이것은 소방제나 세척액 등으로 사용되었으나 현재는 강한 독성 때문에 이용되지 않으며 고농도의 이물질에 노출되면 중추신경계 장애 외에 간장과 신장 장애를 유발한다. 대표적인 초기증상으로는 두통, 구토, 설사 등이 있으며 그 후에 알부민뇨, 혈뇨 및 혈중 urea 수치의 상승 등의 증상이 있다.

① 납 ② 수은
③ 황화수은 ④ 사염화탄소

[풀이] 사염화탄소(CCl_4)에 고농도로 단기간 노출될 경우 중추신경계 억제효과에 따른 지속적인 두통, 현기증, 구토, 간부위 압통, 오심, 설사, 그 외 심부정맥, 적혈구 증가, 빈혈증상이 나타나고, 급성 노출 후 며칠이 경과 되면 신장 및 간에 장해가 나타나면서 빈뇨·혈뇨, 황달 등의 증세를 보인다.

정답 98.② 99.③ 100.④

2021 제2회 산업위생관리(기사)

2021. 5. 15 시행

알림글
- 이 교재의 **동영상 강좌**는 ▶YouTube(이승원TV)를 통하여 무료로 청강할 수 있으며, 연합플러스 평생교육원(yhe.co.kr)에서 유료로 청강할 수 있습니다.
- 학습 중 질문사항은 연합플러스 평생교육원(yhe.co.kr)의 묻고 답하기 질문 코너나 ▶YouTube(이승원TV)에 댓글을 남겨 주시면 신속히 해결해 드리겠습니다.

제1과목 산업위생학 개론

01 다음 중 최초로 기록된 직업병은?
① 규폐증　　② 폐질환
③ 음낭암　　④ 납중독

[풀이] B.C 4세기경 히포크라테스(Hippocrates)에 의해 광산에서 납(Pb)중독 보고가 역사상 최초로 기록된 직업병이다. 이러한 내용을 쉽게 암기하고, 딱 한번 공부해서 잊지 않게 하는 특수 암기법을 ▶YouTube(이승원TV)에서 자세히 소개하고 있다.

02 근골격계질환에 관한 설명으로 옳지 않은 것은?
① 건초염(tendosynovitis)은 건막에 염증이 생긴 질환이며, 건염(tendonitis)은 건의 염증으로, 건염과 건초염을 정확히 구분하기 어렵다.
② 수근관 증후군(carpal tunnel syndrome)은 반복적이고, 지속적인 손목의 압박, 무리한 힘 등으로 인해 수근관 내부에 정중신경이 손상되어 발생한다.
③ 요추 염좌(lumbar sprain)는 근육이 잘못된 자세, 외부의 충격, 과도한 스트레스 등으로 수축되어 굳어지면 근섬유의 일부가 띠처럼 단단하게 변하여 근육의 특정 부위에 압통, 방사통, 목부위 운동제한, 두통 등의 증상이 나타난다.
④ 점액낭염(bursitis)은 관절 사이의 윤활액을 싸고 있는 윤활낭에 염증이 생기는 질병이다.

[풀이] 요추 염좌(lumbar sprain)는 뼈와 뼈를 이어주는 섬유조직인 인대가 손상되어 통증이 생기는 상태를 말한다. 허리의 근육은 서기, 걷기, 물건 들어올리기와 같은 활동을 하기 위한 힘을 제공하는 조직으로, 근육의 상태가 좋지 않거나 과도하게 사용되면 근육의 염좌가 발생하게 된다. 한편, 잘못된 자세, 외부 충격, 스트레스 등으로 근육이 수축되고, 수축된 상태가 풀리지 않고 굳어지면서 근섬유라 부르는 근육 결의 일부가 띠처럼 단단하게 변하여 통증신경을 자극하는 신경전달물질이 분비되어 통증이 나타나는 증상을 근막동통증후군이라 한다.

03 근로자가 노동환경에 노출될 때 유해인자에 대한 해치(Hatch)의 양-반응관계곡선의 기관장해 3단계에 해당하지 않는 것은?
① 보상단계　　② 고장단계
③ 회복단계　　④ 항상성 유지단계

[풀이] 근로자가 노동환경에 노출될 때 유해인자에 대한 해치(Hatch)의 양-반응 관계곡선에서 유해요인의 강도가 증가함에 따라 인체의 기관에 미치는 장해는 1단계 : 항상성 유지단계 → 2단계 : 보상단계(정상기능을 유지할 수 있는 한계까지 조절기능이 작용하는 단계) → 3단계 : 고장단계(인체의 조절기능 한계를 초과하여 질병이 발생하거나 사망에 이르게 하는 단계)로 이행된다.

04 산업피로의 용어에 관한 설명으로 옳지 않은 것은?

정답 01.④　02.③　03.③　04.①

① 곤비란 단시간의 휴식으로 회복될 수 있는 피로를 말한다.
② 다음 날까지도 피로상태가 계속되는 것을 과로라 한다.
③ 보통 피로는 하룻밤 잠을 자고 나면 다음날 회복되는 정도이다.
④ 정신피로는 중추신경계의 피로를 말하는 것으로 정밀작업 등과 같은 정신적 긴장을 요하는 작업시에 발생된다.

[풀이] 곤비(困憊)는 과로 상태가 축적된 상태로서 단기간 휴식을 통해서는 회복될 수 없는 피로로서 심하면 사망에 이를 수 있다. 단시간의 휴식으로 회복될 수 있는 피로는 일반 보통피로에 속한다.

05 산업안전보건법령에서 정하고 있는 제조 등이 금지되는 유해물질에 해당되지 않는 것은?

① 석면(Asbestos)
② 크롬산 아연(Zinc chromates)
③ 황린 성냥(Yellow phosphorus match)
④ β-나프틸아민과 그 염(β-Naphthylamine and its salts)

[풀이] 제조가 금지되고 있는 유해물질(보건법 시행령 제29조)은 다음과 같다.
- 황린(黃燐) 성냥
- 백연을 함유한 페인트(함유된 용량의 비율이 2% 이하인 것은 제외)
- 폴리클로리네이티드터페닐(PCT)
- 4-니트로디페닐과 그 염
- 베타-나프틸아민과 그 염
- 석면(백석면, 청석면 및 갈석면, 악티노라이트석면, 안소필라이트석면 및 트레모라이트석면)
- 벤젠을 함유하는 고무풀(함유된 용량의 비율이 5% 이하인 것은 제외)
- 위의 어느 하나에 해당하는 물질을 함유한 제제(함유된 중량의 비율이 1% 이하인 것 제외)
- 화학물질관리법에 따른 금지물질
- 그 밖에 고용노동부장관이 정하는 유해물질

06 사무실 공기관리 지침에 관한 내용으로 옳지 않은 것은?(단, 고용노동부 고시를 기준으로 한다.)

① 오염물질인 미세먼지(PM10)의 관리기준은 $100\mu g/m^3$이다.
② 사무실 공기의 관리기준은 8시간 시간가중평균농도를 기준으로 한다.
③ 총부유세균의 시료채취방법은 충돌법을 이용한 부유세균채취기(bioair sampler)로 채취한다.
④ 사무실 공기질의 모든 항목에 대한 측정결과는 측정치 전체에 대한 평균값을 이용하여 평가한다.

[풀이] 사무실 공기질의 측정결과는 측정치 전체에 대한 평균값을 오염물질별 관리기준과 비교하여 평가한다. 다만, 이산화탄소(CO_2)는 각 지점에서 측정한 측정치 중 최고값을 기준으로 비교·평가한다. 산업위생관련 법령이나 고용노동부 고시는 교재 수록된 시기의 내용과 달리 수시로 변경될 수 있으므로 법제처 자료 등을 주기적으로 참조하여야 한다.

07 산업안전보건법령상 물질안전보건자료 대상물질을 제조·수입하려는 자가 물질안전보건자료에 기재해야 하는 사항에 해당되지 않는 것은?(단, 그 밖에 고용노동부장관이 정하는 사항은 제외한다.)

① 응급조치 요령
② 물리·화학적 특성
③ 안전관리자의 직무범위
④ 폭발·화재 시의 대처방법

[풀이] 물질안전보건자료의 기재 사항(시행규칙 제92조4)은 다음과 같다.
※ 산업위생관련 법령이나 고용노동부 고시는 교재 수록된 시기의 내용과 달리 수시로 변경될 수 있으므로 법제처 자료 등을 주기적으로 참조하여야 한다.
- 물리·화학적 특성
- 독성에 관한 정보
- 폭발·화재 시의 대처 방법
- 응급조치 요령
- 그 밖에 고용노동부장관이 정하는 사항

08 산업안전보건법령상 근로자에 대해 실시하는 특수건강진단 대상 유해인자에 해당되지 않는 것은?

① 에탄올(Ethanol)
② 가솔린(Gasoline)
③ 니트로벤젠(Nitrobenzene)
④ 디에틸 에테르(Diethyl ether)

풀이 특수건강진단 대상 유해인자(시행규칙 제201조 관련) 중 유기화합물은 109종으로 에탄올은 포함되지 않는다. 알코올류는 메탄올, 2-메톡시에탄올, n-부탄올, 2-부탄올, 2-부톡시에탄올, 2-에톡시에탄올, 2,3-에폭시-1-프로판올, 이소부틸 알코올, 이소아밀 알코올, 이소프로필 알코올 등이다.

특수건강진단 대상 유해인자 중 유기화합물질은 가솔린, 글루타르알데히드, β-나프틸아민, 니트로글리세린, 니트로메탄, 니트로벤젠, p-니트로아닐린, p-니트로클로로벤젠, 디니트로톨루엔, N,N-디메틸아닐린, p-디메틸아미노아조벤젠, N,N-디메틸아세트아미드, 디메틸포름아미드, 디에틸 에테르, 디에틸렌트리아민, 1,4-디옥산, 디이소부틸케톤, 디클로로메탄, o-디클로로벤젠, 1,2-디클로로에탄, 1,2-디클로로에틸렌, 1,2-디클로로프로판, 디클로로플루오로메탄, p-디히드록시벤젠, 마젠타, 메탄올, 2-메톡시에탄올, 2-메톡시에틸 아세테이트, 메틸 n-부틸 케톤, 메틸 n-아밀 케톤, 메틸 에틸 케톤, 메틸 이소부틸 케톤, 메틸 클로라이드, 메틸 클로로포름, 메틸렌 비스(페닐 이소시아네이트), 4,4'-메틸렌 비스(2-클로로아닐린), o-메틸시클로헥사논, 메틸시클로헥사놀, 무수 말레산, 무수 프탈산, 벤젠, 벤지딘 및 그 염, 1,3-부타디엔, n-부탄올, 2-부탄올, 2-부톡시에탄올, 2-부톡시에틸 아세테이트, 1-브로모프로판, 2-브로모프로판, 브롬화 메틸, 비스(클로로메틸) 에테르, 사염화탄소, 스토다드 솔벤트, 스티렌, 시클로헥사논, 시클로헥사놀, 시클로헥산, 시클로헥센, 아닐린 [62-53-3] 및 그 동족체, 아세토니트릴, 아세톤, 아세트알데히드, 아우라민, 아크릴로니트릴, 아크릴아미드, 2-에톡시에탄올, 2-에톡시에틸 아세테이트, 에틸 벤젠, 에틸 아크릴레이트, 에틸렌 글리콜, 에틸렌 글리콜 디니트레이트, 에틸렌 클로로히드린, 에틸렌이민, 2,3-에폭시-1-프로판올, 에피클로로히드린, 염소화비페닐, 요오드화 메틸, 이소부틸 알코올, 이소아밀 아세테이트, 이소아밀 알코올, 이소프로필 알코올, 이황화탄소, 콜타르, 크레졸, 크실렌, 클로로메틸 메틸 에테르, 클로로벤젠, 테레빈유, 1,1,2,2-테트라클로로에탄, 테트라히드로푸란, 톨루엔, 톨루엔-2,4-디이소시아네이트, 톨루엔-2,6-디이소시아네이트, 트리클로로메탄, 1,1,2-트리클로로에탄, 트리클로로에틸렌, 1,2,3-트리클로로프로판, 퍼클로로에틸렌, 페놀, 펜타클로로페놀, 포름알데히드, β-프로피오락톤, o-프탈로디니트릴, 피리딘, 헥사메틸렌 디이소시아네이트, n-헥산, n-헵탄, 황산 디메틸, 히드라진, 기타 상기 물질을 용량비율 1퍼센트 이상 함유한 혼합물이다.

09 산업피로에 대한 대책으로 옳은 것은?
① 커피, 홍차, 엽차 및 비타민 B1은 피로 회복에 도움이 되므로 공급한다.
② 신체 리듬의 적응을 위하여 야간 근무는 연속으로 7일 이상 실시하도록 한다.
③ 움직이는 작업은 피로를 가중시키므로 될수록 정적인 작업으로 전환하도록 한다.
④ 피로한 후 장시간 휴식하는 것이 휴식시간을 여러 번으로 나누는 것보다 효과적이다.

풀이 ①항이 올바르다. 다만 홍차, 커피, 코코아 등 기호음료를 섭취할 때에는 대부분이 습관성이므로 각별한 주의를 요한다. 산업피로를 예방하기 위해서는 규칙적 생활리듬을 유지할 수 있는 근무시간제로 운영 (야간 연속근무지양)하고, 움직임이 적은 정적인 작업은 피로를 가중시키므로 동적인 작업으로 전환하거나 작업내용의 변화 및 교대를 두는 것이 바람직하며, 장시간 한 번 휴식하는 것보다 여러 번 나누어 휴식하는 것이 피로회복에 도움이 된다.

10 직업성 질환 중 직업상의 업무에 의하여 1차적으로 발생하는 질환은?
① 합병증   ② 일반 질환
③ 원발성 질환   ④ 속발성 질환

풀이 직업상의 업무로 인하여 1차적으로 발생하는 질환을 원발성 질환이라 한다. 속발성 질환은 원발성 질환에 기인하여 속발하리라고 의학상 인정되는 경우(업무에 기인하지 않는다는 유력한 원인이 없는 한 직업성 질환으로 취급)의 질환을 말한다.

11 재해예방의 4원칙에 해당되지 않는 것은?
① 손실 우연의 원칙   ② 예방 가능의 원칙
③ 대책 선정의 원칙   ④ 원인 조사의 원칙

풀이 재해예방의 4원칙은 원인 계기의 원칙, 손실 우연의 원칙, 예방가능의 원칙, 대책선정의 원칙이 있다.

정답 09.① 10.③ 11.④

12 토양이나 암석 등에 존재하는 우라늄의 자연적 붕괴로 생성되어 건물의 균열을 통해 실내공기로 유입되는 발암성 오염물질은?

① 라돈 ② 석면
③ 알레르겐 ④ 포름알데히드

풀이 토양이나 암석 등에 존재하는 우라늄의 자연적 붕괴로 생성되어 건물의 균열을 통해 실내공기로 유입되는 발암성 오염물질은 라돈(Rn)이다. 라돈은 라듐(Ra)이 알파(α) 붕괴할 때 생기는 기체 상태의 원소로 무색, 무미, 무취의 특성을 보이며, 호흡을 통해 유입되기 쉬운 방사선 물질로서 공기보다 9배 정도 무겁기 때문에 지하공간에서 더 높은 농도를 보인다.

13 NIOSH에서 제시한 권장무게한계가 6kg이고, 근로자가 실제 작업하는 중량물의 무게가 12kg일 경우 중량물 취급지수(LI)는?

① 0.5 ② 1.0
③ 2.0 ④ 6.0

풀이 중량물 취급지수(LI)는 다음의 관계식으로 산정된다.

〈계산〉 $LI = \frac{실제 작업무게}{권고기준} = \frac{L}{RWL}$

- $\begin{cases} L : 실제 작업무게 = 12 \\ RWL : 권고기준(권장무게 한계) = 6 \end{cases}$

$\therefore LI = \frac{12}{6} = 2.0$

14 미국산업위생학술원(American Academy of Industrial Hygiene)에서 산업위생 분야에 종사하는 사람들이 반드시 지켜야 할 윤리강령 중 전문가로서의 책임부분에 해당하지 않는 것은?

① 기업체의 기밀은 누설하지 않는다.
② 근로자의 건강보호 책임을 최우선으로 한다.
③ 전문 분야로서의 산업위생을 학문적으로 발전시킨다.
④ 과학적 방법의 적용과 자료의 해석에서 객관성을 유지한다.

풀이 근로자의 건강보호 책임을 최우선으로 하는 것은 윤리강령 중 근로자에 대한 책임에 해당한다.

15 근육운동을 하는 동안 혐기성 대사에 동원되는 에너지원과 가장 거리가 먼 것은?

① 글리코겐
② 아세트알데히드
③ 크레아틴인산(CP)
④ 아데노신삼인산(ATP)

풀이 혐기성 대사는 단시간 내에 많은 힘을 요구하는 운동을 할 때 일어나는데 신속한 에너지를 충족하지 못하므로 ATP 부족 및 산소 부족발생(산소부채 발생)하고, 크레아틴인산(CP)과 글리코겐 등 근육자체에 저장된 에너지를 주로 이용하여 ATP를 생성한다. 이러한 내용을 쉽게 암기할 수 있는 필살기 암기법은 ▶ YouTube(이승원TV)에서 자세히 소개하고 있다.

16 산업안전보건법령상 중대재해에 해당되지 않는 것은?

① 사망자가 2명이 발생한 재해
② 상해는 없으나 재산피해 정도가 심각한 재해
③ 4개월의 요양이 필요한 부상자가 동시에 2명이 발생한 재해
④ 부상자 또는 직업성 질병자가 동시에 12명이 발생한 재해

풀이 중대재해란 산업재해 중 사망 등 재해 정도가 심한 것으로서 고용노동부령(시행규칙 제 2조)으로 정하는 다음의 재해를 말한다.
- 사망자가 1명 이상 발생한 재해
- 3개월 이상의 요양이 필요한 부상자가 동시에 2명 이상 발생한 재해
- 부상자 또는 직업성질병자가 동시에 10명 이상 발생한 재해

17 작업대사율이 3인 강한작업을 하는 근로자의 실동률(%)은?

① 50 ② 60
③ 70 ④ 80

풀이 실동률(實動率)은 실제작업 시간의 비율로서 작업량과 능률이 동시에 고려된 개념이다. 따라서 작업의 강도가 클수록 작업시간은 짧아지지만 휴식시간은 길어지며, 실동률은 감소하게 된다. 실동률은 다음 식으로 계산된다.

정답 12.① 13.③ 14.② 15.② 16.② 17.③

〈계산〉 실동률(%) = 85 − (5×RMR)
- RMR : 작업대사율 = 3
∴ 실동률 = 85 − (5×3) = 70

18 마이스터(D.Meister)가 정의한 내용으로 시스템으로부터 요구된 작업결과(Performance)와의 차이(Deviation)가 의미하는 것은?
① 인간실수   ② 무의식 행동
③ 주변적 동작   ④ 지름길 반응

풀이 인간실수는 근로자 개개인의 자질상의 결함이나 태만보다는 시스템에서의 서두름에 의해 더 크게 영향을 받는다. 따라서 인간실수에 대하여 마이스터(Meister)는 시스템으로부터 요구된 일 처리 결과와의 차이라고 하였고 스웨인(Swain)은 허용되는 한계를 넘어서 나타나는 일련의 인간행동이라고 하였다.

19 산업위생활동 중 평가(Evaluation)의 주요과정에 대한 설명으로 옳지 않은 것은?
① 시료를 채취하고 분석한다.
② 예비조사의 목적과 범위를 결정한다.
③ 현장조사로 정량적인 유해인자의 양을 측정한다.
④ 바람직한 작업환경을 만드는 최종적인 활동이다.

풀이 산업위생활동 중 평가(evaluation)는 유해인자에 대한 양 또는 정도가 근로자들의 건강에 어떤 영향을 미칠 것인지 판단하는 의사결정단계로서 예비조사의 목적과 범위를 결정하고, 현장조사로 정량적인 유해인자의 양을 측정하며, 노출정도를 노출기준과 통계적인 근거로 비교한 판정 등이 이루어지며, 넓은 의미에서는 시료의 채취와 분석까지도 포함된다.

20 톨루엔(TLV=50ppm)을 사용하는 작업장의 작업시간이 10시간일 때 허용기준을 보정하여야 한다. OSHA 보정법과 Brief and Scala 보정법을 적용하였을 경우 보정된 허용기준치 간의 차이는?
① 1ppm   ② 2.5ppm
③ 5ppm   ④ 10ppm

풀이 보정농도는 다음과 같이 산정된다. 따라서 OSHA 보정법과 Brief and Scala 보정법을 각각 적용하여 산정된 보정농도의 차를 구한다. 이러한 공식을 쉽게 암기할 수 있는 필살기 암기법은 ▶YouTube(이승원TV)에서 자세히 소개하고 있다.

〈계산〉 보정농도 = 8시간기준 × 보정계수
- OSHA 보정농도 = $TLV \times \left(\dfrac{8}{H}\right)$
 $= 50\,ppm \times \dfrac{8}{10} = 40\,ppm$
- Brief and Scala 보정농도
 $= TLV \times \left(\dfrac{8}{H} \times \dfrac{24-H}{16}\right)$
 $= TLV \times \left(\dfrac{8}{10} \times \dfrac{24-10}{16}\right)$
 $= 50\,ppm \times 0.7 = 35\,ppm$
∴ 농도차 = 40 − 35 = 5ppm

제2과목 작업위생측정 및 평가

21 가스상 물질의 분석 및 평가를 위한 열탈착에 관한 설명으로 틀린 것은?
① 이황화탄소를 활용한 용매 탈착은 독성 및 인화성이 크고 작업이 번잡하여 열탈착이 보다 간편한 방법이다.
② 활성탄관을 이용하여 시료를 채취한 경우, 열탈착에 300℃ 이상의 온도가 필요하므로 사용이 제한된다.
③ 열탈착은 용매탈착에 비하여 흡착제에 채취된 일부 분석물질만 기기로 주입되어 감도가 떨어진다.
④ 열탈착은 대개 자동으로 수행되며 탈착된 분석물질이 가스크로마토그래피로 직접 주입되도록 되어 있다.

풀이 열탈착법은 300℃ 이하(250~300℃)에서 포집한 시료를 탈착하는 방법으로 포집시료의 일부가 아닌 한 번에 모든 시료가 주입된다. 그러므로 여분의 분석물질을 남지 않기 때문에 낮은 농도의 물질을 분석할 수 있지만, 단 한번 밖에 분석할 수 없다는 단점이 있으며, 열탈착장비 및 시료채취기의 가격이 비싸고, 분석시간이 긴 단점이 있다.

22 정량한계에 관한 설명으로 옳은 것은?

① 표준편차의 3배 또는 검출한계의 5배(또는 5.5배)로 정의
② 표준편차의 3배 또는 검출한계의 10배(또는 10.3배)로 정의
③ 표준편차의 5배 또는 검출한계의 3배(또는 3.3배)로 정의
④ 표준편차의 10배 또는 검출한계의 3배(또는 3.3배)로 정의

풀이 정량한계(LOQ, limit of quantitation)란 어느 주어진 분석절차에 따라서 합리적인 신뢰성을 가지고 분석기기가 정량·분석할 수 있는 가장 작은 농도나 양을 말하는데 일반적으로 검출한계(LOD)의 3배(최대 3.3배), 표준편차의 10배에 해당하는 농도나 양에 해당한다. 잘 정리 해 두어야 한다.
한편, 검출한계(LOD, Limit Of Detection)는 분석기기가 검출할 수 있는 분석물질의 가장 낮은 농도나 양, 즉 분석기기마다 바탕선량(back ground)과 구별하여 분석될 수 있는 가장 적은 분석물질의 양을 말하며, 표준편차의 3배에 해당한다.

23 고온의 노출기준을 구분하는 작업강도 중 중등작업에 해당하는 열량(kcal/hr)은?(단, 고용노동부 고시를 기준으로 한다.)

① 130   ② 221
③ 365   ④ 445

풀이 고온의 노출기준을 구분하는 작업강도 중 중등작업에 해당하는 열량(kcal/hr)에 해당하는 것은 ②항이다. 고온의 노출기준을 구분하는 작업강도별 작업대사량의 구분은 다음과 같다.
• 경작업대사량 : 200kcal/hr까지(손 또는 팔을 가볍게 쓰는 작업)
• 중등작업대사량 : 200~350kcal/hr(물체를 들거나 밀며 걸어 다니는 작업)
• 중(고된)작업대사량 : 350~500kcal/hr(곡괭이질, 삽질 등)

24 고열(Heat stress) 환경의 온열 측정과 관련된 내용으로 틀린 것은?

① 흑구온도와 기온과의 차를 실효복사온도라 한다.
② 실제 환경의 복사온도를 평가할 때는 평균복사온도를 이용한다.
③ 고열로 인한 환경적인 요인은 기온, 기류, 습도 및 복사열이다.
④ 습구흑구온도지수(WBGT) 계산 시에는 반드시 기류를 고려하여야 한다.

풀이 습구흑구온도지수(WBGT)는 기류를 고려하지 않으며, 감각온도의 근사치로 사용된다.

25 입경범위가 0.1~0.5μm인 입자상 물질이 여과지에 포집될 경우에 관여하는 주된 메커니즘은?

① 충돌과 간섭   ② 확산과 간섭
③ 확산과 충돌   ④ 충돌

풀이 0.1~0.5μm인 입자상 물질은 주로 확산-간섭에 의해 포집된다. 이때 표준시험 입자는 0.3μm이다.

26 1% Sodium bisulfite의 흡수액 20mL를 취한 유리제품의 미드젯임핀저를 고속시료포집 펌프에 연결하여 공기시료 0.480m³를 포집하였다. 가시광선흡광광도계를 사용하여 시료를 실험실에서 분석한 값이 표준검량선의 외삽법에 의하여 50μg/mL가 지시되었다. 표준상태에서 시료포집기간동안의 공기 중 포름알데히드 증기의 농도(ppm)는? (단, 포름알데히드 분자량은 30g/mol이다.)

① 1.7   ② 2.5
③ 3.4   ④ 4.8

풀이 분석대상 물질의 질량(m)과 공기시료의 부피(V)를 이용하여 다음과 같이 농도를 산출한다. 사용되는 아황산 수소 나트륨(sodium bisulfite)의 농도(=1%)는 계산에 적용되지 않는 값이다. 이러한 공식을 전혀 암기하지 않고 개념으로 술술 풀어내는 필살기 학습법을 ▶YouTube(이승원TV)에서 자세히 소개하고 있다.

⟨계산⟩ $C_p(\text{ppm}) = \dfrac{m}{V} \times \dfrac{24.45}{M_w}$

• $V(\text{m}^3) = 0.480\,\text{m}^3$
• $m = \dfrac{50\mu g}{mL} \times 20\text{mL} \times \dfrac{10^{-3}\text{mg}}{\mu g} = 1\text{mg}$

∴ $C_p = \dfrac{1}{0.48} \times \dfrac{24.45}{30} = 1.7\,\text{ppm}$

27 노출기준이 1ppm인 acrylonitrile을 0.2 L/min 유속으로 3.5L 채취 시 분석범위(working range)는 0.7~46ppm이다. 이 물질의 분석 시 정량한계(mg)는?(단, acrylonitrile의 분자량은 53.06g/mol이다.)

① 2.45　　② 4.91
③ 5.25　　④ 10.50

풀이 현재 문제의 주어진 조건으로는 **"정답을 얻을 수 없음"** 으로 판단된다. 그러므로 저자가 '**조건을 수정**' 하여 정답에 접근하고자 한다. 문제조건에서 '3.5L을 → 7.4min으로' 수정, 정량한계 단위 mg을 → μg으로 수정한 후 다음의 최소 시료채취량과 정량한계의 관계식을 이용하여 계산한다.

〈계산〉 V_m (L) = $\dfrac{\text{LOQ(정량한계)}}{C_o} \times 10^3$

= $\dfrac{\text{LOD(검출한계)} \times 3}{C_o} \times 10^3$

- $\begin{cases} V_m : \text{최소 시료채취량} = 0.2 \times 7.4 = 1.48\text{L} \\ \text{LOQ : 정량한계(mg)} \\ C_o : \text{측정한계(최소)농도} = 0.7 \times \dfrac{53.06}{22.4} \\ = 1.658 \text{ mg/m}^3 \end{cases}$

⇒ $1.48 = \dfrac{\text{LOD} \times 10^{-3} \times 3}{1.658} \times 10^3$,

LOD = 0.818μg

∴ LOQ = LOD × 3 = 0.818 × 3 = 2.45 μg

28 고체흡착관의 뒷층에서 분석된 양이 앞층의 25%였다. 이에 대한 분석자의 결정으로 바람직하지 않은 것은?

① 파과가 일어났다고 판단하였다.
② 파과실험의 중요성을 인식하였다.
③ 시료채취과정에서 오차가 발생되었다고 판단하였다.
④ 분석된 앞층과 뒷층을 합하여 분석결과로 이용하였다.

풀이 활성탄(흡착제)을 사용할 때 앞층(전층)에서 검출된 유해물질의 20% 이상이 뒷층(후층)에서 검출되면 그 시료는 파과현상(Breakthrough)에 의해 시료의 일부가 누출되었음을 의미한다. 파과된 시료는 분석에 이용되지 않는다.

※ 파과현상(시료)에 대한 다른 견해
- 국내 공정시험기준 : 후단의 5% 이상 (파과부피)
- OSHA의 평가 : 파과기준 5%
- NIOSH권고사항 : 파과기준 10%
- ACHIH규정 : 25% 이상 파과시료(폐기)

29 옥내의 습구흑구온도지수(WBGT)를 계산하는 식으로 옳은 것은?

① WBGT=0.1×자연습구온도+0.9×흑구온도
② WBGT=0.9×자연습구온도+0.1×흑구온도
③ WBGT=0.3×자연습구온도+0.7×흑구온도
④ WBGT=0.7×자연습구온도+0.3×흑구온도

풀이 옥내 또는 옥외(태양광선이 내리쬐지 않는 장소)의 습구흑구온도지수(WBGT)는 다음 식으로 계산된다.
- WBGT(℃)=0.7×자연습구온도+0.3×흑구온도

30 활성탄관에 대한 설명으로 틀린 것은?

① 흡착관은 길이 7cm, 외경 6mm인 것을 주로 사용한다.
② 흡입구 방향으로 가장 앞쪽에는 유리섬유가 장착되어 있다.
③ 활성탄 입자는 크기가 20~40mesh인 것을 선별하여 사용한다.
④ 앞층과 뒷층을 우레탄 폼으로 구분하며 뒷층이 100mg으로 앞층 보다 2배 정도 많다.

풀이 흡착관은 길이 7cm, 내경 4mm의 유리관 내에 20~40메쉬의 흡착제가 앞층에 100mg, 뒷층에 50mg으로 충진되어 있으며, 앞층과 뒷층을 우레탄 폼으로 구분되어 있다.

31 처음 측정한 측정치는 유량, 측정시간, 회수율, 분석에 의한 오차가 각각 15%, 3%, 10%, 7%이였으나 유량에 의한 오차가 개선되어 10%로 감소되었다면 개선 전 측정치의 누적오차와 개선 후 측정치의 누적오차의 차이(%)는?

① 6.5　　② 5.5
③ 4.5　　④ 3.5

정답 27.① 28.④ 29.④ 30.④ 31.④

[풀이] 누적오차(cumulative error)는 동일한 측정에 있어서 일정한 조건하에서는 항상 같은 크기로 생기는 오차로서 측정을 반복함에 따라 오차의 크기가 측정 회수에 비례하여 누적되는데 누적오차는 다음 식으로 산출한다. 이러한 공식을 전혀 암기하지 않고 개념으로 술술 풀어내는 필살기 학습법을 ▶YouTube(이승원TV)에서 자세히 소개하고 있다.

<계산> $E_c = \sqrt{E_1^2 + E_2^2 + \cdots + E_n^2}$

$\begin{cases} E : \text{각 출처에서 발생된 오차(SEA)}(n=1,2,3,4\cdots) \\ SEA : \text{시료채취·분석 과정에서 발생하는 오차} \end{cases}$

• 개선 전 $E_c = \sqrt{15^2 + 3^2 + 9^2 + 5^2} = 18.44\%$
• 개선 후 $E_c = \sqrt{10^2 + 3^2 + 9^2 + 5^2} = 14.67\%$
∴ $\Delta E_c = 18.44 - 14.67 = 3.77\%$

32 산업위생통계에서 적용하는 변이계수에 대한 설명으로 틀린 것은?

① 표준오차에 대한 평균값의 크기를 나타낸 수치이다.
② 통계집단의 측정값들에 대한 균일성, 정밀성 정도를 표현하는 것이다.
③ 단위가 서로 다른 집단이나 특성값의 상호 산포도를 비교하는데 이용될 수 있다.
④ 평균값의 크기가 0에 가까울수록 변이계수의 의의가 작아지는 단점이 있다.

[풀이] 변이계수(CV, coefficient of variation)는 통계집단의 측정값들에 대한 정밀성 정도를 표현한 것으로 평균값에 대한 표준편차의 크기를 백분율로 나타낸 수치이다. 변이계수는 단위가 서로 다른 집단이나 특성값의 상호 산포도를 비교하는데 이용될 수 있는데 산포도는 대표값을 중심으로 자료들이 흩어져 있는 정도를 의미한다.

33 누적소음노출량 측정기로 소음을 측정할 때의 기기 설정값으로 옳은 것은?(단, 고용노동부 고시를 기준으로 한다.)

① Threshold=80dB, Criteria=90dB, Exchange Rate=5dB
② Threshold=80dB, Criteria=90dB, Exchange Rate=10dB
③ Threshold=90dB, Criteria=80dB, Exchange Rate=10dB
④ Threshold=90dB, Criteria=80dB, Exchange Rate=5dB

[풀이] 누적소음노출량 측정기로 소음을 측정하는 경우, 크라이테리어(Criteria)는 90dB, 익스체인지레이트(교환율, Exchange Rate)는 5dB, 스레쉬홀드(Threshold)는 80dB로 기기를 설정하여야 한다.

34 석면농도를 측정하는 방법에 대한 설명 중 ( )안에 들어갈 적절한 기체는?(단, NIOSH 방법 기준)

> 공기 중 석면농도를 측정하는 방법으로 충전식 휴대용펌프를 이용하여 여과지를 통하여 공기를 통과시켜 시료를 채취한 다음, 이 여과지에 (A)증기를 씌우고 (B)시약을 가한 후 위상차현미경으로 400~450배의 배율에서 섬유수를 계수한다.

① 솔벤트, 메틸에틸케톤
② 아황산가스, 클로로포름
③ 아세톤, 트리아세틴
④ 트리클로로에탄, 트리클로로에틸렌

[풀이] 작업환경(공기) 중의 분석대상 물질을 MCE(membrane cellulose ester) 여과지로 포집(1~16L/min의 포집속도)한 다음 멤브레인 필터를 아세톤과 트리아세틴을 사용하여 투명화 전처리한 후 위상차현미경(Phase Contrast Microscopy, PCM, 400~450배율)을 이용하여 계수분석한다.
길이가 5μm 이상 되면서 길이 대 넓이의 비가 3:1 이상 되는 섬유를 계수한다. 섬유가 계수면적 내에 있으면 1개로, 섬유의 한쪽 끝만 있으면 1/2개로, 섬유다발은 섬유의 끝이 정확히 보이지 않으면 1개로 계수한다. 작은 직경의 섬유는 아주 희미하게 보이지만 전체 석면 계수에는 큰 영향을 주므로 주의하여야 한다. 최종 농도단위는 개/cm^{3}으로 표시한다.

【참고】 공기 시료채취 시 유의사항
• 먼지가 적고 섬유농도가 0.1개/cm^3 정도인 환경에서는 1~4L/min의 유량으로 8시간 동안 시료를 채취한다. 그러나 먼지가 많은 환경에서는 공기채취량을 400L보다 적게 한다.

정답 32.① 33.① 34.③

- 석면농도가 높고 먼지가 많은 곳에서는 여과지를 여러 번 바꿔 연속 시료채취한다.
- 간헐적으로 노출되는 경우, 고유량(7~16L/min)으로 짧은 시간동안 채취한다.
- 비교적 깨끗한 작업환경에서 석면의 농도가 0.1개/cm³보다 적으면 정량가능한 양이 채취되도록 충분한 공기량을 채취한다. 그러나 이때에도 여과지 표면적의 50% 이상이 먼지로 덮이지 않도록 해야 하며, 먼지가 과도하게 채취되면 계수결과에 오차를 유발하게 된다.

35 방사성 물질의 단위에 대한 설명이 잘못된 것은?

① 방사능의 SI단위는 Becquerel(Bq)이다.
② 1Bq는 3.7×10^{10} dps이다.
③ 물질에 조사되는 선량은 röntgen(R)으로 표시한다.
④ 방사선의 흡수선량은 Gray(Gy)로 표시한다.

[풀이] 방사능 강도(물질량)는 SI단위로 Becquerel(Bq), 관용단위로 Curie(Ci)로 나타내고 있다. 큐리(Ci)는 단위시간에 일어나는 방사선 붕괴율을 나타내는데, 1Ci는 1초에 3.7×10^{10}번 붕괴하는 정도의 방사능의 양(초당 붕괴수, dps=degradation per second)으로 정의된다. 따라서 1Ci=3.7×10^{10}dps=2.2×10^{12}dpm=degradation per minute), 즉 1μCi=2.2×10^6dpm인 셈이다. 한편, 베크렐(Bq)은 방사능의 강도 또는 방사성 물질의 양을 나타내는 단위로 1초마다 1개의 원자가 붕괴되는 방사능의 양[방사능=붕괴속도(붕괴수/초)]으로 정의되며, 1Bq=2.7×10^{-11}Ci에 상당한다.

36 세 개의 소음원의 소음수준을 한 지점에서 각각 측정해보니 첫 번째 소음원만 가동될 때 88dB, 두 번째 소음원만 가동될 때 86dB, 세 번째 소음원만이 가동될 때 91dB이었다. 세 개의 소음원이 동시에 가동될 때 측정 지점에서의 음압수준(dB)은?

① 91.6   ② 93.6
③ 95.4   ④ 100.2

[풀이] 합성소음도 계산식을 적용한다. 이러한 공식을 전혀 암기하지 않고 개념으로 술술 풀어내는 필살기 학습법을 ▶ YouTube(이승원TV)에서 자세히 소개하고 있다.

〈계산〉 $L(\mathrm{dB}) = 10 \log(10^{L_1/10} + 10^{L_2/10} + 10^{L_n/10})$
∴ $L(\mathrm{dB}) = 10 \log(10^{8.8} + 10^{8.6} + 10^{9.1}) = 93.59\,\mathrm{dB}$

37 채취시료 10mL를 채취하여 분석한 결과 납(Pb)의 양이 8.5μg이고 Blank 시료도 동일한 방법으로 분석한 결과 납의 양이 0.7μg이다. 총 흡인 유량이 60L일 때 작업환경 중 납의 농도(mg/m³)는?(단, 탈착효율은 0.95이다.)

① 0.14   ② 0.21
③ 0.65   ④ 0.70

[풀이] 이 문제는 "채취시료 10mL를 채취하여 분석한 결과 납(Pb)의 양이 8.5μg이고, Blank 시료도 동일한 방법으로 분석한 결과 납의 양이 0.7μg", 즉 시료 10mL당 납의 검출량을 제시하고서는 "총 흡인 유량 60L"를 적용하여 정답의 농도 값을 맞추게 하였으므로 분석방법 및 단위양론적 관계가 전혀 맞지 않은 문제와 정답이다. 출제자의 오류로 판단된다. 문제조건에 억지로 맞추어 풀자면 …, 시료량(V)과 검출량(m) 및 탈착효율(η)을 이용하여 다음과 같이 산출하면 된다. 이러한 공식을 전혀 암기하지 않고 개념으로 술술 풀어내는 필살기 학습법을 ▶ YouTube(이승원TV)에서 자세히 소개하고 있다.

〈계산〉 $C_m(\mathrm{mg/m^3}) = \dfrac{m \times (1/\eta)}{V}$

- $\begin{cases} V(\text{흡인공기량}) = 60\mathrm{L} = 0.06\,\mathrm{m^3} \\ m(\text{검출량}) = (8.5 - 0.7)\mu\mathrm{g} \times \dfrac{10^{-3}\mathrm{mg}}{\mu\mathrm{g}} \\ \qquad\qquad\quad = 7.8 \times 10^{-3}\,\mathrm{mg} \end{cases}$

∴ $C_m = \dfrac{7.8 \times 10^{-3} \times (1/0.95)}{0.06}$
$= 0.137\,\mathrm{mg/m^3}$

38 작업환경 내 105dB(A)의 소음이 30분, 110dB(A) 소음이 15분, 115dB(A) 5분 발생하였을 때, 작업환경의 소음 정도는?(단, 105, 110, 115dB(A)의 1일 노출허용 시간은 각각 1시간, 30분, 15분이고, 소음은 단속음이다.)

① 허용기준 초과
② 허용기준과 일치
③ 허용기준 미만
④ 평가할 수 없음(조건부족)

[풀이] 소음노출지수(EI)를 계산하여 EI>1.0이면 허용기준 초과하는 것으로 판정한다.

〈계산〉 $EI = \frac{C_1}{T_1} + \frac{C_2}{T_2} + \cdots + \frac{C_n}{T_n}$

- $\begin{cases} C : \text{특정소음에 노출된 총시간} \\ T : \text{그 소음에 노출될 수 있는 허용노출시간} \end{cases}$

∴ $EI = \frac{30}{60} + \frac{15}{30} + \frac{5}{15} = 1.33$ (허용기준초과)

39 금속가공유를 사용하는 절단작업 시 주로 발생할 수 있는 공기 중 부유물질의 형태로 가장 적합한 것은?

① 미스트(mist)   ② 먼지(dust)
③ 가스(gas)   ④ 흄(fume)

[풀이] 금속가공유(metalworking fluids, MWFs)를 사용하는 절단작업에는 부유상태의 금속가공유 미스트(mist)가 발생된다. mist는 액체의 분무, 액체와 가스와의 접촉, 증기의 응축, 화학 반응 등으로 생성되는 액체 미립자이다. 금속가공유(MWFs)는 그라인딩, 커팅, 밀링, 드릴링작업 시 금속부품과 작업공구와의 윤활과 쿨링 등을 위해 사용되는 유제(기름)인데 공기 중으로 금속가공유의 미스트(mist)가 발생시키고 이들이 부유상태의 금속가공유 에어로졸(Aerosol)로 존재하게 된다.

우리나라 경우, 금속가공유로는 노출기준이 설정되어 있지 않다. 다만, 금속가공유 종류인 광물성오일과 식물성오일에 대한 노출기준만이 설정되어 있다. 광물성오일은 8시간 가중평균노출기준(TWA)은 $5mg/m^3$으로 단시간노출기준(STEL)은 $10mg/m^3$으로 설정하고 있고, 식물성오일은 시간가중평균노출기준(TWA) $10mg/m^3$으로 설정되어 있다.

40 두 집단의 어떤 유해물질의 측정값이 아래 도표와 같을 때 두 집단의 표준편차의 크기 비교에 대한 설명 중 옳은 것은?

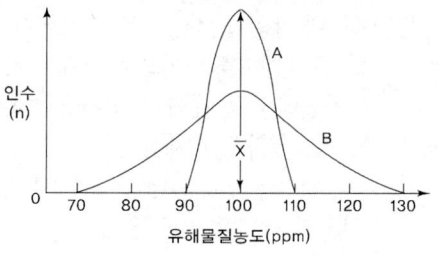

① A집단과 B집단은 서로 같다.
② A집단의 경우가 B집단의 경우보다 크다.
③ A집단의 경우가 B집단의 경우보다 작다.
④ 주어진 도표만으로 판단하기 어렵다.

[풀이] 그림은 정규분포 파라미터인 평균과 표준편차를 나타낸 것이다. X는 평균을 나타내고, 곡선의 농도축은 표준편차를 나타낸다. 표준편차는 자료의 산포도를 나타내는 수치로 분산의 양의 제곱근으로 정의되는데 A집단은 B집단에 비해 표준편차와 산포도가 작다.

[제3과목] **작업환경관리대책**

41 다음 중 특급 분리식 방진마스크의 여과재 분진 등의 포집효율은?(단, 고용노동부 고시를 기준으로 한다.)

① 80% 이상   ② 94% 이상
③ 99.0% 이상   ④ 99.95% 이상

[풀이] 특급 방진마스크는 포집효율 99.95% 이상이어야 한다.

42 방진마스크에 대한 설명으로 가장 거리가 먼 것은?

① 방진마스크의 필터에는 활성탄과 실리카겔이 주로 사용된다.
② 방진마스크는 인체에 유해한 분진, 연무, 흄, 미스트, 스트레이 입자가 작업자가 흡입하지 않도록 하는 보호구이다.
③ 방진마스크의 종류에는 격리식과 직결식, 면체여과식이 있다.
④ 비휘발성 입자에 대한 보호만 가능하며, 가스 및 증기로부터의 보호는 안 된다.

[풀이] 필터 재질로 활성탄과 실리카겔이 주로 사용되는 것은 방독마스크이다. 방진마스크의 필터 재질은 면·모·합성섬유 등이다.

정답 39.① 40.③ 41.④ 42.①

부록

43 지름이 100cm인 원형 후드 입구로부터 200cm 떨어진 지점에 오염물질이 있다. 제어풍속이 3m/s일 때, 후드의 필요 환기량(m^3/sec)은?(단, 자유공간에 위치하며 플랜지는 없다.)

① 143　　② 122
③ 103　　④ 83

[풀이] 자유공간에 존재하는 원형 후드(일반형 후드)의 흡인유량 계산식 $Q_c = (10X^2 + A)V_c$을 적용한다. 이러한 공식을 전혀 암기하지 않고 개념으로 술술 풀어내는 필살기 학습법을 ▶YouTube(이승원TV)에서 자세히 소개하고 있다.

〈계산〉 $Q_c = (10X^2 + A) \times V_c$

- 일반형 $A = \dfrac{3.14 \times 1^2}{4} = 0.785 m^2$

∴ $Q_c = (10 \times 2^2 + 0.785) \times 3$
$= 122.36 m^3/sec$

44 보호구의 재질과 적용 물질에 대한 내용으로 틀린 것은?

① 면 : 고체상 물질에 효과적이다.
② 부틸(Butyl) 고무 : 극성 용제에 효과적이다.
③ 니트릴(Nitrile) 고무 : 비극성 용제에 효과적이다.
④ 천연 고무(latex) : 비극성 용제에 효과적이다.

[풀이] 천연 고무(latex)는 극성용제(알코올, 케톤류)에 효과적인 재질이다.

45 국소환기장치 설계에서 제어속도에 대한 설명으로 옳은 것은?

① 작업장 내의 평균유속을 말한다.
② 발산되는 유해물질을 후드로 흡인하는데 필요한 기류속도이다.
③ 덕트 내의 기류속도를 말한다.
④ 일명 반송속도라고도 한다.

[풀이] 제어속도(Control Velocity)란 매연이나 오염물질을 후드(Hood) 내로 유입시키기 위해 필요한 공기의 최소 흡입속도를 말하며, 일명 통제속도, 포착속도라고도 한다.

46 흡인 풍량이 $200 m^3$/min, 송풍기 유효전압이 150mmH$_2$O, 송풍기 효율이 80%인 송풍기의 소요 동력(kW)은?

① 4.1　　② 5.1
③ 6.1　　④ 7.1

[풀이] 송풍기 소요동력 계산식을 이용하여 산출한다. 이러한 공식을 전혀 암기하지 않고 개념으로 술술 풀어내는 필살기 학습법을 ▶YouTube(이승원TV)에서 자세히 소개하고 있다.

〈계산〉 $P = \dfrac{\Delta P \cdot Q}{102 \times \eta_s} \times \alpha$

∴ $P = \dfrac{150 \times 200}{102 \times 60 \times 0.8} \times 1 = 6.13 kW$

47 덕트 내 공기흐름에서의 레이놀즈수(Reynolds Number)를 계산하기 위해 알아야 하는 모든 요소는?

① 공기속도, 공기점성계수, 공기밀도, 덕트의 직경
② 공기속도, 공기밀도, 중력가속도
③ 공기속도, 공기온도, 덕트의 길이
④ 공기속도, 공기점성계수, 덕트의 길이

[풀이] 레이놀드 수(Reynold number)는 유체의 유동상태를 판단하는 척도로 이용되는 무차원군(dimensionless group)으로 유체의 관성력과 점성력의 비율을 나타내며, 덕트의 직경, 공기속도, 공기밀도에 비례하고 공기점성계수 또는 동점성계수에는 반비례한다.

〈관계식〉 $Re = \dfrac{관성력}{점성력} = \dfrac{DV\rho}{\mu} = \dfrac{DV}{\nu}$

$\begin{cases} V : 유속, D : Duct의 직경, \rho : 유체의 밀도 \\ \mu : 점도, \nu : 동점도 \end{cases}$

48 작업환경관리 대책 중 물질의 대체에 해당되지 않는 것은?

① 성냥을 만들 때 백린을 적린으로 교체한다.
② 보온 재료인 유리섬유를 석면으로 교체한다.
③ 야광시계의 자판에 라듐 대신 인을 사용한다.
④ 분체 입자를 큰 입자로 대체한다.

[풀이] 석면을 ⟶ 유리섬유나 암면으로 대체하여야 올바른 물질 대치(代置, substitution)방법이 된다.

정답 43.② 44.④ 45.② 46.③ 47.① 48.②

49 7m×14m×3m의 체적을 가진 방에 톨루엔이 저장되어 있고 공기를 공급하기 전에 측정한 농도가 300ppm이었다. 이 방으로 10m³/min의 환기량을 공급한 후 노출기준인 100ppm으로 도달하는데 걸리는 시간(min)은?

① 12 ② 16
③ 24 ④ 32

[풀이] 비연속 배출원(유해물질 발생은 정지, 환기만 고려)이므로 유해물질의 농도는 환기에 의해 시간에 따라 감소하게 된다. 따라서 다음의 관계식을 사용하여 문제를 푼다. 이러한 공식을 전혀 암기하지 않고 개념으로 술술 풀어내는 필살기 학습법을 ▶ YouTube(이승원TV)에서 자세히 소개하고 있다.

⟨계산⟩ $\ln \dfrac{C_2}{C_1} = -\dfrac{Q}{\forall} \times t$

- C_1 : 초기농도 = 300ppm
- C_2 : t시간 환기후 농도 = 100ppm
- Q : 유효환기량 = 10m³/min
- $\forall$: 공간용적 = 7×14×3 = 294m³

$\Rightarrow \ln \dfrac{100}{300} = -\dfrac{10}{294} \times t$

∴ t(= 환기시간) = 32.3min

50 후드의 선택에서 필요 환기량을 최소화하기 위한 방법이 아닌 것은?

① 측면 조절판 또는 커텐 등으로 가능한 공정을 둘러 쌀 것
② 후드를 오염원에 가능한 가깝게 설치할 것
③ 후드 개구부로 유입되는 기류속도 분포가 균일하게 되도록 할 것
④ 공정 중 발생되는 오염물질의 비산속도를 크게 할 것

[풀이] 공정 중 발생되는 오염물질의 비산속도를 크게 할 경우 후드의 필요 환기량도 증가하게 된다.

51 송풍기의 회전수 변화에 따른 풍량, 풍압 및 동력에 대한 설명으로 옳은 것은?

① 풍량은 송풍기의 회전수에 비례한다.
② 풍압은 송풍기의 회전수에 반비례한다.
③ 동력은 송풍기의 회전수에 비례한다.
④ 동력은 송풍기 회전수의 제곱에 비례한다.

[풀이] 송풍기의 크기(D)와 유체밀도(ρ)가 일정할 때, 유량(Q)은 송풍기의 회전속도(N)에 비례하고, 풍압(ΔP)은 송풍기의 회전속도(N)의 2승에 비례하며, 동력(P)은 송풍기의 회전속도(N)의 3승에 비례한다.
⟨관계식⟩ $Q \propto N$, $\Delta P \propto N^2$, $P \propto N^3$

52 1기압에서 혼합기체의 부피비가 질소 71%, 산소 14%, 탄산가스 15%로 구성되어 있을 때, 질소의 분압(mmH₂O)은?

① 433.2 ② 539.6
③ 646.0 ④ 653.6

[풀이] 실제 출제문제가 위와 같다면 ⋯→ **정답이 없다.** 단위를 수정해야 정답이 나온다. 즉, "mmH₂O ⋯→ mmHg"로 **문제를 수정**해야 ②번 정답이 된다. 기체 혼합물에 대해서는 돌턴의 분압 법칙(Dalton's Law of Partial Pressure)을 적용할 수 있으며, 이 경우 "부피비=몰비=압력비"라고 하는 등식이 성립되므로 전체 부피비율 100%=1기압(전압)으로 간주되므로 다음의 관계식으로 문제를 푼다.
이때 적용되는 기압의 환산인자는 1기압(atm)=760mmHg=760torr=10,332mmH₂O=10,332kg$_f$/m²=10,332mmAq=1.0332kg$_f$/cm²이다. 이러한 유형의 문제는 이 책의 "PART-2"에서 주로 다루어지고 있다.

⟨계산⟩ $x\,\text{mmH}_2\text{O} = 10332\,\text{mmH}_2\text{O} \times \dfrac{71}{100}$
$= 7335.72\,\text{mmH}_2\text{O}$

※ mmH₂O를 ⋯→ mmHg로 문제를 수정할 경우

⟨계산⟩ $x\,\text{mmHg} = 760\,\text{mmHg} \times \dfrac{71}{100} = 539.6\,\text{mmHg}$

53 공기정화장치의 한 종류인 원심력집진기에서 절단입경의 의미로 옳은 것은?

① 100% 분리 포집되는 입자의 최소 크기
② 100% 처리효율로 제거되는 입자크기
③ 90% 이상 처리효율로 제거되는 입자크기
④ 50% 처리효율로 제거되는 입자크기

[풀이] 원심력집진기에서 절단입경(cut-size)은 50% 처리효율로 제거되는 입자크기를 의미한다. 이러한 공식을 전혀 암기하지 않고 개념으로 술술 풀어내는 필살기 학습법을 ▶ YouTube(이승원TV)에서 자세히 소개하고 있다.

정답 49.④ 50.④ 51.① 52.② 53.④

〈관계식〉 $d_{p_{50}} = \left[\dfrac{9\mu B_c}{2(\rho_p - \rho)\pi N_e V}\right]^{1/2} \times 10^6$

$\begin{cases} \rho_p : \text{입자의 밀도(kg/m}^3) \\ \rho : \text{가스의 밀도(kg/m}^3) \\ \mu : \text{가스의 점도(kgm/sec)} \\ V : \text{선회가스 유속(m/sec)} \\ B_c : \text{입구폭(m)} \\ N_e : \text{선회수} \\ d_{p50} : \text{절단입경}(\mu m) \end{cases}$

54 작업환경개선에서 공학적인 대책과 가장 거리가 먼 것은?

① 교육　　　② 환기
③ 대체　　　④ 격리

풀이 작업환경개선에서 공학적인 대책은 대치, 격리, 환기, 공정관리 등이다. 한편, 관리적인 대책은 근로시간변경, 순환근무, 이중배치, 의학적 관리, 교육·훈련, 개인보호구 착용 등이다.

55 유입계수가 0.82인 원형 후드가 있다. 원형 덕트의 면적이 $0.0314m^2$이고 필요 환기량이 $30m^3/min$이라고 할 때, 후드의 정압(mmH₂O)은?(단, 공기밀도는 $1.2kg/m^3$이다.)

① 16　　　② 23
③ 32　　　④ 37

풀이 후드정압은 다음의 관계식으로 산출한다.
〈계산〉 $|P_s| = (1+F_i)P_v$

• 손실계수 : $F_i = \dfrac{1-C_e^2}{C_e^2} = \dfrac{1-0.82^2}{0.82^2} = 0.487$

• 속도압 : $P_v = \dfrac{\gamma V^2}{2g} = \dfrac{1.2 \times (30/0.0314 \times 60)^2}{2 \times 9.8}$
$= 15.52 \text{mmH}_2\text{O}$

∴ $|P_s| = (1+0.487) \times 15.52 = 23.1 \text{mmH}_2\text{O}$

56 방사형 송풍기에 관한 설명과 가장 거리가 먼 것은?

① 고농도 분진함유 공기나 부식성이 강한 공기를 이송시키는데 많이 이용된다.
② 깃이 평판으로 되어 있다.
③ 가격이 저렴하고 효율이 높다.
④ 깃의 구조가 분진을 자체 정화할 수 있도록 되어 있다.

풀이 방사형(방사날개형, 평판형, 레이디얼형) 송풍기는 대형으로 중량이 무거우며, 설치장소의 제약을 받고, 가격이 비싸고 효율이 낮다. 또한 소음면에서는 다른 송풍기에 비해 좋지 못한 결점이 있다.

57 플랜지 없는 외부식 사각형 후드가 설치되어 있다. 성능을 높이기 위해 플랜지 있는 외부식 사각형 후드로 작업대에 부착했을 때, 필요환기량의 변화로 옳은 것은?(단, 포촉거리, 개구면적, 제어속도는 같다.)

① 기존 대비 10%로 줄어든다.
② 기존 대비 25%로 줄어든다.
③ 기존 대비 50%로 줄어든다.
④ 기존 대비 75%로 줄어든다.

풀이 플랜지(flange)부분이 작업대에 부착(벽, 바닥, 천장 등)되어 있는 경우, 필요 환기량은 약 50%가 절약된다. 환기량의 산출 계산식을 토대로 보면;
Ⓐ 일반형(사각형/원형) 후드
　$Q_c = (10X^2 + A) \times V_c$
Ⓑ 한 변이 작업대에 경계된 플랜지 부착한 후드
　$Q_c^* = 0.5(10X^2 + A) \times V_c$
∴ 감소량 $= \left(\dfrac{Q_c - Q_c^*}{Q_c}\right) \times 100$
$= \left(\dfrac{Q_c - 0.5Q_c}{Q_c}\right) \times 100 = 50\%$

58 50℃의 송풍관에 15m/sec의 유속으로 흐르는 기체의 속도압(mmH₂O)은?(단, 기체의 밀도는 $1.293kg/m^3$이다.)

① 32.4　　　② 22.6
③ 14.8　　　④ 7.2

풀이 유속(V)과 속도압(P_v)의 관계식을 이용한다. 다만, 문제에서 제시된 기체밀도는 별도의 조건이나 단위표현이 없으므로 현재상태, 즉 50℃에서의 기체의 밀도($1.293kg/m^3$)로 보아야 한다. 온도보정을 하여야 하는 별도의 조건은 "단, 0℃ 기체의 밀도는 $1.293kg/m^3$이다. 또는 산업환기의 표준공기(21℃)이다."라고 제시될 때나 밀도의 단위가 "$1.293kg/Sm^3$"로 제시되는 경우는 온도보정을 하여야 한다.

〈계산〉 $V(유속) = C\sqrt{\dfrac{2gP_v}{\gamma}}$

∴ $P_v = \dfrac{1.293 \times 15^2}{2 \times 9.8} = 14.84 \, mmH_2O$

59 온도 50℃인 기체가 관을 통하여 20m³/min으로 흐르고 있을 때, 같은 조건의 0℃에서 유량(m³/min)은?(단, 관내압력 및 기타 조건은 일정하다.)

① 14.7   ② 16.9
③ 20.0   ④ 23.7

[풀이] 50℃의 유량(m³/min)을 0℃의 유량(m³/min)으로 전환(온도보정)하여 문제를 해결한다. 이러한 공식을 전혀 암기하지 않고 개념으로 술술 풀어내는 필살기 학습법을 ▶ YouTube(이승원TV)에서 자세히 소개하고 있다.

〈계산〉 $Q_2 = Q_1 \times \dfrac{T_2}{T_1} \dfrac{P_1}{P_2}$

∴ $Q_2 = 20 \times \dfrac{273+0}{273+50} = 16.9 \, m^3/min$

60 원심력 송풍기 중 다익형 송풍기에 관한 설명과 가장 거리가 먼 것은?

① 큰 압력손실에서도 송풍량이 안정적이다.
② 송풍기의 임펠러가 다람쥐 쳇바퀴 모양으로 생겼다.
③ 강도가 크게 요구되지 않기 때문에 적은 비용으로 제작가능하다.
④ 다른 송풍기와 비교하여 동일 송풍량을 발생시키기 위한 임펠러 회전속도가 상대적으로 낮기 때문에 소음이 작다.

[풀이] 원심력 송풍기 중 전향날개형(다익형) 송풍기는 송풍기의 임펠러가 다람쥐 쳇바퀴 모양으로 회전날개가 회전방향과 동일한 방향으로 설계되어 있기 때문에 다익형 송풍기라고 한다. 전향 날개형(다익형) 송풍기는 높은 압력손실에서는 송풍량이 급격하게 떨어지는 결점이 있고 송풍기가 낮다. 효율크기는 터보송풍기〉평판송풍기〉다익송풍기 순서이다.

제4과목 물리적 유해인자관리

61 진동증후군(HAVS)에 대한 스톡홀름 워크숍의 분류로서 옳지 않은 것은?

① 진동증후군의 단계를 0부터 4까지 5단계로 구분하였다.
② 1단계는 가벼운 증상으로 1개 또는 그 이상의 손가락 끝부분이 하얗게 변하는 증상을 의미한다.
③ 3단계는 심각한 증상으로 1개 또는 그 이상의 손가락 가운뎃마디 부분까지 하얗게 변하는 증상이 나타나는 단계이다.
④ 4단계는 매우 심각한 증상을 대부분의 손가락이 하얗게 변하는 증상과 함께 손끝에서 땀의 분비가 제대로 일어나지 않는 등의 변화가 나타나는 단계이다.

[풀이] ③항의 증상은 2단계 중간증상이다. 이러한 유형의 문제는 이 책의 "PART-2"에 수록되어 있다. 스톡홀름 워커숍(Stockholm workshop)의 진동증후군(HAVS) 분류기준은 다음과 같다.

단계	증상 정도	분류기준
0	증상 없음	증상 없음
1	약한 증상 (mild)	하나 이상의 손가락(말단)에 영향을 주는 간헐적인 증상(때때로 손가락 끝부분이 하얗게 변함)
2	중간 증상 (moderate)	하나 이상의 손가락의 말단과 지골(중간부위, 가운데마디까지)에 영향을 주는 간헐적인 증상
3	심한 증상 (severe)	대부분의 손가락 전체에 영향을 주는 빈번한 증상
4	매우 심한 증상 (very severe)	3단계 이상의 증상이 있으면서 손가락 끝에 생리적인 변화(손끝에 땀의 분비가 없는 등)가 있는 경우

62 인체와 작업환경과의 사이에 열교환의 영향을 미치는 것으로 가장 거리가 먼 것은?

① 대류(convection)
② 열복사(radiation)
③ 증발(evaporation)
④ 열순응(acclimatization to heat)

[풀이] 인체와 환경 간의 열교환에 관여하는 온열 조건 인자 작업대사량, 대류에 의한 열교환, 복사에 의한 열교환, 증발에 의한 열손실 등이다. 열교환으로 인한 인체의 열축적 또는 열손실에 대한 열량수지는 다음의 관계식으로 나타낸다. 이러한 유형의 문제는 이 책의 "PART-2"에 주로 수록되어 있다.

〈관계식〉 $\Delta S = M \pm C \pm R - E$

- ΔS : 인체의 열축적 또는 열손실
- M : 작업대사량
- C : 대류에 의한 열득실(열교환)
- R : 복사에 의한 열득실(열교환)
- E : 증발에 의한 열손실

63 비전리방사선의 종류 중 옥외작업을 하면서 콜타르의 유도체, 벤조피렌, 안트라센 화합물과 상호작용하여 피부암을 유발시키는 것으로 알려진 비전리방사선은?

① γ 선
② 자외선
③ 적외선
④ 마이크로파

[풀이] 비전리방사선은 원자의 이온화를 직접적으로 일으킬 만한 에너지를 가지지 못하는 방사선을 말하는데 자외선, 가시광선, 적외선, 라디오파, 마이크로파, 저주파 등이 이에 속한다. 이 중에서 자외선은 적혈구, 백혈구에 영향을 미치고 홍반, 발진, 피부암 등을 일으키는 것으로 알려져 있다.
콜타르 유도체는 자외선의 영향을 받아 광독성 반응을 일으키며, 여드름 발생, 발암성이 있는 것으로 보고되고 있다. 그리고 다환 방향족 탄화수소류(PAH)인 벤조피렌의 발암성은 널리 알려져 있는데, 18세기 영국에서는 굴뚝 청소부들에게 음낭암이 많았다는 사실과 19세기에는 연료 제조업계의 노동자들에서 피부암이 많았다는 것이 이를 잘 입증하고 있다. 안트라센(Anthracene)은 세고리 방향족 탄화수소로서 벤젠고리 3개가 일렬로 붙어 방향족성을 띠며, 자외선의 영향을 받으면 두 개가 합쳐져서 하나가 되는 이량화가 일어나면서 발암성이 증가하는 것으로 알려지고 있다. 이러한 유형의 문제는 이 책의 "PART-2"에 주로 수록되어 있다.

64 소독작용, 비타민D형성, 피부색소 침착 등 생물학적 작용이 강한 특성을 가진 자외선(Dorno선)의 파장 범위는 약 얼마인가?

① 1000Å~2800Å
② 2800Å~3150Å
③ 3150Å~4000Å
④ 4000Å~4700Å

[풀이] 도노선은 자외선(UV-B) 중 파장 280~315nm(2,800~3,150Å) 범위의 광선을 말한다. 피부노화, 피부화상, 피부암, 안구세포 손상, 백내장을 유발하는 한편 소독작용(살균작용)이 강하고, 비타민 D형성에 도움을 주기도 한다. 이러한 유형의 문제는 이 책의 "PART-2"에 주로 수록되어 있다.

65 전리방사선 중 전자기 방사선에 속하는 것은?

① α 선
② β 선
③ γ 선
④ 중성자

[풀이] 전리방사선 중 전자기 방사선에 속하는 것은 전자파(전자기방사선, X 선, γ선)이다. 이러한 유형의 문제는 이 책의 "PART-2"에 주로 수록되어 있다.

66 다음 중 이상기압의 인체작용으로 2차적인 가압현상과 가장 거리가 먼 것은?(단, 화학적 장해를 말한다.)

① 질소 마취
② 산소 중독
③ 이산화탄소의 중독
④ 일산화탄소의 작용

[풀이] 2차적 가압현상(화학적 장해)는 흡기 중의 N_2, O_2, CO_2의 분압상승에 의한 장해를 말한다. 고압하의 흡입하는 가스의 독성 때문에 나타나는 장해로 질소마취작용, 산소중독(간질 모양의 경련), 이산화탄소작용(동통성 관절 장해) 등이 이에 해당한다. 이러한 유형의 문제는 이 책의 "PART-2"에 주로 수록되어 있다.

67 출력이 10Watt의 작은 점음원으로부터 자유공간의 10m 떨어져 있는 곳의 음압레벨(Sound Pressure Level)은 몇 dB 정도인가?

① 89
② 99
③ 161
④ 229

[풀이] 음원의 위치에 따른 음향파워레벨의 감쇠(자유공간 - 점음원)와 지향성 특성계수, 즉 역 제곱 법칙에 의한 거리감쇠와 여기에 $-11dB$을 보정하여 산출한다. 이러한 유형의 문제는 이 책의 "PART-2"에 주로 수록되어 있다. 계산기 사용에 특히 유의하도록!!

⟨계산⟩ SPL = PWL − 20 log r − 11

∴ SPL = $\left[10 \log\left(\dfrac{10}{10^{-12}}\right)\right] - 20\log 10 - 11 = 99$ dB

68 자연조명에 관한 설명으로 옳지 않은 것은?

① 창의 면적은 바닥 면적의 15~20% 정도가 이상적이다.
② 개각은 4~5°가 좋으며, 개각이 작을수록 실내는 밝다.
③ 균일한 조명을 요구하는 작업실은 동북 또는 북창이 좋다.
④ 입사각은 28° 이상이 좋으며, 입사각이 클수록 실내는 밝다.

풀이 실내의 조도(照度)는 입사각의 사인(sin) 또는 개각의 코사인(cosine)에 비례하여 증가한다. 따라서 입사각은 실내 각 점에서 28° 이상으로 하는 것이 좋고, 개각은 실내 각 점에서 4~5° 범위로 하는 것이 좋다. 이러한 유형의 문제는 이 책의 "PART 3-4"에 주로 수록되어 있다.

69 전신진동 노출에 따른 인체의 영향에 대한 설명으로 옳지 않은 것은?

① 평형감각에 영향을 미친다.
② 산소 소비량과 폐환기량이 증가한다.
③ 작업수행 능력과 집중력이 저하된다.
④ 저속노출 시 레이노드 증후군(Raynaud's phenomenon)을 유발한다.

풀이 레이노드 현상(Raynaud's phenomenon)의 주된 원인이 되는 것은 전신진동이 아닌 국소진동이다. 전신진동 노출원이 되는 것은 주로 교통기관, 중장비차량, 큰 기계 등이며, 진동의 주파수 2~100Hz의 것이 주로 문제가 된다. 국소진동인 경우에는 8~1,500Hz가 인체에 문제가 되는 주파수이다. 그리고 전신진동은 주로 순환기 계통에 크게 영향을 미치고, 국소진동은 내분비계통에 주로 영향을 미치는 특징이 있다. 이러한 내용과 유형의 예상문제는 이 책의 "PART-2"에 주로 수록되어 있다.

70 1 sone이란 몇 Hz에서, 몇 dB의 음압레벨을 갖는 소음의 크기를 말하는가?

① 1000Hz, 40dB   ② 1200Hz, 45dB
③ 1500Hz, 45dB   ④ 2000Hz, 48dB

풀이 소음의 감각량은 1,000Hz의 순음 40dB(40 phon)을 1sone으로 나타낸다. 이러한 유형의 문제는 이 책의 "PART-2"에 주로 수록되어 있다.

71 소음에 의한 인체의 장해 정도(소음성난청)에 영향을 미치는 요인이 아닌 것은?

① 소음의 크기   ② 개인의 감수성
③ 소음 발생 장소   ④ 소음의 주파수 구성

풀이 소음성 난청은 주파수 1,000Hz 이상의 고주파에 반복·장기간 노출될 때 발생하는데 초기에는 4,000Hz (C^5-dip)에서 청력손실이 현저하고, 그 후 고음역, 중음역이 침범되고, 고음점경형(高音漸傾型)으로 진행되는 것이 특징이다. 청력손실에 영향을 미치는 인자는 개인의 감수성(감수성이 높은 사람이 영향을 많이 받음), 음의 강도(음압수준이 높을수록 유해함), 노출시간 분포 및 폭로시간(계속적 노출이 간헐적 노출보다 더 유해함), 소음의 물리적 특성(고주파음이 저주파음보다 더욱 유해하고, 충격음 및 연속음의 유해성이 더 큼) 등이다. 이러한 유형의 문제는 이 책의 "PART-2"에 주로 수록되어 있다.

72 다음 중 전리방사선에 대한 감수성의 크기를 올바른 순서대로 나열한 것은?

ㄱ. 상피세포
ㄴ. 골수, 흉선 및 림프조직(조혈기관)
ㄷ. 근육세포
ㄹ. 신경조직

① ㄱ > ㄴ > ㄷ > ㄹ
② ㄱ > ㄹ > ㄴ > ㄷ
③ ㄴ > ㄱ > ㄷ > ㄹ
④ ㄴ > ㄷ > ㄹ > ㄱ

풀이 인체 조직에서 감수성이 큰 조직인 골수, 임파구 및 임파조직에 미치는 영향이 큰데 감수성의 크기는 골수, 수정체, 흉선 및 림프조직(조혈기관) > 상피세포 > 근육세포 > 신경조직·지방의 순서이다. 이러한 유형의 문제는 이 책의 "PART-2"에 주로 수록되어 있다.

정답 68.② 69.④ 70.① 71.③ 72.③

73 한랭 환경에서 인체의 일차적 생리적 반응으로 볼 수 없는 것은?

① 피부혈관의 팽창
② 체표면적의 감소
③ 화학적 대사작용의 증가
④ 근육긴장의 증가와 떨림

풀이 피부혈관의 팽창은 고온환경에 노출될 경우의 1차 생리적 반응이다. 한랭환경에 노출될 경우 인체의 일차적 생리적 반응은 체표면적 감소(노출감소, 웅크림), 몸 떨림(전율), 입모(piloerection), 피부혈관의 수축 등이 일어난다. 이러한 유형의 문제는 이 책의 "PART-2"에 주로 수록되어 있다.

74 10시간 동안 측정한 누적 소음노출량이 300%일 때 측정시간 평균 소음 수준은 약 얼마인가?

① 94.2dB(A)
② 96.3dB(A)
③ 97.4dB(A)
④ 98.6dB(A)

풀이 등가음압레벨(노출소음 평균치) 계산공식을 적용한다. 이러한 유형의 문제는 이 책의 "PART-2"에 주로 수록되어 있다. 이러한 공식을 전혀 암기하지 않고 개념으로 술술 풀어내는 필살기 학습법을 YouTube(이승원TV)에서 자세히 소개하고 있다.

〈계산〉 $L_{eq}(\text{TWA}) = 16.61 \log \dfrac{D}{12.5\,T} + 90$

- $\begin{cases} T: \text{노출시간(측정시간)} = 10 \\ D: \text{누적소음 노출량(\%)} = 300 \end{cases}$

$\therefore L_{eq} = 16.61 \log \dfrac{300}{12.5 \times 10} + 90 = 96.3\,\text{dB(A)}$

75 감압에 따른 인체의 기포 형성량을 좌우하는 요인과 가장 거리가 먼 것은?

① 감압속도
② 산소공급량
③ 조직에 용해된 가스량
④ 혈류를 변화시키는 상태

풀이 질소기포 형성량에 영향을 주는 요인은 조직에 용해된 가스량(노출기압의 크기, 노출시간, 노출정도, 체내 지방량), 혈류를 변화시키는 상태, 감압속도, 호흡기체의 종류, 기타 연령, 기온, 운동, 공포감, 음주상태 등이다. 이러한 유형의 문제는 이 책의 "PART-2"에 주로 수록되어 있다.

76 다음에서 설명하는 고열장해는?

> 이것은 작업환경에서 가장 흔히 발생하는 피부장해로서 땀띠(prickly heat)라고도 말하며, 땀에 젖은 피부 각질층이 떨어져 땀구멍을 막아 한선 내에 땀의 압력으로 염증성 반응을 일으켜 붉은 구진(papules) 형태로 나타난다.

① 열사병(heat stroke)
② 열허탈(heat collapse)
③ 열경련(heat cramps)
④ 열발진(heat rashes)

풀이 땀띠(prickly heat)는 고열 작업환경에서 가장 흔히 발생하는 피부장해로 열발진(heat rashes)이라고 한다. 열발진은 작업환경에서 가장 흔히 발생하는 피부장해이며, 땀에 젖은 피부 각질층이 떨어져 땀구멍을 막아 한선(汗腺) 내에 땀의 압력으로 염증성 반응을 일으켜 붉은 구진(丘疹, papules)형태로 나타난다. 응급조치로는 대부분 차갑게 하면 소실되지만 깨끗이 하고 건조시키는 것이 좋다. 그리고 냉수욕을 하는 것이 좋으며, 피부를 벗겨내지 말고 피부를 건조시킨 후 소염 로션인 칼라민 로션(calamine lotion) 등을 바른 다음 땀에 젖지 않게 하는 것이 좋다. 이러한 유형의 문제는 이 책의 "PART-2"에 주로 수록되어 있다.

77 1촉광의 광원으로부터 한 단위 입체각으로 나가는 광속의 단위를 무엇이라 하는가?

① 럭스(Lux)
② 램버트(Lambert)
③ 캔들(Candle)
④ 루멘(Lumen)

풀이 광속(빛의 양) 단위는 루멘(Lumen)이다. 럭스(Lux)는 조도(照度) 단위, 칸델라(Candle)는 광도(光度) 단위, 촉광(燭光, candle power)은 빛의 세기 단위이다. 꼭 정리 해 두도록!!. Lumen은 1촉광의 광원으로부터 한 단위 입체각으로 나가는 광속을 나타내는 단위이다. 이러한 내용과 관련 유형의 문제는 이 책의 "PART3-4"에 주로 수록되어 있다.

78 소음의 흡음 평가 시 적용되는 반향시간(reverberation time)에 관한 설명으로 옳은 것은?

① 반향시간은 실내공간의 크기에 비례한다.
② 실내 흡음량을 증가시키면 반향시간도 증가한다.
③ 반향시간은 음압수준이 30dB 감소하는데 소요되는 시간이다.
④ 반향시간을 측정하려면 실내 배경소음이 90dB 이상 되어야 한다.

풀이 반향시간(잔향시간, reverberation time) : 잔향시간은 실내에서 음원을 끈 순간부터 음압레벨이 60dB 감소되는 소요시간을 의미한다. 반향시간(잔향시간)은 실내공간의 크기에 비례하며, 잔향시간을 측정하려면 바탕 소음레벨은 측정 하한 레벨보다 최소 10dB 작아야 한다. 잔향시간은 재료의 흡음률을 산정하는 데 이용된다. 이러한 유형의 문제는 이 책의 "PART 3-4"에 주로 수록되어 있다.

⟨관계식⟩ $T(\sec) = \dfrac{0.161\forall}{A_a}$

79 밀폐공간에서 산소결핍의 원인을 소모(consumption), 치환(displacement), 흡수(absorption)로 구분할 때 소모에 해당하지 않는 것은?

① 용접, 절단, 불 등에 의한 연소
② 금속의 산화, 녹 등의 화학반응
③ 제한된 공간 내에서 사람의 호흡
④ 질소, 아르곤, 헬륨 등의 불활성 가스 사용

풀이 질소, 아르곤, 헬륨 등의 불활성 가스 사용은 치환(displacement)에 해당한다. 산소결핍은 산소농도 18% 이하를 말하는데, 밀폐공간에서 밀폐된 공간 내에서 산소결핍이나 유해가스가 발생하는 이유는 철재 탱크 내에 물기가 있거나 장기간 밀폐되면 내벽이 산화되거나, 저장 또는 운반물질의 산화작용, 불활성 가스의 사용에 따른 산소농도의 결핍, 미생물 증식, 유기물의 부패, 발효 등의 과정에서 공기 중 산소를 소모하여 산소결핍을 만들거나 황화수소, 일산화탄소 등 유해가스의 발생 등 다양한 원인이 있을 수 있다.
산소가 결핍되면 가벼운 어지러움증이 발생하고, 산소부족량이 더 증가하면 산소결핍에 가장 민감한 조직은 대뇌피질이므로 대뇌피질의 기능이 저하되면서 호흡 및 맥박수 증가되며, 두통 등이 유발된다. 산소부족에 따른 생리적인 적응의 한계는 산소농도 16% 정도인데, 이보다 낮은 농도에서는 생체적 보상이 불가능하며, 산소결핍증상이 나타난다. 이러한 유형의 문제는 이 책의 "PART-2"에 주로 수록되어 있다.

80 산업안전보건법령상 이상기압에 의한 건강장해의 예방에 있어 사용되는 용어의 정의로 옳지 않은 것은?

① 압력이란 절대압과 게이지압의 합을 말한다.
② 고압작업이란 고기압에서 잠함공법이나 그 외의 압기공법으로 하는 작업을 말한다.
③ 기압조절실이란 고압작업을 하는 근로자 또는 잠수작업을 하는 근로자가 가압 또는 감압을 받는 장소를 말한다.
④ 표면공급식 잠수작업이란 수면 위의 공기압축기 또는 호흡용 기체통에서 압축된 호흡용 기체를 공급받으면서 하는 작업을 말한다.

풀이 압력이란 압력이란 게이지 압력을 말한다. 이러한 유형의 문제는 이 책의 "PART-2"에 주로 수록되어 있다.

[제5과목] 산업독성학

81 건강영향에 따른 분진의 분류와 유발물질의 종류를 잘못 짝지은 것은?

① 유기성 분진 - 목분진, 면, 밀가루
② 알레르기성 분진 - 크롬산, 망간, 황
③ 진폐성 분진 - 규산, 석면, 활석, 흑연
④ 발암성 분진 - 석면, 니켈카보닐, 아민계 색소

풀이 알레르기성 분진은 털 등의 유기성분진, 꽃가루, 나무가루, 포자 등과 니켈, 크롬 및 코발트와 기타 유기화합물 등이다. 크롬산은 피부에 궤양을 유발시키는 대표적인 물질이고, 망간은 신경염, 신장염, 중추신경장애를 일으키는 물질이다.

82 다음 중 칼슘대사에 장해를 주어 신결석을 동반한 신증후군이 나타나고 다량의 칼슘배설이 일어나 뼈의 통증, 골연화증 및 골수공증과 같은 골격계 장해를 유발하는 중금속은?

① 망간   ② 수은
③ 비소   ④ 카드뮴

정답 79.④ 80.① 81.② 82.④

풀이 카드뮴은 인체의 칼슘대사에 장애를 주어 신결석을 동반한 신증후군이 나타나고 다량의 칼슘배설이 일어나 뼈의 통증, 골연화증 및 골수공증과 같은 골격계 장애를 유발한다.

83 폐에 침착된 먼지의 정화과정에 대한 설명으로 옳지 않은 것은?

① 어떤 먼지는 폐포벽을 통과하여 림프계나 다른 부위로 들어가기도 한다.
② 먼지는 세포가 방출하는 효소에 의해 용해되지 않으므로 점액층에 의한 방출 이외에는 체내에 축적된다.
③ 폐에 침착된 먼지는 식세포에 의하여 포위되어, 포위된 먼지의 일부는 미세 기관지로 운반되고 점액 섬모운동에 의하여 정화된다.
④ 폐에서 먼지를 포위하는 식세포는 수명이 다한 후 사멸하고 다시 새로운 식세포가 먼지를 포위하는 과정이 계속적으로 일어난다.

풀이 먼지와 같은 불용성 물질들은 폐의 대식세포들에 의해 포위되어 미세 기관지로 운반된 후 점액 섬모운동에 의하여 체외로 배출되거나 폐의 대식세포들에 의해 포식되어 임파선을 통해 제거되기도 한다. 제거되지 못한 먼지는 폐꽈리 내에 무기한으로 잔류·축적된다. 석탄먼지나 석면들은 각각 검은 폐나 석면 침착증을 유발하기도 한다.

84 카드뮴이 체내에 흡수되었을 경우 주로 축적되는 곳은?

① 뼈, 근육   ② 뇌, 근육
③ 간, 신장   ④ 혈액, 모발

풀이 체내로 유입된 카드뮴은 혈액으로 들어가 인체의 각 장기(臟器)에 농축되며, 특히 생체내로 유입된 카드뮴의 50~75%는 간장, 신장에 축적되고, 특히 장관 벽이나 신피질(腎皮質)에 고농도로 축적된다.

85 생물학적 모니터링(biological monitoring)에 관한 설명으로 옳지 않은 것은?

① 주목적은 근로자 채용 시기를 조정하기 위하여 실시한다.
② 건강에 영향을 미치는 바람직하지 않은 노출 상태를 파악하는 것이다.
③ 최근의 노출량이나 과거로부터 축적된 노출량을 파악한다.
④ 건강상의 위험은 생물학적 검체에서 물질별 결정인자를 생물학적 노출지수와 비교하여 평가된다.

풀이 생물학적 모니터링(Biological monitoring)은 체내 화학물질의 양과 환경 중의 노출량 또는 건강장애 위험을 결정하는 데에 필요한 자료로 활용하기 위해 실시한다.

86 흡입분진의 종류에 따른 진폐증의 분류 중 유기성 분진에 의한 진폐증에 해당하는 것은?

① 규폐증   ② 활석폐증
③ 연초폐증   ④ 석면폐증

풀이 유기성 분진에 의한 진폐증은 면폐증, 목재분진폐증, 농부폐증, 연초폐증, 설탕폐증, 모발분진폐증 등이다. 탄광부 진폐증, 용접공폐증, 석면폐증, 규폐증, 흑연폐증, 탄소폐증, 철폐증, 베릴륨폐증, 알루미늄폐증, 주석폐증, 칼륨폐증, 바륨폐증, 활석폐증, 규조토폐증 등은 무기성 분진에 의한 진폐증이다.

87 다음 중 중추신경의 자극작용이 가장 강한 유기용제는?

① 아민   ② 알코올
③ 알칸   ④ 알데히드

풀이 아민류는 유기화합물 중에서 가장 독성이 강하고, 자극성도 강한 물질이다. 중추신경계 자극작용의 크기는 아민류>유기산>알데히드>알코올>알칸계열의 탄화수소류 순서이다.

88 화학물질의 상호작용인 길항작용 중 독성물질의 생체과정인 흡수, 대사 등에 변화를 일으켜 독성이 감소되는 것을 무엇이라 하는가?

① 화학적 길항작용   ② 배분적 길항작용
③ 수용체 길항작용   ④ 기능적 길항작용

정답 83.② 84.③ 85.① 86.③ 87.① 88.②

[풀이] 배분적 길항작용(기질적 길항작용)은 독성물질의 생체과정인 흡수, 분포, 생체전환, 배설 등의 변화를 일으켜 독성이 저하되는 경우이다. → ex. 유기인 살충제의 독성을 활성탄을 이용하여 유기인의 체내 흡수를 방해하는 원리이다.

89 직업성 천식에 관한 설명으로 옳지 않은 것은?

① 작업 환경 중 천식을 유발하는 대표물질로 톨루엔 디이소시안산염(TDI), 무수 트리멜리트산(TMA)이 있다.
② 일단 질환에 이환하게 되면 작업 환경에서 추후 소량의 동일한 유발물질에 노출되더라도 지속적으로 증상이 발현된다.
③ 항원공여세포가 탐식되면 T림프구 중 I형 T 림프구(type I killer T cell)가 특정 알레르기 항원을 인식한다.
④ 직업성 천식은 근무시간에 증상이 점점 심해지고, 휴일 같은 비근무시간에 증상이 완화되거나 없어지는 특징이 있다.

[풀이] 직업성 천식의 발생 메커니즘에서 항원 공여세포가 탐식하면 T림프구 중에서 특정 알레르기 항원을 인식하는 II형 보조 T림프구(type II helper T cell)가 특정 알레르기 항원에 대한 IgE 혹은 IgG를 생성·분비하도록 B림프구를 활성화시킨다.

90 이황화탄소를 취급하는 근로자를 대상으로 생물학적 모니터링을 하는데 이용될 수 있는 생체 내 대사산물은?

① 소변 중 마뇨산
② 소변 중 메탄올
③ 소변 중 메틸마뇨산
④ 소변 중 TTCA(2-thiothiazolidine-4-carboxylic acid)

91 다음 중 납중독에서 나타날 수 있는 증상을 모두 나열한 것은?

ㄱ. 빈혈
ㄴ. 신장장해
ㄷ. 중추 및 말초신경장해
ㄹ. 소화기장해

① ㄱ, ㄷ
② ㄴ, ㄹ
③ ㄱ, ㄴ, ㄷ
④ ㄱ, ㄴ, ㄷ, ㄹ

[풀이] 납은 세포내에서 -SH기와 결합하여 포르피린과 헴(heme)의 합성에 관여하는 효소를 억제함으로써 델타 ALAD(δ-ALAD) 활성치 저하, 혈색소량 저하, 적혈구 수 감소 및 수명단축, 망상적혈구수 증가, 혈청 내 철분증가, 호염기성 점적혈구수 증가, 혈청 및 요 중의 델타 ALA(δ-ALA) 증가 등으로 빈혈증, 신장기능 저하(통풍증후), 소화기능 저하 및 위장장애를 일으키고 신경조직을 변화시킨다.

92 산업안전보건법령상 다음의 설명에서 ㉠~㉢에 해당하는 내용으로 옳은 것은?

단시간노출기준(STEL)이란 (㉠)분간의 시간가중평균노출값으로서 노출농도가 시간가중평균노출기준(TWA)을 초과하고 단시간노출기준(STEL) 이하인 경우에는 1회 노출 지속시간이 (㉡) 분 미만이어야 하고, 이러한 상태가 1일 (㉢)회 이하로 발생하여야 하며, 각 노출의 간격은 60분 이상이어야 한다.

① ㉠ : 15, ㉡ : 20, ㉢ : 2
② ㉠ : 20, ㉡ : 15, ㉢ : 2
③ ㉠ : 15, ㉡ : 15, ㉢ : 4
④ ㉠ : 20, ㉡ : 20, ㉢ : 4

[풀이] 단시간노출기준(STEL)은 15분간 1회에 유해인자에 노출되는 경우의 기준이며, 이 기준 이하에서는 1회 노출간격이 1시간 이상인 경우 1일 작업시간 동안 4회까지 노출이 허용될 수 있는 기준을 말한다.

93 사염화탄소에 관한 설명으로 옳지 않은 것은?

① 생식기에 대한 독성작용이 특히 심하다.
② 고농도에 노출되면 중추신경계 장애 외에 간장과 신장장애를 유발한다.

정답 89.③ 90.④ 91.④ 92.③ 93.①

③ 신장장애 증상으로 감뇨, 혈뇨 등이 발생하며, 완전 무뇨증이 되면 사망할 수도 있다.
④ 초기 증상으로는 지속적인 두통, 구역 또는 구토, 복부선통과 설사, 간압통 등이 나타난다.

> 풀이 생식기 독성을 유발하는 물질은 CS_2, 염화비닐, 알킬화제, PCB, DDT 등의 화학물질과 카드뮴, 망간, 납, 수은 등의 중금속류 등이다. 사염화탄소에 대한 실험동물에 의하면 주요 표적장기는 간이다. 인체에서는 신(콩팥)손상에 따른 신부전이 주요 사망원인으로 알려져 있다.

94 단순 질식제에 해당되는 물질은?
① 아닐린 ② 황화수소
③ 이산화탄소 ④ 니트로벤젠

> 풀이 단순(simple) 질식제는 생리적으로는 무해(無害)하지만 산소분압 저하에 의해 질식을 유발하는 물질이다. N_2, He, H_2, CO_2, N_2O, 탄화수소류(CH_4, C_2H_2, C_2H_6…) 등이 이에 속한다.

95 상기도 점막 자극제로 볼 수 없는 것은?
① 포스겐 ② 크롬산
③ 암모니아 ④ 염화수소

> 풀이 포스겐($COCl_2$)은 하기도 점막 자극제이다. 상기도의 점막 자극제는 물에 대한 용해도가 비교적 높은 물질로 암모니아, 염화수소, 불화수소, 아황산가스, 황화수소, 알데히드류, 산화에틸렌, 알칼리성 먼지 및 미스트, 크롬산 등이다.

96 적혈구의 산소운반 단백질을 무엇이라 하는가?
① 백혈구 ② 단구
③ 혈소판 ④ 헤모글로빈

> 풀이 혈액은 혈장과 혈구로 이뤄지며 혈구는 적혈구, 백혈구, 혈소판으로 구분된다. 적혈구는 헤모글로빈이라는 단백질(산소운반 단백질)을 통해 산소를 운반한다.

97 할로겐화탄화수소에 관한 설명으로 옳지 않은 것은?

① 대개 중추신경계의 억제에 의한 마취작용이 나타난다.
② 가연성과 폭발의 위험성이 높으므로 취급시 주의하여야 한다.
③ 일반적으로 할로겐화탄화수소의 독성 정도는 화합물의 분자량이 커질수록 증가한다.
④ 일반적으로 할로겐화탄화수소의 독성 정도는 할로겐원소의 수가 커질수록 증가한다.

> 풀이 할로겐화탄화수소는 불연성이며, 화학반응성이 낮다. 공기와 함께 가연성과 폭발성이 큰 물질을 형성하는 대표적 물질은 아세트알데히드(CH_3CHO)이다. 아세트알데히드는 반응성이 매우 크고, 액상이나 증기상태 모두 가연성이 높다.

98 다음 표는 A작업장의 백혈병과 벤젠에 대한 코호트 연구를 수행한 결과이다. 이때 벤젠의 백혈병에 대한 상대위험비는 약 얼마인가?

	백혈병 발생	백혈병 비발생	합계(명)
벤젠 노출군	5	14	19
벤젠 비노출군	2	25	27
합계	7	39	46

① 3.29 ② 3.55
③ 4.64 ④ 4.82

> 풀이 상대위험도(비교위험도, relative risk, RR)는 특정 유해인자에 노출된 집단에서의 질병발생률을 비노출군의 질병발생률로 나눈 값이다.
>
> 〈계산〉 상대위험도 $= \dfrac{a/(a+b)}{c/(c+d)}$
>
> $\therefore RR = \dfrac{5}{5+14} \div \dfrac{2}{2+25}$
>
> $\Rightarrow$ 상대위험도 $= \dfrac{5/(5+14)}{2/(2+25)} = 3.55$

99 다음 중 중절모자를 만드는 사람들에게 처음으로 발견되어 hatter's shake라고 하며 근육경련을 유발하는 중금속은?
① 카드뮴 ② 수은
③ 망간 ④ 납

정답 94.③ 95.① 96.④ 97.② 98.② 99.②

[풀이] 수은에 의한 인체피해는 17세기에는 영국 모자 제조공장의 수은중독(Hatter's shakes-모자장수의 경련), 1956년 일본의 화학공장 인근 유기수은에 오염된 조개와 어류를 섭취한 주민들에게 집단 발병한 미나마타병 등이 알려져 있다.

100 유기용제별 중독의 대표적인 증상으로 올바르게 연결된 것은?

① 벤젠 – 간장해
② 크실렌 – 조혈장해
③ 염화탄화수소 – 시신경장해
④ 에틸렌글리콜에테르 – 생식기능장해

[풀이] ④항만 올바르다. 벤젠은 조혈 장애물질이고, 크실렌은 청각장애 유발물질이고, 염화탄화수소는 간장장애 및 신장 장애물질이다.

정답 100.④

2021

2021. 8. 14 시행

제 3회 **산업위생관리(기사)**

알림글

- 이 교재의 **동영상 강좌**는 ▶ YouTube(이승원TV)를 통하여 무료로 청강할 수 있으며, 연합플러스 평생교육원(yhe.co.kr)에서 유료로 청강할 수 있습니다.
- 학습 중 질문사항은 연합플러스 평생교육원(yhe.co.kr)의 묻고 답하기 질문 코너나 ▶ YouTube(이승원TV)에 댓글을 남겨 주시면 신속히 해결해 드리겠습니다.

[제1과목] 산업위생학 개론

01 화학물질 및 물리적 인자의 노출기준상 사람에게 충분한 발암성 증거가 있는 물질의 표기는?

① 1A ② 1B
③ 2C ④ 1D

풀이 우리나라의 화학물질의 노출기준에서 1A는 사람에게 충분한 발암성 증거가 있는 물질을 의미한다. 우리나라 발암성 유해물질의 표시는 다음과 같다.
- 1A : 사람에게 충분한 발암성 증거가 있는 물질
- 1B : 시험동물에서 발암성 증거가 충분히 있거나 시험동물과 사람 모두에게 제한된 발암성 증거가 있는 물질
- 2 : 사람이나 동물에서 제한된 증거가 있지만, 구분 1로 분류하기에는 증거가 충분하지 않은 물질

02 미국산업안전보건연구원(NIOSH)에서 제시한 중량물의 들기작업에 관한 감시기준(Action Limit)과 최대허용기준(Maximum Permissible Limit)의 관계를 바르게 나타낸 것은?

① MPL=5AL ② MPL=3AL
③ MPL=10AL ④ MPL=$\sqrt{2}$ AL

풀이 미국산업안전보건연구원(NIOSH)에서 제시한 중량들의 들기 작업에 관한 감시기준(AL)과 최대 허용기준(Maximum Permissible Limit)의 관계에서 들기 작업의 최대 허용기준(MPL)은 감시기준(AL)의 3배이다.

03 산업안전보건법령상 작업환경측정에 관한 내용으로 옳지 않은 것은?

① 모든 측정은 지역 시료채취방법을 우선으로 실시하여야 한다.
② 작업환경측정을 실시하기 전에 예비조사를 실시하여야 한다.
③ 작업환경측정자는 그 사업장에 소속된 사람으로 산업위생관리산업기사 이상의 자격을 가진 사람이다.
④ 작업이 정상적으로 이루어져 작업시간과 유해인자에 대한 근로자의 노출 정도를 정확히 평가할 수 있을 때 실시하여야 한다.

풀이 모든 측정은 개인시료채취방법으로 하되, 개인시료채취방법이 곤란한 경우에는 지역시료채취방법으로 실시(이 경우, 그 사유를 작업환경측정 결과표에 분명하게 밝혀야 함)하여야 한다.

04 근골격계질환 평가 방법 중 JSI(Job Strain Index)에 대한 설명으로 옳지 않은 것은?

① 특히 허리와 팔을 중심으로 이루어지는 작업평가에 유용하게 사용된다.
② JSI 평가결과의 점수가 7점 이상은 위험한 작업이므로 즉시 작업개선이 필요한 작업으로 관리기준을 제시하게 된다.
③ 이 기법은 힘, 근육사용 기간, 작업 자세, 하루 작업시간 등 6개의 위험요소로 구성되어, 이를 곱한 값으로 상지질환의 위험성을 평가한다.

정답 1.① 2.② 3.① 4.①

④ 이 평가방법은 손목의 특이적인 위험성만을 평가하고 있어 제한적인 작업에 대해서만 평가가 가능하고, 손, 손목 부위에서 중요한 진동에 대한 위험요인이 배제되었다는 단점이 있다.

[풀이] JSI(Job Strain Index)는 주로 상지말단 근골격계 유해요인(손목의 특이적인 위험성)만 평가하는 평가법이다. JSI기법은 인간공학적 작업분석의 도구로서 생리학 및 인체역학의 과학적 근거를 바탕으로 개발되었으며, 평가과정은 지속적인 힘에 대해 5등급으로 나누어 평가하고 힘을 필요로 하는 작업의 비율, 손목의 부적절한 작업자세, 반복성, 작업속도, 작업시간 등 총 6가지 요소를 평가한 후 각각의 점수를 곱하여 최종 점수를 산출하게 된다.

05 휘발성 유기화합물의 특징이 아닌 것은?

① 물질에 따라 인체에 발암성을 보이기도 한다.
② 대기 중에 반응하여 광화학 스모그를 유발한다.
③ 증기압이 낮아 대기 중으로 쉽게 증발하지 않고 실내에 장기간 머무른다.
④ 지표면 부근 오존 생성에 관여하여 결과적으로 지구온난화에 간접적으로 기여한다.

[풀이] 휘발성유기화합물(VOCs ; Volatile Organic Compounds)은 비점(끓는 점)이 낮아서 대기 중으로 쉽게 증발되는 액체 또는 기체상 물질을 총칭한다. 용매에서 화학 및 제약공장이나 플라스틱 건조공정에서 배출되는 유기가스에 이르기까지 매우 다양한 배출원이 있지만 많은 양이 유기용제·페인트·접착제·세탁용제 등에서 발생된다. 끓는점이 낮은 액체연료, 파라핀, 올레핀, 방향족화합물 등 생활주변에서 흔히 사용하는 탄화수소류가 거의 해당된다.

06 체중이 60kg인 사람이 1일 8시간 작업 시 안전흡수량이 1mg/kg인 물질의 체내 흡수를 안전흡수량 이하로 유지하려면 공기 중 유해물질 농도를 몇 mg/m³ 이하로 하여야 하는가?(단, 작업 시 폐환기율은 1.25m³/hr, 체내 잔류율은 1로 가정한다.)

① 0.06   ② 0.6
③ 6   ④ 60

[풀이] 안전흡수량과 공기 중 유해물질 농도의 관계식을 이용한다. 이러한 공식을 전혀 암기하지 않고 개념으로 술술 풀어내는 필살기 학습법을 ▶YouTube(이승원TV)에서 자세히 소개하고 있다.

〈계산〉 안전흡수량(mg/kg) = $\dfrac{C_o \cdot T \cdot V \cdot R}{B_w}$

• $\begin{cases} T : \text{노출시간(hr)} = 8 \\ V : \text{호흡률(폐환기율)(m}^3/\text{hr)} = 1.25 \\ R : \text{체내 잔류율} = 1 \\ B_w : \text{체중(kg)} = 60 \\ C_o : \text{공기중허용농도(mg/m}^3) \end{cases}$

→ $1(\text{mg/kg}) = \dfrac{C_o \times 8 \times 1.2 \times 1}{60}$

∴ $C_o = 6\ \text{mg/m}^3$

07 업무상 사고나 업무상 질병을 유발할 수 있는 불안전한 행동의 직접원인에 해당되지 않는 것은?

① 지식의 부족   ② 기능의 미숙
③ 태도의 불량   ④ 의식의 우회

[풀이] 의식의 우회는 불안전한 행동의 직접원인에 의한 업무상 사고나 업무상 질병보다는 부주의에 의한 업무상 사고를 유발하게 하는 배후요인(심리적 요인)이 된다. 의식의 우회는 작업자가 작업하는 도중에 걱정거리, 고민거리, 욕구불만 등으로 의식의 흐름이 정상역을 이탈하는 현상을 말하며, 산업현장에서 흔히 발생하는 사고는 의식의 우회로 인한 사고가 많다. 의식의 우회, 공백현상 등은 모두 작업자의 주의력이 흐트러짐으로써 생기는 현상이다.
인간의 주의력(注意力) 특징은 2개의 방향에 동시에 집중할 수 없고, 한 곳에만 집중해야 하는 선택성을 가지며, 한쪽 방향에만 집중하면 다른 곳에 대한 주의력은 약해지는 방향성을 지고. 주의력의 수준이 높아졌다가 낮아지기를 반복하는 변동성을 가진다. 작업자가 중요한 작업을 할 때는 높은 주의력(주의의 높이가 높고, 폭이 좁은 상태)을 유지하여야 하나 통상 사고의 위험성이 높은 부주의(不注意)의 유형은 다음 4가지 현상으로 나타나는데 의식의 우회, 의식의 저하, 의식의 혼란, 의식의 중단(단절)이다.

• 의식의 우회 : 작업도중에 걱정거리, 고민거리, 욕구불만 등으로 의식의 흐름이 옆으로 빗나가는 현상으로 산업현장에서 흔히 발생하는 사고가 의식의 우회로 인한 사고이다.

정답 5.③ 6.③ 7.④

- 의식의 저하 : 피로한 경우나 단조로운 반복작업을 지속할 때 주로 발생하며, 정신이 혼미해지는 현상이다.
- 의식의 혼란 : 주변환경의 복잡하여 인지에 지장을 초래하고 판단에 혼란이 생기는 현상이다.
- 의식의 중단 : 의식의 지속적인 흐름에 공백이 발생하는 경우로 통상 질병이 있는 경우에 일어난다.

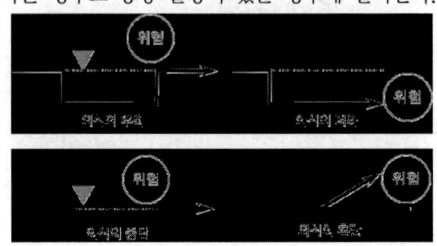

08 산업위생의 목적과 가장 거리가 먼 것은?
① 근로자의 건강을 유지시키고 작업능률을 향상시킴
② 근로자들의 육체적, 정신적, 사회적 건강을 증진시킴
③ 유해한 작업환경 및 조건으로 발생한 질병을 진단하고 치료함
④ 작업 환경 및 작업 조건이 최적화되도록 개선하여 질병을 예방함

[풀이] 산업위생의 목적은 질병의 진단과 치료가 아니라 작업환경 및 작업조건이 최적화되도록 개선하여 질병을 예방하는데 궁극적인 목적을 두고 있으며, 아울러 근로자들의 육체적, 정신적, 사회적 건강을 증진시키고, 최적의 작업환경 또는 작업조건을 유지함으로써 근로자의 건강을 유지하고, 작업능률을 향상시키는 데 있다.

09 교대근무에 있어 야간작업의 생리적 현상으로 옳지 않은 것은?
① 체중의 감소가 발생한다.
② 체온이 주간보다 올라간다.
③ 주간 근무에 비하여 피로를 쉽게 느낀다.
④ 수면 부족 및 식사시간의 불규칙으로 위장장애를 유발한다.

[풀이] 야간작업의 생리적 현상은 체온이 주간보다 낮아진다. 야간 근무자에게는 야간 시력 장애, 빈혈과체액, 전해질 평형의 파괴가 오며, 노이로제와 작업 의욕상실 등의 정신 신경증도 수반될 수 있다. 또한 야간 근무 형태는 근로자들에게 생체리듬과 수면장애를 유발하고, 가정생활 및 사회생활에 여러 가지 지장을 초래함으로써 직·간접적으로 정신적 또는 육체적 건강문제를 일으키는 것으로 보고되고 있다.

10 미국에서 1910년 납(lead) 공장에 대한 조사를 시작으로 레이온 공장의 이황화탄소 중독, 구리 광산에서 규폐증, 수은 광산에서의 수은 중독 등을 조사하여 미국의 산업보건 분야에 크게 공헌한 선구자는?
① Leonard Hill
② Max Von Pettenkofer
③ Edward Chadwick
④ Alice Hamilton

[풀이] 해밀턴(Alice Hamilton)은 납(lead) 공장에 대한 조사를 시작으로 40여 년간 납(Pb), 수은(Hg), 이황화탄소(CS_2), 규폐증 등 조사하여 미국의 산업보건 분야에 크게 공헌하였다.

11 산업안전보건법령상 작업환경측정 대상 유해인자(분진)에 해당하지 않는 것은?(단, 그 밖에 고용노동부장관이 정하여 고시하는 인체에 해로운 유해인자는 제외한다.)
① 면 분진(Cotton dusts)
② 목재 분진(Wood dusts)
③ 지류 분진(Paper dusts)
④ 곡물 분진(Grain dusts)

[풀이] 작업환경측정 대상 유해인자(분진)에 해당하는 것은 곡물 분진, 광물성 분진, 면 분진, 목재 분진, 용접 흄, 유리 섬유, 석면 분진이다.

12 RMR이 10인 격심한 작업을 하는 근로자의 실동률(A)과 계속작업의 한계시간(B)으로 옳은 것은?(단, 실동률은 사이또 오시마식을 적용한다.)

① A : 55%, B : 약 7분
② A : 45%, B : 약 5분
③ A : 35%, B : 약 3분
④ A : 25%, B : 약 1분

[풀이] 실동률과 계속작업 한계시간(CWT)은 다음의 관계식을 이용하여 산정한다.
〈계산〉 실동률(%) = 85 − (5 × RMR)
∴ 실동률(%) = 85 − (5 × 10) = 35%
〈계산〉 $\log(CWT) = 3.724 - 3.25 \log R$
$= 3.724 - 3.25 \log 10$
∴ CWT = 2.98 min

13 다음 중 산업안전보건법령상 제조 등이 허가대상 유해물질에 해당하는 것은?

① 석면(Asbestos)
② 베릴륨(Beryllium)
③ 황린 성냥(Yellow phosphorus match)
④ β-나프틸아민과 그 염(β-Naphthylamine and its salts)

[풀이] 산업안전보건법령상 제조 허가대상 유해물질은 12종으로 베릴륨 및 그 화합물, α-나프틸아민, 디아니시딘, 디클로로벤지딘, 벤조트리클로라이드, 비소 및 그 무기화합물, 염화비닐, 콜타르피치 휘발물(코크스 제조 또는 취급업무), 크롬광 가공[열을 가하여 소성처리하는 경우만 해당], 크롬산 아연, o-톨리딘, 황화니켈류, 상기 물질에서 벤조트리클로라이드를 제외한 물질을 중량비율 1퍼센트 이상 함유한 혼합물, 벤조트리클로라이드의 물질을 중량비율 0.5퍼센트 이상 함유한 혼합물이다.
한편, 제조·금지되는 유해물질은 백석면, 청석면 및 갈석면, 황린(黃燐) 성냥, β-나프틸아민과 그 염, 백연을 함유한 페인트(함유된 용량의 비율이 2% 이하인 것은 제외), 폴리클로리네이티드터페닐(PCT), 4-니트로디페닐과 그 염, 악티노라이트석면, 안소필라이트석면 및 트레모라이트석면, 벤젠을 함유하는 고무풀(함유된 용량의 비율이 5% 이하인 것은 제외), 위의 어느 하나에 해당하는 물질을 함유한 제제(함유된 중량의 비율이 1% 이하인 것 제외) 등이다.

14 직업병 진단 시 유해요인 노출 내용과 정도에 대한 평가 요소와 가장 거리가 먼 것은?

① 성별
② 노출의 추정
③ 작업환경측정
④ 생물학적 모니터링

[풀이] 직업병 진단 시 유해요인 노출 내용과 정도에 대한 평가 과정은 "노출의 추정 − 조사 및 작업장 유해인자의 수준측정(작업환경측정 및 생물학적 모니터링) − 유해요인 노출 내용과 정도에 대한 평가 − 종합평가 및 심의"의 단계로 이루어진다. 성별은 업무상 질병 인정신청 자료에 기록되는 항목이다. 신청자료에는 성명, 생년월일, 성별, 직업과 수행업무, 질병명, 진단방법, 진단 시 나이 등이 기록되어 있다.

15 직업적성검사 중 생리적 기능검사에 해당하지 않는 것은?

① 체력검사
② 감각기능검사
③ 심폐기능검사
④ 지각동작검사

[풀이] 지각동작검사(손재주, 수족협조능, 운동협조능, 행태지각능 검사 등)는 심리적 적성검사 항목이다.

16 산업재해 통계 중 재해발생건수(100만 배)를 총 연인원의 근로시간수로 나누어 산정하는 것으로 재해발생의 정도를 표현하는 것은?

① 강도율
② 도수율
③ 발생율
④ 연천인율

[풀이] 도수율은 산업재해의 발생빈도를 나타내는 단위로서 현재의 재해발생 정도를 나타내는 표준척도이다. 도수율은 다음의 관계식으로 산정된다. 분자항에 대입하는 재해건수는 재해발생 건수 또는 재해자와 동일 개념으로 사용되며, 응급처치 이상의 사고를 포함한다.

〈관계식〉 도수율(FR) = $\dfrac{재해건수}{연근로시간수} \times 10^6$

17 직업병 및 작업관련성 질환에 관한 설명으로 옳지 않은 것은?

① 작업관련성 질환은 작업에 의하여 악화되거나 작업과 관련하여 높은 발병률을 보이는 질병이다.
② 직업병은 일반적으로 단일요인에 의해, 작업관련성 질환은 다수의 원인 요인에 의해서 발병된다.

정답 13.② 14.① 15.④ 16.② 17.③

③ 직업병은 직업에 의해 발생된 질병으로서 직업 환경 노출과 특정 질병 간에 인과관계는 불분명하다.
④ 작업관련성 질환은 작업환경과 업무수행상의 요인들이 다른 위험요인과 함께 질병발생의 복합적 병인 중 한 요인으로서 기여한다.

[풀이] 직업 환경 노출과 특정 질병 간에 인과관계가 불분명한 것은 작업관련성 질환이다. 직업에 의해 발생된 질병으로 직업 환경 노출과 특정 질병 간에 인과관계가 뚜렷하다고 판명되어야만 직업병으로 인정된다.

18 미국산업위생학술원(AAIH)이 채택한 윤리강령 중 사업주에 대한 책임에 해당되는 내용은?
① 일반 대중에 관한 사항은 정직하게 발표한다.
② 위험 요소와 예방 조치에 관하여 근로자와 상담한다.
③ 성실성과 학문적 실력 면에서 최고 수준을 유지한다.
④ 근로자의 건강에 대한 궁극적인 책임은 사업주에게 있음을 인식시킨다.

[풀이] ④항만 사업주와 고객에 대한 책임에 해당되는 내용이다. ①항은 일반 대중에 대한 책임, ②항은 근로자에 대한 책임, ③항은 전문가로서의 책임이다.

19 단기간의 휴식에 의하여 회복될 수 없는 병적상태를 일컫는 용어는?
① 곤비   ② 과로
③ 국소피로   ④ 전신피로

[풀이] 곤비(困憊)는 과로 상태가 축적된 상태로서 단기간 휴식을 통해서는 회복될 수 없는 병적인 상태로 심하면 사망에 이를 수 있다.

20 사무실 공기관리 지침상 오염물질과 관리기준이 잘못 연결된 것은?(단, 관리기준은 8시간 시간가중평균농도이며, 고용노동부 고시를 따른다.)
① 총부유세균 - 800CFU/m^3
② 일산화탄소(CO) - 10ppm
③ 초미세먼지(PM2.5) - 50$\mu g/m^3$
④ 포름알데히드(HCHO) - 150$\mu g/m^3$

[풀이] 포름알데히드(HCHO) - 100$\mu g/m^3$

제2과목 작업위생측정 및 평가

21 금속탈지 공정에서 측정한 trichloroethylene의 농도(ppm)가 아래와 같을 때, 기하평균 농도(ppm)는?

101, 45, 51, 87, 36, 54, 40

① 49.7   ② 54.7
③ 55.2   ④ 57.2

[풀이] 기하평균은 곱의 평균을 말하므로 다음과 같이 계산된다. 오염물질의 종류만 변경된 동일한 유형의 문제가 반복 출제될 수 있으므로 공식을 꼭 암기해 두어야 한다. 이러한 공식을 전혀 암기하지 않고 개념으로 술술 풀어내는 필살기 학습법을 ▶YouTube(이승원TV)에서 자세히 소개하고 있다.

〈계산〉 $GM = \sqrt[n]{X_1 \times X_2 \times \cdots \times X_n}$
⇒ $GM = \sqrt[7]{101 \times 45 \times 51 \times 87 \times 36 \times 54 \times 40}$
∴ $GM = 55.23 \, ppm$

22 공기 중 먼지를 채취하여 채취된 입자 크기의 중앙값(median)은 1.12μm이고 84%에 해당하는 크기가 2.68μm일 때, 기하표준편차 값은?(단, 채취된 입경의 분포는 대수정규분포를 따른다.)
① 0.42   ② 0.94
③ 2.25   ④ 2.39

[풀이] 채취된 입경의 분포가 대수정규분포를 따를 경우, 기하표준편차(GSD, Geometric standard deviation)는 84.1%입경과 50%입경으로부터 다음과 같이 계산할 수 있다.

〈계산〉 $GSD = \dfrac{X_{84.1}}{X_{50}} = \dfrac{2.68}{1.12} = 2.39$

23 입경이 20㎛이고 입자비중이 1.5인 입자의 침강 속도(cm/s)는?

① 1.8
② 2.4
③ 12.7
④ 36.2

풀이 리프만(Lippmann)이 제시한 관계식을 적용하여 문제를 푼다. 이때 Lippmann의 식에서 산출되는 침강속도(종단속도)의 단위는 "cm/sec"임을 잘 기억해 두어야 한다.

〈계산〉 $V_g = 0.003\, \rho_p\, d_p^2$
∴ $V_g = 0.003 \times 1.5 \times 20^2 = 1.8\,cm/sec$

24 어느 작업장에서 시료채취기를 사용하여 분진 농도를 측정한 결과 시료채취 전/후 여과지의 무게가 각각 32.4/44.7mg일 때, 이 작업장의 분진 농도(mg/m³)는?(단, 시료채취를 위해 사용된 펌프의 유량은 20L/min이고, 2시간 동안 시료를 채취하였다.)

① 5.1
② 6.2
③ 10.6
④ 12.3

풀이 시료채취 전/후 여과지의 무게와 시료채취 부피(유량×채취시간)를 이용하여 농도를 계산한다. 이러한 공식을 전혀 암기하지 않고 개념으로 술술 풀어내는 필살기 학습법을 ▶YouTube(이승원TV)에서 자세히 소개하고 있다.

〈계산〉 $C_m(mg/m^3) = \dfrac{m - m_o}{V}$

$\begin{cases} V = \dfrac{20L}{min} \times 2 \times 60\,min \times \dfrac{10^{-3} m^3}{L} = 2.4\,m^3 \\ m - m_o = 44.7 - 32.4 = 12.3\,mg \end{cases}$

∴ $C_m = \dfrac{12.3}{2.4} = 5.2\,mg/m^3$

25 근로자 개인의 청력 손실 여부를 알기 위해 사용하는 청력 측정용 기기는?

① Audiometer
② Noise dosimeter
③ Sound level meter
④ Impact sound level meter

풀이 청력검사기(聽力檢査, audiometer test)는 일반적으로 1000Hz와 4000Hz의 순음을, 10dB 및 40dB의 강도(强度)로 폭로한 경우에 청각이 생기는지의 여부를 조사하여, 청력의 이상유무를 측정하는 기기이다. Noise dosimeter는 소음선량계로 누적소음노출량(개인에게 부착하여 개인의 소음노출량을 측정)을 평가하는데 사용, Sound level meter는 일반 소음측정계로 공장, 교통, 철도, 공사장의 소음이나 환경질 조사에 사용, Impact sound level meter는 충격소음계로 충격음 측정에 주로 이용되는 소음계이다.

26 Fick법칙이 적용된 확산포집방법에 의하여 시료가 포집될 경우, 포집량에 영향을 주는 요인과 가장 거리가 먼 것은?

① 포집기에서 오염물질이 포집되는 면적
② 포집기의 표면이 공기에 노출된 시간
③ 대상물질과 확산매체와의 확산계수 차이
④ 공기 중 포집대상물질 농도와 포집매체에 함유된 포집대상물질의 농도 차이

풀이 확산(diffusion)에 의한 포집메커니즘은 기체분자와의 충돌에 의한 브라운 운동(Brownian motion) 또는 농도차에 의해 일어나는 포집기구이므로 대상물질과 확산매체와의 확산계수 차이는 무시된다.

27 옥내의 습구흑구온도지수(WBGT)를 산출하는 식은?

① WBGT(℃)=0.7×자연습구온도+0.3×흑구온도
② WBGT(℃)=0.4×자연습구온도+0.6×흑구온도
③ WBGT(℃)=0.7×자연습구온도+0.1×흑구온도 +0.2×건구온도
④ WBGT(℃)=0.7×자연습구온도+0.2×흑구온도 +0.1×건구온도

풀이 옥내 또는 옥외(태양광선이 내리쬐지 않는 장소)의 습구흑구온도지수(WBGT)=0.7×자연습구온도+0.3×흑구온도으로 계산된다. 한편, 옥외(태양광선이 내리쬐는 장소)의 습구흑구온도지수(WBGT)=0.7×자연습구온도+0.2×흑구온도+0.1×건구온도로 산출된다. 함께 암기해 두도록 !!!

28 87℃와 동등한 온도는?(단, 정수로 반올림한다.)

① 351K
② 189°F
③ 700°R
④ 186K

풀이 온도의 표시단위는 기본적으로 섭씨(℃)와 화씨(°F)로 나타내지만 열역학적 온도로서 섭씨온도의 절대온도인 켈빈(K, Kelvin), 화씨온도의 절대온도인 랭킨(R, Rankine)이 사용된다. R은 화씨온도 −460(459.67)°F를 기점으로 하여 측정한 온도이고, K는 섭씨온도 −273(273.15)℃를 기점으로 하여 측정한 온도이다. 따라서 87℃와 동등한 온도를 찾기 위해서 다음의 관계식을 적용하여야 한다.

- $t°F = \frac{9}{5}t℃ + 32 = \frac{9}{5} \times 87 + 32 = 189°F$
- $K = 273 + t℃ = 273 + 8 = 360K$
- $R = 460 + t°F = 460 + 188 = 648R$

29 입자상 물질을 채취하는 방법 중 직경분립충돌기의 장점으로 틀린 것은?

① 호흡기에 부분별로 침착된 입자크기의 자료를 추정할 수 있다.
② 흡입성, 흉곽성, 호흡성 입자의 크기별 분포와 농도를 계산할 수 있다.
③ 시료 채취 준비에 시간이 적게 걸리며 비교적 채취가 용이하다.
④ 입자의 질량크기분포를 얻을 수 있다.

풀이 직경분립충돌기(cascade impactor)는 시료 채취 준비에 시간이 많이 걸리며 공기유입을 차단하기 위해 철저한 조립과 장착이 필요하다.

30 산업안전보건법령상 소음 측정방법에 관한 내용이다. (Ⓐ) 안에 맞는 내용은?

> 소음이 1초 이상의 간격을 유지하면서 최대음압수준이 (Ⓐ)dB(A) 이상의 소음인 경우에는 소음수준에 따른 1분 동안의 발생횟수를 측정할 것

① 110
② 120
③ 130
④ 140

풀이 산업안전보건법령상 소음 측정방법은 소음이 1초 이상의 간격을 유지하면서 최대음압수준이 120dB(A) 이상의 소음인 경우, 소음수준에 따른 1분 동안의 발생횟수를 측정하여야 한다.

31 공기 중 유기용제 시료를 활성탄관으로 채취하였을 때 가장 적절한 탈착용매는?

① 황산
② 사염화탄소
③ 중크롬산칼륨
④ 이황화탄소

풀이 활성탄 관의 탈착용매로 이황화탄소(CS_2)가 사용된다. 이황화탄소는 독성이 매우 강한 신경독성물질이므로 취급에 각별히 유의하여야 한다.

32 산업안전보건법령상 단위작업장소에서 작업근로자수가 17명일 때, 측정해야 할 근로자수는?(단, 시료채취는 개인 시료채취로 한다.)

① 1
② 2
③ 3
④ 4

풀이 산업안전보건법령상 단위작업장소의 개인 시료채취는 동일 작업근로자수가 10명을 초과하는 경우, 매 5명당 1명(1개 지점) 이상 추가하여야 한다. 따라서 단위작업장소에서 작업근로자수가 17명이므로 17/5=3.4(4명)이 된다. 다만, 동일 작업근로자수가 100명을 초과하는 경우에는 최대 시료채취 근로자수를 20명으로 조정할 수 있다.

33 실리카겔과 친화력이 가장 큰 물질은?

① 알데하이드류
② 올레핀류
③ 파라핀류
④ 에스테르류

풀이 실리카겔(silica gel)은 극성(極性) 유기용제, 산(acid) 등의 흡착에 적합한데 실리카겔과 친화력의 크기(극성의 크기)는 물>알코올류>알데하이드류>케톤류>에스테르류>방향족 화합물>올레핀류>파라핀류의 순서이다.

34 시료채취방법 중 유해물질에 따른 흡착제의 연결이 적절하지 않은 것은?

① 방향족 유기용제류 - Charcoal tube
② 방향족 아민류 - Silicagel tube
③ 니트로벤젠 - Silicagel tube
④ 알코올류 - Amberlite(XAD-2)

풀이 알코올류는 주로 무기흡착제(실리카겔) 또는 활성탄관으로 흡착·채취하여 이황화탄소로 탈착시켜 가스크로마토그래프에 주입하여 정량한다. 앰버라이트(Amberlite, XAD-2)는 유기폴리머로 약산 분자들이 산성 용액에서는 주로 분자 흡착에 의하여 무극성 XAD-2 표면에 머무름이 되고, 반대이온을 첨가한 경우 염기성 용액에서는 이온쌍 모델을 따라 약산의 전리된 음이온들이 머무르는 현상이 생기며, 회수율과 탈착율이 낮기 때문에 알코올류 흡착제로는 부적합하다. 유기폴리머 중 알코올류 흡착에 사용되는 것은 기공성의 폴리머인 PoraPak이다. PoraPak는 케톤, 알데히드, 알코올, 글리콜의 분리를 가능하게 하는 흡착제이다.

35 직독식 기구에 대한 설명과 가장 거리가 먼 것은?

① 측정과 작동이 간편하여 인력과 분석비를 절감할 수 있다.
② 연속적인 시료채취전략으로 작업시간 동안 하나의 완전한 시료채취에 해당된다.
③ 현장에서 실제 작업시간이나 어떤 순간에서 유해인자의 수준과 변화를 쉽게 알 수 있다.
④ 현장에서 즉각적인 자료가 요구될 때 민감성과 특이성이 있는 경우 매우 유용하게 사용될 수 있다.

풀이 직독식 기구란 현장에서 바로 농도를 알 수 있는 측정기기로 가스검지관(gas detector tube)을 포함하여 입자상물질측정기, 가스모니터, 현장에서 시료를 분석할 수 있는 휴대용 가스크로마토그래피와 적외선 분광광도계 등 많은 종류가 있다. 이러한 직독식 기구는 현장에서 즉각적인 자료가 요구될 때, 즉 순간시료채취를 필요로 할 때(미지의 가스상 물질 동정, 간헐적 공정의 순간 농도변화, 오염발생원 확인, 폭발성·질식성 가스의 동정, 산소농도 측정 등) 주로 사용되며, 연속시료채취를 해야 하는 작업공정이나 시간가중평균치를 얻고자 할 때는 직독식을 사용하지 않는다.

36 측정값이 1, 7, 5, 3, 9일 때, 변이계수(%)는?

① 183
② 133
③ 63
④ 13

풀이 변이계수(%)는 표준편차를 산술평균으로 나눈 백분율이므로 다음과 같이 산출한다.

⟨계산⟩ 변이계수(%) = $\frac{\text{표준편차(SD)}}{\text{산술평균(AM)}} \times 100$

- $AM = \frac{X_1 + X_2 + \cdots + X_n}{N} = \frac{1+7+5+3+9}{5} = 5$
- $SD = \left[\frac{\Sigma(X-X_o)^2}{(N)-1}\right]^{1/2}$
  $= \left[\frac{(1-5)^2+(7-5)^2+(5-5)^2+(3-5)^2+(9-5)^2}{5-1}\right]^{0.5}$
  $= 3.16$

∴ 변이계수(%) = $\frac{3.16}{5} \times 100 = 63.15\%$

37 어느 작업장에서 작동하는 기계 각각의 소음 측정결과가 아래와 같을 때, 총 음압수준(dB)은?(단, A, B, C기계는 동시에 작동된다.)

A기계 : 93dB, B기계 : 89dB, C기계 : 88dB

① 91.5
② 92.7
③ 95.3
④ 96.8

풀이 합성소음도 계산식을 적용한다. 이러한 공식을 전혀 암기하지 않고 개념으로 술술 풀어내는 필살기 학습법을 ▶ YouTube(이승원TV)에서 자세히 소개하고 있다.

⟨계산⟩ $L(dB) = 10\log(10^{L_1/10} + 10^{L_2/10} + 10^{L_n/10})$

∴ $L(dB) = 10\log(10^{9.3} + 10^{8.9} + 10^{8.8}) = 95.34 dB$

38 검지관의 장·단점에 관한 내용으로 옳지 않은 것은?

① 사용이 간편하고, 복잡한 분석실 분석이 필요 없다.
② 산소결핍이나 폭발성 가스로 인한 위험이 있는 경우에도 사용이 가능하다.
③ 민감도 및 특이도가 낮고 색변화가 선명하지 않아 판독자에 따라 변이가 심하다.
④ 측정대상물질의 동정이 미리 되어 있지 않아도 측정을 용이하게 할 수 있다.

[풀이] 검지관(檢知管, detector tube)은 한 가지 물질에 반응할 수 있도록 되어 있어 측정대상물질의 사전 동정(同定)이 필요하다.

39 어떤 작업장의 8시간 작업 중 연속음 소음 100dB(A)가 1시간, 95dB(A)가 2시간 발생하고 그 외 5시간은 기준 이하의 소음이 발생되었을 때, 이 작업장의 누적소음도에 대한 노출기준 평가로 옳은 것은?

① 0.75로 기준 이하였다.
② 1.0으로 기준과 같다.
③ 1.25로 기준을 초과하였다.
④ 1.50으로 기준을 초과하였다.

[풀이] 소음노출지수(EI)를 계산하여 EI > 1.0이면 허용기준 초과하는 것으로 판정한다. 노출기준이 제시되지 않았으므로 수험자가 암기하고 있는 노출기준을 직접 적용하여 계산하여야 한다. 노출기준은 100dB(A)에서 2시간, 95dB(A)에서 4시간이며, 5시간은 노출기준 90dB(A) 이하로 노출된 것으로 하여 계산한다.

〈계산〉 $EI = \dfrac{C_1}{T_1} + \dfrac{C_2}{T_2} + \cdots + \dfrac{C_n}{T_n}$

- C : 특정소음에 노출된 총시간
- T : 그 소음에 노출될 수 있는 허용노출시간

$\therefore EI = \dfrac{1}{2} + \dfrac{2}{4} + 0 = 1$ (허용기준 동일)

【참고】 일반소음(충격소음 제외) 노출기준

1일 노출시간(hr)	소음강도 dB(A)
8	90
4	95
2	100
1	105
1/2	110
1/4	115

㈜ 연속소음은 115dB(A)를 초과하는 소음 수준에 노출되어서는 안 됨

40 유해인자에 대한 노출평가방법인 위해도평가(Risk assessment)를 설명한 것으로 가장 거리가 먼 것은?

① 유해인자가 본래 가지고 있는 위해성과 노출요인에 의해 결정된다.
② 위험이 가장 큰 유해인자를 결정하는 것이다.
③ 모든 유해인자 및 작업자, 공정을 대상으로 동일한 비중을 두면서 관리하기 위한 방안이다.
④ 노출량이 높고 건강상의 영향이 큰 유해인자인 경우 관리해야 할 우선순위도 높게 된다.

[풀이] 유해인자에 대한 위해도평가(Risk assessment)는 모든 유해인자 및 작업자, 공정을 대상으로 동일한 비중을 두는 것이 아니라 유해인자의 유해성 및 위험성, 노출요인 및 확산 가능성, 건강상의 영향 등에 따라 관리의 우선순위를 두어 관리하여야 한다. 이 교재 "4편 독성학"에서 다루고 있는 내용이다.

제3과목 작업환경관리대책

41 흡입관의 정압 및 속도압은 −30.5mmH$_2$O, 7.2mmH$_2$O이고, 배출관의 정압 및 속도압은 20.0mmH$_2$O, 15mmH$_2$O일 때, 송풍기의 유효전압(mmH$_2$O)은?

① 58.3
② 64.2
③ 72.3
④ 81.1

[풀이] 송풍기의 유효전압은 입·출구의 전압차로부터 계산할 수 있다.

〈계산〉 $P_{tf} = P_{to} - P_{ti}$

- 출구전압 $= P_{so} + P_{vo} = 15 + 20 = 35 \text{mmH}_2\text{O}$
- 입구전압 $= P_{si} + P_{vi} = 7.2 + (-30.5)$
  $= -23.23 \text{mmH}_2\text{O}$

$\therefore P_{tf} = 35 - (-23.23) = 58.3 \text{mmH}_2\text{O}$

42 호흡기 보호구에 대한 설명으로 옳지 않은 것은?

① 호흡기 보호구를 선정할 때는 기대되는 공기 중의 농도를 노출기준으로 나눈 값을 위해비(HR)라 하는데, 위해비보다 할당보호계수(APF)가 작은 것을 선택한다.
② 보호구를 착용함으로써 유해물질로부터 얼마만큼 보호해주는지 나타내는 것은 보호계수(PF)이다.

③ 할당보호계수(APF)가 100인 보호구를 착용하고 작업장에 들어가면 외부 유해물질로부터 적어도 100배만큼의 보호를 받을 수 있다는 의미이다.

④ 보호계수(PF)는 보호구 밖의 농도(C_O)와 안의 농도(C_i)의 비(C_O/C_i)로 표현할 수 있다.

[풀이] 보호구의 할당보호계수는 위해비(HR, hazardous ratio, 공기 중 유해물질 농도/노출기준의 배수) 이상이어야 한다. 즉, 위해비보다 할당보호계수(APF, Assigned Protection Factor)가 큰 것을 선택하여야 한다.

위해비(hazardous ratio)는 공기 중 유해물질 농도가 노출기준의 몇 배에 상당하는 가를 나타낸다. 보호계수(Protection Factor)라는 것은 근로자가 호흡기 보호구를 올바르게 착용했을 경우, 외부 유해인자의 호흡기 유입을 얼마나 감소시킬 수 있는지를 수치로 나타낸 것이다. 예를 들어, 보호계수가 10인 호흡기 보호구는 외부의 유해인자가 10개 있을 경우 1개 이하로 저감 시킬 수 있다는 것이다.

한편, 할당보호계수(APF, assigned protection factor)는 미국에서 사용되는 일반적인 PF개념의 특별한 적용으로 적절히 밀착이 이루어진 호흡기 보호구를 훈련된 일련의 착용자들이 작업장에서 착용하였을 때, 기대되는 최소 보호정도 값을 말한다(NIOSH).

보호계수는 높을수록 좋겠지만 유해인자 노출기준이 각 국가별로 상이한 것처럼, 보호계수 또한 국가별로 상당한 차이를 보인다.

미국의 할당보호계수는 안면부(면체)를 통한 오염물질의 침투는 고려하지 않고, 얼굴과 호흡보호구 안면부 사이의 누설(Faceseal leakage)만을 고려하여 정해 놓은 것이다. 방진필터의 종류는 9개로 분류됨에도 불구하고 필터의 종류에 관계없이 이들 필터가 1/4형이면 APF=5, 반면형이면 APF=10, 전면형이면 APF=50으로 되어있다.

유럽(영국, 독일 등)에서는 얼굴과 호흡보호구 안면부 사이의 누설정도는 물론 오염물질의 안면부 침투까지 고려하기 때문에 좀 더 복잡해진다. 방진마스크의 경우 P1, P2, P3에 따라 보호계수는 크게 달라지며 장착하는 마스크 면체의 형태에 따라 또 달라진다. 예를 들어, 반면형 방진마스크의 보호계수는 P1=4, P2=10, P3=20이며 전면형 방진마스크의 보호계수는 P1=4, P2=10, P3=40이다.

일본의 경우는 "지정방호계수"라 하여 보호구의 형태에 따라 하나 값으로 정해진 것이 아니라 광범위한 값으로 정해져 있다. 예를 들면, 반면형 방진마스크의 경우 3~10이다.

〈관계식〉 $HR = \dfrac{C_{Air}}{TLV}$

$\begin{cases} C_{Air} : 공기\ 중\ 유해물질의\ 농도 \\ TLV : 노출기준 \end{cases}$

【참고】
• 공기정화식은 산소농도 18% 미만인 장소나 위해비(HR=공기 중 오염물질의 농도/노출기준)가 높은 경우에는 사용할 수 없음
• 공기공급식은 산소농도 18% 미만인 장소나 위해비가 높은 경우에 사용됨

43 환기시설 내 기류가 기본적 유체역학적 원리에 의하여 지배되기 위한 전제 조건에 관한 내용으로 틀린 것은?

① 환기시설 내외의 열교환은 무시한다.
② 공기의 압축이나 팽창을 무시한다.
③ 공기는 포화 수증기 상태로 가정한다.
④ 대부분의 환기시설에서는 공기 중에 포함된 유해물질의 무게와 용량을 무시한다.

[풀이] 환기시설의 기본적 유체역학적 원리에 의하여 지배되기 위한 전제 조건은 공기는 건조한 상태로 가정한다.

44 전기도금 공정에 가장 적합한 후드 형태는?

① 캐노피 후드   ② 슬롯 후드
③ 포위식 후드   ④ 종형 후드

[풀이] 전기 도금공정과 같은 상부개방형 탱크에서 방출되는 유해물질을 포집하기 위해서는 폭이 좁고 긴 직사각형의 슬롯형 후드를 사용하는 것이 효율적이다.

45 보호구의 재질에 따른 효과적 보호가 가능한 화학물질을 잘못 짝지은 것은?

① 가죽 – 알코올   ② 천연고무 – 물
③ 면 – 고체상 물질   ④ 부틸고무 – 알코올

[풀이] 가죽재질은 물이나 알코올 등의 용제를 사용하는 곳의 보호구 재질로 부적합하다.

46 슬롯(Slot) 후드의 종류 중 전원주형의 배기량은 1/4원주형 대비 약 몇 배인가?

정답 43.③ 44.② 45.① 46.②

① 2배 ② 3배
③ 4배 ④ 5배

> **풀이** 1/4원주 슬롯형 후드에 비해 전원주 슬롯형 후드의 흡인유량의 이론적으로는 $4\pi XL$의 1/4이 되므로 원주율(3.14)의 배율이 된다. 그러나 후드의 설계지침상으로 정하고 있는 슬롯형 후드의 흡인유량은 전원주의 경우 $Q = 3.7XLV_c$, 1/4원주형의 경우 $Q = 1.6XLV_c$이므로 배기량(흡인유량) 비율은 3.7/1.6=2.3배 정도가 된다. 따라서 이러한 유형의 문제를 제시할 때 "슬롯(Slot) 후드의 종류 중 전원주형의 배기량은 1/4원주형에 비해 이론적으로 약 몇 배인가?"라고 질문을 해야 맞는다.

47 밀도가 1.225kg/m³인 공기가 20m/s의 속도로 덕트를 통과하고 있을 때 동압(mmH₂O)은?

① 15 ② 20
③ 25 ④ 30

> **풀이** 유체의 관내 속도는 동압(속도압)의 제곱근에 비례하고, 유체의 밀도(비중량)의 제곱근에 반비례한다.
>
> 〈계산〉 유속 $(m/sec) = C\sqrt{\dfrac{2gP_v}{\gamma}}$
>
> - V : 유속 = 20 m/sec
> - γ : 밀도(비중량) = 1.225 kg$_f$/m³
> - C : 계수
> - g : 중력가속도(9.8 m/sec²)
>
> $\therefore P_v = \dfrac{\gamma V^2}{2g} = \dfrac{1.225 \times 20^2}{2 \times 9.8} = 25$ mmH₂O

48 정압회복계수가 0.72이고 정압회복량이 7.2 mmH₂O인 원형 확대관의 압력손실(mmH₂O)은?

① 4.2 ② 3.6
③ 2.8 ④ 1.3

> **풀이** 원형 확대관의 압력손실(mmH₂O)은 다음 관계식으로 산출한다.
>
> 〈계산〉 $SP_R = (P_{v1} - P_{v2}) - \Delta P$
> $\qquad\qquad = \zeta(P_{v1} - P_{v2})$
>
> - SP_R : 정압회복량 = 7.2mmH₂O
> - ζ : 정압 회복계수 = 0.72
>
> ⇨ $7.2 = 0.72 \times (P_{v1} - P_{v2})$
> 여기서, $(P_{v1} - P_{v2}) = 10$mmH₂O
> ⇨ $7.2 = 10 - \Delta P$
> $\therefore \Delta P = 10 - 7.2 = 2.24$mmH₂O

49 터보(Turbo) 송풍기에 관한 설명으로 틀린 것은?

① 후향날개형 송풍기라고도 한다.
② 송풍기의 깃이 회전방향 반대편으로 경사지게 설계되어 있다.
③ 고농도 분진함유 공기를 이송시킬 경우, 집진기 후단에 설치하여 사용해야 한다.
④ 방사날개형이나 전향날개형 송풍기에 비해 효율이 떨어진다.

> **풀이** 후향날개형(터보형)은 송풍량이 증가해도 동력이 증가하지 않는 장점이 있어 한계부하 송풍기라고도 하며, 압력 변동이 있어도 풍량의 변화가 비교적 적은 것이 특징이며 방사날개형이나 전향날개형 송풍기에 비해 효율이 높다. 효율크기는 터보(후향날개)송풍기>평판(방사날개)송풍기>다익(전향날개)송풍기 순서이다.

50 유기용제 취급 공정의 작업환경관리대책으로 가장 거리가 먼 것은?

① 근로자에 대한 정신건강관리 프로그램 운영
② 유기용제의 대체사용과 작업공정 배치
③ 유기용제 발산원의 밀폐등 조치
④ 국소배기장치의 설치 및 관리

> **풀이** 유기용제 취급 공정의 관리대책은 다음과 같다.
> ▫ 작업환경관리
>   - 유기화합물의 대체 사용
>   - 작업공정의 적정 배치
>   - 유기화합물 증기 발산원의 밀폐 등 조치
>   - 국소배기장치의 설치 및 관리
>   - 전체환기장치의 설치 및 관리
>   - 작업환경측정
>   - 직업병 유소견자가 발생된 경우 작업환경관리 조치
> ▫ 작업관리
>   - 작업계획 수립 및 표준작업관리지침 작성
>   – 유기화합물 증기 발생 억제 조치에 관한 사항
>   – 해당 시설 및 설비 등에 설치된 국소배기장치의 적절한 가동과 비정상적으로 가동할 때 조치요령
>   – 보호구의 착용 시기, 착용 요령 및 관리 방법
>   – 유기화합물 누출시의 조치 사항
>   – 기타 유기화합물 증기에 대한 근로자 노출 방지 대책 등

- 교육 : 채용할 때와 작업내용 변경할 때 교육(법령 및 안전 작업방법에 관한 사항, 건강증진 및 산업간호에 관한 사항), 특별교육(물질안전보건자료에 관한 사항, 유기화합물의 물리·화학적 특성, 건강장해 예방대책 등)
- 명칭 등의 게시(유기화합물의 명칭, 인체에 미치는 영향, 취급상 주의사항 등)
- 물질안전보건자료의 작성 비치 및 경고 표지 부착
- 저장 및 빈 용기의 처리
□ 건강관리
  - 근로자 개인 위생관리
  - 응급조치
  - 건강진단

51 송풍기의 풍량조절기법 중에서 풍량(Q)을 가장 크게 조절할 수 있는 것은?

① 회전수 조절법 ② 안내깃 조절법
③ 댐퍼부착 조절법 ④ 흡입압력 조절법

풀이 송풍기의 풍량 조절법은 크게 나누어 송풍기의 성능곡선의 모양과 위치를 변경하는 방법인 회전수 변환법, 안내깃 조절법, 흡입구 틈새 조절법, 가변피치 조절법, 흡입댐퍼 조절법 등과 시스템 곡선을 변경하는 방법인 토출댐퍼 조절법 등이 있다. 이 중에서 송풍기의 풍량조절기법 중에서 풍량(Q)을 가장 크게 조절할 수 있는 것은 회전수 조절법이다.

52 회전차 외경이 600mm인 원심 송풍기의 풍량은 200m³/min이다. 회전차 외경이 1200mm인 동류(상사구조)의 송풍기가 동일한 회전수로 운전된다면 이 송풍기의 풍량(m³/min)은?(단, 두 경우 모두 표준공기를 취급한다.)

① 1,000 ② 1,200
③ 1,400 ④ 1,600

풀이 송풍기의 크기 D와 회전수 N 및 가스밀도 ρ와의 관계로부터 송풍기의 풍량 Q를 산출한다. 이러한 공식을 전혀 암기하지 않고 개념으로 술술 풀어내는 필살기 학습법을 ▶YouTube(이승원TV)에서 자세히 소개하고 있다.

〈계산〉 $Q = kD^3N^1$

$\therefore Q_2 = Q_1 \times \left(\dfrac{D_2}{D_1}\right)^3 = 200 \times \left(\dfrac{1{,}200}{600}\right)^3$
$= 1{,}600 \, \text{m}^3/\text{min}$

53 송풍기 축의 회전수를 측정하기 위한 측정기구는?

① 열선풍속계(Hot wire anemometer)
② 타코미터(Tachometer)
③ 마노미터(Manometer)
④ 피토관(Pitot tube)

풀이 타코미터(tachometer)는 회전속도를 측정하는 장치이다. 타코미터는 자기력을 이용하는 방식과 광학 센서를 이용하는 방식이 있는데, 자기력을 이용하는 방식은 영구자석이나 전자석을 이용하여 전자기 유도 효과를 이용하여 전압이 타코에 비례함을 이용하거나 자석이 접근하면 전류가 흐르는 센서를 사용하여 변도를 측정하는 방식이다. 광학식은 레이저를 이용해 바퀴에 반사되거나 투과되어 돌아오는 레이저를 이용한다.

54 20℃, 1기압에서 공기유속은 5m/sec, 원형덕트의 단면적은 1.13m²일 때, Reynolds 수는?(단, 공기의 점성계수는 1.8×10^{-5}kg/sec·m이고, 공기의 밀도는 1.2kg/m³이다.)

① 4.0×10^5 ② 3.0×10^5
③ 2.0×10^5 ④ 1.0×10^5

풀이 레이놀드 수(Reynold number) 계산식을 적용한다.

〈계산〉 $Re = \dfrac{DV\rho}{\mu}$

$\begin{cases} V : \text{유속} = 5 \, \text{m/sec} \\ D : \text{Duct의 직경} = (4A/\pi)^{0.5} = (4 \times 1.13/3.14)^{0.5} \\ \qquad = 1.2 \, \text{m} \\ \rho : \text{유체의 밀도} = 1.2 \, \text{kg/m}^3 \\ \mu : \text{유체의 점도} = 1.85 \times 10^{-5} \, \text{kg/m·sec} \end{cases}$

$\therefore Re = \dfrac{1.2 \times 5 \times 1.2}{1.85 \times 10^{-5}} = 389189.19$

55 신체 보호구에 대한 설명으로 틀린 것은?

① 정전복은 마찰에 의하여 발생되는 정전기의 대전을 방지하기 위하여 사용된다.
② 방열의에는 석면제나 섬유에 알루미늄 등을 중착한 알루미나이즈 방열의가 사용된다.
③ 위생복(보호의)에서 방한복, 방한화, 방한모는 -18℃ 이하인 급냉동 창고 하역작업 등에 이용된다.

정답 51.① 52.④ 53.② 54.① 55.④

④ 안면 보호구에는 일반 보호면, 용접면, 안전모, 방진 마스크 등이 있다.

풀이 안면 보호구에는 보안경, 보안면 등이 있다. 물체가 흩날릴 위험이 있는 작업에는 보안경을 착용하고, 용접 시 불꽃이나 물체가 흩날릴 위험이 있는 작업에는 보안면을 착용하여야 한다. 안전모는 물체가 떨어지거나 날아올 위험 또는 근로자가 추락할 위험이 있는 작업장의 근로자에게 지급되는 안전보호구이고, 방진마스크(dust respirator)는 고체 분진, 흄, 미스트, 안개와 같은 액체입자의 흡입을 방지하기 위하여 착용되는 보호구이다.

56 유해물질별 송풍관의 적정 반송속도로 옳지 않은 것은?

① 가스상 물질 : 10m/sec
② 무거운 물질 : 25m/sec
③ 일반 공업물질 : 20m/sec
④ 가벼운 건조 물질 : 30m/sec

풀이 반송속도(Transportation Velocity)는 덕트(Duct)를 통하여 이동하는 유해물질이 덕트 내에서 퇴적이 일어나지 않는 상태로 이동시키기 위하여 필요한 최소속도를 말하는데, 가벼운 건조 물질(미세 면분진, 목재분진, 종이분진, 곡물 분, 고무, 플라스틱 톱밥 등의 분진, 연마분진, 경금속 분진 등)의 반송속도는 12.5~15m/sec 범위가 되도록 설계된다.

57 국소환기시설 설계에 있어 정압조절평형법의 장점으로 틀린 것은?

① 예기치 않은 침식 및 부식이나 퇴적문제가 일어나지 않는다.
② 설치된 시설의 개조가 용이하여 장치변경이나 확장에 대한 유연성이 크다.
③ 설계가 정확할 때에는 가장 효율적인 시설이 된다.
④ 설계 시 잘못 설계된 분지관 또는 저항이 제일 큰 분지관을 쉽게 발견할 수 있다.

풀이 정압조절 평형법은 설치 후 변경이나 확장에 대한 유연성이 떨어지고, 근로자나 운전자가 쉽게 조절할 수 없는 단점이 있다. 반면에 공기조정용 댐퍼에 의한 균형법(저항조절 평형법)은 시설설치 후 장래 변경이나 확장에 대한 유연성이 높다.

58 전체 환기의 목적에 해당되지 않는 것은?

① 발생된 유해물질을 완전히 제거하여 건강을 유지·증진한다.
② 유해물질의 농도를 희석시켜 건강을 유지·증진한다.
③ 실내의 온도와 습도를 조절한다.
④ 화재나 폭발을 예방한다.

풀이 전체환기는 유해물질을 오염원에서 제거하는 방법이 아닌 유해물질의 농도를 희석하여 낮게 하는 방법이다. 따라서 유해물질을 외부의 청정공기로 희석하여 실내의 유해물질 농도 감소, 건강 유지 증진시키는 것이 목적이다.

59 심한 난류상태의 덕트 내에서 마찰계수를 결정하는데 가장 큰 영향을 미치는 요소는?

① 덕트의 직경
② 공기점토와 밀도
③ 덕트의 표면조도
④ 레이놀즈수

풀이 마찰계수(Friction Coefficient)는 두 물체 간의 접촉면에 작용하는 마찰력의 크기를 결정하는 무차원의 값으로, 마찰력(Friction Force)의 크기와 수직항력(Normal Force)의 비례관계에서 비례상수를 말한다. 그러므로 보기의 항목 중 덕트 내에서 마찰계수를 결정하는데 가장 큰 영향을 미치는 요소는 덕트의 표면조도이다.

60 호흡용 보호구 중 방독/방진 마스크에 대한 설명 중 옳지 않은 것은?

① 방진 마스크의 흡기저항과 배기저항은 모두 낮은 것이 좋다.
② 방진 마스크의 포집효율과 흡기저항 상승률은 모두 높은 것이 좋다.
③ 방독 마스크는 사용 중에 조금이라도 가스냄새가 나는 경우 새로운 정화통으로 교체하여야 한다.
④ 방독 마스크의 흡수제는 활성탄, 실리카겔, sodalime 등이 사용된다.

풀이 방독/방진마스크는 포집효율이 높고 흡기·배기저항이 낮고, 흡기저항 상승률이 낮은 것이 좋다.

정답 56.④ 57.② 58.① 59.③ 60.②

[제4과목] 물리적 유해인자관리

61 다음 파장 중 살균 작용이 가장 강한 자외선의 파장범위는?

① 220~234nm ② 254~280nm
③ 290~315nm ④ 325~400nm

[풀이] 자외선 살균효과는 자외선의 파장에 따라 전혀 달라지며, 250~260nm 파장의 UV가 가장 효과이다. 250~260nm파장에서의 살균효과는 피 조사되는 적산 UV량(방사강도×조사시간)에 정비례하는 관계가 있다. 이러한 유형의 문제는 이 책의 "PART-2"에 주로 수록되어 있다. UV 살균의 특징은 다음과 같다.
• 모든 살균(수십 수백종의 균종과 아직 알려지지 않은 새로운 바이러스)에 유효함
• 피조사물(被照射物)에 거의 변화를 주지 않음
• 조사 받은 균에 내성을 주지 않음
• 사용방법이 간단함
• 살균효과는 조사 중에 한하며 잔존하지 않음
• 공기, 물의 살균에 가장 적합함
• 자외선은 눈 또는 피부에 유해하기 때문에 안전상 유의해야 함

62 산업안전보건법령상 고온의 노출기준 중 중등작업의 계속작업 시 노출기준은 몇 ℃(WBGT)인가?

① 26.7 ② 28.3
③ 29.7 ④ 31.4

[풀이] 산업안전보건법령상 고온의 노출기준 중 중등작업의 계속작업(연속작업) 시 노출기준은 26.7℃(WBGT)이다. 이러한 이론과 유사문제 유형은 이 책의 "PART-2"에 수록되어 있다.

63 일반소음에 대한 차음효과는 벽체의 단위 표면적에 대하여 벽체의 무게가 2배 될 때마다 약 몇 dB씩 증가하는가?(단, 벽체 무게 이외의 조건은 동일하다.)

① 4 ② 6
③ 8 ④ 10

[풀이] 단일벽의 투과손실(TL)은 재료의 밀도와 일치효과의 상관성이 있으므로 다음 관계식으로 나타낸다. 이러한 이론과 유사문제 유형은 이 책의 "PART 3-4"에 수록되어 있다.

〈계산〉 $TL(dB) = 20\log(m \cdot f) - 43$

• $\begin{cases} m : 벽의\ 면밀도(kg/m^3) \\ f : 주파수(Hz) \end{cases}$

⇒ $TL(dB) = K_o\ 20\log(2)$

64 다음 중 레이노 현상(Raynaud's phenomenon)의 주요 원인으로 옳은 것은?

① 국소진동 ② 전신진동
③ 고온환경 ④ 다습환경

[풀이] 레이노 현상(Raynaud's phenomenon)의 주요 원인은 국소진동이다. 착암기·압축공기(hammer)를 이용한 진동공구 사용 근로자에게 유발될 수 있는 질환으로 4시간 동안의 주파수 가중등가 가속도값이 $2m/s^2$인 진동가속도 값에 15년 동안 노출되었을 때, 이 값에 노출된 작업자의 약 10%가 레이노드씨 현상을 나타낼 수 있고, 같은 가속도에서 노출작업자의 50%이상이 레이노드씨 현상을 나타내는데 걸리는 노출년수는 대략 25년 정도인 것으로 보고되고 있다. 이러한 이론과 유사문제 유형은 이 책의 "PART-2"에 수록되어 있다.

65 전기성 안염(전광선 안염)과 가장 관련이 깊은 비전리 방사선은?

① 자외선 ② 적외선
③ 가시광선 ④ 마이크로파

[풀이] 아크용접 근로자의 자외선 노출은 전광성 안염(眼炎, ophthalmitis) 유발의 원인이 된다. 아크용접에서 방출되는 비전리방사선은 적외선, 가시광선, 자외선이 혼합된 형태의 광학방사선(optical radiation)이지만 이 중에서 전기성 안염(전광성 안염)과 가장 관련이 깊은 비전리방사선은 자외선이다. 이러한 이론과 유사문제 유형은 이 책의 "PART-2"에 수록되어 있다.

66 한랭노출 시 발생하는 신체적 장해에 대한 설명으로 옳지 않은 것은?

① 동상은 조직의 동결을 말하며, 피부의 이론상 동결온도는 약 -1℃ 정도이다.

② 전신 체온강하는 장시간의 한랭노출과 체열 상실에 따라 발생하는 급성 중증 장해이다.
③ 참호족은 동결 온도 이하의 찬공기에 단기간의 접촉으로 급격한 동결이 발생하는 장해이다.
④ 침수족은 부종, 저림, 작열감, 소양감 및 심한 동통을 수반하며, 수포, 궤양이 형성되기도 한다.

풀이 참호족(塹壕足, trench foot)은 물이 어는 온도 또는 그 부근의 찬 공기에 오래 접하거나 물에 잠겨서 생기는 질환이다. 참호족과 침수족은 직접 동결상태에 이르지 않더라도 15℃ 이하의 한랭에 계속해서 장기간 폭로되고 동시에 지속적으로 습기나 물에 잠기게 될 때 생긴다.

67 인체와 작업환경 사이의 열교환이 이루어지는 조건에 해당되지 않는 것은?
① 대류에 의한 열교환
② 복사에 의한 열교환
③ 증발에 의한 열교환
④ 기온에 의한 열교환

풀이 인체와 환경 간의 열교환에 관여하는 온열 조건 인자 작업대사량, 대류에 의한 열교환, 복사에 의한 열교환, 증발에 의한 열손실 등이다. 열교환으로 인한 인체의 열축적 또는 열손실에 대한 열량수지는 다음의 관계식으로 나타낸다. 이러한 유형의 문제는 이 책의 "PART-2"에 주로 수록되어 있다.

〈관계식〉 $\Delta S = M \pm C \pm R - E$

- ΔS : 인체의 열축적 또는 열손실
- M : 작업대사량
- C : 대류에 의한 열득실(열교환)
- R : 복사에 의한 열득실(열교환)
- E : 증발에 의한 열손실

68 산업안전보건법령상 "적정한 공기"에 해당하지 않는 것은?(단, 다른 성분의 조건은 적정한 것으로 가정한다.)
① 탄산가스 농도 1.5% 미만
② 일산화탄소 농도 100ppm 미만
③ 황화수소 농도 10ppm 미만
④ 산소 농도 18% 이상 23.5% 미만

풀이 적정공기란 산소농도의 범위가 18% 이상 23.5% 미만, 탄산가스의 농도가 1.5% 미만, 황화수소의 농도가 10ppm 미만인 수준의 공기를 말한다. 산업안전보건법상 용어와 관련된 문제유형은 이 책의 "PART-1"에 수록되어 있다.

69 심한 소음에 반복 노출되면, 일시적인 청력변화는 영구적 청력변화로 변하게 되는데, 이는 다음 중 어느 기관의 손상으로 인한 것인가?
① 원형창
② 삼반규반
③ 유스타키오관
④ 코르티기관

풀이 영구적 난청은 코르티기관의 손상으로 수주 후에도 정상 청력으로 회복되지 않는 난청이다. 이러한 유형의 문제는 이 책의 "PART-2"에 주로 수록되어 있다.

귀는 청각과 평형감각을 담당하는 기관으로 외부에서부터 외이, 중이, 내이 순서로 구성되는데, 제일 안쪽의 내이에 있는 청각담당 달팽이관(와우관)이 위치한다. 달팽이관 안에는 코르티(corti)기관이라는 청각기관이 있어 음(音)의 진동을 전기적 신호로 바꾸어 대뇌(大腦)로 전달하는 역할을 하는데 코르티(corti)기관 속에 있는 청각수용 세포가 파괴될 경우, 신경말단이 손상되어 영구적 난청(Permanent Threshold Shift)을 일으키게 되고, 회복이나 치료가 매우 어렵게 된다. 이러한 청력 장애는 소음의 세기가 클수록, 폭로시간과 기간이 길수록 심하며 주파수가 높은 고음일수록 잘 일어난다.

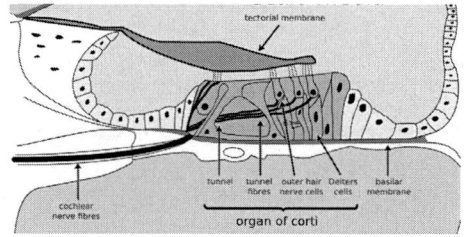

〈그림〉 Organ of Corti - 출처 : Wikipedia

70 산업안전보건법령상 소음작업의 기준은?
① 1일 8시간 작업을 기준으로 80데시벨 이상의 소음이 발생하는 작업
② 1일 8시간 작업을 기준으로 85데시벨 이상의 소음이 발생하는 작업
③ 1일 8시간 작업을 기준으로 90데시벨 이상의 소음이 발생하는 작업

④ 1일 8시간 작업을 기준으로 95데시벨 이상의 소음이 발생하는 작업

풀이 소음작업이란 1일 8시간 작업을 기준으로 85dB 이상의 소음이 발생하는 작업을 말한다. 이러한 유형의 문제는 이 책의 "PART 2"에 주로 수록되어 있다.

71 방진재료로 적절하지 않은 것은?
① 방진고무   ② 코르크
③ 유리섬유   ④ 코일 용수철

풀이 유리섬유는 방진재료의 구비조건을 만족시키는데 부족함이 많다. 방진재료로 사용되는 것은 방진고무, 금속스프링, 공기스프링, 펠트(Felt), 코르크(Cork), 목재, 납판, 침유피혁(浸油皮革), 모래, 자갈, 톱밥, 대패밥 등이다. 이러한 유형의 문제는 이 책의 "PART 3-4"에 주로 수록되어 있다.

72 전리방사선이 인체에 미치는 영향에 관여하는 인자와 가장 거리가 먼 것은?
① 전리작용   ② 피폭선량
③ 회절과 산란   ④ 조직의 감수성

풀이 전리방사선이 인체에 미치는 영향에 관여하는 인자는 피폭선량, 피폭방법, 전리작용, 조직의 감수성, 투과력 등이다. 이러한 유형의 문제는 이 책의 "PART 2"에 주로 수록되어 있다.

73 비전리 방사선이 아닌 것은?
① 적외선   ② 레이저
③ 라디오파   ④ 알파(α)선

풀이 알파(α)선은 전리방사선(Ionizing Radiation)이다. 비전리방사선(non-Ionizing Radiation)은 원자의 이온화를 직접적으로 일으킬 만한 에너지를 가지지 못하는 방사선으로 자외선, 가시광선, 적외선, 라디오파, 마이크로파, 저주파 등이 이에 속한다. 이러한 유형의 문제는 이 책의 "PART 2"에 주로 수록되어 있다.

74 음원으로부터 40m되는 지점에서 음압수준이 75dB로 측정되었다면 10m되는 지점에서의 음압수준(dB)은 약 얼마인가?

① 84   ② 87
③ 90   ④ 93

풀이 음원별 거리에 따른 감쇠공식을 적용하되, 이때 40m되는 지점에서 음압수준이 75dB이므로 10m 되는 지점에서의 음압수준(dB)은 당연히 75dB보다 증가되어야 한다는 점에 유의하도록!!. 이러한 유형의 문제는 이 책의 "PART 2"에 주로 수록되어 있다.

〈계산〉 점음원-자유음장 ; $L_a(dB) = 20\log\left(\dfrac{r_2}{r_1}\right)$

$\therefore \text{SPL} = 75 + 20\log\left(\dfrac{40}{10}\right) = 87.04\,dB(A)$

75 산업안전보건법령상 정밀작업을 수행하는 작업장의 조도기준은?
① 150럭스 이상   ② 300럭스 이상
③ 450럭스 이상   ④ 750럭스 이상

풀이 정밀작업을 수행하는 작업장의 조도기준은 300Lux 이상이다. 초정밀작업은 750Lux 이상이고, 보통작업은 150Lux 이상, 기타작업은 75Lux 이상으로 규정하고 있다. 이러한 유형의 문제는 이 책의 "PART 3-4"에 주로 수록되어 있다.

76 고압환경의 2차적인 가압현상 중 산소중독에 관한 내용으로 옳지 않은 것은?
① 일반적으로 산소의 분압이 2기압이 넘으면 산소중독증세가 나타난다.
② 산소중독에 따른 증상은 고압산소에 대한 노출이 중지되면 멈추게 된다.
③ 산소의 중독작용은 운동이나 중등량의 이산화탄소의 공급으로 다소 완화될 수 있다.
④ 수지와 족지의 작열통, 시력장해, 정신혼란, 근육경련 등의 증상을 보이며 나아가서는 간질 모양의 경련을 나타낸다.

풀이 산소중독은 운동이나 이산화탄소가 존재할 때 더 악화된다. 산소중독은 산소분압이 절대압 2기압 이상인 때 간질모양의 경련이 일어나는 증상이다. 산소중독은 수심 10m에서 나타나며, 탄산가스(CO_2)가 섞여 있을 때 더욱 심하다. 산소중독은 가역적이며, 고압산소에 대한 폭로가 중지되면 즉시 회복되는 특징이 있다. 이러한 유형의 문제는 이 책의 "PART 2"에 주로 수록되어 있다.

정답 71.③ 72.③ 73.④ 74.② 75.② 76.③

77 빛과 밝기에 관한 설명으로 옳지 않은 것은?
① 광도의 단위로는 칸델라(candela)를 사용한다.
② 광원으로부터 한 방향으로 나오는 빛의 세기를 광속이라 한다.
③ 루멘(Lumen)은 1촉광의 광원으로부터 단위 입체각으로 나가는 광속의 단위이다.
④ 조도는 어떤 면에 들어오는 광속의 양에 비례하고, 입사면의 단면적에 반비례한다.

[풀이] 광속은 빛이 일정한 면을 통과하는 비율 또는 광원으로부터 나오는 빛의 양을 말한다. 즉, 단위 시간당 통과하는 광량(光量)을 광속(Luminous flux)이라 한다. 1촉광의 광원으로부터 단위 입체각으로 나가는 광속의 단위는 루멘(Lumen)을 사용한다. 이러한 유형의 문제는 이 책의 "PART 3-4"에 주로 수록되어 있다.

78 감압병의 예방대책으로 적절하지 않은 것은?
① 호흡용 혼합가스의 산소에 대한 질소의 비율을 증가시킨다.
② 호흡기 또는 순환기에 이상이 있는 사람은 작업에 투입하지 않는다.
③ 감압병 발생 시 원래의 고압환경으로 복귀시키거나 인공 고압실에 넣는다.
④ 고압실 작업에서는 탄산가스의 분압이 증가하지 않도록 신선한 공기를 송기한다.

[풀이] 감압병(decompression sickness)의 직접적인 원인은 혈액과 조직에 질소기포가 증가하여 발생되는 것이므로 호흡용 혼합가스 중 질소의 비율을 낮추어야 한다. 따라서 고압환경에서 작업할 때는 질소를 헬륨으로 대치한 공기를 호흡시키도록 하고, 감압병 증상이 발생하였을 때에는 환자를 바로 원래의 고압환경에 복귀시키거나 인공적 고압실에 넣어 천천히 감압하여야 한다. 이러한 유형의 문제는 이 책의 "PART 2"에 주로 수록되어 있다.

79 이상기압의 영향으로 발생되는 고공성 폐수종에 관한 설명으로 옳지 않은 것은?
① 고공 순화된 사람이 해면에 돌아올 때에도 흔히 일어난다.
② 어른보다 아이들에게서 많이 발생된다.
③ 산소공급과 해면 귀환으로 급속히 소실되며, 증세가 반복되는 경향이 있다.
④ 진해성 기침과 과호흡이 나타나고 폐동맥 혈압이 급격히 낮아진다.

[풀이] 고공성 폐수종은 폐에 울혈이 생겨 발생하는 질환으로 폐포의 유중과 적혈구에 의한 폐포 모세혈관의 폐쇄가 일어나는 질환이다. 증상의 특징은 폐동맥의 혈압이 상승하고, 진해성 기침, 호흡곤란 등이 나타난다. 이러한 유형의 문제는 이 책의 "PART 2"에 주로 수록되어 있다.

80 1,000Hz에서의 음압레벨을 기준으로 하여 등청감곡선을 나타내는 단위로 사용되는 것은?
① mel
② bell
③ sone
④ phon

[풀이] 등청감곡선(equal-loudness contour)은 주파수 스펙트럼에 대한 음압 레벨의 측정값으로, 소리의 크기 레벨(loudness level)의 측정 단위는 phon이다. 이러한 유형의 문제는 이 책의 "PART 2"에 주로 수록되어 있다.

제5과목 산업독성학

81 다음 중 무기연에 속하지 않는 것은?
① 금속연
② 일산화연
③ 사산화삼연
④ 4메틸연

[풀이] 4-에틸납[$Pb(C_2H_5)_4$], 4-메틸납[$Pb(CH_3)_4$] 등은 자동차 휘발유 첨가제로 이용되는 유기연에 속한다.

82 접촉에 의한 알레르기성 피부감작을 증명하기 위한 시험으로 가장 적절한 것은?
① 첩포시험
② 진균시험
③ 조직시험
④ 유발시험

정답 77.② 78.① 79.④ 80.④ 81.④ 82.①

83 피부는 표피와 진피로 구분하는데, 진피에만 있는 구조물이 아닌 것은?

① 혈관 ② 모낭
③ 땀샘 ④ 멜라닌 세포

[풀이] 멜라닌세포는 표피에 존재한다. 피부는 표피(epidermis), 진피(dermis), 피하조직(subcutaneous tissue)의 3층으로 구성되는데 진피에는 모낭, 땀샘, 많은 수의 혈관(정맥)과 모세임파선이 존재한다. 알레르기 반응을 일으키는 관련 세포는 대식세포, 림프구, 랑게르(랑거)한스세포로 구분된다.

84 근로자의 소변 속에서 마뇨산(hippuric acid)이 다량검출 되었다면 이 근로자는 다음 중 어떤 유해물질에 폭로되었다고 판단되는가?

① 클로로포름 ② 초산메틸
③ 벤젠   ④ 톨루엔

[풀이] 톨루엔에 대한 생물학적 모니터링 결정인자는 요중 마뇨산(hippuric acid) 또는 o-크레졸이며, 혈액 중에서는 톨루엔이다.

85 카드뮴의 중독, 치료 및 예방대책에 관한 설명으로 옳지 않은 것은?

① 소변 속의 카드뮴 배설량은 카드뮴 흡수를 나타내는 지표가 된다.
② BAL 또는 Ca-EDTA 등을 투여하여 신장에 대한 독작용을 제거한다.
③ 칼슘대사에 장해를 주어 신결석을 동반한 증후군이 나타나고 다량의 칼슘배설이 일어난다.
④ 폐활량 감소, 잔기량 증가 및 호흡곤란의 폐증세가 나타나며, 이 증세는 노출기간과 노출농도에 의해 좌우된다.

[풀이] 카드뮴 중독 시 BAL이나 Ca-EDTA의 투여는 금기한다.

86 접촉성 피부염의 특징으로 옳지 않은 것은?

① 작업장에서 발생빈도가 높은 피부질환이다.
② 증상은 다양하지만 홍반과 부종을 동반하는 것이 특징이다.
③ 원인물질은 크게 수분, 합성화학물질, 생물성 화학물질로 구분할 수 있다.
④ 면역학적 반응에 따라 과거 노출경험이 있어야만 반응이 나타난다.

[풀이] 자극성 접촉피부염은 면역학적 반응에 따라 과거 노출 경험과는 관계가 없다.

87 대사과정에 의해서 변화된 후에만 발암성을 나타내는 간접 발암원으로만 나열된 것은?

① benzo(a)pyrene, ethylbromide
② PAH, methyl nitrosourea
③ benzo(a)pyrene, dimethyl sulfate
④ nitrosamine, ethyl methanesulfonate

[풀이] 대사과정에 의해서 변화된 후에만 발암성을 나타내는 선행발암물질의 대표적 물질은 benzo(a)pyrene 등과 같은 방향족 탄화수소(PAH), 니트로사민(nitrosamine), 방향족 아민, ethylbromide, 브로민화 에티듐(Ethidium bromide), 에틸 니트로소우레아 등은 DNA와 결합하는 성질이 강하기 때문에 세포 분열을 할 때 일종의 틀 이동 유전변이를 일으켜 암을 유발하는 것으로 알려지고 있다.

88 직업성 피부질환에 영향을 주는 직접적인 요인에 해당되는 것은?

① 연령   ② 인종
③ 고온   ④ 피부의 종류

[풀이] 직업성 피부질환에 영향을 주는 간접적인 요인 중 인체요소는 피부의 종류, 각질층(표피의 가장 바깥층)의 상태, 피부부위(민감도 → 얼굴〉등〉팔앞), 성별(민감도 → 여성〉남성), 연령(민감도 → 고령층〉장년층), 인종, 모공(원인 물질이 저분자성 물질이 대부분이지만 단백질과 같은 분자량이 큰 물질은 모공 등을 통하여 확산측로로 흡수됨) 등이다.

정답 83.④ 84.④ 85.② 86.④ 87.① 88.③

89 호흡기계로 들어온 입자상 물질에 대한 제거기전의 조합으로 가장 적절한 것은?

① 면역작용과 대식세포의 작용
② 폐포의 활발한 가스교환과 대식세포의 작용
③ 점액 섬모운동과 대식세포에 의한 정화
④ 점액 섬모운동과 면역작용에 의한 정화

풀이 호흡기계통으로 들어온 입자상 물질은 기관 및 기관지 부위로 유입되면서 1차적으로 점액 및 섬모운동에 의해 객담의 형태로 체외로 제거되고 이후 잔류하는 입자상 물질은 하기도(下氣道) 폐포의 대식세포(大食細胞, macrophage)들에 의해 포식되어 임파선을 통해 제거된다.

90 노말헥산이 체내 대사과정을 거쳐 변환되는 물질로 노말헥산에 폭로된 근로자의 생물학적 노출지표로 이용되는 물질로 옳은 것은?

① hippuric acid
② 2,5-hexanedione
③ hydroquinone
④ 9-hydroxyquinoline

풀이 노말헥산의 생물학적 폭로지표는 작업종료 후 소변 중의 2,5-헥산디온(2,5-hexanedione)이다.

91 근로자가 1일 작업시간동안 잠시라도 노출되어서는 아니 되는 기준을 나타내는 것은?

① TLV-C
② TLV-STEL
③ TLV-TWA
④ TLV-skin

풀이 TLV-C(Ceiling-C)는 최고 노출기준(잠시라도 노출되어서는 안 되는 기준)이다.

92 방향족 탄화수소 중 만성노출에 의한 조혈장해를 유발시키는 것은?

① 벤젠
② 톨루엔
③ 클로로포름
④ 나프탈렌

풀이 벤젠(C_6H_6)의 급성독성은 중추신경계 독성이다. 만성 독성은 골수 억제, 재생불량성 빈혈, 급성 백혈병, 다발성 골수종 및 임파종 등이 발생되는 것으로 알려져 있다. 주로 혈액생성조직에 독성을 보이는 특정 장기 독소로서 골수세포의 손상으로 인한 급성 뇌척추성 백혈병을 유발하는 원인이 된다.

93 대상 먼지와 침강속도가 같고, 밀도가 1이며 구형인 먼지의 직경으로 환산하여 표현하는 입자상 물질의 직경을 무엇이라 하는가?

① 입체적 직경
② 등면적 직경
③ 기하학적 직경
④ 공기역학적 직경

풀이 공기역학적 직경(Aerodynamic diameter)은 원래의 입자상 물질과 침강속도는 동일하고, 단위밀도(ρ_a =1 g/cm³)를 갖는 구형직경을 말한다. 광학적 입자의 물리적인 크기를 의미하는 것이 아니라 역학적 특성(침강속도·종단속도)에 의해 측정되는 먼지의 크기를 말하며, 산업보건 분야에서 많이 사용하고 있다. 이러한 유형의 문제는 이 책의 "PART 2-1"에 주로 수록되어 있다.

94 다음 중 규폐증(silicosis)을 일으키는 원인 물질과 가장 관계가 깊은 것은?

① 매연
② 암석분진
③ 일반부유분진
④ 목재분진

풀이 규폐증(silicosis)은 유리규산이 주원인이 되는 진폐증으로 금속광산, 석공, 주물공정, 규사, 초자공업, 샌드브라스트 작업에 종사하는 근로자들에게 주로 발생된다.

95 금속열에 관한 설명으로 옳지 않은 것은?

① 금속열이 발생하는 작업장에서는 개인 보호용구를 착용해야 한다.
② 금속 흄에 노출된 후 일정 시간의 잠복기를 지나 감기와 비슷한 증상이 나타난다.
③ 금속열은 일주일 정도가 지나면 증상은 회복되나 후유증으로 호흡기, 시신경 장애 등을 일으킨다.
④ 아연, 마그네슘 등 비교적 융점이 낮은 금속의 제련, 용해, 용접 시 발생하는 산화금속 흄을 흡입할 경우 생기는 발열성 질병이다.

풀이 금속열은 일시적인 발열성 질병으로 감기와 증상이 비슷하며, 점차 완화되는 특징이 있으며, 심할 경우도 약 2주정도 치료를 받았을 때 회복된 사례가 많다. 다만, 망간과 같은 특정 금속 fume에 만성적으로 노출될 경우 정신력이 늦어지거나 불규칙하게 특정 글자를 읽을 수 없는 휴유증이 나타나기도 한다고 한다.

96 납이 인체에 흡수됨으로 초래되는 결과로 옳지 않은 것은?

① δ-ALAD 활성치 저하
② 혈청 및 요중 δ-ALA 증가
③ 망상적혈구수의 감소
④ 적혈구 내 프로토폴피린 증가

풀이 납은 세포내에서 -SH기와 결합하여 포르피린과 헴(heme)의 합성에 관여하는 효소를 억제함으로써 델타 ALAD(δ-ALAD) 활성치 저하, 혈색소량 저하, 적혈구 수 감소 및 수명단축, 망상적혈구수 증가, 혈청 내 철분증가, 호염기성 점적혈구수 증가, 혈청 및 요중의 델타 ALA(δ-ALA) 증가 등으로 빈혈증, 신장기능 저하(통풍증후), 소화기능 저하 및 위장장애를 일으키고 신경조직을 변화시킨다.

97 유해물질의 경구투여용량에 따른 반응범위를 결정하는 독성검사에서 얻은 용량-반응곡선(dose-response curve)에서 실험동물군의 50%가 일정시간 동안 죽는 치사량을 나타내는 것은?

① LC_{50}
② LD_{50}
③ ED_{50}
④ TD_{50}

풀이 시험동물군의 50%가 일정기간 동안에 죽는 치사량은 LD_{50}으로 나타낸다.
- 치사량(LD) : 실험동물의 사망 빈도수로 나타내는 화학물질의 용량
- LD_{50} : 50% 치사용량
- LC_{50} : 50% 치사농도
- TD_{50} : 실험동물의 50%에서 심각한 독성반응이 나타나는 양(중독량)
- 유효량(EDs) : 독성을 초래하지는 않지만 관찰 가능한 가역적인 반응이 나타나는 양
- 독성량(TDs, Toxic doses) : 유해한 독성작용을 일으키는 용량

98 카드뮴에 노출되었을 때 체내의 주요 축적기관으로만 나열한 것은?

① 간, 신장
② 심장, 뇌
③ 뼈, 근육
④ 혈액, 모발

풀이 체내로 유입된 카드뮴은 혈액으로 들어가 인체의 각 장기(臟器)에 농축되며, 특히 생체내로 유입된 카드뮴의 50~75%는 간장, 신장에 축적되고, 특히 장관벽이나 신피질(腎皮質)에 고농도로 축적된다.

99 인체 내에서 독성이 강한 화학물질과 무독한 화학물질이 상호작용하여 독성이 증가되는 현상을 무엇이라 하는가?

① 상가작용
② 상승작용
③ 가승작용
④ 길항작용

풀이 가승작용(강화작용, Potentiation)은 특정 독성작용을 가지고 있지 않거나 거의 없는 화학물질이 다른 화학물질의 독성을 더욱 유독하게 만드는 작용을 말한다.
- 상가작용(additivity) : 둘 이상의 유해물질 조합으로 개별적 독성을 합산한 것과 같은 독성을 미치는 경우
 ⇨ 2+3 → 5 (ex) 염소계 살충제와 할로겐계 용매
- 상승작용(synergism) : 어떤 화학물질에 대한 노출이 다른 화학물질의 작용을 극으로 증가시킬 때
 ⇨ 0.5+1 → 10 (ex) 에탄올과 사염화탄소
- 가승작용(강화작용)(potentiation) : 무독성 화학물질이 다른 화학물질의 독성을 더욱 유독하게 만들 때
 ⇨ 0+2 → 5 (ex) 이소프로판올과 사염화탄소
  (ex) 소금+시안화칼륨=염화칼륨+시안화나트륨
- 길항작용(antagonism) : 화학물질에 대한 노출이 다른 화학물질의 작용을 감소시키는 결과를 가져올 때
 ⇨ 2+3 → 0.5 (ex) 해독제 및 항생제

100 무색의 휘발성 용액으로서 도금 사업장에서 금속표면의 탈지 및 세정용, 드라이클리닝, 접착제 등으로 사용되며, 간 및 신장 장해를 유발시키는 유기용제는?

① 톨루엔
② 노르말헥산
③ 클로르포름
④ 트리클로로에틸렌

풀이 트리클로로에틸렌(C_2HCl_3)은 무색의 휘발성 용액으로서 금속표면의 탈지 및 세정용으로 사용되며, 간 및 신장 장해를 유발시키는 유기용제이다. 그리고 트리클로로에틸렌이 고농도로 존재하는 작업장에서 아크용접을 실시하는 경우 포스겐, 염화수소 같은 유독 가스와 증기가 발생될 수 있다. 포스겐($COCl_2$)은 매우 치명적인 자극성 가스로서, 표적장기는 하부 호흡기계, 피부 그리고 눈이다.

정답 96.③ 97.② 98.① 99.③ 100.④

2022 제1회 산업위생관리(기사)

2022. 3. 15 시행

[제1과목] 산업위생학 개론

01 중량물 취급으로 인한 요통발생에 관여 하는 요인으로 볼 수 없는 것은?
① 근로자의 육체적 조건
② 작업빈도와 대상의 무게
③ 습관성 약물의 사용 유무
④ 작업습관과 개인적인 생활태도

풀이 습관성 약물의 사용 유무는 중량물 취급으로 인한 요통발생에 관여 하는 요인으로 볼 수 없다. 중량물 취급으로 인한 요통발생에 관여 하는 요인은 작업빈도와 대상의 무게, 근로자의 육체적 조건, 작업습관과 개인적인 생활태도, 힘든 동작과 부적절한 자세, 과도한 육체작업 등이다.

02 산업위생의 기본적인 과제에 해당하지 않는 것은?
① 작업환경이 미치는 건강장애에 관한 연구
② 작업능률 저하에 따른 작업조건에 관한 연구
③ 작업환경의 유해물질이 대기오염에 미치는 영향에 관한 연구
④ 작업환경에 의한 신체적 영향과 최적환경의 연구

풀이 산업위생은 작업환경의 유해물질이 대기오염에 미치는 영향이 아니라 건강에 미치는 영향에 관한 연구를 한다.

03 작업시작 및 종료 시 호흡의 산소소비량에 대한 설명으로 옳지 않은 것은?
① 산소소비량은 작업부하가 계속 증가하면 일정한 비율로 계속 증가한다.
② 작업이 끝난 후에도 맥박과 호흡수가 작업개시 수준으로 즉시 돌아오지 않고 서서히 감소한다.
③ 작업부하 수준이 최대 산소소비량 수준보다 높아지게 되면, 젖산의 제거 속도가 생성 속도에 못 미치게 된다.
④ 작업이 끝난 후에 남아 있는 젖산을 제거하기 위해서는 산소가 더 필요하며, 이 때 동원되는 산소소비량을 산소부채(oxygen debt)라 한다.

풀이 산소 섭취량(소비량)은 작업의 강도, 속도가 증가함에 따라 선형적으로 증가하다가 일정수준에 도달하면 더 이상 증가하지 않는다. 이 수준을 최대 산소섭취량(소비량)이라 한다.

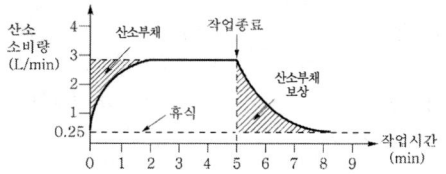

04 산업위생의 역사에 있어 주요 인물과 업적의 인결이 올바른 것은?
① Percivall Pott : 구리광산의 산 증기 위험성 보고

정답 1.③ 2.③ 3.① 4.②

② Hippocrates : 역사상 최초의 직업병(납중독) 보고
③ G. Agricola : 검댕에 의한 직업성 암의 최초 보고
④ Bernardino Ramazzini : 금속 중독과 수은의 위험성 규명

[풀이] 히포크라테스(Hippocrates) : 현대의학의 아버지, 산업위생의 역사에서 직업과 질병의 관계가 있음을 알렸고, 광산에서의 납중독을 보하였다.
- 포트(Percivall Pott) : 최초로 직업성 암인 음낭암 발견(원인은 검댕 중의 PAH)
- 아그리콜라(Agricola) : "광물에 대하여"라는 저서, 규폐증 언급
- 라마치니(Ramazzini) : 최초로 직업병 언급(직업인의 질병 발간), 산업보건의 시조
- 갈렌(Galen) : 구리(Cu)광산에서 산(酸)증기의 위험성 보고
- 파라셀수스(Philippus Paracelsus) : 폐질환의 원인이 수은(Hg), 황(S) 및 염이라고 주장
- 히포크라테스(Hippocrates) : 역사상 최초로 기록된 직업병 광산의 Pb중독 보고
- 해밀턴(Alice Hamilton) : 미국 최초의 산업보건학자, 유해물질 노출과 질병과의 관계규명
- 비스마르크(Bismark) : 사회보장제도(근로자 질병·재해보험법 제정)
- 로버트 필(Robert peel) : 산업위생의 원리를 적용한 최초의 법률제정에 기여(도제 건강 및 도덕법)
- 리가(Loriga) : 진동공구에 의한 수지의 레이노씨 증상 보고
- 루돌프 피르호(Rudolf Virchow) : 근대 병리학의 시조(세포병리학 저술)
- 페텐코프(Pettenkofer) : 환경위생학 시조(독일)
- 베이커(Sir George Baker) : 사이다 공장 납중독에 의한 복통 발표
- 플리니(Pliny the Elder) : 동물 방광으로 만든 방진마스크 사용
- 렌(Rehn) : 아닐린 염료에서 직업성 방광암 발견

05 산업안전보건법령상 자격을 갖춘 보건관리자가 해당 사업장의 근로자를 보호하기 위한 조치에 해당하는 의료행위를 모두 고른 것은?(단, 보건관리자는 의료법에 따른 의사로 한정한다.)

가. 자주 발생하는 가벼운 부상에 대한 치료
나. 응급처치가 필요한 사람에 대한 처치
다. 부상·질병의 악화를 방지하기 위한 처치
라. 건강진단 결과 발견된 질병자의 요양지도 및 관리

① 가, 나
② 가, 다
③ 가, 다, 라
④ 가, 나, 다, 라

[풀이] 보건관리자(단, 의사의 경우)가 해당 사업장의 근로자를 보호하기 위한 조치에 해당하는 의료행위는 다음과 같다.
- 자주 발생하는 가벼운 부상에 대한 치료
- 응급처치가 필요한 사람에 대한 처치
- 부상·질병의 악화를 방지하기 위한 처치
- 건강진단 결과 발견된 질병자의 요양 지도 및 관리
- 의료행위에 따르는 의약품의 투여

06 38세 된 남성근로자의 육체적 작업능력(PWC)은 15kcal/min이다. 이 근로자가 1일 8시간 동안 물체를 운반하고 있으며 이때의 작업대사량은 7kcal/min이고, 휴식 시 대사량은 1.2 kcal/min이다. 이 사람의 적정 휴식시간과 작업시간의 배분(매시간별)은 어떻게 하는 것이 이상적인가?

① 12분 휴식 48분 작업
② 17분 휴식 43분 작업
③ 21분 휴식 39분 작업
④ 27분 휴식 33분 작업

[풀이] 휴식시간 분율 산출식을 이용한다. 이러한 공식을 전혀 암기하지 않고 개념으로 술술 풀어내는 필살기 학습법을 ▶ YouTube(이승원TV)에서 자세히 소개하고 있다.

〈계산〉 $T_{ep}(\%) = \dfrac{PWC_o - M_t}{M_r - M_t} \times 100$

$\begin{cases} PWC_o = 15 \times 1/3 = 5\,kcal/min \\ M_r : 휴식대사량 = 1.2\,kcal/min \\ M_t : 작업대사량 = 7\,kcal/min \end{cases}$

$\Rightarrow T_{ep}(\%) = \dfrac{5-7}{1.2-7} \times 100 = 34.48\%$

∴ 휴식시간 = $1(hr) \times 0.3448 \times 60(min/hr)$
　　　　 = 20.69 min

∴ 작업시간 = 60 - 20.69 = 39.31 min

정답 5. ④   6. ③

부록

07 온도 25℃, 1기압 하에서 분당 100mL 씩 60분 동안 채취한 공기 중에서 벤젠이 5mg 검출되었다면 검출된 벤젠은 약 몇 ppm인가? (단, 벤젠의 분자량은 78이다.)

① 15.7
② 26.1
③ 157
④ 261

풀이 공기 중에 존재하는 특정물질의 농도단위 "mg/m³"를 "ppm(=mL/m³, 용량 백만분율)"로 환산할 때에는 다음의 계산식을 적용한다. 여기서, M_w는 대상물질의 분자량이다. 이러한 공식을 전혀 암기하지 않고 개념으로 술술 풀어내는 필살기 학습법을 ▶YouTube (이승원TV)에서 자세히 소개하고 있다.

⟨계산⟩

$$C_p(\text{ppm}) = C_m(\text{mg/m}^3) \times \frac{22.4}{M_w} \times \text{온도·압력 보정}$$

- C_m : 5mg/100mL
- M_w : 대상물질(벤젠)의 분자량 = 78
- t : 온도 = 25℃
- P : 압력 = 1기압 = 760mmHg

$$\therefore C_p(\text{ppm}) = \frac{5\text{mg}}{(100\times 60)\text{mL}} \times \frac{22.4\text{mL}}{78\text{mg}} \times \frac{273+25}{273}$$
$$\times \frac{760}{760} \times \frac{10^6\text{mL}}{\text{m}^3} = 261.23\ \text{mL/m}^3$$

08 산업위생전문가들이 지켜야 할 윤리강령에 있어 전문가로서의 책임에 해당하는 것은?

① 일반 대중에 관한 사항은 정직하게 발표한다.
② 위험요소와 예방조치에 관하여 근로자와 상담한다.
③ 과학적 방법의 적용과 자료의 해석에서 객관성을 유지한다.
④ 위험요인의 측정, 평가 및 관리에 있어서 외부의 압력에 굴하지 않고 중립적 태도를 취한다.

풀이 산업위생전문가들이 지켜야 할 윤리강령에서 ③항만 전문가로서의 책임에 해당한다. ①항은 일반대중에 대한 책임, ②,④항은 근로자에 대한 책임이다.

09 어떤 플라스틱 제조 공장에 200명의 근로자가 근무하고 있다. 1년에 40건의 재해가 발생하였다면 이 공장의 도수율은?(단, 1일 8시간, 연간 290일 근무기준이다.)

① 200
② 86.2
③ 17.3
④ 4.4

풀이 도수율(FR, frequency rate of injury)은 1,000,000 근로시간당 요양재해발생 건수를 말하므로 다음과 같이 산정한다.

⟨계산⟩ 도수율(FR) = $\dfrac{\text{재해건수}}{\text{연근로시간수}} \times 10^6$

- $t_y = \dfrac{8\text{hr}}{\text{day·인}} \times \dfrac{290\text{day}}{\text{연}} \times 200\text{인} = 464{,}000\ \text{hr/연}$

$\therefore$ 도수율(FR) = $\dfrac{40}{464000} \times 10^6 = 86.21$

10 산업스트레스에 대한 반응을 심리적 결과와 행동적 결과로 구분할 때 행동적 결과로 볼 수 없는 것은?

① 수면 장해
② 약물 남용
③ 식욕 부진
④ 돌발 행동

풀이 수면장해는 심리적 결과로 나타나는 증상이다. 산업스트레스는 지속적인 스크레스는 만성적인 세포산화에 의한 염증을 유발하거나 부신피질에서 코르티솔(cortisol) 호르몬이 과잉 분비되어 포도당의 사용을 억제하고 뇌의 활동을 저해함으로써 자율신경 손상에 따른 정신질환(불안장해·적응장해)으로 발전할 수 있고, 아드레날린(adrenaline)을 지속적으로 분비시켜 체내 대사기능을 저해한다. 스트레스의 결과는 다음과 같이 나타난다.

- 행동적 결과 : 흡연, 폭주, 약물남용, 돌발적 사고, 행동의 격앙, 식욕부진 등
- 심리적 결과 : 가정문제 악화(부부간, 가족간), 수면장해, 성적(性的) 역기능
- 생리·의학적 결과 : 심장·위장질환, 만성두통, 고혈압, 암, 우울증 등 유발 가능
- 직무에 미치는 결과 : 결근 및 이직률 증가, 직무성과 저하

11 다음 중 일반적인 실내공기질 오염과 가장 관련이 적은 질환은?

① 규폐증(silicosis)
② 가습기 열(humidifier fever)
③ 레지오넬라병 (legionnaires disease)
④ 과민성 폐렴(hypersensitivity pneumonitis)

[풀이] 규폐증은 유리규산이 주원인이 되는 질환으로 광산 노동자(채석광, 채광부) 또는 석재공장, 주물공장 노동자들에게 주로 발병된다.

12 산업안전보건법령상 충격소음의 강도가 130 dB(A)일 때 1일 노출회수 기준으로 옳은 것은?

① 50   ② 100
③ 500   ④ 1,000

[풀이] 산업안전보건법상 충격소음의 강도가 130 dB(A)일 때 1일 노출회수 기준은 1,000회이다. 소음의 노출기준(충격소음)은 다음과 같다.

1일 노출회수	충격소음의 강도 dB(A)
100	140
1,000	130
10,000	120

13 물체의 실제무게를 미국 NIOSH의 권고 중량물한계기준(RWL : recommended weight limit)으로 나누어 준 값을 무엇이라 하는가?

① 중량상수(LC)   ② 빈도승수(FM)
③ 비대칭승수(AM)   ④ 중량물 취급지수(LI)

[풀이] 들기지수(LI, Lifting Index)는 중량물 취급지수라고도 하며, 실제 작업물의 무게(L)와 권고기준(RWL, 권장무게한계)의 비(ratio)를 의미하며, 특정 작업에서의 육체적 스트레스의 상대적인 양을 나타내는 척도가 된다.

〈관계식〉 $LI = \dfrac{\text{실제 작업무게}}{\text{권고기준}} = \dfrac{L}{RWL}$

{ LI : 들기지수(취급지수)
  L : 실제 작업무게
  RWL : 권고기준(권장무게 한계) }

14 산업안전보건법령상 사업주가 위험성평가의 결과와 조치사항을 기록·보존할 때 포함되어야 할 사항이 아닌 것은?(단, 그 밖에 위험성평가의 실시내용을 확인하기 위하여 필요한 사항은 제외한다.)

① 위험성 결정의 내용
② 유해위험방지계획서 수립 유무
③ 위험성 결정에 따른 조치의 내용
④ 위험성평가 대상의 유해·위험요인

[풀이] 사업장의 사업주가 위험성평가의 결과와 조치사항을 기록할 때는 다음의 사항이 포함되어야 하며, 해당 자료는 3년간 보존해야 한다.
- 위험성평가 대상의 유해·위험요인
- 위험성 결정의 내용
- 위험성 결정에 따른 조치의 내용
- 그 밖에 위험성평가의 실시내용을 확인하기 위하여 필요한 사항

15 다음 중 규폐증을 일으키는 주요 물질은?

① 면분진   ② 석탄 분진
③ 유리규산   ④ 납흄

[풀이] 규폐증을 일으키는 주요 물질은 유리규산이다. 광산 노동자(채석광, 채광부) 또는 석재공장, 주물공장 노동자들이 발병되기 쉽다.

16 화학물질 및 물리적 인자의 노출기준 고시상 다음 (   )에 들어갈 유해물질들 간의 상호작용은?

> (노출기준 사용상의 유의사항) 각 유해인자의 노출기준은 해당 유해인자가 단독으로 존재하는 경우의 노출기준을 말하며, 2종 또는 그 이상의 유해인자가 혼재하는 경우에는 각 유해인자의 (   )으로 유해성이 증가할 수 있으므로 법에 따라 산출하는 노출기준을 사용하여야 한다.

① 상승작용   ② 강화작용
③ 상가작용   ④ 길항작용

[풀이] 2종 이상의 화학물질이 공기 중에 혼재하는 경우, 유해성이 인체의 서로 다른 조직에 영향을 미치는 근거가 없는 한, 유해물질들 간의 상호작용은 상가작용(1+5=6)으로 간주한다.

17 교대작업이 생기게 된 배경으로 옳지 않은 것은?

정답 12.④ 13.④ 14.② 15.③ 16.③ 17.②

① 사회 환경의 변화로 국민생활과 이용자들의 편의를 위한 공공사업의 증가
② 의학의 발달로 인한 생체주기 등의 건강상 문제 감소 및 의료기관의 증가
③ 석유화학 및 제철업 등과 같이 공정상 조업 중단이 불가능한 산업의 증가
④ 생산설비의 완전가동을 통해 시설투자비용을 조속히 회수하려는 기업의 증가

풀이 병원의 경우, 생체주기 등의 건강상 문제 증가로 야간에도 사업을 정지할 수 없기 때문에 교대작업이 생기게 되었다고 볼 수 있다. 병원, 전기, 가스, 수도, 운수, 통신 등의 공익적 성격을 갖는 사업의 증가는 야간에도 사업을 정지할 수 없기 때문에 교대작업이 생기게 되었다.

18 A사업장에서 중대재해인 사망사고가 1년간 4건 발생하였다면 이 사업장의 1년간 4일 미만의 치료를 요하는 경미한 사고건수는 몇 건이 발생하는지 예측되는가?(단, Heinrich의 이론에 근거하여 추정한다.)

① 116
② 120
③ 1,160
④ 1,200

풀이 하인리히(Heinrich) 1 : 29 : 300법칙에서 그 비율은 "사망 : 경미 : 무상해"이므로 이를 적용하면 → 1 : 29=4 : x, x =116건이 된다.

19 작업장에 존재하는 유해인자와 직업성 질환의 연결이 옳지 않은 것은?

① 망간 – 신경염
② 무기 분진 – 진폐증
③ 6가크롬 – 비중격천공
④ 이상기압 – 레이노씨 병

풀이 이상기압은 잠함병, 고산병 등을 유발시킨다. 레이노(Raynaud) 병은 갱내 착암작업 등 진동에 의해 유발되며 관절염, 신경염을 일으킨다.

20 심한 노동 후의 피로 현상으로 단기간의 휴식에 의해 회복될 수 없는 병적상태를 무엇이라 하는가?

① 곤비
② 과로
③ 전신피로
④ 국소피로

풀이 곤비(困憊)는 과로 상태가 축적된 상태로서 단기간 휴식을 통해서는 회복될 수 없는 병적인 상태로, 심하면 사망에 이를 수 있다.

제2과목 작업위생측정 및 평가

21 고체 흡착제를 이용하여 시료채취를 할 때 영향을 주는 인자에 관한 설명으로 틀린 것은?

① 오염물질 농도 : 공기 중 오염물질의 농도가 높을수록 파과 용량은 증가한다.
② 습도 : 습도가 높으면 극성 흡착제를 사용할 때 파과 공기량이 적어진다.
③ 온도 : 일반적으로 흡착은 발열 반응이므로 열역학적으로 온도가 낮을수록 흡착에 좋은 조건이다.
④ 시료 채취유량 : 시료 채취유량이 높으면 쉽게 파과가 일어나나 코팅된 흡착제인 경우는 그 경향이 약하다.

풀이 시료채취속도가 빠르고 코팅된 흡착제일수록 파과가 쉽게 일어난다.

22 불꽃방식의 원자흡광광도계의 특징으로 옳지 않은 것은?

① 조작이 쉽고 간편하다.
② 분석시간이 흑연로장치에 비하여 적게 소요된다.
③ 주입 시료액의 대부분이 불꽃부분으로 보내지므로 감도가 높다.
④ 고체 시료의 경우 전처리에 의하여 매트릭스를 제거해야 한다.

풀이 원자흡광광도계(AAS, Atomic Absorption Spectrometer)의 불꽃방식(화염방식)은 규정하는 지연성(支燃性)기체 및 가연성기체를 써서 이들 혼합기체에 점화하고 기체유량과 압력을 조절한 다음 일부 시료를 화염 중에 분무하여 영점을 맞춘 다음 규정하는 방법

으로 만든 검액을 화염 중에 분무하여 그 흡광도를 측정한다. 화염(flame)방식은 시료액의 대부분은 폐기되므로 시료의 효율이 낮고, 전기가열(graphite)방식 또는 ICP에 비해 원자가 불꽃에 머무는 시간이 짧기 때문에 감도가 떨어진다.

23 산업안전보건법령상 소음의 측정시간에 관한 내용 중 A에 들어갈 숫자는?

> 단위작업 장소에서 소음수준은 규정된 측정위치 및 지점에서 1일 작업시간 동안 A시간 이상 연속 측정하거나 작업시간을 1시간 간격으로 나누어 A회 이상 측정하여야 한다. 다만,……(후략)

① 2　　　　　　② 4
③ 6　　　　　　④ 8

[풀이] 단위작업장소에서 소음수준은 규정된 측정위치 및 지점에서 1일 작업시간 동안 6시간 이상 연속 측정하거나 작업시간을 1시간 간격으로 나누어 6회 이상 측정하여야 한다. 다만, 소음의 발생특성이 연속음으로서 측정치가 변동이 없다고 자격자 또는 지정 측정기관이 판단한 경우에는 1시간 동안을 등간격으로 나누어 3회 이상 측정할 수 있다. 단위작업장소에서 소음발생시간이 6시간 이내인 경우나 소음발생원에서의 발생시간이 간헐적인 경우에는 발생시간동안 연속 측정하거나 등간격으로 나누어 4회 이상 측정하여야 한다.

24 산업안전보건법령상 다음과 같이 정의되는 용어는?

> 작업환경측정·분석 결과에 대한 정확성과 정밀도를 확보하기 위하여 작업환경측정기관의 측정·분석능력을 확인하고, 그 결과에 따라 지도·교육 등 측정·분석능력 향상을 위하여 행하는 모든 관리적 수단

① 정밀관리　　　② 정확관리
③ 적정관리　　　④ 정도관리

[풀이] 정도관리란 작업환경측정·분석 결과에 대한 정확성과 정밀도를 확보하기 위하여 작업환경측정기관의 측정·분석능력을 확인하고, 그 결과에 따라 지도·교육 등 측정·분석능력 향상을 위하여 행하는 모든 관리적 수단을 말한다.
【참고】
• 정확도란 분석치가 참값에 얼마나 접근하였는가 하는 수치상의 표현을 말한다.
• 정밀도란 일정한 물질에 대해 반복측정·분석을 했을 때 나타나는 자료 분석치의 변동크기가 얼마나 작은가 하는 수치상의 표현을 말한다.

25 한 근로자가 하루 동안 TCE에 노출되는 것을 측정한 결과가 아래와 같을 때, 8시간 시간가중 평균치(TWA; ppm)는?

측정시간	노출농도(ppm)
1시간	10.0
2시간	15.0
4시간	17.5
1시간	0.0

① 15.7　　　　　② 14.2
③ 13.8　　　　　④ 10.6

[풀이] TWA는 시간가중평균노출기준으로 1일 8시간 및 1주일 40시간동안의 나쁜 영향을 받지 않고 노출될 수 있는 평균농도를 말하므로 다음과 같이 계산한다. 이와 같은 유형의 문제는 "1편 산업위생개론" 부문에서 주로 출제된다.
⟨계산⟩ 시간가중평균농도

$$(TLV - TWA) = \frac{C_1 T_1 + \cdots + C_n T_n}{8}$$

• 각 농도 $C = 10, 15, 17.5, 0.0$
  각 노출시간 $T = 1, 2, 4, 1$

$$\therefore TWA = \frac{10 \times 1 + 15 \times 2 + 17.5 \times 4 + 0 \times 1}{8}$$
$$= 13.75 \, ppm$$

26 피토관(Pitot tube)에 대한 설명 중 옳은 것은?(단, 측정 기체는 공기이다.)

① Pitot tube의 정확성에는 한계가 있어 정밀한 측정에서는 경사마노미터를 사용한다.
② Pitot tube를 이용하여 곧바로 기류를 측정할 수 있다.

[정답] 23.③ 24.④ 25.③ 26.①

③ Pitot tube를 이용하여 총압과 속도압을 구하여 정압을 계산한다.
④ 속도압이 25mmH₂O일 때 기류속도는 28.58 m/sec이다.

풀이 ①항만 올바르다. 낮은 유속에서는 경사튜브 또는 경사마노미터를 사용한다. ② Pitot tube를 이용하여 곧바로 기류를 측정할 수 있는 것이 아니라 총압과 정압의 차(=동압)를 구하여 유속을 구한다. ③ Pitot tube를 이용하여 총압과 속도압을 구하여 정압을 계산하는 것이 아니라 Pitot tube를 이용하여 총압과 정압을 구하여 그 차이를 속도압으로 한다. ④ 공기의 속도압이 25mmH₂O일 때 기류속도는 약 20m/sec이다.

27 근로자가 일정시간 동안 일정 농도의 유해물질에 노출될 때 체내에 흡수되는 유해물질의 양은 아래의 식을 적용하여 구한다. 각 인자에 대한 설명이 틀린 것은?

체내 흡수량(mg)=C×T×R×V

① C : 공기 중 유해물질 농도
② T : 노출시간
③ R : 체내 잔류율
④ V : 작업공간 공기의 부피

풀이 근로자가 일정시간 동안 유해물질에 노출될 때 체내에 흡수되는 유해물질의 양은 다음의 관계식으로 산출한다. 이와 같은 유형은 문제는 이 책의 "PART-1 산업위생개론"에서 다루어지고 있다.
⟨관계식⟩ 체내 흡수량(AD, mg) = $C \cdot T \cdot V \cdot R$
$\begin{cases} C : 유해물질\ 농도(mg/m^3) \\ T : 노출시간(hr) \\ V : 호흡률(폐환기율)(m^3/hr) \\ R : 체내\ 잔류율 \end{cases}$

28 산업안전보건법령상 작업환경측정 대상이 되는 작업장 또는 공정에서 정상적인 작업을 수행하는 동일 노출집단의 근로자가 작업을 하는 장소를 지칭하는 용어는?
① 동일작업 장소   ② 단위작업 장소
③ 노출측정 장소   ④ 측정작업 장소

풀이 단위작업장소란 작업환경측정대상이 되는 작업장 또는 공정에서 정상적인 작업을 수행하는 동일 노출집단의 근로자가 작업을 하는 장소를 말한다.

29 고열(Heat stress)의 작업환경 평가와 관련된 내용으로 틀린 것은?
① 가장 일반적인 방법은 습구흑구온도(WBGT)를 측정하는 방법이다.
② 자연습구온도는 대기온도를 측정하긴 하지만 습도와 공기의 움직임에 영향을 받는다.
③ 흑구온도는 복사열에 의해 발생하는 온도이다.
④ 습도가 높고 대기 흐름이 적을 때 낮은 습구온도가 발생한다.

풀이 습도가 높고 대기 흐름이 적을 때 높은 습구온도가 발생한다.

30 작업장 내 다습한 공기에 포함된 비극성 유기증기를 채취하기 위해 이용할 수 있는 흡착제의 종류로 가장 적절한 것은?
① 활성탄(Activated charcoal)
② 실리카겔(Silica Gel)
③ 분자체(Molecular sieve)
④ 알루미나(Alumina)

풀이 활성탄(Activated charcoal)은 소수성이므로 다습한 공기에 영향를 잘 받지 않으며, 비극성 흡착제로써 표면적은 600~1400m²/g으로 매우 크다. 비극성 유기증기와 같은 비극성물질의 흡착에 효과이다. 벤젠 등의 탄화수소류, 할로겐화탄화수소류, 에스테르류, 에테르류, 석유계 냄새 등이나 알코올류의 흡착에도 많이 이용된다.

31 산업안전보건법령상 가스상 물질의 측정에 관한 내용 중 일부이다. ( )에 들어갈 내용으로 옳은 것은?

검지관방식으로 측정하는 경우에는 1일 작업시간동안 1시간 간격으로 ( )회 이상 측정하되 측정시간마다 2회 이상 반복 측정하며 평균값을 산출하여야 한다. 다만, …후략

① 2　　　　　　　　② 4
③ 6　　　　　　　　④ 8

[풀이] 검지관방식으로 측정하는 경우에는 1일 작업시간 동안 1시간 간격으로 6회 이상 측정하되 측정시간마다 2회 이상 반복 측정하여 평균값을 산출하여야 한다. 다만, 가스상 물질의 발생시간이 6시간 이내일 때에는 작업시간 동안 1시간 간격으로 나누어 측정하여야 한다.

32 같은 작업 장소에서 동시에 5개의 공기시료를 동일한 채취조건하에서 채취하여 벤젠에 대해 아래의 도표와 같은 분석결과를 얻었다. 이때 벤젠농도 측정의 변이계수(CV%)는?

공기시료번호	벤젠농도(ppm)
1	5.0
2	4.5
3	4.0
4	4.6
5	4.4

① 8%　　　　　　　② 14%
③ 56%　　　　　　　④ 96%

[풀이] 변이계수(%)는 표준편차를 산술평균으로 나눈 백분율이므로 다음과 같이 산출한다.

〈계산〉 변이계수(%) = $\dfrac{\text{표준편차(SD)}}{\text{산술평균(AM)}} \times 100$

- $AM = \dfrac{X_1 + X_2 + \cdots + X_n}{N}$
  $= \dfrac{5 + 4.5 + 4 + 4.6 + 4.4}{5}$
  $= 4.5$

- $SD = \left[\dfrac{\Sigma(X-X_o)^2}{(N)-1}\right]^{1/2}$
  $= \left[\dfrac{(5-4.5)^2+(4.5-4.5)^2+(4-4.5)^2+(4.6-4.5)^2+(4.4-4.5)^2}{5-1}\right]^{0.5}$
  $= 0.36$

$\therefore$ 변이계수(%) = $\dfrac{0.36}{4.5} \times 100 = 8.01\%$

33 공장에서 A용제 30%(노출기준 1,200mg/m³), B용제 30%(노출기준 1,400mg/m³) 및 C용제 40%(노출기준 1,600mg/m³)의 중량비로 조성된 액체용제가 증발되어 작업 환경을 오염시킬 때, 이 혼합물의 노출기준(mg/m³)은?(단, 혼합물의 성분은 상가 작용을 한다.)

① 1,400　　　　　　② 1,450
③ 1,500　　　　　　④ 1,550

[풀이] 독성이 있는 액체상태 유해물질이 증발할 때 액체상태의 혼합물 구성비율과 동일한 비율로 공기 중에 존재한다고 가정할 때(상가작용 가정), 혼합물의 노출기준은 다음 식으로 계산된다. 공식을 꼭 암기 해두도록 하고, 이러한 문제 유형은 "1과목 산업위생 개론" 부분에 주로 수록되어 있다.

〈계산〉 $TLV_m (mg/m^3) = \dfrac{1}{\dfrac{f_1}{TLV_1} + \cdots + \dfrac{f_n}{TLV_n}}$

- $\begin{cases} TLV_{1 \sim n} : \text{각 물질의 농도(mg/m}^3) \\ \qquad = 1200, 1400, 1600 \\ f_1, f_2, f_n : \text{각 물질의 중량비율} \\ \qquad = 0.3, 0.3, 0.4 \end{cases}$

$\therefore TLV_m = \dfrac{1}{\dfrac{0.3}{1200} + \dfrac{0.3}{1400} + \dfrac{0.4}{1600}}$

$= 1400 \, mg/m^3$

34 벤젠과 톨루엔이 혼합된 시료를 길이 30cm, 내경 3mm인 충진관이 장치된 기체크로마토그래피로 분석한 결과가 아래와 같을 때, 혼합 시료의 분리효율을 99.7%로 증가시키는 데 필요한 충진관의 길이(cm)는?(단, N, H, L, W, R_s, t_R은 각각 이론단수, 높이(HETP), 길이, 봉우리 너비, 분리계수, 머무름 시간을 의미하며, 문자 위 "-"(bar)는 평균값을, 하첨자 A와 B는 각각의 물질을 의미하며, 분리효율이 99.7%가 되기 위한 R_s는 1.5이다.)

[크로마토그램 결과]

분석 물질	머무름 시간 (Retention time)	봉우리 너비 (Peak width)
벤젠	16.4분	1.15분
톨루엔	17.6분	1.25분

[크로마토그램 관계식]

$N = 16\left(\dfrac{t_R}{W}\right)^2, \quad H = \dfrac{L}{N}$

$R_S = \dfrac{2(t_{R,A} - t_{R,B})}{W_A + W_B}, \quad \dfrac{\overline{N_1}}{\overline{N_2}} = \dfrac{R_{S,1}^2}{R_{S,2}^2}$

[정답] 32.① 33.① 34.③

① 60   ② 62.5
③ 67.5 ④ 72.5

[풀이] 일반적으로 분리능(분리도, resolution) R_s=1.5이면, 인접한 두 개의 피크가 거의 완전하게 분리됨을 의미한다. 정확한 피크의 정량을 위해서는 인접한 피크와의 완전한 분리가 필요하다. 문제에서 분리계수(R_s)라고 제시된 공식 및 그 값은 분리도(해상도, Resolutions)의 값이다. 분리도는 두 피크가 얼마나 잘 분리되었는지를 나타내는 척도이고 분리계수(Relative retention)는 두 피크의 상대적인 위치에 대한 척도이다. 그러므로 두 용어는 분명하게 구분하여 사용되어야 한다. 분리계수라 할 경우 관계식은 $d = tR_B/tR_A$으로 된다. 일단, **출제오류**라 판단되지만 제시된 조건을 이용하여 분리계수를 분리도로 수정하여 문제를 해결해 보면 ;

⟨계산⟩ $L_t = H \times N_n$

• $H = \dfrac{L}{N}$

$\begin{cases} L_o : \text{시험분리관의 길이} = 30\text{cm} \\ N : \text{이론단수} = 16\left(\dfrac{t_R}{W}\right)^2 = 16\left(\dfrac{16.4}{1.15}\right)^2 \\ \qquad\qquad\qquad\qquad = 3254 \\ \qquad\qquad\qquad\quad = 16\left(\dfrac{17.6}{1.25}\right)^2 = 3172 \end{cases}$

여기서, H(HETP)값은 컬럼의 효율이 커질수록 감소하므로 작은 단수를 선택함

⇒ $H = \dfrac{30\text{cm}}{3172} = 9.458 \times 10^{-3}$

• $R_s = \dfrac{\sqrt{N_n}}{4}(d-1)$

$\begin{cases} d : \text{분리인자} = \dfrac{tR_B}{tR_A} = \dfrac{17.6}{16.4} = 1.0732 \\ R_s = 1.5 \end{cases}$

⇒ $N_n = \left[\dfrac{4 \times 1.5}{(1.0732-1)}\right]^2 = 6718.63$

∴ $L_t = 9.458 \times 10^{-3} \times 6718.63 = 63.54\text{cm}$

35 단위작업 장소에서 소음의 강도가 불규칙적으로 변동하는 소음을 누적소음 노출량측정기로 측정하였다. 누적소음 노출량이 300%인 경우, 시간가중평균 소음수준(dB(A))은?

① 92   ② 98
③ 103 ④ 106

[풀이] 누적소음 노출량(D)와 시간가중평균 소음수준(TWA)의 관계식을 적중한다. 공식을 암기해 두어야 한다.

⟨계산⟩ TWA $= 16.61 \log\left(\dfrac{D}{100}\right) + 90$

∴ TWA $= 16.61 \log\left(\dfrac{300}{100}\right) + 90$
$= 97.92\,dB(A)$

36 WBGT 측정기의 구성요소로 적절하지 않은 것은?

① 습구온도계   ② 건구온도계
③ 카타온도계   ④ 흑구온도계

[풀이] 카타(Kata)온도계는 사업장의 기류의 방향이 일정하지 않은 불감기류 측정하거나 실내 0.2~0.5m/sec 정도의 불감기류를 측정할 때 주로 사용된다. 고열은 습구흑구온도지수(WBGT)를 측정할 수 있는 기기로서 습구온도계, 건구온도계, 흑구온도계로 구성되어 있다. 습구흑구온도지수(WBGT)는 기류를 고려하지 않는다.

37 유량, 측정시간, 회수율 및 분석에 의한 오차가 각각 18%, 3%, 9%, 5%일 때, 누적 오차(%)는?

① 18   ② 21
③ 24   ④ 29

[풀이] 누적오차(cumulative error)는 동일한 측정에 있어서 일정한 조건하에서는 항상 같은 크기로 생기는 오차로서 측정을 반복함에 따라 오차의 크기가 측정회수에 비례하여 누적되는데 누적오차는 다음 식으로 산출한다.

⟨계산⟩ $E_c = \sqrt{E_1^2 + E_2^2 + \cdots + E_n^2}$

$\begin{cases} E : \text{각 출처에서 발생된 오차(SEA)}(n=1,2,3,4\cdots) \\ \text{SEA} : \text{시료채취·분석 과정에서 발생하는 오차} \end{cases}$

∴ 누적오차(E_c) $= \sqrt{18^2 + 3^2 + 9^2 + 5^2} = 20.95\%$

38 흡광광도법에 관한 설명으로 틀린 것은?

① 광원에서 나오는 빛을 단색화 장치를 통해 넓은 파장 범위의 단색 빛으로 변화시킨다.
② 선택된 파장의 빛을 시료액 층으로 통과시킨 후 흡광도를 측정하여 농도를 구한다.

③ 분석의 기초가 되는 법칙은 램버어트-비어의 법칙이다.
④ 표준액에 대한 흡광도와 농도의 관계를 구한 후, 시료의 흡광도를 측정하여 농도를 구한다.

풀이 흡광광도법은 광원에서 나오는 빛을 단색화장치에 의하여 좁은 파장 범위의 빛을 선택하고 있다. 단색화장치(monochromator)는 여러 파장의 빛을 좁은 파장의 띠로 분리하는 기능을 한다.

39 작업환경 중 분진의 측정 농도가 대수정규분포를 할 때, 측정 자료의 대표치에 해당되는 용어는?

① 기하평균치 ② 산술평균치
③ 최빈치   ④ 중앙치

풀이 생화학적 측정이나 작업환경 중 유해물질의 농도 평가 및 분진의 측정 농도가 대수정규분포를 보일 때, 통상 사용되는 평균치(측정자료의 대표치)는 기하평균치을 사용하지만 노출 대수정규분포에서 평균노출을 가장 잘 나타내는 대푯값은 산술평균이다. 노출에서는 기하평균이 대수정규분포에서 산술평균보다 낮기 때문에 기하평균을 사용하는 것은 평균노출을 과소 추정할 수 있기 때문이다.

40 진동을 측정하기 위한 기기는?

① 충격측정기(Impulse meter)
② 레이저판독판(Laser readout)
③ 가속측정기(Accelerometer)
④ 소음측정기(Sound level meter)

풀이 진동의 물리량은 변위(displacement, mm), 속도(velocity, m/sec), 가속도(acceleration, m/sec^2)로 표현할 수 있으므로 진동을 계측하기 위한 측정기는 진동센서(Vibration Sensor), 진동가속도계(Accelerometer), 교정용 가진기(Calibration Exciter), Sensor의 출력값을 증폭시켜주는 증폭기(Conditioning Amplifier), 증폭된 출력값을 읽어주는 표시기(Digital Multimeter) 등으로 구성되어 있다.

제3과목 작업환경관리대책

41 국소배기 시설에서 장치 배치 순서로 가장 적절한 것은?

① 송풍기 → 공기정화기 → 후드 → 덕트 → 배출구
② 공기정화기 → 후드 → 송풍기 → 덕트 → 배출구
③ 후드 → 덕트 → 공기정화기 → 송풍기 → 배출구
④ 후드 → 송풍기 → 공기정화기 → 덕트 → 배출구

풀이 국소배기장치는 후드 → 덕트 → 공기정화기 → 송풍기 → 배기구 계통으로 구성된다.

42 금속을 가공하는 음압수준이 98dB(A)인 공정에서 NRR이 17인 귀마개를 착용했을 때의 차음효과[dB(A)]는?(단, OSHA의 차음효과 예측방법을 적용한다.)

① 2   ② 3
③ 5   ④ 7

풀이 소음 스펙트럼의 불확실성(spectral uncertainty)을 보정하기 위해 차음평가수(NRR)에서 7을 뺀 다음 안전계수 50%(0.5)를 적용하여 차음효과(FA) 값을 산출한다.
⟨계산⟩ 차음효과 = (NRR − 7) × 0.5
∴ 차음효과 = (17 − 7) × 0.5 = 5 dB(A)

43 다음 중 중성자의 차폐(shielding) 효과가 가장 적은 물질은?

① 물   ② 파라핀
③ 납   ④ 흑연

풀이 중성자 차폐에는 물, 파라핀, 붕소함유 물질, 콘크리트, 흑연 등이 대표적으로 사용된다. 납은 γ선 차폐물질로 주로 이용된다. 하전입자(α선, β선, 전리된 입자 등)는 인체에 직접 피폭이 되지 않는 한 문제가 없으며 종이 한 장 정도로도 쉽게 차폐할 수 있다. 이러한 유형의 문제는 이 책의 "PART 2"에 주로 수록되어 있다.

44 테이블에 붙여서 설치한 사각형 후드의 필요환기량 Q(m³/min)를 구하는 식으로 적절한 것은?(단, 플랜지는 부착되지 않았고, A(m²)는 개구면적, X(m)는 개구부와 오염원 사이의 거리, V(m/s)는 제어 속도를 의미한다.)

① $Q = V \times (5X^2 + A)$
② $Q = V \times (7X^2 + A)$
③ $Q = 60 \times V \times (5X^2 + A)$
④ $Q = 60 \times V \times (7X^2 + A)$

[풀이] 한 변이 작업대에 경계된 일반형 후드의 경우, 거울효과를 고려하여 다음과 같이 필요 환기량을 산정한다. 이러한 공식을 전혀 암기하지 않고 개념으로 술술 풀어내는 필살기 학습법을 ▶YouTube(이승원TV)에서 자세히 소개하고 있다.

〈계산〉 $Q_c = \dfrac{(10X^2 + 2A)}{2} \times V_c \times 60$

$\therefore Q_c = 0.5(10X^2 + 2A) \times V_c \times 60$
$= 60 V_c \times (5X^2 + A)$

45 원심력집진장치에 관한 설명 중 옳지 않은 것은?

① 비교적 적은 비용으로 집진이 가능하다.
② 분진의 농도가 낮을수록 집진효율이 증가한다.
③ 함진가스에 선회류를 일으키는 원심력을 이용한다.
④ 입자의 크기가 크고 모양이 구체에 가까울수록 집진효율이 증가한다.

[풀이] 원심력집진장치는 분진의 밀도가 낮을수록 집진효율이 감소한다.

〈관계〉 부분집진율(η_d) = $\dfrac{d_p^2 (\rho_p - \rho) \pi N_e V}{9 \mu B_c}$

$\begin{cases} N_e : \text{선회와류수(회전수)} \\ B_c : \text{유입구 폭} \\ V : \text{가스(공기)유속} \\ \rho_p : \text{입자(분진)밀도} \\ \rho : \text{가스(공기)밀도} \end{cases}$

46 직경이 38cm, 유효높이 2.5m의 원통형 백필터를 사용하여 60m³/min의 함진 가스를 처리할 때 여과속도(cm/sec)는?

① 25   ② 32
③ 50   ④ 64

[풀이] 〈계산〉 $V_f = \dfrac{Q_f}{A_f}$

$\begin{cases} Q_f : \text{처리가스 부하량} = 60/60 \\ \qquad\qquad\qquad\qquad = 1\text{m}^3/\text{sec} \\ A_f : \text{여과면적} = \pi DL = 3.14 \times 0.38 \times 2.5 \\ \qquad\qquad\qquad = 2.983\text{m}^2 \end{cases}$

$\therefore V_f = \dfrac{1}{2.983} = 0.3375 \text{m/sec}$
$\qquad\quad = 33.75 cm/\text{sec}$

47 표준상태(STP; 0℃, 1기압)에서 공기의 밀도가 1.293kg/m³일 때, 40℃, 1기압에서 공기의 밀도(kg/m³)는?

① 1.040   ② 1.128
③ 1.185   ④ 1.312

[풀이] 표준상태(STP)의 공기 밀도를 이용, 온도와 압력을 보정하여 산출한다. 이러한 공식을 전혀 암기하지 않고 개념으로 술술 풀어내는 필살기 학습법을 ▶YouTube(이승원TV)에서 자세히 소개하고 있다.

〈계산〉 $\rho_2 = \rho_1 \times \dfrac{T_1}{T_2} \dfrac{P_2}{P_1}$

$\therefore \rho_2 = \dfrac{1.293 \text{kg}}{\text{m}^3} \times \dfrac{273}{273+40} \times \dfrac{760}{760}$
$\qquad = 1.123 \text{ kg/m}^3$

48 작업장에서 작업공구와 재료 등에 적용할 수 있는 진동대책과 가장 거리가 먼 것은?

① 진동공구의 무게는 10kg 이상 초과하지 않도록 만들어야 한다.
② 강철로 코일용수철을 만들면 설계를 자유스럽게 할 수 있으나 oil damper 등의 저항요소가 필요할 수 있다.
③ 방진고무를 사용하면 공진 시 진폭이 지나치게 커지지 않지만 내구성, 내약품성이 문제가 될 수 있다.
④ 코르크는 정확하게 설계할 수 있고 고유진동수가 20Hz 이상이므로 진동방지에 유용하게 사용할 수 있다.

[풀이] 코르크(Cork)의 경우, 재질이 일정하지 않고 균일하지 않아 정확한 설계가 곤란하며 처짐을 크게 할 수 없고 고유진동수가 10Hz 전·후 밖에 되지 않아 진동방지보다는 고체음의 전파방지 목적 등으로 제한적으로 사용되고 있다.

49 국소배기장치로 외부식 측방형 후드를 설치할 때, 제어 풍속을 고려하여야 할 위치는?

① 후드의 개구면
② 작업자의 호흡 위치
③ 발산되는 오염 공기 중의 중심위치
④ 후드의 개구면으로부터 가장 먼 작업 위치

[풀이] 국소배기장치로 외부식 측방형 후드를 설치할 때, 제어 풍속을 고려하여야 할 위치는 후드의 개구면으로부터 가장 먼 작업 위치이다. 제어속도(Control Velocity)는 매연이나 오염물질을 후드(Hood) 내로 유입시키기 위해 필요한 공기의 최소 흡인속도(통제속도, 포착속도)를 말하므로 통제거리를 후드의 개구면으로부터 가장 먼 작업 위치로 설정하여야 충분한 흡인속도를 유지할 수 있게 된다. 통상 외부식 후드의 제어풍속 기준은 유기용제의 경우 측방형이나 하방형은 0.5m/sec, 상방형은 1m/sec으로 하여야 하고, 분진의 경우 측방형과 하방형은 1.0~1.3m/sec, 상방형은 1.2m/sec으로 설계된다.

50 여과집진장치의 여과지에 대한 설명으로 틀린 것은?

① 0.1μm 이하의 입자는 주로 확산에 의해 채취된다.
② 압력강하가 적으면 여과지의 효율이 크다.
③ 여과지의 특성을 나타내는 항목으로 기공의 크기, 여과지의 두께 등이 있다.
④ 혼합섬유 여과지로 가장 많이 사용되는 것은 microsorban 여과지이다.

[풀이] 여과집진장치에서 여과포(濾過布)로 많이 사용되는 것은 유리섬유(glass fiber), 폴리프로필렌(PP)과 폴리테트라플루오로에틸렌(PTFE) 등이다. microsorban이라는 여과지는 존재하지 않으며, 오타이거나 흑연섬유(黑鉛纖維)를 표현한 것으로 보인다. 흑연섬유는 한때 고온여과재로 사용하였으나 유리섬유, PP, PTFE에 비해 상대적으로 재료비용이 많이 들고, 충격에 약하므로 지금은 거의 사용되고 있지 않다. 참고로 **여과집진장치**(濾過集塵裝置, filter dust collector)에 사용되는 분진포집용 필터(dust filter)는 한번 쓰고 폐기하는 거름용 여과지 필터(filter)나 공기 정화용의 여과종이 형태의 여과지(濾過紙) 또는 상수도 정수용 시설인 여과지(못, 濾過池) 등과 혼동되기 때문에, 문제에서처럼 "여과지"라고 표현하는 것보다 원통형은 **백필터**(Bag Filter)라고 하거나 아니면 공통적으로 **여과포**(filter cloth, 濾過布) · **여과재** · **여과필터** 등으로 표현된다는 것을 알아야 한다.

51 일반적인 후드 설치의 유의사항으로 가장 거리가 먼 것은?

① 오염원 전체를 포위시킬 것
② 후드는 오염원에 가까이 설치할 것
③ 오염 공기의 성질, 발생상태, 발생원인을 파악할 것
④ 후드의 흡인 방향과 오염 가스의 이동방향은 반대로 할 것

[풀이] 후드의 흡인 방향과 오염 가스의 이동방향이 같은 방향일 때 제어효과가 좋다. 이때 신선한 공기의 공급방향은 유해물질이 없는 가장 깨끗한 지역에서 유해물질이 발생하는 지역으로 향하도록 하여야 하며, 가능한 한 근로자의 뒤쪽에 급기구가 설치되어 신선한 공기가 근로자를 거쳐서 후드방향으로 흐르도록 하여야 한다.

52 앞으로 구부리고 수행하는 작업공정에서 올바른 작업자세라고 볼 수 없는 것은?

① 작업 점의 높이는 팔꿈치보다 낮게 한다.
② 바닥의 얼룩을 닦을 때에는 허리를 구부리지 말고 다리를 구부려서 작업한다.
③ 상체를 구부리고 작업을 하다가 일어설 때는 무릎을 굴절시켰다가 다리 힘으로 일어난다.
④ 신체의 중심이 물체의 중심보다 뒤쪽에 있도록 한다.

[풀이] 구부리고 작업을 수행하는 경우 가능한 한 물체의 중심이 신체의 중심과 일직선이 되게 하여야 하고, 취급 대상물을 작업자의 신체와 최대한 가깝게 하여야 한다. 올바른 작업자세와 관련된 유형의 문제는 이 책의 "PART 1"에 수록되어 있다.

53 호흡기 보호구의 사용 시 주의사항과 가장 거리가 먼 것은?

① 보호구의 능력을 과대평가 하지 말아야 한다.
② 보호구 내 유해물질 농도는 허용기준 이하로 유지해야 한다.
③ 보호구를 사용할 수 있는 최대 사용가능농도는 노출기준에 할당보호계수를 곱한 값이다.
④ 유해물질의 농도가 즉시 생명에 위태로울 정도인 경우는 공기 정화식 보호구를 착용해야 한다.

[풀이] 유해물질의 농도가 즉시 생명에 위태로울 정도인 경우는 공기공급식 보호구(송기마스크, air supplied respirator)를 착용해야 한다(단, 에어라인 방식은 non-IDLH 상황에서 사용). 공기 정화식 보호구는 오염공기가 여과재 또는 정화통을 통과한 뒤 호흡기로 흡입되기 전에 오염물질을 제거하는 방식인 방진마스크, 방독마스크를 말하는데 이러한 보호구는 단기간(30분) 노출되었을 때, 사망 또는 회복 불가능한 상태를 초래할 수 있는 농도(IDLH, Immediately dangerous to life or health)의 작업장, 산소농도 18%미만인 장소나 위해비(HR=공기중 오염물질의 농도/노출기준)가 높은 경우, 맨홀 내 작업, 지하 및 배 밑의 창고, 오래된 우물 안, 기름탱크 안 등에는 사용할 수 없다.

54 흡인구와 분사구의 등속선에서 노즐의 분사구 개구면 유속을 100%라고 할 때 유속이 10% 수준이 되는 지점은 분사구 내경(d)의 몇 배 거리인가?

① 5d ② 10d
③ 30d ④ 40d

[풀이] 공기를 분출하는 경우에는 토출부(분사구) 직경(d)의 30배(30d) 거리에서 공기속도가 1/10로 감소하나 공기를 흡인(吸引, suction)할 때는 기류의 방향에 상관없이 흡인부(흡인구) 직경(d)과 동일한 거리에서 개구면 흡인속도의 1/10(10%)로 감소한다.

55 방진마스크의 성능 기준 및 사용 장소에 대한 설명 중 옳지 않은 것은?

① 방진마스크 등급 중 2급은 포집효율이 분리식과 안면부 여과식 모두 90% 이상이어야 한다.
② 방진마스크 등급 중 특급의 포집효율은 분리식의 경우 99.95% 이상, 안면부 여과식의 경우 99.0% 이상이어야 한다.
③ 베릴륨 등과 같이 독성이 강한 물질들을 함유한 분진이 발생하는 장소에서는 특급 방진마스크를 착용하여야 한다.
④ 금속흄 등과 같이 열적으로 생기는 분진이 발생하는 장소에서는 1급 방진마스크를 착용하여야 한다.

[풀이] 방진마스크 등급 중 2급은 포집효율이 분리식과 안면부 여과식 모두 80% 이상이어야 한다.

형태 및 등급		염화나트륨(NaCl) 및 파라핀 오일(Paraffin oil) 시험(%)
분리식	특급	99.95 이상
	1급	94.0 이상
	2급	80.0 이상
안면부 여과식	특급	99.0 이상
	1급	94.0 이상
	2급	80.0 이상

56 레시버식 캐노피형 후드 설치에 있어 열원 주위 상부의 퍼짐각도는?(단, 실내에는 다소의 난기류가 존재한다.)

① 20° ② 40°
③ 60° ④ 90°

[풀이] 레시버식 캐노피형(receiving canopy type) 후드 설치에 있어 열원 주위의 난기류가 전혀 없는 경우, 퍼짐각도는 약 20~25°, 실내에 다소의 난기류가 존재할 경우, 퍼짐각도를 40~45°로 설정하여 후드를 설치한다. 그리고 레시버식 캐노피형(천개형) 후드의 개구면과 접하고 있는 충만실(plenum chamber, 플레넘 챔버)의 각도 또한 30~45°각도로 설계하되, 실내에 발생되는 난기류가 존재할 때는 좁은 각도 범위로, 난기류가 없을 때나 매우 약하게 존재할 때는 보다 넓은 각도 범위로 설계하여 충분한 제어속도가 유지되는 범위 이내에서 가급적 넓은 통제면을 확보할 수 있도록 하는 것이 좋다.

57 국소배기 시설의 투자비용과 운전비를 작게 하기 위한 조건으로 옳은 것은?

정답 53.④ 54.③ 55.① 56.② 57.②

① 제어속도 증가
② 필요송풍량 감소
③ 후드개구면적 증가
④ 발생원과의 원거리 유지

[풀이] 국소배기장치의 시설투자비용 및 운전비를 적게 하기 위한 방법은 필요 송풍량을 감소시키는 것이다.

58 정상류가 흐르고 있는 유체 유동에 관한 연속방정식을 설명하는데 적용된 법칙은?
① 관성의 법칙
② 운동량의 법칙
③ 질량보존의 법칙
④ 점성의 법칙

[풀이] 정상류 흐름에 질량보존의 원리를 적용하여 얻은 유체역학적 기본 이론은 연속방정식이다. 동일 관로 내를 흐르는 유체의 질량은 항상 동일하다. 즉, $m_1 = m_2$이다.

⟨관계식⟩ $A_1 V_1 \rho_1 = A_2 V_2 \rho_2$
$\begin{cases} A : 단면적 \\ V : 유속 \\ \rho : 밀도 \\ 첨자\ 1,2 : 각\ 지점 \end{cases}$

59 공기 중의 포화증기압이 1.52mmHg인 유기용제가 공기 중에 도달할 수 있는 포화농도(ppm)는?
① 2,000
② 4,000
③ 6,000
④ 8,000

[풀이] 대기압을 전압(全壓)으로 하고, 증기압을 분압(分壓)으로 하여 압력분율을 취하여 농도를 구한다. 이러한 이론과 유사문제 유형은 이 책의 "PART 2"에 수록되어 있다.

⟨계산⟩ $C_p(\text{ppm}) = \dfrac{분압(포화증기압)}{전압(대기압)} \times 10^6$

∴ $C_p(\text{ppm}) = \dfrac{1.52\,\text{mmHg}}{760\,\text{mmHg}} \times 10^6 = 2000\,\text{ppm}$

60 표준공기(21℃)에서 동압이 5mmHg일 때 유속(m/s)은?
① 9
② 15
③ 33
④ 45

[풀이] 환기에서 표준공기(21℃, 1기압)의 공기밀도는 1.2 kg/m³이므로 다음 식으로 유속을 구할 수 있다. 이러한 공식을 전혀 암기하지 않고 개념으로 술술 풀어내는 필살기 학습법을 ▶YouTube(이승원TV)에서 자세히 소개하고 있다.

⟨계산⟩ $V = \sqrt{\dfrac{2gP_v}{\gamma}}$

• $P_v = 5\,\text{mmHg} \times \dfrac{10332\,\text{mmH}_2\text{O}}{760\,\text{mmHg}}$
$= 67.97\,mmH_2O$

∴ $V = \sqrt{\dfrac{2 \times 9.8 \times 67.97}{1.2}} = 33.3\,\text{m/sec}$

제4과목 물리적 유해인자관리

61 반향시간(reverberation time)에 관한 설명으로 옳은 것은?
① 반향시간과 작업장의 공간부피만 알면 흡음량을 추정할 수 있다.
② 소음원에서 소음발생이 중지한 후 소음의 감소는 시간의 제곱에 반비례하여 감소한다.
③ 반향시간은 소음이 닿는 면적을 계산하기 어려운 실외에서의 흡음량을 추정하기 위하여 주로 사용한다.
④ 소음원에서 발생하는 소음과 배경소음 간의 차이가 40dB인 경우에는 60dB만큼 소음이 감소하지 않기 때문에 반향시간을 측정할 수 없다.

[풀이] 반향시간(잔향시간, reverberation time)은 실내에서 음원(音源)을 끈 순간부터 음압레벨이 60dB 감소되는 소요시간을 의미하며, 잔향시간은 실내공간의 크기에 비례하고, 재료의 흡음률을 산정하는 데 이용된다. 실내의 흡음력, 용적, 음원의 종류에 따라 영향을 받는다. 따라서 반향시간(잔향시간)과 작업장의 공간부피만 알면 흡음량을 추정할 수 있다. 이러한 유형의 문제는 이 책의 "PART 3-4"에 주로 수록되어 있다.

⟨관계식⟩ $T(\sec) = \dfrac{0.161\,\forall}{A_a}$

$\begin{cases} T : 잔향시간(반향시간) \\ \forall : 실내부피 \\ A_a : 흡음력 \end{cases}$

정답 58.③ 59.① 60.③ 61.①

62 일반적으로 전신진동에 의한 생체반응에 관여하는 인자와 가장 거리가 먼 것은?
① 온도
② 진동 강도
③ 진동 방향
④ 진동수

풀이 전신진동(全身振動, whole body vibration)에 의한 생체반응에 관여하는 인자는 강도, 방향, 진동수, 폭로시간이다. 이러한 유형의 문제는 이 책의 "PART 2"에 주로 수록되어 있다.

63 산업안전보건법령상 이상기압과 관련된 용어의 정의가 옳지 않은 것은?
① 압력이란 게이지 압력을 말한다.
② 표면공급식 잠수작업은 호흡용 기체통을 휴대하고 하는 작업을 말한다.
③ 고압작업이란 고기압에서 잠함공법이나 그 외의 압기 공법으로 하는 작업을 말한다.
④ 기압조절실이란 고압작업을 하는 근로자가 가압 또는 감압을 받는 장소를 말한다.

풀이 표면공급식 잠수작업은 수면 위의 공기압축기 또는 호흡용 기체통에서 압축된 호흡용 기체를 공급받으면서 하는 작업을 말한다. 이러한 유형의 문제는 이 책의 "PART 2"에 주로 수록되어 있다.

64 빛과 밝기의 단위에 관한 설명으로 옳지 않은 것은?
① 반사율은 조도에 대한 휘도의 비로 표시한다.
② 광원으로부터 나오는 빛의 양을 광속이라고 하며 단위는 루멘을 사용한다.
③ 입사면의 단면적에 대한 광도의 비를 조도라 하며 단위는 촉광을 사용한다.
④ 광원으로부터 나오는 빛의 세기를 광도라고 하며 단위는 칸델라를 사용한다.

풀이 조도(照度, intensity of illumination)는 단위면에 수직으로 투하된 광속밀도(luminous flux density)를 말하며, 단위는 럭스(Lux)를 사용한다. 조도는 광도에 비례하고, 거리의 제곱에 반비례한다. 이러한 유형의 문제는 이 책의 "PART 3-4"에 주로 수록되어 있다.

65 전리방사선의 종류에 해당하지 않는 것은?
① γ선
② 중성자
③ 레이저
④ β선

풀이 레이저(Laser)는 방사의 유도방출에 의한 광선을 증폭한다는 의미를 가진 것으로 보통광선과는 달리 단일파장으로 강력하고 예리한 지향성을 가졌으며, 자외선, 가시광선, 적외선 가운데 인위적으로 특정한 파장 부위를 강력하게 증폭시켜 얻은 복사선이다. 따라서 레이저는 자외선, 가시광선, 적외선, 라디오파, 마이크로파, 저주파 등과 함께 비전리방사선(非電離放射線, non-ionising radiation)으로 분류된다. 이러한 유형의 문제는 이 책의 "PART 2"에 주로 수록되어 있다.

66 다음 중 방사선에 감수성이 가장 큰 인체 조직은?
① 눈의 수정체
② 뼈 및 근육조직
③ 신경조직
④ 결합조직과 지방조직

풀이 눈의 수정체(水晶體)가 전리방사선(電離放射線, ionizing radiation)에 피폭되면 암을 유발시키지는 않지만 수정체가 혼탁해지는 백내장(白內障)이 일어나므로 방사선 방호 관점에서 많은 관심을 받고 있다. 시각장해성 백내장이 생기는 발단선량(threshold dose)은 0.5그레이(Gy)로 매우 낮다. 이러한 유형의 문제는 이 책의 "PART 2"에 주로 수록되어 있다.

67 산소결핍이 진행되면서 생체에 나타나는 영향을 순서대로 나열한 것은?

㉠ 가벼운 어지러움
㉡ 사망
㉢ 대뇌피질의 기능 저하
㉣ 중추성 기능장애

① ㉠ → ㉢ → ㉣ → ㉡
② ㉠ → ㉣ → ㉢ → ㉡
③ ㉢ → ㉠ → ㉣ → ㉡
④ ㉢ → ㉣ → ㉠ → ㉡

정답 62.① 63.② 64.③ 65.③ 66.① 67.①

[풀이] ①항이 올바르다. 산소가 결핍되면 가벼운 어지러움증이 발생하고, 산소부족량이 더 증가하면 산소결핍에 가장 민감한 조직은 대뇌피질이므로 대뇌피질의 기능이 저하되면서 호흡 및 맥박수 증가되고, 두통 등이 유발된다. 산소농도가 6~10%에서는 중추성 기능장애로 인한 의식상실, 전신근육경련 등의 증상이 나타나고, 산소농도 6% 이하에서는 짧은 시간에 혼수상태, 호흡정지, 사망에 이르게 된다. 이러한 유형의 문제는 이 책의 "PART 2"에 주로 수록되어 있다.

68 자외선으로부터 눈을 보호하기 위한 차광보호구를 선정하고자 하는데 차광도가 큰 것이 없어 두 개를 겹쳐서 사용하였다. 각각의 보호구의 차광도가 6과 3이었다면 두 개를 겹쳐서 사용한 경우의 차광도는?

① 6　　　　　② 8
③ 9　　　　　④ 18

[풀이] 차광도 번호(scale number)란 필터와 플레이트의 유해광선을 차단할 수 있는 능력을 말하고 자외선 및 적외선에 대해 표기할 수 있는데, 사람의 눈 감상이 투과율에 비례하지 않고, 대체로 Weber Fechner의 법칙에 따른다고 알려져 있으며, 보안경의 광학적 농도(D), 차광도(S), 시감투과율(T)과는 다음의 관계식으로 표현되고 있다. 이러한 유형의 문제는 이 책의 "PART 3-4"에 수록되어 있다.

⟨관계식⟩ $D = \log\frac{1}{T} = \frac{3}{7}(S-1)$, $S = 1 + \frac{7}{3}\log\frac{1}{T}$

현재 제시된 문제의 조건은 두 개를 겹쳐서 사용한 경우의 차광도를 산출하여야 하므로, 위의 개념으로는 문제를 해결할 수 없다. 그러므로 자외선에 대한 차광보호구의 차광도 max는 16, 적외선에 대한 차광보호구의 차광도 max는 10을 적용하여 아래의 관계식으로 문제를 풀도록 하겠다.

⟨계산⟩ $\frac{x}{16} = \frac{6}{16} + \frac{3}{16}\left(1 - \frac{6}{16}\right)$

$x = 0.4922$

∴ $S = 0.4922 \times 16 = 7.88$

69 체온의 상승에 따라 체온조절중추인 시상하부에서 혈액온도를 감지하거나 신경망을 통하여 정보를 받아 들여 체온방산작용이 활발해지는 작용은?

① 정신적 조절작용(spiritual thermoregulation)
② 화학적 조절작용(chemical themoregulation)
③ 생물학적 조절작용(biological thermoregulation)
④ 물리적 조절작용(physical thermoregulation)

[풀이] 체온의 상승에 따라 체온조절중추인 시상하부에서 혈액온도를 감지하거나 신경망을 통하여 정보를 받아 들여 체온방산작용이 활발해지는 작용을 물리적 조절작용(physical thermoregulation)이라 한다. 이러한 물리적 조절작용은 피부를 통한 복사, 대류, 전도 및 증발에 의해 열의 이동이 이루어진다. 한편, 화학적 조절작용(chemical themoregulation)은 체내에서 가장 물질대사가 왕성하고 열 생산이 많은 장기인 골격근과 간에서 이루어진다. 골격근 대사에 의한 열 생산량은 총 열생산량의 90%를 담당하게 된다.

70 다음 중 진동에 의한 장해를 최소화시키는 방법과 거리가 먼 것은?

① 진동의 발생원을 격리시킨다.
② 진동의 노출시간을 최소화시킨다.
③ 훈련을 통하여 신체의 적응력을 향상시킨다.
④ 진동을 최소화하기 위하여 공학적으로 설계 및 관리한다.

[풀이] 신체의 적응력을 향상시키는 것은 진동에 의한 장해를 최소화시키는 방법과 거리가 멀다. 진동에 의한 장해를 최소화시키기 위해서는 단시간 여러 번 노출되는 것이 더 유리하므로 작업자들이 장시간, 지속적으로 진동에 노출되는 것을 피하도록 작업 계획을 세워야 한다. 이러한 유형의 문제는 이 책의 "PART 3-4"에 수록되어 있다.

71 저온 환경에 의한 장해의 내용으로 옳지 않은 것은?

① 근육 긴장이 증가하고 떨림이 발생한다.
② 혈압은 변화되지 않고 일정하게 유지된다.
③ 피부 표면의 혈관들과 피하조직이 수축된다.
④ 부종, 저림, 가려움, 심한 통증 등이 생긴다.

[풀이] 저온의 영향(추울 때)의 혈압변화는 피부혈관 수축으로 혈압의 일시적 상승하게 된다. 이러한 유형의 문제는 이 책의 "PART 2"에 수록되어 있다.

정답 68.② 69.④ 70.③ 71.②

72 작업장의 조도를 균등하게 하기 위하여 국소조명과 전체조명이 병용될 때, 일반적으로 전체 조명의 조도는 국부조명의 어느 정도가 적당한가?

① $\frac{1}{20} \sim \frac{1}{10}$ ② $\frac{1}{10} \sim \frac{1}{5}$
③ $\frac{1}{5} \sim \frac{1}{3}$ ④ $\frac{1}{3} \sim \frac{1}{2}$

풀이 전반국부 병용조명에서 전반조명의 조도는 국부조명에 의한 조도의 1/10 이상 1/5 미만으로 하는 것이 바람직하다. 이러한 유형의 문제는 이 책의 "PART 3-4"에 수록되어 있다.

73 다음 중 소음에 의한 청력장해가 가장 잘 일어나는 주파수 대역은?

① 1,000Hz ② 2,000Hz
③ 4,000Hz ④ 8,000Hz

풀이 사람의 귀는 저주파음과 매우 높은 고주파음에 대하여 둔감하고, 4,000Hz음에 가장 민감하다. 따라서 청력장해는 4,000Hz(C^5-dip)에서 현저하게 나타난다. 사람들이 일반적으로 들을 수 있는 주파수(Hz)범위는 20~20,000Hz이고, 언어를 구성하는 주파수는 주로 250~3,000Hz의 범위이다. 이러한 유형의 문제는 이 책의 "PART 2"에 수록되어 있다.

74 다음 중 감압과정에서 감압속도가 너무 빨라서 나타나는 종격기종, 기흉의 원인이 되는 것은?

① 질소 ② 이산화탄소
③ 산소 ④ 일산화탄소

풀이 감압과정에서 감압속도가 너무 빠를 경우 발생되는 질소기포는 잠수부의 종격기종(폐에서 빠져나온 압축된 공기가 흉강에 들어가 심장과 폐기능을 방해하는 질환), 기흉(폐에 구멍이 생겨 공기가 새고, 이로 인해 늑막강 내에 공기나 가스가 고이게 되는 질환)의 원인이 된다. 질소기포가 뼈의 소동맥을 막을 경우 만성증상 비감염성 골괴사를 일으키기도 한다. 이러한 유형의 문제는 이 책의 "PART 2"에 수록되어 있다.

75 음향출력이 1,000W인 음원이 반자유공간(반구면파)에 있을 때 20m 떨어진 지점에서의 음의 세기는 약 얼마인가?

① $0.2W/m^2$ ② $0.4W/m^2$
③ $2.0W/m^2$ ④ $4.0W/m^2$

풀이 반자유공간(半自由空間)의 음원이란 음원의 한 변이 지면이나 바닥, 벽에 접해 있는 소음원을 말한다. 따라서 반자유공간-점음원에 대한 음향출력을 기준한 음의 세기(W/m^2)는 다음의 관계식으로 산출한다. 이러한 유형의 문제는 이 책의 "PART 2"에 수록되어 있다.

〈계산〉 $W = I \times 2\pi r^2$
- W(음향출력)=1,000Watt
- r(거리)=20m
⇒ $1,000 = I \times 2 \times 3.14 \times 20^2$
∴ I(=대상음의 실효치)$= 0.398\ Watt/m^2$

76 다음에서 설명하는 고열 건강장해는?

> 고온 환경에서 강한 육체적 노동을 할 때 잘 발생하며, 지나친 발한에 의한 탈수와 염분 소실이 발생하며 수의근의 유통성 경련증상이 나타나는 것이 특징이다.

① 열성발진(heat rashes)
② 열사병(heat stroke)
③ 열피로(heat fatigue)
④ 열경련(heat cramps)

풀이 열경련(Heat cramps)은 고온 환경에서 심한 육체적 노동을 할 경우에 자주 발생하며, 지나친 발한(發汗)에 의한 탈수와 염분소실이 원인이 되는데, 작업 시 많이 사용한 수의근(Voluntary Muscle, 隨意筋)의 유통성 경련(사지나 복부의 근육이 동통을 수반해 발작적으로 경련)이 오는 것이 특징이며, 이에 앞서 현기증, 이명(耳鳴), 두통, 구역, 구토 등의 전구증상이 나타난다. 응급조치로는 0.1%의 식염수를 먹여 시원한 곳에서 휴식시킨다. 이러한 유형의 문제는 이 책의 "PART 2"에 수록되어 있다.

77 마이크로파와 라디오파에 관한 설명으로 옳지 않은 것은?

① 마이크로파의 주파수 대역은 100~3,000 MHz 정도이며, 국가(지역)에 따라 범위의 규정이 각각 다르다.
② 라디오파의 파장은 1MHz와 자외선 사이의 범위를 말한다.
③ 마이크로파와 라디오파의 생체작용 중 대표적인 것은 온감을 느끼는 열작용이다.
④ 마이크로파의 생물학적 작용은 파장뿐만 아니라 출력, 노출시간, 노출된 조직에 따라 다르다.

풀이 라디오파의 파장은 광선 범위인 적외선과 전자계 범위인 극저주파 사이의 범위를 말하는데, 라디오파는 대략 2KHz에서 300GHz를 포괄하며, 마이크로파의 주파수 범위인 300MHz에서 300GHz를 포함한다. 라디오파는 대략 2kHz~300GHz를 포괄하며, 마이크로파의 주파수 범위를 포함한다. 마이크로파(전자레인지파)는 라디오파 중에서 특히 주파수가 매우 높은 전자파를 말하는데 대체로 300MHz~30GHz까지(파장 1~300cm)의 전자파를 말한다. 일반적으로 150MHz, 이하의 마이크로파와 라디오파는 신체를 완전히 투과하며 흡수되어도 감지되지 않지만 하전을 시키지는 못하지만 생체 분자의 진동과 회전을 시킬 수 있어 조직의 온도를 상승시키는 열작용에 의한 영향을 준다. 이러한 유형의 문제는 이 책의 "PART 2"에 수록되어 있다.

78 18℃ 공기 중에서 800Hz인 음의 파장은 약 몇 m인가?

① 0.35　　② 0.43
③ 3.5　　④ 4.3

풀이 음의 파장(λ)은 주파수(f)와 음속(C)의 관계식으로부터 다음과 같이 산출한다. 이러한 유형의 문제는 이 책의 "PART 2"에 수록되어 있다.

〈계산〉 $\lambda = \dfrac{C}{f}$

- $\begin{cases} C = 331.4 + (0.61 \times 18) = 342.38 \text{ m/sec} \\ f = 800/\text{sec} \end{cases}$

$\therefore \lambda = \dfrac{342.38 \text{ m/sec}}{800/\text{sec}} = 0.428 m$

79 음압이 2배로 증가하면 음압레벨(sound pressure level)은 몇 dB 증가하는가?

① 2　　② 3
③ 6　　④ 12

풀이 음압레벨(dB) 계산공식을 이용한다. 기준음압(최소음압실효치)은 $2 \times 10^{-5} \text{N/m}^2$이다. 이러한 유형의 문제는 이 책의 "PART 2"에 수록되어 있다.

〈계산〉 $SPL = 20 \log \left(\dfrac{P}{P_o} \right)$

- $SPL_1 = 20 \log \left(\dfrac{1}{2 \times 10^{-5}} \right) = 93.979 dB$
- $SPL_2 = 20 \log \left(\dfrac{2}{2 \times 10^{-5}} \right) = 100 dB$

$\therefore$ 증가dB $= 100 - 93.98 = 6.02$ dB

80 고압환경의 영향 중 2차적인 가압 현상(화학적 장해)에 관한 설명으로 옳지 않은 것은?

① 4기압 이상에서 공기 중의 질소 가스는 마취작용을 나타낸다.
② 이산화탄소의 증가는 산소의 독성과 질소의 마취작용을 촉진시킨다.
③ 산소의 분압이 2기압을 넘으면 산소 중독증세가 나타난다.
④ 산소중독은 고압산소에 대한 노출이 중지되어도 근육경련, 환청 등 후유증이 장기간 계속된다.

풀이 산소중독은 운동이나 이산화탄소가 존재할 때 더 악화된다. 산소중독은 산소분압이 절대압 2기압 이상인 때 간질모양의 경련이 일어나는 증상이다. 산소중독은 수심 10m에서 나타나며, 탄산가스(CO_2)가 섞여 있을 때 더욱 심하다. 산소중독은 가역적이며, 고압산소에 대한 폭로가 중지되면 즉시 회복되는 특징이 있다. 이러한 유형의 문제는 이 책의 "PART 2"에 주로 수록되어 있다.

제5과목　산업독성학

81 산업안전보건법령상 사람에게 충분한 발암성 증거가 있는 유해물질에 해당하지 않는 것은?

① 석면(모든 형태)
② 크롬광 가공(크롬산)

③ 알루미늄(용접 흄)
④ 황화니켈(흄 및 분진)

풀이 산업안전보건법과 GHS에서 발암성물질은 "사람에게 암을 일으키거나 그 발생을 증가시키는 물질"로 정의하고 있으며, 발암성물질 분류기준은 GHS(화학물질에 대한 분류·표시 국제조화 시스템)에서의 1A, 1B, 2의 구분은 현행 산업안전보건법과 동일하게 구성되어 있다.
- 1A : 사람에게 발암성이 있다고 알려진 물질
- 1B : 사람에게 발암성이 있다고 추정되는 물질
- 2 : 사람에게 발암성이 있다고 의심되는 물질

산업안전보건법령상 노출기준 제정 발암성물질(발암성물질로 확인된 물질, A1)은 석면(모든형태), 베릴륨 및 그 화합물, 클로로 에틸렌(염화비닐), 비스(클로로메틸)에테르, 크롬광 가공품(크롬산), 6가크롬 불용성 무기화합물, 휘발성 콜타르 피치, 황화니켈 흄 및 분진, 입자다환식 방향성탄화수소, 크롬화 아연 등이다. 발암에 대한 증거의 강도는 사람 및 동물연구에서 종양수의 계측 및 그 통계적 유의수준에 의해 결정되어지며, 사람에 대한 증거란 사람에서의 노출과 암 발생과의 인과관계가 증명하는 것이고, 동물에 대한 증거란 화학물질과 동물실험에 의한 종양발생 증가의 인과관계가 증명하는 것이라고 알려져 있다.

82 다음 설명에 해당하는 중금속은?

- 뇌홍의 제조에 사용
- 소화관으로는 2~7% 정도의 소량 흡수
- 금속 형태는 뇌, 혈액, 심근에 많이 분포
- 만성노출 시 식욕부진, 신기능부전, 구내염 발생

① 납(Pb)   ② 수은(Hg)
③ 카드뮴(Cd)   ④ 안티몬(Sb)

풀이 수은화합물은 크게 무기수은화합물과 유기수은화합물로 대별되는데 무기수은화합물은 대부분의 금속과 화합하여 아말감을 만든다. 무기수은화합물은 질산수은, 승홍, 뇌홍 등이 있으며, 유기수은화합물에는 페닐수은, 에틸수은 등이 있다.
유기수은은 전신적 독성을 나타내고, 주 표적장기는 신경계이다. **헌터루셀**(Hunter-Russel)과 불안, 보행실조, 시야협착, 청각장애, 운동마비, 언어장애, **미나마타병**(Minamata disease)을 유발한다. 알킬수은 화합물의 독성이 무기수은 화합물의 독성보다 훨씬 강하다.

무기수은 중독의 급성 및 아급성 증상은 치은염, 구내염, 구토, 복통, 설사, 신경장애 등이다. 만성중독 초기에는 홍분, 기분의 변화와 같은 과민증상이 나타나고, 이어서 **근육진전**(筋肉震顫, amyostasia)에 따른 손가락의 떨림이 나타난다.
금속수은(Hg^0)이 인체에 유입되어 적혈구 중에서 산화될 경우 무기수은은 2가 수은(Hg^{2+})으로 전환되어 혈청 알부민 및 적혈구의 헤모글로빈과 결합한다. 이후 산화된 Hg^{2+}는 혈액-뇌관문을 통과하기 어렵기 때문에 간·신장 또는 뇌조직에 축적되거나 단백질의 -SH기와 결합하여 그 구조 및 기능을 변화시킨다. 한편, 산화되지 않은 금속수은(Hg^0)은 혈액-뇌관문을 통과하여 **뇌조직**에서 산화되어 단백질의 효소기능을 억제한다.

83 골수장애로 재생불량성 빈혈을 일으키는 물질이 아닌 것은?

① 벤젠(benzene)
② 2-브로모프로판(2-bromopropane)
③ TNT(trinitrotoluene)
④ 2,4-TDI(Toluene-2,4-diisocyanate)

풀이 골수장애로 재생불량성 빈혈을 유발하는 물질은 벤젠, 2-브로모프로판, TNT(trinitrotoluene)이다. 2,4-TDI는 직업성 천식을 유발하는 대표적인 물질이다.

84 호흡성 먼지(Respirable particulate mass)에 대한 미국 ACGIH의 정의로 옳은 것은?

① 크기가 10~100μm로 코와 인후두를 통하여 기관지나 폐에 침착한다.
② 폐포에 도달하는 먼지로 입경이 7.1μm 미만인 먼지를 말한다.
③ 평균 입경이 4μm이고, 공기역학적 직경이 10μm 미만인 먼지를 말한다.
④ 평균 입경이 10μm인 먼지로 흉곽성(thoracic) 먼지라고도 한다.

풀이 일반적으로 호흡성 분진은 입경이 10μm 이하인 분진을 말하며 미국정부산업위생전문가협의회(ACGIH)에서는 기하 평균입경이 4.0μm인 분진을 호흡성 분진이라고 정의하고 있다. 호흡성 먼지(Respirable particulate mass)는 가스교환 부위(폐포)에 침착하여 독성을 유발하는 먼지이다.

정답 82.② 83.④ 84.③

85 무기성 분진에 의한 진폐증이 아닌 것은?
① 규폐증(silicosis)
② 연초폐증(tabacosis)
③ 흑연폐증(graphite lung)
④ 용접공폐증(welder's lung)

풀이 연초폐증(tabacosis)은 유기성 분진에 의한 진폐증이다. 유기성 분진에 의한 진폐증은 면폐증, 목재분진폐증, 농부폐증, 연초폐증, 설탕폐증, 모발분진폐증 등이다. 한편, 탄광부 진폐증, 용접공폐증, 석면폐증, 규폐증, 흑연폐증, 탄소폐증, 철폐증, 베릴륨폐증, 알루미늄폐증, 주석폐증, 칼륨폐증, 바륨폐증, 활석폐증, 규조토폐증 등은 무기성 분진에 의한 진폐증이다.

86 체내에 노출되면 metallothionein이라는 단백질을 합성하여 노출된 중금속의 독성을 감소시키는 경우가 있는데 이에 해당되는 중금속은?
① 납   ② 니켈
③ 비소   ④ 카드뮴

풀이 혈액 내의 카드뮴은 90% 이상 세포에 존재하며, 카드뮴의 체내 수송 및 해독에는 분자량 10,500 정도의 저분자 단백질인 메탈로티오네인(metallothionein)이 관여한다. 메탈로티오네인이 형성될 경우 신장조직에 카드뮴이 어느 정도 축적되어도 독성이 잘 나타나지 않으며, 태반의 메탈로티오네인은 모체 내 카드뮴이 태아로 이동하는 것을 방지하는 것으로 알려져 있다.

87 산업안전보건법령상 다음 유해물질 중 노출기준(ppm)이 가장 낮은 것은?(단, 노출기준은 TWA기준이다.)
① 오존(O_3)   ② 암모니아(NH_3)
③ 염소(Cl_2)   ④ 일산화탄소(CO)

풀이 제시된 항목 중 오존(O_3)의 노출기준이 가장 낮다 (TWA : 0.08ppm, STEL : 0.2ppm). 산업안전보건법에 규정하고 있는 유해물질의 노출기준 항목은 731개이다. 이를 모두 암기하기란 불가능하므로 출제된 문제 중심으로 시험대비 하는 것이 현명하다.

88 생물학적 모니터링에 관한 설명으로 옳지 않은 것을 모두 고른 것은?

> (A) : 생물학적 검체인 호기, 소변, 혈액 등에서 결정인자를 측정하여 노출 정도를 추정하는 방법이다.
> (B) : 결정인자는 공기 중에서 흡수된 화학물질이나 그것의 대사산물 또는 화학물질에 의해 생긴 비가역적인 생화학적 변화이다.
> (C) : 공기 중의 농도를 측정하는 것이 개인의 건강 위험을 보다 직접적으로 평가할 수 있다.
> (D) : 목적은 화학물질에 대한 현재나 과거의 노출이 안전한 것인지를 확인하는 것이다.
> (E) : 공기 중 노출기준이 설정된 화학물질의 수만큼 생물학적 노출기준(BEI)이 있다.

① (A), (B), (C)   ② (A), (C), (D)
③ (B), (C), (E)   ④ (B), (D), (E)

풀이 ⒷⒸⒺ항목은 틀린 설명이다.
Ⓑ 결정인자는 공기 중에서 흡수된 화학물질이나 그것의 대사산물 또는 화학물질에 의해 생긴 가역적인 생화학적 변화이다.
Ⓒ 공기 중의 농도를 측정하는 것보다 개인의 건강위험을 보다 직접적으로 평가할 수 있다.
Ⓔ 공기 중 노출기준이 설정된 화학물질의 수만큼 생물학적 노출기준(BEI)이 마련되어 있지 않다. 또한 실제 편리하게 이용 가능한 생물학적 결정인자나 변수 그리고 EBI를 가지고 있는 화학물질은 매우 적다.

89 유해인자에 노출된 집단에서의 질병 발생률과 노출되지 않은 집단에서 질병 발생률과의 비를 무엇이라 하는가?
① 교차비   ② 발병비
③ 기여위험도   ④ 상대위험도

정답 85.② 86.④ 87.① 88.③ 89.④

풀이 상대위험도(비교위험도, relative risk, RR)는 특정 유해인자에 노출된 집단에서의 질병발생률을 비노출군의 질병발생률로 나눈 값을 말한다.

〈관계식〉 상대위험도(RR) = $\dfrac{\text{노출군 발생률}}{\text{비노출군 발생률}}$

- 상대위험도(비교위험도)가 1보다 클 때 ➡ 질병에 대한 위험 증가
- 상대위험도(비교위험도)가 1일 때 ➡ 노출과 질병발생과의 상관성이 없음
- 상대위험도(비교위험도)가 1보다 작을 때 ➡ 질병에 대한 방어효과가 있음

90 수은중독의 예방대책이 아닌 것은?

① 수은 주입과정을 밀폐공간 안에서 자동화한다.
② 작업장 내에서 음식물 섭취와 흡연 등의 행동을 금지한다.
③ 수은취급 근로자의 비점막 궤양 생성 여부를 면밀히 관찰한다.
④ 작업장에 흘린 수은은 신체가 닿지 않는 방법으로 즉시 제거한다.

풀이 코와 피부궤양을 유발하는 것은 크롬, 크롬산 등이다. 수은을 취급하는 공장에 장기간 근무한 근로자에서는 수정체 앞면이 적갈색이나 황색으로 착색되는데 이것은 폭로의 지표가 된다. 수은은 신장 및 간에 축적되고, 수은 중독시에는 만성신경계 질환으로 인한 운동 장애, 언어장애, 난청, 마비 등을 유발한다. 수은중독 치료로 킬레이션 요법을 사용할 때 N-아세틸-D-페니실라민, DMPS, BAL을 투여한다. EDTA(ethylene diamine tetraacetic acid)는 투여가 금기되는 약품이다.

91 일산화탄소 중독과 관련이 없는 것은?

① 고압산소실
② 카나리아새
③ 식염의 다량투여
④ 카르복시헤모글로빈(carboxyhemoglobin)

풀이 CO에 폭로될 경우 혈액 내로 흡수된 CO는 적혈구 내 혈색소와 결합하여 HbCO를 형성하는데 CO의 혈색소와의 친화력은 산소에 비하여 약 210~240배나 된다. CO 중독시 치료법은 환기(창문 개방) 및 환자를 신선한 공기가 있는 장소로 옮기고, 의식이 없는 경우 심폐소생술을 하며, 병원으로 이송(이송할 때 고농도의 산소공급 ➡ 병원의 고압산소 치료)하여야 한다.

92 유해물질이 인체에 미치는 영향을 결정하는 인자와 가장 거리가 먼 것은?

① 개인의 감수성
② 유해물질의 독립성
③ 유해물질의 농도
④ 유해물질의 노출시간

풀이 유해물질이 인체에 미치는 영향을 결정하는 인자는 인체 침입경로, 유해물질의 독성과 유해화학물질의 물리화학적 성상, 폭로농도, 폭로시간, 개인의 감수성, 작업강도(호흡량), 기상조건(습도, 바람 등) 등이다.

93 벤젠의 생물학적 지표가 되는 대사물질은?

① Phenol
② Coproporphyrin
③ Hydroquinone
④ 1,2,4-Trihydroxybenzene

풀이 벤젠은 주로 페놀로 대사되므로 벤젠의 생물학적 모니터링을 위한 대사산물의 결정인자는 요(尿)중 페놀 또는 뮤콘산(t,t-Muconic acid)이다. 저농도 벤젠에 장기간 폭로될 경우 만성장애로 혈액장애, 간장장애, 재생불량성 빈혈, 백혈병 등을 일으킨다. 다음 내용은 빈번히 출제될 수 있으므로 잘 기억해 두어야 한다.

- 벤젠의 생물학적 지표 : 요중 페놀 또는 뮤콘산(t,t-Muconic acid)
- 스티렌의 생물학적 지표 : 요중 만델릭산 또는 페닐글리옥실산
- 크실렌(자일렌)의 생물학적 지표 : 요중 메틸마뇨산
- 톨루엔의 생물학적 지표 : 요중 마뇨산

94 유기용제의 흡수 및 대사에 관한 설명으로 옳지 않은 것은?

① 유기용제가 인체로 들어오는 경로는 호흡기를 통한 경우가 가장 많다.
② 대부분의 유기용제는 물에 용해되어 지용성 대사산물로 전환되어 체외로 배설된다.

③ 유기용제는 휘발성이 강하기 때문에 호흡기를 통하여 들어간 경우에 다시 호흡기로 상당량이 배출된다.
④ 체내로 들어온 유기용제는 산화, 환원, 가수분해로 이루어지는 생전환과 포합체를 형성하는 포합반응인 두 단계의 대사과정을 거친다.

[풀이] 유기용제는 피용해물질의 성질을 변화시키지 않고 다른 물질을 녹일 수 있는 액체성 유기화합물로서, 지방이 많은 골수, 중추신경계, 부신피질 등에 친화성이 있어 체외로 배설되지 않는다. 특히, 지방, 콜레스테롤 등 각종 유기물질을 녹이는 성질 때문에 간장 장애, 중추신경계를 작용하여 마취, 환각현상을 일으킨다. 유기용제는 탄소사슬의 길이가 길수록 유기화학물질의 중추신경 억제효과는 증가하고, 탄소사슬의 길이가 증가하면 수용성은 감소하고 반면 지용성이 증가한다.

95 다핵방향족 탄화수소(PAHs)에 대한 설명으로 옳지 않은 것은?

① 벤젠고리가 2개 이상이다.
② 대사가 활발한 다핵 고리화합물로 되어있으며 수용성이다.
③ 시토크롬(cytochrome) P-450의 준개체단에 의하여 대사된다.
④ 철강 제조업에서 석탄을 건류할 때나 아스팔트를 콜타르 피치로 포장할 때 발생된다.

[풀이] 다핵방향족 화합물(PAH)은 벤젠고리가 2개 이상인 것으로 PAH의 대표적인 물질인 벤조피렌을 비롯하여 나프탈렌, 안트라센, 페난트렌 등이 이에 속한다. PAH는 대사가 거의 되지 않는 다환고리화합물로 되어 있으며 난용성, 난분해성이다.

96 증상으로는 무력증, 식욕감퇴, 보행장해 등의 증상을 나타내며, 계속적인 노출 시에는 파킨슨씨 증상을 초래하는 유해물질은?

① 망간
② 카드뮴
③ 산화칼륨
④ 산화마그네슘

[풀이] 만성중독 증상은 증상으로는 무력증, 식욕감퇴, 보행장해 등의 증상을 나타내며, 중기단계에서 파킨슨 씨 증후가 점차 분명해 진다. 말기단계에서는 감각기능은 정상이나 균형감각이나 정신력이 떨어지고, 글씨 쓰는 것이 불규칙하며, 어떤 글자는 읽을 수 없게 된다.

97 다음 중 중추신경 활성억제 작용이 가장 큰 것은?

① 알칸
② 알코올
③ 유기산
④ 에테르

[풀이] 중추신경계(CNS) 활성 억제작용의 크기순서는 할로겐화합물>에테르>에스테르>유기산>알코올>알켄>알칸 순이다.

98 산업안전보건법령상 기타 분진의 산화규소 결정체 함유율과 노출기준으로 옳은 것은?

① 함유율 : 0.1% 이상, 노출기준 : $5mg/m^3$
② 함유율 : 0.1% 이하, 노출기준 : $10mg/m^3$
③ 함유율 : 1% 이상, 노출기준 : $5mg/m^3$
④ 함유율 : 1% 이하, 노출기준 : $10mg/m^3$

[풀이] 산화규소의 노출기준은 성상에 따라, 산화규소(결정체 석영, 결정체 크리스토바라이트, 결정체 크리스토바라이트, 결정체 트리다마이트)는 $0.05mg/m^3$이고, 산화규소(결정체 트리폴리, 비결정체 규소, 용융된 것)은 $0.1mg/m^3$, 산화규소(비결정체 규조토, 비결정체 침전된 규소, 비결정체 실리카겔, 기타 분진으로 산화규소 결정체 1% 이하)은 $10mg/m^3$이다.

99 단순 질식제로 볼 수 없는 것은?

① 오존
② 메탄
③ 질소
④ 헬륨

[풀이] 단순 질식제는 생리적으로는 무해(無害), 산소분압 저하에 따른 질식 유발물질을 말하며, N_2, He, H_2, CO_2, N_2O, 탄화수소류(CH_4, C_2H_2, C_2H_6…) 등이 이에 속한다. 오존은 물에 대한 용해도가 중증 정도인 물질로 분류되며, 상기도 점막-호흡기관지의 자극물질에 속한다.

100 금속의 일반적인 독성작용 기전으로 옳지 않은 것은?

① 효소의 억제
② 금속평형의 파괴
③ DNA 염기의 대체
④ 필수 금속성분의 대체

풀이 금속 양이온은 DNA 염기를 대체하는 것이 아니라 DNA 염기와 상호작용하여 염기쌍 사이의 수소결합을 파괴함으로서 DNA의 구조를 변화시킨다. 특히 비소 등 특정 금속들은 DNA 복구과정을 방해하는 것으로 잘 알려져 있다.

2022 제2회 산업위생관리(기사)

2022. 4. 24 시행

알림글

- 이 교재의 **동영상 강좌**는 ▶YouTube(이승원TV)를 통하여 무료로 청강할 수 있으며, 연합플러스 평생교육원(yhe.co.kr)에서 유료로 청강할 수 있습니다.
- 학습 중 질문사항은 연합플러스 평생교육원(yhe.co.kr)의 묻고 답하기 질문 코너나 ▶YouTube(이승원TV)에 댓글을 남겨 주시면 신속히 해결해 드리겠습니다.

[제1과목] 산업위생학 개론

01 젊은 근로자에 있어서 약한 쪽 손의 힘은 평균 45kP라고 한다. 이러한 근로자가 무게 8kg인 상자를 양손으로 들어 올릴 경우 작업강도(%MS)는 약 얼마인가?

① 17.8% ② 8.9%
③ 4.4%   ④ 2.3%

풀이 국소피로를 방지하기 위한 작업강도는 근로자의 취약한 부위에서 발휘할 수 있는 최대의 힘(MS, maximum strength)과 들기 작업에서 요구하는 힘(RF, required force)을 이용하여 작업강도(M_x, %)는 다음과 같이 산정한다. 여기서, 1kP는 질량 1kg을 중력의 크기로 당기는 힘을 의미하는데, 작업강도 계산식에 대입할 때 45kP=45kg·중의 힘과 동일하게 간주하고 사용하면 된다. 산출된 작업강도가 10% 미만인 경우 국소피로가 유발되지 않는 작업강도로 본다.

〈계산〉 $M_x(\%) = \dfrac{RF}{MS} \times 100$

∴ $M_x(\%) = \dfrac{8/2}{45} \times 100 = 8.89\%$

02 현재 총 흡음량이 1,200sabins인 작업장의 천장에 흡음 물질을 첨가하여 2400sabins를 추가할 경우 예측되는 소음감음량은(NR)은 약 몇 dB인가?

① 2.6   ② 3.5
③ 4.8   ④ 5.2

풀이 흡음물질에 의한 소음감음량(NR, noise reduction)은 다음 식으로 산출된다.

〈계산〉 $NR(dB) = 10 \log \dfrac{A_2}{A_1}$

$\begin{cases} A_1 : \text{흡음처리전 총흡음량} = 1200\text{sabins} \\ A_2 : \text{흡음처리후 총흡음량} = 1200+2400\text{sabins} \end{cases}$

∴ $NR(dB) = 10 \log \dfrac{1200+2400}{1200} = 4.77 dB$

03 누적외상성 질환(CTDs) 또는 근골격계질환(MSDs)에 속하는 것으로 보기 어려운 것은?

① 건초염(Tendosynoitis)
② 스티븐스존슨증후군(Stevens Johnson syndrome)
③ 손목뼈터널증후군(Carpal tunnel syndrome)
④ 기용터널증후군(Guyon tunnel syndrome)

풀이 누적외상성 질환은 연속적 반복동작에 의해 유발된다. 일반 수험자 수준에서는 누적외상성질환(CTDs)=근골격계 질환(MSDs)=경견완증후군=반복외상장해(RSI)로 이해하는 것이 좋다. 스티븐 존슨 증후군은 피부에 발생하는 매우 위중한 질환의 일종으로, 현재까지 알려진 피부병 중 사람이 사망할 수 있는 질병으로 피부의 탈락을 유발하는 심각한 급성 피부 점막 전신 질환으로 알려지고 있다. 발생 원인은 약물 부작용이 거의 대부분을 차지하지만, 결핵, 디프테리아, 장티푸스, 세균과 바이러스, 곰팡이, 기생충, 약물, 예방 접종, 임신, 부패한 음식으로도 발병할 수 있다고 하며, 옻닭을 먹고 발병한 사례도 있는 것으로 보고되고 있다.

04 심리학적 적성검사에 해당하는 것은?

① 지각동작검사   ② 감각기능검사
③ 심폐기능검사   ④ 체력검사

정답 1.② 2.③ 3.② 4.①

[풀이] 심리학적 적성검사법은 지능검사, 지각동작검사, 기능검사, 인성검사 등이다. 감각기능검사, 심폐기능검사, 체력검사 등은 생리적 적성검사에 해당한다.

05 산업위생의 4가지 주요 활동에 해당하지 않는 것은?
① 예측 ② 평가
③ 관리 ④ 제거

[풀이] 산업위생의 4가지 주요 활동순서는 예측 → 인식(인지) → 측정 → 평가 → 관리이다.

06 사고예방대책의 기본원리 5단계를 순서대로 나열한 것으로 옳은 것은?
① 사실의 발견 → 조직 → 분석 → 시정책(대책)의 선정 → 시정책(대책)의 적용
② 조직 → 분석 → 사실의 발견 → 시정책(대책)의 선정 → 시정책(대책)의 적용
③ 조직 → 사실의 발견 → 분석 → 시정책(대책)의 선정 → 시정책(대책)의 적용
④ 사실의 발견 → 분석 → 조직 → 시정책(대책)의 선정 → 시정책(대책)의 적용

[풀이] 산업재해 방지를 위한 대책은 안전관리 조직 → 사실의 발견 → 원인분석 → 시정책의 선정 → 시정책의 적용 및 뒤처리의 5단계로 이루어진다.

07 산업안전보건법령상 보건관리자의 자격 기주에 해당하지 않는 사람은?
①「의료법」에 따른 의사
②「의료법」에 따른 간호사
③「국가기술자격법」에 따른 환경기능사
④「산업안전보건법」에 따른 산업보건지도사

[풀이] 보건관리자 자격기준은 의료법에 의한 의사 또는 간호사, 산업안전보건법에 의한 산업위생지도사, 국가기술자격법에 의한 산업위생관리산업기사 또는 환경관리산업기사(대기분야에 한함), 인간공학기사 이상, 전문대학 또는 이와 같은 수준 이상의 학교에서 산업보건 또는 산업위생관련 학과를 졸업한 사람이다.

08 근육운동의 에너지원 중 혐기성대사의 에너지원에 해당되는 것은?
① 지방 ② 포도당
③ 단백질 ④ 글리코겐

[풀이] 혐기성운동은 단시간 내에 많은 힘을 요구하는 운동으로 신속한 에너지 공급을 요구하지만 산소와 근육기질의 공급을 받을 여유가 없기 때문에 혐기성대사가 일어나면서 에너지원으로 크레아틴인산(CP)과 글리코겐 등 근육자체에 저장된 에너지를 주로 이용하게 된다.

09 산업재해의 기본원인을 4M(Management, Machine, Media, Man)이라고 할 때 다음 중 Man(사람)에 해당되는 것은?
① 안전교육과 훈련의 부족
② 인간관계·의사소통의 불량
③ 부하에 대한 지도·감독부족
④ 작업자세·작업동작의 결함

[풀이] 산업재해의 기본원인을 4M-Management Factor(관리적 요인), Machine Factor(매체·설비적 요인), Media Factor(작업적 요인), Man Factor(인적 요인)이라고 할 때, Man(사람)에 해당되는 것은 ②항의 인간관계·의사소통의 불량이다. ①,③항은 관리적 요인(Management), ④항은 매체(Media), 즉 작업적 요인이다.

10 직업성 질환의 범위에 해당되지 않는 것은?
① 합병증 ② 속발성 질환
③ 선천적 질환 ④ 원발성 질환

[풀이] 직업성 질환은 원발성, 속발성, 합병증으로 분류된다.

11 18세기에 Percivall Pott가 어린이 굴뚝청소부에게서 발견한 직업성 질환은?
① 백혈병 ② 골육종
③ 진폐증 ④ 음낭암

[풀이] 영국의 외과의사 포트(Percivall Pott)는 어린이 굴뚝 청소부에게 많이 발생하던 음낭암(scrotal cancer)의 원인물질을 검댕(soot)이라고 규명하였다.

12 산업피로의 대책으로 적합하지 않은 것은?

① 불필요한 동작을 피하고 에너지 소모를 적게 한다.
② 작업과정에 따라 적절한 휴식시간을 가져야 한다.
③ 작업능력에는 개인별 차이가 있으므로 각 개인마다 작업량을 조정해야 한다.
④ 동적인 작업은 피로를 더하게 하므로 가능한 한 정적인 작업으로 전환한다.

[풀이] 피로예방을 위해서는 정적인 작업을 동적인 작업으로 바꾸는 것이 좋다.

13 미국산업위생학술원(AAIH)에서 채택한 산업위생분야에 종사하는 사람들이 지켜야 할 윤리강령에 포함되지 않는 것은?

① 국가에 대한 책임
② 전문가로서의 책임
③ 일반 대중에 대한 책임
④ 기업주와 고객에 대한 책임

[풀이] 산업위생전문가의 윤리강령에는 국가에 대한 책임이 포함되지 않는다. AAIH의 산업위생전문가의 윤리강령은 산업위생전문가로서의 책임, 근로자에 대한 책임, 일반대중에 대한 책임, 기업주(사업주)에 대한 책임으로 구분된다.

14 사무실 공기관리 지침상 근로자가 건강장해를 호소하는 경우 사무실 공기관리 상태를 평가하기 위해 사업주가 실시해야 하는 조사 항목으로 옳지 않은 것은?

① 사무실 조명의 조도 조사
② 외부의 오염물질 유입경로 조사
③ 공기정화시설 환기량의 적정 여부 조사
④ 근로자가 호소하는 증상(호흡기, 눈, 피부 자극 등)에 대한 조사

[풀이] 사무실 공기관리상태와 조명의 조도 조사는 무관하다. 사무실 공기관리상태 평가 시 조사항목은 다음과 같다.
• 사무실 내의 오염원 조사
• 근로자가 호소하는 증상(호흡기, 눈, 피부 자극 등) 조사
• 외부의 오염물질 유입경로 조사
• 공기정화설비의 환기량 적정 여부 조사

15 ACGIH에서 제정한 TLVs(Threshold Limit Values)의 설정근거가 아닌 것은?

① 동물실험자료   ② 인체실험자료
③ 사업장 역학조사   ④ 선진국 허용기준

[풀이] TLV(Threshold Limit Value)는 미국정부산업위생전문가협의회(ACGIH)에서 제정한 허용기준으로 거의 모든 근로자들이 매일 반복하여 폭로되어도 유해한 영향이 나타나지 않는 조건 또는 공기 중의 농도를 말한다. TLV의 설정 이론적 배경은 다음과 같다.
• 화학 구조상의 유사성과 연계하여 설정
• 동물실험을 한 결과를 근거로 설정
• 인체실험자료를 근거로 설정(안전한 물질대상 / 자발적인 참여와 알권리 충족 / 영구적 장해를 일으킬 가능성이 없을 것 / 서명으로 동의)
• 사업장 역학조사 등으로 얻은 자료를 근거로 설정(가장 중요시되는 자료)

16 다음 중 점멸 - 융합 테스트(Flicker test)의 용도로 가장 적합한 것은?

① 진동 측정   ② 소음 측정
③ 피로도 측정   ④ 열중증 판정

[풀이] 점멸 - 융합 테스트(Flicker test)는 산업피로 판정을 위한 생리심리적 검사법으로 인지역치(지각기능)를 검사한다.

17 산업안전보건법령상 물질안전보건자료 작성 시 포함되어야 할 항목이 아닌 것은?(단, 그 밖의 참고사항은 제외한다.)

① 유해성 · 위험성
② 안정성 및 반응성
③ 사용빈도 및 타당성
④ 노출방지 및 개인보호구

[풀이] ③항의 사용빈도 및 타당성은 물질안전보건자료 작성 시 포함되어야 할 항목이 아니다. 물질안전보건자료 작성 시 작성항목 및 작성순서(고시 제10조)는 다음과 같다.

정답 12.④ 13.① 14.① 15.④ 16.③ 17.③

1. 화학제품과 회사에 관한 정보
2. 유해성·위험성
3. 구성성분의 명칭 및 함유량
4. 응급조치요령
5. 폭발·화재 시 대처방법
6. 누출사고시 대처방법
7. 취급 및 저장방법
8. 노출방지 및 개인보호구
9. 물리화학적 특성
10. 안정성 및 반응성
11. 독성에 관한 정보
12. 환경에 미치는 영향
13. 폐기 시 주의사항
14. 운송에 필요한 정보
15. 법적규제 현황
16. 그 밖의 참고사항

18 직업병의 원인이 되는 유해요인, 대상 직종과 직업병 종류의 연결이 잘못된 것은?

① 면분진 - 방직공 - 면폐증
② 이상기압 - 항공기조종 - 잠함병
③ 크롬 - 도금 - 피부점막 궤양, 폐암
④ 납 - 축전지제조 - 빈혈, 소화기장애

[풀이] 이상기압(異常氣壓)은 고기압(高氣壓, 압력이 cm^2당 $1kg_f$ 이상인 기압)과 저기압(低氣壓) 모두를 포함하는 것으로서 "잠수사"는 고기압, "비행사"는 저기압으로 분류할 수 있다. 잠함병(潛函病, caisson disease)은 케이슨병(cassion 病)=감압병=잠수부병이라고도 하는데, 깊은 수중에서 작업하고 있던 잠수부(潛水夫)가 급히 해면으로 올라올 때, 즉 고기압 환경에서 급히 저기압 환경으로 급속하게 이동할 때 일어나는 상해이다. 질소의 약리학적 작용과 기포(氣泡)에 의한 기계적 영향에 의해 마취 작용을 나타내고 더불어 정신·운동성 장해를 일으킨다.
한편, 비행기 조종사의 경우, 정상기압 환경에서 7,500m 이상의 고도로 급작스럽게 이동할 때, 감압환경(기압변동)에 놓이게 된다. 이때 감압속도가 너무 빠를 경우 체내에 용해되었던 질소 등 불활성 기체가 낮은 압력하의 과포화상태로 되어 혈액과 조직에 기포를 형성함으로써 혈액순환을 방해하거나 주위조직에 기계적 영향을 주어 종격기종, 기흉의 원인이 된다. 비행기 조종사와 같이 저압환경에 노출되었을 때 주로 나타나는 증상은 산소부족, 폐수종, 항공치통, 급성고산병, 중추신경계 감압병 등이다. 중추신경계 감압병의 경우 고공비행사는 뇌에, 잠수사는 척수에 더 잘 발생한다.

19 산업안전보건법령상 특수건강진단 대상자에 해당하지 않는 것은?

① 고온환경 하에서 작업하는 근로자
② 소음환경 하에서 작업하는 근로자
③ 자외선 및 적외선을 취급하는 근로자
④ 저기압 하에서 작업하는 근로자

[풀이] 산업안전보건법령상 특수건강진단 대상 유해인자 중 물리적 인자는 소음, 진동, 방사선, 고기압, 저기압, 유해광선(자외선, 적외선, 마이크로파 및 라디오파)이다.

20 방직공장의 면분진 발생 공정에서 측정한 공기 중 면분진 농도가 2시간은 $2.5mg/m^3$, 3시간은 $1.8mg/m^3$, 3시간은 $2.6mg/m^3$일 때, 해당 공정의 시간가중평균노출기준 환산값은 약 얼마인가?

① $0.86mg/m^3$
② $2.28mg/m^3$
③ $2.35mg/m^3$
④ $2.60mg/m^3$

[풀이] 시간가중평균노출기준 산정식을 이용한다.

〈계산〉 TWA 환산값 $= \dfrac{C_1 T_1 + \cdots + C_n T_n}{8}$

$\begin{cases} C : \text{측정농도} = 2.5,\ 1.8,\ 2.6 \\ T : \text{발생시간} = 2,\ 3,\ 3 \end{cases}$

$\therefore$ TWA $= \dfrac{(2 \times 2.5)+(3 \times 1.8)+(3 \times 2.6)}{8}$

$= 2.28 mg/m^3$

제2과목 작업위생측정 및 평가

21 작업환경측정치의 통계처리에 활용되는 변이계수에 관한 설명과 가장 거리가 먼 것은?

① 평균값의 크기가 0에 가까울수록 변이계수의 의의는 작아진다.
② 측정단위와 무관하게 독립적으로 산출되며 백분율로 나타낸다.
③ 단위가 서로 다른 집단이나 특성값의 상호산포도를 비교하는데 이용될 수 있다.

④ 편차의 제곱 합들의 평균값으로 통계집단의 측정값들에 대한 균일성, 정밀도 정도를 표현한다.

풀이 변이계수(CV, coefficient of variation)는 통계집단의 측정값들에 대한 균일성, 정밀도 정도를 표현하는 것으로 평균값에 대한 표준편차의 크기를 백분율로 나타낸 수치로 나타내며, 다음의 관계식으로 정의된다.

〈관계식〉 $CV_\% = \dfrac{\text{표준편차}}{\text{평균값(산술평균)}} \times 100$

22 산업안전보건법령상 1회라도 초과노출되어서는 안 되는 충격소음의 음압수준(dB(A)) 기준은?

① 120 ② 130
③ 140 ④ 150

풀이 충격소음이라 함은 최대 음압수준이 120dB(A) 이상인 소음이 1초 이상의 간격으로 발생하는 소음을 말하며, 최대 음압수준이 140dB(A)를 초과하는 충격소음에 노출되어서는 안 된다.

23 예비조사 시 유해인자 특성파악에 해당되지 않는 것은?

① 공정보고서 작성
② 유해인자의 목록 작성
③ 월별 유해물질 사용량 조사
④ 물질별 유해성 자료 조사

풀이 예비조사 시 유해인자에 대한 특성파악에 대한 내용은 작업장·공정 및 작업내용·작업특성, 유해인자 목록작성, 월별 유해물질 사용량 조사, 물질별 유해성 자료 조사 등이다.

24 분석에서 언급되는 용어에 대한 설명으로 옳은 것은?

① LOD는 LOQ의 10배로 정의하기도 한다.
② LOQ는 분석결과가 신뢰성을 가질 수 있는 양이다.
③ 회수율(%)은 첨가량/분석량×100으로 정의된다.
④ LOQ란 검출한계를 말한다.

풀이 "정량한계(LOQ, limit of quantitation)"란 어느 주어진 분석절차에 따라서 합리적인 신뢰성을 가지고 분석기기가 정량·분석할 수 있는 가장 작은 농도나 양(분석결과가 신뢰성을 가질 수 있는 양)을 말한다. 정량한계(LOQ)는 검출한계가 정량분석에서 만족스런 개념을 제공하지 못하기 때문에 검출한계의 개념을 보충하기 위해 도입된 것이다. 이는 통계적인 개념보다는 일종의 약속이다.

25 AIHA에서 정한 유사노출군(SEG)별로 노출농도 범위, 분포 등을 평가하며 역학조사에 가장 유용하게 활용되는 측정방법은?

① 진단모니터링
② 기초모니터링
③ 순응도(허용기준 초과 여부)모니터링
④ 공정안전조사

풀이 기초모니터링법(표본접근방법)은 미국산업위생학회(AIHA, American Industrial Hygiene Association)에서 정한 유사노출군(SEG)별로 노출농도 범위, 분포 등을 평가하며 역학조사에 가장 유용하게 활용되는 측정방법이다. 그리고, 미국 산업안전보건청(OSHA)은 개인 모니터링을 근로자의 노출을 측정하는 "절대적 기준"으로 정하고 있다. 샘플 별 수집을 위한 모니터링 기간은 화학물질의 직업상 노출 한도 및 목표에 따라 다르게 하며, 샘플은 현장에서 수집해 실험실에서 분석하거나 경우에 따라 직접 판독기로 분석 가능하다.
- 8시간 시간가중평균치(TWA) 샘플
- 작업기반 샘플(특정 작업이 진행되는 동안 채취한 샘플)
- 15분 단기간 노출기준(STEL, Short-term Exposure Limits) 또는 최고 노출기준(ceiling) 샘플

26 알고 있는 공기 중 농도를 만드는 방법인 Dynamic Method에 관한 내용으로 틀린 것은?

① 만들기가 복잡하고 가격이 고가이다.
② 온습도 조절이 가능하다.
③ 소량의 누출이나 벽면에 의한 손실은 무시할 수 있다.
④ 대개 운반용으로 제작하기가 용이하다.

정답 22.③ 23.① 24.② 25.② 26.④

[풀이] 동적시스템(dynamic system, 다이나믹법)은 운반 가스인 공기가 일정한 유속으로 흘러가고 있는 튜브에 일정한 양의 오염물질이 지속적으로 첨가되도록 하여 기저농도를 만드는 방법으로 대개 고정용으로 제작된다. 운반용으로 제작되는 것은 정적시스템(statie system, 용기혼합법)이다.

27 작업환경 내 유해물질 노출로 인한 위험성(위해도)의 결정 요인은?

① 반응성과 사용량
② 위해성과 노출요인
③ 노출기준과 노출량
④ 반응성과 노출기준

[풀이] 작업환경 내 유해물질 노출로 인한 위험성(위해도)의 결정요인은 위해성과 노출량이다. 위해도 결정 단계는 유해물질의 위해성 평가의 마지막 단계(4단계)이다. 유해인자에 대한 노출평가방법인 위해도 평가(Risk assessment)는 유해인자가 본래 가지고 있는 위해성과 노출요인에 의해 결정된다. 이런 유형의 문제는 이 책의 "PART 4 독성학"에서 주로 다루고 있다.

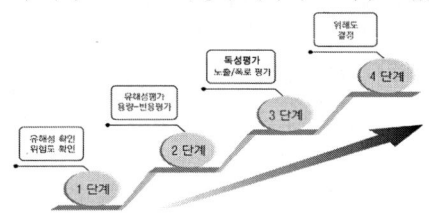

〈그림〉 위해성평가(risk assessment) 4단계

28 기체크로마토그래피 검출기 중 PCBs나 할로겐 원소가 포함된 유기계 농약성분을 분석할 때 가장 적당한 것은?

① NPD(질소 인 검출기)
② ECD(전자포획 검출기)
③ FID(불꽃 이온화 검출기)
④ TCD(열전도 검출기)

[풀이] 전자포획검출기(ECD, Electron Capture Detector)는 사염화탄소 등 할로겐, 과산화물, 퀴논, 니트로기 등 전기음성도가 큰 작용기에 예민하게 반응한다. 염소를 함유한 농약의 검출에 널리 사용되며, ECD를 통과한 화합물은 파괴되지 않는다는 장점이 있다. 아민, 알코올류, 탄화수소와 같은 화합물에는 감응하지 않는다.

29 호흡성 먼지(PRM)의 입경(μm) 범위는?(단, 미국 ACGIH 정의 기준)

① 0~10
② 0~20
③ 0~25
④ 10~100

[풀이] 미국정부산업위생전문가협의회(ACGIH)는 호흡성 먼지(RPM, respirable particulates matters)의 입경 크기는 평균 $4\mu m$으로 호흡기 침착률이 50%인 크기로 정의하고 있다. 가스교환 부위(폐포)에 침착하여 독성을 유발하며, $0.5\mu m$ 이하 입자는 주로 확산효과에 의해 침착된다. 영국의학연구의원회(BMRC)는 호흡성 먼지 입경을 $7.1\mu m$ 미만으로 정의하고 있다.

30 원자흡광광도계의 표준시약으로서 적당한 것은?

① 순도가 1급 이상인 것
② 풍화에 의한 농도변화가 있는 것
③ 조해에 의한 농도변화가 있는 것
④ 화학변화 등에 의한 농도변화가 있는 것

[풀이] 시험에 사용하는 시약은 따로 규정이 없는 한 특급 또는 1급 이상이거나 이와 동등한 규격의 것을 사용한다.

31 공기 중 acetone 500ppm, sec-butyl acetate 100ppm 및 methyl ketone 150ppm이 혼합물로서 존재할 때 복합노출지수(ppm)는?(단, acetone, sec-butyl acetate 및 methyl ethyl ketone의 TLV는 각각 750, 200, 200ppm이다.)

① 1.25
② 1.56
③ 1.74
④ 1.92

[풀이] 상가작용 시 노출지수 계산식을 적용한다. 이러한 유형의 문제는 주로 "제1과목 개론"에서 많이 다루어지고 있다. 공식을 꼭 암기해 두어야 하며, 일단, 매회 출제될 수 있다고 판단하고 대비하여야 한다.

〈계산〉 $EI = \sum \dfrac{C}{TLV}$

$\begin{cases} C : \text{유해물질의 각 농도} = 500, 100, 150 \\ TLV : \text{각 노출기준} = 750, 200, 200 \end{cases}$

∴ 복합노출지수$(EI) = \dfrac{500}{750} + \dfrac{100}{200} + \dfrac{150}{200} = 1.92$

∴ EI 값이 1.0 이상이면 노출기준 초과로 평가함

32 화학공장의 작업장 내에 Toluene 농도를 측정하였더니 5, 6, 5, 6, 6, 6, 4, 8, 9, 20ppm일 때, 측정치의 기하표준편차(GSD)는?

① 1.6 ② 3.2
③ 4.8 ④ 6.4

풀이 기하표준편차(GSD, Geometric standard deviation)는 대수평균(M)을 이용하여 다음과 같이 계산할 수 있다. 이러한 공식을 전혀 암기하지 않고 개념으로 술술 풀어내는 필살기 학습법을 ▶YouTube(이승원TV)에서 자세히 소개하고 있다.

⟨계산⟩ $GSD = 10^{\left[\frac{\Sigma(\log X - M)^2}{N-1}\right]^{1/2}}$

- $M = \dfrac{\log 5 + \log 6 + \log 5 + \log 6 + \log 6 + \log 6 + \log 4 + \log 8 + \log 9 + \log 20}{10}$
 $= 0.827$ (대수평균)
- X : 5, 6, 5, 6, 6, 6, 4, 8, 9, 20

$\therefore GSD = 10^{\left[\frac{[\log 5 - 0.827]^2 + [\log 6 - 0.827]^2 + [\log 5 - 0.827]^2 + [\log 6 - 0.827]^2 + [\log 6 - 0.827]^2 + [\log 6 - 0.827]^2 + [\log 4 - 0.827]^2 + [\log 8 - 0.827]^2 + [\log 9 - 0.827]^2 + [\log 20 - 0.827]^2}{(10-1)}\right]^{1/2}} = 10^{\left[\frac{0.3396}{(10-1)}\right]^{1/2}}$
$= 1.56\,mg/m^3$

33 고열장해와 가장 거리가 먼 것은?

① 열사병 ② 열경련
③ 열호족 ④ 열발진

풀이 고열장해에는 열사병, 열실신(열허탈), 열경련, 열탈진, 열피로, 열발진 등이 있다.

34 산업안전보건법령상 누적소음노출량 측정기로 소음을 측정하는 경우의 기기설정값은?

- Criteria (Ⓐ)dB
- Exchange Rate (Ⓑ)dB
- Threshold (Ⓒ)dB

① Ⓐ : 80, Ⓑ : 10, Ⓒ : 90
② Ⓐ : 90, Ⓑ : 10, Ⓒ : 80
③ Ⓐ : 80, Ⓑ : 4, Ⓒ : 90
④ Ⓐ : 90, Ⓑ : 5, Ⓒ : 80

풀이 누적소음노출량 측정기로 소음을 측정하는 경우에는 크라이테리어(기준값, Criteria) → 90dB, 익스체인지레이트(교환율, Exchange Rate) → 5dB, 스레쉬홀드(역치·한계값, Threshold) → 80dB로 기기설정을 하여야 한다.

35 직경분립충돌기에 관한 설명으로 틀린 것은?

① 흡입성, 흉곽성, 호흡성 입자의 크기별 분포와 농도를 계산할 수 있다.
② 호흡기의 부분별로 침착된 입자 크기를 추정할 수 있다.
③ 입자의 질량크기분포를 얻을 수 있다.
④ 되튐 또는 과부하로 인한 시료 손실이 비교적 정확한 측정이 가능하다.

풀이 시료의 되튐(recoil effect)이 발생하는 것은 직경분립충돌기(cascade impactor)의 중요한 단점에 속한다.

36 옥외(태양광선이 내리쬐지 않는 장소)의 온열조건이 아래와 같을 때, WBGT(℃)는?

[조건]
- 건구온도 : 30℃
- 흑구온도 : 40℃
- 자연습구온도 : 25℃

① 26.5 ② 28.5
③ 33 ④ 55.5

풀이 옥외(태양광선이 내리쬐는 장소)의 습구흑구온도지수(WBGT)는 다음 계산식에 따라 산출한다.
⟨계산⟩ WBGT(℃) = 0.7×자연습구온도
       + 0.2×흑구온도
       + 0.1×건구온도
∴ WBGT(℃) = 0.7×25 + 0.2×40 + 0.1×30
       = 28.5℃

37 여과지에 관한 설명으로 옳지 않은 것은?

① 섬유상 여과지는 여과지 표면뿐 아니라 단면 깊게 입자상 물질이 들어가므로 더 많은 입자상 물질을 채취할 수 있다.

정답 32.① 33.③ 34.④ 35.④ 36.② 37.③

② 막 여과지는 섬유상 여과지에 비해 공기저항이 심하다.
③ 막 여과지는 여과지 표면에 채취된 입자의 이탈이 없다.
④ 막 여과지에서 유해물질은 여과지 표면이나 그 근처에서 채취된다.

[풀이] 막 여과지는 여과지 표면에 채취된 입자들이 이탈되는 경향이 있다.

38 어느 작업장에서 A물질의 농도를 측정 한 결과가 아래와 같을 때, 측정 결과의 중앙값(median; ppm)은?

단위 : ppm

| 23.9, 21.6, 22.4, 24.1, 22.7, 25.4 |

① 22.7
② 23.0
③ 23.3
④ 23.9

[풀이] 측정값을 낮은 순서부터 차례로 나열하면 21.6, 22.4, 22.7, 23.9, 24.1, 25.4이 된다. 따라서 중앙값은 다음과 같이 산출된다.

〈계산〉 중앙값 $= \dfrac{22.7 + 23.9}{2} = 23.3$

39 산업안전보건법령에서 사용하는 용어의 정의로 틀린 것은?

① 신뢰도란 분석치가 참값에 얼마나 접근하였는가 하는 수치상의 표현을 말한다.
② 가스상 물질이란 화학적 인자가 공기 중으로 가스·증기의 형태로 발생되는 물질을 말한다.
③ 정도관리란 작업환경측정·분석 결과에 대한 정확성과 정밀도를 확보하기 위하여 작업환경측정기관의 측정·분석능력을 확인하고, 그 결과에 따라 지도·교육 등 측정·분석능력 향상을 위하여 행하는 모든 관리적 수단을 말한다.
④ 정밀도란 일정한 물질에 대해 반복측정·분석을 했을 때 나타나는 자료 분석치의 변동크기가 얼마나 작은가 하는 수치상의 표현을 말한다.

[풀이] 해당 내용은 "산업안전보건법령"에서 사용하는 용어라고 하였으나 법령(法令)은 국회에서 제정한 법률과 그 하위규범인 대통령령(시행령) 및 위임한 사항을 정한 고용노동부령(시행규칙)을 합하여 부르는 말이다. 문제의 용어는 "산업안전보건법령"에서 사용되는 용어의 정의가 아닌, "고용노동부 고시(告示)-작업환경측정 및 지정측정기관의 평가 등에 관한 고시"에 규정되어 있는 내용이다. 고시(告示)는 일반적으로 법규성은 없으나 보충적으로 법규성을 가지는 것도 있다. 설령 보충적으로 법규성을 가진다 하더라도 이러한 문제를 제시할 때는 그 기준을 명확하게 하여 "산업안전보건법령"이 아닌 "고용노동부 고시"라고 하여야 한다. 그러므로 엄밀히 말하면 "문제오류"이다.

①항에서 분석치가 참값에 얼마나 접근하였는가 하는 수치상의 표현은 "정확도"라고 한다. 다시 말하면, 분석치가 참값에 얼마나 접근하였는가의 척도는 정확도, 분석 자료의 변동크기가 얼마나 작은가를 나타내는 척도는 정밀도이다. 해당 고시(제2011-55호)【제2조(정의)】에서 사용하는 주요 용어의 뜻은 다음과 같이 정하고 있다.

• 호흡성분진이란 호흡기를 통하여 폐포에 축적될 수 있는 크기의 분진을 말한다.
• 흡입성분진이란 호흡기의 어느 부위에 침착하더라도 독성을 일으키는 분진을 말한다.
• 입자상 물질이란 화학적 인자가 공기 중으로 분진·흄(fume)·미스트(mist) 등의 형태로 발생되는 물질을 말한다.
• 가스상 물질이란 화학적인자가 공기 중으로 가스·증기의 형태로 발생되는 물질을 말한다.
• 정도관리란 규정에 따라 작업환경측정·분석치에 대한 정확성과 정밀도를 확보하기 위하여 지정측정기관의 작업환경측정·분석능력을 평가하고, 그 결과에 따라 지도·교육 그 밖에 측정·분석능력 향상을 위하여 행하는 모든 관리적 수단을 말한다.
• 정확도란 분석치가 참값에 얼마나 접근하였는가 하는 수치상의 표현을 말한다.
• 정밀도란 일정한 물질에 대해 반복측정·분석을 했을 때 나타나는 자료 분석치의 변동크기가 얼마나 작은가 하는 수치상의 표현을 말한다.

40 복사선(Radiation)에 관한 설명 중 틀린 것은?

① 복사선은 전리작용의 유무에 따라 전리복사선과 비전리복사선으로 구분한다.

② 비전리복사선에는 자외선, 가시광선, 적외선 등이 있고, 전리복사선에는 X선, γ선 등이 있다.
③ 비전리복사선은 에너지 수준이 낮아 분자구조나 생물학적 세포조직에 영향을 미치지 않는다.
④ 전리복사선이 인체에 영향을 미치는 정도에 복사선의 형태, 조사량, 신체조직, 연령 등에 따라 다르다.

> **풀이** 복사선(Radiation)은 물체가 방출하는 전자기파 및 입자선을 총칭한다. 이 중에서 비전리복사선(방사선)은 원자의 이온화를 직접적으로 일으킬 만한 에너지를 가지지 못하는 방사선으로 자외선, 가시광선, 적외선, 라디오파, 마이크로파, 저주파 등이 이에 해당한다. 에너지 수준이 낮아 이온화를 일으킬 만한 에너지를 갖지 못하지만 인체에는 다양한 영향을 미친다. 광화학적이거나 열에 의한 각막손상, 피부화상 등을 일으키거나 마이크로파의 경우 피부화상, 두통, 피로감, 기억력 감퇴, 생식기능 이상, 백내장, 콜린에스테라제의 활성치 감소, 백혈구의 증가, 혈소판의 감소 등을 일으키기도 한다.

제3과목 작업환경관리대책

41 후드 제어속도에 대한 내용 중 틀린 것은?
① 제어속도는 오염물질의 증발속도와 후드 주위의 난기류 속도를 합한 것과 같아야 한다.
② 포위식 후드의 제어속도를 결정하는 지점은 후드의 개구면이 된다.
③ 외부식 후드의 제어속도를 결정하는 지점은 유해물질이 흡인되는 범위 안에서 후드의 개구면으로부터 가장 멀리 떨어진 지점이 된다.
④ 오염물질의 발생상황에 따라서 제어속도는 달라진다.

> **풀이** 제어속도(Control Velocity)란 매연이나 오염물질을 후드(Hood) 내로 유입시키기 위해 필요한 공기의 최소 흡인속도(통제속도, 포착속도)를 말하므로 후드의 형식, 제어거리, 주변 기류상태, 오염물질의 발생상황, 포집대상물질의 유해성, 대상가스나 분진의 성상 등에 따라 다르게 설정된다.

42 전기집진장치에 대한 설명 중 틀린 것은?
① 초기 설치비가 많이 든다.
② 운전 및 유지비가 비싸다.
③ 가연성 입자의 처리가 곤란하다.
④ 고온가스를 처리할 수 있어 보일러와 철강로 등에 설치할 수 있다.

> **풀이** 전기집진장치(電氣集塵裝置, electrostatic precipitator)는 입자에 전기적인 부하(전하)를 제공하여 전계(電界)를 형성시키고, 하전(荷電)된 입자를 집진극상으로 포집되도록 유도함으로써 분진을 제거하므로 운전 및 유지비가 싸다. 집진장치 중 유지비용이 저렴한 장점을 갖는 것은 중력집진장치와 전기집진장치이다. 잘 기억해 두어야 한다.

43 후드의 유입계수 0.86, 속도압 25mmH$_2$O일 때 후드의 압력손실(mmH$_2$O)은?
① 8.8 ② 12.2
③ 15.4 ④ 17.2

> **풀이** 후드의 압력손실(ΔP_h)은 손실계수×속도압으로 산정된다.
> 〈관계〉 $\Delta P_h = F_i \times P_v$
> $\Rightarrow F_i = \dfrac{1-C_e^2}{C_e^2} = \dfrac{1-0.86^2}{0.86^2} = 0.352$
> ∴ $\Delta P_h = 0.352 \times 25 = 8.8 \text{ mmH}_2\text{O}$

44 국소배기시스템 설계과정에서 두 덕트가 한 합류점에서 만났다. 정압(절대치)이 낮은 쪽 대 정압이 높은 쪽의 정압비가 1:1.1로 나타났을 때, 적절한 설계는?
① 정압이 낮은 쪽의 유량을 증가시킨다.
② 정압이 낮은 쪽의 덕트직경을 줄여 압력손실을 증가시킨다.
③ 정압이 높은 쪽의 덕트직경을 늘려 압력손실을 감소시킨다.
④ 정압의 차이를 무시하고 높은 정압을 지배정압으로 계속 계산해 나간다.

[풀이] 국소배기시스템에서 두 덕트가 하나로 합류되는 지점에서 유량조절을 위해 정압조절 평형법(유속조절 평형법)을 적용할 때, 분지관의 정압차가 5~20% 일 때는 압력손실이 적은 분지관의 유량을 증가시켜 정압평형을 유지시킨다. 단, 정압차가 20% 이상인 경우에는 압력손실이 낮은 분지관을 재설계해야 한다.

〈관계식〉 $Q_c = Q_d \sqrt{\dfrac{P_{sL}}{P_{ss}}}$

$\begin{cases} Q_c : 보정유량(m^3/min) \\ Q_d : 설계유량(m^3/min) \\ P_{sL} : 압력손실이 큰 관의 정압(mmH_2O) \\ P_{ss} : 압력손실이 작은 관의 정압(mmH_2O) \end{cases}$

45 어떤 사업장의 산화 규소 분진을 측정하기 위한 방법과 결과가 아래와 같을 때, 다음 설명 중 옳은 것은?(단, 산화규소(결정체 석영)의 호흡성 분진 노출기준은 $0.045mg/m^3$이다.)

시료 채취 방법 및 결과		
사용장치	시료채취시간 (min)	무게측정결과 (μg)
10mm 나일론 사이클론(1.7Lpm)	480	38

① 8시간 시간가중평가노출기준을 초과한다.
② 공기채취유량을 알 수가 없어 농도계산이 불가능하므로 위의 자료로는 측정결과를 알 수가 없다.
③ 산화규소(결정체 석영)는 진폐증을 일으키는 분진이므로 흡입성 먼지를 측정하는 것이 바람직하므로 먼지시료를 채취하는 방법이 잘못됐다.
④ $38\mu g$은 $0.038mg$이므로 단시간 노출 기준을 초과하지 않는다.

[풀이] 문제에서 산화규소(결정체 석영)에 대한 호흡성 분진 노출기준($0.045mg/m^3$)이 제시되어 있고, 측정결과 값이 제시되어 있으므로 분진의 농도를 구해보면;

〈계산〉 농도 = $\dfrac{채취된\ 산화규소(무게)}{시료가스량(부피)}$

⇒ 측정농도 = $\dfrac{38\mu g}{480L/min} \times 480min \times \dfrac{10^3 L}{1m^3} \times \dfrac{1mg}{10^3 \mu g}$
= $38mg/m^3$

∴ 계산된 농도는 $38mg/m^3$, 허용기준 $0.045mg/m^3$을 초과하므로 ①항만 올바르다.

이러한 공식을 전혀 암기하지 않고 개념으로 술술 풀어내는 필살기 학습법을 ▶ YouTube(이승원TV)에서 자세히 소개하고 있다.

【참고】
■ 노출기준
- 시간가중평균노출기준(TWA, Time Weighted Average) : 1일 8시간 작업을 기준으로 하여 유해인자의 측정치에 발생시간을 곱하여 8시간으로 나눈 값을 말하며, 다음 식에 따라 산출한다. 그러나 현재 문제에서 제시된 분석 DATE가 정상적 개념과는 달리, 생뚱맞기 때문에 아래 식으로 해결하려 할 경우, 오히려 혼란을 야기할 것이다.

$TWA = \dfrac{C_1 \cdot T_1 + C_2 \cdot T_2 + \cdots\cdots + C_n \cdot T_n}{8}$

$\begin{cases} C : 유해인자의\ 측정치 \\ \quad (단위 : ppm,\ mg/m^3\ 또는\ 개/cm^3) \\ T : 유해인자의\ 발생시간\ (단위 : 시간) \end{cases}$

- 단시간노출기준(STEL, Short Term Exposure Limit) : 15분간의 시간가중평균노출값으로서 노출농도가 시간가중평균노출기준(TWA)을 초과하고 단시간노출기준(STEL) 이하인 경우에는 1회 노출 지속시간이 15분 미만이어야 하고, 이러한 상태가 1일 4회 이하로 발생하여야 하며, 각 노출의 간격은 60분 이상이어야 한다. 산화규소에 대한 STEL은 설정되어 있지 않다.

- 최고노출기준(Ceiling, C) : 근로자가 1일 작업시간 동안 잠시라도 노출되어서는 안 되는 기준을 말하며, 노출기준 앞에 "C"를 붙여 표시한다.

■ 산화규소의 노출기준 : 산화규소(결정체 석영, 결정체 크리스토바라이트, 결정체 트리디마이트)는 **발암성 1A물질로서 호흡성 먼지**이고, 시간가중평균노출기준(TWA)이 $0.05mg/m^3$이며, 단시간노출기준(STEL)은 설정되어 있지 않다. 다만, 산화규소(결정체 트리폴리)는 시간가중평균노출기준(TWA)으로 $0.1mg/m^3$이다. 그렇지만 현재 이 문제의 경우, 제시된 노출기준을 우선하여 적용하여야 한다. 그리고 석재공장, 주물공장 등에서 발생하는 유리규산이 주원인이 되는 폐증을 특히, 규폐증이라고 한다.

46 마스크 본체 자체가 필터 역할을 하는 방진마스크의 종류는?

① 격리식 방진마스크
② 직결식 방진마스크
③ 안면부 여과식 마스크
④ 전동식 마스크

[풀이] 마스크 본체 자체가 필터 역할을 하는 방진마스크는 안면부 여과식 마스크이다. 배기밸브가 없는 안면부 여과식 마스크는 특급 및 1급 장소에 사용해서는 안 된다.

47 샌드 블라스트(sand blast) 그라인더 분진 등 보통 산업분진을 덕트(DUCT)로 운반할 때의 최소설계속도(m/sec)로 가장 적절한 것은?

① 10 ② 15
③ 20 ④ 25

[풀이] 샌드블라스트 분진, 주조분진, 납 분진, 젖은 톱밥 등 무거운 분진을 반송하는 경우, 덕트(DUCT)의 반송유속은 20~22.5m/sec으로 설계된다.

48 입자의 침강속도에 대한 설명으로 틀린 것은?(단, 스토크스 식을 기준으로 한다.)

① 입자직경의 제곱에 비례한다.
② 공기와 입자 사이의 밀도차에 반비례한다.
③ 중력가속도에 비례한다.
④ 공기의 점성계수에 반비례한다.

[풀이] 중력침강속도는 입자와 가스의 밀도차에 비례한다.

〈관계〉 $V_g = \dfrac{d_p^2(\rho_p - \rho)g}{18\mu}$

$\begin{cases} d_p : \text{입자의 직경(m)} \\ \rho_p : \text{입자의 밀도(kg/m}^3) \\ \rho : \text{가스의 밀도(kg/m}^3) \\ \mu : \text{가스의 점도(kgm/sec)} \end{cases}$

49 어떤 공장에서 1시간에 0.2L의 벤젠이 증발되어 공기를 오염시키고 있다. 전체환기를 위해 필요한 환기량(m³/sec)은?(단, 벤젠의 안전계수, 밀도 및 노출기준은 각각 6, 0.879g/mL, 0.5ppm이며, 환기량은 21℃, 1기압을 기준으로 한다.)

① 82 ② 91
③ 146 ④ 181

[풀이] 평형상태(정상상태)를 가정한 전체 환기량 계산식을 적용한다. 이러한 공식을 전혀 암기하지 않고 개념으로 술술 풀어내는 필살기 학습법을 ▶YouTube (이승원TV)에서 자세히 소개하고 있다.

〈계산〉 $Q = \dfrac{K \cdot G \cdot S \times 24.1 \times 10^6}{MW \times TLV}$

$\begin{cases} K : \text{안전계수} = 6 \\ G : \text{유해물질 발생률} = 0.2 \text{L/hr} \\ S : \text{밀도} = 0.879 \text{g/mL} \\ MW : \text{분자량} = 78 \\ TLV : \text{허용농도} = 0.5 \text{ppm} \end{cases}$

$\therefore Q = \dfrac{6 \times 0.2 \times 0.879 \times 24.1 \times 10^6}{78 \times 0.5 \times 3600}$
$= 181.06 \text{m}^3/\text{sec}$

50 환기시스템에서 포착속도(capture velocity)에 대한 설명 중 틀린 것은?

① 먼지나 가스의 성상, 확산조건, 발생원 주변 기류 등에 따라서 크게 달라질 수 있다.
② 제어풍속이라고도 하며 후드 앞 오염원에서의 기류로서 오염공기를 후드로 흡인하는데 필요하며, 방해기류를 극복해야 한다.
③ 유해물질의 발생기류가 높고 유해물질이 활발하게 발생할 때는 대략 15~20m/sec이다.
④ 유해물질이 낮은 기류로 발생하는 도금 또는 용접 작업공정에서는 대략 0.5~1.0m/sec이다.

[풀이] 컨베이어 적재, 분쇄기, 분무 도장 등과 같이 유해물질의 발생기류가 높고 유해물질이 활발하게 발생할 때는 포착속도(capture velocity)를 대략 1.0~2.5 m/sec 범위로 설계된다.

51 국소배기시설에서 필요 환기량을 감소시키기 위한 방법으로 틀린 것은?

① 후드 개구면에서 기류가 균일하게 분포되도록 설계한다.
② 공정에서 발생 또는 배출되는 오염물질의 절대량을 감소시킨다.
③ 포집형이나 레시버형 후드를 사용할 때에는 가급적 후드를 배출 오염원에 가깝게 설치한다.
④ 공정 내 측면부착 차폐막이나 커튼 사용을 줄여 오염물질의 희석을 유도한다.

[풀이] 국소배기시설에서 필요 환기량을 감소시키기 위해서는 공정 내 측면부착 차폐막이나 커튼 사용을 보강하여 오염물질의 확산을 방지한다.

정답 47.③ 48.② 49.④ 50.③ 51.④

52 다음 중 도금조와 사형주조에 사용되는 후드형식으로 가장 적절한 것은?

① 부스식 ② 포위식
③ 외부식 ④ 장갑부착상자식

풀이 ▶ 전기 도금공정과 같은 상부개방형 탱크에서 방출되는 유해물질을 포집하기 위해서는 외부식 후드 중 폭이 좁고 긴 직사각형의 슬롯형 후드를 사용하는 것이 효율적이다. 특히, 폭이 넓고 개방된 오염원(탱크)에서는 푸쉬 풀(Push pull)방식을 채용하는 것이 바람직하다.

53 차음보호구인 귀마개(Ear Plug)에 대한 설명으로 가장 거리가 먼 것은?

① 차음효과는 일반적으로 귀덮개보다 우수하다.
② 외청도에 이상이 없는 경우에 사용이 가능하다.
③ 더러운 손으로 만짐으로써 외청도를 오염시킬 수 있다.
④ 귀덮개와 비교하면 제대로 착용하는데 시간은 걸리나 부피가 작아서 휴대하기가 편리하다.

풀이 ▶ 차음효과는 일반적으로 귀마개(Ear Plug)보다 귀덮개(Ear muff)가 우수하다. 귀마개는 25~35dB 차음효과 있으며(특히 4,000Hz의 고주파수 영역에서 감음효과가 있음), 사람의 목소리 영역인 1000Hz 이하의 저음영역에서는 25dB 이상의 차음효과가 있다. 귀덮개(Ear muff)는 간헐적 소음노출에 유리하며, 저음영역에서는 20dB, 고음영역에서 35~45dB 차음효과 있다(차음성능 기준에서 중심주파수가 1000Hz인 음원의 차음치는 25dB 이상임). 귀마개와 귀덮개를 동시에 착용하면 추가로 3~5dB의 감음효과가 있으나 어떤 경우에도 50dB 이상의 감음은 불가능하다.

54 760mmH$_2$O를 mmHg로 환산한 것으로 옳은 것은?

① 5.6 ② 56
③ 560 ④ 760

풀이 ▶ 압력단위 환산인자를 이용하여 단위환산을 하면 된다.

〈계산〉 $x\,\text{mmHg} = 760\,\text{mmH}_2\text{O} \times \dfrac{760\,\text{mmHg}}{10332\,\text{mmH}_2\text{O}}$
$= 55.9\,\text{mmHg}$

55 정압이 −1.6cmH$_2$O이고, 전압이 −0.7cmH$_2$O로 측정되었을 때, 속도압(P_v ; cmH$_2$O)과 유속(V ; m/sec)은?

① P_v : 0.9, V : 3.8
② P_v : 0.9, V : 12
③ P_v : 2.3, V : 3.8
④ P_v : 2.3, V : 12

풀이 ▶ 유체의 관내 속도는 동압(속도압)의 제곱근에 비례하고, 유체 밀도(비중량)의 제곱근에 반비례한다.

〈계산〉 유속(m/sec) $= C\sqrt{\dfrac{2gP_v}{\gamma}}$

- $\begin{cases} P_v : 동압(속도압) = -0.7-(-1.6) \\ \qquad\qquad\qquad\quad = 0.9\,\text{cmH}_2\text{O} = 9\,\text{mmH}_2\text{O} \\ \gamma : 밀도(비중량) = 1.2\,\text{kg}_f/\text{m}^3 \\ C : 계수 = 1 \\ g : 중력가속도 = 9.8\,\text{m/sec}^2 \end{cases}$

∴ $V = \sqrt{\dfrac{2 \times 9.8 \times 9}{1.2}} = 12.12\,\text{m/sec}$

56 사이클론 설계 시 블로다운 시스템에 적용되는 처리량으로 가장 적절한 것은?

① 처리 배기량의 1~2%
② 처리 배기량의 5~10%
③ 처리 배기량의 40~50%
④ 처리 배기량의 80~90%

풀이 ▶ 블로다운(blow-down)방식은 사이클론 하부의 분진 박스(dust box)에서 유입유량의 일부(5~15%)에 상당하는 함진가스를 추출시켜 주는 방식이다.

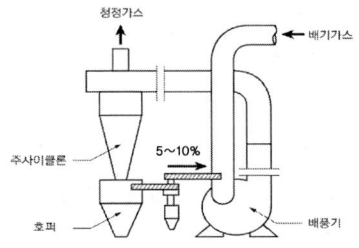

〈그림〉 블로다운(blow-down)방식

정답 52.③ 53.① 54.② 55.② 56.②

57 레시버식 캐노피형 후드의 유량비법에 의한 필요 송풍량(Q)을 구하는 식에서 "A"는? (단, q는 오염원에서 발생하는 오염기류의 양을 의미한다.)

$$Q = q + (1 + "A")$$

① 열상승 기류량
② 누입한계 유량비
③ 설계 유량비
④ 유도 기류량

풀이 문제에서 제시된 식은 레시버식 캐노피형 후드의 유량비법으로 난기류가 없는 경우의 후드 흡인유량(Q)을 산정하는 계산식이다.
〈관계식〉 $Q = q + (1 + "A")$
$\begin{cases} Q : \text{후드의 흡인유량}(m^3/min) \\ A : \text{누입한계유량비} \\ \quad (\text{유도기류량}/\text{열상승기류량}) \\ q : \text{열상승기류량}(m^3/min) \end{cases}$

58 방진마스크에 대한 설명 중 틀린 것은?

① 공기 중에 부유하는 미세 입자 물질을 흡입함으로써 인체에 장해의 우려가 있는 경우에 사용한다.
② 방진마스크의 종류에는 격리식과 직결식이 있고, 그 성능에 따라 특급, 1급 및 2급으로 나누어진다.
③ 장시간 사용 시 분진의 포집효율이 증가하고 압력강하는 감소한다.
④ 베릴륨, 석면 등에 대해서는 특급을 사용하여야 한다.

풀이 방진마스크는 장시간 사용 시 분진의 포집효율이 감소하고 압력강하는 증가한다. 산업용 방진마스크는 산업현장에서 발생하는 유해물질(분진, 중금속 등)로부터 노동자의 호흡기를 보호하기 위한 개인보호구이며, 방진마스크는 방격리식과 직결식이 있고, 포집효율, 누설률 등에 따라 등급이 구분되며 등급별 사용 장소는 다음과 같다.
- 특급 : 석면, 베릴륨과 같은 발암성 물질이 함유된 분진 발생장소
- 1급 : 금속흄 등의 분진 발생장소
- 2급 : 분진이 발생하는 모든 장소

59 오염물질의 농도가 200ppm까지 도달하였다가 오염물질 발생이 중지되었을 때, 공기 중 농도가 200ppm에서 19ppm으로 감소하는 데 걸리는 시간(min)은?[단, 환기를 통한 오염물질의 농도는 시간에 대한 지수함수(1차 반응)으로 근사된다고 가정하고 환기가 필요한 공간의 부피는 3,000m^3, 환기 속도는 1.17m^3/sec이다.]

① 89
② 101
③ 109
④ 115

풀이 비연속 배출원(유해물질 발생은 정지, 환기만 고려)이므로 유해물질의 농도는 환기에 의해 시간에 따라 감소하게 된다. 따라서 다음의 관계식을 사용하여 문제를 푼다. 이러한 공식을 전혀 암기하지 않고 개념으로 술술 풀어내는 필살기 학습법을 ▶YouTube (이승원TV)에서 자세히 소개하고 있다.

〈계산〉 $\ln \dfrac{C_2}{C_1} = -\dfrac{Q}{\forall} \times t$

$\begin{cases} C_1 : \text{초기농도} = 200\text{ppm} \\ C_2 : t\text{시간 환기후 농도} = 19\text{ppm} \\ Q : \text{유효환기량} = 1.17 \times 60 = 70.2 m^3/min \\ \forall : \text{공간용적} = 3000 m^3 \end{cases}$

$\Rightarrow \ln \dfrac{19}{200} = -\dfrac{70.2}{3000} \times t$

$\therefore t (= \text{환기시간}) = 100.59 \min$

60 길이가 2.4m, 폭이 0.4m인 플랜지 부착 슬롯형 후드가 바닥에 설치되어 있다. 포촉점까지의 거리가 0.5m, 제어속도가 0.4m/sec일 때, 필요 송풍량(m^3/min)은?

① 20.2
② 46.1
③ 80.6
④ 161.3

풀이 외부식으로 플랜지 부착 슬롯형 후드가 바닥에 설치되어 있는 경우 다음의 관계식을 이용하여 후드의 흡인유량을 산출한다.
〈계산〉 $Q_c = 1.6 \, X L V_c$
$\therefore Q_c = 1.6 \times 0.5 \times 2.4 \times 0.4 \times 60 = 46.08 m^3/min$

정답 57.② 58.③ 59.② 60.②

부록

[제4과목] **물리적 유해인자관리**

61 전기성 안염(전광선 안염)과 가장 관련이 깊은 비전리 방사선은?

① 자외선　　② 적외선
③ 가시광선　④ 마이크로파

[풀이] 아크용접에서 방출되는 비전리방사선은 적외선, 가시광선, 자외선이 혼합된 형태의 광학방사선(optical radiation)이다. 이 중에서 전기성 안염(전광성 眼炎, ophthalmitis)과 가장 관련이 깊은 비전리방사선은 자외선이다. 자외선은 비전리 방사선으로 일명 화학선이라고 하며 광화학반응으로 단백질과 핵산 분자의 파괴, 변성작용을 한다. 자외선의 주요 배출원은 태양광선, 고압수은증기 등, 전기용접 등이 주요 생물학적 작용은 전광성(전기성) 안염, 피부 홍반형성과 색소 침착, 피부의 비후와 피부암 등이다. 이러한 이론과 유사문제 유형은 이 책의 "PART-2"에 수록되어 있다.

62 소음에 의한 인체의 장해(소음성난청)에 영향을 미치는 요인이 아닌 것은?

① 소음의 크기　　② 개인의 감수성
③ 소음 발생 장소　④ 소음의 주파수 구성

[풀이] 소음성 난청은 주파수 1,000Hz 이상의 고주파에 반복·장기간 노출될 때 발생하는데 초기에는 4,000Hz (C^5-dip)에서 청력손실이 현저하고, 그 후 고음역, 중음역이 침범되고, 고음점경형(高音漸傾型)으로 진행되는 것이 특징이다. 청력손실에 영향을 미치는 인자는 개인의 감수성(감수성이 높은 사람이 영향을 많이 받음), 음의 강도(음압수준이 높을수록 유해함), 노출시간 분포 및 폭로시간(계속적 노출이 간헐적 노출보다 더 유해함), 소음의 물리적 특성(고주파음이 저주파음보다 더욱 유해하고, 충격음 및 연속음의 유해성이 더 큼) 등이다. 이러한 유형의 문제는 이 책의 "PART-2"에 주로 수록되어 있다.

63 방사선의 투과력이 큰 것에서부터 작은 순으로 올바르게 나열한 것은?

① $X > \beta > \gamma$　　② $X > \beta > \alpha$
③ $\alpha > X > \gamma$　　④ $\gamma > \alpha > \beta$

[풀이] 전리방사선의 투과력은 중성자 > $X(\gamma) > \beta > \alpha$ 순서이다. 이러한 유형의 문제는 이 책의 "PART-2"에 주로 수록되어 있다. 이러한 내용은 딱 한번 공부해서 평생 잊지 않게 하는 특수한 암기학습법을 ▶ YouTube(이승원TV)에서 자세히 소개하고 있다.

64 일반적으로 눈을 부시게 하지 않고 조도가 균일하여 눈의 피로를 줄이는데 가장 효과적인 조명 방법은?

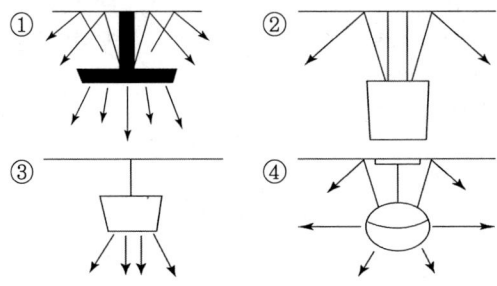

[풀이] 간접조명은 그림자가 없고 과도휘도가 없으며, 반사적 현위가 없는 균등한 조명을 얻을 수 있으므로 눈의 피로를 줄이는데 가장 효과적인 조명방법이다. 그러나 실내의 입체감이 작아지는 단점이 있다. 이러한 유형의 문제는 이 책의 "PART 3-4"에 주로 수록되어 있다.

65 도노선(Dorno-ray)에 대한 내용으로 옳은 것은?

① 가시광선의 일종이다.
② 280~315Å 파장의 자외선을 의미한다.
③ 소독작용, 비타민 D 형성 등 생물학적 작용이 강하다.
④ 절대온도 이상의 모든 물체는 온도에 비례하여 방출한다.

[풀이] 도노선은 자외선(UV-B) 중 파장 280~315nm (2,800~3,150Å) 범위의 광선을 말한다. 피부노화, 피부화상, 피부암, 안구세포 손상, 백내장을 유발하는 한편 소독작용(살균작용)이 강하고, 비타민 D형성에 도움을 주기도 한다. 이러한 유형의 문제는 이 책의 "PART-2"에 주로 수록되어 있다.

66 산업안전보건법령상 충격소음의 노출기준과 관련된 내용으로 옳은 것은?
① 충격소음의 강도가 120dB(A)일 경우 1일 최대 노출 회수는 1,000회이다.
② 충격소음의 강도가 130dB(A)일 경우 1일 최대 노출 회수는 100회이다.
③ 최대 음압수준이 135dB(A)를 초과하는 충격소음에 노출되어서는 안 된다.
④ 충격소음이란 최대 음압수준에 120dB(A) 이상인 소음이 1초 이상의 간격으로 발생하는 것을 말한다.

풀이 충격소음이라 함은 최대 음압수준이 120dB(A) 이상인 소음이 1초 이상의 간격으로 발생하는 소음을 말하며, 최대 음압수준이 140dB(A)를 초과하는 충격소음에 노출되어서는 안 된다. 이러한 유형의 문제는 이 책의 "PART-2"에 주로 수록되어 있다.

67 감압에 따른 인체의 기포 형성량을 좌우하는 요인과 가장 거리가 먼 것은?
① 감압속도
② 산소공급량
③ 조직에 용해된 가스량
④ 혈류를 변화시키는 상태

풀이 감압에 따른 인체의 기포 형성량을 좌우하는 요인은 조직에 용해된 가스량, 혈류를 변화시키는 상태, 감압속도, 고기압공정 및 호흡기체의 종류, 기타 연령, 기온, 운동, 공포감, 음주상태 등이다. 이러한 유형의 문제는 이 책의 "PART-2"에 주로 수록되어 있다.

68 작업환경측정 및 정도관리 등에 관한 고시상 고열 측정방법으로 옳지 않은 것은?
① 예비조사가 목적인 경우 검지관방식으로 측정할 수 있다.
② 측정은 단위작업 장소에서 측정대상이 되는 근로자의 주 작업 위치에서 측정한다.
③ 측정기의 위치는 바닥면으로부터 50cm 이상 150cm 이하의 위치에서 측정한다.
④ 측정기를 설치한 후 충분히 안정화시킨 상태에서 1일 작업시간 중 가장 높은 고열에 노출되는 1시간을 10분 간격으로 연속하여 측정한다.

풀이 검지관(檢知管, detector tube)은 고열측정에 사용할 수 없다. 감지관은 공기 중의 가스농도를 간편, 신속하게 측정하기 위해 사용하는 시약이 들어있는 반응관이다. 이러한 유형의 문제는 이 책의 "PART-2"에 주로 수록되어 있다. 이러한 유형의 문제는 이 책의 "PART-2"에 주로 수록되어 있다.

69 지적환경(optimum working environment)을 평가하는 방법이 아닌 것은?
① 생산적(productive) 방법
② 생리적(physiological) 방법
③ 정신적(psychological) 방법
④ 생물역학적(biomechanical) 방법

풀이 지적환경(至適環境, optimum environmental)은 일을 하는 데 가장 적합한 환경을 말하는데, 근로환경을 평가하는 데에는 작업에 있어서의 능률을 따지는 생산적 방법이 있고, 일하는 데 적합한 환경을 평가하는 데에는 생리적 방법 및 정신적 방법이 있다. 이러한 유형의 문제는 이 책의 "PART-1"에 주로 수록되어 있다.

70 한랭작업과 관련된 설명으로 옳지 않은 것은?
① 저체온증은 몸의 심부온도가 35℃ 이하로 내려간 것을 말한다.
② 손가락의 온도가 내려가면 손동작의 정밀도가 떨어지고 시간이 많이 걸려 작업능률이 저하된다.
③ 동상은 혹심한 한냉에 노출됨으로써 피부 및 피하조직 자체가 동결하여 조직이 손상되는 것을 말한다.
④ 근로자의 발이 한랭에 장기간 노출되고 동시에 지속적으로 습기나 물에 잠기게 되면 '선단자람증'의 원인이 된다.

[풀이] 15℃ 이하의 한랭에 계속해서 장기간 폭로되고 동시에 지속적으로 습기나 물에 잠기게 될 때는 침수족, 참호족이 발생한다. 선단자람증은 손이나 발가락 등 신체의 말단부위에만 생기는 청색증을 말하며, 선단 사이아노시스증 또는 말초성 청색증이라고도 한다. 이와 관련된 이론과 예상문제 유형은 이 책의 "PART-2"에 주로 수록되어 있다.

71 다음 방사선 중 입자방사선으로만 나열된 것은?

① α선, β선, γ선
② α선, β선, X선
③ α선, β선, 중성자
④ α선, β선, γ선, X선

[풀이] 입자형태의 방사선은 중하전 입자(α선, 양성자, 핵분열 생성물), 베타(β)선, 중성자 등이다. 이와 관련된 이론과 예상문제 유형은 이 책의 "PART-2"에 주로 수록되어 있다.

72 다음 계측기기 중 기류 측정기가 아닌 것은?

① 흑구온도계
② 카타온도계
③ 풍차풍속계
④ 열선풍속계

[풀이] 작업환경의 기류 측정기기는 열선풍속계, 카타온도계(카타한란계), 피토관 풍속계, 마노미터(액주계), 회전형 풍속계(풍차형, 회전날개형, 풍향풍속계), 그 네날개형 풍속계, 연기발생기 등이 사용된다. 이와 관련된 이론과 예상문제 유형은 이 책의 "PART-2"에 주로 수록되어 있다.

73 다음은 빛과 밝기의 단위를 설명한 것으로 ㉠, ㉡에 해당하는 용어로 옳은 것은?

> 1루멘의 빛이 $1ft^2$의 평면상에 수직방향으로 비칠 때, 그 평면의 빛의 양, 즉 조도를 (㉠)(이)라 하고, $1m^2$의 평면에 1루멘의 빛이 비칠 때의 밝기를 1(㉡)(이)라고 한다.

① ㉠ : 캔들(Candle), ㉡ : 럭스(Lux)
② ㉠ : 럭스(Lux), ㉡ : 캔들(Candle)
③ ㉠ : 럭스(Lux), ㉡ : 풋캔들(Footcandle)
④ ㉠ : 풋캔들(Footcandle), ㉡ : 럭스(Lux)

[풀이] 풋캔들(fc, foot candle)은 1루멘(1lm)의 빛이 단위 수직면($1ft^2$)에 비칠 때 그 평면의 밝기를 말하며, 단위 기호는 fc이고, $1fc=10.764Lux=1lm/ft^2$의 관계를 갖는다. 럭스(Lux)는 $1m^2$의 단위면적에 1루멘(lm)의 광속이 조사되고 있을 때의 조도이다. 단위 수직면($1ft^2$)에 1루멘의 빛이 비칠 때 그 평면의 밝기를 풋캔들(foot candle)이라 한다. 1Foot candle=10.8Lux이다. 한편, 단위 평면적에서 발산 또는 반사되는 광량을 휘도(輝度)라 한다. 휘도의 단위는 스틸브(sb, stilb) 및 니트(nt, nit)를 사용한다. 이와 관련된 이론과 예상문제 유형은 이 책의 "PART 3-4"에 주로 수록되어 있다.

74 고압환경에서의 2차적 가압현상(화학적 장해)에 의한 생체 영향과 거리가 먼 것은?

① 질소 마취
② 산소 중독
③ 질소기포 형성
④ 이산화탄소 중독

[풀이] 질소기포 형성은 체내에 과다하게 용해되었던 질소, 헬륨 등이 압력이 낮아질 때 과포화상태로 되어 혈액과 조직에 기포를 형성하여 혈액순환을 방해하거나 주위 조직에 기계적 영향을 주는 감압병에서 볼 수 있는 증상이다. 이와 관련된 이론과 예상문제 유형은 이 책의 "PART 2"에 주로 수록되어 있다.

75 다음 중 공장내부에 기계 및 설비가 복잡하게 설치되어 있는 경우에 작업장 기계에 의한 흡음이 고려되지 않아 실제흡음보다 과소평가되기 쉬운 흡음 측정방법은?

① Sabin method
② Reverberation time method
③ Sound power method
④ Loss due to distance method

[풀이] 흡음측정은 잔향실법, 임피던스관법, 자유음장법 3가지가 있는데 세이빈법(Sabin method)은 잔향곡선이 직선적인 형태일 때 정확한 흡음을 측정할 수 있으나 공장내부의 경우, 기계 및 설비가 복잡하게 설치되어 있어 기계에 의한 흡음을 고려할 수 없기 때문에 잔향시간의 편차요인이 되고, 또한 저주파수로 갈수록 고유모드의 밀도가 낮아지므로 실제흡음보다 과소평가되기 쉽다. 이와 관련된 이론과 예상문제 유형은 이 책의 "PART 3-4"에 주로 수록되어 있다.

76 작업자 A의 4시간 작업 중 소음노출량이 76%일 때, 측정시간에 있어서 이 평균치는 약 몇 dB(A)인가?

① 88
② 93
③ 98
④ 103

[풀이] 등가음압레벨(노출소음 평균치) 계산공식을 적용한다. 이러한 유형의 문제는 이 책의 "PART-2"에 주로 수록되어 있다.

⟨계산⟩ $L_{eq}(\text{TWA}) = 16.61 \log \dfrac{D}{12.5T} + 90$

- $\begin{cases} T: \text{노출시간(측정시간)} = 4 \\ D: \text{누적소음 노출량(\%)} = 76 \end{cases}$

$\therefore L_{eq} = 16.61 \log \dfrac{76}{12.5 \times 4} + 90 = 93.02 \, dB(A)$

77 진동이 인체에 미치는 영향에 관한 설명으로 옳지 않은 것은?

① 맥박수가 증가한다.
② 1~3Hz에서 호흡이 힘들고 산소소비가 증가한다.
③ 13Hz에서 허리, 가슴 및 등 쪽에 감각적으로 가장 심한 통증을 느낀다.
④ 신체의 공진형상은 앉아 있을 때가 서 있을 때보다 심하게 나타난다.

[풀이] 가슴 및 등 쪽(흉강)에 감각적으로 가장 심한 통증을 느끼는 진동은 6Hz 전후이다. 이러한 유형의 문제는 이 책의 "PART-2"에 주로 수록되어 있다.

78 공장 내 각기 다른 3대의 기계에서 각각 90dB(A), 95dB(A), 88dB(A)의 소음이 발생된 당면 동시에 기계를 가동시켰을 때의 합산 소음(dB(A))은 약 얼마인가?

① 96
② 97
③ 98
④ 99

[풀이] 합성소음도 계산식을 적용한다. 이러한 유형의 문제는 이 책의 "PART-2"에 주로 수록되어 있다.

⟨계산⟩ $L(dB) = 10 \log(10^{L_1/10} + 10^{L_2/10} + 10^{L_n/10})$

$\therefore L(dB) = 10 \log(10^9 + 10^{9.5} + 10^{8.8}) = 96.81 \, dB$

79 사람이 느끼는 최소 진동역치로 옳은 것은?

① 35±5dB
② 45±5dB
③ 55±5dB
④ 65±5dB

[풀이] 진동의 역치(사람이 겨우 느끼는 최소진동치)는 55±5dB이다. 이러한 유형의 문제는 이 책의 "PART-2"에 주로 수록되어 있다.

80 산업안전보건법령상 적정공기의 범위에 해당하는 것은?

① 산소농도 18% 미만
② 일산화탄소 농도 50ppm 미만
③ 탄산가스 농도 10% 미만
④ 황화수소 농도 10ppm 미만

[풀이] 적정공기란 산소농도 범위 18% 이상 23.5% 미만, 탄산가스 농도 1.5% 미만, 일산화탄소 농도 30ppm 미만, 황화수소 농도 10ppm 미만의 공기를 말한다. 이러한 유형의 문제는 이 책의 "PART-2"에 주로 수록되어 있다.

제5과목 산업독성학

81 입자상 물질의 하나인 흄(fume)의 발생기전 3단계에 해당하지 않는 것은?

① 산화
② 입자화
③ 응축
④ 증기화

[풀이] 입자상 물질의 하나인 흄(fume)의 발생기전은 I단계 금속의 증기화, II단계 증기의 산화, III단계 산화물의 응축으로 이루어진다.

82 규폐증(silicosis)에 관한 설명으로 옳지 않은 것은?

① 직업적으로 석영 분진에 노출될 때 발생하는 진폐증의 일종이다.
② 석면의 고농도분진을 단기적으로 흡입할 때 주로 발생되는 질병이다.

③ 채석장 및 모래분사 작업장에 종사하는 작업자들이 잘 걸리는 폐질환이다.
④ 역사적으로 보면 이집트의 미이라에서도 발견되는 오래된 질병이다.

[풀이] 석면의 고농도분진을 장기적으로 흡입할 때 주로 발생되는 질병은 석면폐증이다. 규폐증(硅肺症, silicosis)은 진폐증의 대표적인 것으로 유리규산(Crystalline Silica)의 분진을 흡입함에 따라 폐에 만성의 섬유증식을 일으키는 질환이다. 규폐증의 발병률이 높은 작업장은 광산, 채석장과 터널 공사장 등이고 그 외에 석재 연마, 유리, 도자기, 에나멜 제조, 규사가 함유된 모래를 사용하는 주물공장, 내화벽돌 공장 등이다.

83 다음 중 20년간 석면을 사용하여 자동차 브레이크 라이닝과 패드를 만들었던 근로자가 걸릴 수 있는 대표적인 질병과 거리가 가장 먼 것은?

① 폐암　　　　　② 석면폐증
③ 악성중피종　　④ 급성골수성백혈병

[풀이] 석면의 주성분은 규산과 산화 마그네슘 등을 함유하고 있으며 석면폐증, 중피종, 폐암 등을 유발하는 물질이다. 급성골수성백혈병과 관련이 있는 오염물질은 벤젠이다.

84 유해물질의 생체 내 배설과 관련된 설명으로 옳지 않은 것은?

① 유해물질은 대부분 위(胃)에서 대사된다.
② 흡수된 유해물질은 수용성으로 대사된다.
③ 유해물질의 분포량은 혈중농도에 대한 투여량으로 산출된다.
④ 유해물질의 혈장농도가 50%로 감소하는데 소요되는 시간을 반감기라고 한다.

[풀이] 유해물질은 대부분 간에서 대사된다. 간은 체내 유입된 이물질을 무해한 것으로 변화시키거나 독성이 낮은 물질로 변환·배설하는 기능을 한다.

85 다음 중 조혈장기에 장해를 입히는 정도가 가장 낮은 것은?

① 망간　　　② 벤젠
③ 납　　　　④ TNT

[풀이] 망간(Mn)은 열, 오한, 호흡곤란 등의 증상을 특징으로 하는 금속열을 유발하고, 무력증, 식욕감퇴, 두통, 현기증, 무관심, 무감동, 정서장애, 행동장애, 보행장애를 일으킨다.

86 화학물질을 투여한 실험동물의 50%가 관찰 가능한 가역적인 반응을 나타내는 양을 의미하는 것은?

① ED_{50}　　　　② LC_{50}
③ LE_{50}　　　　④ TE_{50}

[풀이] 유효량(EDs, Effective Doses)은 실험동물을 대상으로 양을 투여했을 때 독성을 초래하지는 않지만 관찰 가능한 가역적인 반응이 나타나는 양을 말하며, 물질의 유효성을 나타내는 데 사용된다.
- LD_{50} : 50% 치사용량
- LC_{50} : 50% 치사농도
- TD_{50} : 실험동물의 50%에서 심각한 독성반응이 나타나는 양(중독량)
- 유효량(EDs) : 독성을 초래하지는 않지만 관찰 가능한 가역적인 반응이 나타나는 양
- 독성량(TDs, Toxic doses) : 유해한 독성작용을 일으키는 용량

87 금속의 독성에 관한 일반적인 특성을 설명한 것으로 옳지 않은 것은?

① 금속의 대부분은 이온상태로 작용된다.
② 생리과정에 이온상태의 금속이 활용되는 정도는 용해도에 달려있다.
③ 금속이온과 유기화합물 사이의 강한 결합력은 배설율에도 영향을 미치게 한다.
④ 용해성 금속염은 생체 내 여러 가지 물질과 작용하여 수용성 화합물로 전환된다.

[풀이] 용해성 금속염은 생체 내 생물학적 대사과정을 통해 흡수가 용이한 지용성 화합물로 전환된다.

88 작업자가 납 흄에 장기간 노출되어 혈액 중 납의 농도가 높아졌을 때 일어나는 혈액 내 현상이 아닌 것은?

① K^+와 수분이 손실된다.

② 삼투압에 의하여 적혈구가 위축된다.
③ 적혈구 생존시간이 감소한다.
④ 적혈구 내 전해질이 급격히 증가한다.

풀이 작업자가 납 흄에 장기간 노출되어 혈액 중 납의 농도가 높아지면 적혈구 내 전해질은 감소한다.

89 화학물질의 생리적 작용에 의한 분류에서 종말기관지 및 폐포점막 자극제에 해당되는 유해가스는?

① 불화수소
② 이산화질소
③ 염화수소
④ 아황산가스

풀이 이산화질소, 포스겐 등과 같이 물에 대한 용해도가 낮은 물질 또는 불용성 물질은 하기도의 점막이나 폐포를 자극하게 된다. 반면에 암모니아, 염화수소, 불화수소, 아황산가스, 알데히드류 등과 같이 물에 대한 용해도가 높은 물질은 주로 상기도의 점막을 자극한다.

90 단시간노출기준(STEL)은 근로자가 1회 몇 분 동안 유해인자에 노출되는 경우의 기준을 말하는가?

① 5분
② 10분
③ 15분
④ 30분

풀이 단시간노출기준(STEL)은 15분간 1회에 유해인자에 노출되는 경우의 기준이며, 이 기준 이하에서는 1회 노출간격이 1시간 이상인 경우 1일 작업시간 동안 4회까지 노출이 허용될 수 있는 기준을 말한다.

91 폴리비닐 중합체를 생산하는 데 많이 쓰이며, 간장해와 발암작용이 있다고 알려진 물질은?

① 납
② PCB
③ 염화비닐
④ 포름알데히드

풀이 염화비닐은 간세포의 증식과 비대, 국소적인 간세포의 변성 등을 유발한다. 특히 장기간 노출될 경우 간 조직세포에 섬유화 증상 및 간의 혈관육종을 유발하는 것으로 알려지고 있다. 염화비닐은 간암 유발물질(간암 : 디클로로메탄, 에틸렌이민, 염화비닐, 클로로폼 등) 중 하나이다.

92 알레르기성 접촉 피부염에 관한 설명으로 옳지 않은 것은?

① 알레르기성 반응은 극소량 노출에 의해서도 피부염이 발생할 수 있는 것이 특징이다.
② 알레르기 반응을 일으키는 관련세포는 대식세포, 림프구, 랑거한스 세포로 구분된다.
③ 항원에 노출되고 일정시간이 지난 후에 다시 노출되었을 때 세포매개성 과민반응에 의하여 나타나는 부작용의 결과이다.
④ 알레르기원에 노출되고 이 물질이 알레르기원으로 작용하기 위해서는 일정기간이 소요되며 그 기간을 휴지기라 한다.

풀이 알레르기원에서 노출되고 이 물질이 알레르기원으로 작용하기 위해서는 일정 기간이 소요되는 그 기간(2~3주)을 유도기라고 한다.

93 망간중독에 관한 설명으로 옳지 않은 것은?

① 호흡기 노출이 주경로이다.
② 언어장애, 균형감각상실 등의 증세를 보인다.
③ 전기용접봉 제조업, 도자기 제조업에서 빈번하게 발생된다.
④ 만성중독은 3가 이상의 망간화합물에 의해서 주로 발생한다.

풀이 만성중독을 일으키는 것은 주로 2가 망간화합물이고, 3가 이상의 망간화합물은 부식성에 의한 영향을 미친다.

94 남성 근로자의 생식독성 유발요인이 아닌 것은?

① 풍진
② 흡연
③ 망간
④ 카드뮴

풀이 저혈압증은 남성 근로자의 생식독성 유발 유해인자와 거리가 멀다.

정답 89.② 90.③ 91.③ 92.④ 93.④ 94.①

95 연(납)의 인체 내 침입경로 중 피부를 통하여 침입하는 것은?

① 일산화연 ② 4메틸연
③ 아질산연 ④ 금속연

풀이 연(납)의 인체 내 침입경로 중 피부를 통하여 침입하는 것은 지용성이 있는 유기납(4메틸연, 4에틸납)이다. 유입경로는 호흡기(1μm 정도의 입자 및 증기) >소화기>피부(지용성이 있는 유기납) 순서이다.

96 산업역학에서 상대위험도의 값이 1인 경우가 의미하는 것은?

① 노출되면 위험하다.
② 노출되어서는 절대 안된다.
③ 노출과 질병발생 사이에는 연관이 없다.
④ 노출되면 질병에 대하여 방어효과가 있다.

풀이 상대위험도(비교위험도)가 1일 때는 노출과 질병발생과의 상관성이 없음을 의미한다. 상대위험도(비교위험도, relative risk, RR)는 특정 유해인자에 노출된 집단에서의 질병발생률을 비노출군의 질병발생률로 나눈 값을 말한다.

〈관계식〉 상대위험도(RR) = $\dfrac{\text{노출군 발생률}}{\text{비노출군 발생률}}$

- 상대위험도(비교위험도)가 1보다 클 때 → 질병에 대한 위험 증가
- 상대위험도(비교위험도)가 1일 때 → 노출과 질병발생과의 상관성이 없음
- 상대위험도(비교위험도)가 1보다 작을 때 → 질병에 대한 방어효과가 있음

97 유해물질과 생물학적 노출지표와의 연결이 잘못된 것은?

① 벤젠 - 소변 중 페놀
② 크실렌 - 소변 중 카테콜
③ 스티렌 - 소변 중 만델린산
④ 퍼클로로에틸렌 - 소변 중 삼연화초산

풀이 크실렌의 생물학적 모니터링을 위한 대사산물의 결정인자는 요(尿) 중 메틸마뇨산이다. 소변 중 염화카테콜(4-chlorocatechol)은 클로로벤젠의 생물학적 노출지표로 이용된다.

98 다음 설명에 해당하는 중금속의 종류는?

이 중금속 중독의 특징적인 증상은 구내염, 정신증상 근육 진전이다. 급성 중독 시 우유나 계란의 흰자를 먹이며, 만성중독 시 취급을 즉시 중지하고 BAL을 투여한다.

① 납 ② 크롬
③ 수은 ④ 카드뮴

풀이 수은 중독환자의 치료대책은 우유와 달걀흰자를 먹인 후 세척, BAL(British Anti Lewisite) 투여, N-아세틸-D-페니실라민 투여, DMPS 투여 등의 조치가 이루어진다. 수은화합물은 크게 무기수은화합물과 유기수은화합물로 대별되는데 무기수은화합물은 대부분의 금속과 화합하여 아말감을 만든다. 무기수은화합물은 질산수은, 승홍, 뇌홍 등이 있으며, 유기수은화합물에는 페닐수은, 에틸수은 등이 있다.

99 납에 노출된 근로자가 납중독되었는지를 확인하기 위하여 소변을 시료로 채취하였을 경우 측정할 수 있는 항목이 아닌 것은?

① 델타-ALA ② 납 정량
③ coproporphyrin ④ protoporphyrin

풀이 아연 프로토포르피린(zinc protoporphyrin, ZPP) 검사는 헴의 합성 과정 중 파괴를 분별할 수 있는 적혈구 혈액 검사이다. 헴은 폐에서 체내 각 조직과 세포로 산소를 운반하는 적혈구에 있는 단백인 혈색소의 필수 구성 요소인데 이용 가능한 철의 양이 충분하지 않다면 프로토포르피린은 철 대신 아연과 결합하여 ZPP를 만들게 되므로 이를 통하여 납중독 여부를 판정하게 된다.

100 다음 중 중추신경 억제작용이 가장 큰 것은?

① 알칸 ② 에테르
③ 알코올 ④ 에스테르

풀이 중추신경계(CNS) 활성 억제작용의 크기순서는 할로젠화합물>에테르>에스테르>유기산>알코올>알켄>알칸 순이다.

산업위생관리 기사/산업기사 필기+실기

2020년 1월 20일 초   판 발행
2021년 5월 20일 2판 1쇄 발행
2023년 3월 31일 3판 1쇄 발행

저   자 이승원 · 김온유
발 행 인 한 인 환
기   획 이승원 · 한재성
편집·교정 이 승 원
도   안 이 태 경
발 행 처 도서출판 **기문사**
등   록 1978. 8. 9. NO. 6-0637
주   소 서울시 동대문구 안암로 50-1(용두동) 홍신빌딩 3층
전   화 02) 2265-7214(代)/922-8662~3
팩   스 02) 922-8772

homepage : www.kimoonsa.co.kr
e-mail : book@kimoonsa.co.kr

ISBN : 978-89-7723-949-4   13530

정가 : 48,000원

● **불법복사는 지적재산을 훔치는 범죄행위입니다.**
  저작권법 제97조의 5(권리의 침해죄)에 따라 위반자는 5년 이하의 징역 또는 5천만 원 이하의 벌금에 처하거나 이를 병과할 수 있습니다.